JN440127

Useful relations

At 298.15 K

RT	2.4790 kJ mol^{-1}	RT/F	25.693 mV
$RT \ln 10/F$	59.160 mV	kT/hc	207.225 cm^{-1}
kT/e	25.693 meV	$V_m^{\ominus}$	2.4790 × 10^{-2} m^3 mol^{-1} 24.790 dm^3 mol^{-1}

Selected units*

1 N	1 kg m s^{-2}	1 J	1 kg m^2 s^{-2}
1 Pa	1 kg m^{-1} s^{-2}	1 W	1 J s^{-1}
1 V	1 J C^{-1}	1 A	1 C s^{-1}
1 T	1 kg s^{-2} A^{-1}	1 P	10^{-1} kg m^{-1} s^{-1}
1 S	1 Ω^{-1} = 1 A V^{-1}		

* For multiples (milli, mega, etc.), see the *Resource section*

Conversion factors

$\theta/°\mathrm{C} = T/\mathrm{K} - 273.15$*

1 eV	1.602 177 × 10^{-19} J 96.485 kJ mol^{-1} 8065.5 cm^{-1}	1 cal	4.184* J
1 atm	101.325* kPa 760* Torr	1 cm^{-1}	1.9864 × 10^{-23} J
1 D	3.335 64 × 10^{-30} C m	1 Å	10^{-10} m*

* Exact value

Mathematical relations

π = 3.141 592 653 59 …
e = 2.718 281 828 46 …

Logarithms and exponentials

$\ln x + \ln y + \ldots = \ln xy\ldots$

$\ln x - \ln y = \ln(x/y)$

$a \ln x = \ln x^a$

$\ln x = (\ln 10)\log x = (2.302\,585\ldots)\log x$

$\mathrm{e}^x\mathrm{e}^y\mathrm{e}^z\ldots = \mathrm{e}^{x+y+z+\ldots}$

$\mathrm{e}^x/\mathrm{e}^y = \mathrm{e}^{x-y}$

$(\mathrm{e}^x)^a = \mathrm{e}^{ax}$

$\mathrm{e}^{\pm ix} = \cos x \pm i \sin x$

Series expansions

$$\mathrm{e}^x = 1 + x + \frac{x^2}{2!} + \frac{x^3}{3!} + \cdots$$

$$\ln(1+x) = x - \frac{x^2}{2} + \frac{x^3}{3} - \cdots \qquad \ln x = (x-1) - \frac{(x-1)^2}{2} + \frac{(x-1)^3}{3} - \cdots$$

$$\frac{1}{1+x} = 1 - x + x^2 - \qquad \frac{1}{1-x} = 1 + x + x^2 + \cdots$$

$$\sin x = x - \frac{x^3}{3!} + \frac{x^5}{5!} - \cdots \qquad \cos x = 1 - \frac{x^2}{2!} + \frac{x^4}{4!} - \cdots$$

Derivatives; for Integrals, see the Resource section

$$\mathrm{d}(f+g) = \mathrm{d}f + \mathrm{d}g \qquad \mathrm{d}(fg) = f\,\mathrm{d}g + g\,\mathrm{d}f$$

$$\mathrm{d}\frac{f}{g} = \frac{1}{g}\mathrm{d}f - \frac{f}{g^2}\mathrm{d}g \qquad \frac{\mathrm{d}f}{\mathrm{d}t} = \frac{\mathrm{d}f}{\mathrm{d}g}\frac{\mathrm{d}g}{\mathrm{d}t} \text{ for } f = f(g(t))$$

$$\left(\frac{\partial y}{\partial x}\right)_z = 1/\left(\frac{\partial x}{\partial y}\right)_z \qquad \left(\frac{\partial y}{\partial x}\right)_z\left(\frac{\partial x}{\partial z}\right)_y\left(\frac{\partial z}{\partial y}\right)_x = -1$$

$$\frac{\mathrm{d}x^n}{\mathrm{d}x} = nx^{n-1} \qquad \frac{\mathrm{d}\mathrm{e}^{ax}}{\mathrm{d}x} = a\mathrm{e}^{ax} \qquad \frac{\mathrm{d}\ln(ax)}{\mathrm{d}x} = \frac{1}{x}$$

$$\mathrm{d}f = g(x,y)\mathrm{d}x + h(x,y)\mathrm{d}y \text{ is exact if } \left(\frac{\partial g}{\partial y}\right)_x = \left(\frac{\partial h}{\partial x}\right)_y$$

Greek alphabet*

Α, α	alpha	Ι, ι	iota	Ρ, ρ	rho
Β, β	beta	Κ, κ	kappa	Σ, σ	sigma
Γ, γ	gamma	Λ, λ	lambda	Τ, τ	tau
Δ, δ	delta	Μ, μ	mu	Υ, υ	upsilon
Ε, ε	epsilon	Ν, ν	nu	Φ, ϕ	phi
Ζ, ζ	zeta	Ξ, ξ	xi	Χ, χ	chi
Η, η	eta	Ο, ο	omicron	Ψ, ψ	psi
Θ, θ	theta	Π, π	pi	Ω, ω	omega

* Oblique versions (α, β, …) are used to denote physical observables.

FUNDAMENTAL CONSTANTS

Constant	Symbol	Value		
			Power of 10	Units
Speed of light	c	2.997 924 58*	10^{8}	m s^{-1}
Elementary charge	e	1.602 176 565	10^{-19}	C
Planck's constant	h	6.626 069 57	10^{-34}	J s
	$\hbar = h/2\pi$	1.054 571 726	10^{-34}	J s
Boltzmann's constant	k	1.380 6488	10^{-23}	J K^{-1}
Avogadro's constant	N_A	6.022 141 29	10^{23}	mol^{-1}
Gas constant	$R = N_A k$	8.314 4621		J K^{-1} mol^{-1}
Faraday's constant	$F = N_A e$	9.648 533 65	10^{4}	C mol^{-1}
Mass				
electron	m_e	9.109 382 91	10^{-31}	kg
proton	m_p	1.672 621 777	10^{-27}	kg
neutron	m_n	1.674 927 351	10^{-27}	kg
atomic mass constant	m_u	1.660 538 921	10^{-27}	kg
Vacuum permeability	μ_0	4π*	10^{-7}	J s^2 C^{-2} m^{-1}
Vacuum permittivity	$\varepsilon_0 = 1/\mu_0 c^2$	8.854 187 817	10^{-12}	J^{-1} C^2 m^{-1}
	$4\pi\varepsilon_0$	1.112 650 056	10^{-10}	J^{-1} C^2 m^{-1}
Bohr magneton	$\mu_B = e\hbar/2m_e$	9.274 009 68	10^{-24}	J T^{-1}
Nuclear magneton	$\mu_N = e\hbar/2m_p$	5.050 783 53	10^{-27}	J T^{-1}
Proton magnetic moment	μ_p	1.410 606 743	10^{-26}	J T^{-1}
g-Value of electron	g_e	2.002 319 304		
Magnetogyric ratio				
electron	$\gamma_e = -g_e e/2m_e$	−1.001 159 652	10^{10}	C kg^{-1}
proton	$\gamma_p = 2\mu_p/\hbar$	2.675 222 004	10^{8}	C kg^{-1}
Bohr radius	$a_0 = 4\pi\varepsilon_0\hbar^2/e^2 m_e$	5.291 772 109	10^{-11}	m
Rydberg constant	$\tilde{R}_\infty = m_e e^4/8h^3 c\varepsilon_0^2$	1.097 373 157	10^{5}	cm^{-1}
	$hc\tilde{R}_\infty/e$	13.605 692 53		eV
Fine-structure constant	$\alpha = \mu_0 e^2 c/2h$	7.297 352 5698	10^{-3}	
	α^{-1}	1.370 359 990 74	10^{2}	
Second radiation constant	$c_2 = hc/k$	1.438 777 0	10^{-2}	m K
Stefan–Boltzmann constant	$\sigma = 2\pi^5 k^4/15h^3 c^2$	5.670 373	10^{-8}	W m^{-2} K^{-4}
Standard acceleration of free fall	g	9.806 65*		m s^{-2}
Gravitational constant	G	6.673 84	10^{-11}	N m^2 kg^{-2}

* Exact value. For current values of the constants, see the National Institute of Standards and Technology (NIST) website.

Physical Chemistry

Quanta, Matter, and Change Second Edition

Peter Atkins | Julio de Paula | Ronald Friedman

물리화학 제2판

양자, 물질, 변화

최중길 · 조웅인 · 신석민 옮김

이 책에 대하여

이번 신판에서는 제1판과 마찬가지로 양자론을 내용 전개의 맨 앞에 두었으나, 각 주제의 표현 구조는 크게 바꾸었습니다. 일반적인 교재에서 사용하는 장 대신에, 일련의 짧은 토픽을 주제별로 정리하여 장을 구성하였습니다. 이와 같은 구성은 유연성을 강화하여 학생들이 보다 쉽게 내용을 이해하는 데 도움을 줄 뿐 아니라 강의자에게도 매우 유용합니다. 이 책을 저술할 때 특별한 순서를 염두에 두었지만, 강의자들마다 생각이 다를 수도 있으므로, 여러 토픽으로 나눈 본 책의 새로운 구조를 일정 부분 생략하거나 강조함으로써 주제에 따라 강의 과정을 쉽게 변경할 수 있습니다. 이로써 강의자가 주어진 시간 내에 본문을 보다 쉽게 채택하여 가르칠 수 있다는 장점이 있습니다. 또한 학생들은 이 책으로 공부하다 보면, 토픽을 완전히 이해하고 복습하기가 더 쉽다는 것을 발견할 것입니다. 더 이상 장들의 순서에 따라 선형 경로를 취할 필요가 없으며, 학생과 강의자는 학습 목표에 따라 토픽을 선택할 수 있기 때문입니다. 실제로 상식에 의해 요구되는 경우를 제외하고는 특정 순서를 전제하거나 요구하지 않도록 매우 조심하여 구성하였습니다.

이 책은 토픽이 주제별 그룹으로 나누어져 있기 때문에 무엇보다도 강의자가 아닌 학생들은 주제의 지적 일관성을 인정하고 각 토픽의 전후 맥락을 파악하기를 바랍니다. 따라서 각 장은 이 토픽이 공통된 주제를 어떻게 취급하며, 각 주제가 교재에서 어떻게 다른 토픽과 연결되어 있는가에 대한 간략한 논의로 시작됩니다. 이러한 전후 사정의 관계는 각 장의 맨 앞부분을 차지하고 있는 '로드 맵'에 서술하였습니다. 이 지침은 토픽들이 어떻게 서로 연관되어 있는지를 비롯하여 어떤 토픽을 어떻게 버릴 수 있으며, 각 토픽을 어떻게 끌어내어 어떻게 다른 장에 반영할 것인가를 나타냅니다. 교재 구성을 표현하는 순서에 있어서 저자들의 의지를 강조하기보다는 주제에 대한 지적인 구조가 전달되기를 바랍니다.

이 책에서는 경우에 따라 학생들이 벅차게 생각하는 내용을 탐색하고 이해하는 것을 돕는 데 특별한 주의를 기울였습니다. 따라서 각 장은 전형적으로 학생들이 갖는 세 가지 질문에 대한 간략한 요약과 함께 시작합니다. 즉 각 토픽은 '왜 이 내용을 알아야 하는가?', '핵심 아이디어는 무엇인가?', '이미 알아야 할 것은 무엇인가?'라는 세 가지 질문을 던집니다. 세 번째 질문에 대한 답으로는 미리 공부했어야 하는 토픽이나 최소한 현재 주제에 대한 배경으로서 적절하게 고려되는 다른 토픽을 제시합니다.

이번 제2판에서는 독자들이 복잡한 계산을 수행하는 방법에 대한 생각을 모으고 정리하는 데 요구되는 더 많은 **예제**들과, 식을 간단한 방법으로 사용하고 개념을 적용하는 방법을 보여 주는 **간단한 예**를 더 많이 포함시켰습니다. 두 경우 모두 학생들이 자료의 이해 정도를 평가할 수 있도록 **자가진단**을 제공하였습니다. 학생들과 검토자들의 의견을 반영하여 많은 예제에 대한 식과 해를 유도하는 데 더 많은 단계를 추가하였고, 한 가지 식에서 다음 식으로 어떻게 전개하는 데에 대한 힌트도 추가하였습니다. 이뿐만 아니라 수학 또는 물리학 개념에 대한 빠르고 즉각적인 도움을 제공하는 **화학자 툴킷**이라는 새로운 기능을 더하였습니다. **수학적 배경** 절에서는 식의 유도에 더 많은 도움을 제공하고 어느 부분에서 가장 필요한 것인가를 판단하여 나타내었습니다. 각 장의 마지막에 나오는 **토론 문제**, **연습 문제**, **응용 문제**는 토픽의 내용과 일치하도록 구성하였지만, 하나의 문제를 해결하는 데에 여러 토픽이 필요하다는 것을 보여 주기 위하여 서로 다른 토픽과 장이 연관된 **통합 문제**를 추가하였습니다. 본문 전체에 걸쳐서 새로운 내용을 추가하여 이전에 '추가 지식'이었던 절을 토픽으로 통합하였습니다.

가르치는 것과 배우는 것은 도구에 의해 바꾸어 놓을 수 있으므로, 이 책에서는 학습 효과를 향상시키기 위하여 여러 가지 웹 기반 도구를 포함시켰으며, 이것은 이 서문 뒤에 나오는 **이용 방법** 절에서 설명될 것입니다.

저자들이 이 책을 저술하는 것을 즐겼던 것처럼 여러분들도 이 책을 사용하는 것을 마음껏 즐기기를 기대합니다. 언제나처럼, 이 책의 지속적인 향상을 위한 독자들의 제안을 환영합니다.

Peter Atkins
Julio de Paula
Ronald Friedman

이 책의 구성과 특징

이 책 '물리화학: 양자, 물질, 변화' 제2판에서는 학생들의 요구를 만족시키고자 책의 구성을 더욱 더 세밀하게 조정하였다. 첫째, 접근성, 명확성, 유연성을 향상시키기 위하여 철저하게 재편성하였다. 둘째, 제1판에서 이미 제공한 다양한 학습 기능에 새로운 화학자 툴킷, 수식의 주석과 꼬리표, 각 장의 마지막에 핵심 수식의 확인과 같은 기능을 추가함으로써 수학적인 지원을 대폭 강화하였다.

정보의 체계화

➤ 혁신적인 새로운 구조

이 책은 일반적인 장으로 정리하는 대신에, 20개 장으로 분류된 97개의 짧은 토픽으로 정리하여 구성되었다. 각 장 처음에 제시한 '로드맵'에서는 다른 토픽 사이에서의 연결점을 나타내었다. 그리고 각 토픽은 이 토픽의 중요성에 대한 언급, 핵심 아이디어의 진술, 필요한 배경 지식의 간략한 요약으로 시작된다.

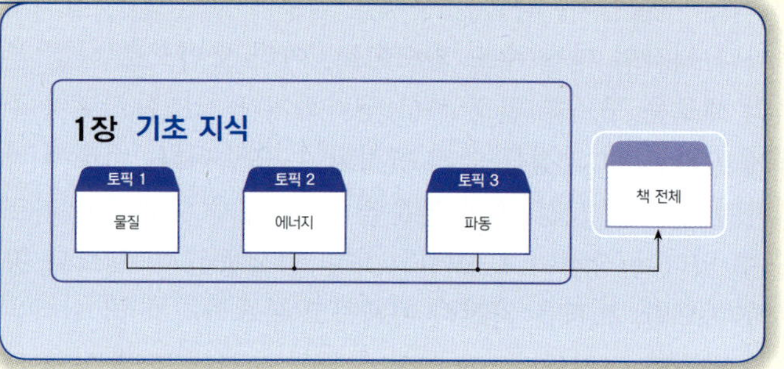

➤ 실용 상식

실용 상식은 일반적인 실수를 피하는 데 도움이 될 것이다. 이 기능은 국제순수·응용화학연합에서 채택한 언어 및 절차를 사용함으로써 국제과학용어를 따르는 것을 장려하게 한다.

실용 상식 $T=0$ K가 아니라 $T=0$이라고 쓰는 데 주목하라. 과학에서 일반적인 진술은 단위의 특정된 조합을 고려하지 않고 표현되어야 한다. 더욱이 T(θ와는 다르게)는 절대적인 값이기 때문에 높은 온도를 표시하기 위해 사용되는 척도(켈빈 척도와 같은)와 상관없이 가장 최저 값은 0이 된다. 이와 유사하게 $m=0$ kg이 아니며 $m=0$이라고 하고, $l=0$ m가 아니고 $l=0$이라고 쓴다.

➤ 부록

교재 뒷부분의 종합적인 부록에는 적분표, 연산자, 양자수들과 함께 데이터, 단위에 대한 규약의 요약, 지표표가 포함되어 있다. 짧게 발췌한 본문 중에 나오는 표들은 주로 그 자체가 논의되는 물리적 양들의 전형적인 값들을 파악하기 위한 것이다.

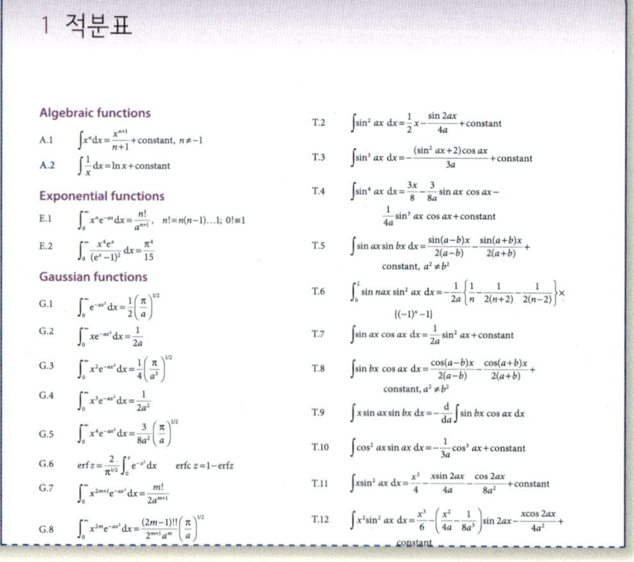

1 적분표

Algebraic functions

A.1 $\int x^n \mathrm{d}x = \frac{x^{n+1}}{n+1} + \text{constant},\ n \neq -1$

A.2 $\int \frac{1}{x} \mathrm{d}x = \ln x + \text{constant}$

Exponential functions

E.1 $\int_0^\infty x^n \mathrm{e}^{-ax} \mathrm{d}x = \frac{n!}{a^{n+1}},\quad n! = n(n-1)\ldots 1;\ 0! \equiv 1$

E.2 $\int_0^\infty \frac{x^4 \mathrm{e}^x}{(\mathrm{e}^x - 1)^2} \mathrm{d}x = \frac{\pi^4}{15}$

Gaussian functions

G.1 $\int_0^\infty \mathrm{e}^{-ax^2} \mathrm{d}x = \frac{1}{2}\left(\frac{\pi}{a}\right)^{1/2}$

G.2 $\int_0^\infty x\mathrm{e}^{-ax^2} \mathrm{d}x = \frac{1}{2a}$

G.3 $\int_0^\infty x^2 \mathrm{e}^{-ax^2} \mathrm{d}x = \frac{1}{4}\left(\frac{\pi}{a^3}\right)^{1/2}$

G.4 $\int_0^\infty x^3 \mathrm{e}^{-ax^2} \mathrm{d}x = \frac{1}{2a^2}$

G.5 $\int_0^\infty x^4 \mathrm{e}^{-ax^2} \mathrm{d}x = \frac{3}{8a^2}\left(\frac{\pi}{a}\right)^{1/2}$

G.6 $\mathrm{erf}\, z = \frac{2}{\pi^{1/2}} \int_0^z \mathrm{e}^{-x^2} \mathrm{d}x \qquad \mathrm{erfc}\, z = 1 - \mathrm{erf} z$

G.7 $\int_0^\infty x^{2m+1} \mathrm{e}^{-ax^2} \mathrm{d}x = \frac{m!}{2a^{m+1}}$

G.8 $\int_0^\infty x^{2m} \mathrm{e}^{-ax^2} \mathrm{d}x = \frac{(2m-1)!!}{2^{m+1}a^m}\left(\frac{\pi}{a}\right)^{1/2}$

T.2 $\int \sin^2 ax\, \mathrm{d}x = \frac{1}{2}x - \frac{\sin 2ax}{4a} + \text{constant}$

T.3 $\int \sin^3 ax\, \mathrm{d}x = -\frac{(\sin^2 ax + 2)\cos ax}{3a} + \text{constant}$

T.4 $\int \sin^4 ax\, \mathrm{d}x = \frac{3x}{8} - \frac{3}{8a}\sin ax \cos ax - \frac{1}{4a}\sin^3 ax \cos ax + \text{constant}$

T.5 $\int \sin ax \sin bx\, \mathrm{d}x = \frac{\sin(a-b)x}{2(a-b)} - \frac{\sin(a+b)x}{2(a+b)} + \text{constant},\ a^2 \neq b^2$

T.6 $\int_0^L \sin nax \sin^2 ax\, \mathrm{d}x = -\frac{1}{2a}\left\{\frac{1}{n} - \frac{1}{2(n+2)} - \frac{1}{2(n-2)}\right\} \times \{(-1)^n - 1\}$

T.7 $\int \sin ax \cos ax\, \mathrm{d}x = \frac{1}{2a}\sin^2 ax + \text{constant}$

T.8 $\int \sin bx \cos ax\, \mathrm{d}x = \frac{\cos(a-b)x}{2(a-b)} - \frac{\cos(a+b)x}{2(a+b)} + \text{constant},\ a^2 \neq b^2$

T.9 $\int x \sin ax \sin bx\, \mathrm{d}x = -\frac{\mathrm{d}}{\mathrm{d}a}\int \sin bx \cos ax\, \mathrm{d}x$

T.10 $\int \cos^2 ax \sin ax\, \mathrm{d}x = -\frac{1}{3a}\cos^3 ax + \text{constant}$

T.11 $\int x\sin^2 ax\, \mathrm{d}x = \frac{x^2}{4} - \frac{x\sin 2ax}{4a} - \frac{\cos 2ax}{8a^2} + \text{constant}$

T.12 $\int x^2 \sin^2 ax\, \mathrm{d}x = \frac{x^3}{6} - \left(\frac{x^2}{4a} - \frac{1}{8a^3}\right)\sin 2ax - \frac{x\cos 2ax}{4a^2} + \text{constant}$

➤ 개념 확인

핵심개념의 확인은 각 장의 마지막 부분에 제공하는데, 이를 통하여 완전히 익혔다고 생각하는 개념들을 체크할 수 있다.

개념 확인

- □ 1. 원자의 **핵 모형**에서 음으로 하전된 전자는 양으로 하전된 원자핵 주위의 껍질에 배열된 원자 오비탈을 점유한다.
- □ 2. **주기율표**에서 원자의 전자 배치의 유사성이 강조되며 나아가서 원자의 물리적, 화학적 성질의 유사성을 이끌어 낸다.
- □ 3. **공유 결합 화합물**은 원자들이 공유 결합으로 연결된 분리된 분자로 구성된다.
- □ 4. **이온 결합 화합물**은 양이온과 음이온이 결정 구조 배열로 이루어져 있다.
- □ 5. **Lewis 구조**는 분자의 결합 형태에 대한 유용한 모형이다.
- □ 6. **원자가 껍질 전자쌍 반발 이론**(VSEPR 이론)은 분자의 Lewis 구조로부터 분자의 삼차원적 모양을 예측하는 데 사용된다.
- □ 7. **극성 공유 결합**에서 전자는 결합된 원자핵 사이에서 동일하지 않게 공유된다.
- □ 8. 벌크 물질의 물리적 상태는 고체, 액체, 기체이다.
- □ 9. 벌크 물질 시료의 상태는 질량, 부피, 양, 압력, 온도 등과 같은 시료의 성질을 특정지음으로써 결정된다.
- □ 10. **완전 기체 방정식**은 이상적인 기체의 압력, 부피, 양, 온도 사이의 관계식이다.
- □ 11. **한계 법칙**은 특정된 한계에서 한층 더 유효하게 되는 법칙을 말한다.

수학적 지원

➤ 증명

수식 전개는 물리화학의 고유한 분야이며, 이러한 수식 전개를 통하여 특정한 식들이 어떻게 얻어지는지와 어떠한 가정을 하였는지를 완전히 이해할 수 있다. 이 증명은 현시점에서 필요한 수준에 맞추어서 읽을 수 있고, 또한 주제를 더 쉽게 되새기게 해 주기 위한 것이다.

증명 6.1 선형 운동량 연산자의 에르미트성

여기서 할 일은 다음 관계를 증명하는 것이다.

$$\int_{-\infty}^{\infty} f^* \hat{p} g \mathrm{d}x = \left\{ \int_{-\infty}^{\infty} g^* \hat{p} f \mathrm{d}x \right\}^*$$

여기서 $\hat{p}$은 식 6.4b의 연산자이다. 이 관계를 증명하려면 다음과 같은 '부분적분법'을 이용해야 한다.

$$\int u \frac{\mathrm{d}v}{\mathrm{d}x} \mathrm{d}x = uv - \int v \frac{\mathrm{d}u}{\mathrm{d}x} \mathrm{d}x$$

$u = f^*$와 $v = g$를 사용하면 앞의 식은 다음과 같이 된다.

$$\int_{-\infty}^{\infty} f^* \hat{p} g \mathrm{d}x = \frac{\hbar}{\mathrm{i}} \int_{-\infty}^{\infty} f^* \frac{\mathrm{d}g}{\mathrm{d}x} \mathrm{d}x = \frac{\hbar}{\mathrm{i}} f^* g \Big|_{-\infty}^{\infty} - \frac{\hbar}{\mathrm{i}} \int_{-\infty}^{\infty} g \frac{\mathrm{d}f^*}{\mathrm{d}x} \mathrm{d}x$$

➤ 화학자 툴킷

이 개정판에 새롭게 추가한 화학자 툴킷은 교재의 본문에서 설명된 바와 같이, 특별히 유도된 것을 이해하기 위해 필요한 수학적인 개념과 방법에 대한 간결한 메모이다.

화학자 툴킷 10.1 쌍곡선 함수

쌍곡선 코사인(cosh)과 쌍곡선 사인(sinh) 함수는 다음과 같이 정의된다.

$$\cosh x = (\mathrm{e}^x + \mathrm{e}^{-x})/2 \qquad \sinh x = (\mathrm{e}^x - \mathrm{e}^{-x})/2$$

스케치 10.1에 도시되었으며 대부분의 수학 소프트웨어 패키지에서 구할 수 있는 이 함수들은 다음과 같은 관계를 갖는다.

➤ 수학적 배경

교재 전체에 총 8개의 수학적 배경 절이 분산되어 있다. 이들은 물리화학을 완전하게 익힐 수 있도록 이해하는 데 필요한 핵심적인 수학적 개념을 자세하게 다룬다.

수학적 배경 1 미분과 적분

물리 과학에서 가장 중요한 두 가지 수학적인 방법은 미분과 적분이다. 미분과 적분은 주제 전체를 통하여 나타나며 관련된 과정을 알기 위해서 필수적이다.

MB1.1 미분: 정의

미분은 시간에 대한 변수의 변화율과 같이 함수의 기울기와 관계가 있다. 함수 $f(x)$의 **도함수**(**derivative**) $\mathrm{d}f/\mathrm{d}x$의 공식적인 정의는 다음과 같다.

$$\frac{\mathrm{d}f}{\mathrm{d}x} = \lim_{\delta x \to 0} \frac{f(x+\delta x) - f(x)}{\delta x}$$ 정의 1차 도함수 (MB1.1)

그림 MB1.1에 나타낸 바와 같이 도함수는 $f(x)$ 그래프에서 접선의 기울기로 해석될 수 있다. 양의 1차 도함수는 함수 기울기가 위로 향하는(x가 증가하는 함에 따라) 것을 나타내며, 음의 1차 도함수는 반대의 경우를 나타낸다. 때때로 1차 도함수를 $f'(x)$로 표기하는 것이 편리하다. 함수의 2차 도함수 $\mathrm{d}^2f/\mathrm{d}x^2$은 1차 도함수(여기에서는 f'로 표기)의 도함수이다.

$$\frac{\mathrm{d}^2 f}{\mathrm{d}x^2} = \lim_{\delta x \to 0} \frac{f'(x+\delta x) - f'(x)}{\delta x}$$ 정의 2차 도함수 (MB1.2)

때때로 2차 도함수를 $f''(x)$로 표기하는 것이 편리하다. 그림 MB1.1에 나타낸 바와 같이, 함수의 2차 도함수는 함수의 곡면[1]의 날카로움을 나타내는 것으로 해석될 수 있다. 양의 2차 도함수는 함수가 ∪ 모양을 가지며, 음의 2차 도함수는 함수가 ∩ 모양을 나타낸다.

몇 가지 일반적인 함수의 도함수는 다음과 같다.

$$\frac{\mathrm{d}}{\mathrm{d}x} x^n = nx^{n-1}$$ (MB1.3a)

d … (MB1.3b)

$$\frac{\mathrm{d}}{\mathrm{d}x} \sin ax = a \cos ax \qquad \frac{\mathrm{d}}{\mathrm{d}x} \cos ax = -a \sin ax$$ (MB1.3c)

$$\frac{\mathrm{d}}{\mathrm{d}x} \ln ax = \frac{1}{x}$$ (MB1.3d)

함수가 하나 이상의 변수에 의존할 때 **편도함수**(**partial derivative**, $\partial f/\partial x$)의 개념이 필요하다. d가 ∂로 바뀌었음에 주목하라. 편도함수는 **수학적 배경** 8에 길게 취급하였다. 지금 단계에서 알아야 둘 필요가 있는 것은 도함수를 계산할 때 일정한 변수를 제외한 나머지 변수들은 상수로 간주하여 단순화시킨다는 것이다.

간단한 예 MB1.1 편도함수

함수 f는 두 가지 변수를 갖는 함수라고 하고 특히 $f = 4x^2y^3$으로 주어진다고 가정하자. x에 대하여 f의 편도함수를 계산하기 위하여 y를 상수(4라는 숫자와 똑같이)로 취급하면 다음 결과를 얻게 된다.

$$\frac{\partial f}{\partial x} = \frac{\partial}{\partial x}(4x^2y^3) = 4y^3 \frac{\partial}{\partial x} x^2 = 8xy^3$$

같은 방법으로, y에 대하여 f의 편도함수를 계산하기 위하여 x를 상수(또한 4라는 숫자와 똑같이)로 취급하면 다음 결과를 얻게 된다.

$$\frac{\partial f}{\partial y} = \frac{\partial}{\partial y}(4x^2y^3) = 4x^2 \frac{\partial}{\partial y} y^3 = 12x^2y^2$$

MB1.2 미분: 규칙

➤ 식의 주석달기와 식의 꼬리표

많은 수식들이 어떻게 전개되었는가를 이해하는 데 도움이 될 수 있도록 주석을 달아놓았다. 주석은 등호 부호의 개념으로 이해할 수 있다. 이것은 사용된 치환, 택한 근사, 상수로 가정된 항, 사용한 적분 등에 대한 메모이다. 주석은 또한 식 속에서 각 항들의 의미에 대한 메모이기도 하다. 경우에 따라 이들이 한 줄에서 다음 줄로 어떻게 이어져 가는가를 보여 주기 위하여 숫자나 기호의 집단을 색으로 표시하였다.

$$\int_{-\infty}^{\infty} (\psi')^{*}\psi'\,\mathrm{d}x = 1 \qquad (5.1)$$

식 (5.1)의 조건을 만족하는 파동함수는 **정규화되었다**(**normalized**)고 말한다(엄밀하게 말하면 1로 정규화되었다). 원래의 파동함수의 항으로 나타내면 위의 식은 다음과 같이 된다.

$$N^2\int_{-\infty}^{\infty} \psi^{*}\psi\,\mathrm{d}x = 1$$

따라서 **정규화 상수**(**normalization constant**, N)는 다음과 같이 주어진다.

$$N = \frac{1}{\left(\int_{-\infty}^{\infty} \psi^{*}\psi\,\mathrm{d}x\right)^{1/2}} \qquad \text{정의} \quad \text{정규화 상수} \qquad (5.2)$$

➤ 식 확인

교재에 나오는 모든 식을 암기할 필요는 없다. 각 토픽 끝의 식 확인에 가장 중요한 식들과 이 식들이 적용되는 조건을 요약하였다.

식 확인

성질	식	비고	식 번호
속도	$v=\mathrm{d}r/\mathrm{d}t$	정의	2.1
선형 운동량	$p=mv$	정의	2.2
각운동량	$J=I\omega,\ I=mr^2$	점입자	2.3~4
힘	$F=ma=\mathrm{d}p/\mathrm{d}t$	정의	2.5
토크	$T=\mathrm{d}J/\mathrm{d}t$	정의	2.6
일	$\mathrm{d}w=-F\cdot\mathrm{d}s$	정의	2.7
운동 에너지	$E_k=\frac{1}{2}mv^2$	정의	2.8
퍼텐셜 에너지	$F_x=-\mathrm{d}V/dx$	일차원	2.10
Coulomb 퍼텐셜 에너지	$V(r)=Q_1Q_2/4\pi\varepsilon_0 r$	진공	2.14
퍼텐셜	$\varphi=Q_2/4\pi\varepsilon_0 r$	진공	2.16
전기장 세기	$\mathcal{E}=-\mathrm{d}\varphi/\mathrm{d}x$	일차원	2.18
전력	$P=I\Delta\varphi$		2.19
열용량	$C=\mathrm{d}U/\mathrm{d}T$	U는 내부 에너지	2.22
엔탈피	$H=U+pV$	정의	2.23
Gibbs 에너지	$G=H-TS$	정의	2.24
Boltzmann 분포	$N_i/N_j=e^{-(\varepsilon_i-\varepsilon_j)/kT}$		2.25a
분자의 평균 속력	$v_{mean}=(8RT/\pi M)^{1/2}$	완전 기체	2.26

문제 설계와 풀이

➤ 간단한 예

간단한 예는 본문에서 방금 도입한 식들이나 개념들이 어떻게 사용되는지를 보여 준다. 특히 데이터들을 어떻게 이용하고 단위들을 어떻게 정확하게 처리하는지를 알게 하며, 또한 성질들의 크기에 익숙해지는 데 도움을 줄 것이다. 이해의 진척 과정을 모니터링하는 데 사용할 수 있도록 자가 진단이 바로 뒤따라 동반된다.

간단한 예 1.1 옥텟 확장

옥텟 확장은 그것이 필수적으로 필요하지 않는 화학종에서도 나타난다. 만일 옥텟 확장이 가능한 경우는 낮은 에너지를 갖을 것이다. 따라서 아래 SO_4^{2-} 이온에서 (**1a**)와 (**1b**) 구조 중 (1b) 구조가 (1a) 구조보다 더 낮은 에너지를 갖게 된다. 이 이온의 실제 구조는 두 구조의 혼성 공명 구조(이중 결합이 다른 위치에 있는 유사 구조도 포함됨)이지만 두 번째 구조인 (1b)가 지배적으로 기여를 한다.

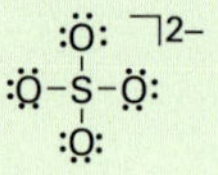

1a 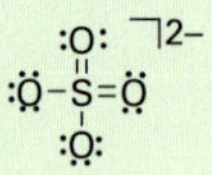 **1b**

자가 진단 1.1 XeO_4의 Lewis 구조를 그리시오.

답: **2**

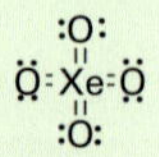

➤ 예제

예제는 개념과 수식을 모아서 전개하는 데 요구되는 자료 내용의 응용에 대한 좀 더 자세한 예시이다. 여기에서는 문제를 해결하기 위한 방법을 제시하여 해답에 도달하도록 실행하는 방법을 나타내었다. 또한 예제 뒤에 자가 진단을 제공하였다.

예제 1.1 완전 기체 방정식 이용

20°C에서 부피가 250 cm^3인 플라스크 속의 질소 기체 1.25 g에 가해지는 압력을 킬로파스칼 단위로 계산하시오.

방법 식 1.5를 사용하기 위하여 시료 분자의 양(몰 단위로)을 알아야 하며, 이것은 질량과 몰질량(식 1.3 이용)으로부터 구할 수 있으며, 온도는 켈빈 척도(식 1.4 이용)로 변환한다.

풀이 존재하는 N_2 분자(몰질량 28.02 g mol^{-1})의 양은

$$n(\mathrm{N_2}) = \frac{m}{M(\mathrm{N_2})} = \frac{1.25\ \mathrm{g}}{28.02\ \mathrm{g\ mol^{-1}}} = \frac{1.25}{28.02}\ \mathrm{mol}$$

시료의 온도는

➤ 토론 문제

토론 문제들이 토픽별로 정리되어 각 장의 마지막에 나온다. 이 문제들은 방금 읽은 교재 내용을 반영하고 이것을 개념적으로 살펴보는 것을 권장하기 위하여 고안된 것이다.

1장 기초 지식

토픽 1 물질

토론 문제

1.1 원자에서 핵 모형의 특성을 요약해 보시오. 원자 번호, 핵자수, 질량수의 용어를 정의하시오.

1.2 주기율표에서 금속, 비금속, 전이 금속, 란타넘족, 악티늄족은 어디에 있는가?

1.3 단일 결합과 다중 결합이 의미하는 것이 무엇인지를 요약하시오.

1.4 분자의 VSEPR 이론에 대한 주요 개념을 요약하시오.

1.5 다음 것들의 특성을 비교하고 대조하시오.
(a) 물질의 고체, 액체, 기체 상태 (b) 물질의 응축 상태와 기체 상태

연습 문제

1.1(a) 주기율표상에서 다음에 속해 있는 원소의 원자에서 전형적인 바닥 상태의 전자 배치를 표시하시오.
(a) 2족, (b) 7족, (c) 15족

1.1(b) 주기율표상에서 다음에 속해 있는 원소의 원자에서 전형적인 바닥 상태의 전자 배치를 표시하시오.
(a) 3족, (b) 5족, (c) 13족

1.2(a) 다음 화합물에서 원소의 산화수를 밝히시오.
(a) $MgCl_2$, (b) FeO, (c) Hg_2Cl_2

1.2(b) 다음 화합물에서 원소의 산화수를 밝히시오.
(a) CaH_2, (b) CaC_2, (c) LiN_3

1.3(a) 탄소와 질소 사이에서 (a) 단일 결합, (b) 이중 결합, (c) 삼중 결합을 갖는 분자를 밝히시오.

1.3(b) 중심 원자에 고립 전자쌍이 (a) 한 개, (b) 두 개, (c) 세 개인 분자를 밝히시오.

1.4(a) 다음 화학종의 Lewis(전자 점) 구조를 그리시오.
(a) SO_3^{2-}, (b) XeF_4, (c) P_4

1.4(b) 다음 화학종의 Lewis(전자 점) 구조를 그리시오.
(a) O_3, (b) ClF_3^+, (c) N_3^-

1.5(a) 불완전한 옥텟 구조를 갖는 화합물의 예를 세 개 들어보시오.

1.5(b) 초원자가 화합물의 예를 네 개 들어보시오.

1.6(a) VSEPR 이론을 사용하여 다음 화학종의 구조를 예측하시오.
(a) PCl_3, (b) PCl_5, (c) XeF_2, (d) XeF_4

1.6(b) VSEPR 이론을 사용하여 다음 화학종의 구조를 예측하시오.
(a) H_2O_2, (b) FSO_3^-, (c) KrF_2, (d) PCl_4^+

1.7(a) 다음 결합에 대한 극성(부분 전하를 δ+와 δ−로 표시)을 확인하시오.
(a) C−Cl, (b) P−H, (c) N−O

1.7(b) 다음 결합에 대한 극성(부분 전하를 δ+와 δ−로 표시)을 확인하시오.
(a) C−H, (b) P−S, (c) N−Cl

1.8(a) 다음 분자들이 극성인지, 무극성인지를 말하시오.
(a) CO_2, (b) SO_2, (c) N_2O, (d) SF_4

1.8(b) 다음 분자들이 극성인지, 무극성인지를 말하시오.
(a) O_3, (b) XeF_2, (c) NO_2, (d) C_6H_{14}

1.9(a) 위 문제 1.8(a)에 열거된 분자들을 쌍극자 모멘트가 증가하는 순서로 나열하시오.

1.9(b) 위 문제 1.8(b)에 열거된 분자들을 쌍극자 모멘트가 증가하는 순서로 나열하시오.

1.10(a) 다음 성질들을 크기 성질과 세기 성질로 분류하시오.
(a) 질량, (b) 질량 밀도, (c) 온도, (d) 수밀도

1.10(b) 다음 성질들을 크기 성질과 세기 성질로 분류하시오.
(a) 압력, (b) 비열, (c) 무게, (d) 몰랄 농도

1.11(a) 에탄올 25.0 g 속에 들어 있는 (a) C_2H_5OH의 몰질량(몰 단위로), (b) 분자수를 계산하시오.

1.11(b) 포도당 5.0 g 속에 들어 있는 (a) $C_6H_{22}O_{11}$의 몰질량(몰 단위로), (b) 분자수를 계산하시오.

1.12(a) 10.0 mol $H_2O(l)$의 지표면(이때의 $g = 9.81\ \mathrm{m\ s^{-2}}$)에서의 (a) 질량, (b) 무게를 계산하시오.

1.12(b) 10.0 mol $C_6H_6(l)$의 화성 표면(이때의 $g = 3.72\ \mathrm{m\ s^{-2}}$)에서의 (a) 질량, (b) 무게를 계산하시오.

1.13(a) 체중이 65 kg인 사람이 바닥 면적이 150 cm^2인 신발을 신고 서(지표면에) 있을 때 미치는 압력을 계산하시오.

1.13(b) 체중이 60 kg인 사람이 바닥 면적이 2 cm^2인 하이힐을 신고 서(지표면에) 있을 때 미치는 압력을 계산하시오(단, 무게가 힐의 전체에 실린다고 가정할 것).

1.14(a) 위 문제 1.13(a)에 계산된 압력을 기압으로 나타내시오.

1.14(b) 위 문제 1.13(b)에 계산된 압력을 기압으로 나타내시오.

1.15(a) 1.45 atm의 압력을 (a) 파스칼, (b) bar로 나타내시오.

1.15(b) 222 atm의 압력을 (a) 파스칼, (b) bar로 나타내시오.

1.16(a) 혈액 온도 37.0°C를 Kelvin 척도로 변환시키시오.

1.16(b) 산소의 끓는점 90.18 K를 섭씨 척도로 변환시키시오.

➤ 연습 문제와 응용 문제

연습 문제와 응용 문제가 각 장 끝에 토픽별로 정리되어 제공된다. 이것들은 각 장의 토픽에 대한 이해 정도를 시험하도록 유도한다. 연습 문제는 상대적으로 단순한 수치 테스트로 고안되어 있으며, 응용 문제는 조금 더 사고를 요하는 도전적인 것들이다. 각 장의 마지막 부분에 나오는 통합 문제는 여러 토픽 내용에 걸친 문제들이다.

➤ 통합 문제

알고 있는 지식을 다양한 방법으로 창의적으로 사용하는 데 도움이 되도록 고안된 문제들을 대부분 장의 끝에 수록하였다. 이 문제들의 일부는 온라인 자료센터의 Living graph와 연관되어 있으며 이를 통하여 문제들에 답하는 데 도움이 될 것이다.

➤ 해답집

이 교재에 동반되는 두 종류의 해답집이 Charles Trapp, Marshall Cady, Carmen Giunta에 의하여 쓰여졌다.
학생용 해답집(ISBN 9780198701286)은 'a' 연습 문제와 홀수 문제에 대한 완전한 풀이를 제공한다.
교수용 해답집은 모든 'b' 연습 문제와 짝수 문제들에 대한 해답을 제공하고 있으며, 오로지 교재의 등록된 사용자에게만 온라인 자료센터를 통하여 제공된다.

감사의 글

저희 저자들은 이 교재를 준비하고 집필하는 과정에서 대단히 많은 도움을 받았으며 이와 같이 유용하고 시사하는 바가 많은 제언을 주신 분들과 그들의 동료 모든 분들께 감사를 드립니다. 또한 이 판의 출판에는 자발적 또는 의뢰한 학생들로부터의 피드백이 저자들의 집필방식에 정말로 도움이 되었던 것이 사실입니다.

저희 저자들은 매 장의 끝에 수록된 토론 문제, 연습 문제, 응용 문제, 통합 문제들의 검토와 비평에 대하여 Charles Trapp, Carmen Giunta, Marshall Cady에게 특별한 감사의 말씀을 전합니다.

많은 분들이 이 판이 출판되기까지 기여하였으며, 때에 따라서는 인식하지 못하셨을지는 모르지만 기여하였습니다. 저희들은 특별히 다음 분들께 이 지면을 빌어 감사드립니다.

Hashim M. Ali, Arkansas State University
Simon Banks, University College London
Michael Bearpark, Imperial College London
David Benoit, University of Hull
Julia Bingham Wiester, Saint Xavier University
Geoffrey M. Bowers, Alfred University
Fernando Bresme, Imperial College London
Thandi Buthelezi, Wheaton College
Mauricio Cafiero, Rhodes College
Henry J. Castejon, Wilkes University
David L. Cedeño, Illinois State University
Qiao Chen, University of Sussex
Allen Clabo, Francis Marion University
Zachary J. Donhauser, Vassar College
Pamela C. Douglass, Goucher College
Gordana Dukovic, University of Colorado
Mark Ellison, Ursinus College
Haiyan Fan-Hagenstein, Claflin University
Ron L. Fedie, Augsburg College
Neville Y. Forlemu, Georgia Gwinnett College
Robert J. Glinski, Tennessee Tech University
Jerry Goodisman, Syracuse University
Tandy Grubbs, Stetson University
Alex Grushow, Rider University
Joseph C. Hall, Norfolk State University
Grant Hill, University of Glasgow
Gary G. Hoffman, Elizabethtown College
Jason Hofstein, Siena College
Carey K. Johnson, University of Kansas
Miklos Kertesz, Georgetown University
Scott J. Kirkby, East Tennessee State University
Ranjit T. Koodali, University of South Dakota
Don Kouri, University of Houston
Roderick M. Macrae, Marian University
Tony Masiello, California State University - East Bay
Nicholas Materer, Oklahoma State University
Steven G. Mayer, University of Portland
Laura McCunn, Marshall University
Danny G. Miles, Jr., Mount St. Mary's University
Marcelo P. de Miranda, University of Leeds
Andrew M. Napper, Shawnee State University
Chifuru Noda, Bridgewater State University
Gunnar Nyman, University of Gothenburg
Jason J. Pagano, Saginaw Valley State University
Codrina V. Popescu, Ursinus College
Robert Quandt, Illinois State University
Scott W. Reeve, Arkansas State University
Keith B. Rider, Longwood College
Steve Robinson, Belmont University
Raymond Sadeghi, University of Texas at San Antonio
Stephan P. A. Sauer, University of Copenhagen
Joe Scanlon, Ripon College
Paul D. Schettler, Juniata College
Nicholas Schlotter, Hamline University
Cheryl Schnitzer, Stonehill College
Louis Scudiero, Washington State University
Steven Singleton, Coe College
John M. Stubbs, The University of New England
John Thoemke, Minnesota State University - Mankato
Chia-Kuang (Frank) Tsung, Boston College
Carlos Vázquez-Vázquez, University of Santiago de Compostela
Darren Walsh, University of Nottingham
Lichang Wang, Southern Illinois University
Lauren J. Webb, The University of Texas at Austin
William C. Wetzel, Thomas More College
Darren L. Williams, Sam Houston State University

마지막으로, 앞에 말씀드린 분들과 마찬가지로 중요함은 물론, 함께 환상적인 팀으로서 그들의 비전이 실현되도록 저자들을 도와준 두 분의 편집장인 Oxford 대학교 출판사 Jonathan Crowe와 W. H. Freeman & Co.의 Jessica Fiorillo의 전폭적이고 아낌없는 지원에 감사드립니다.

차례

화학자 툴킷

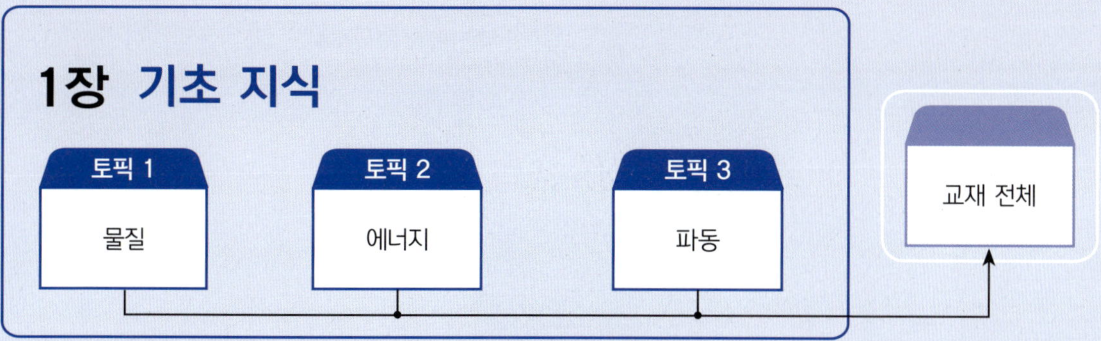

화학은 물질과 그 물질이 일으키는 변화를 연구하는 과학이다. 물리화학은 물리학의 기본 개념과 수학의 언어를 이용하여 주제의 원리를 확립시키고 또 발전시키는 화학의 한 분야이다. 물리화학은 새로운 분광학 기법과 그 해석법을 발전시키고, 분자 구조와 그들의 상세한 전자 분포를 이해할 수 있게 하며, 또 물질의 벌크 성질을 그 성분 원자들과 연관시킬 수 있게 하는 기초를 제공한다. 물리화학은 또 화학 반응의 세계를 들여다보게 하고, 화학 반응이 어떻게 일어나는지를 자세히 이해할 수 있게 해 준다.

이 책 전체를 통해서 많은 개념들을 이끌어 내게 되는데, 이들은 원자의 '핵 모형', 분자의 'Lewis 구조', '완전 기체 방정식'과 같이 대부분 일반화학을 통해서 이미 친숙해진 것들이다. 토픽 1에서는 이 내용들을 포함하여 많은 단계의 설명에 나타나는 화학의 다른 기본 개념들을 복습하고자 한다.

물리화학은 물리학과 화학 사이의 경계 영역을 다루므로 이 책에서 필요한 일반물리학의 개념들도 일부 검토할 필요가 있다. 토픽 2는 입자의 운동과 에너지에 대한 논의의 시작점인 '고전역학'에 대한 간략한 요약으로 시작된다. 그리고 이미 여러분에게 친숙한 화학 용어의 일부분인 '열역학'의 개념을 복습할 것이다. 마지막으로, 'Boltzmann 분포'와 '균등 분배 이론'을 소개할 것인데, 이들은 물질에서 분자 수준의 성질과 벌크 성질 사이의 연결 고리를 확립하는 데 도움이 되는 것이다.

토픽 3에서는 '조화파'에 초점을 맞추어 전자기 복사의 고전적인 설명을 위한 기초를 형성하는 파동에 대해 설명할 것이다. 토픽 2와 3에서 언급된 운동, 에너지, 파동에 대한 고전적인 발상은 나아가 전자, 원자, 분자를 논의하기 위한 단계를 구축하는 **양자 역학의 원리**로 확장된다. 책 전체에서 양자 역학으로부터 화학적 구조와 변화의 원리 및 많은 연구 기법에 대한 기초를 발전시킬 것이다.

토픽 1

물질

내용

➤ 학습 목표

화학은 물질과 그 물질이 물리적, 화학적인 두 가지 측면에서 일으키는 변화에 관한 학문이기 때문에, 물질의 성질은 이 책에서 모든 논의의 기본이다.

➤ 핵심 내용

물질의 벌크 성질은 시료 속 원자와 분자의 정체 및 배열과 연관되어 있다.

➤ 미리 알기

이 토픽에서는 통상적으로 일반화학에서 언급되는 내용을 다룬다.

이 책에서는 물리화학에 대해 설명을 함에 있어서 물질은 원자로 구성되어 있다는 실험적으로 증명된 사실에 기초를 두고 있다. 화학에서 널리 사용되는 기본 개념과 용어를 복습하고자 하는 이 토픽에서는 원자, 분자, 그리고 벌크 성질 사이의 연관성을 맺는 것에서 시작한다. 대부분의 주제는 이 책의 뒷부분에서 보다 자세하게 전개된다.

1.1 원자

한 원소의 원자는 그 핵에 들어 있는 양성자의 수, 즉 **원자 번호**(**atomic number**) Z에 의해 특정지어진다. 핵 속에 들어 있는 중성자의 수는 같은 종류의 원소라도 조금씩 다를 수 있으며, **핵자수**(**nucleon number**, 보통 **질량수**(mass number)라고도 함) A는 핵 속에 들어 있는 양성자와 중성자의 전체 수이다. 양성자와 중성자를 합하여 **핵자**(**nucleon**)라고 한다. 원자 번호가 같으면서 핵자수가 다른 원자를 **동위원소**(**isotope**)라고 한다.

(a) 핵 모형

핵 모형(**nuclear model**)에 의하면, 원자 번호가 Z인 원자는 각각의 전하가 $-e$인 Z개의 전자로 둘러싸여 있으며 전하가 $+Ze$인 핵으로 구성되어 있다(e는 기본 전하이며, 앞표지 안쪽에 이것의 값과 다른 기본 상수들의 값을 수록해 놓은 것을 참조할 것). 이들 전자는 전자를 발견할 가능성이 가장 높은 공간 영역인 **원자 오비탈**(**atomic orbital**)을 점유하는데, 어떠한 한 오비탈에도 전자는 2개보다 많이 들어갈 수 없다. 원자 오비탈은 핵 둘레의 **껍질**(**shell**) 안에 배열되어 있으며, 각 껍질은 **주양자수**(**principal quantum number**) $n=1, 2, \cdots$으로 나타낼 수 있다. 한 껍질 안에는 n^2개의 개별 오비탈이 들어 있으며, 이 오비탈들은 n개의 **부껍질**(**subshell**)로 묶어지며, 이들 부껍질과 그 속의 오비탈들을 s, p, d, f 등의 기호로 나타낸다. 수소를 제외한 모든 중성 원자의 경우, 주어진

한 껍질 안의 부껍질들은 조금씩 다른 에너지를 가지고 있다.

(b) 주기율표

원자들을 원자 번호 순으로 나열하여 전자를 채워 나가는 원자의 **전자 배치**(**electronic configuration**)에 있어서 연속적인 껍질에 오비탈이 순차적으로 점유되는 것에는 주기적인 유사성이 나타난다. 이러한 체계의 주기성은 **주기율표**(**periodic table**)의 구성으로 설명된다(뒤표지 안쪽 면 참조). 주기율표의 수직 열을 **족**(**group**)이라고 하며, 1에서 18까지(현재 사용하고 있는 방식의 경우) 번호를 붙여 준다. 주기율표에서 잇따른 행은 **주기**(**period**)라고 하는데, 각 주기의 번호는 원자의 **원자가 껍질**(**valence shell**), 즉 최외각 껍질의 주양자수와 같다.

일부 족들은 우리에게 익숙한 이름을 갖기도 한다. 예를 들면 1족의 **알칼리 금속**(**alkali metal**), 2족(구체적으로 칼슘, 스트론튬, 바륨)의 **알칼리 토금속**(**alkaline earth metal**), 17족의 **할로젠 원소**(**halogen**), 18족의 **비활성 기체**(**noble gas**, 영족기체) 등이다. 대체적으로 주기율표의 왼쪽에 있는 원소들은 **금속**(**metal**)이고, 오른쪽에 있는 것은 **비금속**(**non-metal**)이다. 이 두 무리의 원소들은 붕소로부터 폴로늄에 이르는 대각선상에서 만나는데, 이들을 **준금속**(**metalloid**)이라고 한다. 이들은 금속과 비금속의 중간 성질을 나타낸다.

주기율표는 원자의 전자 배치 표시에서 마지막으로 점유되는 부껍질에 따라 s, p, d, f **구역**(**block**)으로 나눈다. d 구역 원소(특히 3~11족까지의 원소)를 **전이 금속**(**transition metal**)이라고 한다. 그리고 f 구역의 원소(번호를 붙여서 세분하지 않은)를 **내부 전이 금속**(**inner transition metal**)이라고 한다. 이 f 구역의 위쪽 행 원소를 **란타넘족**(**lanthanoid**, 아직도 보통 lanthanide라고 함), 아래쪽 행(7주기) 원소를 **악티늄족**(**actinoid**, 아직도 보통 actinide라고 함)이라고 한다.

(c) 이온

단원자 **이온**(**ion**)은 전기적으로 전하를 띠고 있는 원자이다. 원자가 1개 이상의 전자를 얻게 되면 음으로 하전된 **음이온**(**anion**)이 되고, 1개 이상의 전자를 잃으면 양으로 하전된 **양이온**(**cation**)이 된다. 이온이 가지고 있는 전하수를 그 원소의 그 상태에서의 **산화수**(**oxidation number**)라고 한다(즉 Mg^{2+} 상태에 있는 마그네슘의 산화수는 +2이고, O^{2-} 상태에 있는 산소의 산화 상태는 −2이다). 항상 그런 것은 아니지만 산화수와 **산화 상태**(**oxidation state**)를 구별하는 것이 타당하다. 산화 상태란 특정한 산화수를 가지고 있는 원자의 물리적 상태를 나타낸다. 따라서 Mg^{2+}로 존재할 때 마그네슘의 산화수는 +2이며, Mg^{2+}의 산화 상태에 있다고 말한다.

원소들은 주기율표상의 위치에 따라 고유한 이온을 형성한다. 금속 원소는 일반적으로 그의 최외각 껍질 전자를 잃고 그 앞쪽 비활성 기체 원자의 전자 배치를 이루면서 양이온으로 된다. 한편 비금속 원소는 일반적으로 전자를 얻어서 바로 뒤쪽 비활성 기체의 전자 배치를 이루면서 음이온으로 된다.

1.2 분자

원자들 사이를 연결시키는 것을 **화학 결합**(**chemical bond**)이라고 한다. 금속 원소를 포함하는 화합물은 결코 보편적은 아니지만 전형적으로 결정 배열에서 양이온과 음이온으로 이루어진 **이온 결합 화합물**(**ionic compound**)을 형성한다. 이온 결합 화합물에서의 '화학 결합'은 결정 속 전체 이온들 사이의 쿨롱 인력에 의한 것이며, 특정한 인접 이온쌍들 사이의 결합이라고 말하는 것은 적절하지 못하다. 이온 결합 화합물의 최소 단위를 **화학식 단위**(**formular unit**)라고 한다. 예를 들어 한 개의 Na^+ 양이온과 한 개의 NO_3^- 음이온으로 이루어진 $NaNO_3$는 질산 소듐의 화학식 단위이다. 금속 원소를 포함하지 않는 화합물은 일반적으로 분리된 분자들로 이루어진 **공유 결합 화합물**(**covalent compound**)을 만든다. 이 경우 한 분자 안의 원자들 사이의 결합은 **공유**(**covalent**)되며, 그 결합은 공유 전자쌍으로 이루어지는 것을 의미한다.

실용 상식 일부 화학자들은 '분자'라는 용어를 이온 결합 화합물이나 공유 결합 화합물을 막론하고, 벌크 물체의 조성을 갖는 화합물의 가장 작은 단위로 나타내며, 따라서 'NaCl 분자'라고 말한다. 이 책에서는 '분자'는 공유 결합으로 이루어진 분리된 단위체(예를 들면 H_2O)를 나타낼 때 사용하며, 이온 결합 화합물에 대해서는 '화학식 단위'라는 용어를 사용한다.

(a) Lewis 구조

인접 원자들 사이의 결합 양식은 **Lewis 구조**(**Lewis structure**)를 그려서 나타낸다. 즉 결합은 선으로, 결합에 사용되지 않은 원자가 전자의 쌍인 **고립 전자쌍**(**lone pair**) 점으로 나타낸다. Lewis 구조는 원자마다 전자 8개까지 공유할 수 있게 하는 **옥텟**(**octet**, 팔전자계)을 이루게 함으로써 만들어진다(수소 원자는 2개의 전자까지만 갖는 **이전자계**(**duplet**)). 한 개의 공유 전자쌍은 **단일 결합**(**single bond**)을, 2개의 공유 전자쌍은 **이중 결합**(**double bond**)을, 3개의 공유 전자쌍은 **삼중 결합**(**triple bond**)을 이룬다. 3주기와 그 이

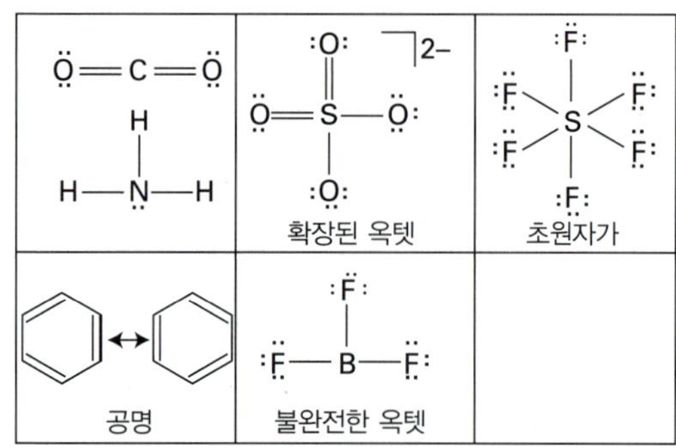

그림 1.1 Lewis 구조의 예

후의 원소에서 원자는 원자가 껍질에 8개보다 많은 수의 전자를 수용할 수 있으며, 그리하여 '확장된 옥텟'의 **초원자가(hypervalent)**계를 이룰 수 있다. 즉 옥텟(팔전자계) 규칙이 허용하는 것 이상의 결합을 형성하거나(예를 들어 SF_6), 또는 적은 수의 원자에 더 많은 결합을 형성하게 하는 것이다(**간단한 예** 1.1 참조). 한 주어진 원자 배열에 대하여 1개 이상의 Lewis 구조를 그릴 수 있다면, 이 경우 이들 구조가 혼합된 **공명(resonance)** 구조가 생기며 다중 결합 특성이 분자 전체에 분포된다(예를 들어 벤젠의 두 Kekulé 구조). 그림 1.1에 이러한 Lewis 구조의 양상을 나타내었다.

간단한 예 1.1 옥텟 확장

옥텟 확장은 그것이 필수적으로 필요하지 않는 화학종에서도 나타난다. 만일 옥텟 확장이 가능한 경우는 낮은 에너지를 가질 것이다. 따라서 아래 SO_4^{4-} 이온에서 (**1a**)와 (**1b**) 구조 중 (1b) 구조가 (1a) 구조보다 더 낮은 에너지를 갖게 된다. 이 이온의 실제 구조는 두 구조의 혼성 공명 구조(이중 결합이 다른 위치에 있는 유사 구조도 포함됨)이지만 두 번째 구조인 (1b)가 지배적으로 기여를 한다.

1a 1b

자가 진단 1.1 XeO_4의 Lewis 구조를 그리시오.

답: **2**

(b) VSEPR 이론

극히 단순한 분자를 제외하면 Lewis 구조로는 분자의 삼차원 구조를 나타내지 못한다. 분자 구조를 예측하는 가장 단순한 접근은 **원자가 껍질 전자쌍 반발 이론(valence-shell electron pair repulsion theory**, VSEPR 이론)이다. 이 방법에서는 결합(단일 결합이나 다중 결합)과 고립 전자쌍으로 나타나는 높은 전자 밀도 영역들이 중심 원자 주위에서 가능한 한 서로 멀리 떨어지도록 배향되게 한다. 이어서 부착되는 원자들(고립 전자쌍이 아닌)의 위치가 정해지고, 이 위치를 유의하여 분자 모형을 분류하는 데 사용된다. 예를 들어 전자 밀도 영역이 4개일 때는 사면체 배열이 이루어진다. 이들 각 영역에 원자가 하나씩 있게 되면(CH_4에서와 같이) 분자 모양은 사면체가 된다. 그러나 3개 영역에만 원자가 하나씩 있게 되면(NH_3에서와 같이) 분자 모양이 삼각 피라미드가 된다. 자주 나타나는 여러 모양의 명칭들을 그림 1.2에 나타내었다. 세련된 이론에서는 고립 전자쌍이 결합쌍을 밀어내는 정도는 결합쌍끼리 서로 멀리 밀어내는 것보다 더 강하다고 가정한다. 따라서 분자 모양이 완전히 대칭을 가지고 결정되지 않는 경우에는, 고립 전자쌍으로부터의 반발이 극소화되는 모양이 이루어진다.

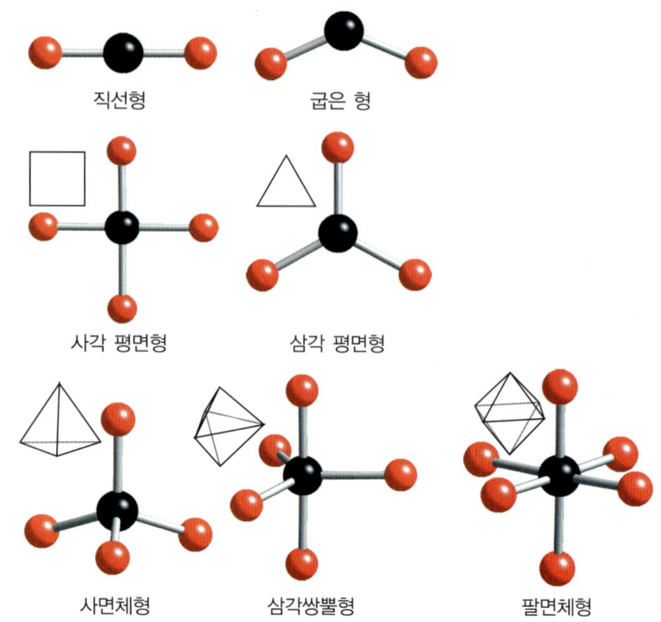

그림 1.2 VSEPR 이론을 응용한 결과로 나타난 분자의 모형

간단한 예 1.2 분자 모양

SF_4에서는 고립 전자쌍이 수평 위치를 차지하고 두 개의 축 방향 S–F 결합들은 약간 밀어서 휘어지게 하여, 결과적으로 휘어진 시소 모양 분자를 만든다(그림 1.3).

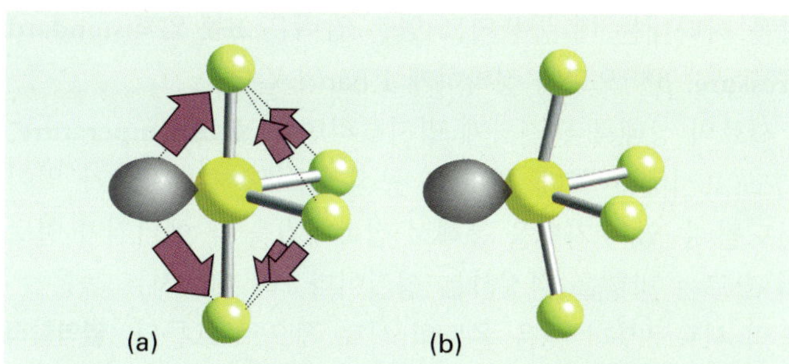

그림 1.3 (a) SF_4 분자에서는 고립 전자쌍이 수평 위치를 차지하고 (b) 두 개의 축 방향 S–F 결합들은 약간 밀어서 휘어지게 하여, 결과적으로 휘어진 시소 모양 분자를 만든다.

자가 진단 1.2 SO_3^{2-} 이온의 모양을 예측하시오.

답: 삼각 피라미드

(c) 극성 결합

공유 결합은 **극성**(**polar**), 즉 전자쌍을 동등하지 않게 공유할 수 있으며, 이로 인해 한 원자는 부분 양전하(δ+로 표시)를, 다른 한 원자는 부분 음전하(δ−로 표시)를 갖는다. 분자를 이루고 있는 원자가 전자를 자신 쪽으로 끌어당기는 능력은 그 원소의 **전기 음성도**(**electronegativity**), χ(chi)로 측정된다. 크기가 같고 부호가 반대인 부분 전하가 나란히 놓인 것을 **전기 쌍극자**(**electric dipole**)라고 한다. 만일 이 두 전하가 $+Q$와 $-Q$이고, 이들이 거리 d 만큼 떨어져 있을 때, 이 **전기 쌍극자 모멘트**(**electric dipole moment**)의 크기 μ는 다음과 같다.

$$\mu = Qd \qquad \text{정의 전기 쌍극자 모멘트 크기} \quad (1.1)$$

간단한 예 1.3 극성 결합을 갖는 무극성 분자

분자가 전체적으로 극성이 되는지는 그 결합들의 배열에 달려 있다. 분자의 대칭성이 대단히 큰 경우에는 알짜 쌍극자를 가지지 않을 수도 있다. 예를 들어 선형의 CO_2 분자(구조상으로는 OCO)는 극성 CO 결합 2개를 가지고 있지만, 이들의 효과가 상쇄되어 분자는 전체적으로 무극성이 된다.

자가 진단 1.3 NH_3는 극성인가?

답: 예

1.3 벌크 물질

벌크 물질(**bulk matter**)는 많은 수의 원자, 분자, 이온으로 되어 있으며 그 물리적 상태는 고체나 액체, 또는 기체이다.

고체(**solid**)는 담겨 있는 용기와 무관한 모양을 유지하는 물질의 한 형태이다.

액체(**liquid**)는 담겨 있는 용기의 모양(중력장에서 아래 부분)을 부분적으로 닮으며 일정한 표면에 의해 용기의 빈 부분과 분리되는 물질의 한 형태이다.

기체(**gas**)는 담겨 있는 어떠한 용기라도 즉각 채워 주는 물질의 한 형태이다.

액체와 고체는 물질의 **응축 상태**(**condensed state**)의 예이다. 액체와 기체는 물질의 **유체**(**fluid**) 형태로서 가해진 힘(예를 들면 중력)에 따라 흐른다.

(a) 벌크 물질의 성질

벌크 시료 물질의 상태는 여러 성질들의 값을 명시함으로써 정의된다.

이러한 성질에는 다음과 같은 것들이 있다.

질량(**mass**, m): 존재하는 물질의 양에 대한 척도(단위: 킬로그램, kg)

부피(**volume**, V): 시료가 차지하는 공간의 양을 나타내는 척도(단위: 입방미터, m^3)

물질의 양(**amount of substance**, n): 존재하는 명시된 개체(원자, 분자, 또는 화학식 단위 등)의 수를 나타내는 척도(단위: 몰, mol)

간단한 예 1.4 부피 단위

부피는 1 m^3의 약수로도 표시되는데, 예를 들면 입방데시미터(1 $dm^3 = 10^{-3}$ m^3)나 입방센티미터(1 $cm^3 = 10^{-6}$ m^3)이다. 또한 통상적으로 비SI 단위인 리터(1 L = 1 dm^3)로도 표시되며 이것의 약수는 밀리리터(1 mL = 1 cm^3)이다. 간단한 단위 환산을 수행하기 위해서는 단위의 분율로 대체하면 된다(예를 들어 1 cm의 경우, 10^{-2} m). 따라서 100 cm^3를 입방데시미터(리터)로 환산하기 위해서는 1 cm = 10^{-1} dm를 사용하며, 이때 100 cm^3 = 100(10^{-1} dm$)^3$이 되고 이는 곧 0.100 dm^3와 같다.

자가 진단 1.4 100 mm^3 부피를 cm^3 단위로 표시하시오.

답: 0.100 cm^3

시료에 존재하는 물질의 양에 의존하는 성질을 벌크 물질의 **크기 성질**(**extensive property**)이라고 한다. 그리고 물질의 양과 무관한 성질을 **세기 성질**(**intensive property**)이라고 한다. 부피는 크기 성질이며, 질량 밀도 ρ는 아래의 식과 같이 표시되며 세기 성질이다.

$$\rho = \frac{m}{V} \qquad \text{질량 밀도} \quad (1.2)$$

물질의 양 n(통칭으로는 '몰수'라고 함)은 시료 안에 들어 있는 특정된 개체의 수에 대한 척도이다. '물질량'은 양에 대한 공식 명칭이며, 일반적으로 '화학량' 또는 간단히 '양'이라고 한다. 현재 단위 1 mol은 탄소-12가 정확하게 12 g 속에 들어 있는 탄소 원자의 수로 정의한다(2011년에 이 정의를 대체하기로 결정하였으나 2014년까지 개정은 아직 시행되지 않았음). 1 mol당의 개체수를 **Avogadro 상수(Avogadro's constant**, N_A)라고 하며, 현재 채택된 값은 6.022×10^{23} mol^{-1}이다(N_A는 단위를 가진 상수이며, 순수한 수가 아님을 주의하라).

한 **물질의 몰질량(molar mass of a substance)** M은 그 물질 1 mol의 원자, 분자, 또는 화학식의 단위당 질량이다(단위는 정식으로는 몰당 킬로그램, 즉 kg mol^{-1}이지만 흔히 몰당 그램인 g mol^{-1}을 쓰기도 한다). 시료 속에 들어 있는 특정한 개체의 물질량은 그 질량으로부터 다음과 같이 쉽게 구할 수 있다.

$$n = \frac{m}{M} \qquad \text{물질의 양} \qquad (1.3)$$

실용 상식 원자 질량이나 분자 질량(원자 또는 분자 한 개의 질량, 단위는 kg^{-1})을 몰질량(원자나 분자 1몰당 질량, 단위는 kg mol^{-1}))과 구별하는 데 주의해야 한다. 원자와 분자의 **상대(relative)** 분자 질량인 $M_r = m/m_u$는 단위가 없는 양이고 무게(중력이 물체에 가해졌을 때의)가 아니며, 아직도 '원자량(atomic weight)'와 '분자량(molecular weight)'으로 널리 불린다. 여기에서 m은 원자나 분자의 질량이고, m_u는 원자 질량 상수(책 앞 표지 안쪽 참조)이다.

시료 물질에는 **압력(pressure**, p)이 작용할 수 있는데, 압력은 그 물체에 작용하는 힘 F를 이 힘이 가해지는 넓이 A로 나눈 것으로서, 그 단위는 파스칼 Pa(1 Pa=1 kg m^{-1} s^{-2})이다. 기체 분자는 끊임없는 무작위 운동을 하여 용기의 벽과 충돌하면서 힘을 가하기 때문에 기체 시료는 용기의 벽에 압력을 미치게 된다. 이 충돌 빈도는 일반적으로 대단히 크기 때문에 기벽에 가해지는 힘, 즉 압력은 일정하다고 인식된다.

파스칼은 압력의 SI 단위이지만(**화학자 툴킷** 1.1), 전형적으로 바(1 bar=10^5 Pa)나 기압(정확히 1 atm=101 325 Pa)이 압력을 표시하는 데 쓰이며, 대기 압력을 나타내는 데에도 두 단위가 쓰인다. 많은 물리적 성질들은 시료의 가해진 압력에 의존하기 때문에 이러한 값들을 보고할 때는 이때의 특정한 압력 값을 제시하는 것이 바람직하다. 물리적 성질의 값을 나타내는 데 통용되고 있는 압력은 **표준 압력(standard pressure**, $p^{\ominus}$)으로서 정확하게 1 bar와 같다.

시료의 상태를 완전하게 명시하려면 그 **온도(temperature**, T)도 표시해야 한다. 온도는 공식적으로는 두 시료가 열이 전도될 수 있는 기벽을 통해서 접촉시켰을 때 에너지가 열로서 흐르는 방향을 결정하는 성질이다. 즉 에너지는 높은 온도의 시료로부터 낮은 온도의 시료 쪽으로 흐른다. **열역학적 온도(thermodynamic temperature)**는 기호 T로 표시하는데, 이것은 최저 온도를 T=0으로 놓는 절대 척도이다. T=0 이상의 온도는 **Kelvin 척도(Kelvin scale)**를 사용하여 나타내는 것이 가장 보편적인데, 온도의 단계적 변화는 1켈빈(1 K) 단위의 배수로 나타낸다. 현재 Kelvin 척도에서는 물의 삼중점(얼음, 물, 수증기가 상호 평형을 이루는 온도)을 정확히 273.16 K로 놓아 정의한다(어떤 다른 단위에 대해서와 마찬가지로 위의 정의를 개정하기로 결정하였으나 2014년까지 아직 개정은 시행되지 않고 있다). 따라서 1 atm에서 물의 어는점(얼음의 녹는점)은 삼중점보다 0.01 K만큼 낮게 나타남이 실험적으로 밝혀졌으며, 따라서 물의 어는점은 273.15 K가 된다. Kelvin 척도는 일상생활의 온도 측정에 적합하지 않아서 **섭씨 척도(Celsius scale)**를 일반적으로 사용하는데, 이 척도는 다음과 같이 Kelvin 척도를 이용해서 정의한다.

$$\theta(°C) = T(K) - 273.15 \qquad \text{정의 섭씨 척도} \qquad (1.4)$$

이리하여 물의 어는점은 0°C이고, 끓는점(1기압에서)은 100°C(보다 엄밀하게는 99.974°C)가 된다. 이 책에서 T는 언제나 열역학적 온도(절대 온도)를 나타내며, 섭씨 척도의 온도는 θ(theta)로 나타낸다는 것에 주의하라.

실용 상식 T=0 K가 아니라 T=0이라고 쓰는 데 주목하라. 과학에서 일반적인 진술은 단위의 특정된 조합을 고려하지 않고 표현되어야 한다. 더욱이 T(θ와는 다르게)는 절대적인 값이기 때문에 높은 온도를 표시하기 위해 사용되는 척도(켈빈 척도와 같은)와 상관없이 가장 최저 값은 0이 된다. 이와 유사하게 m=0 kg이 아니며 m=0이라고 하고, l=0 m가 아니고 l=0이라고 쓴다.

화학자 툴킷 1.1 양과 단위

물리적 측정의 결과는 단위의 배수로 표시된 **물리적 양(physical quantity)**이다.

물리적 양=수치×단위

위의 사실에서 단위는 대수학적인 양과 같이 취급할 수 있으므로 곱하거나, 나누거나, 약분할 수 있다는 것을 의미한다. 따라서 [물리적 양]/[단위]는 특정된 단위에서 측정된 숫자 값(단위가 없는)을 표시한다. 예를 들어 물체의 질량 m은 $m = 2.5$ kg 또는 m(kg) = 2.5로 기록할 수 있다. **부록**의 단위 목록을 열거한 표 1.1을 참조할 것. SI 단위만을 사용하는 것이 좋은 습관이지만, 통용되는 관습이 매우 깊이 뿌리가 내려 물리적 양을 SI 단위가 아닌 다른 단위를 사용하여 표현되는 경우도 있을 것이다. 국제적인 규약에 따르면 모든 물리적 양에 대하여 기호는 기울여서 쓰고, 단위는 똑바른 로마체를 써서 표시된다.

단위는 10의 제곱 인자를 나타내는 접두사를 사용하여 변환될 수 있다. 가장 일반적인 SI 접두사는 **부록**의 표 1.2에 열거된 것들이다. 이러한 접두사를 사용한 몇 가지 예는 다음과 같다.

$$1\ \text{nm} = 10^{-9}\ \text{m} \quad 1\ \text{ps} = 10^{-12}\ \text{s} \quad 1\ \mu\text{mol} = 10^{-6}\ \text{mol}$$

단위의 거듭제곱(멱수)은 수정되는 단위뿐만 아니라 접두사에도 적용되는데, 예를 들면 $1\ \text{cm}^3 = 1(\text{cm})^3$, $(10^{-2}\ \text{m})^3 = 10^{-6}\ \text{m}^3$이다. $1\ \text{cm}^3$는 $1\ \text{c(m)}^3$을 의미하는 것이 아님을 명심하라. 숫자적인 계산을 할 때 통상적으로 관측 양의 숫자 값을 과학적인 표기법($n.nnn \times 10^n$과 같이)으로 쓰는 것이 가장 안전하다.

SI 기본 단위에는 7가지가 있으며, **부록**의 표 1.3에 열거되어 있다. 모든 다른 물리적 양은 이들 기본 단위의 조합으로 표시될 수 있다(표 1.4 참조). 예를 들어 물질의 양을 물질이 차지하는 부피로 나눈 **몰농도**(molar concentration, 매우 드물지만 좀 더 정식적인 의미는 **물질 농도의 양**을 말함)는 물질의 양과 길이를 나타내는 기본 단위의 조합으로서 mol dm^{-3}과 같이 유도된 단위로 표현된다. 이와 같은 단위의 여러 가지 유도된 조합은 고유한 명칭과 기호를 가지며 이것들은 추후 언급되는 대로 강조할 것이다.

(b) 완전 기체 방정식

계의 상태를 정의하는 성질들은 일반적으로 상호 간에 독립적이 아니다. 이러한 성질들 사이의 관계에 대한 가장 중요한 예는 **완전 기체**(**perfect gas**, 통상 '이상 기체'라고도 함)라고 알려진 이상적 유체에 의해 나타나며 다음과 같은 관계를 갖는다.

$$pV = nRT \qquad \text{완전 기체 방정식} \qquad (1.5)$$

여기서 R은 **기체 상수**(**gas constant**)라고 하는 보편적 상수(기체의 화학적 특성에 무관하다는 뜻)로서 그 값은 8.3145 J K^{-1} mol^{-1}이다. 이 책 전체를 통하여 오로지 완전 기체(그리고 다른 이상적인 계)에만 적용되는 식은 윗식에서와 같이 식의 숫자를 파란색으로 표시될 것이다.

실용 상식 '완전 기체' 대신에 '이상 기체'라는 용어가 거의 보편적으로 사용되고 있지만, 완전 기체라는 용어를 쓰는 데는 그럴 만한 이유가 있다. 이상적인 계에서는 혼합물 속에서의 분자간 상호 작용이 모두 같다. 완전 기체에서는 상호 작용이 모두 동일할 뿐만 아니라 실제로 0이다. 그러나 이 편리한 구분을 거의 하지 않는다.

완전 기체 방정식(**perfect gas equation**)인 식 1.5는 세 가지 경험적인 결론, 즉 Boyle 법칙($p \propto 1/V$, 일정 온도와 양에서) Charles 법칙($p \propto T$, 일정 부피와 양에서), Avogardro 법칙($V \propto n$, 일정 온도와 압력에서)의 개요이다.

예제 1.1 완전 기체 방정식 이용

20°C에서 부피가 250 cm^3인 플라스크 속의 질소 기체 1.25 g에 가해지는 압력을 킬로파스칼 단위로 계산하시오.

방법 식 1.5를 사용하기 위하여 시료 분자의 양(몰 단위로)을 알아야 하며, 이것은 질량과 몰질량(식 1.3 이용)으로부터 구할 수 있고, 온도는 켈빈 척도(식 1.4 이용)로 변환한다.

풀이 존재하는 N_2 분자(몰질량 28.02 g mol^{-1})의 양은

$$n(\text{N}_2) = \frac{m}{M(\text{N}_2)} = \frac{1.25\ \text{g}}{28.02\ \text{g mol}^{-1}} = \frac{1.25}{28.02}\ \text{mol}$$

시료의 온도는

$$T(\text{K}) = 20 + 273.15, \quad \text{따라서} \quad T = (20 + 273.15)\ \text{K}$$

따라서 식 1.5를 $p = nRT/V$로 다시 써서 계산하면 다음과 같다.

$$p = \frac{\overbrace{(1.25/28.02)\,\text{mol}}^{n} \times \overbrace{(8.3145\,\text{J K}^{-1}\,\text{mol}^{-1})}^{R} \times \overbrace{(20+273.15)\,\text{K}}^{T}}{\underbrace{(2.50 \times 10^{-4})\,\text{m}^3}_{V}}$$

$$= \frac{(1.25/28.02) \times (8.3145) \times (20 + 273.15)}{2.50 \times 10^{-4}}\ \frac{\text{J}}{\text{m}^3}$$

$$\overset{1\,\text{J m}^{-3} = 1\,\text{Pa}}{\hat{=}} \quad 4.35 \times 10^5\,\text{Pa} = 435\ \text{kPa}$$

실용 상식 숫자 계산은 가능한 마지막 단계까지 미루고 한 단계로 숫자 계산을 수행하는 것이 가장 좋다. 이와 같은 과정은 반올림에서의 오차를 피하는 것이다. 많은 수의 유효숫자에 구속됨이 없이 중간 결과를 적절하게 보여 주는 것인지를 판단할 때 $n.nnn\ldots$과 같이 쓴다.

자가 진단 1.5 37°C에서 500 dm^3(5.00×10^2 dm^3) 부피의 플라스크에 채워진 이산화 탄소 1.22 g에 가해지는 압력을 계산하시오.

답: 143 Pa

모든 기체는 압력이 0에 가깝게 줄어들수록 완전 기체 방정식에 더욱 근접하게 따른다. 이것은 식 1.5가 압력이 0으로 줄어드는 경우에서와 같이 특별한 한계에서 더 한층 유효해지는 법칙인 **한계 법칙(limiting law)**의 예인 것이다. 실제로, 해수면에서의 정상 대기 압력(약 1기압)은 대부분의 기체가 거의 완전하게 거동하기에 이미 충분히 낮으며, 다른 언급을 하지 않는 한, 이 책에서 다루어지는 기체는 완전하게 거동하며 식 1.5를 따른다고 가정한다.

완전 기체의 혼합물은 한 종류의 완전 기체와 같이 거동한다. **Dalton 법칙(Dalton's law)**에 따르면, 이와 같은 혼합물의 전체 압력은 각 기체들만이 홀로 용기 속에 채워져 있다고 가정할 때 생기는 압력의 합으로 나타낸다.

$$p = p_A + p_B + \ldots \qquad \text{Dalton 법칙} \qquad (1.6)$$

각각의 압력 p_J는 $p_J = n_J RT/V$의 형태로 주어지는 완전 기체 방정식으로부터 계산될 수 있다.

개념 확인

- ☐ 1. 원자의 **핵 모형**에서 음으로 하전된 전자는 양으로 하전된 원자핵 주위의 껍질에 배열된 원자 오비탈을 점유한다.
- ☐ 2. **주기율표**에서 원자의 전자 배치의 유사성이 강조되며 나아가서 원자의 물리적, 화학적 성질의 유사성을 이끌어 낸다.
- ☐ 3. **공유 결합 화합물**은 원자들이 공유 결합으로 연결된 분리된 분자로 구성된다.
- ☐ 4. **이온 결합 화합물**은 양이온과 음이온이 결정 구조 배열로 이루어져 있다.
- ☐ 5. **Lewis 구조**는 분자의 결합 형태에 대한 유용한 모형이다.
- ☐ 6. **원자가 껍질 전자쌍 반발 이론**(VSEPR 이론)은 분자의 Lewis 구조로부터 분자의 삼차원적 모양을 예측하는 데 사용된다.
- ☐ 7. **극성 공유 결합**에서 전자는 결합된 원자핵 사이에서 동일하지 않게 공유된다.
- ☐ 8. 벌크 물질의 물리적 상태는 고체, 액체, 기체이다.
- ☐ 9. 벌크 물질 시료의 상태는 질량, 부피, 양, 압력, 온도 등과 같은 시료의 성질을 특정지음으로써 결정된다.
- ☐ 10. **완전 기체 방정식**은 이상적인 기체의 압력, 부피, 양, 온도 사이의 관계식이다.
- ☐ 11. **한계 법칙**은 특정된 한계에서 한층 더 유효하게 되는 법칙을 말한다.

식 확인

성질	식	비고	식 번호
전기 쌍극자 모멘트	$\mu = Qd$		1.1
질량 밀도	$\rho = m/V$	세기 성질	1.2
물질의 양	$n = m/M$	크기 성질	1.3
섭씨 척도	$\theta(°C) = T(K) - 273.15$	온도는 세기 성질이다.	1.4
완전 기체 방정식	$pV = nRT$		1.5
Dalton 법칙	$p = p_A + p_B + \ldots$		1.6

토픽 2

에너지

내용

➤ 학습 목표

에너지는 물리화학에서 중심이 되는 통합적인 개념이며 전자, 원자, 분자가 어떻게 에너지를 얻으며, 저장하고, 잃어버리는지에 대한 통찰력을 증진시킬 필요가 있다.

➤ 핵심 내용

일을 할 수 있는 능력인 에너지는 전자, 원자, 분자에서 불연속적인 값으로 제한된다.

➤ 미리 알기

보통 일반물리학에 다루는 운동 법칙 및 정전기학의 원리와, 일반화학에서 일반적으로 다루는 열역학의 개념을 복습할 필요가 있다.

많은 분야의 화학이 에너지의 전달 및 변환과 연관되며, 처음부터 이와 같이 친숙한 양을 엄밀하게 정의할 필요가 있다. 여기에서는 17세기 Isaac Newton에 의해 공식화된 **고전 역학**(**classical mechanics**)을 복습하는 것으로 출발하여, 입자의 운동과 에너지를 설명하는 데 사용되는 용어를 확립하기로 한다. 이러한 고전 역학적인 개념은 전자, 원자, 분자와 같이 작은 입자를 연구하기 위하여 20세기에 정립된 더욱 근본적인 이론인 **양자 역학**(**quantum mechanics**)을 대비할 수 있게 한다. 이 책 전체를 통하여 양자 역학의 개념을 발전시킬 것이다. 여기에서는 원자 및 분자 구조를 이해하기 위한 기초 지식이 왜 필요한지를 알아보는 것에서 출발하기로 한다.

2.1 힘

분자는 원자로 이루어지며, 원자는 이원자 입자로 만들어진다. 이러한 물질의 구조를 이해하기 위해서는 각 물체가 받는 힘의 영향하에서 어떻게 움직이는지를 알 필요가 있다.

(a) 운동량

'병진 운동(translation)'은 공간 내에서 입자의 운동을 말한다. 입자의 **속도**(**velocity**, $\boldsymbol{v}$)는 위치 $\boldsymbol{r}$의 시간에 대한 변화율이다.

$$\boldsymbol{v}=\frac{\mathrm{d}\boldsymbol{r}}{\mathrm{d}t} \qquad \text{정의 속도} \qquad (2.1)$$

1차원에 국한된 운동에서는 $v_x=dx/dt$로 쓴다. 속도와 위치는 방향과 크기를 모두 갖는 벡터이다(벡터와 그것의 설명은 **수학적 배경** 4에서 자세하게 다룬다). 속도의 크기가 바로 **속력**(**speed**, v)이다. 질량이 m인 입자의 **선형 운동량**(**linear momentum**, $\boldsymbol{p}$)은 그것의 속도 $\boldsymbol{v}$와 다음과 같은 관계를 갖는다.

$$\boldsymbol{p}=m\boldsymbol{v} \qquad \text{정의 선형 운동량} \qquad (2.2)$$

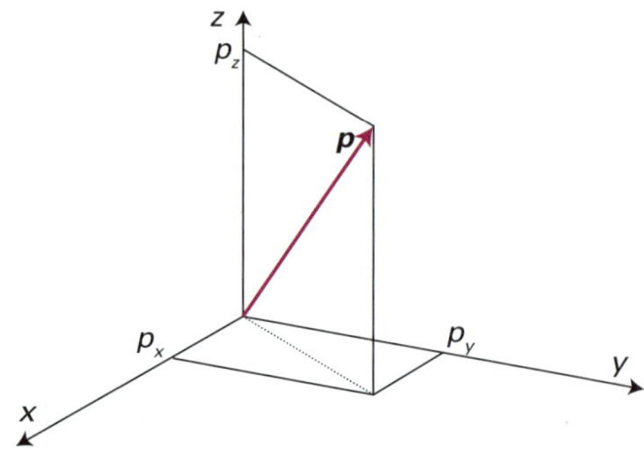

그림 2.1 선형 운동량 $\boldsymbol{p}$는 크기 p와 운동의 방향에 상응하는 배향의 벡터로 표시된다.

선형 운동량 벡터는 속도 벡터와 마찬가지로, 입자가 움직이는 방향을 향하며(그림 2.1), 그 크기는 p로 표시된다.

회전 운동의 설명은 병진 운동에서와 매우 유사하다. 한 중심점에 대한 입자의 회전 운동은 그 입자의 **각운동량**(**angular momentum**, $\boldsymbol{J}$)으로 설명할 수 있다. 각운동량은 벡터이며, 크기는 입자가 회전하는 속도로 주어지며, 방향은 회전축을 나타낸다(그림 2.2). 각운동량의 크기 J는 다음 식으로 나타낸다.

$$J = I\omega \qquad \text{각운동량} \quad (2.3)$$

여기서 ω는 각도의 변화율을 나타내는 **각속도**(**angular velocity**, 초당 라디안)이며, I는 **관성 모멘트**(**moment of inertia**)로서 회전 가속도에 대한 저항력의 척도를 의미한다. 질량이 m인 점 입자가 반지름이 r인 원을 그리면서 움직일 때의 회전축에 대한 관성 모멘트는 다음 식으로 주어진다.

$$I = mr^2 \qquad \text{점 입자} \quad \text{관성 모멘트} \quad (2.4)$$

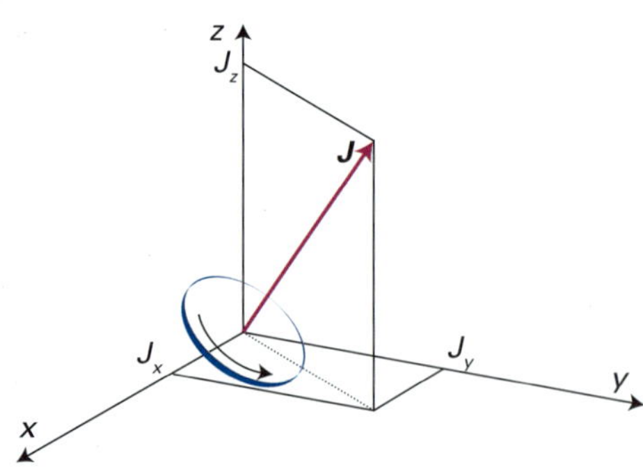

그림 2.2 입자의 각운동량 $\boldsymbol{J}$는 회전축과 회전면에 수직되는 벡터로 표현된다. 이 벡터의 길이는 각운동량의 크기 J를 나타내며, 운동 방향은 벡터 방향에 대하여 시계 방향이다.

간단한 예 2.1 관성 모멘트

$C^{16}O_2$ 분자에는 두 개의 가능한 회전축이 있는데, 각각은 C 원자를 관통하며 분자 축과 서로에 대하여 수직이다. CO 결합의 길이인 R이 116 pm일 때 각각의 O 원자가 회전축으로부터 R 만큼의 거리에 떨어져 있다. 원자 질량 상수 $m_u = 1.66054\times10^{-27}$ kg라고 할 때 각 ^{16}O 원자의 질량은 $16.00m_u$이다. C 원자는 정지해 있고(회전축 위에 놓여 있으며) 관성 모멘트에 기여하지 않는다. 따라서 회전축에 대한 이 분자의 관성 모멘트는 다음과 같이 계산된다.

$$I = 2m(^{16}\text{O})R^2$$

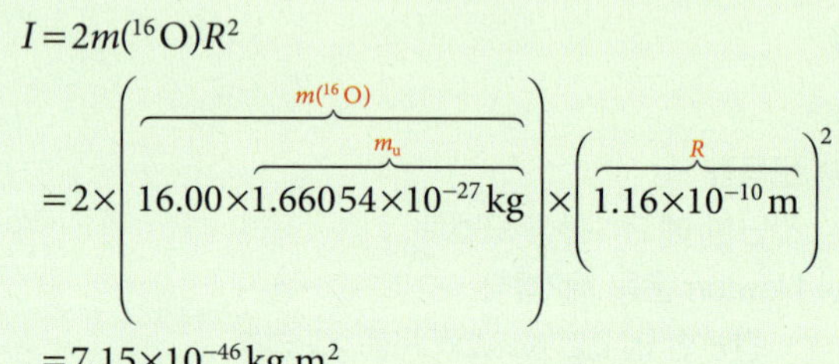

$$= 2\times\left(\overbrace{16.00\times\overbrace{1.66054\times10^{-27}\,\text{kg}}^{m_u}}^{m(^{16}\text{O})}\right)\times\left(\overbrace{1.16\times10^{-10}\,\text{m}}^{R}\right)^2$$

$$= 7.15\times10^{-46}\,\text{kg m}^2$$

관성 모멘트의 단위는 kg m²임을 주목하라.

자가 진단 2.1 수소 분자 $^1H_2$에서 결합에 수직인 축에 대한 회전 운동의 관성 모멘트는 4.61×10^{-48} kg m²이다. H_2의 결합 길이는 얼마인가?

답: 74.1 pm

(b) Newton 운동 제2법칙

Newton 운동 제2법칙(**Newton's second law of motion**)에 따르면 **시간에 대한 운동량의 변화율은 입자에 가해진 힘과 같다**. 즉

$$\frac{\mathrm{d}\boldsymbol{p}}{\mathrm{d}t} = \boldsymbol{F} \qquad \text{Newton 운동 제2법칙} \quad (2.5\text{a})$$

운동을 1차원에 제한시키면 $dp_x/dt = F_x$로 쓸 수 있으며, 식 2.5a는 힘에 대한 정의로 간주할 수 있다. 힘의 SI 단위는 뉴턴(N)으로 다음과 같다.

$$1\,\text{N} = 1\,\text{kg m s}^{-2}$$

$\boldsymbol{p} = m(d\boldsymbol{r}/dt)$이기 때문에 식 2.5a는 다음과 같이 쓰는 것이 종종 더 편리하다.

$$m\boldsymbol{a} = \boldsymbol{F} \qquad \boldsymbol{a} = \frac{\mathrm{d}^2\boldsymbol{r}}{\mathrm{d}t^2} \qquad \text{다른 형태} \quad \text{Newton 운동 제2법칙} \quad (2.5\text{b})$$

여기에서 $\boldsymbol{a}$는 입자의 **가속도**(**acceleration**)이며 속도의 시간에 대한 변화율이다. 만일 모든 시간, 모든 장소에 작용하는 힘을 알고 식 2.5를 푼다면, 각 순간에서의 입자 위치와 운동량인 **궤적**(**trajectory**)을 구할 수 있다.

간단한 예 2.2 Newton 운동 제2법칙

조화 진동자(harmonic oscillator)는 힘이 평형으로부터의 변위에 비례하는 Hook 법칙을 따르는 입자로 구성되어 있다. 예로서 질량이 m인 입자가 스프링에 매달려 있거나 화학 결합에 의해 다른 원자에 묶여 있는 원자의 경우이다. 1차원계에서는 $F_x = -k_f x$가 되며, 이 식에서 비례 상수인 k_f를 **힘 상수**(force constant)라고 한다. 식 2.5b는

$$m\frac{d^2x}{dt^2} = -k_f x$$

가 된다(미분법은 **수학적 배경** 1에서 논의하였다.). $x = 0$과 $t = 0$에서 위 식의 해(치환에 의해 확인되는 것처럼)는 아래와 같다.

$$x(t) = A\sin 2\pi\nu t \qquad \nu = \frac{1}{2\pi}\left(\frac{k_f}{m}\right)^{1/2}$$

이 해는 입자의 위치가 진동수 ν를 갖고 **조화 진동**(즉 사인 함수로서)을 하며, 가벼운 입자(작은 m)가 팽팽한 스프링(큰 k_f)에 매달려 있을 경우에 진동수가 높아진다는 것을 나타낸다.

자가 진단 2.2 진동자의 운동량은 시간에 따라 어떻게 변하는가?

답: $p = 2\pi\nu Am\cos(2\pi\nu t)$

회전 운동을 가속시키려면 비트는 힘인 **토크**(**torque**) T를 가해 주어야 하며, Newton 방정식은 아래와 같이 된다.

$$\frac{dJ}{dt} = T \qquad \text{정의 토크} \quad (2.6)$$

병진 운동과 회전 운동에서 m과 I, v와 ω, p와 J는 각각 유사한 역할을 한다는 것을 기억해야 한다. 이들을 기억하고 있으면 식들을 생각해 내거나 처리하는 데 편리하며 바로 사용할 수 있기 때문이다. 이와 같은 유사성을 표 2.1에 요약하였다.

표 2.1 병진 운동과 회전 운동의 유사성

병진 운동		회전 운동	
성질	중요 의미	성질	중요 의미
질량(m)	힘의 효과에 대한 저항	관성 모멘트(I)	토크의 효과에 대한 저항
속도(v)	위치의 변화율	각속도(ω)	각의 변화율
선형 운동량(p)의 크기	$p = mv$	각운동량(J)의 크기	$J = I\omega$
병진 운동 에너지(E_k)	$E_k = \frac{1}{2}mv^2 = p^2/2m$	회전 운동 에너지(E_k)	$E_k = \frac{1}{2}I\omega^2 = J^2/2I$
운동 방정식	$dp/dt = F$	운동 방정식	$dJ/dt = T$

2.2 에너지: 1차 보기

'에너지'라는 용어를 정의하기 전에 또 하나의 친숙한 개념인 '일'의 개념을 좀 더 정식적으로 발전시킬 필요가 있다. 따라서 화학에서 이와 같은 개념의 사용법을 간단하게 소개하고자 한다.

(a) 일

반대로 작용하는 힘에 반하여 운동을 수행하고자 할 때 **일**(**work**, w)이 행해진다. 무한소 변위 $d\boldsymbol{s}$(벡터)에 대하여 행한 일은

$$dw = -\boldsymbol{F}\cdot d\boldsymbol{s} \qquad \text{정의 일} \quad (2.7a)$$

이며 이때 $\boldsymbol{F}\cdot d\boldsymbol{s}$는 벡터 $\boldsymbol{F}$와 $d\boldsymbol{s}$의 '스칼라 곱'(**수학적 배경** 4 참조)이다.

$$\boldsymbol{F}\cdot d\boldsymbol{s} = F_x dx + F_y dy + F_z dz \qquad \text{정의 스칼라 곱} \quad (2.7b)$$

1차원적 운동에서는 $dw = -F_x dx$로 나타낸다. $\boldsymbol{F}$가 방향과 각 지점에서의 크기가 변한다는 가정하에서 경로를 따라 행한 일의 총량은 위 표현의 적분값이다. 힘은 뉴턴으로, 거리를 미터로 표시할 때 일의 단위는 줄(J)이며 다음과 같다.

$$1\text{ J} = 1\text{ Nm} = 1\text{ kg m}^2\text{ s}^{-2}$$

간단한 예 2.3 결합을 잡아당길 때의 일

스프링과 비슷하게 행동하는 화학 결합을 무한소 거리 dx 만큼 잡아당기기 위해서 필요한 일은 다음과 같다.

$$dw = -F_x dx = -(-k_f x)dx = k_f x dx$$

변위가 없을 때($x = 0$), 즉 평형 상태에서의 거리 R_e로부터 거리 R로 결합이 잡아당겨졌을 때의 변위는 $x = R - R_e$에 상당하며, 이때 필요한 전체 일은 아래와 같이 구한다.

$$w = \int_0^{R-R_e} k_f x dx = k_f \int_0^{R-R_e} x dx \overset{\text{적분 A.1}}{=} \tfrac{1}{2}k_f(R-R_e)^2$$

여기에서는 **부록**의 적분 A.1을 사용하였다(적분법은 **수학적 배경** 1에 언급하였다). 필요한 일은 변위의 제곱에 따라 증가함을 알 수 있다. 즉 결합을 20 pm 만큼 잡아당기기 위해서는 같은 결합을 10 pm 만큼 잡아당기는 것에 비해 4배의 일을 하게 되는 것이다.

자가 진단 2.3 H–H 결합의 힘 상수가 대략 575 $N\,m^{-1}$일 때, 이 결합을 10.0 pm 만큼 잡아당기는 데 필요한 일은 얼마인가?

답: 2.88×10^{-20} J

(b) 에너지의 정의

에너지(energy)는 일을 할 수 있는 능력이다. 에너지의 SI 단위는 일의 단위, 즉 줄(J)과 같다. 에너지 공급율을 **일률(P, power)**이라고 하며 와트(W, watt)로 표현한다.

$$1\,W = 1\,J\,s^{-1}$$

칼로리(cal)와 킬로칼로리(kcal)는 화학 문헌에서 아직도 마주친다. 이제 칼로리를 줄로 정의하면 1 cal = 4.184 J(정확히)이다. 칼로리에는 여러 가지 다른 종류가 있기 때문에 사용하는 데 주의가 필요하다. '열역학적 칼로리'인 cal_{15}는 15°C 온도의 물 1 g을 1°C 만큼 올리는 데 필요한 에너지이며, '식품에서의 칼로리(Calorie)'는 1 kcal이다.

입자는 운동 에너지와 퍼텐셜 에너지 두 종류의 에너지를 가질 수 있다. 물체의 **운동 에너지(kinetic energy)**, E_k는 운동의 결과로 물체가 가지게 되는 에너지이다. 질량 m의 물체가 속력 v로 움직일 때 운동 에너지는 다음과 같다.

$$E_k = \frac{1}{2}mv^2 \qquad \text{정의 운동 에너지} \qquad (2.8)$$

Newton의 운동 제2법칙으로부터, 질량 m인 입자가 처음에는 정지해 있다가 시간 τ 동안 일정한 힘 F를 받게 되면 입자의 속력은 0에서 $F\tau/m$으로 증가하게 되며, 따라서 입자의 운동에너지는 0에서 다음과 같이 증가하게 된다.

$$E_k = \frac{F^2\tau^2}{2m} \qquad (2.9)$$

힘을 가하는 것이 멈춘 후에 입자의 에너지는 이 값을 유지한다. 가한 힘의 크기 F와 작용하는 시간 τ는 마음대로 변할 수 있기 때문에 식 2.9는 입자의 에너지가 어떠한 값으로라도 증가될 수 있다는 것을 의미한다.

물체의 **퍼텐셜 에너지(potential energy**, 위치 에너지) E_p(또는 V)는 입자의 위치 때문에 갖게 되는 에너지이다. 입자가 주어진 위치에서 정지되어 있을 때 할 수 있는 일은 입자를 그곳으로 다시 가져오기 위하여 해야 할 일과 같기 때문에 식 2.7의 1차원 형태는 $dV = -F_x dx$로 표현하여 사용할 수 있다. 따라서 다음과 같이 표시된다.

$$F_x = -\frac{dV}{dx} \qquad \text{정의 퍼텐셜 에너지} \qquad (2.10)$$

퍼텐셜 에너지는 입자가 겪는 힘의 종류와 크기에 의존하므로 이것을 하나의 일반적인 식으로 표현할 수는 없다. 지표면으로부터 높이 h에 있는 질량이 m인 입자에 대해서는 그 중력 퍼텐셜 에너지는 다음과 같다.

$$V(h) = V(0) + mgh \qquad \text{중력 퍼텐셜 에너지} \qquad (2.11)$$

여기서 g는 **자유 낙하 가속도(acceleration of free fall)**라고 하는 상수로서 이것은 위치에 의존하지만 '표준값'은 9.81 $m\,s^{-2}$이다. 이 퍼텐셜 에너지의 0점은 임의로 잡을 수 있으며, 지표면에 가까운 입자에 대해서는 일반적으로 $V(0) = 0$으로 놓는다.

입자의 **총 에너지(total energy)**는 입자의 운동 에너지와 퍼텐셜 에너지의 합이다.

$$E = E_k + E_p, \quad \text{또는} \quad E = E_k + V \qquad \text{정의 총 에너지} \qquad (2.12)$$

에너지는 보존된다는 너무나도 보편적인 자연 법칙을 사용할 것이다. 즉 에너지는 창조될 수도 없고 소멸될 수도 없다는 것이다. 에너지는 한 지점에서 다른 지점으로 이동할 수도 있고 한 형태에서 다른 형태로 전환될 수 있지만, 총 에너지는 일정하다. 선형 운동량의 항을 사용하여 입자의 총 에너지를 표시하면 다음과 같다.

$$E = \frac{p^2}{2m} + V \qquad (2.13)$$

위의 식은 Newton 운동 제2법칙을 대체하여 입자의 궤적을 계산하는 데 사용될 수 있다.

간단한 예 2.4 입자의 궤적

$V = 0$(에너지는 위치와 무관하다)인 지역에서 한 방향으로 (x축을 따라서) 자유롭게 움직이는 아르곤 원자를 생각해 보자. $v = dx/dt$이기 때문에 식 2.1과 2.8로부터 $dx/dt = (2E_k/m)^{1/2}$이 된다. 치환을 통하여 이 미분방정식의 해는 다음으로 주어진다.

$$x(t) = x(0) + \left(\frac{2E_k}{m}\right)^{1/2} t$$

선형 운동량은

$$p(t) = mv(t) = m\frac{dx}{dt} = (2mE_k)^{1/2}$$

이 되며 일정하다. 따라서 초기 위치와 운동량을 알면 차후의 모든 위치와 운동량을 정확히 예측할 수 있다.

자가 진단 2.4 초기 위치가 x_1, 초기 속력이 v_1이며 x 방향으로 움직이는 질량 m의 원자를 생각해 보자. 이 원자가 퍼텐셜 에너지가 $V(x)$와 같이 변하는 영역에서 시간 구간 Δt 동안 움직인다면, 위치 x_2에서 원자의 속력 v_2는 무엇인가?

답: $v_2 = v_1 - |\mathrm{d}V(x)/\mathrm{d}x|_{x_1} \Delta t/m$

(c) Coulomb 퍼텐셜 에너지

화학에서 이용하는 가장 중요한 종류의 퍼텐셜 에너지는 두 전하 사이에서의 **Coulomb 퍼텐셜 에너지(Coulomb potential energy)**이다. Coulomb 퍼텐셜 에너지는 한 전하를 무한대의 먼 거리에서 두 번째 전하로부터 거리 r까지 가져오기 위해 꼭 해야 하는 일과 같다. 진공 속에서 점 전하 Q_1이 다른 전하 Q_2로부터 r만큼 떨어져 있을 때 이 퍼텐셜 에너지는 다음과 같이 된다.

$$V(r) = \frac{Q_1 Q_2}{4\pi\varepsilon_0 r} \qquad \text{정의} \quad \text{Coulomb 퍼텐셜 에너지} \qquad (2.14)$$

전하의 양은 쿨롱(C)으로 표시되며, 종종 기본 전하 e의 배수로 나타낸다. 예를 들어 전자의 전하는 $-e$이고 양성자의 전하는 $+e$이다. 또 z가 **전하수(charge number)**를 나타낼 때(양이온은 전하수가 양이고, 음이온은 전하수가 음이다) 이온의 전하는 ze이다. 위 식에서 상수 ε_0는 **진공 유전율(vacuum permittivity)**이라고 하는 기본 상수로서, 그 값은 $8.854 \times 10^{-12}\ \mathrm{C^2\ J^{-1}\ m^{-1}}$이다. 규약에 의해서(식 2.14에서와 같이) 전하들이 무한히 멀리 떨어져 있을 때의 퍼텐셜 에너지를 0으로 놓는다. 그러면 두 반대 전하는 유한한 거리만큼 떨어져 있을 때 음의 퍼텐셜 에너지를 가지며, 부호가 동일한 두 전하는 양의 퍼텐셜 에너지를 갖게 된다.

간단한 예 2.5 Coulomb 퍼텐셜 에너지

양으로 하전된 소듐 양이온 Na^+와, 음으로 하전된 염소 음이온 Cl^-가 염화 소듐 결정 격자에서 이온 사이의 간격인 0.280 nm 거리로 떨어져 있을 때, 두 이온 사이의 정전기적 상호 작용의 결과에 기인한 Coulomb 퍼텐셜 에너지는 다음과 같다.

$$V = \frac{\overbrace{(-1.602\times10^{-19}\,\mathrm{C})}^{Q(\mathrm{Cl^-})}\times\overbrace{(1.602\times10^{-19}\,\mathrm{C})}^{Q(\mathrm{Na^+})}}{4\pi\times\underbrace{(8.854\times10^{-12}\,\mathrm{C^2J^{-1}m^{-1}})}_{\varepsilon_0}\times\underbrace{(0.280\times10^{-9}\,\mathrm{m})}_{r}}$$

$$= -8.24\times10^{-19}\,\mathrm{J}$$

이 값은 다음과 같은 몰에너지에 상응한다.

$$V \times N_A = (-8.24\times10^{-19}\,\mathrm{J})\times(6.022\times10^{23}\,\mathrm{mol^{-1}})$$
$$= -496\ \mathrm{kJ\ mol^{-1}}$$

실용 상식 계산의 최종 수치에 단위를 붙이지 말고 계산의 모든 단계에서 단위를 쓰라. 또한 10의 지수승을 나타내는 SI 접두사보다는 지수 형태를 사용하는 과학적인 표기법의 수치를 표시하는 것이 종종 현명한 방법이다.

자가 진단 2.5 산화 마그네슘 결정에서 인접한 양이온과 음이온의 중심은 0.21 nm 만큼 떨어져 있다. 이와 같은 결정에서 Mg^{2+} 이온과 O^{2-} 이온 사이의 정전기적 상호 작용의 결과에 기인하는 몰 Coulomb 퍼텐셜 에너지를 결정하시오.

답: $-2600\ \mathrm{kJ\ mol^{-1}}$

진공이 아닌 매질 속에서는 두 전하 사이의 상호 작용에 대한 퍼텐셜 에너지는 낮아지며, 진공 유전율 대신에 그 매질의 **유전율(permittivity)** ε로 대체해야 한다. 유전율은 일반적으로 다음과 같이 진공 유전율의 배수로 나타낸다.

$$\varepsilon = \varepsilon_r \varepsilon_0 \qquad \text{정의} \quad \text{유전율} \qquad (2.15)$$

여기서 ε_r은 단위가 없으며 **상대 유전율([relative permittivity**, 이전에는 **유전 상수**(dielectric constant)])이라고 한다. 이러한 퍼텐셜 에너지의 감소는 상당할 수 있다. 25°C 물의 상대 유전율은 80이며, 따라서 거리가 고정된 주어진 전하쌍(물 분자가 유체로서 거동하기 위하여 전하들 사이에 충분한 공간을 가짐)에 대한 퍼텐셜 에너지의 감소는 그 크기가 거의 100배에 달한다.

퍼텐셜 에너지(potential energy)와 **퍼텐셜**(potential)을 구별하는 데 각별히 주의해야 한다. 전하 Q_1의 퍼텐셜 에너지는 다른 전하 Q_2가 존재할 때 다음과 같은 **Coulomb 퍼텐셜(Coulomb potential)** ϕ(phi)의 항으로 표현된다.

$$V(r) = Q_1\phi \qquad \phi = \frac{Q_2}{4\pi\varepsilon_0 r} \qquad \text{정의} \quad \text{Coulomb 퍼텐셜} \qquad (2.16)$$

퍼텐셜의 단위는 $\mathrm{J\ C^{-1}}$이고, 따라서 이 ϕ에 전하(Coulomb 단위로)를 곱해 주면 줄이 된다. Coulomb당 줄이라는 결합 단위는 볼트(V)라는 명칭으로 널리 쓰이고 있다.

$$1\,\mathrm{V} = 1\,\mathrm{J\,C^{-1}}$$

만일 계에 여러 개의 전하들이 Q_2, Q_3, …로 존재하면 전하 q_1에 의하여 느끼는 전체 퍼텐셜은 각각의 전하에 의하여 생성되는 퍼텐셜의 합으로 주어진다.

$$\phi = \phi_2 + \phi_3 + \ldots \qquad (2.17)$$

전하 Q_1의 퍼텐셜 에너지를 $V=Q_1\phi$로 쓸 수 있는 것과 똑 같이, Q_1에 작용하는 힘은 $F=Q_1\mathcal{E}$로 쓸 수 있다. 여기에서 $\mathcal{E}$는 Q_2 또는 몇 개의 더 일반적인 전하 분포로부터 생기는 전기장 세기(단위: $\mathrm{V\,m^{-1}}$)의 크기이다. **전기장 세기**(**electric field strength**, 힘과 같이 실제로는 벡터양이다)는 전위의 음의 기울기이다. 1차원에서는 전기장 세기의 크기를 다음과 같이 나타낸다.

$$\mathcal{E}=-\frac{\mathrm{d}\phi}{\mathrm{d}x} \quad \text{전기장 세기} \quad (2.18)$$

지금까지 전개한 용어는 중요한 대체 에너지 단위를 시사하며 **전자볼트**(eV)를 생기게 한다. 1eV는 전자가 정지 상태에서 1V의 퍼텐셜(전위) 차를 통해 가속될 때 받는 운동 에너지로 정의된다. 전자볼트(eV)와 줄(J) 사이의 관계는 다음과 같다.

$$1\,\mathrm{eV}=1.602\times10^{-19}\,\mathrm{J}$$

화학의 많은 과정은 수 전자볼트의 에너지와 연관된다. 예를 들어 소듐 원자에서 전자를 제거하는 데 필요한 에너지는 약 5 eV이다.

화학에서 에너지를 공급하는 특별히 중요한 방법(전 세계의 일상생활과 같이)은 저항을 통해 전류를 흘려 보내는 것이다. **전류**(**electric current**, I)는 전하 공급의 속도, 즉 $\mathrm{d}Q/\mathrm{d}t$로 정의되며 **암페어**(A)로 측정된다.

$$1\,\mathrm{A}=1\,\mathrm{C\,s^{-1}}$$

전하 Q가 퍼텐셜인 ϕ_{i} 영역(이때 퍼텐셜 에너지는 $Q\phi_{\mathrm{i}}$)에서 퍼텐셜이 ϕ_{f}이고, 따라서 퍼텐셜 에너지가 $Q\phi_{\mathrm{f}}$인 영역으로 이동한다면 퍼텐셜 차이 $\Delta\phi=\phi_{\mathrm{f}}-\phi_{\mathrm{i}}$를 통과해야 하므로 퍼텐셜 에너지 차이는 $Q\Delta\phi$가 된다. 에너지가 변하는 속도는 $(\mathrm{d}Q/\mathrm{d}t)\Delta\phi$ 또는 $I\Delta\phi$가 되며, 따라서 일률은 다음과 같다.

$$P=I\Delta\phi \quad \text{전력} \quad (2.19)$$

전류는 암페어, 퍼텐셜 차이는 볼트가 단위이므로 일률은 와트로 표시된다. 시간 간격 Δt 동안 공급된 총 에너지 E는 일률(에너지 공급 속도)에 시간 간격을 곱한 것이 되며 아래와 같다.

$$E=P\Delta t=I\Delta\phi\Delta t \quad (2.20)$$

전류는 암페어, 퍼텐셜 차이는 볼트, 시간을 초로 표시할 때 에너지는 줄(J)로 얻어진다.

(c) 열역학

벌크 물체의 에너지 전달과 전환에 대한 체계적인 논의를 **열역학**(**thermodynamics**)이라고 한다. 이 미묘한 주제는 책에서 상세히 다룰 것이나, 두 가지 핵심 개념인 **내부 에너지**(**internal energy**) U(단위: J)와 **엔트로피**(**entropy**) S(단위: $\mathrm{J\,K^{-1}}$)가 있다는 것은 일반화학으로부터 친숙하게 될 것이다.

내부 에너지는 계의 총 에너지이다. **열역학 제1법칙**(**The First law of thermodynamics**)은 외부의 영향으로부터 고립되어 있는 계에서 내부 에너지는 일정하다고 진술한다. 시료 물질의 내부 에너지는 온도가 올라감에 따라 증가하며 다음과 같이 기술한다.

$$\Delta U=C\Delta T \quad \text{내부 에너지의 변화} \quad (2.21)$$

여기에서 ΔU는 시료의 온도가 ΔT 만큼 올라갔을 때 내부 에너지의 변화이다. 상수 C는 시료의 **열용량**(**heat capacity**, 단위: $\mathrm{J\,K^{-1}}$)이다. 만일 열용량이 크면 온도가 조금 올라가도 내부 에너지가 크게 올라가는 결과가 된다. 이와 같은 논점을 거꾸로 하면 물리적으로 더욱 중요한 방법으로 표현될 수 있다. 즉 열용량이 크면 계에 많은 에너지가 전달되더라도 약간의 온도 상승만이 일어난다는 것이다. 열용량은 크기 성질이며, 물질의 값은 주로 **몰열용량**(**molar heat capacity**, $C_{\mathrm{m}}=C/n$, 단위: $\mathrm{J\,K^{-1}\,mol^{-1}}$)이나 **비열**(**specific heat capacity**, $C_{\mathrm{s}}=C/m$, 단위: $\mathrm{J\,K^{-1}g^{-1}}$)로 보고되며 두 가지 모두는 세기 성질이다.

열역학적인 성질은 자주 식 2.21을 $\mathrm{d}U=C\mathrm{d}T$와 같이 표기할 수 있는 것과 같이 무한소 변화의 항으로 가장 잘 논의된다. 이러한 표현이 다음과 같은 형태로 표기될 때, 열용량은 온도에 대한 시료의 내부 에너지 도표에서 기울기로 해석될 수 있음을 알 수 있다.

$$C=\frac{\mathrm{d}U}{\mathrm{d}T} \quad \text{정의 열용량} \quad (2.22)$$

또한 일반화학으로부터 친숙해졌으며 뒤에 자세히 설명될 것과 같이 일정한 압력으로 유지되는 계에서는 내부 에너지에 pV 양을 더한 **엔탈피**(**enthalpy**, H, 단위: J)를 도입하여 수정하는 것이 일반적으로 더 편리하다.

$$H=U+pV \quad \text{정의 엔탈피} \quad (2.23)$$

엔탈피는 크기 성질로서 화학 반응의 논의를 대단히 단순화시킨다. 부분적으로는 엔탈피의 변화가 일정 압력(보통 실험실에서의 실험과 같이)에서 유지되는 계로부터 열로 전달된 에너지로서 취급될 수 있기 때문이다.

간단한 예 2.6 *U*와 *H* 사이의 관계

$pV=nRT$의 관계식을 갖는 완전 기체의 내부 에너지와 엔탈피는 다음과 같이 연관되어 있다.

$$H = U + nRT$$

n으로 나누고 식을 다시 정리하면

$$H_m - U_m = RT$$

이 되며, 여기에서 H_m과 U_m은 각각 몰엔탈피와 몰 내부 에너지를 나타낸다. H_m과 U_m 사이의 차이는 온도가 올라감에 따라 증가함을 알 수 있다.

자가 진단 2.6 298 K에서 산소 기체의 몰엔탈피는 몰 내부 에너지에 비하여 얼마 만큼 차이가 나는가?

답: 2.48 kJ mol^{-1}

엔트로피(**entropy**) S는 계의 에너지 **특성**(quality)의 척도이다. 만일 에너지가 계를 구성하고 있는 입자들의 회전, 진동, 병진 운동과 같이 운동의 많은 양식에 걸쳐 분포되어 있다면, 엔트로피는 높다. 한편 에너지가 단지 작은 수의 운동 방식에 걸쳐 분포된다면 엔트로피는 낮게 된다. **열역학 제2법칙**(**second law of thermodynamics**)은 고립된 계에서 모든 자발적인(즉 자연적인) 변화는 계의 엔트로피 증가를 수반한다고 진술한다. 이러한 성향의 일반적인 표현은 변화의 자연적 방향에는 국한된 영역으로부터 또는 덜 정리된 형태로 에너지 분산(dispersal)이 수반된다고 말하는 것이다.

한 계와 그 주위의 엔트로피는 화학에서 가장 중요한 것인데, 그 까닭은 화학 반응의 자발적인 방향을 결정해 주며 반응이 **평형**(**equilibrium**)에 있을 때의 조성을 확인해 줄 수 있기 때문이다. 모든 화학 평형의 특징인 **동적**(dynamic) 평형 상태에서는 정반응과 역반응은 동일한 속도로 일어나며 어느 방향으로든지 실제 변화가 일어나지 않는 경향이 있다. 그러나 이러한 상태를 확인하고자 엔트로피를 사용하기 위해서는 계와 그 주위의 두 가지를 모두 고려할 필요가 있다. 이 작업은 반응이 일정 온도와 압력에서 일어난다면 단순화시킬 수 있으며, 그리하여 평형 상태를 계의 **Gibbs 에너지**(**Gibbs energy**, G, 단위: J)가 최솟값을 갖는 상태로 취급하는 것이 가능해진다. Gibbs 에너지는 다음과 같이 정의되며, 이것은 화학 열역학에서 가장 중요한 것이 된다.

$$G = H - TS \qquad \text{정의 Gibbs 에너지} \qquad (2.24)$$

약식으로 '자유 에너지'라고도 불리는 Gibbs 에너지는 전기 회로를 통해 전자를 움직이는 것이나 비자연적인(비자발적인) 방향으로 반응을 일으키는 것과 같이 유용한 일을 자유롭게 하는 계에 저장된 에너지의 척도이다.

2.3 분자 수준 성질과 벌크 성질 사이의 관계

공간의 한 영역에 제한되어 있는 분자, 원자, 또는 아원자 입자 등의 에너지는 **양자화**(**quantized**)되거나 어떤 불연속적 값들에 한정된다. 이와 같이 허용된 에너지를 **에너지 준위**(**energy level**)라고 한다. 허용되는 에너지 값은 입자의 특성(예를 들면 질량)과, 제한되어 있는 영역의 범위에 의존한다. 좁은 공간에 갇혀 있는 질량이 작은 입자의 경우에는 에너지의 양자화가 대단히 중요하다(에너지 준위들이 넓게 떨어져 있다는 뜻에서). 결론적으로 원자나 분자 속 전자의 경우에는 양자화가 대단히 중요하지만 거시적 물체의 경우에는 일반적으로 중요하지 않다. 거시적 크기의 용기 속에 들어 있는 입자의 경우, 병진 운동 에너지 준위들 사이의 간격이 대단히 작기 때문에 모든 실제적인 결과에 대해 입자들의 병진 운동이 양자화되지 않고 사실상 연속적으로 변할 수 있다.

입자가 양자화되지 않은 병진 운동을 제외한 분자의 에너지는 주로 운동의 세 가지 양식에 기인하는데, 그 세 가지는 전체적인 분자의 회전, 분자 속 원자들의 진동을 통한 분자의 찌그러짐, 그리고 원자 핵 주위의 전자 운동이다. 관심의 초점을 회전 운동에서 진동 운동으로, 이어서 전자의 운동으로 옮김에 따라 양자화는 한층 더 중요해진다. 회전 에너지 준위들 사이의 간격(작은 분자의 경우 약 10^{-21} J, 또는 1 zJ로서 약 0.6 kJ mol^{-1}에 해당한다)은 진동 에너지 준위들 사이의 간격(약 10~100 zJ mol^{-1} 또는 6~60 kJ mol^{-1})보다 작으며, 또 이것은 전자의 에너지 준위 간격(약 10^{-18} J, 또는 1 aJ로서 약 600 kJ mol^{-1}에 해당하며, 여기에서 a는 또 하나의 드문 접두어지만 유용한 SI 접두사이며 아토(atto, 10^{-18})를 의미한다)보다 작다. 이들 전형적인 에너지 준위 간격들을 그림 2.3에 나타내었다.

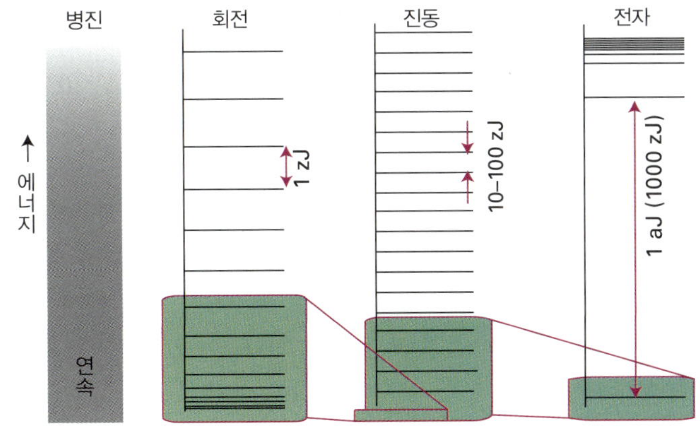

그림 2.3 계가 갖는 전형적인 네 유형의 에너지 준위 간격(1 zJ = 10^{-21} J, 1 zJ은 몰 단위로 0.6 kJ mol^{-1}에 해당한다.)

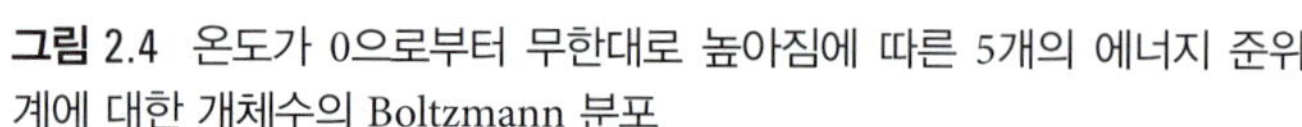

그림 2.4 온도가 0으로부터 무한대로 높아짐에 따른 5개의 에너지 준위계에 대한 개체수의 Boltzmann 분포

(a) Boltzmann 분포식

$T>0$에서 시료 속에 들어 있는 분자들이 계속해서 열적으로 동요하고 있음은 분자들이 가용한 에너지 준위에 걸쳐 분포되어 있음을 확실하게 하는 것이다. 한 특정한 분자는 어떤 한 순간에 낮은 에너지에 해당하는 상태에 있다가 잠시 후에는 높은 에너지 상태로 들뜰 수 있다. 한 단일 분자의 에너지 상태를 계속해서 추적할 수는 없지만 각 상태들의 **평균**(average) 분자수는 말할 수 있다. 비록 각각의 분자는 충돌의 결과로서 그들의 상태가 변할 수 있지만 각 상태의 평균 분자수는 일정하다(계의 온도가 일정하게 유지된다면).

한 상태의 평균 분자수를 그 상태의 **개체수**(**population**, 밀도)라고 한다. $T=0$에서는 최저 에너지 상태만이 점유된다. 온도가 높아지면 일부 분자들이 높은 상태로 들뜨며, 계속해서 온도를 높이면 점점 더 많은 상태들이 점유될 수 있다(그림 2.4). 여러 에너지 상태들의 상대적 개체수를 계산하는 식을 **Boltzmann 분포식**(**Boltzmann distribution**)이라고 하며, 이 식은 19세기 말에 오스트리아의 과학자 Ludwig Boltzmann이 유도하였다. 이 분포식을 이용하여 에너지 ε_i와 에너지 ε_j를 갖는 상태에서 입자수의 비는 다음과 같이 계산된다.

$$\frac{N_i}{N_j}=\mathrm{e}^{-(\varepsilon_i-\varepsilon_j)/kT} \qquad \text{Boltzmann 분포식} \qquad (2.25a)$$

여기에서 k는 **Boltzmann 상수**(**Boltzmann's constant**)라고 부르는 기본 상수로서, 그 값은 $k=1.381\times10^{-23}\ \mathrm{J\ K^{-1}}$이다. 화학적 응용에서는 보통 분자들의 개별적인 에너지가 아니라 분자 1 mol에 대한 에너지 E_i가 사용된다. 여기에서 N_A가 아보가드로 상수일 때 $E_i=N_A\varepsilon_i$이다. 식 2.25a에서 지수의 분자와 분모에 N_A를 곱하면 다음과 같이 된다.

$$\frac{N_i}{N_j}=\mathrm{e}^{-(E_i-E_j)/RT} \qquad \text{대체 형태 Boltzmann 분포식} \qquad (2.25b)$$

여기에서 $R=N_Ak$이다. 때때로 k는 '몰' 형태인 기체 상수로 바꾸어 나타낼 수 있다는 것을 알 수 있다. Boltzmmn 분포식은 물질의 거시적 성질을 구성 입자의 미시적인 거동에 대한 용어를 가지고 설명하는 데 결정적인 연결 역할을 하는 식이다.

간단한 예 2.7 상대 개체수

메틸사이클로헥세인 분자는 메틸기가 수평 방향이거나 축 방향에 위치하는 두 가지 구조 중 한 가지로 존재할 수 있다. 수평 방향 모형의 에너지는 축 방향 모형의 에너지에 비하여 6.0 kJ mol^{-1} 만큼 낮다. 온도 300 K에서 이와 같은 에너지 차이는 축 방향 모형과 수평 방향 모형 상태에 있어서 분자의 상대 개체수가 다음과 같음을 의미한다.

$$\frac{N_a}{N_e}=\mathrm{e}^{-(E_a-E_e)/RT}=\mathrm{e}^{-(6.0\times10^3\ \mathrm{J\ mol^{-1}})/(8.3145\ \mathrm{J\ K^{-1}mol^{-1}}\times300\ \mathrm{K})}=0.090$$

여기에서 E_a와 E_e는 몰 에너지이다. 따라서 축 방향 구조를 갖는 분자의 수는 수평 방향 구조를 갖는 분자의 정확히 9%가 된다.

자가 진단 2.7 메틸사이클로헥세인 시료에서 축 방향과 수평 방향 구조에 있는 분자의 상대 비율이 0.30, 즉 30%가 되는 온도를 구하시오.

답: 600 K

Boltzmann 분포식의 중요한 특징으로서 명심해야 할 내용들은 다음과 같다.

물리적 해석

- 개체수의 분포는 에너지와 온도의 지수함수이다.
- 낮은 온도일 때보다 높은 온도에서 더 많은 에너지 준위가 점유된다.
- 준위들이 kT에 비교하여 가까이 붙어 있을 때는(회

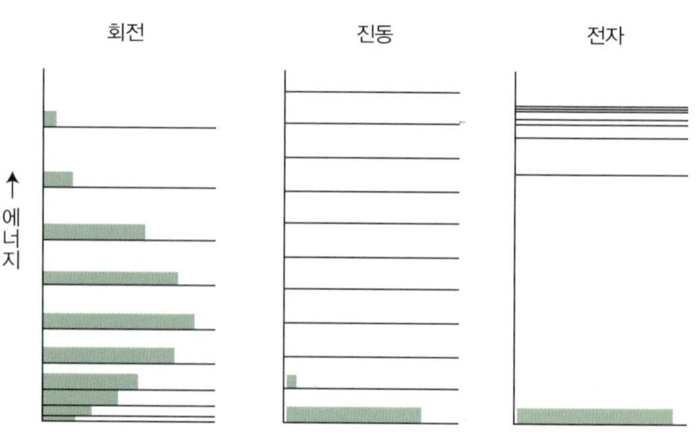

그림 2.5 상온에서 회전, 진동 및 전자 에너지 준위에 대한 개체수의 Boltzmann 분포

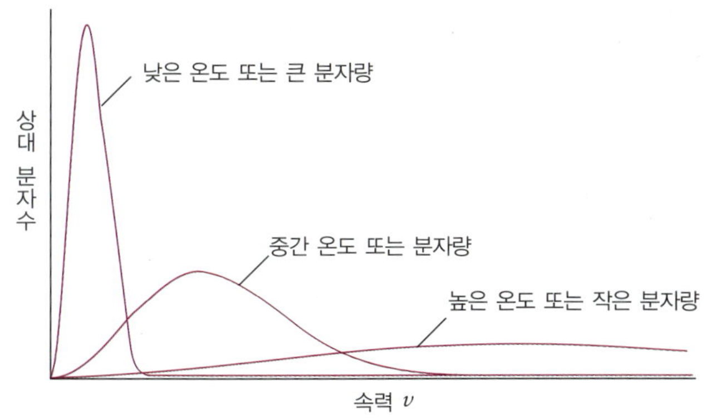

그림 2.6 온도와 몰질량에 따른 분자 속력의 (Maxwell–Boltzmann) 분포. 가장 확률이 높은 속력(최빈 속력, 이 분포의 피크에 해당)은 온도가 증가하고 몰질량이 감소함에 따라 증가하며 동시에 분포의 폭도 넓어진다.

전이나 병진 운동 상태에서와 같이) 멀리 떨어져 있는 경우(진동이나 전자 상태 등)보다 현저하게 더 많은 준위들이 분포된다.

그림 2.5는 전형적인 몇 가지 에너지 준위의 조합에 대하여 Boltzmann 분포의 모양을 요약한 것이다. 회전 준위의 개체수 분포 모양이 특이한 것은 식 2.25가 **개개의 상태**에 적용된다는 사실로부터 유래되며, 분자의 회전 운동에서 양자 이론은 주어진 에너지 준위에 대응하는 회전 상태의 수(넓게 말하면 회전면의 수)는 에너지 증가에 따라 증가함을 나타낸다. 따라서 에너지가 높아질수록 각 **상태**(State)의 개체수는 감소하지만 **준위**(level)의 개체수는 최대치를 지나게 된다.

미시적 성질과 벌크 성질 사이의 관계를 나타내는 가장 간단한 예들 중 하나는 완전 기체에 관한 모형인 **기체 분자 운동론**(**kinetic molecular theory**)에 의해 주어진다. 이 모형에서는 무시할 수 있을 정도로 작은 부피의 분자들이 쉬지 않고 무작위한 운동을 하며, 서로 충돌하는 짧은 순간을 제외하면 상호 작용을 하지 않는다고 가정한다. 속력이 다르면 에너지도 다르며, 따라서 한 특정한 온도에서 명시된 속력을 갖는 분자의 분율을 예측하는 데 Boltzmann 분포식을 이용할 수 있다. 특정한 속력을 갖는 분자들의 분율을 나타내는 표현을 **Maxwell-Boltzmann 분포**(**Maxwell-Boltzmann distribution**)라고 하며 그림 2.6에 요약해 놓은 특징을 갖는다. Maxwell–Boltzmann 분포식을 이용하면 분자들의 평균 속력 v_{mean}이 다음과 같이 온도와 그 몰질량에 의존한다는 것을 알아 낼 수 있다.

$$v_{\text{mean}} = \left(\frac{8RT}{\pi M}\right)^{1/2} \quad \text{완전 기체} \quad \text{분자들의 평균 속력} \quad (2.26)$$

따라서 평균 속력은 높은 온도의 가벼운 분자들이 높게 된다. 분포식 자체는 더 많은 정보를 제공한다. 예를 들면 낮은 온도에서보다 높은 온도에서 큰 속력 쪽으로 꼬리가 길게 나타나는데, 이것은 높은 온도에서는 시료의 더 많은 분자가 평균 속력보다 더 큰 속력을 갖는다는 것을 의미한다.

(b) 균등 분배 이론

주어진 온도에서 시료의 원자나 분자 운동의 각 양식과 연관된 평균 에너지를 계산하기 위하여 Boltzmann 분포식을 이용할 수 있지만 더욱 더 간단한 지름길이 존재한다. 온도가 대단히 높아 많은 에너지 준위가 점유되었을 때 다음의 **균등 분배 이론**(**equipartition theorem**)을 사용할 수 있다.

> 열적 평형에 있는 시료에서 에너지에 대한 각 2차항은 평균적으로 $\frac{1}{2}kT$의 기여를 한다.

'이차항의 기여'란 운동량(운동 에너지의 식에서와 같이, $E_k = p^2/2m$)이나 평형 위치로부터의 변위(조화 진동자의 퍼텐셜 에너지에서와 같이, $E_p = \frac{1}{2}k_f x^2$)의 제곱에 비례하는 항을 뜻한다. 이 원리는 높은 온도와 에너지 준위 사이의 간격이 작은 경우에만 전적으로 유효하며, 이와 같은 조건에서는 많은 상태들이 분포되어 있기 때문이다. 균등 분배 이론은 병진 운동과 회전 운동의 방식에 대하여 가장 확실하다. 전형적으로 진동 상태 사이의 간격과 전자 상태 사이의 간격은 회전이나 병진 운동에서 보다 크며, 따라서 이러한 운동 방식에서는 신뢰하기 어렵다.

간단한 예 2.8 평균 분자 에너지

원자나 분자는 3차원에서 움직이며, 따라서 이것의 병진 운동 에너지는 3개의 이차항 기여를 합한 것으로 다음과 같다.

$$E_{\text{trans}} = \frac{1}{2}mv_x^2 + \frac{1}{2}mv_y^2 + \frac{1}{2}mv_z^2$$

균등 분배 이론은 이러한 이차항 기여의 각각에 대한 평균 에너지는 $\frac{1}{2}kT$임을 예측하게 한다. 따라서 평균 운동 에너지는 $E_{\text{trans}} = \frac{3}{2}kT$이다. 또한 몰 병진 에너지는 $E_{\text{trans,m}} = \frac{3}{2}kT \times N_A = \frac{3}{2}RT$이다. 300 K에서 이 값은 아래와 같다.

$$E_{\text{trans,m}} = \frac{3}{2} \times (8.3145\,\text{J K}^{-1}\,\text{mol}^{-1}) \times (300\,\text{K}) = 3700\,\text{J mol}^{-1} = 3.7\,\text{kJ mol}^{-1}$$

자가 진단 2.8 선형 분자는 공간상 두 개의 축에 대하여 회전을 할 수 있으며, 각각은 2차항 기여로 설명된다. 500 K에서 선형 분자의 전체 몰 에너지에서 회전 운동이 기여하는 에너지를 계산하시오.

답: $4.2\ \text{kJ mol}^{-1}$

개념 확인

- ☐ 1. **Newton 운동 제2법칙**에서 운동량 변화율은 입자에 작용하는 힘과 같다고 말한다.
- ☐ 2. 반대로 작용하는 힘에 반하여 운동을 수행하기 위해서는 **일**이 행해진다.
- ☐ 3. **에너지**는 일을 할 수 있는 능력이다.
- ☐ 4. 입자의 **운동 에너지**는 운동의 결과로 갖는 에너지이다.
- ☐ 5. 입자의 **퍼텐셜 에너지**는 위치의 결과로 갖는 에너지이다.
- ☐ 6. 입자의 총 에너지는 운동 에너지와 퍼텐셜 에너지의 합이다.
- ☐ 7. 거리 r 만큼 떨어져 있는 두 전하 사이의 **Coulomb 퍼텐셜 에너지**는 $1/r$에 따라 변한다.
- ☐ 8. **열역학 제1법칙**은 외부의 영향으로부터 고립된 계에서 내부 에너지는 일정하다고 말한다.
- ☐ 9. **열역학 제2법칙**은 고립된 계에서 모든 자발적인 변화는 계의 엔트로피 증가를 수반한다고 말한다.
- ☐ 10. **평형**은 계의 **Gibbs 에너지**가 최소에 도달하는 상태이다.
- ☐ 11. 갇힌 입자의 에너지는 양자화된다.
- ☐ 12. **Boltzmann 분포식**은 다양한 에너지 상태의 상대 개체수를 계산하기 위한 수식이다.
- ☐ 13. **균등 분배 이론**은 열적 평형에 있는 시료에서 에너지에 대한 각 이차항은 평균적으로 $\frac{1}{2}kT$의 기여를 한다고 말한다.

식 확인

성질	식	비고	식 번호
속도	$v=\mathrm{d}r/\mathrm{d}t$	정의	2.1
선형 운동량	$p=mv$	정의	2.2
각운동량	$J=I\omega, I=mr^2$	점 입자	2.3~4
힘	$F=ma=\mathrm{d}p/\mathrm{d}t$	정의	2.5
토크	$T=\mathrm{d}J/\mathrm{d}t$	정의	2.6
일	$\mathrm{d}w=-F\cdot\mathrm{d}s$	정의	2.7
운동 에너지	$E_\mathrm{k}=\frac{1}{2}mv^2$	정의	2.8
퍼텐셜 에너지	$F_x=-\mathrm{d}V/\mathrm{d}x$	일차원	2.10
Coulomb 퍼텐셜 에너지	$V(r)=Q_1Q_2/4\pi\varepsilon_0 r$	진공	2.14
퍼텐셜	$\varphi=Q_2/4\pi\varepsilon_0 r$	진공	2.16
전기장 세기	$\mathcal{E}=-\mathrm{d}\varphi/\mathrm{d}x$	일차원	2.18
전력	$P=I\Delta\varphi$		2.19
열용량	$C=\mathrm{d}U/\mathrm{d}T$	U는 내부 에너지	2.22
엔탈피	$H=U+pV$	정의	2.23
Gibbs 에너지	$G=H-TS$	정의	2.24
Boltzmann 분포	$N_i/N_j=\mathrm{e}^{-(\varepsilon_i-\varepsilon_j)/kT}$		2.25a
분자의 평균 속력	$v_\mathrm{mean}=(8RT/\pi M)^{1/2}$	완전 기체	2.26

토픽 3

파동

➤ 학습 목표

분광법이나 X선 회절과 같이 물리화학에서 몇 가지 중요한 조사 방법에는 파동성 전자기파 교란인 전자기 복사선이 관련된다. 파동의 성질은 원자나 분자에서 전자의 양자 역학적인 설명에 중심이 된다는 것을 알게 될 것이다. 이와 같은 논의를 대비하여 파동의 수학적인 설명을 이해할 필요가 있다.

➤ 핵심 내용

파동은 조화 진동 함수로 표현할 수 있는 변위를 갖고 공간에서 진행하는 교란이다.

➤ 미리 알기

조화 진동(사인과 코사인) 함수의 성질에 익숙해질 필요가 있다.

파동(**wave**)은 공간을 통해 이동하며 진동하는 교란이다. 이러한 교란의 예로는 파도 속의 물 분자들과 음파에서 기체 입자들의 집합적인 운동을 들 수 있다. **조화파**(**harmonic wave**)는 사인 함수나 코사인 함수로 표현될 수 있는 변위를 갖는 파이다.

3.1 조화파

조화파는 **파장**(**wavelength**, λ)과 **진동수**(**frequency**, ν)에 의하여 특징이 나타난다. 파장은 파동의 인접 정점들 사이의 거리이고, 진동수는 한 고정된 점에서의 변위가 처음 값으로 되돌아가는 1초당 횟수이다(그림 3.1). 진동수는 헤르츠로 나타내는데, $1\,\text{Hz} = 1\,\text{s}^{-1}$이다. v가 파동의 진행 속도일 때 파장과 진동수 사이에는 다음과 같은 관계가 성립한다.

$$\lambda\nu = v \qquad \text{파장과 진동수 사이의 관계} \qquad (3.1)$$

우선 $t = 0$에서 조화파의 스냅 사진을 생각해 보자. 변위 $\psi(x,\ t)$는 다음과 같이 위치 x에 따라 변한다.

$$\psi(x,0) = A\cos\{(2\pi/\lambda)x + \phi\} \qquad t=0\text{에서의 조화파} \qquad (3.2a)$$

여기에서 A는 파동의 최대 높이인 파동의 **진폭**(**amplitude**)이며, ϕ는 파동의 **위상**(**phase**)으로서 $x = 0$에서부터 파동 정점의 위치 이동이며 $-\pi$에서 π 사이에 있을 수 있다(그림 3.2). 시간이 진행됨에 따라 정점은 x축(진행 방향)을 따라 이동하는데, 이후 어느 순간에서의 변위는 다음과 같이 기술된다.

$$\psi(x,t) = A\cos\{(2\pi/\lambda)x - 2\pi\nu t + \phi\} \qquad t>0\text{일 때 조화파} \qquad (3.2b)$$

주어진 파동은 위에서와 같은 변수와 함께 사인 함수로도 표현될 수 있으나 이 경우 ϕ를 $\phi + \frac{1}{2}\pi$로 치환해야 한다.

공간상 같은 영역에서 같은 파장을 갖는 두 개의 파동이 상이한 위상을 갖는 경우, 두 파동의 합인 합성파는 진폭이

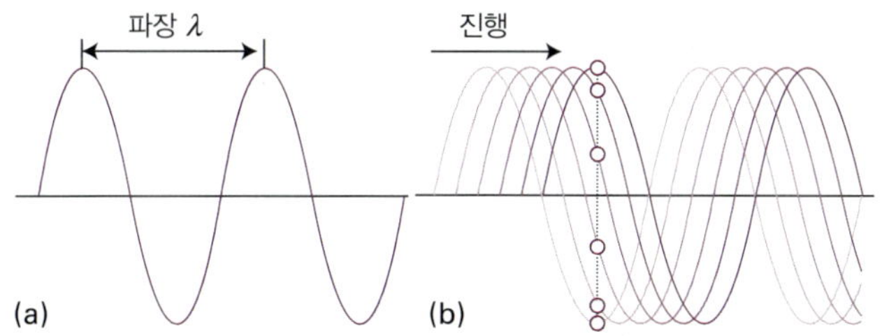

그림 3.1 그림 3.1 (a) 파의 파장 λ는 두 인접 정점 사이의 거리이다. (b) 이 파는 속력 v를 가지고 오른쪽으로 이동한다. 한 주어진 점에서 파의 순간 진폭은 이 점을 통과하면서 완전한 순환을 한다(이 그림의 6개 점은 한 순환의 반에 해당한다). 진동수 ν는 이 주어진 점에서 단위 시간 동안에 일어나는 순환의 횟수이다. 파장과 진동수는 $\lambda\nu = v$의 관계가 있다.

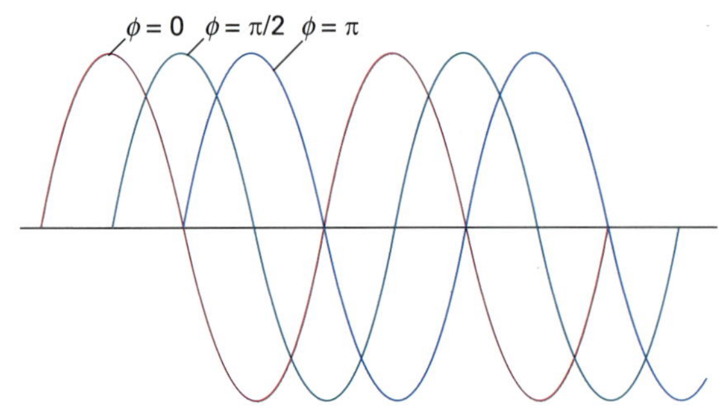

그림 3.2 파동의 위상 ϕ는 파동 정점의 상대 위치를 지정해 준다.

증가하거나 감소하게 된다. 만일 위상이 $\pm\pi$ 만큼 달라진다면(즉 한 파동의 정점이 다른 파동의 골과 일치한다) 두 파동의 합인 합성파는 진폭이 사라질 것이다. 이와 같은 효과를 **상쇄 간섭(destructive interference)**이라고 한다. 한편 두 파동의 위상이 같다면(정점이 일치함) 합성파의 진폭은 증가하게 되며, 이 효과를 **보강 간섭(constructive interference)**이라고 한다.

간단한 예 3.1 합성파

위상차의 값이 $\pm\pi$와 다른 경우를 실제로 보기 위하여 $f(x) = \cos(2\pi x/\lambda)$와 $g(x) = \cos[(2\pi x/\lambda)+\phi]$ 파동을 더해 보자. 그림 3.3은 $\phi = \pi/3$에서 x/λ에 대한 $f(x)$, $g(x)$, $f(x)+g(x)$의 도표이다. 합성파는 $f(x)$나 $g(x)$보다 큰 진폭을 가지며, 합성파의 정점은 $f(x)$와 $g(x)$의 정점들 사이에 있다.

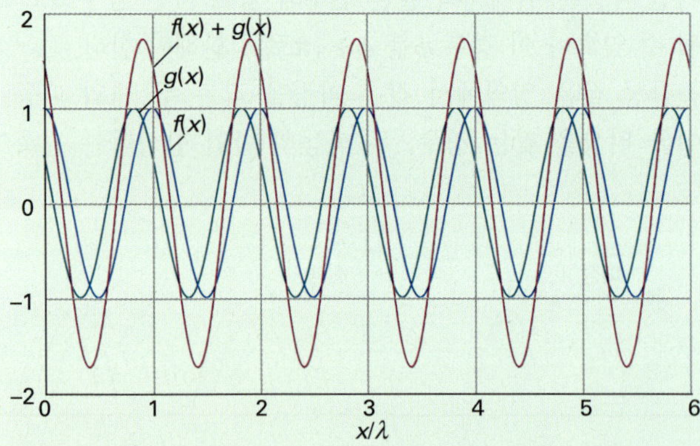

그림 3.3 간단한 예 3.1에서 논의된 파동 사이의 간섭

자가 진단 3.1 위와 동일한 파이지만 $\phi = 3\pi/4$인 경우에 합성파의 진폭은 증가하는가, 아니면 감소하는가?

답: 진폭은 감소한다.

3.2 전자기장

빛은 전자기 복사의 한 형태이다. 고전 물리학에서는 전자기 복사를 **전자기장(electromagnetic field)**으로 설명한다. 즉 공간에서 조화파와 같이 전파되며 진동하는 전기와 자기 교란이라고 설명하는 것이다. **전기장(electric field)**은 하전된 입자(정지해 있거나 움직이거나)에 작용하며 **자기장(magnetic field)**은 오로지 움직이는 하전된 입자에만 작용한다.

진공 속에서 전자기파의 파장과 진동수는 다음의 식으로 연관되어 있다.

$$\lambda\nu = c \qquad \text{진공 속에서 전자기파 파장과 진동수 사이의 관계} \qquad (3.3)$$

여기에서 $c = 2.99792458 \times 10^8$ m s^{-1}(보통 2.998×10^8 m s^{-1}을 사용한다)이며 진공에서의 빛의 속력이다. 파동이 매질(공기일지라도)을 지나갈 때 파동의 속력은 c'로 줄어들며, 진동수는 변하지 않는다 하더라도 파장은 이에 따라 감소한다. 매질 속에서의 빛의 환산 속력은 일반적으로 다음과 같은 매질의 **굴절률(refractive index)** n_r로 표현된다.

$$n_r = \frac{c}{c'} \qquad \text{굴절률} \qquad (3.4)$$

굴절률은 빛의 진동수에 의존하고 가시광선의 경우 전형적으로 파장에 따라 증가한다. 또한 굴절률은 매질의 물리적 상태에도 의존한다. 25°C 물속에서 노란색의 빛은 $n_r = 1.3$이므로 파장은 30% 줄어든다.

파장과 진동수에 따른 전자기장의 분류는 그림 3.4에 요약되어 있다. 때때로 전자기파의 특성은 아래와 같은 관계의 **파수(wavenumber, $\tilde{\nu}$)**로 표현하는 것이 바람직하다.

$$\tilde{\nu} = \frac{\nu}{c} = \frac{1}{\lambda} \qquad \text{전자기 복사 파수} \qquad (3.5)$$

파수는 주어진 길이(진공에서) 속에 들어 있는 완전한 파장의 수로 해석될 수 있다. 보통 이 파수는 센티미터의 역수(cm^{-1})로 표기되며, 따라서 파수가 5 cm^{-1}이라고 하면 1 cm 속에 5개의 완전한 파가 들어 있다는 것을 나타낸다.

간단한 예 3.2 파수

파장이 660 nm인 전자기 복사의 파수는 다음과 같다.

$$\tilde{\nu} = \frac{1}{\lambda} = \frac{1}{660\times10^{-9}\,\text{m}} = 1.5\times10^6\,\text{m}^{-1} = 15\,000\ \text{cm}^{-1}$$

단위 m^{-1}과 cm^{-1} 사이의 단위 환산에서 실수를 피하기 위해서는 파수가 주어진 거리에 들어 있는 파장의 수라는 것을 명심해야 한다. 따라서 센티미터당 파장의 수, 즉 cm^{-1}의 단위로 표시된 파수는 m^{-1}의 단위로 표시된 미터당의 동일한

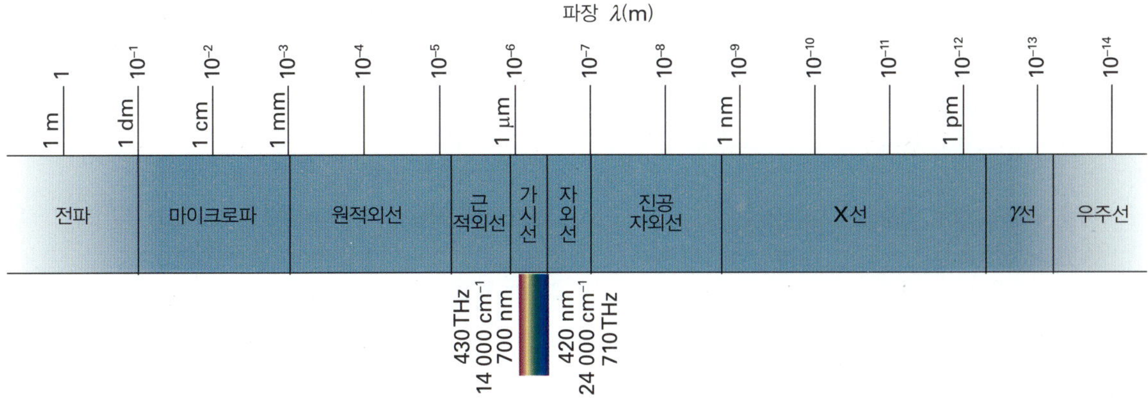

그림 3.4 전자기 복사 스펙트럼과 영역별 분류(경계는 정확하지 않음)

양보다 100배 적어야 한다.

자가 진단 3.2 710 nm의 파장을 갖는 붉은 빛의 파수와 진동수를 계산하시오.

답: $\tilde{\nu} = 1.41 \times 10^{6}\ \text{m}^{-1} = 1.41 \times 10^{4}\ \text{cm}^{-1}$, $\nu = 422$ THz($1\ \text{THz} = 10^{12}\ \text{s}^{-1}$)

파장 λ와 진동수 ν로 x축 방향을 따라 이동하며 진동하는 전기장 $\mathcal{E}(x,t)$와 자기장 $\mathcal{B}(x,t)$를 묘사하는 함수는 다음과 같다.

$$\mathcal{E}(x,t) = \mathcal{E}_0 \cos\{(2\pi/\lambda)x - 2\pi\nu t + \phi\} \quad \text{전자기 복사 \; 전기장} \qquad (3.6a)$$

$$\mathcal{B}(x,t) = \mathcal{B}_0 \cos\{(2\pi/\lambda)x - 2\pi\nu t + \phi\} \quad \text{전자기 복사 \; 자기장} \qquad (3.6b)$$

여기에서 $\mathcal{E}_0$와 $\mathcal{B}_0$는 각각 전기장과 자기장의 진폭이고, ϕ는 파의 위상이다. 이 경우 전기장과 자기장이 진폭은 물론 방향을 갖기 때문에 진폭은 벡터양이다. 자기장은 전기장에 대하여 수직이고 이 둘은 진행 방향에 대하여 수직이다(그림 3.5). 고전 전자기학에 따르면 파동과 연관된 에너지의 척도인 전자기 복사의 **세기(intensity)**는 파동 진폭의 제곱에 비례한다.

식 3.6은 **평면 편광(plane polarized**, 전기장과 자기장은 각각 단일 평면에서 진동하기 때문에 그렇게 불림)된 전자기 복사를 설명하고 있다. 편광면은 진행 방향 주위의 어느 방향으로도 향할 수 있다. 편광의 다른 하나의 형태는 **원편광(circular polarization)**이다. 여기에서 전기장과 자기장은 진행 방향에 대해서는 물론 서로에 대해서도 수직을 유지한 채로 진행 방향 주위를 시계 방향이나 시계 반대 방향으로 회전한다(그림 3.6).

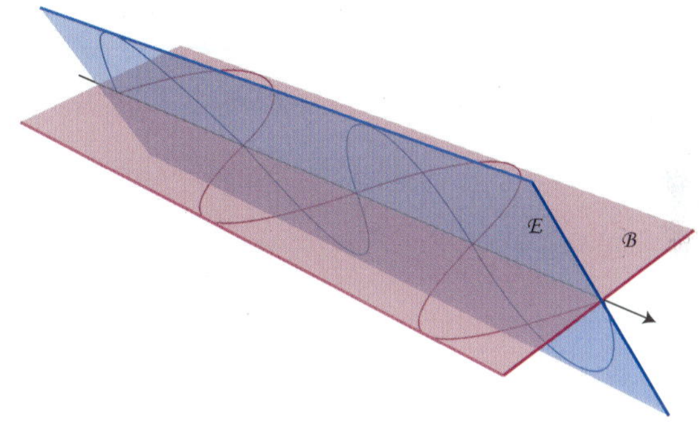

그림 3.5 평면 편광된 파동에서 전기장과 자기장은 수직 평면상에서 진동하며 진행 방향에 대하여 수직이다.

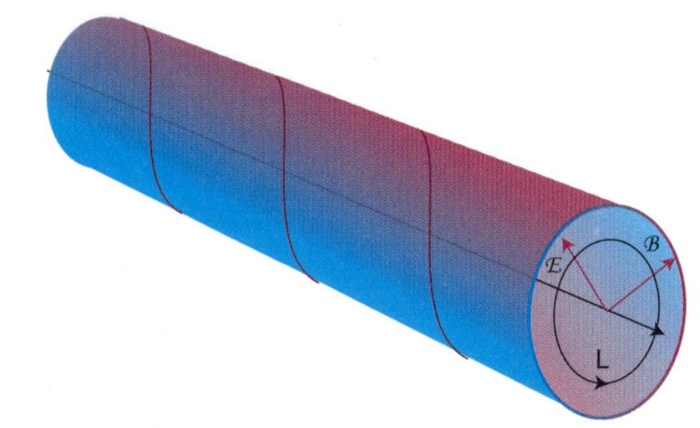

그림 3.6 원편광된 파동에서 전기장과 자기장은 진행 방향 주위를 회전하지만 서로에 대하여 수직을 유지한다. 위에 예시한 그림은 '우편광'과 '좌편광'을 명시하고 있다(좌편광은 L로 나타내었다).

개념 확인

- □ 1. **파동**은 공간을 통해 이동하며 진동하는 교란이다.
- □ 2. **조화파**는 변위가 사인 함수나 코사인 함수로 표시될 수 있는 파이다.
- □ 3. 조화파는 **파장**, **진동수**, **위상**, **진폭**으로 특정지어진다.
- □ 4. 동일한 파장을 갖지만 위상이 다른 두 개 파동 사이의 **상쇄 간섭**은 합성파의 진폭을 0으로 만든다.
- □ 5. **보강 간섭**은 동일한 파장과 위상을 갖는 두 개 파동 사이에서 일어나며 합성파의 진폭을 증가시킨다.
- □ 6. **전자기장**은 공간을 통하여 조화파로 전파되며 진동하는 전기장과 자기장의 진동이다.
- □ 7. **전기장**은 정지해 있거나 움직이는 하전된 입자에 작용한다.
- □ 8. **자기장**은 움직이는 입자에만 작용한다.
- □ 9. **평면 편광**된 전자기 복사선에서 전기장과 자기장은 각각 단일 평면에서 진동하며 상호 수직이다.
- □ 10. **원편광**된 전자기 복사선에서 전기장과 자기장은 진행 방향에 대해서는 물론, 서로에 대해서도 수직을 유지한 채로 진행 방향 주위를 시계 방향이나 시계 반대 방향으로 회전한다.

식 확인

성질	식	비고	식 번호
진동수와 파장의 관계	$\lambda\nu = v$	진공에서 전자기 복사의 경우 $v = c$	3.1
굴절률	$n_r = c/c'$	정의, $n_r \geq 1$	3.4
파수	$\tilde{\nu} = \nu/c = 1/\lambda$	전자기 복사	3.5

1장 기초 지식

토픽 1 물질

토론 문제

1.1 원자에서 핵 모형의 특성을 요약해 보시오. 원자 번호, 핵자수, 질량수의 용어를 정의하시오.

1.2 주기율표에서 금속, 비금속, 전이 금속, 란타넘족, 악티늄족은 어디에 있는가?

1.3 단일 결합과 다중 결합이 의미하는 것이 무엇인지를 요약하시오.

1.4 분자의 VSEPR 이론에 대한 주요 개념을 요약하시오.

1.5 다음 것들의 특성을 비교하고 대조하시오.
(a) 물질의 고체, 액체, 기체 상태 (b) 물질의 응축 상태와 기체 상태

연습 문제

1.1(a) 주기율표상에서 다음에 속해 있는 원소의 원자에서 전형적인 바닥 상태의 전자 배치를 표시하시오.
(a) 2족, (b) 7족, (c) 15족

1.1(b) 주기율표상에서 다음에 속해 있는 원소의 원자에서 전형적인 바닥 상태의 전자 배치를 표시하시오.
(a) 3족, (b) 5족, (c) 13족

1.2(a) 다음 화합물에서 원소의 산화수를 밝히시오.
(a) $MgCl_2$, (b) FeO, (c) Hg_2Cl_2

1.2(b) 다음 화합물에서 원소의 산화수를 밝히시오.
(a) CaH_2, (b) CaC_2, (c) LiN_3

1.3(a) 탄소와 질소 사이에서 (a) 단일 결합, (b) 이중 결합, (c) 삼중 결합을 갖는 분자를 밝히시오.

1.3(b) 중심 원자에 고립 전자쌍이 (a) 한 개, (b) 두 개, (c) 세 개인 분자를 밝히시오.

1.4(a) 다음 화학종의 Lewis(전자 점) 구조를 그리시오.
(a) SO_3^{2-}, (b) XeF_4, (c) P_4

1.4(b) 다음 화학종의 Lewis(전자 점) 구조를 그리시오.
(a) O_3, (b) ClF_3^+, (c) N_3^-

1.5(a) 불완전한 옥텟 구조를 갖는 화합물의 예를 세 개 들어보시오.

1.5(b) 초원자가 화합물의 예를 네 개 들어보시오.

1.6(a) VSEPR 이론을 사용하여 다음 화학종의 구조를 예측하시오.
(a) PCl_3, (b) PCl_5, (c) XeF_2, (d) XeF_4

1.6(b) VSEPR 이론을 사용하여 다음 화학종의 구조를 예측하시오.
(a) H_2O_2, (b) FSO_3^-, (c) KrF_2, (d) PCl_4^+

1.7(a) 다음 결합에 대한 극성(부분 전하를 $\delta+$와 $\delta-$로 표시)을 확인하시오.
(a) C−Cl, (b) P−H, (c) N−O

1.7(b) 다음 결합에 대한 극성(부분 전하를 $\delta+$와 $\delta-$로 표시)을 확인하시오.
(a) C−H, (b) P−S, (c) N−Cl

1.8(a) 다음 분자들이 극성인지, 무극성인지를 말하시오.
(a) CO_2, (b) SO_2, (c) N_2O, (d) SF_4

1.8(b) 다음 분자들이 극성인지, 무극성인지를 말하시오.
(a) O_3, (b) XeF_2, (c) NO_2, (d) C_6H_{14}

1.9(a) 위 문제 1.8(a)에 열거된 분자들을 쌍극자 모멘트가 증가하는 순서로 나열하시오.

1.9(b) 위 문제 1.8(b)에 열거된 분자들을 쌍극자 모멘트가 증가하는 순서로 나열하시오.

1.10(a) 다음 성질들을 크기 성질과 세기 성질로 분류하시오.
(a) 질량, (b) 질량 밀도, (c) 온도, (d) 수밀도

1.10(b) 다음 성질들을 크기 성질과 세기 성질로 분류하시오.
(a) 압력, (b) 비열, (c) 무게, (d) 몰랄 농도

1.11(a) 에탄올 25.0 g 속에 들어 있는 (a) C_2H_5OH의 몰질량(몰 단위로), (b) 분자수를 계산하시오.

1.11(b) 포도당 5.0 g 속에 들어 있는 (a) $C_6H_{22}O_{11}$의 몰질량(몰 단위로), (b) 분자수를 계산하시오.

1.12(a) 10.0 mol $H_2O(l)$의 지표면(이때의 $g = 9.81\ \mathrm{m\ s^{-2}}$)에서의 (a) 질량, (b) 무게를 계산하시오.

1.12(b) 10.0 mol $C_6H_6(l)$의 화성 표면(이때의 $g = 3.72\ \mathrm{m\ s^{-2}}$)에서의 (a) 질량, (b) 무게를 계산하시오.

1.13(a) 체중이 65 kg인 사람이 바닥 면적이 150 $\mathrm{cm^2}$인 신발을 신고 서(지표면에) 있을 때 미치는 압력을 계산하시오.

1.13(b) 체중이 60 kg인 사람이 바닥 면적이 2 $\mathrm{cm^2}$인 하이힐을 신고 서(지표면에) 있을 때 미치는 압력을 계산하시오(단, 무게가 힐의 전체에 실린다고 가정할 것).

1.14(a) 위 문제 1.13(a)에 계산된 압력을 기압으로 나타내시오.

1.14(b) 위 문제 1.13(b)에 계산된 압력을 기압으로 나타내시오.

1.15(a) 1.45 atm의 압력을 (a) 파스칼, (b) bar로 나타내시오.

1.15(b) 222 atm의 압력을 (a) 파스칼, (b) bar로 나타내시오.

1.16(a) 혈액 온도 37.0°C를 Kelvin 척도로 변환시키시오.

1.16(b) 산소의 끓는점 90.18 K를 섭씨 척도로 변환시키시오.

1.17(a) 식 1.4는 Kelvin 척도와 섭씨 척도 사이의 관계식이다. 화씨 척도와 섭씨 척도 사이의 관계에 대응하는 식을 유도하고, 이 식을 이용해서 에탄올의 끓는점(78.5°C)을 화씨 척도로 나타내시오.

1.17(b) Rankine 온도 척도는 도수(°R)의 크기가 화씨 척도와 동일한 열역학적 온도 척도이다. Rankine 척도와 Kelvin 척도 사이의 관계식을 유도하고, 물의 어는점을 Rankine 척도로 나타내시오.

1.18(a) 수소 기체 시료가 20.0°C에서 110 kPa의 압력을 나타낸다. 같은 부피에서 온도가 7.0°C가 되면 압력이 얼마로 예측되는가?

1.18(b) 325 mg의 네온 기체 시료가 20.0°C에서 2.00 dm^3의 부피를 차지한다. 완전 기체 법칙을 이용하여 이 기체의 압력을 계산하시오.

1.19(a) 500°C, 93.2 kPa에서 황 증기의 질량 밀도는 3.710 kg m^{-3}이다. 이 조건에서 황의 분자식은 무엇인가?

1.19(b) 100°C, 1.60 kPa에서 인 증기의 질량 밀도는 0.6388 kgm^{-3}이다. 이 조건에서 인의 분자식은 무엇인가?

1.20(a) 완전 기체로 거동하며 15.0°C에서 1000 cm^3에 담겨진 에테인 22 g의 압력을 계산하시오.

1.20(b) 완전 기체로 거동하며 100.0°C에서 100 cm^3에 담겨진 산소 7.05 g의 압력을 계산하시오.

1.21(a) 5.0°C에서 부피 10.0 dm^3의 용기에 2.0 mol의 H_2와 1.0 mol의 N_2가 들어 있다. 각 성분의 부분 압력과 전체 압력을 구하시오.

1.21(b) 10.0°C에서 부피 100 cm^3의 용기에 0.25 mol의 O_2와 0.034 mol의 CO_2가 들어 있다. 각 성분의 부분 압력과 전체 압력을 구하시오.

토픽 2 에너지

토론 문제

2.1 에너지는 무엇인가?

2.2 운동 에너지와 퍼텐셜 에너지를 구별하시오.

2.3 열역학 제2법칙을 진술하시오. 주위로부터 고립되지 않은 계의 엔트로피는 자발적 과정에서 감소할 수 있는가?

2.4 에너지의 양자화는 무엇을 의미하는가? 미시계에서 어떤 경우에 양자화의 효과가 가장 중요한가?

2.5 분자 운동론의 가정은 무엇인가?

2.6 속력에 대한 Maxwell 분포식의 주된 특성은 무엇인가?

연습 문제

2.1(a) 질량이 1.0 g인 입자가 지표면의 가까운 곳에서 떨어진다. 자유 낙하의 가속도가 $g = 9.81$ m s^{-2}이고, 공기의 저항을 무시할 때 (a) 1.0초, (b) 3.0초 후에 각각에 대한 속력과 운동 에너지는 어떻게 되는가?

2.1(b) 위 문제 2.1(a)에서와 같은 입자가 화성 표면의 가까운 곳에서 떨어진다. 자유 낙하 가속도 가속도가 3.72 m s^{-2}이고 공기의 저항을 무시할 때 (a) 1.0초, (b) 3.0초 후에 각각에 대한 속력과 운동 에너지는 어떻게 되는가?

2.2(a) 물속에서 전하 ze로 움직이는 이온이 $\mathcal{E}$ 세기의 전기장에 놓여 있어 힘 $ze\mathcal{E}$가 미치고 있다. 그러나 또한 이온은 반지름 R이고 매질의 점도가 η(eta)일 때 이온의 속력 s에 비례하고 크기가 $6\pi\eta Rs$인 마찰력을 느끼고 있다. 이온의 최종 속도는 어떻게 될 것인가?

2.2(b) 점성 매질을 통해 내려오는 입자가 R이 입자의 반지름이고 η가 매질의 점도일 때 속력 s에 비례하는 마찰력 $6\pi\eta Rs$를 느끼고 있다. 자유 낙하 가속도가 g로 표시되고 반지름이 R이며, 질량 밀도가 ρ(rho)인 입자의 최종 속도는 어떻게 될 것인가?

2.3(a) 조화 진동자의 운동 방정식 $(m\mathrm{d}^2x/\mathrm{d}t^2 = -k_f x)$의 일반 해가 $\omega = (k_f/m)^{1/2}$일 때 $x(t) = A \sin \omega t + B \cos \omega t$가 됨을 증명하시오.

2.3(b) 연습 문제 2.3(a)의 표기에서 $B = 0$일 때 어느 순간에서 조화 진동자의 전체 에너지와 최대 변위의 진폭과의 관계는 어떻게 되는가?

2.4(a) 수소 원자의 초기(반고전적) 모형에서 전자는 반지름 53 pm인 원 주위를 2188 km s^{-1}의 속도로 원운동을 하고 있다. 원둘레의 1/4을 회전하는 동안 전자가 느끼는 평균 가속도의 크기는 얼마인가?

2.4(b) 위의 연습 문제 2.4(a)에서 계산된 가속도로 전자가 그 궤도에서 체험하는 평균 힘의 크기는 얼마인가?

2.5(a) 연습 문제 2.4(a)에 제시된 정보를 참조하여 원자의 반고전적 모형에서 전자의 각운동량 크기를 계산하시오. 이 결과를 h가 Planck 상수(표지의 안쪽 참조)일 때 $h/2\pi$의 배수로 표현하시오.

2.5(b) 반고전적 모형에서의 연장선상(연습 문제 2.5(a))에서 전자가 반지름이 $4a_0$인 궤도로 들며 계속해서 2188 km s^{-1}으로 움직인다. 전자의 각운동량 크기를 계산하고 h가 Planck 상수(표지의 안쪽 참조)일 때 $h/2\pi$의 배수로 표현하시오.

2.6(a) C−H 결합의 힘 상수는 약 450 N m^{-1}이다. 이 결합을 (a) 10 pm, (b) 20 pm 만큼 잡아당기는 데 필요한 일은 얼마인가?

2.6(b) H−H 결합의 힘 상수는 약 510 N m^{-1}이다. 이 결합을 20 pm 만큼 잡아당기는 데 필요한 일은 얼마인가?

2.7(a) 전자 현미경에서 전자는 정지된 상태에서 퍼텐셜 차이 $\Delta\phi = 100$ kV를 통하여 가속되며 전자가 얻는 에너지는 $e\Delta\phi$이다. 이 경우 전자의 최종 속력은 얼마인가? 또한 전자의 에너지는 전자볼트(eV)로 얼마인가?

2.7(b) 질량 분석기에서 $C_6H_4^{2+}$ 이온이 정지된 상태에서 퍼텐셜 차이 $\Delta\phi = 20$ kV를 통하여 가속되며 전자가 얻는 에너지는 $e\Delta\phi$이다. 이 경우 전자의 최종 속력은 얼마인가? 또한 전자의 에너지는 전자볼트(eV)로 얼마인가?

2.8(a) Na^+ 이온을 200 pm 떨어진 Cl^- 이온으로부터 무한대의 거리로 분리시킬(진공에서) 때 해야 하는 일의 양을 계산하시오. 또한 위의 분리가 물속에서 이루어질 때 필요한 일은 얼마인가?

2.8(b) Mg^{2+} 이온을 250 pm 떨어진 O^{2-} 이온으로부터 무한대의 거리로 분리시킬(진공에서) 때 해야 하는 일의 양을 계산하시오. 또한 위의 분리가 물속에서 이루어질 때 필요한 일은 얼마인가?

2.9(a) LiH 분자에서 Li 핵으로부터 200 pm 떨어지고 H 핵으로부터는 150 pm가 떨어진 점에서 이들 핵에 기인되는 전위를 계산하시오.

2.9(b) 무한히 먼 거리로부터 두 핵을 연결하는 직선상의 중간 지점까지 접근시킬 때 두 핵 사이의 중간 지점에서 Na^+Cl^- 이온쌍(핵간 거리가 283 pm)의 핵들에 기인되는 전위를 도시하시오.

2.10(a) 전기 히터가 200 g의 물이 들어 있는 플라스크 속에 담겨져 있다. 15.0 V의 전력 공급기로부터 2.23A의 전류가 12.0분 동안 흐른다. 물에 얼마만큼의 에너지가 공급되는가? 이때 온도의 증가는 얼마인가($C_m = 75.3$ J K^{-1} mol^{-1})?

2.10(b) 전기 히터가 150 g의 에탄올이 들어 있는 플라스크 속에 담겨져 있다. 12.5 V의 전력 공급기로부터 1.12 A의 전류가 172초 동안 흐른다. 에탄올에 얼마만큼의 에너지가 공급되는가? 이때 온도 증가는 얼마인가?($C_m = 111.5$ J K^{-1} mol^{-1})

2.11(a) 철 시료의 열용량은 3.67 J K^{-1}이다. 100 J의 에너지가 열로 시료에 전달되었다면 온도는 얼마나 올라가겠는가?

2.11(b) 물 시료의 열용량은 5.77 J K^{-1}이다. 50.0 kJ의 에너지가 열로 시료에 전달되었다면 온도는 얼마나 올라가겠는가?

2.12(a) 납의 몰열용량은 26.44 J K^{-1} mol^{-1}이다. 납 100 g의 온도를 10°C만큼 올리기 위해서는 얼마의 에너지가 열로 시료에 전달되어야 하는가?

2.12(b) 물의 몰열용량은 75.2 J K^{-1} mol^{-1}이다. 물 10.0 g의 온도를 10°C만큼 올리기 위해서는 얼마의 에너지가 열로 시료에 전달되어야 하는가?

2.13(a) 에탄올의 몰열용량은 111.46 J K^{-1} mol^{-1}이다. 에탄올의 비열은 얼마인가?

2.13(b) 소듐의 몰열용량은 28.24 J K^{-1} mol^{-1}이다. 에탄올의 비열은 얼마인가?

2.14(a) 물의 비열은 4.18 J K^{-1} g^{-1}이다. 물의 몰열용량은 얼마인가?

2.14(b) 구리의 비열은 0.384 J K^{-1} g^{-1}이다. 구리의 몰열용량은 얼마인가?

2.15(a) 1000°C에서 수소 기체의 몰엔탈피는 몰 내부 에너지와 얼마나 차이가 나는가? 완전 기체로 가정하시오.

2.15(b) 물의 질량 밀도는 0.997 g cm^{-3}이다. 298 K에서 물의 몰엔탈피는 몰내부 에너지와 얼마나 차이가 나는가?

2.16(a) 298 K, 1 bar에 있는 액체 물과 수증기 중 엔트로피가 큰 것은 어느 것이라고 예측되는가?

2.16(b) 0°C, 1기압에 있는 액체 물과 얼음 중 엔트로피가 큰 것은 어느 것이라고 예측되는가?

2.17(a) 300 K와 3000 K에 있는 100 g의 철 중 엔트로피가 큰 것은 어느 것이라고 예측하는가?

2.17(b) 0°C와 100°C에 있는 100 g의 물 중 엔트로피가 큰 것은 어느 것이라고 예측하는가?

2.18(a) 동적 평형에 있는 계의 예를 세 가지 말해 보시오. 만일 평형이 깨지면 어떤 일이 일어나겠는가?

2.18(b) 정적 평형에 있는 계의 예를 세 가지 말해 보시오. 만일 평형이 깨지면 어떤 일이 일어나겠는가?

2.19(a) 두 상태의 에너지 차가 1.0 eV(전자볼트는 앞표지의 안쪽을 참조할 것)라고 하자. (a) 300 K, (b) 3000 K에서 두 준위의 개체수 비를 구하시오.

2.19(b) 두 상태의 에너지 차가 2.0 eV(전자볼트는 앞표지의 안쪽을 참조할 것)라고 하자. (a) 200 K, (b) 2000 K에서 두 준위의 개체수 비를 구하시오.

2.20(a) 두 상태의 에너지 차가 1.0 eV라고 하자. $T = 0$일 때 개체수는 어떻게 된다고 말할 수 있는가?

2.20(b) 두 상태의 에너지 차가 1.0 eV라고 하자. 온도가 무한대일 때의 개체수는 어떻게 된다고 말할 수 있는가?

2.21(a) 분자의 전형적인 진동 들뜸 에너지는 파수로 2500 cm^{-1}(토픽 3을 참조하고 hc를 곱하여 에너지를 변환시킬 것)에 해당한다. 상온(20°C)에서 들뜬 진동 상태에 있는 분자를 발견할 수 있다고 예측하는가?

2.21(b) 분자의 전형적인 회전 들뜸 에너지는 10 GHz의 진동수(토픽 3을 참조하고 h를 곱하여 에너지를 변환시킬 것)에 해당한다. 상온(20°C)에서 들뜬 회전 상태에 있는 기체 상태의 분자를 발견할 수 있다고 예측하는가?

2.22(a) 대부분의 분자들이 장시간 실온에서 견딜 수 있는 이유를 설명하시오.

2.22(b) 온도가 올라가면 전형적으로 화학 반응 속도가 증가하는 이유를 설명하시오.

2.23(a) 공기 속의 N_2 분자의 상대 평균 속력을 0°C, 40°C에서 계산하시오.

2.23(b) 공기 속의 CO_2 분자의 상대 평균 속력을 20°C, 30°C에서 계산하시오.

2.24(a) 공기 속의 N_2와 CO_2 분자의 상대 평균 속력을 계산하시오.

2.24(b) 기체 혼합물 속의 Hg_2와 H_2 분자의 상대 평균 속력을 계산하시오.

2.25(a) 25°C에서 5.0 g의 아르곤 분자가 갖는 총 에너지에 기여하는 병진 운동 에너지를 균등 분배 이론을 이용하여 계산하시오.

2.25(b) 30°C에서 10.0 g의 헬륨 분자가 갖는 총 에너지에 기여하는 병진 운동 에너지를 균등 분배 이론을 이용해서 계산하시오.

2.26(a) 10.0 g의 (a) 이산화 탄소, (b) 메테인이 20°C에서 갖는 총 에너지에 기여하는 운동 에너지를 균등 분배 이론을 이용하여 계산하시오. 병진과 회전 운동만을 고려하고 진동 운동은 제외시키시오.
2.26(b) 10.0 g의 납 시료가 20°C에서 갖는 총 내부 에너지에 기여하는 원자의 진동 에너지를 균등 분배 이론을 이용하여 계산하시오.

2.27(a) 균등 분배 이론을 이용하여 아르곤의 몰열용량을 계산하시오.

2.27(b) 균등 분배 이론을 이용하여 헬륨의 몰열용량을 계산하시오.

2.28(a) 균등 분배 이론을 이용하여 (a) 이산화 탄소, (b) 메테인의 몰열용량을 추정하시오.
2.28(b) 균등 분배 이론을 이용하여 (a) 수증기, (b) 납의 몰열용량을 추정하시오.

토픽 3 파동

토론 문제

3.1 파동 운동은 몇 가지 형태로 구별할 수 있는가?

3.2 갑작스런 꽝음(bang) 소리의 파동 성질은 무엇인가?

연습 문제

3.1(a) 물의 굴절률이 1.33이라면, 물속에서의 빛의 속력은 얼마인가?
3.1(b) 벤젠의 굴절률이 1.52라면, 벤젠 속에서의 빛의 속력은 얼마인가?

3.2(a) 탄화수소의 전형적인 진동 전이의 파수는 2500 cm^{-1}이다. 이에 대응하는 파장과 진동수를 계산하시오.
3.2(b) O−H 결합의 전형적인 진동 전이의 파수는 3600 cm^{-1}이다. 이에 대응하는 파장과 진동수를 계산하시오.

통합 문제

F1.1 토픽 78에서는 완전 기체에서 v와 $v+dv$ 범위의 속력을 갖는 분자의 분율은 $f(v)dv$이다. 여기에서

$$f(v)=4\pi\left(\frac{M}{2\pi RT}\right)^{3/2} v^2 e^{-Mv^2/2RT}$$

은 온도 T와 몰질량 M을 갖는 Maxwell−Boltzmann 분포식이다. 이 식과 수학적 소프트웨어인 스프레드시트나 이 책 웹사이트의 **Living graphs**(로 표시된 ^{LG})를 사용하여 다음 문제를 풀이하시오.

(a)^{LG} 그림 2.6의 그래프를 참조하고, 몰질량을 100 g mol^{-1}으로 일정하게 유지시키며 시료의 온도를 200 K와 2000 K 사이에서 변화시키는 다른 분포식을 도시하시오.
(b)^{LG} 몰질량 100 g mol^{-1}을 갖는 물질로 구성된 기체 시료를 생각하자. 300 K와 1000 K에서 속력 범위가 100 m s^{-1}과 200 m s^{-1} 사이인 분자의 분율을 수치로 계산하시오.

F1.2 문제 F1.1에서의 지식을 바탕으로 온도의 분자적인 해석을 제시하시오.

수학적 배경 1 미분과 적분

물리 과학에서 가장 중요한 두 가지 수학적인 방법은 미분과 적분이다. 미분과 적분은 교재 전체를 통하여 나타나며 관련된 과정을 알기 위해서 필수적이다.

MB1.1 미분: 정의

미분은 시간에 대한 변수의 변화율과 같이 함수의 기울기와 관계가 있다. 함수 $f(x)$의 **도함수**(**derivative**) $\mathrm{d}f/\mathrm{d}x$의 공식적인 정의는 다음과 같다.

$$\frac{\mathrm{d}f}{\mathrm{d}x}=\lim_{\delta x\to 0}\frac{f(x+\delta x)-f(x)}{\delta x} \qquad \text{정의 1차 도함수} \qquad \text{(MB1.1)}$$

그림 MB1.1에 나타낸 바와 같이 도함수는 $f(x)$ 그래프에서 접선의 기울기로 해석될 수 있다. 양의 1차 도함수는 함수 기울기가 위로 향하는(x가 증가함에 따라) 것을 나타내며, 음의 1차 도함수는 반대의 경우를 나타낸다. 때때로 1차 도함수를 $f'(x)$로 표기하는 것이 편리하다. 함수의 2차 도함수 $\mathrm{d}^2f/\mathrm{d}x^2$은 1차 도함수(여기에서는 f'로 표기)의 도함수이다.

$$\frac{\mathrm{d}^2 f}{\mathrm{d}x^2}=\lim_{\delta x\to 0}\frac{f'(x+\delta x)-f'(x)}{\delta x} \qquad \text{정의 2차 도함수} \qquad \text{(MB1.2)}$$

때때로 2차 도함수를 $f''(x)$로 표기하는 것이 편리하다. 그림 MB1.1에 나타낸 바와 같이, 함수의 2차 도함수는 함수의 곡면[1]의 날카로움을 나타내는 것으로 해석될 수 있다. 양의 2차 도함수는 함수가 ◡ 모양을 가지며, 음의 2차 도함수는 함수가 ◠ 모양을 나타낸다.

몇 가지 일반적인 함수의 도함수는 다음과 같다.

$$\frac{\mathrm{d}}{\mathrm{d}x}x^n=nx^{n-1} \qquad \text{(MB1.3a)}$$

$$\frac{\mathrm{d}}{\mathrm{d}x}\mathrm{e}^{ax}=a\mathrm{e}^{ax} \qquad \text{(MB1.3b)}$$

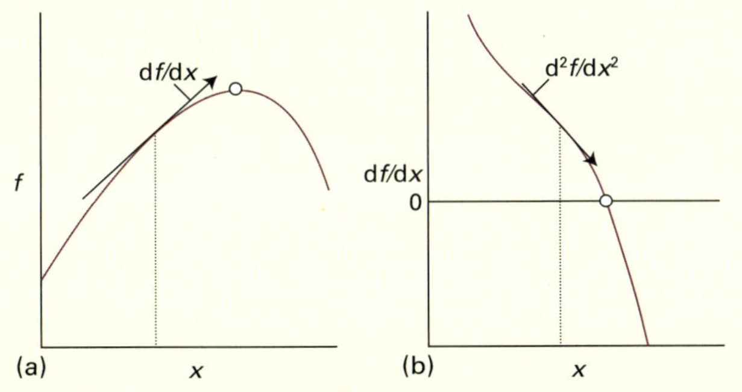

그림 MB1.1 (a) 함수의 1차 도함수는 함수의 그래프에서 어떤 점에서의 접선의 기울기와 같다. 작은 원은 기울기가 0이 되는 함수의 극값(여기서는 극댓값)을 나타낸다. (b) 같은 함수의 2차 도함수는 함수의 1차 도함수 그래프에서 접선의 기울기이며 그 점에서 함수 곡면의 날카로움을 나타내는 것으로 해석될 수 있다.

$$\frac{\mathrm{d}}{\mathrm{d}x}\sin ax=a\cos ax \qquad \frac{\mathrm{d}}{\mathrm{d}x}\cos ax=-a\sin ax \qquad \text{(MB1.3c)}$$

$$\frac{\mathrm{d}}{\mathrm{d}x}\ln ax=\frac{1}{x} \qquad \text{(MB1.3d)}$$

함수가 하나 이상의 변수에 의존할 때 **편도함수**(**partial derivative**, $\partial f/\partial x$)의 개념이 필요하다. d가 ∂로 바뀌었음에 주목하라. 편도함수는 **수학적 배경** 8에 길게 취급하였다. 지금 단계에서 알아야 될 필요가 있는 것은 도함수를 계산할 때 일정한 변수를 제외한 나머지 변수들은 상수로 간주하여 단순화시킨다는 것이다.

간단한 예 MB1.1 편도함수

함수 f는 두 가지 변수를 갖는 함수라고 하고 특히 $f=4x^2y^3$으로 주어진다고 가정하자. x에 대하여 f의 편도함수를 계산하기 위하여 y를 상수(4라는 숫자와 똑같이)로 취급하면 다음 결과를 얻게 된다.

$$\frac{\partial f}{\partial x}=\frac{\partial}{\partial x}(4x^2y^3)=4y^3\frac{\partial}{\partial x}x^2=8xy^3$$

같은 방법으로, y에 대하여 f의 편도함수를 계산하기 위하여 x를 상수(또한 4라는 숫자와 똑같이)로 취급하면 다음 결과를 얻게 된다.

$$\frac{\partial f}{\partial y}=\frac{\partial}{\partial y}(4x^2y^3)=4x^2\frac{\partial}{\partial y}y^3=12x^2y^2$$

MB1.2 미분: 규칙

도함수의 정의로부터 다음 규칙을 사용하면 함수의 여러 가지 조합을 미분할 수 있다.

$$\frac{\mathrm{d}}{\mathrm{d}x}(u+v)=\frac{\mathrm{d}u}{\mathrm{d}x}+\frac{\mathrm{d}v}{\mathrm{d}x} \qquad \text{(MB1.4a)}$$

$$\frac{\mathrm{d}}{\mathrm{d}x}uv=u\frac{\mathrm{d}v}{\mathrm{d}x}+v\frac{\mathrm{d}u}{\mathrm{d}x} \qquad \text{(MB1.4b)}$$

$$\frac{\mathrm{d}}{\mathrm{d}x}\frac{u}{v}=\frac{1}{v}\frac{\mathrm{d}u}{\mathrm{d}x}-\frac{u}{v^2}\frac{\mathrm{d}v}{\mathrm{d}x} \qquad \text{(MB1.4c)}$$

[1] 여기에서는 '곡면'의 비공식적인 용어를 사용하고 있다. 함수 f의 곡면에 대한 정확하고 전문적인 정의는 $(\mathrm{d}^2f/\mathrm{d}x^2)/\{1+(\mathrm{d}f/\mathrm{d}x)^2\}^{3/2}$이다.

간단한 예 MB1.2 도함수

함수 $f=\sin^2 ax/x^2$을 미분하기 위하여 식 MB1.4를 사용하면 다음과 같이 쓸 수 있다.

$$\frac{\mathrm{d}}{\mathrm{d}x}\frac{\sin^2 ax}{x^2}=\frac{\mathrm{d}}{\mathrm{d}x}\left(\frac{\sin ax}{x}\right)\left(\frac{\sin ax}{x}\right)=2\left(\frac{\sin ax}{x}\right)\frac{\mathrm{d}}{\mathrm{d}x}\left(\frac{\sin ax}{x}\right)$$

$$=2\left(\frac{\sin ax}{x}\right)\left\{\frac{1}{x}\frac{\mathrm{d}}{\mathrm{d}x}\sin ax+\sin ax\frac{\mathrm{d}}{\mathrm{d}x}\frac{1}{x}\right\}$$

$$=2\left\{\frac{a}{x^2}\sin ax\cos ax-\frac{\sin^2 ax}{x^3}\right\}$$

이 함수와 1차 도함수는 그림 MB1.2에 도시하였다.

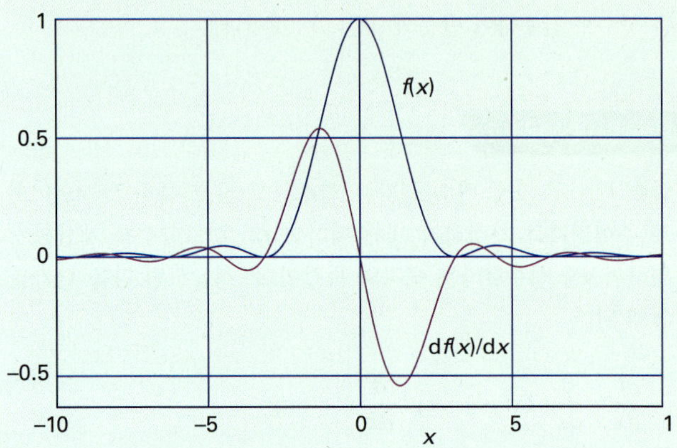

그림 MB1.2 간단한 예 MB1.2에서 언급된 함수와 그것의 1차 도함수

MB1.3 급수 전개

미분의 한 가지 응용은 함수의 멱급수로의 전개이다. $x=a$의 부근에서 함수 $f(x)$에 대한 **Taylor 급수(Taylor series)**는

$$f(x)=f(a)+\left(\frac{\mathrm{d}f}{\mathrm{d}x}\right)_a(x-a)+\frac{1}{2!}\left(\frac{\mathrm{d}^2 f}{\mathrm{d}x^2}\right)_a(x-a)^2+\cdots$$

$$=\sum_{n=0}^{\infty}\frac{1}{n!}\left(\frac{\mathrm{d}^n f}{\mathrm{d}x^n}\right)_a(x-a)^n \qquad \text{Taylor 급수} \qquad \text{(MB1.5)}$$

이며 여기에서 표기법 $(\ldots)_a$는 도함수를 $x=a$에서 구했음을 뜻하며, $n!$은 다음과 같이 주어지는 **계승(factorial)**을 나타낸다.

$$n!=n(n-1)(n-2)\cdots 1,\quad 0!=1 \qquad \text{계승} \qquad \text{(MB1.6)}$$

함수의 **Maclaurin 급수(Maclaurin series)**는 $a=0$인 Taylor 급수의 특별한 경우이다.

간단한 예 MB1.3 급수 전개

$x=0$ 주위에서 $\cos x$에 대한 전개의 값을 구하기 위하여 다음과 같이 쓴다.

$$\left(\frac{\mathrm{d}}{\mathrm{d}x}\cos x\right)_0=(-\sin x)_0=0 \quad \left(\frac{\mathrm{d}^2}{\mathrm{d}x^2}\cos x\right)_0=(-\cos x)_0=-1$$

일반적으로

$$\left(\frac{\mathrm{d}^n}{\mathrm{d}x^n}\cos x\right)_0=\begin{cases}0 & n\text{이 홀수인 경우}\\(-1)^{n/2} & n\text{이 짝수인 경우}\end{cases}$$

그러므로

$$\cos x=\sum_{n\ \text{짝수}}^{\infty}\frac{(-1)^{n/2}}{n!}x^n=1-\frac{1}{2}x^2+\frac{1}{24}x^4-\cdots$$

다음의 Taylor 급수(특히 Maclaurin 급수)는 책의 여러 과정에서 사용된다.

$$(1+x)^{-1}=1-x+x^2-\cdots=\sum_{n=0}^{\infty}(-1)^n x^n \qquad \text{(MB1.7a)}$$

$$\mathrm{e}^x=1+x+\frac{1}{2}x^2+\cdots=\sum_{n=0}^{\infty}\frac{x^n}{n!} \qquad \text{(MB1.7b)}$$

$$\ln(1+x)=x-\frac{1}{2}x^2+\frac{1}{3}x^3-\cdots=\sum_{n=1}^{\infty}(-1)^{n+1}\frac{x^n}{n} \qquad \text{(MB1.7c)}$$

Taylor 급수는 계산을 간단하게 하기 위하여 사용되며, $x\ll 1$일 때는 훌륭한 근사로서 하나 또는 두 항 후에 급수를 종식시키는 것이 가능하다. 따라서 $x\ll 1$이라고 가정하면 위의 급수를 다음과 같이 나타낼 수 있다.

$$(1+x)^{-1}\approx 1-x \qquad \text{(MB1.8a)}$$

$$\mathrm{e}^x\approx 1+x \qquad \text{(MB1.8b)}$$

$$\ln(1+x)\approx x \qquad \text{(MB1.8c)}$$

n이 무한대로 감에 따라 합이 한계가 있고 한정된 값으로 접근한다면 급수는 **수렴한다(converge)**고 말한다. 합이 한계가 있고 한정된 값으로 접근하지 않는다면 급수는 **발산한다(diverge)**고 말한다. 따라서 식 MB1.7a의 급수는 $x<1$일 경우에 수렴하며 $x\geq 1$일 경우에는 발산하게 된다. 수렴성을 테스트하기 위한 여러 가지 방법이 있으며 이는 수학 교재들에 설명되어 있다.

MB1.4 적분: 정의

적분(형식상 미분의 역이다)은 곡선 아래의 면적과 연관되어 있다. 두 값 $x=a$와 $x=b$ 사이에서 함수 $f(x)$의 **적분(integral)**은 $\int f\mathrm{d}x$(기호 $\int$는 길게 늘인 S이며 합을 나타낸다)로 표시되며, x축을 폭 δx를 갖는 작은 조각으로 나누는 것으로 생각하고 다음의 합을 계산하는 것으로 정의된다.

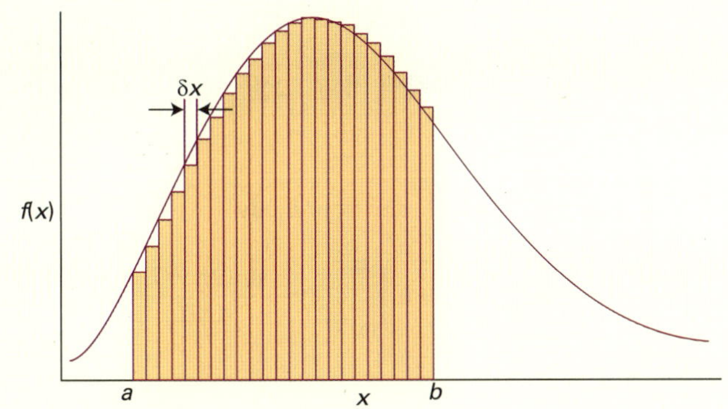

그림 MB1.3 정적분은 각 점에서 함수의 값과 $\delta x \to 0$인 증가 양 δx를 곱하고, 그다음에 구간 a와 b 사이에서 모든 x 값에 대하여 곱한 값 $f(x)\delta x$를 합해서 얻어진다. 즉 적분의 값은 두 구간 사이에 있는 곡선 아래에 있는 면적이다.

$$\int_a^b f(x)\mathrm{d}x = \lim_{\delta x \to 0} \sum_i f(x_i)\delta x \qquad \text{정의 적분} \qquad \text{(MB1.9)}$$

그림 MB1.3으로부터 이해할 수 있는 것과 같이 적분은 한계점 a와 b 사이 곡선 아래의 면적이다. 적분하는 함수를 **피적분함수(integrand)** 라고 한다. 놀랍게도 수학적인 사실은 함수의 적분은 그 함수의 미분의 역이다. 이와 같은 의미에서 f를 미분한 다음에 얻은 함수를 적분하면 원래의 함수 f(상수의 범위 안에서)를 얻게 된다. 한계점이 명시된 식 MB1.9에서의 함수를 **정적분(definite integral)**이라고 한다. 만일 한계점을 명시하지 않고 쓴다면 **부정적분(indefinite integral)**이 된다. C가 상수일 때 부정적분을 수행하여 얻은 결과가 $g(x)+C$라면, 다음의 표기법은 이에 대응하는 정적분을 계산하는 데 사용된다.

$$I = \int_a^b f(x)\mathrm{d}x = \{g(x)+C\}\Big|_a^b = \{g(b)+C\} - \{g(a)+C\} \qquad \text{정적분}$$
$$= g(b) - g(a) \qquad \text{(MB1.10)}$$

적분 상수는 상쇄됨을 주목하라. 이 책에서 마주치는 정적분과 부정적분은 **부록**에 수록하였다.

MB1.5 적분: 규칙

부정적분이 **부록**에 수록된 것 중 어느 것도 같은 형식이 아닐 경우에는 때때로 다음과 같은 적분 기법을 사용함으로써 적분 형태를 수록된 형태의 하나로 변환하는 것이 가능하다.

치환: 독립변수 x와 연관되어 있는 변수 u를 도입한다(예를 들어 $u = x^2-1$의 대수함수 관계나 $u = \sin x$와 같은 삼각함수 관계). 미분 dx를 du의 항으로 표시한다(이와 같은 치환에 있어서 $\mathrm{d}u = 2x\,\mathrm{d}x$와 $\mathrm{d}u = \cos x\,\mathrm{d}x$가 된다). 그리하여 x의 항으로 표현된 원시함수를 u의 항에 대한 적분으로 변환한다. 이로써 **부록**에 수록된 것 중 하나와 같은 표준 형태를 사용할 수 있다.

간단한 예 MB1.4 치환에 의한 적분

부정적분 $\int \cos^2 x \sin x\,\mathrm{d}x$를 계산하기 위하여 $u = \cos x$로 치환한다. 이 경우 $\mathrm{d}u/\mathrm{d}x = -\sin x$가 되고, 따라서 $\sin x\,\mathrm{d}x = -\mathrm{d}u$가 된다. 그러므로 적분은 다음과 같이 계산할 수 있다.

$$\int \cos^2 x \sin x\,\mathrm{d}x = -\int u^2 \mathrm{d}u = -\frac{1}{3}u^3 + C = -\frac{1}{3}\cos^3 x + C$$

이에 대응하는 정적분을 계산하려면 x의 한계를 u의 한계로 변형해야 한다. 즉 한계가 $x=0$, $x=\pi$이면, 그 한계는 $u=\cos 0 = 1$, $u = \cos \pi = -1$이 된다.

$$\int_0^\pi \cos^2 x \sin x\,\mathrm{d}x = -\int_1^{-1} u^2 \mathrm{d}u = \left\{-\frac{1}{3}u^3 + C\right\}\Bigg|_1^{-1} = \frac{2}{3}$$

부분적분: 두 함수 $f(x)$와 $g(x)$에 대해서

$$\int f\frac{\mathrm{d}g}{\mathrm{d}x}\mathrm{d}x = fg - \int g\frac{\mathrm{d}f}{\mathrm{d}x}\mathrm{d}x \qquad \text{부분적분} \qquad \text{(MB1.11a)}$$

다음과 같이 단축할 수 있다.

$$\int f\mathrm{d}g = fg - \int g\mathrm{d}f \qquad \text{(MB1.11b)}$$

간단한 예 MB1.5 부분적분

xe^{-ax}의 적분과 이들의 유사형은 원자의 구조와 스펙트럼에서 통상적으로 언급된다. 그것들은 부분적분을 할 수 있으며 결과는 다음과 같다.

$$\int_0^\infty \overset{f}{x}\,\overset{\mathrm{d}g/\mathrm{d}x}{\mathrm{e}^{-ax}}\,\mathrm{d}x = \overset{f}{x}\,\overset{g}{\frac{\mathrm{e}^{-ax}}{-a}}\Bigg|_0^\infty - \int_0^\infty \overset{g}{\frac{\mathrm{e}^{-ax}}{-a}}\,\overset{\mathrm{d}f/\mathrm{d}x}{1}\,\mathrm{d}x$$
$$= -\frac{x\mathrm{e}^{-ax}}{a}\Bigg|_0^\infty + \frac{1}{a}\int_0^\infty \mathrm{e}^{-ax}\mathrm{d}x = 0 - \frac{\mathrm{e}^{-ax}}{a^2}\Bigg|_0^\infty$$
$$= \frac{1}{a^2}$$

MB1.6 다중 적분

함수는 하나보다 많은 변수에 의존할 수 있으며 이 경우 모든 변수에 대하여 적분을 해야 할 필요가 있다.

$$I = \int_a^b \int_c^d f(x,y)\mathrm{d}x\mathrm{d}y \qquad \text{(MB1.12)}$$

대체적으로 a와 b는 변수 x의 한계이고, c와 d는 변수 y의 한계(이 예를 색깔로 나타내었다)라는 관행이 적용된다. 만일 함수가 각의 변수에 대한 함수의 곱이며 $f(x,y) = X(x)Y(y)$의 형태가 된다면 이 과정은 단순해진다. 이 경우 이중적분은 바로 각 적분의 곱이 된다.

$$I=\int_a^b\int_c^d X(x)Y(y)\mathrm{d}x\mathrm{d}y=\int_a^b X(x)\mathrm{d}x\int_c^d Y(y)\mathrm{d}y \quad \text{(MB1.13)}$$

간단한 예 MB1.6 이중적분

다음의 모양을 갖는 이중적분은

$$I=\int_0^{L_1}\int_0^{L_2}\sin^2(\pi x/L_1)\sin^2(\pi y/L_2)\mathrm{d}x\mathrm{d}y$$

2차원에서 입자의 병진 운동의 설명에서 나타난다. 여기에서 L_1과 L_2는 각각 x축과 y축을 따라 이동하는 최댓값이다. I를 계산하기 위하여 MB1.13과 **부록**의 적분 T.2를 사용하면 다음과 같이 된다.

$$\begin{aligned}I&=\int_0^{L_1}\sin^2(\pi x/L_1)\mathrm{d}x\int_0^{L_2}\sin^2(\pi y/L_2)\mathrm{d}y\\&=\left\{\frac{1}{2}x-\frac{\sin(2\pi x/L_1)}{4\pi/L_1}+C\right\}\Bigg|_0^{L_1}\left\{\frac{1}{2}y-\frac{\sin(2\pi y/L_2)}{4\pi/L_2}+C\right\}\Bigg|_0^{L_2}\\&=\frac{1}{4}L_1L_2\end{aligned}$$

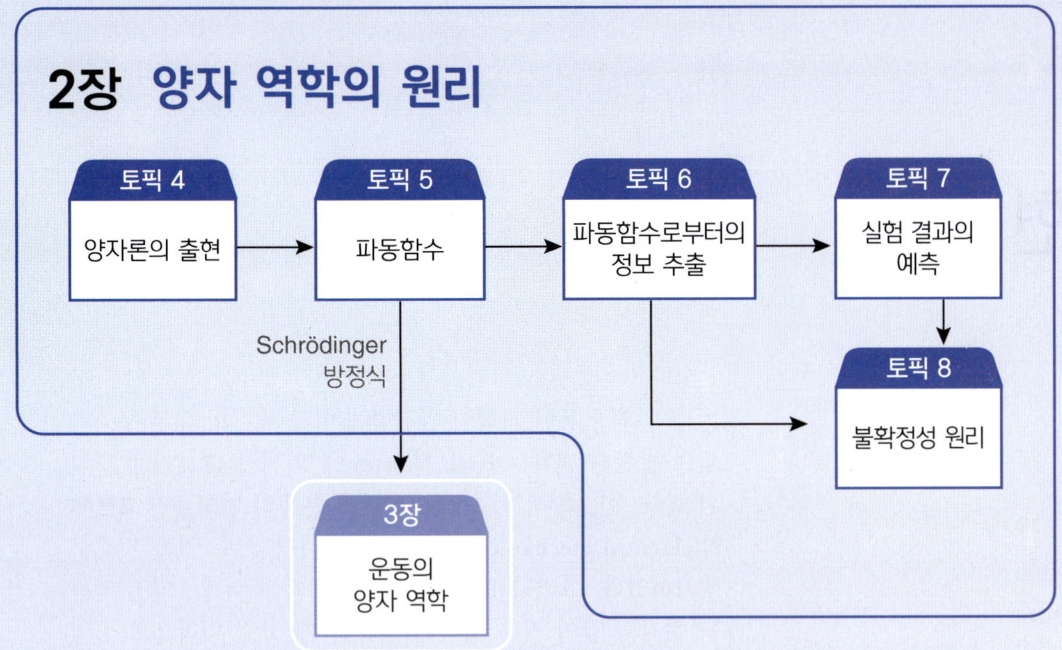

고전물리학에서 소중하게 지켜져 온 두 가지 개념은 입자와 파동 사이의 별개성과 물체의 에너지에 대한 연속적인 변화이다. 19세기 말과 20세기 초 무렵, 파동과 입자 사이의 구별되는 특징을 버리고 에너지가 불연속적인 값에 한정된다는 가정을 한다면 빛, 전자, 원자, 분자들에 대해 행해진 실험들은 설명될 수 있었다(토픽 4). 이와 같은 결함에 따라 원자와 분자의 성질을 이해하는 데 본질적인 기초를 제공하기 위한 새로운 이론이 요구되었다. '양자 역학'이라고 하는 이 이론이 개발됨으로써 토픽 7의 끝 부분에 모아 놓은 기본 규칙의 요약, 또는 '가설'이라는 용어로 표현될 수 있다는 것이 발견되었다.

첫째, 계에 대하여 알 수 있는 모든 정보는 계의 파동함수에 의해 이행된다는 것을 알 필요가 있다(토픽 5). 그리고 어떻게 이 정보를 끄집어 낼 것인가를 알아야 한다. 예를 들어 'Born 해석'(토픽 5)은 공간의 어느 지점에서 입자를 발견할 확률을 계산하는 데 파동함수를 어떻게 사용하는지를 보여 준다. 다른 종류의 정보를 추출해 내는 것은 그리 간단하지 않으며 파동함수에 적용하였을 때 측정 가능 변수의 값을 산출해 내는 수학적인 기교, 즉 '연산자(operator)'를 만들 수 있는가에 달려 있다. 토픽 6에서는 이러한 연산자를 어떻게 설정하여 사용하는지를 알아볼 것이다. 물론 첫 번째로 파동함수를 어떻게 찾아내는지를 알아야 하며, 이것은 연산자의 매우 특별한 형태인 'Hamiltonian'으로 하는 연산자를 결정하고 결과의 Schrödinger 방정식(이 방정식은 또한 토픽 6에 소개된다)을 풀어 해결된다.

정확한 궤적을 계산할 수 있는 고전 역학과는 다르게 양자 역학에서는 때때로 측정 가능 변수의 평균값만을 계산하는 것이 가능하다(토픽 7). 한 가지 측정 가능 변수를 정확하게 알게 되면 다른 측정 가능 변수의 값은 아주 확실하지 않은 경우일 수 있기 때문에, 같은 어떤 경우에는 이 차이가 더욱 더 현저하다. 이것이 고전 역학으로부터 양자 역학의 가장 주목할 만한 출발의 하나를 상징하는 그 유명한 '불확정성 원리'(토픽 8)의 분야이며 화학 전반에 걸쳐 연관되어 있다.

이러한 양자 역학의 기본 원리는 이 책 전체에 걸쳐 사용된다. 예를 들어 Schrödinger 방정식을 푸는 것은 입자 운동의 세 가지 기본 형태인 병진, 회전, 진동(운동의 양자 역학 참조) 운동을 논의하는 데 핵심인 것이다.

토픽 4

양자론의 출현

내용

➤ 학습 목표

원자와 분자의 구조에 대한 모든 설명에 근거가 되고 일반적으로 분광학과 화학의 전반에 걸쳐 있는 양자론의 발전에 어떻게 실험 결과가 동기를 부여했는가를 알아야 한다.

➤ 핵심 내용

19세기 말과 20세기 초 가까이에 축적된 실험 증거는, 에너지가 연속적으로 변할 수 없고 '입자'와 '파동'에 대한 고전적 개념은 빛, 원자, 분자에 적용될 때 함께 혼합된다는 결론을 이끌어 냈다.

➤ 미리 알기

토픽 2의 **기초 지식**에서 복습한 고전 역학의 기본 원리에 친숙해져야 한다.

19세기 후반 동안 과학이 발전함에 따라 원자의 내부 구조와 새로 발견된 전자는 Issac Newton에 의해서 17세기에 도입된 질량, 힘, 속력, 가속도와 연관된 운동의 법칙들인 **고전 역학(classical mechanics)**을 사용하여 나타낼 수 있을 것으로 생각하였다. 그러나 19세기 말과 20세기 초 무렵, 고전 역학을 전자와 같이 작은 입자에 적용할 때 고전 역학으로 설명할 수 없는 실험적 증거가 축적되었다. 이 토픽에서는 대단히 작은 에너지의 이동과 매우 작은 질량을 갖는 물체로의 적용에 있어서 고전 역학이 부적합하다는 것을 보여 주는 몇 가지 결정적인 실험을 설명할 것이다. 이 관측들은 **양자 역학(quantum mechanics)**이라고 하는 완전히 새롭고 현재까지도 매우 성공적인 이론의 공식화를 이끌어 냈으며 이 내용은 토픽 5~30에서 자세히 설명된다.

4.1 에너지의 양자화

고전 역학에 따르면 물체의 에너지는 연속적으로 변할 수 있다. 예를 들어 단진자는 어느 각도로 흔들어 움직이기 시작할 때부터 어떠한 에너지라도 가질 수 있다. 특히 뜨거운 물체에 의한 전자기 복사의 방출과 흡수에 원인이 되는 진동자도 어떠한 에너지라도 취할 수 있다. 그러나 실제로 이와 같은 경우는 아니라고 판명되었다. 복사의 특성은 에너지가 불연속적인 값에 한정된다고 가정하는 경우에만 설명이 가능해진다. 적절한 시기에 이와 같은 에너지의 '양자화'는 보편적인 현상이라는 것이 입증되었다.

(a) 흑체 복사

금속 막대를 가열하면 가열된 금속 막대는 붉은색 빛을 발하는 것을 보통 경험한다. 물체는 전자기 복사를 방출한다. 높은 온도에서는 이 전자기 스펙트럼의 상당한 부분이 가시광선 영역에서 나타나며, 온도가 올라갈수록 파장이 짧은 파란색 빛이 더 많이 발생한다. 더욱 더 가열하면 빨갛게 가열된 쇠막대는 '백열' 빛을 내기 시작한다.

이러한 형태의 관찰을 위한 공식적인 실험적 조사 방법은 바늘구멍을 낸 속이 빈 용기를 사용하고 이 바늘구멍을 통하여 복사선이 나갈 수 있게 하여 이를 분석하는 것이다(그림 4.1). 용기를 가열하면 복사는 공동체 내부에서 주위로 반사되어 수없이 여러 번 흡수되고 재방출됨으로써 구멍으로 새어나오기 전에 기벽과 열적 평형을 이루게 된다. 이와 같은 시스템은 모든 파장의 복사선을 균일하게 방출하기도 하고 흡수하기도 하는 물체로서 **흑체**(**black body**)라고 하는 좋은 근사체이다.

그림 4.2는 여러 온도에서 흑체 복사의 에너지 출력이 파장에 따라 어떻게 변하는지를 보여 주고 있다. 에너지 출력은 온도 T에서 λ와 $\lambda+d\lambda$ 사이의 파장에서 방출되는 전자기 복사의 에너지 밀도인 **스펙트럼 상태 밀도**($\rho(\lambda, T)$, **spectral density of state**)로서 표현된다. 에너지 밀도는 정해진 영역의 에너지를 흑체가 에워싸고 있는 부피로 나눈 에너지이다. 온도가 올라감에 따라 ρ의 최댓값이 낮은 파장으로 이동하는 관측 정보는 아래의 **Wien의 변위 법칙**(**Wien's displacement law**)에 의해 간추려 나타내며, 이때 상수의 실험값은 2.9 mmK이다.

$$\lambda_{\max} T = \text{상수} \qquad \text{Wien의 변위 법칙} \qquad (4.1)$$

간단한 예 4.1 Wien의 변위 법칙

태양이 방출하는 에너지의 최대치는 약 480 nm에서 나타난다. 태양 표면의 온도는 태양을 흑체 방출체라고 간주하고 식 4.1을 사용하여 추정할 수 있다.

$$T = \frac{\text{상수}}{\lambda_{\max}} = \frac{2.9\times10^{-3}\,\text{m K}}{480\times10^{-9}\,\text{m}} = 6000\,\text{K}$$

자가 진단 4.1 금속 물체가 500°C로 가열될 때 최대 방출의 파장은 얼마인가?

답: 3.8 μm

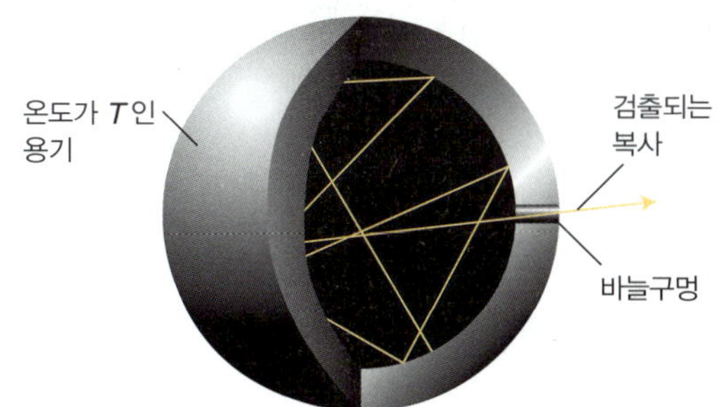

그림 4.1 실험적으로 나타내는 흑체는 바늘구멍이 뚫린 밀폐된 용기이다. 복사는 이 안에서 무수히 여러 번 반사되면서 용기의 벽과 열적 평형을 이룬다. 바늘구멍으로 새어나오는 복사는 용기 속 복사의 특성을 알려 준다.

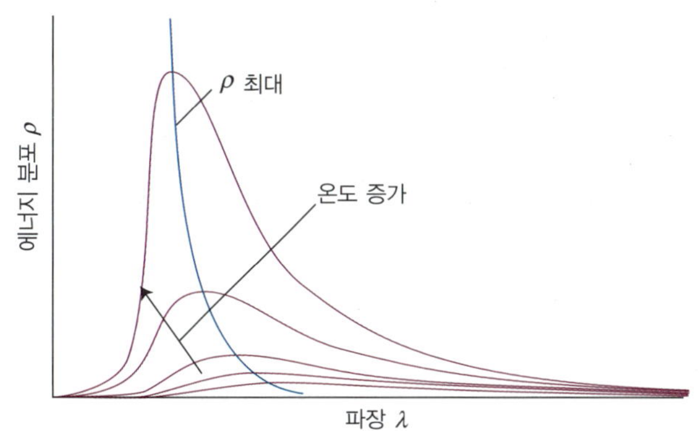

그림 4.2 몇 가지 온도에서의 흑체 공동 속의 에너지 분포. 온도가 높아짐에 따라 더 짧은 파장 영역에서 스펙트럼 상태 밀도가 어떻게 증가하고, 또 피크가 단파장 쪽으로 어떻게 이동하는지 주목하라.

19세기 과학자들의 가장 도전적인 과제 중의 하나는 그림 4.2에서 관찰된 행태를 설명하는 것이었다. Rayleigh 경은 고전 역학에 대한 자신의 전문적 지식을 사용하여 전자기장을 모든 가능한 진동수를 갖는 진동자의 집합이라고 생각하고, 각 진동자의 평균 에너지를 고전적인 균등 분배 이론(토픽 2)을 이용하여 ρ의 식을 유도하였다. 그는 진동수 ν(따라서 파장 $\lambda = c/\nu$)의 빛이 나타나는 것은 그 진동수의 전자기파 진동자가 들뜨기 때문이라고 생각하였다(그림 4.3). Rayleigh는 James Jeans로부터 약간의 도움을 받아서 다음과 같은 **Rayleigh–Jeans 법칙**(**Rayleigh–Jeans law**)을 유도하였다.

$$\rho(\lambda, T) = \frac{8\pi kT}{\lambda^4} \qquad \text{Rayleigh-Jeans 법칙} \qquad (4.2)$$

여기서 k는 Boltzmann 상수($k = 1.38\times10^{-23}$ J K^{-1})이다.

Rayleigh–Jeans 법칙은 비록 긴 파장(낮은 진동수)에서는 상당히 성공적이지만 짧은 파장(높은 진동수)에서는 λ가 감소함에 따라 ρ가 어떤 값에 묶이지 않고 한없이 증가함이(그림 4.4) 예측되듯이 전혀 맞지 않게 된다. 따라서 대단히 짧은 파장의 진동자(자외선, X선, γ선 등에 해당되는)가 심지어 실온에서도 강하게 들뜨게 된다. 이와 같은 불합리한 결

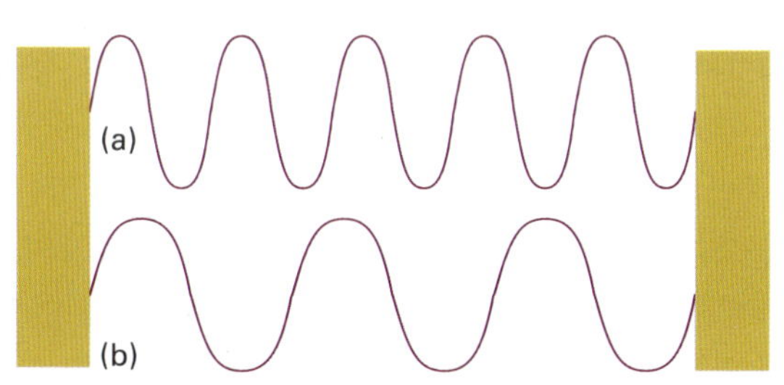

그림 4.3 전자기장은 전자기 진공에서 진동을 한다. 높은 진동수의 단파장 진동자(a)가 들뜰 때는 그 진동수의 복사가 존재하는 것이다. 그리고 낮은 진동수의 장파장 복사(b)가 존재한다는 것은 이러한 진동수의 진동자가 들떴다는 것을 의미한다.

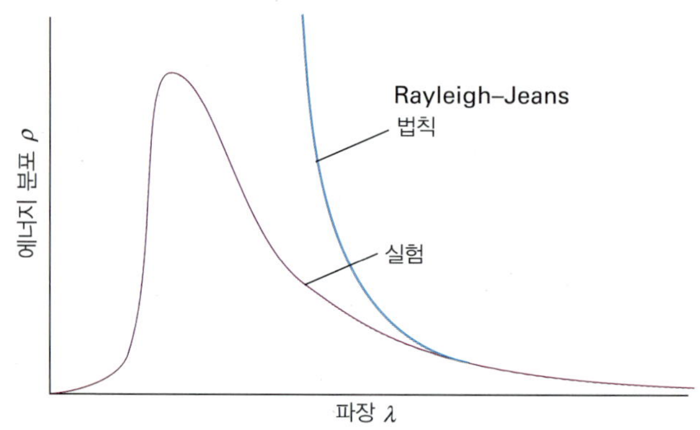

그림 4.4 Rayleigh–Jeans 법칙(식 4.2)에 의하면 단파장에서 스펙트럼 상태 밀도가 무한대로 된다. 이 무한대로의 접근을 **자외선 파국**이라고 한다.

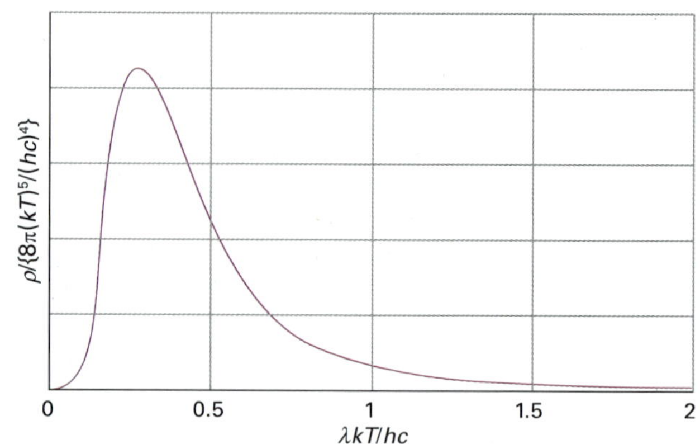

그림 4.5 Planck의 분포식(식 4.3)은 실험적으로 얻은 흑체 복사의 분포와 매우 잘 맞는다. Planck의 양자화 가정에 따르면, 진동수가 높은 단파장 진동자의 기여는 실질적으로 억제된다. 장파장 영역에서는 이 분포식이 Rayleigh–Jeans 분포식과 같게 된다.

과를 **자외선 파국**(**ultraviolet catastrophe**)이라고 하며, 심지어 찬 물체라도 가시광선이나 자외선 영역에서도 복사선을 방출해야 하는 것이다.

1900년에 독일의 물리학자 Max Planck는 각 전자기파 진동자의 에너지가 불연속적인 값만을 가진다는 가정을 함으로써 ρ의 형태를 설명할 수 있다는 것을 알게 되었다. 그러나 이 가정은 모든 가능한 에너지가 허용될 수 있다는 고전 물리학의 관점에 완전히 위배되는 것이다. 에너지가 불연속적인 값만으로 제한된다는 것을 **에너지의 양자화**(**quantization of energy**)라고 한다. 그는 특히 진동수 ν인 전자기파 진동자가 다음과 같이 $h\nu$의 정수배가 되는 에너지만이 허용된다고 가정하면 관측된 에너지 분포가 설명된다는 사실을 발견하였다.

$$E = nh\nu \qquad n = 0,\ 1,\ 2,\ \ldots$$

여기서 h는 현재 **Planck 상수**(**Planck's constant**)라고 알려진 하나의 기본 상수이다. 이 가정에 입각해서 Planck는 다음과 같은 **Planck 분포식**(**Planck distribution**)을 유도하였다.

$$\rho(\lambda,T) = \frac{8\pi hc}{\lambda^5(e^{hc/\lambda kT}-1)} \qquad \text{Planck 분포식} \qquad (4.3)$$

h는 당시 이 이론에서는 정해지지 않은 파라미터였으나, 그 값이 6.626×10^{-34} J s라고 하면 이 식은 모든 파장에서 실험 곡선과 대단히 잘 맞는다(그림 4.5). 왜 Planck의 접근법이 자외선 파국을 피하는가를 이해하기는 쉽다. Planck의 가정에 따르면 진동자는 최소 $h\nu$의 에너지를 얻을 수 있는 경우에만 들뜨게 된다. 매우 높은 진동수를 갖는 진동자의 경우, 이 에너지는 너무 커서 흑체의 벽이 공급할 수가 없으므로 들뜨지 않은 상태로 남게 된다.

고전적인 표현이 흑체 발광체의 관측된 에너지 분포를 설명하는 데 성공적인 장파장의 한계에서(그림 4.4) Planck 분포식은 Rayleigh–Jeans 법칙과 일치하게 된다. 장파장에 대해서는 $hc/\lambda kT \ll 1$이 되므로 식 4.3의 분모는 다음과 같이 치환될 수 있다.

$$\lambda^5(e^{hc/\lambda kT}-1) = \lambda^5\left\{\left(1+\frac{hc}{\lambda kT}+\cdots\right)-1\right\} \approx \frac{\lambda^4 hc}{kT}$$

여기에서 $e^x = 1+x+\ldots$의 전개식이 사용되었다. 따라서 Planck 분포식은 다음과 같이 변형되어 Rayleigh–Jeans 법칙(식 4.2)과 같음을 알 수 있다.

$$\rho(\lambda,T) \approx \frac{8\pi hc}{(\lambda^4 hc/kT)} = \frac{8\pi kT}{\lambda^4}$$

그러나 파장이 짧을 때는 $\lambda^5 \to 0$보다 빠르게 $e^{hc/\lambda kT} \to \infty$가 되고, 따라서 $\lambda \to 0$에 따라 $\rho \to 0$이 되기 때문에 Planck 분포식은 고전 물리학에서의 자외선 파국을 피하게 된다. 부가적으로 Planck 분포식은 Wien의 변위 법칙을 유도하고 식 4.1에서의 상수가 $hc/5k$와 같음을 보여주는 데 사용할 수 있다(응용 문제 4.2 참조)

예제 4.1 Planck 분포식의 사용

298 K에서 450 nm(파란 빛) 파장의 에너지 출력을 700 nm(붉은 빛) 파장의 에너지 출력에 대한 비율을 계산함으로써 두 가지 다른 파장에서 흑체 발광체(백열등과 같은)의 에너지 출력을 비교하시오.

방법 식 4.3을 사용한다. 온도 T에서 파장 λ_2에서의 스펙트럼 상태 밀도에 대한 파장 λ_1에서의 스펙트럼 상태 밀도의 비는 다음과 같다.

$$\frac{\rho(\lambda_1,T)}{\rho(\lambda_2,T)} = \left(\frac{\lambda_2}{\lambda_1}\right)^5 \times \frac{(e^{hc/\lambda_2 kT}-1)}{(e^{hc/\lambda_1 kT}-1)}$$

데이터를 식에 넣고 계산한다.

풀이 $\lambda_1 = 450$ nm, $\lambda_2 = 700$ nm이므로

$$\frac{hc}{\lambda_1 kT} = \frac{(6.626\times10^{-34}\,\text{J s})\times(2.998\times10^{8}\,\text{m s}^{-1})}{(450\times10^{-9}\,\text{m})\times(1.381\times10^{-23}\,\text{J K}^{-1})\times(298\,\text{K})} = 107.2\ldots$$

$$\frac{hc}{\lambda_2 kT} = \frac{(6.626\times10^{-34}\,\text{J s})\times(2.998\times10^{8}\,\text{m s}^{-1})}{(700\times10^{-9}\,\text{m})\times(1.381\times10^{-23}\,\text{J K}^{-1})\times(298\,\text{K})} = 68.9\ldots$$

따라서

$$\frac{\rho(450\,\text{nm},298\,\text{K})}{\rho(700\,\text{nm},298\,\text{K})} = \left(\frac{700\times10^{-9}\,\text{m}}{450\times10^{-9}\,\text{m}}\right)^5 \times \frac{(e^{68.9\ldots}-1)}{(e^{107.2\ldots}-1)}$$
$$= 9.11\times(2.30\times10^{-17}) = 2.10\times10^{-16}$$

상온에서 단파장 복사의 부분은 미미하다.

자가 진단 4.2 태양 중심의 온도에 가까운 13.6 MK의 온도에서 위의 계산을 반복해 보시오.

답: 5.85

(b) 분광법

에너지가 양자화되어 있다는 강력한 추가적인 증거가 되는 것은 물체에 의해 흡수, 방출, 산란되는 전자기 복사를 검출하고 분석하는 **분광법**(spectroscopy)이다. 두 가지 형태의 전형적인 스펙트럼인 원자 방출 스펙트럼과 분자 흡수 스펙트럼을 그림 4.6과 4.7에 나타내었다. 이 두 스펙트럼의 분명한 특징은 일련의 불연속적인 파장(진동수)에서 복사선이 방출되거나 흡수된다는 것이다.

흑체에서와 같은 연속적인 방출 특성이 아닌 불연속적인 스펙트럼이 관측된다는 것은, 복사선의 방출이나 흡수에 원인이 되는 어떤 진동자는 이 고립된 원자나 분자에 존재하지 않다는 것을 의미한다. 이러한 결론은 전자기 복사선의 입자인 **광자**(photon)의 존재와 일치한다. 이번 토픽에서 나중에 설명되는 바와 같이 진동수 ν를 갖는 복사선의 광자는 $h\nu$에 해당하는 에너지를 갖는다. 따라서 원자가 방출하는 복사선의 진동수가 ν로 관측된다면, 이는 원자가 $h\nu$의 에너지를 잃어 버렸다는 것을 나타내는 것이다. 이 결론은 다음과 같은 **Bohr 진동수 조건**(Bohr frequency condition)에 요약되어 있다.

$$\Delta E = h\nu \qquad \text{Bohr 진동수 조건} \qquad (4.4)$$

여기에서 ΔE는 원자의 에너지 변화이다. 불연속적인 ν 값이 관찰되면 원자의 에너지 변화는 오로지 불연속적인 단계(그림 4.8)로 일어날 수밖에 없다고 보아야 한다. 다시 말하면, 원자의 에너지는 양자화되어 있으며 오로지 어떤 정해진 **에너지 준위**(energy level)에만 존재할 수 있다는 것이다. 복사선의 흡수와 분자에 대해서도 유사한 언급과 의미가 적용된다.

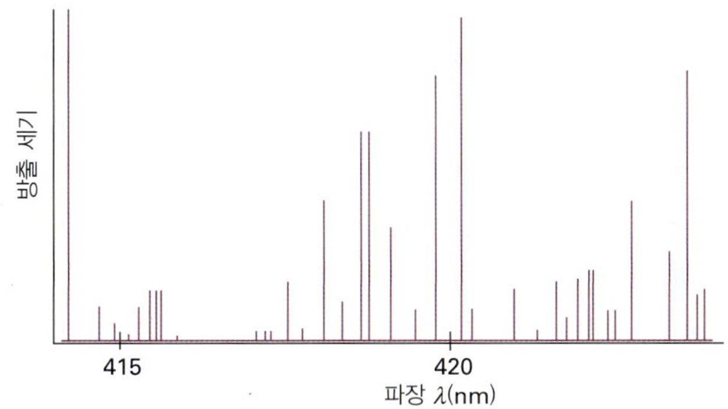

그림 4.6 들뜬 철 원자가 내놓는 복사 스펙트럼의 한 영역은 일련의 불연속적 파장(또는 진동수)의 복사선들로 이루어져 있다.

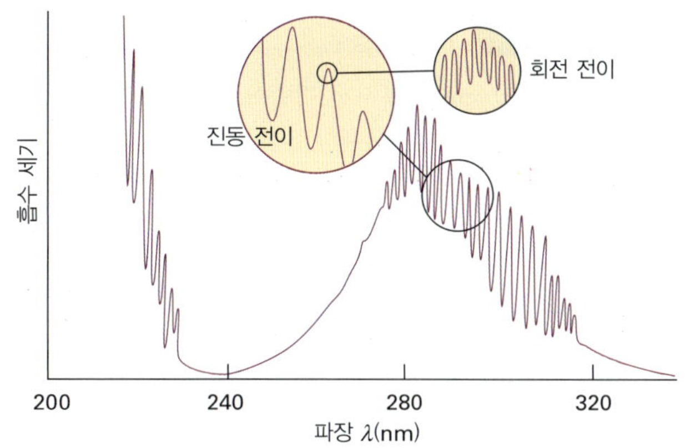

그림 4.7 분자의 상태가 변하려면 특정한 진동수의 복사선을 흡수해야 한다. 이 스펙트럼은 이산화 황(SO_2) 분자의 전자, 진동, 회전 상태가 들뜰 때 흡수하는 스펙트럼의 일부를 나타낸 것이다. 이것은 분자가 임의의 에너지가 아닌, 불연속적인 에너지만을 가질 수 있다는 증거이다.

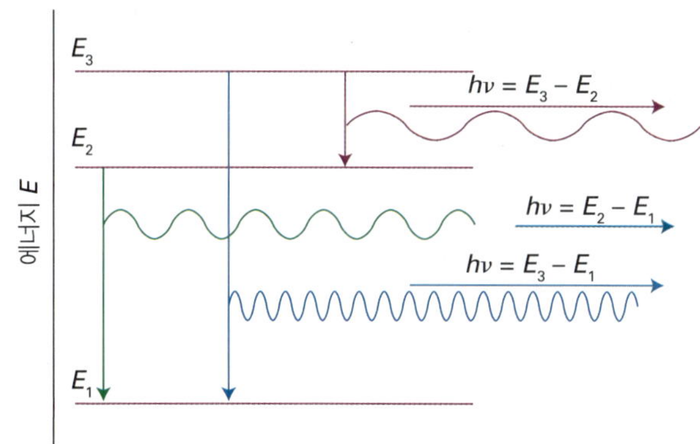

그림 4.8 그림에서와 같은 분광학적 전이는 분자가 불연속적 에너지 준위들 사이에서 변하면서 전자기 복사선을 내놓는다고 가정한다면 설명할 수 있다. 에너지 변화가 크면 높은 진동수의 복사선이 방출된다는 것을 주목하라.

간단한 예 4.2 Bohr 진동수 조건

소듐 원자는 590 nm의 복사선 방출에 기인하는 노란색의 빛(도로의 가로등과 같은)을 낸다. 이와 같은 방출에 근거된 분광학적인 전이는 식 4.4에 주어진 전자 에너지 준위의 간격과 연관된다.

$$\Delta E = h\nu = \frac{hc}{\lambda} = \frac{(6.626\times10^{-34}\,\mathrm{J\,s})\times(2.998\times10^{8}\,\mathrm{m\,s^{-1}})}{590\times10^{-9}\,\mathrm{m}}$$
$$= 3.37\times10^{-19}\,\mathrm{J}$$

이 에너지 차이는 여러 가지 다양한 방법으로 표현된다. 예를 들어 Avogadro 상수를 곱하면 원자 1몰당 에너지 간격은 203 kJ mol^{-1}의 결과를 얻게 되며, 이것은 약한 화학 결합의 에너지와 견줄만한 것이 된다. 매우 유용한 일반적인 단위는 전자볼트(eV)로서, 1 eV는 전자가 1 V의 전위차를 통하여 가속될 때 전자가 얻는 운동 에너지에 해당한다(1 eV = 1.602×10^{-19} J). 따라서 계산된 ΔE 값은 2.10 eV에 해당한다. 원자의 이온화 에너지는 전형적으로 수 전자 볼트이다.

자가 진단 4.3 네온 램프는 파장이 736 nm의 붉은색 복사선을 방출한다. 이 방출과 연관된 에너지 준위의 간격은 몇 J이 되며, 몰당 몇 kJ이고, 또 몇 eV가 되는가?

답: 2.70×10^{-9} J, 163 kJ mol^{-1}, 1.69 eV

스펙트럼선의 원인이 되는 양자화된 에너지 준위는 회전, 진동, 전자 운동을 포함할 수 있으며 이것들은 토픽 41~45에 상세하게 언급될 것이다. 일반적으로 전자 에너지 준위는 가장 넓은 간격을 갖고 있으며, 다음이 진동 준위이며, 그다음이 회전 준위이다. 그러므로 Bohr 진동수 조건에 의하면 전자 전이가 가장 높은 진동수(가장 짧은 파장; 자외선이나 가시광선)에서 일어나며, 진동 전이는 그보다 낮은 진동수(긴 파장; 적외선), 그리고 회전 전이는 그보다 더욱 낮은 진동수(가장 긴 파장; 마이크로파 복사선)에서 일어난다.

4.2 파동-입자 이중성

앞에서 본 바와 같이 임의의 양의 에너지를 가질 수 있다는 고전 역학에서의 가정은 버려져야 했고, 이보다도 더 큰 변혁이 오게 되었다. 고전 역학에서는 '입자'와 '파동' 사이를 명확히 구분한다. 즉 전자기 복사선은 파동으로 취급하며 전자, 또는 질량을 갖는 어떠한 물체는 입자로 취급하는 것이다. 그러나 20세기 초 전자기 복사선과 전자의 거동에 관한 많은 실험적인 정보가 축적됨에 따라 이러한 두 가지 개념 사이의 근본적인 구별은 버려져야 했다.

(a) 광전 효과

광전 효과(photoelectric effect)는 금속 표면에 가시광선이나 자외선을 쪼여 줄 때 금속으로부터 전자가 튀어 나오는 현상이다. 이 효과의 실험적 특성은 다음과 같다.

1 쪼여 주는 빛의 진동수가 금속의 고유한 어떤 문턱값을 넘지 않는 한, 아무리 센 빛을 쪼여주어도 전자가 튀어나오지 않는다.

2 튀어나오는 전자의 운동 에너지는 쪼여 주는 빛의 진동수에 따라 선형으로 증가하며, 그 세기에는 무관하다.

3 진동수가 문턱값을 넘어서면 빛의 세기가 약할지라도 전자가 튀어나온다.

그림 4.9에 첫째와 둘째 특성을 나타내었다.

1905년에 Albert Einstein은 발사체와 같이 활동성이 충분히 높은 입자가 충돌하면 전자가 방출될 것이라고 제안하며 광전 효과에 관한 해설을 고안해 내었다. Einstein은 ν가 복사선의 진동수일 때 발사체는 에너지 $h\nu$를 갖는 광자라고 간주하였다. 그러면 에너지 보존에 따라 튀어 나온 전자의 운동 에너지 E_k는 다음과 같이 주어져야 한다.

$$E_k = h\nu - \Phi \qquad \text{광전 효과} \quad (4.5)$$

위의 식에서 Φ(대문자 phi)는 **일함수(work function)**라고 하는 금속의 고유한 특성으로서, 금속으로부터 전자를 제거하기 위해 필요한 최소 에너지이다(그림 4.10). 일함수는 원자나 분자 개개의 이온화 에너지와 유사하다. 식 4.5는 위에서 주어진 광전 효과의 세 가지 관측 특성을 설명할 수 있다. 즉

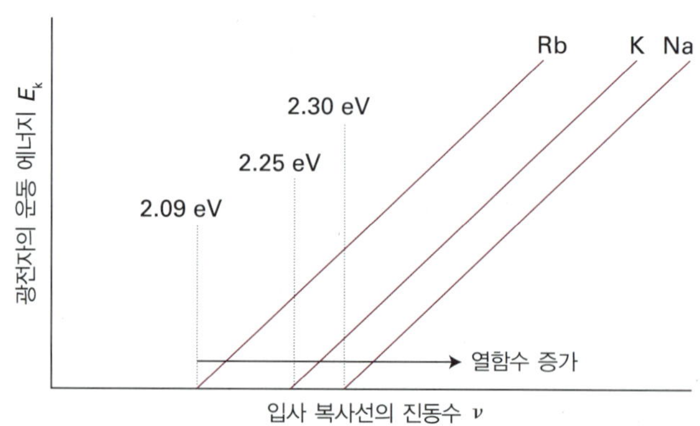

그림 4.9 광전 효과에서는 그 금속의 고유한 진동수보다 낮은 값의 복사선을 쪼여주면 전자가 튀어나오지 않으며, 그보다 높은 값의 복사선을 쪼여줄 때는 광전자의 운동 에너지가 입사 복사선의 진동수에 따라 선형으로 변화한다.

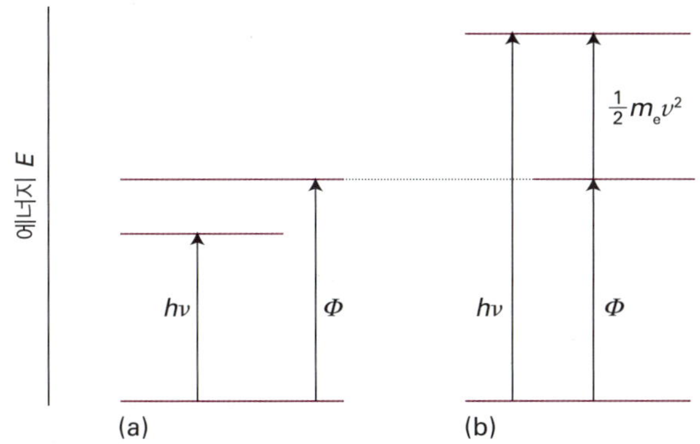

그림 4.10 광전 효과를 설명하기 위해서는 입사 복사선이 그의 진동수에 비례하는 에너지의 광자로 되어 있다고 생각해야 한다. (a) 광자의 에너지가 금속으로부터 전자를 떼어낼 정도로 충분하지 않다. (b) 광자의 에너지가 전자를 떼어 내고도 남으며, 이 여분의 에너지가 광전자(튀어나오는 전자)의 운동 에너지로 나타난다.

물리적 해석

- 만일 $h\nu<\Phi$이면 광자의 에너지가 충분하지 못하기 때문에 전자가 튀어나오지 못할 것이며 관측 (1)을 설명한다.
- 튀어나온 전자의 운동 에너지는 빛의 진동수에 따라서 선형적으로 증가하지만 복사선의 세기에는 의존하지 않는다. 이는 관측 (2)와 일치한다.
- 광자가 전자와 충돌하면 그 에너지를 일시에 전부 내주며, 따라서 이 에너지가 충분히 크다고 가정하면 충돌이 일어나자마자 곧 전자가 튀어나오는 것을 예상해야 한다. 이 결론은 관측 (3)과 일치한다.

이와 같은 광전 효과의 해석에 따라 혁신적인 아이디어가 유도되었으며, 이것은 전자기 복사의 빔이 에너지 $h\nu$를 갖는 입자, 광자의 집합체라는 견해이다.

광전 효과의 실제적인 응용으로는 광전자 증배관을 들 수 있는데, 이것은 진공관으로 만들어진 대단히 감도가 높은 자외선 및 가시광선 검출기이다. 입사된 빛에 의해 떨어져 나온 광전자가 진공관 속의 전극을 부딪치면 추가적인 전자의 방출이 초래된다. 이와 같이 쏟아져 나오는 전자에 이해 발생되는 전류는 10^8배 만큼 증폭될 수 있어서 분광학, 의학 영상, 입자 물리학을 포함하는 다양한 종류의 응용에서 광자를 검출하는 감도가 좋고 유용한 방법으로 사용된다.

예제 4.2 광자 방출을 가능하게 하는 최대 파장의 계산

파장이 305 nm인 복사선의 광자가 방출되어 운동 에너지 1.77 eV를 갖는 전자를 금속으로부터 떼어 낸다. 금속으로부터 전자를 떼어 낼 수 있는 복사선의 최대 파장을 계산하시오.

방법 식 4.5를 $\Phi=h\nu-E_k$의 식으로 정리하고 $\nu=c/\lambda$를 사용하여 주어진 데이터로부터 금속의 일함수를 계산한다. 그러면 광자 방출의 문턱값은 전자를 제거할 수는 있지만 어떠한 여분의 에너지도 남지 않을 때의 진동수로서 $\nu_{min}=\Phi/h$의 관계식을 갖는 복사선의 진동수에 해당된다. 이 진동수 값을 사용하여 광자를 방출할 수 있는 최대 파장을 계산한다.

풀이 일함수에 대한 식 $\Phi=h\nu-E_k$로부터 광자를 방출하는 최소 진동수는 다음과 같다.

$$\nu_{min}=\frac{\Phi}{h}=\frac{h\nu-E_k}{h}\overset{\nu=c/\lambda}{=}\frac{c}{\lambda}-\frac{E_k}{h}$$

그러므로 최대 파장은 다음과 같다.

$$\lambda_{max}=\frac{c}{\nu_{min}}=\frac{c}{c/\lambda-E_k/h}=\frac{1}{1/\lambda-E_k/hc}$$

여기에서 데이터를 대입하면 전자의 운동 에너지를 얻을 수 있다.

$$E_k=1.77\,\text{eV}\times(1.602\times10^{-19}\,\text{J}\,\text{eV}^{-1})=2.83\ldots\times10^{-19}\,\text{J}$$

$$\frac{E_k}{hc}=\frac{2.83\ldots\times10^{-19}\,\text{J}}{(6.626\times10^{-34}\,\text{J s})\times(2.998\times10^{8}\,\text{m s}^{-1})}=1.42\ldots\times10^{6}\,\text{m}^{-1}$$

결과적으로 다음의 관계식으로부터 답이 얻어진다.

$$1/\lambda=1/305\,\text{nm}=3.27\ldots\times10^{6}\,\text{m}^{-1},$$

$$\lambda_{max}=\frac{1}{(3.27\ldots\times10^{6}\,\text{m}^{-1})-(1.42\ldots\times10^{6}\,\text{m}^{-1})}=5.40\times10^{-7}\,\text{m}$$

또는 540 nm.

실용 상식 일반적으로 반올림이나 기타 수치상의 오차를 피하기 위해서는 우선 대수적 수식 계산을 하여 하나의 최종 단일 식을 얻은 다음에 수치를 대입하는 것이 가장 좋다. 뿐만 아니라 하나의 해석 결과는 전체를 중복해서 계산하지 않고 다른 곳에 사용하는 것이 좋다.

자가 진단 4.4 파장이 165 nm인 자외선이 어떤 금속 표면에 입사될 때 속력이 1.24 Mm s^{-1}인 전자가 방출된다. 파장이 265 nm인 복사선에 의해 제거되는 전자의 속력을 구하시오.

답: 735 km s^{-1}

예제 4.3 광자 수 계산

단색광(단일 진동수)인 100 W 출력의 소듐 증기 램프에 의해 1.0초 동안 방출되는 광자의 수를 계산하시오. 램프의 파장으로 589 nm를 사용하고, 이 램프는 100%의 효율을 갖는다고 가정하시오.

방법 각 광자는 $E = h\nu = hc/\lambda$의 에너지를 가지므로, N이 광자의 수라고 할 때 소듐 램프에서 방출되는 광자의 전체 에너지는 $E_{tot} = Nhc/\lambda$이다. 또한 전체 에너지는 출력(P, W로 표기)과 램프가 켜져 있는 시간의 곱으로 표시되므로 $E_{tot} = P\Delta t$이다. 이것은 $E_{tot} = Nhc/\lambda = P\Delta t$가 되므로 광자 수는 다음과 같다.

$$N = \frac{\lambda P \Delta t}{hc}$$

풀이 N에 대한 식에 주어진 데이터를 대입하면 다음과 같이 된다.

$$N = \frac{(589 \times 10^{-9}\,\mathrm{m}) \times (100\,\mathrm{W}) \times (1.0\,\mathrm{s})}{(6.626 \times 10^{-34}\,\mathrm{J\,s}) \times (2.998 \times 10^{8}\,\mathrm{m\,s^{-1}})} = 3.0 \times 10^{20}$$

이 숫자는 0.50 mmol의 광자에 해당되며, 따라서 1 mol의 광자를 발생하기 위해서는 2000배의 더 긴 시간, 즉 2.0×10^3초(33분에 해당함)가 필요하다.

자가 진단 4.5 출력이 1mW이고, 파장이 1000 nm인 단색광의 적외선 광원은 0.1초 동안 몇 개의 광자를 방출하는가?

답: 5×10^{14}

그림 4.9에서 선들의 기울기는 모두 동일하게 h이므로(응용 문제 4.4 참조), 이것은 식 4.5의 다른 실험실적인 응용으로서 Planck 상수를 결정하는 방법으로 쓰인다는 것이다.

(b) 회절

고전적으로 파동으로 간주되는 것이 또한 입자의 흐름이라는 것을 이미 알게 되었다. 반대의 논리로서 고전적으로 입자로 간주되는 것이 실제로 파동이기도 하는가라는 것이 맞는 것인가? 실제로 1925년에 행해진 실험은 전자, 보다 일반적으로 물질이 파동과 같은 특성을 가질 수 있다는 가능성을 받아들이지 않을 수 없게 만들었다. 즉 미국의 물리학자 Clinton Davisson과 Lester Germer가 결정적인 실험을 하였는데, 이들은 결정 격자로부터 전자가 회절된다는 실험 결과를 얻었던 것이다(그림 4.11). 회절은 파의 경로 상에 있는 물체에 의해서 일어나는 간섭이다(토픽 3). 이와 거의 비슷한 때에 스코틀랜드에서 연구하던 George Thomson도 전자살이 얇은 금박을 통과하면 회절된다는 사실을 발견하였다.

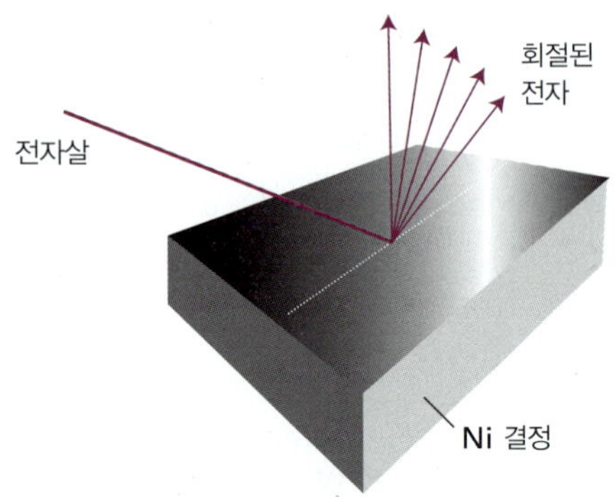

그림 4.11 Davisson–Germer 실험. 니켈 결정으로부터 전자살을 산란시키면 회절 실험에서의 세기 특성이 변하는 것을 볼 수 있다. 즉 방향에 따라 세기가 보강되어 나타나기도 하고, 또 상쇄되어 나타나기도 하는 특징을 나타낸다.

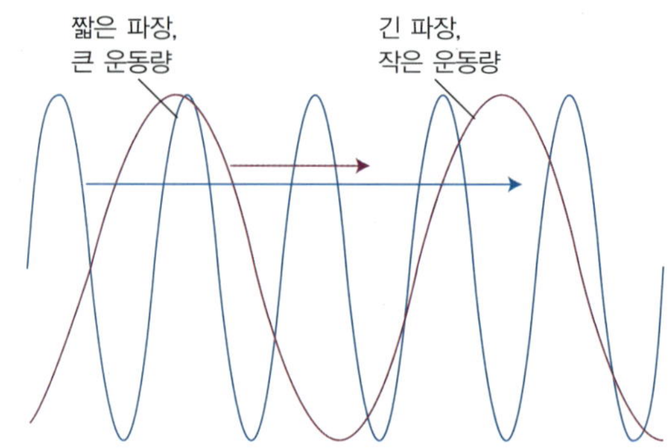

그림 4.12 운동량과 파장 사이의 관계를 나타내는 de Broglie 관계식의 설명. 파동은 입자와 연관되어 있다. 운동량이 큰 입자는 짧은 파장의 파동에 해당되며, 그 반대도 성립한다.

물질의 파동과 같은 성질의 통합 개념을 발전시키는 데 큰 역할을 한 것은 프랑스의 물리학자 de Broglie이며, 1924년에 그는 선형 운동량 $p = mv$를 가지고 움직이는 광자뿐만 아니라 **어떤** 입자이든 다음과 같은 **de Broglie 관계식(de Broglie relation)**으로 주어지는 파장을 가져야 한다(어떤 관점에서 보면)고 제안하였다.

$$\lambda = \frac{h}{p} \quad \text{de Broglie 관계식} \quad (4.6)$$

즉 큰 선형 운동량을 가지고 운동하는 입자는 짧은 파장을 갖는다(그림 4.12). de Broglie 관계식에서 요약된 물질(그리고 복사선)의 입자와 파동 복합 특성을 **파동−입자 이중성(wave-particle duality)**이라고 한다. 이 이중성은 입자와 파동을 완전히 별개의 실체로 보는 고전 역학의 숨통을 끊는 타격과 같은 것이었다.

전자나 중성자와 같은 미시적 입자들에 대하여 그 입자들의 de Broglie 파장은 회절 실험에서 사용하는 데 이상적이며 적합하다. 예를 들어 중성자 회절은 응축상의 구조와 동력학을 연구하는 데 널리 이용되고 있으며(토픽 37), 전자 회절은 현미경법의 특수한 기법에 근거가 되고 있다. 반대로 거시적 물체들은 느리게 운동할 때에도 너무 큰 운동량을 갖기 때문에(그들의 큰 질량 때문에) 그 파장이 검출될 수 없을 정도로 작으며, 따라서 파동 유사 성질이 관찰될 수가 없다

(자가 진단 4.6(b) 참조).

예제 4.4 de Broglie 파장의 결정

정지된 전자에 40 kV 전위차를 주어 가속시킬 때 이 전자가 갖는 파장을 추정하시오.

방법 de Broglie 관계식을 이용하려면 전자의 선형 운동량을 알아야 한다. 이것을 계산하려면 퍼텐셜 차 $\Delta\phi$를 통하여 가속되는 전자의 전하 크기를 e라고 할 경우 $e\Delta\phi$만큼의 에너지를 얻는다는 사실을 이용해야 한다. 그리고 가속이 끝난 시점에서는 얻은 에너지가 전부 운동 에너지 $E_k = \frac{1}{2}m_e v^2 = p^2/2m_e$로 되며, 따라서 이 $p^2/2m_e$를 $e\Delta\phi$와 같게 놓고 선형 운동량 p를 구할 수 있다.

풀이 $p^2/2m_e = e\Delta\phi$의 식은 $p = (2m_e e\Delta\phi)^{1/2}$를 의미하며, 따라서 de Broglie 관계식 $\lambda = h/p$로부터 다음과 같은 관계를 얻을 수 있다.

$$\lambda = \frac{h}{(2m_e e\Delta\phi)^{1/2}}$$

여기에 필요한 데이터와 기본 상수(표지 안쪽)를 넣어 주면 다음과 같은 값이 나온다.

$$\lambda = \frac{6.626\times10^{-34}\,\text{J s}}{\{2\times(9.109\times10^{-31}\,\text{kg})\times(1.602\times10^{-19}\,\text{C})\times(4.0\times10^{4}\,\text{V}\}^{1/2}} = 6.1\times10^{-12}\,\text{m}$$

또는 6.1 pm. 여기서는 1 V C = 1 J과 1 J = 1 kg m^2 s^{-2}의 관계를 이용하였다. 6.1 pm의 파장은 분자 내부의 전형적인 결합 길이(약 100 pm)보다도 짧다. 이러한 방식으로 가속된 전자는 분자 구조를 결정하는 전자 회절 실험에 이용된다(토픽 37).

자가 진단 4.6 (a) 300 K에서 kT와 동일한 병진 운동 에너지를 갖는 중성자의 파장, (b) 80 km h^{-1}로 날아가는 질량이 57 g인 테니스공의 파장을 계산하시오.

답: (a) 178 pm, (b) 5.2×10^{-34} m

4.3 복습과 요약

파동–입자 이중성과 양자화의 개념은 현대 물리학의 핵심에 도달하게 하였다. 원자 척도에서 보면 입자는 파동성을 취하기도 하고 또 파동은 입자성을 취하기도 함으로써 입자와 파동의 고전적 개념이 하나로 융합된 것이다. 또한 전자기 복사와 물질의 에너지는 고전 역학에서 가정한 것과 같이 연속적으로 변하지 않으며, 미시적 대상물인 경우에는 에너지의 불연속성이 대단히 중요해진다는 것이다.

이와 같이 고전 역학의 총체적 실패는 기본 개념이 잘못되어 있음을 함축하고 있다. 따라서 고전 역학을 대체할 새로운 역학을 고안해 내지 않을 수 없게 된 것이다. 토픽 5에서는 '양자 역학'으로 알려지기 시작하였으며 현재 과학 전반에 퍼져 있는 새로운 역학에 대하여 설명할 것이다.

개념 확인

☐ 1. **흑체**는 복사선의 모든 파장을 균일하게 방출하고 흡수할 수 있는 물체이다.

☐ 2. 흑체 방출체의 에너지 출력에 대한 스펙트럼 분포는 전자기 복사를 일으키는 진동자의 에너지가 양자화된다는 가정으로부터 설명된다.

☐ 3. 물체에 의해 흡수, 방출, 산란되는 전자기 복사를 검출하고 분석하는 **분광법**은 입자의 에너지가 양자화되었다는 증거를 제공한다.

☐ 4. **광전 효과**는 금속에 자외선을 쪼여 줄 때 금속으로부터 전자가 튀어 나오는 현상이다.

☐ 5. 전자기 복사의 빔은 각각 에너지 $h\nu$를 가지며 진행하는 파동의 집합체로서, 그리고 **광자**라고 불리는 입자의 집합체 두 가지 모두로 취급될 수 있다.

☐ 6. 회절 실험에서 전자, 일반적으로 물체는 파동과 같은 성질을 갖고 있다는 것이 나타난다.

☐ 7. **파동–입자 이중성**은 물체 및 복사선에 대한 입자성과 파동성의 접합이다.

식 확인

성질	식	비고	식 번호
Wien의 변위 법칙	$\lambda_{max}T$=상수	상수 $= hc/5k$	4.1
Planck 분포식	$\rho(\lambda,T)=8\pi hc/\{\lambda^5(e^{hc/\lambda kT}-1)\}$		4.3
Bohr 진동수 조건	$\Delta E=h\nu$		4.4
광전 효과	$\frac{1}{2}m_e v^2=h\nu-\Phi$	Φ는 일함수	4.5
de Broglie 관계식	$\lambda=h/p$		4.6

토픽 5

파동함수

내용

➤ 학습 목표

양자론은 원자와 분자 속 전자의 성질을 이해하는 데 본질적인 기초를 제공한다. 결과적으로 이 책 전반에 걸쳐 설명되는 물리적, 화학적 설명의 기반이 된다.

➤ 핵심 내용

계의 모든 동역학적인 성질은 파동함수에 담겨 있다.

➤ 미리 알기

양자론의 발전을 이끌어 온 것은 고전 역학의 결점에 있음을 인지해야 할 필요가 있다.

양자 역학의 공식적인 도입에는 두 가지 접근 방법이 있다. 하나는 Planck, Einstein, Heisenberg, Schrödinger, Dirac의 업적으로부터 실험과 직관이 함께 이론의 형태가 결정됨으로써 점진적으로 이론이 명백하게 드러나게 된 것이다. 다른 하나는 이론이 이미 잘 전개된 그때 그 지점에서 이론의 기초를 이루는 구조를 바라보는 것이다. 여기에서는 후자의 접근 방식을 적용하여 기초를 이루는 몇 개 되지 않는 원리와 가설의 작은 조합으로부터 양자 역학이 어떻게 발전되어 왔으며 그것들의 용어로서 어떻게 표현되어 왔는가를 알게 될 것이다. 그러나 이러한 가설들은 토픽 4에서 설명된 형태의 실험적 증거에 기초를 두고 전개되었다는 것을 절대로 잊어서는 안 된다. 풀어 보면 그 가설들은 관측에 대한 정보를 설명하는 데 현명한 진술들이다.

이 토픽에서는 파동함수를 선택하고 해석하는 것과 관련된 가설들을 규정하며, 토픽 6에서는 가설들이 갖고 있는 정보를 어떻게 추출해 내는가를 설명한다.

5.1 가설 I: 파동함수

양자 역학은 입자가 정해진 경로를 따라 운동한다고 보지 않고 파동처럼 공간에 널리 분포되어 있다고 가정함으로써 물질의 파동–입자 이중성(토픽 4)을 이용한다. 이러한 파동의 수학적 표현을 **파동함수**(**wavefunction**, ψ)라고 한다. 양자 역학의 기본적인 교리는 파동함수에 실험적인 결정이 가능한 계의 모든 성질에 대한 정보가 들어 있다는 것이다.

이에 대한 해설은 양자 역학의 첫 번째 가설에 요약되어 있다.

> **가설 I.** 계의 상태는 $\boldsymbol{r}_1$, $\boldsymbol{r}_2$, …가 입자의 위치이고 t가 시간일 때 가능한 한 완전하게 파동함수 $\psi(\boldsymbol{r}_1, \boldsymbol{r}_2, \ldots, t)$로 묘사된다.

파동함수 $\psi(\boldsymbol{r}_1, \boldsymbol{r}_2, \ldots, t)$를 '시간 의존 파동함수'라 하며, 만일 파동함수가 시간에 의존하지 않는다면 $\psi(\boldsymbol{r}_1, \boldsymbol{r}_2, \ldots)$라 쓰고 '시간 무관 파동함수'라 한다. 이와 같은 서론적인 토픽에서는 대부분 계가 하나의 입자로 구성되고 시간에 따라 변하지 않는다고 간주될 것이며, 따라서 $\boldsymbol{r}$이 입자의 위치라면 파동함수는 $\psi(\boldsymbol{r})$로 표시된다. 가장 간단한 응용으로 계가 1차원이면 파동함수는 x만의 함수이므로 $\psi(x)$로 쓴다. 간편성을 위해 때때로 문자만을 사용하여 파동함수를 ψ로 표기하기도 한다.

간단한 예 5.1 파동함수

수소 원자에서 전자의 시간 무관 파동함수는 원자핵에 대한 전자의 위치 $\boldsymbol{r}$에 의존하며, 따라서 $\psi(\boldsymbol{r})$로 표시된다. 가장 낮은 에너지 상태에서 파동함수는 원자핵으로부터의 거리 r에만($\boldsymbol{r}$의 방향에는 의존하지 않고) 의존하며 $a_0=53$ pm일 때 e^{-r/a_0}에 비례한다.

자가 진단 5.1 헬륨 원자에서 전자의 상태를 기술하는 시간 의존 파동함수를 생각해 보자. 전자의 파동함수가 의존하는 변수를 말해 보시오.

답: t, $\boldsymbol{r}_1$, $\boldsymbol{r}_2$(원자핵에 대한 전자 1과 2의 위치)

복잡한 파동함수를 조작하기 위해 가질 수 있는 생각을 걱정할 필요는 없다. 파동함수는 $\sin x$나 e^{-x}와 같이 간단할 수 있기 때문이다. 파동함수는 $\mathrm{i}=(-1)^{1/2}$(**화학자 툴킷 5.1** 참조)에 의존한다는 전문적인 의미에서 복잡할 수도 있으나, 그렇다 하더라도 구어적인 의미로는 때때로 $\mathrm{e}^{\mathrm{i}kx}$와 같이 간단하다.

화학자 툴킷 5.1 복소수

복소수는 $\mathrm{i}=(-1)^{1/2}$일 때 $z=x+\mathrm{i}y$의 일반적인 형태를 갖는 수이다. 실수 x와 y는 각각 z의 실수 부분과 허수 부분을 나타내며, $\mathrm{Re}(z)$와 $\mathrm{Im}(z)$로 표시한다. $y=0$일 때는 z는 실수인 x가 되며, 또 $x=0$일 때는 z는 순수한 허수인 $\mathrm{i}y$가 된다. z의 **켤레복소수**(**complex conjugate**) z^*는 다음과 같이 i를 −i로 치환하여 만들어져 $z^*=x-\mathrm{i}y$로 표시된다.
복소수 z와 z^*와의 곱은 $|z|^2$으로 표시하고, z의 **제곱 계수**(**square modulus**)라고 하며 $\mathrm{i}^2=-1$이므로 항상 실수가 된다.

$$|z|^2=(x+\mathrm{i}y)(x-\mathrm{i}y)=x^2-\mathrm{i}xy+\mathrm{i}xy+y^2=x^2+y^2$$

z의 **절댓값**(**absolute value**) 또는 **계수**(**modulus**)는 $|z|$로 표기하며 다음과 같이 주어진다.

$$|z|=(z^*z)^{1/2}=(x^2+y^2)^{1/2}$$

복소수를 이용한 가장 유용한 식의 하나는 다음과 같은 **Euler 식**(**Euler's formula**)이다.

$$\mathrm{e}^{\mathrm{i}x}=\cos x+\mathrm{i}\sin x$$

복소수에 대한 좀 더 자세한 설명은 **수학적 배경 3**에 주어진다.

5.2 가설 II: Born 해석

파동함수의 해석은 1926년 Max Born의 제안에 기초를 두고 있다. 그는 빛에 관한 파동 이론과 유사한 개념을 사용함으로써 한 영역에서의 전자기 복사파 진폭의 제곱은 그 복사파의 세기이며, 따라서 이 제곱은 그 영역에서 광자를 발견할 확률의 척도(양자론적인 측면에서)라고 해석하였다.

(a) 확률과 확률 밀도

파동함수에 대한 **Born 해석**(**Born interpretation**)은 ψ가 실수이면 파동함수의 제곱에, 또는 ψ가 복소수이면 ψ^*를 파동함수의 켤레복소수라고 할 때 그 제곱 계수인 $|\psi|^2=\psi^*\psi$에 초점을 맞추고 있다.

가설 II′ 파동함수 $\psi(\boldsymbol{r})$로 묘사되는 계에서 거리 $\boldsymbol{r}$에 있는 부피 인자 $\mathrm{d}\tau$ 속의 입자를 발견할 확률은 $|\psi(\boldsymbol{r})|^2\mathrm{d}\tau$에 비례한다.

따라서 확률을 구하기 위해서는 $|\psi|^2$에 부피를 곱해야 하기 때문에(질량 밀도에는 반드시 물체의 부피를 곱해야 물체의 질량을 얻는 것과 같이) $|\psi|^2$을 **확률 밀도**(**probability density**)라고 한다(그림 5.1). 이렇게 취급하는 것과 같은 의미에서 파동함수 ψ 자체를 **확률 진폭**(**probability amplitude**)이라고 한다. 이 가설 번호 위에 표시된 프라임(′)은 뒷부분에서 한 개 이상의 입자에 대하여 이 가설을 일반화시키는 경우에 제거될 것이다.

파동함수는 어느 영역에서는 음의 값을 가질 수 있으며 심지어는 복소수일 수도 있다. 그러나 Born 해석 방법에서 $|\psi|^2$은 실수이고 결코 음이 되지 않기 때문에 그러한 값의 중요성에 대해서는 걱정할 필요가 없다. 파동함수가 음의 값(또는 복소수)을 갖는다고 해서 어떤 **직접적인** 의미를 갖는 것은 아니다. 파동함수의 제곱 계수인 양의 값만이 직접적인 물리학적 뜻을 가지며, 파동함수가 음이나 양인 영역 모두는 그 영역에서 입자를 발견할 확률이 높은 영역에 해당될

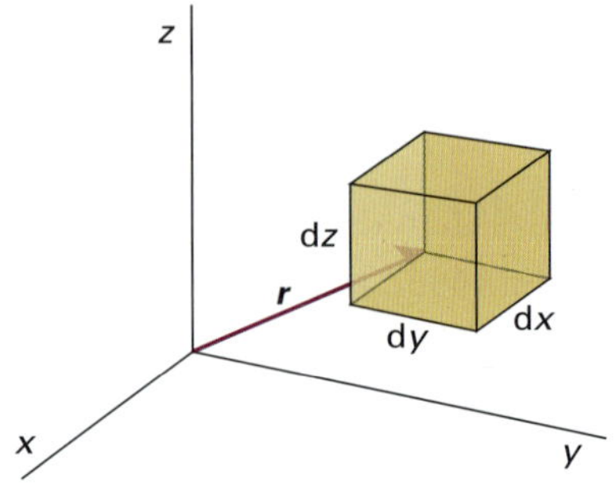

그림 5.1 삼차원 공간에서 파동함수를 Born 방법으로 해석하면, 임의의 점 $\boldsymbol{r}$에 위치한 부피 인자 $\mathrm{d}\tau=\mathrm{d}x\mathrm{d}y\mathrm{d}z$ 속에서 입자를 발견할 확률은 그 위치에서의 $\mathrm{d}\tau$와 $|\psi|^2$의 곱에 비례한다.

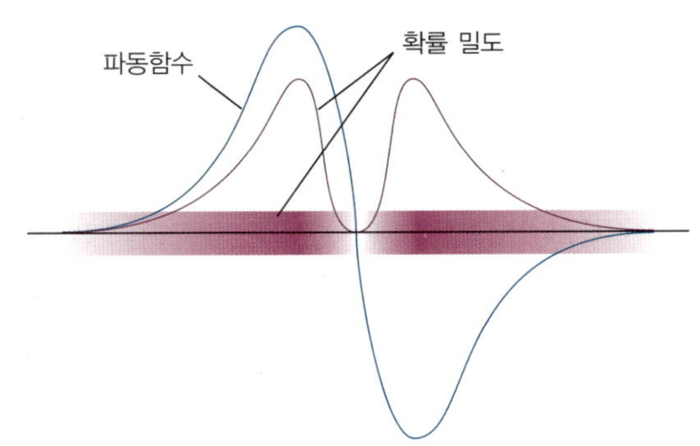

그림 5.2 파동함수의 부호는 직접적인 물리학적 의미를 갖지는 않는다. 이 파동함수의 양의 영역과 음의 영역 모두는 동일한 확률 분포를 나타낸다(확률 분포는 ψ의 제곱으로 주어지며, 여기서는 명암의 밀도로 나타내었다).

수 있다(그림 5.2). 그러나 이후에 배우게 되겠지만, 파동함수에 양과 음의 영역이 존재한다는 것은 서로 다른 파동함수 사이에서 보강이나 상쇄 간섭이 일어날 수 있기 때문에 대단히 중요한 **간접적인** 의미를 갖는다.

원자와 분자를 다루게 될 때 두 개의 전자를 갖는 헬륨 원자나 16개의 전자를 갖는 산소 분자와 같이, 두 개 이상의 전자를 갖는 계에 대한 파동함수를 해석하는 경우에는 주의할 필요가 있다. 이 경우 각 입자가 갖는 특정한 부피 인자 속에서 각각의 입자를 발견할 **전체** 확률을 계산하기 위해서는 $\psi(\boldsymbol{r}_1, \boldsymbol{r}_2, \ldots)$가 사용된다.

가설 II 파동함수 $\psi(\boldsymbol{r}_1, \boldsymbol{r}_2, \ldots)$로 묘사되는 계에서 입자 1은 거리 $\boldsymbol{r}_1$에 있는 부피 인자 $d\tau_1$ 속에서, 입자 2는 거리 $\boldsymbol{r}_2$에 있는 부피 인자 $d\tau_2$ 속에서, 등과 같이 각 입자를 발견할 확률은 $|\psi|^2 d\tau_1 d\tau_2 \ldots$에 비례한다.

예제 5.1 파동함수의 해석

수소 원자의 최저 에너지 상태에 있는 전자에 대한 파동함수는 e^{-r/a_0}에 비례한다. 여기서 a_0는 상수이고, r은 핵으로부터 전자의 거리이다. (a) 핵 중심과 (b) 핵으로부터 a_0인 거리에 있는 부피 1.0 pm^3인 영역 속에서 이 전자를 발견할 상대적 확률을 각각 계산하시오. 이 부피는 원자 척도상으로도 매우 작은 부피이다.

방법 관심 대상 영역은 원자 척도상으로도 매우 작기 때문에 이 영역 안에서는 ψ가 변하지 않는다고 보고 이 점에서의 확률 밀도(ψ^2, 참고; ψ가 실수이므로 $|\psi|^2 = \psi^2$)와 고려하는 부피 δV의 곱에 비례하는 확률 P를 쓴다. 즉 $\psi^2 \propto e^{-2r/a_0}$일 때 $P \propto \psi^2 \delta V$이다.

풀이 두 경우에 모두 $\delta V = 1.0\ pm^3$이다. (a) 핵에서는 $r = 0$이며, 따라서

$$P \propto e^0 \times (1.0\ pm^3) = (1.0) \times (1.0\ pm^3)$$

(b) 핵으로부터 임의의 방향으로 $r = a_0$만큼 떨어진 점에서는 다음과 같이 된다.

$$P \propto e^{-2} \times (1.0\ pm^3) = (0.14) \times (1.0\ pm^3)$$

따라서 두 확률의 비는 1.0/0.14 = 7.1이다. 즉 핵의 위치에서는 핵으로부터 a_0만큼 떨어진 점에서보다 같은 크기의 부피 속에서 전자가 발견될 확률이 7배나 더 높다는 것에 주목하라. 음으로 하전된 전자는 양으로 하전된 핵에 끌리며, 따라서 핵 가까이에서 발견되기가 쉽다.

자가 진단 5.2 He^+ 이온에서 가장 낮은 에너지 상태에 있는 전자에 대한 파동함수는 e^{-2r/a_0}에 비례한다. 이 이온에 대하여 위의 계산을 되풀이하시오. 이 결과를 어떻게 생각하는가?

답: 55, 파동함수가 더 조밀하다.

(b) 정규화

가설 II′는 확률과 $|\psi|^2 d\tau$ 사이의 **비례 상수**(proportionality)와 관련이 있다. 확률의 실제 값을 결정하기 위하여 $\psi' = N\psi$라고 쓰자. 여기에서 N은 상수(실수)로서 $|\psi'|^2 d\tau$가 부피 인자 $d\tau$ 안에 입자가 있을 확률과 **같도록** 선택된다. 이 상수를 결정하기 위하여 공간의 어느 곳에서나 입자를 발견할 총 확률은 1이 되어야 한다(어딘가에 꼭 있어야 한다). 1차원의 계일 경우에 입자를 발견할 전체 확률은 모든 무한소 구간에서의 기여인 $|\psi'|^2 d\tau$의 합(적분)이 되며 다음과 같이 쓸 수 있다.

$$\int_{-\infty}^{\infty} (\psi')^* \psi' dx = 1 \quad (5.1)$$

식 (5.1)의 조건을 만족하는 파동함수는 **정규화되었다**(**normalized**)고 말한다(엄밀하게 말하면 1로 정규화되었다). 원래의 파동함수의 항으로 나타내면 위의 식은 다음과 같이 된다.

$$N^2 \int_{-\infty}^{\infty} \psi^* \psi\, dx = 1$$

따라서 **정규화 상수**(**normalization constant**, N)는 다음과 같이 주어진다.

$$N = \frac{1}{\left(\int_{-\infty}^{\infty} \psi^* \psi\, dx\right)^{1/2}} \quad (5.2)$$

정의 정규화 상수

거의 모든 파동함수는 충분하게 멀리 떨어진 거리에서는 0이 되며, 따라서 식 5.2의 적분을 구하는 것은 별로 어렵지 않

다. 적분이 존재하는 경우(유한한 값을 갖는다는 의미의)에 파동함수는 '제곱 적분이 가능하다'고 한다.

다르게 언급되지 않는 한, 지금부터는 항상 1로 정규화된 파동함수를 사용할 것이다. 즉 이제부터 ψ는 다음의 관계가 보장되는(1차원에서) 상수 인자를 이미 포함한다고 가정한다.

$$\int_{-\infty}^{\infty} \psi^* \psi \, dx = 1 \quad \text{1차원} \quad \text{정규화 조건} \quad (5.3a)$$

3차원에서는 다음과 같은 조건에서 파동함수가 정규화된다.

$$\int_{-\infty}^{\infty}\int_{-\infty}^{\infty}\int_{-\infty}^{\infty} \psi^* \psi \, dx\,dy\,dz = 1 \quad \text{3차원} \quad \text{정규화 조건} \quad (5.3b)$$

일반적으로 정규화 조건은 다음과 같이 쓸 수 있다.

$$\int \psi^* \psi \, d\tau = 1 \quad \text{일반적인 경우} \quad \text{정규화 조건} \quad (5.4)$$

여기에서 $d\tau$는 적절한 수의 차원에서 부피 인자를 나타내며 적분 한계는 분명하게 기술하지 않았다. 이러한 모든 적분에서는 입자가 접근할 수 있는 전 공간에 걸쳐서 적분을 해야 한다.

예제 5.2 파동함수의 정규화

탄소 나노튜브는 탄소 원자로 이루어진 얇고 움푹 파인 원통으로서 탁월한 전기 전도체이며 나노 장치의 선으로 사용될 수 있다. 튜브의 지름은 1~2 nm이며, 길이는 수 마이크로미터이다. 길이가 긴 탄소 나노튜브는 1차원 구조로서 모형을 만들 수 있다. 토픽 9에서 소개되는 간단한 모형에 따르면 나노튜브에서 가장 낮은 에너지의 전자는 나노튜브의 길이를 L이라고 할 때 파동함수 $\sin(\pi x/L)$로 설명된다. 이 경우 정규화된 파동함수는 무엇인가?

방법 적분 한계가 0과 L일 때 식 5.3a에 명기된 적분을 수행할 필요가 있다. 파동함수는 실수이므로 $\psi^* = \psi$이다. **부록**에 열거된 적분 T.2를 사용한다.

풀이 N이 적분 상수 인자라고 할 때 파동함수를 $\psi = N\sin(\pi x/L)$라고 쓰면 아래와 같은 결과를 얻게 된다.

$$\int \psi^* \psi \, d\tau = N^2 \overbrace{\int_0^L \sin^2 \frac{\pi x}{L} \, dx}^{(L/2)} = \frac{1}{2} N^2 L = 1$$

그리고

$$N = \left(\frac{2}{L}\right)^{1/2}$$

그러면 정규화된 파동함수는 다음과 같이 된다.

$$\psi = \left(\frac{2}{L}\right)^{1/2} \sin \frac{\pi x}{L}$$

L이 길이이기 때문에 ψ의 차원은 1/길이$^{1/2}$이고, 따라서 ψ^2의 차원은 1/길이가 되며, 이것은 확률 밀도의 적절한 차원이 된다.

자가 진단 5.3 같은 튜브 속 전자에 대하여 다음으로 높은 에너지 준위의 파동함수는 $\psi = \sin(2\pi x/L)$이다. 이 함수를 정규화시키시오.

답: $N = (2/L)^{1/2}$

(c) 파동함수의 구속

Born 해석은 파동함수를 받아들이는 데 엄격한 제약을 가하는데, 이러한 제약들은 다음과 같다.

- ψ는 모든 유한한 영역 어디에서나 무한대로 되지 않아야 한다.
- ψ는 단일 값이어야 한다.
- ψ는 연속적이어야 한다.
- ψ의 기울기(즉 $d\psi/dx$)는 연속적이어야 한다.

이러한 제약은 그림 5.3에 요약되어 있다. 만일 ψ가 유한한 영역을 통하여 무한대가 된다면 파동함수는 제곱 적분이 불가능하여 Born 해석이 실패할 것이다. 유한한 영역의 강조에 주의해야 한다. 즉 뾰족한 스파이크는 그 폭이 0이라고 가정하면 받아들일 수 있다.

파동함수가 단일 값이어야 한다는 것(즉 공간의 각 지점에서 단일 값을 가져야 함)은 같은 지점에 있는 입자가 한 가지 이상의 확률을 갖는다는 것은 불합리하기 때문에 이는 Born 해석의 결과이기도 하다.

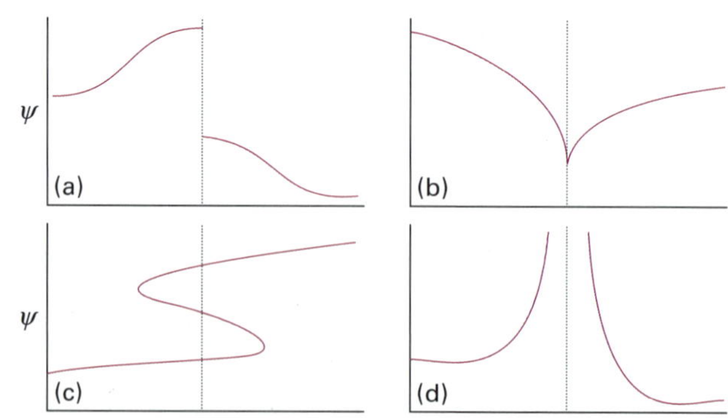

그림 5.3 파동함수는 이것이 받아들여질 수 있기 위해서 엄중한 조건들을 만족해야 한다. (a) 연속적이지 않기 때문에 허용되지 않는다. (b) 기울기가 불연속적이므로 받아들여질 수 없다. (c) 단일값이 아니기 때문에 받아들여지지 않는다. (d) 유한한 영역에 대하여 무한하기 때문에 허용되지 못한다.

남아 있는 두 가지 제약은 파동함수의 연속성과 파동함수의 1차 미분에 관한 것으로서 곧 소개하게 될 2차 미분방정식, 즉 Schrödinger 방적식으로부터 계산될 수 있다는 것을 확실하게 한다. 이 식은 ψ의 2차 미분(즉 $d^2\psi/dx^2$)에 의존하며 ψ와 $d\psi/dx$ 모두가 연속적이어야만 존재한다.

정규화된 파동함수를 얻게 되면 이어서 고려 대상 공간상 모든 영역에 걸쳐서 확률 밀도를 더함으로써(적분하여) 공간상 주어진 유한한 영역에서 계를 발견할 확률을 결정할 수 있다. 예를 들어 1차원적 실수의 파동함수에 대하여 x_1과 x_2 사이에서 입자를 발견할 확률은 다음과 같이 주어진다.

$$P=\int_{x_1}^{x_2}\psi(x)^2\,dx \qquad \text{1차원 유한 영역 확률} \qquad (5.5)$$

간단한 예 5.2 확률 계산

예제 5.2에서 조사된 간단한 모형에 따르면, 탄소 나노튜브에서 가장 낮은 에너지의 전자는 L이 나노튜브의 길이라고 할 때 정규화된 파동함수 $(2/L)^{1/2}\sin(\pi x/L)$에 의해 설명될 수 있다. $x=L/4$와 $x=L/2$ 사이에서 전자를 발견할 확률은 식 5.5에 의해 주어진다.

$$P=\int_{L/4}^{L/2}\left(\frac{2}{L}\right)\sin^2(\pi x/L)\,dx$$

적분은 **부록**에 열거한 적분 T.2를 사용하여 구한다.

$$P=\left(\frac{2}{L}\right)\left(\frac{x}{2}-\frac{\sin(2\pi x/L)}{4\pi/L}\right)\Bigg|_{L/4}^{L/2}=\left(\frac{2}{L}\right)\left(\frac{L}{4}-\frac{L}{8}-0+\frac{L}{4\pi}\right)=0.409$$

자가 진단 5.4 나노튜브에서 다음으로 높은 에너지를 갖는 전자의 파동함수는 정규화된 파동함수인 $(2/L)^{1/2}\sin(2\pi x/L)$로 묘사된다. $x=L/4$와 $x=L/2$ 사이에서 전자를 발견할 확률은 얼마인가?

답: 0.25

개념 확인

☐ 1. **파동함수**에는 실험적인 결정이 가능한 계의 모든 성질에 대한 정보가 들어 있다.

☐ 2. **Born 해석**은 공간의 한 영역에서 전자를 발견할 확률을 제공한다.

☐ 3. 파동함수는 단일 값이어야 하며, 연속적이어야 하고, 공간의 유한한 영역에 대하여 무한해서는 안 되고, 연속적인 기울기를 가져야 한다.

식 확인

성질	식	비고	식 번호
정규화 상수	$N=1/\left(\int_{-\infty}^{\infty}\psi^*\psi\,dx\right)^{1/2}$	1차원	5.2
정규화 조건	$\int\psi^*\psi\,d\tau=1$	일반적인 경우	5.4
유한 영역에 존재하는 확률	$P=\int_{x_1}^{x_2}\psi(x)^2\,dx$	1차원, 실수 파동함수	5.5

토픽 6

파동함수로부터의 정보 추출

내용

➤ 학습 목표

파동함수는 양자 역학에서 핵심 특성으로서 그것으로부터 어떻게 동역학적인 정보를 추출해 내는가를 알 필요가 있다. 여기에서 설명하는 방법은 측정 가능 변수의 측정 결과를 예측하게 할 것이다.

➤ 핵심 내용

파동함수는 Schrödinger 방정식을 풀어 얻어지며 파동함수가 포함하고 있는 동역학적인 정보는 Hermitian 연산자의 고윳값을 결정함으로써 끄집어 낼 수 있다.

➤ 미리 알기

계의 상태는 파동함수에 의해 완벽하게 설명된다(토픽 5)는 것을 알아야 한다. 복소수 함수의 기초적인 취급과 부분적분에 익숙해질 필요가 있다.

토픽 5에서는 양자 역학에서의 파동함수의 원리를 소개하였고 입자의 위치에 대한 정보를 결정하기 위하여 Born 해석을 어떻게 사용하는가를 설명하였다. 이 토픽에서는 파동함수의 형태를 어떻게 추정하는가는 물론 그것으로부터 정보를 어떻게 추출해 내는가를 알게 될 것이다. 이 과정에서 추가적인 두 가지 가설을 도입하고자 한다.

6.1 가설 III: 양자 역학적 연산자

1926년에 오스트리아의 물리학자 Erwin Schrödinger는 임의의 계에 대한 파동함수를 구할 수 있는 특별한 2차 미분방정식을 제안하였다(미분방정식의 입문을 위해서 **수학적 배경 2**를 볼 것). 에너지 E를 갖고 일차원에서 움직이는 질량 m인 입자에 대한 다음과 같은 식을 **시간 무관 Schrödinger 방정식**(**time-independent Schrödinger equation**)이라고 한다.

$$-\frac{\hbar^2}{2m}\frac{\mathrm{d}^2\psi}{\mathrm{d}x^2}+V\psi=E\psi \qquad \text{1차원적 시간 무관} \quad \text{Schrödinger 방정식} \tag{6.1}$$

여기서 V는 입자의 퍼텐셜 에너지이며 $\hbar=h/2\pi$(h-cross 또는 h-bar라고 읽는다)는 편리하게 변형된 Planck 상수이다. 1차원 이상으로 확장된 Schrödinger 방정식과 이것의 시간 의존 형태는 표 6.1에 나타나 있다. 식 6.1 자체는 가설로서 간주될 수 있으나 특별한 방법으로 그 식을 해석하기에, 그리고 더 깊고 더 일반적인 가설의 결과로 평가하기에는 아주 효과적인 것으로 판명되었다.

식 6.1과 이것의 고차원에서 대응되는 표 6.1에 나타난 것들은 모두 다음과 같은 간결한 형태로 표기할 수 있다.

$$\hat{H}\psi=E\psi \tag{6.2a}$$

1차원에서 Hamilton 연산자는 다음과 같이 주어진다.

$$\hat{H}=-\frac{\hbar^2}{2m}\frac{\mathrm{d}^2}{\mathrm{d}x^2}+V(x)\times \qquad \text{1차원} \quad \text{Hamiltonian 연산자} \tag{6.2b}$$

위와 같이 표시한 이유는 곧 명확해질 것으로서 입자의 퍼텐셜 에너지는 위치 x에 의존한다고 언급하였으며 곱셈 부호를 명시적으로 포함하였다. 양 $\hat{H}$는 **연산자**(**operator**)로서 함수 ψ에 수학적인 연산을 수행하게 하는 것이다. 이 경우 ψ의 2차 도함수를 취하고 ($-\hbar^2/2m$을 곱한 후에) 그 답을 ψ에 위치 x에서의 V 값을 곱한 결과와 합하여 연산을 수행한다. 연산자 $\hat{H}$는 양자 역학에서 마주치는 모든 다른 연산자와 마찬가지로 함수 ψ_1와 함수 ψ_2 그리고 임의의 상수 c에 대하여 다

표 6.1 Schrödinger 방정식

표현	식	보기
시간 무관 Schrödinger 방정식	$\hat{H}\psi = E\psi$	일반적인 경우
	$-\frac{\hbar^2}{2m}\frac{\mathrm{d}^2\psi}{\mathrm{d}x^2} + V(x)\psi(x) = E\psi(x)$	1차원
	$-\frac{\hbar^2}{2m}\left(\frac{\partial^2\psi}{\partial x^2} + \frac{\partial^2\psi}{\partial y^2}\right) + V(x, y)\psi(x, y) = E\psi(x, y)$	2차원
	$-\frac{\hbar^2}{2m}\nabla^2\psi + V\psi = E\psi$	3차원
Laplace 연산자	$\nabla^2 = \frac{\partial^2}{\partial x^2} + \frac{\partial^2}{\partial y^2} + \frac{\partial^2}{\partial z^2}$	직교 좌표
	$\nabla^2 = \frac{1}{r}\frac{\partial^2}{\partial r^2}r + \frac{1}{r^2}\Lambda^2 = \frac{\partial^2}{\partial r^2} + \frac{2}{r}\frac{\partial}{\partial r} + \frac{1}{r^2}\Lambda^2 = \frac{1}{r^2}\frac{\partial}{\partial r}r^2\frac{\partial}{\partial r} + \frac{1}{r^2}\Lambda^2$	구면 극좌표에서 변형된 형태
Legendre 연산자	$\Lambda^2 = \frac{1}{\sin^2\theta}\frac{\partial^2}{\partial\phi^2} + \frac{1}{\sin\theta}\frac{\partial}{\partial\theta}\sin\theta\frac{\partial}{\partial\theta}$	
시간 의존 Schrödinger 방정식	$\hat{H}\Psi = i\hbar\frac{\partial\Psi}{\partial t}$	

음과 같은 의미에서 **선형(linear)**이다.

- $\hat{H}(\psi_1 + \psi_2) = \hat{H}\psi_1 + \hat{H}\psi_2$
- $\hat{H}c\psi_1 = c\hat{H}\psi_1$

연산자 $\hat{H}$는 양자 역학에서 대단히 특별한 역할을 하는데, 19세기의 수학자 William Hamilton의 이름을 따서 **Hamilton 연산자(Hamiltonian operator)**라고 한다. Hamilton은 고전 역학의 수식 형태를 발전시켰는데, 이것은 후에 양자 역학을 수식화하는 데 적합한 것이었다. 식 6.2a의 형태로부터 추론할 수 있듯이 Hamilton 연산자는 계의 운동 에너지와 퍼텐셜 에너지와의 합인 전체 에너지에 대응하는 연산자이다. 따라서 식 6.2b의 첫째 항(이차 미분에 비례하는 항)은 운동 에너지에 대응하는 연산자가 되어야 할 것이라는 결과가 된다.

식 6.2a는 더욱 일반적인 공식화에 있어서 대단히 함축적이다. 첫째 다른 연산자로 표현할 수 있는 계의 다른 **측정 가능 변수(observables)**나 측정할 수 있는 성질이 있을 수 있다는 것과, 다음과 같이 나타내는 구조를 암시한다.

[에너지 연산자(Hamiltonian)]ψ = [에너지 값]×ψ

위의 식은 특수한 경우이고 좀 더 일반적인 형태는 다음과 같다.

[측정 가능 변수 Ω에 대한 연산자]ψ
= [측정 가능 변수 Ω의 값]×ψ

지금부터는 측정 가능 변수 Ω(대문자 오메가)에 대응하는 연산자는 $\hat{\Omega}$로, 측정 가능 변수 Ω의 값은 ω(소문자 오메가)로 표현하며 마지막 식은 다음과 같이 쓰게 된다.

$$\hat{\Omega}\psi = \omega\psi \tag{6.3}$$

당면한 문제는 측정 가능 변수에 대응하는 연산자를 수식화하는 방법을 찾아내는 것이다. 다시 한번 식 6.2는 이에 대한 실마리를 제공한다. 고전 역학에서 1차원 입자의 총 에너지는 선형 운동량 p의 항으로 다음과 같이 표현될 수 있다.

$$E = \frac{p^2}{2m} + V(x)$$

이 식을 식 6.2b와 비교하면 퍼텐셜 에너지 $V(x)$는 곱셈의 연산인 $V(x)\times$로 표현되기 때문에 위치에 대한 연산자 x는 단지 위치를 곱한 것($x\times$)이라는 것을 강하게 암시한다. 식 6.2b를 한층 더 비교하면 운동 에너지 $p^2/2m$에 대한 연산자는 $-(\hbar^2/2m)\mathrm{d}^2/\mathrm{d}x^2$가 됨을 확인할 수 있다.

이제 이러한 핵심을 함께 가져와 그것들을 요약하는 가설을 공식화하자.

가설 III 계의 측정할 수 있는 각 성질 Ω에 대하여 다음에 나오는 위치와 선형 운동량 연산자로부터 만들어진 이에 대응하는 연산자 $\hat{\Omega}$가 있다.

$$\hat{x} = x\times \qquad \text{정의 위치 연산자} \qquad (6.4a)$$

$$\hat{p}_x = \frac{\hbar}{\mathrm{i}}\frac{\mathrm{d}}{\mathrm{d}x} \qquad \text{정의 선형 운동량 연산자} \qquad (6.4b)$$

곱셈 연산에서의 곱셈 부호는 보통 쓰지 않으며 지금부터는 이것을 생략할 것이다. 그러나 x는 연산자로서 그것의 오른쪽에 어떠한 함수를 곱하는 것이라는 것을 명심해야 한다. 1차원 계를 논할 때는 p에서 표시 x를 버리고, 3차원 계에 대해서는 아래 첨자 x, y, z를 사용하여 같은 방법으로 정의된 해당하는 연산자와 함께 각 방향에 따라 벡터 $\boldsymbol{p}$의 성분을 표시한다.

가설 III이 확립됨에 따라 1차원에서 입자의 운동 에너지 E_{k}에 대한 연산자를 즉시 쓸 수가 있다.

$$E_{\mathrm{k}} = \frac{p^2}{2m}$$

이므로 운동 에너지 연산자는 다음과 같이 된다.

$$\hat{E}_{\mathrm{k}} = \frac{\hat{p}^2}{2m}$$

다음과 같은 이유로

$$\frac{\hat{p}^2}{2m} = \frac{1}{2m}\left(\frac{\hbar}{\mathrm{i}}\frac{\mathrm{d}}{\mathrm{d}x}\right)\left(\frac{\hbar}{\mathrm{i}}\frac{\mathrm{d}}{\mathrm{d}x}\right) = \frac{1}{2m}\left(\frac{\hbar}{\mathrm{i}}\right)^2\left(\frac{\mathrm{d}}{\mathrm{d}x}\right)\left(\frac{\mathrm{d}}{\mathrm{d}x}\right) = -\frac{\hbar^2}{2m}\frac{\mathrm{d}^2}{\mathrm{d}x^2}$$

아래와 같은 결론을 얻게 된다.

$$\hat{E}_{\mathrm{k}} = -\frac{\hbar^2}{2m}\frac{\mathrm{d}^2}{\mathrm{d}x^2} \qquad \text{운동 에너지 연산자} \qquad (6.5)$$

간단한 예 6.1 2차원에서의 운동 에너지 연산자

평면에서 움직이는 입자와 같이 2차원에서 움직이는 입자의 운동 에너지는 $E_{\mathrm{k}} = p_x^2/2m + p_y^2/2m$이다. 따라서 운동 에너지 연산자는 $\hat{E}_{\mathrm{k}} = \hat{p}_x^2/2m + \hat{p}_y^2/2m$이거나 다음과 같다.

$$\hat{E}_{\mathrm{k}} = -\frac{\hbar^2}{2m}\left(\frac{\partial^2}{\partial x^2} + \frac{\partial^2}{\partial y^2}\right)$$

자가 진단 6.1 (a) 3차원에서 움직이는 입자(한 원자에서의 전자와 같은)의 운동 에너지에 대한 연산자와 (b) 조화 진동자에서 퍼텐셜 에너지, $V = \frac{1}{2}k_{\mathrm{f}}x^2$에 대한 연산자를 답해 보시오.

답: (a) $\hat{E}_{\mathrm{k}} = -(\hbar^2/2m)(\partial^2/\partial x^2 + \partial^2/\partial y^2 + \partial^2/\partial z^2)$, (b) $\frac{1}{2}k_{\mathrm{f}}x^2\times$

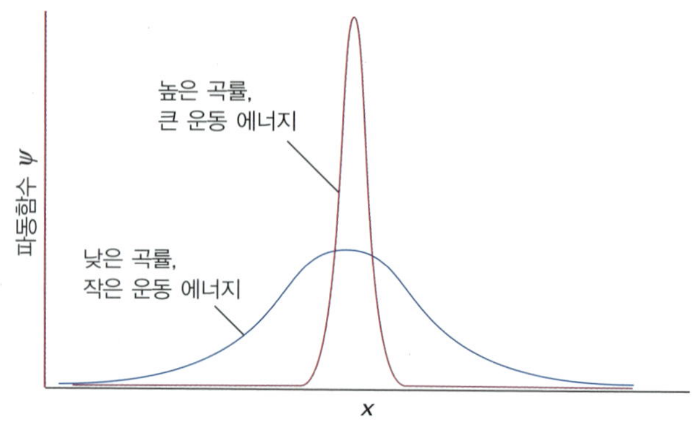

그림 6.1 파동함수가 주기적 파동 형식을 나타내지 않더라도 그 평균 곡률로부터 입자의 평균 운동 에너지를 짐작하는 것이 여전히 가능할 수 있다. 이 그림에서는 두 파동함수를 나타내었는데, 예리한 곡률의 파동함수는 덜 예리한 것보다 높은 운동 에너지를 나타낸다.

수학적으로 한 함수의 이차 도함수는 그 함수의 곡률 정도를 나타낸다(**수학적 배경 1**). 즉 이차 도함수가 크다는 것은 예리하게 굽어지는 함수를 뜻한다(그림 6.1). 따라서 예리한 곡률의 파동함수는 높은 운동 에너지에 연관된 것이고, 낮은 곡률의 파동함수는 낮은 운동 에너지에 해당하는 것이다. 이러한 해석은 de Broglie 관계식(식 4.6, $\lambda = h/p$)에 부합되는 것으로서, 선형 운동량(따라서 운동 에너지)이 클 때는 파장이 짧아진다고(예리한 곡률의 파동함수) 예측할 수 있다. 그러나 이 곡률에 관한 해석 방식은 공간 속으로 퍼져 있지 않고 그림 6.1에 나타낸 모양과 비슷한 파동함수에 확장시킬 수도 있다. 파동함수의 곡률은 일반적으로 위치에 따라 변하며, 파동함수가 예리한 곡률을 갖는 곳이면 어디서나 운동 에너지가 총 운동 에너지에 큰 기여를 하고(그림 6.2), 파동함수가 낮은 곡률을 갖는 곳에서는 전체 운동 에너지에 작은 기여를 한다.

양자 역학에서 매우 자주 마주치는 연산자의 목록을 이 책의 끝 **부록**에 모아 놓았다.

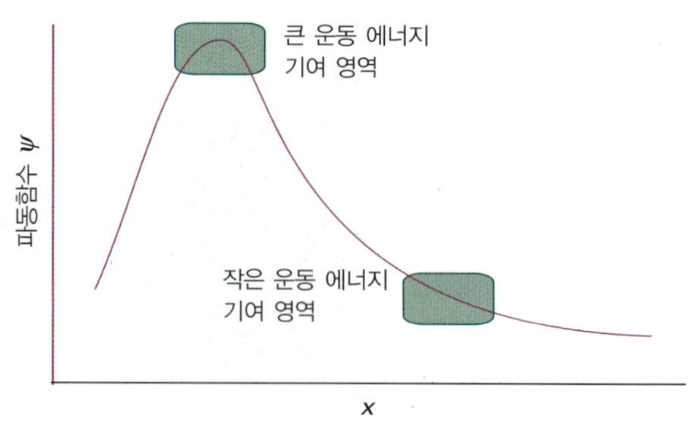

그림 6.2 실측되는 입자의 운동 에너지는 전 공간에 걸친 파동함수의 기여를 평균한 것이다. 예리한 곡률의 영역은 이 평균값에 높은 운동 에너지를 주며, 곡률이 낮은 영역은 작은 운동 에너지를 준다.

6.2 가설 IV: 고윳값과 고유 함수

양자 역학의 가설을 설명하는 이 시점에서 다음과 같은 사실을 알고 있다.

- 측정 가능 변수들에 대한 연산자를 구성하는 방법
- 파동함수는 Schrödinger 방정식의 해이다.
- 알고자 하는 측정 가능 변수 Ω는 $\hat{\Omega}$가 해당하는 연산자일 때 $\hat{\Omega}\psi = \omega\psi$의 식에서 값 ω를 갖는다.

이 마지막 요점을 발전시킬 필요가 있다.

첫째로 식 6.3 $\hat{\Omega}\psi = \omega\psi$는 다음과 같은 형태를 갖고 있음에 주목하자.

$$\underbrace{(\text{연산자})(\text{함수})}_{\text{고유함수}} = \underbrace{(\text{수치 인자})}_{\text{고윳값}} \times \underbrace{(\text{동일 함수})}_{\text{고유함수}}$$

정의 고윳값 방정식 (6.6)

이와 같은 형태의 식을 **고윳값 방정식**(**eigenvalue equation**)이라고 하며, 상수 인자를 연산자의 **고윳값**(**eigenvalue**), 식의 양변에 나타나는 함수를 연산자의 **고유 함수**(**eigenfunction**)라고 한다. 각 고유 함수는 특정한 고윳값에 해당한다. 이와 같은 새로운 언어의 측면에서 식 6.2a ($\hat{H}\psi = E\psi$)를 언급하면, 'Schrödinger 방정식을 푼다'고 말하는 것은 '계에 대한 Hamilton 연산자의 고윳값과 이에 대응하는 고유 함수를 푼다'고 말하는 것이다. 파동함수는 Hamilton 연산자의 고유 함수이며 대응하는 고윳값은 허용되는 에너지인 것이다. 연산자의 고유 함수와 고윳값은 양자 역학에서 결정적인 역할을 담당하며 책 전반에 걸쳐 접하게 된다.

예제 6.1 고유 함수의 확인

e^{ikx}는 선형 운동량 연산자의 고유 함수임을 보이고, 대응하는 고윳값을 구하시오. 또한 종 모양의 '가우스 함수' e^{-ax^2}은 이 연산자의 고유 함수가 아님을 보이시오.

방법 함수에 연산자를 연산시키고 그 결과가 수치 인자에 본래의 함수를 곱한 것이 되는지를 본다. 각 경우에 연산자를 선형 운동량 연산자인 $\hat{p} = (\hbar/\mathrm{i})\mathrm{d}/\mathrm{d}x$와 확인한다.

풀이 함수 $\psi = e^{ikx}$에 대하여

$$\hat{p}\psi = \frac{\hbar}{\mathrm{i}}\frac{\mathrm{d}}{\mathrm{d}x}e^{\mathrm{i}kx} = \frac{\hbar}{\mathrm{i}}\mathrm{i}ke^{\mathrm{i}kx} = k\hbar\psi$$

따라서 e^{ikx}는 정말로 $\hat{p}$의 고유 함수이며, 그 고윳값은 $k\hbar$이다. 한편 $\psi = e^{-ax^2}$의 경우 $-2/\mathrm{i} = 2\mathrm{i}$를 사용하면 다음과 같이 된다.

$$\hat{p}\psi = \frac{\hbar}{\mathrm{i}}\frac{\mathrm{d}}{\mathrm{d}x}e^{-ax^2} = \frac{\hbar}{\mathrm{i}}(-2ax)e^{-ax^2} = 2\mathrm{i}a\hbar x \times \psi$$

우변에 동일한 함수 ψ가 나타나기는 하지만, ψ에 상수 인자가 아닌 함수 $x(2\mathrm{i}a\hbar x)$가 곱해진 결과가 나오므로, 이 식은 고윳값 방정식이 아니다. 다른 방법으로 우변을 $2\mathrm{i}a\hbar(xe^{-ax^2})$과 같은 형태로 쓰면 이것은 **다른** 함수에 상수($2\mathrm{i}a\hbar$)를 곱한 결과가 됨을 알 수 있다.

자가 진단 6.2 함수 $\cos ax$는 (a) 선형 운동량 연산자, (b) 운동 에너지 연산자의 고유 함수인가? 만일 그렇다면 고윳값을 결정하시오.

답: (a) 아니다. (b) 그렇다. $\hbar^2a^2/2m$

고윳값 방정식으로서 식 6.3(그리고 Schrödinger 방정식, 식 6.2)의 해석에 기인하여 지대한 영향을 가져올 결과들이 있다. 첫째, 측정 가능 변수 Ω(에너지 E와 같은)의 허용되는 값은 고윳값 방정식의 고윳값이라는 것에 주목할 필요가 있다. 따라서 연산자의 모든 허용값을 찾게 되면 그 측정 가능 변수의 허용된 값들을 알게 될 것이다. 각 고유 함수는 특정한 고윳값에 대응하며(특히 각 함수는 특정의 에너지에 해당한다) 파동함수의 용인 가능성에는 엄격한 제약이 있는 것을 이미 보아 왔다. 따라서 오로지 특정된 파동함수만이 받아들여질 수 있기 때문에 특정한 고윳값만이 허용된다. 다르게 말하면, 일반적으로 **측정 가능 변수는 양자화되어 있다**는 것이다. 이 절에서 언급된 언어로 지금까지 논의한 것을 다음의 가설로 요약한다.

가설 IV 만일 계가 $\hat{\Omega}\psi = \omega\psi$와 같이 $\hat{\Omega}$의 고유 함수인 파동함수 ψ로 묘사된다면 Ω의 측정 결과는 고윳값 ω가 될 것이다.

간단한 예 6.2 고유 함수로서의 파동함수

예제 6.1에서 e^{ikx}는 선형 운동량 연산자의 고유 함수이고 고윳값은 $+k\hbar$라는 것을 알았다. 따라서 아래와 같이 표현할 수 있다.

(a) 선형 가속기에서 어떤 에너지로 가속되는 전자의 파동함수가 e^{ikx}라고 할 때, 선형 운동량을 측정하면 $p = +k\hbar$의 값을 얻을 수 있다는 것을 가설 IV로부터 알게 된다.

(b) 파동함수가 e^{-ikx}로 주어지면, 이때 고윳값은 $-k\hbar$이기 때문에(부호가 바뀐 것을 유의할 것) 선형 운동량은 $p = -k\hbar$ 값으로 측정될 것이다.

전자의 선형 운동량 크기는 각 경우에 같으나 ($k\hbar$) 부호가 반대이다. (a)에서는 전자가 오른쪽(양의 x)으로 이동하지만 (b)에서는 선형 가속기가 반대 방향으로 향해 있어 전자가 왼쪽(음의 x)으로 움직인다.

자가 진단 6.3 선형 가속기에서 가속의 결과로서 양성자의 파동함수는 cos kx가 된다. 이때 양성자의 운동 에너지는 무엇인가?

답: $E_k = k^2\hbar^2/2m_p$

측정 가능 변수의 값은 실제의 양이기 때문에(실수, 즉 수학적인 의미로 허수인 i를 포함하지 않는다는 것) 가설 IV는 측정 가능 변수에 대응하는 임의의 연산자의 고윳값은 그 자체가 실수라는 것을 암시한다. 연산자가 '에르미트성(hermitivity)'(19세기 프랑스 수학자 Charles Hermite의 이름을 따서)의 특정한 성질을 갖는다면 고윳값의 실수성은 보장된다. **Hermite 연산자(Hermitian operator)**는 다음의 등식이 참인 연산자이다.

$$\int f^* \hat{\Omega} g \mathrm{d}x = \left\{ \int g^* \hat{\Omega} f \mathrm{d}x \right\}^* \qquad \text{정의 에르미트성} \quad (6.7)$$

여기에서 f와 g는 임의의 두 함수이다. 위치 연산자($x\times$)는 피적분함수 속의 인자들의 순서를 마음대로 바꿀 수 있으므로 에르미트성이라는 것은 다음 식에서와 같이 쉽게 확인된다.

$$\int_{-\infty}^{\infty} f^* x g \mathrm{d}x \overset{\text{순서 바꿈}}{=} \int_{-\infty}^{\infty} g x f^* \mathrm{d}x \overset{g^{**}=g\text{와 } x^*=x \text{ 사용}}{=} \int_{-\infty}^{\infty} g^{**} x^* f^* \mathrm{d}x = \left\{ \int_{-\infty}^{\infty} g^* x f \mathrm{d}x \right\}^*$$

선형 운동량 연산자의 경우에는 미분해야 할 함수의 순서를 간단히 바꿀 수 없기 때문에 이것이 에르미트성이라는 것을 증명하려면 조금 복잡하다. 그러나 아래 **증명**에서 보이는 바와 같이 이것은 분명히 Hermite 연산자이다.

증명 6.1 선형 운동량 연산자의 에르미트성

여기서 할 일은 다음 관계를 증명하는 것이다.

$$\int_{-\infty}^{\infty} f^* \hat{p} g \mathrm{d}x = \left\{ \int_{-\infty}^{\infty} g^* \hat{p} f \mathrm{d}x \right\}^*$$

여기서 $\hat{p}$은 식 6.4b의 연산자이다. 이 관계를 증명하려면 다음과 같은 '부분적분법'을 이용해야 한다.

$$\int u \frac{\mathrm{d}v}{\mathrm{d}x} \mathrm{d}x = uv - \int v \frac{\mathrm{d}u}{\mathrm{d}x} \mathrm{d}x$$

$u = f^*$와 $v = g$를 사용하면 앞의 식은 다음과 같이 된다.

$$\int_{-\infty}^{\infty} f^* \hat{p} g \mathrm{d}x = \frac{\hbar}{\mathrm{i}} \int_{-\infty}^{\infty} f^* \frac{\mathrm{d}g}{\mathrm{d}x} \mathrm{d}x = \frac{\hbar}{\mathrm{i}} f^* g \Big|_{-\infty}^{\infty} - \frac{\hbar}{\mathrm{i}} \int_{-\infty}^{\infty} g \frac{\mathrm{d}f^*}{\mathrm{d}x} \mathrm{d}x$$

파동함수들은 무한대의 지점에서는 방향에 관계없이 0이 되므로 이 식의 첫째 항은 0이 된다[또는 특별한 경우 함수 f(그리고 g)는 0이 아니지만 $+\infty$와 $-\infty$에서 같다]. 따라서 다음 식이 남는다.

$$\int_{-\infty}^{\infty} f^* \hat{p} g \mathrm{d}x = -\frac{\hbar}{\mathrm{i}} \int_{-\infty}^{\infty} g \frac{\mathrm{d}f^*}{\mathrm{d}x} \mathrm{d}x \overset{\mathrm{i}^*=-\mathrm{i} \text{ 사용}}{=} \left\{ \frac{\hbar}{\mathrm{i}} \int_{-\infty}^{\infty} g^* \frac{\mathrm{d}f}{\mathrm{d}x} \mathrm{d}x \right\}^* = \left\{ \int_{-\infty}^{\infty} g^* \hat{p} f \mathrm{d}x \right\}^*$$

이 결과는 처음에 증명하려던 것이다.

연산자의 일반적인 성질로서 Hermite 연산자 자신의 곱은 역시 Hermite 연산자라는 것이다(응용 문제 6.4 참조). 따라서 $\hat{p}^2 = \hat{p} \times \hat{p}$은 Hermite 연산자이며 운동 에너지 연산자($\hat{E}_k = \hat{p}^2/2m$)도 이를 따른다.

식 6.7은 Hermite 연산자의 고윳값이 실수라는 진술과 동일하다는 것과는 연관이 없는 것처럼 보이지만, 아래의 **증명**에서 볼 수 있는 것과 같이 이에 대한 증명은 실제로 매우 간단하다.

증명 6.2 Hermite 연산자의 고윳값의 실수성

파동함수 ψ가 1로 정규화되어 있고 또 고윳값 ω를 갖는 Hermite 연산자의 고유 함수일 때는 다음과 같은 관계가 성립한다.

$$\int \psi^* \hat{\Omega} \psi \mathrm{d}\tau \overset{\hat{\Omega}\psi=\omega\psi}{=} \int \psi^* \omega \psi \mathrm{d}\tau = \omega \overbrace{\int \psi^* \psi \, \mathrm{d}\tau}^{1} = \omega$$

이것의 켤레복소수를 취하면 다음과 같이 된다.

$$\omega^* = \left\{ \int \psi^* \hat{\Omega} \, \psi \mathrm{d}\tau \right\}^* \overset{\text{식 6.7에서 } f=g=\psi}{=} \int \psi^* \hat{\Omega} \psi \, \mathrm{d}\tau = \omega$$

$\omega^* = \omega$라는 결과는 ω가 실수임을 확인해 주는 것이다.

만일 파동함수가 측정하고자 하는 측정 가능 변수에 대응하는 연산자의 고유 함수라면, 가설 IV로부터 측정의 결과는 간단히 그것의 고윳값임을 알 수 있다. 그러나 파동함수가 연산자의 고유 함수가 아니라고 가정하면 어떻게 할 것인가? 토픽 7에서 제시할 한 가지 추가적인 가설이 답을 제공할 것이다.

개념 확인

□ 1. 파동함수는 Schrödinger 방정식의 해이다.

□ 2. 관측할 수 있는 계의 각 성질 Ω에 대하여 각각 이에 대응하는 위치와 선형 운동량 연산자로부터 만들어진 연산자 $\hat{\Omega}$가 있다.

□ 3. $\hat{\Omega}\psi=\omega\psi$와 같이 계가 $\hat{\Omega}$의 **고유 함수**인 파동함수 ψ로 묘사된다면 Ω의 측정 결과는 **고윳값** ω가 될 것이다.

□ 4. **Hermite 연산자**의 고윳값은 실수이다.

식 확인

성질	식	비고	식 번호
Schrödinger 방정식	$-\frac{\hbar^2}{2m}\frac{\mathrm{d}^2\psi}{\mathrm{d}x^2}+V\psi=E\psi$	1차원, 시간 무관	6.1
Hamilton 연산자	$\hat{H}=-\frac{\hbar^2}{2m}\frac{\mathrm{d}^2}{\mathrm{d}x^2}+V(x)\times$	1차원	6.2b
위치 연산자	$\hat{x}=x\times$	1차원	6.4a
선형 운동량 연산자	$\hat{p}_x=\frac{\hbar}{\mathrm{i}}\frac{\mathrm{d}}{\mathrm{d}x}$	1차원	6.4b
고윳값 방정식	$\hat{\Omega}\psi=\omega\psi$		6.6
에르미트성	$\int f^*\hat{\Omega}g\,\mathrm{d}x=\left\{\int g^*\hat{\Omega}f\,\mathrm{d}x\right\}^*$		6.7

토픽 7

실험 결과의 예측

내용

➤ 학습 목표

계를 설명하는 파동함수가 측정 가능 변수에 대응하는 연산자의 고유 함수가 아닌 경우에 어떻게 파동함수로부터 동역학적인 정보를 얻어 내는지에 대하여 알아야 할 필요가 있다.

➤ 핵심 내용

여기에서 설명하는 방법으로 측정 가능 변수에 대응하는 연산자와 계의 상태를 기술하는 파동함수가 주어진다면 측정으로부터 평균 결과를 예측할 수 있다.

➤ 미리 알기

측정 가능 변수에 대응하는 연산자를 어떻게 구성하고(토픽 6) 파동함수가 연산자의 고유 함수인지를 어떻게 분간할 수 있는가를 알 필요가 있다.

토픽 6(가설 IV)에서 파동함수가 측정 가능 변수에 대응하는 연산자의 고유 함수라면, 그 관측 값을 확인하는 것은 쉽다고 밝혀졌다. 즉 단지 해당하는 고윳값을 알아내면 된다. 그러나 파동함수가 알고자 하는 특성에 대응하는 연산자의 고유 함수가 아니라고 가정할 때, 이 경우 무엇이라고 말할 것인가? 예를 들어 파동함수가 cos kx라고 하자. 이 파동함수는 운동 에너지 연산자(고윳값은 $k^2\hbar^2/2m$)의 고유 함수이며, 따라서 운동 에너지를 측정하면 확실히 그 값을 얻는다는 것을 알고 있다. 그러나 cos kx는 선형 운동량 연산자의 고유 함수가 아니기 때문에($\mathrm{d}\cos kx/\mathrm{d}x = -k \sin kx$이므로), 이 경우 선형 운동량의 측정 결과를 예측하기 위해서는 가설 IV를 사용할 수가 없다. 이 토픽에서는 입자의 파동함수가 측정 가능 변수와 연관되어 있는 연산자의 고유 함수가 아니더라도 양자론을 이용하여 측정 결과를 예측할 수 있는 방법을 전개할 것이다.

7.1 파동함수의 선형 결합

파동함수 cos kx의 경우의 설명에 진전을 보이기 위해 필요한 단서는 아래와 같은 식으로 표기되는 Euler 공식(**화학자 툴킷** 5.1 참조)을 사용할 수 있음에 주목하는 것이다.

$$\cos kx = \frac{1}{2}e^{ikx} + \frac{1}{2}e^{-ikx}$$

각 지수함수는 각각 고윳값 $+k\hbar$와 $-k\hbar$를 갖는 선형 운동량 연산자의 고유 함수(**간단한 예** 6.2 참조)이다. 실제 파동함수는 관계되는 두 파동함수, 즉 e^{ikx}와 e^{-ikx}의 **선형 결합**(**linear combination**)이라고 말한다. 일반적으로 두 함수 f와 g의 선형 결합은 수치 계수 c_1과 c_2를 이용하여 c_1f+c_2g로 나타낸다. 따라서 선형 결합은 $c_1 = c_2 = 1$인 '합'보다 더 일반적인 용어이다. 파동함수가 개개의 파동함수의 선형 결합이라는 사실을 표현하는 다른 방법으로는 상태가 개별적인 상태의 **중첩**(**superposition**)이라고 말하는 것이다.

여기에서 파동함수 cos kx를 상징적으로 다음과 같이 기술할 수 있다.

$$\psi = \underbrace{\psi_{\rightarrow}}_{\text{선형 운동량이 } +k\hbar\text{인 입자}} + \underbrace{\psi_{\leftarrow}}_{\text{선형 운동량이 } -k\hbar\text{인 입자}}$$

이 합성 파동함수는 입자의 운동량을 긴 시간 동안 연속적으로 반복해서 관측했을 때 모든 측정에서 언제나 $k\hbar$의 **크기**(magnitude)를 나타내는 것이라고 해석할 수 있다(각 고유 함수마다 이 값을 나타내므로). 그러나 이 중첩 속에는 두 성분 파동함수가 동등하게 나타나기 때문에(같은 수치 계수가 선형 결합에서 나타나므로) 측정 횟수의 반은 입자가 오른쪽으로 움직이고($p = +k\hbar$), 나머지 반은 왼쪽으로 움직이는($p = -k\hbar$) 결과를 나타낼 것이다. 양자 역학에서는 입자가 실제로 어느 방향으로 움직일 것인가를 예측할 수는 없으나, 입자의 움직임이 위의 파동함수로 묘사된다면, 길고 연속적인 관찰을 통하여 단지 오른쪽으로 이동하는 입자와 왼쪽으로 움직이는 입자를 발견할 확률이 같아진다고 말할 수밖에 없는 것이다. 더 나아가 측정의 반은 $p = +k\hbar$를 나타내고, 나머지 반은 $p = -k\hbar$을 나타내기 때문에 수많은 측정의 평균치는 0이 된다.

이와 같은 논의는 계가 측정하고자 하는 측정 가능 변수에 대응하는 연산자의 여러 가지 다른 고유 함수들을 선형 결합으로 되어 있는 경우에 대하여 다음과 같이 일반화시키는 데 동기가 되었으며 다음과 같이 표현된다.

$$\psi = c_1\psi_1 + c_2\psi_2 + \cdots = \sum_k c_k\psi_k \tag{7.1}$$

여기서 c_k는 수치 계수(복소수의 가능성이 있는)이고, ψ_k는 $\hat{\Omega}\psi_k = \omega_k\psi_k$의 관계를 갖는 연산자의 상이한 고유 함수에 해당한다.

가설 V 계수 c_k를 갖고 $\hat{\Omega}$의 고유 함수들의 선형 결합으로 설명되는 계에 대하여 측정 가능 변수 Ω의 값을 측정할 때, 각각의 측정은 $\hat{\Omega}$의 고윳값인 ω_k 중 하나에 해당하며 확률은 $|c_k|^2$에 비례한다.

계를 정규화된 파동함수로 묘사한다면 고유값 ω_k를 얻을 확률은 $|c_k|^2$과 같다.

간단한 예 7.1 측정 가능 변수의 측정

선형 가속기는 선형 운동량이 정확하게 정해진 입자로 가속시키지 않는다. 따라서 입자의 파동함수는 빔에 존재하는 운동량의 범위에 해당하는 함수들의 선형 결합이 된다. 전자빔에 세 개의 운동량(세 가지 k 값)이 존재(k_1에 중심이 있는)하며 정규화된 파동함수가 다음과 같이 주어졌다고 가정하자.

$$\psi = (1/20)^{1/2}\mathrm{e}^{\mathrm{i}(k_1-\Delta k)x} + (9/10)^{1/2}\mathrm{e}^{\mathrm{i}k_1x} + (1/20)^{1/2}\mathrm{e}^{\mathrm{i}(k_1+\Delta k)x}$$

여기에서 Δk는 작다. $\mathrm{e}^{\mathrm{i}kx}$는 고윳값 $+k\hbar$를 갖는 선형 운동량 연산자의 고유 함수이기 때문에 '선명하지 않은' 전자빔의 파동함수는 세 개의 고유 함수의 선형 결합이다. 가설 V에 따라 선형 운동량의 단일 측정은 세 가지 결과, 즉 $+(k_1-\Delta k)\hbar$, $k_1\hbar$, $+(k_1+\Delta k)\hbar$ 중 하나가 되며, 이때 확률은 각각 1/20, 9/10, 1/20이 된다.

자가 진단 7.1 위의 **간단한 예**에서 전자의 운동 에너지를 측정할 때는 결과가 어떻게 되겠는가?

답: 개별적인 측정; $(k_1-\Delta k)^2\hbar^2/2m_e$, $k_1^2\hbar^2/2m_e$, $(k_1+\Delta k)^2\hbar^2/2m_e$
확률; 각각 1/20, 9/10, 1/20

7.2 기댓값으로서의 평균값

일반적으로 속성에 대한 일련의 측정은 수많은 다른 결과를 나타내기 때문에 이러한 결과들의 **평균값**(**mean value**, average value)을 알아내는 것은 종종 중요한 일이 된다. 측정 가능 변수 Ω의 측정에 대한 평균값은 연산자 $\hat{\Omega}$의 **기댓값**(**expectation value**)과 같고 $\langle\Omega\rangle$로 표시되며 다음과 같이 정의된다.

$$\langle\Omega\rangle = \frac{\int\psi^*\hat{\Omega}\psi\,\mathrm{d}\tau}{\int\psi^*\psi\,\mathrm{d}\tau} \qquad \text{정의 기댓값} \tag{7.2a}$$

이 정의는 ψ가 고유 함수의 선형 결합으로 표시되거나 그렇지 않거나 모두 적용된다. 정규화된 파동함수의 경우 식 7.2a의 분모는 1이 되고 이 식은 다음과 같이 간단해진다.

$$\langle\Omega\rangle = \int\psi^*\hat{\Omega}\psi\,\mathrm{d}\tau \tag{7.2b}$$

만일 ψ가 $\hat{\Omega}$의 고유 함수가 되면 가설 IV에 의해 측정 가능 변수 각각의 모든 측정은 하나의 단일 고윳값 ω를 나타내며, 따라서 기댓값도 역시 ω가 된다. 이 경우 $\hat{\Omega}$의 기댓값은 간단히 다음과 같다.

$$\langle\Omega\rangle = \int\psi^*\hat{\Omega}\psi\,\mathrm{d}\tau \overset{\hat{\Omega}\psi=\omega\psi}{=} \int\psi^*\omega\psi\,\mathrm{d}\tau = \omega\overbrace{\int\psi^*\psi\,\mathrm{d}\tau}^{1} = \omega$$

만일 ψ가 대상 측정 가능 변수의 고유 함수가 아니라면 속성의 각 측정은 다른 결과를 가져오게 된다. 측정 결과 사이의 관계를 조사하기 위하여 고유 함수의 다른 특성을 전개할 필요가 있다.

예제 7.1 기댓값의 계산

예제 5.2에 설명된 탄소 나노튜브에서 전자 위치의 평균값을 계산하시오.

방법 위치의 평균값은 위치에 해당하는 연산자의 기댓값으로 x를 곱하는 것이다. $\langle x\rangle$을 구하려면 정규화된 파동함수를 알아야 하며(예제 5.2로부터) 그다음에는 식 7.2b의 적분을 구해야 한다. **부록**에 수록된 적분 T.11을 사용한다.

풀이 구하려는 평균값은 다음과 같은 기댓값이다.

$$\langle x\rangle=\int\psi^*\hat{x}\psi\mathrm{d}x \qquad \psi=\left(\frac{2}{L}\right)^{1/2}\sin\frac{\pi x}{L}\text{이고}\quad \hat{x}=x\times\text{일 때}$$

이 적분은 다음과 같이 계산된다.

$$x=\frac{2}{L}\overbrace{\int_0^L x\sin^2\frac{\pi x}{L}\mathrm{d}x}^{L^2/4}=\frac{1}{2}L$$

이 결과는 전자 위치를 수없이 많이 측정한다면 그들의 평균값은 나노튜브 길이의 정확히 반이 될 것이라는 것을 의미한다. 그러나 파동함수는 x에 대응하는 연산자의 고유 함수가 아니기 때문에 각각 다른 측정은 상이하고 예측할 수 없는 개별적인 결과를 제공할 것이다.

자가 진단 7.2 **부록**에 수록된 적분 T.12를 사용하여 전자의 평균 제곱근 위치 $\langle x^2\rangle^{1/2}$를 계산하시오.

답: $L\{1/3-1/(2\pi^2)\}^{1/2}$

7.3 고유 함수의 직교성

아래 **증명**에서 보이겠지만 Hermite 연산자의 독특한 특성의 하나는 **같은 Hermite 연산자의 다른 고윳값들에 대응하는 고유 함수들은 서로 직교한다**는 것이다. 두 개의 다른 함수 ψ_i과 ψ_j가 **직교한다(orthogonal)**라고 말하는 것은 그 함수들의 곱의 적분(모든 공간에 대하여)이 0이 됨을 의미한다.

$$\int\psi_i^*\psi_j\,\mathrm{d}\tau=0 \qquad \text{정의 직교성} \qquad (7.3a)$$

예를 들면 Hamilton 연산자는 Hermite 연산자이다(즉 측정 가능 변수, 에너지에 대응한다). 따라서 만일 ψ_i가 한 에너지에 대응하고 ψ_j가 다른 에너지에 대응한다면 이 두 함수가 직교하고, 또 이들을 곱하여 적분하면 0이 된다는 것을 금방 알 수 있다. 이러한 방법으로 적분값을 0으로 만들 수 있다는 것은 다음 토픽에서 하고자 하는 계산을 매우 간단하게 하며, 또한 곧 확인하겠지만 가설 V를 증명하는 데 기초를 제공한다.

다음과 같이 상호 직교하고 정규화된 함수들을 **직교 정규화(orthonormal)**되었다고 한다.

$$\int\psi_i^*\psi_j\,\mathrm{d}\tau=\delta_{ij} \qquad \text{정의 직교 정규화} \qquad (7.3b)$$

여기서 δ_{ij}는 **Kronecker 델타(Kronecker delta)**라고 하는데, $i=j$일 때는 1이고 $i\neq j$이면 0이다.

증명 7.1 고유 함수의 직교성

고윳값이 다른 $\hat{\Omega}$의 두 개의 고유 함수를 생각해 보자. 그러면 다음 식들이 성립한다.

$$\hat{\Omega}\psi_i=\omega_i\psi_i \qquad \hat{\Omega}\psi_j=\omega_j\psi_j$$

여기에서 ω_i는 ω_j와 같지 않다. 이러한 고윳값 방정식의 첫 번째 식 양변에 ψ_j^*를, 두 번째 식 양변에 ψ_i^*를 곱한 다음, 전 공간에 걸쳐서 적분하면 다음과 같이 된다.

$$\int\psi_j^*\hat{\Omega}\psi_i\,\mathrm{d}\tau=\omega_i\int\psi_j^*\psi_i\,\mathrm{d}\tau$$
$$\int\psi_i^*\hat{\Omega}\psi_j\,\mathrm{d}\tau=\omega_j\int\psi_i^*\psi_j\,\mathrm{d}\tau$$

이제 이와 같은 두 가지 표현에서 첫 번째 식의 켤레 복소수를 취하면($\hat{\Omega}$의 에르미트성에 의해 고윳값은 실수임을 주목할 것) 다음과 같은 결과를 얻는다.

$$\left\{\int\psi_j^*\hat{\Omega}\psi_i\,\mathrm{d}\tau\right\}^*=\omega_i\int\psi_j\psi_i^*\mathrm{d}\tau=\omega_i\int\psi_i^*\psi_j\,\mathrm{d}\tau$$

그러나 에르미트성에 의해 좌변의 첫 번째 항은 다음과 같이 표현된다.

$$\left\{\int\psi_j^*\hat{\Omega}\psi_i\,\mathrm{d}\tau\right\}^*=\int\psi_i^*\hat{\Omega}\psi_j\,\mathrm{d}\tau=\omega_j\int\psi_i^*\psi_j\,\mathrm{d}\tau$$

이 식을 앞에 나온 식에 치환하면 다음과 같이 된다.

$$0=(\omega_i-\omega_j)\int\psi_i^*\psi_j\,\mathrm{d}\tau$$

그러나 두 고윳값이 같지 않다는 것을 알고 있으므로, 따라서 적분이 0이 되어야 하며, 이로써 위의 고유 함수들은 직교한다는 것을 증명한 셈이다.

예제 7.2 직교성의 증명

1차원적 양자점(나노미터 범위의 크기를 갖는 원자의 집합체로 나노기술에서 높은 관심이 집중되어 있음)에 한정된 전자에 대한 두 가지 가능한 파동함수는 $\sin x$와 $\sin 2x$의 형태를 갖는다. 이러한 두 개의 파동함수는 운동 에너지 연산자의 고유함수이다. 이때 연산자는 Hermite 연산자이고, 고윳값은 각각 $\hbar^2/2m_e$과 $2\hbar^2/2m_e$이다. 이 경우 두 개의 파동함수가 서로 직교함을 증명하시오.

방법 이 두 함수가 직교한다는 것을 증명하려면 이들의 곱 (sin $2x$)(sin x)를 모든 공간에 대하여 적분을 해야 하며 이 경우 $x=0$부터 $x=2\pi$까지의 범위를 택할 수 있다. 구간을 이렇게 잡는 것은 이 영역 밖에서는 똑같은 결과가 반복되기 때문이다. 따라서 이 영역 안에서 이들의 곱의 적분이 0이 됨이 증명된다면 전 공간에 걸친 적분도 0이 됨을 의미한다(그림 7.1). **부록**에 수록된 적분 T.5를 사용한다.

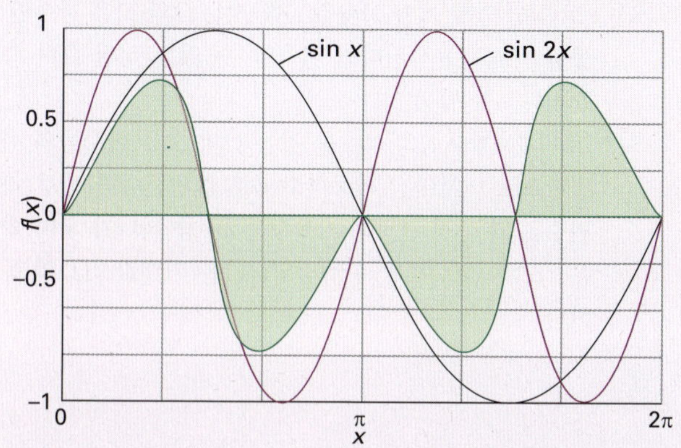

그림 7.1 함수 $f(x)=\sin 2x \sin x$의 적분은 파란색 곡선 아래의 넓이(색칠된 부분)와 같으며, 대칭성으로 추정할 수 있는 것과 같이 0이 된다. 이 함수, 그리고 그 적분값은 0과 2π 사이의 구간이 반복될 때마다 반복해서 나타나며, 따라서 $-\infty$부터 $+\infty$까지의 적분이 0이 된다.

풀이 여기서 $a=2$, $b=1$이며, $\sin 0=0$, $\sin 2\pi=0$, $\sin 6\pi=0$이므로 이 적분은 다음과 같이 0이 된다.

$$\int_0^{2\pi}\sin 2x \sin x\,\mathrm{d}x=\overbrace{\frac{\sin x}{2}\bigg|_0^{2\pi}}^{0}-\overbrace{\frac{\sin 3x}{6}\bigg|_0^{2\pi}}^{0}=0$$

따라서 이 두 함수는 서로 직교한다.

자가 진단 7.3 전자가 높은 에너지로 들뜨게 되면 전자의 파동함수는 sin $3x$가 될 수가 있다. 함수 sin x와 sin $3x$가 서로 직교한다는 것을 증명하시오.

답: $\int_0^{2\pi}\sin 3x \sin x\,\mathrm{d}x=0$

7.4 고유 함수 선형 결합의 기댓값

파동함수가 고유 함수의 선형 결합인 경우를 생각해 보자. 간단하게 하기 위하여 (정규화된) 파동함수가 두 개의 고유 함수의 합(일반적인 경우도 쉽게 전개할 수 있다)이라고 가정한다. 그러면 식 7.2b로부터 다음과 같이 쓸 수 있다.

$$\begin{aligned}\langle\Omega\rangle&=\int(c_1\psi_1+c_2\psi_2)^{\star}\,\hat{\Omega}(c_1\psi_1+c_2\psi_2)\mathrm{d}\tau\\&=\int(c_1\psi_1+c_2\psi_2)^{\star}(c_1\hat{\Omega}\psi_1+c_2\hat{\Omega}\psi_2)\mathrm{d}\tau\\&=\int(c_1\psi_1+c_2\psi_2)^{\star}(c_1\omega_1\psi_1+c_2\omega_2\psi_2)\mathrm{d}\tau\\&=c_1^{\star}c_1\omega_1\overbrace{\int\psi_1^{\star}\psi_1\mathrm{d}\tau}^{1}+c_2^{\star}c_2\omega_2\overbrace{\int\psi_2^{\star}\psi_2\mathrm{d}\tau}^{1}\\&\quad+c_1^{\star}c_2\omega_2\overbrace{\int\psi_1^{\star}\psi_2\mathrm{d}\tau}^{0}+c_2^{\star}c_1\omega_1\overbrace{\int\psi_2^{\star}\psi_1\mathrm{d}\tau}^{0}\end{aligned}$$

고유 함수들은 개별적으로 정규화되어 있기 때문에 우변의 처음 두 적분은 모두 1이 된다. 또 ψ_1과 ψ_2는 Hermite 연산자의 다른 고윳값에 대응하는 고유 함수이기 때문에 직교하고, 결국 우변의 세 번째와 네 번째 적분은 0이 된다. 따라서 다음과 같은 결과를 얻을 수 있다.

$$\langle\Omega\rangle=|c_1|^2\omega_1+|c_2|^2\omega_2$$

일반적인 경우에는 다음과 같다.

$$\psi=\sum_k c_k\psi_k$$

여기에서 ψ_k는 고윳값 ω_k를 갖는 $\hat{\Omega}$의 고유 함수이며 기댓값은 다음과 같다.

$$\langle\Omega\rangle=\sum_k|c_k|^2\omega_k \qquad \text{선형 결합 기댓값} \qquad (7.4)$$

식 7.4는 기댓값이 전개 계수 c_k의 제곱만큼 가중하여 합한 $\hat{\Omega}$의 고윳값에 대한 가중 평균임을 나타낸다. 이것이 가설 V의 기초이며 속성 Ω를 측정하면 일련의 값인 ω_k가 주어지며 그 빈도는 $|c_k|^2$ 값으로 결정된다는 것을 강하게 나타낸다.

간단한 예 7.2 상태 중첩의 기댓값

간단한 예 7.1에서 설명한 계에 대하여 선형 운동량의 평균값은 식 7.4로부터 다음과 같이 쓸 수 있다.

$$\langle p\rangle=\frac{1}{20}(k_1-\Delta k)\hbar+\frac{9}{10}k_1\hbar+\frac{1}{20}(k_1+\Delta k)\hbar=k_1\hbar$$

자가 진단 7.4 위 **간단한 예**에 나타난 계의 운동 에너지의 평균값은 무엇인가?

답: $\langle E_k\rangle=(\hbar^2/2m_e)\{k_1^2+(\Delta k)^2/10\}$

개념 확인

□ 1. 개별 상태의 **중첩**으로 이루어진 상태는 대응하는 개개의 파동함수의 선형 결합인 파동함수에 의하여 설명된다.

□ 2. 계수 c_k를 갖는 $\hat{\Omega}$의 고유 함수들의 선형 결합(정규화된)으로 설명되는 계에 대하여 측정 가능 변수 Ω의 값을 측정할 때, 각각의 측정은 $\hat{\Omega}$ 중 고윳값인 ω_k의 하나에 해당하며, 확률은 $|c_k|^2$에 비례한다.

□ 3. $\langle\Omega\rangle$로 표시되는 연산자 $\hat{\Omega}$의 **기댓값**은 일련의 측정에 대한 평균값과 같다.

□ 4. 같은 Hermite 연산자의 다른 고윳값들에 대응하는 고유 함수들은 서로 **직교**한다.

□ 5. 편의를 위하여 **양자 역학의 5가지 가설**을 요약된 양식으로 여기에 모아 놓았다.

I. (토픽 5) 계의 상태는 가능한 한, 충분하게 파동함수 $\psi(\boldsymbol{r}_1, \boldsymbol{r}_2, \ldots, t)$로 묘사된다.

II. (토픽 5) 정규화된 파동함수 $\psi(\boldsymbol{r}_1, \boldsymbol{r}_2, \ldots)$로 묘사되는 계에 대하여 입자 1은 거리 $\boldsymbol{r}_1$에 있는 부피 인자 $d\tau_1$ 속에서, 입자 2는 거리 $\boldsymbol{r}_2$에 있는 부피 인자 $d\tau_2$ 속에서 ...같이 각 입자를 발견할 확률은 $|\psi|^2 d\tau_1 d\tau_2\ldots$에 비례한다.

III. (토픽 6) 계의 관측할 수 있는 각 성질 Ω에 대하여 위치 $\hat{x} = x\times$와 선형 운동량 $\hat{p} = (\hbar/i)d/dx$ 연산자로부터 만들어진 이에 대응하는 Hermite 연산자 $\hat{\Omega}$가 있다.

IV. (토픽 6) 만일 계가 고윳값 ω를 갖는 $\hat{\Omega}$의 고유 함수인 파동함수 ψ로 묘사된다면 관측할 수 있는 성질 Ω의 측정 결과는 ω가 될 것이다.

V. (토픽 7) 계가 c_k의 계수를 갖는 $\hat{\Omega}$의 고유 함수들의 선형 결합으로 이루어진 파동함수 ψ로 설명된다면 측정 가능 변수 Ω의 측정 결과는 고윳값들 ω_k 중 하나가 되며 확률은 $|c_k|^2$이다. 이때 측정의 평균값은 기댓값 $\langle\Omega\rangle$와 동일하다.

식 확인

성질	식	비고	식 번호
선형 결합	$\psi = \sum_k c_k \psi_k$	상태의 중첩을 나타냄.	7.1
기댓값	$\langle\Omega\rangle = \int \psi^* \hat{\Omega} \psi \, d\tau$	정규화된 파동함수	7.2
직교성	$\int \psi_i^* \psi_j d\tau = 0$		7.3a
직교 정규화	$\int \psi_i^* \psi_j d\tau = \delta_{ij}$	$\delta_{ij} = \begin{cases} 1, & i=j \\ 0, & i \neq j \end{cases}$	7.3b
상태 중첩의 기댓값	$\langle\Omega\rangle = \sum_k \lvert c_k \rvert^2 \omega_k$	정규화된 파동함수	7.4

토픽 8

불확정성 원리

내용

➤ 학습 목표

전자와 같은 작은 입자의 파동성이 그들의 위치와 운동량에 정량적으로 취급하는 데 어떻게 영향을 미치는가를 알아야 할 필요가 있다. 그런 후에야 비로소 원자, 분자, 그리고 물체의 전자 구조를 고려할 준비가 되었다고 할 것이다.

➤ 핵심 내용

불확정성 원리에서는 측정 가능 변수가 비교환 연산자라면 두 개의 측정 가능 변수 값을 동시에 임의의 높은 정확도로 명시하는 것은 불가능하다고 말한다.

➤ 미리 알기

측정 가능 변수에 대응하는 연산자를 어떻게 구성하고(토픽 6) 연산자의 성질을 사용하여 어떻게 파동함수로부터 정보를 끄집어내는지(토픽 6과 7)를 알 필요가 있다.

이 토픽에서는 두 가지 측정 가능 변수 값을 동시에 그리고 높은 정확도로 명시하는 능력에 대하여 양자 역학에서 도입된 제약을 분석할 것이다.

8.1 상보성

양자 역학과 고전 역학 사이의 엄청난 차이는 1차원에서 운동량 $+k\hbar$를 갖고 양의 x축 방향으로 이동하는 입자를 고려함으로써 어느 정도 이해될 수 있다. 고전 역학에 따르면 모든 시간에서 입자의 궤적, 입자의 위치와 운동량을 명확히 지정할 수 있다. 양자 역학에서는 입자의 상태가 N이 정규화 인자(실수)일 때 Ne^{ikx}로 묘사된다(토픽 5). 이러한 파동함수는 명확하게 정의된 선형 운동량(고윳값이 $k\hbar$)과 대응된다. 그렇다면 입자는 어디에 있는가?

이 후자의 질문에 답하기 위하여 가설 II(토픽 5)를 사용하여 확률 밀도를 계산해 보자.

$$|\psi|^2 = (Ne^{ikx})^*(Ne^{ikx}) = N^2(e^{-ikx})(e^{ikx}) = N^2 \qquad (8.1)$$

이 확률 밀도는 x와 무관하며 따라서 x축 상 어느 곳에서 관찰하든지 입자를 발견할 확률은 동일하다(그림 8.1). 반면에 만일 입자의 파동함수가 Ne^{ikx}로 주어지면 입자가 어디에서 발견될 수 있는지는 예측할 수가 없다. 이와 같은 평범하지 않은 결론은 만일 입자의 선형 운동량을 정확하게 안다면 입자의 위치에 대해서는 아무 말도 할 수 없다는 것이다. 이러한 측정 가능 변수들의 짝, 이 경우 선형 운동량과 위치의 **상보성(complementarity)**은 양자 역학 전반에 만연해 있다.

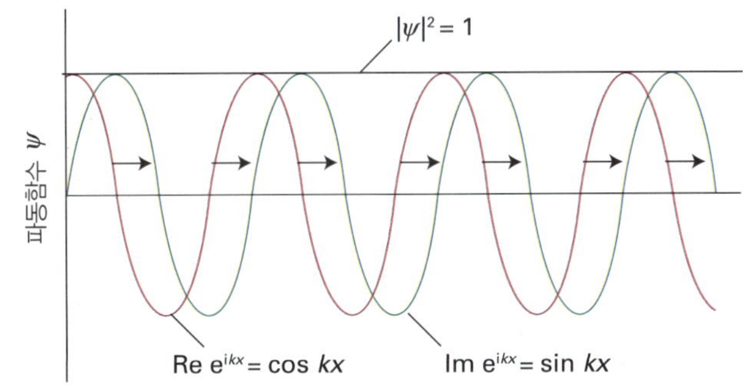

그림 8.1 선형 운동량의 확실한 상태에 해당하는 파동함수의 제곱 계수는 일정하며 따라서 어느 곳에서나 전자를 발견할 확률은 일정하다.

간단한 예 8.1 위치와 운동량의 불확정성 1

만일 입자의 파동함수가 $N\cos kx$로 주어진다면 확률 밀도 $N^2\cos^2 kx$는 특정한 위치(kx가 $\pi/2$의 홀수 배와 같을 때의 x 값)에서는 사라지며, 입자가 어디에 위치하는지를 정확하게 지정할 수는 없지만 입자가 위치하지 않는 위치는 알 수 있다. 또한 선형 운동량의 측정에서 시간의 반은 $+k\hbar$로 측정되고 나머지 반은 $-k\hbar$가 됨을 안다(토픽 7). 따라서 파동함수 Ne^{ikx}에 비유하면 선형 운동량(단 하나가 아닌 두 개의 값이 가능함)을 확실하게 아는 것을 포기함으로써 입자의 위치를 알 수 있는 확실성을 얼마간 얻게 된다는 것을 알게 된다.

자가 진단 8.1 파동함수 $N\cos 2kx$에 대하여 위의 분석을 반복해 보시오.

답: 운동량은 시간의 반에 대하여 각각 $+2k\hbar$와 $-2k\hbar$이다. 입자가 위치하지 않는 곳은 2배가 더 많지만, 공간은 무한하기 때문에 위치의 불확정성은 여전히 같게 된다.

상보성 측정 가능 변수를 어떻게 인식하며 그 결과는 무엇인가? 예를 들어 분자의 에너지를 쌍극자 모멘트로서 동시에 명시할 수 있는가, 또는 이들도 상보적인가? 이러한 몇 가지가 이 토픽에서 다룰 질문들이다.

8.2 Heisenberg 불확정성 원리

만일 입자의 선형 운동량을 정확하게 안다면 입자의 위치에 대해서는 아무 말도 할 수 없다는 것은 앞에서 언급되었다. 그러나 반대 문제로 입자의 위치를 정확하게 안다면, 입자의 선형 운동량을 알 수 있는가? 알 수가 없다면 다음과 같이 추론할 수 있다.

만일 입자가 확정된 위치를 차지할 때는 그 파동함수는 그곳에서만 커야 하고 그 외의 곳에서는 0이 되어야 한다(그림 8.2). 이러한 파동함수는 많은 수의 조화 함수(sine 또는 cosine 함수)를 중합시키거나, 또는 동등하게 많은 e^{ikx} 함수를 중합시켜서 만들 수 있다. 바꾸어 말하면 많은 상이한 선형 운동량에 대응하는 파동함수들을 중첩시키면 예리하게 국지화된, **파속**(**wavepacket**)이라고 하는 파동함수를 만들 수 있다. 소수의 조화 함수를 중첩시키면 한 영역에 걸쳐 퍼진 파동함수가 나온다(그림 8.3). 그러나 중첩되는 파동함수의 수가 증가하면 이들 각 파동들의 양의 영역과 음의 영역들 사이에 보다 완전한 간섭이 일어날 수 있어서 훨씬 더 예리한 파속이 나올 수 있다. 그리하여 무한히 많은 수의 성분 파동함수를 이용하면 입자의 완전한 국지화에 해당되는 무한히 좁은 뾰족한 수직선 모양의 파속이 된다. 이것은 입자가 완전히 국지화되는 것을 의미한다. 그러나 그 운동량에 관한 정보는 완전히 잃게 된다. 즉 위에서 배운 바와 같이 운동량을 측정하면 중첩되는 무수한 파동함수 중의 어느 하나에 대응하는 값이 나타나게 되는데, 어떤 것이 나타날지를 예측할 수는 없다(가설 V). 따라서 입자의 위치를 정확히 알 경우에는(무수히 많은 운동량 고유 함수들을 중첩시킨 파동함수를 의미한다) 그 운동량을 전혀 예측할 수 없게 된다. 입자의 선형 운동량과 위치를 모두 동시에 알 수 없다는 결론을 **Heisenberg 불확정성 원리**(**Heisenberg uncertainty principle**)라고 하며 1927년에 Werner Heisenberg가 다음과 같이 제안하였다.

> 입자의 운동량과 위치를 모두 동시에 얼마든지 정확하게 명시하는 것은 불가능하다.

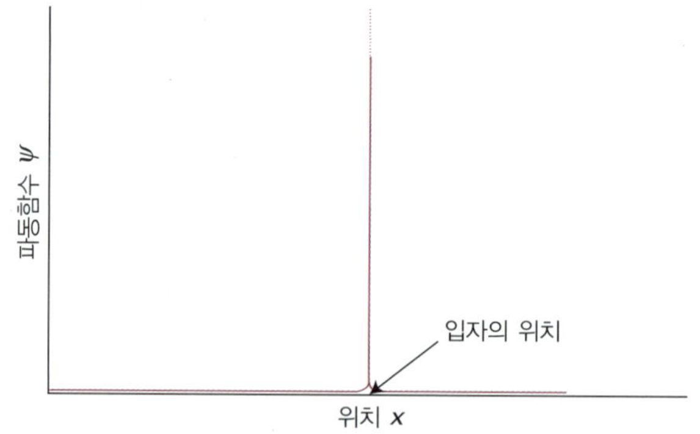

그림 8.2 위치가 명확하게 정의되는 입자의 파동함수는 입자의 위치에서만 예리한 수직 진폭을 가지고, 입자의 위치 이외의 곳에서는 진폭이 0이 된다.

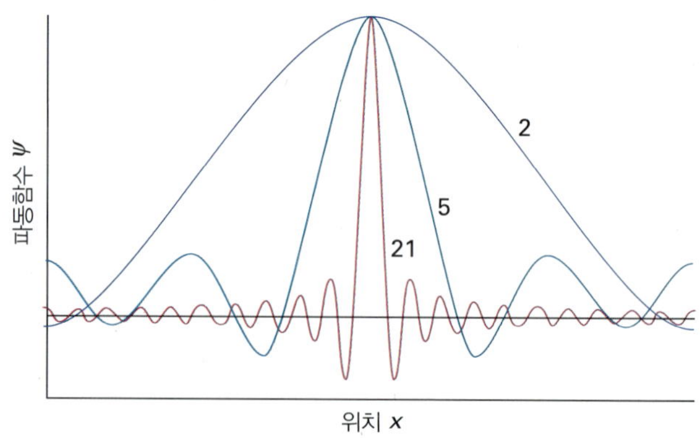

그림 8.3 위치가 애매하게 정의되는 입자의 파동함수는 한 곳에서는 보강 간섭을, 나머지 다른 곳에서는 상쇄 간섭을 일으키는 일정 파장을 갖는 몇 개의 파동함수가 중첩된 것이라고 간주될 수 있다. 중첩되는 파의 수(곡선에 붙인 수치로 주어진)가 증가하면 위치는 더 정확하게 되지만 그 대가로 입자의 운동량이 부정확하게 된다. 완전히 국지화된 입자의 파동함수를 만들려면 무한히 많은 파를 중첩시켜야 한다.

Heisenberg는 이와 같은 정성적인 진술을 넘어서서 다음과 같은 정밀한 정량적인 형태로 원리를 제시할 수 있었다.

$$\Delta p \Delta q \geq \hbar/2$$ Heisenberg 불확정성 원리 (8.2)

이 식에서 Δp는 q축에 평행한 선형 운동량의 '불확정성'이고, Δq는 이 축 상에서 위치의 불확정성이다. 이들 '불확정성'은 다음과 같이 엄밀하게 정의되는 그 평균값으로부터의 평균 제곱근 편차이다.

$$\Delta X = \{\langle X^2\rangle - \langle X\rangle^2\}^{1/2}$$ 정의 X의 불확정성 (8.3)

입자의 위치가 완전히 확정적이면($\Delta q = 0$), 식 8.2를 만족시키는 오로지 한 가지 방법은 $\Delta p = \infty$가 되는 수밖에 없으며, 따라서 운동량이 완전히 불확실해진다. 반대로 한 축에 평행한 운동량을 정확하게 알 때는($\Delta p = 0$), 이 축 상의 위치가 완전히 불확실해져야 한다($\Delta q = \infty$).

식 8.2에 나타난 p와 q는 공간상에서 동일 방향에 대한 것이다. 따라서 x축 상의 위치와 이 축에 평행한 운동량을 동시에 명시하는 것은 불확정성 관계의 제약을 받지만, x축 상의 위치와 y축이나 z축에 평행한 운동량의 동시적 측정은 제약을 받지 않는다. 불확정성 원리가 뜻하는 제약을 표 8.1에 요약해 놓았다.

표 8.1 불확정성 원리의 구속*

변수 2	변수 1					
	x	y	z	p_x	p_y	p_z
x				■		
y					■	
z						■
p_x	■					
p_y		■				
p_z			■			

*얼마든지 정확하게 동시적으로 결정할 수 없는 측정 가능 변수들의 쌍들을 파란색 네모로 표시하였다. 이외에는 제약을 받지 않는다.

예제 8.1 선형 운동량의 불확정성 계산

길이가 L인 영역에서 정규화된 파동함수가 $(2/L)^{1/2}\sin(\pi x/L)$로 주어지는 전자에 대한 선형 운동량의 불확정성을 계산하시오.

방법 Δp의 불확정성은 식 8.3으로 주어지며 $\langle p^2\rangle$과 $\langle p\rangle$의 기댓값을 계산해야 한다. **부록**에 수록된 적분 T.2와 T.7을 사용한다.

풀이 운동량 연산자 $\hat{p} = (\hbar/i)\mathrm{d}/\mathrm{d}x$의 기댓값은 다음과 같다.

$$\begin{aligned}\langle p\rangle &= \int \psi^* \hat{p}\, \psi\, \mathrm{d}x = \frac{2}{L}\int_0^L \sin(\pi x/L)\frac{\hbar}{i}\frac{\mathrm{d}}{\mathrm{d}x}\sin(\pi x/L)\,\mathrm{d}x \\ &= \frac{2\hbar\pi}{iL^2}\int_0^L \sin(\pi x/L)\cos(\pi x/L)\,\mathrm{d}x \\ &= \frac{2\hbar\pi}{iL^2}\times\frac{1}{(2\pi/L)}\sin^2(\pi x/L)\Big|_0^L = 0\end{aligned}$$

운동량 제곱 연산자 $\hat{p}^2 = -\hbar^2(\mathrm{d}^2/\mathrm{d}x^2)$의 기댓값은 다음과 같이 계산된다.

$$\begin{aligned}\langle p^2\rangle &= \int \psi^* \hat{p}^2 \psi\, \mathrm{d}x = -\frac{2\hbar^2}{L}\int_0^L \sin(\pi x/L)\frac{\mathrm{d}^2}{\mathrm{d}x^2}\sin(\pi x/L)\,\mathrm{d}x \\ &= \frac{2\hbar^2}{L}\left(\frac{\pi}{L}\right)^2\int_0^L \sin(\pi x/L)\sin(\pi x/L)\,\mathrm{d}x \\ &= \frac{h^2}{2L^3}\left\{\frac{x}{2} - \frac{\sin 2\pi x/L}{4\pi/L}\right\}\Bigg|_0^L = \frac{h^2}{4L^2}\end{aligned}$$

여기에서 $\hbar = h/2\pi$이며, 따라서 선형 운동량의 불확정성은 다음과 같다.

$$\Delta p = \{\langle p^2\rangle - \langle p\rangle^2\}^{1/2} = \left\{\frac{h^2}{4L^2} - 0^2\right\}^{1/2} = \frac{h}{2L}\left(\text{or } \frac{\pi\hbar}{L}\right)$$

자가 진단 8.2 위와 동일한 계에서 전자 위치의 불확정성을 계산하고 Heisenberg 불확정성 원리가 만족됨을 확인해 보시오.

답: $\Delta x = 0.181L$, $\Delta p\Delta x = 1.14\times\hbar/2 > \hbar/2$

간단한 예 8.2 위치와 운동량의 불확정성 2

질량 1.0 g인 비행체의 속력을 1 μm s^{-1} 범위 안에서 알 수 있다고 하자. Δv는 속력의 불확정성이고 1 μm s^{-1}으로 택할 때 불확정성 Δp는 속력의 불확정성 Δv를 이용하여 $m\Delta v$로부터 구할 수 있다. 이 비행체 위치의 최소 불확정성은 식 8.2를 사용하여 예측할 수 있다.

$$\begin{aligned}\Delta q &= \frac{\hbar}{2m\Delta v} \\ &= \frac{1.055\times10^{-34}\,\mathrm{J\,s}}{2\times(1.0\times10^{-3}\,\mathrm{kg})\times(1\times10^{-6}\,\mathrm{m\,s^{-1}})} = 5\times10^{-26}\,\mathrm{m}\end{aligned}$$

이 계산에서 1 J = 1 kg m^2 s^{-2}를 이용하였다. 거시적 물체에 관한 실질적인 문제에서는 어떤 경우에서나 불확정성을 완전히 무시해도 된다. 그러나 질량이 전자 정도의 것일 때는 속력의 불확정성이 같더라도 위치의 불확정성이 원자의 지름보다도 엄청나게 더 크며(같은 방식으로 계산하면 Δq = 60 m가 된다), 그리하여 정확한 위치와 운동량을 동시에 갖는 궤적의 개념이 용인될 수 없다.

자가 진단 8.3 길이가 $2a_0$인 일차원 영역 속에 있는 전자는 최소한 얼마만한 속력의 불확정성을 가지는가? $a_0 = 53$ pm (Bohr 반지름)이다.

답: 547 km s^{-1}

8.3 교환과 상보성

Heisenberg 불확정성 원리는 1929년에 H.P. Robertson이 개발한 불확정성 원리의 매우 일반적인 형태의 특수 경우이다. 후자는 상보적 측정 가능 변수라고 하는 어떠한 측정 가능 변수의 쌍에 적용되며, **상보적 측정 가능 변수**(**complementary observables**)는 그들 연산자의 성질을 가지고 정의된다. 구체적으로 말하면, 두 측정 가능 변수 Ω_1과 Ω_2가 상보적이 되려면 이들의 연산자가 다음 관계를 만족시켜야 한다.

$$\hat{\Omega}_1\hat{\Omega}_2\psi \neq \hat{\Omega}_2\hat{\Omega}_1\psi \qquad \text{정의 측정 가능 변수} \quad (8.4)$$

두 개 연산자의 연산 효과가 그들의 연산 순서에 의존한다면(위의 식이 의미하는 바와 같이) 이 두 연산자는 교환(commute)하지 않는다고 말한다. $\hat{\Omega}_1$과 $\hat{\Omega}_2$를 다른 순서로 작용시켰을 때 다른 결과가 나오는 효과는 두 개의 연산자의 **교환자**(**commutator**)를 도입함으로써 나타내며 다음과 같이 정의된다.

$$[\hat{\Omega}_1, \hat{\Omega}_2] = \hat{\Omega}_1\hat{\Omega}_2 - \hat{\Omega}_2\hat{\Omega}_1 \qquad \text{정의 교환자} \quad (8.5)$$

만일 두 개의 연산자가 교환한다면 그들의 교환자는 0이 된다.

예제 8.2 비교환성의 증명과 교환자의 계산

위치와 운동량에 대한 연산자들이 교환하지 않는다는 것과 그리하여 이들 측정 가능 변수가 상보성이라는 것을 증명하시오. 그리고 그들의 교환자를 말해 보시오.

방법 우선 $\hat{x}\hat{p}$를 파동함수 ψ에 연산시키는 결과를 알아보자($\hat{p}$를 연산시킨 결과에 x를 곱한다). 다음에는 $\hat{p}\hat{x}$를 같은 파동함수에 연산시킨 결과를 본다(x를 곱한 결과에 $\hat{p}$를 연산시킨다). 마지막으로 두 결과의 차이를 확인한다.

풀이 $\hat{x}\hat{p}$를 파동함수 ψ에 연산시키면

$$\hat{x}\hat{p}\psi = x \times \frac{\hbar}{\mathrm{i}}\frac{\mathrm{d}\psi}{\mathrm{d}x}$$

다음에 $\hat{p}\hat{x}$를 같은 파동함수에 연산시킨 결과는 다음과 같다.

$$\hat{p}\hat{x}\psi = \frac{\hbar}{\mathrm{i}}\frac{\mathrm{d}}{\mathrm{d}x}x\psi = \frac{\hbar}{\mathrm{i}}\left(\psi + x\frac{\mathrm{d}\psi}{\mathrm{d}x}\right)$$

(이 계산에서는 함수들의 곱을 미분하는 표준 규칙을 이용해야 한다.) 둘째 식은 첫째 식과 분명히 다르며, 따라서 이 두 연산자는 교환하지 않는다. 이들 교환자는 두 번째 식을 첫 번째 식에서 빼서 아래와 같이 계산한다.

$$(\hat{x}\hat{p} - \hat{p}\hat{x})\psi = \frac{\hbar}{\mathrm{i}}\left(x\frac{\mathrm{d}\psi}{\mathrm{d}x}\right) - \frac{\hbar}{\mathrm{i}}\left(\psi + x\frac{\mathrm{d}\psi}{\mathrm{d}x}\right) \overset{-1/\mathrm{i}=\mathrm{i}}{=} \mathrm{i}\hbar\psi$$

이 관계는 어떤 파동함수 ψ에 대해서도 성립하기 때문에 $[\hat{x}, \hat{p}] = \mathrm{i}\hbar$이 된다. 이 관계는 x축에 대한 선형 운동량(즉 $\hat{p}$는 실제로 $\hat{p}_x$)에 대하여 유효하다. 같은 방법의 계산으로 $[\hat{x}, \hat{p}_y] = 0$, $[\hat{x}, \hat{p}_z] = 0$을 추론할 수 있다.

자가 진단 8.4 일반적으로 퍼텐셜 에너지와 운동 에너지의 연산자는 교환하는가? 교환하지 않는다면 그 교환자를 계산하시오.

답: 아니오. $[\hat{V}, \hat{E}_k] = (\hbar^2/2m)(\mathrm{d}^2V/\mathrm{d}x^2 + 2(\mathrm{d}V/\mathrm{d}x)\mathrm{d}/\mathrm{d}x)$

같은 축에 평행한 위치와 선형 운동량 연산자의 교환자는 예제 8.2의 계산으로부터 다음과 같으며 다른 축에 대해서도 유사하게 표현된다고 결론을 낼 수가 있다.

$$[\hat{x}, \hat{p}_x] = \mathrm{i}\hbar \qquad \text{위치와 선형 운동량의 교환자} \quad (8.6)$$

이 교환자는 고전 역학과 양자 역학 사이의 근본적 차이를 나타내는 것이라고 볼 수 있을 정도로 양자 역학에서 대단히 중요한 것이다. 실제로 토픽 6에서와 같이 위치와 선형 운동량에 대한 연산자의 명쾌한 형태를 제시하는 것보다 가설 III을 다음과 같이 말할 수 있다.

계의 관측할 수 있는 모든 성질 Ω에 대하여 식 8.6의 교환 관계를 만족시키는 위치와 선형 운동량 연산자로부터 만들어진 이에 대응하는 Hermite 연산자 $\hat{\Omega}$가 있다.

교환자의 개념이 확립됨으로써 불확정성 원리의 가장 일반적인 형태가 주어질 수 있다. 임의의 두 쌍의 측정 가능 변수 Ω_1과 Ω_2에 대하여 동시적으로 결정되는 불확정성(엄밀하게 말하면 그들의 평균값으로부터의 평균 제곱근 편차)은 다음과 같이 연관된다.

$$\Delta\Omega_1\Delta\Omega_2 \geq \frac{1}{2}|\langle[\hat{\Omega}_1, \hat{\Omega}_2]\rangle| \qquad \text{일반적인 형태 불확정성 원리} \quad (8.7)$$

여기에서 '계수(modulus)' 표기, $|\cdots|$는 바로 둘러싸여 있는 항의 크기를 택하라(**화학자 툴킷** 5.1 참조)는 의미이다. 계수는 불확정성의 곱이 실수이며 음이 아닌 값을 갖는다는 것을 확실하게 한다.

식 8.7의 측정 가능 변수들을 x와 p_x로 놓고 이들의 교환자를 식 8.6을 이용하여 구하면 위치와 운동량의 불확정성 원

리의 구체적인 경우인 식 8.2의 관계를 얻을 수 있다.

예제 8.3 두 측정 가능 변수의 상보성 결정

전기 쌍극자 모멘트와 분자의 에너지는 동시에 명확하게 정해질 수 있는가? 전기 쌍극자 모멘트의 x 성분을 $\mu = ex\times$로 놓으시오.

방법 우선 측정 가능 변수에 대응하는 연산자의 교환자, 식 8.5를 계산함으로써 전기 쌍극자 모멘트와 에너지가 상보적인 측정 가능 변수인지를 결정한다. 그다음, 식 8.7과 같은 불확정성 원리의 일반적인 식을 사용하여 측정 가능 변수들이 동시에 정확하게 측정할 수 있는지를 결정한다. 즉 그들의 불확정성의 곱이 0인지, 아닌지를 결정하는 것이다.

풀이 우선 다음과 같은 식을 계산해야 한다.

$$[\hat{x},\hat{H}]=[\hat{x},\hat{E}_{\mathrm{k}}+\hat{V}]=[\hat{x},\hat{E}_{\mathrm{k}}]+[\hat{x},\hat{V}]$$

퍼텐셜 에너지 연산자는 x와 서로 곱할 수 있기 때문에, 즉 $xV(x)=V(x)x$, 퍼텐셜 에너지 연산자는 x와 교환한다. 운동에너지 연산자가 x와 교환하는지를 결정하기 위해서는 다음의 식을 계산해야 한다.

$$[\hat{x},\hat{E}_{\mathrm{k}}]\psi=-\frac{\hbar^2}{2m_{\mathrm{e}}}\left(x\frac{\mathrm{d}^2}{\mathrm{d}x^2}-\frac{\mathrm{d}^2}{\mathrm{d}x^2}x\right)\psi=-\frac{\hbar^2}{2m_{\mathrm{e}}}\left(x\frac{\mathrm{d}^2\psi}{\mathrm{d}x^2}-\frac{\mathrm{d}^2}{\mathrm{d}x^2}x\psi\right)$$

이를 계산하기 위하여 다음을 주목하자.

$$\frac{\mathrm{d}^2}{\mathrm{d}x^2}x\psi=\frac{\mathrm{d}}{\mathrm{d}x}\left(\frac{\mathrm{d}}{\mathrm{d}x}x\psi\right)=\frac{\mathrm{d}}{\mathrm{d}x}\left(\psi+x\frac{\mathrm{d}\psi}{\mathrm{d}x}\right)$$
$$=\frac{\mathrm{d}\psi}{\mathrm{d}x}+\left(\frac{\mathrm{d}\psi}{\mathrm{d}x}+x\frac{\mathrm{d}^2\psi}{\mathrm{d}x^2}\right)=2\frac{\mathrm{d}\psi}{\mathrm{d}x}+x\frac{\mathrm{d}^2\psi}{\mathrm{d}x^2}$$

그러면 다음과 같이 된다.

$$[\hat{x},\hat{E}_{\mathrm{k}}]\psi=-\frac{\hbar^2}{2m_{\mathrm{e}}}\times\left(-2\frac{\mathrm{d}\psi}{\mathrm{d}x}\right)=\frac{\hbar^2}{m_{\mathrm{e}}}\frac{\mathrm{d}\psi}{\mathrm{d}x}\overset{(\hbar/\mathrm{i})\mathrm{d}/\mathrm{d}x=\hat{p}_x}{=}\frac{\mathrm{i}\hbar}{m_{\mathrm{e}}}\hat{p}_x\psi$$

따라서 모든 함수에 대하여

$$[\hat{x},\hat{E}_{\mathrm{k}}]=\frac{\mathrm{i}\hbar}{m_{\mathrm{e}}}\hat{p}_x$$

이 되고 이런 이유로 다음과 같이 표현된다.

$$[\hat{x},\hat{H}]=\frac{\mathrm{i}\hbar}{m_{\mathrm{e}}}\hat{p}_x$$

전기 쌍극자 모멘트 연산자는 Hamilton 연산자와 교환하지 않기 때문에 일반적으로 전기 쌍극자 모멘트와 에너지는 상보적인 측정 가능 변수들이다. 그러나 식 8.7은 그들을 동시에 결정하는 데 있어 다음과 같이 제한된다는 것을 말해 준다.

$$\Delta\mu\Delta E=-e\Delta x\Delta E\geq-\frac{1}{2}e|\langle[\hat{x},\hat{H}]\rangle|$$
$$\geq-\frac{1}{2}e\left|\left\langle\frac{\mathrm{i}\hbar}{m_{\mathrm{e}}}\hat{p}_x\right\rangle\right|=-\frac{\hbar e}{2m_{\mathrm{e}}}\langle\hat{p}_x\rangle$$

따라서 전자가 순 선형 운동량을 갖고 있지 않다면(즉 $\langle\hat{p}_x\rangle=0$) 대응하는 연산자가 상보적이라 할지라도 쌍극자 모멘트와 에너지를 동시에 측정하는 데 제약이 없을 것이다.

자가 진단 8.5 1차원 x에서 x^2에 비례하는 퍼텐셜 에너지를 갖고 진동 운동을 하고 있는 전자의 퍼텐셜 에너지와 운동에너지는 동시에 명확하게 정해질 수 있는가?

답: 아니오, $[\hat{x}^2, \hat{E}_{\mathrm{k}}]=(\hbar/m_{\mathrm{e}})(\hbar+2x\mathrm{i}\hat{p}_x)$

어떤 측정 가능 변수의 일부가 상보적이라는 것을 알게 됨으로써 원자나 분자의 성질들을 계산하는 데 큰 진전이 이루어졌다. 그러나 이러한 결과는 고전 물리학의 가장 소중히 여겨 온 개념을 포기하는 대가로 얻은 것이었다.

개념 확인

☐ 1. Heisenberg **불확정성 원리**는 입자의 운동량과 위치를 모두 동시적으로 정확하게 명시할 수는 없다고 말한다.

☐ 2. 두 개의 측정 가능 변수들에 대응하는 연산자가 서로 교환이 안될 때는 그 측정 가능 변수들을 **상보적**이라고 한다.

☐ 3. 불확정성 원리의 일반적인 형태는 임의의 두 개의 측정 가능 변수를 동시에 정확하게 정하는 능력에 대한 정량적인 측정을 제공한다.

식 확인

성질	식	비고	식 번호
Heisenberg 불확정성 원리	$\Delta p \Delta q \geq \hbar/2$	p와 q 평행	8.2
불확정성	$\Delta X = \{\langle X^2\rangle - \langle X\rangle^2\}^{1/2}$	특별히, 평균 제곱근 편차	8.3
교환자	$[\hat{\Omega}_1, \hat{\Omega}_2] = \hat{\Omega}_1\hat{\Omega}_2 - \hat{\Omega}_2\hat{\Omega}_1$	정의	8.5
	$[\hat{x}, \hat{p}] = \mathrm{i}\hbar$	p와 x 평행	8.6
불확정성 원리	$\Delta\Omega_1\Delta\Omega_2 \geq \frac{1}{2}\langle[\hat{\Omega}_1, \hat{\Omega}_2]\rangle$	일반적인 형태	8.7

2장 양자 역학의 원리

토픽 4 양자론의 출현

토론 문제

4.1 양자 역학을 도입하게 만든 증거를 요약하시오.

4.2 파동-입자 이중성의 의미와 결과를 설명하시오.

연습 문제

4.1(a) (i) 주기가 20 fs인 분자 진동, (ii) 주기가 2.0 s인 단진자를 들뜨게 하는 데 관여하는 양자의 크기를 계산하시오. 이 결과를 J과 1 mol당 kJ로 나타내시오.

4.1(b) (i) 주기가 3.2 fs인 분자 진동, (ii) 주기가 1.0 ms인 균형 바퀴를 들뜨게 하는 데 관여하는 양자의 크기를 계산하시오. 이 결과를 J과 1 mol당 kJ로 나타내시오.

4.2(a) 금속 세슘의 일함수는 2.14 eV이다. 이 금속에 (i) 580 nm, (ii) 250 nm의 빛을 쪼여주었을 때 튀어나오는 전자의 운동 에너지와 속력을 계산하시오.

4.2(b) 금속 루비듐의 일함수는 2.09 eV이다. 이 금속에 (i) 520 nm, (ii) 355 nm의 빛을 쪼여주었을 때 튀어나오는 전자의 운동 에너지와 속력을 계산하시오.

4.3(a) 광전 효과를 연구하는 실험에서 465 nm의 광자를 금속에 쪼여 주었더니 2.11 eV의 운동 에너지를 갖는 전자가 검출되었다고 한다. 금속에서 전자를 떼어내는 데 필요한 최대 파장은 얼마인가?

4.3(b) 195 nm의 광자를 어떤 금속 표면에 쪼여 주었더니 1.23×10^{6} m s^{-1}의 속력을 갖는 전자가 튀어 나왔다. 235 nm의 빛을 쪼여 줄 때 이 금속 표면에서 튀어 나오는 전자의 속력을 계산하시오.

4.4(a) X선 광전자 실험에서 파장 150 pm의 광자가 한 원자의 내부 껍질 전자를 튀어나오게 하였는데, 그 속력이 2.14×10^{7} ms^{-1}이었다. 이 전자의 결합 에너지를 계산하시오.

4.4(b) X선 광전자 실험에서 파장 121 pm의 광자가 한 원자의 내부 껍질 전자를 튀어나오게 하였는데, 그 속력이 5.69×10^{7} m s^{-1}이었다. 이 전자의 결합 에너지를 계산하시오.

4.5(a) 파장이 (i) 620 nm(붉은색), (ii) 570 nm(노란색), (iii) 380 nm(파란색)인 광자의 개당 에너지와 1 mol당 에너지를 계산하시오.

4.5(b) 파장이 (i) 188 nm(자외선), (ii) 125 pm(X선), (iii) 1.00 cm(마이크로파)인 광자의 개당 에너지와 1 mol당 에너지를 계산하시오.

4.6(a) 소듐등은 노란색 빛(590 nm)을 내놓는다. 이 빛의 전력이 (i) 10 W, (ii) 250 W일 때 매초 몇 개씩의 광자가 방출되겠는가?

4.6(b) CD를 읽는 데 사용되는 레이저는 파장이 700 nm인 붉은 빛을 내놓는다. 이 빛의 전력이 (i) 0.25 W, (ii) 1.5 mW일 때 매초 몇 개의 붉은 광자가 방출되겠는가?

4.7(a) (i) 1 cm s^{-1}로 이동하는 질량 2 g의 입자, (ii) 250 km s^{-1}로 이동하는 같은 질량의 입자, (iii) 1000 m s^{-1}로 이동하는 He 원자(실온에서 이 원자의 전형적인 속력)의 de Broglie 파장을 계산하시오.

4.7(b) (i) 100 V, (ii) 15 kV, (iii) 250 kV의 전위차를 통해서 정지 상태로부터 가속되는 전자의 de Broglie 파장을 계산하시오.

4.8(a) 전자 회절에는 파장이 결합 길이에 상당하는 파장을 갖는 전자를 사용한다. 전자가 100 pm의 파장을 갖으려면 얼마의 속력으로 전자를 가속시켜야 하는가? 이 경우 얼마의 가속 전위차가 필요하겠는가?

4.8(b) **양성자 회절**이 분자 구조를 연구하는 데 흥미로운 방법이 될 수 있겠는가를 말해 보시오. 양성자가 100 pm의 파장을 갖으려면 얼마의 속력으로 전자를 가속시켜야 하는가? 이 경우 얼마의 가속 전위차가 필요하겠는가?

4.9(a) 광자가 물체에 충돌하면 물체를 움직일 수 있는 힘이 가해지지만, 원자나 아원자 입자에 충돌하는 경우를 제외하고는 한 개의 광자가 미치는 영향은 미미하다. 정지된 전자가 복사선의 파장이 150 nm인 광자를 흡수했을 때 전자는 얼마의 속력으로 가속되겠는가?

4.9(b) 위 4.9(a)에서와 같이 100 nm의 광자를 정지 상태의 수소 원자가 흡수한다면 정지하였던 수소 원자는 얼마만한 속력으로 가속되겠는가?

응용 문제

4.1 Planck 분포식은 식 4.3에 주어졌다.

(a) ρ에 대한 Planck 분포식을 파장의 함수로 표시하시오($T=298$ K를 사용)

(b) $\lambda\rightarrow0$에 따라 $\rho\rightarrow0$가 되며 따라서 이것은 '자외선 파국'을 피하는 것임을 수학적으로 나타내 보이시오.

(c) 장파장($hc/\lambda kT\ll1$)의 경우, Planck 분포는 식 4.2와 같이 고전적 표현인 Rayleigh–Jeans 법칙으로 줄어드는 것을 나타내 보이시오.

4.2 (a) Wien의 변위 법칙(식 4.1)을 유도하고 제2 복사 상수 $c_2=hc/k$의 배수가 되는 상수의 식을 추론하시오.

(b) 전기로 가열되는 용기의 작은 구멍으로부터 나오는 복사선의

λ_{max} 값은 여러 온도에서 측정되었으며 그 결과를 아래에 나타내었다. c_2와 k 값을 사용하여 Planck 상수 값을 추론하시오.

θ(°C)	1000	1500	2000	2500	3000	3500
λ_{max}(nm)	2181	1600	1240	1035	878	763

4.3[†] 태양 표면의 온도는 약 5800 K이다. 인간의 눈이 태양의 복사 에너지 분포의 극대에 해당하는 파장의 빛을 가장 민감하게 감지할 수 있도록 진화하였다고 가정하고, 눈이 가장 예민하게 느끼는 빛의 색을 결정하시오.

4.4 주어진 파장의 복사선을 조사하였을 때 튀어 나오는 전자의 관측된 운동 에너지가 다음의 표와 같을 때 Planck 상수 값을 계산하시오.

λ(nm)	320	330	345	360	385
E_k(eV)	1.17	1.05	0.885	0.735	0.511

기호 †가 표시된 문제들은 Charles Trapp와 Carmen Giunta가 제공한 것이다.

토픽 5 파동함수

토론 문제

5.1 확률 진폭과 확률 밀도 사이의 관계를 설명하시오.

5.2 Born 해석에서 받아들일 수 있는 파동함수의 제약에 대하여 설명하시오.

5.3 정규화된 파동함수를 사용하는 이점은 무엇인가?

연습 문제

5.1(a) 3차원 공간에서 움직이는 입자의 시간 무관 파동함수를 고려하여 파동함수가 의존하는 변수들을 말해 보시오.

5.1(b) 2차원 공간에서 움직이는 입자의 시간 의존 파동함수를 고려하여 파동함수가 의존하는 변수들을 말해 보시오.

5.2(a) 수소 원자의 시간 무관 파동함수를 고려하여 파동함수가 의존하는 변수들을 말해 보시오. 구면 극좌표를 사용하시오.

5.2(b) 헬륨 원자의 시간 의존 파동함수를 고려하여 파동함수가 의존하는 변수들을 말해 보시오. 구면 극좌표를 사용하시오.

5.3(a) 가벼운 원자가 그와 결합한 무거운 원자 주위를 회전한다. 이 가벼운 원자의 비정규화 파동함수는 $\psi(\phi)=e^{i\phi}$이다($0\le\phi\le2\pi$). 이 파동함수를 정규화하시오(1이 되도록).

5.3(b) 길이가 L인 탄소 나노튜브 속에 들어 있는 전자의 비정규화 파동함수는 $(2\pi x/L)$이다. 이 파동함수를 정규화하시오(1이 되도록).

5.4(a) 연습 문제 5.3(a)에서 묘사한 계의 경우, $\phi=\pi$에서 부피 인자 $d\phi$ 속에서 가벼운 원자가 발견될 확률은 얼마인가?

5.4(b) 연습 문제 5.3(b)에서 묘사한 계의 경우, $x=L/2$ 위치에서 dx인 영역 속에서 이 전자가 발견될 확률은 얼마인가?

5.5(a) 연습 문제 5.3(a)에서 묘사한 계의 경우, $\phi=\pi/2$와 $\phi=3\pi/2$ 사이에서 가벼운 원자가 발견될 확률은 얼마인가?

5.5(b) 연습 문제 5.3(b)에서 묘사한 계의 경우, $x=L/4$와 $x=3L/4$ 사이에서 이 전자가 발견될 확률은 얼마인가?

응용 문제

5.1 길이가 10.0 nm인 탄소 나노튜브 속의 전자에 대한 정규화된 파동함수가 $\psi=(2/L)^{1/2}\sin(\pi x/L)$라고 가정하자. 전자가 (a) $x=4.95$ nm와 5.05 nm 사이, (b) $x=7.95$ nm와 9.05 nm 사이, (c) $x=9.90$ nm와 10.00 nm 사이, (d) 튜브의 왼쪽 반, (e) 튜브의 가운데 1/3 영역에 있을 확률은 각각 얼마인가?

5.2 수소 원자의 정규화된 파동함수는 다음과 같다.

$\psi=(1/\pi a_0{}^3)^{1/2}\,e^{-r/a_0}$

여기서 $a_0=53$ pm(Bohr 반지름)이다. (a) 핵 중심에서 반지름 1.0 pm인 작은 구 속에서 전자가 발견될 확률은 얼마인가? (b) 이 작은 구와 똑같은 크기의 구가 원자 중심으로부터 $r=a_0$만큼 떨어진 곳에 중심을 두고 있다고 하자. 이 구 속에 전자가 있을 확률은 얼마인가?

5.3 금속 표면에 붙어 있는 수소 원자가 진동 운동을 하고 있으며 이때 원자의 상태는 금속 표면으로부터의 원자 변위의 제곱에 비례하는 파동함수로 설명된다. H 원자의 운동이 $x=0$에서 $x=\pi$ 사이에서 1차원으로 제한되어 있으며, 원자의 상태는 비정규화된 파동함수 $\psi(x)=x^2$으로 설명된다고 가정하자. $x=0$과 $x=a$ 사이에서 전자를 발견할 확률이 $\frac{1}{2}$이라고 한다면, 이때 a의 값은 얼마인가?

5.4 1차원을 따라($0\le x<\infty$) 자유롭게 움직이는 입자가 $a=2\ \mathrm{m}^{-1}$일 때 비정규화된 파동함수 $\psi(x)=e^{-ax}$로 묘사된다. 이때 $x\ge1$ m 거리에서 전자를 발견할 확률은 무엇인가?

5.5 가벼운 원자가 그와 결합한 무거운 원자 주위를 회전하는 운동은 양자 역학적으로 묘사될 수 있다. 원을 따라 운동하도록(무거운 원자가 원의 중심에 위치하며) 제한된 가벼운 원자에 대한 비정규화된 파동함수는 $\psi(\phi)=e^{-im\phi}$이다. 여기서 $m=0, \pm1, \pm2, \pm3, \cdots$이며,

또 $0 \le \phi \le 2\pi$이다. 이 경우에 대한 $\langle \phi \rangle$를 구하시오.

5.6 화학 결합을 이루고 있는 원자들은 평형 결합 길이 주위에서 진동을 한다. 진동 운동을 하고 있는 원자는 파동함수 $\psi(x) = Ne^{-x^2/2a^2}$으로 묘사된다. 여기서 a는 상수이고 $-\infty < x < \infty$이다. (a) 이 함수를 정규화시키시오. (b) $a \le x \le a$ 영역에서 입자를 발견할 확률을 계산하시오. **힌트:** (b)에서 나오는 적분 중에는 오차 함수가 있다. 이 오차 함수는 **부록**의 적분 G.6을 참고하시오. 또한 이 수치들은 대부분의 수학 소프트웨어에도 실려 있다.

5.7 응용 문제 5.6의 진동 원자의 상태가 파동함수 $\psi(x) = Nxe^{-x^2/2a^2}$으로 나타낼 수 있다고 하자. 이 원자의 최대 확률 위치를 구하시오.

5.8 다음 파동함수들을 정규화시키시오. (a) $0 \le x \le L$ 영역에서 $\sin(n\pi x/L)$, 여기서 n=1, 2, 3, …. (이 함수는 선형 폴리엔의 비편재화된 전자를 설명하는 데 사용할 수 있음), (b) $-L \le x \le L$ 영역에서 상수, (c) 삼차원 공간에서 $e^{-r/a}$(이 함수는 He^+ 이온에서의 전자를 설명하는 데 사용할 수 있음), (d) 삼차원 공간에서 $xe^{-r/2a}$. **힌트:** 삼차원 공간에서의 부피 인자는 $d\tau = r^2 dr \sin\theta\, d\theta\, d\phi$이며, $0 \le r \le \infty$, $0 \le \theta \le \pi$, $0 \le \theta \le 2\pi$에 걸쳐서 적분을 해야 한다.

토픽 6 파동함수로부터의 정보 추출

토론 문제

6.1 Schrödinger 식을 엄밀하게 풀지 않고 파동함수의 일반적 모양을 어떻게 예측할 수 있는지 확실하게 제시하시오.

6.2 양자 역학에서 연산자와 측정 가능 변수의 관계를 묘사하시오.

연습 문제

6.1(a) 조화 진동자 퍼텐셜(토픽 2)에 종속되어 있는 입자의 퍼텐셜 에너지 연산자를 구성하시오.

6.1(b) Coulomb 퍼텐셜에 종속되어 있는 입자의 퍼텐셜 에너지 연산자를 구성하시오.

6.2(a) e^{ikx} 형태의 복소 함수는 선형 가속기에서 입자의 파동함수 모델로 사용될 수 있다. 복소 함수 e^{2ix}와 e^{-2ix}의 어떠한 선형 결합이라도 연산자 d^2/dx^2의 고유 함수임을 증명하고 그 고윳값을 구하시오.

6.2(b) $\sin nx$ 형태의 함수는 탄소 나노튜브에서 전자의 파동함수 모델로 사용될 수 있다. 함수 $\sin 3x$와 $\cos 3x$의 어떠한 선형 결합이라도 연산자 d^2/dx^2의 고유 함수임을 증명하고 그 고윳값을 구하시오.

6.3(a) 운동량 연산자는 d/dx에 비례한다. 다음 함수들 중에서 연산자 d/dx의 고유 함수인 것들을 찾아내고, 적절한 고윳값을 구하시오.
(i) e^{ikx}, (ii) e^{ax^2}, (iii) x, (iv) x^2, (v) $ax+b$, (vi) $\sin(x+3a)$

6.3(b) 운동 에너지 연산자는 d^2/dx^2에 비례한다. 다음 함수들 중에서 연산자 d^2/dx^2의 고유 함수인 것들을 찾아내고, 적절한 고윳값을 구하시오.
(i) e^{ax}, (ii) e^{-ax^2}, (iii) k, (iv) kx^2, (v) $ax+b$, (vi) $\cos(kx+5)$

6.4(a) 운동 에너지 연산자 $-(\hbar^2/2m)d^2/dx^2$가 Hermite 연산자임을 증명하시오.

6.4(b) 회전 운동에 대하여 논의할 때 입자의 각운동량에 해당하는 연산자는 ϕ가 각도일 때 $(\hbar/i)d/d\phi$임을 알게 될 것이다. 이 연산자는 Hermite 연산자인가?

6.5(a) a가 실수 상수일 때 $\hat{x}+ia\hat{p}_x$ 형태의 연산자를 우연히 알게 될 수 있다. 이 연산자가 어떤 한 측정 가능 변수에 해당할 수 있겠는가?

6.5(b) 이와 비슷하게 $\hat{x}^2-ia\hat{E}_k$ 형태의 연산자도 어떤 한 측정 가능 변수에 해당할 수 있겠는가?

응용 문제

6.1 다음 대상에 관계되는 시간 무관 Schrödinger 식을 쓰시오.(a) 정지 상태의 양성자 주위에서 Coulomb 퍼텐셜의 영향을 받으면서 일차원 운동을 하는 전자, (b) 자유 입자, (c) 일정하고 균일한 힘을 받는 입자

6.2 다음 측정 가능 변수들에 대한 양자 역학적 연산자를 만드시오. (a) 일차원과 삼차원에서의 운동 에너지, (b) 거리의 역수, $1/x$, (c) 일차원에서의 전기 쌍극자 모멘트, (d) 일차원 입자의 위치와 운동량의 평균값으로부터의 평균 제곱 편차

6.3 다음 함수들 중 어느 것이 반전 연산자 $\hat{\imath}$(x를 $-x$로 바꾸어 주는 효과를 나타냄)의 고유 함수인가? (a) x^3-kx, (b) $\cos kx$, (c) x^2+3x-1. 타당한 경우에 대한 $\hat{\imath}$의 고윳값을 구하시오.

6.4 Hermite 연산자 자체끼리의 곱이 Hermite 연산자임을 증명하시오.

토픽 7 실험 결과의 예측

토론 문제

7.1 파동함수가 계의 역학적 성질을 어떻게 결정하고 또 이러한 성질들을 어떻게 예측하는지를 설명하시오.

연습 문제

7.1(a) $\sin(n\pi x/L)$ 형태의 함수는 길이가 L인 탄소 나노튜브에서 전자의 파동함수 모델로 사용될 수 있다. $n \neq m$일 때 함수 $\sin(n\pi x/L)$와 $\sin(m\pi x/L)$는 $0 \leq x \leq L$ 영역에 제한되어 있는 입자에 대하여 직교함을 증명하시오.

7.1(b) $\cos(n\pi x/L)$ 형태의 함수는 금속에서 전자의 파동함수 모델로 사용될 수 있다. $n \neq m$일 때 함수 $\cos(n\pi x/L)$와 $\cos(m\pi x/L)$는 $0 \leq x \leq L$ 영역에 제한되어 있는 입자에 대하여 직교함을 증명하시오.

7.2(a) 가벼운 원자가 그와 결합한 무거운 원자 주위를 회전하는 운동은 $\psi(\phi) = e^{im\phi}$의 형태를 갖는 파동함수에 의하여 설명되며, 여기서 $0 \leq \phi \leq 2\pi$이고, m은 상수이다. $m = +1$과 $m = +2$인 함수는 직교함을 증명하시오.

7.2(b) 연습 문제 7.2(a)에서 $m = +1$과 $m = -1$인 함수의 경우는 어떻게 되는가?

7.3(a) 길이가 L인 탄소 나노튜브에서 전자는 파동함수 $\psi(x) = \sin(2\pi x/L)$로 설명된다. 전자의 위치에 대한 기댓값을 계산하시오.

7.3(b) 길이가 L인 탄소 나노튜브에서 전자는 파동함수 $\psi(x) = (2/L)^{1/2} \sin(\pi x/L)$로 설명된다. 전자의 운동 에너지에 대한 기댓값을 계산하시오.

7.4(a) 길이가 L인 1차원 금속에서 전자는 파동함수 $\psi(x) = \sin(\pi x/L)$로 설명된다. 전자의 운동량에 대한 기댓값을 계산하시오.

7.4(b) 가벼운 원자가 그와 결합한 무거운 원자 주위를 회전하는 운동은 $0 \leq \phi \leq 2\pi$일 때 $\psi(\phi)=e^{i\phi}$의 형태를 갖는 파동함수에 의하여 설명된다. 각운동량에 해당하는 연산자가 $(\hbar/i)d/d\phi$일 때, 가벼운 원자에 대한 각운동량의 기댓값을 계산하시오.

응용 문제

7.1 1차원에서 자유롭게 움직이는 어떤 한 입자의 상태가 파동함수 $\psi(x) = a^{1/2}e^{-ax/2}$로 표시된다. 여기서 a는 상수이고, $0 \leq x \leq \infty$이다. 위치 연산자의 기댓값을 구하시오.

7.2 선형 가속기에서 전자의 파동함수는 $\psi = (\cos \chi)e^{ikx}+(\sin \chi)e^{-ikx}$로 주어진다. 여기서 χ(카이)는 파라미터이다. 이 입자가 (a) $+k\hbar$, (b) $-k\hbar$의 선형 운동량을 가질 확률은 얼마인가? 이 입자가 $+k\hbar$의 선형 운동량을 가질 확률이 90%가 되려면 파동함수가 어떤 형태로 되어야 하는가?

7.3 응용 문제 7.2에 주어진 파동함수를 갖는 전자의 운동 에너지를 구하시오.

7.4 $-\infty \leq x \leq \infty$의 영역에서 파동함수가 (a) e^{ikx}, (b) $\cos kx$, (c) e^{-ax^2}인 입자의 평균 선형 운동량을 계산하시오.

7.5 (a) 수소 원자의 들뜬 상태의 (비정규화된) 두 파동함수는 다음과 같다.

(i) $\psi = (2-r/a_0)e^{-r/a_0}$ (ii) $\psi = r \sin \theta \cos \phi \; e^{-r/2a_0}$

이 두 함수를 1로 정규화시키시오.

(b) 이 두 함수는 서로 직교함을 보이시오.

7.6 응용 문제 7.5에서 제시된 수소 원자의 각 파동함수에 대하여 r과 r^2의 기댓값을 구하시오.

7.7 수소 원자의 상태가 응용 문제 5.2에 주어진 파동함수로 설명되는 수소 원자 속 전자의 (a) 평균 퍼텐셜 에너지, (b) 평균 운동 에너지를 계산하시오.

7.8 탄소 나노튜브 속의 전자의 파동함수가 $\cos nx$ 함수들의 선형 결합으로 주어진다고 하자. 수학 소프트웨어를 이용하여 코사인 함수들의 중첩을 만들고, 한 주어진 운동량이 관측될 확률을 구하시오. 이 중첩을 도시하려면 스크린 중앙에 $x=0$을 취하고 여기서 중첩을 시켜 나간다. 파속의 평균 제곱근 위치 $\langle x^2 \rangle^{1/2}$을 구하시오.

토픽 8 불확정성 원리

토론 문제

8.1 위치와 선형 운동량 사이의 불확정성 관계를 파동함수의 모양으로 설명하시오.

8.2 파속(wavepacket)의 성질을 Heisenberg 불확정성 원리를 사용해 설명하시오.

연습 문제

8.1(a) 어떤 한 양성자의 속력이 6.1×10^6 m s^{-1}이다. 이 양성자의 운동량에 대한 불확정성을 0.0100%로 감소시키려면 위치의 불확정성을 얼마나 허용해야 되겠는가?

8.1(b) 어떤 한 전자의 속력이 1000 km s^{-1}이다. 이 전자의 운동량의 불확정성을 0.0010%로 감소시키려면 위치의 불확정성을 얼마나 허용해야 되겠는가?

8.2(a) 질량이 500 g인 공이 야구 방망이 끝의 1.0 μm 영역 내에 있다면, 그 속력이 최소한 얼마만큼의 불확정성을 갖겠는가? 질량이 5.0 g인 총알이 350.000 00 m s^{-1}와 350.000 01 m s^{-1} 사이의 속력을 갖는다면 그 위치의 불확정성은 최소한 얼마가 되겠는가?

8.2(b) 나노 입자의 전자가 길이 0.10 nm의 지역에 한정되어 있다. 전자의 (i) 속력, (ii) 운동 에너지의 최소 불확정성은 각각 얼마인가?

8.3(a) 다음 연산자들의 교환자를 구하시오. (i) $[\hat{x}, \hat{y}]$, (ii) $[\hat{p}_x, \hat{p}_y]$, (iii) $[\hat{x}, \hat{p}_x]$, (iv) $[\hat{x}^2, \hat{p}_x]$, (v) $[\hat{x}^n, \hat{p}_x]$

8.3(b) 다음 연산자들의 교환자를 구하시오. (i) $[1/\hat{x}, \hat{p}_x]$, (ii) $[1/\hat{x}, \hat{p}_x{}^2]$, (iii) $[\hat{x}\hat{p}_y-\hat{y}\hat{p}_x, \hat{y}\hat{p}_z-\hat{z}\hat{p}_y]$, (iv) $[\hat{x}^2(\partial^2/\partial y^2), \hat{y}(\partial/\partial x)]$

응용 문제

8.1 어떤 한 원자의 진동 운동이 파동함수 $\psi(x)=(2a/\pi)^{1/4}e^{-ax^2}$으로 묘사된다. 여기서 a는 상수이고 또 $-\infty\le x\le\infty$이다. $\Delta p\Delta x$의 값이 불확정성 원리로 예상되는 값과 일치함을 증명하시오.

8.2 연산자의 교환자에 대한 다음 성질들을 증명하시오.
(a) $[\hat{A}, \hat{B}]=-[\hat{B}, \hat{A}]$, (b) $[\hat{A}, \hat{B}+\hat{C}]=[\hat{A}, \hat{B}]+[\hat{A}, \hat{C}]$,
(c) $[\hat{A}^2, \hat{B}]=\hat{A}[\hat{A}, \hat{B}]+[\hat{A}, \hat{B}]\hat{A}$

8.3 $\hat{H}=\hat{p}_x{}^2/2m+\hat{V}(x)$일 때 교환자 (a) $[\hat{H}, \hat{p}_x]$, (b) $[\hat{H}, \hat{x}]$를 다음 두 경우에 대하여 구하시오.
(i) $V(x)=V$ (상수), (ii) $V(x)=\frac{1}{2}k_fx^2$

8.4 다음의 측정 가능 변수들을 동시에 명시하는 데 있어서의 한계를 구하시오. (a) 1차원에서 입자의 위치와 운동량, (b) 입자의 선형 운동량의 세 성분, (c) 1차원에서 입자의 운동 에너지와 퍼텐셜 에너지, (d) 1차원 계에서 전기 쌍극자 모멘트와 전체 에너지, (e) 1차원에서 입자의 운동 에너지와 위치

통합 문제

F2.1 측정 가능 변수의 실험 측정 결과에 대한 파동함수가 다음 두 가지 경우일 때를 비교하시오. (a) 대응하는 연산자의 고유 함수, (b) 그 연산자 고유 함수의 중첩

F2.2 Hermite 연산자의 제곱으로 주어지는 연산자의 기댓값이 양의 값이 됨을 보이시오.

F2.3 (a) 측정 가능 변수를 나타내는 데 이용되는 연산자는 어느 것이나 식 8.6의 교환 관계를 만족시키지 않으면 안 된다고 할 때, x축에 평행한 선형 운동량을 나타내는 연산자를 그냥 선형 연산자의 배수가 되게 취한다면 위치에 대응하는 연산자는 어떻게 주어져야 하는가? 이렇게 상이하게 취하는 것도 양자 역학의 한 타당한 표현이 된다. (b) 이 표현 방법으로 나타낸 $\hat{x}$를 이용하게 되면 $1/x$에 대한 연산자가 어떻게 주어지는가? **힌트**: $1/x$를 x^{-1}로 생각하시오.

F2.4[LG] 이 책의 웹사이트에 수록된 수학 소프트웨어인 스프레드시트 또는 **Living Graphs**([LG]로 표시된)를 이용하여 다음 식과 같은 코사인 함수들이 중첩되는 파동함수를 만드시오.

$$\psi(x)=\frac{1}{N}\sum_{k=1}^{N}\cos(k\pi x)$$

여기에서 상수 $1/N$은 중첩이 같은 전체 크기를 유지하기 위하여 도입되었다. 이를 사용하여 N의 값에 따라 확률 밀도 $\psi^2(x)$이 어떻게 변하는가를 분석하시오.

수학적 배경 2 미분방정식

미분방정식(**differential equation**)은 다음과 같은 함수와 그 도함수 사이의 관계식이다.

$$a\frac{d^2f}{dx^2}+b\frac{df}{dx}+cf=0 \tag{MB2.1}$$

여기서 f는 변수 x의 함수이고, 인수 a, b, c는 상수일 수도 있고 x의 함수일 수도 있다. 만일 미지 함수가 이 보기에서와 같이 한 변수에만 의존할 때는 이 식을 **상미분방정식**(**ordinary differential equation**)이라고 한다. 한편 다음 식에서와 같이 2개 이상의 변수에 의존할 때는 이 식을 **편미분방정식**(**partial differential equation**)이라고 한다.

$$a\frac{\partial^2 f}{\partial x^2}+b\frac{\partial^2 f}{\partial y^2}+cf=0 \tag{MB2.2}$$

이 식에서는 f가 x와 y의 함수이고, 인수 a, b, c는 상수일 수도 있고 두 변수의 함수일 수도 있다. 기호가 d로부터 **편도함수**(partial derivative, **수학적 배경** 1)를 의미하는 ∂로 변했음을 주목하라.

MB2.1 미분방정식의 구조

미분방정식에 들어 있는 최고차 도함수의 차수를 이 미분방정식의 **차수**(**order**)라고 한다. 따라서 위의 두 예는 모두 이차 미분방정식이다. 자연 과학에서는 2보다 더 높은 차수의 미분방정식이 거의 나타나지 않는다.

미분방정식의 해가 f일 때 상수$\times f$도 또한 해가 되는 미분방정식을 **선형 미분방정식**(**linear differential equation**)이라고 한다. 위의 두 예는 모두 선형이다. 만일 우변이 0이 아니고 다른 수 또는 f 이외의 다른 함수가 되면 선형이 되지 않는다.

선형 미분방정식을 푼다는 것은 대수 방정식의 해를 구하는 것과는 성질이 다르다. 후자의 경우에는 해가 변수 x의 값이다(예로서 $x=2$는 이차식 x^2-4의 해이다). 미분방정식의 해는 다음 경우에서와 같이 전체 식을 만족시키는 완전한 함수이다.

$$\frac{d^2f}{dx^2}+f=0,\ \text{이 식의 해: } f(x)=A\sin x+B\cos x \tag{MB2.3}$$

여기서 A와 B는 상수이다. 미분방정식을 푸는 과정을 흔히 **적분**(**integrating**)이라고 말한다. 식 MB2.3의 해는 여러 상수(여기서는 A와 B)를 가지고 나타낸 보편적인 해로서 이런 해를 미분방정식의 **일반해**(**general solution**)라고 한다. 이 상수들을 어떤 특정한 **초기 조건**(**initial condition**, 한 변수가 시간일 경우)이나 **경계 조건**(**boundary condition**, 해가 충족시켜야 할 공간적 제약)에 합치되도록 택했을 때는 **특별 해**(**particular solution**)를 얻게 된다. 일차 미분방정식은 1개의 경계(또는 초기) 조건이 필요하며, 이차 미분방정식은 2개의 이러한 조건이 필요하다.

간단한 예 MB2.1 특별 해

만일 $f(0)=0$이라면 식 MB2.3으로부터 $f(0)=B$가 되기 때문에 B가 0이 되어야 한다. 그러면 A만이 미정 상태로 남는다. 만일 $x=0$에서 $df/dx=2$라면(즉 $f'(0)=2$, 일차 도함수는 프라임 표시를 하여 나타낸다), 이 일반해($B=0$인)는 $f'(x)=A\cos x$를 의미하므로 $f'(0)=A$가 되어 결국 $A=2$가 되어야 한다. 따라서 특별해는 $f(x)=2\sin x$가 된다. 그림 MB2.1은 여러 상이한 경계 조건에 대응하는 특별 해들을 나타낸 것이다.

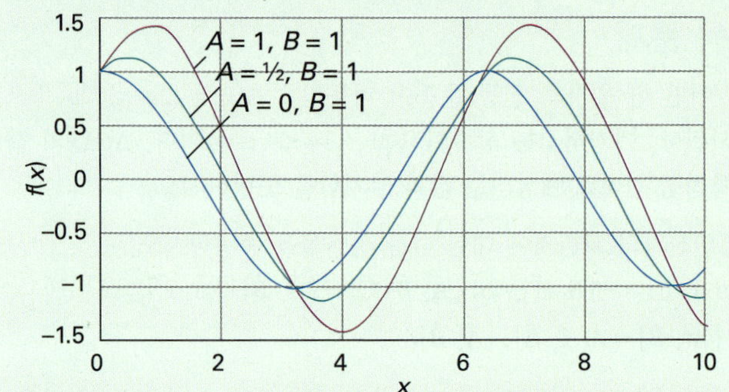

그림 MB2.1 3개의 상이한 경계 조건을 가지고 나타낸(상수 A와 B의 결괏값으로 표시된) **간단한 예** MB2.1에 대한 미분방정식의 해들

MB2.2 상미분방정식의 해

다음과 같은 일차 선형 미분방정식을 생각해 보자.

$$\frac{df}{dx}+af=0 \tag{MB2.4a}$$

인수 a는 상수이거나 x의 함수이며, 이 식은 직접 적분을 하여 풀 수 있다. 즉 df와 dx(미분이라고 불리는)의 두 미분 양은 다른 양들과 마찬가지로 대수학적으로 취급할 수 있다는 사실을 이용하여 이 식을 다음과 같이 쓴다.

$$\frac{df}{f}=-a dx \tag{MB2.4b}$$

이어서 양변을 적분한다. 좌변은 잘 알려진 $\int dy/y=\ln y+$상수의 관계를 이용한다. 그러면 다음과 같은 결과가 나온다.

$$\ln f(x)=-\int a\,dx+C \tag{MB2.4c}$$

간단한 예 MB2.2 일차 방정식의 해

MB2.4a식에서 인수가 $a=2x$라고 하자. 그러면 일반해 MB2.4c 식은 다음과 같이 된다.

$$\ln f(x)=-2\int x\,dx+C=-x^2+C$$

(적분 상수를 상수 C 속에 포함시켰다.) 따라서

$$f(x)=Ne^{-x^2},\quad N=e^C$$

$f(0)=1$이라면 $N=1$이 될 것이며, 따라서 $f(x)=e^{-x^2}$이다.

일차 미분방정식의 해라도 훨씬 더 복잡해지는 경우가 있다. 다음과 같은 형태의 비선형 일차 미분방정식을 생각해 보자.

$$\frac{df}{dx}+af=b \qquad \text{(MB2.5a)}$$

이 식은 다음과 같은 형태의 해를 가지며, a와 b는 x의 함수(또는 상수)이다.

$$f(x)e^{\int a\,dx}=\int e^{\int a\,dx}b\,dx+C \qquad \text{(MB2.5b)}$$

미분을 해 보면 이 해를 확인할 수 있다. 때때로 수학 소프트웨어를 이용하면 이러한 형태의 적분을 구할 수 있다.

이차 미분방정식은 일차 미분방정식에 비해서 일반적으로 훨씬 더 풀기가 어렵다. 이차 미분방정식을 푸는 데 보편적으로 이용되는 한 강력한 해법은 해를 우선 다음과 같은 멱급수로 나타내는 것이다.

$$f(x)=\sum_{n=0}^{\infty}c_n x^n \qquad \text{(MB2.6)}$$

그리고 미분방정식을 이용해서 계수들 사이의 관계를 찾는 것이다. 예로서 조화 진동자에 대한 Schrödinger 식의 해의 일부를 이루는 Hermite 다항식은 이 방법으로 나온 것이다(토픽 12). 이 책에 나오는 많은 이차 미분방정식은 풀이모음집에 수록되어 있거나 수학 소프트웨어를 이용해서 풀 수 있으며, 이들 해를 구하는 특수한 방법에 관해서는 수학 교재들을 참고하기 바란다.

MB2.3 편미분방정식의 해

우리가 풀어야 할 편미분방정식들은 **변수 분리법(separation of variables)**이라고 하는 방법을 이용해서 2개 이상의 상미분방정식으로 분리시킬 수 있는 것들뿐이다. 식 MB2.2의 미분방정식을 이 방법으로 풀 수 있는지를 보기 위해서 완전 해가 x에만 의존하거나 y에만 의존하는 함수들로 분리될 수 있다고 생각하고 $f(x, y)=X(x)Y(y)$라고 쓴다. 이 단계에서는 해를 이렇게 표시할 수 있는지 아직 확실하지 않다. 그리하여 이 시험 함수를 편미분방정식에 넣고 다음 관계를 이용한다.

$$\frac{\partial^2 XY}{\partial x^2}=Y\frac{d^2X}{dx^2} \qquad \frac{\partial^2 XY}{\partial y^2}=X\frac{d^2Y}{dy^2}$$

그러면 다음과 같은 결과를 얻을 수 있다.

$$aY\frac{d^2X}{dx^2}+bX\frac{d^2Y}{dy^2}+cXY=0$$

여기서 미분을 나타내는 데 ∂를 쓰지 않고 d를 쓴 것은 함수 X와 Y가 각각 x와 y의 한 변수에만 의존하기 때문이다. 이어서 이 식의 양변을 XY로 나누어 준다. 그러면

$$\frac{a}{X}\frac{d^2X}{dx^2}+\frac{b}{Y}\frac{d^2Y}{dy^2}+c=0$$

이제 a는 x만의 함수이고, b는 y만의 함수, c는 상수라고 생각해 보자(여러 다른 가능성도 있지만 논법은 비슷하다). 그러면 첫 번째 항은 x에만 의존하고, 두 번째 항은 y에만 의존한다. 만일 x가 변한다면 첫 번째 항만 변할 수 있다. 그런데 나머지 두 항은 변하지 않을뿐만 아니라 세 항의 합이 일정해야 하며(0), 따라서 첫 번째 항도 일정해야 한다. 두 번째 항에 대해서도 같은 논리가 적용된다. 따라서 각 항이 상수와 같으므로 다음과 같이 쓸 수 있다.

$$\frac{a}{X}\frac{d^2X}{dx^2}=c_1 \qquad \frac{b}{Y}\frac{d^2Y}{dy^2}=c_2 \qquad \text{여기서} \quad c_1+c_2=-c$$

이제는 이 두 상미분방정식을 MB2.2절에서 설명한 방법을 이용하여 풀 수 있다. 이 방법의 보기는 이차원 영역 안의 입자에 대하여 토픽 11에 주어진다.

3장 운동의 양자 역학

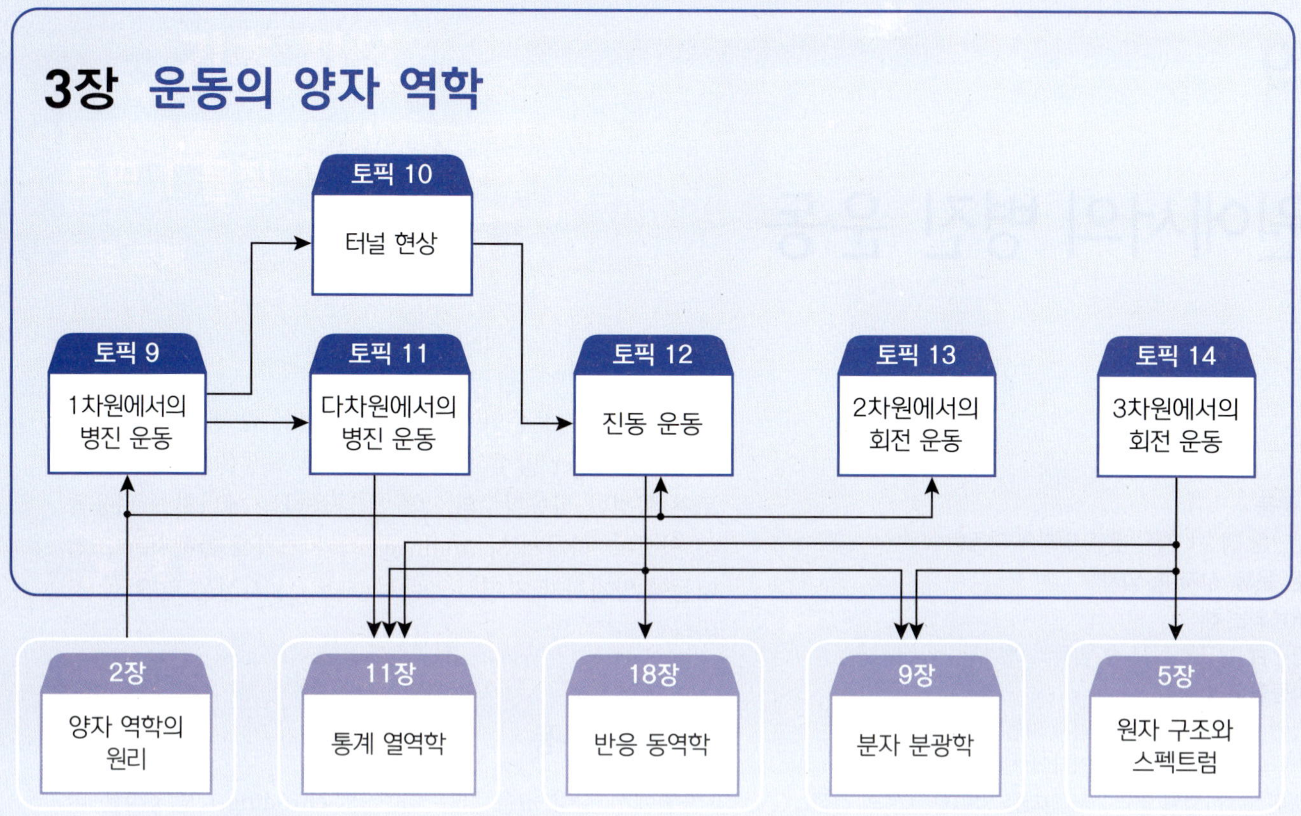

한 가지 물리 화학의 핵심 특징은 관측된 현상을 설명하기 위하여 원자와 분자의 거동에 대한 모형을 구축하는 역할이다. 이 방법의 주요한 예는 입자의 병진, 진동, 회전 운동에 대한 간단한 모형과 연관된 Schrödinger 방정식을 풀어 토픽들의 주제에서 개발된 접근 방법이다. 핵심 결과로는 오로지 특정된 파동함수와 에너지만 허용될 수 있으며 그들은 '양자수'로 표기된다는 것이다. 여기에서 개발된 모형의 적절한 응용으로부터 이끌어 낸 식견은 구조의 이해(예로서 **원자 구조와 스펙트럼**과 **분자 분광학**을 볼 것)에 대한 정보를 알게 하며, **통계 열역학**에서 알게 될 것과 같이 열역학 논의의 시작점이기도 한다.

병진 운동의 모형은 '상자 속 입자'로서 관통할 수 없는 두 개의 벽 사이에서 1차원적으로 자유롭게 움직이는 입자에 대한 것이다(토픽 9). 파동함수가 어떤 조건을 만족시키기 위해서는 에너지의 양자화가 요구된다. 양자 역학은 또 하나의 비고전역학적 현상을 나타낸다. 즉 상자의 벽에서의 퍼텐셜 에너지가 유한하다면 고전적인 것처럼 장벽을 넘어 서기에는 충분하지 못한 에너지를 갖고 있더라도 입자는 벽 속으로 들어가거나 또는 벽을 관통하여 지나갈 수 있다. '터널 현상(tunnelling)'(토픽 10)으로 알려진 이러한 행동은 양성자와 전자 이동과 같이 넓은 영역의 화학적, 물리학적 과정을 설명한다. 이 설명 자료는 자연스럽고 유용하게 3차원에서의 병진 운동으로 확장된다(토픽 11).

분자에서 진동 운동에 대하여 널리 적용되는 모형은 입자가 평형 위치 주위에서 진동하는 '조화 진동자'이다(토픽 12). 조화 진동자의 에너지 준위는 양자화되어 있으며, 다시 한 번 말하지만 고전 역학적으로 금지된 영역으로 터널 현상이 일어난다.

'고리 위 입자'(토픽 13)와 '구 위의 입자'(토픽 14)는 각각 2차원과 3차원 회전 운동의 모형이다. 여기에서 에너지의 양자화뿐만 아니라 각운동량이라는 새로운 현상을 맞닥뜨리게 된다.

토픽 9

1차원에서의 병진 운동

내용

➤ 학습 목표

양자론을 입자 운동의 기본 유형들 중 하나, 즉 병진 운동에 적용하면 병진 운동의 간단한 방식에서 비교전적인 특징이 많이 나타난다. 이러한 특성들은 전기의 전도와 나노소재의 성질을 포함한 다양한 미시 현상을 이해하는 데 필요하다. 또한 그것들은 양자론의 근원을 나타내며 화학 전반에 걸쳐 영향을 미친다.

➤ 핵심 내용

공간의 한정된 범위에 구속되어 있는 입자의 병진 운동 에너지 준위는 양자화되어 있다.

➤ 미리 알기

파동함수는 Schrödinger 방정식의 해(토픽 6)라는 것을 알아야 하며 측정 가능 변수에 대응하는 연산자를 사용하여 파동함수로부터 동역학적인 성질을 유도하는 기법(토픽 6과 7)에 익숙해야 한다.

이 토픽에서는 운동의 기본 방식의 하나, 즉 병진 운동에 대한 Schrödinger 방정식 해의 본질적인 특성을 설명한다. 오로지 특정한 파동함수와 그들에 대응하는 에너지만 허용될 수 있으며, 따라서 Schrödinger 식과 거기에 가해지는 조건 때문에 양자화가 자연적으로 나타난다는 사실을 알게 될 것이다.

9.1 자유 운동

1차원에서 질량 m을 갖는 입자의 Schrödinger 방정식은 다음과 같다.

$$-\frac{\hbar^2}{2m}\frac{\mathrm{d}^2\psi(x)}{\mathrm{d}x^2}+V(x)\psi(x)=E\psi(x) \qquad (9.1)$$

1차원, 시간 무관 Schrödinger 방정식

어떠한 외부에서의 힘이 없는 상태에서 움직이는 입자에 대하여 퍼텐셜 에너지는 일정하며 0으로 택할 수 있다. 따라서 이 식을 다음과 같이 쓴다.

$$-\frac{\hbar^2}{2m}\frac{\mathrm{d}^2\psi(x)}{\mathrm{d}x^2}=E\psi(x) \qquad (9.2)$$

1차원 자유 운동에 대한 Schrödinger 방정식

이 식은 다음과 같은 일반해를 갖는다.

$$\psi_k = A\mathrm{e}^{ikx}+B\mathrm{e}^{-ikx}$$
$$E_k=\frac{k^2\hbar^2}{2m} \qquad (9.3)$$

여기서 A와 B는 상수이며, 치환을 해 보면 이를 확인할 수 있다. 파동함수와 에너지(즉 $\hat{H}$의 고유 함수와 고유값) 모두에 k를 첨자로 붙였다. 식 9.3의 파동함수는 연속적이며, 그 기울기도 모든 곳에서 연속적이고, 단일 값을 가지며, 무한대로 발산하지 않는다. 따라서 이 함수들은 또 다른 어떠한 정보가 없더라도 모든 k 값에 대하여 허용되는 것들이다. 입자의 에너지는 k^2에 비례하기 때문에 에너지의 모든 값이 허용된다. 따라서 **자유 입자의 병진 운동 에너지는 양자화되지**

않는다고 결론내릴 수 있다.

상수 A와 B의 값은 입자 운동의 상태가 어떻게 되어 있는가에 의존한다.

- 입자가 양의 x 방향으로 움직인다면 입자의 선형 운동량은 $+k\hbar$이며(토픽 6 참조), 파동함수는 e^{ikx}에 비례하게 된다. 이 경우 $B=0$이며 A는 정규화 상수가 된다.
- 입자가 위 경우의 반대 방향, 즉 음의 x 방향으로 움직인다면 입자의 선형 운동량은 $-k\hbar$이며 파동함수는 e^{-ikx}에 비례하게 된다. 이 경우 $A=0$이며 B가 정규화 상수가 된다.

자유 입자의 파동함수 $e^{\pm ikx}$는 무한 길이의 범위에서 제곱 적분이 가능하지 않지만($\psi^*\psi$가 상수이며 따라서 모든 공간에 대한 그것의 적분값이 무한하다) 다음과 같이 가정함으로써 문제를 해결할 수 있다. 즉 입자가 길이 L의 유한한 영역에 있다고 가정하고 파동함수를 정규화시키며, 그런 다음 그 파동함수를 사용한 차후 계산의 마지막에 L이 무한하다고 간주하여 처리하는 것이다(응용 문제 9.5 참조).

간단한 예 9.1 자유 운동 입자의 파동함수

정지되어 있는 전자가 1.0 V의 전위차를 통하여 양의 x 방향으로 가속기에서 튀어 나올 때 1.0 eV 또는 1.6×10^{-19} J의 운동 에너지를 얻는다. 이와 같은 입자는 $B=0$인 식 9.3으로 주어지며, k는 식 9.3을 다시 정리하여 다음과 같이 얻어진다.

$$k=\left(\frac{2m_eE_k}{\hbar^2}\right)^{1/2}=\left(\frac{2\times(9.109\times10^{-31}\,\text{kg})\times(1.6\times10^{-19}\,\text{J})}{(1.055\times10^{-34}\,\text{J s})^2}\right)^{1/2}$$
$$=5.1\times10^{9}\,\text{m}^{-1}$$

즉 5.1 nm^{-1}(1 nm $=10^{-9}$ m)이다. 따라서 파동함수는 $\psi(x)=Ae^{5.1ix/\text{nm}}$이다.

자가 진단 9.1 10 kV의 전위차를 통해 가속된 후 왼쪽(음의 x)으로 진행하는 전자의 파동함수를 구하시오.

답: $\psi(x)=Be^{-510ix/\text{nm}}$

입자가 순수한 운동량만 갖는 상태인 e^{ikx}나 e^{-ikx}의 파동함수를 갖는다면 확률 밀도 $|\psi|^2$은 일정하다. 따라서 Born 해석(토픽 5)에 따라 입자의 위치를 전혀 예상할 수 없다. 이 결과는 운동량이 확정될 경우 위치를 명시할 수 없다는 불확정성 원리와 부합된다(x와 p에 해당하는 연산자는 교환되지 않으며, 따라서 상보적인 측정 가능 변수에 해당된다. 토픽 8).

이 연관성에서의 마지막 요점은 파동함수 e^{ikx}나 e^{-ikx}는 양자 역학의 일반적인 특성을 분명히 보여 주는 것으로서, 입자의 알짜 운동은 복소 파동함수($i=(-1)^{1/2}$에 해당하며 실수와 허수 부분 모두를 갖고 있는 뜻의 복소수)로 설명된다는 것이다. 순수하게 실수로만 되어 있는 파동함수의 알짜 운동은 0에 해당한다. 예를 들어 $\psi(x)=\cos kx$라면 선형 운동량의 기댓값은 0이 된다($\langle p\rangle=0$, 토픽 7).

9.2 구속된 운동: 상자 속 입자

이 절에서는 관통할 수 없는 두 벽 사이의 제한된 공간 안에 갇혀 있는 질량이 m인 입자, 즉 **상자 속 입자**(**particle in a box**) 문제를 생각해 보고자 한다. 상자 안에서는 입자의 퍼텐셜 에너지가 0이지만 $x=0$과 $x=L$의 기벽에서는 갑자기 무한대로 치솟는다(그림 9.1). 이 입자의 퍼텐셜 에너지는 다음과 같이 주어진다.

$x\le0$과 $x\ge L$인 경우:	$V=\infty$
$0<x<L$인 경우:	$V=0$

입자가 두 벽 사이에 있을 때 Schrödinger 방정식은 자유 입자의 경우와 같으며(식 9.2), 따라서 식 9.3으로 주어지는 일반해도 같게 된다. 그러나 $e^{\pm ikx}=\cos kx\pm i\sin kx$ 관계를 이용하여 쓰는 것이 편리하다.

$$\psi_k(x)=Ae^{ikx}+Be^{-ikx}=A(\cos kx+i\sin kx)+B(\cos kx-i\sin kx)$$
$$=(A+B)\cos kx+(A-B)i\sin kx$$

위 식에서 $C=(A-B)i$, $D=A+B$로 하면 일반해는 다음과 같은 식이 된다.

$$\psi_k(x)=C\sin kx+D\cos kx \qquad 0<x<L\text{인 경우의 일반해} \qquad (9.4)$$

퍼텐셜 에너지가 무한대인 곳에서는 입자를 발견할 수 없는 것처럼 벽과 상자 밖에서의 파동함수는 0이 되어야 한다.

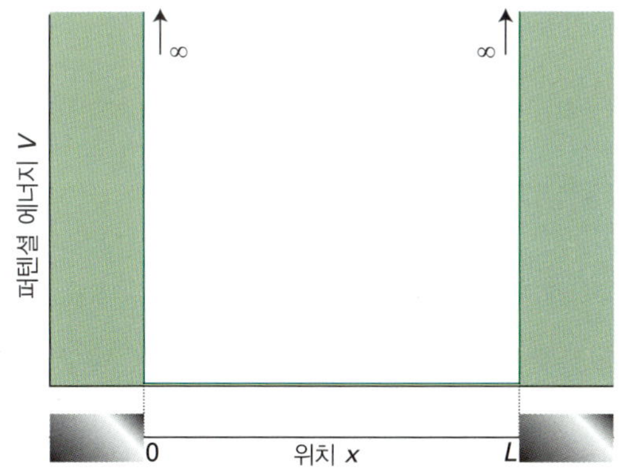

그림 9.1 통과할 수 없는 벽으로 막힌 1차원 영역 안의 입자. 입자의 퍼텐셜 에너지는 $x=0$과 $x=L$ 사이에서는 0이고, 입자가 벽에 닿자마자 갑자기 무한대로 치솟는다.

$$x \le 0 \text{와 } x \ge L \text{인 경우} \qquad \psi_k(x) = 0 \tag{9.5}$$

이때 k 값에는 어떠한 제한도 없으며 모든 해는 허용될 수 있다.

(a) 허용되는 해

파동함수의 연속성에 대한 필요 조건(토픽 5)은 기벽 물질 속에서 맞닥뜨리는 함수가 파동함수(식 9.5)와 반드시 일치해야 하므로 식 9.4에 주어진 $\psi_k(x)$는 벽에서는 반드시 0이 되어야 한다는 것을 의미한다. 즉 파동함수는 다음 두 가지의 **경계 조건(boundary condition)**, 또는 어떤 위치에서 함수의 제한 조건을 만족해야 한다는 것이다.

$$\psi_k(0) = 0 \qquad \psi_k(L) = 0 \qquad \text{경계 조건} \tag{9.6}$$

다음의 **증명**에서 보는 바와 같이 파동함수가 이러한 경계 조건을 만족하기 위한 필요 조건은 특정한 파동함수만이 허용되며 입자의 허용되는 파동함수와 에너지는 오직 다음과 같음을 의미한다.

$$\psi_n(x) = C\sin\left(\frac{n\pi x}{L}\right) \qquad n = 1, 2, \ldots \tag{9.7a}$$

$$E_n = \frac{n^2h^2}{8mL^2} \qquad n = 1, 2, \ldots \tag{9.7b}$$

여기에서 C는 아직 확정되지 않은 상수이다. 파동함수와 에너지는 k라는 양 대신에 차원이 없는 정수 n으로 표시됨을 주목해야 한다.

증명 9.1 1차원 상자 속 입자의 에너지 준위와 파동함수

양자화의 일상적인 설명에 있어서 다음 식과 같이 각각의 파동함수는 반파장의 정수배(볼록한 부분 한 개, 볼록한 부분 두 개...등, 그림 9.2)가 상자의 길이가 되도록 용기에 잘 들어맞는 de Broglie 파동이라고 생각해 보자.

$$n \times \frac{1}{2}\lambda = L \qquad n = 1, 2, \ldots$$

따라서 파장은 다음과 같다.

$$\lambda = \frac{2L}{n} \qquad n = 1, 2, \ldots \text{일 때}$$

de Broglie 관계식에 따라 이와 같은 파장은 다음의 운동량에 대응된다.

$$p = \frac{h}{\lambda} = \frac{nh}{2L}$$

입자는 상자 속(즉 $V = 0$)에서 운동 에너지만 가지므로 허용되는 에너지들은 다음과 같으며, 이는 식 9.7b와 같다.

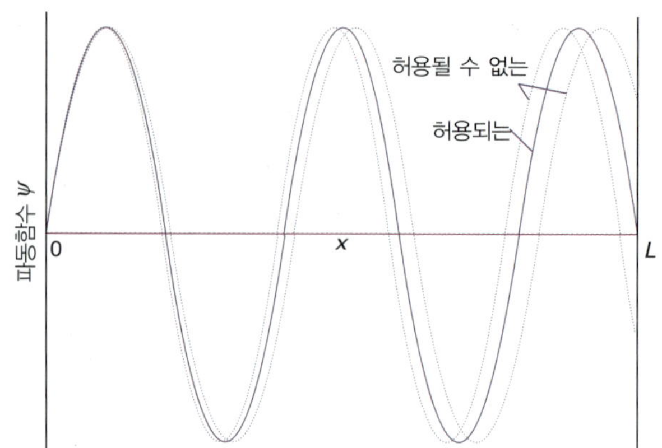

그림 9.2 허용되는 파동함수는 파동이 상자 속에 딱 들어맞는 de Broglie 파장을 가져야 한다.

$$E = \frac{p^2}{2m} = \frac{n^2h^2}{8mL^2} \qquad n = 1, 2, \ldots \text{일 때}$$

좀 더 공식적이고 널리 응용되는 방법은 다음과 같다. 경계 조건인 $\psi_k(0) = 0$, 식 9.4와 식 9.5에 의해 $\psi_k(0) = D$라야 한다(sin 0=0이고, cos 0=1이기 때문에)는 사실로부터 $D = 0$의 결론을 내릴 수 있다. 따라서 파동함수는 다음과 같은 꼴이 되어야 한다.

$$\psi_k(x) = C\sin kx$$

두 번째 경계 조건인 $\psi_k(L) = 0$로부터 $\psi_k(L) = C\sin kL = 0$이 된다. 이 경우 $C = 0$을 택할 수 있으나, 이렇게 되면 모든 x에 대하여 $\psi_k(x) = 0$이 되고 이것은 Born 해석(입자가 어디에나 존재해야 한다)과 상충하게 된다. 대안으로 $\sin kL = 0$이 되도록 kL 값을 선택하는 것이 필요하다. 이와 같은 조건은 다음의 경우에 만족되게 된다.

$$kL = n\pi \qquad n = 1, 2, \ldots$$

$n = 0$을 배제한 것은, 이것이 $k = 0$임을 뜻하며, 따라서 모든 곳에서 $\psi_k(x) = 0$이 되는($\sin 0 = 0$이므로) 허용될 수 없는 결과가 되기 때문이다. 음수 값의 n은 단지 $\sin kL$의 부호만 바꾸어 줄 뿐이며($\sin(-x) = -\sin x$) 새로운 해가 되지 못한다. 따라서 파동함수는 다음과 같다.

$$\psi_n(x) = C\sin(n\pi x/L) \qquad n = 1, 2, \ldots$$

여기서부터 해에 대한 표기를 k 대신에 n으로 바꾸었다. k와 E_k는 식 9.3과 관련되어 있으며, k와 n은 $kL = n\pi$로 연관되어 있기 때문에 입자의 에너지는 일상적인 방법으로 구하고 식 9.7에 명시된 값인 $E_n = n^2h^2/8mL^2$으로 제한된다.

결론적으로 말해서 1차원 상자 속 입자의 에너지는 양자화되며, 이러한 양자화는 ψ가 허용되는 파동함수가 되기 위해서 만족시켜야 할 경계 조건 때문에 나온다. 이것은 일반적인 결론으로서 다음을 의미한다. 즉 **경계 조건을 만족시키기 위해서는 특정 파동함수들만이 허용되며, 따라서 측정 가능 변수들이 불연속적 값들만을 가지게 된다.** 지금까지는 에너지만이 양자화되었으나 다른 물리학적 측정 가능 변수들도 양자화될 수 있다는 것을 곧 배우게 될 것이다.

이제 식 9.7에서의 상수 C를 결정해야 하며, 이를 위해서는 **부록**에 주어진 적분 T.2를 예제 5.2에서 보인 방법을 사용하여 파동함수가 1이 되도록 정규화해야 한다. 파동함수는 $0\le x\le L$ 범위 밖에서는 0이므로 파동함수의 정규화는 모든 n에 대하여 다음과 같이 된다.

$$\int_0^L \psi^2 \mathrm{d}x = C^2 \overbrace{\int_0^L \sin^2 \frac{n\pi x}{L}\mathrm{d}x}^{L/2} = C^2 \times \frac{L}{2} = 1, \quad \text{따라서} \quad C = \left(\frac{2}{L}\right)^{1/2}$$

그러므로 상자 속 입자에 대한 완전 해는 다음과 같게 된다.

$$\psi_n(x) = \left(\frac{2}{L}\right)^{1/2} \sin\left(\frac{n\pi x}{L}\right) \quad 0\le x\le L\text{인 경우}$$

1차원 상자 파동함수 (9.8a)

$$\psi_n(x) = 0 \qquad x<0\text{와 } x>L\text{인 경우}$$

$$E_n = \frac{n^2h^2}{8mL^2} \quad n=1,2,\ldots$$

1차원 상자 에너지 준위 (9.8b)

간단한 예 9.2 상자 속 입자의 에너지

긴 탄소 나노튜브는 1차원 구조의 모형으로 간주할 수 있으며, 그것의 전자는 상자 속 입자의 파동함수로 설명될 수 있다. 100 nm 길이의 탄소 나노튜브에서 전자의 가장 낮은 에너지는, 즉 $n=1$일 때 식 9.8b로부터 다음과 같이 주어진다.

$$E_1 = \frac{(1)^2 \times (6.626\times10^{-34}\,\mathrm{J\,s})^2}{8\times(9.109\times10^{-31}\,\mathrm{kg})\times(100\times10^{-9}\,\mathrm{m})^2} = 6.02\times10^{-24}\,\mathrm{J}$$

또한 이때 전자의 파동함수는 다음과 같다.

$$\psi_1(x) = \left(\frac{2}{L}\right)^{1/2} \sin\left(\frac{\pi x}{L}\right)$$

자가 진단 9.2 위의 **간단한 예**에 묘사된 계에서 그다음으로 높은 에너지를 갖는 전자의 에너지와 파장은 각각 무엇인가?

답: $E_2 = 2.41\times10^{-23}$ J, $\psi_2(x) = (2/L)^{1/2}\sin(2\pi x/L)$

지금까지 알아본 것과 같이 에너지와 파동함수는 양자수 n으로 라벨을 붙여 표기된다. **양자수(quantum number)**는 계의 상태를 표기하는 정수이다(토픽 19에서 배우게 되겠지만 어떤 경우에는 반정수이다). 1차원 상자 속의 입자의 경우, 허용되는 해의 수는 무한대이며 양자수 n은 그중 관심 대상의 하나를 특정짓는다(그림 9.3). 양자수는 라벨로서의 역할을 하는 것뿐만 아니라 그 상태에 해당되는 에너지를 계산하고 파동함수를 명시적으로 표기하는 데 자주 사용될 수 있다(여기에서의 예로는 식 9.8의 관계를 사용하는 것임). 양자역학에서 보통 언급되는 양자수의 목록은 이 책 맨 뒤의 **부록**에 모아 놓았다.

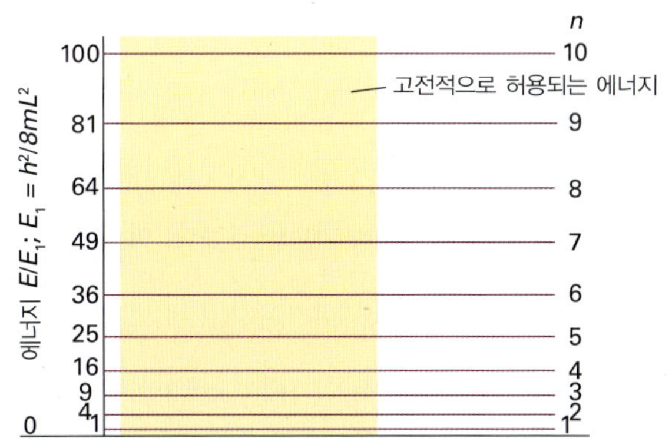

그림 9.4 상자 속의 입자가 가질 수 있는 에너지 준위. 에너지 준위는 n^2에 따라 증가하며, 준위 사이의 간격은 양자수가 증가할수록 커진다.

(b) 파동함수의 성질

상자 속의 입자에 대한 몇 개 파동함수의 모양을 그림 9.4에 나타내었다. 이 함수들은 모두 sine 함수로서 파장은 서로 다르지만 그 진폭은 전부 동일하다. 파장이 짧아지면 파동함수의 평균 곡률이 커지며, 따라서 입자의 운동 에너지(상자 안에서는 $V=0$이기 때문에 그것의 유일한 에너지)가 증가한다. 또한 n이 증가하면 파동함수가 0을 **통과**(벽에서와 같이 단지 0에 도달하지 않는다)하는 점인 **마디(node)**의 수가 증가하며, 파동함수 ψ_n은 $n-1$개의 마디를 갖는다는 것에 주목하자. 주어진 거리의 벽 사이에서 마디 수가 증가하면 파동함수의 평균 곡률이 커지며, 따라서 입자의 운동 에너지가

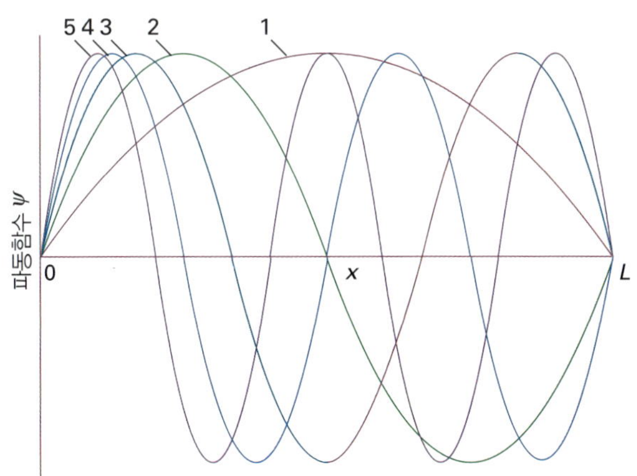

그림 9.3 상자 속의 입자에 대한 처음 5개의 정규화 파동함수. 각 파동함수는 정류파이고, 차례대로 반파장씩을 더 가지며 그만큼씩 파장이 짧아진다.

증가한다.

간단한 예 9.3 상자 속 입자 파동함수의 마디

1차원 상자 속 입자에서 $n=2$일 때의 파동함수 $\sin(2\pi x/L)=0$은 $x=L/2$에서 한 개의 마디를 갖는다. 이것의 위치는 그림 9.4를 면밀히 조사해 보면 $\psi_2(x)$가 상자의 중심에서 0을 통과하는 것을 볼 수 있어 이를 확인할 수 있다.

자가 진단 9.3 1차원 상자 속 입자에서 $n=3$인 경우에 대한 마디의 위치를 지적해 보시오.

답: $x=L/3$, $2L/3$

1차원에서 상자 속 입자에 대한 확률 밀도는 다음과 같으며 위치에 따라 변한다.

$$\psi_n^2(x)=\frac{2}{L}\sin^2\left(\frac{n\pi x}{L}\right) \tag{9.9}$$

이와 같은 확률 밀도의 비균일성은 n이 작을 때 뚜렷해진다(그림 9.5). 입자의 최빈 위치(가장 있음직한 위치)는 확률 밀도가 최대가 되는 곳과 일치한다.

간단한 예 9.4 상자 속 입자의 최빈 위치

$n=2$일 때 상자 속 입자는 다음과 같이 주어진 확률 밀도를 갖는다.

$$\psi_2^2(x)=\frac{2}{L}\sin^2\left(\frac{2\pi x}{L}\right)$$

가장 빈도가 높은 위치(가장 있음직한 위치)는 $\sin^2(2\pi x/L)=1$, 즉 $x=L/4$과 $3L/4$인 위치에서 나타난다.

자가 진단 9.4 1차원적 상자 속 입자에서 $n=3$인 경우 가장 가능성이 높은 입자의 위치를 결정하시오.

답: $x=L/6$, $L/2$, $5L/6$

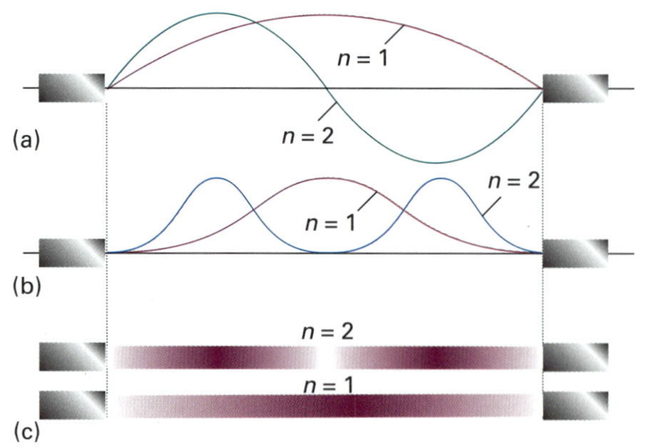

그림 9.5 (a) 처음 두 파동함수, (b) 대응하는 확률 분포, (c) 명암으로 나타낸 확률 분포의 표시

확률 밀도 $\psi^2(x)$는 n이 증가함에 따라 더 한층 빠른 진동에 대한 매우 상세한 설명을 무시한다면 보다 더 균일하게 된다(그림 9.6). 양자수가 높은 경우의 확률 밀도는 고전적인 결과, 즉 기벽 사이를 왔다갔다 하면서 충돌하는 입자가 평균적으로 모든 위치에서 동일한 시간을 소비하게 되는 결과와 같게 된다. 양자수가 대단히 클 때의 분포는 고전적인 결과를 반영하는 것으로, 기벽 사이를 왔다갔다 하면서 충돌하는 입자가 평균적으로 모든 위치에서 동일한 시간을 소비하게 되는 결과와 같게 된다. 이처럼 높은 양자수에서 양자 역학적 결과가 고전 역학의 예측과 같게 되는 것은 **대응 원리**(**corresponding principle**)의 실례로서, 이 원리는 높은 양자수에 도달함에 따라 양자 역학으로부터 고전 역학이 나오게 된다고 말한다.

예제 9.1 한정된 영역에서 입자를 발견할 확률의 결정

콘쥬게이션 폴리엔에서 전자의 파동함수는 상자 속 입자의 파동함수로 어림잡을 수 있다. 길이가 1.0 nm인 분자 안의 $x=0$(이 분자의 왼쪽 끝)과 $x=0.2$ nm 사이에서 최저 에너지 상태의 전자가 위치할 확률 P를 구하시오.

방법 Born 해석에 따라 위치 x에 있는 작은 영역 dx 속에서 입자를 발견할 확률은 $\psi(x)^2dx$이다. 따라서 특정된 영역에서 입자를 발견할 전체 확률은 식 5.5에 주어진 바와 같이 $\psi(x)^2dx$를 이 영역 전체에 걸쳐 적분한 것과 같다. 여기에서 콘쥬게이션 폴리엔 속의 전자를 설명하기 위하여 상자 속 입자의 모형을 사용한다. 전자의 파동함수는 식 9.8로 주어지며, $n=1$로 놓고 **부록**에 수록된 적분 T.2를 사용한다.

풀이 $x=0$과 $x=l$ 사이의 영역에서 입자를 발견할 확률은 다음과 같다.

$$P=\int_0^l \psi_n^2 dx=\frac{2}{L}\int_0^l \sin^2\left(\frac{n\pi x}{L}\right)dx=\frac{l}{L}-\frac{1}{2n\pi}\sin\left(\frac{2\pi nl}{L}\right)$$

여기에 $n=1$, $L=1.0$ nm, $l=0.2$ nm를 넣어 주면 $P=0.05$가 된다. 이 계산 결과는 이 영역에서 전자를 발견할 확률이 1/20이라는 것에 해당한다. n이 무한대로 커짐에 따라 sine 함수에 $1/n$을 곱한 둘째 항이 P에 기여를 하지 않게 되며, 입자가 균일하게 분포되어 있다는 고전적인 결과인 $P=1/L$을 얻게 된다.

자가 진단 9.5 길이가 L인 콘쥬게이션 분자 안에서 $n=1$인 상태의 전자가 $x=0.25L$과 $x=0.75L$ 사이에서(분자의 왼쪽 끝을 $x=0$으로 놓는다) 발견될 확률을 계산하시오.

답: $P=0.82$

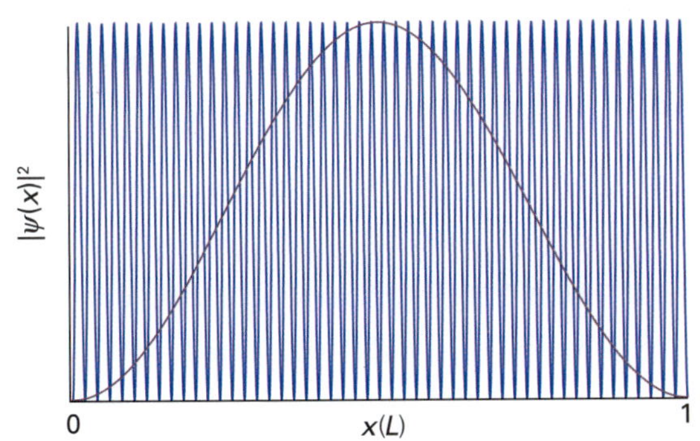

그림 9.6 큰 양자수(여기서 $n=50$, 파란색을 $n=1$인 붉은색과 비교함) 경우의 확률 밀도 $\psi^2(x)$. 더 한층 빠른 진동에 대한 매우 상세한 설명을 무시한다면 보다 높은 n의 경우 확률 밀도는 거의 균일함을 주목하라.

(c) 측정 가능 변수의 성질

파동함수 sin kx는 선형 운동량 연산자의 고유 함수가 아니므로 상자 속 입자의 선형 운동량은 분명하게 정의되지 않는다. 그러나 각 파동함수는 운동량 고유 함수 e^{ikx}와 e^{-ikx}의 선형 결합과 같다. $\sin x=(e^{ikx}-e^{-ikx})/2i$이므로 다음과 같이 쓸 수 있다.

$$\psi_n(x)=\left(\frac{2}{L}\right)^{1/2}\sin\left(\frac{n\pi x}{L}\right)=\frac{1}{2i}\left(\frac{2}{L}\right)^{1/2}(e^{ikx}-e^{-ikx})$$

$$k=\frac{n\pi}{L} \qquad (9.10)$$

따라서 선형 운동량을 측정하면 전체 측정 횟수의 반은 $+k\hbar$를 나타내고, 나머지 반은 $-k\hbar$를 나타낼 것이다(토픽 7). 이와 같이 반대 방향의 운동이 똑같은 확률을 가지고 나타나는 것은 기벽 사이를 분주히 왔다갔다 하면서 주어진 시간 간격의 반은 왼쪽을 향하는 운동에, 나머지 반은 오른쪽을 향하는 운동에 이용하는 1차원 상자 속 입자의 고전적 개념을 양자 역학적으로 나타내는 것이다.

간단한 예 9.5 선형 운동량의 기댓값

상자 속 입자가 양자수 n을 가질 때의 선형 운동량을 측정하면 측정 횟수의 반은 $+k\hbar$를 나타내고 나머지 반은 $-k\hbar$를 나타낼 것이다($k=n\pi/L$). 따라서 선형 운동량의 기댓값은 0이다. 이 결과는 다음과 같은 더욱 의례적인 방법으로 얻을 수도 있다.

$$\langle p\rangle=\int_0^L \psi_n\hat{p}\psi_n\mathrm{d}x=\frac{2}{L}\int_0^L \sin\frac{n\pi x}{L}\left(\frac{\hbar}{i}\frac{\mathrm{d}}{\mathrm{d}x}\right)\sin\frac{n\pi x}{L}\mathrm{d}x=0$$

여기에서 **부록**에 수록된 적분 T.7을 사용하였다.

자가 진단 9.6 1차원 상자 속 입자가 양자수 n을 가질 때 p^2의 기댓값은 얼마인가?

답: $\langle p^2\rangle=n^2h^2/4L^2$

n은 0이 될 수 없으므로 입자가 가질 수 있는 최저 에너지는 0이 아니고(고전 역학에서는 정지 상태의 입자 에너지 0이 허용되는 것과 대조적이다) 다음과 같이 된다.

$$E_1=\frac{h^2}{8mL^2} \qquad \text{상자 속 입자 \quad 영점 에너지} \qquad (9.11)$$

이 최저의 제거될 수 없는 에너지를 **영점 에너지**(**zero-point energy**)라고 한다. 영점 에너지의 물리학적 근원은 두 가지로 설명될 수 있다.

- Heisenberg 불확정성 원리에 의해서 입자가 어떤 유한한 영역 속에 갇혀 있을 때는 운동 에너지를 가져야 한다. 즉 입자의 위치가 완전히 불확정하지 않고($\Delta x\neq\infty$), 따라서 그 운동량의 불확정성은 엄밀하게 0이 될 수 없는 것이다($\Delta p\neq 0$). 이 경우에 $\Delta p=(\langle p^2\rangle-\langle p\rangle^2)^{1/2}=\langle p^2\rangle^{1/2}$이기 때문에 $\Delta p\neq 0$은 $\langle p^2\rangle\neq 0$을 의미하며, 이것은 입자가 0이 아닌 운동 에너지를 갖는다는 것을 의미한다.
- 파동함수가 기벽에서 0이면서도 매끄럽고 연속적이며, 모든 곳에서 0이 되지 않아야 한다면 반드시 곡선을 가져야 하고, 파동함수가 곡률을 갖는다는 것은 운동 에너지를 갖는다는 것을 의미한다.

양자수가 n과 $n+1$인 인접하는 에너지 두 준위 사이의 간격은 다음과 같다.

$$E_{n+1}-E_n=\frac{(n+1)^2h^2}{8mL^2}-\frac{n^2h^2}{8mL^2}=(2n+1)\frac{h^2}{8mL^2} \qquad (9.12)$$

이 간격은 용기의 길이가 증가할수록 작아지며, 용기가 거시적 크기를 가질 때는 이 간격이 대단히 작아진다. 기벽 사이의 거리가 무한대로 될 때는 인접하는 준위의 간격이 0이 된다. 따라서 보통의 실험실 규모의 큰 용기 안에서 자유롭게 움직이는 원자나 분자들의 경우에는 그들의 병진 운동 에너지가 양자화되지 않는 것처럼 취급해도 된다.

예제 9.2 흡수 파장의 추정

β 카로틴(I)은 22개의 탄소 원자를 따라 10개의 단일 결합과 11개의 이중 결합이 교대로 연결되어 있는 선형 폴리엔이다. 각 C–C 결합의 길이를 140 pm라고 하면, β 카로틴 분자의 상자 길이 L은 2.94 nm가 된다. 이 분자가 바닥 상태에서 바로 위의 상태로 들뜰 때 흡수하는 빛의 파장을 추정해 보시오.

1 β-Carotene

방법 기초 화학에서 언급되어 익숙해질 것이라는 근거로부터, 각 C 원자에서 하나의 p 전자는 π 오비탈에 기여하며 각 에너지 준위에는 2개의 전자가 채워지게 된다. 상자 속 입자의 모형을 사용하여 폴리엔의 전자 상태를 설명하고 전자가 채워진 가장 높은 준위와 전자가 채워지지 않은 가장 낮은 준위 사이의 에너지 간격을 계산한다. 식 9.12를 사용하고 Bohr의 진동수 관계(식 4.4)로부터 에너지를 파장으로 변환한다.

풀이 콘쥬게이션 사슬에는 22개의 원자가 있으며 각각은 하나의 p 전자를 그 준위에 기여하게 되므로 $n = 11$까지의 각 준위에는 두 개의 전자가 채워지게 된다. 바닥 상태와 한 개의 전자가 $n = 11$에서 $n = 12$로 올라가는 바로 위 들뜬 상태 사이의 에너지 간격은 다음과 같다.

$$\Delta E = E_{12} - E_{11}$$
$$= (2\times11+1)\frac{(6.626\times10^{-34}\,\text{J s})^2}{8\times(9.109\times10^{-31}\,\text{kg})\times(2.94\times10^{-9}\,\text{m})^2}$$
$$= 1.60\times10^{-19}\,\text{J}$$

이와 같은 전이에 필요한 복사선의 진동수는 Bohr의 진동수 조건($\Delta E = h\nu$)으로부터 다음과 같이 계산된다.

$$\nu = \frac{\Delta E}{h} = \frac{1.60\times10^{-19}\,\text{J}}{6.626\times10^{-34}\,\text{J s}} = 2.41\times10^{14}\,\text{s}^{-1}$$

이는 241 THz(1 THz = 10^{12} Hz)라고도 쓰며 $\lambda = 1240$ nm의 파장에 해당한다. 실험값은 603 THz($\lambda = 497$ nm)로서 전자기 복사 스펙트럼의 가시광선 영역에 해당한다. 여기에서 사용된 모형의 조잡성을 감안하면 계산된 값과 측정된 진동수 값은 2.5배 범위에서 일치하는 것으로서 당연히 고무될 만 하다.

자가 진단 9.7 길이가 핵의 지름(대략 1×10^{-15} m, 즉 1 fm)과 같은 1차원 상자 속에 갇혀 있는 양성자의 첫 번째 들뜸 에너지를 계산함으로써 전형적인 핵들뜸 에너지를 전자볼트 단위(1 eV = 1.602×10^{-19} J, 1 GeV = 10^9 eV)로 추산하시오.

답: 0.6 GeV

개념 확인

- ☐ 1. 자유 입자의 병진 운동 에너지는 양자화되지 않는다.
- ☐ 2. 입자의 알짜 운동은 복소 파동함수로 설명되며, 실수 파동함수의 알짜 운동은 0에 해당한다.
- ☐ 3. 경계 조건을 만족시키기 위해서는 오직 정해진 파동함수들만이 허용되며, 따라서 측정 가능 변수들이 불연속적 값들만을 가지게 된다.
- ☐ 4. **양자수**는 계의 상태를 표기하는 정수(어떤 경우에는 반정수)이다.
- ☐ 5. **마디**는 파동함수가 0을 통과하는 점이다.
- ☐ 6. 상자 속의 입자는 **영점 에너지**를 갖는다.
- ☐ 7. **대응 원리**는 높은 양자수에 도달함에 따라 양자 역학으로부터 고전 역학이 나온다고 말한다.

식 확인

성질	식	비고	식 번호
자유 입자의 파동함수	$\psi_k = Ae^{ikx} + Be^{-ikx}$	모든 k 값이 허용됨	9.3
자유 입자의 에너지	$E_k = k^2\hbar^2/2m$	모든 k 값이 허용됨	9.3
상자 속 입자의 파동함수	$0 \le x \le L$인 경우 $\psi_n(x) = (2/L)^{1/2}\sin(n\pi x/L)$ $x<0$과 $x>L$인 경우 $\psi_n(x)=0$	$n = 1, 2, \ldots$	9.8a
상자 속 입자의 에너지	$E_n = n^2h^2/8mL^2$	$n = 1, 2, \ldots$	9.8b
상자 속 입자에서 영점 에너지	$E_1 = h^2/8mL^2$		9.11

토픽 10

터널 현상

내용

➤ 학습 목표

터널 현상으로 알려진 양자 역학적 현상은 전자와 양성자 이동 반응 및 분자의 구조 변환을 포함한 넓은 영역의 화학적, 물리학적 과정을 설명하는 데 필요하다. 또한 그것들은 양자론의 근원을 나타내며 화학 전반에 걸쳐 영향을 미친다.

➤ 핵심 내용

입자가 고전적으로 금지되어 있는 영역으로 들어가거나 관통하여 지나가는 터널 현상은 퍼텐셜 에너지 장벽이 갑자기 무한대로 올라가지 않을 때 일어날 수 있다.

➤ 미리 알기

양자론의 가설(토픽 5~7)과 상자 속 입자의 Schrödinger 방정식의 해(토픽 9)에 익숙해져야 한다.

토픽 9에서는 퍼텐셜 에너지 장벽이 갑자기 무한대로 치솟아 벽의 바깥에서는 입자가 발견되지 못하게 하는 두 벽 사이에 구속된 입자의 Schrödinger 방정식의 해를 제시하였다. 그러나 실제 계에서 퍼텐셜 장벽은 무한대로 올라가지 않으며 그림 10.1에 나타난 것과 같은 퍼텐셜의 경우, 고전 물리학에서는 입자를 발견하는 것이 금지된 영역으로 입자가 들어가 통과할 수 있게 된다. 이 현상은 물질의 전자적 특성, 전자 이동 반응의 속도(토픽 94), 산과 염기의 성질, 그리고 표면을 연구하기 위해 현재 사용되는 기술 등에 대하여 매우 중요한 영향을 미친다.

10.1 직사각형 퍼텐셜 에너지 장벽

일정한 높이와 유한한 폭을 갖는 1차원적 장벽(그림 10.2)인 **직사각형 퍼텐셜 에너지 장벽(rectangular potential energy barrier)**의 왼쪽에서 입사하는 입자를 생각해 보자. 만일 입자의 에너지 E가 퍼텐셜 장벽의 높이 V보다 작다면 고전 역학에 따라 입자는 퍼텐셜 벽으로부터 반사된다. 그러나 양자론에 따라 입자가 장벽으로 표시된 영역의 안쪽에 있게 되면 입자의 파동함수가 급격하게 0으로 감쇠되지 않고 오히려 매끄럽게 변하며, 그리고 나서 장벽의 먼 쪽 면에서는 다시 진동하게 된다. 이 경우의 알짜 결과는 고전적으로 금지된 영역을 새어나가는 것이며, 이와 같은 현상을 **터널 현상(tunnelling)**이라고 한다.

Schrödinger 식을 이용하면 $x=0$에서 $x=L$ 범위에 걸친 직사각형 장벽 왼쪽으로부터 입사되는 질량 m인 입자의 터널 현상의 확률을 계산할 수 있다. 장벽의 왼쪽($x<0$)에서 파동함수들은 $V=0$일 때의 것들을, 식 9.3에 따라서 다음과 같이 쓸 수 있다.

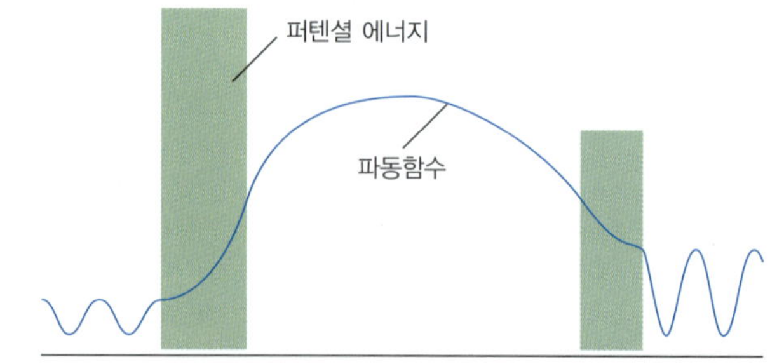

그림 10.1 실제 계에서 퍼텐셜 장벽은 갑자기 무한대로 올라가지 않는다. 여기에 나타난 배치에서 퍼텐셜 장벽 사이의 우물에 위치하고 있는 입자는 우물의 양쪽 어느 면의 장벽 안으로 들어가서 통과할 수 있다.

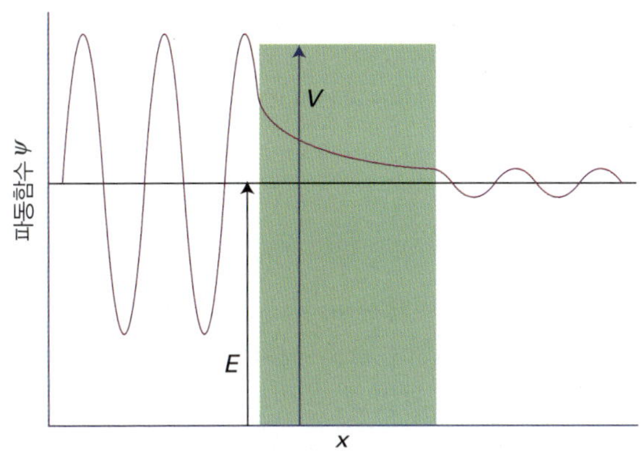

그림 10.2 일정한 높이와 유한한 폭을 갖는 직사각형 퍼텐셜 에너지 장벽. 왼쪽으로부터 장벽 속으로 들어가는 입자는 진동하는 파동함수를 가지나 장벽 속에서는 진동하지 않는다($E<V$인 경우). 장벽이 과히 두껍지 않을 때는 파동함수가 장벽 반대 면에서 0이 되지 않으며, 따라서 그곳에서 다시 진동하게 된다(이 그림은 파동함수의 실수 부분만을 나타낸 것이다).

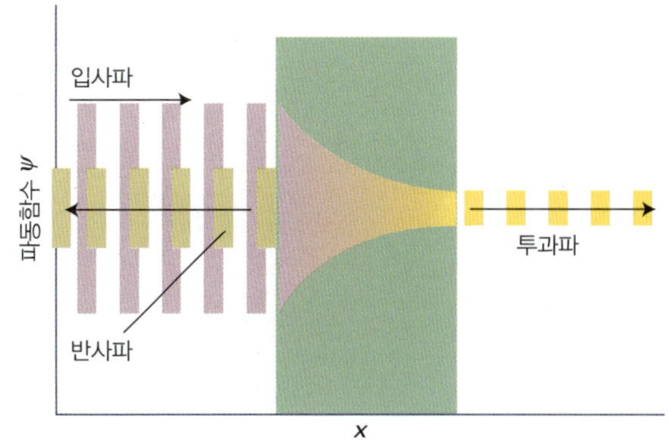

그림 10.3 입자가 왼쪽으로부터 장벽에 입사될 때 파동함수는 오른쪽으로의 선형 운동량을 나타내는 파동, 왼쪽으로의 운동량을 나타내는 반사된 성분, 장벽 내부에서 진동하지는 않지만 변하는 성분, 장벽 반대쪽에서 오른쪽 방향의 운동을 나타내는 (약한) 파동으로 이루어진다.

$$\psi = Ae^{ikx} + Be^{-ikx} \quad k\hbar = (2mE)^{1/2} \tag{10.1}$$
장벽 왼쪽의 파동함수 | 직사각형 장벽 속의 입자

퍼텐셜 에너지가 일정하게 V를 나타내는 장벽의 내부 영역 ($0 \le x \le L$)에서는 Schrödinger 식이 다음과 같이 된다.

$$-\frac{\hbar^2}{2m}\frac{d^2\psi(x)}{dx^2} + V\psi(x) = E\psi(x) \tag{10.2}$$

$E<V$이고(따라서 고전 물리학의 입장에서 볼 때 입자의 에너지가 이 장벽을 넘을 정도가 안 된다), 따라서 $V-E>0$이 되는 입자를 생각해 보자. 위의 식은 다음과 같은 일반해를 갖게 된다.

$$\psi = Ce^{\kappa x} + De^{-\kappa x} \quad \kappa\hbar = \{2m(V-E)\}^{1/2} \tag{10.3}$$
장벽 속에서의 파동함수 | 직사각형 장벽 속의 입자

위의 ψ를 x에 관해서 두 번 미분해 보면 이것이 해임을 확인할 수 있다. 여기서 주목해야 할 중요한 특징은 식 10.3의 두 지수함수가 실수 함수이며, $V=0$인 영역에 대한 진동 함수와 같은 복소 함수가 아니라는 것이다. 다시 $V=0$이 되는 장벽 오른쪽($x>L$)에서는 파동함수가 다음과 같이 된다.

$$\psi = A'e^{ikx} \quad k\hbar = (2mE)^{1/2} \tag{10.4}$$
장벽 오른쪽의 파동함수 | 직사각형 장벽 속의 입자

장벽의 오른쪽에서 입자는 오른쪽으로만 움직이며, 따라서 e^{-ikx} 형태를 갖는 항은 식 10.4의 파동함수에 기여하지 않는다는 것에 주목하자.

왼쪽으로부터 입사되는 입자에 대한 완전한 파동함수는 다음과 같은 것으로 이루어져 있다(그림 10.3).

- 입사파(Ae^{ikx}는 양의 운동량에 해당한다.)
- 장벽으로부터 반사되는 파(Be^{-ikx}는 음의 운동량에 해당하며 왼쪽으로의 운동이다.)
- 장벽 내부에서 지수함수적으로 변하는 진폭(식 10.3)
- 장벽을 성공적으로 통과한 후(터널 현상으로) 오른쪽으로 전파해 가는 입자를 나타내는 진동파(식 10.4)

물리적 해석

입자가 장벽 왼쪽($x<0$)에서 $+x$쪽(오른쪽)을 향해서 진행할 확률은 $|A|^2$에 비례하며, 장벽 오른쪽($x>L$)에서 오른쪽을 향해 이동할 확률은 $|A'|^2$이다. 이들 두 확률의 비, $|A'|^2/|A|^2$는 입자가 장벽을 통과하는 입자의 터널 확률을 반영하는 것으로서 **투과 확률(transmission probability, T)**라고 한다.

$|A'|^2$과 $|A|^2$ 사이의 관계를 결정하기 위해서는 계수 A, B, C, D와 A' 사이의 관계를 알아보아야 한다. 허용되는 파동함수는 장벽의 끝($x=0$와 $x=L$에서)에서 연속적이어야($e^0=1$을 상기하라) 하기 때문에 다음과 같은 관계식을 갖게 된다.

$$A+B=C+D \qquad Ce^{\kappa L}+De^{-\kappa L}=A'e^{ikL} \tag{10.5a}$$

장벽 끝에서는 파동함수의 기울기(이들의 일차 도함수)도 연속이어야 한다(그림 10.4).

$$ikA-ikB=\kappa C-\kappa D \qquad \kappa Ce^{\kappa L}-\kappa De^{-\kappa L}=ikA'e^{ikL} \tag{10.5b}$$

위 일련의 식 10.5에 복잡하지 않고 쉬운, 그러나 좀 긴 대수적인 처리를 하면(응용 문제 10.1 참조) 다음과 같은 투과 확률을 얻게 된다.

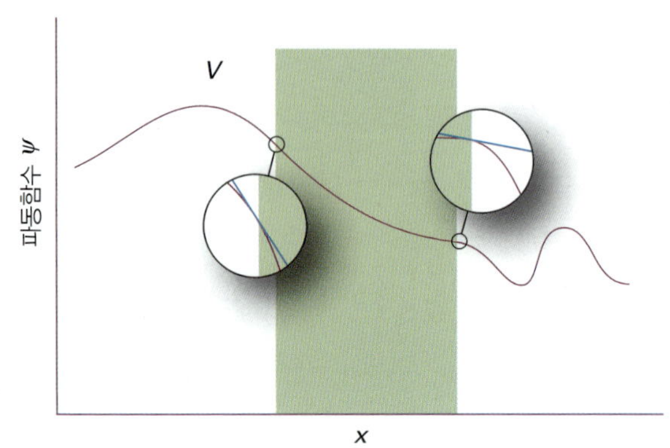

그림 10.4 파동함수와 그 기울기는 장벽 양쪽 끝에서 연속적이어야 한다. 이 연속 조건을 이용하여 세 영역의 파동함수들을 연결시킬 수 있으며, 그리하여 Schrödinger 방정식의 해에 나타나는 계수들 사이의 관계를 얻을 수 있다.

$$T=\left\{1+\frac{(e^{\kappa L}-e^{-\kappa L})^2}{16\varepsilon(1-\varepsilon)}\right\}^{-1}$$ 직사각형 퍼텐셜 장벽 투과 확률 (10.6)

여기서 $\varepsilon=E/V$이다. 이 함수를 그림 10.5에 도시하였는데, $E>V$인 경우의 투과 확률(문제 10.2에서 계산해 볼 것)도 함께 나타내었다. 투과 확률은 다음과 같은 특성을 갖는다.

- $E \ll V$에 대하여 $T \approx 0$
- E가 V에 근접함에 따라 T는 증가하며 터널 현상의 확률은 증가한다.
- $E>V$인 경우 T는 1에 근접하지만 아직 1보다는 작다. 이 경우 고전적으로는 입자가 장벽을 넘어서 통과할 수 있더라도 입자가 장벽에서 반사되는 확률이 아직 존재한다.

물리적 해석

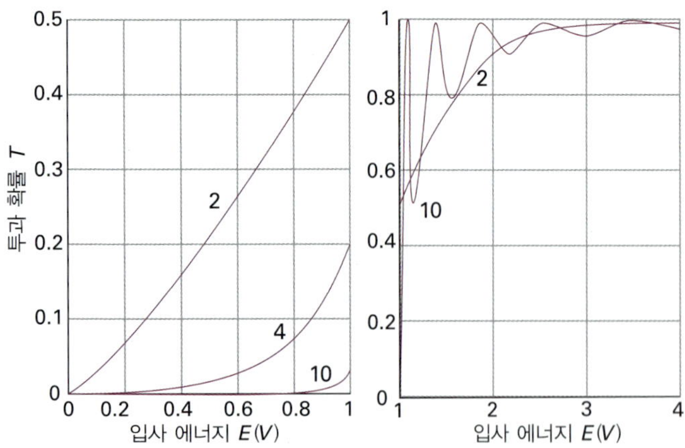

그림 10.5 직사각형 장벽을 통과해 나가는 투과 확률. 수평축은 입사되는 입자의 에너지를 장벽 높이의 배수로 나타낸다. 곡선 상의 지표는 $L(2mV)^{1/2}/\hbar$의 값이다. 왼쪽 그림은 $E<V$에 대한 것이고, 오른쪽 것은 $E>V$에 대한 것이다. $E<V$일 때에도 $T>0$이 되는데, 고전적으로는 $T=0$이 되어야 한다는 것을 주목하라. 그러나 $E>V$일 때는 $T<1$이 되는데, 고전적으로는 T가 1이 되어야 한다.

- 고전적으로 예측된 바와 같이 $E \gg V$인 경우 $T \approx 1$

높고 넓은 장벽(이 경우 $\kappa L \gg 1$)에 대하여 식 10.6은 다음과 같이 간단해진다.

$$T \approx 16\varepsilon(1-\varepsilon)e^{-2\kappa L} \quad (10.7)$$

투과 확률은 장벽의 두께와 $m^{1/2}$에 따라서 지수함수적으로 감소한다. 따라서 질량이 작은 입자가 무거운 것보다 쉽게 장벽을 터널 현상으로 통과해 나갈 수 있다(그림 10.6). 터널 현상은 전자나 뮤온(muon, $m_\mu \approx 207m_e$인 아원자)에 대해서는 대단히 중요하며, 양성자($m_p \approx 1840m_e$)에 대해서는 중간 정도로 중요하고, 입자가 무거워질수록 덜 중요해진다.

양성자가 중양성자보다 더욱 쉽게 터널하는 능력 때문에 화학에서 많은 효과가 나타나기도 한다(예로서 일부 반응 속도에 대한 동위 원소 의존성). 양성자 이동 반응은 대단히 빠르게 평형에 도달하는데, 이것 역시 양성자가 장벽을 터널하여 산에서 염기로 빠르게 이동하는 능력의 표현이다. 산과 염기 그룹 사이에서 양성자의 터널 현상도 몇 가지 효소 촉매 반응에 대한 메커니즘의 중요한 특징이다.

간단한 예 10.1 직사각형 장벽에서의 투과 확률

산성을 띠고 있는 수소 원자의 양성자가 2.000 eV의 높이와 100 pm의 길이를 갖는 장벽으로 나타낼 수 있는 산에 구속되어 있다고 가정하자. 1.995 eV(3.195×10^{-19} J)의 에너지를 갖는 양성자가 산에서 벗어날 수 있는 확률은 $\varepsilon=E/V=1.995$ eV/2.000 eV $=0.9975$와 $V-E=0.005$ eV(8.0×10^{-22} J에 해당한다)을 가지고 식 10.6을 사용하여 계산된다.

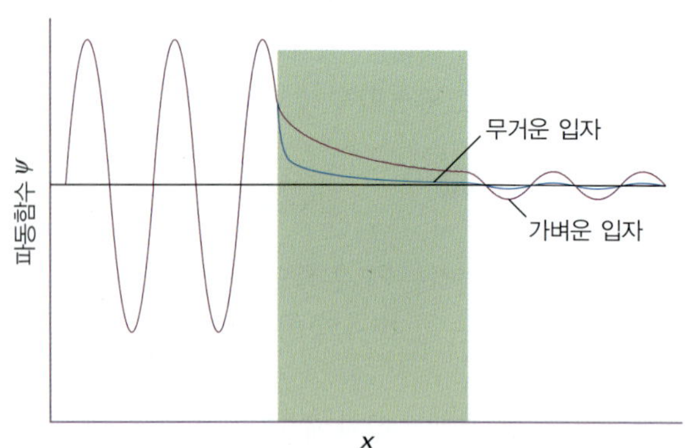

그림 10.6 무거운 입자의 파동함수는 장벽 내부에서 가벼운 입자의 파동함수보다 빠른 속도로 감쇠된다. 결과적으로 가벼운 입자가 터널 효과로 장벽을 투과할 확률이 대단히 큰 것은 이 때문이다.

$$\kappa = \frac{\{2\times(1.67\times10^{-27}\,\text{kg})\times(8.0\times10^{-22}\,\text{J})\}^{1/2}}{1.055\times10^{-34}\,\text{J s}}$$
$$= 1.55\ldots\times10^{10}\,\text{m}^{-1}$$

$1\ \text{J} = 1\ \text{kg m}^2\text{s}^{-2}$이 사용되었으며, 이어서 다음과 같이 계산된다.

$$\kappa L = (1.55\ldots\times10^{10}\,\text{m}^{-1})\times(100\times10^{-12}\,\text{m}) = 1.55\ldots.$$

따라서 식 10.6은 다음의 결과를 얻게 해 준다.

$$T = \left\{1+\frac{(e^{1.55\ldots}-e^{-1.55\ldots})^2}{16\times0.9975\times(1-0.9975)}\right\}^{-1}$$
$$= 1.96\times10^{-3}$$

이와 같은 T 값은 0.2퍼센트의 투과율에 해당되는 것이다. 그림 10.5에 표시되었듯이 에너지가 장벽의 높이보다 작지만 근접하는 경우 $L(2mV)^{1/2}/\hbar$(여기에서는 31) 값이 커지면 T 값은 작아지게 된다.

자가 진단 10.1 두 반도체 사이의 접합부를 2.00 eV의 높이와 100 pm의 길이를 갖는 장벽으로 나타낼 수 있다고 가정하자. 1.95 eV의 에너지를 갖는 전자가 장벽을 통하여 터널링할 수 있는 확률을 계산하시오.

답: $T = 0.881$

10.2 Eckart 퍼텐셜 에너지 장벽

직사각형 퍼텐셜 에너지 장벽에서는 장벽의 벽($x=0$과 L에서)에서 갑작스러운 변화가 일어난다. 다음과 같이 더 매끄럽고 더 현실적인 퍼텐셜 에너지 함수가 **Eckart 퍼텐셜 장벽**(**Eckart potential barrier**)이다.

$$V(x) = \frac{4V_0e^{ax}}{(1+e^{ax})^2} \qquad \text{Eckart 퍼텐셜 장벽} \qquad (10.8)$$

여기에서 V_0와 a는 각각 에너지와 역길이의 차원을 갖는 상수이다(그림 10.7) 이 퍼텐셜 함수는 종종 화학적 반응성의 모형에서 예를 드는데, 그 이유는 장벽의 왼쪽($x\to-\infty$)에는 반응물을, 오른쪽($x\to+\infty$)에는 생성물로 나타내는 반응 좌표(토픽 89)의 함수로서 반응에서의 퍼텐셜 에너지의 모양과 유사성을 갖고 있기 때문이다. Eckart 장벽에서의 투과 확률은 짧은 거리에서 전자나 양성자의 이동과 같이 퍼텐셜 에너지 장벽을 통과하여 터널링함으로써 진행되는 화학 반응의 본질에 대한 통찰력을 제공할 수 있다.

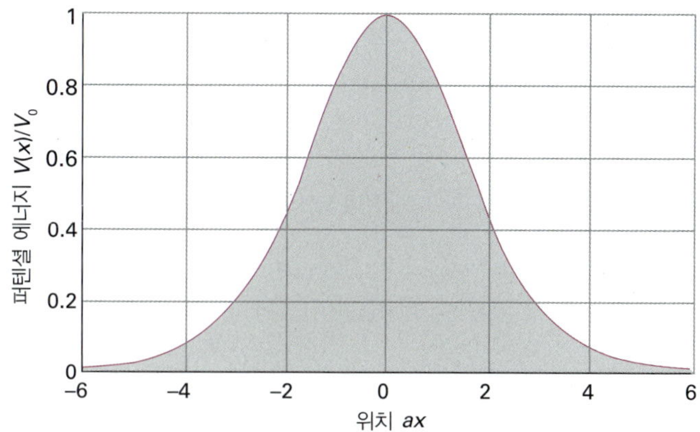

그림 10.7 Eckart 퍼텐셜 장벽

Eckart 퍼텐셜 함수에서의 투과 확률에 대한 해석적인 표현은 Schrödinger 방정식을 풀어 나타낼 수 있으며 이 경우 다음과 같다.

$$-\frac{\hbar^2}{2m}\frac{d^2\psi}{dx^2}+\frac{4V_0e^{ax}}{(1+e^{ax})^2}\psi = E\psi \qquad (10.9)$$

여기에서 m은 장벽과 마주치는 입자의 질량이다. 화학 반응성 연구에서 m은 자주 반응물의 환산 질량으로 취급되는데, 예를 들면 원자 A와 이원자 분자 BC의 반응에서 $1/m = 1/m_A + 1/(m_B+m_C)$이 된다.

식 10.9,[1]의 해로부터 얻어진 투과 확률은 다음과 같이 주어진다.

$$T = \frac{\cosh x_1 - 1}{\cosh x_1 + \cosh x_2} \qquad \text{Eckart 장벽 투과 확률} \qquad (10.10a)$$

여기에서

$$x_1 = 4\pi(2mE)^{1/2}/\hbar a \qquad (10.10b)$$

$$x_2 = 2\pi\left|8mV_0-(\hbar a/2)^2\right|^{1/2}/\hbar a \qquad (10.10c)$$

가 되며 cosh x는 쌍곡선(hyperbolic) cosine 함수이다(**화학자 툴킷 10.1 참조**).

[1] C. Eckart, *Phys. Rev.* 35, 1303(1930)을 볼 것. 이 경우 Schrödinger 방정식의 해는 소위 hypergeometric 함수이다.

화학자 툴킷 10.1 쌍곡선 함수

쌍곡선 코사인(cosh)과 쌍곡선 사인(sinh) 함수는 다음과 같이 정의된다.

$\cosh x = (e^{x} + e^{-x})/2 \qquad \sinh x = (e^{x} - e^{-x})/2$

스케치 10.1에 도시되었으며 대부분의 수학 소프트웨어 패키지에서 구할 수 있는 이 함수들은 다음과 같은 관계를 갖는다.

$\cosh^2 x - \sinh^2 x = 1$

$x=0$에서 $\cosh x=1$이며 $\sinh x=0$이다. cosh 함수는 우함수로서 $\cosh(-x)=\cosh x$인 반면에, sinh 함수는 기함수로서 $\sinh(-x)=-\sinh x$이다. $x\to\pm\infty$의 극한에서는 다음과 같은 관계가 있다.

- $x\to\infty$에 따라 $\cosh x\to\frac{1}{2}e^{x}$, $\sinh x\to\frac{1}{2}e^{x}$이다.
- $x\to-\infty$에 따라 $\cosh x\to\frac{1}{2}e^{-x}$, $\sinh x\to-\frac{1}{2}e^{-x}$이다.

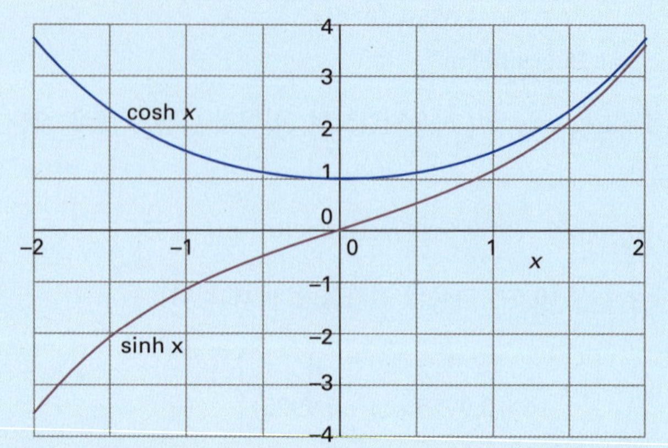

스케치 10.1 쌍곡선 함수 cosh x와 sinh x

그림 10.8은 에너지에 대한 투과 확률의 변화를 보여 준다. 이것의 거동은 그림 10.5에 나타냈으며 10.1절에서 설명된 직사각형 퍼텐셜 장벽에서의 것과 유사하다. 단 Eckart 장벽에서는 높은 에너지에서 투과 확률에 진동이 없는 반면에, 직사각형 장벽에서는 진동이 있을 수 있다는(L, m, V 값들에 의존하며 장벽의 벽에서 퍼텐셜 에너지의 불연속적인 성질에 기인하여) 것이 주된 차이이다.

간단한 예 10.2 Eckart 장벽에서의 투과 확률

두 반도체 사이의 접합부를 $V=2.00$ eV(3.20×10^{-19} J에 해당함)의 높이와 $a=(100\text{ pm})^{-1}$을 갖는 Eckart 장벽으로 나타낼 수 있다고 가정하자. 1.95 eV(3.12×10^{-19} J에 해당함)의 에너지를 갖는 전자가 장벽을 통하여 터널링할 수 있는 확률을 식 10.10을 사용하여 계산하시오.

$$x_1 = \frac{4\pi(2mE)^{1/2}}{\hbar a} = \frac{4\pi\{2\times(9.109\times10^{-31}\text{kg})\times(3.12\ldots\times10^{-19}\text{J})\}^{1/2}}{(1.055\times10^{-34}\text{J s})\times(1.00\times10^{-10}\text{m})^{-1}} = 8.98\ldots$$

$$x_2 = \frac{2\pi\left|8mV_0 - (\hbar a/2)^2\right|^{1/2}}{\hbar a}$$

$$= \frac{2\pi\left|8\times(9.109\times10^{-31}\text{kg})\times(3.20\ldots\times10^{-19}) - \left[(1.055\times10^{-34}\text{J s})\times(1.00\times10^{-10}\text{m})^{-1}/2\right]^2\right|^{1/2}}{(1.055\times10^{-34}\text{J s})\times(1.00\times10^{-10}\text{m})^{-1}}$$

$$= 8.54\ldots$$

$$T = \frac{\cosh x_1 - 1}{\cosh x_1 + \cosh x_2} = \frac{\cosh(8.98\ldots) - 1}{\cosh(8.98\ldots) + \cosh(8.54\ldots)} = 0.609$$

T 값은 **자가 진단** 10.1에서 구한 값보다 작은데, 이는 Eckart 장벽은 직사각형 장벽보다 더 긴 범위의 영역에서 효과적으로 확장되기 때문이다.

자가 진단 10.2 물 분자에서 산소 원자에 결합되어 있는 수소 원자에서 양성자를 제거하기 위해서는 $V_0=0.100$ eV, $a=(200\text{ pm})^{-1}$을 갖는 Eckart 장벽으로 나타낼 수 있는 퍼텐셜 장벽을 통하여 터널링이 요구된다고 가정하자. 0.095 eV의 에너지를 갖는 양성자가 물 분자로부터 빠져나올 수 있는 확률을 계산하시오.

답: $T=0.012$

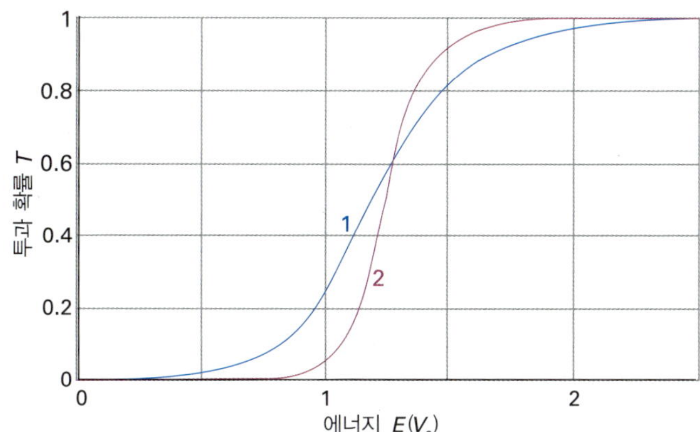

그림 10.8 Eckart 장벽에 대한 투과 확률과 에너지에 대한 투과 확률의 변화. 곡선은 $(2mV_0)^{1/2}/a\hbar$ 값으로 표시되어 있다.

10.3 이중 우물 퍼텐셜

그림 10.9에 보인 **이중 우물 퍼텐셜(double-well potential)**은 장벽을 통한 터널 현상의 결과로 일어나는 다양한 과정에 대한 유용한 모형을 제공한다. 다양한 과정에는 주개로부터 받개로의 전자나 양성자 이동, 두 개의 나노입자 사이의 전기 전도, 분자의 형태 변화가 포함된다. 여기에서는 세 개의 과정 중 마지막의 것에 초점을 맞추고 삼각 피라미드 구조인 AB_3 분자(NH_3와 같은)에서의 형태 변화를 생각해 보자. AB_3 구조의 퍼텐셜 에너지를 왼쪽 우물에, 역전된 분자(B_3A) 형태의 퍼텐셜 에너지를 오른쪽 우물에 나타낼 것이다. 피라미드형 분자가 평평하게 펴지게 될 때의 퍼텐셜 에너지는 우물 사이의 장벽에 의해 표시된다. 만일 장벽이 높으면 구조의 반전은 어렵게 되며(잘 만들어진 우산과 같이) 장벽이 낮으면 터널 현상에 의한 반전은 쉽게 일어난다.

에너지 장벽이 무한대로 높으면(실제로 매우 높음) 두 개의 형태, AB_3와 B_3A는 서로 바꾸어질 수 없다. AB_3에 대한 바닥 상태의 파동함수를 ψ_L로, B_3A에 대한 바닥 상태의 파동함수를 ψ_R로 표시하며, 이때 두 파동함수는 같은 에너지를 갖는다. 장벽이 낮으면 터널링이 일어나며(그림 10.2를 생각할 것), 파동함수 ψ_L은 장벽을 통하여 새어나오며 0이 아닌 진폭을 갖게 되고 이때 ψ_R(역시 장벽을 통하여 새어나온다)도 0이 아니다(그림 10.10a). AB_3와 B_3A 형태는 이제 서로 바꾸어질 수 있으며 복합 계를 설명하기 위해서는 새로운 파동함수를 찾아야 한다. 새로운 파동함수는 이중 우물 퍼텐셜의 두 개의 퍼텐셜 에너지 우물 모두에 비편재되어야 한다. 그러한 하나의 (비정규화된) 파동함수는 $\psi_L+\psi_R$인 선형 결합이며 AB_3나 B_3A의 어느 구조에서나 분자를 발견할 확률이 같기 때문에 선형 결합에서 ψ_L와 ψ_R의 계수는 동일하다(토픽 7의 가설 V를 상기할 것).

함수 ψ_L와 ψ_R은 복합 계를 묘사할 수 있는 또 하나의 다른 선형 결합을 형성하기 위하여 사용될 수 있으며, 이는 (비정규화된) 파동함수 $\psi_L-\psi_R$이 된다. 다시 한번 말하지만 어느 퍼텐셜 우물에서나 분자를 발견할 확률은 같게 된다. 파동함수 $\psi_L+\psi_R$과 $\psi_L-\psi_R$을 그림 10.b에 도시하였으며 그들은 특히 퍼텐셜 장벽 부근에서 다른 확률 진폭을 갖는다($\psi_L-\psi_R$은 장벽의 중심에서 마디 하나를 갖는다). 이 결과로 두 개의 선형 결합은 다른 에너지를 갖게 된다. 선형 결합 $\psi_L+\psi_R$로 설명되는 상태는 에너지가 낮으며 이것의 실제 값은 장벽의 높이에 의존한다. 유한한 퍼텐셜 에너지 장벽을 통한 터널 현상이 일어남으로써 퍼텐셜 에너지 우물 두 개 모두에 걸쳐 비편재되며 다른 에너지를 갖는 두 개의 상태가 초래하게 되는데, 이 현상은 **반전 이중성(inversion doubling)**으로 알려져 있다.

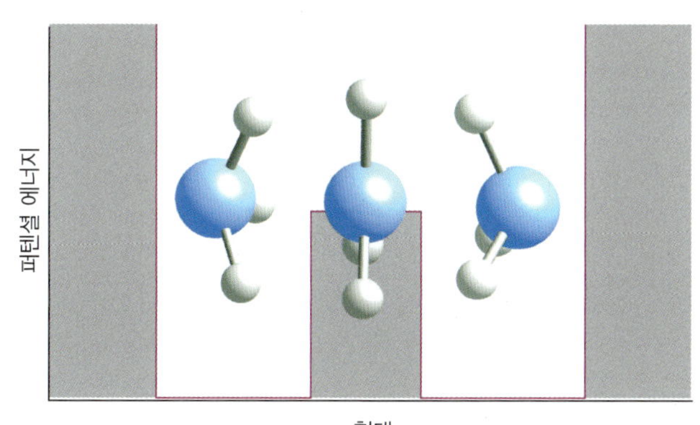

그림 10.9 반전을 겪는 분자에 대한 퍼텐셜 에너지 곡선의 모형인 이중 우물 퍼텐셜

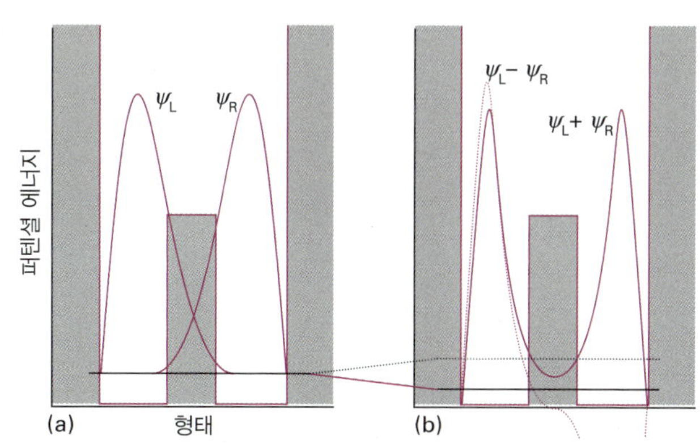

그림 10.10 (a) 첫 번째 근사에서 분자가 상자 속 입자에서와 같이 두 개의 퍼텐셜 우물의 어느 한쪽에서 진동한다. 나타낸 파동함수는 상자 속 입자의 바닥 상태에 해당하며 터널 현상에 기인하여 장벽 속으로 침투가 허용된다. (b) 반전이 허용될 때 분자의 파동함수는 표시된 선형 결합으로 만들 수 있다. 수평선은 에너지를 나타내는데, 그림 (b)에 표시된 두 개의 선형 결합에 대하여 다르다.

간단한 예 10.3 암모니아 분자에서의 반전 진동수

암모니아의 경우에서 파동함수 $\psi_L+\psi_R$과 $\psi_L-\psi_R$에 의해 나타나는 상태는 에너지가 1.6×10^{-23} J만큼 차이가 난다. 이 두 상태 사이의 분광학적인 전이는 전자기 복사선 스펙트럼의 마이크로파 영역인 0.79 cm^{-1}에서 일어나며, 이는 파장으로는 13 mm이고 진동수로는 24 GHz에 해당한다. Bohr의 진동수 조건(토픽 4의 식 4.4)에 의해 얻은 진동수를 '반전 진동수'라고 한다. NH_3에서 전이는 모든 분자에 대하여 알려진 가장 강한 마이크로파 전이이며, 레이저의 초기 선조격인 '메이저 작동'의 근원이 된다.

자가 진단 10.3 NH_3에서 관찰된 반전 이중성 현상은 중수소로 치환된 유사 분자인 ND_3에서는 관측되지 않는 경향이 있다. 그 이유를 설명하시오.

답: D는 H보다 무겁다. 따라서 터널 현상이 일어나기 어렵다.

개념 확인

□ 1. 고전적으로는 접근할 수 없는 금지된 영역 속으로 입자가 들어가거나 투과하는 것을 **터널 현상**이라고 한다.

□ 2. 터널 현상의 확률은 퍼텐셜 장벽의 높이와 너비가 증가함에 따라 감소한다.

□ 3. 가벼운 입자는 무거운 입자보다 장벽에 들어가 통과하기 쉽다.

□ 4. **Eckart 퍼텐셜**은 화학 반응에서 퍼텐셜 에너지 장벽을 설명하는 데 유용한 모형이다.

□ 5. 두 개의 퍼텐셜 우물로 갈라진 유한한 장벽을 통한 터널 현상은 퍼텐셜 에너지 우물 두 개 모두에 걸쳐 비편재되며 다른 에너지를 갖는 두 개의 상태가 초래하게 되는데, 이 현상은 **반전 이중성**으로 알려져 있다.

식 확인

성질	식	비고	식 번호
투과 확률	$T=\left\{1+(e^{\kappa L}-e^{-\kappa L})^2/16\varepsilon(1-\varepsilon)\right\}^{-1}$	직사각형 퍼텐셜 장벽	10.6
	$T=16\varepsilon(1-\varepsilon)e^{-2\kappa L}$	높고 넓은 직사각형 장벽	10.7
Eckart 퍼텐셜 장벽	$V(x)=4V_0e^{ax}/(1+e^{ax})^2$		10.8

토픽 11

다차원에서의 병진 운동

내용

➤ 학습 목표

원자, 분자, 그리고 나노구조 속의 전자는 3차원 공간에서 움직이기 때문에 양자론의 원리를 어떻게 사용하여 다차원에서 입자의 병진 운동을 다루어야 하는가를 알아야 한다.

➤ 핵심 내용

2차원과 3차원에서의 병진 운동에 대한 Schrödinger 방정식의 해는 1차원에서의 해를 다차원으로 일반화시키는 것이다.

➤ 미리 알기

1차원 상자 속 입자에 대한 Schrödinger 방정식의 해(토픽 9)에 익숙해져야 한다.

토픽 9에서는 1차원에서의 병진 운동을 설명하였다. 이 토픽에서는 다차원에서 자유롭게 움직이는 입자에 대한 에너지와 파동함수를 논의할 것이다. 1차원에서부터 3차원까지에 대한 설명은 두 단계를 거쳐 이루어지는데, 우선 2차원 계를 고려하고, 그다음에 이것을 3차원으로 일반화시키는 방법이다. 여기에서 제시되는 방법은 원자와 같은 다른 3차원 계에도 적절하며 이것은 토픽 17에서 다시 언급될 것이다. 더구나 이 토픽에서는 같은 에너지를 갖지만 다른 파동함수인 '축퇴'라는 현상을 마주치게 된다. 이것은 원자와 분자의 구조를 설명하는 데 중요한 역할을 하는 또 하나의 특성이 된다.

11.1 2차원에서의 운동

길이가 x 방향으로는 L_1이고 y 방향으로는 L_2인 2차원 영역의 직사각형 표면을 생각해 보자. 퍼텐셜 에너지는 무한대인 벽을 제외하고는 모든 곳에서 0이다(그림 11.1). 따라서 입자는 벽에서는 발견할 수 없으며, 벽과 그 바깥의 모든 2차원 영역에서 파동함수는 0이 된다. 벽 사이에서는 입자가 x와 y의 모든 방향으로 운동을 하므로 운동 에너지의 기여가 있기 때문에 Schrödinger 방정식은 각 축에 대하여 하나씩 모두 두 개의 운동 에너지 항을 갖게 된다. 즉 질량 m의 입자에 대한 방정식은 다음과 같이 표현된다.

$$-\frac{\hbar^2}{2m}\left(\frac{\partial^2\psi}{\partial x^2}+\frac{\partial^2\psi}{\partial y^2}\right)=E\psi \tag{11.1}$$

이 식은 **편**미분방정식(**수학적 배경** 2 참조)으로서, 변수가 한 개 이상인 미분 방정식이며, 결과의 파동함수는 x와 y 모두의 함수로서 $\psi(x,y)$로 표시한다. 이와 같은 의존성은 파동함

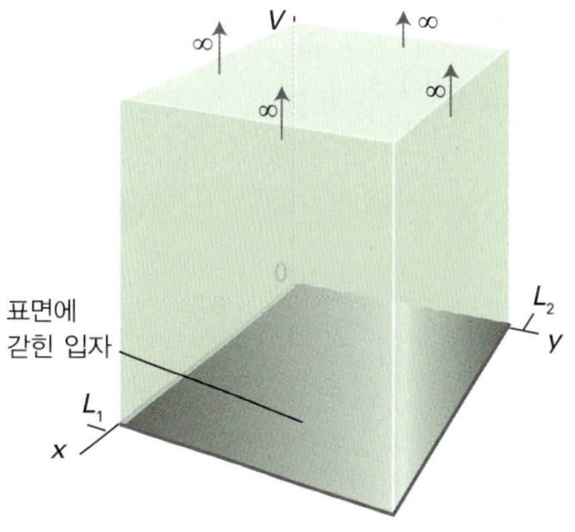

그림 11.1 이차원 네모 우물. 입자는 비투과성 벽으로 둘러싸인 평면에 갇혀 있다. 입자가 기벽에 닿자마자 그 퍼텐셜 에너지는 무한대로 치솟는다.

수와 이에 대응하는 확률 밀도가, 각 지점이 x와 y의 좌표에 의해 정해지는 평면의 위치에 의존한다는 것을 의미한다.

(a) 변수 분리

식 11.1의 형태인 편미분 방정식은 **변수 분리법(separation of variables technique)**에 의하여 단순화시킬 수 있으며 이 방법은 방정식을 각 변수 하나씩을 포함하는 두 개 이상의 상미분 방정식으로 분리시키는 것이다. 아래 **증명**에서 나타내듯이 이 방법을 사용하여 파동함수를 하나는 x에만 의존하며, 다른 하나는 y에만 의존하는 함수들의 곱으로 쓸 수 있다. 즉

$$\psi(x,y)=X(x)Y(y) \tag{11.2a}$$

이며 전체 에너지는 다음과 같이 주어진다.

$$E=E_X+E_Y \tag{11.2b}$$

여기서 E_X는 입자의 x축에 평행한 입자의 운동과 연관된 에너지 성분이고, 마찬가지로 E_Y는 y축에 평행한 운동 에너지 성분이다.

증명 11.1 변수 분리

Schrödinger 방정식이 분리될 수 있는지와 파동함수가 두 함수 X와 Y의 곱으로 분리되는지를 확인하는 첫 단계는 X는 y와 무관하고 Y는 x와 무관하기 때문에 다음과 같은 관계가 성립한다는 것을 나타내는 것이다.

$$\frac{\partial^2\psi}{\partial x^2}=\frac{\partial^2 XY}{\partial x^2}=Y\frac{\mathrm{d}^2X}{\mathrm{d}x^2} \qquad \frac{\partial^2\psi}{\partial y^2}=\frac{\partial^2 XY}{\partial y^2}=X\frac{\mathrm{d}^2Y}{\mathrm{d}y^2}$$

각 경우에 편미분방정식은 상미분 방정식으로 교체됐음을 주목하라. 그러면 식 11.1은 다음과 같이 된다.

$$-\frac{\hbar^2}{2m}\left(Y\frac{\mathrm{d}^2X}{\mathrm{d}x^2}+X\frac{\mathrm{d}^2Y}{\mathrm{d}y^2}\right)=EXY$$

다음으로 양변을 XY로 나누고 이 식을 정리하면 다음과 같이 된다.

$$\frac{1}{X}\frac{\mathrm{d}^2X}{\mathrm{d}x^2}+\frac{1}{Y}\frac{\mathrm{d}^2Y}{\mathrm{d}y^2}=-\frac{2mE}{\hbar^2}$$

좌변의 첫 항은 y에 무관하며, 따라서 y를 변화시키면 좌변의 두 항 중 둘째 항만 변할 수 있다. 그러나 이 두 항의 합은 우변에 주어진 상수와 같아야 한다. 따라서 둘째 항이 변하더라도 우변은 변할 수 없다. 결과적으로 y가 변하더라도 둘째 항까지 변할 수 없다. 바꾸어 말하면 둘째 항은 상수이며, $-2mE_Y/\hbar^2$으로 쓴다. 같은 논리로 첫째 항은 x가 변하더라도 일정하게 상수로 남아 있어야 하며, 이 상수를 $-2mE_X/\hbar^2$이라고 쓰고, 이때 $E=E_X+E_Y$이다. 따라서 이 관계를 다음과 같이 쓸 수 있다.

$$\frac{1}{X}\frac{\mathrm{d}^2X}{\mathrm{d}x^2}=-\frac{2mE_X}{\hbar^2} \qquad \frac{1}{Y}\frac{\mathrm{d}^2Y}{\mathrm{d}y^2}=-\frac{2mE_Y}{\hbar^2}$$

이들 두 식을 정리하여 다음과 같은 두 개의 상미분방정식(즉 단일 변수)이 된다.

$$-\frac{\hbar^2}{2m}\frac{\mathrm{d}^2X}{\mathrm{d}x^2}=E_XX \tag{11.3a}$$

$$-\frac{\hbar^2}{2m}\frac{\mathrm{d}^2Y}{\mathrm{d}y^2}=E_YY \tag{11.3b}$$

식 11.3의 두 상미분방정식은 각각 1차원 상자 속 입자의 Schrödinger 식과 같다(토픽 9). $x=0$과 L_1에서 $X(x)$가 0이며 $y=0$과 L_2에서 $Y(y)$도 0이어야 한다는 상세한 내용을 제외하고는 경계 조건도 1차원 상자 속 입자의 경우와 같다. 따라서 더 이상 계산을 하지 않고(식 9.8 참조), 그대로 토픽 9에서 구한 결과를 적용시킬 수 있다.

$$X_{n_1}(x)=\left(\frac{2}{L_1}\right)^{1/2}\sin\left(\frac{n_1\pi x}{L_1}\right) \qquad 0\le x\le L_1\text{일 때}$$

$$Y_{n_2}(y)=\left(\frac{2}{L_2}\right)^{1/2}\sin\left(\frac{n_2\pi y}{L_2}\right) \qquad 0\le y\le L_2\text{일 때}$$

따라서 $\psi=XY$이므로 다음과 같이 된다.

$$\psi_{n_1,n_2}(x,y)=\frac{2}{(L_1L_2)^{1/2}}\sin\left(\frac{n_1\pi x}{L_1}\right)\sin\left(\frac{n_2\pi y}{L_2}\right) \quad \text{2차원 상자 파동함수} \tag{11.4a}$$

$0\le x\le L_1$, $0\le y\le L_2$에 대하여

$\psi_{n_1,n_2}(x,y)=0$ 상자 밖

비슷한 방법으로 $E=E_X+E_Y$이므로 입자의 에너지는 다음과 같은 값으로 국한된다.

$$E_{n_1,n_2}=\left(\frac{n_1^2}{L_1^2}+\frac{n_2^2}{L_2^2}\right)\frac{h^2}{8m} \quad \text{2차원 상자 에너지 준위} \tag{11.4b}$$

여기서 택한 두 개의 양자수 값은 $n_1=1, 2, \cdots$와 $n_2=1, 2, \cdots$로 서로 독립적이다. 가장 낮은 에너지 상태는 $(n_1=1, n_2=1)$이며 $E_{1,1}$은 영점 에너지이다.

간단한 예 11.1 2차원 상자 속 입자의 영점 에너지

$L_1 = 1.0$ nm, $L_2 = 2.0$ nm의 크기를 갖는 공동에 갇혀 있는 전자는 상자 속 입자의 파동함수로 설명될 수 있다. 전자의 영점 에너지는 식 11.4b로 주어지며 $n_1 = 1$, $n_2 = 1$일 때 다음과 같다.

$$E_{1,1} = \left\{ \frac{1^2}{(1.0\times10^{-9}\,\text{m})^2} + \frac{1^2}{(2.0\times10^{-9}\,\text{m})^2} \right\} \frac{(6.626\times10^{-34}\,\text{J s})^2}{8\times(9.109\times10^{-31}\,\text{kg})}$$
$$= 7.5\times10^{-20}\,\text{J}$$

자가 진단 11.1 변의 길이가 1.0 nm인 정사각형 공동에 갇혀 있는 전자에서 $n_1 = n_2 = 2$인 준위와 $n_1 = n_2 = 1$인 준위 사이의 에너지 간격을 계산하시오.

답: 3.6×10^{-19} J

이들 파동함수의 몇 개를 그림 11.2에 등고선으로 나타내었는데, 이들은 그림 9.4에 나타낸 파동함수의 2차원적 표현이다. 1차원에서의 파동함수는 끝이 고정된 진동하는 줄의 상태를 닮은 반면, 2차원에서의 파동함수는 가장자리가 고정된 직사각형 판이 진동하는 것에 해당한다.

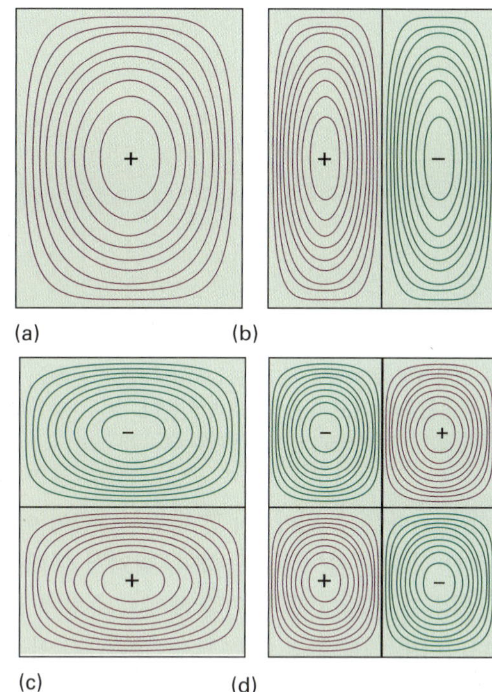

그림 11.2 동일 진폭의 등고선으로 나타낸 직사각형 표면에 갇혀 있는 입자에 대한 파동함수. (a) $n_1 = 1$, $n_2 = 1$인 최저 에너지 상태, (b) $n_1 = 1$, $n_2 = 2$, (c) $n_1 = 2$, $n_2 = 1$, (d) $n_1 = 2$, $n_2 = 2$인 상태

간단한 예 11.2 2차원 상자 속 입자의 분포

길이가 L인 정사각형 공동에 갇혀 있는 전자가 양자수 $n_1 = 1$, $n_2 = 2$인 상태에 있다고 생각해 보자. 이 경우 확률 밀도는 다음과 같이 주어진다.

$$\psi_{1,2}^2(x,y) = \frac{4}{L^2}\sin^2\left(\frac{\pi x}{L}\right)\sin^2\left(\frac{2\pi y}{L}\right)$$

따라서 가장 가능성이 높은 전자의 위치는 $\sin^2(\pi x/L) = 1$과 $\sin^2(\pi y/L) = 1$, 또는 $(x,y) = (L/2, L/4)$과 $(L/2, 3L/4)$에 해당한다. 가장 가능성이 낮은 전자의 위치(파동함수가 0을 지나는 마디)는 상자 안에서 확률 밀도가 0이 되는 곳들과 일치하며 이는 $y = L/2$ 선상을 따라 일어난다.

자가 진단 11.2 길이가 L인 정사각형 공동에 있는 전자가 양자수 $n_1 = 2$, $n_2 = 3$인 상태에 있을 때 전자가 있을 가능성이 가장 높은 위치를 결정하시오.

답: $x = L/4$와 $3L/4$이며 $y = L/6$, $L/2$, $5L/6$인 위치

(b) 축퇴도

상자가 단지 직사각형이 아니고 $L_1 = L_2 = L$인 정사각형 형태일 때 해에 특별한 양상이 나타난다. 즉 파동함수와 그들의 에너지는 다음과 같다.

$$\psi_{n_1,n_2}(x,y) = \frac{2}{L}\sin\left(\frac{n_1\pi x}{L}\right)\sin\left(\frac{n_2\pi y}{L}\right) \quad \text{2차원 정사각형 상자 파동함수} \quad (11.5a)$$

$0 \le x \le L$, $0 \le y \le L$에 대하여

$\psi_{n_1,n_2}(x,y) = 0$ 상자 밖

$$E_{n_1,n_2} = (n_1^2 + n_2^2)\frac{h^2}{8mL^2} \quad \text{2차원 정사각형 상자 에너지 준위} \quad (11.5b)$$

우선 $n_1 = 1$, $n_2 = 2$인 경우와 $n_1 = 2$, $n_2 = 1$인 경우를 생각해 보자.

$$\psi_{1,2} = \frac{2}{L}\sin\left(\frac{\pi x}{L}\right)\sin\left(\frac{2\pi y}{L}\right) \qquad E_{1,2} = \frac{5h^2}{8mL^2}$$
$$\psi_{2,1} = \frac{2}{L}\sin\left(\frac{2\pi x}{L}\right)\sin\left(\frac{\pi y}{L}\right) \qquad E_{2,1} = \frac{5h^2}{8mL^2}$$

이때 두 파동함수가 다르더라도 동일한 에너지를 갖는다. 다른 파동함수가 동일한 에너지에 대응한다는 전문적인 용어를 **축퇴**(**degeneracy**)라고 하며, 이 경우 에너지 $5h^2/8mL^2$을 갖는 상태를 '2중으로 축퇴되었다'라고 말한다.

축퇴가 일어나는 것은 계의 대칭과 관계된다. 두 축퇴 함수 $\psi_{1,2}$와 $\psi_{2,1}$의 등치선 도표를 그림 11.3에 나타내었다. 상자가 정사각형이므로 평면을 90° 회전하여 한 파동함수를 다

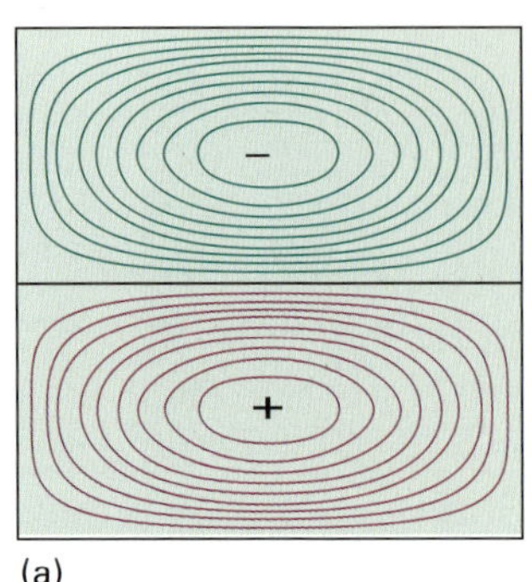

(a)

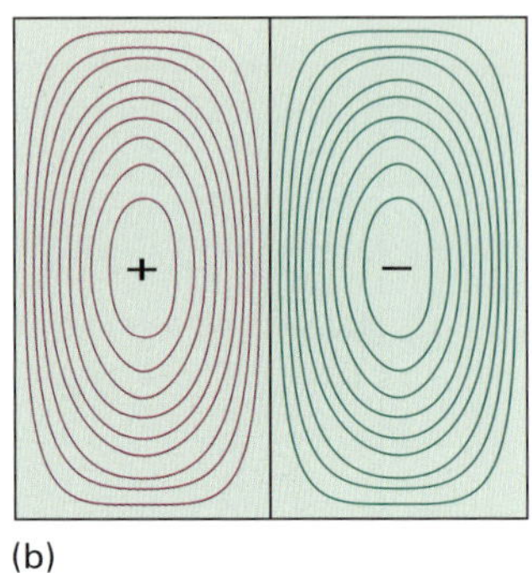

(b)

그림 11.3 정사각형 우물에 갇혀 있는 입자에 대한 파동함수. 90° 회전에 의해서 한 파동함수가 다른 파동함수로 변환된다. 이 두 함수들은 동일한 에너지에 대응한다. 실제 축퇴도는 대칭성의 결과이다.

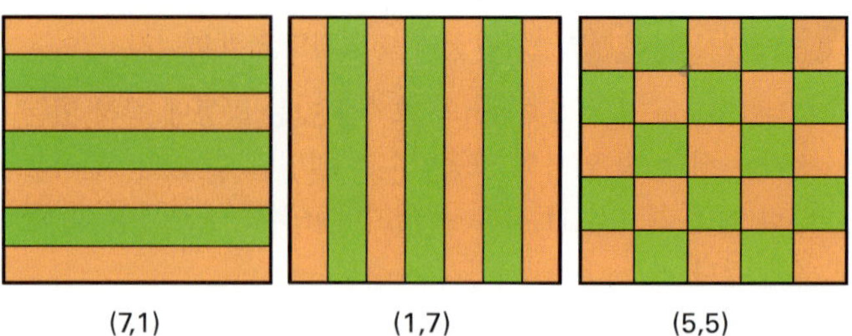

그림 11.4 우연한 축퇴도는 감춰진 대칭성의 결과이다. 이 세 가지 상태는 축퇴되어 있으나 처음 두 개 (7,1)과 (1,7)만이 대칭성과 서로 연관되어 있다. 세 번째 상태인 (5,5)는 분명히 정사각형 영역의 어떠한 대칭 전환과도 연관되지 않는다. 각 경우에 대하여 마디의 위치만을 나타내었다.

른 파동함수로 바꿀 수 있다. 이 면이 정사각형이 아니면 90° 회전에 의한 상호 변환이 불가능하며, 따라서 이때는 $\psi_{1,2}$와 $\psi_{2,1}$이 축퇴되지 않는다. 양자 역학 계에서 축퇴에 관한 다른 예들이 나타나며(예를 들면 수소 원자, 토픽 17) 이들은 모두 계의 대칭성에서 그 원인을 찾을 수 있다.

간단한 예 11.3 2차원 상자의 축퇴도

길이가 L인 2차원적 정사각형 상자 속 입자가 $n_1=1$, $n_2=7$인 상태에 있을 때의 에너지는 다음과 같다.

$$E_{1,7}=(1^2+7^2)\frac{h^2}{8mL^2}=\frac{50h^2}{8mL^2}$$

이 상태는 $n_1=7$, $n_2=1$인 상태와 축퇴되어 있다. 따라서 첫 번째 시각으로 에너지 $50h^2/8mL^2$을 갖는 준위는 2중으로 축퇴된 것이다. 그러나 어떤 계에서는 대칭과 명확히 관련되지 않은 상태가 있을 수 있고 이는 '우연히' 축퇴된 것이다. 이러한 경우는 $n_1=5$, $n_2=5$인 상태로, 이 역시 $50h^2/8mL^2$의 에너지를 갖는다(그림 11.4). 우연한 축퇴는 바로 명확해지지는 않지만 종종 대칭성으로 확인될 수 있으며, 이 역시 수소 원자에서 마주치게 될 것이다(토픽 17).

자가 진단 11.3 변의 길이가 각각 $L_1=L$, $L_2=2L$인 직사각형 상자 속 입자에 대하여 상태 (4,4)와 우연히 축퇴되는 상태 (n_1,n_2)를 구하시오.

답: $(n_1=2, n_2=8)$

11.2 3차원에서의 운동

이제 마지막 단계인 3차원 문제를 다뤄 보자. 계는 길이가 x 방향으로는 L_1, y 방향으로는 L_2이며, z 방향으로는 L_3인 상자 속에 구속된 질량 m인 입자로 구성되어 있다고 하자. 퍼텐셜 에너지는 상자 안에서는 0이고 벽 바깥에서는 무한대가 된다. 이 계는 거시적 크기의 용기 속에 기체가 들어 있는 양자 역학적 계이거나 고체의 작은 공동에 구속되어 있는 전자에 대한 모형이 될 수 있다.

파동함수가 단순히 한 가지 인수를 더 갖는다는 것이 명백하다(변수 분리 방법으로 증명될 수 있다)는 점에서 이 과정은 쉽게 유도된다.

$$\psi_{n_1,n_2,n_3}(x,y,z)=\left(\frac{8}{L_1L_2L_3}\right)^{1/2}\sin\frac{n_1\pi x}{L_1}\sin\frac{n_2\pi y}{L_2}\sin\frac{n_3\pi z}{L_3} \quad \text{3차원 상자 파동함수} \quad (11.6a)$$

$0\le x\le L_1$, $0\le y\le L_2$, $0\le z\le L_3$에 대하여

상자 밖에서는 퍼텐셜 에너지가 무한대이기 때문에 파동함수는 0이다. 마찬가지로 에너지는 z 방향의 운동으로부터 세 번째 항의 기여를 가지게 된다.

$$E_{n_1,n_2,n_3}=\left(\frac{n_1^2}{L_1^2}+\frac{n_2^2}{L_2^2}+\frac{n_3^2}{L_3^2}\right)\frac{h^2}{8m} \quad \text{3차원 상자 에너지 준위} \quad (11.6b)$$

여기서 양자수 n_1, n_2, n_3는 모두 양의 정수인 1, 2, ...와 같으며 독립적으로 변할 수 있다. 계는 영점 에너지(정육면체에 대하여 $E_{1,1,1}=3h^2/8mL^2$)를 가지며 2차원 계와 같이 실제 축퇴와 우연 축퇴를 모두 가질 수 있다.

예제 11.1 정육면체 상자에서의 전이 분석

액체 암모니아 속의 알칼리 금속 용액은 유기 합성의 환원제로 널리 사용된다. 예를 들어 액체 암모니아에 소듐을 가하면 암모니아 분자에 의해 형성된 지름이 0.30 nm인 공동 속에 효과적으로 갇히는 용매화된 전자가 발생된다. 용매화된 전자는 정육면체 상자 속에서 자유롭게 움직이는 입자로서 모형화할 수 있다고 가정하자. 상자의 길이가 0.30 nm로 주어지면 전자가 가장 낮은 에너지 상태에서 바로 다음으로 높

은 에너지를 갖는 상태로 전이할 때 필요한 에너지는 얼마인가?

방법 양자화된 에너지는 식 11.6b에 주어졌다. 가장 낮은 에너지 상태는 $n_1=1$, $n_2=1$, $n_3=1$을 갖는다. 전자가 다음으로 높은 에너지를 갖는 상태로 전이할 때 이 상태는 $n_1=2$, $n_2=1$, $n_3=1$을 갖는 상태이다. ((1,2,1) 또는 (1,1,2) 상태도 같은 결과를 초래한다.) $\Delta E=E_{2,1,1}-E_{1,1,1}$를 계산한다.

풀이 $L_1=L_2=L_3=L=0.30\times10^{-9}$ m와 함께 식 11.6b를 사용하면 다음의 결과를 얻는다.

$$\Delta E=E_{2,1,1}-E_{1,1,1}=(2^2+1^2+1^2)\frac{h^2}{8mL^2}-(1^2+1^2+1^2)\frac{h^2}{8mL^2}$$
$$=\frac{3h^2}{8mL^2}=\frac{3\times(6.626\times10^{-34}\,\text{J s})^2}{8\times(9.109\times10^{-31}\,\text{kg})\times(0.30\times10^{-9}\,\text{m})^2}$$
$$=2.0\times10^{-18}\,\text{J}$$

즉 2.0 aJ이다. 만일 이 전이가 복사선에 의해서 일어난다고 가정하면 Bohr 진동수 조건(토픽 4의 식 4.4)으로부터 전이 진동수 $\nu=\Delta E/h=3.0\times10^{15}$ Hz가 되어야 하며, 이는 100 nm의 파장과 일치하는 것이다.

자가 진단 11.4 암모니아 속 소듐의 묽은 용액은 용매화된 전자에 의해 용액의 파란색이 원인이 되는 1.5 μm 복사선의 흡수가 일어난다. 용매화된 전자의 3차원 상자 속 입자 모형에서 이 파장의 흡수를 설명하는 상자의 길이 L은 얼마인가?

답: $L=1.2$ nm

개념 확인

- □ 1. 2차원 또는 3차원 상자 속 입자의 파동함수는 1차원 상자 속 입자에 대한 파동함수들의 곱이다.
- □ 2. 2차원 또는 3차원 상자 속 입자의 에너지는 2차원 또는 3차원 상자 속 입자에 대한 에너지들의 합이다
- □ 3. 2차원 상자 속 입자의 영점 에너지는 양자수 ($n_1=1$, $n_2=1$)를 갖는 상태에 해당하며, 3차원의 경우는 ($n_1=1$, $n_2=1$, $n_3=1$) 상태의 것과 일치한다.
- □ 4. 다른 파동함수가 동일한 에너지에 대응될 때 **축퇴**가 일어난다.
- □ 5. 축퇴가 일어나는 것은 계의 대칭의 결과이다.

식 확인

성질	식	비고	식 번호
2차원 상자 속 입자의 파동함수	$\psi_{n_1,n_2}(x,y)$ $=(2/(L_1L_2)^{1/2})\sin(n_1\pi x/L_1)\sin(n_2\pi y/L_2)$ $0\le x\le L_1$, $0\le y\le L_2$ $\psi_{n_1,n_2}(x,y)=0$ 상자 밖	n_1, $n_2=1, 2, \ldots$	11.4a
2차원 상자 속 입자의 에너지	$E_{n_1,n_2}=(n_1^2/L_1^2+n_2^2/L_2^2)h^2/8m$	n_1, $n_2=1, 2, \ldots$	11.4b
3차원 상자 속 입자의 파동함수	$\psi_{n_1,n_2,n_3}(x,y,z)=(8/(L_1L_2L_3))^{1/2}\times$ $\sin(n_1\pi x/L_1)\sin(n_2\pi y/L_2)\sin(n_3\pi z/L_3)$ $0\le x\le L_1$, $0\le y\le L_2$, $0\le z\le L_3$인 경우 $\psi_{n_1,n_2,n_3}(x,y,z)=0$ 상자 밖	n_1, n_2, $n_3=1, 2, \ldots$	11.6a
3차원 상자 속 입자의 에너지	$E_{n_1,n_2,n_3}=(n_1^2/L_1^2+n_2^2/L_2^2+n_3^2/L_3^2)h^2/8m$	n_1, n_2, $n_3=1, 2, \ldots$	11.6b

토픽 12

진동 운동

내용

➤ 학습 목표

진동 주파수의 검출과 해석은 적외선 분광법(토픽 43)의 기본이며, 열용량(토픽 58)과 같은 열역학적인 성질을 해석하기 위해서는 분자 진동을 이해할 필요가 있다. 분자의 진동은 화학 반응의 속도에서 역할을 담당하며, 따라서 화학 반응 속도론(토픽 89)의 측면에서 양자 역학적 논의를 시작하기 위하여 이 주제가 필요하게 된다.

➤ 핵심 내용

조화 진동자의 에너지 준위는 일정하게 간격이 벌어진 사다리와 같이 형성되며, 가장 낮은 사다리의 가로대는 영점 에너지에 해당한다. 파동함수는 다항식과 Gauss(종 모양의) 함수의 곱이다.

➤ 미리 알기

퍼텐셜 함수로 주어진 Schrödinger 방정식을 어떻게 나타내는지를 알아야 한다(토픽 6). 또한 터널 현상의 개념(토픽 10)과 측정 가능 변수의 기댓값(토픽 7)에 익숙해져야 한다. 끝 부분에서는 속도 상수와 활성화 에너지의 개념(토픽 85)에 익숙해질 필요가 있다.

분자나 고체 속의 원자는 결합이 늘어나거나 줄어들거나 굽혀짐으로써 그들 평균 위치의 주위에서 진동한다. 이 토픽에서는 한 가지 독특한 형태의 진동 운동, 즉 1차원에서의 '조화 운동'에 대하여 알아볼 것이다. 만일 입자가 변위에 비례하는 복원력을 받으면 입자는 **조화 운동**(**harmonic motion**)을 겪는다.

$$F = -k_f x \qquad \text{조화 운동 \quad 복원력} \qquad (12.1)$$

여기에서 k_f는 **힘상수**(**force constant**)이며 강한 '용수철'일수록 k_f 값이 크다. 힘과 퍼텐셜 에너지 사이에는 $F = -\mathrm{d}V/\mathrm{d}x$의 관계가 성립하므로(토픽 2 참조), 식 12.1에서 힘은 입자가 평형 위치로부터 거리 x만큼 옮겨졌을 때 다음과 같은 퍼텐셜 에너지를 갖는 입자에 해당한다.

$$V(x) = \tfrac{1}{2}k_f x^2 \qquad \text{포물선형 퍼텐셜 에너지} \qquad (12.2)$$

포물선의 방정식(그림 12.1)인 이 식은 조화 진동자의 퍼텐셜 에너지 특성에 대하여 '포물선형 퍼텐셜 에너지'라는 용어의 근원이 된다. 따라서 질량 m인 입자의 Schrödinger 방정식은 다음과 같이 쓸 수 있다.

$$-\frac{\hbar^2}{2m}\frac{\mathrm{d}^2\psi(x)}{\mathrm{d}x^2} + \tfrac{1}{2}k_f x^2\psi(x) = E\psi(x) \qquad \text{조화 진동자 \quad Schrödinger 방정식} \qquad (12.3)$$

진동자의 에너지는 파동함수가 경계 조건을 만족해야(토픽 9

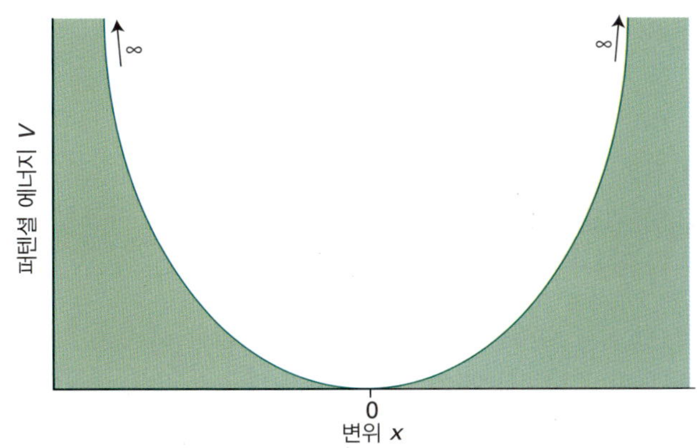

그림 12.1 조화 진동자의 포물선형 퍼텐셜 에너지 $V=\frac{1}{2}k_f x^2$. x는 평형점으로부터의 변위이다. 곡선의 폭은 힘상수 k_f에 의존하는데, k_f 값이 클수록 우물이 좁아진다.

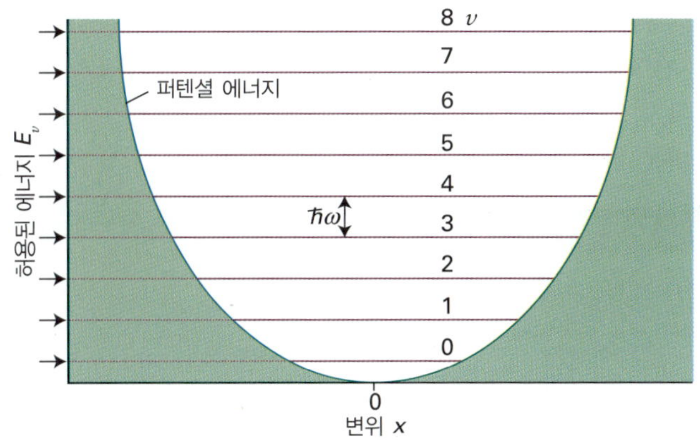

그림 12.2 조화 진동자의 에너지 준위들은 $\hbar\omega$의 간격을 가지고 균일하게 사이가 띄워져 있으며 여기서 $\omega=(k_f/m)^{1/2}$로 주어진다. 최저 상태에서도 진동자의 에너지는 0보다 크다.

에서 상자 속 입자의 경우와 같이) 하기 때문에 양자화될 것임을 예상할 수 있다. 진동자의 퍼텐셜 에너지는 경계에서 무한대로 치솟기 때문에 매우 넓은 범위로 확장되지 않을 것이다. 즉 $x=\pm\infty$에서 $\psi=0$이라는 경계 조건이 부과되면 오로지 특정한 파동함수와 그들에 일치하는 에너지만이 가능하다는 것을 알아 낼 것이라고 예상할 수 있다.

12.1 에너지 준위

식 12.3은 미분방정식 이론의 한 표준 식이며, 그 해는 수학자들에게 잘 알려져 있다[1]. 허용되는 에너지 준위들은 다음과 같다.

$$E_v=(v+\tfrac{1}{2})\hbar\omega \quad \omega=(k_f/m)^{1/2} \quad v=0,\ 1,\ 2,\ldots$$ 조화 진동자 **에너지 준위** (12.4)

여기에서 v는 **진동 양자수(vibrational quantum number)**이다. 힘상수가 커지고 질량이 작아질수록 ω가 커진다는 것을 주목하라. 인접 준위들 사이의 간격은 다음과 같으며 모든 v에 대하여 동일하다.

$$E_{v+1}-E_v=\hbar\omega \qquad (12.5)$$

따라서 에너지 준위들은 간격이 균일하게 $\hbar\omega$인 사다리 형태를 이룬다(그림 12.2). 에너지 간격 $\hbar\omega$는 대상 물체가 거시적일 때는(큰 질량) 무시할 수 있을 정도로 작아 진동 운동을 설명하는데는 고전 역학이 적절하지만, 원자와 비슷한 질량을 가지는 물체에 대해서 에너지 간격은 매우 중요해진다.

[1] 자세한 내용을 원하면 *Molecular quantum mechanics*, Oxford University Press(2011)를 볼 것.

허용되는 최소의 v 값은 0이므로 진동자는 식 12.4에 의해서 다음과 같은 영점 에너지를 갖는다.

$$E_0=\tfrac{1}{2}\hbar\omega$$ 조화 진동자 **영점 에너지** (12.6)

영점 에너지가 존재하는 수학적 이유는 v가 음의 값을 가질 수 없기 때문이다. 이것이 음이면 파동함수는 경계 조건을 따르지 않게 될 것이다. 한편 물리학적 이유는 상자 속의 입자의 경우와 같다(토픽 9). 즉 이 입자는 갇혀 있고, 그 위치가 완전히 불확정이 아니므로 그 운동량, 따라서 그 운동 에너지는 정확하게 0이 될 수 없기 때문이다. 이 영점 상태는 입자가 그 평형점 주위에서 끊임없이 요동하는 상태라고 볼 수 있다. 고전 역학에서는 입자가 완전히 정지해야 한다고 보는 것이다.

분자 안에서 원자들은 결합이 용수철과 같은 작용을 하여 원자 상호 간에 상대적인 진동을 하게 된다. 이때 진동의 진동수를 예측하기 위하여 어떤 질량을 사용해야 하는지와 같은 의문이 생기게 된다. 일반적으로 상대 질량은 움직이는 모든 원자들의 질량에 대한 복잡한 조합이며, 각 기여도는 각 원자 운동의 진폭에 의하여 가중치를 준다. 진폭은 진동 운동이 굽힘 운동인지, 신축 운동인지를 구별하는 것과 같이 운동 방식에 의존하며, 따라서 진동의 각 양식은 특성 '유효 질량'을 갖는다. 그러나 결합의 신축과 압축에 해당하는 하나의 진동 방식만 갖는 압축 이원자 분자 AB에 대하여 **유효 질량(effective mass)** μ는 다음과 같은 매우 간단한 형태를 갖는다.

$$\mu=\frac{m_A m_B}{m_A+m_B}$$ 이원자 분자 **유효 질량** (12.7)

A가 B보다 대단히 무겁다면 분모에서 m_B는 무시될 수 있으

며, 따라서 유효 질량은 $\mu = m_B$가 되어 가벼운 원자의 질량이 된다. 이 결과는 설득력이 있다. 즉 무거운 원자가 벽돌 벽과 같은 것이라면 단지 가벼운 원자만이 움직이며, 따라서 가벼운 원자가 진동 주파수를 결정하게 된다.

간단한 예 12.1 이원자 분자의 진동 에너지 간격

$^1H^{35}Cl$의 유효 질량은

$$\mu = \frac{m_H m_{Cl}}{m_H + m_{Cl}} = \frac{(1.0078m_u)\times(34.9688m_u)}{(1.0078m_u)+(34.9688m_u)} = 0.9796m_u$$

이며 양성자의 질량과 가깝다. 결합의 힘상수는 $k_f = 516.3$ N m^{-1}이다. 식 12.4에서 m 대신 μ로 쓰면 다음과 같이 계산된다.

$$\omega = \left(\frac{k_f}{\mu}\right)^{1/2} = \left(\frac{516.3\,\text{N m}^{-1}}{0.9796\times(1.66054\times10^{-27}\,\text{kg})}\right)^{1/2} = 5.634\times10^{14}\,\text{s}^{-1}$$

(1 N = 1 kg m s^{-2}을 사용하였다.) 따라서 인접 준위 사이의 간격은 식 12.5에 의해 아래와 같이 주어진다.

$$E_{v+1} - E_v = (1.05457\times10^{-34}\,\text{J s})\times(5.634\times10^{14}\,\text{s}^{-1}) = 5.941\times10^{-20}\,\text{J}$$

즉 59.41 zJ이고 약 0.37 eV이다. 이와 같은 에너지 간격은 36 kJ mol^{-1}에 해당되는 것으로서 화학적으로 중요하다. 이 분자 진동자의 영점 에너지 식 12.6은 29.71 zJ이고, 이는 0.19 eV 또는 18 kJ mol^{-1}이다.

자가 진단 12.1 수소 원자가 금 나노입자의 표면에 855 N m^{-1}의 힘상수를 갖는 결합에 의해 흡착된다고 가정하자. 이 경우에 대한 영점 진동 에너지를 계산하시오.

답: 37.7 zJ, 22.7 kJ mol^{-1}, 0.24 eV

간단한 예 12.1의 결과는, 들뜨기 위해서는 진동수 $\nu = \Delta E/h = 90$ THz와 파장 $\lambda = c/\nu = 3.3$ μm에 해당하는 복사선이 필요하다는 것을 의미한다. 분자에서 인접하는 진동 에너지 준위 사이에서의 전이는 적외선 빛에 의해 자극되거나 적외선 빛을 방출한다는 것을 나타낸다(토픽 43).

12.2 파동함수

상자 속 입자와 마찬가지로 진동 운동을 하는 입자도 대칭적인 퍼텐셜 우물에 갇혀 있는데, 충분히 큰 변위에 대해서는 퍼텐셜 에너지가 큰 값으로(궁극적으로는 무한대로) 솟아오른다(그림 9.1과 12.1을 비교하라). 그러나 이들 사이에는 두 가지 중요한 차이점이 있다.

- 퍼텐셜 에너지는 갑자기 증가하는 것이 아니라 x^2에 따라 무한대를 향하여 기어오르듯이 증가하기 때문에 이 파동함수는 상자 속 입자에 비해서 더 느린 속도로 큰 변위에서 0으로 접근한다.
- 진동자의 운동 에너지는 조금 더 복잡한 방식으로 변위에 의존하므로(퍼텐셜 에너지가 변하므로) 파동함수의 곡률도 더 복잡한 방식으로 변한다.

식 12.3의 자세한 해를 구해 보면 이러한 요점을 확인할 수 있으며 조화 진동자의 파동함수가 다음과 같은 형식이 됨을 알 수 있다.

$$\psi(x) = N\times(x\text{에 관한 다항식})\times(\text{종 모양의 Gauss 함수})$$

여기서 N은 정규화 상수이다. Gauss 함수는 e^{-x^2} 형태의 종 모양 함수이다(그림 12.3). 정확한 형태의 파동함수는 다음과 같다.

$$\psi_v(x) = N_v H_v(y)e^{-y^2/2} \qquad y = \frac{x}{\alpha} \quad \alpha = \left(\frac{\hbar^2}{mk_f}\right)^{1/4} \qquad \text{조화 진동자 파동함수} \quad (12.8)$$

여기서 $H_v(y)$는 **Hermite 다항식**(**Hermite polynomial**)이며 그들의 형태와 몇 가지 성질은 표 12.1에 수록하였다. '직교 다항식'이라고 부르는 함수의 부류에 속하는 Hermite 다항식은 넓은 범위에서 중요한 성질을 가지고 있으며, 이 성질들을 이용하면 수많은 양자 역학적 계산들을 비교적 쉽게 할 수 있다. 첫 번째 몇 가지 Hermite 다항식은 매우 간단하며, 예를 들면 $H_0(y) = 1$, $H_1(y) = 2y$와 같다.

$H_0(y) = 1$이므로 조화 진동자의 바닥 상태($v = 0$인 가장 낮은 에너지 상태)에 대한 파동함수는 다음과 같으며

$$\psi_0(x) = N_0 e^{-y^2/2} = N_0 e^{-x^2/2\alpha^2} \qquad \text{조화 진동자 바닥 상태의 파동함수} \quad (12.9a)$$

이에 해당하는 확률 밀도는 다음과 같다.

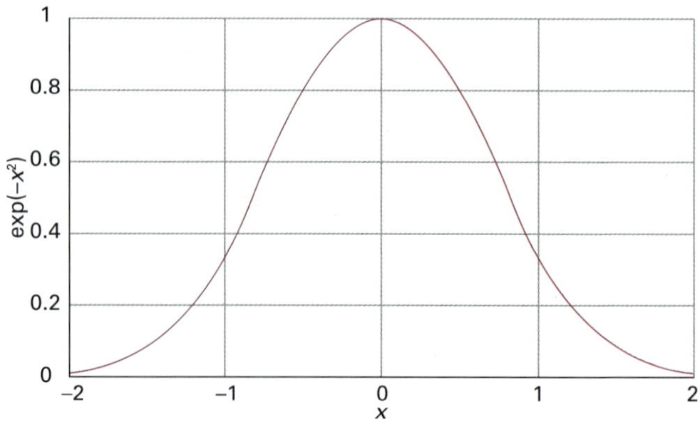

그림 12.3 Gauss 함수 $f(x) = e^{-x^2}$의 그래프

표 12.1 Hermite 다항식 $H_v(y)$

v	$H_v(y)$
0	1
1	$2y$
2	$4y^2-2$
3	$8y^3-12y$
4	$16y^4-48y^2+12$
5	$32y^3-160y^3+120y$
6	$64y^6-480y^4+720y^2-120$

Hermite 다항 함수는 다음과 같은 미분방정식의 해이다.

$$H_v''-2yH_v'+2vH_v=0$$

여기서 프라임은 미분을 표시한다. 이 다항식은 다음과 같은 회귀 관계를 만족시킨다.

$$H_{v+1}-2yH_v+2vH_{v-1}=0 \qquad \frac{dH_v}{dy}=2vyH_{v-1}$$

다음은 하나의 중요한 적분 관계식이다.

$$\int_{-\infty}^{\infty} H_{v'}H_v e^{-y^2}\,dy=\begin{cases}0 & v'\neq v\text{일 때}\\ \pi^{1/2}2^v v! & v'=v\text{일 때}\end{cases}$$

$$\psi_0^2(x)=N_0^2e^{-y^2}=N_0^2e^{-x^2/\alpha^2} \qquad \text{조화 진동자} \quad \text{바닥 상태의 확률 밀도} \qquad (12.9b)$$

이 파동함수와 확률 밀도를 그림 12.4에 나타내었다. 두 곡선은 변위가 $0(x=0)$일 때 최댓값을 가지며, 따라서 그들은 평형 위치 주위에서 입자의 끊임없는 요동에 기인하는 것과 같이 영점 에너지의 고전적인 생각을 담고 있다.

예제 12.1 Schrödinger 방정식 해로서의 파동함수 확인

바닥 상태 파동함수(식 12.9a)가 Schrödinger 방정식 12.3의 해임을 증명하시오.

방법 식 12.9a에 주어진 파동함수를 식 12.3에 대입한다. 식 12.8에 제시된 α의 정의를 사용하여 식 12.3의 우변에 있는 에너지를 결정하고, 이것이 식 12.6에 주어진 영점 에너지와 일치하는 것을 확인한다.

풀이 바닥 상태 파동함수의 2차 미분을 아래와 같이 계산해야 한다.

$$\frac{d}{dx}N_0e^{-x^2/2\alpha^2}=-N_0\left(\frac{x}{\alpha^2}\right)e^{-x^2/2\alpha^2}$$

$$\frac{d^2}{dx^2}N_0e^{-x^2/2\alpha^2}=\frac{d}{dx}\left\{-N_0\left(\frac{x}{\alpha^2}\right)e^{-x^2/2\alpha^2}\right\}$$

$$=-\frac{N_0}{\alpha^2}e^{-x^2/2\alpha^2}+N_0\left(\frac{x}{\alpha^2}\right)^2e^{-x^2/2\alpha^2}$$

$$=-(1/\alpha^2)\psi_0+(x^2/\alpha^4)\psi_0$$

ψ_0를 식 12.3에 대입하고 α의 정의(식 12.8)를 사용하면 다음의 결과를 얻는다.

$$\frac{\hbar^2}{2m}\left(\frac{mk_f}{\hbar^2}\right)^{1/2}\psi_0-\frac{\hbar^2}{2m}\left(\frac{mk_f}{\hbar^2}\right)x^2\psi_0+\frac{1}{2}k_fx^2\psi_0=E\psi_0$$

좌변의 두 번째와 세 번째 항은 상쇄되고 영점 에너지를 나타내는 식 12.6과 일치하는 $E=\frac{1}{2}\hbar(k_f/m)^{1/2}$를 얻게 된다.

자가 진단 12.2 식 12.10의 파동함수가 식 12.3의 해가 됨을 확인하시오.

답: $E=\frac{3}{2}\hbar\omega$

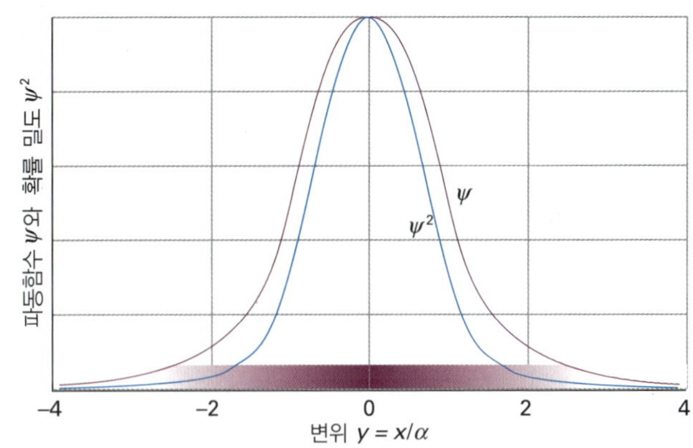

그림 12.4 조화 진동자의 최저 에너지 상태에 대한 정규화 파동함수와 확률 분포(명암으로도 나타냄)

진동자의 첫 번째 들뜬 상태, 즉 $v=1$인 상태의 파동함수는 다음과 같다.

$$\psi_1(x)=N_1 2ye^{-y^2/2}=N_1\left(\frac{2}{\alpha}\right)xe^{-x^2/2\alpha^2} \qquad \text{조화 진동자} \quad \text{바닥 상태의 확률 밀도} \qquad (12.10)$$

이 함수는 변위가 $0(x=0)$일 때 마디를 가지며 확률 밀도는 $x=\pm\alpha$에서 극대를 나타낸다(그림 12.5).

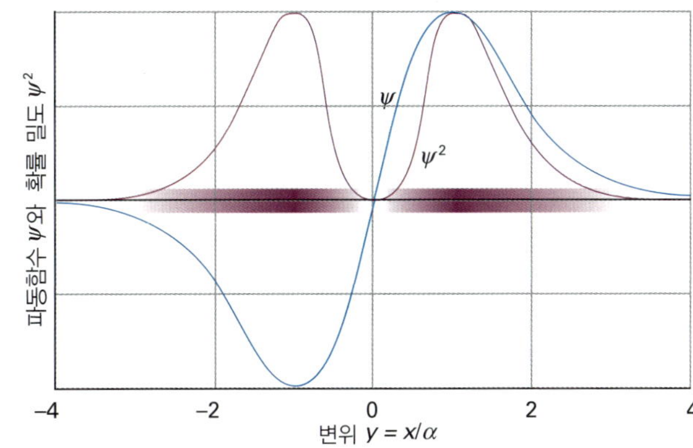

그림 12.5 조화 진동자의 첫 번째 들뜬 상태에 대한 정규화된 파동함수와 확률 밀도(명암으로도 나타냄)

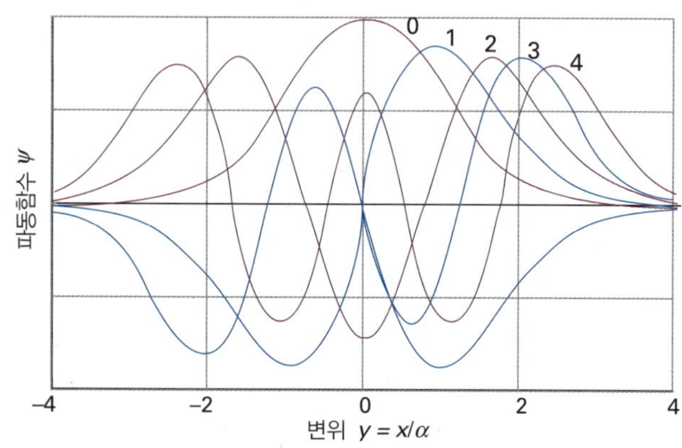

그림 12.6 조화 진동자의 처음 다섯 가지 상태에 대한 정규화 파동함수. 마디 수는 v와 같으며, 파동함수들은 번갈아가면서 $y=0$(변위 0)에 대하여 대칭과 반대칭이 된다는 것을 주목하라.

일부 파동함수의 모양을 그림 12.6에 그리고, 이에 대응하는 확률 밀도를 그림 12.7에 나타내었다. 양자수가 높아지면 고전적인 운동의 반환점($V=E$가 되어 운동 에너지가 0이 되는 점) 근처에서 파동함수의 진폭이 최대로 된다. 고전적으로 보면 반환점에서(가장 느리게 이동하는) 입자가 발견될 확률이 가장 클 것이고, 변위가 0인 곳에서는(최대의 속도로 움직이는) 입자가 발견될 확률이 최소가 되어야 할 것이라는 점에서 고전적인 특성이 높은 양자수에서 대응 원리의 한계로 나타나게 됨을 알게 된다.

다음과 같은 파동함수의 특성을 주목해야 한다.

- Gauss 함수는 변위가 증가함에 따라 대단히 급하게 0으로 떨어지며(어느 방향으로나), 따라서 변위가 클 때는 모든 파동함수가 0으로 접근한다.
- 지수 y^2은 $x^2 \times (mk_f)^{1/2}$에 비례하며, 따라서 질량이 크고 용수철이 강할수록 파동함수가 더 급격히 감쇠된다.
- v가 증가함에 따라 Hermite 다항식은 큰 변위에서 더 커지며(x^v에 따라), 따라서 파동함수는 크게 증가하다가 Gauss 함수 성분이 다항식을 0으로 감쇠시킨다. 결과적으로 파동함수는 v가 증가함에 따라 넓게 퍼진다(그림 12.7).

물리적 해석

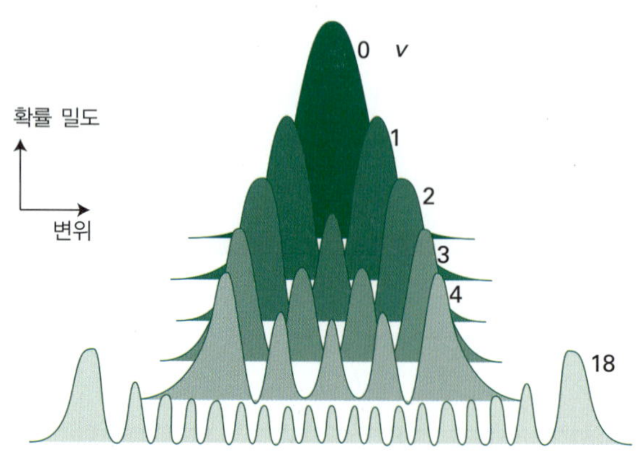

그림 12.7 조화 진동자의 처음 다섯 가지 상태와 $v=18$인 상태에 대한 확률 밀도. 최대 확률 밀도를 갖는 영역이 v가 증가함에 따라 고전적인 운동의 반환점을 향하여 어떻게 이동하는가를 주목할 것.

예제 12.2 조화 진동자 파동함수의 정규화

조화 진동자 파동함수의 정규화 상수를 구하시오.

방법 정규화는 $|\psi|^2$을 전 공간에 걸쳐서 적분한 다음, 식 5.2를 이용해서 정규화 인자를 구하여 실행한다. 그러면 정규화 파동함수는 $N\psi$와 같게 된다. 이것의 1차원 문제에서는 부피 요소가 $\mathrm{d}x$이고, 적분 구간은 $-\infty$부터 $+\infty$까지이다. 파동함수는 차원을 갖지 않은 변수 $y=x/\alpha$ 항으로 표시되어 있으므로 이 적분도 $\mathrm{d}x=\alpha\mathrm{d}y$의 관계를 이용하여 y의 항으로 나타냄으로써 수행된다. 필요한 적분은 표 12.1에 나와 있다.

풀이 정규화시킬 파동함수는 다음과 같다.

$$\psi_v(x)=H_v(y)\mathrm{e}^{-y^2/2}$$

따라서 표 12.1의 적분을 이용하여 다음 결과를 얻을 수 있다.

$$\int_{-\infty}^{\infty}\psi_v^*\psi_v\mathrm{d}x=\alpha\int_{-\infty}^{\infty}\psi_v^*\psi_v\mathrm{d}y=\alpha\int_{-\infty}^{\infty}H_v^2(y)\mathrm{e}^{-y^2}\mathrm{d}y$$
$$=\alpha\pi^{1/2}2^v v!$$

여기서 $v!=v(v-1)(v-2)\cdots 1$이다. 따라서

$$N_v=\left(\frac{1}{\alpha\pi^{1/2}2^v v!}\right)^{1/2}$$

상자 속 입자에 대한 정규화 상수와는 다르게 조화 진동자의 경우에는 N_v가 v의 값에 따라 다르다는 것을 주의하라.

자가 진단 12.3 정확한 적분 계산을 통하여 ψ_0과 ψ_1이 직교함을 확인하시오.

답: 표 12.1의 적분을 이용하여 적분 $\int_{-\infty}^{\infty}\psi_0^*\psi_1\mathrm{d}x$를 구한다.

예제 12.3 조화 진동자의 마디 위치 결정

간단한 예 12.1에서의 H–Cl 화학 결합을 생각해 보자. 분자가 조화 진동을 하고 있으며 $v=2$라고 할 때 분자를 발견할 확률 밀도가 0인 곳에서의 H–Cl의 결합 거리를 구하시오. 단, 평형 결합 길이는 120 pm이다.

방법 분자를 발견할 확률 밀도가 0인 곳에서의 거리는 $v=2$인 조화 진동자의 마디이다. Gauss 함수는 0을 지나지 않기 때문에 그 마디는 Hermite 다항식이 0을 지나는 x 값들이

된다. x는 평형으로부터의 변위를 나타냄을 상기하라.

풀이 $H_2(y)=4y^2-2$이므로 $4y^2-2=0$을 풀어야 하며 이것의 해는 $y=\pm 1/2^{1/2}$이다. 따라서 마디는 $x=\pm\alpha/2^{1/2}$가 된다. 식 12.8에서 m 대신에 μ를 사용하면 다음의 결과를 얻게 된다.

$$x=\pm\frac{\alpha}{2^{1/2}}=\pm\left(\frac{\hbar^2}{4\mu k_f}\right)^{1/4}$$
$$=\pm\left(\frac{(1.055\times10^{-34}\,\mathrm{J\,s})^2}{4\times0.9796\times(1.661\times10^{-27}\,\mathrm{kg})\times(516.3\,\mathrm{N\,m^{-1}})}\right)^{1/4}$$
$$=\pm7.59\,\mathrm{pm}$$

x는 평형으로부터의 변위이므로 이 변위들은 112 pm와 128 pm의 H−Cl 결합 거리에 해당한다. 높은 값의 v에 대하여는 0의 값들을 찾기 위한 수치 방법(예를 들면 수학 패키지의 제곱근 추출 방법)을 사용하는 것이 가장 좋고 자주 필요하다.

자가 진단 12.4 분자의 진동에서 분자가 $v=3$의 상태로 들뜬다고 가정하자. 어느 결합 거리에서 분자가 발견되지 못하는가?

답: $x=0$, $\pm\alpha(3/2)^{1/2}$; 120 pm, 107 pm, 133 pm

12.3 진동자의 성질

한 성질의 평균값은 이에 대응하는 연산자의 기댓값(식 7.2a)을 구하여 계산된다. 조화 진동자의 파동함수를 알고 있으므로 이제 다음과 같은 형태의 적분을 계산함으로써 진동자의 성질에 대한 탐구를 시작할 수 있다.

$$\langle\Omega\rangle=\int_{-\infty}^{\infty}\psi_v^*\hat{\Omega}\psi_v\,\mathrm{d}x \qquad (12.11)$$

(이제부터 사용하는 파동함수는 모두 1로 정규화되었다고 생각한다.) 정확한 파동함수를 치환하게 되면 적분이 엄청나게 보이지만 Hermite 다항식의 성질을 이용하면 매우 간단해진다.

(a) 평균값

예로서 진동자가 양자수 v인 상태에 있을 때 이 진동자의 평형점으로부터의 평균 변위 $\langle x\rangle$와 평균 제곱 변위 $\langle x^2\rangle$은 다음과 같이 된다.

$$\langle x\rangle=0 \qquad \text{조화 진동자 평균 변위} \qquad (12.12a)$$

$$\langle x^2\rangle=\left(v+\tfrac{1}{2}\right)\frac{\hbar}{(mk_f)^{1/2}} \qquad \text{조화 진동자 평균 제곱 변위} \qquad (12.12b)$$

$\langle x\rangle$에 대한 이 결과는 $x=0$의 좌우 어느 쪽에서나 똑같이 진동자가 발견될 수 있음을 말하는 것이다(고전적인 진동자에서와 같이). 한편 $\langle x^2\rangle$에 대한 결과에 의하면 평균 제곱 변위는 v가 증가할수록 커진다. 이와 같은 평균 제곱 변위의 증가는 그림 12.7의 확률 밀도를 보아도 분명하며, 진동자가 더 높은 곳으로 들뜸에 따라 진동의 고전적 진폭이 증가하는 것과 일치하는 결과가 된다.

예제 12.4 조화 진동자의 성질 계산

간단한 예 12.1에 언급된 H−Cl 분자의 조화 진동 운동을 생각해 보자. 이 진동자가 양자수 v인 상태에 있을 때의 평균 변위를 계산하시오.

방법 기댓값을 계산하려면 정규화 파동함수를 이용해야 한다. x축 상에서 위치의 연산자는 x 값을 곱하는 것과 같다(토픽 6). 이 결과의 적분은 다음 중 어느 하나를 사용함으로써 구할 수 있다.

- 그 성질을 보고 구하거나(피적분 함수는 기함수와 우함수와의 곱이다)
- 표 12.1의 식들을 이용하여 직접 계산할 수 있다.

전자의 방법에서는 우함수는 $f(-x)=f(x)$이며, 기함수는 $f(-x)=-f(x)$라는 정의를 사용한다. 따라서 우함수와 기함수의 곱은 기함수 자체가 되며, $x=0$ 주위의 대칭 범위에서의 기함수 적분은 0이 된다. 여기에서는 기댓값을 계산하는 연습을 위해서 정확한 적분 계산을 수행하는 후자의 방법을 설명한다. $x=\alpha y$의 관계를 사용해야 하며 이는 $\mathrm{d}x=\alpha\mathrm{d}y$가 됨을 의미한다.

풀이 필요한 적분은 다음과 같이 구한다.

$$\langle x\rangle=\int_{-\infty}^{\infty}\psi_v^*x\psi_v\,\mathrm{d}x=N_v^2\int_{-\infty}^{\infty}(H_v\mathrm{e}^{-y^2/2})x(H_v\mathrm{e}^{-y^2/2})\mathrm{d}x$$
$$=\alpha^2N_v^2\int_{-\infty}^{\infty}(H_v\mathrm{e}^{-y^2/2})y(H_v\mathrm{e}^{-y^2/2})\mathrm{d}y$$
$$=\alpha^2N_v^2\int_{-\infty}^{\infty}H_vyH_v\mathrm{e}^{-y^2}\mathrm{d}y$$

이제 회귀 관계식(표 12.1)을 이용하면 다음의 형태가 된다.

$$yH_v=vH_{v-1}+\tfrac{1}{2}H_{v+1}$$

그러면 위의 적분이 다음과 같이 된다.

$$\int_{-\infty}^{\infty}H_vyH_v\mathrm{e}^{-y^2}\mathrm{d}y=v\int_{-\infty}^{\infty}H_vH_{v-1}\mathrm{e}^{-y^2}\mathrm{d}y+\frac{1}{2}\int_{-\infty}^{\infty}H_vH_{v+1}\mathrm{e}^{-y^2}\mathrm{d}y$$

우변의 두 적분은 모두 0이며(표 12.1 참조), 따라서 $\langle x\rangle=0$이다. 변위는 평형 위치의 양쪽으로 똑같이 일어나므로 평균 변위는 0이 된다.

자가 진단 12.5 평형 위치로부터의 H−Cl 결합 거리의 평균 제곱 변위 $\langle x^2\rangle$를 표 12.1의 회귀 관계식을 두 번 사용하여 계산하시오.

답: $(v+\frac{1}{2})\times 115\ \mathrm{pm}^2$; 식 12.12b에서 m을 μ로 치환함.

이제 진동자의 평균 퍼텐셜 에너지, 즉 $V=\frac{1}{2}k_f x^2$의 기댓값을 대단히 쉽게 계산할 수 있다.

$$\langle V\rangle=\tfrac{1}{2}\langle k_f x^2\rangle=\tfrac{1}{2}k_f\langle x^2\rangle=\tfrac{1}{2}(v+\tfrac{1}{2})\hbar\left(\frac{k_f}{m}\right)^{1/2}$$

또는

$$\langle V\rangle=\tfrac{1}{2}(v+\tfrac{1}{2})\hbar\omega$$ 조화 진동자 **평균 퍼텐셜 에너지** (12.13a)

양자수가 v인 상태의 전체 에너지는 $(v+\frac{1}{2})\hbar\omega$이므로 이 결과는 다음과 같이 나타낼 수도 있다.

$$\langle V\rangle=\tfrac{1}{2}E_v$$ 조화 진동자 **평균 퍼텐셜 에너지** (12.13b)

전체 에너지는 퍼텐셜 에너지와 운동 에너지를 합한 것이며, 따라서 진동자의 평균 운동 에너지는 (역시 마찬가지로 운동 에너지 연산자를 사용하여 구할 수 있음) 다음과 같이 바로 구해진다.

$$\langle E_k\rangle=\tfrac{1}{2}E_v$$ 조화 진동자 **평균 운동 에너지** (12.13c)

조화 진동자의 평균 퍼텐셜 에너지와 평균 운동 에너지가 동일하게 되는(따라서 두 가지 모두 전체 에너지의 반과 같다) 이 결과는 다음과 같은 **비리알 정리**(**virial theorem**)의 한 특별한 경우이다.

> 입자가 $V=ax^b$과 같은 형태의 퍼텐셜 에너지를 가질 때는 그 평균 퍼텐셜 에너지와 평균 운동 에너지 사이에 다음과 같은 관계가 성립한다.

$$2\langle E_k\rangle=b\langle V\rangle$$ **비리알 정리** (12.14)

조화 진동자의 경우에는 $b=2$이므로 위에서 얻은 바와 같이 $\langle E_k\rangle=\langle V\rangle$가 된다. 비리알 정리는 많은 유용한 결과에 도달하는 지름길이며, 앞으로 다시 사용하게 된다.

(b) 터널 현상

진동자는 $V>E$인 영역 속에서도 발견될 수 있는데, 고전 역학적으로 이러한 영역은 운동 에너지가 음이 되므로 허용되지 않는다. 이것은 터널 현상의 한 예이다(토픽 10). 예제 12.5에 나타난 것과 같이, 조화 진동자가 최저 에너지 상태에서 고전적 한계 너머로 신장될 확률은 약 8%나 되며, 또 고전적으로 금지된 압축으로 발견될 확률도 약 8%나 된다. 이러한 터널 투과 확률은 진동자의 힘상수나 질량과는 무관하다.

예제 12.5 조화 진동자의 터널링 확률 계산

바닥 상태의 조화 진동자가 고전적으로 금지된 영역에서 발견될 확률을 계산하시오.

방법 운동 에너지가 사라지는 곳인 고전적인 반환점 x_{tp}에 대한 식을 조화 진동자의 퍼텐셜 에너지를 전체 에너지 E와 같게 함으로써 구한다. 식 5.5(토픽 5)를 사용하여 고전적 반환점 너머로 신장될 확률을 다음과 같이 계산한다.

$$P=\int_{x_{tp}}^{\infty}\psi_v^2\mathrm{d}x$$

적분 변수는 $y=x/\alpha$의 항으로 가장 잘 표현되며, 계산할 적분은 **오차 함수**(error function) erf z의 특수한 경우로 다음과 같이 정의된다(**부록** 적분 G.6를 볼 것).

$$\mathrm{erf}\,z=1-\frac{2}{\pi^{1/2}}\int_z^{\infty}\mathrm{e}^{-y^2}\mathrm{d}y$$

몇 가지 z 값에 대해서는 표 12.2에 계산되었다(이 함수는 보통 수학 소프트웨어 패키지에서 구할 수 있다). 대칭성에 의해서 고전적으로 금지된 영역으로 신축되어 발견될 확률은 고전적으로 금지된 영역으로 압축되어 발견될 확률과 같다.

풀이 고전 역학에 따라 진동자의 반환점 x_{tp}는 운동 에너지가 0일 때 나타나며, 이것은 퍼텐셜 에너지 $\frac{1}{2}k_f x^2$이 전체 에너지 E와 같을 때이다. 이러한 동일성은 다음과 같을 때 나타난다.

$$x_{tp}^2=\frac{2E}{k_f}\quad 또는\quad x_{tp}=\pm\left(\frac{2E}{k_f}\right)^{1/2}$$

여기에서 E는 식 12.4에 의해서 주어진다. 진동자가 변위 x_{tp}를 넘어서 신축되어 발견될 확률은 x_{tp}와 무한대 사이에 있는 구간 dx 내의 어디에서 발견될 확률 ψ^2dx의 합이다.

표 12.2 오차 함수

z	erf z
0	0
0.01	0.0113
0.05	0.0564
0.10	0.1125
0.50	0.5205
1.00	0.8427
1.50	0.9661
2.00	0.9953

$$P=\int_{x_{tp}}^{\infty}\psi_v^2 \mathrm{d}x$$

적분 변수는 $y=x/\alpha$의 항으로 가장 잘 표현되며 $\alpha=(\hbar^2/mk_f)^{1/4}$이므로 따라서 반환점의 오른쪽은 다음과 같이 놓이게 된다.

$$y_{tp}=\frac{x_{tp}}{\alpha}=\left\{\frac{2(v+\frac{1}{2})\hbar\omega}{\alpha^2 k_f}\right\}^{1/2} \overset{\omega=(k_f/m)^{1/2}}{=} (2v+1)^{1/2}$$

최저 에너지 상태($v=0$)에서는 $y_{tp}=1$이고 확률은 다음과 같다.

$$P=\int_{x_{tp}}^{\infty}\psi_0^2 \mathrm{d}x=\alpha N_0^2\int_1^{\infty}\mathrm{e}^{-y^2}\mathrm{d}y$$

이 적분은 위에서 언급하였듯이 오차 함수 erf z의 특수한 경우이다. 이 경우(N_0에 대해서는 예제 12.1을 참조하고 $0!=1$을 사용할 것)에서는 다음과 같다.

$$P=\tfrac{1}{2}(1-\mathrm{erf}\,1)=\tfrac{1}{2}(1-0.843)=0.079$$

이 결과는 수많은 관측의 7.9퍼센트는 $v=0$ 상태에 있는 모든 진동자가 고전적으로 금지된 영역으로 신축되어 발견될 수 있다는 것이다. 또한 같은 확률만큼 진동자가 고전적으로 금지된 영역으로 압축되어 발견될 것이다. 결국 진동자가 고전적으로 금지된 영역으로(신축되거나 압축되거나) 터널 투과하여 발견될 전체 확률은 대략 16퍼센트가 된다.

자가 진단 12.6 $v=1$ 상태의 조화 진동자가 고전적으로 금지된 영역에서 발견될 확률을 계산하시오(예제 12.5에 주어진 논의를 따르고 부분적분의 방법(**수학적 배경** 1을 참조)을 사용하여 오차 함수로 나타낼 수 있는 적분을 구한다).

답: $P=0.056$

조화 진동자의 터널 현상은 토픽 10에서 설명된 종류의 화학적 과정에 영향을 미친다. 예를 들어 AB_3 분자의 형태 변화를 설명하는 더 현실적인 퍼텐셜 에너지 모형으로 이중 퍼텐셜 우물(토픽 10)보다는 장벽으로 분리된 두 개의 조화 진동자 (포물선) 우물(그림 12.8)이 사용된다. 퍼텐셜 장벽을 통한 $v=0$ 파동함수의 터널 현상은 이중 반전의 원인이 된다.

고전적으로 금지된 영역에서 진동자가 발견될 확률은 v가 증가함에 따라 급속하게 감소하며, 대응 원리로부터 짐작되는 바와 같이 v가 무한대로 접근하면 완전하게 0이 된다. 거시적 진동자(시계추와 같은)는 대단히 높은 양자 상태에 있으며, 따라서 터널 현상의 확률은 완전히 무시할 수 있다. 그러나 분자들은 일반적으로 바닥 진동 상태에 있으며, 이들에 대해서는 이 확률이 상당히 중요하다.

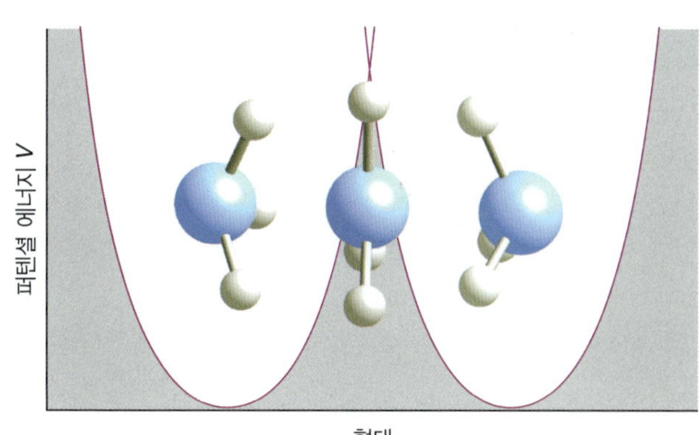

그림 12.8 AB_3 분자의 형태 변화를 설명하기 위한 퍼텐셜 에너지 모형. 두 개의 조화 진동자 (포물선) 우물은 장벽에 의해 분리되어 있다(그림 10.9와 비교할 것).

12.4 조화 진동자 모형의 화학적 응용

조화 진동자는 화학자들이 수많은 현상을 이해하는 데 도움을 줄 수 있는 강력한 모형이다. 이원자 분자, 넓게는 일반적인 분자에서 양자화된 진동 운동이 존재한다는 것은 화학 결합을 조화 진동자로 고려하여 설명될 수 있다는 것이다. 결국 이러한 통찰력은 분자의 적외선 스펙트럼을 해석할 수 있게 만든다. 토픽 43과 44에서 진동 분광학을 더 자세하게 살펴볼 것이다. 여기에서는 분자 동역학과 화학 반응 메커니즘에 대한 식견을 제공하는 조화 진동자 모형의 능력을 설명하기 위하여 두 가지 예를 제시하고자 한다.

(a) 분자 동역학

분자는 구성하고 있는 원자들이 서로 연관되어 움직인다는 점에서 역동적이다. 이러한 운동의 한 예는 결합의 신축과 압축이다. 다른 형태의 운동들은 결합각이 열리고 닫히는 동안에 일어나는 결합 굽힘과, 한 결합이 다른 것에 상대적인 결합 비틀림, 내부 회전, 꼬임이다. 이와 같은 세 가지 방식의 운동은 조화 운동으로 간주될 수 있다. 예를 들어 평형 결합각이 θ_e라면 퍼텐셜 에너지는 다음과 같이 주어진다.

$$V_{\text{bend}}=\tfrac{1}{2}k_{\text{f,bend}}(\theta-\theta_e)^2 \qquad (12.15)$$

여기에서 $k_{\text{f,bend}}$는 굽힘 힘상수로서 얼마나 결합각을 변화시키기 어려운지에 대한 척도이다. 이 식은 식 12.2와 두드러진 유사성을 지니고 있으며 결합의 신축 운동을 설명하기 위하여 사용한다.

간단한 예 12.2 결합각 굽힘 에너지

Lumiflavin isoalloazine 고리계(**1**)는 굽힘각 15°에서 에너지 최솟값을 갖지만 각을 30°로 증가시키는 데 겨우 1.41×10^{-20} J 또는 8.50 kJ mol^{-1}이 필요하다는 것이 이론적인 연구에서 추정되었다. 따라서 lumiflavin 굽힘에 대한 힘상수는 다음과 같다.

$$k_{\mathrm{f,bend}} = \frac{2V_{\mathrm{bend}}}{(\theta-\theta_{\mathrm{e}})^2} = \frac{2\times(1.41\times10^{-20}\,\mathrm{J})}{(30°-15°)^2} = 1.3\times10^{-22}\,\mathrm{J\,deg^{-2}}$$

이는 75 J deg^{-2} mol^{-1}에 해당한다.

1 Lumiflavin

자가 진단 12.7 C–C–C 결합을 평형 결합각으로부터 2.0° 만큼 구부리는 데 0.90 aJ이 소요된다. 이 굽힘 운동에 대한 힘상수는 얼마인가?

답: 4.5×10^{-19} J deg^{-2}, 2.7×10^{5} J deg^{-2} mol^{-1}

결합 비틀림을 조사하기 위하여 에테인에서 (**2**)에 나타난 각 ϕ의 항으로 설명될 수 있는 C–C 결합 주위의 회전을 생각해 보자. 작은 변동 ϕ에 대하여 C–C 결합 주위에서의 비틀림 운동은 조화 진동자의 운동으로 예상할 수 있으며, 인접 에너지 준위 사이에서의 에너지 간격은 ω가 비틀림 진동수일 때 $\Delta E = \hbar\omega$로 주어진다.

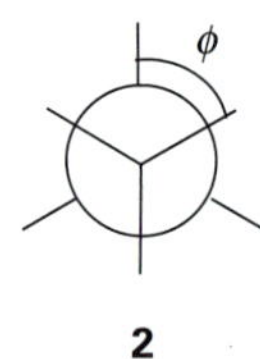

2

(b) 속도론적 동위 원소 효과

반응 메커니즘이 설득력이 있기 위한 조건으로 생성물이 형성되는 동안에 원자의 운명을 결정하기 위해 고안된 많은 실험에 대한 세심한 분석이 필요하다. **속도론적 동위 원소 효과(kinetic isotope effect)**는 반응물의 한 원자를 무거운 동위 원소로 치환함으로써 화학 반응의 속도가 감소되는 것으로 이를 관측하면 속도 결정 단계에 있어서 결합 깨짐의 추이를 확인하는 것이 수월해진다. **1차 속도론적 동위 원소 효과(primary kinetic isotope effect)**에서는 속도 결정 단계가 동위 원소를 포함하고 있는 결합이 깨지는 것을 필요로 한다. **2차 속도론적 동위 원소 효과(secondary kinetic isotope effect)**

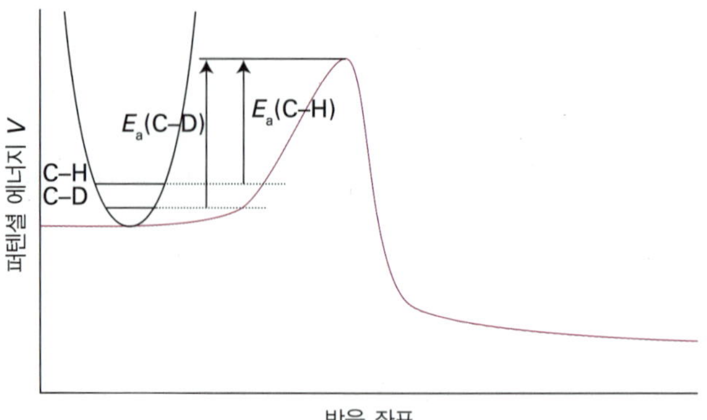

그림 12.9 C–H 결합이 깨지고 중수소로 치환될 때의 반응 도표의 변화. 이 그림에서 C–H와 C–D 결합은 조화 진동자로서 모형화하였다. 오로지 중요한 변화는 반응물의 영점 에너지 변화에 있으며 영점 에너지는 C–H의 경우보다 C–D에서 더 낮다. 따라서 활성화 에너지는 C–D 결합이 깨지는 경우가 C–H의 경우보다 더 크게 된다.

에서는 생성물을 형성하기 위해 동위 원소를 포함하고 있는 결합이 깨지지 않더라도 반응 속도가 감소된다. 이 두 가지 모두의 경우에서 영점 진동 에너지의 변화 때문에 원자가 무거운 동위 원소로 교체될 때 수반되는 활성화 에너지(토픽 85)의 변화로부터 이 효과가 생긴다. 이제 1차 속도론적 동위 원소 효과에 대하여 좀 더 자세하게 살펴보자.

C–H 결합이 깨지는 반응을 생각해 보자. 이 결합이 깨지는 것이 속도 결정 단계(토픽 86)라면 반응 좌표가 C–H 결합의 신축에 해당되고 퍼텐셜 에너지 도표는 그림 12.9와 같이 나타난다. 중수소를 치환하면 주요 변화는 결합의 영점 에너지의 감소이다(중수소 원자가 더 무겁기 때문에). 전체 반응의 윤곽은 낮아지지 않지만 활성화 복합체에서 관계되는 진동은 매우 낮은 힘상수를 갖기 때문에 활성화 복합체의 양쪽 형태에서 반응 좌표와 연관되어 있는 영점 에너지가 작게 된다. 이러한 감소의 결과로 중수소 치환에 의한 활성화 에너지 변화는 다음과 같이 표현되며, 이것을 **증명** 12.1에 나타낼 것이다.

$$E_a(\mathrm{C{-}D}) - E_a(\mathrm{C{-}H}) = \tfrac{1}{2}N_{\mathrm{A}}\hbar\omega(\mathrm{C{-}H})\left\{1-\left(\frac{\mu_{\mathrm{CH}}}{\mu_{\mathrm{CD}}}\right)^{1/2}\right\} \quad (12.16)$$

여기에서 ω는 관련된 진동 주파수(radian/s)이고 μ는 관계되는 유효 질량이며, 힘상수의 비는 다음과 같다.

$$\frac{k_{\mathrm{r}}(\mathrm{C{-}D})}{k_{\mathrm{r}}(\mathrm{C{-}H})} = \mathrm{e}^{-\zeta} \qquad \zeta = \frac{\hbar\omega(\mathrm{C{-}H})}{2kT}\left\{1-\left(\frac{\mu_{\mathrm{CH}}}{\mu_{\mathrm{CD}}}\right)^{1/2}\right\} \quad (12.17)$$

$\mu_{\mathrm{CD}} > \mu_{\mathrm{CH}}$이므로 $\zeta > 0$ (ζ는 제타)이며, 그리고 $k_{\mathrm{f}}(\mathrm{C{-}D})/k_{\mathrm{f}}(\mathrm{C{-}H}) < 1$임을 주목하라. 이는 그림 12.9로부터 예상한 바와 같이 속도 상수는 중수소 치환에 의해 감소함을 의미한다

는 것을 주목하라. 또한 $k_f(C-D)/k_f(C-H)$는 온도가 내려감에 따라 줄어든다고 결론짓는다.

증명 12.1 1차 속도론적 동위 원소 효과

좋은 근사법으로서 활성화 에너지의 변화는 오로지 신축 진동의 영점 에너지 변화에서 기인한다고 가정한다. 따라서 그림 12.9로부터 다음과 같이 쓸 수 있다.

$$E_a(C-D)-E_a(C-H)=N_A\left\{\frac{1}{2}\hbar\omega(C-H)-\frac{1}{2}\hbar\omega(C-D)\right\}$$
$$=\frac{1}{2}N_A\hbar\{\omega(C-H)-\omega(C-D)\}$$

여기에서 ω는 관련된 진동 주파수이다. μ가 관련된 유효 질량일 때 식 12.4로부터 $\omega(C-D)=(\mu_{CH}/\mu_{CD})^{1/2}\omega(C-H)$가 된다. 이것을 위 식에 대입하면 식 12.16이 된다.

지수 앞자리 인자가 중수소 치환에 의해 변하지 않는다고 추가하여 가정하면 두 화학종의 속도 상수는 다음과 같은 비를 가져야 한다.

$$\frac{k_r(C-D)}{k_r(C-H)}=e^{-\{E_a(C-D)-E_a(C-H)\}/RT}=e^{-\{E_a(C-D)-E_a(C-H)\}/N_AkT}$$

여기에서 $R=N_Ak$를 사용하였다. 이 식에서 $E_a(C-D)-E_a(C-H)$에 대하여 식 12.16을 사용한 후에 식 12.17을 사용하였다.

간단한 예 12.3 1차 속도론적 동위 원소 효과

적외선 스펙트럼으로부터 C–H 결합의 신축에 대한 기본 진동 파수 $\tilde{\nu}$는 약 3000 cm^{-1}이다. 이 파수를 각진동수 $\omega=2\pi\tilde{\nu}$로 전환하기 위해서는 $\omega=2\pi c\tilde{\nu}$를 사용하며 이는 다음과 같게 된다.

$$\omega=2\pi\times(2.998\times10^{10}\ cm\ s^{-1})\times(3000\ cm^{-1})$$
$$=5.65\times10^{14}\ s^{-1}$$

유효 질량의 비는 다음과 같다.

$$\frac{\mu_{CH}}{\mu_{CD}}=\left(\frac{m_Cm_H}{m_C+m_H}\right)\times\left(\frac{m_C+m_D}{m_Cm_D}\right)=\left(\frac{12.01\times1.0078}{12.01+1.0078}\right)$$
$$\times\left(\frac{12.01+2.0140}{12.01\times2.0140}\right)=0.539\ldots$$

이제 다음을 계산하기 위해서 식 12.17을 사용할 수 있다.

$$\zeta=\frac{(1.055\times10^{-34}\ J\,s)\times(5.65\ldots\times10^{14}\ s^{-1})}{2\times(1.381\times10^{-23}\ J\,K^{-1})\times(298\ K)}\times(1-0.539\ldots^{1/2})$$
$$=1.92\ldots$$

그리고

$$\frac{k_r(C-D)}{k_r(C-H)}=e^{-1.92\ldots}=0.146$$

즉 상온에서 다른 조건이 동일하다면 C–H가 깨지는 것이 C–D가 깨지는 것보다 약 7배나 빨라야 한다고 결론지을 수 있다. 그러나 $k_f(C-D)/k_f(C-H)$에 대한 실험값은 식 12.17에서 예측된 것으로부터 상당히 다를 수 있으며, 이는 모형에서의 심한 가정 때문이다.

자가 진단 12.8 298 K에서 중수소화된 탄화수소의 브로민화 반응은 중수소화되지 않은 물질의 브로민화 반응보다 6.4배나 천천히 진행된다. 이러한 차이를 설명하려면 깨진 결합의 힘상수가 얼마가 되어야 하는가?

답: $k_f=450\ N\ m^{-1}$, 이것은 $k_f(C-H)$와 일치한다.

개념 확인

- ☐ 1. **조화 운동**을 하는 입자는 변위에 비례하는 복원력을 갖으며 입자의 퍼텐셜 에너지는 포물선이다.
- ☐ 2. 조화 진동자의 에너지 준위는 간격이 일정한 사다리를 형성한다.
- ☐ 3. 조화 진동자의 파동함수는 Hermite 다항식과 Gauss(종 모양) 함수의 곱이다.
- ☐ 4. 불확정성 원리와 일치하며 이 원리로 해석할 수 있는 영점 진동 에너지가 존재한다.
- ☐ 5. 고전적으로 금지된 영역에서 진동자가 발견될 확률은 바닥 진동 상태($v=0$)에 있어서 중요하지만 진동 양자수 v가 증가함에 따라 급속하게 감소한다.
- ☐ 6. **속도론적 동위 원소 효과**는 반응물의 한 원자를 무거운 동위 원소로 치환함으로써 화학 반응의 속도가 감소되는 것이다.

식 확인

성질	식	비고	식 번호
조화 진동자 에너지	$E_v=(v+\frac{1}{2})\hbar\omega \quad \omega=(k_f/m)^{1/2}$	$v=1, 2, \ldots$	12.4
조화 진동자 영점 에너지	$E_0=\frac{1}{2}\hbar\omega$		12.6
조화 진동자 파동함수	$\psi_v(x)=N_v H_v(y)\mathrm{e}^{-y^2/2}$ $y=x/\alpha \quad \alpha=(\hbar^2/mk_f)^{1/4}$ $N_v=(1/\alpha\pi^{1/2}2^v v!)^{1/2}$	$v=1, 2, \ldots$	12.8
조화 진동자 평균 변위	$\langle x\rangle=0$		12.12a
조화 진동자 평균 제곱 변위	$\langle x^2\rangle=\left(v+\frac{1}{2}\right)\hbar/(mk_f)^{1/2}$		12.12b
비리알 정리	$2\langle E_k\rangle=b\langle V\rangle$	$V=ax^b$	12.14
1차 속도론적 동위 원소 효과	$k_r(\text{C–D})/k_r(\text{C–H})=\mathrm{e}^{-\zeta}$, $\zeta=(\hbar\omega(\text{C–H})/2kT)\times\left\{1-\left(\mu_{\text{C–H}}/\mu_{\text{C–D}}\right)^{1/2}\right\}$	속도 결정 단계의 C–H 결합 깨짐	12.17

토픽 13

2차원에서의 회전 운동

내용

➤ 학습 목표

회전은 분자의 내부 운동의 방법 중의 하나이다. 회전 운동을 알아보기 위하여 각운동량의 개념을 도입한다. 각운동량은 원자와 분자의 전자 구조와 분자 스펙트럼에서 관측된 세부 내용의 해석에 관한 양자 역학적 설명의 중심이다.

➤ 핵심 내용

2차원에서 회전하는 입자의 에너지와 각운동량은 양자화된다.

➤ 미리 알기

양자 역학의 가설(토픽 5~7)을 반드시 알아야 하며 고전 역학에서의 각운동량의 개념(**기초 지식**, 토픽 2)에 익숙해져야 한다.

회전은 운동에서 하나의 중요한 양상이며 여러 가지 주제에서 만나게 된다. 즉 원자와 분자의 전자 구조에 대한 논의(토픽 17과 23), 분자 분광학(특히 마이크로파 분광학뿐만 아니라, 토픽 42), 고체의 공동에 갇혀 있는 전자의 다양한 양상 등이 그것들이다. 이 토픽은 2차원에서의 회전 또는 평면에서의 회전에 초점을 맞추어 서론으로서 소개한다. 실제 (3차원) 계에 대한 모형으로서 2차원 회전의 응용성은 제한되어 있지만 2차원에서 마주치는 많은 특성들은 3차원에서 회전(토픽 14)의 일반적인 경우에 적용된다.

13.1 고리 위 입자

선형(linear) 운동량이 직선 운동의 논의에 대한 핵심 개념(토픽 9)인 것과 바로 마찬가지로 **각**(angular)운동량은 회전 운동 논의의 중심에 있다. *xy* 평면상에서 반지름이 r인 원형 경로를 따라 돌고 있으며 어느 순간 선형 운동량 p를 갖는 입자에 대하여 수직 축 z 주위의 각운동량은 다음과 같다.

$$J_z = \pm pr$$ 고리 위 입자, 고전적인 표현 각운동량 (13.1)

양의 부호는 시계 방향의 운동에 해당하며(그림의 아래 부분), 음의 부호는 시계 반대 방향에 해당한다(그림 13.1). 질량이 m이고 선형 운동량이 p인 입자의 운동 에너지는 $E_k = p^2/2m$이다. 따라서 입자가 반지름 r인 원형 경로를 따라 각운동량 J_z를 갖고 돌고 있다면, 입자의 운동 에너지는 $E_k = (J_z/r)^2/2m = J_z^2/2mr^2$이 된다. 입자의 일정한 퍼텐셜 에너지는 0으로 취할 수 있기 때문에 입자의 전체 에너지는 아래와 같다.

$$E = \frac{J_z^2}{2mr^2}$$ 고리 위 입자, 고전적인 표현 에너지 (13.2a)

회전 중심 주위 입자의 관성 모멘트 I는 mr^2이며 따라서 에너지는 다음과 같이 나타낼 수 있다.

$$E = \frac{J_z^2}{2I}$$ 고리 위 입자, 고전적인 표현 에너지 (13.2b)

식 13.2b는 단지 원 위의 점 질량 m에만 적용되는 것이 아니라 평면에서 회전하는 관성 모멘트가 I인 모든 물체에 적용된다. 예를 들어 이 식은 질량 m, 반지름이 R이며 $I = \frac{1}{2}mR^2$을 갖는 원형 디스크에 적용된다. 또한 질량이 m_A와 m_B인

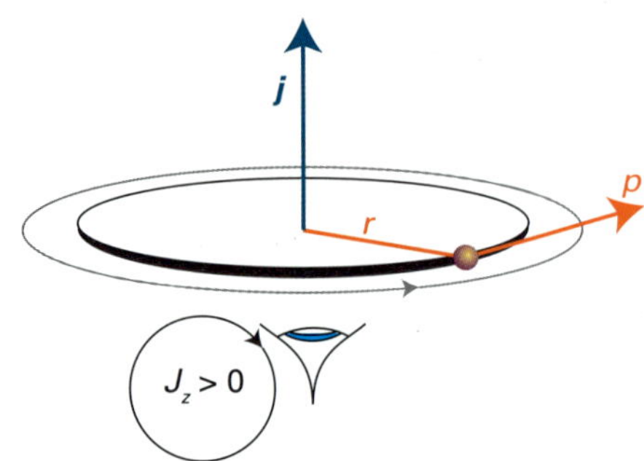

그림 13.1 xy 평면상에서 반지름이 r인 원형 경로를 따라 돌고 있으며 어느 순간 선형 운동량 p를 갖는 입자에 대하여 z축 주위의 고전적인 각 운동량은 $J_z = \pm pr$이다. 그림의 아래 부분에 나타난 바와 같이 양(음)의 부호는 시계 방향(반시계 방향)의 운동에 해당한다.

원자로 구성된 결합 길이가 R이고, 아래 **증명**에서 보여 주며 다음과 같이 표현되는 관성 모멘트를 가지는 이원자 분자에도 적용된다.

$$I = \mu R^2 \qquad \mu = \frac{m_A m_B}{m_A + m_B} \text{일 때} \qquad \text{이원자 분자 관성 모멘트} \tag{13.3}$$

증명 13.1 이원자 분자의 관성 모멘트

한 축 주위에 대한 관성 모멘트는 다음과 같이 정의된다.

$$I = \sum m_i x_i^2$$

여기에서 x_i는 질량이 m_i인 원자 i의 축으로부터 수직 거리이다(그림 13.2). 결합 길이가 $R = x_B - x_A$이고 ($x_B > x_A$이며 질량의 중심에 원점이 있다고 할 경우) 원자의 질량 m_A와 m_B를 갖는 이원자 분자의 축 주위에서 분자의 질량 중심을 통하여 회전 운동이 진행된다. 단, 질량 중심은 다음의 조건(그림 13.3)으로 주어진다.

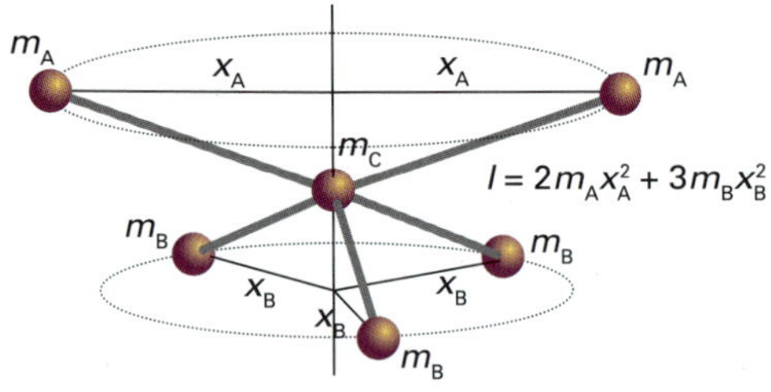

그림 13.2 입자의 질량과 입자의 축으로부터 수직 거리의 표현으로 나타낸 선택된 축에 대한 관성 모멘트의 정의

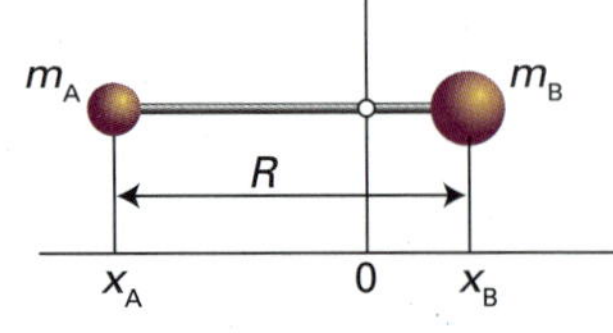

그림 13.3 이원자 분자 AB의 관성 모멘트. x_A와 x_B는 원자로부터 분자의 질량 중심(원점으로 취해진)을 통해 지나가는 축까지의 수직 거리이며 $R = x_B - x_A$이다.

$$m_B x_B = -m_A x_A \quad \text{또는} \quad m_B x_B = m_A(R - x_B)\ (x_A = x_B - R\text{이므로})$$

이것은 $m_B x_B = m_A R - m_A x_B$가 되며, 따라서 다음을 얻게 된다.

$$x_B = \frac{m_A R}{m_A + m_B} \qquad x_A = x_B - R = -\frac{m_B R}{m_A + m_B}$$

결과적으로 관성 모멘트는 다음과 같게 된다.

$$\begin{aligned} I &= m_B x_B^2 + m_A x_A^2 \\ &= m_B\left(\frac{m_A R}{m_A + m_B}\right)^2 + m_A\left(-\frac{m_B R}{m_A + m_B}\right)^2 \\ &= \frac{m_B m_A^2 + m_A m_B^2}{(m_B + m_A)^2} R^2 = \frac{m_A m_B (m_A + m_B)}{(m_B + m_A)^2} R^2 \\ &= \frac{m_A m_B}{m_B + m_A} R^2 = \mu R^2 \end{aligned}$$

이것은 식 13.3과 일치한다.

간단한 예 13.1 관성 모멘트

결합 길이가 127.45 pm인 이원자 분자 $^{1}H^{35}Cl$에 대하여

$$\mu = \frac{m_H m_{Cl}}{m_H + m_{Cl}} = \frac{(1.0078 m_u) \times (34.9688 m_u)}{(1.0078 m_u) + (34.9688 m_u)} = 0.9796\ldots m_u$$

이고 관성 모멘트는 다음과 같다.

$$\begin{aligned} I &= (0.9796\ldots \times 1.66054 \times 10^{-27}\,\text{kg}) \times (127.45 \times 10^{-12}\,\text{m})^2 \\ &= 2.6422 \times 10^{-47}\,\text{kg m}^2 \end{aligned}$$

실용 상식 분자의 관성 모멘트를 계산하기 위해서는 반드시 원자의 실제 질량을 사용해야 한다. 또한 분자 속 원자의 동위 원소도 반드시 명기해야 한다.

자가 진단 13.1 같은 결합 길이를 갖는다고 가정하고 $^{2}H^{35}Cl$에 대하여 **간단한 예** 13.1의 계산을 반복하시오.

답: $\mu = 1.9043 m_u$, $I = 5.1365 \times 10^{-47}$ kg m^2

(a) 양자화된 회전 운동의 정성적 근원

식 13.1에 나타난 선형 운동량은 de Broglie 관계식 $p = h/\lambda$(토픽 4)를 사용하여 궤도를 그리며 도는 입자의 파장으로 표현할 수 있으며 다음과 같다.

$$J_z = \pm \frac{hr}{\lambda}$$

비슷한 방법으로 식 13.2b의 에너지는 다음과 같이 된다.

$$E = \frac{h^2 r^2}{2I\lambda^2}$$

우선 잠정적으로 λ가 임의의 한 값을 갖는다고 생각해 보자. 이 경우에는 파동함수가 그림 13.4a에 나타난 바와 같이 방위각 ϕ에 의존한다. ϕ가 2π 이상으로 증가하면 파동함수가 계속해서 변하지만, 임의의 파장에 대해서는 각 회전 후에 주어진 점에서 다른 값이 생기게 되며, 이는 파동함수가 단일 값을 가져야 하기 때문에 허용될 수 없다. 허용될 수 있는 해는 오로지 파동함수가 그림 13.4b에서와 같이 매 회전마다 원래대로 재생되어야 얻어진다. 이러한 성질을 갖는 파동함수는 일부분이며, 따라서 여기에 대응하는 일부 각운동량들만이 허용되고 그리하여 오직 한정된 회전 에너지들만이 허용된다. 즉 입자의 에너지가 양자화되는 것이다. 특히 파장의 정수가 고리의 둘레($2\pi r$)에 들어맞아야 한다.

$$n\lambda = 2\pi r \quad n = 0, 1, 2, \ldots \tag{13.4}$$

값 $n=0$은 $\lambda = \infty$에 해당하며 무한대의 파장을 갖는 '파동'은 모든 ϕ 값에 대하여 일정한 높이를 갖는다. 따라서 각운동량은 다음과 같은 한정된 값들만을 갖는다.

$$J_z = \pm\frac{hr}{\lambda} = \pm\frac{nhr}{2\pi r} = \pm\frac{nh}{2\pi} \quad n = 0, 1, 2, \ldots$$

J_z의 부호(회전 방향을 나타냄)는 n을 $m_l = 0, \pm1, \pm2, \ldots$로 대체한 양자수에 흡수되어 들어가며 m_l(이 양자수의 일반적인 표시)은 양과 음의 정수 값을 갖는다. 동시에 $h/2\pi = \hbar$를 사용하여 다음을 얻는다.

$$J_z = m_l\hbar \quad m_l = 0, \pm1, \pm2, \ldots \quad \text{고리 위 입자 각운동량} \tag{13.5}$$

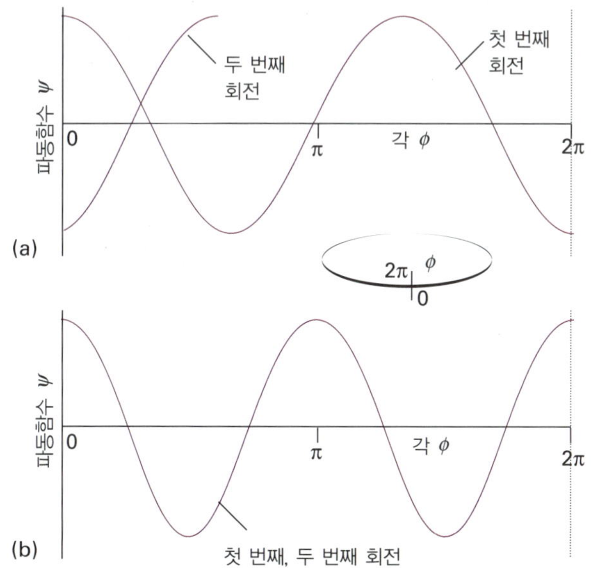

그림 13.4 고리 위 입자에 대한 Schrödinger 식의 두 가지 해. 원둘레를 직선으로 폈으며, 따라서 $\phi=0$과 2π에서의 점은 동일한 것이다. (a)의 해는 단일 값을 갖지 않으므로 받아들여질 수 없다. 뿐만 아니라 회전할 때마다 자체와 상쇄 간섭을 일으켜서 남아나지 못한다. (b)의 해는 단일 값을 가지며, 회전할 때마다 재생되기 때문에 받아들일 수 있다.

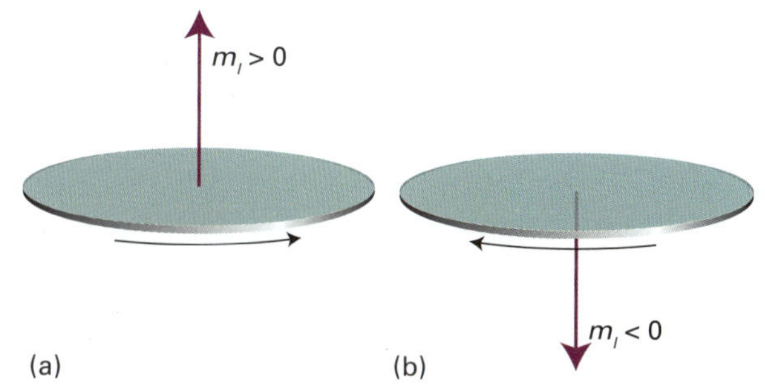

그림 13.5 평면에 구속된 입자의 각운동량은 벡터로 표시할 수 있는데, 이 벡터는 z축을 따라 $|m_l|$ 단위의 길이를 가지며, 그 방향은 입자의 운동 방향을 나타낸다. 즉 벡터의 방향은 오른 나사 법칙에 의해 주어지며, 따라서 (a) $m_l>0$에 해당하며 그림 아래쪽에 나타난 것과 같이 시계 방향이고 (b) $m_l<0$에 해당하며 그림 아래쪽에 나타난 것과 같이 반시계 방향이다.

m_l의 값이 양이면 z축 주위를 시계 방향으로 회전하는(그림 13.5에서와 같이 z 방향을 따라 보았을 때) 것에 해당하며, 음의 값의 m_l은 z 방향을 따라 반시계 방향으로 회전하는 것에 해당한다. 따라서 에너지는 식 13.2b와 13.5에 의해서 다음과 같은 한정된 값들만을 가져야 한다.

$$E_{m_l} = \frac{m_l^2\hbar^2}{2I} \quad m_l = 0, \pm1, \pm2, \ldots \quad \text{고리 위 입자 에너지 준위} \tag{13.6}$$

이 결과를 다음과 같이 언급함으로써 좀 더 탐구하기로 한다.

- m_l로 표시된 에너지는 m_l이 반드시 정수여야 하기 때문에 양자화된다.
- 물리학적으로 예상한 바와 같이 m_l이 제곱으로 나타나는 것은 회전 운동 에너지가 회전의 방향(m_l의 부호)과 무관하다는 것을 의미한다. 즉 0이 아닌 값의 $|m_l|$을 갖는 상태는 이중으로 축퇴되어 있다.
- $m_l = 0$으로 나타내는 상태는 축퇴되어 있지 않고, 이는 m_l이 0이면 입자는 무한대의 파장을 가지며 '정지된' 상태라는 해석과 일치한다. 따라서 회전 방향에 대한 의문은 생기지 않는다. (물리적 해석)
- 이 계에는 영점 에너지가 없고 가능한 최소 에너지는 $E_0 = 0$이다.

간단한 예 13.2 회전 에너지

회전과 관련되어 있는 에너지의 방향을 얻을 수 있기 위하여 평면상에서 회전하도록 구속된 $^{1}H^{35}Cl$ 분자에서와 같은 동일한 관성 모멘트(**간단한 예** 13.1 참조)를 갖는 물체의 경우를 생각해 보자. $m_l = \pm1$을 갖는, 이중으로 축퇴된 상태의 에너지는 다음과 같다.

$$E_{\pm 1}=\frac{(\pm 1)^2\hbar^2}{2I}=\frac{(1.055\times 10^{-34}\,\mathrm{J\,s})^2}{2\times(2.642\times 10^{-47}\,\mathrm{kg\,m^2})}=2.106\times 10^{-22}\,\mathrm{J}$$

최저 회전 상태($m_l=0$을 갖는)의 에너지는 0이므로 이 값은 물체가 회전을 시작하기 위한 최소 에너지이다. Avogadro 상수를 곱하면 이 값은 0.1268 kJ mol^{-1}이 된다.

자가 진단 13.1 $^2H^{35}Cl$에서와 같은 동일한 관성 모멘트를 갖는 물체에 대하여 위의 **간단한 예**의 계산을 반복하시오.

답: $E_{\pm}=1.083\times 10^{-22}$ J 또는 65.22 J mol^{-1}

(b) Schrödinger 방정식의 해

지금까지 de Broglie 관계식과 함께 고전 역학으로부터 얻은 일부 결과를 합하여 회전 운동에 관한 많은 결론을 얻어 냈다. 이러한 방법은 양자 역학적 계에 대한 일반적 형식(그리고 이 경우에서와 같이 정확한 에너지와 각운동량)을 정립하는 데 매우 유용하다. 그러나 고리 위 입자의 파동함수를 구하고, 정확한 에너지가 얻어진 것을 확인하고, 그리고 덜 공식적인 방법이 적당하지 않은 더욱 복잡한 문제에 대한 관례를 얻어내기 위해서는 Schrödinger 방정식을 정확하게 풀어 보아야 한다. 아래의 **증명**에서 정규화된 파동함수와 대응하는 에너지가 다음과 같이 주어진다는 것을 설명하고자 한다.

$$\psi_{m_l}(\phi)=\frac{e^{im_l\phi}}{(2\pi)^{1/2}}\quad m_l=0,\pm 1,\pm 2,\ldots \qquad \text{고리 위 입자 파동함수} \qquad (13.7a)$$

$$E_{m_l}=\frac{m_l^2\hbar^2}{2I} \qquad \text{고리 위 입자 에너지 준위} \qquad (13.7b)$$

$m_l=0$을 갖는 파동함수는 $\psi_0(\phi)=1/(2\pi)^{1/2}$이며, 고리 상에서의 일정한 진폭에 해당한다. 진폭이 일정하다는 것은 입자의 운동 에너지가 0이라는 것을 함축하고 있다. 운동 에너지가 유일한 에너지 근원이므로 $E_0=0$이며, 영점 에너지가 존재하지 않는다. 이 결론은 불확정성 원리와 일치하며, 입자에 대한 각의 위치는 완전히 알 수 없기 때문에 각운동량(따라서 에너지도)은 명확하게 말할 수 있다.

증명 13.2 고리 위 입자에 대한 Schrödinger 방정식의 해

xy 평면상($V=0$)의 원 위에서 이동하는 질량이 m인 입자에 대한 Hamilton 연산자는 평면상에서 자유 운동을 하는 경우(토픽 11의 식 11.1)와 동일하며 다음과 같다.

$$\hat{H}=-\frac{\hbar^2}{2m}\left(\frac{\partial^2}{\partial x^2}+\frac{\partial^2}{\partial y^2}\right) \qquad \text{Hamilton 연산자} \qquad (13.8)$$

그러나 일정한 반지름 r의 경로로 구속되어 있다. 좌표계는 항상 계의 완전한 대칭성을 충분히 고려하고 택하는 것이 좋으며, 따라서 이 문제에서는 $x=r\cos\phi$와 $y=r\sin\phi$로 주어지는 좌표 r과 ϕ를 쓰는 것이 편리하다(그림 13.6). **화학자 툴킷** 13.1에 나타난 것과 같이, 변수 변환에 관한 수학적 방법을 이용하면 다음과 같은 관계를 얻을 수 있다.

$$\frac{\partial^2}{\partial x^2}+\frac{\partial^2}{\partial y^2}=\frac{\partial^2}{\partial r^2}+\frac{1}{r}\frac{\partial}{\partial r}+\frac{1}{r^2}\frac{\partial^2}{\partial\phi^2} \qquad (13.9)$$

그러나 경로의 반지름이 고정되어 있기 때문에 r에 대한 도함수는 제거될 수 있다. 그러면 식 13.9의 마지막 항만이 남게 되고 Hamilton 연산자는 다음과 같이 간단해진다.

$$\hat{H}=-\frac{\hbar^2}{2mr^2}\frac{d^2}{d\phi^2} \qquad \text{고리 위 입자 Hamilton 연산자} \qquad (13.10a)$$

이제 오로지 ϕ만이 변수이기 때문에 편도함수는 완전 도함수로 대체된다. 관성 모멘트 $I=mr^2$은 자동적으로 나타나며 따라서 $\hat{H}$는 다음과 같이 쓸 수 있다.

$$\hat{H}=-\frac{\hbar^2}{2I}\frac{d^2}{d\phi^2} \qquad \text{고리 위 입자 Hamilton 연산자} \qquad (13.10b)$$

그리고 Schrödinger 방정식은 다음과 같이 된다.

$$-\frac{\hbar^2}{2I}\frac{d^2\psi}{d\phi^2}=E\psi \qquad \text{고리 위 입자 Schrödinger 방정식} \qquad (13.11a)$$

이 식을 다시 쓰면 다음이 된다.

$$\frac{d^2\psi}{d\phi^2}=-\frac{2IE}{\hbar^2}\psi$$

주어진 에너지에 대하여 $2IE/\hbar^2$은 일정하며, 따라서 편의상(앞으로 알게 될 것이다) m_l^2으로 쓴다. 이 단계에서는 m_l은 차원이 없는 값에 불과하며 어떠한 제약도 받지 않는다. 그러면 위 식은 다음과 같이 된다.

$$\frac{d^2\psi}{d\phi^2}=-m_l^2\psi \qquad (13.11b)$$

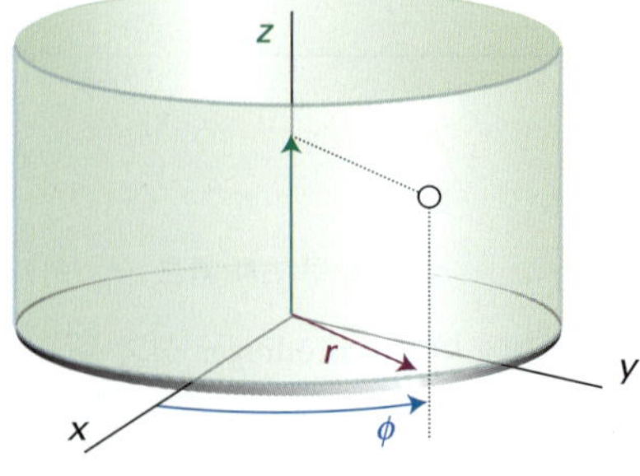

그림 13.6 축(원통) 대칭을 갖는 계를 논할 때 이용되는 원통 좌표 z, r, ϕ. xy 평면상에 구속되어 있는 입자의 경우에는 r과 ϕ만이 변할 수 있다.

이 식의 (정규화되지 않은) 일반해는 다음과 같으며 치환을 통해 증명할 수 있다.

$$\psi_{m_l}(\phi)=\mathrm{e}^{\mathrm{i}m_l\phi} \tag{13.12}$$

이제 파동함수는 단일 값을 가져야 한다는 조건을 부과함으로써 이러한 일반해들로부터 허용되는 해들을 가려내야 한다. 즉 허용되는 파동함수 ψ는 **순환성 경계 조건**(**cyclic boundary condition**)을 반드시 만족시켜야 하며, 완전히 한 회전을 한 다음에 처음 상태로 되돌아가야 한다. 즉 $\psi(\phi+2\pi)=\psi(\phi)$이 성립해야 한다. 위의 일반해를 이 조건에 넣어 주면 다음과 같은 결과가 나온다.

$$\begin{aligned}\psi_{m_l}(\phi+2\pi)&=\mathrm{e}^{\mathrm{i}m_l(\phi+2\pi)}=\mathrm{e}^{\mathrm{i}m_l\phi}\mathrm{e}^{2\pi\mathrm{i}m_l}=\psi_{m_l}(\phi)\mathrm{e}^{2\pi\mathrm{i}m_l}\\&=\psi_{m_l}(\phi)(\mathrm{e}^{\pi\mathrm{i}})^{2m_l}\end{aligned}$$

$\mathrm{e}^{\mathrm{i}\pi}=-1$(Euler 공식, **수학적 배경** 3)이므로 이 관계식은 다음과 같은 동일한 결과가 된다.

$$\psi_{m_l}(\phi+2\pi)=(-1)^{2m_l}\psi_{m_l}(\phi)$$

순환 경계 조건은 $(-1)^{2m_l}=1$이 되어야 하므로, $2m_l$은 양이나 음의 짝수 정수(0을 포함한)라야 하고, 따라서 m_l은 반드시 정수이어야 한다. 즉 $m_l=0, \pm1, \pm2, \cdots$이 된다.

이제 식 5.2로 주어진(dx를 dϕ로 대체하고) 정규화 상수 N을 다음과 같이 찾음으로써 파동함수를 정규화할 수 있다.

$$N=\frac{1}{\left(\int_0^{2\pi}\psi^*\psi\,\mathrm{d}\phi\right)^{1/2}}=\frac{1}{\left(\underbrace{\int_0^{2\pi}\mathrm{e}^{-\mathrm{i}m_l\phi}\mathrm{e}^{\mathrm{i}m_l\phi}\mathrm{d}\phi}_{\int_0^{2\pi}\mathrm{d}\phi}\right)^{1/2}}=\frac{1}{(2\pi)^{1/2}} \tag{13.13}$$

고리 위 입자에 대한 정규화된 파동함수는 식 13.7a에 주어진 것들이다. 상태들의 에너지에 대한 식은 $m_l^2=2IE/\hbar^2$의 관계식을 $E=m_l^2\hbar/2I$로 정리하여 얻어진다.

화학자 툴킷 13.1 원통 좌표

원통 대칭을 갖는 계에서 사용되는 자연 좌표는 반지름 r, 방위각 ϕ, 축에 따른 위치 z(스케치 13.1)로 표시되는 **원통 좌표**(**cylindrical coordinates**)이다. 원통 좌표와 직교 좌표 사이의 관계는 다음과 같다.

$$x=r\cos\phi \quad y=r\sin\phi \quad z$$

평면에 구속되어 있는 계에 대하여는 z를 0으로 놓을 수 있다. 원통 좌표(스케치 13.1 참조)에서 부피 인자는 다음과 같다.

$$\mathrm{d}\tau=r\,\mathrm{d}r\,\mathrm{d}\phi\,\mathrm{d}z$$

2차원 계에서 z는 무시된다. '부피' 인자는 단순히 $r\mathrm{d}r\mathrm{d}\phi$이며, 남아 있는 변수 좌표에 대한 첫 번째와 두 번째 도함수는 다음과 같다.

$$x\frac{\partial}{\partial y}-y\frac{\partial}{\partial x}=\frac{\partial}{\partial\phi}$$

$$\frac{\partial^2}{\partial x^2}+\frac{\partial^2}{\partial y^2}=\frac{\partial^2}{\partial r^2}+\frac{1}{r}\frac{\partial}{\partial r}+\frac{1}{r^2}\frac{\partial^2}{\partial\phi^2}$$

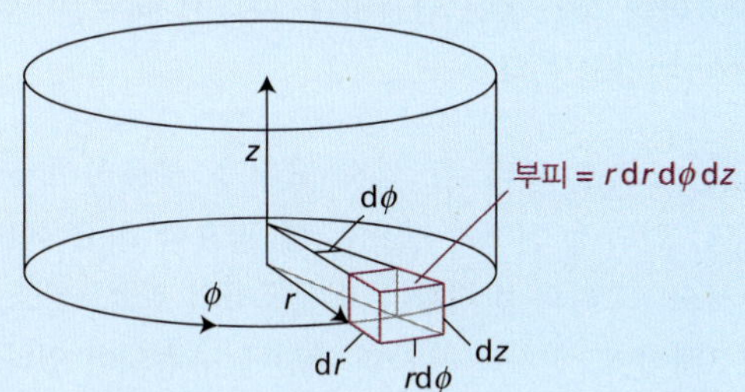

스케치 13.1 원통 대칭을 갖는 계를 설명하기 위하여 사용되는 원통 좌표. 부피 인자도 함께 나타내었다.

예제 13.1 고리 위 입자 모형의 사용

고리 위 입자 모형은 세련되지는 못하지만 고리형 콘쥬게이션 분자 계의 설명에 도움이 되는 모형이다. 탄소 원자의 원형 고리 위를 자유롭게 움직이는 벤젠의 π 전자를 다루어 π 전자가 들뜨기 위해 필요한 최소 에너지를 계산하시오. 벤젠에서 탄소–탄소 결합의 길이는 140 pm이다.

방법 기초 화학으로부터 익숙해져 있을 것이라는 근거에 의해 각 탄소 원자는 하나의 p 전자를 π 오비탈에 제공하며 각 에너지 준위에는 두 개의 전자가 채워질 수 있다. 따라서 콘쥬게이션 계의 6개 전자는 고리의 주변을 따라 움직이며, 각 상태는 두 개의 전자가 점유하기 때문에 단지 $m_l=0, +1, -1$ 상태만이 채워지게 된다(끝의 두 상태는 축퇴된다). 들뜨기 위해 필요한 최소 에너지는 전자가 $m_l=+1$(또는 -1) 상태에서 $m_l=+2$(또는 -2) 상태로 전이하는 것에 해당된다. 식 13.7b와 전자의 질량을 사용하여 그 상태의 에너지를 계산한다. 또한 고리의 반지름으로 탄소–탄소 결합 길이를 택한다.

풀이 식 13.7b로부터 $m_l=+1$ 상태와 $m_l=+2$ 상태 사이의 에너지 간격은 다음과 같다.

$$\begin{aligned}\Delta E=E_{+2}-E_{+1}&=(4-1)\times\frac{(1.055\times10^{-34}\,\mathrm{J\,s})^2}{2\times(9.109\times10^{-31}\mathrm{kg})\times(1.40\times10^{-10}\,\mathrm{m})^2}\\&=9.35\times10^{-19}\,\mathrm{J}\end{aligned}$$

따라서 전자가 들뜨기 위해 필요한 최소 에너지는 9.35×10^{-19} J 또는 563 kJ mol^{-1}이다. 이 에너지 간격은 흡수 주파수

1.41 PHz(1 PHz = 10^{15} Hz)와 파장 213 nm에 해당한다. 이러한 종류의 전이에 대한 실험값은 260 nm이다. 이와 같이 원시적인 모형이 상대적으로 훌륭하게 일치되는 것은 고무적이다. 추가적으로 이 모형이 원시적일지라도 고리형 콘쥬게이션계에서 양자화된 π 전자 에너지 준위의 근원에 대한 통찰력을 제공한다(토픽 26).

실용 상식 m_l 값을 언급할 때 m_l이 양수더라도 항상 부호를 제공하는 것은 좋은 습관이다. 따라서 $m_l = 1$이 아니라 $m_l = +1$이라고 쓴다.

자가 진단 13.3 고리 위 입자 모형을 사용하여 코로넨 $C_{24}H_{12}$(**1**) 안의 π 전자가 들뜨는 데 필요한 최소 에너지를 계산하시오. 고리의 반지름은 벤젠에서의 탄소–탄소 결합 길이의 3배이며, 전자는 분자의 주변에 구속되어 있다고 가정하시오. 중심의 벤젠 고리는 무시하고 18개의 π 전자만을 고려하시오.

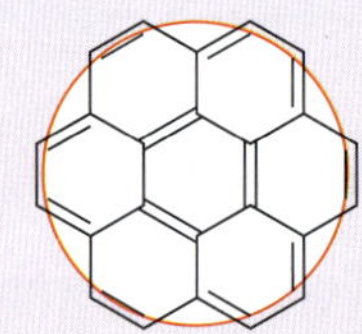

1 코로넨

(모형 고리는 붉은색으로 표시됨)

답: $m_l = +4$에서 $m_l = +5$로의 전이에 대하여; $\Delta E = 3.12 \times 10^{-19}$ J 또는 188 kJ mol^{-1}

13.2 각운동량의 양자화

z축에 대한 각운동량이 양자화되고 식 13.5로 주어지는 값들이 한정되어 있다는($J_z = m_l\hbar$) 것을 알게 되었다. 고리 위 입자에 대한 파동함수는 식 13.7a에 주어졌으며 다음과 같이 쓸 수 있다.

$$\psi_{m_l}(\phi) = \frac{e^{im_l\phi}}{(2\pi)^{1/2}} = \frac{1}{(2\pi)^{1/2}}(\cos m_l\phi + i\sin m_l\phi)$$

따라서 $|m_l|$이 증가함에 따라 증가하는 각운동량은 다음에 연관되어 있다.

- 각운동량이 증가하면 해당하는 파동함수의 실수 부분($\cos m_l\phi$)과 허수 부분($\sin m_l\phi$)에 마디 수가 증가한다(복소 함수에는 마디가 없으나 그것의 실수와 허수의 각 성분은 마디가 있다). **물리적 해석**
- 즉 $|m_l|$이 증가할수록 파장이 짧아지고, de Broglie의 관계에 의해 고리를 따라 도는 입자의 운동량은 증가한다(그림 13.7).

간단한 예 13.3 파동함수의 마디

$m_l = 0$인 바닥 상태 파동함수는 마디를 갖지 않는 반면에, 다음과 같은 $m_l = +1$ 파동함수는 그것의 실수 부분이 $\phi = \pi/2$와 $3\pi/2$에서, 그리고 허수 부분이 $\phi = 0$와 π에서 마디를 갖는다.

$$\psi_{+1}(\phi) = \frac{e^{i\phi}}{(2\pi)^{1/2}} = \frac{1}{(2\pi)^{1/2}}(\cos\phi + i\sin\phi)$$

마디의 수가 증가하면 파동함수(실수와 허수 부분 모두)의 곡률이 커지게 되며 이것은 운동 에너지, 이 경우에는 전체 에너지가 증가하는 것과 일치한다.

자가 진단 13.4 일반적인 m_l 상태에 대한 파동함수의 실수와 허수 부분에서 마디의 수를 결정하시오.

답: 실수와 허수 부분 각각에 $2m_l$개의 마디

고윳값과 토픽 6의 가설 IV에 의해 입증된 측정 가능 변수들의 값 사이의 관계에 대한 개요를 이용함으로써 각운동량 z 성분의 양자화에 대한 똑같은 결론에 조금 더 형식적으로 도달할 수 있다.

고전 역학에서 z축에 대한 각운동량 l_z는 아래의 **증명**에서 나타나듯이 다음과 같이 주어진다.

$$l_z = xp_y - yp_x \qquad \text{각운동량의 z 성분} \qquad (13.14)$$

여기에서 p_x는 x에 평행한 선형 운동량의 성분이며, p_y는 y축에 평행한 성분이다.

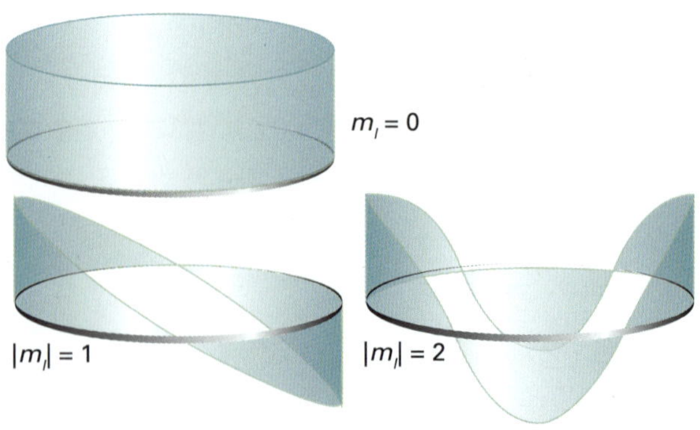

그림 13.7 고리 위 입자에 대한 파동함수의 실수 부분. 짧은 파장이 나타날수록 z축에 대한 각운동량의 크기는 $\hbar$만큼씩 단계적으로 증가한다.

증명 13.3 고전 역학에서의 각운동량

고전 역학에서 위치가 $\boldsymbol{r}$이고 선형 운동량이 $\boldsymbol{p}$인 입자의 각운동량 l은 벡터 곱 $\boldsymbol{l}=\boldsymbol{r}\times\boldsymbol{p}$(벡터 곱에 대한 기억을 돕기 위하여 **화학자 툴킷** 13.2 참조)에 의해 주어진다. 2차원에 제한되어 있는 운동에 대하여 각각 x축과 y축의 양의 방향을 따라 향하는 단위 벡터(벡터의 길이가 1인)를 표시하는 $\boldsymbol{i}$와 $\boldsymbol{j}$를 사용하면

$$\boldsymbol{r}=x\boldsymbol{i}+y\boldsymbol{j} \quad \boldsymbol{p}=p_x\boldsymbol{i}+p_y\boldsymbol{j}$$

여기에서 p_x는 x축에 평행한 선형 운동량의 성분이며, p_y는 y축에 평행한 성분이다. 따라서

$$\boldsymbol{l}=\boldsymbol{r}\times\boldsymbol{p}=(x\boldsymbol{i}+y\boldsymbol{j})\times(p_x\boldsymbol{i}+p_y\boldsymbol{j})=(xp_y-yp_x)\boldsymbol{k}$$

여기에서 $\boldsymbol{k}$는 양의 z축을 따라 향하는 단위 벡터이다. xy 평면에서 회전하는 입자에 대하여 각운동량 벡터는 $|xp_y-yp_x|$의 진폭을 갖고 완전히 z축을 따라 놓여 있다(그림 13.8).

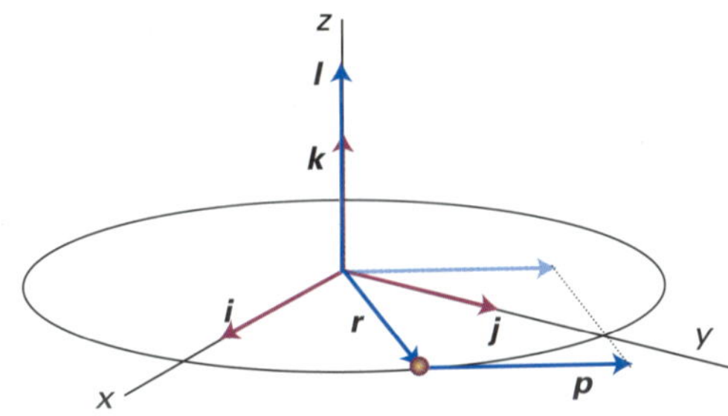

그림 13.8 고전 역학에서 위치가 r이고 선형 운동량이 $\boldsymbol{p}$인 입자의 고전적인 각운동량 l은 벡터 곱 $\boldsymbol{l}=r\times\boldsymbol{p}$에 의해 주어진다. 여기에서 묘사된 바와 같이 xy 평면에 제한되어 있는 운동에 대하여 $\boldsymbol{i}, \boldsymbol{j}, \boldsymbol{k}$가 각각 양의 x축, y축, z축에 대한 단위 벡터를 표시할 때 $\boldsymbol{r}=x\boldsymbol{i}+y\boldsymbol{j}$, $\boldsymbol{p}=p_x\boldsymbol{i}+p_y\boldsymbol{j}$, $\boldsymbol{l}=(xp_y-yp_x)\boldsymbol{k}$이다.

화학자 툴킷 13.2 벡터 곱

주어진 벡터 a와 b에 대하여

$$\boldsymbol{a}=a_x\boldsymbol{i}+a_y\boldsymbol{j}+a_z\boldsymbol{k} \quad \boldsymbol{b}=b_x\boldsymbol{i}+b_y\boldsymbol{j}+b_z\boldsymbol{k}$$

여기에서 $\boldsymbol{i}, \boldsymbol{j}, \boldsymbol{k}$는 각각 양의 x축, y축, z축에 대한 단위 벡터이고, (a_x,a_y,a_z)와 (b_x,b_y,b_z)는 축에 따른 $\boldsymbol{a}$와 $\boldsymbol{b}$의 성분이며, 두 벡터 사이의 벡터 곱은 다음과 같이 주어진다.

$$\boldsymbol{a}\times\boldsymbol{b}=(a_yb_z-a_zb_y)\boldsymbol{i}+(a_zb_x-a_xb_z)\boldsymbol{j}+(a_xb_y-a_yb_x)\boldsymbol{k}$$

θ가 크기 a와 b를 갖는 벡터 $\boldsymbol{a}$와 $\boldsymbol{b}$ 사이의 각도일 때 이 양은 크기 $ab\sin\theta$의 벡터이다. 게다가 $\boldsymbol{a}\times\boldsymbol{b}$는 $\boldsymbol{a}$와 $\boldsymbol{b}$ 모두에 수직인 벡터이다.

선형 운동량 성분 p_x와 p_y에 대한 연산자는 토픽 6에 주어졌다. 따라서 z축에 대한 각운동량의 연산자는 다음과 같다.

$$\hat{l}_z=\frac{\hbar}{\mathrm{i}}\left(x\frac{\partial}{\partial y}-y\frac{\partial}{\partial x}\right) \quad \text{각운동량 연산자의 } z \text{ 성분} \qquad (13.15a)$$

원통 좌표 r과 ϕ(**화학자 툴킷** 13.1)의 항으로 표현하면 이 식은 다음과 같이 된다.

$$\hat{l}_z=\frac{\hbar}{\mathrm{i}}\frac{\partial}{\partial\phi} \qquad (13.15b)$$

각운동량 연산자를 사용할 수 있다면 식 13.7a의 파동함수가 고유 함수인지를 확인할 수 있다. 파동함수는 좌표 ϕ에만 의존하기 때문에 식 13.15b의 편도함수는 상도함수로 대체할 수 있으며 다음 결과를 얻는다.

$$\hat{l}_z\psi_{m_l}=\frac{\hbar}{\mathrm{i}}\frac{\mathrm{d}}{\mathrm{d}\phi}\psi_{m_l}=\frac{\hbar}{\mathrm{i}}\frac{\mathrm{d}}{\mathrm{d}\phi}\frac{\mathrm{e}^{\mathrm{i}m_l\phi}}{(2\pi)^{1/2}}=\mathrm{i}m_l\frac{\hbar}{\mathrm{i}}\frac{\mathrm{e}^{\mathrm{i}m_l\phi}}{(2\pi)^{1/2}}=m_l\hbar\psi_{m_l} \qquad (13.16)$$

즉 ψ_{m_l}은 $\hat{l}_z$의 고유 함수이고, 각운동량 $m_l\hbar$에 대응하며 식 13.5와 일치한다. m_l이 양일 때는 각운동량이 양이 되며(밑에서 보았을 때 시계 방향), m_l이 음일 때는 각운동량이 음이 된다(밑에서 보았을 때 반시계 방향).

이러한 성질들로부터 각운동량의 **벡터 표기법**(**vector representation**)이 유래되었는데, 이 표기법에서는 크기를 벡터의 길이로, 운동 방향을 벡터(화살표)의 방향으로 나타낸다(그림 13.9). 이 각운동량의 벡터 표기법은 고전 물리학에서도 유용하지만 한 가지 결정적인 차이가 있다. 양자 역학에서는 벡터의 길이는 불연속적인 값(허용되는 m_l 값과 일치하는)에 제한되는 반면, 고전 물리학에서 길이는 연속적으로 변할 수 있다.

간단한 예 13.4 각운동량의 벡터 표기법

고리 위 입자가 $m_l=+3$의 상태에 있다고 가정하자. 각운동량의 크기는 $3\hbar$(또는 3.165×10^{-34} J s)이고 따라서 각운동량 자체는 양의 z축을 따라 향하는 길이 3($\hbar$의 단위로)의 벡터로 나타낸다. 20 km $\mathrm{h^{-1}}$의 속도로 앞으로 움직이는 자전거의 바퀴(질량 2 kg, 반지름 0.3m)는 약 3 J s의 각운동량을 가지며, 이것은 $|m_l|=3\times10^{34}$에 해당한다. 만일 z축이 바퀴의 회전축을 통하여 왼쪽에서 오른쪽으로 회전한다면 $m_l=+3\times10^{34}$으로 표기한다.

자가 진단 13.5 $m_l=-2$ 상태에 있는 입자에 대하여 반복해 보시오.

답: 벡터의 음의 z축을 따라 향하며 길이가 2($\hbar$의 단위로)인 벡터

입자가 정확하게 알려진 각운동량 $m_l\hbar$ 상태에 있을 때 고리 주위에서 입자의 위치는 확률 밀도가 일정하기 때문에 절대로 알 수가 없다.

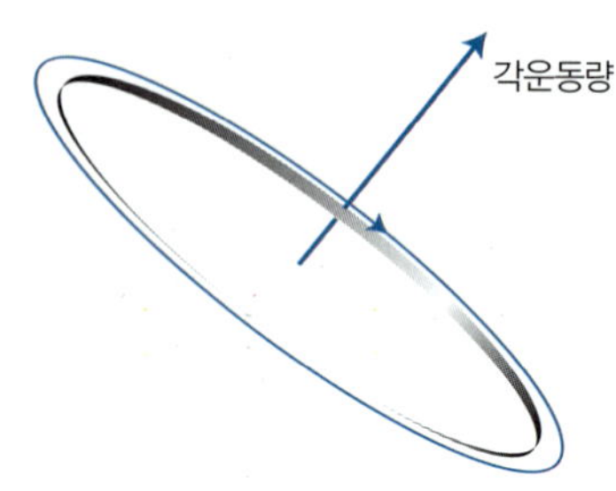

그림 13.9 각운동량의 벡터 표기법의 기본 개념. 각운동량의 크기는 벡터의 길이로 나타내고, 공간에서의 운동 방향은 벡터의 방향으로 나타낸다(오른 나사 법칙 사용).

$$\psi_{m_l}^{*}\psi_{m_l}=\left(\frac{e^{im_l\phi}}{(2\pi)^{1/2}}\right)^{*}\left(\frac{e^{im_l\phi}}{(2\pi)^{1/2}}\right)$$
$$=\left(\frac{e^{-im_l\phi}}{(2\pi)^{1/2}}\right)\left(\frac{e^{im_l\phi}}{(2\pi)^{1/2}}\right)=\frac{1}{2\pi}$$

각운동량과 각 위치는 상보적인 측정 가능 변수의 쌍이며(토픽 8에 정의된 응용 문제 13.9 참조), 그들을 동시에 임의의 정확도로 명확하게 지정할 수 없는 것은 불확정성 원리에 대한 또 하나의 예이다.

개념 확인

- ☐ 1. 2차원에서 회전하는 입자의 **에너지와 각운동량**은 양자화된다. 양자화는 파동함수가 원형(순환) 경계 조건을 만족시켜야 한다는 필요 조건에 기인한다.
- ☐ 2. 2차원에서 회전하는 입자의 에너지 준위는 최저 준위($m_l=0$)를 제외하고는 이중 축퇴된다.
- ☐ 3. 평면에서 회전하는 입자에 대한 영점 에너지는 없다.
- ☐ 4. 각운동량의 **벡터 표기법**에서 크기는 벡터의 길이로, 운동의 방향은 벡터의 방향으로 나타낸다. 벡터의 길이는 불연속적인 값(허용된 m_l 값에 해당하는)으로 제한된다 .
- ☐ 5. 2차원에서 회전하는 입자의 각운동량과 위치를 임의의 정확도로 동시에 명기하는 것은 불가능하다.
- ☐ 6. 각운동량과 각위치는 상보적인 측정 가능 변수의 쌍이다.

식 확인

성질	식	비고	식 번호
고리 위 입자의 각운동량의 z 성분	$l_z=m_l\hbar$	$m_l=0, \pm1, \pm2, \ldots$	13.5
고리 위 입자의 파동함수	$\psi_{m_l}(\phi)=e^{im_l\phi}/(2\pi)^{1/2}$	$m_l=0, \pm1, \pm2, \ldots$	13.7a
고리 위 입자의 에너지	$E_{m_l}=m_l^2\hbar^2/2I$	$m_l=0, \pm1, \pm2, \ldots$	13.7b
각운동량 연산자	$l_z=(\hbar/i)/\phi$	z 성분	13.15b

토픽 14

3차원에서의 회전 운동

내용

➤ 학습 목표

3차원에서 회전 운동을 논의하는 것은 각운동량 개념을 소개하는 것이며, 이것은 원자의 전자 구조 설명의 중심이며 분자의 회전 운동과 분자 분광학 설명의 근거가 된다.

➤ 핵심 내용

3차원에서 회전하는 입자의 에너지와 각운동량은 양자화된다.

➤ 미리 알기

양자 역학의 가설(토픽 5~7)들에 익숙해져야 한다. 이 토픽은 2차원에서의 회전 운동(토픽 13)에 관한 설명의 확장이다.

3차원에서 회전할 수 있는 물체의 성질은 세 번째 축에 대해서도 회전할 수 있다는 것을 제외하면 2차원에서의 문제(토픽 13)와 유사하게 전개시킬 수 있다. 2차원에서의 전이로부터 3차원에서의 전이를 표현하는 또 다른 방법은 평면상의 고리 위에서 움직이는 것으로 제한시켜 토픽 13에서 언급된 입자가 이번에는 구의 표면에서 자유롭게 이동한다는 것이다. 이러한 입자는 구면 표면에 구속된 전자일 수 있거나 회전 중심에 대하여 물체의 전체 운동을 나타내는 분자와 같은 고체 물체의 한 점일 수도 있다. 따라서 만일 해가 관성 모멘트 $I = mr^2$의 항으로 나타낸다면 그 관성 모멘트를 갖는 어떠한 물체, 예를 들면 고체 공(질량이 M, 반지름이 R일 때 $I = \frac{2}{5}MR^2$)이나 CH_4와 같은 분자(C−H 결합의 길이가 R인 경우 $I = \frac{8}{3}m_HR^2$)의 3차원 회전을 설명하기 위해 관성 모멘트를 사용할 수 있다.

14.1 구 위의 입자

반지름이 r인 구면상의 어느 곳으로나 자유롭게 이동할 수 있는 질량이 m인 입자를 생각해 보자. 구는 입자가 한 고리에서 다른 고리로 자유롭게 이동할 수 있는 반지름이 다른 고리를 차곡차곡 쌓아 놓은 3차원 더미로 간주할 수 있다. 각 고리에서 입자에 대한 순환 경계 조건은 개별적인 고리에서의 운동에서 직면하는 양자수 m_l을 이끌어 낸다. 파동함수가 구의 중심점을 둘러싸고 있는 적도선을 그리는 경로와 일치해야 할뿐만 아니라 두 극을 통과하는 경도상에서의 경로와 파동함수가 일치해야 한다는 조건은 두 번째 순환 경계 조건, 즉 두 번째 양자수를 도입하게 한다(그림 14.1).

(a) 파동함수

3차원 운동에 대한 Hamilton 연산자는 다음과 같다(표 6.1)

$$\hat{H} = -\frac{\hbar^2}{2m}\nabla^2 + V \qquad \text{3차원} \qquad \text{Hamilton 연산자} \qquad (14.1a)$$

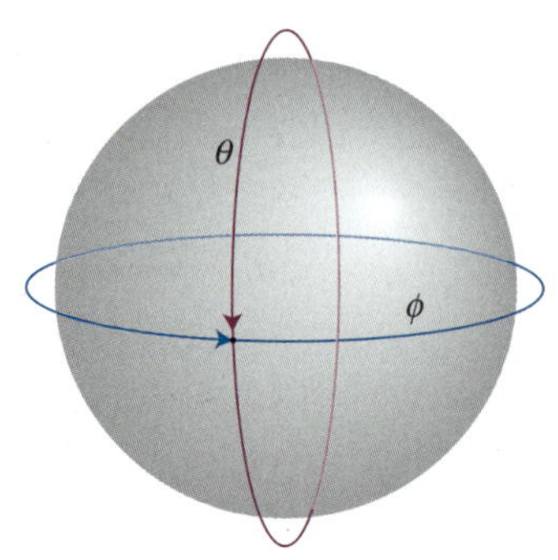

그림 14.1 구 표면상에 있는 입자의 파동함수는 두 고리의 경계 조건을 만족시켜야 하며, 이 필요 조건으로 각운동량 상태에 관한 두 개의 양자수가 나온다.

$$\nabla^2 = \frac{\partial^2}{\partial x^2}+\frac{\partial^2}{\partial y^2}+\frac{\partial^2}{\partial z^2} \qquad \text{3차원 Laplace 연산자} \qquad (14.1b)$$

여기서 ∇^2은 3개의 이차 도함수의 합을 나타내는데 편리한 약자로서 Laplace 연산자(Laplacian, '델 스퀘어드'라고 읽는다)라고 한다. 구 표면에 구속되어 있는 입자의 경우에는 이 표면 상에서 자유롭게 이동하는 모든 곳에서 $V=0$이며, 또한 r이 일정하다. 문제에 대한 대칭성과 구 위의 입자에 대하여 r이 일정하다는 이점에 따라 **구면 극좌표(spherical polar coordinates, 화학자 툴킷** 14.1)를 사용한다. 따라서 파동함수는 여위각(어떤 위도의 여각) θ와 방위각 ϕ의 함수이며, $\psi(\theta,\phi)$라고 표시할 수 있다. 따라서 Schrödinger 식은 다음과 같이 쓸 수 있다.

$$-\frac{\hbar^2}{2m}\nabla^2\psi = E\psi \qquad \text{구 위의 입자 Schrödinger 방정식} \qquad (14.2)$$

식 14.2의 Schrödinger 방정식은 변수 분리 방법(**수학적 배경** 2 참조)을 사용하여 풀 수 있으며 다음의 **증명**에서 나타난 바와 같이 두 함수의 곱으로 아래와 같이 표기할 수 있다.

$$\psi(\theta,\phi) = \Theta(\theta)\Phi(\phi) \qquad (14.3)$$

화학자 툴킷 14.1 구면 극좌표

구 대칭을 갖는 계를 설명하기 위한 자연 좌표는 **반지름**(radius) r, **여의각**(colatitude) θ, **방위각**(azimuth) ϕ로 표시되는 구면 극좌표이다(스케치 14.1). 스케치 14.1로부터 미루어 보건대 구면 극좌표와 직교좌표 사이의 관계는 다음과 같다.

$$x = r\sin\theta\cos\phi \qquad y = r\sin\theta\sin\phi \qquad z = r\cos\theta$$

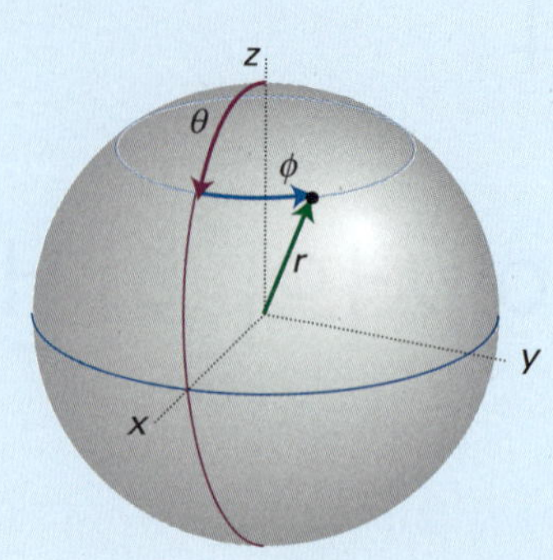

스케치 14.1 구면 극좌표는 구 대칭을 갖는 계를 설명하는 데 사용된다.

구면 극좌표에서 부피 인자(스케치 14.2)는 다음과 같다.

$$d\tau = r^2\sin\theta\, dr\, d\phi\, d\theta$$

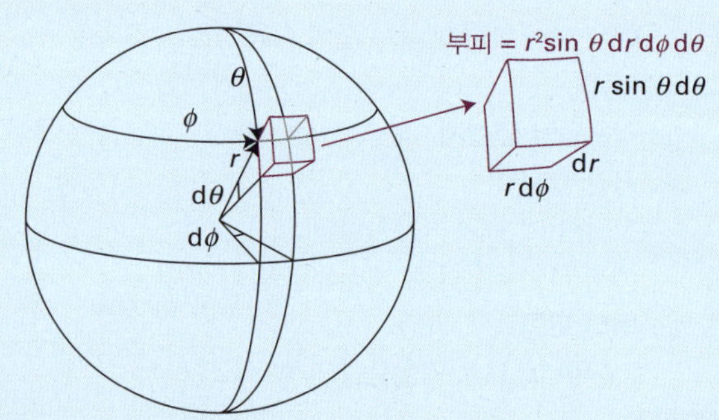

스케치 14.2 구면 극좌표에서 부피 인자

비슷한 방법으로 구면 극좌표에서 Laplace 연산자는 다음과 같이 표현된다(표 6.1).

$$\nabla^2 = \frac{\partial^2}{\partial r^2}+\frac{2}{r}\frac{\partial}{\partial r}+\frac{1}{r^2}\Lambda^2$$

여기서 Λ^2은 다음과 같은 legendre 연산자이다.

$$\Lambda^2 = \frac{1}{\sin^2\theta}\frac{\partial^2}{\partial\phi^2}+\frac{1}{\sin\theta}\frac{\partial}{\partial\theta}\sin\theta\frac{\partial}{\partial\theta}$$

여기서 Θ는 θ만의 함수이고, Φ는 ϕ만의 함수이다. 아래 **증명**에서 확인된 바와 같이 Φ는 고리 위 입자(토픽 13)의 해이며, 전체 해는 **오비탈 각운동량 양자수(orbital angular momentum quantum number,** l)와 **자기 양자수(magnetic quantum number,** m_l)로 명기된다. 이러한 양자수들은 다음과 같은 값으로 한정된다.

$$l = 0,1,2,\ldots \qquad m_l = l, l-1,\ldots,-l$$

양자수 l은 음의 값이 아니며, 주어진 l 값에 대하여 $2l+1$개의 허용된 m_l 값을 갖는다.

증명 14.1 구 위의 입자에 대한 Schrödinger 방정식의 해

r은 일정한 상수이므로 laplace 연산자 중에서 r에 관한 미분항은 버릴 수 있으며, 따라서 Schrödinger 방정식은 다음과 같이 쓸 수 있다.

$$-\frac{\hbar^2}{2mr^2}\Lambda^2\psi = E\psi$$

위 식에는 관성 모멘트 $I = mr^2$이 나타나 있으며, 따라서 이 식은 다음과 같이 정리할 수 있다.

$$\Lambda^2\psi = -\varepsilon\psi \quad \varepsilon = \frac{2IE}{\hbar^2}$$

이 식이 분리될 수 있는지는 $\psi = \Theta\Phi$를 넣어보고 **화학자 툴킷** 14.1의 legendre 연산자를 사용하면 다음과 같이 된다.

$$\Lambda^2\Theta\Phi = \frac{1}{\sin^2\theta}\frac{\partial^2(\Theta\Phi)}{\partial\phi^2} + \frac{1}{\sin\theta}\frac{\partial}{\partial\theta}\sin\theta\frac{\partial(\Theta\Phi)}{\partial\theta} = -\varepsilon\Theta\Phi$$

다음에는 Θ와 Φ가 각각 한 변수의 함수라는 사실을 이용하면 이 편도함수를 완전 도함수로 바꿀 수 있다. 즉

$$\frac{\Theta}{\sin^2\theta}\frac{\mathrm{d}^2\Phi}{\mathrm{d}\phi^2} + \frac{\Phi}{\sin\theta}\frac{\mathrm{d}}{\mathrm{d}\theta}\sin\theta\frac{\mathrm{d}\Theta}{\mathrm{d}\theta} = -\varepsilon\Theta\Phi$$

양변을 $\Theta\Phi$로 나누고 이어서 $\sin^2\theta$를 곱해 주면

$$\frac{1}{\Phi}\frac{\mathrm{d}^2\Phi}{\mathrm{d}\phi^2} + \frac{\sin\theta}{\Theta}\frac{\mathrm{d}}{\mathrm{d}\theta}\sin\theta\frac{\mathrm{d}\Theta}{\mathrm{d}\theta} = -\varepsilon\sin^2\theta$$

이 되고, 다음에 약간의 정리를 해 주면 다음과 같은 식을 얻을 수 있다.

$$\frac{1}{\Phi}\frac{\mathrm{d}^2\Phi}{\mathrm{d}\phi^2} + \frac{\sin\theta}{\Theta}\frac{\mathrm{d}}{\mathrm{d}\theta}\sin\theta\frac{\mathrm{d}\Theta}{\mathrm{d}\theta} + \varepsilon\sin^2\theta = 0$$

좌변의 첫째 항은 ϕ에만 의존하고, 나머지 두 항은 θ에만 의존한다. **수학적 배경** 2에 제시된 논리에 따라 각 항은 상수와 같다. 즉 첫 번째 항을 수치 상수 $-m_l^2$으로 놓고(상수를 이와 같이 취하는 이유는 앞으로 알게 될 것이다) 다음과 같은 두 식으로 분리시킨다.

$$\frac{1}{\Phi}\frac{\mathrm{d}^2\Phi}{\mathrm{d}\phi^2} = -m_l^2 \qquad \frac{\sin\theta}{\Phi}\frac{\mathrm{d}}{\mathrm{d}\theta}\sin\theta\frac{\mathrm{d}\Theta}{\mathrm{d}\theta} + \varepsilon\sin^2\theta = m_l^2$$

이 중 첫 번째 식은 고리 위 입자(토픽 13)에 나왔던 것과 같으며, 따라서 똑같은 해를 갖는다.

$$\Phi = \frac{1}{(2\pi)^{1/2}}\mathrm{e}^{\mathrm{i}m_l\phi} \qquad m_l = 0, \pm1, \pm2, \ldots$$

(m_l은 2차원 계와는 다르게 3차원에 제약되는 것이라는 사실을 곧 보게 될 것이다.) 두 번째 식을 푸는 것은 새로운 것이지만, 그 해는 '버금 Legendre 함수(associated Legendre function)'로서 수학자들에게는 잘 알려진 것이다. 파동함수가 $\phi = 0$과 2π(북극점)에서 같아지기 위한 순환 경계 조건은 고리 위 입자의 경우와 같이 m_l이 양이나 음의 정수(0을 포함하여)로 제한되게 된다. 파동함수가 두 극을 통과하는 경로와 일치해야 한다(그림 14.1과 같이)는 추가적인 필요 조건으로 인해 음이 아닌 정수 값을 갖는 두 번째의 양자수 l이 도입된다. 그러나 위의 두 번째 식에 양자수 m_l이 들어 있다는 것은 두 개 양자수의 범위가 연결되어 있으며 결국 주어진 값 l에 대하여 m_l은 앞에서 언급된 바와 같이 $-l$부터 $+l$까지의 순차적인 정수의 범위를 갖는다는 의미를 포함하고 있는 것이다.

주어진 l과 m_l에 대하여 정규화된 파동함수 $\psi(\theta,\phi)$는 보통 $Y_{lm_l}(\theta,\phi)$로 표시하며 **구면 조화 함수(spherical harmonics**, 표 14.1과 그림 14.2)라고 한다. 이 함수들은 조화 함수(sine과 cosine)가 선과 평면에서 파동의 설명인 것과 같이 구 표면에서 파동의 설명에 기본이 된다. 이와 같이 중요한 함수는 다음의 식[1]을 만족한다.

$$\Lambda^2 Y_{lm_l}(\theta,\phi) = -l(l+1)Y_{lm_l}(\theta,\phi) \tag{14.4}$$

그림 14.3에 $l = 0$에서 4까지, $m_l = 0$인 구면 조화 함수를 나타내었으며, 부호가 다른 함수에 해당하는 어둡고 밝은 음영 표시는 각마디(파동함수가 0을 지나는 위치)의 위치를 강조한다.

- $m_l = 0$을 갖는 함수는 z축 주위에 각마디가 나타나지 않는다. $l = 0$, $m_l = 0$인 구면 조화 함수는 전혀 마디가 없으며, 이것은 구 표면의 모든 위치에 대하여 '파동'의 높이가 일정하다는 것이다.

물리적 해석

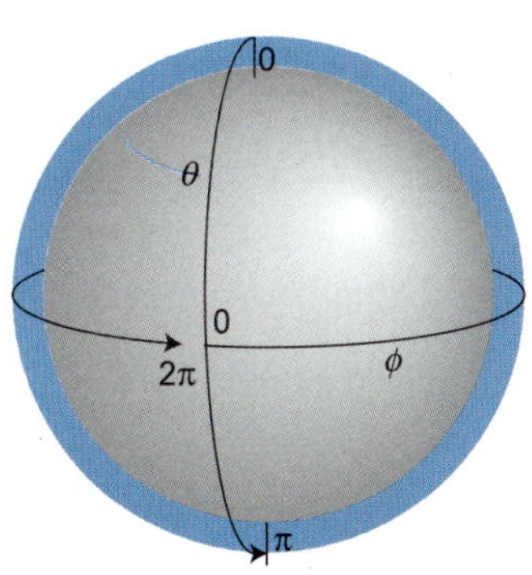

그림 14.2 구의 표면은 θ를 0에서 π까지의 범위에서 변하게 하고, ϕ는 0부터 2π까지의 범위에서 완전한 주기의 호 한 바퀴를 돌게 함으로써 덮을 수 있게 된다.

[1] 해에 대한 완전한 설명은 *Molecular quantum mechanics*, Oxford University Press(2011)를 볼 것.

표 14.1 구면 조화 함수

l	ml	$Y_{lm_l}(\theta,\phi)$
0	0	$\left(\frac{1}{4\pi}\right)^{1/2}$
1	0	$\left(\frac{3}{4\pi}\right)^{1/2}\cos\theta$
	±1	$\mp\left(\frac{3}{8\pi}\right)^{1/2}\sin\theta\, e^{\pm i\phi}$
2	0	$\left(\frac{5}{16\pi}\right)^{1/2}(3\cos^2\theta-1)$
	±1	$\mp\left(\frac{15}{8\pi}\right)^{1/2}\cos\theta\sin\theta\, e^{\pm i\phi}$
	±2	$\left(\frac{15}{32\pi}\right)^{1/2}\sin^2\theta\, e^{\pm 2i\phi}$
3	0	$\left(\frac{7}{16\pi}\right)^{1/2}(5\cos^3\theta-3\cos\theta)$
	±1	$\mp\left(\frac{21}{64\pi}\right)^{1/2}(5\cos^2\theta-1)\sin\theta\, e^{\pm i\phi}$
	±2	$\left(\frac{105}{32\pi}\right)^{1/2}\sin^2\theta\cos\theta\, e^{\pm 2i\phi}$
	±3	$\mp\left(\frac{35}{64\pi}\right)^{1/2}\sin^3\theta\, e^{\pm 3i\phi}$

- $l=1$, $m_l=0$인 구면 조화 함수는 $\theta=\pi/2$에서 한 개의 각마디를 갖고 있으며, 따라서 적도면이 마디 평면이다.
- $l=2$, $m_l=0$인 구면 조화 함수는 두 개의 각마디를 갖고 있다.

간단한 예 14.1 구면 조화 함수의 각마디

$l=2$, $m_l=0$인 구면 조화 함수에 있어서 각마디는 $3\cos^2\theta-1=0$, 즉 $\cos\theta=\pm(1/3)^{1/2}$(표 14.1 참조)의 각도에 해당한다. 따라서 각마디는 54.7°과 125.3°에 있게 된다(실제 지구에서는 Los Angeles와 Buenos Aires의 위도에 가까운 것이다).

자가 진단 14.1 $l=3$, $m_l=0$인 구면 조화 함수에서 각마디를 구하시오.

답: $\theta=39.2°$, 90°, 140.8°

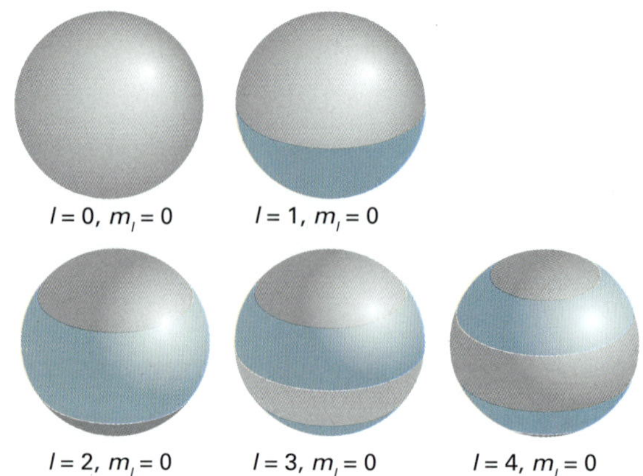

그림 14.3 구의 표면 위에 있는 입자의 파동함수를 나타낸 그림. 회색과 파란색으로 나타낸 그림의 명암은 파동함수의 상이한 부호를 나타낸다. 마디의 수는 l의 값이 커질수록 증가함을 주목하라. 이 파동함수들은 모두 $m_l=0$인 것이다. 구에 수직한 z축 주위의 경로들은 어떠한 마디도 지나가지 않는다.

(b) 에너지

일반적으로 각마디의 수는 l과 동일하다. 마디의 수가 증가할수록 파동함수가 더 굽어지게 되고, 따라서 곡률이 커지게 되면 입자의 운동 에너지가 증가(퍼텐셜 에너지가 0이므로 전체 에너지도 증가)한다는 것을 예상할 수 있다.

단지 각좌표만 변하는 경우에 입자의 Schrödinger 방정식이 다음과 같이 주어진다는 것은 **증명** 14.1에서 입증되었다.

$$-\frac{\hbar^2}{2mr^2}\Lambda^2\psi=E\psi$$

여기에서 $mr^2=I$이다. 그러나 이제 구면 조화 함수가 Y라고 알고 있는 파동함수 ψ가 식 14.4를 만족시킨다는 것도 알고 있다. 따라서 이 식은 다음과 같이 쓸 수 있다.

$$-\frac{\hbar^2}{\underbrace{2mr^2}_{I}}\overbrace{\Lambda^2 Y_{lm_l}}^{-l(l+1)Y_{lm_l}}=E\psi,\quad \text{또는}\quad l(l+1)\frac{\hbar^2}{2I}Y_{lm_l}=E_{lm_l}Y_{lm_l}$$

여기에서 에너지가 두 개의 양자수에 의존한다는 가능성을 고려하였다. 입자의 허용된 에너지는 다음과 같다는 결론을 내릴 수 있다.

$$E_{lm_l}=l(l+1)\frac{\hbar^2}{2I}\qquad \text{구 위의 입자 에너지 준위}\qquad (14.5)$$

이 식에 따라서

- $l=0,1,2,\ldots$이므로 에너지는 양자화된다.
- 에너지는 주어진 l 값에 대하여 m_l 값과는 무관하고, 이로

부터 에너지를 단순히 E_l이라고 표시할 것이다.

- 에너지가 동일한 $2l+1$개의 상이한 파동함수(각 m_l 값에 대해서 하나씩)가 있으므로, 양자수가 l인 준위는 $(2l+1)$중으로 축퇴된다.
- 영점 에너지가 없으므로 $E_0=0$이다.

물리적 해석

자가 진단 14.2 $^2H^{35}Cl$ 분자에서 가장 낮은 2개의 회전 준위 사이에서의 전이에 대한 진동수는 얼마인가? (이 분자의 관성 모멘트는 5.1365×10^{-47} kgm²이다.)

답: 327.0 GHz

예제 14.1 회전 에너지 준위 사용

3차원에서 자유롭게 회전하는 $^1H^{35}Cl$ 분자의 가장 낮은 4개의 에너지 준위에 대한 에너지와 축퇴수를 결정하시오. 가장 낮은 두 개의 회전 준위 사이의 전이에 대한 진동수는 얼마인가? (단, $^1H^{35}Cl$ 분자의 관성 모멘트는 2.6422×10^{-47} kg m²이다.)

방법 회전 에너지는 식 14.5로 주어지지만, 토픽 41에 전개된 이유에 따라 회전하는 분자의 각운동량 양자수는 l 대신에 J로 표시되고 여기에서 이 기호를 사용한다. 양자수 J를 갖는 준위의 축퇴수는 $2l+1$과 유사하게 $2J+1$이 된다. 두 개의 회전 준위 사이에서의 전이는 Bohr 진동수 조건(토픽 4, $h\nu=\Delta E$)에서 주어진 진동수의 광자를 방출하거나 흡수할 수 있다.

풀이 우선 다음 관계를 주목하자.

$$\frac{\hbar^2}{2I}=\frac{(1.055\times10^{-34}\,\text{J s})^2}{2\times(2.6422\times10^{-47}\,\text{kg m}^2)}=2.106\ldots\times10^{-22}\,\text{J}$$

또는 0.2106...zJ. 이제 몰에너지는 각각의 에너지에 Avogadro 상수를 곱하여 얻고 아래의 표를 작성한다.

J	E(zJ)	E(J mol⁻¹)	축퇴도
0	0	0	1
1	0.4212	253.6	3
2	1.264	760.9	5
3	2.527	1522	7

두 개의 가장 낮은 회전 에너지 준위($J=0$과 1) 사이에서의 에너지 간격은 4.212×10^{-22} J이며 다음의 광자 진동수에 해당한다.

$$\nu=\frac{\Delta E}{h}=\frac{4.212\times10^{-22}\,\text{J}}{6.626\times10^{-34}\,\text{J s}}=6.357\times10^{11}\overbrace{\text{s}^{-1}}^{\text{Hz}}=635.7\,\text{GHz}$$

이 진동수의 복사선은 전자기 복사선 스펙트럼에서 마이크로파 영역에 속하며 따라서 마이크로파 분광학은 분자 회전을 연구(토픽 42)하기 위해서 사용된다. 이 전이 에너지는 관성 모멘트에 의존하기 때문에 마이크로파 분광학은 결합 길이를 결정하는 데 매우 정확한 방법이 된다.

14.2 각운동량

에너지의 양자화가 중요한 것과 똑같이, 입자의 각운동량의 양자화도 중요하다. 고전 역학에서(토픽 13의 **증명** 13.3) 각운동량은 x축, y축, z축에 따른 성분 l_x, l_y, l_z를 갖는 벡터 $\boldsymbol{l}=\boldsymbol{r}\times\boldsymbol{p}$($\boldsymbol{r}$과 $\boldsymbol{p}$는 각각 위치 운동량과 선형 운동량임)로 표현된다. 양자 역학에서는 각운동량은 각각에 대응하는 각운동량의 항으로 논해진다.

(a) 각운동량 연산자

각운동량의 z 성분에 대한 연산자는 $\hat{l}_z=(\hbar/\mathrm{i})(\partial/\partial y-y\partial/\partial x)$, 그리고 동등하게 $\hat{l}_z=(\hbar/\mathrm{i})(\partial/\partial\theta)$와 같이 토픽 13에 주어졌다. x와 y 성분에 대해서도 다음과 같은 비슷한 식이 적용된다.

$$\hat{l}_x=\frac{\hbar}{\mathrm{i}}\left(y\frac{\partial}{\partial z}-z\frac{\partial}{\partial y}\right)$$
$$\hat{l}_y=\frac{\hbar}{\mathrm{i}}\left(z\frac{\partial}{\partial x}-x\frac{\partial}{\partial z}\right) \quad \text{각운동량 연산자} \quad (14.6)$$
$$\hat{l}_z=\frac{\hbar}{\mathrm{i}}\left(x\frac{\partial}{\partial y}-y\frac{\partial}{\partial x}\right)=\frac{\hbar}{\mathrm{i}}\frac{\partial}{\partial\phi}$$

문제 14.9에서 유도하게 될 세 연산자 사이의 교환 관계는 다음과 같다.

$$[\hat{l}_x,\hat{l}_y]=i\hbar\hat{l}_z\ [\hat{l}_y,\hat{l}_z]=i\hbar\hat{l}_x\ [\hat{l}_z,\hat{l}_x]=i\hbar\hat{l}_y \quad \text{각운동량 교환자} \quad (14.7)$$

이들 연산자는 가환하지 않으므로 그들이 나타내는 측정 가능 변수들은 상보적이고(토픽 8) 그들 중 하나 이상은 동시에 정확하게 지정할 수 없다.

각운동량의 크기에 대응하는 연산자는 다음과 같이 표시하여 얻을 수 있다.

$$\hat{l}^2=\hat{l}_x^2+\hat{l}_y^2+\hat{l}_z^2 \quad \text{각운동량 크기의 제곱에 대한 연산자} \quad (14.8)$$

이 연산자는 세 개의 모든 성분에 대하여 가환이다(응용 문제 14.11 참조). 따라서

$$[\hat{l}^2,\hat{l}_q^{\,2}]=0 \quad q=x,y,z \quad \text{각운동량 연산자의 교환자} \quad (14.9)$$

이들 연산자는 가환이기 때문에 그들은 상보적인 측정 가능

변수에 해당되지 않는다. 다른 말로 말하면 각운동량 크기의 제곱을 알면 결국 그 자체의 크기를 알게 되며 이것의 어느 성분도 정확한 지정이 가능해진다(그러나 식 14.7의 결과에 의해 하나 이상은 안된다).

(b) 공간 양자화

각운동량의 크기는 식 14.8에 주어진 연산자의 성질로부터 결정된다. 그러나 입자의 에너지가 고전적으로 입자의 각운동량 l과 $E=l^2/2I$(토픽 13 참조)로 연관되어 있다는 것에 주목함으로써 더욱 간단하게 크기를 알아낼 수 있다. 따라서 이 식을 식 14.5와 비교함으로써 각운동량의 제곱이 $l(l+1)\hbar^2$으로 주어지며 크기 자체는 다음의 값으로 한정된다고 추정할 수 있다.

$$\text{각운동량의 크기} = \{l(l+1)\}^{1/2}\hbar \qquad l=0, 1, 2, \ldots \qquad (14.10)$$

더구나 연산자 $\hat{l}_z$를 사용하여 아래의 **증명**에 나타난 것과 같이, z축에 대한 각운동량은 양자화되어 있으며 주어진 l 값에 대하여 다음의 값을 갖는다.

$$\text{각운동량의 } z \text{ 성분} = m_l\hbar \qquad m_l=+l, l, -1, \ldots, -l \qquad (14.11)$$

실용 상식 m_l 값을 언급할 때 m_l이 양수더라도 항상 부호를 넣는다. 따라서 $m_l=2$가 아니라 $m_l=+2$라고 쓴다.

증명 14.2 구 위의 입자에 대한 각운동량의 z 성분

극좌표에서 각운동량의 z 성분에 대한 연산자는 식 14.6에 주어졌으며 다음과 같다.

$$\hat{l}_z = \frac{\hbar}{\mathrm{i}}\frac{\partial}{\partial\phi}$$

이 연산자를 알게 되면 식 14.3의 파동함수가 고유 함수인지를 다음과 같이 검사할 수 있다.

$$\hat{l}_z\psi = \hat{l}_z\Theta\Phi = \frac{\hbar}{\mathrm{i}}\frac{\partial}{\partial\phi}\Theta\Phi = \Theta\frac{\hbar}{\mathrm{i}}\overbrace{\frac{\mathrm{d}}{\mathrm{d}\phi}\Phi}^{\mathrm{i}m_l\Phi} = \Theta\times m_l\hbar\Phi = m_l\hbar\psi$$

Θ가 ϕ와 무관하고 **증명** 14.1에서 주어진 $\Phi\propto e^{\mathrm{i}m_l\phi}$와 같은 결과를 사용할 수 있기 때문에 편미분은 전미분으로 위와 같이 치환된다. 따라서 파동함수는 $\hat{l}_z$의 고유 함수이고 z축에 대한 각운동량 $m_l\hbar$에 해당하며, 이는 식 14.11과 일치한다.

간단한 예 14.2 각운동량의 크기

예제 14.1의 $^1H^{35}Cl$ 분자에 대한 가장 낮은 4개의 회전 에너지 준위는 $J=0, 1, 2, 3$에 해당한다. 식 14.10과 14.11을 사용하여 다음과 같은 표를 만들 수 있다.

J	각운동량의 크기($\hbar$)	축퇴도	각운동량의 z 성분($\hbar$)
0	0	1	0
1	$2^{1/2}$	3	$+1, 0, -1$
2	$6^{1/2}$	5	$+2, +1, 0, -1, -2$
3	$12^{1/2}$	7	$+3, +2, +1, 0, -1, -2, -3$

자가 진단 14.3 $J=5$에 대한 각운동량의 축퇴도와 크기는 무엇인가?

답: 11, $30^{1/2}\hbar$

l의 값이 주어졌을 때 m_l의 값이 $l, l-1, \cdots, -l$로 국한된다는 결과는 각운동량의 z축 성분, 즉 이 축에 대한 각운동량이 회전 전체에 대한 각운동량에 기여하는 부분이 $2l+1$개의 값들만을 가질 수 있다는 것을 뜻한다. 만일 입자의 각운동량을 그 크기에 비례하는 벡터의 길이 $\{l(l+1)\}^{1/2}$로 표시하려면 벡터가 반드시 z축으로 투영한 길이가 m_l이 되며, 고전적인 회전체의 연속적인 범위가 아닌 $2l+1$개의 배향을 가질 수 있도록 배향시켜야 할 것이다(그림 14.4). 이것은 **회전체의 공간 배향이 양자화된다**는 놀라운 사실을 뜻하는 것이다.

예제 14.2 각운동량 벡터의 배향각 계산

3차원에서 자유롭게 회전하는 $^1H^{35}Cl$ 분자의 가장 낮은 2개의 에너지 준위를 생각해 보자. 각운동량 벡터가 z축과 만들 수 있는 각도는 얼마인가?

방법 2개의 가장 낮은 회전 에너지 준위에 대하여 M_J로 표시되는 각운동량 양자수 J의 값과 이것의 z 성분을 확인한다. 식 14.10 및 14.11(l, m_l을 J, M_J로 치환하여)과 삼각법을 사용하여 각운동량 벡터가 z축과 만드는 각도 θ를 추론한다.

풀이 각운동량 벡터가 z축과 만드는 각도는 다음으로 주어진다.

$$\cos\theta = \frac{M_J\hbar}{\{J(J+1)\}^{1/2}\hbar} = \frac{M_J}{\{J(J+1)\}^{1/2}}$$

따라서 다음과 같은 표를 만들 수 있다.

J	M_J	$\cos\theta$	θ
0	0	0	90°
1	+1	$\left(\frac{1}{2}\right)^{1/2}$	45°
1	0	0	90°
1	−1	$-\left(\frac{1}{2}\right)^{1/2}$	135°

자가 진단 14.4 파동함수 $Y_{2,-1}$에 의해 설명되는 입자에 대한 각운동량 벡터가 z축과 만드는 각도는 얼마인가?

답: $\theta = 114.1°$

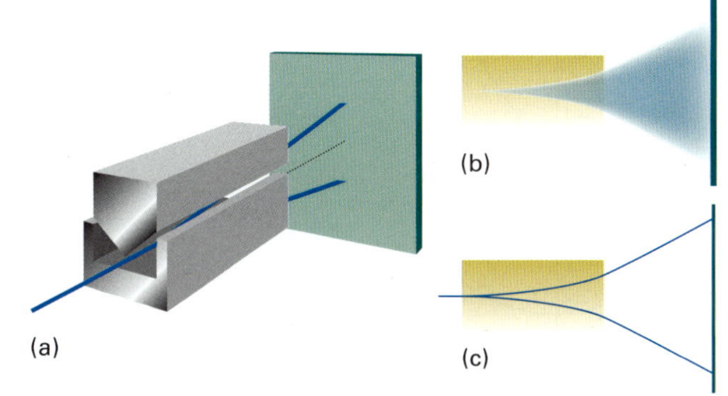

그림 14.5 (a) Stern–Gerlach의 실험 장치. 자석은 불균일 자기장을 제공한다. (b) 고전적으로 예상되는 결과. (c) Ag 원자살을 써서 얻은 결과.

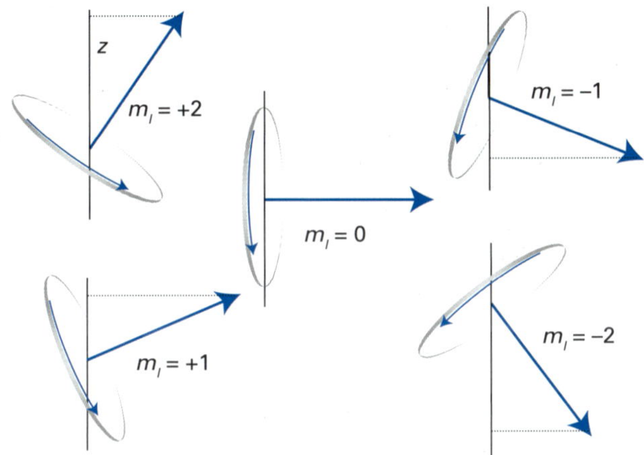

그림 14.4 $l = 2$일 때 허용되는 각운동량의 배향. 이 벡터의 방위 배향(z축 주위의 회전각)은 확정될 수 없으며, 따라서 이 그림은 너무 특정적이라는 것을 곧 알게 될 것이다.

회전체가 어떤 한 명시된 축(예로 외부 전기장이나 자기장의 방향에 의해 정의된 축)에 대해서 임의의 배향을 취할 수 없다는 양자 역학적 결과를 **공간 양자화(space quantization)**라고 한다. 이 결과는 1921년에 Otto Stern과 Walther Gerlach에 의해 처음으로 실험적으로 확인되었으며, 이 실험에서 이들은 불균일한 자기장 속으로 은 원자살을 발사하였다(그림 14.5). 이 실험 배후의 아이디어는, 은 원자가 자석과 같이 행동하여 외부 장과 상호 작용할 것이라는 것이었다(토픽 19에서 '스핀'의 논의에서 더 자세하게 탐구될 요점). 고전 역학에 의하면 각운동량은 어떤 각도로나 배향될 수 있기 때문에, 여기에 연관된 자석이 어떤 각도로나 배향될 수 있을 것이다. 그리고 이 자석들이 불균일한 자기장에 의해서 배향되는 방향은 그 자석들의 처음 배향에 의존할 것이므로 자기장이 작용하는 영역으로부터 넓게 퍼진 원자 띠가 나타나야 할 것이다. 그러나 양자 역학에 따르면 각운동량의 배향은 양자화되기 때문에 관련된 자석은 많은 불연속적인 배향 상태로 있게 되며, 따라서 몇 개의 뾰족한 원자 띠가 예상된다.

Stern과 Gerlach는 첫 번째 실험에서 고전적으로 예상되는 것과 일치하는 결과를 얻었다. 그러나 이 실험에서는 살 속의 원자들이 서로 충돌하여 띠를 흐리게 만들기 때문에 이 실험은 매우 까다롭다는 것을 감안해야 한다. 이들은 매우 낮은 밀도의 원자살로(충돌 빈도를 낮추기 위해서) 실험을 반복한 결과 불연속적인 띠를 얻었으며, 그리하여 양자 역학적인 예상을 확인할 수 있었다.

(c) 벡터 모형

지금까지 줄곧 각운동량의 크기와 z축 성분에 대해서만 논의하였다. 고전 물리학에서는 x축과 y축에 대한 성분도 특정하여 지정할 수 있어야 하며, 정확한 배향을 갖는 벡터에 의한 각운동량을 나타낼 수 있어야 한다. 양자 역학에 따르면 회전체의 각운동량은 가질 수 있는 것으로 **이미** 완벽하게 설명을 하였으나 벡터의 배향에 대해서는 더 이상 언급할 수가 없는 것이다.

이러한 제약에 대한 이유는 위에서 설명하였듯이 각운동량의 성분은 서로 상보적이어서 하나가 정해지면(전형적으로 z 성분) 다른 두 개의 성분은 정확히 정해질 수 없다는 것이다(유일한 예외는 세 가지 모든 성분이 0인 $l = 0$과 같이 자명한 경우이다). 반면에 각운동량 크기의 제곱에 대한 연산자는 세 가지 성분 모두에 대하여 가환이다(식 14.9). 따라서 각운동량의 크기와 각운동량의 어느 **하나의** 성분은 동시에 정확하게 정할 수 있게 된다. 그림 14.6a에 종합하여 요약되어 있는 그림 14.4의 설명은 x축과 y축에 대한 값이 정해진 것을 암시할 수 있기 때문에 계의 상태에 대한 그릇된 영향을 주게 된다. 더욱 정확한 그림은 l_z를 알면 l_x와 l_y를 정확하게 정하는 것은 불가능하다는 것을 반영해야 한다.

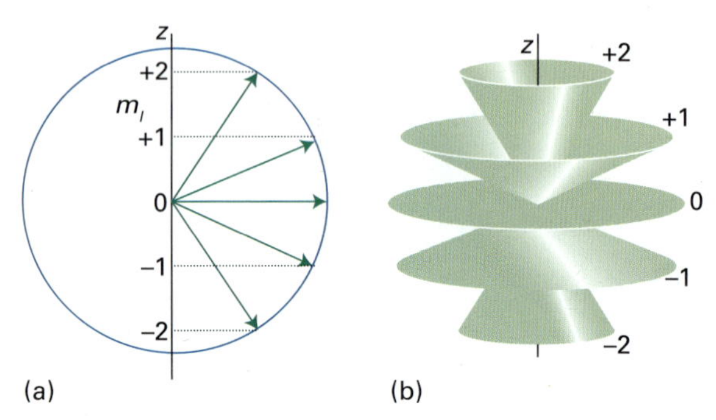

그림 14.6 (a) 그림 14.4의 요약. 그러나 z축에 대한 벡터의 방위각이 확정되지 않았으므로 (b)에서와 같이 원뿔상의 임의의 방위각에 각 벡터를 배향시키는 것이 더 편리하다.

각운동량의 **벡터 모형**(vector model)은 그림 14.6b와 같은 그림을 이용한다. 이 그림에서 원뿔은 측면 길이 $\{l(l+1)\}^{1/2}$로 그려지며 각운동량의 크기($\hbar$의 단위로)를 나타낸다. 각 원뿔은 z축으로 투영한(m_l의) 일정한 성분 값을 나타내는데, 이것은 계의 정확한 l_z 값을 나타내는 것이다. 그러나 l_x와 l_y의 투영은 정해지지 않는다. 각운동량 상태를 나타내는 벡터는 그 끝이 원뿔 주둥이 위의 임의의 위치에 오도록 놓여 있다고 생각하면 된다. 이 단계에서는 아직 이 벡터가 원뿔을 따라 돌아간다고 생각하면 안 된다. 이 모형의 이러한 특징은 후에 이 그림에 더 많은 정보를 전달하고자 할 때 설명하게 될 것이다.

간단한 예 14.3 각운동량의 벡터 모형

회전하는 분자의 파동함수가 구면 조화 함수 $Y_{3,+2}$로 주어진다면 각운동량은 다음과 같은 원뿔로 나타낸다.

- 측면 길이 $12^{1/2}$ (크기 $12^{1/2}\hbar$를 나타냄)
- z축으로 +2의 투영 ($+2\hbar$의 z 성분을 나타냄)

추가적으로 예제 14.2에 의해 원뿔의 측면은 z축에 대하여 54.7°의 각도를 만든다.

자가 진단 14.5 파동함수가 구면 조화 함수 $Y_{3,-1}$로 주어질 때 각운동량의 벡터 모형을 분석하시오.

답: 길이 $12^{1/2}$, 투영값 −1, 각도 106.8°

개념 확인

☐ 1. 3차원에서 회전하는 입자에 대하여 순환 경계 조건은 각운동량의 크기와 z 성분이 양자화된다는 것을 암시한다.

☐ 2. 회전체의 에너지는 각운동량의 크기와 관련이 되어 있기 때문에 회전 에너지는 양자화된다.

☐ 3. 각운동량의 성분은 가환하지 않으므로 단지 각운동량의 크기와 각운동량의 한 성분만이 동시에 정확하게 명시할 수 있다.

☐ 4. 3차원에서 회전하는 물체(구의 표면에서 이동하는 입자로 나타내지는 것처럼)에 대한 파동함수는 구면 조화 함수이다.

☐ 5. **공간 양자화**는 회전체가 어떤 한 명시된 축에 대해서 임의의 배향을 취할 수 없다는 양자 역학적 결과라고 한다.

☐ 6. 각운동량의 **벡터 모형**에서 각운동량은 측면 길이가 $\{l(l+1)\}^{1/2}$이고 z축으로 투영한 성분 값이 m_l인 원뿔로 나타낸다. 벡터는 그 끝이 원뿔 주둥이 위의 임의의 위치에 오도록 놓여 있다고 생각할 수 있다.

식 확인

성질	식	비고	식 번호
구 위 입자의 에너지	$E_l=l(l+1)\hbar^2/2I$	$l=0, 1, 2, \ldots$	14.5
각운동량 교환자	$[\hat{l}_x,\hat{l}_y]=i\hbar\hat{l}_z$ $[\hat{l}_y,\hat{l}_z]=i\hbar\hat{l}_x$ $[\hat{l}_z,\hat{l}_x]=i\hbar\hat{l}_y$ $[\hat{l}^2,\hat{l}_q]=0,\quad q=x, y, z$	xyz의 순환 대칭을 주목할 것	14.7 14.9
각운동량의 크기	$\{l(l+1)\}^{1/2}\hbar$	$l=0, 1, 2, \ldots$	14.10
각운동량의 z축 성분	$m_l\hbar$	$m_l=+l, l-1, \ldots, -l$	14.11

3장 운동의 양자 역학

토픽 9 1차원에서의 병진 운동

토론 문제

9.1 1차원 상자 안에 갇혀서 운동하는 입자의 에너지 양자화에 대한 물리학적 근원에 관해서 논하시오.

연습 문제

9.1(a) $k=3\ \mathrm{m}^{-1}$일 때 파동함수 e^{ikx}로 설명되는 자유 전자의 선형 운동량과 운동 에너지를 결정하시오.

9.1(b) $k=5\ \mathrm{m}^{-1}$일 때 파동함수 e^{-ikx}로 설명되는 자유 광자의 선형 운동량과 운동 에너지를 결정하시오.

9.2(a) 운동 에너지 20 J을 갖고 왼쪽으로 움직이는 질량이 2.0 g인 입자에 대한 파동함수를 쓰시오.

9.2(b) $10\ \mathrm{m\ s^{-1}}$의 속도로 오른쪽으로 움직이는 질량이 1.0 g인 입자에 대한 파동함수를 쓰시오.

9.3(a) 길이가 1.0 nm인 상자로 모형화된 1차원적 나노입자 속 전자의 (a) $n=2$와 $n=1$, (b) $n=6$과 $n=5$인 에너지 준위 사이의 간격을 J, $\mathrm{kJ\ mol^{-1}}$, eV, $\mathrm{cm^{-1}}$ 단위로 구하시오.

9.3(b) 길이가 1.5 nm인 상자로 모형화된 1차원적 나노입자 속 전자의 (a) $n=3$과 $n=1$, (b) $n=7$과 $n=6$인 에너지 준위 사이의 간격을 J, $\mathrm{kJ\ mol^{-1}}$, eV, $\mathrm{cm^{-1}}$ 단위로 구하시오.

9.4(a) 콘쥬게이션 폴리엔은 1차원적 상자 속의 전자로 모형화할 수 있다. 길이가 L인 상자 속에 있는 전자가 (a) $n=1$, (b) $n=2$일 때 0.49 L과 0.51 L 사이의 영역에서 발견될 확률을 계산하시오. 이 좁은 영역 안에서는 파동함수가 일정하다고 본다.

9.4(b) 콘쥬게이션 폴리엔은 1차원적 상자 속의 전자로 모형화할 수 있다. 길이가 L인 상자 속에 있는 입자가 (a) $n=1$, (b) $n=2$일 때 $0.65L$과 $0.67L$ 사이의 영역에서 발견될 확률을 계산하시오. 이 좁은 영역 안에서는 파동함수가 일정하다고 본다.

9.5(a) 1차원적 나노입자의 모형으로 사용되는 네모 우물 퍼텐셜 속에 있는 입자가 $n=1$인 상태에 있을 때 $\hat{p}$와 $\hat{p}^2$의 기댓값을 계산하시오.

9.5(b) 1차원적 나노입자의 모형으로 사용되는 네모 우물 퍼텐셜 속에 있는 입자가 $n=2$인 상태에 있을 때 $\hat{p}$와 $\hat{p}^2$의 기댓값을 계산하시오.

9.6(a) 전자가 경계를 짓는 두 벽 사이에서 벽 하나가 안쪽으로 움직일 수 있도록 압축된다. 이 전자의 영점 에너지가 전자의 정지 상태 질량 에너지 m_ec^2과 같아지는 벽 사이의 길이는 얼마나 되겠는가? 전자의 Compton 파장이라고 하는 변수 $\lambda_c=h/m_ec$를 가지고 이 답을 나타내시오.

9.6(b) 연습 문제 9.6(a)에서 전자를 광자로 바꾸고 이 광자의 영점 에너지가 광자의 정지 상태 질량 에너지 m_pc^2과 같아지는 벽 사이의 길이는 얼마나 되겠는가를 계산하시오.

9.7(a) 길이가 L인 상자 속 입자가 $n=5$인 상태에 있을 때 이 입자가 있을 확률이 가장 높은 위치를 구하시오.

9.7(b) 길이가 L인 상자 속 입자가 $n=4$인 상태에 있을 때 이 입자가 있을 확률이 가장 높은 위치를 구하시오.

응용 문제

9.1 길이가 5.0 cm인 1차원 용기 속에 갇혀 있는 O_2 분자에 대한 최저 두 에너지 준위 사이의 간격을 계산하시오. 300 K에서 이 분자의 에너지가 $\frac{1}{2}kT$가 되려면 양자수 n의 값이 얼마가 되어야 하며, 바로 아래에 있는 준위로부터 이 준위 사이에는 얼마만한 간격을 갖겠는가?

9.2 반도체에서 길이가 1.0 nm인 1차원적 동공 속 전자의 상태를 생각해 보자. 이 전자는 $\psi_n(x)$가 식 9.8a로 주어질 때 정규화된 파동함수 $\psi(x)=\frac{1}{2}\psi_1(x)+(\frac{1}{2}\mathrm{i})\psi_2(x)-(\frac{1}{2})^{1/2}\psi_4(x)$로 설명된다. 전자의 에너지를 측정한다면 결과는 어떻게 되겠는가? 또 에너지의 기댓값은 무엇인가?

9.3 금속성 나노입자에 구속되어 있는 전자는 길이가 L인 1차원 상자 속 입자의 모형으로 설명될 수 있다. 만일 전자가 $n=1$인 상태에 있다면, 다음 범위 안에서 전자를 발견할 확률은 얼마나 되는가를 계산하시오. (a) $0\le x\le\frac{1}{2}L$, (b) $0\le x\le\frac{1}{4}L$, (c) $\frac{1}{2}L-\delta x\le x\le\frac{1}{2}L+\delta x$

9.4 위 응용 문제 9.3을 일반적인 값 n에 대하여 반복하여 계산하시오.

9.5 자유 입자에 대한 파동함수 e^{ikx}는 제곱 적분을 할 수가 없으며, 따라서 무한 길이의 상자에 대해서는 정규화할 수 없다. 그러나 이러한 문제를 피하기 위하여 입자가 유한 길이 L의 범위 안에 있다고 가정하고 파동함수를 정규화하며, 이 파동함수를 사용하여 계산한 마지막에 L이 무한대로 가도록 한다. 자유 입자가 길이 L의 범위 안에 있다고 가정하여 파동함수 e^{ikx}의 정규화 상수를 구하시오.

9.6 1차원 x 상에서 움직이는 두 개의 다른 입자를 생각해 보자. 한

입자(입자 1)는 (정규화되지 않은) 파동함수 $\psi_1(x) = e^{i(x/m)}$으로, 두 번째 입자(입자 2)는 (정규화되지 않은) 파동함수 $\psi_2(x) = \frac{1}{2}(e^{2i(x/m)}+e^{3i(x/m)}+e^{-2i(x/m)}+e^{-3i(x/m)})$으로 설명된다. 입자들의 위치를 측정한다면, 어떤 입자가 공간상에서 더 편재되어(즉 위치를 더 정확하게 알 수 있는 것) 발견되겠는가? 도표를 그려 답을 설명하시오.

9.7 상자 속 입자에 대하여 $n \to \infty$가 됨에 따라 Δx가 고전적인 값으로 접근함을 보이시오(**힌트**: 고전적인 경우에 분포는 상자 전반에 걸쳐 일정하며, 실제로 $\psi(x) = 1/L^{1/2}$이다).

9.8 β 카로틴은 생체 내에서 산화될 때는 둘로 갈라져서 2개의 레틴알(바이타민 A)로 되는데, 이 레틴알은 망막 속에서 시각을 책임지는 색소의 선구 물질이다. 레틴알은 11개의 C 원자와 1개의 O 원자로 된 콘쥬게이션 계이며, 바닥 상태의 레티날은 $n = 6$까지의 각 준위들은 2개의 전자로 채워져 있다. 평균 핵간 거리를 140 pm로 취하고 (a) $n = 7$인 준위에 전자 1개가 들어가는 첫 번째 들뜬 상태와 바닥 상태 사이의 에너지 간격을 계산하시오. (b) 이 두 상태 사이의 전이를 일으키는 데 필요한 복사선의 진동수와 파장을 계산하시오. (c) 여기서 얻은 결과를 이용하여 선형 폴리엔의 흡수 스펙트럼에서 주파수 이동을 예상하는 일반 규칙을 만들려고 한다. 다음 문장에서 괄호 속의 어떤 단어들을 택해야 이 규칙이 만들어지겠는가? 선형 폴리엔의 흡수 스펙트럼은 콘쥬게이션 원자의 수가 (증가/감소)함에 따라 더 (높은/낮은) 진동수 쪽으로 이동한다.

토픽 10 터널 현상

토론 문제

10.1 양자 역학적 터널 현상의 물리학적 근원에 관해서 논하시오. 터널 현상이 역할을 하는 화학적 계들을 말해보시오.

10.2 거시적 물체에서는 나타나지 않지만, 나노미터 척도의 크기에서 나타나는 특징을 설명하시오.

연습 문제

10.1(a) 두 반도체 사이의 접합부는 높이가 2.0 eV이고 길이가 100 pm인 장벽으로 나타낼 수 있다. 에너지가 1.5 eV인 전자가 투과할 수 있는 확률을 구하시오.

10.1(b) 산성 수소 원자인 양성자가 높이가 2.0 eV이고 길이가 100 pm인 장벽으로 나타낼 수 있는 산에 구속되어 있다고 가정하자. 에너지가 1.5 eV인 양성자가 산을 빠져나올 수 있는 확률을 구하시오.

응용 문제

10.1 투과 확률에 대한 식인 식 10.6을 유도하고 $\kappa L \gg 1$의 경우 이 식이 식 10.7로 변형됨을 증명하시오.

10.2 투과 계수 T와 반사 확률 R을 결정하기 위하여 이 토픽의 분석을 반복하시오. $E > V$인 경우, 반사 확률은 장벽의 왼쪽에서 입사한 입자가 장벽에서 반사되고 장벽으로부터 왼쪽으로 멀리 움직이는 입자를 발견하는 확률을 말한다. 그림 10.5에 묘사된 것과 같이 T가 변하는 것에 대한 물리적 이유를 제시하시오.

10.3 전자가 1차원 나노입자 안에서 제한된 장벽을 통하여 벗어나게 되면 자신의 퍼텐셜 에너지와는 다른 퍼텐셜 에너지를 갖는다. 1차원에서 움직이는 입자가 왼쪽에서 입사되며 위치에 따라 다음과 같은 퍼텐셜 에너지를 받는다고 생각해 보자. 즉 $-\infty < x \le 0$에서는 $V = 0$, $0 \le x \le L$에서는 $V = V_2$, $L \le x < \infty$에서는 $V = V_3$이다. 입자의 에너지는 $V_2 > E > V_3$의 범위 안에 있다. (a) 투과 계수 T를 계산하시오. (b) T에 대한 일반식은 $V_3 = 0$일 경우 식 10.6으로 귀착됨을 증명하시오.

10.4 높이가 V인 긴 장벽 안에서의 파동함수는 $\psi = Ne^{-\kappa x}$이다. (a) 이 장벽 안에서 입자를 발견할 확률, (b) 이 입자가 장벽 속으로 투과하는 평균 투과 깊이를 계산하시오.

10.5 생물학적인 에너지 전환과 연관되어 있는 많은 생물학적 전자 이동 반응은 사이토크롬, 퀴논, 플라빈, 클로로필과 같은, 단백질과 결합된 보조 인자 사이에서 전자의 터널 현상에 기인하는 것을 떠올릴 수 있다. 이 터널 현상은 전자 주개와 받개를 분리시키는 1.0 nm 이상의 단백질 단면을 투과해 나간다. 주게와 받게의 특정된 조합에 대하여 전자 터널 속도는 $\kappa \approx 7\ nm^{-1}$(식 10.7)일 때 투과 확률에 비례한다. 두 가지 보조 인자 사이에서 전자의 터널 속도는 둘 사이의 거리가 2.0 nm에서 1.0 nm로 변함에 따라 몇 배 증가하겠는가?

10.6 양성자가 장벽을 통해 통과하는 능력은 용액 속에서 양성자 이동 반응의 빠르기에 원인이 되며 따라서 산과 염기의 성질의 원인이 된다. 0.90 eV의 에너지를 갖는 양성자와 중수소($m_D = 3.342 \times 10^{-27}$ kg)가 높이 1.0 eV(1.6×10^{-19} J)와 길이 100 pm의 동일한 장벽을 통과할 수 있는 상대적인 확률을 추정해 보시오. 결과에 대한 설명을 해 보시오.

토픽 11 다차원에서의 병진 운동

토론 문제

11.1 2차원 및 3차원 상자 속 입자의 해에 나타나는 1차원 상자 속 입자의 해에 대한 특성을 설명하시오. 1차원 상자에는 해당되지 않고 2,3차원 상자에 적용되는 개념은 무엇인가?

11.2 한 변이 다른 한 변의 3배가 되는 직사각형 2차원 상자에서 나타나는 축퇴를 감추어진 대칭을 고려하여 설명하시오.

연습 문제

11.1(a) 일부 나노 구조는 2차원에 구속되어 있는 전자의 모형으로 설명할 수 있다. 한 변의 길이가 1.0 nm인 정사각형 상자 속 전자에 대한 다음 준위 사이의 에너지 간격을 J, kJ mol^{-1}, eV 단위로 계산하시오. (a) $n_1 = n_2 = 2$와 $n_1 = n_2 = 1$, (b) $n_1 = n_2 = 6$과 $n_1 = n_2 = 5$. 계속해서 이 간격들을 파수로도 나타내시오.

11.1(b) 일부 나노 구조는 3차원에 구속되어 있는 전자의 모형으로 설명할 수 있다. 한 변의 길이가 1.0 nm인 정육면체 상자 속 전자에 대한 다음 준위 사이의 에너지 간격을 J, kJ mol^{-1}, eV 단위로 계산하시오. (a) $n_1 = n_2 = n_3 = 2$와 $n_1 = n_2 = n_3 = 1$, (b) $n_1 = n_2 = n_3 = 6$과 $n_1 = n_2 = n_3 = 5$. 계속해서 이 간격들을 파수로도 나타내시오.

11.2(a) 나노 구조는 보통 벌크 물질과는 구별되는 물리적 성질을 나타낸다. 연습 문제 11.1(a)에 주어진 에너지 준위 사이에서 전이를 일으키기 위해 필요한 복사선의 파장과 진동수를 계산하시오.

11.2(b) 나노 구조는 보통 벌크 물질과는 구별되는 물리적 성질을 나타낸다. 연습 문제 11.1(b)에 주어진 에너지 준위 사이에서 전이를 일으키기 위해 필요한 복사선의 파장과 진동수를 계산하시오.

11.3(a) 변의 길이가 $L_1 = 1.0$ nm, $L_2 = 2.0$ nm인 직사각형 영역 안에 구속되어 있는 전자의 모형으로 되어 있는 나노 구조가 k가 Boltzmann 상수일 때 kT와 동일한 전형적인 에너지를 갖는 열운동을 하고 있다고 가정하자. 열에너지가 (a) 영점 에너지, (b) 전자의 첫 번째 들뜸 에너지와 비교할 수 있기 위해서는 얼마나 낮은 온도를 가져야 하는가?

11.3(b) 변의 길이가 $L_1 = 1.0$ nm, $L_2 = 2.0$ nm, $L_3 = 1.5$ nm인 3차원의 영역 안에 구속되어 있는 전자의 모형으로 되어 있는 나노 구조가 k가 Boltzmann 상수일 때 $\frac{3}{2}kT$와 동일한 전형적인 에너지를 갖는 열운동을 하고 있다고 가정하자. 열에너지가 (a) 영점 에너지, (b) 전자의 첫 번째 들뜸 에너지와 비교할 수 있기 위해서는 얼마나 낮은 온도를 가져야 하는가?

11.4(a) 양자 역학적인 이유에서 나노 구조에 구속되어 있는 입자는 그 속에서 일정하게 분포되어 있지 못하다. 한 변의 길이가 L인 정사각형 영역 안에 구속되어 있는 다음과 같은 각 상태의 전자가 $0.49L \le x \le 0.51L$과 $0.49L \le y \le 0.51L$ 영역에서 발견될 확률을 계산하시오. (a) $n_1 = n_2 = 1$, (b) $n_1 = n_2 = 2$. 단, 이 좁은 영역 안에서는 파동함수가 일정하다고 본다.

11.4(b) 양자 역학적인 이유에서 나노 구조에 구속되어 있는 입자는 그 속에서 일정하게 분포되어 있지 않다. 한 변의 길이가 L인 정육면체 공동 안에 구속되어 있는 다음과 같은 각 상태의 수소 원자가 $0.49L \le x \le 0.51L$, $0.49L \le y \le 0.51L$, $0.49L \le z \le 0.51L$ 영역에서 발견될 확률을 계산하시오. (a) $n_1 = n_2 = n_3 = 1$, (b) $n_1 = n_2 = n_3 = 2$. 단, 이 좁은 영역 안에서는 파동함수가 일정하다고 본다.

11.5(a) 한 변의 길이가 L인 정사각형 상자 속에 구속되어 있는 입자의 모형으로 설명되는 나노 구조에서 $n_1 = 4$, $n_2 = 5$인 상태의 전자가 있을 가장 가능성이 높은 위치는 무엇인가?

11.5(b) 한 변의 길이가 L인 정육면체 상자 속에 구속되어 있는 입자의 모형으로 설명되는 나노 구조에서 $n_1 = 1$, $n_2 = 4$, $n_3 = 5$인 상태의 전자가 있을 가장 가능성이 높은 위치는 무엇인가?

11.6(a) 한 변의 길이가 L인 정사각형 상자 속에 구속되어 있는 입자의 모형으로 설명되는 나노 구조에서 $n_1 = 2$, $n_2 = 3$인 상태의 전자의 파동함수가 갖는 마디의 위치를 구하시오.

11.6(b) 한 변의 길이가 L인 정육면체 우물 속에 구속되어 있는 입자의 모형으로 설명되는 나노 구조에서 $n_1 = 3$, $n_2 = 4$, $n_3 = 5$인 상태의 전자의 파동함수가 갖는 마디의 위치를 구하시오.

11.7(a) 양자 역학적인 이유에서 나노 구조에 구속되어 있는 입자는 $T = 0$에서조차 완전하게 정지해 있지 못한다. 한 변의 길이가 L인 정사각형 상자로 모형화된 나노 구조의 바닥 상태에 있는 전자에 대한 $\hat{p}$와 $\hat{p}^2$의 기댓값을 계산하시오.

11.7(b) 양자 역학적인 이유에서 나노 구조에 구속되어 있는 입자는 $T = 0$에서조차 완전하게 정지해 있지 못한다. 한 변의 길이가 L인 정육면체 상자로 모형화된 나노 구조의 바닥 상태에 있는 전자에 대한 $\hat{p}$와 $\hat{p}^2$의 기댓값을 계산하시오.

11.8(a) 연습 문제 9.6(a)에서 벽의 압축이 전자의 영점 에너지를 전자의 정지 질량 에너지 m_ec^2과 같아지도록 증가할 수 있게 하는지를 알아보았다. 2차원에 대하여 이 계산을 반복하고 전자의 Compton 파장이라고 하는 변수 $\lambda_c = h/m_ec$를 가지고 이 답을 나타내시오.

11.8(b) 위 연습 문제 11.8(a)를 정육면체 상자 안에서 압축될 때 전자에 대한 계산을 반복하시오.

11.9(a) 변의 길이가 $L_1 = L$, $L_2 = 2L$인 직사각형 상자 속 입자에 대하여 $n_1 = n_2 = 2$인 상태에서 축퇴 상태를 구하시오. 축퇴도는 보통 대칭과 관계되는데, 그러면 왜 이 두 상태는 축퇴되는가를 말하시오.

11.9(b) 변의 길이가 $L_1 = L$, $L_2 = 2L$인 직사각형 상자 속 입자에 대하여 $n_1 = 2$, $n_2 = 8$인 상태에서 축퇴 상태를 구하시오. 축퇴도는 보통 대칭과 관계되는데, 그러면 왜 이 두 상태는 축퇴되는가를 말하시오.

11.10(a) 정육면체 상자 속 입자를 생각해 보자. 최저 준위의 3배 에너지를 갖는 준위의 축퇴도는 무엇인가?

11.10(b) 정육면체 상자 속 입자를 생각해 보자. 최저 준위의 $\frac{14}{3}$배 에너지를 갖는 준위의 축퇴도는 무엇인가?

11.11(a) 정육면체 변의 길이가 각 방향으로 10퍼센트씩 줄어들 때 정육면체 상자 속 입자의 주어진 에너지 준위는 몇 퍼센트 변하는지를 계산하시오.

11.11(b) 정사각형 변의 길이가 각 방향으로 10퍼센트씩 줄어들 때 정사각형 상자 속 입자의 주어진 에너지 준위는 몇 퍼센트 변하는지를 계산하시오.

11.12(a) 기체는 양자 역학적으로 취급해야 하는가? 부피가 2.00 m^3인 입방 상자 속에 O_2 분자가 들어 있다. 이 분자가 300 K에서 $\frac{3}{2}kT$의 에너지를 갖는다고 가정하면, 이 분자에 대한 $n = (n_1^2+n_2^2+n_3^2)^{1/2}$의 값이 얼마나 되겠는가? n과 $n+1$ 사이의 에너지 간격은 얼마가 되겠는가? 또 de Broglie 파장은 얼마가 되겠는가? 이 입자는 고전적으로 거동한다고 설명하는 것이 적당하겠는가?

11.12(b) 기체는 양자 역학적으로 취급해야 하는가? 부피가 1.00 m^3인 입방 상자 속에 N_2 분자가 들어 있다. 이 분자가 300 K에서 $\frac{3}{2}kT$의 에너지를 갖는다고 가정하면, 이 분자에 대한 $n = (n_1^2+n_2^2+n_3^2)^{1/2}$의 값이 얼마나 되겠는가? n과 $n+1$ 사이의 에너지 간격은 얼마가 되겠는가? 또 de Broglie 파장은 얼마가 되겠는가? 이 입자는 고전적으로 거동한다고 설명하는 것이 적당하겠는가?

응용 문제

11.1 변의 길이가 5.0 cm인 입방 상자 속에 갇혀 있는 O_2 분자의 최저 두 병진 에너지 준위 사이의 간격을 계산하시오. 300 K에서 이 분자의 에너지가 $\frac{3}{2}kT$가 되려면 양자수 $n = n_1 = n_2 = n_3$의 값이 얼마가 되어야 하며, 바로 아래에 있는 축퇴된 하나의 준위로부터 이 준위 사이에는 얼마만한 간격을 갖겠는가?

11.2 2차원 상자 속 입자는 아미노산 트립토판의 곁사슬이 있는 콘쥬게이션 고리 화합물인 인돌 고리(**1**) 주위의 전자 운동을 설명하는 데 유용한 모형이다. 1차 근사로서 인돌이 콘쥬게이션 계에 10개의 전자(N 원자는 고립 전자쌍에서 2개를 제공한다)가 있으며, 변의 길이가 280 pm와 450 pm인 직사각형으로 모형화할 수 있다. 분자의 바닥 상태에서 사용할 수 있는 최저 에너지 준위에는 2개의 전자가 채워진다고 가정하자. (a) 점유되어 있는 가장 높은 준위에 있는 전자의 에너지를 구하시오. (b) 전자가 점유된 가장 높은 준위와 채워지지 않은 가장 낮은 에너지 준위 사이에서 전이를 유발할 수 있는 복사선의 파장을 구하시오.

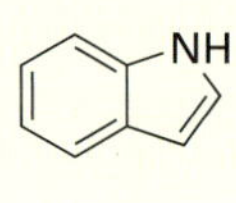

1

11.3 버크민스터풀러렌 분자(C_{60})의 매우 허술한 모형의 하나로서 변의 길이가 분자의 평균 지름(0.7 nm)과 동일한 입방체 속에 전자가 집합되어 있는 것으로 취급한다. 탄소 원자의 π 전자들만이 기여한다고 가정하고 C_{60}의 첫 번째 들뜸에 대한 파장을 예측해 보시오(실제 값은 730 nm이다).

11.4 이번에는 버크민스터풀러렌 분자를 반지름 $a = 0.35$ nm인 구로 취급하고, 완전히 채워져 있지 않은 에너지 준위로의 들뜸에 기인하는 C_{60}의 가장 낮은 에너지 전이에 대한 파장을 예측해 보시오. 필요한 에너지는 다음에 나타내었다.

$$E_{n,l} = \frac{F_{n,l}^2 h^2}{8ma^2}$$

여기에서 인자 F와 축퇴도 g는 다음과 같다.

n,l	1,0	1,1	1,2	2,0	1,3	2,1	1,4	2,2
$F_{n,l}$	0	1.430	1.835	2	2.224	2.459	2.605	2.895
$g_{n,l}$	1	3	5	1	7	3	9	5

11.5 알칼리 금속이 액체 암모니아에 용해될 때 그들의 각 원자는 하나의 전자를 잃고 용매 속 공동을 점유하는 홀전자를 포함하는 짙은 푸른색 용액이 생긴다. 이러한 '금속-암모니아 용액'은 1500 nm의 최대 흡수 파장을 갖는다. 흡수는 원통형 우물 속 전자가 바닥 상태에서 그다음의 높은 상태로 들뜸(앞 문제의 정보 참조)에 기인한다고 가정하고 공동의 반지름을 구하시오.

11.6 나노 구조 안에서 입자의 자세한 분포는 관심의 대상이다. 수학적 소프트웨어를 사용하여 파동함수의 등고도와 사각형 표면에 구속되어 있는 $n_1 = 4$, $n_2 = 6$(또는 원하는 값을 선택하여)인 입자의 확률 밀도를 그리시오. 이 문제는 문제 11.10에서 더 다룰 것이다. 실제 도전으로 계속해서 입방형 양자점의 여러 가지 상태에 대한 파동함수와 확률 밀도를 그리는 방법을 궁리해 보시오.

11.7 나노 입자에 기하학적으로 정사각형 영역에 구속되어 있는 전자의 에너지 준위는 $n^2 = n_1^2+n_2^2$에 비례한다. 이 식은 (n_1, n_2) 공간에서(한 사분면에서 의미 있는 값으로) 반지름이 n인 원에 대한 식이다. (a) 높은 값의 n을 갖는 준위의 축퇴도를 예측하기 위해 이 식을 사용하는 방법을 만들어 보시오. (b) 이 방법을 3차원으로 확장해 보시오.

11.8 변수 분리 방법을 사용하여 식 11.6a의 파동함수를 유도해 보시오.

11.9 식 11.4a에 주어진 파동함수는 식 11.4b로 주어진 에너지를 갖는 2차원 상자 속 입자에 대한 Schrödinger 방정식(식 11.1)의 해가 됨을 구체적인 미분에 의해 확인하시오.

11.10 응용 문제 11.6에서는 평면에 한정되어 있는 입자의 여러 상태에 대한 파동함수와 확률 밀도의 진폭을 나타내는 등고선을 그렸다. 포피린 고리(**2**)와의 관계를 가시화시킬 수 있는 방법을 정사각형으로 간주하고 전개하시오. 가장 높게 점유되어 있는 파동함수와 이에 대응하는 분자 그림 위에 포개져있는 확률 밀도의 등고선을 그리시오. 이렇게 그린 지도가 실제와 어떤 관계를 나타내는가?

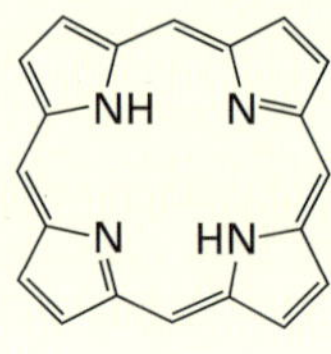

2

11.11 여기에서 3차원 상자로 모형화된 금속성 나노결정의 전기적 성질을 설명하는 데 양자 역학적인 효과를 생기게 하는 아이디어를 더 조사하기로 한다. (a) 변의 길이가 L_1, L_2, L_3인 3차원 정방형 상자에서 질량 m의 입자에 대한 Schrödinger 방정식을 세우고 이 방정식이 분리할 수 있음을 나타내시오. (b) 파동함수와 에너지가 세 개의 양자수에 한정되어 있음을 밝히시오. (c) 앞의 (b) 결과를 변의 길이 $L = 5$ nm인 입방 상자에서 움직이는 전자에 대하여 상술하고 처음부터 15개 에너지 준위를 나타내는 에너지 준위 도표를 그리시오. 각 에너지 준위는 축퇴된 에너지 상태로 구성되어 있을 수 있음을 주의해야 한다. (d) 앞의 (c)로부터의 에너지 준위 도표를 길이가 $L = 5$ nm인 1차원 상자 속 입자에 대한 에너지 준위 도표와 비교하시오. 에너지 준위는 1차원 상자에서보다 3차원 입방 상자에서 다소 희박하게 분포되는가?

11.12 나노 구조에서 2차원 운동으로 구속되어 있는 전자의 위치와 운동량을 정확하게, 그리고 동시에 정해질 수 있는가? 가장 낮은 상태에 있는 길이 L인 정사각형 상자 속 입자에 대한 $\Delta x = (\langle x^2\rangle - \langle x\rangle^2)^{1/2}$과 $\Delta p_x = (\langle p_x^2\rangle - \langle p_x\rangle^2)^{1/2}$을 결정하시오. 계속하여 $\Delta p_y = (\langle p_y^2\rangle - \langle p_y\rangle^2)^{1/2}$을 계산하고, 이러한 양들을 불확정성 원리와 관련하여 논의하시오.

토픽 12 진동 운동

토론 문제

12.1 질량과 힘상수에 대한 진동 에너지 준위 간격의 변화를 설명하시오.

12.2 영점 진동 에너지의 존재에 대한 물리학적 이유는 무엇인가?

12.3 화학에서 조화 진동자 모형이 응용되는 몇 가지 예를 설명하시오.

연습 문제

12.1(a) 힘상수가 155 N m^{-1}인 결합으로 금속 표면에 붙어 있는 양성자로 구성되어 있는 조화 진동자의 영점 에너지를 계산하시오.

12.1(b) 힘상수가 285 N m^{-1}인 결합으로 금속 표면에 흡착되어 있는 단단한 CO 분자로 구성되어 있는 조화 진동자의 영점 에너지를 계산하시오.

12.2(a) 유효 질량이 1.33×10^{-25} kg인 조화 진동자의 인접하는 두 에너지 준위차가 4.82 zJ이다. 이 진동자의 힘상수를 계산하시오.

12.2(b) 유효 질량이 2.88×10^{-25} kg인 조화 진동자의 인접하는 두 에너지 준위차가 3.17 zJ이다. 이 진동자의 힘상수를 계산하시오.

12.3(a) 수소 원자가 힘상수 855 N m^{-1}인 결합으로 금 나노입자의 표면에 흡착되어 있다고 가정하자. 조화 진동자의 두 인접 준위 사이에서 전이가 일어나게 하려면 얼마만한 파장의 광자가 필요하겠는가?

12.3(b) 산소 원자($m = 15.9949\ m_u$)가 힘상수 544 N m^{-1}인 결합으로 니켈 나노입자의 표면에 흡착되어 있다고 가정하자. 조화 진동자의 두 인접 준위 사이에서 전이가 일어나게 하려면 얼마만한 파장의 광자가 필요하겠는가?

12.4(a) 연습 문제 12.3(a)를 참조하여 수소를 중수소로 치환하였을 경우의 파장을 계산하시오.

12.4(b) 연습 문제 12.3(b)를 참조하여 산소 원자를 단단한 이산소 분자로 치환하였을 경우의 파장을 계산하시오.

12.5(a) $v = 4$인 조화 진동자 파동함수에 대한 마디의 위치를 구하시오.

12.5(b) $v = 5$인 조화 진동자 파동함수에 대한 마디의 위치를 구하시오.

12.6(a) $v = 2$인 진동자의 정규화 상수를 계산하고, 이것의 파동함수는 $v = 4$인 상태의 파동함수에 직교함을 증명하시오.

12.6(b) $v = 3$인 진동자의 정규화 상수를 계산하고, 이것의 파동함수는 $v = 1$인 상태의 파동함수에 직교함을 증명하시오.

12.7(a) $^{35}Cl_2$ 분자의 진동을 힘상수가 $k_f = 329$ N m^{-1}인 조화 진동자와 같다고 가정하고, 이 분자의 진동 준위가 들뜨기 위해 필요한 복사선의 파수를 구하시오. ^{35}Cl 원자의 질량은 34.9688 m_u이고, 이원자 분자의 진동 주파수에 대한 식에서 사용되는 질량은 '유효 질량'인 $\mu = m_A m_B/(m_A+m_B)$이며, 이때 m_A와 m_B는 각 원자의 질량이다.

12.7(b) $^{14}N_2$ 분자의 진동을 힘상수가 $k_f = 2293.8$ N m^{-1}인 조화 진동자와 같다고 가정하고, 이 분자의 진동 준위가 들뜨기 위해 필요한 복사선의 파수를 구하시오. ^{14}N 원자의 질량은 14.0031 m_u이고 연습 문제 12.7(a)를 참조하시오.

12.8(a) 조화 진동자로 취급되는 O−H 결합이 $v = 1$인 경우에 고전적으로 금지된 영역에서 발견될 확률을 구하시오.

12.8(b) 조화 진동자로 취급되는 O−H 결합이 $v = 2$인 경우에 고전적으로 금지된 영역에서 발견될 확률을 구하시오.

12.9(a) 만일 퍼텐셜이 x^3에 비례한다면, 입자의 평균 운동 에너지와 퍼텐셜 에너지의 관계는 무엇인가?

12.9(b) 수소 원자에서 전자의 평균 운동 에너지와 퍼텐셜 에너지의 관계는 무엇인가? **힌트**: 퍼텐셜은 Coulomb 퍼텐셜이다.

응용 문제

12.1 조화 진동자의 첫 번째 4개 에너지 준위에 대한 파동함수의 대칭성(우함수 또는 기함수로 나타내는)을 말하시오. 이와 같은 대칭성을 양자수 v로 어떻게 나타내는가?

12.2 이원자 분자의 진동 주파수에 대한 표현에서 사용되는 질량은 '유효 질량'인 $\mu = m_A m_B/(m_A+m_B)$이며, 이때 m_A와 m_B는 각 원자의 질량이다. 아래 데이터는 G. Herzberg, *Spectra of diatomic molecules*, van Nostrand (1950)에서 취한 이원자 분자들의 적외선 흡수 파수($\tilde{\nu} = 1/\lambda = \nu/c$)이다.

	$H^{35}Cl$	$H^{81}Br$	HI	CO	NO
$\nu(cm^{-1})$	2990	2650	2310	2170	1904

이 분자들이 갖는 결합의 힘상수를 구하고, 결합이 단단해지는 차례로 이들을 나열하시오.

12.3 $e^{-\kappa x^2}$과 같은 꼴의 함수는 조화 진동자의 바닥 상태에 대한 Schrödinger 방정식의 해임을 확인하시오. 그리고 κ를 이 진동자의 질량과 힘상수로 나타내시오.

12.4 표 12.1의 관계식을 이용하여 조화 진동자의 평균 운동 에너지를 계산하시오.

12.5 표 12.1의 관계식을 이용하여 조화 진동자의$\langle x^3 \rangle$과 $\langle x^4 \rangle$ 값을 계산하시오.

12.6 토픽 16에서는 분자들의 진동 상태들 사이의 분광학적인 전이의 세기가 모든 공간에 대하여 적분 $\int \psi_{v'} x \psi_v \, dx$의 제곱에 비례한다는 것을 알게 될 것이다. 표 12.1에 주어진 Hermite 다항식의 관계를 사용하여 전이는 $v' = v \pm 1$인 경우만이 허용됨을 증명하고 이 경우의 적분을 계산하시오.

12.7 에테인에서 ϕ가 **3**으로 표시된 구조에서의 각도일 때 하나의 CH_3기가 옆의 기에 대하여 회전하는 에너지는 $V(\phi) = V_0 \cos 3\phi$로 표현될 수 있다. (a) 작은 변위에 대하여 CH_3기의 운동이 조화 진동임을 보이고, $v = 0$에서 $v = 1$로 전이되는 (몰당) 들뜸 에너지를 계산하시오. (b) 이와 같은 작은 진폭의 진동에 대한 힘상수는 얼마인가? (c) 주변 분자와 충돌하는 에너지는 k가 Boltzmann 상수일 때 전형적으로 kT이다. 이 경우 진동이 들뜰 수 있다고 예상하는가? (d) 들뜸이 증가함에 따라 에너지 준위와 파동함수에는 어떤 일들이 생긴다고 예상되는가?

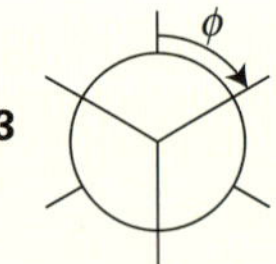

12.8 일산화 탄소는 마이오글로빈 단백질의 헴기 속의 Fe^{2+} 이온과 강하게 결합한다. 응용 문제 12.2의 데이터와 다음 가정들을 이용하여 마이오글로빈에 결합된 CO의 진동 주기를 계산하시오. 즉 이러한 가정들은 헴기에 속박된 원자는 고정되며, 단백질은 C나 O 원자에 비해서 무한히 더 무겁고, 또 C 원자가 Fe^{2+} 이온에 결합되며, CO가 단백질에 결합되어도 C≡O 결합의 힘상수는 변하지 않는다는 것이다.

12.9 응용 문제 12.8에서 가정한 네 가지 중 마지막 두 가지 가정은 의문을 가질 수 있다. 처음 두 가정은 여전히 합리적이라고 생각하고, 마이오글로빈의 공급, 이 단백질을 분산시키는 적합한 완충액, $^{12}C^{16}O$, $^{13}C^{16}O$, $^{12}C^{18}O$, $^{13}C^{18}O$, 그리고 적외선 분광계들은 마음대로 할 수 있다고 생각하자. C≡O 결합의 힘상수는 동위 원소 치환에 의해서 변하지 않는다고 가정하고 다음과 같은 목적의 실험을 어떻게 해야 하는지 설명하시오. (a) C와 O 중의 어떤 원자가 마이오글로빈의 헴기에 결합되어 있는지 증명하고, (b) 마이오글로빈에 결합된 일산화탄소에 대한 C≡O 결합의 힘상수를 결정하려고 한다.

12.10 합성 중합체, 단백질, 핵산과 같은 고분자를 공부하게 되면 '불규칙 코일'이 그중의 한 형태라는 것을 알게 될 것이다. N개의 단위로 된 1차원 불규칙 코일에서는 변위가 작을 때의 복원력이 온도 T에서 다음과 같이 주어진다.

$$F = -\frac{kT}{2l} \ln\left(\frac{N+n}{N-n}\right)$$

여기서 l은 각 단위체의 길이이고, nl은 사슬 양끝 사이의 거리이다. 변위가 작을 때($n \ll N$)는 복원력이 n에 비례하며, 따라서 코일이 힘상수 kT/Nl^2으로 조화 진동을 함을 보이시오. 진동 사슬의 질량을 그 사슬 전체의 질량 Nm으로 가정하고(m은 한 단위체의 질량), 바닥 진동 상태에서의 양자 요동에 기인되는 사슬 양끝 사이의 제곱평균근 거리를 계산하시오.

12.11 조화 진동자 파동함수의 '가장 고전적인' 선형 결합은 다음과 같은 중첩으로 설명되는 소위 '결맞은(coherent) 상태'라고 하는 것이다.

$$\psi_\alpha(x) = N \sum_{v=0}^{\infty} \frac{\alpha^v}{(v!)^{1/2}} \psi_v(x)$$

여기에서 α는 파라미터이다. 이들 상태는 레이저에 의하여 발생되는 복사선을 설명하는 데 사용할 수 있다. (a) 정규화 상수는 $N = e^{-|\alpha|^2/2}$이 됨을 증명하시오. (b) 두 개의 결맞은 상태의 파동함수 ψ_α와 ψ_β는 일반적으로 직교하지 않음을 보이시오. (c) 계속해서, 결맞은 상태는 입자의 위치와 운동량의 불확정성 관계가 최솟값을 갖는다(즉 $\Delta x \Delta p = \frac{1}{2}\hbar$)는 점에서 '가장 고전적'이라는 것을 보이시오 (**힌트**: 표 12.1의 회귀 관계를 사용하시오).

토픽 13 2차원에서의 회전 운동

토론 문제

13.1 고리 주위의 운동으로 제한된 입자에 대한 에너지 양자화의 물리학적 근원을 논의해 보시오.

연습 문제

13.1(a) 다른 값의 양자수 m_l를 갖는 고리 위 입자의 파동함수는 서로 직교함을 확인하시오.

13.1(b) 고리 위 입자의 파동함수(식 13.7a)는 정규화되어 있음을 확인하시오.

응용 문제

13.1 싱크로트론 가속기는 반지름이 r인 원 경로를 따라 양성자를 가속시킨다. 양성자의 상태가 정규화되지 않은 파동함수 $\psi(\phi)=\psi_{-1}(\phi)+3^{1/2}\mathrm{i}\psi_{+1}(\phi)$로 설명된다고 가정하자. (a) 이 파동함수를 정규화하시오. 만일 다음의 (b)와 (c)의 양들을 결정하기 위하여 측정을 한다면 결과는 어떻게 되겠는가? (b) 양성자의 전체 각운동량, (c) 양성자의 전체 에너지, (d) 이들 양들의 기댓값은 각각 무엇인가?

13.2 방향족 분자의 전자 구조는 고리 위의 전자 모형으로 취급할 수 있는가? 각 상태에 두 개의 전자가 채워지게 하고 반지름이 133 pm라고 가정할 때, 벤젠의 π 전자 구조를 예측하는 데 이 모형을 사용하시오. 이 모형에 근거하여 예측된 첫 번째 흡수 띠의 파장은 얼마인가?(실제 값은 185 nm이다.)

13.3 $^{1}H^{127}I$ 분자의 회전은 마치 아이오딘 원자가 정지하고 있고 H 원자가 I 원자로부터 160 pm의 거리를 유지하면서 회전 운동을 하는 것과 같이 생각해도 좋다(이것은 대단히 좋은 근사이지만 보다 엄밀하게 하려면 두 원자 모두가 두 원자의 질량 중심을 따라 회전한다고 생각해야 하는데, 이 중심은 I 원자에 대단히 가깝다). 이 분자가 평면상에서만 회전한다고 가정하자(문제 14.1에서는 이 제약이 제거됨). (a) 정지 상태의 분자를 들뜨게 하여 회전시키려면 얼마만한 에너지가 필요한지 계산하시오. (b) 이 분자의 최소 각운동량(0을 제외한)은 얼마인가?

13.4 $\mu=2.000\times10^{-26}$ kg이고 결합 길이가 250.0 pm인 이원자 분자가 xy 평면에서 질량 중심에 대하여 회전하고 있다. 분자의 상태는 정규화된 함수 $\psi(\phi)$로 설명된다. 다른 분자의 전체 각운동량을 측정하면 25퍼센트의 시간에서는 $3\hbar$, 측정 시간의 75퍼센트에서는 $-3\hbar$인 두 가지 가능한 결과가 얻어진다. 그러나 분자의 회전 에너지를 측정하면 한 가지 결과만이 얻어진다. (a) 각운동량의 기댓값은 얼마인가? (b) 정규화된 파동함수 $\psi(\phi)$의 식을 쓰시오. (c) 측정한 에너지의 결과는 무엇인가?

13.5 싱크로트론에서 명확한 각운동량으로 가속되는 양성자의 평균 각위치는 무엇인가? 식 13.7a에서의 파동함수로 설명되는 고리 위의 입자에 대한 ϕ의 평균값 $\langle\phi\rangle$를 계산하시오. 그리고 답에 대하여 설명하시오.

13.6 반지름이 r인 싱트로트론에서 다음과 같은 파동함수(정규화되지 않은)로 설명되는 상태에 있는 양성자에 대한 각운동량의 z 성분과 운동 에너지를 구하시오. (a) $e^{i\phi}$, (b) $e^{-2i\phi}$, (c) $\cos\phi$, (d) χ가 임의의 실수 파라미터일 때 $(\cos\chi)e^{i\phi}+(\sin\chi)e^{-i\phi}$

13.7 만일 양성자가 원형의 고리가 아닌 타원형의 고리에서 가속된다면 관계되는 Schrödinger 방정식의 해는 어떻게 되겠는가? 특히 긴반지름 a와 b의 타원형 고리 위의 입자에 대한 Schrödinger 방정식은 분리할 수 있는가? (**힌트**: r은 각도 ϕ에 따라 변하지만 두 변수는 $r^2=a^2\sin^2\phi+b^2\cos^2\phi$에 의해 연관되어 있다.)

13.8 고리 상의 입자는 포르핀 고리(**2**) 주위의 전자 운동을 다루는 데 유용한 모형으로 사용된다. 포르핀 고리는 헴기와 엽록소의 구조적 바탕을 형성하는 콘쥬게이션 거대 고리이다. 이 기를 반지름 440 pm의 원형 고리로 취급할 수 있으며, 22개의 전자가 이 콘쥬게이션계의 둘레를 돌고 있다고 생각한다. 이 분자의 바닥 상태에서 각 준위는 2개의 전자로 채워진다고 가정하자. (a) 최고 점유 준위에 있는 전자의 에너지와 각운동량을 계산하시오. (b) 최고 점유 준위와 최저 비점유 준위 사이에서 전이를 유발시킬 수 있는 복사선의 진동수를 계산하시오.

13.9 불확정성 원리는 원형 계에 대해서는 다른 형태를 취한다. 즉 각 경우에서 $\Delta X=\{\langle X^2\rangle-\langle X\rangle^2\}^{1/2}$일 때 $\Delta l_z\Delta\sin\phi\geq\frac{1}{2}\hbar|\langle\cos\phi\rangle|$이다. 다음 경우에 대하여 이 식에 나타난 양들을 계산하시오. (a) 각운동량이 $+\hbar$인 입자, (b) 파동함수가 $\cos\phi$에 비례하는 입자. 각 경우에서 불확정성 원리가 만족되는가? 두 경우 사이에 차이점이 있는가? 만일 그렇다면 그 이유는 무엇인가?

토픽 14 3차원에서의 회전 운동

토론 문제

14.1 구 위의 입자에 대한 해에 나타난 고리 위 입자의 해의 특성을 설명하시오. 고리의 경우에는 적용되지 않으며 구의 경우에 적용되는 원리는 무엇인가?

14.2 양자 역학에서 각운동량의 벡터 모형을 설명하시오. 그것이 가지고 있는 특성은 무엇인가? 모형로서의 중요도는 무엇인가?

연습 문제

14.1(a) 분자의 회전 운동은 구 표면 위에서 움직이는 점 질량의 운동으로 나타낼 수 있다. $l=1$일 때 각운동량의 크기와 임의의 축에 대한 각운동량의 가능한 성분을 계산하시오. 답은 $\hbar$의 배수로 나타내시오.

14.1(b) 분자의 회전 운동은 구 표면 위에서 각운동량 $l=2$를 갖고 움직이는 점 질량의 운동으로 나타낼 수 있다. 각운동량의 크기와 임의의 축에 대한 각운동량의 가능한 성분을 계산하시오. 답은 $\hbar$의 배수로 나타내시오.

14.2(a) (a) $l=1$, $m_l=+1$, (b) $l=2$, $m_l=0$인 상태를 나타내는 벡터 모형의 그림을 그리시오. 벡터가 z축과 만드는 각도는 얼마인가?

14.2(b) $l=6$인 입자에 허용되는 모든 회전 상태에 대한 벡터 모형을 그림으로 나타내시오. 벡터들이 z축과 만드는 각도들은 얼마인가?

14.3(a) 주어진 에너지에 해당하는 상태들의 수는 원자의 구조와 열역학적 성질에 있어서 중요한 역할을 담당한다. $l=3$인 회전하는 물체의 축퇴도를 결정하시오.

14.3(b) 주어진 에너지에 해당하는 상태들의 수는 원자의 구조와 열역학적 성질에 있어서 중요한 역할을 담당한다. $l=4$인 회전하는 물체의 축퇴도를 결정하시오.

응용 문제

14.1 $\mu=m_{\mathrm{H}}m_{\mathrm{I}}/(m_{\mathrm{H}}+m_{\mathrm{I}})$, $R=160$ pm일 때 관성 모멘트 $I=\mu R^2$을 사용하여 분자가 3차원에서 자유롭게 회전할 수 있도록 응용 문제 13.3을 변형하시오. 이 분자의 가장 낮은 회전 에너지 준위 네 가지의 에너지와 축퇴도를 계산하고, $l=1\rightarrow 0$ 전이에서 방출하는 전자기 복사선의 파장을 예측하시오. 이 파장은 전자기 스펙트럼의 어느 영역에서 나타나는가?

14.2 벤젠 분자의 평균 관성 모멘트는 1.5×10^{-45} kg m^{2}이다. 이 분자가 (3차원적) 회전 바닥 상태에서 다음으로 높은 회전 준위로 들뜰 때 얼마의 에너지가 필요한가? 이 들뜸이 일어날 수 있는 전자기 복사선의 파장은 무엇인가? 이 복사선은 전자기 스펙트럼의 어느 영역에 위치하는가?

14.3 분자의 내부로 확산되기 전에 버크민스터풀러렌의 표면 위에서 움직이는 헬륨 원자는 반지름 0.35 nm인 구 표면 위의 자유 입자의 모형으로 간주될 수 있다. 원자의 상태가 $\psi(\theta,\phi)=2^{1/2}Y_{2,+1}(\theta,\phi)+3\mathrm{i}Y_{2,+2}(\theta,\phi)+Y_{1,+1}(\theta,\phi)$의 파동 묶음으로 설명된다고 가정하자. (a) 이 파동함수를 정규화하시오. 만일 (b) 전체 각운동량, (c) 각운동량의 z 성분, (d) 원자의 전체 에너지를 측정한다면 어떤 결과를 얻을 수 있겠는가? (e) 이와 같은 측정 가능 변수들의 기댓값은 무엇인가?

14.4 구면 조화 진동자의 특성을 사용하여 $l=1$, 2, 3일 때 회전하는 선형 분자가 임의의 축에 대하여 만드는 가장 잦은 각을 결정하시오.

14.5 수학 소프트웨어를 이용하여 고리 위를 회전하는 입자에 대한 파속을 다음과 같은 형태로 만드시오.

$$\Psi(\phi,t)=\sum_{m_l=0}^{m_{l,\max}} c_{m_l}\mathrm{e}^{\mathrm{i}(m_l\phi-E_{m_l}t/\hbar)}\qquad E_{m_l}=m_l^2\hbar^2/2I$$

단, 계수 c는 각자가 택한다(예를 들면 모두 같게 놓아도 된다). 이 파속이 고리 위에서 어떻게 이동하며 시간에 따라 어떻게 퍼지는지 조사하시오.

14.6 구면 조화 함수 (a) $Y_{0,0}$, (b) $Y_{2,-1}$, (c) $Y_{3,+3}$은 3차원 공간에서 자유 회전을 하는 입자에 대한 Schrödinger 방정식을 만족시킴을 확인하시오. 그리고 각 경우에 대한 에너지와 각운동량을 구하시오.

14.7 정확한 적분을 통해 $Y_{1,+1}$과 $Y_{2,0}$이 직교함을 확인하시오(전체 구 표면에 걸쳐서 적분해야 한다).

14.8 $Y_{3,+3}$은 1로 정규화되어 있음을 확인하시오(전체 구 표면에 걸쳐서 적분해야 한다).

14.9 각운동량은 고전적으로 $\boldsymbol{l}=\boldsymbol{r}\times\boldsymbol{p}$로 정의되는데, 이것을 이용하여 각운동량의 세 성분에 대한 양자 역학적 연산자를 구하시오(직교좌표계를 써서). 어떠한 두 개의 성분들은 서로 교환되지 않음을 보이고, 이들의 교환자를 구하시오.

14.10 연산자 $\hat{l}_z=\hat{x}\hat{p}_y-\hat{y}\hat{p}_x$는 구면 극좌표로 나타내면 $\hat{l}_z=-\mathrm{i}\hbar\partial/\partial\phi$가 됨을 증명하시오.

14.11 교환자 $[\hat{l}^2,\hat{l}_z]=0$이 됨을 보이고, 이어서 더 이상 계산은 하지 않고 일반적으로 $q=x$, y, z인 모든 경우에 $[\hat{l}^2,\hat{l}_q]=0$이 된다는 것을 증명하시오.

14.12 구형 공동 속 안에 구속되어 있는 입자는 구형 금속 나노입자의 전자 성질을 논하는 설득력 있는 출발점이 된다. 여기서 반지름이 R인 구형 공동 속 전자의 $l=0$인 에너지 준위는 양자화되어 있으며 다음과 같이 주어진다는 것을 일련의 단계를 거쳐 증명하려고 한다.

$$E_n = \frac{n^2h^2}{8m_eR^2}$$

(a) 반지름이 a인 구 내부에서 자유 운동을 하는 입자의 Hamilton 연산자는 다음과 같다.

$$\hat{H} = \frac{\hbar^2}{2m} = \nabla^2$$

이 Schrödinger 방정식이 방사 방향 성분과 각도 성분으로 분리될 수 있음을 보이시오. 즉 $R(r)$이 구 중심으로부터 입자의 거리에만 의존하는 함수이고 $Y(\theta,\phi)$가 구면 조화 함수일 때 이 둘의 곱인 $\psi(r,\theta,\phi) = R(r)Y(\theta,\phi)$로 놓고 시작한다. 이어서 다음과 같이 Schrödinger 방정식을 방사 방향 성분에 관한 식 $R(r)$과 다른 하나인 각도 성분에 관한 식 $Y(\theta,\phi)$의 둘로 분리될 수 있다는 것을 보는 것이다.

(b) $l=0$인 경우를 생각해 보자. 미분을 하여 방사 방향 식의 해가 다음과 같은 형태가 된다는 것을 보이시오.

$$R(r) = (2\pi a)^{-1/2}\frac{\sin(n\pi r/a)}{r}$$

(c) 이어서 (적절한 경계 조건을 통하여) 허용되는 에너지는 $E_n = n^2h^2/8ma^2$으로 주어진다는 것을 보이시오. 이 에너지에 대한 결과는 m 대신에 m_e를, a 대신에 R을 치환하면 위에서 주어진 에너지에 관한 식이 된다.

통합 문제

F3.1 대응 원리를 논하고 두 가지 예를 드시오.

F3.2 영점 에너지를 정의하고, 증명하고, 또 그 예들을 드시오.

F3.3 상자 속 입자와 조화 진동자가 양자 역학 계의 모형으로서 유용한지를 설명하시오. 어떠한 화학적으로 중요한 계를 나타내기 위하여 이 모형들을 사용할 수 있는가?

F3.4 2차원과 3차원에서 병진 운동과 회전 운동에 대하여 영점 에너지의 유무에 대하여 설명하시오.

F3.5 (a) 길이가 L인 상자 속 입자, (b) 조화 진동자의 바닥 상태에 대하여 $\Delta x = (\langle x^2\rangle - \langle x\rangle^2)^{1/2}$, $\Delta p = (\langle p^2\rangle - \langle p\rangle^2)^{1/2}$ 값을 결정하시오. 이들 양들에 대한 불확정성 원리를 논의하시오.

F3.6 일반적인 양자 상태(각각 n과 v)인 경우 (a) 상자 속 입자, (b) 조화 진동자에 대하여 문제 F3.5의 내용을 반복하시오.

F3.7 이 책의 웹사이트에 수록된 수학 소프트웨어인 스프레드시트 또는 **Living Graphs**(LG로 표시된)를 이용하여 다음 연습 문제에 답하시오.

(a)LG $n=1, 2, \ldots, 5$와 $n=50$인 상자 속 입자에 대한 확률 분포를 도시하시오. 이 그림은 대응 원리를 어떻게 설명하는가?

(b)LG 높이 V인 장벽을 통하여 (i) 수소 분자, (ii) 양성자, (iii) 전자가 통과할 때 E/V에 대한 투과 확률 T를 그리시오.

(c)LG 조화 진동자 파동함수에서 마디의 근원에 대한 어떤 통찰력을 얻기 위하여 $v=0$에서 5까지에 대한 Hermite 다항식 $H_v(y)$을 그리시오.

(d) 수학적인 소프트웨어를 사용하여 직사각형 표면에 구속되어 있는 입자가 다음과 같은 상태에 있을 때 파동함수의 3차원적 그림을 그리시오. (i) $n_1=1$, $n_2=1$, 최저 에너지 상태, (ii) $n_1=1$, $n_2=2$, (iii) $n_1=2$, $n_2=1$, (iv) $n_1=2$, $n_2=2$. 파동함수에서 마디 선의 수에 대한 규칙을 n_1과 n_2 값의 함수로서 추론하시오.

수학적 배경 3 복소수

여기서는 양자 역학에서 자주 이용하는 수학적 개념인 복소수와 복소 함수의 일반적 성질을 설명하려고 한다.

MB3.1 정의

복소수는 다음과 같은 일반적인 형태의 수이다.

$$z = x + \mathrm{i}y \qquad \text{복소수의 일반적인 형태} \qquad \text{(MB3.1)}$$

여기서 $\mathrm{i} = (-1)^{1/2}$이다. 실수 x와 y는 각각 z의 실수와 허수 부분을 나타내며, $\mathrm{Re}(z)$와 $\mathrm{Im}(z)$로 표시한다. $y=0$일 때는 $z=x$가 실수이며, $x=0$일 때는 $z=\mathrm{i}y$가 순수한 허수이다. 두 복소수 $z_1 = x_1+\mathrm{i}y_1$과 $z_2 = x_2+\mathrm{i}y_2$는 $x_1 = x_2$, $y_1 = y_2$일 때 같다. 복소수의 허수 부분은 일반적으로 $\mathrm{i}y$로 표시하지만, 구체적으로 수치를 표시할 때는 순서를 바꾸어서 3i와 같이 나타낸다.

z의 **켤레복소수**(**complex conjugate**) z^*는 다음과 같이 i를 −i로 바꾼 것이다.

$$z^* = x - \mathrm{i}y \qquad \text{켤레복소수} \qquad \text{(MB3.2)}$$

복소수 z와 z^*와의 곱은 $|z|^2$으로 표시하고, z의 **제곱 계수**(**square modulus**)라고 한다. 식 MB3.1과 MB3.2를 이용하면 $\mathrm{i}^2 = -1$이므로 이것이 다음과 같이 주어진다.

$$|z|^2 = (x+\mathrm{i}y)(x-\mathrm{i}y) = x^2+y^2 \qquad \text{제곱 계수} \qquad \text{(MB3.3)}$$

제곱 계수는 실수이다. 이 **절댓값**(**absoute value**) 또는 **계수**(**modulus**) 자체는 $|z|$으로 표시하며 다음과 같다.

$$|z| = (z^*z)^{1/2} = (x^2+y^2)^{1/2} \qquad \text{절댓값} \qquad \text{(MB3.4)}$$

$zz^* = |z|^2$이므로 $z \times (z^*/|z|^2) = 1$이며, 이 관계로부터 z의 역수(어떤 0이 아닌 복소수에 대해서나 존재함)를 다음과 같이 나타낼 수 있다.

$$z^{-1} = \frac{z^*}{|z|^2} \qquad \text{복소수의 역수} \qquad \text{(MB3.5)}$$

간단한 예 MB3.1 역수

복소수 $z = 8-3\mathrm{i}$를 생각해 보자. 이것의 제곱 계수는 다음과 같다.

$$|z|^2 = z^*z = (8-3\mathrm{i})^*(8-3\mathrm{i}) = (8+3\mathrm{i})(8-3\mathrm{i}) = 64+9 = 73$$

따라서 계수는 $|z| = 73^{1/2}$이다. 식 MB3.5에 따라 z의 역수는 다음과 같다.

$$z^{-1} = \frac{8+3\mathrm{i}}{73} = \frac{8}{73} + \frac{3}{73}\mathrm{i}$$

MB3.2 극좌표

복소수 $z = x+\mathrm{i}y$는 **복소평면**(**complex plane**)이라고 하는 평면상의 점으로 나타낼 수 있다. 이 평면에서는 $\mathrm{Re}(z)$를 x축 상, $\mathrm{Im}(z)$)를 y축 상에 나타낸다(그림 MB3.1). 그림에 나타낸 바와 같이 r과 ϕ는 점의 극좌표를 나타내며, $x = r\cos\phi$이고 $y = r\sin\phi$이므로 이 복소수는 다음과 같이 **극좌표 형태**(**polar form**)로 나타낼 수 있다.

$$z = r(\cos\phi + \mathrm{i}\sin\phi) \qquad \text{극좌표 형태로 나타낸 복소수} \qquad \text{(MB3.6)}$$

각 ϕ는 z와 x축이 이루는 각도로서 z의 **편각**(**argument**)이라고 한다. $y/x = \tan\phi$이므로 다음 관계를 이용하여 극좌표 형태를 나타낼 수 있다.

$$r = (x^2+y^2)^{1/2} = |z| \qquad \phi = \arctan\frac{y}{x} \qquad \text{(MB3.7a)}$$

한편 다음 관계를 이용하면 극좌표를 직교 좌표로 바꿀 수 있다.

$$x = r\cos\phi,\ y = r\sin\phi\text{를 이용하여 } z = x+\mathrm{i}y\text{로} \qquad \text{(MB3.7b)}$$

복소수를 이용한 가장 유용한 식의 하나는 다음과 같은 **Euler 식**(**Euler's formula**)이다.

$$\mathrm{e}^{\mathrm{i}\phi} = \cos\phi + \mathrm{i}\sin\phi \qquad \text{Euler 식} \qquad \text{(MB3.8a)}$$

이 관계를 증명하는 가장 간단한 방법은 지수함수를 멱급수로 전개한 다음, 실수 항들과 허수 항들을 묶는 것이다. 이 관계로부터 다음 결과를 얻을 수 있다.

$$\cos\phi = \tfrac{1}{2}(\mathrm{e}^{\mathrm{i}\phi}+\mathrm{e}^{-\mathrm{i}\phi}) \qquad \sin\phi = -\tfrac{1}{2}\mathrm{i}(\mathrm{e}^{\mathrm{i}\phi}-\mathrm{e}^{-\mathrm{i}\phi}) \qquad \text{(MB3.8b)}$$

그러면 식 MB3.6의 극좌표 형태가 다음과 같이 된다.

$$z = r\mathrm{e}^{\mathrm{i}\phi} \qquad \text{(MB3.9)}$$

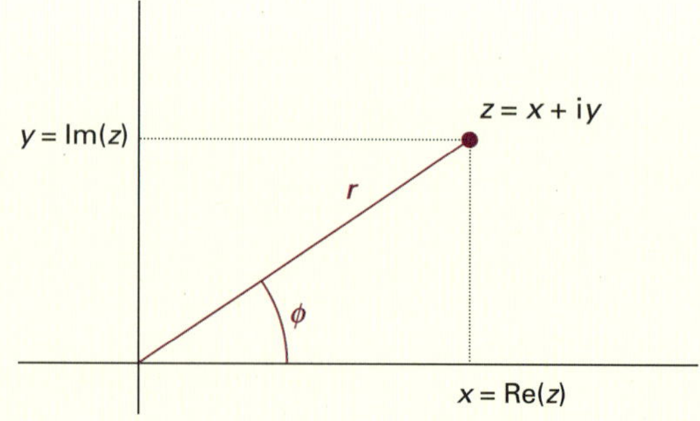

그림 MB3.1 직교 좌표(x,y)나 극좌표(r,ϕ)를 이용하여 복소평면 상의 한 점으로 나타내는 복소수 z의 표현

간단한 예 MB3.2 극좌표 표현

복소수 $z=8-3\text{i}$를 생각해 보자. 앞에서 나왔던 **간단한 예** MB3.1에 의하면 $r=|z|=73^{1/2}$이다. 또 z의 편각은 다음과 같다.

$$\theta=\arctan\left(\frac{-3}{8}\right)=-0.359\ \text{rad, 또는 } -20.6°$$

따라서 이 복소수를 극좌표 형태로 나타내면 다음과 같이 된다.

$$z=73^{1/2}\text{e}^{-0.359\text{i}}$$

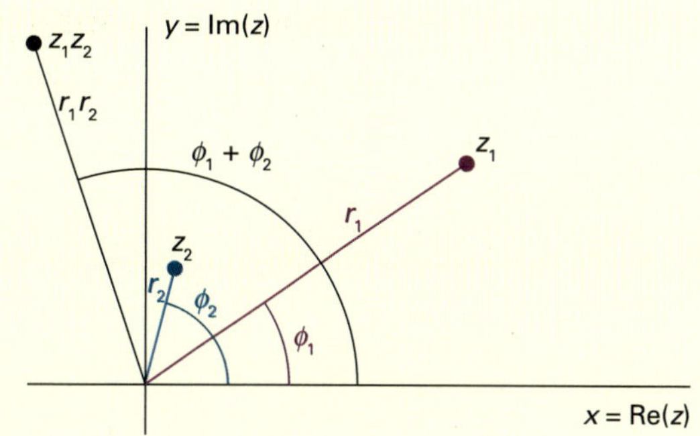

그림 MB3.2 복소평면으로 나타낸 두 복소수의 곱셈

MB3.3 연산

복소수 $z_1=x_1+\text{i}y_1$과 $z_2=x_2+\text{i}y_2$가 포함된 산술 연산에서는 다음과 같은 규칙이 적용된다.

1 덧셈: $z_1+z_2=(x_1+x_2)+\text{i}(y_1+y_2)$ (MB3.10a)

2 뺄셈: $z_1-z_2=(x_1-x_2)+\text{i}(y_1-y_2)$ (MB3.10b)

3 곱셈: $z_1z_2=(x_1+\text{i}y_1)(x_2+\text{i}y_2)$
$=(x_1x_2-y_1y_2)+\text{i}(x_1y_2+y_1x_2)$ (MB3.10c)

4 나눗셈: z_1/z_2를 $z_1z_2^{-1}$로 보고 역에 대하여 식 MB3.5를 이용한다. 그러면

$$\frac{z_1}{z_2}=z_1z_2^{-1}=\frac{z_1z_2^*}{|z_2|^2} \qquad \text{(MB3.10d)}$$

간단한 예 MB3.3 수의 연산

복소수 $z_1=6+2\text{i}$와 $z_2=-4-3\text{i}$를 생각해 보자. 그러면

$$z_1+z_2=(6-4)+(2-3)\text{i}=2-\text{i}$$
$$z_1-z_2=10+5\text{i}$$
$$z_1z_2=\{6(-4)-2(-3)\}+\{6(-3)+2(-4)\}\text{i}=18-26\text{i}$$
$$\frac{z_1}{z_2}=(6+2\text{i})\left(\frac{-4+3\text{i}}{25}\right)=-\frac{6}{5}+\frac{2}{5}\text{i}$$

극좌표로 나타낸 복소수는 흔히 수식 산술 연산에 이용된다. 예를 들면 극좌표로 나타낸 두 복소수의 곱은 다음과 같이 된다.

$$z_1z_2=(r_1\text{e}^{\text{i}\phi_1})(r_2\text{e}^{\text{i}\phi_2})=r_1r_2\text{e}^{\text{i}(\phi_1+\phi_2)} \qquad \text{(MB3.11)}$$

이 곱셈을 복소평면에 나타낸 것이 그림 MB3.2이다. 한 복소수의 n제곱이나 n제곱근은 다음과 같다.

$$z^n=(r\text{e}^{\text{i}\phi})^n=r^n\text{e}^{\text{i}n\phi} \qquad z^{1/n}=(r\text{e}^{\text{i}\phi})^{1/n}=r^{1/n}\text{e}^{\text{i}\phi/n} \qquad \text{(MB3.12)}$$

이것을 복소평면에 나타낸 것이 그림 MB3.3이다.

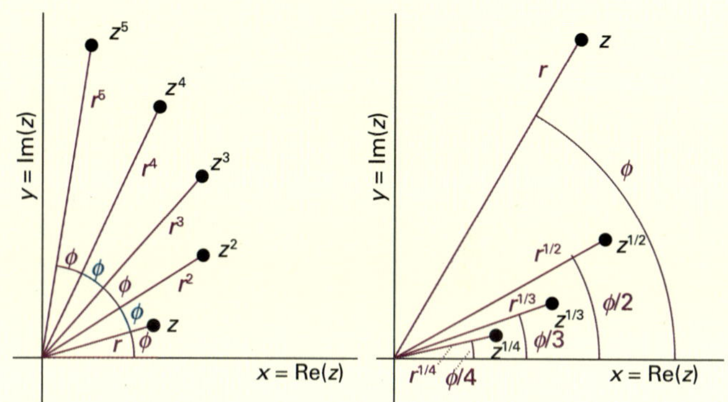

그림 MB3.3 복소평면으로 나타낸 복소수의 n제곱($n=1, 2, 3, 4, 5$)과 n제곱근($n=1, 2, 3, 4$)

간단한 예 MB3.4 제곱근

$z=8-3\text{i}$의 5제곱근을 구하기 위해서 두 번째 **간단한 예** MB3.2에서의 극좌표 형태를 이용한다.

$$z=73^{1/2}\text{e}^{-0.359\text{i}}=8.544\text{e}^{-0.359\text{i}}$$

따라서 5제곱근은 다음과 같이 된다.

$$z^{1/5}=(8.544\text{e}^{-0.359\text{i}})^{1/5}=8.544^{1/5}\text{e}^{-0.359\text{i}/5}=1.536\text{e}^{-0.0718\text{i}}$$

이로부터 $x=1.536\cos(-0.0718)=1.532$, $y=1.536\sin(-0.0718)=-0.110$이 된다(라디안을 사용). 따라서

$$(8-3\text{i})^{1/5}=1.532-0.110\text{i}$$

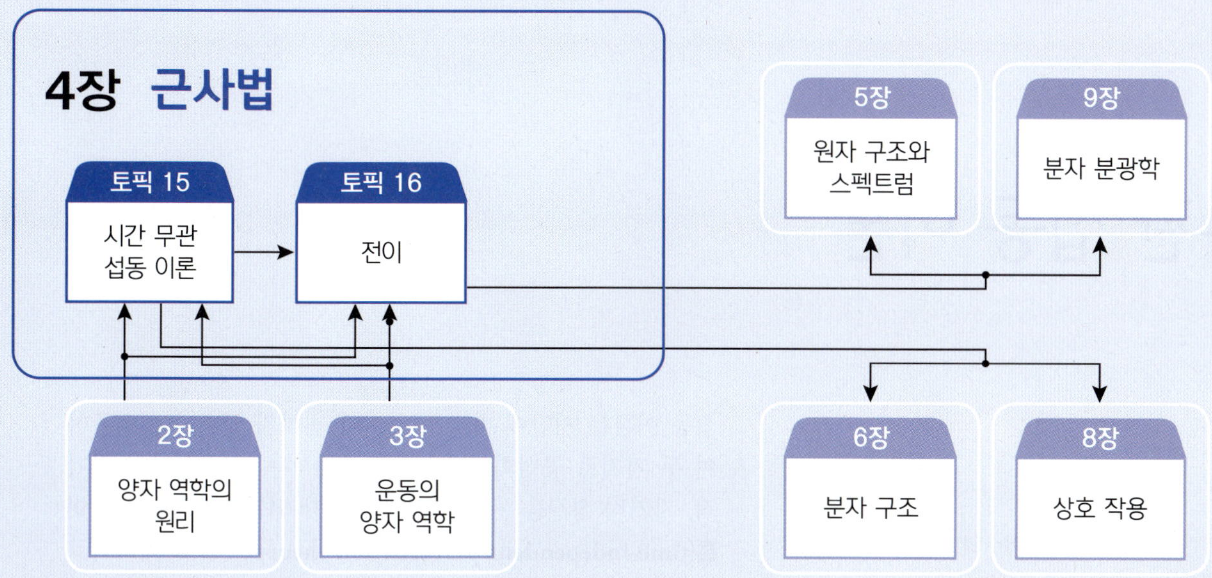

Schrödinger 방정식의 완전한 해는 **운동의 양자 역학**에 설명되어 있는 모형 계와 같은 단지 소수의 문제에 대해서만 찾아볼 수 있다. 화학에서 관심이 있는 거의 모든 문제들은 완전한 해를 갖지 못한다. 다전자 원자나 분자를 포함하는 것에서와 같은 이러한 문제를 해결하기 위하여 근사 방법을 개발할 필요가 있다.

근사적인 해를 구하기 위하여 세 가지 주요 접근 방법이 있다. 첫 번째는 파동함수의 모양과 수학적인 형태를 추측하려고 시도하는 것이다. '변분 이론(variation theory)'은 분자 오비탈 이론의 관점에서 가장 보편적으로 마주치게 되는 것과 같은 접근 방법을 성공적으로 수행하는 기준을 제공하며 이것을 **분자 구조**로서 고려한다. 두 번째 접근법은 변분 이론과 나란히 자주 사용되는 '자체 일관성 장(self-consistent field) 방법'이라고 하는 반복적인 방법으로, 다전자 계에 대한 Schrödinger 방정식의 수치 해법을 찾아내는 데 유용하다(**원자 구조와 스펙트럼 및 분자 구조** 참조). 세 번째로는 문제의 Hamilton 연산자를 취하고 이것을 Schrödinger 방정식을 풀 수 있는 단순한 모형 Hamilton 연산자와, 실제 및 모형 Hamilton 연산자 사이의 차이인 '섭동'의 두 가지로 분리한다. '섭동 이론'의 목표는 이 접근법에 의해 복잡한 문제를 해결할 수 있는 수학적 도구를 제공하는 모형 Hamilton 연산자와 섭동의 존재를 설명하기 위한 체계적인 방법의 지식으로부터 섭동된 계의 파동함수와 에너지를 만들어 내는 것이다.

시간 무관 섭동 이론(토픽 15)은 관심 계와 닮은 모형 계를 확인하는 것으로 시작하여 어떻게 파동함수가 변형되어 있으며, 시간 무관 섭동이 존재할 때 실제 계의 에너지에 접근할 수 있도록 어떻게 에너지를 조절하는가를 보여 주는 것이다. 이러한 분석적인 절차는 **분자 구조**에서 설명된 다체 섭동 이론 방법의 기초가 되며, 물질의 전기적, 자기적 성질(**상호 작용**)에 대한 논의에서도 유용하다.

시간 의존 섭동 이론(토픽 16)은 계가 시간에 따라 변하는 섭동에 종속되어 있을 때 상태들 사이에서의 전이를 논의하는 데 기초가 된다. 이러한 계의 매우 중요한 예는 원자와 분자가 진동하는 전자기장에 노출되어 있는 경우이며 **원자 구조와 스펙트럼 및 분자 분광학**에서 관측되는 전이를 설명하는 데 근거가 된다.

토픽 15

시간 무관 섭동 이론

내용

➤ 학습 목표

섭동 이론은 Schrödinger 방정식의 정확한 해를 찾기가 불가능한 경우에서 화학 전반에 걸쳐 사용된다. 이 이론은 물질의 전기적, 자기적 성질(토픽 34와 39)이나 물질과 전자기 복사선과의 상호 작용(토픽 16)과 같이 복잡한 문제의 근사적인 해를 구하는 데 사용된다.

➤ 핵심 내용

계의 Hamilton 연산자는 간단한 모형 Hamilton 연산자와 섭동 Hamilton 연산자의 합으로 표현되며, 후자는 계의 에너지와 파동함수의 근사치를 전개하는 데 사용된다.

➤ 미리 알기

토픽 5~7에 소개된 개념, 특히 Schrödinger 방정식, 기댓값, 에르미트성, 정규화, 직교화와 같은 개념에 익숙해져야 한다. 이 토픽에서의 계산은 1차원 상자 속 입자의 설명에 깊이 의존되어 있다.

섭동 이론은 시간에 따라 변하거나 변하지 않거나에 의존하여 두 가지로 공식화된다. 이 토픽에서는 단지 분자의 전기적, 자기적 성질을 논의하는 데 기초가 되는 **시간 무관 섭동 이론**(**time-independent perturbation theory**)만을 고려하기로 한다. 토픽 16에서는 원자와 분자가 시간에 의존하는 전자기장에 대한 반응을 설명하는 데 사용되며 분광학의 중심이 되는 **시간 의존 섭동 이론**(**time-dependent perturbation theory**)을 논의할 것이다.

15.1 섭동 확장

풀고자 하는 문제에 대한 Hamilton 연산자 $\hat{H}$의 고윳값이 $E^{(0)}$이고 고유 함수가 $\psi^{(0)}$인 단순 Hamilton 연산자 $\hat{H}^{(0)}$와 실제 Hamilton 연산자가 '모형' Hamilton 연산자로부터 차이가 나는 정도를 나타내는 기여 부분 $\hat{H}^{(1)}$의 합으로 표현될 수 있다고 생각하자. 즉

$$\hat{H}=\hat{H}^{(0)}+\hat{H}^{(1)} \qquad \text{섭동 이론} \quad \text{Hamilton 연산자의 분배} \qquad (15.1)$$

$\hat{H}$의 에너지와 고윳값을 찾기 위하여 계의 실제 에너지 E가 모형 계의 에너지 $E^{(0)}$와 차이가 나며 다음과 같이 표기할 수 있다고 하자.

$$E=E^{(0)}+E^{(1)}+E^{(2)}+\ldots \qquad \text{섭동 이론} \quad \text{에너지의 확장} \qquad (15.2)$$

여기에서 $E^{(1)}$은 에너지에 대한 '일차' 보정으로 $\hat{H}^{(1)}$에 비례하는 기여를 하며, $E^{(2)}$는 에너지에 대한 '이차' 보정으로 $\hat{H}^{(1)}$의 제곱에 비례하는 기여를 하는 등, 이와 같은 방식으로 계속 말할 수 있다. 실제의 파동함수 ψ도 모형 계의 '단순' 파동함수 $\psi^{(0)}$와 차이가 나며 다음과 같이 쓸 수 있다.

$$\psi=\psi^{(0)}+\psi^{(1)}+\psi^{(2)}+\ldots \qquad \text{섭동 이론} \quad \text{파동함수의 확장} \qquad (15.3)$$

여기에서 $\psi^{(1)}$은 파동함수에 대한 '일차' 보정이며, 계속해서 이와 같은 방식으로 언급된다. 실제로, 시간 무관 섭동 이론

은 섭동된 계에 대한 에너지의 정확한 추정치를 제공하기에는 전형적으로 일차와 이차 에너지 보정만이 필요하다(섭동이 미약한 한). 마찬가지로 파동함수에 일차 보정 이상이 필요한 경우는 매우 드물다.

간단한 예 15.1 에너지와 파동함수의 보정

길이가 L인 1차원 금속 나노입자 속 전자를 생각해 보자. 관련된 간단한 문제는 1차원 상자 속 입자이다. 따라서 모형 Hamilton 연산자 $\hat{H}^{(0)}$는 1차원 상자 속 입자(토픽 9)의 것과 같다. 나노입자 속의 전자에서 퍼텐셜 에너지가 변하는 영향은 $V(x)=-\varepsilon\sin(\pi x/L)$의 형태를 갖는다고 가정하여 모형을 만들 수 있다(그림 15.1). 따라서 섭동은 $\hat{H}^{(1)}=-\varepsilon\sin(\pi x/L)$가 된다. 보정항 $E^{(1)}$과 $\psi^{(1)}$은 ε에 비례하고 $E^{(2)}$는 ε^2에 비례한다.

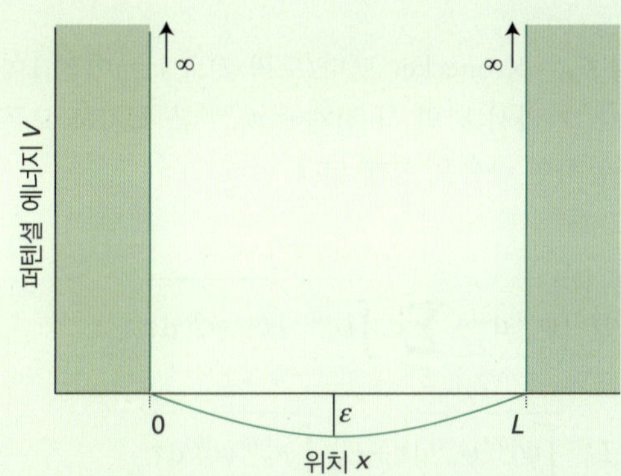

그림 15.1 단순 계에 섭동 이론을 적용하는 것을 설명하기 위해 사용된 퍼텐셜 에너지의 모형. 퍼텐셜 에너지는 상자의 벽에서 무한하며 상자의 바닥을 가로지르는 V에 따라 변한다.

자가 진단 15.1 k_f는 힘상수이고, x는 평형 결합 길이로부터 핵간 거리의 변위이며, a가 상수일 때, 어떤 이원자 분자의 진동 운동이 $V=\frac{1}{2}k_f x^2+ax^3$인 형태의 퍼텐셜 에너지로 설명되는 것으로 알려져 있다. 모형 Hamilton 연산자와 섭동을 구하고 보정항 $E^{(1)}$, $E^{(2)}$, $\psi^{(1)}$의 상수 a에 대한 의존성을 예측하시오.

답: $\hat{H}^{(0)}$는 조화 진동자의 것과 같고(토픽 12), $\hat{H}^{(1)}=ax^3$, $E^{(1)}$과 $\psi^{(1)}$은 a에 비례하고, $E^{(2)}$는 a^2에 비례한다.

이 토픽은 식을 유도하는 것으로 꽉 차 있다. 만일 이와 같은 자세한 수준을 요구하지 않고 핵심 결과만을 얻기를 원한다면 계의 바닥 상태에 대해서는 다음과 같다.

• 에너지에 대한 일차 보정은 다음과 같이 주어진다.

$$E_0^{(1)}=\int\psi_0^{(0)*}\hat{H}^{(1)}\psi_0^{(0)}\mathrm{d}\tau \qquad \text{일차 에너지 보정} \qquad (15.4)$$

여기에서 $\psi_0^{(0)}$은 Hamilton 연산자 $\hat{H}^{(0)}$를 갖는 '모형' 계에 대한 바닥 상태의 파동함수이다.

이 식이 어떻게 사용되는가에 대한 설명에 대해서는 예제 15.1을 참조하라. 적분은 기댓값(토픽 7)이며, 이 경우 섭동이 되지 않은 바닥 상태 파동함수를 사용하여 계산된 섭동의 기댓값이다. 따라서 $E_0^{(1)}$은 섭동에 대한 영향의 평균값으로 해석할 수 있다. 하나의 유사한 예로는 작은 추가 길이에 따라 매달려 있을 때 바이올린 줄의 진동 에너지 이동을 들 수 있다. 추가 마디에 가깝게 매달려 있으면 진동 에너지에 거의 영향을 주지 않는다. 그러나 그것들이 최대 진폭의 위치에 매달려 있다면 상당한 영향을 미치게 된다(그림 15.2a). 전체 영향은 모든 추에 대한 것의 평균이다.

• 파동함수에 대한 일차 보정은 다음과 같이 주어진다.

$$\psi_0=\psi_0^{(0)}+\sum_{n\neq0}c_n\psi_n^{(0)} \qquad c_n=\frac{\int\psi_n^{(0)*}\hat{H}^{(1)}\psi_0^{(0)}\mathrm{d}\tau}{E_0^{(0)}-E_n^{(0)}} \qquad \text{파동함수에 대한 일차 보정} \qquad (15.5)$$

여기에서 $\psi_n^{(0)}$과 $E_n^{(0)}$은 각각 모형 계의 고유함수와 고윳값이다.

이 식이 어떻게 사용되는가에 대한 설명에 대해서는 예제 15.2를 참조하라. 이 경우에 파동함수는 섭동에 의해 일그러졌다. 바이올린 줄 예의 관점에서 추는 바이올린 줄의 모양을 일그러뜨렸다.

• 에너지에 대한 이차 보정은 다음과 같이 주어진다.

$$E_0^{(2)}=\sum_{n\neq0}\frac{\left|\int\psi_n^{(0)*}\hat{H}^{(1)}\psi_0^{(0)}\mathrm{d}\tau\right|^2}{E_0^{(0)}-E_n^{(0)}} \qquad \text{이차 에너지 보정} \qquad (15.6)$$

그림 15.2 (a) 에너지에 대한 일차 보정은 섭동이 되지 않은 바닥 상태 파동함수에 대한 섭동의 평균(매달려 있는 추에 의해 나타나는)이다. (b) 이차 보정은 유사한 평균이지만 섭동에 의해 유발된 변형에 대한 것이다.

이 식이 어떻게 사용되는가에 대한 설명에 대해서는 예제 15.3을 참조하라. 보정은 역시 에너지의 일차 보정에 대한 것과 유사한 섭동의 평균으로 표현되지만 이번에는 섭동된 파동함수에 대한 평균이다. 바이올린 예의 관점에서 이제 평균은 바이올린 줄의 변형된 파동 형태에 대하여 취해지며 최소 진폭과 최대 진폭은 약간 이동되게 된다(그림 15.2b).

15.2 에너지에 대한 일차 보정

섭동 이론의 식들은 섭동된 계의 어떠한 상태에도 적용되지만 '모형' 계의 파동함수가 $\psi_0^{(0)}$인 바닥 상태에 주의를 집중하기로 한다. 다음의 **증명**에서 바닥 상태 에너지의 일차 보정이 식 15.4로 주어짐을 보일 것이다.

증명 15.1 에너지에 대한 일차 보정

시간 무관 섭동에 종속되어 있는 계의 바닥 상태 파동함수와 에너지에 대한 보정을 위한 식을 전개하기 위하여 다음과 같이 쓴다.

$$\psi_0 = \psi_0^{(0)} + \lambda\psi_0^{(1)} + \lambda^2\psi_0^{(2)} + \cdots$$

여기에서 λ는 보정 차수의 정보를 얻는 데 도움을 줄 수 있는 명목상의 변수인 더미(임시) 변수이다. 계산의 마지막에 이것은 버린다. 마찬가지로 아래와 같이 표기한다.

$$\hat{H} = \hat{H}^{(0)} + \lambda\hat{H}^{(1)}$$

그리고

$$E_0 = E_0^{(0)} + \lambda E_0^{(1)} + \lambda^2 E_0^{(2)} + \cdots$$

이와 같은 식들을 Schrödinger 방정식, 즉 $\hat{H}\psi = E\psi$에 넣으면 다음 관계식을 얻게 된다.

$$(\hat{H}^{(0)} + \lambda\hat{H}^{(1)})(\psi_0^{(0)} + \lambda\psi_0^{(1)} + \lambda^2\psi_0^{(2)} + \cdots) =$$
$$(E_0^{(0)} + \lambda E_0^{(1)} + \lambda^2 E_0^{(2)} + \cdots)(\psi_0^{(0)} + \lambda\psi_0^{(1)} + \lambda^2\psi_0^{(2)} + \cdots)$$

위 식을 λ의 거듭제곱 형태로 정리하면 다음과 같다.

$$\hat{H}^{(0)}\psi_0^{(0)} + \lambda(\hat{H}^{(1)}\psi_0^{(0)} + \hat{H}^{(1)}\psi_0^{(0)}) + \lambda^2(\hat{H}^{(0)}\psi_0^{(2)} + \hat{H}^{(1)}\psi_0^{(1)}) + \cdots$$
$$= E_0^{(0)}\psi_0^{(0)} + \lambda(E_0^{(0)}\psi_0^{(1)} + E_0^{(1)}\psi_0^{(0)}) + \lambda^2(E_0^{(2)}\psi_0^{(0)} + E_0^{(1)}\psi_0^{(1)} + E_0^{(0)}\psi_0^{(2)}) + \cdots$$

λ의 거듭제곱을 비교함으로써 다음의 관계를 알게 된다.

λ^0의 항: $\hat{H}^{(0)}\psi_0^{(0)} = E_0^{(0)}\psi_0^{(0)}$

λ^1의 항: $\hat{H}^{(1)}\psi_0^{(0)} + \hat{H}^{(0)}\psi_0^{(1)} = E_0^{(0)}\psi_0^{(1)} + E_0^{(1)}\psi_0^{(0)}$

λ^2의 항: $\hat{H}^{(0)}\psi_0^{(2)} + \hat{H}^{(1)}\psi_0^{(1)} = E_0^{(2)}\psi_0^{(0)} + E_0^{(1)}\psi_0^{(1)} + E_0^{(0)}\psi_0^{(2)}$

같은 방식으로 계속된다. 이제 λ는 제 역할을 다하였으므로 버릴 수 있다.

위의 세 식 중 첫 번째는 풀 수 있다고 가정할 수 있는 섭동되지 않은 바닥 상태에 대한 Schrödinger 방정식이다. 두 번째 식(λ^1에 있는 것)을 풀기 위하여 파동함수에 대한 일차 보정을 섭동되지 않은 계의 파동함수들의 선형 결합으로 표시할 수 있다고 가정하면 다음과 같이 나타낼 수 있으며, 여기에서 c_n은 앞으로 결정되어야 할 계수이다.

$$\psi_0^{(1)} = \sum_n c_n \psi_n^{(0)}$$

다음 식과 같은 점에서 $\psi_n^{(0)}$가 완전한 직교 정규화 조합(토픽 7의 식 7.3b)을 이룬다는 사실을 사용함으로써 $E_0^{(1)}$의 항을 분리시킬 수 있다.

$$\int \psi_0^{(0)*}\psi_n^{(0)}\mathrm{d}\tau = \overbrace{\delta_{0n}}^{n=0\text{이면 }1,\ n\neq 0\text{이면 }0}$$

위 식에서 δ_{ij}는 Kronecker 델타(토픽 7)로 $i=j$이면 1이고, $i\neq j$이면 0이다. 따라서 λ^1의 식 전체에 $\psi_0^{(0)*}$를 곱하고 모든 공간에 대하여 적분하면 다음을 얻게 된다.

$$\int \psi_0^{(0)*}\hat{H}^{(1)}\psi_0^{(0)}\mathrm{d}\tau + \sum_n c_n \overbrace{\int \psi_0^{(0)*}\hat{H}^{(0)}\psi_n^{(0)}\mathrm{d}\tau}^{n=0\text{이면 }E_0^{(0)},\ n=0\text{이 아니면 }0}$$
$$= \sum_n c_n E_0^{(0)} \overbrace{\int \psi_0^{(0)*}\psi_n^{(0)}\mathrm{d}\tau}^{\delta_{0n}} + E_0^{(1)} \overbrace{\int \psi_0^{(0)*}\psi_0^{(0)}\mathrm{d}\tau}^{1}$$

위 식의 가운데 두 항은 같으므로 결국 다음과 같은 결과가 된다.

$$\int \psi_0^{(0)*}\hat{H}^{(0)}\psi_0^{(0)}\mathrm{d}\tau = E_0^{(1)}$$

이것이 곧 식 15.4이다.

예제 15.1 에너지에 대한 일차 보정의 산출

1차원 나노입자 속 전자의 퍼텐셜 에너지에 대한 **간단한 예** 15.1에서 설명된 모형을 사용하여 바닥 상태 에너지의 일차 보정을 산출하시오.

방법 일차 섭동 Hamilton 연산자를 결정하고 식 15.4로부터 $E_0^{(1)}$을 계산한다. 1차원 상자 속 입자의 바닥 상태 파동함수는 토픽 9($n=1$에 해당되는)에 주어졌다. **부록**에 수록된 적분 T.3을 사용한다.

풀이 섭동된 Hamilton 연산자는 $\hat{H}^{(1)} = -\varepsilon\ \sin(\pi x/L)$이고, 섭동되지 않은 바닥 상태($n=1$) 파동함수는 $\psi^{(0)} = (2/L)^{1/2}$ $\sin(\pi x/L)$이다. 따라서 파동함수의 일차 보정은 다음과 같다.

$$E^{(1)}=\int_0^L \psi^{(0)}\hat{H}^{(1)}\psi^{(0)}dx=-\frac{2\varepsilon}{L}\overbrace{\int_0^L \sin^3\frac{\pi x}{L}dx}^{4L/3\pi}=-\frac{8\varepsilon}{3\pi}$$

그림 15.1에 나타난 모양으로부터 예상한 바와 같이 에너지는 섭동에 의해 낮아졌다.

자가 진단 15.2 위와 같은 모형에서 $V(x)=-\varepsilon\ \sin^2(\pi x/L)$일 때 바닥 상태의 에너지에 대한 일차 보정을 계산하시오. **부록**에 수록된 적분 T.4를 사용하시오.

답: $E^{(1)}=-\frac{3}{4}\varepsilon$

15.3 파동함수에 대한 일차 보정

섭동으로 인해 일차 보정된 파동함수는 식 15.5에 인용된 식이라는 것을 다음의 **증명**에서 보일 것이다. 파동함수의 일차 보정은 계의 섭동되지 않은 파동함수의 선형 결합이다. 식 15.5는 특별한 상태 $\psi_n{}^{(0)}$이 다음과 같은 특성을 가지고 있음을 나타낸다.

- $\psi_n{}^{(0)*}\hat{H}^{(1)}\psi_0{}^{(0)}d\tau=0$이라면 선형 결합에 아무런 기여를 하지 못한다.
- 작은 에너지 차이 $|E_0{}^{(0)}-E_n{}^{(0)}|$에 커다란 기여를 한다($E_n{}^{(0)}$는 바닥 상태 에너지 $E_0{}^{(0)}$보다 크므로 절댓값을 사용하였다).

물리적 해석

증명 15.2 파동함수의 일차 보정

파동함수의 일차 보정을 구하기 위해 **증명** 15.1의 작업을 계속하여 파동함수의 일차 보정 계수 c_n을 찾는다.

$$\psi_0^{(1)}=\sum_n c_n\psi_n^{(0)}$$

다음과 같은 λ^1의 식(여기에서 다시 쓰면)

$$\hat{H}^{(1)}\psi_0{}^{(0)}+\hat{H}^{(0)}\psi_0{}^{(1)}=E_0{}^{(0)}\psi_0{}^{(1)}+E_0{}^{(1)}\psi_0{}^{(0)}$$

에 $k\neq 0$일 때 $\psi_k{}^{(0)*}$ 전체를 곱하고, 모든 공간에 대해 적분하면 다음과 같다.

$$\int\psi_k^{(0)*}\hat{H}^{(1)}\psi_0^{(0)}d\tau+\overbrace{\sum_n c_n\overbrace{\int\psi_k^{(0)*}\hat{H}^{(0)}\psi_n^{(0)}d\tau}^{n=k\text{이면 }E_k^{(0)},\text{ 그렇지 않으면 }0}}^{c_kE_k^{(0)}}$$

$$=\overbrace{\sum_n c_nE_0^{(0)}\overbrace{\int\psi_k^{(0)*}\psi_n^{(0)}d\tau}^{\delta_{kn}}}^{c_kE_0^{(0)}}+E_0^{(1)}\overbrace{\int\psi_k^{(0)*}\psi_0^{(0)}d\tau}^{0}$$

즉

$$\int\psi_k^{(0)*}\hat{H}^{(1)}\psi_0^{(0)}d\tau+c_kE_k^{(0)}=c_kE_0^{(0)}$$

이고, 이를 다음과 같이 다시 정리할 수 있다.

$$c_k=\frac{\int\psi_k^{(0)*}\hat{H}^{(1)}\psi_0^{(0)}d\tau}{E_0^{(0)}-E_k^{(0)}}$$

이 식은 c_k에 해당되는 것일지라도 모든 계수에 적용된다. 즉 c_n을 구하기 위해서는 필요한 경우마다 단지 첨자 k를 n으로 바꾸면 된다. 이 결과가 바로 식 15.5이다.

예제 15.2 파동함수에 대한 일차 보정의 산출

다시 한번 **간단한 예** 15.1에 설명된 모형을 사용하여 이번에는 바닥 상태 파동함수의 일차 보정에 대한 $n=3$ 상태의 기여를 산출해 보시오.

방법 파동함수에 대한 일차 보정은 식 15.5의 합으로 나타낸다. 상자 속 입자의 바닥 상태 파동함수는 (식 15.5에서는 $\psi_0{}^{(0)}$로 표기된) ψ_1이고 ψ_3의 기여 부분을 찾는 것이다. 상자 속 입자의 파동함수와 에너지는 토픽 9에 주어졌다. 모든 파동함수는 실수이며, 따라서 * 부호는 무시해도 된다. **부록**에 수록된 적분 T.6을 사용한다.

풀이 $n=3$ 상태가 파동함수 일차 보정에 기여하는 것은 다음으로 표현된 계수에 의해 주어진다.

$$c_3=\frac{\int\psi_3\hat{H}^{(1)}\psi_1d\tau}{E_1-E_3}$$

상자 속 입자(전자)의 에너지는 $E_n=n^2h^2/8m_eL^2$이며, 따라서 분수의 분모는 $E_1-E_3=-h^2/m_eL^2$가 되고, 분수의 분자는 다음과 같이 계산된다.

$$\int\psi_3\hat{H}^{(1)}\psi_1d\tau$$

$$=\int_0^L\overbrace{\left(\frac{2}{L}\right)^{1/2}\sin\left(\frac{3\pi x}{L}\right)}^{\psi_3}\times\overbrace{\left\{-\varepsilon\sin\left(\frac{\pi x}{L}\right)\right\}}^{\hat{H}^{(1)}}\overbrace{\left(\frac{2}{L}\right)^{1/2}\sin\left(\frac{\pi x}{L}\right)}^{\psi_1}dx$$

$$=-\frac{2\varepsilon}{L}\int_0^L\sin\left(\frac{3\pi x}{L}\right)\sin^2\left(\frac{\pi x}{L}\right)dx$$

$$\overset{\text{적분 T.6}}{=}\left(-\frac{2\varepsilon}{L}\right)\times\left(-\frac{L}{2\pi}\right)\left\{\frac{1}{3}-\frac{1}{2(3+2)}-\frac{1}{2(3-2)}\right\}\{(-1)^3-1\}$$

$$=\frac{8\varepsilon}{15\pi}$$

따라서 $n=3$인 상태로부터의 기여는 다음과 같고

$$c_3 = \frac{8\varepsilon/15\pi}{-h^2/m_e L^2} = -\frac{8\varepsilon m_e L^2}{15\pi h^2}$$

보정된 바닥 상태의 파동함수는 다음과 같다.

$$\psi_1 = \left(\frac{2}{L}\right)^{1/2} \sin\left(\frac{\pi x}{L}\right) - \frac{8\varepsilon m_e L^2}{15\pi h^2}\left(\frac{2}{L}\right)^{1/2} \sin\left(\frac{3\pi x}{L}\right)$$

이는 그림 15.3에 나타난 바와 같이 우물의 중간에 진폭이 더 크게 모여 있는 것과 일치하게 된다. n이 홀수가 아닌 한, 적분 $\int \psi_n \hat{H}^{(1)} \psi_1 \mathrm{d}\tau$은 사라지게 되어 짝수 n의 기여는 없음에 주목해야 한다.

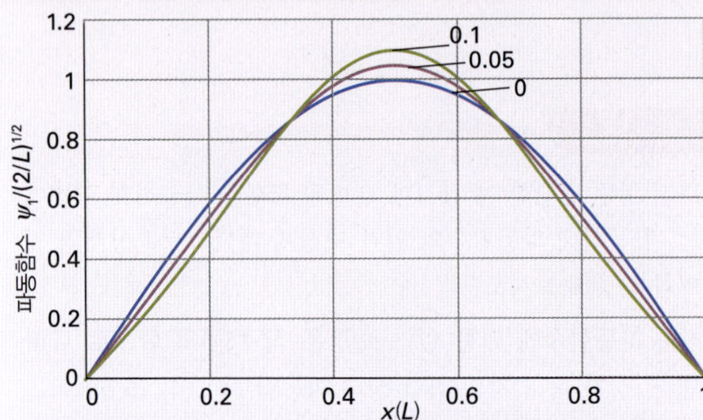

그림 15.3 $8\varepsilon m_e L^2/15\pi h^2$의 다른 값에 대하여 예제 15.2에서 산출된 것으로서 일차 보정된 바닥 상태의 파동함수. 섭동이 증가함에 따라 우물의 중간에 계속해서 진폭이 더 크게 모여 있는 것에 주목하라.

자가 진단 15.3 위와 같은 모형을 사용하여 바닥 상태 파동함수의 일차 보정에 대한 $n=5$ 상태의 기여를 계산하시오.

답: $c_5 = -8\varepsilon m_e L^2/315\pi h^2$

15.4 에너지에 대한 이차 보정

다음의 **증명** 15.3에서 유도될 에너지에 대한 이차 보정(식 15.6)은 오히려 더욱 복잡하지만, 다음 세 가지로 중요한 특성을 기술할 수 있다.

물리적 해석

- $E_n^{(0)} > E_0^{(0)}$이기 때문에 분수에서 분모의 모든 항은 음의 값이고, 분자는 모두 양의 값이므로 $E_0^{(2)}$는 음의 값이다. 즉 일차 보정에서는 꼭 그럴 필요가 없지만 이차 에너지 보정은 항상 바닥 상태 에너지를 낮추게 한다.
- 섭동은 분자에 나타나게 되고(제곱으로서), 따라서 섭동이 강해지면 바닥 상태 에너지의 낮아짐이 더 커지게 된다.
- 계의 에너지 준위가 넓게 퍼지게 되면 모든 분모가 커지게 되고 따라서 그 합은 작아지기 쉽다. 이 경우에 섭동은 계의 에너지에 대한 이차 보정이 거의 영향을 받지 않게 되어 계는 '단단(stiff)'하며 섭동에 반응하지 않게 된다. 에너지 준위가 서로 가깝게 놓여 있을 때 반대의 논리도 사실이다.

증명 15.3 에너지에 대한 이차 보정

이전 두 개의 **증명**을 계속하여 다루어 보자. 이차 에너지 보정 $E_0^{(2)}$을 분리하기 위하여 다음 식(λ^2 항인)

$$\hat{H}^{(0)}\psi_0^{(2)} + \hat{H}^{(1)}\psi_0^{(1)} = E_0^{(2)}\psi_0^{(0)} + E_0^{(1)}\psi_0^{(1)} + E_0^{(0)}\psi_0^{(2)}$$

양변에 $\psi_0^{(0)*}$를 곱하고 모든 공간에 대하여 적분을 하면 다음의 관계식을 얻는다.

$$\overbrace{\int \psi_0^{(0)*}\hat{H}^{(0)}\psi_0^{(2)}\mathrm{d}\tau}^{E_0^{(0)}\int \psi_0^{(0)*}\psi_0^{(2)}\mathrm{d}\tau} + \int \psi_0^{(0)*}\hat{H}^{(1)}\psi_0^{(1)}\mathrm{d}\tau$$

$$= E_0^{(2)}\overbrace{\int \psi_0^{(0)*}\psi_0^{(0)}\mathrm{d}\tau}^{1} + E_0^{(1)}\int \psi_0^{(0)*}\psi_0^{(1)}\mathrm{d}\tau + E_0^{(0)}\int \psi_0^{(0)*}\psi_0^{(2)}\mathrm{d}\tau$$

첫 번째 항에서는 $\hat{H}^{(0)}$의 에르미트성을 사용하였다. 첫 번째와 마지막 항은 상쇄되어 다음과 같이 남게 된다.

$$E_0^{(2)} = \int \psi_0^{(0)*}\hat{H}^{(1)}\psi_0^{(1)}\mathrm{d}\tau - E_0^{(1)}\int \psi_0^{(0)*}\psi_0^{(1)}\mathrm{d}\tau$$

에너지와 파동함수에 대한 일차 보정은 이미 알아냈으므로(식 15.4와 15.5) 결국 이 식은 에너지의 이차 보정에 대한 명확한 식으로 간주될 수 있다. 그러나 $\psi_0^{(1)} = \sum_n c_n \psi_n^{(0)}$으로 치환함으로써 한 단계 더 나아갈 수 있어 다음과 같이 된다.

$$E_0^{(2)} = \sum_n c_n \int \psi_0^{(0)*}\hat{H}^{(1)}\psi_n^{(0)}\mathrm{d}\tau - \overbrace{\sum_n c_n E_0^{(1)} \overbrace{\int \psi_0^{(0)*}\psi_n^{(0)}\mathrm{d}\tau}^{\delta_{0n}}}^{c_0 E_0^{(1)}}$$

마지막 항은 합에서 $n=0$ 항이 지워지게 되어 다음의 식이 남게 된다.

$$E_0^{(2)} = \sum_{n\neq 0} c_n \int \psi_0^{(0)*}\hat{H}^{(1)}\psi_n^{(0)}\mathrm{d}\tau$$

c_n에 대한 식(**증명** 15.2 참조)을 치환하면 최종 결과인 식 15.6이 만들어진다.

예제 15.3 에너지에 대한 이차 보정의 산출

이전 예제의 모형을 계속 사용하여 바닥 상태 에너지의 이차 보정에 대한 $n=3$ 상태의 기여를 계산해 보시오.

방법 파동함수에 대한 이차 보정은 식 15.6에 주어졌다. 상자 속 입자의 바닥 상태(식 15.6에서 $\psi_0^{(0)}$로 표기된)는 ψ_1이고 ψ_3의 기여 부분을 찾는 것이다. 필요한 모든 적분은 예제 15.2에서 계산되었다.

풀이 예제 15.2의 결과를 사용하면 다음의 관계가 주어진다.

$$\frac{\left|\int \psi_3 \hat{H}^{(1)} \psi_1 \mathrm{d}\tau\right|^2}{E_1 - E_3} = \frac{(8\varepsilon/15\pi)^2}{-h^2/m_e L^2} = -\frac{64\varepsilon^2 m_e L^2}{225\pi^2 h^2}$$

이것은 섭동에 의해 에너지가 낮아짐에 해당되는 것이다. 이제 에너지에 대한 일차 및 이차 보정을 합치면 섭동된 바닥 상태의 에너지를 다음과 같이 쓸 수 있다.

$$E_0 = \frac{h^2}{8m_e L^2} - \frac{8\varepsilon}{3\pi} - \frac{64\varepsilon^2 m_e L^2}{225\pi^2 h^2}$$

자가 진단 15.4 위의 방법에서 바닥 상태 에너지의 이차 보정에 대한 $n = 5$ 상태의 기여를 계산하시오.

답: $-64\varepsilon^2 m_e L^2/33075\pi^2 h^2$

개념 확인

□ 1. **섭동 이론**에서 문제에 대한 Hamilton 연산자는 Schrödinger 방정식을 완전하게 풀 수 있는 단순한 모형 Hamilton 연산자와, 실제 및 모형 Hamilton 연산자 사이의 차이인 '섭동'의 두 개로 분리된다.

□ 2. **시간 무관 섭동 이론**에서 섭동은 시간에 따라 변하지 않는다.

□ 3. **에너지에 대한 일차 섭동**은 섭동 영향의 평균값으로 해석될 수 있다.

□ 4. 섭동되지 않은 상태는 바닥 상태 파동함수의 일차 보정에 커다란 기여를 하여 섭동되지 않은 바닥 상태 에너지와 섭동된 에너지의 차를 작게 만든다.

□ 5. **에너지에 대한 이차 섭동**은 섭동된 파동함수에 걸친 섭동의 평균이다.

□ 6. 이차 에너지 보정은 항상 바닥 상태 에너지를 낮추게 한다.

□ 7. 섭동이 강해지고 섭동되지 않은 계의 에너지 준위 간격이 작아질수록 바닥 상태 에너지의 낮아짐이 더 커지게 된다.

식 확인

성질	식	비고	식 번호
Hamilton 연산자의 분리	$\hat{H} = \hat{H}^{(0)} + \hat{H}^{(1)}$	$\hat{H}^{(1)}$은 섭동	15.1
에너지의 확장	$E = E^{(0)} + E^{(1)} + E^{(2)} + \ldots$	$E^{(N)}$은 N차 에너지 보정	15.2
파동함수의 확장	$\psi = \psi^{(0)} + \psi^{(1)} + \psi^{(2)} + \ldots$	$\psi^{(N)}$은 파동함수에 대한 N차 에너지 보정	15.3
일차 에너지 보정	$E_0^{(1)} = \int \psi_0^{(0)*} \hat{H}^{(1)} \psi_0^{(0)} \mathrm{d}\tau$	바닥 상태 에너지	15.4
일차 보정된 파동함수	$\psi_0 = \psi_0^{(0)} + \sum_{n\neq 0} c_n \psi_n^{(0)}$ $c_n = \left(\int \psi_n^{(0)*} \hat{H}^{(1)} \psi_0^{(0)} \mathrm{d}\tau\right) / \left(E_0^{(0)} - E_n^{(0)}\right)$	바닥 상태	15.5
이차 에너지 보정	$E_0^{(2)} = \sum_{n\neq 0} \left|\int \psi_n^{(0)*} \hat{H}^{(1)} \psi_0^{(0)} \mathrm{d}\tau\right|^2 / \left(E_0^{(0)} - E_n^{(0)}\right)$	바닥 상태 에너지	15.6

토픽 16

전이

내용

➤ 학습 목표

물질의 구조를 탐구하는 가장 중요한 방법 중의 하나는 분광학이며, 분광학에서는 분자에 의해서 흡수되거나, 방출되거나, 산란되는 복사선이 분석된다. 관계되는 과정을 이해하기 위해서 진동하는 전자기장이나 충돌의 영향과 같은 여러 가지 섭동에 노출되게 되었을 때 파동함수가 어떻게 변하는지를 알 필요가 있다.

➤ 핵심 내용

선택 규칙은 전이 속도에 대한 식의 분석으로부터 얻어지며, 이것은 섭동 세기의 제곱에 비례한다.

➤ 미리 알기

섭동 이론의 기본 개념(토픽 15)뿐만 아니라 양자 역학의 일반 원리(토픽 5~7)와 Schrödinger 방정식에 익숙해져야 한다. 한 예로 조화 진동자에 대한 정보(토픽 12)를 이용하는 것이다.

Hamilton 연산자에 나타나는 퍼텐셜 에너지가 시간에 무관할 때 파동함수는 시간 무관 Schrödinger 방정식의 해이다(토픽 6). 그러나 그것은 시간에 따라 변하지 않는다는 것을 뜻하는 것은 아니다. 실제로 파동함수 $\psi(\boldsymbol{r})$에 해당하는 에너지가 E라면 시간 의존 파동함수는

$$\psi(\boldsymbol{r},t)=\psi(\mathbf{r})\mathrm{e}^{-\mathrm{i}Et/\hbar} \quad \text{정류 상태 파동함수} \quad (16.1)$$

이며 $\mathrm{e}^{-\mathrm{i}Et/\hbar}=\mathrm{e}^{-\mathrm{i}(E/\hbar)t}=\cos(Et/\hbar)-\mathrm{i}\,\sin(Et/\hbar)$ (Euler 공식, **수학적 배경** 3)이기 때문에 시간 의존 파동함수는 시간에 따라 진동하며, 이때 진동수는 $E/\hbar$이다. 파동함수가 진동할지라도 이것이 나타내는 물리적 측정 가능 변수인 확률 밀도는 다음과 같이 시간과 무관하게 된다.

$$\Psi(\boldsymbol{r},t)^{*}\psi(\boldsymbol{r},t)=(\Psi(\boldsymbol{r})^{*}\mathrm{e}^{\mathrm{i}Et/\hbar})(\psi(\boldsymbol{r})\mathrm{e}^{-\mathrm{i}Et/\hbar})=\psi(\boldsymbol{r})^{*}\psi(\boldsymbol{r})$$

이와 같은 이유로 $\Psi(\boldsymbol{r},t)$는 확률 밀도가 시간에 따라 계속해서 변하지 않는 상태인 **정류 상태(stationary state)**를 설명하는 것이다.

퍼텐셜 에너지가 시간에 따라 변하는 경우에 물질은 매우 다르게 된다. 이것은 원자나 분자가 전자기장에 노출되어 있는 경우와 마찬가지로 외부의 영향, 즉 섭동이 켜져 있거나, 항상 존재하지만 시간에 따라 변하는 것 중 하나의 이유 때문이다. 이때 상태들은 더 이상 정지되어 있는 것이 아니며 분자는 한 상태에서 다른 상태로 강요될 수 있다. 이것이 상태의 변화인 **전이(transition)**이며 시간 의존 섭동의 존재하에서 일어난다.

시간 의존 섭동 이론은 전이가 일어날 수 있는 조건을 확인하게 하고 그들의 속도에 대한 식을 개발할 수 있게 함으로써 상태 사이에서의 전이를 분석하는 방법을 제공한다. 그 결과 이 토픽에서의 논의는 시간 의존 섭동 이론으로 시작하여 가장 중요한 응용의 하나인 전자기 복사선의 흡수와 방출에 관한 탐구의 입문에 대한 설명으로 연결된다. 이 주제는 원자와 분자 스펙트럼의 자세한 설명에 근본이 되는 것이다.

16.1 시간 의존 섭동 이론

시간 의존 섭동이 존재할 때의 결과를 예측하기 위해서 다음과 같은 **시간 의존 Schrödinger 방정식**(**time-dependent Schrödinger equation**)을 풀어야 한다.

$$\hat{H}(t)\Psi(\boldsymbol{r},t)=\mathrm{i}\hbar\frac{\partial\Psi(\boldsymbol{r},t)}{\partial t}$$ 시간 의존 Schrödinger 방정식 (16.2)

(a) 일반적인 방법

토픽 15에서와 같이 근사적인 해를 구하기 위하여 섭동 방법을 사용하고 Hamilton 연산자를 풀 수 있는 부분과 섭동된 부분으로 단순하게 분리할 수 있다는 가정으로 시작하여, 이제는 다음과 같이 시간에 의존하는 것으로 택하여 보자.

$$\hat{H}=\hat{H}^{(0)}+\hat{H}^{(1)}(t)$$ (16.3a)

예를 들어 분자가 진동수가 ω이고 z축에 평행한 크기 $\mathcal{E}$의 전자기장에 드러나 있다면 섭동은 아래와 같이 주어진다.

$$\hat{H}^{(1)}(t)=-\hat{\mu}_z\mathcal{E}\cos\omega t$$ 진동하는 전기장 시간 의존 섭동 (16.3b)

여기에서 $\hat{\mu}_z$는 **쌍극자 모멘트 연산자**(**dipole moment operator**) $\hat{\mu}$의 z 성분이고 z에 비례한다. 기초를 이루는 고전적 아이디어는 전자기장과 상호 작용할 수 있고 특정한 진동수의 광자를 흡수하거나 방출할 수 있는 원자나 분자의 경우, 최소한 순간적일지라도 해당하는 진동수에서 진동하는 쌍극자를 가져야 한다.

시간 의존 섭동 이론의 경우에서와 같이 식 16.2의 해는 섭동되지 않은 Hamilton 연산자의 고유 함수의 선형 결합으로 표현될 수 있으며 단지 차이는 계수가 시간에 따라 변할 수 있도록 허용하는 것이다. 예로서 수소 원자의 전자가 처음에 1s 오비탈에 있더라도 시간이 지남에 따라 2p 오비탈에서 발견될 확률이 증가하고, 따라서 그 오비탈의 계수는 시간에 따라 커지는 반면에 1s 오비탈의 계수는 감소한다. 일반적으로 다음과 같이 쓴다.

$$\Psi(\boldsymbol{r},t)=\sum_n c_n(t)\Psi_n^{(0)}(\boldsymbol{r},t)=\sum_n c_n(t)\psi_n^{(0)}(\boldsymbol{r})\mathrm{e}^{-\mathrm{i}E_n^{(0)}t/\hbar}$$

여기에서 의례히 $\psi_n^{(0)}(\boldsymbol{r})$는 $\hat{H}^{(0)}$의 고유 함수이고 $E_n^{(0)}$는 그들의 에너지이다.

계수들에 대한 구체적인 표현을 찾아내는 것은 도전이다. 여기에서 자세한 것은[1] 언급하지 않지만 섭동의 일차 효과에 한정한다면 $\psi_0^{(0)}(\boldsymbol{r})$로 취한 초기에 점유한 파동함수(예를 들면 직전의 예에서 1s 오비탈)를 제외한 나머지 모든 파동함수의 계수는 다음의 식으로 주어진다는 것이 결국 드러나게 된다.

$$c_n(t)=\frac{1}{\mathrm{i}\hbar}\int_0^t H_{n0}^{(1)}(t)\mathrm{e}^{\mathrm{i}\omega_{n0}t}\mathrm{d}t$$ 일차 시간 의존 섭동 이론 초기에 점유되지 않은 상태 n의 계수 (16.4a)

여기에서

$$H_{n0}^{(1)}(t)=\int\psi_n^{(0)*}\hat{H}^{(1)}(t)\psi_0^{(0)}\mathrm{d}\tau$$ (16.4b)

섭동이 $t=0$에서 가해졌다고 가정하였으며 $\omega_{n0}=(E_n^{(0)}-E_0^{(0)})/\hbar$라고 표기하였다. 따라서 해야 할 필요가 있는 모든 것은 섭동의 형태를 도입하고, 하나는 모든 공간에 대하여(식 16.4b에 있는), 그리고 나머지는 모든 시간에 대하여(결과를 식 16.4a로 치환한 후에) 이들 적분을 계산하는 것이다.

갑자기 적용되는 섭동은 충격과 같은 것으로서 계를 다양한 상태로 때리는 것을 예상할 수 있다. 한편 천천히 가하여 차차 커져서 최종의 값에 도달하는 것은 덜 격렬한 효과를 만들며, 작동이 시작된 한참 후에는, 섭동이 항상 존재할 때 시간 무관 섭동 이론으로부터 얻어진 것과 동일한 결과를 주게 된다. 진동하는 섭동이 천천히 작동되는 것의 가장 좋은 것으로서 자주 취급되지만, 수학적으로 취급하기 어려운 순간적인 반응은 섭동의 갑작스러운 작용으로서 소개할 것이다.

예제 16.1 천천히 작동되는 섭동에 대한 시간 의존 섭동 이론의 사용

천천히 작동되는 경우를 조사하기 위하여 시간 상수인 τ_0이 매우 긴 경우(그림 16.1), $\hat{H}^{(1)}(t)=\hat{H}^{(1)}(1-\mathrm{e}^{-t/\tau_0})$로 쓰자. 시간이 $t\gg\tau_0$이면 (섭동이 일정한 값인 $\hat{H}^{(1)}$에 도달할 때), 계수 $c_n(t)$의 제곱 계수는 시간 무관 섭동 이론(토픽 15)으로 얻어진 것과 같음을 증명하시오.

방법 식 16.4를 사용하여 $c_n(t)$를 계산하고 이것의 제곱 계수를 시간 무관 섭동 이론으로부터의 식 15.5의 것과 비교한다. 부피 인자인 $\mathrm{d}\tau$에서 τ와의 혼동을 피하기 위해서 시간 상수로서 τ_0를 사용한다.

[1] 해에 대한 완전한 설명을 위해서는 *Molecular quantum mechanics*, Oxford University Press (2011)을 참조할 것.

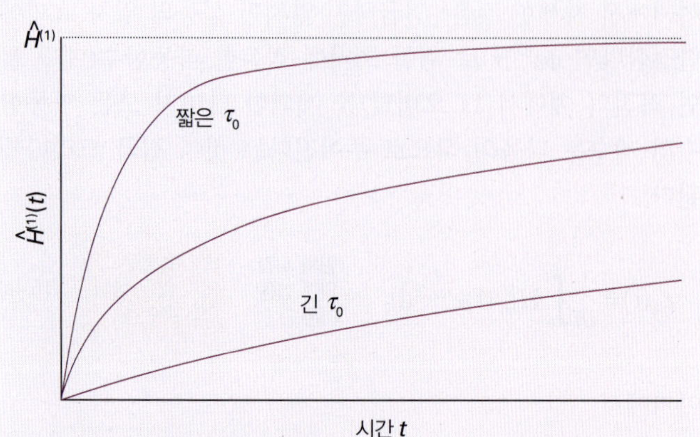

그림 16.1 천천히 작용하는 섭동의 시간 의존성. 큰 값의 τ_0는 매우 천천히 작동되는 것에 해당한다.

풀이 $\hat{H}^{(1)}(t) = \hat{H}^{(1)}(1-e^{-t/\tau_0})$을 식 16.4b에 대입하면 다음 식이 주어진다.

$$H_{n0}^{(1)}(t) = \int \psi_n^{(0)*}\hat{H}^{(1)}(1-e^{-t/\tau_0})\psi_0^{(0)}d\tau$$
$$= (1-e^{-t/\tau_0})\overbrace{\int \psi_n^{(0)*}\hat{H}^{(1)}\psi_0^{(0)}d\tau}^{H_{n0}^{(1)}}$$
$$= (1-e^{-t/\tau_0})H_{n0}^{(1)}$$

$H_{n0}{}^{(0)}$가 시간과 무관하다는 것을 인식하고 이제 이 식을 식 16.4a에 대입하면 다음과 같게 된다.

$$c_n(t) = \frac{H_{n0}^{(1)}}{i\hbar}\int_0^t (1-e^{-t/\tau_0})e^{i\omega_{n0}t}dt$$
$$= \frac{H_{n0}^{(1)}}{i\hbar}\int_0^t (e^{i\omega_{n0}t} - e^{-(1/\tau_0 - i\omega_{n0})t})dt$$

그리고 다음 식들을 사용한다.

$$\int_0^t e^{i\omega_{n0}t}dt = \frac{e^{i\omega_{n0}t}-1}{i\omega_{n0}}, \qquad \int_0^t e^{-(1/\tau_0 - i\omega_{n0})t}dt = -\frac{e^{-(1/\tau_0 - i\omega_{n0})t}-1}{1/\tau_0 - i\omega_{n0}}$$

이 시점에서 섭동이 천천히 작용된다고 가정하면 $\tau_0 \gg 1/\omega_{n0}$인 점에서 두 번째 분모의 $1/\tau_0$(파란색)는 무시할 수 있다. $\tau_0 \gg 1/\omega_{n0}$라는 가정은 '천천히'라는 것의 양적인 기준을 제공함을 주의하라. 또한 섭동이 최종값에 도달하여 정착하게 되는 긴 시간이 지난 후의 계수에 관심이 있다고 가정하면, 즉 $t \gg \tau_0$이면 두 번째 분자의 지수함수(파란색)는 0에 가깝게 되면 무시할 수 있게 된다. 이와 같은 조건에서 계수는 다음과 같다.

$$c_n(t) = -\frac{e^{i\omega_{n0}t}}{\hbar\omega_{n0}}H_{n0}^{(1)}$$

이제 $\hbar\omega_{n0} = E_n{}^{(0)} - E_0{}^{(0)}$를 상기하면 다음 식을 얻게 된다.

$$c_n(t) = -\frac{e^{i\omega_{n0}t}H_{n0}^{(1)}}{E_n^{(0)} - E_0^{(0)}}$$

c_n의 제곱 계수를 만들면 인자 $e^{i\omega_{n0}t}$는 사라지게 되고(이것의 제곱 계수는 1이다) 식 15.5에서 계수의 제곱 계수와 일치하는 결과를 얻게 된다.

자가 진단 16.1 만일 계가 진동하는 섭동 $\hat{H}^{(1)}(t) = 2\hat{H}^{(1)}\cos\omega t = \hat{H}^{(1)}(e^{i\omega t}+e^{-i\omega t})$에 노출되어 있다면 $c_n(t)$의 형태는 무엇인가?

답: $(1/i\hbar)H_{n0}{}^{(1)}\{(e^{i(\omega_{n0}+\omega)t}-1)/[i(\omega_{n0}+\omega)]+(e^{i(\omega_{n0}-\omega)t}-1)/[i(\omega_{n0}-\omega)]\}$

시간 t에서 섭동이 초기 상태 $\psi_0{}^{(0)}$에서 $\psi_n{}^{(0)}$ 상태로 전이를 유발할 때의 확률은 다음으로 주어진다.

$$P_n(t) = |c_n(t)|^2 \qquad \text{전이 확률} \qquad (16.5)$$

전이 속도(transition rate) w는 초기 상태 $\psi_0{}^{(0)}$로부터 전이에 기인하여 최종 상태 $\psi_n{}^{(0)}$로 될 때의 확률 변화의 속도이며 다음과 같다.

$$w_n(t) = \frac{dP_n}{dt} \qquad \text{전이 속도} \qquad (16.6)$$

이제 확률 속도와 섭동의 세기 사이의 중요한 관계식을 전개할 수 있다. 다음과 같은 형태의 시간 의존 섭동을 생각해 보자.

$$\hat{H}^{(1)}(t) = \hat{H}^{(1)}f(t)$$

여기에서 예제 16.1의 특별한 경우에 설명하였던 것과 또한 식 16.3b의 섭동에 대하여 보았던 것과 같이 모든 시간 의존 항은 $f(t)$에 포함되어 있으며, $\hat{H}^{(1)} = -\hat{\mu}_z\mathcal{E}$이고 $f(t) = \cos\omega t$이다. 확률 P_n은 상태의 계수(식 16.5) c_n의 제곱 계수에 비례하고 계수 자체는 섭동의 크기(식 16.4)에 비례하기 때문에, 시간 도함수인 전이 속도는 섭동 크기의 제곱 계수에 비례하게 된다.

$$w_n(t) \propto |H_{n0}^{(1)}|^2 = \left|\int \psi_n^{(0)*}\hat{H}^{(1)}\psi_0^{(0)}d\tau\right|^2 \quad \text{진동하는 전기장} \qquad \text{전이 속도} \qquad (16.7)$$

(b) 진동하는 섭동과 분광학적 전이

섭동이 식 16.3b에 주어진 형태를 가질 때 전이 속도는 다음의 형태가 된다.

$$w_n(t) \propto \mathcal{E}^2\left|\int \psi_n^{(0)*}\hat{\mu}_z\psi_0^{(0)}d\tau\right|^2 \qquad \text{전이 속도} \qquad (16.8a)$$

이것은 다음 형태의 인자를 갖는다.

$$\mu_{z,n0} = \int \psi_n^{(0)*} \hat{\mu}_z \psi_0^{(0)} \mathrm{d}z \qquad (16.8b)$$

전이 쌍극자 모멘트 (z 성분)

이러한 적분을 **전이 쌍극자 모멘트**(**transition dipole moment**)라고 한다. 이것은 초기 상태에서 최종 상태로 전하가 이동하는 것과 연관된 전기 쌍극자 모멘트의 척도이다. 전이 쌍극자의 크기는 전이에 따라 수반되는 전하 재분포의 척도로 간주될 수 있다. 즉 수반되는 전하의 재분포가 쌍극일 때만 전이가 활성이다(광자를 발생하거나 흡수한다). 분명하게도 이와 같은 쌍극자 모멘트가 없을 때에는 $w_n = 0$이며 전이가 일어나지 않는다. 전이 쌍극자 모멘트가 0이 아니라면 $w_n \neq 0$이 되어 n으로의 전이가 일어난다고 결론지을 수 있다. 전이 쌍극자 모멘트가 0이라면 전이는 **금지**(**forbidden**)**되고**, 전이 쌍극자 모멘트의 어느 한 성분(가장 일반적인 경우에는 성분 $\mu_{x,n0}$와 $\mu_{y,n0}$가 또한 있다)이 0이 아니면 전이는 **허용된다**.

지금까지의 논의를 요약하기 위하여 식 16.8을 다음과 같이 해석한다. **전이에서 복사선을 흡수하거나 방출하는 세기는 전이 속도에 비례하며, 전이 쌍극자 모멘트의 제곱 계수에 비례한다**. 전이 쌍극자 모멘트에 대한 자세한 연구는 양자수 변화의 항으로 허용되는 전이를 표현하는 **특정 선택 규칙**(**specific selection rule**)에 이르게 한다. **총 선택 규칙**(**gross selection rule**)은 분자가 가질 것으로 예상되는 종류의 스펙트럼을 반드시 가져야 한다는 일반적인 성질을 나타낸다. 선택 규칙, 그리고 다른 형태의 전이에 대하여 이것과 비슷한 것은 관계되는 토픽(예를 들어 토픽 42~44 참조)에서 설명된다.

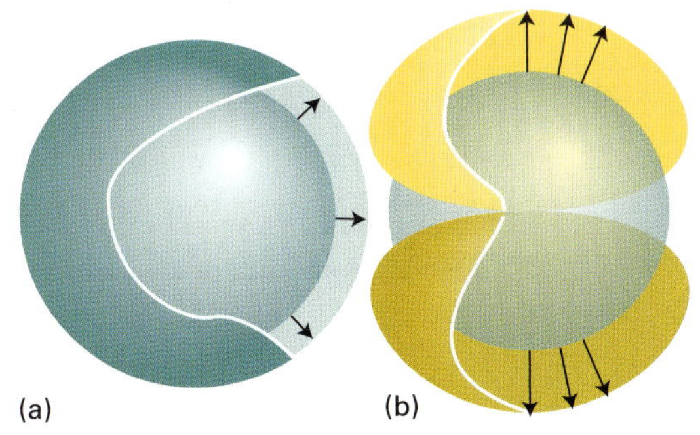

그림 16.2 (a) 1s 전자가 2s 전자로 전이하게 되면 전하의 구형 이동이 생기게 된다. 이 전하 이동과 연관된 쌍극자 모멘트는 없으며, 따라서 이와 같은 전이는 전기 쌍극자가 금지된 전이이다. (b) 반대로 1s 전자가 2p 전자로 되면, 전하 이동과 관련된 쌍극자가 존재하게 되어 이 전이는 허용된다.

예제 16.2 조화 진동자의 분광학적 전이의 분석

수소 원자가 금 나노입자의 표면에 흡착되어 표면에 수직인 조화 운동을 한다고 가정하자. 전자기 복사선을 흡수하여 진동자의 진동 바닥 상태에서 첫 번째 들뜬 진동 상태로 전이가 일어날 수 있겠는가?

방법 조화 진동자 파동함수는 토픽 12에 주어졌으며 평형 위치로부터 진동자의 변위 z에 의존한다. 표면에 수직인 축(즉 z축)을 따르는 전자기 복사선의 성분을 생각해 보자. 만일 전이 쌍극자 모멘트 $\int \psi_1^{(0)*} \mu_z \psi_0^{(0)} \mathrm{d}z$이 0이 아니라면 계산을 진행하고 이 경우 $\mu_z \propto z$이다. **부록**에 수록된 적분 G.3을 이용한다.

풀이 바닥 상태와 첫 번째 들뜬 상태 조화 진동자의 파동함수는 실수 함수이며 다음과 같다.

$$\psi_0^{(0)} = N_0 \mathrm{e}^{-z^2/2\alpha^2} \qquad \psi_1^{(0)} = N_1 \left(\frac{2}{\alpha}\right) z \mathrm{e}^{-z^2/2\alpha^2}$$

여기에서 N_0와 N_1은 정규화 상수이고 μ와 k_f가 각각 진동자의 유효 질량과 힘상수일 때 $\alpha = (\hbar^2/\mu k_f)^{1/4}$이다. 따라서 전이 쌍극자 모멘트는 다음과 같다.

$$\mu_{z,10} \propto \int_{-\infty}^{\infty} \psi_1^{(0)} z \psi_0^{(0)} \mathrm{d}z = \frac{2N_0N_1}{\alpha} \int_{-\infty}^{\infty} z^2 \mathrm{e}^{-z^2/\alpha^2} \mathrm{d}z$$

$$= \frac{4N_0N_1}{\alpha} \int_0^{\infty} z^2 \mathrm{e}^{-z^2/\alpha^2} \mathrm{d}z \overset{\text{적분 G.3}}{=} N_0 N_1 \alpha^2 \pi^{1/2}$$

적분 값은 0이 아니기 때문에 분광학적인 전이는 허용된다.

자가 진단 16.2 전자기 복사선을 흡수하여 조화 진동자의 바닥 상태에서 두 번째 들뜬 진동 상태로 전이가 일어날 수 있겠는가? (**힌트**: 전이 쌍극자 모멘트에서 피적분함수의 대칭을 생각하라.)

답: 아니오. 피적분함수 $\psi_2^{(0)} z \psi_0^{(0)}$는 z에 대한 기함수이다.

(c) 시간 변화 상태의 에너지

시간에 따라 변하는 상태(정류 상태가 아닌)의 에너지는 정확하게 정할 수 없다. 왜 이렇게 되는가를 알기 위하여 다음의 형태로 주어지는 파동함수를 고려해 보자.

$$\Psi(\boldsymbol{r},t) = \psi(\boldsymbol{r}) \mathrm{e}^{-\mathrm{i}Et/\hbar} \times \mathrm{e}^{-t/2\tau}$$

따라서 파동함수는 진동하고 쇠퇴하며 확률 밀도는 시간 상수 τ에 따라 지수적으로 감쇠한다. 지수함수는 사인 함수와 코사인 함수의 중첩, 즉 넓은 범위의 ε값을 갖는 $\mathrm{e}^{-\mathrm{i}\varepsilon t/\hbar}$ 꼴 함수의 중첩으로 표현될 수 있다. 따라서 감쇠함수는 다음의

형태를 갖게 된다.

$$\Psi(\boldsymbol{r},t)=\psi(\boldsymbol{r})\sum_{\varepsilon}c_{\varepsilon}e^{-i(E+\varepsilon)t/\hbar}$$

에너지 $E+\varepsilon$가 측정되는 확률은 $|c_{\varepsilon}|^2$에 비례하며, 감쇠하는 상태의 에너지가 E라는 확신을 갖고 말할 수 있는 가능성이 더 이상 없게 된다. 정말로, 상태의 **수명**(**lifetime**)인 시간 상수 τ가 짧을수록 그림 16.3에 나타낸 바와 같이 반드시 합에 포함되어야 하는 에너지의 퍼짐이 더 넓어지게 된다. 이 그림에서는 다양한 감쇠 속도를 갖는 감쇠하는 지수함수가 어떻게 코사인 함수의 중첩으로 표현될 수 있는가를 나타내고 있다. 수명과 에너지의 퍼짐인 ΔE 사이의 관계는 다음 식에 요약되어 있다.

$$\Delta E \approx \frac{\hbar}{\tau} \qquad \text{에너지-시간 불확정성} \qquad (16.9)$$

이 식은 Heisenberg 불확정성 원리(토픽 8)를 연상시키는 것으로 결과적으로는 '에너지-시간 불확정성 원리'라고 자주 언급된다. 그러나 이의 유도는 매우 다르며, 더 나은 용어로 단순히 **에너지-시간 불확정성**(**energy-time uncertainty**)이라고 한다. 토픽 40에서 스펙트럼선의 폭을 결정하는 중요한 역할을 담당하게 됨을 알게 될 것이다.

간단한 예 16.1 에너지-시간 불확정성

수명이 25 ns인 들뜬 전자 상태를 생각해 보자. 이 상태는 에너지의 퍼짐이 다음에 해당한다.

$$\Delta E \approx \frac{\hbar}{\tau}=\frac{1.055\times10^{-34}\,\mathrm{J\,s}}{25\times10^{-9}\,\mathrm{s}}=4.2\times10^{-27}\,\mathrm{J}$$

또는 이 결과는 hc로 나누면 파수의 단위로 $2.1\times10^{-4}\ \mathrm{cm^{-1}}$에 해당된다.

자가 진단 16.3 파수가 $1.0\times10^{-2}\ \mathrm{cm^{-1}}$의 범위에 해당하는 수명이 짧은 들뜬 상태의 수명을 결정하시오.

답: 530 ps

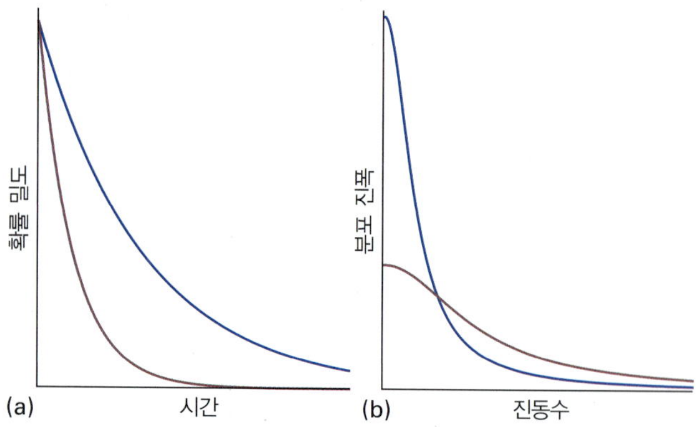

그림 16.3 (a) 상이한 속도로 감쇠하는 두 개의 파동함수. 보라색 곡선은 파란색 곡선보다 감쇠 속도가 빠르고 수명이 짧다. (b) 중첩되어 감쇠하는 파동함수를 새로 만드는 진동수(따라서 에너지)의 퍼짐. 수명이 짧은 상태는 더 넓게 퍼지게 하는 데 기여한다(보라색).

16.2 복사선의 흡수와 방출

전자기장(또는 다른 어떤 종류의 섭동)에 의해 자극된 상태 사이에서 전이의 속도는 식 16.4~16.6에 적절한 섭동을 끼워 넣어 계산할 수 있다. 그러나 Einstein은 놀랄 만한 결론을 이끌어 내는 분석을 수행할 수 있었으며, 이는 외관상 섭동이 없을지라도 전이가 일어난다는 것이다.

Einstein의 논점은 다음과 같다. 첫째, 전이 진동수로 진동하는 전자기장에 의해 낮은 에너지 상태로부터 높은 에너지 상태 중의 한 상태로 추진되는 전이를 **자극 흡수**(**stimulated absorption**)라고 한다. 이 전이의 속도는 $\mathcal{E}^2$(식 16.8a), 즉 입사된 복사선의 세기에 비례한다. 따라서 입사하는 복사선의 세기가 더 세면 시료의 흡수가 강해진다(그림 16.4). Einstein은 이 전이 속도를 다음과 같이 나타내었다.

$$w_{f\leftarrow i}=B_{fi}\rho \qquad \text{자극 흡수} \quad \text{전이 속도} \qquad (16.10)$$

여기서 B_{fi}는 **Einstein 자극 흡수 계수**(**Einstein coefficient of stimulated absorption**)이며, ν는 전이 진동수이므로 $\rho d\nu$는 ν부터 $\nu+d\nu$까지의 진동수 영역에서의 복사선의 에너지 밀도이다. 예를 들어 온도 T가 원천인 흑체 복사선을 분자에 노출시키면 ρ가 다음과 같은 Planck 분포 법칙으로 주어진다(토픽 4).

$$\rho=\frac{8\pi h\nu^3/c^3}{e^{h\nu/kT}-1} \qquad \text{Planck 분포} \qquad (16.11)$$

상수 B_{fi}는 잠정적으로 전이의 특성을 나타내는 실험적 파라미터로 취급할 수 있다. B_{fi}가 크면 주어진 세기의 입사 복사선으로 전이를 더 세게 유발시킬 수 있으며, 시료가 강한 흡광을 일으킨다. **전체 흡수 속도**(**total rate of absorption**, $W_{f\leftarrow i}$)는 단일 분자의 전이 속도에 낮은 상태에 있는 분자수 N_i를 곱한 것이다.

$$W_{f\leftarrow i}=N_i w_{f\leftarrow i}=N_i B_{fi}\rho \qquad \text{전체 흡수 속도} \qquad (16.12)$$

Einstein은 복사선이 분자가 높은 상태로부터 낮은 상태로 전이되는 것을 유발시키며, 그리하여 진동수 ν의 광자를 내놓게 한다고 생각하였다. 그는 이와 같은 **자극 방출**

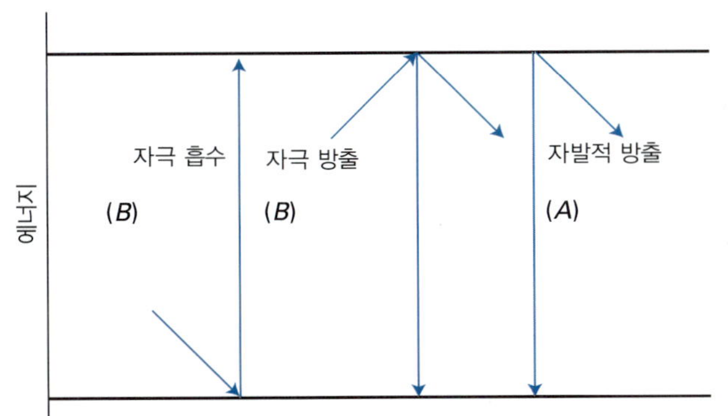

그림 16.4 Einstein의 분석에 따른 자극 과정과 자발 과정에 대한 이론에서의 전이

(**stimulated emmision**)의 속도를 다음과 같이 나타내었다.

$$w_{f\to i} = B_{fi}\rho \qquad \text{자극 방출 전이 속도} \qquad (16.13)$$

여기서 B_{fi}는 **Einstein 자극 방출 계수**(**Einstein coefficient of stimulated emission**)이다. 이 계수는 실제로 아래에서 알게 되겠지만, 자극 흡수 계수와 같다. 무엇보다도 전이 진동수와 동일한 진동수의 복사선만이 들뜬 상태에서 낮은 상태로 떨어질 수 있도록 자극시킬 수 있다는 것을 주목하라.

이 시점에서 전체 방출 속도는 이 개별적인 속도에 들뜬 상태의 분자수 N_f를 곱한 것이며, 따라서 $W_{f\to i} = N_f B_{if}\rho$라고 생각하는 것은 매력적인 것이다. 그러나 여기에서 문제점에 봉착하게 된다. 즉 평형(흑체 용기 안에서와 같이)에서는 방출 속도는 흡수 속도와 같게 되어 $N_i B_{fi}\rho = N_f B_{if}\rho$가 되며, 따라서 $B_{fi} = B_{if}$이므로 $N_i = N_f$가 된다. 평형에서 밀도는 반드시 같게 된다는 이 결론은 밀도의 비가 Boltzmann 분포(토픽 2와 51)에 의해 주어진다는 다른 하나의 매우 기본적인 결론과 대치되는 것이다.

Einstein은 전이 속도의 분석이 Boltzmann 분포에 합당하기 위해서는 들뜬 상태가 낮은 상태로 되돌아가는 다른 수단이 있어야 한다는 것을 깨달았으며, 다음과 같이 기술하였다.

$$w_{f\to i} = A + B_{if}\rho \qquad \text{방출 속도} \qquad (16.14)$$

여기서 상수 A는 **Einstein 자발적 방출 계수**(**Einstein coefficient of spontaneous emission**)이다. 따라서 **전체 방출 속도**(**total rate of emission**, $W_{f\leftarrow i}$)를 다음과 같이 나타내었다.

$$W_{f\to i} = N_f w_{f\to i} = N_f(A + B_{if}\rho) \qquad \text{전체 방출 속도} \qquad (16.15)$$

열평형에서 N_i와 N_f는 시간에 따라 변하지 않는다. 이 조건은 전체 방출 속도와 전체 흡수 속도가 같은 경우에 달성된다.

$$N_i B_{fi}\rho = N_f(A + B_{if}\rho) \qquad \text{열평형} \qquad (16.16)$$

따라서

$$\rho = \frac{N_f A}{N_i B_{fi} - N_f B_{if}} \overset{N_f B_{fi}\text{로 나누면}}{=} \frac{A/B_{fi}}{N_i/N_f - B_{if}/B_{fi}} = \frac{A/B_{fi}}{e^{h\nu/kT} - B_{if}/B_{fi}} \qquad (16.17)$$

높은 상태(에너지 E_f)와 낮은 상태(에너지 E_i)의 비에 대한 Boltzmann 식(토픽 2)을 사용하면 다음과 같다.

$$\frac{N_f}{N_i} = e^{-\overbrace{(E_f - E_i)}^{h\nu}/kT}$$

이 결과는 Planck 분포식(식 16.11)에서의 형태와 동일하며 열평형에 있는 복사선의 밀도를 설명한다. 실제로 식 16.11과 식 16.17을 비교하면 $B_{if} = B_{fi}$가 되며 다음과 같이 결론지을 수 있다.

$$A = \left(\frac{8\pi h\nu^3}{c^3}\right)B \qquad (16.18)$$

식 16.18은 다음과 같은 중요한 특징을 가지고 있다. 자발적 방출의 상대적인 중요도는 진동수의 세제곱에 따라 증가하며, 따라서 대단히 높은 진동수에서 잠재적으로 더욱 중요해진다는 것을 나타낸다. 반대로 자발적 방출은 낮은 전이 진동수에서는 무시될 수 있으며, 이 경우에 이와 같은 전이의 세기는 자극 방출과 자극 흡수의 항으로 논의될 수 있다는 것이다.

간단한 예 16.2 Einstein 계수

전자기 스펙트럼의 X선 영역에서의 전이(분자에서 핵심부 전자의 들뜸에 해당하는)의 경우에 전형적인 파장은 100 pm로서 이와 상응하는 진동수는 $3.00\times10^{18}\ s^{-1}$이다. 자발적 방출과 자극 방출에 대한 Einstein 계수의 비는 다음과 같다.

$$\frac{A}{B} = \frac{8\pi\times(6.626\times10^{-34}\,\text{J s})\times(3.00\times10^{18}\,\text{s}^{-1})^3}{(2.998\times10^8\,\text{m s}^{-1})^3} = 1.67\times10^{-2}\,\text{kg m}^{-1}\,\text{s}$$

자가 진단 16.4 파장이 1.0 cm인 전자기 스펙트럼의 마이크로파 영역에서의 전이에 대한 자발적 방출과 자극 방출의 Einstein 계수의 비를 계산하시오.

답: $A/B = 1.7\times10^{-26}$ kg m^{-1} s

앞서 논의한 것과는 반대로, 섭동이 없는 경우에 전이가 일어나는 자발적 방출의 존재는 역설적으로 보인다. 그러나 실제로 보이지 않지만 작용하고 있는 섭동이 존재한다. 전자기장은 각각이 자극할 수 있는 무한대 범위의 진동수를 갖고 있는 조화 진동자 집합체의 모형으로 간주할 수 있다. 이것이 상태 밀도에 대한 Planck 식의 원래 유도에 기초가 되는 것이다. 따라서 복사선이 존재한다는 것은 해당되는 진동수의 진동자가 들뜬다는 것과 같고, 이와 같은 진동수의 복사선이 없다는 것은 진동자가 바닥 상태에 있다는 것에 해당한다. 그러나 진동자는 영점 에너지를 가지며(토픽 12) 실제로 정지하고 있을 수는 전혀 없다. 결국 관측할 수 있는 복사선이 없을지라도 전자기장은 진동하고 있다. 이것이 바로 전자기장의 '보이지 않는' 영점 진동이며 섭동으로서 작용을 하고, 이른바 복사선의 '자발적인' 방출을 이끌게 되는 것이다.

개념 확인

- ☐ 1. **정류 상태**는 시간에 따라 확률 밀도가 변하지 않는 파동함수에 해당한다.
- ☐ 2. **전이**는 계의 상태에서의 변화이며 시간 의존 섭동의 존재하에서 일어난다.
- ☐ 3. 고전적인 관점에서 전자기장과 상호 작용하여 특정한 진동수의 광자를 흡수하거나 방출할 수 있는 원자나 분자의 경우, 최소한 순간적이더라도 해당하는 진동수에서 진동하는 쌍극자를 가져야 한다.
- ☐ 4. **전이 쌍극자 모멘트**는 초기 상태에서 최종 상태로 전하가 이동하는 것과 연관된 전기 쌍극자 모멘트의 척도이다.
- ☐ 5. 전이 쌍극자 모멘트가 0이면 전이가 **금지되며**, 어느 한 성분의 전이 쌍극자 모멘트가 0이 아니면 전이가 **허용된다**.
- ☐ 6. **전이 속도**는 섭동 세기의 제곱 계수에 비례한다.
- ☐ 7. 전이가 일어나는 복사선의 흡수 **세기**나 방출 **세기**는 전이 쌍극자 모멘트의 제곱 계수에 비례한다.
- ☐ 8. **특정 선택 규칙**은 허용되는 전이를 양자수 변화의 항으로 표현한다.
- ☐ 9. **총 선택 규칙**은 분자가 가질 것으로 예상되는 종류의 스펙트럼을 반드시 가져야 한다는 일반적인 성질을 나타낸다.
- ☐ 10. 상태의 **수명**이 짧을수록 상태에 해당하는 에너지의 분포가 넓어진다.
- ☐ 11. 진동하는 전자기장에 의해 낮은 에너지 상태로부터 높은 에너지 상태 중의 한 상태로 추진되는 전이를 **자극 흡수**라고 한다.
- ☐ 12. 높은 상태로부터 낮은 상태로 추진되는 전이를 **자극 방출**이라고 한다.
- ☐ 13. 자발적 방출의 상대적인 중요도는 진동수의 세제곱에 따라 증가한다.

식 확인

성질	식	비고	식 번호
시간 의존 Schrödinger 방정식	$\hat{H}(t)\Psi(\mathbf{r},t)=\mathrm{i}\hbar\partial\Psi(\mathbf{r},t)/\partial t$		16.2
진동하는 전기장에 기인하는 섭동	$\hat{H}^{(1)}(t)=-\hat{\mu}_z\mathcal{E}\cos\omega t$	$\hat{\mu}_z$는 쌍극자 모멘트 연산자의 z 성분	16.3b
초기 비점유 상태 n의 계수	$c_n(t)=(1/\mathrm{i}\hbar)\int_0^t H_{n0}^{(1)}(t)\mathrm{e}^{\mathrm{i}\omega_{n0}t}\mathrm{d}t$ $H_{n0}^{(1)}(t)=\int\psi_n^{(0)*}\hat{H}^{(1)}(t)\psi_0^{(0)}\mathrm{d}\tau$	1차 시간 의존 섭동 이론	16.4
전이 확률	$P_n(t)=\lvert c_n(t)\rvert^2$		16.5
전이 속도	$w_n(t)=\mathrm{d}P_n/\mathrm{d}t$		16.6
전이 쌍극자 모멘트	$\mu_{z,n0}=\int\psi_n^{(0)*}\breve{\mu}_z\psi_0^{(0)}\mathrm{d}z$	z 성분	16.8b
에너지-시간 불확정성	$\Delta E\approx\hbar/\tau$	τ는 상태의 수명	16.9
Planck 분포식	$\rho=(8\pi h\nu^3/c^3)/(\mathrm{e}^{h\nu/kT}-1)$		16.11
자발적 방출과 자극 방출의 Einstein 계수의 비	$A/B=8\pi h\nu^3/c^3$	자발적 방출과 자극 방출의 Einstein 계수의 비는 같다.	16.18

4장 근사법

토픽 15 시간 무관 섭동 이론

토론 문제

15.1 두 가지 다른 형태의 섭동 이론을 확인하고, 왜 그것들이 유용한가를 설명하시오.

15.2 섭동 이론에서 '일차'와 '이차' 보정이 의미하는 바를 설명하시오.

15.3 파동함수에 대한 일차 보정의 식에 관한 물리적 해석을 제시하시오.

15.4 에너지에 대한 이차 보정의 식에 관한 물리적 해석을 제시하시오.

연습 문제

15.1(a) 섭동이 $V(x) = -\varepsilon \sin(2\pi x/L)$과 $n = 1$로 주어질 때 상자 속 입자로서 모형화된 1차원적 나노입자 속 전자의 에너지에 대한 일차 보정을 계산하시오.

15.1(b) 섭동이 $V(x) = -\varepsilon \sin(3\pi x/L)$과 $n = 1$로 주어질 때 상자 속 입자로서 모형화된 1차원적 나노입자 속 전자의 에너지에 대한 일차 보정을 계산하시오.

15.2(a) 섭동이 $V(x) = -\varepsilon \cos(2\pi x/L)$과 $n = 1$로 주어질 때 상자 속 입자의 에너지에 대한 일차 보정을 계산하시오.

15.2(b) 섭동이 $V(x) = -\varepsilon \cos(3\pi x/L)$과 $n = 1$로 주어질 때 상자 속 입자의 에너지에 대한 일차 보정을 계산하시오.

15.3(a) 1차원적 상자의 마루가 $x = 0$에서 $x = L$일 때 ε로 경사가 올라간다고 가정하자. $n = 1$인 상태의 에너지에 대한 일차 영향을 계산하시오.

15.3(b) 1차원적 상자의 마루가 $x = 0$에서 $x = L$일 때 ε로 경사가 올라간다고 가정하자. $n = 2$인 상태의 에너지에 대한 일차 영향을 계산하시오.

15.4(a) O–H 결합의 진동 주파수는 지구 표면에 대하여 수평적으로 의존하는가, 수직적으로 의존하는가? 질량 m인 조화 진동자가 수직적으로 매달려 있어서 g가 자유 낙하의 가속도일 때 $V(x) = mgx$의 섭동을 받게 된다고 가정하자. 바닥 상태 에너지에 대한 일차 보정을 계산하시오.

15.4(b) 위의 연습 문제를 반복하여 섭동의 존재하에서 $\upsilon = 1$에서 $\upsilon = 2$로 전이할 때 들뜸 에너지의 변화를 계산하시오.

15.5(a) 연습 문제 15.4(a)에서 묘사된 섭동의 경우에 조화 진동자의 에너지에 대한 이차 보정을 계산하시오. **힌트**: 식 15.6에서 하나의 항만이 합에 기여함을 알게 될 것이다.

15.5(b) 연습 문제 15.2(a)에서 묘사된 섭동의 경우에 1차원적 정사각형 우물 속 입자의 에너지에 대한 이차 보정을 계산하시오. **힌트**: 식 15.6에서 합에 기여하는 하나의 항은 $n = 3$뿐이다.

응용 문제

15.1 1차원적 나노입자의 바닥이 그림 F4.1과 같이 퍼텐셜 에너지에서 작은 계단에 의해 나타낼 수 있는 결점을 가지고 있다고 가정하자. (a) 바닥 상태 에너지 $E_0^{(1)}$의 일차 보정에 대한 일반적인 식을 쓰시오. (b) $n = 1$일 때 $a = L/10$에 대한 에너지 보정을 계산하시오(퍼텐셜에서 순간적으로 튀어나온 부분은 우물의 10%로 중앙을 차지한다).

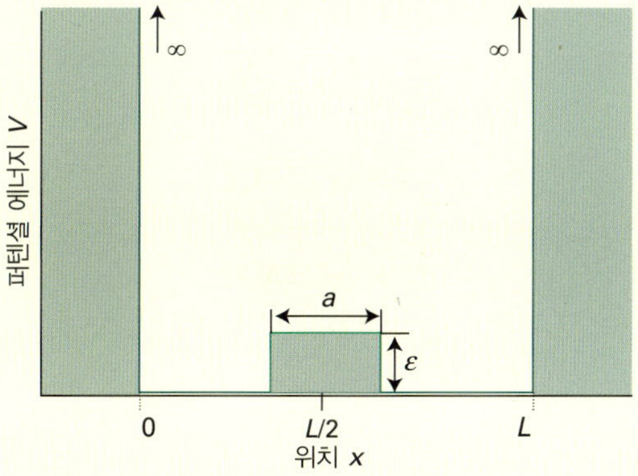

그림 F4.1 응용 문제 15.1에 대한 퍼텐셜 에너지의 정의

15.2 일반적으로는 1차원적인 우물을 수평적인 것으로서 생각한다. 이것을 수직적으로 가정하면 입자의 퍼텐셜 에너지는 중력장의 존재 때문에 x에 의존한다. 영점 에너지에 대한 일차 보정을 계산하고, 이것을 지표면 위의 상자 속 전자에 대하여 계산하시오. 그리고 그 결과를 설명하시오. **힌트**: $g = 9.81\ \mathrm{m\ s^{-2}}$이고, 입자의 에너지는 mgh와 같이 높이에 의존한다. g는 매우 작기 때문에 에너지 보정은 작다. 그러나 만일 상자가 질량이 대단히 큰 별에 가까이 있다면 중요해질 것이다.

15.3 응용 문제 15.2에 설명된 계에 대하여 에너지의 이차 보정을 계산하고 바닥 상태의 파동함수를 계산하시오. 섭동에 의하여 변형된 모양에 대하여 설명하시오. **힌트**: 필요한 적분은 **부록**에 수록되어 있다.

15.4 결합 에너지는 정확한 포물선이 아니기 때문에 분자의 진동은 단지 근사적으로만 조화되어 있다. a와 b가 작은 (비조화성) 상수일 때, ax^3+bx^4 형태의 비조화 퍼텐셜 에너지에 종속되어 있는 조화 진동자의 바닥 상태 에너지에 대한 일차 보정을 계산하시오. 비조화성 섭동이 존재하는 세 가지 경우를 고려해 보자. (a) 결합이 확장되고 ($x\geq0$) 압축되는($x\leq0$) 동안, (b) 오로지 확장되는 동안, (c) 오로지 압축되는 동안

토픽 16 전이

토론 문제

16.1 급작스럽게 작동하는 섭동과 천천히 작동하는 섭동의 적용에 대한 결과의 차이는 어떠할 것 같은가?

16.2 선택 규칙의 물리적 해석은 무엇인가?

16.3 분자의 성질을 논의하는 데 마주칠 것 같은 섭동의 몇 가지를 말해보시오.

연습 문제

16.1(a) 다음 특성을 갖는 전이에 대하여 자발적 방출과 자극 방출에 대한 Einstein 계수 A와 B의 비를 계산하시오. (a) 70.8 pm X선, (b) 500 nm 가시광선, (c) 3000 cm^{-1} 복사선

16.1(b) 다음 특성을 갖는 전이에 대하여 자발적 방출과 자극 방출에 대한 Einstein 계수 A와 B의 비를 계산하시오. (a) 500 MHz 라디오파 복사선, (b) 3.0 cm 마이크로파 복사선

응용 문제

16.1 단진자의 운동은 하나의 반환점에서 다른 반환점으로 주기적으로 이동하는 파속의 위치를 나타내는 것으로 간주될 수 있다. 조화 진동자 상태는 어떻게 중첩시켜 파속을 만들더라도 이 파속은 시각 0, T, $2T$, …에서 동일한 위치에 편재된다는 것을 보이시오. 여기서 T는 고전적인 진동 주기이다.

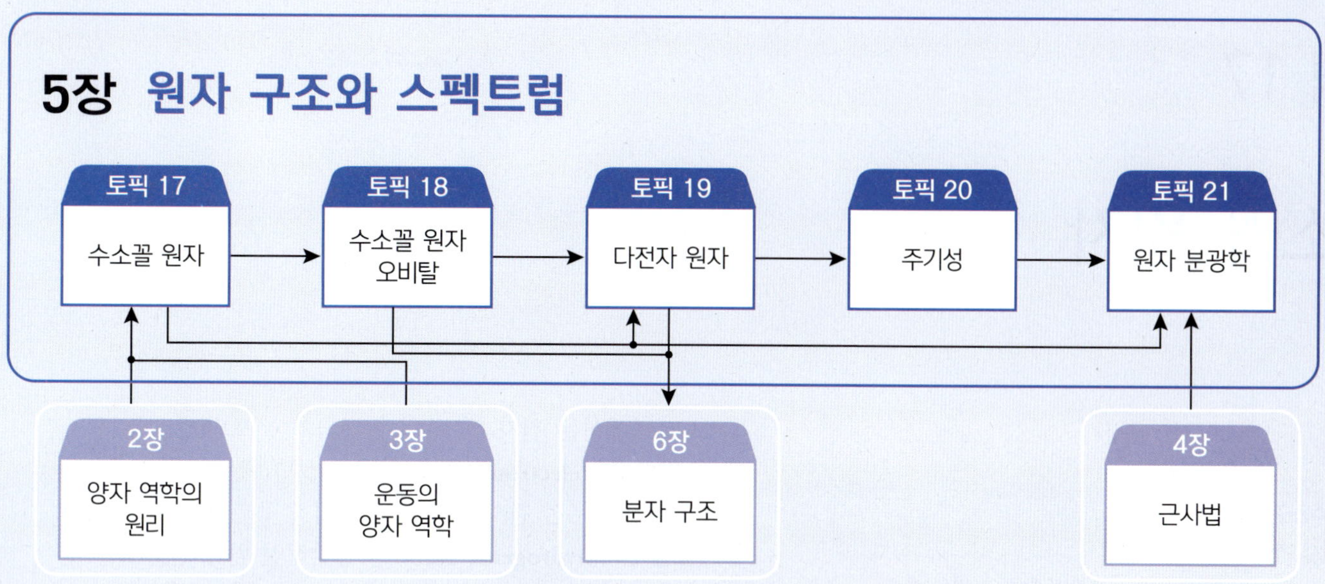

원자는 화학에서 유통 화폐와 같은 것이다. 원자들은 화학자들이 고려하는 물질의 모든 형태의 건축용 블록이며 그들의 구조를 이해하는 것은 필수적이다. 이를 위하여 특히 3차원에서의 회전 운동뿐만 아니라 **운동의 양자 역학**을 이용하고 이것을 점진적으로 더 복잡한 원자에 적용한다.

모든 원자 중에서 가장 간단한 원자는 수소 원자로서, 단일 전자를 가지며, 이것의 일반화된 것으로서 자신의 일반적인 원자 번호를 그대로 갖고 있지만 한 개의 전자만을 갖는 '수소꼴 원자'를 든다(토픽 17). 수소꼴 원자에 대하여 Schrödinger 방정식을 풀면 '원자 오비탈'로 알려진 파동함수를 얻게 된다(토픽 18). 이와 같은 오비탈들은 **분자 구조**에서 설명하는 것과 같이, 화학 결합을 설명하는 데 핵심적인 역할을 하며 'Pauli 배타 원리'와 함께 다전자 원자의 구조 설명의 기초가 된다(토픽 19). 이러한 원자들의 구조를 이해함으로써 주기율표의 구조와 원소들의 성질에 대한 '주기성'이 딱 맞아 떨어지게 된다(토픽 20).

원자 구조의 실험적인 연구는 '원자 분광학' 전반에 넓게 걸쳐 있다(토픽 21). 스펙트럼 선을 생기게 하는 전이의 근원은 시간 의존 섭동 이론에 있으며, 이것은 '**근사법**'에서 설명된다. 이와 같은 전이들은 전자들 사이의 상호 작용과 원자의 각운동량에 대한 다양한 원인들과의 상호 작용에 관한 세부 사항을 드러내 보인다.

토픽 17

수소꼴 원자

내용

➤ 학습 목표

원자와 분자의 구조를 연구하기 위한 준비를 위하여 어떻게 수소 원자에 대한 Schrödinger 방정식을 푸는지를 알아야 한다. 무엇보다도 수소 원자에 대한 해는 다전자 원자, 주기성, 화학 결합의 형성에 대한 전반적인 논의의 기초가 된다.

➤ 핵심 내용

적합한 경계 조건으로 종속되어 있는 수소 원자에 대한 Schrödinger 방정식의 해는 세 가지 양자수, 즉 n, l, m_l로 정의되는 원자 오비탈로 알려져 있는 일전자 파동함수로 귀결되고 에너지는 오로지 n에만 의존한다.

➤ 미리 알기

Schrödinger 방정식의 형태(토픽 6), 변수 분리 방법에 의한 방정식의 해(**수학적 배경** 2), 3차원에서 회전의 양자 역학적 묘사(토픽 14)에 익숙해져야 한다.

이 토픽에서는 원자 핵 주위에 전자가 분포되어 있는 원자의 **전자 구조**(**electronic structure**)를 설명하는 것으로 시작하기로 한다. 우선 원자의 두 가지 형태를 구분할 필요가 있다. **수소꼴 원자**(**hydrogenic atom**)는 일반적인 원자 번호 Z를 갖는 일전자 원자 또는 이온으로 H, He^{+}, Li^{2+}, O^{7+}, 그리고 U^{91+}까지도 포함하는 것들이다. **다전자 원자**(**many-electron atom**, 또는 polyelectronic atom)는 두 개 이상의 전자를 갖는 원자나 이온으로 H를 제외한 모든 중성 원자와 같은 것이다. 이 토픽은 전적으로 수소꼴 원자에 초점을 맞출 것이며 다전자 원자의 구조를 설명하는 데 사용되는 개념의 한 세트를 제공할 것이다(토픽 19).

17.1 수소꼴 원자의 구조

양자 이론을 사용하여 수소꼴 원자를 설명하기 위해서는 Schrödinger 방정식을 세우고 이를 풀어야 한다. Schrödinger 방정식 안의 퍼텐셜 에너지 항은 전자와 전하 Ze를 갖는 원자핵 사이의 Coulomb 상호 작용으로부터 생긴다(**기초 지식** 토픽 2 참조).

$$V(r)=-\frac{Ze^2}{4\pi\varepsilon_0 r} \qquad \text{수소꼴 원자 퍼텐셜 에너지} \qquad (17.1)$$

여기에서 r은 핵으로부터 전자의 거리이며, ε_0는 진공 유전율이다. 이 식은 오로지 단일 점(여기에서는 원자핵)으로부터의 거리에만 의존하기 때문에 **중심 퍼텐셜**(central potential)의 예가 된다. 따라서 전자와 질량 m_N인 원자핵에 대한 Hamilton 연산자는 다음과 같다.

$$\hat{H}=\overbrace{-\frac{\hbar^2}{2m_e}\nabla_e^2}^{\text{전자 운동 에너지}}\overbrace{-\frac{\hbar^2}{2m_N}\nabla_N^2}^{\text{핵 운동 에너지}}\overbrace{-\frac{Ze^2}{4\pi\varepsilon_0 r}}^{\text{퍼텐셜 에너지}} \qquad \text{수소꼴 원자 Hamilton 연산자} \qquad (17.2)$$

∇^2에 있는 아래 첨자는 전자의 좌표 또는 핵의 좌표에 대하여 미분하라는 것을 나타낸다(그림 17.1).

(a) 변수 분리

아래의 **증명**에서 나타낸 바와 같이, 수소꼴 원자에 대한 Schrödinger 방정식은 두 개의 식으로 분리시킬 수 있다. 하나는 공간 전체를 통한 원자의 운동에 관한 것이고, 다른 하나는 핵에 대한 전자의 운동에 관한 것이다. 핵에 대한 전자의 내부 운동의 Schrödinger 방정식은 다음과 같다.

$$-\frac{\hbar^2}{2\mu}\nabla^2\psi-\frac{Ze^2}{4\pi\varepsilon_0 r}\psi=E\psi$$ 전자의 내부 운동 Schrödinger 방정식 (17.3a)

$$\mu=\frac{m_e m_N}{m_e+m_N}$$ 수소꼴 원자 환산 질량 (17.3b)

여기에서 미분은 핵에 대한 전자의 좌표에 대하여 수행하라는 것이다(그림 17.2). **환산 질량(reduced mass)**이라고 하는 양 μ는 전자의 질량 값과 매우 유사하다. 이는 핵의 질량 m_N은 전자의 질량에 비해 대단히 크기 때문이며, 따라서 $\mu\approx m_e$가 된다. 대단히 정밀한 일을 제외하고 모든 곳에서 환산 질량은 m_e로 대체할 수 있다.

증명 17.1 내부 운동과 외부 운동의 간격

퍼텐셜 에너지가 두 입자의 간격에만 의존하는 1차원 계를 고려하고 이를 3차원으로 일반화시키자. 총 고전적 에너지는 다음으로 주어진다.

$$E=\frac{p_1^2}{2m_1}+\frac{p_2^2}{2m_2}+V$$

여기에서 $p_1=m_1\dot{x}_1$, $p_2=m_2\dot{x}_2$(점 표시는 시간에 대한 미분을 가리킨다)는 두 입자의 선형 운동량이다. 질량 중심(그림 17.3)의 위치는 다음과 같이 나타내며

$$X=\frac{m_1}{m}x_1+\frac{m_2}{m}x_2$$

여기에서 $m=m_1+m_2$이다. 입자의 간격은 $x=x_1-x_2$이므로

$$X=\frac{m_1}{m}x_1+\frac{m_2}{m}(x_1-x)$$

따라서

$$x_1=X+\frac{m_2}{m}x,\quad x_2=x_1-x=X-\frac{m_1}{m}x$$

입자의 선형 운동량을 x와 X의 변화 속도의 항으로 나타내면 다음과 같다.

$$p_1=m_1\dot{x}_1=m_1\dot{X}+\frac{m_1m_2}{m}\dot{x}$$
$$p_2=m_2\dot{x}_2=m_2\dot{X}-\frac{m_1m_2}{m}\dot{x}$$

그러면 다음과 같이 표시할 수 있다.

$$\frac{p_1^2}{2m_1}+\frac{p_2^2}{2m_2}=\frac{1}{2m_1}\left(m_1\dot{X}+\frac{m_1m_2}{m}\dot{x}\right)^2+\frac{1}{2m_2}\left(m_2\dot{X}-\frac{m_1m_2}{m}\dot{x}\right)^2$$
$$=\frac{1}{2}m\dot{X}^2+\frac{1}{2}\left(\frac{m_1m_2}{m}\right)\dot{x}^2$$

환산 질량은 $\mu=m_1m_2/m$이며, 전체 계의 선형 운동량에 대하여 $P=m\dot{X}$로 표기하고 $p=\mu\dot{x}$로 정의함으로써 다음과 같음을 알게 된다.

$$E=\frac{P^2}{2m}+\frac{p^2}{2\mu}+V$$

따라서 이에 대응하는 Hamilton 연산자는

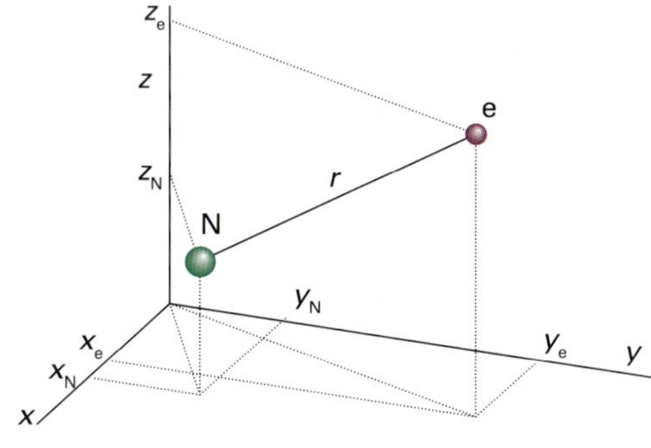

그림 17.1 수소꼴 원자에서 전자와 핵의 위치를 설명하기 위한 좌표계

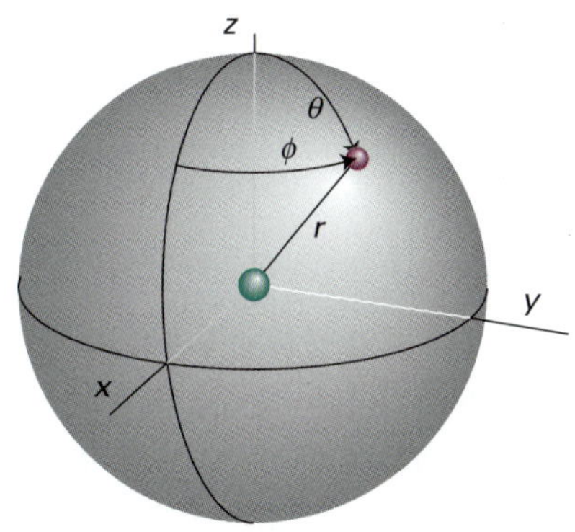

그림 17.2 핵에 대한 전자의 위치를 설명하기 위한 좌표계. 핵은 원점에 위치하고 있으며, 구면 극좌표는 핵에 대한 전자의 위치를 설명하기 위하여 사용된다.

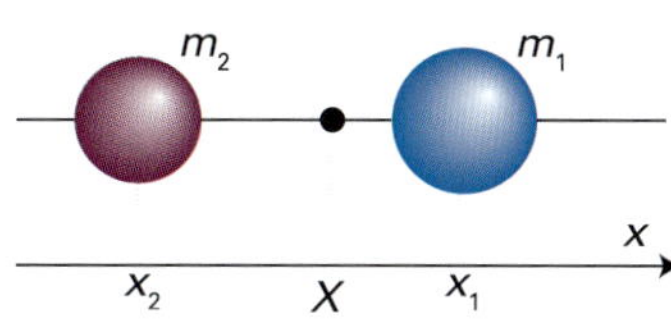

그림 17.3 질량 중심의 운동으로부터 두 입자의 상대 운동에 대한 간격을 설명하기 위해 사용되는 좌표

$$\hat{H}=\frac{\hat{P}^2}{2m}+\frac{\hat{p}^2}{2\mu}+V$$

이고 이를 3차원으로 일반화시키면 다음과 같다.

$$\hat{H}=-\frac{\hbar^2}{2m}\nabla^2_{\rm cm}-\frac{\hbar^2}{2\mu}\nabla^2+V$$

위 식에서 첫 번째 항은 질량 중심에 대하여 미분을 하는 것이고, 두 번째 항은 상대 좌표에 대해 미분하는 것이다.

$\psi_{\rm cm}$이 질량 중심 좌표만의 함수이고, ψ가 상대 좌표만의 함수이므로 이제 전체 파동함수는 두 함수의 곱으로서 $\psi_{\rm total}=\psi_{\rm cm}\psi$로 쓰게 된다. 전체 Schrödinger 방정식 $\hat{H}\psi_{\rm total}=E_{\rm total}\psi_{\rm total}$은 **수학적 배경** 2에 나타낸 논의에 의해 $E_{\rm total}=E_{\rm cm}+E$가 되며 분리된다.

중심 대칭의 Coulomb 퍼텐셜 에너지는 주어진 거리에서 이것의 값이 각도에 무관하다는 점에서 구면 대칭을 갖는다. 따라서 Schrödinger 방정식이 토픽 14에서 취급된 구 위의 입자에 대한 식을 반영하는 각도 성분과, 이 계에는 새로운 것이지만 방사형 인자에 대한 식으로 분리될 것이라는 것은 알아챌 수 있다. 즉 전자가 구형 표면에서 핵을 중심으로 자유롭게 움직이며 추가적으로 다른 반지름의 동심원 사이에서 움직일 수 있는 자유도를 갖는 것으로 생각할 수 있다. 다음의 **증명**에서는 파동함수가 정말로 함수들의 곱으로 다음과 같이 표시될 수 있는가를 확인하게 된다.

$$\psi(r,\theta,\phi)=R(r)Y(\theta,\phi)$$ 수소꼴 원자 전자 파동함수 (17.4)

여기에서 Y는 구 위의 입자에 대하여 생기는 구면 조화 함수이고 입자의 각운동량을 지정하는 양자수 l과 m_l로 표기되었다. 인자 R은 **방사형 파동함수(radial wavefuction)**로 **방사형 파동 방정식(radial wave equation)**의 해이다.

$$-\frac{\hbar^2}{2\mu R}\left(r^2\frac{{\rm d}^2R}{{\rm d}r^2}+2r\frac{{\rm d}R}{{\rm d}r}\right)+Vr^2-Er^2=-\frac{l(l+1)\hbar^2}{2\mu}$$ 수소꼴 원자 방사형 파동 방정식 (17.5)

증명 17.2 수소꼴 원자에 대한 Schrödinger 방정식의 해

파동함수 $\psi=RY$를 식 17.3에 대입하면 다음과 같이 된다.

$$-\frac{\hbar^2}{2\mu}\overbrace{\left(\frac{\partial^2}{\partial r^2}+\frac{2}{r}\frac{\partial}{\partial r}+\frac{1}{r^2}\Lambda^2\right)}^{\text{구면 좌표에서 }\nabla^2}RY+VRY=ERY$$

R은 r에만 의존하고 Y는 각 좌표에만 의존하기 때문에 이 식은 아래와 같다.

$$-\frac{\hbar^2}{2\mu}\left(Y\frac{{\rm d}^2R}{{\rm d}r^2}+\frac{2Y}{r}\frac{{\rm d}R}{{\rm d}r}+\frac{R}{r^2}\Lambda^2Y\right)+VRY=ERY$$

r^2/RY를 양변에 곱하면

$$-\frac{\hbar^2}{2\mu R}\left(r^2\frac{{\rm d}^2R}{{\rm d}r^2}+2r\frac{{\rm d}R}{{\rm d}r}\right)+Vr^2-\frac{\hbar^2}{2\mu Y}\Lambda^2Y=Er^2$$

이 되고, 따라서 다음과 같은 결과를 얻게 된다.

$$\overbrace{-\frac{\hbar^2}{2\mu R}\left(r^2\frac{{\rm d}^2R}{{\rm d}r^2}+2r\frac{{\rm d}R}{{\rm d}r}\right)+(V-E)r^2}^{r\text{에만 의존}}=\overbrace{\frac{\hbar^2}{2\mu Y}\Lambda^2Y}^{\theta,\phi\text{에만 의존}}$$

이 시점에서 등호 양쪽 변의 각 항은 반드시 상수가 되어야 한다는 변수 분리(**수학적 배경** 2)에 대한 통상적인 논의를 이용하여 미분방정식이 다음과 같이 두 개의 방정식으로 분리되는 결론에 도달하게 된다.

$$-\frac{\hbar^2}{2\mu Y}\Lambda^2Y=\text{상수}$$

$$-\frac{\hbar^2}{2\mu R}\left(r^2\frac{{\rm d}^2R}{{\rm d}r^2}+2r\frac{{\rm d}R}{{\rm d}r}\right)+(V-E)r^2=-\text{상수}$$

두 식 중 첫 번째 식은 토픽 14에서 마주친 것으로 다음과 같이 표기할 수 있으며

$$\Lambda^2Y=-l(l+1)Y$$

해는 (순환 경계 조건에 종속되는) 구면 조화 함수이다.

간단한 예 17.1 수소꼴 파동함수의 각도 부분

파동함수의 각도 부분이 구면 조화 함수 $Y_{2,-1}(\theta,\phi)$로 주어진 수소 원자의 전자를 생각해 보자. $l=2$이고 $m_l=-1$이기 때문에 각운동량의 크기는 $6^{1/2}\hbar$이고, z 성분은 $-\hbar$이다. 음의 부호는 아래에서 보는 것과 같이 고전적인 용어에서 전자가 시계 반대 방향의 느낌으로 돌고 있는 것을 가리킨다. 무엇보다도 $Y_{2,-1}(\theta,\phi)\propto\cos\theta\sin\theta$이므로(표 14.1), 각마디는 $\theta=0,\ \pi/2,\ \pi$에 있고, 따라서 z축과 xy 평면의 어디에서나 전자를 발견할 확률은 0이 된다.

자가 진단 17.1 전자의 파동함수의 각도 부분이 $Y_{1,+1}(\theta,\phi)$로 주어질 때, 모든 각마디의 위치는 물론 각운동량의 크기와 z 성분을 결정하시오.

답: $\theta=0,\ \pi,\ 2^{1/2}\hbar,\ +\hbar$

(b) 방사형 해

방사형 파동 방정식(식 17.5)의 모양은 u가 r의 함수라고 할 때 $R=u/r$로 표현하면 다음과 같이 간단해진다(문제 17.4 참조).

$$-\frac{\hbar^2}{2\mu}\frac{\mathrm{d}^2u}{\mathrm{d}r^2}+V_{\mathrm{eff}}u=Eu \qquad \text{수소꼴 원자} \quad \text{방사형 파동 방정식} \qquad (17.6a)$$

여기에서

$$V_{\mathrm{eff}}=-\frac{Ze^2}{4\pi\varepsilon_0 r}+\frac{l(l+1)\hbar^2}{2\mu r^2} \qquad \text{수소꼴 원자} \quad \text{유효 퍼텐셜 에너지} \qquad (17.6b)$$

식 17.6은 퍼텐셜 에너지가 V_{eff}일 때 질량 μ의 입자가 1차원 영역 $0 \le r < \infty$에서의 운동을 설명한다.

식 17.6b의 첫째 항은 핵의 전기장 속에서 전자가 갖는 Coulomb 퍼텐셜 에너지이다. 그리고 둘째 항은 핵 주위를 도는 전자의 각운동량 때문에 나타나는 고전적 개념의 '원심 효과'에 기인되는 것이다. $l=0$일 때는 전자가 각운동량을 갖지 않으며, 따라서 그 유효 퍼텐셜 에너지는 순수한 Coulomb 항만을 갖게 되며 모든 반지름에서 인력을 나타낸다(그림 17.4). 한편 $l\neq0$일 때는 원심 항이 유효 퍼텐셜 에너지에 양(반발)의 기여를 한다. 특히 전자가 핵 가까이 접근하면($r\approx0$), $1/r^2$에 비례하는 반발 항이 $1/r$에 비례하는 Coulomb 인력 성분을 압도하여 알짜 결과는 전자가 핵으로부터 효과적으로 반발하는 것으로 나타난다. $l=0$일 때와 $l\neq0$일 때의 이 두 가지 유효 퍼텐셜 에너지는 핵 가까이에서 정성적으로 크게 다르다. 그러나 멀리 떨어진 곳에서는 원심력 항의 기여($1/r^2$로)가 Coulomb 항의 기여($1/r$로)보다 더 급속하게 0으로 접근하기 때문에 서로 비슷하게 된다. 따라서 $l=0$과 $l\approx0$인 두 경우의 해는 핵 근처에서는 크게 다르지만 먼 곳에서는 비슷할 것으로 짐작할 수 있다.

아래 **증명**에서 보이는 바와 같이 방사형 파동함수는 다음과 같은 두 가지 중요한 특징을 가지고 있다.

- 핵 가까이에서는 방사형 파동함수가 r^l에 비례한다.
- 핵으로부터 멀리 떨어지면 모든 방사형 파동함수가 지수함수적으로 0에 접근한다.

$l\neq0$일 때(또한 $r=0$일 때 $r^l=0$)는 핵에서 전자를 발견할 확률 밀도가 0이고, 각운동량이 커지면 핵 가까이에서 전자를 발견하기가 더 어려워진다(그림 17.5). 그러나 $l=0$일 때(또한 $r=0$일 때라도 $r^l=1$)는 핵에서 전자를 발견할 확률 밀도가 0이 아니다. 이와 같이 대조되는 거동은 주기율표(토픽 20) 구조의 근거가 된다는 점에서 화학에서 뜻깊은 결과를 갖게 된다. 파동함수의 지수함수적 감쇠는 더욱 중요한 뜻을 함축하고 있으며, 이것은 좋은 근사로서 원자를 꽤 잘 정의된 반지름을 갖는 구로 나타낼 수 있다는 것을 의미한다. 이 특성은 고체를 설명할 때(토픽 37) 특히 중요한 것으로서 고체를 보통 그들의 원자와 이온으로 나타내는 구의 응집체로서 모형화하게 된다.

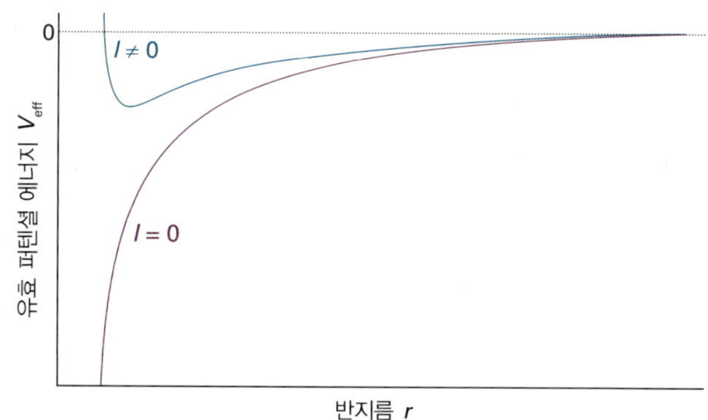

그림 17.4 수소꼴 원자 속에 있는 전자의 유효 퍼텐셜 에너지. 오비탈 각운동량이 0일 때는 유효 퍼텐셜 에너지가 Coulomb 퍼텐셜 에너지와 같다. 전자가 0이 아닌 오비탈 각운동량을 가질 때는 원심력 효과가 양의 기여를 하는데, 핵 가까이에서는 이 효과가 대단히 크다. 따라서 $l=0$, $l\neq0$인 파동함수는 핵 근처에서 크게 다르다.

증명 17.3 핵에 가깝거나 핵에서 멀 때의 방사형 파동함수

r이 대단히 작을 때(핵 근처)는 $u=rR\approx0$이며, 따라서 식 17.6a의 우변이 0이 된다. 그리하여 식 9.8b에서 가장 큰 항($1/r^2$에 비례하는 항)을 제외한 모든 항을 0으로 놓을 수 있고 이 식을 다음과 같이 쓴다.

$$-\frac{\mathrm{d}^2u}{\mathrm{d}r^2}+\frac{l(l+1)}{r^2}u\approx0$$

이 식의 해($r\approx0$에 대한)는 다음과 같다.

$$u\approx Ar^{l+1}+\frac{B}{r^l}$$

이것은 해를 미분방정식에 대입함으로써 증명할 수 있는 것과 같다. 여기서 $R=u/r$이며, R은 모든 곳, 특히 $r=0$에서 무한할 수 없으므로 $B=0$으로 놓지 않으면 안 된다. 따라서 나타내고자 하였던 것과 같이 $u\approx Ar^{l+1}$ 또는 $R\approx Ar^l$을 얻게 된다.

핵으로부터 멀리 떨어져서 r이 대단히 클 때는 $1/r$과 $1/r^2$에 관계되는 항들을 모두 무시할 수 있으며, 식 17.6a는 다음과 같이 된다.

$$-\frac{\hbar^2}{2\mu}\frac{\mathrm{d}^2u}{\mathrm{d}r^2}\simeq Eu$$

여기서 $\simeq$는 '점근적으로 접근한다'는 것을 의미한다(즉 $r\to\infty$에 따라 위 식에서 양변이 같다). 한편 u에 관한 이차 미분은 다음과 같기 때문에

$$\frac{\mathrm{d}^2u}{\mathrm{d}r^2}=\frac{\mathrm{d}^2(rR)}{\mathrm{d}r^2}=\frac{\mathrm{d}}{\mathrm{d}r}\frac{\mathrm{d}}{\mathrm{d}r}(rR)=\frac{\mathrm{d}}{\mathrm{d}r}\left(r\frac{\mathrm{d}R}{\mathrm{d}r}+R\right)$$

$$=\underbrace{r}_{\text{이 인자가 매우 크다}}\frac{\mathrm{d}^2R}{\mathrm{d}r^2}+2\frac{\mathrm{d}R}{\mathrm{d}r}\simeq r\frac{\mathrm{d}^2R}{\mathrm{d}r^2}$$

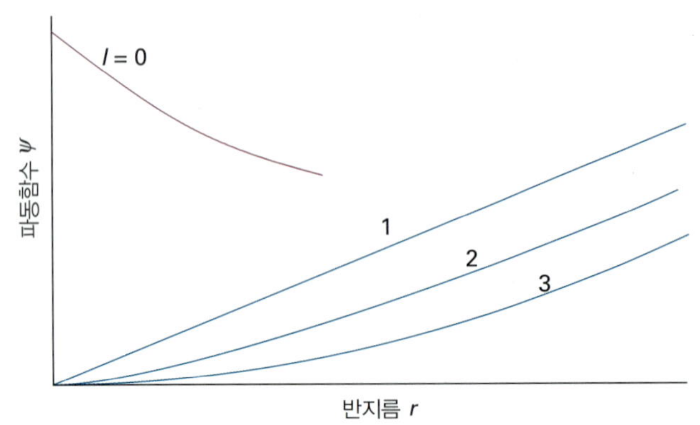

그림 17.5 핵 가까이에서는 $l=1$인 오비탈이 r에 비례하고, $l=2$인 오비탈은 r^2에 비례하고, 또 $l=3$일 때는 r^3에 비례한다. l이 증가함에 따라 핵 근처로부터 전자가 점점 더 배제된다. $l=0$인 오비탈은 핵의 위치에서 0이 아닌 유한한 값을 갖는다.

이 식은 다음과 같은 형태로 되거나

$$-\frac{\hbar^2}{2\mu}r\frac{\mathrm{d}^2R}{\mathrm{d}r^2}\simeq ErR$$

또는 r을 제거함으로써 다음과 같이 쓸 수 있다.

$$-\frac{\hbar^2}{2\mu}\frac{\mathrm{d}^2R}{\mathrm{d}r^2}\simeq ER$$

R은 반드시 유한해야 하고 전자가 무한대의 거리에 있고 정지해 있을 때보다 낮은 상태인 **구속 상태(bound state)**에 대하여 전자의 에너지가 음의 값을 가져야 하기 때문에 큰 값의 r에 대하여 이 식의 허용되는(유한한) 해는 다음과 같으며

$$R\simeq \mathrm{e}^{-(2\mu|E|/\hbar^2)^{1/2}r}$$

이 식을 원 방정식에 대입하면 해가 됨이 증명될 수 있다. 즉 모든 구속 상태의 파동함수는 r이 증가함에 따라 지수함수적으로 감쇠하여 0에 접근하게 된다.

여기서는 방사형 파동 방정식(식 17.6)을 전체 반지름 영역에 대하여 기술적인 단계를 통하여 자세히 풀지 않을 것이며, 핵 가까이에서 r^l 형태의 함수가 먼 거리에서 지수함수적으로 감쇠되는 함수와 어떻게 융합되는지를 보이기만 하겠다.[1] 여기서는 다음과 같은 사실을 아는 정도로 충분하다.

- 새로운 양자수 n이 정수의 값을 가질 때에만 두 극한 해가 들어맞는다.
- 허용되는 해에 대응하는 허용되는 에너지가 다음과 같이 주어진다.

$$E_{nlm_l}=-\frac{Z^2\mu e^4}{32\pi^2\varepsilon_0^2\hbar^2n^2}\quad n=1,\ 2,\ \cdots$$ 수소꼴 원자 에너지 (17.7)

- 허용되는 에너지는 l과 m_l 값에 의존하지 않으며 표기법에 지나친 부담을 주지 않기 위하여 이제부터는 간단히 E_n으로 표기한다.
- 방사형 파동함수는 n과 l의 두 값에 의존하며(m_l에는 의존하지 않음), l은 0, 1, …, $n-1$의 값으로 제한된다.
- 모든 방사형 파동함수는 다음과 같은 형태를 갖는다.

$$R(r)=r^l\times(r\text{의 다항식})\times(r\text{의 지수함수적 감쇠})$$

이 함수들을 가장 간단하게 표시하기 위하여 다음과 같은 차원이 없는 변수 ρ(rho)를 이용하는 것이 좋다.

$$\rho=\frac{2Zr}{na}\quad a=\frac{4\pi\varepsilon_0\hbar^2}{\mu e^2}$$ (17.8)

간단하게 하기 위하여 오차를 무시함으로써 식 17.8에서 보통 μ를 m_e로 대체하면, 이 경우 $\rho=2Zr/na_0$가 되고 a_0는 다음과 같이 된다.

$$a_0=\frac{4\pi\varepsilon_0\hbar^2}{m_e e^2}$$ 정의 Bohr 반지름 (17.9)

Bohr 반지름(Bohr radius) a_0는 52.9 pm 값을 갖는다. 이 명칭은 이러한 상수가 Bohr의 초기 수소 원자 모형에서 최저 에너지 전자 궤도의 반지름을 나타내는 데 사용되었던 같은 양이기 때문에 나온 것이다. 구체적으로 양자수가 n과 l인 전자에 대한 방사형 파동함수는 다음과 같은 (실수) 함수이다.

$$R_{nl}(r)=N_{nl}\rho^lL_{n+1}^{2l+1}(\rho)\mathrm{e}^{-\rho/2}$$ 수소꼴 원자 방사형 파동함수 (17.10)

여기에서 N_{nl}은 정규화 상수(n과 l에 의존하는 값을 갖는)이고, ρ의 식에 있는 L은 **버금 Laguerre 다항식(associated Laguerre polynomial)**이라고 불리는 다항식이다. 이 식은 왼쪽의 $r\approx0$ 해($R\propto\rho^l$에 대응하는)와 그 오른쪽의 지수함수적으로 감쇠하는 함수를 연결시켜 준다. 이 다항식은 무척 어려워 보이지만 1, ρ, $2-\rho$와 같이 간단한 형태를 갖는다(이 함수의 일부를 표 17.1에서 골라낼 수 있다).

식 17.10의 성분들은 다음과 같이 해석할 수 있다.

물리적 해석

- 지수 인자 때문에 핵으로부터 먼 거리에서는 파동함수가 0으로 접근한다.
- ρ^l 인자 때문에($l>0$이기만 하면) 핵의 위치에서 파동함수가 소멸된다.
- 버금 Laguerre 다항식은 양의 값으로부터 음의 값으로 진동하며, 이 때문에 방사 방향 마디가 나타난다.

[1] 해에 대한 완전한 설명을 위해서는 *Molecular quantum mechanics*, Oxford University Press (2011)을 참고할 것.

방사형 파동함수의 일부를 표 17.1에 나타내었으며, 그림 17.6에도 나타내었다. r은 음의 값이 될 수 없으므로 $r=0$에서 방사형 파동함수가 0인 것은($l>0$에 대하여) 마디가 아니다. 파동함수는 거기에서 0을 통과하지 않는다.

간단한 예 17.2 파동함수의 방사형 마디

$n=2$, $l=0$, $m_l=0$인 수소 원자의 전자를 생각해 보자. 방사형 파동함수는 $R_{2,0}\propto(2-\rho)$이므로(표 17.1 참조) 방사형 마디는 $\rho=2$에서 발견된다. 식 17.8과 17.9를 사용하여 $Z=1$, $n=2$일 때 r이 다음과 같음을 알 수 있다.

$$r=\frac{na_0\rho}{2Z}=2a_0$$

따라서 수소 원자의 핵으로부터 105.8 pm 거리의 작은 부피 인자 안에서 전자를 발견할 확률은 0이 된다.

자가 진단 17.2 $n=3$, $l=0$, $m_l=0$인 Li^{2+} 이온 속 전자에 대한 방사형 마디를 구하시오.

답: $(3\pm3^{1/3})a_0/2$, 125 pm와 33.5 pm

17.2 원자 오비탈과 그 에너지

수소 원자의 파동함수를 '원자 오비탈'이라고 한다. 더 정확하게 **원자 오비탈**(**atomic orbital**)은 한 원자 속에 들어 있는 하나의 전자에 대한 일전자 파동함수이다.

표 17.1 수소꼴 원자의 방사형 파동함수

n	l	R_{nl}
1	0	$2\left(\frac{Z}{a}\right)^{3/2}e^{-\rho/2}$
2	0	$\frac{1}{8^{1/2}}\left(\frac{Z}{a}\right)^{3/2}(2-\rho)e^{-\rho/2}$
2	1	$\frac{1}{24^{1/2}}\left(\frac{Z}{a}\right)^{3/2}\rho e^{-\rho/2}$
3	0	$\frac{1}{243^{1/2}}\left(\frac{Z}{a}\right)^{3/2}(6-6\rho+\rho^2)e^{-\rho/2}$
3	1	$\frac{1}{486^{1/2}}\left(\frac{Z}{a}\right)^{3/2}(4-\rho)\rho e^{-\rho/2}$
3	2	$\frac{1}{2430^{1/2}}\left(\frac{Z}{a}\right)^{3/2}\rho^2e^{-\rho/2}$

여기서 $a=4\pi\varepsilon_0\hbar^2/\mu e^2$, $\rho=(2Z/na)r$이다. 무한히 무거운 핵(또는 이에 준한다고 생각할 수 있는 핵)에 대해서는 $\mu=m_e$, a는 Bohr 반지름 a_0와 같다.

(a) 원자 오비탈

각 수소꼴 원자 오비탈(식 17.4)은 n, l, m_l의 3개 양자수를 가지고 정의한다. 즉

$$\psi_{nlm_l}(r,\theta,\phi)=R_{nl}(r)Y_{lm_l}(\theta,\phi) \quad \text{수소꼴 원자} \quad \text{원자 오비탈} \quad (17.11)$$

전자가 이들 파동함수의 어느 하나로 기술될 때는 이 전자가 그 오비탈을 '점유한다'고 말한다.

양자수 n은 **주양자수**(**principal quantum number**)라고 하는데, 이 값은 $n=1, 2, 3, \cdots$로서 식 17.7에 있는 것과 같

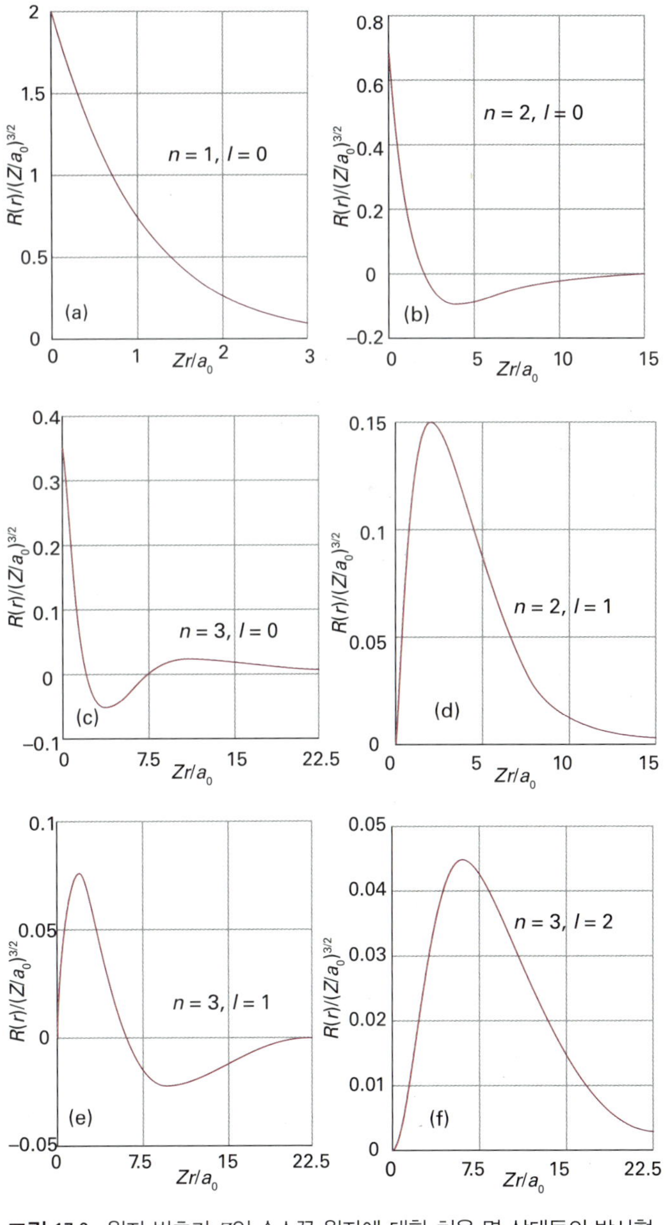

그림 17.6 원자 번호가 Z인 수소꼴 원자에 대한 처음 몇 상태들의 방사형 파동함수. $l=0$인 오비탈은 핵에서 0이 아니며 유한한 값을 갖는다는 것을 주목하라. 수평 척도는 각 경우마다 다르다. 주양자수가 큰 오비탈은 핵으로부터 비교적 멀리 있다.

이 그 전자의 에너지를 결정해 준다. 다른 두 양자수 l과 m_l은 각도 의존 해로부터 나오는 것으로서, 토픽 14에서 설명한 바와 같이 핵 주위의 전자의 각운동량을 명시한다. 그러나 각도와 방사형 파동함수가 반드시 만족해야 하는 여러 가지 경계 조건들은 그들의 값에 다음과 같은 추가적인 제약을 두고 있다.

> 양자수가 l인 오비탈의 전자는 $\{l(l+1)\}^{1/2}\hbar$ 크기의 각운동량을 갖는데, 이때 $l=0, 1, 2, \cdots, n-1$이다.
>
> 양자수가 m_l인 오비탈의 전자는 그 각운동량의 z축 성분이 $m_l\hbar$이며, 이때 $m_l=0, \pm1, \pm2, \cdots, \pm l$이다.

이제 주양자수 n이 l의 최댓값을 어떻게 제한하며, 또 l이 m_l 값의 범위를 어떻게 제한하는지 주목하라. 예를 들어 $n=3$이면 허용되는 l 값(그리고 해당되는 m_l 값)은 0(0), 1(0, ±1), 2(0, ±1, ±2)이다.

간단한 예 17.3 전자의 확률 밀도

$n=1$, $l=0$, $m_l=0$ 오비탈을 점유하고 있는 전자에 대한 핵에서의 확률 밀도를 계산하기 위해서는 $r=0$에서 $\psi_{1,0,0}$을 계산하는 것으로 시작한다(표 14.1과 17.1 참조).

$$\psi_{1,0,0}(0,\theta,\phi)=R_{1,0}(0)Y_{0,0}(\theta,\phi)=2\left(\frac{Z}{a_0}\right)^{3/2}\left(\frac{1}{4\pi}\right)^{1/2}$$

따라서 확률 밀도는 다음과 같다.

$$\psi_{1,0,0}(0,\theta,\phi)^2=\frac{Z^3}{\pi a_0^3}$$

여기에서 $Z=1$일 때 2.15×10^{-6} pm^{-3}으로 계산된다. 따라서 핵에 위치하고 있는 부피 1.00 pm^{3}의 영역 안에서 전자를 발견할 확률은 매우 작은 영역 이내에서 ψ의 변화를 무시하면 2.15×10^{-6}이고, 이것은 5×10^5에 대하여 1에 해당하는 값이다.

자가 진단 17.3 $n=2$, $l=0$, $m_l=0$인 오비탈을 점유하고 있는 전자에 대한 핵에서의 확률 밀도를 계산하시오. H 원자의 핵에 위치하고 있는 부피 1.00 pm^{3}의 영역 안에서 전자를 발견할 확률은 무엇인가?

답: $Z^3/(8\pi a_0^3)$, 2.69×10^{-7}

(b) 에너지 준위

식 17.7에 의해 예측되는 에너지 준위를 그림 17.7에 나타내었다. 이들 에너지와 또한 인접 준위들 사이의 거리는 Z^2에 비례하며, 따라서 $He^+(Z=2)$의 준위들은 $H(Z=1)$에서보다 4배나 더 넓게 벌어지며 바닥 상태의 에너지도 4배나 더 깊다. 식 17.7이 나타내는 에너지는 모두 음이다. 이것은 원자의 구속 상태를 언급하였기 때문이며, 이때 원자의 에너지는 정류 상태의 전자와 핵이 서로 무한히 멀리 떨어져 있을 때($n=\infty$의 한계)의 에너지보다 낮기 때문이다. Schrödinger 방정식의 해(식 17.3)는 양의 에너지를 갖는 때도 있다. 이것은 원자 내부의 전자가 고에너지 충돌이나 광자에 의해서 원자 밖으로 튀어나올 때 올라가는 상태인 **비구속 상태**(**unbound state**)에 해당한다. 비구속 전자의 에너지는 양자화되지 않으며(파동함수가 무한대의 거리에서 반드시 0이 되어야 한다는 경계 조건은 더 이상 관계가 없다), 이 때문에 원자의 **연속 상태**(**continuum state**)가 나타나게 된다.

수소 원자에 대하여 식 17.7의 에너지에 관한 식은 다음의 형태로 쓸 수 있다.

$$E_n=-\frac{hc\tilde{R}_H}{n^2} \quad n=1,2,\ldots$$ 대체 형태 에너지, 수소 원자 (17.12a)

여기에서 $\tilde{R}_H$는 수소 원자에 대한 Rydberg 상수이며 다음과 같다.

$$\tilde{R}_H=\frac{\mu_H e^4}{8\varepsilon_0^2h^3c}$$ H의 Rydberg 상수 (17.12b)

위 식은 109 677 cm^{-1}의 값을 갖는다. **Rydberg 상수**(**Rydberg constant**) $\tilde{R}_\infty$ 자체는, μ_H 대신에 전자 질량 m_e를 넣어준 점을 제외하면 식 17.12b와 똑같으며 핵의 질량이 무한대일 때의 값에 대응한다. 즉

$$\tilde{R}_\infty=\frac{m_e e^4}{8\varepsilon_0^2h^3c}$$ 정의 Rydberg 상수 (17.13)

예제 17.1 원자 오비탈의 전자 점유 에너지 계산

수소꼴 He^+ 이온($Z=2$)의 어떤 들뜬 상태에 있는 하나의 전자는 파동함수 $R_{3,2}(r)\times Y_{2,-1}(\theta,\phi)$로 묘사된다. 이 전자의 에너지는 무엇인가?

방법 수소꼴 원자의 에너지는 n에 의존하며 l과 m_l 값과는 무관하기 때문에 양자수 n만을 결정하면 되며, 이것은 식 17.11에 주어진 파동함수의 형태를 표시함으로써 결정된다. 그리고 식 17.7을 사용하여 에너지를 계산한다. 좋은 근사법으로 식 17.7의 환산 질량은 m_e로 치환할 수 있으며, 에너지는 식 17.13의 Rydberg 상수의 항으로 쓸 수 있다. (정밀도를 더 크게 하기 위해서는 전자와 헬륨 핵의 환산 질량을 사용한다.)

풀이 μ를 m_e로 치환하고 $\hbar = h/2\pi$를 이용하면 에너지에 관한 식(식 17.7)을 다음과 같이 쓸 수 있다.

$$E_n = -\frac{Z^2 m_e e^4}{8\varepsilon_0^2 h^2 n^2} = -\frac{Z^2 hc\tilde{R}_\infty}{n^2}$$

여기에서

$$\tilde{R}_\infty = \frac{\overbrace{9.109\,38\times10^{-31}\,\text{kg}}^{m_e}\times\overbrace{(1.602\,176\times10^{-19}\,\text{C})^4}^{e^4}}{8\times\underbrace{(8.854\,19\times10^{-12}\,\text{J}^{-1}\,\text{C}^2\,\text{m}^{-1})^2}_{\varepsilon_0^2}\times\underbrace{(6.626\,08\times10^{-34}\,\text{J s})^3}_{h^3}\times\underbrace{2.997\,926\times10^{10}\,\text{cm s}^{-1}}_{c}}$$

$$=109\,737\,\text{cm}^{-1}$$

이고

$$hc\tilde{R}_\infty = (6.626\,08\times10^{-34}\,\text{J s})\times(2.997\,926\times10^{10}\,\text{cm s}^{-1})\times(109\,737\,\text{cm}^{-1})$$
$$=2.179\,87\times10^{-18}\,\text{J}$$

이다. 따라서 $n=3$에 대하여 에너지는

$$E_3 = -\frac{\overbrace{4}^{Z^2}\times\overbrace{2.179\,87\times10^{-18}\,\text{J}}^{hc\tilde{R}_\infty}}{\underbrace{9}_{n^2}}$$
$$=-9.688\,31\times10^{-19}\,\text{J}$$

이며 또는 -0.96883 aJ(a는 10^{-18}을 나타내는 접두사 atto의 기호임)이다. 경우에 따라 eV로 에너지를 표현하는 것이 유용하다. 이 경우 $E_3 = -6.04697$ eV이다.

자가 진단 17.4 파동함수 $R_{4,3}(r)\times Y_{3,-2}(\theta,\phi)$에 대한 Li^{2+} 이온($Z=3$)의 들뜬 상태에 있는 전자의 에너지는 얼마인가?

답: -1.22618 aJ, -7.65322 eV

식 17.12는 원자 상태 수소의 방출 스펙트럼의 분석에 대한 편리한 식이며, 아래의 예에서 나타내고 토픽 21에서 자세하게 탐구될 것이다.

예제 17.2 H의 방출 스펙트럼 선의 파수 계산

기체상의 수소에 전기 방전을 통하게 하면 H_2 분자가 해리되고 에너지가 들뜬 H 원자가 생성된다. 들뜬 H 원자의 전자가 $n=2$에서 $n=1$로 전이될 때 방출 스펙트럼의 선에 해당하는 파수를 계산하시오.

방법 들뜬 전자가 양자수 n_2인 상태에서 양자수 n_1인 낮은 상태로 전이가 일어나면 다음에 해당하는 에너지를 잃게 된다.

$$\Delta E = E_{n_2} - E_{n_1} = -hc\tilde{R}_\text{H}\left(\frac{1}{n_2^2}-\frac{1}{n_1^2}\right)$$

방출되는 광자의 진동수는 $\nu = \Delta E/h$이며, 파수는 $\tilde{\nu} = \nu/c = \Delta E/hc$이다.

풀이 전자가 $n_2=2$에서 $n_1=1$로 전이를 일으킬 때 방출되는 광자의 파수는 다음으로 주어진다.

$$\tilde{\nu} = -\tilde{R}_\text{H}\left(\frac{1}{n_2^2}-\frac{1}{n_1^2}\right)$$
$$=-(109677\,\text{cm}^{-1})\times\left(\frac{1}{2^2}-\frac{1}{1^2}\right)$$
$$=82\,258\,\text{cm}^{-1}$$

방출되는 광자는 파장이 122 nm이며, 이는 자외선 복사에 해당된다.

자가 진단 17.5 H의 전자가 $n=3$에서 $n=2$로 전이를 일으킨다면, 이때 방출하는 광자의 파장과 파수를 구하시오.

답: 656 nm, 15 233 cm^{-1}, 가시광선

(c) 이온화 에너지

원소의 **이온화 에너지**(**ionization energy**, I)는 최저 에너지 상태, 즉 바닥 상태에 있는 그 원소의 기체상 한 원자로부터 전자 한 개를 떼어내는 데 필요한 최소 에너지이다. 수소의 바닥 상태는 $n=1$인 상태이며, 그 에너지는 $E_1 = -hc\tilde{R}_\text{H}$이다. 전자가 $n=\infty$에 해당하는 준위로 들뜨면 원자가 이온화되며(그림 17.7 참조), 따라서 다음과 같은 에너지가 공급되어야 한다.

$$I = hc\tilde{R}_\text{H} \qquad \text{수소 원자 이온화 에너지} \qquad (17.14)$$

I의 값은 2.179 aJ이며, 13.60 eV에 해당한다.

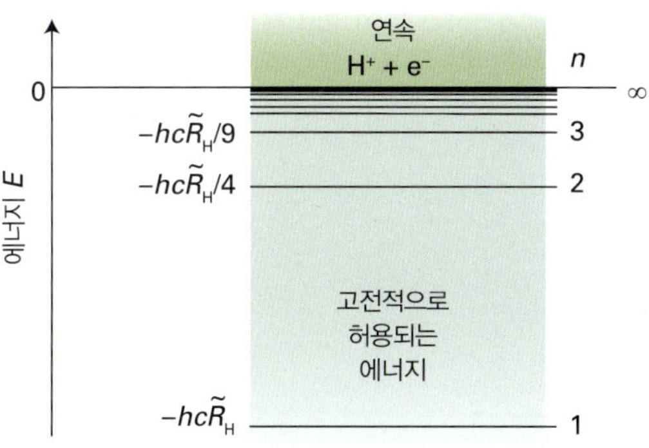

그림 17.7 수소 원자의 에너지 준위. 이 값은 정류 상태의 전자와 양성자가 무한히 멀리 떨어져 있는 상태를 기준으로 한 것이다.

예제 17.3 이온화 에너지의 분광학적 측정

원자 상태 수소는 다음과 같은 일련의 방출 스펙트럼선을 나타내는데, 이들은 모두 동일한 낮은 상태로 전이되는 것들로 82 259, 97 492, 102 824, 105 292, 106 632, 107 440 cm^{-1}이다. (a) 낮은 상태의 이온화 에너지, (b) Rydberg 상수의 값을 구하시오.

방법 이온화 에너지를 분광학적으로 측정하려면 스펙트럼선들의 '수렴 극한', 즉 선들이 수렴되어 연속 영역이 나타나는 곳을 찾아야 한다. $-hc\tilde{R}_H/n^2$을 높은 에너지 상태라고 하면 낮은 에너지 상태 E_{lower}로 전이될 때 다음과 같은 파수의 광자가 방출된다.

$$\tilde{\nu} = -\frac{\tilde{R}_H}{n^2} - \frac{E_{lower}}{hc}$$

이온화 에너지는 $I = -E_{lower}$이며, 위 식은 다음과 같이 된다.

$$\tilde{\nu} = \frac{I}{hc} - \frac{\tilde{R}_H}{n^2}$$

따라서 파수를 $1/n^2$에 대해서 도시하면 기울기가 $-\tilde{R}_H$이고, 절편이 I/hc인 직선이 나와야 한다. 수학적인 소프트웨어를 이용하여 이 데이터를 최소 제곱법에 따라 처리하면 이 데이터의 정밀도가 반영된 결과를 얻을 수 있다.

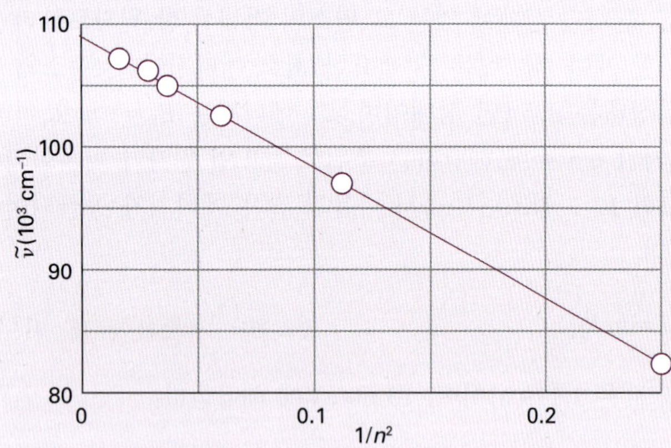

그림 17.8 원자(여기서는 H)의 이온화 에너지를 구하는 데 이용된 예제 17.3에서 데이터의 도시

풀이 파수들을 $1/n^2$에 대해서 도시한 것이 그림 17.8이다. 최소 제곱법에 의한 절편은 109 679 cm^{-1}이며, 따라서 이온화 에너지는 2.1788 aJ(1317.1 kJ mol^{-1})이 된다. 이 예에서의 기울기는 수치적으로 구해도 같은 값이며, 따라서 실험적으로 결정된 Rydberg 상수의 값은 실제값인 109 677 cm^{-1}에 매우 가까운 109 679 cm^{-1}이다.

자가 진단 17.6 중수소 원자는 다음과 같은 일련의 방출 스펙트럼선을 나타내는데, 이들은 모두 동일한 낮은 상태로 옮기는 것들로서 15 238, 20 571, 23 039, 24 380 cm^{-1}이다. (a) 낮은 상태의 이온화 에너지, (b) 바닥 상태의 이온화 에너지, (c) 중양성자의 질량을 구하시오(전자와 중양성자와의 환산 질량으로 Rydberg 상수를 나타낸 다음, 중양성자의 질량에 관해서 푼다).

답:(a) 328.1 kJ mol^{-1}, (b) 1317.4 kJ mol^{-1}, (c) 2.8×10^{-27} kg, R_D에 대단히 민감한 결과이다.

개념 확인

☐ 1. **수소꼴 원자**는 일반적인 원자 번호 Z를 갖는 일전자 원자나 이온이다. 다전자 원자는 두 개 이상의 전자를 갖는 원자나 이온이다.

☐ 2. 수소꼴 원자의 파동함수는 방사형 파동함수와 각도 파동함수의 곱이며, 양자수 n, l, m_l로 표기된다.

☐ 3. **원자 오비탈**은 한 원자 속에 들어 있는 한 전자에 대한 일전자 파동함수이다.

☐ 4. **주양자수** n은 $n=1, 2, 3, \cdots$. 값을 가지며 수소꼴 원자의 전자에 대한 에너지를 결정해 준다.

☐ 5. **양자수** l과 m_l은 각각 핵 주위의 전자에 대한 각운동량의 크기($\{l(l+1)\}^{1/2}\hbar$)와 z축 성분($m_l\hbar$)을 지정해 준다. 이때 허용되는 값들은 $l=0, 1, 2, \cdots, n-1$이고 $m_l=0, \pm1, \pm2, \cdots, \pm l$이다.

☐ 6. 정류 상태의 전자와 핵이 무한대의 거리에 떨어져 있을 때의 에너지는 0이다. 전자의 에너지가 음의 값을 가지면 원자의 구속 상태에 해당되며, 양의 값을 가지면 비구속 상태 또는 연속 상태에 해당된다.

☐ 7. 원소의 **이온화 에너지**는 최저 에너지 상태, 즉 바닥 상태에 있는 그 원소의 기체상 한 원자로부터 전자 한 개를 떼어내는 데 필요한 최소 에너지이다.

식 확인

성질	식	비고	식 번호
Coulomb 퍼텐셜 에너지	$V(r)=-Ze^2/4\pi\varepsilon_0 r$		17.1
환산 질량	$\mu=m_e m_N/(m_e+m_N)$		17.3b
방사형 파동 방정식	$-(\hbar^2/2\mu)(d^2u/dr^2)+V_{eff}u=Eu$	수소꼴 원자	17.6a
유효 퍼텐셜 에너지	$V_{eff}=-Ze^2/4\pi\varepsilon_0 r+l(l+1)\hbar^2/2\mu r^2$	수소꼴 원자	17.6b
전자 에너지	$E_n=-Z^2\mu e^4/32\pi^2\varepsilon_0^2\hbar^2 n^2$ $n=1,2,\ldots$	수소꼴 원자	17.7
Bohr 반지름	$a_0=4\pi\varepsilon_0\hbar^2/m_e e^2$	52.9 pm	17.9
원자 오비탈	$\psi_{nlm_l}(r,\theta,\phi)=R_{nl}(r)Y_{lm_l}(\theta,\phi)$		17.11
수소의 Rydberg 상수	$\tilde{R}_H=\mu_H e^4/8\varepsilon_0^2 h^3 c$	109 677 cm^{-1}	17.12b
Rydberg 상수	$\tilde{R}_\infty=m_e e^4/8\varepsilon_0^2 h^3 c$	109 737 cm^{-1}	17.13
수소의 이온화 에너지	$I=hc\tilde{R}_H$	2.179 aJ, 13.60 eV	17.14

토픽 18

수소꼴 원자 오비탈

내용

➤ 학습 목표

수소꼴 원자 오비탈의 성질은 다전자 원자와 더 나아가 분자의 전자 구조를 논의하는 데 특히 중요한 역할을 한다. 따라서 주기율표, 분자 구조, 화학의 반응성의 형태를 이해하기 위해 원자 오비탈의 견고한 이해가 필요하다.

➤ 핵심 내용

원자 오비탈은 원자에서 전자의 확률 밀도 분포를 묘사한다.

➤ 미리 알기

확률 밀도(토픽 5), 기댓값(토픽 7), 마디(토픽 9)의 용어가 무엇을 의미하는지를 알아야 한다. 이 토픽에서는 토픽 17의 표 17.1에 제시한 방사형 파동함수와, 토픽 14의 표 14.1에 나타낸 구면 조화 함수의 형태를 아주 많이 그려볼 것이다. **수학적 배경** 1에서 복습한 다양한 조사 기법이 사용된다.

원자 번호가 Z인 일전자 원자의 전자 파동함수인 수소꼴 원자의 오비탈은 세 가지 양자수 n, l, m_l로 정의된다(토픽 17). 오비탈은 $\psi_{nlm_l}=R_{nl}Y_{lm_l}$의 형태를 가지며, 여기에서 R은 표 17.1에 나타난 방사형 파동함수이며, Y는 표 14.1의 구면 조화 함수이다. 확률 밀도 $|\psi_{nlm_l}|^2$은 일반화학 과정으로부터 익숙한 원자 오비탈의 모양이 된다. 수소꼴 원자 오비탈은 전자 구조와 다전자 원자(토픽 19), 더 나아가 분자(토픽 22~30)의 주기적 성질을 설명하는 기초를 제공하므로 여기에서는 수소꼴 원자 오비탈의 성질을 탐구하기로 한다.

18.1 전자껍질과 부껍질

n의 값으로 주어진 모든 오비탈들은 원자의 한 **껍질**(**shell**)을 이룬다고 말한다. 수소꼴 원자의 경우에는 동일 껍질, 즉 n의 값이 동일한 모든 오비탈이 동일한 에너지를 갖는다. 이 껍질들은 일반적으로 다음과 같이 차례대로 대문자로 나타낸다.

$$\begin{array}{lllll} n=1 & 2 & 3 & 4 & \ldots \\ \mathrm{K} & \mathrm{L} & \mathrm{M} & \mathrm{N} & \ldots \end{array}$$

예로서 $n=2$인 껍질의 오비탈들은 모두 그 원자의 L 껍질을 형성하며, 계속해서 같은 방식을 따른다. 한편 n의 값은 같고 l의 값이 다른 오비탈들은 그 껍질의 **부껍질**(**subshell**)을 이룬다고 말한다. 부껍질은 일반적으로 다음과 같이 소문자로 나타낸다.

$$\begin{array}{llllllll} l=0 & 1 & 2 & 3 & 4 & 5 & 6 & \ldots \\ \mathrm{s} & \mathrm{p} & \mathrm{d} & \mathrm{f} & \mathrm{g} & \mathrm{h} & \mathrm{i} & \ldots \end{array}$$

이 기호들은 j를 생략하고 알파벳 순서로 이어진다(i와 j가 구별되지 않는 언어가 있기 때문에 j는 제외한다). 그림 18.1은 수소꼴 원자에 대한 부껍질들을 에너지 준위를 분명하게 나타내고 있다. l은 0부터 $n-1$까지의 값을 가질 수 있어 모두 n개의 값이 되므로 주양자수가 n인 껍질에는 n개의 부껍질이 있게 된다.

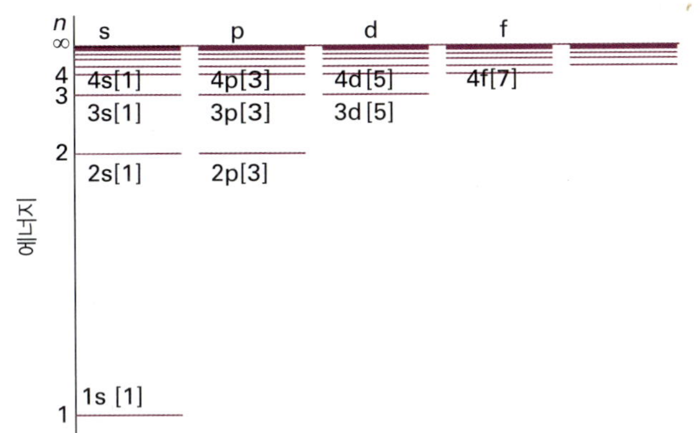

그림 18.1 부껍질과 각 부껍질 속에 들어 있는 오비탈의 수(괄호 속의 수)가 표시된 수소꼴 원자의 에너지 준위. 한 껍질 속에 들어 있는 모든 오비탈들이 동일한 에너지를 갖는다.

- $n=1$일 때는 $l=0$인 부껍질(1s 부껍질) 하나만을 갖는다.
- $n=2$일 때는 두 부껍질, 즉 2s 부껍질($l=0$)과 2p 부껍질($l=1$)이 있게 된다.

$n=1$일 때는 $l=0$인 단 하나의 부껍질이 가능하며, 이 부껍질은 $m_l=0$(유일하게 허용되는 m_l의 값)인 오비탈을 하나만 갖는다. $n=2$일 때는 4개의 오비탈이 있게 되는데, 이들은 s 부껍질에 들어 있는 $l=0$, $m_l=0$인 오비탈 한 개와, $l=1$인 부껍질 속에 들어 있는 $m_l=0, \pm1$의 세 개의 오비탈이다. 일반적으로 주양자수가 n인 껍질 속에는 n^2개의 오비탈이 들어 있으며, 따라서 수소꼴 원자의 경우에는 각 껍질이 n^2개로 축퇴되어 있다. 껍질 속에 들어 있는 오비탈들의 구성을 그림 18.2에 요약해 놓았다.

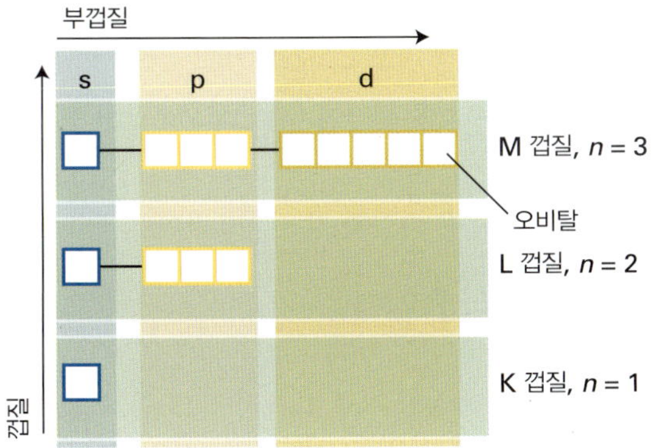

그림 18.2 부껍질(l로 표시되는)과 껍질(n으로 표시되는)로 되는 오비탈(흰색 네모) 구성

간단한 예 18.1 껍질 속 오비탈의 수

$n=3$일 때는 $l=0$(3s), $l=1$(3p), $l=2$(3d)인 3개의 부껍질이 있다. s, p, d 부껍질은 각각 1, 3, 5개의 오비탈로 구성되어 있으므로 M 껍질에는 총 $9=3^2$개의 오비탈이 있게 된다.

자가 진단 18.1 N 껍질에 있는 오비탈을 결정하시오.

답: 4s 1개, 4p 3개, 4d 5개, 4f 7개의 총 16개

(a) s 오비탈

수소꼴 원자의 바닥 상태에서는 $n=1$인 오비탈이 점유되며 따라서 $l=0$, $m_l=0$이다. 파동함수 $\psi_{1,0,0}$는 방사형 파동함수 $R_{1,0}$와 구면 조화 함수 $Y_{0,0}$의 곱이며, 따라서 표 14.1과 17.1로부터 이 파동함수는 다음과 같이 쓸 수 있다.

$$\psi = \left(\frac{Z^3}{\pi a_0^3}\right)^{1/2} e^{-Zr/a_0} \quad \text{수소꼴 원자 1s 파동함수} \quad (18.1)$$

이 파동함수는 전자의 각도 위치와 무관하고 일정한 반지름 상의 모든 점에서 같은 값을 가지므로 1s 오비탈은 '구형 대칭'이다. 이 파동함수는 핵의 위치($r=0$)에서 최댓값 $(Z^3/\pi a_0{}^3)^{1/2}$을 나타내고 지수함수적으로 감쇠하므로, 즉 이 상태의 전자가 발견될 확률은 핵 자체의 위치에서 가장 높다.

실용 상식 한 점에서의 **확률 밀도**(차원: 1/부피) ψ^2과 어떤 점에서 무한소 영역 $d\tau$에 전자가 있을 **확률**(차원 없음) $\psi^2 d\tau$ 사이에서의 구별을 항상 명심해야 한다.

원자의 퍼텐셜 에너지와 운동 에너지가 전체 에너지에 기여하는 바를 생각해 보면 이러한 바닥 상태 파동함수의 일반적 형태를 이해할 수 있을 것이다. 전자가 평균적으로 핵에 가까워질수록 그 평균 퍼텐셜 에너지는 낮아진다(즉 더 큰 음수 값으로). 이러한 의존 관계는 핵의 위치에서 큰 진폭으로 뾰족한 피크를 갖는 파동함수와 함께 퍼텐셜 에너지가 최저로 되며 그 이외의 모든 곳에서는 아주 작아야 한다는 것을 제시한다(그림 18.3a). 그러나 이러한 모양이 되려면 파동함수가 대단히 높은 평균 곡률을 가져야 하므로 운동 에너지가 높아야 할 것이다. 전자가 오로지 대단히 낮은 평균 곡률의 파동함수를 가져야만 그 운동 에너지가 대단히 낮을 것이다. 그러나 이러한 파동함수(그림 18.3b)는 핵으로부터 먼 거리까지 퍼져나갈 것이며 이에 대응해서 전자의 평균 퍼텐셜 에너지가 높아야(즉 더 작은 음수값)할 것이다. 실제의 바

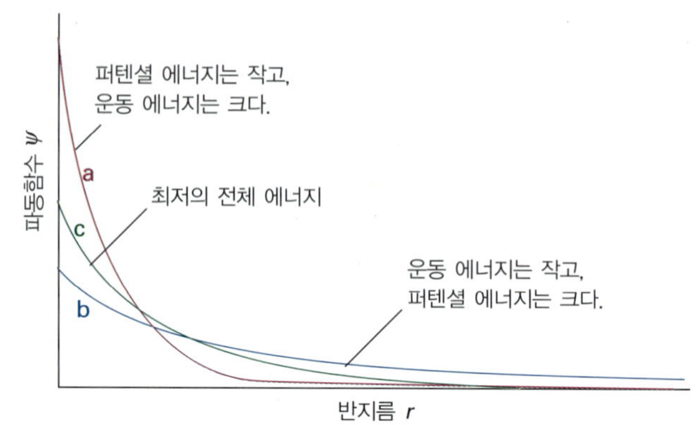

그림 18.3 수소꼴 원자들의 바닥 상태 구조는 운동 에너지와 퍼텐셜 에너지의 균형으로 설명할 수 있다. (a) 높은 곡률의 국소화된 오비탈은 높은 평균 운동 에너지와 낮은 평균 퍼텐셜 에너지를 갖는다. (b) 평균 운동 에너지는 낮지만 퍼텐셜 에너지가 매우 적절하지 않다. (c) 적당한 운동 에너지와 적합한 퍼텐셜 에너지가 절충된 결과이다.

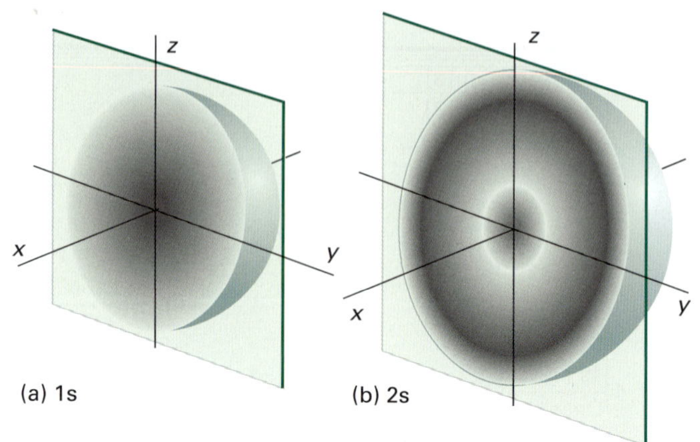

그림 18.4 전자의 확률 밀도(명암의 밀도로 나타낸)로 나타낸 (a) 1s, (b) 2s 수소꼴 원자 오비탈의 단면도 표시

닥 상태 파동함수는 이들 두 극한이 절충된 결과이다(그림 18.3c). 즉 이 파동함수는 핵으로부터 어느 정도까지는 퍼져 나가며(그리하여 퍼텐셜 에너지의 기댓값은 첫째 경우에서와 같이 낮지 않고 또 대단히 높지도 않다) 적당히 낮은 평균 곡률을 갖는다(따라서 운동 에너지의 기댓값이 대단히 낮지도 않고 또 첫째 경우에서처럼 높지도 않다). 바닥 상태에 대한 운동 에너지와 퍼텐셜 에너지의 기여는 다음 **증명**에 나타난 바와 같이 비리알 정리를 이용하여 이해될 수 있다.

전자의 확률 밀도를 그리는 한 가지 방법은 밀도의 명암에 의하여 $|\psi|^2$을 나타내는 것이다(그림 18.4).

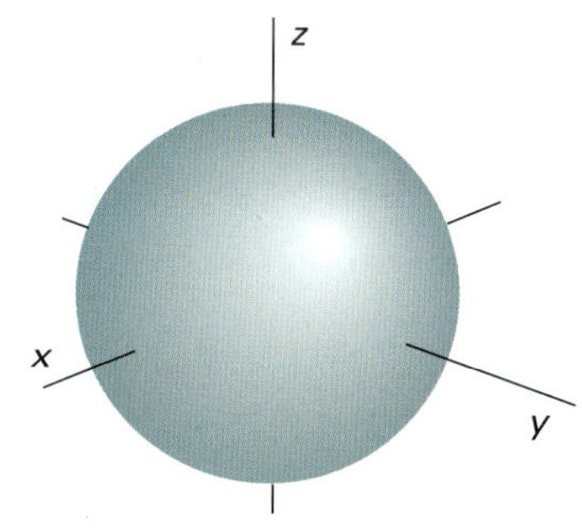

그림 18.5 전자가 발견될 확률이 90%인 영역을 둘러싸는 s 오비탈의 경계면. 모든 s 오비탈은 구형의 경계면을 가진다.

증명 18.1 비리알 정리와 수소꼴 원자 오비탈의 에너지

비리알 정리(토픽 12)에 의하면 a와 b가 상수이고 계의 퍼텐셜 에너지가 $V = ax^b$의 형태일 때 평균 운동 에너지와 퍼텐셜 에너지는 $2\langle E_k\rangle = \langle V\rangle$의 관계가 있다. $b = -1$인 Coulomb 에너지($V \propto -1/r$)에 대하여 다음의 관계를 갖는다.

$$\langle E_k\rangle = -\frac{1}{2}\langle V\rangle$$

핵으로부터 전자의 평균 거리가 증가하면 $\langle V\rangle$는 증가하고(덜 음으로 내려가며) 따라서 $\langle E_k\rangle$는 감소(덜 양의 값이 된다)한다.

더 간단한 방법은 이 확률 밀도의 대부분(일반적으로 약 90%)을 수용하는 **경계면(boundary surface)**을 나타내는 것이다. 1s 오비탈의 경우에는 그 경계면은 핵을 중심으로 하는 구이다(그림 18.5).

모든 s 오비탈은 구형 대칭이지만 방사형 마디 수가 다르다. 예를 들어 표 18.1에 모아 놓은 1s, 2s, 3s 오비탈은 각각 0, 1, 2개의 마디를 갖는다(그림 17.6을 보고 방사형 파동함수에서 0의 개수를 참고할 것). 2s와 3s 오비탈의 방사형 마디는 **간단한 예** 17.2에서 계산되었다. 일반적으로 ns 오비탈은 $n-1$개의 방사형 마디를 갖는다.

예제 18.1 s 오비탈의 평균 반지름 계산

원자 번호가 Z인 수소꼴 원자에 대한 1s 오비탈의 평균 반지름을 계산하시오.

방법 이 평균 반지름은 다음과 같은 기댓값이다.

$$\langle r\rangle = \int \psi^* r\psi \,\mathrm{d}\tau = \int r|\psi|^2 \,\mathrm{d}\tau$$

따라서 수소꼴 1s 파동함수(표 14.1과 17.1)를 이용하여 이 적분을 구해야 하며, 이때 구면 극좌표에서 부피 인자는 $\mathrm{d}\tau = r^2 \sin\theta \,\mathrm{d}\theta \,\mathrm{d}\phi$이다(**화학자 툴킷** 14.1 참조). 이 파동함수의 각도 부분은 다음과 같은 형태로 정규화되어 있다.

$$\int_0^{\pi}\int_0^{2\pi}|Y_{lm_l}|^2 \sin\theta\,\mathrm{d}\theta\,\mathrm{d}\phi = 1$$

여기에서 첫 번째 적분의 한계는 θ에 대한 것이고, 두 번째 적분의 한계는 ϕ에 대한 것이다(다중 적분에 대한 방법은 **수학적 배경** 1을 상기할 것). **부록**에 수록된 적분 E.1을 사용한다.

풀이 파동함수를 $\psi_{nlm_l} = R_{nl}Y_{lm_l}$와 같은 형태로 쓰면 기댓값 $\langle r\rangle$은 다음과 같이 된다.

$$\langle r\rangle = \int_0^{\infty}\int_0^{\pi}\int_0^{2\pi} \overbrace{rR_{nl}^2|Y_{lm_l}|^2}^{|\psi|^2}\overbrace{r^2\mathrm{d}r\sin\theta\,\mathrm{d}\theta\,\mathrm{d}\phi}^{\mathrm{d}\tau}$$

$$= \int_0^{\infty} r^3R_{nl}^2\mathrm{d}r \times \overbrace{\int_0^{\pi}\int_0^{2\pi}|Y_{lm_l}|^2\sin\theta\,\mathrm{d}\theta\,\mathrm{d}\phi}^{1}$$

$$= \int_0^{\infty} r^3R_{nl}^2\mathrm{d}r$$

1s 오비탈(표 17.1)은 다음과 같다.

$$R_{1,0} = 2\left(\frac{Z}{a_0}\right)^{3/2} \mathrm{e}^{-Zr/a_0}$$

따라서 **부록**에 수록된 적분 E.1과 $n=3$, $a=2Z/a_0$을 사용하면

$$\langle r\rangle = 4\left(\frac{Z}{a_0}\right)^3\int_0^{\infty} r^3\mathrm{e}^{-2Zr/a_0}\mathrm{d}r \overset{\text{적분 E.1}}{=} 4\left(\frac{Z}{a_0}\right)^3 \times \frac{3!}{(2Z/a_0)^4}$$

$$= \frac{3a_0}{2Z}$$

이 된다. H에 대하여 $\langle r\rangle = 79.4$ pm이고, He^+의 경우에는 $\langle r\rangle = 39.7$ pm가 된다. 일반적으로 핵전하가 크게 되면 전자는 핵으로 더 가깝게 끌리게 된다.

자가 진단 18.2 원자 번호가 Z인 수소꼴 원자에 대한 (a) 3s 오비탈, (b) 3p 오비탈의 평균 반지름을 구하시오.

답: (a) $(27/2)a_0/Z$, (b) $(25/2)a_0/Z$

(b) p 오비탈

$l=1$일 때는 m_l이 3개의 상이한 값을 가질 수 있으며, 이 값들을 가지고 3개의 p 오비탈을 구별할 수 있다. 양자수 m_l은 각운동량을 특정 축(관례상 z축)에 투영한 것이므로 이들 상이한 m_l 값들은 임의의 z축에 대하여 오비탈 각운동량이 상이한 전자들의 오비탈을 나타낸다. 예로서 $m_l=0$인 오비탈은 z축에 대하여 0인 각운동량을 갖는다. 이 오비탈의 각 변화는 $\cos\theta$에 비례하며, 따라서 그 확률 밀도는 $\cos^2\theta$에 비례하고 z축에 대하여 핵의 양쪽($\cos^2\theta=1$인 $\theta=0$과 180°)에서 극댓값을 나타낸다.

$m_l=0$인 2p 수소꼴 오비탈의 파동함수는 다음과 같다.

$$\psi_{2p_0} = R_{2,1}Y_{1,0} = \frac{1}{4(2\pi)^{1/2}}\left(\frac{Z}{a_0}\right)^{5/2} r\cos\theta\,\mathrm{e}^{-Zr/2a_0} = r\cos\theta\, f(r) \quad (18.2a)$$

2p$_z$ 원자 오비탈

여기서 $f(r)$은 r만의 함수이다. 구면 극좌표에서는 $z = r\cos\theta$이므로 이 파동함수는 다음과 같이 쓸 수도 있다.

$$\psi_{2p_z} = zf(r) \quad (18.2b)$$

$m_l=0$인 p 오비탈들은 n 값에 관계없이 모두 이러한 형태의 파동함수를 가진다(n 값이 다르면 f도 다르게 된다). 이 오비탈의 이러한 표기 방식 때문에 'p$_z$ 오비탈'이라는 명칭이 유래되었다. 이 오비탈의 경계면($n=2$일 때)을 그림 18.6에 나타내었다. 이 파동함수는 $z=0$인 xy 평면상의 모든 점에서 0이 되며, 따라서 이 xy 평면은 이 오비탈의 **마디 평면(nodal plane)**이 된다. 이 파동함수가 이 면의 한쪽으로부터 다른 쪽으로 넘어갈 때는 그 부호가 변한다.

$m_l=\pm1$인 2p 수소꼴 오비탈들은 다음과 같은 형태이다.

$$\psi_{2p_{\pm1}} = R_{2,1}Y_{1,\pm1} = \mp\frac{1}{8\pi^{1/2}}\left(\frac{Z}{a_0}\right)^{5/2} r\mathrm{e}^{-Zr/2a_0}\sin\theta\,\mathrm{e}^{\pm\mathrm{i}\phi} = \mp\frac{1}{2^{1/2}} r\sin\theta\,\mathrm{e}^{\pm\mathrm{i}\phi} f(r) \quad (18.3)$$

이때 $f(r)$은 r만의 함수이다(식 18.2의 함수와 같지는 않다). 이들 함수들은 z축에 대한 각운동량이 0이 아니며 $\mathrm{e}^{+\mathrm{i}\phi}$는 아래쪽에서 보았을 때 시계 방향 회전에 해당하며, $\mathrm{e}^{-\mathrm{i}\phi}$는 반시

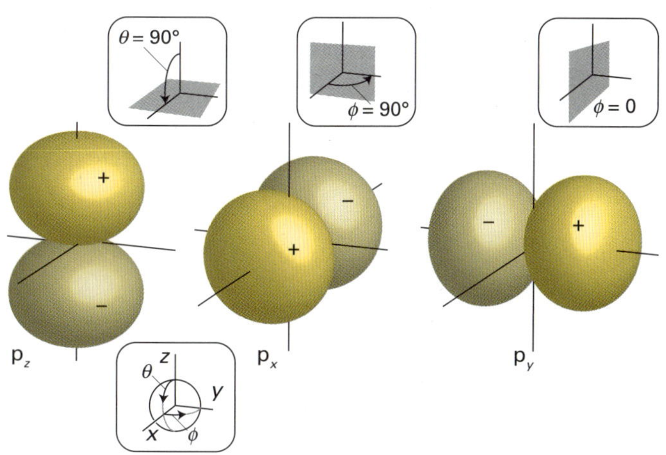

그림 18.6 2p 오비탈의 경계면. 마디 평면은 핵을 통과하며, 각 오비탈의 두 귓불꼴(lobe) 부분을 갈라놓는다. 파동함수의 상반되는 부호 영역을 어둡거나 밝게 나타내어 구분하였다. 구면 극좌표 계의 각도를 표시하였다. 모든 p 오비탈은 여기에 나타난 것과 같은 경계면을 갖는다.

계 방향 회전(같은 방향에서 보았을 때)에 해당한다. 이 함수들은 $\theta=0$과 180°(z축 상)에서 진폭이 0이 되고, $\theta=90°$, 즉 xy 평면에서 진폭이 최대로 된다.

식 18.3의 함수들을 그림으로 나타낼 때는 보통 축퇴된 함수 $\psi_{2p\pm1}$의 선형 결합인 두 개의 **실수** 함수로 구성하는 것이 관례적이다. 다음의 **증명**에서 축퇴된 오비탈의 선형 결합을 취하는 것이 허용됨을 보일 것이다. 특히 다음과 같은 실수 선형 결합($e^{+i\phi}=\cos\phi \pm i\sin\phi$ 이용)이 형성된다.

$$\psi_{2p_x}=-\frac{1}{2^{1/2}}(\psi_{2p_{+1}}-\psi_{2p_{-1}})=\overbrace{r\sin\theta\cos\phi}^{x}f(r)=xf(r) \quad \text{2}p_x\text{ 원자 오비탈} \qquad (18.4a)$$

$$\psi_{2p_y}=\frac{i}{2^{1/2}}(\psi_{2p_{+1}}+\psi_{2p_{-1}})=\overbrace{r\sin\theta\sin\phi}^{y}f(r)=yf(r) \quad \text{2}p_y\text{ 원자 오비탈} \qquad (18.4b)$$

식 18.4의 함수들은 숫자가 같고 부호가 반대인 m_l 값(즉 +1과 −1)을 갖는 상태의 중첩이기 때문에 선형 결합은 z축에 대한 **실효** 오비탈 각운동량을 갖지 않는 정류파가 된다.

증명 18.2 축퇴된 파동함수의 선형 결합

축퇴된 함수의 선형 결합을 자유롭게 택할 수 있는 것은 2개 이상의 파동함수들이 동일한 에너지를 가질 때(이 경우 $\psi_{2p_{+1}}$과 $\psi_{2p_{-1}}$)는 언제나 이들의 선형 결합(ψ_{2p_x}와 ψ_{2p_y})들도 Schrödinger 방정식의 적합한 해가 된다는 사실에 기초를 두고 있다.

ψ_1과 ψ_2가 모두 Schrödinger 식의 동일한 에너지 E를 갖는 해라고 생각하자. 즉 $\hat{H}\psi_1=E\psi_1$이고 $\hat{H}\psi_2=E\psi_2$임을 알고 있다. 이제 $\psi=c_1\psi_1+c_2\psi_2$와 같은 선형 결합을 생각해 보자. c_1과 c_2는 임의의 계수이다. 그러면 다음과 같은 결과를 얻을 수 있다.

$$\hat{H}\psi=\hat{H}(c_1\psi_1+c_2\psi_2)=c_1\hat{H}\psi_1+c_2\hat{H}\psi_2$$
$$=c_1E\psi_1+c_2E\psi_2=E(c_1\psi_1+c_2\psi_2)=E\psi$$

따라서 선형 결합 역시 동일한 에너지 E를 갖는 해이다. 동일한 고윳값을 갖는 모든 연산자에 대한 고유함수의 어떠한 선형 결합도 역시 같은 고윳값을 갖는 연산자의 고유함수라는 사실은 Hamilton 연산자뿐만 아니라 모든 양자 역학적 연산자에 적용된다.

2p$_x$ 오비탈은 2p$_z$ 오비탈과 모양은 같지만 x축 상에 있으며, 2p$_y$도 마찬가지로 y축 상에 있다(그림 18.6). 주어진 껍질에서 p 오비탈은 어느 것이나 그 파동함수를 x, y, z와 동일한 방사형 함수(n에 의존하는)와의 곱으로 나타낼 수 있다. 식 18.2~18.4에 나타낸 2p 수소꼴 파동함수뿐만 아니라 3p 수소꼴 파동함수를 표 18.1에 모아 놓았다. 모든 2p 오비탈은 방사형 마디가 없으며, 3p 오비탈은 1개, np 오비탈은 $n-2$개의 방사형 마디를 갖는다. 이와 같은 개수는 앞에서 언급된 s 오비탈을 포함하여, 수소꼴 오비탈이 양자수가 n과 l을 가질 때 $n-l-1$개의 방사형 마디와 l개의 마디 평면을 갖는다는 일반적인 표현의 특수한 경우이다.

표 18.1 수소꼴 원자 오비탈

s 오비탈

1s
$$\psi_{1s}=\left(\frac{Z^3}{\pi a_0^3}\right)^{1/2}e^{-Zr/a_0}$$

2s
$$\psi_{2s}=\left(\frac{Z^3}{32\pi a_0^3}\right)^{1/2}\left(2-\frac{Zr}{a_0}\right)e^{-Zr/2a_0}$$

3s
$$\psi_{3s}=\left(\frac{Z^3}{972\pi a_0^3}\right)^{1/2}\left(6-\frac{4Zr}{a_0}+\frac{4Z^2r^2}{9a_0^2}\right)e^{-Zr/3a_0}$$

p 오비탈

2p

With $f(r)=\frac{1}{(32\pi)^{1/2}}\left(\frac{Z}{a_0}\right)^{5/2}e^{-Zr/2a_0}$

극좌표 형태	직교 좌표 형태
$\psi_{2p_0}=r\cos\theta f(r)$	$\psi_{2p_x}=xf(r)$
$\psi_{2p_{\pm1}}=\mp\frac{1}{2^{1/2}}r\sin\theta\, e^{\pm i\phi}f(r)$	$\psi_{2p_y}=yf(r)$
	$\psi_{2p_z}=zf(r)$

3p

$f(r)=\left(\frac{2}{729\pi}\right)^{1/2}\left(\frac{Z}{a_0}\right)^{5/2}\left(2-\frac{Zr}{3a_0}\right)e^{-Zr/3a_0}$인 경우

$\psi_{3p_0}=r\cos\theta f(r)$	$\psi_{3p_x}=xf(r)$
$\psi_{3p_{\pm1}}=\mp\frac{1}{2^{1/2}}r\sin\theta\, e^{\pm i\phi}f(r)$	$\psi_{3p_y}=yf(r)$
	$\psi_{3p_z}=zf(r)$

d 오비탈

3d

With $f(r)=\left(\frac{2}{6561\pi}\right)^{1/2}\left(\frac{Z}{a_0}\right)^{7/2}e^{-Zr/3a_0}$

$\psi_{3d_0}=\left(\frac{1}{12}\right)^{1/2}r^2(3\cos^2\theta-1)f(r)$	$\psi_{3d_{z^2}}=\left(\frac{1}{12}\right)^{1/2}(3z^2-r^2)f(r)$
	$\psi_{3d_{x^2-y^2}}=\frac{1}{2}(x^2-y^2)f(r)$
$\psi_{3d_{\pm1}}=\mp\left(\frac{1}{2}\right)^{1/2}r^2\cos\theta\sin\theta\, e^{\pm i\phi}f(r)$	$\psi_{3d_{xy}}=xyf(r)$
	$\psi_{3d_{yz}}=yzf(r)$
	$\psi_{3d_{zx}}=zxf(r)$
$\psi_{3d_{\pm2}}=\left(\frac{1}{8}\right)^{1/2}r^2\sin^2\theta\, e^{\pm2i\phi}f(r)$	

간단한 예 18.2 $2p_x$ 오비탈

$2p_x$ 오비탈의 각도 변화는 $\sin\theta\cos\phi$에 비례하며, 따라서 $\sin^2\theta\cos^2\phi$에 비례하는 확률 밀도는 $\theta = 90°$($\sin^2\theta = 1$인)와 $\phi = 0$, $180°$($\cos^2\theta = 1$인)에서 최댓값을 갖는다. 따라서 전자는 x축에 따른 핵의 양쪽에서 발견될 가능성이 가장 높다(그림 18.6). 추가적으로 파동함수는 $\theta = 0$, $180°$와 $\phi = 90°$, $270°$에서 0이며(0을 지나 통과하며), 따라서 yz 평면은 마디 평면이 된다.

자가 진단 18.3 $2p_y$ 오비탈의 마디 평면을 결정하시오.

답: xz 평면

(c) d 오비탈

$n = 3$일 때는 $l = 0, 1, 2$이다. 그리하여 이 껍질은 1개의 3s 오비탈, 3개의 3p 오비탈, 5개의 3d 오비탈로 이루어진다. 5개의 d 오비탈은 양자수 $m_l = +2, +1, 0, -1, -2$의 값을 가지며, 각각 z축 주위의 상이한 5개의 각운동량 성분에 대응한다(그러나 각 경우 $l = 2$이므로 동일한 **크기**의 각운동량을 갖는다). p 오비탈에서와 같이 m_l 값이 상반되는(따라서 z축에 대하여 반대되는 운동을 하는) d 오비탈이 한 쌍씩 결합하면 실수를 갖는 정류파가 생기며($m_l = 0$을 갖는 d 오비탈은 실수이며 d_{z^2}으로 표기한다), 결과의 3d 오비탈의 경계면 모양을 그림 18.7에 나타내었다. 이들의 실수 선형 결합들을 표 18.1에 모아 놓았다.

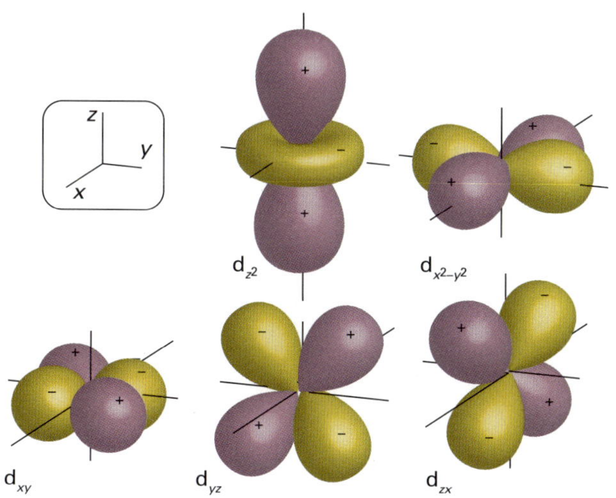

그림 18.7 3d 오비탈의 경계면. 각 오비탈의 두 마디 평면은 핵 위치에서 교차하며, 각 오비탈의 귓불꼴 부분을 갈라놓는다. 진한 영역과 밝은 영역은 파동함수의 반대 부호 영역을 나타낸다. 모든 d 오비탈은 여기에 나타낸 것과 유사한 경계면을 갖는다.

예제 18.2 전자의 최대 확률 위치 찾기

수소 원자에서 $3d_{z^2}$ 오비탈을 점유하는 전자가 있을 가능성이 가장 높은 위치를 구하시오.

방법 $3d_{z^2}$ 오비탈은 양자수 $n = 3$, $l = 2$, $m_l = 0$에 해당한다. 전자가 있을 가능성이 가장 높은 위치를 찾기 위하여 표 18.1을 이용하고 확률 밀도 $|\psi_{nlm_l}|^2$의 식을 구성하여 이 확률 밀도의 1차 도함수가 0이 되는 값을 구함으로써 이 함수의 극대점을 찾는다.

풀이 수소 원자의 $3d_{z^2}$ 오비탈은 다음과 같으며

$$\psi_{3d_{z^2}} = R_{3,2}(r)Y_{2,0}(\theta,\phi) = \left(\frac{1}{7776\pi a_0^3}\right)^{1/2}\left(\frac{2r}{3a_0}\right)^2 e^{-r/3a_0}(3\cos^2\theta - 1)$$

$$= Nr^2 e^{-r/3a_0}(3\cos^2\theta - 1) \qquad N = \left(\frac{1}{39366\pi a_0^7}\right)^{1/2}$$

따라서 다음과 같이 쓸 수 있다.

$$\psi_{3d_{z^2}}^2 = N^2 r^4 e^{-2r/3a_0}(3\cos^2\theta - 1)^2$$

ϕ와 무관한 확률 밀도는 $\theta = 0$, $180°$에서 극대점을 가지며 ($\cos\theta = \pm 1$, $\cos^2\theta = 1$, $3\cos^2\theta - 1 = 2$인), 따라서 전자는 z축의 양쪽에서 발견될 가능성이 가장 높다. 전자가 핵으로부터 위치할 가능성이 가장 높은 거리 r을 구하기 위해서는 함수 $r^4 e^{-2r/3a_0}$의 극대점을 구해야 하며, 이는 이 함수를 미분하여 다음과 같이 얻을 수 있다.

$$\frac{d}{dr}\left(\overbrace{r^4}^{f}\,\overbrace{e^{-2r/3a_0}}^{g}\right) = \overbrace{4r^3 e^{-2r/3a_0}}^{(df/dr)g} - \overbrace{\frac{2}{3a_0} r^4 e^{-2r/3a_0}}^{f(dg/dr)}$$

$$= 2r^3 e^{-2r/3a_0}(2 - r/3a_0)$$

여기에서는 미분의 곱 규칙($dfg = fdg + gdf$, **수학적 배경** 1)을 사용하였다. 이 함수는 괄호 속의 항이 0인 곳에서 0이 되며($r = 0$은 이 함수의 최솟값에 해당하므로 무시한다), 이 위치는 $r = 6a_0$가 된다. 따라서 전자가 있을 가능성이 가장 높은 위치는 핵에서 z축의 양쪽으로 $6a_0$의 거리이다.

자가 진단 18.4 수소 원자에서 $3d_{xy}$ 오비탈의 마디 평면을 결정하시오.

답: xz 평면과 yz 평면

18.2 방사형 분포 함수

파동함수는 $|\psi|^2$의 값을 통해서 임의의 공간 지점에서 전자를 발견할 확률을 말해 준다. 전자를 감지할 수 있는 부피가 $d\tau$인 탐침을 수소 원자의 핵 근처에서 이동시켜 나간다

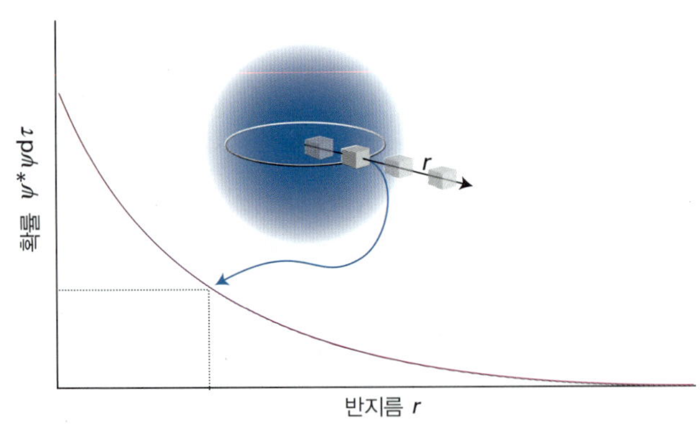

그림 18.8 일정 부피 전자 감응 탐침(작은 입방체)은 핵의 위치에서 최댓값을 기록하고, 그 이외의 곳에서는 보다 작은 값을 기록할 것이다. 동일 반지름의 원 상에서는 똑같은 값들을 나타낼 것이다. s 오비탈은 구 대칭이다.

고 생각해 보자. 수소 원자의 바닥 상태에서의 확률 밀도는 $|\psi_{1s}|^2 \propto e^{-2Zr/a_0}$이므로 이 탐침을 어느 한 방사 방향으로 이동시켜 나가면 지수함수적으로 감소하는 값이 나타나지만 일정 반지름의 구면상에서는 이 탐침이 일정한 값을 나타낼 것이다(그림 18.8).

다음에는 반지름이 r이고 두께가 dr인 구 껍질의 양 벽 사이에서 바닥 상태 전자를 발견할 확률을 생각해 보자. 탐침의 감응 부피는 구 껍질의 부피인 $4\pi r^2 dr$(이것은 구 표면적 $4\pi r^2$에 두께 dr을 곱한 것과 같다)이다(그림 18.9). 이 구각의 안쪽 표면과 바깥 표면 사이에서 1s 전자가 발견될 확률은 반지름 r에서의 확률 밀도에 탐침의 부피를 곱한 값, 즉 $|\psi_{1s}|^2 \times 4\pi r^2 dr$과 같아야 한다. 이 식은 다음과 같이 정의되는 $P(r)$을 이용하여 $P(r)$dr로 나타낸다.

$$P(r) = 4\pi r^2 |\psi_{1s}|^2$$ 수소꼴 원자의 바닥 상태 **방사형 분포 함수** (18.5a)

임의의 오비탈에 대해서도 적용시킬 수 있는 더 일반적인 식은 다음 **증명**에서 유도할 것이며 다음과 같다.

$$P(r) = r^2 R(r)^2$$ 정의 **방사형 파동함수** (18.5b)

여기서 $R(r)$은 관심 대상 오비탈의 방사형 파동함수이다.

증명 18.3 방사형 분포 함수의 일반적 형태

파동함수가 $\psi = RY$인 부피 요소 dτ 속에서 전자를 발견할 확률은 $R^2|Y|^2 d\tau$이고(R이 실수임을 상기할 것), 이때 부피 요소는 $d\tau = r^2\, dr \sin\theta\, d\theta\, d\phi$로 주어진다. 이 확률을 반지름 r의 구 표면에 걸쳐서 적분하면 일정한 반지름의 임의의 각도 상에서 전자를 발견할 전체 확률 $P(r)$dr이 나온다. 즉

$$P(r)dr = \int_0^{\pi}\int_0^{2\pi} \overbrace{R(r)^2 |Y(\theta,\phi)|^2}^{|\psi|^2} \overbrace{r^2 dr \sin\theta\, d\theta\, d\phi}^{d\tau}$$
$$= r^2 R(r)^2\, dr \overbrace{\int_0^{\pi}\int_0^{2\pi} |Y(\theta,\phi)|^2 \sin\theta\, d\theta\, d\phi}^{1}$$
$$= r^2 R(r)^2\, dr$$

마지막 등식은 구면 조화 함수가 1로 정규화되었다는 사실을 이용한 결과이다(예제 18.1 참조). 따라서 본문에서와 같은 $P(r) = r^2 R(r)^2$이 나온다.

$P(r)$은 **방사형 분포 함수(radial distribution function)**라고 하는 일종의 확률 밀도이며, 이 함수에 dr을 곱한 것은 거리가 r인 곳에 있는 두께 dr의 구 껍질 양쪽 기벽 사이에서 전자를 발견할 확률을 나타낸다. 1s 오비탈의 경우, $R_{1,0}$이 표 17.1에 주어진 것일 때 다음과 같이 된다.

$$P(r) = \frac{4Z^3}{a_0^3} r^2 e^{-2Zr/a_0}$$ 바닥 상태의 수소꼴 원자 **방사형 분포 함수** (18.6)

이 식은 다음과 같이 해석할 수 있다.

물리적 해석

- 핵에서 r^2은 0이므로 핵에서는 $P(0) = 0$이다. 확률 밀도 자체는 핵에서 최대이지만 방사형 분포 함수는 r^2 인자 때문에 $r = 0$에서 0이 된다.
- $r \to \infty$이면 지수 항 때문에 $P(r) \to 0$이 된다.
- r^2에 따른 증가와 지수 인자에 의한 감소로 인해서 $P(r)$은 중간 거리에서 극대점을 나타낸다(그림 18.9 참조).

$P(r)$의 극댓값은 위 식을 미분하여 구할 수 있는데, 이 값은 전자가 발견될 최대 확률에 대한 핵으로부터의 거리를 나타낸다.

수소 원자가 $n = 1$, 2, 3의 경우에 방사형 분포 함수를 그림 18.10에 나타내었다. 핵으로부터 전자까지의 확률이 가장 높은 거리는 n에 따라 증가하지만 양자수 l이 증가함에 따라 주어진 껍질 안에서 작은 값으로 이동된다. 핵 가까이의 두 번째 작은 극댓값은 중요하지 않은 것처럼 보이지만 토픽 20에서 주기율표의 구성에서 대단히 중요한 것임을 알게 될 것이다.

예제 18.3 최대 확률 반지름 결정

원자 번호가 Z인 수소꼴 원자의 1s 오비탈에 들어 있는 전자를 발견할 최대 확률 반지름 r^*을 구하고, H로부터 Ne^{9+}에 이르는 일전자 종들에 대한 이 값을 표로 만드시오.

방법 $dP/dr = 0$을 풀면 수소꼴 1s 오비탈의 방사형 분포 함수가 극댓값을 나타내는 반지름을 구할 수 있다. 함수 곱의 미분 규칙($d(fg)/dx = f(dg/dx)+g(df/dx)$, **수학적 배경** 1)을 사용해야 한다.

풀이 방사형 분포 함수는 식 18.6과 같으며 (곱의 미분 법칙을 사용하면) 다음과 같은 결과를 얻는다.

$$\frac{dP}{dr} = \frac{4Z^3}{a_0^3}\frac{d}{dr}\left(\overbrace{r^2}^{f}\,\overbrace{e^{-2Zr/a_0}}^{g}\right) = \frac{4Z^3}{a_0^3}\left(\overbrace{2re^{-2Zr/a_0}}^{(df/dr)g} - \overbrace{\frac{2Zr^2}{a_0}e^{-2Zr/a_0}}^{f(dg/dr)}\right)$$

$$= \frac{8Z^3}{a_0^3}r\left(1-\frac{Zr}{a_0}\right)e^{-2Zr/a_0}$$

이 함수는 괄호 안의 항이 0일 때 0이 되며 따라서 (P의 최솟값에 대응하는 $r = 0$일 때를 제외하면) 다음과 같은 값에서 0이 됨을 알 수 있다.

$$r^* = \frac{a_0}{Z}$$

즉 수소 원자($Z = 1$)에서 핵으로부터 전자의 최대 확률 반지름은 Bohr 반지름 자체인 $a_0 = 52.9$ pm가 된다. 다른 수소꼴 원자들에서 최대 확률 반지름은 다음과 같이 위치하게 된다.

	He^+	Li^{2+}	Be^{3+}	B^{4+}	C^{5+}	N^{6+}	O^{7+}	F^{8+}	Ne^{9+}
r^*(pm)	26.5	17.6	18.2	10.6	8.82	7.56	6.61	5.88	5.29

핵의 전하가 증가함에 따라 1s 오비탈은 핵 쪽으로 끌려간다는 것을 알 수 있다. 우라늄에 이르면 이 최대 확률 반지름이 0.58 pm밖에 안 되는데, 이것은 수소 원자의 경우에 비해서 거의 100배 정도 핵과 더 가까운 것이다(예컨대 H에서 $r^* = 10$ cm라면 U^{91+}에서는 $r^* = 1$ mm가 될 것이다). 이 경우 전자는 강한 가속을 받게 되며 상대성 효과가 중요해진다.

자가 진단 18.5 수소꼴 원자에서 전자가 2s 오비탈에 있을 때 전자와 핵 사이의 최대 확률 거리를 구하시오.

답: $(3+5^{1/2})a_0/Z$, H의 경우 277 pm

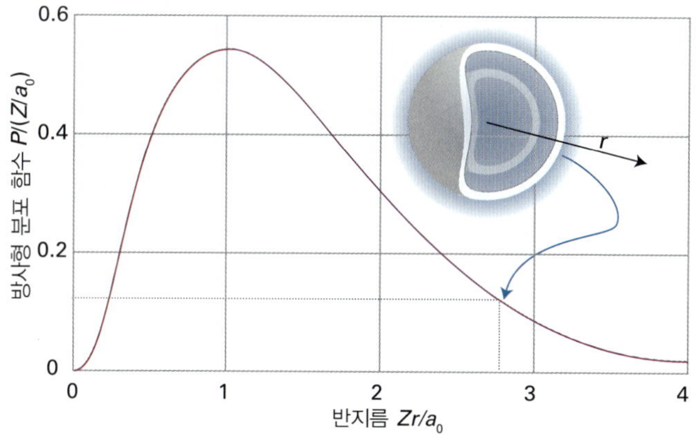

그림 18.9 방사형 분포 함수 P는 반지름 r인 구의 껍질 속 어디에서나 전자를 발견할 확률을 나타낸다. 껍질의 두께가 dr일 때 확률 자체는 Pdr이다. 수소의 1s 전자의 경우 이 P는 r이 Bohr 반지름 a_0와 같을 때 최대가 된다. Pdr의 값은 dr의 두께를 갖는 구 껍질 모양의 탐침이 그 반지름을 변화시키면서 읽는 값과 같다.

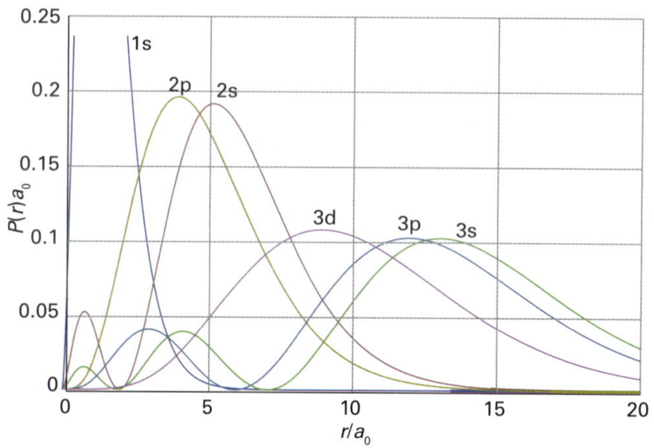

그림 18.10 수소 원자에서 $n = 1, 2, 3$일 때 각 경우에서 허용되는 l 값에 대한 방사형 분포 함수

지금까지의 원자 구조에 대한 탐구는 단지 첫 단계에 불과하다. 다음에 계속되는 수소꼴 원자 오비탈에 관한 논의는 원자 분광학(토픽 21)뿐만 아니라 다전자 원자의 전자 구조와 주기적 성질(토픽 19)을 이해하는 데 기초를 제공한다. 더 나아가서 오비탈 개념에 대한 상세한 설명은 분자의 전자 구조를 설명하는 데 사용된다(토픽 22~30).

개념 확인

□ 1. 원자의 **껍질**은 주어진 n 값의 모든 오비탈로 구성된다. K($n=1$), L($n=2$), M($n=3$), N($n=4$), …

□ 2. 원자 껍질의 **부껍질**은 같은 n 값을 가지나 다른 l 값을 갖는 모든 오비탈로 구성된다. s($l=0$), p($l=1$), d($l=2$), f($l=3$), g($l=4$), ...

□ 3. 각 껍질은 n^2개의 오비탈을 갖는다.

□ 4. 각 부껍질은 $2l+1$개의 오비탈을 갖는다.

□ 5. **경계면**은 전자의 확률 밀도가 높은 부분(전형적으로 약 90%)을 차지하는 표면을 말한다.

□ 6. **방사형 분포 함수**는 핵에서 거리 r인 임의의 지점에서 전자를 발견할 확률 밀도이다.

식 확인

성질	식	비고	식 번호
바닥 상태 (1s) 파동함수	$\psi=(Z^3/\pi a_0^3)^{1/2}e^{-Zr/a_0}$	수소꼴 원자	18.1
방사형 분포 함수	$P(r)=4\pi r^2\|\psi_{1s}\|^2$	수소꼴 원자의 바닥 상태	18.5a
방사형 분포 함수	$P(r)=r^2R(r)^2$	정의	18.5b

토픽 19

다전자 원자

내용

➤ 학습 목표

원자는 화학에서 유통 화폐와 같으며, 수소꼴 원자는 원자 오비탈을 소개하는 것에는 탁월하지만, 이러한 개념을 토픽 20에서 취급할 화학적 주기성을 이해하는 기초로서 다전자 원자의 전자 구조를 설명하는 데 어떻게 적용하는가를 알아야 하는 것은 필수적이다.

➤ 핵심 내용

전자들은 Pauli 원리의 요건에 맞게 총에너지가 가장 낮아지도록 오비탈에 채워진다.

➤ 미리 알기

이 토픽에서 논의의 기초가 되는 원자 오비탈의 개념(토픽 18)에 익숙해야 한다. 전자 스핀을 도입함으로써 토픽 14에서 설명한 각운동량에 대한 몇 가지 결론을 사용하게 된다.

다전자 원자에 대한 Schrödinger 방정식은 모든 전자들이 서로 상호 작용을 하기 때문에 대단히 복잡하다. 전자를 2개만 가지고 있는 헬륨의 경우조차도 오비탈과 에너지에 관한 해석 식을 얻을 수가 없으며, 근사법을 쓰지 않으면 안 된다. 앞으로 수소꼴 원자의 구조와 오비탈의 에너지에 근거한 '오비탈 근사법'이라는 간단한 방법을 쓰게 될 것이다.

19.1 오비탈 근사법

다전자 원자의 파동함수는 모든 전자들의 좌표로 된 대단히 복잡한 함수이며, $\psi(\boldsymbol{r}_1, \boldsymbol{r}_2, \cdots)$ 로 나타내야 할 것이다. 여기서 $\boldsymbol{r}_i$는 핵으로부터 전자 i까지의 벡터이다. 그러나 **오비탈 근사법**(**orbital approximation**)에서는 엄밀한 파동함수에 대한 합당한 일차 근사로서 각 전자가 자신의 오비탈을 차지한다고 생각함으로써 얻어진다고 추정하여 다음과 같이 곱으로 나타내는 근사를 쓴다.

$$\psi(\boldsymbol{r}_1, \boldsymbol{r}_2, \cdots) = \psi(\boldsymbol{r}_1)\psi(\boldsymbol{r}_2)\ldots \qquad \text{오비탈 근사법} \qquad (19.1)$$

각각의 오비탈은 토픽 18에서의 수소꼴 원자 오비탈과 같다고 생각할 수 있는데, 핵전하량은 이 원자 속의 다른 모든 전자들 때문에 수정을 해서 사용해야 한다. 이 방법은 아래 **증명**에서 보이는 바와 같이 근사에 불과하지만, 원자의 화학적 성질을 논하는 데는 대단히 편리한 개념이며, 또한 원자 구조를 보다 더 세밀하게 나타내는 출발점이 되기도 한다.

증명 19.1 오비탈 근사법

전자들 사이에 상호 작용이 없다면 이 오비탈 근사법이 엄밀하게 맞을 것이다. 2전자 원자에서 이 생각이 타당한지를 보기 위하여 계의 에너지에 대한 Hamilton 연산자가 다음과 같이 전자 1과 전자 2에 의한 두 기여의 합으로 이루어진다고 생각해 보자.

$$\hat{H} = \hat{H}_1 + \hat{H}_2$$

실제 원자(헬륨 원자와 같은)의 경우에는 두 전자들 사이의 상호 작용에 해당하는 항이 또 있어야 하지만, 여기서는 이것을 무시한다. 여기서는 이제부터 만일 $\psi(\boldsymbol{r}_1)$이 에너지가 E_1인 $\hat{H}_1$의 고유 함수이고 또 $\psi(\boldsymbol{r}_2)$가 에너지가 E_2인 $\hat{H}_2$의 고유 함수이면 $\psi(\boldsymbol{r}_1,\boldsymbol{r}_2)=\psi(\boldsymbol{r}_1)\psi(\boldsymbol{r}_2)$는 통합 Hamilton 연산자의 고유 함수가 된다는 것을 보인다. 이를 위하여 다음과 같이 쓴다.

$$\begin{aligned}\hat{H}\psi(\boldsymbol{r}_1,\boldsymbol{r}_2) &= (\hat{H}_1+\hat{H}_2)\psi(\boldsymbol{r}_1)\psi(\boldsymbol{r}_2)=\hat{H}_1\psi(\boldsymbol{r}_1)\psi(\boldsymbol{r}_2)+\psi(\boldsymbol{r}_1)\hat{H}_2\psi(\boldsymbol{r}_2)\\ &= E_1\psi(\boldsymbol{r}_1)\psi(\boldsymbol{r}_2)+\psi(\boldsymbol{r}_1)E_2\psi(\boldsymbol{r}_2)=(E_1+E_2)\ \psi(\boldsymbol{r}_1)\psi(\boldsymbol{r}_2)\\ &= E\psi(\boldsymbol{r}_1,\boldsymbol{r}_2)\end{aligned}$$

여기서 $E=E_1+E_2$이다. 이 결과는 여기서 증명하려던 것이다. 그러나 만일 전자들이 상호작용을 하면(실제에서와 같이), 이 증명이 맞지 않게 된다. 그럼에도 불구하고 이 방법은 합리적인 것이며 원자 구조를 논의하는 출발점으로서 거의 보편적으로 사용된다.

오비탈 근사법을 이용하면 점유된 오비탈의 목록(일반적으로 전자의 바닥 상태의 것이지만 꼭 그래야만 하는 것은 아님)인 전자의 **배치(configuration)**를 나타냄으로써 원자의 전자 구조를 표현할 수 있다.

간단한 예 19.1 원자의 배열

수소꼴 원자의 바닥 상태는 1s 오비탈에 1개의 전자로 이루어져 있으므로 이것의 전자 배치는 $1s^1$로 나타낸다. 헬륨 원자는 2개의 전자를 가지고 있다. 이 원자는 벌거숭이 핵(전하가 $2e$인)에 2개의 전자를 연달아 추가하여 원자를 구성한 것이라고 생각할 수 있다. 첫째 전자는 1s 수소꼴 오비탈을 차지하지만, $Z=2$이므로 오비탈은 수소 원자 자체에서보다 핵에 더 가까이 붙들려 있다. 둘째 전자는 1s 오비탈에 들어가서 첫째 전자와 합류되며, 그리하여 He의 바닥 상태 전자 배치는 $1s^2$가 된다.

자가 진단 19.1 전자–전자 반발을 포함하는 헬륨 원자의 실제 Hamilton 연산자에 대하여 **증명** 19.1에서의 증명이 옳지 않음을 보이시오.

답: e^2/r_{12} 항이 논점과 상충된다.

19.2 전자 구조에 영향을 미치는 인자

원자 번호가 $Z=3, 4, \ldots$,인 연속적인 원소에서 Z개의 전자를 갖는 원자의 전자 배치가 단순히 $1s^Z$가 된다고 생각해 보는 것은 솔깃한 것이다. 그러나 그렇지 않다. 이유는 전자가 '스핀'을 보유한다는 것과, 매우 근본적인 'Pauli 원리'에 반드시 따라야 한다는 두 가지 자연의 양상에 기인한다.

(a) 스핀

고유 각운동량을 갖는 전자 **스핀(spin)**의 양자 역학적 성질은 1921년 Otto Stern과 Walther Gerlach가 불균일한 자기장을 통하여 은 원자 빔을 쏘아주는 실험(토픽 14)에 의해 확인되었다. Stern과 Gerlach는 측정 결과에서 **2개의** Ag 원자 띠가 나타난다는 사실을 발견하였다. 양자론의 예측에 의하면, 각운동량이 l일 때는 $2l+1$개의 배향이 가능하며, 이 측정의 경우에는 2이므로 이러한 결과가 나오려면 $l=\frac{1}{2}$가 되어야 하는데, 이것은 l이 정수라야 한다는 양자 역학적 결론과 모순되는 것처럼 보인다. 이 모순을 해결하기 위하여 은 원자의 이 각운동량은 전자의 오비탈 각운동량(핵 주위 전자의 회전에 기인되는)이 아니라 전자의 고유 각운동량으로부터 나타나는 것이며, 이것은 고전적으로 전자 자체의 축에 대한 자전 운동에 기인된다는 생각을 하게 되었다. 전자의 이 고유 각운동량, 즉 '스핀'의 존재는 Dirac이 특수 상대성 이론을 양자 역학과 결합시키고 상대성 양자 역학 이론을 확립할 때 도 나타나게 되었다.

자신의 축 주위를 자전하는 전자의 스핀은 한 중심점 주위를 회전하는 입자에 적용시켰던 것과 똑같은 경계 조건을 만족시켜야 할 필요가 없으며, 따라서 스핀 각운동량에 대한 양자수는 다른 제약을 받는다. 이 스핀 각운동량을 오비탈 각운동량과 구분하기 위해서 **스핀 양자수(spin quantum number)**를 s로(토픽 14의 l 대신에; l, s는 음이 아닌 값임), z축 성분에 대한 **스핀 자기 양자수(spin magnetic quantum number)**를 m_s로 나타낸다. 스핀 각운동량의 크기는 $\{s(s+1)\}^{1/2}\hbar$이며, 그 z축 성분 $m_s\hbar$는 $m_s=s, s-1, \ldots, -s$인 $2s+1$개의 값만 가질 수 있다. Stern과 Gerlach의 측정 결과를 설명하기 위해서는 $s=\frac{1}{2}$, $m_s=\pm\frac{1}{2}$이 된다.

실용 상식 양자수 s가 m_s 대신에 사용되며 $s=\pm\frac{1}{2}$로 쓴 것을 때때로 보게 될 것이다. 그러나 이것은 옳지 않다. 이것은 l과 s는 절대로 음수가 되지 않으며 스핀 각운동량의 크기를 나타내는 것과 같다. z축 성분에 대한 경우일 때 m_s를 사용한다.

스핀을 실제적인 자전 운동으로 설명하는 것은 주의해서 사용하면 매우 편리할 수 있다. 그러나 스핀의 해석은 양자 역학적 성질의 고전적인 설명이며, 정지 질량이나 전하와 같이, 전자가 완전히 동일하며 변하지 않는 특성 값을 갖는다는 전자의 고유 성질로서 스핀을 간주해야 더 마땅하다. 각운동량의 벡터 모형(토픽 14)에 따르면, 스핀은 두 개의 다른 배향(그림 19.1)으로 놓일 수 있다. 즉 한 배향은 $m_s=+\frac{1}{2}$에 해당하며(이 상태를 흔히 α 또는 ↑로 표시한다), 다른 하나

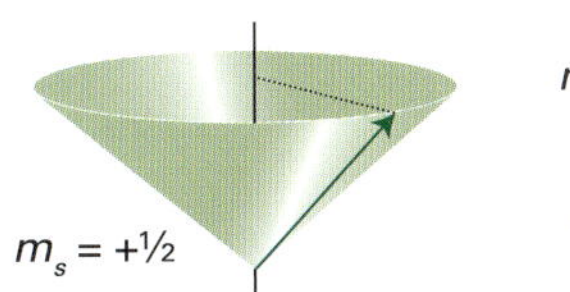

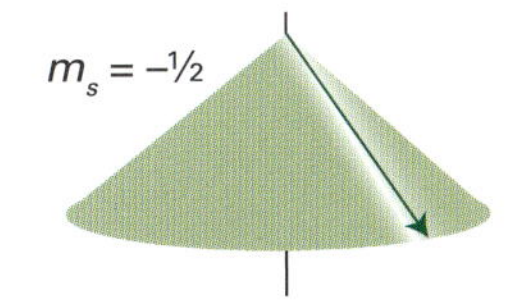

그림 19.1 전자 스핀의 벡터 표기법. 원뿔의 변 길이는 $3^{1/2}/2$ 단위이고 투영 값은 $\pm\frac{1}{2}$ 단위이다.

는 $m_s = -\frac{1}{2}$에 해당하는 것이다(이 상태를 β 또는 ↓로 표시한다).

다른 소립자들도 고유한 스핀을 가지고 있다. 예로서 양성자와 중성자는 모두 스핀-$\frac{1}{2}$ 입자이며(즉 $s=\frac{1}{2}$), 동일한 운동량을 갖는 불변의 스핀 운동을 한다. 양성자와 중성자는 전자보다 훨씬 더 큰 질량을 가지면서도 동일한 스핀 각운동량을 가지므로 고전적으로 생각할 때 이들은 전자보다 훨씬 더 느리게 자전을 할 것이다. 일부 중간자들은 스핀-1 입자들(즉 $s=1$이며 일부 원자핵)인데, 우리에게 중요한 스핀-1 입자는 광자이다. 분광학에서 광자 스핀의 중요성은 토픽 40에서 설명될 것이며, 양성자의 스핀은 토픽 47(핵자기 공명)의 핵심이 될 것이다.

간단한 예 19.2 스핀

모든 각운동량과 유사하게 스핀 각운동량의 크기는 $\{s(s+1)\}^{1/2}\hbar$이다. 전자뿐만 아니라 어떤 스핀-$\frac{1}{2}$ 입자에 대하여 이것의 각운동량은 $(\frac{3}{4})^{1/2}\hbar = 0.866\hbar$ 또는 9.13×10^{-35} J s이다. z축의 성분은 $m_s\hbar$이며 스핀-$\frac{1}{2}$ 입자의 경우는 $\pm\frac{1}{2}\hbar$ 또는 $\pm5.27\times10^{-35}$ J s가 된다.

자가 진단 19.2 광자의 스핀 각운동량을 구하시오.

답: $2^{1/2}\hbar = 1.49\times10^{-34}$ J s

반정수의 스핀을 갖는 입자를 **페르미온(fermion)**이라고 하고, 정수(0을 포함해서)의 스핀을 갖는 입자는 **보존(boson)**이라고 한다. 그러므로 전자와 양성자는 페르미온이고, 광자는 보존이다. 물질을 구성하는 모든 소립자가 페르미온인 반면, 페르미온을 결합시키는 힘과 관계되는 기본 입자가 모두 보존이라는 사실은 대단히 깊은 자연의 섭리이다. 예로서 광자는 전기적으로 하전된 입자들을 결합시키는 전자기적 힘을 전파시킨다. 따라서 물질이란 보존이 나타내는 힘에 의해서 뭉쳐 있는 페르미온의 집합체인 것이다.

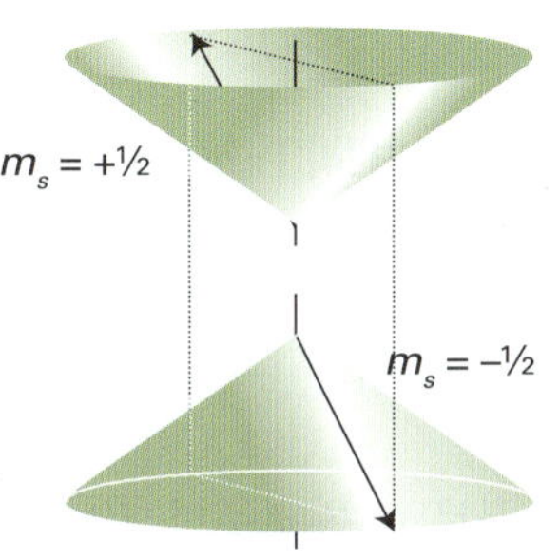

그림 19.2 짝진 스핀의 전자들이 나타내는 총 스핀 각운동량은 0이다. 이들을 나타내는 두 벡터는 여기에 보인 원뿔 상의 미확정 위치에 있을 수 있으나, 한 벡터가 원뿔 상의 어느 한 자리에 있을 때는 다른 한 벡터는 그 반대 방향을 향하게 되어 전체 각운동량이 0이 된다.

(b) Pauli 배타 원리

$Z=3$인 리튬과 그것의 3개의 전자를 생각하자마자 전자 구조를 결정하는 데 있어서 스핀의 역할이 분명해진다. 처음 두 개의 전자는 1s 오비탈을 차지하는데, 이 핵은 He 핵보다 더 높은 전하를 가지고 있기 때문에 이 전자들은 핵에 더 많이 끌려가 있다. 그러나 세 번째 전자는 처음 두 전자처럼 1s 오비탈을 차지하지 않는데, 이것은 전자 배치가 다음과 같은 **Pauli 배타 원리(Pauli exclusion principle)**의 제약을 받기 때문이다.

> 2개보다 더 많은 전자가 한 오비탈을 차지할 수는 없으며, 또 2개의 전자가 한 오비탈을 차지할 때는 그들의 스핀이 쌍을 이루어야 한다.

스핀 쌍을 이루고 있는 전자의 각운동량은 한 전자의 스핀이 다른 전자의 스핀에 의해서 상쇄되기 때문에 0이 되며, 이들을 ↑↓로 표시한다. 자세히 말하자면 한 전자는 $m_s = +\frac{1}{2}$을, 또 하나의 전자는 $m_s = -\frac{1}{2}$을 가지고 각각의 원뿔 상에 배향되어 총 스핀이 0을 나타낸다(그림 19.2). 이 배타 원리는 복잡한 원자의 구조, 화학적 주기성, 분자 구조 등을 설명하는 데 핵심적인 역할을 한다. 이 원리는 1924년에 Wolfgang Pauli가 헬륨 스펙트럼에서 일부 선들이 나타나지 않는 이유를 설명하기 위해서 제안한 것이다. 그는 그 후에 이론적인 근거에 입각해서 이 원리를 대단히 일반적인 형태로 유도하였다.

Pauli 배타 원리는 어떠한 동등한 페르미온 쌍에 대해서나 적용된다. 그리하여 이 원리는 양성자, 중성자, ^{13}C 핵(스핀이 모두 $\frac{1}{2}$임)과 ^{35}Cl 핵(스핀이 $\frac{3}{2}$)에 적용된다. 동등한 보존 입자, 즉 광자(스핀이 1)나 ^{12}C 핵(스핀이 0)과 같은 입자에 대해서는 이 원리가 적용되지 않는다. 동등한 보존 입자는 몇 개가 되든 상관없이 동일한 상태(동일한 파동함수로 기술되는)를 점유할 수 있다.

Pauli 배타 원리는 **Pauli 원리**(**Pauli principle**)라고 하는 다음과 같은 일반적 원리의 한 특별한 경우에 해당한다.

> 임의의 동등한 두 페르미온의 표지를 서로 바꾸어 주면 전체 파동함수의 부호가 변한다. 그러나 임의의 동등한 두 보존의 표지를 서로 바꾸어 주면 전체 파동함수의 부호가 변하지 않는다.

'전체 파동함수'란 입자의 스핀을 포함하는 전체적인 파동함수를 의미한다. 즉 전체 파동함수는 입자의 스핀뿐만 아니라 위치에 대한 함수여야 한다. Pauli 원리가 Pauli 배타 원리를 내포한다는 것을 보기 위하여 2전자에 대한 파동함수 $\psi(1,2)$를 생각해 보자. Pauli 원리에 의하면 표지 1과 2가 함수 속의 어느 위치에 있건 관계없이 이들을 서로 바꾸어 주면 전체 파동함수의 부호가 변해야 하는 것, 즉 $\psi(1,2)=-\psi(2,1)$이 자연의 순리이다(상대성 이론에 근거). Pauli 원리가 Pauli 배타 원리를 내포한다는 것을 다음의 **증명**에서 보일 것이다.

증명 19.2 Pauli 배타 원리

보다 근본적인 Pauli 원리로부터 Pauli 배타 원리를 유도하기 위하여 한 원자 속의 두 전자가 동일한 오비탈 ψ를 점유한다고 생각하면, 어떤 스핀 상태가 허용되는지를 추론할 필요가 있다. 오비탈 근사법에서는 이 두 전자의 전체 공간에 대한 파동함수가 $\psi(1)\psi(2)$로 된다. 우선 두 스핀의 경우에 대하여 여러 가지 가능성이 있다. 즉 두 스핀이 모두 α 상태에 있어 $\alpha(1)\alpha(2)$로 표기되는 경우, 두 스핀이 모두 β가 되는 $\beta(1)\beta(2)$, 그리고 하나는 α이고 다른 하나는 β가 되는 $\alpha(1)\beta(2)$ 또는 $\alpha(2)\beta(1)$의 상태이다. 어떤 전자가 α이고 또 어떤 전자가 β인지를 분간할 수 없으므로 이 세 번째 상태는 다음과 같은 (정규화된) 선형 결합을 가지고 그 스핀 상태를 나타내야 한다.

$$\sigma_+(1,2)=(1/2^{1/2})\{\alpha(1)\beta(2)+\beta(1)\alpha(2)\} \tag{19.2a}$$

$$\sigma_-(1,2)=(1/2^{1/2})\{\alpha(1)\beta(2)-\beta(1)\alpha(2)\} \tag{19.2b}$$

이와 같이 결합을 하면 동일 확률을 가지고 한 스핀은 α이며 다른 하나는 β가 되는 것이 허용되기 때문이다. 이러한 선형 결합을 취해도 되는 강력한 이유는 σ_+가 $S=1$과 $M_S=0$이고, σ_-는 $S=0$와 $M_S=0$인 전체 스핀 연산자 S^2과 S_z의 고유 함수에 대응하기 때문이다. 중요한 점은 알짜 스핀 각운동량 0을 갖는 후자 결합의 경우는 두 개의 전자가 쌍(↑↓)을 이루는 것에 해당한다는 것이다.

따라서 이 계의 전체 파동함수는 다음과 같이 오비탈 부분과 네 스핀 상태 중의 어느 하나와의 곱이 될 것이다.

$$\psi(1)\psi(2)\alpha(1)\alpha(2) \qquad \psi(1)\psi(2)\beta(1)\beta(2)$$
$$\psi(1)\psi(2)\sigma_+(1,2) \qquad \psi(1)\psi(2)\sigma_-(1,2)$$

Pauli 원리에 의하면 허용되는 파동함수(전자에 대한)는 전자를 교환했을 때 그 부호가 바뀌는 것이라야 한다. 위의 각 경우에서 표지 1과 2를 교환할 경우 $\psi(1)\psi(2)$ 부분은 $\psi(2)\psi(1)$이 되는데, 이것은 함수를 곱하는 순서만이 달라졌을 뿐이고 곱의 값은 같기 때문에 같은 것이다. 이런 점에서는 $\alpha(1)\alpha(2)$와 $\beta(1)\beta(2)$도 마찬가지이다. 따라서 처음 두 함수(위에 열거된 네 가지 중)는 부호가 변하지 않기 때문에 허용될 수 없는 것들이다. 또 $\sigma_+(1,2)$ 결합은 다음과 같이 변한다.

$$\sigma_+(2,1)=(1/2^{1/2})\{\alpha(2)\beta(1)+\beta(2)\alpha(1)\}=\sigma_+(1,2)$$

이것은 σ_+의 순서를 바꾸어 놓은 것에 불과하다. 따라서 세 번째 전체 곱도 허용될 수 없는 것이다. 끝으로 $\sigma_-(1,2)$는 다음과 같이 된다.

$$\begin{aligned}\sigma_-(2,1)&=(1/2^{1/2})\{\alpha(2)\beta(1)-\beta(2)\alpha(1)\}\\&=-(1/2^{1/2})\{\alpha(1)\beta(2)-\beta(1)\alpha(2)\}=-\sigma_-(1,2)\end{aligned}$$

이 결합은 분명히 부호를 바꾼다(즉 '반대칭(antisymmetric)'이다). 따라서 푸른색으로 표시된 곱 $\psi(1)\psi(2)\sigma_-(1,2)$는 입자를 교환하면 부호가 바뀌며, 따라서 이것은 허용되는 파동함수이다.

결국 Pauli 원리에 의해서 네 개의 가능한 상태 중에서 오직 하나만이 허용된다는 것을 알게 되었으며, 이 한 가지 남은 상태는 α 스핀과 β 스핀이 쌍을 이룬 것이다. 이것은 다름 아닌 Pauli 배타 원리가 말하는 내용이다. 전자들이 상이한 오비탈들을 점유할 때는 배타 원리의 지배를 받지 않으며, 그리하여 두 전자가 동일한 스핀 상태를 가질 수 있다(꼭 그럴 필요는 없지만). 그러나 이러한 경우에도 전체 파동함수는 전체적으로 반대칭이라야 하며, 더 일반적인 Pauli 원리 자체를 만족시키지 않으면 안 된다.

간단한 예 19.3 Pauli 원리

들뜬 상태의 He는 $1s^12s^1$ 배치를 갖는다. 어느 전자가 어느 오비탈에 있는지를 알 수 없음을 인정하는 한 가지 허용되는 전체 파동함수는 $\{\psi_{1s}(1)\psi_{2s}(2)+\psi_{1s}(2)\psi_{2s}(1)\}\sigma_-(1,2)$이며, 이 파동함수는 두 전자를 교환하는 것에 대하여 반대칭이다. 이 파동함수는 두 개의 전자가 쌍을 이룬 것에 해당하며 소위 원자의 '단일항 상태'가 된다. 자가 진단에서는 전자가 평행한 스핀을 가질 가능성에 대하여 조사하기로 한다.

자가 진단 19.3 $1s^1 2s^1$ 배열에서 스핀이 평행이면 '삼중항 상태'가 될 수도 있음을 증명하시오.

답: $\psi_{1s}(1)\psi_{2s}(2)-\psi_{1s}(2)\psi_{2s}(1)$, 이것은 반대칭이고 또한 어느 전자가 어느 오비탈에 있는지 알 수가 없음이 확인되며 $\alpha(1)\alpha(2)$, $\beta(1)\beta(2)$, 또는 $\sigma_+(1,2)$과 결합할 수도 있다

이제 리튬 원자로 되돌아가자. Li($Z=3$)의 경우에는 1s 오비탈이 채워져 있기 때문에 세 번째 전자가 이 오비탈에 들어갈 수 없다. 이것을 우리는 K 껍질이 **완전(complete)하다**고 말하며, 또 두 전자가 **닫힌 껍질(closed shell)**을 만들었다고도 말한다. 이러한 닫힌 껍질은 He 원자의 고유한 것이기 때문에 이것을 [He]로 표시한다. 세 번째 전자는 K 껍질에 들어가지 못하며 그다음으로 허용되는 $n=2$인 오비탈을 차지해야만 하여 L 껍질에 속하게 된다. 그러나 다음으로 이용할 수 있는 오비탈이 2s 오비탈인지 2p 오비탈인지, 즉 이 원자의 최저 에너지 전자 배치가 $[\text{He}]2s^1$인지 $[\text{He}]2p^1$인지를 결정해야 한다.

(c) 침투와 가림

수소꼴 원자에서는 주어진 껍질의 모든 오비탈은 축퇴되어 있다. 그러나 다전자 원자에서는 주어진 부껍질은 축퇴된 대로 남아 있지만 부껍질 자체는 다른 에너지를 갖고 있다. 이러한 차이는 다전자 원자 속에서 한 전자는 존재하는 나머지 다른 모든 전자로부터 Coulomb 반발력을 받는다는 사실로부터 밝혀낼 수 있다. 한 전자가 핵으로부터 r만큼 떨어져 있다면, 핵에 위치하는 음의 점전하로써 나타낼 수 있으며, 이 전자는 지름 r의 구 안에 들어 있는 전자들의 총 전하의 크기와 동일한 평균 반발력을 받게 된다(그림 19.3). 음의 점전하를 전자의 모든 위치에 관해서 평균하면 이 음의 점전하의 효과는 핵의 전체 전하가 Ze로부터 **유효 핵전하(effective nuclear charge)**인 $Z_{\text{eff}}e$로 감소되는 것으로 나타난다. 일반적인 말로는 Z_{eff} 자체를 보통 '유효 핵전하'라고 한다. 이것을 전자가 **가려진** 핵전하의 영향을 받는다고 말하며, Z와 Z_{eff}의 차를 σ로 나타내고, 이것을 **가림 상수(shielding constant)** σ라고 한다. 즉

$$Z_{\text{eff}}=Z-\sigma \qquad \text{유효 핵전하} \qquad (19.3)$$

전자들은 핵의 전체 Coulomb 인력을 실질적으로 '가려막지는' 않는다. 가림 상수는 핵의 인력과 전자들의 반발력과의 합쳐진 결과를 원자 중심에 단일 동일 전하가 있다고 보고 나타내는 한 방법인 것이다.

s 전자와 p 전자는 서로 다른 방사형 파동함수를 가지고 있으므로 이들 전자의 가림 상수는 서로 다르다(그림 19.4, 그림 18.10 참조). s 전자는 p 전자보다 내부 껍질을 더 잘 **침투(penetration)**해 들어가며, 핵 근처에서 발견될 가능성이 동일 껍질의 p 전자보다 크다(p 오비탈의 파동함수는 핵에서 0이라는 것을 기억하라). 전자의 위치에 의해 정해지는 구의 안쪽에 있는 전자만이 가림 효과에 기여하기 때문에 s 전자는 p 전자보다 가림 효과를 덜 받는다. 결과적으로 침투와 가림의 종합적 효과에 의해서 s 전자는 같은 껍질 속의 p 전자보다 더 단단하게 핵에 붙들려 있게 된다. 같은 이치로 d 전자는 같은 껍질의 p 전자보다 덜 침투해 들어가며(오비탈의 파동함수는 핵 가까이에서는 r^l에 비례하며, 따라서 p 오비탈은 r에 따라 변하는 반면에 d 오비탈은 핵 가까이에서 r^2에 따라 변하는 것을 상기하라), 그리하여 더 큰 가림 효과를 받게 된다. 침투와 가림의 결과는 다전자 원자 껍질에서 부껍질 에너지가 일반적으로 s<p<d<f 순으로 놓이게 한다.

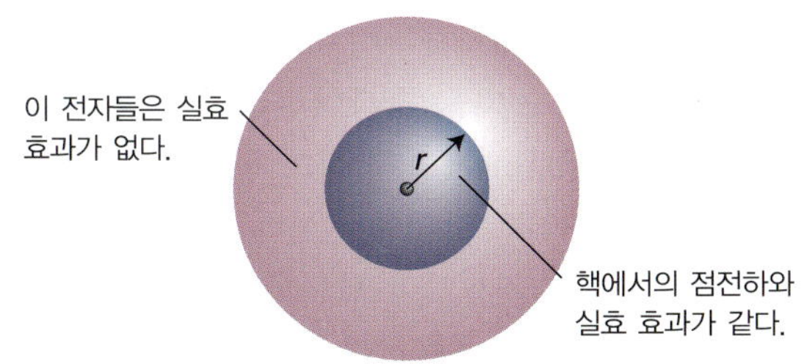

그림 19.3 핵으로부터 r만큼 떨어져 있는 전자는 반지름이 r인 구 안에 들어 있는 모든 전자들로부터 Coulomb 반발력을 받는데, 이 반발력은 이 전자들의 전체 전하량이 핵 위치에 음의 점전하로 있을 때 나타내는 것과 똑같다. 이 음전하 때문에 핵의 유효 전하가 Ze로부터 $Z_{\text{eff}}e$로 감소된다.

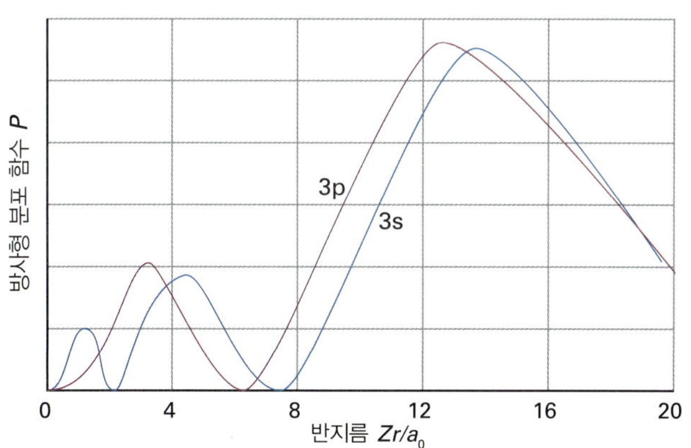

그림 19.4 s 오비탈(여기서는 3s 오비탈)의 전자는 같은 껍질의 p 오비탈의 전자보다 핵 가까이에서 발견될 가능성이 높다(3s 오비탈의 맨 안쪽 피크가 $r=0$인 곳에 있는 핵에 얼마나 가까운가를 주목하라). 따라서 s 전자는 p 전자보다 가림 효과의 영향을 덜 받으며, 핵에 더 강하게 붙들려 있다.

예제 19.1 침투 정도의 분석

수소꼴 오비탈만이 다전자 원자의 오비탈에 대한 근사이지만, 그것의 성질은 침투 정도에 대한 어느 정도의 느낌을 가지게 한다. 3s, 3p, 3d 오비탈에 대하여 핵으로부터 거리 R에 위치해 있는 전자를 발견할 확률을 조사해 보시오.

방법 방사형 분포 함수(토픽 18)를 사용하여 $r=0$에서 R까지 적분함으로써 반지름이 R인 구 안에서 전자를 발견할 총 확률을 계산한다. 방사형 파동함수는 표 17.1에 주어졌다.

풀이 방사형 분포 파동함수는 $P_{nl}(r)=r^2R_{nl}(r)^2$이며, 따라서 여러 가지 방사형 파동함수에 대하여 반지름 R인 구 안에 있을 총 확률 $\bar{P}_{nl}(R)$을 다음과 같이 계산해야 한다.

$$\bar{P}_{nl}(R)=\int_0^R r^2R_{nl}^2(r)\mathrm{d}r$$

예를 들어 3s의 방사형 파동함수는 다음과 같다.

$$R_{3,0}(r)=\frac{1}{243^{1/2}}\left(\frac{Z}{a_0}\right)^{3/2}\left(6-\frac{4Zr}{a_0}+\frac{4Z^2r^2}{9a_0^2}\right)\mathrm{e}^{-Zr/3a_0}$$

각 경우에 있어서 적분은 수작업으로도 가능하지만(지루하지만) 수학적인 소프트웨어를 사용함으로써 가장 잘 구할 수 있다. 이 결과를 그림 19.5에 도시하였다. 임의적으로 반지름이 a_0/Z인 구 안에서 전자를 발견할 확률은 다음과 같다.

	3s($l=0$)	**3p($l=1$)**	**3d($l=2$)**
$\bar{P}_{nl}(a_0/Z)$	0.0098	0.0013	0.000 006

이 그림을 보면 3s 오비탈의 전자는 3p 오비탈에 있는 전자보다 핵 가까이에서 발견될 가능성이 훨씬 더 높으며, 차례대로 3d 오비탈에 있는 전자보다 핵 가까이에서 발견될 가능성이 훨씬 더 높다.

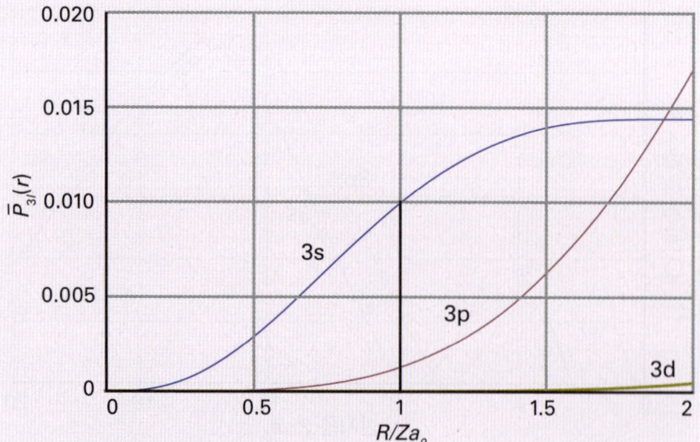

그림 19.5 예제 19.1에서 구한 결과. 그래프는 전자가 원자 번호가 Z인 수소꼴 원자의 3s, 3p, 3d 오비탈에 채워져 있을 때 반지름 R인 구 안에서 전자를 발견할 총 확률을 나타낸다.

자가 진단 19.4 L 껍질($n=2$)의 오비탈에 대한 분석을 계속하여 반복하시오.

답: $\bar{P}_{2s}(a_0/Z)=0.0343$, $\bar{P}_{2p}(a_0/Z)=0.0036$

표 19.1* 유효 핵전하, $Z_{\text{eff}}=Z-\sigma$

원소	Z	오비탈	Z_{eff}
He	2	1s	1.6875
C	6	1s	5.6727
		2s	3.2166
		2p	3.1358

*더 많은 값들이 **부록**에 수록되어 있다.

한 원자 속에 들어 있는 다른 종류의 전자들에 대한 가림 상수는 Schrödinger 방정식의 수치 해로부터 얻은 파동함수로부터 계산된다(표 19.1). 토픽 20에서 고려되는 바와 같이 약간의 차가 있을 수 있지만, 일반적으로 원자가 껍질 s 전자는 p 전자보다 높은 유효 핵전하의 영향을 받는다.

이제 Li의 전자 배치를 마무리할 수 있게 되었다. $n=2$인 껍질은 축퇴되지 않은 2개의 부껍질, 즉 2s와 2p 부껍질로 되어 있으며, 2s 부껍질의 에너지가 세 개의 2p 부껍질 에너지보다 낮기 때문에 세 번째 전자는 2s 오비탈을 차지하게 된다. 이와 같은 점유 결과로 2개의 1s 전자가 중심핵을 둘러싸고 있는 헬륨꼴 껍질을 완성하고, 그 둘레를 더 퍼진 2s 전자가 둘러싸고 있는 $1s^22s^1$의 바닥 상태 배치를 이룬다. 바닥 상태의 원자에서 최외각에 있는 전자들은 그 원자가 형성하는 화학 결합의 주원인이 되며, 이 때문에 이들을 **원자가 전자(valence electron)**라고 한다. 예컨대 Li의 원자가 전자는 2s 전자이며, 다른 두 전자는 원자의 내부 전자들로서 **핵심부(core)**에 속한다.

19.3 자체 일관성 장 계산

다전자 화학종의 전자 배치를 위하여 보인 취급법은 단지 근사법인데, 이는 모든 전자들 각각의 서로에 대한 모든 상호작용을 고려한 Schrödinger 방정식의 완전 해를 찾는 것을 예상하는 것은 기대할 수 없기 때문이다. 그러나 파동함수와 에너지에 대하여 매우 자세하고 신뢰할 만한 근사 해를 얻을 수 있는 계산적인 방법이 가능하다. 이 방법은 D.R. Hartree에 의해 처음으로 도입되었으며(컴퓨터가 나오기 이전에), 그 후 V. Fock에 의해 Pauli 원리를 정확하게 고려하여 수정되었다. 이 방법들을 분자에 적용할 때 화학자들에게는 대단히 흥미로운 것으로서 토픽 27에서 자세히 설명될 것이다. 그러나 지금 단계에서도 일반적인 원리는 알아야 한다. 폭넓은 개요로서 **Hartree-Fock 자체 일관성 장**(**self-consistent field**, HF-SCF)은 다음과 같다.

원자의 구조에 대한 근사적 개념을 갖고 있다고 생각해 보자. 예를 들어 Ne 원자는 오비탈 근사법에 따라서 그 전자 배치를 수소꼴 원자 오비탈에 의해 근사되는 $1s^22s^22p^6$로 나타낼 수 있다. 여기에서 2p 전자들 중 하나를 생각해 보자. 이 전자에 대한 Schrödinger 방정식은 퍼텐셜 에너지가 핵으로부터의 인력과 다른 전자들로부터의 반발력에 기인한다고 함으로써 나타낼 수 있다. 이 식은 비록 2p 오비탈에 대한 것이지만, 이 원자의 다른 모든 점유된 오비탈들의 파동함수에 의존한다. 이 방정식을 풀기 위하여 2p 오비탈을 제외한 모든 오비탈의 파동함수의 근사식을 추측하고, 그다음 2p 오비탈에 대한 Schrödinger 방정식을 푼다. 그리고 이어서 이 방법을 1s와 2s 오비탈에 대해 반복한다. 이 연속적인 계산은 2p, 2s, 1s 오비탈의 식을 제공하며, 일반적으로 계산을 시작하기 위하여 처음에 사용된 세트와는 다를 것이다. 이와 같이 향상된 오비탈들은 다음의 순환적인 계산에 사용될 수 있으며, 두 번째로 개선된 오비탈 세트와 더 나은 에너지가 얻어진다. 이 재순환 조작의 계산으로 얻어진 오비탈과 에너지가 현 주기의 계산에서 시작할 때 사용된 것들과 거의 차이가 없을 때까지 계속한다. 이렇게 얻은 해는 자체 일관성하다고 하며, 해결하고자 하는 문제에 대한 해로서 받아들여지게 된다.

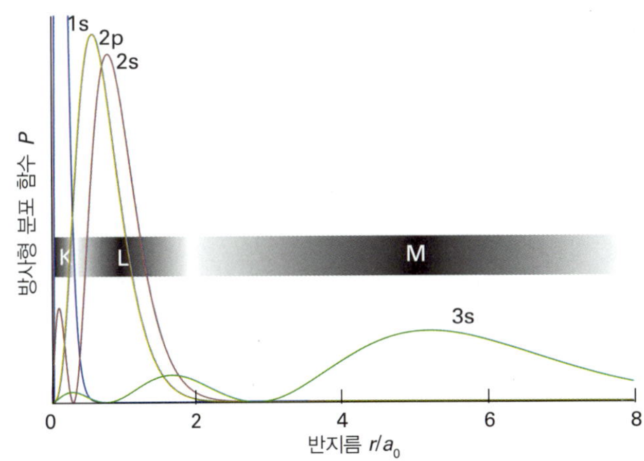

그림 19.6 자체 일관성 장 계산법에 근거한 Na 오비탈의 방사형 분포 함수. 3s 오비탈은 내부 동심원적 K 껍질과 L 껍질 밖에서 껍질 모양의 구조를 나타내고 있음을 주목하라.

그림 19.6에 소듐의 몇 가지 HF-SCF 방사형 분포 함수를 나타내었다. 이 그림에서 초기 화학자들이 예상했던 대로 껍질 안으로의 전자 밀도가 껍질별로 무리를 이루면서 위에서 논의되었던 침투 정도에서 차이를 보여 준다. 따라서 이러한 SCF 계산 결과는 화학적 주기성(토픽 20)을 설명하기 위해 사용되는 정성적인 논의를 뒷받침해 준다. 또한 이 계산들에 의해 구체적인 파동함수와 정확한 에너지가 제공됨으로써 이러한 정성적 설명의 폭을 넓혀 주게 된다.

개념 확인

- ☐ 1. **오비탈 근사법**에서는 각각의 전자가 '자신'의 오비탈을 점유한다고 생각한다.
- ☐ 2. 원자의 **배열**은 점유된 오비탈의 목록이다.
- ☐ 3. **Pauli 배타 원리**에서는 2개보다 더 많은 전자가 한 오비탈을 차지할 수는 없으며, 2개의 전자가 한 오비탈을 차지할 때는 그들의 스핀이 쌍을 이루어야 한다고 말한다.
- ☐ 4. **페르미온**은 반정수의 스핀 양자수를 갖는 입자이고, **보존**은 정수의 스핀 양자수를 갖는 입자이다.
- ☐ 5. 전자는 $s = \frac{1}{2}$을 갖는 페르미온이다.
- ☐ 6. **Pauli 원리**에서는 임의의 동등한 두 페르미온의 표지를 서로 바꾸어 주면 전체 파동함수의 부호가 변하고, 임의의 동등한 두 보존의 표지를 서로 바꾸어 주면 전체 파동함수의 부호가 변하지 않는다고 말한다.
- ☐ 7. **유효 핵전하** $Z_{\text{eff}}e$는 전자–전자 반발을 허용함으로써 전자가 받는 실제 전하이다.
- ☐ 8. **가림**은 전자로 둘러싸여 있는 핵전하의 유효 감소를 말한다.
- ☐ 9. **침투**는 내부 껍질 안의 핵 근처에서 전자를 발견할 능력이다.
- ☐ 10. 원자의 최외각에 있는 전자를 **원자가 전자**라고 하며 이것의 내부 전자들은 **핵심부**를 구성한다.
- ☐ 11. **Hartree-Fock 자체 일관성 장**(HF-SCF) 방법에서 Schrödinger 방정식은 해가 더 이상 변화가 없을 때까지(어떤 기준 이내로) 수치적으로 그리고 반복적으로 푼다.

식 확인

성질	식	비고	식 번호
오비탈 근사법	$\psi(r_1,r_2,\ldots)=\psi(r_1)\psi(r_2)\ldots$	전자–전자 상호 작용이 무시될 경우 유효	19.1
유효 핵전하	$Z_{\text{eff}}=Z-\sigma$	전하는 실제로 $Z_{\text{eff}}e$임	19.3

토픽 20

주기성

내용

➤ 학습 목표

주기율표는 화학의 심장에 놓여 있으며, 화학자들이 표에 요약되어 있는 원소들의 주기적인 성질의 근원을 이해하는 데 필수적이다.

➤ 핵심 내용

전자들이 핵에 추가됨에 따라 유사한 전자 배치가 주기적으로 반복되는 것은 원소들의 성질에 대한 주기성과 주기율표의 구조를 설명하게 된다.

➤ 미리 알기

원자 오비탈의 점유를 결정하는 특성에 관하여 토픽 19에서 전개된 개념에 익숙해져야 한다.

토픽 19에서는 원자의 바닥 상태 전자 배치를 예측할 수 있게 하는 고찰에 대하여 소개하였다. 이 토픽은 리튬까지의 과정에 관한 것이었으며, 이번 토픽에서는 나머지 모든 원소들에 대한 논의로 확장하게 된다. 또한 원자 반지름과 이온화 에너지와 같이 화학적으로 중요한 원자 성질들이 어떻게 전자 배치를 반영하며 원자 번호가 증가함에 따라 어떻게 주기적으로 변하는가를 나타내게 된다.

20.1 쌓음 원리

리튬에서 제시된 논거를 확장시킨 것을 **쌓음 원리**(**building-up principle**), 또는 독일 단어로서 쌓는다는 뜻인 *Aufbau* **원리**(Aufbau principle)라고 하며, 일반화학 과정으로부터 익숙해 있으리라 간주한다. 간단히 말하면 이 쌓음 원리는 원자 번호가 Z인 벌거숭이 핵을 생각하고, 이어서 오비탈들에 차례로 Z개의 전자를 채워 넣는다는 것이다. 토픽 19에서 설명된 바와 같이 가림과 침투의 결과를 반영하여 채워지는 순서는 다음과 같다.

1s 2s 2p 3s 3p 4s 3d 4p 5s 4d 5p 6s

Pauli 원리(토픽 19)에 따라 각 오비탈은 전자를 2개까지만 수용할 수 있다.

간단한 예 20.1 쌓음 원리

예로서 $Z=6$으로, 6개의 전자를 가지고 있는 탄소 원자를 생각해 보자. 2개가 1s 오비탈에 들어가 채우고, 또 2개가 2s 오비탈을 채우고, 나머지 2개가 2p 부껍질을 채우게 된다. 그리하여 C의 바닥 상태 전자 배치는 $1s^22s^22p^2$가 된다. 이것을 간결하게 $[He]2s^22p^2$로 나타내기도 하는데, 여기서 [He]은 헬륨꼴 $1s^2$ 핵심부이다.

자가 진단 20.1 규소 원자의 바닥 상태 전자 배치를 나타내시오.

답: $[Ne]3s^23p^2$이며, 이때 $[Ne]=[He]2s^22p^6=1s^22s^22p^6$

이것을 단지 부껍질을 명시하는 것보다는 더 정확하게 나타낼 수 있다. **간단한 예** 20.1에서 취급한 것과 같이, 탄소 원자의 마지막 두 개의 전자는 상이한 2p 오비탈을 차지하게 되는데, 이는 동일한 오비탈을 점유할 때보다 평균적으로 서로 더 멀리 떨어져서 상호 반발을 더 적게 할 수 있기 때문이다. 예컨대 하나는 $2p_x$ 오비탈에, 다른 하나는 $2p_y$ 오비탈을 차지한다고 생각할 수 있으며(여기서 x, y, z의 표지는 임의이며, 복소함수 형태의 세 개 오비탈을 사용하는 것은 똑같이 타당하다), 따라서 이 원자의 최저 에너지 상태 전자 배치는 $[He]2s^22p_x^12p_y^1$이 된다. 한 부껍질 속의 축퇴 오비탈들이 점유 가능할 때는 언제나 이러한 동일한 규칙이 적용된다. 따라서 쌓음 원리의 또 하나의 규칙을 다음과 같이 말할 수 있다.

> 전자들은 주어진 한 부껍질 중의 하나에 두 개의 전자가 이중으로 채워지기 전에 부껍질의 다른 각 오비탈에 두 번째 전자가 먼저 채워진다.

예를 들어 질소($Z=7$)는 $[He]2s^22p_x^12p_y^12p_z^1$의 배치를 가지며, 산소($Z=8$)에 이르러서야 비로소 2p 오비탈이 이중으로 점유되어 $[He]2s^22p_x^22p_y^12p_z^1$의 배치를 나타낸다. 전자들이 오비탈에 하나씩 점유할 때는 다음과 같은 **Hund의 최대 다중도 규칙**(**Hund's maximum multiplicity rule**)을 상기하면 된다.

> 바닥 상태에 있는 원자는 쌍을 이루지 않는 전자의 수가 최대로 되는 전자 배치를 가지려고 한다.

Hund 규칙을 설명하는 것은 조금 까다롭지만, 이 규칙은 **스핀 상관관계**(**spin correlation**)라고 하는 양자 역학적 성질을 반영하는 것이다. 즉 평행 스핀을 갖는 전자들은 마치 서로 멀리 떨어져 있으려는 경향(다음의 **증명** 참조)을 가짐으로써 결국 덜 반발되려는 것처럼 거동한다. 요컨대 스핀 상관관계는 원자를 약간 수축시키는 효과를 나타내며, 따라서 스핀들이 평행일 때는 전자-핵 상호 작용이 증가한다. 이제 결론을 말하면, 바닥 상태의 탄소 원자에서는 2개의 2p 전자가 동일 스핀을, N 원자에서는 3개의 2p 전자가 모두 동일 스핀을, O 원자에서는 다른 오비탈에 있는 2개의 2p 전자가 동일 스핀을 갖는다($2p_x$ 오비탈의 두 전자는 반드시 쌍을 이루어야 한다).

증명 20.1 스핀 상관관계

전자 1은 공간 파동함수 $\psi_a(\boldsymbol{r}_1)$로 표시되고, 전자 2는 파동함수 $\psi_b(\boldsymbol{r}_2)$로 표시된다고 하자. 그러면 오비탈 근사법을 이용하여 이 전자들의 통합된 파동함수는 이들의 곱인 $\psi=\psi_a(\boldsymbol{r}_1)\psi_b(\boldsymbol{r}_2)$로 나타낼 수 있다. 그러나 끊임없이 전자의 정보를 추적해 낼 수는 없지만 이 곱은 어떤 전자가 어떤 오비탈을 차지하는지를 명백하게 암시하는 것이므로 허용될 수 없는 파동함수이다. 양자 역학에 의하면 정확한 파동함수는 다음 두 파동함수 중 어느 하나가 되어야 한다.

$$\psi_\pm=(1/2)^{1/2}\{\psi_a(\boldsymbol{r}_1)\psi_b(\boldsymbol{r}_2)\pm\psi_b(\boldsymbol{r}_1)\psi_a(\boldsymbol{r}_2)\}$$

Pauli 원리에 따라 ψ_+는 입자의 교환에 대하여 대칭이므로, 이것에는 반대칭 스핀 함수(식 19.2b에서 σ_-로 표시되는)를 곱해 주어야 한다. 이 조합은 스핀이 쌍을 이루고 있는 상태에 해당한다. 한편 ψ_-는 반대칭이며, 따라서 이것에는 세 가지 대칭 스핀 상태 ($\alpha(1)\alpha(2)$, $\beta(1)\beta(2)$, $\sigma_+(1,2)$) 중의 어느 하나를 곱해 주어야 한다. 이 세 가지 대칭 상태들은 전자들이 평행 스핀을 갖는 상태에 해당한다(이들은 토픽 19에서 언급되었고 더 자세하게는 토픽 21에서 논의할 것과 같이 $S=1$일 때 총 스핀 연산자 $\hat{S}^2$의 고유함수에 해당한다).

이제 한 전자가 다른 전자에 접근하여 $\boldsymbol{r}_1=\boldsymbol{r}_2$가 될 때 이 두 함수의 결합인 $\psi_\pm$의 값이 어떻게 되는지를 생각해 보자. ψ_-는 0이 됨을 알 수 있으며, 이것은 평행 스핀을 갖는 두 전자가 공간 속의 동일한 점에 있을 두 전자를 찾는 확률이 소멸됨을 의미하는 것이다. 상태 ψ_-에서 전자가 서로 접근할 때 감소하는 확률을 **Fermi 구멍**(**Fermi hole**)이라고 한다. 다른 또 하나의 조합은 두 전자가 공간 속의 동일한 점에 있을 때 소멸되지 않는다. 두 전자의 스핀이 평행인지 아닌지에 따라서 이와 같이 두 전자는 상이한 상대적 공간 분포를 나타내기 때문에, 이들의 Coulomb 상호 작용이 달라지며, 그리하여 이 두 상태는 상이한 에너지를 가지게 되고 평행한 스핀에 해당하는 상태의 에너지가 더 낮게 된다.

그러나 원래의 파동함수가 변하지 않는 경우에 대해서는 이와 같은 설명을 하는 데 주의해야 한다. 상세한 수치 해석에 의하면, 헬륨 원자의 특별한 경우인 평행한 스핀을 갖는 전자들은 반대 스핀을 갖는 전자들에서 보다 실제로 서로 더 가까이 있음을 알 수 있다. 이 경우에 대하여 평행한 스핀을 갖는 전자들 사이의 스핀 상관관계는 전체 원자를 축소시킨다고 설명하는 것이다. 따라서 평균 간격은 줄어들더라도 전자들은 핵에 더 가까이에서 발견되며 전자들의 퍼텐셜 에너지가 낮아지게 된다.

20.2 원소 배열

$Z=10$인 네온은 $[He]2s^22p^6$의 배치를 가지며 L 껍질을 완전하게 채운다. 이 닫힌 껍질 배치를 [Ne]로 표시하는데, 이것은 후속 원소들의 핵심부 역할을 한다. 다음 전자는 3s 오비탈에 들어가서 새 껍질을 채우기 시작해야 하며, 그리하여 $Z=11$인 Na 원자는 $[Ne]3s^1$의 배치를 가지게 된다. 소듐은 $[He]2s^1$의 배치를 갖는 리튬과 마찬가지로, 완성된 핵심부 바깥에 s 전자를 한 개 가지고 있다. 전자 배치에 관한 이

러한 분석 결과로부터 화학적 주기성의 근원을 찾을 수 있게 되었다. L 껍질은 8개의 전자로 완성되며, 따라서 $Z = 3$(Li)인 원소는 $Z = 11$(Na)인 원소와 성질이 비슷해야 한다. 마찬가지로 Be($Z = 4$)은 $Z = 12$(Mg)와 비슷해야 하며, 이러한 관계가 비활성 기체인 He($Z = 2$), Ne($Z = 10$), Ar($Z = 18$)에 이르기까지 성립한다.

10개의 전자가 5개의 3d 오비탈에 수용되면서 스칸듐부터 아연까지의 전자 배치를 설명할 수 있게 된다. 토픽 27에서 설명할 형태의 계산을 해 보면, 이러한 원자들에 대해서는 3d 오비탈의 에너지가 4s 오비탈의 에너지보다 항상 낮다. 그러나 분광학적 측정 결과에 의하면 Sc의 바닥 상태에 대한 전자 배치는 $[Ar]3d^3$이나 $[Ar]3d^24s^1$이 아닌 $[Ar]3d^14s^2$를 나타낸다. 이러한 결과를 설명하기 위해서는 3d와 4s에서의 전자–전자 상호 반발의 성질을 고려해 주어야 하며, 이 오비탈들의 에너지 차이가 매우 작기 때문에 이 효과는 특별히 미세하게 유지된다. 3d 전자(방사 마디가 없는)는 핵으로부터의 최대 확률 거리가 4s 전자(세 개의 방사 마디를 갖는)보다 짧으며, 따라서 두 3d 전자들 사이의 반발은 두 4s 전자들 사이의 반발보다 크다. 이러한 결과 때문에 Sc는 다른 두 가지의 전자 배치보다 오히려 $[Ar]3d^14s^2$의 전자 배치를 이루고 3d 오비탈에서의 강한 전자–전자 반발을 극소화시키는 것이다. 그리하여 높은 에너지의 4s 오비탈로 전자가 들어가더라도 원자의 전체 에너지가 최소로 될 수 있다(그림 20.1).

여기서 설명한 효과는 스칸듐부터 아연에 이르기까지 일반적으로 사실이며, 그리하여 이들의 전자 배치는 $[Ar]3d^n4s^2$가 되며, 이때 스칸듐의 $n = 1$부터 아연의 $n = 10$까지가 된다. 실험적으로 관측된 주목할 만한 예외로서 Cr이 $[Ar]3d^54s^1$, Cu는 $[Ar]3d^{10}4s^1$의 전자 배치를 갖는다. Cr과 Cu에서 나타난 예외에 대한 이론적인 근거는 d 오비탈에 전자가 반이 차거나 완전히 찰 때 에너지가 추가적으로 낮아지는 특성에 따른다.

갈륨에서는 앞의 주기에서와 똑같은 방식으로 쌓음 원리를 적용시킬 수 있다. 여기서는 4s와 4p 부껍질이 원자가 껍질을 이루며, 크립톤에서 그 주기가 끝난다. 아르곤 이후에는 이와 같이 18개의 전자가 한 주기에 관여하여 주기율표상에서 첫 번째 '장주기'가 나타난다. d 구역 원소('전이 금속')의 존재는 3d 오비탈을 점차적으로 점유하는 원소들을 반영하며, 이들의 에너지 차가 미묘하고, 또 이 계열에 따라 전자–전자 반발 효과가 있기 때문에 무기 d-금속 화학의 다양한 복잡성이 나타나게 된다. 6주기와 7주기에서는 이와 비슷하게 f 오비탈이 끼어들게 되어 주기율표상에 f 구역 원소(란탄족과 악티늄족 원소)가 나타난다.

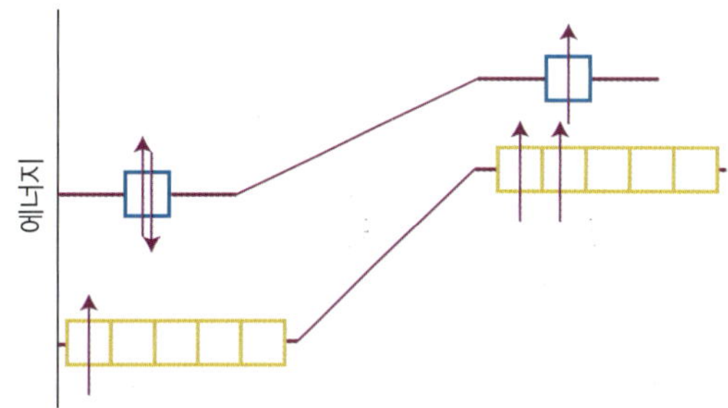

그림 20.1 바닥 상태의 Sc 원자가 $[Ar]3d^24s^1$(오른쪽) 배치 대신에 $[Ar]3d^14s^2$(왼쪽) 배치를 갖게 되면 3d 오비탈들 사이의 강한 전자–전자 반발이 극소화된다. 비록 높은 에너지의 4s 오비탈에 전자가 들어감에도 불구하고 원자의 전체 에너지는 $[Ar]3d^14s^2$ 배치가 더 낮다.

주기율표의 s, p, d 구역에 있는 원소들에 대한 양이온의 전자 배치는 중성 원자의 바닥 상태 전자 배치로부터 고유한 순서대로 전자를 떼어내면 얻을 수 있다. 즉 우선 원자가 p 전자를 떼어내고, 이어서 원자가 s 전자를 떼어내고, 끝으로 특정된 전하에 도달할 때까지 필요한 만큼의 d 전자를 제거시키는 것이다. 한편 p 구역 원소들에 대한 음이온의 전자 배치는 뒤따라 나오는 비활성 기체의 전자 배치가 이루어질 때까지 쌓음 원리에 따라 중성 원자에 전자를 계속해서 가해주면 얻을 수 있다.

간단한 예 20.2 이온의 배치

예로서 V의 전자 배치는 $[Ar]3d^34s^2$이기 때문에, V^{2+} 양이온의 전자 배치는 $[Ar]3d^3$이 된다. 에너지면에서 활성이 더 큰 4s 전자가 떨어져 나가면서 이 양이온을 만드는 것이 합리적이기는 하지만, 등전자인 Sc 원자에서 나타나는 전자 배치인 $[Ar]3d^14s^2$가 아니라 $[Ar]3d^3$이 되는 이유는 분명하지 않다. 계산 결과에 의하면 $[Ar]3d^3$과 $[Ar]3d^14s^2$ 사이의 에너지 차는 Z_{eff}에 의존한다. Z_{eff}가 증가함에 따라 4s 전자가 3d 오비탈로 옮기는 것이 더 유리해지는데, 이것은 공간적으로 조밀하게 채워지는 3d 오비탈의 전자들과 핵 사이의 상호 작용 인력이 전자–전자 반발을 보상하고도 남기 때문이다(그림 18.10의 3d 방사형 분포 함수 참조). 실제로 Z_{eff}가 충분히 커지면 $[Ar]3d^3$이 $[Ar]3d^14s^2$보다 더 낮은 에너지를 갖게 되는 것이 계산으로 밝혀졌다. 이러한 결과는 왜 V^{2+}가 $[Ar]3d^3$의 배치를 가지게 되는지에 대한 설명이며, 또한 Sc부터 Zn까지의 모든 M^{2+} 양이온이 $[Ar]4s^03d^n$의 배치를 가지게 되는 것을 설명할 수 있게 된다.

자가 진단 20.2 O^{2-} 이온의 전자 배치를 구하시오.

답: $[He]2s^22p^6 = [Ne]$

20.3 원자 성질의 주기성

원소의 화학적 특성을 결정짓는 데는 세 가지의 원자 성질이 상당히 중요한데, 이것들은 바로 원자 반지름, 이온화 에너지, 전자 친화도이다. 이 세 가지 모두는 원자 번호가 증가함에 따라 주기적인 변화를 나타낸다.

(a) 원자 반지름

핵으로부터 멀어지면 전자 밀도는 단지 지수함수적으로(그러나 급격히) 떨어지게 되기 때문에 원자는 정확한 반지름을 갖지 못한다. 그러나 단지 몇 개의 전자를 갖는 원자보다는 많은 전자를 갖는 원자가 클 것이라고 예상할 수 있다. 원소의 **원자 반지름(atomic radius)**은 고체(Cu와 같은) 또는 비금속일 경우는 동종핵 분자(H_2나 S_8과 같은)에서 인접한 이웃 원자와의 거리의 반으로서 정의된다. 표 20.1의 데이터에서 **원자 반지름은 족의 아래로 갈수록 증가하며, 주기를 가로질러 왼쪽에서 오른쪽으로 갈수록 감소함**을 나타낸다. 이러한 경향은 원자의 전자 구조로 쉽게 해석된다. 한 족에서 아래로 내려감에 따라 원자가 전자는 주양자수가 계속해서 점점 커지는 오비탈에서 발견된다. 이 족에 있는 원자는 다음으로 계속해서 이어지는 주기에서는 전자가 완전하게 채워진 껍질의 수가 점점 더 많아지게 되며, 따라서 그들의 반지름은 족을 따라 아래로 내려가면서 증가하게 된다. 주기를 가로지르게 되면 원자가 전자는 동일한 껍질의 오비탈에 들어가게 되지만, 주기를 횡단하면서 유효 핵전하가 증가하므로 전자를 잡아당기게 되고 점진적으로 더욱 조밀한 원자가 되는 결과를 초래하게 된다. 반지름이 족의 아래쪽으로 일반적으로 증가하는 것과 주기를 가로질러 감소하는 것은 그것들이 많은 화학적 성질에 대한 경향과 상호 잘 연관되어 있다는 것과 같이 반드시 기억되어져야 한다.

그렇지 않으면 일반적인 경향에서 벗어난 것이지만 6주기에서는 여기에 흥미롭고 중요한 수정이 나타나게 된다. d 구역의 세 번째 행의 금속의 반지름은 두 번째 것들과 매우 유사하며 상당히 더 많은 전자가 주어지는 것으로부터 예상되는 것과 다르게 현저하게 크지는 않다. 예를 들어 Mo($Z=42$)와 W($Z=74$)의 원자 반지름은 W가 훨씬 더 많은 전자를 갖고 있음에도 불구하고 각각 140 pm과 141 pm이다. 족의 아래쪽으로 간단한 외삽에 근거하여 예상된, 아래에서 반지름이 줄어드는 것을 **란탄족 수축(lanthanide contraction)**이라고 한다. 이 이름은 효과의 근원을 가리키고 있다. d 구역의 세 번째 행(6주기)의 원소들 앞에는 f 구역의 첫 번째 행의 원소인 란탄족이 놓이게 되며 4f 오비탈이 채워지게 된다. 이 오비탈들은 가림이 좋지 않은 성질을 가

표 20.1 주족 원소의 원자 반지름 r(pm)

Li 157	**Be** 112	**B** 88	**C** 77	**N** 74	**O** 66	**F** 64
Na 191	**Mg** 160	**Al** 143	**Si** 118	**P** 110	**S** 104	**Cl** 99
K 235	**Ca** 197	**Ga** 153	**Ge** 122	**As** 121	**Se** 117	**Br** 114
Rb 250	**Sr** 215	**In** 167	**Sn** 158	**Sb** 141	**Te** 137	**I** 133
Cs 272	**Ba** 224	**Ti** 171	**Pb** 175	**Bi** 182	**Po** 167	

지며, 따라서 원자가 전자들은 핵전하로부터 예상한 것보다 더 많은 인력을 받게 된다. f 구역을 가로질러 추가되는 전자들 사이의 반발은 핵전하가 증가하는 것을 보상하지 못하게 되며, 따라서 주기를 가로질러 왼쪽에서 오른쪽으로 Z_{eff}가 증가하게 된다. 후자(유효 핵전하가 증가하는 것)가 우위를 차지하는 효과는 모든 전자를 끌어당기게 되며, 이리하여 원자가 더욱 조밀하게 되는 결과가 된다. 같은 이유로 인하여 d 구역 다음의 원소들에서 유사한 수축이 발견된다. 예를 들면 C와 Si 사이의 원자 반지름(각각 77 pm와 118 pm)에서는 상당한 증가가 있음에도 불구하고 Ge의 원자 반지름(122 pm)은 Si보다 약간만 더 크게 된다.

모든 일원자 이온은 그들의 어미 원자보다 크며, 모든 일원자 양이온은 그들의 어미 원자보다 작다(몇 경우에는 현저하게 그렇다). 음이온의 형성에서 원자의 반지름이 증가하는 것은 음이온을 형성하기 위하여 추가의 전자를 더할 때 생기는 큰 전자-전자 반발의 결과이다. Z_{eff} 값의 감소도 연관되어 있다. 어미 원자에 비교하여 양이온의 반지름이 줄어드는 것은 전자의 손실에 따른 전자-전자 반발의 감소뿐만 아니라 양이온의 형성은 전형적으로 원자가 전자를 잃음으로써 귀착되는 사실과 Z_{eff}가 증가하는 사실의 결과이다. 이와 같이 원자가 전자를 잃음으로써 종종 훨씬 더 조밀하게 채워진 전자껍질만을 남겨두게 된다. 이와 같은 총체적인 차이가 고려되기만 하면 주기율표를 통한 이온 반지름의 변화는 원자의 반지름을 반영하게 된다.

(b) 이온화 에너지

기체 상태에 있는 다전자 원자로부터 전자 한 개를 떼어내는 데 필요한 최소의 에너지를 그 원소의 **1차 이온화 에너지(first ionization energy)**라고 하며 I_1로 나타낸다. 그리고 두 번째 전자를(단일 전하의 양이온으로부터) 떼어내는 데 필요한 최소의 에너지를 **2차 이온화 에너지(second ionization energy**, I_2)라고 한다. 일부 값들을 표 20.2에 나타내었다.

일반 화학에서 잘 배웠겠지만 이온화 에너지는 주기성을 나타낸다(그림 20.2). 리튬은 낮은 이온화 에너지를 갖는데, 이것은 가장 바깥 전자가 핵으로부터 핵심부 전자에 의해서

잘 가려져 있어서 쉽게 떨어져 나갈 수 있기 때문이다($Z = 3$이지만 $Z_{eff} = 1.3$이다). 베릴륨($Z = 4$)의 이온화 에너지는 더 크지만 붕소의 이온화 에너지는 베릴륨보다 작은데, 이것은 붕소의 최외각 전자가 2p 오비탈을 차지하고 있어서 이것이 2s 전자로 되었을 때보다 덜 강하게 결합되어 있기 때문이다.

붕소로부터 질소까지는 이온화 에너지가 증가하는데, 이것은 핵전하가 증가하기 때문이다. 그러나 산소의 이온화 에너지는 간단한 외삽에 의하여 예상되는 것보다는 낮다. 이 이유는 산소는 2p 오비탈이 처음으로 이중으로 점유되어야 하며, 전자–전자 상호 반발이 주기를 따라 간단한 외삽으로 예상되는 것보다 훨씬 더 크기 때문이다. 뿐만 아니라 2p 전자가 빠져나가면 반만 채워진 부껍질(N에서와 같은)의 배치가 형성되는데, 이것은 낮은 에너지의 전자 배치이며, 따라서 $O^+ + e^-$의 에너지는 예상보다 낮고, 이온화 에너지도 그만큼 낮아지는 것이다(다음 주기의 P와 S 사이에서는 덜 꺾여 내려가는데, 이것은 이들의 오비탈이 더 확산되어 있기 때문이다). 산소, 플루오린, 네온에 대한 값들은 대체적으로 동일 직선상에 나타나며, 이들의 이온화 에너지 증가는 핵의 전하가 더 커져서 최외각 전자를 더 세게 잡아당기기 때문이다.

소듐에서는 최외각 전자가 3s이다. 이 전자는 핵으로부터 멀고, 또한 밀집된 상태의 완전히 채워진 네온꼴 핵심부 전자들이 핵을 가려주고 있다. 이 결과로 소듐의 이온화 에너지는 네온의 이온화 에너지보다 훨씬 낮다. 그러나 이 주기를 따라서 주기적 순환이 다시 시작되며, 비슷한 논리를 가지고 이온화 에너지의 변화를 추적할 수 있다.

표 20.2* 1차 및 2차 이온화 에너지

원소	I_1(kJ mol^{-1})	I_2(kJ mol^{-1})
H	1312	
He	2372	5250
Mg	738	1451
Na	496	4562

* 더 많은 값들이 **부록**에 수록되어 있다.

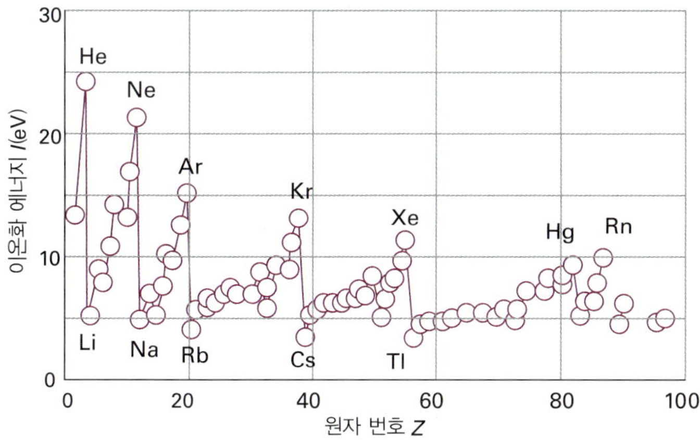

그림 20.2 원자 번호에 대해서 도시한 원소의 1차 이온화 에너지

(c) 전자 친화도

전자 친화도(**electron affinity**, E_{ea})는 전자가 기체상 원자에 첨가될 때 방출되는 에너지이다(표 20.3). 보편적인 것은 아니지만 통상적이면서 합리적인 규약(채택되고 있는)에 따르면, 전자가 원자에 첨가될 때 에너지가 방출되면 전자 친화도가 양의 값을 갖는다.

전자 친화도는 플루오린 가까이에서 최대가 되는데, 이것은 들어오는 전자가 완성된 원자가 껍질의 빈 구멍을 채우는 것과 같으며, 또한 핵과도 강하게 상호 작용을 하기 때문이다. 음이온에 전자가 첨가되는 것은(O^-로부터 O^{2-}가 형성될 때와 같이) 반드시 에너지를 흡수해야 하며, 따라서 E_{ea}가 음이다. 즉 들어오는 전자가 이미 존재하는 전하에 의해서 반발되는 것이다. 전자 친화도는 일반적으로 작으며, 전자가 핵으로부터 멀리 떨어진 오비탈에 들어가거나(무거운 알칼리 금속 원소에서와 같이), Pauli 원리 때문에 억지로 새 오비탈에 들어갈 때는(18족 비활성 기체에서와 같이) 음의 값을 가질 수도 있다.

이온화 에너지와 전자 친화도 값은 화학에서뿐만 아니라 화학을 통하여 생물학에서 많은 것을 이해하는 데 도움을 준다. 이제 왜 탄소가 복잡한 생물학적 구조의 필수적인 구성 요소인지를 알아가게 되는 것이다. 2주기에 있는 원소들 사이에서 탄소의 이온화 에너지와 전자 친화도는 중간 값을 가지며, 따라서 수소, 질소, 산소, 황과 같이 많은 다른 원소들과, 그리고 더욱 중요하게도 다른 탄소들과 전자를 공유(즉 공유 결합을 형성하며)할 수 있다. 결과적으로 긴 탄소–탄소 사슬(지질에서와 같이)과 펩타이드 결합과 같은 망처럼 쉽게 결합할 수 있다. 탄소의 이온화 에너지와 전자 친화도는 너무 크지도 너무 작지도 않기 때문에 이러한 공유 결합 망에서의 결합은 너무 강하지도 너무 약하지도 않게 된다. 결국 생물학적 분자들은 독자적으로 생존 가능한 기관을 형성하

표 20.3* 전자 친화도 E_{ea}(kJ mol^{-1})

Cl	349		
F	322		
H	73		
O	141	O^-	−844

* 더 많은 값들이 **부록**에 수록되어 있다.

기에 충분히 안정적이지만 여전히 분해되고 재배열되기가 쉽다.

개념 확인

☐ 1. **쌓음 원리**는 원자의 바닥 상태 배치에 이르게 하는 원자 오비탈을 채우는 방법이다.

☐ 2. **Hund의 최대 다중도 규칙**은 바닥 상태에 있는 원자는 쌍을 이루지 않는 전자의 수가 최대로 되는 전자 배치를 가지려고 한다는 것이다.

☐ 3. 원자 반지름은 전형적으로 주기를 가로질러감에 따라 감소하며 족의 아래로 내려갈수록 증가한다.

☐ 4. **란탄족 수축**은 란탄족 원소를 따라 원소의 원자 반지름이 감소하는 것을 말한다.

☐ 5. **이온화 에너지**는 기체 상태에 있는 원자로부터 전자 한 개를 떼어내는 데 필요한 최소 에너지이다.

☐ 6. **전자 친화도**는 전자가 기체상 원자에 첨가될 때 방출되는 에너지이다.

토픽 21

원자 분광학

내용

➤ 학습 목표

원자 분광학은 양자 역학을 발전시켰을 뿐만 아니라 원자 내 전자의 에너지에 대한 자세한 정보를 제공하였다. 원자의 상태와 그들에 대응되는 분자의 상태를 특정짓는 표기법들은 분광학, 자기적 성질에 대한 논의, 광화학, 레이저 작동의 설명에 있어서 결정적인 역할을 한다.

➤ 핵심 내용

전이는 광자의 각운동량과 각운동량의 보존으로부터 유래되는 선택 규칙에 종속된 허용된 에너지 상태 사이에서 일어난다.

➤ 미리 알기

수소꼴 원자의 에너지 준위에 대한 논의(토픽 17)와 이러한 논의를 다전자 원자의 구조를 설명하기 위하여 어떻게 확장할 것인가(토픽 19)에 대하여 잘 알아야 한다. 선택 규칙에 대한 논의는 전이(토픽 16)에 대하여 논의하는 데 이용된다.

원자 분광학 저변에 깔린 일반적인 개념은 명백하다. 스펙트럼(방출이거나 흡수)의 선들은 원자가 에너지의 변화 $|\Delta E|$를 동반하는 전이를 겪으며 광자의 진동수 $\nu = |\Delta E|/h$와 파수 $\tilde{\nu} = |\Delta E|/hc$을 방출하거나 흡수할 때 일어난다. 따라서 스펙트럼은 원자 속 전자의 에너지에 대한 정보를 제공한다고 예상할 수 있다. 그러나 전자들은 여러 가지 다양한 방식으로 서로 서로 작용을 하기 때문에, 다전자 원자에서 실제 에너지 준위는 전적으로 오비탈의 에너지에 의해서만 주어지는 것이 아니며, 오비탈 근사법 이외의 다른 요인에 의한 에너지 기여를 고려할 필요가 있다.

21.1 수소의 스펙트럼

수소 기체 속에서 전기를 방전시키면 H_2 분자들이 해리되고, 생성된 들뜬 에너지의 H 원자가 불연속적인 진동수의 빛을 방출하여, 일련의 선들로 된 스펙트럼을 나타낸다(그림 21.1).

(a) 스펙트럼 계열

스웨덴의 분광학자 Johannes Rydberg는 1890년에 모든 스펙트럼선들이 다음과 같은 식에 따른다는 사실을 알아내었다.

$$\tilde{\nu} = \tilde{R}_H\left(\frac{1}{n_1^2}-\frac{1}{n_2^2}\right) \quad \tilde{R}_H = 109\,677\,\mathrm{cm^{-1}} \qquad \text{Rydberg 식} \qquad (21.1)$$

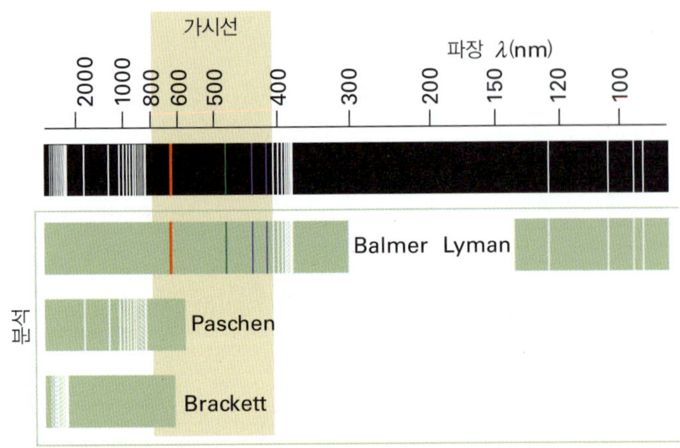

그림 21.1 수소의 원자 스펙트럼. 측정된 스펙트럼과 계열별로 분해한 것을 모두 나타내었다. Balmer 계열의 선들은 가시광선 영역에서 나타난다는 것을 주목하라.

여기서 $n_1 = 1$(**Lyman 계열**), 2(**Balmer 계열**), 3(**Paschen 계열**), 4(**Brackett 계열**)이며, 또 각 경우마다 n_2는 $n_2 = n_1+1$, n_1+2, …이다. 상수 $\tilde{R}_{\rm H}$는 수소 원자에 대하여 **Rydberg 상수**(**Rydberg constant**)라고 한다(토픽 17).

식 21.1의 모양은 각 스펙트럼선이 한 상태에서 다른 상태로 건너뛰는 **전이**(**transition**)의 결과로 생긴다는 것을 강하게 암시하며, 각각은 $\tilde{R}_{\rm H}/n^2$에 비례하는 에너지와 Bohr 진동수 조건($\Delta E = h\nu$)에 의해 주어진 전자기 복사선의 진동수(그리고 파수)로 방출되는 에너지 차이를 갖는다. 토픽 17에서 보인 것과 같이, 이것은 수소 원자의 에너지 준위에 대한 정확한 형태로서 이에 대한 설명은 초기 양자 역학의 위업이었다.

예제 21.1 계열의 최단, 최장 파장 선의 계산

Balmer 계열에서 최단 및 최장 파장의 선을 계산하시오.

방법 Balmer 계열에 대한 n_1 값을 확인한다. 최단 파장의 선은 최장 파수에 해당하며 식 21.1로부터 이 선은 $n_2 = \infty$의 결과에 기인하는 것이다. 최장 파장은 최단 파수와 일치하며, 이것은 $n_2 = n_1+1$로부터 나타나는 것이다.

풀이 Balmer 계열은 $n_1 = 2$에 해당한다. 식 21.1에 의해 계산된 최장 파수($n_2 = \infty$를 사용)는 27 419 cm^{-1}이며, 이것은 파장 365 nm에 해당한다. 최단 파수($n_2 = 3$)는 15 233 cm^{-1}이고 파장 656 nm에 해당한다.

자가 진단 21.1 Paschen 계열에서 최단 및 최장 파장의 선을 계산하시오.

답: 821 nm, 1876 nm

(b) 선택 규칙

토픽 17에서 수소꼴 원자에 대한 허용되는 에너지 준위가 $-Z^2hc\tilde{R}_{\rm H}/n^2$으로 규정되었더라도 생각할 수 있는 모든 전이가 허용되는 것은 아니다. 토픽 16에서 설명된 것과 같이 선택 규칙을 확인하여 적용하는 것이 필요하다. 수소꼴 원자에서 선택 규칙은 광자(스핀이 1인 보존)가 방출되거나 흡수될 때 각운동량이 보존되는 전이를 확인함으로써 유도된다. 즉

$$\Delta l = \pm 1 \quad \Delta m_l = 0, \pm 1 \qquad \text{수소꼴 원자 선택 규칙} \qquad (21.2)$$

주양자수 n은 각운동량과 직접 연관되어 있지 않기 때문에 전이에 대한 Δl의 조건만 충족되면 주양자수의 값은 임의로 변할 수 있다. 선택 규칙의 수학적 근거는 다음 **증명**에서 전개할 것이다.

간단한 예 21.1 선택 규칙

4d 전자가 어떤 오비탈로 복사 전이를 일으킬 수 있는지를 알기 위하여, 우선 l의 값을 확인한 다음에 이 양자수에 관한 선택 규칙을 적용시켜야 한다. $l = 2$이므로 최종 오비탈은 $l = 1$이나 3이 되어야 한다. 따라서 전자는 4d 오비탈로부터 어떤 np 오비탈로($\Delta m_l = 0, \pm 1$을 충족시키면서) 또는 어떤 nf 오비탈로(같은 선택 규칙) 전이될 수 있다. 그러나 다른 오비탈로는 전이가 되지 않으며, 그리하여 ns 오비탈이나 다른 nd 오비탈로의 전이는 금지된다.

자가 진단 21.2 4s 오비탈의 전자는 어떤 오비탈로 허용된 전기-쌍극자 복사 전이를 일으킬 수 있겠는가?

답: np 오비탈로만 가능

증명 21.1 선택 규칙의 확인

원자의 선택 규칙을 결정하기 위해서는 최종 상태 $\psi_{\rm f}$와 초기 상태 $\psi_{\rm i}$를 연결시켜 주는 전이 쌍극자 모멘트 $\mu_{\rm fi}$(토픽 16)가 0이 아닌 조건을 확인해야 한다.

$$\mu_{q,n0} = \int \psi_n^* \hat{\mu}_q \psi_0 \mathrm{d}\tau \quad q = x, y, z$$

여기에서 $\hat{\mu}_q = -eq$이다. 각 성분을 차례로 고려해야 한다. 적분을 계산하기 위해 표 14.1로부터 $z = (4\pi/3)^{1/2} r Y_{1,0}$으로 적으며, 따라서 위의 적분은 다음과 같이 된다.

$$\int \psi_n^* \hat{\mu}_z \psi_0 \mathrm{d}\tau = \int_0^{\infty}\int_0^{\pi}\int_0^{2\pi} \overbrace{R_{n_{\rm f}l_{\rm f}} Y^*_{l_{\rm f}m_{l,{\rm f}}}}^{\psi_{\rm f}^*} \overbrace{\left(\frac{4\pi}{3}\right)^{1/2} r Y_{1,0}}^{z} \overbrace{R_{n_{\rm i}l_{\rm i}} Y_{l_{\rm i}m_{l,{\rm i}}}}^{\psi_{\rm i}} \underbrace{r^2 \mathrm{d}r \sin\theta \,\mathrm{d}\theta \,\mathrm{d}\phi}_{\mathrm{d}\tau}$$

이 다중 적분은 세 인자의 곱, 즉 r에 관한 적분 한 개와 각도에 관한 2개의 적분의 곱으로 되어 있으며, 오른쪽 변의 인자는 다음과 같이 묶을 수 있다.

$$\int \psi_f^* \mu_z \psi_i \mathrm{d}\tau = \left(\frac{4\pi}{3}\right)^{1/2} \int_0^{\infty} R_{n_f l_f} r R_{n_i l_i} r^2 \mathrm{d}r \int_0^{\pi}\int_0^{2\pi} Y_{l_f m_{l,f}}^* Y_{1,0} Y_{l_i m_{l,i}} \sin\theta \,\mathrm{d}\theta \,\mathrm{d}\phi$$

이제 다음과 같은 구면 조화 함수의 성질을 사용하면,

$$\int_0^{\pi}\int_0^{2\pi} Y_{l'' m_l''}(\theta,\phi)^* Y_{l' m_l'}(\theta,\phi) Y_{l m_l}(\theta,\phi) \sin\theta \,\mathrm{d}\theta \,\mathrm{d}\phi = 0$$

단, 삼각형의 변들(1, 2, 3, 또는 1, 1, 1과 같으며 1, 2, 4는 아닌)을 형성할 수 있는 선들의 거리를 표시하는 l, l', l''이 정수이고 $m_l + m_{l'} + m_{l''} = 0$이 되지 않는 한, 위의 결과가 된다. 이 결과로 $l_f = l_i \pm 1$, $m_{l,f} = m_{l,i} + m$이 아닌 한, 각도 의존 적분(푸른색)은 0이다. 이 경우에서는 $m = 0$이므로 각도 의존 적분, 즉 전이 쌍극자 모멘트의 z축 성분은 $\Delta l = \pm 1$과 $\Delta m_l = 0$이 되지 않는 한, 0이다. 이것은 선택 규칙의 일부이다. x축 성분과 y축에 대해서도 비슷한 조작을 해 주면(응용 문제 21.7) 완전한 한 세트의 선택 규칙을 얻을 수 있다.

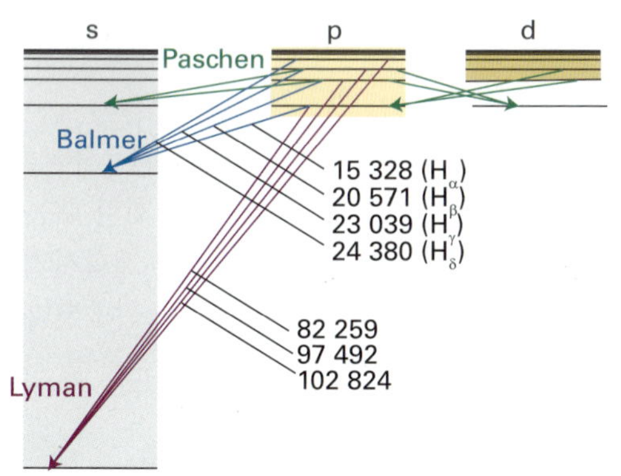

그림 21.2 수소 원자의 스펙트럼 모양과 그 해석 방법을 요약한 Grotrian 도표. 선의 색이 진할수록 더 강한 전이를 나타낸다. 전이에 파수($\mathrm{cm^{-1}}$)를 표시하였다.

선택 규칙과 원자 에너지 준위를 합쳐서 이용하면 각 상태들의 에너지와 이들 사이의 허용 전이를 요약해서 나타낸 **Grotrian 도표(Grotrian diagram)**의 구조를 설명할 수 있다(그림 21.2). 어떤 형식에서는 여러 가지 굵기의 선이 사용되는데, 전이 쌍극자 모멘트를 평가함으로써 구한 스펙트럼의 상대적인 세기를 표시한다.

21.2 항기호

다전자 원자의 스펙트럼은 수소꼴 원자의 것보다 상당히 복잡하다. 토픽 19에서는 원자의 바닥 상태 전자 배치를 어떻게 설명하는지, 그들의 상태, 특히 들뜬 상태를 좀 더 자세히 조사하는 데 필요한 그들의 스펙트럼을 어떻게 이해해야 하는지, 그리고 그들 사이에서의 전이를 어떻게 고려해야 하는지를 기술하였다. 여기에서 바로 마주치는 복잡성은 예를 들어 He의 들뜬 상태의 전자 배치가 $1s^1 2s^1$이거나 C의 바닥 상태가 $[\mathrm{He}]2s^2 2p^2$인 것처럼, 원자의 단일 전자 배치는 다양한 에너지를 가지며 수많은 다른 개별적인 상태들이 생길 수 있다는 것이다. 첫 번째 시도로서 이러한 상태들을 확인하고 그 상태를 명시하는 기호인 **항기호(term symbol)**로서 그들을 표시하는 방법을 찾아내는 것이다.

전자 배치에서 발생할 수 있는 다양한 상태들을 확인하고 항기호를 붙이기 위한 열쇠는 전자의 각운동량이며, 여기에는 전자들의 오비탈 각운동량, 스핀, 총 각운동량이 포함된다. 첫 번째 작업은 전자가 두 개 이상인 원자에 대하여 이러한 각운동량의 허용 값을 확인하는 것이다.

(a) 총 오비탈 각운동량

채워진 핵심부 바깥에 전자 두 개가 있는 원자를 고려하면 두 가지 경우의 오비탈 각운동량이 있게 된다. 이때 두 개 전자의 오비탈 각운동량 양자수를 l_1과 l_2라고 가정하자. 고려되는 원자의 전자 배치가 p^2라면, 두 전자 모두는 p 오비탈에 있으며 $l_1 = l_2 = 1$이다. 전자 배치로 생길 수 있는 총 오비탈 각운동량은 이들의 개별적인 각운동량의 크기와 상대 배향에 의존하며 다음의 **Clebsch–Gordan 계열(series)**에 의해 얻어지는 음이 아닌 정수인 **총 오비탈 각운동량 양자수(total orbital angular momentum quantum number**, L)로 표현된다.

$$L = l_1 + l_2,\ l_1 + l_2 - 1,\ \ldots,\ |l_1 - l_2| \qquad \text{Clebsch–Gordan 계열} \qquad (21.3)$$

예를 들어 만일 $l_1 = l_2 = 1$이면 $L = 2, 1, 0$이 된다. L 값을 알게 되면 $\{L(L+1)\}^{1/2}\hbar$로부터 총 오비탈 각운동량의 크기를 계산할 수 있다. 모든 각운동량에 대한 것과 같이 총 오비탈 각운동량은 $2L+1$개의 배향을 가지며 양자수 M_L과 구별이 되고 $L, L-1, \cdots, -L$의 값을 취할 수 있다.

l 값을 나타낼 때 소문자를 사용하는 것과 똑같이, L 값을 말할 때는 대문자를 사용한다. L 값을 문자로 변환하는 기호는 오비탈을 지정하는 s, p, d, f,...에 대한 것과 동일하지만 대문자를 사용하게 된다. 따라서 따라서 p^2 배치는 D, P, S 항을 나오게 할 수 있다.

L:	0	1	2	3	4	5	6...
	S	P	D	F	G	H	I...

닫힌 껍질에서는 모든 개개의 오비탈 각운동량의 합이 0이 되므로 닫힌 껍질의 오비탈 각운동량은 0이 된다. 따라서 항 문제를 다룰 때는 채워지지 않은 껍질 속의 전자들만을 생각하면 된다. 전자 한 개가 닫힌 껍질 바깥에 있는 경우에는 L의 값이 l의 값과 같으며, 따라서 [Ne]$3s^1$의 배치는 S항만을 갖게 된다.

예제 21.2 전자 배치의 총 오비탈 각운동량 유도

(a) d^2, (b) p^3 전자 배치로부터 나올 수 있는 항들을 구하시오.

방법 Clebsch–Gordan 계열을 사용하는데, 우선 L의 최솟값을 구한다(그러면 이 계열의 끝나는 곳을 알 수 있다). 함께 짝지워지는 전자가 2개보다 많을 때는 이 계열을 연속적으로 이용한다. 즉 우선 두 전자를 짝지우고, 이어서 각각의 짝지워진 상태에 세 번째 전자를 짝지워 나가며 이 방법을 계속한다.

풀이 (a) 최솟값은 $|l_1-l_2|=|2-2|=0$이다. 따라서

$$L=2+2,\ 2+2-1,\ \ldots,\ 0=4,\ 3,\ 2,\ 1,\ 0$$

이들은 각각 G, F, D, P, S 항에 해당한다. (b) 첫 번째 두 전자의 결합에서는 최솟값이 $|1-1|=0$이다. 따라서

$$L'=1+1,\ 1+1-1,\ \ldots,\ 0=2,\ 1,\ 0$$

이어서 $l_3=1$을 $L'=2$와 결합시키면, $L=3,\ 2,\ 1$이 나온다. $L'=1$과 결합시키면 $L=2,\ 1,\ 0$이 나오고, 또 $L'=0$과 결합시키면 $L=1$이 나온다. 따라서 전체적인 결과는 다음과 같이 된다.

$$L'=3,\ 2,\ 2,\ 1,\ 1,\ 1,\ 0$$

그리하여 F항 한 개, D항 두 개, P항 세 개, S항 한 개가 나온다.

자가 진단 21.3 (a) f^1d^1, (b) d^3 전자 배치로 위의 예제를 되풀이하시오.

답: (a) H, G, F, D, P (b) I, 2H, 3G, 4F, 5D, 3P, S

주어진 전자 배치로 생기는 항은 전자들 사이의 Coulomb 상호 작용에 기인하여 에너지가 다르게 된다. 예를 들어 $2p^1 3p^1$의 전자 배치로부터 항이 D($L=2$)가 되기 위해서는 두 전자 모두가 핵 주위를 동일한 방향으로 돌아야 하지만 S($L=0$)항을 얻기 위해서는 두 전자가 반대 방향으로 돌아야 한다. 앞의 배열에서는 전자들이 만날 수 없고, 후자의 배치에서는 서로 만날 수 있다. 이와 같은 고전적인 설명에 근거하여 전자들이 만난다면 그들 사이에서의 반발은 클 것이라고 추측할 수 있으며, 따라서 S항이 D항보다 에너지가 높게 된다. 이 문제에 대한 양자 역학적 분석은 이러한 해석을 뒷받침한다.

(b) 총 스핀 각운동량

항의 에너지도 역시 전자 스핀의 상대적인 배향에 의존한다. 토픽 20은 이 의존성의 단서를 제공하는데, 여기에서 스핀 상관관계는 평행한 스핀을 갖는 상태가 반대 스핀을 갖는 상태보다 에너지가 낮아지는 결과가 된다는 것을 설명한다. 평행한(짝짓지 않은) 스핀과 역평행한(짝을 이룬) 스핀은 그들의 총 스핀 각운동량이 다르게 된다. 짝을 이룬 경우에 두 스핀 운동량은 서로 상쇄되고 알짜 스핀은 0이 되며(그림 19.2에 도시한 것처럼), 따라서 다시 한 번 각운동량과, 이 경우 스핀, 에너지 사이의 상관관계에 이르게 한다.

고려해 주어야 할 전자가 여러 개일 때는 **총 스핀 각운동량 양자수**(**total spin angular momentum quantum number**, S; 음이 아닌 정수 또는 반정수)를 구해야 한다. 그러기 위해서는 다음과 같은 Clebsch–Gordan 계열을 이용하여 S 값을 결정할 수 있다.

$$S=s_1+s_2,\ s_1+s_2-1,\ \ldots,\ |s_1-s_2| \qquad (21.4)$$

전자가 두 개인 경우 각 전자마다 $s=\frac{1}{2}$이라는 사실을 명심하면 $S=1,\ 0$이 된다(그림 21.3). 전자가 세 개일 때는 처음 두 스핀에 대한 S 값의 각각에 세 번째 스핀을 결합시켜서 총 스핀 각운동량을 얻는다. 그러면 $S=\frac{3}{2}$과 $S=\frac{1}{2}$이 된다.

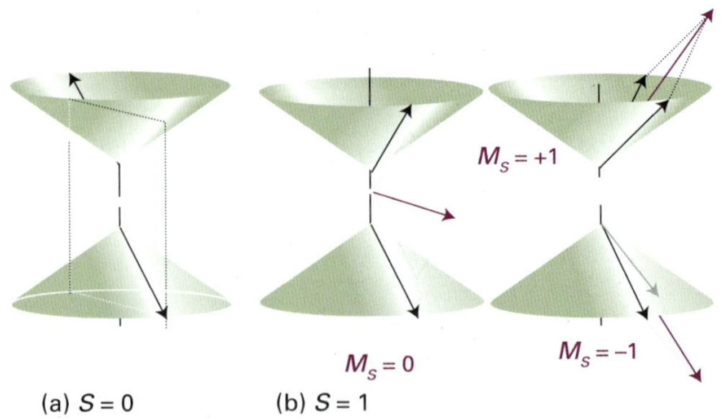

그림 21.3 (a) 두 전자가 짝을 이루고 스핀을 가질 때 합의 스핀 각운동량은 0이다($S=0$). 이들은 여기에서 나타낸 원뿔 상에서 확정되지 않은 위치에 놓인 두 개의 벡터로 표현되지만, 하나가 원뿔 상에 있고 다른 것이 반대 방향을 향하면 그들의 합은 0이 된다. (b) 두 전자가 평행 스핀을 가질 때는 총 스핀 각운동량이 0이 아니다($S=1$). 이 결과는 세 가지 방식으로 나타나는데, 이것을 여기서 세 가지 벡터 모형으로 나타내었다. 두 짝진 스핀은 정확하게 역평행이지만 두 '평행' 스핀은 엄밀하게 평행하지 않음을 주목하라.

항에 있어서 S 값은 $2S+1$의 값으로 주어지는 항의 **다중도**(**multiplicity**)를 항기호의 왼쪽 아래 첨자로서 표현된다. 따라서 ^{1}P는 '단일항(singlet)'($S=0$, $2S+1=1$)이고, ^{3}P는 '삼중항(triplet)'($S=1$, $2S+1=3$)이 된다. 사실 다중도는 주어진 S 값에 대하여 허용되는 $M_S=S, S-1, \ldots, -S$ 값의 수, 즉 총 스핀이 취할 수 있는 공간상 배향의 수를 말해 준다. 이 정보의 중요성을 바로 이해하게 될 것이다.

실용 상식 원자 분광학을 논의하는 데 주의할 점은 전체 스핀 양자수를 나타내는 이탤릭체 S와 항기호를 나타내는 로마체 S를 혼동하면 안 된다는 것이다. 따라서 ^{3}S는 $S=1(L=0)$인 삼중항이다. 모든 상태의 기호는 똑바로 쓰며, 모든 양자수와 물리적 관측량은 비스듬하게(기울여서) 나타낸다.

간단한 예 21.2 항의 다중도

$S=0$일 때는(닫힌 껍질, 즉 $1s^2$에서와 같이), $M_S=0$, 전자들이 전부 쌍을 이루며 알짜 스핀이 0이 된다. 이 경우의 배치에서는 ^{1}S와 같은 단일항이 된다. 단일 전자의 경우에는 $S=s=\frac{1}{2}$이며($M_S=m_s=\pm\frac{1}{2}$), 따라서 [Ne]$3s^1$과 같은 배치는 이중항 ^{2}S가 된다. 이와 마찬가지로 [Ne]$3p^1$ 배치는 이중항 ^{2}P가 된다. 2개의 쌍을 이루지 않은 전자가 있을 때는 $S=1(M_S=\pm1, 0)$이며, 따라서 $2S+1=3$이므로 ^{3}D와 같은 삼중항이 된다.

자가 진단 21.4 스칸듐의 들뜬 상태 배치인 [Ar]$3s^2 3p^1 4p^1$에서 생길 수 있는 항은 무엇인가?

답: ^{1,3}D, ^{1,3}P, ^{1,3}S

토픽 20에서 하나는 짝진 스핀을 가지며 다른 하나는 평행한 스핀의 상태인 경우, 스핀 상관 작용의 효과가 다르기 때문에 두 상태의 에너지는 다르다는 것을 설명하였다. He 원자의 $1s^1 2s^1$ 전자 배치에서 평행 스핀 배열이 역평행 배열보다 에너지가 낮다는 사실은 이제 He 원자의 $1s^1 2s^1$ 전자 배치 중에서 삼중항 상태가 단일항 상태보다 낮은 에너지를 갖는다고 표현할 수 있다는 것이다. 이 일반적 결론은 다른 원자(또는 분자)에도 적용되며, 전자 배치가 동일한 상태들의 경우에는 **일반적으로 삼중항 상태가 단일항 상태보다 낮은 에너지를 갖는다**. 후자의 설명은 Hund의 최대 다중도 법칙(토픽 20)의 예이며, 다음과 같이 다시 표현할 수 있다.

> 주어진 전자 배치에서 최대 다중도를 갖는 항이 가장 낮은 에너지를 갖는다.

한 원자 속에 있는 전자들 사이의 Coulomb 상호 작용은 상당히 강하므로 동일 전자 배치의 단일항 상태와 삼중항 상태 사이의 에너지 차이도 대단히 클 수 있다. 예로서 He의 경우에는 $1s^1 2s^1$의 삼중항과 단일항 두 상태가 6421 cm^{-1}(0.80 eV에 해당) 만큼의 차를 나타낸다.

Hund의 최대 다중도 법칙은 최소의 계산으로 전자 배치의 최소 에너지 항을 확인하기 위하여 Friedrich Hund가 고안한 세 가지 법칙 중 첫 번째 것이다. 두 번째 법칙은 다음과 같다.

> 주어진 다중도에 대하여 L이 최댓값인 항이 최소 에너지를 갖는다.

따라서 위에서 논의된 바와 같이, D항이 동일한 다중도의 S항보다 에너지가 낮을 것으로 예상된다. 세 번째 법칙은 스핀–궤도 짝지음을 설명한 후에 소개될 것이다. 이와 같은 세 가지 법칙은 원자의 바닥 상태 배치에 대해서만 오로지 믿을 수 있다.

(c) 총 각운동량

원자의 알짜 오비탈 각운동량과 알짜 스핀 각운동량이 있을 때에는 이들 각운동량들을 총 각운동량으로 결합시킬 수 있고 원자의 에너지가 이 값에 의존할 것으로 예상할 수 있다. **총 각운동량 양자수** J(음이 아닌 정수이거나 반정수)는 다음 값들을 취한다.

$$J=L+S,\ L+S-1,\ \ldots,\ |L-S| \qquad \text{총 각운동량} \quad (21.5)$$

그리고 늘 그렇듯이 총 각운동량의 크기를 $\{J(J+1)\}^{1/2}\hbar$로부터 계산할 수 있다. J의 특정 값은 항기호의 오른쪽 아래 첨자로 주어지며, 예를 들어 $J=2$인 ^{3}P 항은 $^3P_2$로 완전하게 표시된다.

만일 $S\le L$이면 주어진 L에 대하여 J는 $2S+1$개의 값이 있으며, 따라서 J 값의 수는 항의 다중도와 동일하게 된다. 각 가능한 J 값은 항의 준위를 나타내며 $S\le L$인 조건에서 다중도는 준위의 개수를 말하게 된다. 예를 들어 소듐의 [Ne]$3p^1$ 배열(들뜬 상태)은 $L=1$, $S=\frac{1}{2}$이며, 다중도는 2가 된다. 이때 두 개의 준위는 $J=\frac{3}{2}$과 $\frac{1}{2}$이고, 따라서 ^{2}P 항은 두 가지 준위인 $^2P_{3/2}$과 $^2P_{1/2}$을 갖게 된다.

다음 주제로 넘어가기 전에 식 21.5에는 숨겨진 가정이 있음을 주목해야 한다. 전자의 오비탈 각운동량을 모두 결합하여 총 오비탈 각운동량을 만들고, 그들의 스핀 모두를 결합하여 총 스핀이 되며, 그런 다음 단지 이 두 개 전체를 결합하여 원자의 전체 총 각운동량을 구한다고 가정하였다. 이러한 방법을 **Russell–Saunders 짝지음**(**Russell–Saunders coupling**)이라고 한다. 대체 방법은 각 전자의 오비탈과 스핀 각운동량을 분리하여 각 하나에 대한 결과로 결합시키고(양자수 j로), 그다음에 이들 결과를 전체 총 값으로 결합시킨다. 소위 ***jj* 짝지음**(***jj*-coupling**)이라고 부르는 이 경우는 취급하지 않을 것이다. Russell–Saunders 짝지음은 가벼운 원자에 대하여 꽤 정확하다고 판명되었다.

예제 21.3 항기호의 유도

(a) Na 원자, (b) F 원자의 바닥 상태 배치, (c) C의 들뜬 $1s^22s^22p^13p^1$ 배치에 대한 항기호를 쓰시오.

방법 닫힌 내부 핵을 무시하고 우선 전자 배치를 쓴다. 오비탈 각운동량들을 결합시켜서 L을 구하고, 또 스핀들을 결합시켜서 S를 구한다. 다음에 이 L과 S를 결합시켜서 J를 구한다. 마지막으로 $^{2S+1}\{L\}_J$에 따라서 항기호를 쓸 수 있을 것이다. 여기에서 $\{L\}$은 답에 적합한 문자이다. 원자가 전자 배치가 $2p^5$인 플루오린의 경우에는 모두 채워진 껍질인 $2p^6$이 되기 위한 빈 자리를 단일 입자로 취급한다.

풀이 (a) Na의 전자 배치는 $[Ne]3s^1$이며, 따라서 3s 전자만 생각하면 된다. 이때는 $L=l=0$이고, $S=s=\frac{1}{2}$이므로 $J=j=s=\frac{1}{2}$만이 허용된다. 따라서 항기호는 $^2S_{1/2}$이다. (b) F의 전자 배치는 $[He]2s^22p^5$인데, 이것은 $[Ne]2p^{-1}$로 취급할 수 있다($2p^{-1}$은 2p 전자 한 개가 부족함을 나타내는 기호이다). 따라서 $L=1$이 되고 $S=s=\frac{1}{2}$가 되어 $J=j$의 두 값인 $J=\frac{3}{2}, \frac{1}{2}$이 허용된다. 결국 이 두 준위의 항기호는 $^2P_{3/2}$과 $^2P_{1/2}$이다. (c) 탄소의 들뜬 상태를 취급한 이유는 바닥 상태 배치($2p^2$) 중의 일부 항이 Pauli 원리(토픽 19)에 의해서 허용되지 않으며, 어떤 것(실제로는 ^1D, ^3P, ^1S)을 골라내야 하는지가 약간 복잡하기 때문이다[1]. 즉 동일한 오비탈을 차지하는 '동등한 전자들'과 다른 오비탈을 차지하는 '동등하지 않은 전자들'과는 분명히 구별이 된다. 여기서는 후자의 경우만 생각한다. 여기서 생각하는 들뜬 C의 전자 배치는 $2p^13p^1$과 같으며, 이것은 $l_1=l_2=1$과 $s_1=s_2=\frac{1}{2}$인 2 전자 문제로 귀결된다. 즉 $L=2, 1, 0$이고 $S=1, 0$이다. 따라서 항은 ^3D와 ^1D, ^3P와 ^1P, ^3S와 ^1S이다. ^3D일 때는 $L=2$, $S=1$이므로 $J=3, 2, 1$이고, 결국 준위는 $^3D_3$, $^3D_2$, $^3D_1$이다. ^1D일 때는 $L=2$, $S=0$이며, 그리하여 이 준위는 $^1D_2$뿐이다. ^3P의 삼중항 준위는 $^3P_2$, $^3P_1$, $^3P_0$이며, 단일항 준위는 $^1P_1$이다. ^3S일 때는 $^3S_1$ 준위뿐이고($J=1$뿐이므로), 단일항은 $^1S_0$이다.

[1] 자세한 것을 위하여 *Inorganic Chemistry*, Oxford University Press and W. H. Freeman & Co.(2014)를 참조할 것

자가 진단 21.5 (a) $2s^12p^1$, (b) $2p^13d^1$ 배치가 나타내는 항들을 쓰시오.

답: (a) $^3P_2$, $^3P_1$, $^3P_0$, $^1P_1$
(b) $^3F_4$, $^3F_3$, $^3F_2$, $^1F_3$, $^3D_3$, $^3D_2$, $^3D_1$, $^1D_2$, $^3P_2$, $^3P_1$, $^3P_0$, $^1P_1$

(d) 스핀-궤도 짝지음

$^2P_{1/2}$과 $^2P_{3/2}$ 같이 서로 상이한 항의 준위는 각운동량 사이에서 자기장과의 상호 작용인 **스핀-궤도 짝지음**(**spin-orbit coupling**)에 기인하여 다른 에너지를 갖는다. 이 결합의 근원을 알아보기 위하여 회전하는 전류는 자기 모멘트를 생기게 한다는 것을 주목할 필요가 있다(그림 21.4). 전자의 스핀은 자기 모멘트의 한 원천이며, 이것의 오비탈 각운동량은 다른 또 하나이다. 두 개의 자기 쌍극자 모멘트가 서로 가까이 가면 그들의 상대적 배향에 의존하는 정도로 상호 작용을 하게 된다. 그러나 두 운동량의 상대적 배향은 또한 전자의 총 각운동량을 결정하며, 이리하여 상호 작용의 에너지와 J 값 사이에 상관관계가 존재하게 된다. 역평행(즉 반대 방향으로 놓여 있는)인 자기 쌍극자 모멘트들은 그들이 평행일 때보다 에너지가 낮다. 그러므로 오비탈 각운동량과 스핀 각운동량이 역평행이면 에너지가 낮아지며, 이는 더 작은 J 값에 해당된다. ^2P항의 경우 $^2P_{1/2}$ 준위가 $^2P_{3/2}$ 준위보다 더 낮은 에너지를 가질 것으로 예측한다. 여러 개의 전자를 갖는 계에 대하여 상세한 분석으로 다음과 같은 일반적인 진술을 얻게 되며 이것이 Hund의 세 번째 규칙이다.

전자 배치의 종류	준위의 순서
껍질의 반보다 적게 찬 경우	최저 J 값이 최저 에너지
껍질의 반보다 많이 찬 경우	최고 J 값이 최저 에너지

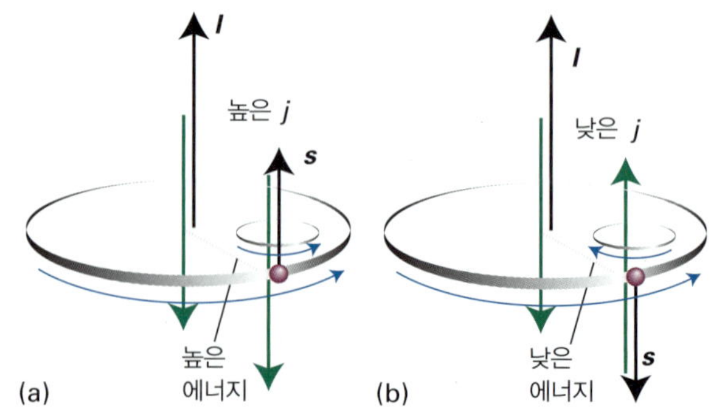

그림 21.4 스핀–궤도 짝지음은 스핀 자기 모멘트와 오비탈 자기 모멘트 사이의 자기적 상호 작용이다. (a)에서와 같이 두 각운동량이 평행일 때는 두 자기 모멘트가 불리하게 배향된 상태이다. 그러나 (b)에서처럼 반대 방향일 때는 유리한 상호 작용을 나타낸다. 이 자기 결합 때문에 한 전자 배치가 여러 준위로 갈라진다.

스핀–궤도 짝지음의 정량적인 처리에 있어서 Hamilton 연산자에 스핀과 오비탈 각운동량을 나타내는 벡터의 상대적 배향에 의존하는 항을 포함시킬 필요가 있다. 가장 간단한 방법은 다음과 같이 이에 대한 기여를 쓰는 것이다.

$$\hat{H}_{so} = \lambda \boldsymbol{L}\cdot\boldsymbol{S} \quad \lambda = hc\tilde{A}/\hbar^2 \qquad \text{스핀–궤도 짝지음} \qquad (21.6)$$

여기에서 λ는 짝지음 세기의 척도이며, 실용적인 목적에서는 변수 $\tilde{A}$를 도입하여 파수로서 표현하는 것이 가장 좋다. $\boldsymbol{L}\cdot\boldsymbol{S}$ 양은 벡터 $\boldsymbol{L}$과 $\boldsymbol{S}$의 스칼라 곱이다(**수학적 배경** 4에서 배운 것과 같이 $\boldsymbol{L}\cdot\boldsymbol{S}$는 θ가 두 벡터 사이의 각도일 때 $\cos\theta$에 비례하며, 따라서 이 식은 상호 작용의 에너지가 두 자기 모멘트의 상대적 배향에 의존한다는 사실을 모형화하는 것이다). 이 식을 사용하기 위하여 총 각운동량을 $\boldsymbol{J}=\boldsymbol{L}+\boldsymbol{S}$로 표기하며, 따라서 다음과 같이 표현되며

$$\boldsymbol{J}\cdot\boldsymbol{J} = (\boldsymbol{L}+\boldsymbol{S})\cdot(\boldsymbol{L}+\boldsymbol{S}) = L^2+S^2+2\boldsymbol{L}\cdot\boldsymbol{S}$$

이고, 그러므로($\boldsymbol{J}\cdot\boldsymbol{J}=J^2$이므로) 다음과 같이 쓸 수 있다.

$$\lambda\boldsymbol{L}\cdot\boldsymbol{S} = \tfrac{1}{2}\lambda(J^2-L^2-S^2)$$

이제 J^2, L^2, S^2을 각각 고윳값 $J(J+1)\hbar^2$, $L(L+1)\hbar^2$, $S(S+1)\hbar^2$을 갖는 연산자로서 간주한다. 그러면 고윳값 $\hat{H}_{so}$는 다음과 같이 된다.

$$E_{so} = \tfrac{1}{2}hc\tilde{A}\{J(J+1)-L(L+1)-S(S+1)\} \qquad \text{스핀–궤도 짝지음 에너지} \qquad (21.7)$$

간단한 예 21.3 스핀–궤도 짝지음 에너지

$L=1$, $S=\tfrac{1}{2}$일 때 ^{2}P항에서 다음과 같다.

$$E_{so} = \tfrac{1}{2}hc\tilde{A}\{J(J+1)-2-\tfrac{3}{4}\} = \tfrac{1}{2}hc\tilde{A}\{J(J+1)-\tfrac{11}{4}\}$$

따라서 $J=\tfrac{3}{2}$인 준위에서 $E_{so}=\tfrac{1}{2}hc\tilde{A}$이며, 동일한 배열이고 $J=\tfrac{1}{2}$인 준위에서는 $E_{so}=-hc\tilde{A}$이다. 그러므로 두 준위의 간격은 $\Delta E_{so}=\tfrac{3}{2}hc\tilde{A}$가 된다.

자가 진단 21.6 스핀–궤도 짝지음은 ^{2}P항의 평균 에너지를 변하게 하지 못한다는 것을 밝히시오. **힌트:** 두 준위의 축퇴를 고려하시오.

답: $4(\tfrac{1}{2}hc\tilde{A})+2(-hc\tilde{A})=0$

$\tilde{A}$에 의해 측정되는 것과 같이 스핀–궤도 짝지음의 세기는 핵전하에 의존한다. 왜 이렇게 되는지를 이해하기 위하여 궤도 운동을 하는 전자에 올라타고 하전된 핵이 주위를 도는 것처럼 느끼게 되는 경우를 상상해 보자(태양이 뜨고 지는 것과 같이). 이렇게 되면 고리 전류의 중심에 있는 결과가 될 것이다. 핵전하가 커질수록 이 전류도 세지며, 또 이 때문에 생기는 자기장도 세진다. 전자의 스핀 자기 모멘트는 이 오비탈 자기장과 상호 작용을 하므로 핵전하가 커질수록 스핀–궤도 상호작용은 커진다. 이 짝지음은 원자 번호에 따라 급속히 증가한다(수소꼴 원자에서 Z^4에 의존한다). 수소 원자와 같이 작은 경우에는 이 짝지음을 거의 무시해도 되지만(에너지 준위를 기껏해야 0.4 cm^{-1} 정도로 이동시킨다), Pb와 같은 무거운 원자에서는 이 짝지음이 대단히 커진다(수천 cm^{-1} 정도의 이동을 일으킨다).

들뜬 전자 상태의 알칼리 금속 원자에서 p 전자가 전이를 일으켜 낮은 s 오비탈로 떨어질 때는 2개의 스펙트럼선이 나타난다. 즉 높은 진동수 선은 $^2P_{3/2}$ 준위에서 시작하는 전이이고, 다른 하나는 동일한 배치의 $^2P_{1/2}$ 준위로부터 출발하는 전이에 의한 것이다. 이 두 스펙트럼선은 스핀–궤도 짝지음 때문에 스펙트럼 구조에 나타나는 **미세 구조(fine structure)**의 예이다.

간단한 예 21.4 미세 구조

전기 방전으로 들뜬 소듐 증기의 방출 스펙트럼(가로등이 이러한 것들이다)을 보면 미세 구조가 나타난다. 즉 여기서 나오는 589 nm(약 17 000 cm^{-1})의 노란색 선은 실제로는 이중선이며, 589.76 nm(16 956.2 cm^{-1})와 589.16 nm (16 973.4 cm^{-1})의 두 선으로 이루어진 것이다. 이 이중선의 성분들이 이 스펙트럼의 'D선'들이다(그림 21.5). 따라서 소듐의 경우에는 3p 전자의 에너지가 스핀–궤도 짝지음에 의해서 17 cm^{-1} 만큼의 영향을 받는다.

자가 진단 21.7 포타슘 선의 방출 스펙트럼은 766.70 nm와 770.11 nm에서 관측된다. 포타슘의 스핀–궤도 짝지음 상수는 얼마인가?

답: 57.75 cm^{-1}

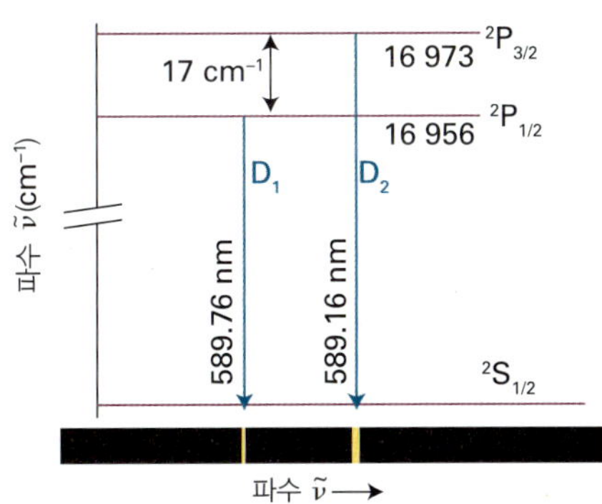

그림 21.5 소듐의 D선들이 형성되는 것을 설명하는 에너지 준위 그림. 이 스펙트럼선의 갈라짐(17 cm^{-1})은 ^{2}P항 준위의 갈라짐을 반영하는 것이다.

21.3 다전자 원자의 선택 규칙

어떠한 원자 상태나 어떠한 분광학적 전이라도 항기호를 이용하여 명시할 수 있다. 예로서 소듐의 노란색 이중선(그림 21.5에서 본 것과 같이)을 나타내는 전이는 다음과 같이 나타낼 수 있다.

$$3p^1\ {}^2P_{3/2} \rightarrow 3s^1\ {}^2S_{1/2} \qquad 3p^1\ {}^2P_{1/2} \rightarrow 3s^1\ {}^2S_{1/2}$$

높은 에너지의 항을 낮은 것보다 먼저 쓰는 것이 관례이다. 따라서 위의 예에 해당하는 흡수는 ${}^2P_{3/2} \leftarrow {}^2S_{1/2}$, ${}^2P_{1/2} \leftarrow {}^2S_{1/2}$로 나타낸다(전자 배치는 생략되었다).

이미 배운 바와 같이(**증명** 21.1에서) 선택 규칙은 전이 과정에서 각운동량이 보존되고, 또한 광자의 스핀이 1이라는 사실 때문에 나타난다. 따라서 항기호는 원자들의 각운동량에 대한 정보를 가지고 있으므로 항기호로 선택 규칙을 나타낼 수 있다. 자세한 해석 결과에 의하면 다음과 같은 선택 규칙이 나온다.

$$\Delta S = 0 \quad \Delta L = 0, \pm 1 \quad \Delta l = \pm 1$$
$$\Delta J = 0, \pm 1,\ \text{그러나}\ J=0 \leftarrow\!|\!\rightarrow J=0$$

다전자 원자 선택 규칙 (21.8)

여기서 ←|→ 기호는 금지 전이를 나타낸다. ΔS에 관한 규칙(전체 스핀은 변하지 않는다)은 빛이 스핀에 직접 영향을 주지 못한다는 사실로부터 나온 것이다. 또 ΔL과 Δl에 관한 규칙은 개개 전자의 오비탈 각운동량은 반드시 변해야 하지만 ($\Delta l = \pm 1$), 이것이 오비탈 각운동량의 전체적인 변화를 일으키게 되는지는 짝지음 방식에 의존한다.

간단한 예 21.5 선택 규칙

다전자 원자의 방출 스펙트럼에서 다음과 같은 가능한 전이, 즉 ${}^3D_2 \rightarrow {}^3P_1$, ${}^3P_2 \rightarrow {}^1S_0$, ${}^3F_4 \rightarrow {}^3D_3$가 나타났다고 한다면 다음과 같은 표를 만들고 식 21.8의 규칙을 참조하여 어느 전이가 허용되는지를 결정할 수 있다. 금지된 값은 붉은색으로 나타내었다.

	ΔS	ΔL	Δl	
${}^3D_2 \rightarrow {}^3P_1$	0	−1	−1	허용됨
${}^3P_2 \rightarrow {}^1S_0$	−1	−1	−2	금지됨
${}^3F_4 \rightarrow {}^3D_3$	0	−1	−1	허용됨

자가 진단 21.8 다음에서 허용되는 전이는 어느 것인가?
(a) ${}^2P_{3/2} \rightarrow {}^2S_{1/2}$, (b) ${}^3P_0 \rightarrow {}^3S_1$, (c) ${}^3D_3 \rightarrow {}^1P_1$

답: (a), (b)

위의 선택 규칙은 Russell–Saunders 짝지음이 유효할 때(가벼운 원소에서) 적용된다. 무거운 원자에 ${}^3D$와 같은 항기호를 그대로 붙여 주기는 하지만, 원자 번호가 증가함에 따라 양자수 S와 L의 정의가 부적합해지고 그 대신 jj 결합이 더 적합해지기 때문에 점차적으로 위의 선택 규칙이 맞지 않음을 발견하게 된다. 위에서 설명한 바와 같이 무거운 원자의 항기호는 편의상 Russell–Saunders 항기호로 나타낸 것에 불과하다. 즉 이들 기호는 무거운 원자 속의 전자가 갖는 실제 각운동량과는 직접 연관을 갖지 못한다. 이러한 이유 때문에 가벼운 원자에서는 일어날 수 없는 단일항 상태와 삼중항 상태 사이의 전이($\Delta S = \pm 1$이 되는)가 무거운 원자에서 허용되는 것이다.

개념 확인

- ☐ 1. 수소 원자의 스펙트럼에서 **Lyman**, **Balmer**, **Paschen 계열**은 각각 $n \rightarrow 1$, $n \rightarrow 2$, $n \rightarrow 3$의 전이로부터 나타난다.
- ☐ 2. 수소 원자의 모든 스펙트럼선의 파수는 허용된 에너지 준위 사이의 전이로 표현될 수 있다.
- ☐ 3. **Grotrian 도표**는 상태들의 에너지와 이들 사이의 허용 전이를 요약하여 나타낸 것이다.
- ☐ 4. **준위**는 공통된 J 값을 갖는 상태들의 묶음이다.
- ☐ 5. 항의 **다중도**는 $2S+1$의 값이며, $L \geq S$인 조건에서 다중도는 항 준위의 개수이다.
- ☐ 6. **항기호**는 ${}^{2S+1}\{L\}_J$과 같이 원자의 상태를 기호로 명시한 것이다.
- ☐ 7. **Hund 규칙**은 전자 배치에서 최저 에너지 항을 결정하게 하며 다음과 같이 표현할 수 있다.
  - 최대 다중도를 갖는 항이 최저 에너지를 갖는다.
  - 주어진 다중도에서 L 값이 최고인 항이 최저 에너지를 갖는다.
  - 전자가 껍질의 반보다 적게 찬 원자의 경우에는 최저 J 값을 갖는 준위가 최저 에너지를 가지며, 전자가 껍질의 반보다 많이 채워진 경우에는 최고 J 값이 최저 에너지를 갖는다.
- ☐ 8. 전자 배치의 총 오비탈 각운동량 L의 허용되는 값들은 **Clebsch–Gordan 계열** $L = l_1+l_2, l_1+l_2-1, \ldots, |l_1-l_2|$를 사용하여 구한다.
- ☐ 9. 총 스핀 각운동량 S의 허용되는 값들은 Clebsch–Gordan 계열 $S = s_1+s_2, s_1+s_2-1, \ldots, |s_1-s_2|$를 사용하여 구한다.

☐ 10. **스핀-궤도 짝지음**은 스핀 자기 모멘트와 오비탈 각운동량으로부터 생기는 자기장과의 상호 작용이다.

☐ 11. **Russel-Saunders 짝지음**은 스핀-궤도 짝지음이 약하면 모든 오비탈 모멘트가 협력적으로 작용할 때만 유효하다는 관점에 근거한 짝지음 방식이다.

☐ 12. Russel-Saunders 짝지음 방식에서 **총 각운동량** J의 가능한 값은 $J=L+S,\ L+S-1, \ldots, |L-S|$이다.

☐ 13. **미세 구조**는 스핀-궤도 짝지음에 기인하는 스펙트럼의 구조이다.

☐ 14. 다전자 원자에서 분광학적 전이들에 대한 **선택 규칙**은 아래 식 확인에 정리되어 있으며, Russel-Saunders 짝지음이 유효할 때 적용된다.

식 확인

성질	식	비고	식 번호
Rydberg 식	$\tilde{\nu}=\tilde{R}_{\mathrm{H}}(1/n_1^2-1/n_2^2)$	$n_2=n_1+1,\ n_1+2, \ldots$	21.1
선택 규칙	$\Delta l=\pm1,\ \Delta m_l=0, \pm1$	수소꼴 원자	21.2
Clebsch-Gordan 계열	$J=j_1+j_2, j_1+j_2-1, \ldots, \lvert j_1-j_2\rvert$	j는 각운동량 양자수	21.3
스핀-궤도 짝지음 에너지	$E_{\mathrm{so}}=\frac{1}{2}hc\tilde{A}\{J(J+1)-L(L+1)-S(S+1)\}$	Russell-Saunders 짝지음	21.7
선택 규칙	$\Delta S=0,\ \Delta L=0, \pm1,\ \Delta l=\pm1,\ \Delta J=0, \pm1$ 단 $J=0 \leftarrow\mid\rightarrow J=0$	다전자 원자와 Russell-Saunders 짝지음	21.8

5장 원자 구조와 스펙트럼

토픽 17 수소꼴 원자

토론 문제

17.1 공간에서 자유 운동을 하는 수소꼴 원자의 설명을 단순화시키기 위해 적용되는 변수 분리 방법을 설명하시오.

17.2 수소꼴 원자의 내부 상태를 명시하는 데 필요한 양자수들을 열거하고, 그들의 의의를 설명하시오.

연습 문제

17.1(a) He^+ 이온의 이온화 에너지를 계산하시오.

17.2(b) Li^{2+} 이온의 이온화 에너지를 계산하시오.

17.2(a) 헬륨 방전관에서 나오는 58.4 nm 파장의 자외선을 크립톤 시료에 쪼였더니 1.59×10^6 m s^{-1}의 속력을 갖는 전자가 튀어 나왔다. 크립톤의 이온화 에너지를 구하시오.

17.2(b) 헬륨 방전관에서 나오는 58.4 nm 파장의 자외선을 제논 시료에 쪼였더니 1.79×10^6 m s^{-1}의 속력을 갖는 전자가 튀어 나왔다. 제논의 이온화 에너지를 구하시오.

17.3(a) 바닥 상태에 있는 수소 원자의 방사형 파동함수는 Ne^{-r/a_0}이다. 이 파동함수의 정규화 상수 N을 결정하시오.

17.3(b) 2s 상태에 있는 수소 원자의 파동함수는 $N(2-r/a_0)e^{-r/2a_0}$이다. 이 파동함수의 정규화 상수 N을 결정하시오.

17.4(a) 2s 방사형 파동함수를 미분하여 이 함수의 진폭이 두 극솟값을 갖는다는 것을 보이고, 또 그 극솟값의 위치를 구하시오.

17.4(b) 3s 방사형 파동함수를 미분하여 이 함수의 진폭이 극솟값을 갖는다는 것을 보이고, 또 그 극솟값의 위치를 구하시오.

17.5(a) H 원자의 3p 오비탈이 나타내는 방사형 마디의 위치를 구하시오.

17.5(b) H 원자의 3d 오비탈이 나타내는 방사형 마디의 위치를 구하시오.

응용 문제

17.1 수소 원자의 스펙트럼에는 **Humphreys 계열**이 있다. 이 계열은 12 368 nm에서 시작하여 3281.4 nm까지 발견된다. 이것은 어떤 전이에 기인하는 것인가? 중간 전이들에 해당하는 파장은 얼마인가?

17.2 수소 원자의 스펙트럼에서 한 계열의 선들이 656.46 nm, 486.27 nm, 434.17 nm, 410.29 nm의 파장에서 나타난다. 이 계열에서 이들 선의 파장은 얼마가 되겠는가? 수소 원자가 이들 전이를 일으키는 낮은 에너지 상태에 있을 때의 이온화 에너지는 얼마가 되겠는가?

17.3 길이와 에너지의 원자 단위는 특정한 원자의 성질에 근거를 둔다. 통상적인 선택은 수소 원자의 것으로서 길이의 단위는 Bohr 반지름 a_0이며, 에너지의 단위로는 1s 오비탈의 (음수의) 에너지이다. 길이와 에너지 단위의 유사한 정의로서 수소 대신에 포지트로늄 (e^+, e^-) 원자를 사용한다면, 이와 같은 원자 단위의 두 가지 조합 사이의 관계는 무엇이 될 것인가?

17.4 방사형 파동함수(식 17.5)는 $u=rR$의 함수를 도입함으로써 식 17.6의 형태로 쓸 수 있음을 보이시오.

17.5 수소는 모든 별에 가장 풍부하게 존재하는 원소이다. 그러나 유효 온도가 25000 K 이상인 별의 스펙트럼에는 중성 수소의 흡수 및 방출 스펙트럼이 나타나지 않는다. 이 관측 결과를 설명하시오.

17.6 주양자수 n의 초기 값은 예제 17.3에 명기되지 않았다. 정확한 n 값은 몇 개를 골라서 직선을 이르게 하는 하나를 선택함으로써 결정할 수 있음을 보이시오.

토픽 18 수소꼴 원자 오비탈

토론 문제

18.1 오비탈 각운동량의 존재는 원자 오비탈의 모양에 어떻게 영향을 미치는지를 설명하시오.

18.2 수소꼴 오비탈에 대해서 (a) 경계면, (b) 방사형 분포 함수의 의의를 설명하시오.

연습 문제

18.1(a) 다음과 같은 오비탈을 차지하는 전자의 오비탈 각운동량 크기는 얼마인가? (a) 2s, (b) 3p, (c) 5f. 각 경우의 방사형 마디수와 각도 마디수를 말하시오.

18.1(b) 다음과 같은 오비탈을 차지하는 전자의 오비탈 각운동량 크기는 얼마인가? (a) 3d, (b) 4f, (c) 3s. 각 경우의 방사형 마디수와 각도 마디수를 말하시오.

18.2(a) 수소꼴 원자의 L 껍질에 있는 에너지 준위의 축퇴도는 얼마인가?

18.2(b) 수소꼴 원자의 N 껍질에 있는 에너지 준위의 축퇴도는 얼마인가?

18.3(a) (a) $-hc\tilde{R}_H$, (b)$-\frac{1}{4}hc\tilde{R}_H$, (c)$-\frac{1}{16}hc\tilde{R}_H$의 에너지를 갖는 수소 원자 준위의 축퇴도는 얼마인가?

18.3(b) (a) $-4hc\tilde{R}_{atom}(2)$, (b) $-\frac{1}{4}hc\tilde{R}_{atom}(4)$, (c) $-\frac{25}{16}hc\tilde{R}_{atom}(5)$의 에너지를 갖는 수소꼴 원자 준위의 축퇴도는 얼마인가? (괄호 속은 원자 번호)

18.4(a) He^+ 이온의 바닥 상태 전자가 갖는 평균 운동 에너지와 퍼텐셜 에너지를 계산하시오.

18.4(b) H 원자의 3s 전자가 갖는 평균 운동 에너지와 퍼텐셜 에너지를 계산하시오.

18.5(a) 원자 번호가 Z인 수소꼴 원자에서 2s 전자에 대한 평균 반지름과 최빈(가장 잦은) 반지름을 계산하시오.

18.5(b) 원자 번호가 Z인 수소꼴 원자에서 2p 전자에 대한 평균 반지름과 최빈 반지름을 계산하시오.

18.6(a) 수소꼴 원자의 3s 전자에 대한 방사형 분포 함수를 쓰고, 이 전자가 발견될 확률이 가장 높은 반지름을 구하시오.

18.6(b) 수소꼴 원자의 3p 전자에 대한 방사형 분포 함수를 쓰고, 이 전자가 발견될 확률이 가장 높은 반지름을 구하시오.

18.7(a) 원자 번호가 Z인 수소꼴 원자에서 각각의 2p 오비탈이 나타나는 각도 마디와 마디 평면의 위치를 구하시오. 각도 마디의 위치를 나타내기 위하여 z축에 대해서 만드는 면의 각도를 나타내시오.

18.7(b) 원자 번호가 Z인 수소꼴 원자에서 각각의 3d 오비탈이 나타나는 각도 마디와 마디 평면들의 위치를 구하시오. 각도 마디의 위치를 나타내기 위하여 z축에 대해서 만드는 면의 각도를 나타내시오.

응용 문제

18.1 1976년에 초중량급 원자가 어떤 운모 속에서 발견되었다고 오인한 사실이 있었다. 이것의 원자 번호는 무려 126이라는 것이다. 이 원자에서 핵에 가장 가까운 전자는 핵으로부터의 최대 확률 거리가 얼마이겠는가? (이러한 원소에서는 Coulomb 힘이 대단히 크므로 상대성 이론에 따른 보정이 필요하다. 여기서는 이것을 무시한다.)

18.2 (a) 수소꼴 원자에 대하여 반지름이 53 pm인 구 안의 어디에서든 전자를 발견할 확률을 계산하시오. (b) 만일 원자 반지름이 전자를 발견할 확률의 90%가 되는 구 안쪽의 반지름으로 제한된다면 원자의 반지름은 얼마가 되겠는가?

18.3 수소 원자의 (a) $2p_z$ 전자, (b) $3p_z$ 전자를 발견할 확률은 어느 지점에서 최대가 되겠는가? 이러한 가능성이 가장 높은 점들은 $2p_z$와 $3p_z$ 전자의 위치에 대한 가능성이 가장 높은 반지름과 비교할 때 어떻게 되겠는가?

18.4 수소꼴 (a) 1s와 2s 오비탈, (b) $2p_x$와 $2p_y$ 오비탈은 서로 직교한다는 것을 직접 적분을 하여 확인하시오.

18.5[†] 수소꼴 원자 오비탈의 정확한 표현을 표 18.1에 수록해 놓았다. (a) $3p_x$ 오비탈이 정규화되어 있고 $3p_x$와 $3d_{xy}$가 서로 직교함을 보이시오. (b) 3s, $3p_x$, $3d_{xy}$ 오비탈의 방사형 마디와 마디 평면의 위치를 결정하시오. (c) 3s 오비탈의 평균 반지름을 구하시오. (d) 앞의 (b)에서 취급한 세 오비탈들에 대한 방사형 분포 함수의 그래프를 그리고, 이 그래프가 다전자 원자의 성질을 논하는 데 어떤 의의를 갖는지 설명하시오. (e) 이들 오비탈에 대한 xy 평면상에서의 극좌표 도시와 경계면 그림을 그리시오. 원점으로부터 경계면까지의 거리가 파동함수의 각도 부분의 절댓값을 나타내도록 경계면을 그리시오. s, p, d 경계면의 도시를 예로서 $\psi_f \propto x(5z^2-r^2) \propto \sin\theta(5\cos^2\theta-1)\cos\phi$와 같은 f 경계면의 도시와 비교하시오.

18.6 반대 값의 m_l을 갖는 d 오비탈은 경계 표면과 그림 18.7에 나타난 바와 같이 표 18.1에 주어진 형태를 갖는 실수 정상파를 제공하기 위해 쌍으로 합쳐질 수 있음을 증명하시오.

18.7 응용 문제 18.2에 의하면, 최외각 오비탈에 들어 있는 전자의 확률 밀도를 90%까지 포함시킬 수 있는 구의 반지름을 때때로 원자의 크기라고 볼 수 있다. 바닥 상태에 있는 수소 원자의 크기는 정의에 의한 것과 다른 퍼센트 값을 취할 경우 어떻게 변하는지를 조사하고 그 결과를 도시하시오.

18.8 분광학의 몇 가지 부문에서 중요한 양은 전자가 원자핵과 동일한 위치에서 발견될 확률 밀도이다. 수소꼴 원자에서 1s, 2s, 3s 오비탈의 전자에 대한 이 확률 밀도를 구하시오. s 오비탈과 다른 오비탈이 고려된다면 확률 밀도는 어떻게 되겠는가?

18.9 일부 원자 성질은 r의 평균값보다는 $1/r$의 평균값에 의존한다. (a) 수소 원자의 1s 오비탈, (b) 수소꼴 2s 오비탈, (c) 수소꼴 2p 오비탈에 대한 $1/r$의 기댓값을 계산하시오.

[†] 이 문제는 Charles Trapp과 Carmen Giunta가 제공하였다.

토픽 19 다전자 원자

토론 문제

19.1 페르미온과 보존의 차이를 설명하시오. 각 종류의 입자에 관한 예를 들어 보시오.

19.2 다전자 원자의 파동함수에 대한 오비탈 근사법을 설명하시오. 이 근사법의 한계는 무엇인가?

19.3 2차원과 3차원에서 스핀 각운동량의 특성과 회전 운동으로 생기는 각운동량의 특성을 비교하고 대조해 보시오.

연습 문제

19.1(a) 고전적인 설명은 전자를 반지름 $r_e = 2.82$ fm인 구라고 묘사한다. 이 모델을 근거로 할 때, 전자의 적도선 위의 점은 얼마나 빠르게 움직이는가? 이 결과는 설득력이 있는가?

19.1(b) 양성자는 $I = \frac{1}{2}$의 스핀 각운동량을 갖는다. 양성자를 반지름 $r_e = 1$ fm인 구라고 가정하자. 이 모형을 근거로 할 때, 양성자의 적도선 위의 점은 얼마나 빠르게 움직이는가?

응용 문제

19.1 벡터 모형에 따라 각운동량을 나타내는 데 사용되는 원뿔에서 꼭짓점의 반각에 대한 식을 l과 m_l의 항으로 유도하시오. α 스핀에 대한 식을 구하시오. 가능한 최소 각은 $l \to \infty$에 따라 0에 접근함을 증명하시오.

19.2[†] 원자살의 Stern–Gerlach 갈라짐은 작고 이것을 측정하려면 큰 자기장 기울기를 이용하거나 긴 자석을 이용해야 한다. 오비탈 각운동량이 0인 H나 Ag 원자살의 경우에는 그 굴절이 $x = \pm(\mu_B L^2/4E_k)\mathrm{d}\mathcal{B}/\mathrm{d}z$로 주어진다. 여기서 μ_B는 Bohr 마그네톤이라고 알려진 것으로 $\mu_B = e\hbar/2m_e = 9.274 \times 10^{-24}$ J T^{-1}(교재의 표지 안쪽을 볼 것)이며, L은 자석의 길이, E_k는 원자살 속에 들어 있는 원자의 평균 운동 에너지, $\mathrm{d}\mathcal{B}/\mathrm{d}z$는 살에 걸친 자기장 기울기이다. 온도가 T인 오븐의 바늘구멍으로부터 원자살로서 나오는 원자의 평균 병진 운동 에너지가 $\frac{1}{2}kT$로 주어질 때, 온도가 1200 K이고 길이가 80 cm인 자석의 오븐으로부터 나오는 Ag 원자살이 2.00 mm의 갈라짐을 일으키려면 자기장 기울기를 얼마로 해 주어야 되는가를 계산하시오.

토픽 20 주기성

토론 문제

20.1 주기율표상에서 다전자 원자의 위치와 이들의 전자 배치 사이의 관계를 설명하시오.

20.2 첫 번째 이온화 에너지가 주기율표의 2주기에서 어떻게 변하는지 설명하시오. 3주기에서도 동일하게 변하겠는가?

연습 문제

20.1(a) 탄소 원자의 바닥 상태에서 각 원자가 전자에 대한 양자수 n, l, m_l, s, m_s의 값은 무엇인가?

20.1(b) 질소 원자의 바닥 상태에서 각 원자가 전자에 대한 양자수 n, l, m_l, s, m_s의 값은 무엇인가?

20.2(a) 스칸듐부터 아연에 이르는 d 금속의 바닥 상태 전자 배치를 쓰시오.

20.2(b) 이트륨부터 카드뮴에 이르는 d 금속의 바닥 상태 전자 배치를 쓰시오.

응용 문제

20.1 d 금속인 철, 구리, 망가니즈는 산화 상태가 상이한 양이온들을 만든다. 이런 이유 때문에 이 금속들은 많은 산화–환원 효소와 여러 산화성 광인산화 반응이나 광합성 반응의 단백질에서 발견된다. d 금속이 어째서 산화 상태가 상이한 양이온들을 만드는지 설명하시오.

20.2 신경에 유독한 탈륨은 주기율표의 13족 중에서 가장 무거운 원소로, 보통 +1의 산화 상태로 존재하는 경우가 가장 흔하다. 빈혈과 치매를 일으키는 알루미늄도 이 족에 속하지만, 대부분의 경우 +3의 산화 상태를 나타내는 것이 지배적이다. 13족 원소들의 1차, 2차, 3

차 이온화 에너지를 원자 번호에 대해서 도시하여 이 성질을 조사해 보시오. 이 도시에서 나타난 경향을 설명하시오. **힌트**: 3차 이온화 에너지 I_3은 두 단위의 전하를 가진 양이온으로부터 전자를 떼어내는 데 필요한 최소의 에너지이다. $E^{2+}(g) \rightarrow E^{3+}(g)+e^-(g)$, $I_3 = E(E^{3+})-E(E^{2+})$. 필요한 데이터는 온라인이나 인쇄된 문헌을 참고하시오.

토픽 21 원자 분광학

토론 문제

21.1 수소 원자의 방출 스펙트럼이 일련의 선들로 나타나는 원인을 설명하시오. 그림 21.1에 보인 각 계열과 관련되는 전자기 스펙트럼 영역을 말하시오.

21.2 수소꼴 원자의 전이에 대한 선택 규칙을 명시하고, 그 이유를 설명하시오. 이 규칙들은 엄격하게 유효한 것인가?

21.3 스핀-궤도 짝지음의 근원을 설명하고, 이것이 스펙트럼 모양에 어떤 영향을 미치는지 설명하시오.

연습 문제

21.1(a) Lyman 계열에서 파장이 가장 짧은 선과, 파장이 가장 긴 선을 구하시오.

21.1(b) Pfund 계열은 $n_1=5$이다. Pfund 계열에서 파장이 가장 짧은 선과, 파장이 가장 긴 선을 구하시오.

21.2(a) He^+에서 $n=2 \rightarrow n=1$ 전이의 파장, 진동수, 파수를 계산하시오.

21.2(b) Li^{2+}에서 $n=5 \rightarrow n=4$ 전이의 파장, 진동수, 파수를 계산하시오.

21.3(a) 한 원자의 정상 전자 방출 스펙트럼에 나타나는 허용 전이는 다음 중 어느 것인가? (a) 3s → 1s, (b) 3p → 2s, (c) 5d → 2p

21.3(b) 한 원자의 정상 전자 방출 스펙트럼에 나타나는 허용 전이는 다음 중 어느 것인가? (a) 5d → 3s, (b) 5s → 3p, (c) 6f → 4p

21.4(a) (i) Pd^{2+} 이온의 전자 배치를 쓰시오. (ii) 이 이온에 대한 가능한 전체 스핀 양자수 S와 M_S의 값들을 쓰시오.

21.4(b) (i) Nb^{2+} 이온의 전자 배치를 쓰시오. (ii) 이 이온에 대한 가능한 전체 스핀 양자수 S와 M_S의 값들을 쓰시오.

21.5(a) (i) d 전자, (ii) f 전자에 허용되는 j의 값을 계산하시오.

21.5(b) (i) p 전자, (ii) h 전자에 허용되는 j의 값을 계산하시오.

21.6(a) 한 전자가 한 원자의 두 상이한 상태에 있을 때 $j=\frac{5}{2}$과 $\frac{1}{2}$의 양자수를 갖는다. 각 경우의 오비탈 각운동량 양자수는 얼마인가?

21.6(b) 한 전자가 한 원자의 두 상이한 상태에 있을 때 $j=\frac{7}{2}$과 $\frac{3}{2}$의 양자수를 갖는다. 각 경우의 오비탈 각운동량 양자수는 얼마인가?

21.7(a) $j_1=1$, $j_2=2$인 복합계가 가질 수 있는 허용되는 전체 각운동량 양자수는 얼마인가?

21.7(b) $j_1=4$, $j_2=2$인 복합계가 가질 수 있는 허용되는 전체 각운동량 양자수는 얼마인가?

21.8(a) 항기호 $^3P_2$는 원자의 각운동량에 관한 어떤 정보를 나타낼 수 있는가?

21.8(b) 항기호 $^2D_{3/2}$는 원자의 각운동량에 관한 어떤 정보를 나타낼 수 있는가?

21.9(a) 어떤 원자가 상이한 오비탈에 (a) 2개, (b) 3개의 전자를 가지고 있다. 전체 스핀 양자수 S의 가능한 값들은 얼마인가? 또 이들 각 경우의 다중도는 얼마인가?

21.9(b) 어떤 원자가 상이한 오비탈에 (a) 4개, (b) 5개의 전자를 가지고 있다. 전체 스핀 양자수 S의 가능한 값들은 얼마인가? 또 이들 각 경우의 다중도는 얼마인가?

21.10(a) 전자 배치 ns^1nd^1은 어떤 원자 항들을 갖겠는가? 에너지가 최저인 항은 어느 것인가?

21.10(b) 전자 배치 np^1nd^1은 어떤 원자 항들을 갖겠는가? 에너지가 최저인 항은 어느 것인가?

21.11(a) (a) ^3S, (b) ^2D, (c) ^1P 항들이 가질 수 있는 J의 값들은 얼마인가? 각 준위마다 몇 개(즉 상이한 양자수 M_J 값의 수)의 상태를 나타낼 수 있겠는가?

21.11(b) (a) ^3F, (b) ^4G, (c) ^2P 항들이 가질 수 있는 J의 값들은 얼마인가? 각 준위마다 몇 개(즉 상이한 양자수 M_J 값의 수)의 상태를 나타낼 수 있겠는가?

21.12(a) (a) Na [Ne]$3s^1$, (b) K [Ar]$3d^1$에 대한 가능한 항기호들을 쓰시오.

21.12(b) (a) Y [Kr]$4d^15s^2$, (b) I [Kr]$4d^{10}5s^25p^5$에 대한 가능한 항기호들을 쓰시오.

응용 문제

21.1 Li^{2+} 이온은 수소꼴 원자이며, 740 747 cm^{-1}, 877 924 cm^{-1}, 925 933 cm^{-1} 등에서 Lyman 계열이 나타난다. 이 이온의 에너지 준위는 $-hc\tilde{R}/n^2$의 형태로 주어짐을 보이고, $\tilde{R}$의 값을 구하시오. 이어서 이 이온에 대하여 Balmer 계열에서의 두 최장 파장 전이의 파수들을 예측하고, 이 이온의 이온화 에너지를 구하시오.

21.2 중성 리튬 원자 스펙트럼에서 일련의 선들은 $1s^22p^1\ {}^2P$가 $1s^2nd^1\ {}^2D$와 결합됨으로써 나오는 것이며, 610.36 nm, 460.29 nm, 413.23 nm에서 일어난다. 여기에 관계되는 d 오비탈들은 수소꼴 오비탈이다. 그리고 ^2P항은 $1s^22s^1\ {}^2S$의 바닥 상태 항보다 670.78 nm 위에 자리한다. 바닥 상태 원자의 이온화 에너지를 계산하시오.

21.3† W.P. Wijesundera 등(*Phys. Rev.* A **51**, 278 (1955))은 103번 원소인 로렌슘의 바닥 상태 전자 배치를 결정하려고 시도하였다. 논의 대상이 된 것은 $[Rn]5f^{14}7s^27p^1$과 $[Rn]5f^{14}6d^17s^2$이었다. 이들 각 전자 배치에 대한 항기호들을 쓰고, 각 전자 배치에서의 최저 준위를 밝히시오. 스핀-궤도 짝지음으로 간단히 예상되는 최저 준위는 어느 것이겠는가?

21.4 K 원자는 가열하면 보라색의 특성 방출 빛을 낸다. 이를 자세히 관찰해 보면 766.70 nm와 770.11 nm의 두 근접한 복사선이다. 이 실험 결과를 설명하고, 또 이것으로부터 어떤 정보를 얻어낼 수 있는지 말하시오.

21.5 Lyman 계열의 첫 번째 선이 H에서는 82 259.098 cm^{-1}이고, D에서는 82 281.476 cm^{-1}이라는 것으로부터 중양성자의 질량을 계산하시오. 또 H와 D의 이온화 에너지의 비를 구하시오.

21.6 포지트로늄은 한 전자와 한 양전자(질량은 같고, 전하는 반대)로 되어 있으며, 그 공통 질량 중심을 회전하고 있다. 따라서 스펙트럼의 폭이 넓은 특성을 갖는 것은 질량 차 때문에 나타나는 차이를 제외하면 수소 원자와 비슷할 것으로 예측된다. 이 포지트로늄의 Balmer 계열에서 처음 세 선의 파수를 구하시오. 또 바닥 상태에서의 결합 에너지는 얼마나 되겠는가?

21.7 수소꼴 원자에 대한 몇 가지 선택 규칙은 **증명** 21.1에서 유도되었다. 전기 쌍극자 모멘트 연산자의 x와 y 성분을 고려하여 유도를 완결하시오.

21.8 동위 원소의 분포는 별 내부에서 일어나는 핵반응에 관한 지식을 얻는 실마리가 된다. 분광법을 이용하여 $^4He^+$와 $^3He^+$에 대한 $n=3\rightarrow n=2$와 $n=2\rightarrow n=1$ 전이의 파수를 계산함으로써 이 종들의 존재를 확인할 수 있음을 보이시오.

통합 문제

F5.1 **Zeeman 효과**는 강한 자기장의 응용에 의한 원자 스펙트럼의 변형이다. 가한 자기장, 오비탈 각운동량과 스핀 각운동량 모멘트(Stern-Gerlach 실험에 의한 전자의 스핀에 대하여 제공된 증거를 상기할 것)에 기인하는 자기 모멘트 사이의 상호 작용으로부터 발생한다. 단일항을 포함하는 전이에서 관찰되는 소위 **정상 Zeeman 효과**에 대한 일부 이해를 얻기 위하여 $l=1$과 $m_l=0,\ \pm1$를 갖는 p 전자를 생각하자. 자기장이 없을 때, 이들 세 가지 상태는 축퇴되어 있다. 여기에 자기장 $\mathcal{B}$가 존재하면 축퇴가 없어지며, μ_B가 Bohr 마그네톤이라고 알려진 것으로 $\mu_B=e\hbar/2m_e=9.274\times10^{-24}\ J\ T^{-1}$일 때, $m_l=+1$을 갖는 상태는 에너지 $\mu_B\mathcal{B}$ 만큼 위로 움직이고 $m_l=0$ 상태는 변하지 않으며 $m_l=-1$ 상태는 에너지 $\mu_B\mathcal{B}$ 만큼 아래로 내려간다. 따라서 $^1S_0$와 $^1P_1$ 항 사이에서의 전이는 자기장이 없을 때는 오로지 하나밖에 없던 선이 자기장이 존재하면 세 개의 스펙트럼선으로 나타난다. (a) 2 T의 자기장(1 T = 1 kg $s^{-2}A^{-1}$임)이 걸려 있을 때 $^1S_0$와 $^1P_1$ 항 사이에서의 전이에 대한 세 개의 스펙트럼선 사이의 갈라짐을 cm의 역수로 계산하시오. (b) (a)에서 계산한 결과를 H 원자의 Balmer 계열에 대한 것들의 파장, 진동수, 파수를 비교하시오. 정상 Zeeman 효과에 의한 선 갈라짐은 상대적으로 작은가, 큰가?

F5.2 바닥 상태의 He^+ 이온의 전자가 파동함수 $R_{4,1}(r)Y_{1,1}(\theta,\phi)$로 설명되는 상태로 전이되었다. (a) 항기호를 이용하여 이 전이를 설명하시오. (b) 전이의 파장, 진동수, 파수를 계산하시오. (c) 전이에 기인하는 전자의 평균 반지름은 얼마나 변하는가?

F5.3 Li^{2+} 이온의 전자는 다음과 같은 수소꼴 오비탈들의 중첩인 상태로 되어 있다.

$$\psi(r,\theta,\phi)=-(\tfrac{1}{3})^{1/2}R_{4,2}(r)Y_{2,-1}(\theta,\phi)+\tfrac{2}{3}iR_{3,2}(r)Y_{2,1}(\theta,\phi)$$
$$-(\tfrac{2}{9})^{1/2}R_{1,0}(r)Y_{0,0}(\theta,\phi)$$

(a) 이 상태에 있는 다른 Li^{2+} 이온의 전체 에너지를 측정한다면 어떤 값을 얻을 것인가? 만일 하나 이상의 값이 측정된다면 각 결과를 얻을 확률은 얼마이며, 평균값은 얼마인가?

(b) 에너지를 측정한 다음, 전자는 Hamilton 연산자의 고유 함수로 설명되는 상태에 있다. Li^{2+} 이온의 바닥 상태로 전이가 허용되는가? 만일 그러하다면 전이(들)의 진동수와 파수는 얼마가 되는가?

F5.4† 매우 높게 들뜬 원자는 큰 주양자수를 갖는다. 이와 같은 **Rydberg 원자**는 독특한 특성을 가지며 천문학자에게 관심의 대상이다. 큰 n을 갖는 수소 원자에서 에너지 준위의 간격에 대한 관계를 유도하시오. $n=100$에 대하여 이 간격을 계산하고 평균 반지름, 기하학적 단면적, 이온화 에너지를 계산하시오. 다른 수소 원자와의 열적인 충돌은 Rydberg 원자를 이온화시킬 수 있는가? 충돌하는 두 번째 원자의 최소 속도는 얼마가 요구되는가? 보통 크기의 중성 H 원자는 분배되지 않은 채로 Rydberg 원자를 단순히 통과할 것인가? 100s 오비탈에 대한 방사형 파동함수는 어떻게 생겼는가?

F5.5 이 책의 웹사이트에 수록된 수학 소프트웨어인 스프레드시트 또는 **Living Graphs**(LG로 표시된)를 이용하여 다음 연습 문제에 답하

시오.

(a)[LG] 몇 개의 0이 아닌 오비탈 각운동량 l 값에 대하여 수소 원자에서 전자의 유효 퍼텐셜 에너지를 r에 대하여 도시하시오. 유효 퍼텐셜 에너지에서 극솟점의 위치는 L에 따라 어떻게 변하는가?

(b) n이 3까지의 수소꼴 파동함수에서 방사형 마디의 위치를 구하시오.

(c) 구면 조화 함수 $Y_{l,}m_l(\theta,\phi)$에서 $l=1$에 대한 실수 부분의 경계면을 도시하시오. 결과의 도표는 엄밀한 p 오비탈의 경계면은 아니며 수소꼴 오비탈 모양의 합당한 표현에 충분히 가깝다.

(d) f 오비탈 모양에 통찰력을 얻기 위하여 구면 조화 함수 $Y_{l,}m_l(\theta,\phi)$에서 $l=3$에 대한 실수 부분의 경계면을 도시하시오.

(e) 수소꼴 4s, 4p, 4d, 4f 오비탈들에 대한 방사형 분포 함수를 계산하고 도시하시오. 전자에 의해 겪는 가림 정도는 l에 대해 어떻게 변하는가?

수학적 배경 4 벡터

일반적으로 **스칼라 물리적 성질**(scalar physical property)(온도와 같은)은 공간에서 변하며 공간의 각 지점에서 단일 값으로 표현된다. 한편 **벡터 물리적 성질**(vector physical property)도 역시 공간에서 변하지만 통상 각 지점에서 크기가 다를 뿐만 아니라 방향도 다르다.

MB4.1 정의

벡터 $\boldsymbol{v}$는 다음과 같은 일반적인 형태를 갖고 있다.

$$\boldsymbol{v}=v_x\boldsymbol{i}+v_y\boldsymbol{j}+v_z\boldsymbol{k} \quad \text{(MB4.1)}$$

여기서 $\boldsymbol{i}$, $\boldsymbol{j}$, $\boldsymbol{k}$는 크기가 1이고 각각 x, y, z축을 양의 방향으로 향하는 **단위 벡터**(unit vector)이며 v_x, v_y, v_z는 각 축의 벡터 **성분**(component, 그림 MB4.1)이다. 벡터의 **크기**(magnitude)는 v 또는 $|\boldsymbol{v}|$로 나타내며, 다음과 같이 주어진다.

$$v=(v_x^2+v_y^2+v_z^2)^{1/2} \quad \text{크기} \quad \text{(MB4.2)}$$

벡터는 z축과 각도 θ를 이루며 xy 평면의 x 축과는 각도 ϕ를 만든다.

$$v_x=v\sin\theta\cos\phi \qquad v_y=v\sin\theta\sin\phi \qquad v_z=v\cos\theta \quad \text{배향} \quad \text{(MB4.3a)}$$

따라서 다음과 같다.

$$\theta=\arccos(v_z/v) \quad \phi=\arctan(v_y/v_x) \quad \text{(MB4.3b)}$$

간단한 예 MB4.1 벡터 배향

벡터 $\boldsymbol{v}=2\boldsymbol{i}+3\boldsymbol{j}-\boldsymbol{k}$는 다음의 크기를 갖는다.

$$v=\{2^2+3^2+(-1)^2\}^{1/2}=14^{1/2}=3.74$$

그리고 이것의 배향은 다음으로 주어진다.

$$\theta=\arccos(-1/14^{1/2})=105.5° \quad \theta=\arctan(3/2)=56.3°$$

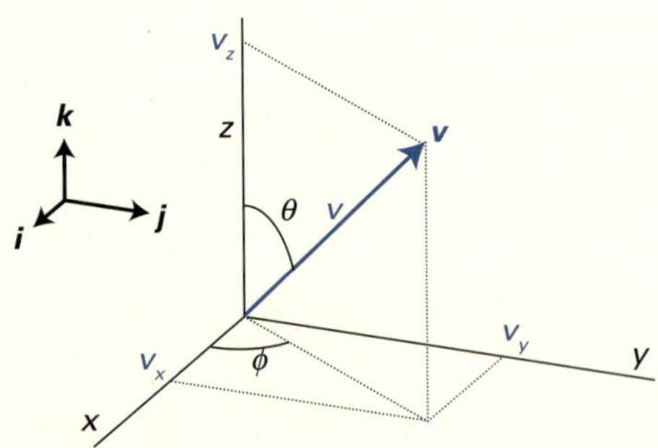

그림 MB4.1 벡터 $\boldsymbol{v}$는 크기가 각각 v_x, v_y, v_z인 x, y, z축 성분을 가지고 있다. 이 벡터의 크기는 v를 가지며 축과 각도 θ를 이루고 xy 평면의 x축과는 각도 ϕ를 만든다.

MB4.2 연산

다음의 두 벡터를 생각해 보자.

$$\boldsymbol{u}=u_x\boldsymbol{i}+u_y\boldsymbol{j}+u_z\boldsymbol{k} \quad \boldsymbol{v}=v_x\boldsymbol{i}+v_y\boldsymbol{j}+v_z\boldsymbol{k}$$

덧셈, 뺄셈, 곱셈의 연산은 다음과 같다.

1. 덧셈

$$\boldsymbol{v}+\boldsymbol{u}=(v_x+u_x)\boldsymbol{i}+(v_y+u_y)\boldsymbol{j}+(v_z+u_z)\boldsymbol{k} \quad \text{(MB4.4a)}$$

2. 뺄셈

$$\boldsymbol{v}-\boldsymbol{u}=(v_x-u_x)\boldsymbol{i}+(v_y-u_y)\boldsymbol{j}+(v_z-u_z)\boldsymbol{k} \quad \text{(MB4.4b)}$$

간단한 예 MB4.2 덧셈과 뺄셈

벡터 $\boldsymbol{u}=\boldsymbol{i}-4\boldsymbol{j}+\boldsymbol{k}$(크기 4.24)와 $\boldsymbol{v}=-4\boldsymbol{i}+2\boldsymbol{j}+3\boldsymbol{k}$(크기 5.39)를 생각해 보자. 두 벡터의 합은 다음과 같고, 결과 벡터의 크기는 $29^{1/2}=5.39$이다.

$$\boldsymbol{u}+\boldsymbol{v}=(1-4)\boldsymbol{i}+(-4+2)\boldsymbol{j}+(1+3)\boldsymbol{k}=-3\boldsymbol{i}-2\boldsymbol{j}+4\boldsymbol{k}$$

한편 두 벡터의 차는 다음과 같고, 결과 벡터의 크기는 8.06이다.

$$\boldsymbol{u}-\boldsymbol{v}=(1+4)\boldsymbol{i}+(-4-2)\boldsymbol{j}+(1-3)\boldsymbol{k}=5\boldsymbol{i}-6\boldsymbol{j}-2\boldsymbol{k}$$

이 경우 차가 각 개별 벡터 어느 것보다도 긴 것에 주목하라.

3. 곱셈

(a) 두 벡터 $\boldsymbol{u}$와 $\boldsymbol{v}$의 **스칼라 곱**(scalar product) 또는 벡터의 **내적**(dot product, 점곱)은 다음과 같으며, 그 자체는 스칼라 양이다.

$$\boldsymbol{u}\cdot\boldsymbol{v}=u_xv_x+u_yv_y+u_zv_z \quad \text{스칼라 곱} \quad \text{(MB4.4c)}$$

항상 새로운 좌표계를 선택할 수 있으며, 여기에서는 X, Y, Z, 이때 Z축은 $\boldsymbol{u}$와 평행하게 놓이며, $\boldsymbol{K}$가 $\boldsymbol{u}$와 평행한 단위 벡터일 경우 $\boldsymbol{u}=u\boldsymbol{K}$가 된다. 그러면 식 MB4.4c로부터 $\boldsymbol{u}\cdot\boldsymbol{v}=uv_z$가 된다. 또한 θ가 $\boldsymbol{u}$와 $\boldsymbol{v}$ 사이의 각도일 때 $v_z=v\cos\theta$로부터 다음과 같이 됨을 알 수 있다.

$$\boldsymbol{u}\cdot\boldsymbol{v}=uv\cos\theta \quad \text{스칼라 곱} \quad \text{(MB4.4d)}$$

(b) 두 벡터의 **벡터 곱** 또는 벡터의 **외적**(cross product, 가위곱)은 다음과 같이 나타낸다.

$$\boldsymbol{u}\times\boldsymbol{v}=\begin{vmatrix}\boldsymbol{i} & \boldsymbol{j} & \boldsymbol{k}\\ u_x & u_y & u_z\\ v_x & v_y & v_z\end{vmatrix}=(u_yv_z-u_zv_y)\boldsymbol{i}-(u_xv_z-u_zv_x)\boldsymbol{j}+(u_xv_y-u_yv_x)\boldsymbol{k} \quad \text{벡터 곱} \quad \text{(MB4.4e)}$$

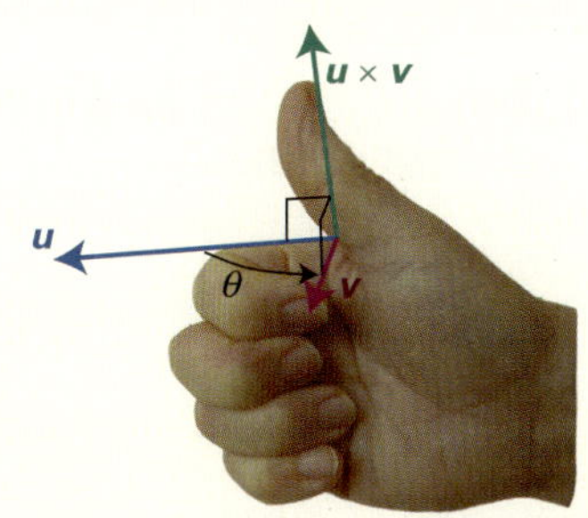

그림 MB4.2 '오른손 규칙'의 모식도. 오른손의 손가락은 $\boldsymbol{u}$를 $\boldsymbol{v}$ 쪽으로 회전시킬 때 엄지손가락은 $\boldsymbol{u}\times\boldsymbol{v}$의 방향을 가리킨다.

(행렬은 **수학적 배경** 5에서 논의된다.) 다시 한번 $\boldsymbol{u}=u\boldsymbol{K}$가 되는 좌표계를 선택하면 다음의 간단한 표현을 이끌어 낼 수 있다.

$$\boldsymbol{u}\times\boldsymbol{v}=(uv\sin\theta)\boldsymbol{l} \quad \text{벡터 곱} \quad \text{(MB4.4f)}$$

여기에서 θ는 두 벡터 사이의 각도이고, $\boldsymbol{l}$은 $\boldsymbol{u}$와 $\boldsymbol{v}$ 모두에 수직이 되는 단위 벡터이며, 방향은 그림 MB4.2에 나타난 '오른손 규칙'에 의해 결정된다. 특별한 경우는 각 벡터가 단위 벡터일 때이며 이때 다음과 같다.

$$\boldsymbol{i}\times\boldsymbol{j}=\boldsymbol{k} \quad \boldsymbol{j}\times\boldsymbol{k}=\boldsymbol{i} \quad \boldsymbol{k}\times\boldsymbol{i}=\boldsymbol{j} \quad \text{(MB4.5)}$$

벡터를 곱할 때의 순서는 중요하며, 즉 $\boldsymbol{u}\times\boldsymbol{v}=-\boldsymbol{v}\times\boldsymbol{u}$가 됨을 명심해야 한다.

간단한 예 MB4.3 스칼라 곱과 벡터 곱

간단한 예 MB4.2에서와 같이 벡터 $\boldsymbol{u}=\boldsymbol{i}-4\boldsymbol{j}+\boldsymbol{k}$(크기 4.24)와 $\boldsymbol{v}=-4\boldsymbol{i}+2\boldsymbol{j}+3\boldsymbol{k}$(크기 5.39)로 주어질 때 두 벡터의 스칼라 곱과 벡터 곱은 다음과 같다.

$$\boldsymbol{u}\cdot\boldsymbol{v}=\{1\times(-4)\}+\{(-4)\times 2\}+\{1\times 3\}=-9$$

$$\begin{aligned}\boldsymbol{u}\times\boldsymbol{v}&=\begin{vmatrix}\boldsymbol{i} & \boldsymbol{j} & \boldsymbol{k}\\ 1 & -4 & 1\\ -4 & 2 & 3\end{vmatrix}\\ &=\{(-4)(3)-(1)(2)\}\boldsymbol{i}-\{(1)(3)-(1)(-4)\}\boldsymbol{j}\\ &\quad+\{(1)(2)-(-4)(-4)\}\boldsymbol{k}\\ &=-14\boldsymbol{i}-7\boldsymbol{j}-14\boldsymbol{k}\end{aligned}$$

벡터 곱은 두 개의 개별적인 벡터로 의해 한정된 평면에 수직인 방향으로 향하는 크기가 21.00인 벡터이다.

MB4.3 벡터 연산의 도식적인 표현

각도 θ를 이루고 있는 두 벡터 $\boldsymbol{u}$와 $\boldsymbol{v}$를 생각해 보자(그림 MB4.3). $\boldsymbol{u}$와 $\boldsymbol{v}$를 합해 주기 위해서는 그림 MB4.3에서와 같이 우선 $\boldsymbol{v}$의 꼬리를 시작점으로 해서 $\boldsymbol{u}$의 머리에 연결시킨다. 다음에는 $\boldsymbol{u}$의 꼬리로부터 시작하여 $\boldsymbol{v}$의 머리까지 가는 **합성 벡터**(**resultant vector**) $\boldsymbol{v}_{res}$를 그린다. 덧셈의 순서를 바꿔도 똑같은 결과를 얻게 된다. 즉 $\boldsymbol{u}$를 $\boldsymbol{v}$에 더해 주거나 $\boldsymbol{v}$를 $\boldsymbol{u}$에 더해 주어도 $\boldsymbol{v}_{res}$의 동일한 결과를 얻게 된다. $\boldsymbol{v}_{res}$의 크기를 계산하기 위해 다음과 같이 나타낸다.

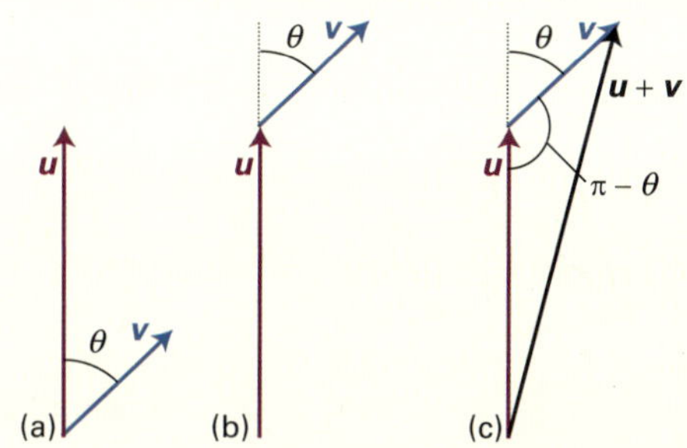

그림 MB4.3 (a) 벡터 $\boldsymbol{u}$와 $\boldsymbol{v}$는 각도 θ를 이루고 있다. (b) $\boldsymbol{u}$를 $\boldsymbol{v}$에 더해 주려면 $\boldsymbol{v}$의 꼬리를 $\boldsymbol{u}$의 머리에 갖다 붙이는데, 각도 θ가 변하지 않게 해야 한다. (c) 끝으로 $\boldsymbol{u}$의 꼬리로부터 $\boldsymbol{v}$의 머리까지 이어주는 벡터를 그리면 더해진 결과가 나온다.

$$v_{res}^{\ 2}=(\boldsymbol{u}+\boldsymbol{v})\cdot(\boldsymbol{u}+\boldsymbol{v})=\boldsymbol{u}\cdot\boldsymbol{u}+\boldsymbol{v}\cdot\boldsymbol{v}+2\boldsymbol{u}\cdot\boldsymbol{v}=u^2+v^2+2uv\cos\theta$$

여기에서 θ는 두 벡터 $\boldsymbol{u}$와 $\boldsymbol{v}$ 사이의 각도이다. 그림에 나타난 바와 같이 각도의 항인 $\theta'=\pi-\theta$이고 $\cos(\pi-\theta)=-\cos\theta$이므로 삼각형 변들의 길이 사이의 관계에 대하여 다음과 같은 **코사인 법칙**(**law of cosine**)을 얻게 된다.

$$v_{res}^{\ 2}=u^2+v^2-2uv\cos\theta' \quad \text{코사인 법칙} \quad \text{(MB4.6)}$$

$\boldsymbol{u}$로부터 $\boldsymbol{v}$를 빼는 것은 $\boldsymbol{u}$에 $-\boldsymbol{v}$를 더해 주는 것과 같다. 따라서 빼기 계산의 첫 단계는 $\boldsymbol{v}$의 방향을 바꿔서 $-\boldsymbol{v}$로 놓는 것이다(그림 MB4.4). 다음 두 번째 단계에서는 그림에서와 같은 방법에 따라 $-\boldsymbol{v}$를 $\boldsymbol{u}$에 더해 준다. $\boldsymbol{u}$의 꼬리로부터 시작하여 $-\boldsymbol{v}$의 머리까지 가는 합성 벡터 $\boldsymbol{v}_{res}$를 그린다.

벡터 곱하기는 그림 MB4.5에 나타낸 것과 같이 벡터 $\boldsymbol{u}$와 $\boldsymbol{v}$로 정해진 평면에 수직인 벡터를 그려(오른손 규칙을 사용하여) 그래프로써 표시된다. 여기서 벡터의 길이는 $uv\sin\theta$이고, θ는 $\boldsymbol{u}$와 $\boldsymbol{v}$ 사이의 각도이다.

MB4.4 벡터 미분

$\boldsymbol{v}$의 성분 v_x, v_y, v_z가 시간 t의 함수일 때는 도함수 $\mathrm{d}\boldsymbol{v}/\mathrm{d}t$를 다음과 같이 나타낼 수 있다.

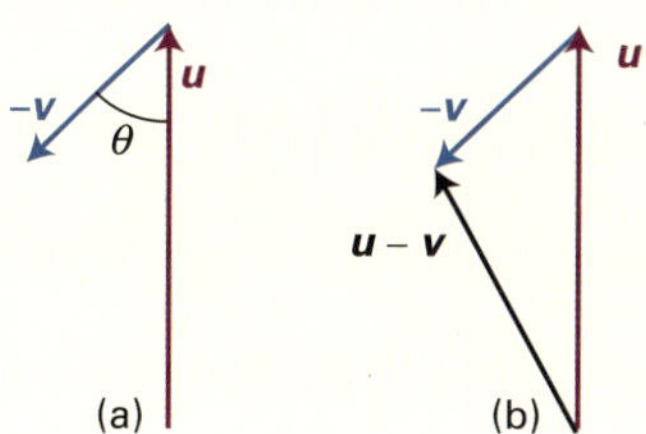

그림 MB4.4 벡터 $\boldsymbol{u}$로부터 $\boldsymbol{v}$를 빼는 그래프 방법(그림 MB4.3a에 나타낸)은 두 단계로 이루어진다. (a) $\boldsymbol{v}$의 방향을 $-\boldsymbol{v}$로 바꾼 다음, (b) $-\boldsymbol{v}$를 $\boldsymbol{u}$에 더해 주는 것이다.

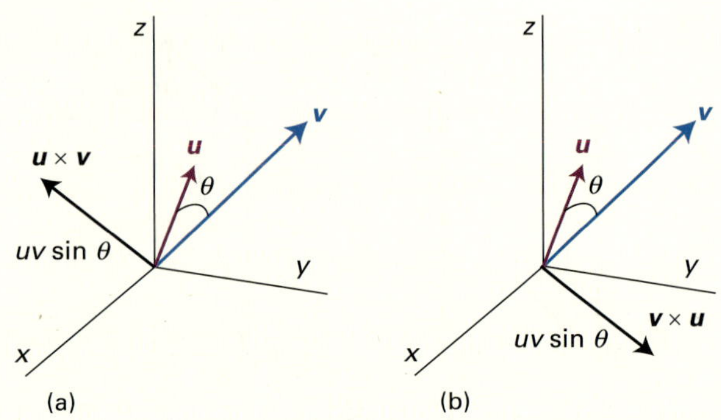

그림 MB4.5 각도 θ를 이루고 있는 두 벡터 $\boldsymbol{u}$와 $\boldsymbol{v}$의 벡터 곱(벡터의 외적). (a) $\boldsymbol{u}\times\boldsymbol{v}$, (b) $\boldsymbol{v}\times\boldsymbol{u}$. 식 MB4.4f의 단위 벡터 $\boldsymbol{l}$과 벡터의 외적(가위 곱)은 $\boldsymbol{u}$와 $\boldsymbol{v}$ 모두에 수직이고, 방향은 두 벡터 곱의 순서에 의존함을 유의하라. 벡터 곱의 크기는 두 가지 어느 경우에서나 $uv\sin\theta$이다.

$$\frac{\mathrm{d}\boldsymbol{v}}{\mathrm{d}t}=\left(\frac{\mathrm{d}v_x}{\mathrm{d}t}\right)\boldsymbol{i}+\left(\frac{\mathrm{d}v_y}{\mathrm{d}t}\right)\boldsymbol{j}+\left(\frac{\mathrm{d}v_z}{\mathrm{d}t}\right)\boldsymbol{k} \quad \text{도함수} \quad \text{(MB4.7)}$$

스칼라 곱이나 벡터 곱의 도함수는 다음과 같이 곱에 대한 미분 규칙을 이용하여 계산한다.

$$\frac{\mathrm{d}\boldsymbol{u}\cdot\boldsymbol{v}}{\mathrm{d}t}=\left(\frac{\mathrm{d}\boldsymbol{u}}{\mathrm{d}t}\right)\cdot\boldsymbol{v}+\boldsymbol{u}\cdot\left(\frac{\mathrm{d}\boldsymbol{v}}{\mathrm{d}t}\right) \quad \text{(MB4.8a)}$$

$$\frac{\mathrm{d}\boldsymbol{u}\times\boldsymbol{v}}{\mathrm{d}t}=\left(\frac{\mathrm{d}\boldsymbol{u}}{\mathrm{d}t}\right)\times\boldsymbol{v}+\boldsymbol{u}\times\left(\frac{\mathrm{d}\boldsymbol{v}}{\mathrm{d}t}\right) \quad \text{(MB4.8b)}$$

두 번째 식에서 벡터의 순서를 유지하는 것은 중요하며 바꾸지 말아야 한다.

스칼라 함수 $f(x,y,z)$의 **기울기**(**gradient**)는 grad f 또는 ∇f로 나타낸다.

$$\nabla f=\left(\frac{\partial f}{\partial x}\right)\boldsymbol{i}+\left(\frac{\partial f}{\partial y}\right)\boldsymbol{j}+\left(\frac{\partial f}{\partial z}\right)\boldsymbol{k} \quad \text{변화도} \quad \text{(MB4.9)}$$

이 식에 나오는 편미분 도함수는 **수학적 배경** 1에서 이미 설명한 바 있으며 **수학적 배경** 8에서 길게 다룰 것이다. 스칼라 함수의 기울기는 벡터가 된다는 것을 주목하라. 기호 ∇는 벡터 연산자로서(함수를 연산하고, 그 결과가 벡터로 된다는 뜻에서) 다음과 같이 쓸 수 있다.

$$\nabla=\boldsymbol{i}\frac{\partial}{\partial x}+\boldsymbol{j}\frac{\partial}{\partial y}+\boldsymbol{k}\frac{\partial}{\partial z} \quad \text{(MB4.10)}$$

식 MB4.9와 식 MB4.10을 이용하면 ∇와 ∇f와의 스칼라 곱이 다음과 같이 된다.

$$\begin{aligned}\nabla\cdot\nabla f&=\left(\boldsymbol{i}\frac{\partial}{\partial x}+\boldsymbol{j}\frac{\partial}{\partial y}+\boldsymbol{k}\frac{\partial}{\partial z}\right)\cdot\left(\boldsymbol{i}\frac{\partial}{\partial x}+\boldsymbol{j}\frac{\partial}{\partial y}+\boldsymbol{k}\frac{\partial}{\partial z}\right)f\\&=\frac{\partial^2 f}{\partial x^2}+\frac{\partial^2 f}{\partial y^2}+\frac{\partial^2 f}{\partial z^2} \quad \text{Laplace 연산자} \quad \text{(MB4.11)}\end{aligned}$$

식 MB4.11은 함수의 **Laplace 연산자**(**Laplacecian**, $\nabla^2=\nabla\cdot\nabla$)를 정의한다.

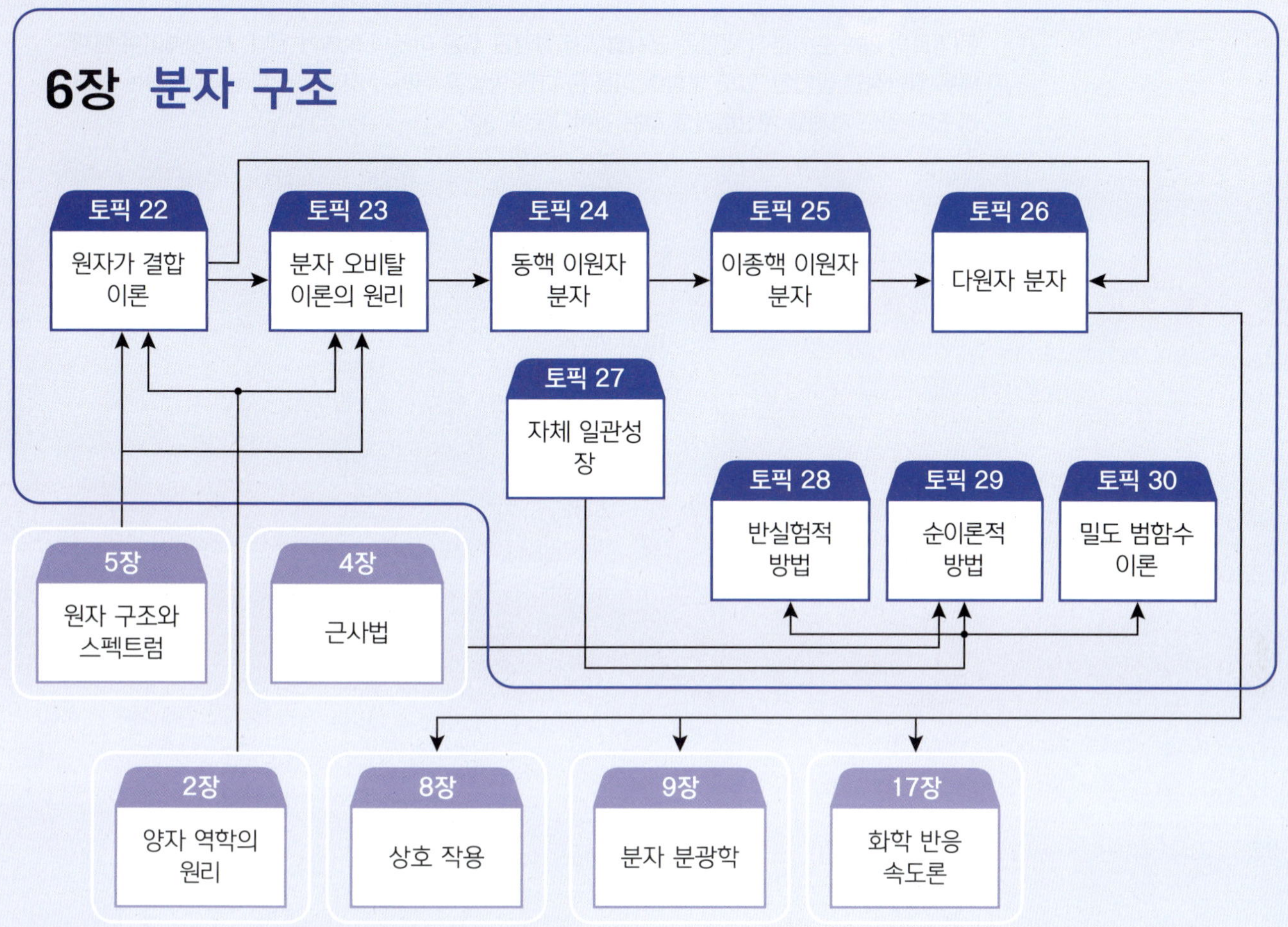

분자 구조는 화학에서 심장과 같으며, 물질의 성질과 그들이 겪는 반응에 대한 논의에 기초가 되는 것과 같이 주제의 측면에서 엄청나게 중요하다. 결합 이론의 초기 설명은 G.N. Lewis가 전자쌍의 결정적인 역할을 확인한 20세기 초에 출현하였다. 그 역할은 지금은 화학에서 구석구석에 배어 있는 결합의 양자 역학적 설명으로 명확해졌다. 이에 대한 모든 설명은 **원자 구조와 스펙트럼**의 양자 역학적 논의의 확장으로 간주될 수 있다.

화학적 결합의 서술에 대한 **양자 역학의 원리**의 초기 응용의 하나는 '원자가 결합 이론'(토픽 22)이다. 이것은 전자쌍의 역할에 초점을 맞추고 있으며 혼성화와 같이 매우 폭넓게 사용되는 개념으로 화학에 도입되었다.

거의 같은 시기에 '분자 오비탈 이론'(토픽 23)이 도입되었으며, 이것은 정량적인 계산을 위한 선택의 설명이 되었다. 분자 오비탈 이론은 원자 오비탈 개념을 분자 속의 모든 원자에 걸쳐 퍼져 있는 파동함수로 확장시키는 것이며, 결합과 반결합 오비탈 개념을 도입한다. 분자 오비탈 이론을 모든 분자 중에서 가장 간단한 H_2에 도입하고, 그리고 점차적으로 동핵 이원자 분자(토픽 24), 이종핵 이원자 분자(토픽 25), 그리고 이 토픽의 궁극적인 목표인 다원자 분자(토픽 26)에 대한 설명으로 확장시킨다.

이 모든 토픽들은 기본적으로 정성적인 것이다. 이 장의 나머지 토픽에서는 분자 오비탈 이론이 계산화학, 즉 전자 파동함수들과 그 에너지의 계산에 어떻게 사용되는지를 알게 될 것이다. 이 모든 것들은 자체 일관성 장 방법(토픽 27)이라고 하는 수치 방법으로부터 나온다. 일반적으로 마주치게 되는 이 방법의 세 가지 형태는 다음과 같다. 첫째로는 '반실험적 방법'으로, 여기에서는 계산에 나오는 적분들이 실험적으로 결정된 어떤 성질과 잘 일치하는 변수로 치환된다(토픽 28). 다른 하나인 '순이론적 방법'에서는 근본 원리로부터의 적분들을 계산하는 시도를 하게 된다(토픽 29). 순이론적 방법은 **근사법**에서 설명된 섭동 이론의 토대가 된다. 세 번째이며 현재 매우 일반적인 방법인 '밀도 범함수 이론'은 다른 방법을 취하는 것으로서 파동함수보다는 오히려 전자 밀도 자체를 계산하려고 하는 것이다(토픽 30).

토픽 22

원자가 결합 이론

내용

➤ 학습 목표

원자가 결합 이론은 결합에 관한 최초의 양자 역학적 이론이다. 이 이론을 통해서 도입된 여러 용어, 그중에서 스핀 짝지음, σ 결합과 π 결합, 혼성화 등의 개념은 화학 전반에 걸쳐서, 특히 유기 화합물의 성질과 반응을 논하는 데 널리 이용되고 있다.

➤ 핵심 내용

결합은 한 원자의 원자 오비탈 속의 전자 스핀이 다른 원자의 원자 오비탈 속의 전자 스핀과 짝을 이룰 때 결합이 형성된다.

➤ 미리 알기

원자 오비탈(토픽 18)과 정규화(토픽 5) 및 직교화(토픽 7)를 알아야 한다. 또한 이 토픽에서는 Pauli 원리(토픽 19)도 사용할 것이다.

여기에서는 일반화학으로부터 당연히 익숙하며 분자 오비탈 이론(토픽 23)으로 발전시키기 위한 기초가 되는 **원자가 결합 이론**(**valence-bond theory**, VB 이론)의 핵심 주제를 요약하기로 한다. 그러나 중요한 예비적인 관점이 있다. 분자 구조 이론은 어느 것이나 처음에는 모두 동일한 간소화로 가정부터 시작한다. 수소 원자의 경우에는 Schrödinger 식이 정확하게 풀리지만, 분자의 경우에는 아무리 간단한 것이라도 3개의 입자(두 핵과 전자 한 개)를 포함하므로 그 엄밀한 해를 구할 수 없다. 이 때문에 이용하는 것이 **Born-Oppenheimer 근사법**(**Born-Oppenheimer approximation**)인데, 이 근사에서는 원자핵은 그 질량이 전자에 비해서 매우 크기 때문에 전자보다 매우 둔하게 운동하며, 그리하여 전자들이 그들의 영역에서 운동하는 동안에 핵들은 거의 정지된 상태에 있다고 가정한다. 그리하여 핵들이 임의의 위치에 고정되어 있다고 생각하고, Schrödinger 식을 풀어서 전자들만에 대한 파동함수를 구한다. 이 방법은 바닥 상태 분자에 대해서는 대단히 잘 맞는다. 그 이유는 계산 결과에 의하면 H_2에서 전자는 약 1000 pm를 이동하는 반면에, 핵은 1 pm만을 움직인다고 하는 것이다.

Born–Oppenheimer 근사법에서는 이원자 분자의 경우 핵간 거리를 선정해 놓고, 이 상태에서의 전자에 대한 Schrödinger 식을 푼다. 그리고 이 핵간 거리를 다르게 취하면서 이 계산을 되풀이해 나간다. 이러한 방식에 따라 분자의 에너지가 결합 길이에 따라 어떻게 변하는지를 나타내는 **분자 퍼텐셜 에너지 곡선**(**molecular potential energy curve**)을 얻을 수 있다(그림 22.1). 이 곡선을 **퍼텐셜 에너지** 곡선이라고 하는 것은 정지 상태 핵의 운동 에너지가 0이기 때문이다. 일단 이 곡선을 계산하거나 실험적으로 측정하면(토픽 40~46에서 설명할 분광학적 방법을 이용하여) 이 곡선의 최젓값에 해당하는 핵간 거리인 **평형 결합 길이**(**equilibrium bond length**, R_e)와 **결합 해리 에너지**(**bond dissociation energy**, D_0)를 알 수 있다. D_0은 무한히 멀리 떨어져 있는 정지 상태 원자들의 에너지 아래의 최젓값이며, 퍼텐셜 에너

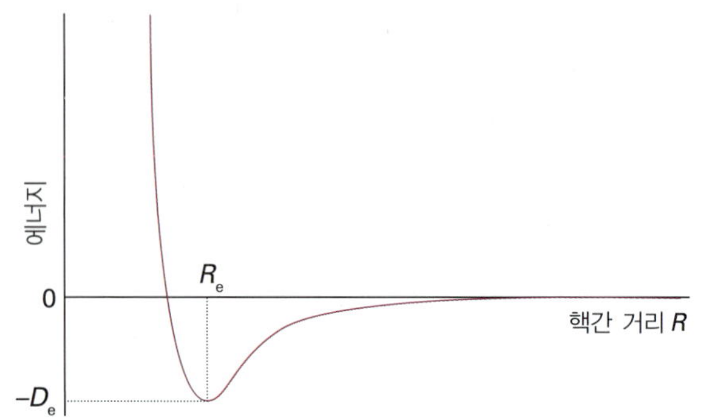

그림 22.1 분자 퍼텐셜 에너지 곡선. 평형 결합 길이는 최저 에너지에서의 값이다.

지 곡선의 우물 깊이 D_e와 밀접하게 관계된다. 다원자 분자의 경우, 여러 개의 결합 길이와 결합각 등 2개 이상의 분자 파라미터를 변화시키면 퍼텐셜 에너지 표면을 얻게 되며, 이 **표면**(surface)의 극소점은 분자의 전체적인 평형 상태 모양을 나타낸다.

22.1 이원자 분자

가장 간단한 화학 결합인 수소 분자 H_2에서의 결합을 가지고 VB 이론을 생각해 보자.

(a) 기본 수식 체계

서로 대단히 멀리 떨어져 있는 두 H 원자 각각의 한 전자에 대한 공간 파동함수는 전자 1이 원자 A에 속하고, 전자 2가 원자 B에 속할 경우 다음과 같이 나타낼 수 있다.

$$\psi = \chi_{\mathrm{H1s_A}}(\boldsymbol{r}_1)\chi_{\mathrm{H1s_B}}(\boldsymbol{r}_2) \tag{22.1}$$

이 토픽에서는 화학 문헌에서 일반적인 것처럼 원자 오비탈을 χ(chi, 카이)로 나타내었다. 간단히 이 파동함수를 $\psi = A(1)B(2)$라고 쓸 것이다. 두 원자가 서로 가까워지면 A에 있는 전자가 1인지, 2인지 분간할 수가 없다. 따라서 전자 2가 원자 A에 속하고, 전자 1이 원자 B에 속한다고 보았을 때의 파동함수 $\psi = A(2)B(1)$도 똑같이 타당한 것이다. 양자 역학적 이론에 의하면, 두 개의 결과가 동일하게 가능할 때는 계의 진짜 상태를 이들 타당한 파동함수들의 중첩을 가지고 나타내야 하며(토픽 7), 어느 한 파동함수를 쓰는 것보다는 이들(비정규화된)의 선형 결합 $\psi = A(1)B(2) \pm A(2)B(1)$로 분자 상태를 나타내는 것이 좋다. 이 중에서 +부호의 선형 결합이 낮은 에너지 상태이며, 그리하여 H_2 분자의 전자에 대한 원자가 결합 파동함수는 다음과 같은 것이 된다.

$$\psi = A(1)B(2) \pm A(2)B(1) \quad \text{원자가 결합 파동함수} \tag{22.2}$$

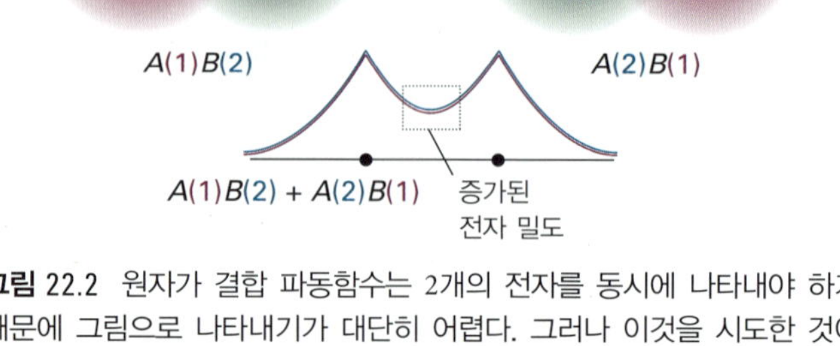

그림 22.2 원자가 결합 파동함수는 2개의 전자를 동시에 나타내야 하기 때문에 그림으로 나타내기가 대단히 어렵다. 그러나 이것을 시도한 것이 바로 이 그림이다. 전자 1에 대한 오비탈은 자주색 명암으로, 전자 2에 대한 것은 초록색 명암으로 나타내었다. 왼쪽의 그림은 $A(1)B(2)$를, 오른쪽은 $A(2)B(1)$을 나타낸다. 이 두 기여가 중첩되면 자주색 기여들 사이와 초록색 기여들 사이의 간섭이 일어나서 핵간 영역에서 (두 전자) 밀도가 증가한다.

이 선형 결합의 에너지가 분리된 원자들에 대한 파동함수나 음의 부호의 선형 결합보다 낮은 이유는 $A(1)B(2)$와 $A(2)B(1)$로 표시되는 파동 무늬 사이에서 보강 간섭을 하여 이 핵간 영역에서 전자의 확률 밀도가 높아지기 때문이다(그림 22.2).

간단한 예 22.1 원자가 결합 파동함수

식 22.2의 파동함수는 추상적인 것처럼 보일지 모르지만 실제로는 단순한 지수함수의 형태로 표현될 수 있다. 따라서 토픽 18에 주어진 H1s 오비탈($Z=1$)에 대한 파동함수로 사용한다면 그들 각각의 핵으로부터 측정된 반지름에 대하여 다음과 같이 표현된다.

$$\psi = \overbrace{\frac{1}{(\pi a_0^3)^{1/2}}\mathrm{e}^{-r_{\mathrm{A1}}/a_0}}^{A(1)} \times \overbrace{\frac{1}{(\pi a_0^3)^{1/2}}\mathrm{e}^{-r_{\mathrm{B2}}/a_0}}^{B(2)} + \overbrace{\frac{1}{(\pi a_0^3)^{1/2}}\mathrm{e}^{-r_{\mathrm{A2}}/a_0}}^{A(2)} \times \overbrace{\frac{1}{(\pi a_0^3)^{1/2}}\mathrm{e}^{-r_{\mathrm{B1}}/a_0}}^{B(1)}$$

$$= \frac{1}{\pi a_0^3}\{\mathrm{e}^{-(r_{\mathrm{A1}}+r_{\mathrm{B2}})/a_0} + \mathrm{e}^{-(r_{\mathrm{A2}}+r_{\mathrm{B1}})/a_0}\}$$

자가 진단 22.1 핵간 거리(z축에 따른)가 R로 주어질 때 이 파동함수를 각 전자의 직교 좌표로 나타내시오.

답: $r_{\mathrm{A}i} = (x_i^2+y_i^2+z_i^2)^{1/2}$, $r_{\mathrm{B}i} = (x_i^2+y_i^2+(z_i-R)^2)^{1/2}$

식 22.2의 파동함수로 표시되는 전자 분포를 **σ 결합**(σ **bond**)이라고 한다. σ 결합은 핵간 연결축 주위로 원통형 대칭을 나타내며, 이 축에 따라서 보았을 때 마치 s 오비탈의 전자쌍과 비슷하게 보이기 때문에 이렇게 부르는 것이다(σ는 s에 해당하는 그리스 문자이다).

화학자들은 이미 공유 결합이 형성될 때는 원자 오비탈들이 겹쳐지면서 두 전자의 스핀이 짝을 이룬다고 생각하였었다. 이러한 스핀의 역할은 다음의 **증명**에서 알 수 있는 것과 같이, 식 22.2의 파동함수가 상반되는 스핀의 전자쌍에 의해서만 형성될 수 있기 때문에 유래된다. 즉 스핀 짝지음은 그 자체로서 끝나는 것이 아니라, 낮은 에너지에 해당하는 파동함수, 그리고 그에 따른 확률 분포를 형성하는 수단인 것이다.

증명 22.1 VB 이론에서의 전자의 짝지음

Pauli 원리에 의하면 스핀을 포함한 두 전자의 전체 파동함수는 전자들의 표지를 상호 교환할 때 부호가 변해야 한다(토픽 19). 두 전자에 대한 전체 VB 파동함수는 다음과 같다.

$$\psi(1,2)=\{A(1)B(2)+A(2)B(1)\}\sigma(1,2)$$

여기서 σ는 이 파동함수의 스핀 성분이다. 표지 1과 2를 상호 교환하면 이 파동함수는 다음과 같이 된다.

$$\begin{aligned}\psi(2,1)&=\{A(2)B(1)+A(1)B(2)\}\sigma(2,1)\\&=\{A(1)B(2)+A(2)B(1)\}\sigma(2,1)\end{aligned}$$

Pauli 원리에 의하면 $\psi(2,1)=-\psi(1,2)$가 되어야 하며, 이렇게 되려면 $\sigma(2,1)=-\sigma(1,2)$의 조건이 만족되어야 한다. 두 스핀이 이러한 성질을 나타내려면 다음과 같이 결합되어야 한다.

$$\sigma_-(1,2)=(1/2^{1/2})\{\alpha(1)\beta(2)-\beta(1)\alpha(2)\}$$

이것은 짝진 전자 스핀에 해당한다(토픽 19). 따라서 낮은 에너지 상태는(즉 화학 결합이 형성되는) 전자 스핀들이 짝을 지어야 달성된다고 결론내릴 수 있다.

H_2에 대한 VB 이론은 다른 동핵 이원자 분자에도 적용시킬 수 있다. 예로서 N_2의 경우, 각 원자에 대한 원자가 전자 배치 $2s^22p_x{}^12p_y{}^12p_z{}^1$을 생각해 보자. 일반적으로 핵간 연결축을 z축으로 택하는 것이 관례이며, 따라서 한 원자의 $2p_z$ 오비탈이 다른 원자의 $2p_z$ 오비탈과 서로 마주 보고(그림 22.3), $2p_x$와 $2p_y$ 오비탈은 이 축에 수직하다고 생각한다. 그러면 서로 마주 보는 $2p_z$ 오비탈의 두 전자가 스핀을 짝지음으로써 σ 결합을 만든다. 이때의 공간 파동함수는 식 22.2으로 주어지며, A와 B가 두 $2p_z$ 오비탈을 나타낸다.

나머지 N2p 오비탈들은 핵간 연결축에 관한 원통형 대칭을 나타내지 않으므로 σ 결합을 형성할 수 없다. 그 대신에 이 오비탈의 전자들은 합쳐져서 2개의 π 결합을 만든다. π결합은 측면으로 나란히 접근하는 두 p 오비탈의 전자들이 스핀을 짝지음으로써 형성된다(그림 22.4). 이 명칭은 핵간 연결축을 따라 이 결합을 볼 때 이것이 p 오비탈의 전자쌍처럼 보이기 때문에 생겼다(π는 p에 해당하는 그리스 문자이다).

N_2에는 2개의 π 결합이 있다. 하나는 두 인접하는 $2p_x$ 오비탈들 사이에서, 또 하나는 두 인접 $2p_y$ 오비탈들 사이에서

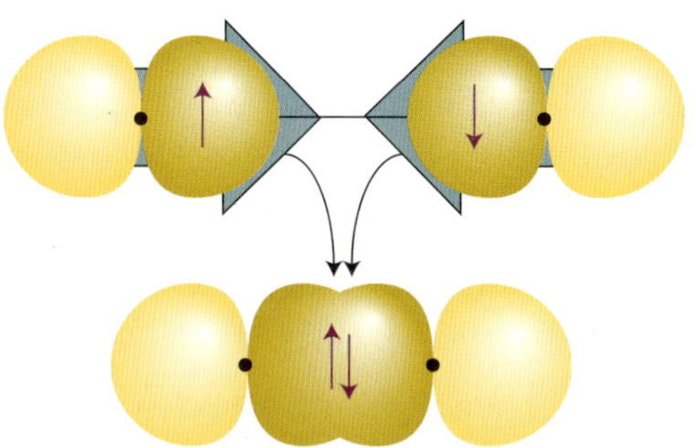

그림 22.3 동일선 상 두 p 오비탈의 전자 사이에서 오비탈이 겹쳐지고 스핀이 짝을 지으면 σ 결합이 형성된다.

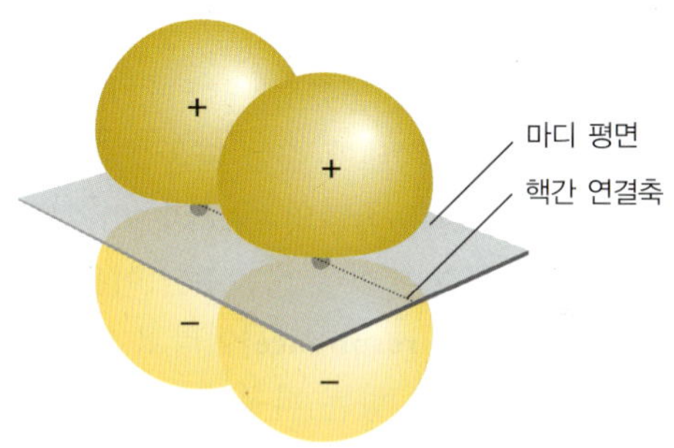

그림 22.4 서로 측면으로 접근하는 두 p 오비탈 전자들이 스핀을 짝지으면서 겹쳐지면 π 결합이 형성된다. 이 결합은 마디 평면을 사이에 두고 갈라져 있는 전자 밀도에 대한 2개의 구형 모양을 가진다.

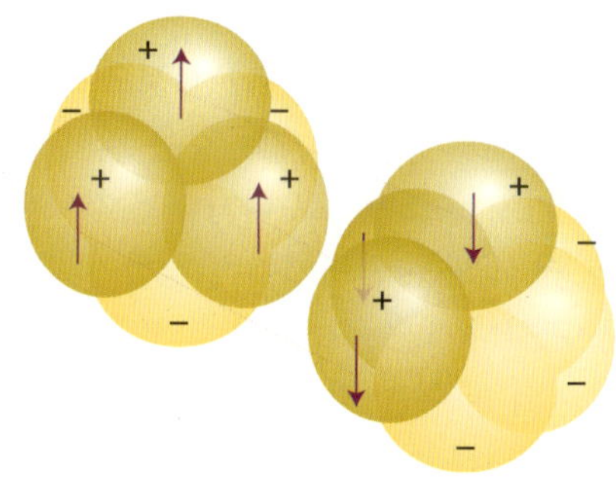

그림 22.5 σ 결합 1개와 π 결합 2개로 이루어진 질소 분자의 결합 구조

스핀이 짝을 지음으로써 형성된다. 따라서 N_2의 전체적인 결합 구조는 한 개의 σ 결합과 두 개의 π 결합으로 이루어진 것으로서(그림 22.5), 질소의 Lewis 구조 :N≡N:와 부합된다.

(b) 공명

VB 이론으로 화학에 도입된 또 하나의 항목은 **공명**(**resonance**)으로서 **동일한 핵 구조**(same nuclear framework)에서 다른 전자 분포를 나타내는 파동함수의 중첩을 말한다. 이것이 무엇을 의미하는지를 이해하기 위하여 순수한 공유결합만으로 결합된 HCl 분자에 대한 VB 설명을 생각해 보자. 이 경우 A가 H1s 오비탈을, B는 Cl2p 오비탈을 나타낼 때 $\psi=A(1)B(2)+A(2)B(1)$로 쓰게 된다. 그러나 이 설명에는 어떤 잘못된 점이 있다. 즉 이 설명에 의하면 전자 2가 Cl

원자에 있을 때 전자 1은 H 원자에 있으며 반대의 경우도 허용되지만, 두 개의 전자가 모두 Cl 원자에 있거나(H^+Cl^-를 나타내는 $\psi = B(1)B(2)$) 또는 H 원자에 있는(가능성이 아주 낮지만 H^-Cl^+를 나타내는 $\psi = A(1)A(2)$) 가능성은 허용되지 않는다. 분자의 파동함수에 대한 더 좋은 설명은 공유 결합과 이온 결합의 중첩으로 나타내는 것이며, λ를 어떤 수치적인 계수라고 할 때 $\psi_{HCl} = \psi_{H-Cl} + \lambda\psi_{H^+Cl^-}$로 (다소 간단하게 표현하며 가능성이 낮은 H^-Cl^+의 가능성을 무시하고) 쓸 수 있다. 일반적으로 다음과 같이 쓴다.

$$\psi = \psi_{covalent} + \lambda\psi_{ionic} \tag{22.3}$$

여기에서 $\psi_{covalent}$는 순수한 공유성 결합 형태의 파동함수이며, ψ_{ionic}은 이온성 결합 형태에 대한 파동함수이다. 식 22.3에 요약된 이 접근 방법은 공명의 예로서, 이 경우 한 구조는 순수한 공유성이고 다른 하나는 순수한 이온성으로 **이온–공유 공명**(**ionic-covalent resonance**)이라고 한다. **공명 혼성**(**resonance hybrid**)이라고 하는 파동함수의 해석에 의하면, 만일 분자를 조사한다고 할 때 분자가 이온 결합 구조로 발견될 가능성은 λ^2에 비례할 것이다. λ^2이 매우 작으면 공유성 설명이 지배적이며, λ^2이 매우 크면 이온성 설명이 가장 유력해진다. 공명은 기여하는 상태들 사이에서 왔다갔다 하는 것이 아니고 그들의 특성이 혼합된 것으로, 마치 당나귀와 암말 사이의 교배로 생긴 노새와 같은 것이다. 이것은 기여하는 어떤 한 가지 구조만으로 나타내는 것보다 분자의 실제 파동함수에 더 가까운 근사치를 달성하기 위한 수학적인 방법에 단지 불과하다.

선형 결합에서의 계수 λ 값을 체계적으로 구하기 위해서는 토픽 25에서 증명하게 될 다음과 같은 **변분 원리**(**variation principle**)가 이용된다.

> 임의의 파동함수를 써서 에너지를 계산하면, 그 값이 진짜 에너지보다 절대로 작게 나오지 않는다. 변분 원리

임의의 파동함수를 **시도 파동함수**(**trial wavefunction**)라고 한다. 이 원리에 따르면 만일 최저 에너지가 도달될 때까지 시도 파동함수 속의 계수를 조절해 나가면(즉 파동함수에 대한 Hamilton 연산자의 기댓값을 계산함으로써) 계수 λ 값이 최선이 되며, λ^2을 통하여 공명 혼성에 대한 이온성 파동함수의 적절한 기여를 나타낼 수 있다.

간단한 예 22.2 공명 혼성

식 22.3에 설명된 결합을 생각해 보자. $\lambda = 0.1$에 도달할 때 최저 에너지가 발견될 수 있으며, 따라서 결합에 대한 최선의 설명은 파동함수 $\psi = \psi_{covalent} + 0.1\psi_{ionic}$으로 묘사되는 공명 구조가 된다. 이 파동함수는 공유성과 이온성의 형태들로 되어 있는 분자를 발견할 확률이 100:1의 비율($0.1^2 = 0.01$이므로)이라는 것을 의미한다.

자가 진단 22.2 정규화된 파동함수가 $\psi = 0.889\psi_{covalent} + 0.458\psi_{ionic}$의 형태를 갖는다면, 한 원자에서 두 결합 전자 모두를 발견할 확률은 몇 퍼센트가 되는가?

답: 21.0퍼센트

22.2 다원자 분자

다원자 분자 속의 각 σ 결합은 관련된 핵간 연결 축 주위로 원통형 대칭인 원자 오비탈들의 전자들이 스핀을 짝지음으로써 형성된다. π 결합도 마찬가지로 적합한 대칭의 원자 오비탈을 차지하는 전자들이 짝을 지음으로써 형성된다.

간단한 예 22.3 다원자 분자

H_2O에 관한 VB 이론을 고찰해 보면 이러한 개념이 명확해질 것이다. 우선 O 원자에 대한 원자가 전자 배치는 $2s^2 2p_x^2 2p_y^1 2p_z^1$이다. O2p 오비탈에 들어 있는 두 개의 홀전자는 각각 H1s 오비탈의 전자와 짝지어 σ 결합을 형성한다(각 결합마다 해당 O–H 핵간 연결 축에 관해서 원통형 대칭이다). $2p_y$와 $2p_z$ 오비탈은 서로 90°를 이루고 있으므로 이 두 σ 결합도 서로 90°를 이루게 된다(그림 22.6). 따라서 H_2O 분자는 당연히 어떤 각도를 갖는다고 예상할 수 있으며, 실제로도 그렇다. 그러나 이 이론에 의한 결합각은 90°이지만, 실제 결합각은 104.5°이다.

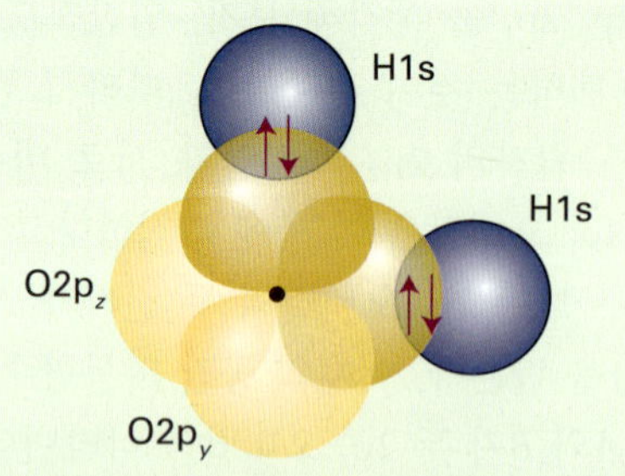

그림 22.6 H_2O 분자 구조의 원시적인 모양에서 각 결합은 H1s 전자와 O2p 전자가 중첩되고 스핀 짝지음에 의해서 형성된다.

자가 진단 22.3 VB 이론을 이용하여 암모니아 분자 NH_3의 모양을 예측하시오.

답: N–H 결합각이 90°인 삼각 피라미드, 실험값은 107°

공명은 다원자 분자의 원자가 결합 설명에서 중요한 역할을 한다. 대단히 유명한 공명의 예로 벤젠의 VB 설명을 들 수 있으며, 여기에서 분자의 파동함수는 다음과 같은 두 개

의 공유성 Kekulé 구조의 파동함수들의 중첩으로 표시된다.

$$\psi = \psi(\text{⌬}) + \psi(\text{⌬}) \tag{22.4}$$

파동함수에 기여하는 두 개의 구조는 동일한 에너지를 가지며 따라서 중첩에 똑같이 기여한다. 이 경우에서 공명의 효과(양쪽으로 표시된 화살로 나타내는 ⌬↔⌬)는 고리 주위로 이중 결합 특성이 분포되어 있고, 모든 탄소–탄소 결합의 길이와 세기가 동일하게 된다. 공명이 전자의 위치를 더 정확하게 설명하며, 특히 분포를 낮은 상태로 조절할 수 있기 때문에 파동함수는 공명을 허용함으로써 개선된다. 이러한 낮아짐을 분자의 **공명 안정화**(**resonance stabilization**)라고 하며, VB 이론의 배경에서 방향족 고리의 이례적인 안정화와 크게 관련되어 있다. 공명은 항상 에너지를 낮추며, 이 낮아짐은 기여하는 구조가 비슷한 에너지를 갖는 경우 최대가 된다. ⌬$^{+-}$과 같이 작은 구조 혼합물을 포함시킴으로써 이온–공유 공명을 허용한다면 벤젠의 파동함수는 더욱 개선되며 분자의 계산된 에너지도 더욱 더 낮아지게 된다.

(a) 도약

VB 이론의 일차적 이용에서 나타나는 또 하나의 단점은 탄소 원자의 4가(4개의 결합을 형성할 수 있는 능력)를 설명할 수 없다는 것이다. C의 바닥 상태 전자 배치는 $2s^2 2p_x^1 2p_y^1$로서, 이 이론에 의하면 탄소 원자는 2개의 결합밖에 형성할 수 없다.

이 단점을 극복하는 것이 **도약**(**promotion**)의 개념이다. 도약이란 높은 에너지의 오비탈로 전자가 들떠 올라가는 것을 말한다. 예로서 탄소 원자에서는 2s 전자가 2p 오비탈로 도약되어 $2s^1 2p_x^1 2p_y^1 2p_z^1$의 전자 배치를 만들면서 4개의 홑전자가 서로 다른 오비탈을 차지하게 된다고 생각한다. 이 4개의 전자는 다른 원자에 속하는 4개의 오비탈(CH_4의 경우에는 4개의 H1s 오비탈)의 전자와 짝을 지음으로써 4개의 σ 결합을 형성할 수 있을 것이다. 전자를 도약시키는 데는 에너지가 필요하지만, 2개의 결합밖에 만들 수 없는 도약되지 않은 원자가 도약에 의해서 4개의 결합을 형성하게 되면 투입된 에너지를 보상하고도 남을 정도의 많은 에너지가 나온다는 것이다.

도약과 그에 따른 4개 결합의 형성은 탄소 원자의 한 특징인데, 이것은 그 도약 에너지가 꽤 작기 때문이다. 이와 같이 낮은 도약 에너지는 2s 전자가 이중으로 점유되었던 오비탈을 떠나 비어 있는 2p 오비탈로 들어감으로써 먼저 있던 오비탈에서 받던 전자–전자 반발을 상당히 감소시키기 때문이다. 그러나 원자가 어떻게 해서든지 들뜨고, 이어서 결합을 형성한다는 이 도약의 개념은 '실제' 과정이 아니라는 것을 명심해야 한다. 즉 이것은 결합이 형성될 때 일어나는 총체적인 에너지 변화를 설명하기 위한 명시적인 개념일 뿐이다.

간단한 예 22.4 도약

황은 SF_6에서와 같이 6개의 결합('확장된 옥텟')을 형성할 수 있다. 황의 바닥 상태 전자 배치는 $[Ne]3s^2 3p^4$로 결합 모양에서 하나의 3s 전자 한 개와 3p 전자 한 개가 두 개의 다른 3d 오비탈로 도약한다. 이 오비탈들은 에너지로는 바로 옆에 인접한 것들이며, 이리하여 명목상 전자 배치인 $[Ne]3s^1 3p^3 3d^2$가 되며, 모든 6개의 원자가 전자는 다른 오비탈에 속하게 되어 6개의 전자가 6개의 F 원자와 결합을 형성할 수 있게 된다.

자가 진단 22.4 인은 PF_5와 같이 5개의 결합을 형성하는 것을 설명하시오.

답: 3s 전자가 $[Ne3s^2 3p^3$로부터 $[Ne]3s^1 3p^3 3d^1$로 도약한다.

(b) 혼성화

CH_4(다른 알케인 분자를 포함한)의 결합 중 3개는 성질이 같은 σ 결합(H1s와 C2p 오비탈로부터 생긴)이고, 네 번째인 나머지 하나는 성질이 판이한 σ 결합(H1s와 C2s 오비탈로부터 생긴)이라야 하며, 따라서 위의 설명은 아직 완전하지 못하다. 이 문제를 해결하기 위하여 도약된 원자에서는 같은 원자의 C2s와 C2p 오비탈들 사이의 간섭에 의해서 혼성 오비탈이 생기고, 각 전자는 이 **혼성 오비탈**(**hybrid orbital**)을 차지함으로써 모든 오비탈이 동일한 전자 밀도를 갖게 된다는 생각을 하게 되었다. 이 혼성의 근원은 한 핵에 중심을 둔 4개의 원자 오비탈이 마치 파동처럼 영역에 따라 상쇄적 또는 보강적 간섭을 하여 4개의 새로운 모양을 만들어 내는 것이라고 생각할 수 있다.

아래 **증명**에서 보이는 바와 같이 4개의 동등한 혼성 오비탈을 만드는 선형 결합은 구체적으로 다음과 같은 것이다.

$$\begin{aligned} h_1 &= s + p_x + p_y + p_z & h_2 &= s - p_x - p_y + p_z \\ h_3 &= s - p_x + p_y - p_z & h_4 &= s + p_x - p_y - p_z \end{aligned} \quad \text{sp}^3 \text{ 혼성 오비탈} \tag{22.5}$$

결과적으로 이들 각 혼성 오비탈은 그 성분 오비탈들 사이에 일어나는 간섭에 의해서 정사면체의 한 꼭짓점을 향하는 큰 구형 뿔의 모양을 나타낸다(그림 22.7). 그리고 혼성 오비탈의 축들 사이의 각도는 사면체각, 즉 $\arccos(-\frac{1}{3}) = 109.47°$가 된다. 이 혼성 오비탈은 s 오비탈 한 개와 p 오비탈 세 개로 만들어진 것이기 때문에 **sp^3 혼성 오비탈**(**sp^3 hybrid orbital**)이라고 한다.

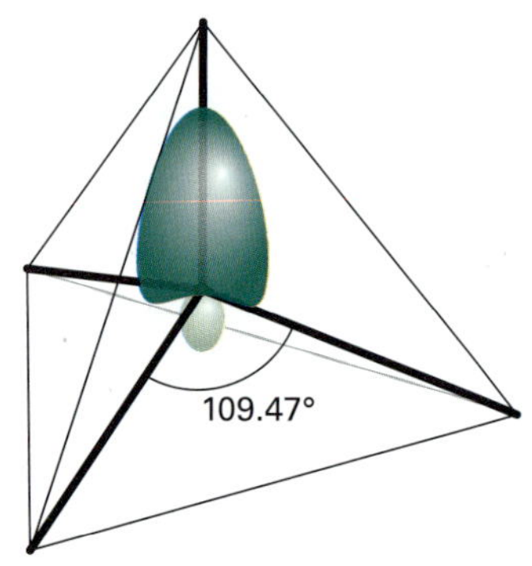

그림 22.7 한 원자의 s 오비탈과 p 오비탈들이 중첩되어 생긴 sp^3 혼성 오비탈. 이러한 4개의 혼성 오비탈이 생기며, 각각은 사면체의 꼭짓점을 향하고 있다. 전체적인 전자 밀도는 구형 대칭이 된다.

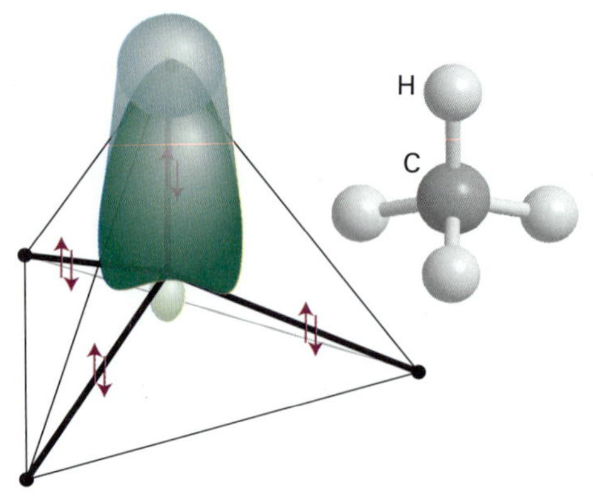

그림 22.8 각각의 sp^3 혼성 오비탈은 사면체 꼭짓점에 위치한 H1s 오비탈과 겹쳐져서 σ 결합을 만든다. 이 모형으로 CH_4의 4개의 동등한 결합이 설명된다.

증명 22.2 사면체 혼성 오비탈 모양의 결정

우선 각 혼성들을 $h=as+b_xp_x+b_yp_y+b_zp_z$와 같은 형태로 쓸 수 있다고 생각해 보자. 입방체의 (1,1,1) 꼭짓점을 향하는 혼성 h_1의 경우에는 세 개의 p 오비탈이 모두 동등하게 기여를 해야 하며, 따라서 계수 b는 3개가 서로 모두 같다고 보고 $h_1=as+b(p_x+p_y+p_z)$라고 쓸 수 있다. 다른 세 혼성들도 동일한 조성을 갖지만(모두 동등하지만 공간 배향이 다르다) h_1과 직교해야 한다. 이 직교성은 전체적 조성을 같게 놓고 p 오비탈들의 부호를 다르게 취해서 구해야 한다. 예로서 $h_2=as+b(-p_x-p_y+p_z)$로 택할 수 있으며, 이 경우 직교 조건은 다음과 같다.

$$\int h_1h_2\mathrm{d}\tau=\int\{as+b(p_x+p_y+p_z)\}\{as+b(-p_x-p_y+p_z)\}\mathrm{d}\tau$$

$$=a^2\overbrace{\int s^2\mathrm{d}\tau}^{1}-b^2\overbrace{\int p_x^2\mathrm{d}\tau}^{1}-\cdots-ab\overbrace{\int sp_x\mathrm{d}\tau}^{0}-\cdots$$

$$-b^2\overbrace{\int p_xp_y\mathrm{d}\tau}^{0}+\cdots=a^2-b^2-b^2+b^2=a^2-b^2=0$$

따라서 해는 $a=b$가 되며($a=-b$도 해가 되지만 이것은 p 오비탈에 대한 절대 위상만 다르게 취한 결과가 된다), 결과적으로 이 두 혼성 오비탈은 식 22.5의 h_1과 h_2가 된다. $h_3=as+b(-p_x+p_y-p_z)$나 $h_4=as+b(p_x-p_y-p_z)$에 비슷한 논법을 적용시키면 식 22.5 중의 다른 두 혼성이 된다.

이제 CH_4 분자의 원자가 결합 구조가 4개의 동등한 C−H 결합을 갖는 사면체 분자로 되는 이유를 쉽게 이해할 수 있게 되었다. 즉 도약된 C 원자의 각 혼성 오비탈은 홀전자를 한 개씩 가지고 있으며, H1s 전자가 이들과 짝을 지어 사면체 방향을 향하는 σ 결합을 형성하게 된다(그림 22.8). 예를 들어 혼성 오비탈 h_1과 $1s_A$ 오비탈(A로 표시되는 파동함수의)로부터 생긴 σ 결합의 파동함수(정규화되지 않은)는 다음과 같이 된다.

$$\psi=h_1(1)A(2)+h_1(2)A(1) \tag{22.6}$$

H_2에서와 같이 이 파동함수가 형성되려면 관련된 두 전자가 짝을 이루어야 한다. 각각의 sp^3 혼성 오비탈은 모두 동일한 조성을 가지므로 모든 4개의 σ 결합은 공간 배향만 다를 뿐 모두 동일하다.

혼성 오비탈은 핵간 영역에서 s 오비탈과 p 오비탈의 양의 꼭지(lobe) 부분 사이에서 보강 간섭이 일어나기 때문에 핵간 영역에서 높은 진폭을 나타낸다. 이러한 결과로 결합 세기가 s나 p 오비탈 단독일 때보다 강해지는 것이다. 그리고 이 증가되는 결합 세기가 도약 에너지를 보상해 주는 또 하나의 요인이 되기도 한다.

혼성의 개념을 이용하면 에텐 분자 $H_2C=CH_2$의 구조와 이중 결합의 비틀림 경직성을 설명할 수 있다. 에텐 분자는 평면형이며, HCH와 HCC 결합각이 120°에 가깝다. 이 σ 결합 구조가 나타나려면 각 탄소 원자가 $2s^12p^3$ 배치로 도약되어야 한다. 그러나 이 분자에서는 이 4개의 오비탈 전부가 혼성 오비탈을 만드는 데 이용되지 않으며, **sp^2 혼성 오비탈(sp^2 hybrid orbital)**이 형성된다.

$$\begin{aligned}h_1&=s+2^{1/2}p_y\\h_2&=s+(\tfrac{3}{2})^{1/2}p_x-(\tfrac{1}{2})^{1/2}p_y\\h_3&=s-(\tfrac{3}{2})^{1/2}p_x-(\tfrac{1}{2})^{1/2}p_y\end{aligned}\qquad \text{sp}^2\text{ 혼성 오비탈} \tag{22.7}$$

이 세 개의 혼성 오비탈은 평면상에서 서로 120°를 이루고 등변삼각형의 꼭짓점을 향한다(그림 22.9와 문제 22.22). 세 번째 2p 오비탈($2p_z$)은 혼성화에 참여하지 않으며, 그 축이 혼성 오비탈들이 놓인 평면에 수직하게 배향된다. 혼성 오비탈 속의 계수들은 상이한 부호를 가짐으로써 혼성 오비탈들이 상호 직교하고, 공간상 다른 영역에서 보강 간섭을 일어나게 하여 그림에서와 같은 모양을 나타낸다. sp^2 혼성된 C

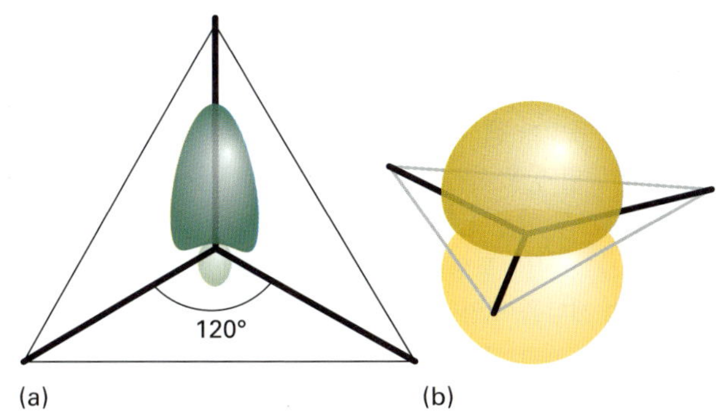

그림 22.9 (a) 한 개의 s 오비탈과 두 개의 p 오비탈은 혼성화함으로써 3개의 동등한 오비탈을 형성하여 등변삼각형의 꼭짓점을 향한다. (b) 혼성되지 않고 남아 있는 p 오비탈은 혼성 오비탈들이 놓인 평면에 수직하다.

원자 각각은 다른 C 원자의 혼성 오비탈 h_1이나 H1s 오비탈과 스핀을 짝지음으로써 3개의 σ 결합을 만든다. 따라서 σ 골격은 C−H와 C−C σ 결합이 서로 120°를 이룬다. 두 CH_2 기가 동일면 상에 놓일 때는 혼성화되지 않은 p 오비탈들의 두 전자가 짝을 지어 π 결합을 만든다(그림 22.10). 이 π 결합이 형성되면 평면 배치로 골격을 고정시키며, 하나의 CH_2 기가 다른 것에 대하여 회전하려면 π 결합의 약화를 가져오게 된다(결국 분자의 에너지가 증가해야 한다).

선형 분자인 에타인(HC≡CH)도 비슷하게 설명할 수 있는데, 이때는 C 원자들이 다음과 같은 sp 혼성을 이루며, 이 혼성 원자 오비탈을 이용하여 σ 결합을 만든다.

$$h_1 = s + p_z \quad h_2 = s - p_z \qquad \text{sp 혼성 오비탈} \qquad (22.8)$$

이 두 혼성 오비탈은 핵간 연결축 상에 놓인다. 그리고 이 오비탈의 전자들은 다른 C 원자의 혼성 오비탈이나 하나의 H1s 오비탈의 전자와 짝을 짓는다. 분자축에 수직한 각 원자에 남아 있는 두 p 오비탈의 전자들은 짝을 이루어 두 개의 수직 π 결합을 만든다(그림 22.11).

다른 혼성 방식, 특히 d 오비탈이 관여하는 혼성 방식을 이용하면 자주 여러 다른 기하학적 분자 구조와 일치하는 기본적인 분자를 설명할 수 있다(표 22.1). *N*개의 원자 오비탈이 혼성되면 항상 *N*개의 혼성 오비탈이 생기는데, 이들은 결합을 형성하기도 하지만 고립 전자쌍으로 남기도 한다.

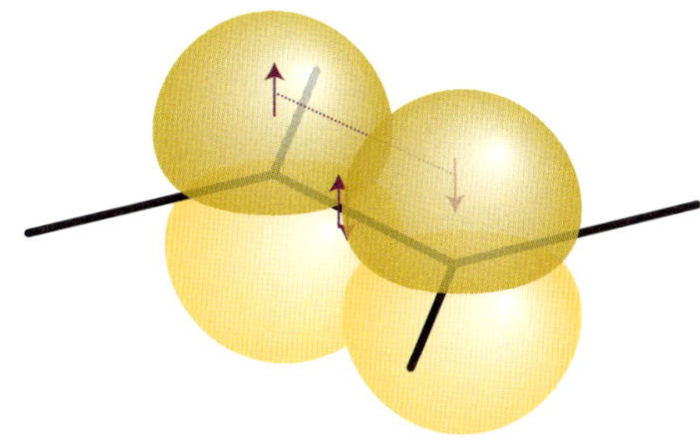

그림 22.10 에텐의 이중 결합 구조. π 결합만을 나타내었다.

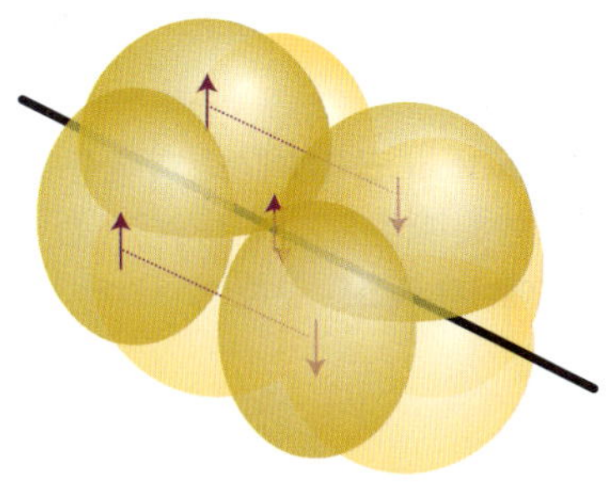

그림 22.11 에타인의 삼중 결합 구조의 표현. π 결합만을 분명하게 나타내었다.

표 22.1 혼성 오비탈

배위수	모양	혼성
2	선형 비선형	sp, pd, sd sd
3	삼각 평면 삼각 피라미드	sp^2, p^2d pd^2
4	정사면체 사각 평면	sp^3, sd^3 p^2d^2, sp^2d
5	삼각 쌍뿔 오각 평면	sp^3d, spd^3 p^2d^3
6	정팔면체	sp^3d^2

간단한 예 22.5 혼성 구조

예를 들어 sp^3d^2 혼성은 일반적인 정팔면체의 꼭짓점을 향하는 6개의 동등한 혼성 오비탈을 만든다. 이 팔면체 혼성 방식은 때때로 SF_6와 같은 정팔면체 분자의 구조를 설명하는 데 이용된다(**간단한 예** 22.4에서 설명한 황 전자의 도약을 상기할 것). 혼성 오비탈이 항상 결합을 형성하는 것은 아니다. 이들은 그냥 고립 전자쌍을 가지고 있을 수도 있다. 예로서 과산화 수소 분자 H_2O_2에서 각 O 원자는 sp^3 혼성으로 간주될 수 있다. 두 개의 혼성 오비탈이 결합을 형성하는데, 하나는 O−O 결합이고 다른 하나는 O−H이며 약 109°의 각도를 이루고 있다(실험적인 값은 이보다 많이 작은 94.8°이다). 각 원자의 나머지 두 개의 혼성 오비탈들은 고립 전자쌍을 수용하게 된다. O−O 결합 주위의 회전이 가능하며, 따라서 이 분자는 평면형과 비평면형 사이의 상호 변환을 일으킬 수 있다.

자가 진단 22.5 메틸아민(CH_3NH_2) 분자의 구조를 설명하시오.

답: C와 N은 모두 sp^3 혼성이며 N 원자에 고립 전자쌍이 있다.

개념 확인

- ☐ 1. **Born-Oppenheimer 근사법**에서는 전자들이 그들의 영역에서 운동하는 반면에, 핵들은 정지된 상태에 있다고 취급한다.
- ☐ 2. **분자 퍼텐셜 에너지 곡선**은 분자 에너지의 변화를 결합 길이의 함수로 나타낸다.
- ☐ 3. **평형 결합 길이**는 곡선의 최젓값에서의 핵간 거리이다.
- ☐ 4. **결합 해리 에너지**는 분자에서 원자들을 분리시키기 위해 필요한 최소 에너지이다.
- ☐ 5. 한 원자의 원자 오비탈에 있는 전자가 다른 원자의 원자 오비탈에 있는 전자와 쌍을 이룰 때 결합이 형성된다.
- ☐ 6. **공명**은 동일한 핵 구조에서 다른 전자 분포를 나타내는 파동함수의 중첩과 관련된다. 중첩의 결과로 생긴 파동함수를 **공명 혼성**이라고 말한다.
- ☐ 7. 다원자 분자의 모양을 설명하기 위하여 VB 이론에서 **도약**과 **혼성화** 개념을 도입한다.
- ☐ 8. σ **결합**은 핵간 연결축 주위로 원통형 대칭을 나타낸다.
- ☐ 9. π **결합**은 핵간 연결축에 대하여 수직인 p 오비탈과 같은 대칭을 갖는다.

식 확인

성질	식	비고	식 번호
원자가 결합 파동함수	$\psi=A(1)B(2)+A(2)B(1)$	A와 B는 원자 오비탈	22.2
혼성화	$h=\sum_i c_i\chi_i$	동일한 원자의 모든 원자 오비탈, 교재에서의 특정한 형태	22.5 (sp^3) 22.7 (sp^2) 22.8 (sp)

토픽 23

분자 오비탈 이론의 원리

내용

➤ 학습 목표

분자 오비탈 이론은 개별적인 분자에서나 고체를 포함하는 거의 모든 화학 결합에 대한 설명의 기초이다. 이것은 분자의 성질을 예측하고 분석하기 위한 대부분 계산 방법의 토대가 된다.

➤ 핵심 내용

분자 오비탈은 분자 내 모든 원자에 걸쳐 퍼져 있는 파동함수이다.

➤ 미리 알기

원자 오비탈(토픽 18)의 모양과 에너지와 확률 밀도가 파동함수로부터 어떻게 계산되는가(토픽 5와 7)에 익숙해져야 한다. 전체적인 논의는 Born–Oppenheimer 근사법(토픽 22)의 골격 안에서 이루어진다.

분자 오비탈 이론(**molecular orbital theory, MO** 이론)에서는 전자들이 특정 결합에 소속되지 않고 전체 분자에 걸쳐 퍼진다고 본다. 이 이론은 VB 이론(토픽 22)보다 훨씬 더 많이 발전된 것이며, 여기서 나온 용어들은 결합을 현대적으로 논하는 데 널리 이용되고 있다. 일전자계인 H 원자를 기본적인 화학종으로 택하여 원자 구조를 설명하고, 다음에 그 결과를 발전시켜 다전자 원자의 구조를 설명하였던 토픽 19에서와 같은 전략으로 분자 오비탈 이론을 도입하기로 한다. 이 토픽에서는 모든 분자 중 가장 간단한 분자성 화학종인 수소 분자 이온 H_2^+를 이용하여 결합의 기본 특징을 설명하고, 이 결과를 길잡이로 삼아 더 복잡한 계의 구조를 설명하게 된다.

23.1 원자 오비탈의 선형 결합

H_2^+에 들어 있는 단일 전자에 대한 Hamilton 연산자는 다음과 같다.

$$\hat{H} = -\frac{\hbar^2}{2m_e}\nabla_1^2 + V \qquad V = -\frac{e^2}{4\pi\varepsilon_0}\left(\frac{1}{r_{A1}} + \frac{1}{r_{B1}} - \frac{1}{R}\right) \tag{23.1}$$

여기서 r_{A1}과 r_{B1}은 두 핵 A와 B로부터 전자까지의 거리이며(**1**), R은 두 핵 사이의 거리이다. V에 관한 식에서 괄호 안의 처음 두 항은 전자와 핵 사이의 상호 작용에 의한 인력을 나타내는 기여이고, 마지막 항은 핵 사이의 반발 상호 작용을 나타내는 것이다. 기본 상수의 모음 $e^2/4\pi\varepsilon_0$이 앞으로 이 토픽에서 자주 나타나는데, 이것을 간단히 j_0으로 나타낼 것이다.

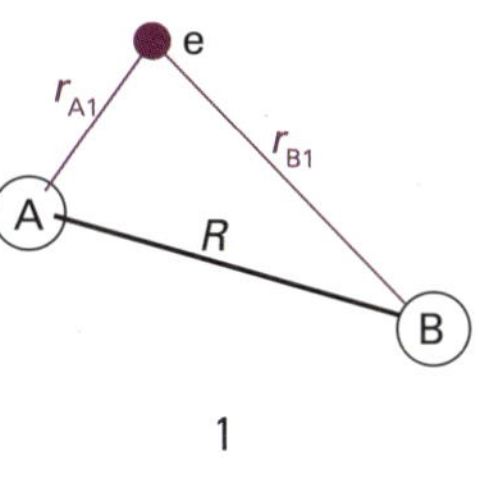

1

이 Hamilton 연산자의 Schrödinger 방정식 $\hat{H}\psi = E\psi$를 풀어서 얻는 일전자 파동함수와 다른 분자에 대한 유사한 파동함수를 **분자 오비탈**(**molecular orbital, MO**)이라고 한다. 분

자 오비탈은 원자 오비탈과 비슷하지만 분자 전체에 걸쳐서 퍼져 있다. 분자 오비탈 ψ는 $|\psi|^2$의 값을 통하여 분자 내부에서의 전자의 확률 분포를 나타낸다.

(a) 선형 결합의 구성

H_2^+에 대해서는 Schrödinger 방정식이 해석적으로 풀리지만(Born–Oppenheimer 근사 범위 안에서, 토픽 22) 이렇게 풀어서 얻는 파동함수는 대단히 복잡한 함수이다. 뿐만 아니라 이 해는 다원자계에 확장시킬 수도 없다. 따라서 조금 근사적이지만 다른 분자들에 쉽게 확장시킬 수 있는 조금 더 간단한 방법을 쓸 필요가 있다.

만일 한 전자가 원자 A에 속하는 원자 오비탈과 원자 B에 속하는 원자 오비탈의 어느 쪽에서나 발견될 수 있으려면 전체적인 파동함수를 다음과 같이 이 두 원자 오비탈들의 중첩으로 나타내야 한다.

$$\psi_\pm = N(A \pm B) \quad \text{원자 오비탈의 선형 결합} \quad (23.2)$$

여기에서 H_2^+의 경우에, A는 원자 A의 원자 오비탈을 나타내는 $\chi_{\mathrm{H1s_A}}$로 나타내고(토픽 22와 같이), B도 유사한 방식으로 $\chi_{\mathrm{H1s_B}}$로 나타내며, N은 정규화 인자이다. 식 23.2와 같은 형태의 중첩을 **원자 오비탈의 선형 결합(linear combination of atomic orbital, LCAO)**이라고 한다. 그리고 원자 오비탈의 선형 결합으로 이루어진 이러한 근사적인 분자 오비탈을 **LCAO-MO**라고 한다. 우리가 여기서 논의하는 분자 오비탈과 같이 핵간 연결축 주위로 원통형 대칭을 갖는 것을 **σ 오비탈(σ orbital)**이라고 한다. 이것은 축에 따라서 보았을 때 s 오비탈과 비슷하게 보이며, 더 정확히 말하면 핵간 연결 축 주위의 오비탈 각운동량이 0이기 때문에 붙은 명칭이다.

예제 23.1 분자 오비탈의 정규화

식 23.2의 분자 오비탈 ψ_+를 정규화하시오.

방법 $\int\psi^*\psi\mathrm{d}\tau = 1$이 되게 하는 인수 N을 구해야 한다. 이 적분에 앞의 LCAO를 넣고, 원자 오비탈들이 개별적으로 정규화되어 있다는 사실을 이용한다.

풀이 파동함수를 넣어 주면 다음과 같은 결과를 얻을 수 있다.

$$\int\psi^*\psi\mathrm{d}\tau = N^2\left\{\overbrace{\int A^2\mathrm{d}\tau}^{1} + \overbrace{\int B^2\mathrm{d}\tau}^{1} + 2\overbrace{\int AB\mathrm{d}\tau}^{S}\right\} = 2(1+S)N^2$$

여기서 $S=\int AB\mathrm{d}\tau$이며, 그 값은 핵간 거리에 의존한다(이 '겹침 적분'은 후에 대단히 중요한 역할을 할 것이다). 이 적분은 1이 되어야 하므로 정규화 인자는 다음과 같이 된다.

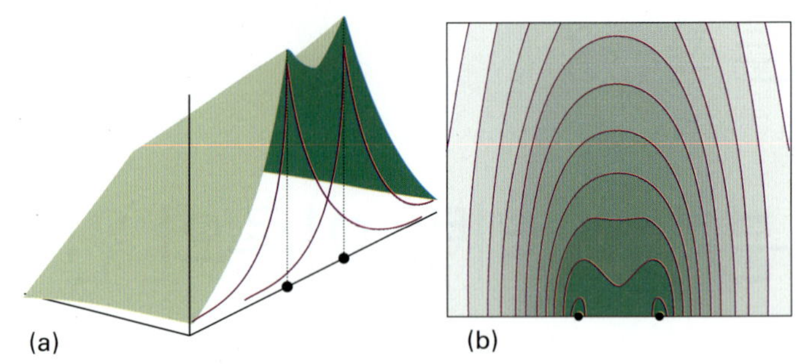

그림 23.1 (a) 수소 분자 이온의 결합 분자 오비탈이 두 핵을 포함하는 평면에서 나타내는 진폭. (b) 이 진폭의 등고선 그림

$$N = \frac{1}{\{2(1+S)\}^{1/2}}$$

H_2^+의 경우에는 $S \approx 0.59$이며, 따라서 $N = 0.56$이 된다.

자가 진단 23.1 식 23.2의 ψ_-를 정규화시키시오.

답: $N = 1/\{2(1-S)\}^{1/2}$; $S\approx 0.59$이면 N=1.10

그림 23.1은 식 23.2의 분자 오비탈 ψ_+에 대한 일정 진폭선을 나타낸 것이다. 이러한 그림들은 시판되는 소프트웨어를 이용하면 쉽게 그릴 수 있다. 이 계산은 대단히 간단한데, 이는 해야 할 모든 것은 단지 두 개의 원자 오비탈을 수식에 입력하고, 나머지는 프로그램이 수행하게만 하면 되기 때문이다.

간단한 예 23.1 분자 오비탈

다음의 두 H1s 오비탈을 사용할 수 있다.

$$A = \frac{1}{(\pi a_0^3)^{1/2}}\mathrm{e}^{-r_{\mathrm{A1}}/a_0} \qquad B = \frac{1}{(\pi a_0^3)^{1/2}}\mathrm{e}^{-r_{\mathrm{B1}}/a_0}$$

r_{A1}과 r_{B1}은 독립적이지는 않지만 원자 A(**2**)에 근거한 직교 좌표로 표현하면 R이 결합 길이일 때 $r_{\mathrm{A1}} = \{x^2+y^2+z^2\}^{1/2}$, $r_{\mathrm{B1}} = \{x^2+y^2+(z-R)^2\}^{1/2}$으로 관련된다.

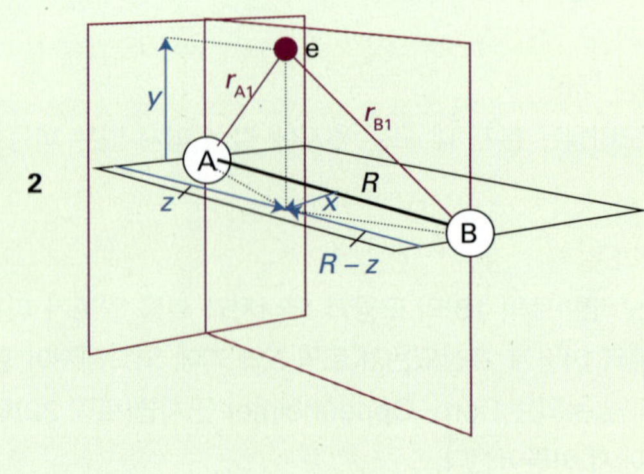

2

일정 진폭의 결과 표면은 그림 23.2에 나타내었다.

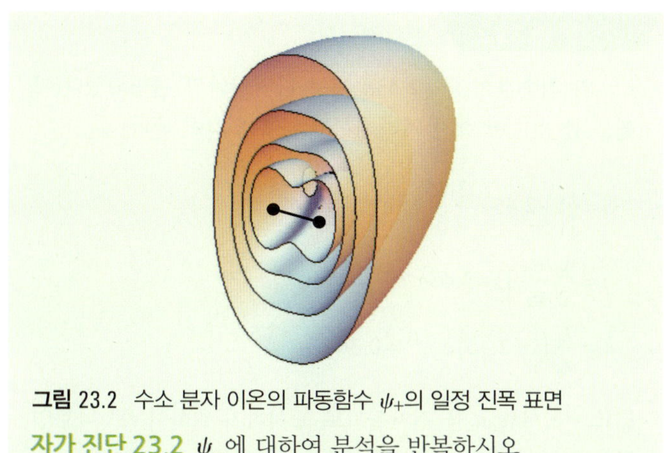

그림 23.2 수소 분자 이온의 파동함수 ψ_+의 일정 진폭 표면

자가 진단 23.2 ψ_-에 대하여 분석을 반복하시오.

답:

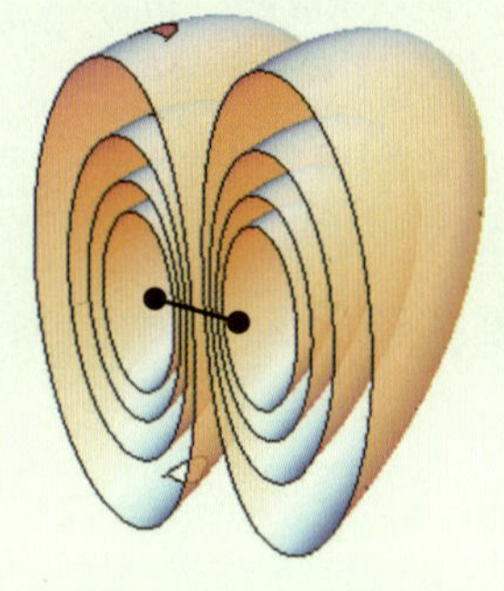

그림 23.3 수소 분자 이온의 파동함수 ψ_-의 일정 진폭 표면

(b) 결합 오비탈

Born 해석법에 의하면, H_2^+ 속의 각 지점에서의 전자의 확률 밀도는 그 지점에서 파동함수의 제곱의 계수에 비례한다. 식 23.2의 (실수) 파동함수 ψ_+에 해당하는 확률 밀도는 다음과 같다.

$$\psi_+^2 = N^2(A^2 + B^2 + 2AB) \quad \text{결합 확률 밀도} \quad (23.3)$$

이 확률 밀도를 그림 23.4에 도시하였는데, 두 원자 오비탈이 비슷한 진폭을 갖는 핵간 영역을 조사해 보면 한 중요한 특징을 분명하게 이해할 수 있을 것이다. 식 23.3에 의하면 전체 확률 밀도는 다음과 같은 항들의 합에 비례한다.

물리적 해석

- A^2, 전자가 원자 A의 오비탈에 속한다고 생각했을 때의 확률 밀도
- B^2, 전자가 원자 B의 오비탈에 속한다고 생각했을 때의 확률 밀도
- $2AB$, 두 원자 오비탈에 의한 여분의 확률 밀도 기여

이 마지막 기여는 핵간 영역에서 전자를 발견할 확률이 증가하는 것을 보여 주는 결정적인 역할을 하며, **겹침 밀도**(**overlap density**)라고 한다. 이 겹침 밀도는 두 원자 오비탈

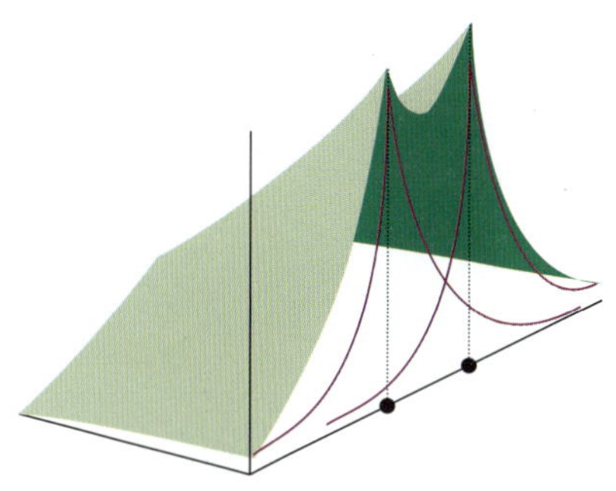

그림 23.4 그림 23.1을 만드는 데 이용한 파동함수의 제곱을 가지고 계산한 전자 밀도. 핵간 영역에서 전자 밀도가 축적됨을 주목할 것.

이 보강적으로 간섭하기 때문에 나타난다. 즉 이 파동함수들은 핵간 영역에서 양의 진폭을 가지며, 이 때문에 전체 진폭은 전자가 어느 한 원자 오비탈에 속했을 때보다 더 커지는 것이다.

앞으로도 이처럼 **원자 오비탈이 겹쳐져서 보강 간섭을 일으키는 영역에서 전자가 축적되면 결합이 형성된다**는 사실을 자주 이용하게 될 것이다. 이 결과를 관습적으로는 두 핵의 사이에서 전자 밀도가 축적되면 전자가 양쪽 핵과 세게 상호 작용을 하게 된다고 이해된다. 이 때문에 각 전자가 단일 핵하고만 세게 상호 작용을 하는 분리된 원자의 경우보다 분자의 에너지가 더 낮게 된다고 해석하는 것이다. 그러나 전자를 핵으로부터 핵간 영역까지 이동시키려면 그 퍼텐셜 에너지가 **증가되기** 때문에 이 관습적 설명은 의문을 불러온다. 현대적 설명 방법은 여기서 소개한 간단한 LCAO 방법만으로는 설명할 수 없다(여전히 논쟁 대상이지만). 이것을 설명하려면 전자가 핵간 영역으로 옮겨가는 것과 동시에 원자 오비탈이 수축된다고 보아야 한다. 이 수축으로 인해 전자와 핵 사이의 인력이 크게 증가하여 핵간 영역으로 전자가 이동하는 데 따른 인력 감소를 상쇄하고 남으며, 그리하여 실질적으로 퍼텐셜 에너지가 낮아진다. 이 과정에서 파동함수의 곡률이 변하여 전자의 운동 에너지도 수정해야 하지만 이 운동 에너지 변화는 퍼텐셜 에너지 변화에 압도될 정도로 작다. 앞으로는 계속해서 화학 결합의 세기 증가를 핵간 영역에서의 전자 밀도 축적을 가지고 설명할 것이다. H_2^+보다 더 복잡한 분자에서 에너지가 낮아지는 진짜 원인이 전자 축적에서 오는 것인지, 아니면 이와 관련된 간접적인 효과에서 오는 것인지에 관해서는 나중 문제로 남겨 놓는다.

지금까지 설명한 σ 오비탈은 **결합 오비탈**(**bonding orbital**)의 한 예로서, 오비탈이 점유되면 분리된 원자들의 에너지보다 더 작도록 오비탈의 에너지를 낮추어줌으로써 두 원자를 결합시키는 데 도움이 된다. 더 자세히 말하면 이 σ 오비탈은 최저 에너지에 해당하는 것이므로 1σ라고 표시한다. σ 오비탈을 차지하고 있는 전자는 **σ 전자**(**σ electron**)라고 하는

데, 분자 속에 이 전자 한 개만 들어 있을 때는(H_2^+의 바닥 상태에서와 같이) 그 분자의 전자 배치를 $1\sigma^1$로 나타낸다.

1σ 오비탈의 에너지 $E_{1\sigma}$는 다음과 같이 된다(응용 문제 23.3 참조).

$$E_{1\sigma} = E_{\mathrm{H1s}} + \frac{j_0}{R} - \frac{j+k}{1+S} \qquad \text{결합 오비탈의 에너지} \quad (23.4)$$

여기서 E_{H1s}는 H1s 오비탈의 에너지, j_0/R은 두 핵 사이의 반발에 대한 퍼텐셜 에너지이다(j_0은 $e^2/4\pi\varepsilon_0$의 약자임을 상기할 것). 그리고 S, j, k는 다음과 같은 것들이다.

$$S = \int AB\,\mathrm{d}\tau = \left\{1 + \frac{R}{a_0} + \frac{1}{3}\left(\frac{R}{a_0}\right)^2\right\}\mathrm{e}^{-R/a_0} \quad (23.5\mathrm{a})$$

$$j = j_0\int \frac{A^2}{r_\mathrm{B}}\,\mathrm{d}\tau = \frac{j_0}{R}\left\{1 - \left(1 + \frac{R}{a_0}\right)\mathrm{e}^{-2R/a_0}\right\} \quad (23.5\mathrm{b})$$

$$k = j_0\int \frac{AB}{r_\mathrm{B}}\,\mathrm{d}\tau = \frac{j_0}{a_0}\left(1 + \frac{R}{a_0}\right)\mathrm{e}^{-R/a_0} \quad (23.5\mathrm{c})$$

이들 세 식의 적분을 그림 23.5에 도시하였으며 다음과 같이 해석할 수 있다.

물리적 해석

- 이들 세 적분은 모두 양이며, 핵간 거리가 커짐에 따라 0으로 접근한다(S와 k는 지수항 때문이고, j는 $1/R$ 인자 때문이다). 적분 S는 토픽 24에서 좀 더 자세히 논의될 것이다.
- 적분 j는 한 핵과 다른 핵상의 전자 밀도 사이의 상호 작용 정도를 나타낸다.
- k는 한 핵과 겹침에 기인되는 핵간 영역의 과잉 전자 밀도 사이의 상호 작용 정도를 나타낸다.

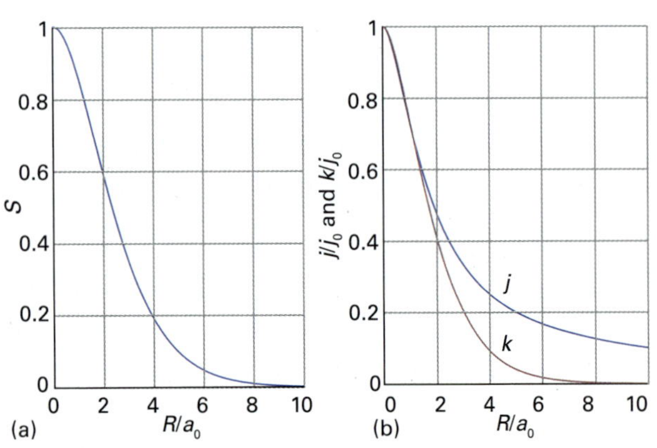

그림 23.5 H_2^+에 대하여 핵간 거리의 함수로 계산된 적분 (a) S, (b) j와 k

간단한 예 23.2 분자 적분

$E_{1\sigma}$ 의 최솟값이 $R = 2.45a_0$에서 나타난다고 판명되었다(아래를 볼 것). 이 핵간 거리에서는 다음과 같이 된다.

$$S = \left\{1 + 2.45 + \frac{2.45^2}{3}\right\}\mathrm{e}^{-2.45} = 0.47$$

$$j = \frac{j_0/a_0}{2.45}\left\{1 - 3.45\mathrm{e}^{-4.90}\right\} = 0.40\,j_0/a_0$$

$$k = \frac{j_0}{a_0}(1 + 2.45)\mathrm{e}^{-2.45} = 0.30\,j_0/a_0$$

$j_0/a_0 = e^2/4\pi\varepsilon_0 a_0$을 전자볼트로 표시하기 위하여 e로 나누면 다음과 같이 된다.

$$\frac{j_0}{ea_0} = \frac{e}{4\pi\varepsilon_0 a_0} = \frac{e}{4\pi\varepsilon_0} \times \frac{\pi m_\mathrm{e} e^2}{\varepsilon_0 h^2} = \frac{m_\mathrm{e} e^3}{4\varepsilon_0^2 h^2} = 27.211\ldots\mathrm{V}$$

(이 값은 $2hc\tilde{R}_\infty/e$로 인식되어야 한다. 토픽 17) 따라서 $j = 11$ eV, $k = 8.2$ eV가 된다.

자가 진단 23.3 핵간 거리가 최저에서의 값의 두 배가 될 때 이 적분들을 구하시오.

답: 0.10, 5.5 eV, 1.2 eV

그림 23.6은 분리된 원자들의 에너지를 기준으로 한 $E_{1\sigma}$의 값을 거리 R의 함수로 도시한 것이다. 핵간 거리 R을 큰 값으로부터 감소시켜 내려가면 두 원자 오비탈 사이의 보강 간섭이 증가하여 핵간 영역에서 전자 밀도가 증가하므로 1σ 오비탈의 에너지가 감소한다(그림 23.7). 그러나 핵간 거리가 너무 짧아지면 전자 밀도가 현저하게 증가하기 위한 핵 사이에서 공간이 남지 않는다. 뿐만 아니라 핵간 반발($1/R$에 비례하는)도 커진다. 이 때문에 짧은 핵간 거리에서는 분자의 에너지가 증가하며, 그리하여 퍼텐셜 에너지 곡선이 극소점

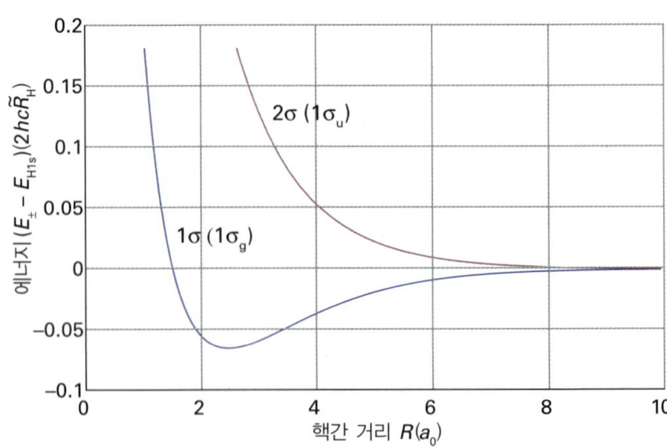

그림 23.6 계산된 결과로 구한 수소 분자 이온에 대한 분자 퍼텐셜 에너지 곡선. 여기에서 결합 오비탈과 반결합 오비탈의 에너지는 결합 길이가 변함에 따라 변하는 것을 나타낸다. 오비탈의 대체 표기는 나중에 설명한다.

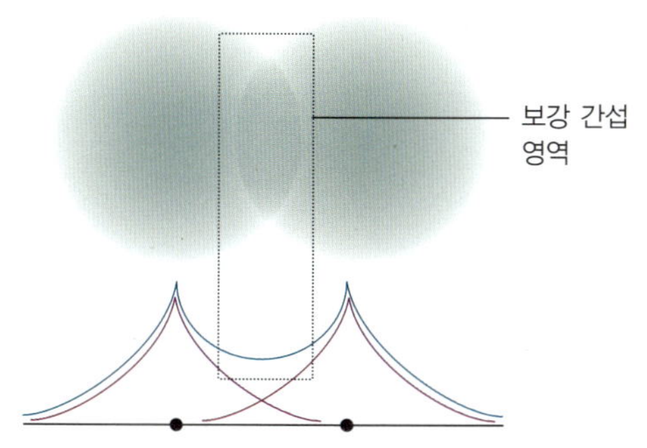

그림 23.7 두 H1s 오비탈이 겹쳐져서 결합 σ 오비탈을 만들 때 일어나는 보강 간섭의 표현

을 나타낸다. H_2^+에 대한 계산 결과에 의하면 $R_e = 130$ pm와 $D_e = 1.76$ eV(171 kJ mol^{-1})이며, 실험 결과는 106 pm와 2.6 eV이다. 따라서 분자에 대한 이 단순한 LCAO–MO 설명이 정확하지는 않지만 전혀 터무니없는 것은 아님을 알 수 있다.

(c) 반결합 오비탈

식 23.2의 선형 결합 ψ_-는 ψ_+에 비해서 높은 에너지에 해당한다. 이 오비탈도 σ 오비탈이기 때문에 2σ로 표시한다. 이것은 핵간 마디 평면을 갖는데, 이곳에서 A와 B가 완전히 상쇄된다(그림 23.8과 23.9, 그림 23.1과 비교할 것). 그리고 확률 밀도는 다음과 같다.

$$\psi_-^2 = N^2(A^2 + B^2 - 2AB) \quad \text{반결합 확률 밀도} \quad (23.6)$$

이 $-2AB$ 항 때문에 두 핵 사이의 확률 밀도가 감소한다(그림 23.10). 물리학적으로 말하면 두 원자 오비탈이 겹쳐지는 영역에서 상쇄 간섭이 일어나는 것이다. 2σ 오비탈은 **반결합 오비탈(antibonding orbital)**의 한 예인데, 이 오비탈이 점유되면 두 원자 사이의 응집력이 약해지고, 분자의 에너지가 분리 상태의 원자들에 비해서 높아진다.

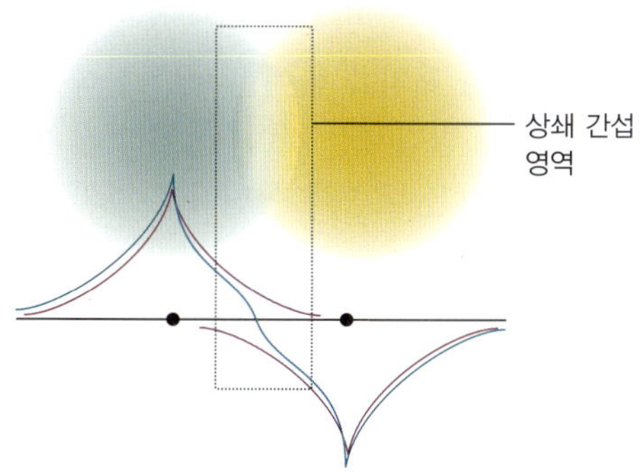

그림 23.8 두 H1s 오비탈이 겹쳐져서 반결합 2σ 오비탈을 만들 때 일어나는 상쇄 간섭

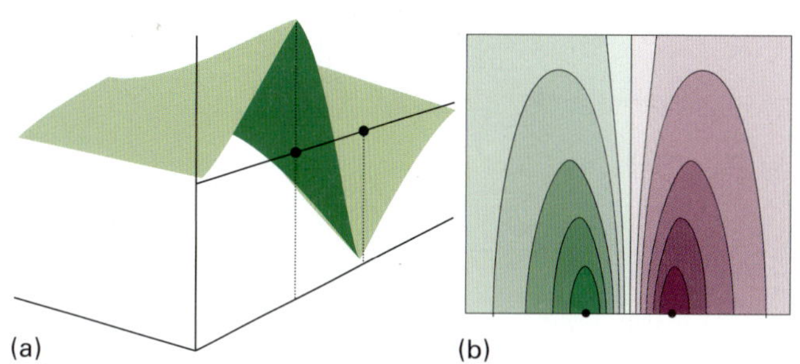

그림 23.9 (a) 수소 분자 이온의 반결합 분자 오비탈이 두 핵을 포함하는 평면에서 나타내는 진폭. (b) 이 진폭의 등고선 그림. 핵간 마디가 있음을 주목할 것.

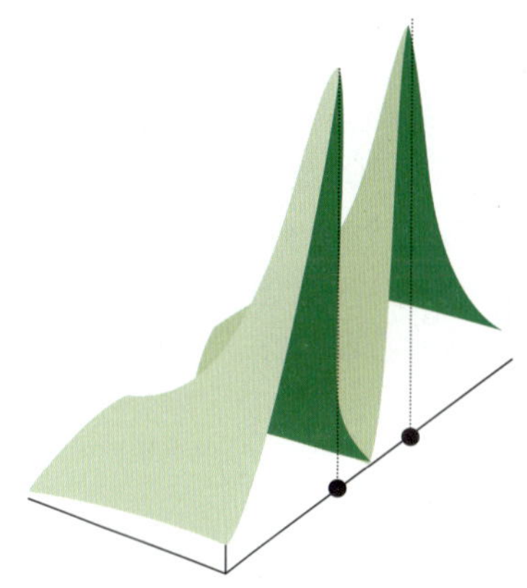

그림 23.10 그림 23.9를 만드는 데 이용한 파동함수를 제곱하여 계산한 전자 밀도. 핵간 영역의 전자 밀도가 줄어들고 없어지는 것을 주목할 것.

2σ 반결합 오비탈의 에너지 $E_{2\sigma}$는 다음과 같이 된다(응용문제 23.3 참조).

$$E_{2\sigma} = E_{\mathrm{H1s}} + \frac{j_0}{R} - \frac{j-k}{1-S} \quad (23.7)$$

이 식에 나타나는 적분 S, j, k는 앞(식 23.5)에서와 같은 것들이다. R에 따른 $E_{2\sigma}$의 변화를 그림 23.6에 나타내었는데, 반결합 전자의 불안정화 효과가 잘 나타나 있다. 이러한 효과를 나타내는 부분적인 이유는 반결합 전자가 핵간 영역으로부터 배제되어 주로 결합 영역 바깥쪽에 분포되기 때문이다. 이 효과 때문에 결합 전자가 두 핵을 끌어 붙여놓는 데 반해서, 반결합 전자는 두 핵을 밀어 떼어 놓는다(그림 23.11). 그림 23.6은 또한 $|E_- - E_{\mathrm{H1s}}| > |E_+ - E_{\mathrm{H1s}}|$와 같이 나중에 그려질 또 하나의 특징을 나타낸다. 즉 **반결합 오비탈이 나타내는 반결합 효과는 결합 오비탈이 나타내는 결합 효과보다 훨씬 크다.** 이 중요한 결과의 부분적인 원인은 핵–핵 반발(j_0/R)이 두 분자 오비탈의 에너지를 높여 주기 때문이다. 반결합 오비탈에는 흔히 별표(*) 표지를 붙이며, 따라서 이 오비탈을 $2\sigma^*$로 표시하기도 한다.

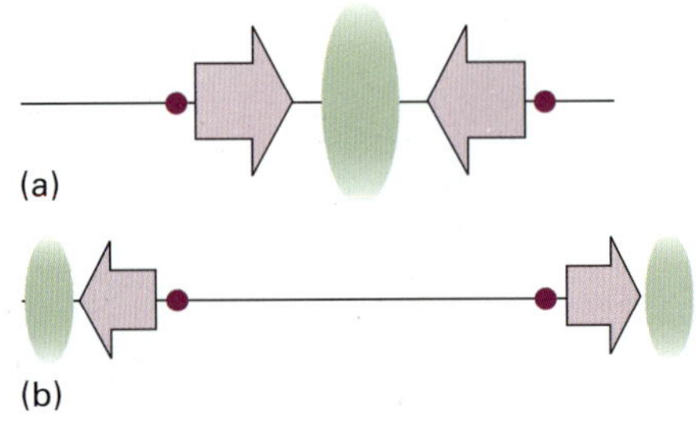

그림 23.11 결합과 반결합 효과의 원인에 관한 부분적인 설명. (a) 결합 오비탈에서는 핵간 영역에 전자 밀도의 축적으로 핵들을 끌어당긴다. (b) 반결합 오비탈에서는 핵간 영역 바깥쪽에 전자 밀도가 축적되어 핵들이 끌려 나간다.

간단한 예 23.3 반결합 에너지

결합 오비탈 에너지가 최소가 될 때 $R=2.45\ a_0$임을 보았고, **간단한 예** 23.2로부터 $S=0.47$, $j=11$ eV, $k=8.2$ eV가 됨을 알았다. 이 거리에서 수소 원자 1s 오비탈에 대한 반결합 오비탈의 에너지는 다음과 같다.

$$(E_{2\sigma}-E_{\text{H1s}})/\text{eV}=\frac{27.2}{2.45}-\frac{11-8.2}{1-0.47}=5.8$$

즉 이 핵간 거리에서 반결합 오비탈은 결합 오비탈 위에 놓이게 된다.

자가 진단 23.4 반결합 오비탈과 결합 오비탈 에너지의 차이는 핵간 거리가 두 배가 될 때 얼마인가?

답: 1.4 eV

23.2 오비탈 표기법

동핵 이원자 분자와, H_2^+와 같은 동핵 이원자 이온, 그리고 이와 유사한 다전자 화학종의 경우에는 그 분자 오비탈에 반전 대칭성을 명시하는 것이 편리하다(예컨대 전자 분광학, 토픽 45). **반전 대칭(inversion symmetry)**이란 분자 오비탈을 분자 중심(정확하게는 반전 중심)을 통해서 반전시켰을 때의 성질을 나타내는 것이다. 예컨대 결합 σ 오비탈 상의 임의의 점을 생각하고, 이어서 이 점으로부터 분자 중심을 통과하여 반대편에 있는 등거리 점에서의 파동함수를 조사한다(그림 23.12). 만일 이 오비탈이 똑같은 값(진폭 및 부호)의 동일한 파동함수를 가질 때는 **점대칭(gerade symmetry)**을 가졌다고 말하며, σ_g에서와 같이 아래첨자 g를 붙여 준다[g는 짝(even)을 뜻하는 독일어 gerade에서 유래됨]. 한편 같은 과정을 반결합 2σ에 적용하여 이 오비탈의 파동함수가 동일한 진폭을 갖지만 반대 부호를 가질 때는 **비점대칭(ungerade symmetry**, 즉 'odd symmetry'을 가졌다고 말하며, σ_u에서와 아래첨자 u를 붙여 준다.

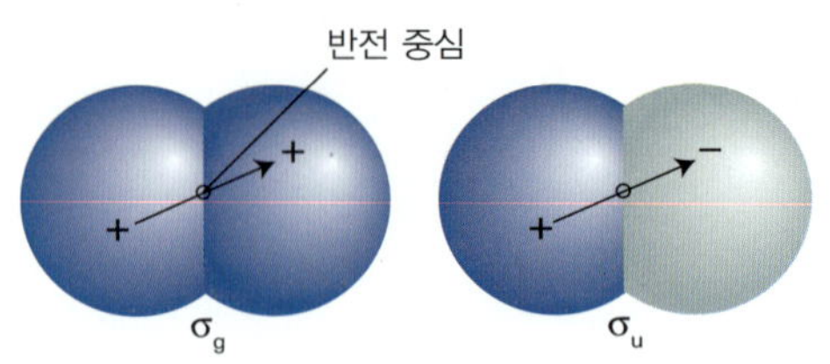

그림 23.12 분자의 대칭 중심을 통한 반전에 의해서 오비탈이 변하지 않으면 그 오비탈의 반전성은 짝수(g)이고, 파동함수의 부호가 바뀌면 홀수(u)이다. 이종핵 이원자 분자는 반전 중심을 갖지 않으므로 g, u 분류와 무관하다.

간단한 예 23.4 반전 대칭

원자 오비탈의 A와 B가 **간단한 예** 23.1에서와 같이 정해졌을 때 식 23.2에서 $N(A+B)$로 주어진 1σ 오비탈을 생각해 보자. 핵 A의 위치에서는 $r_{A1}=0$, $r_{B1}=R$이 된다. 그 점에서 파동함수는 $N(\chi_{\text{H1s}_A}(0)+\chi_{\text{H1s}_B}(R))=N(1/\pi a_0^3)^{1/2}(1+e^{-R/a_0})$의 값을 갖는다. 분자의 중심을 통한 반전에 의해서 $r_{A1}=R$, $r_{B1}=0$이 되면 파동함수는 핵 B에서의 점에 해당하며, 즉 $N(1/\pi a_0^3)^{1/2}(e^{-R/a_0}+1)$이 된다. 이 파동함수는 같은 값을 가지게 되며, 따라서 σ 오비탈은 점대칭을 갖는다.

자가 진단 23.5 반결합 2σ 오비탈을 고려하고 위와 유사한 방법으로 이 오비탈이 비점대칭을 갖는 것을 보이시오.

답: $1-e^{-R/a_0}\rightarrow e^{-R/a_0}-1$

기호 g, u를 사용할 때는 동일 반전 대칭을 갖는 각 세트의 오비탈에 별도로 표지를 붙인다. 따라서 1σ는 $1\sigma_g$가 되며, 그의 반결합 상대인 2σ는 대칭이 상이한 첫 번째 오비탈이 되어 $1\sigma_u$라고 표시한다. 일반적 규칙은 **동일한 대칭의 오비탈 세트마다 따로따로 표지를 붙여 주어야 한다**는 것이다. 이 관점은 토픽 24에서 발전시킬 것이다. 이 반전 대칭 분류는 반전 중심을 갖지 않은 이종핵 이원자 분자의 설명(토픽 25)에는 적용시킬 수 없다.

개념 확인

- □ 1. **분자 오비탈**은 원자 오비탈들의 선형 결합으로 만들어진다.
- □ 2. **결합 오비탈**은 인접 원자 오비탈들의 보강 겹침에 의해서 생긴다.
- □ 3. **반결합 오비탈**은 인접 원자 오비탈들의 상쇄 겹침에 의해서 생긴다.
- □ 4. σ **오비탈**은 원통형 대칭을 가지며 핵간 축에 주위로 0의 오비탈 각운동량을 갖는다.
- □ 5. 동핵 이원자 분자에서 분자 오비탈은 **반전 대칭**에 대한 거동에 따라 '점대칭' 또는 '비점대칭'이라고 표시된다.

식 확인

성질	식	비고	식 번호
원자 오비탈의 선형 결합	$\psi_{\pm}=N(A\pm B)$	동핵 이원자 분자	23.2
σ 오비탈의 에너지	$E_{1\sigma}=E_{\mathrm{H1s}}+j_0/R-(j+k)/(1+S)$	$S=\int AB\mathrm{d}\tau$,	23.4
	$E_{2\sigma}=E_{\mathrm{H1s}}+j_0/R-(j-k)/(1-S)$	$j=j_0\int(A^2/r_{\mathrm{B}})\mathrm{d}\tau$	23.7
		$k=j_0\int(AB/r_{\mathrm{B}})\mathrm{d}\tau$	

토픽 24

동핵 이원자 분자

➤ 학습 목표

수소 분자 이온을 통하여 분자 오비탈들을 구성하기 위한 기본적인 접근법을 확립할 수 있지만, 화학적으로 중요한 거의 모든 분자들은 한 개보다 많은 전자를 가지고 있으므로 그들의 전자 배치가 어떻게 이루어지는지를 알아야 한다. 동핵 이원자 분자들은 이를 설명하기 위한 좋은 출발점이며, 이는 그들이 간단하기 때문뿐만이 아니라 H_2, N_2, O_2, 할로젠 분자와 같이 중요한 화학종을 포함하고 있기 때문이다.

➤ 핵심 내용

각 분자 오비탈은 전자를 최대 두 개까지 수용할 수 있다.

➤ 미리 알기

원자 오비탈의 결합과 반결합 선형 결합(토픽 23)과 원자에 대한 쌓음 원리(토픽 19)의 설명에 익숙해져야 한다.

토픽 19에서 다전자 원자의 바닥 상태 전자 배치를 논의하고 예측하는 근거로서 수소꼴 원자의 오비탈과 쌓음 원리를 사용하였다. 이제 H_2^+ 분자 오비탈을 그들 논의의 기준으로 삼아 다전자 이원자 분자에 대하여 같은 방법을 적용하기로 한다.

24.1 전자 배치

이원자 분자에 대한 쌓음 원리의 출발점은 이용 가능한 원자 오비탈들의 조합에 의하여 분자 오비탈을 만드는 것이다. 이용할 수 있는 원자 오비탈이 존재하면 다음과 같은 방법을 택하여 분자 오비탈을 구성하는데, 이는 본질적으로 원자에 대한 쌓음 원리와 같다(토픽 19).

분자에 대한 쌓음 원리

- 원자들이 내놓는 전자들을 Pauli 배타 원리에 따라 한 오비탈에 두 개까지만 채워지게 하면서(반드시 쌍을 이루도록) 전체 에너지가 최저가 되도록 각 오비탈에 채워나가는 것이다.
- 여러 개의 축퇴된 오비탈이 있을 때는 각 오비탈에 골고루 한 개씩 채운 다음에 두 번째 전자를 채워 준다(이렇게 될 때 전자–전자 반발이 최소가 된다).
- Hund의 최대 다중도 규칙(토픽 20과 21)에 따라 전자들이 상이한 축퇴 오비탈을 차지할 때는 이들이 최대의 평행 스핀을 갖도록 배치함으로써 낮은 에너지를 얻게 된다.

(a) σ 오비탈과 π 오비탈

가장 간단한 다전자 이원자 분자인 H_2를 생각해 보자. 각 H 원자는 1s 오비탈에 기여하며(H_2^+에서와 같이), 따라서 토픽 23에서 배운 바와 같이 이들로부터 $1\sigma_g$와 $1\sigma_u$ 오비탈이 형성될 수 있다. 실험적 핵간 거리에서 이 오비탈들은 그림 24.1과 같은 에너지를 갖는다. 이 그림을 **분자 오비탈 에너지**

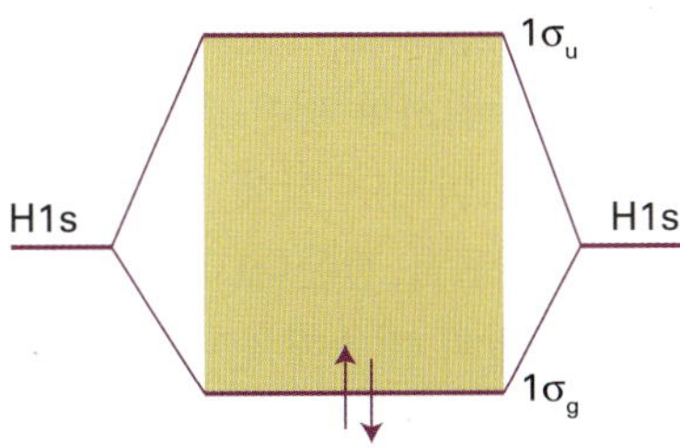

그림 24.1 H1s 오비탈들이 겹쳐져서 만들어진 오비탈들에 대한 분자 오비탈 에너지 준위 도표. 준위들 사이의 간격은 평형 결합 길이에서의 값에 해당한다. H_2의 바닥 상태 전자 배치는 가능한 최저 분자 오비탈(결합 오비탈)에 2개의 전자가 채워진 것이 된다.

준위 도표(molecular orbital energy level diagram)라고 한다. 2개의 원자 오비탈로부터는 2개의 분자 오비탈만이 만들어진다는 것을 주목하라. 일반적으로 N개의 원자 오비탈로부터는 N개의 분자 오비탈이 만들어진다.

채워질 전자는 두 개이며, 이들은 Pauli 원리가 요구하는 대로(토픽 19의 원자에서와 똑같이) 스핀을 짝지우면서 $1\sigma_g$에 들어간다. 따라서 바닥 상태 전자 배치는 $1\sigma_g{}^2$이며, 결합 σ 오비탈에 전자쌍을 구성하며 원자들이 합쳐져 결합된다. 이 방법에 의하면 한 결합 분자 오비탈에는 최대한 한 쌍의 전자가 들어갈 수 있는데, 이것은 화학 결합에 관한 Lewis의 설명과 같은 내용이다.

같은 논법으로 헬륨이 왜 이원자 분자를 만들지 않는지를 설명할 수 있다. 헬륨 원자들은 각각 1s 오비탈에 기여하며, 따라서 $1\sigma_g$와 $1\sigma_u$ 분자 오비탈을 만들 수 있다. 이들 오비탈은 H_2의 것들과 상세하게는 다르지만 그 일반적 모양은 같으며, 따라서 정성적으로는 이 에너지 준위 도표를 이용하여 헬륨을 논할 수 있다. 채워질 전자는 모두 4개이며, 이 중 두 개는 $1\sigma_g$ 오비탈에 들어가고, 이것이 다 채워지면 나머지 두 개가 $1\sigma_u$ 오비탈에 들어가야 한다(그림 24.2). 따라서 He_2의 바닥 상태 전자 배치는 $1\sigma_g{}^2\ 1\sigma_u{}^2$가 된다. 그리하여 한 개의 결합과 한 개의 반결합이 생긴다. $1\sigma_u$에서의 에너지가 분리된 원자에 대한 것보다 커지는 것(반결합의 반결합성)은 $1\sigma_g$에서 낮아지는 것(결합 오비탈의 결합성)보다 크기 때문에 He_2 분자는 분리된 원자들보다 높은 에너지를 가지며, 개개의 원자들보다 불안정하다.

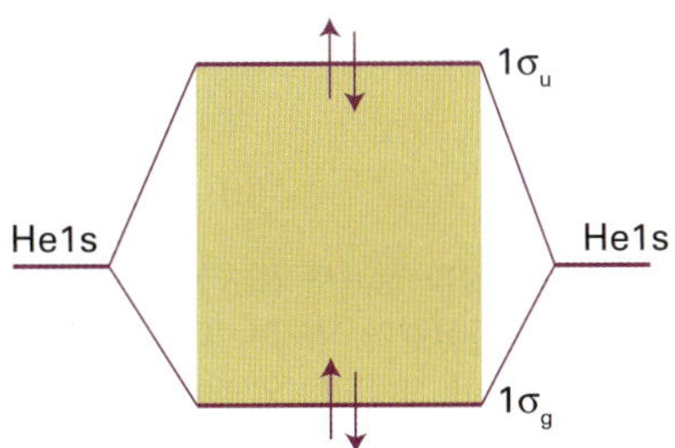

그림 24.2 가상적 4전자 분자인 He_2의 바닥 상태 전자 배치는 2개의 결합 전자와 2개의 반결합 전자를 갖는다. 이것은 분리된 원자들보다 높은 에너지를 가지며, 그리하여 불안정하다.

이제 위에서 설명한 개념이 동핵 이원자 분자에 일반적으로 어떻게 적용되는지 생각해 보자. 초보적 방법에서는 원자가 껍질의 오비탈만을 이용하여 분자 오비탈을 만들어도 충분하다. 따라서 2주기 원소들로 된 분자에 대해서는 2s와 2p 원자 오비탈만 생각하면 된다. 여기서도 이러한 근사를 이용할 것이다.

분자 오비탈 이론의 일반적 원리에 의하면, **적합한 대칭을 갖는 모든 오비탈들**이 분자 오비탈에 기여한다. 그리하여 σ 오비탈을 만들려면 핵간 연결 축에 관해서 원통형 대칭을 갖는 모든 원자 오비탈을 선형 결합시킨다. 이러한 오비탈은 각 원자의 2s 오비탈과 두 개 원자의 $2p_z$ 오비탈이다(그림 24.3). 따라서 형성될 수 있는 σ 오비탈의 일반적 형태는 다음과 같이 된다.

$$\psi = c_{A2s}\chi_{A2s} + c_{B2s}\chi_{B2s} + c_{A2p_z}\chi_{A2p_z} + c_{B2p_z}\chi_{B2p_z} \tag{24.1}$$

계수 c의 값들을 적합하게 선택함으로써 이들 4개의 원자 오비탈로부터 σ 대칭을 갖는 4개의 분자 오비탈을 만들 수 있게 되는 것이다.

계수를 계산하는 방법은 토픽 25에서 설명할 것이다. 여기서는 간단한 과정을 택하는 것으로 2s와 $2p_z$의 두 오비탈이 큰 에너지 차를 갖기 때문에 이들을 분리해서 취급할 수 있다고 생각한다. 즉 4개의 σ 오비탈을 근사적으로 두 세트로 나누는데, 그 한 세트는 다음과 같은 형태의 두 분자 오비탈이다.

$$\psi = c_{A2s}\chi_{A2s} + c_{B2s}\chi_{B2s} \tag{24.2a}$$

그리고 또 하나의 세트는 다음과 같은 형태의 두 오비탈로 이루어진 것이다.

$$\psi = c_{A2p}\chi_{A2p_z} + c_{B2p}\chi_{B2p_z} \tag{24.2b}$$

A 원자와 B 원자는 동일한 것들이므로 이들의 2s 오비탈 에너지는 서로 같으며, 따라서 계수도 서로 같아야 한다(부호는 다를 수 있지만). $2p_z$ 오비탈에 대해서도 마찬가지이다.

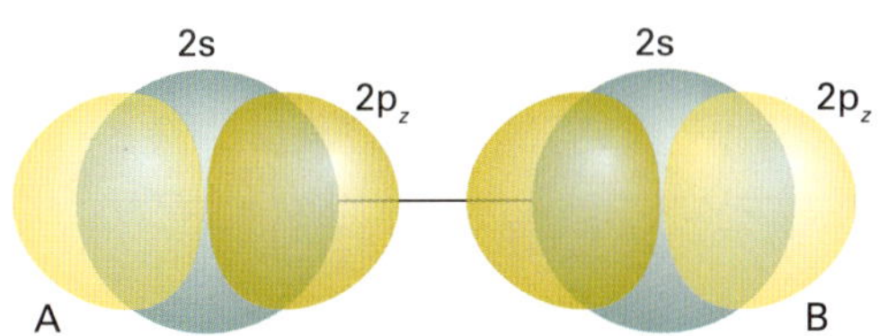

그림 24.3 분자 오비탈 이론에 의하면 σ 오비탈은 그 대칭에 적합한 모든 원자 오비탈을 가지고 만든다. 이것은 2주기의 동핵 이원자 분자에서는 2개의 2s 오비탈과 2개의 $2p_z$ 오비탈을 이용해야만 된다는 것을 의미한다. 이 4개의 오비탈로부터 4개의 분자 오비탈을 만들 수 있다.

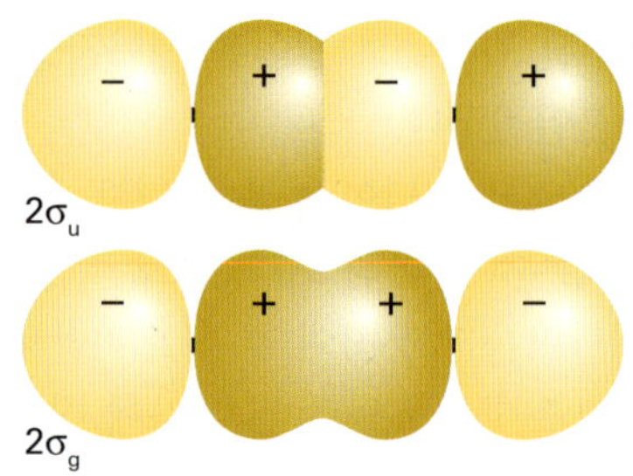

그림 24.4 p 오비탈이 겹쳐져서 만들어진 결합 및 반결합 σ 오비탈들의 구성을 도식적으로 나타낸 표현

따라서 이들 두 세트의 오비탈은 $\chi_{A2s} \pm \chi_{B2s}$와 $\chi_{A2p_z} \pm \chi_{B2p_z}$의 형태가 된다.

앞에서 1s 오비탈을 가지고 설명한 바와 정확히 동일하게, 두 원자의 2s 오비탈이 겹쳐지면 결합 σ 오비탈과 반결합 σ 오비탈(각각 $1\sigma_g$와 $1\sigma_u$)이 생긴다. 핵간 연결 축에 따라 배향된 두 $2p_z$ 오비탈들은 대단히 강하게 겹치며, 이 겹침이 보강적으로 일어나는지, 상쇄적으로 일어나는지에 따라 각각 결합과 반결합 σ 오비탈이 형성된다(그림 24.4). 이들 두 σ 오비탈을 각각 $2\sigma_g$와 $2\sigma_u$로 표시한다. 일반적으로 이 오비탈의 숫자는 에너지 증가 순서에 따른다는 것을 주목하라. 오로지 원자가 껍질의 원자 오비탈로부터 만들어진 분자 오비탈에만 숫자를 붙인다.

간단한 예 24.1 바닥 상태 전자 배치

소듐 원자의 원자가 전자 배치는 $[Ne]3s^1$이므로 3s와 3p 오비탈들이 사용되어 분자 오비탈을 만들었다. 이 수준의 근사법에서는 (3s,3s)와 (3p,3p) 겹침을 분리해서 생각한다. 실제로 2개의 전자만이 수용될 수 있으므로(각 3s 오비탈의 하나씩) 단지 앞의 것만을 고려한다. 이 겹침의 결과로 $1\sigma_g$와 $1\sigma_u$ 분자 오비탈이 형성된다. 단지 2개의 원자가 전자만이 앞의 경우에 채워지므로 Na_2의 바닥 상태 전자 배치는 $1\sigma_g^2$이 된다.

자가 진단 24.1 Be_2의 바닥 상태 전자 배치를 구하시오.

답: Be2s로부터 $1\sigma_g^2\ 1\sigma_u^2$를 만든다.

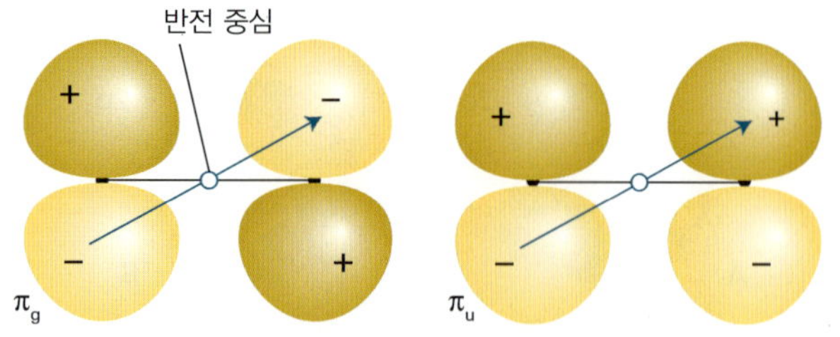

그림 24.5 π 결합 및 반결합 분자 오비탈들의 구조를 도식적으로 나타낸 그림. 이 그림은 또한 결합 π 오비탈이 비점대칭을 가지며, 반면에 반결합 π 오비탈이 점대칭을 갖는 것도 보여 주고 있다.

다음에는 각 원자의 $2p_x$와 $2p_y$ 오비탈을 생각해 보자. 이들은 핵간 연결 축에 수직하며 넓은 측면으로 겹칠 수 있다. 이 겹침은 보강 간섭이 아니면 상쇄 간섭이고, 그리하여 결합 또는 반결합 π 오비탈을 만든다(그림 24.5). π 오비탈의 기호는 원자의 p 오비탈과 비유해서 나온 것인데, 이것은 분자 축에 따라서 보면 π 오비탈이 p 오비탈처럼 보이고, 또 핵간 연결 축 주위로 한 단위의 오비탈 각운동량을 가지기 때문이다. 보다 외형적으로 이 오비탈은 핵간 축을 포함하는 단일 마디 평면을 갖는다. 인접하는 두 $2p_x$ 오비탈이 겹치면 결합 및 반결합 π_x 오비탈이 생기고, 또 두 $2p_y$ 오비탈이 겹치면 두 개의 π_y 오비탈이 생긴다. π_x와 π_y 결합 오비탈들은 축퇴되어 있다. 이들의 반결합 짝들끼리도 마찬가지이다. 그림 24.5에서 볼 수 있는 바와 같이 결합 π 오비탈은 비점대칭을 가지며 π_u로 나타내고 반결합 π 오비탈은 점대칭을 가지며 π_g로 나타낸다.

(b) 겹침 적분

상이한 원자의 두 원자 오비탈이 겹쳐지는 정도는 다음과 같이 정의되는 **겹침 적분(overlap integral**, S)를 가지고 나타낼 수 있다.

$$S=\int \chi_A^{*}\chi_B \mathrm{d}\tau \qquad \text{정의 겹침 적분} \quad (24.3)$$

이 적분은 앞에서 토픽 23의 예제 23.1과 식 23.5a에 이미 나왔다. 만일 A의 원자 오비탈 χ_A가 작고 B의 원자 오비탈 χ_B가 크면(또는 그 반대일 때), 이들의 곱은 어디서나 작으며, 또 이들 곱의 합인 겹침 적분도 작을 것이다(그림 24.6). 만일 χ_A와 χ_B가 어떤 공간 영역에서 다같이 클 때는 S도 큰 값을 가질 수 있다. 만일 두 정규화된 원자 오비탈이 동등하면(예컨대 동일한 핵의 1s 오비탈들) $S=1$이 된다. 경우에 따라서는 겹침 적분이 단순한 형태로 주어지기도 한다. 예를 들어 원자 번호 Z의 수소꼴 1s 오비탈의 경우, S의 결합 길이에

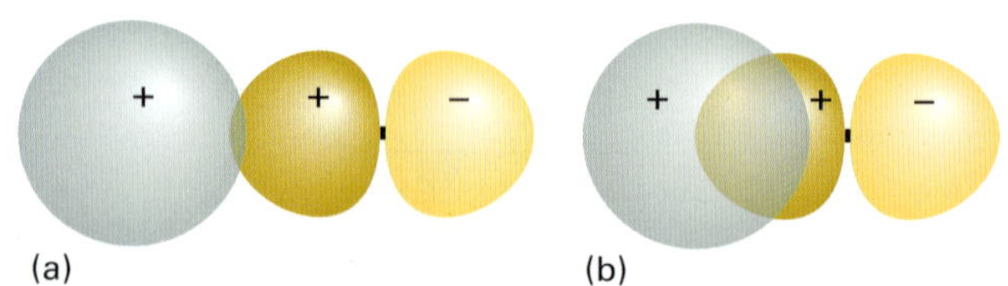

그림 24.6 (a) 두 오비탈이 멀리 떨어져 있는 원자들에 속할 때는 이 원자들이 겹쳐지는 영역에서 파동함수가 작으며, 따라서 S가 작다. (b) 두 원자가 가까이 접근할 때는 이들이 겹쳐지는 영역에서 두 오비탈이 상당한 진폭을 가지며, 따라서 S가 1에 접근할 수 있다. 그러나 두 원자가 여기에 나타낸 것보다 더 가까이 접근하면 p 오비탈의 음의 진폭 영역이 s 오비탈의 양의 진폭과 겹쳐지기 시작하므로 S가 다시 감소하기 시작한다. 그리하여 두 원자의 중심이 일치하게 되면 $S=0$이 된다.

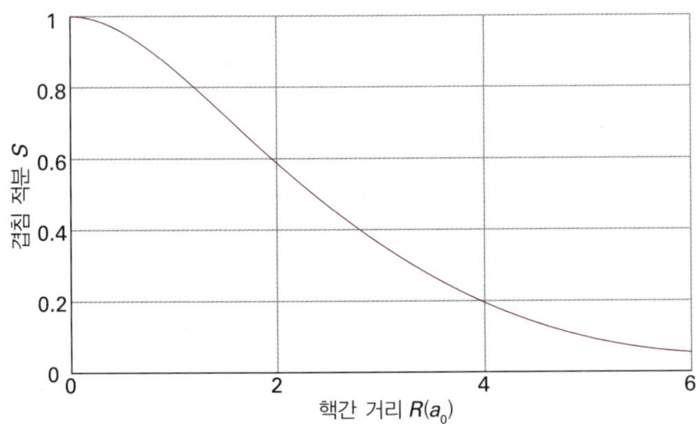

그림 24.7 두 H1s 오비탈 사이의 겹침 적분 S를 핵간 거리 R의 함수로 나타낸 그림

따른 변화는 다음과 같이 된다.

$$S(1s,1s)=\left\{1+\frac{ZR}{a_0}+\frac{1}{3}\left(\frac{ZR}{a_0}\right)^2\right\}e^{-ZR/a_0} \quad \text{(1s,1s)–겹침 적분} \tag{24.4}$$

이것을 도시한 것이 그림 24.7이다(식 24.4는 H1s 오비탈에 대한 식 23.5a의 일반식이다).

간단한 예 24.2 겹침 적분

겹침 적분의 크기를 잘 알게 되는 것은 원자의 결합 능력을 고려할 때 유용하며 수소꼴 오비탈은 그 값들을 표시하게 된다. 두 개의 수소꼴 2s 오비탈들 사이의 겹침 적분(응용 문제 24.5 참조)은 다음과 같다.

$$S(2s,2s)=\left\{1+\frac{ZR}{2a_0}+\frac{1}{12}\left(\frac{ZR}{a_0}\right)^2+\frac{1}{240}\left(\frac{ZR}{a_0}\right)^4\right\}e^{-ZR/2a_0}$$

이 식을 도시한 것이 그림 24.8이다. 핵간 거리가 $8a_0/Z$일 때 $S(2s,2s)=0.50$이다.

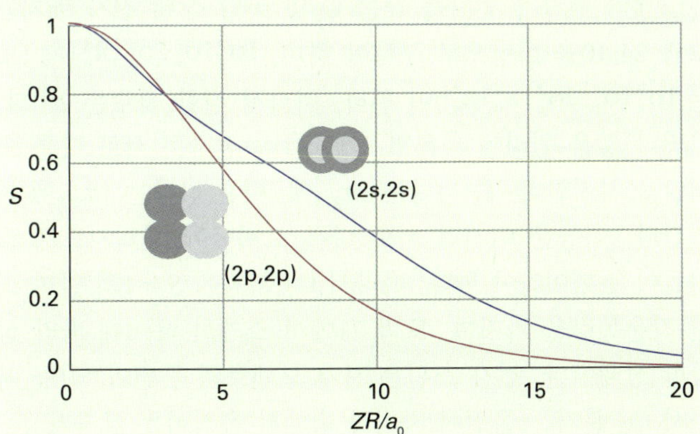

그림 24.8 오비탈들 사이의 거리 R의 함수로 나타낸 두 수소꼴 2s 오비탈들과 두 나란한 2p 오비탈 사이의 겹침 적분 S

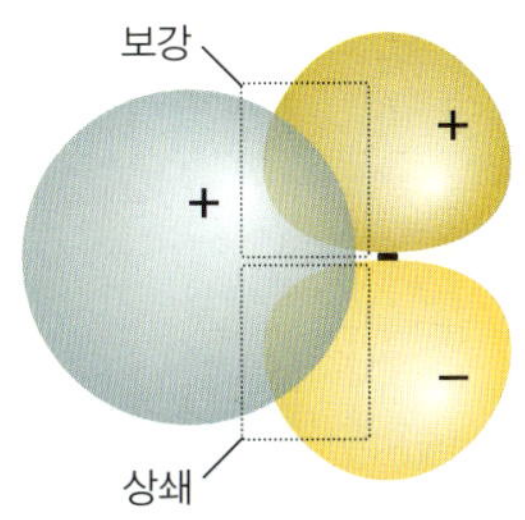

그림 24.9 이 그림에서와 같은 배향에 따라 p 오비탈이 s 오비탈과 겹칠 때는 모든 핵간 거리에서 알짜 겹침 적분이 0이 된다($S=0$).

자가 진단 24.2 원자 번호가 Z인 원자에서 두 개의 2p 오비탈에 대한 나란한 겹침이 다음과 같다.

$$S(2p,2p)=\left\{1+\frac{ZR}{2a_0}+\frac{1}{10}\left(\frac{ZR}{a_0}\right)^2+\frac{1}{120}\left(\frac{ZR}{a_0}\right)^3\right\}e^{-ZR/2a_0}$$

$R=8a_0/Z$에 대한 이 겹침 적분을 구하시오.

답: 그림 24.8 참조, 0.29

이번에는 s 오비탈이 서로 다른 원자의 p_x 오비탈의 측면과 중첩되는 배열을 생각해 보자(그림 24.9). 두 오비탈의 곱이 양인 영역에서의 적분은 두 오비탈의 곱이 음인 영역에서의 적분과 정확하게 상쇄되며, 따라서 전체는 정확하게 $S=0$이 된다. 따라서 s 오비탈과 p 오비탈이 이러한 배열을 할 경우에는 알짜 겹침이 0이 된다.

(c) 2주기 이원자 분자

2주기 동핵 이원자 분자에 대한 분자 오비탈 에너지 준위 도표를 만들려면 8개의 원자가 껍질 오비탈(각 원자로부터 4개씩)로부터 8개의 분자 오비탈을 만들어야 한다. 경우에 따

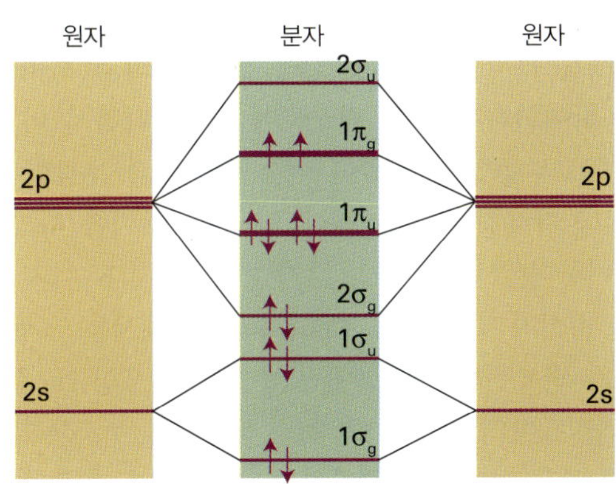

그림 24.10 동핵 이원자 분자에 대한 분자 오비탈 에너지 준위 도표. 중앙에 있는 선들은 원자 오비탈들의 겹침에 의해서 생기는 분자 오비탈의 에너지를 나타낸다. 본문에서 지적한 바와 같이 이 그림은 O_2(그림의 전자 배치)와 F_2에 대해서 사용해야 한다.

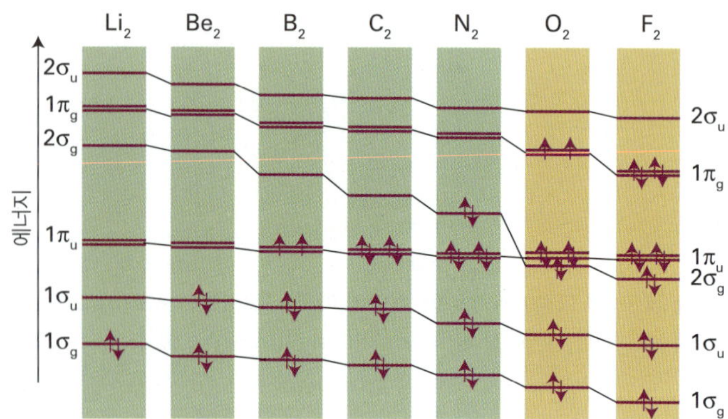

그림 24.11 2주기 동핵 이원자 분자의 오비탈 에너지 변화

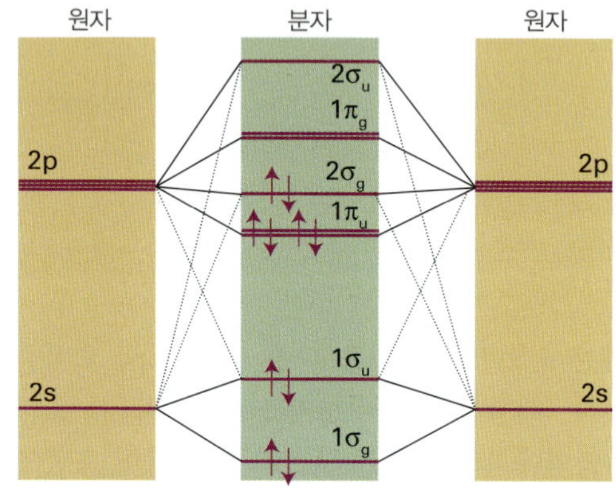

그림 24.12 동핵 이원자 분자에 대한 또 하나의 분자 오비탈 에너지 준위 도표. 본문에서 지적한 바와 같이 이 그림은 N_2까지의 이원자 분자에 대해서 적용된다(전자 배치를 나타내었다).

라서는 π 오비탈들은 결합축으로부터 벗어난 곳에서 최대로 겹쳐지기 때문에 σ 오비탈에 비해서 약한 결합을 만든다. 이 결합이 상대적으로 약하다는 것은 분자 오비탈 에너지 준위 도표들이 그림 24.10에 나타난 것과 같이 되어야 할 것임을 암시한다. 그러나 우리는 2s와 $2p_z$ 오비탈들이 각각 서로 다른 세트의 분자 오비탈을 만든다고 가정하였지만, 실제에 있어서는 이들 네 원자 오비탈 모두가 핵간 축 주위로 동일한 대칭성을 가지고 있으며, 합동으로 4개의 σ 오비탈을 만드는 데 참여한다는 것을 명심해야 한다. 따라서 이 에너지 순서가 확고부동한 것은 아니며, 실험 결과(분광학적 방법에 의한)나 자세한 계산 결과에 의하면 2주기를 따라가면서 순위가 변한다(그림 24.11). 주기율표상에서 N_2까지는 그림 24.12의 순서가 적용되며, O_2와 F_2에 대해서는 그림 24.10의 순서가 적용된다. 이 상대적 순서는 원자의 2s 오비탈과 2p 오비탈 사이의 간격에 의해서 좌우되며, 이 간격은 주기율표에서 족을 가로질러 증가한다. 원자 번호가 증가함에 따라 2s 전자들이 핵을 더 가까이 잡아당기며 따라서 2p 전자들을 가리는 정도가 증가하게 된다. 이 결과로 N_2에서 이 상대적 순서가 바뀌는 것이다.

이와 같이 분자 오비탈 에너지 준위 도표가 정해졌으므로 적절한 수의 전자를 쌓음 원리에 따라 오비탈들에 넣어 주면 분자들의 가능한 바닥 상태 전자 배치를 얻을 수 있다. 음이온종(과산화 이온 O_2^{2-}와 같은)은 어미 중성 원자보다 더 많은 전자를 채워야 하며, 양이온종(O_2^+와 같은)은 덜 채우면 된다.

10개의 원자가 전자를 가진 N_2를 생각해 보자. 두 전자는 짝을 만들어 $1\sigma_g$ 오비탈에 들어가서 채우고, 다음 두 전자는 $1\sigma_u$ 오비탈을 채운다. 그리하여 6개의 전자가 남게 되는데, 다음의 $1\pi_u$ 오비탈은 2개이므로 이 중 4개가 이들을 채운다. 마지막 전자 2개는 $2\sigma_g$로 들어간다. 따라서 N_2의 바닥 상태 전자 배치는 $1\sigma_g^{\,2}1\sigma_u^{\,2}1\pi_u^{\,4}2\sigma_g^{\,2}$이 된다. 때로는 반결합 오비탈에 별표를 붙이는 것이 편리할 때가 있으며, 이렇게 하려면 이 전자 배치를 $1\sigma_g^{\,2}1\sigma_u^{*2}1\pi_u^{\,4}2\sigma_g^{\,2}$로 나타내야 한다.

이원자 분자에서의 알짜 결합의 정도는 다음과 같은 **결합 차수(bond order**, b)로 나타낸다.

$$b = \tfrac{1}{2}(N - N^*) \qquad \text{정의 결합 차수} \qquad (24.5)$$

여기서 N은 결합 오비탈 안의 전자수이고, N^*는 반결합 오비탈 안의 전자수이다.

간단한 예 24.3 결합 차수

결합 오비탈 속의 각 전자쌍은 결합 차수를 하나씩 증가시키며 반결합 오비탈 속의 각 전자쌍은 b를 하나씩 감소시킨다. H_2의 경우에는 $b = 1$인데, 이것은 두 원자 사이의 H–H 단일 결합에 해당한다. He_2에서는 $b = 0$이며, 결합이 형성되지 않는다. N_2에서는 $b = \tfrac{1}{2}(8-2) = 3$이다. 이 결합 차수는 이 분자에 대한 Lewis 구조(:N≡N:)와 부합되는 결과이다.

자가 진단 24.3 O_2, O_2^+, O_2^-의 결합 차수를 구하시오.

답: 2, $\frac{5}{2}$, $\frac{3}{2}$

12개의 원자가 전자를 갖는 O_2의 바닥 상태 전자 배치는 그림 24.10을 바탕으로 구해야 하며, $1\sigma_g^2 1\sigma_u^2 2\sigma_g^2 1\pi_u^4 1\pi_g^2$ (또는 $1\sigma_g^2 1\sigma_u^{*2} 2\sigma_g^2 1\pi_u^4 1\pi_g^{*2}$)이 된다. 따라서 결합 차수는 2이다. 그러나 쌓음 원리에 의하면 2개의 $1\pi_g$ 전자는 서로 다른 오비탈을 차지한다. 즉 하나는 $1\pi_{g,x}$에, 다른 하나는 $1\pi_{g,y}$에 들어간다. 이들은 이처럼 서로 다른 오비탈에 채워지므로 스핀들이 평행이라야 한다. 따라서 O_2 분자는 $S = 1$의 알짜 스핀 각운동량을 가지며, 토픽 21에서 소개한 용어에 따라 삼중항 상태이다. 전자 스핀은 자기 모멘트의 근원이 되며, 따라서 O_2 분자는 물질이 자기장 속에서 움직이는 상자기성을 나타난다고 예상할 수 있다(토픽 39 참조). 이 예상은 원자가 결합(VB) 이론으로부터는 나오지 않지만 실험적으로 확인이 되었다.

표 24.1* 결합 길이

결합	차수	R_e(pm)
HH	1	74.14
NN	3	109.76
HCl	1	127.45
CH	1	*114*
CC	1	*154*
CC	2	*134*
CC	3	*120*

*더 많은 값들이 **부록**에 수록되어 있다. 이탤릭체 숫자는 다원자 분자에 대한 평균값이다.

표 24.2* 결합 해리 에너지

결합	차수	$hc\tilde{D}_0$(kJ mol^{-1})
HH	1	432.1
NN	3	941.7
HCl	1	427.7
CH	1	*435*
CC	1	*368*
CC	2	*720*
CC	3	*962*

*더 많은 값들이 **부록**에 수록되어 있다. 이탤릭체 숫자는 다원자 분자에 대한 평균값이다.

F_2 분자는 O_2 분자보다 전자를 2개 더 가지고 있으며, 따라서 그 전자 배치와 결합 차수는 $1\sigma_g^2 1\sigma_u^{*2} 2\sigma_g^2 1\pi_u^4 1\pi_g^{*4}$와 $b=1$이다. 따라서 F_2는 Lewis 구조와 일치하는 단일 결합 분자이다. 가상적인 Ne_2 분자는 전자를 2개 더 가지며, 전자 배치는 $1\sigma_g^2 1\sigma_u^{*2} 2\sigma_g^2 1\pi_u^4 1\pi_g^{*4} 2\sigma_u^{*2}$이고 $b=0$이다. 이 0의 결합 차수는 네온의 일원자 분자 성질과 잘 맞는 결과이다.

결합 차수는 결합 길이 및 결합 세기와 관련되기 때문에 결합의 특성을 논의하는 데 매우 유용한 파라미터이다. 주어진 한 쌍의 원소들의 원자 사이에 형성되는 결합에 대하여 다음과 같은 성질을 나타낸다.

- 결합 차수가 클수록 결합 길이가 짧아진다.
- 결합 차수가 클수록 결합 세기가 증가한다.

표 24.1에 이원자 분자와 다원자 분자의 전형적인 결합 길이들을 나타내었다. 결합의 세기는 원자를 무한히 멀리 떼어 놓는 데 필요한 에너지인 결합 해리 에너지 $hc\tilde{D}_0$이나 퍼텐셜 우물 깊이 $hc\tilde{D}_e$를 가지고 측정하며, $hc\tilde{D}_0 = hc\tilde{D}_e - \frac{1}{2}\hbar\omega$의 관계가 있다. 표 24.2에 이 $hc\tilde{D}_0$의 실험값 일부를 수록해 놓았다.

예제 24.1 분자와 이온의 상대적 결합 세기 판정

N_2^+의 해리 에너지가 N_2의 경우보다 클지, 작을지를 판단하시오.

방법 높은 결합 차수를 갖는 분자는 큰 해리 에너지를 가질 것 같으므로 전자 배치를 비교하고, 이들의 결합 차수를 구해야 한다.

풀이 그림 24.12로부터 전자 배치와 결합 차수를 다음과 같이 쓸 수 있다.

$$N_2 \quad 1\sigma_g^2 1\sigma_u^{*2} 1\pi_u^4 2\sigma_g^2 \quad b=3$$
$$N_2^+ \quad 1\sigma_g^2 1\sigma_u^{*2} 1\pi_u^4 2\sigma_g^1 \quad b=2\tfrac{1}{2}$$

양이온의 결합 차수가 더 작으므로 그 결합 해리 에너지도 더 작을 것으로 예상된다. 해리 에너지의 실험값은 N_2가 942 kJ mol^{-1}이고, N_2^+가 842 kJ mol^{-1}이다.

자가 진단 24.4 F_2와 F_2^+ 중 어느 것이 더 큰 해리 에너지를 갖겠는가?

답: F_2^+

24.2 광전자 분광법

지금까지 취급한 분자 오비탈은 순전히 이론적으로 만든 것이었는데, 이들의 존재를 뒷받침하는 실험적 증거는 없을까? **광전자 분광법**(**photoelectron spectroscopy**, PES)은 에너지가 알려진 광자를 분자에 흡수시켜 상이한 오비탈들로부터 전자를 튀어나오게 했을 때의 이온화 에너지를 측정하고, 그 측정 결과로부터 분자 오비탈 에너지를 추론하는 정보를 알아내는 분광법이다. 이 분광법은 또한 고체를 연구하는 데에도 이용되며, 토픽 95에서 설명하겠지만 고체 표면종이나 흡착종에 관한 중요한 정보를 얻는 데 이용되기도 한다.

광자가 시료를 이온화시킬 때에도 에너지는 보존되어야 하므로 입사 광자의 에너지 $h\nu$는 시료의 이온화 에너지 I와 튀어나온 전자, 즉 **광전자**의 운동 에너지를 합한 것과 같아야 한다(그림 24.13). 즉

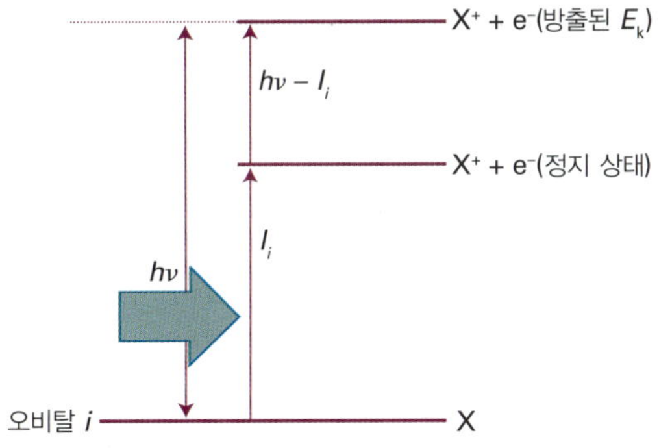

그림 24.13 광자는 $h\nu$의 에너지를 가지고 입사된다. 오비탈 i로부터 전자를 제거하는 데는 I_i의 에너지가 필요하며, 두 에너지의 차는 전자의 운동 에너지로 나타난다.

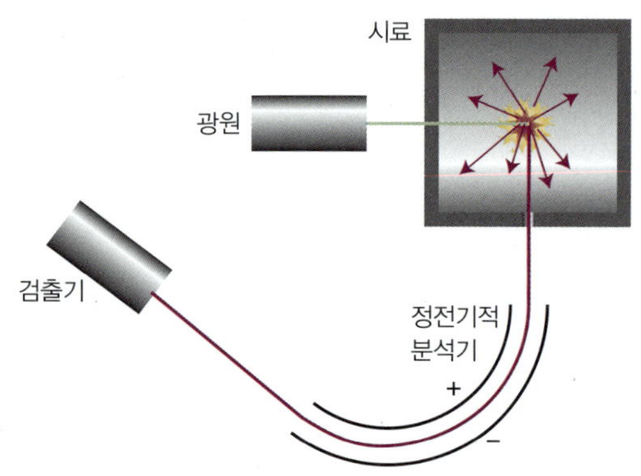

그림 24.14 광전자 분광계는 이온화 복사선원(UPS에서는 헬륨 방전관이고, XPS에서는 X선원), 정전기적 분석기, 전자 검출기로 구성되어 있다. 분석기에 의해서 전자 경로가 휘어지는 정도는 전자의 속력에 의존한다.

$$h\nu = \tfrac{1}{2}m_e v^2 + I \tag{24.6}$$

이 식은(광전 효과에 대해서 $h\nu = \frac{1}{2}m_e v^2 + \phi$로 사용했던 식 4.5와 비슷하다) 두 가지 방식으로 더 정밀화시킬 수 있다. 우선 광전자는 여러 상이한 오비탈들 중의 어느 하나로부터 나올 수 있으며, 각각은 다른 이온화 에너지를 갖는다. 따라서 광전자들은 각각 $h\nu = \frac{1}{2}m_e v^2 + I_i$을 만족시키는 일련의 상이한 운동 에너지를 얻게 된다. 여기서 I_i는 오비탈 i로부터 전자가 튀어나올 때의 이온화 에너지이다. 따라서 광전자의 운동 에너지를 측정하고, 또 ν를 알면 이들의 이온화 에너지를 구할 수 있다. 광전자 스펙트럼은 **Koopmans 이론**(**Koopmans' theorem**)이라고 하는 근사를 써서 해석하는데, 이 이론에서는 이온화 에너지 I_i가 튀어나오는 전자의 오비탈 에너지와 같다고 말한다(즉 $I_i = -\varepsilon_i$). 즉 이온화 에너지를 전자가 튀어나온 오비탈의 에너지라고 취급할 수 있다. 이 이론은 이온화가 일어나면 남아 있는 전자들의 분포가 변한다는 사실을 무시하는 것이므로 근사에 불과한 것이다.

분자의 이온화 에너지는 맨 바깥의 원자가 전자일 경우에도 수 전자볼트가 되므로 최소한 스펙트럼의 자외선 영역과 파장이 약 200 nm 이하인 빛을 복사선원으로 사용해야 한다. 헬륨 방전관을 통해서 나오는 빛을 이용하여 많은 연구가 이루어지는데, 이 빛은 58.43 nm의 파장을 갖는 ($1s^12p^1 \rightarrow 1s^2$)의 He(I) 선으로, 해당하는 광자의 에너지는 21.22 eV가 된다. 이러한 광원을 쓰는 분광법이 **자외선 광전자 분광법**(**ultraviolet photoelectron spectroscopy**, UPS)이다. 핵심부 전자를 연구하려면 훨씬 더 높은 에너지의 광자를 써서 전자를 떼어내야 한다. 그러므로 X선이 쓰이는데, 이러한 방법을 XPS라고 한다.

광전자의 운동 에너지는 일종의 정전기적 편향 장치를 이용하여 측정하는데(그림 24.14), 이것은 두 하전된 극 사이로 광전자를 통과시켜 그 경로를 다른 쪽으로 휘게 하는 장치이다. 전기장의 세기를 증가시킴에 따라 다른 속력, 즉 다른 운동 에너지의 전자가 검출기에 도달하게 되므로 전자 유량을 측정하고, 이것을 운동 에너지에 대해서 도시하면 광전자 스펙트럼을 얻을 수 있다.

간단한 예 24.4 광전자 스펙트럼

He(I) 복사선을 이용하면 질소 분자로부터 5.63 eV의 운동 에너지를 갖는 광전자를 나오게 할 수 있다(1 eV = 8065.5 cm^{-1}, 그림 24.15). 파장이 58.43 nm인 He(I) 복사선의 파수는 $1.711 \times 10^5\ cm^{-1}$,이며, 이것은 21.22 eV의 에너지에 해당한다. 그러면 식 24.6으로부터 21.22 eV = 5.63 eV + I_i이므로, I_i = 15.59 eV가 된다. 이 이온화 에너지는 N_2 분자의 최고 에너지의 점유된 오비탈, 즉 $2\sigma_g$ 결합 오비탈로부터 전자를 떼어내는 데 필요한 에너지이다.

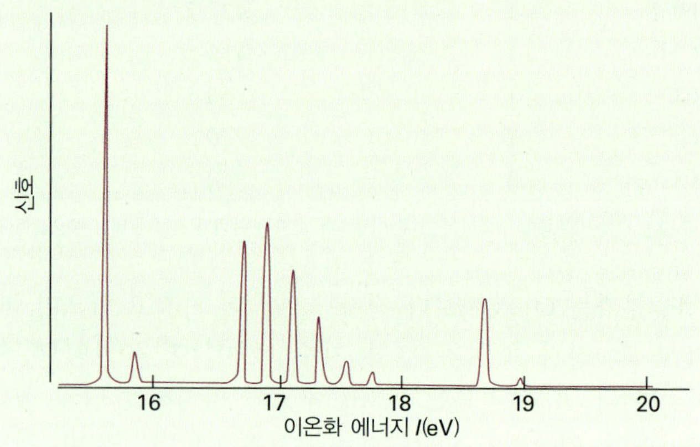

그림 24.15 N_2의 광전자 스펙트럼

자가 진단 24.5 똑같은 조건에서 4.53 eV의 광전자도 검출된다. 이것은 얼마만한 이온화 에너지에 해당하겠는가? 또 이 전자는 어디서 나오는 것인가?

답: 16.7 eV, $1\pi_u$

광전자가 방출되면 들뜬 진동 상태의 양이온이 생기는 경우가 많다. 이온의 다른 진동 상태를 들뜨게 하는 데는 다른

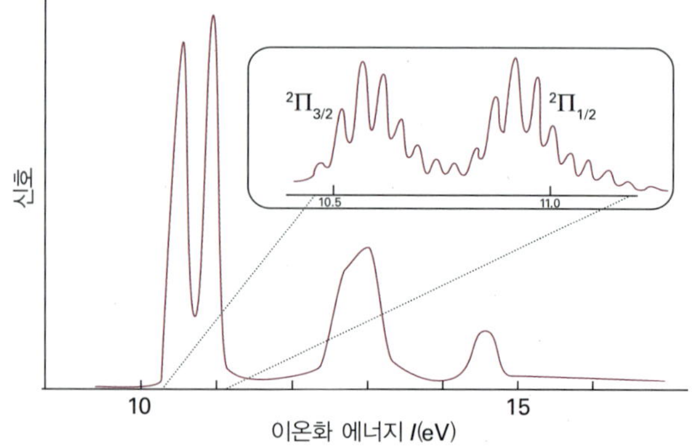

그림 24.16 HBr의 광전자 스펙트럼

에너지가 필요하며, 따라서 광전자들이 다른 운동 에너지를 가지고 튀어나온다. 이 때문에 **진동 미세 구조(vibrational fine structure)**가 나타나며, 분자의 진동수에 해당하는 진동수 간격의 선들이 연속적으로 나타난다. 그림 24.16은 HBr의 광전자 스펙트럼에 나타나는 진동 미세 구조의 예를 나타낸 것이다.

개념 확인

- ☐ 1. 가능한 분자 오비탈에 총 에너지가 최소로 되도록 전자들을 채운다.
- ☐ 2. 일차 근사로서 원자가 s 오비탈과 p 오비탈을 따로따로 이용하여 σ 오비탈을 만든다.
- ☐ 3. **σ 오비탈**은 원통형 대칭이며 핵간 축의 주위로 0의 오비탈 각운동량을 갖는다.
- ☐ 4. 적합한 대칭성을 갖는 오비탈들의 나란한 겹침으로부터 **π 오비탈**이 형성되며 그들은 핵간 축을 포함하는 마디 평면을 갖는다.
- ☐ 5. **겹침 적분**은 오비탈이 겹치는 정도의 척도이다.
- ☐ 6. **광전자 분광법**은 분자 오비탈을 점유한 전자의 에너지를 결정하는 방법이다.
- ☐ 7. 분자의 **결합 차수**가 클수록 결합이 짧고 강해진다.

식 확인

성질	식	비고	식 번호
겹침 적분	$S=\int \chi_A^* \chi_B \, d\tau$		24.3
결합 차수	$b=\frac{1}{2}(N-N^*)$		24.5
광전자 분광법	$h\nu=\frac{1}{2}m_e v^2+I_i$	I_i는 i 오비탈로부터의 이온화 에너지	24.6

토픽 25

이종핵 이원자 분자

내용

➤ 학습 목표

대부분의 분자들은 이종핵이며, 따라서 그들의 전자 구조에 있어서 동핵 화학종과의 차이점과, 어떻게 이러한 차이를 정량적으로 다루어야 하는가를 이해해야 한다.

➤ 핵심 내용

이종핵 이원자 분자의 결합 분자 오비탈은 대체로 전기 음성도가 큰 원자의 원자 오비탈로 이루어지며, 반결합 오비탈에서는 그 반대가 된다.

➤ 미리 알기

동핵 이원자 분자의 분자 오비탈(토픽 24)과 정규화와 직교화의 개념(토픽 5와 7)을 알아야 한다. 이 토픽에서는 행렬(**수학적 배경 5**)과 미분에 대한 규칙(**수학적 배경 1**)을 사용한다.

이종핵 이원자 분자의 공유 결합에서 전자의 분포는 두 원자에서 똑같이 공유하지 않는다. 이것은 전자쌍이 어느 한 원자 쪽으로 치우쳐 있는 것이 에너지면에서 유리하기 때문이다. 이와 같이 전자쌍이 두 원자에 의해서 균등하지 않게 공유되는 공유 결합의 불균등한 결과를 **극성 결합**(**polar bond**)이라고 한다. 예를 들어 HF의 결합에서 공유 전자쌍이 F 원자 가까이로 끌려가 있으며, 따라서 이 결합은 극성이다. 이와 같이 전자쌍이 F 원자 쪽에 몰려 있게 되면 F 원자가 알짜 음전하를 띠게 되는데, 이것을 **부분 음전하**(**partial negative charge**)라 하고, $\delta-$로 표시한다. H 원자는 상보적인 **부분 양전하**(**partial positive charge**) $\delta+$를 띠게 된다(그림 25.1).

25.1 극성 결합

분자 오비탈 이론의 용어로 극성 결합을 묘사하는 것은 동핵 이원자 분자에 대한 것의 간단한 확장이며, 핵심적인 차이는 두 원자의 원자 오비탈이 서로 다른 에너지와 공간적 확장을 갖는다는 것이다.

(a) 분자 오비탈 공식화

극성 결합을 만드는 전자들은 다음과 같은 형태의 결합 오비탈을 차지한다.

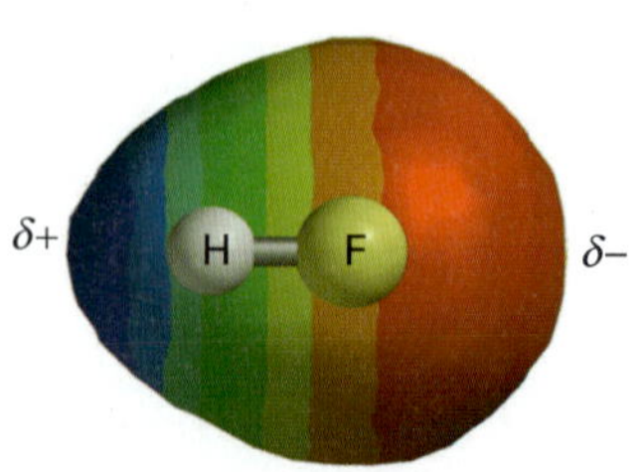

그림 25.1 토픽 29에서 설명되는 방법 중의 하나로 계산된 HF 분자의 전자 밀도. 다른 색은 정전기적 퍼텐셜의 분포이고, 따라서 알짜 전하를 나타내는데, 파란색은 부분 양전하가 가장 큰 영역을, 붉은색은 부분 음전하가 가장 큰 영역을 표현한다.

$$\psi = c_A A + c_B B \quad \text{극성 결합의 파동함수} \quad (25.1)$$

여기서 두 계수는 같지 않다. 원자 오비탈 A가 결합에 기여하는 비율은 $|c_A|^2$이고, B가 기여하는 비율은 $|c_B|^2$이다. 무극성 공유 결합일 때는 $|c_A|^2 = |c_B|^2$이며, 또 순수한 이온 결합일 때는 계수 하나가 0이다(예컨대 A^+B^-에서는 $c_A = 0$, $c_B = 1$이다). 낮은 에너지의 원자 오비탈은 결합 분자 오비탈에 큰 기여를 하며, 반대의 경우도 사실이기에 반결합 분자 오비탈에는 반대로 높은 에너지의 원자 오비탈이 큰 기여를 한다.

식 25.1에 있는 원자 오비탈의 에너지를 구하기 위하여 어느 값을 사용할지를 결정하는 것은 난제인데, 이것은 토픽 29에 기술된 종류의 복잡한 계산을 수행한 다음에 오로지 그것들을 알 수 있기 때문이다. 대신에 에너지의 근원에 대한 어떤 식견을 주는 하나는 이온화 에너지와 전자 친화도로부터 추정하는 것이다. 따라서 분자 속 원자 X의 극단적인 경우들은 제공하는 전자의 지배권을 잃어버리면 X^+, 결합하는 상대방과 동일하게 전자를 공유하다면 X, 결합에서 두 전자의 지배권을 모두 얻으면 X^-이다. 만일 X^+를 에너지 0으로 정의하면, I가 이온화 에너지이고 E_{ea}가 전자 친화도일 때 X는 $-I(X)$에 있으며, X^-는 $-\{I(X)+E_{ea}(X)\}$에 있게 된다(그림 25.2). 오비탈의 실제 에너지는 중간값에 놓이며 더 이상의 정보가 없으면 이 값들의 최솟값 아래의 반에 해당하는 값, 즉 $-\frac{1}{2}\{I(X)+E_{ea}(X)\}$로 추정될 것이다. 그러면 MO 조성과 에너지를 설정하기 위하여 이러한 에너지 값을 갖는 원자 오비탈의 선형 결합을 만들고 더 음의 값인 $-\frac{1}{2}\{I(X)+E_{ea}(X)\}$를 갖는 원자는 결합 오비탈에 더욱 크게 기여한다는 것을 예견한다. 곧바로 알 수 있는 바와 같이 $\frac{1}{2}\{I(X)+E_{ea}(X)\}$는 또한 추가적인 중요성을 갖는다.

간단한 예 25.1 이종핵 이원자 분자 1

이 점은 HF를 고려함으로써 설명할 수 있다. 이 분자 오비탈의 일반적 형태는 $\psi = c_H\chi_H + c_F\chi_F$이며, 여기에서 χ_H는 H1s 오비탈이고 χ_F는 F2p_z 오비탈이다(선형 분자에서는 핵간 축에 따라 z축을 잡는다). 관계되는 데이터는 다음과 같다.

	I(eV)	E_{ea}(eV)	$\frac{1}{2}\{I+E_{ea}\}$(eV)
H	13.6	0.75	7.2
F	17.4	3.34	10.4

따라서 HF의 전자 분포는 대부분 F 원자에 있기 쉽다는 것을 알게 된다. 아래에서 계산을 더 수행할 것이다(**간단한 예** 25.3과 25.4에서).

자가 진단 25.1 H1s와 N2p_z 원자 오비탈 중 어느 오비탈이 HN 분자 라디칼에서 결합 σ 오비탈에 지배적인 기여를 하겠는가? 데이터는 표 20.2와 20.3을 참조하시오.

답: N2p_z

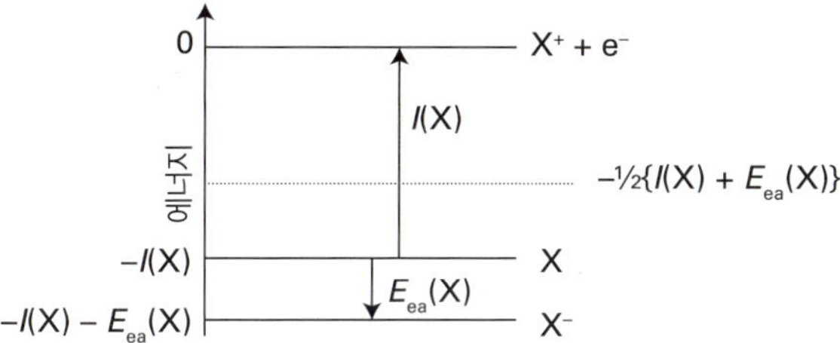

그림 25.2 분자에서 원자 오비탈의 에너지를 계산하기 위한 방법

(b) 전기 음성도

결합 속의 전하 분포는 일반적으로 관련되는 원소들의 **전기 음성도(electronegativity)** χ(chi)를 가지고 논의된다(원자 오비탈을 나타내는 데 사용한 χ를 여기서도 사용하지만 혼동할 염려는 없으며, 또 하나의 보편적으로 이용되고 있는 기호이다). 전기 음성도는 원자들이 화합물을 형성할 때 자기 쪽으로 전자를 끌어당기는 능력을 나타내는 파라미터로서 Linus Pauling에 의해 도입되었다. Pauling은 이 전기 음성도를 원자가 결합 개념에 따라 결합 해리 에너지 D_0를 수치의 척도로 정의할 수 있다고 가정하고, 두 원자의 전기 음성도 차를 다음과 같은 식으로 나타내었다.

$$|\chi_A - \chi_B| = \{D_0(AB) - \tfrac{1}{2}[D_0(AA) + D_0(BB)]\}^{1/2} \quad \text{정의} \quad \text{Pauling 전기 음성도} \quad (25.2)$$

여기서 $D_0(AA)$와 $D_0(BB)$는 A−A와 B−B 결합의 해리 에너지이고, $D_0(AB)$는 A−B 결합의 해리 에너지이며, 모두 전자볼트로 나타낸다. (Pauling은 후에 이 해리 에너지를 대수 평균 대신에 기하학적 평균을 이용하여 구하였다.) 이 식은 전기 음성도의 차를 나타내지만, Pauling은 각 원소에 식 25.2로부터 얻은 값과 가장 잘 부합되는 개별적인 값을 골라 절댓값으로 정하였다. 이 정의에 입각한 전기 음성도를 **Pauling 전기 음성도(Pauling electronegativity)**라고 한다(표 25.1). 가장 전기 음성인 원소들은 플루오린 가까이에 있으며(비활성 기체를 제외하고), 가장 낮은 원소들은 Cs 가까이에 몰려 있다. 전기 음성도 차가 클수록 결합이 더 큰 극성을 갖게 됨을 알게 되었다. 예로서 HF에서는 이 차가 1.78이며, 거의 무극성이라고 보는 C−H 결합에서는 이 차가 0.35이다.

표 25.1* Pauling 전기 음성도

원소	χ_{Pauling}
H	2.2
C	2.6
N	3.0
O	3.4
F	4.0
Cl	3.2
Cs	0.79

*더 많은 값들이 **부록**에 수록되어 있다.

간단한 예 25.2 전기 음성도

수소, 염소, 염화 수소의 결합 해리 에너지는 각각 4.52 eV, 2.51 eV, 4.47 eV이다. 식 25.2로부터 다음이 됨을 알게 된다.

$$|\chi_{\text{Pauling}}(\text{H})-\chi_{\text{Pauling}}(\text{Cl})| = \{4.47-\tfrac{1}{2}(4.52+2.51)\}^{1/2} = 0.98\approx1.0$$

자가 진단 25.2 HBr에 대하여 위의 분석을 반복하시오. 표 24.2의 데이터를 시용하시오.

답: $|\chi_{\text{Pauling}}(\text{H})-\chi_{\text{Pauling}}(\text{Br})| = 0.73$

분광학자 Robert Mulliken은 조금 다른 방식으로 전기 음성도를 정의하였다. 그는 높은 이온화 에너지(전자를 쉽게 내놓지 않는다)와 높은 전자 친화도(에너지 면에서 전자를 쉽게 얻을 수 있다)를 갖는 원소가 높은 전기 음성도를 갖기 쉽다고 생각하였으며, 다음과 같이 정의되는 **Mulliken 전기 음성도 척도(Mulliken electronegativity scale)**를 정의하였다.

$$\chi = \tfrac{1}{2}(I+E_{\text{ea}}) \quad \text{정의 Mulliken 전기 음성도} \quad (25.3)$$

여기서 I는 원소의 이온화 에너지이고, E_{ea}는 원소의 전자 친화도이다(모두 전자볼트 단위이다). 이러한 에너지의 조합은 분자에서 원자 오비탈의 에너지를 추정하는 데 사용되는 바로 그것이며, 따라서 Mulliken의 전기 음성도 값이 클수록 결합에서 그 원자는 전자 분포에 크게 기여한다. 한 가지 주의할 것은 식 25.3의 I와 E_{ea} 값들은 원자의 특별한 '원자가 상태'에 대한 엄격한 것들이지, 실제의 분광학적 상태는 아니라는 것이다. 여기에서는 그러한 복잡성은 무시한다. Mulliken 척도와 Pauling 척도는 대체적으로 서로 비슷하며, 두 척도 사이에는 무리 없이 신뢰할 만한 다음과 같은 변환 관계가 성립한다.

$$\chi_{\text{Pauling}} = 1.35\chi_{\text{Mulliken}}^{1/2} - 1.37 \quad (25.4)$$

25.2 변분 원리

결합의 극성을 조금 더 체계적으로 논하고, 또 분자 오비탈을 만드는 데 이용되는 선형 결합에서의 계수를 체계적으로 구하기 위해서는 아래의 **증명**에서 밝혀지는 **변분 원리(variation principle)**가 이용된다.

> 임의의 파동함수를 써서 에너지를 계산하면, 그 값이 진짜 에너지 값보다 절대로 작게 나오지 않는다. 변분 원리

토픽 22에서도 간단히 설명되었던 이 원리는 모든 현대적 분자 구조 계산의 기초가 되고 있다(토픽 27~30). 임의의 파동함수를 **시도 파동함수(trial wavefunction)**라고 한다. 이 원리에 따르면 만일 시도 파동함수 속의 계수를 조절하면서 최저 에너지가 되게 하면(즉 각 파동함수에 대한 Hamilton 연산자의 기댓값을 산출함으로써) 이들 계수가 최선의 것이 된다. 물론 더 복잡한 형태의 파동함수를 사용하면(예로서 각 원자의 원자 오비탈을 여러 개씩 선형 결합하여) 더 낮은 에너지를 얻을 수 있지만, 주어진 세트의 원자 오비탈들로 선정된 **바탕 집합(basis set)**으로부터 만들 수 있는 최선의(최저 에너지의) 분자 오비탈을 이 방법으로 얻을 수 있게 된다.

증명 25.1 변분 원리

변분 원리를 증명하기 위하여 Hamilton $\hat{H}$의 참이며(그러나 알지 못하는), 정규화되고, 직교하는 고유함수의 선형 결합인 $\psi_{\text{trial}} = \sum_n c_n\psi_n$으로 표시되는 시도(정규화된) 파동함수를 생각해 보자. 이 시도 함수와 연관된 에너지는 다음과 같은 기댓값이다.

$$E = \int\psi^*_{\text{trial}}\hat{H}\psi_{\text{trial}}\mathrm{d}\tau$$

계의 실제 최소 에너지는 E_0로 ψ_0에 해당되는 고윳값이다. 다음과 같은 에너지의 차를 고려해 보자.

$$\begin{aligned}E-E_0 &= \int\psi^*_{\text{trial}}\hat{H}\psi_{\text{trial}}\mathrm{d}\tau - E_0\overbrace{\int\psi^*_{\text{trial}}\psi_{\text{trial}}\mathrm{d}\tau}^{(1)}\\ &= \int\psi^*_{\text{trial}}\hat{H}\psi_{\text{trial}}\mathrm{d}\tau - \int\psi^*_{\text{trial}}E_0\psi_{\text{trial}}\mathrm{d}\tau\\ &= \int\psi^*_{\text{trial}}(\hat{H}-E_0)\psi_{\text{trial}}\mathrm{d}\tau\\ &= \int\left(\sum_n c_n^*\psi_n^*\right)(\hat{H}-E_0)\left(\sum_{n'} c_{n'}\psi_{n'}\right)\mathrm{d}\tau\\ &= \sum_{n,n'} c_n^*c_{n'}\int\psi_n^*(\hat{H}-E_0)\psi_{n'}\mathrm{d}\tau\end{aligned}$$

$\int\psi_n{}^*\hat{H}\psi_{n'}\mathrm{d}\tau = E_{n'}\int\psi_n{}^*\psi_{n'}\mathrm{d}\tau$, $\int\psi_n{}^*E_0\psi_{n'}\mathrm{d}\tau = E_0\int\psi_n{}^*\psi_{n'}\mathrm{d}\tau$이므로 다음과 같이 쓸 수 있다.

$$\int\psi_n{}^*(\hat{H}-E_0)\psi_{n'}\mathrm{d}\tau = (E_{n'}-E_0)\int\psi_n{}^*\psi_{n'}\mathrm{d}\tau$$

그리고

$$E-E_0=\sum_{n,n'} c_n^* c_{n'}(E_{n'}-E_0)\overbrace{\int \psi_n^* \psi_{n'} \mathrm{d}\tau}^{n'=n\text{이 아니면 }0}$$

고유함수들은 직교하며, 따라서 $n=n'$만이 합에 기여하며, 각 함수가 정규화되어 있음에 따라 각 적분은 1이 된다. 결과적으로 다음과 같이 된다.

$$E-E_0=\sum_n \overbrace{c_n^* c_n}^{\geq 0} \overbrace{(E_n-E_0)}^{\geq 0} \geq 0$$

즉 증명하려고 했던 결과인 $E \geq E_0$이다.

(a) 방법

이 방법을 식 25.1의 시도 파동함수를 가지고 설명할 수 있다. 아래 **증명**에서 설명하겠지만, 이 계수들은 다음 두 **영년 방정식**(**secular equation**)[1]의 해로부터 구할 수 있다.

$$(\alpha_A-E)c_A+(\beta-ES)c_B=0 \quad (25.5a)$$

$$(\beta-ES)c_A+(\alpha_B-E)c_B=0 \quad (25.5b)$$

여기에서 파라미터들은 다음과 같다.

$$\alpha_A=\int A\hat{H}A\,\mathrm{d}\tau \quad \alpha_B=\int B\hat{H}B\,\mathrm{d}\tau \qquad \text{Coulomb 적분} \quad (25.5c)$$

$$\beta=\int A\hat{H}B\,\mathrm{d}\tau=\int B\hat{H}A\,\mathrm{d}\tau \qquad \text{공명 적분} \quad (25.5d)$$

α는 **Coulomb 적분**(**Coulomb integral**)이라고 하는 파라미터이다. 이것은 전자가 A를 차지하거나(α_A의 경우), B를 차지할 때(α_B의 경우) 갖는 전자의 에너지라고 해석할 수 있으며, 음의 값을 갖는다. 동핵 이원자 분자에서는 $\alpha_A=\alpha_B$이다. β는 **공명 적분**(**resonance integral**)이라고 하는(고전적인 이유 때문에) 파라미터이다. 오비탈들이 겹치지 않을 때는 이것이 0이 되며, 평형 결합 길이에서는 일반적으로 음의 값을 나타낸다.

증명 25.2 이종핵 이원자 분자에 대한 변분 원리

식 25.1의 시도 파동함수는 실함수이지만, 이 단계에서는 그 계수들이 임의의 값을 가질 수 있으며, 따라서 정규화되지 않은 것이라고 볼 수 있다. 즉 $\psi^*=\psi$는 되지만, $\int\psi^2\mathrm{d}\tau=1$이라고 놓을 수는 없다. 파동함수가 정규화되지 않았을 때는 에너지에 대한 식(토픽 7)으로 다음과 같이 쓴다.

$$E=\frac{\int\psi^*\hat{H}\psi\,\mathrm{d}\tau}{\int\psi^*\psi\,\mathrm{d}\tau}\xrightarrow{\psi\text{ 실수}}\frac{\int\psi\hat{H}\psi\,\mathrm{d}\tau}{\int\psi^2\,\mathrm{d}\tau} \qquad \text{에너지} \quad (25.6)$$

이제 E의 값이 최소가 되도록 시도 함수의 계수들의 값을 정하는 것이다. 이것은 미적분학의 표준 문제로서 다음 조건을 만족시키는 계수들을 구함으로써 풀 수 있다.

$$\frac{\partial E}{\partial c_A}=0 \qquad \frac{\partial E}{\partial c_B}=0$$

그 첫 단계는 식 25.6의 두 적분을 계수로 나타내는 것이다. 그러면 분모가 다음과 같이 된다.

$$\int\psi^2\,\mathrm{d}\tau=\int(c_A A+c_B B)^2\,\mathrm{d}\tau$$

$$=c_A^2\overbrace{\int A^2\mathrm{d}\tau}^{1}+c_B^2\overbrace{\int B^2\mathrm{d}\tau}^{1}+2c_Ac_B\overbrace{\int AB\,\mathrm{d}\tau}^{S}=c_A^2+c_B^2+2c_Ac_BS$$

이것은 개개의 원자 오비탈은 정규화되어 있고, 또 세 번째 적분은 겹침 적분(식 24.3)이기 때문에 나온 결과이다. 그리고 분수의 분자는 다음과 같이 된다.

$$\int\psi\hat{H}\psi\,\mathrm{d}\tau=\int(c_AA+c_BB)\hat{H}(c_AA+c_BB)\mathrm{d}\tau$$

$$=c_A^2\overbrace{\int A\hat{H}A\,\mathrm{d}\tau}^{\alpha_A}+c_B^2\overbrace{\int B\hat{H}B\,\mathrm{d}\tau}^{\alpha_B}+c_Ac_B\overbrace{\int A\hat{H}B\,\mathrm{d}\tau}^{\beta}+c_Ac_B\overbrace{\int B\hat{H}A\,\mathrm{d}\tau}^{\beta}$$

위에 나타난 적분(두 개의 β 적분은 에르미트성에 따라 동일하다, 토픽 6)으로 분자는 다음과 같게 된다.

$$\int\psi\hat{H}\psi\,\mathrm{d}\tau=c_A^2\alpha_A+c_B^2\alpha_B+2c_Ac_B\beta$$

이 시점에서 E에 관한 완전한 식은 다음과 같이 쓸 수 있다.

$$E=\frac{c_A^2\alpha_A+c_B^2\alpha_B+2c_Ac_B\beta}{c_A^2+c_B^2+2c_Ac_BS}$$

이것을 두 계수에 관해서 미분하고, 그 결과를 0으로 놓으면 최솟값을 구할 수 있다. 그리하여 약간의 수식 처리를 하면 다음과 같은 결과가 나온다.

$$\frac{\partial E}{\partial c_A}=\frac{2\{(\alpha_A-E)c_A+(\beta-SE)c_B\}}{c_A^2+c_B^2+2c_Ac_BS}$$

$$\frac{\partial E}{\partial c_B}=\frac{2\{(\alpha_B-E)c_B+(\beta-SE)c_A\}}{c_A^2+c_B^2+2c_Ac_BS}$$

이 도함수가 0이 되려면 위 식에서 분수의 분자가 0이 되어야 한다. 즉 다음 조건을 만족시키는 c_A와 c_B를 구해야 한다.

$$(\alpha_A-E)c_A+(\beta-SE)c_B=0$$

$$(\alpha_B-E)c_B+(\beta-SE)c_A=0$$

이 결과가 바로 영년 방정식(식 25.5)이다.

[1] '영년'의 영어 'secular'는 연수 또는 세대수를 뜻하는 라틴어에서 나온 말이다. 이 명칭은 천문학을 통해서 들어온 것으로, 이와 유사한 식이 느리게 축적되는 행성 궤도의 수정을 취급하는 데 쓰인다.

이 영년 방정식을 풀어서 계수들을 구하려면 오비탈의 에너지 E를 알아야 한다. 어떠한 연립 방정식 세트에서도 마찬가지이지만(**수학적 배경** 5) 이 영년 방정식들은 그 계수들로 이루어진 행렬식인 **영년 행렬식**(**secular determinant**)이 0이 되어야 해를 갖는다. 즉 다음 조건이 만족될 때 해를 갖게 되는 것이다.

$$\begin{vmatrix}\alpha_A-E & \beta-SE\\ \beta-SE & \alpha_B-E\end{vmatrix}=(\alpha_A-E)(\alpha_B-E)-(\beta-SE)^2$$
$$=(1-S^2)E^2+\{2\beta S-(\alpha_A+\alpha_B)\}E+(\alpha_A\alpha_B-\beta^2)=0 \quad (25.7)$$

이것을 풀면 원자 오비탈들을 결합시켜서 만든 2개의 근이 나오는데, 하나는 결합 분자 오비탈의 에너지이고, 다른 하나는 반결합 분자 오비탈의 에너지이다.

$$E_\pm=\frac{\alpha_A+\alpha_B-2\beta S\pm\{(\alpha_A+\alpha_B-2\beta S)^2-4(1-S^2)(\alpha_A\alpha_B-\beta^2)\}^{1/2}}{2(1-S^2)} \quad (25.8a)$$

동핵 이원자 분자와 이종핵 이원자 분자의 두 경우에는 이 식이 간단해진다. **동핵 이원자 분자**(homonuclear diatomic molecule)의 경우에는 $\alpha_A=\alpha_B=\alpha$이며, 다음과 같이 얻어진다.

$$E_\pm=\frac{2\alpha-2\beta S\pm\left\{\overbrace{(2\alpha-2\beta S)^2-4(1-S^2)(\alpha^2-\beta^2)}^{(2\beta-2\alpha S)^2}\right\}^{1/2}}{\underbrace{2(1-S^2)}_{(1+S)(1-S)}}$$
$$=\frac{\alpha-\beta S\pm(\beta-\alpha S)}{(1+S)(1-S)}=\frac{(\alpha\pm\beta)(1\mp S)}{(1+S)(1-S)}$$

따라서

$$E_+=\frac{\alpha+\beta}{1+S}\qquad E_-=\frac{\alpha-\beta}{1-S} \qquad \text{동핵 이원자 분자} \quad (25.8b)$$

$\beta<0$일 때는 E_+가 낮은 에너지 해에 해당한다. **이종핵 이원자 분자**(heteronuclear diatomic molecule)의 경우에는 근사적으로 $S=0$으로 놓는다(해를 간단하게 나타낼 목적으로). 그러면

$$E_\pm=\tfrac{1}{2}(\alpha_A+\alpha_B)\pm\tfrac{1}{2}(\alpha_A-\alpha_B)\left\{1+\left(\frac{2\beta}{\alpha_A-\alpha_B}\right)^2\right\}^{1/2} \qquad \text{0의 겹침 근사} \quad (25.8c)$$

간단한 예 25.3 이종핵 이원자 분자 2

간단한 예 25.1에서 HF에 대한 H1s와 F2p의 오비탈 에너지는 각각 −7.2 eV와 −10.4 eV라고 추정하였다. 따라서 $\alpha_H=-7.2$ eV, $\alpha_F=-10.4$ eV로 놓는다. 또 전형적인 값으로 $\beta=-1.0$ eV와 $S=0$으로 놓는다. 이 값들을 식 25.8c에 대입하면 다음과 같이 된다.

$$E_\pm/\text{eV}=\tfrac{1}{2}(-7.2-10.4)\pm\tfrac{1}{2}(-7.2+10.4)\left\{1+\left(\frac{-2.0}{-7.2+10.4}\right)^2\right\}^{1/2}$$
$$=-8.8\pm1.9=-10.7 \text{ and } -6.9$$

이 값들은 −10.7 eV에서의 결합 오비탈, −6.9 eV에서의 반결합 오비탈을 나타내는 것으로 그림 25.3에 나타내었다.

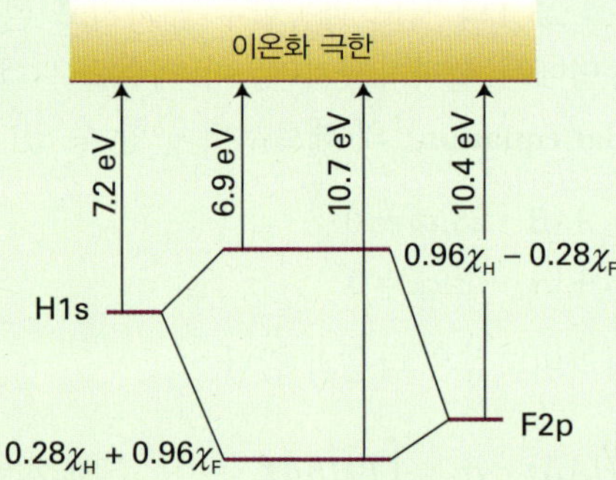

그림 25.3 HF에서 원자 오비탈의 추정 에너지와 그들이 형성하는 분자 오비탈

자가 진단 25.3 $S=0.20$(전형적인 값)을 사용하여 두 에너지를 구하시오.

답: $E_+=-10.8$ eV, $E_-=-7.1$ eV

(b) 해의 특징

식 25.8c의 한 중요한 특징은 상호 작용 원자 오비탈들 사이의 에너지 차 $|\alpha_A-\alpha_B|$가 증가할수록 결합과 반결합 효과가 감소한다는 것이다(그림 25.4). 따라서 $|\alpha_A-\alpha_B|\gg2|\beta|$일 때는 $(1+x)^{1/2}\approx1+\tfrac{1}{2}x$로 근사할 수 있으며 식 25.8c로부터 다음과 같은 결과를 얻을 수 있다.

$$E_+\approx\alpha_A+\frac{\beta^2}{\alpha_A-\alpha_B}\qquad E_-\approx\alpha_B-\frac{\beta^2}{\alpha_A-\alpha_B} \quad (25.9)$$

이 식들은 그래프에서 볼 수 있는 바와 같이, 에너지 차가 클 때는 생성되는 분자 오비탈의 에너지가 원자 오비탈의 에너지와 조금밖에 차가 나지 않으며, 그리하여 결합 효과와 반결합 효과가 작다는 것을 의미하게 된다. 즉

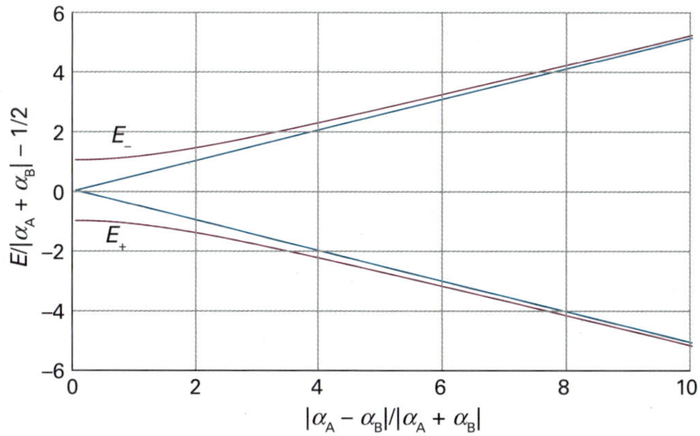

그림 25.4 기여하는 오비탈들의 에너지 차에 따라 분자 오비탈들의 에너지가 변한다. 이 도표는 $\beta=-1$에 대한 것이며 파란색 선은 혼합이 없을 때($\beta=0$)의 에너지를 나타낸다.

기여하는 두 오비탈이 서로 비슷한 에너지를 가질 때는 결합 효과와 반결합 효과가 가장 크게 나타난다. 오비탈 기여 기준

핵심부 오비탈과 원자가 오비탈의 큰 에너지 차이는 핵심부 오비탈들의 결합에 대한 기여를 무시하는 것을 정당화하는 이유이다. 한 원자의 핵심부 오비탈이 다른 원자의 핵심부 오비탈과 비슷한 에너지를 갖기는 하지만 이들은 거의 겹쳐지지 않기 때문에(β의 값이 0이다) 핵심부-핵심부 상호 작용은 무시할 수 있다.

이 영년 행렬식으로부터 얻은 두 에너지를 이용하여 영년 방정식을 풀면 식 25.5에 있는 선형 결합의 계수값들을 구할 수 있다. 즉 낮은 에너지 E_+로부터는 결합 분자 오비탈의 계수들을, 높은 에너지 E_-로부터는 반결합 분자 오비탈의 계수들을 구할 수 있다. 그러나 이 영년식으로부터 각 경우마다 계수들의 비가 얻어진다. 그리하여 식 25.5a의 첫째 영년식 $(\alpha_A-E)c_A+(\beta-ES)c_B=0$으로부터는 다음과 같은 결과가 나온다.

$$c_B=-\left(\frac{\alpha_A-E}{\beta-ES}\right)c_A \tag{25.10}$$

파동함수는 또한 정규화되어야 한다. 이 조건은 **증명** 25.2에서 표현된 $c_A^2+c_B^2+2c_Ac_BS$ 항은 다음과 같은 관계가 성립해야 된다는 것을 의미한다.

$$c_A^2+c_B^2+2c_Ac_BS=1 \tag{25.11}$$

앞에서 얻은 관계들을 이 식에 대입하면 다음과 같은 관계를 얻을 수 있다.

$$c_A=\frac{1}{\left\{1+\left(\frac{\alpha_A-E}{\beta-ES}\right)^2-2S\left(\frac{\alpha_A-E}{\beta-ES}\right)\right\}^{1/2}} \tag{25.12}$$

이 식을 식 25.10과 함께 식 25.8a에 주어진 적합한 $E=E_\pm$의 값을 대입하기만 하면 계수들을 나타내는 명백한 식을 얻을 수 있다. 앞에서와 같이 여기서 생각하는 두 경우에는 이 식이 훨씬 간결하게 된다. 우선 동핵 이원자 분자의 경우에는 $\alpha_A=\alpha_B=\alpha$와, 식 25.8b로 주어지는 적합한 $E_\pm$의 값으로부터 다음과 같은 결과를 얻을 수 있다.

$$E_+=\frac{\alpha+\beta}{1+S}\quad c_A=\frac{1}{\{2(1+S)\}^{1/2}}\quad c_B=c_A \tag{25.13a}$$

동핵 이원자 분자

$$E_-=\frac{\alpha-\beta}{1-S}\quad c_A=\frac{1}{\{2(1-S)\}^{1/2}}\quad c_B=-c_A \tag{25.13b}$$

이종핵 이원자 분자의 경우에는 $S=0$으로 놓고, 식 25.8c로부터 취한 적합한 $E_\pm$의 값을 이용하면, 에너지 E_+를 갖는 오비탈에 대한 계수들은 다음과 같은 결과들로 주어지며,

$$c_A=\frac{1}{\left\{1+\left(\frac{\alpha_A-E_+}{\beta}\right)^2\right\}^{1/2}}\quad c_B=\frac{1}{\left\{1+\left(\frac{\beta}{\alpha_A-E_+}\right)^2\right\}^{1/2}} \tag{25.14a}$$

0의 겹침 근사

그리고 에너지 E_-에 대한 값은 다음과 같다.

$$c_A=\frac{1}{\left\{1+\left(\frac{\alpha_A-E_-}{\beta}\right)^2\right\}^{1/2}}\quad c_B=\frac{-1}{\left\{1+\left(\frac{\beta}{\alpha_A-E_-}\right)^2\right\}^{1/2}} \tag{25.14b}$$

0의 겹침 근사

간단한 예 25.4 이종핵 이원자 분자 3

여기서는 HF에 관한 **간단한 예** 25.3을 이어 나간다. $\alpha_H=-7.2$ eV, $\alpha_F=-10.4$ eV, $\beta=-1.0$ eV, $S=0$으로 놓으며, $E_+=-10.7$ eV와 $E_-=-6.9$ eV의 두 오비탈 에너지가 얻어진다. 이 값들을 식 25.14에 대입하면 다음과 같은 계수들을 구할 수 있다.

$$E_+=-10.7\text{ eV}\qquad \psi_+=0.28\chi_H+0.96\chi_F$$
$$E_-=-6.9\text{ eV}\qquad \psi_-=0.96\chi_H-0.28\chi_F$$

낮은 에너지의 오비탈(에너지가 -10.7 eV인 것)에서는 H1s보다 F2p 오비탈의 기여가 더 큰 구성을 가지며, 높은 에너지의 반결합 오비탈에서는 그 반대가 된다는 것을 주목하라.

자가 진단 25.4 $\beta=-1.0$ eV와 $S=0$을 사용하여 HCl 분자에서 σ 오비탈의 형태들과 그 에너지들을 구하시오. 표 20.2와 20.3의 데이터를 사용하시오.

답: $E_+=-8.9$ eV, $E_-=-6.6$ eV, $\psi_-=0.86\chi_H-0.51\chi_{Cl}$, $\psi_+=0.51\chi_H+0.86\chi_{Cl}$

개념 확인

☐ 1. **극성 결합**은 한 원자 쪽이 다른 쪽 원자에 비해 더 많이 집중된 분자 오비탈 때문에 생기는 것으로 간주할 수 있다.

☐ 2. 원소의 **전기 음성도**는 화합물의 한 부분으로 있을 때 그 원자가 자신 쪽으로 전자를 잡아끄는 힘의 정도를 나타낸다.

☐ 3. **변분 원리**는 근사적 파동함수에 대한 수용 기준을 제공한다.

☐ 4. **바탕 집합**은 분자 오비탈들이 만들어지는 원자 오비탈의 주어진 세트와 관련되어 있다.

☐ 5. 결합과 반결합 효과는 기여하는 원자 오비탈이 유사한 에너지를 가질 때 가장 강하게 나타난다.

식 확인

성질	식	비고	식 번호
분자 오비탈	$\psi = c_A A + c_B B$		25.1
Pauling 전기 음성도	$\lvert\chi_A - \chi_B\rvert = \{D_0(AB) - \frac{1}{2}[D_0(AA) + D_0(BB)]\}^{1/2}$		25.2
Mulliken 전기 음성도	$\chi = \frac{1}{2}(I + E_{ea})$		25.3
Coulomb 적분	$\alpha_A = \int A\hat{H}A\,d\tau$		25.5c
공명 적분	$\beta = \int A\hat{H}B\,d\tau = \int B\hat{H}A\,d\tau$		25.5d
에너지	$E = \int \psi\hat{H}\psi\,d\tau \Big/ \int \psi^2\,d\tau$	비정규화된 실수 파동함수	25.6

토픽 26

다원자 분자

내용

➤ 학습 목표

화학에서 관심있는 대부분의 분자들은 다원자이며, 따라서 그들의 전자 구조를 논의할 수 있는 것은 중요하다. 현재 정교한 계산 방법들이 널리 사용될지라도, 이들을 이해하기 위해서는 여기에서 설명하는 더 원시적인 접근법으로부터 어떻게 명백하게 드러나는가를 아는 것이 도움이 된다.

➤ 핵심 내용

분자 오비탈은 적합한 대칭성을 갖는 모든 원자 오비탈들의 선형 결합으로 나타낼 수 있다.

➤ 미리 알기

이 토픽은 토픽 25에서 이종핵 이원자 분자에 대하여 사용된 접근법을 확장하는 것으로서 특히 영년 행렬식과 영년 방정식의 개념을 사용한다. 사용되는 주요 수학적 방법은 행렬 대수학(**수학적 배경 5**)으로 행렬을 수치적으로 조작하는 수학적 소프트웨어를 사용하는 데 익숙하거나 익숙해져야 한다.

다원자 분자의 분자 오비탈들은 이원자 분자에서와 똑같은 방식으로 만들 수 있으며(토픽 24와 25), 다만 더 많은 원자 오비탈들을 사용해야 한다는 점이 다를 뿐이다. 이원자 분자에서와 같이 다원자 분자의 분자 오비탈들은 분자 전체에 걸쳐서 퍼진다. 이러한 분자 오비탈들은 일반적으로 다음과 같은 형태를 갖는다.

$$\psi=\sum_{o} c_o \chi_o \qquad \text{LCAO의 일반적 형태} \qquad (26.1)$$

여기서 χ_o는 원자 오비탈이며, 합은 분자 속에 들어 있는 모든 원자들의 원자가 오비탈에 걸쳐 확장된 것이다. 계수들을 구하기 위해서는 이원자 분자에서와 똑같은 방식으로 영년 방정식과 영년 행렬식을 만들고, 이어서 이 행렬식을 풀어서 에너지를 구한 다음, 이들 에너지를 영년 방정식에 넣어서 각 분자 오비탈 속의 원자 오비탈들의 계수를 구한다.

이원자 분자와 다원자 분자 사이의 주된 차이점은 분자들이 훨씬 다양한 범위의 모양을 가질 수 있다는 것이다. 즉 이원자 분자는 선형일 수밖에 없지만, 삼원자 분자만 하더라도 선형일 수도 있고, 또 고유한 결합각의 비선형(굽은)일 수도 있다. 다원자 분자의 모양을 나타내는 결합 길이와 결합각을 구하려면 핵들의 위치를 다양하게 변화시키면서 분자의 전체 에너지를 계산하고, 이어서 최저 에너지에 해당하는 분자 형태를 찾아야 한다. 이러한 계산은 최신의 소프트웨어를 사용하면 가장 잘 수행할 수 있지만, 탄소 원자의 사슬을 따라 단일 결합과 이중 결합이 교대로 위치하고 있으며 여기에서 초점을 맞출 콘쥬게이션 폴리엔에 대한 더 원시적인 접근법은 유용한 안목을 갖게 하며 더 정교한 접근법을 마련할 수 있게 한다.

콘쥬게이션 폴리엔의 평면성은 그들의 대칭성의 관점이며 분자 대칭성을 고려하는 것은 분자 오비탈을 설정하는 데 절대적인 역할을 한다. 이 경우에 평면성은 분자의 σ 오비탈과 π 오비탈을 구별할 수 있게 하며, 초보적인 접근에서는 이러한 분자들은 통상 그들의 π 오비탈 특성으로 논의되며, σ 결합들은 변하지 않고 기초가 되는 발판이 되므로 분자의 일반적인 모양을 결정하는 단단한 뼈대를 형성하게 된다.

26.1 Hückel 근사

Erich Hückel이 1931년에 제안한 한 세트의 근사법을 이용하면 콘쥬게이션 이중 결합 분자의 π 분자 오비탈 에너지 준위 도형을 만들 수 있다. 모든 탄소 원자는 동등하게 취급하며 따라서 π 결합에 기여하는 모든 원자 오비탈들에 대한 Coulomb 적분 α(식 25.5c, $\alpha_A = \int A\hat{H}A\mathrm{d}\tau$)를 같게 놓는다. 이 방법을 소개하는 데 사용하기 위한 예로서, 에텐에서는 σ 결합은 고정된 것으로 보고, 단일 π 결합과 그 짝이 되는 반결합의 에너지들을 구하는 데에만 관심을 갖는 것이다.

(a) 방법의 도입

π 오비탈들을 분자 평면에 수직하게 놓여 있는 C2p 오비탈들의 LCAO로 나타낸다. 예를 들어 에텐에서는 이것을 다음과 같이 나타낸다.

$$\psi = c_A A + c_B B \tag{26.2}$$

여기서 A는 원자 A의 C2p 오비탈이고, 이하 마찬가지이다. 다음에는 토픽 25에서 설명한 변분 원리를 이용하여 최적의 계수와 에너지를 구한다. 즉 다음의 영년 행렬식을 풀어야 하는데, 에텐의 경우에는 이 영년식이 식 25.7에서 $\alpha_A = \alpha_B = \alpha$로 놓은 것과 같다.

$$\begin{vmatrix} \alpha - E & \beta - ES \\ \beta - ES & \alpha - E \end{vmatrix} = 0 \tag{26.3}$$

여기에서 β는 공명 적분(식 25.5d, $\beta = \int A\hat{H}B\mathrm{d}\tau$)이고, S는 겹침 적분(식 24.3, $S = \int AB\mathrm{d}\tau$)이다. 최신 계산법에서는 모든 공명 적분과 겹침 적분을 전부 계산하지만 다음과 같은 추가적인 **Hückel 근사(Hückel approximation)**를 이용하면 근사적인 분자 오비탈 에너지 준위 그림을 대단히 쉽게 얻을 수 있다.

- 모든 겹침 적분을 0으로 놓는다.
- 비인접 원자들 사이의 공명 적분은 모두 0으로 놓는다.
- 나머지 모든 공명 적분은 다 같게(모두 β) 놓는다.

Hückel 근사

이러한 것들은 확실히 대단하게 심한 근사들이지만, 이들을 이용하면 최소의 수고를 통하여 분자 오비탈 에너지 준위의 일반적 개념을 최소한 얻을 수 있다. 이 가정을 이용하면 영년 행렬식이 다음과 같은 구조를 가지게 된다.

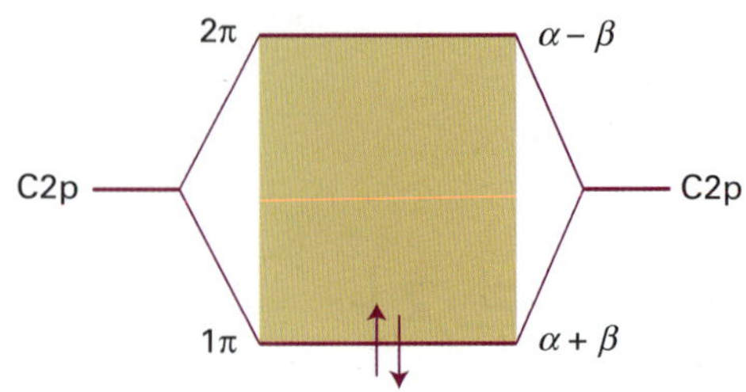

그림 26.1 에텐의 Hückel 분자 오비탈 에너지 준위. 두 전자는 낮은 π 오비탈을 차지한다.

- 모든 대각선 원소: $\alpha - E$
- 인접 원자들 사이의 비대각선 원소: β
- 다른 모든 원소: 0

이 근사에 의해서 식 26.3은 다음과 같이 변환된다.

$$\begin{vmatrix} \alpha - E & \beta \\ \beta & \alpha - E \end{vmatrix} = (\alpha - E)^2 - \beta^2 = (\alpha - E + \beta)(\alpha - E - \beta) = 0 \tag{26.4}$$

이 식의 근은 $E_\pm = \alpha \pm \beta$가 된다. 여기서 + 기호는 결합 오비탈에 해당하며(β가 음이다), − 기호는 반결합 오비탈에 해당한다(그림 26.1).

각 탄소 원자는 이 π계에 전자를 각각 한 개씩 내주므로 쌓음 원리에 따라 이 분자의 전자 배치는 $1\pi^2$이 된다. 에텐에서는 **최고 점유 분자 오비탈(highest occupied molecular orbital**, HOMO)가 1π 오비탈이며, **최저 비점유 분자 오비탈(lowest unoccupied molecular orbital**, LUMO)는 2π 오비탈이다(때로는 이것을 $2\pi^*$ 오비탈이라고 표시한다). 이들 두 오비탈을 합쳐서 이 분자의 **경계 오비탈(frontier orbital)**이라고 한다. 이 경계 오비탈은 분자의 화학적 및 분광학적 성질에 큰 영향을 주기 때문에 대단히 중요하다.

간단한 예 26.1 에텐

에텐의 $\pi^* \leftarrow \pi$ 들뜸 에너지, 즉 1π의 전자를 2π로 들뜨게 하는 데 필요한 에너지는 $2|\beta|$가 된다. 이 전이는 40 000 $\mathrm{cm^{-1}}$ 가까이에서 일어나며, 이것은 4.8 eV에 해당한다. 이것은 믿을만한 β 값으로 약 −2.4 eV(−230 kJ $\mathrm{mol^{-1}}$)이다.

자가 진단 26.1 에테인의 이온화 에너지는 10.5 eV이다. α를 계산하시오.

답: −8.1 eV

(b) 방법의 행렬 수식화

Hückel 이론을 더 세련되게 만들고 또 큰 분자에 쉽게 적용시킬 수 있게 하려면 이 근사법을 행렬과 벡터로 나타낼 수

있게 만들어야 한다(**수학적 배경** 5 참조). 출발점으로서 토픽 25의 이종핵 이원자 분자에 대해서 풀어야 할 영년 방정식의 쌍은 다음과 같은 것이다.

$$(\alpha_A - E)c_A + (\beta - ES)c_B = 0$$
$$(\beta - ES)c_A + (\alpha_B - E)c_B = 0$$

이 식에 대한 일반화의 준비로서 우선 $\alpha_J = H_{JJ}$(J = A 또는 B이며)와 $\beta = H_{AB}$로 쓰고 그들의 대응 원자들로 겹침 적분을 표시하면, S는 S_{AB}가 된다. $S_{JJ} = 1$일 때 $\alpha_J - E$에서의 E를 ES_{JJ}로 치환함으로써 이 식들에 대칭성을 더 부여할 수 있다. 한 가지 추가적인 표기법의 변화가 있다. 영년 방정식에서 계수 c_J는 E 값에 의존하므로 따라서 E_1과 E_2로 표기하는 두 에너지에 해당하는 두 세트를 구별해야 한다. 따라서 이들을 $c_{i,J}$로 쓰며, 이때 $i = 1$(에너지 E_1에 대하여) 또는 2(에너지 E_2에 대하여)이다. 이와 같은 표시의 변화를 통하여 두 개의 식은 다음과 같이 된다.

$$(H_{AA} - E_iS_{AA})c_{i,A} + (H_{AB} - E_iS_{AB})c_{i,B} = 0 \quad (26.5a)$$
$$(H_{BA} - E_iS_{BA})c_{i,A} + (H_{BB} - E_iS_{BB})c_{i,B} = 0 \quad (26.5b)$$

여기서 $i = 1$과 2로서 모두 4개의 식이 된다. 식들의 각 쌍은 다음의 행렬식으로 쓸 수 있다.

$$\begin{pmatrix} H_{AA} - E_iS_{AA} & H_{AB} - E_iS_{AB} \\ H_{BA} - E_iS_{BA} & H_{BB} - E_iS_{BB} \end{pmatrix}\begin{pmatrix} c_{i,A} \\ c_{i,B} \end{pmatrix} = 0$$

행렬을 곱하게 되면 식 26.5가 되기 때문이다. 다음의 행렬과 열벡터를 이용하면

$$\boldsymbol{H} = \begin{pmatrix} H_{AA} & H_{AB} \\ H_{BA} & H_{BB} \end{pmatrix} \quad \boldsymbol{S} = \begin{pmatrix} S_{AA} & S_{AB} \\ S_{BA} & S_{BB} \end{pmatrix} \quad \boldsymbol{c}_i = \begin{pmatrix} c_{i,A} \\ c_{i,B} \end{pmatrix} \quad (26.6)$$

따라서

$$\boldsymbol{H} - E_i\boldsymbol{S} = \begin{pmatrix} H_{AA} - E_iS_{AA} & H_{AB} - E_iS_{AB} \\ H_{BA} - E_iS_{BA} & H_{BB} - E_iS_{BB} \end{pmatrix}$$

그러면 방정식의 각 쌍은 다음과 같이 간결하게 나타낼 수 있다.

$$(\boldsymbol{H} - E_i\boldsymbol{S})\boldsymbol{c}_i = 0 \quad \text{또는} \quad \boldsymbol{Hc}_i = \boldsymbol{Sc}_iE_i \quad (26.7)$$

다음의 **증명**에서 나타나는 것과 같이 다음과 같은 행렬들을 도입하면 이들과 같은 두 세트($i = 1$과 2)의 식을 하나의 행렬로 결합시킬 수 있다.

$$\boldsymbol{c} = (\boldsymbol{c}_1 \quad \boldsymbol{c}_2) = \begin{pmatrix} c_{1,A} & c_{2,A} \\ c_{1,B} & c_{2,B} \end{pmatrix} \quad \boldsymbol{E} = \begin{pmatrix} E_1 & 0 \\ 0 & E_2 \end{pmatrix} \quad (26.8)$$

그러면 식 26.7의 네 개의 식을 다음과 같이 단일 식으로 나타낼 수 있다.

$$\boldsymbol{Hc} = \boldsymbol{ScE} \quad (26.9)$$

증명 26.1 행렬 수식화

행렬을 식 26.9에 대입하면 다음이 주어진다.

$$\begin{pmatrix} H_{AA} & H_{AB} \\ H_{BA} & H_{BB} \end{pmatrix}\begin{pmatrix} c_{1,A} & c_{2,A} \\ c_{1,B} & c_{2,B} \end{pmatrix} = \begin{pmatrix} S_{AA} & S_{AB} \\ S_{BA} & S_{BB} \end{pmatrix}\begin{pmatrix} c_{1,A} & c_{2,A} \\ c_{1,B} & c_{2,B} \end{pmatrix}\begin{pmatrix} E_1 & 0 \\ 0 & E_2 \end{pmatrix}$$

왼쪽의 곱은

$$\begin{pmatrix} H_{AA} & H_{AB} \\ H_{BA} & H_{BB} \end{pmatrix}\begin{pmatrix} c_{1,A} & c_{2,A} \\ c_{1,B} & c_{2,B} \end{pmatrix} = \begin{pmatrix} H_{AA}c_{1,A} + H_{AB}c_{1,B} & H_{AA}c_{2,A} + H_{AB}c_{2,B} \\ H_{BA}c_{1,A} + H_{BB}c_{1,B} & H_{BA}c_{2,A} + H_{BB}c_{2,B} \end{pmatrix}$$

이 되며, 오른쪽 곱은 다음과 같이 나타난다.

$$\begin{pmatrix} S_{AA} & S_{AB} \\ S_{BA} & S_{BB} \end{pmatrix}\begin{pmatrix} c_{1,A} & c_{2,A} \\ c_{1,B} & c_{2,B} \end{pmatrix}\begin{pmatrix} E_1 & 0 \\ 0 & E_2 \end{pmatrix} = \begin{pmatrix} S_{AA} & S_{AB} \\ S_{BA} & S_{BB} \end{pmatrix}\begin{pmatrix} c_{1,A}E_1 & c_{2,A}E_2 \\ c_{1,B}E_1 & c_{2,B}E_2 \end{pmatrix}$$
$$= \begin{pmatrix} E_1S_{AA}c_{1,A} + E_1S_{AB}c_{1,B} & E_2S_{AA}c_{2,A} + E_2S_{AB}c_{2,B} \\ E_1S_{BA}c_{1,A} + E_1S_{BB}c_{1,B} & E_2S_{BA}c_{2,A} + E_2S_{BB}c_{2,B} \end{pmatrix}$$

일치하는 항(파란색으로 표시된 것들과 같은)을 비교하여 네 개의 영년 방정식(각 i 값에 대하여 두 개씩)이 다시 나타나게 된다.

Hückel 근사법에서는 $H_{AA} = H_{BB} = \alpha$, $H_{AB} = H_{BA} = \beta$, 그리고 겹침 적분을 무시하고 $\boldsymbol{S} = \boldsymbol{1}$, 단위 행렬(대각선상의 원소는 전부 1이고, 그 이외는 전부 0이 되는 행렬이다)로 놓는다. 그러면

$$\boldsymbol{Hc} = \boldsymbol{cE}$$

이 시점에서 이 식에 왼쪽으로부터 역행렬 $\boldsymbol{c}^{-1}$을 곱해 준다. 그러면 $\boldsymbol{c}^{-1}\boldsymbol{c} = \boldsymbol{1}$이 되므로 다음과 같은 결과를 얻게 된다.

$$\boldsymbol{c}^{-1}\boldsymbol{Hc} = \boldsymbol{E} \quad (26.10)$$

결국 고윳값 E_i를 구하기 위해서는 $\boldsymbol{H}$를 대각선 행렬로 바꾸어 주는 변환을 찾아내면 되는 것이다. 이 조작을 **행렬 대각선화**(**matrix diagonalization**)라고 한다. 그러면 대각선 원소들이 고윳값 E_i와 대응하며, 대각선 행렬을 나오게 하는 행렬 $\boldsymbol{c}$의 열들은 계산에서 사용되는 원자 오비탈의 세트인 **바탕 집합**(**basis set**) 구성원의 계수가 된다. 따라서 분자 오비탈의 조성을 얻게 된다.

예제 26.1 행렬 대각선화에 의한 분자 오비탈 결정

Hückel 근사법을 이용하여 뷰타다이엔(**1**)의 π 오비탈을 구하는 행렬들을 나타내고, 그것을 푸시오.

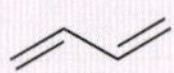

1 뷰타다이엔

방법 이 사원자계에 대한 행렬은 사차원이 된다. 겹침을 무시하고 Hückel 근사법과 α와 β 값을 이용하여 행렬 $\boldsymbol{H}$를 만든다. 그리고 이 $\boldsymbol{H}$를 대각선화시키는 행렬 $\boldsymbol{c}$를 구한다. 이 마지막 단계는 수학 소프트웨어를 이용한다. 자세한 설명은 **수학적 배경** 5를 볼 것.

풀이

$$\boldsymbol{H}=\begin{pmatrix} H_{11} & H_{12} & H_{13} & H_{14} \\ H_{21} & H_{22} & H_{23} & H_{24} \\ H_{31} & H_{32} & H_{33} & H_{34} \\ H_{41} & H_{42} & H_{43} & H_{44} \end{pmatrix} \xrightarrow{\text{Hückel 근사법}} \begin{pmatrix} \alpha & \beta & 0 & 0 \\ \beta & \alpha & \beta & 0 \\ 0 & \beta & \alpha & \beta \\ 0 & 0 & \beta & \alpha \end{pmatrix}$$

대부분의 수학 소프트웨어는 수치 행렬만을 처리할 수 있으므로 이 행렬을 다음과 같이 나타낸다.

$$\boldsymbol{H}=\alpha\mathbf{1}+\beta\begin{pmatrix} 0 & 1 & 0 & 0 \\ 1 & 0 & 1 & 0 \\ 0 & 1 & 0 & 1 \\ 0 & 0 & 1 & 0 \end{pmatrix}$$

그리고 둘째 행렬은 다음과 같이 대각선화된다.

$$\begin{pmatrix} +1.62 & 0 & 0 & 0 \\ 0 & +0.62 & 0 & 0 \\ 0 & 0 & -0.62 & 0 \\ 0 & 0 & 0 & -1.62 \end{pmatrix}$$

따라서 대각선화 Hamilton 행렬은 다음과 같이 추론할 수 있다.

$$\boldsymbol{E}=\begin{pmatrix} \alpha+1.62\beta & 0 & 0 & 0 \\ 0 & \alpha+0.62\beta & 0 & 0 \\ 0 & 0 & \alpha-0.62\beta & 0 \\ 0 & 0 & 0 & \alpha-1.62\beta \end{pmatrix}$$

그리고 이 대각선화를 가져오는 행렬은 다음과 같은 것이다.

$$\boldsymbol{c}=\begin{pmatrix} 0.372 & 0.602 & 0.602 & -0.372 \\ 0.602 & 0.372 & -0.372 & 0.602 \\ 0.602 & -0.372 & -0.372 & -0.602 \\ 0.372 & -0.602 & 0.602 & 0.372 \end{pmatrix}$$

여기서 각 행은 대응하는 분자 오비탈에 대한 원자 오비탈의 계수가 된다. 따라서 에너지와 분자 오비탈은 다음과 같이 결론지을 수 있다.

$$E_1=\alpha+1.62\beta \quad \psi_1=0.372\chi_A+0.602\chi_B+0.602\chi_C+0.372\chi_D$$
$$E_2=\alpha+0.62\beta \quad \psi_2=0.602\chi_A+0.372\chi_B-0.372\chi_C-0.602\chi_D$$
$$E_3=\alpha-0.62\beta \quad \psi_3=0.602\chi_A-0.372\chi_B-0.372\chi_C+0.602\chi_D$$
$$E_4=\alpha-1.62\beta \quad \psi_4=-0.372\chi_A+0.602\chi_B-0.602\chi_C+0.372\chi_D$$

여기서 χ_A, …, χ_D는 C2p 원자 오비탈이다. 이 분자 오비탈들은 서로 직교하며, 겹침이 무시되고 정규화되었다는 것을 유념할 것.

자가 진단 26.2 알릴 라디칼 $\cdot CH_2-CH=CH_2\cdot$를 가지고 위의 예제를 되풀이하시오.

답: $E=\alpha+1.41\beta$, α, $\alpha-1.41\beta$; $\psi_1=0.500\chi_A+0.707\chi_B+0.500\chi_C$, $\psi_2=0.707\chi_A-0.707\chi_C$, $\psi_3=0.500\chi_A-0.707\chi_B+0.500\chi_C$

26.2 응용

Hückel 모형은 매우 원시적이지만 콘쥬게이션 폴리엔의 일부 성질들을 설명하는 데 사용될 수 있다.

(a) 뷰타다이엔과 π 전자 결합 에너지

예제 26.1에서 본 바와 같이, 뷰타다이엔에 대한 4개의 LCAO-MO 에너지는 다음과 같다.

$$E=\alpha\pm1.62\beta,\ \alpha\pm0.62\beta \tag{26.11}$$

이들 오비탈과 그 에너지를 그림 26.2에 나타내었다. 핵간 마디의 수가 많아질수록 그 오비탈의 에너지가 높아짐을 주목하라. 여기서는 4개의 전자가 수용되며, 따라서 바닥 상태 전자 배치는 $1\pi^2 2\pi^2$가 된다. 뷰타다이엔의 경계 오비탈은 2π

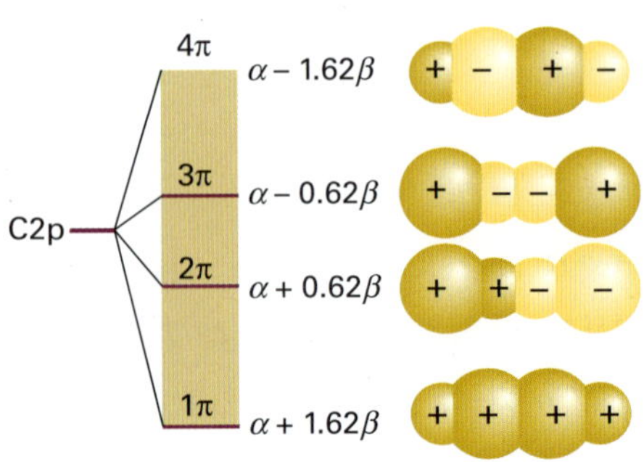

그림 26.2 뷰타다이엔의 Hückel 분자 오비탈 에너지 준위와 해당하는 π 오비탈의 평면도. 4개의 p 전자(C로부터 한 개씩 공급된)는 2개의 낮은 π 오비탈을 차지한다. 이 오비탈들은 비편재화되어 있음을 주목하라.

오비탈(HOMO이며, 결합성이 크다)와 3π 오비탈(LUMO로서 반결합성이 크다)이다. '큰' 결합성이라는 말은 이 오비탈이 여러 인접 오비탈들과 결합 및 반결합 상호 작용을 하지만 결합성 효과가 지배적이라는 뜻이다. 마찬가지로 '반결합성이 크다'라는 말은 반결합성 효과가 지배적이라는 뜻이다.

뷰타다이엔의 각 π 전자의 에너지를 합한 전체 π **전자 결합 에너지**(π**-electron binding energy**, E_π)를 계산한 다음, 이것을 에텐에서 구한 것과 비교해 보면 한 가지 중요한 사실을 발견할 수 있다. 에텐에서는 전체 에너지가 다음과 같다.

$$E_\pi = 2(\alpha+\beta) = 2\alpha+2\beta$$

그리고 뷰타다이엔에서는 이 값이 다음과 같이 된다.

$$E_\pi = 2(\alpha+1.62\beta)+2(\alpha+0.62\beta) = 4\alpha+4.48\beta$$

따라서 뷰타다이엔 분자의 에너지는 두 π 결합 에너지의 합보다도 0.48β(약 110 kJ mol^{-1})만큼 낮다. 콘쥬게이션 이중 결합계가 갖는 이러한 여분의 안정도를 **비편재화 에너지**(**delocalization energy**)라고 한다.

이와 밀접한 양이 π **결합 생성 에너지**(π**-bond formation energy**, $E_{\rm bf}$), 즉 π 결합이 생성될 때 나오는 에너지이다. 분자의 경우 α의 기여는 원자에서와 같기 때문에 π 결합 생성 에너지는 π 전자 결합 에너지로부터 다음 관계를 이용하여 구할 수 있다.

$$E_{\rm bf} = E_\pi - N_{\rm C}\alpha \quad \text{정의} \quad \pi \text{ 결합 생성 에너지} \quad (26.12)$$

여기서 $N_{\rm C}$는 분자 속에 들어 있는 탄소 원자의 수이다. 예로서 뷰타다이엔에서의 π 결합 생성 에너지는 4.48β이다.

예제 26.2 비편재화 에너지의 산출

사이클로뷰타다이엔(**2**)의 π 오비탈 에너지를 Hückel 근사법으로 구하고, 비편재화 에너지를 구하시오.

2 사이클로뷰타다이엔

방법 뷰타다이엔에서와 같은 이치에 따라 영년 행렬식을 만든다. 그러나 이때는 A와 D도 인접한다는 것을 주의해야 한다. 다음에 영년 행렬식의 근을 풀고 전체 π 결합 에너지를 구한다. 이 전체 π 결합 에너지로부터 두 π 전자 결합 에너지를 빼 주면 비편재화 에너지를 얻을 수 있다.

풀이 Hamilton 행렬은 다음과 같이 된다.

$$\boldsymbol{H} = \begin{pmatrix} \alpha & \beta & 0 & \beta \\ \beta & \alpha & \beta & 0 \\ 0 & \beta & \alpha & \beta \\ \beta & 0 & \beta & \alpha \end{pmatrix} = \alpha\boldsymbol{1}+\beta\begin{pmatrix} 0 & 1 & 0 & 1 \\ 1 & 0 & 1 & 0 \\ 0 & 1 & 0 & 1 \\ 1 & 0 & 1 & 0 \end{pmatrix} \xrightarrow{\text{대각선화한다}} \begin{pmatrix} 2 & 0 & 0 & 0 \\ 0 & 0 & 0 & 0 \\ 0 & 0 & 0 & 0 \\ 0 & 0 & 0 & -2 \end{pmatrix}$$

이 행렬을 대각선화하면 오비탈들의 에너지가 나온다. 즉

$$E = \alpha+2\beta,\ \alpha,\ \alpha,\ \alpha-2\beta$$

4개의 전자가 채워져야 한다. 2개는 최저 오비탈(에너지가 $\alpha+2\beta$인)을 차지하고, 나머지 2개는 이중으로 축퇴된 오비탈(에너지가 α인)에 들어간다. 따라서 전체 에너지는 $4\alpha+4\beta$가 된다. 2개의 고립된 π 결합은 $4\alpha+4\beta$의 에너지를 가지며, 따라서 이 경우에는 비편재화 에너지가 0이며, 비편재화로부터 생기는 여분의 안정화는 없게 된다.

자가 진단 26.3 벤젠으로 이 계산을 되풀이하시오(소프트웨어를 사용할 것).

답: 다음 소절 참조

(b) 벤젠과 방향족 안정도

특별한 안정도를 나타내는 비편재화의 가장 저명한 예는 벤젠과 이 벤젠 구조에 기초한 방향족 분자이다. 초보적인 설명에서 벤젠과 방향족 화합물은 흔히 원자가 결합 이론과 분자 오비탈 이론을 혼용해서 나타낸다. 즉 전형적으로 σ 골격에 대해서는 원자가 결합 이론을 사용하고, π 전자들은 분자 오비탈 이론을 사용하여 설명한다.

우선 원자가 결합 부분부터 생각해 보자. 6개의 C 원자는 sp^2 혼성을 이루고 있으며, 각각 혼성되지 않은 수직한 2p 오비탈 1개씩을 갖는다고 생각한다. 각 탄소 원자에는 1개의 H 원자가 (Csp^2, H1s) 겹침에 의해서 결합되어 있고, 나머지 2개의 혼성 오비탈은 이웃 탄소와 겹쳐져서 정육각형의 원자 배열을 나타낸다(그림 26.3). 정육각형의 내각은 120°이므로 sp^2 혼성 오비탈은 이러한 형태의 σ 결합을 만드는 데 적당하며, 그리하여 벤젠의 육각형 모양이 스트레인이 없는 σ 결합을 이루는 것이다.

다음에는 분자 오비탈 이론으로 설명해야 할 부분을 생각해 보자. 6개의 C2p 오비탈은 겹쳐져서 고리 전체 둘레에 퍼지는 π 오비탈을 만든다. 다음과 같은 Hamilton 행렬을 대

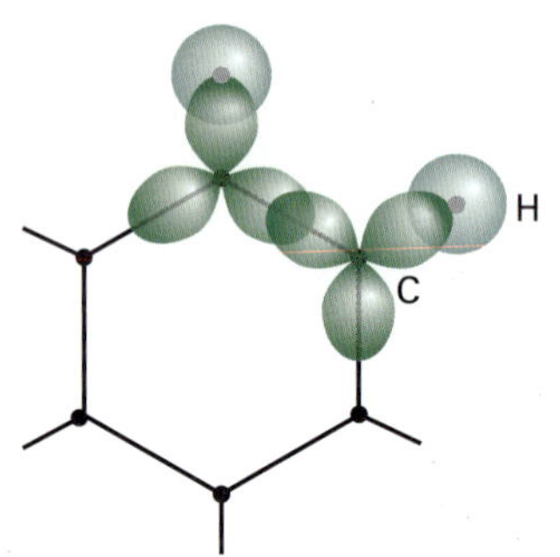

그림 26.3 벤젠의 σ 골격은 Csp^2 혼성 오비탈들이 겹쳐져서 형성된 것이다. 이 오비탈들은 스트레인이 없이 육각형 배열에 꼭 들어맞는다.

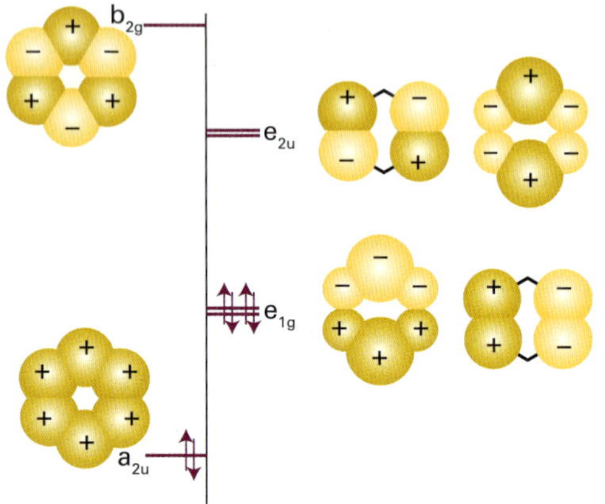

그림 26.4 벤젠의 Hückel 오비탈과 대응하는 에너지 준위. 여기에 사용한 대칭 표지들은 토픽 32에서 설명된다. 비편재화 오비탈들의 결합 성질과 반결합 성질은 원자들 사이의 마디수와 관계된다. 바닥 상태에서는 알짜 결합 오비탈들만이 점유된다.

각선화하면 Hückel 근사 범위 안에서의 이들의 에너지를 구할 수 있다.

$$
\boldsymbol{H}=\begin{pmatrix}\alpha & \beta & 0 & 0 & 0 & \beta\\ \beta & \alpha & \beta & 0 & 0 & 0\\ 0 & \beta & \alpha & \beta & 0 & 0\\ 0 & 0 & \beta & \alpha & \beta & 0\\ 0 & 0 & 0 & \beta & \alpha & \beta\\ \beta & 0 & 0 & 0 & \beta & \alpha\end{pmatrix}
$$

$$
=\alpha 1+\beta\begin{pmatrix}0&1&0&0&0&1\\1&0&1&0&0&0\\0&1&0&1&0&0\\0&0&1&0&1&0\\0&0&0&1&0&1\\1&0&0&0&1&0\end{pmatrix}\xrightarrow{\text{대각선화한다}}\begin{pmatrix}2&0&0&0&0&0\\0&1&0&0&0&0\\0&0&1&0&0&0\\0&0&0&-1&0&0\\0&0&0&0&-1&0\\0&0&0&0&0&-2\end{pmatrix}
$$

이와 같이 구한 MO 에너지, 즉 이 행렬의 고윳값들은 다음과 같이 간단해진다.

$$E=\alpha\pm2\beta,\ \alpha\pm\beta,\ \alpha\pm\beta \qquad (26.13)$$

이것을 나타낸 것이 그림 26.4인데, 여기서 오비탈들에 붙인 대칭 표지들은 토픽 32에서 설명된다. 최저 에너지 오비탈은 모든 이웃 원자들 사이의 결합을 나타내고, 최고 에너지 오비탈은 각 인접 원자쌍 사이의 반결합을 나타낸다. 또 그 중간 오비탈들은 인접 쌍들 사이의 결합, 비결합, 반결합이 혼합된 것을 나타내고 있다.

식 26.13으로 주어지는 간단한 형태의 고윳값으로 보아 이들은 수학 소프트웨어를 쓰지 않고도 더 직접적으로 구할 수 있음을 암시한다. 이것은 실제로 토픽 32에서 설명할 대칭 관계를 이용하면 이 6×6 행렬은 2개의 1×1 행렬과 2개의 2×2 행렬로 인수 분해될 수 있어서 다루기가 매우 쉬워진다.

이제 이 π계에 쌓음 원리를 적용시켜 보자. 6개의 전자(각 C 원자로부터 1개씩)가 채워져야 하므로 3개의 최저 오비탈들(a_{2u}와 이중으로 축퇴된 e_{1g} 쌍)이 완전히 채워져서 $a_{2u}^2e_{1g}^4$의 바닥 상태 배치가 나타나게 된다. 여기서 한 가지 중요한 점은 점유된 분자 오비탈들이 전부 알짜 결합성을 나타낸다는 것이다.

벤젠의 π 전자 에너지는 다음과 같이 된다.

$$E=2(\alpha+2\beta)+4(\alpha+\beta)=6\alpha+8\beta$$

만일 이 분자의 비편재화를 무시하고 이 분자가 3개의 고립된 π 결합을 갖는다고 생각하면 그 π 전자들의 에너지는 단지 $3(2\alpha+2\beta)=6\alpha+6\beta$가 되어야 할 것이다. 따라서 π 전자 에너지와 편재화된 π 결합을 갖는 동일한 분자의 에너지 사이의 차이인 비편재화 에너지는 $2\beta\approx-460$ kJ mol^{-1}이며, 이것은 뷰타다이엔에 비해서 상당히 큰 것이다. 벤젠의 π 결합 생성 에너지는 8β가 된다.

이상의 논의를 통하여 방향족 화합물의 안정성은 두 가지 기여에 연유된다고 볼 수 있다. 첫째는 정육각형 구조가 센 σ 결합 형성에 잘 맞는다는 것이다. 즉 σ 골격은 스트레인 없이 완화된다는 것이다. 둘째로는 전자들이 채워지는 π 오비탈이 모두 결합 오비탈이며, 따라서 비편재화 에너지가 크다는 사실이다.

예제 26.3 분자의 방향족 특성의 결정

C_4H_4 분자와 $C_4H_4^{2+}$ 분자 이온이 평면 구조일 때 방향족인지를 결정하시오.

방법 벤젠에서의 방법을 따라서 영년 방정식을 세우고 평면 구조의 σ 골격으로 가정하여 Hückel의 근사 범위 안에서 방정식을 풀고, 그다음에 이온이 0이 아닌 비편재화 에너지를 갖는지를 결정한다. 수학적 소프트웨어를 사용하여 Hamilton 연산자를 대각선화한다(토픽 32에서 더욱 간단히 고윳값을 구하기 위해 어떻게 대칭성을 사용하는지를 보일 것이다).

풀이 예제 26.2로부터 두 화학종의 에너지 준위들은 $E=\alpha\pm 2\beta$, α, α가 된다. C_4H_4에는 4개의 π 전자가 수용되므로 전체 π 결합 에너지는 $2(\alpha+2\beta)+2\alpha=4(\alpha+\beta)$가 된다. 2개의 편재화된 π 결합의 에너지도 $4(\alpha+\beta)$이다. 따라서 비편재화 에너지는 0이 되고 분자는 방향족이 아니다. $C_4H_4^{2+}$에는 단지 2개의 π 전자가 수용되므로 전체 π 결합 에너지는 $2(\alpha+2\beta)=2\alpha+4\beta$가 된다. 한 개의 편재화된 π 결합의 에너지는 $2(\alpha+\beta)$이다. 따라서 비편재화 에너지는 2β가 되고 분자 이온은 방향족이 된다.

자가 진단 26.4 $C_3H_3^-$의 전체 π 결합 에너지는 얼마인가?

답: $[4\alpha+2\beta]$

개념 확인

☐ 1. **Hückel 방법**에서는 인접하지 않은 원자들 사이의 겹침과 상호 작용을 무시한다.

☐ 2. Hückel 방법은 행렬을 사용하여 간결하게 나타낼 수 있다..

☐ 3. π **전자 생성 에너지**는 π 결합이 생성될 때 방출하는 에너지이다.

☐ 4. π **전자 결합 에너지**는 각각의 π 전자 에너지의 합이다 .

☐ 5. **비편재화 에너지**는 π 전자 에너지와, 편재화된 π 결합을 갖는 동일한 분자의 에너지 사이에서의 차이를 말한다 .

☐ 6. 최고 점유 분자 오비탈(HOMO)과 최저 비점유 분자 오비탈(LUMO)은 분자의 **경계 오비탈**을 형성한다.

☐ 7. 벤젠의 안정성은 고리의 기하 구조와 높은 비편재화 에너지로부터 생긴다.

식 확인

성질	식	비고	식 번호
원자 오비탈의 선형 결합(LCAO)	$\psi=\sum_o c_o\chi_o$	χ_0은 원자 오비탈이다.	26.1
Hückel 식	$Hc=ScE$	Hűckel 근사: $S=1$	26.9
대각선화	$c^{-1}Hc=E$	Hűckel 근사: $S=1$	26.10
π 결합 생성 에너지	$E_{bf}=E_\pi-N_C\alpha$	Hűckel 근사: $S=1$	26.12

토픽 27

자체 일관성 장

내용

➤ 학습 목표

분자 구조와 반응성을 예측하기 위한 현대 계산 방법들은 현재 화학 전반에 걸쳐 이용 가능함은 물론 널리 사용되고 있다. 모든 도구에서처럼 이 방법의 근거를 아는 것은 중요하다.

➤ 핵심 내용

계산화학에서 수치 방법은 전형적으로 방정식이 수렴될 때까지, 즉 연속적인 반복 계산에서 변하지 않을 때까지 방정식을 풀어 진행된다.

➤ 미리 알기

이 토픽에서는 토픽 26에 도입된 접근법을 발전시키고 행렬 조작법(**수학적 배경** 5)을 심도 있게 사용하게 되는데, 이 방법은 변분 이론(토픽 25)에 기초를 두고 있다.

지난 수십 년 동안 컴퓨터 하드웨어의 엄청난 발달과 유용한 소프트웨어들의 개발에 힘입어 분자 구조와 반응성을 예측을 할 수 있는 컴퓨터가 사용되는 **계산화학**(**computational chemistry**) 분야는 계속 성장하여 왔다. 현재 소프트웨어 패키지들은 제약이나 약물 디자인, 대기 및 환경 화학, 나노기술, 재료과학을 포함한 넓고 다양한 화학적 응용에서 분자의 특성을 계산하는 데 일상적으로 적용된다. 많은 소프트웨어 패키지들은 결과를 시각화할 수 있는 정교한 그래픽 기능의 인터페이스를 갖고 있다. 분자 구조와 반응성을 설명하기 위하여 계산 방법을 발전시키는 데 공헌한 J.A Pople과 W. Kohn이 1998년에 노벨 화학상을 수상함으로써 계산화학 분야가 성숙되어 있음을 인정받았다.

27.1 핵심 도전

계산화학에서 전자 구조 계산의 목표는 전자의 Schrödinger 방정식 $\hat{H}\Psi = E\Psi$의 해를 구하는 것이며, 여기에서 E는 전자 에너지이고 Ψ는 다전자의 파동함수로서 모든 전자와 핵들의 좌표에 대한 함수이다. 이를 풀기 위하여 우선 Born–Oppenheimer 근사법을 적용하고 전자와 핵의 운동을 분리한다(토픽 22). 전자들의 Hamilton 연산자는 다음과 같으며, 이때 r_{Ii}는 전자 i로부터 전하 Ze를 갖는 핵 I까지의 거리이며 r_{ij}는 전자–전자의 간격이다.

$$\hat{H} = \underbrace{-\frac{\hbar^2}{2m_e}\sum_{i=1}^{N_e}\nabla_i^2}_{\text{전자의 운동 에너지}} \underbrace{-\sum_{i=1}^{N_e}\sum_{I=1}^{N_n}\frac{Z_I e^2}{4\pi\varepsilon_0 r_{Ii}}}_{\text{모든 핵에 대한 전자들의 인력}} + \underbrace{\frac{1}{2}\sum_{i\neq j}^{N_e}\frac{e^2}{4\pi\varepsilon_0 r_{ij}}}_{\text{전자들의 상호 반발력}} \qquad (27.1)$$

Hamilton 연산자

마지막 합에서 인자 $\frac{1}{2}$은 각 반발을 한번만 계산하게 하는 것이다. 상수들의 조합인 $e^2/4\pi\varepsilon_0$는 계산화학에서 도처에 나오며, 이를 j_0로 표시한다. 그리하면 Hamilton 연산자는 다음과 같이 된다.

$$\hat{H} = -\frac{\hbar^2}{2m_e}\sum_{i=1}^{N_e}\nabla_i^2 - j_0\sum_{i=1}^{N_e}\sum_{I=1}^{N_n}\frac{Z_I}{r_{Ii}} + \frac{1}{2}j_0\sum_{i\neq j}^{N_e}\frac{1}{r_{ij}}$$

앞으로 다음과 같은 표기를 사용될 것이다.

분류 종	표지	사용되는 수
전자	i and $j=1, 2, \ldots$	N_e
핵	$I=$A, B, ...	N_n
분자 오비탈 ψ	$m=a, b, \ldots$	N_m*
분자 오비탈을 구성하는 원자 오비탈('바탕함수') χ	$o=1, 2, \ldots$	N_b

*바닥 상태에 채워진 수

또 하나의 일반적인 관점은 이 토픽은 물론 이와 관련된 토픽의 **간단한 예**들과 예제들에서 일련의 순서로 전개된 주제는 제시된 식들이 어떻게 사용됨으로써 현실감을 줄 수 있는지를 명쾌하게 보여 주는 것을 목적으로 한다. 이를 위하여 다전자 분자로서 가장 간단한 수소 분자(H_2)를 사용할 것이다. 소개되는 방법 중 몇 가지는 이와 같이 간단한 분자에는 적용할 필요는 없지만, 간단한 방법으로서 이를 설명하고 뒤에 이어서 나오는 절에서 푸는 방법을 보여 주는 문제를 소개하는 데 기여할 것이다. H_2와 연관된 예를 선택하여 전개시키는 데 있어서 한 가지 중요한 점은 모든 설명들이 원하는 바와 같이 실제로는 그렇게 간단한 것은 아니라는 것이다. 그러나 '간단하다'는 용어의 일반적인 사용에 너무 집착하기보다는 각기 약간의 계산에 대하여 세부 과정을 보여 주는 것이 더 중요하기 때문이다. 여기에서는 H_2의 예에 국한되어 있음에도 불구하고 이 토픽 및 이와 연관된 토픽들에서 설명되는 방법에 기초한 계산 소프트웨어를 사용하여 커다란 분자에 대하여 계산하는 것은 단지 몇 초밖에 걸리지 않을 수 있다는 것을 주목할 가치가 있다.

간단한 예 27.1 Hamilton 연산자

H_2에 대한 설명을 위하여 사용하는 표기는 그림 27.1에 나타내었다. 이 두 개의 전자($N_e=2$)에 대하여 두 개의 핵($N_n=2$)을 갖는 분자의 Hamilton 연산자는 다음과 같다.

$$\hat{H} = -\frac{\hbar^2}{2m_e}(\nabla_1^2+\nabla_2^2) - j_0\left(\frac{1}{r_{A1}}+\frac{1}{r_{A2}}+\frac{1}{r_{B1}}+\frac{1}{r_{B2}}\right) + \frac{j_0}{r_{12}}$$

표기를 간단하게 유지하기 위하여 다음과 같은 일전자 연산자를 도입한다.

$$\hat{h}_i = -\frac{\hbar^2}{2m_e}\nabla_i^2 - j_0\left(\frac{1}{r_{Ai}}+\frac{1}{r_{Bi}}\right)$$

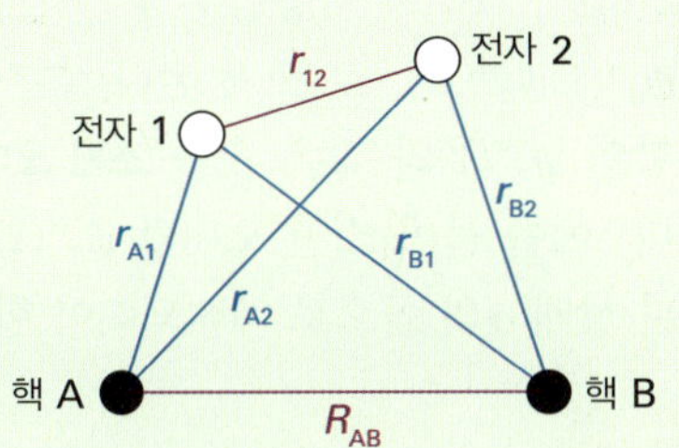

그림 27.1 수소 분자를 설명하기 위해 **간단한 예** 27.1에서 소개되고 이 책 전반에서 사용되는 표시법

이는 H_2^+ 분자 이온에서 전자에 대한 Hamilton 연산자로 간주되는 것으로 다음과 같게 된다.

$$\hat{H} = \hat{h}_1 + \hat{h}_2 + \frac{j_0}{r_{12}}$$

H_2의 Hamilton 연산자는 기본적으로 H_2^+꼴 분자 이온에서 각 전자에 대한 것이 되며 여기에 전자-전자 반발력 항이 추가된 것이다.

자가 진단 27.1 H_3^-를 설명하기 위해서 필요한 추가적인 항은 무엇인가?

답: $\hat{h}_3 + j_0/r_{13} + j_0/r_{23}$

오로지 하나의 전자-전자 반발력 항을 갖는 H_2에서와 같은 경우일지라도 식 27.1에 나타난 Hamilton 연산자의 복잡성 때문에 해석적인 해를 구한다는 것을 기대하는 것은 거의 불가능하다. 따라서 계산 화학에서 전체적인 추진력은 더욱 더 신뢰할 수 있는 결과를 제공하는 수치적인 과정을 공식화하고 구현하는 것이다.

27.2 Hartree-Fock 수식 체계

다전자 분자의 전자 파동함수는 모든 전자의 위치에 대한 함수 $\Psi(\boldsymbol{r}_1, \boldsymbol{r}_2, \ldots)$이다. 한 가지 매우 폭넓게 사용되는 근사법을 만들어 내기 위하여 H_2의 MO 설명에서 각각의 전자는 하나의 오비탈을 차지하며 전체 파동함수는 $\psi(\boldsymbol{r}_1)\psi(\boldsymbol{r}_2)\ldots$로 쓸 수 있다고 생각하는 토픽 24의 내용을 기반으로 한다. 이와 같은 **오비탈 근사법(orbital approximation)**은 매우 지나친 면이 있으며, 전자들의 상대적 위치에 대한 함수 의존성의 세부 사항을 많이 잃게 된다는 것을 주목해야 한다. 여기에서 표기법에 두 가지를 약간 변화시켜 같은 방법을 적용해 보자. 표현의 모양을 간단하게 하기 위하여 $\psi(\boldsymbol{r}_1)\psi(\boldsymbol{r}_2)\ldots$를 $\psi(1)\psi(2)\ldots$로 쓴다. 다음에 전자 1이 스핀 α를 갖고 분자 오비탈 ψ_a를 점유하며, 전자 2가 스핀 β를 갖고 같은 분자 오비탈을 차지하는 등, 계속하여 이러한 방식으로 전자가 오비탈을 점유한다고 하면, 다전자 파동함수 Ψ는 일전자 파동함수의 곱인 $\Psi = \psi_a{}^{\alpha}(1)\psi_a{}^{\beta}(2)\ldots$로 쓰게 된다. 분자 오비탈과 스핀 함수의 조합인 $\psi_a{}^{\alpha}(1)$와 같은 것을 **스핀 오비탈(spinorbital)**이라고 한다. 예를 들어 스핀 오비탈 $\psi_a{}^{\alpha}(1)$는 공간 파동함수 ψ_a와 스핀 상태 α의 곱으로 해석되어야 한다. 따라서

$$\underbrace{\psi_a^{\alpha}(1)}_{\text{스핀 오비탈}} = \underbrace{\psi_a(1)}_{\text{공간 인자}}\underbrace{\alpha(1)}_{\text{스핀 인자}}$$

이며 다른 스핀 오비탈도 이와 마찬가지이다. 여기에서는 전자 껍질이 찬(닫힌 껍질) 분자들만을 고려하지만, 이와 같이 설명하는 방법은 전자 껍질이 차 있지 않은(열린 껍질) 분자에도 확장시킬 수 있다.

간단한 곱 파동함수는 Pauli 원리를 만족시키지 않으며, 따라서 임의의 한 전자쌍의 순열을 교환했을 때 부호가 변한다(토픽 19). 파동함수가 이러한 원리를 만족시키는 것을 확실하게 하기 위해서는 다음과 같이 +와 − 부호를 적절히 사용하면서 모든 가능한 순열의 합으로 수정한다.

$$\Psi = \psi_a{}^{\alpha}(1)\psi_a{}^{\beta}(2)\ldots\psi_z{}^{\beta}(N_e) - \psi_a{}^{\alpha}(2)\psi_a{}^{\beta}(1)\ldots\psi_z{}^{\beta}(N_e) + \ldots$$

이 합셈은 $N_e!$ 개의 항으로 이루어진 것이며, 이 전체 합은 **Slater 행렬식(Slater determinant)**이라고 하는 행렬식으로 나타낼 수 있으며, 이것의 전개(**수학적 배경** 5를 참조할 것)는 항들이 동일하게 교대되는 합을 생성한다.

$$\Psi = \frac{1}{(N_e!)^{1/2}}\begin{vmatrix} \psi_a^{\alpha}(1) & \psi_a^{\beta}(1) & \cdots & \psi_z^{\beta}(1) \\ \psi_a^{\alpha}(2) & \psi_a^{\beta}(2) & \cdots & \psi_z^{\beta}(2) \\ \vdots & \vdots & \vdots & \vdots \\ \psi_a^{\alpha}(N_e) & \psi_a^{\beta}(N_e) & \cdots & \psi_z^{\beta}(N_e) \end{vmatrix}$$ Slater 행렬식 (27.2a)

행렬식 앞의 인자 $1/(N_e!)^{1/2}$는 성분 분자 오비탈 ψ_m들이 정규화되는 경우, 파동함수가 정규화되는 것을 확실하게 하는 정규화 상수이다. 커다란 행렬식을 쓰는 지루함을 피하기 위해서 파동함수는 다음과 같이 일반적으로 주 대각선만을 사용하여 나타낸다.

$$\Psi = (1/N_e!)^{1/2}\,|\psi_a{}^{\alpha}(1)\psi_a{}^{\beta}(2)\ldots\psi_z{}^{\beta}(N_e)| \qquad (27.2b)$$

간단한 예 27.2 다전자 파동함수

$H_2(N_e=2)$의 바닥 상태에 대한 Slater 행렬식은 다음과 같다.

$$\Psi = \frac{1}{2^{1/2}}\begin{vmatrix} \psi_a^{\alpha}(1) & \psi_a^{\beta}(1) \\ \psi_a^{\alpha}(2) & \psi_a^{\beta}(2) \end{vmatrix}$$

여기에서 두 개의 모든 전자는 분자 파동함수 ψ_a를 점유한다. 행렬식을 전개하면 다음과 같다.

$$\begin{aligned}\Psi &= \frac{1}{2^{1/2}}\{\psi_a^{\alpha}(1)\psi_a^{\beta}(2) - \psi_a^{\alpha}(2)\psi_a^{\beta}(1)\} \\ &= \frac{1}{2^{1/2}}\psi_a(1)\psi_a(2)\{\alpha(1)\beta(2) - \beta(1)\alpha(2)\}\end{aligned}$$

스핀 인자는 단일항 상태(식 19.2b, $\sigma_- = (1/2^{1/2})\{\alpha\beta - \beta\alpha\}$)에 해당하며, 따라서 Ψ는 두 개의 전자가 ψ_a에서 스핀이 쌍을 이루고 있다는 것에 해당한다는 것을 알아야 한다. 전자의 표기인 1과 2를 교환하면 Pauli 원리를 만족시키기 위해 Ψ의 부호가 바뀐다는 것을 주목하라.

자가 진단 27.2 Slater 행렬식의 어떤 두 열을 서로 바꾸면 행렬식의 부호가 바뀐다는 것을 증명하시오.

답: 행렬식의 성질을 복습하라. **수학적 배경** 5

변분 원리(토픽 25)를 적용시키면 Ψ가 변함에 따라 도달하는 최저의 에너지에 대응하는 파동함수가 ψ의 최적 형태가 된다. 따라서 파동함수 ψ는 기댓값 $\int\Psi^*\hat{H}\Psi\mathrm{d}\tau$를 최소화시켜야 할 필요가 있다. 예를 들어 전자는 서로 상호 작용을 하기 때문에 ψ_a 형태에서의 변분은 모든 다른 ψ들의 최적 형태가 어떻게 될 것인가에 영향을 미치며, 따라서 ψ들의 최적 형태를 찾는다는 것은 결코 사소한 문제가 아니다. 그러나 D.R. Hartree와 V. Fock은 최적의 ψ 각각은 어떠한 것이 다음과 같이 언뜻 보기에는 매우 간단한 식의 조합을 만족시키는가를 보여주었다.

$$\hat{f}_1\psi_a(1) = \varepsilon_a\psi_a(1)$$ Hartree–Fock 방정식 (27.3)

여기에서 $\hat{f}_1$은 **Fock 연산자(Fock operator)**라고 한다. 이것은 각 분자 오비탈 ψ_a를 찾아내기 위하여 푸는 식이며, 모든 다른 오비탈에 대해서도 유사한 식이 존재한다. 이러한 유사 Schrödinger 식은 예측할 수 있는 형태(그러나 이것의 공식적인 유도가 수반된다)를 갖는다. 따라서 Fock 연산자 $\hat{f}_1$은 다음과 같은 내용을 수학적으로 표시하는 항들로 되어 있다.

물리적 해석

$\hat{f}_1$ = 전자 1에 대한 핵심 Hamilton 연산자($\hat{h}_1$)
+ 전자 2,3,...으로부터의 평균 Coulomb 반발력 (V_{Coulomb})
+ 스핀 상관 효과에 기인하는 평균 보정(V_{exchange})
$= \hat{h}_1 + V_{\text{Coulomb}} + V_{\text{exchange}}$

핵심 Hamilton 연산자(core hamiltonian)는 **간단한 예** 27.1에서 정의된 핵의 영역 안에서 전자 1의 에너지를 나타내는 일전자 Hamilton 연산자 $\hat{h}_1$을 의미한다. 모든 다른 전자들로부터의 Coulomb 반발력은 다음과 같이 작용하는 항에 기여한다(그림 27.2).

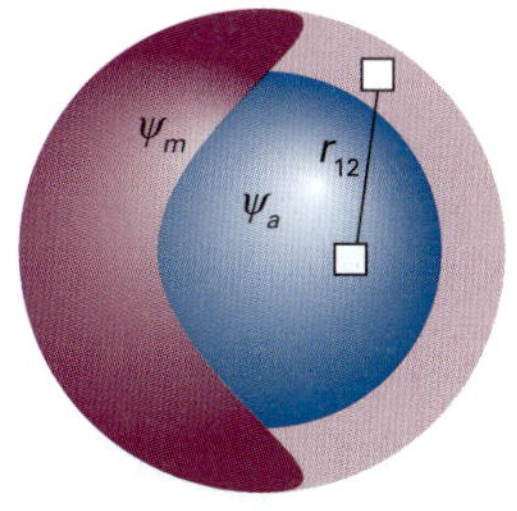

그림 27.2 식 27.4의 Coulomb 반발력의 도식적인 해석. 오비탈 ψ_a의 전자는 $|\psi_m|^2$의 확률 밀도를 갖는 오비탈 ψ_m에 있는 전자로부터 반발을 겪는다.

$$\hat{J}_m(1)\psi_a(1)=j_0\int\psi_a(1)\frac{1}{r_{12}}\psi_m^*(2)\psi_m(2)\mathrm{d}\tau_2 \quad \text{Coulomb 연산자} \quad (27.4)$$

이 적분은 오비탈 ψ_a에 있는 전자 1이 확률 밀도 $\psi_m{}^*\psi_m$로 분포되어 있는 오비탈 ψ_m의 전자 2로부터 겪는 반발력을 나타낸다. 각 오비탈에는 전자가 2개 있으므로 전체 기여는 다음과 같은 형태를 갖는다고 예측할 수 있다.

$$V_{\text{Coulomb}}\psi_a(1)=2\sum_{m,\text{occ}}\hat{J}_m(1)\psi_a(1) \quad (27.5)$$

여기에서 합은 오비탈 a를 포함하여 점유된 모든 오비탈에 대하여 더하는 것을 말한다. 전자 1은 자체적으로 작용하지 않고 두 번째 전자와만 상호 작용을 하므로 $m=a$인 오비탈을 두 번 계산하는 것은 옳지 않다는 사실에 반드시 주의해야 한다. 이 오류는 곧 수정될 것이다. 스핀 상관관계 항에서는 같은 스핀을 갖는 전자들은 서로 피하여(토픽 20) 그들 사이에서의 실질 Coulomb 상호 작용을 줄인다는 사실을 고려한다. 이와 같은 기여는 다음과 같은 형태를 갖는다.

$$\hat{K}_m(1)\psi_a(1)=j_0\int\psi_m(1)\frac{1}{r_{12}}\psi_m^*(2)\psi_a(2)\mathrm{d}\tau_2 \quad \text{교환 연산자} \quad (27.6)$$

주어진 전자 1에 대하여 여기에서 고려되는 닫힌 껍질 화학종의 점유된 모든 오비탈에서 동일한 스핀을 갖는 전자는 하나만 존재하므로 전체에 대한 기여는 다음과 같은 형태를 예측할 수 있다.

$$V_{\text{exchange}}\psi_a(1)=-\sum_{m,\text{occ}}\hat{K}_m(1)\psi_a(1) \quad (27.7)$$

음의 부호는 스핀 상관관계가 전자들이 서로 멀어지게 하며, 따라서 그들의 고전적인 Coulomb 반발력을 작게 한다는 것을 상기시킨다. 앞의 항들을 모음으로써 Fock 연산자의 영향에 대한 다음과 같은 특별한 식에 도달하게 된다.

$$\hat{f}_1\psi_a(1)=\hat{h}_1\psi_a(1)+\sum_{m,\text{occ}}\{2\hat{J}_m(1)-\hat{K}_m(1)\}\psi_a(1) \quad (27.8)$$

이 식은 모든 분자 오비탈에 적용되지만 오로지 N_m개의 점유된 오비탈에 대하여 합해진다. $\hat{K}_a(1)\psi_a(1)=\hat{J}_a(1)\psi_a(1)$이므로, 합에서 $m=a$인 항은 이것의 $2\hat{J}_a$ 중의 하나를 잃게 되는데, 이것은 앞에서 언급된 전자 자체의 반발에 대한 영향을 방지하는 보정이다.

식 27.8은 Hartree–Fock 수식 체계의 두 번째 주요 근사법(첫 번째는 오비탈 근사법에 대한 의존성)을 나타낸다. $1/r_{1j}$ 형태의 항들을 통해서 분자 속 다른 전자들의 순간적인 위치에 반응하는 전자 1 대신에(또는 다른 어떤 전자이든), 이것은 식 27.8에 나타난 종류의 적분을 통해 다른 전자들의 **평균** 위치에 반응한다. Hartree–Fock 방법은 반발력을 최소화하기 위하여 서로 서로를 피하는 전자의 순간적인 경향인 **전자 상관관계(electron correlation)**를 무시한다고 말한다. 전자 상관관계를 고려하지 않는 것은 계산의 부정확성에 대한 주된 이유이며 '실제'(즉 실험적인) 값보다 더 높게 계산된 에너지에 이르게 된다.

식 27.8은 ψ_a를 구하기 위해 풀어야 하는 식이긴 하지만 연산자 $\hat{J}$와 $\hat{K}$를 세우고, 따라서 ψ_a를 알아내기 위하여 모든 다른 점유된 파동함수를 알아야 할 필요가 있음을 의미한다. 이러한 어려움을 갖고 계산을 진행하기 위하여 모든 일전자 파동함수의 초기 형태를 예측하고 Coulomb 연산자와 교환 연산자를 정의하는 데 이들을 사용하여 Hartree–Fock 방정식을 풀 수 있게 된다. 이렇게 해서 얻은 새로운 파동함수를 가지고 이 계산 과정을 되풀이하며, 에너지 ε_m과 파동함수 ψ_m이 원하는 기준 범위 안에서 변하지 않을 때까지 이 순환 계산을 되풀이한다. 이러한 계산 과정 때문에 일반적으로는 **자체 일관성 장(self-consistent field**, SCF)이라는 용어가, 그리고 오비탈 근사법에 기초한 접근법의 경우에 대하여 **Hartree-Fock 자체 일관성 장**(HF–SCF)이라는 용어가 나온 것이다(다전자 원자에 적용되는 것과 같은 HF–SCF 방법의 간단한 설명은 토픽 19에 이미 제시하였다).

간단한 예 27.3 Hartree-Fock 방정식

H_2의 예를 계속해 보자. 식 27.8에 따라서 ψ_a에 대한 Hartree–Fock 방정식은 $\hat{f}_1\psi_a(1)=\varepsilon_a\psi_a(1)$이며, 이때 다음과 같은 관계가 있다.

$$\hat{f}_1\psi_a(1)=\hat{h}_1\psi_a(1)+2\hat{J}_a(1)\psi_a(1)-\hat{K}_a(1)\psi_a(1)$$

여기에서

$$\hat{J}_a(1)\psi_a(1)=\hat{K}_a(1)\psi_a(1)=j_0\int\psi_a(1)\frac{1}{r_{12}}\psi_a^*(2)\psi_a(2)\mathrm{d}\tau_2$$

이 경우에 있어서 점유된 오비탈이 한 개뿐이므로 식 27.8의 합은 단일 항만을 갖게 됨을 주목하라. 따라서 풀어야 할 식은 다음과 같다.

$$-\frac{\hbar^2}{2m_e}\nabla_1^2\psi_a(1)-j_0\left(\frac{1}{r_{A1}}+\frac{1}{r_{B1}}\right)\psi_a(1)$$
$$+j_0\int\psi_a(1)\frac{1}{r_{12}}\psi_a^*(2)\psi_a(2)\mathrm{d}\tau_2=\varepsilon_a\psi_a(1)$$

ψ_a에 대한 이 식은 자체 일관성을 갖게 풀어야 하며(그리고 수치적으로) 이는 ψ_a의 형태를 좌우하는 적분은 이미 알고 있어야 하기 때문이다. 다음에 나오는 예에서는 채택되는 몇 가지 방법을 설명할 것이다.

자가 진단 27.3 2개의 전자가 분자 오비탈 b에 점유되어 있는 닫힌 껍질 4전자 동핵 이분자에서 나타나는 추가 항들을 구하시오.

답: $+2\hat{J}_b(1)\psi_a(1)-\hat{K}_b(1)\psi_a(1)$

공간 파동함수 ψ에 대하여 Hartree–Fock 방정식을 풀게 되면 바닥 상태의 파동함수 Ψ를 구성할 수 있으며 기댓값 $\int\Psi^*\hat{H}\Psi\mathrm{d}\tau$로부터 SCF 에너지를 계산할 수 있다. 최종적이며 복잡한 식은 ψ를 포함하는 적분으로서 분자의 모든 전자에 대한 합으로 표시된다.[1]

27.3 Roothaan 방정식

HF–SCF 방법의 어려움은 강력한 컴퓨터를 사용하여도 풀기 힘든 Hartree–Fock 방정식의 수치적 해를 구하는 데 있다. 결과적으로 이 방법이 화학에서 사용되기 전에 기법의 조작이 필요하게 된다. 토픽 23에서는 분자 오비탈이 어떻게 원자 오비탈의 선형 결합으로 구성되는가를 설명하였다. 이와 같은 간단한 접근법은 1951년에 C.C.J. Roothaan과 G.G. Hall에 의하여 독자적으로 사용되게 되었으며, 이들은 분자 오비탈을 구현하기 위해 사용되는 LCAO에서 나타나는 계수들에 대한 식으로 분자 오비탈에 대한 Hartree–Fock 방정식을 전환하는 방법을 찾아내었다. 즉 이들은 다음과 같이 표현하였다.

$$\psi_m=\sum_{o=1}^{N_b}c_{om}\chi_o \qquad \text{일반적 LCAO} \qquad (27.9)$$

여기에서 c_{om}은 미지의 계수들이며, χ_o는 (알고 있는) 원자 오비탈들(실수로 취해지는)이다. 이 LCAO 근사는 근사법이라는 것에 추가적으로 바탕함수는 유한하며, 따라서 분자 오비탈을 정확하게 재현할 수 없기 때문에 Hartree–Fock 방정식에 기저를 이루고 있다. 바탕 함수 집합(basis set)의 수(N_b)는 분자 속 원자핵의 수(N_n)와 같을 필요는 없는데, 이는 각 핵에 여러 개의 원자 오비탈(탄소 원자에서 2s와 2p 오비탈 총 4개와 같이)을 사용할 수도 있기 때문이다. N_b개의 바탕 함수로부터 N_b개의 독립적인 선형 분자 오비탈 ψ_m을 얻으며, 이 중 몇 개(N_m)는 점유되어 있을 것이다. 나머지 점유되지 않은 선형 결합을 **가상 오비탈**(**virtual orbital**)이라고 한다.

다음의 **증명**에서는 식 27.9와 같은 선형 결합을 사용하여 **Roothaan 식**(**Roothaan equation**)이라고 부르는 계수들에 대한 연립방정식의 모음에 이르는 것을 보여 준다. 이들 방정식은 다음과 같이 표시되는 행렬로 가장 잘 요약된다.

$$\boldsymbol{Fc}=\boldsymbol{Sc\varepsilon} \qquad \text{Roothaan 방정식} \qquad (27.10)$$

여기서 $\boldsymbol{F}$는 원소가 다음 식과 같은 $N_b\times N_b$ 행렬이며,

$$F_{o'o}=\int\chi_{o'}(1)\hat{f}_1\chi_o(1)\mathrm{d}\tau_1 \qquad \text{Fock 행렬 원소} \qquad (27.11a)$$

$\boldsymbol{S}$는 원소가 다음 식과 같은 겹침 적분의 $N_b\times N_b$ 행렬이고,

$$S_{o'o}=\int\chi_{o'}(1)\chi_o(1)\mathrm{d}\tau_1 \qquad \text{겹침 행렬 원소} \qquad (27.11b)$$

$\boldsymbol{c}$는 다음 식과 같은 구하고자 하는 모든 계수들의 $N_b\times N_b$ 행렬이다.

$$\boldsymbol{c}=\begin{pmatrix} c_{1a} & c_{1b} & \cdots & c_{1N_b} \\ c_{2a} & c_{2b} & \cdots & c_{2N_b} \\ \vdots & \vdots & \cdots & \vdots \\ c_{N_ba} & c_{N_bb} & \cdots & c_{N_bN_b} \end{pmatrix} \qquad \text{계수들의 행렬} \qquad (27.11c)$$

또한 $\boldsymbol{\varepsilon}$는 대각선을 따라 고윳값인 $\varepsilon_1,\varepsilon_2,\ldots,\varepsilon_{N_b}$ 값을 갖는 $N_b\times N_b$ 대각선 행렬이며, 처음 N_m은 점유된 오비탈을 나타낸다.

증명 27.1 Roothaan 방정식

Roothaan 방정식을 세우기 위하여 $m=a$일 때 식 27.9의 선형 결합을 식 27.3에 대입하면 다음과 같이 된다.

$$\hat{f}_1\psi_a(1)=\hat{f}_1\sum_{o=1}^{N_b}c_{oa}\chi_o(1)=\varepsilon_a\sum_{o=1}^{N_b}c_{oa}\chi_o(1)$$

여기에서 좌변에 $\chi_{o'}(1)$을 곱하고 전자 1의 좌표에 걸쳐서 적분을 하면 다음과 같이 된다.

[1] 자세한 것을 알아보려면 *Molecular quantum mechanics*, Oxford University Press(2011)를 볼 것.

$$\sum_{o=1}^{N_b} c_{oa} \overbrace{\int \chi_{o'}(1) f_1 \chi_o(1) \mathrm{d}\tau_1}^{F_{o'o}} = \varepsilon_a \sum_{o=1}^{N_b} c_{oa} \overbrace{\int \chi_{o'}(1) \chi_o(1) \mathrm{d}\tau_1}^{S_{o'o}}$$

즉 다음과 같은 결과를 얻게 되며 이 표현은 식 27.10의 행렬 방정식 형태를 갖게 된다.

$$\overbrace{\sum_{o=1}^{N_b} F_{o'o} c_{oa}}^{(\boldsymbol{Fc})_{o'a}} = \varepsilon_a \overbrace{\sum_{o=1}^{N_b} S_{o'o} c_{oa}}^{(\boldsymbol{Sc})_{o'a}}$$

예제 27.1 Roothaan 방정식 세우기

H_2에 대한 Roothaan 방정식을 세우시오.

방법 핵 A와 B 각각의 중심에서 실수이며 정규화된 함수 χ_A와 χ_B의 바탕 함수 집합을 취한다. 이 함수들은 각 핵에서의 H1s 오비탈로 생각할 수 있다. 그러나 이들은 이보다 더 일반화하여 생각할 수 있으며, 이는 뒤에 나오는 예에서 계산상 좀 더 친숙하게 택할 수 있다. 그런 다음 $\boldsymbol{c}$, $\boldsymbol{S}$, $\boldsymbol{F}$ 행렬을 세운다.

풀이 식 27.9에 대응하는 두 개의 가능한 선형 집합은 $\psi_m = c_{Am}\chi_A + c_{Bm}\chi_B$이며, 따라서 $m = a$(점유된)와 b(가상의)일 때 행렬 $\boldsymbol{c}$는

$$\boldsymbol{c} = \begin{pmatrix} c_{Aa} & c_{Ab} \\ c_{Ba} & c_{Bb} \end{pmatrix}$$

이며 개별적으로 정규화된 원자 오비탈의 겹침 행렬 $\boldsymbol{S}$는 다음과 같다.

$$\boldsymbol{S} = \begin{pmatrix} 1 & S \\ S & 1 \end{pmatrix} \qquad S = \int \chi_A \chi_B \mathrm{d}\tau$$

또한 Fock 행렬은 다음과 같다.

$$\boldsymbol{F} = \begin{pmatrix} F_{AA} & F_{AB} \\ F_{BA} & F_{BB} \end{pmatrix} \qquad F_{XY} = \int \chi_X \hat{f}_1 \chi_Y \mathrm{d}\tau$$

뒤의 예에서 $\boldsymbol{F}$ 원소의 명확한 형태를 분석할 것이며 여기에서는 이들을 단지 변하는 양으로 간주한다. 따라서 Roothaan 방정식은 다음과 같이 나타낸다.

$$\begin{pmatrix} F_{AA} & F_{AB} \\ F_{BA} & F_{BB} \end{pmatrix}\begin{pmatrix} c_{Aa} & c_{Ab} \\ c_{Ba} & c_{Bb} \end{pmatrix} = \begin{pmatrix} 1 & S \\ S & 1 \end{pmatrix}\begin{pmatrix} c_{Aa} & c_{Ab} \\ c_{Ba} & c_{Bb} \end{pmatrix}\begin{pmatrix} \varepsilon_a & 0 \\ 0 & \varepsilon_b \end{pmatrix}$$

이 행렬들을 곱하고 점유된 오비탈 a에 해당하는 행렬 요소들을 대응시키면 다음을 얻게 된다.

$$F_{AA}c_{Aa} + F_{AB}c_{Ba} = \varepsilon_a c_{Aa} + \varepsilon_a S c_{Ba}$$
$$F_{BA}c_{Aa} + F_{BB}c_{Ba} = \varepsilon_a c_{Ba} + \varepsilon_a S c_{Aa}$$

따라서 분자 오비탈 ψ_a에 대한 계수들을 찾기 위하여 이 연립방정식 쌍을 풀면 된다.

자가 진단 27.4 위와 동일한 바탕 함수로부터 세워지는 가상 오비탈 b에 대한 추가적인 두 개의 방정식을 쓰시오.

답: $F_{AA}c_{Ab} + F_{AB}c_{Bb} = \varepsilon_b c_{Ab} + \varepsilon_b S c_{Bb}$, $F_{BA}c_{Ab} + F_{BB}c_{Bb} = \varepsilon_b c_{Bb} + \varepsilon_b S c_{Ab}$

Roothaan 방정식, 식 27.10은 단순히 N_b 계수들인 c_{om}들에 대한 N_b개 연립방정식의 모음이다. 에너지들은 영년 방정식의 해가 됨을 보여 주기 위하여 아래의 **증명**에 나타난 다음과 같은 행렬과 행렬식의 성질을 사용할 수 있다.

$$|\boldsymbol{F} - \varepsilon \boldsymbol{S}| = 0 \qquad (27.12)$$

증명 27.2 영년 행렬식

Roothaan 방정식에서 나타나는 영년 행렬식의 형태를 결정하기 위해서 우선 식 27.10의 양변에 S의 역행렬인 $\boldsymbol{S}^{-1}$을 곱하면 그 결과는 $\boldsymbol{S}^{-1}\boldsymbol{Fc} = \boldsymbol{c\varepsilon}$가 되며, 행렬의 곱인 $\boldsymbol{S}^{-1}\boldsymbol{F}$를 $\boldsymbol{M}$으로 표시한다. 그러면 이 식은 $\boldsymbol{Mc} = \boldsymbol{c\varepsilon}$가 된다. 계수의 행렬 $\boldsymbol{c}$는 식 27.11c로 주어지며 다음의 형태로 쓸 수 있다.

$$\boldsymbol{c} = (\boldsymbol{c}^{(a)}, \boldsymbol{c}^{(b)}, \ldots \boldsymbol{c}^{(N_b)})$$

여기에서 $\boldsymbol{c}^{(m)}$은 에너지 ε_m의 분자 오비탈 ψ_m에 대한 계수 c_{om}으로 구성된 열(column) 벡터이며 다음과 같다.

$$\boldsymbol{c}^{(m)} = \begin{pmatrix} c_{1m} \\ c_{2m} \\ \vdots \\ c_{N_b m} \end{pmatrix}$$

이들 열벡터에 대하여 식 $\boldsymbol{Mc} = \boldsymbol{c\varepsilon}$는 $\boldsymbol{Mc}^{(m)} = \varepsilon_m \boldsymbol{c}^{(m)}$ 또는 $(\boldsymbol{M} - \varepsilon_m \boldsymbol{1})\boldsymbol{c}^{(m)} = 0$ 식의 형태를 갖는 식들의 모음으로 구성되게 된다. **수학적 배경** 5에서 설명된 바와 같이 이 식들의 모음이 실용해($\boldsymbol{c}^{(m)} \neq 0$)를 갖기 위한 필요충분 조건은 다음과 같다.

$$|\boldsymbol{M} - \varepsilon_m \boldsymbol{1}| = 0 \text{ 또는 } |\boldsymbol{S}^{-1}\boldsymbol{F} - \varepsilon_m \boldsymbol{1}| = 0$$

이 영년 방정식의 제곱근은 에너지 ε_m이고 이때 $m = 1, 2, \ldots N_b$(대각선 행렬 $\boldsymbol{\varepsilon}$의 원소)이다. 양변에 행렬식 $|\boldsymbol{S}|$를 곱하고 행렬식의 성질인 $|\boldsymbol{AB}| = |\boldsymbol{A}| \times |\boldsymbol{B}|$을 사용하면 다음의 결과가 된다.

$$|\boldsymbol{F} - \varepsilon_m \boldsymbol{S}| = 0$$

식의 세트인 $\boldsymbol{Mc}^{(m)} = \varepsilon_m \boldsymbol{c}^{(m)}$는 모든 $m = 1, 2, \ldots, N_b$에 대하여 성립하며, 영년 방정식의 해는 모든 (N_b) 에너지 ε로 나타나며, 따라서 첨자 m을 제거할 수 있어 결국 식 27.12를 얻게 된다.

원칙적으로 오비탈 에너지 ε는 이 식의 제곱근을 찾음으로써 구할 수 있으며, 그다음 이 에너지를 사용하여 Roothaan 방정식을 풀어서 행렬 $\boldsymbol{c}$를 만드는 계수를 구할 수 있다. 그러나 한 가지 밝혀야 되는 것으로 $\boldsymbol{F}$의 원소들은 계수에 의존하게 된다는 것이다($\hat{f}_1$의 식에서 $\hat{J}$와 $\hat{K}$가 존재하기 때문에). 따라서 $\boldsymbol{c}$에 대한 초기 값의 세트를 추측하고, 오비탈 에너지에 대한 영년 방정식을 풀며, 그것들을 사용하여 $\boldsymbol{c}$에 대한 방정식을 풀고, 그리고 결과 값을 처음에 시작한 값들과 비교하는 방식을 반복적으로 계산해야 한다. 일반적으로 그들은 다를 것이며, 따라서 이 새로운 값들을 다음 계산의 순환 과정에서 사용하고 이 값들이 수렴하여 같아질 때까지 계속해야 한다(그림 27.3). 작고 닫힌 껍질 분자들에서는 단지 몇 번의 순환 계산 이내에서 주로 수렴하게 된다.

예제 27.2 에너지 준위 확인

예제 27.1에서 확인된 H_2 분자에 대한 영년 방정식을 푸시오.

방법 예제 27.1의 표기법을 사용하여 오비탈들에 대한 영년 행렬식을 설정하고 이를 전개하여 결과의 2차방정식의 제곱근을 찾는다.

풀이 H_2 분자에 대한 영년 행렬식은 다음과 같다.

$$\begin{vmatrix} F_{AA}-\varepsilon & F_{AB}-\varepsilon S \\ F_{BA}-\varepsilon S & F_{BB}-\varepsilon \end{vmatrix}=0$$

이 행렬식을 전개하면 다음의 식을 얻게 된다.

$$(F_{AA}-\varepsilon)(F_{BB}-\varepsilon)-(F_{AB}-S\varepsilon)(F_{BA}-S\varepsilon)=0$$

항들을 모아 정리하면 다음의 결과에 도달하게 된다.

$$(1-S^2)\varepsilon^2-(F_{AA}+F_{BB}-SF_{AB}-SF_{BA})\varepsilon+(F_{AA}F_{BB}-F_{AB}F_{BA})=0$$

이것은 오비탈 에너지 ε_a와 ε_b에 대한 2차방정식이며, 따라서 2차식을 사용하여 풀 수 있다. 따라서 이 식을 $a\varepsilon^2+b\varepsilon+c=0$과 같이 간단히 표기하면 아래와 같은 결과를 얻는다.

$$\varepsilon=\frac{-b\pm(b^2-4ac)^{1/2}}{2a} \qquad \begin{aligned} a&=1-S^2 \\ b&=-(F_{AA}+F_{BB}-SF_{AB}-SF_{BA}) \\ c&=F_{AA}F_{BB}-F_{AB}F_{BA} \end{aligned}$$

에너지가 결정되면 ε_a의 작은 값을 택하여 다음 식으로 치환해서

$$c_{Aa}=-\frac{F_{AB}-S\varepsilon_a}{F_{AA}-\varepsilon_a}c_{Ba}$$

정규화 조건 $c^2_{Aa}+c^2_{Ba}+2c_{Aa}c_{Ba}S=1$과 함께 계수들을 구한다(동핵 이원자 분자에서는 물론 두 에너지 중에 작은 에너지에 대하여 $c_{Aa}=c_{Ba}$에 이르는 훨씬 더 간단한 방법이 있다).

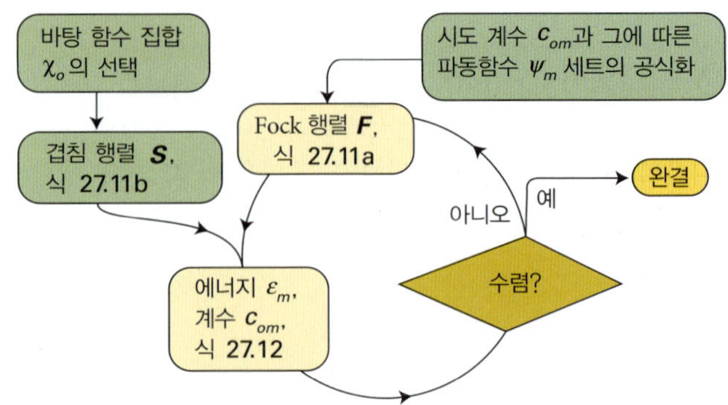

그림 27.3 Hartree–Fock 자체 일관성 장 계산에 대한 반복 과정

자가 진단 27.5 오비탈 에너지 ε_b을 사용하여 c_{Aa}와 c_{Bb}의 관계를 나타내는 식을 쓰시오.

답: $c_{Ab}=-\frac{F_{BB}-\varepsilon_b}{F_{BA}-S\varepsilon_b}c_{Bb}$, $c^2_{Ab}+c^2_{Bb}+2c_{Ab}c_{Bb}S=1$

중요한 미해결 문제는 Fock 행렬 $\boldsymbol{F}$의 원소의 형태와 이들의 LCAO 계수에 대한 의존성이다. $F_{oo'}$의 구체적인 형태는 다음 식과 같으며, 여기에서 합은 점유된 분자 오비탈들에 걸친 것이다.

$$\begin{aligned} F_{oo'}=&\int\chi_o\hat{h}_1\chi_{o'}\mathrm{d}\tau \\ &+2j_0\sum_{m,\mathrm{occ}}\int\chi_o(1)\chi_{o'}(1)\frac{1}{r_{12}}\psi_m(2)\psi_m(2)\mathrm{d}\tau_1\mathrm{d}\tau_2 \\ &-j_0\sum_{m,\mathrm{occ}}\int\chi_o(1)\psi_m(1)\frac{1}{r_{12}}\psi_m(2)\chi_{o'}(2)\mathrm{d}\tau_1\mathrm{d}\tau_2 \end{aligned} \tag{27.13}$$

$\boldsymbol{F}$의 계수들에 대한 의존은 두 적분에서 ψ_m의 존재로부터 나타낼 수 있으며, 이러한 분자 오비탈에 대해서는 그들의 LCAO에 있는 계수에 의존한다.

예제 27.3 적분의 설정

예제 27.2에서 밝혀진 행렬의 원소 F_{AA}를 분자 적분의 항으로 전개하시오.

방법 식 27.13을 실행한다.

풀이 한 개의 오비탈만 채워져 있으므로 식 27.13은 다음과 같이 된다.

$$\begin{aligned} F_{AA}=&\int\chi_A\hat{h}_1\chi_A\mathrm{d}\tau+2j_0\int\chi_A(1)\chi_A(1)\frac{1}{r_{12}}\psi_a(2)\psi_a(2)\mathrm{d}\tau_1\mathrm{d}\tau_2 \\ &-j_0\int\chi_A(1)\psi_a(1)\frac{1}{r_{12}}\psi_a(2)\chi_A(2)\mathrm{d}\tau_1\mathrm{d}\tau_2 \end{aligned}$$

$\psi_a=c_{Aa}\chi_A+c_{Ba}\chi_B$이므로 우변의 두 번째 적분은 다음과 같이 4개의 항을 갖는 식이 된다.

$$\int \chi_A(1)\chi_A(1)\frac{1}{r_{12}}\psi_a(2)\psi_a(2)d\tau_1 d\tau_2$$
$$=\int \chi_A(1)\chi_A(1)\frac{1}{r_{12}}\{c_{Aa}\chi_A(2)+c_{Ba}\chi_B(2)\}$$
$$\times\{c_{Aa}\chi_A(2)+c_{Ba}\chi_B(2)\}d\tau_1 d\tau_2$$
$$=c_{Aa}c_{Aa}\int \chi_A(1)\chi_A(1)\frac{1}{r_{12}}\chi_A(2)\chi_A(2)d\tau_1 d\tau_2+\cdots$$

여기에서 **F**의 행렬 원소는 구하고자 하는 계수에 의존함을 분명하게 알 수 있다.

자가 진단 27.6 $c_{Aa}c_{Ba}$ 항의 인자가 되는 적분을 쓰시오.

답: $\int \chi_A(1)\chi_A(1)\frac{1}{r_{12}}\chi_A(2)\chi_B(2)d\tau_1 d\tau_2$

이 예제에서 전개한 것들과 유사한 식에 나타나는 적분들은 쓰기에 심각할 정도로 번잡해진다. 따라서 지금부터는 다음과 같은 표기를 사용하기로 한다.

$$(AB|CD)=j_0\int \chi_A(1)\chi_B(1)\frac{1}{r_{12}}\chi_C(2)\chi_D(2)d\tau_1 d\tau_2 \qquad (27.14)$$

이와 같은 적분들은 바탕 함수의 선택에만 의존하기 때문에 계산 전체를 통해 고정되며(특정 핵의 기하학적 구조에 대하여), 따라서 한 번만 도표화되면 필요할 때 언제나 사용할 수 있게 된다. 어떻게 이들을 추정하고 계산하는지는 토픽 28~30에서 설명된다. 이 시점에서는 이들을 상수로 취급할 수 있다.

간단한 예 27.4 적분 표기법

식 27.14의 표기에서 예제 27.3에 정확하게 표기된 적분은 다음과 같이 된다.

$$j_0\int \chi_A(1)\chi_A(1)\frac{1}{r_{12}}\psi_a(2)\psi_a(2)d\tau_1 d\tau_2$$
$$=c_{Aa}^2(AA|AA)+2c_{Aa}c_{Ba}(AA|BA)+c_{Ba}^2(AA|BB)$$

(위 식에서 (AA | BA) = (AA | AB)가 사용되었다.) 다음에 전개된 F_{AA}에 대한 식에서 세 번째 적분에는 이와 유사한 항이 있으며 전체적으로는 다음과 같다.

$$F_{AA}=E_A+c^2{}_{Aa}(AA|AA)+2c_{Aa}c_{Ba}(AA|BA)$$
$$+c^2{}_{Ba}\{2(AA|BB)-(AB|BA)\}$$

여기에서

$$E_A=\int \chi_A\hat{h}_1\chi_A d\tau$$

는 두 핵과의 상호 작용을 고려하였을 때 핵 A에 근거한 오비탈 χ_A에 속한 전자의 에너지이다. 행렬 **F**의 다른 세 개의 원소에 대해서도 유사한 식을 유도할 수 있다. 그러나 아주 중요한 점은 **F**가 구하려고 하는 계수에 어떻게 의존하는지를 이제 알게 되는 것이다.

자가 진단 27.7 동일한 바탕 함수를 사용하여 F_{AB} 원소를 구하시오.

답: $F_{AB}=\int \chi_A\hat{h}_1\chi_B d\tau+c_{Aa}^2(BA|AA)$
$+c_{Aa}c_{Ba}\{3(BA|AB)-(AA|BB)\}$
$+c_{Ba}^2(BA|BB)$

27.4 바탕 함수 집합

분자 구조 계산에서의 한 가지 문제점은 이제 분명해졌다. 식 27.14에 나타나는 바탕 함수는 의례히 다른 원자핵의 중심에 있을 수 있으며, 따라서 (AB | CD)는 일반적으로 '4개 중심의 이전자 적분'이라고 부르는 것이다. 만일 일전자 파동함수를 구성하기 위해서 사용되는 바탕 함수가 수십 개가 있다면, 계산해야 하는 이 형태의 적분은 수만 개가 있게 될 것이다(적분의 수는 $N_b{}^4$에 따라 증가한다). 이러한 적분들의 효율적인 계산은 HF-SCF 계산에서 대단한 도전이 제안되지만, 바탕 집합을 현명하게 선택함으로써 다소 완화시킬 수 있다.

가장 간단한 접근법은 **최소 바탕 함수 집합**(**minimal basis set**)을 사용하는 것이며, 이것은 하나의 바탕 함수가 분자의 기본적인 원자가 이론을 취급함에 있어서 각 오비탈을 나타내기 위하여 사용되는 것을 말한다. 그러나 최소 바탕 함수 집합 계산은 실험적인 값에서 많은 차이가 나는 결과가 자주 나오며, 따라서 최소 바탕 함수 집합보다 뛰어난 바탕 함수 집합을 개발하는 것이 계산화학에서 활발한 분야이다.

간단한 예 27.5 최소 바탕 함수 집합

구성하는 원자에 해당하는 최소 바탕 함수 집합은 다음 표와 같다.

H, He	Li~Ne	Na~Ar
1(1s)	5(1s, 2s, 2p)	9(1s, 2s, 2p, 3s, 3p)

따라서 CH_4의 최소 바탕 함수 집합은 9개의 함수로 구성되며, 이 중 4개의 H1s 오비탈을 나타내는 4개의 바탕 함수와 나머지 5개는 탄소의 1s, 2s, $2p_x$, $2p_y$, $2p_z$ 오비탈 각각에 대한 한 개씩의 바탕 함수이다.

자가 진단 27.8 PF_5는 몇 개의 오비탈이 최소 바탕 함수 집합을 구성하고 있는가?(d 오비탈은 계산하지 않는다.)

답: 34

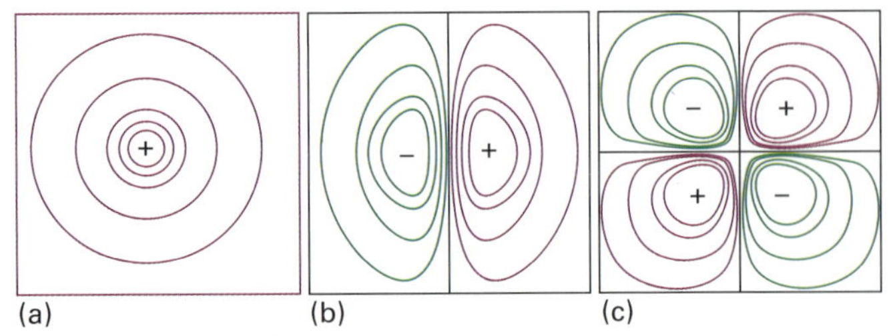

그림 27.4 Gauss형 오비탈의 등고선 도시: (a) s형 Gaussian: e^{-r^2}, (b) p형 Gaussian: xe^{-r^2}, (c) d형 Gaussian: xye^{-r^2}

바탕 함수 집합에 대한 최초의 선택은 분자의 각 원자핵에 중심을 두고 있으며 다음의 형태를 갖는 **Slater형 오비탈**(**Slater-type orbital**, STO)이다.

$$\chi = Nr^a e^{-br} Y_{lm_l}(\theta,\phi) \quad \text{Slater형 오비탈} \quad (27.15)$$

위 식에서 N은 정규화 상수, a와 b는 (음수가 아닌) 파라미터, Y_{lm_l}은 구면 조화 함수(표 14.1), 그리고 (r,θ,ϕ)는 원자핵에 대한 전자의 위치를 나타내는 구면 극좌표이다. 이러한 여러 개의 바탕 함수는 전형적으로 각 원자의 중심에 위치하고 있으며, 각 바탕 함수는 a, b, l, m_l 값의 고유한 세트로 특정지어진다. a와 b 값은 일반적으로 원소에 따라 변하며, 합리적인 값들을 부여하는 것에는 몇 가지 규칙이 있다. 수소를 포함하는 분자들에 대하여 $a=0$, $b=1/a_0$이며 각 양성자에 중심을 둔 STO가 있고, 이것은 핵에 있는 1s 오비탈의 올바른 거동을 나타내는 것이다. 그러나 3개 이상의 원자를 갖는 분자들에 대한 HF−SCF 계산에서 STO 바탕 함수 집합을 사용하면 너무나 많은 이전자 적분 (AB|CD)의 값을 구해야 하며, 따라서 이 방법은 계산적으로 비실용적이다.

위의 문제점은 S.F. Boys에 의한 **Gauss형 오비탈**(**Gaussian-type orbital**, GTO)의 도입으로 크게 해결되었다. 원자핵들에 중심을 두는 Cartesian Gauss 함수는 다음과 같은 형태를 갖는다.

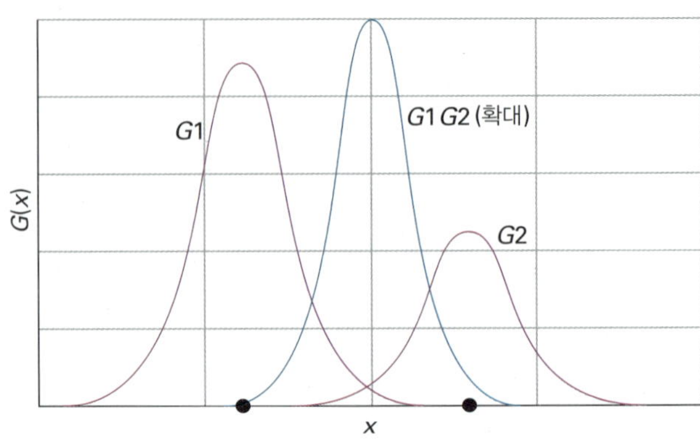

그림 27.5 다른 중심을 갖는 두 Gauss 함수의 곱은 두 기여 함수들의 사이의 점에 위치하는 Gauss 함수 자체가 된다. 곱의 크기는 두 성분들의 것에 비하여 확대하여 표시하였다.

$$\chi = Nx^i y^j z^k e^{-\alpha r^2} \quad \text{Gauss형 오비탈} \quad (27.16)$$

여기에서 (x, y, z)는 핵으로부터 거리 r에 있는 전자의 직교 좌표이며, (i, j, k)는 음수가 아닌 정수 세트이고, α는 양의 상수이다. **s형**(**s-type**) Gaussian은 $i=j=k=0$이고, **p형**(**p-type**) Gaussian은 $i+j+k=1$이며, **d형**(**d-type**) Gaussian은 $i+j+k=2$ 등, 등이다. 그림 27.4는 다양한 Gauss형 오비탈에 대한 등고선 도시를 나타내고 있다. 다음의 **증명**에서 보는 바와 같이 GTO들의 이점은 다른 중심에 있는 두 개의 Gauss 함수들의 곱은 두 중심 사이의 점에 위치하는 단일 Gauss 함수와 동일하다는 것이다(그림 27.5). 따라서 3개 또는 4개의 다른 원자 중심에서의 이전자 적분은 수치적으로 계산하기에 훨씬 쉬운 두 개의 다른 중심에 걸친 적분으로 줄일 수 있게 된다. 이러한 장점은 Gauss 함수를 사용하는 데 일반적으로 손해보다 이득이 더 많은데, 손해라고 하는 것은 $e^{-\alpha r^2}$ 항 때문에 핵에 있는 1s 오비탈의 거동을 올바르게 시뮬레이션할 수 없으며, 결과적으로 STO를 사용하여 계산하는 경우보다도 더 많은 가우스 함수가 필요하게 되는 것이다.

증명 27.3 Gauss형 오비탈

H_2에는 4중심 오비탈이 없으나 Fock 행렬에 나오는 2중심 적분의 하나를 고려하여 원리를 설명할 수 있고 이를 확실하게 하기 위하여 다음을 고려하자.

$$(AB|AB) = j_0 \int \chi_A(1)\chi_B(1)\frac{1}{r_{12}}\chi_A(2)\chi_B(2)d\tau_1 d\tau_2$$

s형 Gauss 바탕 함수를 택하면 다음과 같이 나타내진다.

$$\chi_A(1) = Ne^{-\alpha|\boldsymbol{r}_1-\boldsymbol{R}_A|^2} \qquad \chi_B(1) = Ne^{-\alpha|\boldsymbol{r}_1-\boldsymbol{R}_B|^2}$$

여기에서 $\boldsymbol{r}_1$은 전자 1의 위치이며, $\boldsymbol{R}_I$는 핵 I의 위치이다. 이 두 Gauss 함수의 곱은 다음과 같다.

$$\chi_A(1)\chi_B(1) = N^2 e^{-\alpha|\boldsymbol{r}_1-\boldsymbol{R}_A|^2 - \alpha|\boldsymbol{r}_1-\boldsymbol{R}_B|^2}$$

다음의 관계를 사용하면

$$|\boldsymbol{r}-\boldsymbol{R}|^2 = (\boldsymbol{r}-\boldsymbol{R})(\boldsymbol{r}-\boldsymbol{R}) = |\boldsymbol{r}|^2 + |\boldsymbol{R}|^2 - 2\boldsymbol{r}\cdot\boldsymbol{R}|$$

다음과 같게 됨을 확인할 수 있게 된다.

$$|\boldsymbol{r}_1-\boldsymbol{R}_A|^2 + |\boldsymbol{r}_1-\boldsymbol{R}_B|^2 = \tfrac{1}{2}R^2 + 2|\boldsymbol{r}_1-\boldsymbol{R}_C|^2$$

여기에서 $\boldsymbol{R}_c = \frac{1}{2}(\boldsymbol{R}_A+\boldsymbol{R}_B)$는 분자의 중간점이고, $R=|R_A-R_B|$는 결합 길이가 된다. 따라서

$$\chi_A(1)\chi_B(1) = e^{-\alpha R^2/2} \overbrace{N^2 e^{-2\alpha|r_1 - R_C|^2}}^{\chi_C(1)}$$

가 된다. 곱 $\chi_A(2)\chi_B(2)$는 r에 지표 1 대신에 지표 2가 있는 경우를 제외하고는 같다. 따라서 2중심, 이전자 적분 (AB|AB)는 다음과 같이 줄어들게 된다.

$$(AB|AB) = j_0 e^{-\alpha R^2} \int \chi_C(1) \frac{1}{r_{12}} \chi_C(2) d\tau_1 d\tau_2$$

이것은 단일 중심, 이전자 적분으로 두 개의 지수함수가 모두 공간적으로 대칭이며 결합의 중간점에 중심을 둔 Gauss 함수이고 원래의 2중심 적분보다 훨씬 빠르게 계산될 수 있다.

개념 확인

□ 1. **스핀 오비탈**은 분자 오비탈과 스핀 함수의 곱이다.

□ 2. **Slater 행렬식**은 전자들의 어느 쌍을 서로 바꾸면 파동함수의 부호가 바뀐다는 사실을 나타낸다.

□ 3. **Hartree-Fock**(HF) 방법은 바닥 상태의 전자 파동함수를 묘사하기 위하여 HF 식을 만족시키는 분자 오비탈로 만들어진 단일 Slater 행렬식을 사용한다.

□ 4. **자체 일관성 장**(SCF) 방법에서 식들은 에너지와 파동함수가 원하는 정확도 범위 안에서 변하지 않을 때까지 각 순환 계산 과정을 반복적으로 풀어 나간다.

□ 5. Hartree−Fock 식은 핵심 Hamilton 연산자와 함께 평균 Coulomb 반발력(J)과 스핀 상관관계(K)에 기인한 평균 보정을 나타내는 항으로 구성되는 **Fock 연산자**를 포함한다.

□ 6. Hartree−Fock 방법은 반발력을 최소화하기 위하여 서로를 피하는 전자의 경향인 **전자 상관관계**를 무시한다.

□ 7. **Roothaan 식**은 행렬 형태로 쓴 연립방정식의 세트로서, 분자 오비탈을 전개시키기 위한 함수들의 바탕 집합을 사용하는 것에 기인한다.

□ 8. **최소 바탕 함수 집합**에서 하나의 바탕 집합 함수는 분자의 각 원자가 오비탈을 나타낸다.

□ 9. 각 원자핵에 중심을 둔 **Slater형 오비탈**(STO)과 **Gauss형 오비탈**(GTO)은 보통 바탕 집합 함수로 사용된다.

□ 10. 다른 중심을 갖는 두 Gauss 함수의 곱은 두 기여 함수 사이의 점에 위치하는 Gauss 함수 자체가 된다.

식 확인

성질	식	비고	식 번호
다전자 파동함수	$\Psi = (1/N_e!)^{1/2} \left\|\psi_a^\alpha(1)\psi_a^\beta(2)\cdots\psi_z^\beta(N_e)\right\|$	닫힌 껍질 화학종	27.2
Hartree−Fock 식	$\hat{f}_1\psi_m(1) = \varepsilon_m\psi_m(1)$	점유된 분자 오비탈을 m으로 표시	27.3
Coulomb 연산자	$\hat{J}_m(1)\psi_a(1) = j_0\int \psi_a(1)(1/r_{12})\psi_m^*(2)\psi_m(2)d\tau_2$	$j_0 = e^2/4\pi\varepsilon_0$	27.4
교환 연산자	$\hat{K}_m(1)\psi_a(1) = j_0\int \psi_m(1)(1/r_{12})\psi_m^*(2)\psi_a(2)d\tau_2$		27.6
Fock 연산자 효과	$\hat{f}_1\psi_a(1) = \hat{h}_1\psi_a(1) + \sum_m \{2\hat{J}_m(1) - \hat{K}_m(1)\}\psi_a(1)$	점유된 오비탈들에 걸친 합	27.8
Roothaan 식	$\boldsymbol{Fc} = \boldsymbol{Sc\varepsilon}$		27.10
Fock 행렬 원소	$F_{o'o} = \int \chi_{o'}(1)\hat{f}_1\chi_o(1)d\tau_1$	χ_o는 원자 바탕 함수	27.11
4중심 적분	$(AB\|CD) = j_0\int \chi_A(1)\chi_B(1)(1/r_{12})\chi_C(2)\chi_D(2)d\tau_1 d\tau_2$	표기법	27.14
Slater형 오비탈	$\chi = Nr^a e^{-br} Y_{lm_l}(\theta,\phi)$	STO	27.15
Gauss형 오비탈	$\chi = Nx^i y^j z^k e^{-\alpha r^2}$	GTO	27.16

토픽 28

반실험적 방법

➤ 학습 목표

현대 계산 방법들은 반실험적 방법들을 포함하며 이들의 근사법을 아는 것은 중요하다. 이 방법들은 계산적인 효율로 복잡한 계에 적용할 수 있기 때문에 유용하다.

➤ 핵심 내용

반실험적 방법들은 전형적으로 실험적인 파라미터들에 의하여 무시되거나 치환되는 적분들이 관여된다.

➤ 미리 알기

토픽 27에 도입된 Hartree-Fock과 Roothaan 방법들을 복습해야 하며 Hückel 근사법(토픽 26)에 익숙해져야 한다.

반실험적 방법(**semi-empirical method**)에서는 전자 구조 계산에서 일어나는 많은 적분들은 분광학적인 데이터나 이온화 에너지와 같은 물리적 성질의 도움을 받거나, 어떤 적분들을 0으로 놓는 일련의 규칙을 사용함으로써 어림잡아 계산된다. 이러한 방법들은 많은 원자로 구성되는 분자에 일상적으로 적용되지만, 계산 속도 때문에 결과의 정확성이 자주 희생되곤 한다.

28.1 Hückel 근사법 재검토

반실험적 방법은 콘쥬게이션 π계에 대하여 처음 개발되었으며 가장 유명한 형태가 Hückel 분자 오비탈 이론(HMO 이론, 토픽 26)이다.

HMO 이론의 초기 가정은 π와 σ 전자들을 분리하여 취급하는 것이며, 이것은 오비탈들의 상이한 에너지와 대칭성에 의하여 정당화된다. 토픽 26에서 설명된 바와 같이 π 오비탈 에너지들과 파동함수들은 그 토픽의 식 26.9의 해($\boldsymbol{Hc}=\boldsymbol{ScE}$)로서 구해지며, E_i가 대각선 행렬 $\boldsymbol{E}$의 원소일 때 앞의 식 26.7 형태의 행렬 방정식 세트인 $(\boldsymbol{H}-E_i\boldsymbol{S})\boldsymbol{c}_i=0$으로 구성된다. 이 식은 영년 행렬식 $|\boldsymbol{H}-E_i\boldsymbol{S}|=0$의 해를 구해야 한다는 것을 의미하며(**수학적 배경** 5 참조), 이때 HMO 이론에서 겹침 적분을 0 또는 1로, 대각선 Hamilton 연산자 행렬 원소를 파라미터 α로 놓고, 비대각선 원소를 0 또는 파라미터 β로 놓는다. 만일 대신에 토픽 27의 식 27.12($|\boldsymbol{F}-\varepsilon\boldsymbol{S}|=0$)로 시작하면 적분들에 대하여 유사하게 선택함으로써 HMO 이론을 이끌어낼 수 있다. HMO 접근법은 정량적이기보다는 정성적인 콘쥬게이션 π계의 논의에 유용하며, 이는 전자들 사이의 반발력을 매우 엉성하게 취급하기 때문이다.

간단한 예 28.1 Hückel 방법

여기에서 토픽 27의 예제 27.2로 돌아가 $S=0$으로 놓자. 대각선 Fock 행렬 원소들을 α와 같게 하고(즉 $F_{AA}=F_{BB}=\alpha$로 놓는다), 비대각선 원소들을 β와 같게(즉 $F_{AB}=F_{BA}=\beta$로 놓는다) 한다. 이러한 적분들의 계수에 대한 의존성은 완전히 무시되며, 따라서 자체 일관되도록 하지 않아도 된다는 것을 주목하라. 에너지에 대한 이차방정식은 다음과 같고

$$(1-S^2)\varepsilon^2-(F_{AA}+F_{BB}-SF_{AB}-SF_{BA})\varepsilon+(F_{AA}F_{BB}-F_{AB}F_{BA})=0$$

아래와 같이 단순해지며

$$\varepsilon^2-2\alpha\varepsilon+\alpha^2-\beta^2=0$$

따라서 근은 $\varepsilon=\alpha\pm\beta$가 되고, 이것은 토픽 25에서 알아낸 것과 완전히 같은 것이다.

자가 진단 28.1 겹침이 무시되지 않는다면 에너지는 무엇이 되겠는가?

답: $(\alpha+\beta)/(1+S)$, $(\alpha-\beta)/(1-S)$

28.2 차이 겹침

두 번째로 가장 원시적이고 극단적인 근사법은 **차이 겹침의 완전 무시**(**complete neglect of differential overlap**, CNDO)라고 하는 것으로, 다음과 같은 토픽 27에서 소개된 (AB|CD) 형태의 이전자 적분에서

$$(\mathrm{AB}|\mathrm{CD})=j_0\int\chi_{\mathrm{A}}(1)\chi_{\mathrm{B}}(1)\frac{1}{r_{12}}\chi_{\mathrm{C}}(2)\chi_{\mathrm{D}}(2)\mathrm{d}\tau_1\mathrm{d}\tau_2 \qquad (28.1)$$

χ_{A}와 χ_{B}가 동일하고, 이와 유사하게 χ_{C}와 χ_{D}도 같은 경우를 제외한 모든 이전자 적분을 0으로 놓는다. 즉 다음 형태의 적분만이 남게 되며, 계산된 에너지 값들이 실험값과 일치할 때까지 때때로 파라미터의 값을 조절한다.

$$(\mathrm{AA}|\mathrm{CC})=j_0\int\chi_{\mathrm{A}}(1)^2\frac{1}{r_{12}}\chi_{\mathrm{C}}(2)^2\mathrm{d}\tau_1\mathrm{d}\tau_2 \qquad (28.2)$$

'차이 겹침'이라는 용어는 보통 '겹침'의 척도로서 적분 $\int\chi_{\mathrm{A}}\chi_{\mathrm{B}}\mathrm{d}\tau$를 취하는 것에서 유래한다. 함수 적분의 미분은 그 함수 자체이므로 이러한 점에서 '차이(미분)' 겹침은 곱 $\chi_{\mathrm{A}}\chi_{\mathrm{B}}$가 된다. 따라서 이는 단순히 오비탈들을 비교하는 것을 의미하며, 만일 그들이 같으면 적분은 유지되고, 다르면 버려지게 된다.

간단한 예 28.2 차이 겹침의 무시

토픽 27의 **간단한 예** 27.4에서 유도된 F_{AA}의 식은 다음과 같다.

$$F_{\mathrm{AA}}=E_{\mathrm{A}}+c^2{}_{\mathrm{A}a}(\mathrm{AA}|\mathrm{AA})+2c_{\mathrm{A}a}c_{\mathrm{B}a}(\mathrm{AA}|\mathrm{BA})+c^2{}_{\mathrm{B}a}\{2(\mathrm{AA}|\mathrm{BB})-(\mathrm{AB}|\mathrm{BA})\}$$

최종(청색으로 표시된) 적분은 다음의 형태를 가지게 된다.

$$(\mathrm{AB}|\mathrm{BA})=j_0\int\chi_{\mathrm{A}}(1)\chi_{\mathrm{B}}(1)\frac{1}{r_{12}}\chi_{\mathrm{B}}(2)\chi_{\mathrm{A}}(2)\mathrm{d}\tau_1\mathrm{d}\tau_2$$

'차이 겹침' 항 $\chi_{\mathrm{A}}(1)\chi_{\mathrm{B}}(1)$을 0으로 하면 CNDO 근사에서 적분은 0으로 놓게 된다. 적분 (AA|BA)의 경우에도 같은 결과를 갖는다. 따라서 다음과 같이 표시되며

$$F_{\mathrm{AA}}=E_{\mathrm{A}}+c^2{}_{\mathrm{A}a}(\mathrm{AA}|\mathrm{AA})+2c^2{}_{\mathrm{B}a}(\mathrm{AA}|\mathrm{BB})$$

이것은 실험적인 파라미터들로 두 개의 이전자 적분이 살아남게 됨을 확인하는 것이다.

자가 진단 28.2 동일한 계에 대하여 CNDO 근사법을 F_{AB}에 적용하시오.

답: $F_{\mathrm{AB}}=\int\chi_{\mathrm{A}}\hat{h}_1\chi_{\mathrm{B}}\mathrm{d}\tau-c_{\mathrm{A}a}c_{\mathrm{B}a}(\mathrm{AA}|\mathrm{BB})$

조금 더 최근의 반실험적 방법에서는 0으로 처리할 적분을 이처럼 엄격하게 골라내지는 않지만 이 방법들은 모두 초기 CNDO 법에서 유래된 것들이다. CNDO는 χ_{A}와 χ_{B}가 다른 모두에 대하여 (AB|AB) 형태의 적분을 0으로 놓는 반면에, **차이 겹침의 중간 무시**(**intermediate neglect of differential overlap**, **INDO**)는 다른 바탕 함수의 χ_{A}와 χ_{B}가 같은 핵의 중심에 위치하는 경우에도 (AB|AB)를 무시하지 않는다. 이와 같은 적분들은 동일한 전자 배열에 해당하는 항들 사이에서 에너지 차이를 설명하는 데 중요하기 때문에 INDO는 분광학적인 규명에서 CNDO보다 훨씬 더 선호하게 된다. 아직 덜 극단적인 근사로 **이원자 차이 겹침의 무시**(**neglect of diatomic differential overlap**, **NDDO**)가 있는데, 이것은 χ_{A}와 χ_{B}가 다른 핵들의 중심에 있거나 χ_{C}와 χ_{D}가 다른 핵들의 중심에 위치하는 경우에만 (AB|CD)가 무시된다.

한편 다른 반실험적 방법들이 있으며, 이들은 **수정된 차이 겹침의 중간 무시**(**modified intermediate neglect of differential overlap**, MINDO), **수정된 차이 겹침의 무시**(**modified neglect of differential overlap**, MNDO), Austin 모형 1(AM1), PM3, **짝 거리 방향 가우시안**(**pairwise distance directed Gaussian**, PDDG) 같은 이름을 갖는다. 각 경우에 있어서 적분 값들을 0으로 놓거나 또는 실험값과 일치하도록 최적화하여 결정된 값들의 파라미터들로 놓게 되며, 이러한 실험값에는 생성 엔탈피, 쌍극자 모멘트, 이온화 에너지 같은 것들의 측정값이 있다. MINDO는 탄화수소 연구에 유용하며 MNDO보다 더 정확한 계산 결과를 제공하는 경향이 있으나 수소 결합을 갖는 계에 대해서는 좋지 않은 결과를 얻게 된다. AM1, PM3, PDDG는 MNDO의 개선된 형태들이다.

개념 확인

☐ 1. **반실험적 방법**에서는 이전자 적분을 0으로 놓거나 다양한 실험 값과 일치하도록 최적화된 값들의 파라미터로 놓는다.

☐ 2. **Hückel 방법**은 콘쥬게이션 π계에 대한 단순한 반실험적 방법이다.

☐ 3. **차이 겹침의 완전 무시**(CNDO) 근사에서는 전자 1에 대한 두 개의 바탕 함수 집합이 동일하며 전자 2에 대한 두 개의 바탕 함수 집합이 동일한 경우들을 제외하고 모든 이전자 적분을 0으로 놓는다.

식 확인

성질	식	비고	식 번호
분자 적분	$(AB\|CD)=j_0\int \chi_A(1)\chi_B(1)(1/r_{12})\chi_C(2)\chi_D(2)d\tau_1 d\tau_2$	다양한 방법으로 파라미터화된	28.1

토픽 29

순이론적 방법

내용

➤ 학습 목표

현대의 계산 방법들은 신뢰할 수 있는 순이론적 방법의 공식화에 초점을 맞추고 있다. 상업적으로 통용되는 소프트웨어를 재치있게 사용하고 기본적인 문제점을 이해하기 위해서는 그것들이 어떻게 극복되는가를 아는 것이 중요하다.

➤ 핵심 내용

순이론적 방법들은 전형적으로 분자 구조와 성질을 경험적인 변수들을 도입하지 않고 근본 원리로부터 계산하는 것을 추구하는 것이다.

➤ 미리 알기

토픽 27에 도입된 Hartree–Fock 방법과 Roothaan 방법을 복습해야 하며, Slater 행렬식(토픽 27)과 시간 무관 섭동 이론(토픽 15)에 익숙해져야 한다.

순이론적 방법에서는 토픽 27에서 소개된 이전자 적분 (AB|CD)이 수치적으로 계산된다. 그러나 작은 분자에 대한 것일지라도 커다란 바탕 함수 집합을 갖는 Hartree–Fock 계산과 이전자 적분의 효율적이고 정확한 계산은 매우 부실한 결과를 제공할 수 있는데, 이것은 그들이 오비탈 근사법과 관심 대상 전자에 대한 다른 전자들의 평균 영향에 뿌리내려져 있기 때문이다. 따라서 H_2에 대한 실제 파동함수는 $\boldsymbol{r}_1$과 $\boldsymbol{r}_2$가 변하며, 어쩌면 하나가 다른 하나에 접근함에 따라 복잡한 거동을 갖는 $\Psi(\boldsymbol{r}_1,\boldsymbol{r}_2)$ 형태의 함수이다. 이러한 복잡성은 파동함수를 $\psi(\boldsymbol{r}_1)\psi(\boldsymbol{r}_2)$로 표시하고 각 전자를 다른 전자들의 평균 장 안에서 움직인다고 취급하면 없어진다. 즉 Hartree–Fock 방법의 근사법은 전자들의 상호 반발력을 최소화하기 위해서 전자들이 멀리 떨어져 있으려는 경향인 전자 상관관계를 고려하는 어떠한 시도도 이루어지지 않는다는 것을 의미한다.

여기에서 논의하는 접근법들은 물론, 이 책의 범위를 벗어나는 좀 더 상세한 접근법들과 같은 가장 현대적인 전자 구조에 대한 연구는 전자 상관관계를 고려하는 시도를 한다. 여기에서는 두 가지 방법만 소개하고자 한다. 토픽 30(밀도범함수 이론)은 전자 상관관계를 고려하는 또 하나의 방법을 나타낸다.

29.1 배치간 상호 작용

N_b개 오비탈의 바탕 함수 집합은 N_b개의 분자 오비탈을 만들어 낼 수 있다. 그러나 만일 N_e개의 전자를 수용한다면 바닥 상태에서는 이러한 N_b개의 오비탈 중 $N_m = \frac{1}{2}N_e$개만 채워지며, 소위 **가상 오비탈**(**virtual orbital**)이라고 하는 $N_b - \frac{1}{2}N_e$개는 채워지지 않고 남게 된다. 예를 들어 토픽 27과 28에서 사용된 H_2의 모형 계산에서 두 개의 원자 오비탈은 하나의 결합 오비탈과 하나의 반결합 오비탈을 생기게 하는데, 이 중 결합 오비탈만 채워지며 후자는 '가상'으로 존재하게 된다.

N_e 전자 닫힌 껍질의 바닥 상태 화학종은 다음의 파동함수를 갖게 되며, 여기에서 ψ_u는 최고 점유 분자 오비탈(highest occupied molecular orbital, HOMO)이다.

$$\Psi_0 = (1/N_e!)^{1/2}|\psi_a{}^{\alpha}(1)\psi_a{}^{\beta}(2)\psi_b{}^{\alpha}(3)\psi_b{}^{\beta}(4)\ldots\psi_u{}^{\beta}(N_e)|$$

전자 하나는 점유된 오비탈에서 가상 오비탈 ψ_v로 이동하여 다음 식에 해당하는 **단일 들뜬 행렬식**(**singly excited determinant**)을 형성하는 것을 예상할 수 있다.

$$\Psi_1 = (1/N_e!)^{1/2} | \psi_a^{\alpha}(1)\psi_a^{\beta}(2)\psi_b^{\alpha}(3)\psi_v^{\beta}(4)\ldots\psi_u^{\beta}(N_e) |$$

여기에서 β 전자, '전자 4'는 ψ_b로부터 ψ_v로 올라가지만 이와는 다른 가능한 선택이 많이 있게 된다. 또한 이중 들뜬 행렬식, 그리고 같은 방식으로 계속되어 들뜨는 것을 예상할 수 있다. 이러한 방법으로 만들어지는 각각의 Slater 행렬식을 **배치 상태 함수**(**configuration state function**, CSF)라고 한다.

1959년에 P.-O. Löwdin은 완전 파동함수(Born-Oppenheimer 근사 안에서)는 Hartree-Fock 방정식의 완전 해로부터 구한 CSF들의 선형 결합으로 표현된다는 것을 증명하였다.

$$\Psi = C_0\Psi_0(\equiv) + C_1\Psi_1(\equiv) + C_2\Psi_2(\equiv) + \cdots \quad \text{배치간 상호 작용} \qquad (29.1)$$

이러한 방법으로 파동함수를 개선하기 위하여 CSF를 포함시키는 것을 **배치간 상호 작용**(**configuration interaction**, CI)이라고 한다. 배치간 상호 작용은 최소한 원리면에서는 완전 바닥 상태 파동함수와 에너지를 산출해 내며, 따라서 Hartree-Fock 방법에서 무시된 전자의 상관관계를 설명할 수 있게 한다. 그러나 오로지 무한 개수의 CSF(무한 개수의 바탕 함수 집합 오비탈들을 사용하여 구성된)가 식 29.1의 전개에서 사용되는 경우에만 파동함수와 에너지가 완전해지며, 실제로는 유한한 수의 CSF(유한한 바탕 함수 집합으로 구성된)를 사용하는 것에 맡길 수밖에 없다. 그러나 한 가지 단순화로는 어떠한 기여들의 포함 필요성을 제거하는 대칭성 논거가 있을 수 있다.

간단한 예 29.1 배치간 상호 작용

H_2에 관한 문제를 고려함에 있어서 CI가 왜 분자의 파동함수를 개선하는지를 이해할 수 있게 되었다. $\sigma_-(1,2)$를 단일항 스핀 상태 파동함수라고 하면, 바닥 상태의 파동함수는 (Slater 행렬식을 전개한 후에) $\Psi_0 = \psi_a(1)\psi_a(2)\sigma_-(1,2)$가 된다. 또한 만일 최소 바탕 함수 집합을 사용하고 겹침을 무시하면 $\psi_a = 1/2^{1/2}\{\chi_A + \chi_B\}$로 쓸 수 있음을 알게 되며, 따라서 Ψ_0는 다음과 같이 된다.

$$\begin{aligned}\Psi_0 &= \tfrac{1}{2}\{\chi_A(1)+\chi_B(1)\}\{\chi_A(2)+\chi_B(2)\}\sigma_-(1,2)\\ &= \tfrac{1}{2}\{\chi_A(1)\chi_A(2)+\chi_A(1)\chi_B(2)+\chi_B(1)\chi_A(2)\\ &\quad +\chi_B(1)\chi_B(2)\}\sigma_-(1,2)\end{aligned}$$

이 파동함수에서는 다음과 같은 결합이 있음을 보게 된다. 두 개의 전자 모두가 A에서 발견되거나, 모두 B에서 발견(파란색으로 표시된 항들)될 확률은 하나의 전자가 A에 있고 다른 하나가 B에 있는(나머지 두 개의 항) 것과 같다는 것이다. 즉 전자의 상관관계를 고려하지 않았으며 계산되는 에너지는 매우 높을 것으로 예상할 수 있다.

자가 진단 29.1 가상 오비탈 $\psi_b = 1/2^{1/2}\{\chi_A - \chi_B\}$에 근거한 이중으로 들뜬 행렬식 Ψ_2의 중첩은 두 개의 전자가 모두 동일한 원자에서 발견될 확률을 감소시킨다는 것을 증명하시오.

답: $\Psi = C_0\Psi_0 + C_2\Psi_2 = \frac{1}{2}\{A\chi_A(1)\chi_A(2) + B\chi_A(1)\chi_B(2) + B\chi_B(1)\chi_A(2) + A\chi_B(1)\chi_B(2)\} \times \sigma_-(1,2), A = C_0 + C_2 < B = C_0 - C_2$

간단한 예 29.1은 CI가 제한된 양일지라도 얼마간의 전자 상관관계가 도입될 수 있다는 것을 보여 준다. 유한한 바탕 함수로부터 만들어진 오비탈을 사용하며 모든 가능한 들뜸이 허용되는 **꽉찬 CI**(**full CI**)는 전자 상관관계를 더욱 충분히 고려한다. 무한한 수의 바탕 함수를 형성하는 오비탈을 사용하고 모든 들뜸을 허용하는 최적의 방법은 계산적으로 비실용적이다.

식 29.1의 최적 전개 계수는 변분 원리를 사용하여 구해진다. Hartree-Fock 방법에 대한 **증명** 27.1에서와 같이 CI의 변분 원리 응용의 결과는 전개 계수의 연립방정식의 세트로 나타난다.

예제 29.1 CI에 기인한 에너지 내림의 결과

H_2에 대한 CI 처리에서 전개 계수의 최적치를 구하기 위하여 풀어야 하는 방정식을 만드시오.

방법 **간단한 예** 29.1로부터 $\Psi = C_0\Psi_0 + C_2\Psi_2$ 중첩을 사용한다. 수소 분자의 바닥 상태에 대하여 반대칭(g, 토픽 23)이기 때문에 단일 들뜸 행렬식을 고려할 필요가 없다. 영년 방정식 $|\boldsymbol{H} - E\boldsymbol{S}| = 0$을 세우고 토픽 27(식 27.14)에서 소개된 (AB|CD) 표기의 항으로 적분을 표현한다.

$$(\mathrm{AB}|\mathrm{CD}) = j_0\int \chi_A(1)\chi_B(1)\frac{1}{r_{12}}\chi_C(2)\chi_D(2)\mathrm{d}\tau$$

Hamilton 연산자는 $\hat{H} = \hat{h}_1 + \hat{h}_2 + j_0/r_{12}$이다. 스핀뿐만 아니라 공간 변수를 포함하는 파동함수 Ψ에 걸친 $\int\ldots\mathrm{d}\tau$ 형태의 적분에 대하여 스핀 적분은 다음과 같이 해석되는 정규화된 스핀 상태 $\sigma_-(1,2)$에 걸쳐 적분을 하고 두 변수 모두에 대하여 적분을 수행한다.

$$\int \sigma_-(1,2)^2\mathrm{d}\tau = 1$$

풀이 $\boldsymbol{H}$와 $\boldsymbol{S}$의 2×2 행렬은 다음과 같다.

$$\boldsymbol{H} = \begin{pmatrix} H_{00} & H_{02} \\ H_{20} & H_{22}\end{pmatrix} \quad H_{MN} = \int \Psi_M \hat{H}\Psi_N \mathrm{d}\tau$$

$$\boldsymbol{S} = \begin{pmatrix} S_{00} & S_{02} \\ S_{20} & S_{22}\end{pmatrix} \quad S_{MN} = \int \Psi_M \Psi_N \mathrm{d}\tau$$

겹침 적분은 이전자 파동함수의 중간에 있으며, 개개의 원자 오비탈의 겹침이 아니라는 것에 주목해야 한다. E를 구하기 위하여 풀어야 하는 영년 방정식은 다음과 같다.

$$\begin{vmatrix} H_{00}-ES_{00} & H_{02}-ES_{02} \\ H_{20}-ES_{20} & H_{22}-ES_{22} \end{vmatrix} = 0$$

(에르미트성에 기인하여 $S_{02}=S_{20}$, $H_{02}=H_{20}$임을 주목하라.) 분자 오비탈 ψ_a와 ψ_b는 직교하며, 따라서

$$\int \Psi_0 \Psi_0 \mathrm{d}\tau = \int \overbrace{\psi_a(1)\psi_a(2)\sigma_-(1,2)}^{\Psi_0}\overbrace{\psi_a(1)\psi_a(2)\sigma_-(1,2)}^{\Psi_0}\mathrm{d}\tau$$
$$= \overbrace{\int \psi_a(1)^2 \mathrm{d}\tau_1}^{1} \overbrace{\int \psi_a(2)^2 \mathrm{d}\tau_2}^{1} \overbrace{\int \sigma_-(1,2)^2 \mathrm{d}\sigma}^{1} = 1$$
$$\int \Psi_2 \Psi_0 \mathrm{d}\tau = \int \overbrace{\psi_b(1)\psi_b(2)\sigma_-(1,2)}^{\Psi_2}\int \overbrace{\psi_a(1)\psi_a(2)\sigma_-(1,2)}^{\Psi_0}\mathrm{d}\tau$$
$$= \overbrace{\int \psi_b(1)\psi_a(1) \mathrm{d}\tau_1}^{0} \overbrace{\int \psi_b(2)\psi_a(2) \mathrm{d}\tau_2}^{0} \overbrace{\int \sigma_-(1,2)^2 \mathrm{d}\sigma}^{1} = 0$$

가 되며 S_{02}와 S_{22}도 이와 유사하게 된다. 즉 $\boldsymbol{S}=1$이 된다. 이제 영년 행렬식은 E에 대하여 2차방정식으로 쉽게 정리가 되어 다음의 해를 갖게 된다.

$$E = \tfrac{1}{2}(H_{00}+H_{22}) \pm \tfrac{1}{2}\{(H_{00}+H_{22})^2 - 4(H_{00}H_{22}-H_{02}{}^2)\}^{1/2}$$
$$= \tfrac{1}{2}(H_{00}+H_{22}) \pm \tfrac{1}{2}\{(H_{00}-H_{22})^2 + 4H_{02}{}^2\}^{1/2}$$

통상적으로 문제는 행렬 원소에 나타나는 다양한 적분의 계산으로 압축된다.

H_{00} Hamilton 연산자 행렬 원소들을 계산하기 위하여 다음을 주목하자.

$$H_{00} = \int \Psi_0 \left(\hat{h}_1 + \hat{h}_2 + \frac{j_0}{r_{12}} \right) \Psi_0 \mathrm{d}\tau$$

이 적분에서 첫 번째 항은 (앞에서와 같이 스핀 적분은 1이 됨) 다음과 같다.

$$\int \Psi_0 \hat{h}_1 \Psi_0 \mathrm{d}\tau = \int \psi_a(1)\psi_a(2)\hat{h}_1\psi_a(1)\psi_a(2)\mathrm{d}\tau_1\mathrm{d}\tau_2$$
$$= \overbrace{\int \psi_a(1)\hat{h}_1\psi_a(1)\mathrm{d}\tau_1}^{E_a} \overbrace{\int \psi_a(2)\psi_a(2)\mathrm{d}\tau_2}^{1} = E_a$$

$\hat{h}_1$ 대신에 $\hat{h}_2$로 치환된 적분도 동일한 값을 갖는다. 전자-전자 반발 항은 다음과 같다.

$$j_0 \int \Psi_0 \frac{1}{r_{12}} \Psi_0 \mathrm{d}\tau = j_0 \int \psi_a(1)\psi_a(2)\frac{1}{r_{12}}\psi_a(1)\psi_a(2)\mathrm{d}\tau_1\mathrm{d}\tau_2$$
$$= \tfrac{1}{4}\{(\mathrm{AA|AA}) + (\mathrm{AA|AB}) + \cdots (\mathrm{BB|BB})\}$$

유사한 종류의 식으로 $\boldsymbol{H}$의 세 가지 다른 원소에 대해서도 전개시킬 수 있고, 따라서 이와 같은 $\boldsymbol{H}$의 행렬 원소들을 E의 해에 치환함으로써 최적의 에너지가 구해질 수 있다. 이리하여 Ψ에 대한 CI 식에서의 계수들은 더 낮은 값의 E를 사용하고 영년 방정식을 푸는 일반적인 방법으로 구할 수 있게 된다.

자가 진단 29.2 H_{02}에 대한 식을 세우시오.

답: $H_{02} = \frac{1}{4}\{(\mathrm{AA|AA}) - (\mathrm{AA|AB}) + \ldots (\mathrm{BB|BB})\}$

29.2 다체 섭동 이론

섭동 이론을 전자들과 핵들이 상호 작용하는 분자 계에 적용하는 응용을 **다체 섭동 이론(many-body perturbation theory)**이라고 한다. 토픽 15에서(식 15.1 $\hat{H}=\hat{H}^{(0)}+\hat{H}^{(1)}$ 참조) 섭동 이론의 표현에 따르면, Hamilton 연산자는 단순한 '모형' Hamilton 연산자 $\hat{H}^{(0)}$과 섭동 $\hat{H}^{(1)}$의 합으로 표현된다. 여기에서는 상관 에너지를 구하는 것이 목적이기 때문에 HF-SCF 방법의 다음과 같은 Fock 연산자의 합을 모형 Hamilton 연산자로서 자연적으로 선택하게 되며,

$$\hat{f}_i = \hat{h}_i + \sum_m \{2\hat{J}_m(i) - \hat{K}_m(i)\} \tag{29.2}$$

섭동에 대해서는 이 합과 실제 다전자 Hamilton 연산자 사이의 차이로서 나타낸다. 즉

$$\hat{H} = \hat{H}^{(0)} + \hat{H}^{(1)} \quad 여기에서 \quad \hat{H}^{(0)} = \sum_{i=1}^{N_e} \hat{f}_i \tag{29.3a}$$

또한

$$\hat{H} = \overbrace{-\frac{\hbar^2}{2m_e}\sum_{i=1}^{N_e}\nabla_i^2 - j_0\sum_{i=1}^{N_e}\sum_{I=1}^{N_n}\frac{Z_I}{r_{Ii}}}^{\sum_{i=1}^{N_e}\hat{h}_i} + \frac{1}{2}j_0\sum_{i\neq j}^{N_e}\frac{1}{r_{ij}} \tag{29.3b}$$

핵심 Hamilton 연산자(식 29.2의 Fock 연산자에서 $\hat{h}_i$의 합)는 전체 Hamilton 연산자에서 일전자 항들을 상쇄하기 때문에 섭동은 전자들(식 29.3의 청색 항) 사이의 순간적인 상호 작용과 평균 상호 작용(Fock 연산자에서 연산자 J와 K로 표시되는 것과 같은)의 차이가 된다. 따라서 전자 1에 대해서는 다음과 같다.

$$\hat{H}^{(1)}(1) = \sum_i \frac{j_0}{r_{1i}} - \sum_m \{2J_m(1) - K_m(1)\} \tag{29.4}$$

여기에서 첫 번째 합은(실제 상호 작용)은 전자 1 자체를 제외한 다른 전자 모두에 걸친 합이며, 두 번째 합은(평균 상

호 작용)은 모든 점유된 오비탈에 걸친 것이다. 이것은 1934년에 C. Møller와 M.S. Plesset에 의해 최초로 선택되어졌으며, 이 방법을 **Møller–Plesset 섭동 이론**(**MPPT**)이라고 한다. MPPT를 분자 계에 응용한 것은 1970년대 컴퓨터 계산력이 충분히 상승되기 전까지는 시도되지 못했다.

섭동 이론에서처럼 실제 파동함수는 모형 Hamilton 연산자의 고유함수와 고차 보정 항들의 합으로 표기된다. 실제 에너지와 HF 에너지 사이의 차이인 **상관 에너지**(**correlation energy**)는 2차 및 그 이상 차수의 에너지 보정에 의해 주어진다. 만일 계의 실제 파동함수가 식 29.1에 있는 것과 유사한 CFS들의 합으로 주어진다고 생각하면 다음과 같이 된다.

$$E_0^{(2)} = \sum_{M \neq 0} \frac{\left| \int \Psi_M \hat{H}^{(1)} \Psi_0 \mathrm{d}\tau \right|^2}{E_0^{(0)} - E_M^{(0)}} \qquad \text{Møller–Plesset 섭동 이론} \qquad (29.5)$$

Brillouin 정리(**Brillouin's theorem**)에 따르면 오로지 이중으로 들뜬 Slater 행렬식만이 0이 아닌 $\hat{H}^{(1)}$ 행렬 원소를 가지며, 따라서 단지 이들만이 $E_0^{(2)}$에 기여를 한다.[1] 상관 에너지와 함께 2차 에너지 보정의 검증은 MP2로 표기되는 MPPT의 기초가 된다. 3차 및 4차 에너지 보정의 확장은 각각 MP3, MP4로 표기된다.

예제 29.2 Møller-Plesset 섭동 이론의 설정

MP2 방법을 사용하여 지금까지 전개한 H_2 모형에서의 상관 에너지에 대한 식을 세우시오.

방법 Brillouin 정리에 따르고 두 개의 바탕 함수 오비탈로부터 만들어진 단순한 H_2 모형에 대하여 앞에서와 같이 $\Psi_0 = \psi_a(1)\psi_a(2)\sigma_-(1,2)$ 및 $\Psi_2 = \psi_b(1)\psi_b(2)\sigma_-(1,2)$와 함께 $\Psi = C_0\Psi_0 + C_2\Psi_2$로 쓴다. 식 29.5에 나타난 적분을 공식화한다.

풀이 식 29.5의 합에 대하여 단지 필요한 행렬 원소는 다음과 같다.

$$\int \Psi_2 \hat{H}^{(1)} \Psi_0 \mathrm{d}\tau = j_0 \int \psi_b(1)\psi_b(2) \frac{1}{r_{12}} \psi_a(1)\psi_a(2) \mathrm{d}\tau_1 \mathrm{d}\tau_2$$

(앞에서와 같이 스핀 상태의 적분은 1이 된다.) J와 K에 기초한 항들에 걸친 모든 적분은 0이 되는데, 이것은 이들이 일전자 연산자이며, 따라서 $\psi_a(1)$나 $\psi_a(2)$는 변하지 않으며 이것의 ψ_b에 대한 직교성은 적분이 0이 된다는 것을 보장하기 때문이다. 이제 각 분자 오비탈을 바탕 집합 함수인 χ_A와 χ_B의 항으로 전개하면 다음을 얻게 된다.

$$\int \Psi_2 \hat{H}^{(1)} \Psi_0 \mathrm{d}\tau = \frac{1}{2}\{(\mathrm{AA|AA}) - (\mathrm{BA|AA}) + \cdots + (\mathrm{BB|BB})\}$$

$(\mathrm{AA}\,|\,\mathrm{AB}) = (\mathrm{AA}\,|\,\mathrm{BA})$, $(\mathrm{AA}\,|\,\mathrm{AB}) = (\mathrm{BB}\,|\,\mathrm{BA})$와 같이 대칭성을 사용해서 이 식은 다음과 같이 단순화된다.

$$\int \Psi_2 \hat{H}^{(1)} \Psi_0 \mathrm{d}\tau = \frac{1}{2}\{(\mathrm{AA|AA}) - (\mathrm{AA|BB})\}$$

상관 에너지의 2차 추정은 다음과 같게 된다.

$$E_0^{(2)} = \frac{\frac{1}{4}\{(\mathrm{AA|AA}) - (\mathrm{AA|BB})\}^2}{E_0^{(0)} - E_M^{(0)}} = \frac{\{(\mathrm{AA|AA}) - (\mathrm{AA|BB})\}^2}{8(\varepsilon_a - \varepsilon_b)}$$

$(\mathrm{AA}\,|\,\mathrm{AA}) - (\mathrm{AA}\,|\,\mathrm{BB})$ 항은 두 개의 전자가 모두 한 원자에 구속되고 또 각각이 다른 원자에 구속되어 있는 사이에서의 반발 에너지의 차이이다.

자가 진단 29.3 위에서 마지막에 언급한 내용의 타당성을 증명하시오.

개념 확인

- ☐ 1. **전자 상관관계**는 전자들의 상호 반발을 최소화하기 위하여 전자들이 떨어져 있으려는 경향이다.
- ☐ 2. **가상 오비탈**은 HF 바닥 상태 전자 파동함수에서 점유되어 있지 않은 분자 오비탈이다.
- ☐ 3. **단일 들뜸 행렬식**은 점유되어 있는 오비탈에서 전자 한 개가 가상 오비탈로 이동하여 형성되는 것이며, **이중 들뜸 행렬식**은 두 개의 전자가 이동하는 것이고 계속해서 같은 방식이 된다.
- ☐ 4. 각각의 Slater 행렬식(HF 파동함수를 포함해서)은 **배치 상태 함수**(CSF)이다.
- ☐ 5. **배치간 상호 작용**(CI)은 완전 전자 파동함수를 배치 상태 함수들의 선형 결합으로서 표현한다.
- ☐ 6. 배치간 상호 작용과 **Møller-Plesset 섭동 이론**은 전자 상관관계를 수용하는 두 개의 대중적인 순이론적 방법이다.
- ☐ 7. **꽉찬 CI**는 유한한 바탕 함수로부터 만들어진 분자 오비탈을 사용하며 모든 가능한 들뜬 행렬식에 대하여 허용된다.
- ☐ 8. **상관 에너지**는 실제 에너지와 Hartree–Fock 방법에 의해 계산

[1] 자세한 것은 *Molecular quantum mechanics*, Oxford University Press(2011) 참조

된 에너지 사이의 차이이다.

☐ 9. **다체 섭동 이론**은 섭동 이론을 전자들과 핵들이 상호 작용하는 분자 계에 적용하는 것이다.

☐ 10. **Møller-Plesset 섭동 이론**(MPPT)에서는 HF 방법으로부터의 Fock 연산자의 합을 간단한 모형 Hamilton 연산자로 사용한다.

☐ 11. **Brillouin 정리**에 따르면, 이중으로 들뜬 행렬식만이 2차 에너지 보정에 기여를 한다.

식 확인

성질	식	비고	식 번호
배치간 상호 작용	$\Psi = C_0\Psi_0(\equiv) + C_1\Psi_1(\equiv) + C_2\Psi_2(\equiv) + \cdots$		29.1
Møller−Plesset 섭동 이론	$\hat{H}^{(1)}(1) = \sum_i j_0/r_{1i} - \sum_m \{2J_m(1) - K_m(1)\}$		29.4
MPPT에서의 상관 에너지	$E_0^{(2)} = \sum_{M\neq 0} \left\lvert \int \Psi_M \hat{H}^{(1)} \Psi_0 \,\mathrm{d}\tau \right\rvert^2 \Big/ \left(E_0^{(0)} - E_M^{(0)}\right)$	MP2	29.5

토픽 30

밀도 범함수 이론

➤ 학습 목표
밀도 범함수 이론은 현재 전자 구조의 계산을 위한 매우 대중적인 방법이며, 이 방법의 일반적인 특성을 아는 것이 중요하다.

➤ 핵심 내용
분자의 에너지는 전자 밀도로부터 계산될 수 있다.

➤ 미리 알기
다원자 분자에 대한 Hamilton 연산자의 구조(토픽 27)를 알고 있어야 한다.

최근에 분자 구조의 계산을 위하여 가장 널리 사용되는 방법 중의 하나로 상당히 자리를 굳히고 있는 기법은 **밀도 범함수 이론(density functional theory**, DFT)이다. 이 방법의 이점들에는 계산 노력이 덜 요구되며 계산 시간이 적게 소요되고 특히 d 금속 착물과 같은 몇 가지 경우에는 Hartree-Fock에 기초한 방법으로부터 얻는 것보다 실험값에 더 잘 일치하는 것들이 포함된다.

30.1 Kohn-Sham 방정식

DFT는 전자 밀도 ρ에 핵심적인 초점을 맞추고 있다. 이 이름에 '범함수'라는 단어가 들어간 것은 분자의 에너지가 전자 밀도의 함수이며, 전자 밀도 자체가 전자 위치의 함수 $\rho(r)$라는 사실에서 유래된다. 수학에서 함수의 함수를 **'범함수(functional)'**라고 하며, 이러한 특별한 경우에 에너지를 **범함수** $E[\rho]$로 쓴다. 다른 경우에도 범함수를 맞닥뜨리지만 이 용어를 쓰지는 않는다. 즉 에너지의 단일 값 $E[\psi]$가 각 함수 ψ와 연관되어 있는 경우에 대하여 Hamilton 연산자의 기댓값은 파동함수의 범함수로 표현되는 에너지이다. 주목해야 할 중요한 점은 $E[\psi]$가 모든 공간에 걸친 $\psi\hat{H}\psi$의 적분이기 때문에 $E[\psi]$는 ψ 값의 전체 범위로부터 기여된다는 것이다.

토픽 27(식 27.1)의 Hamilton 연산자의 구조로부터 단순히 다음과 같이 나타내며,

$$\hat{H} = \overbrace{-\frac{\hbar^2}{2m_e}\sum_{i=1}^{N_e}\nabla_i^2}^{\text{전자의 운동 에너지}} \overbrace{-\sum_{i=1}^{N_e}\sum_{I=1}^{N_n}\frac{Z_I e^2}{4\pi\varepsilon_0 r_{Ii}}}^{\text{모든 핵에 대한 전자들의 인력}} \overbrace{+\frac{1}{2}\sum_{i\neq j}^{N_e}\frac{e^2}{4\pi\varepsilon_0 r_{ij}}}^{\text{전자들의 상호 반발력}} \qquad \text{Hamilton 연산자} \quad (30.1)$$

분자의 에너지는 운동 에너지, 전자-핵 상호 작용, 전자-전자 상호 작용으로부터의 기여들로 표현될 수 있다는 것을 알아챌 수 있다. 첫 번째 두 개의 기여들은 전자 밀도 분포에 의존한다. 전자-전자 상호 작용도 동일하게 전자-전자 상호 작용에 의존할 것 같지만, 전자 교환에 기인한 고전적인 전자-전자 상호 작용(Hartree-Fock 이론에서 K로 표시되는 기여)의 수정이 있는 것에 대비해야 한다. 전자 교환의 기여가 전자 밀도의 항으로 표현될 수 있다는 것은 결코 분명하지 않으나 1964년에 P. Hohenberg와 W. Kohn에 의해서 N_e 전자를 갖는 분자의 정확한 바닥 상태 에너지는 전자 확률 밀도에 의해 유일하게 결정된다는 것을 증명할 수 있었으

며 그들은 다음과 같이 표현할 수 있다는 것을 보여 주었다.

$$E[\rho]=E_{\text{classical}}[\rho]+E_{\text{XC}}[\rho] \quad \text{에너지 범함수} \quad (30.2)$$

여기에서 $E_{\text{classical}}[\rho]$는 운동 에너지, 전자–핵 상호 작용, 고전적인 전자–전자 퍼텐셜 에너지 기여들의 합이며, $E_{\text{XC}}[\rho]$는 **교환–상관 에너지(exchange-correlation energy)**이다. 이 항은 스핀에 기인한 모든 비고전적인 전자–전자 영향을 고려하며 전자–전자 상호 작용으로부터 생기는 $E_{\text{classical}}$의 운동 에너지 부분에 대하여 약간의 수정을 가한다. **Hohenberg-Kohn 정리(Hohenberg-Kohn theorem)**는 $E_{\text{XC}}[\rho]$의 존재를 보증하지만, 수학에서의 대단히 많은 실존 정리와 같이 어떻게 이것이 계산되었는지에 대해서는 어떠한 단서도 제공하지 못한다.

이러한 접근법의 실행에 있어서 첫 번째 단계는 전자 밀도를 계산하는 것이다. 관계되는 식은 1965년에 ρ가 분자에 존재하는 각 전자로부터의 기여로 표현될 수 있다고 보여 준 W. Kohn과 L.J. Sham에 의해 추론되었으며, 다음과 같이 나타낸다.

$$\rho(\boldsymbol{r})=\sum_{i=1}^{N_e}|\psi_i(\boldsymbol{r})|^2 \quad \text{전자 밀도} \quad (30.3)$$

함수 ψ_i는 **Kohn-Sham 오비탈(Kohn-Sham orbital)**이라고 하며, **Kohn-Sham 방정식(Kohn-Sham equation)**의 해로서 Schrödinger 방정식에 기초를 둔 형태와 매우 닮았다. 이전자계에 대해서는 다음과 같다.

$$\begin{aligned}\hat{h}_1\psi_i(1)+j_0\int\frac{\rho(2)}{r_{12}}\mathrm{d}\tau_2\,\psi_i(1)+V_{\text{XC}}(1)\psi_i(1)\\=\varepsilon_i\psi_i(1)\end{aligned} \quad \text{Kohn–Sham 방정식} \quad (30.4)$$

첫 번째 항은 통상적인 핵심 항이며, 두 번째 항은 전자 1과 전자 2 사이의 고전적인 상호 작용이고, 세 번째 항은 교환 영향을 고려한 것으로 **교환–상관 퍼텐셜(exchange-correlation potential)**이라고 한다. ε_i는 Kohn–Sham 오비탈 에너지이다.

30.2 교환–상관 에너지

교환–상관 퍼텐셜은 DFT에 있어서 핵심적인 역할을 하며 교환–상관 에너지 $E_{\text{XC}}[\rho]$를 알게 되면 다음의 '범함수 도함수'를 형성함으로써 계산할 수 있다.

$$V_{\text{XC}}(\boldsymbol{r})=\frac{\delta E_{\text{XC}}[\rho]}{\delta\rho} \quad \text{교환–상관 퍼텐셜} \quad (30.5)$$

범함수 도함수는 1차 도함수와 같이 정의되지만 $E_{\text{XC}}[\rho]$가 단지 단일 점에서가 아니라 $\rho(\boldsymbol{r})$ 값의 모든 범위에서의 값으로부터 얻어지는 양이라는 것을 명심해야 한다. 따라서 $\boldsymbol{r}$이 조금의 변화 $\mathrm{d}\boldsymbol{r}$ 만큼 변한다면 밀도는 각 점에서 $\rho(\boldsymbol{r}+\mathrm{d}\boldsymbol{r})$로 $\delta\rho$ 만큼 변하고 $E_{\text{XC}}[\rho]$는 이와 같은 모든 변화의 합에 해당되는 다음과 같은 변화를 가져오게 된다.

$$\delta E_{\text{XC}}[\rho]=\int\frac{\delta E_{\text{XC}}[\rho]}{\delta\rho}\delta\rho\mathrm{d}\boldsymbol{r}=\int V_{\text{XC}}(\boldsymbol{r})\delta\rho\mathrm{d}\boldsymbol{r} \quad (30.6)$$

V_{XC}는 $\boldsymbol{r}$에 대한 상용 함수이며 범함수가 아니라는 것에 주목하라. 이것은 적분의 범위에 걸쳐 $E_{\text{XC}}[\rho]$가 $\delta\rho$에 대하여 전체적으로 어떻게 의존하는가를 정의하는 적분에 대한 국지적인 기여를 나타낸다. 이 방법은 예제 30.1에서 분명하게 되며 이를 설명하였다.

(a) 교환–상관 퍼텐셜

밀도 범함수 이론의 가장 획기적인 도전은 교환–상관 에너지의 정확한 식을 구하는 것이다. $E_{\text{XC}}[\rho]$에 대하여 널리 사용되지만 근사적인 형태의 한 가지는 연속적이며 일정한 양전하의 분포 공간 안에서 전자들이 움직이는 가상적 전기적으로 중성의 계인 균일 전자 기체 모형에 기초를 둔다. 균일 전자 기체에 대하여 교환–상관 에너지는 교환 기여와 상관성 기여의 합으로 나타낼 수 있다. 후자는 복잡한 범함수로서 이 토픽의 범위에 벗어나므로 여기에서는 무시하기로 한다. 다음의 예는 교환 기여에 대하여 교환–상관 퍼텐셜을 어떻게 추론하는지를 보여 준다.

예제 30.1 교환–상관 퍼텐셜의 유도

균일 전자 기체에 대한 교환–상관 에너지는 의례히 $j_0=e^2/4\pi\varepsilon_0$일 때 다음과 같다.[1]

$$E_{\text{XC}}[\rho]=A\int\rho^{4/3}\mathrm{d}\boldsymbol{r} \qquad A=-\tfrac{9}{8}\left(\frac{3}{\pi}\right)^{1/2}j_0$$

해당되는 교환–상관 퍼텐셜을 추론하시오.

방법 각 점에서 밀도가 $\rho(\boldsymbol{r})$에서 $\rho(\boldsymbol{r})+\delta\rho(\boldsymbol{r})$로 변할 때 범함수 $E_{\text{XC}}[\rho]$가 어떻게 변하는지를 확인하고, 그 다음 Taylor 급수(**수학적 배경** 1)를 사용하여 피적분함수를 전개한다. 결과를 식 30.6과 비교하여 $V_{\text{XC}}(\boldsymbol{r})$을 찾는다.

풀이 밀도가 $\rho(\boldsymbol{r})$에서 $\rho(\boldsymbol{r})+\delta\rho(\boldsymbol{r})$로 변할 때 범함수는 $E_{\text{XC}}[\rho]$에서 $E_{\text{XC}}[\rho+\delta\rho]$로 변하며 다음과 같다.

$$E_{\text{XC}}[\rho+\delta\rho]=A\int(\rho+\delta\rho)^{4/3}\mathrm{d}\boldsymbol{r}$$

[1] 이 항의 근원을 알기 위해서는 *Molecular quantum mechanics*, Oxford University Press (2011).

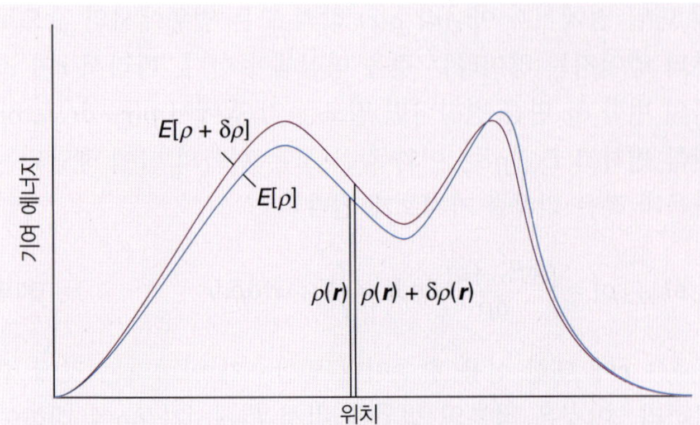

그림 30.1 각 점 $\boldsymbol{r}$에서 밀도가 ρ에서 $\rho+\delta\rho$로 변함에 따라 $E_{XC}[\rho]$에서 $E_{XC}[\rho+\delta\rho]$로 변하는(각 곡선 아래의 면적) 교환–상관 에너지 범함수의 변화

피적분 함수를 ρ 부근에서 Taylor 급수로 전개하면 다음과 같다.

$$(\rho+\delta\rho)^{4/3} = \rho^{4/3} + \overbrace{\left(\frac{\mathrm{d}(\rho+\delta\rho)^{4/3}}{\mathrm{d}\rho}\right)_{\delta\rho=0}}^{\frac{4}{3}\rho^{1/3}} \delta\rho + \cdots$$

$$= \rho^{4/3} + \tfrac{4}{3}\rho^{1/3}\delta\rho + \cdots$$

$\delta\rho^2$ 차와 그 이상 차수의 항들을 버리면 다음을 얻게 된다.

$$E_{XC}[\rho+\delta\rho] = A\int(\rho^{4/3} + \tfrac{4}{3}\rho^{1/3}\delta\rho)\mathrm{d}\boldsymbol{r}$$

$$= E_{XC}[\rho] + \tfrac{4}{3}A\int\rho^{1/3}\delta\rho\mathrm{d}\boldsymbol{r}$$

따라서 범함수의 미분 δE_{XC}($\delta\rho$에 정비례하는 차이인 $E_{XC}[\rho+\delta\rho]-E_{XC}[\rho]$)는 다음과 같으며

$$\delta E_{XC}[\rho] = \overbrace{\tfrac{4}{3}A\int\rho^{1/3}\,\delta\rho\mathrm{d}\boldsymbol{r}}^{\int V_{XC}(\boldsymbol{r})\delta\rho\mathrm{d}\boldsymbol{r}}$$

따라서 다음과 같은 결과가 된다.

$$V_{XC}(\boldsymbol{r}) = \frac{4}{3}A\rho^{1/3} = -\frac{3}{2}\left(\frac{3}{\pi}\right)^{1/2} j_0\rho(\boldsymbol{r})^{1/3} \quad (30.7)$$

자가 진단 30.1 교환–상관 에너지가 $E_{XC}[\rho] = B\int\rho(\boldsymbol{r})^2\mathrm{d}\boldsymbol{r}$로 주어질 때 교환–상관 퍼텐셜을 구하시오.

답: $V_{XC}(\boldsymbol{r}) = 2B\rho(\boldsymbol{r})$

(b) 방정식의 해

Kohn–Sham 방정식은 반복적으로 자체 일관성을 갖게 풀어야 한다(그림 30.2). 즉 우선 전자 밀도를 짐작으로 정하는데, 이 첫 단계에서는 일반적으로 원자의 전자 확률 밀도의 중첩을 이용한다. 두 번째로 교환–상관 에너지의 전자 밀도에 대한 의존성의 근사식을 가정하고 범함수의 도함수를 산출하여 교환–상관 퍼텐셜을 계산한다. 다음에는 Kohn–Sham 식을 풀어서 일차적인 초기 Kohn–Sham 오비탈 한 세트를 얻는다. 이 한 세트의 오비탈을 이용하여 조금 더 좋은 근사치의 전자 확률 밀도를 구하고(식 30.3으로부터), 이 계산 과정을 밀도가 만족할 만한 범위 이내에서 일정한 값을 유지할 때까지 반복하는 것이다. 그리고 이 전자 에너지는 식 30.2를 이용하여 계산한다.

Hartree–Fock 1전자 파동함수에 대한 경우에서와 같이 Kohn–Sham 오비탈들은 N_b 바탕함수의 세트를 사용하여 전개할 수 있는데, 식 30.4를 푸는 것은 결국 전개식에서 계수를 구하는 것에 해당한다. Slater형 오비탈(STO)과 Gauss형 오비탈(GTO)을 포함한 다양한 바탕 함수들이 사용될 수 있다(토픽 27). Hartree–Fock 방법은 $N_b{}^4$에 비례하는 계산 시간을 갖지만, DFT 방법은 $N_b{}^3$에 비례하는 계산 시간을 갖는다. 따라서 DFT 방법은 HF 방법보다 더 정확할 필요는 없더라도 계산적으로 더욱 능률적이다.

예제 30.2 DFT 방법의 적용

DFT를 어떻게 수소 분자에 적용하는가를 설명하시오.

방법 전자 밀도가 원자 오비탈 χ_A과 χ_B(STO나 GTO일 수 있음)에서 전자의 존재로부터 기인하는 원자의 전자 밀도의 합이라는 가정으로 시작하며, 각 전자에 대하여 $\rho(\boldsymbol{r}) = |\chi_A|^2 + |\chi_B|^2$으로 쓴다. 교환–상관 에너지 E_{XC}에 대하여 균일 전자 기체에 적절한 식과 예제 30.1에서 유도한 것에 해당하는 교환–상관 퍼텐셜을 사용한다.

풀이 분자의 Kohn–Sham 오비탈은 다음 식의 해이다.

$$\hat{h}_1\psi_a(1) + j_0\int\frac{\rho(2)}{r_{12}}\mathrm{d}\tau_2\psi_a(1) + \tfrac{4}{3}A\rho(1)^{1/3}\psi_a(1) = \varepsilon_a\psi_a(1)$$

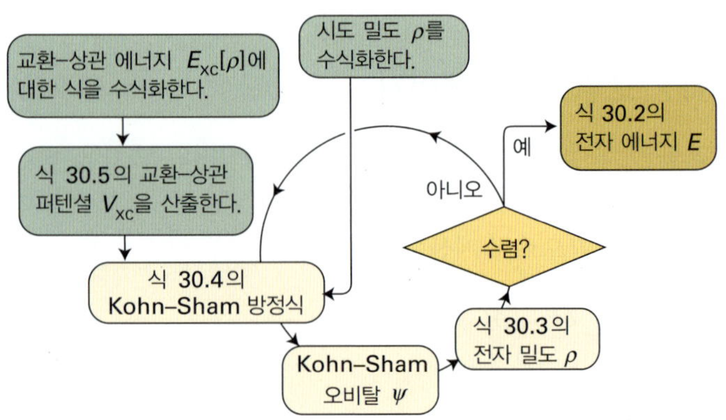

그림 30.2 밀도 범함수 이론에서 Kohn–Sham 방정식을 푸는 반복 절차

이제 $\rho(\boldsymbol{r}) = |\chi_A|^2 + |\chi_B|^2$로 가정한 것에 $\rho(\boldsymbol{r}_1)$과 $\rho(\boldsymbol{r}_2)$를 넣고 이 방정식을 ψ_a에 대하여 수치적으로 푼다. 이 오비탈을 알게 되면 전자 밀도에 대하여 원래 짐작한 것을 $\rho(\boldsymbol{r}) = |\psi_a(\boldsymbol{r})|^2$으로 치환한다. 다음에 이 밀도를 Kohn–Sham 방정식에 다시 대입하여 개선된 함수 $\psi_a(\boldsymbol{r})$를 구하고 이 과정을 밀도와 교환–상관 에너지가 연속적인 반복에서 만족할 만한 범위 이내에서 변하지 않을 때까지 반복한다.

반복 과정이 수렴되면 전자 에너지(식 30.2)는 다음 식으로부터 계산된다.

$$E[\rho] = 2\int \psi_a(\boldsymbol{r})\hat{h}_1\psi_a(\boldsymbol{r})\mathrm{d}\boldsymbol{r} + j_0\int \frac{\rho(\boldsymbol{r}_1)\rho(\boldsymbol{r}_2)}{r_{12}}\mathrm{d}\boldsymbol{r}_1\mathrm{d}\boldsymbol{r}_2 - \frac{9}{8}\left(\frac{3}{\pi}\right)^{1/2} j_0\int \rho(\boldsymbol{r})^{4/3}\mathrm{d}\boldsymbol{r}$$

여기에서 첫 번째 항은 두 핵 영역 안에서 두 전자의 에너지의 합이고, 두 번째 항은 전자–전자 반발력에 대한 항이며, 마지막 항은 비고전적 전자–전자 영향에 기인하는 보정을 포함한다.

자가 진단 30.2 교환–상관 퍼텐셜이 자가 진단 30.1에 추론된 것이라고 하면 마지막 항은 무엇인가?

답: $B\int \rho(\boldsymbol{r})^2\mathrm{d}\boldsymbol{r}$

개념 확인

☐ 1. **밀도 범함수 이론**(DFT)에서 전자의 에너지는 전자 확률 밀도의 범함수로 표시된다.

☐ 2. **Hohenberg-Kohn 정리**는 분자의 정확한 바닥 상태 에너지가 전자 확률 밀도에 의해 독자적으로 결정된다는 것을 보장한다.

☐ 3. **교환–상관 에너지**는 비고전적 전자–전자 영향을 고려한다.

☐ 4. 전자 밀도는 **Kohn-Sham 방정식**에 대한 해인 **Kohn-Sham 오비탈**로부터 계산된다. Kohn–Sham 방정식은 자체 일관성을 갖게 풀어진다.

☐ 5. **교환–상관 퍼텐셜**은 교환–상관 에너지의 범함수 도함수이다.

☐ 6. 교환–상관 에너지에 대하여 통상적으로 사용되지만 근사 형태의 하나는 전자 기체 모형에 기초를 둔다.

식 확인

성질	식	비고	식 번호
에너지	$E[\rho] = E_{\mathrm{classical}}[\rho] + E_{\mathrm{XC}}[\rho]$		30.2
전자 밀도	$\rho(\boldsymbol{r}) = \sum_{i=1}^{N_e} \lvert\psi_i(\boldsymbol{r})\rvert^2$	정의	30.3
Kohn–Sham 방정식	$\hat{h}_1\psi_i(1) + j_0\int(\rho(2)/r_{12})\mathrm{d}\tau_2\psi_i(1) + V_{\mathrm{XC}}(1)\psi_i(1) = \varepsilon_i\psi_i(1)$	수치적으로 반복해서 푼다.	30.4
교환–상관 퍼텐셜	$V_{\mathrm{XC}}(\boldsymbol{r}) = \delta E_{\mathrm{XC}}[\rho]/\delta\rho$	정의: 범함수 도함수	30.5
	$V_{\mathrm{XC}}(\boldsymbol{r}) = -\frac{3}{2}(3/\pi)^{1/2} j_0\rho(\boldsymbol{r})^{1/3}$	전자–기체 모형	30.7

6장 분자 구조

토픽 22 원자가 결합 이론

토론 문제

22.1 분자의 퍼텐셜 에너지 곡선 또는 표면의 계산에서 Born–Oppenheimer 근사법의 역할을 설명하시오.

22.2 원자가 결합 이론에서 들뜸과 혼성화가 적용되는 이유를 설명하시오.

22.3 여러 가지 형태의 혼성 오비탈과, 이들이 알케인, 알켄, 알카인에서의 결합을 설명하는 데 어떻게 사용되는지를 설명하시오. 그리고 알렌 ($CH_2=C=CH_2$)에서 두 개의 CH_2기가 수직인 평면에 놓여 있음을 혼성화로 설명하시오.

22.4 결합이 형성될 때의 특징으로 스핀이 짝을 이루는 것이 그렇게 일반적인 이유는 무엇인가를 원자가 결합 이론의 관점에서 설명하시오.

22.5 공명의 결과는 무엇인가?

22.6 과산화이질산(peroxynitrite) 이온($ONOO^-$)의 루이스 구조를 그리시오. 각 원자에 혼성화 상태를 표시하고, 각 다른 형태 결합의 구성 성분을 특정하여 말하시오.

연습 문제

22.1(a) HF의 단일 결합에 대한 원자가 결합 파동함수를 쓰시오.

22.1(b) N_2의 삼중 결합에 대한 원자가 결합 파동함수를 쓰시오.

22.2(a) $HF \leftrightarrow H^+F^- \leftrightarrow H^-F^+$의 혼성 공명에 대한 원자가 결합 파동함수를 쓰시오(각 구조에 대한 다른 기여를 허용함).

22.2(b) $N_2 \leftrightarrow N^+N^- \leftrightarrow N^{2-}N^{2+} \leftrightarrow$ 비슷한 에너지 구조들의 혼성 공명에 대한 원자가 결합 파동함수를 나타내시오.

22.3(a) 원자가 결합 항으로 P_2 분자의 구조를 묘사하시오. P 분자의 구조에서 P_4 분자가 더 안정한 이유는 무엇인가?

22.3(b) 원자가 결합 이론의 관점에서 SO_2와 SO_3의 구조를 묘사하시오.

22.4(a) 혼성 오비탈을 이용하여 1,3-뷰타다이엔의 결합을 나타내시오.

22.4(b) 혼성 오비탈을 이용하여 1,3-펜타다이엔의 결합을 나타내시오.

22.5(a) 선형 결합 $h_1 = s+p_x+p_y+p_z$와 $h_2 = s-p_x-p_y+p_z$가 상호 직교함을 증명하시오.

22.5(b) 선형 결합 $h_1 = (\sin\chi)s+(\cos\chi)p$와 $h_2 = (\cos\chi)s-(\sin\chi)p$가 모든 각도 값 χ에서 상호 직교함을 증명하시오.

22.6(a) s와 p 오비탈이 각각 1로 정규화된, sp^2 혼성 오비탈 $h = s+2^{1/2}p$를 정규화하시오.

22.6(b) s와 p 오비탈이 각각 1로 정규화된, 연습 문제 22.5(b)에서의 선형 결합을 정규화하시오.

응용 문제

22.1 xy 평면에 놓여 있고, x축과 120°의 각을 가지는 sp^2 혼성 오비탈은 다음과 같은 형태를 가진다.

$$\psi = \frac{1}{3^{1/2}}\left(s - \frac{1}{2^{1/2}}p_x + \frac{3^{1/2}}{2^{1/2}}p_y\right)$$

수소꼴 원자 오비탈을 이용하여 혼성 오비탈의 구체적인 형태를 나타내고, 특정된 방향에서 최고 진폭을 가짐을 보이시오.

22.2 식 22.7의 혼성 오비탈이 서로 120°의 각을 가짐을 확인하시오.

22.3 두 개의 동등한 sp^λ 형태의 혼성 오비탈이 서로 θ각을 형성한다면, $\lambda = -1/\cos\theta$가 됨을 보이시오. θ에 대한 그래프를 도시하고, $\lambda = 1$일 때 $\theta = 180°$, $\lambda = 2$일 때 $\theta = 120°$임을 확인하시오.

토픽 23 분자 오비탈 이론의 원리

토론 문제

23.1 분자 오비탈 이론의 어떤 특성이 결합 형성에 원인이 되는가?

23.2 결합이 형성될 때의 특징으로 스핀이 짝을 이루는 것이 그렇게 일반적인 이유를 분자 오비탈 이론의 관점에서 설명하시오.

연습 문제

23.1(a) 분자 오비탈 $\psi=\psi_A+\lambda\psi_B$를 파라미터 λ와 겹침 적분 S를 가지고 정규화하시오.

23.1(b) 선형 결합에서 각 원자에 대한 더 많은 오비탈을 포함시킴으로써 연습 문제 23.1(a)에서의 분자에 대해 보다 정확하게 기술할 수 있다. 파라미터 λ 및 λ'과 적절한 겹침 적분 S의 항으로 분자 오비탈 $\psi=\psi_A+\lambda\psi_B+\lambda'\psi_B'$을 정규화하시오. 여기서 ψ_B와 ψ_B'은 원자 B에 대하여 서로 직교하는 오비탈이다.

23.2(a) 정규화되지 않은 분자 오비탈이 $0.145A+0.844B$와 같은 형태로 주어진다고 가정하자. 이 결합 오비탈과 직교하는 오비탈 A와 B의 선형 결합을 구하고, $S=0.250$을 사용하여 이 두 개 결합의 정규화 상수를 결정하시오.

23.2(b) 정규화되지 않은 분자 오비탈이 $0.727A+0.144B$와 같은 형태로 주어진다고 가정하자. 이 결합 오비탈과 직교하는 오비탈 A와 B의 선형 결합을 구하고, $S=0.117$을 사용하여 이 두 결합의 정규화 상수를 결정하시오.

23.3(a) 원자핵 간 거리가 R인 H_2^+의 에너지는 식 23.4로 주어진다. 기여 값이 아래의 표에 주어졌다. 분자 퍼텐셜 에너지 곡선을 도시하고, 결합 해리 에너지(eV 단위로)와 평형 결합 길이를 구하시오.

R/a_0	0	1	2	3	4
j/E_h	1.000	0.729	0.472	0.330	0.250
k/E_h	1.000	0.736	0.406	0.199	0.092
S	1.000	0.858	0.587	0.349	0.189

여기서 $E_h=27.2$ eV, $a_0=52.9$ pm, $E_{H1s}=-\frac{1}{2}E_h$이다.

23.3(b) 연습 문제 23.3(a)에서와 동일한 데이터를 식 23.7에 주어지는 반결합 오비탈에 대한 분자 퍼텐셜 에너지 곡선을 계산하는 데 사용할 수 있다. 곡선을 도시하시오.

23.4(a) p 원자 오비탈의 나란한 겹침으로 형성되는 결합 π 오비탈과 반결합 π 오비탈의 g 또는 u의 특성을 확인하시오.

23.4(b) d 원자 오비탈의 면-면 겹침으로 형성되는 결합 δ 오비탈과 반결합 δ 오비탈의 g 또는 u의 특성을 확인하시오.

응용 문제

23.1 H_2에서 거리가 74.1 pm인 2개의 수소 핵 사이의 정전기적 반발력에 대한 몰에너지를 계산하시오. 이 결과는 결합을 형성하는 전자들의 인력에 의해 극복되어야 하는 값이다. 이들 사이에서 중력 작용의 인력이 중요한 역할을 하는가?(**힌트**: 두 질량의 중력 퍼텐셜 에너지는 $-Gm_1m_2/r$과 같다.)

23.2 바닥 상태에 있는 H_2^+ 분자 이온 속에 부피가 1.00 pm^{3}인 전자 감응 탐침을 삽입하였다고 생각해 보자. 이 탐침이 다음 위치에 있을 때 전자가 검출될 확률을 구하시오. (a) 핵 A에서, (b) 핵 B에서, (c) A와 B의 중간에서, (d) 결합축을 따라 A에서 B로 20 pm를 갔다가 다시 수직으로 10 pm를 간 지점. 전자가 반결합 LCAO-MO로 들뜬 직후 상태에서 이 분자 이온에 대한 동일한 계산을 되풀이하시오.

23.3 H_2^+ 분자 이온에 대하여 정규화된 LCAO-MO를 이용하여 식 23.4와 식 23.7을 유도하시오. 이 이온에 대한 Hamilton 연산자의 기댓값을 계산하시오. A와 B 각각은 개별적으로 고립된 H 원자의 Schrödinger 방정식을 만족한다는 사실을 이용하시오.

23.4 전자 한 개가 결합 오비탈을 차지하는 것(앞의 문제에서 계산한 것과 같이)이 전자 한 개가 반결합 오비탈을 차지하는 것보다 결합 효과가 큰지, 작은지를 설명하시오. 이는 모든 핵간 거리에 대하여 적용되는가?

23.5[‡] 책에서 설명하고 있는 LCAO-MO 접근법은 양자 화학에서 수치 해석법을 소개하는 데 사용될 수 있다. 이 관점에서 우리는 겹침 적분, Coulomb 적분, 공명 적분을 수치적으로 산출하고 결과 값을 해석적 방정식(식 23.5)과 비교하시오. (a) LCAO-MO 파동함수와 H_2^+의 Hamilton 연산자를 이용하여 관련된 적분에 대한 식들을 유도하고, 수학 소프트웨어 또는 전자의 스프레드시트를 이용하여 겹침과 Coulomb 및 공명 적분의 수치적으로 계산하고, $a_0<R<4a_0$ 범위에서 $1s\sigma_g$ MO에 대한 전체 에너지를 구하시오. 수치적으로 적분하여 얻은 결과들을 해석적으로 구한 결과들과 비교하시오. (b) 수치적으로 구한 적분값을 이용하여 전체 에너지 $E(R)$의 그래프를 도시하고, 전체 에너지의 최솟값, 평형 원자핵 간의 거리, 해리 에너지(D_e)를 결정하시오.

23.6 (a) $2a_0=106$ pm만큼 떨어져 있는 두 H1s 오비탈로부터 형성될 수 있는 정규화된 결합 및 반결합 LCAO-MO의 전체 진폭을 계산하시오. 분자 축을 따라 핵간 영역의 안쪽과 바깥쪽 모두에서의 위치에 대한 두 진폭을 도시하시오. (b) 두 오비탈의 확률 밀도를 도시하시오. 이어서 ψ^2과 $\frac{1}{2}\{\psi_A{}^2+\psi_B{}^2\}$의 차이인 **차이 밀도**(difference density)를 구성하시오.

‡ ǂ가 표시된 문제들은 Charles Trapp과 Carmen Giunta가 제공하였다.

토픽 24 동핵 이원자 분자

토론 문제

24.1 도표를 그려서 인접한 원자들에 있는 한 개의 p 오비탈과 한 개의 d 오비탈이 결합 및 반결합 분자 오비탈을 형성할 수 있는 다양한 배향을 나타내시오.

24.2 동핵 이원자 분자의 쌓음 원리의 규칙을 요약하시오.

24.3 분자 오비탈 이론에서 Born–Oppenheimer 근사법의 역할은 무엇인가?

24.4 분자 오비탈에 대한 s 원자 오비탈과 p 원자 오비탈 각각의 기여를 다루는 것은 어떤 방식으로 정당화되는가?

24.5 오비탈 중첩은 결합 세기에 어느 정도까지 관계가 있을 수 있는가?

연습 문제

24.1(a) 다음 화학종의 바닥 상태 전자 배치와 결합 차수를 나타내시오. (a) Li_2, (b) Be_2, (c) C_2

24.1(b) 다음 화학종의 바닥 상태 전자 배치를 나타내시오. (a) F_2^-, (b) N_2, (c) O_2^{2-}

24.2(a) B_2와 C_2의 바닥 상태 전자 배치로부터 어느 분자가 더 큰 결합 해리 에너지를 가질 것인지를 예측하시오.

24.2(b) Li_2와 Be_2의 바닥 상태 전자 배치로부터 어느 분자가 더 큰 결합 해리 에너지를 가질 것인지를 예측하시오.

24.3(a) F_2와 F_2^+ 중 어느 것이 더 큰 해리 에너지를 가지는가?

24.3(b) O_2^+, O_2, O_2^-, O_2^{2-} 종을 결합 길이가 증가하는 순으로 나열하시오.

24.4(a) 2주기 동핵 이원자 분자 각각의 결합 차수를 구하시오.

24.4(b) 2주기 동핵 이원자 양이온 X_2^+와 음이온 X_2^- 각각의 결합 차수를 구하시오

24.5(a) 연습 문제 24.3(b)의 각 화학종에 대하여 어떤 분자 오비탈이 HOMO인지 말하시오.

24.5(b) 연습 문제 24.3(b)의 각 화학종에 대하여 어떤 분자 오비탈이 LUMO인지 말하시오.

24.6(a) 파장이 100 nm인 복사선의 광자에 의해서 이온화 에너지가 12.0 eV인 오비탈로부터 제거된 광전자의 속도는 얼마인가?

24.6(b) 21 eV 에너지의 복사선을 갖는 분자로부터 제거되고 이온화 에너지 12 eV의 오비탈로부터 나온다고 알려진 광전자의 속도는 얼마인가?

24.7(a) 거리 R만큼 떨어진 핵들의 두 수소꼴 1s 오비탈 간의 겹침 적분은 식 24.4로 주어진다. (i) H_2, (ii) He_2에 대하여 어느 거리에서 $S=0.20$이 되는가?

24.7(b) 거리 R만큼 떨어진 핵들의 2개 수소꼴 2s 오비탈간의 겹침 적분은 **간단한 예** 24.2의 식으로 주어진다. (i) H_2, (ii) He_2에 대하여 어느 거리에서 $S=0.20$이 되는가?

응용 문제

24.1 1s 오비탈과 이를 향하고 있는 2p 오비탈 사이의 겹침이 그 거리에 어떻게 의존할 것으로 예상할 수 있는지 도시하시오. 두 핵이 R만큼 떨어져 있을 때, H1s 오비탈과 이를 향하고 있는 H2p 오비탈 사이의 겹침 적분은 $S=(R/a_0)\{1+(R/a_0)+\frac{1}{3}(R/a_0)^2\}e^{-R/a_0}$과 같다. 이 함수를 도시하고, 겹침이 최대로 될 때의 거리를 구하시오.

24.2[†] $2p_x$와 $2p_y$ 수소꼴 원자 오비탈을 이용하여 $2p\sigma$와 $2p\pi$ 분자 오비탈의 단순한 LCAO를 만드시오. (a) $2p_z\sigma$와 $2p_z\sigma^*$ 분자 오비탈의 확률 밀도 그림을 그리고, 이 분자 오비탈들의 xz 평면 진폭의 표면과 등고선 그림을 그리시오. (b) $2p_x\pi$와 $2p_x\pi^*$ 분자 오비탈의 xz 평면 진폭의 표면과 등고선 그림을 그리시오. 핵간 거리 R이 $10a_0$와 $3a_0$($a_0=52.9$ pm)일 때의 그림도 함께 그리시오. 이 그래프를 해석하고, 이 그래프 정보가 왜 유용한지를 설명하시오.

24.3 겹침을 고려하지 않는다면, (a) θ가 0과 $\frac{1}{2}\pi$ 사이의 값을 가질 때 두 개의 원자 오비탈의 선형 결합으로 표현되는 모든 분자 오비탈은 $\psi=\psi_A\cos\theta+\psi_B\sin\theta$와 같은 형태로 나타냄을 보이고, (b) ψ_A와 ψ_B가 직교하고 1로 정규화되면 ψ 또한 1로 정규화됨을 보이시오. (c) 어떤 θ값이 동핵 이원자 분자의 결합과 반결합 오비탈에 해당되는가?

24.4 21.22 eV의 광자를 사용한 어떤 광전자 스펙트럼에서 11.01 eV, 8.23 eV, 5.22 eV의 운동 에너지를 갖는 전자들이 방출되었다. 이 종들에 대하여 확인할 수 있는 세 개 오비탈의 이온화 에너지를 나타내는 MO 에너지 준위 그림을 그리시오.

24.5 2개의 수소꼴 2s 오비탈들 사이의 겹침 적분이 다음과 같이 표현됨을 보이시오.

$$S(2s,2s)=\left\{1+\frac{ZR}{2a_0}+\frac{1}{12}\left(\frac{ZR}{a_0}\right)^2+\frac{1}{240}\left(\frac{ZR}{a_0}\right)^4\right\}e^{-ZR/2a_0}$$

토픽 25 이종핵 이원자 분자

토론 문제

25.1 Pauling과 Mulliken의 전기 음성도 척도를 설명하시오. 이것들은 왜 근사적으로 단계적이어야 하는가?

25.2 분자 구조를 계산하는 데 이용되는 원자 오비탈 에너지를 추정할 때 이온화 에너지와 전자 친화도 모두가 역할을 하는 이유를 설명하시오.

25.3 변분 원리를 사용하여 계의 에너지를 계산할 때 관계되는 과정에 대해서 설명하시오. 어떤 가정들이 관계되는가?

25.4 Coulomb 적분과 공명 적분의 물리적 중요성은 무엇인가?

25.5 탄소의 성질이 어떻게 이상적인 생물체의 구성 요소로 만드는 결합 특징을 설명하는지를 논의하시오.

연습 문제

25.1(a) 다음 화학종들의 바닥 상태 전자 배치를 나타내시오. (a) CO, (b) NO, (c) CN^-

25.1(b) 다음 화학종들의 바닥 상태 전자 배치를 나타내시오. (a) XeF, (b) PN, (c) SO^-

25.2(a) XeF에 대한 분자 오비탈 에너지 준위 그림을 그리고, 그 바닥 상태 전자 배치를 구하시오. XeF가 XeF^+보다 더 짧은 결합 길이를 갖겠는가?

25.2(b) IF에 대한 분자 오비탈 에너지 준위 그림을 그리고, 그 바닥 상태 전자 배치를 구하시오. IF가 IF^-나 IF^+보다 더 짧은 결합 길이를 갖겠는가?

25.3(a) NO^-와 NO^+의 전자 배치로부터 이 중 어느 것이 더 짧은 결합 길이를 갖겠는지 예측하시오.

25.3(b) SO^-와 SO^+의 전자 배치로부터 이 중 어느 것이 더 짧은 결합 길이를 갖겠는지 예측하시오.

25.4(a) 상당히 믿을 만한 Mulliken과 Pauling의 전기 음성도 척도간의 전환은 식 25.4로 나타낸다. 2주기 원소에 대해서 전환 공식이 얼마나 잘 평가되는지를 표 25.1을 참조하여 설명하시오.

25.4(b) 상당히 믿을 만한 Mulliken과 Pauling의 전기 음성도 척도간의 전환은 식 25.4로 나타낸다. 3주기 원소에 대해서 전환 공식이 얼마나 잘 평가되는지를 표 25.1을 참조하여 설명하시오.

25.5(a) HCl의 분자 오비탈 계산에 사용하는 오비탈 에너지를 추정하시오. 데이터는 표 20.2와 20.3을 참조하시오.

25.5(b) HBr의 분자 오비탈 계산에 사용하는 오비탈 에너지를 추정하시오. 데이터는 표 20.2와 20.3을 참조하시오.

25.6(a) 연습 문제 25.5(a)에서 얻은 값을 이용하여 HCl의 분자 오비탈 에너지를 추정하시오. $S=0$을 이용하시오.

25.6(b) 연습 문제 25.5(b)에서 얻은 값을 이용하여 HBr의 분자 오비탈 에너지를 추정하시오. $S=0$을 이용하시오.

25.7(a) $S=0.20$이라고 생각하고 연습 문제 25.6(a)를 반복하시오.

25.7(b) $S=0.20$이라고 생각하고 연습 문제 25.6(b)를 반복하시오.

응용 문제

25.1 식 25.8c는 $|\alpha_B-\alpha_A|\gg 2|\beta|$임을 가정하고 $S=0$으로 놓음으로써 식 25.8a로부터 전개된다. $S=0$이 아니라고 정했을 때 결과를 분석하시오.

25.2 이종핵 이원자 분자의 분자 오비탈은 오비탈 바탕 함수 A, B, C로부터 만들어지고, 여기에서 B와 C는 모두 한 원자에 있는 것이라고 가정하자(예를 들어 이들은 HF에서 F2s와 F2p라고 볼 수 있다). 계수의 최적값에 대한 영년 방정식과 이에 해당하는 영년 행렬식을 구하시오.

25.3 $\alpha_A=-7.2$ eV, $\alpha_B=-10.4$ eV, $\alpha_C=-8.4$ eV, $\beta_{AB}=-1.0$ eV, $\beta_{AC}=-0.8$ eV로 정해서 앞의 문제를 이어서 푸시오. 그리고 (i) 둘 다 $S=0$, (ii) 둘 다 $S=0.2$일 때 오비탈 에너지와 계수를 계산하시오.

25.4 앞선 문제에서의 변형으로서 B와 C 오비탈의 에너지 간격을 넓히는 결과를 분석하시오(이 단계에서는 $S=0$을 이용할 것). 오비탈 C를 고려하지 않은 것을 모든 단계에서 정당화할 수 있겠는가?

토픽 26 다원자 분자

토론 문제

26.1 Hückel 방법이 기초를 두고 있는 범위, 결과, 접근법의 제한을 설명하시오.

26.2 비편재화 에너지인 π 전자 결합 에너지와 π 결합 생성 에너지 사이의 차를 구별하여 설명하시오. 각각의 개념이 어떻게 쓰이는지를 설명하시오.

연습 문제

26.1(a) Hückel 근사 범위 안에서 (a) 선형 H_3, (b) 고리형 H_3의 영년 행렬식을 쓰시오.

26.1(b) Hückel 근사 범위 안에서 (a) 선형 H_4, (b) 고리형 H_4의 영년 행렬식을 쓰시오.

26.2(a) (a) 벤젠 음이온, (b) 벤젠 양이온의 전자 배치를 예측하시오. 각 경우에서 π 전자 결합 에너지를 추정하시오.

26.2(b) (a) 알릴 라디칼, (b) 사이클로뷰타다이엔 양이온의 전자 배치를 예측하시오. 각 경우에서 π 전자 결합 에너지를 추정하시오.

26.3(a) (a) 벤젠 음이온, (b) 벤젠 양이온의 비편재화 에너지와 π 결합 형성 에너지를 구하시오.

26.3(b) (a) 알릴 라디칼, (b) 사이클로뷰타다이엔 양이온의 비편재화 에너지와 π 결합 형성 에너지를 구하시오.

26.4(a) Hückel 근사의 범위 안에서 C2p 오비탈을 바탕 함수 집합으로 사용하여 (a) 안트라센(**1**), (**b**) 페난트렌 (**2**)의 영년 행렬식을 쓰시오.

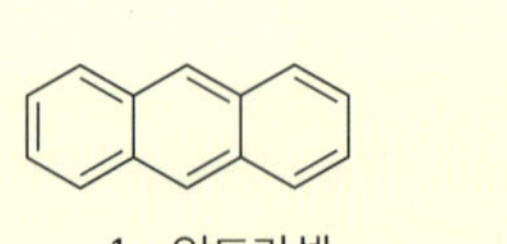

1 안트라센

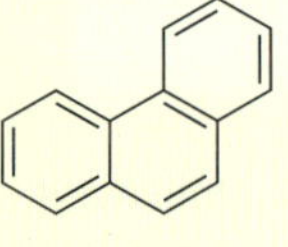

2 페난트렌

26.4(b) Hückel 근사의 범위 안에서 C2p 오비탈을 바탕 함수 집합으로 사용하여 (a) 아줄렌(**3**), (b) 아세나프탈렌(**4**)의 영년 행렬식을 쓰시오.

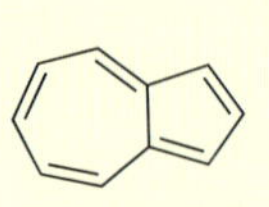

3 아줄렌

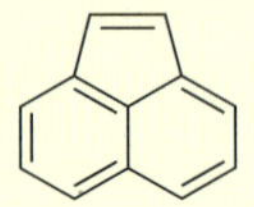

4 아세나프탈렌

26.5(a) 수학적 소프트웨어를 이용하여 Hückel 근사의 범위 안에서 (a) 안트라센(**1**), (b) 페난트렌(**2**)의 π 전자 결합 에너지를 계산하시오.

26.5(b) 수학적 소프트웨어를 이용하여 Hückel 근사의 범위 안에서 (a) 아줄렌(**3**), (b) 아세나프탈렌(**4**)의 π 전자 결합 에너지를 계산하시오.

응용 문제

26.1 CO_3^{2-}의 π 전자에 대한 Hückel 영년 방정식을 세우고 푸시오. Coulomb 적분 α_O와 α_C, 그리고 공명 적분 β를 가지고 에너지를 나타내시오. 이 이온의 비편재화 에너지를 구하시오.

26.2 N개의 탄소 원자로 된 선형 콘쥬게이션 폴리엔에서는 각 탄소 원자가 π 결합에 2p 오비탈의 전자를 기여한다. 이 폴리엔의 π 분자 오비탈의 에너지 E_k는 다음 식으로 주어진다.

$$E_k = \alpha + 2\beta \cos\frac{k\pi}{N+1} \qquad k = 1, 2, 3, \ldots N$$

(a) 이 식을 이용하여 동족 계열 에텐, 뷰타다이엔, 헥사트라이엔, 옥타테트라엔의 HOMO로부터 LUMO로의 $\pi^* \leftarrow \pi$ 자외선 흡수가 각각 61 500, 46 080, 39 750, 32 900 cm^{-1}에서 일어난다고 할 때, 이들 화합물에 대한 공명 적분 β의 합리적인 추정값을 구하시오. (b) 옥타테트라엔에서 π 전자의 비편재화 에너지 $E_{deloc} = E_\pi - n(\alpha+\beta)$를 계산하시오. 여기서 E_π는 전체 π 전자 결합 에너지이고, n은 전체 π 전자의 수이다. (c) 이 Hückel 모형의 맥락에서는 π 분자 오비탈을 탄소 2p 오비탈의 선형 결합으로 나타낸다. 그러면 k번째 분자 오비탈 속의 j번째 원자 오비탈의 계수가 다음과 같이 주어진다.

$$c_{kj} = \left(\frac{2}{N+1}\right)^{1/2} \sin\frac{jk\pi}{N+1} \qquad j = 1, 2, 3, \ldots, N$$

헥사트라이엔에서 각각의 6개 π 분자 오비탈 속 각각의 6개 2p 오비탈에 대한 계수의 값을 계산하시오. 이 계수들의 각 세트(즉 각 분자 오비탈의)를 앞의 분자 오비탈의 (a)에서 주어진 식으로 계산한 에너지 값들과 대응시키시오. 분자 오비탈을 나타내는 선형 결합에서의 계수의 크기와 부호로부터 분자 오비탈의 모양을 추정한 다음, 분자 오비탈의 에너지가 이 추정한 모양과 관련되는 경향에 관해서 설명하시오.

26.3 N개의 탄소 원자가 각각 2p 오비탈에 전자를 기여하여 만든 단일 고리 콘쥬게이션 폴리엔(사이클로뷰타다이엔이나 벤젠과 같은)에 대해서 간단한 Hückel 이론을 이용하면 π 분자 오비탈의 에너지 E_k가 다음과 같이 된다.

$$E_k = \alpha + 2\beta \cos\frac{2k\pi}{N} \qquad k = 0, \pm1, \ldots \pm N/2 \text{ 짝수 } N\text{에 대하여}$$
$$k = 0, \pm1, \ldots \pm(N-1)/2 \text{ 홀수 } N\text{에 대하여}$$

(a) 벤젠과 사이클로옥타테트라엔(**5**)의 π 분자 오비탈의 에너지를 계산하시오. 축퇴 에너지 준위가 있는지, 없는지를 판단하시오. (b) 벤젠(위의 식을 사용하여)과 헥사트라이엔의 비편재화 에너지를 계산하고 이 두 값을 비교하시오. 이 결과로부터 어떤 결론을 얻을 수 있겠는가? (c) 사이클로옥타테트라엔과 옥타테트라엔의 비편재화 에너지를 계산하여 비교하시오. 이 분자쌍으로부터 얻는 결과가 (b)에서의 분자쌍에 대한 것과 같은가?

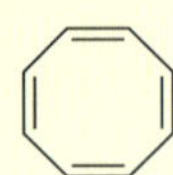

5 사이클로옥타테트라엔

26.4 에텐, 뷰타다이엔, 헥사트라이엔, 옥타테트라엔으로 구성된 동종 화학종에 대하여 영년 행렬식을 세우고, 수학 소프트웨어를 이용하여 이들을 대각선화하시오. 이 결과를 사용하여 선형 폴리엔의 π 분자 오비탈이 다음의 규칙을 따른다는 것을 보이시오.

- 최저 에너지를 갖는 π 분자 오비탈은 사슬 내 모든 탄소 원자들에서 비편재화되어 있다.
- C2p 오비탈들 사이의 마디 평면 수는 π 분자 오비탈의 에너지에 따라 증가한다.

26.5 사이클로뷰타다이엔, 벤젠, 사이클로옥타테트라엔에 대하여 영년 행렬식을 세우고, 수학 소프트웨어를 이용하여 이들을 대각선화하시오. 이 결과를 사용하여 탄소 원자수가 짝수인 단일 고리 폴리엔의 π 분자 오비탈이 다음의 양상을 따른다는 것을 보이시오.

- 최저와 최고의 에너지를 갖는 π 분자 오비탈은 축퇴되지 않는다.
- 남는 π 분자 오비탈은 축퇴 쌍으로 존재한다.

26.6 HOMO와 LUMO 사이에서 결합과 반결합 특성이 다르기 때문에 분자의 전자 상태가 들뜰 때는 일부 결합이 약해지거나 강해질 수 있다. 예로서 선형 폴리엔 분자의 탄소–탄소 결합은 HOMO에서는 결합성이지만 LUMO에서는 반결합성일 수가 있다. 따라서 전자가 HOMO로부터 LUMO로 올라가면, 들뜬 전자 상태의 이 탄소–탄소 결합이 바닥 전자 상태일 때에 비해서 약해진다. 그림 26.2와 26.4를 잘 살펴보고 각 분자들에 대한 HOMO와 LUMO를 나타내고, 뷰타다이엔과 벤젠에서 $\pi^* \leftarrow \pi$ 자외선 흡수가 일어날 때 결합 차수의 변화에 대하여 자세히 설명하시오.

26.7† N 콘쥬게이션된 탄소의 열린 사슬에 대하여 영년 행렬식의 특성 다항식(행렬식을 전개하여 얻은 다항식) $P_N(x)$은 $x=(\alpha-\beta)/\beta$일 때 회귀 관계식 $P_N=xP_{N-1}-P_{N-2}$ ($P_1=x$, $P_0=1$일 때)를 따른다는 것을 증명하시오.

26.8 전극의 표준 전위는 원자, 이온, 분자가 전자를 받아들이는 열역학적 경향을 측정하는 것이다(토픽 77). 연구에 따르면 LUMO 에너지와 방향족 탄화수소의 표준 전위 사이에는 상관관계가 있다고 한다. LUMO 에너지가 감소함에 따라 표준 전위가 증가하는가, 감소하는가? 답에 대한 이유를 설명하시오.

26.9† 연습 문제 26.1(a)에서 선형 H_3와 고리형 H_3에 대한 Hückel 영년 방정식을 세웠었다. 분자 이온 H_3^+와 D_3^+에 대해서도 동일한 영년 행렬식이 성립한다. H_3^+ 분자 이온은 일찍이 1912년에 J.J. Thomson에 의해서 발견되었으나, 등변 삼각형 구조는 겨우 근래에 와서 M.J. Gaillard 등에 의해서 확인되었다(*Phys. Rev.* **A17**, 1797 (1978)). H_3^+ 분자 이온은 그 존재가 확인된 가장 간단한 다원자 수소 화학종이며, 성간 구름 속에서 물, 일산화 탄소, 에탄올이 생성되는 화학 반응에서 중요한 역할을 한다. H_3^+ 이온은 목성, 토성, 천왕성의 대기 속에서도 발견되었다. (a) H_3 계에 관한 Hückel 영년 방정식을 풀어서 그 에너지를 파라미터 α와 β로 나타내시오. 또한 오비탈들의 에너지 준위 그림을 그리고 H_3^+, H_3, H_3^-의 결합 에너지를 구하시오. (b) G.D. Carney와 R.N. Porter(*J. Chem. Phys.* **65**, 3547 (1976))의 정확한 양자 역학적 계산 결과에 의하면 $H_3^+ \rightarrow H+H+H^+$ 과정에 대한 해리 에너지는 849 kJ mol^{-1}이다. 이 자료와 표 24.2의 데이터로부터 $H^+(g)+H_2(g) \rightarrow H_3^+(g)$의 반응 엔탈피를 계산하시오. (c) 학생이 얻은 식들과 주어진 자료를 이용하여 H_3^+에서의 공명 적분 β의 값을 계산하시오. 이어서 (a)의 다른 H_3 종들에 대한 결합 에너지를 계산하시오.

26.10† H_3와 D_3 이외에도 수소의 다른 고리 화합물과 이온이 성간(interstellar) 화학에 관여할 수 있다는 일부 증거가 있다. J.S. Wright와 G.A. DiLabio (*J. Phys. Chem.* **96**, 10793 (1992))에 의하면 H_4와 H_5^+는 그렇지 않지만 H_5^-, H_6, H_7^+는 특히 안정하다고 한다. Hückel 계산을 하여 이 사실을 확인하시오.

토픽 27 자체 일관성 장

토론 문제

27.1 Fock 연산자에서 나타나는 각 항의 물리적 중요성을 설명하시오.

27.2 전자 구조를 계산하는 Hartree–Fock 자체 일관성 장 방법에서 사용되는 계산 단계를 요약하시오.

27.3 Hartree–Fock 방법에서 어떻게 Roothaan 식이 나타나는지를 설명하시오. 이 식에서 나타내는 추가적인 근사는 무엇인가?

27.4 바탕 함수 집합에서 Gauss형 오비탈을 사용하는 것이 Slater형 오비탈을 사용하는 것보다 일반적으로 선호되는 이유를 설명하시오.

27.5 Slater 행렬식이 다전자 원자의 전자 배치를 표현하는 데 있어 유용한 이유를 설명하시오. 그리고 왜 실제 파동함수의 근사가 되는가?

27.6 전자 구조 계산에서 바탕 함수 집합 함수의 역할을 설명하시오. 일반적으로 사용되는 일부 바탕 함수 집합은 무엇인가?

연습 문제

27.1(a) LiH의 전자 Hamilton 연산자에 대한 퍼텐셜 에너지 기여도의 식을 쓰시오.

27.1(b) BeH_2의 전자 Hamilton 연산자에 대한 퍼텐셜 에너지 기여도의 식을 쓰시오.

27.2(a) HeH^+에 대한 전자 Hamilton 연산자를 쓰시오.

27.2(b) LiH^{2+}에 대한 전자 Hamilton 연산자를 쓰시오.

27.3(a) 바닥 상태 HeH^+에 대한 Slater 행렬식을 쓰시오.

27.3(b) 바닥 상태 LiH^{2+}에 대한 Slater 행렬식을 쓰시오.

27.4(a) HeH^+에 대한 Hartree–Fock 식을 쓰시오.

27.4(b) LiH^{2+}에 대한 Hartree–Fock 식을 쓰시오.

27.5(a) HeH^+에 대한 Roothaan 식을 구하고 Roothaan 식에 대응하는 연립방정식을 구하시오. 하나의 중심은 H에, 또 하나의 중심은 He에 있는 두 개의 정규화된 실수 함수의 바탕 함수 집합을 취하고 분자 오비탈은 ψ_a와 ψ_b로 표시하시오.

27.5(b) LiH^{2+}에 대한 Roothaan 식을 세우고 Roothaan 식에 대응하는 연립방정식을 구하시오. 하나의 중심은 H에, 또 하나의 중심은 Li에 있는 두 개의 정규화된 실수 함수의 바탕 함수 집합을 취하고 분자 오비탈은 ψ_a와 ψ_b로 표시하시오.

27.6(a) HeH^+ 화학종에 대한 F_{AA}, F_{AB} 요소를 만들고, 이들을 식 27.14에 있는 항들의 표기법으로 표현하시오.

27.6(b) LiH^{2+} 화학종에 대한 F_{AA}, F_{AB} 요소를 만들고, 이들을 식 27.14에 있는 항들의 표기법으로 표현하시오.

27.7(a) (AA|AB)에 일치하는 모든 4중심, 이전자 적분을 구하시오.

27.7(b) (BB|BA)에 일치하는 모든 4중심, 이전자 적분을 구하시오.

27.8(a) 최소 바탕 함수 집합을 사용한 CH_3Cl의 전자 구조 계산 시에 필요한 바탕 함수는 몇 개인가?

27.8(b) 최소 바탕 함수 집합을 사용한 CH_2Cl_2의 전자 구조 계산 시에 필요한 바탕 함수는 몇 개인가?

27.9(a) 일반적인 p형 Gauss 함수의 수학적 형태는 무엇인가?

27.9(b) 일반적인 d형 Gauss 함수의 수학적 형태는 무엇인가?

27.10(a) 1차원 Gauss 함수(x의)는 $e^{-\alpha x^2}$ 또는 $x^n e^{-\alpha x^2}$의 형태를 가지며, y와 z에 대한 1차원 Gauss 함수도 유사한 형태를 갖는다. s형 Gauss 함수(식 27.16 참조)가 3개의 1차원 Gauss 함수의 곱으로 표현될 수 있음을 보이시오.

27.10(b) 1차원 Gauss 함수(x의)는 $e^{-\alpha x^2}$ 또는 $x^n e^{-\alpha x^2}$의 형태를 가지며, y와 z에 대한 1차원 Gauss 함수도 유사한 형태를 갖는다. p형 Gauss 함수(식 27.16 참조)가 3개의 1차원 Gauss 함수의 곱으로 표현될 수 있음을 보이시오.

27.11(a) HeH^+에서 He와 H에 있는 s형 Gauss 함수의 곱은 중간 위치에서 Gauss 함수임을 보이시오. Gauss 함수들은 다른 지수들을 가짐을 주목하라.

27.11(b) LiH^{2+}에서 Li과 H에 있는 s형 Gauss의 곱은 중간 위치에서 Gauss 함수임을 보이시오. Gauss 함수들은 다른 지수들을 가짐을 주목하라.

응용 문제

아래 문제들 중 하나는 상업적으로 통용되는 소프트웨어를 사용해야 한다. 이 책에서 사용 가능한 버전이나 담당교수가 추천하는 소프트웨어를 사용하시오.

27.1 적절한 전자 구조 소프트웨어와 학생이나 강사가 선택한 바탕 함수 집합을 이용하여 바닥 상태의 H_2와 F_2의 Hartree–Fock 자체 일관성 장 계산을 실행하시오. 바닥 상태의 에너지와 평형 기하학적 구조를 결정하시오. 실험값으로부터 계산된 평형 결합 길이를 비교하시오.

27.2 행렬식의 유용한 성질은 어느 두 행이나 열을 교환하면 그들의 부호가 바뀌고, 따라서 어느 두 행이나 열이 동일하면 행렬식은 없어지게 된다는 것이다. 이러한 특징을 이용하여 (a) 파동함수(Slater 파동함수로 표현된)는 입자가 교환될 때 반대칭임을, (b) 어떤 두 개의 전자도 같은 스핀으로 동일한 오비탈을 점유할 수 없음을 보이시오.

27.3 식 27.2a의 Slater 행렬식은 이것을 구성하고 있는 스핀 오비탈이 직교 및 정규화되어 있다고 가정하였을 때 정규화되어 있음을 증명하시오.

27.4 전자 구조를 계산하는 동안에 핵 좌표에 대한 바탕 함수의 도함수를 취하는 것은 종종 필요하다. x에 대한 s형 Gauss 함수 도함수는 p형 Gauss 함수가 되고, p형 Gauss 함수($xe^{-\alpha r^2}$ 형태의)의 도함수는 s와 d형 Gauss 함수(각각 $e^{-\alpha r^2}$와 $x^y e^{-\alpha r^2}$ 그리고 이와 유사한 함수에 각각 비례하는)의 합이 됨을 보이시오.

27.5 각 원자의 핵에 중심을 두고 있는 s형 Gauss 함수를 포함하는 NH_3의 전자 구조 계산에서 4중심 적분을 고려하시오. 4중심, 이전자 적분은 두 개의 다른 중심에 걸친 적분으로 줄어들게 됨을 보이시오.

27.6 (a) HeH^+에 대한 연습 문제 27.5(a)의 연속으로서 두 개의 분자 오비탈 에너지뿐만 아니라 두 개의 ψ_a 계수 간의 관계와, 두 개의 ψ_b 계수 간의 관계를 결정하시오. (b) LiH^{2+}에 대해서 반복하시오(연습 문제 27.5(b)의 연속으로).

27.7 문제 27.6(a)에서 HeH^+에 대한 Hartree–Fock 계산을 계속하여 Fock 행렬의 모든 4가지 요소에 대하여 4중심, 이전자 적분의 항으로 표현하시오. 후자는 식 27.14(b)로 정의된다. (b) LiH^{2+}에 대해서 반복하시오(문제 27.6(b)의 연속으로).

토픽 28 반실험적 방법

토론 문제

28.1 Hückel 분자 오비탈 이론에서는 왜 반실험적 방법을 고려하는가?

28.2 일반적인 반실험적 방법 몇 가지를 묘사하시오.

연습 문제

28.1(a) Fock 행렬과 Hückel 근사로 HeH^+에서 H에 중심을 둔 바탕 함수의 계수는 이차식임을 밝히시오.

28.1(b) Fock 행렬과 Hückel 근사로부터 LiH^{2+}에서 H에 중심을 둔 바탕 함수의 계수는 이차식임을 밝히시오.

28.2(a) (a) CNDO, (b) INDO로 알려진 반실험적 방법에서 0으로 택하는 이전자 적분을 밝히시오.

28.2(b) NDDO로 알려진 반실험적 방법에서 0으로 택하는 이전자 적분을 밝히시오.

응용 문제

아래 문제들 중 일부는 상업적으로 통용되는 소프트웨어를 사용해야 한다. 이 책에서 사용 가능한 버전이나 담당교수가 추천하는 소프트웨어를 사용하시오.

28.1 (a) 에탄올(C_2H_5OH), (b) 1,4-다이클로로벤젠($C_6H_4Cl_2$)의 표준 생성 엔탈피와 평형 결합 길이를 적절한 반실험적 방법을 이용해서 계산하시오. 그리고 실험값을 비교해 보고 어떤 차이가 있다면 이 이유를 제안하시오.

28.2 분자의 전자 구조 방법은 기체 상태 분자의 표준 생성 엔탈피를 어림하기 위해 사용될 수 있다. (a) 반실험적 방법을 선택하고 이를 이용하여 기체 상태의 에텐, 뷰타다이엔, 헥사트라이엔, 옥타테트라엔의 표준 생성 엔탈피를 구하시오. (b) 열화학 데이터베이스를 참고하여 (a)에서의 각 분자에 대하여 표준 생성 엔탈피의 계산값과 실험값의 차이를 계산하시오. (c) 좋은 열화학 데이터베이스도 역시 표준 생성 엔탈피의 실험값에서 오차를 나타낸다. 실험 오차를 (b)에서 계산된 상대 오차와 비교해 보고 선형 폴리엔의 열화학 성질의 예상을 위하여 선택한 반실험적 방법의 신뢰도를 논하시오.

28.3 (a) 문제 27.7(a)에서 결정된 HeH^+에 대하여 Fock 행렬의 4개 요소에 대한 식을 이용하고 CNDO 반실험적 방법이 사용될 때, 어떻게 이 식을 간단하게 하는지를 보이시오. (b) 문제 27.7(b)에서 결정된 식을 이용하여 LiH^{2+}에 대해서 반복하시오.

28.4 (a) 문제 27.6(a)의 연속으로서 Hückel 분자 오비탈 이론을 이용하여 α와 β항으로 분자 오비탈의 에너지를 표현하시오. (b) LiH^{2+}에 대해서 반복하시오(문제 27.6(b)의 연속으로).

토픽 29 순이론적 방법

토론 문제

29.1 가상 오비탈, 단일 들뜸 행렬식, 이중 들뜸 행렬식이 무엇을 의미하는지 논의하시오.

29.2 배치간 상호 작용 방법에서 계산상 몇 가지의 한계를 설명하시오.

29.3 MPPT에서 $\hat{H}^{(0)}$, $\hat{H}^{(1)}$ Hamilton 연산자의 선택에 대해서 설명하시오.

29.4 전자 구조 계산 시에 Brillouin 정리의 중요성에 대해서 설명하시오.

연습 문제

29.1(a) 20개 바탕 함수 집합의 함수를 이용한 규소 원자의 Hartree-Fock 계산에서 만들어지는 분자 오비탈은 몇 개가 채워지지 않으며, 또한 배치간 상호 작용 계산에서 가상 오비탈로 사용될 수 있는 분자 오비탈은 몇 개인가?

29.1(b) 20개 바탕 함수 집합의 함수를 이용한 황 원자의 Hartree-Fock 계산에서 만들어지는 분자 오비탈은 몇 개가 채워지지 않으며, 또한 배치간 상호 작용 계산에서 가상 오비탈로 사용될 수 있는 분자 오비탈은 몇 개인가?

29.2(a) H_2의 CI 계산에서 단일 들뜸 행렬식의 예를 드시오.

29.2(b) H_2의 CI 계산에서 이중 들뜸 행렬식의 예를 드시오.

29.3(a) 식 29.1을 이용하여 HeH^+의 CI 계산에서 바닥 상태 행렬식과 단일 들뜸 행렬식을 포함하는 바닥 상태 파동함수를 쓰시오.

29.3(b) 식 29.1을 이용하여 LiH^{2+}의 CI 계산에서 바닥 상태 행렬식과 이중 들뜸 행렬식을 포함하는 바닥 상태 파동함수를 쓰시오.

29.4(a) MPPT의 이차 에너지 보정(식 29.5)은 이중 들뜸 행렬식(M=2)으로부터 생긴다. 식 29.5의 분자에 나타나는 적분에 대한 식을 HeH^+에 대한 적분 (AB|CD)의 항으로 유도하시오.

29.4(b) MPPT의 이차 에너지 보정(식 29.5)은 이중 들뜸 행렬식($M=2$)으로부터 생긴다. 식 29.5의 분자에 나타나는 적분에 대한 식을 LiH^{2+}에 대한 적분 (AB|CD)의 항으로 유도하시오.

응용 문제

29.1[‡] Luo(*J. Chem. Phys.* **98**, 3564(1993)) 등은 오랫동안 검출되지 않은 He_2의 관찰에 대한 실험을 보고하였다. 이 관찰에는 1 mK에 가까운 온도가 필요하다. 전자 배치간 상호 작용과 MPPT 전자 구조 계산을 수행하고, 이합체의 평균 결합 거리 R_e뿐만 아니라 He+He 원자 분리 한계에 대한 R_e에서의 에너지를 계산하시오(높은 수준이며 정확한 계산 연구에서 He_2의 우물 깊이는 약 297 pm의 R_e거리에서 대략 0.0151 zJ임을 제안하였다).

29.2 H_2의 들뜬 $^3\Sigma_u^+$ 전자 상태의 배치간 상호 작용 계산에서 다음 Slater 행렬식 중 어느 것이 들뜬 상태 파동함수에 기여할 수 있는가?

(a) $|1\sigma_g^\alpha 1\sigma_u^\alpha|$ (b) $|1\sigma_g^\alpha 1\pi_u^\alpha|$

(c) $|1\sigma_u^\alpha 1\pi_g^\beta|$ (d) $|1\sigma_g^\beta 2\sigma_u^\beta|$

(e) $|1\pi_u^\alpha 1\pi_g^\alpha|$ (f) $|1\pi_u^\beta 2\pi_u^\beta|$

29.3 MPPT를 이용하여 1차 섭동으로 수정된 바닥 상태 파동함수의 식을 구하시오.

29.4 왜 배치간 상호 작용은 HeH^+에 대하여 Hartree–Fock 바닥 상태 파동함수에 비해 향상된 바닥 상태 파동함수를 나타내는지 설명하시오. 최소 바탕 함수 집합을 사용하고 겹침은 고려하지 마시오. **간단한 예** 29.1에서 제시된 논점을 따르지만 HeH^+는 반전 대칭을 가지지 않는다는 사실에 의하여 제시된 복잡성을 상기하시오. (b) LiH^{2+}에 대해서 반복하시오.

29.5 예제 29.1에서 바닥 상태 Slater 행렬식과 이중 들뜸 행렬식을 이용한 수소 분자의 CI 계산을 위한 영년 방정식을 Hamilton 연산자 행렬 요소들 중 하나에 대한 식과 함께 나타내었다. 비슷한 식으로 나머지 Hamilton 연산자 행렬 요소들에 대하여 나타내시오.

29.6 MPPT에서 1차 에너지 보정은 상관 에너지에 기여하지 않음을 보이시오.

29.7 바닥 상태 Hartree–Fock Slater 행렬식과 단일 들뜸 행렬식 간의 Hamilton 연산자 행렬 요소들은 0이 됨을 설명하는 Brillouin 정리를 증명하시오.

29.8 최소 바탕 함수 집합을 이용하는 CI 계산에서 두 개의 바탕 함수 집합의 함수간 중첩은 무시되지 않고 상수 S와 동일하게 택할 때, H_2에 대한 상관 에너지의 2차 평가에 대한 식을 유도하시오.

토픽 30 밀도 범함수 이론

토론 문제

30.1 밀도 범함수 이론의 일부 장점을 Hartree–Fock를 기반으로 하는 다른 방법과 비교하여 설명하시오.

30.2 '범함수'가 의미하는 바가 무엇인지를 설명하시오.

30.3 에너지 범함수 $E[\rho]$에 대한 기여를 설명하시오.

30.4 균일한 전자 기체가 의미하는 바가 무엇이며, 이것이 DFT에서 어떻게 이용되는지 설명하시오.

연습 문제

30.1(a) 다음 중 어느 것이 범함수인가? (a) $\mathrm{d}(x^3)/\mathrm{d}x$, (b) $x=1$에서 계산되는 $\mathrm{d}(x^3)/\mathrm{d}x$, (c) $\int_1^3 x^3\mathrm{d}x$, (d) $\int x^3\mathrm{d}x$

30.1(b) 다음 중 어느 것이 범함수인가? (a) $\mathrm{d}(3x^2)/\mathrm{d}x$, (b) $x=4$에서 계산되는 $\mathrm{d}(3x^2)/\mathrm{d}x$, (c) $\int_1^3 3x^2\mathrm{d}x$, (d) $\int 3x^2\mathrm{d}x$

30.2(a) 식 30.3을 이용하여 LiH의 DFT 계산에서 Kohn–Sham 오비탈의 항으로 전자 밀도에 대한 식을 쓰시오.

30.2(b) 식 30.3을 이용하여 BeH_2의 DFT 계산에서 Kohn–Sham 오비탈의 항으로 전자 밀도에 대한 식을 쓰시오.

30.3(a) HeH^+의 DFT 계산에서 Kohn–Sham 오비탈에 대한 두 가지 Kohn–Sham 방정식을 쓰시오. 식 30.7의 교환–상관 퍼텐셜을 이용하시오.

30.3(b) LiH^{2+}의 DFT 계산에서 Kohn–Sham 오비탈에 대한 두 가지 Kohn–Sham 방정식을 쓰시오. 식 30.7의 교환–상관 퍼텐셜을 이용하시오.

응용 문제

30.1 교환–상관 에너지가 $\int C\rho^{5/3}\mathrm{d}r$로 주어질 때 DFT 교환–상관 퍼텐셜을 구하시오.

통합 문제

F6.1 원자가 결합 이론과 분자 오비탈 이론이 기초된 근사법들을 진술하고 비교하시오.

F6.2 분자 오비탈 이론의 개념을 사용하여 O_2, N_2, NO의 화학 반응성을 설명하시오.

F6.3 Hartree–Fock 형식은 전자 상관관계를 설명하지 못하지만, 배치간 상호 작용과 다체 섭동 이론의 방법들은 전자 상관관계를 설명하는 이유를 설명하시오.

F6.4 전자 구조 결정의 반실험적 방법, 순이론적 방법, 밀도 범함수 이론 방법을 구별하시오.

F6.5 DFT는 반실험적 방법인지를 밝히고, 그 이유를 설명하시오.

F6.6 N_2, NO, O_2, C_2, F_2, CN 분자 중 어느 것이 (a) AB^-를 형성하기 위해 전자를 추가할 때, (b) AB^+를 형성하기 위해 전자를 제거할 때 안정해지는지를 예상할 수 있는가?

F6.7 벤젠의 6개 오비탈의 반전성(parity)을 말하시오.

F6.8 원자가 결합 이론과 분자 오비탈 이론의 용어는 불포화 유기 화합물을 설명할 때 의례히 결합된다. 에텐에서 분자가 적절히 혼성화된 CH_2나 CH 조각들로부터 형성된다는 것에 기초하여 에텐의 분자 오비탈 에너지 준위 도표를 만드시오. 또한 메타인(아세틸렌)에 대하여 반복하시오.

F6.9 반실험적 방법, 순이론적 방법, DFT 방법에 입각한 분자 오비탈 계산을 하면 콘쥬게이션 결합 분자의 분광학적 성질을 단순한 Hückel 이론을 이용할 때보다 더 좋게 나타낼 수 있다. (a) 학생이 선정한 계산 방법(반실험적 방법, 순이론적 방법, 밀도 범함수 방법)을 이용하여 에텐, 뷰타다이엔, 헥사트라이엔, 옥타테트라엔의 HOMO와 LUMO 사이의 에너지 간격을 계산하시오. (b) HOMO–LUMO 에너지 간격을 이들 분자에 대한 $\pi^* \leftarrow \pi$ 자외선 흡수 진동수의 실험값(각각 61 500, 46 080, 39 750, 32 900 cm^{-1})에 대해서 도시하시오. 수학 소프트웨어를 이용하여 이 데이터에 가장 잘 맞는 다항식을 구하시오. (c) 앞의 (b)에서 얻은 다항식을 이용하여 앞에서 계산한 HOMO–LUMO 에너지 간격으로부터 데카펜타엔의 $\pi^* \leftarrow \pi$ 자외선 흡수의 파수와 파장을 구하시오. (d) 앞의 (b)에서의 보정 과정이 필요한 이유를 설명하시오.

F6.10 여기서는 단백질에서 아미노산들을 연결시키는 펩타이드기(**6**)에 관한 분자 오비탈 이론을 취급하고 펩타이드기의 평면 구조를 안정화시키는 요인을 생각해 보기로 한다.

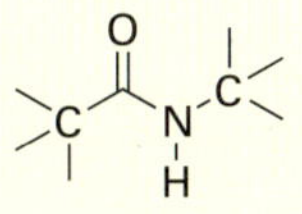

6 펩타이드기

(a) 일반 화학 과정을 통해서 잘 배웠겠지만, 원자가 결합 이론은 펩타이드기의 평면 구조가 산소, 탄소, 질소 원자들 사이의 π 결합이 공명에 의해 비편재화되기 때문이라고 설명할 수 있다.

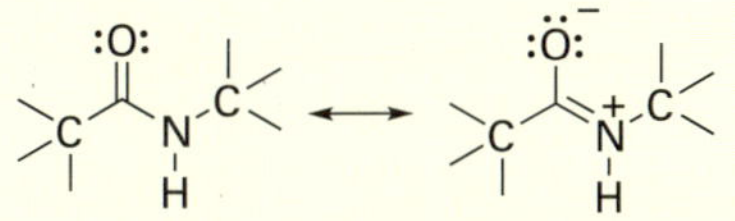

따라서 O, C, N 원자들에 의해 정해진 평면에 수직한 2p 오비탈들을 가지고 LCAO–MO를 만들어서 분자 오비탈 이론에 입각한 펩타이드기를 모형화할 수 있다. 즉 다음과 같은 형태의 세 선형 결합을 만든다.

$$\psi_1 = a\psi_O + b\psi_C + c\psi_N \quad \psi_2 = d\psi_O - e\psi_N \quad \psi_3 = f\psi_O - g\psi_C + h\psi_N$$

여기서 a부터 h까지의 계수는 모두 양수이다. ψ_1, ψ_2, ψ_3을 그리고, 이들이 결합, 비결합, 반결합 분자 오비탈인지를 판단하시오. 비결합 분자 오비탈에서는 한 쌍의 전자가 주로 한 원자에 속하는 오비탈에 머물면서 결합 형성에 별로 관여하지 않는다. (b) 이러한 처리는 평면 구조의 펩타이드 결합에만 부합된다는 것을 보이시오. (c) 이 분자 오비탈들의 상대적 에너지를 보여 주는 그림을 그리고, 이 오비탈들의 점유 상태를 나타내시오.(**힌트**: 분자 오비탈들 사이에 4개의 전자가 분포된다고 생각한다.) (d) 이번에는 O2p와 C2p 오비탈들은 O, C, N 원자들 면에 수직하지만 N2p 오비탈은 이 면 위에 있게 되는 펩타이드 결합의 비평면 구조를 생각해 보자. 이때의 LCAO–MO는 다음과 같이 된다.

$$\psi_4 = a\psi_O + b\psi_C \quad \psi_5 = e\psi_N \quad \psi_6 = f\psi_O - g\psi_C$$

바로 위에서와 같이 이 분자 오비탈들을 그리고, 이들이 결합, 비결합, 반결합 분자 오비탈인지를 나타내시오. 또 에너지 준위 그림을 그리고, 이 오비탈들의 점유 상태를 나타내시오. (e) 이 원자 오비탈들의 배합이 어째서 비평면 구조의 펩타이드 결합과 부합되는가? (f) 평면 구조의 결합 MO가 비평면 구조의 결합 MO와 동일한 에너지를 가지겠는가? 만일 아니라면 어느 결합 MO가 더 낮은 에너지를 가지겠는가? 비결합 MO와 반결합 MO를 가지고 이 분석을 되풀이하시오. (g) 위의 (a)부터 (f)까지에 걸쳐서 얻은 결과로부터 평면 모형의 펩타이드 결합이 타당하다는 논증을 펴보시오.

F6.11 분자 오비탈 계산을 이용하면 생물학적 전자 이전 반응에 관여하는 퀴논이나 플라빈과 같은 콘쥬게이션 결합 분자들의 표준 전위의 경향을 예측할 수 있다. 보통 LUMO의 에너지를 감소시키면 그 분자가 LUMO로 전자를 받아들일 수 있는 능력이 높아지고, 분자의 표준 전위가 덩달아 증가한다고 가정하고 있다. 뿐만 아니라 많은 연구 결과에 의하면 방향족 탄화수소의 LUMO 에너지와 환원 전위 사이에는 선형 관계가 있다. (a) 메틸 치환 1,4-벤조퀴논(**7**)이 해당 세미퀴논 라디칼 음이온으로 되는 일전자 환원 반응에 대한 pH 7에서의 표준 전위는 다음과 같다.

R_2	R_3	R_5	R_6	$E^{\ominus}$(V)
H	H	H	H	0.078
CH_3	H	H	H	0.023
CH_3	H	CH_3	H	−0.067
CH_3	CH_3	CH_3	H	−0.165
CH_3	CH_3	CH_3	CH_3	−0.260

7

(a) 학생이 선정한 계산 방법(반실험적 방법, 순이론적 방법, 밀도 범함수 이론 방법)을 이용하여 치환기가 들어간 각각의 1,4-벤조퀴논의 LUMO 에너지 E_{LUMO}를 계산하고, 이 E_{LUMO}를 $E^{\ominus}$에 대해서 도시하시오. 학생의 계산 결과가 E_{LUMO}와 $E^{\ominus}$ 사이의 선형 관계를 만족시키는가? (b) $R_2 = R_3 = CH_3$, $R_5 = R_6 = OCH_3$인 1,4-벤조퀴논은 호흡 과정 전자 운반 사슬의 한 성분인 유비퀴논의 적합한 모형이다. 이 퀴논의 E_{LUMO}를 구하고, 이어서 앞의 (a)에서 얻은 결과를 이용하여 이들의 표준 퍼텐셜을 구하시오. (c) $R_2 = R_3 = R_5 = CH_3$이고, $R_6 = H$인 1,4-벤조퀴논은 광합성 과정 전자 운반 사슬의 한 성분인 플라스토퀴논의 적합한 모형이다. 이 퀴논의 E_{LUMO}를 구하고, 이어서 앞의 (a)에서 얻은 결과를 이용하여 이들의 표준 전위를 구하시오. 플라스토퀴논은 유비퀴논에 비해서 산화력이 더 좋은가, 더 나쁜가?

F6.12 적절한 전자 구조 소프트웨어와 학생이나 교수가 선택한 바탕함수 집합을 사용하여 H_2와 F_2의 바닥 전자 상태에 대한 전자 구조 계산을 다음의 방법들을 사용하여 수행하시오. (a) MP2, (b) DFT, (c) 바닥 상태, 단일 들뜸, 이중 들뜸 Slater 행렬식을 포함한 CI. 바닥 상태 에너지와 평형 기하 구조를 결정하시오. 계산된 평형 결합 길이를 실험값과 비교하시오.

F6.13 변분 원리는 분자뿐만 아니라 원자에서 전자의 파동함수를 형식화하는 데 사용될 수 있다. α가 조절할 수 있는 파라미터이고 $N(\alpha)$가 정규화 상수일 때, 함수 $\psi_{trial} = N(\alpha)e^{-\alpha r^2}$은 수소 원자의 1s 오비탈에 대한 시도 파동함수로 사용된다고 가정하자. 다음을 증명하시오.

$$E(\alpha) = \frac{3\alpha\hbar^2}{2\mu} - 2e^2\left(\frac{2\alpha}{\pi}\right)^{1/2}$$

여기에서 e는 기본 전하이고, μ는 H 원자의 환산 질량이다. 이 시도함수와 연관된 최소 에너지는 무엇인가?

F6.14 '자유 전자 분자 오비탈(FEMO)' 이론에 의하면 콘쥬게이션 분자 속의 전자를 길이가 L인 상자 속에 들어 있는 독립된 입자로 취급할 수 있다. 이 모형에 따라서 뷰타다이엔의 두 점유된 오비탈의 형태를 그리고, 이 분자의 최소 들뜸 에너지를 예측하시오. 콘쥬게이션 테트라엔 $CH_2 = CHCH = CHCH = CHCH = CH_2$는 $R \approx 140$ pm일 때 길이가 $8R$인 상자라고 볼 수 있다(이 경우에서는 보통 상자 양끝에 각각 1/2R만큼씩을 더 더해주어야 한다). 이 분자의 최소 들뜸 에너지를 계산하고, HOMO와 LUMO를 그리시오. 이 화합물 시료는 백색광 속에서 어떤 색을 띠겠는가?

F6.15 핵자기 공명 분광법(토픽 47~49)에서 중요한 양의 하나와 유기 분자들의 ^{13}C−NMR 스펙트럼에서 잘 알아야만 하는 것은 화학적 이동이다. 실험적으로 결정되는 이 양은 관심 대상 ^{13}C 핵 주위의 세부적인 전자 구조에 영향을 받는다. 다음 계열의 분자들, 즉 벤젠, 메틸벤젠, 트라이플루오로메틸벤젠, 벤조나이트릴, 나이트로벤젠을 생각해 보자. 이들은 관심 대상 C 원자의 파라 위치에 각각 H, CH_3, CF_3, CN, NO_2기가 치환된 것이다. (a) 학생이 선택한 계산 방법을 사용하여 위에 주어진 유기 분자 계열에서 이러한 치환기들의 파라 위치인 탄소 원자에서의 실제 전하를 계산하시오. (b) 파라 탄소 원자의 ^{13}C 화학적 이동은 메틸벤젠, 벤젠, 트라이플루오로메틸벤젠, 벤조나이트릴, 나이트로벤젠 순으로 증가한다는 것이 실험적으로 밝혀졌다. ^{13}C 화학적 이동의 거동과 계산된 ^{13}C 원자의 실제 전하 사이에 상관관계가 있는가?(이 문제는 10장의 문제 F10.1에서 다시 언급된다.)

F6.16 다음 연습을 위하여 수학 소프트웨어, 스프레드시트, 또는 이 책의 웹사이트의 **Living graphs**(LG로 표시된)를 사용하시오.

(a) 두 개의 핵이 한 평면에 있는 수소 분자 이온에서 결합 분자 오비탈들의 진폭을 다른 핵간 거리에 대하여 도시하시오. 결합에 이르는 1σ 오비탈의 특성을 지적하시오.

(b) 두 개의 핵이 한 평면에 있는 수소 분자 이온에서 반결합 분자 오비탈들의 진폭을 다른 핵간 거리에 대하여 도시하시오. 반결합에 이르는 2σ 오비탈의 특성을 지적하시오.

수학적 배경 5 행렬

행렬(matrix)은 수의 나열이며, 통상적인 수를 일반화한 것이다. 여기서는 정사각형 행렬만을 고찰하려고 하는데, 이 행렬은 행의 수와 열의 수가 동일하게 나열된 수이다. 행렬을 이용하면 다수의 통상적인 수를 동시적으로 조작할 수 있다. **행렬식**(determinant)은 행렬에 나오는 수들을 특정하게 결합한 것으로서, 행렬을 조작하는 데 이용된다.

행렬은 보통 수들에 대한 일반 규칙에 따라 서로 더해 주거나 곱해 줄 수 있다. 아래에서 행렬에 관한 중요한 대수학적 처리 방법을 설명하겠지만, 지금은 대부분의 수치 행렬 조작을 수학 소프트웨어를 이용하여 수행하고 있다는 것을 알아야 한다. 만일 이러한 소프트웨어를 이용할 수 있으면 적극적으로 이용해 보는 것이 바람직하다.

MB5.1 정의

n개의 행과 n개의 열에 n^2개의 수가 나열된 정사각형 행렬 $\boldsymbol{M}$을 생각해 보자. 이들 n^2개의 수는 이 행렬의 **요소**(element)이며, 이들을 그 행 r과 열 c를 가지고 나타낸다. 즉 각 요소를 M_{rc}로 나타낸다. 주대각선상에 놓여 있는 요소들(M_{11}부터 M_{nn}까지)만이 0이 아닌 행렬을 **대각선 행렬**(diagonal matrix)이라고 한다. 예로서 다음과 같은 행렬은 3×3 대각선 정사각형 행렬이다.

$$\boldsymbol{D}=\begin{pmatrix}1&0&0\\0&2&0\\0&0&1\end{pmatrix}$$

대각선 행렬의 조건을 다음과 같이 나타낼 수 있다.

$$M_{rc}=m_r\delta_{rc} \qquad \text{(MB5.1)}$$

여기서 δ_{rc}는 **Kronecker 델타**(Kronecker delta)라고 하는데, $r=c$일 때는 1이고, $r\neq c$일 때는 0이다. 앞의 예에서는 $m_1=1$, $m_2=2$, $m_3=1$이다. 대각선 행렬의 특별한 경우로 0이 아닌 요소들이 전부 1인 대각선 행렬을 **단위 행렬**(unit matrix)이라고 하며, $\mathbf{1}$(경우에 따라서는 $\mathbf{I}$)로 표시한다.

행렬 $\boldsymbol{M}$을 다음과 같이 변화시킨 것을 **전치 행렬**(transpose matrix)라고 하며 $\boldsymbol{M}^{\mathrm{T}}$로 나타낸다.

$$M_{mn}{}^{\mathrm{T}}=M_{nm} \qquad \text{전치 행렬 (MB5.2)}$$

즉 본래 행렬의 행 n과 열 m의 요소가 전치 행렬의 행 m과 열 n의 요소로 된다(결국 대각선을 따라 요소들을 반사시킨 결과가 된다). 행렬 $\boldsymbol{M}$의 요소들 곱의 가감에 대하여 특정한 절차에 따라 나오는 수를 행렬식이라고 하며, $|\boldsymbol{M}|$으로 표시한다. 예로서 2×2 행렬식은 다음과 같이 계산된다.

$$\begin{vmatrix}a&b\\c&d\end{vmatrix}=ad-bc \qquad \text{2×2 행렬식 (MB5.3a)}$$

그리고 3×3 행렬식은 2×2 행렬식의 합으로서 이를 다음과 같이 전개하여 계산된다.

$$\begin{vmatrix}a&b&c\\d&e&f\\g&h&i\end{vmatrix}=a\begin{vmatrix}e&f\\h&i\end{vmatrix}-b\begin{vmatrix}d&f\\g&i\end{vmatrix}+c\begin{vmatrix}d&e\\g&h\end{vmatrix} \qquad \text{3×3 행렬식 (MB5.3b)}$$
$$=a(ei-fh)-b(di-fg)+c(dh-eg)$$

번갈아 가면서 열의 부호가 변하는 것을 주의하라(전개할 때 여기서는 b가 음의 부호를 갖는다). 행렬식의 한 중요한 성질은 어떤 두 행이나 두 열을 맞바꾸어 주면 행렬식의 부호가 변한다는 것이다.

간단한 예 MB5.1 행렬 조작

다음의 표는 지금까지의 특성을 설명한다.

행렬	전치 행렬	행렬식
M	M^{T}	$\|M\|$
$\begin{pmatrix}1&2\\3&4\end{pmatrix}$	$\begin{pmatrix}1&3\\2&4\end{pmatrix}$	$\begin{vmatrix}1&2\\3&4\end{vmatrix}=1\times4-2\times3=-2$

MB5.2 행렬의 덧셈과 곱셈

두 행렬 $\boldsymbol{M}$과 $\boldsymbol{N}$은 다음과 같은 규칙에 따라 합해서 $\boldsymbol{S}=\boldsymbol{M}+\boldsymbol{N}$을 얻을 수 있다.

$$S_{rc}=M_{rc}+N_{rc} \qquad \text{행렬 덧셈 (MB5.4)}$$

즉 대응 요소들을 더해 주면 된다. 두 행렬은 또한 다음과 같은 규칙에 따라 곱하여 $\boldsymbol{P}=\boldsymbol{MN}$을 만들 수 있다.

$$P_{rc}=\sum_n M_{rn}N_{nc} \qquad \text{행렬 곱셈 (MB5.5)}$$

이 곱셈 절차를 그림 MB5.1에 설명해 놓았다. 일반적으로 $\boldsymbol{MN}\neq\boldsymbol{NM}$이며, 행렬 곱셈은 일반적으로 가환이 안 된다는 것을 알아야 한다(즉 곱하는 순서에 의존한다).

간단한 예 MB5.2 행렬의 덧셈과 곱셈

다음과 같은 두 행렬을 생각해 보자.

$$\boldsymbol{M}=\begin{pmatrix}1&2\\3&4\end{pmatrix} \quad \text{그리고} \quad \boldsymbol{N}=\begin{pmatrix}5&6\\7&8\end{pmatrix}$$

이들의 합은 다음과 같다.

$$\boldsymbol{S}=\begin{pmatrix}1&2\\3&4\end{pmatrix}+\begin{pmatrix}5&6\\7&8\end{pmatrix}=\begin{pmatrix}6&8\\10&12\end{pmatrix}$$

그리고 곱한 결과는 다음과 같다.

$$P=\begin{pmatrix}1 & 2\\ 3 & 4\end{pmatrix}\begin{pmatrix}5 & 6\\ 7 & 8\end{pmatrix}=\begin{pmatrix}1\times5+2\times7 & 1\times6+2\times8\\ 3\times5+4\times7 & 3\times6+4\times8\end{pmatrix}=\begin{pmatrix}19 & 22\\ 43 & 50\end{pmatrix}$$

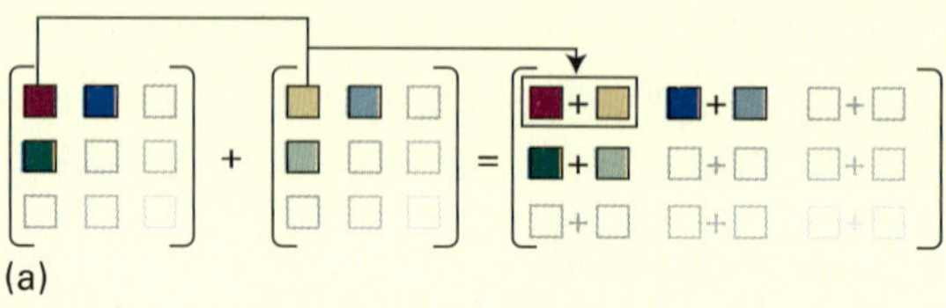
(a)

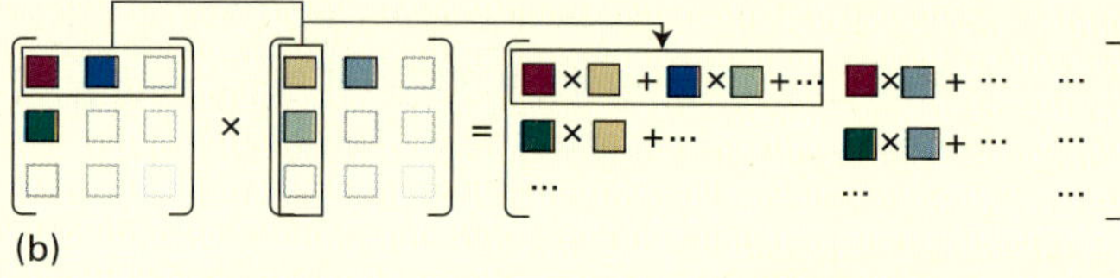
(b)

그림 MB5.1 행렬의 (a) 덧셈, (b) 곱셈의 그림 설명

행렬 M의 역행렬은 M^{-1}로 나타내는데 다음과 같이 정의된다.

$$MM^{-1}=M^{-1}M=\mathbf{1} \qquad \text{역행렬} \qquad \text{(MB5.6)}$$

역행렬은 수학 소프트웨어를 이용하여 가장 잘 구할 수 있으며, 지루한 해석적 방법은 거의 쓸 필요가 없다.

간단한 예 MB5.3 역행렬

행렬 M을 수학 소프트웨어를 이용하면 다음과 같은 결과를 얻는다.

행렬	역행렬
M	M^{-1}
$\begin{pmatrix}1 & 2\\ 3 & 4\end{pmatrix}$	$\begin{pmatrix}-2 & 1\\ \frac{3}{2} & -\frac{1}{2}\end{pmatrix}$

MB5.3 연산

다음과 같은 형태의 식을 **고윳값 방정식**(**eigenvalue equation**)이라고 한다.

$$Mx=\lambda x \qquad \text{고윳값 방정식} \qquad \text{(MB5.7a)}$$

여기서 M은 n행과 n열로 된 정사각형 행렬, λ는 **고윳값**(**eigenvalue**)이라고 하는 상수, x는 **고유 벡터**(**eigenvector**)이다. 고유 벡터는 고윳값 방정식의 조건을 만족시키는 $n\times1$(열) 행렬이며, 다음과 같은 형태이다.

$$x=\begin{pmatrix}x_1\\ x_2\\ \vdots\\ x_n\end{pmatrix}$$

일반적으로 $i=1, 2, \cdots, n$인 n개의 고유 벡터 $x^{(i)}$에 대응하는 n개의 고윳값 $\lambda^{(i)}$가 존재하며, ($\mathbf{1}x=x$가 되므로) 식 MB5.7a를 다음과 같이 쓸 수 있다.

$$(M-\lambda\mathbf{1})x=0 \qquad \text{(MB5.7b)}$$

식 MB5.7b는 행렬 $M-\lambda\mathbf{1}$의 계수들로 된 행렬식 $|M-\lambda\mathbf{1}|$이 0이 될 때만 해를 갖는다. 따라서 n개의 고윳값은 다음과 같은 영년 방정식의 해로부터 구할 수 있다.

$$|M-\lambda\mathbf{1}|=0 \qquad \text{(MB5.8)}$$

만일 행렬 $M-\lambda\mathbf{1}$의 역행렬이 존재한다면, 식 MB5.7b에 의해서 $(M-\lambda\mathbf{1})^{-1}(M-\lambda\mathbf{1})x=x=0$인 무의미한 해가 나온다. 무의미하지 않은 해가 나오려면 $(M-\lambda\mathbf{1})^{-1}$이 존재하지 않아야 하는데, 식 MB5.8이 성립하면 바로 이런 경우가 된다.

간단한 예 MB5.4 연립방정식

다시 한 번 첫 번째 **간단한 예** MB5.1에서 취급했던 행렬 M을 이용하여 식 MB5.7을 다음과 같이 써 보자.

$$\begin{pmatrix}1 & 2\\ 3 & 4\end{pmatrix}\begin{pmatrix}x_1\\ x_2\end{pmatrix}=\lambda\begin{pmatrix}x_1\\ x_2\end{pmatrix} \quad \text{정리를 하여} \quad \begin{pmatrix}1-\lambda & 2\\ 3 & 4-\lambda\end{pmatrix}\begin{pmatrix}x_1\\ x_2\end{pmatrix}=0$$

행렬 곱셈 규칙에 의해서 두 번째 식을 다음과 같이 전개할 수 있다.

$$\begin{pmatrix}(1-\lambda)x_1+2x_2\\ 3x_1+(4-\lambda)x_2\end{pmatrix}=0$$

이것은 다음과 같은 두 연립방정식을 나타내는 것이다.

$$(1-\lambda)x_1+2x_2=0\text{과} \quad 3x_1+(4-\lambda)x_2=0$$

이 두 식이 해를 가질 수 있는 조건은 다음과 같다.

$$|M-\lambda\mathbf{1}|=\begin{vmatrix}1-\lambda & 2\\ 3 & 4-\lambda\end{vmatrix}=(1-\lambda)(4-\lambda)-6=0$$

이 조건은 다음과 같은 이차식과 같다.

$$\lambda^2-5\lambda-2=0$$

해는 $\lambda=+5.372$, $\lambda=-0.372$이며, 원래 식의 두 고윳값이다.

영년 방정식을 풀어서 나오는 n개의 고윳값을 이용하면 해당하는 고유 벡터들을 구할 수 있다. 이것을 구하기 위해서 우선 모든 고윳값에 대응하는 고유 벡터로부터 만들어지는 $n\times n$ 행렬 X부터 생각해 보자. 그리하여 고윳값들이 λ_1, λ_2, $\cdots$이고, 대응하는 고유 벡터가 다음과 같다고 하자.

$$x^{(1)}=\begin{pmatrix}x_1^{(1)}\\ x_2^{(1)}\\ \vdots\\ x_n^{(1)}\end{pmatrix} \quad x^{(2)}=\begin{pmatrix}x_1^{(2)}\\ x_2^{(2)}\\ \vdots\\ x_n^{(2)}\end{pmatrix} \quad \cdots x^{(n)}=\begin{pmatrix}x_1^{(n)}\\ x_2^{(n)}\\ \vdots\\ x_n^{(n)}\end{pmatrix} \qquad \text{(MB5.9a)}$$

그러면 행렬 $\boldsymbol{X}$는 다음과 같이 쓸 수 있다.

$$\boldsymbol{X} = (\boldsymbol{x}^{(1)}\ \boldsymbol{x}^{(2)} \cdots \boldsymbol{x}^{(n)}) = \begin{pmatrix} x_1^{(1)} & x_1^{(2)} & \cdots & x_1^{(n)} \\ x_2^{(1)} & x_2^{(2)} & \cdots & x_2^{(n)} \\ \vdots & \vdots & & \vdots \\ x_n^{(1)} & x_n^{(2)} & \cdots & x_n^{(n)} \end{pmatrix} \quad \text{(MB5.9b)}$$

마찬가지로 대각선상에서만 고윳값 λ가 되고, 그 외의 곳에서는 0이 되는 $n \times n$ 행렬 $\boldsymbol{\Lambda}$를 만든다.

$$\boldsymbol{\Lambda} = \begin{pmatrix} \lambda_1 & 0 & \cdots & 0 \\ 0 & \lambda_2 & \cdots & 0 \\ \vdots & \vdots & & \vdots \\ 0 & 0 & \cdots & \lambda_n \end{pmatrix} \quad \text{(MB5.10)}$$

그러면 모든 고윳값 방정식 $\boldsymbol{Mx}^{(i)} = \lambda_i \boldsymbol{x}^{(i)}$들을 다음과 같은 단일 행렬 관계식으로 나타낼 수 있다.

$$\boldsymbol{MX} = \boldsymbol{X\Lambda} \quad \text{(MB5.11)}$$

간단한 예 MB5.5 고윳값 방정식

앞에 나왔던 **간단한 예** MB5.4에서 보인 바와 같이 $\boldsymbol{M} = \begin{pmatrix} 1 & 2 \\ 3 & 4 \end{pmatrix}$이면, $\lambda_1 = +5.372$, $\lambda_2 = -0.372$이고, 고유 벡터가 각각 $\boldsymbol{x}^{(1)} = \begin{pmatrix} x_1^{(1)} \\ x_2^{(1)} \end{pmatrix}$와 $\boldsymbol{x}^{(2)} = \begin{pmatrix} x_1^{(2)} \\ x_2^{(2)} \end{pmatrix}$가 된다. 이들로부터 다음과 같은 두 벡터를 만든다.

$$\boldsymbol{X} = \begin{pmatrix} x_1^{(1)} & x_1^{(2)} \\ x_2^{(1)} & x_2^{(2)} \end{pmatrix} \quad \boldsymbol{\Lambda} = \begin{pmatrix} 5.372 & 0 \\ 0 & -0.372 \end{pmatrix}$$

그러면 $\boldsymbol{MX} = \boldsymbol{X\Lambda}$가 다음과 같이 된다.

$$\begin{pmatrix} 1 & 2 \\ 3 & 4 \end{pmatrix}\begin{pmatrix} x_1^{(1)} & x_1^{(2)} \\ x_2^{(1)} & x_2^{(2)} \end{pmatrix} = \begin{pmatrix} x_1^{(1)} & x_1^{(2)} \\ x_2^{(1)} & x_2^{(2)} \end{pmatrix}\begin{pmatrix} 5.372 & 0 \\ 0 & -0.372 \end{pmatrix}$$

이 식을 전개하면 다음과 같이 된다.

$$\begin{pmatrix} x_1^{(1)} + 2x_2^{(1)} & x_1^{(2)} + 2x_2^{(2)} \\ 3x_1^{(1)} + 4x_2^{(1)} & 3x_1^{(2)} + 4x_2^{(2)} \end{pmatrix} = \begin{pmatrix} 5.372x_1^{(1)} & -0.372x_1^{(2)} \\ 5.372x_2^{(1)} & -0.372x_2^{(2)} \end{pmatrix}$$

이 식은 처음의 연립방정식과 그 두 근에 대응하는 다음과 같은 4개의 식을 묶은 것이다.

$$x_1^{(1)} + 2x_2^{(1)} = 5.372x_1^{(1)} \quad x_1^{(2)} + 2x_2^{(2)} = -0.372x_1^{(2)}$$
$$3x_1^{(1)} + 4x_2^{(1)} = 5.372x_2^{(1)} \quad 3x_1^{(2)} + 4x_2^{(2)} = -0.372x_2^{(2)}$$

끝으로 $\boldsymbol{X}$로부터 $\boldsymbol{X}^{-1}$을 구한 다음, 이것을 식 MB5.11에 왼쪽으로부터 곱해 준다. 그러면

$$\boldsymbol{X}^{-1}\boldsymbol{MX} = \boldsymbol{X}^{-1}\boldsymbol{X\Lambda} = \boldsymbol{\Lambda} \quad \text{(MB5.12)}$$

$\boldsymbol{X}^{-1}\boldsymbol{MX}$와 같은 형태의 구조를 **상사 변환(similarity transformation)**이라고 한다. 이 경우에는 상사 변환 $\boldsymbol{X}^{-1}\boldsymbol{MX}$가 $\boldsymbol{M}$을 대각선화시킨다($\boldsymbol{\Lambda}$가 대각선 행렬이기 때문이다). 따라서 $\boldsymbol{X}^{-1}\boldsymbol{MX}$를 대각선화시킬 수 있는 행렬 $\boldsymbol{X}$를 알게 되면 문제가 풀리는 것이다. 즉 이렇게 만든 대각선 행렬은 그것의 0이 아닌 유일한 요소들이 고윳값이 되며, 이 변환을 일으키는 데 이용되는 행렬 $\boldsymbol{X}$의 열들은 해당하는 고유 벡터들이 된다. 고윳값 방정식의 해를 얻는 가장 좋은 방법은 되풀이해서 말하지만 수학 소프트웨어를 이용하는 것이다.

간단한 예 MB5.6 상사 변환

앞의 간단한 예 MB5.1에서 나온 행렬 $\begin{pmatrix} 1 & 2 \\ 3 & 4 \end{pmatrix}$에 식 MB5.12의 상사 변환을 시키려면 수학 소프트웨어를 이용하여 $\boldsymbol{X}$를 구하는 것이 최선의 방법이다. 이것을 이용하면 다음과 같은 결과를 얻게 된다.

$$\boldsymbol{X} = \begin{pmatrix} 0.416 & 0.825 \\ 0.909 & -0.566 \end{pmatrix} \quad \boldsymbol{X}^{-1} = \begin{pmatrix} 0.574 & 0.837 \\ 0.922 & -0.422 \end{pmatrix}$$

이 결과는 다음과 같은 곱셈을 해 보면 증명할 수 있다.

$$\boldsymbol{X}^{-1}\boldsymbol{MX} = \begin{pmatrix} 0.574 & 0.837 \\ 0.922 & -0.422 \end{pmatrix}\begin{pmatrix} 1 & 2 \\ 3 & 4 \end{pmatrix}\begin{pmatrix} 0.416 & 0.825 \\ 0.909 & -0.566 \end{pmatrix} = \begin{pmatrix} 5.372 & 0 \\ 0 & -0.372 \end{pmatrix}$$

이 결과는 실제로 앞의 **간단한 예** MB5.4에서 계산한 대각선 행렬 $\boldsymbol{\Lambda}$이다. 따라서 고유 벡터 $x^{(1)}$과 $x^{(2)}$는 다음과 같이 된다.

$$\boldsymbol{x}^{(1)} = \begin{pmatrix} 0.416 \\ 0.909 \end{pmatrix} \quad \boldsymbol{x}^{(2)} = \begin{pmatrix} 0.825 \\ -0.566 \end{pmatrix}$$

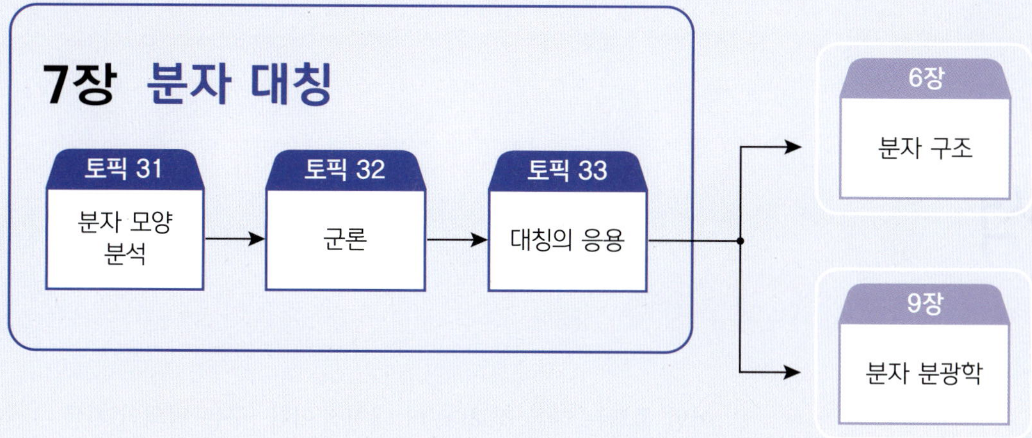

어떠한 계산도 하지 않고 분자의 대칭을 참고함으로써 많은 결론을 내릴 수 있다. 계산도 분자의 대칭을 확인함으로써 단순화될 수 있다는 것은 어떤 항들은 0이 될 필요가 있다는 것을 의미한다. 대칭의 논거는 **분자 구조**와 **분자 분광학** 논의 전체에 걸쳐서 사용된다. 이들은 또한 고체의 구조에 대한 설명에서도 사용되지만 여기에서는 개별적인 분자들에 초점을 맞출 것이다.

첫 번째 과제는 분자의 대칭성을 확인하는 것이다(토픽 31). 이를 위하여 '대칭 조작'과 '대칭 요소'의 개념을 도입한다. 이렇게 함에 있어서 분자가 가지고 있는 대칭에 따라 분류하고 여러 개의 대칭 군 중 하나로 표현할 수 있다. 이 분류법은 분자의 대칭 논의의 응용에 있어서 첫 번째 단계이다. 분자가 속한 군으로부터 분자의 성질(극성과 카이랄성의 존재와 같은)에 대한 일부의 결론을 직접 이끌어낼 수 있다는 것을 알게 된다.

다음 단계는 수학자들이 '군(group)'을 정의하기 위해 사용하는 동일한 관계식을 대칭 조작이 따르는가를 인식하는 것이며, 따라서 대칭에 대한 학습은 '군론(group theory, 토픽 32)의 일부분으로 볼 수 있다. 대칭 조작이 수(더 명확하게는 행렬, 수들의 배열)로 표현될 수 있다는 것을 보여주고자 하며, 이리하여 대칭의 연구가 정량적인 것이 된다는 것에 있어서 대칭이 군론의 일부분이라고 인식하는 것은 강력한 힘을 발휘하게 된다. 화학의 대부분의 목적에서 '지표표(character table)'는 가장 유용한 것이며 이 개념은 이 토픽에서 소개된다.

분자 성질의 계산은 어떤 적분들의 존재에 자주 의존하는데, 군론은 이러한 적분들이 언제 0이 되어 소멸될 필요가 있는가를 결정하는 데 강력한 방법을 제공한다(토픽 33). 또한 이것은 **분자 구조**를 취급하는 토픽에서 논의되는 분자 오비탈들에 어떤 원자 오비탈들이 기여할 수 있는가를 결정하는 방법을 제공한다.

토픽 31

분자 모양 분석

내용

➤ 학습 목표

대칭 논거는 분자의 성질에 대한 직접적인 평가에 사용될 수 있으며, 정량적으로 표현될 때(토픽 32) 계산의 대단히 많은 부분을 간소화하는 데 사용될 수 있다.

➤ 핵심 내용

분자들은 그들의 대칭 요소에 따라 군으로 분류될 수 있다.

➤ 미리 알기

이 토픽은 다른 성질들을 직접 이끌어 내고자 하는 것이 아니라 일반화학 과정에서 마주치는 간단한 분자들과 이온들의 여러 가지 다양한 모양을 알고자 하는 데 유용할 것이다.

어떤 물체는 다른 것보다 '더 대칭적'이다. 구는 임의의 지름에 따라 어떤 각도로 마음대로 회전시키더라도 같은 형태로 보이기 때문에 입방체보다 더 대칭적이다. 입방체는 특정 한 축, 예를 들면 마주 보는 두 면의 중심들을 통과하는 축에 따라서 90°, 180°, 270°를 회전시키거나, 어느 대각선 축에 따라서 120°나 240°를 회전시킬 때만 동일한 모양을 나타낸다(그림 31.1). 비슷한 예로서 NH_3 분자는 그림 31.2에 나타낸 축 주위로 120°나 240°를 회전시킬 때 동일한 모양을 나타내며, 물 분자는 180°를 회전시킬 때만 동일한 모양을 나타낸다. 따라서 NH_3 분자는 H_2O 분자보다 '더 대칭적'이다.

이 토픽에서는 이러한 직관적인 표기를 더욱 공식화된 기반으로 나타내게 된다. 여기에서 분자들은 동일한 세트의 대칭 요소를 갖는 것끼리 묶어서 군으로 분류할 수 있음을 알게 되며, 그리하여 사면체형인 CH_4와 SO_4^{2-}가 한 군으로 분류되고, 삼각 피라미드형의 NH_3와 SO_3^{2-}가 다른 한 군으로

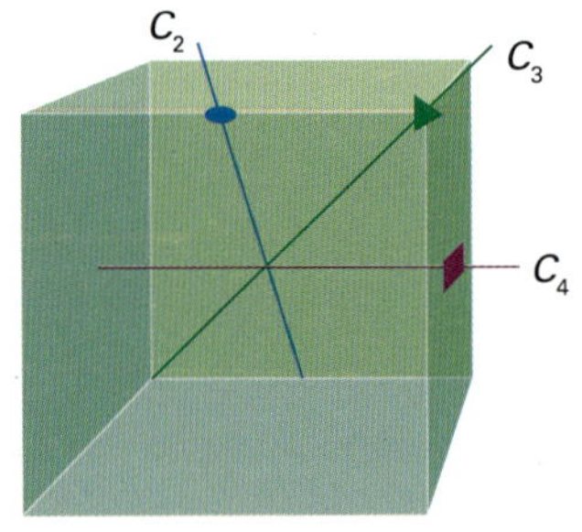

그림 31.1 입방체의 대칭 요소 일부. 이중축, 삼중축, 사중축을 전통적 기호로 표시하였다.

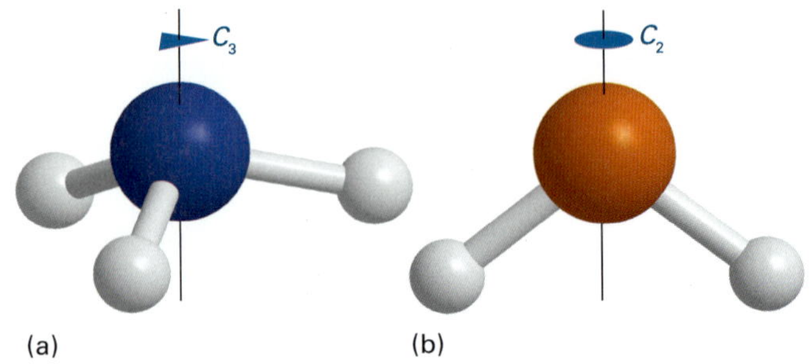

그림 31.2 (a) NH_3 분자는 삼중축(C_3)을, (b) H_2O 분자는 이중축(C_2)을 가지고 있다. 이들은 다른 대칭 요소들도 가지고 있다.

분류된다. 동일한 군에 있는 분자들은 특정한 물리적 특성을 공유하게 되며, 따라서 그들이 속하게 되는 군을 한번 알게 되면 분자의 그들 전체 계열에 대한 매우 강력한 예측이 가능해진다.

여기에서 '군(group)'이라는 용어를 전통적인 의미로 끼워 넣었다. 실제로 수학에서 군은 정확하고 형식적인 중요성과 상당한 능력을 가지며 대칭의 정량적인 연구에서 '군론(group thoery)'이라는 이름으로 나타나게 한다. 이와 같은 위력은 토픽 32와 33에서 밝혀지게 된다.

31.1 대칭 조작과 대칭 요소

대상에 어떤 조작을 해 주었을 때 그 대상이 처음과 똑같게 보이면 그 조작을 **대칭 조작(symmetry operation)**이라고 한다. 전형적인 대칭 조작의 예로서는 회전(rotation), 반사(reflection), 반전(inversion)을 들 수 있다. 각 대칭 조작은 그에 대응하는 **대칭 요소(symmetry element)**를 가지고 있다. 이러한 요소로서 점, 선, 면을 들 수 있는데, 이들 요소에 대하여 대칭 조작을 하게 되는 것이다. 예로서 회전(대칭 조작)은 축(대응하는 대칭 요소) 주위로 돌려 주는 조작이다. 분자들의 모든 대칭 요소를 확인하고 동일한 대칭 요소들을 가지는 분자들을 함께 묶어서 분류할 수 있음을 알게 된다. 이 과정은 예를 들어 삼각 피라미드형의 NH_3와 SO_3^{2-}를 한 군으로, 비선형종인 H_2O와 SO_2를 다른 한 군으로 놓는 것이다.

다음 단락에서는 조작과 해당되는 요소를 설명하며 편의상 이들을 표 31.1에 모아 두었다.

***n*중 회전(*n*-fold rotation**, 조작)은 n중 대칭축 C_n(대응하는 요소) 주위로 $360°/n$만큼 회전시키는 것이다. H_2O 분자는 이중축 C_2를 가지고 있다. NH_3 분자는 한 개의 삼중축 C_3을 가지고 있으며, 이 축과 2개의 대칭 조작이 관련된다. 즉 120°의 시계 방향 회전과 120°의 시계 반대 방향 회전이 그것이다. C_2축과 관련된 이중 회전은 단 하나뿐인데, 이것은 시계 방향과 시계 반대 방향의 180° 회전이 동일한 결과가 되기 때문이다. 오각형은 C_5축을 가지고 있으며, 이 축과 관련된 2개의 72° 회전(시계 방향과 시계 반대 방향)이 가능하다. 또한 두 번의 연속적 C_5 회전에 대응하는 C_5^2 회전축도 가능한데, 이 조작은 시계 방향으로 144°를 회전시키는 것과 시계 반대 방향으로 144°를 회전시키는 것의 두 가지가 가능하다. 입방체는 3개의 C_4축, 4개의 C_3축, 6개의 C_2축을 갖는다. 그러나 구는 이보다 더 고도의 대칭을 가지며, 모든 가능한 정수의 n값을 갖는 대칭축(모든 지름을 따라)을 수없이 많이 가지고 있다. 분자가 여러 개의 회전축을 가질 때는 n의 값이 가장 큰 축을 **주축(principal axis)**이라고 한다. 벤젠 분자의 주축은 육각 고리면에 수직한 육중축이다(**1**).

표 31.1 대칭 조작과 대칭 요소

대칭 조작	기호	대칭 요소
n중 회전	C_n	n중 회전축
반사	σ	거울면
반전	i	대칭 중심
n중 회전 반사	S_n	n중 회전 반사축
동등	E	전체 대상

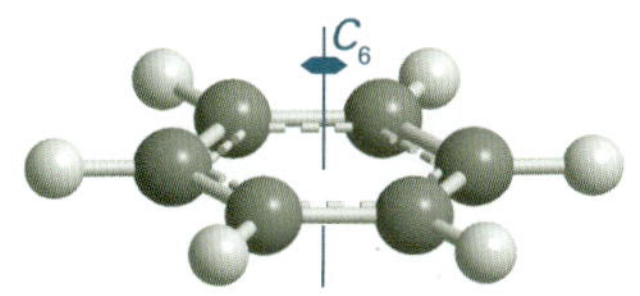

1 벤젠(C_6H_6)

거울면(mirror plane) σ(요소)에서의 **반사(reflection**, 조작)는 분자의 주축을 포함할 수도 있고, 주축에 수직할 수도 있다. 거울면이 주축을 포함한다면 이것을 '수직 거울면'이라 하고, σ_v로 표시한다. H_2O 분자는 수직 대칭면을 2개 가지고 있으며(그림 31.3), NH_3는 3개를 가지고 있다. 두 C_2축 사이의 각을 등분하는 수직 거울면은 '이면각 이등분면(dihedral plane)'이라 하고, σ_d(그림 31.4)로 표시한다. 또 대칭면이 주축과 수직일 때는 이것을 '수평 거울면(horizontal)'이라 하고, σ_h로 표시한다. 벤젠 분자는 C_6 주축

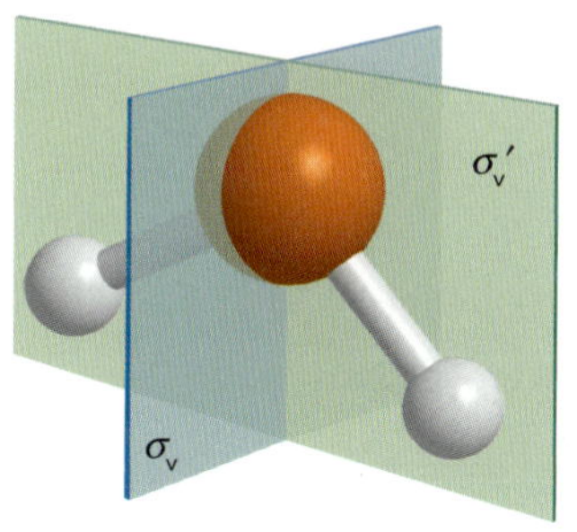

그림 31.3 H_2O 분자는 2개의 거울면을 가지고 있다. 이들은 모두 수직면(주축을 포함하는)이며, σ_v와 σ'_v로 표시한다.

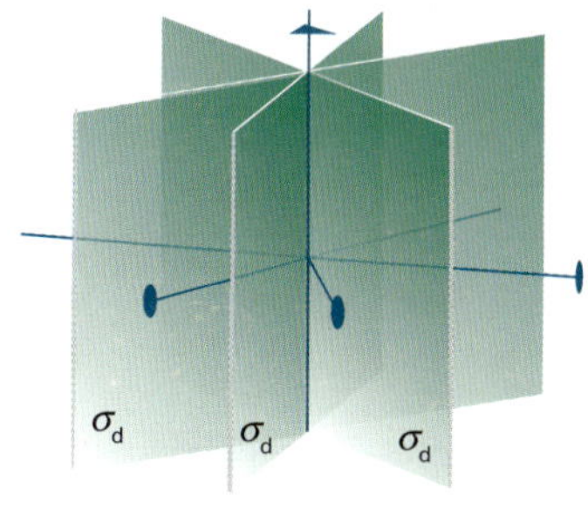

그림 31.4 이면각 이등분 거울면(σ_d)은 주축에 수직한 C_2축들 사이의 각을 등분한다.

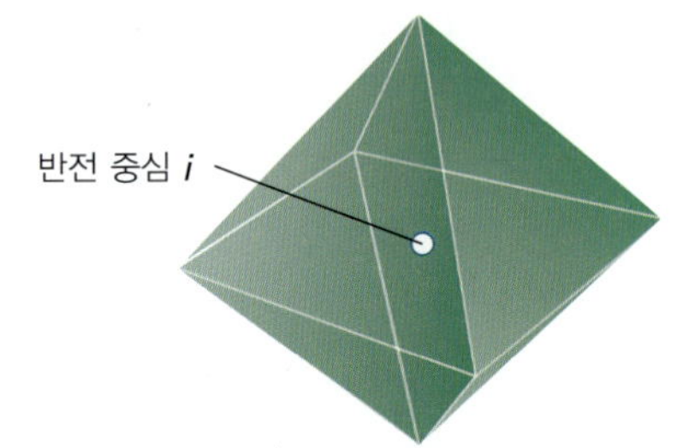

그림 31.5 정팔면체는 반전 중심(i)이 있다.

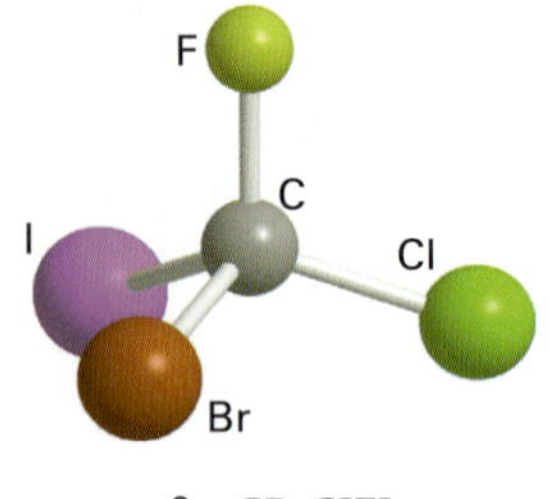

2 CBrClFI

과 수평 거울면을 가지고 있다(다른 대칭 요소들과 함께).

대칭 중심(**center of symmetry**) i(요소)를 통한 **반전**(**inversion**, 조작)에서는 분자 속의 모든 점을 분자 중심으로 통과시켜 반대쪽으로 같은 거리만큼 나가게 하는 것, 즉 점 (x, y, z)를 점 $(-x, -y, -z)$로 보내는 조작을 생각하는 것이다. H_2O나 NH_3 분자는 반전 중심이 없지만, 구나 입방체는 한 개가 있다. 또 C_6H_6 분자와 정팔면체(그림 31.5)도 반전 중심이 있지만, 정사면체와 CH_4 분자는 없다.

n*중 회전 반사축**(n*-fold axis of improper rotation**) 또는 **회전 반사 *n*중축**(***n*-fold improper rotation axis**)에 대한 ***n*중 회전 반사**(***n*-fold improper rotation**, 조작), S_n(대칭 요소)는 두 연속 변환으로 이루어지는 조작이다. 즉 먼저 360°/n을 회전시키고, 이어서 이 회전축에 수직한 면을 통해서 반사시키는 조작이다. CH_4 분자는 3개의 S_4축을 가지고 있다(그림 31.6).

대상에 아무 것도 해 주지 않는 것이 **동등**(**identity**) 조작 E로, 이 조작에 대응하는 대칭 요소는 전체 대상이 된다. 모든 대상은 아무 조작도 해 주지 않으면 조금도 변하지 않으므로 어떤 대상이든 모두 이 대칭 요소를 가지고 있다. 이러한 대칭 요소를 굳이 고려해야 하는 이유는 일부 분자(**2**)는 이 대칭 요소뿐이기 때문이다.

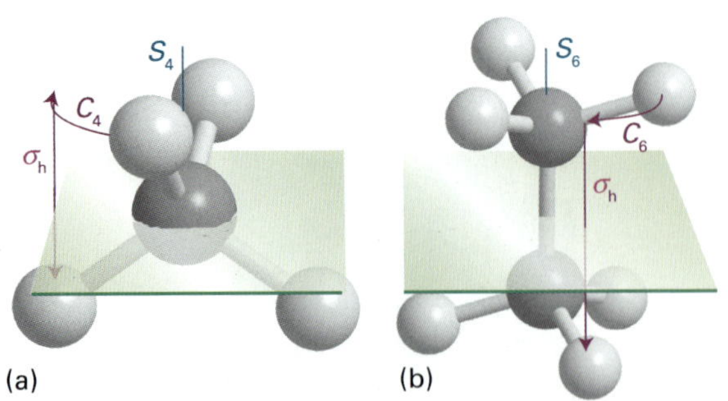

그림 31.6 (a) CH_4 분자는 사중 반사 회전축(S_4)이 있다. 즉 이 분자는 90°를 회전시킨 다음에 수평면을 통해서 반사시키면 같은 형태가 나타난다. 그러나 이 두 조작이 독립적으로는 대칭 조작이 되지 않는다. (b) 엇갈린 형태의 에테인은 60° 회전에 이은 반사로 이루어지는 S_6축이 있다.

간단한 예 31.1 대칭 요소

나프탈렌 분자(**3**)의 대칭 요소를 확인하기 위하여 우선 모든 분자에서와 같이 동등 원소 E를 갖는 것을 주목해야 한다. 나프탈렌 분자는 분자 평면에 수직인 1개의 이중 회전축 C_2와 평면에 놓여 있는 2개의 C_2'을 갖는다. 분자 평면에 거울 평면인 σ_h 1개를 갖고, C_2 회전축을 포함하는 2개의 수직 평면인 σ_v를 갖는다. 또한 분자의 중심에 위치하는 반전 중심 i도 갖는다. 이러한 대칭 요소의 일부는 다른 것들에 의해 암시된다는 것을 주목하라. 예를 들면 반전 중심은 σ_v 평면과 C_2'축이 동시에 존재한다는 것을 함축하고 있다.

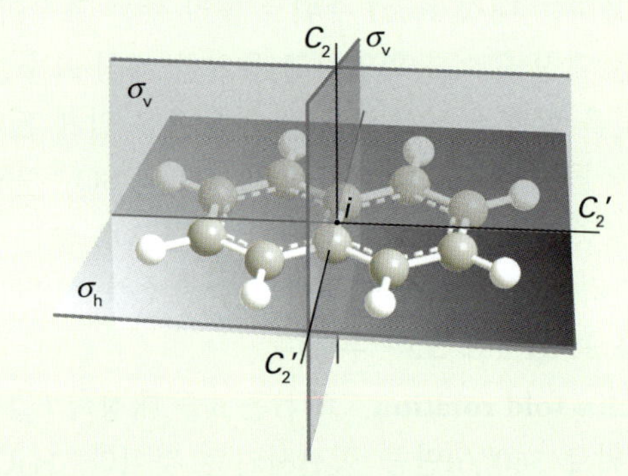

3 나프탈렌($C_{10}H_8$)

자가 진단 31.1 SF_6 분자의 대칭 요소를 확인하시오.

답: E, $3S_4$, $3C_4$, $6C_2$, $4S_6$, $4C_3$, $3\sigma_h$, $6\sigma_d$, i

31.2 분자의 대칭 분류

대칭 조작에 대응하는 대칭 요소에 따른 대칭 조작물을 분류할 때 그 대상 속의 최소한 한 공통점이 변화되지 않고 남는 경우가 있는데, 이때 생기는 것이 **점군**(**point group**)이다. 이러한 종류의 대칭 조작에는 5가지가 있다(대칭 요소도 5가지임, 표 31.1 참조). 결정(토픽 37)의 경우에는 공간을 통해 이동시켜 생기는 대칭 조작도 있는데, 이런 대칭까지 포함시킨 더 포괄적인 군은 **공간군**(**space group**)이라고 한다.

표 31.2 점군에 대한 표시

C_i	$\bar{1}$								
C_s	m								
C_1	1	C_2	2	C_3	3	C_4	4	C_6	6
		C_{2v}	$2mm$	C_{3v}	$3m$	C_{4v}	$4mm$	C_{6v}	$6mm$
		C_{2h}	$2/m$	C_{3h}	$\bar{6}$	C_{4h}	$4/m$	C_{6h}	$6/m$
		D_2	222	D_3	32	D_4	422	D_6	622
		D_{2h}	mmm	D_{3h}	$\bar{6}2m$	D_{4h}	$4/mmm$	D_{6h}	$6/mmm$
		D_{2d}	$\bar{4}2m$	D_{3d}	$\bar{3}m$	S_4	$\bar{4}/m$	S_6	$\bar{3}$
T	23	T_d	$\bar{4}3m$	T_h	$m3$				
O	432	O_h	$m3m$						

점군을 국제 체계(또는 Hermann–Mauguin 체계)로 표시할 때는 n중축을 숫자 n으로 표시하고, 거울면은 문자 m으로 표시한다. 또 빗금(/)은 거울면이 대칭축에 수직임을 나타낸다. 같은 종류의 대칭 요소이면서도 다른 급에 속하는 요소들을 구별하도록 주의해야 한다. 예로서 3개의 다른 급의 거울면을 가지면 $4/mmm$으로 표시한다. 숫자 위에 막대선을 붙인 것은 그 요소가 반전과 결합된 것을 나타낸다. 이 표에는 이른바 결정학적 점군이라고 하는 군들만을 실었다.

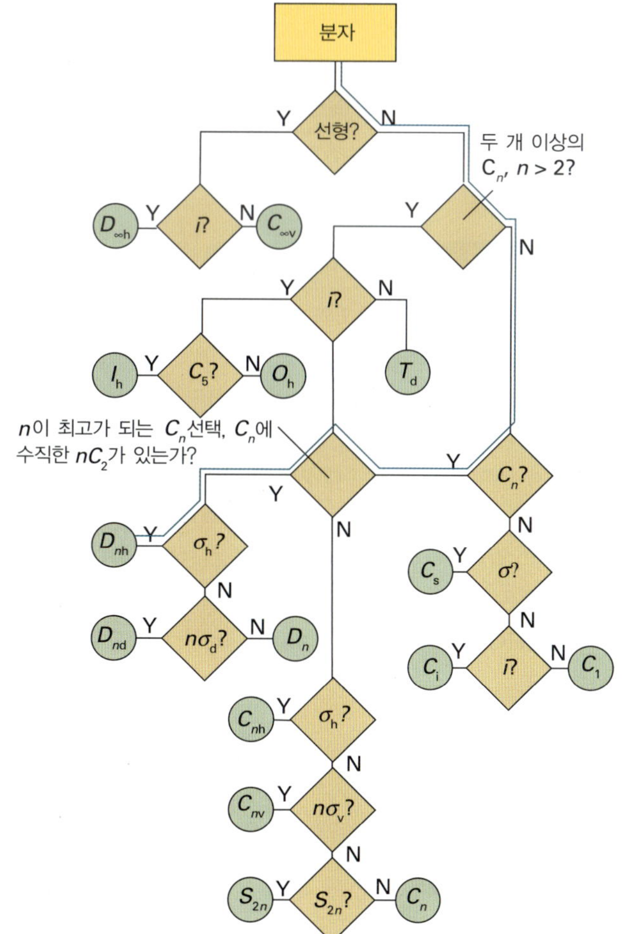

그림 31.7 분자의 점군을 찾아내는 흐름 도표. 꼭대기부터 출발하여 각 마름모 속의 질문에 응답한다(Y = 그렇다, N = 아니다).

분자를 그들의 대칭에 따라 분류하려면 그 분자의 대칭 요소를 모두 목록으로 만들고, 동일한 목록의 분자들을 한 군으로 묶어야 한다. 분자들이 속하는 군의 명칭은 그 군이 가지고 있는 대칭 요소를 가지고 정한다. 일반적으로 두 가지 체계가 사용되고 있는데(표 31.2), 그 하나는 개별적인 분자의 대칭을 논하는 데 더 보편적으로 이용되는 **Schoenflies 체계**(C_{4v}와 같은 명칭을 쓴다)이고, 또 하나는 결정의 대칭을 논하는 데 거의 독점적으로 이용되는 **Hermann-Mauguin 체계**, 또는 **국제 체계**($4mm$과 같은 명칭을 쓴다)이다. Schoenflies 체계에 따라 분자의 점군을 식별하는 데는 간단히 그림 31.7의 흐름 도표와 그림 31.8의 모양을 이용하면 된다.

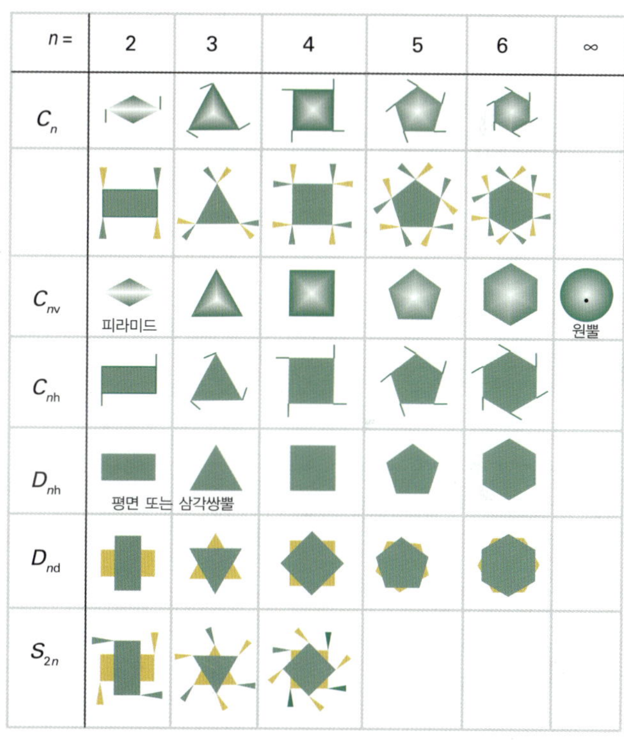

그림 31.8 서로 다른 점군에 해당하는 모양들의 요약. 이 그림표를 이용하면 그림 31.7의 정식 방법을 따르지 않고도 분자들이 어떤 군에 속하는지를 식별할 수 있다.

간단한 예 31.2 대칭 분류

루테노센 분자(**4**)가 속한 점군을 식별하기 위하여 그림 31.7의 흐름도를 사용한다. 추적하는 경로는 파란색으로 나타내었으며 D_{nh}에서 끝난다. 이 분자는 5중축이 있으므로 D_{5h}군에 속한다. 페로센의 바닥 상태보다 에너지가 4 kJ mol^{-1} 높은 들뜬 상태(**5**)의 것과 같이 고리가 엇갈리게 되면 수평 반사 평면은 없어지고 이면각 이등분면이 존재하게 된다.

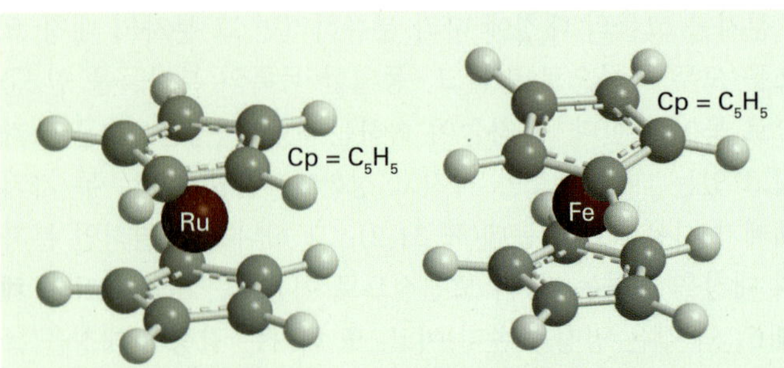

4 루테노센[$Ru(Cp)_2$] 5 페로센[$Fe(Cp)_2$](들뜬 상태)

자가 진단 31.2 오각안티프리즘(엇오각기둥)의 페로센 들뜬 상태(**5**)를 분류하시오.

답: D_{5h}

(a) C_1, C_i, C_s 군

대칭 요소가 동등 요소뿐인 분자는 C_1군에 속한다. 동등 요소와 반전 요소만을 갖는 분자는 C_i군에 속하며, 동등 요소와 거울면만을 갖는 분자들은 C_s군에 속한다.

명칭	요소
C_1	E
C_i	E, i
C_s	E, σ

간단한 예 31.3 C_1, C_i, C_s

CBrClFI 분자(**2**)는 동등 요소만 가지며, 따라서 C_1군에 속한다. 메소-타타르산(**6**)은 동등 요소와 반전 요소만을 갖기 때문에 C_i군에 속하며, 퀴놀린(**7**)은 (E, σ) 요소를 가지므로 C_s군에 속한다.

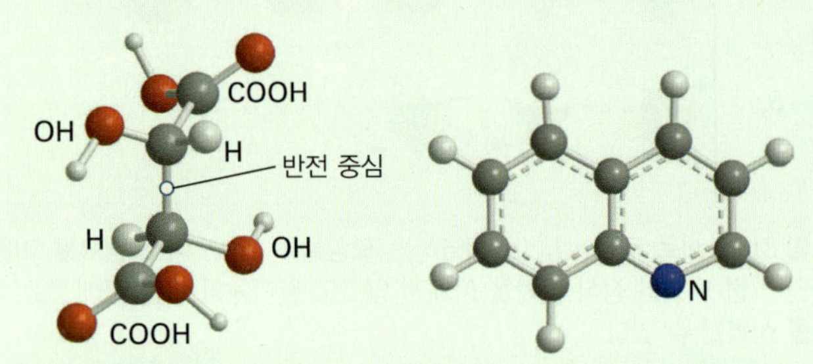

6 메소-타타르산 [HOOCCH(OH)CH(OH)COOH]

7 퀴놀린(C_9H_7N)

자가 진단 31.3 다음 분자 (**8**)이 속한 군을 밝히시오.

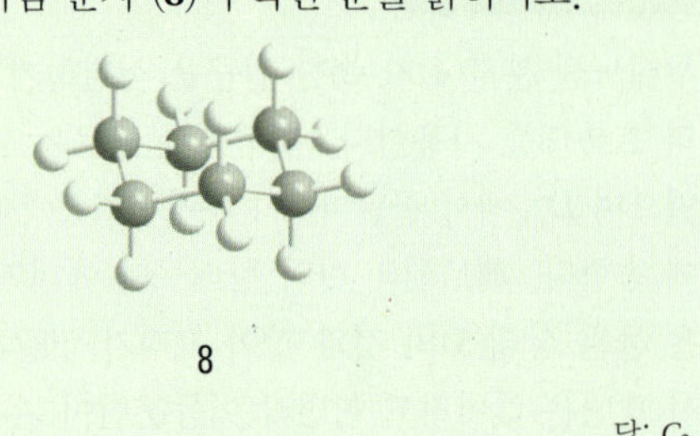

8

답: C_{2v}

(b) C_n, C_{nv}, C_{nh} 군

n중 대칭축을 갖는 분자는 C_n군에 속한다. 기호 C_n은 대칭 요소, 대칭 조작, 군을 표시하는 세 가지 역할을 한다. 동등 요소와 C_n축 이외에 n개의 수직 반사면 σ_v를 갖는 분자는 C_{nv}군에 속한다. 동등 요소와 n중 주축에 추가하여 수평 거울면 σ_h를 갖는 분자는 C_{nh}군에 속한다. 어떤 대칭 요소들이 존재한다는 것이 다른 어떤 대칭 요소의 존재를 의미할 때도 있다. 따라서 C_{2h}군에서 C_2와 σ_h 조작이 함께 있으면 반전 중심이 존재한다는 것을 의미한다(그림 31.9).

명칭	요소
C_n	E, C_n
C_{nv}	E, C_n, $n\sigma_v$
C_{nh}	E, C_n, σ_h

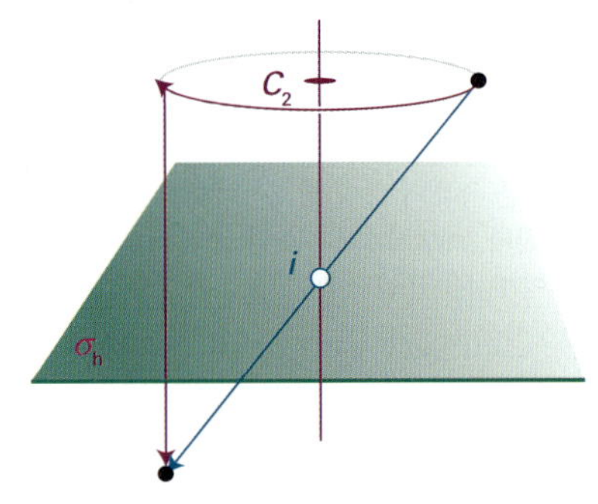

그림 31.9 이중 회전축과 수평 거울면이 함께 존재할 때는 그 분자에 반전 중심이 존재하게 된다.

간단한 예 31.4 C_n, C_{nv}, C_{nh}

H_2O_2 분자(**9**)는 대칭 요소 E와 C_2를 가지고 있으며, 따라서 C_2군에 속한다. H_2O 분자는 대칭 요소 E, C_2, $2\sigma_v$를 가지고 있으므로 C_{2v}군에 속한다. 또 NH_3 분자는 대칭 요소 E, C_3, $3\sigma_v$를 가지고 있어서 C_{3v}군에 속한다. HCl과 같은 이종핵 이원자 분자의 경우에는 대칭축 주위의 모든 각도로의 회전과 이 축을 포함하는 무한대의 모든 면에서의 반사가 대칭 조작이 되며, 따라서 이 분자는 $C_{\infty v}$군에 속한다. OCS 분자와 같은 선형 분자나 원뿔도 $C_{\infty v}$군에 속한다. 트랜스 CHCl=CHCl(**10**)은 대칭 요소 E, C_2, σ_h를 가지므로 C_{2h}군에 속한다.

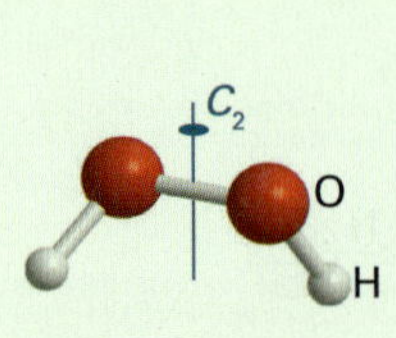

9 과산화 수소(H_2O_2)

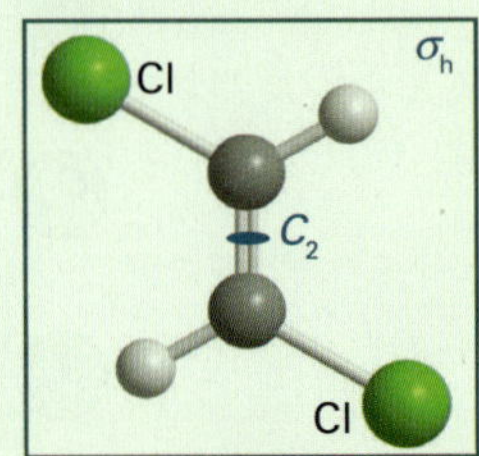

10 *trans*-CHCl=CHCl

자가 진단 31.4 **11**과 같은 배열을 가진 $B(OH)_3$ 분자가 속한 군을 밝히시오.

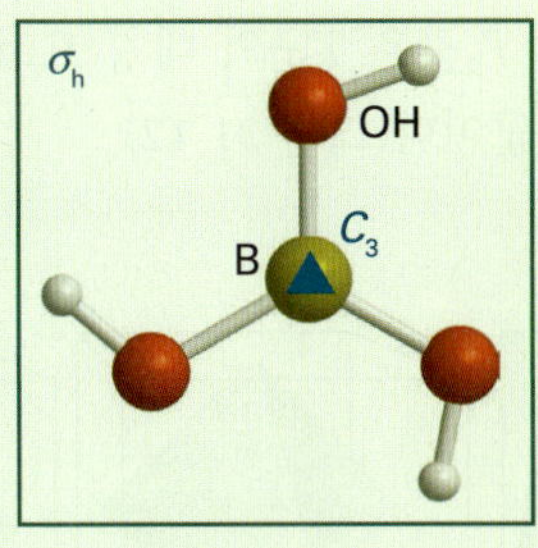

11 $B(OH)_3$

답: C_{3h}

(c) D_n, D_{nh}, D_{nd} 군

그림 31.7에서 n중 주축과 C_n에 수직한 n개의 이중축을 갖는 분자는 D_n군에 속한다는 것을 알았다. 이러한 분자가 수평 거울면도 가지면 D_{nh}군에 속한다. $D_{\infty h}$군에는 또한 OCO와 HCCH와 같은 선형 분자들과 균일한 원기둥이 있다. D_n의 대칭 요소에 추가하여 n개의 이면각 이등분 거울면 σ_d를 갖는 분자는 D_{nd}군에 속한다.

명칭	요소
D_n	E, C_n, nC_2'
D_{nh}	E, C_n, nC_2', σ_h
D_{nd}	E, C_n, nC_2', $n\sigma_d$

간단한 예 31.5 D_n, D_{nh}, D_{nd}

평면 삼각형의 BF_3 분자는 대칭 요소 E, C_3, $3C_2$, σ_h를 가지고 있으며(각 B–F 결합축에 따라서 C_2축이 한 개씩 있다), 따라서 D_{3h}군에 속한다(**12**). 벤젠(C_6H_6) 분자는 대칭 요소 E, C_6, $3C_2$, $3C_2'$, σ_h, 그리고 이 요소들이 존재할 때 자동적으로 존재하게 되는 다른 몇 개의 요소들을 가지고 있으며, 따라서 D_{6h}군에 속한다. 벤젠에서는 3개의 C_2축이 C–C 결합을 이등분하며, 다른 3개는 이 분자의 탄소 뼈대가 만드는 육각형의 꼭짓점들을 통과한다. $3C_2'$에 붙인 프라임 표시는 이들 3개의 C_2축이 다른 3개의 C_2축과 다르다는 것을 나타낸다. N_2와 같은 모든 동종핵 이원자 분자에서는 분자의 한 끝으로부터 다른 끝으로의 회전과, 한 끝으로부터 다른 끝으로의 반사가 대칭 조작인 것과 같이 분자축 주위의 모든 회전이 대칭 조작이기 때문에 이들 분자는 $D_{\infty h}$군에 속한다. D_{nh} 화학종의 또 다른 예로 (**13**)을 들 수 있다. 90° 비틀린 알렌(**14**)은 D_{2d}군에 속한다.

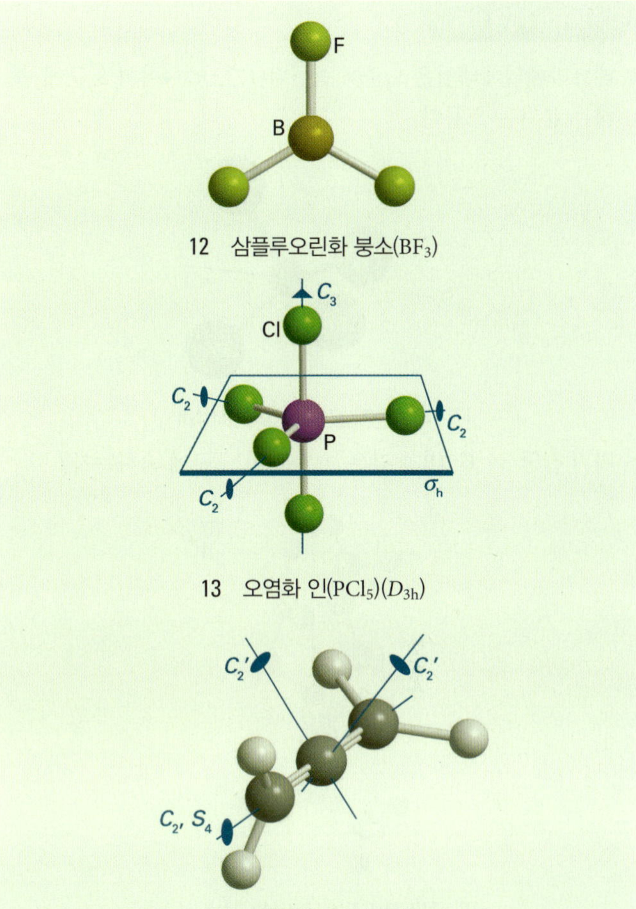

12 삼플루오린화 붕소(BF_3)

13 오염화 인(PCl_5)(D_{3h})

14 알렌(C_3H_4)(D_{2d})

자가 진단 31.5 (a) 사염화 금(III) 이온(**15**), (b) 엇갈린 형태의 에테인(**16**)이 속한 군을 말하시오.

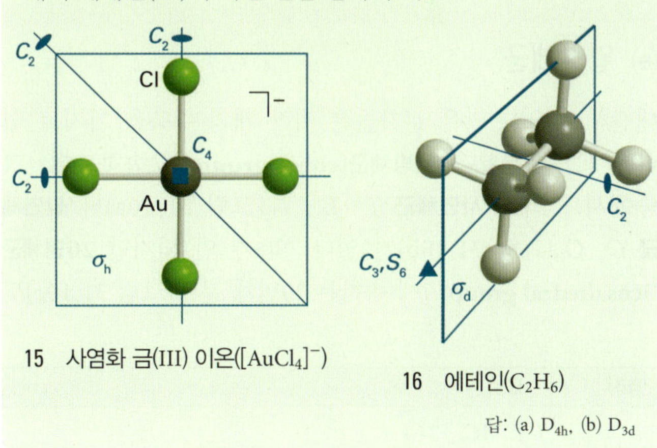

15 사염화 금(III) 이온($[AuCl_4]^-$)

16 에테인(C_2H_6)

답: (a) D_{4h}, (b) D_{3d}

(d) S_n군

지금까지 소개한 어느 한 군에도 속하지 않으면서 한 개의 S_n축을 갖는 분자는 S_n군에 속한다. S_2군은 C_i군과 같으며, 따라서 이러한 분자들은 이미 앞에서 C_i로 분류되었다.

명칭	요소
S_n	E, S_n, 그리고 앞에서 분류되지 않은 군

간단한 예 31.6 S_n

테트라페닐메테인은 S_4군에 속한다(**17**). $n>4$이며 S_n군에 속하는 분자는 드물다.

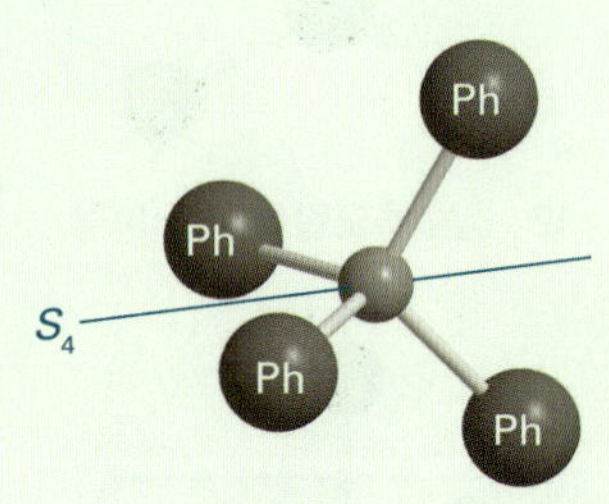

17 테트라페닐메테인[$C(C_6H_5)_4$](S_4)

자가 진단 31.6 **18**과 같은 이온은 어느 군에 속하는가?

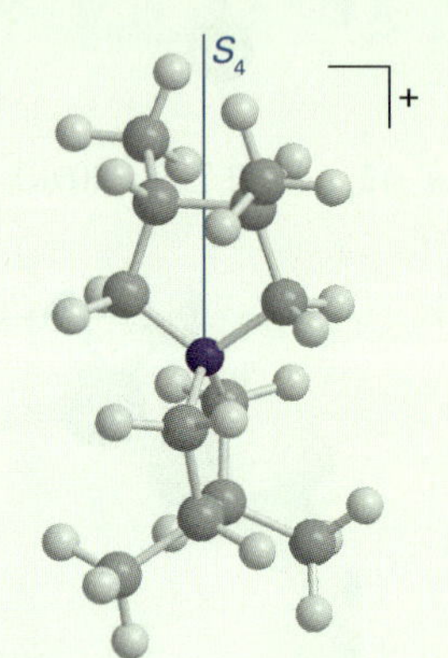

18 $N(CH_2CH(CH_3)CH(CH_3)CH_2)_2^+$

답: S_4

(e) 입방체군

대단히 중요한 많은 분자들은 여러 개의 주축을 가지고 있다. 이들 대부분은 **입방체군(cubic group)**에 속하는데, 그 중에서도 특히 **사면체군** T, T_d, T_h(그림 31.10a)나 **팔면체군** O, O_h(그림 31.10b)가 있다. 몇 개 안 되지만 **20면체군(icosahedral group)** I에 속하는 20면체 분자(그림 31.10c)도 알려져 있다. T_d군은 정사면체의 군이며, O_h군은 정팔면체의 군이다. 대상이 사면체나 팔면체의 회전 대칭만을 가지고 반사면을 하나도 갖지 않을 때는 보다 단순한 T나 O 군에 속한다(그림 31.11). T_h군은 T군의 대칭 요소는 물론, 반전 중심도 가지고 있는 군이다(그림 31.12).

명칭	요소
T	E, $4C_3$, $3C_2$
T_d	E, $3C_2$, $4C_3$, $3S_4$, $6\sigma_d$
T_h	E, $3C_2$, $4C_3$, i, $4S_6$, $3\sigma_h$
O	E, $3C_4$, $4C_3$, $6C_2$
O_h	E, $3S_4$, $3C_4$, $6C_2$, $4S_6$, $4C_3$, $3\sigma_h$, $6\sigma_d$, i
I	E, $6C_5$, $10C_3$, $15C_2$
I_h	E, $6S_{10}$, $10S_6$, $6C_5$, $10C_3$, $15C_2$, 15σ, i

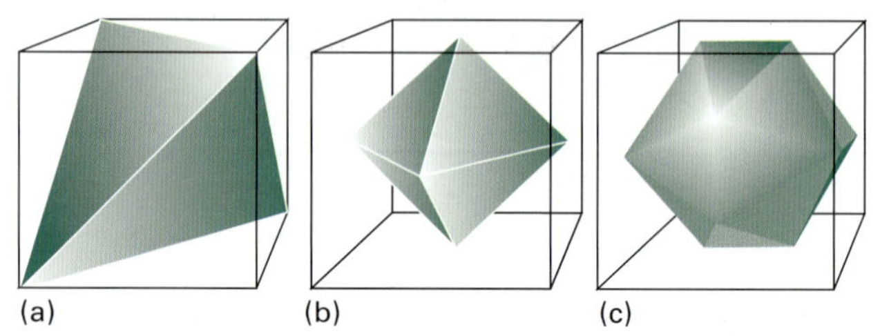

그림 31.10 (a) 사면체 분자, (b) 팔면체 분자, (c) 20면체 분자는 입방체와 관련시켜서 그린다. 이들은 각각 입방군 T_d, O_h, I_h에 속한다.

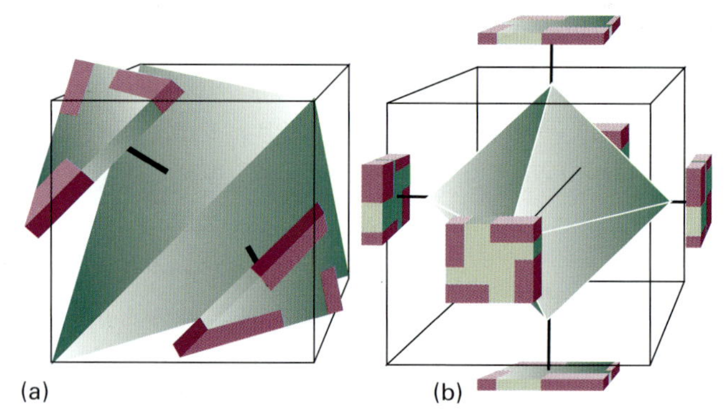

그림 31.11 (a) 점군 T, (b) 점군 O에 대응하는 모양. 장식이 달린 판자 모양 구조가 존재하면 T_d나 O_h의 대칭이 이 점군들로 줄어든다.

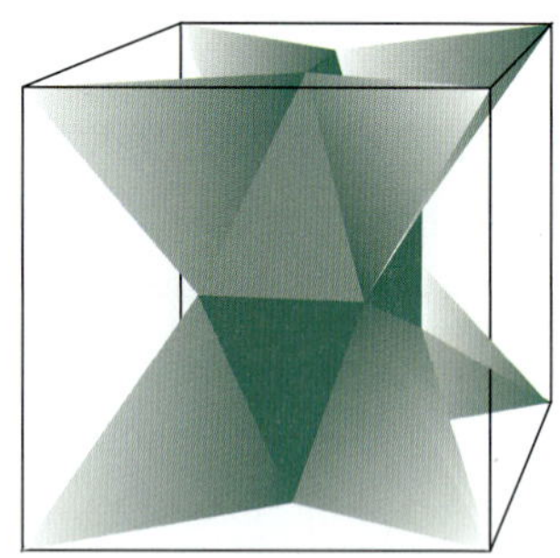

그림 31.12 T_h군에 속하는 대상의 모양

간단한 예 31.7 입방체군

CH_4와 SF_6 분자는 각각 T_d군과 O_h군에 속한다. 일부 보레인과, 버크민스터풀러렌(**19**) C_{60}는 20면체군 I에 속한다. 그림 31.11에서 보여 준 모양은 각각 T군과 O군에 속한다.

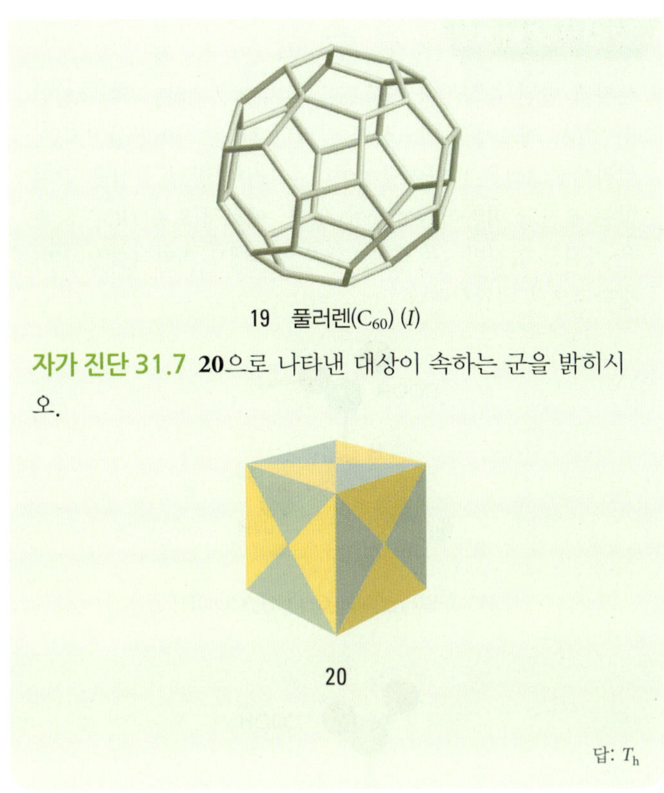

19 풀러렌(C_{60}) (I)

자가 진단 31.7 **20**으로 나타낸 대상이 속하는 군을 밝히시오.

20

답: T_h

(f) 완전 회전군

모든 가능한 n 값의 회전축을 무수히 많이 가지고 있는 대상물은 **완전 회전군(full rotation group)** R_3(3은 삼차원 회전을 의미한다)에 속한다. 구형 대상과 원자들이 R_3군에 속하지만, 여기에 속하는 분자는 없다. R_3 대칭의 결과를 따져 보는 것은 원자에 대칭 이론을 적용시키는 대단히 중요한 방법이 될 뿐만 아니라 오비탈 각운동량에 관한 이론을 또 하나의 각도에서 접근하는 방법도 된다.

명칭	요소
R_3	E, ∞C_2, ∞C_3, …

31.3 대칭의 몇 가지 직접적인 결과

분자의 점군을 알게 되면 이것으로부터 그 분자의 성질을 어느 정도 말할 수 있다.

(a) 극성

극성 분자(polar molecule)는 영구 전기 쌍극자 모멘트를 가지고 있다(예로서 HCl, O_3, NH_3). $n>1$인 C_n군에 속하는 분자가 대칭축에 수직한 어느 한 방향으로 쌍극자를 갖는다면, 이 분자의 대칭성 때문에 그 반대 방향의 쌍극자가 있어서 이들이 상쇄되어야 하며, 따라서 이러한 분자는 대칭축에 수직한 쌍극자 모멘트를 나타내는 전하 분포를 가질 수 없다(그림 31.13a). 예로서 H_2O의 한 OH 결합이 나타내는 쌍극자의 수직 성분은 다른 OH 결합의 쌍극자의 수직 성분(크기가 같고 반대 방향인)에 의해 상쇄되며, 따라서 이 분자가 쌍극자를 갖는다면 그것은 반드시 이중 대칭축에 평행한 것이라야 한다. 그러나 이 군에서는 분자의 양쪽 끝과 연관된 조작을 고려하지 않아도 되므로 대칭축에 따라서 쌍극자가 나타나도록 전자가 분포될 수 있다(그림 31.13b). H_2O는 실제로 이중 대칭축에 평행한 쌍극자 모멘트를 가지고 있다.

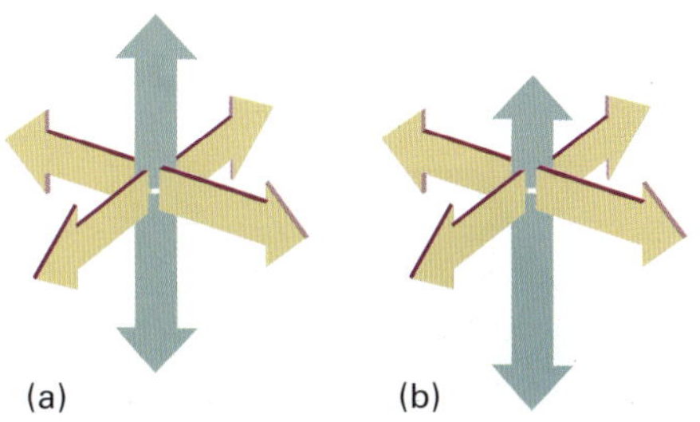

그림 31.13 (a) C_n축을 갖는 분자는 그 축에 수직한 쌍극자 모멘트를 가질 수 없지만 (b) 그 축에 평행한 쌍극자 모멘트는 가질 수 있다. 화살표는 전체적 전기 쌍극자에 대한 국지적 기여를 나타낸 것이다. 이러한 국지적 기여는 결합을 형성하는 인접 원자들이 상이한 전기 음성도를 갖기 때문에 나타난다.

이러한 논리는 C_{nv}군에 대해서도 마찬가지로 적용되며, C_{nv}군에 속하는 분자는 극성일 수 있다. C_{3h}나 D 등을 포함한 나머지 모든 군은 분자의 한 끝을 다른 끝으로 바꾸어 놓는 대칭 요소를 가지고 있다. 따라서 이러한 분자는 대칭축에 수직한 쌍극자 모멘트는 물론 그 축에 평행한 쌍극자 모멘트도 갖지 못한다. 이러한 군들의 분자가 쌍극자 모멘트를 갖는다면 분자의 한 끝을 다른 끝으로 바꾸어 주는 조작이 대칭 조작이 될 수 없을 것이다. 결론적으로 다음과 같이 말할 수 있다. **C_n, C_{nv}, C_s 군에 속하는 분자들만이 영구 전기 쌍극자 모멘트를 가질 수 있으며,** C_n, C_{nv}에서 쌍극자 모멘트는 대칭축을 따라 존재하게 된다.

간단한 예 31.8 극성 분자

각이 진 비선형이면서 C_{2v}군에 속하는 오존(O_3)은 극성일 수 있지만(실제로 극성이다), 선형이면서 $D_{\infty h}$군에 속하는 CO_2는 극성일 수가 없다.

자가 진단 31.8 테트라페닐메테인은 극성인가?

답: 아니오. (S_4)

(b) 카이랄성

자신의 거울상과 포개질 수 없는 분자를 **카이랄(chiral**, '손'을

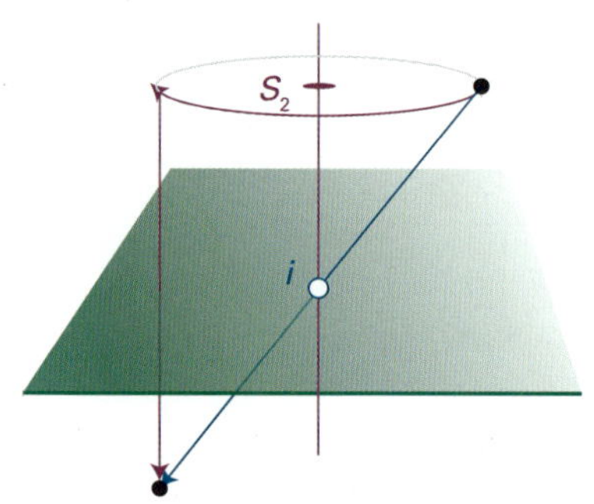

그림 31.14 군의 대칭 요소 중 일부는 군에서 다른 대칭 요소들 때문에 내용적으로 포함되는 것이 있다. 반전 요소를 포함하는 분자는 어느 것이나 적어도 S_2 요소를 한 개 가지고 있는데, 이것은 i와 S_2가 동등한 것이기 때문이다.

뜻하는 그리스어에서 유래됨) **분자**(**molecule**)라고 한다. 자신의 거울상과 포개질 수 있는 분자는 **비카이랄 분자**(**achiral molecule**)라고 한다. 카이랄 분자는 편광면을 회전시킬 수 있다는 점에서 **광학 활성**(**optically active**) 분자이다. 하나의 카이랄 분자와 그 거울상 분자는 함께 **거울상 이성질체 쌍**(**enantiometric pair**)을 이루는데, 이들은 편광면을 서로 반대 방향으로 같은 크기만큼씩 회전시킨다.

분자가 반사 회전축 S_n을 갖지 않을 경우에만 카이랄성을 나타낼 수 있으며, 따라서 광학 활성이 될 수 있다. 이러한 S_n 반사 회전축은 다른 상이한 명칭을 가지고 있을 수도 있고, 또 다른 대칭 요소로 말미암아 내용적으로 포함되어 있을 수도 있다는 것을 알아둘 필요가 있다. 예로서 C_{nh}군에 속하는 분자는 반사 회전축의 두 성분인 C_n과 σ_h을 모두 가지고 있기 때문에 이들은 당연히 S_n을 가지고 있는 것이다. 또 반전 i는 C_2와 σ_h가 연속해서 일어나는 것과 같으며 이 요소들의 합은 S_2이므로 반전 중심 i를 가지고 있는 분자는 모두 S_2를 가지고 있다(그림 31.14). 따라서 반전 중심을 가지고 있는 분자는 비카이랄성이며, 따라서 광학적으로 비활성이다. 마찬가지로 $S_1 = \sigma$이므로 거울면을 가진 분자는 모두 비카이랄성이다.

간단한 예 31.9 카이랄 분자

분자가 반전 중심이나 거울면을 갖지 않을 때는 카이랄성일 수 있다. 예로서 아미노산인 알라닌(**21**)은 카이랄성이지만, 글라이신(**24**)은 비카이랄성이다. 그러나 반전 중심을 갖지 않는 분자도 비카이랄성일 수 있다. 예로서 S_4종(**18**)은 S_4축은 가지고 있지만 i(즉 S_2)는 갖지 않는데도 비카이랄성이며, 광학적으로 비활성이다.

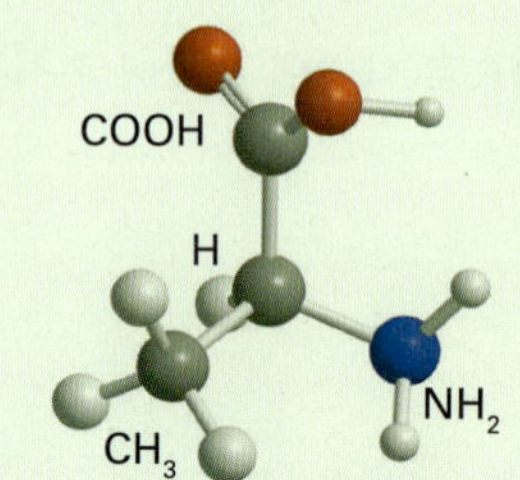

21 L-알라닌[$NH_2CH(CH_3)COOH$]

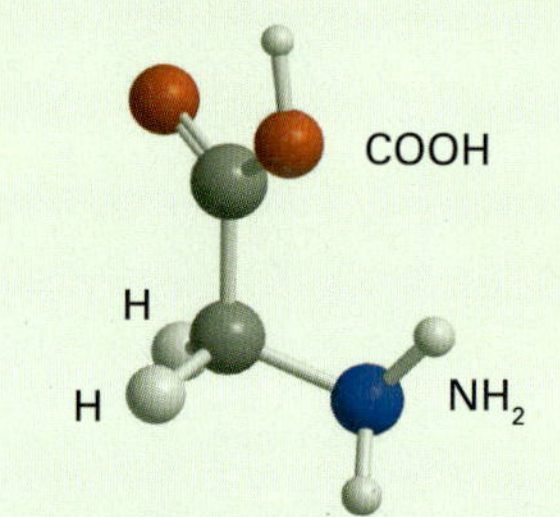

22 글라이신[NH_2CH_2COOH]

자가 진단 31.9 테트라페닐메테인은 카이랄성인가?

답: 아니오. (S_4)

개념 확인

- ☐ 1. 대상에 어떤 조작을 한 후에 그 대상이 처음과 똑같게 보이면 그 조작을 **대칭 조작**이라고 한다. 표 31.1 참조
- ☐ 2. **대칭 요소**에는 점, 선, 면이 있는데, 이들 요소에 대하여 대칭 조작을 하게 되는 것이다. 표 31.1 참조
- ☐ 3. **점군**의 표시는 분자와 고체에서 일반적으로 사용되며 표 31.2에 요약하였다.
- ☐ 4. 분자가 **극성**을 띠기 위해서는 반드시 C_n, C_{nv}, C_s 군에 속해야 한다(더 높은 대칭은 가지고 있지 않다).
- ☐ 5. 분자가 회전 반사축 S_n을 가지지 않는 경우에만 **카이랄성**을 가질 수 있다.

토픽 32

군론

내용

➤ 학습 목표

군론은 대칭에 대한 폭넓고 다양한 종류의 계산에 적용될 수 있는 체계적인 기초에 정성적인 아이디어를 알려 준다. 즉 군론은 바로 명확해지지 않을 수 있는 결론을 이끌어 내는 데 사용되며 결과적으로 계산이 대단히 간단해질 수 있게 된다. 또한 화학 전반에 걸쳐 사용되는 원자 오비탈과 분자 오비탈을 표시하는 기초가 된다.

➤ 핵심 내용

대칭 조작은 바탕 함수에 작용되는 행렬의 효과에 의해 표현될 수 있다.

➤ 미리 알기

토픽 31에 소개된 대칭 조작과 대칭 요소에 대하여 알아야 한다. 이 논의는 행렬 대수, 특히 **수학적 배경** 5에서 정리한 것과 같은 행렬 곱셈에 전적으로 의존한다.

대칭을 체계적으로 논하는 것을 **군론(group theory)**이라고 한다. 군론의 대부분은 대상의 대칭에 관한 일반상식을 체계적으로 나타낸다. 그러나 군론은 체계적이기 때문에 그 규칙들은 직설적이고 기계적 방법으로 적용시킬 수 있다. 많은 경우에 군론은 최소량의 계산으로 유용한 결론을 얻는 간단하고 직접적인 방법을 제공해 주며, 이것이 여기서 강조하는 점이다. 일부 경우에서는 예상하지 않았던 결과를 가져오기도 한다.

32.1 군론의 요소

수학에서 **군(group)**은 네 가지 기준을 만족시키는 변환의 모음이다. 따라서 R, R',...으로 변환을 나타내면(토픽 31에서 소개한 종류의 반사, 회전, 등등으로 생각할 수 있는) 이들은 다음과 같은 조건에서 군을 형성한다.

1 변환의 하나는 동등 조작(즉 아무것도 하지 않는)이다.
2 모든 변환 R에 대하여 역변환 R^{-1}이 세트에 포함됨으로써 RR^{-1} 조합(R 변환을 하고 이어서 R^{-1} 변환)은 동등 조작과 동일하게 된다.
3 RR' 조합(R에 이어서 R' 변환)은 변환 조합의 단일 구성 성분과 동일하다.
4 조합 $R(R'R'')$은 R에 이어서 $(R'R'')$ 변환을 하는 것으로서, (RR') 변환 후에 R'' 변환을 하는 $(RR')R''$ 변환과 동일하다.

처음에 명확하게 할 필요가 있는, 잠재적으로 매우 혼란스러운 점이 존재한다. 군을 만드는 개체들은 이들의 '요소'이다. 화학에서 이러한 요소들은 항상 거의 대칭 조작이다. 그러나 토픽 31에서 설명한 바와 같이 '대칭 조작'은 조작이 수행되는 것에 대응하는 축, 평면 등등과 같은 '대칭 요소'와 구별되어야 한다. 마지막으로 '요소'라는 단어의 세 번째 사용은 행렬의 특별한 위치에 놓여 있는 수를 나타내는 것이다. **(군의) 요소, 대칭 요소, 행렬 요소**를 구별하는 데 매우 주의해야 한다.

예제 32.1 군을 형성하는 대칭 조작 보기

C_{2v}군의 대칭 조작이 수학적인 점에서 군이 되는 기준을 충족함을 보이시오.

방법 조작의 조합이 위에서 나열한 기준 세트를 맞춘다는 것을 밝힐 필요가 있다. 조작은 토픽 31에서 정리하였다.

풀이 대칭 조작 조합은 동등 조작 E를 포함하기 때문에 기준 1을 만족한다. 각 경우에서 조작의 역이 조작 자체이기 때문에 기준 2도 충족한다. 따라서 이중 회전은 동등 조작과 일치하게 되어 $C_2C_2=E$이며, 이와 유사하게 2개의 반사와 동등 조작 자체가 일치하는 것과도 같게 된다. 어느 경우에서나 한 조작에 이어 다른 조작을 하는 것은 4개의 대칭 조작 중 하나의 단일 조작과 같은 것이므로 기준 3도 충족하는 것이다. 예로서 σ_v' 반사에 이은 이중 회전 C_2는 단일 반사 σ_v와 동일하다(그림 32.1). 따라서 $\sigma_v'C_2=\sigma_v$이다. 다음의 점군에 대한 군 곱셈표는 목록들이 곱 대칭 조작 RR'인 경우에 유사하게 구성될 수 있다. 조작들이 어떻게 함께 배열되는가는 중요하지 않으므로 기준 4를 충족한다.

$R\downarrow R'\rightarrow$	E	C_2	σ_v	σ_v'
E	E	C_2	σ_v	σ_v'
C_2	C_2	E	σ_v'	σ_v
σ_v	σ_v	σ_v'	E	C_2
σ_v'	σ_v'	σ_v	C_2	E

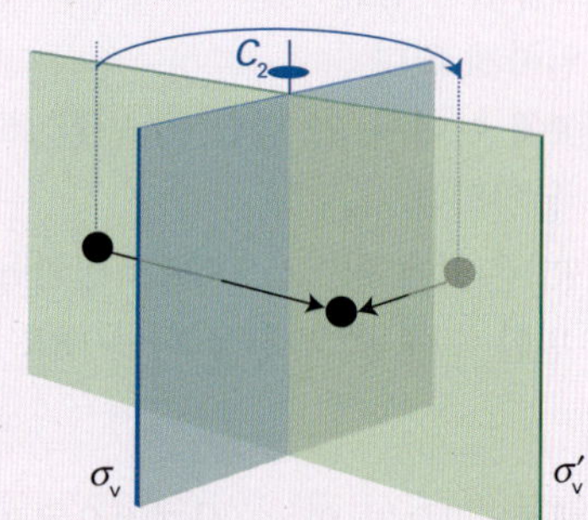

그림 32.1 반사 σ_v'에 이은 이중 회전 C_2는 단일 반사 σ_v와 동일하다.

자가 진단 32.1 그림 32.2에 예시된 C_{3v}군의 조작이 군을 형성함을 밝히시오.

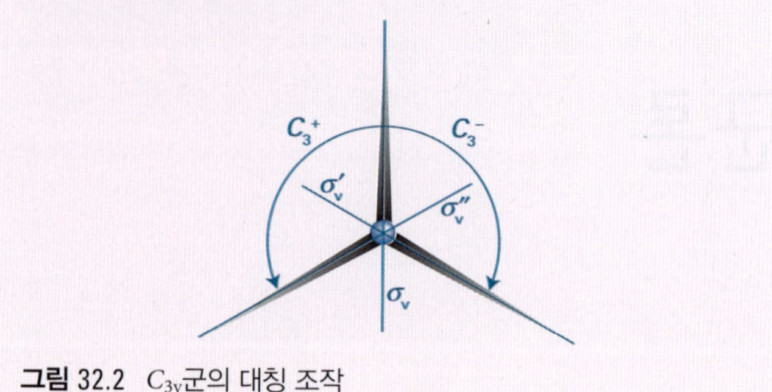

그림 32.2 C_{3v}군의 대칭 조작

답: 기준을 충족함.

대칭 조작이 동일한 종류(예를 들어 회전)이고 군의 대칭 조작에 의해 하나에서 다른 하나로 서로 변환될 수 있다면 이 대칭 조작은 동일한 **급(class)**에 속하게 된다. 2개의 3중 회전 C_{3v}(일컬어 C_3^+와 C_3^-)는 하나가 3중 회전에 의하여 다른 것으로 회전될 수 있기 때문에 동일한 급에 속하게 된다(그림 32.2). 또한 3개의 모든 반사는 각각이 3중 회전에 의해 다른 것으로 회전할 수 있기 때문에 동일한 급에 속한다. 급의 공식적인 정의는 두 개의 조작 R과 R'이 다음과 같은 관계를 갖는 군의 구성원인 S가 있다면 동일한 급에 속하게 된다.

$$R'=S^{-1}RS \quad \text{급의 구성원 자격} \quad (32.1)$$

여기에서 S^{-1}은 S의 역이다.

간단한 예 32.1 급

C_3^+와 C_3^-는 C_{3v}에서 같은 급에 속한다는 것을 보이기 위해서(이와 같은 경우가 되는 것은 직관적으로 알 수 있다) $S=\sigma_v$ 관계를 사용한다. 반사의 역은 반사 자체이므로 $\sigma_v^{-1}=\sigma_v$가 된다. 이것은 다음과 같은 관계를 따른다.

$$\sigma_v^{-1}C_3^+\sigma_v=\sigma_vC_3^+\sigma_v=\sigma_v\sigma_v'=C_3^-$$

따라서 C_3^+와 C_3^-는 식 32.1 형태의 식과 연관되어 있으므로 같은 급에 속하게 된다.

자가 진단 32.2 C_{2v}군에서 두 개의 반사는 다른 급으로 나뉜다는 것을 밝히시오.

32.2 행렬 표현

지금까지 나타낸 관념적인 생각을 행렬 형태에서 수의 무리에 대한 항으로 표현할 때 군론은 강력한 힘을 가진다.

(a) 조작의 대표

그림 32.3의 C_{2v} 분자인 SO_2에 나타낸 세 개의 p 오비탈을 생각해 보자. 반사 조작 σ_v를 하면 $(p_S, p_B, p_A) \leftarrow (p_S, p_A, p_B)$ 변화가 일어난다. 이 변환은 다음과 같은 행렬 곱셈을 이용하여 나타낼 수 있다(**수학적 배경** 5).

$$(p_S, p_B, p_A) = (p_S, p_A, p_B)\overbrace{\begin{pmatrix} 1 & 0 & 0 \\ 0 & 0 & 1 \\ 0 & 1 & 0 \end{pmatrix}}^{D(\sigma_v)} = (p_S, p_A, p_B)\boldsymbol{D}(\sigma_v) \quad (32.2)$$

이 행렬 $\boldsymbol{D}(\sigma_v)$를 대칭 조작 σ_v의 **대표**(**representative**)라고 한다. 이 대표는 택하는 오비탈들의 세트인 바탕 함수에 따라 그 형태가 달라진다. 이 경우 바탕 함수는 (p_S, p_A, p_B)이다.

간단한 예 32.2 대표

같은 방법을 이용하면 다른 대칭 조작을 일으키는 행렬을 구할 수 있다. 예로서 C_2 조작은 $(-p_S, -p_B, -p_A) \leftarrow (p_S, p_A, p_B)$의 효과를 일으키며, 그 대표는 다음과 같이 된다.

$$\boldsymbol{D}(C_2) = \begin{pmatrix} -1 & 0 & 0 \\ 0 & 0 & -1 \\ 0 & -1 & 0 \end{pmatrix}$$

또 σ_v'의 효과는 $(-p_S, -p_A, -p_B) \leftarrow (p_S, p_A, p_B)$이며, 그 대표는 다음과 같이 된다.

$$\boldsymbol{D}(\sigma_v') = \begin{pmatrix} -1 & 0 & 0 \\ 0 & -1 & 0 \\ 0 & 0 & -1 \end{pmatrix}$$

동등 조작은 바탕 함수에 아무 변화도 주지 않으며, 따라서 그 대표는 다음과 같은 3×3 단위 행렬이 된다.

$$\boldsymbol{D}(E) = \begin{pmatrix} 1 & 0 & 0 \\ 0 & 1 & 0 \\ 0 & 0 & 1 \end{pmatrix}$$

자가 진단 32.3 바탕 함수 $(H1s_A, H1s_B)$에 대하여 H_2O 분자에서 C_2 조작의 대표를 찾으시오.

답: $\boldsymbol{D}(C_2) = \begin{pmatrix} 0 & 1 \\ 1 & 0 \end{pmatrix}$

(b) 군 표현

군의 모든 조작을 나타내는 행렬들의 세트를 선정된 바탕 함수에 대한 이 군의 **행렬 표현**(**matrix representation**)이라고 하며, Γ(대문자 감마)로 표시한다. 표현의 **차원**(**dimensionality**)은 이것의 각 행렬 표현에서 열(또는 행)의 수이다. n차원 표현은 $\Gamma^{(n)}$으로 표시한다. 표현의 행렬은 조작이 나타내는 동일한 방법으로 함께 곱한다. 따라서 임의의 두 조작 R과 R'에 대하여 $RR' = R''$임을 알게 되면 주어진 바탕 함수에 대하여 $\boldsymbol{D}(R)\boldsymbol{D}(R') = \boldsymbol{D}(R'')$이 된다.

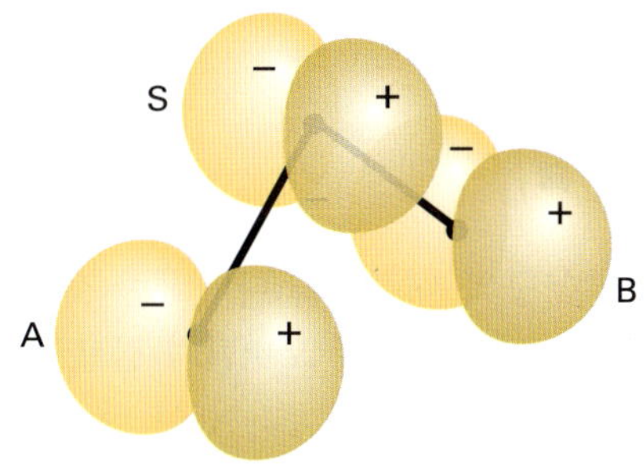

그림 32.3 C_{2v} 분자(SO_2)에서 행렬 표현을 만드는 방법을 설명하는 데 이용되는 세 개의 p_x 오비탈

간단한 예 32.3 행렬 표현

C_{2v}군에서 한 거울면에서의 반사에 이은 2중 회전은 두 번째 거울면에서의 반사와 동등하다. 즉 구체적으로 $\sigma_v'C_2 = \sigma_v$이다. **간단한 예** 32.2에 언급된 표현을 사용하면 다음과 같은 관계가 됨을 알게 된다.

$$\boldsymbol{D}(\sigma_v')\boldsymbol{D}(C_2) = \begin{pmatrix} -1 & 0 & 0 \\ 0 & -1 & 0 \\ 0 & 0 & -1 \end{pmatrix}\begin{pmatrix} -1 & 0 & 0 \\ 0 & 0 & -1 \\ 0 & -1 & 0 \end{pmatrix}$$
$$= \begin{pmatrix} 1 & 0 & 0 \\ 0 & 0 & 1 \\ 0 & 1 & 0 \end{pmatrix} = \boldsymbol{D}(\sigma_v)$$

위의 곱셈은 군 곱셈을 재생시키는 것이다. 대표 곱셈의 모든 쌍에 대하여 동일한 것이 사실이며, 따라서 4개의 행렬은 군의 표현을 형성하게 된다.

자가 진단 32.4 위에서 전개된 행렬 대표를 사용하여 $\sigma_v\sigma_v' = C_2$인 결과를 확인하시오.

군의 행렬 표현이 발견됨으로써 조작을 기호로 취급하는 것과 수치를 이용하여 대수학적으로 다룰 수 있는 방법 사이에 연결 고리를 찾게 된 것이다.

(c) 기약 표현

C_{2v} 군의 대표를 조사하면 그들은 모두 **구역 대각형**(**block-diagonal form**)을 나타낸다.

$$D = \begin{pmatrix} \blacksquare & & \\ & \blacksquare & \blacksquare \\ & \blacksquare & \blacksquare \end{pmatrix}$$ 구역 대각형 (32.3)

대표들이 이러한 구역 대각형을 나타내는 것은 C_{2v}의 대칭 조작들에 의해서 p_S가 다른 두 오비탈과 결코 혼합되지 않는다는 것을 보여 주는 것이다. 따라서 이 바탕 함수는 p_S 단독으로 된 부분과, 다른 하나는 (p_A, p_B)로 된 부분과의 둘로 갈라놓을 수 있다는 것을 의미한다. p_S 오비탈은 다음과 같이 그 자체로서 일차원 표현에 대한 바탕 함수가 된다는 것을 쉽게 증명할 수 있으며, 이것을 $\Gamma^{(1)}$이라고 한다.

$$D(E)=1 \quad D(C_2)=-1 \quad D(\sigma_v)=1 \quad D(\sigma_v')=-1$$

나머지 두 바탕 함수는 다음과 같이 이차원 표현 $\Gamma^{(2)}$에 대한 바탕 함수가 된다.

$$D(E)=\begin{pmatrix} 1 & 0 \\ 0 & 1 \end{pmatrix} \quad D(C_2)=\begin{pmatrix} 0 & -1 \\ -1 & 0 \end{pmatrix}$$

$$D(\sigma_v)=\begin{pmatrix} 0 & 1 \\ 1 & 0 \end{pmatrix} \quad D(\sigma_v')=\begin{pmatrix} -1 & 0 \\ 0 & -1 \end{pmatrix}$$

이 행렬들은 첫째 행과 첫째 열이 떨어져 나갔다는 점을 제외하면 본래의 삼차원 표현과 다를 것이 없다. 이러한 관계를 우리는 원래의 삼차원 표현이 p_S를 '걸친(spanned)' 일차원 표현과 (p_A, p_B)를 걸친 이차원 표현과의 '직합(direct sum)'으로 **가약되었다(reduced)**라고 말한다. 이런 가약은 중심의 오비탈이 나머지 두 오비탈과 상이한 역할을 한다는 상식적인 생각과도 일치하는 것이다. 이러한 가약을 다음과 같이 기호로 나타낸다.

$$\Gamma^{(3)} = \Gamma^{(1)} + \Gamma^{(2)}$$ 직합 (32.4)

이 일차원 표현 $\Gamma^{(1)}$는 더 이상 가약되지 않으며(줄일 수 없으며), 이것을 이 군의 **기약 표현(irreducible representation,** 'irrep')이라고 한다.

예제 32.2 표현의 가약

C_{2v}군에서 바탕 함수 (p_A, p_B)에 대하여 이차원 표현 $\Gamma^{(2)}$은 두 오비탈을 선형 결합 $p_1 = p_A + p_B$, $p_2 = p_A - p_B$로 바꾸어 가약할 수 있다는 것을 증명하시오. 이 선형 결합들을 그림 32.4에 나타내었다.

방법 예컨대 σ_v에 의해서 $(p_B, p_A) \leftarrow (p_A, p_B)$가 된다는 것을 주목함으로써 새로운 바탕 함수에 대한 대표들을 옛 것으로부터 만들 수 있다.

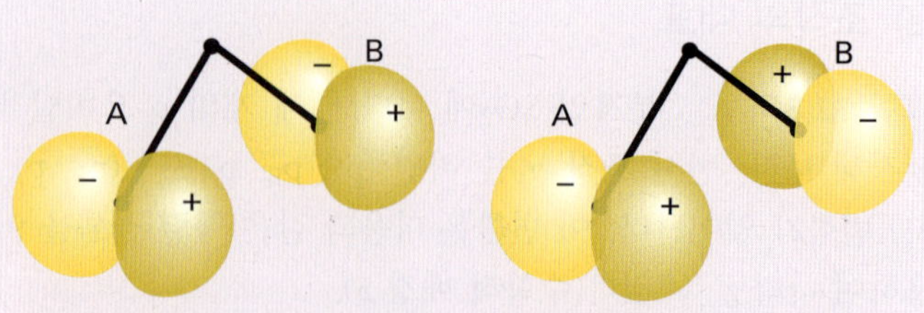

그림 32.4 그림 32.3에 나타난 바탕 함수 오비탈들로부터 만든 두 개의 선형 결합. 이 두 결합은 각각 일차원 기약 표현을 걸친 것이고, 이들의 대칭종은 서로 다르다.

풀이 σ_v에 의해서 $p_B + p_A \leftarrow p_A + p_B$, $p_B - p_A \leftarrow p_A - p_B$가 되므로 σ_v에 의해서 $(p_1, -p_2) \leftarrow (p_1, p_2)$가 된다. 다른 대칭 조작에 대해서도 이와 유사한 방법에 따라 새로운 바탕 함수 (p_1, p_2)에서 다음의 대표들을 구하면 다음과 같이 된다.

$$D(E)=\begin{pmatrix} 1 & 0 \\ 0 & 1 \end{pmatrix} \quad D(C_2)=\begin{pmatrix} -1 & 0 \\ 0 & 1 \end{pmatrix}$$

$$D(\sigma_v)=\begin{pmatrix} 1 & 0 \\ 0 & -1 \end{pmatrix} \quad D(\sigma_v')=\begin{pmatrix} -1 & 0 \\ 0 & -1 \end{pmatrix}$$

이 새로운 대표들은 모두 구역 대각형이며, 두 결합이 군의 어떠한 조작에 의해서도 서로 섞이지 않는다. 따라서 $\Gamma^{(2)}$의 가약은 두 일차원 표현의 합으로 가약된다. 따라서 하나는 p_1이 다음과 같이 걸쳐지는 일차원 표현이며,

$$D(E)=1 \quad D(C_2)=-1 \quad D(\sigma_v)=1 \quad D(\sigma_v')=-1$$

이것은 p_S가 걸쳐진 일차원 표현과 똑같은 것이다. 또 하나의 표현은 p_2가 다음과 같이 걸쳐지며,

$$D(E)=1 \quad D(C_2)=1 \quad D(\sigma_v)=-1 \quad D(\sigma_v')=-1$$

이것도 다른 일차원 표현이며, 이러한 두 가지 표현을 각각 $\Gamma^{(1)}$과 $\Gamma^{(1)\prime}$으로 표시한다.

지금까지 우리는 원래의 표현을 다음과 같이 가약하였다.

$$\Gamma^{(3)} = \Gamma^{(1)} + \Gamma^{(1)} + \Gamma^{(1)\prime}$$

자가 진단 32.5 H_2O 분자를 생각하고 두 개의 H1s 오비탈에 초점을 맞추어 보시오. 바탕 함수 $(H1s_A, H1s_B)$에 대한 이차원 표현은 가약할 수 있는가?

답: 그렇다, $H1s_A + H1s_B$, $H1s_A - H1s_B$를 취한다.

(d) 지표와 대칭종

한 특별한 행렬 표현에서 조작의 **지표(character)** χ(카이)는 그 조작의 대표에서 대각선 요소들의 합이다. 따라서 사용하는 원래의 바탕 함수에서 대표의 지표는 다음과 같다.

R	E	C_2	σ_v	σ'_v
$D(R)$	$\begin{pmatrix}1&0&0\\0&1&0\\0&0&1\end{pmatrix}$	$\begin{pmatrix}-1&0&0\\0&0&-1\\0&-1&0\end{pmatrix}$	$\begin{pmatrix}1&0&0\\0&0&1\\0&1&0\end{pmatrix}$	$\begin{pmatrix}-1&0&0\\0&-1&0\\0&0&-1\end{pmatrix}$
$\chi(R)$	3	−1	1	−3

일차원 대표의 지표들은 바로 대표 자신들이다. 가약 표현의 지표들의 합은 가약을 하더라도 변하지 않는다.

R	E	C_2	σ_v	σ'_v
$\chi(R)$ for $\Gamma^{(1)}$	1	−1	1	−1
$\chi(R)$ for $\Gamma^{(1)}$	1	−1	1	−1
$\chi(R)$ for $\Gamma^{(1)\prime}$	1	1	−1	−1
Sum:	3	−1	1	−3

지금까지 C_{2v}군의 두 기약 표현을 찾아내었다. 기호 $\Gamma^{(n)}$은 일반적인 표현에 사용될 수 있을지라도 군론의 화학적 응용에는 표현의 **대칭종(symmetry species)**을 표기하기 위하여 다음과 같은 A, B, E, T의 표지가 사용되는 것이 보통이다.

A: 일차원 표현으로 주 회전축에 관한 조작의 지표가 +1
B: 일차원 표현으로 주 회전축에 관한 조작의 지표가 −1
E: 이차원 기약 표현
T: 삼차원 기약 표현

동일 종류의 기약 표현이 2개 이상 있을 때는 아래 첨자를 붙여서 이들을 구분한다. A_1은 모든 조작의 지표가 +1이 되는 표현을 나타내는 데 쓰인다. C_{2v}의 기약 표현들은 모두 일차원이며 위의 표는 다음과 같이 표기된다.

대칭종	E	C_2	σ_v	σ'_v
B_1	1	−1	1	−1
B_1	1	−1	1	−1
A_2	1	1	−1	−1

C_{2v}군의 기약 표현에는 이들만이 있는 것인가? 실제로 이 군의 기약 표현에는 이 이외에 단지 한 종류가 더 있는데, 군론의 경이로운 이론에 의하면 이 기약 표현의 수가 다음과 같이 된다.

$$\text{대칭종의 수} = \text{급의 수} \quad \text{종의 수} \quad (32.5)$$

예를 들어 C_{2v}에는 4개의 급이 있으며(지표표에 나타나는 4개의 열), 따라서 기약 표현은 네 대칭종뿐이다. 따라서 표 32.1의 지표표는 이 군의 모든 기약 표현의 지표를 나타내고 있다. 다른 하나의 매우 효과적인 결과로 모든 대칭종 $\Gamma^{(i)}$에 대한 차원의 합 d_i는 대칭 조작의 전체 숫자인 군의 **차수(order)** h와 다음과 같은 관계를 갖는다는 것이다.

$$\sum_{\text{종}\,i} d_i^2 = h \quad \text{차원과 차수} \quad (32.6)$$

간단한 예 32.4 대칭종

C_{3v}군의 경우, 조작에는 세 개의 급(E, C_3, σ_v; 각 급에 있는 수는 알 필요가 없다)이 있으며, 따라서 세 개의 대칭종(A_1, A_2, E로 나타냄)이 있게 된다. 군의 차수는 6이 되며($h=6$에 대하여 군의 요소, 즉 대칭 조작이 (E, $2C_3$, $3\sigma_v$)가 됨을 이제는 알아야 한다). 따라서 대칭종의 두 개가 일차원이라는 것이 이미 알고 있다면 나머지 기약 표현은 $1^2+1^2+d^2=6$으로부터 이차원(E)이라는 것을 추론할 수 있게 된다.

자가 진단 32.6 요소(E, $8C_3$, $3C_v$, $6\sigma_d$, $6S_4$)를 갖는 T_d군에는 몇 개의 대칭종이 있는가? 이들의 차원을 어떻게 추론할 수 있는가?

답: 5종, 2A+E+2T, $2\times(1)^2+1\times(2)^2+2\times(3)^2=24=h$

32.3 지표표

이 토픽에서 만들고 있는 표를 **지표표(character table)**라고 하며, 지금부터는 논의의 핵심으로 들어가고자 한다. 지표표의 열은 군의 대칭 조작으로 표시된다. 예로서 C_{3v}군의 경우에는 열의 머리가 E, C_3, σ_v 대칭 조작이다(표 32.2). 각 조작에 곱해진 숫자는 각 급의 구성원 수를 나타낸다. 조작 표시 아래의 행은 오비탈의 대칭 성질을 요약하고 있다. 이들은 대칭종으로 표시된다.

(a) 지표표와 오비탈 축퇴도

동등 조작 E의 지표는 오비탈들의 축퇴도를 나타낸다. 따라서 예를 들어 C_{3v} 분자의 경우 A_1이나 A_2의 대칭 표지를 갖는 오비탈들은 모두 비축퇴 오비탈들이다. C_{3v} 분자에서 이 군에서는 대칭종 E만이 1보다 큰 지표를 갖기 때문에 C_{3v}에서 이중 축퇴 오비탈들의 쌍은 표지 E로 나타내야 한다[동등 조작 E(이탤릭체, 지표표에서 머리 열)와 대칭 표지 E(로마자, 행 표지)를 구별하는 것에 주의할 것].

C_{3v}군에서는 E로 시작되는 열에 2보다 큰 지표가 들어 있

표 32.1* C_{2v} 지표표

C_{2v}, 2mm	E	C_2	σ_v	σ'_v	$h=4$	
A_1	1	1	1	1	z	z^2, y^2, x^2
A_2	1	1	−1	−1		xy
B_1	1	−1	1	−1	x	zx
B_2	1	−1	−1	1	y	yz

*더 많은 지표표들이 부록에 수록되어 있다.

표 32.2* C_{3v} 지표표*

C_{3v}, 3*m*	*E*	$2C_3$	$3\sigma_v$	*h* = 6	
A_1	1	1	1	*z*	z^2, x^2+y^2
A_2	1	1	−1		
E	2	−1	0	(*x*, *y*)	$(xy, x^2-y^2), (yz, zx)$

*더 많은 지표표들이 부록에 수록되어 있다.

지 않으므로 C_{3v} 분자는 삼중으로 축퇴된 오비탈을 가질 수 없다. 한 분자의 지표표를 한번 보면 즉시 그 오비탈이 가질 수 있는 최대의 축퇴도를 알 수 있으며, 이러한 점에서 군론은 대단히 유용한 것이라고 말할 수 있다.

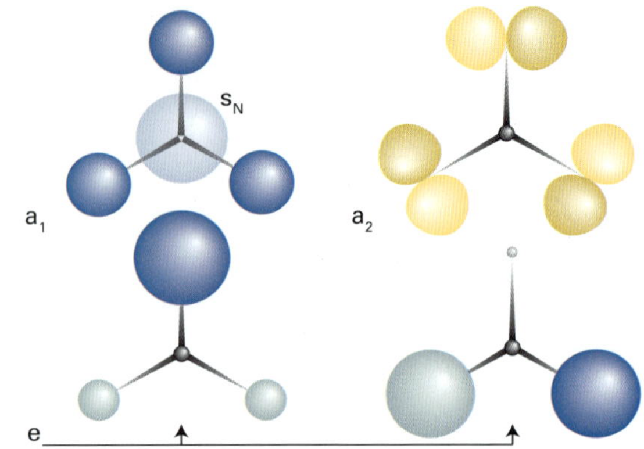

그림 32.5 C_{3v} 분자에서 오비탈들의 전형적인 선형 결합

예제 32.3 지표표를 이용한 축퇴도 판단

BF_3와 같은 평면 삼각형 분자가 삼중으로 축퇴된 오비탈을 가질 수 있겠는가? 성분 원자의 수가 최소한 몇 개가 되어야 삼중 축퇴도를 나타내는 분자가 만들어지겠는가?

방법 우선 점군을 알아낸 다음, **부록**에 있는 해당 지표표를 이용한다. 동등 조작 *E*로 시작되는 열 속의 최대 숫자가 바로 이 점군에 속하는 분자가 가질 수 있는 최대 오비탈 축퇴도이다. 두 번째 질문은 2, 3, …개의 원자로부터 만들어질 수 있는 분자들의 모양을 생각하고, 이어서 대칭종 T의 오비탈을 가질 수 있는 분자의 성분 원자수를 결정한다.

풀이 평면 삼각형 분자는 D_{3h} 점군에 속한다. 이 군의 지표표를 보면 최대 축퇴도가 2이며, *E*로 시작되는 열에 2보다 많은 지표가 들어 있지 않다. 따라서 오비탈들이 삼중으로 축퇴될 수 없다. 사면체 분자(대칭군 *T*)는 대칭종 T의 기약 표현을 가지고 있다. 이러한 분자를 만들려면 최소한 4개의 원자가 있어야 한다(예로서 P_4와 같이).

자가 진단 32.7 풀러렌 분자 C_{60}는 정20면체 점군에 속한다(토픽 31의 **19**). 이 분자 오비탈에 대한 최대로 가능한 축퇴도는 얼마인가?

답: 5

(b) 원자 오비탈의 대칭종

A와 B로 표시된 행과 동등 조작 *E*를 제외한 다른 대칭 조작으로 시작된 열의 지표들은 해당 대칭 조작 시에 나타내는 오비탈의 성질을 나타낸다. 즉 +1은 오비탈이 불변임을, −1은 오비탈의 부호가 변함을 나타낸다. 따라서 각 대칭 조작에서 한 오비탈에 나타내는 변화들을 비교하고, 이어서 여기서 나온 +1이나 −1을 해당 점군의 지표표의 행의 값들과 비교하면 그 오비탈의 대칭 표지를 확인할 수 있다. 규약에 따라 기약 표현은 로마체 대문자로 나타내고(A_1이나 E와 같이), 이들이 적용되는 오비탈들은 로마체의 동일한 소문자로 나타낸다(즉 대칭종 A_1의 오비탈은 a_1 오비탈이라고 한다). 각 유형의 오비탈의 예를 그림 32.5에 나타내었다.

간단한 예 32.5 원자 오비탈의 대칭종

H_2O의 $O2p_x$ 오비탈을 생각해 보자(*x*축은 분자 평면에 수직이며 *y*축은 H−H 방향에 평행이고, *z*축은 HOH 각을 양분한다). H_2O는 C_{2v} 점군에 속하므로 C_{2v} 지표표(표 32.1)에 의하면 오비탈들이 가질 수 있는 표지는 a_1, a_2, b_1, b_2이다. $O2p_x$ 오비탈은 180° 회전(C_2)에 따라 그 부호가 바뀌는(그림 32.6) 것을 주목하여 적합한 표지를 결정할 수 있으며, 따라서 C_2 조작에 의하여 지표가 −1이 되는 것은 B_1이나 B_2 대칭종의 두 가지 종류만인 것처럼 오로지 B_1이나 B_2이어야 한다. $O2p_x$ 오비탈은 또한 반사 조작 σ_v'에 의해서도 그 부호를 바꾸므로 이 오비탈에 대한 표지는 B_1이 된다. 곧 설명하겠지만, 이 원자 오비탈로부터 만든 분자 오비탈은 어느 것이나 b_1 오비탈이 된다. 마찬가지로 $O2p_y$ 오비탈은 C_2에 의해서 부호를 바꾸지만 σ_v'에 의해서는 바꾸지 않으며, 따라서 $O2p_y$는 b_2 오비탈에 기여할 수 있다.

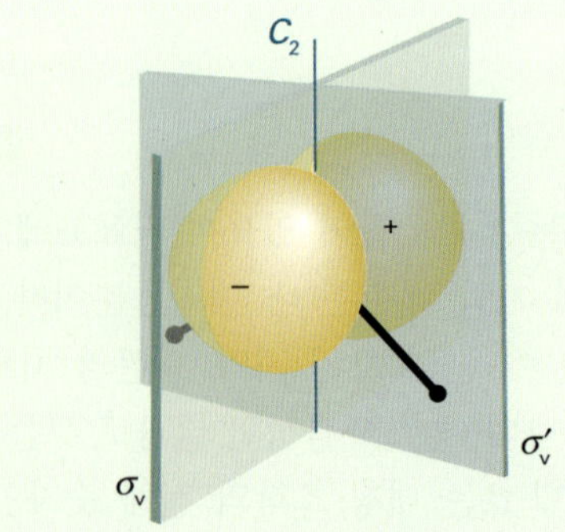

그림 32.6 C_{2v} 분자에서 중심 원자의 p_x 오비탈과 이 군의 대칭 요소

> **자가 진단 32.8** 사각 평면형(D_{4h}) 복합체의 중심 원자에서 d 오비탈의 대칭종을 결정하시오.
>
> 답: $A_{1g}+B_{1g}+B_{2g}+E_g$

E나 T로 표시된 행들(각각 이중 및 삼중 축퇴 오비탈 세트들의 성질을 나타내는)의 경우에는 지표표에서 행의 지표들이 바탕 함수에서 개별적인 오비탈의 행동을 요약해 주는 지표들의 합과 같다. 따라서 이중으로 축퇴된 한 쌍의 오비탈 중의 하나가 대칭 조작에 의해서 변하지 않고 다른 하나가 변할 때는(그림 32.7) 지표가 $\chi=1-1=0$이 된다. 오비탈의 변환은 대단히 복잡할 수 있으므로 이들 지표는 주의해서 다루어야 하는데, 그럼에도 불구하고 개개 지표들의 합은 정수가 된다.

분자의 대칭 조작에 의해서 나타나는 중심 원자의 s, p, d 오비탈의 성질은 대단히 중요하기 때문에 일반적으로 이러한 오비탈들의 대칭종은 지표표에 표시되어 있다. 즉 이러한 대칭종 표지는 지표표의 오른쪽에 나와 있는 x, y, z의 대칭종을 보고 붙인다. 그리하여 표 32.2에서 z의 위치는 p_z($zf(r)$에 비례하는)가 C_{3v}에서는 대칭종 A_1에 속하는 반면, p_x와 p_y(각각 $xf(r)$와 $yf(r)$에 비례하는)는 합동으로 대칭종 E에 속한다는 것으로 나타낸다. 전문 용어로 표현하면, p_x와 p_y는 합동으로 대칭종 E의 기약 표현을 **걸치게(span)**된다. 중심 원자의 s 오비탈은 모든 대칭 조작에 대해서 불변이기 때문에 언제나 완전한 대칭을 갖는 기약 표현을 걸치게 된다(전형적으로 A_1으로 표시하지만, 경우에 따라서는 A_1'에 속할 수도 있다).

한 껍질 속의 5개의 d 오비탈 d_{xy}는 xy로 표현하는 등 이를 역시 지표표 오른쪽에 기록한다. 그리하여 C_{3v}에서는 중심 원자의 d_{xy}와 $d_{x^2-y^2}$이 합동으로 E에 속하며, 따라서 이중 축퇴 쌍을 이룬다는 것을 한눈에 알 수 있다.

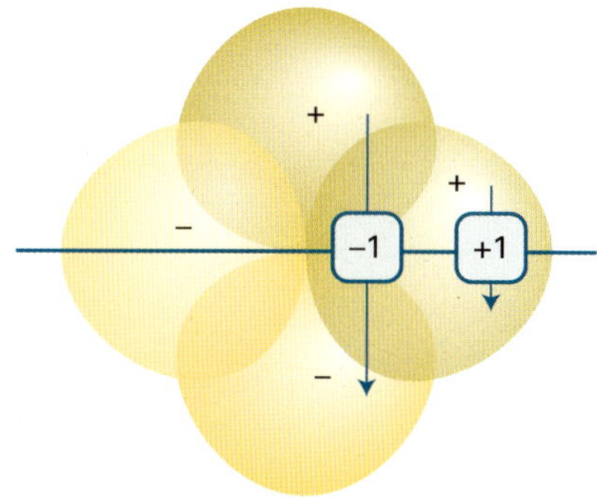

그림 32.7 여기 나타낸 두 오비탈은 거울 면을 통한 반사에 대해서 다른 성질을 나타낸다. 즉 하나는 부호를 바꾸고(−1의 지표), 또 하나는 바꾸지 않는다(+1의 지표).

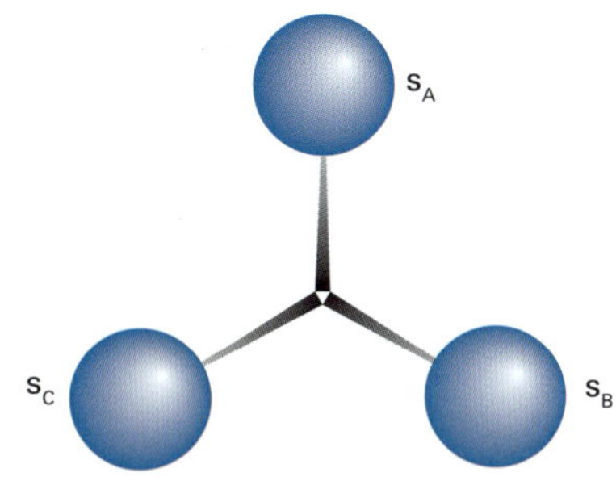

그림 32.8 NH_3와 같은 C_{3v} 분자에서 선형 결합을 만드는 데 사용되는 세 개의 H1s 오비탈

(c) 오비탈 선형 결합의 대칭종

지금까지는 개별적인 오비탈의 대칭 분류만을 다루어 왔다. 분자의 대칭 변환에 의해 연관되는 원자 오비탈들의 선형 결합에도 똑같은 방법을 적용시킬 수 있는데, 예제 32.2에서 p_1과 p_2의 선형 결합과 C_{3v} 분자인 NH_3의 세 개의 H1s 오비탈(그림 32.8)의 선형 결합 $\psi_1=\psi_A+\psi_B+\psi_C$가 예가 된다. 후자의 선형 결합은 C_3 회전이나 이 군의 세 가지 수직 반사의 어느 것에 의해서도 변하지 않으며, 따라서 그 지표들이 다음과 같이 된다.

$$\chi(E)=1 \quad \chi(C_3)=1 \quad \chi(\sigma_v)=1$$

C_{3v} 지표표와 비교해 보면 ψ_1은 대칭종 A_1이 되며, 따라서 이것은 NH_3에서 a_1 분자 오비탈에 기여하게 된다는 것을 알 수 있다.

> **예제 32.4** 오비탈의 대칭종 확인
>
> C_{2v}인 NO_2 분자에서 오비탈 $\psi=\psi_A-\psi_B$의 대칭종을 밝히시오. ψ_A는 한 O 원자의 $2p_x$ 오비탈이고, ψ_B는 다른 O 원자의 것이다.
>
> **방법** ψ 속 음의 부호는 ψ_B의 부호가 ψ_A의 부호와 반대라는 것을 뜻한다. 군의 각 대칭 조작에 의해서 이 결합이 어떻게 변하는가를 생각하고, 그 지표들을 위에서와 같이 +1, −1, 0이라고 쓴다. 이렇게 해서 얻은 지표들을 이 점군에 대한 지표표의 각 행들과 비교하면 결국 대칭종을 알 수 있을 것이다.
>
> **풀이** 이 결합을 그림 32.9에 나타내었다. ψ는 C_2 회전에 의해서 변하지 않고 그 자체가 되며, 이것은 지표가 +1이 됨을 의미한다. σ_v 반사에 의해서는 두 오비탈이 부호를 모두 바꾸며, 따라서 $\psi \to -\psi$가 되어 지표가 −1이 된다. σ_v' 반사에 의해서도 $\psi \to -\psi$가 되며, 따라서 이 조작에 대한 지표도 −1이 된다. 그리하여 지표들이 다음과 같이 된다.

$\chi(E)=1 \quad \chi(C_2)=1 \quad \chi(\sigma_v)=-1 \quad \chi(\sigma_v')=-1$

이 값들은 A_2 대칭종의 지표와 같으며, 따라서 이 ψ는 a_2 오비탈에 기여할 수 있다.

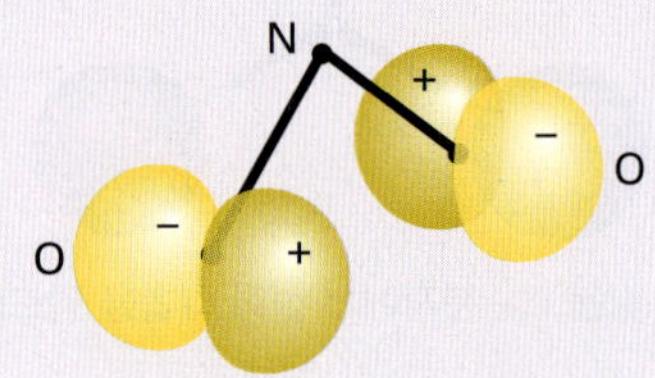

그림 32.9 C_{2v} NO_2 분자에서 O2p_x 오비탈들의 한 선형 결합

자가 진단 32.9 $PtCl_4^-$에서 Cl 리간드들은 D_{4h} 점군(**1**)의 사각 평면형 배열을 이룬다는 것을 생각하시오. 선형 결합 $\psi_A-\psi_B+\psi_C-\psi_D$는 어떤 대칭종에 속하겠는가?

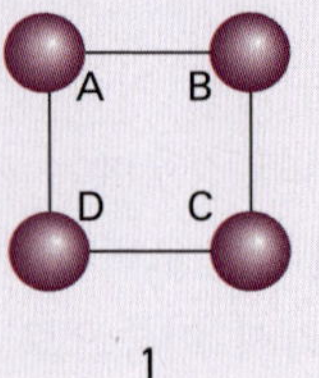

1

답: B_{2g}

개념 확인

- ☐ 1. 수학에서 **군**은 이 토픽의 시작에서 정리하였던 네 가지 기준을 만족시키는 변환의 모음이다.
- ☐ 2. **행렬 대표**는 바탕 함수에 조작을 해 주었을 때의 효과를 나타내는 행렬이다.
- ☐ 3. **지표**는 조작을 해 주었을 때 행렬 대표의 대각선 요소의 합이다.
- ☐ 4. **행렬 표현**은 군에서 조작에 대한 행렬 대표의 모음이다.
- ☐ 5. **지표표**는 군의 모든 기약 표현의 지표를 나타내는 내용들로 구성된다.
- ☐ 6. **대칭 종**은 군의 기약 표현에 대한 표시이다.
- ☐ 7. 동등 조작 E의 지표는 군의 기약 표현에서 바탕 함수를 형성하는 오비탈의 축퇴도이다.

식 확인

성질	식	비고	식 번호
급 구성원	$R' = S^{-1}RS$	군의 모든 구성 요소, 동일 급 속의 R과 R'	32.1
종의 수 규칙	대칭종의 수 = 급의 수		32.5
지표와 차수	$\sum_{\text{종 } i} d_i^2 = h$	h는 군의 차수	32.6

토픽 33

대칭의 응용

내용

➤ 학습 목표

이 토픽은 토픽 31과 32에서 소개된 개념을 어떻게 사용하는가를 설명한다. 여기에서의 논의는 분자 오비탈이 어떻게 만들어지며 분광학 전반에 걸쳐 어떻게 기저를 이루는가에 필수적인 것이 된다.

➤ 핵심 내용

적분은 분자의 대칭 변환에 대하여 변하지 않는다.

➤ 미리 알기

이 토픽은 토픽 31에서 도입된 주제를 발전시키는 것으로서, 분자의 대칭 분류를 그들의 대칭 요소의 바탕 함수에 도입하며, 이 대칭 분류는 전적으로 토픽 32에서 설명한 지표의 성질과 지표표에 의존한다.

군론은 화학에서 문제의 다양성과 관련된 것을 명확하게 할 때 힘을 발휘하며, 이들 중에는 분자 오비탈을 구성하고 분광학적인 선택 규칙을 공식화하는 것이 포함된다. 이 토픽에서는 적분과 연관된 일반적인 결과를 정립한 후에 이러한 두 가지 응용을 설명하게 된다. 토픽 6과 7에서 적분('행렬 요소')이 어떻게 양자 역학을 공식화하는 데 중심이 되었는지와, 계산을 거의 하지 않고도 많은 적분들이 필연적으로 0이 되는 것을 앎으로써 어떻게 성질의 근원에 대하여 통찰력을 추가하는지는 물론 많은 계산 노력을 줄일 수 있는가를 설명하였다.

33.1 소멸되는 적분

I로 표시되는 1차원에서의 적분은 곡선 아래의 면적과 동일하다. 더 높은 차원에서 이것은 부피 그리고 다양한 부피를 나타내는 것의 일반화와 같게 된다. 적분 I를 계산할 때 고려해야 할 중요한 점은 면적 값, 부피 값 등등이 적분하고자 하는 함수, 즉 '피적분함수'를 표현하기 위하여 사용된 축의 배향에 무관하다는 것이다(그림 33.1). 이것을 군론에서는 I가

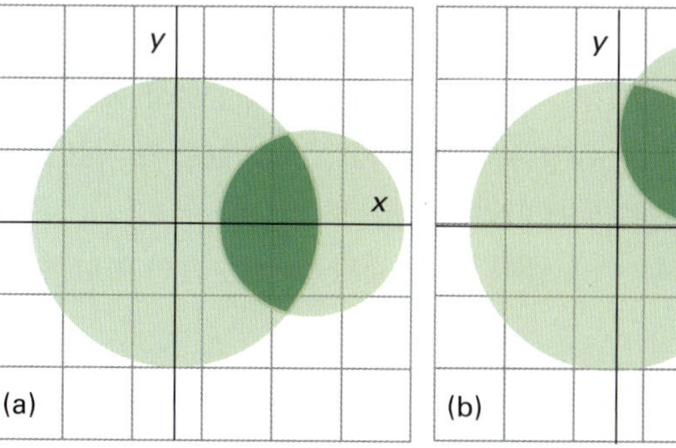

그림 33.1 적분 I(예를 들면 넓이)의 값은 계산하기 위하여 어떤 좌표계를 사용하든지 무관하다. 검은 그림자로 표시된 부분은 (a)와 (b)에서 같은 면적을 갖는다. 즉 I는 대칭종 A_1(또는 이것과 동등한)의 표현에 대한 바탕 함수이다.

어떠한 대칭 조작에 의해서도 변하지 않으며, 따라서 각각의 대칭 조작은 어떤 것이나 모두 $I \rightarrow I$의 자명한 변화를 가져온다고 말한다.

(a) 두 함수의 곱에 걸친 적분

지금 다음과 같은 적분을 구해야 한다고 생각해 보자.

$$I = \int f_1 f_2 \mathrm{d}\tau \tag{33.1}$$

여기서 f_1과 f_2는 함수이고 모든 공간에 걸친 적분이다. 예를 들어 f_1이 한 원자의 원자 오비탈 A이고, f_2가 다른 원자의 원자 오비탈 B일 수도 있는데, 이 경우 I가 이 두 오비탈의 겹침 적분(S로 표시된)이 된다. 만일 이 적분이 0이라면 이 분자에서 (A, B) 겹침에 의한 분자 오비탈이 생기지 않았다고 곧바로 말할 수 있을 것이다. 토픽 32에 소개된 지표표를 이용하면 이러한 적분이 필연적으로 0이 되는지를 바로 판단할 수 있게 될 것이다.

부피 요소 $\mathrm{d}\tau$가 어떠한 대칭 변환에도 변하지 않는다. I가 0이 되지 않으려면 피적분함수, 즉 $f_1 f_2$가 그 분자 점군의 대칭 조작에 의해서 변하지 않아야 한다. 만일 피적분함수가 대칭 조작에 의해서 그 부호가 바뀐다면 그 적분은 크기가 같고 부호가 반대인 기여들의 합이 될 것이며, 따라서 적분값이 0이 되어야 한다. 이것은 분자 점군의 어떠한 조작에 의해서도 $f_1 f_2 \rightarrow f_1 f_2$가 되는 함수들이 기여를 해야 적분이 0으로 되지 않는다는 것, 즉 $f_1 f_2$에 대한 대칭 조작의 지표가 모두 +1이 되어야 한다는 것을 말한다. 따라서 **I가 0이 되지 않으려면 피적분 함수 $f_1 f_2$가 그 분자 점군의 대칭종 A_1**(또는 이 구체적인 분자 점군과 동등한 것)**을 가져야 한다.**

다음과 같은 절차를 이용하면 곱 $f_1 f_2$에 걸친 대칭종을 알아내고, 따라서 이것이 A_1에 대하여 걸쳐지는지를 알 수 있다.

- 질문의 분자 점군에 대한 지표표를 참조하여 개개의 f_1과 f_2 함수의 대칭종을 결정하고, 그 지표들을 지표표에서와 같은 순서에 따라 두 행으로 적는다.
- 각 열의 두 수를 곱하고, 그 결과를 같은 순서에 따라 적는다.
- 이렇게 해서 생긴 행이 이 군 각 열의 지표들의 합으로 분해될 수 있는지 조사한다. 이 합 속에 A_1이 들어 있지 않으면 이 적분은 0이 되어야 한다.

가장 간단한 판단 방법은 f_1과 f_2가 한 군의 기약 표현에 대한 바탕 함수일 때 그들의 대칭종을 보는 것이다. 만일 이 대칭종들이 서로 다르면(예로서 B_1과 A_2) 그 함수들의 곱의 적분은 소멸되어야 하며, 이들이 같으면(예를 들어 둘 다 B_1) 이 적분이 0이 아닐 수 있다.

여기서 중요한 점은 군론을 이용하면 적분이 언제 0이 되어야 하는지에 대하여 말할 수 있을 뿐이며, 군론상으로는 0이 안 되는데도 대칭과 무관한 이유 때문에 0이 되는 수도 있다는 것이다. 예로서 암모니아에서 s_1이 3개의 H1s 원자 오비탈의 선형 결합인 $s_A + s_B + s_C$라고 할 때 N−H 결합이 너무 길면 오비탈들이 너무 멀리 떨어져 있다는 단순한 이유 때문에 (s_1, s_N) 겹침 적분이 0이 된다.

예제 33.1 필연적으로 0이 되는 적분의 판단(1)

원점에 중심을 둔 정삼각형 모양의 영역에 걸쳐서 함수 $f = xy$를 적분하면 0이 되지 않을 수 있겠는가(그림 33.2)?

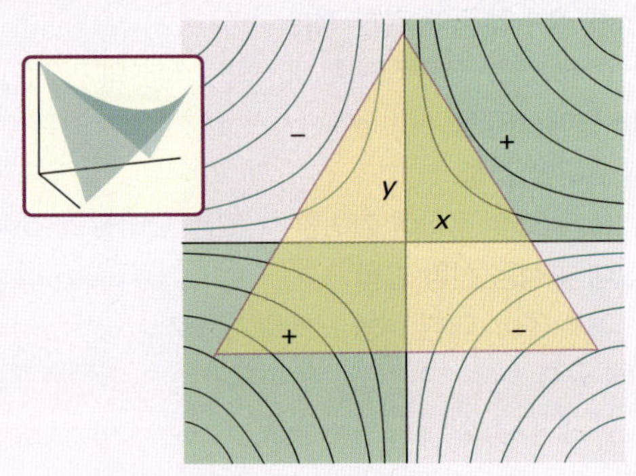

그림 33.2 함수 $f = xy$를 색칠한 영역에 걸쳐서 적분하면 0이 된다. 이 경우에는 결과가 그림 상에 분명하게 나타나지만, 조금 불분명할 때는 군론을 이용하여 동일한 결과를 얻을 수 있다. 삽입된 그림은 이 함수의 삼차원 모양을 나타낸다.

방법 우선, 단일 함수 f에 관한 적분은 식 33.1에서 $f_1 = f$, $f_2 = 1$로 놓았을 때와 같은 결과가 된다. 따라서 함수 f 자체가 이 계에 대한 점군의 대칭종 A_1(또는 이와 동등한)에 속하는지를 판단하기만 하면 된다. 이를 판단하기 위하여 우선 점군을 알아낸 다음, 지표표를 보고 f가 A_1(또는 이와 동등한)에 속하는지를 살펴보면 된다.

풀이 정삼각형은 D_{3h} 점군 대칭을 가지고 있다. 이 군의 지표표에 의하면 xy는 기약 표현 E′를 걸친 바탕 함수의 성분이다. 따라서 이 피적분함수는 A_1'를 걸친 성분을 가지고 있지 않으므로 그 적분이 0이 되어야 한다.

자가 진단 33.1 함수 $x_2 + y_2$는 원점에 중심을 둔 정오각형 영역에 걸쳐서 적분하면 0이 아닌 적분을 가질 수 있는가?

답: 그렇다(그림 33.3).

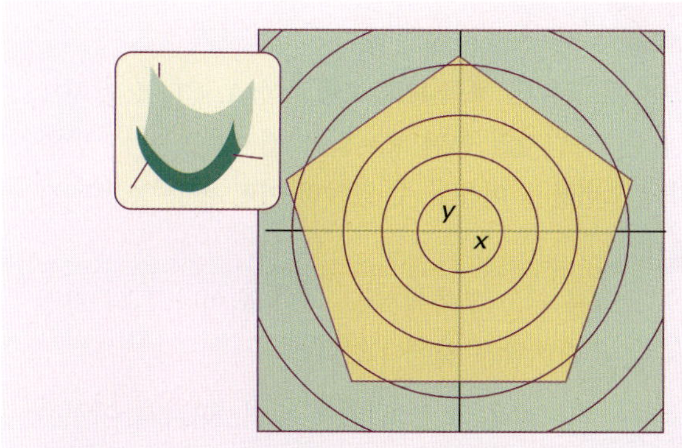

그림 33.3 한 함수의 오각형 영역에 걸친 적분. 삽입된 그림은 이 함수의 삼차원 모양을 나타낸다.

(b) 직접곱의 분해

많은 경우에 함수 f_1과 f_2의 곱은 기약 표현의 합을 걸친다. 예로서 C_{2v}의 경우, f_1과 f_2의 지표를 함께 곱하면 2, 0, 0, −2의 지표가 나올 수 있다. 이 경우에는 이들 지표가 A_2와 B_1에 대한 지표들의 합과 같다. 즉

	E	C_{2v}	σ_v	σ_v'
A_2	1	1	−1	−1
B_1	1	−1	1	−1
A_2+B_1	2	0	0	−2

이 결과를 요약하기 위하여 **직접곱의 분해**(**decomposition of a direct product**)라고 하는 $A_2 \times B_1 = A_2 + B_1$의 기호 표현으로 나타낸다. 이 식은 기호 표시이다. 즉 이 식에서 ×나 +는 보통의 곱셈 기호나 덧셈 기호가 아니다. 공식적으로 이들은 '직접곱(direct product)'과 '직접합(direct sum)'이라는 행렬의 기술적인 조작을 나타내는 것이다. 우변의 합셈 속에는 대칭종 A_1의 기약 표현에 대한 바탕 함수가 되는 성분이 포함되어 있지 않으므로 C_{2v} 분자에서는 f_1f_2의 전 공간에 걸친 적분이 0이라고 결론지을 수 있다.

지표 2, 0, 0, −2의 단순한 경우에는 그냥 보기만 하는 것으로도 간단히 분해할 수 있지만, 조금 복잡한 군과 같은 다른 경우에는 이 분해가 간단하지 않다. 예를 들어 8, −2, −6, 4와 같은 지표가 나왔을 경우에는 이 속에 A_1이 포함되어 있는지 쉽게 알 수가 없다. 그러나 군론을 이용하면 기약 표현의 대칭종들을 알아내기 위하여 곱에 걸친 표현의 지표를 사용하는 체계적인 방법을 제공한다. 일반적인 방법은 다음과 같은 식으로 요약할 수 있다.

$$n(\Gamma)=\frac{1}{h}\sum_R \chi^{(\Gamma)}(R)\chi(R) \qquad \text{직접곱의 분해} \qquad (33.2)$$

이 식을 다음과 같이 실행한다.

- 군의 대칭 조작 R이 머리에 나타나는 열을 가진 표를 만든다. 모든 조작에 대하여 단지 급이 아닌 열을 포함시킨다.
- 첫 번째 행에는 분석하고자 하는 대칭종의 지표를 쓴다. 이들은 $\chi(R)$이다.
- 두 번째 행에는 관심 대상이 되는 기약 표현 Γ의 지표를 쓴다. 이들은 $\chi^{(\Gamma)}(R)$이다.
- 이 두 행을 곱한 다음, 그 결과를 함께 합하고, 이어서 군의 차수 h로 나눈다.

이와 같이 해서 얻은 결과의 수 $n(\Gamma)$는 분해에서 나타나는 횟수 Γ가 된다.

간단한 예 33.1 직접곱의 분해

C_{2v}군에서 8, −2, −6, 4의 지표를 나타내는 곱 속에 A_1이 실제로 나타나는지를 보려면 다음과 같은 표를 만들어야 한다.

	E	C_{2v}	σ_v	σ_v'	$h=4$ (군의 차수)
f_1f_2	8	−2	−6	4	(곱의 지표)
A_1	1	1	1	1	(관심 대상 대칭종)
	8	−2	−6	4	(지표 두 세트의 곱)

마지막 행의 수를 합하면 4가 되고, 이것을 군의 차수로 나누면 1이 된다. 따라서 분해를 하면 A_1이 한 번 나타난다. 네 대칭종 모두에 대하여 이 조작을 계속해 주면 f_1f_2가 $A_1+2A_2+5B_2$를 걸치게 된다.

자가 진단 33.2 C_{2v}군에서 7, −3, −1, 5의 지표를 나타내는 곱에 의해 걸친 기약 표현의 대칭종들 속에 A_2가 들어 있는가?

답: 들어 있지 않다.

(c) 세 함수의 곱에 걸친 적분

다음과 같은 형태의 적분은 양자 역학에서 자주 나오는데, 연산자의 행렬 요소(토픽 7)를 포함하기 때문이며, 이러한 적분이 언제 필연적으로 0이 되는지를 아는 것은 대단히 중요하다.

$$I=\int f_1f_2f_3\,\mathrm{d}\tau \qquad (33.3)$$

2개 이상 함수의 적분에 대하여 I가 0이 되지 않으려면, **곱 $f_1f_2f_3$이 A_1(또는 이와 동등한)을 걸치거나 A_1을 걸친 성분을 포함하고 있어야 한다.** 이것이 사실인지를 확인하려면 세 함수의 지표를 위에서 소개한 규칙과 동일한 방법으로 함께 곱해 보아야 한다.

예제 33.2 필연적으로 0이 되는 적분의 판단(2)

C_{2v} 분자의 경우 적분 $\int(3d_{z^2})x(3d_{xy})d\tau$가 소멸되는지 보이시오.

방법 C_{2v} 지표표(표 32.1)를 이용하여 $3z^2-r^2$(d_{z^2} 오비탈의 형태), x, xy에 의해 걸친 기약 표현의 지표를 찾아야 한다. 이어서 위에서 설명한 절차(곱셈을 하는 행이 하나 더 많음)를 따른다.

풀이 위의 방법에 따라 다음과 같은 표를 만들 수 있다.

	E	C_2	σ_v	σ_v'	
$f_3=d_{xy}$	1	1	−1	−1	A_2
$f_2=x$	1	−1	1	−1	B_1
$f_1=d_{z^2}$	1	1	1	1	A_1
$f_1f_2f_3$	1	−1	−1	1	

여기서 나온 지표는 B_2의 지표이며, 따라서 이 적분은 필연적으로 0이 된다.

자가 진단 33.3 적분 $\int(2p_x)(2p_y)(2p_z)d\tau$가 팔면체 환경에서 필연적으로 소멸되겠는가?

답: 아니오.

예제 33.3 결합에 기여할 수 있는 오비탈의 결정

메테인 분자에서는 네 개의 H1s 오비탈이 A_1+T_2를 걸치게 된다. 이들은 C 원자의 어떤 오비탈과 겹쳐지겠는가? 만일 C 원자가 d 오비탈을 이용할 수 있다면 어떤 결합 양상이 가능했겠는가?

방법 T_d 지표표를 참고(**부록**에서)로 하여 A_1이나 T_2의 기저가 되는 s, p, d 오비탈을 찾아야 한다.

풀이 탄소의 s 오비탈은 A_1을 걸치게 되며, 따라서 이것은 H1s 오비탈들의 A_1 결합과 겹쳐질 수 있다. 또 C2p 오비탈들은 T_2를 걸치며, 따라서 이들은 T_2 결합과 겹쳐질 수 있다. d_{xy}, d_{yz}, d_{zx} 오비탈은 T_2를 걸치고, 그리하여 역시 T_2 같은 결합과 겹쳐질 수 있을 것이다. 나머지 두 d 오비탈은 어떤 것도 A_1에 걸치지 않으며(E를 걸친다), 따라서 이들은 비결합 오비탈로 남아 있게 된다. 이것은 메테인에는 (C2s, H1s) 겹침의 a_1 오비탈과, (C2p, H1s) 겹침의 t_2 오비탈이 존재한다는 것을 말한다. C3d 오비탈은 후자인 t_2 오비탈에 기여할 수 있을 것이다. 최저 에너지 전자 배치는 아마도 $a_1^2t_2^6$이 되며, 모든 결합 오비탈이 점유될 것이다.

자가 진단 33.4 S의 오비탈들과 중심의 S 원자를 향하고 있는 각 F 원자의 2p 오비탈이 겹쳐져서 결합이 생기는 팔면체 SF_6 분자를 생각해 보자. F 원자의 이 오비탈들은 $A_{1g}+E_g+T_{1u}$를 걸친다. 어떤 s 오비탈이 실질적으로 겹쳐지겠는가? 바닥 상태 전자 배치는 어떨 것으로 생각되는가?

답: $3s(A_{1g})$, $3p(T_{1u})$, $3d(E_g)$; $a_{1g}^2t_{1u}^6e_g^4$

33.2 오비탈에의 응용

위에서 설명한 규칙들을 이용하면 분자 안에서 어떤 원자 오비탈들이 0이 아닌 겹침을 가질 수 있는지 결정할 수 있다. 어떤 특정한 대칭을 가지는 원자 오비탈의 선형 결합을 만드는 방법들의 한 조합을 갖는다는 것, 따라서 그들이 다른 오비탈과 0이 아닌 겹침을 갖는지, 갖지 않는지를 미리 아는 것은 또한 매우 유용하다.

(a) 오비탈 겹침

두 개의 원자 오비탈 세트 ψ_1과 ψ_2 사이에서의 겹침 적분 S는 다음과 같으며 분명히 식 33.1과 같은 형태를 갖는다.

$$S=\int\psi_2^*\psi_1 d\tau \quad \text{겹침 적분} \quad (33.4)$$

이것은 **동일한 대칭종의 오비탈만이 0이 아닌 겹침($S\neq0$)을 가질 수 있다**는 논의를 뒷받침하며, 따라서 동일한 대칭종의 오비탈만이 결합 및 반결합 오비탈을 만들 수 있게 된다. 0이 아닌 겹침을 갖는, 서로 겹쳐질 수 있는 원자 오비탈을 가려내는 것은 LCAO 방법으로 분자 오비탈을 만드는 데 있어서 핵심이며 첫 단계라는 것은 토픽 23에서 설명하였다. 따라서 이 시점에서의 논의는 군론과 그 토픽에서 소개된 주제 사이의 접촉점에 놓이게 되는 것이다.

(b) 대칭 적응 선형 결합

NH_3의 분자 오비탈의 논의에서(토픽 32) $\psi=c_1s_N+c_2(s_A+s_B+s_C)$ 형태의 분자 오비탈을 접하였다. 여기에서 s_N은 N2s 원자 오비탈이고 s_A, s_B, s_C는 H1s 오비탈들이다. s_N 오비탈은 조화 대칭을 갖는 H1s 오비탈들의 결합과 0이 아닌 겹침을 갖는다. H1s 오비탈들의 결합은 **대칭 적응 선형 결합**(**symmetry-adapted linear combination**, SALC)의 예이며, 대칭 적응 선형 결합은 동등한 원자로 만들어진 오비탈로서 특정한 대칭을 갖는다. 군론은 또한 임의의 바탕 함수, 또는 한 세트의 원자 오비탈(예로서 s_A 등)들을 입력으로 받아서 특정한 대칭을 갖는 선형 결합을 만들어 내는 역할도 한다. NH_3의 예로 설명한 것과 같이, SALC는 LCAO 분자 오비탈을 이루는 구성 요소이며, 이들을 만드는 것은 분자 오비탈 이론에서 분자를 다루는 첫 단계가 된다.

SALC를 만드는 방법은 전적으로 군론의 힘을 빌어서 유도되며 **투영 연산자**(**projection operator**, $P^{(\Gamma)}$)의 사용을 포함하게 된다. 이때 투영 연산자는 바탕 함수 오비탈의 하나를 택하여 이것을 투영시켜 대칭종 Γ의 SALC를 생성하는 연산자를 말하며 다음과 같이 나타낸다.

$$P^{(\Gamma)} = \frac{1}{h}\sum_R \chi^{(\Gamma)}(R)R \quad \text{투영 연산자} \quad (33.5)$$

이 규칙은 다음과 같이 실행한다.

- 각 바탕 함수 오비탈을 열의 머리에 쓰고, 연이은 행은 각 오비탈에 대한 각 조작 R의 효과를 나타낸다. 각각의 조작은 개별적으로 취급한다.
- 각 열의 구성원을 해당하는 조작의 지표 $\chi^{(\Gamma)}(R)$로 곱해 준다.
- 각 열의 모든 오비탈을 두 번째 단계에서 결정된 것과 같은 인자들과 합한다.
- 이 합을 군의 차수 h로 나누어 준다.

이제 특정한 대칭종들의 모든 SALC의 선형 결합을 만듦으로써 전체 분자 오비탈들이 만들어지게 된다. 따라서 이 경우 위에서 언급된 것과 같이 a_1 분자 오비탈은 $\psi = c_N s_N + c_1 s_1$이 된다. 여기까지가 군론으로 얻을 수 있는 한계이다. 계수들은 Schrödinger 방정식을 풀어서 찾아내게 되며 그들은 계의 대칭 관계만으로는 바로 구할 수 없다.

예제 33.4 대칭 적응 오비탈 만들기

NH_3에서 H1s 오비탈들의 대칭 적응 선형 결합을 만드시오.

방법 분자의 점군을 알아내고 가능한 이것의 지표표를 만든다. 그리하여 투영 연산자 방법을 적용한다.

풀이 NH_3의 (s_N, s_A, s_B, s_C) 바탕 함수로부터 각 행이 왼쪽에 나타난 연산자의 효과를 나타내는 다음과 같은 표를 만든다.

	s_N	s_A	s_B	s_C
E	s_N	s_A	s_B	s_C
C_3^+	s_N	s_B	s_C	s_A
C_3^-	s_N	s_C	s_A	s_B
σ_v	s_N	s_A	s_C	s_B
σ_v'	s_N	s_B	s_A	s_C
σ_v''	s_N	s_C	s_B	s_A

A_1 선형 결합을 나오게 하려면 우선 A_1에 대한 지표 (1, 1, 1, 1, 1, 1)을 취한 다음, 규칙 2와 3의 절차를 밟으면 $\psi \propto s_N + s_N + \ldots = 6s_N$이 된다. 이 군의 차수(군의 요소 수)는 6이며, 그리하여 s_N으로부터 만들어 낼 수 있는 A_1 대칭의 선형 결합은 s_N 자체이다. 같은 방법을 s_A 밑의 열에 적용시키면 다음과 같은 결합이 나온다.

$$\psi = \tfrac{1}{6}(s_A + s_B + s_C + s_A + s_B + s_C) = \tfrac{1}{3}(s_A + s_B + s_C)$$

나머지 두 행으로부터도 동일한 결합이 만들어지며 더 이상 새로운 것이 나오지 않는다. 이렇게 만든 결합은 앞에서 사용한 s_1 결합 바로 그것이 된다(수치 인자를 제외하면).

자가 진단 33.5 H_2O에서 H1s 오비탈들의 대칭 적응 선형 결합을 만드시오.

답: $H1s_A + H1s_B$, $H1s_A - H1s_B$

대칭종 E의 SALC를 만들려고 할 때면 조금 복잡한 문제에 부딪치게 된다. 그 까닭은 이차원이나 그 이상 차원에 대한 표현의 경우에는 이 규칙으로 SALC의 합이 나오기 때문이다. 다음 경우로 이 문제를 설명할 수 있다. C_{3v}에서는 E의 지표들이 2, −1, −1, 0, 0, 0이다. 따라서 s_N의 열로부터 다음과 같은 결과를 얻게 된다.

$$\psi = \tfrac{1}{6}(2s_N - s_N - s_N + 0 + 0 + 0) = 0$$

그리고 다른 열로부터는 각각 다음과 같은 선형 결합이 나온다.

$$\tfrac{1}{6}(2s_A - s_B - s_C) \quad \tfrac{1}{6}(2s_B - s_A - s_C) \quad \tfrac{1}{6}(2s_C - s_B - s_A)$$

그러나 이 세 오비탈 중의 임의의 한 개를 나머지 두 개의 합으로 나타낼 수 있다(즉 이들은 '선형 독립'이 아니다). 두 번째와 세 번째 오비탈의 차를 구하면 $\frac{1}{2}(s_B - s_C)$가 나오는데, 이것과 첫 번째 것, 즉 $\frac{1}{6}(2s_A - s_B - s_C)$는 e 오비탈을 논할 때 사용한 두 개의(이제 선형 독립적인) SALC이다.

33.3 선택 규칙

토픽 16에서 이미 설명하였고 또 토픽 45에서 더 구체적으로 전개하겠지만, 파동함수가 $\boldsymbol{\psi}_i$인 어떤 초기 상태와 파동함수가 $\boldsymbol{\psi}_f$인 최종 상태 사이에서 분자 전이가 나타내는 스펙트럼선의 세기는 전이 쌍극자 모멘트(전기적) $\boldsymbol{\mu}_{fi}$에 의존한다. 이 벡터의 z축 성분은 다음과 같이 정의된다.

$$\mu_{z,fi} = -e\int \psi_f^* z \psi_i \, d\tau \quad \text{전이 쌍극자 모멘트} \quad (33.6)$$

여기서 $-e$는 전자의 전하이다. 이 전이 모멘트는 식 33.6에 있는 적분 형태이며, 따라서 일단 관여되는 상태들의 대칭종만 알게 되면 군론을 이용하여 이 전이에 대한 선택 규칙을 만들 수 있다.

예제 33.5 선택 규칙의 추론

사면체 분자에서 $p_x \rightarrow p_y$는 허용된 전이인가?

방법 T_d 지표표를 이용하여 $p_y q p_x$가 A_1을 걸치는지를 조사해야 한다(여기서 q는 x, y, 또는 z이다).

풀이 위의 방법에 따라 다음과 같은 표를 만들 수 있다.

	E	$8C_3$	$3C_2$	$6\sigma_d$	$6S_4$	
$f_3(p_y)$	3	0	−1	1	−1	T_2
$f_2(q)$	3	0	−1	1	−1	T_2
$f_1(p_x)$	3	0	−1	1	−1	T_2
$f_1f_2f_3$	27	0	−1	1	−1	

이제 식 33.2에 요약된 분해 방법을 이용하면 이 지표 세트 속에는 A_1이 한 번 나타난다는 것을 알 수 있으며, 따라서 $p_x \rightarrow p_y$가 허용된다. 보다 자세히 분석해 보면(지표 대신에 행렬 대표를 이용하여) $q=z$인 적분만이 0이 아니며, 따라서 이 전이는 z 방향으로 편광된다. 즉 전이에 기인되는 전자기 복사선은 그 전기 벡터가 z축 방향으로 정렬된다.

자가 진단 33.6 C_{4V}분자에서 b_1 오비탈에 있는 전자의 허용 전이는 어떤 것이고, 또 그들의 편광은 어떻게 되겠는가?

답: $b_1 \rightarrow b_1(z)$, $b_1 \rightarrow e(x,y)$

개념 확인

□ 1. 적분이 0이 되지 않기 위해서는 피적분함수가 대칭종 A_1(또는 특정된 분자 점군에서 이와 동등한)이 되어야 한다.

□ 2. 동일 대칭종만이 0이 아닌 겹침($S \neq 0$)을 가질 수 있다.

□ 3. **대칭 적응 선형 결합**(SALC)은 동등한 원자로 만들어진 원자 오비탈들의 선형 결합이며 특정한 대칭을 갖는다.

식 확인

성질	식	비고	식 번호
직접곱의 분해	$n(\Gamma)=(1/h)\sum_R \chi^{(\Gamma)}(R)\chi(R)$	실수 지표*	33.2
겹침 적분	$S=\int \psi_2^* \psi_1 d\tau$	정의	33.4
투영 연산자	$P^{(\Gamma)}=(1/h)\sum_R \chi^{(\Gamma)}(R)R$		33.5
전이 쌍극자 모멘트	$\mu_{z,fi}=-e\int \psi_f^* z \psi_i d\tau$	z 성분	33.6

* 일반적으로 지표는 복소수 값을 가질 수 있지만 이 책 전반에 걸쳐서는 실수 값만을 마주치게 된다.

7장 분자 대칭

토픽 31 분자 모양 분석

토론 문제

31.1 분자의 점군을 어떻게 정하는지 설명하시오.

31.2 점군의 대칭 조작과 해당하는 대칭 요소들을 나열하시오.

31.3 분자가 극성이 될 수 있는 대칭 기준을 말하고 설명하시오.

31.4 분자가 광학적으로 활성이 될 수 있는 대칭 기준을 말하고 설명하시오.

연습 문제

31.1(a) CH_3Cl 분자는 C_{3v} 점군에 속한다. 이 군의 대칭 요소를 나열하고, 이들이 분자 그림 속에서 차지하는 위치를 나타내시오.

31.1(b) CCl_4 분자는 T_d 점군에 속한다. 이 군의 대칭 요소를 나열하고, 이들이 분자 그림 속에서 차지하는 위치를 나타내시오.

31.2(a) 나프탈렌 분자가 속하는 점군을 알아내고, 분자 그림 속에서 대칭 요소의 위치를 나타내시오.

31.2(b) 안트라센 분자가 속하는 점군을 알아내고, 분자 그림 속에서 대칭 요소의 위치를 나타내시오.

31.3(a) 다음 대상들이 속하는 점군을 알아내시오. (a) 구, (b) 이등변 삼각형, (c) 정삼각형, (d) 잘 깎지 않은 원통형 연필

31.3(b) 다음 대상들이 속하는 점군을 알아내시오. (a) 깎은 원통형 연필, (b) 날개가 세 개인 프로펠러, (c) 다리가 네 개인 탁자, (d) 사람의 몸(근사적으로).

31.4(a) 다음 분자들의 대칭 요소를 나열하고 이들이 속하는 점군의 명칭을 나타내시오. (a) NO_2, (b) N_2O, (c) $CHCl_3$, (d) $CH_2=CH_2$

31.4(b) 다음 분자들의 대칭 요소를 나열하고 이들이 속하는 점군의 명칭을 나타내시오. (a) 퓨란(**1**), (b) γ-피란(**2**), (c) 1,2,5-트라이클로로벤젠

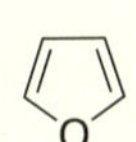

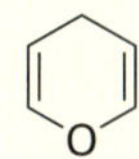

1 퓨란 2 γ-피란

31.5(a) (a) cis-다이클로로에텐, (b) trans-다이클로로에텐의 점군을 정하시오.

31.5(b) 다음 분자들의 점군을 정하시오. (a) HF, (b) IF_7(오각형 쌍뿔), (c) XeO_2F_2(시소), (d) $Fe_2(CO)_9$(**3**), (e) 큐반(C_8H_8), (f) 테트라플루오로큐반($C_8H_4F_4$)(**4**).

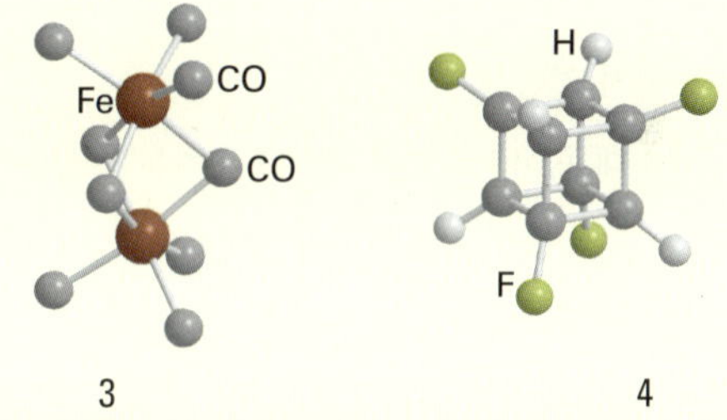

31.6(a) 다음 분자들 중에서 극성일 수 있는 것은 어느 것인가? (a) 피리딘, (b) 나이트로에테인, (c) 기체상 $HgBr_2$, (d) $B_3N_3H_6$

31.6(b) 다음 분자들 중에서 극성일 수 있는 것은 어느 것인가? (a) CH_3Cl, (b) $HW_2(CO)_{10}$, D_{4h}, (c) $SnCl_4$

31.7(a) 다이클로로나프탈렌의 모든 이성질체가 속하는 점군을 나타내시오.

31.7(b) 다이클로로안트라센의 모든 이성질체가 속하는 점군을 나타내시오.

31.8(a) D_{2h}나 C_{3h} 점군에 속하는 분자들은 카이랄성이겠는가? 이유를 설명하시오.

31.8(b) T_h나 T_d 점군에 속하는 분자들은 카이랄성이겠는가? 이유를 설명하시오.

응용 문제

31.1 다음 분자들의 대칭 요소를 나열하고, 이들이 속하는 점군을 말하시오. (a) 엇갈린 형태의 CH_3CH_3, (b) 의자형과 보트형의 사이클로헥세인, (c) B_2H_6, (d) $[Co(en)_3]^{3+}$. 여기서 en은 에틸렌다이아민(1,2-diamonoethane, 그 자세한 구조는 무시한다)이다. (e) 왕관형 S_8. 이 분자들 중에서 (i) 극성일 수 있는 것, (ii) 카이랄성일 수 있는 것은 어떤 것인가?

31.2a[‡] 사각 평면형의 $[trans\text{-}Ag(CF_3)_2(CN)_2]^-$ 착음이온에서는 Ag−CN 기가 동일 직선상에 있다. (a) CF_3기가 자유 회전을 한다고 가정하고(즉 AgCF와 AgCH 각을 무시하고) 이 착음이온이 속하는 점군의 이름은 무엇인가? (b) 이번에는 CF_3기가 자유 회전을 할 수 없다고 가정한다(예를 들면 이 이온이 고체 상태에 있다). 구조식 (**5**)는 NC−Ag−CN 축을 양분하는 동시에, 이 축에 수직한 면을 나타낸 것

‡ 이 문제들은 Charles Trapp과 Carmen Giunta가 제공하였다.

이다. CF_3기의 CF 결합이 이 면 상에 있고(따라서 CF_3기가 어느 한 CN기 쪽을 향하지 않는다) CF_3기들이 (i) 엇갈린 형태를 이룰 때, (ii) 가림 형태를 이룰 때의 이 착이온의 점군을 말하시오.

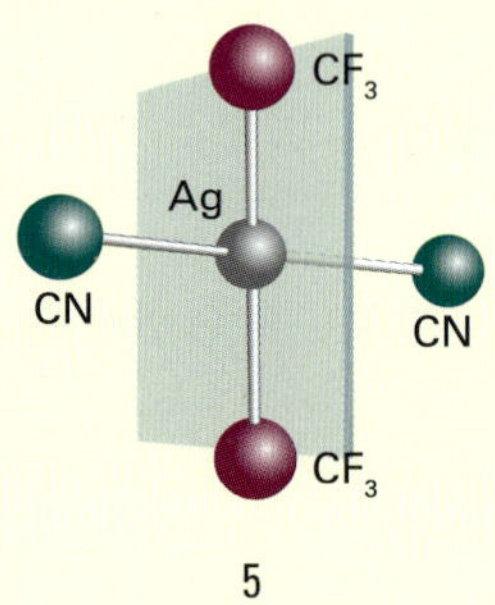

5

31.3[†] B.A. Bovenzi와 G.A. Pearse, Jr(*J. Chem. Soc. Dalton Trans.*, 2763 (1997))는 세 자리 리간드인 피리딘-2,6-다이아미도옥심($C_7H_9N_5O_2$, **6**)의 배위 화합물을 합성하였다. 즉 $NiSO_4$와 반응시키면 본래 평면인 2개의 리간드가 단일 Ni 원자에 직각으로 결합된 착물을 만든다. 이와 같이 생긴 $[Ni(C_7H_9N_5O_2)_2]^{2+}$ 착양이온의 점군과 대칭 조작들을 말하시오.

HO N N OH
H₂N N NH₂

6

토픽 32 군론

토론 문제

32.1 '군'이 무엇인지 설명하시오.

32.2 군론에서 (a) 대표, (b) 표현이 무엇을 뜻하는지 설명하시오.

32.3 지표표의 만드는 법과 내용을 설명하시오.

32.4 표현의 직접합에 대하여 표현의 기약이 의미하는 바를 설명하시오.

32.5 대칭종의 표현에 사용되는 문자와 첨자의 중요성을 설명하시오.

연습 문제

32.1(a) 바탕 함수로 BF_3 각 원자의 원자가 p_z 오비탈을 이용하여 σ_h 조작의 대표를 알아내시오. z가 분자 평면에 수직임을 이용하시오.

32.1(b) 바탕함수로 BF_3 각 원자의 원자가 p_z 오비탈을 이용하여 C_3 조작의 대표를 알아내시오. z가 분자 평면에 수직임을 이용하시오.

32.2(a) BF_3의 각 원자에서 원자가 p_z 오비탈의 바탕 함수에서 σ_h와 C_3 조작의 행렬 대표를 이용하여 $\sigma_h C_3$에 기인한 조작과 대표를 알아내시오. z가 분자 평면에 수직임을 이용하시오.

32.2(b) BF_3의 각 원자에서 원자가 p_z 오비탈의 바탕 함수에서 σ_h와 C_3 조작의 행렬 대표를 이용하여 $C_3\sigma_h$에 기인한 조작과 대표를 알아내시오. z가 분자 평면에 수직임을 이용하시오.

32.3(a) D_{3h}군의 모든 3개의 C_2 조작은 같은 급에 속함을 보이시오.

32.3(b) D_{3h}군의 모든 3개의 σ_v 조작은 같은 급에 속함을 보이시오.

32.4(a) 결정의 팔면체 구멍 내부에 구속된 입자의 최대 축퇴를 구하시오.

32.4(b) 정이십면체 나노입자 내부에 구속된 입자의 최대 축퇴를 구하시오.

32.5(a) 벤젠에서 오비탈의 가능한 최대 축퇴도는?

32.5(b) 1,4-다이클로로벤젠에서 오비탈의 가능한 최대 축퇴도는?

응용 문제

32.1 C_{2h}군은 E, C_2, σ_h, i의 대칭 요소로 되어 있다. 군 곱셈표를 만들고 이 군에 속하는 분자의 예를 드시오.

32.2 D_{2h}군은 주축에 수직한 C_2축과 수평 거울면을 가지고 있다. 따라서 이 군은 반전 중심을 가지고 있어야 한다는 것을 보이시오.

32.3 C_{2v}군에 속하는 H_2O 분자를 생각해 보자. 두 H1s 오비탈과 O 원자의 네 개 원자가 오비탈을 바탕 함수로 취하고, 이 바탕 함수를 가지고 군의 표현하는 6×6 행렬 표현을 만드시오. 행렬 곱셈법을 써서 (a) $C_2\sigma_v = \sigma'_v$, (b) $\sigma_v\sigma'_v = C_2$의 정확한 군 곱셈을 확인하시오. 또 이 행렬들의 대각선 합을 계산함으로써 (a) 동일한 급에 속하는 대칭 요소들은 동일한 지표를 가지며, (b) 이 표현은 가약이 가능하며, (c) 바탕 함수는 $3A_1+B_1+2B_2$를 걸침을 확인하시오.

32.4 오비탈 각운동량의 z축 성분은 C_{3v}군에서 A_2 대칭의 기약 표현에 대한 바탕 함수가 됨을 확인하시오.

32.5 정사면체의 각 꼭짓점에 한 개씩 위치해 있는 4개 H1s 오비탈(CH_4에서와 같은)의 바탕 함수에서 T_d군의 조작에 대한 대표를 알아내시오.

32.6 응용 문제 32.5에서 만든 대표는 군 곱셈 $C_3^+C_3^- = E$, $S_4C_3 = S_4'$, $S_4C_3 = \sigma_d$를 재현함을 확인하시오.

32.7 C_{6v}군에서 일차원 행렬 $\boldsymbol{D}(C_3) = 1$과 $\boldsymbol{D}(C_2) = 1$, $\boldsymbol{D}(C_3) = 1$, $\boldsymbol{D}(C_2) = 1$은 모두 군 곱셈 $C_3C_2 = C_6$의 관계를 만족시키는데, 첫 번째 경우에는 $\boldsymbol{D}(C_6) = +1$이고, 두 번째 경우에는 $\boldsymbol{D}(C_6) = -1$이다. 지표표를 이용하여 이것을 확인하시오. 각 경우에 σ_v와 σ_d의 대표는 어

떻게 되겠는가?

32.8 다음과 같은 Pauli 스핀 행렬 σ와 2×2 단위 행렬로 곱셈표를 만드시오.

$$\sigma_x=\begin{pmatrix}0&1\\1&0\end{pmatrix}\quad \sigma_y=\begin{pmatrix}0&-\mathrm{i}\\\mathrm{i}&0\end{pmatrix}\quad \sigma_z=\begin{pmatrix}1&0\\0&-1\end{pmatrix}\quad \sigma_0=\begin{pmatrix}1&0\\0&1\end{pmatrix}$$

이 네 행렬이 곱셈으로 군을 형성하는가?

32.9 f 오비탈의 대수적 형태는 방사형 함수에 (a) $z(5z^2-3r^2)$, (b) $y(5y^2-3r^2)$, (c) $x(5x^2-3r^2)$, (d) $z(x^2-y^2)$, (e) $y(x^2-z^2)$, (f) $x(z^2-y^2)$, (g) xyz의 어느 한 인자를 곱한 것이다. (a) C_{2v}, (b) C_{3v}, (c) T_d, (d) O_h에서 이들 오비탈에 의해 걸쳐진 기약 표현들을 밝히시오. 란타넘족 이온이 (a) 사면체 착물, (b) 팔면체 착물의 중심에 있다고 하자. 7개의 f 오비탈이 어떤 오비탈들의 세트로 갈라지겠는가?

32.10† 주기율표상의 14족 원소 A와 알칼리 금속 M과의 화합물 AM_x에 대한 C.J. Marsden(*Chem. Phys. Lett.* **245**, 475 (1995))의 계산 결과에 의하면, 각 구조는 가장 대칭적인 구조로부터 몇 가지 벗어남이 나타난다. 예로서 대부분의 AM_4 구조는 정사면체가 아니며 2개의 상이한 MAM 결합각을 가지고 있다. 이러한 구조는 (7)과 같은 일그러진 모양에 말미암은 것이다. (a) 이 일그러진 사면체의 점군을 말하시오. (b) 이 일그러짐을 새롭고 덜 대칭적인 군에서의 진동으로 보았을 때의 대칭종은 무엇인가? 일부 AM_6 구조는 정팔면체가 아니며, C–M–C 축이 (**8**)에서와 같이 변이된 팔면체로부터 유도된 것이다. (c) 이 일그러진 팔면체의 점군을 말하시오. (d) 이 일그러짐을 새롭고 덜 대칭적인 군에서의 진동으로 보았을 때의 대칭종은 무엇인가?

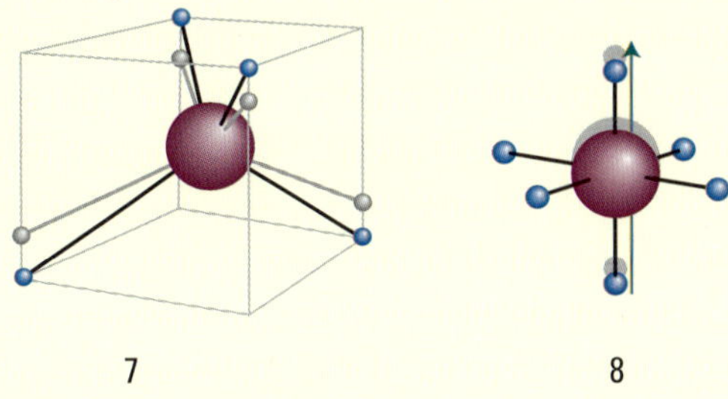

7 8

32.11† 우주의 성간 구름 속에서의 화학 반응에서 중요한 역할을 하는 H_3^+ 분자 이온은 정삼각형이다. (a) 이 분자의 대칭 요소를 알아내고 그 점군을 결정하시오. (b) 세 H1s 오비탈을 이 분자에 대한 표현의 바탕 함수로 취하고, 이 바탕 함수를 썼을 때의 군에 대한 행렬을 만드시오. (c) 이 행렬들의 구체적인 곱셈에 의한 군 곱셈표를 만드시오. (d) 이 표현이 가약되는지를 보고, 된다면 그 기약 표현을 구하시오.

토픽 33 대칭의 응용

토론 문제

33.1 지표표의 네 가지 용도를 나열하고 확인하시오.

연습 문제

33.1(a) C_{2v} 대칭을 가지고 있는 분자의 $\int p_x z p_z d\tau$ 적분이 0인지, 아닌지를 대칭 성질을 이용하여 설명하시오.

33.1(b) D_{3h} 대칭을 가지고 있는 분자의 $\int p_x z p_z d\tau$ 적분이 0인지, 아닌지 대칭 성질을 이용하여 설명하시오.

33.2(a) C_{3v} 대칭을 갖는 분자의 전기 쌍극자 전이의 경우에는 $A_1 \rightarrow A_2$ 전이가 금지 전이인가?

33.2(b) D_{6h} 대칭을 갖는 분자의 전기 쌍극자 전이의 경우에는 $A_{1g} \rightarrow E_{2u}$ 전이가 금지 전이인가?

33.3(a) C_{4v}군에서는 함수 xy가 대칭종 B_2를 가짐을 보이시오.

33.3(b) D_2군에서는 함수 xyz가 대칭종 A_1을 가짐을 보이시오.

33.4(a) C_{2v}에 속하는 NO_2 분자를 생각해 보자. 두 O 원자의 $p_x(A)-p_x(B)$ 결합은 A_2를 걸친다(x축은 평면에 수직이다). 이 O 원자 오비탈의 결합과 0이 아닌 겹침을 가질 수 있는 중심 N 원자의 오비탈이 존재하는가? 3d 오비탈을 이용할 수 있는 SO_2의 경우에는 어떻게 되겠는가?

33.4(b) D_{3h}에 속하는 NO_3^- 이온을 생각해 보자. 세 O 원자의 $2p_z(A)-p_z(B)-p_z(C)$ 결합(z축은 평면에 수직이다)과 0이 아닌 겹침을 가질 수 있는 중심 N 원자의 오비탈이 존재하는가? 3d 오비탈을 이용할 수 있는 SO_3의 경우에는 어떻게 되겠는가?

33.5(a) 바닥 상태의 NO_2는 C_{2v}군의 대칭종 A_1을 갖는다. 이 분자는 전기 쌍극자 전이에 의해서 어떤 상태로 들뜰 수 있으며, 이를 위하여 어떤 편광의 빛이 필요하겠는가?

33.5(b) ClO_2 분자(C_{2v}군에 속함)가 고체 속에 갇혀 있다. 이 분자의 바닥 상태는 B_1 대칭을 갖는다. y축 방향으로 평행하게(OO 축에 평행) 편광된 빛에 의해서 이 분자는 높은 전자 상태로 들뜬다. 이 들뜬 상태의 대칭은 무엇인가?

33.6(a) 한 세트의 바탕 함수가 C_{4v}군의 지표가 4, 1, 1, 3, 1(**부록**에서 지표표 상의 조작 순서에 따른다)인 가약 표현을 걸친다. 이것은 어떤 기약 표현을 걸치는가?

33.6(b) 한 세트의 바탕 함수가 D_2군의 지표가 6, −2, 0, 0(**부록**에서

지표표 상의 조작 순서에 따른다)인 가약 표현을 걸친다. 이것은 어떤 가약 표현을 걸치는가?

33.7(a) (a) 벤젠, (b) 나프탈렌은 바닥 상태(완전한 대칭의)로부터 전기 쌍극자 전이에 의해서 어떤 상태로 들뜨겠는가?

33.7(b) (a) 안트라센, (b) 코로넨(**9**)은 바닥 상태(완전한 대칭의)로부터 전기 쌍극자 전이에 의해서 어떤 상태로 들뜨겠는가?

9 코로넨

33.8(a) $f_1 = \sin\theta$, $f_2 = \cos\theta$로 놓고 C_s군의 경우 이들의 곱을 $\theta = 0$ 주위의 대칭 영역에 걸쳐서 적분하면 0이 된다는 것을 대칭성을 가지고 설명하시오.

33.8(b) $f_1 = x$, $f_2 = 3x^2 - 1$로 놓고 C_s군의 경우 이들의 곱을 $x = 0$ 주위의 대칭 영역에 걸쳐서 적분하면 0이 된다는 것을 대칭성을 가지고 설명하시오.

응용 문제

33.1 CH_4의 네 개 H1s 오비탈은 어떤 기약 표현을 걸치는가? 중심 C 원자가 이들과 분자 오비탈을 만들 수 있는 s 오비탈과 p 오비탈을 가지고 있는가? C 원자가 d 오비탈을 갖는다고 보고, 이들 d 오비탈이 CH_4의 오비탈 형성에 관여할 수 있는지를 말하시오.

33.2 메테인 분자의 (a) 결합 한 개를 잡아 늘려서 C_{3v} 대칭을 갖게 하고, (b) 한 결합각은 펴고 다른 한 결합각은 오므려서 C_{2v} 대칭을 가질 수 있게(가위질 작용) 일그러뜨렸다고 하자. 이 경우에 d 오비탈이 결합 형성에 더 많이 기여하겠는가?

33.3 함수 $3x^2-1$은 원점에 중심을 둔 (a) 입방체, (b) 사면체, (c) 육각 프리즘에 걸쳐 적분하면 필연적으로 소멸되겠는가?

33.4[†] Negri 등(*J. Phys. Chem.* **100**, 10849 (1996))은 C_{60}을 분광학적으로 조사하여 그 형광 스펙트럼의 피크를 지정하였다. 이 분자는 20면체 대칭(I_h)을 가지고 있다. 바닥 전자 상태는 A_{1g}이며, 가장 낮은 들뜬 상태들은 T_{1g}와 G_g이다. (a) 이 바닥 상태로부터 이들 들뜬 상태들 중의 어느 하나로 광자 유발 전이가 허용되겠는가? 답에 대한 이유를 설명하시오. (b) 분자가 약간 일그러져 이 분자의 반전 중심이 제거된다면 어떻게 되겠는가?

33.5 사각 평면 구조의 XeF_4 분자에서의 대칭 적응 선형 결합 $p_1 = p_A - p_B + p_C - p_D$를 생각해 보자. 여기서 p_A, p_B, p_C, p_D는 플루오린 원자의 $2p_z$ 원자 오비탈이다(F 원자의 시계 방향으로 표시하여). 중심 Xe 원자의 여러 s, p, d 원자 오비탈 중 어느 것이 p_1과 분자 오비탈을 만들 수 있는지를 이 분자의 완전한 대칭 점군 대신 가약된 점군 D_4를 이용하여 결정하시오.

33.6 광합성에 관여하고 사이토크롬의 헴기를 이루는 엽록소는 D_{4h} 군에 속하는 포르핀 이중 음이온기(**10**)로부터 유도된다. 이 기의 바닥 전자 상태는 A_{1g}이고, 최저 들뜬 상태는 E_u이다. 바닥 전자 상태로부터 이 들뜬 상태로의 광자 유발 전이가 허용되겠는가? 이유를 설명하시오.

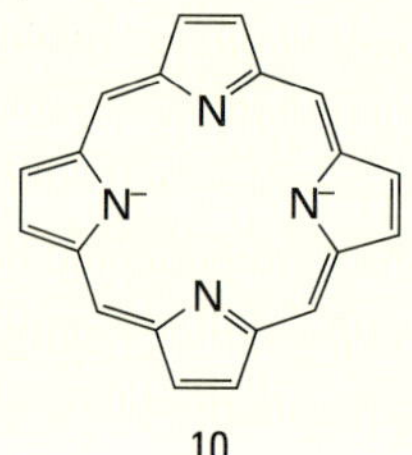

10

33.7 NO_2 분자는 ONO 각을 양분하는 C_2축을 가지며, C_{2v}군에 속한다. N2s, N2p, O2p 오비탈을 바탕 함수로 취하고 그들을 걸치는 기약 표현들을 찾아내고, 대칭 적응 선형 결합을 구하시오.

33.8 벤젠에 대해서 $C2p_z$ 오비탈들의 대칭 적응 선형 결합을 만들고, 이들을 이용하여 Hückel 영년 행렬식을 계산하시오. 이 방법을 이용하면 본래의 오비탈들을 사용할 때보다 훨씬 더 풀기 쉬운 식을 얻게 된다. 여기서 유도한 Hückel 오비탈들은 토픽 26에서 얻은 것과 같은 것임을 보이시오.

33.9 페난트렌 분자(**11**)는 C_{2v}군에 속하며, 그 C_2 축이 분자 평면에 있다. (a) 탄소의 $2p_z$ 오비탈에 의해 걸친 기약 표현들을 분류하고, 이들의 대칭 적응 선형 결합을 구하시오. (b) 이 (a)의 결과를 이용하여 Hückel 영년 행렬식을 계산하시오. (c) 페난트렌의 바닥 상태(완전히 대칭적인)로부터 전기 쌍극자 전이에 의해서 도달할 수 있는 상태는 어떤 것인가?

11 페난트렌

33.10 β-카로틴과 같은 일부 선형 폴리엔은 광합성에서 태양 에너지를 흡수하거나 유해한 생화학적 산화를 막아주는 등, 여러 과정에 관여하는 중요한 생화학적 보조 인자이다. 22개의 콘쥬게이션 C 원자로 이루어진 β-카로틴 선형 폴리엔 모형을 생각하자. (a) 이러한 모

형의 β-카로틴은 어떤 점군에 속하겠는가? (b) 탄소의 $2p_z$ 오비탈들에 의해 걸쳐진 기약 표현들을 분류하고, 이들의 대칭 적응 선형 결합을 만드시오. (c) (b)의 결과인 선형 결합을 이용하여 Hückel 영년 행렬식을 계산하시오. (d) 이 β-카로틴 모형의 바닥 상태(완전히 대칭적인)로부터 전기 쌍극자 전이에 의해서 도달할 수 있는 상태는 어떤 것인가?

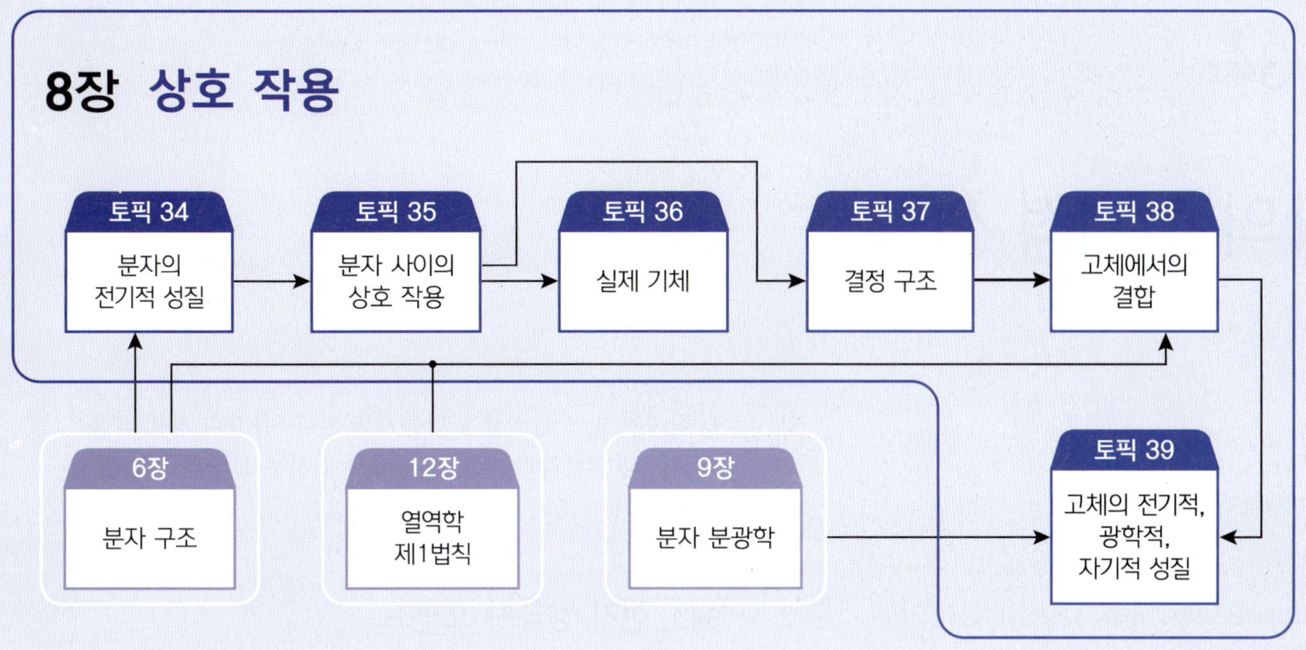

정전기학(**기초 지식**, 토픽 2)과 **분자 구조**의 지식으로부터 원자 또는 분자들 사이에서의 상호 작용에 대한 모형을 만드는 것이 가능하다. 이 결과로 높은 압력에서 기체의 성질을 좌우하는 인자들과 함께 액체와 고체의 구조와 성질을 더욱 잘 이해하게 된다.

여기에서는 '전기 쌍극자 모멘트'와 '편극도'와 같은 분자의 전기적 성질의 설명으로부터 시작한다(토픽 34). 이와 같은 모든 성질들은 원자의 핵들이 분자 안에서 전자를 통제하는 정도를 반영한다. 이리하여 상호 작용의 기초 이론에 대한 설명은 닫힌 껍질 분자들 사이에서의 'van der Waals 상호 작용'과 '수소 결합'에 초점을 두게 된다(토픽 35). 모든 액체와 고체는 이들의 하나 또는 그 이상의 응집 작용에 의하여 함께 결합되어 있다. 완전 기체 거동으로부터의 벗어남과 '실제 기체'의 열역학적 성질도 이러한 상호 작용의 용어로 설명된다(토픽 36).

고체 상태는 현대 기술을 가능하게 하는 대부분의 재료들을 포함한다. 고체를 이해하기 위해서는 결정에서 원자의 규칙적인 배열과 그들 배열에 대한 대칭을 이해해야 한다. 'X선 회절'의 기본 원리는 구조 결정의 중심이 되며, 여기에서는 어떻게 이 기술로 얻어진 회절 모양을 '단위 세포' 안에서 전자 밀도 분포의 용어로 해석하는가를 설명한다(토픽 37). X선 회절 연구는 금속성, 이온성, 분자성 고체들의 구조에 대한 중요한 정보를 이끌어 낸다(토픽 38). 이온성 고체의 에너지학은 **열역학 제1법칙**에서 소개된 개념을 사용하여 이해될 수 있다. 구조적 모양에 대한 지식을 가지고 **분자 분광학** 원리의 도움을 받아 고체의 전기적, 광학적, 자기적 성질이 어떻게 구성 원자의 배열과 성질에 기인하는가를 나타내게 된다(토픽 39).

토픽 34

분자의 전기적 성질

내용

➤ 학습 목표

응축상과 대형 분자 집합체(그리고 토픽 35에서 취급되는 것들)의 형성에 원인이 되는 분자의 상호 작용은 분자의 전기적 성질에서 발생하기 때문에 분자의 전자 구조가 어떻게 이러한 성질로 이어지는지를 알아야 한다.

➤ 핵심 내용

원자의 핵들이 분자 안에서 전자를 통제하고 특정한 지역에 전자를 축적되게 할 수 있으며, 또는 외부 장의 영향에 전자가 다소 강하게 반응하는 것을 가능하게 한다.

➤ 미리 알기

Coulomb 법칙(**기초 지식**, 토픽 2), 분자의 기하학적 구조(일반화학으로부터), 분자 오비탈 이론, 특히 HOMO와 LUMO 사이의 에너지 간격의 관련성(토픽 26)에 익숙해져야 한다.

분자의 전기적 성질은 벌크 물질의 많은 성질의 원인이 된다. 분자 내부의 전하 분포가 약간의 불균형을 가지게 되면 분자들은 그들 사이에서 그리고 가해진 외부 장과 상호 작용을 하게 된다. 이러한 상호 작용의 결과는 분자들을 약하게 응집시켜 벌크 물질상을 만들기도 한다. 분자의 상호 작용은 생물학적 고분자와 합성 고분자가 취하는 모양의 원인이 되기도 한다.

34.1 전기 쌍극자 모멘트

전기 쌍극자(**electric dipole**)는 거리가 R만큼 떨어진 두 전하 $+Q$와 $-Q$로 되어 있다. **점 전기 쌍극자**(**point electric dipole**)는 R의 값이 관측자로부터의 거리와 비교할 때 매우 작은 경우의 전기 쌍극자이다. **전기 쌍극자 모멘트**(**electric dipole moment**)는 벡터 $\boldsymbol{\mu}$ (**1**)로 표시하고 음전하로부터 양전하 쪽으로의 방향을 가리키며, 다음으로 주어지는 크기를 갖는다.

$$\mu = QR \qquad \text{정의} \quad \text{전기 쌍극자 모멘트 크기} \qquad (34.1)$$

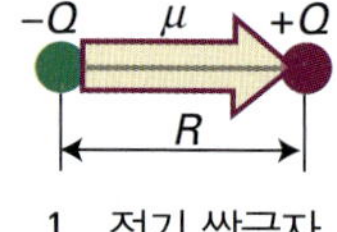

1 전기 쌍극자

그 SI 단위는 쿨롱 미터(C m)이지만 일반적으로 비 SI 단위인 디바이(D)가 이용되고 있다. 이 단위 명칭은 분자의 쌍극자 모멘트 연구에 관한 선구자인 Peter Debye의 이름에서 비롯된 것으로, 이들 두 단위 사이에는 다음과 같은 관계가 성립한다.

$$1\ \text{D} = 3.335\ 64 \times 10^{-30}\ \text{C m} \qquad (34.2)$$

두 전하 쌍 $+e$와 $-e$가 100 pm만큼 떨어져 있는 쌍극자 모멘트는 1.6×10^{-29} C m이며, 4.8 D에 해당한다. 작은 분자의 쌍극자 모멘트는 대체로 1 D이다[1].

극성 분자(**polar molecule**)는 영구 전기 쌍극자 모멘트를 가진 분자이다. 이러한 영구 쌍극자 모멘트는 분자를 이루는

[1] 식 34.2의 환산 인자는 디바이를 원래의 단위인 c.g.s. 단위로 정의하기 때문에 나온다. 즉 1 D는 크기가 1 e.s.u.인 부호가 상반되는 두 전하가 1 Å만큼 떨어져 있을 때의 쌍극자 모멘트이다.

원자들이 전기 음성도의 차이나 결합의 기타 특징(토픽 25와 26) 때문에 부분 전하를 가지게 됨으로써 생기는 것이다. 무극성 분자는 전기장 속에서 그 전자 분포와 핵의 위치가 일그러지기 때문에 유도 쌍극자 모멘트를 얻게 된다. 그러나 이 유도 쌍극자 모멘트는 단지 일시적인 것으로서, 섭동된 전기장이 제거되면 곧 사라진다. 극성 분자도 전기장이 작용할 때는 기존의 쌍극자 모멘트가 일시적으로 변한다.

모든 이종핵 이원자 분자는 극성을 나타내며, 전형적인 μ의 값은 HCl이 1.08 D, HI가 0.42 D이다(표 34.1). 분자 대칭은 다원자 분자의 극성 여부를 결정하는 가장 중요한 요인이다(토픽 31과 32 참조). 사실상 분자 대칭은 분자를 구성하는 원자들이 동일 원소에 속하는지, 아닌지보다 더 중요할 수 있다. 이러한 이유 때문에 **간단한 예** 34.1에 나타난 바와 같이, 동핵 다원자 분자의 경우 대칭도가 낮고 원자들이 동등하지 않은 위치를 차지할 때는 극성일 수가 있다.

간단한 예 34.1 분자의 대칭성과 극성

각이 진 분자 오존 O_3 (**2**)는 동핵 분자이지만, 중심 O 원자가 양끝의 O 원자와 다르다(중심 원자는 두 원자와 결합하고, 양끝의 원자는 한 원자와 결합하고 있다). 무엇보다도 각 결합이 만드는 쌍극자 모멘트는 서로 각을 이루며 상쇄되지 않는다. 이종핵 선형 삼원자 분자인 CO_2 (**3**)의 경우에는 세 원자가 모두 다른 부분 전하를 가지고 있지만, OC 결합과 관련된 쌍극자 모멘트는 CO 결합과 연관된 쌍극자 모멘트와 방향이 정반대여서 서로 상쇄되기 때문에 이 분자는 무극성이다.

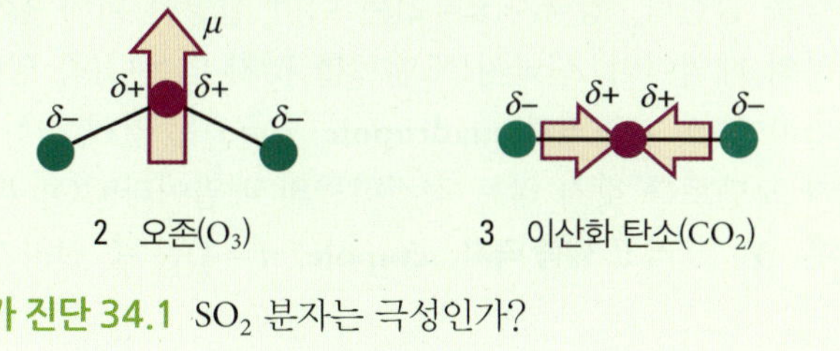

2 오존(O_3) 3 이산화 탄소(CO_2)

자가 진단 34.1 SO_2 분자는 극성인가?

답: 예

훌륭한 첫 번째 근사로서 다원자 분자의 쌍극자 모멘트는 분자 내 여러 원자단과 이들의 상대적인 위치의 기여로부터 분석할 수 있다(그림 34.1). 예를 들어 1,4-다이클로로벤젠의 경우에는 두 동등한 C−Cl 모멘트가 서로 마주 향하는 대칭을 이루고 있기 때문에 무극성이다(이산화 탄소의 경우와 똑같다). 그러나 1,2-다이클로로벤젠은 2개의 클로로벤젠 쌍극자 모멘트를 60°의 각도로 배열해 놓은 것과 같은 크기의 쌍극자 모멘트를 갖는다. 이 '벡터 덧셈' 방법을 이용하면 다른 여러 가지 관련된 분자들의 쌍극자 모멘트를 비교적 정확하게 구할 수 있다. 두 쌍극자 모멘트 $\boldsymbol{\mu}_1$과 $\boldsymbol{\mu}_2$가 서로 각도 $\boldsymbol{\theta}$를 이루고 있을 때(**4**) 두 모멘트의 합 $\boldsymbol{\mu}_{res}$의 크기는 대체적으로 다음과 같은 값을 나타낸다(**수학적 배경** 4 참조).

$$\mu_{res} \approx (\mu_1{}^2+\mu_2{}^2+2\mu_1\mu_2\cos\theta)^{1/2} \tag{34.3a}$$

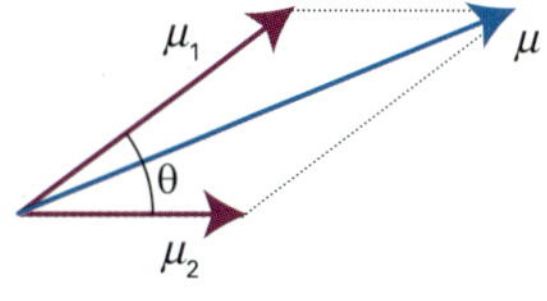

4 쌍극자 모멘트의 덧셈

두 쌍극자 모멘트가 같은 크기를 가질 때는(다이클로로벤젠에서와 같이) 이 식이 다음과 같이 간단해진다.

$$\mu_{res} \approx \{2\mu_1^2(1+\cos\theta)\}^{1/2} \overset{1+\cos\theta=2\cos^2\frac{1}{2}\theta}{\triangleq} 2\mu_1\cos\tfrac{1}{2}\theta \tag{34.3b}$$

간단한 예 34.2 분자 쌍극자 모멘트

$\theta_{ortho}=60°$, $\theta_{meta}=120°$인 **오쏘**(1,2-)와 **메타**(1,3-) 치환된 벤젠에서 식 34.3으로부터 전기 쌍극자 모멘트 크기의 비는 다음과 같다.

$$\frac{\mu_{res,ortho}}{\mu_{res,meta}}=\frac{\cos\frac{1}{2}\theta_{ortho}}{\cos\frac{1}{2}\theta_{meta}}=\frac{\cos\left(\frac{1}{2}\times60°\right)}{\cos\left(\frac{1}{2}\times120°\right)}=\frac{(3)^{1/2}/2}{1/2}=(3)^{1/2}\approx1.7$$

자가 진단 34.2 두 쌍극자 모멘트의 크기가 1.5 D와 0.80 D이며 서로 109.5°의 각을 이룰 때 두 쌍극자 모멘트 합의 크기를 계산하시오.

답:1.4 D

쌍극자 모멘트를 계산하는 더 좋은 방법은 모든 원자들의 부분 전하의 위치와 크기를 고려하는 것이다. 이러한 부분 전하의 크기는 많은 분자 구조 소프트웨어 패키지의 출력 속에 포함되어 있다. 예로서 x 성분을 계산하려면 각 원자 상의 부분 전하와 분자 안의 한 점에 대한 각 원자의 x 좌표를 알아야 하며, 이들을 이용하여 다음과 같은 덧셈을 하면 된다.

$$\mu_x=\sum_J Q_J x_J \tag{34.4a}$$

여기서 Q_J는 원자 J의 부분 전하, x_J는 원자 J의 x 좌표이고, 덧셈은 분자 속의 모든 원자들에 걸친 것이다. y 성분과 z 성분도 비슷한 식을 이용하여 계산한다. 전기적으로 중성인 분자의 경우 좌표의 원점은 임의로 취할 수 있으며, 따라서 결과가 간단하게 나오도록 택하는 것이 좋다. 모든 벡터에 통

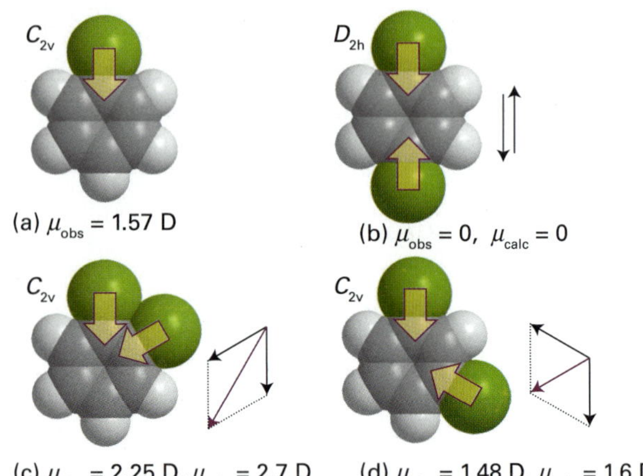

그림 34.1 다이클로로벤젠 이성질체((b)~(d))의 쌍극자 모멘트 합(붉은색)은 근사적으로 두 클로로벤젠의 쌍극자 모멘트(크기 1.57 D)를 벡터 덧셈하여 구할 수 있다(분자들의 점군도 표시되어 있다).

용되는 관계이지만 μ의 크기는 다음과 같이 μ_x, μ_y, μ_z의 세 성분으로 나타낼 수 있다.

$$\mu = (\mu_x{}^2 + \mu_y{}^2 + \mu_z{}^2)^{1/2} \qquad (34.4b)$$

예제 34.1 분자 쌍극자 모멘트의 계산

부분 전하(e의 배수)와 아래에 나타낸 원자들의 위치를 이용하여 (**5**)에 나타낸 아마이드기의 전기 쌍극자 모멘트를 계산하시오.

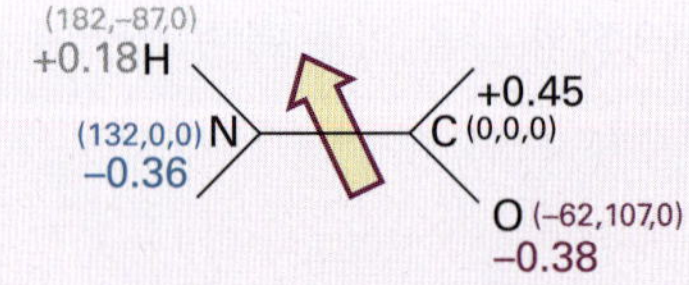

5 아마이드(펩타이드) 연결

방법 식 34.4a를 이용하여 쌍극자 모멘트의 각 성분을 계산하고, 이어서 식 34.4b를 이용하여 이들 세 성분으로부터 쌍극자 모멘트의 크기를 계산한다. 부분 전하는 기본 전하 $e = 1.602 \times 10^{-19}$ C의 배수임을 주의해야 한다.

풀이 μ_x에 관한 식은 다음과 같이 된다.

$$\begin{aligned}\mu_x &= (-0.36e) \times (132 \text{ pm}) + (0.45e) \times (0 \text{ pm}) \\ &\quad + (0.18e) \times (182 \text{ pm}) + (-0.38e) \times (-62.0 \text{ pm}) \\ &= 8.88e \text{ pm} \\ &= 8.8 \times (1.602 \times 10^{-19} \text{ C}) \times (10^{-12} \text{ m}) = 1.4 \times 10^{-30} \text{ C m}\end{aligned}$$

이것은 $\mu_x = +0.42$ D에 해당된다. μ_y에 관한 식은 다음과 같이 된다.

$$\begin{aligned}\mu_y &= (-0.36e) \times (0 \text{ pm}) + (0.45e) \times (0 \text{ pm}) \\ &\quad + (0.18e) \times (-87 \text{ pm}) + (-0.38e) \times (107 \text{ pm}) \\ &= -56e \text{ pm} \\ &= -19.0 \times 10^{-30} \text{ C m}\end{aligned}$$

그리하여 $\mu_y = -2.7$ D가 된다. 아마이드기는 평면 구조이므로 μ_z는 0이다. 따라서

$$\mu = \{(0.42 \text{ D})^2 + (-2.7 \text{ D})^2\}^{1/2} = 2.7 \text{ D}$$

x, y, z 성분이 각각 0.42, −2.7, 0 단위가 되도록 2.7 단위의 길이를 갖는 벡터를 그리면 쌍극자 모멘트의 방향을 얻을 수 있다. 이 관계를 **5**에 포개어 나타내었다.

자가 진단 34.3 **6**의 자료를 이용하여 폼알데하이드의 전기 쌍극자 모멘트를 계산하시오.

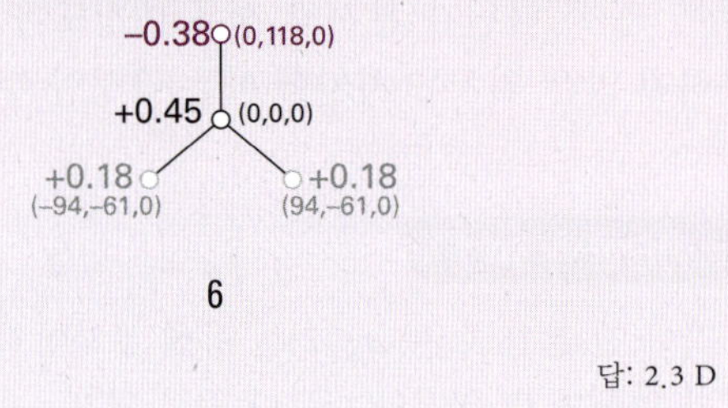

6

답: 2.3 D

분자들은 더 높은 **다중 극자**(**multipole**)나 많은 점전하 배열(그림 34.2)을 가질 수 있다. 구체적으로 말하면 ***n*중 극자**(***n*-pole**)는 n중 극자 모멘트를 가지며 낮은 차수의 모멘트는 갖지 않는 점전하들의 배열이다. 따라서 **단극자**(**monopole**, $n = 1$)는 점전하이며, 단극자 모멘트는 일반적으로 전체 전하량을 말한다. 쌍극자($n = 2$)는 이미 설명한 바와 같이 두 전하의 배열이며, 단극자 모멘트를 갖지 않는다(즉 알짜 전하가 0이다). **사중 극자**(**quadrupole**, $n = 3$)는 알짜 전하나 쌍극자 모멘트를 갖지 않는 점전하들의 배열이다(CO_2 분자와 같은, **3**). 그리고 **팔중 극자**(**octupole**, $n = 4$)는 총 전하가 0이

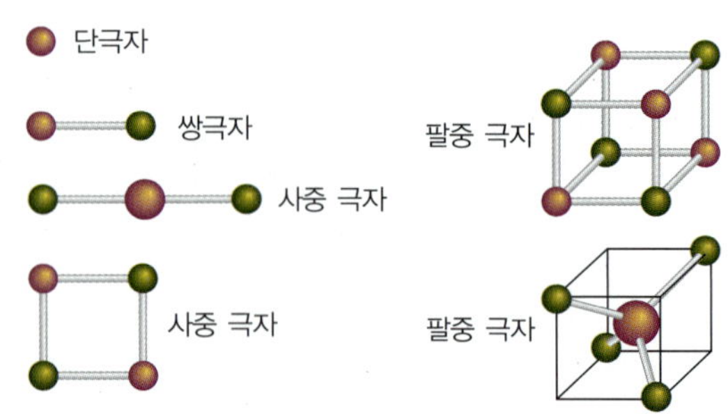

그림 34.2 전기 다중 극자에 대응하는 전형적인 전하 배열. 임의의 유한한 전하 분포에 기인되는 장은 다중 극자의 중첩에 기인되는 장들의 중첩으로 나타낼 수 있다.

며, 쌍극자 모멘트나 사중 극자 모멘트를 갖지 않는 점전하들의 배열이다(예를 들면 CH_4 분자, 7).

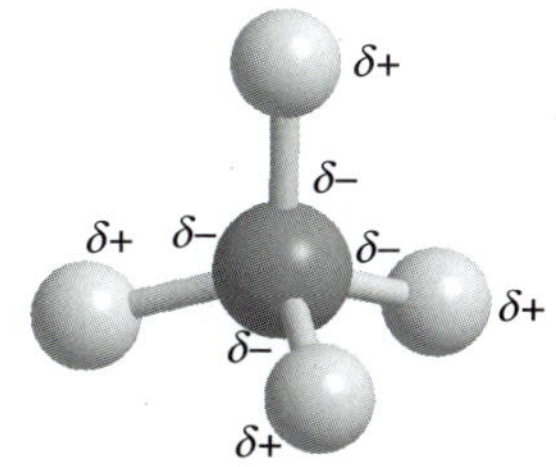

7 메테인(CH_4)

34.2 편극도

핵전하가 주위의 전자들을 완전히 통제할 수 없다는 것은 그 전자들이 외부 자기장에 반응할 수 있다는 것을 의미한다. 따라서 전기장이 가해지면 영구 전기 쌍극자 모멘트가 일정하게 배향될 뿐만 아니라 분자도 일그러질 수 있다. 이 가해진 전기장이 약하면 **유도 쌍극자 모멘트(induced dipole moment)** μ^*의 크기는 전기장의 세기 $\mathcal{E}$에 비례하고 다음과 같이 나타낸다.

$$\mu^* = \alpha\mathcal{E} \qquad \text{정의 편극도} \qquad (34.5a)$$

비례 상수 α를 그 분자의 **편극도(polarizability)**라고 한다. 주어진 장의 세기에 대하여 편극도가 클수록 유도 쌍극자 모멘트가 커진다. 일반적인 계산에서는 벡터 값을 써야 하며 유발 쌍극자가 전기장과 평행하지 않을 가능성도 고려해 주어야 한다. 그러나 여기서는 편의상 편극도를 스칼라 크기로 나타내었다.

가한 장이 매우 강할 때에는(레이저 빔으로 정확하게 초점을 맞춘 것과 같은) 유도 쌍극자 모멘트는 장의 세기에 정확하게 선형이 되지 못하며 다음과 같이 표현한다.

$$\mu^* = \alpha\mathcal{E} + \tfrac{1}{2}\beta\mathcal{E}^2 + \ldots \qquad \text{정의 초편극도} \qquad (34.5b)$$

위 식에서 계수 β를 분자의 **초편극도(hyperpolarizability)**라고 한다.

편극도의 단위는 줄당 (쿨롱·미터)^2, 즉 ($C^2\ m^2\ J^{-1}$)이다. 그러나 이 편극도 단위는 불편하기 때문에 일반적으로 다음과 같은 **편극도 부피(polarizability volume)** α'으로 바꾸어서 표현한다.

$$\alpha' = \frac{\alpha}{4\pi\varepsilon_0} \qquad \text{정의 편극도 부피} \qquad (34.6)$$

여기서 ε_0은 진공 유전율이다(**기초 지식**, 토픽 2). $4\pi\varepsilon_0$의 단위는 $C^2\ J^{-1}\ m^{-1}$이므로 α'은 부피의 단위를 갖는다(이 때문에 이 명칭이 생겼다). 편극도 부피는 실제 분자 부피와 크기가 비슷하다($10^{-30}\ m^3$, $10^{-3}\ nm^3$, 즉 1 $Å^3$의 자릿수이다).

간단한 예 34.3 유도 쌍극자 모멘트

H_2O의 편극도 부피는 $1.48\times10^{-30}\ m^3$이다. 식 34.5a와 34.6으로부터 $\mu^* = 4\pi\varepsilon_0\alpha'\mathcal{E}$가 되고 가해 주는 전기장의 세기 $1.0\times10^5\ V\ m^{-1}$에 의해 유도되는 분자의 쌍극자 모멘트(영구 쌍극자 모멘트에 추가되어)는 다음과 같다(여기에서 $1V = 1\ J\ C^{-1}$을 사용한다).

$$\mu^* = 4\pi\times(8.854\times10^{-12}\ J^{-1}\ C^2\ m^{-1})\times(1.48\times10^{-30}\ m^3) \times(1.0\times10^5\ J\ C^{-1}\ m^{-1}) = 31.6\times10^{-35}\ C\ m = 4.9\times10^{-6}\ D = 4.9\ \mu D$$

자가 진단 34.4 편극도 부피가 $2.6\times10^{-30}\ m^3$(CO_2와 유사하게)인 분자에서 1.0 μD 크기의 전기 쌍극자 모멘트를 유도하는 데 필요한 전기장의 세기는 얼마인가?

답: 11 kV m^{-1}

일부 분자의 편극도 부피 측정값들을 표 34.1에 수록해 놓았다. 아래 **증명**에서 보이는 바와 같이 편극도 부피는 원자와 분자의 HOMO–LUMO 간격과 관련이 있다(토픽 26). LUMO의 에너지가 HOMO와 가까울 때는 전자 분포가 쉽게 일그러질 수 있으며, 따라서 편극도가 크다. 그러나 LUMO가 HOMO보다 상당히 높이 있을 때는 가해진 장이 전자 분포를 크게 변화시키지 못하며, 따라서 편극도가 낮다. HOMO–LUMO 간격이 작은 분자는 일반적으로 크기가 크며, 많은 수의 전자를 가지고 있다.

증명 34.1 편극도와 분자 구조

크기 $\mathcal{E}$인 전기장에 있는 분자의 에너지 E는 다음과 같이 분자 쌍극자 모멘트와 연관되어 있다.

$$E = -\mu\mathcal{E}$$

표 34.1* 쌍극자 모멘트(μ)와 편극도 부피(α')의 크기

	μ(D)	$\alpha'(10^{-30}\ m^3)$
CCl_4	0	10.3
H_2	0	0.819
H_2O	1.85	1.48
HCl	1.08	2.63
HI	0.42	5.45

* 더 많은 값들이 **부록**에 수록되어 있다.

전기장이 d$\mathcal{E}$ 만큼 증가한다면 에너지는 $-\mu \mathrm{d}\mathcal{E}$ 만큼 변화되며, 분자가 편극될 수 있다면 μ는 μ^*(식 34.5)가 된다. 따라서 장이 0에서 $\mathcal{E}$로 증가될 때 에너지 변화는 다음과 같다.

$$\Delta E = -\int_0^{\mathcal{E}} \mu^* \mathrm{d}\mathcal{E} = -\int_0^{\mathcal{E}} \alpha\mathcal{E}\mathrm{d}\mathcal{E} = -\frac{1}{2}\alpha\mathcal{E}^2$$

쌍극자 모멘트가 z축 방향의 전기장 $\mathcal{E}$에 노출되어 있을 때 Hamilton 연산자의 기여는 아래와 같다.

$$\hat{H}^{(1)} = -\hat{\mu}_z\mathcal{E}$$

위의 두 가지 식을 비교하면 장의 존재하에서 계의 에너지를 계산하기 위해서는 2차 섭동 이론을 사용해야 한다는 것을 시사하는 것으로, 이는 $\mathcal{E}^2$에 비례하는 식을 얻을 수 있기 때문이다. 토픽 15의 식 15.6에 따라 바닥 상태 에너지에 대한 2차 기여는 다음과 같다.

$$E^{(2)} = \sum_{n\neq 0} \frac{\left|\int \psi_n^* \hat{H}^{(1)} \psi_0 \mathrm{d}\tau\right|^2}{E_0^{(0)} - E_n^{(0)}} = \mathcal{E}^2 \sum_{n\neq 0} \frac{\left|\int \psi_n^* \hat{\mu}_z \psi_0 \mathrm{d}\tau\right|^2}{E_0^{(0)} - E_n^{(0)}}$$
$$= \mathcal{E}^2 \sum_{n\neq 0} \frac{\left|\mu_{z,0n}\right|^2}{E_0^{(0)} - E_n^{(0)}}$$

여기서 $\mu_{z,0n} = \int \psi_n^* \hat{\mu}_z \psi_0 \mathrm{d}\tau$는 z축 방향의 **전이**(transition) 전기 쌍극자 모멘트이다. 전이 쌍극자 모멘트는 토픽 16에서 소개되고 토픽 45에서 더 자세히 논의된다. 이 시점에서의 목적으로 전이 쌍극자 모멘트는 전자 밀도가 분포 ψ_0에서 분포 ψ_n으로 이동하는 것과 연관된 전기 쌍극자 모멘트로 해석할 수 있으며, 여기에서 ψ_i와 $E_i^{(0)}$는 각각 전기장이 없을 때의 파동함수와 에너지를 나타낸다. 에너지에 대한 이 두 가지 식을 비교함으로써 z축 방향 분자의 편극도는 다음과 같이 된다.

$$\alpha = 2\sum_{n\neq 0} \frac{\left|\mu_{z,0n}\right|^2}{E_n^{(0)} - E_0^{(0)}} \qquad (34.7)$$

식 34.7에 담긴 내용은 들뜸 에너지들을 평균적으로 ΔE (HOMO–LUMO 간격을 나타내는)와 같다고 근사시키고, 또 가장 중요한 전이 쌍극자 모멘트를 전자의 전하량에 분자의 반지름 R을 곱한 것과 근사적으로 같다고 가정함으로써 나타낼 수 있으며, 이때 이 식이 다음과 같이 된다.

$$\alpha \approx \frac{2e^2R^2}{\Delta E}$$

이 식에 의하면 α는 분자가 커짐에 따라 증가하고, 또 쉽게 들뜰수록(즉 ΔE가 작을수록) 증가한다.

만일 단일 양전하에 속하는 전자를 거리 R로부터 무한대로 제거하는 데 필요한 에너지를 근사적으로 들뜸 에너지와 같다고 보면 $\Delta E \approx e^2/(4\pi\varepsilon_0 R)$이라고 쓸 수 있다. 이 관계를 위의 식에 치환한 다음 양변을 $4\pi\varepsilon_0$으로 나누고 근사적으로 인자 2를 무시하면 $\alpha' \approx R^3$이 나오는데, 이것은 분자 부피와 같은 자릿수의 크기이다.

대부분의 분자의 경우에는 편극도가 비등방성인데, 이것은 편극도의 값이 전기장에 대한 분자의 상대적 배향에 의존한다는 것을 의미한다. 벤젠의 편극도 부피는 전기장이 고리에 수직하게 작용할 때는 0.0067 nm^{3}이고, 고리면으로 작용할 때는 0.0123 nm^{3}가 된다.

개념 확인

- ☐ 1. **전기 쌍극자**는 거리가 R만큼 떨어진 두 전하 $+Q$와 $-Q$로 되어 있다.
- ☐ 2. **전기 쌍극자 모멘트 μ**는 음전하로부터 양전하 쪽으로 방향을 가리키는 벡터이다.
- ☐ 3. **극성 분자**는 영구 전기 쌍극자 모멘트를 가진 분자이다.
- ☐ 4. 분자들은 더 높은 **다중 극자**를 가질 수 있으며, **n중 극자**는 n중 극자 모멘트를 가지고 낮은 차수의 모멘트는 갖지 않는 점전하들의 배열이다.
- ☐ 5. **편극도**는 전기장이 분자의 쌍극자 모멘트를 유도하는 능력의 척도이다.
- ☐ 6. **편극도**(및 편극도 부피)는 원자와 분자에서 HOMO–LUMO의 간격과 연관성이 있다.
- ☐ 7. 대부분의 분자에서 편극도는 비등방성이다.

식 확인

성질	식	비고	식 번호
전기 쌍극자 모멘트의 크기	$\mu = QR$	정의	34.1
두 쌍극자 모멘트 합의 크기	$\mu_{\text{res}} \approx (\mu_1^2 + \mu_2^2 + 2\mu_1\mu_2 \cos\theta)^{1/2}$		34.3a
유도 쌍극자 모멘트의 크기	$\mu^* = \alpha E$	선형 근사, α는 편극도	34.5a
	$\mu^* = \alpha E + \frac{1}{2}\beta E^2$	2차 근사, β는 초편극도	34.5b
편극도 부피	$\alpha' = \alpha/4\pi\varepsilon_0$	정의	34.6

토픽 35

분자 사이의 상호 작용

내용

➤ 학습 목표

많은 형태의 분자 상호 작용은 응축상과 대형 분자 집합체의 형성에 원인이 된다는 것을 이해해야 한다. 여기에서 설명되는 분자의 상호 작용은 단백질이나 핵산과 같은 복잡한 분자들이 어떻게 그들의 3차원 구조로 접혀지는가와 같은 분자 생물학의 중요한 문제를 해결하는 데 가장 중요하다.

➤ 핵심 내용

인력 상호 작용에 의하여 응집이 되지만, 반발 상호 작용은 핵 밀도까지로 완전하게 뭉쳐지는 것을 방지한다.

➤ 미리 알기

정전기학, 특히 Coulomb 상호 작용(**기초 지식**, 토픽 2), 그리고 분자의 구조와 전기적 성질 사이의 관계, 특별히 쌍극자 모멘트와 편극도(토픽 34)를 잘 알아야 한다.

극성 분자의 부분 전하 사이의 상호 작용을 검토함으로써 이 주제의 논의를 시작하기로 하며, 그다음에 **van der Waals 상호 작용(van der Waals interaction)**을 논의하기로 한다. van der Waals 상호 작용은 닫힌 껍질 분자들 사이의 인력 상호 작용이며, 분자들 사이 거리의 6제곱에 반비례($V \propto 1/r^6$) 한다. 그러나 이러한 엄밀한 기준은 때때로 모든 비결합 상호 작용을 포함하도록 완화되기도 한다. 결국 반발 상호 작용은 Coulomb 힘 때문에 나타나며, 또 간접적으로 Pauli 원리(토픽 19)와 인접 종들의 오비탈이 중첩되는 공간 영역에서의 전자들의 배타성 때문에 나타나기도 한다.

35.1 부분 전하 사이의 상호 작용

일반적으로 분자들 안에서 원자들은 바닥 상태에서 전자 밀도의 공간적 변화에 기인하는 부분 전하를 갖는다. 이러한 전하들이 진공 상태에서 분리되어 있다면 그들은 Coulomb 법칙(**기초 지식**, 토픽 2)과 일치되어 서로 잡아당기거나 반발하게 되는데, 이를 다음과 같이 표기한다.

$$V = \frac{Q_1 Q_2}{4\pi\varepsilon_0 r} \quad \text{진공} \quad \text{Coulomb 퍼텐셜 에너지} \quad (35.1a)$$

여기에서 Q_1과 Q_2는 부분 전하이며 r은 그들의 거리이고, ε_0는 진공 유전율이다. 그러나 분자의 다른 부분이나 다른 분자들이 전하들 사이에 놓이게 되어 상호 작용의 세기가 줄어들 가능성을 고려해야 한다. 따라서 다음과 같이 쓰게 된다.

$$V = \frac{Q_1 Q_2}{4\pi\varepsilon r}$$ 모든 매질 Coulomb 퍼텐셜 에너지 (35.1b)

여기에서 ε는 전하들 사이에 놓여 있는 매질의 유전율이다. 유전율은 보통 ε_r이 상대 유전율(예전에는 **유전 상수**(dielectric constant)로 알려진)일 때 진공 유전율과의 곱으로서 보통 $\varepsilon = \varepsilon_r \varepsilon_0$로 표현된다. 매질의 영향은 매우 클 수 있으며 물에 대해서 $\varepsilon_r = 78$이고, 따라서 벌크 물에 의하여 분리되어 있는 두 전하의 퍼텐셜 에너지는 두 전하가 진공으로 분리되어 있을 경우와 비교하여 크기가 거의 두 자릿수만큼 줄어들게 된다(그림 35.1).

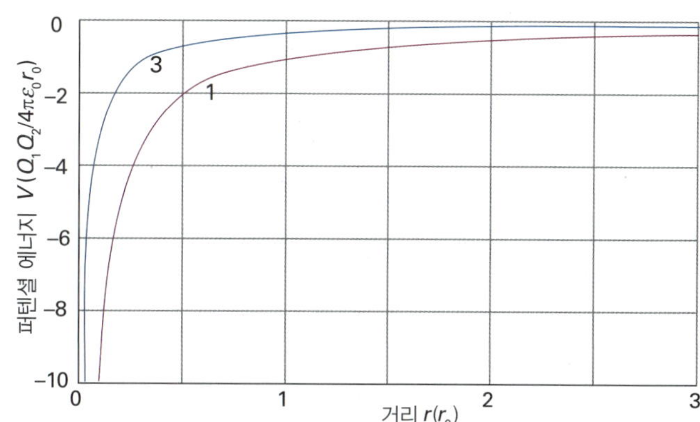

그림 35.1 두 (반대) 전하에 대한 Coulomb 퍼텐셜과 그들의 거리에 대한 의존도. 두 개의 곡선은 다른 상대 유전율에 해당한다(진공에 대하여 $\varepsilon_r = 1$, 액체일 경우는 $\varepsilon_r = 3$이고 r_0는 척도 인자(scaling factor)이다).

간단한 예 35.1 두 부분 전하의 상호 작용 에너지

3.0 nm의 거리로 떨어져 있는 부분 전하가 −0.36(즉 $Q_1 = -0.36e$)인 아마이드기의 N 원자와 부분 전하가 +0.45(즉 $Q_2 = +0.45e$)인 카보닐기의 C 원자 사이의 상호 작용 에너지는 그들 사이의 매질이 진공이라는 가정하에서 다음과 같이 계산된다.

$$\begin{aligned} V &= -\frac{(0.36e)\times(0.45e)}{4\pi\varepsilon_0 \times (3.0\,\text{nm})} \\ &= -\frac{0.36\times 0.45\times(1.602\times10^{-19}\,\text{C})^2}{4\pi\times(8.854\times10^{-2}\,\text{J}^{-1}\text{C}^{-2}\text{m}^{-1})\times(3.0\times10^{-9}\,\text{m})} \\ &= -1.2\times10^{-20}\,\text{J} \end{aligned}$$

이 에너지는(Avogadro 상수를 곱한 후에) −7.5 kJ mol^{-1}에 해당한다. 그러나 매질이 3.5의 '전형적인' 상대 유전율을 갖는다면, 상호 작용 에너지는 이 인자만큼 감소하여 −2.1 kJ mol^{-1}이 된다.

자가 진단 35.1 매질이 벌크 물일 경우에 이 계산을 반복하시오.

답: −0.96 kJ mol^{-1}

35.2 쌍극자들의 상호 작용

이 절과 다음 절에서 취급할 내용의 대부분은 두 전하 사이의 Coulomb 퍼텐셜 에너지에 입각한 것이다(식 35.1a). 이 식은 점전하와 쌍극자의 퍼텐셜 에너지를 구하거나 이를 두 쌍극자들 사이의 상호 작용으로 확장시키는 데 쉽게 이용할 수 있다.

(a) 전하-쌍극자 상호 작용

점 쌍극자(point dipole)는 전하 사이의 거리 l이 쌍극자를 관측하는 거리 r에 비하여 대단히 작을 때($l \ll r$)의 쌍극자이다. 배열 **1**에 나타낸 것과 같이, 쌍극자 모멘트의 크기가 $\mu_1 = Q_1 l$이고 점전하가 Q_2인 점 쌍극자 사이에서 상호 작용의 퍼텐셜 에너지는 아래의 **증명**에서 보이는 것과 같이 다음 식으로 나타낸다.

$$V = -\frac{\mu_1 Q_2}{4\pi\varepsilon_0 r^2}$$ 점 쌍극자와 점전하 사이의 상호 작용 에너지 (35.2)

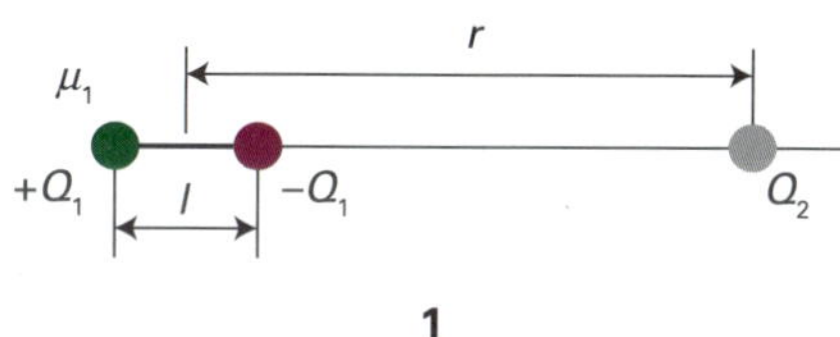

1

μ를 Coulomb 미터로, Q_2를 Coulomb으로, r을 미터로 나타내면 V가 줄(joule)로 주어진다. 이 퍼텐셜 에너지는 두 점전하 사이의 상호 작용($1/r$에 비례)보다 더 빠르게($1/r^2$에 비례) 0(전하와 쌍극자가 무한히 멀리 떨어졌을 때의 값인)으로 증가한다. 이것은 점전하의 관점에서 볼 때, 거리 r이 증가함에 따라 쌍극자의 부분 전하가 합쳐져서 상쇄되는 것처럼 보이기 때문이다(그림 35.2).

증명 35.1 점전하와 점 쌍극자 사이의 상호 작용

1과 같은 전하 배치에서 동종 전하들 사이의 반발 퍼텐셜 에너지와 이종 전하들 사이의 인력 퍼텐셜 에너지와의 합은 다음과 같이 나타낼 수 있다.

$$V = \frac{1}{4\pi\varepsilon_0}\left(-\frac{Q_1Q_2}{r-\frac{1}{2}l} + \frac{Q_1Q_2}{r+\frac{1}{2}l}\right) = \frac{Q_1Q_2}{4\pi\varepsilon_0 r}\left(-\frac{1}{1-x} + \frac{1}{1+x}\right)$$

여기서 $x = l/2r$이다. 점 쌍극자의 경우에는 $l \ll r$이다. 이 식은 x

가 포함된 항들을 다음과 같이 전개시켜(**수학적 배경** 1) 간단하게 할 수 있으며

$$\frac{1}{1+x}=1-x+x^2-\cdots \qquad \frac{1}{1-x}=1+x+x^2+\cdots$$

그리고 남게 되는 큰 항만을 사용하면 다음과 같은 결과를 얻게 된다.

$$V=-\frac{2xQ_1Q_2}{4\pi\varepsilon_0 r}=-\frac{2Q_1Q_2 l}{4\pi\varepsilon_0 r^2}$$

여기에 $\mu_1=Q_1l$의 관계를 넣어 주면 식 35.2가 된다. 점전하가 쌍극자의 축에 대해서 각도 θ를 이루고 있을 때는 이 식에 $\cos\theta$를 곱해 주어야 한다.

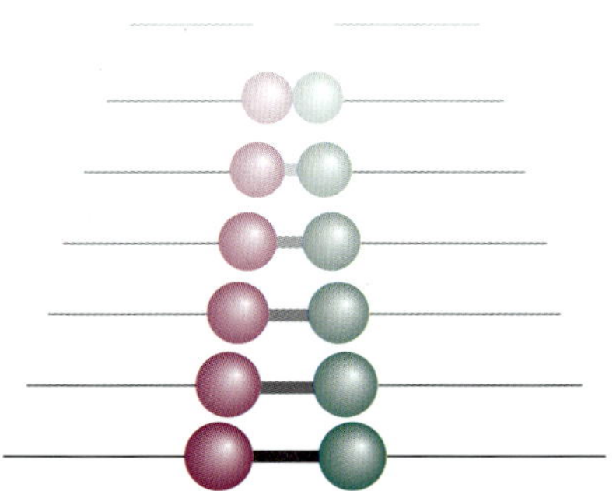

그림 35.2 전기 쌍극자의 장이 거리에 따라 감소하는 데는 두 가지 원인이 있다(여기에서는 옆면의 줄로 표시되었다). 전하의 퍼텐셜이 감소하고(여기서는 희미해지는 세기로 나타냈다) 또 두 전하가 한 덩어리처럼 되기 때문에 이 두 효과의 합에 의한 상호 작용 퍼텐셜은 거리 효과만 작용할 때보다 더 빠르게 0으로 접근한다.

간단한 예 35.2 점전하와 점 쌍극자의 상호 작용 에너지

1의 배열과 같이 점전하는 이온에, 쌍극자는 분자에 있으며 1.0 nm의 거리로 떨어져 있는 Li^+와 물 분자($\mu=1.85$ D)를 생각해 보자. 상호 작용 에너지는 식 35.2에 의해 다음과 같이 주어진다.

$$V=-\frac{\overbrace{(1.602\times10^{-19}\,\text{C})}^{Q_{Li^+}}\times\overbrace{(1.85\times3.336\times10^{-30}\,\text{C m})}^{\mu_{H_2O}}}{4\pi\times\underbrace{(8.854\times10^{-12}\,\text{J}^{-1}\text{C}^{-1}\text{m}^{-1})}_{\varepsilon_0}\times\underbrace{(1.0\times10^{-9}\,\text{m})}_{r}^{-2}}$$

$$=-8.9\times10^{-21}\,\text{J}$$

이 에너지는 -5.4 kJ mol^{-1}에 해당한다.

자가 진단 35.2 **1**과 같은 배치에서 Li^+ 이온으로부터 300 pm 거리에 있는 물 분자의 방향을 역으로 바꾸는 데 필요한 몰 에너지를 구하시오.

답: 119 kJ mol^{-1}

(b) 쌍극자-쌍극자 상호 작용

다음의 **증명**에서는 앞에서의 논의를 **2**와 같은 배치를 갖는 두 쌍극자의 상호 작용으로 확장시킬 수 있으며, 그 결과는 아래와 같다.

$$V=-\frac{\mu_1\mu_2}{2\pi\varepsilon_0 r^3} \qquad \text{2와 같은 배치} \quad \text{두 쌍극자 사이에서의 상호 작용 에너지} \qquad (35.3)$$

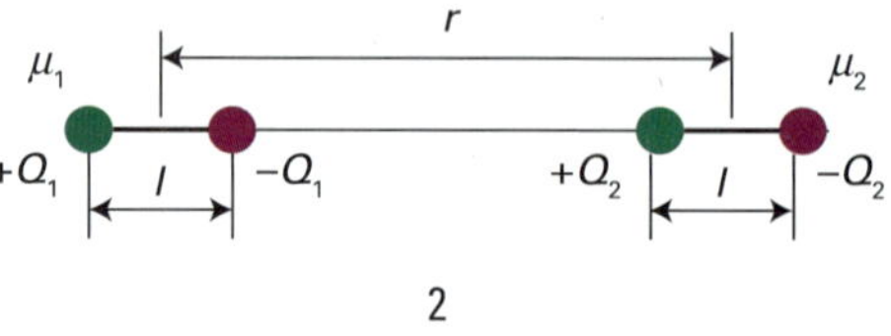

2

이 상호 작용 에너지는 앞의 경우보다 더 빠르게($1/r^3$에 비례) 0으로 접근한다. 멀리 떨어져 있을 때 이제 두 개의 모든 상호 작용 개체들은 서로 중성으로 보이게 된다.

증명 35.2 두 쌍극자의 상호 작용 에너지

두 쌍극자가 **2**에서와 같은 배열로 거리 r만큼 떨어져 있을 때의 상호 작용 퍼텐셜 에너지를 계산하기 위하여 위의 **증명** 35.1에서와 똑같은 방법을 이용하되, 이 경우에 총 상호 작용 에너지는 네 쌍의 상호 작용의 합이 된다. 즉 퍼텐셜 에너지에 음의 기여를 하는 반대 전하들 사이의 두 인력 항과, 양의 기여를 하는 동종 전하들 사이의 두 반발 항의 합이 된다.

이들 네 항을 더하면 다음과 같이 된다.

$$V=\frac{1}{4\pi\varepsilon_0}\left(-\frac{Q_1Q_2}{r+l}+\frac{Q_1Q_2}{r}+\frac{Q_1Q_2}{r}-\frac{Q_1Q_2}{r-l}\right)$$
$$=-\frac{Q_1Q_2}{4\pi\varepsilon_0 r}\left(\frac{1}{1+x}-2+\frac{1}{1-x}\right)$$

여기서 $x=l/r$이다. 앞에서와 같이 $l\ll r$을 전제로 하여 x에 관한 두 항을 전개하고 첫 항들만을 취하면, 두 항의 합이 $2x^2$이 된다. 그러면 위의 식이 다음과 같이 된다.

$$V=-\frac{2x^2Q_1Q_2}{4\pi\varepsilon_0 r}$$

따라서 $\mu_1=Q_1l$, $\mu_2=Q_2l$이므로 **2**의 그림과 같은 배열에서의 상호 작용 퍼텐셜 에너지는 식 35.3과 같이 주어진다.

증명 35.2는 단지 두 쌍극자의 가능한 한 가지 배향만을 나타낸다. 좀 더 일반적으로 두 극성 분자들 사이의 상호 작용 퍼텐셜 에너지는 이들의 상대적인 배향에 대한 복잡한 함수이다. **3**에 나타낸 배열과 같이 두 쌍극자가 평행할 때 이 에너지는 다음과 같이 간단하게 주어진다.

$$V=\frac{\mu_1\mu_2 f(\theta)}{4\pi\varepsilon_0 r^3} \qquad f(\theta)=1-3\cos^2\theta$$ 두 고정된 평행 쌍극자 사이의 상호 작용 에너지 (35.4)

3

간단한 예 35.3 쌍극자성 상호 작용

식 35.4를 사용하면 두 아마이드기 사이에서의 쌍극자성 상호 작용에 대한 몰 퍼텐셜 에너지를 구할 수 있다. 이 기들이 $\theta=180°$($\cos\theta=-1$, $1-3\cos^2\theta=-2$)로 3.0 nm 거리에 떨어져 있다고 하고, $\mu_1=\mu_2=2.7\text{D}$ 값을 취하면 이는 9.1×10^{-30} C m에 해당하므로 퍼텐셜 에너지는 다음과 같이 구할 수 있다.

$$V=\frac{\overbrace{(9.1\times10^{-30}\,\text{C m})^2}^{\mu_1\mu_2}\times\overbrace{(-2)}^{1-3\cos^2\theta}}{4\pi\times\underbrace{(8.854\times10^{-12}\,\text{J}^{-1}\text{C}^2\text{m}^{-1})}_{\varepsilon_0}\times\underbrace{(3.0\times10^{-9}\,\text{m})^3}_{r^3}}$$
$$=\frac{(9.1\times10^{-30})^2\times(-2)}{4\pi\times(8.854\times10^{-12})\times(3.0\times10^{-9})^3}\,\frac{\text{C}^2\,\text{m}^2}{\text{J}^{-1}\,\text{C}^2\,\text{m}^{-1}\,\text{m}^3}$$
$$=-5.5\times10^{-23}\,\text{J}$$

여기에서 1 V C = 1 J 관계를 사용하였고 위 식의 값은 −33 J mol^{-1}과 일치한다. 이 에너지는 같은 거리에 있는 두 부분 전하 사이의 값(**간단한 예** 35.1 참조)보다 상당히 작다.

자가 진단 35.3 상대 유전율이 3.5인 매질 속에서 $\theta=90°$ 각도로 3.0 nm 거리에 떨어져 있는 아마이드기와 물 분자에 대한 계산을 반복하시오.

답: −2.1 J mol^{-1}

식 35.4는 고체 속에서 평행하게 고정된 배향을 이루고 있는 극성 분자에 적용된다. 분자들이 자유롭게 회전하는 유체에서는 배향이 바뀜에 따라 $f(\theta)$가 부호를 바꾸며 그 평균값이 0이 되기 때문에, 쌍극자들 사이의 상호 작용이 평균해서 0이 된다. 물리학적으로 볼 때, 자유롭게 회전하는 두 분자의 동일 부호 부분 전하는 서로 가까이 접하고 있지만 두 상이한 전하도 마찬가지로 가까이 접하고 있으며, 따라서 동일 부분 전하의 반발과 인력이 상쇄되는 것이다. 수학적으로 이 결과는 다음의 **증명**에서 알 수 있듯이 함수 ($1-3\cos^2\theta$)의 평균값이 0이 되기 때문이다.

증명 35.3 자유롭게 회전하는 두 분자 사이의 쌍극자성 상호 작용

그림 35.3에 나타낸 단위 구를 생각해 보자. $f(\theta)=1-3\cos^2\theta$의 평균값은 구 표면 위 각 무한소 영역의 각 값(즉 전 표면에 걸친 함수의 적분)을 구의 표면적(4π와 같다)으로 나눈 값들의 합이다. 구면 극좌표의 면적 인자는 $\sin\theta\,\text{d}\theta\,\text{d}\phi$이고, θ가 0에서 π까지, 그리고 ϕ는 0에서 2π까지의 범위를 가질 때 $f(\theta)$의 평균값 $\langle f(\theta)\rangle$는 다음과 같다.

$$\langle f(\theta)\rangle=\frac{1}{4\pi}\int_0^{2\pi}\int_0^{\pi}(1-3\cos^2\theta)\sin\theta\,\text{d}\theta\,\text{d}\phi$$
$$=\frac{1}{4\pi}\int_0^{2\pi}\text{d}\phi\int_0^{\pi}(1-3\cos^2\theta)\sin\theta\,\text{d}\theta$$
$$=\frac{1}{2}\int_0^{\pi}(1-3\cos^2\theta)\sin\theta\,\text{d}\theta$$

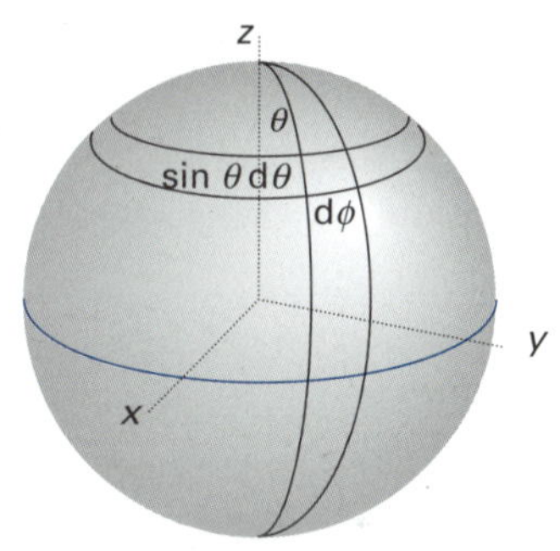

그림 35.3 면적 인자 $\sin\theta\,\text{d}\theta\,\text{d}\phi$를 나타내는 단위 구

위의 적분은 다음과 같이 계산된다.

$$\int_0^{\pi}(1-3\cos^2\theta)\sin\theta\,\text{d}\theta=\int_0^{\pi}\sin\theta\,\text{d}\theta-3\int_0^{\pi}\cos^2\theta\overbrace{\sin\theta\,\text{d}\theta}^{-\text{d}\cos\theta}$$
$$\overset{\text{적분 T.1과 T.10}}{=}\;-\cos\theta\Big|_0^{\pi}-3\left(-\frac{1}{3}\cos^3\theta\Big|_0^{\pi}\right)$$
$$=\overbrace{-\cos\theta\Big|_0^{\pi}}^{+2}+\overbrace{\cos^3\theta\Big|_0^{\pi}}^{-2}=0$$

여기에서는 **부록**에 열거된 표준 공식을 사용하였다. $\langle f(\theta)\rangle=0$, 그리고 식 35.4로부터 자유롭게 회전하는 분자들 사이의 쌍극자 상호 작용은 소멸되게 됨을 나타낸다.

자유롭게 회전하는 두 쌍극자의 상호 작용 에너지는 0이다. 그러나 이들의 상호 퍼텐셜 에너지는 이들의 상대적 배향에 의존하므로 분자들은 기체에서조차도 사실 완전히 자유롭게 회전하지 못한다. 실제로 낮은 에너지 배향이 최소한 조금은 나타나며, 따라서 극성 분자들 사이의 평균 상호 작용은 0이 되지 않는다. 아래 **증명**에서 보이는 바와 같이 회전하는 두 분자가 거리 r만큼 떨어져 있을 때의 평균 퍼텐셜 에너지는 다음과 같이 주어진다.

$$\langle V\rangle=-\frac{C}{r^6} \qquad C=\frac{2\mu_1^2\mu_1^2}{3(4\pi\varepsilon_0)^2kT} \qquad \text{두 회전 극성 분자 사이의 평균 퍼텐셜 에너지} \quad (35.5)$$

이 식을 **Keesom 상호 작용**(**Keesom interaction**)이라고 하는데, 이것은 van der Waals 상호 작용에 대한 첫 번째 기여이다($1/r^6$ 상호 작용으로 취할 때).

증명 35.4 Keesom 상호 작용

Keesom 상호 작용 에너지를 자세히 계산하려면 대단히 복잡하지만, 그 최종 형태의 답은 상당히 간단하게 만들 수 있다. 우선 일정한 거리 r을 유지하면서 회전하는 두 극성 분자의 평균 상호 작용 에너지는 다음과 같이 주어진다.

$$\langle V\rangle=\frac{\mu_1\mu_2\langle f(\theta)\rangle}{4\pi\varepsilon_0 r^3}$$

여기서 $\langle f(\theta)\rangle$ 속에는 특정한 배향이 나타날 확률과 동일한 평균화에 대한 가중 인자가 포함되어 있다. 이 확률은 Boltzmann 분포식 $p\propto e^{-E/kT}$로 주어지며, E는 해당 배향에서 두 쌍극자 상호 작용의 퍼텐셜 에너지이다. 즉

$$p\propto e^{-V/kT} \qquad V=\frac{\mu_1\mu_2 f(\theta)}{4\pi\varepsilon_0 r^3}$$

두 쌍극자 사이의 상호 작용의 퍼텐셜 에너지가 열운동 에너지에 비해서 대단히 작을 때는 $V\ll kT$로 놓고 p의 지수함수를 전개하여 처음 두 항만을 취한다. 즉

$$p\propto 1-V/kT+\cdots$$

그러면 $f(\theta)$의 가중 평균은 다음과 같이 쓸 수 있다.

$$\langle f(\theta)\rangle=\frac{\int_0^\pi f(\theta)p\,d\theta}{\int_0^\pi d\theta}=\frac{1}{\pi}\int_0^\pi f(\theta)p\,d\theta=\frac{1}{\pi}\int_0^\pi f(\theta)(1-V/kT)d\theta+\cdots$$

따라서

$$\begin{aligned}\langle f(\theta)\rangle&=\frac{1}{\pi}\int_0^\pi f(\theta)d\theta-\frac{1}{\pi}\int_0^\pi f(\theta)\left(V/kT\right)d\theta+\cdots\\&=\frac{1}{\pi}\int_0^\pi f(\theta)d\theta-\frac{1}{\pi}\int_0^\pi\frac{\mu_1\mu_2}{4\pi\varepsilon_0 kTr^3}f(\theta)^2d\theta+\cdots\\&=\overbrace{\frac{1}{\pi}\int_0^\pi f(\theta)d\theta}^{\langle f(\theta)_0\rangle}-\frac{\mu_1\mu_2}{4\pi\varepsilon_0 kTr^3}\overbrace{\left(\int_0^\pi\frac{1}{\pi}f(\theta)^2d\theta\right)}^{\langle f(\theta)^2\rangle_0}+\cdots\\&=\langle f(\theta)\rangle_0-\frac{\mu_1\mu_2}{4\pi\varepsilon_0 kTr^3}\langle f(\theta)^2\rangle_0+\cdots\end{aligned}$$

여기서 $\langle\cdots\rangle_0$는 각도에 따른 무게가 가중되지 않은 구면 좌표 평균이다. $f(\theta)$의 구면 좌표 평균값은 0이 되며(**증명** 35.3에서와 같이), 따라서 $\langle f(\theta)\rangle$에 대한 식에서 첫 번째 항은 소멸된다. 그러나 $f(\theta)^2$은 모든 배향에 대하여 양의 값을 가지기 때문에 $f(\theta)^2$의 평균값은 0이 되지 않고, 따라서 다음과 같이 쓸 수 있다.

$$\langle V\rangle=-\frac{\mu_1^2\mu_1^2\langle f(\theta)^2\rangle_0}{\left(4\pi\varepsilon_0\right)^2 kTr^6}$$

평균값 $\langle f(\theta)^2\rangle_0$의 값은 자세한 계산 결과에 의하면 2/3가 된다. 따라서 최종 결과는 식 35.5에서 인용된 것이다.

식 35.5의 중요한 특징은 다음과 같다.

- 음의 부호는 평균 상호 작용이 인력이라는 것을 나타낸다.
- 평균 상호 작용 에너지가 거리의 6제곱의 역수에 비례한다는 것은 이것이 van der Waals 상호 작용임을 확인하는 것이다.
- 온도에 반비례한다는 것은 온도가 높아질 경우 열운동이 쌍극자의 상호 배향 효과를 압도하게 된다는 것을 의미한다.
- 역6제곱은 역3제곱의 상호 작용 퍼텐셜로부터 나온 것으로 거리의 역제곱에 비례하는 Boltzmann 항의 에너지로 가중되었기 때문이다.

물리적 해석

간단한 예 35.4 Keesom 상호 작용

물 분자($\mu_1=1.85$ D)가 아마이드기($\mu_2=2.7$ D)로부터 1.0 nm에서 회전한다고 가정할 때 25°C(298 K)에서 이들의 상호 작용의 평균 에너지는 다음과 같다.

$$\langle V\rangle=-\frac{2\times(\overbrace{1.85\times3.336\times10^{-30}\,\text{C m}}^{\mu_1})^2\times(\overbrace{2.7\times3.336\times10^{-30}\,\text{C m}}^{\mu_2})^2}{3\times\underbrace{(1.710\times10^{-43}\,\text{J}^{-1}\,\text{C}^{-2}\,\text{m}^{-2}\,\text{K}^{-1})}_{(4\pi\varepsilon_0)^2k}\times\underbrace{(298\,\text{K})}_{T}\times\underbrace{(1.0\times10^{-9}\,\text{m})}_{r}{}^6}$$

이 상호 작용 에너지는 -24 J mol^{-1}(Avogadro 상수를 곱한 후)에 해당하며, 이것은 화학 결합이 생성되거나 끊어질 때 관여하는 에너지보다 대단히 작은 값이다.

실용 상식 계산에서 단위가 어떻게 포함되며 결과가 줄(J)로 나타나기 위하여 어떻게 상쇄되는가를 주목하라. 계산의 각 단계에서 단위를 포함시키고 곱해지거나 상쇄될 수 있는 대수적인 양들로 그들을 취급하는 것이 계산의 마지막에 단위를 짐작하여 알아내는 것보다 훨씬 더 좋다.

자가 진단 35.4 $\mu=1$ D인 기체 상태에 있는 한 쌍의 분자들이 298 K에서 0.5 nm의 거리를 가질 때 평균 상호 작용

에너지를 계산하시오. 이 에너지를 분자의 평균 몰 운동 에너지와 비교하시오.

답: $\langle V\rangle = -0.07\ \text{kJ mol}^{-1} \ll \frac{3}{2}RT = 3.7\ \text{kJ mol}^{-1}$

전하와 쌍극자들 사이의 상호 작용을 나타내는 여러 가지 식들을 표 35.1에 요약해 놓았다. 여기에서 주어진 식들을 확장하면 더 높은 다중 극자(전기 다중 극자는 토픽 34에 설명되었다)의 상호 작용 에너지에 관한 식을 꽤 쉽게 얻을 수 있다. 한 가지 명심해야 할 특징은 다중 극자의 차수가 높아질수록 상호 작용 에너지가 더 빠르게 떨어진다는 것이다. n중 극자와 m중 극자 사이의 상호 작용 퍼텐셜 에너지는 다음과 같이 거리에 따라 변한다.

$$V \propto \frac{1}{r^{n+m+1}} \qquad \text{다중 극자 사이의 상호 작용 에너지} \qquad (35.6)$$

이처럼 거리에 따라 더 빠르게 감소하는 이유는 앞에서와 같다. 즉 다중 극자에 기여하는 개개 전하의 수가 많아질수록 전하들의 배열이 거리에 따라 더 빠르게 중성 집단으로 한데 섞여 보이게 되기 때문이다. 한 주어진 분자는 여러 상이한 다중 극자들이 중첩된 전하 분포를 가질 수 있으며 이러한 경우들에서 상호 작용 에너지는 식 35.6으로 주어진 항들의 합이 된다는 것을 주목하라.

(c) 쌍극자-유도 쌍극자 상호 작용

쌍극자 모멘트가 μ_1인 극성 분자는 인접한 편극이 가능한 분자에 쌍극자를 유발시킬 수 있다(그림 35.4). 이 유도된 쌍극자는 처음 분자의 영구 쌍극자와 상호 작용을 하여 두 분자가 서로 끌어당긴다. 이 평균 상호 작용 에너지는 분자간 거리가 r일 때 다음과 같이 된다.

$$V = -\frac{C}{r^6} \qquad C = \frac{\mu_1^2 \alpha_2'}{4\pi\varepsilon_0} \qquad \text{극성 분자와 편극이 가능한 분자 사이의 퍼텐셜 에너지} \qquad (35.7)$$

여기서 α_2'은 분자 **2**의 편극도 부피(토픽 34)이고, μ_1은 분자 **1**의 영구 쌍극자 모멘트이다. 이 식에서 C는 식 35.5나 아래 나오는 식에서의 C와는 다르다. 이와 같이 동일한 C로 C/r^6을 나타낸 것은 이들 식의 유사성을 강조하기 위해서이다.

쌍극자–유도 쌍극자 상호 작용 에너지는 온도와 무관한데, 이것은 열운동의 효과가 평균하는 과정에서 0이 되기 때문이다. 뿐만 아니라 이 퍼텐셜 에너지도 쌍극자–쌍극자 상호 작용에서와 같이 $1/r^6$에 의존한다. 이 거리 의존도는 장의 세기(따라서 유도 쌍극자의 크기)가 $1/r^3$에 의존하고, 또 영구 쌍극자와 유도 쌍극자 사이의 상호 작용 퍼텐셜 에너지가 $1/r^3$에 비례하기 때문에 나오는 것이다.

간단한 예 35.5 쌍극자-유도 쌍극자 상호 작용

$\mu = 1.0$ D인 분자(3.3×10^{-30} C m, 예컨대 HCl)가 편극도 부피 $\alpha' = 10\times10^{-30}\ \text{m}^3$(벤젠과 같은 분자, 표 34.1)인 분자에서 0.3 nm 떨어져 있을 때의 평균 상호 작용 에너지는 다음과 같다.

$$V = -\frac{(3.3\times10^{-30}\,\text{C m})^2\times(10\times10^{-30}\,\text{m}^3)}{4\pi\times(8.854\times10^{-12}\,\text{J}^{-1}\,\text{C}^2\,\text{m}^{-1})\times(3.0\times10^{-10}\,\text{m})^6}$$
$$= -1.4\times10^{-21}\,\text{J}$$

여기에 Avogadro 상수를 곱하면 $-0.83\ \text{kJ mol}^{-1}$에 해당한다.

자가 진단 35.5 1.0 nm의 거리로 떨어져 있는 물 분자와 벤젠 분자 사이의 평균 상호 작용 에너지를 몰당 줄(J mol^{-1})의 단위로 계산하시오.

답: $-2.1\ \text{J mol}^{-1}$

표 35.1 상호 작용 퍼텐셜 에너지

상호 작용 종류	퍼텐셜 에너지의 거리 의존	전형적인 에너지 (kJ mol^{-1})	비고
이온–이온	$1/r$	250	이온들 사이에서만
수소 결합		20	X–H⋯Y 형태에서 일어남. 여기서 X, Y = N, O, F
이온–쌍극자	$1/r^2$	15	
쌍극자–쌍극자	$1/r^3$	2	정류 상태 극성 분자들 사이
	$1/r^6$	0.3	회전 극성 분자들 사이
London(분산)	$1/r^6$	2	모든 종류의 분자들과 이온들 사이

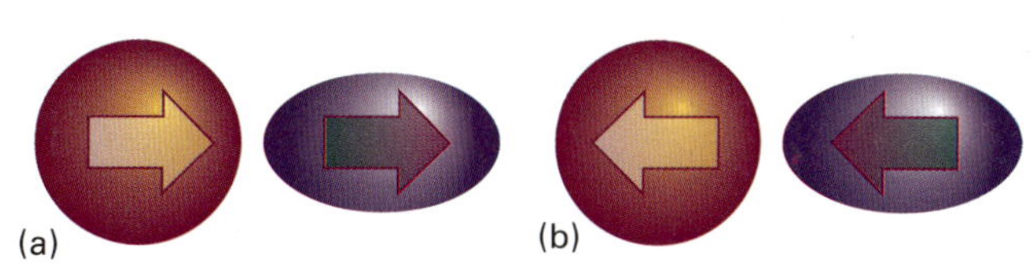

그림 35.4 (a) 극성 분자(진한 화살표)는 무극성 분자에 쌍극자(연한 화살표)를 유발시킬 수 있으며, (b) 후자의 배향은 앞의 것의 배향을 따르고, 따라서 평균을 하면 상호 작용은 0이 되지 않는다.

(d) 유도 쌍극자-유도 쌍극자 상호 작용

무극성 분자(Ar과 같은 닫힌 껍질 원자를 포함해서)는 영구 쌍극자 모멘트를 가지고 있지 않지만 서로 상호 인력을 나타낸다. 수소나 아르곤이 낮은 온도에서 응축되고 벤젠이 상온에서 액체라는 사실들은 이러한 무극성 분자들 사이에 상호 작용이 존재한다는 많은 증거의 예이다.

무극성 분자들 사이의 상호 작용은 전자의 순간적 위치 요동의 결과로 생기는 일시적인 쌍극자에 의해서 생긴다. 이러한 상호 작용의 근원을 이해하기 위해서 지금 한 분자 안의 전자들이 흔들거려 순간 쌍극자 모멘트의 크기 μ_1^*를 갖는 전자 배열을 나타낸다고 하자. 이 쌍극자는 다른 분자를 편극시킬 수 있는 전기장을 만들며, 이 분자에 크기가 μ_2인 순간 쌍극자를 유발시킨다. 그러면 이 두 쌍극자는 서로 끌어당기며, 그리하여 이 두 분자의 퍼텐셜 에너지가 낮아진다. 첫 번째 분자의 쌍극자의 크기와 방향이 계속적으로 변하기는 하지만 두 번째 분자의 전자 분포가 이것을 뒤따른다. 즉 두 쌍극자는 상관되는 방향을 취한다(그림 35.5). 이 상관성 때문에 두 순간 쌍극자 사이의 인력 효과는 평균하여 0이 되지 않고 유도 쌍극자-유도 쌍극자 상호 작용을 나타내게 된다. 이러한 상호 작용을 **분산 상호 작용(dispersion interaction)**, 또는 이 현상을 처음으로 설명한 Fritz London의 이름을 따서 **London 상호 작용(London interaction)**이라고도 한다.

순간 쌍극자 모멘트 크기 μ_1^*은 핵전하가 핵외 전자에 대하여 행사하는 통제력의 느슨함 정도에 의존하므로, 분산 상호 작용의 세기는 첫째 분자의 편극도에 의존한다. 이 상호 작용의 세기는 두 번째 분자의 편극도에도 의존하는데, 이것은 편극도가 다른 분자에 의해서 쌍극자가 얼마나 쉽게 유발될 수 있는가를 나타내는 것이기 때문이다. 분산 상호 작용을 실제로 계산하려면 상당히 복잡하지만, 상호 작용 에너지에 적당한 근사 과정을 써서 계산하면 다음과 같은 **London 식(London formula)**을 얻을 수 있다.

$$V=-\frac{C}{r^6} \qquad C=\frac{3}{2}\alpha_2'\alpha_2'\frac{I_1I_2}{I_1+I_2} \qquad \text{London 식} \qquad (35.8)$$

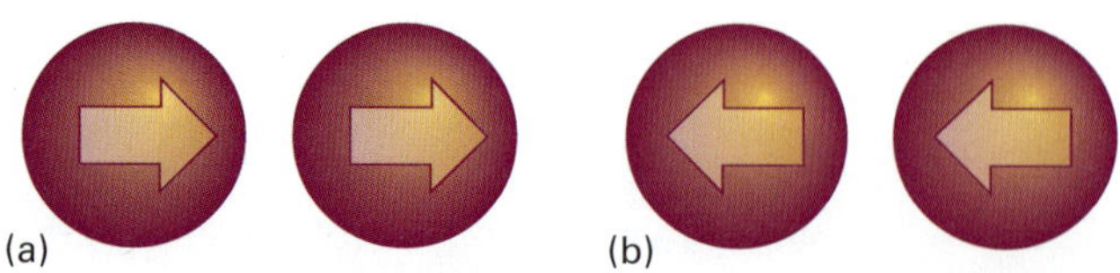

그림 35.5 (a) 분산 상호 작용에서는 한 분자의 순간 쌍극자가 다른 분자에 쌍극자를 유발시키고, 그 결과 두 쌍극자가 상호 작용을 하여 에너지를 낮춘다. (b) 두 순간 쌍극자는 순간에 따라 배향이 달라지지만 서로 상관되기 때문에 평균 상호 작용이 0으로 되지 않는다.

여기서 I_1과 I_2는 두 분자의 이온화 에너지이다. 이 상호 작용 에너지도 분자간 거리의 6제곱에 반비례하며, van der Waals 상호 작용에 대한 세 번째 기여임이 밝혀졌다. 일반적으로 분산 상호 작용은 수소 결합을 제외하면 모든 분자간 상호 작용을 능가한다.

간단한 예 35.6 London 상호 작용

0.30 nm 떨어져 있는 두 CH_4 분자의 경우에 $\alpha'=2.6\times10^{-30}$ m^3, $I\approx700$ kJ mol^{-1}과 함께 식 35.8을 사용하면 다음을 얻게 된다.

$$V=-\frac{\frac{3}{2}\times(2.6\times10^{-30}\,\text{m}^3)^2\times\left\{\frac{(7.00\times10^5\,\text{J mol}^{-1})^2}{2\times(7.00\times10^5\,\text{J mol}^{-1})}\right\}}{(0.30\times10^{-9}\,\text{m})^6}$$
$$=-4.9\,\text{kJ mol}^{-1}$$

상당히 대략적이지만 이 값을 대조해 볼 수 있는 것이 메테인의 증발 엔탈피 8.2 kJ mol^{-1}이다. 그러나 부분적인 이유로 증발 엔탈피는 다체간 성질이고 또한 장거리 힘이 가정되지 않으므로, 이 비교는 정확한 것이 못된다.

자가 진단 35.6 두 개의 He 원자가 1.0 nm 떨어져 있을 때 London 상호 작용의 에너지를 추정하시오.

답: -0.071 J mol^{-1}

35.3 수소 결합

지금까지 설명한 상호 작용들은 모든 분자들이 그 개체의 특성과 무관하게 가지는 것이라는 관점에서 보편적인 것들이었다. 그러나 특별한 조성을 갖는 분자들 사이에만 나타나는 상호 작용이 있다. **수소 결합(hydrogen bond)**이라고 하는 이 상호 작용은 전기 음성도가 큰 두 원소 A와 B가 B의 고립 전자쌍을 통해서 A−H···B와 같은 형태로 연결되어 생기는 두 화학종 사이에서의 인력적인 상호 작용이다. 수소 결합은 관습적으로 N, O, F에만 한정된다고 생각하여 왔지만, B가 음이온 종이기만 하면(Cl^- 이온과 같은) 수소 결합을 만들 수 있다. 수소 결합에 참여할 수 있는 자격의 한계를 엄밀하게 그을 수는 없으나 N, O, F가 가장 효과적인 것들이다.

수소 결합의 형성은 H의 부분 양전하와 B의 부분 음전하 사이의 접근이라고 볼 수도 있고, A, H, B가 각각 내놓는 원자 오비탈로부터 3개의 비국지화 분자 오비탈이 형성되는 특별한 형식의 결합이라고 볼 수도 있다(그림 35.6). 실험적 증거나 이론적 논의는 이 두 관점을 모두 지지하는 것으로 나타나지만, 문제는 아직 완전히 해결되지 않고 있다. 35.1

절의 논의를 이용하여 정전기적 상호 작용 모형을 가지고 쉽게 설명할 수는 있지만, 여기서는 분자 오비탈 모형을 발전시켜 보겠다.

지금 A의 오비탈 χ_A와 수소의 1s 오비탈 χ_H의 중첩으로 A–H 결합을 형성하고, B의 오비탈 χ_B에 고립 전자쌍이 점유되고 있다고 간주한다면, 이런 분자 2개가 서로 접근할 때 다음과 같이 세 바탕 함수 오비탈로부터 세 개의 분자 오비탈이 형성될 수 있다는 것이다.

$$\psi = c_1\chi_A + c_2\chi_H + c_3\chi_B$$

이 중 한 분자 오비탈은 결합, 또 하나는 거의 비결합, 나머지 하나는 반결합이다. 이들 세 오비탈에 4개의 전자(2개는 A–H 결합으로부터이고, 또 2개는 B의 고립 전자쌍으로부터)가 들어가게 되는데, 2개는 결합 오비탈을, 나머지 2개는 비결합 오비탈을 점유한다. 에너지가 가장 높은 반결합 오비탈이 비어 있게 되므로 거의 모든 비결합 오비탈의 정확한 에너지에 의존하는 실제 효과는 결과적으로 에너지가 낮아질 수 있는 것이다.

실제로 이 수소 결합의 세기는 약 20 kJ mol^{-1} 정도를 갖는다. 이 결합은 오비탈들의 겹쳐짐에 의존하기 때문에, 일종의 접촉성 상호 작용으로서 AH가 B와 접촉되면 형성되고 떨어지면 0이 된다. 수소 결합이 존재하면 이것이 앞에서 설명한 모든 van der Waals 상호 작용을 압도한다. 예로서 물과 얼음의 성질은 주로 H_2O 분자 사이의 수소 결합에 의해서 지배된다. DNA의 구조와, 그 결과 유전 정보의 전달은 염기쌍들 사이의 수소 결합 세기에 결정적으로 의존한다. 이러한 수소 결합의 구조적 증거를 보여 주는 것이 형식상 결합을 이루지 않고 있는 원자들 사이의 짧은 핵간 거리이다. 즉 이 거리가 van der Waals 반지름에 기초하여 예상되는 접촉 거리보다 짧은데, 이것은 이들 사이에 강력한 인력 상호 작용이 존재한다는 것을 의미한다. 예로서 O–H···O에서의 O–O 거리는 van der Waals 반지름으로 계산하면 280 pm가 되어야 하지만 전형적인 화합물에서는 270 pm이다. 뿐만 아니라 H···O 거리도 260 pm가 예상되는데, 실제로는 170 pm밖에 안 된다.

수소 결합은 대칭적일 수도 있고 비대칭적일 수도 있다. 대칭 수소 결합에서는 H 원자가 다른 두 원자의 중간에 위치한다. 이러한 배치는 흔하지는 않지만 F–H···F–에서 나타나는데, 여기서는 모든 결합 길이가 120 pm이다. 더욱 통상적인 것은 A–H 결합이 H···B 결합보다 짧은 비대칭 배치이다. A–H···B를 점전하들의 배열로 취급하고(A와 B가 부분 음전하를 갖고 H가 부분 양전하를 갖는) 간단한 정전기학상으로 따져 보면, 두 부분 음전하가 가장 멀리 떨어져 있게 되는 선형 결합이 낮은 에너지의 배열이 된다. 그러나 실험적인 구조 연구 증거에 의하면 이들은 선형일 수도 있고 근접 선형일 수도 있다.

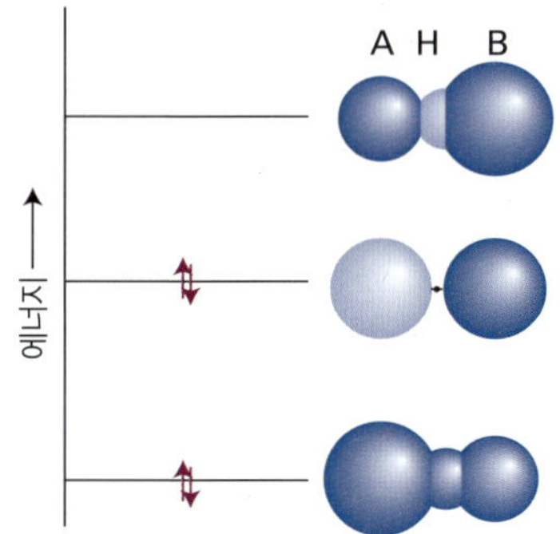

그림 35.6 분자 오비탈로 해석한 A–H···B 수소 결합 형성. A, H, B의 세 원자 오비탈로부터 세 분자 오비탈이 형성될 수 있다(이들의 상대적 기여도를 구의 크기로 나타내었다). 두 개의 낮은 에너지의 오비탈만이 점유되며(전체 4개의 전자 중 2개는 A–H로부터, 2개는 B의 고립 전자쌍으로부터), 따라서 독립적인 AH와 B 종들에 비해서 실질적으로 에너지가 낮아진다.

간단한 예 35.7 수소 결합

통상의 수소 결합은 액체 물이나 얼음에서와 같이 O–H기와 O 원자들 사이에서 형성된다. 문제 35.4에서는 정전기적 모형을 사용하여 그림 4에서 θ로 표시된 OOH 각도에서의 상호 작용 퍼텐셜 에너지를 계산하게 되며, 그 결과가 그림 35.7에 도시되었다. $\theta = 0$과 같이 OHO 원자가 일직선상에 놓이게 되면 몰 퍼텐셜 에너지는 −19 kJ mol^{-1}이 되는 것을 알 수 있다.

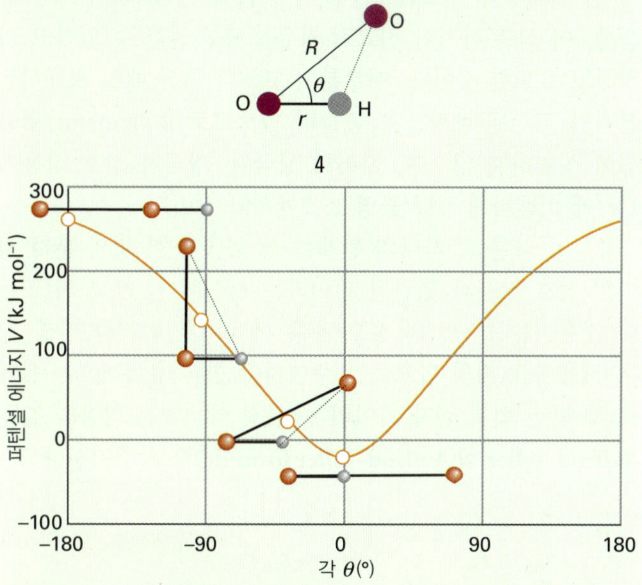

그림 35.7 O기가 변화하여 만드는 O–H 사이의 각도에 따른 수소 결합의 (정전기적 모형에 따른) 상호 작용 에너지 변화

자가 진단 35.7 그림 35.7을 사용하여 상호 작용 에너지가 각도에 의존함을 밝히시오. 어떤 각도에서 상호 작용 에너지가 음이 되는가?

답: 오로지 ±12°, 따라서 원자들이 선형 배치에 가깝게 될 때에 한하여 에너지가 음이 된다(상호 작용은 인력이다).

35.4 전체 상호 작용

이제 수소 결합을 형성할 수 없는 분자들을 생각해 보자. 회전하는 분자들 사이의 전체 인력 상호 작용 에너지는 쌍극자–쌍극자, 쌍극자–유도 쌍극자, 분산 상호 작용들을 더한 것과 같다. 두 분자가 모두 무극성일 때는 분산 상호 작용만이 작용한다. 유체상 속에서는 퍼텐셜 에너지에 대한 세 가지 기여가 모두 분자간 거리의 6제곱에 반비례하므로 다음과 같이 나타낼 수 있다.

$$V = -\frac{C_6}{r^6} \tag{35.9}$$

여기서 C_6은 분자의 종류에 의존하는 일종의 비례 상수이다.

분자간 인력 상호 작용을 흔히 식 35.9로 나타내기는 하지만, 이 식은 타당성에 한계가 있다는 것을 염두에 두어야 한다. 즉 첫째로 지금까지는 여러 가지 종류의 쌍극자 상호 작용만을 고려해야 했으며, 이것은 이 상호 작용이 가장 원거리성 힘이고, 분자간 평균 거리가 클 때에 지배적으로 작용하는 것이기 때문이었다. 그러나 완벽하게 하려면 사중 극자와 더 고차의 다중 극자 상호 작용들도 고려해야 하며, 분자가 전기적 쌍극자 모멘트를 갖지 않을 때는 특히 더 그렇다. 둘째, 이 식은 분자가 비교적 자유롭게 회전할 수 있다고 가정하고 유도한 것이다. 대부분의 고체나 굳은 매질 속에서는 분자가 고정된 배향으로 붙들려 있으므로 Boltzmann 평균법이 성립하지 않으며, 따라서 쌍극자–쌍극자 상호 작용이 $1/r^3$에 비례하게 된다(**증명** 35.2에서와 같이).

종류가 다른 또 하나의 한계는 식 35.9가 한 쌍의 분자 사이의 상호 작용과 연관된 것이라는 사실이다. 세 분자(또는 더 많은 분자) 사이의 상호 작용 에너지가 이러한 쌍쌍 상호 작용 에너지의 합으로만 주어져야 할 이유는 없다. 실제로 세 닫힌 껍질 원자 사이의 총 분산 에너지는 다음과 같은 **Axilrod-Teller 식(Axilrod-Teller formula)**으로 주어진다.

$$V = -\frac{C_6}{r_{AB}{}^6} - \frac{C_6}{r_{BC}{}^6} - \frac{C_6}{r_{CA}{}^6} + \frac{C'}{(r_{AB}r_{BC}r_{CA})^3} \tag{35.10a}$$

Axilrod–Teller 식

여기서

$$C' = a(3\cos\theta_A \cos\theta_B \cos\theta_C + 1) \tag{35.10b}$$

파라미터 a는 근사적으로 $\frac{3}{4}\alpha' C_6$과 같다. 그리고 각도 θ들은 세 원자로 된 삼각형 (**5**)의 내부 각이다. 마지막 C'항(쌍쌍 상호 작용의 비가산성을 나타내는)은 원자들이 선형 배열을 하고 있을 때는 음의 값을(따라서 안정한 배열이다), 등변 삼각의 뭉치를 형성하고 있을 때는 양의 값(즉 불안정한 배열)을 나타낸다. 액체 아르곤의 경우에는 이 삼체 상호 작용 항이 총 상호 작용 에너지의 약 10% 정도가 된다는 사실이 밝혀졌다.

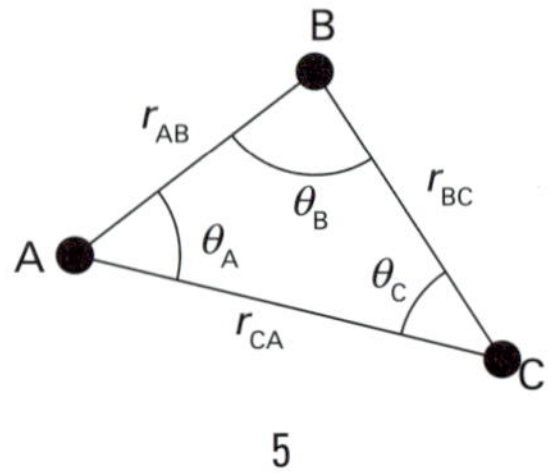

5

분자들을 가까이 밀어붙이면 핵과 전자의 반발력들은 분자간 인력을 능가하게 된다. 이러한 상호 반발은 분자간 거리가 줄어들면 급격하게 커지며, 이 의존 관계는 토픽 28~30에서 설명한 것과 같은 매우 광범위하고 복잡한 분자 구조 계산을 통해서만 계산할 수 있다(그림 35.8).

그러나 대부분의 경우에는 이 반발 에너지의 세부 내용들을 무시하고, 대신에 간단히 몇 개의 조절 파라미터를 이용하여 그 일반적 특징을 나타낼 수 있는 식을 만들어서 쓴다. 이러한 근사법의 하나가 **강체구 퍼텐셜 에너지(hard-sphere potential energy)**라고 하는 것인데, 이 방법에서는 입자 사이의 거리가 d 이내로 되자마자 퍼텐셜 에너지가 무한대로 급격하게 상승한다고 가정한다. 즉

$$V = \infty (r \leq d\text{일 때}),\ V = 0 (r > d\text{일 때}) \tag{35.11}$$

강체구 퍼텐셜 에너지

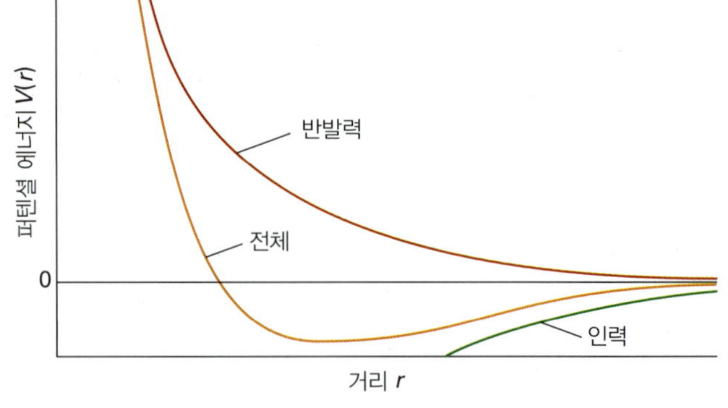

그림 35.8 분자간 퍼텐셜 에너지 곡선의 일반적 모양(두 닫힌 껍질 화학종에서 그들 사이의 거리가 변함에 따른 퍼텐셜 에너지 그래프). 인력(음의) 기여는 원거리성의 특성을 가지지만, 분자들이 서로 접촉하게 되면 반발(양의) 상호 작용이 매우 급격히 증가한다.

이와 같이 퍼텐셜 에너지에 대한 매우 간단한 식은 많은 성질들을 설명하는 데 놀랍게도 매우 유용하게 사용된다. 또 하나의 널리 쓰이는 근사법은 다음과 같은 **Mie 퍼텐셜 에너지**(**Mie potential energy**)이다.

$$V = \frac{C_n}{r^n} - \frac{C_m}{r^m} \quad \text{Mie 퍼텐셜 에너지} \quad (35.12)$$

여기서 $n>m$이다. 첫째 항은 반발을 나타내고, 둘째 항은 인력을 나타낸다. Mie 퍼텐셜 에너지에서 $n=12$, $m=6$(그림 35.9)을 취한 다음과 같은 특별한 경우를 **Lennard-Jones 퍼텐셜 에너지**(**Lennard-Jones potential energy**)라고 한다.

$$V = 4\varepsilon\left\{\left(\frac{r_0}{r}\right)^{12} - \left(\frac{r_0}{r}\right)^{6}\right\} \quad \text{Lennard-Jones 퍼텐셜 에너지} \quad (35.13)$$

여기서 ε과 r_0은 파라미터인데, ε은 퍼텐셜 우물의 깊이에 해당하고(매질의 유전율 기호와 혼동하지 말 것), r_0는 $V=0$일 때의 분자간 거리이다(표 35.2).

Lennard-Jones 퍼텐셜 에너지는 많은 계산에서 이용되어 왔지만 $1/r^{12}$은 반발 퍼텐셜 에너지를 적합하게 나타내지 못하며, 오히려 e^{-r/r_0}과 같은 형태의 지수함수가 훨씬 더 잘 맞는다는 것을 알게 되었다. 원자 파동함수가 먼 거리에서 지수함수적으로 감쇠되는 것을 나타내는 데는 지수함수가 적합하며, 따라서 반발의 원인이 되는 겹침을 나타내는 데에도 지수함수가 적합한 것이다. 지수함수적 반발 항과 $1/r^6$ 인력 항으로 된 퍼텐셜 에너지를 **지수-6 퍼텐셜 에너지**(**exp-6 potential energy**)라고 한다. 이러한 퍼텐셜 에너지의 식들은 토픽 36에서 설명한 바와 같이 기체의 비리알 계수를 계산하는 데 이용할 수 있으며, 또한 이것을 통해서 Joule–Thomson 계수와 같은 실제 기체의 여러 성질(토픽 56)을 계산할 수 있다. 또한 이 퍼텐셜들은 응축 유체상의 구조를 나타내는 데에도 이용된다.

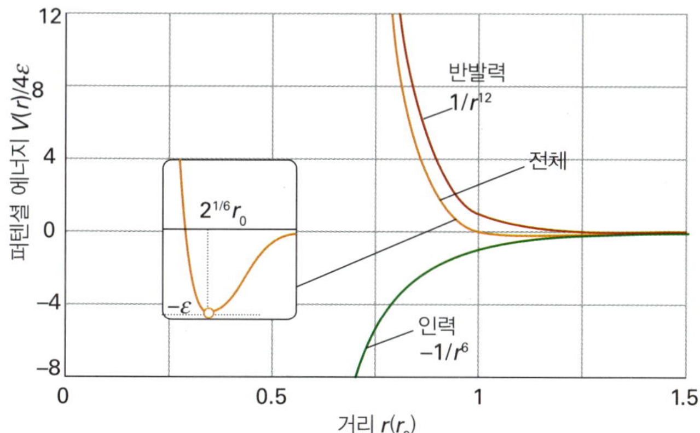

그림 35.9 Lennard-Jones 퍼텐셜 곡선은 실제 분자간 퍼텐셜 에너지 곡선에 대한 또 하나의 근사법이다. 이것은 $1/r^6$에 비례하는 기여에 의한 인력 성분과 $1/r^{12}$에 비례하는 기여에 의한 반발 성분으로 만들어진다. 특히 이렇게 선택함으로써 Lennard-Jones (12,6) 퍼텐셜이라는 결과가 나오게 된다. 전자의 경우인 $1/r^6$의 기여에 대해서는 충분한 이론적인 근거가 있지만, $1/r^{12}$은 곡선의 반발 성분에 대하여 빈약한 근사밖에 되지 못한다는 많은 증거가 나타나 있다.

표 35.2* Lennard-Jones (12,6) 퍼텐셜 파라미터

	ε(kJ mol^{-1})	r_0(pm)
Ar	128	362
Br_2	536	427
C_6H_6	454	6177
Cl_2	368	448.5
H_2	34	297
He	11	258
Xe	236	426

*더 많은 값들이 **부록**에 수록되어 있다.

원자 크기의 탐침과 표면 사이의 힘을 모니터(토픽 95)하는 원자힘 현미경(atomic force microscopy, AFM)의 개발로 분자들 사이에 작용하는 힘을 직접 측정할 수 있게 되었다. 힘 F는 퍼텐셜 에너지의 음의 기울기이며, 따라서 개개 분자들 사이의 Lennard-Jones 퍼텐셜 에너지에 대하여 힘 F는 다음과 같이 된다.

$$F = -\frac{dV}{dr} = \frac{24\varepsilon}{r_0}\left\{2\left(\frac{r_0}{r}\right)^{13} - \left(\frac{r_0}{r}\right)^{7}\right\} \quad (35.14)$$

예제 35.1 Lennard-Jones 퍼텐셜 에너지로부터 분자간 힘 계산하기

Lennard-Jones 퍼텐셜 에너지 식을 사용하여 두 N_2 분자 사이에서 최대 알짜 인력을 계산하시오.

방법 힘의 크기는 거리 r이 $dF/dr=0$일 때 최대가 된다. 따라서 식 35.14를 r에 대하여 미분하고, 이 결과를 0으로 하는 r 값을 구한다. 마지막으로 식 35.14에 r 값을 대입하고 이에 대응하는 F 값을 계산한다.

풀이 $dx^n = nx^{n-1}$이므로 r에 대한 F의 미분은 다음과 같다.

$$\frac{dF}{dr} = \frac{24\varepsilon}{r_0}\left\{2\left(-13r_0^{13}\frac{1}{r^{14}}\right) - \left(-7r_0^{7}\frac{1}{r^{8}}\right)\right\} = 24\varepsilon r_0^6\left\{\frac{7}{r^8} - \frac{26r_0^6}{r^{14}}\right\}$$

따라서 다음과 같은 경우에 $dF/dr=0$이 된다.

$$\frac{7}{r^8} - \frac{26r_0^6}{r^{14}} = 0 \quad \text{또는} \quad 7r^6 - 26r_0^6 = 0$$

$$r=\left(\frac{26}{7}\right)^{1/6} r_0 = 1.244 r_0$$

또는 이와 같은 분자들 사이의 거리에서 힘은 다음과 같다.

$$F=\frac{24\varepsilon}{r_0}\left\{2\left(\frac{r_0}{1.244r_0}\right)^{13}-\left(\frac{r_0}{1.244r_0}\right)^{7}\right\}=-2.396\varepsilon/r_0$$

표 35.2로부터 $\varepsilon=1.268\times10^{-21}$ J, $r_0=3.919\times10^{-10}$ m이며, 따라서 다음의 결과를 얻는다.

$$F=-\frac{2.396\times(1.268\times10^{-21}\,\text{J})}{3.919\times10^{-10}\,\text{m}}=-7.752\times10^{-12}\,\text{N}$$

여기에서 1 N=1 J m^{-1}을 사용했으며 따라서 힘의 크기는 8 pN이 된다.

자가 진단 35.8 Lennard-Jones 퍼텐셜에서 r_e가 어느 거리일 때 퍼텐셜 에너지 곡선의 최솟값이 나타나는가?

답: $r_e=2^{1/6}r_0$

개념 확인

- ☐ 1. 닫힌 껍질 분자들 사이에서의 **van der Waals 상호 작용**은 그들 사이 거리의 6제곱에 반비례한다.
- ☐ 2. 중요한 분자 상호 작용에는 **전하–전하**, **전하–쌍극자**, **쌍극자–쌍극자**, **쌍극자–유도 쌍극자**, **수소 결합**이 있다.
- ☐ 3. 수소 결합은 X와 Y가 전형적으로 N, O, F일 때 X–H⋯Y 형태에서의 상호 작용이다.
- ☐ 4. **Lennard-Jones 퍼텐셜 에너지** 함수는 총 분자간 퍼텐셜 에너지의 모형이다.

식 확인

성질	식	비고	식 번호
매질에서 두 점전하 사이의 상호 작용 퍼텐셜 에너지	$V=Q_1Q_2/4\pi\varepsilon r$	매질의 상대 유전율은 $\varepsilon_r=\varepsilon/\varepsilon_0$	35.1b
점 쌍극자와 점전하 사이의 상호 작용 에너지	$V=-\mu_1 Q_2/4\pi\varepsilon_0 r^2$		35.2
두 개의 고정된 쌍극자 사이의 상호 작용 에너지	$V=\mu_1\mu_2 f(\theta)/4\pi\varepsilon_0 r^3,\ f(\theta)=1-3\cos^2\theta$	평행 쌍극자	35.4
두 개의 회전 쌍극자 사이의 상호 작용 에너지	$V=-2\mu_1^2\mu_2^2/3(4\pi\varepsilon_0)^2kTr^6$		35.5
극성 분자와 편극된 분자 사이의 상호 작용 에너지	$V=-\mu_1^2\alpha_2'/4\pi\varepsilon_0 r^6$		35.7
London 식	$V=-\frac{3}{2}\alpha_1'\alpha_2'[I_1I_2/(I_1+I_2)]/r^6$		35.8
Axilrod-Teller 식	$V=-C_6/r_{AB}^6-C_6/r_{BC}^6-C_6/r_{CA}^6+C'/(r_{AB}r_{BC}r_{CA})^3$	닫힌 껍질 원자들에 적용됨.	35.10
Lennard-Jones 퍼텐셜 에너지	$V=4\varepsilon\{(r_0/r)^{12}-(r_0/r)^6\}$		35.13

토픽 36

실제 기체

내용

➤ 학습 목표

우리 행성이나 다른 행성의 대기를 이해하려면 기체를 알아야 한다. 또한 많은 공업적인 공정은 기체를 포함하며 반응의 결과와 반응 용기들의 디자인은 모두 기체들의 성질에 대한 지식에 의존한다.

➤ 핵심 내용

실제 기체에서는 약한 인력과 반발력으로 완전 기체 법칙으로부터 편차가 야기될 수 있다.

➤ 미리 알기

첫 세 절에 대해서는 완전 기체 법칙(**기초 지식**, 토픽 1)과 Lennard-Jones 퍼텐셜 에너지 함수에 의하여 표현된 것과 같이 분자의 인력 및 반발 상호 작용의 근원(토픽 35)에 익숙해져야 한다. 또한 기체 운동 이론의 정성적인 특징(토픽 78에서 더 깊이 취급하게 되는)을 알아야 한다. 좀 더 정도가 높은 마지막 절에서는 내부 압력의 개념(토픽 58)과 열역학적 상태 방정식의 전개(토픽 66)에 대해 알아야 할 필요가 있다.

순수한 기체의 상태는 기체의 부피, 물질의 양, 압력, 온도가 주어짐으로써 구체적으로 명시된다. 그러나 이들 변수 중 세 가지만을 명시하면, 나머지 네 번째 변수는 이 세 가지 변수로부터 결정되므로 세 가지 변수면 충분하다는 것이 실험적으로 밝혀졌다. 즉 실험 결과에 의하면 각 물질은 이들 네 변수 중 어느 하나를 세 가지 변수의 항으로 표현하는 하나의 방정식, 즉 **상태 방정식(equation of state)**으로 나타낼 수 있다는 것이다. 따라서 이 상태 방정식은 다음과 같은 일반적인 형태로 나타낼 수 있다.

$$p=f(T,V,n) \quad \text{상태 방정식} \quad (36.1)$$

여기에서 p는 압력, V는 부피, n은 분자의 양, T는 (절대) 온도이다. 이 식에 의하면 한 특정한 물질에 대한 n, T, V의 값들을 알면, 압력은 한 정해진 값을 갖게 된다는 것이다.

각 물질은 자신의 상태 방정식으로 그 상태를 나타낼 수 있지만, 우리가 상태식을 알고 있는 물질은 특별한 경우 몇 가지밖에 되지 않는다. 토픽 1과 66에서 설명한 바와 같이 완전 기체의 상태 방정식은 모든 기체에 대하여 $p\to 0$에 따른 상태식에 대한 극한에서의 제한된 형태로서 다음과 같다.

$$pV=nRT \quad \text{완전 기체 법칙} \quad (36.2)$$

여기에서 R은 모든 기체에 대하여 동일한 보편 상수이다(**기초 지식**, 토픽 1). 이것은 **기초 지식**의 토픽 2에서는 N_A가 Avogadro 상수이고, k가 Boltzmann 상수일 때 $R=N_Ak$라고 밝혔다. 앞으로 이 토픽에서는 분자간 상호 작용이 중요할 때 이 식이 어떻게 이용되는지에 관해서 설명을 하고자 한다.

미시적인 수준에서 완전 기체는 분자간 상호 작용의 결핍과 끊임없는 운동에서 분자의 완전한 무작위 분포(토픽 78)에 의해 특성지어진다. 그러나 실제 기체에서는 약한 인력과 반발력이 존재하며, 이것은 분자들의 상대 위치에 최소한의 영향을 미치지만 완전 기체 법칙으로부터 편차를 초래한다. 완전 기체 법칙으로부터의 벗어남은 높은 압력과 낮은 온도, 특히 기체가 낮은 온도에서 액체로 응축되는 점에서 특별히 중요하게 된다. 이 점에서는 기체의 분자들이 서로서로의 인력으로부터 벗어나기 위한 충분한 운동 에너지를 갖지 못하여 서로 함께 뭉치게 된다. 분자들은 단지 수 개의 지름 거리 정도만 떨어져 있을 때는 서로 잡아당기지만 서로가 접촉하게 되자마자 서로가 반발하게 된다. 이 반발은 액체와 고체가 뚜렷한 본체를 가지며 무한소 점으로 붕괴되지 않는다는 사실의 원인이 된다.

36.1 기체에서의 분자 상호 작용

분자들 사이의 반발력은 팽창을 도우며, 인력은 압축을 돕는다. 반발력은 분자들이 거의 맞닿았을 때에만 중요하게 된다. 이 반발력은 분자 지름 단위로 보더라도 근거리 상호 작용이다(그림 36.1). 이 힘이 이처럼 근거리 상호 작용이기 때문에 분자간 반발은 분자들의 평균 거리가 작을 때에만 현저할 것으로 예상할 수 있다. 즉 많은 수의 분자가 작은 부피를 차지하는 높은 압력하에서 이러한 상호 작용이 나타나는 것이다. 한편 분자간 인력은 비교적 장거리 힘이며, 분자 지름의 수 배나 되는 거리에서도 영향을 미친다. 따라서 분자들이 서로 어느 정도 가까이 있지만 서로 맞닿아 있지 않을 때에는(그림 36.1에서 서로 분자 지름 몇 개 이내의 중간 정도의 거리) 중요하게 된다. 그러나 분자들이 너무 멀리 떨어져 있을 때는(그림 36.1에서 먼 오른쪽으로) 인력이 효과를 나타내지 못한다. 분자간 인력은 온도가 대단히 낮을 때에도 중요해지는데, 이때는 분자의 평균 운동 속력이 너무 낮아져서 서로 붙들릴 수 있게 되는 것이다.

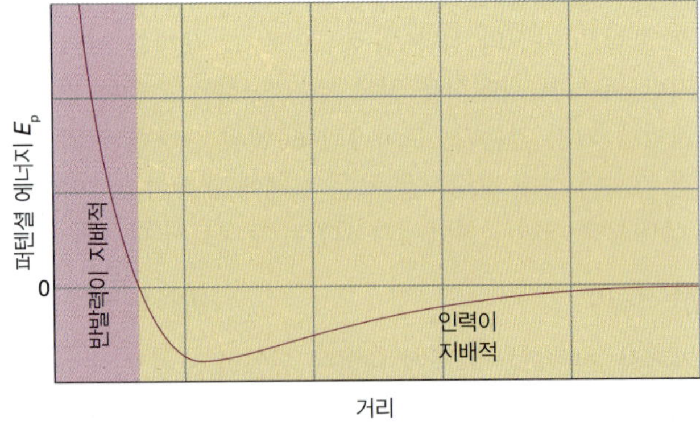

그림 36.1 두 분자(대단히 가까운 거리)의 퍼텐셜 에너지 변화에서 이들 사이의 상호 작용이 센 반발 작용임을 나타낸다. 퍼텐셜 에너지가 음이 되는 중간 정도의 거리에서는 인력 작용이 지배적이다. 대단히 멀리(오른쪽으로) 떨어져 있을 때는 퍼텐셜 에너지가 0이며, 분자들 사이에 상호 작용이 없다.

간단한 예 36.1 기체에서의 상호 작용

기체상 입자 사이에서의 상호 작용이 중요하게 될 수 있는 거리에 대한 식견을 얻기 위해서 두 개의 Ar 원자를 생각하자. 두 원자의 분자간 퍼텐셜 에너지의 모형은 토픽 35에서 소개된 Lennard-Jones 퍼텐셜 에너지인 $V=4\varepsilon\{(r_0/r)^{12}-(r_0/r)^6\}$이며, 이것은 $r=2^{1/6}r_0$에서 최솟값(가장 큰 음의 값)을 가지며 $r=r_0$에서 0을 지난다. 아르곤 원자에 대하여 $r_0=362$ pm이므로(표 35.2), 두 Ar 원자들 사이의 상호 작용 퍼텐셜 에너지는 $r=362$ pm에서 0을 지나게 된다. 이것은 이 거리 아래에서 반발력이 압도하는 거리가 된다는 것이다. Ar 원자의 지름이 142 pm가 되기 때문에 이 거리는 2.5개의 원자 지름에 해당된다. 두 개의 Ar 원자 사이에서 상호 작용의 퍼텐셜 에너지는 $r=2^{1/6}\times362$ pm $=406$ pm에서 최소가 되며, 이는 2.9개 원자 지름에 해당한다.

자가 진단 36.1 두 Ar 원자 사이의 거리가 (i) 407 pm(대략 3개 원자 지름) (ii) 1.0 nm(대략 7개 원자 지름)로 떨어졌을 때 두 원자에 대한 분산 상호 작용(London 식인 식 35.8을 사용할 것)의 몰 에너지를 추정하시오.

답: (i) -691 J mol^{-1}, (ii) -3.1 J mol^{-1}

36.2 비리알 상태 방정식

실제 기체에 대한 상태 방정식의 일반적인 형태는 시료의 온도, 부피, 분자의 여러 가지 양의 값들에 대하여 압력을 측정함으로써 추론할 수 있다. 이를 위하여 기체의 몰부피 $V_m=V/n$을 이 기체와 동일한 압력과 온도에서의 완전 기체의 부피 V_m°으로 나눈 비인 기체의 **압축 인자**(**compression factor**) Z를 정의하여 논의하면 편리하다. 즉

$$Z=\frac{V_m}{V_m^\circ}\qquad \text{기체의 압축 인자}\qquad (36.3a)$$

완전 기체의 경우 $V_m=V_m^\circ$이므로 모든 조건하에서 $Z=1$이 되며, 따라서 Z가 1로부터 벗어남은 이상적 행동으로부터 이탈되는 정도를 나타낸다. 더구나 V_m°은 RT/p로 치환할 수 있으므로 식 36.3a의 대체 형태는 다음과 같다.

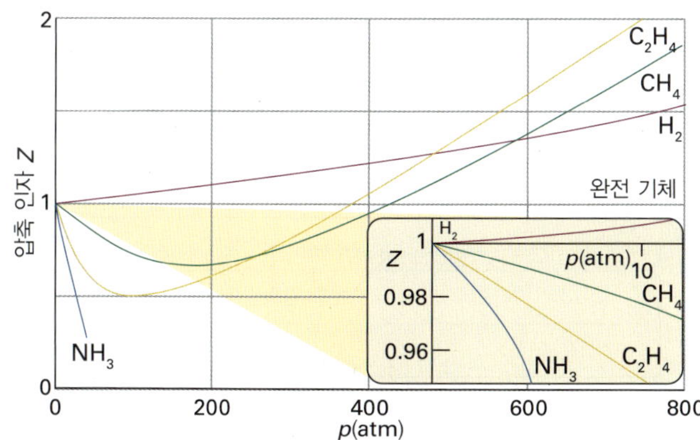

그림 36.2 0 °C에서 몇 가지 기체의 압축 인자 Z가 압력에 의존하는 모양. 완전 기체의 경우에는 모든 압력에서 $Z=1$이다. $p \to 0$이 됨에 따라 이 곡선들이 1로 접근하기는 하지만 기울기가 다르다는 것을 주목하라.

$$Z=\frac{pV_m}{RT},\ \text{모든 기체에 대하여 } pV_m=ZRT\text{를 나타냄} \quad (36.3b)$$

몇 가지 기체에 대한 Z의 실험값을 그림 36.2에 나타내었다. 대단히 낮은 압력에서는 나타낸 모든 기체가 $Z=1$을 가지며, 거의 완전하게 행동한다. 높은 압력에서는 모든 기체들이 $Z>1$인 값을 가지며, 동일한 온도에서 완전 기체보다 큰 몰부피를 나타낸다. 이때는 반발력이 지배적이다. 중간 정도의 압력에서는 대부분의 기체가 $Z<1$인 값을 갖는데, 이것은 인력이 우세하여 그 몰부피가 완전 기체의 몰부피보다 줄어든다는 사실을 나타내는 것이다.

그림 36.3은 이산화 탄소의 실험 **등온선(isotherm)**으로, 일정한 온도에서 얻어진 데이터(이 경우 압력과 부피 데이터)의 곡선이다. 몰부피가 크고 온도가 높을 때는 실제 기체 등온선이 완전 기체 등온선과 크게 다르지 않다. 약간의 이탈은 완전 기체 법칙이 다음과 같은 식의 첫째 항만을 취한 결과이기 때문임을 암시하는 것이다.

$$pV_m=RT(1+B'p+C'p^2+\ldots) \quad \text{비리알 상태 방정식} \quad (36.4a)$$

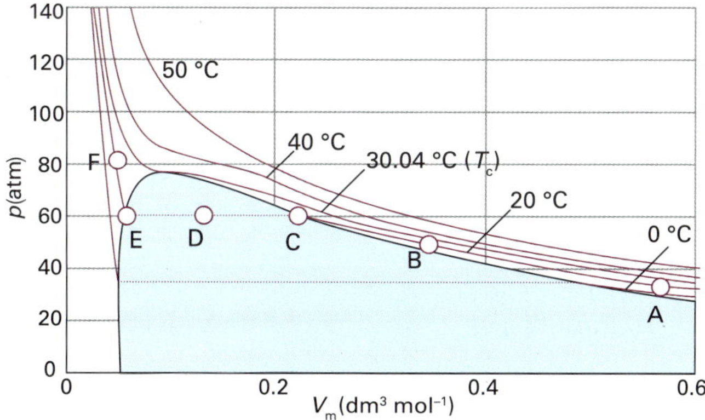

그림 36.3 여러 온도에서 측정한 이산화 탄소의 실험적 등온선. '임계 등온선'은 임계 온도인 30.04 °C에서의 등온 곡선이다.

표 36.1* 2차 비리알 계수, B(cm^3 mol^{-1})

	온도	
	273 K	600 K
Ar	−21.7	11.9
CO_2	−142	−12.4
N_2	−10.5	21.7
Xe	−153.7	−19.6

*더 많은 값들을 **부록**에 수록해 놓았다.

이 식은 물리 화학에서 보편적으로 사용되는 것의 예로서, 변수(이 경우에서는 p)를 멱급수로 나타낸 식에서 첫째 항만을 취하면 첫 번째 근사(여기서는 $pV_m=RT$)로 알려진 단순한 법칙이 된다. 다음과 같이 전개한 식이 많은 경우에 편리하게 이용되고 있다.

$$pV_m=RT\left(1+\frac{B}{V_m}+\frac{C}{V_m^2}+\ldots\right) \quad \text{비리알 상태 방정식} \quad (36.4b)$$

이 두 식은 상이한 모양으로 나타낸 **비리알 상태 방정식(virial equation of state)**이다(virial이라는 명칭은 라틴어의 힘이라는 단어에서 유래되었다). 이 식을 식 36.3과 비교해 보면 괄호 안의 항이 압축 인자 Z와 같다는 것을 알 수 있다.

$$Z=1+\frac{B}{V_m}+\frac{C}{V_m^2}+\ldots \quad \text{비리알 계수 항으로서의 압축 인자} \quad (36.5)$$

이 계수 B, C, ...(때로는 B_2, B_3, ⋯ 등으로 나타내기도 함)들은 온도에 의존하며 2차, 3차 **비리알 계수(virial coefficient**, 표 36.1)이며, 1차 비리알 계수는 1이다. 몰부피가 전형적인 값을 가질 때는 $C/V_m^2 \ll B/V_m$가 되는데, 이러한 면에서 3차 비리알 계수 C는 보통 2차 계수 B보다 덜 중요하다.

간단한 예 36.2 비리알 상태 방정식

식 36.4b를 사용하여(B 항까지) 100 K에서 부피 0.225 dm^3 용기 속의 0.104 mol $O_2(g)$에 가해진 압력은 다음의 몰부피를 계산함으로써 구한다.

$$V_m=\frac{V}{n_{CO_2}}=\frac{0.225\ \text{dm}^3}{0.104\ \text{mol}}=2.16\ \text{dm}^3\ \text{mol}^{-1}=2.16\times10^{-3}\,\text{m}^3\,\text{mol}^{-1}$$

그다음 **부록**의 표 36.1에 나타난 B 값을 사용하면 다음과 같이 계산된다.

$$p=\frac{RT}{V_m}\left(1+\frac{B}{V_m}\right)$$
$$=\frac{(8.3145\ \text{J mol}^{-1}\ \text{K}^{-1})\times(100\text{K})}{2.16\times10^{-3}\ \text{m}^3\ \text{mol}^{-1}}\left(1-\frac{1.975\times10^{-4}\text{m}^3\ \text{mol}^{-1}}{2.16\times10^{-3}\text{m}^3\ \text{mol}^{-1}}\right)$$
$$=3.50\times10^5\ \text{Pa},\ \text{또는}\ 350\ \text{kPa}$$

여기에서 1 Pa = 1 J m^{-3}을 사용하였다. 완전 기체 상태 방정식인 식 36.1로 계산된 압력은 385 kPa이며 이것은 비리알 상태 방정식을 사용하여 계산된 값보다는 10퍼센트 높은 값이다. 이 편차는 중요한데, 이는 $|B/V_m| \approx 0.1$ 조건하에서 1과 비교하여 무시할 수 없기 때문이다.

자가 진단 36.2 부피 2.25 dm^3의 용기 속에 있는 질소 기체 4.56 g이 비리알 상태 방정식을 따른다면, 이때 질소 기체에 가해지는 압력은 얼마인가?

답: 104 kPa

실제 기체의 상태식이 $p \to 0$일 때는 완전 기체 법칙과 일치하지만, 이 극한에서 실제 기체의 모든 성질이 완전 기체의 성질과 일치하는 것은 아니며, 이 중요한 점을 비리알 상태 방정식을 이용해서 설명할 수 있다. 예로서 압축 인자를 압력에 대해서 도시한 곡선의 기울기 dZ/dp의 값을 생각해 보자. 완전 기체의 경우에는 $dZ/dp = 0$이지만(모든 압력에서 $Z = 1$이므로), 실제 기체의 경우는 식 36.3과 36.4a에 의해서 다음과 같이 된다.

$$\frac{dZ}{dp} = B' + 2pC' + \ldots \to B' \qquad p \to 0\text{에 따라서} \tag{36.6a}$$

그러나 B'은 0이 되지 않을 수도 있으며, 따라서 Z의 p에 대한 기울기는 그림 36.2에서와 볼 수 있는 바와 같이 $p \to 0$에 따라 0이 되지 않을 수 있는 것이다. 마찬가지 논리에 따라 다음과 같은 관계도 성립한다.

$$\frac{dZ}{d(1/V_m)} \to B \quad p \to 0\text{에 대응하여 } V_m \to \infty\text{에 따라서} \tag{36.6b}$$

비리알 계수는 온도에 의존하므로 압력이 낮거나 몰부피가 클 때 Z가 0의 기울기를 가지고 1로 접근하는 어떤 온도가 있을 수 있다(그림 36.4). **Boyle 온도(Boyle temperature)** T_B라고 하는 이 온도에서는 $p \to 0$이 될 때 실제 기체의 성질이 완전 기체의 성질과 일치하게 된다. 식 36.6b에 의하면 $B = 0$이면 $p \to 0$일 때 Z의 기울기가 0이 되며, 그리하여 Boyle 온도에서는 $B = 0$이 된다고 결론지을 수 있다. 따라서 식 36.4에 의하면 이 온도에서는 비리알 식에서 1 다음에 오는 첫째 항(즉 B/V_m)이 0이 되고, 또 C/V_m^2과 그보다 고차의 항들이 무시할 수 있을 정도로 작기 때문에 다른 온도에서보다 더 넓은 압력 영역에 걸쳐서 $pV_m \approx RT_B$의 관계가 성립한다. 헬륨은 $T_B = 22.64$ K이고, 공기는 $T_B = 346.8$ K이며, 여러 기체에 대한 값들을 표 36.2에 수록해 놓았다.

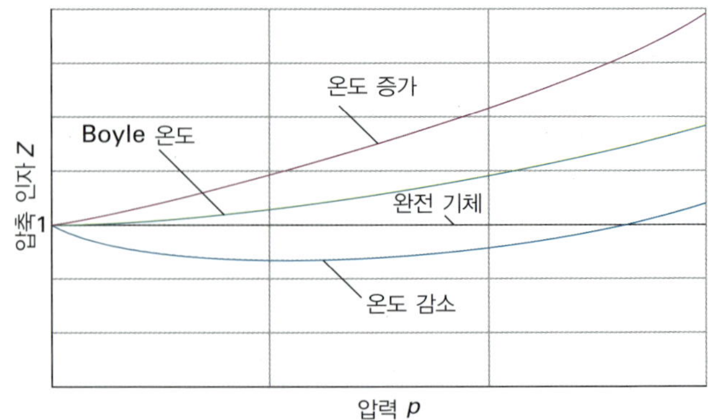

그림 36.4 낮은 압력에서는 압축 인자 Z가 1로 접근하지만 기울기가 다르다. 완전 기체의 경우에는 그 기울기가 0이지만, 실제 기체의 경우에는 양일 수도 있고, 음일 수도 있으며, 온도에 따라서도 다르다. Boyle 온도에서는 이 기울기가 0이며, 기체가 다른 온도일 때에 비해 넓은 영역의 조건하에서 완전하게 행동을 한다.

표 36.2* 기체들의 Boyle 온도

	T_B(K)
Ar	411.5
CO_2	714.8
He	22.64
O_2	405.9

*더 많은 값들이 **부록**에 수록되어 있다.

36.3 van der Waals 식

비리알 상태식으로부터의 결론들은 그 계수의 구체적인 값들을 넣어줌으로써 얻을 수 있다. 그러나 다소 덜 엄밀하더라도 모든 기체를 포괄적으로 취급할 수 있는 식이 유용할 때도 자주 있다. 그리하여 J.D. van der Waals가 1873년에 제안한 근사적인 상태식을 소개하려고 한다. 이 식은 수학적으로는 복잡하지만 물리학적으로는 간단한 문제를 과학적으로 생각함으로써 얻어 낼 수 있는 방법을 보여 주는 훌륭한 예가 되기도 한다. 즉 이 식은 '모형 구상'의 좋은 예이다.

(a) 식의 전개

van der Waals 식(van der Waals equation)은 다음과 같은 것인데, 다음 **증명**에 그 유도 과정을 설명해 놓았다.

$$p = \frac{nRT}{V - nb} - a\left(\frac{n}{V}\right)^2 \qquad \text{van der Waals 상태 방정식} \tag{36.7a}$$

이 식은 다음과 같이 몰부피 $V_m = V/n$으로 나타내기도 한다.

표 36.3* van der Waals 파라미터

	a(atm dm^6 mol^{-2})	a(Pa m^6 mol^{-2})	b(10^{-2} dm^3 mol^{-1})
Ar	1.337	0.1355	3.20
CO_2	3.610	0.3658	4.29
He	0.0341	0.00346	2.38
Xe	4.137	0.4192	5.16

*더 많은 값들이 **부록**에 수록되어 있다.

$$p=\frac{RT}{V_m-b}-\frac{a}{V_m^2}$$ 대체 형태 van der Waals 식 (36.7b)

이 식의 (양의) 상수 a와 b를 **van der Waals 파라미터(van der Waals parameter)**라고 한다. 이들은 각 기체의 특성이지만 온도와는 무관하다(표 36.3).

증명 36.1 van der Waals 상태 방정식

분자들은 작지만 관통할 수 없이 단단한 구처럼 행동한다고 가정하여 분자들 사이의 반발 상호 작용을 고려한다. 이처럼 분자가 부피를 가지게 되면 이들 분자가 일부 공간을 채우게 되므로 이들이 운동하는 공간의 부피가 V 대신에 $V-nb$로 줄어든 부피로 제약을 받게 된다. 여기서 nb는 대체적으로 분자 입자들 자신이 차지하는 전체 부피이다. 이 논리에 따르자면 반발 작용이 클 경우, 완전 기체 법칙 $p=nRT/V$를 다음과 같이 고쳐야 한다.

$$p=\frac{nRT}{V-nb}$$

반지름이 r이고 부피가 $V_{molecule}=\frac{4}{3}\pi r^3$인 두 강체구 분자의 최근접 거리는 $2r$이고, 따라서 그 배제되는 부피는 $\frac{4}{3}\pi(2r)^3$, 즉 $8V_{molecule}$이다. 한 분자당 배제되는 부피는 이 부피의 반, 즉 $4V_{molecule}$이고, 따라서 $b\approx 4V_{molecule}N_A$가 된다.

압력은 분자가 기벽에 충돌하는 빈도와 각 충돌에 의한 힘에 의존한다. 이 충돌 빈도와 힘은 모두 인력이 커질수록 작아지는데, 이들의 세기는 시료 속에 들어 있는 분자의 몰농도 n/V에 비례한다. 이와 같이 충돌 빈도와 힘은 모두 인력 상호 작용에 의해서 감소하므로 압력은 몰농도의 제곱에 비례해서 감소하게 된다. 이 압력 감소는 각 기체에 대한 양의 비례 상수 특성인 a를 이용하여 $-a(n/V)^2$으로 나타낼 수 있다. 이 반발력과 인력의 두 효과를 함께 고려해 주면 식 36.7과 같이 표현된 van der Waals 상태 방정식을 얻을 수 있다.

이 **증명**에서는 분자 부피와 인력의 효과를 막연한 논리에 따라 고려함으로써 van der Waals 상태 방정식을 만들었다. 이 식은 다른 방법으로 유도할 수도 있지만, 여기서 쓴 방법은 일반적 개념을 어떻게 수식화하는지를 보여 주는 장점을 가지고 있다. 이 유도 방법은 또 상수 a와 b의 뜻을 불명확한 채로 놓아둔다는 장점을 가지고 있다. 실제로 이들은 엄밀하게 정의되는 분자 성질이라기보다는 실험적인 파라미터라고 보는 것이 훨씬 더 좋다(그러나 아래의 식 36.11과 a에 대한 정확한 열역학적 해석을 위하여 토픽 66을 참조할 것).

예제 36.1 van der Waals 식을 이용한 몰부피 추산

500 K, 100 atm에서 CO_2의 몰부피를 van der Waals 식을 이용해서 계산하시오.

방법 몰부피에 관한 식을 구하기 위해서 식 36.7b의 van der Waals 식을 우선 이 식 양변에 $(V_m-b)V_m{}^2$을 곱해 주면 다음 관계식을 얻게 된다.

$$(V_m-b)V_m{}^2p=RTV_m{}^2-(V_m-b)a$$

이어서 p로 나누고, V_m을 멱수에 따라 모으면 다음과 같이 된다.

$$V_m^3-\left(b+\frac{RT}{p}\right)V_m^2+\left(\frac{a}{p}\right)V_m-\frac{ab}{p}=0$$

삼차방정식의 해를 식으로 풀 수는 있지만 이것은 대단히 복잡하다. 해석적 해가 꼭 필요하지 않는 한, 일반적으로 시판 수학 소프트웨어를 이용해서 이러한 방정식을 푸는 것이 편리하다.

풀이 표 36.3에 의하면 $a=3.610$ dm^6 atm mol^{-2}, $b=4.29\times10^{-2}$ dm^3 mol^{-1}이다. 그리고 주어진 조건에서는 $RT/p=0.410$ dm^3 mol^{-1}이다. 따라서 V_m에 관한 이 식의 계수들은 다음과 같이 된다.

$$b+RT/p=0.453\text{ dm}^3\text{ mol}^{-1}$$
$$a/p=3.61\times10^{-2}(\text{dm}^3\text{ mol}^{-1})^2$$
$$ab/p=1.55\times10^{-3}(\text{dm}^3\text{ mol}^{-1})^3$$

이어서 $x=V_m/(\text{dm}^3\text{ mol}^{-1})$이라고 놓으면 풀어야 할 식이 다음과 같이 된다.

$$x^3-0.453x^2+(3.61\times10^{-2})x-(1.55\times10^{-3})=0$$

받아들일 수 있는 근은 $x=0.366$, 따라서 $V_m=0.366$ dm^3 mol^{-1}이다. 이러한 조건에서 완전 기체의 경우에는 몰부피가 0.410 dm^3 mol^{-1}이 된다.

자가 진단 36.3 100°C, 100 atm에서 van der Waals 기체라고 가정하고 Ar의 몰부피를 계산하시오.

답: 0.298 dm^3 mol^{-1}

단순한 식 하나를 가지고 모든 물체의 진짜 상태식이 될 수 있기를 바라는 것은 너무나 낙관적인 생각이다. 기체에 관한 정확한 계산을 하려면 비리알 식을 이용해야 하며, 여러 온도에서의 계수의 값들을 문헌에서 찾아 쓰고, 또 계를 수치적으로 해석해야 한다. 그러나 van der Waals 식은 해석적이며(즉 상징적으로 표현되며), 실제 기체에 관한 일반적인 결론을 끌어낼 수 있게 해 준다는 장점을 가지고 있다. 이 상태식이 잘 맞지 않을 때는 다른 상태식(그중 일부가 표 36.4에 수록되어 있다)을 쓰거나, 새로운 식을 만들어 내거나, 비리알 식으로 되돌아가야 한다.

(b) 식의 신뢰도

예측되는 등온 곡선을 그림 36.3에 나타낸 실험 등온 곡선과 비교해 봄으로써 이 식의 신뢰도를 판단해 보기로 하자. 계산한 일부 등온선들을 그림 36.5와 36.6에 나타내었다. 진동 모양 부분을 제외하면 실험 등온선과 대단히 잘 맞는다. **van der Waals 고리**(**van der Waals' loop**)라고 하는 이 진동 부분은 분명히 비현실적이다. 왜냐하면 여기에 따르면 어떤 조건하에서는 압력이 증가할 때 부피가 증가하기 때문이다. 따라서 이 부분을 지워버리고 고리의 아래 위 넓이가 같아지게 그 자리에 수평선을 그려 넣는다. 이것을 **Maxwell 작도법**(**Maxwell construction**)(**1**)이라고 한다. 계산한 등온선이 실험 곡선과 일치하도록 van der Waals 파라미터를 정하는데, 이와 같이 구한 값들의 일부를 표 36.3에 나타내었다.

표 36.4 일부 상태 방정식

식		임계 상수		
		p_c	V_c	T_c
완전 기체	$p=\dfrac{RT}{V_m}$			
van der Waals	$p=\dfrac{RT}{V_m-b}-\dfrac{a}{V_m^2}$	$\dfrac{a}{27b^2}$	$3b$	$\dfrac{8a}{27Rb}$
Berthelot	$p=\dfrac{RTe^{-a/RTV_m}}{V_m-b}$	$\dfrac{1}{12}\left(\dfrac{2aR}{3b^3}\right)^{1/2}$	$3b$	$\dfrac{2}{3}\left(\dfrac{2a}{3bR}\right)^{1/2}$
Dieterici	$p=\dfrac{RT}{V_m-b}-\dfrac{a}{TV_m^2}$	$\dfrac{a}{4e^2b^2}$	$2b$	$\dfrac{a}{4bR}$
비리알	$p=\dfrac{RT}{V_m}\left(1+\dfrac{B(T)}{V_m}+\dfrac{C(T)}{V_m^2}+\ldots\right)$			

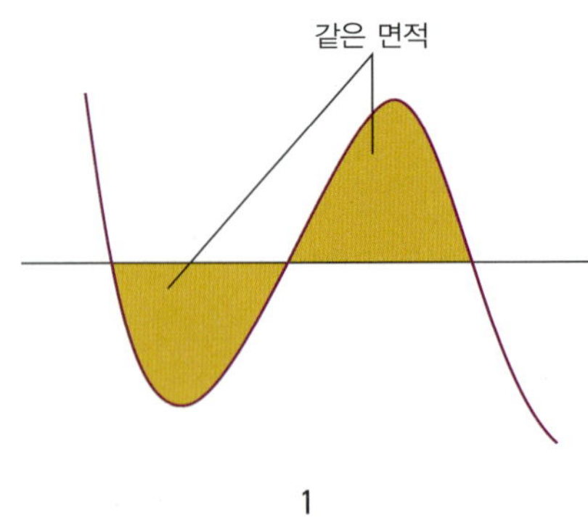

van der Waals 상태 방정식의 주요 특징은 **높은 온도와 큰 몰부피하에서는 완전 기체 등온 곡선이 얻어진다**는 것이다. 온도가 높을 때는 RT가 대단히 크기 때문에 식 36.7b의 첫째 항이 둘째 항보다 대단히 커질 수 있다. 뿐만 아니라 몰부피가 $V_m \gg b$가 될 정도로 크면 분모가 $V_m - b \approx V_m$이 된다. 이러한 조건에서는 이 식이 완전 기체 상태식인 $p = RT/V_m$으로 된다.

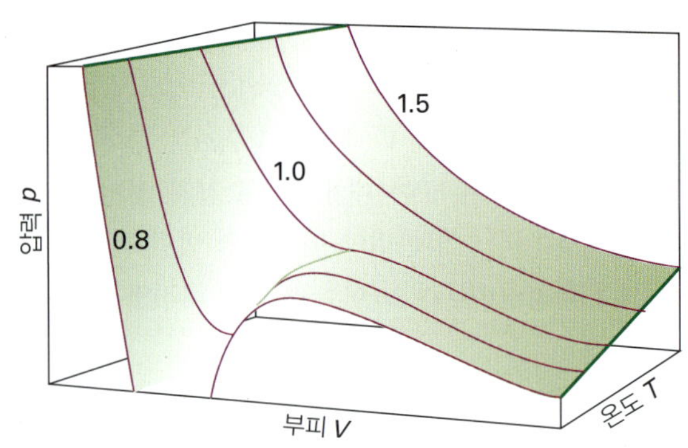

그림 36.5 van der Waals 식으로 허용되는 가능한 상태들의 표면. 곡선들은 '환산 온도' $T_r = T/T_c$로 표시되어 있다.

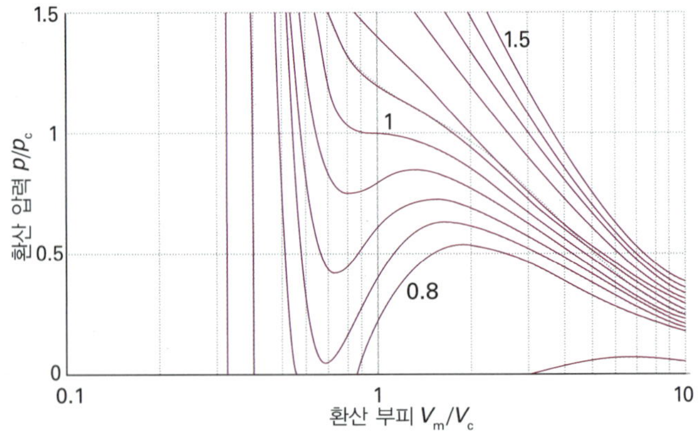

그림 36.6 van der Waals 상태 방정식을 사용하여 계산된 등온선. 축들은 $p_c = a/27b^2$과 $V_c = 3b$일 때 '환산 압력'인 p/p_c와 '환산 부피'인 V_m/V_c로 표시되어 있다. 개별적인 등온선들은 $T_c = 8a/27Rb$일 때 '환산 온도'인 T/T_c로 표시되어 있다. van der Waals 고리는 일반적으로 수평 직선으로 바꾸어 준다.

간단한 예 36.3 완전 기체 거동의 기준

벤젠의 경우 $a=18.57$ atm dm^6 mol^{-2}(1.882 Pa m^6 mol^{-2}), $b=0.1193$ dm^3 mol^{-1} (1.193×10^{-4} m^3 mol^{-1})이며, 이것의 정상 끓는점은 353 K이다. $T=400$ K, $p=1.0$ atm에서 완전 기체로 취급하고 벤젠 증기의 몰부피가 $V_m=RT/p=33$ dm^3 mol^{-1}이라면 완전 기체 거동의 기준인 $V_m \gg b$을 만족시킨다. 따라서 $a/V_m{}^2 \approx 0.017$ atm이 되며, 이것은 1.0 atm의 1.7퍼센트가 된다. 따라서 벤젠 증기는 이 온도와 압력에서 완전 기체 거동으로부터 약간의 편차만 갖는다고 예상할 수 있다.

자가 진단 36.4 400 K, 3.0 atm에서 아르곤 기체를 완전 기체로 취급할 수 있는가?

답: 예

(c) 임계 거동

그림 36.3에서 A로 표시된 상태에 있는 기체 시료를 일정한 온도에서 피스톤으로 밀어 넣어 압축하면(부피를 줄이면) 어떻게 되는가를 생각해 보자. A 부근에서는 기체의 압력이 대체로 완전 기체 법칙에 일치하여 증가한다. 그러나 부피를 B로 표시한 점까지 감소시키면 이 법칙으로부터 심하게 벗어나기 시작한다.

점 C(이산화 탄소의 경우 약 60 atm에 해당함)에서는 모든 이상적 행동의 유사성이 전혀 없어지며, 여기서는 갑자기 압력이 더 증가하지 않으면서 피스톤이 미끄러져 들어간다. 이 단계는 수평선 CDE로 표시되는데, 용기 속을 조사해 보면 C의 바로 왼쪽에서는 액체가 나타나며, 두 개의 상이 뚜렷한 경계면에 의해서 분리되어 있음을 볼 수 있다. 부피가 C로부터 D를 거쳐 E로 감소함에 따라 액체의 양이 늘어난다. 이것은 피스톤을 더 밀어 넣어도 기체가 그만큼 더 응축될 수 있어 아무런 저항도 나타내지 않기 때문이다. 선 CDE에 해당하는 압력에서는 액체와 증기가 평형을 이루면서 공존하게 되는데, 이때의 압력을 그 실험 온도에서의 액체의 **증기 압력**(**vapour pressure**)이라고 한다.

점 E에서는 시료가 전부 액체로 되고 피스톤은 이 액체 표면에 얹히게 된다. 시료의 부피를 더 이상 감소시키려면 상당히 큰 압력을 가해야 하는데, 이 사실이 E의 왼쪽에 급격하게 상승하는 선으로 반영되어 있다. E에서 F로 부피를 조금만 감소시키려고 해도 압력을 크게 증가시켜야 한다.

온도 T_c(CO_2의 경우 304.19 K, 또는 31.04 °C)에서의 등온 곡선은 물질의 상태론에서 매우 특별한 역할을 한다. T_c보다 극히 조금만 낮은 온도의 등온 곡선은 위에서 이미 설명한 방식에 따라 행동한다. 즉 특정한 압력에서 기체가 액체로 응축되며, 이 두 상 사이의 표면이 뚜렷하게 보이며 액체를 기체로부터 구별할 수 있게 된다. 그러나 만일 바로 T_c에서 압축을 시키면 두 상을 분리시키는 표면이 나타나지 않으며, 등온 곡선의 수평 부분 양 끝에서의 부피가 한 점으로 합쳐진다. 이 점을 기체의 **임계점**(**critical point**)이라고 한다. 임계점에서의 온도, 압력, 몰부피를 각각 그 물질의 **임계 온도**(**critical temperature, T_c**), **임계 압력**(**critical pressure, p_c**), **임계 몰부피**(**critical molar volume, V_c**)라고 한다. 그리고 p_c, V_c, T_c를 통틀어서 그 물질의 **임계 상수**(**critical constant**)라고 한다(표 36.5).

T_c보다 높은 온도에서는 시료가 용기의 전체 부피를 차지하는 단일 상을 이룬다. 정의에 의하면 이러한 상은 기체이다. 따라서 임계 온도 이상에서는 액체상이 형성되지 않는다. $T>T_c$에서 용기의 부피 전체를 차지하는 단일 상은 우리가 전형적으로 생각하는 기체보다 매우 큰 밀도를 나타내기도 하는데, 이것을 **초임계 유체**(**supercritical fluid**)라고 한다.

간단한 예 36.4 임계 온도

산소의 임계 온도는, 155 K보다 높은 온도에서는 압축만으로 액체 산소를 만들 수 없다는 것을 뜻한다. 용기의 전체 부피를 차지하지 않는 액체상을 얻으려면, 즉 이 기체를 액화시키려면 우선 기체의 온도를 155 K 이하로 내린 다음에 기체를 등온적으로 압축시켜야 한다.

자가 진단 36.5 어떤 조건하에서 압력을 가하여 액체 질소를 만들 수 있는가?

답: $T<126$ K에서

다음의 **증명**에서 임계 상수들은 van der Waals 파라미터들과 다음과 같이 관련되어 있다는 것을 보일 것이다.

$$V_c=3b \quad T_c=\frac{8a}{27Rb} \quad p_c=\frac{a}{27b^2} \tag{36.8}$$

van der Waals 파라미터들의 항으로서의 임계 상수

이 관계식들 중 첫 번째는 임계 부피가 분자 자체가 차지하

표 36.5* 기체의 임계 상수

	p_c(atm)	V_c(cm^3 mol^{-1})	T_c(K)
Ar	48.0	75.3	150.7
CO_2	72.9	94.0	304.2
He	2.26	57.8	5.2
O_2	50.14	78.0	154.8

*더 많은 값들이 **부록**에 수록되어 있다.

는 부피의 약 3배라는 것을 나타낸다. 표 36.4는 여러 가지 상태 방정식으로부터 유도된 임계 상수에 대한 식을 보여 주고 있다.

증명 36.2 임계 상수와 van der Waals 상수의 연관성

그림 36.6으로부터 $T<T_c$일 때는 계산된 등온선들이 진동하며, 각각 극소점에 이어서 극대점을 지난다. 이 극한값들은 $T \to T_c$일 때 수렴하여 $T=T_c$일 때 일치하게 된다. 따라서 임계점에서는 등온선이 변곡점을 갖게 된다(**2**).

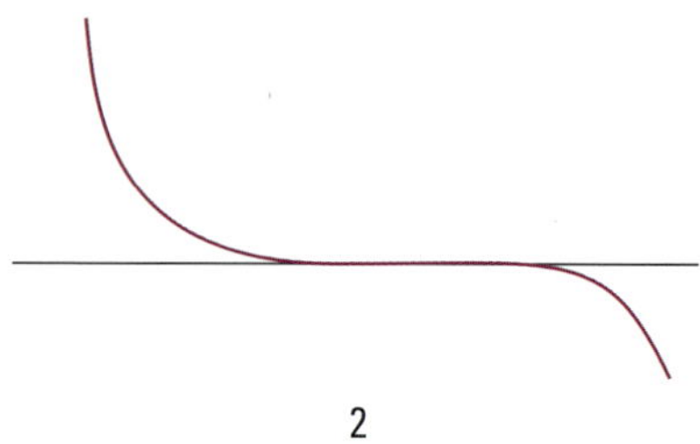

2

곡선의 성질에 의하면, 1차 도함수와 2차 도함수가 모두 0일 때 이러한 변곡점이 나타난다. 따라서 이 도함수들을 계산한 다음에 이들을 0으로 놓으면 임계 온도를 구할 수 있다. 즉 식 36.7b로부터 V_m에 대한 p의 1차 도함수와 2차 도함수는 각각 다음과 같다.

$$\frac{dp}{dV_m}=-\frac{RT}{(V_m-b)^2}+\frac{2a}{V_m^3}$$

$$\frac{d^2p}{dV_m^2}=\frac{2RT}{(V_m-b)^3}-\frac{6a}{V_m^4}$$

임계점에서 $T=T_c$, $V_m=V_c$, 그리고 두 도함수는 0이 된다.

$$-\frac{RT_c}{(V_c-b)^2}+\frac{2a}{V_c^3}=0$$

$$\frac{2RT_c}{(V_c-b)^3}-\frac{6a}{V_c^4}=0$$

이 두 식을 풀면 식 36.8에서 V_c와 T_c에 대한 식을 구할 수 있게 된다(반드시 확인해 볼 것). 이들을 van der Waals 식 자체에 넣어 보면 식 36.8에서 주어진 p_c에 대한 식도 구할 수 있다.

36.4 열역학적 고찰

위에서 설명한 실험적인 결과들은 이 책 전반에 걸쳐서, 특히 토픽 58과 66에서 전개되는 화학 및 통계 열역학의 원리의 용어들로 설명될 수 있다. 이 결과는 실제 기체의 성질에 대하여 더 깊은 식견을 주게 된다.

(a) 내부 압력

비리알 식과 van der Waals 식은 토픽 66에 소개된 열역학적 상태 방정식의 특별한 경우이다.

$$\pi_T=T\left(\frac{\partial p}{\partial T}\right)_V-p$$

열역학적 상태 방정식 (36.9)

여기에서 π_T는 내부 압력이며, 일정 온도에서 내부 에너지의 부피에 대한 의존도로서 다음과 같다.

$$\pi_T=\left(\frac{\partial U}{\partial V}\right)_T$$

내부 압력 (36.10)

완전 기체에 대해서는 $\pi_T=0$이며, 이것은 분자 상호 작용이 없는 경우 분자간 평균 거리의 변화인 부피의 변화는 일정 온도에서 완전 기체의 내부 에너지에 영향을 전혀 미치지 않기 때문이다. van der Waals 기체에 대하여 다음과 같은 관계식을 가지며

$$\left(\frac{\partial p}{\partial T}\right)_V=\frac{nR}{V-nb}$$

식 36.9로부터 다음과 같이 된다.

$$\pi_T=\frac{nRT}{V-nb}-\left\{\frac{nRT}{V-nb}-a\frac{n^2}{V^2}\right\}=a\frac{n^2}{V^2}$$

van der Waals 기체 내부 압력 (36.11)

이제 van der Waals 파라미터 a의 역할을 해석하는 다른 방법을 갖게 되었으며, 이것은 기체의 내부 에너지에 대한 분자 상호 작용의 기여를 제공하게 된다. 더군다나 내부 에너지는 van der Waals 기체에 대해서는 양의 값이므로 내부 에너지는 일정 온도에서 기체가 확장함에 따라 증가한다는 것을 추론할 수 있다. 이것은 이치에 맞는 것이며, 즉 분자들은 평균적으로 더 멀리 떨어지게 되며 따라서 덜 강하게 상호 작용을 하고자 하는 것이다.

예제 36.2 실제 기체의 내부 압력에 대한 식 쓰기

비리알 상태 방정식을 따르는 기체의 내부 압력에 대한 식을 쓰시오.

방법 식 36.4b를 다음과 같이 정리하고,

$$p=\frac{RT}{V_m}\left(1+\frac{B}{V_m}+\ldots\right)$$

비리알 계수가 온도에 의존하다는 것에 주목하여 식 36.9를 사용한다.

풀이 비리알 계수는 온도에 의존하기 때문에 다음과 같이 쓸 수 있다.

$$\left(\frac{\partial p}{\partial T}\right)_V = \left[\frac{\partial}{\partial T}\overbrace{\frac{RT}{V_m}}^{f}\overbrace{\left(1+\frac{B}{V_m}+\ldots\right)}^{g}\right]_V$$

곱셈 규칙 $d(fg)=fdg+gdf$

$$= \frac{RT}{V_m}\left[\frac{\partial}{\partial T}\left(1+\frac{B}{V_m}+\ldots\right)\right]_V + \left(1+\frac{B}{V_m}+\ldots\right)\left[\frac{\partial}{\partial T}\left(\frac{RT}{V_m}\right)\right]_V$$

도함수를 계산하고 식 36.4b를 이용하여 다시 결과를 간단하게 하면 다음 식을 얻는다.

$$\left(\frac{\partial p}{\partial T}\right)_V = \left\{\frac{RT}{V_m^2}\left(\frac{\partial B}{\partial T}\right)_V+\ldots\right\} + \underbrace{\frac{R}{V_m}\left(1+\frac{B}{V_m}+\ldots\right)}_{p/T\ (\text{식 } 36.4\text{b})}$$

$$= \left\{\frac{RT}{V_m^2}\left(\frac{\partial B}{\partial T}\right)_V+\ldots\right\} + \frac{p}{T}$$

결국 식 36.9로부터 다음과 같이 된다.

$$\pi_T = T\left[\left\{\frac{RT}{V_m^2}\left(\frac{\partial B}{\partial T}\right)_V+\ldots\right\}+\frac{p}{T}\right]-p$$

$$= \left\{\frac{RT^2}{V_m^2}\left(\frac{\partial B}{\partial T}\right)_V+\ldots\right\}+p-p = \frac{RT^2}{V_m^2}\left(\frac{\partial B}{\partial T}\right)_V+\ldots$$

자가 진단 36.6 1.0기압에서 $B(250\text{ K}) = -28.0\text{ cm}^3\text{ mol}^{-1}$, $B(300\text{ K}) = -15.6\text{ cm}^3\text{ mol}^{-1}$으로 주어졌을 때 275 K에서 아르곤 기체의 π_T를 계산하시오. **힌트:** (a) 예제 36.2에서의 π_T에 대한 식을 차이의 비인 $\Delta B/\Delta T$의 항으로 쓰고, T를 주어진 온도 값의 평균값으로 취한다. (b) 완전 기체 거동으로부터의 편차는 작을 것으로 예상되므로 완전 기체 법칙을 사용하여 V_m을 계산한다.

답: 0.30 kPa

(b) 상태 방정식의 통계학적 근원

실험적 상태 방정식과 토픽 51~54에서의 통계 열역학적 논의의 접점을 밝히기 위하여 정준 분배 함수(canonical partition function) Q를 사용하여 내부 압력을 계산해야 하는데, 이는 오로지 이 표현이 분자간 상호 작용의 효과를 포함하는 것을 허용하기 때문이다. U를 Q의 항으로 표현함으로써($\langle E\rangle = -(\partial \ln Q/\partial\beta)_V$와 $U = U(0)+\langle E\rangle$) 다음과 같이 쓸 수 있다.

$$\pi_T = -\left(\frac{\partial}{\partial V}\left(\frac{\partial \ln Q}{\partial \beta}\right)_V\right)_T \quad \text{Q의 항으로 나타낸 내부 압력} \quad (36.12)$$

여기에서 $\beta = 1/kT$이다. 이 수식을 전개하기 위해서는 분자간 퍼텐셜 에너지를 Q의 표현으로 만드는 방법을 찾아야 한다. 기체의 전체 운동 에너지는 개개 분자의 운동 에너지를 합한 것이다. 따라서 실제 기체라고 하더라도 그 정준 분배 함수는 운동 에너지에 관한 인자와 분자간 퍼텐셜에 의존하는 **배치 공간 적분**(**configuration integral**, Z)이라고 하는 인자로 인수 분해된다. 따라서 분배 함수를 다음과 같이 나타낸다.

$$Q = \frac{Z}{\Lambda^{3N}} \quad \text{배치 공간 적분으로 나타낸 Q} \quad (36.13)$$

여기에서 Λ는 열파장(식 52.7b 참조)이며, $\Lambda = h/(2\pi mkT)^{1/2}$이다. 따라서 다음과 같은 식을 얻을 수 있다.

$$\begin{aligned}\pi_T &= -\left(\frac{\partial}{\partial V}\left(\frac{\partial \ln(Z/\Lambda^{3N})}{\partial\beta}\right)_V\right)_T \\ &= -\left(\frac{\partial}{\partial V}\left(\frac{\partial \ln Z}{\partial\beta}\right)_V\right)_T - \left(\frac{\partial}{\partial V}\left(\frac{\partial \ln(1/\Lambda^{3N})}{\partial\beta}\right)_V\right)_T \\ &= -\left(\frac{\partial}{\partial V}\left(\frac{\partial \ln Z}{\partial\beta}\right)_V\right)_T = -\left(\frac{\partial}{\partial V}\left(\frac{1}{Z}\frac{\partial Z}{\partial\beta}\right)_V\right)_T\end{aligned} \quad (36.14)$$

두 번째 줄에서 온도에 대한 Λ의 도함수 및 여기에서의 β는 0이 아니지만, Λ는 부피와 무관하므로 부피에 대한 도함수는 0이다.

원자로 이루어진 실제 기체에 대하여(분자간 상호 작용이 등방성일 경우) Z는 모든 입자 상호 작용의 총 퍼텐셜 에너지 E_p와 다음과 같은 식에 의하여 연관된다.

$$Z = \frac{1}{N!}\int e^{-\beta E_p}\,d\tau_1 d\tau_2 \ldots d\tau_N \quad \text{원자들의 실제 기체} \quad \text{배치 공간 적분} \quad (36.15)$$

여기서 $d\tau_i$는 원자 i에 대한 부피 요소이다. 이와 같은 항이 나타나는 물리학적 이유는 시료 분자들이 나타내는 가능한 공간 배치들은 그 하나하나가 모두 그 배치에 맞먹는 상호 작용 에너지를 가지며, 이 상호 작용 에너지가 지수로 들어간 Boltzmann 분포식에 따라 이들 각각의 배치가 나타날 확률이 주어진다고 생각할 수 있기 때문이다.

간단한 예 36.5 배치 공간 적분

식 36.15는 매우 간단한 분자간 퍼텐셜 에너지 함수에 대한 것일지라도 실제로 조작하기에는 대단히 어렵다. 그러나 완전 기체의 경우에 분자들이 서로 상호 작용을 하지 않는다면 취급하기 쉬우며 $E_p = 0$이고 따라서 $e^{-\beta E_p} = 1$이 된다. 결국 다음과 같은 식이 된다.

$$Z = \frac{1}{N!}\int \overbrace{e^{-\beta E_p}}^{1} d\tau_1 d\tau_2 \ldots d\tau_N = \frac{1}{N!}\overbrace{\underbrace{\int d\tau_1}_{V}\underbrace{\int d\tau_2}_{V}\ldots\underbrace{\int d\tau_N}_{V}}^{V^N} = \frac{V^N}{N!}$$

여기에서 V가 용기의 부피일 때 $\int d\tau_i = V$가 된다.

자가 진단 36.7 **간단한 예** 36.5와 식 36.12로부터의 결과를 사용하여 완전 기체의 내부 압력을 계산하시오.

답: $\pi_T = 0$, 토픽 58과 66에서 얻은 것과 동일한 결과이다.

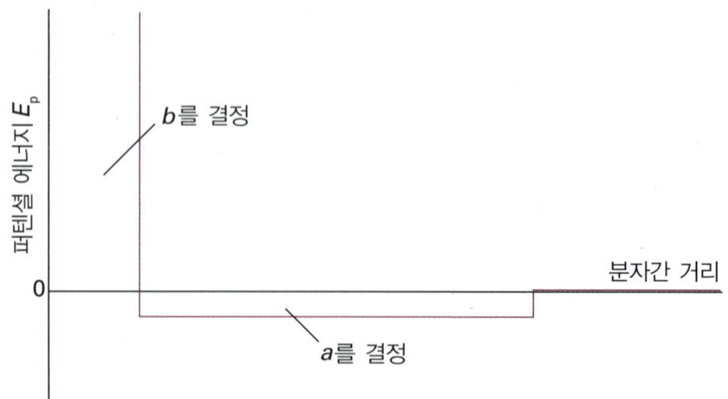

그림 36.7 van der Waals 상태 방정식은 분자간 퍼텐셜 에너지가 장거리의 얕은 인력 우물에 둘러싸인 강체 핵을 가진다는 근거에 의해 유도될 수 있다.

퍼텐셜 에너지 함수가 얕은 인력의 우물(그림 36.7)에 둘러싸인 중심 강체구의 형태를 갖는다면 자세한 계산을 하면 $\pi_T = an^2/V^2$이 된다. 여기서 a는 퍼텐셜의 인력 부분 아래의 면적에 비례하는 상수이다. 이 계산은 너무 복잡하여 여기에서는 재현하지 않는다. 물론 이것은 또한 van der Waals 기체의 내부 압력에 대한 식 36.11이다. 이 시점에서 기체 분자 사이에 인력 상호 작용이 존재한다면 기체의 내부 에너지는 기체가 등온 팽창함에 따라 증가한다($\pi_T > 0$이기 때문에 V에 대한 U의 기울기가 양의 값이다)고 결론지을 수 있다. 분자의 평균 거리가 클 때는 분자가 상호 작용하기에 유리한 지역에서 분자들이 머무는 시간이 작기 때문에 에너지는 증가하게 된다.

개념 확인

☐ 1. **실제 기체**에서 분자 상호 작용은 상태 방정식에 영향을 미친다.

☐ 2. 기체의 실제 상태 방정식은 **비리알 계수**의 항으로 표현된다.

☐ 3. **van der Waals 상태 방정식**은 분자간 인력이 파라미터 a로, 분자간 반발은 파라미터 b로 나타낸 실제 상태 방정식에 대한 근사이다.

☐ 4. **임계 온도** 또는 그보다 높은 온도에서 물질의 단일 형태, 즉 **초임계 유체**는 모든 압력에서 용기를 채우며 액체를 기체로부터 분리시킬 수 없다.

☐ 5. 완전 기체의 내부 압력은 0이다. 실제 기체의 내부 압력은 실험적 파라미터(비리알 계수나 van der Waals 파라미터와 같은)나 정준 분배 함수의 항으로 표기될 수 있다.

식 확인

성질	식	비고	식 번호
압축 인자	$Z = V_m / V_m^\circ$	정의	36.3a
비리알 상태 방정식	$pV_m = RT(1 + B/V_m + C/V_m^2 + \ldots)$		36.4b
van der Waals 식	$p = RT/(V_m - b) - a/V_m^2$	a: 인력의 영향, b: 반발의 영향	36.7b
van der Waals 파라미터 항으로 표현된 임계 상수	$V_c = 3b$ $T_c = 8a/27Rb$ $p_c = a/27b^2$		36.8
내부 압력	$\pi_T = -an^2/V^2$ $\pi_T = (\partial(\partial \ln Q/\partial\beta)_V/\partial V)_T$, $Q = Z/\Lambda^{3N}$	van der Waals 기체 Q는 정준 분배 함수, Z는 배치 공간 적분, $\beta = 1/kT$	36.11 36.12~36.13

토픽 37

결정 구조

내용

➤ 학습 목표

고체의 성질을 설명하기 위해서는 금속성, 이온성, 분자성 고체의 구조에 대한 세부 내용을 이해할 필요가 있다. 신소재와 신기술의 기반을 형성할 수 있는 고체의 기계적, 전기적, 광학적, 자기적 성질에 관한 연구를 준비하기 위해서 고체의 결정 구조가 어떻게 결정되는지를 알아야 한다.

➤ 핵심 내용

주기적인 결정 속에서 원자들의 규칙적인 배열에 대한 자세한 것은 X선 회절법에 의해 결정될 수 있다.

➤ 미리 알기

전자기 복사의 파동 설명(**기초 지식**, 토픽 3)과 Fourier 변환(**수학적 배경** 6)의 중요성을 잘 알고 있어야 한다. 빛의 사용은 de Broglie 관계(토픽 4)와 균등 분배 이론(**기초 지식**, 토픽 2)으로 구성되어 있다.

고체의 구조와 성질을 연결시키는 결정적인 측면은 원자들(그리고 분자들)이 함께 쌓여져 있는 형태로서, 여기에서는 어떻게 고체의 구조를 설명하고 결정하는지를 조사하고자 한다. 처음에는 고체 내부에 있는 원자들의 규칙적 배열을 어떻게 설명하는지를 볼 것이다. 이어서 X선 회절의 기본 원리를 생각하고, 회절 무늬를 결정 속의 전자 밀도 분포를 가지고 어떻게 설명하는지에 관해서 보일 것이다.

37.1 주기적 결정 격자

주기적 결정(**periodic crystal**)은 원자, 분자, 또는 원자나 분자, 이온들의 집단 등과 같은 '구조 요소(structural motif)' 들이 규칙적으로 반복되어 이루어진 것이다. 이러한 구조 요소의 위치를 나타내는 점들로 이루어지는 무늬를 **공간 격자**(**space lattice**)라고 한다(그림 37.1). 사실상 공간 격자는 결정 구조에 대한 추상적인 뼈대와 같은 것이다. 조금 더 정식으로 말하면 공간 격자는 점들의 무한한 삼차원적 배열로, 결정의 기본 구조를 정의해 주며, 각 점은 똑같은 방식으로 그 주위의 점들로 둘러싸인다. 한 구조 요소가 한 격자점의 중심을 차지하는 경우도 있지만, 그렇지 않을 수도 있다. 각 격자점이 동등한 구조 요소를 갖기만 하면 결정 구조가 나오게 된다. **준결정**(**quasicrystal**)으로 알려진 고체는 공간 격자가 공간을 채우기는 하지만 병진 대칭을 갖지 않는다는 점에서 '비주기적'이다. 여기서는 주기적 결정에만 집중할 것이며, 편의상 이들 구조를 '결정'이라고 부른다.

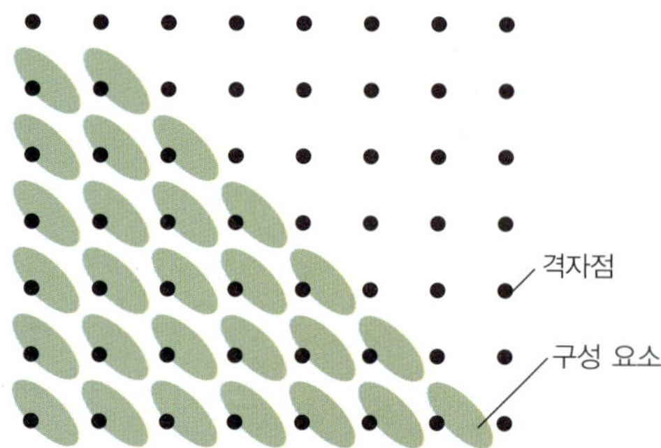

그림 37.1 각 격자점은 구조 요소(예로서 분자나 분자 집단)들의 위치를 명확히 한다. 결정 격자는 격자점들의 배열이며, 결정 구조는 격자점에 따라 배열된 구조 요소들의 모음이다.

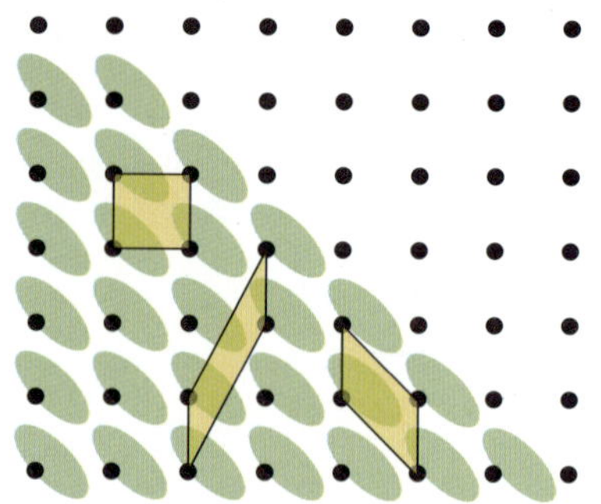

그림 37.3 단위 세포는 이 그림에서와 같이 여러 방식으로 택할 수 있지만, 관습상 격자의 완전한 대칭을 나타낼 수 있도록 택한다. 이 직사각형 격자에서는 보통 직사각형 단위 격자를 택해야 할 것이다.

병진에 의해서 반복되는 무늬의 한 단위로 된 가상적 평행 육면체(평행면을 갖는 모양)를 **단위 세포**(**unit cell**)라고 한다(그림 37.2). 이 단위 세포는 순수한 병진 변위만으로 결정을 만들 수 있는 기본 영역(담의 벽돌과 같은)이라고 생각할 수 있다. 인접하는 격자점들을 직선으로 연결하면 단위 세포가 생길 수 있는데(그림 37.3), 이러한 단위 세포를 **원시 세포**(**primitive**)라고 한다. 경우에 따라서는 세포 중심이나 한 쌍의 마주 보는 면 상에 격자점을 갖는 더 큰 **비원시 단위 세포**(**non-primitive unit cell**)를 그리는 데 편리할 때도 있다. 같은 격자를 나타낼 수 있는 다른 단위 세포는 수없이 많이 생각할 수 있다. 그러나 일반적으로 변의 길이가 가장 짧고 이들이 서로 거의 수직인 것을 택한다. 이 단위 세포의 변의 길이를 a, b, c로 나타내며, 이들 사이의 각은 α, β, γ로 나타낸다(그림 37.4).

단위 세포는 그 회전 대칭 요소에 의해서 7개의 **결정계**(**crystal system**)로 분류한다. **대칭 조작**(**symmetry operation**)은 이를 행한 후에 대상이 처음과 동일한 모양으로 남게 하는 행위(회전, 반사, 반전과 같은)이다. 각 대칭 조작에 대하여 이에 대응하는 **대칭 요소**(**symmetry element**)가 있으며,

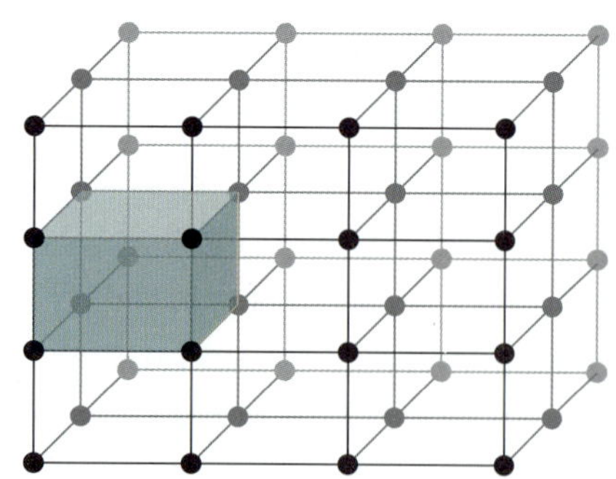

그림 37.2 단위 세포는 평행면(직사각형이 되어야 할 필요는 없다)을 갖는 모양이며, 이 모양을 병진 이동(반사, 회전, 또는 반전이 아닌)시키기만 하여 전체 결정 구조를 만들 수 있다.

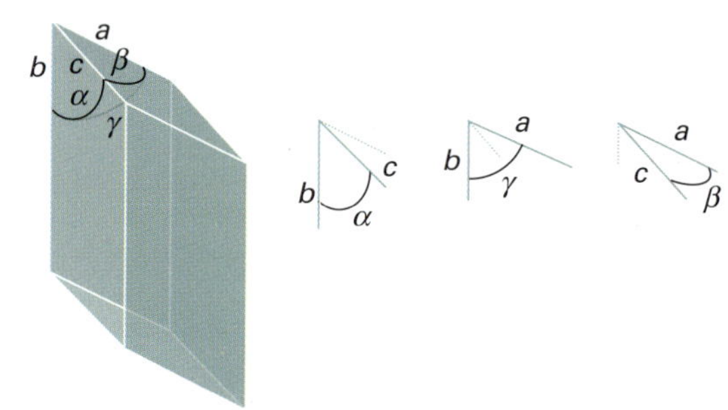

그림 37.4 단위 세포의 면과 각의 표시법. 각도 α는 (b, c)면 상에 있고 a축과 직교함을 주목하라.

이러한 요소에는 행해지는 대칭 조작에 대하여 점, 선, 면이 된다. 예로서 ***n*중 대칭축**(***n*-fold axis of symmetry**, 대칭 요소)에 대한 ***n*중 회전**(***n*-fold rotation**, 이에 대응하는 대칭 조작)은 $360°/n$를 회전하는 것이다(대칭에 대한 더 자세한 설명은 토픽 31~33 참조).

다음은 단위 세포의 예이다.

- **입방 단위 세포**(**cubic unit cell**)는 사면체 배열을 이루는 4개의 삼중 회전축을 가지고 있다(그림 37.5).
- **단사 단위 세포**(**monoclinic unit cell**)는 1개의 이중축을 가지고 있는데, 이 독특한 축이 관례상 b축이다(그림 37.6).
- **삼사 단위 세포**(**triclinic unit cell**)는 회전 대칭을 갖지 않으며, 일반적으로 세 변과 세 각도가 모두 서로 다르다(그림 37.7).

단위 세포가 특정한 결정계에 속하기 위해서 반드시 가져야 하는 요소인 **기본 대칭**(**essential symmetry**)을 표 37.1에 수록해 놓았다.

삼차원 공간 격자는 14종뿐이다. 이들이 그림 37.8에 나타낸 **Bravais 격자**(**Bravais lattice**)이다. 이러한 격자들의 배

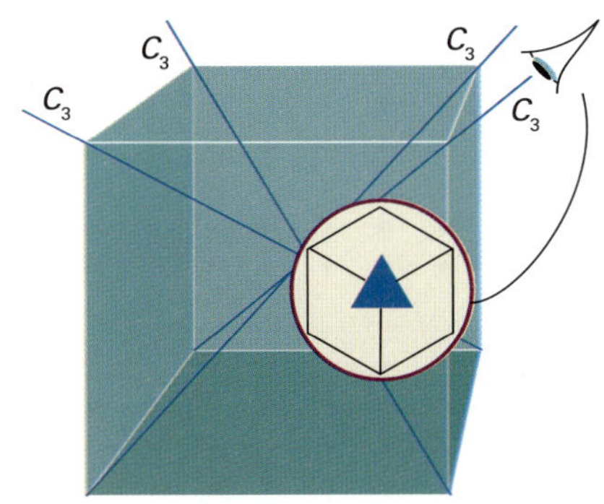

그림 37.5 입방 결정계에 속하는 단위 세포는 사면체 배열의 삼중 회전축(C_3으로 표시되는) 4개를 가지고 있다. 삽화는 삼중 대칭을 나타낸다.

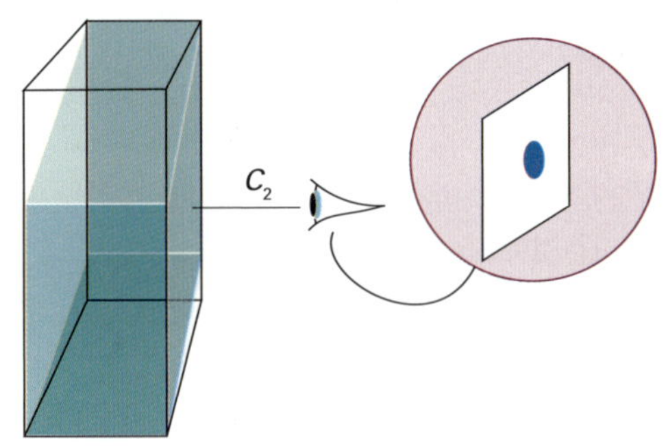

그림 37.6 단사 결정계에 속하는 단위 세포는 이중 회전축(C_2로 표시되며 삽화에 좀 더 자세하게 나타낸) 1개를 가지고 있다.

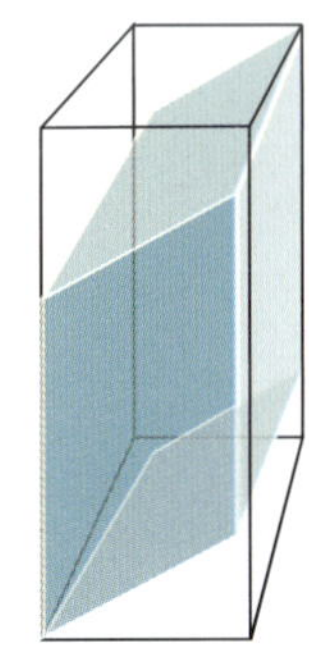

그림 37.7 삼사 단위 세포는 회전 대칭축을 갖지 않는다.

표 37.1 7개의 결정계

결정계	기본 대칭
삼사	없음
단사	C_2축 1개
사방	수직 C_2축 3개
마름모	C_3축 1개
정방	C_4축 1개
육방	C_6축 1개
입방	사면체 배열에서 C_3축 4개

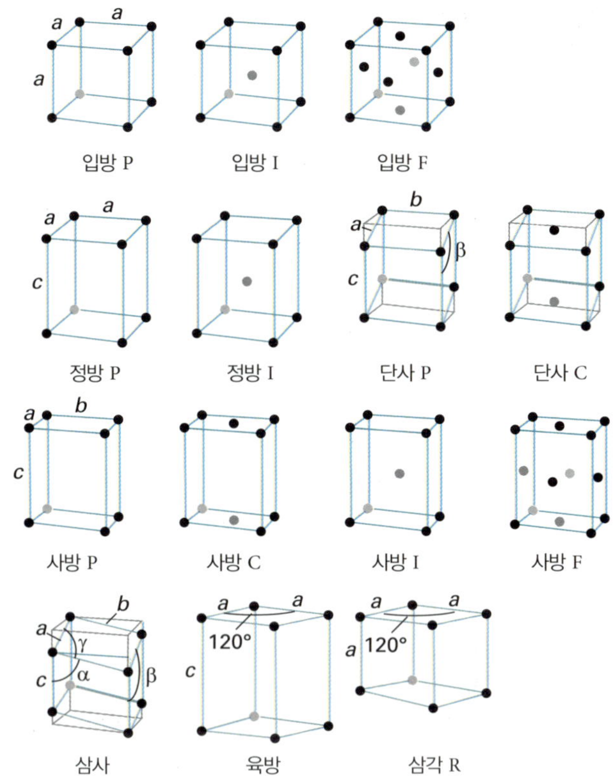

그림 37.8 14개의 Bravais 격자. 점들은 격자점이며, 이 점에 원자가 꼭 있어야 하는 것은 아니다. P는 원시 단위 세포(삼각 격자에 대해서는 R), I는 체심 단위 세포, F는 면심 단위 세포, C(또는 A나 B)는 두 마주보는 면에 격자점이 있는 단위 세포를 나타낸다. 삼각 격자는 마름모계나 육방계에 속할 수 있다(표 37.1).

열은 규약에 따라 어떤 경우에는 원시 단위 세포로, 다른 경우에는 비원시 단위 세포로 나타낸다. 다음과 같은 표시법이 사용된다.

- **원시 단위 세포**(**primitive unit cell**, 모서리에만 격자점이 있는)는 P로 표시한다.
- **체심 단위 세포**(**body-centred unit cell**, I)는 그 중심에도 격자점이 있다.
- **면심 단위 세포**(**face-centred unit cell**, F)는 모서리뿐만 아니라 6개의 면의 중심에도 격자점을 가지고 있다.
- **측면심 단위 세포**(**side-centred unit cell**, A, B, C)는 네 귀와 그리고 마주 보는 두 면의 중심에 격자점을 가지고 있다.

간단한 구조를 생각할 때는 구조 요소에 속하는 한 원자나 분자의 중심을 격자점이나 단위 세포 꼭짓점으로 택하는 것이 편리하지만, 이렇게 하는 것이 필요 조건은 아니다. Bravais 격자의 단위 세포 내에 동등한 격자점은 동일한 주위를 갖는다.

간단한 예 37.1 Bravais 격자

변의 길이가 a이고 그 꼭짓점 중 하나의 좌표가 $x=0$, $y=0$, $z=0$인 체심 입방 단위 세포(그림 37.9)를 생각해 보자. 이 꼭짓점에서 시작하여 y축을 따른 변의 중심의 좌표는 $x=0$, $y=\frac{1}{2}a$, $z=0$이 된다. 결과적으로 각 변의 중심은 좌표 $x=0$, $y=\frac{1}{2}a$, $z=0$을 갖고 이 점과 동등하다.

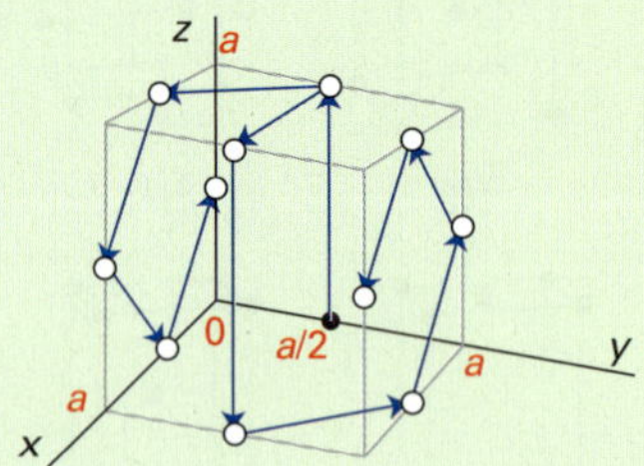

그림 37.9 간단한 예 37.1에서 사용된 체심 입방 단위 세포. 화살표는 초기 점(검은색)으로부터 대칭 조작하여 결과의 점들이 각 변의 중간으로 대칭 조작되는 몇 가지 방법을 나타낸다.

자가 진단 37.1 면심 입방 단위 세포 내의 어떤 점이 $x=\frac{1}{2}a$, $y=0$, $z=\frac{1}{2}a$의 점과 동등한가?

답: 각 면의 중심

37.2 격자면의 식별

결정 속에는 많은 상이한 세트의 결정면이 있으며(그림 37.10), 따라서 이들을 구분할 필요가 있다. 삼차원 격자보다는 이차원 격자가 구상화하기 쉬우므로 우선은 이차원 격자에 관한 개념을 소개하고, 이어서 이 결론을 삼차원에 확장시키기로 한다.

(a) Miller 지수

변의 길이가 a, b인 단위 세포로 된 이차원 직사각형 격자를 생각해 보자(그림 37.10). 이 그림에 나타낸 각 면(원점을 통과하는 면을 제외한)은 a축과 b축이 교차하는 거리로 구분할 수 있다. 따라서 면을 표시하는 한 방법은 최소 교차 거리(절편)로 나타내는 것이다. 예로서 이 그림 37.10에서 각 형태의 대표 면들을 각각 (a) $(1a, 1b)$, (b) $(\frac{1}{2}a, \frac{1}{3}b)$, (c) $(-1a, 1b)$, (d) $(\infty a, 1b)$로 나타내는 것이며, 여기에서 ∞는 평면들이 무한대에서 축과 교차한다는 것을 나타내는 데 사용된다. 그러나 만일 세로축에 대한 거리를 그 방향의 단위 세포 길이의 배수로 나타내기로 한다면, 이들 면을 각각 $(1,1)$, $(\frac{1}{2},\frac{1}{3})$, $(-1,1)$, $(\infty,1)$로 더 간단하게 나타낼 수도 있다. 지금 그림 37.10의 격자가 단위 세포에서 z 방향 길이가 c인 삼차원의 사방 결정계 격자를 위에서 내려다 본 그림이라고 하면, 4개 세트의 면들은 모두 z축과 무한대에서 만날 것이다. 따라서 이들 면의 완전한 표지는 $(1,1,\infty)$, $(\frac{1}{2},\frac{1}{3},\infty)$, $(-1,1,\infty)$, $(\infty,1,\infty)$가 될 것이다.

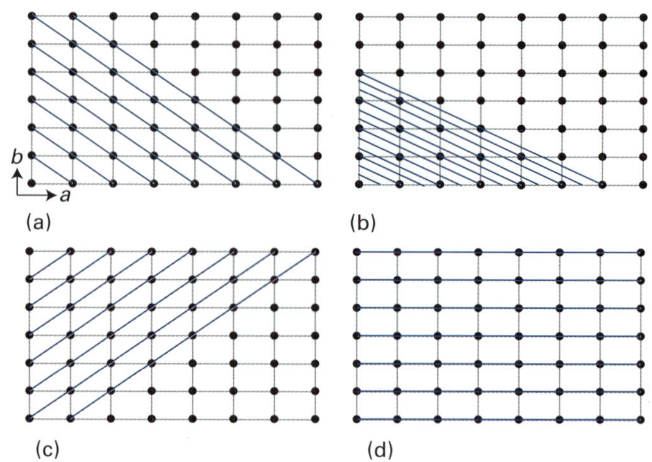

그림 37.10 직사각형 공간 격자점들을 통해서 그릴 수 있는 면들과 그들에 대응하는 Miller 지수(hkl): (a) $\{110\}$, (b) $\{320\}$, (c) $\{\bar{1}10\}$, (d) $\{010\}$

표지 속에 분수나 ∞가 나오는 것은 불편하다. 이것을 피하는 한 방법은 이들 표지의 역수를 취하는 것이다. 후에 알게 되겠지만 이와 같이 역수를 취하면 그 이상의 이점이 있다. 이러한 절편 거리의 역수를 **Miller 지수**(**Miller indice**, hkl)라고 한다. 대단히 많은 정보를 제공하면서도 기호를 간단하게 하기 위하여 다음과 같은 규칙이 적용된다.

- 지수가 음일 때는 $(\bar{1}10)$와 같이 그 지수 위에 막대표를 붙인다.
- 역수가 분수일 때는 적절한 인수를 곱해서 분수를 없애 준다.

예로서 $(\frac{1}{3},\frac{1}{2},\infty)$면은 모든 세 지수에 6을 곱하여 $(2,3,0)$으로 표시한다.

- 기호 (hkl)은 **개개의** 면을 나타내며, 한 세트의 평행한 면은 기호 $\{hkl\}$로 나타낸다.

그리하여 한 격자의 (110)면을 생각하면 한 세트의 $\{110\}$은 모두 (110)면에 평행하다.

한 가지 기억하면 유용한 점으로는 $\{hkl\}$에서 h의 값이 작을수록 이 면은 a축에 더 평행하게 된다(그러나 $\{h00\}$면은 예외이다)는 것이다. 이 관계는 k와 b축 사이, l과 c축 사이에 대해서도 마찬가지이다. $h=0$일 때는 a축에 대한 이 면의 절편이 무한대이며, 따라서 $\{0kl\}$면은 a축에 평행하다. 마찬가지로 $\{h0l\}$면은 b축에 평행하고, $\{hk0\}$면은 c축에 평행하다.

간단한 예 37.2 Miller 지수

그림 37.10a의 $\{1, 1, \infty\}$면은 Miller 표기법에서 $\{110\}$면이다. 마찬가지로 $\{\frac{1}{2}, \frac{1}{3}, \infty\}$면은 $\{320\}$으로 표시한다. 그림 37.10c는 $\{\bar{1}10\}$면을 나타낸다. 따라서 그림 37.10에서 네 세트의 면에 대한 Miller 지수는 $\{110\}$, $\{320\}$, $\{\bar{1}10\}$, $\{010\}$이다. 그림 37.11은 하나의 비직교축을 갖는 격자를 포함하여 격자면 선택의 삼차원적 표현을 나타낸 것이다.

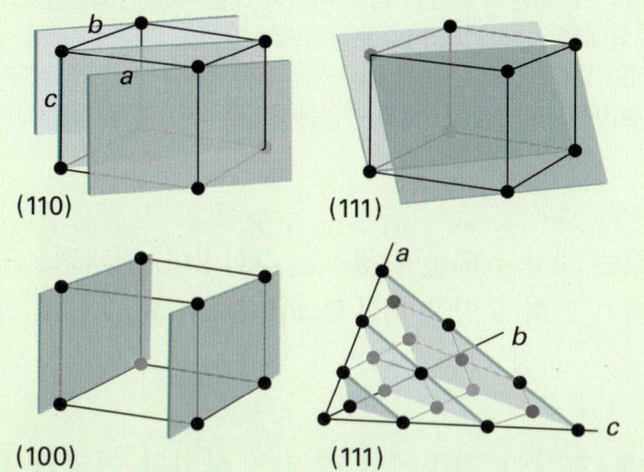

그림 37.11 삼차원에서의 대표적인 면들과 그들의 Miller 지수. 0은 해당하는 축에 평행한 면을 나타내며, Miller 지수는 직각 좌표를 갖지 않는 단위 세포에도 적용시킬 수 있다는 것을 주목하라.

자가 진단 37.2 거리 $(3a, 2b, c)$와 $(2a, \infty b, \infty c)$에서 결정학적 축과 교차하는 평면들의 Miller 지수를 구하시오.

답: $\{236\}$, $\{100\}$

(b) 평면 거리

Miller 지수는 면 사이의 거리를 나타내는 데 대단히 편리하다. 다음의 **증명**에서 그림 37.12의 사각형 격자의 경우에는 $\{hk0\}$면 사이의 거리가 다음과 같이 주어진다는 것을 밝히게 된다.

$$\frac{1}{d_{hk0}^2} = \frac{h^2+k^2}{a^2} \quad \text{또는} \quad d_{hk0} = \frac{a}{(h^2+k^2)^{1/2}}$$

사각형 격자 면 사이의 거리 (37.1a)

이것을 삼차원으로 확장하면 입방 결정 격자의 $\{hkl\}$면 사이의 거리가 다음과 같이 된다.

$$\frac{1}{d_{hkl}^2} = \frac{h^2+k^2+l^2}{a^2} \quad \text{또는} \quad d_{hkl} = \frac{a}{(h^2+k^2+l^2)^{1/2}}$$

입방 격자 면 사이의 거리 (37.1b)

증명 37.1 격자 면 사이의 거리

변의 길이가 a인 단위 세포로 만들어진 사각형 격자의 $\{hk0\}$면을 생각해 보자(그림 37.12).

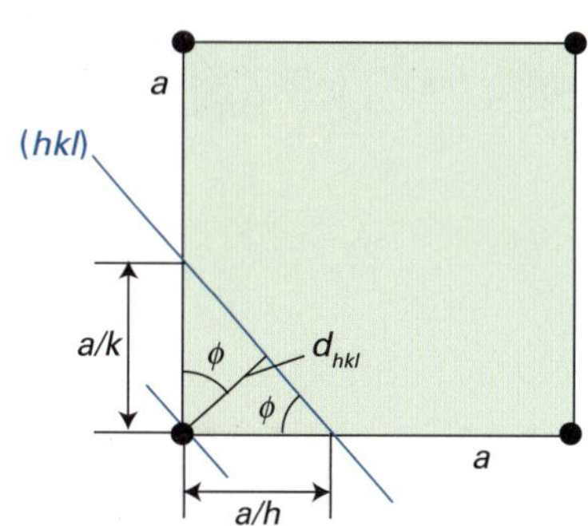

그림 37.12 단위 세포의 차원과 이들의 격자점을 통과하는 면과의 관계

그림에서 나타낸 각도 ϕ에 대하여 다음의 삼각함수 식을 쓸 수 있다.

$$\sin\phi = \frac{d}{(a/h)} = \frac{hd_{hk0}}{a} \qquad \cos\phi = \frac{d}{(a/k)} = \frac{kd_{hk0}}{a}$$

격자면은 평행축과 h번 교차하고 직교축과는 k번 교차하므로 각 빗변의 길이는 a를 h로 나누고, 또 a를 k로 나누어 계산된다. 그리하여 $\sin^2\phi + \cos^2\phi = 1$이므로 다음과 같은 결과가 되며

$$\left(\frac{hd_{hk0}}{a}\right)^2 + \left(\frac{kd_{hk0}}{a}\right)^2 = 1$$

이 식의 양변을 $d_{hk0}{}^2$으로 나누어 다음과 같이 정리하면 식 37.1a가 된다.

$$\frac{1}{d_{hk0}^2} = \frac{h^2}{a^2} + \frac{k^2}{a^2} = \frac{h^2+k^2}{a^2}$$

이 식을 일반화시키면 일반적 사방 격자(축들이 상호 직교하는 것의 하나)에 대응되는 표현으로 다음과 같은 식을 얻을 수 있다.

$$\frac{1}{d_{hkl}^2} = \frac{h^2}{a^2} + \frac{k^2}{b^2} + \frac{l^2}{c^2}$$

사방 격자 면 사이의 거리 (37.1c)

예제 37.1 Miller 지수의 이용

$a = 0.82$ nm, $b = 0.94$ nm, $c = 0.75$ nm인 사방 결정계 단위 세포에서 (a) $\{123\}$면, (b) $\{246\}$면 사이의 간격을 계산하시오.

방법 첫 번째 부분은 주어진 자료들을 식 37.1c에 넣어 주면 된다. 둘째로는 되풀이 계산을 하는 대신에 세 Miller 지수에 n을 곱해 주면 면 사이의 간격이 다음과 같이 n배만큼 감소된다는 사실을 주목하면 된다(그림 37.13).

$$\frac{1}{d_{nh,nk,nl}^2}=\frac{(nh)^2}{a^2}+\frac{(nk)^2}{b^2}+\frac{(nl)^2}{c^2}=n^2\left(\frac{h^2}{a^2}+\frac{k^2}{b^2}+\frac{l^2}{c^2}\right)=\frac{n^2}{d_{hkl}^2}$$

즉

$$d_{nh,nk,nl}=\frac{d_{hkl}}{n}$$

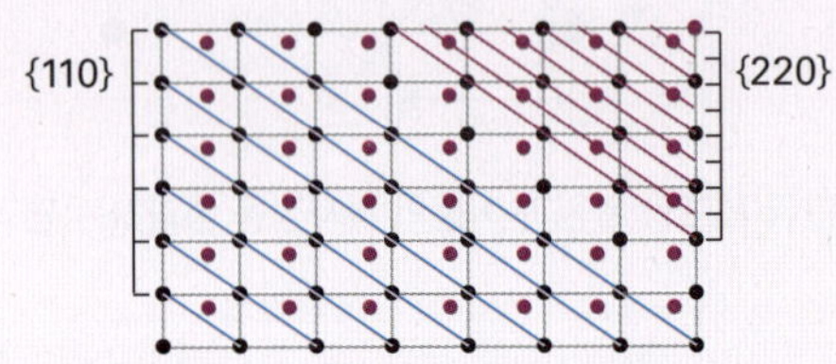

그림 37.13 {220}면 사이의 간격은 {110}면의 반이다. 일반적으로 {*nh*, *nk*, *nl*}면 사이의 간격은 {*hkl*}면보다 n배만큼 작다.

풀이 지수들을 식 37.1c에 넣어 주면 다음과 같은 결과가 나온다.

$$\frac{1}{d_{123}^2}=\frac{1^2}{(0.82\ \mathrm{nm})^2}+\frac{2^2}{(0.94\ \mathrm{nm})^2}+\frac{3^2}{(0.75\ \mathrm{nm})^2}=22\ \mathrm{nm}^{-2}$$

따라서 $d_{123}=0.22$ nm이다. 그리고 곧 d_{246}은 이 값의 반, 즉 0.11 nm가 된다.

실용 상식 식에 매번 수치를 넣어 주는 것보다는 항상 양 사이의 해석적 관계를 따져 보면서 계산하는 것이, 양 사이의 관계도 알아보고 불필요한 계산도 피한다는 면에서 현명하다.

자가 진단 37.3 같은 격자에서 (a) {133}면, (b) {399}면 사이의 간격을 계산하시오.

답: (a) 0.19 nm, (b) 0.063 nm

37.3 X선 결정학

파의 특징은 파들이 서로 간섭을 하는 공간상 동일한 영역에 존재하여 봉우리나 골이 합치되는 곳에서는 큰 변위를 나타내고, 봉우리나 골이 일치하는 곳에서는 약한 변위를 나타낸다는 것이다(그림 37.14). 고전 전자기 이론에 의하면, 전자기 복사의 세기는 그 파의 진폭의 제곱에 비례한다. 따라서 보강 간섭과 상쇄 간섭 영역은 증강된 세기와 감소된 세기의 영역으로서 나타난다. **회절**(**diffraction**) 현상은 파의 경로에 있는 대상물 때문에 생기는 간섭이며, 결과적으로 나타나는 세기 변화 모양을 **회절 무늬**(**diffraction pattern**)라고 한다. 회절은 회절 대상의 크기가 복사 파장과 비슷할 때 일어난다.

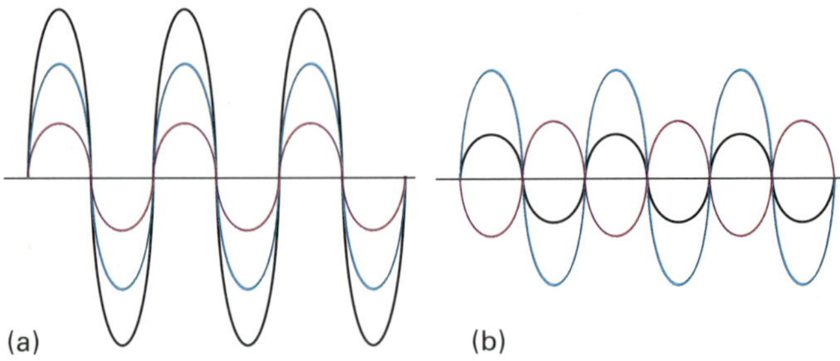

그림 37.14 두 파동이 동일한 공간 영역에 있을 때는 간섭을 일으킨다. 이들은 그 상대적 위상에 따라 (a) 보강적으로 간섭을 일으켜 진폭을 크게 해 주거나, (b) 상쇄적으로 간섭을 일으켜 진폭을 감소시켜 준다. 성분 파동은 녹색과 보라색으로, 합성된 결과는 검은색으로 나타내었다.

X선은 파장이 결정에서 격자면 사이의 거리와 비슷한 10^{-10} m의 차수를 가진 전자기 복사이다. 결과적으로 X선 회절은 결정 구조를 결정하는 데 놀라운 힘을 가진 방법인 **X선 결정학**(**X-ray crystallography**)의 기초가 된다. 거의 모든 현대 X선 결정학 연구는 Bragg 부자가 발전시킨 방법에 기초를 두고 있다(아버지 William과 아들 Lawrence는 후에 공동으로 노벨상을 받았다). 이들은 단결정과 단색 X선 빛살을 사용하고, 반사가 나올 때까지 결정을 회전시켰다. 결정 속에는 많은 상이한 세트의 면들이 있으므로 반사가 일어나는 각도가 많이 존재하게 된다. 기초 데이터는 반사가 관찰되는 각도와 반사 세기로 구성되어 있다.

단결정 회절 무늬는 **사회전 회절 분석계**(**four-circle diffractometer**)를 사용하여 측정한다(그림 37.15). 회절 분석계에는 통합적인 컴퓨터가 연결되어 있어서 회절 무늬 중 임의의 특정 세기 피크를 관찰하는 데 필요한 회절 분석계의 네 회전

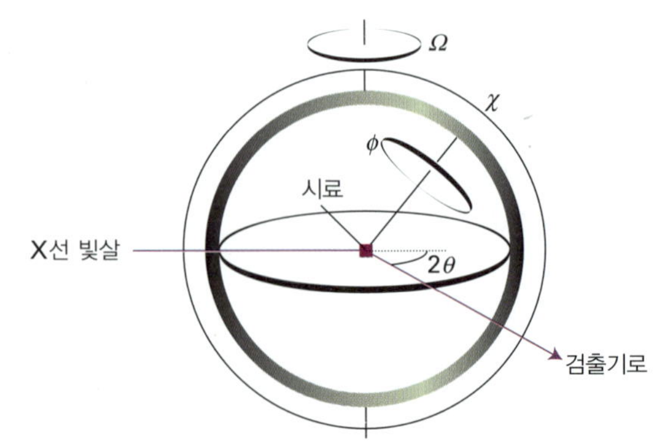

그림 37.15 사회전 회절 분석계. 성분의 배향 각도(ϕ, χ, θ, Ω) 선정은 컴퓨터가 조절하며, 각 (hkl) 반사를 차례로 측정하여 그 세기를 기록한다.

각도를 선정해 준다. 각 선정된 지점에서 회절 세기가 측정되며 선정된 각도를 약간 변화시켜서 바탕 세기를 결정한다. 근래에는 지수를 자동적으로 계산할 뿐만 아니라 단위 세포의 모양, 대칭, 크기까지도 자동적으로 결정해 주는 계산 장치를 이용할 수 있게 되었다. 뿐만 아니라 넓이 탐지기와 영상판을 포함한 다량의 데이터를 채취할 수 있는 방법들을 이용할 수 있어 전체 회절 무늬의 영역을 동시에 채취할 수 있게 되었다.

(a) Bragg 법칙

초기에는 결정이 만들어 내는 회절 무늬를 해석하기 위하여 격자면을 반투명성 거울이라고 보았으며, 이러한 격자면이 d의 간격으로 쌓인 것이 결정의 모형이라고 생각하였다(그림 37.16). 이 모형을 이용하면 결정에 어떤 각도로 X선 빛살을 입사시켜야 보강 간섭이 일어나는지를 쉽게 계산할 수 있다. 또한 보강 간섭 때문에 나타나는 큰 세기의 점들을 나타내는 데 **반사**(**reflection**)라는 이름이 나왔다.

파장이 동일한 두 평행 빛살이 그림 37.16에서와 같은 두 인접 격자면에 의해서 반사된다고 하자. 한 빛살은 위 격자면의 한 점 D를 때리지만, 다른 빛살은 AB만큼의 거리를 더 가서 바로 밑면을 때려야 한다. 마찬가지로 반사된 빛살은 BC만큼의 경로 차를 가지게 될 것이다. 따라서 이 두 빛살의 실제 경로 차는 **여입사각**(**glancing angle**)을 2θ(2θ는 빛살이 격자면과 각도 θ를 이룰 때 여기에서 굴절되는 각도임)라고 할 경우 다음과 같이 된다.

$$AB+BC=2d\sin\theta$$

대부분의 여입사각에서는 빛의 경로 차가 파장의 정수배와 같지 않으며, 그리하여 파들은 상쇄 간섭이 크게 일어난다. 그러나 이 경로 차가 파장의 정수배와 같을 때($AB+BC=n\lambda$일 때)는 반사되는 빛이 동일 위상을 가지며, 그리하여 보강 간섭을 나타낸다. 즉 여입사각이 다음과 같은 **Bragg 법칙**(**Bragg's law**)을 만족시킬 때는 밝은 반사가 나타난다.

$$n\lambda=2d\sin\theta \qquad \text{Bragg 법칙} \quad (37.2a)$$

$n=2, 3, \cdots$인 반사를 **2차**, **3차**, …반사라고 한다. 이들은 2, 3, …배의 파장에 해당하는 경로 차가 있을 때의 반사를 나타낸다. 현대적인 방법에서는 n을 d 속에 포함시키고 Bragg 법칙을 다음과 같이 나타낸다.

$$\lambda=2d\sin\theta \qquad \text{다른 형태 Bragg 법칙} \quad (37.2b)$$

그리고 n차 반사를 $\{nh,nk,nl\}$면으로부터 나오는 것이라고 본다(예제 37.1 참조).

Bragg 식에 의하면, 일단 반사를 나타내는 각 θ를 구하기만 하면 파장을 알 경우 d를 쉽게 계산할 수 있으므로, 이 식은 일차적으로 격자층 사이의 거리를 구하는 데 쓰인다.

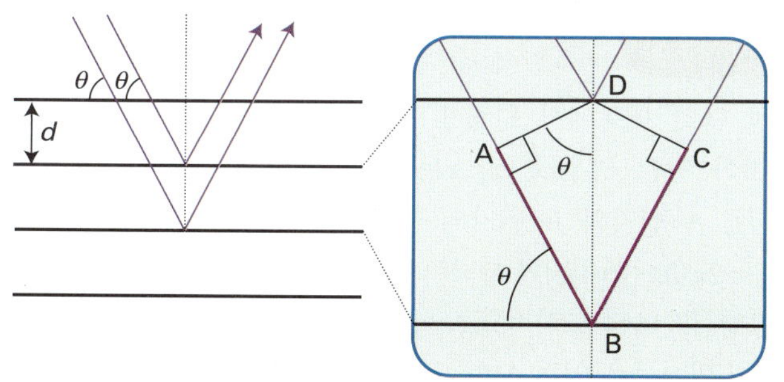

그림 37.16 관례적으로 Bragg 법칙을 구할 때는 각 격자면이 입사 복사선을 반사시킨다고 생각한다. 경로 차는 AB+BC인데, 이것은 여입사각 2θ에 의존한다. 보강 간섭(즉 '반사')이 일어나려면 AB+BC가 파장의 정수배가 되어야 한다.

간단한 예 37.3 Bragg 법칙 1

파장이 154 pm인 X선을 사용할 때 한 입방 격자의 $\{111\}$면에서 $\theta=11.2°$일 때 1차 반사가 관찰되었다. 식 37.2에 의하면 $\{111\}$면이 회절을 일으키려면 면 간격이 $d_{111}=\lambda/(2\sin\theta)$가 되어야 한다. 한편 변의 길이가 a인 입방 격자에서 $\{111\}$면의 간격은 식 37.2에 의해서 $d_{111}=a/3^{1/2}$이다. 따라서

$$a=\frac{3^{1/2}\lambda}{2\sin\theta}=\frac{3^{1/2}\times(154\text{ pm})}{2\sin 11.2°}=687\text{ pm}$$

자가 진단 37.4 이 동일한 결정에서 $\{123\}$면이 반사를 일으키는 각도 θ를 계산하시오.

답: 24.8°

간단한 예 37.4 Bragg 법칙 2

단위 세포에 따라서는 고유하면서도 쉽게 식별되는 선들의 무늬를 나타내는 것이 있다. 예로서 단위 세포의 크기가 a인 입방 격자에서는 면의 간격이 식 37.2로 주어지며, 따라서 $\{hkl\}$면이 1차 반사를 나타내는 각도는 다음 식으로 주어진다.

$$\sin\theta=(h^2+k^2+l^2)^{1/2}\frac{\lambda}{2a}$$

이 식에 h, k, l의 값을 넣어 주면 어떤 반사가 나오는지를 예측할 수 있다. 즉

$\{hkl\}$	{100}	{110}	{111}	{200}	{210}	{211}	{220}	{300}	{221}	{310}...
$h^2+k^2+l^2$	1	2	3	4	5	6	8	9	9	10 ...

여기서 7(그리고 15, …)이 빠져 있는데, 이것은 정수의 제곱 3개를 합한 것이 7(또는 15, …)이 될 수 없기 때문이다. 이와 같이 이러한 무늬에서 일련의 선들의 부재는 입방 P 격자의 고유한 특성이 된다.

자가 진단 37.5 일반적으로 실험적으로 측정되는 각도는 θ가 아니라 2θ이다. 71.0 pm의 X선을 써서 폴로늄 원소의 회절 사진을 찍었더니 다음과 같은 2θ(° 단위)에서 선들이 나타났다. 12.1, 17.1, 21.0, 24.3, 27.2, 29.9, 34.7, 36.9, 38.9, 40.9, 42.8. 단위 세포의 종류를 밝히고, 그 크기를 구하시오.

답: 입방 P, $a = 337$ pm

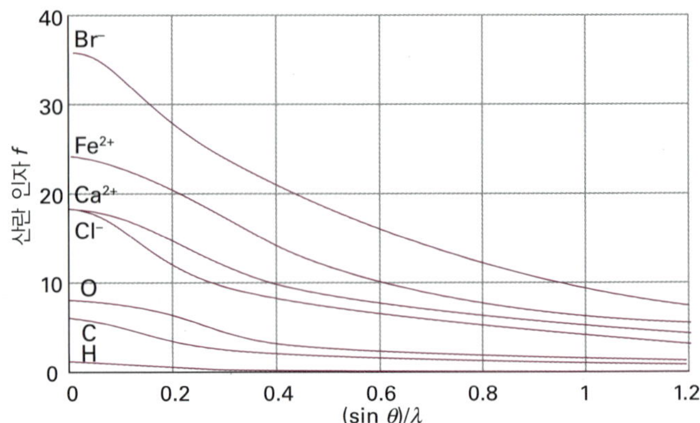

그림 37.17 원자나 이온의 산란 인자의 원자 번호와 각도에 대한 의존성. 진행 방향($\theta = 0$, 따라서 $(\sin\theta)/\lambda = 0$의 방향)으로의 산란 인자는 그 화학종 속에 들어 있는 전자의 수와 같다.

(b) 전자 밀도

구조 해석 방법을 논의하기 위해서 우리가 알아야 할 것은 입사되는 전자기파가 원자들의 전자에서 발생되는 진동에 의해 X선이 산란된다는 것이다. 무겁고 전자가 풍부한 원소는 가벼운 원소보다 더 강한 산란을 일으킨다. 전자수에 대한 이러한 의존 관계를 나타내는 것이 원소의 **산란 인자**(**scattering factor**) f이다. 산란 인자가 크면 X선을 세게 산란시킨다. 여기에서 반복하지 않겠지만 한 가지 분석 결과는, 한 원자의 산란 인자는 그 원자 내부의 전자 밀도 분포 $\rho(r)$ 및 빔이 산란되는 각도 2θ와 다음과 같은 관계를 갖는다는 것이다.

$$f = 4\pi\int_0^\infty \rho(r)\frac{\sin kr}{kr}r^2\mathrm{d}r \quad k = \frac{4\pi}{\lambda}\sin\theta \qquad \text{산란 인자} \qquad (37.3)$$

이 f의 값은 진행 방향으로 최대가 된다(그림 37.17). 반사의 세기를 세밀하게 분석하려면 이 방향 의존을 고려해 주어야 한다. 다음 **증명**에서 보이겠지만, 진행 방향으로는 f가 원자 내부의 전자수와 같다.

증명 37.2 전방 산란 인자

$\theta \to 0$이 됨에 따라 $k \propto \sin\theta \to 0$이 된다. $\sin x = x - \frac{1}{6}x^3 + \cdots$이므로 다음 관계를 이용할 수 있다.

$$\lim_{k\to 0}\frac{\sin kr}{kr} = \lim_{k\to 0}\frac{kr - \frac{1}{6}(kr)^3 + \cdots}{kr} = \lim_{k\to 0}(1 - \tfrac{1}{6}(kr)^2 + \cdots) = 1$$

따라서 전방 산란의 경우에는 $(\sin kr)/kr$이 1이 되며, 전방 방향으로 다음 관계가 성립한다.

$$f = 4\pi\int_0^\infty \rho(r)r^2\mathrm{d}r$$

전자 밀도 ρ(무한소 영역 속에 들어 있는 전자수를 그 영역의 부피로 나눈 값)에, 반지름이 r인 구 껍질의 부피와 두께 $\mathrm{d}r$인 부피 요소 $4\pi r^2\mathrm{d}r$을 곱해서 적분하면 원자 속에 들어 있는 전체 전자수 N_e가 나온다. 따라서 전방 방향에서는 $f = N_e$이다. 예로서 Na^+, K^+, Cl^-의 산란 인자는 각각 10, 18, 18이다.

한 단위 세포 속에 산란 인자가 f_j이고 좌표가 (x_ja, y_jb, z_jc)인 여러 원자들이 들어 있다면, (hkl)면에 의해서 회절되는 파의 총 세기가 아래 **증명**에서 보이는 바와 같이 다음 식으로 주어진다.

$$F_{hkl} = \sum_j f_j \mathrm{e}^{\mathrm{i}\phi_{hkl}(j)} \qquad \text{구조 인자} \qquad (37.4)$$

여기서 $\phi_{hkl}(j) = 2\pi(hx_j + ky_j + lz_j)$이다. 합은 단위 세포 속에 들어 있는 모든 원자에 관해서 더해 주어야 한다. F_{hkl}을 **구조 인자**(**structure factor**)라고 한다.

증명 37.3 구조 인자

우선 단위 세포에서 원점에 원자 A가 있고, 좌표 (xa, yb, zc)에 B가 있는 경우(x, y, z는 0부터 1까지의 범위 안에 놓여 있다), A 원자와 B 원자의 (hkl) 반사 사이의 위상차 ϕ_{hkl}가 $\phi_{hkl} = 2\pi(hx + ky + lz)$가 된다는 것부터 보이겠다.

그림 37.18에 도식적으로 나타낸 것과 같은 결정을 생각해 보자. 이 반사들은 인접 A면들로부터 나온 두 파에 해당한다. 즉 그림에 나타난 파장과 입사각에 대하여 파의 위상차가 2π일 때 보강 간섭이 나타나며, 따라서 강한 반사가 나온다. 이 두 A면 사이의 x 분율 거리에 B 원자가 있다면 A 반사에 대해서 위상차

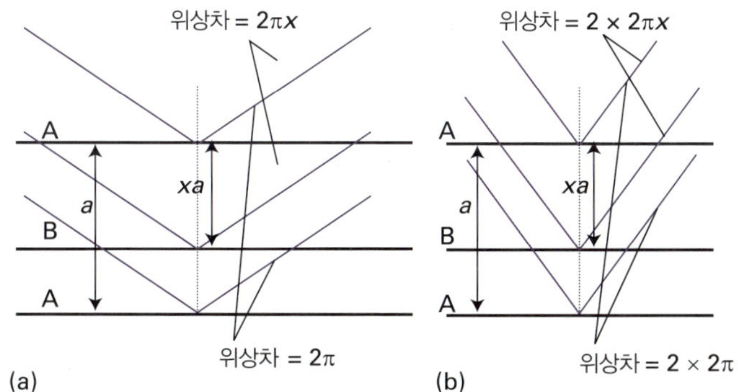

그림 37.18 두 종류의 원자로 된 결정으로부터의 회절. (a) A면들로부터의 (100) 반사의 경우에는 인접 면들로부터 반사되는 파가 2π의 위상차를 나타내지만, (b) (200) 반사의 경우에는 이 위상차가 4π로 된다. A면으로부터 분율 거리 xa에 있는 B면으로부터의 반사는 이들 위상차에 x를 곱한 만큼의 위상이 나타난다.

가 $2\pi x$인 파가 생기게 된다. 이것을 확인하기 위해서 $x=0$이면 위상차가 없으며, $x=\frac{1}{2}$이면 위상차가 π이고, $x=1$이면 B 원자가 밑의 A 원자 자리에 와서 위상차가 2π가 된다는 것을 주목하라. 이번에는 (200) 반사를 생각해 보자. 이때는 두 A층으로부터의 파들 사이에 $2\times 2\pi$의 위상차가 나타나며, 만일 B가 $x=0.5$에 있을 때는 위 A층으로부터의 파와 2π만큼의 위상차를 갖는 파가 나올 것이다.

그리하여 일반적인 분수 위치 x에 있을 때는 (200) 반사에 대한 위상차가 $2\times 2\pi x$가 될 것이다. 일반적으로 (h00) 반사에 대해서는 $h\times 2\pi x$의 위상차가 나타난다. 삼차원의 경우에는 이 결과가 식 37.4로 일반화될 수 있다.

예제 37.2 구조 인자 계산

그림 37.19의 단위 세포에 대한 구조 인자를 계산하시오.

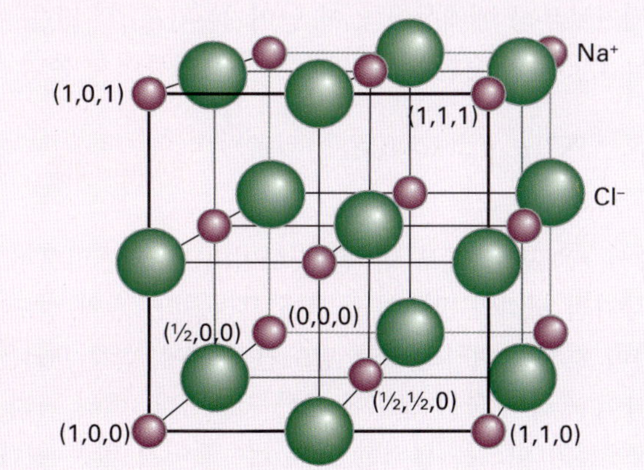

그림 37.19 예제 37.2에서 구조 인자를 계산하는 데 사용한 원자들의 위치. 붉은색 구는 Na^+이고, 녹색 구는 Cl^-이다.

방법 구조 인자는 식 37.4로 정의된다. 이 식을 이용하기 위해서 우선 그림 37.19에 명시된 위치에 있는 이온들을 생각해 보자. Na^+ 이온의 산란 인자를 f^+, Cl^-의 산란 인자를 f^-로 나타낸다. 세포 내부에 있는 이온은 전부 산란에 세기 f를 기여한다는 것을 주목하라. 그러나 면 상에 있는 이온은 두 단위 세포에 의해서 공유되며($\frac{1}{2}f^+$를 기여), 모서리에 있는 것은 4개의 세포에 의해서($\frac{1}{4}f^+$를 기여), 그리고 꼭짓점에 있는 것은 8개의 세포에 의해서 공유된다($\frac{1}{8}f^+$를 기여). 또 유용한 다음 두 관계식도 이용한다(**수학적 배경** 3).

$$e^{i\pi}=(-1) \qquad \cos\phi=\tfrac{1}{2}(e^{i\phi}+e^{-i\phi})$$

풀이 이 그림에 나타난 27개 원자 전부의 좌표에 걸쳐서 식 37.4의 덧셈을 하면 다음과 같다.

$$F_{hkl}=f^+\left(\tfrac{1}{8}+\tfrac{1}{8}e^{2\pi il}+\ldots+\tfrac{1}{2}e^{2\pi i(\frac{1}{2}h+\frac{1}{2}k+l)}\right)$$
$$+f^-\left(e^{2\pi i(\frac{1}{2}h+\frac{1}{2}k+\frac{1}{2}l)}+\tfrac{1}{4}e^{2\pi i(\frac{1}{2}h)}+\ldots+\tfrac{1}{4}e^{2\pi i(\frac{1}{2}h+l)}\right)$$

이 식에서 h, k, l이 모두 정수이므로 $e^{2\pi ih}=e^{2\pi ik}=e^{2\pi il}=1$을 이용하여 이 27개 항의 식을 간단히 하면 다음 관계가 성립한다.

$$F_{hkl}=f^+\{1+\cos(h+k)\pi+\cos(h+l)\pi+\cos(k+l)\pi\}$$
$$+f^-\{(-1)^{h+k+l}+\cos k\pi+\cos l\pi+\cos h\pi\}$$

이 식은 $\cos h\pi=(-1)^h$를 이용하여 다음과 같이 더 간소화시킬 수 있다.

$$F_{hkl}=f^+\{1+(-1)^{h+k}+(-1)^{h+l}+(-1)^{l+k}\}$$
$$+f^-\{(-1)^{h+k+l}+(-1)^h+(-1)^k+(-1)^l\}$$

그리하여 다음과 같은 결과를 얻을 수 있다.

h, k, l이 모두 짝수이면, $F_{hkl}=f^+\{1+1+1+1\}$
$+f^-\{1+1+1+1\}=4(f^++f^-)$
h, k, l이 모두 홀수이면, $F_{hkl}=4(f^+-f^-)$

하나가 홀수이고 둘이 짝수이거나, 그 반대이면,
$F_{hkl}=0$

hkl이 모두 홀수 반사일 때는 이들이 모두 짝수일 때보다 선의 세기가 약하다. $f^+=f^-$일 때는 동등한 원자들이 입방 P 배열을 이루고 있을 때에 해당하며, 이때는 hkl의 모두가 홀수인 선의 세기가 0이 된다. 이것은 입방 P 단위 세포 특성의 부재에 해당한다(**간단한 예** 37.4 참조).

자가 진단 37.6 입방 I 격자에 대해서는 어떤 반사들이 관측될 수 없는가?

답: $h+k+l$이 모두 홀수일 때, $F_{hkl}=0$

(hkl) 반사의 세기는 $|F_{hkl}|^2$에 비례하며, 따라서 원칙적으

로는 해당하는 세기들의 제곱근을 취함으로써 실험적으로 구조 인자를 결정할 수 있다(그러나 아래를 보라). 그리하여 모든 구조 인자 F_{hkl}을 알 수 있다면, 다음 식을 이용하여 단위 세포 속의 전자 밀도 $\rho(r)$을 구할 수 있을 것이다.

$$\rho(\boldsymbol{r})=\frac{1}{V}\sum_{hkl}F_{hkl}\,\mathrm{e}^{-2\pi\mathrm{i}(hx+ky+lz)} \qquad \text{전자 밀도 분포의 Fourier 합성} \qquad (37.5)$$

여기서 V는 단위 세포의 부피이다. 식 37.5를 전자 밀도에 관한 **Fourier 합성(Fourier synthesis)**이라고 한다. Fourier 변환은 화학 전반을 통하여 다양한 모양으로 나타나며, 더 자세한 내용은 **수학적 배경** 6에 설명되어 있다.

예제 37.3 Fourier 합성에 의한 전자 밀도 계산

어떤 결정의 $\{h00\}$면들이 x축 방향으로 무한히 뻗어 있다고 생각해 보자. X선 구조 해석으로 각 면에 대한 구조 인자가 다음과 같이 밝혀졌다.

h:	0	1	2	3	4	5	6	7	8	9	10	11	12	13	14	15
F_h	16	−10	2	−1	7	−10	8	−3	2	−3	6	−5	3	−2	2	−3

(그리고 $F_{-h}=F_h$이다). 이 단위 세포의 x축 상으로 투영한 전자 밀도의 그림을 그리시오.

방법 $F_{-h}=F_h$이므로 식 37.5로부터 다음과 같이 된다.

$$V\rho(x)=\sum_{h=-\infty}^{\infty}F_h\mathrm{e}^{-2\pi\mathrm{i}hx}=F_0+\sum_{h=1}^{\infty}(F_h\mathrm{e}^{-2\pi\mathrm{i}hx}+F_{-h}\mathrm{e}^{2\pi\mathrm{i}hx})$$

$$=F_0+\sum_{h=1}^{\infty}F_h(\mathrm{e}^{-2\pi\mathrm{i}hx}+\mathrm{e}^{2\pi\mathrm{i}hx}) \overset{\frac{1}{2}(\mathrm{e}^{-2\pi\mathrm{i}hx}+\mathrm{e}^{2\pi\mathrm{i}hx})=\cos 2\pi hx}{=} F_0+2\sum_{h=1}^{\infty}F_h\cos 2\pi hx$$

다음에 $0\le x\le 1$인 점들에 대해서 수학 소프트웨어를 이용하여 합을 구하면 된다($h=15$에서 끊는다).

풀이 이 결과를 그림 37.20에 나타내었다(녹색 선). 세 원자의 위치는 대단히 쉽게 파악할 수 있다. 합을 하는 항의 수가 많을수록 보다 더 정확한 밀도의 도시 결과가 나온다. 높은 값의 h(합셈 속의 짧은 파장의 cosine 항)에 해당하는 항은 전자 밀도의 변화를 보다 세밀하게 나타낸다. 넓은 모양은 낮은 값의 h로부터 나온다.

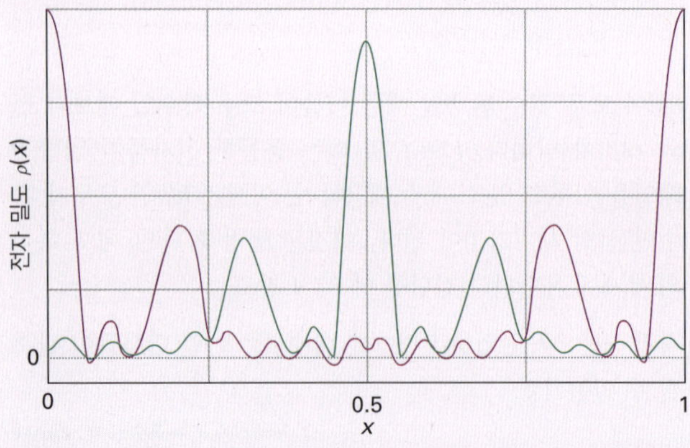

그림 37.20 예제 37.3에서 계산한 전자 밀도의 도시 결과(녹색)와 자가 진단 37.7의 결과 (자주색)

자가 진단 37.7 수학 소프트웨어를 이용하여 상이한 구조 인자들(진폭 변화와 부호 변화를 포함한)을 가지고 이 계산을 시험해 보시오. 예로서 위에서와 동일한 값의 F_h를 사용하는데, $h\ge 6$ 값의 부호를 양으로 놓는다.

답: 그림 30.20 (자주색 선)

(c) 구조 결정

위에서 설명한 방법의 문제점은 측정된 I_{hkl}이 절댓값의 제곱인 $|F_{hkl}|^2$에 비례하며, 따라서 식 37.5의 합에서 $+|F_{hkl}|$을 써야 하는지, $-|F_{hkl}|$을 써야 하는지 알 수 없다는 것이다. 실제로 비중심 대칭 단위 세포의 경우에는 문제가 훨씬 더 심각하다. 그 이유는 F_{hkl}을 복소 함수 $|F_{hkl}|\mathrm{e}^{\mathrm{i}\alpha}$로 나타낼 경우($\alpha$는 F_{hkl}의 위상, $|F_{hkl}|$은 그 크기), $|F_{hkl}|$은 반사 세기로부터 구할 수 있지만, 그 위상에 관해서는 아무 것도 알 수 없으며, 0부터 2π 사이의 어떤 값도 가질 수 있기 때문이다. 이러한 애매성이 바로 **위상 문제(phase problem)**이며, 그 결과는 그림 37.20에 두 개의 그림을 비교함으로써 나타내고 있다. 어떤 방법으로든 구조 인자에 위상을 부여해야 하며, 그렇지 못할 때는 ρ에 대한 합을 구할 수 없고, 따라서 그 방법은 쓸모가 없게 될 것이다.

위상 문제는 여러 가지 방법으로 어느 정도까지는 해결할 수 있다. 그중 한 방법은 단위 세포 속에 비교적 적은 수의 원자가 들어 있는 무기 물질과 소수의 무거운 원자가 들어 있는 유기 물질에 널리 쓰이고 있는 **Patterson 합성법(Patterson synthesis)**이다. 이 방법에서는 구조 인자 F_{hkl} 대신에 세기로부터 애매성이 없이 얻어지는 $|F_{hkl}|^2$ 값을 이용하여 식 37.5와 비슷한 다음과 같은 식을 만들어서 쓴다.

$$P(\boldsymbol{r})=\frac{1}{V}\sum_{hkl}|F_{hkl}|^2\mathrm{e}^{-2\pi\mathrm{i}(hx+ky+lz)} \qquad \text{Patterson 합성} \qquad (37.6)$$

여기에서 $\boldsymbol{r}$은 단위 세포 속 원자 사이의 벡터 거리로서, 원자들 사이의 거리와 방향이 동시에 고려된다. 전자 밀도 함수 $\rho(\boldsymbol{r})$이 원자들 위치의 확률 밀도인 반면에, 함수 $P(\boldsymbol{r})$은 원자들 사이 거리의 확률 밀도에 대한 지도이다. 벡터 거리 $\boldsymbol{r}$에 있는 P에서의 피크는 동일한 거리 $\boldsymbol{r}$로 떨어져 있는 원자 쌍에 기인한다. 따라서 원자 A가 좌표 (x_A,y_A,z_A)에 있고, 원자 B가 (x_B,y_B,z_B) 위치에 있을 때는 Patterson 지도에서 $(x_A-$

x_B, y_A-y_B, z_A-z_B) 위치에 피크가 나타난다. 이들 좌표의 음이 되는 곳에도 피크가 나타나는데, 이것은 A로부터 B로의 벡터와 마찬가지로, B로부터 A로의 벡터도 있기 때문이다. 이 지도에 나타나는 피크의 높이는 두 원자의 원자 번호의 곱 Z_AZ_B에 비례한다.

간단한 예 37.5 Patterson 합성

단위 세포가 그림 37.21a와 같은 구조를 가질 때는 Patterson 합성이 그림 37.21b와 같은 지도를 나타내는데, 여기에 나타나는 각 반점의 원점에 대한 상대적 위치는 본래의 구조 속에 들어 있는 각 원자 쌍의 거리와 상대적 배향을 나타낸다.

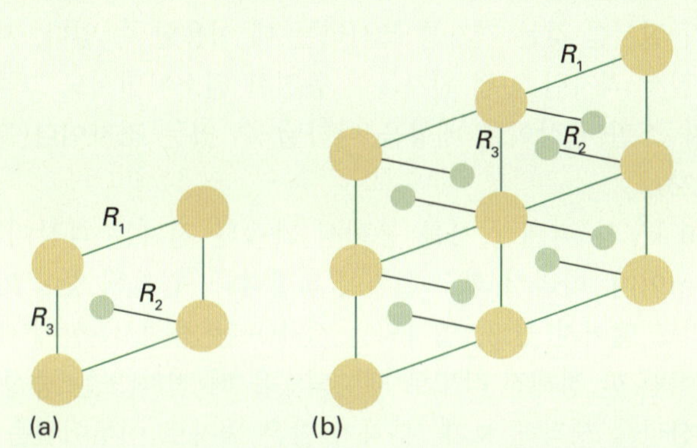

그림 37.21 (a)의 모양으로부터 (b)의 모양을 나오게 하는 Patterson 합성. 원점으로부터 각 무늬점까지의 거리와 배향으로부터 (a)에서의 한 원자–원자간 거리와 배향이 나온다. 일부 전형적인 거리와 이들의 (b)에 대한 기여를 R_1 등으로 나타내었다.

자가 진단 37.8 예제 37.3에서의 데이터를 고려하여 $VP(x)=|F_0|^2+2\Sigma_{h=1}^{\infty}|F_h|^2\cos 2\pi hx$와 Patterson 합성을 도시하시오.

답:

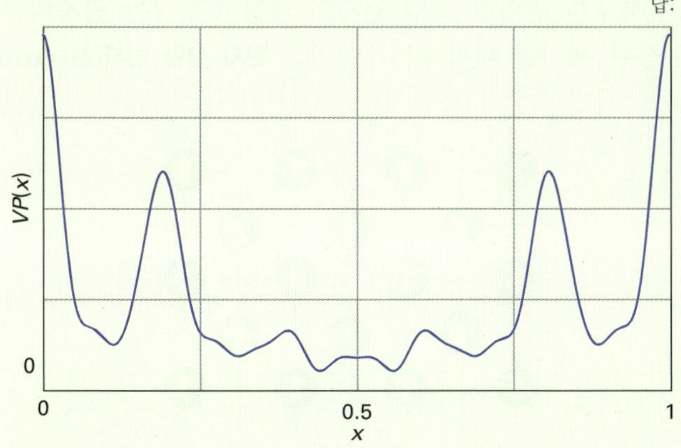

그림 37.22 예제 37.3 데이터로부터의 Patterson 합성

무거운 원자는 산란 인자가 커서(원자 번호의 크기 정도) 산란을 지배하며, 따라서 이들의 위치를 매우 쉽게 밝혀낼 수 있다. 그리고 이 무거운 원자의 단위 세포 속에서의 위치로부터 F_{hkl}의 부호를 계산할 수 있으며, 이들에 대해서 계산한 위상은 전체 단위 세포에 대한 위상과 동일할 확률이 높다. 이와 같이 되는 원인을 보려면 우선 중심 대칭 세포의 구조 인자가 다음과 같은 형태로 된다는 것을 주목해야 한다.

$$F=(\pm)f_{\text{heavy}}+(\pm)f_{\text{light}}+(\pm)f_{\text{light}}+\ldots \quad (37.7)$$

여기서 f_{heavy}는 무거운 원자의 산란 인자이고, f_{light}는 가벼운 원자의 산란 인자이다. f_{light}는 모두 f_{heavy}보다 훨씬 작으며, 원자들이 단위 세포 전체를 통해서 분포되어 있을 때는 이들의 위상이 다소 무작위하다. 따라서 f_{light}가 F의 변화에 미치는 실질 효과는 f_{heavy}에 의한 것에 비해서 매우 미약하며, 그리하여 F는 무거운 원자의 위치로부터 계산한 것과 똑같은 부호를 갖는다고 믿어도 된다. 이 위상을 반사 세기로부터 측정한 $|F|$과 결합하면 단위 세포의 완전한 전자 밀도에 관한 Fourier 합성을 할 수 있으며, 무거운 원자는 물론 가벼운 원자의 위치까지도 알아낼 수 있다.

최신 구조 해석법에서는 **직접법(direct method)**을 광범위하게 쓰고 있다. 이 방법은 원자들이 단위 세포 속에서 가상적으로 무작위하게 위치한다고 보고(복사선의 관점에서), 통계법을 이용하여 위상들이 특정한 값을 가질 확률을 구한다. 즉 일부 구조 인자들과 다른 구조 인자들의 합(그리고 제곱의 합)과의 관계를 유도할 수 있는데, 이것은 위상들이 특정한 값(구조 인자가 크기만 하면 맞을 확률이 높다)을 가지게 하는 효과를 나타낸다. 예로서 다음과 같은 형태를 갖는 **Sayre 확률 관계식(Sayre probability relation)**을 들 수 있다.

$F_{h+h',k+k',l+l'}$의 부호는 (F_{hkl}의 부호) ×($F_{h'k'l'}$의 부호)와 같을 확률이 높다. Sayre 확률 관계식 (37.8)

예로서 F_{122}와 F_{232}가 모두 크고 음일 때는, F_{354}가 크기만 하면 양이 될 가능성이 높다.

결정 구조를 최종적으로 확정하기 위해서는 회절 무늬로부터 유도한 구조 모형에 입각해서 회절 세기를 계산하고, 이것이 실제로 측정한 결과와 잘 맞게 되도록 구조 관련 파라미터들(예로서 원자의 위치)을 체계적으로 조절해 주어야 한다. 이 과정을 **구조 정밀화(structure refinement)**라고 한다. 이 정밀화 과정에 의해서 단위 세포 속에 들어 있는 원자들의 위치가 정확하게 결정될 뿐만 아니라 이와 같이 구한 위치와 결합 길이 및 결합각의 오차를 추정할 수가 있다. 이 과정을 통하여 원자들이 진동하는 진폭을 추정할 수도 있다.

37.4 중성자 회절과 전자 회절

de Broglie 관계식(토픽 4, $\lambda = h/p$)에 의하면 입자들은 파장을 가지며, 따라서 회절 현상을 나타낼 수 있다. 원자로에서 생성되어 열운동 속도로 감속된 중성자는 X선과 비슷한 파장을 가지며, 따라서 회절 연구에 이용될 수 있다. 예를 들어 원자로에서 나온 중성자를 약 4 km s^{-1}의 속도로 진행하게 될 때까지 감속재(흑연과 같은)와 반복하여 충돌시키면 중성자의 파장이 약 100 pm가 된다. 실제에 있어서는 중성자 빛살이 상당 영역의 파장을 가지지만 저마늄 단결정과 같은 결정으로 회절을 시켜서 단색 빛살을 선정할 수 있다.

예제 37.4 열중성자의 전형적인 파장 계산

373 K의 주위와 열평형에 도달한 후 중성자의 전형적인 파장을 계산하시오. 간단하게 하기 위하여 입자들은 1차원에서 운동한다고 가정한다.

방법 파장을 온도와 연관시켜야 한다. 이것은 두 단계로 나누어 생각해야 한다. 첫 번째로는 de Broglie 관계식을 이용하여 파장을 선형 운동량의 함수로 나타내야 한다. 다음에 선형 운동량은 운동 에너지를 가지고 나타낼 수 있으며, 그 평균값을 균등 분배 이론에 따라 온도의 함수로 나타낸다(토픽 2 참조).

풀이 균등 분배 이론에 의하면, 온도 T에서 x 방향으로 운동하는 중성자의 평균 병진 운동 에너지는 $E_k = \frac{1}{2}kT$이다. 이 운동 에너지는 또 $p^2/2m$과 같으며, 여기에서 p는 중성자의 운동량, m은 중성자의 질량이다. 따라서 $p = (mkT)^{1/2}$이고, de Broglie 관계식 $\lambda = h/p$에 의해서 중성자의 파장은 다음과 같이 된다.

$$\lambda = \frac{h}{(mkT)^{1/2}}$$

따라서 373 K에서는 다음과 같이 된다.

$$\begin{aligned}\lambda &= \frac{6.626\times10^{-34}\ \text{J s}}{\{(1.675\times10^{-27}\ \text{kg})\times(1.381\times10^{-23}\ \text{J K}^{-1})\times(373\ \text{K})\}^{1/2}}\\ &= \frac{6.626\times10^{-34}}{(1.675\times10^{-27}\times1.381\times10^{-23}\times373)^{1/2}}\,\frac{\text{kg m}^2\ \text{s}^{-1}}{(\text{kg}^2\ \text{m}^2\ \text{s}^{-2})^{1/2}}\\ &= 2.26\times10^{-10}\ \text{m} = 226\ \text{pm}\end{aligned}$$

이 계산에서는 1 J = 1 kg m^2 s^{-2}의 관계를 이용하였다.

자가 진단 37.9 중성자의 평균 파장이 100 pm가 되는 데 필요한 온도를 계산하시오.

답: 1.90×10^3 K

중성자 산란은 두 가지 면에서 X선 산란과 크게 다르다. 첫째, 중성자의 산란은 핵 현상이다. 즉 중성자는 원자의 추가 핵전자 구조층을 통과하여 핵자들을 함께 뭉쳐 놓고 있는 '강한 핵력'을 통해서 핵들과 상호 작용을 한다. 따라서 중성자가 산란되는 세기는 전자수와 무관하며, 주기율표상의 인접 원소에 의한 중성자 산란 세기가 현저하게 상이할 수 있다. 중성자 산란을 이용하면 같은 화합물 속에 들어 있는 Ni과 Co 같은 원소들의 원자를 구별할 수 있으며, FeCo에서의 질서–무질서 전이 같은 것도 연구할 수 있다. 두 번째 차이는 중성자가 그 스핀에 연유되는 자기 모멘트를 갖는다는 것이다. 이 자기 모멘트는 결정 격자 안의 원자나 이온(홀전자를 가진)이 만드는 자기장과 짝지을 수 있으며, 그리하여 회절 무늬를 변형시킬 수 있다. 이 결과로 중성자 회절은 자기적 질서를 갖는 격자를 조사하는 데 이용할 수 있다. 자기적 질서 격자란 인접 원자들이 동일한 원소이면서도 그들의 전자 스핀이 상이한 배향을 나타낼 수 있는 격자이다(그림 37.23).

40 kV의 퍼텐셜 차를 통해서 가속된 전자는 파장이 약 6 pm이며, 따라서 회절 실험에 적합하다. 원자핵 쌍이 R_{ij}의 거리로 떨어져 있고, 입사되는 전자(또는 중성자) 살에 대해서 어떤 한 정해진 각도로 배향되었을 때 전자(또는 중성자)의 산란을 생각해 보자. 분자가 많은 원자로 이루어졌을 때는 모든 원자쌍으로부터의 기여를 합해 주어 산란 세기를 계산할 수가 있다. 입사 방향과 2θ의 각도를 통하여 산란되는 살의 전체 세기 I는 다음과 같이 각도에 의존하는 **Wierl 식(Wierl equation)**이다.

$$I = \sum_{i,j} f_i f_j \frac{\sin sR_{ij}}{sR_{ij}} \qquad s = \frac{4\pi}{\lambda}\sin\theta \qquad \text{Wierl 식} \quad (37.9)$$

여기서 λ는 전자살 속의 전자의 파장이며, f는 원자의 전자 산란 세기를 나타내는 척도로, **전자 산란 인자(electron**

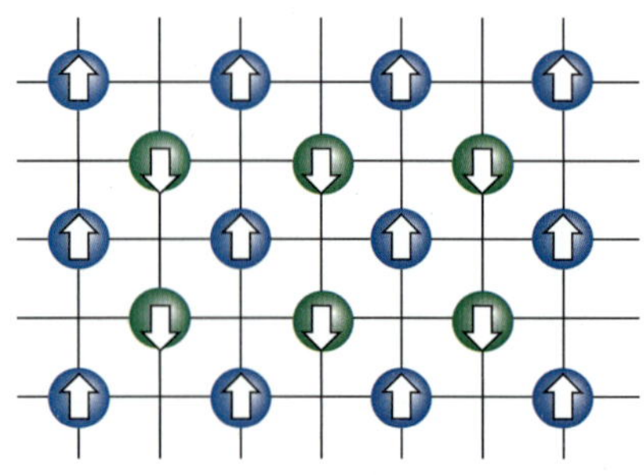

그림 37.23 한 세트의 원자 스핀이 다른 한 세트의 원자 스핀과 서로 역평행하게 위 그림처럼 정렬되어 있는 물질에서와 같이 원자들의 스핀이 격자점에 질서있게 배열되어 있다면, 중성자가 원자들과의 자기적 상호 작용으로 인해 엇갈려 들어간 두 개의 단순 입방 격자의 중성자 회절 무늬를 나타낸다. 그러나 X선 회절로는 단일 bcc 격자로만 감지될 뿐이다.

scattering factor)라고 한다. 전자 회절 기술의 주요 응용은 표면 연구이며(토픽 95), 응용 문제 37.17에서 탐구할 수 있다.

개념 확인

- ☐ 1. 구조 요소(원자, 분자, 또는 원자, 분자, 이온들의 집단)의 위치를 나타내는 점들로 이루어지는 무늬를 **공간 격자**라고 한다.
- ☐ 2. **Bravais 격자**는 삼차원에서 14개의 공간 격자이다(그림 37.8).
- ☐ 3. 병진에 의해서 반복되는 한 단위의 무늬로 된 가상적 평행 육면체를 **단위 세포**라고 한다.
- ☐ 4. 단위 세포는 그 회전 대칭에 따라 7개의 **결정계**로 분류된다.
- ☐ 5. 결정면은 한 세트의 **Miller 지수**(*hkl*)로 나타낸다.
- ☐ 6. **산란 인자**는 원자가 복사선을 회절시키는 정도를 나타낸다.
- ☐ 7. **구조 인자**는 {*hkl*}면에서 회절되는 파의 전체 진폭이다.
- ☐ 8. **Fourier 합성**은 구조 인자로부터 나온 전자 밀도 분포의 결합이다.
- ☐ 9. **Patterson 합성**은 회절 세기를 Fourier 해석해서 얻은 원자간 벡터의 지도이다.
- ☐ 10. **구조 정밀화**는 측정한 회절 무늬의 세기와, 합성한 모형으로 계산한 무늬의 세기를 잘 맞게 해 주기 위한 구조 파라미터들의 수정을 말한다.

식 확인

성질	식	비고	식 번호
사방 격자에서 면 사이의 거리	$1/d_{hkl}^2 = h^2/a^2 + k^2/b^2 + l^2/c^2$	h, k, l는 Miller 지수	37.1c
Bragg 법칙	$\lambda = 2d\sin\theta$	d는 격자 간격	37.2b
산란 인자	$f = 4\pi\int_0^\infty [\{\rho(r)\sin kr\}/kr]r^2\mathrm{d}r,\ k = (4\pi/\lambda)\sin\theta$	구 대칭인 원자	37.3
구조 인자	$F_{hkl} = \sum_j f_j \mathrm{e}^{\mathrm{i}\phi_{hkl}(j)},\quad \phi_{hkl}(j) = 2\pi(hx_j + ky_j + lz_j)$	정의	37.4
Fourier 합성	$\rho(\mathbf{r}) = (1/V)\sum_{hkl} F_{hkl}\mathrm{e}^{-2\pi\mathrm{i}(hx+ky+lz)}$	V는 단위 세포의 부피	37.5
Patterson 합성	$P(\mathbf{r}) = (1/V)\sum_{hkl} \lvert F_{hkl}\rvert^2\,\mathrm{e}^{-2\pi\mathrm{i}(hx+ky+lz)}$		37.6
Wierl 식	$I(\theta) = \sum_{i,j} f_i f_j(\sin sR_{ij}/sR_{ij}),\quad s = (4\pi/\lambda)\sin\theta$		37.9

토픽 38

고체에서의 결합

내용

➤ 학습 목표

새로운 기술의 기초를 형성할 수 있는 물질의 기계적, 전기적, 광학적, 자기적 성질에 관한 연구의 경우에는 원자와 분자가 어떻게 상호 작용하여 금속성, 이온성, 분자성 고체를 형성하는지를 알아야 한다.

➤ 핵심 내용

고체에는 네 종류의 특성 결합이 금속, 이온성 고체, 공유성 고체, 분자성 고체에서 발견된다.

➤ 미리 알기

분자의 상호 작용(토픽 35), 결정 구조의 특성(토픽 37), Hückel 분자 오비탈 이론 원리(토픽 26), 그리고 반응 엔탈피의 계산(토픽 57)들을 잘 알고 있어야 한다.

고체 내부의 결합은 종류가 다양할 수 있다. 이러한 모든 결합 중에서 가장 단순한 것이 **금속(metal)**으로, 고체에서는 전자들이 동일한 양이온의 무리 전체에 걸쳐서 비편재되어 있으며, 전체가 단단하면서도 연성과 전성이 있는 구조로 뭉쳐져 있다. **이온성 고체(ionic solid)**는 결정 속에서 정전기적 상호 작용(**기초 지식**, 토픽 2)으로 함께 쌓여 있는 양이온과 음이온으로 구성되어 있다. **공유성 고체(covalent solid)**에서는 확고한 공간 배향 속에서의 공유 결합이 결정 전체에 걸친 그물 구조로 원자들을 연결시킨다. **분자성 고체(molecular solid)**는 van der Waals 상호 작용(토픽 35)에 의해 결합된다.

38.1 금속성 고체

금속 원소의 결정 형태는 그 원자들을 똑같은 강체구로 표현하여 설명할 수 있다. 대부분의 금속 원소는 세 가지 단순한 형태 중 어느 한 형태의 결정을 만드는데, 그중 둘은 강체구들이 가장 조밀한 배열이 가능하도록 함께 쌓인 것이라고 설명할 수 있다. 이 절에서는 결정 속 원자들의 기하학적 배열뿐만 아니라 원자들 전체에 걸친 전자들의 분포를 고려하기로 한다.

(a) 조밀 채움

그림 38.1은 공간을 최대한으로 이용하여 동등한 구를 쌓은 **조밀 채움(close-packed)** 층을 보여 주고 있다. 이러한 조밀 채움 층을 포개 얹으면 조밀 채움 삼차원 구조가 형성된다. 그러나 층들을 포개 쌓는 방법은 한 가지뿐이 아니며, 이리하여 조밀 채움 **다중형(poly-type)**이나, 이차원적(조밀 채움 층)으로는 같지만 세 번째 차원에서는 상이한 구조가 나타날 수 있다.

이들 모든 다중형 구조에서 두 번째 조밀 채움 층의 원자들은 첫 번째 층의 옴폭한 자리를 차지한다(그림 38.2). 세 번째 층은 두 가지 방법에 따라 올려놓을 수 있다. 그 한 방

그림 38.1 삼차원 조밀 채움 구조를 만드는 구들의 첫 번째 조밀 채움 층

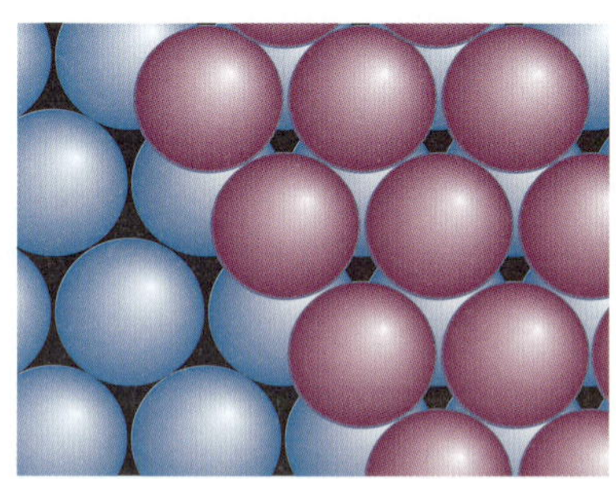

그림 38.2 조밀하게 쌓인 구의 두 번째 층은 첫 번째 층의 움푹한 자리를 차지한다. 이 두 층은 이 조밀 채움 구조의 AB 성분이다.

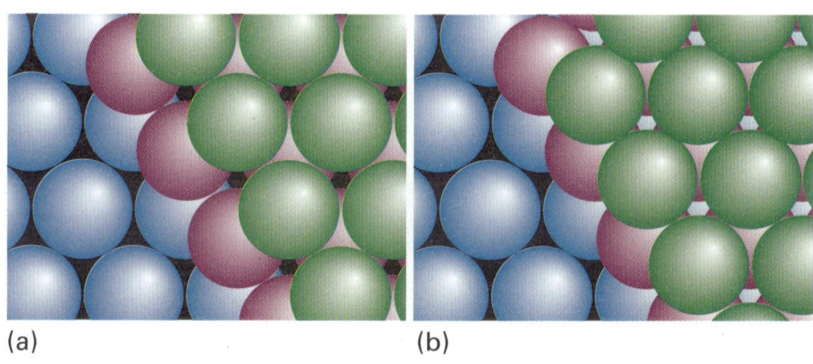

그림 38.3 (a) 조밀하게 쌓인 구의 세 번째 층은 첫 번째 층 구의 바로 위에 해당하는 움푹한 자리를 차지할 수 있다. 이렇게 되면 ABA 구조가 나타나는데, 이것은 육방 조밀 채움에 해당한다. (b) 한편 세 번째 층이 첫 번째 층 구의 바로 위가 아닌 움푹한 자리를 차지할 수도 있다. 이렇게 되면 ABC 구조가 나타나는데, 이것은 입방 조밀 채움에 해당한다.

법은 첫 번째 층이 다시 나타나게 구를 올려놓아(그림 38.3a) ABA 모양의 층이 나오게 하는 것이다. 또 하나의 방법은 세 번째 층을 첫 번째 층의 틈 위에 올려놓아(그림 38.3b) ABC 모양이 되게 하는 것이다. 이 두 쌓임 방식이 수직 방향으로 반복된다면 두 다중형 구조가 생기게 되는 것이다. 즉 ABA 무늬가 반복되면 ABABAB…층의 열이 나타나서 **육방 조밀 채움**(**hexagonally close-packed**, hcp)이 된다. 반면에 ABC 무늬가 반복되면 ABCABC…층 열이 나타나서 **입방 조밀 채움**(**cubic close-packed**, ccp)이 된다. 이러한 명칭들의 유래는 그림 38.4를 보면 이해할 수 있을 것이다. 입방 조밀 채움(ccp) 구조는 면심 단위 세포를 생기게 하며, 따라서 입방

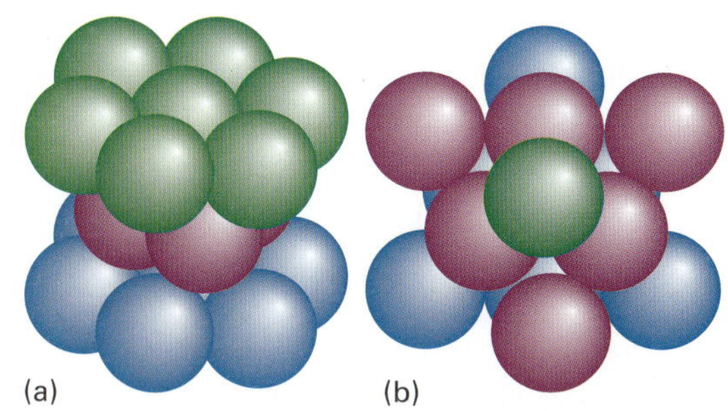

그림 38.4 (a) 육방 대칭, (b) 입방 대칭을 나타내도록 그림 38.3의 구들을 부분적으로 잘라낸 것. 구의 색은 그림 38.3의 각 층에 대한 것과 같다.

표 38.1 일부 원소들의 결정 구조*

결정 구조	원소
hcp†	Be, Cd, Co, He, Mg, Sc, Ti Zn
fcc† (ccp, 입방 F)	Ag, Al, Ar, Au, Ca, Cu, Kr, Ne, Ni, Pd, Pb, Pt, Rh, Rn, Sr, Xe
bcc (입방 I)	Ba, Cs, Cr, Fe, K, Li, Mn, Mo, Rb, Na, Ta, W, V
입방 P	Po

*원시 단위 세포를 설명하기 위해 사용되는 표기법은 토픽 37에 소개되었다.

†조밀 채움 구조

F(또는 fcc, face-centered cubic)라고도 표시할 수 있다. 또한 층들이 무작정한 순서로 쌓일 수도 있지만 hcp와 ccp 다중형 구조가 가장 중요하다. 이러한 구조를 갖는 원소들을 표 38.1에 수록해 놓았다.

조밀 채움 구조의 조밀 정도는 선택한 임의의 한 구를 둘러싸고 있는 구의 수, 즉 **배위수**(**coordination number**)를 가지고 나타내며, 모든 경우에 이것이 12이다. 조밀도의 또 하나의 척도는 **채우기 비율**(**packing fraction**), 즉 구가 차지하는 공간의 분율인데, 이들 경우에는 0.740이 된다(예제 38.1 참조). 따라서 동일한 강체구가 조밀하게 쌓인 고체에서는 26.0%의 부피가 빈 공간이다. 많은 금속들이 이러한 조밀 채움 구조를 가지고 있다는 사실은 이들의 높은 질량 밀도를 설명한다.

예제 38.1 채우기 비율 계산

반지름 R을 갖는 구의 ccp 구조의 채우기 비율을 계산하시오.

방법 그림 38.5를 이용한다. 우선 단위 세포의 부피를 계산하고, 이어서 이것을 완전히 차지하거나 부분적으로 차지하는 구들의 전체 부피를 계산한다. 계산의 첫 부분은 기하학적 계산이며, 두 번째 부분의 계산은 세포를 차지하는 구들의 분율을 계산하는 것이다.

풀이 임의의 면의 대각선은 구 하나를 완전히 통과하고, 다른 두 구를 중간까지만 통과한다는 것을 그림 38.5에서 볼 수 있다. 따라서 대각선의 길이는 $4R$이고, 변의 길이는 $8^{1/2}R$이며, 단위 세포의 부피는 $8^{3/2}R^3$이다. 그림 38.5에 나타냈듯이 입방체 8개의 꼭짓점은 각각 구의 $\frac{1}{8}$의 등량을 포함한다. 또한 나머지 6개의 구 각각은 구 부피의 $\frac{1}{2}$씩 단위 세포에 기여한다. 따라서 각 단위 세포 속에는 $6\times\frac{1}{2}+8\times\frac{1}{8}=4$개의 완전한 구가 들어 있는 셈이다. 각 구의 부피는 $\frac{4}{3}\pi R^3$이므로 점유된 전체 부피는 $\frac{16}{3}\pi R^3$이다. 따라서 점유된 공간의 분율은 다음과 같다.

$$\frac{\frac{16}{3}\pi R^3}{8^{3/2}R^3}=\frac{16\pi}{3\times 8^{3/2}}=0.740$$

hcp 구조도 동일한 배위수를 가지고 있으므로 그 채우기 비율도 동일하다.

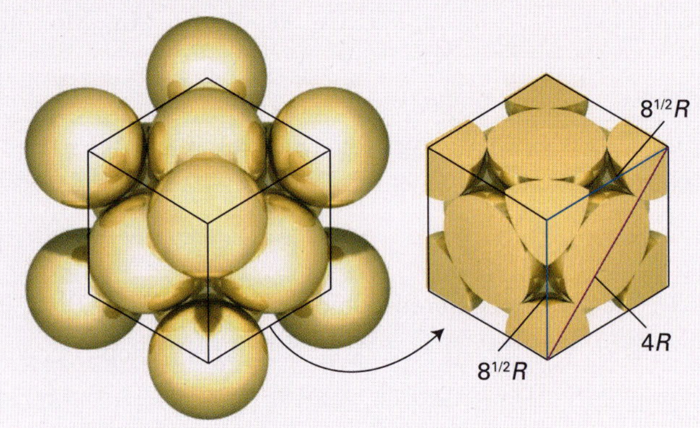

그림 38.5 ccp 단위 세포의 채우기 비율 계산

자가 진단 38.1 조밀하게 쌓이지 않은 구조의 채우기 비율도 비슷한 방법으로 계산할 수 있다. 8개의 구로 만들어진 입방체의 중심에 구가 한 개 더 있는 구조에서 채우기 비율을 계산하시오. 이것은 입방 I(bcc) 구조이다.

답: 0.68

표 38.1에 나타낸 바와 같이 많은 보통 금속들은 덜 조밀하게 쌓인 구조를 갖는데, 이와 같이 조밀 채움에서 벗어나는 것은 인접 원자들 사이의 특정된 공유 결합성이 구조에 영향을 미치기 시작하여 고유한 기하학적 배열을 가지게 된다는 것을 암시한다. 이러한 배열의 하나가 8개의 구로 된 입방체 중심에 구 한 개가 더 들어 있는 입방 I(bcc, 체심 입방) 구조이다. bcc 구조의 배위수는 단지 8이지만, 이 8개의 인접 원자보다 과히 멀지 않은 자리에 6개의 원자가 또 위치하고 있다. 이 구조의 채우기 분율은 0.68(자가 진단 38.1)로서, 조밀 채움 구조일 때의 값(0.74)보다 그리 작지 않으며, 가용 공간의 약 2/3만이 실질적으로 점유되고 있다.

(b) 금속의 전자 구조

고체의 전기적 성질을 결정하는 가장 핵심이 되는 특징(토픽 39)은 이들의 전자 분포이다. 이 전자 분포는 두 가지 모형을 이용하여 나타낼 수 있는데, 그 하나는 **근자유 전자 근사(nearly free-electron approximation)**이다. 이 모형에서는 원자가 전자가 양이온의 위치에서 낮은 에너지의 주기적 퍼텐셜을 갖는 상자 속에 갇혀 있다고 생각한다. **밀접 결합 근사(tight-binding approximation)**에서는 원자가 전자가 고체 전체에 걸쳐 비편재화된 분자 오비탈을 차지한다고 가정한다. 이 후자의 모형은 앞에서 논의해 온 고체의 전기적 성질(토픽 39)에 대한 논의들과 더 잘 일치하며, 따라서 여기서는 이 모형에 국한하여 논의하기로 한다.

우선 원자들이 일렬로 무한히 길게 연결된 일차원 고체를 생각해 보자. 얼핏 보기에는 이 모형이 너무 한정적이고 비현실적으로 보일지도 모른다. 그러나 이 모형은 삼차원의 거시적 금속이나 반도체 시료의 구조와 전도도를 이해하는 데 필요한 개념을 줄 뿐만 아니라, 탄소 나노튜브와 같은 가늘고 긴 구조를 설명하는 출발점이 되기도 한다.

지금 각 원자가 분자 오비탈을 만드는 데 이용할 수 있는 s 오비탈을 한 개씩 가지고 있다고 생각해 보자. 이러한 고체의 LCAO-MO는 N개의 원자를 차례로 일렬로 가해 줌으로써 만들 수 있으며, 이어서 쌓음 원리를 이용하여 그 전자 구조를 추론할 수 있다. 원자 한 개는 특정한 에너지의 s 오비탈 한 개에 기여한다(그림 38.6). 두 번째 원자를 이 원자에 가까이 가져오면 그 오비탈들이 겹쳐져서 결합 오비탈과 반결합 오비탈이 형성된다. 세 번째 원자가 그 가장 가까운 인접 원자와 겹치면(하나 건너 가까운 이웃 원자와는 약하게 겹친다) 이들 세 원자 오비탈로부터 세 분자 오비탈이 형성된다. 즉 이웃 원자들 사이에서 완전한 결합, 완전한 반결합, 중간 오비탈인 비결합의 세 오비탈이 형성된다. 네 번째 원자를 가져오면 네 번째 분자 오비탈이 형성된다. 이러한 결과로 미루어 보아 원자를 차례로 더 가져옴으로써 알게 되는 일반적 영향은 분자 오비탈들이 차지하는 에너지 범위가 약간씩 넓어지며, 또한 이 에너지 영역 안에 점점 더 많은 오비탈(한 원자마다 하나씩 더)이 채워지리라는 것이다. 그리하여 N개의 원자가 일렬로 가해지면 N개의 분자 오비탈이 유한한 넓이의 에너지띠 속에 형성되며, 이들 에너지에 관한 Hückel 영년 행렬식(토픽 26)은 다음과 같이 된다.

$$\begin{vmatrix} \alpha-E & \beta & 0 & 0 & 0 & \cdots & 0 \\ \beta & \alpha-E & \beta & 0 & 0 & \cdots & 0 \\ 0 & \beta & \alpha-E & \beta & 0 & \cdots & 0 \\ 0 & 0 & \beta & \alpha-E & \beta & \cdots & 0 \\ 0 & 0 & 0 & \beta & \alpha-E & \cdots & 0 \\ \vdots & \vdots & \vdots & \vdots & \vdots & \vdots & \vdots \\ 0 & 0 & 0 & 0 & 0 & \cdots & \alpha-E \end{vmatrix} = 0$$

여기서 α는 Coulomb 적분이고, β는 (s,s) 공명 적분이다. 이러한 대칭 행렬식(기술적으로는 '3대각선 행렬식')에 행렬식 이론을 적용하면 다음과 같은 해를 갖는다.

$$E_k = \alpha + 2\beta\cos\frac{k\pi}{N+1} \qquad k = 1, 2, \ldots, N \qquad \text{s 오비탈의 선형 배열} \quad \text{에너지 준위} \qquad (38.1)$$

N이 무한대일 때는 인접 에너지 준위 사이의 차 $E_{k+1}-E_k$가 무한히 작아지지만, 아래 **증명**에서 보이는 바와 같이 에너지띠는 전체적으로 유한한 폭을 갖는다(그림 38.6). 즉

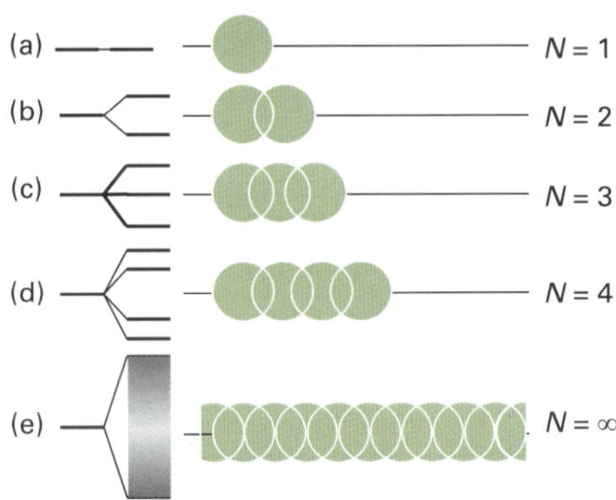

그림 38.6 N개의 원자를 일렬로 차례로 가하여 형성된 N개의 분자 오비탈. N이 무한대가 되어도 띠의 넓이는 유한하며, 이 띠가 연속적인 것으로 보이겠지만 N개의 상이한 오비탈로 구성된 것이다.

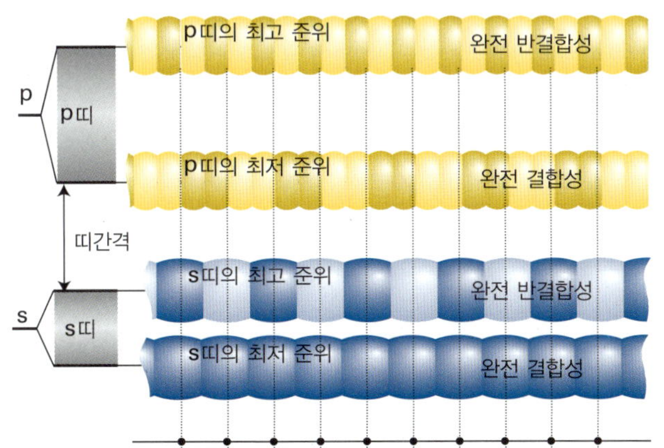

그림 38.7 s 오비탈들이 겹쳐지면 s띠가 생기고, p 오비탈들이 겹쳐지면 p띠가 생긴다. 이 그림에서는 원자들의 s 오비탈과 p 오비탈의 에너지가 충분히 넓게 떨어져 있으며, 그리하여 띠간격이 나타난다. 많은 경우에는 두 원자 오비탈의 간격이 작아 띠들이 겹쳐진다.

$$E_N - E_1 \to -4\beta,\ N \to \infty\text{일 때} \qquad \text{s 오비탈의 선형 배열} \quad \text{띠간격} \qquad (38.2)$$

($\beta<0$이므로 $-4\beta>0$임을 주목하라.) 이 띠는 N개의 상이한 분자 오비탈로 이루어지며, 최저 에너지 오비탈($k=1$)은 인접 원자들 사이의 완전한 결합 오비탈이고, 최고 에너지 오비탈($k=N$)은 완전한 반결합 오비탈이라고 생각할 수 있다(그림 38.7). 중간 에너지를 가진 분자 오비탈들은 원자들의 사슬을 따라 분포된 $k-1$개의 마디를 갖는다. 삼차원 고체에서도 유사한 띠들이 형성된다.

증명 38.1 띠의 성질

식 38.1로부터 인접 에너지 준위 k와 $k+1$ 사이의 에너지 간격은 다음과 같다.

$$\begin{aligned} E_{k+1} - E_k &= \left(\alpha + 2\beta\cos\frac{(k+1)\pi}{N+1}\right) - \left(\alpha + 2\beta\cos\frac{k\pi}{N+1}\right) \\ &= 2\beta\left(\cos\frac{(k+1)\pi}{N+1} - \cos\frac{k\pi}{N+1}\right) \end{aligned} \qquad (38.3)$$

삼각함수의 등식인 $\cos(A+B) = \cos A \cos B - \sin A \sin B$ 관계를 사용하면 괄호 안의 첫 번째 항은 다음과 같다.

$$\cos\frac{(k+1)\pi}{N+1} = \cos\frac{k\pi}{N+1}\overbrace{\cos\frac{\pi}{N+1}}^{\to 1,\ N\to\infty\text{에 따라}} - \sin\frac{k\pi}{N+1}\overbrace{\sin\frac{\pi}{N+1}}^{\to 0,\ N\to\infty\text{에 따라}}$$

따라서 $N \to \infty$에 따라 다음과 같이 된다.

$$E_{k+1} - E_k \to 2\beta\left(\cos\frac{k\pi}{N+1} - \cos\frac{k\pi}{N+1}\right) = 0$$

이것은 N이 무한정 크면 인접하는 에너지 준위 사이의 차이는 무한정 작게 된다는 것이다.

띠의 간격 $E_N - E_1$에 대한 N의 영향을 평가하기 위하여 다음과 같이 진행한다. $k=1$일 때 준위의 에너지는 다음과 같다.

$$E_1 = \alpha + 2\beta\cos\frac{\pi}{N+1}$$

이미 앞에서 보았지만 $N \to \infty$에 따라 $\cos 0 \to 1$이 된다. 따라서 이 극한에서는 위의 식이 다음과 같이 된다.

$$E_1 = \alpha + 2\beta$$

k가 최댓값 N을 가질 때는

$$E_N = \alpha + 2\beta\cos\frac{N\pi}{N+1}$$

N이 무한대로 접근할 때는 분모에 있는 1을 무시할 수 있으며, cos 항이 $\cos\pi = -1$이 된다. 따라서 이러한 극한에서는 $E_N = \alpha - 2\beta$가 되며, 띠의 최고 에너지와 최저 에너지 차는 $E_N - E_1 \to -4\beta$가 되어 식 38.2와 같게 된다.

간단한 예 38.1 띠에서의 에너지 준위

$E_{k+1}-E_k$에 대한 N의 의존성을 설명하기 위하여 식 38.3을 사용하면 다음과 같이 계산할 수 있다.

$$N=3:\quad E_2-E_1=2\beta\left(\cos\frac{2\pi}{4}-\cos\frac{\pi}{4}\right)\approx-1.414\beta$$

$$N=300:\quad E_2-E_1=2\beta\left(\cos\frac{2\pi}{301}-\cos\frac{\pi}{301}\right)\approx-3.628\times10^{-4}\beta$$

즉 에너지 차이는 N이 증가함에 따라 감소하는 것을 알 수 있다.

자가 진단 38.2 $N=300$에 대하여 $E_{k+1}-E_k$가 최댓값을 갖는 k 값은 무엇인가? **힌트**: 수학 소프트웨어를 사용할 것.

답: $k=150$

s 오비탈들이 겹쳐져서 생긴 띠를 **s띠(s band)**라고 한다. 원자들이 p 오비탈을 가질 때도 같은 이론에 따라 **p띠(p band**, 그림 38.7의 상반부 그림)가 생긴다. 원자의 p 오비탈 준위가 s 오비탈 준위보다 에너지가 높을 때는 p띠가 s띠보다 높은 곳에 위치하게 되고, 그 사이에 오비탈이 없는 영역이 생길 수 있는데, 이 영역을 **띠간격(band gap)**이라고 한다. 그러나 s띠와 p띠가 연속되거나 심지어 겹쳐질 수도 있다(마그네슘의 3s와 3p 띠의 경우와 같이).

이제 전자 한 개씩을 내놓을 수 있는 원자들로 형성된 고체(예컨대 알칼리 금속)의 전자 구조를 생각해 보자. 원자 오비탈은 N개가 되며, 따라서 N개의 밀집된 분자 오비탈이 외견상 연속적인 띠를 만들게 된다. 여기에 N개의 전자가 채워진다. $T=0$에서는 $\frac{1}{2}N$개의 최저 분자 오비탈만이 점유되며(그림 38.8), 이때의 HOMO를 **Fermi 준위(Fermi level)**라고 한다. 그러나 분자에서와는 달리 이때는 Fermi 준위와 매우 가까운 곳에 빈 오비탈들이 있기 때문에 맨 위의 전자들이 들뜨는 데 에너지가 거의 필요하지 않다. 따라서 일부 전자들이 높은 이동성을 가지며 전기 전도성을 나타낼 수 있다(토픽 39).

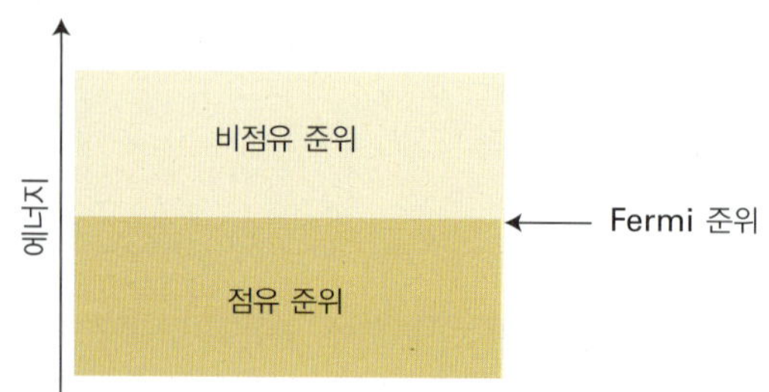

그림 38.8 N개의 전자가 N개의 오비탈 띠를 차지할 때는 $T=0$에서 이 띠가 반만 채워지며, Fermi 준위(가장 높이 채워진 준위) 근처의 전자는 이동성을 갖는다.

38.2 이온성 고체

이온 고체를 생각할 때는 두 가지 의문점이 생긴다. 즉 이온들이 어떤 구조를 가지며, 결과의 결정 구조의 에너지가 어떻게 되는가이다.

(a) 구조

단일 원자의 이온들로 된 화합물의 결정(NaCl이나 MgO 등)은 반지름이 서로 다르고, 또 전하가 상반되는 두 종류의 구가 쌓인 것이다(일반적으로 양이온이 음이온보다 작다). 한 이온의 배위수는 반대 전하를 갖는 인접 원자의 수이며, 이것의 구조는 양이온의 배위수가 N_+, 음이온의 배위수가 N_-일 때 (N_+, N_-) **배위(coordination)**를 갖는 것으로 특정지어진다.

우연히 두 이온의 크기가 같더라도 단위 세포가 전기적으로 중성이 되기 위해서는 배위수 12의 조밀 채움 구조가 불가능하다. 이온 결합 고체가 금속보다 밀도가 작은 것은 이 때문이다. 배위수가 최대로 되는 채움 방식은 (8,8)−배위의 **염화 세슘 구조(caesium chloride structure)**이다. 여기서는 각각의 양이온이 8개의 음이온으로 둘러싸이고, 또 각 음이온도 8개의 양이온으로 둘러싸여 있다(그림 38.9). 이 구조에서는 입방 단위 세포의 중심 위치에 한 이온이 위치하고, 8개

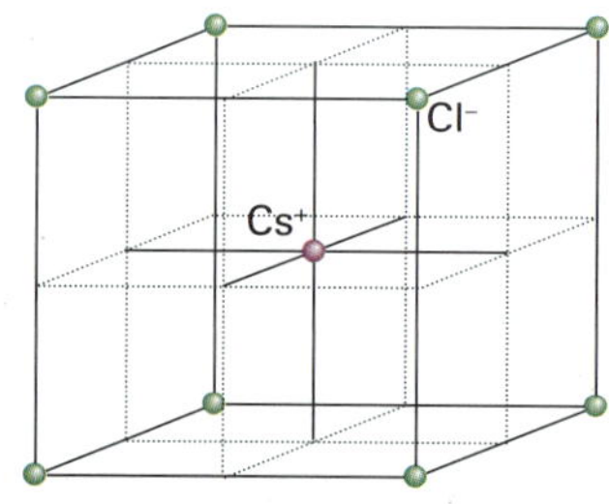

그림 38.9 염화 세슘 구조는 양이온과 음이온의 두 단순 입방 격자가 서로 엇갈려 들어가서, 한 종류의 이온으로 된 입방 단위 세포의 중심 위치에 그 반대 이온이 자리잡게 된 것이다.

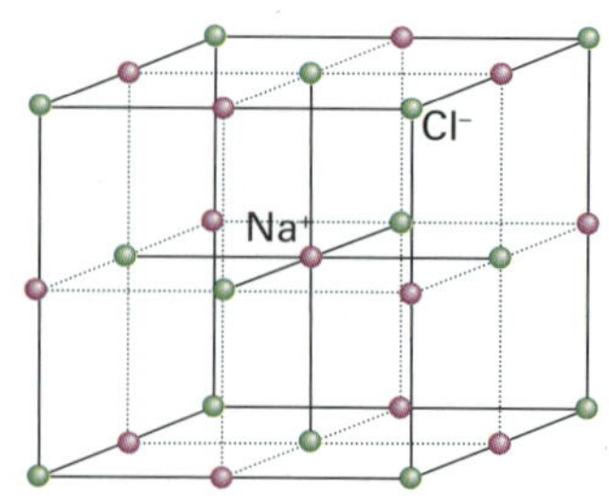

그림 38.10 암염(NaCl) 구조는 두 이온이 서로 엇갈려 들어가고 약간 팽창된 면심 입방 배열로 구성된다. 여기에 나타낸 그림 전체가 한 단위 세포이다.

의 반대 이온이 꼭짓점을 차지하고 있다. 이러한 구조를 갖는 것이 CsCl 자체와 CaS이다.

이온들의 반지름이 CsCl에서보다 더 큰 차를 나타낼 때는 8배위 채움조차도 나타날 수 없다. 이 대신 나타나는 한 일반적인 구조가 (6,6)−배위의 **암염 구조(rock salt structure)**인데, NaCl의 구조(그림 38.10)가 그 전형적인 예이다. 이 구조에서는 각 양이온이 6개의 음이온으로, 각 음이온이 6개의 양이온으로 둘러싸여 있다. 암염 구조는 약간 팽창된 입방 F(fcc) 격자 두 개, 즉 양이온에 대한 것과 음이온에 대한 것의 두 격자가 서로 엇갈려 들어간 것이라고 생각할 수도 있다. 이 구조를 갖는 화합물은 NaCl을 포함한 KBr, AgCl, MgO, ScN 등의 MX형 화합물이다.

염화 세슘 구조로부터 암염 구조로의 전환은 다음과 같은 **반지름 비(radius ratio)** γ와 관계된다.

$$\gamma = \frac{r_{\text{smaller}}}{r_{\text{larger}}} \qquad \text{정의 반지름 비} \qquad (38.4)$$

이 두 반지름은 결정의 큰 이온과 작은 이온의 반지름이다. 어떤 한 반지름의 강체구 주위에 반지름이 다른 강체구를 최대로 많이 쌓아 놓는 기하학적 문제를 풀어서 얻은 규칙이 다음과 같이 요약된 **반지름 비 규칙(radius-ratio rule)**의 내용이다.

반지름 비	구조 형태
$\gamma < 2^{1/2}-1=0.414$	섬아연석(그림 38.11)
$2^{1/2}-1=0.414<\gamma<0.732$	암염
$\gamma > 3^{1/2}-1=0.732$	염화 세슘

이 반지름 비 규칙으로부터 예상되는 구조와 맞지 않는 결과가 나타나는 것은 때때로 이온 결합이 공유 결합으로 변해가는 조짐이라고 볼 수도 있다. 그러나 이 규칙의 신빙성을 떨어뜨리는 가장 큰 원인은 이온 반지름이 모호하고 배위수에 따라 변하는 데 있다.

이온 반지름은 결정에서 인접 이온 사이의 핵간 거리로부터 구한다. 그러나 두 이온 사이의 거리는 어느 한 이온의 반지름을 기준으로 해서 다른 모든 이온의 반지름을 정해 주는 방식으로 두 이온 사이에 분할해 주어야 한다. 가장 보편적으로 쓰이고 있는 척도는 O^{2-} 이온의 반지름을 140 pm로 놓는 것이다(표 38.2). 다른 척도도 사용되는데(예를 들면 할로젠화물에서의 F^- 이온을 기준으로 하는), 이 두 척도를 혼용하지 않도록 주의해야 한다. 이온 반지름은 매우 임의적인 것이므로 이들을 사용하여 얻은 결과들은 조심성 있게 따져 보아야 한다.

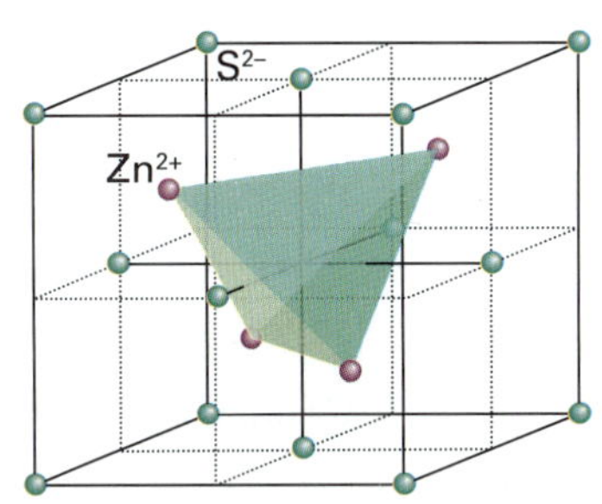

그림 38.11 S 원자들이 배열되어 만들어진 사면체 구멍 속에 Zn 원자들이 위치하는 섬아연석 형태의 ZnS 구조(S 원자는 Zn 원자가 만드는 사면체 안의 입방체 중심에 위치한다.)

표 38.2* 이온 반지름 r(pm)

Na^+	102 (6†), 116 (8)
K^+	138 (6), 151 (8)
F^-	128 (2), 131 (4)
Cl^-	181 (조밀 채움)

*더 많은 값들이 부록에 수록되어 있다. 척도는 O^{2-} 이온의 반지름 값을 140 pm로 놓는다.

†배위수

간단한 예 38.2 반지름 비

표 38.2에 열거된 이온 반지름 값을 사용하면 MgO에 대한 반지름 비는 다음과 같다.

$$\gamma = \frac{\overbrace{72\,\text{pm}}^{Mg^{2+}\text{의 반지름}}}{\underbrace{140\,\text{pm}}_{O^{2-}\text{의 반지름}}} = 0.51$$

이 값은 관찰된 MgO 결정의 암염 구조와 일치한다.

자가 진단 38.3 TlCl 결정 구조를 예측하시오.

답: $\gamma=0.88$, 염화 세슘 구조

(b) 에너지학

고체의 **격자 에너지(lattice energy)**는 이온들이 고체 상태로 쌓여 있을 때와 기체 상태로 멀리 떨어져 있을 때의 Coulomb 퍼텐셜 에너지 차이다. 격자 에너지는 항상 양의 값을 가지며, 이 값이 클 때는 이온들이 세게 상호 작용을 하여 단단하게 결합된 고체가 이루어진다. **격자 엔탈피(lattice enthalpy, ΔH_L)**는 다음과 같은 과정에 대한 표준 몰엔탈피 변화이다.

$$MX(s) \rightarrow M^+(g) + X^-(g)$$

다른 전하 형태이거나 화학량론적 관계를 갖는 경우에도 마찬가지로 정의된다. 격자 에너지와 격자 엔탈피는 $T=0$에서 동일하며, 보통 온도에서는 1 mol당 수 킬로줄(kJ) 정도의 차이가 있지만, 일반적으로 이 차이를 무시한다.

고체 속의 각 이온은 모든 반대 전하 이온들로부터 정전기적 인력 작용을 받고, 또 다른 모든 동일 전하 이온들로부터 반발 작용을 받는다. 전체 Coulomb 퍼텐셜 에너지는 이러한 모든 정전기적 기여를 합한 것과 같다. 각 양이온은 음이온으로 둘러싸여 있으며, 따라서 반대 전하의 인력이 이 퍼텐셜 에너지에 큰 음의 기여를 한다. 이들 이온에 가장 인접한 바로 다음에는 양이온들이 있으며, 중심 원자의 퍼텐셜 에너지에 양의 기여를 한다. 그리고 이들 양이온 다음에 있는 음이온들은 또 음의 기여를 하고, 또 그다음의 양이온들은 양의 기여를 하며 이러한 방식으로 고체의 가장자리까지 계속된다. 이러한 반발과 인력은 중심 이온으로부터의 거리가 멀어질수록 점차적으로 약해지지만, 이들은 전체적으로 퍼텐셜 에너지를 낮게 해 준다.

우선 양이온과 음이온이 간격 d를 유지하면서 긴 직선상에 엇갈려 놓여 있는 간단한 일차원 고체 모형을 생각해 보자. 여기에서 간격 d는 인접 이온들의 중심을 잇는 거리로서 이온 반지름을 더한 것과 같다(그림 38.12). 이온들이 갖는 전하수가 동일한 절댓값을 갖는다고 하면(예를 들면 +1과 −1, 또는 +2와 −2) $z_1=+z$, $z_2=-z$, $z_1z_2=-z^2$이 될 것이다. 중심 이온의 퍼텐셜 에너지는 모든 반대 전하 이온의 인력 기여를 음으로, 동일 전하 이온의 반발 기여를 양으로 나타내는 항들의 더하기로 나타낼 수 있다. 그러면 중심 이온의 오른쪽 줄에 있는 이온들과의 상호 작용에 대한 격자 에너지가 다음과 같이 된다.

$$
\begin{aligned}
E_p &= \frac{1}{4\pi\varepsilon_0}\times\left(-\frac{z^2e^2}{d}+\frac{z^2e^2}{2d}-\frac{z^2e^2}{3d}+\frac{z^2e^2}{4d}-\dots\right)\\
&= \frac{z^2e^2}{4\pi\varepsilon_0 d}\times\left(-1+\frac{1}{2}-\frac{1}{3}+\frac{1}{4}-\dots\right)\\
&= -\frac{z^2e^2}{4\pi\varepsilon_0 d}\times\ln 2
\end{aligned}
$$

여기서는 $1-\frac{1}{2}+\frac{1}{3}-\frac{1}{4}+\dots=\ln 2$의 관계를 이용하였다. 다음에는 E_p에 2를 곱해서 이온 양쪽의 상호 작용에 기인되는 전체 에너지를 구한 다음, Avogadro 상수 N_A를 곱하여 이온들의 몰당 격자 에너지에 대한 식을 구한다. 이 결과는 다음과 같다.

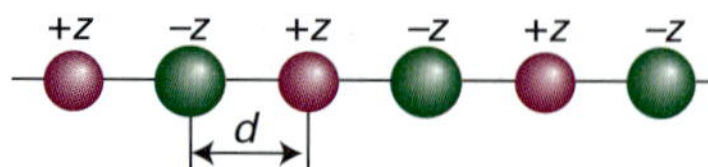

그림 38.12 일차원 Madelung 상수의 계산에서 사용되는 양이온과 음이온이 번갈아 한 줄로 나타나는 모형

표 38.3 Madelung 상수

구조 형태	A
염화 세슘	1.763
형석	2.519
암염	1.748
루틸(금홍석)	2.408
섬아연석	1.638
섬유아연석	1.641

$$E_p=-2\ln 2\times\frac{z^2N_Ae^2}{4\pi\varepsilon_0 d}$$

이 식에서 $d=r_{cation}+r_{anion}$이다. 이 에너지는 음의 값을 가지며 알짜 인력에 해당한다. 이 계산을 전하가 서로 다른 이온들의 삼차원 구조로 확장시키면 다음과 같이 된다.

$$E_p=-A\times\frac{|z_Az_B|N_Ae^2}{4\pi\varepsilon_0 d} \qquad (38.5)$$

이 식에 들어 있는 인자 A는 양의 값을 갖는 상수로서 **Madelung 상수**(**Madelung constant**)라고 한다. 이 상수는 이온들이 서로 어떻게 배열되어 있는가에 따라 값이 달라진다. 염화 소듐과 동일한 방식으로 배열된 이온의 경우에는 $A=1.748$이다. 몇 가지 보편적인 구조에 대한 Madelung 상수를 표 38.3에 수록해 놓았다.

이 이외에도 이온들의 채워진 원자 오비탈들의 겹침과 결과적으로 Pauli 원리에 기인되는 반발 작용도 받는다. 이들 반발을 고려해 주기 위해서는 파동함수가 핵으로부터 먼 거리에서는 거리에 따라 지수함수적으로 감소하고, 또 반발 상호 작용은 이러한 오비탈들의 겹침에 의존하므로 퍼텐셜 에너지에 대한 반발 기여가 다음과 같이 된다고 생각한다.

$$E_p^*=N_AC'e^{-d/d^*} \qquad (38.6)$$

여기서 C'과 d^*는 상수로, C'은 필요하지 않고(지워진다) d^*는 보통 34.5 pm로 택해진다. 전체 퍼텐셜 에너지는 E_p와 E_p^*를 더한 것이며, $d(E_p+E_p^*)/dd=0$에서 극솟값을 지나간다(그림 38.13). 약간의 계산을 하면 이 극소 퍼텐셜 에너지를 나타내는 다음과 같은 식을 얻을 수 있다(문제 38.8 참조).

$$E_{p,min}=-\frac{N_A|z_Az_B|e^2}{4\pi\varepsilon_0 d}\left(1-\frac{d^*}{d}\right)A \qquad \text{Born–Mayer 식} \qquad (38.7)$$

이 식을 **Born-Mayer 식**(**Born-Mayer equation**)이라고 한다. 0점 에너지의 기여를 무시하면 이 퍼텐셜 전체 에너지의 음의 값을 격자 에너지라고 볼 수 있다. 이 식의 중요한 특징은

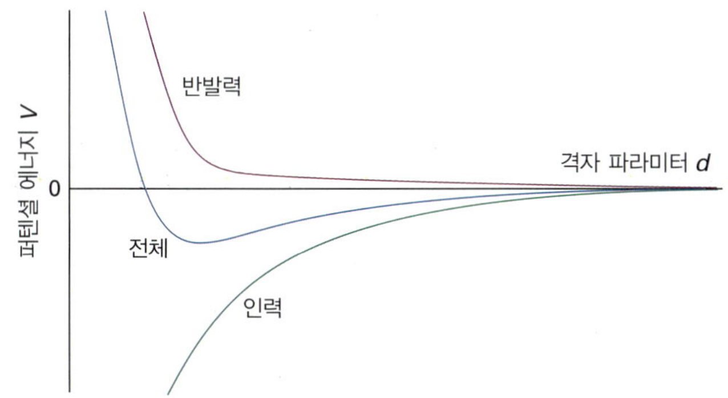

그림 38.13 이온성 결정의 전체 퍼텐셜 에너지에 대한 기여

다음과 같다.

물리적 해석

- $E_{\text{p,min}} \propto |z_A z_B|$이므로 퍼텐셜 에너지는 이온들의 전하수가 증가함에 따라 더 음의 값이 된다.
- $E_{\text{p,min}} \propto 1/d$이므로 퍼텐셜 에너지는 이온 반지름이 감소함에 따라 더 음의 값이 된다.

두 번째 결론은 이온의 반지름이 작아지면 d 값도 작아진다는 사실로부터 기인한다. 이온이 작으면서(따라서 d가 작다) 높은 전하를 가질 때는(따라서 $|z_A z_B|$가 크다) 격자 에너지가 클 것이라고 예상할 수 있다.

간단한 예 38.3 Born-Mayer 식

암염 구조($A=1.748$)를 갖는 MgO에 대하여 $E_{\text{p,min}}$를 추정하기 위해서 $d=r(\text{Mg}^{2+})+r(\text{O}^{2-})=72+140\ \text{pm}=212\ \text{pm}$를 사용하고, 또한 다음 식을 사용하면

$$\frac{N_A e^2}{4\pi\varepsilon_0}=\frac{(6.022\,14\times10^{23}\ \text{mol}^{-1})\times(1.602\,176\times10^{-19}\ \text{C})^2}{4\pi\times(8.854\,19\times10^{-12}\ \text{J}^{-1}\,\text{C}^2\,\text{m}^{-1})}$$
$$=1.3895\times10^{-4}\ \text{J m mol}^{-1}$$

다음 결과를 얻는다.

$$E_{\text{p,min}}=-\frac{\overbrace{4}^{|z_{\text{Mg}^{2+}}z_{\text{O}^{2-}}|}}{\underbrace{2.12\times10^{-10}\ \text{m}}_{d}}\times\overbrace{(1.3895\times10^{-4}\ \text{J m mol}^{-1})}^{N_A e^2/4\pi\varepsilon_0}$$
$$\times\overbrace{\left(1-\frac{34.5\ \text{pm}}{212\ \text{pm}}\right)}^{1-d^*/d}\times\overbrace{1.748}^{A}=-3.84\times10^3\ \text{kJ mol}^{-1}$$

자가 진단 38.4 산화 마그네슘과 산화 스트론튬 중 어느 것이 더 큰 격자 에너지를 가질 것으로 예상하는가?

답: MgO

격자 엔탈피(에너지가 아니라 엔탈피)의 실험값은 **Born-Haber 순환**(**Born-Haber cycle**)을 이용하여 얻을 수 있다. 이 순환은 출발점과 동일한 종착점으로 이어지는 여러 변화 단계들의 닫힌 경로로 이루어지며, 이들 단계 속에는 서로 멀리 떨어져 있는 이온들의 기체로부터 고체 생성물이 생성되는 한 단계가 포함되어 있어야 한다.

예제 38.2 Born-Harber 순환 이용

Born-Haber 순환을 이용하여 KCl의 격자 에너지를 구하시오.

방법 KCl에 대한 Born-Haber 순환을 그림 38.14에 나타내었는데, 이것은 다음과 같은 단계들로 이루어진 것이다(편의상 원소로부터 시작한다).

	ΔH(kJ mol^{-1})	
1. K(s)의 승화	+89	[K(s)의 해리 엔탈피]
2. $\frac{1}{2}$ Cl$_2$(g)의 해리	+122	[$\frac{1}{2}\times$Cl$_2$(g)의 해리 엔탈피]
3. K(g)의 이온화	+418	[K(g)의 이온화 엔탈피]
4. Cl(g)의 전자 획득	−349	[Cl(g)의 전자 획득 엔탈피]
5. 기체로부터 고체의 생성	$-\Delta H_L$(kJ mol^{-1})	
6. 화합물의 분해	+437	[KCl(s)의 생성 엔탈피의 음의 값]

이것은 닫힌 순환이기 때문에 이 엔탈피 변화의 합은 0이며, 격자 에너지는 결과의 식으로부터 추론할 수 있다.

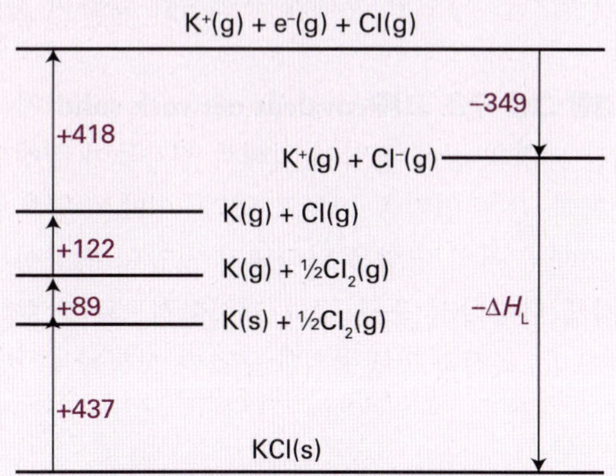

그림 38.14 298 K에서 KCl에 대한 Born-Haber 순환. 엔탈피 변화는 kJ mol^{-1} 단위로 나타내었다.

풀이 순환과 관련된 식은 다음과 같다.

$$89+122+418-349-\Delta H_L(\text{kj mol}^{-1})+437=0$$

따라서 $\Delta H_L=+717\ \text{kJ mol}^{-1}$이다.

자가 진단 38.5 다음의 데이터로부터 CaO의 격자 엔탈피를 계산하시오.

	ΔH(kJ mol^{-1})
1. Ca(s)의 승화	+178
2. Ca(g)가 Ca^{2+}(g)로 이온화	+1735
3. O_2의 해리	+249
4. O(g)의 전자 획득	−141
5. O^-(g)의 전자 획득	+844
6. Ca(g)와 O_2(g)로부터 CaO(s)의 생성	−635

답: +3500 kJ mol^{-1}

이러한 Born-Haber 순환 방법으로 얻은 격자 엔탈피의 일부를 표 38.4에 수록해 놓았다. 이 데이터에 나타난 바와 같이, 이들 값의 경향은 일반적으로 Born-Mayer 식으로 예상되는 것과 잘 맞는다. 이것이 잘 맞는다는 것은 결합의 이온 모형이 그 물질에 잘 맞으며, 잘 맞지 않는 것은 결합에 대한 공유 결합의 기여가 있다는 것을 의미한다고 볼 수 있다. 그러나 수치적인 일치가 우연일 수도 있기 때문에 조심해야 한다는 것을 명심해야 한다.

38.3 분자성 고체와 공유 결합 그물 구조

고체에 관한 X선 회절 연구로 원자간 거리, 결합각, 입체 화학, 진동 파라미터 등 엄청나게 많은 정보를 얻게 되었다. 이 절에서는 분자들이 쌓이거나 원자들이 서로 그물 모양으로 연결되어 생기는 다양한 고체에 관해서만 간단히 언급하려고 한다.

공유 결합 그물 구조 고체(**covalent network solid**)에서는 일정한 공간 배향의 공유 결합에 의해서 원자들이 결정 전체에 걸쳐 그물과 같은 연결을 이루고 있다. 이때는 많은 금속의 결정 구조에서 거의 영향을 나타내지 않았던 방향성 결합이 두드러지게 나타나서 둥근 구가 기하학적으로 단순하게 쌓일 수 없으며, 복잡하고 광범위한 구조가 형성될 수 있다.

표 38.4* 298 K에서의 격자 엔탈피 ΔH_L(kJ mol^{-1})

NaCl	787
NaBr	752
MgO	3580
MgS	3406

*더 많은 값들이 **부록**에 수록되어 있다.

간단한 예 38.4 다이아몬드와 흑연

다이아몬드와 흑연은 탄소의 두 동소체이다. 다이아몬드에서는 sp^3 혼성 탄소 원자가 4개의 인접 탄소 원자와 사면체 모양의 결합을 이루고 있다(그림 38.15). 강한 C−C 결합으로 된 그물 구조가 결정 전체에 걸쳐 반복되며, 이 때문에 다이아몬드는 매우 강하다(실제로 알려진 모든 물질 중에서 경도가 가장 높다). 흑연에서는 sp^2 혼성 탄소 원자 사이의 σ 결합으로 육각형 고리가 형성되고, 이 고리가 평면 전체에 걸쳐 반복되어 '그래핀' 판을 이룬다(그림 38.16). 이 평면들은 불순물이 들어 있을 때 서로 미끄러질 수 있기 때문에 흑연은 윤활제로서 널리 이용되고 있다.

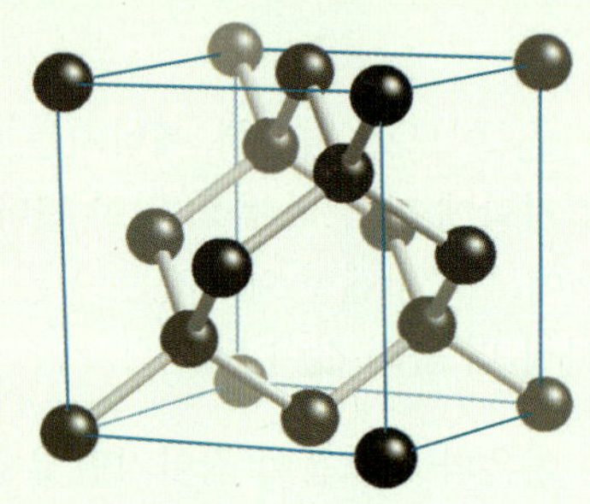

그림 38.15 다이아몬드 구조의 일부. 각 탄소 원자는 사면체 모양으로 4개의 이웃과 결합되어 있다. 이러한 골격 구조 때문에 단단한 결정이 생긴다.

자가 진단 38.6 규소, 질소화 붕소, 붉은인, 탄산 칼슘 중 공유성 그물 구조를 갖는 고체들을 말하시오.

답: 규소, 질소화 붕소, 붉은인은 공유 결합 그물 구조, 탄산 칼슘은 이온성 고체

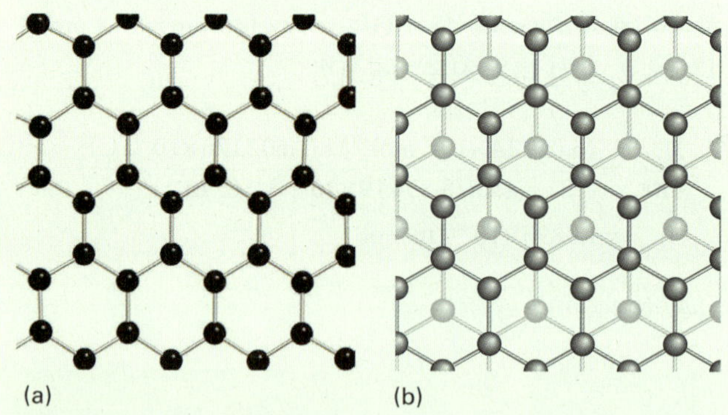

그림 38.16 흑연은 탄소 원자로 된 육각형 고리의 평면들이 아래위에 서로 포개진 것이다. (a) '그래핀' 판상의 탄소 원자 배열과 (b) 인접 판들의 상대적 배열. 불순물이 들어 있을 때는 면들이 서로 쉽게 미끄러진다.

분자성 고체(**molecular solid**)는 분자들이 van der Waals 상호 작용(토픽 35)에 의해서 서로 들러붙어서 이루어진 결정으로, 근래의 구조 결정 연구의 주 대상이다. 이 결정 구조의 모양은 응집 대상이 그들의 에너지가 최저(실제로 $T>0$에서

최소 Gibbs 에너지)가 되도록 회합됨으로써 생기는 것이다. 이들의 모양을 예측하기는 매우 어렵지만, 상호 작용 에너지를 탐구하도록 특별히 디자인된 소프트웨어를 이용하면 상당히 합리적인 예측이 가능하다. 수소 결합이 있을 때는 이러한 문제가 더 까다로워진다. 얼음에서와 같이 수소 결합이 결정 구조의 모양을 지배하는 경우도 있으나(그림 38.17), van der Waals 상호 작용에 의해서 크게 지배되는 다른 경우(예를 들면 페놀의 경우)에는 결정 구조의 모양이 일그러지게 된다.

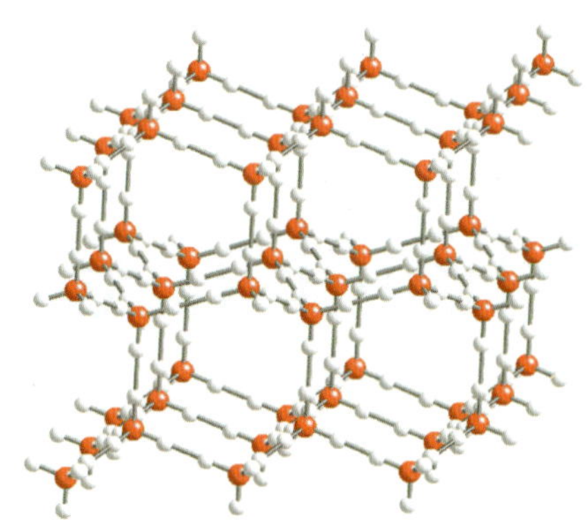

그림 38.17 얼음(얼음-I) 일부의 결정 구조. 각 산소 원자는 4개의 산소 원자로 된 사면체의 중심을 차지하며, 산소 원자 사이의 거리는 276 pm이다. 중심 O 원자는 수소 원자 두 개와 짧은 O–H 결합을 이루고, 두 이웃 분자의 H 원자와 긴 O–H 결합을 이루고 있다. 두 개의 교대되는 수소 원자의 위치를 각 O–O 간격에 대하여 나타내었다. 전체적으로 볼 때 이 결정은 육각형 주름진 고리(사이클로헥세인의 의자형과 같은)를 이루는 H_2O 분자들의 면들로 구성되어 있다.

개념 확인

- ☐ 1. 금속에서 원자의 **배위수**는 이 원자와 가장 가까운 이웃 원자들의 수이다.
- ☐ 2. 많은 원소 상태 금속은 배위수가 12인 조밀 채움 구조를 가지고 있다.
- ☐ 3. 조밀 채움 구조는 **입방**(ccp)이거나 **육방**(hcp)이다.
- ☐ 4. **채우기 비율**은 결정에서 구에 의해 점유된 공간의 분율이다.
- ☐ 5. 금속 내의 전자는 원자 오비탈의 겹침으로부터 형성된 분자 오비탈을 차지한다.
- ☐ 6. **Fermi 준위**는 $T=0$에서 최고 점유 오비탈(HOMO)이다.
- ☐ 7. 대표적인 이온 구조에는 **염화 세슘**, **암염**, **섬아연석** 구조 등이 있다.
- ☐ 8. 이온성 격자의 배위수는 N^+가 양이온 주위의 가장 인접한 음이온의 수이고 N^-이 음이온 주위의 가장 인접한 양이온의 수일 때 (N_+, N_-)로 나타낸다.
- ☐ 9. **반지름 비**(아래 참조)는 가능한 격자 종류에 대한 지침이다.
- ☐ 10. **격자 엔탈피**는 고체의 성분들을 완전히 떼어 놓는 데 필요한 엔탈피 변화(화학식 단위 몰당)이다.
- ☐ 11. **Born-Haber 순환**은 출발점과 동일한 종착점으로 이어지는 여러 변화 단계들의 닫힌 경로이며, 이들 중 한 단계는 서로 멀리 떨어져 있는 이온들의 기체로부터 고체 생성물이 생성되는 단계이다.
- ☐ 12. **공유 결합 그물 구조 고체**는 원자들이 일정한 공간 배향의 공유 결합에 의해서 결정 전체에 걸쳐 그물 모양으로 뻗어 있는 고체이다.
- ☐ 13. **분자성 고체**는 불연속적 분자들이 van der Waals 상호 작용에 의해서 서로 뭉쳐진 고체이다.

식 확인

성질	식	비고	식 번호
오비탈의 선형 배열에서 에너지 준위	$E_k=\alpha+2\beta\cos(k\pi/(N+1)), k=1,2,\ldots,N$	s 오비탈의 선형 배열	38.1
반지름 비	$\gamma=r_{\text{smaller}}/r_{\text{larger}}$	기준은 38.2절 참조	38.4
Born-Mayer 식	$E_{\text{p,min}}=-\{N_A\|z_A z_B\|e^2/4\pi\varepsilon_0 d\}(1-d^*/d)A$	A는 Madelung 상수	38.7

토픽 39

고체의 전기적, 광학적, 자기적 성질

내용

➤ 학습 목표

최신 소재들의 개발과 이들 성질을 이해하기 위해서는 고체의 전기적, 광학적, 자기적 성질에 대한 세심한 고려와 조작이 필요하다.

➤ 핵심 내용

고체의 전기적, 광학적, 자기적 성질은 물질의 상대적인 에너지와 이용할 수 있는 오비탈의 점유에서 기인한다.

➤ 미리 알기

전자기장(토픽 3), 원자 구조(토픽 19), 고체에서의 결합 배열(토픽 38), 원자와 분자에 의한 빛 흡수를 결정하는 인자(토픽 40, 45, 46)를 잘 알고 있어야 한다. 이 토픽은 Boltzmann 분포(**기초 지식**, 토픽 2와 51)의 성질들을 일부 이끌어 낸다.

여기에서는 고체의 벌크 성질, 특히 그들의 전기적, 광학적, 자기적 성질들이 어떻게 그 성분 원자의 성질들로부터 유래되는지에 관해서 고찰해 본다.

39.1 전기적 성질

여기서는 전자 전도도에 국한해서 설명하겠지만, 일부 이온성 고체도 모든 이온이 격자를 통하여 이동하는 이온 전도도를 나타낸다는 것을 주목하라. 고체는 그 전기 전도도의 온도 의존 방식에 따라 다음과 같이 두 종류로 구별된다(그림 39.1).

금속성 도체(**metallic conductor**)는 온도가 올라감에 따라 전도도가 감소하는 물질이다.

반도체(**semiconductor**)는 온도가 올라감에 따라 전도도가 증가하는 물질이다.

일반적으로 반도체는 전형적인 금속보다 전도도가 낮지만, 전도도의 크기가 분류의 기준이 되지는 않는다. 대부분의 합

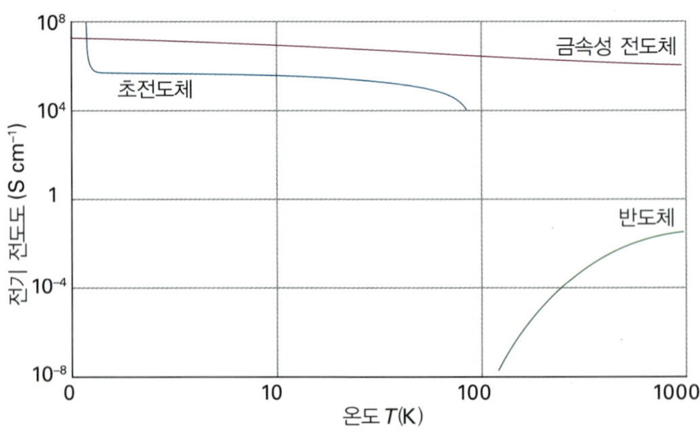

그림 39.1 한 물질의 온도에 따른 전기 전도도 변화는 그 물질이 금속성 전도체인지, 반도체인지, 초전도체인지를 구분하는 기초가 된다. 전도도는 미터당 지멘스(S m^{-1} 또는 여기에서와 같이 S cm^{-1})로 나타낸다. 1 S = 1 Ω^{-1}이다(저항은 옴(ohm)의 단위로 표현된다).

성 중합체와 같은 전기 전도도가 대단히 낮은 반도체는 관습상 **절연체(insulator)**로 분류한다. 앞으로 절연체라는 용어를 사용하기는 하지만, 이것은 관습상의 용어이지 별다른 뜻을 갖는 것이 아님을 인식해야 한다. 한편 저항이 없이 전기를 전도하는 고체는 **초전도체(superconductor)**이다.

(a) 도체

도체와 반도체에서 전자 전도도의 근원을 이해하기 위하여 다른 물질에서 띠 형성의 결과를 탐구해 볼 필요가 있다(토픽 38). 이를 위한 시작점을 그림 38.8로 하고 편의상 여기에서는 이를 반복하기로 하자(그림 39.2). 이것은 각각이 전자 한 개씩을 내놓을 수 있는 원자들로 형성된 고체(알칼리 금속과 같은)의 전자 구조를 나타낸다. $T=0$에서는 $\frac{1}{2}N$개의 최저 분자 오비탈들만, 즉 Fermi 준위까지만이 점유된다.

절대 0도보다 높은 온도에서는 전자가 원자의 열운동에 의해서 들뜰 수 있다. 더 많은 전자가 빈 오비탈로 들떠 들어간다고 할지라도 온도가 올라감에 따라 금속성 전도체의 전기 전도도는 감소하게 된다. 이와 같은 명백한 역설은 온도의 증가는 원자들의 더 격렬한 열운동을 일으키며, 따라서 움직이는 전자와 원자 사이의 충돌은 더 쉽게 일어나게 된다. 즉 전자들은 고체 속을 통과할 때 그들의 경로로부터 벗어나 흩어지게 되고 전하가 효과적으로 운반되지 못하기 때문이다.

금속에서 전도도에 대하여 더욱 정량적으로 취급하기 위해서는 이용할 수 있는 에너지 상태에 걸친 전자 분포의 온도에 따른 변화에 대한 식이 필요하다. 이를 위하여 에너지 E에서 상태의 밀도 $\rho(E)$를 고려하기로 하자. 이때 상태의 밀도는 E와 $E+\mathrm{d}E$ 사이에서의 상태의 수를 $\mathrm{d}E$로 나눈 값이다. 전자의 '상태(state)'는 스핀을 포함하며, 따라서 각 공간 오비탈은 두 상태로 계산한다는 것을 주목해야 한다. 그러면 $\rho(E)\mathrm{d}E$는 E와 $E+\mathrm{d}E$ 사이의 상태 수가 된다. E와 $E+\mathrm{d}E$ 사이에서 상태를 점유하고 있는 전자의 수 $\mathrm{d}N(E)$는 $\rho(E)\mathrm{d}E$에 에너지 E를 갖는 상태를 점유할 확률인 $f(E)$를 곱하여 구할 수 있으며, 이 결과는 다음과 같다.

$$\mathrm{d}N(E)=\overbrace{\rho(E)\mathrm{d}E}^{E\text{와 }E+\mathrm{d}E\text{ 사이의 상태 수}}\times\overbrace{f(E)}^{\text{에너지 }E\text{를 갖는 상태의 점유 확률}} \qquad (39.1)$$

함수 $f(E)$를 **Fermi-Dirac 분포(Fermi-Dirac distribution)**라고 하며 다음과 같이 주어지는데, 이것은 각 오비탈에는 두 개의 전자보다 더 많은 전자가 점유될 수는 없다는 Pauli 배타 원리를 고려해 준 Boltzmann 분포와 같은 것이다(그림 39.3).

$$f(E)=\frac{1}{\mathrm{e}^{(E-\mu)/kT}+1} \qquad \text{Fermi-Dirac 분포} \qquad (39.2\text{a})$$

여기서 μ는 '화학 퍼텐셜'로 알려진 온도 의존 파라미터이고 (잘 알려진 열역학에서의 화학 퍼텐셜과는 미묘한 관계를 갖는다), $T>0$의 조건에서 $f=\frac{1}{2}$이 되는 상태의 에너지이다. $T=0$에서는 **Fermi 에너지(Fermi energy**, E_F)로 알려진 단지 특정된 에너지까지의 상태들만이 채워지게 된다(그림 39.2). 온도가 그리 높지 않아 많은 전자들이 Fermi 에너지 위의 상태로 들뜨게 된다고 가정하면, 화학 퍼텐셜은 E_F가 될 수 있으며, 이 경우 Fermi-Dirac 분포는 다음과 같이 된다.

$$f(E)=\frac{1}{\mathrm{e}^{(E-E_\mathrm{F})/kT}+1} \qquad \text{Fermi-Dirac 분포} \qquad (39.2\text{b})$$

무엇보다도 E_F보다 훨씬 더 위의 에너지에 대하여 분모의 지수 항은 매우 커서 분모의 1은 무시되어 다음과 같이 된다.

$$f(E)\approx \mathrm{e}^{-(E-E_\mathrm{F})/kT} \qquad E>E_\mathrm{F}\text{에 대한 근사 형태} \qquad \text{Fermi-Dirac 분포} \qquad (39.2\text{c})$$

이러한 경우에서의 함수인 개체수 분포는 Boltzmann 분포와 비슷하게 되며, 에너지 증가에 따라 지수함수적으로 감쇠한다. 그리고 온도가 높아질수록 지수 함수 꼬리가 길어진다.

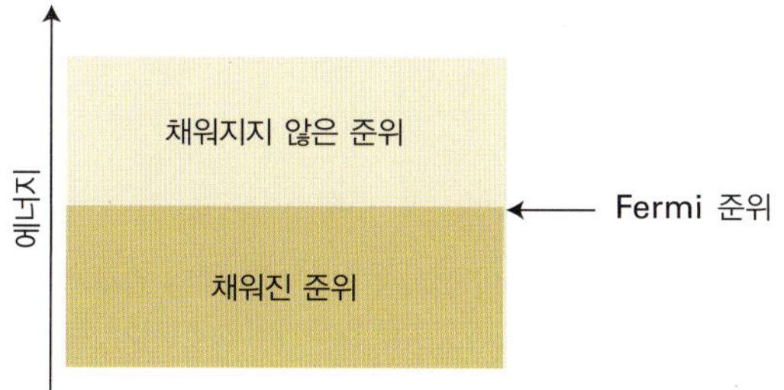

그림 39.2 N개의 오비탈 띠를 N개의 전자가 차지할 때는 $T=0$에서 이 띠의 반만 채워지며, Fermi 준위(채워진 가장 높은 준위) 근처의 전자는 이동성을 갖는다(이것은 그림 38.8과도 같다).

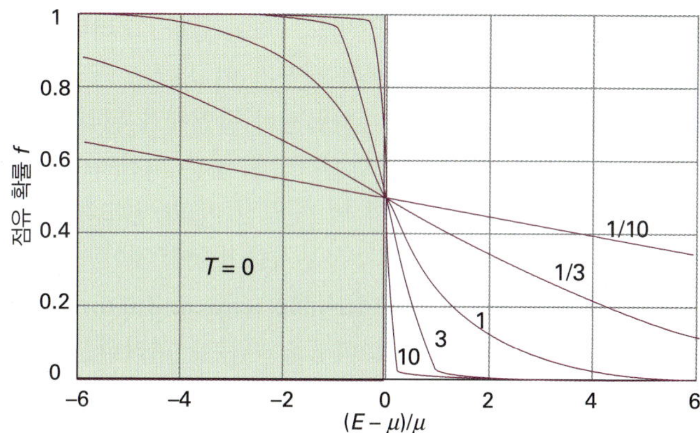

그림 39.3 온도 T에서 상태들의 점유 확률을 나타내는 Fermi-Dirac 분포. 고에너지 꼬리가 지수함수적으로 0으로 감쇠한다. 곡선상의 숫자 표지는 μ/kT의 값이다. 색을 띤 영역은 $T=0$에서 점유되는 준위를 나타낸다.

간단한 예 39.1 $T=0$에서의 Fermi-Dirac 분포

$E<E_F$인 경우를 생각해 보자. 그러면 $T\to 0$에 따라 다음과 같이 쓴다.

$$\lim_{T\to 0}\{E-E_F\}/kT=-\infty$$

$E_F>0$이고 $E-E_F<0$이므로 다음과 같이 된다.

$$\lim_{T\to 0} f(E)=\lim_{T\to 0}\frac{1}{e^{(E-E_F)/kT}+1}=1$$

$T\to 0$에 따라 $f(E)\to 1$이 되며, $E=E_F$ 아래에서 모든 에너지 준위에 채워진다고 결론짓게 된다. $E>E_F$에 대한 유사한 계산(자가 진단 39.1)에서 $T\to 0$에 따라 $f(E)\to 0$이 되는 것을 보여 준다. Fermi-Dirac 분포 함수는 $T\to 0$에 따라 E_F 준위 아래에서만 분포된다는 것을 분명히 해 준다.

자가 진단 39.1 $E>E_F$에 대하여 위의 계산을 반복하시오.

답: $T\to 0$에 따라 $f(E)\to 0$

(b) 절연체와 반도체

여기에서는 각 원자가 전자를 두 개씩 내놓는 1차원적 고체를 생각해 보자. $2N$개의 전자가 띠의 N개 오비탈을 완전히 채운다. 이때는 Fermi 준위가 띠의 꼭대기에 위치하며($T=0$에서), 다음 띠가 시작될 때까지 상당한 간격이 있게 된다(그림 39.4). 온도가 올라감에 따라 Fermi-Dirac 분포의 꼬리가 띠 간격을 넘어 확장되고 전자가 **원자가띠(valence band)**, 즉 낮은 띠를 떠나 **전도띠(conduction band)**, 즉 높은 띠의 빈 오비탈로 분포된다. 이러한 전자 승격의 결과로 원자가띠에 양으로 하전된 '구멍'이 생기게 된다. 이러한 구멍과 승격된 전자는 이동할 수 있으며, 따라서 물질이 전기를 전도할 수 있게 된다. 실제로 이 전기 전도도는 띠간격을 뛰어 넘어 올라간 전자수에 의존하며, 또한 이 전자수는 온도가 올라갈수록 증가하므로 이러한 물질을 반도체라고 한다. 그러나 띠간격이 크면 통상적인 온도에서는 전자가 이 간격을 거의 뛰어넘지 못하여 전도도가 0에 가까워져서 절연체가 된다. 따라서 절연체와 반도체 사이의 관습적인 구분은 띠간격의 크기와 관련되며, 금속($T=0$에서 덜 채워진 띠)과 반도체($T=0$에서 완전히 채워진 띠) 사이의 구분처럼 명확한 것이 아니다.

그림 39.4는 **고유 반도체(intrinsic semiconductor)**의 전기 전도, 즉 순수한 물질의 띠구조 때문에 나타나는 반도체성을 나타낸 것이다. 고유 반도체의 예로서는 규소와 저마늄을 들 수 있다. GaN이나 CdS, 그리고 많은 d 금속 산화물과 같이 상이한 원소들이 결합된 고유 반도체는 특히 **화합물 반도체(compound semiconductor)**라고 한다. 순수한 물질의 일부 원자(약 10^9 중의 1 정도)를 다른 원소의 원자인 **도핑제(dopant)** 원자로 치환하여 전하 운반체를 만들어줄 수도 있는데, 이러한 반도체를 **비고유 반도체(extrinsic semiconductor)**라고 한다. 이러한 도핑제가 전자를 포획할 수 있을 때는 꽉 찬 띠로부터 전자를 뽑아내어 나머지 전자들이 이동할 수 있게 하는 구멍을 만든다(그림 39.5a). 이런 전도를 **p형 반도체 전도도(p-type semiconductivity)**라고 한다. 이 p는 띠 속의 전자에 비해서 양(positive)이라는 것을 뜻한다. 예로서 인듐이 도핑된 규소를 들 수 있다. 이때는 Si 원자로부터 인접 In 원자로 전자가 이동됨으로써 반도체성이 나타난다고 볼 수 있다. 즉 규소 원자가띠의 상부 전자가 이동할 수 있어서 고체를 통해서 전류가 고체를 통하여 이동할 수 있게 되는 것이다. 이와 반대로 도핑체가 여분의 전자를 가질 때도 있는데(예로서 저마늄 속에 도핑된 인 원자), 이때는 이 추가적인 전자들이 빈 띠들을 차지하여 **n형 반도체 전도도(n-type semiconductivity)**를 나타낸다(그림 39.5b). n

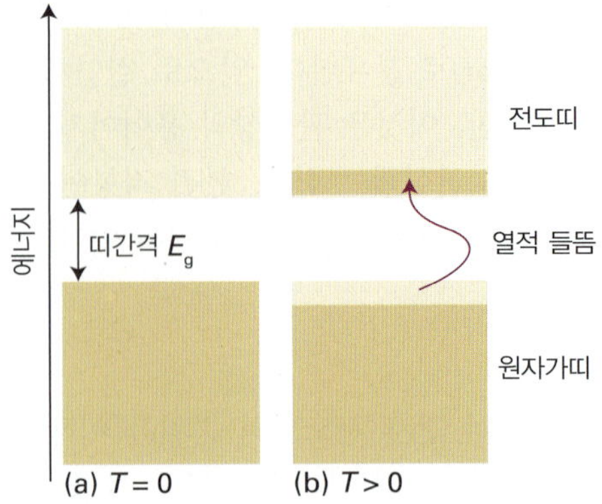

그림 39.4 (a) $2N$개의 전자가 있을 때는 띠가 완전히 채워지며, $T=0$에서 절연체가 된다. (b) $T=0$보다 높은 온도에서는 전자들이 들떠서 위의 전도띠의 준위에 들어가며 고체는 반도체가 된다

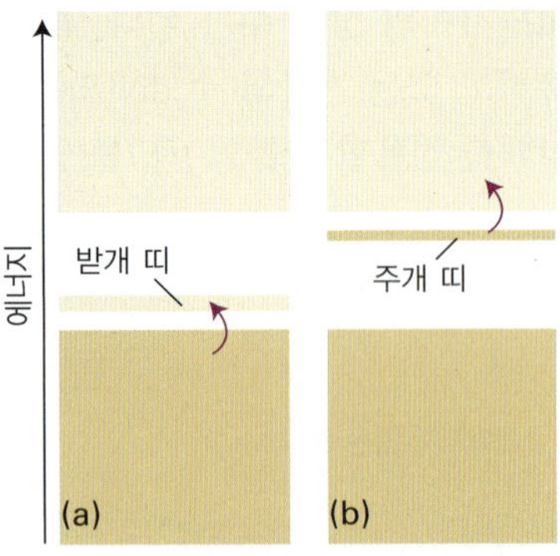

그림 39.5 (a) 주체보다 소수의 전자를 갖는 도핑제는 원자가띠로부터 전자를 받을 수 있는 좁은 띠를 만든다. 원자가띠의 전자가 뛰어 올라갔을 때 생기는 띠의 구멍은 이동할 수 있으며, 그리하여 이 물질은 p형 반도체가 된다. (b) 주체보다 많은 전자를 갖는 도핑제는 전도띠에 전자를 내줄 수 있는 좁은 띠를 만든다. 전도띠로 올라간 전자는 이동할 수 있으며, 이러한 물질을 n형 반도체라고 한다.

은 음(negative)전하 운반체를 뜻한다.

간단한 예 39.2 반도체 전도도에 대한 도핑 효과

순수한 규소(14족 원소)에 비소(15족 원소)가 도핑된 것을 생각해 보자. 각 Si 원자는 4개의 원자가 전자를 가지고 있으며, As 원자는 5개의 원자가 전자를 갖고 있으므로 비소의 추가는 고체 속의 전자의 수를 증가시킨다. 이러한 전자들은 규소의 빈 전도띠에 채워지게 되고, 도핑된 물질은 n형 반도체가 된다.

자가 진단 39.2 갈륨이 도핑된 저마늄은 p형 반도체인가, n형 반도체인가?

답: p형 반도체

이제 p형 반도체와 n형 반도체가 접하고 있는 경계면, 즉 **p-n 접합**(p−n junction)의 성질을 생각해 보자. p형 반도체에는 (−)전극을 연결하고 n형 반도체에는 (+)전극을 연결함으로써 이 접합에 '역방향 바이어스'를 걸어 주었다고 생각해 보자. 이런 조건하에서는 p형 반도체 속의 양전하 구멍이 (−)전극으로 끌려가며, n형 반도체 속의 음하전 전자는 (+)전극으로 끌려간다(그림 39.6a). 이러한 결과로 접합을 통해서 전하가 흐르지 못한다. 이번에는 p형 반도체에 (+)전극을 연결하고 n형 반도체에는 (−)전극을 연결함으로써 이 접합에 '정방향 바이어스'를 걸어주었다고 생각해 보자(그림 39.6b). 이때는 n형 반도체 속의 전자가 (+)전극 쪽으로 가고 구멍이 그 반대쪽으로 이동함으로써 접합을 통하여 전하가 흐를 수 있다. 따라서 p−n 접합을 이용하면 한 물체를 통한 전류의 크기와 방향을 크게 조절할 수 있다. 최신 전자 장치의 핵심 부품인 트랜지스터나 다이오드는 이러한 조절이 필수적이다.

p−n 접합에 정방향 바이어스가 걸려서 전자와 구멍이 이 접합을 통과할 때는 이들이 재결합되면서 에너지를 내놓는다. 그러나 정방향 바이어스가 계속해서 걸려 있는 동안에는 전극으로부터 반도체로 전하가 흘러서 전자와 구멍이 계속 보충되며, 접합을 통해서 지속적으로 전류가 흐르게 된다. 일부 고체에 따라서는 전자−구멍 재결합 에너지가 열로서 방출되어 장치를 가열시키기도 한다. 이 이유는 전자가 구멍으로 귀환되면 전자의 선형 운동량에 변화가 생기게 된다는 사실에 입각한 것이다. 격자의 원자는 이 변화를 흡수해야 하며 따라서 전자−구멍 재결합은 격자 진동을 자극하게 된다. 이 규소 반도체가 바로 이러한 경우인데, 이것은 컴퓨터에 효과적인 냉각 장치를 붙여야 하는 이유가 되기도 한다.

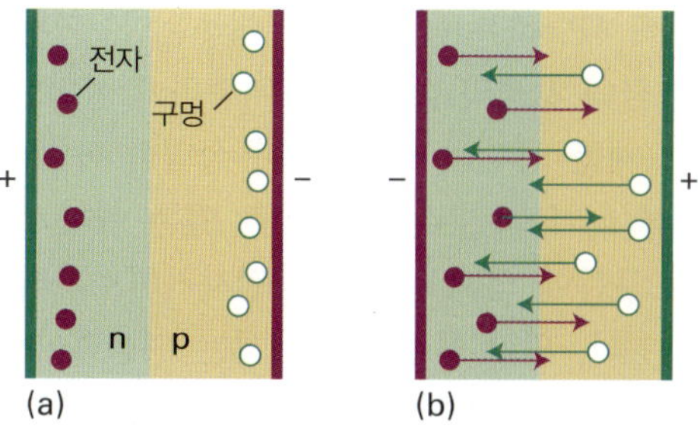

그림 39.6 (a) 역방향 바이어스, (b) 정방향 바이어스가 걸렸을 때의 p−n 접합

39.2 광학적 성질

이상적인 금속 도체의 띠를 나타낸 그림 39.2를 다시 생각해 보자. 광자를 흡수하면 전자가 점유 준위로부터 점유되지 않은 준위로 들뜬다. Fermi 준위 위의 점유되지 않은 준위들은 거의 연속적이므로 넓은 진동수 영역에 걸쳐 흡수가 일어날 것이라고 생각할 수 있다. 금속에서는 띠들이 충분히 넓게 떨어져 있어서 전자기 복사파의 라디오파 영역으로부터 자외선 중간 영역에 이르는 복사선들이 흡수된다. 금속은 X선이나 γ선과 같이 매우 높은 진동수 복사선을 투과시킨다. 이와 같이 가시 영역 복사선이 이 흡수 진동수 영역 안에 완전히 들어가기 때문에 모든 금속이 검게 보일 것으로 예상된다. 그러나 금속은 광택을 가지며(즉 빛을 반사시킨다), 또 어떤 것은 색을 나타내는데(즉 특정한 파장의 빛만을 흡수한다), 이런 사실을 설명하려면 조금 더 정교한 모형으로의 확장시킬 필요성이 있다.

평탄한 금속 표면이 광택을 내는 것은 흡수된 에너지가 빛으로서 매우 효과적으로 재방출되고, 극히 일부만이 열로서 주위로 방출되기 때문이라는 것을 인식해야 한다. 물질 표면 근처의 원자들이 대부분의 복사선을 흡수하므로 방출도 주로 표면에서 일어난다. 본질적으로 말하면 금속 시료를 가시광선으로 들뜨게 하면 표면으로부터 가시광선이 반사되어 나오며, 그리하여 금속이 광택을 나타내는 것이다.

우리가 감지하는 금속의 색은 반사되는 빛의 진동수 영역에 의존하며, 다시 이 반사 진동수 영역은 흡수 가능한 빛의 진동수 영역, 그리고 더 나아가 띠구조에 의존한다. 은(Ag)은 그 띠구조가 가시광선을 흡수하면 점유될 수 있고, 방출하면 비게 되는 비점유 에너지 준위를 많이 가지고 있기 때문에, 가시 영역 스펙트럼 전체에 걸쳐서 거의 비슷한 효율을 가지고 빛을 반사한다. 반면에 구리는 자주색, 청색, 녹색의 빛을 흡수하여 들뜰 수 있는 비교적 소수의 비점유 에너지 준위를 가지고 있기 때문에 그 특성의 색을 가진다. 금속은 모든 파장의 빛을 반사하지만, 낮은 진동수의 빛(황색, 주

황색, 적색에 해당하는)을 더 많이 내놓는다. 다른 금속들의 색, 예컨대 금의 황색과 같은 것도 비슷하게 설명할 수 있다.

이제 반도체를 생각해 보자. 이미 설명한 바와 같이 반도체의 띠간격 E_g가 가열로 공급할 수 있는 에너지와 대등할 때는, 열적 들뜸에 의해서 전자가 원자가띠로부터 전도띠로 올라갈 수 있다. 일부 물질에 있어서는 띠간격이 대단히 커서 전자기 복사로 들뜨게 할 때만 전자가 전도띠로 올라갈 수 있다. 그러나 그림 39.4로부터 알 수 있는 바와 같이, 복사파의 $\nu_{min} = E_g/h$ 이하에서는 빛의 흡수가 일어날 수 없다. 이 진동수 문턱 이상에서는 광범위한 진동수의 복사선이 마치 금속에서처럼 흡수된다.

간단한 예 39.3 반도체의 광학적 성질

황화 카드뮴(CdS) 반도체의 띠간격 에너지는 2.4 eV(3.8×10^{-19} J에 해당)이다. 따라서 전자의 최소 흡광 진동수는 다음과 같다.

$$\nu_{min} = \frac{3.8 \times 10^{-19}\,\text{J}}{6.626 \times 10^{-34}\,\text{J s}} = 5.8 \times 10^{14}\,\text{s}^{-1}$$

이 진동수 5.8×10^{14} Hz는 520 nm의 파장에 해당한다(초록색 빛). 노란색, 주황색, 빨간색에 해당하는 낮은 진동수는 흡수되지 않으며, 따라서 CdS는 노란 주황색으로 보인다.

자가 진단 39.3 다음 물질들의 색을 괄호 속에 나타낸 띠간격을 이용하여 예측하시오. GaAs(1.43 eV), HgS(2.1 eV), ZnS(3.6 eV).

답: 검은색, 빨간색, 색이 없음.

39.3 자기적 성질

금속 고체와 반도체의 자기적 성질은 그 물질의 띠구조에 크게 의존한다. 여기서는 주로 d 금속 착물인 분자나 이온의 집단이 만들어 내는 자기적 성질에 관해서 고찰하려고 한다. 여기서 논의하는 내용의 대부분은 고체뿐만 아니라 액체나 기체상에도 적용된다.

(a) 자기화율

분자와 고체의 자기적 성질과 전기적 성질은 비슷하다. 예를 들어 일부 분자들은 영구 자기 쌍극자 모멘트를 가지고 있으며, 또 자기장을 작용시키면 자기 모멘트가 유발되면서 전체 고체 시료가 자기화될 수 있다. **자기화**(**magnetization**, $\mathcal{M}$)는 평균 분자 자기 쌍극자 모멘트 크기에 시료 속 분자의 수밀도를 곱한 것이다. 세기가 $\mathcal{H}$인 자기장에 의해서 유발되는 자기화는 $\mathcal{H}$에 비례하며, 다음과 같이 쓸 수 있다.

$$\mathcal{M} = \chi\mathcal{H} \quad \text{자기화} \quad (39.3)$$

여기서 χ는 차원이 없는 **부피 자기화율**(**volume magnetic susceptibility**)이다. 이것과 밀접한 관계를 갖는 양이 다음과 같은 **몰자기화율**(**molar magnetic susceptibility**, χ_m)이다.

$$\chi_m = \chi V_m \quad \text{몰자기화율} \quad (39.4)$$

여기서 V_m은 그 물질의 몰부피이다.

자기화는 물질에서 자력선의 밀도에 기여하는 것으로 생각할 수 있다(그림 39.7). $\chi > 0$인 물질을 **상자기성**(**paramagnetic**)이라 하는데, 이들은 자기장 안으로 끌려 들어오려는 경향이 있으며 이들 안에서 자력선의 밀도는 진공에서보다 크게 된다. $\chi < 0$인 물질에 대해서는 **반자기성**(**diamagnetic**)이라고 하는데, 자기장으로부터 빠져나가려는 경향이 있어 이들 안에서 자력선의 밀도는 진공에서보다 작다. 상자기성 물질은 라디칼이나 많은 d 금속 착물과 같이 홀전자를 갖는 이온이나 분자로 구성되며, 반자기성 물질(훨씬 더 일반적인 성질)은 홀전자가 없는 것이다.

간단한 예 39.4 금속성 고체와 분자의 자기적 특성

고체 마그네슘은 각 Mg 원자의 2개 원자가 전자가 3s 오비탈들로 만들어진 오비탈 띠로 나타낸다. N개의 원자 오비탈로부터 금속 전체를 통해 흩어진 N개의 분자 오비탈을 만들 수 있다. 각 원자는 2개의 전자를 공급하므로 $2N$개의 전자가 수용되어 이들이 N개의 분자 오비탈을 점유하고 채우게 된다. 홀전자는 없으므로 금속은 반자기성이다. O_2 분자는 토픽 24에서 설명된 전자 구조를 가지며, 여기에서 2개의 전자는 분리된 반결합 π 오비탈들에 스핀이 평행이 되게 채워지는 것을 보았다. 따라서 O_2는 상자기성 기체이라는 결론을 얻게 된다.

자가 진단 39.4 Zn(s)와 NO(g)에 대한 분석을 반복하시오.

답: Zn은 반자기성, NO는 상자기성

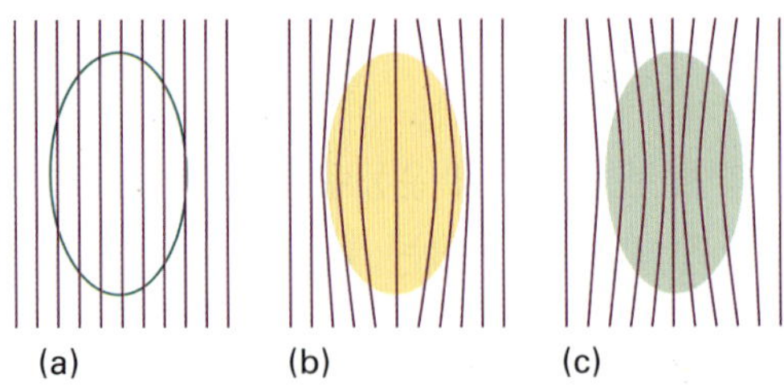

그림 39.7 (a) 진공에서 자기장의 세기는 자력선 밀도로 표시할 수 있으며, (b) 반자기성 물질에서는 자력선이 감소하고, (c) 상자기성 물질에서는 자력선이 증가한다.

자기화율은 전통적으로 **Gouy 저울**(**Gouy balance**)로 측정한다. 이 장치는 두 자기 극 사이에 놓여 있는 가느다란 원통형의 시료를 매단 예민한 저울로 되어 있다. 시료가 상자기성이면, 자기장으로 끌리는 힘을 받아 겉보기 무게가 자기장을 꼈을 때보다 더 나간다. 반대로 시료가 반자기성이면, 자기장 밖으로 밀리는 힘을 받아 자기장을 켰을 때의 겉보기 무게가 덜 나간다. 이 저울은 자기화율이 잘 알려진 시료로 눈금 교정을 한다. 최근에는 **초전도 양자 간섭계**(**superconducting quantum interference device**, SQUID, 그림 39.8)가 이용된다. SQUID는 회로의 부분으로서, 전자가 터널 현상으로 뚫고 나가야 하는 전도성이 약한 결합을 가지고 있는 초전도체의 고리 전류 성질의 장점을 이용한다. 자기장 속에서 고리를 통해 흐르는 전류는 자기 다발의 세기에 의존하며, 따라서 SQUID를 대단히 예민한 자기 계량계로 이용할 수 있는 것이다.

이 방법으로 얻은 실험 결과의 일부를 표 39.1에 수록해 놓았다. 전형적인 상자기성 부피 자기화율은 약 10^{-3}이며, 또 전형적인 반자기성 부피 자기화율은 약 $(-)10^{-5}$이다.

(b) 영구 자기 모멘트와 유도 자기 모멘트

분자 속에 홀전자 스핀이 들어 있으면 그 분자가 영구 자기 모멘트를 갖게 된다. 또한 상자기성에 대한 기여는 실제로는 전자들의 오비탈 각운동량에 기인하지만, 여기에서는 스핀 기여에 대해서만 논의하고자 한다.

전자의 자기 모멘트 크기는 그 스핀 각운동량의 크기 $\{s(s+1)\}^{1/2}\hbar$에 비례한다. 즉

$$m=g_e\{s(s+1)\}^{1/2}\mu_B \quad \mu_B=\frac{e\hbar}{2m_e} \qquad \text{크기 자기 모멘트} \quad (39.5)$$

여기서 $g_e=2.0023$이고, $\mu_B=9.274\times10^{-24}$ J T^{-1}이다. 각 분자 속에 여러 개의 전자 스핀이 들어 있을 때는 이들이 결합되어 전체 전자 스핀 S가 나타나며, 따라서 $s(s+1)$을 $S(S+1)$로 바꾸어 주어야 한다.

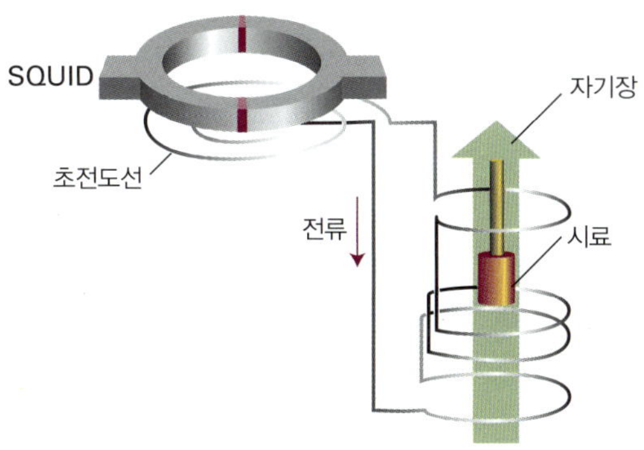

그림 39.8 QUID를 이용하여 자기화율을 측정하는 장치. 시료를 위로 조금씩 이동시키면서 SQUID에 나타나는 전위차를 측정한다.

표 39.1* 298 K에서의 자기화율

	$\chi(10^{-6})$	$\chi_m(10^{-10}\ m^3\ mol^{-1})$
$H_2O(l)$	−9.02	−1.63
NaCl(s)	−16	−3.8
Cu(s)	−9.7	−0.69
$CuSO_4\cdot5H_2O(s)$	+167	+183

*더 많은 값들이 **부록**에 수록되어 있다.

전자 스핀의 배향은 분자가 유체상이든 고체에 가두어져 있든지 간에 요동하기 때문에 자기화, 결국 자기화율은 온도에 의존한다. 일부 배향은 다른 것들에 비해 에너지가 낮으며 자기화는 무작위한 열운동의 영향에 의존하게 된다. 외부 자기장을 걸어 주었을 때 영구 자기 모멘트의 열적 평균은 $m^2/3kT$에 비례하는 양이 자기화율에 기여하게 된다.[1] 따라서 몰자기화율에 대한 스핀의 기여는 다음과 같이 된다.

$$\chi_m=\frac{N_A g_e^2\mu_0\mu_B^2 S(S+1)}{3kT} \qquad \text{스핀 기여 몰자기화율} \quad (39.6)$$

이 식에 의하면 자기화율은 양의 값을 가지며, 따라서 스핀 자기 모멘트는 그 물질의 상자기성 자기화율을 증가시킨다. 온도가 올라가면 열운동에 의해서 스핀 배향이 무작위성을 띠게 되므로 자기화율은 온도가 올라갈수록 감소한다.

예제 39.1 몰자기화율의 계산

298 K에서 착물 양이온당 3개의 홀전자를 가지며 몰부피가 61.7 cm^3 mol^{-1}인 착염을 생각해 보자. 착물의 몰자기화율과 부피 자기화율을 계산하시오.

방법 데이터와 식 39.6을 사용하여 몰자기화율을 계산한다. 그리고 χ_m, V_m 값과 식 39.4를 사용하여 부피 자기화율을 계산한다.

풀이 우선 상수들을 다음 항에 대입하면 다음과 같다.

$$\frac{N_A g_e^2\mu_0\mu_B^2}{3k}=6.3001\times10^{-6}\,m^3\,K^{-1}\,mol^{-1}$$

결과적으로 식 39.6은 다음이 된다.

$$\chi_m=6.3001\times10^{-6}\times\frac{S(S+1)}{T/K}\,m^3\,mol^{-1}$$

[1] 이 기여에 대한 유도를 보려면 본 저자들의 다른 교재 *Physical chemistry* (2014)를 볼 것.

이 데이터에 $S=\frac{3}{2}$을 대입하면

$$\chi_m = 6.3001\times10^{-6}\times\frac{\frac{3}{2}(\frac{3}{2}+1)}{298}\,\text{m}^3\,\text{mol}^{-1} = 7.93\times10^{-8}\,\text{m}^3\,\text{mol}^{-1}$$

따라서 식 39.4로부터 몰자기화율을 몰부피 $V_m = 61.7\ \text{cm}^3\ \text{mol}^{-1} = 6.17\times10^{-5}\ \text{m}^3\ \text{mol}^{-1}$으로 나누면 부피 자기화율을 얻을 수 있어 다음과 같은 결과를 얻는다.

$$\chi = \frac{\chi_m}{V_m} = \frac{7.93\times10^{-8}\,\text{m}^3\,\text{mol}^{-1}}{6.17\times10^{-5}\,\text{m}^3\,\text{mol}^{-1}} = 1.29\times10^{-3}$$

자가 진단 39.5 273 K에서 5개의 홀전자를 가지며 몰질량이 322.4 g mol^{-1}, 질량 밀도가 2.87 g cm^{-3}인 착물에 대한 위의 계산을 반복하시오.

답: $\chi_m = 2.02\times10^{-7}\ \text{m}^3\ \text{mol}^{-1}$, $\chi = 1.79\times10^{-3}$

낮은 온도에서 일부 상자기성 고체는 상전이를 일으켜 스핀들이 큰 영역에 걸쳐서 평행한 배열로 정렬된 상태가 되는 경우가 있다. 이러한 협동적 배열을 하게 되면 시료가 **강자성(ferromagnetism)**이라고 하는 대단히 센 자기성을 나타낸다(그림 39.9). 또 다른 경우에는 스핀의 방향이 교대로 바뀌는 교환 상호 작용이 일어나서 스핀들이 약한 자기화 배열로 가두어지게 되어 **반강자성 상(antiferromagnetic phase)**으로 되는 수도 있다. 강자성 상은 외부장이 없을 때도 자기성을 갖지만, 반강자기성 상은 스핀 자기 모멘트가 상쇄되기 때문에 자기화가 0이 된다. 강자성 전이가 일어나는 전이 온도를 **Curie 온도(Curie temperature)**라고 하고, 반강자성 전이가 일어나는 온도를 **Néel 온도(Néel temperature)**라고 한다. 어떤 형태의 협동 거동이 일어나는가는 고체의 세부적인 띠 구조에 의존한다.

자기 모멘트는 분자 안에서도 유도될 수 있다. 어떻게 이러한 효과가 생기는지를 알기 위해서는 가한 자기장에 의해 유발되는 전자 흐름의 순환이 일반적으로 외부 자기장과 반대 방향의 자기 모멘트를 생기게 하며, 따라서 이 물질은 반자기성이 된다는 것에 주목해야 한다. 그러나 유발 자기 모멘트가 외부 자기장과 같은 방향을 나타내는 경우도 더러 있는데, 이러한 물질은 상자기성이다.

홀전자 스핀을 갖지 않은 대다수의 분자들은 반자기성이다. 이러한 경우에는 바닥 상태에서 점유된 분자의 오비탈 속에서 전자 흐름이 일어난다. 그러나 홀전자가 없는 경우일지라도 에너지 측면에서 HOMO 근처의 비점유 오비탈을 이용할 수 있기 때문에 유발된 전자 전류의 흐름이 반대 방향으로 생겨서 상자기성을 나타내는 경우도 간혹 있다. 이러한 오비탈 상자기성은 온도에 의존하지 않는다는 점에서 스핀 상자기성과 구분된다. 이 때문에 **온도 무관 상자기성(temperature-independent paramagnetism**, TIP)이라고 한다.

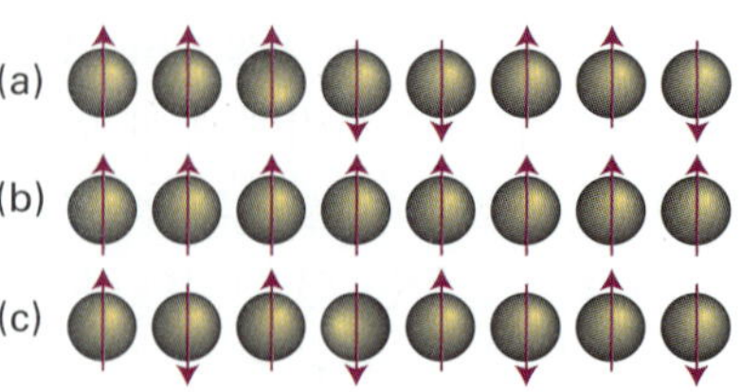

그림 39.9 (a) 외부 자기장이 작용하지 않을 때, 상자기성 물질 속에서는 전자 스핀들이 무작정하게 배열된다. (b) 강자성 물질 속에서는 전자 스핀들이 상당히 넓은 영역에 걸쳐서 평행한 배열을 이룬다. (c) 반강자성 물질 속에서는 전자 스핀들이 역평행 배열을 이루고 있다. (b)와 (c)의 배열은 외부 자기장이 없을 때에도 그대로 유지된다.

위의 내용들은 다음과 같이 요약할 수 있다. 즉 모든 분자의 전체 자기화율 속에는 반자기성 성분이 들어 있지만, 분자 속에 홀전자가 들어 있을 때는 이 반자기성 성분이 스핀 상자기성에 의해서 압도된다. 몇몇 경우(낮게 놓인 들뜬 상태가 있는 경우)에는 전자들이 모두 짝지어져 있더라도 TIP가 충분히 커서 상자기성을 나타낼 수 있다.

39.4 초전도성

정상적인 금속 도체를 통해서 전류가 흐를 때의 저항은 온도가 내려감에 따라서 완만하게 감소하기는 하지만 결코 0으로 떨어지지 않는다. 그러나 **초전도체(superconductor)**라고 하는 특별한 고체는 임계 온도 T_c 이하에서 저항을 받지 않고 전기를 전도할 수 있다. 액체 헬륨의 끓는 온도인 4.2 K 이하에서 수은이 초전도체가 된다는 사실이 발견된 1911년 이후부터 화학자들과 물리학자들은 더 높은 T_c의 초전도체를 발견하기 위한 꾸준한 노력을 해 왔으며, 그 결과 텅스텐, 수은, 납과 같은 금속들이 약 10 K 이하의 T_c를 갖는다는 것을 알게 되었다. 그리고 Nb_3X(X = Sn, Al, Ge)와 같은 금속간 화합물과 Nb/Ti, Nb/Zr과 같은 합금이 10 K부터 23 K 사이의 T_c를 갖는다는 것도 알게 되었다. 그리고 1986년에는 **고온 초전도체(high-temperature superconductor**, HTSC)들이 발견되었다. 현재는 무기 분말을 고온에서 용융시켰다가 단단하게 굳혀서 만든 **세라믹스** 중 옥소구리산염(Cu_mO_n) 구조 요소를 가지고 있는 일부 세라믹스가 77 K 이상의 T_c를 갖는다는 것을 알게 되었다. 77 K는 비싸지 않은 액체 질소 냉각제의 끓는점이다. 이러한 HTSC의 한 예가 T_c = 153 K인 $HgBa_2Ca_2Cu_2O_8$이다.

초전도체는 독특한 자기적 성질도 가지고 있다. **유형**

I(type I)로 분류되는 일부 초전도체는 외부에서 가하는 자기장이 그 재료의 특성인 임계값 $\mathcal{H}_c$를 초과할 때 갑자기 초전도성을 잃는다. 실험 결과에 의하면, 이 $\mathcal{H}_c$의 값은 다음과 같이 온도와 T_c에 의존한다.

$$\mathcal{H}_c(T)=\mathcal{H}_c(0)\left(1-\frac{T^2}{T_c^2}\right) \quad \text{$\mathcal{H}_c$의 T_c 의존성} \quad (39.7)$$

여기서 $\mathcal{H}_c(0)$은 $T \to 0$일 때의 $\mathcal{H}_c$의 값이다.

예제 39.2 물질이 초전도성이 되는 온도 계산

납은 $T_c=7.19$ K이고, $\mathcal{H}_c(0)=63.9$ kA m^{-1}이다. 20 kA m^{-1}의 자기장에서 납은 어느 온도에서 초전도성을 갖게 되는가?

방법 식 39.7을 다시 정리하고 데이터를 사용하면 물질이 초전도성이 되는 온도를 계산할 수 있다.

풀이 식 39.7을 다시 정리하면 다음과 같이 되며

$$T=T_c\left(1-\frac{\mathcal{H}_c(T)}{\mathcal{H}_c(0)}\right)^{1/2}$$

여기에 데이터를 대입하면 다음을 얻는다.

$$T=(7.19\text{K})\times\left(1-\frac{20\,\text{kA m}^{-1}}{63.9\,\text{kA m}^{-1}}\right)^{1/2}=6.0\text{K}$$

즉 납은 6.0 K 아래의 온도에서 초전도성을 띠게 된다.

자가 진단 39.6 주석은 $T_c=3.72$ K이고, $\mathcal{H}_c(0)=25$ kA m^{-1}이다. 15 kA m^{-1}의 자기장에서 납은 어느 온도에서 초전도성을 갖게 되는가?

답: 2.4 K

유형 I의 초전도체는 또 $\mathcal{H}_c$ 이하에서는 완전히 반자기성이 되며, 이는 자기장이 이 물체 속으로 전혀 뚫고 들어가지 못한다는 것을 의미한다. 한 물질 속에서 자기장이 완전히 배제되는 이러한 현상을 **Meissner 효과**(**Meissner effect**)라고 하는데, 이 효과는 자석 위에서 초전도체가 부양되는, 즉 공중으로 떠오르는 현상이라고 생각해도 된다. **유형 II**(type II)의 초전도체는 자기장이 증가함에 따라 초전도성과 반자기성을 점차적으로 잃으며, HTSC가 이 유형에 속한다.

초전도성을 나타내는 원소들은 주기성이 있다. 금속 상태의 철, 코발트, 니켈, 구리, 은, 금은 초전도성을 나타내지 않으며, 알칼리 금속도 초전도성을 나타내지 않는다. 간단한 금속의 경우 강자성과 초전도성은 결코 공존하지 않지만, 일부 옥소구리산염 초전도체는 강자성과 초전도성을 함께 나타낸다. 가장 널리 연구가 이루어진 옥소구리산염 초전도체 $YBa_2Cu_3O_7$(이 화합물 속에 들어 있는 금속 원자의 비율 때문에 비공식적으로 '123' 화합물이라고도 함)은 그림 39.10에서와 같은 구조를 가지고 있다. 이 옥소구리산염 HTSC의 공통적인 구조적 특징은 사각 피라미드 모양의 CuO_5 단위가 이차원 면으로 배열되어 있고, 또 사각 평면 모양의 CuO_4 단위들은 판형으로 배열되어 있다는 것이다.

초전도 메커니즘은 저온 초전도체의 경우에는 잘 알려져 있으며, 이는 격자 속의 원자핵들 때문에 간접적인 전자–전자 상호 작용이 일어나서 생기는 **Cooper 전자쌍**(**Cooper pair**)의 존재에 기초한 개념을 가지고 설명을 하고 있다. 즉 고체의 한 특정한 영역 속에 1개의 전자가 오게 되면 그곳의 핵이 그쪽으로 이동해서 국지적인 일그러짐이 일어난다(그림 39.11). 이 국지적 일그러짐은 양전하를 많이 가지며, 따라서 두 번째 전자가 이곳으로 이동하여 첫 번째 전자와 합류하기 쉬워진다. 따라서 두 전자 사이에 실질적 인력이 생겨서 이들이 한 쌍처럼 이동하게 된다. 국지적 일그러짐은 고체 내 이온들의 열운동에 의해서 쉽게 파괴되므로 이 가상적 인력은 대단히 낮은 온도에서만 나타난다. Cooper 전자쌍의 한 전자가 충돌에 의해서 경로 밖으로 산란되어 나가더라도 한 전자에 의해 생긴 일그러짐은 그 짝이 되는 다른 전자에 의해서 곧 제자리로 되돌아가는 공격을 받게 되며, 따라서 Cooper 전자쌍이 고체를 통과할 때는 단독으로 통과하게 될 때에 비해서 산란이 덜 된다. Cooper 전자쌍은 산란에 대해서 안정하기 때문에 전하를 가지고 고체 속을 자유롭게 통과할 수 있으며, 그리하여 초전도가 생길 수 있다고 생각된다.

저온 초전도를 나타내는 Cooper 전자쌍들이 HTSC에서도 중요한 역할을 할 것으로 생각되지만 짝 형성 메커니즘에 관해서는 이견들이 심하다. 고온 초전도 메커니즘에서 CuO_5 층과 CuO_4 판의 배열이 한 몫을 할 것이라는 증거도 있다.

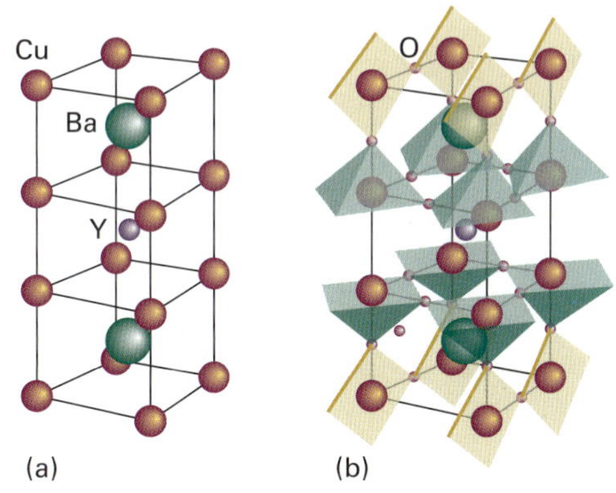

그림 39.10 $YBa_2Cu_3O_7$ 초전도체의 구조. (a) 금속 원자들의 위치. (b) 다면체는 산소 원자의 위치를 보여 주며, 또한 금속 이온이 사각 평면 배위와 사각 피라미드 배위를 가지고 있음을 나타낸다.

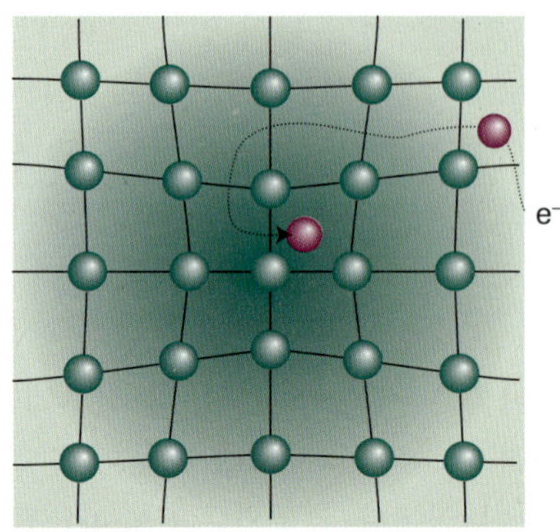

그림 39.11 Cooper 전자쌍의 형성. 한 전자가 결정을 일그러지게 하면 그 영역 안으로 들어가는 두 번째 전자가 낮은 에너지를 갖게 된다. 이러한 전자–격자 상호 작용에 의해서 두 전자가 효과적으로 하나의 쌍으로 결합하게 된다.

즉 연결된 CuO_4 단위를 따라 일어나는 전자의 이동이 초전도성을 설명하며, 반면에 연결된 CuO_5 단위는 초전도층의 전자수를 적합하게 유지시키는 '전하 저장소' 역할을 하는 것으로 믿어지고 있다.

개념 확인

- ☐ 1. 전자 전도체는 그들 전도도의 온도 의존 방식에 따라 **금속성 전도체**와 **반도체**로 분류된다.
- ☐ 2. **절연체**는 매우 낮은 전기 전도도를 갖는 반도체이다.
- ☐ 3. 금속성 도체와 반도체의 분광학적 성질은 **원자가띠**로부터 **전도띠**로의 광자–유발 전자 승격의 개념으로 이해될 수 있다.
- ☐ 4. **반자기성** 물질은 자기장으로부터 빠져나가 음의 **부피 자기화율**을 갖는다.
- ☐ 5. **상자기성** 물질은 자기장 안으로 끌려 들어와 양의 부피 자기화율을 갖는다.
- ☐ 6. **강자성**은 물체 속에서 전자 스핀들의 협동적 배열로서 센 자기화가 생기게 된다.
- ☐ 7. **반강자성**은 물체 속에서 전자 스핀들이 번갈아 배향되는 결과로 생기며 약한 자기화를 나타낸다.
- ☐ 8. **온도 무관 상자기성**은 바닥 상태에서 점유된 분자 오비탈 안에서 유발 전자 흐름 때문에 생긴다.
- ☐ 9. **초전도체**는 임계 온도 T_c 이하에서 저항을 받지 않고 전류를 통과시킨다.

식 확인

성질	식	비고	식 번호
Fermi-Dirac 분포	$f(E)=1/(e^{(E-\mu)/kT}+1)$	μ는 화학 퍼텐셜	39.2a
자기화	$\mathcal{M}=\chi\mathcal{H}$		39.3
몰자기화율	$\chi_m=\chi V_m$	정의	39.4
자기 모멘트의 크기	$m=g_e\{s(s+1)\}^{1/2}\mu_B$	$\mu_B=e\hbar/2m_e$	39.5
몰자기화율	$\chi_m=N_A g_e^2\mu_0\mu_B^2 S(S+1)/3kT$	스핀 기여	39.6
T_c에 대한 $\mathcal{H}_c$ 의존성	$\mathcal{H}_c(T)=\mathcal{H}_c(0)(1-T^2/T_c^2)$		39.7

8장 상호 작용

토픽 34 분자의 전기적 성질

토론 문제

34.1 분자의 영구 쌍극자 모멘트와 편극도가 어떻게 생기는지 설명하시오.

34.2 전기 단극자, 쌍극자, 사중 극자, 팔중 극자를 구별하고, 이들의 전기장에 대한 거리 의존도를 설명하시오.

연습 문제

34.1(a) ClF_3, O_3, H_2O_2 중에서 극성인 분자는 어느 것인가?

34.1(b) SO_3, XeF_4, SF_4 중에서 극성인 분자는 어느 것인가?

34.2(a) 쌍극자 모멘트의 크기가 1.0 D인 쌍극자와 2.0 D인 쌍극자가 서로 45°의 각을 이루고 있을 때의 결과를 계산하시오.

34.2(b) 쌍극자 모멘트의 크기가 2.5 D인 쌍극자와 0.50 D인 쌍극자가 서로 120°의 각을 이루고 있을 때의 결과를 계산하시오.

34.3(a) xy 평면에 전하가 다음과 같이 배열되어 있다. (i) (0, 0)에 $3e$, (ii) (0.32 nm, 0)에 $-e$, (iii) x축으로부터 20°의 각을 이루고 원점으로부터 0.23 nm인 점에 $-2e$. 이 배열들의 쌍극자 모멘트 크기와 방향을 계산하시오.

34.3(b) xy 평면에 전하가 다음과 같이 배열되어 있다. (i) (0, 0)에 $4e$, (ii) (162 pm, 0)에 $-2e$, (iii) x축으로부터 300°의 각을 이루고 원점으로부터 143 pm인 점에 $-2e$. 이 배열들의 쌍극자 모멘트 크기와 방향을 계산하시오.

34.4(a) HCl의 편극도 부피는 2.63×10^{-30} m^3이다. 7.5 kV m^{-1} 세기의 전기장을 작용시켰을 때 유발되는 이 분자의 쌍극자 모멘트 크기(영구 쌍극자 모멘트에 더하여)를 계산하시오.

34.4(b) NH_3의 편극도 부피는 2.22×10^{-30} m^3이다. 15.0 kV m^{-1} 세기의 전기장을 작용시켰을 때 유발되는 이 분자의 쌍극자 모멘트 크기(영구 쌍극자 모멘트에 더하여)를 계산하시오.

응용 문제

34.1 톨루엔(메틸벤젠)의 전기 쌍극자 모멘트는 0.4 D이다. 세 개의 자일렌(다이메틸벤젠)들의 쌍극자 모멘트 크기를 추정하시오. 답 중에서 가장 확신할 수 있는 것은 어느 것인가?

34.2 과산화 수소의 H−O−O−H (방위)각 ϕ가 0에서 2π까지 변할 때 이 분자의 전기 쌍극자 모멘트 크기가 어떻게 변하는지 도시하시오. 그림 **1**에 보인 크기를 이용한다.

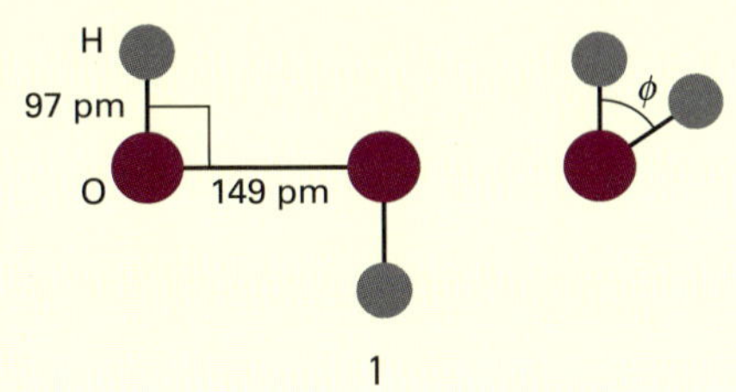

1

34.3 아세트산 증기는 수소 결합에 의해서 평면 이합체의 부분(**2**)을 포함한다. 순수한 기체 아세트산 분자의 겉보기 쌍극자 모멘트 크기는 온도가 올라갈수록 증가한다. 이 관측에 대한 해석을 제안해 보시오.

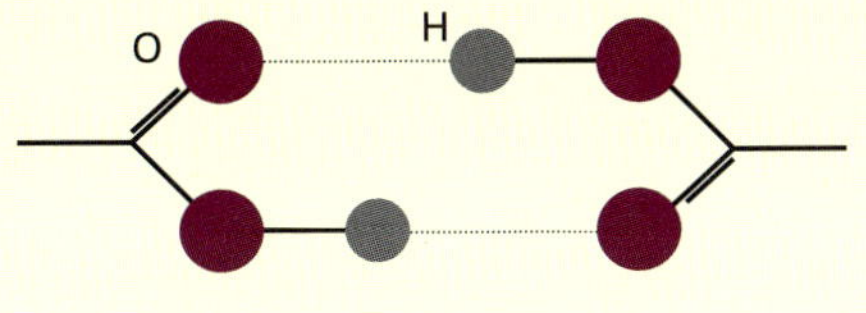

2

34.4 점전하 Q로부터의 거리가 r인 전기장의 세기는 $Q/4\pi\varepsilon_0 r^2$과 동일하다. 그것이 유발하는 쌍극자 모멘트의 크기가 분자의 영구 쌍극자 모멘트(1.85 D)와 동일하게 되려면 양성자가 물 분자(1.48×10^{-30} m^3의 편극도 부피)에 얼마나 가까이 접근을 해야 하는가?

34.5[†] Nelson 등(*Science* **238**, 1670 (1987))은 NH_3의 H 원자가 수소 결합을 이루고 있는 경우를 찾을 목적으로 약하게 결합된 여러 기체상 암모니아 착물들을 조사하였으나 하나도 찾지 못하였다. 예로서 NH_3와 CO_2와의 착물에서는 탄소 원자가 질소 원자에 가장 가까운 자리에 있다(299 pm 거리). 그리고 CO_2 분자는 C−N '결합'과 직각을 이루고 있으며, NH_3의 H 원자들은 CO_2로부터 먼 쪽을 향하고 있다. 이 착물의 영구 쌍극자 모멘트 크기는 1.77 D이다. N 원자와 C 원자가 각각 음전하와 양전하 분포의 중심이라면, 이 부분 전하의 크기가 얼마가 되겠는가? (e의 배수로)

34.6 세기가 1.0 kV m^{-1}인 외부 전기장 속에 정렬되어 있는 물 분자의 측면으로 Ar 원자($\alpha'=1.66\times10^{-30}$ m^3)를 서서히 접근시켰다. 에너지면에서 볼 때, 얼마만한 거리까지 접근하면 물 분자가 접근하는 Ar 원자를 향하여 돌아서게 되겠는가?

34.7 분자가 극성이거나 크게 편극되면 물질의 상대 유전율은 커지게 된다. 분자의 상대 유전율, 편극도, 영구 쌍극자 모멘트 사이의 정

[†] 이 문제는 Charles Trapp과 Carmen Giunta가 제공하였다.

량적인 관계는 **Debye** 식으로 표현된다.

$$\frac{\varepsilon_r - 1}{\varepsilon_r + 2} = \frac{\rho N_A}{3M\varepsilon_0}\left(\alpha + \frac{\mu^2}{3kT}\right)$$

여기서 ρ는 시료의 질량 밀도, M은 분자의 몰질량이다. 장뇌(**3**)의 상대 유전율이 아래와 같이 온도에 따라 측정되었다. 분자의 쌍극자 모멘트 크기와 분극도 부피를 구하시오(**힌트**: 직선으로 피팅하여 기울기와 y 절편이 각각 영구 쌍극자 모멘트 크기, 편극도에 해당되게 데이터를 도시하시오).

3 장뇌

θ(°C)	0	20	40	60	80	100	120	140	160	200
ρ(g cm^{-3})	0.99	0.99	0.99	0.99	0.99	0.99	0.97	0.96	0.95	0.91
ε_r	12.5	11.4	10.8	10.0	9.50	8.90	8.10	7.60	7.11	6.21

토픽 35 분자 사이의 상호 작용

토론 문제

35.1 다음 식에서 항들을 알아내고 일반성의 한계를 밝히시오.
(a) $V = -Q_2\mu_1/4\pi\varepsilon_0 r^2$, (b) $V = -Q_2\mu_1 \cos\theta/4\pi\varepsilon_0 r^2$,
(c) $V = \mu_2\mu_1(1-3\cos^2\theta)/4\pi\varepsilon_0 r^3$

35.2 분자 사이의 많은 인력 상호 작용이 $1/r^6$에 따라 거리에 의존함을 이론적으로 설명하시오.

35.3 다음을 이용하여 수소 결합 형성을 설명하시오. (a) 정전기적 상호 작용, (b) 분자 오비탈. 어떤 것이 더 좋은 모형인지를 밝히시오.

35.4 어떤 중합체는 예외적인 성질을 가지고 있다. 예를 들면 케블라(**4**)는 방탄조끼로 이용될 만큼 충분히 강하고, 600 K까지도 안정하다고 한다. 어떠한 분자간 상호 작용이 이 고분자의 열적 안정성과 형성에 기여하는가?

4 케블라

연습 문제

35.1(a) Li^+ 이온으로부터 100 pm 위치에 있는 H_2O 분자의 방향을 반대쪽으로 돌려주는 데 필요한 몰 에너지를 계산하시오. 물의 쌍극자 모멘트는 1.85 D이다.

35.1(b) Mg^{2+} 이온으로부터 300 pm 위치에 있는 HCl 분자의 방향을 반대쪽으로 돌려주는 데 필요한 몰 에너지를 계산하시오. HCl의 쌍극자 모멘트는 1.08 D이다.

35.2(a) 두 개의 선형 사중 극자가 동일 직선상에 있고 그들의 중심이 거리 r만큼 떨어져 있을 때, 그들 사이의 상호 작용에 대한 퍼텐셜 에너지를 계산하시오.

35.2(b) 두 개의 선형 사중 극자가 평행하고 그들의 중심이 거리 r만큼 떨어져 있을 때, 그들 사이의 상호 작용에 대한 퍼텐셜 에너지를 계산하시오.

35.3(a) 진공 속에서($\varepsilon_r = 1$) 수소 결합을 끊는 데 필요한 에너지(kJ mol^{-1}로)는 얼마인가? (수소 분자 결합의 정전기적 모형을 이용할 것.)

35.3(b) 물속에서($\varepsilon_r = 80.0$) 수소 결합을 끊는 데 필요한 에너지(kJ mol^{-1}로)는 얼마인가? (수소 분자 결합의 정전기적 모형을 이용할 것.)

응용 문제

35.1 페닐알라닌(Phe, **5**)은 자연에서 나타나는 아미노산이다. 페닐기와 그 인접 펩타이드기의 전기 쌍극자 모멘트 사이의 상호 작용 에너지는 얼마인가? 이들 사이의 거리를 4.0 nm로 놓고 페닐기를 벤젠으로 취급한다. 펩타이드기의 쌍극자 모멘트 크기는 $\mu = 1.3$ D이고, 벤젠의 편극도 부피는 $\alpha' = 1.04 \times 10^{-29}$ m^{3}이다.

5 페닐알라닌

35.2 두 페닐알라닌 잔기(문제 35.1 참조)의 페닐기 사이에서 London 상호 작용을 생각해 보자. (a) 4.0 nm만큼 떨어진 이러한 두 고리(벤젠 분자로 취급하고) 사이의 상호 작용 퍼텐셜 에너지를 구하시오. 이온화 에너지는 $I=5.0$ eV를 이용한다. (b) 힘은 퍼텐셜 에너지의 음의 기울기로 주어진다. 폴리펩타이드 사슬에서 페닐의 Phe기와 같은 원자의 두 비결합 기 사이에는 서로 London 분산 상호 작용이 나타난다. 이 상호 작용 힘의 거리 의존도를 계산하시오. 두 페닐 잔기의 Phe기 사이에서 상호 작용 힘이 0이 되는 거리를 계산하시오(**힌트**: r과 $r+\delta r$에서의 퍼텐셜 에너지를 고려하고($\delta r \ll r$), $\{V(r+\delta r)-V(r)\}/\delta r$을 구하여 기울기를 계산하시오. 이 계산의 최종 단계에서 δr을 0으로 접근시키시오).

35.3 $F=-\mathrm{d}V/\mathrm{d}r$일 때, 서로 London 분산력 상호 작용을 하는 중합체 내 원자의 두 비결합기 간에 작용하는 힘의 거리 의존도를 계산하시오.

35.4 O−H기와 O 원자로 구성되어 있는 계에 대하여 **6**에 나타난 배열을 생각해 보고, 수소 결합의 정전기 모형을 이용하여 상호 작용의 몰 퍼텐셜 에너지의 각도 θ에 대한 의존도를 계산하시오.

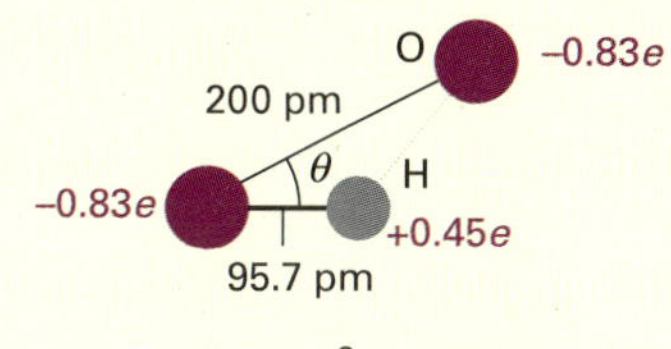

6

35.5 시료 내부에서의 인력의 평균 퍼텐셜 에너지를 U, 부피를 V라고 하면, U/V를 그 시료의 **응집 에너지 밀도**(cohesive energy densify) $\mathcal{U}$라고 한다. $\mathcal{U}=\frac{1}{2}\mathcal{N}\int V(R)\mathrm{d}\tau$가 성립함을 보이시오. 여기서 $\mathcal{N}$은 분자 수밀도이며, $V(R)$은 그들의 인력 퍼텐셜 에너지이다. 적분 영역은 d부터 무한 대까지, 그리고 전 각도에 걸쳐서이다. 계속해서 $-C_6/R^6$ 형태의 van der Waals 인력 상호 작용을 받고 있는 균일한 분포의 분자들은 $(2\pi/3)(N_A{}^2/d^3M^2)\rho^2C_6$의 응집 에너지 밀도를 가짐을 보이시오. 여기서 ρ는 이 고체 시료의 질량 밀도이고, M은 이 분자의 몰질량이다.

35.6 독특한 폴리펩타이드 형태를 평가하기 위하여 Lennard-Jones (12,6) 퍼텐셜을 신뢰하지 않는다고 가정하고, 반발항을 e^{-r/r_0} 꼴의 지수함수로 치환했다고 하자. (a) 퍼텐셜 에너지의 모양을 그리고, 이것이 최소가 되는 거리를 구하시오. (b) 지수−6 퍼텐셜이 최소가 되는 거리를 구하시오.

토픽 36 실제 기체

토론 문제

36.1 실제 기체의 압축 인자가 온도와 압력에 따라 어떻게 변하는지를 설명하고, 이어서 이 법칙이 실제 기체에서 분자간 상호 작용에 관한 정보를 어떻게 나타내는지 설명하시오.

36.2 van der Waals 식의 수식화 과정을 설명하고 비평하시오.

연습 문제

36.1(a) 비리알 상태 방정식을 만족한다고 가정할 때, 273 K에서 부피 2.05 $\mathrm{dm^3}$의 용기에 작용하는 3.15 g의 질소 기체의 압력은 얼마인가? 만일 완전 기체라고 할 때 압력은 어떻게 되는가?

36.1(b) 비리알 상태 방정식을 만족한다고 가정할 때, 273 K에서 부피 2.25 $\mathrm{dm^3}$의 용기에 작용하는 4.56 g의 이산화 탄소 기체의 압력은 얼마인가? 만일 완전 기체라고 할 때 압력은 어떻게 되는가?

36.2(a) Boyle 온도에서 부피가 2.25 $\mathrm{dm^3}$의 용기에 작용하는 4.56 g의 이산화 탄소 기체의 압력은 얼마인가?

36.2(b) Boyle 온도에서 부피가 2.20 $\mathrm{dm^3}$의 용기에 작용하는 3.01g의 산소 기체의 압력은 얼마인가?

36.3(a) 부피가 1.0 $\mathrm{dm^3}$인 용기 속에 들어 있는 131 g의 Xe 기체가 완전 기체와 같이 행동할 경우, 25°C에서 작용하는 압력은 얼마인가? (b) 이 기체가 van der Waals 기체와 같이 행동한다면, 얼마만한 압력을 나타내겠는가?

36.3(b) 부피가 1.5 $\mathrm{dm^3}$인 용기 속에 들어 있는 25 g의 아르곤 기체가 완전 기체와 같이 행동할 경우, 30°C에서 작용하는 압력은 얼마인가? (b) 이 기체가 van der Waals 기체와 같이 행동한다면, 얼마만한 압력을 나타내겠는가?

36.4(a) van der Waals 파라미터 $a=0.751$ atm $\mathrm{dm^6\ mol^{-2}}$, $b=0.0226$ $\mathrm{dm^3\ mol^{-1}}$을 SI 기본 단위로 나타내시오.

36.4(b) van der Waals 파라미터 $a=1.32$ atm $\mathrm{dm^6\ mol^{-2}}$, $b=0.0436$ $\mathrm{dm^3\ mol^{-1}}$을 SI 기본 단위로 나타내시오.

36.5(a) 250 K, 12 atm에서 어떤 기체의 몰부피가 완전 기체 상태법칙으로 계산한 값보다 8.0% 작았다. 이 기체의 (a) 이 조건에서의 압축 인자, (b) 몰부피를 계산하시오. 이 시료에서 인력과 반발력 중 어느 것이 지배적이겠는가?

36.5(b) 350 K, 15 atm에서 어떤 기체의 몰부피가 완전 기체 법칙으로 계산한 값보다 15% 컸다. 이 기체의 (a) 이 조건에서의 압축 인

자, (b) 몰부피를 계산하시오. 이 시료에서 인력과 반발력 중 어느 것이 지배적이겠는가?

36.6(a) 한 생산 과정에서 질소를 1.000 m^3의 일정 부피 용기에 넣고 500 K로 가열하였다. 이 기체는 이 용기 속으로 300 K, 100 atm 압력에서 채워지며, 그 질량은 92.4 kg이 된다. van der Waals 식을 이용하여 500 K의 작업 온도에서 이 기체가 나타내는 근사적 압력을 계산하시오. 질소에 대해서는 $a=1.39$ dm^6 atm mol^{-2}, $b=0.0391$ dm^3 mol^{-1}이다.

36.6(b) 압축 기체 실린더에는 일반적으로 200 bar의 압력이 될 때까지 기체를 채운다. 산소의 경우, (a) 완전 기체 상태식과 (b) van der Waals 상태식을 이용하여 이 압력과 25°C에서의 몰부피를 계산하시오. 산소에 대해서는 $a=1.360$ atm dm^6 mol^{-2}, $b=3.183\times10^{-2}$ dm^3 mol^{-1}이다.

36.7(a) 염소에 대한 van der Waals 파라미터를 이용하여 염소의 Boyle 온도를 계산하시오.

36.7(b) 황화 수소에 대한 van der Waals 파라미터를 이용하여 이 기체의 Boyle 온도를 계산하시오

36.8(a) 염소에 대한 van der Waals 파라미터를 이용하여 구로 간주되는 Cl_2 분자의 반지름을 알아내시오.

36.8(b) 황화 수소에 대한 van der Waals 파라미터를 이용하여 구로 간주되는 H_2S 분자의 반지름을 알아내시오.

36.9(a) 어떤 기체가 van der Waals 식을 만족시키는데, $a=0.50$ m^6 Pa mol^{-2}이고, 그 몰부피는 273 K, 3.0 MPa에서 5.00×10^{-4} m^3 mol^{-1}이다. 이 정보를 이용하여 van der Waals 파라미터 b를 구하시오.

36.9(b) 어떤 기체가 van der Waals 식을 만족시키는데, $a=0.76$ m^6 Pa mol^{-2}이고, 그 몰부피는 288 K, 4.0 MPa에서 4.00×10^{-4} m^3 mol^{-1}이다. 이 정보를 이용하여 van der Waals 파라미터 b를 구하시오.

36.10(a) 연습 문제 36.9(a)에 설명된 기체에 대하여 보통의 온도와 압력에서 이 기체의 압축 인자는 얼마가 되겠는가?

36.10(b) 연습 문제 36.9(b)에 설명된 기체에 대하여 보통의 온도와 압력에서 이 기체의 압축 인자는 얼마가 되겠는가?

응용 문제

36.1 상태식 $p(V-nb)=nRT$를 만족시키는 기체의 압축 인자에 대한 식을 구하시오. b와 R은 상수이다. $V_m=10b$를 만족시키는 압력과 온도에서 압축 인자의 값을 구하시오.

36.2 일련의 압력하에서 기체의 밀도 ρ를 측정하면 2차 비리알 계수 B'을 얻을 수 있다. p/ρ를 p에 대해서 도시한 그래프는 직선이 되고 그 기울기는 B'에 비례함을 보이시오.

36.3 300 K, 20 atm에서 어떤 기체의 압축 인자가 0.86이다. (a) 이 조건에서 이 기체 8.2 mmol이 차지하는 부피, (b) 300 K에서 2차 비리알 계수 B의 근사값을 계산하시오.

36.4 아르곤의 압축 인자 Z를 $1/V_m$으로 전개시킬 때의 2차와 3차 비리알 계수 B와 C를 273 K에서 측정하였더니 $B=-21.7$ cm^3 mol^{-1} $C=1200$ cm^6 mol^{-2}이었다. 이 전개의 둘째와 셋째 항을 구하는 데는 완전 기체 법칙이 충분히 잘 성립한다고 가정하고 100 atm, 273 K에서 아르곤의 압축 인자를 계산하시오. 이 결과로 이들 조건에서 아르곤의 몰부피를 구하시오.

36.5† 메테인의 2차 비리알 계수는 근사적으로 $B'(T)=a+be^{-c/T^2}$로 나타낼 수 있는데, 300 K<T<600 K에서 $a=-0.1993$ bar^{-1}, $b=0.2002$ bar^{-1}, $c=1131$ K^2이다. 이 모형에 따른 메테인의 Boyle 온도는 얼마인가?

36.6† 아르곤은 잘 알려진 원소이지만 아직도 연구 대상이 되고 있다. 아르곤의 열역학적 성질에 관한 보고서(R.B. Stewart and R.T. Jacobsen, *J. Phys. Chem. Ref. Data* **18**, 639 (1989))에는 아래 내용과 같은 300 K에서의 등온 데이터가 들어 있다.

p(MPa)	0.4000	0.5000	0.6000	0.8000	1.000
V_m(dm^3 mol^{-1})	6.2208	4.9736	4.1423	3.1031	2.4795

p(MPa)	1.500	2.000	2.500	3.000	4.000
V_m(dm^3 mol^{-1})	1.6483	1.2328	0.98357	0.81746	0.60998

(a) 이 온도에서의 2차 비리알 계수 B를 계산하시오. (b) 비선형 곡선 맞춤을 위한 소프트웨어를 이용하여 이 온도에서의 3차 비리알 계수 C를 계산하시오.

36.7 250 K, 150 kPa 조건에서 van der Waals 상태 방정식을 기반으로 한 염소 기체의 몰부피를 계산하시오. 그리고 완전 기체 방정식으로 예측된 값과의 퍼센트 차이를 계산하시오.

36.8 10.0 mol의 C_2H_6(g)를 27°C에서 4.860 dm^3의 용기 속에 넣었다. 완전 기체와 van der Waals 상태식을 이용하여 이들 계산들에 근거한 압축 인자를 계산하시오. 에테인의 경우 $a=5.489$ atm dm^6 mol^{-2}, $b=0.06380$ dm^3 mol^{-1}이다.

36.9 van der Waals 식을 이용하면 $Z<1$과 $Z>1$인 결과들이 나옴을 보이고, 또 이러한 값들이 나오는 조건을 밝히시오.

36.10 van der Waals 상태식을 $1/V_m$의 거듭제곱으로 전개하여 비리알 형태로 나타내고, B와 C를 상수 a와 b로 나타내시오. $(1-x)^{-1}=1+x+x^2+\ldots$의 관계를 이용해야 할 것이다. 아르곤의 비리알 계수를 273 K에서 측정하였더니 $B=-21.7$ cm^3 mol^{-1}이고, $C=1200$ cm^6 mol^{-2}이었다. 이와 맞먹는 van der Waals 상태식에서의 a와 b의 값을 구하시오.

토픽 37 결정 구조

토론 문제

37.1 공간 격자와 단위 세포 사이의 관계를 설명하시오.

37.2 격자점의 평면을 어떻게 표지하는지에 대하여 설명하시오.

37.3 입방 단위 세포의 종류와 크기를 어떻게 결정하는지 설명하시오.

37.4 '산란 인자'란 무엇인가? 이 인자는 X선을 산란시키는 원자 속에 들어 있는 전자의 수와 어떻게 연관되는가?

37.5 구조 인자를 결정하는 위상 문제의 결과를 설명하고, 그 극복 방법을 설명하시오.

연습 문제

37.1(a) $NiSO_4$는 사방 결정계의 단위 세포를 가지며, 그 크기는 $a=634$ pm, $b=784$ pm, $c=516$ pm이다. 또 이 고체의 밀도는 어림잡아 3.9 g cm^{-3}로 추정된다. 단위 세포 속에 몇 개의 화학식 단위가 들어가며, 또 그 정확한 밀도는 얼마가 되어야 하는지 계산하시오.

37.1(b) 몰질량이 135.01 g mol^{-1}인 한 화합물이 사방 결정계의 단위 세포를 가지며, 그 크기는 $a=589$ pm, $b=822$ pm, $c=798$ pm이다. 또 이 고체의 밀도는 2.9 g cm^{-3}으로 추정된다. 단위 세포 속에 몇 개의 화학식 단위가 들어가며, 또 그 정확한 밀도는 얼마가 되어야 하는지 계산하시오.

37.2(a) ($2a$, $3b$, $2c$)와 ($2a$, $2b$, ∞c)인 거리에서 결정학적 축과 교차되는 면들의 Miller 지수를 구하시오.

37.2(b) ($-a$, $2b$, $-c$)와 (a, $4b$, $-4c$)인 거리에서 결정학적 축과 교차되는 면들의 Miller 지수를 구하시오.

37.3(a) 변의 길이가 562 pm인 입방 단위 세포를 갖는 결정이 있다. 지수가 {112}, {110}, {224}인 면들의 간격을 계산하시오.

37.3(b) 변의 길이가 712 pm인 입방 단위 세포를 갖는 결정이 있다. 지수가 {123}, {222}, {246}인 면들의 간격을 계산하시오.

37.4(a) $SbCl_3$의 결정은 단위 세포의 파라미터가 $a=812$ pm, $b=947$ pm, $c=637$ pm인 사방 결정이다. {321}면들의 면간격 d를 계산하시오.

37.4(b) 한 사방 결정의 단위 세포가 $a=769$ pm, $b=891$ pm, $c=690$ pm의 크기를 갖는다. {312}면들의 면간격 d를 계산하시오.

37.5(a) X선의 파장이 72 pm일 때, bcc Fe의 처음 세 회절선이 나오는 θ의 값들은 얼마인가? (철의 원자 반지름은 126 pm이다.)

37.5(b) X선의 파장이 129 pm일 때, fcc Au의 처음 세 회절선이 나오는 θ의 값들은 얼마인가? (금의 원자 반지름은 144 pm이다.)

37.6(a) 질산 포타슘 결정은 사방 결정계의 단위 세포를 가지며, $a=542$ pm, $b=917$ pm, $c=645$ pm이다. 파장 154 pm의 복사선을 사용했을 경우 (100), (010), (111) 반사가 일어나는 θ를 계산하시오.

37.6(b) 탄산 칼슘의 문석(aragonite)형 결정은 사방 결정계의 단위 세포를 가지며, $a=574.1$ pm, $b=796.8$ pm, $c=495.9$ pm이다. 파장이 83.42 pm인 복사선을 쓸 경우 (100), (010), (111) 반사가 일어나는 θ를 계산하시오.

37.7(a) X선 광원으로부터의 복사선은 154.433 pm와 154.051 pm로 구성된다. 간격이 77.8 pm인 평면에서 생기는 회절 무늬의 두 성분에서 기인하는 여입사각(2θ) 차이를 계산하시오.

37.7(b) 93.222 pm와 95.123 pm의 두 성분을 갖는 파장의 범위에서 X선을 방출하는 광원을 생각해 보자. 간격이 82.3 pm인 평면에서 생기는 회절 무늬의 두 성분에서 기인하는 여입사각(2θ) 차이를 계산하시오.

37.8(a) Br^-의 전방 산란 인자 값은 얼마인가?

37.8(b) Mg^{2+}의 전방 산란 인자 값은 얼마인가?

37.9(a) 원시 입방 격자에서 원자들의 좌표는 a를 단위로 할 때 (0,0,0), (0,1,0), (0,0,1), (0,1,1), (1,0,0), (1,1,0), (1,0,1), (1,1,1)이다. 모든 원자가 동일할 경우의 구조 인자 F_{hkl}을 계산하시오.

37.9(b) 체심 입방 격자에서 원자들의 좌표는 a를 단위로 할 때 (0,0,0), (0,1,0), (0,0,1), (0,1,1), (1,0,0), (1,1,0), (1,0,1), (1,1,1), ($\frac{1}{2}$, $\frac{1}{2}$, $\frac{1}{2}$)이다. 모든 원자가 동일할 경우의 구조 인자 F_{hkl}을 계산하시오.

37.10(a) 면심 입방 구조(C)에서 두 면에 있는 이온의 산란 요소가 정육면체 꼭짓점에 있는 이온의 2배일 때 구조 요소를 계산하시오.

37.10(b) 체심 입방 구조에서 중심에 있는 이온의 산란 요소가 정육면체 꼭짓점에 있는 이온의 2배일 때 구조 요소를 계산하시오.

37.11(a) 어떤 한 X선 실험을 통하여 다음과 같은 구조 인자가 결정되었다($F_{-h00}=F_{h00}$이다).

h	0	1	2	3	4	5	6	7	8	9
F_{h00}	10	−10	8	−8	6	−6	4	−4	2	−2

해당하는 방향에 따른 전자 밀도를 계산하시오.

37.11(b) 어떤 한 X선 실험을 통해 다음과 같은 구조 인자가 결정되었다($F_{-h00}=F_{h00}$이다).

h	0	1	2	3	4	5	6	7	8	9
F_{h00}	10	10	4	4	6	6	8	8	10	10

해당하는 방향에 따른 전자 밀도를 계산하시오.

37.12(a) 연습 문제 37.11(a)의 자료를 이용하여 Patterson 합성을 만드시오.

37.12(b) 연습 문제 37.11(b)의 자료를 이용하여 Patterson 합성을 만드시오.

37.13(a) Patterson 합성에서는 반점들이 단위 세포 속의 원자들을 연결하는 벡터의 길이와 방향에 대응한다. 고립된 평면 삼각형 BF_3 분자에 대하여 얻어질 수 있는 Patterson 무늬를 그리시오.

37.13(b) Patterson 합성에서는 반점들이 단위 세포 속의 원자들을 연결하는 벡터의 길이와 방향에 대응한다. 고립된 벤젠 분자 속의 C 원자로부터 얻어질 수 있는 Patterson 무늬를 그리시오.

37.14(a) 중성자가 65 pm의 파장을 가지려면 그 속도가 얼마나 되어야 하겠는가?

37.14(b) 중성자가 105 pm의 파장을 가지려면 그 속도가 얼마나 되어야 하겠는가?

37.15(a) 350 K에서 감속제와 충돌하여 열평형에 도달하는 중성자의 파장을 계산하시오.

37.15(b) 380 K에서 감속제와 충돌하여 열평형에 도달하는 전자의 파장을 계산하시오.

응용 문제

37.1 큰 생화학적 분자를 작은 분자들처럼 쉽게 결정으로 만들 수는 없지만, 그 결정 격자는 차이가 없다. 담배씨 글로불린은 면심 입방 결정을 만드는데, 그 단위 세포 크기는 12.3 nm이고, 밀도는 1.287 g cm^{-3}이다. 이 글로불린의 몰질량을 계산하시오.

37.2 단사정계의 단위 세포 부피가 $V = abc \sin \beta$임을 보이시오.

37.3 육방정계의 단위 세포 부피에 관한 식을 유도하시오.

37.4 세 변이 a, b, c이고, 세 각이 α, β, γ인 삼사정계 단위 세포의 부피는 다음과 같이 주어짐을 보이시오.

$$V = abc(1 - \cos^2 \alpha - \cos^2 \beta - \cos^2 \gamma + 2 \cos \alpha \cos \beta \cos \gamma)^{1/2}$$

이 식을 써서 단사정계 단위 세포와 사방정계 단위 세포에 대한 식을 유도하시오. 이것을 유도하려면 우선 벡터 해석학의 결과인 $V = \boldsymbol{a} \cdot \boldsymbol{b} \times \boldsymbol{c}$를 이용하여 V^2을 계산하는 것이 편리하다. 화합물 Rb_3TlF_6는 $a = 651$ pm, $c = 934$ pm의 크기를 갖는 **정방정계** 단위 세포를 갖는다. 이 단위 세포의 부피를 계산하시오.

37.5 단사 단위 세포의 부피는 $abc \sin \beta$이다(응용 문제 37.2 참조). 나프탈렌은 단사 결정계의 단위 세포를 만들며, 한 단위 세포 속에 두 분자가 들어가고, 변은 1.377:1:1.436의 비를 갖는다. 각 β는 122.825°이며 또 그 고체의 밀도는 1.152 g cm^{-3}이다. 세포의 크기를 구하시오.

37.6 충분한 결정 상태의 폴리에틸렌은 치수가 740 pm×493 pm×253 pm인 사방정계 단위 세포 속에 정렬된 사슬로 되어 있으며, 한 단위 세포당 2개의 CH_2CH_2 반복 단위가 들어 있다. 그 사슬들이 충분한 결정성 폴리에틸렌의 이론적 밀도를 계산하시오. 실제의 밀도 범위는 0.92~0.95 g cm^{-3}이다.

37.7† B.A. Bovenzi와 G.A. Pearse, Jr.(*J. Chem. Soc. Dalton Trans.*, 2793 (1997))는 세 자리 리간드 피리딘-2,6-다이아미도옥심(**7**, $C_7H_9N_5O_2$)의 배위 화합물을 합성하였다. 이 리간드를 $CuSO_4$(aq)와 반응시킨 다음에 분리한 화합물 속에는 예상과는 달리 $[Cu(C_7H_9N_5O_2)_2]^{2+}$ 착물 양이온이 들어 있지 않았다. 그 대신에 X선 회절 실험 결과는 $[Cu(C_7H_9N_5O_2)(SO_4) \cdot 2H_2O]_n$의 구조를 갖는 선형 중합체임을 나타내었다. 여기서는 황산기가 다리 역할을 하고 있다. 단위 세포는 원시 단사 형태이며, $a = 1.0427$ nm, $b = 0.8876$ nm, $c = 1.3777$ nm, $\beta = 93.254°$이다. 또 이 결정의 질량 밀도는 2.024 g cm^{-3}이다. 한 단위 세포 속에는 몇 개의 단량체 단위가 들어 있겠는가?

7 피리딘-2,6-다이아미도옥심

37.8† D. Sellmann과 공동 연구자들(*Inorg. Chem.*, **36**, 1397 (1997))은 루테늄의 나이트리도 화합물 $[N(C_4H_9)_4][Ru(N)(S_2C_6H_4)_2]$을 합성하고, 그 반응성을 설명하였다. 이 루테늄 착음이온은 정사면체 피라미드 밑변에 2개의 1,2-벤젠다이싸이올산 리간드(**8**)를, 꼭짓점에 나이트리도 리간드를 가지고 있다. 이 화합물은 $a = 3.6881$ nm, $b = 0.9402$ nm, $c = 1.7652$ nm의 사방 단위 세포를 가지며, 단위 세포당 8개의 화학식 단위가 들어 있다고 할 때 이 화합물의 질량 밀도를 구하시오. 루테늄 대신에 오스뮴이 들어간 화합물도 동일한 결정 구조를 갖는데, 그 단위 세포의 부피가 1% 작다. 오스뮴으로 치환된 화합물의 질량 밀도를 구하시오.

8 1,2-벤젠다이싸이올산 이온

37.9 세 변이 각각 a, b, c인 사방정계 결정에서 $\{hkl\}$ 면의 간격이 식 37.1c로 주어짐을 보이시오.

37.10 초기의 X선 결정학에서는 X선의 파장을 구하는 것이 시급한 문제였다. 이것을 구하는 한 방법은 기계적으로 줄을 맞춘 회절발로부터의 회절각을 측정하는 것이었다. 또 하나의 방법은 결정의 밀도를 측정해서 격자면의 간격을 계산하는 것이었다. NaCl의 밀도는 2.17 g cm^{-3}이며, (100)면에 특정 파장의 복사선을 쪼이면 6.0°에서 반사가 일어난다. 이 X선의 파장을 계산하시오.

37.11 폴로늄 원소는 입방계의 결정을 만든다. 파장이 154 pm인 X선을 이용하면 {100}, {110}, {111} 면들로부터의 Bragg 1차 반사가 각각 $\sin \theta = 0.225$, 0.316, 0.388에서 나타난다. 회절 무늬에서는 6번째와 7번째 선 사이의 간격이 5번째와 6번째 선 사이의 간격보다 큰 것으로 관찰되었다. 이 단위 세포는 단순, 체심, 면심 중 어느 것이겠는가? 단위 세포의 크기를 계산하시오.

37.12 원소 상태의 은은 154.18 pm 파장의 X선을 19.076°, 22.171°, 32.256°에서 반사시킨다. 그러나 33° 이하의 각도에서는 다른 반사를 나타내지 않는다. 입방 단위 세포를 가정하고, 그 유형과 크기를

결정하시오. 또 은의 밀도도 계산하시오.

37.13 Bragg 부자는 그들이 저술한 책 *X-ray and crystal structure* (이 책은 "Laue 박사가 다음과 같은 개념을 얻게 된 지 2년이 지났다…"라고 시작된다)에 여러 가지 간단한 X선 해석 결과들을 소개하였다. 예를 들어 KCl의 {100}면들은 5° 23′에서 반사를 나타내지만, NaCl은 같은 파장의 X선을 쓸 경우 6° 0′에서 반사를 나타낸다고 보고하였다. NaCl 단위 세포의 변이 564 pm라면, KCl 세포의 변은 얼마가 되겠는가? (KCl과 NaCl의 밀도는 각각 1.99 g cm^{-3}, 2.17 g cm^{-3}이다.) 이들 값이 X선 해석 결과와 일치하는지를 알아보시오.

37.14 수학 소프트웨어를 이용하여 원자 번호가 Z인 원자의 산란 인자 f를 $(\sin\theta)/\lambda$에 대해서 도시한 그래프를 그리시오. 원자 반지름을 파라미터 R로 나타내면 $0 \le r \le R$일 때 $\rho(r) = 3Z/4\pi R^3$이고, $r > R$일 때 $\rho(r) = 0$이다. f가 Z와 R에 따라 어떻게 변하는지 따져 보시오.

37.15 KIO_4의 단위 세포 속에서 네 개 I 원자의 좌표가 (0,0,0), $(0,\frac{1}{2},\frac{1}{2})$, $(\frac{1}{2},\frac{1}{2},\frac{1}{2})$, $(\frac{1}{2},0,\frac{3}{4})$이다. 구조 인자 속의 I 반사의 위상을 계산함으로써 I 원자들은 (114) 반사에 실질적인 기여를 하지 않음을 보이시오.

37.16 입방 격자에서 산란 인자가 f_A인 A 원자들의 좌표는 a 단위로 (0,0,0), (0,1,0), (0,0,1), (0,1,1), (1,0,0), (1,1,0), (1,0,1), (1,1,1)이다. 그리고 산란 인자가 f_B인 B 원자가 $(\frac{1}{2},\frac{1}{2},\frac{1}{2})$에 위치한다. (a) $f_A = f$, $f_B = 0$, (b) $f_B = \frac{1}{2}f_A$, (c) $f_A = f_B = f$일 때 구조 인자 F_{hkl}을 구하고 회절 무늬가 어떤 형태가 되는지를 예측하시오.

37.17 여기에서는 전자 회절 무늬를 탐구한다. (a) Br_2 분자에 대하여 중성자 회절 무늬와 전자 회절 무늬에서 첫 번째 극대와 첫 번째 극소가 나타나는 위치를 Wierl 식(식 37.9)을 이용하여 예측하시오. 사용한 중성자는 78 pm의 파장을, 전자는 4.0 pm의 파장을 갖는다. (b) CCl_4 분자가 사면체 대칭을 갖는 것은 확실하지만, C−Cl 결합 길이는 미정이라고 보고, Wierl 식을 써서 이 분자의 전자 회절 무늬 모양을 예측하시오. $f_{Cl} = 17f$, $f_C = 6f$를 취하고 $R(Cl,Cl) = (8/3)^{1/2}R(C,Cl)$의 관계를 이용한다. I/f^2을 극대 위치와 극소 위치에 대해서 도시하시오. 극대 위치는 3.17°, 5.37°, 7.90°에서 나타나고, 극소 위치는 1.77°, 4.10°, 6.67°, 9.17°에서 나타났다. CCl_4에서의 C−Cl 결합 길이를 계산하시오.

토픽 38 고체에서의 결합

토론 문제

38.1 금속 고체의 강체구 모형은 어느 정도로 부정확한가?

38.2 염화 세슘 구조와 암염 구조에서는 확장된 조밀 채움 격자의 구멍들이 어떻게 점유되고 있는가?

연습 문제

38.1(a) 조밀하게 쌓인 원통형 분자의 채우기 비율을 계산하시오.(이 연습 문제를 일반화시키려면 응용 문제 38.2를 볼 것.)

38.1(b) 등변 삼각형 막대가 (**9**)에서와 같이 쌓일 때의 채우기 비율을 계산하시오.

9

38.2(a) 동일한 강체구로 된 (i) 원시 입방 단위 세포, (ii) bcc 단위 세포, (iii) fcc 단위 세포의 채우기 비율을 계산하시오.

38.2(b) 측면심(C) 입방 단위 세포의 원자 채우기 인자를 계산하시오.

38.3(a) 표 38.2의 데이터를 이용하여 Cl^- 이온과 (a) 육중, (b) 팔중 배위를 나타낼 수 있는 가장 작은 양이온의 반지름을 계산하시오.

38.3(b) 표 38.2의 데이터를 이용하여 Rb^+ 이온과 (a) 육중, (b) 팔중 배위를 나타낼 수 있는 가장 작은 음이온의 반지름을 계산하시오.

38.4(a) 타이타늄이 hcp로부터 체심 입방으로 변환될 때 팽창되겠는가, 아니면 수축되겠는가? hcp 구조에서는 타이타늄의 원자 반지름이 145.8 pm이지만, bcc에서는 142.5 pm이다.

38.4(b) 철이 hcp로부터 bcc로 변환될 때 팽창되겠는가, 아니면 수축되겠는가? 철의 원자 반지름은 hcp 구조에서는 126 pm이지만, bcc에서는 122 pm이다.

38.5(a) 다음 데이터를 이용하여 $CaCl_2$의 격자 엔탈피를 계산하시오.

	ΔH(kJ mol^{-1})
Ca(s)의 승화	+178
Ca(g)에서 Ca^{2+}(g)로의 이온화	+1735
Cl_2(g)의 해리	+244
Cl(g)의 전자 획득	−349
Ca(s)와 Cl_2(g)로부터 $CaCl_2$(s)의 생성	−796

38.5(b) 다음 데이터를 이용하여 $MgBr_2$의 격자 엔탈피를 계산하시오.

	ΔH(kJ mol^{-1})
Mg(s)의 승화	+148
Mg(g)에서 Mg^{2+}(g)로의 이온화	+2187
Br_2(l)의 증발	+31
Br_2(g)의 해리	+193
Br(g)의 전자 획득	−331
Mg(s)와 Br_2(l)로부터 $MgBr_2$(s)의 생성	−524

응용 문제

38.1 다이아몬드의 원자 채우기 인자를 계산하시오.

38.2 짧은 반지름이 a이고, 긴 반지름이 b인 타원형 단면적의 막대를 (**10**)과 같이 조밀하게 쌓았다. 채우기 비율을 계산하시오. 채우기 비율을 타원의 이심률 ε에 대해서 그래프로 그리시오. 짧은 반지름이 a이고, 긴 반지름이 b인 타원의 이심률은 $\varepsilon=(1-b^2/a^2)^{1/2}$이다.

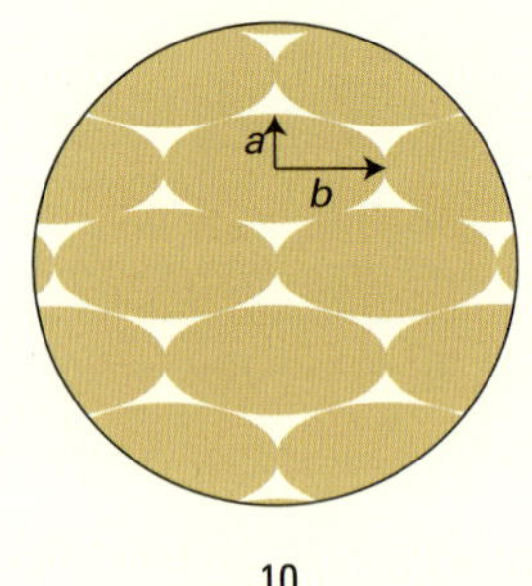

10

38.3 다이아몬드에서 탄소−탄소 결합 길이는 154.45 pm이다. 다이아몬드를 결합 길이의 반인 반지름을 갖는 강체구가 조밀하게 쌓인 것으로 보고, 그 밀도를 계산하시오. 다이아몬드 격자는 면심 입방이며, 그 실제 밀도는 3.516 g cm^{-3}이다. 계산 결과가 맞지 않는 이유를 설명하시오.

38.4 띠 속의 에너지 준위들이 연속적일 때는 상태의 밀도 $\rho(E)$, 즉 일정한 에너지 준위 영역 안에 들어 있는 준위의 수를 그 영역의 넓이로 나눈 값이 $\rho(E)=\mathrm{d}k/\mathrm{d}E$로 표시될 수 있다. 여기서 d$k$는 양자수 k의 변화이고, dE는 에너지 변화이다. (a) 식 38.1을 이용하여 다음 식이 성립함을 보이시오.

$$\rho(E)=-\frac{(N+1)/2\pi\beta}{\left\{1-\left(\frac{E-\alpha}{2\beta}\right)^2\right\}^{1/2}}$$

여기에서 k, N, α, β는 토픽 38에서 설명한 성질들이다. (b) 위의 식을 이용하여 $\rho(E)$는 E가 $\alpha\pm2\beta$로 접근함에 따라 무한대로 됨을 보이시오. 즉 일차원 금속 전도체에서는 상태의 밀도가 띠의 가장자리를 향해서 증가함을 보이시오.

38.5 응용 문제 38.4의 방법은 일차원 고체에만 적용된다. 삼차원에서는 상태 밀도의 변화가 (**11**)에 나타낸 것과 더 비슷하다. 삼차원 고체에서는 최대 상태 밀도가 띠의 중심 부근에 있고, 최저 밀도는 가장자리에 있게 되는 사실을 설명하시오.

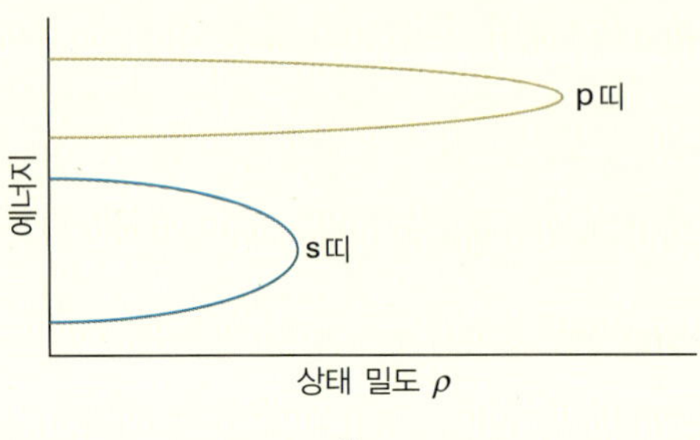

11

38.6 밀접 결합 Hückel 근사를 이용한 N개 원자의 에너지 준위는 삼중 대각 행렬식의 근이 된다(식 38.1).

$$E_k=\alpha+2\beta\cos\frac{k\pi}{N+1}\quad k=1,2,\ldots,N$$

원자가 고리로 배열된다면 그 해는 '고리' 행렬식의 근이 된다.

$$E_k=\alpha+2\beta\cos\frac{2k\pi}{N}\quad k=0,\pm1,\pm2,\ldots,\pm\tfrac{1}{2}N$$

(짝수 N에 대하여). 물질의 처음 직선 길이를 끝에 연결할 때의 결과가 만일 있다면 그 결과를 설명하시오.

38.7 격자 엔탈피에 대한 Born-Mayer 식과 Born-Haber 순환을 이용하여 CaCl의 생성 과정이 발열 과정임을 보이시오(Ca(s)의 승화 엔탈피는 176 kJ mol^{-1}이다). CaCl이 존재하지 않는 이유를 2CaCl(s) → Ca(s)+$CaCl_2$ 반응에 대한 반응 엔탈피에서 찾을 수 있음을 보이시오.

38.8 $\mathrm{d}(E_p+E_p^*)/\mathrm{d}d=0$이 되는 에너지를 계산하여 Born-Mayer 식(식 38.7)을 유도하시오. E_p와 E_p^*는 각각 식 38.5, 식 38.6으로 주어진다.

38.9 이온들이 그림 (**12**)에 나타낸 단편과 같이 2차원 격자(다소 인위적인)로 배열된다고 가정한다. 이 배열의 Madelung 상수를 계산하시오.

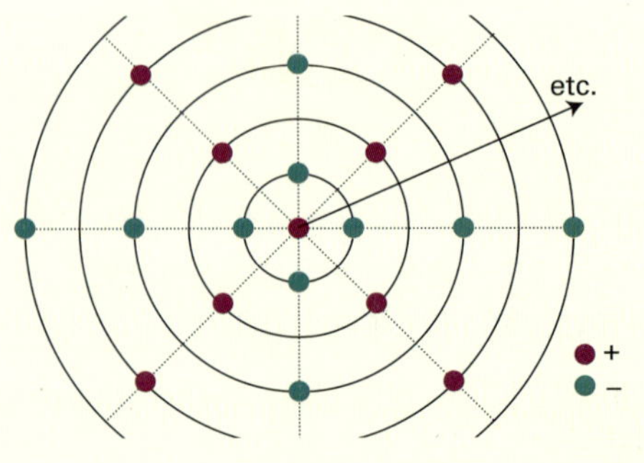

12

토픽 39 고체의 전기적, 광학적, 자기적 성질

토론 문제

39.1 Fermi-Dirac 분포의 특징을 설명하시오.

39.2 비소가 도핑된 저마늄은 p형 반도체인가, n형 반도체인가?

연습 문제

39.1(a) 순수한 TiO_2에 빛을 흡수시켜 그 전자를 원자가띠로부터 전도띠로 올려놓으려면 350 nm 이하의 파장을 이용해야 한다. 원자가띠와 전도띠 사이의 띠간격을 계산하시오.

39.1(b) 규소의 띠간격은 1.12 eV이다. 원자가띠의 전자를 전도띠로 상승시키는 데 필요한 전자기 복사파의 최대 파장을 계산하시오.

39.2(a) $CrCl_3$의 자기 모멘트의 크기는 3.81 μ_B이다. Cr 원자는 몇 개의 홀전자를 가지고 있겠는가?

39.2(b) Mn^{2+} 착물 속에 들어 있는 Mn^{2+}의 자기 모멘트 크기는 전형적으로 5.3 μ_B이다. 이 이온은 몇 개의 홀전자를 가지고 있겠는가?

39.3(a) 25°C에서 벤젠의 부피 자기화율은 -7.2×10^{-7}이고, 밀도는 0.879 g cm^{-3}이다. 벤젠의 몰자기화율을 계산하시오.

39.3(b) 25°C에서 사이클로헥세인의 부피 자기화율은 -7.9×10^{-7}이고, 밀도는 811 kg m^{-3}이다. 사이클로헥세인의 몰자기화율을 계산하시오.

39.4(a) MnF_2 단결정에 대한 데이터에 의하면 294.53 K에서 $\chi_m = 0.1463$ cm^3 mol^{-1}이다. 이 화합물 속에 들어 있는 유효 홀전자수를 구하고, 이 결과를 이론적으로 계산한 값과 비교하시오.

39.4(b) $NiSO_4\cdot7H_2O$ 단결정에 대한 데이터에 의하면 298 K에서 $\chi_m = 6.00\times10^{-8}$ m^3 mol^{-1}이다. 이 화합물 속에 들어 있는 유효 홀전자수를 구하고, 이 결과를 이론적으로 계산한 값과 비교하시오.

39.5(a) 25°C에서 $CuSO_4\cdot5H_2O$의 스핀-단독 몰자기화율을 계산하시오.

39.5(b) 298 K에서 $MnSO_4\cdot4H_2O$의 스핀-단독 몰자기화율을 계산하시오.

응용 문제

39.1 식 39.2를 참조하고 파라미터 $(E-\mu)/\mu$와 μ/kT 함수로서의 $f(E)$를 표현하시오. 그리고 수학적 소프트웨어를 이용하여 그림 39.3에 나와 있는 곡선의 세트를 단일 표면으로 나타내시오.

39.2 이 문제와 다음 문제에서 Fermi-Dirac 분포, 식 39.2의 일부 성질에 대해서 더 탐구할 것이다. 부피 V를 가지는 삼차원 고체에 대하여 $C=4\pi V(2m_e/h^2)^{3/2}$일 때 $\rho(E)=CE^{1/2}$으로 판명되었다. $T=0$에서 다음을 증명하고

$E<\mu$에 대하여 $f(E)=1$ $E>\mu$에 대하여 $f(E)=0$

$\mathcal{N}=N/V$이 고체에서 전자의 수밀도일 때 $\mu(0)=(3\mathcal{N}/8\pi)^{2/3}(h^2/2m_e)$임을 밝히시오. 또한 소듐의 $\mu(0)$를 계산하시오(각 원자는 하나의 전자를 기여한다).

39.3 식 39.2와 dN에 대한 식인 식 39.1을 면밀하게 검토하여(적분값에 대한 명시적인 계산을 시도하지 않고) 온도가 증가함에 따라 N이 상수로 남기 위하여 화학적 퍼텐셜 값이 $\mu(0)$로부터 감소함을 증명하시오.

39.4 한 고유 반도체에서는 띠간격이 대단히 좁기 때문에 일부 전자가 Fermi-Dirac 분포에 의해서도 전도띠에 머물 수 있다. 따라서 지수함수 형태의 Fermi-Dirac 분포식에 의해서 고유 반도체의 전도도 G(저항의 역수로서 지멘 단위로 나타내며, 1 S = 1 Ω^{-1}이다)는 Arrhenius 식 모양의 온도 의존 관계를 나타내야 한다. 실제로 띠간격을 E_g로 나타낼 경우 $G=G_0e^{-E_g/2kT}$와 같은 형태가 된다. 저마늄 시료의 전도도가 온도에 따라 다음과 같이 변할 경우 E_g의 값을 구하시오.

T(K)	312	354	420
G(S)	0.0847	0.429	2.86

39.5 트랜지스터는 전기적 신호의 스위치나 증폭기로 통상적으로 이용되는 반도체 장치이다. 탄소 나노튜브를 구성 요소로 이용하는 나노미터 크기 트랜지스터를 설계하는 간단한 보고서를 만드시오. 유용한 출발점은 Tans 등(*Nature* **393**, 49 (1998))이 요약한 연구이다.

39.6† J.J. Dannenberg와 그 공동 연구자들(*J. Phys. Chem.*, **100**, 9631 (1996))은 불포화 사원자 고리의 사슬로 된 유기 분자의 이론적 연구를 수행하였다. 이들의 계산 결과에 의하면 이러한 화합물들은 다수의 홀스핀을 가지고 있으며, 따라서 이들은 비정상적인 자기적 성질을 가져야 한다. 예를 들어 그림 **13**과 같은 화합물에 대한 계산 결과는 그 최저 에너지 상태가 $S=3$이지만, $S=2$와 $S=4$의 구조들이 각각 이보다 50 kJ mol^{-1}만큼 높은 에너지를 가지고 있다. 298 K에서 이러한 세 개의 낮은 준위의 몰자기화율을 계산하시오. 이 세 상태의 각 준위가 Boltzmann 인자에 따르는 비율로 존재한다면(이 준위들 세 개의 축퇴도가 모두 같다고 효과적으로 가정하고), 298 K에서의 몰자기화율이 얼마가 되겠는가?

13

39.7 NO 분자는 그 전자 상태가 열적으로 가능한 전자적 들뜬 상태

를 갖는다. 이 분자는 또 홀전자를 가지고 있으므로 상자기성을 나타낼 것으로 생각된다. 그러나 실제로 바닥 상태에서는 상자기성이 아니다. 이것은 홀전자의 오비탈 운동에 대한 자기 모멘트가 스핀 자기 모멘트를 거의 정확하게 상쇄시키기 때문이다. 첫 번째 들뜬 전자 상태($121\ cm^{-1}$에서)는 오비탈 자기 모멘트가 스핀 자기 모멘트를 상쇄시키지 않고 보강시키기 때문에 상자기성이 된다. 이 높은 상태의 자기 모멘트의 크기는 $2\mu_B$이다. 이 들뜬 상태는 열적으로 도달될 수 있기 때문에 NO 분자의 상자기성 자기화율은 실온에서도 현저한 온도 의존도를 나타낸다. NO의 상자기성 몰자기화율을 계산하고, 이것을 온도의 함수로 도시하시오.

39.8† P.G. Radaelli와 그 공동 연구자들(*Science* 265, **380** (1994))은 45 K 이하의 온도에서 초전도성을 나타내는 물질을 합성하고, 그 구조를 보고하였다. 이 화합물은 층상 구조의 화합물인 $Hg_2Ba_2YCu_2O_{8-\delta}$가 기초가 되는 것으로, $a = 0.38606$ nm, $c = 2.8915$ nm의 정방 단위 세포를 가지고 있으며, 한 단위 세포 속에는 2개의 화학식 단위가 들어 있다. 단위 세포의 부피를 1% 이하로 변화시키면서 Y를 부분적으로 Ca로 치환하면 이 화합물이 초전도성을 나타나게 된다. 이 초전도성 $Hg_2Ba_2Y_{1-x}Ca_xCu_2O_{7.55}$ 화합물의 질량 밀도가 $7.651\ g\ cm^{-3}$이라면, 이 화합물 속에 들어 있는 Ca의 함량 x는 얼마가 되겠는가?

통합 문제

F8.1 주사 터널 현미경의 탐침은 표면에 있는 원자를 이동시키는 데 사용될 수 있다. 원자나 이온들이 표면 위에서 이동하는 것은 한 위치를 떠나서 다른 자리에 들러붙을 수 있는 능력에 의존하며, 따라서 여기에 수반되는 에너지 변화에 의존한다. 예컨대 1가 양이온과 1가 음이온이 200 pm의 간격으로 배열된 이차원 사각형 격자를 생각하고, 이 배열 꼭대기에 있는 양이온을 생각해 보자. 이 이온이 음이온 바로 위의 빈 격자점에 있을 때의 Coulomb 상호 작용을 직접 덧셈 방식으로 계산하시오.

F8.2 분자 오비탈 계산은 분자의 쌍극자 모멘트를 예측하는 데 사용될 수 있다. (a) 분자 모델링 소프트웨어와 학생이 선택한 계산 방법을 사용하여 트랜스-*N*-메틸아세트아마이드(**14**)로 모형화된 펩타이드 결합의 쌍극자 모멘트를 계산하시오. $r = 3.0$ nm일 때 이러한 쌍극자들 사이의 상호 작용 에너지를 각도 θ에 대하여 도시하시오. (b) (a)에서의 쌍극자–쌍극자 상호 작용 에너지의 최댓값을 생화학적 계에서 수소 결합 상호 작용의 에너지에 대한 전형적인 값인 $20\ kJ\ mol^{-1}$과 비교하시오.

14 트랜스-*N*-메틸아세트아마이드

F8.3 식 34.7을 이용하여 바닥 상태에 있는 일차원적 조화 진동자에 외부 장이 (a) 진동자에 수직으로, (b) 진동자에 평행하게 가해졌을 때의 편극도를 계산하시오. 다음과 같은 결과가 필요할 것이다.

$$\mu_{z,01} = \mu_{z,10} = e\left(\frac{\hbar}{2m\omega}\right)^{1/2}$$

F8.4 식 34.7을 사용하여 수소 원자의 편극도를 계산하시오. 간단하게 하기 위해서 식 34.7의 합을 np_z 오비탈에 한정하고 np_z와 1s 오비탈 사이에서 다음의 행렬 요소를 사용하시오.

$$\mu_{z,0n} = \mu_{z,n0} = -ea_0\left(\frac{2^8 n^7 (n-1)^{2n-5}}{3(n+1)^{2n+5}}\right)^{1/2}$$

F8.5 C_6/R^6 형태의 퍼텐셜 에너지와 상호 작용하는 지름이 d인 원자 N개의 평균 상호 작용 에너지가 $U = -2N^2C_6/3Vd^3$으로 주어짐을 증명하시오. 여기에서 V는 분자가 구속되어 있으며 분자의 모든 뭉치지음 효과가 무시될 때의 부피이다. 이리하여 $n^2a/V^2 = (\partial U/\partial V)_T$로부터 van der Waals 파라미터 a와 C_6 사이의 관계를 구하시오.

F8.6 분자 오비탈 계산은 분자간 착물의 구조를 예측하는 데 사용될 수 있다. 퓨린 염기와 피리미딘 염기 사이의 수소 결합은 DNA의 이중 나선 구조의 원인이 된다. DNA에서 수소 결합을 형성할 수 있는 두 개 염기의 모형으로 메틸아데닌(**15**, R = CH_3일 때)과 메틸타이민(**16**, R = CH_3일 때)을 생각해 보자. (a) 분자 모델링 소프트웨어와 학생이 선택한 계산 방법을 사용하여 메틸아데닌과 메틸타이민 속 모든 원자들의 원자 전하를 계산하시오. (b) 원자 전하의 표 작성에 기초하여 수소 결합에 참여할 것 같은 메틸아데닌과 메틸타이민 속의 원자들을 확인하시오. (c) A–H⋯B 조각의 선형 배열을 명심하고 수소 결합에 의해 결합될 수 있는 모든 가능한 아데닌–타이민 쌍을 그리시오. 이 과정을 위하여 분자 모델링 소프트웨어를 사용하여 분자들을 적절히 정렬하는 것을 원할 수도 있다. (d) (c)에서 그린 어떤 쌍들이 DNA 분자에서 자연적으로 나타나는가? (e) DNA에서 염기 쌍을 또한 형성하는 사이토신과 구아닌에 대하여 (a)~(d) 부분을 반복하시오.

15 16

F8.7 결정을 100 K에서 300 K로 가열하면 (111) 반사가 22.0403°에서 21.9664°로 이동되고 154.0562 pm의 X선이 사용된다고 할 때 다이아몬드의 열팽창 계수 $\alpha = (\partial V/\partial T)_p/V$를 계산하시오.

F8.8 원자 번호가 Z인 수소꼴 원자의 단일 전자가 (a) 1s 오비탈을, (b) 2s 오비탈을 점유할 때의 산란 인자를 계산하시오. 산란 인자 f를 $(\sin\theta)/\lambda$의 함수로 도시하시오(**힌트**: $4\pi\rho(r)r^2$을 방사 방향 분포 함수 $P(r)$로 해석하시오).

F8.9 수소꼴 원자의 실제 1 s 파동함수를 Gauss 함수로 치환하면 통합 문제 F8.8의 산란 인자가 어떻게 변하겠는가?

F8.10 자기화도 ξ, 부피 자기화율, 몰자기화율은 그 분자의 파동함수로부터 계산할 수 있다. 예를 들어 수소꼴 원자의 자기화도는 $\xi = -(e^2/6m_e)\langle r^2 \rangle$과 같다. 여기서 $\langle r^2 \rangle$은 이 원자의 r^2의 평균값(기댓값)이다. 바닥 상태 수소꼴 원자의 ξ와 χ_m을 계산하시오. $\chi = \mu_0 \mathcal{N} \xi$를 사용하시오.

수학적 배경 6 Fourier 급수와 Fourier 변환

sine 및 cosine 삼각함수는 가장 다양하게 이용되는 수학 함수 중의 일부이다. 이 때문에 일반 함수를 이들 삼각함수의 선형 결합으로 나타낸 다음, 이렇게 만든 급수를 처리하는 것이 대단히 편리할 때가 많다. sine과 cosine 삼각 함수는 파동의 형태를 가지므로 이 선형 결합은 곧바로 물리적 해석이 가능할 수도 있다. 앞으로 논의할 함수 $f(x)$는 실함수이다.

MB7.1 Fourier 급수

Fourier 급수는 주기적 함수를 반복해서 나타내는 sine 및 cosine 함수의 선형 결합이다.

$$f(x)=\frac{1}{2}a_0+\sum_{n=1}^{\infty}\left\{a_n\cos\frac{n\pi x}{L}+b_n\sin\frac{n\pi x}{L}\right\} \quad \text{(MB6.1)}$$

주기적 함수란 $2L$이 주기를 나타낼 때 $f(x+2L)=f(x)$와 같이 주기적으로 반복되는 함수이다. sine과 cosine 함수를 이용하여 연속 함수들을 복제하는 것은 조금도 놀라운 사실이 아니지만, 특정한 조건하에서는 불연속 함수들도 복제할 수 있다. 식 MB6.1의 계수들은 다음과 같은 sin 및 cosin 함수의 직교성을 이용하여 구할 수 있다.

$$\int_{-L}^{L}\sin\frac{m\pi x}{L}\cos\frac{m\pi x}{L}dx=0 \quad \text{(MB6.2a)}$$

그리고

$$\int_{-L}^{L}\sin\frac{m\pi x}{L}\sin\frac{n\pi x}{L}dx=\int_{-L}^{L}\cos\frac{m\pi x}{L}\cos\frac{n\pi x}{L}dx=L\delta_{mn} \quad \text{(MB6.2b)}$$

두 번째 식에서 δ_{mn}은 $m=n$일 때는 1이고, $m\neq n$일 때는 0이다. 따라서 다음과 같이 식 MB6.1의 양변에 cos $(k\pi x/L)$을 곱한 다음에 $-L$로부터 L까지 적분을 하면 계수 a_k에 관한 식을 얻을 수 있고, sin $(k\pi x/L)$을 곱한 다음에 $-L$로부터 L까지 적분을 하면 계수 b_k에 관한 식을 얻을 수 있다.

$$a_k=\frac{1}{L}\int_{-L}^{L}f(x)\cos\frac{k\pi x}{L}dx \quad k=0,1,2,\ldots$$
$$b_k=\frac{1}{L}\int_{-L}^{L}f(x)\sin\frac{k\pi x}{L}dx \quad k=1,2,\ldots \quad \text{(MB6.3)}$$

간단한 예 MB6.1 네모파

그림 MB6.1은 $-L$과 L 사이에서 주기성을 나타내는 진폭 A의 네모파의 그래프이다. 이 파는 다음과 같은 수학적 형태의 식으로 나타낼 수 있다.

$$f(x)=\begin{cases}-A & -L\le x<0\\ +A & 0\le x<L\end{cases}$$

$f(x)$는 반대칭(즉 $f(-x)=-f(x)$)이지만 cosine 함수는 모두 대칭이어서($\cos(-x)=\cos(x)$) cosine 파는 덧셈에 아무런 기여도 하지 않으므로 계수 a들은 모두 0이 된다. 계수 b들은 다음 관계를 이용하여 구한다.

$$\begin{aligned}b_k&=\frac{1}{L}\int_{-L}^{L}f(x)\sin\frac{k\pi x}{L}dx\\&=\frac{1}{L}\int_{-L}^{0}(-A)\sin\frac{k\pi x}{L}dx+\frac{1}{L}\int_{0}^{L}A\sin\frac{k\pi x}{L}dx\\&=\frac{2A}{\pi}\frac{\{(1-(-1)^k)\}}{k}\end{aligned}$$

이 최종 식은 k가 짝수일 때 두 적분이 상쇄되고, k가 홀수일 때 더해진다는 사실을 고려한 결과이다. 따라서 $N\to\infty$일 때 다음과 같이 된다.

$$f(x)=\frac{2A}{\pi}\sum_{k=1}^{N}\frac{1-(-1)^k}{k}\sin\frac{k\pi x}{L}=\frac{4A}{\pi}\sum_{n=1}^{N}\frac{1}{2n-1}\sin\frac{(2n-1)\pi x}{L}$$

n에 걸친 덧셈은 k에 걸친 덧셈으로 바꾸어도 마찬가지 결과가 되며, k에 관한 덧셈에서는 k가 짝수인 항들이 모두 0이 된다. 두 값의 N을 사용하여 이 함수를 도시한 것이 그림 MB6.1인데, N이 커질수록 본래 함수에 가까워짐을 보여 준다.

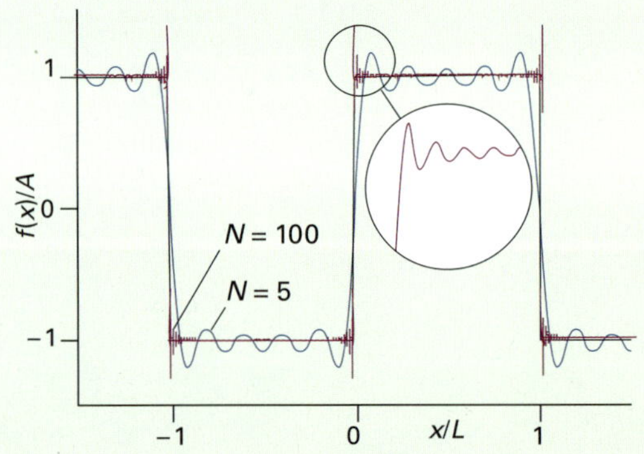

그림 MB6.1 네모파와 두 경우($N=5$와 $N=100$)의 Fourier 급수에 의한 연속적 근사. 삽입된 그림은 $N=100$일 때의 근사를 확대한 것이다.

MB6.2 Fourier 변환

식 MB6.1의 Fourier 급수는 계수가 복소수가 되는 것을 허용하고, 또 다음과 같은 **de Moivre 관계식**(de Moivre's relation)을 이용하면 훨씬 더 간결하게 나타낼 수 있다.

$$e^{in\pi x/L}=\cos\left(\frac{n\pi x}{L}\right)+i\sin\left(\frac{n\pi x}{L}\right) \quad \text{(MB6.4)}$$

그러면 $f(x)$를 다음과 같이 나타낼 수 있다.

$$f(x)=\sum_{n=-\infty}^{\infty}c_n e^{in\pi x/L} \quad c_n=\frac{1}{2L}\int_{-L}^{L}f(x)e^{-in\pi x/L}dx \tag{MB6.5}$$

이러한 복소함수 수식을 도입하면 무한대 주기의 함수에 대한 논의로 확장하는 데 매우 적절하다. 그리고 주기가 무한대로 된다는 것은 감쇠 지수함수 e^{-x}와 같은 비주기성 함수를 취급할 수 있다는 결과가 된다.

지금 $\delta k=\pi/L$로 쓰고 $L\to\infty$로 되어 $\delta k\to 0$으로 되는 극한을 생각해 보자. 그러면 식 MB6.5를 다음과 같이 나타낼 수 있다.

$$\begin{aligned}f(x)&=\lim_{L\to\infty}\sum_{n=-\infty}^{\infty}\frac{1}{2L}\left\{\int_{-L}^{L}f(x')e^{-in\pi x'/L}dx'\right\}e^{in\pi x/L}\\&=\lim_{\delta k\to 0}\sum_{n=-\infty}^{\infty}\frac{\delta k}{2\pi}\left\{\int_{-\pi/\delta k}^{\pi/\delta k}f(x')e^{-in\delta kx'}dx'\right\}e^{in\delta kx/L}\\&=\lim_{\delta k\to 0}\sum_{n=-\infty}^{\infty}\frac{1}{2\pi}\left\{\int_{-\infty}^{\infty}f(x')e^{-in\delta k(x'-x)}dx'\right\}\delta k\end{aligned} \tag{MB6.6}$$

마지막 등식에서는 이 적분이 극한적으로 무한대가 되어야 할 것이다. 여기서 우리가 알아야 할 것은 적분이라고 하는 것은 정의상으로는 일련의 무한히 조밀한 점에서의 함수 값에 각 점들의 간격을 곱해 가지고 더해 준 것이다(그림 MB6.2; **수학적 배경** 1 참조). 즉

$$\int_a^b F(k)dk=\lim_{\delta k\to 0}\sum_{n=-\infty}^{\infty}F(n\delta k)\delta k \tag{MB6.7}$$

이와 똑같은 형태의 함수가 바로 식 MB6.6의 우변이며, 따라서 이 식을 다음과 같이 쓸 수 있다.

$$f(x)=\frac{1}{2\pi}\int_{-\infty}^{\infty}\tilde{f}(k)e^{ikx}dk \quad \text{where } \tilde{f}(k)=\int_{-\infty}^{\infty}f(x')e^{-ikx'}dx' \tag{MB6.8}$$

이 단계에서 $\tilde{f}(k)$에 대하여 x에 붙인 프라임 표시를 뗄 수 있다. 함수 $\tilde{f}(k)$를 $f(x)$의 *Fourier* **변환**(Fourier transform)이라고 한다. 그리고 본래의 함수 $f(x)$를 $\tilde{f}(k)$의 **역Fourier 변환**(inverse Fourier transform)이라고 한다.

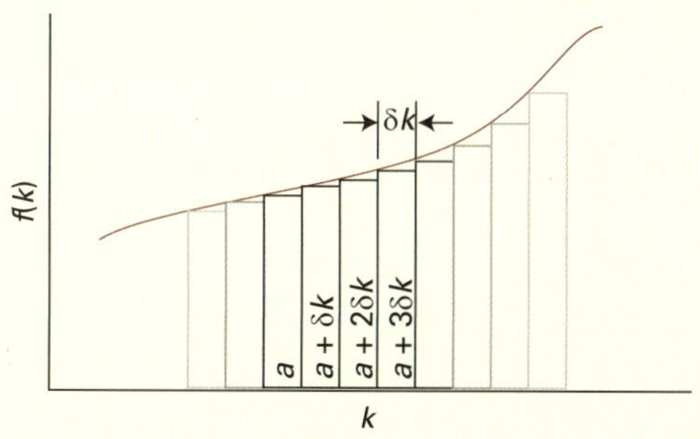

그림 MB6.2 적분은 정의상으로는 일련의 무한히 조밀한 점에서의 함수 값에 각 점의 간격을 곱해서 더해 준 것이다.

간단한 예 MB6.2 Fourier 변환

대칭적인 지수함수 $f(x)=e^{-a|x|}$의 Fourier 변환은 다음과 같다.

$$\begin{aligned}\tilde{f}(k)&=\int_{-\infty}^{\infty}f(x)e^{-ikx}dx=\int_{-\infty}^{\infty}e^{-a|x|-ikx}dx\\&=\int_{-\infty}^{0}e^{ax-ikx}dx+\int_{0}^{\infty}e^{-ax-ikx}dx\\&=\frac{1}{a-ik}+\frac{1}{a+ik}=\frac{2a}{a^2+k^2}\end{aligned}$$

본래의 함수와 그 Fourier 변환을 그림 MB6.3에 나타내었다.

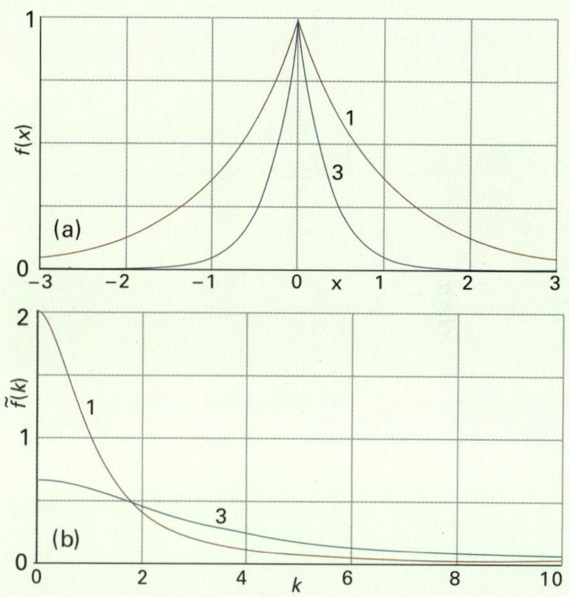

그림 MB6.3 (a) 대칭적인 지수함수 $f(x)=e^{-a|x|}$. (b) 감쇠 상수 a의 두 값에 대한 그 Fourier 변환. 빠르게 감쇠하는 함수의 Fourier 변환이 어떻게 짧은 파장(높은 k) 성분을 많이 나타내는지에 주목하라.

식 MB6.8을 물리학적으로 해석하면 $f(x)$는 파장이 $\lambda=2\pi/k$인 조화파(sine 파와 cosine 파)들의 중첩으로 표시되며, 또한 각 성분 함수의 무게는 해당 k 값에서의 Fourier 변환으로 주어진다는 것이다. 이 해석은 위의 **간단한 예** MB6.2에서의 계산과 부합된다. 그림 MB6.3에서 볼 수 있는 바와 같이, 지수함수가 시간에 따라 빠르게 감쇠되어 나갈 때는 Fourier 변환이 높은 k 값 쪽으로 뻗어나가 단파장 파의 기여가 커진다. 지수함수가 단지 느리게 감쇠할 때는 단파장 성분이 중첩에 큰 기여를 하여, 이 경우 Fourier 변환에 작은 값의 k가 지배적으로 나타난다. 일반적으로 느리게 변하는 함수일수록 Fourier 변환에는 작은 k 성분이 큰 기여를 한다.

MB6.3 포개 넣기 이론

Fourier 변환의 성질에 관해서 끝으로 한 가지 더 첨가할 내용은 **포개 넣기 이론**(convolution theorem)으로 다음과 같은 경우를 말한다. 즉 한 함수 $F(x)$가 다음과 같이 두 다른 함수가 포개진 것이라고 하자.

$$F(x)=\int_{-\infty}^{\infty} f_1(x')f_2(x-x')\mathrm{d}x' \qquad \text{(MB6.9a)}$$

이 이론에 의하면 $F(x)$의 Fourier 변환은 다음과 같이 성분 함수들의 Fourier 변환의 곱과 같다.

$$\tilde{F}(k)=\tilde{f}_1(k)\tilde{f}_2(k) \qquad \text{(MB6.9b)}$$

간단한 예 MB6.3 포개 넣기

$F(x)$가 두 Gauss 함수의 포개진 것이라고 하자.

$$F(x)=\int_{-\infty}^{\infty} \mathrm{e}^{-a^2x'^2}\mathrm{e}^{-b^2(x-x')^2}\mathrm{d}x'$$

Gauss 함수의 Fourier 변환은 Gauss 함수 자체가 된다.

$$\tilde{f}(k)=\int_{-\infty}^{\infty} \mathrm{e}^{-c^2x^2}\mathrm{e}^{-\mathrm{i}kx}\mathrm{d}x=\left(\frac{\pi}{c^2}\right)^{1/2}\mathrm{e}^{-k^2/4c^2}$$

따라서 $F(x)$의 변환은 다음과 같은 곱이다.

$$\tilde{F}(k)=\left(\frac{\pi}{a^2}\right)^{1/2}\mathrm{e}^{-k^2/4a^2}\left(\frac{\pi}{b^2}\right)^{1/2}\mathrm{e}^{-k^2/4b^2}=\frac{\pi}{ab}\mathrm{e}^{-(k^2/4)(1/a^2+1/b^2)}$$

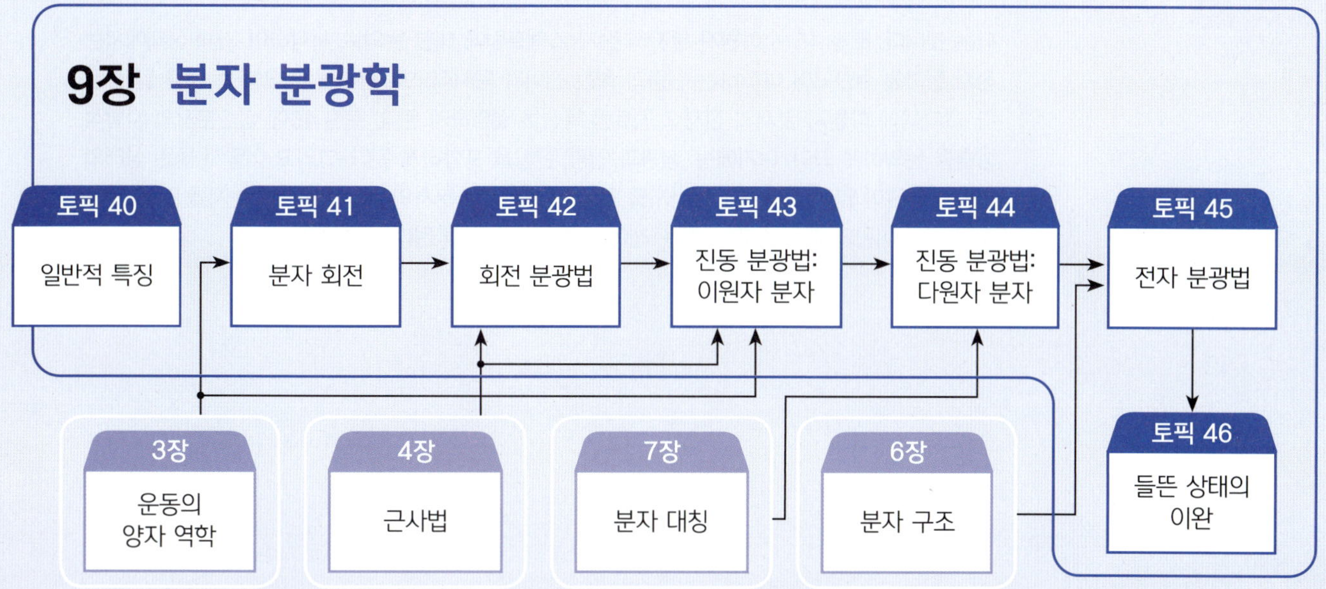

분자 분광학에서 분자가 스펙트럼선을 나타내는 근원은 분자의 에너지가 변할 때 광자가 흡수, 방출, 산란되기 때문이다. 분자 분광학이 원자 분광학과 다른 점은 분자의 에너지가 전자 상태 전이뿐만 아니라 진동 상태와 회전 상태 변화의 결과로서 변할 수 있다는 것이다. 따라서 분자 스펙트럼은 원자 스펙트럼보다 훨씬 더 복잡하다. 그러나 분자 스펙트럼 속에는 더 많은 정보가 들어 있으며, 이들을 해석하면 결합 세기, 결합 길이, 결합각 등의 값을 얻을 수 있다. 뿐만 아니라 이 스펙트럼은 분자의 쌍극자 모멘트와 같은 다양한 분자 성질을 결정하는 방편이 되기도 한다. 이 장의 여러 가지 주제에서 취하는 일반적인 전략은, 우선 분자들의 에너지 준위에 대한 식을 세우고, 그다음에 전자기 스펙트럼의 마이크로파에서 자외선 영역에 걸쳐 관찰되는 분자 스펙트럼의 형태를 추론하는 것이다. 이 탐구를 통하여 '시간 의존 섭동 이론'(**근사법**)을 사용하여 분광학적 전이의 관측에 대한 '선택 규칙'의 양자 역학적 논의를 전개한다.

토픽 40은 넓은 파장 영역에 걸친 복사선의 흡수, 방출, 산란을 추적, 관찰하기 위해 사용되는 기기 장치의 특성을 논의하는 것으로 시작한다. 그다음 스펙트럼선의 세기와 폭을 결정하는 인자로 이어지는 복사선의 흡수 및 방출 이론에 관하여 논의할 것이다.

토픽 41에서는 **운동의 양자 역학** 지식을 사용하여 이원자 분자와 다원자 분자의 회전 에너지 준위에 대한 식을 유도한다. 여기에서 채택하는 가장 직접적인 방법은 고전 역학에서 구한 에너지와 각운동량에 대한 식을 확인하고, 다음에 이러한 식들을 양자 역학적 대응 관계에 있는 것으로 변환하게 된다. 그리고 이 단계는 단지 분자의 회전 상태만이 변하는 순수 회전 스펙트럼과 회전 Raman 스펙트럼의 연구에 대한 준비를 하는 것이다(토픽 42).

토픽 43에서는 이원자 분자의 진동 에너지를 고려하고 '조화 진동자'(**운동의 양자 역학**)의 성질을 사용하는 것을 보게 될 것이다. 또한 조화 진동으로부터의 벗어남을 고려해야 하는 것이 왜 중요한가를 알게 된다. 기체 상태 시료들의 진동 스펙트럼에서는 진동 들뜸에서 수반되는 회전 전이로부터 생기는 특성이 나타나게 되는 것을 알게 된다. 다원자 분자의 진동 스펙트럼은 이원자 분자에 적용된 방법에 기초를 두어 논의하게 된다(토픽 44). **분자 대칭**은 어떤 진동 방식들이 분광학적으로 연구될 수 있는가를 결정하는 데 도움이 된다는 것을 또한 알게 된다.

회전이나 진동 방식과는 다르게 분자들의 전자 에너지 준위에 대해서는 간단하고 해석적인 식은 주어질 수 없다. 따라서 **원자 구조와 스펙트럼 및 분자 구조**의 지식으로부터 얻어지는 전자 전이의 질적인 특성에 초점을 맞춘다. 공통적인 주제는 전자 전이가 정지된 핵의 틀 안에서 발생된다는 것이다. 토픽 45는 이원자 분자의 전자 스펙트럼에 대한 논의로 시작하여 기체 상태에서는 전자 전이에 수반되어 나타나는 진동과 회전 전이가 동시적으로 관찰될 수 있다는 것을 알게 된다. 그다음에 다원자 분자의 전자 스펙트럼 특성을 설명하게 된다. 토픽 46에서는 분자의 자발적 방출을 논의하게 되며, 여기에는 '형광과 인광' 현상을 포함하게 된다. 그리고 어떻게 들뜬 상태의 비방사 이완이 열로서 주위에 에너지를 전달하는지 또는 분자의 해리를 초래하는지를 알게 된다. 자극 방사 이완의 매우 중요한 예는 '레이저' 작용의 원인이 된다는 것이다.

토픽 40

일반적 특징

내용

➤ 학습 목표

다양한 분광법에 대한 넓은 범위의 데이터를 해석하기 위하여 모든 종류의 스펙트럼이 공통적으로 갖고 있는 실험 및 이론적 특성의 이해가 필요하다. 이 장은 다음 10장에 대한 기본 토대가 된다.

➤ 핵심 내용

광원, 파장 분석기, 검출기의 상이한 배열은 기체, 액체, 고체 시료에서 분자에 의한 전자기 복사선의 흡수, 방출, 산란의 연구를 가능하게 한다.

➤ 미리 알기

분자의 양자화 에너지(토픽 9~14)와 분광학적 전이의 세기를 좌우하는 일반적 원리(토픽 16)를 잘 알고 있어야 한다.

방출 분광법(**emission spectroscopy**)에서는 분자가 높은 에너지 상태인 E_1으로부터 낮은 에너지 상태인 E_2로 떨어지면서 여분의 에너지를 광자로 방출한다. 한편 **흡수 분광법**(**absorption spectroscopy**)에서는 입사 복사선의 진동수를 변화시키면서 그 알짜 흡수 복사선을 추적 관찰한다. **알짜**(net) 흡수라는 표현을 쓰는 이유는 시료에 빛을 쪼여 주면 빛을 흡수하는 과정과 방출하는 과정이 다같이 하나의 주어진 진동수에서 자극되며, 검출기는 이들의 차에 해당하는 알짜 흡수 세기를 계측하기 때문이다. **Raman 분광법**(**Raman spectroscopy**)에서는 분자에 의해서 산란되는 복사선 속의 진동수를 조사함으로써 분자 상태의 변화를 탐구한다.

방출되거나 흡수되는 광자의 에너지 $h\nu$와, 따라서 방출되거나 흡수되는 복사선의 진동수 ν는 Bohr 진동수 조건(토픽 4, $h\nu = E_1 - E_2$)으로 주어진다. 방출 및 흡수 분광법은 모두 전자, 진동, 회전 에너지 준위 간격에 관한 동일한 정보를 나타내지만, 실제로 어떤 것을 써야 하는지는 일반적으로 실제적 고려에 의해서 결정된다. Raman 분광법에서 관측되는 산란 복사선과 입사 복사선의 진동수 차는 분자 내부에서 일어나는 전이에 의해서 결정된다. 이 분광법은 분자 진동과 회전을 연구하는 데 이용된다.

원자 분광법은 토픽 21에서 설명되었으며, 여기서는 분자의 회전(토픽 41, 42), 진동(토픽 43, 44), 전자(토픽 45, 46) 전이에 대한 자세한 논의를 위한 단계의 준비를 하는 것이다. 전자나 핵의 스핀 상태 사이의 전이를 조사하는 방법도 유용하다. 이들은 토픽 47~50에서 설명되는 특별한 실험적인 방법에 전적으로 의존한다.

40.1 분광계

모든 분광법에서는 공통적으로 원자나 분자에 의해 산란되거나, 방출되거나, 흡수되는 복사의 특성을 검출하는 장치인 **분광계**(**spectrometer**)를 이용한다. 예를 들어 그림 40.1은 흡수 분광계의 일반적인 배치도를 나타낸 것이다. 적합한 광원으로부터 나오는 복사를 시료에 쪼여 준 다음, 투과되어 나오는 복사는 분산 장치로 들어가서 진동수별로 분광된다. 그리고 각 진동수의 복사 세기를 적합한 검출기로 분석한다.

(a) 복사선원

분광계는 중심 진동수 근처의 대단히 좁은 영역에 걸친 **단색선**(monochromatic)이나 넓은 진동수 영역에 걸친 **다색선**(polychromatic)을 복사선원으로 사용한다. 단색선원으로서는 진동수 영역에 걸쳐서 조정할 수 있으며, 여기에는 마이크로파 영역에서 사용되는 **클라이스트론**(klystron)과 **Gunn 다이오드**(Gunn diode), 레이저(토픽 46)들이 포함된다.

다색선 광원은 가열된 물체로부터 흑체 복사선(토픽 4)을 나오게 하여 적외선과 자외선 영역의 전자기 복사선을 이용한다. 예로서 석영 유리관 속의 수은 방전관(35 $cm^{-1} < \tilde{\nu} < 200\ cm^{-1}$), **Nernst 필라멘트**(Nernst filament)나 **글로바**(globar)(4000 $cm^{-1} < \tilde{\nu} < 31\ 000\ cm^{-1}$), **석영-텅스텐-할로젠 램프**(quartz-tungsten-halogen lamp, 320 nm$<\lambda<$2500 nm) 등을 들 수 있다.

자외선과 가시 영역의 복사선원으로서는 일반적으로 **기체 방전 램프**(gas discharge lamp)가 이용된다. **제논 방전 램프**(xenon discharge lamp)에서는 전기 방전으로 제논 원자가 들뜨며, 이어서 이것이 자외선을 방출한다. **중수소 램프**(deuterium lamp)에서는 들뜬 D_2 분자가 들뜬 전자 상태의 D 원자로 해리되어 200~400 nm(25 000$cm^{-1} < \tilde{\nu} < 40\ 000\ cm^{-1}$) 사이의 센 복사선을 내놓는다.

어떤 응용을 위해서는 **싱크로트론 저장 고리**(synchrotron storage ring)로부터 나오는 싱크로트론 복사선을 이용하는 경우도 있다. 이것은 지름이 수백 미터쯤 되는 원을 따라 돌고 있는 전자살로 되어 있다. 원운동을 하는 전자는 항상 중심을 향하는 힘으로 가속되어야 그 경로를 벗어나지 않으며, 따라서 이 전자살이 복사선을 내놓게 된다(그림 40.2). 싱크로트론 복사선은 적외선부터 X선에 이르는 넓은 진동수 영역의 복사선이다. 마이크로파 영역을 제외하면 싱크로트론 복사선은 대부분의 전통적인 광원들로부터 얻는 것들보다 그 세기가 훨씬 더 세다.

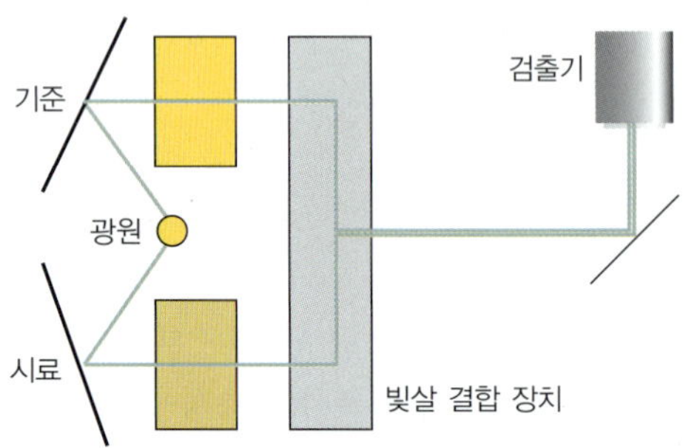

그림 40.1 전형적인 분광계의 배치도. 시료를 들뜨게 하는 빛살은 시료와 기준 셀을 번갈아 통과하며, 검출기가 이들과 동시에 움직이게 되어 상대적 흡광도를 측정할 수 있다.

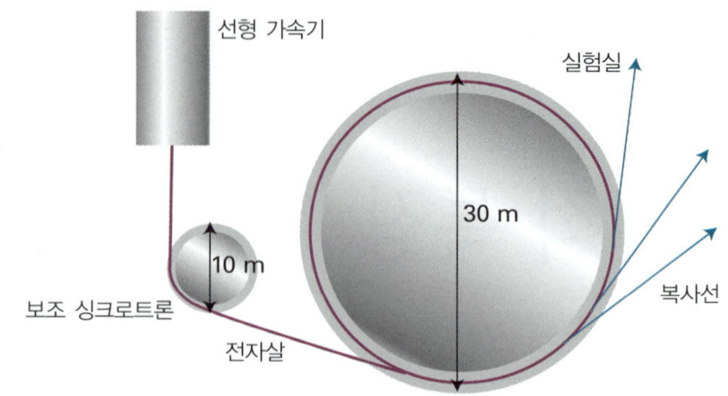

그림 40.2 싱크로트론 저장 고리. 선형 가속기와 보조 싱크로트론으로부터 고리 속으로 주입된 전자는 주 고리 속에서 높은 속력으로 가속된다. 곡선 경로상의 전자는 일정한 가속력을 받으며, 가속된 전하는 전자기 에너지를 방출한다.

(b) 스펙트럼 분석

빛살의 파장(또는 파수)을 분석하기 위한 일반 장치로는 **회절발**(diffraction grating)을 이용한다. 회절발은 가는 홈들이 새겨진 유리나 세라믹 판에 반사용 알루미늄을 입힌 것이다. 스펙트럼의 가시 영역에서 사용하기 위해서는 홈을 대략 1000 nm 떨어지게(간격은 가시 영역의 파장과 비슷하게) 새긴다. 이 회절발은 그 표면에서 반사되는 빛들 사이에 간섭이 일어나게 하여 사용되는 복사선의 파장에 의존하는 각도에서 보강 간섭이 일어나게 된다. 따라서 빛의 각 파장은 특정된 방향으로 입사하게 된다(그림 40.3). **단색화 장치**(monochromator)에서는 좁은 출구 슬릿을 통해서 좁은 파장 영역의 복사선을 통과시켜 검출기에 도달하게 한다. 회절발을 입사 복사선과 회절 복사선에 수직한 축 주위로 회전시키면 상이한 파장의 회절 빛살이 검출기에 잡히게 된다. 흡수 스펙트럼은 이러한 방식으로 한 번에 한 좁은 파장 영역에서 만들어지게 된다. **다색화 장치**(polychromator)에서는 슬릿이 불필요하고, 아래에서 설명하는 것과 같은 **배열식 검출기**(array detector)를 이용하여 넓은 영역의 파장을 동시적으로 분석할 수 있다.

현재 특히 적외선과 원적외선에서 작동되는 많은 분광기에서는 스펙트럼의 검출과 분석에서 거의 항상 **Fourier 변환 방법**(**Fourier transform technique**)을 사용한다. Fourier 변환 분광기의 핵심은 **Michelson 간섭계**(Michelson interferometer)로서, 복합 신호 속에 존재하는 진동수를 분

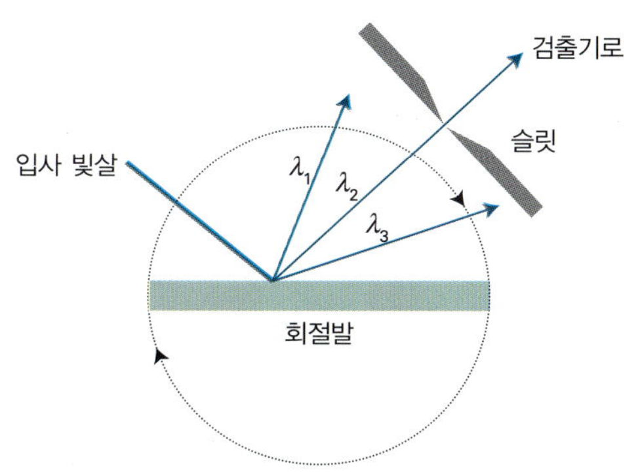

그림 40.3 다색선 살은 회절발에 의해서 세 성분 파장 λ_1, λ_2, λ_3으로 분광된다. 이 그림에서는 λ_2의 복사선만이 좁은 슬릿을 통과하여 검출기에 도달한다. 회절발을 회전시키면(점선의 원 상에 나타낸 화살표 방향으로) λ_1과 λ_3을 검출기에 도달시킬 수 있다.

석하는 장치이다. 이 간섭계는 시료로부터 나오는 전체 신호를 피아노의 화음과 같은 것으로서 이 신호를 Fourier 변환하면 개별적인 음, 즉 이것의 스펙트럼이 되어 화음을 분리하는 것과 동등하게 된다.

Michelson 간섭계는 시료로부터 나오는 빛살을 양분한 다음, 그중 하나에 가변 경로차 p가 생기게 해 준다(그림 40.4). 그리고 이 두 성분을 재결합시키면 이들 사이에 위상차가 생기며, 경로 길이의 차에 따라서 이들이 보강 간섭이나 상쇄 간섭을 나타낸다. 그리하여 감지되는 신호는 경로차를 변화시킴에 따라 두 성분의 위상이 번갈아 맞았다 어긋났다 하므로 진동을 하게 된다(그림 40.5). 파수가 $\tilde{\nu}$인 복사선이 감지되는 신호에 기여하는 $\tilde{\nu}$와 $\tilde{\nu}+\mathrm{d}\tilde{\nu}$ 사이의 파수 영역 복사선의 세기 $I(p,\tilde{\nu})\mathrm{d}\tilde{\nu}$는 다음과 같이 p에 따라 변한다.

$$I(p,\tilde{\nu})\mathrm{d}\tilde{\nu}=I(\tilde{\nu})(1+\cos 2\pi\tilde{\nu}p)\mathrm{d}\tilde{\nu} \tag{40.1}$$

그리하여 간섭계는 신호 속의 특정한 파수 성분의 존재를 검출기에 도달하는 복사선의 세기로 변환시킨다. 실제의 신호는 많은 수의 파수에 걸친 복사선으로 이루어져 있으며, 검출기에 나타나는 전체 신호 세기 $I(p)$는 신호 속에 들어 있는 모든 파수로부터의 기여를 합한 것이다. 즉

$$I(p)=\int_0^\infty I(p,\tilde{\nu})\mathrm{d}\tilde{\nu}=\int_0^\infty I(\tilde{\nu})(1+\cos 2\pi\tilde{\nu}p)\mathrm{d}\tilde{\nu} \tag{40.2}$$

문제는 이 $I(p)$ 값의 기록으로부터 우리에게 필요한 스펙트럼, 즉 파수에 따른 세기 변화 $I(\tilde{\nu})$로 바꾸는 일이다. 이 과정은 'Fourier 변환'이라고 하는 수학의 표준 기법이며, 이 분광학의 명칭도 여기서 유래된 것이다(**수학적 배경 6** 참조). 구체적으로 이 변환은 다음과 같은 것이다.

$$I(\tilde{\nu})=4\int_0^\infty\left\{I(p)-\tfrac{1}{2}I(0)\right\}\cos 2\pi\tilde{\nu}p\,\mathrm{d}p \qquad \text{Fourier 변환} \tag{40.3}$$

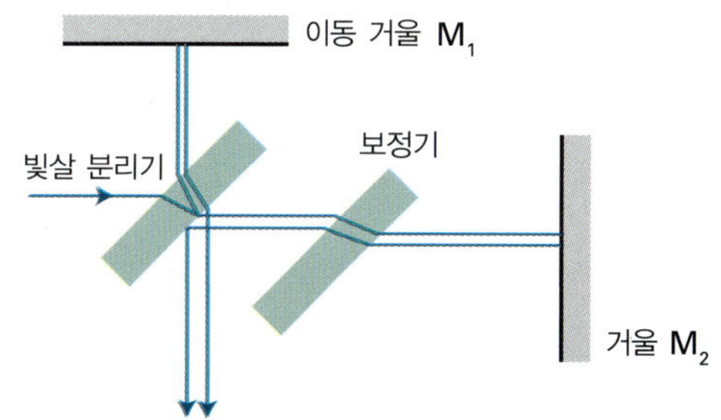

그림 40.4 Michelson 간섭계. 빛살 분리기는 입사 빛살을 둘로 분리시키며, 거울 M_1의 위치를 이동시키면 이들이 상이한 경로차를 갖게 된다. 보정기는 두 빛살이 동일한 두께의 물질을 통과시키기 위한 것이다.

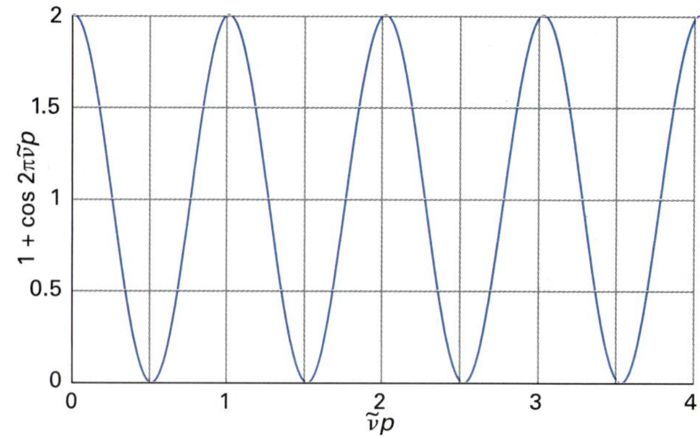

그림 40.5 그림 40.4에 보인 간섭계에서 경로 길이 p를 변화시키면서 얻는 간섭그림. 이 신호는 단일 진동수 성분만을 가지며, 따라서 이 그래프는 함수 $I(p)=I_0(1+\cos 2\tilde{\nu}p)$의 도시 결과이다. I_0은 복사선의 세기이다.

여기서 $I(0)$는 $p=0$일 때의 식 40.2로 주어진다. 이 적분은 분광계와 연결된 컴퓨터에서 수치적으로 계산되며, 그리하여 출력되는 $I(\tilde{\nu})$는 시료의 투과 스펙트럼이 된다.

예제 40.1 Fourier 변환 계산

다음의 특성을 가지는 세 가지 단색 빛살로 구성된 신호를 생각해 보자.

$\tilde{\nu}_i/\mathrm{cm}^{-1}$	150	250	450
I_i	1	3	6

여기에서 세기들은 $\tilde{\nu}_1=150\ \mathrm{cm}^{-1}$ 빛살의 세기 I_1에 대한 상대적인 것이다. 이 신호와 연관된 간섭그림을 도시하시오. 그리고 이 간섭그림의 Fourier 변환을 계산하고 도시하시오.

방법 몇 개 안 되는 단색 빛살로 이루어지는 신호에 대해서는 식 40.2와 식 40.3의 적분 대신에 유한한 수의 파수에 걸친 합산을 해도 된다. 즉 간섭그림은 다음과 같게 된다.

$$I(p)=\sum_i I(\tilde{\mathbf{n}}_i)(1+\cos 2\pi\tilde{\nu}_i p) \tag{40.4}$$

여기에서 경로 차 p는 연속적으로 변하지 않으며 0으로부터 간섭계의 세부 구성에 따라 결정되는 증가분만큼씩 증가하게 된다. 따라서 Fourier 변환은 다음과 같게 나타낼 수도 있다.

$$I(\tilde{\nu})=4\sum_j\left\{I(p_j)-\tfrac{1}{2}I(0)\right\}\cos 2\pi\tilde{\nu}p_j \qquad (40.5)$$

풀이 데이터와 식 40.4로부터 간섭그림은 다음과 같다.

$$\begin{aligned}I(p_j)&=(1+\cos 2\pi\tilde{\nu}_1 p)+3\times(1+\cos 2\pi\tilde{\nu}_2 p)+6\times(1+\cos 2\pi\tilde{\nu}_3 p)\\&=10+\cos 2\pi\tilde{\nu}_1 p+3\cos 2\pi\tilde{\nu}_2 p+6\cos 2\pi\tilde{\nu}_3 p\end{aligned}$$

여기에서 세기들은 I_1에 대한 상대적인 값이다. 이 함수를 그림 40.6에 나타내었다. $I(0)=20$일 때 식 40.5로부터의 Fourier 변환의 계산은 수학 소프트웨어를 사용하면 쉬워지며 그 결과를 그림 40.7에 나타내었다.

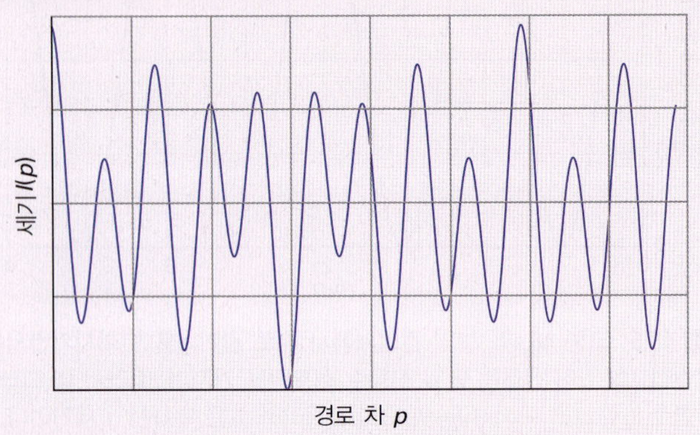

그림 40.6 예제 40.1의 데이터로부터 계산된 간섭그림

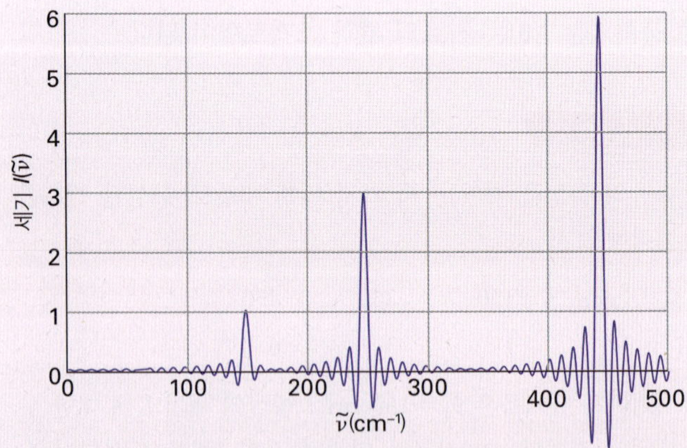

그림 40.7 그림 40.6에 나타낸 간섭그림의 Fourier 변환

자가 진단 40.1 $\tilde{\nu}_3$의 값이 550 cm^{-1}로 바뀌게 되면 이 복사선 3개 성분의 파수가 변하는 것이 간섭그림의 모양에 어떤 효과를 나타내는지 탐구하시오.

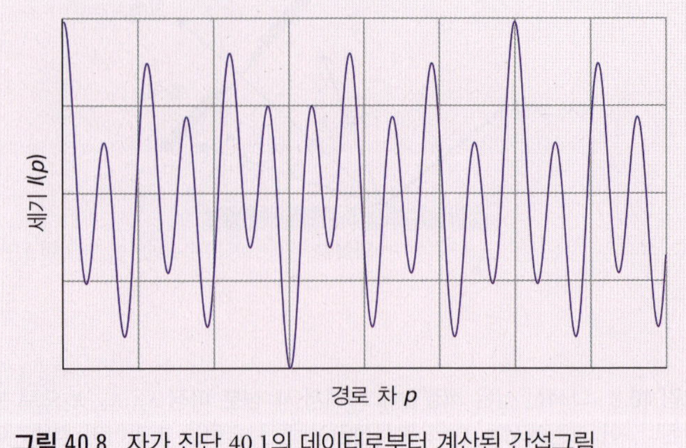

그림 40.8 자가 진단 40.1의 데이터로부터 계산된 간섭그림

(c) 검출기

분광계의 **검출기**(**detector**)는 입사 복사선을 전류나 전압으로 바꾸어서 적절하게 신호 처리하여 화면으로 나타내는 장치이다. 이러한 검출기는 단일 복사선 감응 요소나 또는 일차원이나 이차원으로 배열한 여러 작은 요소들로 만들어진 것이다.

마이크로파 검출기는 전형적인 **광석 다이오드**(crystal diode)인데, 이것은 텅스텐 팁을 반도체와 접촉시켜 놓은 것이다. 시판되고 있는 적외선 분광계에 가장 보편적으로 이용되고 있는 검파기는 중간 적외선 영역에서 민감하다. **광기전 장치**(photovoltaic device)에서는 적외선에 노출시켰을 때 전위차가 변한다. **열전기 장치**(pyroelectric device)에서는 전기용량이 온도에 민감하여 적외선을 민감하게 검출한다.

자외선과 가시선 영역에서 보편적으로 이용되는 검출기는 **광전자 증배관**(photomultiplier tube, PMT)인데, 이것은 광전 효과(토픽 4)를 이용하여 검출기를 때리는 빛의 세기에 비례하는 전기적 신호를 만들어 내는 감응 장치이다. PMT 대용으로 감도가 좀 낮지만 일반적으로 쓰이는 검출기는 **광다이오드**(photodiode)이다. 이것은 검출기 물질에 광자가 충돌하면 검출기 물질에서 광유발 전자 이동 반응이 일어나서 이동성 전하 운반체(음전하의 전자와 양전하의 '구멍')가 생기기 때문에 전기가 전도되는 고체 상태 전자 장치이다.

전하 결합 장치(charge-coupled device, CCD)는 수백만 개까지에 이르는 작은 광다이오드를 이차원으로 배열한 것이다. 이 CCD 검출기를 이용하면 다색화 장치로부터 나오는 넓은 영역의 파장을 동시적으로 측정할 수 있으며, 그리하여 한 번에 한 좁은 파장 영역의 높은 세기의 빛을 측정하지 않아도 된다. CCD 검출기는 디지털 카메라의 영상 장치에 이용될 뿐만 아니라, 분광 장치에서 흡수, 방출, 그리고 Raman 산란을 측정하는 데 널리 이용되고 있다.

40.2 흡수 분광법

적절한 분광계의 선택을 통해 흡수 분광법은 분자의 전자, 진동, 회전 전이를 조사할 수 있다. 복사선원과 검출 방법은 응용 기술의 특수성에 따라 변하는 반면, 투과되는 복사선 세기의 정량적인 해석은 간단하고 보편적인 방법을 사용한다.

(a) Beer-Lambert 법칙

실험 결과에 의하면 투과된 복사선의 세기 I는 시료의 길이 L과 흡수 화학종 J의 몰농도 [J]에 따라 변하며, 다음과 같은 **Beer–Lambert 법칙(Beer–Lambert law)**에 따른다.

$$I = I_0 10^{-\varepsilon[\mathrm{J}]L} \qquad \text{Beer–Lambert 법칙} \qquad (40.6)$$

여기서 I_0은 입사 복사선의 세기이며, 양 ε(epsilon)은 **몰흡광 계수(molar absorption coefficient)**라고 한다(예전부터 지금까지 널리 '소멸 계수'라고 부르기도 한다). 몰흡광 계수는 입사 복사선의 진동수에 의존하며, 가장 세게 흡수되는 진동수에서 최댓값을 갖는다. 이것의 차원은 1/(농도×길이)이며, 일반적으로 $\mathrm{dm^3\ mol^{-1}\ cm^{-1}}$로 나타내는 것이 편리하다. SI 기본 단위에서는 $\mathrm{m^2\ mol^{-1}}$이 된다. ε의 이 SI 단위는 ε이 몰흡광 단면적과 같다는 것을 암시하며, 분자의 흡광 단면적이 클수록 주어진 진동수에서 입사 복사선을 더 크게 차단한다는 것을 나타낸다. Beer–Lambert 법칙은 실험적으로 얻은 것이다. 그러나 이 법칙은 다음 **증명**에서 보이는 바와 같이 쉽게 수긍이 되는 형태이다.

증명 40.1 Beer-Lambert 법칙

시료가 얇게 썬 빵처럼(그림 40.9), 무한소의 슬라이스 층을 쌓아 놓은 것으로 구성된다고 생각하자. 각 층의 두께는 dx이다. 전자기 복사선이 특정한 슬라이스를 통과할 때 발생하는 세기의 변화 dI는 슬라이스의 두께, 흡광종 J의 농도, 그리고 시료의 얇은 층에 입사되는 복사선의 세기에 비례하며, 따라서 $\mathrm{d}I \propto [\mathrm{J}]I\mathrm{d}x$가 된다. d$I$는 음의 수(흡수됨에 따라 세기가 감소한다)이므로 이 관계를 다음과 같이 나타낼 수 있다.

$$\mathrm{d}I = -\kappa[\mathrm{J}]I\mathrm{d}x$$

여기서 κ(kappa)는 비례 상수이다. 이 식에서 양변을 I로 나누면 다음과 같이 나타낼 수도 있다.

$$\frac{\mathrm{d}I}{I} = -\kappa[\mathrm{J}]\mathrm{d}x$$

이 식을 각 연이은 층에 적용한다.

시료의 면에 입사되는 빛의 세기가 I_0일 때 두께 L인 시료를 통해 나올 때의 세기는 이러한 연속적 변화의 합으로 나타낼 수 있을 것이다. 무한소로 작은 증가에 걸친 합은 적분이므로 다음과 같이 쓰게 된다.

$$\overbrace{\int_{I_0}^{I}\frac{\mathrm{d}I}{I}}^{\ln(I/I_0)(\text{적분 A.2})} = -\kappa\int_0^L [\mathrm{J}]\mathrm{d}x \overset{[\mathrm{J}]\text{일정}}{=} -\kappa[\mathrm{J}]\overbrace{\int_0^L \mathrm{d}x}^{L(\text{적분 A.1})}$$

두 번째 단계에서는 시료 전체를 통해서 농도가 균일하다고 가정하면 [J]가 위치 x와 무관하며 적분 바깥으로 끌어낼 수 있다. 따라서 위의 적분은 다음과 같이 된다.

$$\ln\frac{I}{I_0} = -\kappa[\mathrm{J}]L$$

$\ln x = (\ln 10)\log x$의 관계가 되므로 $\varepsilon = \kappa/\ln 10$으로 되고 다음의 식을 얻게 된다.

$$\log\frac{I}{I_0} = -\varepsilon[\mathrm{J}]L$$

위 식의 (상용) 역로그를 취하면 이것은 바로 Beer–Lambert 법칙(식 40.6)이 된다.

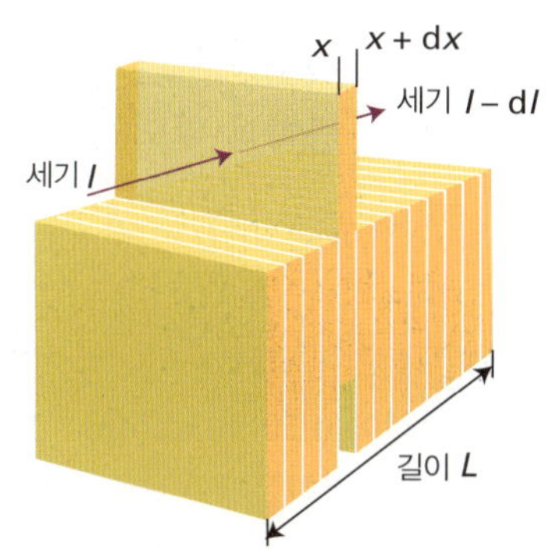

그림 40.9 Beer–Lambert 법칙을 확립하기 위해 시료는 많은 수의 평면으로 얇게 썬 것으로 가정한다. 한 층의 평면에 의하여 감소된 세기는 여기에 입사하는 세기(이전의 평면을 통과한 후의), 평면의 두께, 그리고 흡광종의 농도에 비례한다.

시료의 분광학적 특성은 주어진 진동수에서 시료의 **투과도(transmittance**, T)로 나타낸다.

$$T = \frac{I}{I_0} \qquad \text{정의 투과도} \qquad (40.7)$$

또는 이것을 시료의 **흡광도(absorbance**, A)로 나타내기도 한다.

$$A = \log\frac{I_0}{I} \qquad \text{정의 흡광도} \qquad (40.8)$$

위의 두 양 사이에는 $A = -\log T$(상용 로그임을 주의하라)의 관계가 성립하며, Beer–Lambert 법칙이 다음과 같이 된다.

$$A = \varepsilon[J]L \qquad (40.9)$$

예전에는 $\varepsilon[J]L$이 시료의 **광학적 밀도**(optical density)라고 알려졌다.

예제 40.2 몰흡광 계수 결정

280 nm 파장의 복사선이 0.50 mmol dm^{-3} 농도의 아미노산 트립토판 수용액을 포함하는 1.0 mm 두께의 액체를 통과하였다. 이 때 빛의 세기는 초기 값의 54%가 감소하였다(즉 $T = 0.54$). 280 nm에서 트립토판의 흡광도와 몰흡광 계수를 계산하시오. 두께가 2.0 mm인 셀을 통과하는 투과도는 얼마인가?

방법 $A = -\log T = \varepsilon[J]L$로부터 $\varepsilon = -\log T/[J]L$이 된다. 두꺼운 셀을 통과하는 투과도에 대하여는 $T = 10^{-A}$과 여기서 계산한 ε 값을 사용한다.

풀이 몰흡광 계수는 다음과 같다.

$$\varepsilon = -\frac{\log 0.54}{(5.0\times10^{-4}\ \text{mol dm}^{-3})\times(1.0\ \text{mm})}$$
$$= 5.4\times10^{2}\ \text{dm}^{3}\ \text{mol}^{-1}\ \text{mm}^{-1}$$

이 단위들은 나머지 계산에서 편리하다(그러나 원한다면 결과를 5.4×10^{3} dm^{3} cm^{-1}으로 나타낼 수도 있다). 흡광도는 다음과 같다.

$$A = -\log 0.54 = 0.27$$

시료의 길이가 2.0 mm인 시료의 흡광도는 다음과 같다.

$$A = (5.4\times10^{2}\ \text{dm}^{3}\ \text{mol}^{-1}\ \text{mm}^{-1})\times(5.0\times10^{-4}\ \text{mol dm}^{-3})\times(2.0\ \text{mm}) = 0.54$$

이리하여 투과도는 다음이 된다.

$$T = 10^{-A} = 10^{-0.54} = 0.29$$

즉 통과되어 나오는 빛은 입사된 세기의 29%가 감소하게 된다.

자가 진단 40.2 5.0 mm 길이의 셀 속에 0.10 mmol dm^{-3} 농도의 타이로신 아미노산을 포함하는 수용액의 투과도는 240 nm에서 0.14로 측정되었다. 이 파장에서 타이로신의 몰흡광 계수와 용액의 흡광도를 계산하시오. 두께가 1.0 mm인 셀을 통과하는 투과도는 얼마인가?

답: 1.7×10^{3} dm^{3} mol^{-1} mm^{-1}, $A = 0.85$, $T = 0.68$

몰흡광 계수의 최댓값 $\varepsilon_{\max}$는 전이의 세기를 나타낸다. 그러나 일반적으로 흡광은 상당한 파수 영역에 걸쳐 퍼져 있는 띠로 나타나며, 따라서 한 단일 파수의 흡광 계수만으로 진짜 전이 세기를 나타낼 수는 없다. **적분 흡광 계수**(**integrated absorption coefficient**, $\mathcal{A}$)는 띠 속의 모든 파수의 흡광 계수를 합한 것으로(그림 40.10), 몰흡광 계수를 파수에 대해서 도시한 곡선 밑의 넓이에 해당한다. 즉

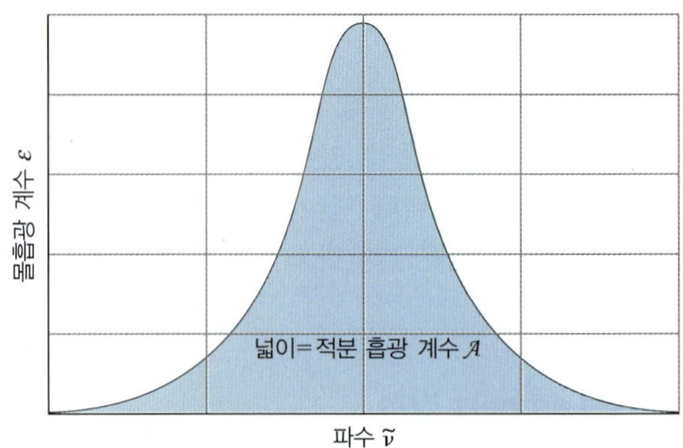

그림 40.10 한 전이의 적분 흡광 계수는 몰흡광 계수를 입사 복사선의 파수에 대해서 도시한 곡선 밑의 넓이와 같다.

$$\mathcal{A} = \int_{\text{band}} \varepsilon(\tilde{\nu})\mathrm{d}\tilde{\nu} \qquad \text{정의 적분 흡광 계수} \qquad (40.10)$$

선들이 비슷한 폭을 가질 때는 적분 흡광 계수가 선들의 높이에 비례한다.

(b) 특수 기법

회전 에너지 준위의 간격($\Delta E \approx 1$ zJ, 1 kJ mol^{-1}에 해당함)은 진동 에너지 준위 간격($\Delta E = 10$ zJ로 10 kJ mol^{-1}에 해당함)보다 작으며, 후자는 또한 전자 에너지 준위의 것($\Delta E = 1$ aJ, 대략 10^{3} kJ mol^{-1}에 해당함)보다 작다(**기초 지식**, 토픽 2). $\nu = \Delta E/h$로부터 회전, 진동, 전자 전이는 각각 마이크로파, 적외선, 자외선에서 원적외선 방사까지의 흡수나 방출이 원인이 된다(토픽 42~45 참조).

전자기 스펙트럼의 다른 영역들을 추적 관찰하는 분광계의 구성에 대한 선택은 40.1절에서 설명한다. 약한 신호를 검출하기 위해서는 종종 그림 40.1의 일반적인 설계를 조정할 필요가 있다. 예를 들어 마이크로파 분광계로 회전 전이를 검출하기 위해서는 진동하는 전기장으로 에너지 준위를 변화시킴으로써 투과되는 세기를 조절하는 것이 때때로 유용하기도 한다. 이와 같은 **Stark 변조법**(**Stark modulation**)에서는 세기가 10^{5} V m^{-1} 정도이고 진동수가 10~100 kHz인 전기장을 시료에 적용시킨다.

사실상 적외선 영역에서 작동하고 진동 전이를 관찰하기 위하여 설계된 모든 상용의 분광계는 40.1b절에서 설명된 Fourier 변환 기법을 사용한다. 단색화 장치의 분광계에

서는 발생되는 복사선의 대부분이 버려지는 데 반하여, 이 Fourier 변환 과정의 주된 장점은 광원에서 방출되는 복사선 모두가 연속적으로 추적 관찰된다는 것이다. 이 결과로 Fourier 변환 분광계는 보통의 분광계보다 높은 감도를 갖게 된다.

매우 짧은 시간 동안 펄스를 만들어 내는 레이저의 능력(토픽 46)은 시간에 따른 과정의 관찰을 위하여 화학에서 특히 유용하다. 이 **시간 분해 분광법(time-resolved spectroscopy)**에서 레이저 펄스는 반응물, 중간체, 생성물, 심지어는 반응물의 전이 상태까지의 스펙트럼을 얻는 데 사용된다. 그림 40.11에 보인 실험 구성은 빛에 의해 개시되어 전자 분광법에 의하여 관찰할 수 있는 초고속 화학 반응을 연구하는 데 주로 사용된다(토픽 45). 강하고 짧은 레이저 펄스, 즉 **펌프**(pump) 빔은 분자 A를 들뜬 전자 상태 A*로 올려놓는데, 이것은 광자를 내놓거나 다른 종 B와 반응하여 생성물 C를 만들기도 한다.

$$A + h\nu \rightarrow A^* \qquad \text{(흡광)}$$

$$A^* \rightarrow A \qquad \text{(방출)}$$

$$A^* + B \rightarrow [AB] \rightarrow C \qquad \text{(반응)}$$

여기서 [AB]는 중간체나 높은 에너지 원자의 집합체인 활성화물을 나타낸다. 여러 화학종들이 생겼다 없어졌다 하는 속도는 반응 과정에서 시료로부터 나오는 시간 의존 흡수 스펙트럼의 변화를 보고 결정한다. 이것을 모니터하는 데는 약한 백색광 **펄스**(probe, 탐색용)를 레이저 펄스 통과 후 여러 상이한 시간 간격을 두고 시료에 통과시킨다. 펄스 '백색광'은 **연속파 발생(continuum generation)** 현상을 이용하여 레이저 펄스로부터 직접 발생시킬 수 있다. 연속파 발생 현상이란 초고속 레이저 펄스를 물, 사염화 탄소, 또는 사파이어를 담은 용기에 집속시키면 넓은 분포를 갖는 진동수의 빛이 나오는 현상이다. 센 레이저 펄스와 백색광 펄스 중 어느 한 빛살을 긴 거리를 거쳐 시료에 도달하게 함으로써 두 빛살 사이에 시간차를 나타나게 할 수 있다. 예를 들어 $\Delta d = 3$ mm의 행로 차는 $\Delta t = \Delta d/c \approx 10$ ps의 시간 지체를 가져온다(c는 빛의 속도이다). 두 빛살이 진행하는 상대적 거리는 그림 40.11에서와 같이 백색광을 통과시킬 한 쌍의 거울을 모터 장착틀에 올려놓고 조절할 수 있다.

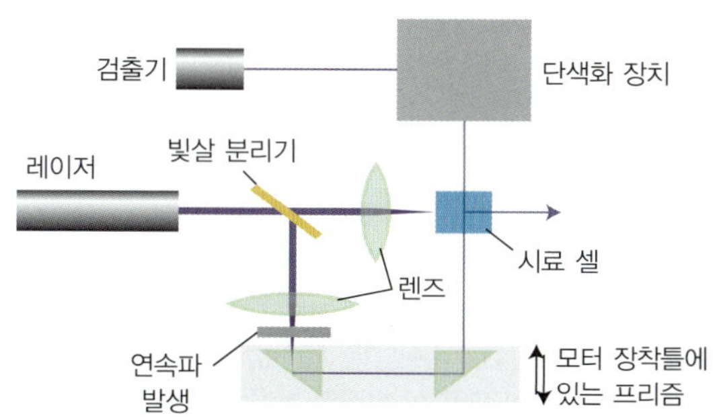

그림 40.11 시간 분해 흡수 분광법에서 이용되는 장치 배열. 동일한 펄스 레이저를 이용하여 단색 펌프용 레이저를 만들고, 이어서 적당한 액체를 통해서 연속파를 발생시킨 다음, '백색광' 탐지용 펄스를 만든다. 펌프용 펄스와 탐지용 펄스 사이의 시간 지체는 조절될 수 있다.

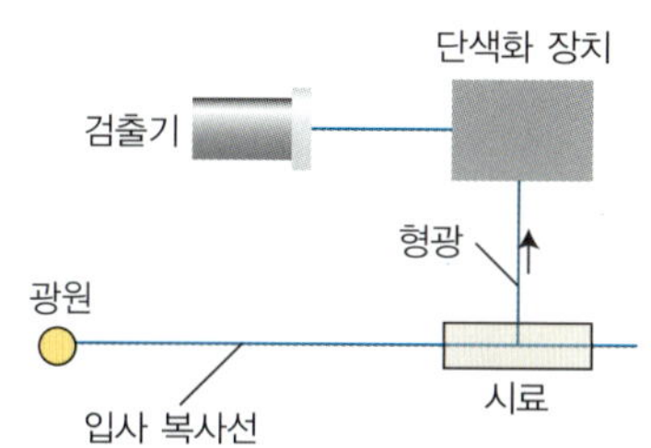

그림 40.12 형광을 검출하기 위한 간단한 방출 분광계. 시료에 의해 방출되는 빛은 입사되는 복사선 빛살의 진행 방향에 대하여 수직인 방향에서 검출된다.

40.3 방출 분광법

회전, 진동, 전자 전이는 시료에 의하여 방출되는 복사선의 스펙트럼을 모니터하여 연구할 수 있다. 분자들의 들뜬 전자 상태에 의한 자발 방출의 연구들은 화학과 생화학에서 특히 유용하며, 토픽 46에서 두 가지 과정, 즉 분자들을 들뜨게 하는 복사선이 조사된 후 수 나노초 이내에 소멸되는 형광과, 오랜 시간 동안 지속될 수 있는 인광의 근원을 설명하게 된다. 이 단계에서는 형광에만 국한시키기로 하며, 이는 화학적, 생화학적 분석에서 민감한 많은 기법의 기초가 되기 때문이다.

일반적인 형광 실험에서 광원은 주로 단색화 장치를 사용하여 분자의 전자 전이를 일으키는 파장에 맞춘다. 전형적으로 방출되는 복사선은 들뜨게 하는 빛살에 수직 방향에서 검출하고 두 번째 단색화 장치로 분석한다(그림 40.12).

40.4 Raman 분광법

전형적인 Raman 분광 실험에서는 단색의 입사 레이저 빔을 시료 속으로 통과시킨 다음에 시료 앞면으로부터 산란되는 복사를 추적 검출한다(그림 40.13). 입사 복사선원으로는 레이저(토픽 46)가 사용되는데, 이것은 강력한 빛살이 산란되는 복사선의 세기를 증가시키기 때문이다. 레이저 빔의 단색성은 산란되는 빛의 파장이 입사 복사선의 파장과 단지 미세하게 다른 경우의 측정을 가능하게 한다. 이러한 고감도는 Raman 분광법에 의해 회전 전이를 관찰하는 데 특히 유용하다. 또한 레이저 복사선의 단색성은 흡수 진동수가 매우

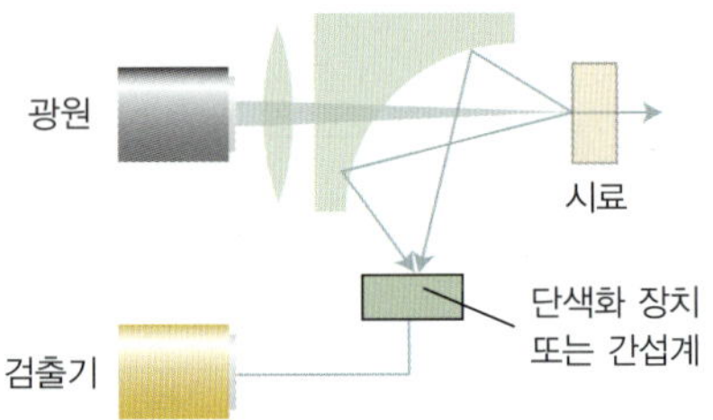

그림 40.13 Raman 분광법에서 보편적으로 이용되는 배열. 레이저 빔이 렌즈를 통과한 다음에 흰 반사면을 가진 거울의 작은 구멍을 통과한다. 이 빛살은 시료에 조사되며, 산란 복사선은 거울에 의해서 반사되어 집속이 된다. 이것을 단색화 장치나 간섭계로 분석하게 된다.

근접한 경우의 관측도 가능하게 한다. Fourier 변환 장치가 보통 사용되며, 이는 다색화 장치 분광계를 CCD 검출기에 연결하여 사용하는 분광계와 같은 것이다.

Raman 분광법에서는 약 10^7개의 입사 광자 중의 한 개가 시료 분자와 충돌하면서 그의 에너지 일부를 내준 다음에 약간 낮은 에너지를 가지고 산란된다. 이들 산란되는 광자들은 시료로부터 낮은 진동수의 **Stokes 복사선(Stokes radiation)**들로 구성되어 있다(그림 40.14). 한편 이 충돌 과정에서 일부 입사된 광자들은 분자(이미 들떠 있는)로부터 에너지를 받아서 진동수가 높은 **반Stokes 복사선(anti-Stokes radiation)**을 내놓기도 한다. 진동수가 변하지 않고 산란되는 복사선 성분은 **Rayleigh 복사선(산란)(Rayleigh radiation)**이라고 한다.

Raman 분광법은 분자에서 회전과 진동 전이를 연구하는데 이용될 수 있다. 대부분의 상용 기기들은 진동 연구를 위해 설계되는데, 이를 생화학, 예술품 복구, 산업 공정의 모니터링에 적용된다. 또한 Raman 분광기는 현미경과 복합시켜 시료의 매우 작은 영역의 스펙트럼을 얻을 수 있게 한다.

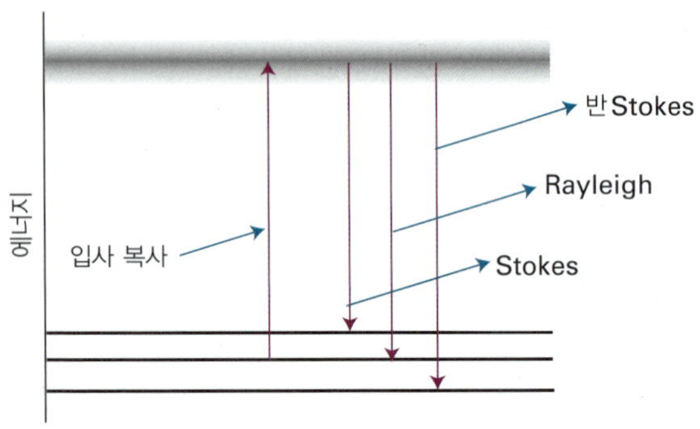

그림 40.14 Raman 분광법에서는 입사 광자가 분자에 의해서 산란되는데, 증가된 진동수를 가진 반Stokes 선을 내놓거나(복사선이 분자로부터 에너지를 얻음으로써), 또는 낮은 진동수를 갖는 Stokes 복사선을 내놓는다(분자에 에너지를 뺏기고). 진동수의 변화가 없으면 Rayleigh 선이 나타난다. 이러한 과정은 분자의 상태가 넓은 영역(그늘진 띠로 나타낸)으로 들떴다가 낮은 상태로 되돌아가기 때문이라고 생각된다. 이 과정에서 알짜 에너지 차는 광자가 가지고 나가는 것이다.

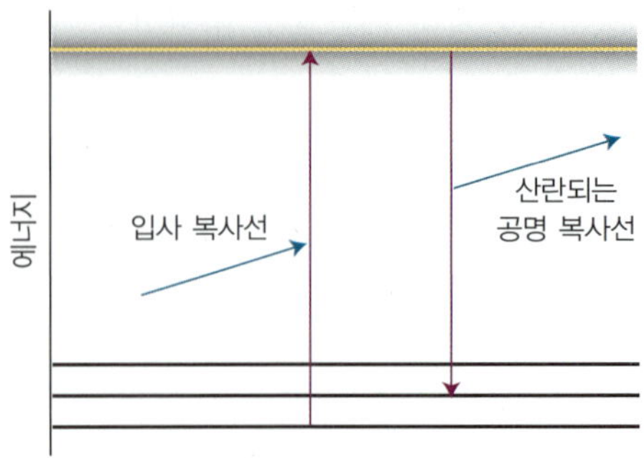

그림 40.15 공명 Raman 효과가 일어나려면 입사 복사선의 진동수가 분자의 실제 전자 상태 들뜸과 매우 가까워야 한다. 들뜬 상태가 가까운 바닥 상태 근처로 되돌아올 때 광자가 방출된다.

많은 특수한 기술은 방금 논의한 배열에 기반을 둔 것이다. 단연코 가장 공통적인 변형은 시료의 전자 전이 진동수와 거의 일치하는 입사 복사선을 이용한다는 것이다(그림 40.15). 그 기술을 **공명 Raman 분광법(resonance Raman spectroscopy)**이라고 한다. 이 방법의 특징은 산란된 복사선이 상당히 세기가 크다는 것이다. 더욱이 오직 소수의 진동 방식만이 보다 강한 산란에 기여하는 경우가 자주 있기 때문에 스펙트럼은 크게 단순화된다.

간단한 예 40.1 공명 Raman 분광법

그림 40.16은 β 카로틴 색소와 엽록소가 결합하고 식물 광합성 과정에서 태양 에너지를 포획하는 단백질의 공명 Raman 스펙트럼을 보여 주고 있다. 단지 얼마 되지 않는 색소 분자들만의 진동 전이만이 관찰되고 있으며, 이러한 선택성은 물(용매), 아미노산 잔기, 펩타이드기들은 이 실험에서 사용되는 레이저 파장에서 전자 상태 전이를 일으키지 않기 때문

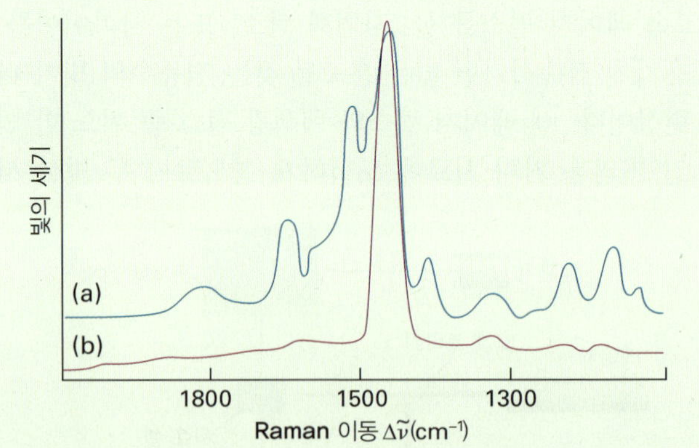

그림 40.16 식물 광합성에서 초기 전자 이동 반응에 관여하는 단백질 착물의 공명 Raman 스펙트럼. (a) 407 nm의 레이저 복사선으로 시료를 들뜨게 하면 모두 이 파장의 빛을 흡수하는 단백질에 결합된 엽록소 a와 β-카로틴이 모두 Raman 띠를 나타낸다. (b) 488 nm의 레이저 복사선으로 들뜨게 하면 엽록소 a가 이 파장을 세게 흡수하지 않기 때문에 β-카로틴만에 의한 Raman 띠가 나타난다(D.F. Ghanotakis et al., *Biochim. Biophys. Acta* **974**, 44 (1989)에서 발췌).

이다. 그림 40.16a와 40.16b의 스펙트럼을 비교해 볼 때, 들뜸 파장을 적절하게 선정하면 한 단백질에 결합된 여러 색소들을 개별적으로 조사할 수 있을 것이다. 예로서 β-카로틴이 센 흡수를 일으키는 488 nm의 복사선으로 시료를 들뜨게 하면 β-카로틴으로부터의 진동띠만이 나타나고, 한편 엽록소 a와 β-카로틴이 비슷한 정도로 흡수를 일으키는 407 nm의 복사선을 이용하면 이 두 형태의 색소에 의한 특징이 나타난다.

자가 진단 40.3 어떤 과정이 공명 Raman 산란이 예상되는 신호에 기여를 할 수 있는가?

답: 자발 방출(형광과 같은)이며, 이는 또한 전자 전이의 들뜸으로부터 비롯된다.

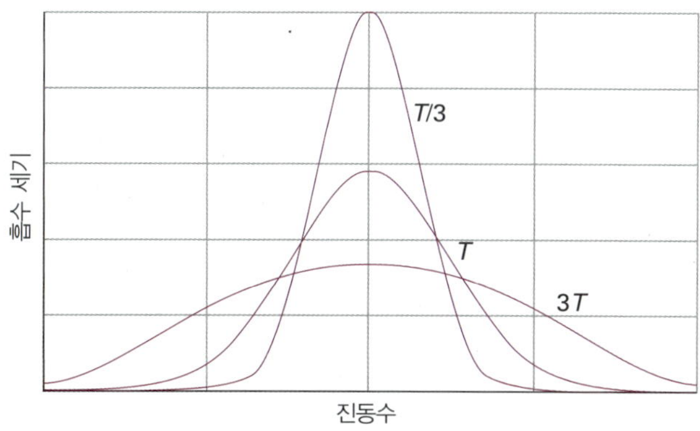

그림 40.17 Doppler 넓어짐 스펙트럼선의 Gauss 모양은 실험 온도에서의 시료에 대한 Mawell 속력 분포를 반영해 주는 것이다. 온도가 올라감에 따라 선의 넓어짐이 증가함을 주목하라.

40.5 스펙트럼 선너비

여러 가지 효과들이 스펙트럼선의 선너비에 영향을 미친다. 이러한 선너비에 기여하는 것들 중 일부는 조건을 변화시킴으로써 조절할 수 있으며, 따라서 높은 분해능을 얻기 위해서는 이러한 기여를 최소화하는 방법을 알아야 한다. 그러나 어떤 기여들은 변화시킬 수가 없으며, 따라서 분해능은 본질적인 한계를 갖는다.

(a) Doppler 넓어짐

기체 시료에서 선너비를 증가시키는 한 중요한 요인은 **Doppler 효과(Doppler effect)**이다. 이것은 광원이 관측자로부터 멀어지거나 가까워질 때 그 진동수가 이동하는 효과이다. 진동수 ν의 전자기 복사선을 방출하는 대상물이 관측자로부터 속력 s로 운동할 때는 이 복사선의 진동수가 관측자에게는 멀어질 때와 가까워질 때 각각 다음과 같이 감지된다.

$$\nu_{\text{receding}} = \nu\left(\frac{1-s/c}{1+s/c}\right)^{1/2} \qquad \nu_{\text{approaching}} = \nu\left(\frac{1+s/c}{1-s/c}\right)^{1/2}$$

Doppler 이동 (40.11a)

여기서 c는 빛의 속도이다. 비상대론적 속력($s \ll c$)의 경우에는 이 식들이 다음과 같이 간단해진다.

$$\nu_{\text{receding}} \approx \frac{\nu}{1+s/c} \qquad \nu_{\text{approaching}} \approx \frac{\nu}{1-s/c} \tag{40.11b}$$

기체에서는 원자와 분자가 모든 방향으로 대단히 큰 속력을 가질 수 있으며, 정지 상태 관측자는 Doppler 이동에 기인되는 영역의 진동수들을 감지하게 된다. 어떤 분자는 관측자를 향하고, 또 어떤 것은 그 반대쪽을 향하며, 어떤 것은 빠르게 또 어떤 것은 느리게 운동할 것이다. 측정되는 스펙트럼 '선'은 이러한 모든 Doppler 이동에 기인되는 흡수 또는 방출 윤곽을 갖는다. 아래 **증명**에서 보이는 바와 같이 이 모양은 관측 방향에 평행한 원자 속력 분포를 나타내는 것으로서 종 모양의 Gauss 곡선이다. 따라서 Doppler 선 모양도 Gauss 곡선 모양이 되며(그림 40.17), 이 **증명**에서 보이는 바와 같이, 온도가 T이고 원자 또는 분자의 질량이 m일 때 반높이에서의 선너비를 관측하면(진동수나 파수로) 다음과 같이 된다.

$$\delta\nu_{\text{obs}} = \frac{2\nu}{c}\left(\frac{2kT\ln 2}{m}\right)^{1/2}$$
$$\delta\lambda_{\text{obs}} = \frac{2\lambda}{c}\left(\frac{2kT\ln 2}{m}\right)^{1/2}$$

Doppler 넓어짐 (40.12)

온도가 올라가면 원자들의 속도 범위가 더 넓어지므로 Doppler 넓어짐이 더 커진다. 따라서 최대로 예민한 선을 얻으려면 가능한 한 기체 시료의 온도를 낮게 해 주어야 한다.

간단한 예 40.2 Doppler 넓어짐

300 K에서 질량 $28.02m_u$를 갖는 N_2에 대해서는 다음과 같다.

$$\frac{\delta\nu_{\text{obs}}}{\nu} = \frac{2}{c}\left(\frac{2kT\ln 2}{m_{N_2}}\right)^{1/2}$$
$$= \frac{2}{2.998\times10^{8}\,\text{m s}^{-1}} \times \left(\frac{2\times\left(1.380\times10^{-23}\ \overset{\text{kg m}^2\,\text{s}^{-2}}{\hat{\text{J}}}\ \text{K}^{-1}\right)\times(300\,\text{K})\times\ln 2}{4.653\times10^{-26}\,\text{kg}}\right)^{1/2}$$
$$= 2.34\times10^{-6}$$

전이 파수 2331 cm^{-1}(N_2의 Raman 스펙트럼에서)은 진동수 69.9 THz(1 THz = 10^{12} Hz)에 해당되며, 이때 선너비는 164 MHz이다.

자가 진단 40.4 300 K에서 수소 원자에 대한 821 nm 전이의 Doppler 넓어짐의 선너비는 얼마인가?

답: 4.38 GHz

증명 40.2 Doppler 넓어짐

Boltzmann 분포(기초 지식 토픽 2와 토픽 51)에 의하면, 온도가 T인 기체 시료 속에서 질량이 m인 원자나 분자가 운동 에너지 $E_k = \frac{1}{2}ms^2$을 가질 확률은 $e^{-ms^2/2kT}$에 비례한다. 분자가 내놓거나 흡수하는 진동수의 관측값 ν_{obs}는 식 40.11a에 의해서 그 속도와 관련된다. $s \ll c$일 때는 Doppler 진동수 이동이 다음과 같이 된다.

$$\nu_{obs} - \nu \approx \pm \nu s/c$$

더 명확하게 말하면, ν_{obs}에서의 전이 세기 I는 ν_{obs}에서 빛을 내놓거나 흡수하는 원자를 발견할 확률에 비례하며, 그리하여 Boltzmann 분포와 Doppler 이동에 관한 식, $s = \pm(\nu_{obs} - \nu)c/\nu$로부터 다음과 같은 결과를 얻을 수 있다.

$$I(\nu_{obs}) \propto e^{-mc^2(\nu_{obs}-\nu)^2/2\nu^2 kT} \tag{40.13}$$

이것은 Gauss 함수와 같은 형태이다. Gauss 함수 $ae^{-(x-b)^2/2\sigma^2}$(여기에서 a, b, σ는 상수)의 반높이에서의 선너비는 $\delta x = 2\sigma(2 \ln 2)^{1/2}$이므로 $\delta\nu_{obs}$는 식 40.13의 지수로부터 계산할 수 있어 식 40.12가 된다.

(b) 수명 넓어짐

측정 온도를 낮추어서 Doppler 넓어짐 효과를 대부분 제거시켜도 기체상 시료의 스펙트럼선들은 무한히 뾰족해지지 않는다. 이러한 잔류 넓어짐은 양자 역학적 효과로부터 유래되는 것이다. 구체적으로 말하면 시간에 따라 변하는 계의 상태를 Schrödinger 식으로 풀어 보면 그 에너지 준위가 엄밀하게 명시되지 않는다(토픽 16). 만일 계의 상태가 평균적으로 존속되는 시간, 즉 상태의 수명을 τ라고 하면, 그 에너지 준위들은 $\delta E \approx \hbar/\tau$(식 16.9) 크기 정도가 모호해지게 된다. $\delta E = hc\delta\tilde{\nu}$ 관계에 의하여 파수로 표현된 에너지의 퍼짐과 알려진 기본 상수 값을 넣어 주면 이 관계식은 다음과 같이 된다.

$$\delta\tilde{\nu} \approx \frac{5.3\,\text{cm}^{-1}}{\tau/\text{ps}} \quad \text{수명 넓어짐} \tag{40.14}$$

그리하여 스펙트럼선의 **수명 넓어짐(lifetime broadening)**이 나타나게 된다. 어떠한 들뜬 상태들도 무한한 수명을 갖지 못하며, 따라서 모든 상태들은 얼마간의 수명 넓어짐을 나타내게 된다. 전이에 관련되는 상태들의 수명이 짧을수록 해당 스펙트럼선들의 폭이 더 넓어진다.

간단한 예 40.3 수명 넓어짐

전형적인 들뜬 전자 상태 수명은 $\tau = 10^{-8}\,\text{s} = 1.0\times10^4\,\text{ps}$로서 이에 해당하는 선너비는 다음과 같으며, 이는 16 MHz에 해당한다.

$$\delta\tilde{\nu} \approx \frac{5.3\,\text{cm}^{-1}}{1.0\times10^4} = 5.3\times10^{-4}\,\text{cm}^{-1}$$

자가 진단 40.5 분자 회전의 전형적인 수명은 약 10^3초이다. 이 스펙트럼의 선너비는 얼마인가?

답: 5×10^{-15} cm^{-1}(약 10^{-4} Hz 자릿수)

들뜬 상태는 주로 두 가지 과정 때문에 그 수명이 유한하다. 그중에서 낮은 진동수 전이를 일으키는 것에 대한 지배적 과정은 원자가 다른 원자나 용기의 기벽과 충돌하기 때문에 나타나는 **충돌 비활성화(collisional deactivation)**이다. 두 충돌 사이의 평균 시간을 나타내는 **충돌 수명(collisional lifetime)**을 τ_{col}이라고 하면, 여기에 기인하는 충돌 선너비는 $\delta E_{col} \approx \hbar/\tau_{col}$이 된다. $\tau_{col} = 1/z$, 즉 충돌 빈도 z의 역수이며, 기체의 분자 운동론 모형(토픽 78)에 의하면 z는 압력 p에 비례하기 때문에 충돌 선너비는 압력에 비례한다고 결론을 낼 수 있다. 따라서 낮은 압력을 이용하면 충돌 선너비를 극소화시킬 수 있다.

자발적 방출의 속도는 변화시킬 수 없다(토픽 16). 따라서 이것은 들뜬 상태 수명의 자연적 한계이며, 여기에 기인되는 수명 넓어짐은 전이의 **자연적 선너비(natural linewidth)**이며, 조건을 바꾸어 주어도 변하지 않는다. 자발적 방출의 속도는 ν^3에 따라 증가하기 때문에(토픽 16) 들뜬 상태의 수명은 ν^3에 따라 감소하고 자연적 선너비는 전이 진동수에 따라 증가한다. 그리하여 회전(마이크로파) 전이는 진동(적외선) 전이보다 훨씬 낮은 진동수에서 일어나며, 결과적으로 훨씬 긴 수명과, 따라서 훨씬 작은 자연적 선너비를 갖는다. 낮은 압력에서의 회전 선너비는 원리적으로 Doppler 넓어짐에 기인한다.

개념 확인

☐ 1. **방출 분광법**에서 분자는 높은 에너지 상태에서 낮은 에너지 상태로 전이를 겪으며 여분의 에너지는 광자로서 방출된다.

☐ 2. **흡수 분광법**에서 입사 복사선의 알짜 흡수는 이것의 진동수를 변화시키면서 추적, 검출한다.

☐ 3. **분광계**는 원자나 분자에 의해 산란, 방출, 흡수되는 복사선의 특성을 검출하는 장치이다.

☐ 4. **Raman 분광법**은 분자 상태의 변화들을 분자에 의해 산란되어 존재하는 진동수를 조사하여 탐구하는 방법이다.

☐ 5. **Stokes 복사선**은 광자가 분자들과 충돌하는 동안 그들의 에너지 일부를 내놓는(이후에 낮은 진동수를 나타낸다) 것으로, Raman 산란의 결과이다.

☐ 6. **반Stokes 복사선**은 광자가 분자들과 충돌하는 동안 그들의 에너지 일부를 얻는(이후에 높은 진동수를 나타낸다) 것으로, Raman 산란의 결과이다.

☐ 7. 산란된 복사선의 성분에서 진동수의 변화가 없는 것은 **Rayleigh 복사선**이라 부른다.

☐ 8. 스펙트럼선들의 **Doppler 넓어짐**은 시료 속에 들어 있는 원자나 분자의 속력 분포 때문에 나타난다.

☐ 9. **수명 넓어짐**은 들뜬 상태는 유한한 수명과, 결과적으로 에너지 준위가 흐려지는 것 때문에 생긴다.

☐ 10. 원자들 사이의 충돌은 들뜬 상태 수명과 스펙트럼 선너비에 영향을 준다.

☐ 11. 전이의 **자연적 선너비**는 전이 진동수에서 일어나는 자발적 방출의 속도에 의존하는 하나의 본질적 성질이다.

식 확인

성질	식	비고	식 번호
Fourier 변환	$I(\tilde{\nu})=4\int_0^{\infty}\left\{I(p)-\frac{1}{2}I(0)\right\}\cos 2\pi\tilde{\nu}p\,\mathrm{d}p$	Michelson 간섭계로 스펙트럼 데이터를 수집함.	40.3
Beer–Lambert 법칙	$I=I_0 10^{-\varepsilon[\mathrm{J}]L}$	균일한 매질	40.6
흡광도	$A=\log(I_0/I)=-\log T$	정의	40.8
적분 흡광 계수	$\mathcal{A}=\int_{\mathrm{band}}\varepsilon(\tilde{\nu})\mathrm{d}\tilde{\nu}$	정의	40.10
Doppler 넓어짐	$\delta\nu_{\mathrm{obs}}=2\nu/c(2kT\ln 2/m)^{1/2}$ $\delta\lambda_{\mathrm{obs}}=2\lambda/c(2kT\ln 2/m)^{1/2}$		40.12
수명 넓어짐	$\delta\tilde{\nu}\approx(5.3\,\mathrm{cm}^{-1})/(\tau/\mathrm{ps})$		40.14

토픽 41

분자 회전

내용

➤ 학습 목표

마이크로파 스펙트럼의 근원과 그것들로부터 결합 길이와 같은 분자의 유용한 정보를 이끌어 내기 위하여 다원자 분자의 회전에 관한 양자 역학적 취급법을 이해해야 한다.

➤ 핵심 내용

강체 회전자로 모형화한 분자의 에너지 준위는 양자수들과 관성 모멘트와 연관된 파라미터들의 항으로 표현될 수 있다.

➤ 미리 알기

회전 운동의 고전적 설명에 익숙해져야 한다(**기초 지식**, 토픽 2). 또한 고리 위의 입자(토픽 13)와 구 위의 입자(토픽 14)를 회전 운동의 양자 역학적 모형으로 잘 알고 있어야 한다.

토픽 13과 14에서는 이원자 분자의 회전 상태들을 고리 위의 입자와 구 위의 입자를 각각 모형으로 사용하여 탐구하였다. 여기에서는 다원자 분자의 회전에 적용할 수 있는 더 복잡한 모형을 사용할 것이다.

41.1 관성 모멘트

분자 회전의 설명을 위하여 앞으로 필요하게 될 중요한 분자 파라미터는 분자의 **관성 모멘트**(**moment of inertia**, I)이다(토픽 13 참조). 분자의 관성 모멘트는 각 원자의 질량에 분자의 질량 중심을 통과하는 회전축으로부터 그 원자까지의 수직 거리의 제곱을 곱해서 합한 것이다(그림 41.1). 즉

$$I=\sum_i m_i x_i^2 \qquad \text{정의 관성 모멘트} \qquad (41.1)$$

여기에서 x_i는 회전축으로부터 원자 i까지의 수직 거리이다. 관성 모멘트는 분자 속에 존재하는 원자들의 질량과 분자의 기하학적 모양에 의존하며, 그리하여 마이크로파 분광법을 사용하면 결합 길이나 결합각과 같은 정보를 얻을 수 있을

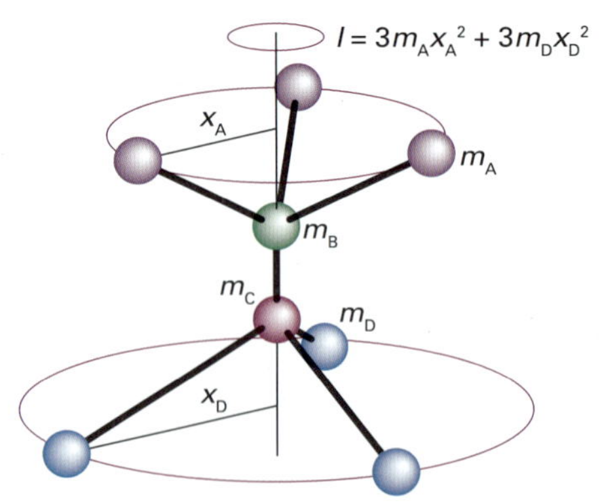

그림 41.1 관성 모멘트의 정의. 이 분자에서는 3개의 동일한 원자가 B 원자에 붙어 있고, 또 다른 종류의 3개의 동일한 원자가 C 원자에 붙어 있다. 이 분자에서는 질량 중심이 B 원자와 C 원자를 통과하는 축 상에 위치하며, 수직 거리는 이 축으로부터 측정한다.

것으로 기대할 수 있다(자세한 설명은 토픽 42를 참조할 것).

일반적으로 모든 분자들의 회전 성질은 분자 속에 잡은 세 직교축에 대한 관성 모멘트를 가지고 나타낼 수 있다(그림 41.2). 세 관성 모멘트 I_a, I_b, I_c의 표지는 규약상 $I_c \geq I_b \geq I_a$가 되도록 붙인다. 선형 분자의 경우에는 핵간 연결축 주위의 관성 모멘트가 0이다(모든 원자에 대해서 $x_i = 0$이므로). 일부 대칭 분자들의 관성 모멘트에 관한 명시적인 식들을 표 41.1에 나타내었다.

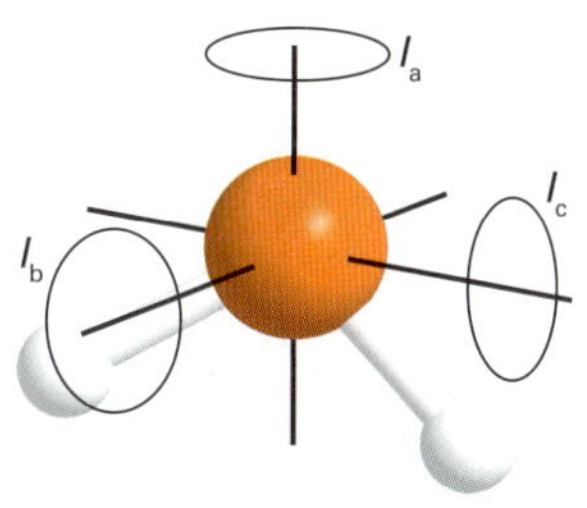

그림 41.2 비대칭 회전자는 3개의 상이한 관성 모멘트를 가지고 있다. 3개의 회전축이 모두 분자의 질량 중심에서 만난다.

표 41.1 관성 모멘트*

1. 이원자 분자

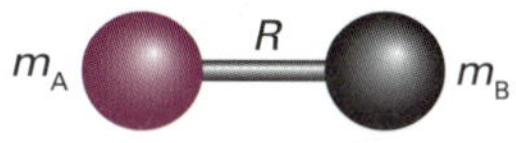

$$I = \mu R^2 \quad \mu = \frac{m_A m_B}{m}$$

2. 삼원자 선형 회전자

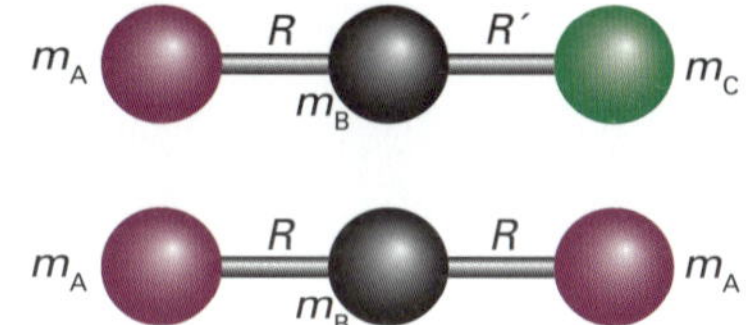

$$I = m_A R^2 + m_C R'^2 - \frac{(m_A R - m_C R')^2}{m}$$

$$I = 2m_A R^2$$

3. 대칭 회전자

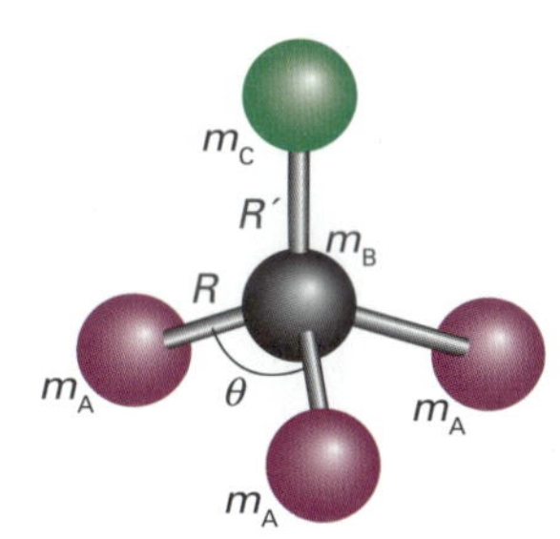

$$I_{\parallel} = 2m_A(1-\cos\theta)R^2$$

$$I_{\perp} = m_A(1-\cos\theta)R^2 + \frac{m_A}{m}(m_B + m_A)(1+2\cos\theta)R^2 + \frac{m_C}{m}\left\{(3m_A + m_B)R' + 6m_A R\left[\frac{1}{3}(1+2\cos\theta)\right]^{1/2}\right\}R'$$

$$I_{\parallel} = 2m_A(1-\cos\theta)R^2$$

$$I_{\perp} = m_A(1-\cos\theta)R^2 + \frac{m_A m_B}{m}(1+2\cos\theta)R^2$$

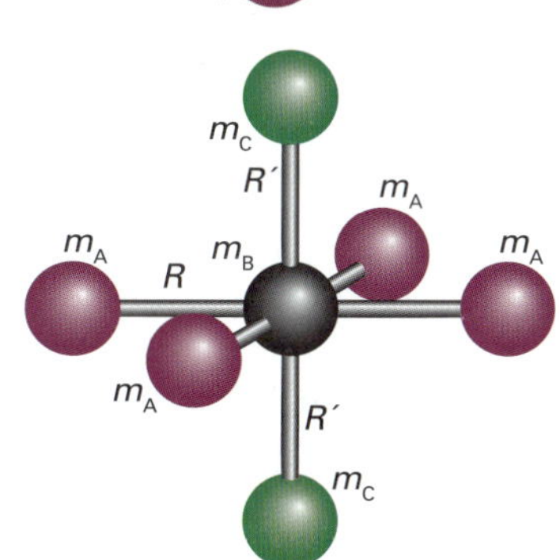

$$I_{\parallel} = 4m_A R^2$$

$$I_{\perp} = 2m_A R^2 + 2m_C R'^2$$

4. 구형 회전자

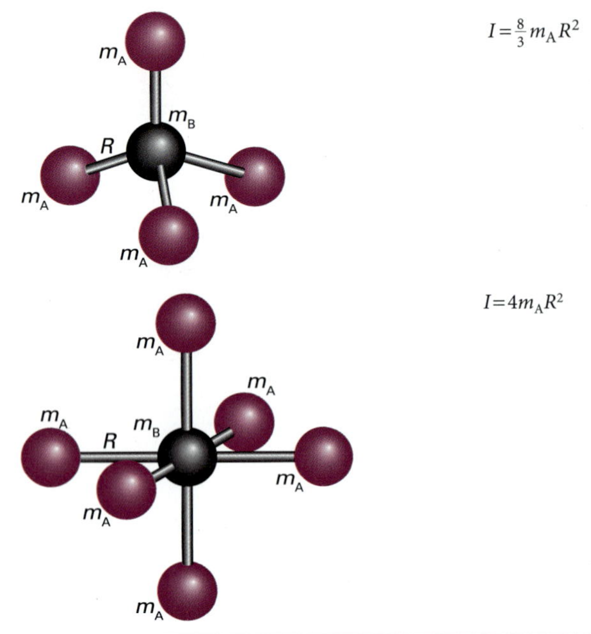

$I=\frac{8}{3}m_A R^2$

$I=4m_A R^2$

*각 경우에 m은 분자 전체의 질량이다.

예제 41.1 분자의 관성 모멘트 계산

H_2O 분자에서 HOH 각을 이등분하는 축(**1**)에 관한 관성 모멘트를 계산하시오. HOH 결합각은 104.5°이며, 결합 길이는 95.7 pm이다.

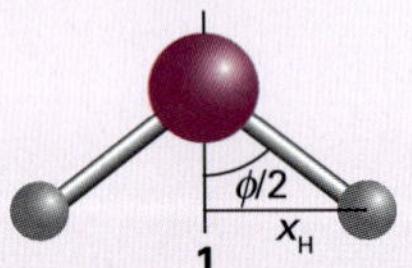

방법 식 41.1에 의하면 관성 모멘트는 각 원자의 질량에 회전축으로부터 그 원자까지의 거리의 제곱을 곱해서 합한 것이다. 이 거리는 결합각과 결합 길이를 가지고 삼각함수 관계를 이용하여 나타낼 수 있다.

실용 상식 관성 모멘트를 계산할 때는 원소의 몰질량이 아닌 실제의 원자 질량을 사용해야 한다. 원자 질량 상수 m_u를 이용하여 상대 질량을 실제 질량으로 환산하는 것을 잊지 말아야 한다.

풀이 식 41.1로부터 다음 식을 얻을 수 있다.

$$I=\sum m_i x_i^2 = m_H x_H^2 + 0 + m_H x_H^2 = 2m_H x_H^2$$

분자의 결합각의 절반을 ϕ, 결합 길이를 R로 나타내면 삼각함수 관계에 의해서 $x_H = R\sin\frac{1}{2}\phi$가 된다. 따라서

$$I=2m_H R^2 \sin^2\tfrac{1}{2}\phi$$

여기에 데이터를 넣어 주면 다음과 같은 결과를 얻을 수 있다.

$$\begin{aligned} I &= 2\times(1.67\times10^{-27}\,\mathrm{kg})\times(9.57\times10^{-11}\,\mathrm{m})^2\times\sin^2(\tfrac{1}{2}\times104.5°) \\ &= 1.91\times10^{-47}\,\mathrm{kg\,m^2} \end{aligned}$$

H 원자가 축 주위를 회전하는 동안에 O 원자는 움직이지 않으므로 O 원자의 질량은 이 회전 방식에 대한 관성 모멘트에 아무런 기여도 하지 않음을 주목해야 한다.

자가 진단 41.1 $CH^{35}Cl_3$ 분자에서 C—H 결합을 포함하는 회전축 주위의 관성 모멘트를 계산하시오. C—Cl 결합 길이는 177 pm이고, HCCl 각은 107°이다. 또 $m(^{35}Cl)=34.97\,m_u$이다.

답: 4.99×10^{-45} kg m^2

우선은 분자가 회전 응력에 의해서 뒤틀리지 않는다고 가정하고, 모든 분자를 **강체 회전자(rigid rotor)**와 같이 취급한다. 이 강체 회전자들은 다음과 같은 네 가지 유형으로 분류할 수 있다(그림 41.3).

구형 회전자(spherical rotor); 3개의 동일한 관성 모멘트를 갖는다(예: CH_4, SiH_4, SF_6).

대칭 회전자(symmetric rotor); 2개의 동일한 관성 모멘트를 가지며, 나머지 1개가 0이 아니다(예: NH_3, CH_3Cl, CH_3CN).

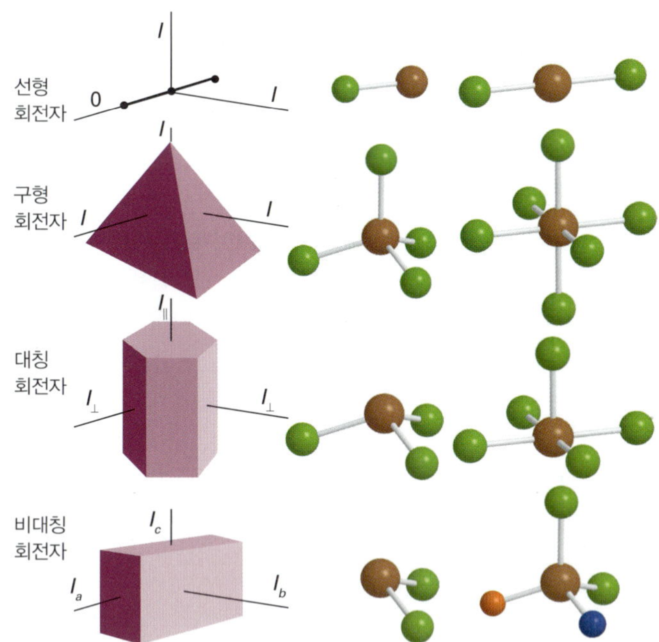

그림 41.3 강체 회전자의 분류 방법을 설명하는 그림

선형 회전자(linear rotor); 2개의 동일한 관성 모멘트를 가지며, 나머지 1개(분자축 주위의)가 0이다(예: CO_2, HCl, OCS, HC≡CH).

비대칭 회전자(asymmetric rotor); 3개의 관성 모멘트가 0이 아닌 상이한 값을 갖는다(예: H_2O, H_2CO, CH_3OH).

구형, 대칭, 비대칭 회전자를 **구형 팽이**(spherical top), **대칭 팽이**(symmetric top), **비대칭 팽이**(asymmetric top)라고도 한다.

41.2 회전 에너지 준위

강체 회전자의 회전 에너지 준위는 적절한 Schrödinger 식을 풀어서 구할 수 있다. 그러나 다행스럽게도 훨씬 덜 복잡한 지름길을 택해서 정확한 식을 구할 수 있다. 즉 회전체의 에너지에 대한 고전적 식을 구해서 이 식을 각운동량으로 나타내고, 이어서 각운동량의 양자 역학적 성질을 이 식에 집어넣는 것이다.

회전축 a 주위를 회전하는 물체의 에너지에 대한 고전적 식은 다음과 같다.

$$E_a = \tfrac{1}{2} I_a \omega_a^2 \tag{41.2}$$

여기에서 ω_a는 축 주위의 각속도이며(단위 시간당 라디안, rad s^{-1}), I_a는 이 축에 관한 관성 모멘트이다. 세 축 주위로 자유 회전을 하는 물체는 다음과 같은 에너지를 갖는다.

$$E = \tfrac{1}{2} I_a \omega_a^2 + \tfrac{1}{2} I_b \omega_b^2 + \tfrac{1}{2} I_c \omega_c^2 \tag{41.3}$$

회전축 a에 관한 고전 역학적 각운동량은 $J_a = I_a \omega_a$이고, 다른 축에 대해서도 유사한 표현을 할 수 있으며, 따라서 이 에너지를 다음과 같이 나타낼 수 있다.

$$E = \frac{J_a^2}{2I_a} + \frac{J_b^2}{2I_b} + \frac{J_c^2}{2I_c} \quad \text{고전적 식 | 회전 에너지} \tag{41.4}$$

이 식은 기본이 되는 식으로서 토픽 14에서 논한 바와 같이 각운동량의 양자 역학적 성질과 결합하여 사용될 수 있다.

(a) 구형 회전자

CH_4나 SF_6에서와 같이 3개의 관성 모멘트가 모두 어떤 한 값 I와 같을 때는 위의 고전적 에너지 식이 다음과 같이 된다.

$$E = \frac{J_a^2 + J_b^2 + J_c^2}{2I} = \frac{J^2}{2I} \tag{41.5}$$

여기에서 $J^2 = J_a{}^2 + J_b{}^2 + J_c{}^2$는 각운동량 크기의 제곱이다. 이 식에 다음과 같이 치환을 하면 양자 역학적 식을 바로 구할 수 있다.

$$J^2 \to J(J+1)\hbar^2 \quad J = 0, 1, 2, \ldots$$

여기에서 J는 각운동량 양자수이다. 따라서 구형 회전자는 다음과 같이 한정된 에너지 값들만을 가질 수 있다.

$$E_J = J(J+1)\frac{\hbar^2}{2I} \quad J = 0,1,2,\ldots \quad \text{구형 회전자 | 회전 에너지 준위} \tag{41.6}$$

이와 같이 구한 사다리 모양의 에너지 준위를 그림 41.4에 나타내었다.

분자의 회전 에너지를 나타내기 위해서는 일반적으로 다음과 같은 **회전 상수**(rotational constant, $\tilde{B}$)를 이용한다.

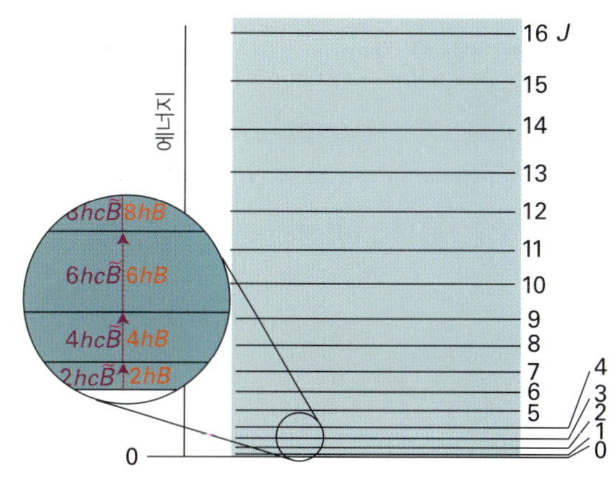

그림 41.4 선형 또는 구형 회전자의 회전 에너지 준위. 인접 에너지 준위 사이의 에너지 간격은 J가 증가할수록 커진다.

$$hc\tilde{B}=\frac{\hbar^2}{2I} \quad \text{따라서} \quad \tilde{B}=\frac{\hbar}{4\pi cI}$$ 구형 회전자 회전 상수 (41.7)

$\tilde{B}$는 파수이다. 그러면 에너지에 관한 식이 다음과 같이 된다.

$$E_J=hc\tilde{B}J(J+1) \quad J=0,1,2,\ldots$$ 구형 회전자 에너지 준위 (41.8)

또한 회전 상수는 진동수를 가지고 정의하는 것이 일반적이다. 그리하여 $B=\hbar/4\pi I$로 정의하고, 에너지를 $E=hBJ(J+1)$로 나타낸다. 두 회전 상수 사이에는 $B=c\tilde{B}$의 관계가 성립한다.

회전 상태의 에너지는 일반적으로 **회전항(rotational term)** $\tilde{F}(J)$로 표시하는데, 이것은 식 41.8의 양변을 hc로 나눈 것으로서 파수의 차원을 갖는다. 즉

$$\tilde{F}(J)=\tilde{B}J(J+1)$$ 구형 회전자 회전항 (41.9)

회전항을 진동수로 표현하려면 $F=c\tilde{F}$를 사용한다. 인접 회전 준위 사이의 간격은 다음과 같이 된다.

$$\tilde{F}(J+1)-\tilde{F}(J)=\tilde{B}(J+1)(J+2)-\tilde{B}J(J+1)=2\tilde{B}(J+1) \quad (41.10)$$

회전 상수는 I에 반비례하므로 분자가 커질수록 그 회전 에너지 준위 사이의 간격이 좁아진다.

간단한 예 41.1 구형 회전자

$^{12}C^{35}Cl_4$의 예를 생각해 보자. 표 41.1에서 C—Cl의 결합 길이($R_{C-Cl}=177$pm)와 ^{35}Cl 원자핵의 질량($m(^{35}Cl)=34.97m_u$)로부터 관성 모멘트를 구하면 다음과 같다.

$$I=\frac{8}{3}m(^{35}\mathrm{Cl})R_{\mathrm{C-Cl}}^2=\frac{8}{3}\times\overbrace{(5.807\times10^{-26}\ \mathrm{kg})}^{34.97\times(1.66054\times10^{-27}\ \mathrm{kg})}\times(1.77\times10^{-10}\ \mathrm{m})^2$$
$$=4.85\times10^{-45}\ \mathrm{kg\ m^2}$$

그리고 식 41.7로부터 다음과 같이 구해진다.

$$\tilde{B}=\frac{1.054\,57\times10^{-34}\ \overset{\mathrm{kg\,m^2s^{-2}}}{\hat{\mathrm{J}}}\ \mathrm{s}}{4\pi\times(2.998\times10^8\ \mathrm{m\ s^{-1}})\times4.85\times10^{-45}\ \mathrm{kg\ m^2}}$$
$$=5.77\ \mathrm{m^{-1}}=0.0577\ \mathrm{cm^{-1}}$$

따라서 식 41.10으로부터 $J=0$과 $J=1$ 준위 사이의 에너지 간격은 $\tilde{F}(1)-\tilde{F}(0)=2\tilde{B}=0.1154\ \mathrm{cm^{-1}}$이 된다.

자가 진단 41.2 $^{12}C^{35}Cl_4$에 대하여 $\tilde{F}(2)-\tilde{F}(0)$을 계산하시오.

답: $6\tilde{B}=0.3462\ \mathrm{cm^{-1}}$

(b) 대칭 회전자

대칭 회전자에서는 세 개의 모든 관성 모멘트가 0이 아니며 그중 둘은 서로 같지만 나머지 하나는 다르다(예로서 CH_3Cl, NH_3, C_6H_6에서와 같이). 이러한 분자의 특유한 축은 **주축(principal axis**, 또는 figure axis)이다. 이 주축에 대한 독특한 관성 모멘트를 $I_\parallel$로, 다른 둘을 $I_\perp$로 나타낸다. $I_\parallel>I_\perp$라면 회전자는 **납작 팽이(oblate**, C_6H_6와 같은 호떡 모양)로, 또 $I_\parallel<I_\perp$인 것은 **뾰족 팽이(prolate**, CH_3Cl과 같은 시가와 같은 모양)로 분류한다. 이러한 분자들의 회전 에너지는 고전적으로 식 41.4로 주어진다. 즉

$$E=\frac{J_b^2+J_c^2}{2I_\perp}+\frac{J_a^2}{2I_\parallel} \quad (41.11)$$

이 식은 $J^2=J_a^2+J_b^2+J_c^2$을 이용하여 다음과 같이 나타낼 수 있다.

$$E=\frac{J^2-J_a^2}{2I_\perp}+\frac{J_a^2}{2I_\parallel}=\frac{J^2}{2I_\perp}+\left(\frac{1}{2I_\parallel}-\frac{1}{2I_\perp}\right)J_a^2 \quad (41.12)$$

이것을 양자 역학적 결과로 바꾸려면 고전 역학적인 J^2 대신에 $J(J+1)\hbar^2$으로 치환한다. 또한 이미 알고 있는 바와 같이 각운동량에 관한 양자론에 의하면(토픽 14) 임의의 축에 대한 각운동량의 성분은 $K\hbar$가 되며, K는 0, ±1, ⋯, ±J의 값을 갖는다. (K는 주축에 대한 성분을 나타내는 데 쓰이는 양자수이다. M_J는 외적으로 정의되는 축 상의 성분을 위해서 남겨둔다.) 그리하여 J_a^2도 $K^2\hbar^2$으로 바꾸어 준다. 그러면 회전항이 다음과 같이 된다.

$$\tilde{F}(J,K)=\tilde{B}J(J+1)+(\tilde{A}-\tilde{B})K^2$$
$$J=0,1,2,\ldots \quad K=0,\pm1,\ldots,\pm J$$ 대칭 회전자 회전항 (41.13)

여기에서

$$\tilde{A}=\frac{\hbar}{4\pi cI_\parallel} \qquad \tilde{B}=\frac{\hbar}{4\pi cI_\perp} \quad (41.14)$$

식 41.13은 분자의 회전 에너지 준위들이 구별되는 두 관성

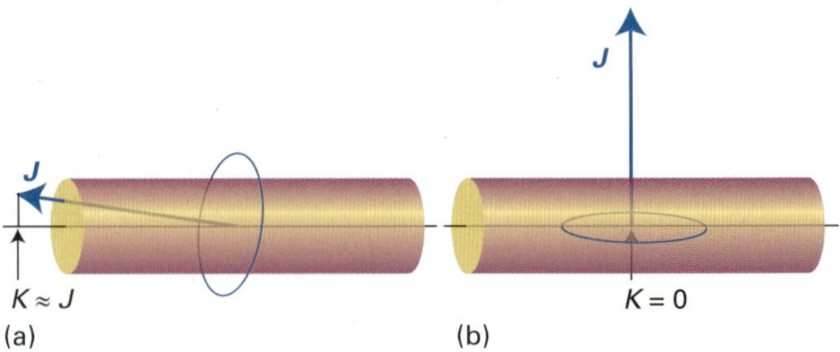

그림 41.5 양자수 K의 의의. (a) $|K|$가 최댓값 J에 가까울 때는 분자가 주로 주축 주위를 회전하게 된다. (b) $K=0$일 때는 주축 주위의 각운동량이 0이다. 이때는 분자가 주축에 수직한 축 주위로 회전한다. 이것은 빙글빙글 도는 회전이다.

모멘트에 의존할 것이라는 생각과 부합되는 것이다.

- $K=0$일 때는 주축에 관한 각운동량 성분이 0이 되고, 에너지 준위는 $I_{\perp}$에만 의존한다(그림 41.5).
- $K=\pm J$일 때는 각운동량이 거의 전부 주축 주위의 회전에 기인하게 되며, 에너지 준위는 주로 $I_{\parallel}$에 의존한다.
- K의 부호는 에너지에 영향을 주지 않는데, 이것은 반대 부호의 K를 갖는 분자가 회전축 주위를 반대 방향으로 크기가 같게 회전하며, 에너지는 회전 방향과 무관하기 때문이다.

물리적 해석

예제 41.2 대칭 회전자의 회전 에너지 준위 계산

$^{14}NH_3$ 분자는 결합 길이가 101.2 pm이고, HNH 결합각이 106.7°인 대칭 회전자이다. 이 분자의 회전항을 구하시오.

실용 상식 관성 모멘트를 정확하게 계산하려면 핵종을 명시해야 한다.

방법 우선 표 41.1과 식 41.14에 주어진 관성 모멘트 식을 이용하여 회전 상수 $\tilde{A}$와 $\tilde{B}$를 계산한다. 이어서 식 41.13을 써서 회전항을 구한다.

풀이 표 41.1의 대칭 회전자에 관한 두 번째 식에 $m_A=1.0078\,m_u$, $m_B=14.0031m_u$, $R=101.2$ pm, $\theta=106.7°$를 넣어 주면 $I_{\parallel}=4.4128\times10^{-47}$ kg m^2, $I_{\perp}=2.8059\times10^{-47}$ kg m^{2}가 나온다. 따라서 **간단한 예** 41.1에서와 같은 동일한 종류의 계산을 하면 $\tilde{A}=6.344$ cm^{-1}, $\tilde{B}=9.977$ cm^{-1}이 된다. 그리고 식 41.13에 의해서 다음과 같은 결과를 얻을 수 있다.

$$\tilde{F}(J,K)/\text{cm}^{-1}=9.977\times J(J+1)-3.933K^2$$

여기에 c를 곱해 주면 $\tilde{F}(J,K)$가 진동수의 단위를 갖는 $F(J,K)$가 된다.

$$F(J,K)/\text{GHz}=299.1\times J(J+1)-108.9K^2$$

$J=1$인 경우에 분자를 주로 그 주축 주위로($K=\pm J$) 회전시키는 데 필요한 에너지는 16.32 cm^{-1}(489.3 GHz)이지만, 빙글빙글 회전할 때는($K=0$) 그 에너지가 19.95 cm^{-1}(598.1 GHz)이 된다.

자가 진단 41.3 $CH_3{}^{35}Cl$ 분자에서는 C—Cl 결합 길이가 178 pm, C—H 결합 길이가 111 pm, HCH 각이 110.5°이다. 이 분자의 회전 에너지 항을 계산하시오.

답: $\tilde{F}(J,K)/\text{cm}^{-1}=0.444J(J+1)+4.58K^2$, 또한 $F(J,K)/\text{GHz}=13.3J(J+1)+137K^2$

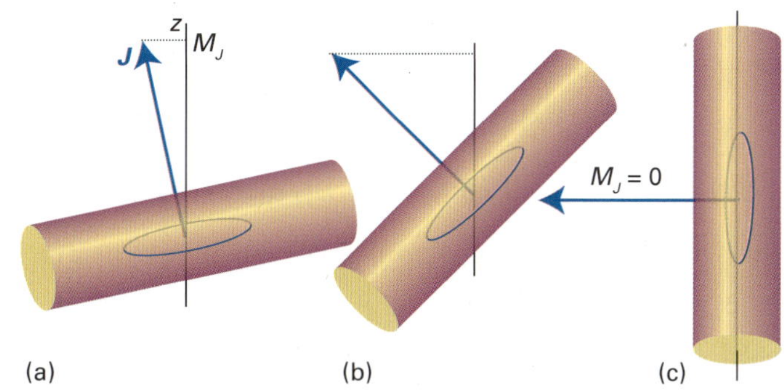

그림 41.6 양자수 M_J의 중요성. (a) M_J가 최댓값인 J에 가까울 때는 분자가 주로 실험실적 z축 주위를 회전한다. (b) M_J의 중간 상태 값. (c) $M_J=0$일 때는 z축 주위의 각운동량이 0이다. 이 세 그림은 모두 $K=0$인 상태에 해당하는 것들이다. K 값이 달라지면 거기에 따른 그림을 그릴 수 있는데, 이 경우에는 각운동량이 분자의 주축에 대해서 상이한 각도를 나타낸다.

대칭 회전자의 에너지는 J와 K에 의존하며, $K=0$일 때를 제외하면 각 에너지 준위가 이중으로 축퇴되어 있다. 즉 K와 $-K$의 상태가 동일한 에너지를 갖는다. 그러나 분자의 각운동량은 외부적인 실험실적으로 선정되는 축 상의 성분을 갖는다는 것을 잊어서는 안 된다. 이 축 성분은 양자화되어 $M_J\hbar$인 값만을 가질 수 있으며, 이때 $M_J=0, \pm1, \cdots, \pm J$로서 모두 $(2J+1)$개가 된다(그림 41.6). 양자수 M_J는 에너지를 나타내는 식에는 나타나지 않지만 회전자의 상태를 완전하게 명시하는 데 필요하다. 결과적으로 회전하는 분자의 $2J+1$ 배향은 모두 동일한 에너지를 갖는다. 따라서 대칭 회전자 준위는 $K\neq0$인 경우에는 $2(2J+1)$중으로, $K=0$일 때는 $(2J+1)$중으로 축퇴된다. 선형 회전자의 경우에는 K의 값이 0으로 고정되지만, 그 각운동량은 실험실적 축에 대해서 $2J+1$개의 성분을 가질 수 있으며, 따라서 그 축퇴도는 $2J+1$이 된다.

구형 회전자는 $\tilde{A}=\tilde{B}$인 대칭 회전자라고 생각할 수 있다. 양자수 K는 여전히 $2J+1$개 중 어느 하나의 값을 가질 수 있지만, 에너지는 K가 어떠한 값을 갖든지 무관하다. 따라서 이 회전자는 공간 배향 때문에 생기는 $(2J+1)$중의 축퇴도를 가질 뿐만 아니라 분자 자체의 임의의 축에 관한 배향 때문에도 $(2J+1)$중으로 축퇴된다. 따라서 양자수가 J인 구형 회전자는 전체적으로 $(2J+1)^2$의 축퇴도를 갖는 것이다. 이 축퇴도는 J가 증가함에 따라 급격하게 증가한다. 예를 들어 $J=10$일 때는 똑같은 에너지의 상태가 441개나 있게 된다.

(c) 선형 회전자

선형 회전자(CO_2, HCl, C_2H_2와 같은)의 경우에는 핵들을 질량점으로 볼 경우, 원자를 잇는 선에 수직한 축 주위로만 오로지 회전이 일어난다. 즉 주축 주위의 각운동량 성분은 0

이 된다. 따라서 선형 회전자의 주축 주위에 대한 각운동량의 성분은 똑같이 0이 되며, 그리하여 식 41.13에서 $K\equiv 0$으로 놓는다. 따라서 선형 분자의 회전항은 다음과 같이 된다.

$$\tilde{F}(J)=\tilde{B}J(J+1) \qquad J=0,1,2,\ldots \qquad \text{선형 회전자 회전항} \qquad (41.15)$$

이 식은 식 41.9와 같기는 하지만, 얻은 방법은 크게 다르다. 즉 여기서는 $K\equiv 0$으로 놓고 얻었지만, 구형 회전자의 경우에는 $\tilde{A}=\tilde{B}$이다. 식 41.13에서 K를 똑같이 0으로 놓아 둘째 항이 똑같이 소멸되었다는 것이 중요하다는 것을 주목하라. 이렇게 하면 $I_{\parallel}$가 0으로 접근함에 따라 $\tilde{A}\propto 1/I_{\parallel}$가 무한대로 접근하는 결과를 염려하지 않아도 되는 것이다.

간단한 예 41.2 선형 회전자

구형 회전자에서 인접 준위들의 에너지 간격에 대한 식 41.10은 선형 회전자에도 적용된다. $^{1}H^{35}Cl$에 대하여 $\tilde{F}(3)-\tilde{F}(2)=63.56\ \text{cm}^{-1}$이 되고, 따라서 $6\tilde{B}=63.56\ \text{cm}^{-1}$, $\tilde{B}=10.59\ \text{cm}^{-1}$이 된다.

자가 진단 41.4 $^{1}H^{81}Br$에 대하여 $\tilde{F}(1)-\tilde{F}(0)=16.93\ \text{cm}^{-1}$이다. $\tilde{B}$ 값을 결정하시오.

답: $8.465\ \text{cm}^{-1}$

(d) 원심 일그러짐

지금까지는 분자를 강체 회전자로 보았다. 그러나 회전하는 분자의 원자들은 원심력을 받게 되어 분자의 기하 구조가 일그러지고, 그리하여 관성 모멘트가 변하게 된다(그림 41.7). 이원자 분자의 경우 원심 일그러짐의 영향으로 결합 길이가 늘어나며, 따라서 관성 모멘트가 증가한다. 결과적으로 이 원심 일그러짐 때문에 회전 상수가 작아지고, 그리하여 에너지 준위들 사이의 간격이 강체 회전자 식으로부터 예상되는 것보다 좁아진다. 이 효과는 다음과 같이 대체적으로 에너지에서 이 항을 빼서 실험적으로 고려하는 것이 일반적이다.

$$\tilde{F}(J)=\tilde{B}J(J+1)-\tilde{D}_J J^2(J+1)^2 \qquad \text{원심 일그러짐에 의해 영향 받는 회전항} \qquad (41.16)$$

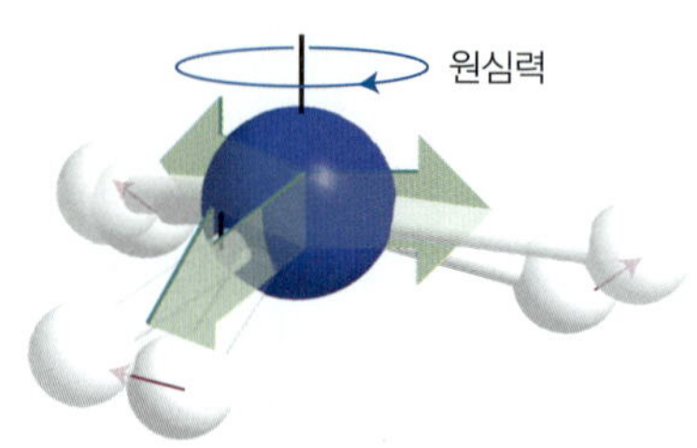

그림 41.7 회전이 분자에 미치는 효과. 회전에 기인하는 원심력은 결합각을 벌리고 결합을 약간 신장시켜 분자를 일그러뜨린다. 이러한 효과는 분자의 관성 모멘트를 증가시키고, 따라서 그 회전 상수를 감소시킨다.

여기서 $\tilde{D}_J$를 **원심 일그러짐 상수**(**centrifugal distortion constant**)라고 한다. 결합이 쉽게 늘어나면 이 값이 크다. 이원자 분자의 원심 일그러짐 상수는 다음과 같이 근사적인 관계식을 통하여 결합의 진동 파수 $\tilde{\nu}$(이것은 결합의 강도를 나타내는 척도가 된다는 것을 토픽 43에서 배우게 될 것이다)와 관계된다(통합 문제 F9.2 참조).

$$\tilde{D}_J=\frac{4\tilde{B}^3}{\tilde{\nu}^2} \qquad \text{원심 일그러짐 상수} \qquad (41.17)$$

따라서 J가 증가함에 따라 회전 준위가 수렴되는 관측은 결합의 경직성을 가지고 해석할 수 있다.

간단한 예 41.3 원심 일그러짐 효과

$^{12}C^{16}O$에 대하여 $\tilde{B}=1.931\ \text{cm}^{-1}$, $\tilde{\nu}=2170\ \text{cm}^{-1}$이다. 따라서 다음과 같게 된다.

$$\tilde{D}_J=\frac{4\times(1.931\ \text{cm}^{-1})^3}{(2170\ \text{cm}^{-1})^2}=6.116\times 10^{-6}\ \text{cm}^{-1}$$

그리고 $\tilde{D}_J \ll \tilde{B}$이므로 원심 일그러짐은 에너지 준위에 매우 작은 영향을 미친다.

자가 진단 41.5 원심 일그러짐은 인접한 에너지 준위 사이의 간격을 증가시키는가, 감소시키는가?

답: 감소시킨다.

개념 확인

- ☐ 1. 회전 응력을 받고도 일그러지지 않는 물체를 **강체 회전자**라고 한다.
- ☐ 2. 강체 회전자는 동등한 주 관성 모멘트의 수를 가지고 **구형**, **대칭**, **선형**, **비대칭** 회전자로 분류한다.
- ☐ 3. **대칭 회전자**는 뾰족 타원체 팽이와 납작 타원체 팽이로 분류한다.
- ☐ 4. 선형 회전체는 오로지 원자들이 놓인 직선에 수직한 축에 대해서만 회전한다.
- ☐ 5. 구형, 대칭($K\neq 0$), 선형 회전자는 각각 $(2J+1)^2$, $2(2J+1)$, $2J+1$의 축퇴도를 갖는다.
- ☐ 6. **원심 일그러짐**은 분자의 모양을 변화시키는 힘 때문에 생긴다.

식 확인

성질	식	비고	식 번호
관성 모멘트	$I=\sum_i m_i x_i^2$	x_i는 회전축으로부터 원자 i의 수직 거리	41.1
구형과 선형 회전자의 회전항	$\tilde{F}(J)=\tilde{B}J(J+1)$	$J=0, 1, 2, \ldots,$ $\tilde{B}=\hbar/4\pi cI$	41.9, 41.15
대칭 회전자의 회전항	$\tilde{F}(J,K)=\tilde{B}J(J+1)+(\tilde{A}-\tilde{B})K^2$	$J=0, 1, 2, \ldots$ $K=0, \pm1, \ldots, \pm J$ $\tilde{A}=\hbar/4\pi cI_{\parallel}$ $\tilde{B}=\hbar/4\pi cI_{\perp}$	41.13, 41.14
원심 일그러짐에 영향을 받은 구형 또는 선형 회전자의 회전항	$\tilde{F}(J)=\tilde{B}J(J+1)-\tilde{D}_J J^2(J+1)^2$	$\tilde{D}_J=4\tilde{B}^3/\tilde{\nu}^2$	41.16, 41.17

토픽 42

회전 분광법

내용

➤ 학습 목표

회전 분광법에 익숙해져야 하는데, 그 이유는 회전 분광법이 대기와 같은 기체상 계의 분자와 반응의 연구에 매우 적절하며, 또한 분자의 결합 길이와 결합각의 매우 정확한 데이터를 제공하기 때문이다.

➤ 핵심 내용

회전 전이의 진동수는 분자의 관성 모멘트에 의존하며, 이들의 세기는 분자의 영구 쌍극자 모멘트에 의존한다.

➤ 미리 알기

분자 분광법의 일반 원리(토픽 40)와 분자 회전의 양자 역학적 처리(토픽 41)에 익숙해져야 한다. 선택 규칙을 유도하는 데 토픽 16에서 소개된 시간 의존 섭동 이론의 개념을 이용한다.

분자의 회전 상태만이 변할 때 나타나는 순수한 회전 스펙트럼은 기체상에서만 나타난다(토픽 40). 이러한 제약에도 불구하고 회전 분광법은 정확한 결합 길이와 쌍극자 모멘트를 포함한 분자들에 대한 풍부한 정보를 제공할 수 있다. 분자의 회전 스펙트럼을 논의하려면, 회전 스펙트럼의 모양을 조사하고 그것으로부터 얻을 수 있는 정보를 탐구하여 총 선택 규칙과 특정 선택 규칙을 밝히는 것이다. 또한 이 주제는 적외선 스펙트럼(토픽 43~44)과 전자 스펙트럼(토픽 45~46)에서 관찰되는 논의에 대하여 매우 자세하게 알려주게 된다.

42.1 마이크로파 분광법

작은 분자들에 대한 회전 상수 $\tilde{B}$의 전형적인 값은 0.1~10 cm^{-1}이며(토픽 41), 예로서 NF_3에 대해서는 0.356 cm^{-1}, HCl에 대해서는 10.59 cm^{-1}이다. 따라서 회전 전이는 **마이크로파 분광법**(**microwave spectroscopy**)으로 연구할 수 있다. 이것은 스펙트럼의 마이크로파 영역의 복사선에 대한 흡수나 방출을 측정하는 방법이다.

(a) 선택 규칙

다음의 **증명**에서 분자가 마이크로파 스펙트럼에서 순수 회전 전이를 나타내기 위한 총 선택 규칙은 분자가 영구적 전기 쌍극자 모멘트를 가져야 한다는 것을 보여 줄 것이다. 즉 **마이크로파 복사선을 흡수하거나 방출하여 순수한 회전 전이를 일으키기 위해서는 분자가 반드시 극성이어야 한다.** 이 규칙을 고전적으로 해석하면 극성 분자는 회전할 때 쌍극자가 요동하지만 무극성 분자는 그렇지 못하다는 것이다(그림 42.1). 분자의 영구 쌍극자는 분자가 전기장을 휘저어 진동하게 하는 젓개라고 볼 수 있다(흡광 과정에서는 반대로 전기장이 쌍극자를 회전시킨다).

특정 회전 선택 규칙은 회전 상태들 사이의 전이 쌍극자 모멘트(토픽 16)를 계산하여 구한다. 다음의 **증명**에서는 선

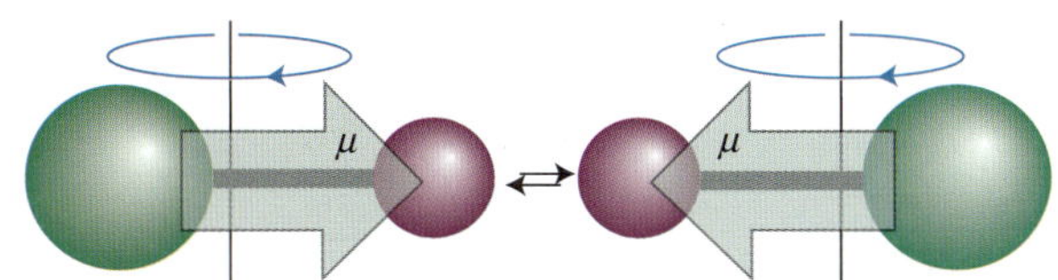

그림 42.1 정지하고 있는 관측자에게는 회전하는 극성 분자가 전자기장을 진동시킬 수 있도록 휘저어 주는 진동 쌍극자처럼 보인다(흡광에서는 그 반대로 생각할 수 있다). 이 개념은 회전 전이에 대한 총 선택 규칙의 고전적 근원이다.

형 분자에 대하여 전이 쌍극자는 다음의 조건이 만족되지 않는 한, 소멸된다는 것을 보여 주게 된다.

간단한 예 42.1 마이크로파 분광법의 총 선택 규칙

동핵 이원자 분자와 CO_2, $CH_2=CH_2$, C_6H_6와 같은 무극성 다원자 분자들은 회전에 대하여 비활성으로 회전 스펙트럼을 나타낼 수 없다. 반면에 OCS와 H_2O는 극성이며, 따라서 마이크로파 스펙트럼이 나타난다. 구형 회전자는 회전 운동에 의해서 일그러지지 않는 한, 전기 쌍극자를 갖지 않으며, 그리하여 특별한 경우를 제외하면 회전에 대하여 비활성이다. 쌍극자 모멘트를 얻을 정도로 크게 일그러질 수 있는 구형 회전자의 예로서는 SiH_4를 들 수 있는데, 이 분자는 $J\approx10$ 정도일 때 회전 운동에 의해서 약 8.3 μD의 쌍극자 모멘트 크기를 갖는다(HCl의 영구 쌍극자 모멘트는 1.1 D이며, 이것과는 비교가 안 된다. 분자 쌍극자 모멘트와 그 단위에 관해서는 토픽 34에서 설명하였다).

자가 진단 42.1 H_2, NO, N_2O, CH_4 분자 중에서 순수한 회전 스펙트럼을 나타내는 분자는 어느 것인가?

답: NO, N_2O

$$\Delta J=\pm1 \qquad \Delta M_J=0,\pm1 \qquad \text{선형 회전자} \quad \text{회전 선택 규칙} \tag{42.1}$$

$\Delta J=+1$ 전이는 흡광에 해당하고, $\Delta J=-1$ 전이는 방출에 해당한다. 스핀-1 입자인 광자가 흡수되거나 방출될 때 각운동량이 보존되기 위해서는 J가 이러한 변화만을 일으켜야 하는 것이다(그림 42.2).

증명 42.1 선택 규칙: 마이크로파 스펙트럼

선택 규칙에 대한 모든 논의의 출발점은 분자의 전체 파동함수이며, 이것은 $\psi_{\text{total}}=\psi_{\text{cm}}\psi$로 나타낼 수 있으며, 여기에서 ψ_{cm}은 분자의 질량 중심의 운동을 나타내며, ψ는 분자의 내부 운동을 나타내는 것이다. Born–Oppenheimer 근사(토픽 22)에 의해서 ψ는 전자 부분 ψ_ε, 진동 부분 ψ_v, 그리고 회전 부분의 곱으로 나타낼 수 있는데, 이원자 분자의 경우에는 이 회전 부분이 구면 조화 함수 $Y_{J,M_J}(\theta,\phi)$와 같다(토픽 14). 분광학적 전이 $i\to f$에 대한 전

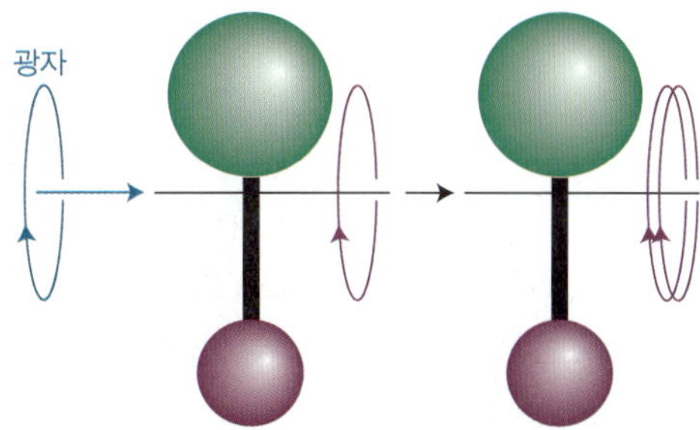

그림 42.2 분자가 광자를 흡수할 때는 이들 전체 계의 각운동량이 보존되어야 한다. 만일 분자가 이 광자의 스핀과 동일한 방향으로 회전할 때는 J가 1만큼 증가하게 된다.

이 쌍극자 모멘트는 다음과 같이 나타낼 수 있다.

$$\boldsymbol{\mu}_{\text{fi}}=\int \psi_{\varepsilon_f}^{\star}\psi_{v_f}^{\star}Y_{J_f,M_{J,f}}^{\star}\hat{\boldsymbol{\mu}}\psi_{\varepsilon_i}\psi_{v_i}Y_{J_i,M_{J,i}}\,\mathrm{d}\tau \tag{42.2}$$

여기서 해야 할 일은 이 적분이 소멸되거나 실제 값을 가지게 되는 조건을 찾는 것이다.

순수한 회전 전이 도중에는 분자의 전자 상태나 진동 상태가 변하지 않는다. $\boldsymbol{\mu}_i=\int\psi_{\varepsilon_i}^{\star}\psi_{v_i}^{\star}\hat{\boldsymbol{\mu}}\psi_{\varepsilon_i}\psi_{v_i}\,\mathrm{d}\tau$는 상태 i에 있는 분자의 **영구** 전기 쌍극자 모멘트이다. 따라서 식 42.2를 다음과 같이 나타낼 수 있다.

$$\boldsymbol{\mu}_{\text{fi}}=\int Y_{J_f,M_{J,f}}^{\star}\boldsymbol{\mu}_i Y_{J_i,M_{J,i}}\,\mathrm{d}\tau \tag{42.3}$$

이 적분은 분자의 배향을 나타내는 전체 각도에 대해서 적분해야 한다. 이 분자가 마이크로파 스펙트럼을 갖기 위해서는 반드시 영구 쌍극자 모멘트를 가져야 한다는 것을 바로 알 수 있다. 이것이 바로 마이크로파 분광법의 총 선택 규칙이다.

여기에서부터 특정 선택 규칙을 이끌어 내는 것은 원자 전이의 경우(토픽 21)에서와 같이 진행하며 쌍극자 모멘트의 세 개 성분이 다음과 같다는 사실을 이용한다(그림 42.3).

$$\mu_{i,x}=\mu_0\sin\theta\cos\phi \quad \mu_{i,y}=\mu_0\sin\theta\sin\phi \quad \mu_{i,z}=\mu_0\cos\theta \tag{42.4}$$

그리고 $j=1$, $m=0$, ±1일 때 구면 조화 함수 $Y_{j,m}$(**증명** 21.1 참조)을 가지고 표현될 수 있다. 이리하여 토픽 33에서 설명된 세 개의 구면 조화 함수의 곱에 대한 적분들이 소멸되지 않기 위한 조건은 다음의 식과 같은 의미를 포함한다.

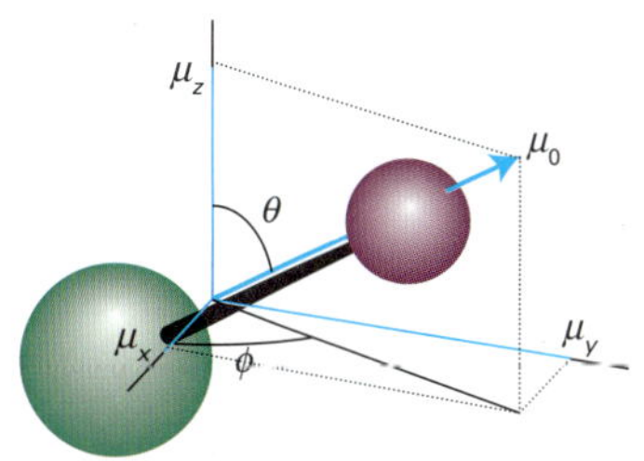

그림 42.3 전이 쌍극자 모멘트를 계산하는 데 사용되는 축 시스템

$$\int Y^{\star}_{J_f,M_{J,f}} Y_{j,m} Y_{J_i,M_{J,i}} \mathrm{d}\tau_{\text{angles}} = 0 \tag{42.5}$$

$M_{J,f} = M_{J,i} + m$이고, 선의 길이 J_f, J_i, j가 삼각형을 형성(1, 2, 3 또는 1, 1, 1과 같으나 1, 2, 4는 아닌)할 수 있지 않는 한, 이 적분은 소멸된다. **증명** 21.1에서 설명된 완전히 동일한 주장에 의하여 $J_f - J_i = \pm 1$과 $M_{J,f} - M_{J,i} = 0$ 또는 ± 1이라는 결론에 도달하게 된다.

토픽 16에서 스펙트럼선의 세기는 전이 쌍극자 모멘트 제곱의 절댓값에 비례한다는 것을 보였다. 광자의 비행 방향에 대한 모든 가능한 분자의 상대적 배향을 고려하고 전이 모멘트를 구해 보면 $J+1 \leftrightarrow J$의 전체 전이 세기가 다음과 같은 양에 비례한다는 것을 알 수 있다.

$$|\mu_{J+1,J}|^2 = \left(\frac{J+1}{2J+1}\right)\mu_0^2 \tag{42.6}$$

여기서 μ_0은 분자의 영구 전기 쌍극자 모멘트의 크기이다. 이 세기는 영구 전기 쌍극자 모멘트의 제곱에 비례하며, 따라서 극성이 큰 분자는 극성이 약한 분자보다 훨씬 더 센 회전 스펙트럼선들을 나타낸다.

대칭 회전자에 대해서는 추가적으로 $\Delta K = 0$인 선택 규칙이 성립해야 한다. 대칭 회전자 NH_3을 가지고 생각해 보면 이 선택 규칙을 이해할 수 있을 것이다. 이 분자의 전기 쌍극자 모멘트는 주축에 평행하다. 이러한 분자는 복사선을 흡수하여 주축 주위의 다른 회전 상태로 가속될 수 없으며, 따라서 $\Delta K = 0$이 되는 것이다. 따라서 대칭 회전자에 대해서는 선택 규칙이 다음과 같이 된다.

$$\Delta J = \pm 1 \quad \Delta M_J = 0, \pm 1 \quad \Delta K = 0 \qquad \text{대칭 회전자} \quad \text{회전 선택 규칙} \tag{42.7}$$

양자수 M_J(공간에서 회전의 배향)와 연관된 축퇴도는 그림 42.4에 나타낸 것과 같이 전기장이 극성 분자(예를 들면 HCl이나 NH_3)에 가해졌을 때 부분적으로 제거된다. 전기장에 의해 상태들이 갈라지는 것을 Stark 효과(토픽 40)라고 한다. 에너지 이동은 영구 전기 쌍극자 모멘트 μ_0에 의존하며, 따라서 Stark 효과의 측정은 회전 스펙트럼과 함께 전기 쌍극자 모멘트의 크기(부호가 아닌)를 측정하는 데 사용될 수 있다.

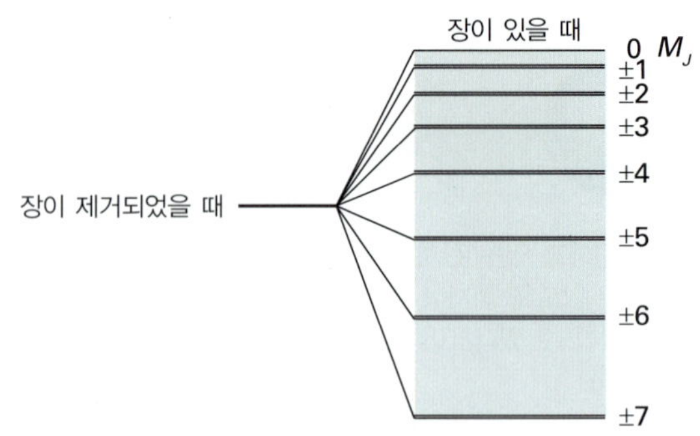

그림 42.4 극성 선형 회전자의 에너지 준위에 미치는 전기장의 효과. $M_J = 0$을 제외한 모든 준위들이 이중으로 축퇴되어 있다.

(b) 마이크로파 스펙트럼의 모양

이러한 선택 규칙들을 대칭 또는 선형 강체 회전자의 에너지 준위 식에 적용시키면 허용되는 $J+1 \leftarrow J$ 흡수의 파수가 다음과 같이 나온다.

$$\begin{aligned}\tilde{\nu}(J+1 \leftarrow J) &= \tilde{F}(J+1) - \tilde{F}(J) \\ &= 2\tilde{B}(J+1) \\ J &= 0,1,2,\ldots\end{aligned} \qquad \text{선형과 구형 회전자} \quad \text{회전 전이의 파수} \tag{42.8a}$$

여기에서 $\tilde{F}(J) = \tilde{B}J(J+1)$ 항은 토픽 41에서 소개되었다. 원심 일그러짐(토픽 41)을 고려해 줄 때는 식 41.16 $\tilde{F}(J) = \tilde{B}J(J+1) - \tilde{D}_J J^2(J+1)^2$을 이용하여 이와 맞먹는 다음과 같은 식을 구할 수 있다.

$$\tilde{\nu}(J+1 \leftarrow J) = 2\tilde{B}(J+1) - 4\tilde{D}_J(J+1)^3 \tag{42.8b}$$

그러나 이 식의 둘째 항은 전형적으로 첫째 항에 비해서 대단히 작기 때문에(**간단한 예** 41.3 참조) 스펙트럼의 모양은 식 42.8a로부터 예측한 것과 대단히 비슷하다.

예제 42.1 회전 스펙트럼 모양의 예측

$^{14}NH_3$의 회전 스펙트럼 모양을 예측하시오.

방법 에너지 준위는 이미 예제 41.2에서 계산하였다. $^{14}NH_3$ 분자는 극성 대칭 회전자이며, 따라서 회전항들은 식 41.13, $(\tilde{F}(J,K) = \tilde{B}J(J+1) + (\tilde{A} - \tilde{B})K^2)$으로 주어진다. $\Delta J = \pm 1$, $\Delta K = 0$인 선택 규칙이 적용되므로 회전 전이의 파수에 대한 식은 식 42.8a와 일치하며 $\tilde{B}$에만 의존한다. 흡광의 경우에는 $\Delta J = +1$이다.

풀이 $\tilde{B} = 9.977\ \text{cm}^{-1}$이므로 $J+1 \leftarrow J$ 전이에 대해서 다음과 같은 표를 만들 수 있다.

J	0	1	2	3	…
$\tilde{\nu}(\text{cm}^{-1})$	19.95	39.91	59.86	79.82	…
$\nu(\text{GHz})$	598.1	1197	1795	2393	…

선 간격은 $19.95\ \text{cm}^{-1}$(598.1 GHz)이다.

자가 진단 42.2 $CH_3{}^{35}Cl$을 가지고 이 문제를 반복하시오(자세한 것은 자가 진단 41.3 참조).

답: 선 간격 $0.888\ \text{cm}^{-1}$(26.6 GHz)

식 42.8로 예상되는 스펙트럼의 모양을 그림 42.5에 나타내었다. 이 스펙트럼의 가장 중요한 특징은 파수가 $2\tilde{B}$, $4\tilde{B}$, $6\tilde{B}$, … 등인 일련의 선으로 되어 있으며, 모두 똑같은 간격 $2\tilde{B}$를 가지고 있다는 것이다. 선 사이의 간격을 측정하면 $\tilde{B}$를 구할 수 있고, 이것으로부터 분자의 주축에 수직한 관성 모멘트를 구할 수 있다. 원자들의 질량은 알고 있으므로 이원자 분자의 경우에는 결합 길이를 쉽게 끌어낼 수 있다. 그러나 OCS나 NH_3와 같은 다원자 분자의 경우에는 이 방법으로 $I_\perp$ 하나만을 얻을 수 있기 때문에 두 개의 결합 길이(OCS의 경우)를 알아내거나 결합 길이와 결합각(NH_3의 경우)을 알아내기가 가능하지 않다. 이것을 해결하기 위하여 ABC 분자에 동위 원소를 치환시켜서 A′BC를 만든 다음, $R(\text{A–B}) = R(\text{A}'\text{–B})$로 가정하고 두 관성 모멘트로부터 A–B 및 B–C 결합 길이를 계산할 수 있다. 이러한 방법을 이용한 유명한 예가 OCS 분자인데, 그 실제 계산 과정을 문제 42.5을 통해 연습할 수 있다. 동위 원소를 치환해도 결합 길이가 변하지 않는다는 가정은 하나의 근사에 불과하지만, 이 근사가 대부분의 경우에는 잘 맞는다. 동위 원소에 따라 변하는 핵스핀(토픽 47)도 고분해능 회전 스펙트럼의 모양에 영향을 주는데, 그 이유는 스핀이 각운동량을 나타나게 하며, 이것이 분자 자체의 회전과 짝지을 수 있어서 회전 에너지 준위에 영향을 주기 때문이다.

스펙트럼선의 세기는 J가 증가함에 따라 증가하는데, 극대 세기를 지나 J가 더 커지게 되면 다시 줄어든다. 이와 같이 극대 세기가 나타나는 가장 중요한 이유는 회전 준위의 개체수 극대가 나타나기 때문이다. Boltzmann 분포(**기초 지식**, 토픽 2, 토픽 51)에 의하면, 각 상태의 개체수는 J의 값이 증가할수록 지수함수적으로 감쇠하지만 준위들의 축퇴도는 증가하며, 이 상반되는 두 경향 때문에 에너지 준위의 개체수가 (개별적 상태들과는 달리) 극대를 나타내는 것이다. 구체적으로 말하면 회전 에너지 준위 J의 개체수는 다음과 같은 Boltzmann 식으로 주어진다.

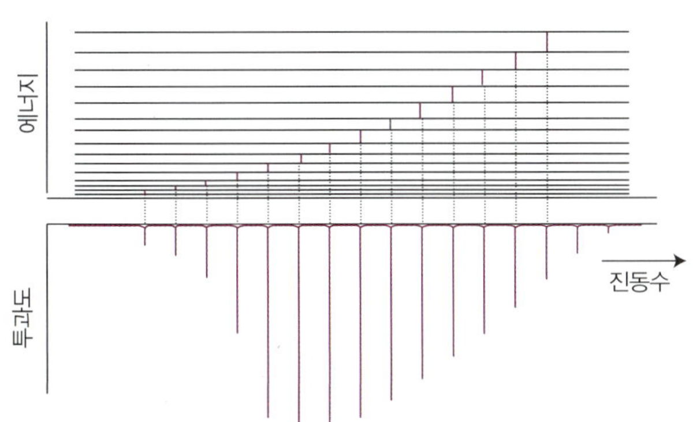

그림 42.5 선형 회전자의 회전 에너지 준위, 선택 규칙 $\Delta J = \pm 1$이 허용하는 전이, 전형적인 순수 회전 흡수 스펙트럼(시료를 투과해 나가는 복사선을 가지고 나타내었다). 선의 세기는 각 전이에서 처음 준위의 개체수 분포와 전이 쌍극자 모멘트의 세기를 반영한다.

$$N_J \propto N g_J e^{-E_J/kT}$$

여기서 N은 전체 분자수이고, g_J는 준위 J의 축퇴도이다. J를 연속적인 변수로 보고 이 식을 J에 관해서 미분한 다음에 그 결과를 0으로 놓으면 이 식을 극대로 만들어 주는 J의 값을 구할 수 있다. 이 결과를 나타낸 것이 다음 식이다(문제 42.9 참조).

$$J_{\max} \approx \left(\frac{kT}{2hc\tilde{B}}\right)^{1/2} - \tfrac{1}{2} \qquad \text{선형 회전자} \quad \text{최대 개체수를 갖는 회전 상태} \qquad (42.9)$$

전형적인 분자(예컨대 $\tilde{B} = 0.2\ \text{cm}^{-1}$인 OCS)의 경우 실온에서는 $kT \approx 1000hc\tilde{B}$이며, 따라서 $J_{\max} \approx 30$이다. 그러나 여기서 꼭 기억해야 할 일은 각 전이의 세기도 J의 값(식 42.6)과 전이에 관여하는 두 준위 사이의 개체수 차에 의존한다는 것이다. 따라서 세기가 가장 센 선에 대응하는 J의 값이 반드시 가장 개체수가 많은 준위에 대한 J의 값과 일치하지는 않는다.

42.2 회전 Raman 분광법

Raman 산란(토픽 40)도 회전 전이를 일으키게 할 수 있다. 회전 Raman 전이의 총 선택 규칙은 **분자가 반드시 비등방성 편극도를 가져야 한다는 것**이다. 분자가 전기장 속에서 일그러지는 정도는 분자의 편극도 α(토픽 34)에 의해서 결정된다. 조금 더 정확하게 설명하자면 세기가 $\mathcal{E}$인 전기장 속에서는 분자가 가질 수 있는 영구 쌍극자 모멘트에 추가하여 다음과 같은 크기의 유도 쌍극자 모멘트를 더 얻게 된다.

$$\mu = \alpha\mathcal{E} \qquad (42.10)$$

원자는 등방적으로 편극될 수 있다. 즉 전기장이 어떤 방향으로 작용하든지 똑같은 정도의 일그러짐이 유발된다. 구형 회전자의 편극도도 등방적이다. 그러나 비구형 회전자의 편극도는 분자에 상대되는 장의 방향에 의존하며, 따라서 이러한 분자들은 장이 어떤 방향으로 작용하는가에 따라 비등방적으로 편극이 다르게 나타난다(그림 42.6). 예를 들어 H_2의 전자 분포는 외부장이 결합축에 수직하게 작용할 때보다 평행하게 작용할 때 더 잘 일그러지며, 즉 $\alpha_\parallel > \alpha_\perp$라고 쓴다.

모든 선형 분자와 이원자 분자(동핵이건 이종핵이건 관계없이)는 비등방성 편극도를 가지고 있으며, 따라서 회전적으로 Raman 활성이다. 이 활성도는 회전 Raman 분광법의 중요한 이유의 하나이기도 하다. 이 방법을 이용하면 마이크로파 분광법으로 불가능한 많은 분자들의 연구에 사용할 수 있

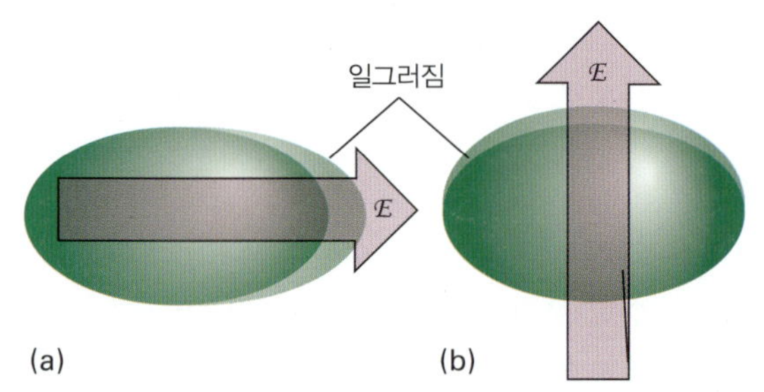

그림 42.6 전기장을 분자에 작용시키면 분자가 일그러지고, 일그러진 분자는 쌍극자 모멘트를 그만큼 더 가지게 된다(본래 무극성인 분자도). 편극도는 장이 (a) 분자축에 평행하게 작용할 때, (b) 수직하게 작용할 때(또는 일반적으로 분자에 대해서 상대적 방향이 다르게 작용할 때) 서로 다를 수 있다. 이러한 경우 그 분자는 비등방성 편극도를 갖는다고 말한다.

다. 그러나 CH_4나 SF_6와 같은 구형 회전자는 회전 Raman뿐만 아니라 마이크로파에도 비활성이다. 회전 비활성이라고 해서 분자가 들뜬 회전 상태에 있을 수 없다는 것은 아니다. 분자 충돌은 이러한 선택 규칙의 제약을 받지 않으며, 따라서 분자들은 상호간의 충돌에 의해서 어떠한 회전 상태에도 분포할 수 있다.

회전 Raman 스펙트럼에서의 특정 선택 규칙은 다음과 같다.

선형 회전자: $\Delta J = 0, \pm 2$

대칭 회전자: $\Delta J = 0, \pm 1, \pm 2$

$\Delta K = 0$ 회전 Raman 선택 규칙   (42.11)

순수한 회전 Raman 분광학에서는 $\Delta J = 0$인 전이가 산란 광자의 진동수를 이동시키지 않으며, 변하지 않은 복사선(Rayleigh 복사선, 토픽 40)을 나오게 한다. 선형 회전자의 특정 선택 규칙은 다음의 **증명**에서 탐구하기로 한다.

증명 42.2 선택 규칙: 회전 Raman 스펙트럼

이원자 분자를 예로 들어서 회전 Raman 분광법에 대한 총 선택 규칙 및 특정 선택 규칙의 원인을 이해할 수 있다. 진동수가 ω_i이며 전기장의 세기가 $\mathcal{E}$인 전자기 복사파가 분자에 입사될 때, 이 분자는 다음과 같은 크기의 쌍극자 모멘트가 유발되게 된다.

$$\mu_{ind} = \alpha\mathcal{E}(t) = \alpha\mathcal{E}\cos\omega_i t \qquad (42.12)$$

회전 진동수 ω_R을 가지고 회전하는 분자를 외부에서 보면 그 편극도도 시간 의존 함수로 보일 것이며(비등방성일 경우), 따라서 이것을 다음과 같이 나타낼 수 있다.

$$\alpha = \alpha_0 + \Delta\alpha\cos 2\omega_R t \qquad (42.13)$$

여기서 $\Delta\alpha = \alpha_{\parallel} - \alpha_{\perp}$이며, α의 영역은 분자가 회전함에 따라 $\alpha_0 + \Delta\alpha$부터 $\alpha_0 - \Delta\alpha$까지가 된다. 인자 2가 나타나는 것은 한 번 회전할 때마다 편극도가 두 번씩 처음 값으로 되돌아가기 때문이다(그림 42.7). 이 결과를 유도 쌍극자 모멘트 크기에 관한 식에 넣어 주면 다음과 같은 결과를 얻을 수 있다.

$$\begin{aligned}\mu_{ind} &= (\alpha_0 + \Delta\alpha\cos 2\omega_R t)\times(\mathcal{E}\cos\omega_i t)\\ &= \alpha_0\mathcal{E}\cos\omega_i t + \mathcal{E}\Delta\alpha\cos 2\omega_R t\cos\omega_i t\\ &= \alpha_0\mathcal{E}\cos\omega_i t + \tfrac{1}{2}\mathcal{E}\Delta\alpha\{\cos(\omega_i + 2\omega_R)t\\ &\quad + \cos(\omega_i - 2\omega_R)t\}\end{aligned} \qquad (42.14)$$

여기에서 삼각함수 등식인 $\cos x \cos y = \frac{1}{2}\{\cos(x+y) + \cos(x-y)\}$을 사용하였다. 이 계산에 의하면 유도 쌍극자는 입사 광선의 진동수로 진동하는 성분(Rayleigh 복사선을 발생시키는)과 $\omega_i \pm 2\omega_R$로 진동하는 두 성분도 갖는다. 후자는 변위된 Raman 선들을 나타나게 하는 성분들이다. 이러한 Raman 선들은 $\Delta\alpha \neq 0$일 때만 나타나며, 따라서 Raman 선들이 그곳에서 나타나기 위해서는 편극도가 반드시 비등방성이라야 한다. 이것은 바로 회전 Raman 분광법에 대한 총 선택 규칙이다.

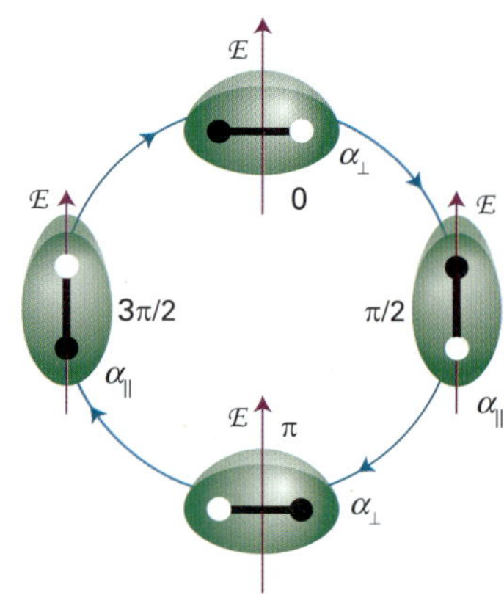

그림 42.7 외부 전기장에 의해서 생기는 분자의 일그러짐은 180° 회전하면 편극도가 처음의 값으로 되돌아간다(즉 한 회전에 두 번씩). 이와 같은 회전의 겉보기 속도가 두 배로 되는 것은 회전 Raman 분광학에서 선택 규칙이 $\Delta J = \pm 2$로 되는 이유이다.

또한 입사 전기장에 의해서 분자에 의해 유발된 일그러짐은 180° 회전 후에 다시 본래의 값으로 되돌아간다(즉 한 바퀴에 두 번씩)는 것을 나타내기도 한다. 이것은 특정 선택 규칙 $\Delta J = \pm 2$의 고전적인 원인이 되는 것이다.[1]

회전 에너지 준위 식에 선택 규칙 $\Delta J = \pm 2$를 적용시키면 선형 회전자의 Raman 스펙트럼 모양을 예상할 수 있다(그림 42.8). 분자가 $\Delta J = +2$의 전이를 할 때는 높은 회전 상태의 분자에서 산란 복사선이 나오게 되며, 따라서 초기 입사 복사선의 파수 $\tilde{\nu}_i$은 감소하게 된다. 이러한 전이들이 스펙트럼

[1] 회전 Raman 분광법에 대한 선택 규칙의 양자 역학적 계산을 위해서는 *Molecular Quantum mechanics*, Oxford University (2011)을 볼 것.

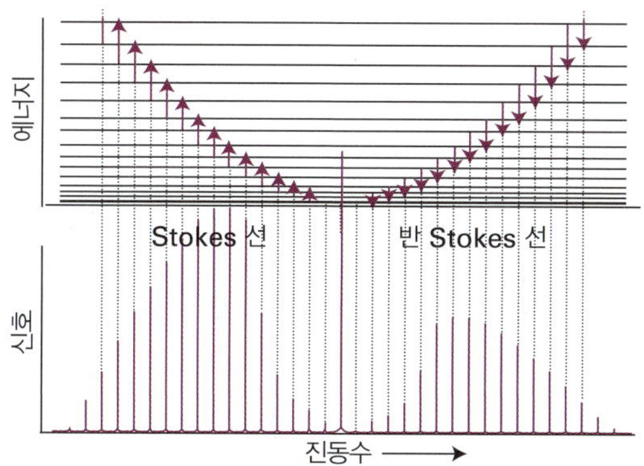

그림 42.8 선형 회전자의 회전 에너지 준위와 Raman 선택 규칙 $\Delta J = \pm 2$로 허용되는 전이들. 전형적인 회전 Raman 스펙트럼 모양을 함께 나타내었다. Rayleigh 선들은 이 그림에 나타낸 것보다 훨씬 더 세게 나타나며, 이 선들을 시각적으로 잘 나타내기 위해서 약하게 나타낸 것이다.

에서 다음과 같은 Stokes 선(입사 진동수보다 낮은 진동수에서의 선, 토픽 40)을 설명하게 된다.

$$\tilde{\nu}(J+2 \leftarrow J) = \tilde{\nu}_i - \{\tilde{F}(J+2) - \tilde{F}(J)\} = \tilde{\nu}_i - 2\tilde{B}(2J+3) \quad \text{선형 회전자 Stokes 선의 파수} \quad (42.15a)$$

이 Stokes 선은 입사 복사선보다 낮은 진동수를 가지고 나타나며, $J = 0, 1, 2, \cdots$에 대응해서 $\tilde{\nu}_i$으로부터 $6\tilde{B}$, $10\tilde{B}$, $14\tilde{B}$, $\cdots$만큼씩의 변위로 진동수가 낮아진다. 분자가 $\Delta J = -2$의 전이를 일으키면 산란 광자가 증가된 에너지를 가지고 나타난다. 이러한 전이들은 스펙트럼에서 다음과 같은 반Stokes 선(입사 진동수보다 높은 진동수에서의 선, 토픽 40)을 설명하게 된다.

$$\tilde{\nu}(J-2 \leftarrow J) = \tilde{\nu}_i + \{\tilde{F}(J) - \tilde{F}(J-2)\} = \tilde{\nu}_i + 2\tilde{B}(2J-1) \quad \text{선형 회전자 반Stokes 선의 파수} \quad (42.15b)$$

이러한 반Stokes 선은 입사 복사선보다 높은 진동수 쪽으로 $6\tilde{B}$, $10\tilde{B}$, $14\tilde{B}$, $\cdots$만큼씩 떨어져서 나타나게 된다(이것은 $J = 2, 3, 4, \cdots$ 등에 대응하는 것인데, 선택 규칙이 $\Delta J = -2$이므로 전이되는 최저 상태가 $J = 2$이다). Stokes 선과 반Stokes 선 모두에서 인접 선들의 간격은 다같이 $4\tilde{B}$이며, 이것을 측정하면 $I_\perp$를 구할 수 있고, 다시 이것으로부터 마이크로파 분광학에서와 똑같이 결합 길이를 구할 수 있다.

예제 42.2 Raman 스펙트럼 모양의 예측

파장이 336.732 nm인 레이저의 단색 광선을 $\tilde{B} = 1.99\ \text{cm}^{-1}$인 $^{14}N_2$에 쪼였을 때 어떤 형태의 회전 Raman 스펙트럼이 나오는지 예측하시오.

방법 이 분자는 정지한 관측자가 볼 때 빙글빙글 도는 회전에 의해서 그 편극도가 변조되므로 회전 Raman 활성이다. Stokes 선과 반Stokes 선은 식 42.15를 써서 계산할 수 있다.

풀이 $\lambda_i = 336.732$ nm이고, 따라서 $\tilde{\nu}_i = 29\,697.2\ \text{cm}^{-1}$이므로 식 42.15a와 42.15b에 의해서 다음과 같은 선들의 위치가 나온다.

J	0	1	2	3
Stokes 선				
$\tilde{\nu}(\text{cm}^{-1})$	29 685.3	29 677.3	29 669.3	29 661.4
λ (nm)	336.867	336.958	337.048	337.139
반Stokes 선				
$\tilde{\nu}(\text{cm}^{-1})$			29 709.1	29 717.1
λ (nm)			336.597	336.507

이 스펙트럼은 336.732 nm에 센 중심선이 있고, 그 양쪽으로 세기가 점차적으로 증가하다가 감소하는 일련의 선들로 이루어진다(이러한 세기 분포는 전이 모멘트와 상태 밀도 효과에 연유한다). 전체 스펙트럼의 분포 범위는 대단히 좁으며, 따라서 고도의 단색 광선을 입사시켜야 한다.

자가 진단 42.3 $\tilde{B} = 9.977\ \text{cm}^{-1}$을 갖는 분자의 회전 Raman 스펙트럼에 대한 계산을 반복하시오.

답: Stokes 선 29 637.3, 29 597.4, 29 557.5, 29 517.6 cm^{-1}, 반Stokes 선; 29 757.1, 29 797.0 cm^{-1}

42.3 핵 통계와 회전 상태

식 42.15를 CO_2의 회전 Raman 스펙트럼과 함께 사용하여 구한 회전 상수는 다른 방법으로 측정한 C—O 결합 길이와 일치하지 않는다. 이 결과들이 일치하려면 이 분자가 짝수 J의 상태에 있고, 그리하여 $5 \leftarrow 3$, $3 \leftarrow 1$, 등을 제외한 $2 \leftarrow 0$, $4 \leftarrow 2$, 등의 Stokes 선들만이 나타난다고 가정해야 한다.

Pauli 원리(토픽 19)와 산소 원자핵 ^{16}O가 스핀-0의 보존(토픽 47)이라는 사실을 이용하면 이들 나타나지 않는 결선들의 원인을 설명할 수 있다. Pauli 배타 원리는 어떤 특정한 전자 상태를 배제할 뿐만 아니라 어떤 특정한 분자 회전 상태도 허용하지 않는다. 토픽 19에서 증명한 Pauli 원리에 의하면, 동등한 두 보존을 교환할 경우에 전체적인 파동함수는 부호까지 포함한 모든 면에서 아무런 변화도 나타내지 않아야 한다. 특히 CO_2 분자가 180° 회전하면 동등한 두 O핵이 상호 교환된 상태로 되며, 따라서 이 분자의 전체적인 파동함수는 반드시 변하지 않아야 한다. 그러나 이 분자의 회전 파동 함수를 살펴보면(원자의 s, p 등의 오비탈들과 형태가 같다), 이 함수는 이러한 회전에 의해서 그 부호가 $(-1)^J$만큼

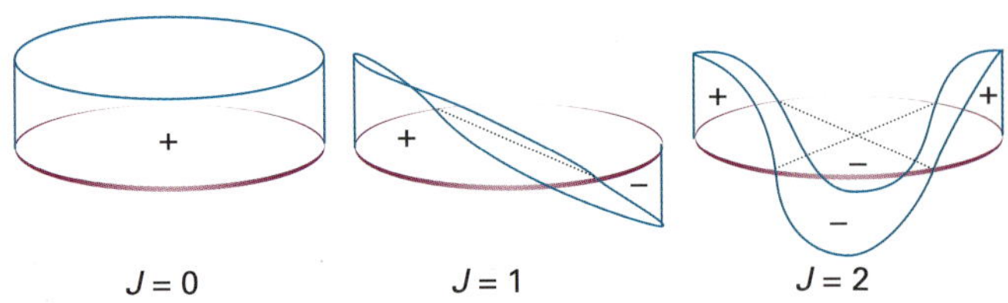

그림 42.9 180° 회전될 때의 회전 파동함수의 대칭 관계(편의상 이차원 회전자를 이용하였다). J가 짝수인 파동함수는 부호를 바꾸지 않으며, J가 홀수인 것은 부호를 바꾼다.

변한다(그림 42.9). 따라서 CO_2에 대해서는 짝수의 J 값만이 허용되며, 결과적으로 Raman 스펙트럼은 하나씩 거르면서 선을 나타낸다.

Pauli 원리에 연유되어 회전 상태가 선택적으로 점유되는 것을 **핵 통계(nuclear statistics)**라고 한다. 회전에 의해서 동등한 핵들이 상호 교환될 때는 언제나 핵 통계를 고려해 주어야 한다. 그러나 핵스핀이 0이 아닐 때는 복잡한 성질이 나타나기 때문에 이러한 고려의 결과가 CO_2의 경우처럼 언제나 간단한 것은 아니다. 이때는 짝수의 J 값들과 부합되는 여러 상이한 상대적 핵스핀 배향과 홀수의 J 값들과 부합되는 상이한 여러 스핀 배향들이 가능한 것이다. 예로서 2개의 동등한 스핀-$\frac{1}{2}$ 핵을 가지고 있는 수소 분자나 플루오린 분자의 경우에는 아래 **증명**에서 보이는 바와 같이 홀수 J의 상태가 나타나는 방법이 짝수 J인 것에 비해서 3배나 되며, 따라서 이들의 회전 Raman 스펙트럼에는 세기가 3:1인 선들이 번갈아 나타난다(그림 42.10). 일반적으로 스핀 I의 핵을 가진 동핵 이원자 분자의 경우에는 J가 홀수와 짝수인 상태가 나타나는 방법의 수가 다음과 같은 비를 이룬다.

$$\frac{\text{홀수 } J\text{가 나타날 방법의 수}}{\text{짝수 } J\text{가 나타날 방법의 수}} = \begin{cases} (I+1)/I, & \text{반정수 스핀 핵의 경우} \\ I/(I+1), & \text{정수 스핀 핵의 경우} \end{cases} \quad \text{동핵 이원자 분자} \quad \text{핵 통계} \tag{42.16}$$

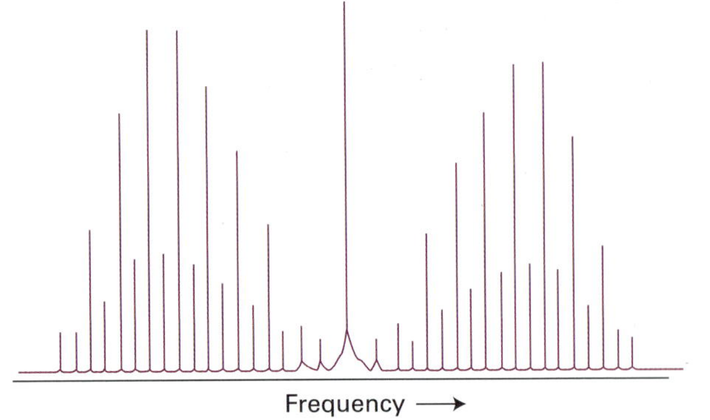

그림 42.10 2개의 동등한 스핀-$\frac{1}{2}$ 핵으로 된 이원자 분자의 회전 Raman 스펙트럼은 핵 통계 때문에 세기가 번갈아 변하는 스펙트럼선들을 나타낸다. Rayleigh 선들은 이 그림에 나타낸 것보다 훨씬 더 세게 나타나며, Raman 선들을 시각적으로 잘 나타내기 위해서 약하게 나타낸 것이다.

수소의 경우에는 $I=\frac{1}{2}$이며, 이 비가 3:1이다. 그리고 $I=1$인 N_2의 경우에는 이 비가 1:2이다.

증명 42.3 회전 스펙트럼에 미치는 핵 통계의 효과

수소 핵은 페르미온이며, Pauli 원리에 의해서 그 총 파동함수는 입자가 상호 교환될 때 부호가 변해야 한다. 그러나 H_2 분자를 180° 회전시킬 때는 단순히 핵의 표지를 바꾸는 정도보다 그 효과가 더 복잡하다. 이것은 핵스핀들이 짝을 짓고 있는 경우(⇅; $I_{total}=0$)에는 이들의 스핀 상태 또한 상호 교환되지만, 평행할 때(↑↑; $I_{total}=1$)는 이들의 스핀 상태가 교환되지 않기 때문이다.

우선 스핀이 평행이고 그들의 상태가 $\alpha(A)\alpha(B)$나, $\alpha(A)\beta(B)+\alpha(B)\beta(A)$나, 또는 $\beta(A)\beta(B)$인 경우를 생각해 보자. $\alpha(A)\alpha(B)$와 $\beta(A)\beta(B)$ 결합은 분자가 180°를 회전할 때 불변이며, 따라서 분자의 총 파동함수의 부호가 변하려면 그 회전 파동함수의 부호가 변해야 한다. 따라서 홀수 값의 J들만 허용된다. 첫눈에 $\alpha(A)\beta(B)+\alpha(B)\beta(A)$ 결합에서는 단순한 A ↔ B의 표지 교환을 일어나게 하려면 스핀들이 상호 교환되면 충분할 것 같지만(그림 42.11), $\beta(A)\alpha(B)+\beta(B)\alpha(A)$는 $\alpha(A)\beta(B)+\alpha(B)\beta(A)$와 순서만 다를 뿐 똑같은 것이다. 따라서 이 경우에도 역시 홀수 값의 J만이 허용되어야 한다. 반면에 핵스핀이 짝을 짓고 있을 때는 그 파동함수가 $\alpha(A)\beta(B)-\alpha(B)\beta(A)$이며, 따라서 α와 β가 상호 교환될 때 이 결합은 그 부호가 변한다(전체적으로 단순한 A ↔ B 상호 교환이 일어나기 위해서). 따라서 이 경우에 총 파동함수의 부호가 변하려면 회전 파동함수의 부호가 변하지 말아야 하며, 그리하여 핵스핀이 짝짓고 있을 때는 짝수 값의 만이 허용되어야 한다. 결국 식 42.16으로 예측되는 것과 일치하여 홀수 J가 되는 방법의 수는 3이지만, 짝수 J가 되는 방법은 한 가지뿐이다.

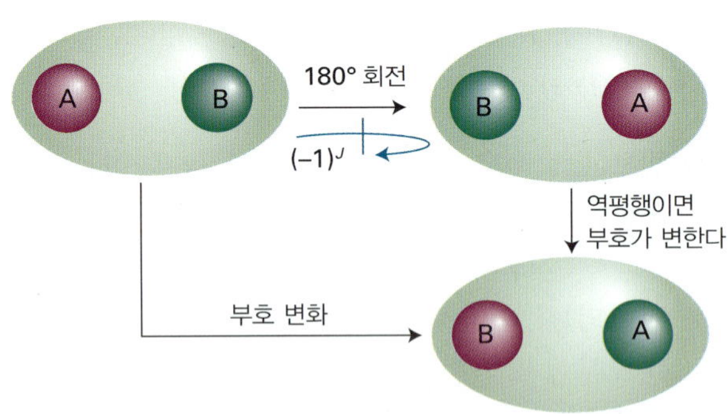

그림 42.11 동등한 두 페르미온 핵이 상호 교환되면 총 파동함수의 부호가 변한다. 이 부호 변화는 우선 분자를 회전시키고, 이어서 서로 다른 스핀(상이한 색의 핵을 가지고 표시)을 상호 교환하는 두 단계로 나누어 일어난다고 생각할 수 있다. 핵들이 역평행 스핀을 가질 때는 이 둘째 단계에서 파동함수의 부호가 변한다.

간단한 예 42.2 오쏘-수소와 파라-수소

상이한 상대적 핵스핀 배향들은 상호간에 대단히 느리게 변환되며, 따라서 평행 핵스핀을 갖는 H_2 분자는 오랜 시간이 흘러도 짝진 핵스핀을 갖는 분자와 구별이 된다. 평행 핵스핀을 가진 수소는 **오쏘-수소**(*ortho*-**hydrogen**), 짝진 핵스핀을 가진 수소는 **파라-수소**(*para*-**hydrogen**)라고 한다. 오쏘-수소는 $J=0$인 상태에서 존재할 수 없으므로 상당히 낮은 온도에서도 회전을 계속하며 유효 회전 영점 에너지를 갖는다(그림 42.12).

자가 진단 42.4 BeF_2는 오쏘와 파라 형태로 존재하는가? **힌트**: (a) BeF_2의 기하 구조를 결정하고, 그다음 (b) 플루오린 핵이 페르미온인지, 보존인지를 결정하시오.

답: 예

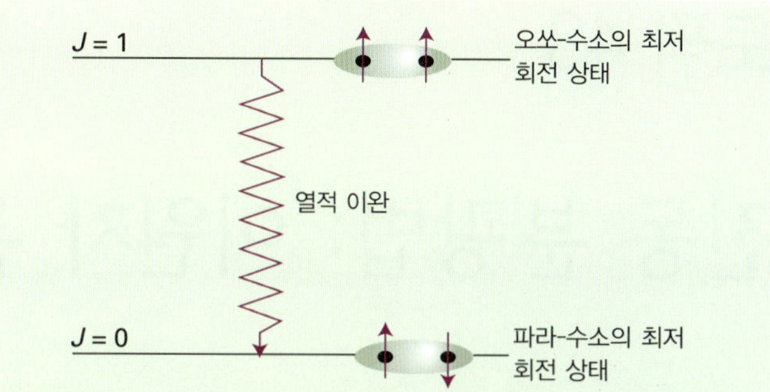

그림 42.12 수소를 냉각시킬 때 평행 핵스핀을 가진 분자들은 허용되는 최저 회전 상태, 즉 $J=1$인 상태로 모두 내려간다. 이들은 그 스핀 이 상대적 배향을 바꾸어 역평행이 되어야 최저 회전 상태($J=0$)로 내려갈 수 있다. 보통 조건에서는 이 과정이 느리게 일어나기 때문에 에너지가 느린 속도로 방출된다.

개념 확인

- ☐ 1. 순수 회전 전이들은 **마이크로파 분광법과 회전 Raman 분광법**으로 연구할 수 있다.
- ☐ 2. 분자가 순수 회전 스펙트럼을 나타내려면 극성이라야 한다.
- ☐ 3. 마이크로파 분광법에 대한 특정 선택 규칙은 $\Delta J=\pm1$, $\Delta M_J=0, \pm1$, $\Delta K=0$이다.
- ☐ 4. 결합 길이와 쌍극자 모멘트는 회전 스펙트럼을 분석하여 얻을 수 있다.
- ☐ 5. 분자가 회전 Raman 활성이 되려면 반드시 비등방성 편극이어야 한다.
- ☐ 6. 회전 Raman 분광법에 대한 특정 선택 규칙은 (i) 선형 회전자의 경우 $\Delta J=0, \pm2$, (ii) 대칭 회전자의 경우 $\Delta J=0, \pm1, \pm2$; $\Delta K=0$이다.
- ☐ 7. 회전 스펙트럼의 모양은 **핵 통계**의 영향을 받는데, 이 핵 통계는 Pauli 원리에 연유되어 회전 상태가 선택적으로 점유되는 현상을 말한다.

식 확인

성질	식	비고	식 번호
회전 전이의 파수	$\tilde{\nu}J+1\leftarrow J)=2\tilde{B}(J+1)$	$J=0, 1, 2, \cdots$; 구형 및 선형 회전자 (원심 일그러짐 무시)	42.8a
가장 큰 개체수를 갖는 회전 상태	$J_{max}\approx(kT/2hc\tilde{B})^{1/2}-\frac{1}{2}$	선형 회전자	42.9
선형 회전자의 회전 Raman 스펙트럼에서 (i) Stokes 선, (ii) 반Stokes 선의 파수	(i) $\tilde{\nu}(J+2\leftarrow J)=\tilde{\nu}_i-2\tilde{B}(2J+3)$ (ii) $\tilde{\nu}(J-2\leftarrow J)=\tilde{\nu}_i+2\tilde{B}(2J-1)$	$J=0, 1, 2, \cdots$; (원심 일그러짐 무시)	42.15
핵 통계	$\dfrac{\text{홀수 }J\text{가 나타날 방법의 수}}{\text{짝수 }J\text{가 나타날 방법의 수}}=\begin{cases}(I+1)/I, & \text{반정수 스핀 핵의 경우}\\ I/(I+1), & \text{정수 스핀 핵의 경우}\end{cases}$	동핵 이원자 분자	42.16

토픽 43

진동 분광법: 이원자 분자

내용

➤ 학습 목표

진동 전이에 대한 진동수의 관측은 분자의 확인에 대해 매우 가치 있는 정보를 주며 그들 결합의 유연성에 대한 정량적인 정보를 제공한다.

➤ 핵심 내용

이원자 분자의 진동 스펙트럼은 조화 진동자 모형을 사용하고 결합 해리와 회전 및 진동 운동의 짝지음을 설명하기 위하여 적절하게 수정함으로써 해석할 수 있다.

➤ 미리 알기

분자 운동에 대한 조화 진동자(토픽 12)와 강체 회전자(토픽 41) 모형, 분광법의 일반적 원리(토픽 40), 그리고 순수 회전 스펙트럼의 해석(토픽 42)들에 익숙해져야 한다. 선택 규칙의 유도는 토픽 16의 전이에 대한 논의로부터 이끌어 낸다.

여기에서는 이원자 분자의 진동 에너지 준위를 탐구하고, 이들 준위 사이에서의 분광학적 전이를 위한 선택 규칙을 확립한다. 또한 회전의 동시 들뜸이 어떻게 진동 스펙트럼의 모양을 수정하며 결합 길이와 그들의 단단함에 대한 정보를 얻는 데 어떻게 사용되는가를 알게 된다. 이 주제는 토픽 44에서 다원자 분자의 진동을 논의하기 위한 준비 단계이기도 하다.

43.1 이원자 분자의 진동 운동

이원자 분자의 전형적인 퍼텐셜 에너지 곡선(그림 22.1과 같은)을 나타내는 그림 43.1에 입각해서 설명한다. R_e(이 곡선의 극소점) 근처 영역에서 퍼텐셜 에너지는 근사적으로 포물선이라고 볼 수 있으며, 다음과 같이 나타낼 수 있다.

$$V = \tfrac{1}{2}k_f x^2 \qquad x = R - R_e \qquad \text{포물선형 퍼텐셜 에너지} \qquad (43.1)$$

여기서 k_f는 결합의 **힘상수(force constant)**이다. 퍼텐셜 벽이 가파를수록(즉 결합이 강할수록) 힘상수가 크다.

분자 퍼텐셜 에너지 곡선의 모양과 k_f 값 사이의 관계를 알아보기 위하여 퍼텐셜 에너지를 다음과 같이 극소점 부근에서 급수(**수학적 배경** 1)를 사용하여 전개할 수 있음을 주목하

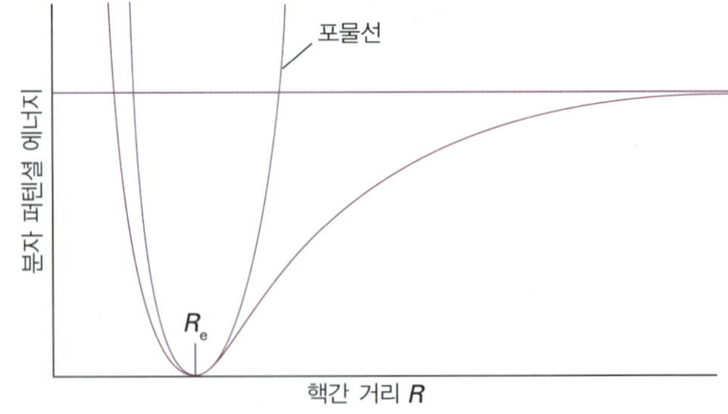

그림 43.1 분자 퍼텐셜 에너지 곡선은 우물의 밑바닥 근처에서 포물선으로 근사시킬 수 있다. 포물선형 퍼텐셜은 조화 진동을 일어나게 한다. 높게 들뜬 에너지에서는 포물선 근사가 잘 맞지 않으며(실제 퍼텐셜은 구속력이 약하다), 해리 극한 근처에서는 전혀 맞지 않는다.

자. 이것은 선택한 점 근처에서 하나의 함수가 어떻게 소멸되는가(이 경우 $x=0$에서 곡선의 최소)를 나타내는 일반적인 방법이다.

$$V(x)=V(0)+\left(\frac{\mathrm{d}V}{\mathrm{d}x}\right)_0 x+\frac{1}{2}\left(\frac{\mathrm{d}^2V}{\mathrm{d}x^2}\right)_0 x^2+\ldots \tag{43.2}$$

이 식에서 $(\cdots)_0$은 우선 일차 도함수를 구한 다음에 x를 0으로 놓으라는 것이다. 첫째 항 $V(0)$은 임의로 0으로 취한다. V의 일차 도함수는 극소점에서 0이 되며, 따라서 살아남는 첫째 항은 변위의 제곱에 비례한다. 변위가 작을 때는 모든 고차항을 무시할 수 있으며, 따라서 퍼텐셜 에너지를 다음과 같이 나타낼 수 있다.

$$V(x)\approx\frac{1}{2}\left(\frac{\mathrm{d}^2V}{\mathrm{d}x^2}\right)_0 x^2 \tag{43.3}$$

따라서 근사적으로 분자 퍼텐셜 에너지 곡선의 1차 근사는 포물선 퍼텐셜이 되며, 힘상수가 다음과 같이 된다.

$$k_\mathrm{f}=\left(\frac{\mathrm{d}^2V}{\mathrm{d}x^2}\right)_0 \quad \text{형식적인 정의 힘상수} \tag{43.4}$$

퍼텐셜 에너지 곡선이 극소점에서 급격하게 휠 때는 k_f가 커서 결합이 견고할 것이다. 반대로 퍼텐셜 에너지 곡선이 넓고 얕을 때는 k_f가 작아서 결합이 쉽게 신장되거나 압축될 것이다(그림 43.2).

질량이 m_1과 m_2인 두 원자가 포물선형 퍼텐셜 에너지를 갖고 상대적 운동을 하는 경우의 Schrödinger 식은 다음과 같이 된다.

$$-\frac{\hbar^2}{2m_\mathrm{eff}}\frac{\mathrm{d}^2\psi}{\mathrm{d}x^2}+\tfrac{1}{2}k_\mathrm{f}x^2\psi=E\psi \tag{43.5}$$

여기서 m_eff는 다음과 같이 정의되는 **유효 질량(effective mass)**이다.

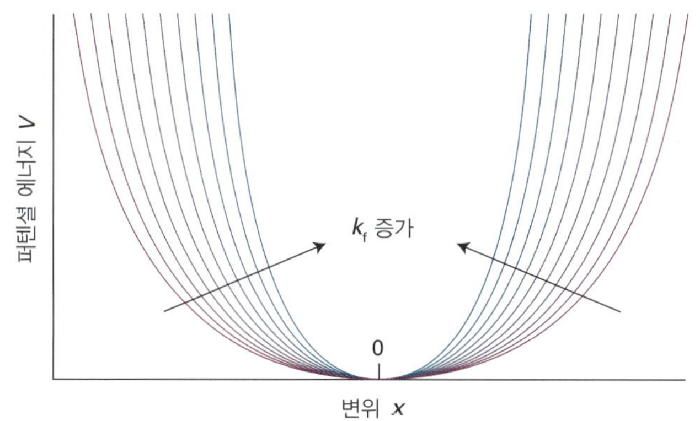

그림 43.2 힘상수는 평형 결합 길이 부근에서의 퍼텐셜 에너지 곡선의 곡률에 대한 척도이다. 강하게 구속되어 있는 우물(가파른 면들을 갖는 것, 좁은 우물, 강한 결합)은 큰 값의 k_f에 해당된다.

$$m_\mathrm{eff}=\frac{m_1m_2}{m_1+m_2} \quad \text{정의 유효 질량} \tag{43.6}$$

이 식들은 토픽 11에서와 같은 방법으로 유도되지만, 여기서는 변수 분리법을 이용하여 원자들의 상대적 운동을 분자의 전체적인 운동으로부터 분리시킨다.

> 실용 상식 **유효 질량**과 **환산 질량**을 구별해야 한다. 유효 질량은 진동 과정에서 움직이는 질량을 나타내는 척도이다. 그리고 환산 질량은 상대적 내부 운동을 전체적 병진 운동과 분리시키는 과정에서 나오는 양이다. 이원자 분자의 경우에는 이 둘이 동일하지만, 다원자 분자의 진동에 대해서는 일반적으로 같지 않다. 그러나 많은 경우에 이 둘을 구분하지 않고 '환산 질량'이라고 한다.

식 43.5의 Schrödinger 식은 질량 m을 가지고 조화 진동을 하는 입자에 대한 식 12.3과 똑같다. 따라서 토픽 12의 결과를 이용하여, 허용되는 진동 에너지 준위를 곧바로 다음과 같이 내려 쓸 수 있다.

$$E_\upsilon=\left(\upsilon+\frac{1}{2}\right)\hbar\omega \quad \omega=\left(\frac{k_\mathrm{f}}{m_\mathrm{eff}}\right)^{1/2} \quad \upsilon=0,1,2,\ldots \quad \text{이원자 분자 진동 에너지 준위} \tag{43.7}$$

파수로 나타낸 진동 상태의 에너지인 분자의 **진동항(vibrational term)**은 $\tilde{G}(\upsilon)$로 나타내며, $E_\upsilon=hc\tilde{G}(\upsilon)$이므로 따라서 다음과 같다.

$$\tilde{G}(\upsilon)=\left(\upsilon+\frac{1}{2}\right)\tilde{\nu} \quad \tilde{\nu}=\frac{1}{2\pi c}\left(\frac{k_\mathrm{f}}{m_\mathrm{eff}}\right)^{1/2} \quad \text{이원자 분자 진동항} \tag{43.8}$$

진동 파동함수는 조화 진동자에 대하여 토픽 12에서 논의한 것과 동일하다.

여기서 주목해야 할 중요한 사실은 진동항이 분자의 전체 질량에 직접 의존하지 않고 **유효** 질량에 의존한다는 것이다. 이러한 의존성은 물리학적으로 볼 때 합리적인 결과이다. 즉 만일 원자 1이 벽돌담과 같이 무거울 때는 $m_\mathrm{eff}\approx m_2$가 되어 m_eff가 가벼운 원자의 질량과 근사적으로 같게 된다. 따라서 가벼운 원자가 벽돌담과 같이 무거운 원자에 대해서 진동을 하는 결과가 된다(예를 들어 HI의 경우가 근사적으로 여기에 해당되는데, I 원자는 거의 움직이지 않으며 $m_\mathrm{eff}\approx m_\mathrm{H}$가 된다). 동핵 이원자 분자의 경우에는 $m_1=m_2$이며, 유효 질량은 전체 질량의 반이 된다. 즉 $m_\mathrm{eff}=\frac{1}{2}m$이 된다.

간단한 예 43.1 이원자 분자의 진동 진동수

HCl 분자에서 결합의 힘상수는 516 N m^{-1}이며, 이것은 단일 결합에 대하여 상당히 전형적인 값이다. $^{1}\mathrm{H}^{35}\mathrm{Cl}$의 유효 질량은 1.63×10^{-27} kg이다(이 질량은 수소 원자의 질량인 1.67×10^{-27} kg에 매우 가까우며, 따라서 Cl 원자는 벽돌담과 같다는 것을 주목하라). 이 값들은 다음과 같은 계산을 의미한다.

$$\omega=\left(\frac{516\ \overbrace{\mathrm{N}}^{\mathrm{kg\,m\,s^{-2}}}\ \mathrm{m^{-1}}}{1.63\times10^{-27}\ \mathrm{kg}}\right)^{1/2}=5.63\times10^{14}\ \mathrm{s^{-1}}$$

또는 $\nu=\omega/2\pi=89.5$ THz (1 THz $=10^{12}$ Hz).

자가 진단 43.1 $^{35}Cl_2$의 진동 주파수 ν는 16.94 THz이다. 이 결합의 힘상수는 얼마인가?

답: 327.8 N m^{-1}

43.2 적외선 분광법

분자가 복사선을 흡수하거나 방출함으로써 진동 상태가 변할 때의 총 선택 규칙은 **구성 원자들의 상대적 위치가 변위될 때 분자의 전기 쌍극자 모멘트가 반드시 변해야 한다**는 것이다. 이러한 진동을 **적외선 활성**(**infrared active**)이라고 한다. 이 규칙을 고전적으로 해석하면 분자가 진동할 때 그 쌍극자가 변하면 이 분자가 전자기장을 흔들어 진동시킬 수 있으며, 그 역도 성립한다는 것이다(그림 43.3). 이것의 형식적인 토대는 다음의 **증명**에서 주어진다. 분자가 영구 쌍극자를 가질 필요는 없으며, 쌍극자 모멘트가 **변하기만**(0으로부터도 가능하다) 하면 된다는 것이다. 진동에 따라서는 분자의 쌍극자에 영향을 주지 않는 것이 있으며(예컨대 동핵 이원자 분자의 신축 운동), 따라서 이러한 진동은 복사선을 흡수하거나 내놓지 않는다. 이러한 진동은 **적외선 비활성**(**infrared inactive**)이라고 한다.

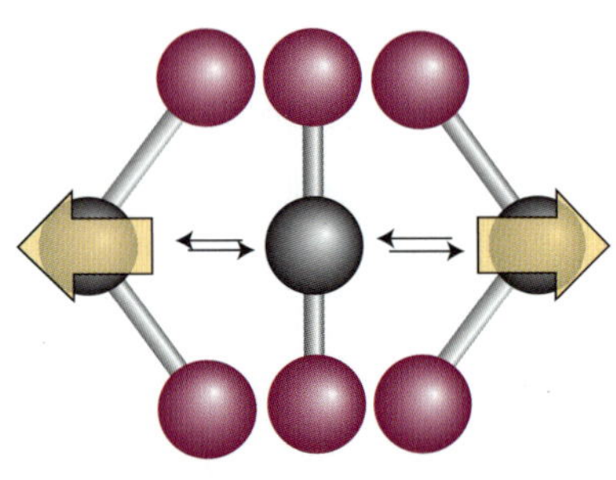

그림 43.3 분자는 무극성이더라도 진동할 때 진동 쌍극자를 나타낼 수 있으며, 따라서 전자기장과 상호 작용을 할 수 있다.

간단한 예 43.2 적외선 분광법의 총 선택 규칙

동핵 이원자 분자는 결합이 아무리 길더라도 쌍극자 모멘트가 0이므로 적외선 비활성이며, 이종핵 이원자 분자는 적외선 활성이다. 각종 나노 재료 속에 붙잡힌 동핵 이원자 분자에서는 약한 적외선 전이를 관찰할 수 있다. 예를 들어 고체 C_{60} 속에 들어가 있는 H_2 분자는 주변 C_{60} 분자와 van der Waals 힘을 통한 상호 작용을 하여 쌍극자 모멘트를 가지며, 이 때문에 관측될 정도의 적외선 스펙트럼을 나타낸다.

자가 진단 43.2 N_2, NO, CO에서 적외선 활성인 분자들을 찾아내시오.

답: NO와 CO

전이 모멘트에 관한 식의 분석과 조화 진동자 파동함수에 걸친 적분 성질로부터 얻어진(다음의 **증명**에서 나타난 바와 같이) 특정 선택 규칙은 다음과 같다.

$$\Delta v=\pm1 \qquad \text{적외선 분광법 특정 선택 규칙} \qquad (43.9)$$

증명 43.1 적외선 스펙트럼의 총 선택 규칙과 특정 선택 규칙

적외선 분광법에 대한 총 선택 규칙은 전이 쌍극자 모멘트 $\boldsymbol{\mu}_{\mathrm{fi}}=\int\psi_{v_\mathrm{f}}^{*}\hat{\boldsymbol{\mu}}\psi_{v_\mathrm{i}}\mathrm{d}\tau$를 해석함으로써 얻는다(토픽 42). 이 식은 분자의 전자 상태나 회전 상태가 변하지 않을 때 식 42.2 ($\boldsymbol{\mu}_{\mathrm{fi}}=\int\psi_{\varepsilon_\mathrm{f}}^{*}\psi_{v_\mathrm{f}}^{*}Y_{J_\mathrm{f},M_{J,\mathrm{f}}}^{*}\hat{\boldsymbol{\mu}}\psi_{\varepsilon_\mathrm{i}}\psi_{v_\mathrm{i}}Y_{J_\mathrm{i},M_{J,\mathrm{i}}}\mathrm{d}\tau$)로부터 나온다. 간단히 일차원 진동자의 경우(이원자 분자와 같은)를 생각해 보자. 전기 쌍극자 모멘트는 분자에 있는 모든 전자와 모든 핵의 위치에 의존하며, 따라서 핵간 거리의 변화에 따라 변한다(그림 43.4). 이 변화를 평형 거리로부터의 변위 x로 다음과 같이 나타낼 수 있다.

$$\mu=\mu_0+\left(\frac{\mathrm{d}\mu}{\mathrm{d}x}\right)_0 x+\ldots \qquad (43.10)$$

여기서 μ_0은 핵들이 평형 거리에 있을 때의 전기 쌍극자 모멘트이다. 따라서 f≠i이고 작은 변위 x에 선형인 항만을 취하면 다음

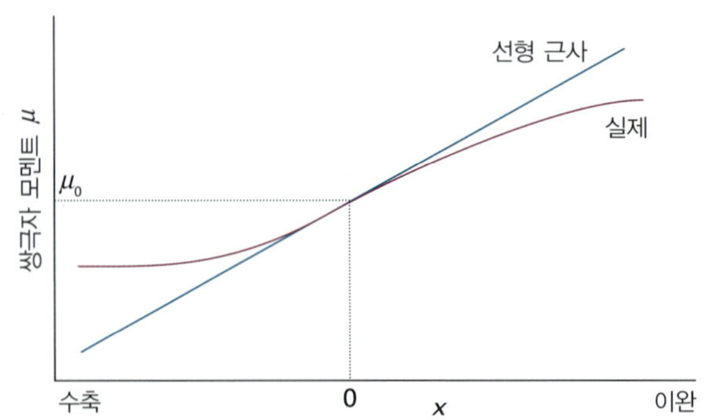

그림 43.4 이종핵 이원자 분자의 전기적 쌍극자 모멘트의 크기는 자주색 곡선으로 나타낸 것처럼 변한다. 변이가 작을 때는 쌍극자 모멘트 크기의 변화는 변위에 비례한다.

과 같이 된다.

$$\mu_{\mathrm{fi}}=\mu_0\overbrace{\int\psi^*_{v_\mathrm{f}}\psi_{v_\mathrm{i}}\,\mathrm{d}x}^{0}+\left(\frac{\mathrm{d}\mu}{\mathrm{d}x}\right)_0\int\psi^*_{v_\mathrm{f}}x\psi_{v_\mathrm{i}}\,\mathrm{d}x$$

v의 값들이 서로 다른 상태들은 직교하기 때문에 μ_0을 곱한 첫째 항은 0이 된다(토픽 12). 따라서 전이 쌍극자 모멘트는 다음과 같다.

$$\mu_{\mathrm{fi}}=\left(\frac{\mathrm{d}\mu}{\mathrm{d}x}\right)_0\int\psi^*_{v_\mathrm{f}}x\psi_{v_\mathrm{i}}\,\mathrm{d}x \tag{43.11}$$

쌍극자 모멘트가 변위에 따라 변하지 않으면 이 식의 우변이 0이 됨을 알 수 있다. 이것은 적외선 분광법에 대한 총 선택 규칙이다.

특정 선택 규칙은 $\int\psi^*_{v_\mathrm{f}}x\psi_{v_\mathrm{i}}\,\mathrm{d}x$의 값을 고찰함으로써 결정할 수 있다. 파동함수를 토픽 12에서 주어진 Hermite 다항 함수로 나타내고, 이들의 성질을 이용해야 한다. $\alpha=(\hbar^2/m_{\mathrm{eff}}k_\mathrm{f})^{1/4}$(토픽 12의 식 12.8)일 때 $x=\alpha y$를 이용하면 다음과 같이 나타낼 수 있다.

$$\begin{aligned}\int\psi^*_{v_\mathrm{f}}x\psi_{v_\mathrm{i}}\,\mathrm{d}x&=N_{v_\mathrm{f}}N_{v_\mathrm{i}}\int_{-\infty}^{\infty}H_{v_\mathrm{f}}xH_{v_\mathrm{i}}\mathrm{e}^{-y^2}\mathrm{d}x\\&=\alpha^2N_{v_\mathrm{f}}N_i\int_{-\infty}^{\infty}H_{v_\mathrm{f}}yH_{v_\mathrm{i}}\mathrm{e}^{-y^2}\mathrm{d}y\end{aligned}$$

이 적분은 다음과 같은 '회귀(recursion)' 관계를 이용하여 구한다.

$$yH_v=vH_{v-1}+\tfrac{1}{2}H_{v+1}$$

그러면 위의 적분이 다음과 같이 된다.

$$\begin{aligned}&\int\psi^*_{v_\mathrm{f}}x\psi_{v_\mathrm{i}}\,\mathrm{d}x\\&=\alpha^2N_{v_\mathrm{f}}N_{v_\mathrm{i}}\left\{v_\mathrm{i}\int_{-\infty}^{\infty}H_{v_\mathrm{f}}H_{v_\mathrm{i}-1}\mathrm{e}^{-y^2}\mathrm{d}y+\tfrac{1}{2}\int_{-\infty}^{\infty}H_{v_\mathrm{f}}H_{v_\mathrm{i}+1}\mathrm{e}^{-y^2}\mathrm{d}y\right\}\end{aligned} \tag{43.12}$$

첫째 적분은 $v_\mathrm{f}=v_\mathrm{i}-1$이 되지 않는 한 0이 되며, 또 둘째 적분은 $v_\mathrm{f}=v_\mathrm{i}+1$이 되지 않는 한, 0이 된다(표 12.1). 따라서 전이 쌍극자 모멘트는 $\Delta v=\pm1$이 되지 않는 한 0이 된다.

$\Delta v=+1$인 전이는 흡광에 해당하는 것이고 $\Delta v=-1$인 전이는 방출에 해당하는 것이다. 따라서 허용되는 진동 전이의 파수는 $v+1\leftarrow v$ 전이에 대한 항을 $\Delta\tilde{G}_{v+\frac{1}{2}}$로 나타낼 경우 다음과 같이 된다.

$$\Delta\tilde{G}_{v+\frac{1}{2}}=\tilde{G}(v+1)-\tilde{G}(v)=\tilde{\nu} \tag{43.13}$$

진동 전이의 파수는 전자기 스펙트럼에서 적외선 영역 속의 복사선에 해당되므로 진동 전이는 적외선 영역의 복사선을 흡수하거나 내놓는다.

실온에서는 $kT/hc\approx200\ \mathrm{cm^{-1}}$이며, 대부분의 진동 파수는 $200\ \mathrm{cm^{-1}}$보다 훨씬 크다. 그리하여 Boltzmann 분포(**기초 지식**, 토픽 2, 토픽 51)에 의해서 거의 대부분의 분자가 상온에서는 바닥 진동 상태에 머물러 있게 된다. 따라서 지배적인 스펙트럼 전이는 $1\leftarrow0$인 **기본 전이(fundamental transition)**이다. 이러한 결과로 단일 흡수선으로 된 스펙트럼이 나타날 것으로 예상된다. 그러나 $H_2+F_2\rightarrow2HF^*$와 같은 반응을 통해 들뜬 진동 상태의 HF 분자가 형성될 때와 같이 분자가 들뜬 진동 상태에서 형성된다면, $5\rightarrow4$, $4\rightarrow3$, … 등의 전이(방출)가 나타날 수 있다. 여기에서 별 표시는 진동의 측면에서 '활성적인(hot)' 분자를 나타낸다. 조화 진동을 가정할 경우에는 이러한 선들이 모두 동일한 진동수에 있으며, 스펙트럼도 단일선이 된다. 그러나 조화 근사의 가정이 무너질 때는 이제 곧 보여 주는 바와 같이 약간 상이한 진동수들에서 전이가 일어나며, 그리하여 스펙트럼에 여러 개의 선이 관측된다.

43.3 비조화성

식 43.8의 진동항은 실제 퍼텐셜 에너지 곡선 대신에 근사적인 포물선 곡선에 기초하여 구한 것이기 때문에 근사적인 결과에 불과하다. 포물선형 퍼텐셜은 결합이 해리되는 것을 허용하지 않기 때문에, 모든 범위에서 맞을 수가 없다. 진동이 높게 들떠서 원자들이 평형 결합 길이로부터 멀리까지(더 정확히 말하면 파동함수가 퍼지는 영역까지) 나갈 때는 분자의 퍼텐셜 에너지를 포물선으로 근사시킬 수 없으며, V를 Taylor 전개시킨 항(식 43.2)들을 추가로 반드시 포함시켜야 한다. 이때는 복원력이 더 이상 변위에 비례하지 않으며, 따라서 진동이 **비조화적(anharmonic)**으로 된다. 실제 퍼텐셜은 포물선의 경우에 비하면 구속력이 약하며, 그리하여 높게 들뜬 상태에서는 에너지 준위들이 더 가깝게 인접되어 있을 것으로 예상할 수 있다.

비조화성이 존재할 때 에너지 준위를 계산하는 한 방법은 실제 퍼텐셜을 더 가깝게 나타낼 수 있는 함수를 사용하는 것이다. 이러한 함수가 다음과 같은 **Morse 퍼텐셜 에너지(Morse potential energy)**이다.

$$V=hc\tilde{D}_\mathrm{e}\{1-\mathrm{e}^{-a(R-R_\mathrm{e})}\}^2\qquad a=\left(\frac{m_{\mathrm{eff}}\omega^2}{2hc\tilde{D}_\mathrm{e}}\right)^{1/2} \tag{43.14}$$

Morse 퍼텐셜 에너지

여기에서 $\tilde{D}_\mathrm{e}$는 퍼텐셜 극소점의 깊이이다(그림 43.5). 우물의 극소점 부근에서는 변위에 따른 V의 변화가 포물선을 닮지만(지수항을 전개해서 첫째 항까지만 취한 결과가 된다), 변위가 커질 때는 포물선의 경우와는 달리 식 43.14는 해리

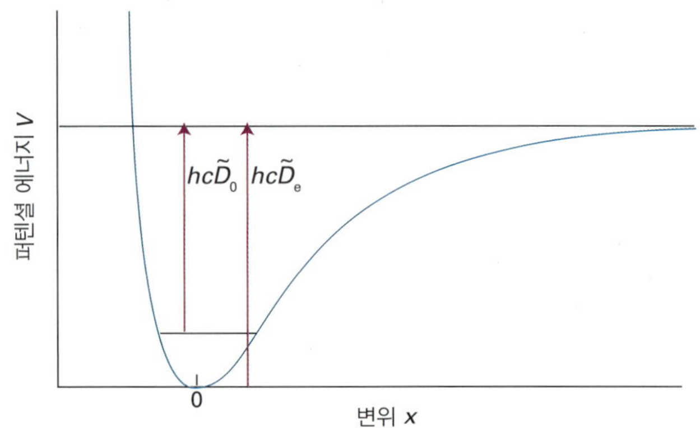

그림 43.5 분자의 해리 에너지 $hc\tilde{D}_0$는 퍼텐셜 에너지 우물의 깊이 $hc\tilde{D}_e$와 같지 않으며, 결합의 영점 진동 에너지만큼 다르다.

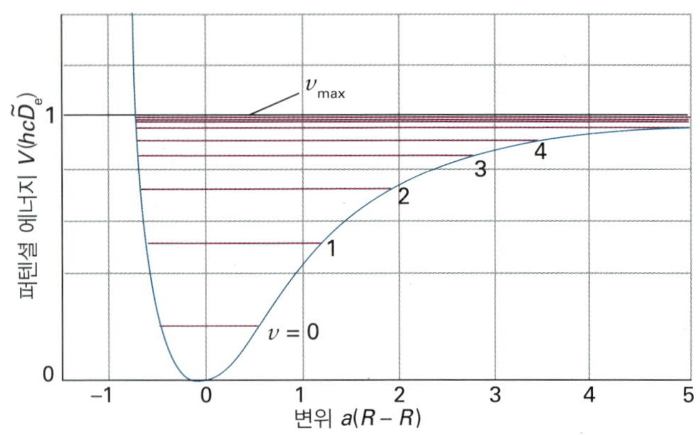

그림 43.6 Morse 퍼텐셜 에너지 곡선은 분자 퍼텐셜 에너지의 일반적 모양을 재현한다. 이 곡선을 쓰면 해당하는 Schrödinger 식을 풀 수 있으며 에너지 값들을 구할 수 있다. 속박 상태의 에너지 준위는 그 수가 유한하다.

를 고려하게 된다. Morse 퍼텐셜을 이용하면 Schrödinger 식을 풀 수 있으며 에너지 준위는 다음과 같이 된다.

$$\tilde{G}(v)=\left(v+\tfrac{1}{2}\right)\tilde{\nu}-\left(v+\tfrac{1}{2}\right)^2 x_e\tilde{\nu} \qquad x_e=\frac{a^2\hbar}{2m_{\text{eff}}\omega}=\frac{\tilde{\nu}}{4\tilde{D}_e} \quad \text{Morse 퍼텐셜 에너지 진동항} \quad (43.15)$$

여기서 x_e는 **비조화성 상수(anharmonicity constant)**라고 하는 차원이 없는 파라미터이다. Morse 진동자의 진동 에너지 준위의 수는 유한하며, 그림 43.6에 나타낸 바와 같이 $v=0, 1, 2, \cdots, v_{max}$가 된다(문제 43.5 참조). 이 $\tilde{G}$에 관한 식의 둘째 항은 v가 커질수록 첫째 항을 더 크게 감소시키며, 그리하여 높은 양자수에서 준위들을 수렴시키게 된다.

예제 43.1 비조화성 상수의 계산

표 43.1에 있는 데이터를 사용하여 $^1H^{19}F$에 대한 비조화성 상수 x_e를 계산하시오.

방법 비조화성 상수는 $\tilde{\nu}$, $\tilde{D}_e$, 그리고 식 43.15로부터 계산한다. 그러나 표 43.1은 $\tilde{D}_0=\tilde{D}_e-\frac{1}{2}\tilde{\nu}$(그림 43.5)의 값을 열거하고 있으며, 따라서 식 43.15를 사용하기 전에 먼저 $\tilde{D}_e$를 계산하는 것을 주목해야 한다. 유용한 변환 인자는 1 kJ mol^{-1} = 83.593 cm^{-1}이다.

풀이 퍼텐셜 극소의 깊이는 다음과 같다.

$$\tilde{D}_e=\tilde{D}_0+\frac{1}{2}\tilde{\nu}=\overbrace{(4.718\times10^4\ \text{cm}^{-1})}^{564.4\ \text{kJ mol}^{-1}\times\frac{83.593\ \text{cm}^{-1}}{1\ \text{kJ mol}^{-1}}}+\frac{1}{2}\times(4138.32\ \text{cm}^{-1})$$
$$=\left(4.718\times10^4+\frac{1}{2}\times4138.32\right)\text{cm}^{-1}$$

따라서 식 43.15로부터 비조화성 상수는 다음과 같다.

$$x_e=\frac{4138.32\ \text{cm}^{-1}}{4\times\{(4.718\times10^4+\frac{1}{2}\times4138.32)\ \text{cm}^{-1}\}}=2.101\times10^{-2}$$

자가 진단 43.3 $^1H^{81}Br$에 대한 비조화성 상수를 계산하시오.

답: 2.093×10^{-2}

표 43.1* 이원자 분자의 성질

	$\tilde{\nu}$/cm^{-1}	R_e/pm	$\tilde{B}$/cm^{-1}	k_f/(N m^{-1})	$hc\tilde{D}_0$/(kJ mol^{-1})
$^1H_2$	4400	74	60.86	575	432
$^1H^{35}Cl$	2991	127	10.59	516	428
$^1H^{127}I$	2308	161	6.51	314	295
$^{35}Cl_2$	560	199	0.244	323	239

* 더 많은 값들이 **부록**에 수록되어 있다.

Morse 진동자가 이론적으로 매우 유용하기는 하지만, 실제로는 다음과 같은 일반식이 보다 더 일반적으로 쓰이고 있다.

$$\tilde{G}(v)=\left(v+\frac{1}{2}\right)\tilde{\nu}-\left(v+\frac{1}{2}\right)^2 x_e\tilde{\nu}+\left(v+\frac{1}{2}\right)^3 y_e\tilde{\nu}+\ldots \qquad (43.16)$$

여기에서 x_e, y_e, … 등은 분자의 실험적 무차원 상수의 특성들이며, 이들을 이용하여 이 식을 실험 데이터와 맞추고, 분자의 해리 에너지를 구한다. 비조화성을 고려해 주면 $\Delta v=+1$인 전이의 파수가 다음과 같이 된다.

$$\Delta\tilde{G}_{v+\frac{1}{2}}=\tilde{G}(v+1)-\tilde{G}(v)=\tilde{\nu}-2(v+1)x_e\tilde{\nu}+\ldots \qquad (43.17)$$

이 식 43.17에 의하면 $x_e>0$일 때는 v가 증가할수록 전이가 낮은 파수 쪽으로 이동한다.

비조화성을 이용하면 스펙트럼에 $2\leftarrow0$, $3\leftarrow0, \cdots$ 등에 해당하는 약한 흡수선이 추가로 나타나는 이유를 설명할 수 있다. 이러한 제1, 제2, …의 **배진동(overtone)**은 $\Delta v = \pm 1$인 선택 규칙에 의해 허용되지 않는 것들이다. 제1 배진동은 예컨대 다음과 같은 파수에서 흡수가 일어나게 한다.

$$\tilde{G}(v+2)-\tilde{G}(v)=2\tilde{\nu}-2(2v+3)x_e\tilde{\nu}+\ldots \qquad (43.18)$$

배진동이 나타나는 이유는 선택 규칙이 조화 진동자 파동 함수를 이용하여 유도된 것이고, 비조화성이 나타날 때는 이것이 근사적으로만 유효하기 때문이다. 따라서 선택 규칙도 하나의 근사에 지나지 않는 것이다. 비조화 진동자에 대해서는 Δv의 모든 값이 다 허용되지만, 비조화성이 약할 때는 $\Delta v > 1$인 전이들이 단지 약하게 나타난다.

43.4 진동-회전 스펙트럼

기체상 이종핵 이원자 분자의 고분해능 진동 스펙트럼의 각 선들은 많은 밀집된 성분들로 이루어져 있는 것을 알 수 있다(그림 43.7). 이 때문에 분자 스펙트럼을 흔히 **띠스펙트럼(band spectrum)**이라고 한다. 성분 사이의 간격은 10 cm^{-1}보다 작으며, 이 크기로 미루어 볼 때 이러한 띠 구조가 나타나는 것은 진동 전이가 일어날 때 회전 전이가 덩달아 일어나기 때문이라고 생각할 수 있다. 고전적으로 볼 때, 진동 전이가 일어날 때는 결합 길이가 순간적으로 늘어났다 줄어들었다 하기 때문에 회전이 덩달아 변하는 것이라고 생각할 수 있다. 마치 스케이트 선수가 팔을 오므리면 회전 속도가 빨라지고 팔을 펴면 느려지는 것과 같이, 분자 회전도 진동 전이에 의해서 가속되기도 하고 감속되기도 하는 것이다.

(a) 스펙트럼 가지

진동과 회전이 동시에 변하는 전이를 양자 역학적으로 자세히 해석해 보면, 이원자 분자의 진동 전이에 수반해서 일어나는 회전 전이에서는 회전 양자수 J가 ± 1만큼 변한다는 것을 알 수 있다. 그러나 전자 오비탈 각운동량을 갖는 상자기성 분자 NO와 같이 분자가 또한 그 축 주위의 각운동량을 갖는다면 선택 규칙은 $\Delta J = 0$도 허용된다.

이원자 분자의 진동-회전 스펙트럼은 다음과 같이 병합된 진동-회전항 $\tilde{S}$를 가지고 설명할 수 있다.

$$\tilde{S}(v,J)=\tilde{G}(v)+\tilde{F}(J) \qquad (43.19)$$

비조화성과 원심 일그러짐을 무시하면, 우변의 첫째 항에 식 43.8을 넣고, 둘째 항에 식 41.15을 넣어서 다음과 같은 결과를 얻을 수 있다.

$$\tilde{S}(v,J)=\left(v+\frac{1}{2}\right)\tilde{\nu}+\tilde{B}J(J+1) \qquad (43.20)$$

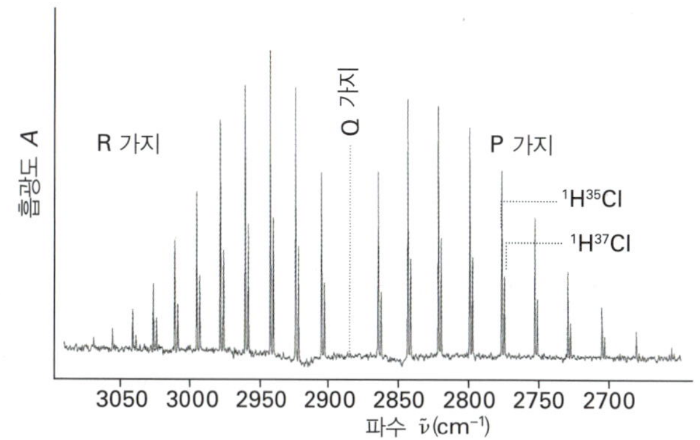

그림 43.7 HCl의 고분해능 진동-회전 스펙트럼. 선들이 쌍을 이루고 있는 것은 $H^{35}Cl$과 $H^{37}Cl$이 함께 기여하기 때문이다(이들의 존재비는 3:1이다). Q 가지가 나타나지 않는 것은 이 분자의 경우 $\Delta J = 0$이 허용되지 않기 때문이다.

이것을 조금 더 정확하게 나타내려면 회전 상수 $\tilde{B}$가 진동 상태에 의존하게 해 주어야 하는데, 이것은 v가 증가하면 분자가 약간 부풀어 오르고 관성 모멘트가 변하기 때문이다. 여기서는 먼저 간단한 식을 사용하여 계속할 것이다.

$v+1 \leftarrow v$의 진동 전이가 일어날 때는 J가 ± 1만큼 변하며 경우에 따라서는 0으로 변하지 않을 때($\Delta J = 0$도 허용된다)도 있다. 그리하여 흡수 스펙트럼이 세 무리의 **가지(branch)**로 나누어진다. 그중 **P 가지(P branch)**는 $\Delta J = -1$인 모든 전이로 이루어진다. 즉

$$\tilde{\nu}_P(J)=\tilde{S}(v+1,J-1)-\tilde{S}(v,J)=\tilde{\nu}-2\tilde{B}J \qquad \text{P 가지 전이} \qquad (43.21a)$$

이 가지는 파수가 $\tilde{\nu}-2\tilde{B}$, $\tilde{\nu}-4\tilde{B}$, …인 스펙트럼선들로 구성되는데, 선들의 세기 분포는 회전 준위의 개체수와 $J-1 \leftarrow J$ 전이 모멘트의 크기를 반영한다(그림 43.8). 한편 **Q 가지(Q branch)**는 $\Delta J = 0$인 모든 전이의 선들로 이루어진 것이며, 모든 J 값에 대해서 그 파수들이 다음과 같이 주어진다.

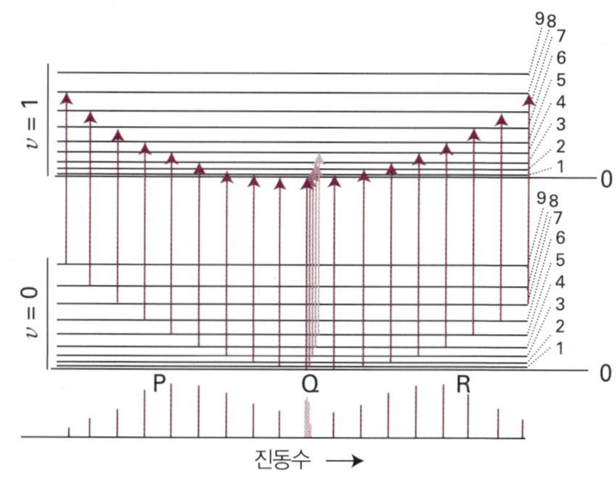

그림 43.8 진동-회전 스펙트럼의 P, Q, R 가지 형성. 선의 세기는 회전 준위의 초기 상태 개체수와 전이 모멘트의 크기를 반영한다.

$$\tilde{\nu}_Q(J)=\tilde{S}(v+1,J)-\tilde{S}(v,J)=\tilde{\nu} \quad \text{Q 가지 전이} \quad (43.21b)$$

이 전이가 허용될 때는(NO에서와 같이) 이 가지가 진동 전이 파수에서 나타난다. 그림 43.7에서는 Q 가지가 나타나야 할 자리가 비어 있는데, 이것은 HCl 분자에서는 이 전이가 허용되지 않기 때문이다. 끝으로 **R 가지(R branch)**는 $\Delta J=+1$인 선들로 이루어진 것이다. 즉

$$\begin{aligned}\tilde{\nu}_R(J)&=\tilde{S}(v+1,J+1)-\tilde{S}(v,J)\\&=\tilde{\nu}+2\tilde{B}(J+1)\end{aligned} \quad \text{R 가지 전이} \quad (43.21c)$$

이 가지는 $\tilde{\nu}$보다 높은 파수 쪽으로 $2\tilde{B}$, $4\tilde{B}$, …만큼씩 떨어진 선들로 되어 있다.

진동 전이의 P 가지와 R 가지에 나타나는 선 간격을 측정하면 $\tilde{B}$의 값을 구할 수 있다. 따라서 순수한 회전 마이크로파 스펙트럼을 이용하지 않더라도 결합 길이를 구할 수 있다. 그러나 마이크로파 진동수는 적외선 진동수보다 훨씬 더 정확하게 측정될 수 있기 때문에 순수한 회전 스펙트럼이 훨씬 더 결과가 정확하다.

간단한 예 43.3 R 가지 전이의 파수

$^1H^{81}Br$의 적외선 흡수는 $v=0$으로부터 R 가지가 생긴다. 따라서 식 43.21c와 표 43.1의 데이터로부터 $J=2$인 회전 상태에 기인하는 스펙트럼선의 파수는 다음과 같다.

$$\begin{aligned}\tilde{\nu}_R(2)&=\tilde{\nu}+6\tilde{B}=(2648.98\,\text{cm}^{-1})+6\times(8.465\,\text{cm}^{-1})\\&=2699.77\,\text{cm}^{-1}\end{aligned}$$

자가 진단 43.4 $^1H^{127}I$의 적외선 흡수는 $v=0$으로부터 R 가지가 나타난다. $J=2$인 회전 상태에 기인하는 스펙트럼선의 파수는 무엇인가?

답: 2347.16 cm^{-1}

(b) 결합차 방법

들뜬 진동 상태의 회전 상수 $\tilde{B}_1$(일반적으로 $\tilde{B}_v$)은 바닥 진동 상태에서의 회전 상수 $\tilde{B}_0$과 다르다. 이 차가 생기는 한 이유는 비조화 진동으로 인해 높은 상태의 분자의 결합 길이가 약간 늘어나기 때문이다. 그러나 비조화성이 없는 경우에도 $1/R^2$의 평균값($\langle 1/R^2\rangle$)은 진동 상태에 따라 다르다(응용 문제 43.10, 43.11 참조). 이 결과로 Q 가지(나타나는 경우)는 일련의 밀집된 선들로 이루어지고, R 가지의 선들은 J가 증가함에 따라 약간씩 수렴하며, P 가지의 선들은 발산한다. 즉

$$\begin{aligned}\tilde{\nu}_P(J)&=\tilde{\nu}-(\tilde{B}_1+\tilde{B}_0)J+(\tilde{B}_1-\tilde{B}_0)J^2\\\tilde{\nu}_Q(J)&=\tilde{\nu}+(\tilde{B}_1-\tilde{B}_0)J(J+1)\\\tilde{\nu}_R(J)&=\tilde{\nu}+(\tilde{B}_1+\tilde{B}_0)(J+1)+(\tilde{B}_1-\tilde{B}_0)(J+1)^2\end{aligned} \quad (43.22)$$

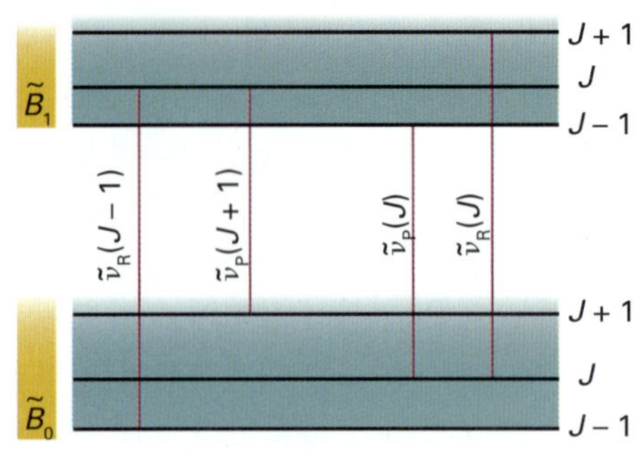

그림 43.9 결합차 방법은 일부 전이들이 한 공통 준위를 공유한다는 사실을 사용한다.

두 회전 상수를 개별적으로 결정하기 위하여 사용하는 한 방법이 **결합차 방법(combination difference)**이다. 이 방법은 분광학에서 한 특정한 상태의 정보를 끌어내는 데 널리 이용되고 있다. 이 방법에서는 한 공통 상태로 전이될 때의 파수에서 차에 관한 식을 구하는데, 이렇게 얻은 식은 다른 상태의 성질들에만 전적으로 의존한다.

그림 43.9에 나타낸 바와 같이 $\tilde{\nu}_R(J-1)$ 전이와 $\tilde{\nu}_P(J+1)$ 전이는 하나의 높은 진동 상태를 공통으로 가지며, 따라서 공통으로 $\tilde{B}_0$에 의존할 것이라고 예상할 수 있다. 실제로 식 43.22로부터 이 공통 상태에 대한 전이들의 파수 차를 구하면 다음과 같이 된다.

$$\tilde{\nu}_R(J-1)-\tilde{\nu}_P(J+1)=4\tilde{B}_0(J+\tfrac{1}{2}) \quad (43.23a)$$

이 결합차를 $J+\frac{1}{2}$에 대해서 도시하면 기울기가 4 $\tilde{B}_0$인 직선이 나와야 하며, 따라서 이 분자의 $v=0$인 상태에서의 회전 상수를 구할 수 있다(직선으로부터 어떤 편차가 나타나면 그것은 원심 일그러짐에 기인하는 것이며, 따라서 이 효과까지도 조사할 수 있다). 마찬가지로 $\tilde{\nu}_R(J)$ 전이와 $\tilde{\nu}_P(J)$ 전이는 공통으로 한 낮은 진동 상태를 가지며, 그리하여 다음과 같은 이들의 결합차로부터 높은 상태에 관한 정보를 얻을 수 있다.

$$\tilde{\nu}_R(J)-\tilde{\nu}_P(J)=4\tilde{B}_1(J+\tfrac{1}{2}) \quad (43.23b)$$

간단한 예 43.4 결합차 방법

회전 상수의 상대적인 값의 개념을 알기 위하여 단지 몇 개만의 전이를 포함하여 신속하게 계산함으로써 회전 상수 $\tilde{B}_0$과 $\tilde{B}_1$을 추정할 수 있다. $^1H^{35}Cl$에 대하여 $\tilde{\nu}_R(0)-\tilde{\nu}_P(2)=62.6$ cm^{-1}이며, 따라서 식 43.23a로부터 $J=1$일 때 $\tilde{B}_0=62.6/\{4\times(1+\frac{1}{2})\}$ cm$^{-1}=10.4$ cm^{-1}이 된다. 마찬가지로 $\tilde{\nu}_R(1)-\tilde{\nu}_P(1)=60.8$ cm^{-1}이며, 따라서 식 43.23b로부터

또한 $J=1$일 때 $\tilde{B}_1=60.8/\{4\times(1+\frac{1}{2})\}\ \mathrm{cm^{-1}}=10.1\ \mathrm{cm^{-1}}$이 된다. 많은 데이터 세트에 선형 최소 제곱법을 적용하면 $\tilde{B}_0=10.440\ \mathrm{cm^{-1}}$, $\tilde{B}_1=10.136\ \mathrm{cm^{-1}}$이 된다.

자가 진단 43.5 $^{12}C^{16}O$에 대하여 $\tilde{\nu}_R(0)=2147.084\ \mathrm{cm^{-1}}$, $\tilde{\nu}_R(1)=2150.858\ \mathrm{cm^{-1}}$, $\tilde{\nu}_P(1)=2139.427\mathrm{cm^{-1}}$, $\tilde{\nu}_P(2)=2135.548\ \mathrm{cm^{-1}}$이다. $\tilde{B}_0$과 $\tilde{B}_1$ 값을 계산하시오.

답: $\tilde{B}_0=1.923\ \mathrm{cm^{-1}}$, $\tilde{B}_1=1.905\ \mathrm{cm^{-1}}$

43.5 이원자 분자의 진동 Raman 스펙트럼

진동 Raman 전이에 대한 총 선택 규칙(다음의 **증명**을 참조할 것)은 **분자가 진동할 때 편극도가 변해야 한다**는 것이다. 진동 들뜸이 광자–분자 충돌 과정에서 일어날 수 있기 위하여 분자들은 입사 복사선에 의하여 반드시 압착되거나 늘어나야 하기 때문에 편극도가 진동 Raman 분광법에서 역할을 하게 된다.

간단한 예 43.5 진동 Raman 스펙트럼에 대한 총 선택 규칙

동핵 및 이종핵 이원자 분자는 모두 진동할 때 부풀어졌다 오므라졌다 하며, 그리하여 핵이 전자를 구속하는 능력이 변하고, 그리하여 분자 편극도가 변한다. 따라서 이 두 종류의 분자는 모두 진동 Raman 활성이다.

자가 진단 43.6 CO_2와 같은 선형 무극성 분자는 Raman 스펙트럼을 갖는가?

답: 예

진동 Raman 전이에 대한 특정 선택 규칙은 조화 근사의 경우 $\Delta v=\pm1$이다. 이 총 선택 규칙과 특정 선택 규칙의 구체적 근거는 다음의 **증명**에서 주어진다.

증명 43.2 진동 Raman 전이에 대한 총 선택 규칙과 특정 선택 규칙

설명을 간단하게 하기 위하여 일차원적 조화 진동자(이원자 분자와 같은)를 생각해 보자. 우선 입사하는 전자기 복사선에서 진동하는 전기장 $\mathcal{E}(t)$는 전기장의 세기에 비례하는 쌍극자 모멘트를 유발할 수 있다. $\alpha(x)$는 분자의 편극도로서 전기장에 대한 대응의 척도일 때, $\mu=\alpha(x)\mathcal{E}(t)$로 쓴다. 그러면 전이 쌍극자 모멘트는 다음과 같다.

$$\mu_{fi}=\int\psi^*_{v_f}\alpha(x)\mathcal{E}(t)\psi_{v_i}\mathrm{d}x=\mathcal{E}(t)\int\psi^*_{v_f}\alpha(x)\psi_{v_i}\mathrm{d}x \quad (43.24)$$

(편극도 연산자는 $\alpha(x)$를 곱함으로써 표현되며, 이는 편극도 연산자가 좌표에만 의존하기 때문이다.) 핵이 전자를 구속하는 능력은 그들의 위치 변화에 따라 변하기 때문에 편극도는 결합 길이에 따라 변하며, 따라서 $\alpha(x)=\alpha_0+(\mathrm{d}\alpha/\mathrm{d}x)_0x+\ldots$이 된다. 이제 계산은 **증명** 43.1에서와 같이 수행하지만, 식 43.11에서 $(\mathrm{d}\mu/\mathrm{d}x)_0$을 $\mathcal{E}(t)(\mathrm{d}\alpha/\mathrm{d}x)_0$으로 바꾸어 놓아야 한다. 그러면 $\mathrm{f}\neq\mathrm{i}$일 때 다음과 같은 결과가 나온다.

$$\mu_{fi}=\mathcal{E}(t)\left(\frac{\mathrm{d}\alpha}{\mathrm{d}x}\right)_0\int\psi^*_{v_f}x\psi_{v_i}\mathrm{d}x \quad (43.25)$$

따라서 진동이 Raman 활성이 되려면 $(\mathrm{d}\alpha/\mathrm{d}x)0\neq0$(즉 편극도는 변위에 따라 변한다), 또한 **증명** 43.1에서 본 바와 같이 $v_f-v_i=\pm1$이 되어야 한다.

토픽 40에서 소개된 용어를 사용하면 입사 복사선보다 높은 진동수의 선인 '반Stoles 선'은 $\Delta v=-1$일 때의 선이다. 진동수가 낮은 'Stokes 선'은 $\Delta v=+1$에 대응하는 것이다. 반Stokes 선과 Stokes 선의 세기는 전이에 관여하는 진동 상태들의 Boltzmann 개체수 분포에 의해서 크게 지배된다. 따라서 초기에는 극히 일부 분자가 들뜬 진동 상태에 있기 때문에 일반적으로 반Stokes 선은 약하게 나타난다.

기체상 스펙트럼에서 Stokes 선과 반Stokes 선은 진동 들뜸에 수반되어 동시에 일어나는 회전 전이로부터 일어나는 가지 구조를 가진다(그림 43.10). 이러한 회전 전이에 대한 선택 규칙은 $\Delta J=0$, ±2이며(순수한 회전 Raman 스펙트럼에서와 같다), 각각 **O 가지(O branch**, $\Delta J=-2$), **Q 가지(Q branch**, $\Delta J=0$), **S 가지(S branch**, $\Delta J=+2$)를 나타낸다.

$$\begin{aligned}\tilde{\nu}_O(J)&=\tilde{\nu}_i-\tilde{\nu}-2\tilde{B}+4\tilde{B}J &&\text{O 가지 전이}\\ \tilde{\nu}_Q(J)&=\tilde{\nu}_i-\tilde{\nu} &&\text{Q 가지 전이}\\ \tilde{\nu}_S(J)&=\tilde{\nu}_i-\tilde{\nu}-6\tilde{B}-4\tilde{B}J &&\text{S 가지 전이}\end{aligned} \quad (43.26)$$

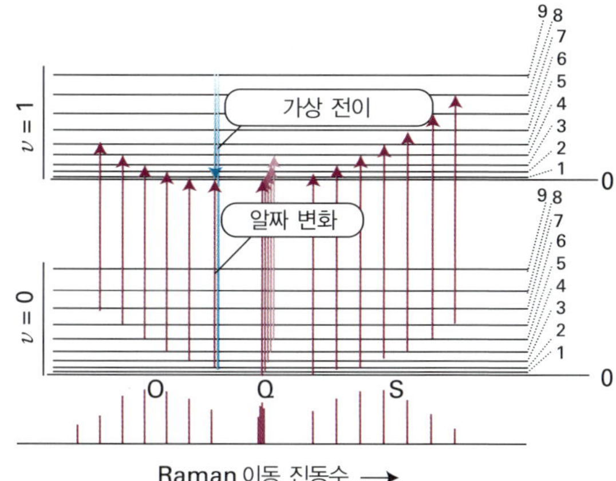

그림 43.10 선형 회전자의 진동–회전 Raman 스펙트럼에 나타나는 O, Q, S 가지. 실제 산란광 진동수 눈금은 그림 43.8에서와 반대 방향으로 나타난다. 이것은 높은 에너지 전이(오른쪽)가 입사 광선으로부터 더 많은 에너지를 뽑아내어 입사 광선의 진동수를 낮게 해 주기 때문임을 주목하라.

여기서 $\tilde{\nu}_i$는 입사 복사선의 파수이다. 적외선 분광학에서와는 달리 모든 선형 분자에서 Q 가지가 나타난다는 것을 주목하라. 예를 들어 CO의 스펙트럼을 그림 43.11에 나타내었는데, 여기서 Q 가지 구조는 높은 진동 상태와 낮은 진동 상태가 상이한 회전 상수를 갖기 때문에 생기는 것이다.

진동 Raman 분광법은 동핵 이원자 분자에도 적용시킬 수 있기 때문에 여기서 얻은 정보는 적외선 분광법으로부터 얻는 정보를 보완해 준다. 이들 스펙트럼은 힘상수, 해리 에너지, 결합 길이를 사용하여 해석할 수 있으며 이렇게 얻은 정보의 일부를 표 43.1에 나타내었다.

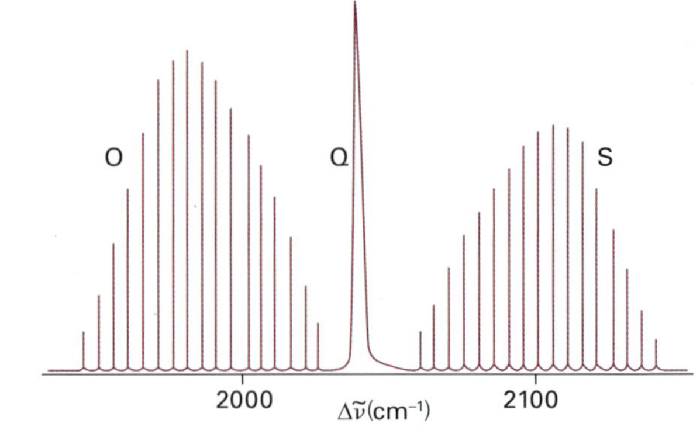

그림 43.11 일산화 탄소의 진동 Raman 스펙트럼에 나타나는 진동 스펙트럼선의 구조로서 O, Q, S 가지가 모두 나타난다. 평행 축은 입사 복사선과 산란 복사선 사이의 파수 차를 나타낸다.

개념 확인

- ☐ 1. 이원자 분자를 조화 진동자로 보았을 때의 진동 에너지 준위는 **힘상수** k_f(결합의 강도를 나타내는 척도)와 진동의 **유효 질량**에 의존한다.
- ☐ 2. 적외선 스펙트럼에서의 총 선택 규칙은 분자의 원자들이 상대적으로 변위될 때 분자의 전기 쌍극자 모멘트가 반드시 변해야 한다는 것이다.
- ☐ 3. 적외선 분광법에 대한(조화 근사의 범위 이내에서) 특정 선택 규칙은 $\Delta v = \pm 1$이다.
- ☐ 4. **Morse 퍼텐셜 에너지 함수**를 이용하면 비조화성 운동을 나타낼 수 있다.
- ☐ 5. 가장 강한 적외선 전이들은 **기본 전이**($v=1 \leftarrow v=0$)이다.
- ☐ 6. 비조화성은 보다 약한 **배진동 전이**($v=2 \leftarrow v=0$, $v=3 \leftarrow v=0$ 등)를 나타나게 한다.
- ☐ 7. 기체상에서 진동 전이는 동시적인 회전 전이에 기인하여 **P, Q, R 가지 구조**를 갖는다.
- ☐ 8. 진동이 **Raman 활성**이기 위해서는 분자가 진동할 때 편극도가 반드시 변해야 한다.
- ☐ 9. 진동 Raman 스펙트럼에 대한(조화 근사의 범위 이내에서) 특정 선택 규칙은 $\Delta v = \pm 1$이다.
- ☐ 10. 기체상 스펙트럼에는 Raman 스펙트럼의 Stokes 선과 반 Stokes 선은 **O, Q, S 가지 구조**를 나타낸다.

식 확인

성질	식	비고	식 번호
진동항(이원자 분자)	$\tilde{G}(v)=\left(v+\frac{1}{2}\right)\tilde{\nu}$, $\tilde{\nu}=(1/2\pi c)(k_f/m_{eff})^{1/2}$	단순 조화 진동자	43.8
적외선 스펙트럼	$\Delta\tilde{G}_{v+\frac{1}{2}}=\tilde{\nu}$	단순 조화 진동자	43.13
Morse 퍼텐셜 에너지	$V=hc\tilde{D}_e\left\{1-e^{-a(R-R_e)}\right\}^2$, $a=(m_{eff}\omega^2/2hc\tilde{D}_e)^{1/2}$, $m_{eff}=m_1m_2/(m_1+m_2)$		43.14
진동항(Morse 퍼텐셜 에너지)	$\tilde{G}(v)=\left(v+\frac{1}{2}\right)\tilde{\nu}-\left(v+\frac{1}{2}\right)^2 x_e\tilde{\nu}$, $x_e=\tilde{\nu}/4\tilde{D}_e$		43.15

성질	식	비고	식 번호
적외선 스펙트럼 (진동)	$\Delta\tilde{G}_{v+\frac{1}{2}}=\tilde{\nu}-2(v+1)x_e\tilde{\nu}+\cdots$	비조화 진동자	43.17
	$\tilde{G}(v+2)-\tilde{G}(v)$ $=2\tilde{\nu}-2(2v+3)x_e\tilde{\nu}+\cdots$	배진동	43.18
적외선 스펙트럼 (진동–회전)	$\tilde{S}(v,J)=\left(v+\frac{1}{2}\right)\tilde{\nu}+\tilde{B}J(J+1)$	진동에 결합된 회전	43.20
	$\tilde{\nu}_P(J)=\tilde{S}(v+1,J-1)-\tilde{S}(v,J)$ $=\tilde{\nu}-2\tilde{B}J$	P 가지($\Delta J=-1$)	43.21a
	$\tilde{\nu}_Q(J)=\tilde{S}(v+1,J)-\tilde{S}(v,J)=\tilde{\nu}$	Q 가지($\Delta J=0$)	43.21b
	$\tilde{\nu}_R(J)=\tilde{S}(v+1,J+1)-\tilde{S}(v,J)=\tilde{\nu}+2\tilde{B}(J+1)$	R 가지($\Delta J=+1$)	43.21c
	$\tilde{\nu}_R(J-1)-\tilde{\nu}_P(J+1)=4\tilde{B}_0\left(J+\frac{1}{2}\right)$ $\tilde{\nu}_R(J)-\tilde{\nu}_P(J)=4\tilde{B}_1\left(J+\frac{1}{2}\right)$	결합차 방법	43.23a,b
Raman 스펙트럼(진동–회전)	$\tilde{\nu}_O(J)=\tilde{\nu}_i-\tilde{\nu}-2\tilde{B}+4\tilde{B}J$	O 가지($\Delta J=-2$)	43.26
	$\tilde{\nu}_Q(J)=\tilde{\nu}_i-\tilde{\nu}$	Q 가지($\Delta J=0$)	
	$\tilde{\nu}_S(J)=\tilde{\nu}_i-\tilde{\nu}-6\tilde{B}-4\tilde{B}J$	S 가지($\Delta J=+2$)	

토픽 44

진동 분광법: 다원자 분자

내용

➤ 학습 목표

진동 스펙트럼을 분석하면 기체 및 응축상 다원자 분자들의 종류, 형태, 강도에 대한 정보를 알아낼 수 있다. 합성 물질과 생물학적 세포와 같이 복잡한 계에 대한 연구까지도 가능해진다.

➤ 핵심 내용

다원자 분자의 진동 스펙트럼은 원자들의 짝지어진 조화 운동의 항으로 해석할 수 있다.

➤ 미리 알기

분자 운동에 대한 조화 진동자 모형(토픽 12)과 분광법의 일반적 원리(토픽 40), 그리고 적외선과 Raman 분광법의 선택 규칙(토픽 43)에 익숙해져야 한다. 적외선과 Raman 활성 진동의 대칭 성질을 취급하려면 토픽 31~33의 개념들이 필요하다.

이원자 분자는 결합이 신축되는 한 가지 진동 방식만을 갖는다. 그러나 다원자 분자에서는 모든 결합 길이와 결합각이 변할 수 있기 때문에 때에 따라서는 수백 가지의 진동 방식들이 나타날 수 있으며, 진동 스펙트럼이 대단히 복잡하다. 그렇지만 적외선 분광법과 Raman 분광법을 이용하면 동물이나 식물 조직과 같은 큰 계의 구조에 관한 정보를 얻을 수가 있다. Raman 분광법은 특히 탄소 나노튜브와 같은 나노물질을 규명하는 데 특히 유용하게 쓰인다.

44.1 기준 방식

우선 다원자 분자의 전체 진동 방식의 수를 계산해 보자. 그러면 진동을 가장 간단히 나타내는 이들 원자 변위들의 적절한 결합을 선택할 수 있는 방법을 알 수 있게 될 것이다.

아래 **증명**에서 보이는 바와 같이 N개의 원자로 된 분자 운동의 독립적인 진동 방식의 수는 분자가 선형인지, 비선형인지에 따라 다음과 같다.

선형 분자: $3N-5$
비선형 분자: $3N-6$

간단한 예 44.1 기준 방식의 수

물(H_2O)은 비선형 삼원자 분자로 $N=3$이며, $3N-6=3$, 즉 3개의 진동 방식을 갖는다(3개의 회전 방식과 함께). 한편 선형 삼원자 분자인 CO_2는 $3N-5=4$, 즉 4개의 진동 방식을 갖는다(회전 방식은 두 가지뿐이다). $N\approx 500$인 원자를 갖는 생화학적 거대 분자는 거의 1500가지의 상이한 독립적인 방법으로 진동할 수 있다.

자가 진단 44.1 나프탈렌($C_{10}H_8$)은 몇 가지의 기준 방식을 갖는가?

답: 48가지

증명 44.1 진동 방식의 수

원자 한 개의 위치는 3개의 좌표로 특정지어진다. N개 원자의 위치를 명시하려면 총 $3N$개의 좌표가 필요하다. 각 원자는 그 세 좌표(x, y, z) 중의 어느 하나를 변화시키면 그 위치가 변할 수 있으며, 따라서 가능한 전체 변위의 수는 $3N$이 된다. 이들 변위를 물리학적으로 합당한 방식에 따라 무리들로 묶을 수가 있다. 예를 들어 분자의 질량 중심 위치를 명시하려면 3개의 좌표가 필요하며, 따라서 $3N$개의 변위 중에서 3개가 전체 분자의 병진 운동에 해당되는 것이다. 나머지 $3N-3$개는 질량 중심을 변하지 않도록 놓아두는 분자의 비병진 '내부' 운동 방식이 된다.

선형 분자의 경우에 공간상에서 그들의 배향을 나타내는 데는 2개의 각이 필요하다. 실제로 단지 분자축이 가리키는 방향의 위도와 경도를 주어야 한다(그림 44.1a). 그러나 비선형 분자의 경우에는 위도와 경도로 정의되는 방향 주위의 분자 배향을 명시해 주어야 하기 때문에 3개의 각이 필요하다(그림 44.1b). 따라서 $3N-3$개의 내부 변위 중에서 2개(선형) 또는 3개(비선형)는 회전 변위를 나타낸다. 이렇게 되면 $3N-5$(선형) 또는 $3N-6$(비선형) 변위는 원자들 상호간의 상대적 변위를 나타내는 것이라야 한다. 이들이 바로 진동 방식이다. 즉 진동 방식의 수 N_{vib}은 선형 분자의 경우에는 $3N-5$, 비선형 분자의 경우에는 $3N-6$이 된다.

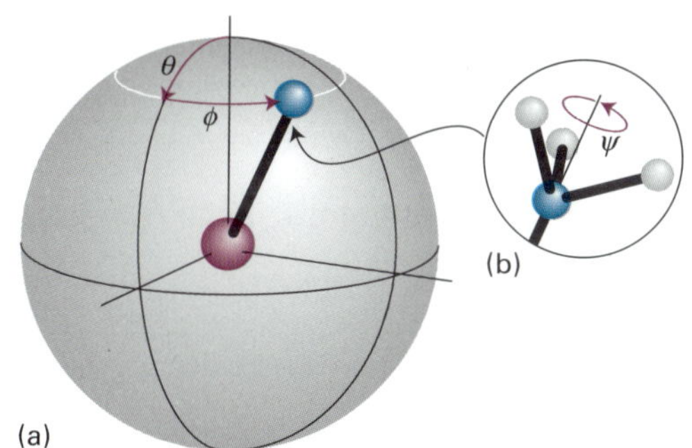

그림 44.1 (a) 선형 분자의 배향을 나타내려면 2개의 각을 명시해야 한다. (b) 비선형 분자의 배향을 명시하려면 3개의 각이 필요하다.

다음 단계는 진동 방식들을 가장 적합하게 나타내야 할 차례이다. 예로서 CO_2의 네 가지 진동 방식은 그림 44.2a와 44.2c중 어느 하나가 될 수 있을 것이다. 즉 한 C—O 결합의 신축 진동(ν_L 방식), 다른 한 C—O 결합의 신축 진동(ν_R), 상호 수직한 두 굽힘 진동(ν_3)의 네 가지이다. 이러한 선택 방법은 가능하기는 하지만 모순점을 가지고 있다. 한 C—O 결합 진동을 들뜨게 하면 탄소 원자의 운동으로 인해서 다른 C—O 결합이 운동을 하게 되고, 그리하여 진동 에너지가 ν_L과 ν_R 사이에서 앞으로 또 뒤로 흘렀다 하게 된다. 뿐만 아니라 이 분자의 질량 중심의 위치가 이들 신동 과정에서 변하게 된다.

만일 ν_L과 ν_R의 선형 결합을 취하면 진동 방식을 훨씬 더 간단하게 나타낼 수 있다. 예를 들어 그 한 결합이 그림 44.2b의 ν_1인데, 이러한 방식을 **대칭 신축(symmetric stretch)**이라고 한다. 이 진동 방식에서는 탄소 원자가 양쪽으로부터 동시에 협공되며, 이러한 식으로 한없이 지속된다. 또 하나의 진동 방식은 **반대칭 신축(antisymmetric stretch)**인 ν_2이며, 여기서는 두 산소 원자가 항상 서로 같은 방향으로, 탄소 원자와는 반대 방향으로 같이 움직인다. 이 두 진동 방식은 상호 독립적이며, 어느 하나가 들뜨더라도 다른 것에 영향을 주지 않아 다른 것은 들뜨지 않는다. 이들은 이 분자의 두 '기준 진동 방식'으로 독립적이고 집합적인 진동 변위이다. 다른 두 기준 진동 방식(그림 44.2c)은 굽힘 방식 ν_3이다. 일반적으로 **기준 방식(normal mode)**은 원자나 원자단의 독립적이면서 동시성인 진동 운동으로서, 한 방식 이외의 나머지 다른 기준 방식들은 그대로 놓아두며 그리고 전체적으로 분자의 병진이나 회전이 관여되지 않고 들뜰 수 있다.

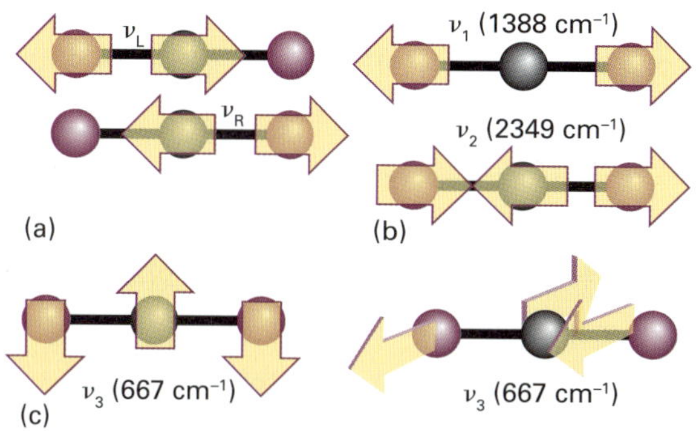

그림 44.2 CO_2의 두 가지 선택적인 진동 표시 방법. (a) 신축 방식들이 독립적이 아니며, 한 C—O 그룹이 들뜨면 다른 것이 진동하기 시작한다. 이들은 이 분자 진동의 기준 방식이 아니다. (b) 대칭 신축과 반대칭 신축이 서로 독립적이며, 어느 하나가 들뜨더라도 다른 것이 영향을 받지 않는다. 이들은 기준 방식이다. (c) 두 수직 굽힘 운동도 또한 기준 방식이다.

CO_2의 이들 네 가지 기준 방식과 일반적인 다원자 분자에서의 N_{vib} 기준 방식들은 분자 진동을 표시하는 핵심이다. 각각의 기준 방식 q는 독립된 조화 진동자와 같이 행동하며(비조화성을 무시할 경우), 따라서 각각은 다음과 같은 일련의 항들을 갖는다.

$$\tilde{G}_q(v)=\left(v+\frac{1}{2}\right)\tilde{\nu}_q \qquad \tilde{\nu}_q=\frac{1}{2\pi c}\left(\frac{k_{f,q}}{m_q}\right)^{1/2} \tag{44.1}$$

기준 방식들의 진동항

ν_1 (3652 cm^{-1}) ν_2 (1595 cm^{-1}) ν_3 (3756 cm^{-1})

그림 44.3 H_2O의 세 가지 기준 방식. 기준 방식 ν_2는 굽힘 위주이며, 다른 둘에 비해서 낮은 파수를 나타낸다.

여기서 $\tilde{\nu}_q$는 기준 방식 q의 파수이며, 이 방식에 대한 힘상수 $k_{f,q}$와 유효 질량 m_q에 의존한다. 한 진동 방식의 유효 질량은 그 진동에서 흔들리는 질량의 척도가 되며, 일반적으로 원자의 질량에 의존하는 매우 복잡한 함수이다. 예를 들어 CO_2의 대칭 신축에서는 탄소 원자가 정지 상태이며, 유효 질량은 단지 두 산소 원자의 질량에만 의존한다. 그러나 반대칭 신축과 굽힘 진동에서는 세 원자가 모두 움직이며, 따라서 세 원자들이 모두 유효 질량에 기여를 한다. H_2O의 세 가지 기준 방식을 그림 44.3에 나타내었다. 굽힘이 위주가 되는 방식(ν_2)은 다른 두 신축 위주 방식들보다 낮은 진동수를 갖는다는 것을 주목하라. 일반적으로 굽힘 진동은 신축 진동보다 낮은 진동수를 갖는다. 한 가지 반드시 주의할 점은 기준 방식이 순수한 신축이나 순수한 굽힘은 특별한 경우(CO_2 분자와 같은)에만 가능하다는 것이다. 일반적으로 기준 진동 방식은 결합의 신축과 굽힘이 동시에 일어나는 종합적 운동이다. 이와 관련하여 한 가지 더 명심할 것은 기준 방식에서 무거운 원자는 가벼운 원자보다 일반적으로 덜 움직인다는 것이다.

다원자 분자의 진동 상태는 각 기준 방식에 대한 진동 양자수 v에 의하여 명시된다. 예를 들어 세 가지 기준 방식을 갖는 물 분자에 대하여 진동 상태는 (v_1, v_2, v_3)로 표시하며, 이때 v_i는 기준 방식 i에서의 진동 양자의 수이다. 따라서 H_2O 분자의 진동 바닥 상태는 (0,0,0)이다.

44.2 다원자 분자의 적외선 흡수 스펙트럼

적외선 활성에 대한 총 선택 규칙은 **기준 방식에 해당하는 운동은 반드시 쌍극자 모멘트의 변화를 일으켜야 한다**는 것이다. 때때로 원자 운동의 기준 방식이 적외선 활성인지, 아닌지를 간단히 한눈에 보고 알아낼 수 있는 경우도 있다. 예를 들어 CO_2의 경우 대칭 신축은 쌍극자 모멘트(0, 그림 44.2 참조)를 변화시키지 않으며, 따라서 이 진동 방식은 적외선 비활성이다. 그러나 반대칭 신축은 진동할 때 분자를 비대칭으로 만들기 때문에 모두 쌍극자 모멘트를 변화시키며, 따라서 이 방식은 적외선 활성이다. 이 경우에는 쌍극자 모멘트가 주축에 평행하게 변하며, 이 방식에 기인되는 전이는 스펙트럼에서 **평행 띠(parallel band)**로 분류된다. 두 굽힘 방식은 모두 적외선 활성이다. 이들은 주축에 수직한 쌍극자 변화를 일으키며, 그리하여 이들이 관여되는 전이는 **수직 띠(perpendicular band)** 스펙트럼이다.

예제 44.1 적외선 분광법에 대한 총 선택 규칙 사용

다음 분자들 중 어느 것이 적외선 활성인지를 말하시오.
N_2O, OCS, H_2O, $CH_2{=}CH_2$

방법 적외선 활성인 분자는 진동하는 동안 쌍극자 모멘트가 변한다. 따라서 분자가 일그러질 때 이것의 쌍극자 모멘트가 변하는지(0으로부터 변하는 것을 포함하여)를 판단한다.

풀이 모든 분자는 쌍극자 모멘트의 변화를 초래하는 최소한 한 개의 기준 방식을 가지고 있으며, 따라서 모두 적외선 활성이다. 또한 복잡한 분자의 방식들이 모두 적외선 활성은 아니라는 것을 주목하라. 예를 들어 C=C 결합이 늘어나고 줄어드는(반면에 C−H 결합은 진동하거나 늘어나지 않으며 동시에 수축된다) $CH_2{=}CH_2$의 진동은 쌍극자 모멘트가 변하지 않고(0으로) 그대로 있기 때문에 비활성이다(그림 44.4).

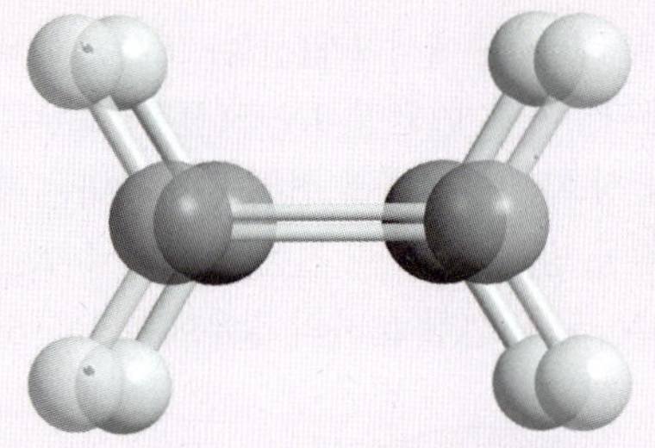

그림 44.4 적외선 비활성인 $CH_2{=}CH_2$(에텐)의 기준 방식

자가 진단 44.2 적외선 비활성인 C_6H_6의 기준 방식을 찾으시오.

답: 모든 탄소−탄소 결합이 동시에 줄어들고 늘어나며, 반면에 C−H 결합은 진동하거나 늘어나지 않고 동시에 수축되는 '호흡' 진동 방식(그림 44.5).

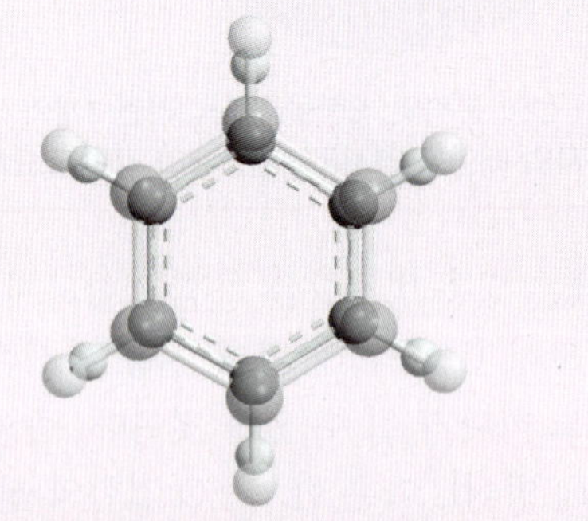

그림 44.5 적외선 비활성인 C_6H_6(벤젠)의 기준 방식

활성 방식들은 조화 진동을 가정할 경우 $\Delta v_q = \pm 1$인 특정 선택 규칙을 만족시켜야 하며, 따라서 각 활성 방식의 기본 전이(일차 조화)의 파수는 $\tilde{\nu}_q$이다. 다원자 분자에는 여러 개의 기본 전이가 있다. 예를 들어 세 개의 적외선 활성 방식을 갖는 분자의 스펙트럼은 세 개의 기본 전이, 즉 (1,0,0) ←

(0,0,0), (0,1,0) ← (0,0,0), (0,0,1) ← (0,0,0)을 나타낸다. 또한 (1,1,0) ← (0,0,0)과 같이 전이에서 하나 이상의 기준 방식의 들뜸에 해당되는 **복합띠(combination band)**가 가능하다. 게다가 비조화성이 중요할 때 (2,0,0) ← (0,0,0)과 같은 배진동이 스펙트럼에 나타날 수 있다(토픽 43).

스펙트럼을 분석하면 분자의 다양한 부분의 강도에 대한 그림을 만들 수 있다. 즉 원자들의 모든 변이에 대응하는 힘 상수 세트로 이루어지는 **역장(force field)**을 알 수 있는 것이다. 이 역장은 토픽 28~30에서 설명한 반실험적 방법, 순이론 방법, 또는 밀도 범함수 이론 계산 방법을 이용하여 구할 수도 있다. 이러한 단순한 역장에 비조화성과 분자 회전 효과가 겹쳐져서 복잡한 결과가 나타나게 된다. 기체상에서 회전 전이는 이원자 분자에 대한 그들의 효과와 유사한 방법으로 스펙트럼에 영향을 미치지만(토픽 43), 다원자 분자가 전형적으로 비대칭 회전자인 것과 같이, 결과의 띠 구조는 매우 복잡하다.

액체나 고체에서는 분자들이 자유롭게 회전하지 못한다. 예를 들어 액체 속에서는 분자가 단지 조금만 회전하다가 이웃 분자와 충돌하게 되며, 그리하여 회전 상태가 대단히 자주 변한다. 이러한 무작정한 배향의 변화를 **뒹굴기(tumbling)**라고 한다. 이러한 분자간 난타의 결과로, 액체 상태에서는 분자의 회전 상태 수명이 대단히 짧기 때문에 대부분의 경우 회전 에너지 준위들이 분명하게 정의되지 않는다. 액체에서는 충돌 속도가 약 10^{13} s^{-1}이며, 분자가 충돌하여 다른 회전 상태가 됨에 있어서 단지 그 10%의 성공 비율만이 허용될지라도, 수명 넓어짐 효과(식 40.14, $\delta\tilde{\nu} \approx 1/2\pi c\tau$ 형태로)는 1 cm^{-1}을 쉽게 웃돌 것이다. 이러한 효과 때문에 진동 스펙트럼의 회전 구조는 선명하지 않으며, 따라서 응축상 분자의 적외선 스펙트럼은 보통 기체상 스펙트럼에서 분리되어 나타나는 전 영역에 넓게 퍼진 선들로 이루어지며, 가지 구조를 나타내지 않는다.

응축상 시료의 적외선 스펙트럼은 무작정 충돌 때문에 그 회전 구조가 흐려져서 간단해지는 덕분에 화학 분석 목적으로 매우 중요하게 이용되고 있다. 분자가 대단히 클 경우에도 그 진동 방식들은 작은 원자단들의 운동에 의해서 주로 지배되기 때문에 큰 분자의 진동 스펙트럼에는 분자 속에 들어 있는 상이한 기들이 각각 고유한 진동수에서 흡수를 나타낸다. 즉 작은 원자단의 운동에 기인될 수 있는 진동띠의 세기는 역시 분자들 사이에서 양도될 수 있다. 결과적으로 시료 속 분자의 적외선 스펙트럼을 조사하고, 이것을 고유 진동수와 세기가 수록된 표를 이용하여 분석해 보면 그 분자의 정체를 알아낼 수 있다(표 44.1).

표 44.1* 전형적인 진동 파수

진동 형식	$\tilde{\nu}(cm^{-1})$
C−H 신축	2850–2960
C−H 굽힘	1340–1465
C−C 신축, 굽힘	700–1250
C=C 신축	1620–1680

*더 많은 값들이 **부록**에 수록되어 있다.

예제 44.2 적외선 스펙트럼의 해석

유기 화합물의 적외선 스펙트럼을 그림 44.6에 나타내었다. 물질을 제안하시오.

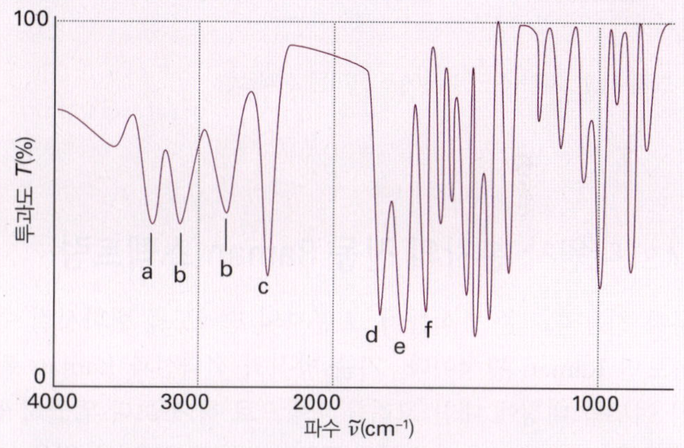

그림 44.6 브로민화 포타슘을 디스크에 넣어 만든 시료로 찍은 전형적인 적외선 흡수 스펙트럼. 예제에서 설명한 바와 같이, 물질은 $O_2NC_6H_4$−C≡C−COOH로 확인될 수 있다.

방법 1500 cm^{-1} 이상의 파수에서의 일부 피크는 표 44.1에 있는 데이터와 비교하여 확인할 수 있다.

풀이 (a) 벤젠 고리의 C−H 신축; 치환된 벤젠을 가리킨다. (b) 카복실산 O−H 신축; 카복실산을 가리킨다. (c) 콘쥬게이션 C≡C기의 강한 흡수; 치환된 알카인을 나타낸다. (d) 이 강한 흡수는 역시 탄소-탄소 다중 결합에 콘쥬게이션된 카복실산의 특성이다. (e) 벤젠 고리의 특성 진동. (a)로부터 이끌어낸 추론을 확인한다. (f) 다중 결합된 탄소-탄소 계에 연결된 나이트로기(−NO_2)의 특성 흡수; 나이트로기로 치환된 벤젠을 암시한다. 분자는 성분으로서 벤젠 고리, 방향족 탄소-탄소 결합, −COOH기, −NO_2기를 포함한다. 실제로 분자는 O_2N−C_6H_4−C≡C−COOH이다. 더 자세한 분석과 지문 영역의 비교로 1,4-이성질체임을 알 수 있다.

자가 진단 44.3 그림 44.7에 나타낸 스펙트럼의 원인이 되는 유기 화합물을 종류를 제안하시오. **힌트**: 화합물의 분자식은 C_3H_5ClO이다.

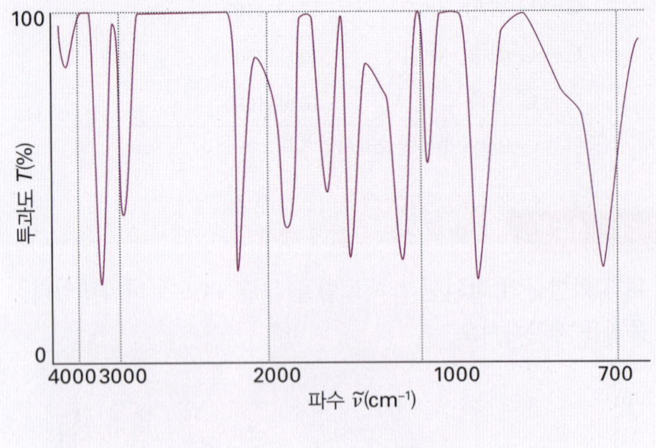

그림 44.7 자가 진단 44.3에서 고려된 스펙트럼

답: $CH_2{=}CClCH_2OH$

44.3 다원자 분자의 진동 Raman 스펙트럼

분자 진동의 기준 방식들이 그 분자의 편극도를 변화시킬 수 있으면 Raman 활성이다. 기준 방식의 적외선과 Raman 활성 여부를 대칭에 대한 고려를 바탕으로 하여 보다 엄밀하게 분석해 보면 다음과 같은 **배타 규칙**(**exclusion rule**)을 얻을 수 있다.

> 대칭 중심을 가지고 있는 분자는 적외선과 Raman의 양쪽이 모두 활성인 기준 진동 방식을 가질 수 없다.

배타 규칙

(이 둘에 모두 비활성인 기준 진동 방식이 있을 수 있다.) 진동 방식이 분자 쌍극자 모멘트를 변화시키는지를 직관적으로 판단할 수 있으므로 이 규칙을 이용하면 Raman 활성이 아닌 기준 방식을 식별할 수 있다.

간단한 예 44.2 다원자 분자의 Raman 활성 방식

CO_2의 대칭 신축은 교대로 분자를 부풀게 했다 축소되게 했다 하면서 편극도를 변화시키며, 따라서 이 방식은 Raman 활성이다. CO_2의 다른 진동 방식들은 편극도를 변화시키지 않으며, 따라서 Raman 비활성이다. 더구나 CO_2는 대칭 중심을 갖고 있으므로 이 규칙은 CO_2에 적용된다.

자가 진단 44.4 배타 규칙은 H_2O나 CH_4에 적용되는가?

답: 아니오, 두 분자 모두 대칭 중심을 갖지 못한다.

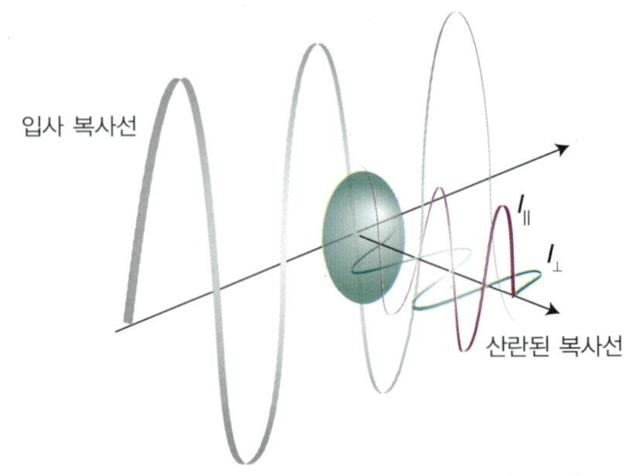

그림 44.8 Raman 산란에서 편광 해소비 ρ를 명시하는 데 이용되는 면의 정의

Raman 스펙트럼선들의 특정 진동 방식들을 지정하는 데는 산란광의 편극 상태를 보는 것이 도움이 된다. 입사 복사선의 편광면에 평행하게 편광된 산란광과 수직하게 편광된 산란광과의 세기 비를 선의 **편광 해소비**(**depolarization ratio**) ρ라고 한다. 즉

$$\rho = \frac{I_\perp}{I_\parallel} \qquad \text{정의 편광 해소비} \quad (44.2)$$

이 ρ를 측정하려면 편광 필터('반파장판')를 이용하여 입사 광선의 편광면에 평행하게 산란되어 나오는 Raman 선의 세기를 먼저 측정하고, 이어서 수직하게 산란되는 선의 세기를 측정해야 한다. 편광되지 않은 빛이 산란되어 나오면 이 두 세기가 같으며 ρ가 1에 가까워진다. 산란광이 처음의 편광을 그대로 유지하면 $I_\perp = 0$이 되고, 따라서 $\rho = 0$이 된다(그림 44.8). ρ가 0.75에 가깝거나 그 이상인 선은 **편광 해소된**(**depolarized**) 선으로, $\rho < 0.75$인 선은 **편광된**(**polarized**) 선으로 구분한다. 완전한 대칭 진동만이 입사 복사선의 편광을 그대로 유지한 편광된 선을 나오게 한다. 전체적으로 대칭이 아닌 진동의 경우에는 입사 복사선이 수직 방향의 복사선을 나오게 할 수 있으며, 따라서 편광 해소 스펙트럼선을 나타낸다.

44.4 분자 진동의 대칭 성질

특히 복잡한 분자의 기준 방식을 해석하는 가장 강력한 방법 중의 하나는 그 대칭성에 따른 분류를 이용하는 것이다. 각 기준 방식들은 토픽 31~33에서 설명한 것과 같이, 분자 점군의 어느 한 대칭종에 속하지 않으면 안 된다.

예제 44.3 기준 방식의 대칭종 식별

T_d군에 속하는 CH_4에 대한 기준 진동 방식의 대칭종들을 결정하시오.

방법 이 과정의 첫 번째 단계는 우선 이 분자 점군의 지표를 이용하여 모든 원자들의 $3N$ 변위가 기저로 되는(spanned, 걸친) 기약 표현의 대칭종들을 식별해야 한다. 이들 지표는 대칭 조작에 의해서 변위가 바뀌지 않을 때는 1로, 변위가 부호를 바꿀 때는 −1로, 변위가 일부 다른 변위로 바뀔 때는 0으로 놓고 계산하면 나온다. 다음에는 이 표현이 기저가 되는 대칭종으로부터 병진 변위의 대칭종을 빼 준다. 이 병진 변위는 x, y, z와 동일한 대칭종의 기저가 되며, 따라서 이들은 지표표의 가장 오른쪽에 있는 열로부터 얻을 수 있다. 끝으로 회전의 대칭종을 빼 준다. 이들도 지표표에 나와 있다(R_x, R_y, R_z로 표시된).

풀이 전체적으로 $3 \times 5 = 15$개의 자유도가 있으며, 그중 $(3 \times 5) - 6 = 9$개가 진동이다. 그림 44.9를 보라. 조작 E에 의해 변위 좌표들을 변화시키지 않으므로 그 지표는 15이다. C_3 조작에 의해서는 모든 변위가 변하며, 따라서 지표가 0이다. C_2 회전에 의해서는 중심 원자의 z 방향 변위가 불변이고, 그 x 방향 및 y 방향 성분은 모두 부호가 변한다. 따라서 $\chi(C_2) = 1 - 1 - 1 + 0 + 0 + \cdots = -1$이다. S_4에 의해서는 중심 원자의 z 변위가 반대로 되며, 따라서 $\chi(S_4) = -1$이다. σ_d에 의해서는 C, H_3, H_4의 x 변위 및 z 변위들이 불변이고, y 변위들은 부호를 바꾼다. 따라서 $\chi(\sigma_d) = 3 + 3 - 3 = 3$이다. 따라서 지표는 15, 0, −1, −1, 3이며, 이 직곱을 분해하면(토픽 33) 이 표현이 $A_1 + E + T_1 + 3T_2$의 기저가 됨을 알 수 있다. 병진 운동은 T_2의 기저이고, 회전 운동은 T_1의 기저이다. 따라서 이들 9개의 진동은 $A_1 + E + 2T_2$의 기저이다. 기준 방식들 자체를 그림 44.10에 나타내었다. 다음에서 곧 배우게 되겠지만, 대칭 해석을 이용하면 어떤 방식이 활성인지를 쉽게 찾아낼 수 있다.

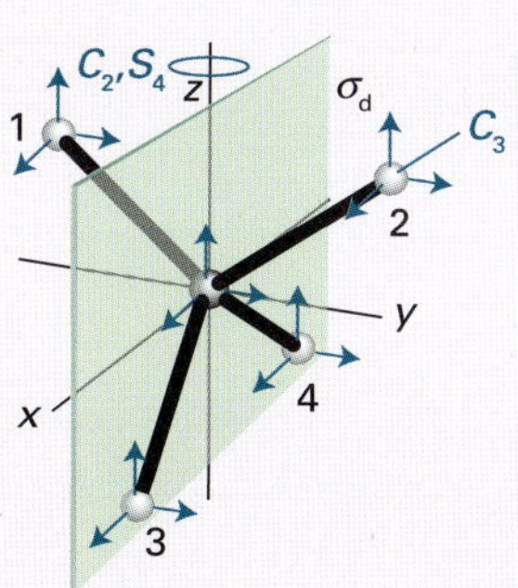

그림 44.9 CH_4의 원자 변위와 지표를 계산하는 데 이용되는 대칭 요소

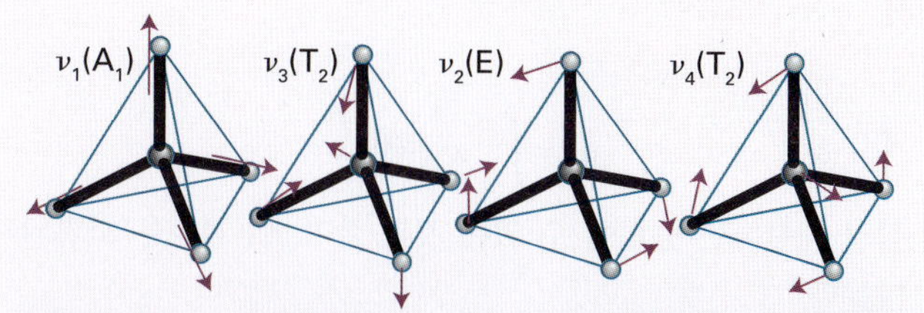

그림 44.10 사면체 분자의 전형적인 기준 진동 방식. 실제로 대칭종 E가 두 가지 방식을 가지며, 대칭종 T_2는 각각 세 가지 방식을 갖는다.

자가 진단 44.5 H_2O가 나타내는 기준 방식의 대칭종을 결정하시오.

답: $2A_1 + B_2$

(a) 기준 방식의 적외선 활성

진동 방식들이 더 복잡할 때는 군론을 이용하여 그 활성을 판단하는 것이 가장 좋다. 이 판단을 하려면 분자 점군의 지표표를 보고 x, y, z가 기저가 되는 기약 표현의 대칭종을 찾아야 하는데, 이 대칭종들은 전기 쌍극자 모멘트 성분의 대칭종도 된다. 그리고 이어서 다음의 **증명**에서 전개되는 다음과 같은 규칙을 적용시킨다.

> 만일 한 기준 방식의 대칭종이 x, y, z의 대칭종들 중의 어느 하나와 같을 때는 그 기준 방식이 적외선 활성이다.

IR 활성에 대한 대칭 기준

간단한 예 44.3 기준 방식의 적외선 활성

CH_4에서 어떤 방식이 적외선 활성인가를 보려면, 예제 44.3에서 구한 바와 같이 기준 방식들의 대칭종이 $A_1 + E + 2T_2$라는 결과를 주목한다. 따라서 T_d군에서는 x, y, z가 대칭종 T_2의 기저가 되므로 T_2 방식만이 적외선 활성이다. 이 T_2 방식에 수반되는 일그러짐은 쌍극자 모멘트를 변화시킨다. 비활성인 A_1 방식은 이 분자의 대칭 '호흡' 방식이다.

자가 진단 44.2 H_2O의 기준 방식 중에서 적외선 활성인 것은 어느 것인가?

답: 세 가지 모두

증명 44.2 기준 방식의 적외선 활성

이 규칙은 전이 쌍극자 모멘트(토픽 16)의 형태에 달려 있다. x축에서는 $\mu_{fi,x} \propto \int \psi^*_{v_f} x \psi_{v_i} dx$이며, 전이 모멘트의 다른 두 성분에 대해서도 유사하게 표현된다. x 방향으로 진동 바닥 상태($v_i = 0$)에서 첫 번째 들뜬 상태($v_f = 1$)로 전이를 하는 조화 진동자를 고려해 보자. $\psi_0 \propto e^{-x^2}$과 $\psi_1 \propto xe^{-x^2}$이므로(토픽 12) 전이 쌍극자 모멘트의 성분은 다음과 같은 형태를 취한다.

- $\int_{-\infty}^{+\infty} \overbrace{xe^{-x^2}}^{\psi_1\text{의 식}} \overbrace{x}^{\mu_x\text{의 식}} \overbrace{e^{-x^2}}^{\psi_0\text{의 식}} dx = \int_{-\infty}^{+\infty} x^2 e^{-2x^2} dx$

  직접 계산하면 증명될 수 있는 것과 같이, 이 적분은 소멸되지 않는다.

- $\int_{-\infty}^{+\infty} xye^{-2x^2} dx$과 $\int_{-\infty}^{+\infty} xze^{-2x^2} dx$ 각각 y와 z 방향에서

  직접 계산하면 이 두 적분은 소멸됨을 알 수 있다.

결과적으로 들뜬 상태 파동함수는 x 변위에 따라 반드시 동일한 대칭을 가져야만 한다.

(b) 기준 방식의 Raman 활성

군론을 이용하면 기준 방식의 Raman 활성 여부를 판단할 수 있다. 우선 지표표에 수록된 이차항 형식(x^2, xy 등)과 동일한 방법으로 편극도가 변환됨을 알아야 한다. 이러한 관측의 정당성은 분자의 편극도 α가 섭동이 $-\boldsymbol{\mu}\cdot\mathcal{E}$인 2차 섭동 이론(토픽 15)으로부터 계산된다는 것이다. $\int\psi_n^*\boldsymbol{\mu}\psi_0 d\tau$과 $\int\psi_n^*\boldsymbol{\mu}\psi_0 d\tau$ 형태의 적분의 곱은 α에 대한 식의 분자에 나타나며, 따라서 x^2과 xy와 같이 $\boldsymbol{rr}$의 성분에 비례하는 항이 생기게 된다. 그러면 다음과 같은 규칙을 이용할 수 있다.

> 만일 기준 방식의 대칭종이 이차항 형식의 대칭종과 동일하면 그 진동 방식은 Raman 활성이다.

Raman 활성에 대한 대칭 기준

간단한 예 44.4 기준 방식의 Raman 활성

CH_4의 진동 방식 중에서 Raman 활성인 것을 알려면 T_d 지표표를 보아야 한다. 예제 44.3에서 확인한 바와 같이, 기준 방식들의 대칭종은 A_1+E+2T_2이다. 이차항은 A_1+E+T_2의 기저이므로 모든 기준 방식은 Raman 활성이다. 이 결과를 **간단한 예** 44.3의 정보와 비교하면 어떻게 CH_4의 적외선과 Raman 스펙트럼을 배정할 수 있는지를 알 수 있다. 우선 T_2 방식은 적외선과 Raman 양쪽에 모두 활성이므로 T_2 방식으로 배정되는 스펙트럼의 모양은 금방 알아낼 수 있다. 그러면 A_1과 E 방식을 Raman 스펙트럼에 배정하는 일만이 남게 된 셈이다. 이 중에서 A_1 방식은 완전한 대칭이므로 편광이 되며, 따라서 E 방식은 편광이 해소되기 때문에 편광 해소비를 측정함으로써 이러한 방식들을 구별하게 된다.

자가 진단 44.7 H_2O의 어떤 진동 방식들이 Raman 활성인가?

답: 세 가지 모두

개념 확인

- ☐ 1. **기준 방식**은 다른 기준 방식들을 들뜨게 하지 않으면서 들뜰 수 있는 원자나 원자단의 독립적이며 동시에 일어나는 운동이다.
- ☐ 2. 기준 방식의 수는 비선형 분자의 경우 $3N-6$개이고, 선형 분자의 경우 $3N-5$개이다.
- ☐ 3. 기준 진동 방식은 쌍극자 모멘트의 변화가 수반되면 적외선 활성이다. 특정 선택 규칙은 $\Delta v_q = \pm 1$이다.
- ☐ 4. **배타 규칙**은 분자가 대칭 중심을 가지고 있으면 적외선과 Raman의 양쪽이 모두 활성인 기준 진동 방식을 가질 수 없다.
- ☐ 5. 전체적으로 대칭인 진동은 편광된 선을 나오게 한다.
- ☐ 6. 기준 진동 방식이 적외선 활성이 되려면 그 대칭종이 x, y, z 대칭종의 어느 하나와 동일해야 한다.
- ☐ 7. 기준 진동 방식이 Raman 활성이 되려면 그 대칭종이 이차항 형태의 대칭종과 동일해야 한다.

식 확인

성질	식	비고	식 번호
기준 방식의 진동항	$\tilde{G}_q(v)=\left(v+\frac{1}{2}\right)\tilde{\nu}_q$, $\tilde{\nu}_q=(1/2\pi c)(k_{f,q}/m_q)^{1/2}$		44.1
편광 해소비	$\rho=I_\perp/I_\parallel$	편광 해소선: ρ는 0.75에 가깝거나 더 크다. 편광선: $\rho<0.75$	44.2

토픽 45

전자 분광법

내용

➤ 학습 목표

우리 주위 세상의 많은 물체의 색들은 전자가 분자나 이온의 한 오비탈에서 다른 오비탈로 올라가는 전이에서 비롯된다. 일부의 경우에는 전자의 재배치는 너무나 광범위하여 결합을 깨거나 화학 반응을 개시하는 결과를 초래한다. 이러한 물리적, 화학적 현상을 이해하기 위하여 분자의 전자 전이의 근원을 탐구할 필요가 있다.

➤ 핵심 내용

전자 전이는 정지된 핵 구조 안에서 일어난다.

➤ 미리 알기

분광법의 일반적 원리(토픽 40), 선택 규칙의 양자 역학적 근원(토픽 16), 진동–회전 스펙트럼(토픽 43)에 익숙해져야 하며, 원자 항기호(토픽 21)를 알고 있으면 도움이 될 것이다.

토픽 41~44에서 취급한 운동의 회전이나 진동 방식과는 다르게, 분자의 전자 에너지 준위를 나타내는 간단한 해석 식은 구할 수가 없다. 그러므로 전자 전이의 특성을 정성적으로만 집중적으로 설명하고자 한다.

상황 설명을 위하여 분자가 바닥 전자 상태의 가장 낮은 진동 상태에 있다고 생각하자. 핵은 (고전적인 관점에서) 그들의 평형 위치에 있으며 분자 안에서 전자나 다른 핵으로부터 알짜 힘을 받지 않는다. 전자 상태 전이가 일어나고 핵들이 상이한 힘들을 받게 될 때는 전자 분포가 변한다. 이에 따라 핵들은 새로운 평형 위치 주위에서 진동하기 시작한다. 전자 상태 전이에 수반되는 진동 전이에 의해서 전자 상태 전이의 **진동 구조**(**vibrational structure**)가 나타난다. 이 구조는 기체 시료에서는 명확하게 분리되지만, 액체나 고체일 때는 스펙트럼선들이 한데 합쳐 거의 구조가 없는 넓은 띠로 나타난다(그림 45.1).

분자의 전자 분포를 변화시키는 데 필요한 에너지는 수 전자볼트 정도이다(1 eV는 약 8000 cm^{-1} 또는 100 kJ mol^{-1}에 해당한다). 따라서 이러한 변화가 일어날 때 흡수되거나 방출되는 광자는 가시 영역과 자외선 영역의 스펙트럼에 속한다(표 45.1). 흡수 과정의 논의가 바로 뒤를 따르며, 방출 과정은 토픽 46에서 논의된다.

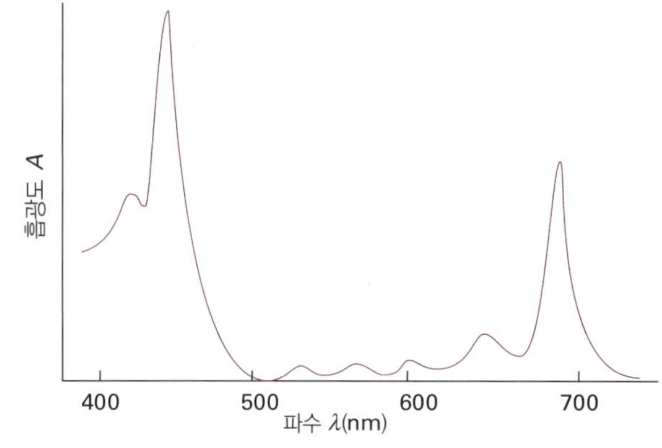

그림 45.1 엽록소의 가시 영역 흡수 스펙트럼. 빨간색 영역과 파란색 영역의 빛을 흡수하고 초록빛은 흡수하지 않는다는 것을 주목하라.

표 45.1* 빛의 색, 진동수, 에너지

색	λ/nm	$\nu/(10^{14}$ Hz)	E/(kJ mol^{-1})
적외선	>1000	<3.0	<120
빨강	700	4.3	170
노랑	580	5.2	210
파랑	470	6.4	250
자외선	<400	>7.5	>300

* 더 많은 값들이 **부록**에 수록되어 있다.

45.1 이원자 분자의 전자 스펙트럼

토픽 21에서는 항기호를 이용하여 어떻게 원자 상태를 나타내고, 또 전자 상태 전이에 대한 선택 규칙이 이들 항기호로 표시될 수 있다는 것을 배웠다. 이원자 분자의 경우에도 대체로 마찬가지이며, 하나의 주요 차이는 원자의 완전 구 대칭 대신에 분자축에 의해 결정된 원통형 대칭으로 대치하여 사용한다는 것이다. 두 번째 중요한 차이는 이원자 분자는 진동도 하고 회전도 할 수 있다는 사실이다.

(a) 항기호

선형 분자의 항기호(원자에 대하여 기호 ^{2}P 등과 비슷한)는 핵 주위 전자들의 총 오비탈 각운동량을 로마체 대문자(이 경우 P)로 나타내는, 원자에서와 유사한 방법으로 구성된다. 선형 분자, 특히 이원자 분자에서는 핵간 연결축 주위 전자들의 총 오비탈 각운동량을 그리스어 대문자로 나타낸다. 만일 $\Lambda = 0,\ \pm1,\ \pm2,\ \cdots$로 된 오비탈 각운동량 성분이 $\Lambda\hbar$라면, 다음과 같은 기호를 사용한다.

$\lvert\Lambda\rvert$	0	1	2	$\cdots$
	Σ	Π	Δ	$\cdots$

이들 기호는 $L = 0,\ 1,\ 2,\ \cdots$인 상태의 원자에 대한 항기호 S, P, D, …와 유사한 것이다. 원자의 경우에는 개개 원자의 각운동량을 Clebsch–Gordan 계열(토픽 21)에 따라 짝지어서 L의 값을 구하였다. Λ를 구하는 방법은 이원자 분자의 경우 훨씬 간단한데, 그 이유는 분자 속에 들어 있는 개개 전자에 대한 값 $\lambda\hbar$을 합하면 되기 때문이다. 즉

$$\Lambda = \lambda_1 + \lambda_2 + \ldots \qquad (45.1)$$

다음을 주목해야 한다.

- σ 오비탈에 들어 있는 단일 전자는 $\lambda = 0$이다.

이 오비탈은 원통형 대칭을 가지며 핵간 연결축을 따라서 볼 때, 각도 마디가 없다. 따라서 전자가 이것뿐일 때는 $\Lambda = 0$이다. 전자 배치가 $1\sigma_g^{\,2}$인 바닥 상태 H_2^+의 항기호는 따라서 Σ이다.

- 이원자 분자 속의 π 전자는 핵간 연결축 주위의 오비탈 각운동량 한 단위를 가진다($\lambda = \pm1$).

이것이 닫힌 껍질 바깥에 있는 유일한 전자이면 Π항이 된다. 그러나 2개의 π 전자가 있을 때는(전자 배치가 [닫힌 껍질]$1\pi_g^{\,2}$인 바닥 상태 O_2에서와 같이) 두 가지 경우가 가능하다. 만일 두 전자가 서로 반대 방향으로 선회할 때는 $\lambda_1 = +1$과 $\lambda_2 = -1$(또는 그 역)이 되어 $\Lambda = 0$이 되고, 항기호는 Σ가 된다. 대신에 두 전자가 동일한 π 오비탈을 차지하여 $\lambda_1 = \lambda_2 = +1$(또는 -1)이 되어 $\Lambda = \pm2$가 되면 Δ항에 해당하게 된다. O_2의 경우에는 두 전자가 상이한 오비탈을 차지하는 것이 에너지면에서 유리하며, 따라서 바닥 상태 항은 Σ이다.

원자에서와 같이 전자들의 총 스핀 양자수가 S일 때는 항 왼쪽 위에 다중도를 나타내는 $2S+1$의 값을 첨자로 붙인다.

간단한 예 45.1 항의 다중도

항의 다중도를 정하는 과정에 따라 H_2^+의 경우에는 전자가 한 개뿐이므로 $S = s = \frac{1}{2}$이며, 따라서 항기호는 이중항 상태인 $^2\Sigma$가 된다. O_2의 경우에는 바닥 상태에서 두 개의 π 전자가 상이한 오비탈을 차지하며(위에서 설명한 바와 같이), 이들이 평행하거나 역평행인 스핀을 가질 수 있다. 낮은 에너지 상태는 스핀이 평행할 때이며(원자에서와 같이), 따라서 $S = 1$이고 바닥 상태는 $^3\Sigma$가 된다.

자가 진단 45.1 H_2의 경우에 S와 항은 무엇인가?

답: $S = 0$, 바닥 상태는 단일항 $^1\Sigma$가 된다.

상태의 총체적인 반전성(분자의 중심이 하나 있다면 이 분자 중심을 통한 반전에 의해서 나타나는 대칭성)은 항기호의 오른쪽에 첨자로 나타낸다. 바닥 상태 H_2^+의 경우에는 유일하게 점유된 오비탈($1\sigma_g$)의 반전성이 g(gerade, 짝수)이며, 따라서 항 자체도 g가 되어 완전한 항기호는 $^2\Sigma_g$가 된다. 전자가 여러 개 있을 때는 점유하고 있는 각 오비탈의 반전성으로부터 다음과 같은 규칙에 따라 전체 반전성을 계산한다.

$$g\times g = g \quad u\times u = g \quad u\times g = u \qquad (45.2)$$

이 규칙은 g를 +1로, u를 −1로 해석하면 나올 수 있다. 결과적으로,

- 바닥 상태의 닫힌 껍질 동핵 이원자 분자의 경우에는 스핀이 0이고(모든 전자들이 쌍을 이루는 단일항), 닫힌 껍질로부터의 오비탈 각운동량이 0이고, 또 전체적인 반

전성이 g이기 때문에 그 항기호가 $^1\Sigma_g$이다.

- 이종핵 분자의 경우에는 반전성과 무관하며, CO와 같이 그 닫힌 껍질 종의 바닥 상태는 $^1\Sigma$이다.

간단한 예 45.2 O_2의 항기호 1

전자 배열이 [닫힌 껍질]$1\pi_g{}^2$인 O_2 바닥 상태의 반전성은 $g\times g=g$이며, 따라서 $^3\Sigma_g$로 표시된다. 들뜬 상태 O_2의 경우에는 두 개의 π 전자가 동일한 오비탈을 점유하여 그 전자 배치가 [닫힌 껍질]$1\pi_g{}^2$이다. 이 상태는 위에서 배운 바와 같이 $|\Lambda|=2$이고 Δ로 표시된다. 두 전자가 동일 오비탈을 점유할 때는 이들이 짝을 지어야 하며, 따라서 $S=0$이다. 또 전체 반전성은 $g\times g=g$이다. 따라서 항기호는 $^1\Delta g$가 된다.

자가 진단 45.2 H_2의 들뜬 상태의 하나에 대한 항기호는 $^3\Pi_u$이다. 이 항기호에 해당하는 들뜬 상태의 배열은 어떤 것인가?

답: $1\sigma_g{}^1 1\pi_u{}^1$

토픽 21에서 설명한 바와 같이, 전자 각운동량은 그 상태의 대칭 모양을 나타낸다. 이 사실은 핵간 축 주위의 운동에 초점을 한정시키며 항기호가 분자의 전자 상태 파동함수의 회전 대칭의 여러 모양을 나타낸다는 조건하에서 선형 분자의 경우에도 성립한다. 이것을 염두에 두면 상이한 종류의 Σ 항들을 구분하는 대칭 조작을 추가로 생각할 수 있다. 즉 핵간 연결축을 포함하는 면상에서의 반사를 고려할 수 있다. 이 반사에 의해서 부호가 변하지 않는 파동함수를 표기하는 데 쓰는 Σ에는 + 위 첨자를 붙이고, 파동함수의 부호가 변하면 − 위 첨자를 붙인다(그림 45.2)

간단한 예 45.3 O_2의 항기호 2

바닥 상태의 O_2에서는 한 전자는 yz 평면에서의 반사에 의해서 부호가 변하는 $1\pi_{g,x}$를, 다른 또 하나의 전자는 같은 평면에서의 반전에 의해서 부호가 변하지 않는 $1\pi_{g,y}$를 점유한다고 하자. 그러면 총체적 반사 대칭은 (닫힌 껍질)×(+)×(−)=(−)이며, 따라서 O_2의 바닥 전자 상태의 완전한 항기호는 $^3\Sigma_g{}^-$가 된다.

자가 진단 45.3 $Li_2{}^+$의 바닥 전자 상태에 대한 완전한 항기호는 무엇인가?

답: $^2\Sigma_g{}^+$

원자에 대한 것과 같이 간혹 총 각운동량을 표기할 필요가 있다. 원자에서는 총 각운동량을 J로 표시하고, 이것을 $^2P_{1/2}$에서 같이 항기호의 오른쪽에 아래 첨자로 붙였다. 상이한 J의 값은 상이한 항의 **준위**에 해당한다. 선형 분자에서는 핵간 연결축 주위의 각운동량만이 분명하게 정의되며, 그 값을 $\Omega\hbar$로 나타낸다. 스핀–궤도 짝지음이 약한 가벼운 분자의 경우에는 축 주위의 오비탈 각운동량 성분(Λ의 값)과 그 축 주위의 전자 스핀의 성분을 합하면 Ω의 값을 얻는다(그림 45.3). 이 전자 스핀의 성분은 Σ로 나타내며, $\Sigma=S, S-1, S-2, \cdots, -S$이다(똑바른 글자체의 항기호 Σ와 기울인 글자체의 양자수 Σ를 구별하는 것은 중요하다). 즉

$$\Omega=\Lambda+\Sigma \tag{45.3}$$

이 $|\Omega|$의 값을 항기호의 오른쪽 아래 첨자로 붙여서(원자에서 J를 표시하듯) 상이한 준위들을 나타낸다. 이 준위들은 원자에서와 마찬가지로 스핀–궤도 짝지음의 결과로 에너지가 서로 다르다.

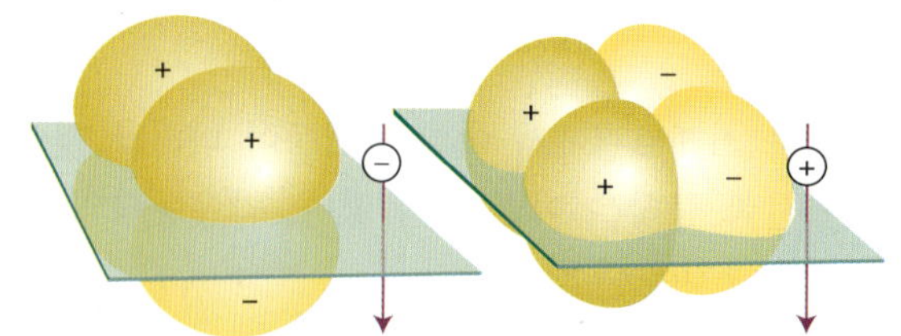

그림 45.2 항기호의 +나 − 위 첨자는 두 핵을 포함하는 면에서 반사됐을 때 전자 배치의 전체적 대칭 변화를 나타낸다.

간단한 예 45.4 NO의 항기호

NO의 바닥 상태 전자 배치는 $\cdots\pi_g{}^1$이며, 따라서 $\Lambda=\pm1$, $\Sigma=\pm\frac{1}{2}$이 되어 항기호는 $^2\Pi$이다. 따라서 두 개의 항의 준위를 가지며 그중 하나는 $\Omega=\pm\frac{1}{2}$이고 다른 하나는 $\pm\frac{3}{2}$이 되어, 항기호는 각각 $^2\Pi_{1/2}$과 $^2\Pi_{3/2}$이다. 각 준위는 이중으로 축퇴되어 있다(Ω의 반대 부호에 대응해서). NO에서는 $^2\Pi_{1/2}$이 $^2\Pi_{3/2}$보다 약간 아래에 있다.

자가 진단 45.4 $O_2{}^-$의 바닥 상태에 대한 항의 준위들은 무엇인가?

답: $^2\Pi_{1/2}$, $^2\Pi_{3/2}$

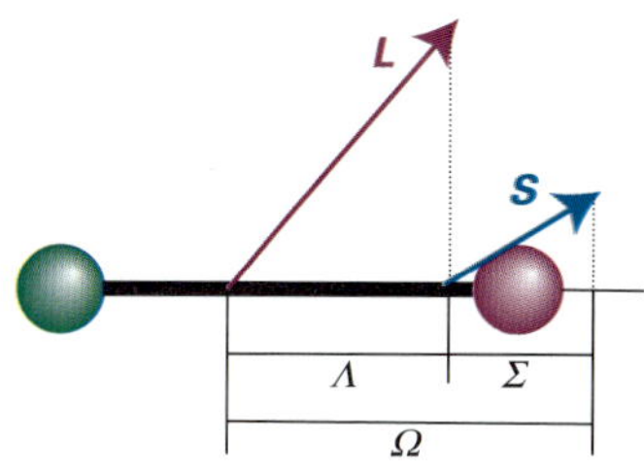

그림 45.3 선형 분자에서의 스핀과 오비탈 각운동량 사이의 짝지음: 핵간 연결축 성분들만이 보존된다.

(b) 선택 규칙

분자의 전자 스펙트럼에서 어떤 전이들이 나타날 것인지를 규정하는 선택 규칙은 여러 개가 있다. 각운동량의 변화와 관련된 선택 규칙은 다음과 같다.

$$\Delta\Lambda=0,\pm1 \quad \Delta S=0 \qquad \Delta\Sigma=0 \quad \Delta\Omega=0,\pm1 \qquad \text{선형 분자} \tag{45.4}$$

전자 스펙트럼에 대한 선택 규칙

원자의 경우와 마찬가지로(토픽 21), 이들 규칙의 근원은 전이 과정에서 각운동량이 보존되어야 하고 광자의 스핀이 1이라는 사실이다.

대칭 변화와 관련해서 두 선택 규칙이 성립하는데, 그 첫 번째 것은 다음과 같은 것으로, 아래 **증명**에서 설명한다.

Σ 항에 대해서, $\Sigma^+\leftrightarrow\Sigma^+$와 $\Sigma^-\leftrightarrow\Sigma^-$ 전이들만이 허용된다.

두 번째 것은 중심 대칭 분자(반전 중심을 갖는 것)에 대한 다음과 같은 **Laporte 선택 규칙**(**Laporte selection rule**)으로, **반전성의 변화가 수반되는 전이들만이 허용된다**는 것이다. 즉

중심 대칭 분자에 대해서, u → g와 g → u 전이만이 허용된다.

Laporte 선택 규칙

증명 45.1 대칭에 입각한 선택 규칙

위의 마지막 두 선택 규칙은 토픽 16에서 도입한 전기 쌍극자 전이 모멘트 $\boldsymbol{\mu}_{fi}=\int\psi_f^*\boldsymbol{\mu}\psi_i\mathrm{d}\tau$의 피적분 함수가 해당 분자의 모든 대칭 조작에 대해서 불변이라야 소멸되지 않는다는 사실로부터 나온다.

쌍극자 모멘트 연산자의 z축 성분은 바로 $\Sigma\leftrightarrow\Sigma$ 전이를 일으키는 $\boldsymbol{\mu}$의 성분이다(다른 성분은 Π 대칭을 가지며 기여를 하지 못한다). 즉 $\boldsymbol{\mu}$의 z축 성분은 핵간 결합축을 포함하는 면에서의 반사에 관해서 (+) 대칭을 갖는다. 따라서 (+)↔(−) 전이의 경우에는 전이 쌍극자 모멘트의 전체적 대칭이 (+)×(+)×(−)=(−)이며, 따라서 이것은 0이 되어야 하고, 결국 $\Sigma^+\leftrightarrow\Sigma^-$ 전이는 허용되지 않는다. $\Sigma^+\leftrightarrow\Sigma^+$와 $\Sigma^-\leftrightarrow\Sigma^-$에 대한 적분들은 각각 (+)×(+)×(+)=(+) 및 (−)×(+)×(−)=(+)와 같이 변환되며, 따라서 두 전이는 모두 허용된다.

쌍극자 모멘트 연산자 $\boldsymbol{\mu}$의 세 성분은 x, y, z와 똑같은 방식으로 변환되며, 중심 대칭 분자에서는 모두 u(ungerade, 홀수)이다. 따라서 g → g 전이에 대하여 전이 쌍극자 모멘트의 전체적 반전성은 g×u×g=u이며, 따라서 이것은 0이 되어야 한다. 마찬가지로 u → u 전이에 대해서도 전체적 반전성이 u×u×u=u이며, 따라서 전이 쌍극자 모멘트도 소멸되어야 한다. 이리하여 반전성의 변화를 수반하지 않는 전이는 금지된다. g ↔ u 전이의 경우에는 적분이 g×u×u=g와 같이 변환되고, 전이가 허용된다.

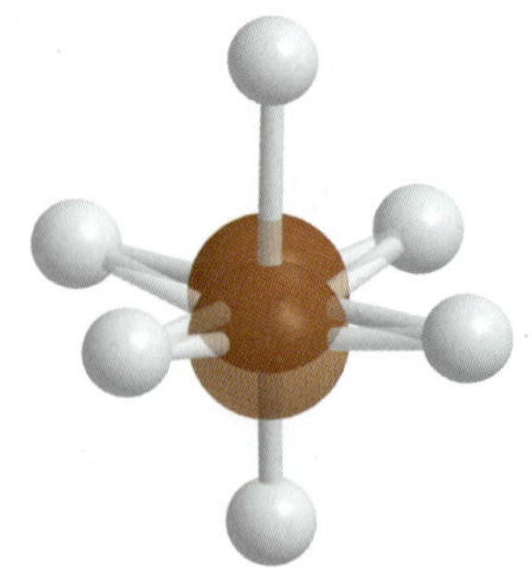

그림 45.4 d–d 전이는 g–g 전이에 해당하기 때문에 반전성 금지 전이이다. 그러나 분자 진동은 분자의 반전 대칭을 파괴할 수 있으며, 그리하여 g, u 분류가 더 이상 적용되지 않게 된다. 대칭 중심이 없어지면 진동–전자적으로 허용되는 전이가 일어날 수 있는 것이다.

그러나 그림 45.4에 보인 바와 같이 비대칭 진동에 의해서 대칭 중심이 없어질 때는 금지되었던 g → g 전이가 허용될 수 있다. 대칭 중심이 없어지면 g → g와 u → u 전이가 더 이상 반전성 금지 전이의 제약을 받지 않게 되며, 따라서 이들 전이가 약하게 허용된다. 이러한 비대칭 진동 때문에 이것의 세기가 유도되는 전자 전이를 **진동−전자 전이**(**vibronic transition**)라고 한다.

간단한 예 45.5 O_2의 허용 전이

O_2의 전자 스펙트럼에서 다음과 같은 가능한 전이, 즉 ${}^3\Sigma_g^-\leftarrow{}^3\Sigma_u^-, {}^3\Sigma_g^-\leftarrow{}^1\Delta_g, {}^3\Sigma_g^-\leftarrow{}^3\Sigma_u^+$ 들을 제시한다면 아래의 표를 만들고 규칙을 참조하여 어느 것이 허용되는가를 결정할 수 있다. 금지된 값은 붉은색으로 표시되었다.

	ΔS	$\Delta\Lambda$	$\Sigma^\pm\leftarrow\Sigma^\pm$	반전성 변화	
${}^3\Sigma_g^-\leftarrow{}^3\Sigma_u^-$	0	0	$\Sigma^-\leftarrow\Sigma^-$	g←u	허용됨
${}^3\Sigma_g^-\leftarrow{}^1\Delta_g$	+1	−2	적용할 수 없음	g←g	금지됨
${}^3\Sigma_g^-\leftarrow{}^3\Sigma_u^+$	0	0	$\Sigma^-\leftarrow\Sigma^+$	g←u	금지됨

자가 진단 45.5 O_2에서 다음의 전자 전이 중 어느 것이 허용되는가? ${}^3\Sigma_g^-\leftrightarrow{}^1\Sigma_g^+$와 ${}^3\Sigma_g^-\leftrightarrow{}^3\Delta_u$?

답: 없음

레이저에 의해 발생되는 입사 빛살 속의 수많은 광자들은 질적으로 다른 영역의 분광법을 낳게 되며, 이것은 광자의 밀도가 너무 커서 단일 분자가 하나 이상의 광자를 흡수하여 **다광자 과정**(**multiphoton process**)을 일으키게 된다. 다광자 과정의 한 가지 응용으로 통상적인 단일 광자 분광법으로는 접근할 수 없는 상태들이 반전성의 변화가 없이 전체 전이가 일어날 수 있기 때문에 관측할 수 있게 된다. 예를 들어 단일 광자 분광법에서는 오로지 g ↔ u 전이만이 관찰되지만, 이

광자 분광법에서는 두 개의 광자를 흡수하게 되어 전체적으로 나타나는 결과는 g ← g 또는 u ← u 전이가 관찰되게 된다.

(c) 진동 구조

분자의 전자 상태 스펙트럼에 나타나는 진동 구조(그림 45.5)를 설명하려면 다음과 같은 **Franck–Condon 원리**(**Franck–Condon principle**)를 이용해야 한다.

> 핵은 전자에 비해서 대단히 큰 질량을 갖기 때문에 전자 상태 전이는 핵이 미처 감응하기 전에 대단히 빠르게 일어난다.

Franck-Condon 원리

이 전이 때문에 분자 안의 새로운 영역에 급격하게 전하 밀도가 형성되고, 다른 곳에서는 없어진다. 고전적으로 생각하면, 본래 정지하고 있던 핵들이 급격하게 새로운 역장에 노출되며, 이 새로운 힘의 작용 때문에 핵들이 원래 간격(즉 급속한 전자 들뜸이 일어나는 동안에 유지하고 있던)으로부터 전진과 후퇴(고전적 용어로)를 하면서 진동을 시작하게 된다. 그리하여 처음 전자 상태에서의 정적인 평형 핵간 거리가 들뜬 전자 상태에서의 진동 반환점이 된다(그림 45.6). 즉 그림 45.6에서 수직선을 따라 올라가는 전이라고 생각할 수 있다. 핵들의 골격 구조가 미처 변화되지 않은 채로 전이가 일어난다고 생각하기 때문에 이러한 전자 전이를 **수직 전이**(**vertical transition**)라고 한다.

전자 상태 스펙트럼의 진동 구조는 두 퍼텐셜 에너지 곡선의 상대적 수평 위치에 의존하며, 만일 위쪽 퍼텐셜 에너지 곡선이 아래쪽 것보다 수평으로 상당히 크게 변위되어 있을

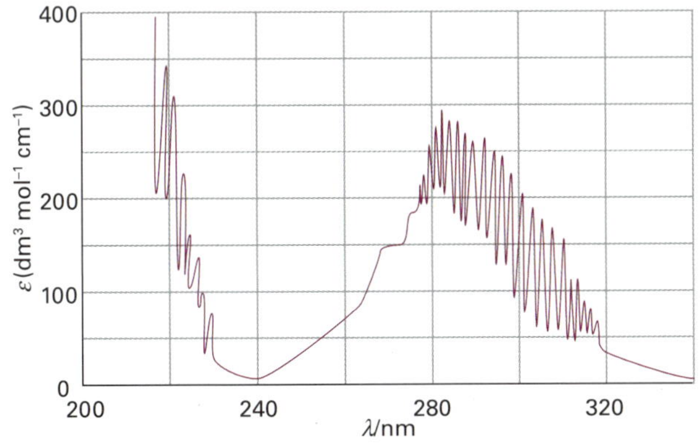

그림 45.5 분자에 따라서는 그 전자 스펙트럼이 상당한 진동 구조를 나타낸다. 이 그림은 기체상 SO_2에 대한 298 K에서의 자외선 스펙트럼이다. 본문에서 설명한 바와 같이 이 스펙트럼의 예리한 선들은 낮은 전자 상태로부터 높은 전자 상태의 여러 진동 준위로 전이가 일어남으로써 생기는 것들이다. 두 개의 다른 들뜬 전자 상태로의 전이에 기인한 진동 구조가 명확히 나타나 있다.

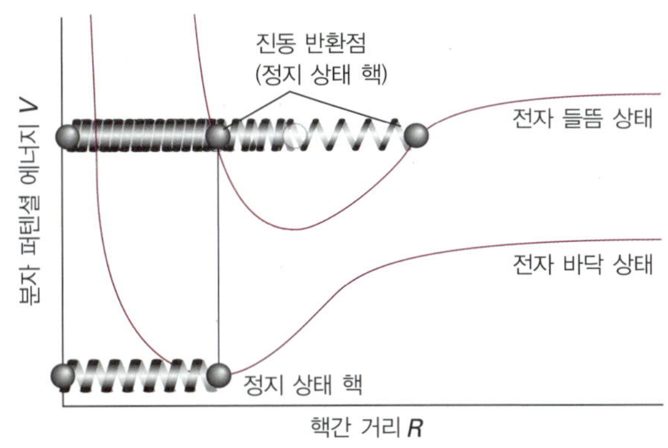

그림 45.6 Franck–Condon 원리에 의하면 바닥 진동 상태로부터 그 수직 상부의 진동 상태로 들뜨는 진동–전자 전이가 가장 세게 일어난다. 수직 전이의 결과로 핵들이 급격하게 새로운 역장에 노출되어 이들의 진동 운동을 통하여 반응하게 된다. 따라서 처음 전자 상태에서의 평형 거리는 최종 전자 상태에서의 반환점이 된다. 다른 진동 준위로도 들뜰 수 있지만 그 세기가 약하다.

때는 많은 진동 구조가 나타나는, 즉 긴 **진동 선열**(**vibrational progression**)이 자극받는다. 보통 들뜬 전자 상태는 바닥 상태보다 반결합성이 더 크기 때문에 일반적으로 높은 준위의 곡선은 평형 결합 길이가 긴 쪽으로 변위되어 있다. 전자 상태 흡수 스펙트럼에서 진동선들 사이의 간격은 **높은** 전자 상태의 진동 에너지에 의존한다.

Franck–Condon 원리를 양자 역학적으로 다루면 위의 내용을 보다 세련되게 설명할 수 있다. 즉 전이가 일어날 때 핵들이 제 위치에서 정지해 있다고 말하는 대신에 여기서는 이 **핵들이 처음의 동적 상태를 유지한다**고 말한다. 양자 역학에서는 동적 상태를 파동함수로 나타내며, 따라서 이 말은 전자 상태 전이 과정 중에 핵의 파동함수가 변하지 않는다는 말과 같은 것이다. 흡광이 일어나기 전에는 분자가 바닥 전자 상태의 최저 진동 준위에 있으며, 파동함수는 평형 결합 길이 좌우로 종 모양을 이루고 있다(그림 45.7). 전이가 일어나는 최종 핵 상태를 알려면 이 처음 파동함수와 가장 비슷한 진동 파동함수를 찾아야 한다. 그 이유는 이 파동함수가 전이 과정에서 최소로 변하는 핵의 동적 상태에 해당하기 때문이다. 직관적으로 이 최종 파동함수는 처음 종 모양 함수의 위치 가까이에서 큰 피크를 갖는 파동함수가 되어야 한다는 것을 알 수 있다. 토픽 12에서 설명한 바와 같이 진동 양자수가 0이 아니라고 하면, 진동 파동함수의 최대 피크는 제한된 퍼텐셜의 끝부분에서 나타나며, 따라서 고전적 설명에서와 마찬가지로 이러한 진동 상태로 전이가 일어날 것으로 예측할 수 있다. 그러나 여러 개의 진동 상태가 비슷한 위치에서 주피크를 나타내기 때문에 실험에서 관측되는 것과 같이 진동 상태 영역에서 전이가 일어날 것이라고 보아야 한다.

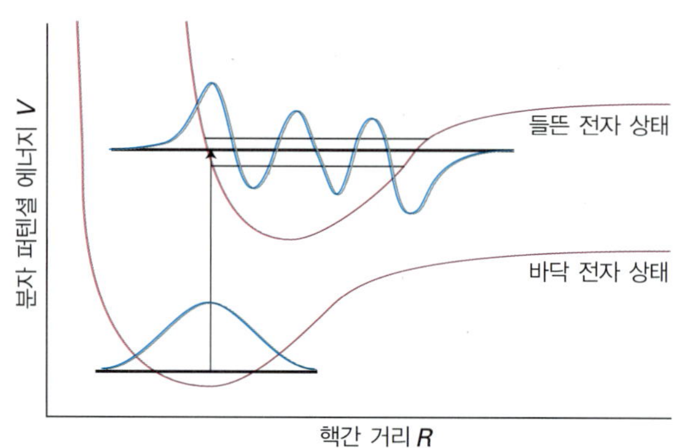

그림 45.7 Franck–Condon 원리의 양자 역학적 개념에 의하면, 분자는 낮은 전자 상태에 속하는 바닥 진동 상태의 진동 파동함수와 가장 비슷한 높은 진동 상태로 전이를 일으킨다. 여기에 보인 두 파동함수는 높은 전자 상태의 다른 어떤 진동 상태보다도 더 큰 겹침 적분을 나타내며, 그리하여 서로 가장 비슷하다.

Franck–Condon 원리를 정량적으로 나타내는 식과 위에서 설명한 내용에 관한 증명은 전이 쌍극자 모멘트에 관한 식으로부터 유도할 수 있다(**증명** 45.1에서와 같이). 쌍극자 모멘트(그리고 이에 대응하는 연산자)는 다음과 같이 분자 안의 모든 핵과 전자들에 걸친 합이다.

$$\boldsymbol{\mu}=-e\sum_i \boldsymbol{r}_i+e\sum_I Z_I\boldsymbol{R}_I \tag{45.5}$$

여기서 벡터들은 분자의 전하 중심으로부터의 거리이다. 전이의 세기는 이 전이 쌍극자 모멘트 크기의 제곱 절댓값 $|\mu_{\text{fi}}|^2$에 비례하며, 아래 **증명**에서 이 전이 세기는 처음과 최종 전자 상태들의 진동 상태 사이에서 겹침 적분 $S(\upsilon_{\text{f}}, \upsilon_{\text{i}})$의 절댓값의 제곱에 비례한다는 것을 알게 된다. 이 겹침 적분은 위와 아래 전자 상태들의 진동 파동함수들이 서로 얼마나 닮았는가를 나타내는 척도이기도 하다. 완전히 닮았을 때는 $S=1$이며, 전혀 비슷하지 않을 때는 $S=0$이다.

증명 45.2 Franck–Condon 근사

분자의 전체적 상태는 ε으로 표시되는 전자 부분, υ로 표시되는 진동 부분으로 이루어진다. 따라서 Born–Oppenheimer 근사 범위 안에서는 전이 쌍극자 모멘트가 다음과 같은 요소로 나누어진다.

$$\begin{aligned}\mu_{\text{fi}} &= \int \psi^*_{\varepsilon,\text{f}}\psi^*_{\upsilon,\text{f}}\left\{-e\sum_i \boldsymbol{r}_i+e\sum_I Z_I\boldsymbol{R}_I\right\}\psi_{\varepsilon,\text{i}}\psi_{\upsilon,\text{i}}\,\mathrm{d}\tau \\ &= -e\sum_i\int\psi^*_{\varepsilon,\text{f}}\boldsymbol{r}_i\psi_{\varepsilon,\text{i}}\,\mathrm{d}\tau_\text{e}\int\psi^*_{\upsilon,\text{f}}\psi_{\upsilon,\text{i}}\,\mathrm{d}\tau_\text{n} \\ &\quad +e\sum_I Z_I\overbrace{\int\psi^*_{\varepsilon,\text{f}}\psi_{\varepsilon,\text{i}}\,\mathrm{d}\tau_e}^{0}\int\psi^*_{\upsilon,\text{f}}\boldsymbol{R}_I\psi_{\upsilon,\text{i}}\,\mathrm{d}\tau_\text{n}\end{aligned}$$

두 상이한 전자 상태는 직교하므로 파란색으로 나타낸 항은 0이 된다. 따라서

$$\boldsymbol{\mu}_{\text{fi}}=\overbrace{-e\sum_i\int\psi^*_{\varepsilon,\text{f}}\boldsymbol{r}_i\psi_{\varepsilon,\text{i}}\,\mathrm{d}\tau_\text{e}}^{\mu_{\varepsilon,\text{fi}}}\overbrace{\int\psi^*_{\upsilon,\text{f}}\psi_{\upsilon,\text{i}}\,\mathrm{d}\tau_\text{n}}^{S(\upsilon_\text{f},\upsilon_\text{i})}=\boldsymbol{\mu}_{\varepsilon,\text{fi}}S(\upsilon_\text{f},\upsilon_\text{i})$$

양 $\boldsymbol{\mu}_{\varepsilon,\text{fi}}$는 전자의 재분포(그리고 이 재분포가 전자기장에 주는 '충격'의 정도, 그리고 흡광에서는 이와 반대 방향의 충격)에 기인되는 전기 쌍극자 전이 모멘트이다. 인자 $S(\upsilon_\text{f}, \upsilon_\text{i})$는 분자의 처음 전자 상태에서 양자수 υ_i를 갖는 진동 상태와 분자의 최종 전자 상태에서 양자수 υ_f를 갖는 진동 상태 사이의 겹침 적분이다.

전이의 세기는 전이 쌍극자 모멘트 크기의 제곱에 비례하므로 흡광 세기는 $|S(\upsilon_\text{f}, \upsilon_\text{i})|^2$에 비례한다. 이 $|S(\upsilon_\text{f}, \upsilon_\text{i})|^2$을 이 전이에 대한 **Franck–Condon 인자**(**Franck–Condon factor**)라고 한다.

$$|S(\upsilon_\text{f},\upsilon_\text{i})|^2=\left(\int\psi^*_{\upsilon,\text{f}}\psi_{\upsilon,\text{i}}\,\mathrm{d}\tau_\text{n}\right)^2 \qquad \text{Franck–Condon 인자} \tag{45.6}$$

따라서 높은 전자 상태의 진동 상태 파동함수와 낮은 전자 상태의 진동 상태 파동함수가 크게 겹쳐질수록 그 특정한 전자 및 진동의 동시적 전이에 대한 흡광 세기가 더 커진다.

예제 45.1 Franck–Condon 인자의 계산

결합 길이가 R_e인 한 전자 상태로부터 결합 길이가 R_e'인 다른 전자 상태로 전이가 일어나는데, 결합의 힘상수는 변하지 않는다고 생각해 보자. 0–0 전이에 대한 Franck–Condon 인자를 계산하고, 이 두 평형 결합 길이가 동일할 때 전이 세기는 최대가 됨을 보이시오.

방법 두 바닥 상태 진동 파동함수 사이의 겹침 적분 $S(0, 0)$를 계산한 다음에 그 제곱을 취해야 한다. $\upsilon=0$일 경우에는 조화와 비조화 진동 파동함수 사이의 차를 무시할 수 있으며, 따라서 조화 진동 파동함수(표 12.1)를 사용할 수 있다.

풀이 여기서 사용해야 할 두 (실수) 파동함수는 다음과 같다.

$$\psi_0=\left(\frac{1}{\alpha\pi^{1/2}}\right)^{1/2}\mathrm{e}^{-x^2/2\alpha^2} \qquad \psi_0'=\left(\frac{1}{\alpha\pi^{1/2}}\right)^{1/2}\mathrm{e}^{-x'^2/2\alpha^2}$$

여기서 $x=R-R_\text{e}$, $x'=R-R_\text{e}'$, $\alpha=(\hbar^2/mk_\text{f})^{1/4}$이다(토픽 12). 따라서 겹침 적분은 다음과 같이 된다.

$$S(0,0)=\int_{-\infty}^{\infty}\psi_0'\psi_0\,\mathrm{d}R=\frac{1}{\alpha\pi^{1/2}}\int_{-\infty}^{\infty}\mathrm{e}^{-(x^2+x'^2)/2\alpha^2}\,\mathrm{d}x$$

이 식은 $\alpha z=R-\frac{1}{2}(R_\text{e}+R_\text{e}')$를 취하고 정리를 하면 다음과 같이 된다.

$$S(0,0)=\frac{1}{\pi^{1/2}}e^{-(R_e-R_e')^2/4\alpha^2}\overbrace{\int_{-\infty}^{\infty}e^{-z^2}dz}^{\pi^{1/2}\text{ (적분 G.1)}}=e^{-(R_e-R_e')^2/4\alpha^2}$$

따라서 Franck–Condon 인자는 다음과 같이 된다.

$$S(0,0)^2=e^{-(R_e-R_e')^2/2\alpha^2}$$

$R_e'=R_e$일 때는 이 인자가 1이 되며, 평형 결합 길이 차가 커질수록 점점 작아진다(그림 45.8).

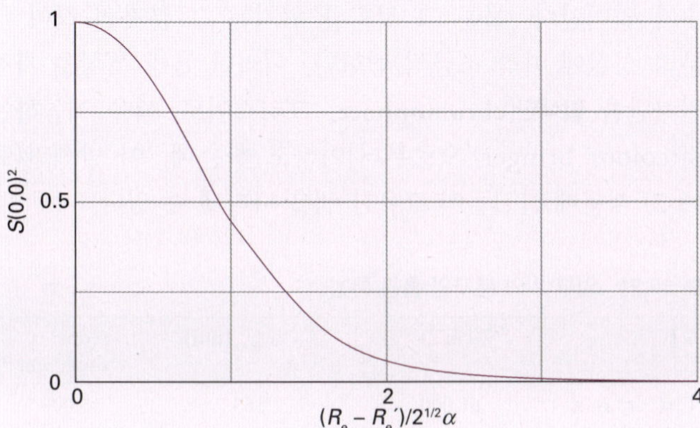

그림 45.8 예제 45.1에서 설명한 배열에 대한 Franck–Condon 인자

Br_2의 경우에는 $R_e=228$ pm이고 높은 상태에서는 $R_e'=266$ pm이다. 진동 파수를 250 cm^{-1}으로 취하면 $S(0,0)^2=5.1\times10^{-10}$이 된다. 따라서 0–0 전이의 세기는 퍼텐셜 곡선이 직접 바로 위에 왔다고 가정했을 때에 비해서 5.1×10^{-10}배 밖에 되지 않는다.

자가 진단 45.6 진동 파동함수들을 평형 결합 길이에 중심을 둔, 폭이 W와 W'인 직사각형 함수로 근사시킬 수 있다고 가정하자(그림 45.9). 두 중심이 합치되고 $W'<W$일 때의 Franck–Condon 인자를 구하시오.

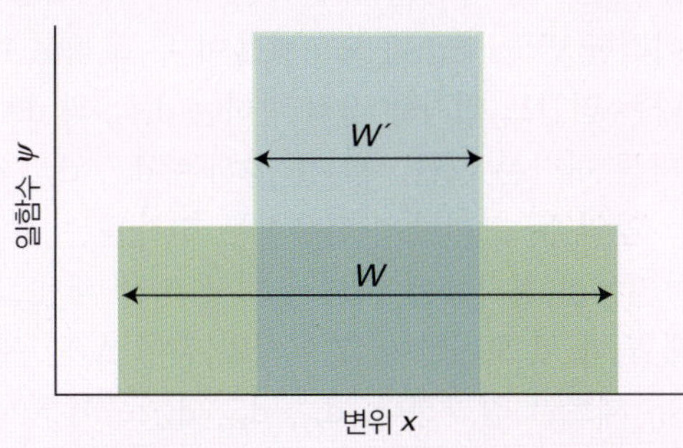

그림 45.9 자가 진단 45.6에서 사용된 파동함수 모형

답: $S^2=W'/W$

(d) 회전 구조

진동 전이에 회전 전이가 동반되는 진동 분광법에서와 똑같이 전자 상태 전이에 수반되는 진동 들뜸에도 회전 전이가 동반해서 일어난다. 따라서 각 진동 전이에 P, Q, R 가지가 나타나며, 전자 상태 전이가 매우 다채로운 구조를 갖게 된다. 그러나 전자 상태 들뜸은 진동 상태만이 들뜰 때에 비해서 결합 길이를 훨씬 더 많이 변화시킬 수 있으며, 따라서 회전 가지의 구조가 진동–회전 스펙트럼에서보다 훨씬 더 복잡하다.

바닥 전자 상태와 들뜬 전자 상태의 회전 상수를 각각 $\tilde{B}$와 $\tilde{B}'$이라고 하자. 그러면 처음과 최종 상태의 회전 준위가 다음과 같이 된다.

$$E(J)=hc\tilde{B}J(J+1)\qquad E(J')=hc\tilde{B}'J'(J'+1)\tag{45.7}$$

$\Delta J=-1$이 되는 전이가 일어나면 전자 전이의 진동 성분 파수는 $\tilde{\nu}$로부터 다음 값으로 이동한다.

$$\tilde{\nu}+\tilde{B}'(J-1)J-\tilde{B}J(J+1)=\tilde{\nu}-(\tilde{B}'+\tilde{B})J+(\tilde{B}'-\tilde{B})J^2$$

이 전이가 P 가지를 이루게 되는 것이다(토픽 43에서와 똑같이). Q 가지와 R 가지에 해당하는 전이들도 있으며, 그 파수들도 똑같은 방식으로 계산할 수 있다. 이들 세 가지를 다음과 같이 나타낼 수 있다.

P 가지($\Delta J=-1$):

$$\tilde{\nu}_P(J)=\tilde{\nu}-(\tilde{B}'+\tilde{B})J+(\tilde{B}'-\tilde{B})J^2\tag{45.8a}$$

가지 구조

Q 가지($\Delta J=0$):

$$\tilde{\nu}_Q(J)=\tilde{\nu}+(\tilde{B}'-\tilde{B})J(J+1)\tag{45.8b}$$

R 가지($\Delta J=+1$):

$$\tilde{\nu}_R(J)=\tilde{\nu}+(\tilde{B}'+\tilde{B})(J+1)+(\tilde{B}'-\tilde{B})(J+1)^2\tag{45.8c}$$

이들 식은 식 43.21과 유사한 식들이다.

예제 45.2 전자 스펙트럼으로부터의 회전 상수 계산

다음과 같은 회전 전이가 $^{63}Cu^2H$에 대한 $^1\Sigma^+\leftarrow{}^1\Sigma^+$ 전자 전이의 0–0 띠에서 관측되었다. $\tilde{\nu}_R(3)=23347.69\ cm^{-1}$, $\tilde{\nu}_P(3)=23298.85\ cm^{-1}$, $\tilde{\nu}_P(5)=23275.77\ cm^{-1}$이다. $\tilde{B}'$과 $\tilde{B}$의 값을 계산하시오.

방법 토픽 43에서 설명한 결합차 방법을 사용한다. 식 45.8a와 45.8b로부터 차이 $\tilde{\nu}_R(J)-\tilde{\nu}_P(J)$와 $\tilde{\nu}_R(J-1)-\tilde{\nu}_P(J+1)$을 만든 다음, 결과 식을 사용하여 제공된 파수로부터 회전 상수 $\tilde{B}'$과 $\tilde{B}$를 계산한다.

풀이 식 45.8a와 45.8b로부터 다음과 같이 나타낸다.

$$\tilde{\nu}_R(J)-\tilde{\nu}_P(J)$$
$$=(\tilde{B}'+\tilde{B})(J+1)+(\tilde{B}'-\tilde{B})(J+1)^2-\left\{-\left(\tilde{B}'+\tilde{B}\right)J+\left(\tilde{B}'-\tilde{B}\right)J^2\right\}$$
$$=4\tilde{B}'\left(J+\tfrac{1}{2}\right)\tilde{\nu}_R(J-1)-\tilde{\nu}_P(J+1)$$
$$=\left(\tilde{B}'+\tilde{B}\right)J+\left(\tilde{B}'-\tilde{B}\right)J^2-\left\{-(\tilde{B}'+\tilde{B})(J+1)+(\tilde{B}'-\tilde{B})(J+1)^2\right\}$$
$$=4\tilde{B}\left(J+\tfrac{1}{2}\right)$$

(이들 식은 식 43.23a, 43.23b와 유사하다.) 제공된 데이터를 사용하면 다음을 얻게 된다.

$$J=3\text{에 대하여 } \tilde{\nu}_R(3)-\tilde{\nu}_P(3)=\overbrace{48.84}^{23347.69\,-\,23298.85}\ \text{cm}^{-1}=14\tilde{B}'$$

$$J=4\text{에 대하여 } \tilde{\nu}_R(3)-\tilde{\nu}_P(5)=\overbrace{71.92}^{23347.69\,-\,23275.77}\ \text{cm}^{-1}=18\tilde{B}$$

그리고 $\tilde{B}'=3.489\ \text{cm}^{-1}$, $\tilde{B}=3.996\ \text{cm}^{-1}$이 계산된다.

자가 진단 45.7 다음과 같은 회전 전이가 RhN에 대한 $^1\Sigma^+ \leftarrow {}^1\Sigma^+$ 전자 전이에서 관측되었다. $\tilde{\nu}_R(5)=22\ 387.06\ \text{cm}^{-1}$, $\tilde{\nu}_P(5)=22\ 376.87\ \text{cm}^{-1}$, $\tilde{\nu}_P(7)=22\ 373.95\ \text{cm}^{-1}$. $\tilde{B}'$, $\tilde{B}$의 값을 계산하시오.

답: $\tilde{B}'=0.4632\ \text{cm}^{-1}$, $\tilde{B}=0.5042\ \text{cm}^{-1}$

들뜬 전자 상태에서의 결합 길이가 바닥 상태에서보다 길다고 생각해 보면 $\tilde{B}'<\tilde{B}$이고 $\tilde{B}'-\tilde{B}$는 음이 된다. 이러한 경우에는 R 가지의 선들이 J가 증가함에 따라 수렴하며, J가 $|\tilde{B}'-\tilde{B}|(J+1)>\tilde{B}'+\tilde{B}$와 같이 될 때, 스펙트럼선들의 파수가 계속해서 감소되기 시작한다. 즉 R 가지가 **띠머리**(**band head**)를 나타낸다(그림 45.10a). 한편 들뜬 상태에서의 결합 길이가 바닥 상태에서보다 짧을 때는 $\tilde{B}'>\tilde{B}$이므로 $\tilde{B}'-\tilde{B}$는 양이 된다. 이 경우에는 P 가지의 선들이 수렴되기 시작하여 J가 $|\tilde{B}'-\tilde{B}|J>\tilde{B}'+\tilde{B}$와 같이 될 때 띠머리를 통과하게 된다(그림 45.10b).

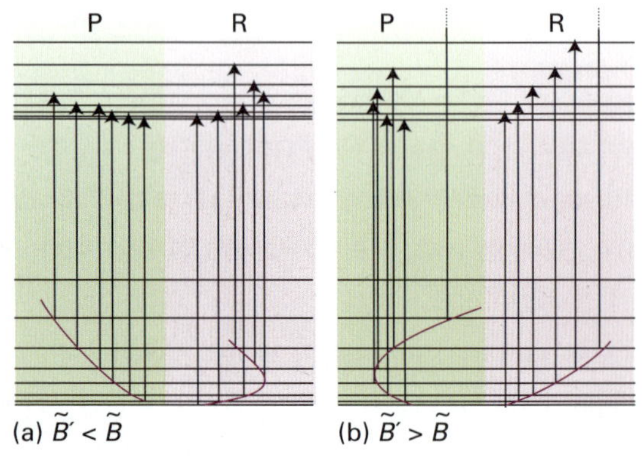

그림 45.10 이원자 분자의 회전 상수가 전자 상태 전이의 초기와 최종 상태에서 크게 다를 때는 P 가지와 R 가지가 띠머리를 나타낸다. (a) $\tilde{B}'<\tilde{B}$일 때는 R 가지에 띠머리가 형성되고, (b) $\tilde{B}'>\tilde{B}$일 때는 P 가지에 띠머리가 형성된다.

45.2 다원자 분자의 전자 스펙트럼

흡수되는 광자는 때때로 그 분자의 한 특정한 유형의 전자들이나 다원자 분자의 한 작은 원자단에 속하는 전자들의 들뜸을 추적할 수 있게 한다. 예를 들어 분자 속에 카보닐기(>C=O)가 들어 있을 때는 일반적으로 약 290 nm에서 흡수가 일어난다. 물론 그 정확한 위치는 그 분자의 잔여 부분의 성질에 따라 조금씩 변한다. 이러한 흡광 특성을 가진 원자단을 **발색단**[**chromophore**, 그리스어로 '색을 제공하는 것(colour bringer)'으로부터]이라고 하는데, 이 발색단(표 45.2) 때문에 물질들이 고유한 색을 나타낼 수 있다.

표 45.2* 일부 기와 분자의 흡광 특성

기	$\tilde{\nu}(\text{cm}^{-1})$	$\lambda_{max}(\text{nm})$	$\varepsilon(\text{dm}^3\ \text{mol}^{-1}\ \text{cm}^{-1})$
C=C ($\pi^*\leftarrow\pi$)	61 000	163	15 000
C=O ($\pi^*\leftarrow$n)	35 000–37 000	270–290	10–20
H_2O ($\pi^*\leftarrow$n)	60 000	167	7000

* 더 많은 값들이 **부록**에 수록되어 있다.

(a) d 금속 착물

유리 상태 원자에서는 주어진 껍질 속의 5개 d 오비탈이 전부 축퇴되어 있다. d 금속 착물에서는 d 금속 원자의 바로 이웃하는 둘레는 구형 대칭을 나타내지 않으며, 그리하여 d 오비탈이 전부 축퇴되지 않고, 전자가 이들 사이에서 전이를 일으키면서 에너지를 흡수할 수 있다.

이 갈라짐의 원인을 살펴보기 위해 $[Ti(OH_2)_6]^{3+}$ (**1**)과 같은 팔면체 착물에서 6개의 리간드를 음의 점전하로 보고 이들이 중심 이온의 d 전자들을 밀어낸다고 생각해 보자(그림 45.11). 이러한 반발 때문에 오비탈들이 두 무리로 나누어지는데, 하나는 리간드 위치를 직접 향하는 $d_{x^2-y^2}$과 d_{z^2}의 두 가지이고, 다른 하나는 그들 사이를 향하는 d_{xy}, d_{yz}, d_{zx}의 세 가지이다. 앞의 두 오비탈을 점유하는 전자들은 뒤의 세 오비탈을 차지하는 전자들에 비해서 덜 유리한 퍼텐셜 에너지를 가지게 되며, d 오비탈이 (**2**)에서와 같이 Δ_o의 에너지 차를 갖는 두 세트로 갈라진다. d_{xy}, d_{yz}, d_{zx}로 이루어지는 삼중 축퇴 세트는 t_{2g} 오비탈로 나타내고, $d_{x^2-y^2}$과 d_{z^2}로 이루어지는 이중 축퇴 세트는 e_g 오비탈이라고 표시한다. 세 t_{2g} 오비탈은 두 e_g 오비탈 밑에 위치하며, 그 에너지 간격은 Δ_o로 표시하고[첨자 o는 팔면체(octahedral) 대칭을 뜻한다], 이것

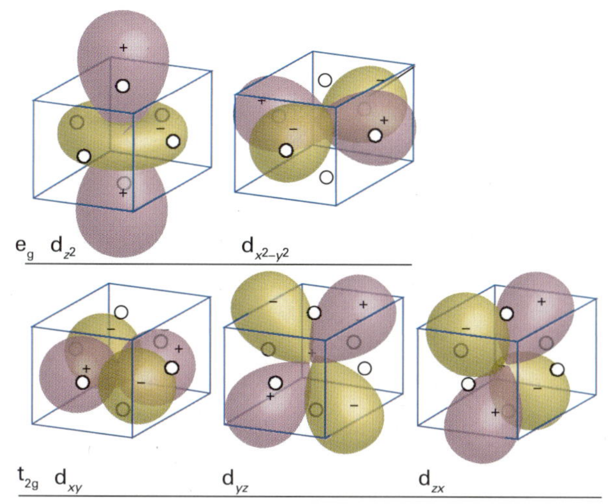

그림 45.11 팔면체 환경에서의 d 오비탈의 분류. 열린 원은 6개(점 전하)의 리간드이다. e_g나 t_{2g}와 같은 구별은 이들의 대칭 특성(토픽 33)을 고려하는 것에 기인한다.

을 **리간드장 갈라짐 파라미터(ligand-field splitting parameter)**라고 한다. 리간드장 갈라짐은 착물을 생기게 하는 데 주요 원인이 되는 리간드와 중심 금속 원자 사이 상호 작용에 대한 총 에너지의 10%쯤 된다. 사면체 착물에서도 d 오비탈은 두 무리로 갈라지지만, 이 경우에는 e 오비탈이 t_2 오비탈보다 밑에 위치하며(사면체 착물은 반전 중심을 갖지 않으므로 더 이상 g, u 구별은 적절하지 않다), 이들의 간격을 Δ_T로 표시한다.

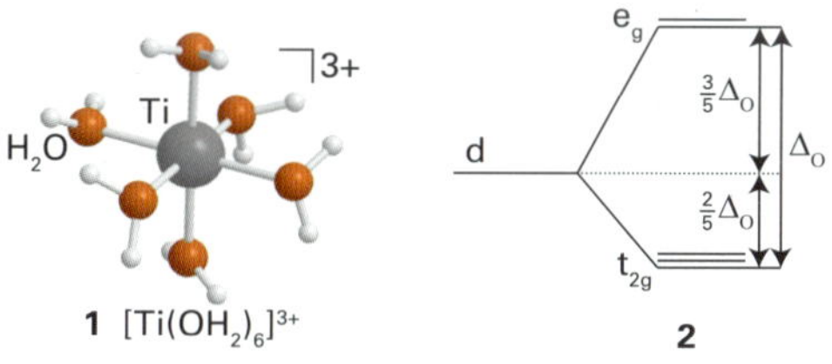

Δ_o나 Δ_T는 모두 크지 않으며, 두 오비탈 세트 사이의 전이는 전형적으로 가시 영역 스펙트럼에서 일어난다. 이러한 전이들이 d 금속 착물의 여러 가지 고유한 색의 원인이 된다.

간단한 예 45.6 d 금속 착물의 전자 스펙트럼

$[Ti(OH_2)_6]^{3+}$ (**1**)의 20 000 cm^{-1} (500 nm) 근처에서의 스펙트럼을 그림 45.12에 나타내었는데, 이것은 d 전자 한 개가 t_{2g} 오비탈로부터 e_g 오비탈로 들뜨기 때문에 나타나는 것이다. 이 극대 흡수 자리의 파수로부터 계산하면 $\Delta_o \approx 20\ 000$ cm^{-1}이 되는데, 이것은 약 2.5 eV에 해당한다.

자가 진단 45.8 Zn^{2+} 이온의 착물은 d–d 전자 전이를 가질 수 있는가? 답에 대하여 설명하시오.

답: 아니오, 5개의 d 오비탈이 모두 완전히 점유되어 있다.

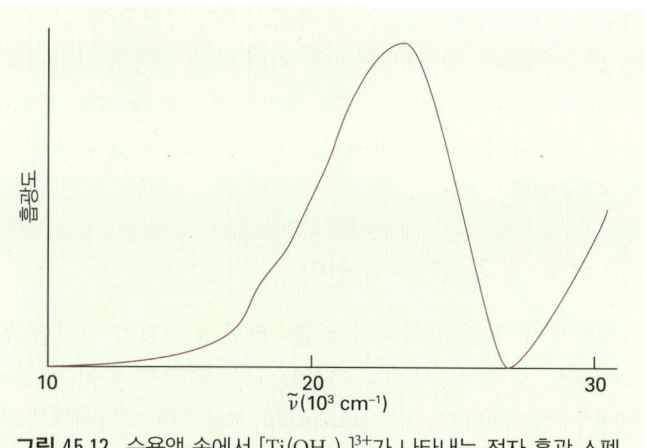

그림 45.12 수용액 속에서 $[Ti(OH_2)_6]^{3+}$가 나타내는 전자 흡광 스펙트럼

Laporte 규칙(45.1b절)에 의하면 팔면체 착물에서 d–d 전이는 g → g 전이(더 자세히 말하면 $e_g \leftarrow t_{2g}$ 전이)이기 때문에 반전성 금지이다. 그러나 그림 45.4에 보인 것과 같이 d–d 전이는 진동 전이와 전자 전이가 결합된 진동–전자 전이로서, 비대칭 진동에 결합되기 때문에 약하게 허용된다.

리간드로부터 중심 원자의 d 오비탈로 전자가 이동되거나 그 역과정의 결과로 d 금속 착물이 복사선을 흡수할 수 있다. 이러한 **전하 이동 전이(charge-transfer transition)**에서는 전자가 상당히 먼 거리를 이동하는데, 이것은 전이 쌍극자 모멘트가 크고 흡수선의 세기도 따라서 커질 수 있음을 의미한다. 과망가니즈산 이온 MnO_4^-에서는 O 원자로부터 중심 Mn 원자로의 전자 이동이 수반되는 전하 재배치가 일어나 이온의 진한 보라색을 설명하는 420~700 nm 영역의 강한 전이가 나타나게 된다. 이러한 리간드에서 금속으로의 전자 이동은 **리간드–금속 전하 이동 전이(ligand-to-metal charge-transfer transition**, LMCT)에 해당된다. 전자가 반대 방향으로 이전하는 **금속–리간드 전하 이동 전이(metal-ligand charge-transfer transition**, MLCT)도 일어날 수 있다. 이러한 예는 d 전자가 방향족 리간드의 반결합 π 오비탈로 이전하는 것을 들 수 있다. 이렇게 해서 생기는 들뜬 상태에서 전자가 여러 벤젠 고리에 넓게 비편재화되어 퍼질 때는 이 들뜬 상태 수명이 상당히 길어질 수 있다.

다른 전이에서도 그렇지만, 전하 이동 전이의 세기는 전이 쌍극자 모멘트의 제곱에 비례한다. 전이 모멘트는 전자가 금속으로부터 리간드로, 또는 그 역으로 이동할 때의 그 이동 거리의 척도를 나타내는 것이라고 볼 수 있으며, 그리하여 이동 거리가 크면 전이 쌍극자 모멘트가 크고, 따라서 흡광 세기도 커진다고 볼 수 있다. 그러나 전이 쌍극자 속의 피적분 함수는 처음과 최종 파동함수의 곱에 비례하므로 이 두

파동함수가 동일한 공간 영역 속에서 0이 아닌 값을 갖지 않는 한 0이 된다. 따라서 큰 이동 거리가 센 흡광을 나타낼 수 있지만, 금속과 리간드가 멀리 떨어지면 처음과 최종 파동함수의 겹침이 감소되어 흡광 세기가 낮아질 수 있다(응용 문제 45.9 참조).

(b) $\pi^* \leftarrow \pi$ 및 $\pi^* \leftarrow n$ 전이

C=C 이중 결합이 복사선을 흡수하면 π 전자가 반결합 π^* 오비탈로 들떠 올라간다(그림 45.13). 따라서 발색 활성도는 **$\pi^* \leftarrow \pi$ 전이**($\pi^* \leftarrow \pi$ **transition**, π로부터 π 별표로의 전이라고 읽음)에 기인하는 것이다. 비콘쥬게이션 이중 결합일 때는 이 전이 에너지가 약 7 eV이며, 이것은 자외선 영역에서 180 nm의 흡광에 해당한다. 이중 결합이 콘쥬게이션 사슬의 일부일 때는 분자 오비탈들의 에너지가 서로 더 근접하며, 그리하여 $\pi^* \leftarrow \pi$ 전이가 장파장 쪽으로 이동하고, 콘쥬게이션계가 충분히 길 때는 가시 영역으로까지도 이동한다.

카보닐 화합물에서 흡광을 일으키는 전이는 산소 원자에 속하는 고립 전자쌍이 일으키는 것으로 추적할 수 있다.

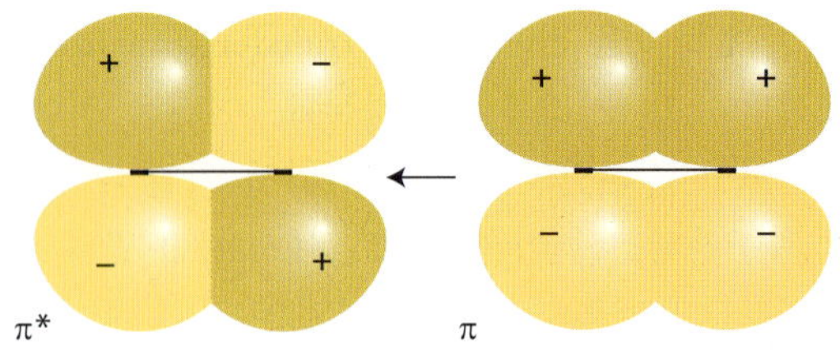

그림 45.13 C=C 이중 결합은 발색단의 작용을 한다. 이것이 일으키는 중요한 전이의 하나는 이 그림에 보인 $\pi^* \leftarrow \pi$ 전이인데, 여기서는 전자가 π 오비탈로부터 대응하는 반결합 오비탈로 들뜬다.

Lewis 개념의 '고립 전자쌍'은 분자 오비탈 이론에 의하면 결합 형성에는 별로 관여하지 않고 주로 한 원자에 속해 있는 오비탈의 전자쌍이다. 이 전자쌍의 하나가 카보닐기의 빈 π^*오비탈로 들떠 들어가면서(그림 45.14) **$\pi^* \leftarrow n$ 전이**($\pi^* \leftarrow n$ **transition**)를 일으킨다. 전형적인 흡수 에너지는 약 4 eV(290 nm)이다. 카보닐기의 $\pi^* \leftarrow n$ 전이는 대칭 금지 전이이므로 흡광이 약하게 일어난다.

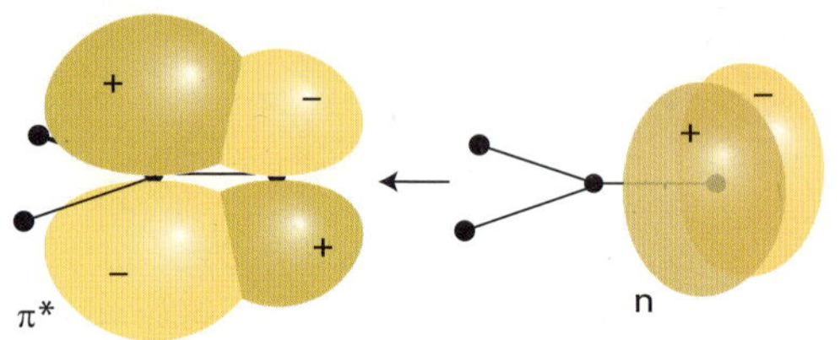

그림 45.14 카보닐기(C=O)가 발색단으로 작용하는 일부 원인은 산소의 비결합 고립 전자쌍이 반결합 CO π 오비탈로 들뜨기 때문이다.

간단한 예 45.7 $\pi^* \leftarrow \pi$ 전이와 $\pi^* \leftarrow n$ 전이

화합물 $CH_3CH=CHCHO$는 자외선 영역인 46 950 cm^{-1} (213 nm)에서는 센 흡수를, 30 000 cm^{-1}(330 nm)에서는 약한 흡수를 나타낸다. 전자는 C=C−C=O 비편재화된 π 계와 연관된 $\pi^* \leftarrow \pi$ 전이이다. 비편재화는 C=O $\pi^* \leftarrow \pi$ 전이의 범위를 낮은 파수(장파장)로 확장시킨다. 후자는 카보닐 발색단과 연관된 $\pi^* \leftarrow n$ 전이이다.

자가 진단 45.9 프로판온[아세톤, $(CH_3)_2CO$]이 289 nm에서 강한 흡수를, 280 nm에서 약한 흡수를 나타내는 이유를 설명하시오.

답: 두 개의 흡수는 모두 C=O 발색단과 연관이 되어 있으며, 약한 것은 $\pi^* \leftarrow n$ 전이이고 강한 흡수는 $\pi^* \leftarrow \pi$ 전이에 해당된다.

개념 확인

- ☐ 1. 이원자 분자의 항기호는 핵간 축 주위의 전자 각운동량의 성분을 나타낸다.
- ☐ 2. 전자 전이에 대한 선택 규칙은 각운동량과 대칭을 고려해서 나온 것이다.
- ☐ 3. **Laporte 선택 규칙**은 중심 대칭 분자에 대하여 오직 u → g와 g → u 전이만이 허용된다는 것을 기술한 것이다.
- ☐ 4. **Franck–Condon 원리**는 전자 전이의 진동 구조를 설명하는 기본이 된다.
- ☐ 5. 기체상 시료의 경우에는 회전 구조도 나타나며, **띠머리**를 나타낼 수 있다.
- ☐ 6. **발색단**은 흡광 특성을 갖는 기이다.
- ☐ 7. d 금속 착물에서는 리간드가 존재하면 d 오비탈의 축퇴가 제거되며, 이 준위들 사이에서 **d–d 전이**가 일어날 수 있다.
- ☐ 8. **전하 이동 전이**는 전형적으로 리간드와 중심 금속 이온 사이의 전자 이동이다.
- ☐ 9. 발색단 중에는 이중 결합($\pi^* \leftarrow \pi$ **전이**)이나 카보닐기($\pi^* \leftarrow n$ **전이**)가 관여하는 것도 있다.

식 확인

성질	식	비고	식 번호
선택 규칙(각운동량)	$\Delta\Lambda=0, \pm1; \Delta S=0; \Delta\Sigma=0; \Delta\Omega=0, \pm1$	선형 분자	45.4
Franck–Condon 인자	$\lvert S(v_{\mathrm{f}}, v_{\mathrm{i}})\rvert^2=\left(\int \psi^*_{v,\mathrm{f}}\psi_{v,\mathrm{i}}\mathrm{d}\tau_{\mathrm{n}}\right)^2$		45.6
전자 스펙트럼의 회전 구조 (이원자 분자)	$\tilde{\nu}_{\mathrm{P}}(J)=\tilde{\nu}-(\tilde{B}'+\tilde{B})J+(\tilde{B}'-\tilde{B})J^2$	P 가지($\Delta J=-1$)	45.8a
	$\tilde{\nu}_{\mathrm{Q}}(J)=\tilde{\nu}+(\tilde{B}'-\tilde{B})J(J+1)$	Q 가지($\Delta J=0$)	45.8b
	$\tilde{\nu}_{\mathrm{R}}(J)=\tilde{\nu}+(\tilde{B}'+\tilde{B})(J+1)+(\tilde{B}'-\tilde{B})(J+1)^2$	R 가지($\Delta J=+1$)	45.8c

토픽 46

들뜬 상태의 이완

내용

➤ 학습 목표

들뜬 전자 상태가 복사선을 내놓고 다시 바닥 상태로 이완될 때는 방출되는 광자들로부터 상당한 정보를 얻을 수 있다. 이 과정은 또한 대단한 기술적 중요성을 지니고 있다. 예를 들어 레이저는 전례 없는 정확성을 분광학에 가져다 주었으며 의학이나 원격 통신에도 사용된다.

➤ 핵심 내용

들뜬 전자 상태의 분자들은 전자기 복사선을 방출하거나 주위 분자들에 열로서 에너지를 전달함으로써 이완된다.

➤ 미리 알기

분자의 전자 흡수 과정(토픽 45), 복사선의 자발 방출과 자극 방출 사이의 차이(토픽 16), 분광학의 일반적인 특성(토픽 40)에 익숙해져야 한다. 단일항과 삼중항 상태 사이의 차이(토픽 21)와 Franck–Condon 원리(토픽 45)를 알아야 한다.

토픽 40에서 설명한 바와 같이, 분자가 그 들뜸 에너지를 광자로 내놓는 과정을 **복사 이완 과정**(**radiative decay process**)이라고 한다. 이 토픽에서는 자발 복사 이완 과정에 특별한 관심을 가질 것이며, 여기에는 형광과 인광이 포함된다. 자극 복사 이완의 매우 중요한 예는 레이저 작용의 원인이 되는 것이며, 이 자극 방출이 어떻게 달성되고 사용되는가를 알게 된다.

이보다 더 통상적인 들뜸 에너지의 운명은 **비복사 이완**(**nonradiative decay**)인데, 여기서는 여분의 에너지가 이웃 분자의 진동, 회전, 병진 에너지로 이동된다. 이 열적 저하는 들뜸 에너지를 완전히 주위의 열운동으로 변환(즉 '열'로)시킨다. 들뜬 분자는 화학 반응을 일으킬 수도 있는데, 여기에 관해서는 토픽 93에서 설명될 것이다.

46.1 형광과 인광

형광(**fluorescence**)에서는 시료에 빛이 조사되면 자발적 복사선 방출이 일어나고, 들뜸 복사선원이 제거되고 나서 수 밀리초에서 수 나노초 이내에 그치게 된다(그림 46.1). 그러나 **인광**(**phosphorescence**)에서는 자발적 방출이 장시간 동안 지속될 수 있다(몇 시간씩 지속될 수도 있지만 보통은 몇 초나 그 이하이다). 이러한 차이는 흡수된 빛이 재방출 에너지로 빠르게 변환되어 나오는 것이 형광이고, 또 흡수된 에너지가 어떤 방식으로 저장되었다가 서서히 새어나오는 것이 인광이라는 것을 암시하는 것이다.

형광을 내놓는 순차적인 과정들을 그림 46.2에 나타내었다. 첫 과정에서는 분자가 빛을 흡수하고 들뜬 전자 상태로 올라간다. 만일 흡수 스펙트럼을 측정한다면 그림 46.3a와 같은 모양이 될 것이다. 이 들뜬 분자는 주위 분자와 충돌을 하게 되고, 그리하여 에너지를 비복사 방식으로 잃게 되므로 진동 에너지 준위 사다리를 따라 내려가서 들뜬 전자 상태의 최저 진동 준위에 도달하게 된다. 그러나 주위 분자는 들뜬 분자가 바닥 전자 상태로까지 내려가기 위해 필요한 큰 에너

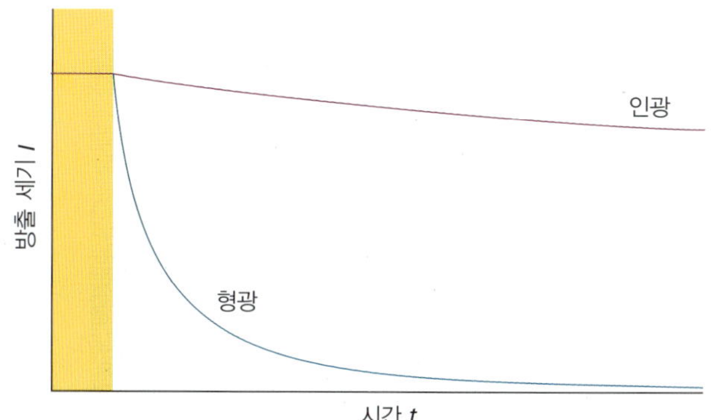

그림 46.1 형광과 인광 사이의 실험적(측정에 입각한) 구분은 앞의 것이 들뜸 광원을 제거시키자마자 소멸되는 데 반하여, 후자는 그 세기가 비교적 서서히 감소된다는 것이다.

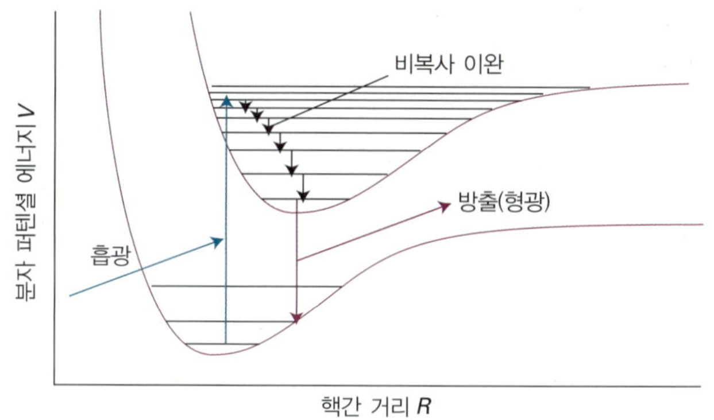

그림 46.2 형광이 나타나는 순차적 단계. 초기에 흡광이 일어난 다음, 높은 진동 상태가 주위에 에너지를 내주면서 비복사 이완을 일으킨다. 이어서 높은 전자 상태의 바닥 진동 준위로부터 복사 전이가 일어난다.

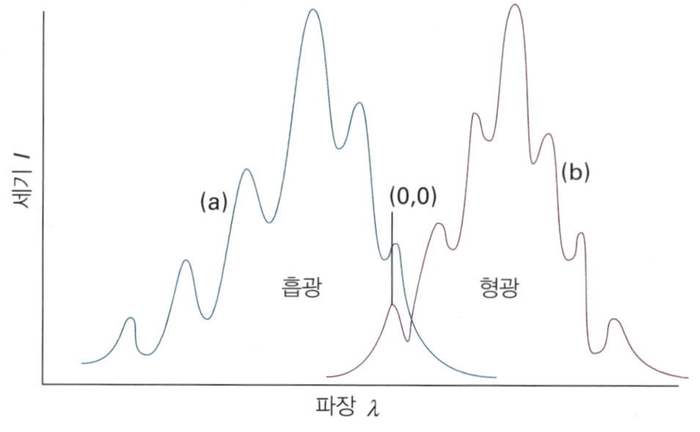

그림 46.3 흡수 스펙트럼 (a)는 높은 전자 상태의 고유한 진동 구조를 나타낸다. 그리고 형광 스펙트럼 (b)는 낮은 상태의 고유한 진동 구조를 나타낸다. 이 스펙트럼 (b)는 낮은 진동수 쪽으로 이동하며(0–0 전이에서는 합치된다) 흡수 스펙트럼의 거울상과 비슷하다.

지 차를 받아들이지 못할 수 있다. 따라서 이 분자는 자발적 방출을 일으킬 때까지 이 들뜬 상태에 머물다가 남은 들뜸 에너지를 복사선으로 방출하게 된다. 이 하향 전자 상태 전이는 Franck–Condon 원리에 따라 수직으로 일어나며(토픽 45), 따라서 형광 스펙트럼에는 낮은 전자 상태의 진동 구조 특성이 나타난다(그림 46.3b).

0–0 흡수와 형광 전이가 보인다면 흡광 전이와 형광 전이가 일치할 것이라고 예상할 수 있다. 흡수 스펙트럼은 $1\leftarrow0$, $2\leftarrow0$, … 전이로부터 생기며, 따라서 피크들이 점차적으로 높은 파수에서 나타나며, 각 피크의 세기는 Franck–Condon 원리에 의해서 정해진다. 한편 형광 스펙트럼은 $0\rightarrow0$, $0\rightarrow1$, … **하향** 전이에 의해서 생기며, 따라서 피크들이 점차적으로 낮은 파수에서 나타난다. 0–0 흡수와 형광 피크들은 항상 엄밀하게 일치하지는 않는데, 그 이유는 용매와 용질과의 상호 작용이 바닥 상태와 들뜬 상태에서 같지 않기 때문이다(예로서 수소 결합 모양이 다를 수 있다). 용매 분자는 전이가 일어나는 동안에 재배치를 일으킬 만한 시간을 갖지 못하므로 흡수는 용매화된 바닥 상태의 고유한 환경하에서 일어나지만 형광 전이는 용매화된 들뜬 상태의 고유한 환경하에서 일어난다(그림 46.4).

형광은 입사 광선의 진동수보다 낮은 진동수(긴 파장)에서 나오며, 이것은 방출하는 전이가 진동 에너지의 일부가 주위로 이전된 다음에 생기기 때문이다. 형광 염료의 밝은 주황색이나 초록색은 일상생활에서 볼 수 있는 이러한 효과의 예들이다. 이 염료 분자들은 자외선이나 청색 영역의 빛을 흡수한 다음에 가시 영역의 형광을 내놓는 것이다. 또한 이 형광 메커니즘에 의하면, 형광 세기는 용매 분자가 전자 에너지 광자와 진동 에너지 광자를 얼마나 잘 받을 수 있는가에 의존해야 한다. 실제로 진동 에너지 준위들이 넓게 떨어져 있는 분자들로 구성된 용매(예컨대 물)는 큰 양자의 전자 에너지를 받을 수 있으며, 그리하여 형광을 소멸시키는 '소광(quench)' 효과를 나타낼 수 있다. 다른 분자에 의해서 형광이 소광되는 속도는 대단히 귀중한 속도론적 정보이다(토픽 93).

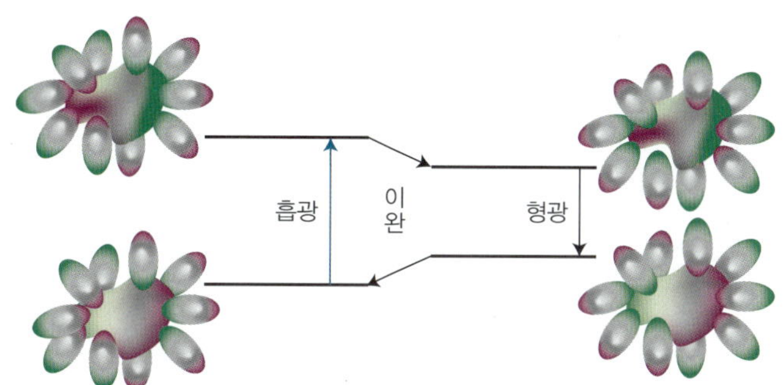

그림 46.4 용매는 형광 스펙트럼의 위치를 흡광 스펙트럼에 대해서 상대적으로 이동시킬 수 있다. 왼쪽에서는 용매(타원형)가 분자(구형)의 바닥 전자 상태의 고유한 배열을 이루고 있는 상태에서 복사선을 흡수한다. 그러나 형광이 나타나기 전에 용매 분자들은 새로운 배열을 이루며 완화되고, 이 새로운 배열이 후속 복사 전이 과정에서 그대로 유지된다.

단일항 바닥 상태를 갖는 분자가 인광을 나타낼 때 순차적으로 일으키는 과정을 그림 46.5에 나타내었다. 첫 단계는 형광에서와 같지만 인광에서는 단일항 들뜬 상태의 에너지와 근접한 에너지를 갖는 들뜬 삼중항 상태가 결정적인 역할을 하게 된다. 이 단일항과 삼중항의 들뜬 상태는 그들의 퍼텐셜 에너지 곡선이 만나는 점에서 공통의 동일한 기하 구조를 갖는다. 따라서 두 전자의 스핀 쌍을 풀어주는(그리하여 ↓↑ 로부터 ↑↑ 로의 변환을 일으키는) 메커니즘이 존재하기만 하면 이 분자가 **계간 교차(intersystem crossing, ISC)**, 즉 상이한 다중도 상태들 사이의 비복사성 전이를 일으켜 삼중항 상태로 넘어갈 수 있다. 원자 스펙트럼을 논의할 때 공부한 바와 같이(토픽 21), 스핀-궤도 짝지음이 있을 때는 단일항-삼중항 전이가 일어날 수 있다. 따라서 분자 속에 적당히 무거운 원자(S와 같은)가 들어 있으면 스핀-궤도 짝지음이 크기 때문에 이러한 계간 교차가 중요하다는 것을 예상하게 된다.

들뜬 분자가 삼중항 상태로 넘어가면 계속해서 주위에 에너지를 내어 준다. 그러나 이제 삼중항의 진동 사다리를 타고 한 단계씩 내려가서 마침내 가장 낮은 에너지 준위에서 분자들은 잡히게 되는데, 이 이유는 삼중항 상태가 해당하는 단일항 상태보다 낮기 때문이다(Hund 규칙, 토픽 19). 용매는 이 최종적으로 남은 큰 전자 들뜸 에너지 양자를 흡수하지 못하며, 또 바닥 상태로 되돌아가는 것은 스핀 금지 전이이기 때문에 분자는 이 에너지를 복사선으로 내놓지도 못한다. 그러나 계간 교차를 일으켰던 스핀-궤도 짝지음은 선택 규칙도 깨뜨리기 때문에 이러한 복사성 전이가 완전히 금지되는 것은 아니다. 그리하여 분자는 처음의 들뜬 상태에 도달하고 나서부터 오랫동안에 걸쳐 서서히 지속적으로 복사선을 방출한다.

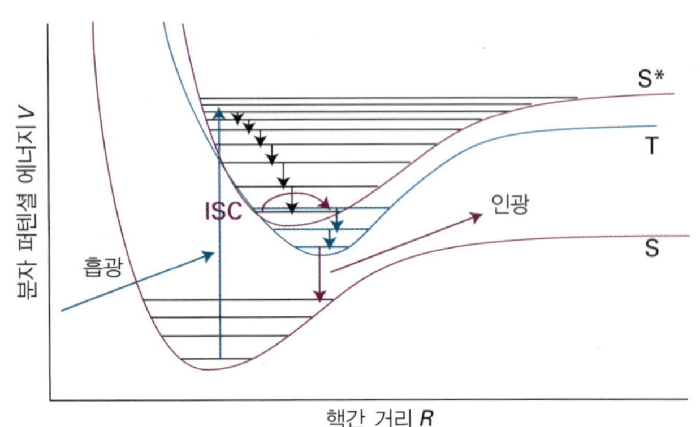

그림 46.5 인광이 나타나는 순차적 단계. 여기서는 스핀-궤도 짝지음에 의해서 단일항 상태로부터 삼중항 상태로 변하는 계간 교차(ISC)가 중요한 단계이다. 이 삼중항 상태로부터 바닥 상태로 되돌아가는 것은 스핀 금지이기 때문에, 이 삼중항 상태는 서서히 방출되는 복사선원의 역할을 하게 된다.

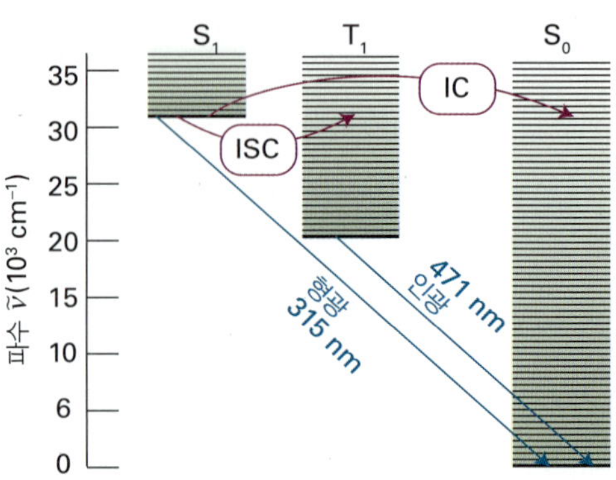

그림 46.6 Jablonski 도표(여기에서는 나프탈렌에 대한)는 분자의 전자 에너지 준위 위치를 상대적으로 나타낸 단순화된 그림이다. 주어진 전자 상태가 나타내는 여러 진동 상태들의 준위들은 상하 위치를 가지고 나타내었으며(기둥 모양으로), 이 기둥들 사이의 수평 거리가 핵간 거리와 어떤 관계를 갖는 것은 아니다. 각 전자 상태들의 바닥 진동 상태는 상대적인 상하 위치가 정확하지만 그 위의 다른 진동 상태들은 단지 도식적으로 나타낸 것에 불과하다(IC(internal conversion)는 내부 전환을, ISC는 계간 교차를 나타낸다).

이 메커니즘은 들뜸 에너지가 마치 저장고에 갇혔다가 조금씩 새어나가는 것처럼 보이는 실험 사실을 잘 설명해 준다. 또 이 메커니즘에 의하면 인광은 고체 시료로부터 나올 때 그 세기가 가장 커야 한다(실험적으로도 확인되었다)는 것을 암시한다. 이것은 분자가 고체로 존재할 때는 에너지 전이가 덜 효과적이고, 그리하여 들뜬 단일항 상태가 서서히 그 진동 에너지를 잃고 교차점을 통과하면서 계간 교차를 일으킬 수 있는 시간적 여유를 가질 수 있기 때문이다. 이 메커니즘에 의하면 인광 효율은 적당히 무거운 원자(스핀-궤도 짝지음이 센)의 존재에도 의존해야 하는데, 이것도 실험 사실과 일치한다.

분자 안에서 일어나는 비복사 전이나 복사 전이의 여러 유형은 주로 그림 46.6에 나타낸 것과 같은 종류의 도식화된 **Jablonski 도표(Jablonski diagram)**를 가지고 나타낸다.

간단한 예 46.1 유기 분자의 형광과 인광

다음과 같은 일련의 화합물에서 형광 효율은 줄어들며 인광 효율은 증가한다. 나프탈렌, 1-클로로나프탈렌, 1-브로모나프탈렌, 1-아이오도나프탈렌. H 원자를 연속적으로 무거운 원자로 치환하면 첫 번째 들뜬 단일항 상태에서 첫 번째 들뜬 삼중항 상태로의 계간 교차(따라서 형광의 효율이 감소하며)와 첫 번째 들뜬 삼중항 상태에서 바닥 단일항 상태로의 복사 전이(따라서 인광의 효율이 증가되며)가 모두 증진된다.

자가 진단 46.1 강하게 형광을 발산하는 발색단의 수용액을 고려해 보자. 아이오딘화 이온을 수용액에 첨가하면 발색단의 효율을 증가시킬까, 아니면 감소시킬까?

답: 증가시킨다

46.2 해리와 선해리

들뜬 전자 상태 분자의 또 하나의 운명은 결합이 끊어지는 **해리**(**dissociation**)이다(그림 46.7). 해리 시작점은 흡수 스펙트럼에서 띠의 진동 구조가 끝나는 에너지를 보면 알 수 있다. 이 **해리 한계**(**dissociation limit**) 위에서는 연속적인 띠에서 흡수가 일어나는데, 이것은 최종 상태가 분자 토막들의 양자화되지 않은 병진 운동이기 때문이다. 이와 같이 해리 한계의 위치를 찾아내는 것은 결합 해리 에너지를 결정하는 귀중한 방법이다.

어떤 경우에는 진동 구조가 없어졌다가 높은 광자 에너지에서 다시 되살아난다. 이러한 효과는 **선해리**(**predissociation**)의 증거를 제공하는데, 이것은 그림 46.8에 보인 것과 같은 분자 퍼텐셜 에너지 곡선을 가지고 해석할 수 있다. 분자가 한 진동 준위로 들뜨면 그 전자들이 재배치되면서 동일한 다중도의 다른 상태로 비복사성 전환을 일으킬 수 있는데, 이것을 **내부 전환**(**internal conversion**)이라고 한다. 이러한 내부 전환은 두 분자 퍼텐셜 곡선의 교차점에서 가장 쉽게 일어나는데, 그 이유는 이 교차점에서 두 상태의 핵 기하 구조가 동일하기 때문이다. 분자가 전환되어 들어가는 상태는 해리성일 수가 있으며, 그리하여 교차점 근처의 상태들은 유한한 수명을 가지기 때문에 이들의 에너지가 엄밀하게 정의되지 않는다(수명 넓어짐, 토픽 40). 이 때문에 이러한 교차점 근처에서는 흡수 스펙트럼이 둔해진다. 입사되는 광자가 큰 에너지를 가질 때는 이 교차점보다 훨씬 더 높은 진동 준위로 분자가 들뜨며 내부 전환이 일어나지 않는다(이때는 핵들이 동일한 기하 구조를 가지기 쉽지 않다). 결과적으로 에너지 준위들은 분명하게 정의되는 에너지에 부합하는 분명한 진동 특성을 되찾게 되며, 따라서 둔해졌던 영역의 고진동수 쪽에서 선 구조가 다시 나타나게 된다.

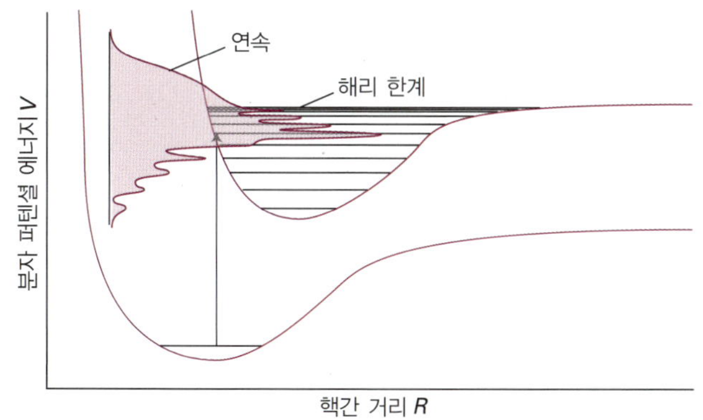

그림 46.7 흡수가 일어나서 높은 전자 상태의 불구속 상태로 들뜨면 분자가 해리되고 연속 스펙트럼이 나타난다. 해리 한계 아래에서는 전자 스펙트럼이 정상적인 진동 구조를 나타낸다.

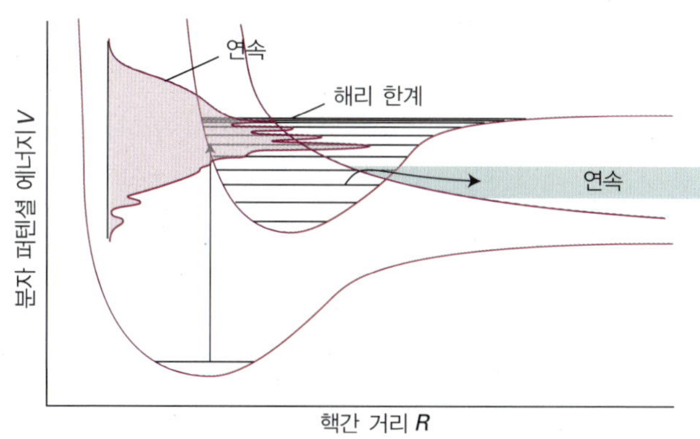

그림 46.8 이 그림의 윗부분에서처럼 해리성 상태들이 구속 상태들과 교차될 때는 이 교차점 근처로 들뜬 분자가 해리될 수 있다. 이 과정을 선해리라고 하는데, 이것은 스펙트럼에서 진동 구조가 사라졌다가 더 높은 진동수 영역에서 다시 나타나는 것을 보고 확인할 수 있다.

간단한 예 46.2 전자 스펙트럼에 대한 선해리의 영향

O_2 분자는 자외선 복사선을 흡수하여 $^3\Sigma_g^-$ 바닥 전자 상태로부터 해리성 $^3\Pi_u$ 상태와 에너지 측면에서 가까운 $^3\Sigma_u^-$ 들뜬 상태로 전이한다. 이 경우에 선해리의 효과는 스펙트럼에서 갑작스런 진동-회전 구조를 잃는 것보다 더 민감하다. 그 대신에 흡수띠는 상대적으로 큰 실험적 수명을 갖는다. 앞에서 설명한 것과 같이, 분광 넓어짐은 구속된 들뜬 전자 상태와 해리성 들뜬 전자 상태를 설명하는 곡선들의 교차점 부근의 들뜬 진동 상태들의 짧은 수명으로 설명된다.

자가 진단 46.2 선해리의 시작점의 파수로부터 계산될 수 있는 것은 무엇인가?

답: 그림 46.8 참조, 바닥 전자 상태의 해리 에너지의 상한

46.3 레이저 작용

'레이저'라는 말은 **l**ight **a**mplification by **s**timulated **e**mission of **r**adiation의 머리글자를 따서 만든 두문자어이다. 자극 방출(토픽 16)의 경우에는 들뜬 상태가 광자를 방출하려면 동일한 진동수의 복사선에 의해서 자극되어야 하며, 따라서 광자가 많을수록 방출이 일어날 확률이 높아진다. 레이저 작용의 기본 특징은 양(+)의 되먹임 작용으로, 적합한

진동수의 광자가 많이 존재할수록 그 진동수의 광자가 더 많이 자극되어 나타난다는 것이다.

레이저 복사는 여러 현저한 특성을 가지고 있다(표 46.1). 이 특성들은 각각(또는 다른 것과 합동으로) 물리화학에서 흥미 있는 기회를 열어 놓았다. 앞에서 소개한 바와 같이 Raman 분광법은 레이저의 강한 세기의 단색광 때문에 크게 발전하였으며(토픽 40, 42~44), 레이저가 내놓을 수 있는 초단 시간 펄스 때문에 펨토초, 그리고 아토초조차까지의 시간 척도에서 광개시 반응의 연구가 가능하게 되었다.

표 46.1 레이저 복사선의 특성과 이들의 화학적 이용

특성	이점	이용
높은 출력	다광자 과정	분광학
	낮은 검출기 잡음	감도 증가
	높은 산란 세기	Raman 분광법 (토픽 40, 42~44)
단색성	높은 분해능	분광학
	상태 선택	광화학적 연구(토픽 93)
평행화 빛살	긴 경로 길이	개선된 감도
	전방 산란 관측 가능	Raman 분광학 (토픽 40, 42~44)
결맞음	독립된 빛살 사이의 간섭	CARS*
펄스형	정확한 들뜸 시간 포착	빠른 반응(토픽 93)
		이완(토픽 84)
		에너지 이동(토픽 93)

* 저자들의 다른 책인 *Physical chemistry*(2014)를 볼 것.

(a) 입자수 뒤바뀜

레이저 작용의 한 필요 조건은 동시적 방출을 일어나게 할 수 있을 정도로 긴 수명을 가지고 들떠 있을 수 있는 **준안정 들뜬 상태**(**metastable excited state**)가 있어야 한다는 것이다. 또 하나의 필요조건은 준안정 상태의 입자수가 낮은 에너지의 전이 종결 상태 입자수보다 많아야 한다는 것으로, 이리하여 이것이 알짜 복사선 방출이 될 수 있게 된다. 열적 평형에서는 이와 반대가 되므로 레이저에서는 낮은 상태에서보다 높은 상태에서의 입자수가 많아지도록 **입자수 뒤바뀜**(**population inversion**)을 일어나게 해 주지 않으면 안 된다.

입자수를 뒤바뀜시키는 한 방법을 그림 46.9에 나타내었다. 우선 분자를 중간 상태 I로 들뜨게 하고, 이어서 이것이 그의 에너지 일부를 비복사 방식으로 내버리고 낮은 상태 A로 변하게 한다. 이 A로부터 바닥 상태 X로 되돌아가는 것이 레이저 전이가 된다. 여기에서는 전체적으로 세 준위가

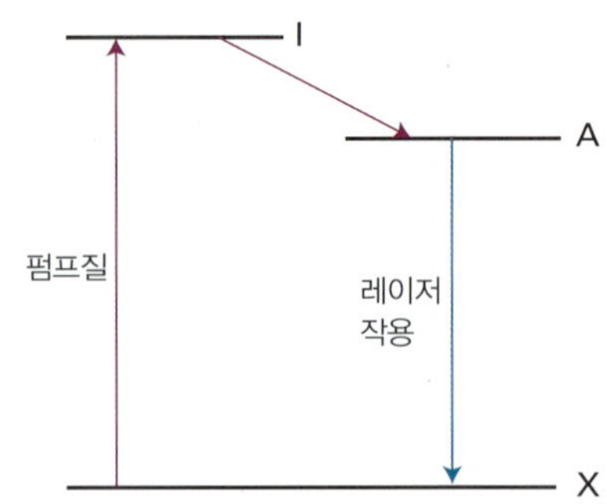

그림 46.9 3준위 레이저의 한 종류에서 일어나는 전이들. 펌프질 펄스로 중간 상태 I의 입자수를 높여 주면, 이것은 이어서 레이저 상태 A의 입자수를 높여 준다. 레이저 전이는 자극 방출 A → X이다.

관여되므로 이러한 방식의 레이저를 **3준위 레이저**(**three-level laser**)라고 한다. 실제에 있어서는 I가 상당히 많은 상태들로 이루어지며, 이들 모두가 두 개의 레이저 상태 A의 위로 변환될 수 있다. I ← X 전이는 강한 섬광을 가지고 자극시켜서 일으키는데, 이 과정을 **펌프질**(**pumping**)이라고 한다. 펌프질은 제논 속에서의 전기 방전이나 다른 레이저의 빛을 가지고 일으킨다. I로부터 A로 변환되는 속도는 빨라야 하며, A로부터 X로의 레이저 전이는 비교적 느려야 한다.

3준위 레이저에서는 많은 수의 바닥 상태 분자를 펌프 작용에 의해서 들뜨게 해야 입자수가 뒤바뀌는데, 이 입자수 뒤바뀜을 일으키기가 어렵다는 단점이 있다. 이러한 단점을 제거한 것이 **4준위 레이저**(**four-level laser**)이며, 여기서는 레이저 전이의 종결 상태가 바닥 상태가 아닌 다른 상태 A′이다(그림 46.10). A′은 처음에는 비점유 상태이므로 A에 분포되기만 하면, 그리하여 A가 충분히 준안정 상태를 유지하기만 하면 레이저 작용을 예상할 수 있다. 뿐만 아니라 A′ → X 전이가 빠르게 일어날 수 있으면 레이저 전이에 의해서 A′을 차지했던 분자가 곧 빠져나가서 상대적으로 이 상태를 비우게 되므로 입자수 뒤바뀜 현상이 유지될 수 있다.

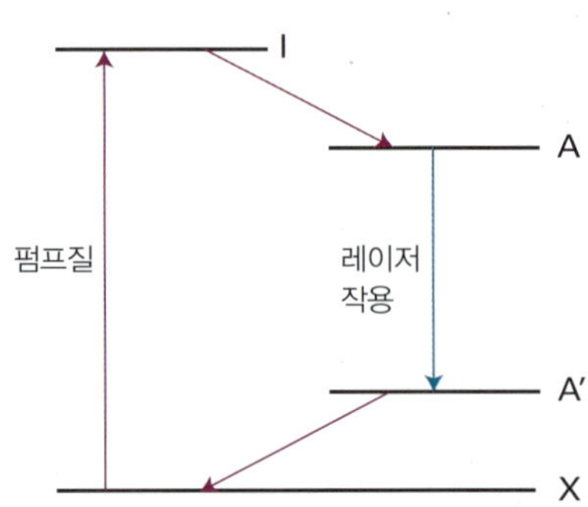

그림 46.10 4준위 레이저에서 일어나는 전이들. 레이저 전이는 들뜬 상태(A′)에서 끝나며, A와 A′ 사이의 입자수 뒤바뀜을 쉽게 일으킬 수 있다.

간단한 예 46.3 간단한 레이저

루비 레이저는 3준위 레이저의 한 예이다(그림 46.11). 루비는 Cr^{3+} 이온을 일부분 포함하는 Al_2O_3이다. 레이저 전이의 낮은 준위는 Cr^{3+} 이온의 $^4A_2$ 바닥 상태이다. Cr^{3+}의 대부분을 $^4T_2$와 $^4T_1$ 들뜬 상태로 펌프질하는 과정은 ^2E 들뜬 상태로 비복사 전이가 뒤따르게 된다. 따라서 레이저 작용은 $^2E \rightarrow {}^4A_2$ 전이로서, 694 nm 복사선을 생기게 한다.

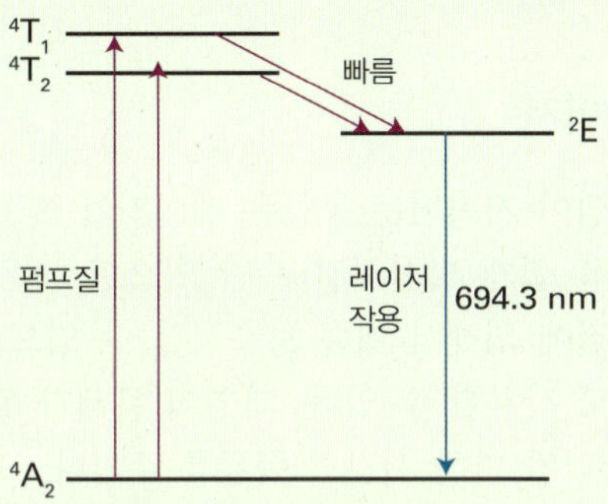

그림 46.11 루비 레이저에 관여하는 전이

네오디뮴 레이저는 4준위 레이저의 한 예이다(그림 46.12). 이 레이저의 한 형태는 이트륨 알루미늄 석류석(YAG, yttrium aluminium garnet, 특별히 $Y_3Al_5O_{12}$) 속에 낮은 농도의 Nd^{3+}로 이루어져 있으며 Nd:YAG 레이저로 알려져 있다. 네오디뮴 레이저는 적외선 영역의 여러 파장에서 작동되며 가장 일반적인 것은 1064 nm의 띠이다.

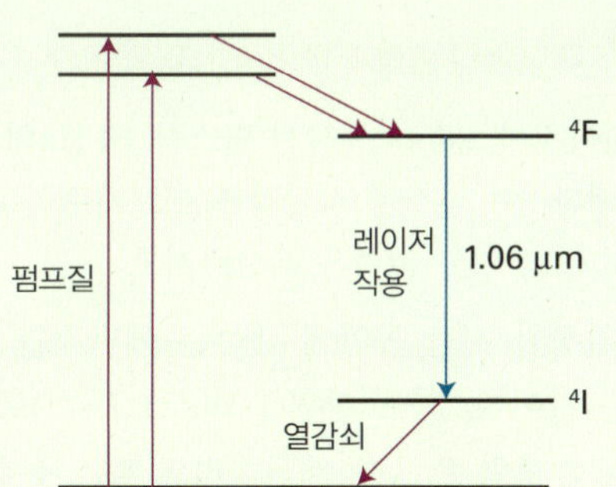

그림 46.12 네오디뮴 레이저에 관여하는 전이

자가 진단 46.3 위에서 설명한 그림에서 루비 레이저는 펄스 빛과 연속적인 빛 중 어느 것을 더 쉽게 발생시키는가?

답: 펄스 빛

(b) 공동과 모드 특성

레이저 매질은 특정한 진동수, 진행 방향, 편광 상태의 광자만을 다량으로 발생시킬 수 있게 되어 있는 공동 속에 채워져 있다. 이 공동은 근본적으로 두 거울 사이의 영역을 말하며, 이 두 거울 사이를 빛이 반사되어 왕복하게 된다. 이러한 구조는 상자 속 입자의 견해로 간주될 수 있으며, 입자가 광자라는 점이 다를 뿐이다. 따라서 이 공동 속에서 지속될 수 있는 빛의 파장은 상자 속 입자의 경우(토픽 9)와 같이 다음 관계를 만족시켜야 한다.

$$n\times\tfrac{1}{2}\lambda=L \qquad \text{공명 모드} \qquad (46.1)$$

여기서 n은 정수이고 L은 공동의 길이이다. 즉 반파장의 정수배를 갖는 복사파만이 이 공동 속에서 지속되며, 그 이외의 다른 복사파들은 모두 그 자신들과 상쇄 간섭을 일으킨다. 뿐만 아니라 공동 속에서 지속될 수 있는 파장들이 전부 레이저 매질에 의해서 증폭되지는 않으며(대다수의 파장이 레이저 전이의 진동수 영역을 벗어난다), 극히 일부만이 레이저 복사에 기여한다. 이러한 파장들을 레이저의 **공명 모드**(**resonant mode**)라고 한다.

간단한 예 46.4 공명 모드

식 46.1로부터 공명 모드의 진동수는 $\nu=c/\lambda=(c/2L)\times n$이다. 길이 30.0 cm의 레이저 공동에 대하여 허용되는 진동수는 다음과 같다.

$$\nu=\frac{\overbrace{2.998\times10^8\,\mathrm{m\,s^{-1}}}^{c}}{\underbrace{2\times(0.300\,\mathrm{m})}_{L}}\times n=(5.00\times10^8\,\mathrm{s^{-1}})\times n$$
$$=(500\,\mathrm{MHz})\times n$$

여기에서 $n=1, 2, \cdots$,이며 따라서 $\nu=500$ MHz, 1000 MHz, …이다.

자가 진단 46.4 길이 1.0 m의 레이저 공동을 생각해 보자. 연속적인 공명 모드들 사이의 진동수 차는 얼마인가?

답: 150 MHz

공동의 공명 모드에 맞는 파장을 갖는 동시에 레이저 전이를 자극시키기에 맞는 진동수를 갖는 광자는 크게 증폭된다. 즉 광자 하나가 자발적으로 생겨나고, 이것이 매질 속을 이동할 수 있다. 이 광자는 다른 광자를 자극해서 나오게 하고, 이들이 다시 더 많은 광자를 자극 방출시킨다(그림 46.13). 그리하여 에너지 폭포가 급속도로 쏟아져 나와서 증가하고, 곧 이 공동이 지속시킬 수 있는 모든 공명 모드로 강렬한 복사선으로 공동이 채워진다. 그리고 만일 한쪽 거울이 이 공명 복사선을 부분적으로 통과시킬 때는 이리로 이 빛을 뽑아낼 수 있다.

공동의 공명 모드는 여러 자연적 특성을 가지고 있으며,

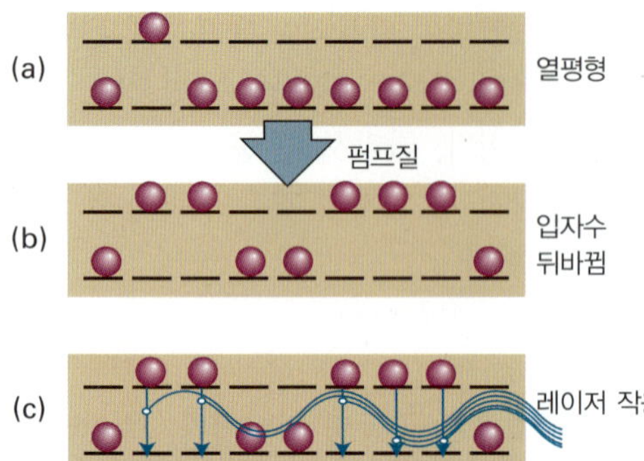

그림 46.13 레이저 작용을 일으키는 단계들의 개략적 설명도. (a) 바닥 상태에 더 많은 원자가 몰려 있는 Boltzmann 분포의 상태 밀도. (b) 초기의 흡광에 의해서 입자수 뒤바뀜이 일어난다(즉 원자들이 들뜬 상태로 올라간다). (c) 한 광자가 방출되면 이것이 다른 것을 유발 방출시키고, 또 이들이 다른 것들을 유발 방출시키고 하여 마침내 복사선이 폭포처럼 쏟아져 나오게 된다. 이 복사선은 결맞음이다(즉 위상이 일치한다).

어느 정도까지는 이들을 선택할 수 있다. 공동의 축에 엄밀하게 평행하게 이동하는 광자들만이 두 왕복 이상의 반사를 일으키며, 그리하여 이들만이 증폭되고 그 나머지는 모두 주위로 소멸되어 들어간다. 따라서 레이저 빛은 일반적으로 매우 높은 정도로 평행하게 되어 발산되지 않는 빛살을 만든다. 레이저 빛은 또한 공동 속에 편광 필터를 집어넣거나 고체 매질의 편광 전이를 이용하여 전기적 벡터가 특정한 면에 오도록(또는 편광의 일부 다른 상태로) 편광시킬 수 있다.

레이저광은 그 전자기파들이 모두 같은 보조를 나타낸다는 면에서 볼 때 **결맞음**(coherent)하다. **공간적 결맞음**(spatial coherence)에서는 공동으로부터 나오는 빛살의 전체 단면을 통해서 파들의 보조가 일치한다. **시간적 결맞음**(temporal coherence)에서는 빛살을 따라가면서 파들의 보조가 일치하게 된다. 전자는 일반적으로 파의 결맞음이 유지되는 범위를 나타내는 **결맞음 길이**(coherence length, l_C)를 가지고 나타내는데, 빛살이 갖는 파장의 범위 $\Delta\lambda$와 다음과 같이 관계된다.

$$l_C = \frac{\lambda^2}{2\Delta\lambda} \quad \text{결맞음 길이} \quad (46.2)$$

만일 빛살이 여러 가지 파장을 갖게 된다면 $\Delta\lambda$는 크고 보조가 근거리에서 헝클어지며, 따라서 결맞음 길이는 작게 된다.

간단한 예 46.5 결맞음 길이

전형적인 전구는 약 400 nm 밖에 안 되는 결맞음 길이의 빛을 내놓는다. 반면에 $\lambda = 633$ nm와 $\Delta\lambda = 2$ pm인 He–Ne 레이저는 다음의 결맞음 길이를 갖는다.

$$l_C = \frac{\overbrace{(633\,\text{nm})^2}^{\lambda^2}}{\underbrace{2\times(0.0020\,\text{nm})}_{\Delta\lambda}} = 1.0\times10^8\,\text{nm} = 0.10\,\text{m} = 10\,\text{cm}$$

자가 진단 46.5 무한대의 결맞음 길이를 가지게 할 수 있는 조건은 무엇인가?

답: 완전히 단색인 빛살, 또는 $\Delta\lambda = 0$

(c) 펄스 레이저

입자수 뒤바뀜이 지속되는 동안은 레이저가 빛을 만들어 낼 수 있다. 열을 쉽게 발산시킬 수만 있으면 높은 준위의 입자수를 펌프질에 의해서 계속 보충시킬 수 있으므로 레이저가 연속적으로 작용할 수 있다. 과열이 문제가 될 때는 레이저 매질이 냉각될 만한 시간적 여유를 주거나, 또는 바닥 상태의 분포를 처분할 여유를 주기 위해서 마이크로초나 밀리초 정도로 지속되는 펄스 방출 방식으로만 레이저를 작용시킬 수 있다. 그러나 연속 출력보다는 짧은 펄스 속에 다량의 에너지가 집중되는 펄스 복사선이 필요할 때도 있다. 펄스를 내게 하는 한 방법은 레이저 공동의 공명 특성을 개선한 **Q 스위치법**(*Q*-switching)을 이용하는 것이다. 이 명칭은 마이크로파 공학에서 공명 공동의 질을 나타내는 척도인 'Q 인자'로부터 나온 것이다.

예제 46.1 레이저의 출력과 에너지 사이의 관계

0.10 J 급의 레이저가 3.0 ns 복사선 펄스를 10 Hz의 반복 속도로 만들어 낸다. 이 펄스를 직사각형으로 가정하고, 이 레이저의 피크 출력과 평균 출력을 계산하시오.

방법 출력은 일정한 시간 동안에 내놓는 에너지를 그 시간 간격으로 나눈 값이며, 와트 단위($1\ \text{W} = 1\ \text{J s}^{-1}$)로 나타낸다. 따라서 피크 출력 P_{peak}를 계산하려면 펄스에서 나오는 에너지를 펄스의 지속 시간으로 나누면 된다. 그리고 평균 출력 P_{average}는 많은 횟수의 펄스에서 나오는 전체 에너지를 이 전체 에너지가 나오는 시간으로 나눈 값이다. 즉 평균 출력은 단순히 한 펄스에서 나오는 에너지를 반복 속도로 곱해 준 것과 같다.

풀이 주어진 데이터로부터,

$$P_{\text{peak}} = \frac{0.10\,\text{J}}{3.0\times10^{-9}\,\text{s}} = 3.3\times10^7\,\text{J s}^{-1} = 33\,\text{MJ s}^{-1} = 33\,\text{MW}$$

펄스 반복 속도는 10 Hz이며, 따라서 이 레이저는 매초 10번의 펄스를 내놓는다. 따라서 평균 출력은 다음과 같이 된다.

$$P_{\text{average}} = 0.10\ \text{J} \times 10\ \text{s}^{-1} = 1.0\ \text{J s}^{-1} = 1.0\ \text{W}$$

이 레이저는 매번 30 ns 동안만 빛을 내놓으므로 평균 출력보다 피크 출력이 훨씬 더 높다.

자가 진단 46.6 2.0 mJ의 펄스 에너지를 내놓는 레이저의 피크 출력과 평균 출력을 계산하시오. 펄스 지속 시간은 30 ps(1 ps = 1×10^{-12} s)이고, 펄스 반복 속도는 38 MHz이다.

답: $P_{\text{peak}} = 67$ MW, $P_{\text{average}} = 76$ kW

Q 스위치법을 쓰는 목적은 공명 공동이 없는 조건에서 큰 입자수 뒤바뀜을 일으키고, 이어서 분포가 역전된 이 매질을 공동 속에 넣어서 복사선 펄스를 별안간 나오게 하자는 것이다. Q 스위치법에서는 펌프질 펄스가 작동되는 동안에는 어떤 방식으로든 공동의 공명 특성을 꺼지게 하고, 이어서 갑자기 공명 특성을 회생시킨다(그림 46.14). 그 한 방법에서는 인산 이수소 포타슘(KH_2PO_4)과 같은 일부 결정이 전위차를 줄 때 그 광학적 성질이 변하는 능력을 이용한다. 스위치로 퍼텐셜을 켰다껐다 함으로써 레이저 공동 속에 에너지를 채웠다가 비울 수 있게 하면, 자극 방출에 의한 강한 펄스가 나오게 된다.

지속 시간이 피코초 이하인 펄스를 발생하게 하는 방법이 **성분 잠금법**(**mode locking**)이다. 레이저는 공동의 공명 특성에 관한 정확한 세부적 내용과 특히 두 거울 사이에 갇혀 있을 수 있는 복사선의 반파장(공동 모드)의 수에 의존하여 많은 상이한 진동수의 복사선을 내놓는다. 이 공명 모드들은 $c/2L$의 정수배만큼씩 진동수가 다르며(**간단한 예** 46.4), 통상적으로 이 모드들은 서로에 대하여 무작정한 위상을 갖는다. 그러나 이들의 위상을 함께 고정시킬 수가 있다. 다음의 **증명**에서 알 수 있듯이, 간섭에 의해서 일련의 예리한 피크들이 나타나고 레이저의 에너지가 짧은 시간 사이에 한꺼번에 쏟아져 나올 수 있게 된다(그림 46.15). 더 구체적으로 말

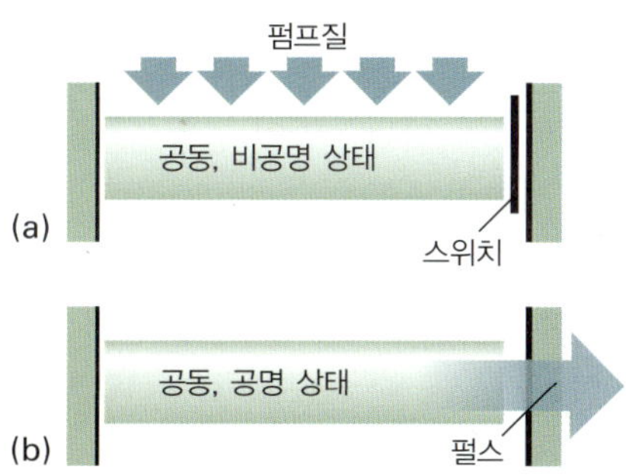

그림 46.14 Q 스위치법의 원리. (a) 공동이 비공명 조건하에 있는 동안에 들뜬 상태가 늘어난다. (b) 그런 다음에 공명 특성을 별안간 회생시키면 엄청난 펄스의 자극 방출이 나오게 된다.

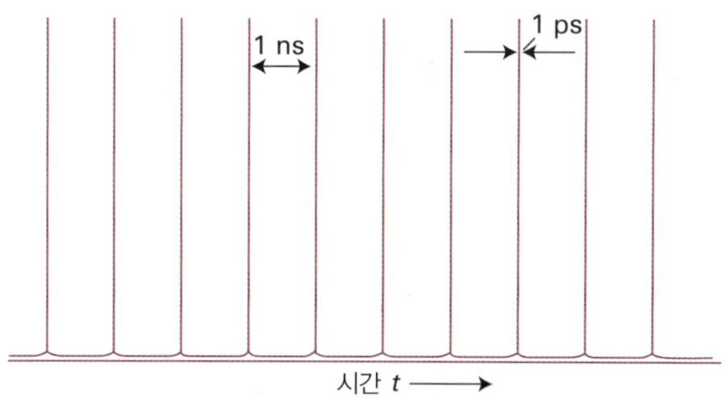

그림 46.15 성분 잠금 레이저의 출력은 빛이 공동을 왕복하는 데 걸리는 만큼의 시간 간격(여기서는 1 ns)으로 매우 예리한 펄스(여기서는 1 ps의 시간 폭)의 연속으로 이루어진다.

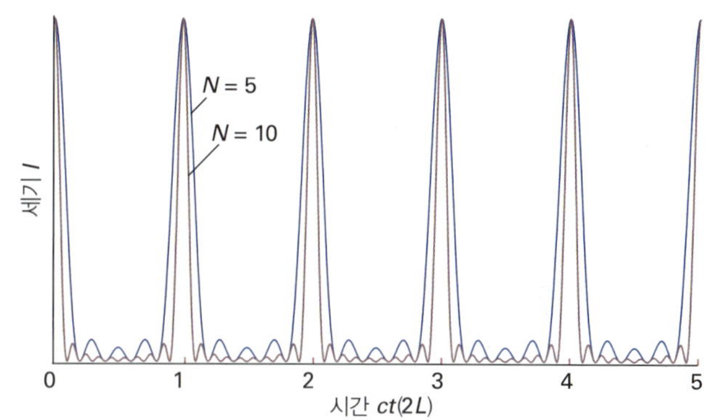

그림 46.16 $N = 5$와 10에 대하여 성분 잠금 레이저에 의해 발생하는 펄스의 구조. N이 증가함에 따라 피크가 뾰족해짐을 주목하라. 각 경우 펄스들은 동일한 최대 진폭을 갖도록 조절되었다.

하면, 복사선의 세기 I는 시간에 따라 다음과 같이 변한다.

$$I(t) \propto \mathcal{E}_0^2 \frac{\sin^2(N\pi ct/2L)}{\sin^2(\pi ct/2L)} \qquad \text{성분 잠금 레이저 출력} \qquad (46.3)$$

여기에서 $\mathcal{E}_0$는 레이저 빛살을 설명하는 전자기 복사파의 진폭이며, N은 잠김 성분의 수이다. 이 함수는 그림 46.16에 나타내었다. 공동 안에서 빛이 왕복하여 통과하는 시간인 $t = 2L/c$로 분리되는 일련의 극대 피크를 볼 수 있고, N이 증가함에 따라 피크가 예리해지는 것을 알 수 있다. 공동의 길이가 30 cm인 레이저에서는 피크들을 2 ns씩 떨어지게 할 수 있다. 그리고 1000개의 성분이 기여할 수 있게 하면 펄스의 폭이 4 ps가 된다.

증명 46.1 성분 잠금의 원리

진폭이 $\mathcal{E}_0$이고 진동수가 ω인 (복소수) 파의 일반적인 식은 $\mathcal{E}_0 e^{i\omega t}$로 나타낼 수 있으며, 따라서 길이가 L인 공동 속에 존재할 수 있는 파들은 다음과 같이 표시할 수 있다.

$$\mathcal{E}_n(t) = \mathcal{E}_0 e^{2\pi i(\nu + nc/2L)t}$$

여기서 ν는 최저 진동수이다. 따라서 $n=0, 1, \cdots, N-1$인 N개의 성분이 중첩되어 형성된 파는 다음과 같이 나타낼 수 있다.

$$\mathcal{E}(t)=\sum_{n=0}^{N-1}\mathcal{E}_n(t)=\mathcal{E}_0 e^{2\pi i t}\sum_{n=0}^{N-1}e^{i\pi nct/L}$$

여기서의 합계는 다음과 같이 간단해진다.

$$S=\sum_{n=0}^{N-1}e^{i\pi nct/L}=1+e^{i\pi ct/L}+e^{2i\pi ct/L}+\cdots+e^{(N-1)i\pi ct/L}$$

이 시점에서 다음과 같은 기하급수의 합을 알아보자.

$$1+e^{x}+e^{2x}+\cdots+e^{(N-1)x}=\frac{e^{Nx}-1}{e^{x}-1}$$

여기에서 $x=e^{i\pi ct/L}$이며, 따라서

$$S=\frac{e^{Ni\pi ct/L}-1}{e^{i\pi ct/L}-1}$$

오른쪽 항은 다음과 같이 나타낼 수 있다.

$$\frac{e^{Ni\pi ct/L}-1}{e^{i\pi ct/L}-1}=\frac{e^{Ni\pi ct/2L}-e^{-Ni\pi ct/2L}}{e^{i\pi ct/2L}-e^{-i\pi ct/2L}}\times e^{(N-1)i\pi ct/2L}$$

마지막으로 $\sin x=(1/2i)(e^{ix}-e^{-ix})$의 관계를 사용하면 다음과 같이 결론짓게 된다.

$$S=\frac{\sin(N\pi ct/2L)}{\sin(\pi ct/2L)}\times e^{(N-1)i\pi ct/2L}$$

따라서 이 복사선의 세기 $I(t)$는 다음과 같이 전체 진폭의 제곱 절댓값에 비례한다.

$$I(t)\propto\mathcal{E}^{*}\mathcal{E}\overset{\mathcal{E}=\mathcal{E}_0 S}{=}\mathcal{E}_0^{2}\frac{\sin^{2}(N\pi ct/2L)}{\sin^{2}(\pi ct/2L)}$$

이것은 식 46.3이다.

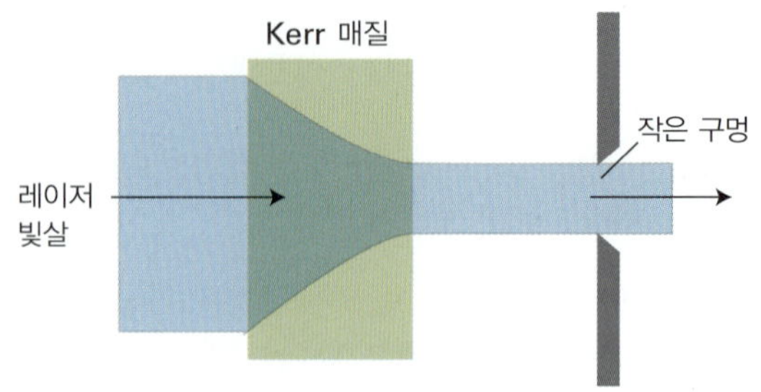

그림 46.17 광학적 Kerr 효과의 설명. 센 레이저 빛살이 Kerr 매질 속에서 자동 집속되어 레이저 공동의 작은 구멍을 통과해 나간다. 이 효과는 본문에서 설명한 바와 같이 레이저를 성분 잠금하기 위해 사용된다.

성분 잠금은 공동의 Q 인자를 진동수 $c/2L$의 주기로 변화시킴으로써 달성될 수 있다. 이 변조는 광자의 공동 내부 왕복 시간에 동기화시켜서 셔터를 열고 이 시간에 맞게 왕복 이동을 한 광자들만을 통과하게 하여 증폭시키는 것이라고 생각할 수 있다. 이 변조는 진동수 $c/2L$의 라디오파 광원으로 가동되는 변환기를 공동의 프리즘에 연결시켜서 달성될 수 있다. 이 변환기는 프리즘에 정류파 진동을 일어나게 하여 공동 안에서 나타나는 세기 손실을 변조시킨다.

또 하나의 성분 잠금 레이저 메커니즘은 **광학적 Kerr 효과**(**optical Kerr effect**)에 기초를 둔 것인데, 이 효과는 잘 선정된 매질인 **Kerr 매질**(**Kerr medium**)을 센 레이저 펄스에 노출시킬 때 일어나는 굴절률 변화 때문에 생기는 현상이다. 빛살이 한 굴절률의 영역으로부터 굴절률이 다른 영역으로 통과할 때 그 진행 방향을 바꾸기 때문에 Kerr 매질을 통과하는 센 레이저 펄스가 굴절률 변화에 의해서 자체 집속이 되는 것이다(그림 46.17).

성분 잠금을 발생시키기 위하여 Kerr 매질을 공동 속에 넣고, 그 끝에 작은 구멍을 만들어 놓는다. 이 방법은 공동 속에서 복사선의 한 진폭 성분의 **이득**(**gain**), 즉 세기의 증가는 증폭에 매우 민감하며, 따라서 일단 한 특정한 진동수 성분이 증가하면 이 진동수가 급격히 지배적으로 자란다는 사실을 이용한다. 공동 안에서 세기가 약할 때는 일부 광자들이 이 구멍에서 제지되어 상당한 세기 손실을 보이게 된다. 자발적으로 요동하는(광자를 뭉쳐 주는) 빛살 세기가 광학적 Kerr 효과를 시발시키며, Kerr 매질이 굴절률 변화에 의해서 **Kerr 렌즈**(**Kerr lens**) 작용을 일으켜 레이저 빛살을 자동 집속시키게 된다. 이 렌즈 작용으로 집속된 광자 다발은 공동의 먼 끝까지 통과해 진행하면서 증폭된다. Kerr 렌즈 효과는 금방 사라지지만(매질을 잘 선정했을 때), 먼 끝에 있는 거울로부터 센 펄스가 되돌아올 때 다시 만들어진다. 이러한 방식으로 특정한 광자 다발들만이 공동 안에서 자극 방출되므로 그 세기가 상당한 정도로 자랄 수 있다. Kerr 매질의 한 예가 사파이어인데, 타이타늄-사파이어 레이저의 성분 잠금에 이용되어 펨토초 정도로 지속되는 대단히 짧은 레이저 펄스를 나오게 한다.

개념 확인

- □ 1. **형광**은 동일한 다중도를 갖는 상태들 사이에서 일어나는 복사 이완이며, 들뜸 복사선원을 제거하자마자 없어진다.
- □ 2. **인광**은 상이한 다중도를 갖는 상태들 사이에서 일어나는 복사 이완이며, 들뜸 복사선원을 제거하고 나서도 오래도록 지속된다.
- □ 3. **계간 교차**는 상이한 다중도 상태들로의 비복사성 전이이다.
- □ 4. 분자 안에서 일어나는 비복사 전이나 복사 전이의 여러 가지 종류를 도식화한 도표를 **Jablonski 도표**라고 한다.
- □ 5. 전자적으로 들뜬 종의 추가적인 운명이 **해리**이다.
- □ 6. **내부 전환**은 동일한 다중도의 다른 상태로의 비복사성 변환이다.
- □ 7. **선해리**는 해리 한계점에 도달하기 전에 해리 효과가 관찰되는 것이다.
- □ 8. **레이저 작용**은 입자수 뒤바뀜과 관련된 상태들 사이의 결맞은 복사선의 자극 방출이다.
- □ 9. **입자수 뒤바뀜**은 높은 상태에서의 입자수가 관련 있는 낮은 상태에서보다 많아지게 하는 조건을 가리킨다.
- □ 10. 레이저의 **공명 모드**는 레이더 공동 안에서 지속되는 복사선의 파장이다.
- □ 11. 레이저 펄스는 Q **스위치법이나 성분 잠금법**을 이용하여 발생시킨다.

식 확인

성질	식	비고	식 번호
공명 모드	$n\times\frac{1}{2}\lambda=L$	길이 L의 레이저 공동	46.1
결맞음 거리	$l_C=\lambda^2/2\Delta\lambda$		46.2
성분 잠금 레이저 출력	$I(t)\propto\mathcal{E}_0^2\{\sin^2(N\pi ct/2L)/\sin^2(\pi ct/2L)\}$	N 잠금 모드	46.3

9장 분자 분광학

*주: 핵의 질량은 **부록**의 표 0.2에 수록되어 있음.

토픽 40 일반적 특징

토론 문제

40.1 일반적으로 쓰이는 흡수, 방출, Raman 분광법에서 기본적인 실험 장치의 차이점을 설명하시오.

40.2 흡수 및 방출 스펙트럼에 나타나는 선너비의 물리적 원인을 설명하시오. 기체와 응축상에 있는 화학종들은 동일한 기여를 예상하는가?

연습 문제

40.1(a) 헥세인에 용해된 물질의 몰흡광 계수가 260 nm에서 723 $dm^3\ mol^{-1}\ cm^{-1}$이다. 농도가 4.25 mmol dm^{-3}인 용액을 경로 길이가 2.50 mm인 시료 용기에 넣고 이 파장의 빛을 통과시키면 세기가 몇 %나 감소하겠는가?

40.1(b) 헥세인에 용해된 물질의 몰흡광 계수가 290 nm에서 227 $dm^3\ mol^{-1}\ cm^{-1}$이다. 농도가 2.52 mmol dm^{-3}인 용액을 경로 길이가 2.00 mm인 시료 용기에 넣고 이 파장의 빛을 통과시키면 세기가 몇 %나 감소하겠는가?

40.2(a) 미지의 생체 시료 성분이 용해된 용액을 경로 길이가 1.00 cm인 흡광 시험관에 넣었더니 320 nm의 입사광의 18.1%가 투과되었다. 이 시료 성분의 농도가 0.139 mmol dm^{-3}이라면 몰흡광 계수가 얼마이겠는가?

40.2(b) 빛을 흡수하는 용질의 농도가 0.717 mmol dm^{-3}인 용액 속으로 400 nm의 빛을 2.5 mm 길이만큼 통과시킬 때의 투광 백분율이 61.5%이다. 이 파장에서의 용질의 몰흡광 계수를 계산하고, 그 답을 $cm^2\ mol^{-1}$으로 나타내시오.

40.3(a) 540 nm의 파장에서 어떤 한 용질의 몰흡광 계수가 386 $dm^3\ mol^{-1}\ cm^{-1}$이다. 이 용질이 녹아 있는 용액을 5.00 mm 길이의 시료 용기에 넣고 이 파장의 빛을 통과시켰더니 38.5%의 빛이 흡수되었다. 이 용질의 농도를 구하시오.

40.3(b) 440 nm의 파장에서 어떤 한 용질의 몰흡광 계수가 423 $dm^3\ mol^{-1}\ cm^{-1}$이다. 이 용질이 녹아 있는 용액을 6.50 mm 길이의 시료 용기에 넣고 이 파장의 빛을 통과시켰더니 48.3%의 빛이 흡수되었다. 이 용질의 농도를 구하시오.

40.4(a) 어떤 한 특정한 전이와 관련되는 흡광이 220 nm에서 시작하여 270 nm에서 날카로운 피크를 나타내다가 300 nm에서 끝난다. 최대의 몰흡광 계수 값은 $2.21\times10^4 dm^3 mol^{-1} cm^{-1}$이다. 선 모양을 삼각형으로 가정하고, 이 전이의 적분 흡광 계수를 구하시오.

40.4(b) 어떤 한 특정한 전이와 관련되는 흡광이 156 nm에서 시작하여 210 nm에서 날카로운 피크를 나타내다가 275 nm에서 끝난다.

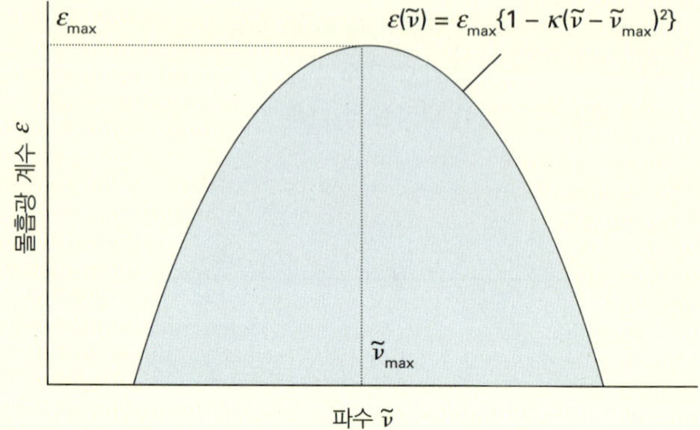

그림 F 9.1 포물선 흡수선 모형

최대의 몰흡광 계수 값은 $3.35\times10^4 dm^3 mol^{-1} cm^{-1}$이다. 선 모양을 거꾸로 세운 포물선으로 가정하고, 이 전이의 적분 흡광 계수를 구하시오(그림 F9.1).

40.5(a) 사염화 탄소에 Br_2를 녹인 시료를 경로 길이 2.0 mm인 용기에 넣고 빛을 통과시킨 결과 다음과 같은 흡수 데이터를 얻었다. 여기서 사용한 파장에서 브로민의 몰흡광 계수를 구하시오.

$[Br_2]$(mol dm^{-3})	0.0010	0.0050	0.0100	0.0500
T(%)	81.4	35.6	12.7	3.0×10^{-3}

40.5(b) 메틸벤젠에 한 염료를 녹인 시료를 경로 길이 2.50 mm인 측정 용기에 넣고 빛을 통과시킨 결과 다음과 같은 흡수 데이터를 얻었다. 여기서 사용한 파장을 썼을 때 이 염료의 몰흡광 계수를 구하시오.

[염료](mol dm^{-3})	0.0010	0.0050	0.0100	0.0500
T(%)	68	18	3.7	1.03×10^{-5}

40.6(a) 2.0 mm의 용기에 벤젠을 비흡광성 용매에 녹여서 넣었다. 벤젠의 농도는 0.010 mol dm^{-3}이었고 복사선의 파장은 256 nm였다(이 파장에서 흡광이 최대로 된다). 투과된 빛의 세기는 입사광의 48%였다. 이 파장에서 벤젠의 몰흡광 계수를 계산하시오. 똑같은 파장에서 4.0 mm의 용기를 사용할 때의 투광도는 얼마가 되겠는가?

40.6(b) 5.00 mm의 용기에 한 염료 용액을 넣었다. 염료의 농도는 18.5 mmol dm^{-3}이었다. 투과된 빛의 세기를 입사광의 29%로 취하고, 이 파장에서 이 염료의 몰흡광 계수를 계산하시오. 똑같은 파장에서 2.50 mm의 용기를 사용할 때의 투광도는 얼마가 되겠는가?

40.7(a) 잠수부가 깊게 잠수를 하면 주위가 점점 더 어두워진다. 가시

영역에서 바닷물의 평균 몰흡광 계수가 $6.2\times10^{-3}\,dm^3\,mol^{-1}\,cm^{-1}$이라고 할 때, 이 잠수부가 얼마만큼 깊이로 내려가면 (a) 해면에서의 세기의 절반, (b) 해면에서의 세기의 1/10인 빛을 받게 되겠는가?

40.7(b) 카보닐기를 가지고 있는 분자의 최대 몰흡광 계수는 280 nm 근처에서 $30\ dm^3\ mol^{-1}\ cm^{-1}$이다. 시료의 두께가 얼마가 되면 투과된 빛의 세기가 처음 복사선 세기의 (a) 절반, (b) 1/10로 되겠는가?

40.8(a) $60\ km\ h^{-1}$의 속력으로 접근할 때 빨간색(680 nm) 신호등에 근사하는 Doppler 이동 파장은 얼마인가?

40.8(b) 얼마의 속도로 접근해야 빨간색(680 nm) 신호등이 녹색(530 nm)으로 나타나는가?

40.9(a) 선너비가 (a) $0.20\ cm^{-1}$ (b) $2.0\ cm^{-1}$일 때 상태의 수명을 계산하시오.

40.9(b) 선너비가 (a) 200 MHz, (b) $2.45\ cm^{-1}$일 때 상태의 수명을 계산하시오.

40.10(a) 액체 상태의 분자가 매초 약 1.0×10^{13}번의 충돌을 일으킨다. (i) 모든 충돌이 분자 진동을 비활성시키고, (ii) 100번 충돌 중에 한 번이 유효하다고 가정하자. 각각에 대하여 분자의 진동 전이의 선너비(cm^{-1})를 계산하시오.

40.10(b) 기체 상태의 분자는 매초 약 1.0×10^9번의 충돌을 일으킨다. (i) 모든 충돌이 분자 회전을 비활성시키고, (ii) 10번 충돌 중에 한 번이 유효하다고 가정하자. 분자의 회전 전이의 선너비(Hz)를 계산하시오.

응용 문제

40.1 Michelson 간섭계를 묘사한 그림 40.4를 참조하시오. 거울 M_1은 한정된 거리로 증가하면서 움직이고, 따라서 경로차 p 또한 한정된 단계씩 증가하게 된다. 파수 $\tilde{\nu}$와 세기 I_0를 가지는 단색광 빛살의 모양에서 증가하는 단계 크기의 효과를 설명하시오. 즉 이동 거울 M_1이 취하는 거리와 동일한 전체 경로 거리를 재어 여러 다른 데이터 점들에서 $\tilde{\nu}p$에 대한 $I(p)/I_0$를 도시하시오.

40.2 수학적 소프트웨어를 이용하여 예제 40.1의 결과를 (a) 복사선의 3가지 성분의 세기와 파수의 변화가 간섭 그림의 모양에 미치는 효과를 탐구하고, (b) (a)에서 구한 함수의 Fourier 변환을 계산하여 자세히 설명하시오.

40.3 북극성으로부터 지구에 도달하는 가시 영역 광자의 유량은 약 $4\times10^3\,mm^{-2}\,s^{-1}$이다. 이들 광자의 30%는 대기권에서 흡수되거나 산란되며, 나머지 광자의 25%는 눈의 각막 표면에서 산란된다. 그리고 9%는 각막 내부에서 흡수된다. 밤에 눈동자의 면적은 대략 40 mm^2이고, 감응 시간은 약 0.1 s이다. 눈동자를 통해 들어가는 광자의 약 43%가 안액 속에 흡수된다. 북극성으로부터 오는 광자의 얼마만큼이 0.1 s 동안에 망막에 초점이 맺히는가? 이 이야기를 계속 듣고 싶으면 R.W. Rodieck의 *The first steps in seeing*, Sinauer (1998)을 보시오.

40.4 **Dubosq 열량계**는 고정된 경로 길이의 용기와 변화하는 행로 길이를 가지는 용기로 구성되어 있다. 두 용기를 통과하는 투과도가 같아지도록 후자 용기의 길이를 조정하면 첫 번째 용액의 농도를 통해서 두 번째 용액의 농도를 알아낼 수 있다. $25\mu g\ dm^{-3}$ 농도를 가지는 식물 염료가 고정 용기에 더해지고, 고정 용기의 길이는 1.55 cm라고 가정하자. 다음으로 농도를 모르는 같은 염료 용액을 두 번째 용기에 가한다. 두 번째 용기의 길이가 1.18 cm로 조정되면 같은 투과도를 가지는 것으로 밝혀졌다. 두 번째 용액의 농도는 무엇인가?

40.5 Beer-Lambert 법칙은 흡수하는 화학종의 농도는 일정하다는 것에 기초를 두어 유도된다. 대신에 농도가 $[J]=[J]_0e^{-x/\lambda}$와 같이 지수함수적으로 감소한다고 가정하자. $L\gg\lambda$라고 가정하고 시료 길이에 따른 I의 변화에 대한 식을 유도하시오.

40.6 두 파장에서 흡광도를 측정하고, 이들을 이용하여 혼합물 속의 두 성분 A와 B의 개별 농도를 구하는 것은 일반적이다. A와 B의 몰농도가 다음과 같이 주어짐을 보이시오.

$$[A]=\frac{\varepsilon_{B2}A_1-\varepsilon_{B1}A_2}{(\varepsilon_{A1}\varepsilon_{B2}-\varepsilon_{A2}\varepsilon_{B1})L}\qquad [B]=\frac{\varepsilon_{A1}A_2-\varepsilon_{A2}A_1}{(\varepsilon_{A1}\varepsilon_{B2}-\varepsilon_{A2}\varepsilon_{B1})L}$$

여기서 A_1과 A_2는 파장 λ_1과 λ_2에서의 혼합물의 흡광도이고, 이들 파장에서 A(그리고 B)의 몰흡광 계수는 ε_{A1}과 ε_{A2}(그리고 ε_{B1}과 ε_{B2})이다.

40.7 아이오딘의 사염화 탄소 용액 속에 피리딘을 가하면 520 nm의 흡광띠가 450 nm로 이동한다. 그러나 490 nm의 흡광은 변하지 않고 일정한데, 이런 특성을 **등흡광점**이라고 한다. 등흡광점은 두 흡광종이 평형을 이룰 때 나타내야 함을 보이시오.

40.8[‡] 오존은 전자기 복사선의 자외선 영역을 흡수하는데, 이 영역의 복사선은 생체 기관의 DNA를 붕괴시킬 수 있을 정도의 에너지를 가지고 있으며, 또한 대기 중의 다른 풍부한 성분에는 흡수되지 않는다. 이 스펙트럼 영역은 290 nm부터 320 nm까지이며, UV-B라고 표시한다. 이 영역에 걸친 오존의 몰흡광 계수는 다음과 같다(W.B. DeMore et al., *Chemical Kinetics and Photochemical data for use in stratospheric modeling: Evaluation Number* **11**, JPL Publication 94-26 (1994)).

λ(nm)	292.0	296.3	300.8	305.4	310.1	315.0	320.0
ε($dm^3\,mol^{-1}\,cm^{-1}$)	1512	865	477	257	135.9	69.5	34.5

290~320 nm 파장 영역에서 오존의 적분 흡광 계수를 계산하시오. (**힌트**; $\varepsilon(\tilde{\nu})$는 지수함수로 매우 잘 나타낼 수 있다.)

40.9 많은 경우에 흡수띠는 그 극대점에 중심을 둔 Gauss 선 모양(e^{-x^2}에 비례하는)으로 볼 수 있다. 이런 선 모양을 가정하고 $\mathcal{A}=\int\varepsilon(\tilde{\nu})d\tilde{\nu}\approx1.6045\,\varepsilon_{max}\Delta\tilde{\nu}_{1/2}$가 성립함을 보이시오. 여기서 $\Delta\tilde{\nu}_{1/2}$은 반높이에서의 선너비이다. 24000 cm^{-1}와 34000 cm^{-1} 사이에서

*기호 ‡가 표시된 문제들은 Charles Trapp, Carmen Giunta, Marshall Cary가 제공한 것이다.

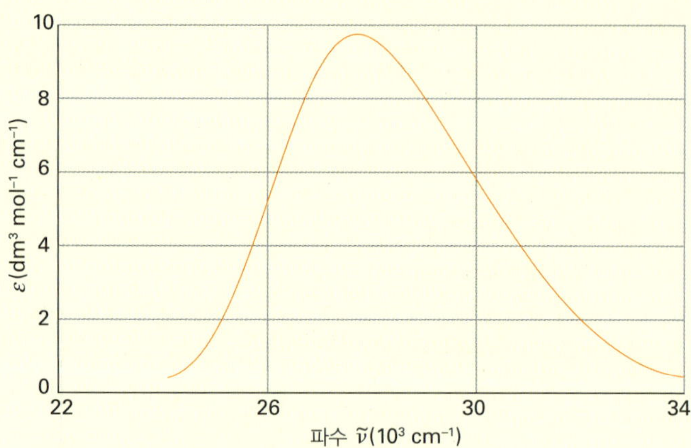

그림 F9.2 아조에테인의 흡수 스펙트럼

아조에테인($CH_3CH_2N_2$)의 흡수 스펙트럼을 그림 F9.2에 나타내었다. 우선 이 띠를 Gauss 곡선으로 보고 이 띠의 $\mathcal{A}$를 구하시오. 수학 소프트웨어를 이용하여 이 흡수띠(Gauss 함수)에 맞는 다항 함수를 구하고 그 결과를 해석적으로 적분하시오.

40.10‡ Wachewsky 등(J. *Phys. Chem.*, **100**, 11559(1996))은 CH_3I의 UV 흡수 스펙트럼을 조사하였는데, 이 화합물은 성층권 오존 화학과 관련되어 관심을 끄는 물질이다. 이들이 측정한 이 화합물의 적분 흡광 계수는 그 온도와 압력에 대한 의존 정도가 유리된 CH_3I 분자의 내부 구조 변화와 상반된다는 결과를 얻었다. 이들은 이 변화가 CH_3I의 상당한 부분이 이합체를 만들기 때문인데, 이 이합체화 반응은 온도와 압력에 의존한다고 설명하였다. (a) 31 250에서 34 483 cm^{-1}까지의 영역에서 스펙트럼선 모양이 삼각형이고, 31 250 cm^{-1}에서 최대 몰흡광 계수 150 $dm^3 mol^{-1} cm^{-1}$이 나타나는데, 이 영역에 걸친 적분 흡광 계수를 계산하시오. (b) 2.4 Torr, 373 K에서 시료 속 CH_3I 단위의 1%가 이합체로서 존재한다고 하자. 길이가 12.0 cm인 시료 용기 속에서 31 250 cm^{-1}에 대한 흡광도를 계산하시오. (c) 100 Torr, 373 K에서 시료 속 CH_3I 단위의 18%가 이합체로서 존재한다고 가정하자. 길이가 12.0 cm인 시료 용기 속에서 31 250 cm^{-1}에 대한 흡광도를 계산하시오. 이 경우에 이합체화가 일어나지 않았다면 얼마만한 몰흡광 계수가 나왔겠는가?

40.11 **레이저 빛의 산란**은 Rayleigh 산란, 즉 입자에 의해 산란된 빛의 세기가 입자의 몰질량과 λ^{-4}에 비례한다는 사실을 이용한 기술이다. 따라서 짧은 파장의 빛이 긴 파장의 빛보다 더 강하게 산란된다. 거대 분자 용액으로부터의 빛의 산란 측정을 위한 그림 F9.3의 실험 배열을 생각해 보자. 일반적으로 레이저로부터 단색광 빛을 물질에 쪼이게 된다. 산란된 빛의 세기는 레이저 빔이 진행하는 선과 시료에서 검출기로 들어가는 방향의 선과 만드는 각 θ의 함수로 측정된다. 입사 복사선의 파장보다 매우 작은 지름을 갖는 구형 거대 분자의 묽은 수용액에 대하여 c_M(단위: kg m^{-3})의 질량 농도를 가지고, 이 용액에 의해 산란된 빛의 세기 θ는 다음과 같은 식으로 나타난다.

$$\frac{I_0}{I_\theta}=\frac{1}{Kc_M M}+\frac{16\pi^2R^2}{5\lambda^2}\left(\frac{I_0}{I_\theta}\sin^2\frac{1}{2}\theta\right)$$

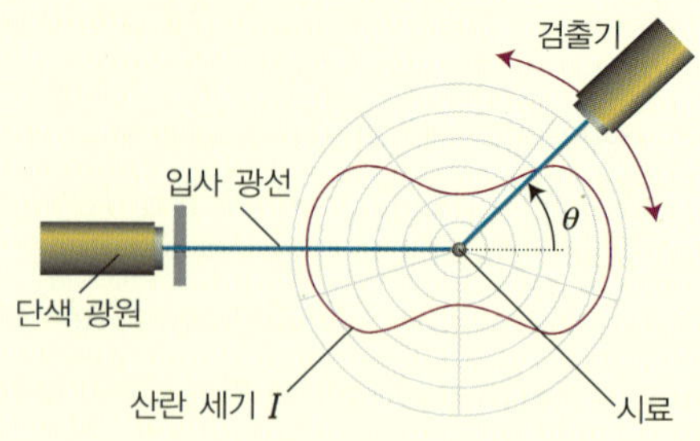

그림 F9.3 레이저 빛 산란 실험의 전형적인 실험 장치 배열

I_0는 입사 레이저 빛살의 세기, M은 몰질량, R은 입자의 반지름, K는 용액의 굴절률로 입사선의 파장, 검출기와 시료 사이의 거리에 의존하는 파라미터이며 실험하는 동안 일정하게 유지한다. 거대 분자의 크기와 몰질량 같은 구조 성질은 입사 빛살의 진행 방향에 따른 여러 각 θ에서의 빛의 산란을 측정함으로써 구할 수 있다. $c_M = 2.0$ kg m^{-3}인 거대 분자 수용액에 관하여 다음과 같은 데이터를 $\lambda = 532$ nm 레이저 빛살과 20°C 조건에서 얻었다.

θ(°)	15.0	45.0	70.0	85.0	90.0
$10^2\times I_0/I_\theta$	4.20	4.37	4.63	4.83	4.90

분리된 실험에서 $K = 2.40\times10^{-2}$ $mol\,m^3 kg^{-2}$임이 결정되었다. 이 정보로부터 거대 분자의 R과 M을 계산하시오.

40.12 압력 p에서 분자량 m인 기체의 충돌 빈도 z는 다음과 같다. $z = 4\sigma(kT/\pi m)^{1/2}p/kT$. 여기서 σ는 충돌 단면이다. 모든 충돌이 유효하다고 할 때, 들뜬 상태의 충돌 제한 수명에 대한 식을 구하시오. 25°C, 1.0 atm에서 $HCl(\sigma = 0.30\ nm^2)$의 회전 전이의 폭을 계산하시오. 충돌 넓어짐이 Doppler 넓어짐보다 덜 중요하기 위해서 기체의 압력은 어느 정도까지 감소해야 하는가?

40.13 별의 스펙트럼은 별의 중심과 태양의 중심을 연결하는 벡터에 평행한 별의 속도 벡터 성분인 태양에 관해서 **방사 방향 속도**(radial velocity)를 측정하기 위해서 사용된다. 그 측정은 Doppler 효과에 의존한다. 주파수 ν를 가지는 전자기파 복사선을 방출하는 별이 관측자에 대하여 s의 속도를 가지고 움직일 때, 관측자는 $\nu_{receding} = \nu f$, 또는 $\nu_{approaching} = \nu/f$ 주파수의 복사선을 검출한다. 여기에서 $f= \{(1-s/c)/(1+s/c)\}^{1/2}$이고, c는 빛의 속도이다. (a) 대 마젤란운에 속하는 별 HDE 271 182의 3가지 Fe I선은 438.882 nm, 441.000 nm, 442.020 nm에서 나타난다. 지구에서 철 방전 스펙트럼에서도 같은 선들이 438.392 nm, 440.510 nm, 441.510 nm에서 나타난다. HDE 271 182는 지구에서 멀어지는지, 접근하는지 결정하고, 지구에 대한 별의 방사 방향 속도를 알아내시오. (b) 태양에 대한 HDE 271 182의 방사 방향 속도를 계산하기 위해서 추가적으로 필요한 정보는 무엇인가?

40.14 응용 문제 40.13에서 원자 스펙트럼 선의 Doppler 이동은 별의 멀어지는 속도와 접근하는 속도를 측정하기 위해 사용되는 것을 알았다. 멀리 떨어져 있는 별의 $^{48}Ti^{8+}$(질량이 $47.95m_u$) 스펙트럼선이 654.2 nm에서 706.5 nm로 이동하고 61.8 pm만큼 넓어짐이 알려졌다. 별의 멀어지는 속도와 표면 온도는 얼마인가?

40.15 Doppler 넓어짐에 인한 스펙트럼선의 Gauss 곡선 모양은 실험 온도에서 물질의 Maxwell 속도 분포를 나타낸다. **위상 감별 검출법**을 사용하는 분광기에서 출력 신호는 신호 세기의 1차 도함수 $dI/d\nu$에 비례한다. 여러 온도에 대하여 결과의 선 모양을 도시하시오. 온도에 관련된 피크의 간격은 어떻게 되겠는가?

토픽 41 분자 회전

토론 문제

41.1 강체 회전자에 대한 여러 형태의 회전 축퇴도를 설명하시오. 그들의 강도가 부족하다면 이 결론에 영향을 미칠 수 있는가?

41.2 납작 팽이와 뾰족 팽이 대칭 회전자 간의 차이를 설명하고, 각각에 대한 몇 개의 예를 제시하시오.

연습 문제

41.1(a) C_2축(OOO 각의 이등분선) 주위의 관성 모멘트와 $^{16}O_3$ 분자(결합각 117°, OO 결합 길이 128 pm)에 해당하는 회전 상수를 계산하시오.

41.1(b) C_3축(3중 대칭축) 주위의 관성 모멘트와 $^{31}P^1H_3$ 분자의 해당하는 회전 상수를 계산하시오(결합각 93.5°, PH 결합 길이 142 pm).

41.2(a) AB_4 분자의 대칭 팽이에 대한 2가지 관성 모멘트 식을 도시하시오(표 41.1). 단, 각 결합은 동일한 결합 길이를 가지지만 θ는 90°에서 정사면체 각까지 증가한다.

41.2(b) AB_4 분자의 대칭 팽이에 대한 2가지 관성 모멘트 식을 도시하시오(표 41.1). 단, 각 θ는 정사면체 각과 동일하지만 A−B 결합은 변한다(**힌트**; $\rho = R'_{AB}/R_{AB}$라고 쓰고, ρ가 2에서 1까지 변화하게 하시오).

41.3(a) 다음 회전자들을 분류하시오. (a) O_3, (b) CH_3CH_3, (c) XeO_4, (d) $FeCp_2$(Cp는 사이클로펜타다이에닐기 C_5H_5를 나타낸다.)

41.3(b) 다음 회전자를 분류하시오. (a) $CH_2=CH_2$, (b) SO_3, (c) ClF_3, (d) N_2O

41.4(a) 회전 상수 $B(^1H^{12}C^{14}N) = 44.316$ GHz, $B(^2H^{12}C^{14}N) = 36.208$ GHz로부터 HCN에서 HC, CN의 결합 길이를 결정하시오.

41.4(b) 회전 상수 $B(^{16}O^{12}C^{32}S) = 6081.5$ MHz, $B(^{16}O^{12}C^{34}S) = 5932.8$ MHz로부터 OCS에서 CO, CS의 결합 길이를 결정하시오.

응용 문제

41.1 두 원자의 질량이 각각 m_A와 m_B이고, 결합 길이가 R인 이원자 분자의 관성 모멘트는 $m_{eff}R^2$과 같음을 보이시오. 여기에서 $m_{eff} = m_Am_B/(m_A+m_B)$이다.

41.2 선형 ABC 분자의 관성 모멘트에 대하여 표 41.1에서 제시한 표현을 확인하시오. **힌트**; 질량 중심 위치를 찾는 것에서 시작하시오.

토픽 42 회전 분광법

토론 문제

42.1 수소 분자에서 회전 영점 에너지가 존재한다는 것을 설명하시오.

42.2 마이크로파 분광법에 대한 총 선택 규칙의 물리적 원인을 설명하시오.

42.3 회전 Raman 분광법에 대한 총 선택 규칙의 물리적 원인을 설명하시오.

42.4 $^1H^{12}C{\equiv}^{12}C^1H$, $^1H^{13}C{\equiv}^{13}C^1H$, $^2H^{12}C{\equiv}^{12}C^2H$에 대해서 에너지 준위의 점유에서 핵 통계의 역할을 설명하시오. 핵스핀 데이터에 대해서는 표 47.2를 참조하시오.

연습 문제

42.1(a) 다음 분자들 중에서 순수한 회전 마이크로파 흡수 스펙트럼을 나타낼 수 있는 것을 말하시오. (a) H_2, (b) HCl, (c) CH_4,

(d) CH_3Cl, (e) CH_2Cl_2

42.1(b) 다음 분자들 중에서 순수한 회전 마이크로파 흡수 스펙트럼을 나타낼 수 있는 것을 말하시오. (a) H_2O, (b) H_2O_2, (c) NH_3, (d) N_2O

42.2(a) $^{14}N^{16}O$의 순수 회전 스펙트럼에 나타나는 $J=3 \leftarrow 2$ 전이의 진동수와 파수를 계산하시오. 평형 결합 길이는 115 pm이다. 원심 일그러짐을 고려하면 진동수는 증가하는가, 감소하는가?

42.2(b) $^{12}C^{16}O$의 순수 회전 스펙트럼에 나타나는 $J=2 \leftarrow 1$ 전이의 진동수와 파수를 계산하시오. 평형 결합 길이는 112.81 pm이다. 원심 일그러짐을 고려하면 진동수는 증가하는가, 감소하는가?

42.3(a) $^1H^{35}Cl$을 강체 회전자로 보았을 때 $J=3 \leftarrow 2$ 회전 전이의 파수는 63.56 cm^{-1}이다. H−Cl의 결합 길이를 구하시오.

42.3(b) $^1H^{81}Br$을 강체 회전자로 보았을 때 $J=1 \leftarrow 0$ 회전 전이의 파수는 16.93 cm^{-1}이다. H−Br의 결합 길이를 구하시오.

42.4(a) $^{27}Al^1H$의 마이크로파 스펙트럼에서 선들 사이의 간격이 12.604 cm^{-1}이다. 이 분자의 관성 모멘트와 결합 길이를 계산하시오.

42.4(b) $^{35}Cl^{19}F$의 마이크로파 스펙트럼에서 선들 사이의 간격이 1.033 cm^{-1}이다. 이 분자의 관성 모멘트와 결합 길이를 계산하시오.

42.5(a) 다음 분자들 중에서 순수한 회전 Raman 스펙트럼을 나타낼 수 있는 것을 말하시오. (a) H_2, (b) HCl, (c) CH_4, (d) CH_3Cl

42.5(b) 다음 분자들 중에서 순수한 회전 Raman 스펙트럼을 나타낼 수 있는 것을 말하시오. (a) CH_2Cl_2, (b) CH_3CH_3, (c) SF_6, (d) N_2O

42.6(a) Raman 분광계에서 사용한 입사 복사선의 파수는 20 487 cm^{-1}였다. $^{14}N_2$의 $J=2 \leftarrow 0$ 전이에 대한 산란 Stokes 복사선의 파수는 얼마인가?

42.6(b) Raman 분광계에서 사용한 입사 복사선의 파수는 20 623 cm^{-1}였다. $^{16}O_2$의 $J=4 \leftarrow 2$ 전이에 대한 산란 Stokes 복사선의 파수는 얼마인가?

42.7(a) $^{35}Cl_2$에 대한 회전 Raman 스펙트럼은 0.9752 cm^{-1} 간격의 Stokes 선과 이와 비슷한 일련의 반Stokes 선을 나타낸다. 이 분자의 결합 길이를 계산하시오.

42.7(b) $^{19}F_2$에 대한 회전 Raman 스펙트럼은 3.5312 cm^{-1} 간격의 Stokes 선과 이와 비슷한 일련의 반Stokes 선을 나타낸다. 이 분자의 결합 길이를 계산하시오.

42.8(a) $^{35}Cl_2$에 대하여 핵 통계 효과로 인한 입자수의 무게비는 얼마인가?

42.8(b) $^{12}C^{32}S_2$에 대하여 핵 통계 효과로 인한 입자수의 무게비는 얼마인가? ^{12}C가 ^{13}C로 대체될 때 예상되는 효과는? 핵스핀 데이터는 표 47.2를 참조하시오.

응용 문제

42.1 NH_3의 회전 상수는 298 GHz이다. 순수한 회전 스펙트럼의 선 간격을 GHz(진동수에 대해서), cm^{-1}(파수에 대해서), mm(파장에 대해서)로 구하고, 또 이 B의 값은 N−H 결합 길이가 101.4 pm이고, 결합각이 106.78°와 일치함을 보이시오.

42.2 $^1H^{35}Cl$ 기체로부터 나오는 회전 흡수 스펙트럼선들의 위치는 다음의 파수와 같다(R.L. Hausler and R.A. Oetjen, *J. Chem. Phys.*, **21**,1340 (1953)): 83.32, 104.13, 124.73, 145.37, 165.89, 186.23, 206.60, 226.86 cm^{-1}. 이 분자의 관성 모멘트와 결합 길이를 구하시오. $^2H^{35}Cl$에서 이와 맞먹는 선들의 위치를 예측하시오.

42.3 HCl과 DCl은 결합 길이가 같겠는가? $^1H^{35}Cl$과 $^2H^{35}Cl$에 대한 $J=1 \leftarrow 0$ 회전 전이의 파수는 각각 20.8784 cm^{-1}, 10.7840 cm^{-1}이다. 또 ^1H와 ^2H의 정확한 원자 질량은 각각 1.007825 m_u, 2.0140 m_u이며, ^{35}Cl의 원자 질량은 34.968 85 m_u이다. 이 지식만 가지고 이 두 분자의 결합 길이가 서로 같은지, 다른지 말할 수 있겠는가?

42.4 열역학적으로 따져 보면 일할로젠화 구리 CuX는 기체상에서 주로 고분자 상태로 존재하며, 실제로 그 단량체는 분광학적으로 검출될 수 있을 정도의 충분한 양이 만들어지지 않는다. 이 문제는 1100 K로 가열한 구리 위로 할로젠 기체를 흐르게 하여 극복하게 되었다(Manson et al., *J. Chem. Phys.*, **63**, 2724 (1975)). CuBr의 경우에는 $J=13 \rightarrow 14$, $14 \rightarrow 15$, $15 \rightarrow 16$ 전이가 각각 84 421.34, 90 449.25, 96 476.72 MHz에서 일어난다. CuBr의 회전 상수와 결합 길이를 계산하시오.

42.5 $^{16}O^{12}CS$ 분자의 마이크로파 스펙트럼은 다음과 같은 흡수선(GHz)을 나타낸다.

J	1	2	3	4
^{32}S	24.325 92	36.488 82	48.651 64	60.814 08
^{34}S	23.732 33		47.462 40	

표 41.1의 관성 모멘트에 대한 식을 쓰고, 또 동위 원소 치환으로 결합 길이가 변하지 않는다고 가정하여 OCS 분자에서 CO와 CS 결합 길이를 구하시오.

42.6 식 42.8b는 다음과 같이 재배열된다.

$$\tilde{\nu}(J+1 \leftarrow J)/2(J+1) = \tilde{B} - 2\tilde{D}_J(J+1)^2$$

이 식은 왼쪽 항을 $(J+1)^2$에 대하여 도시할 때의 직선 식이다. $^{12}C^{16}O$에 대하여 전이의 파수(cm^{-1})는 다음과 같이 관찰된다.

J:	0	1	2	3	4
	3.845 033	7.689 919	11.543 510	15.378 662	19.222 223

$\tilde{B}$, $\tilde{D}_J$, CO의 평형 결합 길이를 결정하시오.

42.7‡ Tanaka 등(*J. Chem. Phys.*, **106**, 6820 (1997))은 선형 FeCO 라디칼의 회전 스펙트럼을 조사하여 $J+1 \leftarrow J$ 전이에 대해서 다음과 같은 보고를 하였다.

J:	24	25	26	27	28	29
$\tilde{\nu}(m^{-1})$	214 777.7	223 379.0	231 981.2	240 584.4	249 188.5	257 793.5

이 분자의 회전 상수를 계산하시오. 또 298 K와 100 K에서 입자수가 가장 많이 분포된 회전 준위에 대한 J 값을 구하시오.

42.8 원심 일그러짐이 허용될 때 대칭 팽이의 회전 항은 보통 다음과 같이 나타낸다.

$$\tilde{F}(J,K)=\tilde{B}J(J+1)+(\tilde{A}-\tilde{B})K^2-\tilde{D}_J J^2(J+1)^2-\tilde{D}_{JK}J(J+1)K^2-\tilde{D}_K K^4$$

허용되는 회전 전이의 파수에 대한 식을 유도하시오. CH_3F에 대하여 전이의 파수(GHz로)는 다음과 같이 관찰되었다.

51.0718 102.1426 102.1408 153.2103 153.2076

회전항에 대한 식에서 이러한 값들이 허용되는 만큼의 상수값을 결정하시오.

42.9 온도 T에서 이원자 회전자의 에너지 준위 중에서 가장 많은 분자수를 갖는 준위에 해당되는 준위의 J 값을 나타내는 식을 구하시오. 각 준위마다 $2J+1$의 축퇴도를 갖는다는 것을 기억하라. 25°C에서 ICl에 대한 식을 구하시오($\tilde{B}=0.1142\ cm^{-1}$이다). 또 구형 회전자의 에너지 준위는 $(2J+1)^2$으로 축퇴되어 있는데, 이들 중에서 가장 많은 분자수를 갖는 준위에 대한 J 값의 식을 구하시오. 25°C에서 CH_4에 대한 값을 구하시오($\tilde{B}=5.24\ cm^{-1}$이다).

42.10 A. Dargarno는 '*Chemistry in the interstellar medium*', Frontier of Astrophysics (E.H. Avrett(ed.), Harvard University Press, Cambridge (1976))에서 Ophiuchus 성좌의 성간 매질 속에서 CH와 CN의 두 스펙트럼이 강하게 나타나지만, CN 스펙트럼은 마이크로파 영역의 우주 배경 복사선 온도를 결정하는 기준이 되었다고 지적하였다. 계산을 통해서 CH가 CN처럼 이런 목적에 적합하지 않은 이유를 설명하시오. CH에 대한 회전 상수 $\tilde{B}_0$은 $14.190\ cm^{-1}$이다.

42.11 별 바로 가까이를 둘러싸고 있는 **별 주위 공간**이라고 하는 공간은 온도가 상당히 높은데, 이것은 별이 수천 도의 온도를 갖는 강력한 흑체 복사선의 방출체이기 때문이다. 구름의 온도, 입자 밀도, 입자 속도 등과 같은 요인들이 성간 구름 속에 있는 CO의 회전 스펙트럼에 어떻게 영향을 미칠 수 있는지 설명하시오. 온도가 약 1000 K인 별로부터 방출되어 그 별 근처에 머물러 있는 CO 기체의 스펙트럼은 10 K 정도의 구름 속 기체로부터 나오는 것에 비해서 어떤 새로운 특징을 나타내겠는가? 이 특징을 어떻게 이용하면 별 주위 공간 물질과 성간 공간 물질을 구별할 수 있겠는지 CO의 회전 스펙트럼에 입각해서 설명하시오.

42.12 기체 상태의 C_6H_6, C_6D_6의 순수 회전 Raman 스펙트럼은 다음과 같은 회전 상수를 가진다. $\tilde{B}(C_6H_6)=0.18960\ cm^{-1}$, $\tilde{B}(C_6D_6)=0.15681\ cm^{-1}$. C_6에 수직인 어느 축에 대한 분자의 관성 모멘트는 이들 데이터로부터 $\mathbf{I}(C_6H_6)=1.4759\times10^{-45}\ kg\ m^2$, $I(C_6D_6)=1.7845\times10^{-45}\ kg\ m^2$로 계산되었다. CC, CH, CD의 결합 길이를 계산하시오.

토픽 43 진동 분광법: 이원자 분자

토론 문제

43.1 이원자 분자의 퍼텐셜 에너지 곡선을 나타내는 포물선 함수와 Morse 함수의 강점과 한계를 설명하시오.

43.2 이원자 분자의 회전 상수에 대한 진동 들뜸의 효과를 설명하시오.

43.3 회전-진동 분광법에서 사용되는 결합차 방법은 회전 상수를 결정하기 위해 어떻게 사용되는가?

연습 문제

43.1(a) 고무줄에 매단 질량 100 g의 물체가 2.0 Hz의 진동수로 진동을 한다. 이 고무줄의 힘상수를 계산하시오.

43.1(b) 용수철에 매단 질량 1.0 g의 물체가 10.0 Hz의 진동수로 진동을 한다. 이 용수철의 힘상수를 계산하시오.

43.2(a) $^{23}Na^{35}Cl$과 $^{23}Na^{37}Cl$은 같은 힘상수를 갖고 진동한다고 가정한다. 이들의 기본 진동 파수는 몇 %의 차를 나타내겠는가?

43.2(b) $^{1}H^{35}Cl$과 $^{2}H^{37}Cl$은 같은 힘상수를 갖고 진동한다고 가정한다. 이들의 기본 진동 파수는 몇 %의 차를 나타내겠는가?

43.3(a) $^{35}Cl_2$에 대한 기본 진동 전이의 파수는 $564.9\ cm^{-1}$이다. 결합의 힘상수를 계산하시오.

43.3(b) $^{79}Br^{81}Br$에 대한 기본 진동 전이의 파수는 $323.2\ cm^{-1}$이다. 결합의 힘상수를 계산하시오.

43.4(a) 할로젠화 수소의 기본 진동 파수는 414 1.3 cm^{-1} (HF), 298 8.9 cm^{-1} ($H^{35}Cl$), 2649.7 cm^{-1} ($H^{81}Br$), 2309.5 cm^{-1} ($H^{127}I$)이다. 수소-할로젠 결합들의 힘상수를 계산하시오.

43.4(b) 연습 문제 43.4(a)의 데이터를 이용하여 할로젠화 중수소의 기본 진동 파수를 구하시오.

43.5(a) $^{16}O_2$에 대한 $v=1\leftarrow0$, $2\leftarrow0$, $3\leftarrow0$ 전이의 $\Delta\tilde{G}$ 값은 각각 1556.22, 3088.28, 4596.21 cm^{-1}이다. y_e를 0이라고 가정하고 $\tilde{\nu}$와 x_e를 계산하시오.

43.5(b) $^{14}N_2$에 대한 $v=1\leftarrow0$, $2\leftarrow0$, $3\leftarrow0$ 전이의 $\Delta\tilde{G}$ 값은 각각 2329.91, 4631.20, 6903.69 cm^{-1}이다. y_e를 0이라고 가정하고 $\tilde{\nu}$와 x_e를 계산하시오.

43.6(a) 다음 분자들 중에서 적외선 흡수 스펙트럼을 나타낼 수 있는 것을 말하시오. (a) H_2, (b) HCl, (c) CO_2, (d) H_2O

43.6(b) 다음 분자들 중에서 적외선 흡수 스펙트럼을 나타낼 수 있는 것을 말하시오. (a) CH_3CH_3, (b) CH_4, (c) CH_3Cl, (d) N_2

응용 문제

43.1 NaI의 진동 에너지 준위들은 파수로 142.81, 427.31, 710.31, 991.81 cm^{-1}이다. 이들이 $(v+\frac{1}{2})\tilde{\nu}-(v+\frac{1}{2})^2 x_e\tilde{\nu}$ 식을 만족시킴을 보이고, 이 분자의 힘상수, 영점 에너지, 해리 에너지를 구하시오.

43.2 HCl 분자의 퍼텐셜 에너지는 $D_e = 5.33$ eV, $\tilde{\nu} = 2989.7$ cm^{-1}, $x_e\tilde{\nu} = 52.05$ cm^{-1}인 Morse 식으로 대단히 잘 나타낼 수 있다. 중수소로 치환되더라도 이 분자의 퍼텐셜이 변하지 않는다고 가정하고 (a) HCl, (b) DCl의 해리 에너지 D_0를 구하시오.

43.3 분자의 실제 퍼텐셜 에너지 곡선을 간단하게 나타내는 데는 Morse 퍼텐셜(식 43.14)이 대단히 유용하다. RbH를 연구한 결과 $\tilde{\nu} = 936.8$ cm^{-1}, $x_e\tilde{\nu} = 14.15$ cm^{-1}임을 알았다. $R_e = 236.7$ pm 주위의 50 pm부터 800 pm까지에서 퍼텐셜 에너지 곡선을 그리시오. 이어서 분자의 회전 운동 에너지를 고려하면서 $\tilde{B} = \hbar/4\pi c\mu R^2$일 때 $V^* = V + hc\tilde{B}J(J+1)$로 놓고 도시함으로써 분자 회전이 결합을 얼마나 약화시키는지 따져 보시오. 이 그림 위에 $J = 40$, 80, 100에 대한 곡선들을 도시하고, 해리 에너지가 회전에 의해서 어떤 영향을 받는지 살펴보시오(평형 결합 길이에서 $\tilde{B} = 3.020$ cm^{-1}을 취하면 계산이 간단해진다).

43.4‡ Luo 등(*J. Chem. Phys.*, **98**, 3564 (1993))은 오랫동안 측정이 안 되었던 He_2 착물에 대한 실험 결과를 보고하였다. 1 mK 근처의 온도를 필요로 하는 실험을 통하여 얻은 He_2에 대한 결과는 $hc\tilde{D}_e$가 약 1.51×10^{-23} J, $hc\tilde{D}_0\approx2\times10^{-26}$ J, R_e가 약 297 pm로서 He_2에 대한 이론적 계산 결과와 일치한다(문제 29.1). (a) 조화 진동자와 강체 회전자를 가정하고 이 분자의 기본 진동 파수, 힘상수, 관성 모멘트, 회전 상수를 계산하시오. (b) 이러한 약한 결합 착물을 강체로 보기는 힘들다. Morse 퍼텐셜을 이용하여 진동 파수와 비조화성 상수를 구하시오.

43.5 Morse 진동자는 유한한 수의 구속 상태를 가지며 그 상태는 $V<hc\tilde{D}_e$임을 확인하시오. 가장 높은 구속 상태의 v_{max}를 결정하시오.

43.6 더 높은 차수 항을 고려하지 않는다면, 비조화 진동자의 진동 파수에 대한 식 43.17, $\Delta\tilde{G}_{v+(1/2)} = \tilde{\nu}-2(v+1)x_e\tilde{\nu}+\ldots$은 왼쪽 항을 $(v+1)$에 대하여 도시하였을 때 직선의 식이다. CO에 대한 다음의 데이터를 이용하여 CO에 대한 $\tilde{\nu}$와 $x_e\tilde{\nu}$ 값을 결정하시오.

v	0	1	2	3	4
$\Delta\tilde{G}_{v+\frac{1}{2}}(cm^{-1})$	2143.1	2116.1	2088.9	2061.3	2033.5

43.7 CO에 대한 회전 상수는 바닥 상태, 첫 번째 들뜸 진동 상태일 때, 각각 1.9314 cm^{-1}, 1.6116 cm^{-1}이다. 이 전이로 인해 얼마만큼의 핵간 거리가 변하겠는가?

43.8 $^{12}C_{21}H_2$와 $^{12}C_{22}H_2$의 P와 R 가지의 회전 선들 간의 간격은 각각 2.352 cm^{-1}, 1.696 cm^{-1}이다. CC와 CH 결합 길이를 구하시오.

43.9 $^1H^{35}Cl$에 대한 진동-회전 스펙트럼의 $v = 1 \leftarrow 0$ 전이에 대한 흡수는 다음과 같은 파수(cm^{-1})에서 관찰되었다.

2998.05	2981.05	2963.35	2944.99	2925.92
2906.25	2865.14	2843.63	2821.59	2799.00

회전 양자수를 배정하고, 결합차 방법을 이용하여 두 진동 준위의 회전 상수를 결정하시오.

43.10 평형 결합 길이가 R_e일 때 핵간 거리를 $R = R_e + x$로 나타낼 수 있다고 하자. 또한 퍼텐셜 우물은 대칭이며, 좁은 변위 범위에서 진동이 일어난다고 가정한다. $1/\langle R\rangle^2$, $1/\langle R^2\rangle$, $\langle 1/R^2\rangle$을 $\langle x^2\rangle/R_e^2$에 대하여 최저 지수항(0을 제외한)까지 나타내는 식으로 구하고, 이 값들이 동일하지 않음을 확인하시오.

43.11 응용 문제 43.10을 계속해서 비리알 식을 이용하여 $\langle x^2\rangle$을 진동 양자수와 연관시키시오. 이 결과에 의하면 진동이 높은 양자 상태로 들뜸에 따라 회전 상수가 증가하는가, 아니면 감소하는가? 비조화성은 어떤 효과를 나타내겠는가?

43.12 진동 상태에서 이원자 분자의 회전 상수는 일반적으로 $\tilde{B} = \tilde{B}_e - a(v+\frac{1}{2})$에 들어맞는다. 할로젠간 분자 IF에 대하여 $\tilde{B}_e = 0.27971$ cm^{-1}, $a = 0.187$ m^{-1}임이 밝혀졌다(단위의 변화를 주의할 것). $\tilde{B}_0$, $\tilde{B}_1$을 계산하고, 이 값을 이용하여 P와 R 가지의 $J' \rightarrow 3$ 전이의 파수를 계산하시오. 필요한 추가적인 정보는 다음과 같다. $\tilde{\nu} = 610.258$ cm^{-1}, $x_e\tilde{\nu} = 3.141$ cm^{-1}. IF 분자의 해리 에너지를 구하시오.

43.13 $^{12}C^{16}O$의 적외선 흡수 스펙트럼은 분해능이 낮을 때 2150 cm^{-1}에 중심을 둔 센 흡수띠가 나타난다. 그러나 분해능을 높게 하여 자세히 관찰하면 이 띠는 두 세트의 밀집된 피크들이 2143.26 cm^{-1}의 스펙트럼 중심 양쪽으로 갈라져 있다. 이 스펙트럼 중심 바로 좌우의 두 피크 사이 간격은 7.655 cm^{-1}이다. 조화 진동자와 강체 회전자를 가정하고 이 데이터로부터 (a) CO 분자의 진동 파수, (b) 몰 영점 진동 에너지, (c) CO 결합의 힘상수, (d) 회전 상수 $\tilde{B}$, (e) CO의 결합 길이를 계산하시오.

43.14 43.4b절에 요약된 결합차 분석은 P와 R 가지를 고려한다. 이 분석을 Raman 스펙트럼의 O와 S 가지에 대하여 확장해 보시오.

토픽 44 진동 분광법 : 다원자 분자

토론 문제

44.1 적외선 분광법에 대한 총 선택 규칙의 물리적 근원을 설명하시오.

44.2 진동 Raman 분광법에 대한 총 선택 규칙의 물리적 근원을 설명

하시오.

44.3 기체상에 있는 벤젠의 기준 진동 방식들의 특성들을 규정하려고 한다. 이 시료의 적외선 흡수 스펙트럼과 Raman 스펙트럼의 둘을 모두 얻는 것이 어째서 중요한지 설명하시오.

연습 문제

44.1(a) 다음 분자들 중에서 적외선 흡수 스펙트럼을 나타낼 수 있는 것을 말하시오. (a) H_2, (b) HCl, (c) CO_2, (d) H_2O

44.1(b) 다음 분자들 중에서 적외선 흡수 스펙트럼을 나타낼 수 있는 것을 말하시오. (a) CH_3CH_3, (b) CH_4, (c) CH_3Cl, (d) N_2

44.2(a) 다음 분자들은 기준 진동 방식을 몇 개 가지고 있겠는가? (a) H_2O, (b) H_2O_2, (c) C_2H_4

44.2(b) 다음 분자들은 기준 진동 방식을 몇 개 가지고 있겠는가? (a) C_6H_6, (b) $C_6H_5CH_3$, (c) HC≡C−C≡H

44.3(a) 성간구름에서 관측되는 분자 NC−(C≡C−C≡C)$_{10}$CN은 몇 개의 진동 방식을 갖는가?

44.3(b) 성간구름에서 관측되는 분자 NC−(C≡C−C≡C)$_8$CN은 몇 개의 진동 방식을 갖는가?

44.4(a) H_2O의 바닥 진동 상태에 대한 진동 항을 기준 진동 방식의 파수의 항으로 표현하시오. 식 44.1에 나타나 있는 비조화성은 무시하시오.

44.4(b) S_2O의 바닥 진동 상태에 대한 진동 항을 기준 진동 방식의 파수의 항으로 표현하시오. 식 44.1에 나타나 있는 비조화성은 무시하시오.

44.5(a) AB_2 분자가 (a) 비선형일 때, (b) 선형일 때 세 진동 중 어느 것이 적외선 활성이고, 또 어느 것이 Raman 활성인지 말하시오.

44.5(b) AB_3 분자가 (a) 삼각 평면일 때, (b) 삼각 피라미드형일 때 적외선 활성인 진동과 Raman 활성인 진동을 말하시오.

44.6(a) 벤젠 고리를 균일하게 팽창시키는 진동 방식을 생각해 보자. 이 방식이 (a) Raman 활성이겠는가, (b) 적외선 활성이겠는가?

44.6(b) 벤젠 고리를 보트형으로 굽히는 진동 방식을 생각해 보자. 이 방식이 (a) Raman 활성이겠는가, (b) 적외선 활성이겠는가?

44.7(a) CH_2Cl_2 분자는 C_{2v} 점군에 속한다. 원자들의 변위는 $5A_1+2A_2+4B_1+4B_2$에 걸친다. 기준 진동 방식들의 대칭을 구하시오.

44.7(b) 이황화 탄소 분자는 $D_{\infty h}$ 점군에 속한다. 세 원자들의 9개 변위는 $A_{1g}+2A_{1u}+2E_{1u}+E_{1g}$에 걸친다. 기준 진동 방식들의 대칭을 구하시오.

44.8(a) CH_2Cl_2(연습 문제 44.7(a))의 기준 진동 모드 중 (a) 어떤 것이 적외선 활성인가? (b) 어느 것이 Raman 활성인가?

44.8(b) 이황화 탄소(연습 문제 44.7(b))의 기준 진동 모드 중 (a) 어떤 것이 적외선 활성인가? (b) 어느 것이 Raman 활성인가?

응용 문제

44.1 평면 분자의 비평면 뒤틀림은 퍼텐셜 에너지 $V=V_0(1-e^{-bh^4})$으로 표현될 수 있다고 하자. 여기에서 h는 중심 원자가 변위되는 거리이다. h의 함수로 퍼텐셜 에너지를 그리시오(h는 음수와 양수 모두 허용된다). (a) 힘상수, (b) 진동은 어떻게 되겠는가? 바닥 상태 파동 함수의 형태를 그리시오.

44.2 Lewis 구조와 VSEPR 모형을 가지고 나이트로늄 이온 NO_2^+의 구조를 예측하시오. 이 이온은 1400 cm^{-1}에서 하나의 Raman 활성 진동 방식을, 2360 cm^{-1}와 540 cm^{-1}에서 두 개의 센 IR 활성 진동 방식을, 그리고 3735 cm^{-1}에서 하나의 약한 IR 활성 진동 방식을 가지고 있다. 이 데이터가 앞에서 예상한 이온 모양과 부합되겠는가? 이 진동 파수들을 이 이온의 기준 방식들에 배정하시오.

44.3 CH_3Cl 분자에 대해서 다음을 답하시오. (a) 이 분자는 어떤 점군에 속하겠는가? (b) 이 분자는 몇 개의 기준 진동 방식을 갖겠는가? (c) 이 분자의 기준 진동 방식들은 어떤 대칭을 갖는가? (d) 이 분자의 기준 진동 방식들 중에서 적외선 활성인 것은 어느 것인가? (e) 이 분자의 기준 진동 방식들 중에서 Raman 활성인 것은 어느 것인가?

44.4 비선형 분자 H_2O_2는 세 가지 배열(**1**, **2**, **3**)을 나타낼 수 있다. 기체상 H_2O_2는 870, 1370, 2869, 3417 cm^{-1}에서 적외선 흡수띠를 나타낸다. 같은 시료의 Raman 스펙트럼은 877, 1408, 1435, 3407 cm^{-1}에서 띠를 나타낸다. 이 띠들은 전부 기본 진동 파수에 대응하는 것들로서, (a) 870 cm^{-1}과 877 cm^{-1} 띠가 동일 기준 방식 때문에 나타나고, (b) 3417 cm^{-1}과 3407 cm^{-1} 띠가 동일 기준 방식 때문에 나타난다고 가정할 수 있다. (i) H_2O_2가 선형이라면 기준 진동 방식이 몇 개가 되겠는가? (ii) 비선형 H_2O_2의 세 배열 모형은 각각 어떤 대칭 점군에 속하겠는가? (iii) 세 모형 중에서 분광학적 데이터와 모순되는 것은 어느 것인가? 그 이유를 설명하시오.

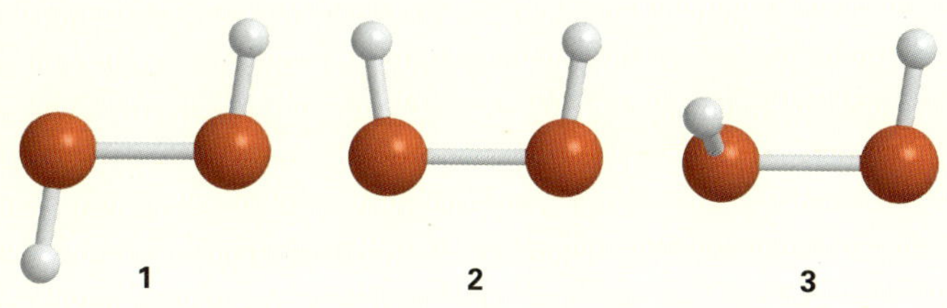

토픽 45 전자 분광법

토론 문제

45.1 이원자 산소 분자의 바닥 상태의 항기호가 $^3\Sigma_g^-$가 되는 근원을 설명하시오.

45.2 Franck–Condon 원리의 기본을 설명하고, 또 진동 구조가 어떻게 해서 나타나는지를 설명하시오.

45.3 P 가지와 R 가지의 띠머리는 어떻게 생기는가? Q 가지도 띠머리를 나타내겠는가?

45.4 분자가 어떻게 색을 나타내는지 설명하시오.

45.5 염료의 화합물 종류를 변화시키지 않고 그 색만을 더 진하게 하려고 하며, 이 염료는 폴리엔이라고 하자. (a) 사슬을 길게 해야 되겠는가, 짧게 해야 하겠는가? (b) 이와 같이 길이를 변화시키면 염료가 나타내는 색이 빨강과 파랑 중 어느 쪽으로 이동하겠는가?

연습 문제

45.1(a) C_2 분자의 한 들뜬 상태의 원자가 전자 배열은 $1\sigma_g^2 1\sigma_u^2 1\pi_u^3 1\pi_g^1$이다. 이 항의 다중도와 반전성을 나타내시오.

45.1(b) C_2 분자의 한 들뜬 상태의 원자가 전자 배열은 $1\sigma_g^2 1\sigma_u^2 1\pi_u^2 1\pi_g^2$이다. 이 항의 다중도와 반전성을 나타내시오.

45.2(a) 다음 중 전기 쌍극자 허용 전이는 어느 것인가?
(a) $^2\Pi \leftrightarrow {}^2\Pi$, (b) $^1\Sigma \leftrightarrow {}^1\Sigma$, (c) $\Sigma \leftrightarrow \Delta$, (d) $\Sigma^+ \leftrightarrow \Sigma^-$, (e) $\Sigma^+ \leftrightarrow \Sigma^+$

45.2(b) 다음 중 전기 쌍극자 허용 전이는 어느 것인가?
(a) $^1\Sigma_g^+ \leftrightarrow {}^1\Sigma_u^+$, (b) $^3\Sigma_g^+ \leftrightarrow {}^3\Sigma_u^+$, (c) $\pi^* \leftrightarrow n$

45.3(a) 어떤 분자의 바닥 상태 파동함수가 진동 파동함수 $\psi_0 = N_0 e^{-ax^2}$으로 묘사된다. $\psi_v = N_v e^{-b(x-x_0)^2}$인 파동함수로 묘사되는 진동 상태로 전이될 때의 Franck–Condon 인자를 계산하시오. 여기서 $b = a/2$이다.

45.3(b) 어떤 분자의 바닥 상태 파동함수가 진동 파동함수 $\psi_0 = N_0 e^{-ax^2}$으로 묘사된다. $\psi_v = N_v x e^{-b(x-x_0)^2}$인 파동함수로 묘사되는 진동 상태로 전이될 때의 Franck–Condon 인자를 계산하시오. 여기서 $b = a/2$이다.

45.4(a) 분자의 바닥 진동 상태는 상자 속 입자의 파동함수 $\psi_0 = (2/L)^{1/2}\sin(\pi x/L)$ (단, $0 \le x \le L$일 때, 나머지에서는 0)로 모형화된다. 파동함수 $\psi_v = (2/L)^{1/2}\sin\{\pi(x - L/2)/L\}$ (단, $L/4 \le x \le 5L/4$일 때, 나머지에서는 0)로 묘사되는 진동 상태로의 전이할 때의 Franck–Condon 인자를 계산하시오.

45.4(b) 분자의 바닥 진동 상태는 상자 속 입자의 파동함수 $\psi_0 = (2/L)^{1/2}\sin(\pi x/L)$ (단, $0 \le x \le L$일 때, 나머지에서는 0)로 모형화된다. 파동함수 $\psi_v = (2/L)^{1/2}\sin\{\pi(x - L/4)/L\}$ (단, $L/2 \le x \le 3L/2$일 때, 나머지에서는 0)로 묘사되는 진동 상태로의 전이할 때의 Franck–Condon 인자를 계산하시오.

45.5(a) 식 45.8a를 이용하여 P 가지 전이의 띠머리 위치에 상응하는 J 값을 구하시오.

45.5(b) 식 45.8c를 이용하여 R 가지 전이의 띠머리 위치에 상응하는 J 값을 구하시오.

45.6(a) 다음 파라미터들은 SnO의 바닥 전자 상태와 들뜬 전자 상태를 나타낸다. $\tilde{B} = 0.3540\ \text{cm}^{-1}$, $\tilde{B}' = 0.3101\ \text{cm}^{-1}$. 이들 사이의 어떤 전이 가지가 띠머리를 나타내겠는가? 그리고 어떤 J 값에서 이것이 나타내겠는가?

45.6(b) 다음 파라미터들은 BeH의 바닥 전자 상태와 들뜬 전자 상태를 나타낸다. $\tilde{B} = 10.308\ \text{cm}^{-1}$, $\tilde{B}' = 10.470\ \text{cm}^{-1}$. 이들 사이의 어떤 전이 가지가 띠머리를 나타내겠는가? 그리고 어떤 J 값에서 이것이 나타내겠는가?

45.7(a) H_2의 $^1\Pi_u \leftarrow {}^1\Sigma_g^+$ 전이의 R 가지는 $J = 1$인 대단히 낮은 값에서 띠머리를 나타낸다. 바닥 상태의 회전 상수는 $60.80\ \text{cm}^{-1}$이다. 높은 상태의 회전 상수는 얼마가 되겠는가? 이 전이에서 결합 길이가 증가하는가, 감소하는가?

45.7(b) CdH의 $^2\Pi \leftarrow {}^2\Sigma^+$ 전이의 P 가지는 $J = 25$에서 띠머리를 나타낸다. 바닥 상태의 회전 상수는 $5.437\ \text{cm}^{-1}$이다. 높은 상태의 회전 상수는 얼마가 되겠는가? 이 전이에서 결합 길이가 증가하는가, 감소하는가?

45.8(a) 착이온 $[Fe(OH_2)_6]^{3+}$의 전자 흡광 스펙트럼은 700 nm에서 극대가 나타난다. 이 착물의 Δ_O의 값을 구하시오.

45.8(b) 착이온 $[Fe(CN)_6]^{3-}$의 전자 흡광 스펙트럼은 305 nm에서 극대가 나타난다. 이 착물의 Δ_O의 값을 구하시오.

45.9(a) 일차원 계에서의 전하 이동 전이를 모형 상 $0 \le x \le a$ 영역에서 0이 아닌 한 직사각형 파동함수가 $1/2a \le x \le b$ 영역에서 0이 아닌 다른 한 직사각형 파동함수로 되는 과정이라고 생각할 수 있다. 전이 모멘트 $\int \psi_f x \psi_i\, dx$를 구하시오($a < b$라고 가정).

45.9(b) 일차원 계에서의 전하 이동 전이를 모형 상 $0 \le x \le a$ 영역에서 0이 아닌 한 직사각형 파동함수가 $0 \le c \le 1$일 때 $ca \le x \le a$ 영역에서 0이 아닌 다른 한 직사각형 파동함수로 설명되는 전자가 전이되는 과정이라고 생각할 수 있다. 전이 모멘트 $\int \psi_f x \psi_i\, dx$를 구하고 c에 대한 의존성을 설명하시오.

45.10(a) 일차원 계에서의 전하 이동 전이를 모형 상 폭이 a이고 $x = 0$에 중심을 두는 Gauss 파동함수가 같은 폭을 가지고 $x = a/2$에 중심을 두는 Gauss 함수로 전이되는 과정이라고 생각할 수 있다. 전이 모멘트 $\int \psi_f x \psi_i\, dx$를 구하시오.

45.10(b) 일차원 계에서의 전하 이동 전이를 모형 상 폭이 a이고 $x = 0$에 중심을 두는 Gauss 파동함수로 설명되는 전자가 폭 $a/2$를 가지고 $x = 0$에 중심을 두는 Gauss 함수로 전이되는 과정이라고 생각할 수 있다. 전이 모멘트 $\int \psi_f x \psi_i\, dx$를 구하시오.

45.11(a) 2,3-다이메틸-2-뷰텐(**4**)과 2,5-다이메틸-2,4-헥사다이엔(**5**)

의 두 화합물을 자외선 흡광 스펙트럼을 가지고 식별하려고 한다. 한 화합물이 192 nm에서 최대 흡광을 나타내고, 다른 하나는 243 nm에서 최대 흡광을 나타낸다. 이 최대 흡광을 화합물과 대응시키고, 그 이유를 설명하시오.

4 2,3-다이메틸-2-뷰텐 **5** 2,5-다이메틸-2,4-헥사다이엔

45.11(b) 3-뷰텐-2-온(**6**)은 213 nm에서 강한 흡광과 320 nm에서 약한 흡광을 나타낸다. 이런 특징이 나타나는 이유를 말하고, 자외선 흡광 전이를 지정하시오.

6 3-뷰텐-2-온

응용 문제

45.1 N_2^+의 바닥 상태에 대한 항기호는 $^2\Pi_g$이다. 이 항기호에 해당하는 들뜬 상태 전자 배치를 쌓음 원리를 이용하여 나타내시오.

45.2‡ Dojahn 등(*J. Phys. Chem.*, **100**, 9649 (1996))은 동핵 이원자 할로젠 음이온의 바닥 상태와 전자 상태들의 퍼텐셜 에너지 곡선을 나타내었다. 이 음이온들은 $^2\Sigma_u^+$ 바닥 상태와 $^2\Pi_g$, $^2\Pi_u$, $^2\Sigma_g^+$의 들뜬 상태들을 갖는다. 전기 쌍극자 전이가 허용되는 들뜬 상태는 이중 어느 것인가? 이유를 설명하시오.

45.3 산소 분자가 바닥 전자 상태에 있을 때의 진동 파수는 1580 cm^{-1}이며, 전자 전이가 허용되는 첫째 들뜬 상태(B $^3\Sigma_u^-$)에서의 진동 파수는 700 cm^{-1}이다. 이들 두 전자 상태에 대한 퍼텐셜 에너지 곡선의 극솟값들 사이의 에너지 간격이 6.175 eV이다. 바닥 전자 상태의 $v=0$ 진동 상태로부터 이 들뜬 상태로의 전이 띠 속에 들어 있는 최저 에너지 전이의 파수는 얼마가 되겠는가? 회전 구조나 비조화성은 무시한다.

45.4 이제 광전자 스펙트럼(토픽 24)의 특징을 조금 더 깊게 이해할 수 있게 되었다. 그림 F9.4는 HBr의 광전자 스펙트럼을 보여 준다. 미세 구조를 고려하지 않는다면, HBr 선은 두 가지 주요 그룹으로 나뉜다. 가장 약하게 속박된 전자(가장 낮은 이온화 에너지를 가지며, 방출될 때 가장 높은 운동 에너지를 갖는다)는 Br 원자의 홑전자이다. 그다음의 이온화 에너지는 15.2 eV이고, 이는 HBr에서 σ 결합을 하고 있는 전자를 제거하는 데 필요한 에너지에 해당된다. (a) 스펙트럼은 상당한 양의 진동 들뜸을 수반하는 전자의 방출을 보여 준다. 이러한 관측에 대하여 Franck–Condon 원리를 이용하여 설명하시오. (b) 다른 결합에서 많은 진동 구조가 결핍되어 나타나는 것이 Br4p_x, Br4p_y 홑전자의 비결합 역할과 왜 일치하는지를 설명하시오.

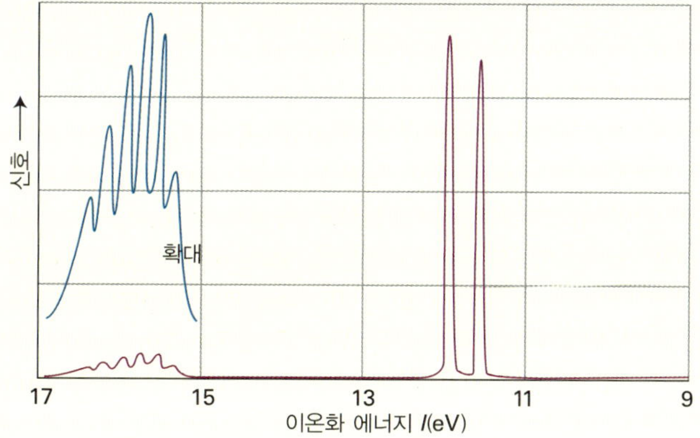

그림 F9.4 HBr의 광전자 스펙트럼

45.5 21.22 eV의 복사선을 이용했을 때 H_2O의 광전자 스펙트럼에 나타나는 최대 운동 에너지 전자는 약 9 eV이며, 0.41 eV의 큰 진동 간격을 나타낸다. 중성 H_2O 분자의 대칭 신축 방식은 3652 cm^{-1}에 있다. (a) 전자가 튀어나온 오비탈의 성질로부터 어떤 결론을 끌어낼 수 있겠는가? (b) 같은 H_2O의 스펙트럼에는 7.0 eV 근처의 띠에 0.125 eV 간격을 갖는 일련의 긴 진동선이 나타난다. H_2O의 굽힘 방식은 1596 cm^{-1}이다. 광전자가 차지했던 오비탈의 특성에 관해서 어떤 결론을 끌어낼 수 있겠는가?

45.6 자외선 스펙트럼을 이용하면 작은 무기 분자의 에너지 준위와 파동함수에 관한 많은 정보를 얻을 수 있다. 25°C에서 상당한 진동 구조를 가지고 있는 기체상 SO_2 분자의 자외선 스펙트럼을 그림 45.5에 나타내었다. 이 전이에 대한 적분 흡광 계수를 구하시오. 이 C_{2v} 분자의 A_1 바닥 상태로부터 전기 쌍극자 전이에 의해서 도달할 수 있는 전자 상태들은 어떤 것인가?

45.7 콘쥬게이션 이중 결합 분자 속에 있는 π 전자의 전자 상태는 일차원 상자 속 입자에 대한 파동함수를 가지고 근사시킬 수 있으며, 또 쌍극자 모멘트의 크기는 이 길이에 따른 변위와 연관시켜 $\mu=-ex$로 나타낼 수 있다고 가정한다. $n=1 \rightarrow n=2$ 전이 확률은 0이 아니지만, $n=1 \rightarrow n=3$ 전이 확률은 0이 됨을 보이시오. **힌트:** (a) 다음 관계식들을 이용하면 편리할 것이다. $\sin x \sin y = \frac{1}{2}\cos(x-y) - \frac{1}{2}\cos(x+y)$. (b) 관계되는 적분은 부록에 나타나 있다.

45.8 1,3,5-헥사트라이엔(일종의 '선형' 벤젠)을 벤젠으로 변환시켰다. 자유 전자 분자 오비탈 모형에 입각해서(헥사 트라이엔은 선형 상자로, 벤젠은 고리로 취급한다) 생각할 때 최저 에너지 흡광이 더 높은 에너지 쪽으로 이동하겠는가, 낮은 쪽으로 이동하겠는가?

45.9 전하 이동 전이를 한 H 1*s* 오비탈로부터 *R*만큼 떨어진 다른 원자의 H 1*s* 오비탈로 전자가 이동하는 것이라고 보고 전이 모멘트의 크기를 구하시오. 두 오비탈들 사이의 겹침 적분을 *S*라고 하고 전이 모멘트를 근사적으로 $-eRS$로 근사시키시오. 그림 24.7에서 주어진 곡선 *S*를 가지고 전이 모멘트를 *R*의 함수로 그리시오. *R*이 0에 무한대로 접근할 때 전하 이동의 세기가 0으로 떨어지는 이유는 무엇인가?

45.10 그림 F9.5는 선택된 아미노산의 uv–vis 흡수 스펙트럼을 나타낸다. 분자 구조에 기초하여 모양의 차이가 나타나는 이유를 제시하시오.

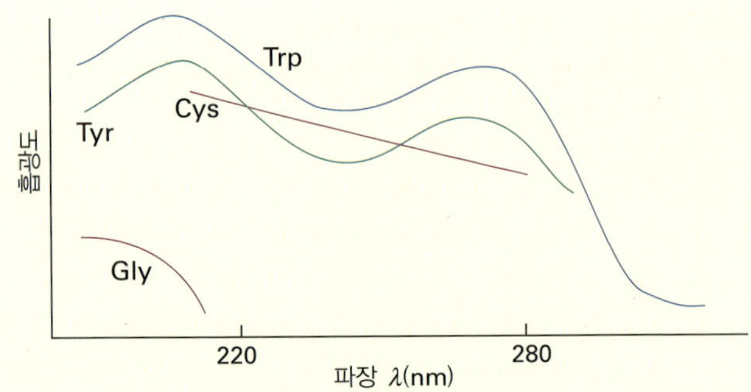

그림 F 9.5 선택된 아미노산의 전자 흡수 스펙트럼

토픽 46 들뜬 상태의 이완

토론 문제

46.1 형광의 메커니즘을 설명하시오. 형광 스펙트럼은 어느 점에서 해당하는 흡수 스펙트럼과 완전 거울상이 아닌가?

46.2 형광 메커니즘이 옳다는 증거를 설명하시오.

46.3 (a) 연속파, (b) 펄스파 레이저 작용의 원리를 설명하시오.

46.4 빛을 흡수함으로써 개시될 수 있는 매우 빠른 화학 반응 연구를 할 때, Q 스위치 레이저 또는 성분 잠금 레이저를 어떻게 이용할 것인가?

연습 문제

46.1(a) 그림 F9.6에서 A로 표시한 선은 낮은 온도에서 벤조페논이 녹아 있는 에탄올의 고체 용액에 360 nm의 빛을 조사시켰을 때 나타나는 형광 스펙트럼이다. 이 분자가 (a) 바닥 전자 상태, (b) 들뜬 전자 상태에 있을 때 카보닐기의 진동 에너지 준위에 관해서 어떤 사실을 말할 수 있겠는가?

46.1(b) 나프탈렌에 360 nm의 빛을 쪼이면 빛이 흡수되지 않지만 나프탈렌과 벤조페논 혼합물과의 에탄올 고체 용액은 그림 F9.6에서 B라고 표시한 인광 스펙트럼선을 내놓는다. 그리하여 나프탈렌으로부터의 형광 성분을 알아볼 수 있다. 이 관측 결과를 설명하시오.

46.2(a) 산소 분자는 $^3\Sigma_g^-$ 바닥 상태로부터 자외선을 흡수하여 해리성 $^5\Pi_u$ 상태와 가까운 들뜬 상태로 전이된다. 흡수띠는 비교적 큰 선폭이 실험적으로 나타내는데, 그 원인을 설명하시오.

46.2(b) 수소 분자는 자외선을 흡수하여 $^1\Sigma_g^+$ 바닥 전자 상태에서 에너지적으로 $^1\Sigma_u^+$ 해리 상태에 가까운 들뜬 상태로 전이가 일어난다. 흡수 띠는 비교적 큰 선너비가 실험적으로 나타난다. 이러한 관측을 설명하시오.

46.3(a) 0.10 mJ의 복사선 펄스를 내는 레이저의 피크 출력이 5.0 MW이고, 평균 출력은 7.0 kW이다. 펄스 지속 시간과 반복 속도를 구하시오.

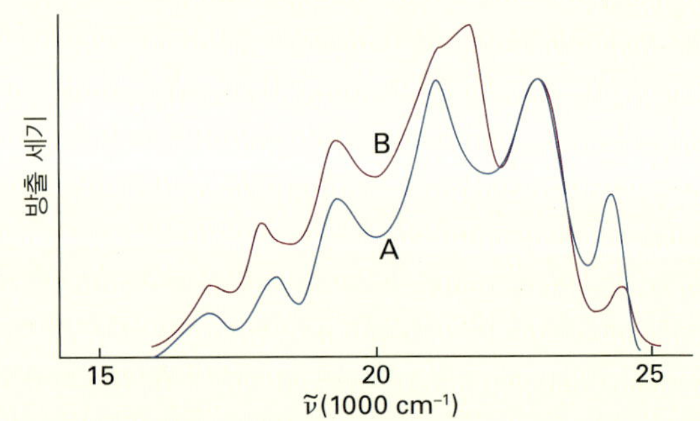

그림 F 9.6 두 용액의 형광과 인광 스펙트럼

46.3(b) 20.0 μJ의 복사선 펄스를 내는 레이저의 피크 출력이 100 kW이고, 평균 출력은 0.40 mW이다. 펄스 지속 시간과 반복 속도를 구하시오.

문제

46.1 안트라센 증기의 형광 스펙트럼에는 일련의 피크가 440 nm, 410 nm, 390 nm, 370 nm에서 개별적인 피크의 극댓값을 나타내는데, 이들의 세기가 계속 증가해 오다가 파장이 더 짧아지면 예리하게 끊어진다. 흡수 스펙트럼에는 0부터 360 nm의 극대까지 예리하게 증가하고, 이어서 세기가 약해져가는 345 nm, 330 nm, 305 nm의 꼬리들이 나타난다. 이러한 실험 결과가 나타나는 원인을 설명하

시오.

46.2 수학 소프트웨어나 스프레드시트를 이용하여 $L = 30$ cm와 $N = 100$과 1000인 성분 잠금 레이저의 출력을 시뮬레이션하시오(즉 그림 46.16에 보인 것과 같은 도시를 하시오).

46.3 매트릭스 보조 레이저 탈착/이온화법(Matrix-assisted laser desorption/ionization, MALDI)는 질량 분광법의 일종이다. 이는 시료를 우선 기체 상태에서 이온화시키고, 그다음 모든 이온의 질량 대 전하수 비(m/z)를 측정하는 방법이다. MALDI 방법은 비행 시간법(time-of-flight, TOF) 이온 검출기와 짝지어 사용되기 때문에 MALDI-TOF 질량 분광법으로도 불리는데, 이는 거대 분자의 몰질량을 결정하는 데 널리 이용되고 있다. MALDI-TOF 질량 분석기에서 거대분자는 초기에 2,5-다이하이드록시벤조산, 니코틴산, 또는 α-사이아노카복실산과 같은 유기산으로 구성된 고체 기질(matrix)에 담겨져 있으며, 그다음에 레이저 펄스가 시료에 방사된다. 전자기파 에너지 펄스는 기질 이온, 양이온, 그리고 중성 거대 분자를 튀어나오게 함으로써 시료 표면 위에 밀도가 높은 기체 증기를 발생시킨다. 거대 분자는 충돌하거나 H^+ 양이온과 착물을 형성함으로써 여러 전하를 가지는 분자 이온을 발생시킨다. 고분자 혼합물의 스펙트럼은 다른 몰질량을 가지는 분자들의 다양한 피크로 구성되어 있다. MALDI-TOF 질량 스펙트럼은 $m/z = 9912$, 4554 g mol^{-1}에서 두 개의 강한 특성 피크를 나타낸다. 시료는 한 가지 또는 두 가지의 구별되는 생고분자 물질을 포함하는가? 이를 설명하시오.

46.4 어떤 분자가 400 nm 파장의 형광을 내놓는데, 그 반감기는 1.0 ns이다. 이 분자는 또 500 nm의 인광을 내놓는다. $S^* \rightarrow S$ 전이와 $T \rightarrow S$ 전이에 대한 자극 방출의 전이 확률 비가 1.0×10^5이라면, 이 인광을 내는 상태의 반감기는 얼마이겠는가?

통합 문제

F9.1 토픽 31~33의 군론에서 설명한 용어에 따르면 구형 회전자는 입방 점군이나 20면체 점군에 속하는 분자이고, 대칭 회전자는 최소한 삼중 대칭축을 갖는 분자이며, 그리고 비대칭 회전자는 삼중(또는 그 이상의) 축이 없는 분자이다. 선형 분자는 선형 회전자이다. 다음 분자들을 구형, 대칭, 선형, 비대칭 회전자로 분류하고, 군론에 입각해서 답의 합당성을 설명하시오. (a) CH_4, (b) CH_3CN, (c) CO_2, (d) CH_3OH, (e) 벤젠, (f) 피리딘

F9.2 유효 질량이 m_{eff}인 이원자 분자의 원심 일그러짐 상수 $\tilde{D}_J$에 관한 식 41.17($\tilde{D}_J = 4\tilde{B}^3/\tilde{\nu}^2$)을 유도하시오. 이 결합은 힘상수가 k이고, 평형 결합 길이 r_e가 원심력 일그러짐에 의해서 새 결합 길이 r_c로 변할 수 있는 탄성 스프링과 같다고 본다. 이 식을 유도하기 위해서는 우선 입자는 원심력 $m_{eff}\omega^2 r_c$와 완전히 균형을 이루는 복원력 $k(r_c - r_e)$를 받는다고 본다. 단, ω는 회전하는 분자의 각속도이다. 다음에는 각운동량을 $\{J(J+1)\}^{1/2}\hbar$로 놓음으로써 양자 역학적 효과를 넣어 준다. 끝으로 회전하는 분자의 에너지를 나타내는 식을 쓰고, 이것을 식 41.16과 비교하여 $\tilde{D}_J$에 관한 식을 쓰시오.

F9.3‡ 근래에 H_3^+ 이온이 성간 매질, 그리고 목성, 토성, 천왕성의 대기 속에서 발견되었다. 납작 대칭 팽이인 H_3^+의 회전 에너지 준위는 원심 일그러짐과 다른 복잡한 효과를 무시할 경우 $\tilde{A}$ 대신 $\tilde{C}$가 들어간 식 41.13으로 주어진다. 진동-회전 상수의 실험값은 $\tilde{\nu}(E') = 2521.6$ cm^{-1}, $\tilde{B} = 43.55$ cm^{-1}, $\tilde{C} = 20.71$ cm^{-1}이다. (a) H_3^+와 같은 비선형 평면 분자에 대해서는 $I_C = 2I_B$가 됨을 보이시오. 실험값과 크게 벌어지는 이유는 식 41.13에서 무시한 인자들 때문이다. (b) H_3^+에서의 H-H 결합 길이를 근사적으로 계산하시오. (c) J.B. Anderson(*J. Chem. Phys.*, **96**, 3702 (1991))이 양자 역학적으로 얻은 최선의 R_e 값은 87.32 pm이다. 이 결과를 이용하여 회전 상수 $\tilde{B}$와 $\tilde{C}$를 계산하시오. (d) D_3^+에서도 기하 구조와 힘상수가 H_3^+에서와 같다고 가정하고 D_3^+의 분광학적 상수들을 계산하시오. D_3^+ 분자 이온은 Shy 등(*Phys. Rev. Lett.*, **45**, 535 (1980))이 처음으로 만들었으며, 적외선 스펙트럼에서 $\nu_2(E')$ 띠를 관찰하였다.

F9.4 그림 43.1에서 보여 준 것과 같은 분자 퍼텐셜 에너지를 구성하기 위해서 분자 모형 설계 소프트웨어와 각자가 선택한 계산 방법(반실험적 방법, 순이론적 방법, 또는 DFT 방법)을 사용하시오. 할로젠화 수소(HF, HCl, HBr, HI)를 생각해 보자. (a) 각 분자에 대하여 계산한 에너지를 결합 길이에 대하여 도시하고, (b) H-할로젠 결합들에 대한 힘상수의 크기(차수)를 결정하시오.

F9.5 토픽 28~30에서 논의한 반실험적 방법, 순이론적 방법, DFT 방법들은 분자의 진동 스펙트럼 모의 실험을 하는 데 사용할 수 있으며, 그리하여 기준 방식을 생기게 하는 진동 진동수와 원자 변위 사이의 대응성을 결정할 수 있게 한다. (a) 분자 모형 설계 소프트웨어와 각자가 선택한 계산 방법(반실험적 방법, 순이론적 방법, 또는 DFT 방법)을 사용하여, 기본 진동 파수를 계산하고 기체상 SO_2의 기본 진동 방식들을 그려 보시오. (b) 기체상 SO_2의 기본 진동 파수의 실험값은 525 cm, 1151 cm^{-1}, 1336 cm^{-1}이다. 계산값과 실험값을 비교하시오. 비교 결과가 좋지 않더라도 실험적으로 측정한 진동 운동의 파수를 특정한 기본 진동 방식과 대응시킬 수 있겠는가?

F9.6 적당한 전자 구조 소프트웨어를 사용하여 학생이나 강사가 선택한 바탕함수 세트를 이용하여 H_2O와 CO_2에 대한 계산을 수행하시오. (a) 각 분자의 바닥 상태 에너지, 평형 기하 구조, 진동 진동수를 계산하시오. (b) H_2O의 쌍극자 모멘트의 크기를 계산하시오(실험값은 1.854 D이다). (c) 계산한 값을 실험값과 비교하고, 차이가 있다면 그 이유를 설명하시오.

F9.7 헤메리트린 단백질은 일부 무척추동물에서 O_2를 결합하고 운반하는 역할을 한다. 각 단백질 분자는 각각 2개의 Fe^{2+} 이온을 가지고 있으며, 이 두 이온이 가까이 위치하여 합동으로 하나의 O_2 분자와 결합한다. 산소화된 헤메리트린의 Fe_2O_2기는 색을 나타내며, 500 nm에서 전자 흡수띠를 나타낸다. 이 분자를 500 nm의 레이저로 들뜨게 하면 공명 Raman 스펙트럼 띠가 844 cm^{-1}에서 나타나는데,

이 띠는 결합된 $^{16}O_2$의 O–O 신축 진동 방식에 의한 것으로 생각된다. (a) O_2가 헤메리트린에 결합하는 것을 연구하는 데 적외선 흡수 분광법을 쓰지 않고 공명 Raman 분광법을 쓰는 이유는 무엇인가? (b) 844 cm^{-1} 띠가 결합된 O_2종으로부터 나온다는 증거는 $^{16}O_2$ 대신에 $^{18}O_2$가 혼합된 헤메리트린 시료를 가지고 실험을 하면 얻을 수 있을 것이다. $^{18}O_2$로 처리한 헤메리트린 시료가 나타낼 $^{18}O–^{18}O$ 신축 방식의 기본 진동 파수를 예측하시오. (c) O_2, O_2^-(초과산화 음이온), O_2^{2-}(과산화 음이온)의 O–O 신축 방식에 대한 기본 진동 파수는 각각 1555, 1107, 878 cm^{-1}이다. 이 변화 경향을 O_2, O_2^-, O_2^{2-}의 전자 구조를 가지고 설명하시오(**힌트**: 토픽 24 참조). O_2, O_2^-, O_2^{2-}의 결합 차수는 얼마인가? (d) 위에서 제공한 데이터에 근거할 때, 헤메리트린의 Fe_2O_2기를 가장 잘 설명해 줄 수 있는 종은 다음 중 어느 것이겠는가? $Fe_2^{2+}O_2$, $Fe^{2+}Fe^{3+}O_2^-$, $Fe_2^{3+}O_2^{2-}$. 답에 대한 이유를 설명하시오. (e) $^{16}O^{18}O$와 혼합된 헤메리트린의 공명 Raman 스펙트럼은 결합된 산소의 O–O 신축 방식에 기인되는 두 띠를 나타낸다. 이 실험 사실을 이용하여 아래 네 구조(**7**~**10**) 중에서 헤메리트린의 Fe_2 자리에 결합된 O_2로서 적합하지 않은 것들을 어떻게 골라낼 수 있겠는지 설명하시오.

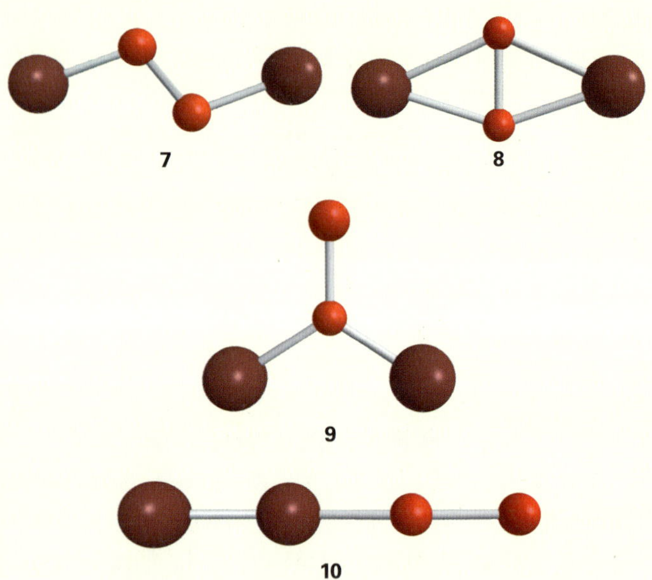

F9.8‡ Ophiuchus 성단에서 기체상 성간 구름은 ζ-Ophiuci 별에 의한 후면 조명을 받고 있다. 전자–진동–회전 흡수선들을 분석함으로써 이 성간 매질 속에 CN 분자가 존재한다는 것이 밝혀졌다. 즉 자외선 영역 $\lambda = 387.5$ nm에서 $J = 0 \rightarrow 1$ 전이에 해당하는 강한 흡수선이 나타나며, 뜻밖에도 이 흡수선보다 세기가 25% 정도밖에 안 되는 $J = 1 \rightarrow 1$ 전이(여기서는 허용된다)에 해당하는 약간 긴 파장($\Delta\lambda = 0.061$ nm)의 두 번째 흡수선이 나타나는 것을 관찰하였다. 이 CN 분자의 온도를 계산하시오. 후에 분광학에 대한 기여로 Nobel 상을 수상한 Gerhard Herzberg가 계산한 온도는 2.3 K였다. 이 결과에 당황하면서도 그는 이것의 중요성을 완전하게 인식하지 못하였었다. 이것을 인식하였더라면 그는 배경 마이크로파 우주선의 발견으로 이 상을 받았을지도 모른다.

F9.9‡ 불안정한 라디칼의 전자 스펙트럼을 얻는 주요 방법 중의 하나는 혜성의 스펙트럼을 연구하는 데 이용된다. 이 혜성 스펙트럼은 거의 완전히 라디칼로 되어 있으며, CN 등 많은 라디칼의 스펙트럼이 들어 있다. 혜성의 이 라디칼들은 그 어미 화합물들이 원자외선 영역의 태양 복사선을 흡수하기 때문에 생긴 것이다. 그 후에 이들은 긴 파장의 태양 광선에 의해서 이들의 형광이 들뜨게 된다. Hale–Bopp 혜성(C/1995 O1)의 스펙트럼이 근래의 연구에 상당한 관심을 끌었는데, 예로서 태양 중심으로부터 멀리 떨어진 Hale–Bopp 혜성의 성운(coma) 속에 있는 CN의 형광 스펙트럼 연구를 들 수 있다(R.M Wagner and D.G. Schleicher(*Science* **275**, 1918 (1997)). 이 사람들은 성운 속에서 CN의 공간 분포와 생성 속도를 측정하였다. (0–0) 진동띠는 387.6 nm에 중심을 두고 있으며, 세기가 이것의 0.1밖에 안 되는 약한 (1–1) 띠가 386.4 nm에 중심을 두고 있다. (0–0)과 (1–1)에 대한 띠머리는 각각 388.3, 421.6 nm이다. 이들 데이터를 이용하여 바닥 상태 S_0를 기준으로 했을 때의 들뜬 S_1 상태의 에너지, 이 두 상태의 진동 파수와 진동 파수의 차, 그리고 S_1 상태의 $v = 0$과 $v = 1$ 진동 준위들의 상대적 개체수를 구하시오. 또 S_1 상태는 8개 회전 준위만이 점유된다고 하는데, 이 내용이 S_1 상태의 유효 온도와 부합되는 사실인가?

F9.10 선형 할로젠화 수은(II) 분자들의 관성 모멘트는 대단히 크며, 이들이 나타내는 진동 Raman 스펙트럼의 O 가지와 S 가지는 회전 구조를 거의 나타내지 않는다. 그렇지만 두 가지 피크를 확인할 수는 있으며, 이것을 이용하여 이 분자들의 회전 상수를 측정할 수 있다(R.J.H. Clark and D.M. Rippon, *J. Chem. Soc. Faraday Soc.* II, **69**, 1496 (1973)). 극대 세기에 해당하는 J 값으로부터 O 가지와 S 가지 피크들 사이의 간격이 Placzek–Teller 관계식 $\delta = (32\tilde{B}kT/hc)^{1/2}$으로 표시됨을 보이시오. 제시된 온도에서 아래와 같은 간격을 얻었다.

	$HgCl_2$	$HgBr_2$	HgI_2
θ(°C)	282	292	292
$\delta(cm^{-1})$	23.8	15.2	11.4

이 세 분자의 결합 길이를 계산하시오.

F9.11‡ 10 cm의 용기 속에 들어 있는 이산화 탄소(2.1%)와 헬륨의 혼합 기체가 1.00 bar, 298 K에서 다음과 같은 흡광도 $A(\tilde{\nu})$를 가지고 2349 cm^{-1}에 중심을 둔 IR 흡수띠를 나타낸다.

$$A(\tilde{\nu}) = \frac{a_1}{1+a_2(\tilde{\nu}-a_3)^2} + \frac{a_4}{1+a_5(\tilde{\nu}-a_6)^2}$$

여기서 계수들은 $a_1 = 0.932$, $a_2 = 0.005050$ cm^2, $a_3 = 2333$ cm^{-1}, $a = 1.504$, $a_5 = 0.01521$ cm^2, $a^6 = 2362$ cm^{-1}이다. (a) $A(\tilde{\nu})$와 $\varepsilon(\tilde{\nu})$의 그래프를 그리시오. 이 띠와 띠너비를 나오게 하는 근원은 무엇인가? 이 띠의 허용 전이와 금지 전이는 어떤 것들인가? (b) 단순 조화 진동과 강체 회전자 모형을 이용하여 이 띠의 전이 파수와 흡광도를 계산하고, 그 결과를 실험 스펙트럼과 비교하시오. CO 결합 길이는 116.2 pm이다. (c) 대기의 이산화 탄소가 지구로부터 방출되는 이 띠를 완전히 흡수할 수 있으려면 높이 h가 얼마까지 올라가야 하겠는가? 대기 속의 CO_2의 몰분율은 3.3×10^{-4}이고, 10 km 이하에서는 T/K = 288 − 0.0065(h/m)이다. 이 띠의 대기 투과도를 높이와 파수의 함수로 나타내는 표면 그림을 그리시오.

F9.12 군론을 써서 다음 전이 중 어느 것이 전기 쌍극자 허용인지를 결정하시오. (a) 에텐에서의 $\pi^* \leftarrow \pi$ 전이, (b) C_{2v} 환경 속에 있는 카보닐기의 $\pi^* \leftarrow n$ 전이

F9.13 분자 (**11**)을 로돕신에 들어 있는 발색단의 트랜스 형태 모형으로 이용하시오. 이 모형에서는 양성자화된 시프 염기의 질소 원자에 결합되어 있는 메틸기가 단백질을 치환하고 있다. (a) 분자 모형 설계 소프트웨어와 강사가 지정한 계산 방법을 이용하여 (**11**)의 HOMO와 LUMO 사이의 에너지 간격을 계산하시오. (b) (**11**)의 11-*cis* 형태를 가지고 이 계산을 되풀이하시오. (c) 학생의 (a)와 (b)에 대한 계산 결과에 입각해서 (**11**)의 트랜스 형태의 $\pi^* \leftarrow \pi$ 가시 영역 실험 흡광 진동수가 11-*cis* 형태에 대한 것보다 높겠는지, 낮겠는지를 판단하시오.

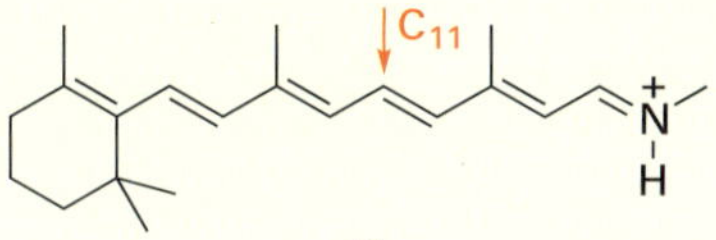

11

F9.14 방향족 탄화수소는 I_2와 반응하여 착물을 만드는데, 여기서 전하 이동 전자 상태 전이가 일어난다. 즉 탄화수소는 전자 주개로, I_2는 전자 받개로 작용한다. 몇 가지 탄화수소–I_2 착물에 대한 이 전하 이동 전이의 에너지 $h\nu_{max}$는 다음과 같다.

탄화수소	벤젠	바이페닐	나프탈렌	페난트렌	피렌	안트라센
$h\nu_{max}$(eV)	4.184	3.654	3.452	3.288	2.989	2.890

탄화수소의 HOMO(전하 이동 전이에서 전자를 내놓는)의 에너지와 $h\nu_{max}$ 사이에 상관관계가 있다는 가설을 조사하시오. 토픽 28~30에서 설명한 분자의 전자 구조를 결정하는 어느 한 방법을 이용하여 이 데이터 속에 있는 각 탄화수소들의 HOMO 에너지를 결정하시오.

F9.15 스핀 각운동량은 분자가 원자로 해리될 때에도 보존된다. 다음 분자들이 원자로 해리될 때 어떤 원자 다중도들이 허용되겠는가?
(a) O_2 분자, (b) N_2 분자

10장 자기 공명

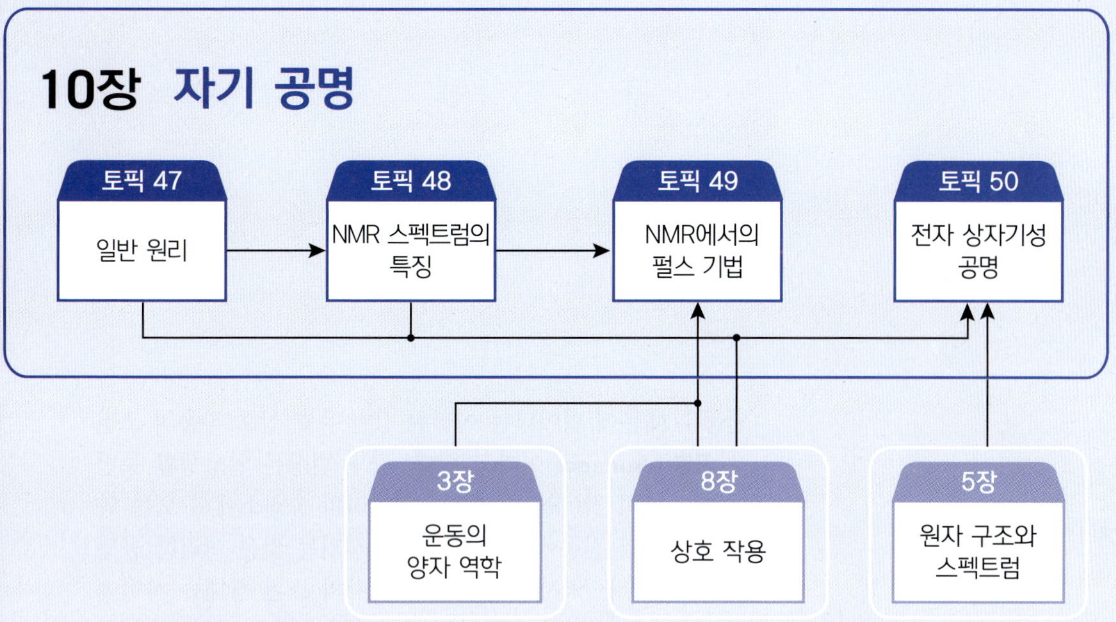

우리는 **원자 구조와 스펙트럼**에서 전자가 '스핀'이라고 불리는 특성을 가지고 있다는 것을 알았다. 이 장의 여러 토픽에서 다루게 될 '자기 공명' 기법은 분자 속에서 전자와 핵의 스핀 상태 사이에서의 전이를 조사한다. 이들 토픽의 핵심 초점인 '핵자기 공명'(NMR) 분광법은 생중합체와 같이 커다란 분자들의 구조와 동적 성질을 탐구하기 위하여 화학에서 가장 널리 이용되는 방법 중의 하나이다. 우선 토픽 47에서, 분자에서 핵과 전자의 스핀 상태 사이에서의 분광학적 전이를 지배하는 원리를 설명하는 자기 공명에 대한 논의로 시작한다.

토픽 48에서는 우선 자기성 핵의 성질이 그 전자 환경과 주위에 있는 다른 자기성 핵의 존재에 의해서 어떤 영향을 받는지를 보는 전통적인 NMR에 관해서 설명하려고 한다. 이러한 개념들은 어떻게 분자 구조가 NMR 스펙트럼의 모양을 지배하는지를 이해하게 하여 준다. 최신 NMR 방법에서는 전자기 복사 펄스를 이용하고 여기서 나오는 신호를 'Fourier 변환' 방법으로 처리하는 것에 기초를 두고 있으며(토픽 49), 또한 **상호 작용**과 **운동의 양자 역학**에서 소개된 개념을 활용한다. NMR 분광법이 다양한 환경 속에서 크고 작은 분자들의 배열을 조사할 수 있는 것은 이들 펄스 방법의 응용을 통한 것이다.

전자 상자기성 공명(EPR)에 관한 실험 방법은 초기의 NMR에서 사용했던 것과 비슷하다. 이것으로부터 얻는 정보는 **원자 구조와 스펙트럼**의 개념을 이용하여 홀전자를 가지고 있는 종들을 조사하는 데 쓰인다. 토픽 50에서는 유기 라디칼과 d 금속 착물에 대한 연구를 위하여 EPR의 응용에 관하여 간략히 살펴볼 것이다.

토픽 47

일반 원리

내용

➤ 학습 목표

핵자기 공명 분광법은 화학과 의학에서 널리 이용되고 있다. 자기 공명의 능력을 이해하기 위하여, 분자 속에서 핵과 전자의 스핀 상태 사이에서의 분광학적 전이를 지배하는 원리를 이해할 필요가 있다.

➤ 핵심 내용

자기장 속에서 스핀의 에너지 준위 사이의 간격이 입사 광자의 에너지와 일치할 때 공명 흡수가 일어난다.

➤ 미리 알기

스핀의 양자 역학적 개념(토픽 19)과 Boltzmann 분포(**기초 지식**, 토픽 2와 토픽 51)에 친숙해져야 한다.

두 진자를 약간 신축성이 있는 한 개의 축으로 연결시키고, 이 중 한 진자를 진동시키면, 공통 축의 운동 때문에 다른 진자가 덩달아서 진동하게 된다. 이 결과로 에너지는 이 둘 사이로 왔다갔다하며 흐른다. 에너지 전이는 두 진자의 진동수가 동일할 때 가장 효과적으로 일어난다. 두 진동의 동등한 진동수 때문에 일어나는 이러한 강한 유효 상호 작용의 조건을 **공명**(**resonance**)이라고 한다. 공명 현상은 일상생활 주변에서도 많이 찾아볼 수 있다. 원거리의 송신소에서 오는 약한 전기장의 진동에 라디오를 동조시키는 것은 이러한 공명의 한 예이다. 역사적으로 핵과 전자의 스핀 상태들 사이에서 일어나는 전이를 측정하는 분광학적 방법의 명칭 속에 '공명'이라는 말을 넣어 왔는데, 그 까닭은 이 방법들이 에너지 준위들의 세트를 단색 복사선원에 맞추어서 공명이 될 때 생기는 강한 흡광을 관찰하는 것이기 때문이다. 사실 모든 분광법은 자기장과 분자 사이의 공명 상호 작용의 형태이다. 이에 반해 **자기 공명**(**magnetic resonance**)은 에너지 준위들 자체가 걸어준 자기장을 이에 맞추어 변경함으로써 식별된다.

전자 스핀의 증거는 Stern–Gerlach 실험(토픽 19)에 의해서 확인되었으며, 또한 여러 핵들이 스핀 각운동량을 갖는다는 것을 알게 되었다. 오비탈과 스핀 각운동량은 자기 모멘트를 생기게 하는데, 전자와 핵들이 자기 모멘트를 갖는다는 말은, 이들을 외부 자기장 안에서의 배향에 의존하는 에너지를 갖는 작은 막대자석과 같이 취급할 수 있다는 것을 어느 정도 의미한다. 여기에서는 전자와 핵의 에너지가 외부 자기장의 세기에 어떻게 의존하는지를 밝히고자 한다. 이어서 자기 공명 분광법(토픽 48~50)을 이용하여 복잡한 분자의 구조와 동역학을 연구하는 것을 살펴보고자 한다.

47.1 핵자기 공명

여기에서 설명하는 공명을 응용하는 것은 많은 핵들이 **핵스핀 양자수**(**nuclear spin quantum number**) I(전자의 경우 s인 것의 유사체)에 의해 특정되는 스핀 각운동량을 갖는다는 사실에 의존한다. **핵자기 공명**(**nuclear magnetic resonance**, NMR) 실험을 이해하기 위해서는 자기장 속에서의 핵의 거동과, 이어서 분광학적 전이를 검출하는 기본 방법을 반드시 설명해야 한다.

(a) 자기장 속에서의 핵의 에너지

핵의 스핀 양자수 I는 핵종에 의존하는 핵의 고정된 고유 성질로, 정수이거나 반정수이다(표 47.1). 스핀 양자수가 I인 핵은 다음과 같은 성질을 가지고 있다.

물리적 해석

- 크기가 $\{I(I+1)\}^{1/2}\hbar$인 각운동량을 갖는다.
- 이 각운동량의 특정한 축(z축) 상의 성분은 $m_I\hbar$이며, 이때 $m_I=I, I-1, \cdots, -I$이다.
- $I>0$이면 일정한 크기의 자기 모멘트를 가지며, 그 배향은 m_I 값으로 결정된다.

위의 두 번째 성질에 의하면 핵의 스핀, 따라서 핵의 자기 모멘트는 한 축에 대해서 $(2I+1)$개의 상이한 배향을 나타낼 수 있다. 양성자는 $I=\frac{1}{2}$의 값을 가지며, 따라서 이것의 스핀은 두 배향 중의 어느 한 배향을 나타낸다. 즉 ^{14}N 핵은 $I=1$의 값을 가지며, 세 배향 중 어느 하나를 나타낸다. ^{12}C와 ^{16}O는 모두 $I=0$이며, 따라서 자기 모멘트가 0이다.

고전적으로 외부 자기장 $\mathcal{B}$에서 자기 모멘트 $\boldsymbol{\mu}$의 에너지는 다음과 같은 스칼라 곱과 같다(**수학적 배경** 4).

$$E=-\boldsymbol{\mu}\cdot\mathcal{B} \tag{47.1}$$

더 공식적으로 말하면, $\mathcal{B}$는 자기 유도이며 테슬라(tesla)로 측정되고, $1\,\mathrm{T}=1\,\mathrm{kg\,s^{-2}\,A^{-1}}$이다. 가우스 단위(SI 단위가 아님) G도 가끔 사용되는데, $1\,\mathrm{T}=10^4\,\mathrm{G}$이다. 양자 역학적으로 hamilton 연산자를 다음과 같이 나타낸다.

$$\hat{H}=-\hat{\boldsymbol{\mu}}\cdot\mathcal{B} \tag{47.2}$$

$\hat{\boldsymbol{\mu}}$에 대한 식을 나타내기 위하여, 전자에서와 똑같이(토픽 21) 핵의 자기 모멘트가 각운동량에 비례한다는 사실을 이용한다. 따라서 식 47.2에서의 연산자는 다음과 같다.

$$\hat{\boldsymbol{\mu}}=\gamma_N\hat{\boldsymbol{I}} \quad \text{and} \quad \hat{H}=-\gamma_N\mathcal{B}\cdot\hat{\boldsymbol{I}} \tag{47.3a}$$

여기서 γ_N은 특정 핵에 대한 **핵자기 회전 비율(nuclear magnetogyric ratio)**로, 핵의 내부 구조에 기인되는, 실험적으로 결정되는 특성이다(표 47.2). z축 방향으로 세기가 $\mathcal{B}_0$인 자기장이 작용할 때 식 47.3a의 hamilton 연산자는 다음과 같게 된다.

$$\hat{H}=-\gamma_N\mathcal{B}_0\hat{I}_z \tag{47.3b}$$

연산자 $\hat{I}_z$의 고윳값이 $m_I\hbar$이므로, 이 hamilton 연산자의 고윳값은 다음과 같다.

$$E_{m_I}=-\gamma_N\hbar\mathcal{B}_0 m_I \tag{47.4a}$$

자기장 속에서의 핵스핀 에너지

에너지에 대한 이 식은 자주 다음과 같은 **핵 마그네톤(nuclear magneton)** μ_N으로 나타낸다.

$$\mu_N=\frac{e\hbar}{2m_p} \tag{47.4b}$$

핵 마그네톤

여기에서 m_p는 양성자의 질량이고, $\mu_N=5.051\times10^{-27}\,\mathrm{J\,T^{-1}}$이며, **핵 g 인자(nuclear g-factor)** g_I라고 불리는 실험 상수로 나타내면 식 47.4a는 다음과 같이 된다.

$$E_{m_I}=-g_I\mu_N\mathcal{B}_0 m_I \quad g_I=\frac{\gamma_N\hbar}{\mu_N} \tag{47.4c}$$

자기장 속에서의 핵스핀 에너지

핵 g 인자는 실험적으로 결정되는 무단위 양으로서, 전형적으로 −6과 +6 사이의 값을 갖는다(표 47.2). g_I와 γ가 양의 값을 가지면 자기 모멘트가 스핀 각운동량과 같은 방향으로 놓이게 되고, 음의 값을 가지면 자기 모멘트와 스핀이 반대 방향에 놓인다. 핵자기는 전자 스핀과 연관된 자기보다 약

표 47.1 핵의 성분과 핵스핀 양자수*

양성자수	중성자수	I
짝수	짝수	0
홀수	홀수	정수(1, 2, 3, ⋯)
짝수	홀수	반정수($\frac{1}{2}$, $\frac{3}{2}$, $\frac{5}{2}$, ⋯)
홀수	짝수	반정수($\frac{1}{2}$, $\frac{3}{2}$, $\frac{5}{2}$, ⋯)

* 핵이 들뜬 상태일 때는 핵의 스핀이 달라질 수 있다. 이 토픽 전체에 걸쳐 오로지 바닥 상태에 있는 핵들만을 취급할 것이다.

표 47.2* 핵스핀 성질

핵종	존재비(%)	스핀 I	g 인자 (g_I)	자기 회전 비율 $\gamma_N(10^7\,\mathrm{T^{-1}\,s^{-1}})$	1 T에서의 NMR 진동수 ν(MHz)
^{1}n		$\frac{1}{2}$	−3.826	−18.32	29.164
^{1}H	99.98	$\frac{1}{2}$	5.586	26.75	42.576
^{2}H	0.02	1	0.857	4.11	6.536
^{13}C	1.00	$\frac{1}{2}$	1.405	6.73	10.708
^{14}N	99.64	1	0.404	1.93	3.078

* 더 많은 값들이 **부록**에 수록되어 있다.

2000배나 약하다.

핵자기 공명의 논의의 나머지 부분에서는 대부분의 핵에서와 같이 γ_N이 양이라고 가정한다. 이러한 경우에는 식 47.4에 따라 $m_I<0$인 상태가 $m_I>0$인 상태보다 높게 위치한다. 따라서 $I=\frac{1}{2}$을 갖는 핵인 **스핀-$\frac{1}{2}$ 핵(spin-$\frac{1}{2}$ nucleus)**의 보다 낮은 $m_I=+\frac{1}{2}(\alpha)$ 상태와 높은 $m_I=-\frac{1}{2}(\beta)$ 상태 사이의 에너지 간격은 다음과 같으며

$$\Delta E=E_{-1/2}-E_{+1/2}=\frac{1}{2}\gamma_N\hbar\mathcal{B}_0-\left(-\frac{1}{2}\gamma_N\hbar\mathcal{B}_0\right)=\gamma_N\hbar\mathcal{B}_0 \qquad (47.5)$$

공명 조건이 다음과 같을 때 공명 흡수가 일어난다(그림 47.1).

$$h\nu=\gamma_N\hbar\mathcal{B}_0 \quad \text{or} \quad \nu=\frac{\gamma_N\mathcal{B}_0}{2\pi} \qquad \text{스핀-}\tfrac{1}{2}\text{핵 공명 조건} \qquad (47.6)$$

공명에서는 스핀과 복사선 사이에서 강한 상호 작용이 있게 되며, 낮은 에너지 상태에서 높은 에너지 상태로 스핀 젖혀짐에 따른 흡수가 일어난다. 전자기장은 또한 높은 상태에서 낮은 상태로 스핀의 젖혀짐을 자극하여 복사선을 방출하게 한다. 곧 자세하게 논의하는 바와 같이 알짜 흡수는 이러한 두 과정의 차이가 된다.

간단한 예 47.1 NMR에서의 공명 조건

12.0 T의 자기장에서 양성자($s=\frac{1}{2}$) 스핀과 공명을 이루는 복사선의 진동수를 계산하기 위하여 다음과 같이 식 47.6을 사용한다.

$$\nu=\frac{\overbrace{(2.6752\times10^8\,\text{T}^{-1}\text{s}^{-1})}^{\gamma_N}\times\overbrace{(12.0\,\text{T})}^{\mathcal{B}_0}}{2\pi}=5.11\times10^8\,\text{s}^{-1}=511\,\text{MHz}$$

자가 진단 47.1 위와 같은 조건에서 $\gamma_N=1.0841\times10^8\ \text{T}^{-1}\,\text{s}^{-1}$일 때 ^{31}P 핵에 대한 공명 진동수를 계산하시오.

답: 207 MHz

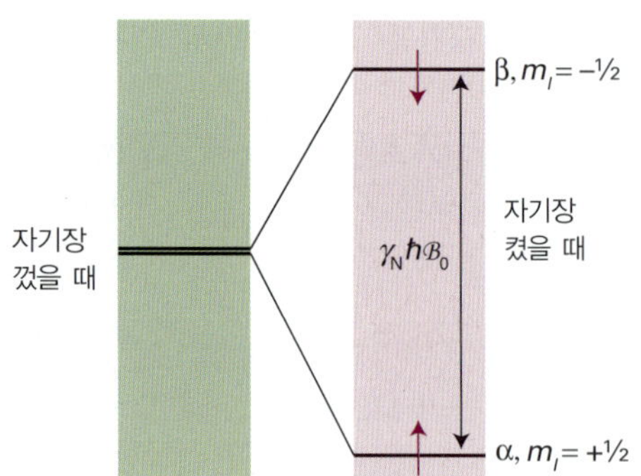

그림 47.1 자기장에서 양의 자기 회전 비율(예를 들어 ^{1}H 또는 ^{13}C)을 갖는 스핀-$\frac{1}{2}$ 핵의 핵스핀 에너지 준위. 준위들의 에너지 간격이 전자기장의 광자 에너지와 일치할 때 공명이 일어난다.

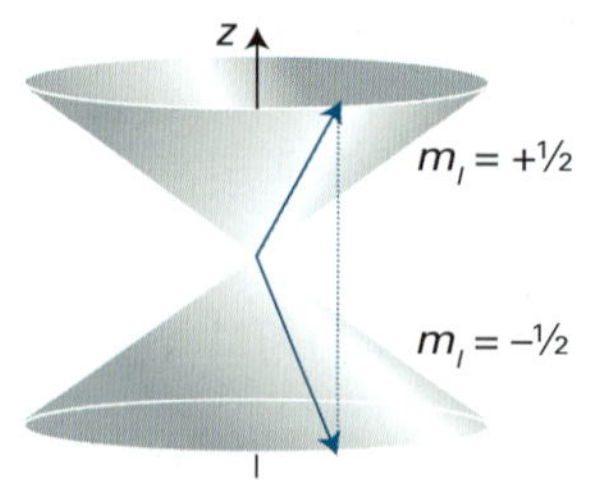

그림 47.2 스핀-$\frac{1}{2}$ 핵의 m_I 상태들과 외부 자기장 사이의 상호 작용은 각운동량을 나타내는 벡터들의 세차 운동으로 그려볼 수 있다.

아주 작은 막대자석으로 묘사된 자기성 핵을 양자 역학과 고전적인 관점에서 비교하는 것이 때때로 도움이 된다. 외부 자기장을 가했을 때 자기장 방향 주위를 도는 것과 같은 **세차 운동(precession)**으로 불리는 운동을 겪게 된다(그림 47.2). 이 세차 운동 속도 ν_L을 **Larmor 세차 운동 진동수(Larmor precession frequency)**라고 하며, 다음과 같이 나타낸다.

$$\nu_L=\frac{\gamma_N\mathcal{B}_0}{2\pi} \qquad \text{정의 핵의 Larmor 진동수} \qquad (47.7)$$

따라서 스핀-$\frac{1}{2}$ 핵에 의한 공명 흡수는 Larmor 세차 운동 진동수가 가해준 전자기장의 진동수와 동일할 때 일어나게 된다.

(b) NMR 분광계

가장 간단한 형태에서 NMR은 자기장을 가하여 공명 전자기장의 진동수를 측정함으로써 자기성 핵을 포함하는 분자의 성질을 연구하는 것이다. 보통 사용하는 자기장(약 12 T)에서 핵의 Larmor 진동수는 전형적으로 전자기 스펙트럼의 고주파 영역(500 MHz에 가까운)에 놓이게 되며, 따라서 NMR은 고주파 기법이다. 대부분의 논의에서는 스핀-$\frac{1}{2}$ 핵을 고려하지만, NMR은 0이 아닌 모든 스핀을 갖는 핵에 적용할 수 있다. NMR에 의해 연구되는 대부분의 일반적인 핵인 양성자와 마찬가지로, 스핀-$\frac{1}{2}$ 핵에는 ^{13}C, ^{19}F, ^{31}P가 포함된다.

NMR 분광계는 균일하고 강한 자기장을 내놓을 수 있는 자석과, 적절한 고주파 전자기 복사선원으로 되어 있다. 최신 분광 기기는 10 T 이상의 자기장을 만들어 낼 수 있는 초전도 자석을 이용한다(그림 47.3). 시료는 빠른 속도로 회전시켜서 자기적 불균일성을 제거해 준다. 그러나 작은 분자를 조사할 때는 시료를 자전시키는 것이 필수적이지만, 큰 분자의 경우에는 비가역적 결과를 나오게 할 수 있으므로 흔히 회전을 시키지 않는다. 초전도 자석(토픽 39)은 액체 헬륨 온도(4 K)에서 작동하지만, 시료 자체는 실온 또는 전형적으로 −150~+100°C 사이에서 온도를 조절할 수 있는 용기에 넣

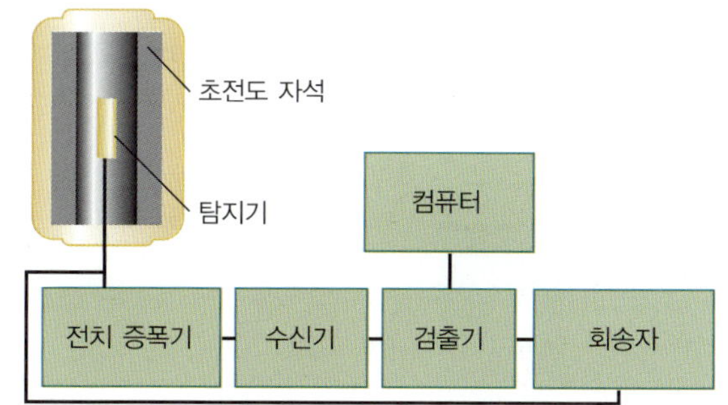

그림 47.3 전형적인 NMR 분광계의 배치. 회송자로부터 검출기까지 연결시킨 것은 수신되는 고진동수의 신호로부터 이 회송자의 고진동수 복사선을 빼주어, 컴퓨터에서 처리할 수 있는 낮은 진동수의 신호만을 남기게 하는 것을 나타낸다.

어서 측정한다.

현대 NMR 분광법은 고주파 복사선을 사용한다. 이러한 Fourier 변환(FT) NMR 방법으로 용액과 고체 속의 매우 커다란 분자의 구조를 결정할 수 있다(토픽 49).

NMR 전이의 세기는 여러 인자에 의존하며, 아래 **증명**에서 보이는 바와 같이 주어진다.

$$\text{세기} \propto (N_\alpha - N_\beta)\mathcal{B}_0 \qquad (47.8a)$$

여기서

$$N_\alpha - N_\beta \approx \frac{N\gamma_N \hbar \mathcal{B}_0}{2kT} \qquad \text{핵 개체수 차} \qquad (47.8b)$$

여기서 N은 전체 스핀의 수를 나타낸다($N = N_\alpha + N_\beta$). 따라서 온도를 낮추면 개체수 차가 증가하여 세기가 증가하게 된다.

간단한 예 47.2 핵스핀 개체수

양성자에 대하여 $\gamma_N = 2.675\times10^8\ \text{T}^{-1}\ \text{s}^{-1}$이다. 따라서 20°C에서 10 T의 자기장에서 1 000 000개 양성자에 대해서는 다음과 같다.

$$N_\alpha - N_\beta \approx \frac{\overbrace{1000000}^{N}\times\overbrace{(2.675\times10^8\,\text{T}^{-1}\text{s}^{-1})}^{\gamma_N}\times\overbrace{(1.055\times10^{-34}\,\text{Js})}^{\hbar}\times\overbrace{(10\,\text{T})}^{\mathcal{B}_0}}{2\times\underbrace{(1.381\times10^{-23}\,\text{JK}^{-1})}_{k}\times\underbrace{(293\,\text{K})}_{T}}$$

$$\approx 35$$

이와 같이 강한 자기장에서도 오로지 아주 작은, 약 백만분의 35에 해당하는 개체수의 불균형이다.

자가 진단 47.2 ^{13}C 핵에서는 $\gamma_N = 6.7283\times10^7\ \text{T}^{-1}\ \text{s}^{-1}$이다. 20°C에서 ^{13}C 스핀의 분포에서 동일한 불균형을 유도하는 데 필요한 자기장을 계산하시오.

답: 40 T, NMR 분광계에서는 비현실적으로 강한 자기장이다.

증명 47.1 NMR 스펙트럼의 세기

책에서 지적한 바와 같이, 공명이 일어나면 흡수와 방출이 모두 자극된다. 토픽 16에서 설명한 전이 세기에 관한 일반적인 고찰에 따르면, 전자기 복사선의 흡수 속도는 낮은 에너지 상태(양성자 NMR 전이의 경우에는 N_α)의 개체수에 비례하고, 자극 방출 속도는 높은 상태(N_β)의 개체수에 비례한다. 전형적인 자기 공명에서 이용되는 낮은 진동수에서는 자발적 방출이 매우 작아 무시할 수 있다. 따라서 알짜 흡수 속도는 두 개체수의 차에 비례하므로 다음과 같이 나타낼 수 있다.

$$\text{흡수 속도} \propto N_\alpha - N_\beta$$

에너지의 흡수 속도를 나타내는 흡광 세기는 흡광 속도(광자가 흡수되는 속도)와 각 광자의 에너지의 곱에 비례한다. 그리고 광자의 에너지는 입사 복사선의 진동수 ν에 비례한다($E = h\nu$). 공명이 일어날 때는 이 진동수가 가한 자기장에 비례하며($\nu = \nu_L = \gamma_N\mathcal{B}_0/2\pi$), 따라서 흡수 속도를 다음과 같이 나타낼 수 있다.

$$\text{흡수 속도} \propto (N_\alpha - N_\beta)\mathcal{B}_0$$

이것은 식 47.8a이다. 개체수 차에 관한 식을 구하려면 우선 Boltzmann 분포(**기초 지식**, 토픽2, 토픽 51)를 이용하여 개체수 비를 다음과 같이 구한다.

$$\frac{N_\beta}{N_\alpha} = \mathrm{e}^{-\overbrace{\gamma_N\hbar\mathcal{B}_0}^{\Delta E}/kT} \overset{\mathrm{e}^{-x}=1-x+\ldots}{\approx} 1 - \frac{\gamma_N\hbar\mathcal{B}_0}{kT}$$

$\Delta E = \gamma_N\hbar\mathcal{B}_0 \ll kT$일 때는 지수항을 전개할 수 있는데, 핵스핀의 경우에는 이 조건이 의례히 충족된다. 따라서 다음과 같이 된다.

$$\frac{N_\alpha - N_\beta}{\underbrace{N_\alpha + N_\beta}_{N}} = \frac{N_\alpha(1 - N_\beta/N_\alpha)}{N_\alpha(1 + N_\beta/N_\alpha)} = \frac{1 - \overbrace{N_\beta/N_\alpha}^{1-\gamma_N\hbar\mathcal{B}_0/kT}}{1 + \underbrace{N_\beta/N_\alpha}_{1-\gamma_N\hbar\mathcal{B}_0/kT}}$$

$$\approx \frac{1-(1-\gamma_N\hbar\mathcal{B}_0/kT)}{1+\underbrace{(1-\gamma_N\hbar\mathcal{B}_0/kT)}_{\approx1}} = \frac{\gamma_N\hbar\mathcal{B}_0/kT}{2}$$

이 식이 바로 식 47.8b이다.

식 47.8a와 식 47.8b를 결합하면 세기가 $\mathcal{B}_0^2$에 비례한다는 것을 알 수 있으며, 그리하여 가한 자기장의 세기를 증가시키면 NMR 전이의 세기가 현저하게 증가한다. 높은 자기장을 이용하면 스펙트럼의 모양이 간단해져서(토픽 48), 보다 쉽게 해석할 수 있다. 또한 자기 회전 비율이 높은 핵자(예로서 ^{1}H)가 자기 회전 비율이 낮은 핵자(예로서 ^{13}C)보다 더 강한 흡수를 일으킨다는 것이라고 결론지을 수 있다.

47.2 전자 상자기성 공명

전자 상자기성 공명(**electron paramagnetic resonance**, EPR), 또는 **전자 스핀 공명**(**electron spin resonance**, ESR)은 진동수를 알고 있는 복사선과 공명을 이루는 자기장을 측정하여 홀전자를 갖는 분자나 이온에 관해 연구하는 방법이다. NMR에 대하여 다루었던 것과 마찬가지로, EPR에서의 공명 조건에 대한 식을 쓰고 그리하여 EPR 분광계의 일반적인 특징을 설명하기로 한다.

(a) 자기장 속에서의 전자의 에너지

스핀 양자수 $s=\frac{1}{2}$을 갖는 전자(토픽 19)의 스핀 자기 모멘트는 전자의 스핀 각운동량에 비례한다. 스핀 자기 모멘트와 hamilton 연산자는 각각 다음과 같다.

$$\hat{\boldsymbol{\mu}}=\gamma_{e}\hat{\boldsymbol{s}} \quad \text{and} \quad \hat{H}=-\gamma_{e}\mathcal{B}\cdot\hat{\boldsymbol{s}} \qquad (47.9a)$$

여기서 $\hat{\boldsymbol{s}}$는 스핀 각운동량 연산자이며, 비례 상수 γ_e는 **전자의 자기 회전 비율**(**magnetogyric ratio of electron**)로서 다음과 같이 주어진다.

$$\gamma_{e}=-\frac{g_{e}e}{2m_{e}} \qquad \text{전자 자기 회전 비율} \qquad (49.9b)$$

여기서 g_e는 **전자의 *g* 값**(***g*-value of the electron**)이라 부르고 $g_e=2.002\,319\cdots$이다. Dirac의 상대성 이론(Einstein의 특수 상대성 이론과 부합되도록 Schrödinger 식을 수정한)으로부터 $g_e=2$가 나오고, 추가되는 $0.002\,319\cdots$는 전자가 그 주위 진공 속의 전자기 요동과 상호 작용을 하기 때문에 나타나는 것이다. γ_e에서 음의 기호(전자의 전하 부호에 따른)는 오비탈 자기 모멘트가 오비탈 각운동량 벡터와 반대 방향임을 나타낸다.

z축 방향으로 크기가 $\mathcal{B}_0$인 자기장이 작용할 때 hamilton 연산자는 다음과 같이 된다.

$$\hat{H}=-\gamma_{e}\mathcal{B}_{0}\hat{s}_{z} \qquad (47.10)$$

연산자 $\hat{s}_z$의 고윳값은 $m_s\hbar$이며, $m_s=+\frac{1}{2}(\alpha)$와 $m_s=-\frac{1}{2}(\beta)$이다. 따라서 자기장 속에서는 전자 스핀의 에너지가 다음과 같이 된다.

$$E_{m_s}=-\gamma_{e}\hbar\mathcal{B}_{0}m_{s} \qquad \text{자기장 속에서의 전자 스핀의 에너지} \qquad (47.11a)$$

또한 이 식은 **Bohr 마그네톤**(**Bohr magneton**) μ_B의 항으로 다음 식과 같이 쓸 수 있다.

$$E_{m_s}=g_{e}\mu_{B}\mathcal{B}_{0}m_{s} \quad \mu_{B}=\frac{e\hbar}{2m_{e}} \qquad \text{자기장 속에서의 전자 스핀의 에너지} \qquad (47.11b)$$

여기에서 m_s는 전자의 질량이고 $\mu_B=9.274\times10^{-24}\ \mathrm{J\ T^{-1}}$이다. Bohr 마그네톤은 양의 값을 가지며, 흔히 자기 모멘트의 기본적인 양자(quantum)로 간주되고 있다.

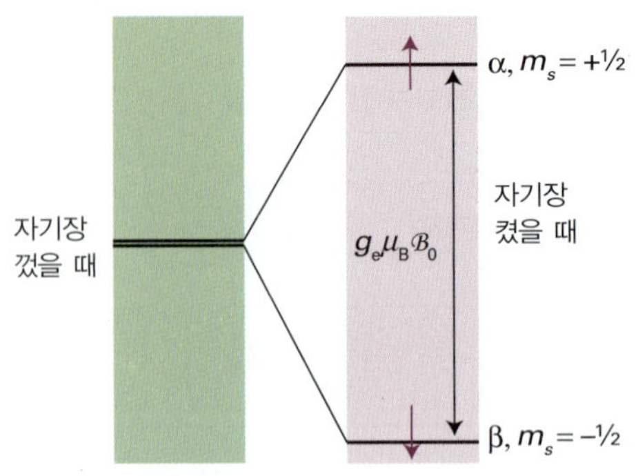

그림 47.4 자기장 속에서의 전자 스핀 에너지 준위. β 상태의 에너지가 α 상태 에너지보다 낮다는 것을 주의하라(전자의 자기 회전 비율이 음이기 때문이다). 입사 복사선의 진동수가 이 에너지 간격에 해당하는 진동수와 일치할 때 공명이 일어난다.

자기장이 없을 때는 상이한 m_s 값을 갖는 상태들은 축퇴된다. 그러나 장이 존재할 때는 축퇴가 제거되어, $m_s=+\frac{1}{2}$인 상태는 에너지가 $\frac{1}{2}g_e\mu_B\mathcal{B}_0$ 만큼 올라가고, $m_s=-\frac{1}{2}$인 상태는 에너지가 $\frac{1}{2}g_e\mu_B\mathcal{B}_0$ 만큼 내려간다. 식 47.11b로부터 z축 방향으로 크기가 $\mathcal{B}_0$인 자기장 속에서 전자 스핀이 $m_s=+\frac{1}{2}$(높은 준위), $m_s=-\frac{1}{2}$(낮은 준위)인 준위 사이의 간격은 다음과 같게 된다.

$$\Delta E=E_{+1/2}-E_{-1/2}=\frac{1}{2}g_{e}\mu_{B}\mathcal{B}_{0}-\left(-\frac{1}{2}g_{e}\mu_{B}\mathcal{B}_{0}\right)=g_{e}\mu_{B}\mathcal{B}_{0} \qquad (47.12a)$$

시료에 진동수 ν인 복사선이 가해지면, 이 진동수가 다음의 공명 조건을 만족시킬 때 에너지 간격은 이 복사선과 공명을 이루게 된다(그림 47.4).

$$h\nu=g_{e}\mu_{B}\mathcal{B}_{0} \qquad \text{전자 공명 조건} \qquad (47.12b)$$

이와 같이 공명이 일어날 때는 전자 스핀과 복사선 사이에 강한 상호 작용이 일어나고, 그리하여 강한 흡수가 일어나서 전자 스핀이 $\alpha\leftarrow\beta$ 전이를 일으키게 된다. NMR에서와 같이 공명에서는 반대의 전이도 일어날 수 있으며, 곧 바로 더 자세히 탐구하게 되는 바와 같이, 검출되는 신호는 준위들의 상대 개체수가 고려된 실제 결과가 된다.

간단한 예 47.3 EPR에서의 공명 조건

약 0.30 T(가장 보편적으로 시판되는 EPR 분광계에서 사용되는 값임)의 자기장은 다음과 같은 공명에 해당된다.

$$\nu=\frac{\overbrace{(2.0023)}^{g_e}\times\overbrace{(9.274\times10^{-24}\,\mathrm{J\,T^{-1}})}^{\mu_B}\times\overbrace{(0.30\,\mathrm{T})}^{\mathcal{B}_0}}{\underbrace{6.626\times10^{-34}\,\mathrm{J\,s}}_{h}}$$

$$=8.4\times10^{9}\,\mathrm{s^{-1}}=8.4\,\mathrm{GHz}$$

이것은 3.6 cm의 파장에 해당된다.

자가 진단 47.3 $\lambda = 0.88$ cm에서 일어나는 EPR 전이에 있어 자기장의 크기를 계산하시오.

답: 1.2 T

(b) EPR 분광계

간단한 예 47.3으로 볼 때, 시판되는 대부분의 EPR 분광계는 대략 3 cm 파장에서 작동된다. 3 cm 파장의 복사선은 마이크로파 영역의 전자기 복사선에 속하므로 EPR은 마이크로파 분광법이다.

Fourier 변환(FT) 방식과 연속파(CW) 방식의 EPR 분광계는 모두 유용하다. FT-EPR 장치는 시료 속에서 전자 스핀을 들뜨게 하기 위하여 마이크로파 펄스를 사용한다는 것을 제외하고는, NMR 분광법에 관해 토픽 49에서 설명한 개념에 근거를 두고 있다. 더 일반적인 CW-EPR 분광계의 기본 장치도를 그림 47.5에 나타내었다. 이것은 마이크로파 광원(클라이스트론 또는 Gunn 진동기), 시료가 들어 있는 유리나 석영 용기를 넣는 공동, 마이크로파 검출기, 0.3 T의 영역의 가변 자기장을 만드는 전자석으로 구성되어 있다. EPR 스펙트럼은 자기장을 변화시키면서 마이크로파 흡수를 측정하여 얻어지며, 그 전형적인 스펙트럼(벤젠의 라디칼 음이온, $C_6H_6^-$)을 그림 47.6에 나타내었다. 실제로 이 스펙트럼의 특이한 모양은 흡수 곡선의 기울기를 나타낸 것으로, 흡수 곡선을 예민하게 나타내기 위해서 곡선의 일차 도함수를 취한 결과이다(그림 47.7).

이미 지적하였듯이, 스펙트럼선의 세기는 바닥 상태와 들뜬 상태 사이의 개체수 차에 의존한다. 핵에 대한 유사한 논거에 의하여, 전자의 경우 β 상태의 에너지는 α 상태 에너지 아래에 놓이게 되며, N이 스핀의 총 수일 때 두 상태 사이에서 개체수의 차는 다음과 같다.

$$N_\beta - N_\alpha \approx \frac{N g_e \mu_B \mathcal{B}_0}{2kT} \qquad \text{전자 개체수 차} \qquad (47.13)$$

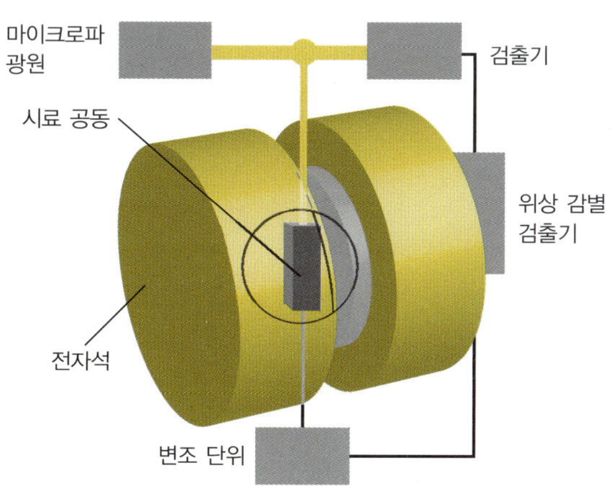

그림 47.5 연속파 EPR 분광계의 장치도. 전형적으로 사용되는 자기장은 0.3 T이며 공명을 일으키기 위해서는 9 GHz (3 cm)의 마이크로파가 필요하다.

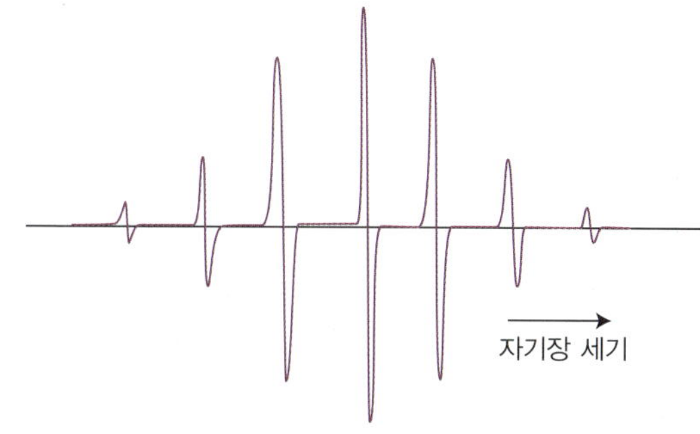

그림 47.6 유체 용액 속에 들어 있는 벤젠 라디칼 음이온($C_6H_6^-$)의 EPR 스펙트럼

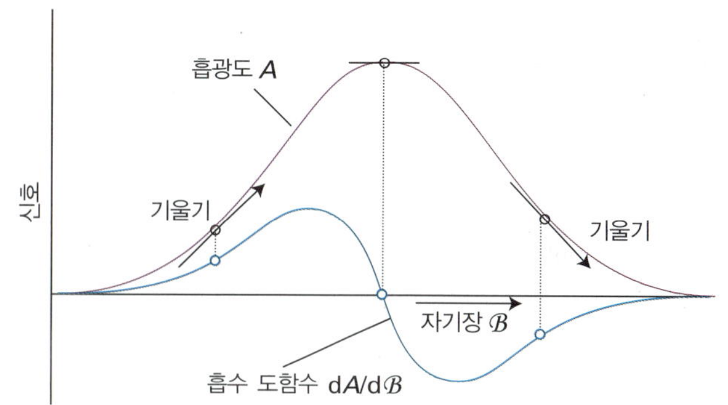

그림 47.7 위상 감별 검출기가 사용될 때 신호는 흡광 세기의 일차 도함수가 된다. 흡수 피크는 도함수가 0을 지나는 점에 해당됨을 주목하라.

간단한 예 47.4 전자 스핀 개체수

20°C(293 K)에서 1000개의 전자 스핀이 1.0 T의 자기장에 노출되었을 때 다음과 같이 된다.

$$N_\beta - N_\alpha \approx \frac{\overbrace{1000}^{N}\times\overbrace{2.0023}^{g_e}\times\overbrace{(9.274\times10^{-24}\,\mathrm{J\,T^{-1}})}^{\mu_B}\times\overbrace{(1.0\,\mathrm{T})}^{\mathcal{B}_0}}{2\times\underbrace{(1.381\times10^{-23}\,\mathrm{J\,K^{-1}})}_{k}\times\underbrace{(293\,\mathrm{K})}_{T}}$$

$$\approx 2.3$$

1000개 중 대략 2개 정도만의 개체수 불균형이 일어난다. 그러나 이 불균형은 핵스핀(**간단한 예** 47.2)의 경우보다 전자 스핀의 경우에 훨씬 더 큰 것이며, 이는 보통 적용되는, 자기장의 세기가 약한 경우에도 전자의 스핀 상태 사이의 에너지 간격은 핵스핀의 경우보다 크기 때문이다.

자가 진단 47.4 EPR 실험은 매우 낮은 온도에서 수행되는 것이 일반적이다. $\mathcal{B}_0 = 0.30$ T인 경우, 어느 온도에서 스핀 개체수 불균형이 전자 100개 중 5개의 전자가 되겠는가?

답: 4 K

개념 확인

☐ 1. **핵스핀 양자수** I는 음이 아닌 정수이거나 반정수이다.

☐ 2. 상이한 m_I 값을 갖는 핵들은 자기장의 존재하에서 다른 에너지를 갖는다.

☐ 3. **핵자기 공명**(NMR)은 자기장 속에서 핵에 의한 전자기 복사선의 공명 흡수를 측정하는 것이다.

☐ 4. NMR 분광계는 고주파 복사선원과, 강하고 균일한 자기장을 내는 자석으로 구성되어 있다.

☐ 5. 공명 흡수 세기는 가해준 자기장의 세기($\mathcal{B}_0^2$과 같이)로 증가한다.

☐ 6. 상이한 m_s 값을 갖는 전자들은 자기장의 존재하에서 다른 에너지를 갖는다.

☐ 7. **전자 상자기성 공명**은 자기장 속에서 홑전자에 의한 전자기 복사선의 공명 흡수를 측정하는 것이다.

☐ 8. EPR 분광계는 마이크로파 광원, 시료를 담는 공동, 마이크로파 검출기, 전자석으로 구성되어 있다.

식 확인

성질	식	비고	식 번호
핵 마그네톤	$\mu_N = e\hbar/2m_p$		47.4b
자기장 속에서 핵스핀의 에너지	$E_{m_I} = -\gamma_N \hbar \mathcal{B}_0 m_I = -g_I \mu_N \mathcal{B}_0 m_I$		47.4c
공명 조건(스핀-$\frac{1}{2}$ 핵)	$h\nu = \gamma_N \hbar \mathcal{B}_0$	$\gamma_N > 0$	47.6
Larmor 진동수	$\nu_L = \gamma_N \mathcal{B}_0 / 2\pi$	$\gamma_N > 0$	47.7
개체수 차(핵)	$N_\alpha - N_\beta \approx N\gamma_N \hbar \mathcal{B}_0 / 2kT$		47.8b
자기 회전 비율(전자)	$\gamma_e = -g_e e/2m_e$	$g_e = 2.002\,319$	47.9b
자기장 속에서 전자 스핀의 에너지	$E_{m_s} = -\gamma_e \hbar \mathcal{B}_0 m_s = g_e \mu_B \mathcal{B}_0 m_s$		47.11a
Bohr 마그네톤	$\mu_B = e\hbar/2m_e$		47.11b
공명 조건(전자)	$h\nu = g_e \mu_B \mathcal{B}_0$		47.12
개체수 차(전자)	$N_\beta - N_\alpha \approx N g_e \mu_B \mathcal{B}_0 / 2kT$		47.13

토픽 48

NMR 스펙트럼의 특징

➤ 학습 목표

NMR 스펙트럼의 분석을 진행하고 이들이 갖고 있는 풍부한 정보를 끌어내기 위해서 스펙트럼의 모양이 분자 구조와 어떠한 관련이 있는지를 이해할 필요가 있다.

➤ 핵심 내용

자기성 핵의 공명 진동수는 자기성 핵의 전자 환경과 핵 주위에 있는 자기성 핵들의 존재에 영향을 받는다.

➤ 미리 알기

자기 공명의 일반 이론(토픽 47)에 친숙해져야 한다.

핵자기 모멘트는 **국지적** 자기장과 상호 작용을 한다. 이 국지적 자기장은 외부에서 가하는 자기장과 다를 수 있는데, 그 이유는 이 외부 자기장이 전자의 오비탈 각운동량을 유발시키고(즉 순환 전자 전류를 생기게 한다), 이 때문에 약한 자기장 $\delta\mathcal{B}$가 핵에 더 가해지기 때문이다. 이 추가적인 자기장은 외부 자기장에 비례하며, 관습적으로 다음과 같이 나타낸다.

$$\delta\mathcal{B} = -\sigma\mathcal{B}_0 \quad \text{정의 가림 상수} \quad (48.1)$$

여기서 무단위 양인 σ를 핵의 **가림 상수(shielding constant)**라고 한다(σ는 일반적으로 양이지만, 음일 수도 있다). 분자 내부에 전자 전류를 유발시키고 이로 인해 핵에 작용하는 국지적 자기장의 세기에 영향을 주는 외부 자기장의 능력은 관심 대상의 자기성 핵 주위의 세부적 전자 구조에 의존하며, 따라서 다른 화학 원자단에 속하는 자기성 핵은 다른 가림 상수를 갖게 된다. 이 가림 상수를 계산하여 신빙성 있는 값을 얻기는 매우 어렵지만, 그 경향은 쉽게 이해할 수 있으며, 이제부터 그것에 관해서 자세히 설명하겠다.

48.1 화학적 이동

전체적인 국지적 자기장 $\mathcal{B}_{loc}$은 다음과 같이 쓸 수 있다.

$$\mathcal{B}_{loc} = \mathcal{B}_0 + \delta\mathcal{B} = (1-\sigma)\mathcal{B}_0 \quad (48.2)$$

따라서 핵 Larmor 진동수는 다음과 같이 된다.

$$\nu_L = \frac{\gamma_N \mathcal{B}_{loc}}{2\pi} = \frac{\gamma_N \mathcal{B}_0}{2\pi}(1-\sigma) \quad (48.3)$$

이 진동수는 핵의 화학적 환경에 따라 다르다. 그리하여 같은 원소라도 상이한 핵들은 분자 환경이 달라지면 다른 진동수에서 공명을 일으키게 된다.

화학적 이동(chemical shift)은 이러한 공명 진동수와 기준 표준의 공명 진동수 사이의 차이다. 양성자의 경우에는 보통 TMS라고 하는 테트라메틸실레인 $Si(CH_3)_4$에서의 양성자 공명을 표준으로 사용한다. TMS 분자는 동등한 양성자들로 빽빽하게 둘러싸여 있으며, 많은 용매에 반응을 일으키지 않고 잘 용해된다. ^{13}C의 경우에는 TMS에서의 ^{13}C 공명이 기준 진동수이며, ^{31}P의 경우에는 85% H_3PO_4(aq)에서의 ^{31}P 공명이다. 다른 핵에 대해서는 기준 상태도 다르게 사용된다. 기준으로부터 핵 특정 기의 공명 간격은 가한 자기장의 세기에 따라 증가하는데, 이는 유발된 자기장이 외부 장에 비례하며 외부 자기장이 강하면 이동이 더 커지게 되기 때문이다.

화학적 이동은 **δ 척도**(**δ scale**)를 사용하여 표기하며 다음과 같이 정의한다.

$$\delta = \frac{\nu - \nu^\circ}{\nu^\circ} \times 10^6 \qquad \text{정의 } \delta \text{ 척도} \qquad (48.4)$$

여기에서 ν°는 표준의 공명 진동수이다. δ 척도의 이점은 화학적 이동이 외부 자기장과 무관하게 표시될 수 있다는 것이다(분모와 분자가 모두 외부 장에 비례하기 때문에). 그러나 공명 진동수 자체는 다음과 같은 관계를 통하여 가한 자기장에 의존한다.

$$\nu = \nu^\circ + (\nu^\circ/10^6)\delta \qquad (48.5)$$

간단한 예 48.1 δ 척도

$\nu^\circ = 500$ MHz에서 작동하는 분광계('500 MHz NMR 분광계') 속에서 $\delta = 1.00$인 핵은 기준에 비하여 다음과 같은 상대적 이동을 나타낸다(1 MHz $= 10^6$ Hz이기 때문).

$$\nu - \nu^\circ = (500\,\text{MHz}/10^6) \times 1.00 = (500\,\text{Hz}) \times 1.00 = 500\,\text{Hz}$$

그러나 $\nu_0 = 100$ MHz에서 작동하는 분광계에서는 기준 신호에 대한 이 상대적 이동이 100 Hz 밖에 되지 않는다.

실용 상식 많은 문헌에서 화학적 이동을 ppm으로 나타내는데(δ의 정의 속에 들어 있는 10^6이라는 인자 때문이지만), 그럴 필요가 없다. 만일 '$\delta = 10$ ppm'이라는 것을 보게 되면 식 48.5에서 이것을 $\delta = 10$으로 해석하여 사용한다.

자가 진단 48.1 작동 진동수가 350 MHz이며 $\delta = 3.50$일 때, 핵의 기의 공명에 대한 TMS로부터의 화학적 이동은 얼마인가?

답: 1.23 kHz

식 48.3을 식 48.4에 넣어 주면 다음과 같이 δ와 σ 사이의 관계식을 얻을 수 있다.

$$\delta = \frac{(1-\sigma)\mathcal{B}_0 - (1-\sigma^\circ)\mathcal{B}_0}{(1-\sigma^\circ)\mathcal{B}_0} \times 10^6 = \frac{\sigma^\circ - \sigma}{1-\sigma^\circ} \times 10^6 \approx (\sigma^\circ - \sigma) \times 10^6 \qquad \delta\text{와 } \sigma \text{ 사이의 관계식} \qquad (48.6)$$

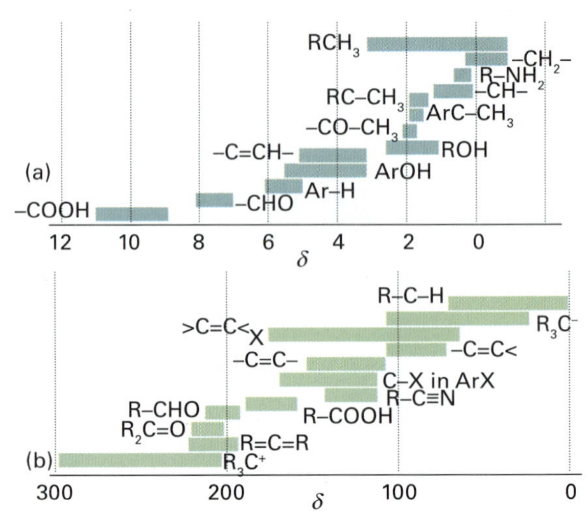

그림 48.1 (a) ^{1}H 공명, (b) ^{13}C 공명에 대한 전형적인 화학적 이동 범위

마지막 줄은 $\sigma^\circ \ll 1$로부터 나온다. σ가 작아질수록 δ는 증가한다. 따라서 화학적 이동이 큰 핵은 크게 **벗겨져 있다**(**deshielded**)고 말할 수 있다. 전형적인 화학적 이동의 일부를 그림 48.1에 나타내었다. 이 그림에 나타난 바와 같이, 핵의 화학적 이동 범위는 원소에 따라 크게 다르다. 이것은 이 핵의 전자 분포 환경이 분자에 따라 다양함을 보여 주는 것이다. 즉 원소의 원자 번호가 커질수록 핵 주위에 전자수가 많으며, 따라서 가림 범위가 커진다. 관습적으로 NMR 스펙트럼은 δ가 오른쪽으로부터 왼쪽으로 증가하게 도시해 준다.

예제 48.1 에탄올의 NMR 스펙트럼 해석

그림 48.2는 에탄올의 NMR 스펙트럼을 나타낸 것이다. 관찰되는 화학적 이동을 설명하시오.

방법 전자 끄는 원자의 영향을 생각해 보자. 전자 끄는 원자는 결합되어 있는 양성자를 강하게 벗기며, 멀리 있는 양성자에는 작은 영향을 미친다.

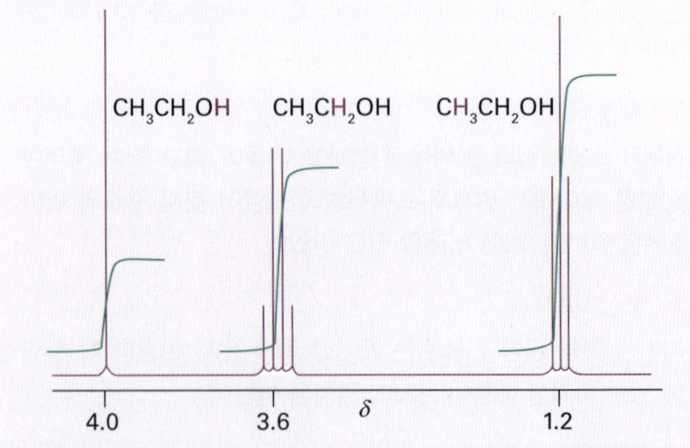

그림 48.2 에탄올의 ^{1}H-NMR 스펙트럼. 고딕 글자는 공명 피크를 일으키는 양성자를 나타내며, 계단 모양 곡선은 적분 신호를 나타낸다.

풀이 스펙트럼에 나타난 사실은 다음과 같이 할당하는 것에 부합된다.

- CH_3 양성자들은 $\delta = 1.2$인 핵들의 한 무리를 이룬다.
- CH_2의 두 양성자는 이 분자의 다른 부분에 위치하며, 다른 국지적 자기장의 작용을 받고 $\delta = 3.6$에서 공명을 일으킨다.
- OH 양성자는 또 다른 화학적 환경 속에 있으며, $\delta = 4.0$의 화학적 이동을 일으킨다.

이러한 δ 값의 증가(즉 가림의 감소)는 O 원자의 전자를 끌어당기는 힘과 일치한다. 즉 O 원자는 OH 양성자의 전자 밀도를 가장 많이 감소시켜 이 양성자를 가장 많이 벗긴다. 이 산소 원자는 가장 멀리 떨어져 있는 메틸 양성자의 전자 밀도를 가장 적게 감소시키며, 따라서 이 핵들이 가장 적게 벗겨진다.

신호의 상대적 세기는 그림 48.2에서와 같이 주로 스펙트럼에 겹쳐 놓은 계단 모양의 곡선의 높이로 나타낸다. 에탄올에서는 각 분자에 CH_3 양성자가 3개, CH_2 양성자가 2개, OH 양성자가 1개 존재하므로 흡수선의 세기가 3:2:1의 비를 이룬다.

자가 진단 48.2 아세트알데하이드(에탄알)의 NMR 스펙트럼은 $\delta = 2.20$, $\delta = 9.80$에 스펙트럼선이 나타난다. 어떤 선을 CHO 양성자의 특징으로 할당할 수 있는가?

답: $\delta = 9.80$

48.2 가림 상수의 원인

가림 상수를 계산하려면 분자의 바닥 상태와 들뜬 상태에서의 전자 밀도 분포와 그 들뜸 에너지 등에 관한 자세한 정보(토픽 28~30에서 요약한 방법을 이용하여)가 필요하므로 간단한 분자의 경우에도 그 계산이 매우 어렵다. 그렇지만 H_2O나 CH_4와 같은 작은 분자의 경우에는 상당한 성공을 이루었고, 단백질과 같은 커다란 분자의 경우에도 계산의 전망이 보일 정도이다. 그러나 현재 이용 가능한 많은 경험적 정보들을 연구함으로써 화학적 이동에 대한 다른 기여들을 이해하기가 더 쉬워졌다.

이 경험적 지식을 이용하는 방법에서는 관측된 가림 상수가 다음과 같은 세 가지 기여로 이루어진다고 생각한다.

$$\sigma = \sigma(\text{local}) + \sigma(\text{neighbour}) + \sigma(\text{solvent}) \qquad (48.7)$$

여기서 $\sigma(\text{local})$은 본질적으로 논의되고 있는 핵을 포함하는 원자의 전자가 기여하는 **국지적 기여(local contribution)**이다. $\sigma(\text{neighbour})$는 분자의 나머지 부분을 이루는 다른 기들의 원자가 기여하는 **인접기 기여(neighbouring group contribution)**이다. 그리고 $\sigma(\text{solvent})$는 용매 분자가 기여하는 **용매 기여(solvent contribution)**이다.

(a) 국지적 기여

가림 상수에 대한 국지적 기여는 다음과 같이 **반자기성 기여(diamagnetic contribution)** σ_d와 **상자기성 기여(paramagnetic contribution)** σ_p의 합으로 보는 것이 편리하다.

$$\sigma(\text{local}) = \sigma_d + \sigma_p \qquad \text{가림 상수에 대한 국지적 기여} \qquad (48.8)$$

$\sigma(\text{local})$에 대한 반자기성 기여는 외부 자기장과 역행하여 핵을 가려 준다. 반면에 $\sigma(\text{local})$에 대한 상자기성 기여는 외부 자기장을 보강하여 핵을 벗겨주는 효과를 나타낸다. 그리하여 $\sigma_d > 0$, $\sigma_p < 0$이 된다. 결국 전체적인 국지적 기여는 반자기성 기여가 우세할 때는 양이 되고, 상자기성 기여가 우세할 때는 음이 된다.

반자기성 기여는 원자의 바닥 상태 전자 분포에서 전하를 회전시키는 외부 자기장의 능력으로부터 나타난다. 전하의 회전 운동은 외부 장과 반대되는 자기장을 발생시키고, 그리하여 핵을 가려 준다. σ_d의 크기는 핵 근처의 전자 밀도에 의존하며, 다음과 같은 **Lamb 식(Lamb formula)**을 이용하여 계산할 수 있다[1].

$$\sigma_d = \frac{e^2\mu_0}{12\pi m_e}\left\langle \frac{1}{r} \right\rangle \qquad \text{Lamb 식} \qquad (48.9)$$

여기서 μ_0은 진공 투과도(기본 상수의 하나이며, 표지 안쪽 참조)이며, r은 전자–핵 거리이다.

예제 48.2 Lamb 식의 이용

자유 H 원자에서의 양성자에 대한 가림 상수를 계산하시오.

방법 Lamb 식으로부터 σ_d를 계산하려면 수소 1s 오비탈에 대한 $1/r$의 기댓값을 계산해야 한다. 파동함수는 표 18.1에 수록되어 있다.

풀이 수소 1s 오비탈에 대한 파동함수는 다음과 같다.

$$\psi = \left(\frac{1}{\pi a_0^3}\right)^{1/2} e^{-r/a_0}$$

따라서 $d\tau = r^2 dr \sin\theta\, d\theta\, d\phi$이므로 $1/r$의 기댓값은 다음과 같이 쓴다.

[1] 이 유도 과정은 저자들의 *Molecular quantum mechanics*, Oxford University Press, Oxford (2011) 참조할 것.

$$\left\langle \frac{1}{r} \right\rangle = \int \frac{\psi^* \psi}{r} \mathrm{d}\tau = \frac{1}{\pi a_0^3} \int_0^{2\pi} \mathrm{d}\phi \int_0^{\pi} \sin\theta \, \mathrm{d}\theta \int_0^{\infty} r e^{-2r/a_0} \mathrm{d}r$$

$$= \frac{4}{a_0^3} \overbrace{\int_0^{\infty} r e^{-2r/a_0} \mathrm{d}r}^{a_0^2/4 \text{ (적분 E.1)}} = \frac{1}{a_0}$$

여기에서는 **부록**에 열거된 적분을 사용한다. 따라서

$$\sigma_d = \frac{e^2 \mu_0}{12\pi m_e a_0} = \frac{(1.602\times10^{-19}\,\mathrm{C})^2 \times \left(4\pi\times10^{-7} \overbrace{\mathrm{J}}^{\mathrm{kg\,m^2\,s^{-2}}} \mathrm{s^2\,C^{-2}\,m^{-1}}\right)}{12\pi\times(9.109\times10^{-31}\,\mathrm{kg})\times(5.292\times10^{-11}\,\mathrm{m})}$$

$$=1.775\times10^{-5}$$

자가 진단 48.3 모든 수소꼴 원자에 적용되는 σ_d에 대한 일반식을 유도하시오.

답: $Ze^2\mu_0/12\pi m_e a_0$

닫힌 껍질을 가진 자유 원자의 경우에는 반자기성 기여가 가림 상수에 대한 유일한 기여이다. 또 구대칭이나 원통형 대칭의 전자 분포에 대한 국지적 가림에 대해서도 반자기성 기여가 유일한 기여이다. 따라서 원자가 분자 속에 들어 있고, 또 그 원자가 전자가 심하게 일그러진 경우에도 그 핵심부 전자 분포는 구형을 보존하므로, 원자의 핵심부에 기인하는 국지적 가림 효과는 반자기성 기여뿐이다. 반자기성 기여는 핵이 속하는 원자의 전자 밀도에 대략적으로 비례한다. 따라서 근처의 전기 음성도가 큰 원자의 영향으로 해당 원자의 전자 밀도가 줄어들면 이 가림 효과가 감소한다. 인접 원자의 전기 음성도가 증가함에 따라 가림이 감소된다는 것은 화학적 이동 δ가 증가한다는 뜻이 된다(그림 48.3).

외부 자기장의 능력에 의해서 전자가 바닥 상태에서 점유

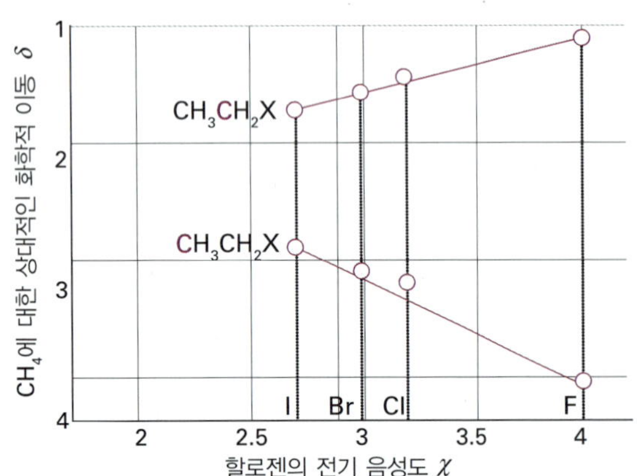

그림 48.3 전기 음성도에 따른 화학적 가림의 변화. 메틸렌 양성자에 대한 이동은 전기 음성도 증가로부터 예상되는 경향과 일치한다. 그러나 화학적 이동이 까다로운 현상임을 강조하듯, 메틸 양성자에 대해서는 이 경향이 예상과 반대로 나타나는 것을 주목하라. 이들 양성자에 대해서는 다른 기여(C—H와 C—X 결합의 자기적 비등방성)가 지배적이다.

되지 않았던 오비탈로 옮겨가서 분자 전체에 걸쳐 회전할 수 있어야 국지적 상자기성 기여 σ_p가 나타날 수 있다. 자유 원자나 선형 분자의 축 주위(에타인 HC≡CH와 같이)에서는 이 기여가 0이 되는데, 그 까닭은 이들의 전자가 자유롭게 선회할 수 있고 핵간 축방향 주위에 작용하는 외부 장이 전자를 다른 오비탈로 옮겨 놓지 못하기 때문이다. 낮은 들뜬 상태에 있는 작은 원자(핵 가까이로 전류가 유발되는)가 분자 속에 들어 있으면 큰 상자기성 기여를 예측할 수 있다(이 경우에는 외부 장에 의해서 상당한 전류가 유발될 수 있기 때문). 실제로 수소 이외의 원자에서는 상자기성 기여가 주된 국지적 기여가 된다.

(b) 인접기 기여

인접기 기여는 인접한 원자단에서 유발되는 전류 때문에 생긴다. 예를 들어 H—X와 같은 분자에서 인접 원자단 X가 H에 미치는 효과를 생각해 보자. X에 분포된 전자들은 외부 장에 의해서 전류를 발생시키며, 결과적으로 외부 장에 비례하는 유도 자기 모멘트를 생기게 한다. 이 비례 상수를 이 인접기 X의 자기화율(χ, chi)이라고 한다. 즉 $\mu_{\text{induced}} = \chi \mathcal{B}_0$이다(토픽 39). 유도 자기 모멘트는 외부 자기장과 반대 방향으로 나타내기 때문에 반자기성 원자단에 대하여 자기화율은 음의 값을 나타낸다. 이 유도 자기 모멘트는 거리 r과 각 θ인 곳(**1**)에 다음과 같은 형태의 외부 자기장에 평행한 자기장 성분을 생기게 한다(**화학자 툴킷** 48.1).

$$\mathcal{B}_{\text{local}} \propto \frac{\mu_{\text{induced}}}{r^3}(1-3\cos^2\theta) \qquad \text{국지적 쌍극자성 자기장} \qquad (48.10a)$$

즉 양성자에 의해 추가적으로 가해지는 자기장의 세기는 H와 X 사이의 거리 r의 세제곱에 반비례한다. 자기화율이 분자 배향과 무관할 경우에는(즉 등방성일 경우) $1-3\cos^2\theta$를 구 전체에 걸쳐서 평균했을 때 0이 되며(응용 문제 48.6), 따라서 이 국지적 자기장의 평균값이 0이 된다. 근사적으로 가림 상수 σ(neighbour)는 다음과 같이 거리 r에 의존한다.

$$\sigma(\text{neighbour}) \propto (\chi_{\parallel} - \chi_{\perp})\left(\frac{1-3\cos^2\theta}{r^3}\right) \qquad \text{인접기 기여} \qquad (48.10b)$$

여기서 $\chi_{\parallel}$과 $\chi_{\perp}$는 각각 자기화율의 평행 성분과 수직 성분이며, θ는 X—H축과 인접기의 대칭축 사이의 각도이다(**2**). 식 48.10에 의하면, 인접기 기여는 두 자기화율의 상대적 크기와 X에 대한 핵의 상대적 배향에 따라 양이 될 수도 있고, 음이 될 수도 있다. $54.7° < \theta < 125.3°$이면 $1-3\cos^2\theta$가 양이 되고, 그렇지 않을 때는 음이 된다(그림 48.4, 48.5).

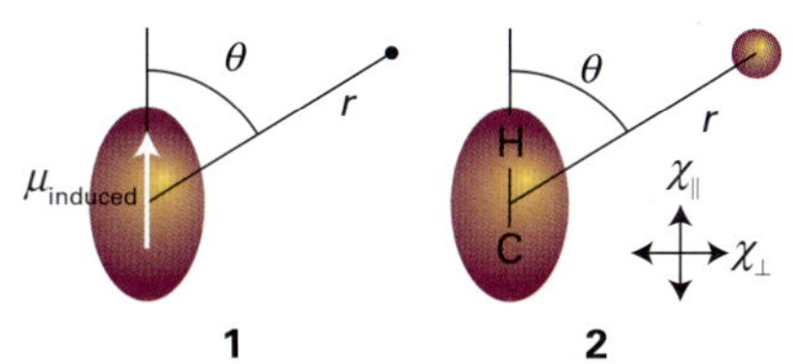

화학자 툴킷 48.1 쌍극자성 장

표준 전자기 이론에 의하면, 점 자기 쌍극자 $\boldsymbol{\mu}$로부터 r만큼 떨어진 곳의 자기장은 다음과 같다.

$$\mathcal{B}=\frac{\mu_0}{4\pi r^3}\left(\boldsymbol{\mu}-\frac{3(\boldsymbol{\mu}\cdot\boldsymbol{r})\boldsymbol{r}}{r^2}\right)$$

여기서 μ_0은 진공 투과도(기본 상수로서 $4\pi\times10^{-7}$ $\mathrm{T^2\ J^{-1}\ m^3}$ 값으로 정의됨)이다. 점 전기 쌍극자에 의한 전기장은 다음과 같은 유사한 식으로 주어진다.

$$\mathcal{B}_z=\frac{\mu_0}{4\pi r^3}\left(\mu_z-\frac{3(\boldsymbol{\mu}\cdot\boldsymbol{r})z}{r^2}\right)$$

여기서 ε_0은 진공 유전율로, μ_0과 $\varepsilon_0=1/\mu_0c^2$의 관계를 갖는다. z축 방향의 자기장 성분은 다음과 같이 된다.

$$\mathcal{B}_z=\frac{\mu_0}{4\pi r^3}\left(\mu_z-\frac{3(\boldsymbol{\mu}\cdot\boldsymbol{r})z}{r^2}\right)$$

여기서 $z=r\cos\theta$는 거리 벡터 r의 z축 성분이다. 만일 자기 쌍극자도 z축과 평행하면 다음과 같이 된다.

$$\mathcal{B}_z=\frac{\mu_0}{4\pi r^3}\left(\overbrace{\mu}^{\mu_z}-\frac{3\overbrace{(\mu r\cos\theta)}^{\mu\cdot r}\overbrace{(r\cos\theta)}^{z}}{r^2}\right)=\frac{\mu\mu_0}{4\pi r^3}(1-3\cos^2\theta)$$

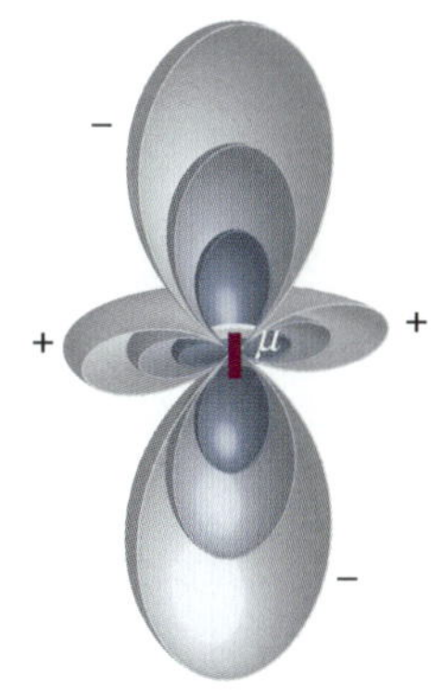

그림 48.4 점 자기 쌍극자 때문에 생기는 자기장의 그림. 세 색상 차의 그림은 거리에 따라 감소하는($1/r^3$) 자기장 세기를 나타내며, 각각의 면은 각 거리에서 장의 z축 성분의 각도 의존을 나타낸다.

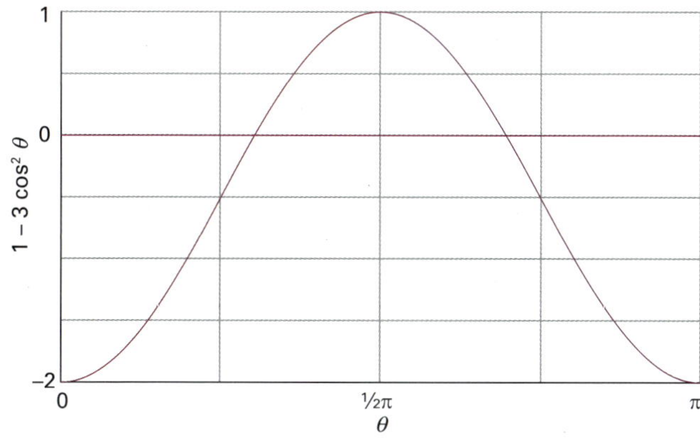

그림 48.5 θ에 따른 함수 $1-3\cos^2\theta$의 변화

간단한 예 48.2 고리 전류

인접기 효과의 특별한 경우는 방향족 화합물에서 나타낸다. 벤젠 고리는 강한 비등방성의 자기화율을 나타내는데, 그 이유는 외부 장이 분자면에 수직하게 작용할 때 고리를 따라 전자가 선회하여 **고리 전류**를 유발하는 능력 때문이다. 그리하여 이 평면에 있는 양성자는 벗겨지지만(그림 48.6), 이 평면의 위나 밑에 놓이게 되는 양성자(고리의 치환기 일부로서)는 가려진다.

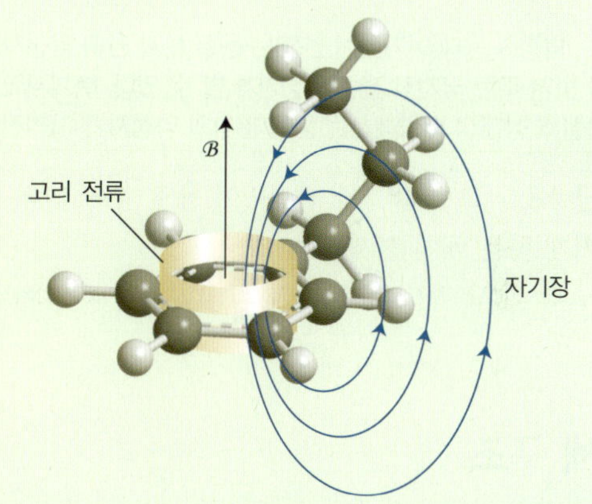

그림 48.6 외부 장에 의해서 벤젠 고리에 유발된 고리 전류의 가림 효과와 벗김 효과. 고리에 달린 양성자는 벗겨지지만, 고리 위로 튀어나온 치환기에 붙어 있는 양성자는 가려진다.

자가 진단 48.4 에타인(CH≡CH)을 생각해 보자. 에타인의 양성자는 삼중 결합에 의해 유발된 전류에 의해 가려지는가, 벗겨지는가?

답: 가려진다.

(c) 용매 기여

용매는 핵에 작용하는 국지적 자기장에 여러 가지 방식으로 영향을 줄 수 있는데, 이러한 영향 중에는 용매와 용질 사이의 특별한 상호 작용(수소 결합이 생기거나 다른 형태의 Lewis 산–염기 착물이 생기는 것과 같은)에 기인되는 것도 있다. 용매 분자, 특히 방향족 용매 분자의 비등방성 자기화율도 국지적 자기장을 만들 수 있다. 게다가 용질 분자와 용매 분자 사이에 느슨하지만 고유한 상호 작용을 일으키는 입체 상호 작용이 있을 때는 용질 분자 안의 양성자가 용매 분자에 대해서 어떤 상대적 위치를 취하는가에 따라 가려질 수도 있고, 또 반대로 벗겨지는 효과를 나타낼 수도 있다.

간단한 예 48.3 방향족 용매의 효과

벤젠과 같은 방향족 용매는 용질 분자 안의 양성자를 가리거나 벗기는 국지적 전류를 생기게 할 수 있다. 그림 48.7에 나타낸 배치는 용질 분자 안의 양성자를 가리게 된다.

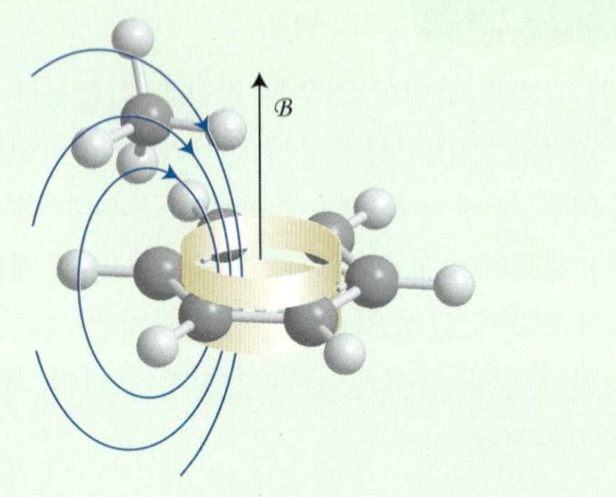

그림 48.7 방향족 용매(여기서는 벤젠)는 용질 분자 안의 양성자를 가려 주거나 벗겨 주는 국지적 전류를 생기게 할 수 있다. 여기서와 같은 용매와 용질의 상대적 배향에서는 용질 분자의 양성자가 가려진다.

자가 진단 48.5 그림 48.7과 관련하여 용질 분자 안의 양성자를 벗기게 하는 배치를 제안하시오.

답: 벤젠 고리와 동일 평면상에 있는 용질 분자 안의 양성자

48.3 미세 구조

그림 48.2에서와 같이 스핀–스핀 짝지음에 의해서 공명이 여러 선으로 갈라진 것을 이 스펙트럼의 **미세 구조(fine structure)**라고 한다. 이 미세 구조는 각각의 자기성 핵이 다른 핵에 의해 영향 받는 국지적 자기장에 기여할 수 있으며, 따라서 그들의 공명 진동수를 변화시키기 때문에 나타나는 것이다. 이러한 상호 작용의 세기는 **스칼라 짝지음 상수(scalar coupling constant)** J를 가지고 나타내며, 헤르츠(Hz)로 표시한다. 스칼라 짝지음 상수라고 부르는 것은, 이것을 설명하는 상호 작용의 에너지가 두 상호 작용 스핀의 스칼라곱에 비례하기 때문이다. 즉 $E \propto \boldsymbol{I}_1 \cdot \boldsymbol{I}_2$이다. **수학적 배경** 4에서 설명한 바와 같이, 스칼라곱은 두 벡터 사이의 각도에 의존하며, 따라서 이런 방식으로 에너지를 나타내는 것은 두 스핀 사이의 상호 작용 에너지가 이들의 상대적 배향에 의존한다는 것을 말하는 것이다. 이 식의 비례 상수는 $hJ/\hbar^2$이다(따라서 $E=(hJ/\hbar^2)\boldsymbol{I}_1 \cdot \boldsymbol{I}_2$이다). 각각의 스핀 각운동량은 $\hbar$에 비례하므로 E는 hJ에 비례하고 J는 진동수(헤르츠 단위로)이다. z축 방향으로 작용하는 외부 자기장과 한 줄로 되도록 구속된 핵들의 경우에는 $I_1 \cdot I_2$에 대한 기여만은 $I_{1z} \cdot I_{2z}$이고 고윳값은 $m_1 m_2 \hbar^2$이 되며, 따라서 이 경우에 스핀–스핀 짝지음에 기인되는 에너지를 다음과 같이 나타낼 수 있다.

$$E_{m_1 m_2} = hJm_1 m_2 \qquad \text{스핀–스핀 짝지음 에너지} \qquad (48.11)$$

(a) 스펙트럼의 모양

NMR에서는 화학적 이동이 크게 다른 핵들은 서로 멀리 떨어진 알파벳 글자(전형적으로 A와 X)로 표시하고, 화학적 이동이 비슷한 핵들은 서로 가까운 알파벳 글자(A와 B와 같이)로 표시한다. 우선 AX계를 생각하는데, 여기에서 이 분자는 매우 다른 화학적 이동을 갖는 두 스핀-$\frac{1}{2}$ 핵 A와 X를 포함하고 있으며, 이들 사이의 화학적 이동의 차는 J에 비해서 훨씬 더 큰 진동수에 해당된다.

스핀-$\frac{1}{2}$ AX계의 경우에는 다음과 같은 네 스핀 상태, 즉 $\alpha_A\alpha_X$, $\alpha_A\beta_X$, $\beta_A\alpha_X$, $\beta_A\beta_X$가 있다. 이 계의 에너지는 외부 자기장에서 스핀들의 배향에 의존하며, 스핀–스핀 짝지음을 무시하면 다음과 같이 된다.

$$\begin{aligned} E_{m_A m_X} &= -\gamma_N \hbar(1-\sigma_A)\mathcal{B}_0 m_A - \gamma_N \hbar(1-\sigma_X)\mathcal{B}_0 m_X \\ &= -h\nu_A m_A - h\nu_X m_X \end{aligned} \qquad (48.12a)$$

여기서 ν_A와 ν_X는 각각 A와 X의 Larmor 진동수이고, m_A와 m_X는 이들의 양자수($m_A = \pm\frac{1}{2}$, $m_X = \pm\frac{1}{2}$)이다. 그림 48.8의 왼쪽에 나타낸 4개의 선이 이 식으로부터 나온 것이다. 한

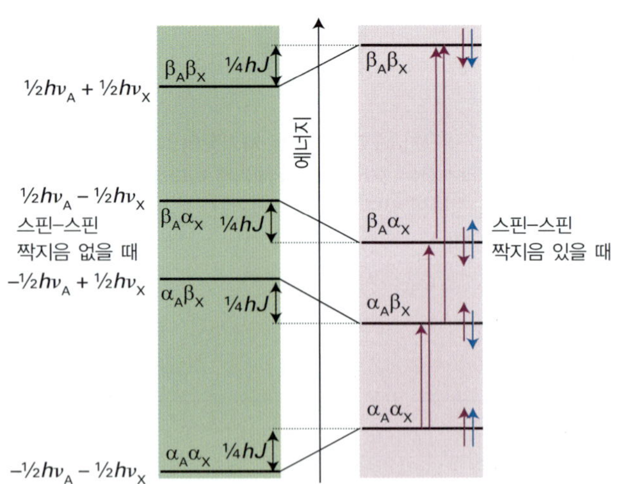

그림 48.8 AX계의 에너지 준위. 왼쪽의 네 준위는 스핀–스핀 짝지음을 일으키지 않는 두 스핀의 준위이다. 오른쪽의 네 준위는 양의 스핀–스핀 짝지음 상수가 에너지에 어떤 영향을 주는지를 나타낸다. 여기 나타낸 전이는 A나 X가 $\beta \leftarrow \alpha$ 전이를 하고, 다른 핵들(각각 X나 A)은 변화를 일으키지 않을 때의 것이다. 여기서는 잘 보이도록 짝지음 효과를 과장해서 나타냈지만, 실제의 스핀–스핀 짝지음에 의한 갈라짐은 외부 작용 자기장에 의한 것보다 훨씬 작다.

편 스핀-스핀 짝지음을 포함해 주면(식 48.11을 이용하여) 에너지 준위가 다음과 같이 된다.

$$E_{m_A m_X} = -h\nu_A m_A - h\nu_X m_X + hJm_A m_X \tag{48.12b}$$

만일 $J>0$이면 $m_A m_X<0$일 때 에너지가 낮아지는데, 이것은 한 스핀이 α이고, 다른 한 스핀이 β인 경우이다. 두 스핀이 모두 α이거나 모두 β이면 에너지가 높아진다. $J<0$이면 그 반대가 된다. 그리하여 그림 48.8의 오른쪽에 결과의 에너지 준위 그림($J>0$에 대한)을 나타내었다. 이 그림에서 보는 바와 같이 αα 상태와 ββ 상태는 모두 $\frac{1}{4}hJ$만큼 올라가고, αβ 상태와 βα 상태는 모두 $\frac{1}{4}hJ$만큼 내려간다.

핵 A가 전이를 일으킬 때는 핵 X가 변하지 않는다. 따라서 A의 공명 흡수는 $\Delta m_A=+1$과 $\Delta m_X=0$인 전이에 대한 것이다. 이러한 전이는 둘인데, 하나는 X핵이 α일 때 일어나는 $\beta_A \leftarrow \alpha_A$이고, 다른 하나는 X핵이 β일 때 일어나는 $\beta_A \leftarrow \alpha_A$이다. 이것을 나타낸 것이 그림 48.8이고, 약간 다른 형태로 나타낸 것이 그림 48.9이다. 이들 전이에 수반되는 에너지는 다음과 같다.

$$\Delta E = h\nu_A \pm \tfrac{1}{2}hJ \tag{48.13a}$$

따라서 A 공명은 A의 화학적 이동에 중심을 둔 간격 J의 이중선이 된다(그림 48.10). X 공명에 대해서도 마찬가지로 A 핵이 α인지, β인지에 따라 두 가지 방식의 전이가 일어날 수 있다(그림 48.9에서 보이는 바와 같이). 이들 전이 에너지는 다음과 같다.

$$\Delta E = h\nu_X \pm \tfrac{1}{2}hJ \tag{48.13b}$$

따라서 X 공명도 간격이 동일하게 J인 두 선으로 이루어지는데, 이 경우에는 X의 화학적 이동에 중심을 두게 된다(그림 48.10에서와 같이).

첫 번째 X와 같이(주어진 AX_2종), 분자 안에 동일한 화학적 이동을 갖는 다른 X종이 있다면 AX_2종의 X 공명은 위에서 설명한 AX 경우에서와 같이(그림 48.11) A에 의해 이중선으로 갈라진다. A의 공명은 하나의 X에 의해 이중선으로 갈라지며, 이중선 각 선의 두 번째 X에 의해 동일한 간격으로 다시 갈라지게 된다(그림 48.12). 이 갈라짐 때문에 세기가 1:2:1인 3개의 선이 나타난다(이것은 중앙 진동수가 두

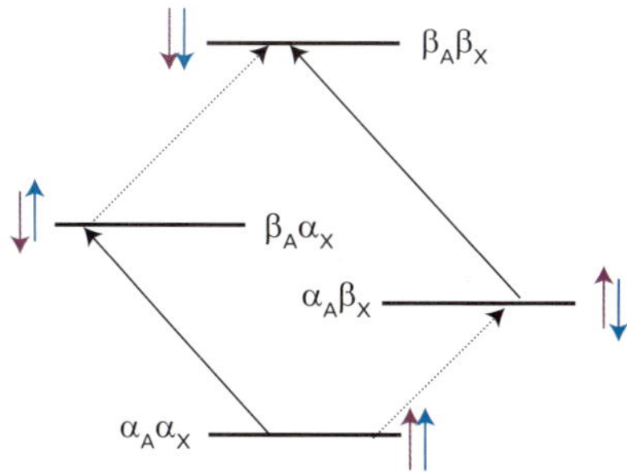

그림 48.9 그림 48.8에 나타낸 에너지 준위와 전이를 다른 방식으로 나타낸 그림. 여기서도 스핀-스핀 짝지음 효과를 과장해서 나타내었다.

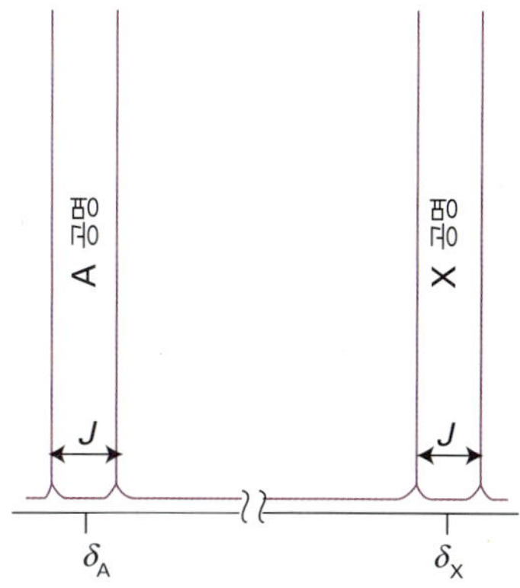

그림 48.10 AX 스펙트럼 상에 나타나는 스핀-스핀 짝지음 효과. 각각의 공명 진동수는 J만큼 분리된 두 선으로 갈라진다. 이 공명 쌍들의 중심 위치는 스핀-스핀 짝지음이 없을 때 양성자가 나타내는 화학적 이동이다.

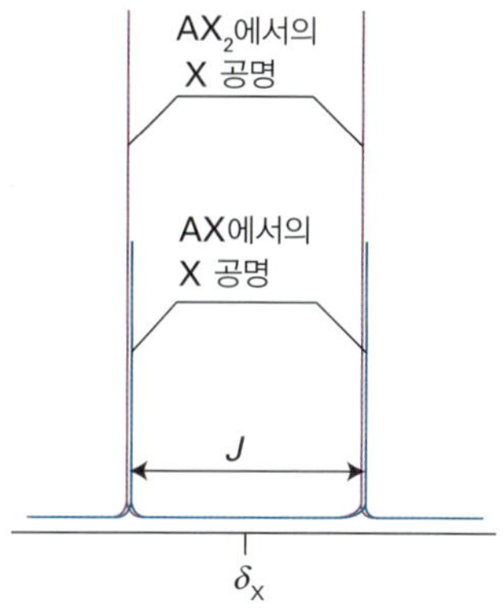

그림 48.11 AX_2종의 X 공명도 이중선인데, 그 이유는 두 동등한 X핵이 단일핵과 같이 행동하기 때문이다. 그러나 전체적인 흡수 세기는 AX종의 경우에 비해서 2배가 된다.

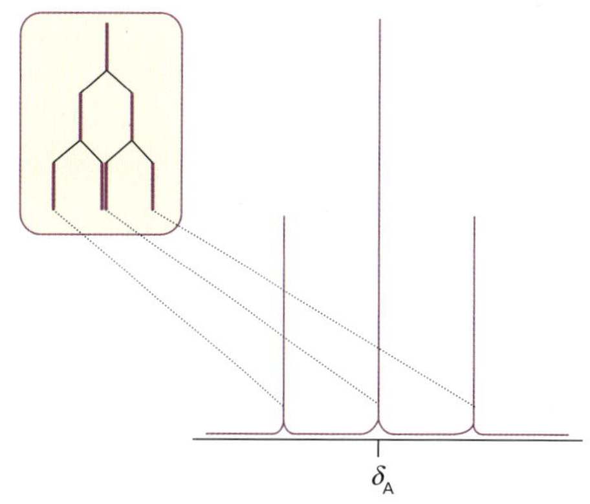

그림 48.12 AX_2종의 A 공명이 1:2:1의 삼중선으로 되는 원인. A의 공명은 한 X핵과의 결합에 의해서 둘로 갈라지고(삽입된 그림에서와 같이), 또 이 두 선은 각각 제2의 X핵과의 결합에 의해서 둘로 갈라진다. 각 X핵이 동일한 갈라짐을 일으키기 때문에 두 중심 전이가 일치되어 그 흡수선의 세기가 바깥쪽 선들에 비해서 2배로 된다.

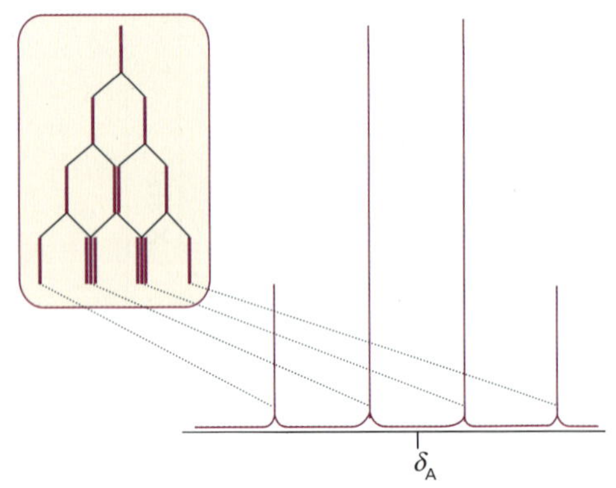

그림 48.13 AX_3종의 A 공명이 1:3:3:1의 사중선으로 되는 원인. AX_2종에 대하여 그림 48.12에 보인 각 선들을 제3의 X핵이 이중선으로 갈라놓으며, 세기 분포는 동일 에너지의 전이 횟수를 반영시켜 준다.

가지 방식으로 얻어질 수 있기 때문이다).

3개의 동등한 X핵(AX_3종에서와 같이)은 A의 공명을 세기가 1:3:3:1인 4개의 선으로 갈라지게 한다(그림 48.13). 그러나 X 공명은 A에 의한 갈라짐의 결과로 여전히 이중선으로 남게 된다. 일반적으로 N개의 동등한 스핀-$\frac{1}{2}$ 핵은 인접하는 스핀이나 인접하는 동등한 스핀들의 기의 공명을 $N+1$개의 선으로 갈라지게 하며, 이 선들의 세기 분포는 Pascal의 삼각형(**3**)에 따른다. 이 삼각형의 잇닿은 열은 이 열 위의 두 개의 인접한 수를 함께 더하여 만들어진다.

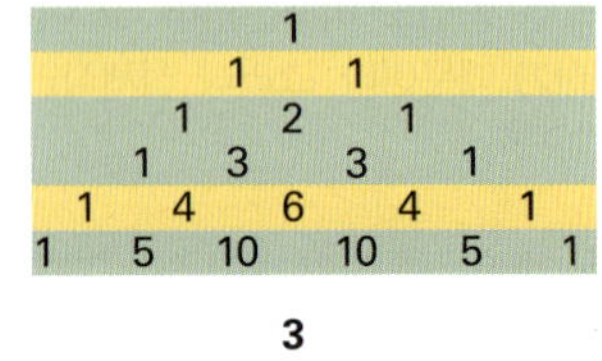

3

예제 48.3 스펙트럼의 미세 구조 설명

에탄올의 C—H 양성자의 NMR 스펙트럼에 나타나는 미세 구조의 원인을 설명하시오.

방법 각각의 동등한 양성자 무리(예컨대 3개의 메틸 양성자)가 다른 양성자 무리의 공명을 어떻게 갈라놓는지를 생각해 보자. 동등한 양성자 무리 안에서는 갈라짐이 생기지 않는다. 그리고 각 갈라짐 모양은 Pascal의 삼각형을 기준해서 결정하면 된다.

풀이 CH_3기의 세 양성자는 CH_2 양성자의 단일 공명을 J만큼씩 분리된 1:3:3:1의 사중선으로 갈라놓는다. 마찬가지로 CH_2기의 두 양성자는 CH_3 양성자의 단일 공명을 동일한 갈라짐 J를 갖는 1:2:1의 삼중선으로 갈라놓는다. OH 공명은 갈라지지 않는데, 그 이유는 OH 양성자가 한 분자로부터 다른 분자(시료 속에 들어 있는 불순물 분자를 포함한)로 빠르게 이동하여 이들의 효과가 평균적으로 0이 되기 때문이다. OH 양성자가 이렇게 이동하지 못하는 기체 상태 에탄올에서는 OH 양성자가 CH_2 양성자와 상호 작용을 함으로써 OH 공명이 삼중선으로 나타난다.

자가 진단 48.6 $^{14}NH_4^+$의 양성자들은 어떤 미세 구조를 나타내겠는가? 질소-14의 스핀 양자수는 1이다.

답: N으로부터 1:1:1의 삼중선을 만든다.

(b) 결합 상수의 크기

N개의 결합으로 연결된 두 핵의 스칼라 짝지음 상수는 일반적으로 ^NJ로 나타내고 관련되는 핵의 종류를 아래첨자로 표시해 준다. 그리하여 ^{13}C 원자에 직접 연결된 양성자의 결합 상수는 $^1J_{CH}$로, 이들 똑같은 두 핵이 두 개의 결합으로 이어졌을 때($^{13}C-C-H$에서와 같이)는 $^2J_{CH}$로 나타낸다. $^1J_{CH}$의 전형적인 값은 120~250 Hz 범위에 있으며, $^2J_{CH}$는 10~20 Hz 사이에 있다. ^3J와 ^4J는 모두 스펙트럼으로 탐지될 수 있을 정도이지만 결합의 수가 더 많아지면 일반적으로 무시할 수 있다. 지금까지 탐지된 가장 긴 짝지음의 하나는 $CH_3C{\equiv}C-C{\equiv}C-C{\equiv}C-CH_2OH$에서의 CH_3와 CH_2 양성자 사이의 $^9J_{HH} = 0.4$ Hz이다.

앞에서 설명한 바와 같이(식 48.12b 아래의 설명), J_{XY}의 부호는 두 스핀의 에너지가 두 스핀이 평행일 때($J<0$) 낮은지, 역평행일 때($J>0$) 낮은지를 나타낸다. 실험 결과에 의하면 $^1J_{CH}$는 흔히 양이고, $^2J_{HH}$는 흔히 음이며, $^3J_{HH}$는 흔히 양, 등등이다. 여기서 한 가지 추가해서 말할 것은 J의 값이 결합들 사이의 각에 따라 변한다는 것이다(그림 48.14). 예로서 $^3J_{HH}$ 결합 상수는 다음과 같이 이면각 ϕ(**4**)에 의존하는 것으로 자주 나타나는데, 이 식을 **Karplus 식**(**Karplus equation**)이라고 한다.

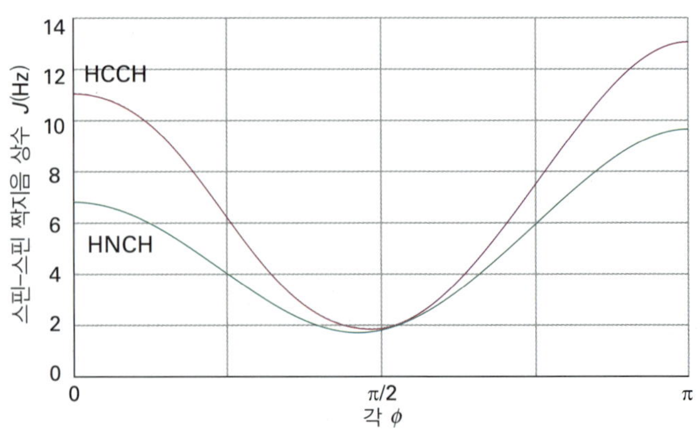

그림 48.14 HCCH기와 HNCH기에 대하여 Karplus 식으로 예측된 스핀-스핀 짝지음 상수의 각도에 따른 변화

$$^3J_{HH} = A + B\cos\phi + C\cos 2\phi \quad \text{Karplus 식} \quad (48.14)$$

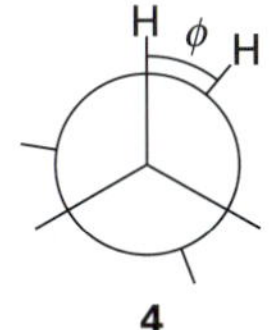

이 식에서 A, B, C는 실험적 상수로서 HCCH 토막에 대해서는 각각 +7 Hz, −1 Hz, +5 Hz 근처의 값을 갖는다. 따라서 일련의 관련된 화합물에서의 $^3J_{HH}$ 측정값을 이용하여 그들의 형태를 결정할 수 있다. 짝지음 상수 $^1J_{CH}$의 값은 다음의 값이 나타낸 바와 같이 C 원자의 혼성에도 의존한다.

	sp	sp^2	sp^3
$^1J_{CH}$(Hz)	250	160	125

간단한 예 48.4 Karplus 식

폴리펩타이드에서 H—N—C—H 짝지음의 연구는 그들의 형태를 밝히는 데 도움이 될 수 있다. 이러한 기에서 $^3J_{HH}$ 결합에 대하여 $A = +5.1$ Hz, $B = -1.4$ Hz, $C = +3.2$ Hz이다. 나선형의 고분자에서 ϕ는 120°에 가까우며 $^3J_{HH} \approx 4$ Hz가 될 수 있다. 판 모양의 형태에 대해서는 ϕ가 180°에 가까우며 $^3J_{HH} \approx 10$ Hz가 될 수 있다.

자가 진단 48.7 NMR 실험으로 폴리펩타이드에서 H—C—C—H 결합에 대하여 $A = +3.5$ Hz, $B = -1.6$ Hz, $C = +4.3$ Hz가 됨이 드러난다. 폴리펩타이드 플라보독신의 연구에서는 이 기에 대한 $^3J_{HH}$ 결합 상수는 2.1 Hz로 판명되었다. 이 값은 나선형과 판의 형태 중 어느 것과 일치하는가?

답: 나선형 형태

(c) 스핀-스핀 짝지음의 원인

스핀-스핀 짝지음은 대단히 까다로운 현상이며, J는 그 값을 계산 값을 사용하는 것보다 실험적 파라미터로 취급하는 것이 더 좋다. 그러나 분자 내부에서의 자기적 상호 작용을 고찰함으로써 크기는 정확히 짐작할 수 없지만, 그 부호만은 믿을 만한 정도로 J의 근원을 일부 통찰할 수 있다.

스핀의 성분이 m_I인 핵은 그곳으로부터 R만큼 떨어진 점에 근사적으로 다음과 같은 z축 성분이 $\mathcal{B}_{nuc}$인 자기장을 생기게 한다.

$$\mathcal{B}_{nuc} = -\frac{\gamma_N \hbar \mu_0}{4\pi R^3}(1 - 3\cos^2\theta)m_I \quad (48.15)$$

각 θ는 (**1**)에서와 같이 정의된다. 이와 비슷한 식이 식 48.10a에 나왔었다.

간단한 예 48.5 핵으로부터의 자기장

$R = 0.3$ nm에 있고 자기 모멘트가 z축($\theta = 0$)에 평행한 양성자($m_I = \frac{1}{2}$)로부터 생기는 z축 성분의 자기장은 다음과 같다.

$$\mathcal{B}_{nuc} = -\frac{\overbrace{(2.821\times10^{-26}\,\mathrm{J\,T^{-1}})}^{\gamma_N\hbar}\times\overbrace{(4\pi\times10^{-7}\,\mathrm{T^2\,J^{-1}\,m^3})}^{\mu_0}}{4\pi\times\underbrace{(3.0\times10^{-10}\,\mathrm{m})^3}_{R}} \times \overbrace{(-1)}^{(1-3\cos^2\theta)m_I}$$

$$= 1.0\times10^{-4}\,\mathrm{T} = 0.10\,\mathrm{mT}$$

이 크기의 자기장은 고체 시료에서 공명 갈라짐 신호를 나타낼 수 있다. 액체에서는 분자들이 재주를 넘기 때문에 각도 θ가 모든 값에 걸쳐서 빠르게 변할 수 있으며, $1-3\cos^2\theta$이 평균적으로 0이 된다. 따라서 스핀들 사이의 직접적인 쌍극자성 상호 작용을 가지고는 빠른 속도로 재주를 넘는 분자의 미세 구조 스펙트럼을 설명할 수 없다.

자가 진단 48.8 석고에서 H_2O 공명에서의 갈라짐은 하나의 양성자가 다른 양성자의 영향을 받아 발생되는 0.715 mT의 자기장으로 해석할 수 있다. $\theta = 0$일 때 H_2O 분자에서 양성자의 간격은 얼마가 되는가?

답: 158 pm

용액 속에 있는 분자의 스핀-스핀 짝지음은 **편극 메커니즘**(**polarization mechanism**)으로 설명할 수 있다. 이 메커니즘에 의하면, 상호 작용은 화학 결합을 통해서 전파된다. 여기서 생각할 수 있는 가장 간단한 예는 X와 Y가 전자쌍 결합으로 연결된 스핀-$\frac{1}{2}$ 핵일 때의 $^1J_{XY}$ 경우이다. 이 짝지음 메커니즘에서는 결합 전자와 핵스핀의 상대적 배향에 따라 에너지가 변하는 사실을 이용한다. 이 전자-핵 결합은 근본적으로 자기성 때문에 생기는 것으로, 쌍극자성 상호 작용이거나 **Fermi 접촉 상호 작용**(**Fermi contact interaction**) 중 어느 하나이다. Fermi 접촉 상호 작용은 다음과 같이 그림을 이용하여 설명할 수 있다. 우선 핵의 자기 모멘트가 생기는 것은 반지름이 이 핵과 비슷한 미소한 고리 안에서 전류가 선회하기 때문이라고 생각한다(그림 48.15). 핵으로부터 멀리 떨어진 곳에서 이 고리로부터 생긴 자기장은 점 자기 쌍극자에 의해서 생긴 자기장과 구별할 수 없다. 그러나 고리 가까이에서는 이 자기장이 점 쌍극자에 의한 자기장과 다르다. 이 비쌍극자성 장과 전자의 자기 모멘트 사이의 자기 상호 작용이 접촉 상호 작용이다. 접촉 상호 작용(본질적으로 점 쌍극자 가정이 적용되지 않는)은 전자가 핵에 대단히 가깝게 접근할 때 일어나며, 그리하여 전자가 s 오비탈을 차지할 때만 일어날 수 있다($^1J_{CH}$가 혼성화 비율에 의존하는 것은 이 때문이

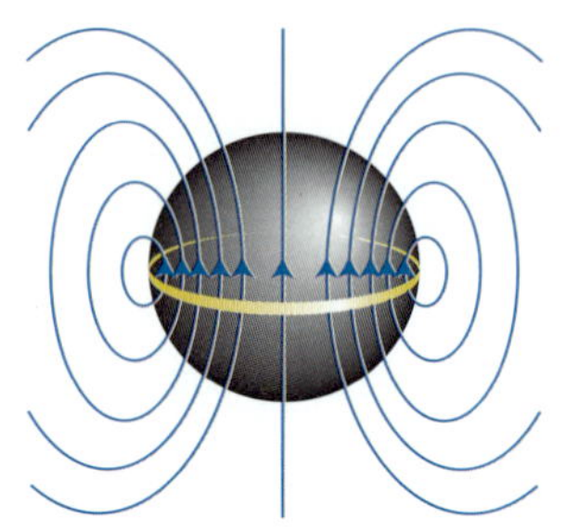

그림 48.15 Fermi 접촉 상호 작용의 근원. 먼 곳에서는 고리 전류(엷은 회색 구의 회전하는 핵전하를 나타낸다)에 기인되는 자기장의 모양이 점 쌍극자에 의해서 생긴 것과 같다. 그러나 전자가 이 구로 나타낸 영역 가까이까지 접근하게 되면 이 전자에 작용하는 자기장의 분포는 점 쌍극자 분포와는 매우 다르게 된다. 예를 들어 전자가 이 구 안으로 들어가면 여기에 작용하는 자기장의 구 평균은 0이 되지 않는다.

다). 이때는 전자 스핀과 핵스핀이 역평행을 이루는 것이 에너지면에서 유리하다고 생각할 수 있다(수소 원자에서 양성자와 전자에 대한 경우와 같다).

X핵이 α 스핀일 때는 결합 쌍 속의 β 전자가 핵 부근에 머물러야 에너지면에서 유리한 배치가 된다(그림 48.16). 그리고 이 결합쌍 속의 두 번째 전자는 다른 전자가 β라면 반드시 α 스핀을 가져야 하며(Pauli 원리에 의해, 토픽 19), 결합의 먼 끝 쪽(Y핵 근처)에 주로 머물러 있어야 하는데, 이것은 전자들은 상호 반발을 줄이기 위해서 서로 멀리 있으려는 경향을 가지기 때문이다. 그러면 에너지면에서 Y핵은 전자 스핀과 역평행인 편이 바람직하므로 β 스핀을 갖는 Y핵이 α 스핀을 갖는 Y핵보다 낮은 에너지를 가지게 된다. 반대로 X핵이 β 스핀일 때는 Y의 α 스핀이 낮은 에너지를 가진다는 것도 사실이 된다. 바꾸어 말하면 핵들과 결합 전자들과의 자기적 상호 작용 때문에 역평행한 핵스핀 배열이 평행한 스핀 배열보다 낮은 에너지를 갖는다. 즉 $^1J_{HH}$가 양이 된다.

H—C—H에서와 같이 $^2J_{XY}$의 값은 중심 C 원자(자신의 핵스핀을 갖지 않는 ^{12}C일 수도 있음)를 통해서 스핀 배열이 전달되는 메커니즘을 가지고 설명할 수 있다. 이 경우에는(그림 48.17) α 스핀을 가진 X핵이 그 결합 속의 전자들을 편극

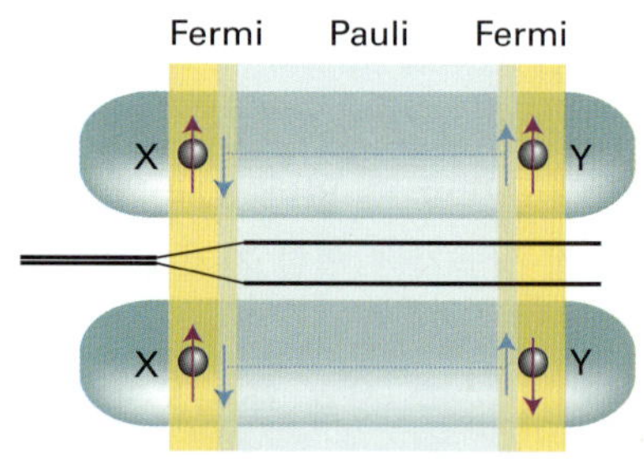

그림 48.16 스핀-스핀 짝지음($^1J_{HH}$)의 편극 메커니즘. 두 배열은 약간의 에너지 차를 나타낸다. 이 경우는 J가 양이며, 핵스핀들이 역평행일 때 에너지가 낮아지는 경우에 해당한다.

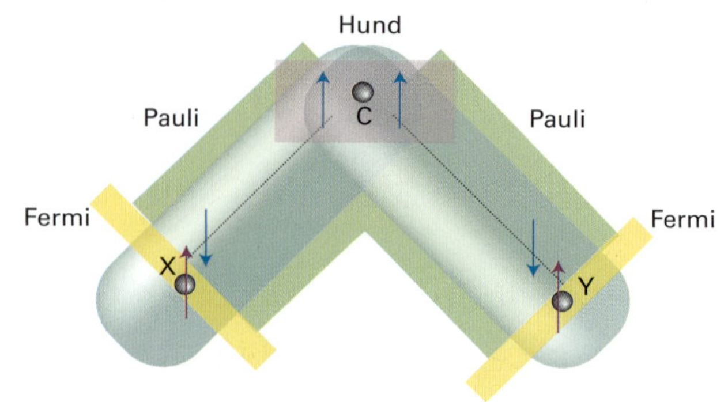

그림 48.17 $^2J_{HH}$ 스핀-스핀 짝지음에 대한 편극 메커니즘. 상이한 원자 오비탈 속의 전자들이 평행 스핀일 때 낮은 에너지를 갖는다는 메커니즘(최대 다중도에 관한 Hund 규칙)과 비슷한 메커니즘에 따라 스핀 구조 내용이 한 결합으로부터 다음 결합으로 전달된다. 이 경우는 $J<0$으로, 핵스핀들이 평행일 때 에너지가 낮아지는 경우에 해당한다.

시켜서 α 전자를 C핵 가까이 있게 해 준다. 동일 원자에서는 두 전자가 평행한 스핀을 갖는 배열이 더 유리하므로(토픽 19의 Hund 규칙), 인접 결합의 α 전자가 C핵 가까이로 오는 배열이 더욱 유리해진다. 결과적으로 이 결합 속의 β 전자는 Y핵 가까이에서 발견되기 쉬우며, 그리하여 Y핵은 α일 때 낮은 에너지를 가지게 된다. 따라서 이 메커니즘에 의하면, Y의 스핀이 X의 스핀과 평행일 때 에너지가 낮아진다. 즉 $^2J_{HH}$가 음이 된다.

Fermi 접촉 상호 작용 방식에 의한 핵스핀과 전자 스핀의 짝지음은 양성자 스핀의 경우에는 대단히 중요하지만 다른 종류의 핵에 대해서도 가장 중요한 메커니즘이 되는 것은 아니다. 이러한 핵들은 쌍극자성 메커니즘에 의해서 전자의 자기 모멘트와 상호 작용을 할 수 있고, 이들의 오비탈 운동과도 상호 작용을 할 수 있으며, J가 양이 될지 또는 음이 될지를 알아낼 간단한 방법은 없다.

48.4 형태 변환과 교환 과정

자기성 핵이 다른 환경 사이를 빠르게 도약할 수 있을 때는 NMR 스펙트럼의 모양이 변한다. 두 형태 사이를 도약할 수 있는 *N*,*N*-다이메틸폼아마이드와 같은 분자를 생각해 보면,

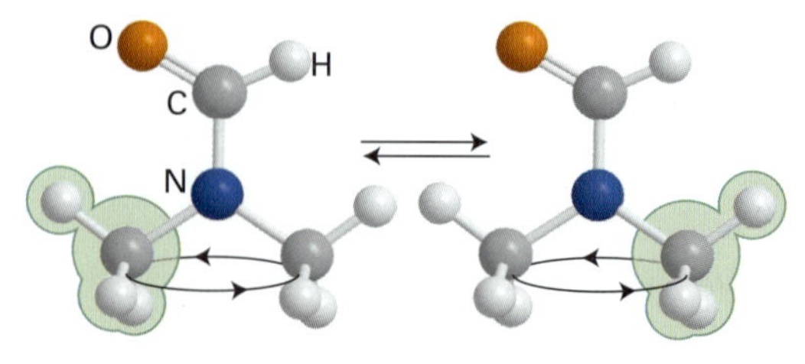

그림 48.18 한 분자가 한 형태에서 다른 형태로 변할 때는 그 양성자들의 위치가 서로 바뀌며, 자기적으로 구별되는 두 환경 사이를 도약한다.

이 경우에는 메틸기가 카보닐기에 대해서 *cis*인지, *trans*인지에 따라서 메틸 이동이 다르게 나타난다(그림 48.18). 이 두 형태 사이의 도약 속도가 느릴 때는 각 형태의 분자들이 각각 한 세트의 선을 나타내어 스펙트럼에 두 세트의 선들이 나타난다. 그러나 상호 변환 속도가 빠를 때는 두 화학적 이동의 평균에 해당하는 단일선이 스펙트럼에 나타난다. 중간 정도의 반전 속도에서는 대단히 넓은 선이 나타난다. 이 선너비는 한 형태의 수명 τ가 공명 진동수 차 $\delta\nu$와 비슷하고, 넓어진 두 스펙트럼선이 하나의 넓은 선으로 병합될 때 극대가 된다. 이와 같은 두 스펙트럼선의 병합은 형태 수명이 다음과 같을 때 일어난다.

$$\tau = \frac{2^{1/2}}{\pi\delta\nu} \qquad \text{두 NMR 선의 병합 조건} \qquad (48.16)$$

간단한 예 48.6 NMR 스펙트럼에 미치는 화학적 교환의 영향

N,N-다이메틸나이트로스아민 $(CH_3)_2N-NO$(**5**)에서는 NO기가 N—N축 주위로 회전을 하고, 이 때문에 두 CH_3기의 자기적 환경이 상호 변환된다. 600 MHz 분광계에서는 두 CH_3기의 공명이 390 Hz만큼 떨어져 나타난다. 이 형태들의 평균 수명은 식 48.16에 의해서 다음과 같이 된다.

$$\tau = \frac{2^{1/2}}{\pi \times (390\ s^{-1})} = 1.2\ ms$$

따라서 상호 변환 속도가 $1/\tau = 830\ s^{-1}$을 초과하면 두 단일 공명선이 병합된다.

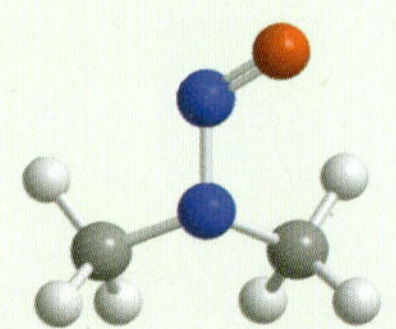

5 *N,N*-다이메틸나이트로스아민

자가 진단 48.9 300 Hz 분광계를 쓸 경우, 위의 동일 분자로부터의 단일선들이 나타날 수 있는 최소 수명은 얼마이겠는가?

답: 형태 수명이 2.3 ms 이하

시료 분자와 양성자를 교환할 수 있는 용매 속에서 미세 구조가 없어지는 것도 위에서와 비슷하게 설명할 수 있다. 예를 들어 하이드록실 양성자는 물 분자의 양성자와 교환된다. 이러한 **화학적 교환**(**chemical exchange**)이 일어나면 ROH 분자의 α 스핀 양성자(ROH_α로 표시함)가 ROH_β로 빠르게 변했다가, 이어서 또 ROH_α로 되돌아가곤 한다. 이것은 용매 분자로부터 연이어 이동되는 양성자가 무작정의 스핀 배향을 가지고 있기 때문이다. 그리하여 ROH_α와 ROH_β의 두 분자 모두에 기인하는 스펙트럼이 나타나지 않고(즉 OH 양성자에 의한 이중선이 스펙트럼에 나타나지 않고), OH 양성자의 상호 작용에 의해 생기는 갈라짐이 나타나지 않는 단일선의 스펙트럼이 나타나게 된다(그림 48.2와 예제 48.3에 설명한 바와 같이). 이러한 효과가 나타나는 것은 화학적 교환에 기인되는 분자 수명이 대단히 짧아서 수명 선너비가 이중선 갈라짐보다 크기 때문이다. 이 갈라짐은 대단히 작기 때문에(수 Hz 정도), 갈라짐이 스펙트럼에 나타나려면 양성자가 동일 분자에 약 0.1초 이상 오래 붙어 있는 채로 남아 있어야 한다. 물속에서는 양성자 교환이 이보다 훨씬 더 빨리 일어나기 때문에, 알코올은 물속에서 OH 양성자에 의한 갈라짐을 나타내지 않는다. 탈수된 다이메틸설폭사이드(DMSO) 속에서는 이 교환 속도가 충분히 느려서 이 갈라짐이 나타난다.

개념 확인

- ☐ 1. 핵의 **화학적 이동**은 공명 진동수와 기준으로 쓰는 표준 공명 진동수 사이의 차이다.
- ☐ 2. **가림 상수**는 국지적 기여, 인접기 기여, 용매 기여를 합한 것이다.
- ☐ 3. **국지적 기여**는 반자기성 기여와 상자기성 기여의 합이다.
- ☐ 4. **인접기 기여**는 인접되는 원자단에 유발된 전류 때문에 생긴다.
- ☐ 5. **용매 기여**는 용질과 용매 사이의 특정한 분자 상호 작용 때문에 생긴다.
- ☐ 6. 스핀–스핀 짝지음에 의해서 공명이 여러 선으로 갈라진 것을 이 스펙트럼의 **미세 구조**라고 한다.
- ☐ 7. **스핀–스핀 짝지음**은 **스핀 짝지음 상수** J로 나타내는데, 두 핵스핀의 상대적 배향에 의존한다.
- ☐ 8. 짝지음 상수는 두 핵을 분리시키는 결합의 수가 증가함에 따라 감소한다.
- ☐ 9. 스핀–스핀 짝지음은 **편극 메커니즘**과 **Fermi 접촉 상호 작용**을 이용하여 설명할 수 있다.
- ☐ 10. 형태 상호 변화나 핵들의 화학적 교환이 빠른 속도로 일어날 때는 두 NMR선이 병합된다.

식 확인

성질	식	비고	식 번호
화학 이동의 δ 척도	$\delta=\{(\nu-\nu°)/\nu°\}\times10^6$		48.4
화학적 이동과 가림 상수의 관계	$\delta\approx(\sigma°-\sigma)\times10^6$		48.6
가림 상수에 대한 국지적 기여	$\sigma(\text{local})=\sigma_\text{d}+\sigma_\text{p}$		48.8
Lamb 식	$\sigma_\text{d}=(e^2\mu_0/12\pi m_\text{e})\langle 1/r\rangle$		48.9
가림 상수에 대한 인접기 기여	$\sigma(\text{neighbour})\propto(\chi_\parallel-\chi_\perp)(1-3\cos^2\theta)/r^3$	각도 θ는 그림 **1**에 정의	48.10b
Karplus 식	${}^3J_\text{HH}=A+B\cos\phi+C\cos2\phi$	A, B, C는 실험적 상수이다	48.14
두 NMR 선의 병합 조건	$\tau=2^{1/2}/\pi\delta\nu$	형태 변환과 교환 과정	48.16

토픽 49

NMR에서의 펄스 기법

내용

➤ 학습 목표

핵자기 공명 분광법이 어떻게 커다란 분자를 연구하고 심지어는 질병을 진단하는 데 사용되는지를 이해하기 위해서는 고주파수 복사선의 강한 펄스를 적용할 때 핵의 반응을 분석함으로써 어떻게 스펙트럼의 정보가 얻어지는지를 이해할 필요가 있다.

➤ 핵심 내용

Fourier 변환 NMR 분광법은 하나 이상의 고주파 복사선의 펄스로 자극한 후에 핵스핀이 평형으로 되돌아옴에 따라 핵스핀에 의해 방출되는 복사선을 분석하는 것이다.

➤ 미리 알기

자기 공명의 일반 이론(토픽 47), NMR 스펙트럼의 모양(토픽 48), 각운동량의 벡터 모형(토픽 14), 분자의 자기적 성질(토픽 39), Fourier 변환(토픽 40과 **수학적 배경** 6)에 친숙해져야 한다.

핵스핀 상태들 사이의 에너지 간격을 탐지하는 일반적인 방법은 공명이 일어나는 진동수를 관측하기만 하던 단순한 방법에 비해서 훨씬 더 복잡하다. NMR 스펙트럼을 관측하는데 선호되는 방법의 하나는 종(bell)의 진동 스펙트럼을 검출하는 것에 비유해서 설명하는 것이다. 진동수가 점차적으로 증가해 가도록 가볍게 진동을 주어 종을 자극할 수 있으며, 이 자극과 공명을 일으키는 진동수를 찾을 수 있을 것이다. 이 방법에서는 종을 감응시키지 못하는 진동 방식들을 작용시켜 보아야 하기 때문에 상당한 시간을 소비해야 할 것이다. 그러나 종을 망치로 때리면 종이 내놓을 수 있는 모든 진동 방식으로 이루어진 음조들이 단번에 나올 것이다. NMR에서도 이와 동일하게 핵을 적절하게 높은 스핀 상태로 들떠 올려 놓고, 이어서 이들이 바닥 상태로 되돌아갈 때 내놓는 여러 복사선을 분석할 수 있다. 이러한 방법을 **Fourier 변환 NMR**(**Fourier-transform NMR**, FT-NMR) 분광법이라고 하는데, 이 방법은 감도를 대단히 크게 증가시켰으며, 주기율표상의 대부분의 원소에 NMR을 적용시킬 수 있게 하였다. 뿐만 아니라 다중 펄스 FT-NMR을 이용하여 화학자들은 비할 수 없이 많은 정보를 가지고 있는 스펙트럼을 얻을 수 있게 되었다.

49.1 자기화 벡터

많은 동등한 스핀-$\frac{1}{2}$ 핵으로 된 시료를 생각해 보자. 토픽 14에서 설명한 각운동량의 경우와 유사하게, 핵스핀은 길이가 $\{I(I+1)\}^{1/2}$ 단위이고, z축 성분의 길이가 m_I 단위인 벡터로 나타낼 수 있다. 불확정성 원리에 의해서 각운동량의 x축 성분과 y축 성분은 명시될 수 없으며, 이 벡터가 z축 주위의 원뿔상의 어느 곳인가에 위치한다는 것만은 확실하다. $I=\frac{1}{2}$인 스핀의 경우에는 벡터의 길이는 $\frac{1}{2}3^{1/2}$이며 z축과 55°의 각을 이루고 있다(그림 49.1).

자기장이 없을 때는 시료 속에 α 핵스핀과 β 핵스핀이 동수로 들어 있으며, 이들 벡터가 원뿔상에 무작정 각도에 놓

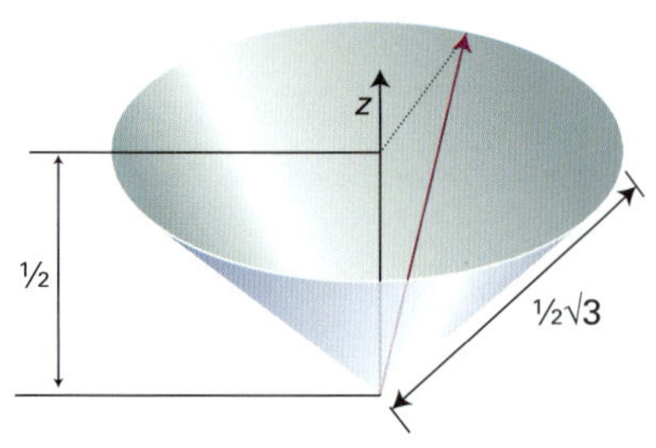

그림 49.1 단일 스핀-$\frac{1}{2}$ 핵의 각운동량에 대한 벡터 모형. z축 주위의 각은 불확정이다.

인다. 이들의 원뿔상의 각도는 예측할 수 없으며, 이 단계에서는 스핀 벡터를 정적(정지 상태)이라고 생각할 수 있다. 시료의 **자기화**(**magnetization**) ***M***, 즉 알짜 핵자기 모멘트는 0이 된다(그림 49.2a).

크기가 $\mathcal{B}_0$이고 z축에 나란하게 자기장이 존재할 때는 두 변화가 자기화에 나타난다.

- α 스핀은 낮은 에너지 쪽으로, β 스핀은 높은 에너지 쪽으로 두 배향의 에너지가 변한다($\gamma_N > 0$인 경우).

10 T에서는 양성자의 Larmor 진동수가 427 MHz이며, 벡터 모형에서는 개개의 스핀 벡터가 이 속도로 원뿔을 따라 세차 회전을 하는 것으로 그려진다(토픽 48). 이 세차 회전 설명은 스핀 상태의 에너지 차를 설명하기 위한 모형일 뿐이다(사실을 실제적으로 나타내는 것이 아니며, 자기장 속에서 고전적 개념의 막대자석 운동으로 나타낸 것이다). 자기장의 세기가 증가하면 Larmor 진동수가 증가하고, 세차 회전 속도가 더 빨라진다.

- 열적 평형 상태에서 두 스핀 상태의 개체수(α 스핀의 수와 β 스핀의 수)가 변하여 α 스핀의 수가 β 스핀의 수보다 약간 많아진다(토픽 47 참조).

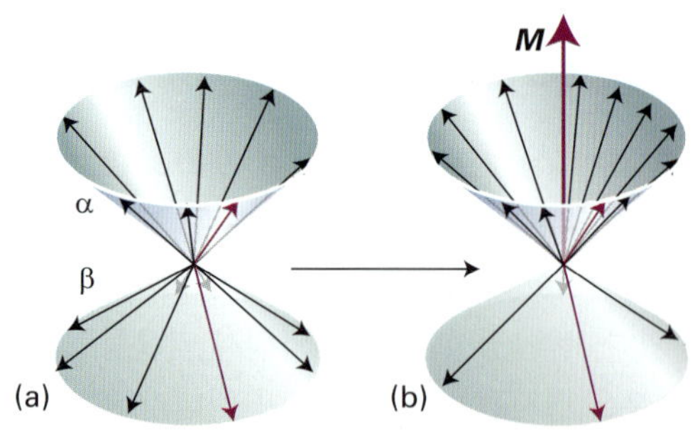

그림 49.2 스핀-$\frac{1}{2}$ 핵들이 들어 있는 시료의 자기화는 그들 스핀 전부의 자기 모멘트가 합쳐진 결과이다. (a) 외부 장이 작용하지 않을 때는 z축(외부 장의 방향) 주위에 무작정한 각도로 배향된 α 스핀과 β 스핀의 수가 같으며 자기화는 0이 된다. (b) 외부 장이 작용할 때는 스핀들이 그들의 원뿔 주위로 세차 운동을 하며 α 스핀의 수가 β 스핀의 수보다 약간 더 많아진다(α 상태와 β 상태 사이의 에너지가 다르기 때문이다). 이 때문에 z축 주위에 알짜 자기화가 나타나는 것이다.

이 개체수 불균형이 비록 작기는 하지만, 이 불균형은 z축을 향하고 길이가 개체수 차에 비례하는 벡터 M에 의해 나타낼 수 있는 알짜 자기화가 있다는 것을 의미한다(그림 49.2b).

(a) 고주파 장의 효과

이제 xy 평면으로 원 편광되어 있는 고주파 전자기 복사장의 효과를 생각해 보자. 이 경우 전자기장의 자기적 성분(여기서는 이 성분만 고려하면 됨)이 핵의 Larmor 세차 운동과 마찬가지로 z축 방향의 주위에 따라 회전하게 된다. 회전하는 자기장의 세기는 $\mathcal{B}_1$이다.

고주파 펄스가 자기화에 미치는 효과를 해석하기 위해서, 자기장 방향 주위로 회전하는 소위 **회전틀**(**rotating frame**)이라고 하는 발판에 올라탔다고 상상해 보는 것이 유용하다. 이 고주파 장의 진동수를 스핀의 Larmor 진동수 $\nu_L = \gamma_N\mathcal{B}_0/2\pi$와 같게 취했다고 생각해 보자. 이렇게 취하는 것은 재래식 NMR 실험에서 공명 조건을 선택하는 것과 같은 것이다. 이때는 회전 자기장이 스핀의 세차 운동과 보조가 맞으므로 핵이 고정된 세기의 자기장 $\mathcal{B}_1$의 작용을 받게 되어 진동수 $\gamma\mathcal{B}_1/2\pi$로 세차 회전을 하게 된다(그림 49.3). 이제 자기장 $\mathcal{B}_1$을 $\Delta\tau = \frac{1}{4}\times(2\pi/\gamma_N\mathcal{B}_1)$ 동안 지속되는 펄스 방식으로 작용시킨다고 생각해 보자. 자기화 벡터가 회전틀에서 $\frac{1}{4}\times 2\pi = \pi/2$ (90°) 각도만큼 기울어지는데, 이때 우리는 **90° 펄스**(**90° pulse**), 혹은 'π/2 펄스'를 작용시켰다고 말한다(그림 49.4a).

간단한 예 49.1 고주파 펄스

고주파 펄스의 지속 시간은 $\mathcal{B}_1$의 세기에 의존한다. 만일 90° 펄스가 10 μs의 지속 시간이 필요하다면, 양성자에 대한 자기장의 세기는 다음과 같게 된다.

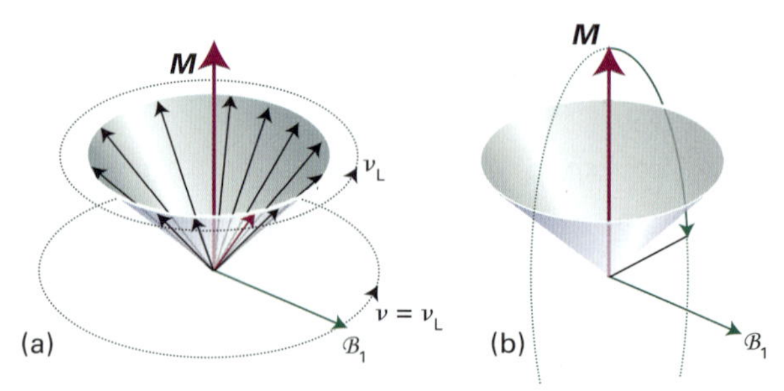

그림 49.3 (a) 한 공명 실험에서 원 편광 고주파 자기장 $\mathcal{B}_1$을 xy 평면에서 작용시킨다(자기화 벡터는 z축을 따라 놓여 있다). (b) 고주파로 회전하는 틀 위에 올라타서 보면 $\mathcal{B}_1$은 정지된 것처럼 보이게 되며, 이것은 Larmor 진동수가 고주파와 동일할 때 자기화 M이 작용하는 것과 같다. 이 두 진동수가 일치할 때는 시료의 자기화 벡터가 $\mathcal{B}_1$ 장의 방향 주위로 회전하기 시작한다.

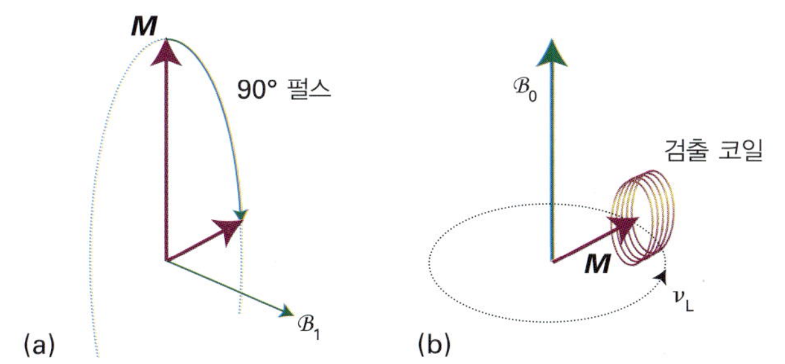

그림 49.4 (a) 고주파장을 적절한 시간 동안 작용시키면 자기화 벡터가 xy 평면상으로 회전된다. (b) 외부의 정지 상태 관측자(코일)에게는 이 자기화 벡터가 Larmor 진동수를 가지고 회전하는 것으로 보이며, 코일에 신호를 유발시킬 수 있다.

$$\mathcal{B}_1 = \frac{\pi}{2\times\underbrace{(2.675\times10^{-8}\,\mathrm{T^{-1}s^{-1}})}_{\gamma_N}\times\underbrace{(1.0\times10^{-5}\,\mathrm{s})}_{\Delta\tau}} = 5.9\times10^{-4}\,\mathrm{T}$$

자가 진단 49.1 180° 펄스는 양성자에 대하여 얼마의 지속 시간이 필요한가?

답: 20 μs

이제 회전틀로부터 정지틀로 내려왔다고 생각해 보자. 정지틀에 있는 외부 관측자(고주파 코일의 역할을 함)에게는 이 자기화 벡터가 xy 평면에서 Larmor 진동수를 가지고 회전하는 것처럼 보일 것이다(그림 49.4b). 그리고 이 회전 자기화 벡터는 코일에 Larmor 진동수로 진동하고, 이것을 증폭하여 처리할 수 있는 신호를 유발시킨다. 실제에 있어서는 모든 신호의 조작을 수 kHz 정도의 진동수에서 처리할 수 있도록 하기 위해서 일정한 값의 높은 진동수($\mathcal{B}_1$에 이용되는 고주파) 성분을 빼 준 다음에 처리한다.

시간이 지나면 개개 스핀들이 보조를 맞추지 않게 되며(후에 설명하겠지만 스핀들이 약간씩 상이한 속도로 세차 회전을 하는 것이 그 부분적 원인이다), 그리하여 자기화 벡터는 시간 상수 T_2를 가지고 지수함수적으로 줄어들며 검출 코일에 점차적으로 약해지는 신호를 유발시킨다. 따라서 예상할 수 있는 신호의 형태는 그림 49.5에 나타낸 진동 감쇠 형식의 **유도 자유 감쇠**(**free-induction decay**, FID)가 되며, 자기화의 y축 성분은 다음과 같이 변할 것이다.

$$M_y(t) = M_0\cos(2\pi\nu_L t)e^{-t/T_2} \qquad \text{유도 자유 감쇠} \qquad (49.1)$$

지금까지는 정확히 Larmor 진동수로 작용하는 펄스 효과를 생각하였다. 그러나 공명을 벗어나서도 ν_L에 가까운 펄스를 작용시킨다면 실질적으로 동일한 효과를 얻을 수 있다. 즉 이 진동수 차가 90° 펄스의 지속 시간의 역수에 비해서 작을 때는 자기화가 xy 평면까지만 돌아가게 된다. Larmor 진동수를 처음부터 알 필요는 없다는 것을 주목하라. 이 짧은 펄스는 종을 때리는 망치질과 비슷하며, 상당한 영역의 진동수를 들뜨게 한다. 검출되는 신호는 특정한 공명 진동수가 있다는 것을 보여 주는 것이다.

(b) 시간-영역 및 진동수-영역 신호

스핀-스핀 짝지음 상수 $J=0$인 동핵 AX 스핀계의 자기화 벡터는 A 스핀에 의해서 형성되는 부분과 X 스핀에 의해서 형성되는 부분의 두 부분으로 이루어진 것이라고 생각할 수 있다. 90° 펄스를 작용시키면 이 두 자기화 벡터가 xy 평면에서 회전하게 된다. 그러나 A핵과 X핵은 각각 상이한 진동수를 가지고 세차 회전을 하므로 이들은 검출 코일에 두 신호를 유발시키며, 그리하여 총체적인 FID 곡선은 그림 49.6a와 비슷하게 나타난다. 이 복합 FID 곡선은 종이 울릴 수 있는 모든 가능한 진동수(이 경우에는 결합되지 않은 A핵과 X핵의 두 공명 진동수)로 이루어진 풍부한 음조를 발생시키는 것에 비유할 수 있다.

여기에서 반드시 강조해야 하는 문제는 유도 자유 감쇠 속에 들어 있는 공명 진동수들을 어떻게 분리해내는가 하는 것이다. 이미 설명한 바와 같이 FID 곡선은 감쇠 진동 함수의

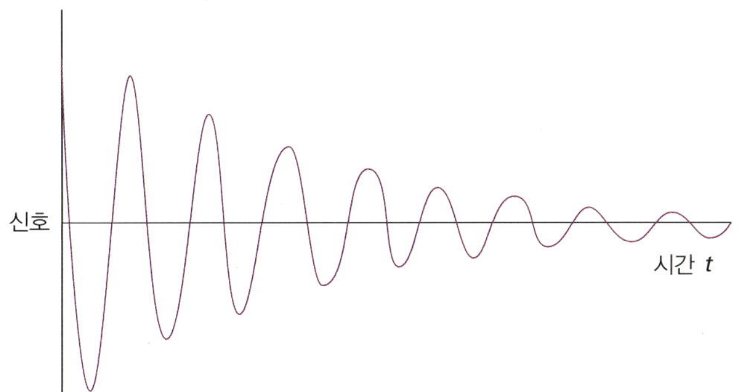

그림 49.5 단일 공명 진동수를 갖는 스핀 시료가 나타내는 단순한 유도 자유 감쇠

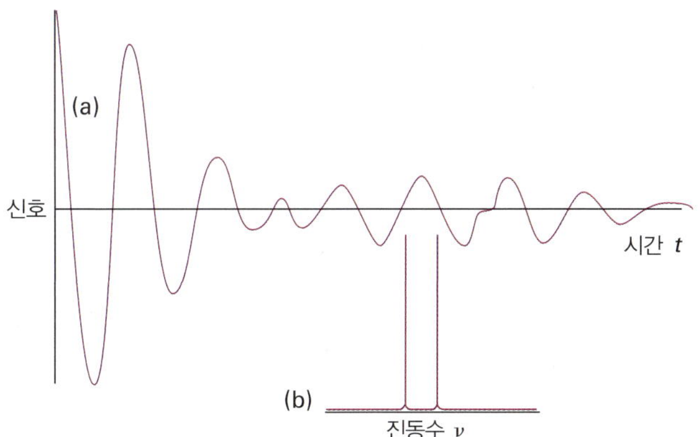

그림 49.6 (a) AX종 시료의 유도 자유 감쇠 신호, (b) 이 신호로부터 해석해 낸 성분 진동수

합이며, 따라서 이것을 Fourier 변환을 이용하여 조화 진동 성분으로 분해하면 되는 것이다(아래 **증명** 참조). 그림 49.6a의 신호를 이러한 방법으로 변환시키면 그림 49.6b에 나타낸 진동수-영역 스펙트럼을 얻게 된다. 한 선은 A핵의 Larmor 진동수를, 다른 한 선은 X핵의 Larmor 진동수를 나타낸다.

간단한 예 49.2 Fourier 분석

Fourier 분석은 대부분의 수학적인 소프트웨어 패키지가 특별히 포함하고 있는 일반적인 내용이지만, 하나의 예는 다음과 같이 함수의 Fourier 변환이다.

$$S(t)=S(0)\cos(2\pi\nu_{L}t)e^{-t/T_2}$$

이것은 식 49.1에서 FID 신호의 작용을 설명하고 있다. 결과는 다음과 같다(응용 문제 49.4).

$$I(\nu)=\frac{S(0)T_2}{1+(\nu_{L}-\nu)^2(2\pi T_2)^2}$$

이 식은 $I(\nu_L)=S(0)T_2$에서 최대 세기를 나타내는 소위 'Lorentzian' 모양을 갖는다.

자가 진단 49.2 위 Lorentzian 함수의 반높이 $\Delta\nu_{1/2}$에서 너비는 얼마인가?

답: $\Delta\nu_{1/2}=1/\pi T_2$

증명 49.1 FID 곡선의 Fourier 변환

FID 곡선의 분석은 표준 수학적 기법인 Fourier 변환 방법을 이용하여 해석할 수 있다. 이 변환 방법은 **수학적 배경** 6에서 더 자세히 설명한 바 있다. 우선 명심해야 할 것은 시간 영역에서의 신호 $S(t)$, 즉 전체 FID 곡선은 모든 기여하는 진동수 성분들의 합(정확히 말하면 적분)이라는 것이다. 즉

$$S(t)=\int_{-\infty}^{\infty}I(\nu)e^{-2\pi i\nu t}d\nu \quad (49.2)$$

$e^{2\pi i\nu t}=\cos(2\pi\nu t)+i\sin(2\pi\nu t)$이므로, 위의 식은 조화 진동을 하는 함수를 각각의 세기 $I(\nu)$만큼 가중해서 합한 것과 같다.

우리가 필요로 하는 것은 진동수 영역의 스펙트럼 세기 $I(\nu)$인데, 이것은 다음과 같은 적분으로 구할 수 있다.

$$I(\nu)=2\mathrm{Re}\int_{0}^{\infty}S(t)e^{2\pi i\nu t}dt \quad (49.3)$$

여기서 'Re'는 뒤따르는 식의 실수 부분을 취하라는 뜻이다. 이 적분은 $S(t)$ 속에 진동 함수 $e^{2\pi i\nu t}$와 일치하는 성분이 들어 있으면 소멸되지 않는다. 이 적분은 일련의 진동수 ν에서 분광계에 붙어 있는 컴퓨터로 계산된다.

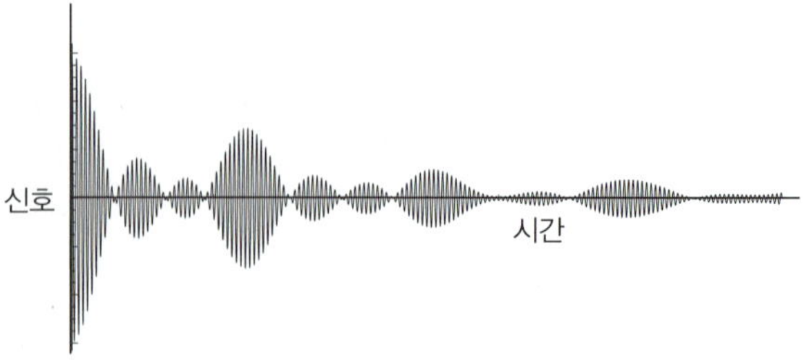

그림 49.7 에탄올 시료의 유도 자유 감쇠 신호. 이것을 Fourier 변환시키면 그림 48.2에 나타낸 진동수-영역 스펙트럼이 나온다. 전체 영상 길이는 약 1초에 해당한다.

그림 49.7의 FID 곡선은 에탄올 시료로부터 얻은 것이다. 이것으로부터 Fourier 변환을 이용하여 얻은 진동수-영역 스펙트럼은 이미 토픽 48에서 설명한 것이다(그림 48.2 참조). 이제 그림 49.7의 FID 곡선이 왜 그렇게 복잡한지를 알 수 있을 것이다. 이와 같이 복잡해지는 까닭은 각각 고유한 진동수를 가지고 있는 8개의 성분으로 구성된 자기화 벡터가 세차 운동을 하기 때문이다.

49.2 스핀 이완

자기화 벡터의 xy 평면 성분은 두 가지 이유 때문에 감쇠한다. 이 두 가지 이유는 모두 핵스핀이 그 주위와 열적 평형에 있지 않은 데서 오는 것이다(평형에서는 $\boldsymbol{M}$이 z축에 평행하다). 열적 평형에서는 스핀들이 Boltzmann 분포를 나타내어 α 스핀이 β 스핀보다 더 많으며 그들의 세차 운동 원뿔에 무작위 배향으로 놓이게 된다. 평형으로 되돌아가는 과정을 **스핀 이완**(**spin relaxation**)이라고 한다.

이제 180° 펄스의 효과를 생각해 보자. 이 효과는 회전틀에서 볼 때 알짜 자기 벡터가 z축에 따른 한 방향(α 스핀이 β 스핀보다 많은)으로부터 그 반대 방향(β 스핀이 α 스핀보다 많은)으로 뒤집히는 것과 같이 그려볼 수 있다. 펄스가 끝나면 이 개체수 분포가 그들의 열적 평형 상태 값으로 지수함수적으로 복귀하게 된다. 이렇게 함으로써 자기화의 z축 성분이 **세로 방향 이완 시간**(**longitudinal relaxation time**)이라고 하는 시간 상수 T_1에 따라서 평형값 M_0로 되돌아간다(그림 49.8). 즉

$$M_z(t)-M_0\propto e^{-t/T_1} \quad \text{정의 세로 방향 이완 시간} \quad (49.4)$$

이 이완 과정에서는 β 스핀이 α 스핀으로 되돌아가면서 에너지를 주위('격자')에 내주기 때문에 시간 상수 T_1을 **스핀-격자 이완 시간**(**spin-lattice relaxation time**)이라고도 한다. 스핀-격자 이완은 β → α 전이의 공명 진동에 가까운 진동수로 요동하는 국지적 자기장 때문에 일어난다. 이러한 장

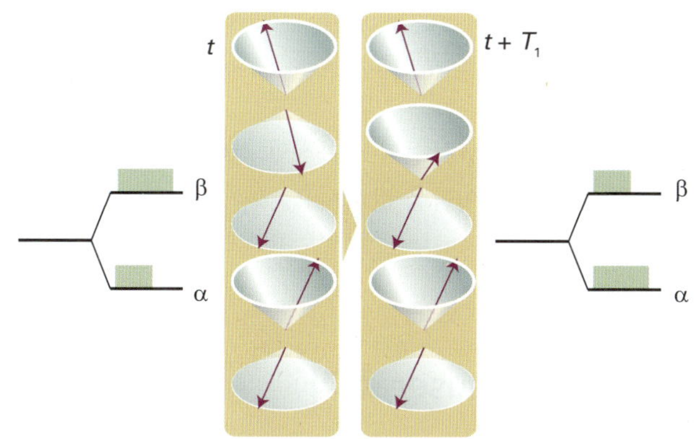

그림 49.8 세로 방향 이완에서는 스핀들이 열평형 상태 개체수 분포로 되돌아간다. 왼쪽 그림은 세차 원뿔을 가지고 스핀-$\frac{1}{2}$ 각운동량을 나타낸 것인데, 이들이 열평형 상태 개체수 분포를 나타내지 않는다(β 스핀이 α 스핀보다 많다)는 것을 알 수 있다. 오른쪽은 T_1 시간이 지나고 오랜 시간 후의 시료를 나타내는 것으로서, Boltzmann 분포 특성의 개체수 분포를 나타낸다. 실제로 T_1은 오른쪽 배치로 이완되는 과정의 시간 상수이며, $T_1 \ln 2$는 왼쪽 배치의 반감기이다.

은 유체 시료 속의 분자가 공중제비 운동을 하기 때문에 생길 수 있다. 분자의 이 공중제비 운동이 공명 진동수에 비해서 너무 느리거나 너무 빠르게 일어나면 요동하는 자기장의 진동수가 너무 낮거나 너무 높게 되어 β로부터 α로의 스핀 변화를 자극하기 어렵게 되고, 따라서 T_1이 길어진다. 분자가 대략의 공명 진동수에서 공중제비를 해야 요동 자기장이 스핀 변화를 효과적으로 유발시킬 수 있으며, 이러한 경우에만 T_1이 짧아진다. 분자의 공중제비 운동 속도는 온도에 따라 증가하며, 또 용매의 점성도가 감소함에 따라 증가한다. 따라서 그림 49.9에 보인 것과 같은 의존 관계가 예상될 수 있다. 이 이완 시간을 정량적으로 취급하려면 분자 운동 모형을 선정하고, 예를 들어 회전 운동에 적합한 확산 식(토픽 81)을 이용해야 한다.

이제 90° 펄스 후에 일어나는 일을 생각해 보자. 90° 펄스

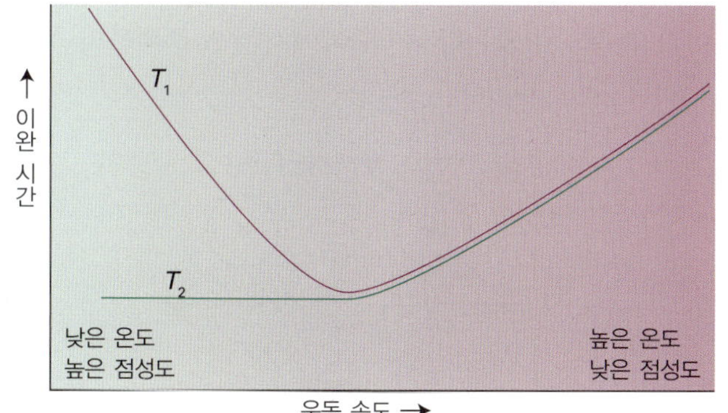

그림 49.9 분자가 운동하는(공중제비를 하거나 용매 속을 헤쳐 나가는) 속도에 따라 두 이완 시간이 변하는 모양. 수평축은 온도나 점성도를 나타낸다고 볼 수 있다. 운동 속도가 빨라지면 두 이완 시간이 같아진다는 것을 주목하라.

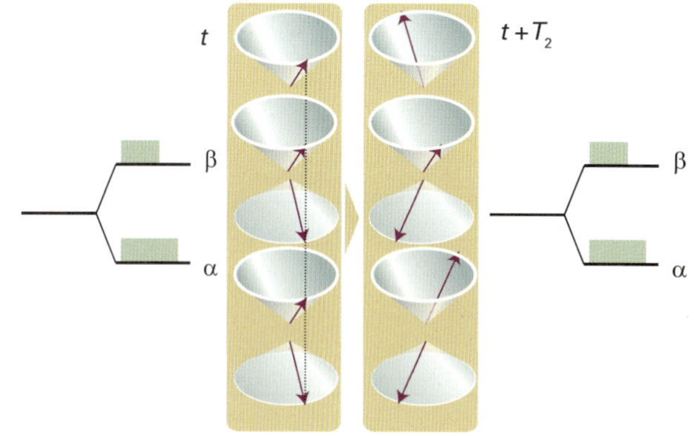

그림 49.10 가로 방향 이완 시간 T_2는 스핀의 위상들이 무작정하게 되어(또 하나의 평형 조건) 이 그림의 왼쪽에 나타낸 질서적인 배열로부터 오른쪽의 무질서한 배열로 변하는 데 걸리는 시간(시간 T_2 경과한 후 오랜 시간)이다. 상태들의 개체수 분포는 변하지 않으며, 스핀들의 상대적 위상만이 이완된다는 것을 주목하라. 실제로 T_2는 오른쪽 배치로 이완되는 과정의 이완 시간이며, $T_2 \ln 2$는 왼쪽 배치의 반감기이다.

직후에는 스핀들이 모두 바로 한 묶음이 되어 xy 평면에서의 자기화 벡터가 크게 된다. 그러나 스핀들이 이와 같이 질서적으로 묶인 상태는 평형 상태가 아니며, 스핀-격자 이완 작용이 없더라도 개개의 스핀은 z축 주위의 모든 가능한 각도에 걸쳐서 균일하게 분포될 때까지 퍼져나갈 것이다(그림 49.10). 이 단계에서는 자기화 벡터의 xy 평면 성분이 0으로 될 것이다. 스핀 방향의 이러한 무작정성 배향은 **가로 방향 이완 시간**(**transverse relaxation time**) T_2라고 하는 시간 상수를 가지고 지수함수적으로 일어난다. 즉

$$M_y(t) \propto e^{-t/T_2} \qquad \text{정의} \quad \text{가로 방향 이완 시간} \qquad (49.5)$$

이 이완은 원뿔 주위의 스핀들 각각의 상대적 배향과 관계되기 때문에 T_2를 **스핀-스핀 이완 시간**(**spin-spin relaxation time**)이라고도 한다. α 스핀과 β 스핀 사이의 균형을 변화시키는 어떠한 완환 과정들도 어느 것이나 이러한 무작정성 배향에 기여를 하며, 따라서 시간 상수 T_2는 항상 T_1보다 작거나 기껏해야 같다.

국지적 자기장도 스핀-스핀 이완에 영향을 준다. 자기장 요동이 느릴 때는 각각의 분자가 그 국지적 자기 환경에 오래 머물게 되며, 스핀들이 외부 자기장 원뿔 주위로 급속하게 무작정하게 배향된다. 만일 분자가 한 자기적 환경으로부터 다른 환경으로 빠르게 이동할 때는 국지적 자기장의 차에 의한 효과가 평균적으로 0이 된다. 즉 개개 스핀들의 세차 운동이 큰 차를 나타내지 않으며, 이들이 묶인 상태로 더 오래 남아 있게 되기 때문에 스핀-스핀 이완이 빠르게 일어나지 않는다. 바꾸어 말하면 느린 분자 운동은 짧은 T_2에 대응되며, 빠른 반응은 긴 T_2에 대응된다(그림 49.9에서와 같이). 계산 결과에 의하면, 분자 운동이 빠를 때는 무작정화의 효

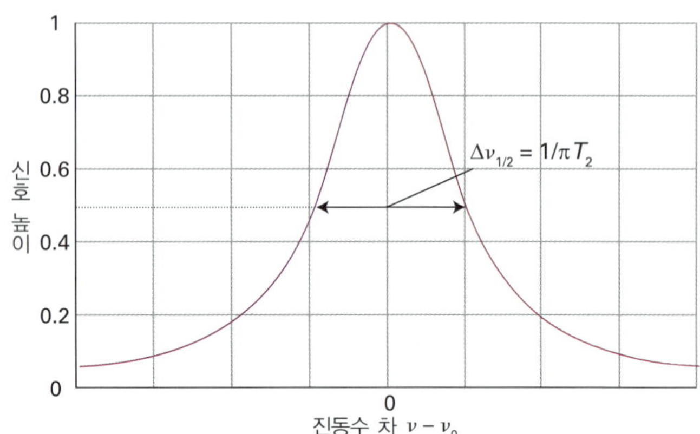

그림 49.11 Lorentz형 흡광선. 반높이에서의 선너비는 파라미터 T_2에 반비례하며, 가로 방향 이완 시간이 길수록 선너비가 좁아진다.

과가 원뿔상에서의 상이한 세차 회전 속도에 기인되기보다는 주로 $\beta\to\alpha$ 전이 때문에 나타나고, $T_2\approx T_1$이 된다.

자기화의 y축 성분이 시간 상수 T_2를 가지고 감쇠하면 스펙트럼 선너비가 넓어지고(그림 49.11), 반높이에서의 선너비는 다음과 같이 된다(자가 진단 49.2 참조).

$$\Delta\nu_{1/2} = \frac{1}{\pi T_2} \quad \text{NMR 선에서 반높이의 선너비} \quad (49.6)$$

양성자 NMR에서는 전형적인 T_2의 값은 수 초 정도이며, 따라서 0.1 Hz 근처의 선너비가 예상되는데, 이것은 대체적으로 실험 결과와 일치한다.

지금까지는 실험 장비, 특히 자석이 완전하고, 또한 Larmor 진동수의 차는 전적으로 시료 내부에서의 상호 작용 때문에 생긴다고 가정하였다. 실제에 있어서는 자석이 완전하지 않아서 시료 내부의 위치에 따라 자기장이 다르게 작용한다. 이 불균일성으로 인해 공명 범위가 넓어지며, 대부분의 경우 이러한 **불균일성 선너비 증가**(**inhomogeneous broadening**)는 지금까지 고찰했던 선너비 증가보다 훨씬 더 크다. 이 불균일성 선너비 증가의 정도는 식 49.6과 비슷한 관계를 사용함으로써 **유효 가로 방향 이완 시간**(**effective transverse relaxation time**) T_2^*로 나타내는 것이 일반적인데, 표기는 다음과 같이 나타낸다.

$$T_2^* = \frac{1}{\pi\Delta\nu_{1/2}} \quad \text{유효 가로 방향 이완 시간} \quad (49.7)$$

여기서 $\Delta\nu_{1/2}$는 $I\propto 1/(1+\nu^2)$ 형태의 Lorentz형 흡광선의 반높이에서의 관측된 선너비이다.

간단한 예 49.3 불균일성 선너비 증가

10 Hz의 선너비를 갖는 스펙트럼선을 생각해 보자. 식 49.7에 의하면 이 경우의 유효 가로 방향 이완 시간은 다음과 같이 된다.

$$T_2^* = \frac{1}{\pi\times(10\,\mathrm{s}^{-1})} = 32\,\mathrm{ms}$$

자가 진단 49.3 NMR 선의 추가적인 선너비 증가에 기여하는 두 가지 과정의 이름을 말하시오.

답: 형태 전환과 화학적 이동 (토픽 48 참조)

49.3 핵 Overhauser 효과

NMR에서 양성자를 쓰는 한 가지 이점은, 높은 자기 회전 비율을 가지고 있어서 비교적 큰 Boltzmann 개체수 차와 고주파 장과 강한 짝지음을 나타내고, 따라서 대부분의 다른 핵들보다 더 큰 세기의 공명선을 나타낸다는 것이다. 정류 상태 **핵 Overhauser 효과**(**nuclear Overhauser effect**, NOE) 방법에서는 핵간 쌍극자–쌍극자 상호 작용이 관여되는 스핀 이완 과정을 이용하여 이 개체수 분포 이점을 다른 핵(^{13}C이나 다른 양성자와 같은)으로 이전시켜 다른 핵의 공명이 바뀌게 된다. 한 막대자석의 배향이 다른 근처의 막대자석 존재에 영향을 받는 것과 같은 방법으로 두 핵 사이의 쌍극자–쌍극자 상호 작용에서 한 핵은 다른 핵의 성질에 영향을 미친다.

이 효과를 이해하기 위해서 동핵(예를 들어 양성자) AX계의 네 준위에 대한 개체수를 생각해 보자. 이 준위들은 그림 48.8에 나타냈었다. 열적 평형 상태에서는 $\alpha_A\alpha_X$ 준위의 개체수가 가장 많고, $\beta_A\beta_X$ 준위의 개체수가 가장 적다. 나머지 두 준위는 에너지가 동일하며, 중간 정도의 개체수를 갖는다. 열적 평형 흡광 세기는 그림 49.12에 나타낸 것과 같은 개체수를 나타낸다. 이제 스핀 이완 효과와 X 스핀을 포화 상태로 유지시키는 효과가 결합된 전체 효과를 생각해 보자. X 전이를 포화시킬 때는 X 준위들의 개체수가 같아지며($N_{\alpha_X} = N_{\beta_X}$), 따라서 $\alpha_X \leftrightarrow \beta_X$ 스핀 젖혀짐을 포함하는 모든 전이가 관측되지 않는다. 이 단계에서는 A 준위들의 개체수

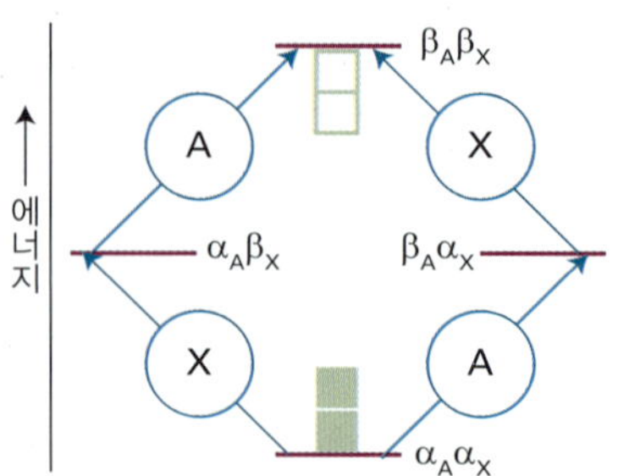

그림 49.12 AX계의 에너지 준위와 이 준위들의 상대적 개체수 표시. 준위 선 위에 표시된 녹색 네모는 과잉 개체수를 나타내고, 준위 선 밑의 흰색 네모는 부족한 개체수를 나타낸다. A와 X의 전이들이 표시되어 있다.

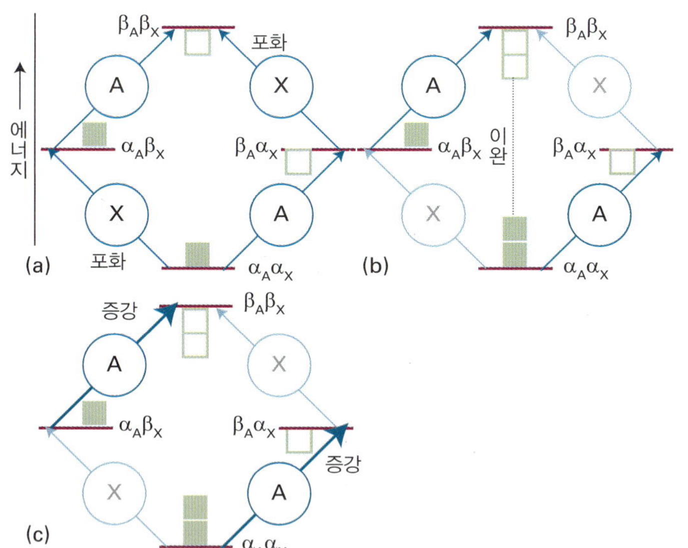

그림 49.13 (a) X 전이가 포화되었을 때는 그 두 상태의 개체수가 같게 되며, 개체수의 과부족이 그림에서와 같이 된다(그림 49.12에서와 동일한 기호가 사용된다). (b) 쌍극자-쌍극자 이완 작용은 가장 높은 상태와 가장 낮은 상태의 개체수를 이완시켜 이들이 본래의 개체수를 다시 갖게 해 준다. (c) A 전이들은 선행되는 변화에 의해서 초래된 개체수 차를 반영하는 것이며, 그림 49.12에 나타낸 것들보다 증강되어 있다.

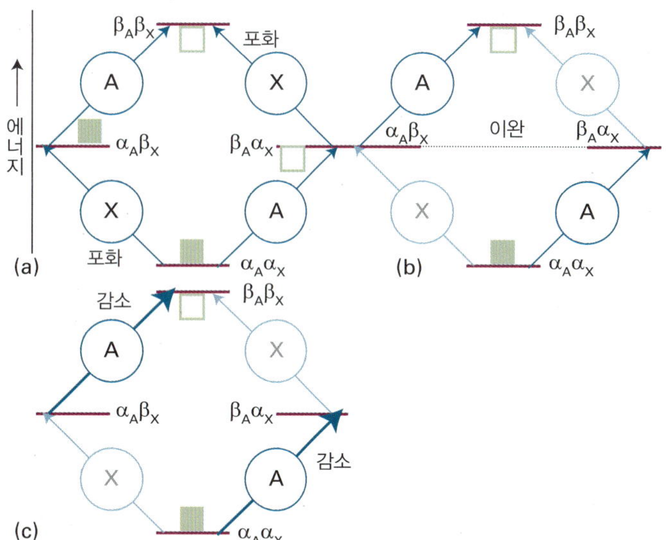

그림 49.14 (a) X 전이가 포화되었을 때는 그림 49.13에서와 같이 그 두 상태의 개체수들이 같아지며, 과잉 개체수와 부족 개체수가 그림에서와 같이 된다. (b) 쌍극자-쌍극자 이완은 두 중간 상태들의 개체수를 이완시켜 그들 본래의 개체수를 다시 갖게 해 준다. (c) A 전이들은 선행되는 변화에 의해서 초래된 개체수 차를 반영하는 것이며, 그림 49.12에 나타냈던 것에 비해 감소된다.

가 변하지 않는다. 만일 여기서 일어날 수 있는 전이가 이것뿐이라면 X 공명이 나타나지 않을 것이고, A 공명에 미치는 효과도 나타나지 않게 될 것이다.

이번에는 스핀 이완 효과를 생각해 보자. A 스핀과 X 스핀 사이에 쌍극자간 상호 작용이 있을 때는 여러 가지 방식으로 이완이 일어날 수 있다. 그 가능한 한 가지 방식은 두 스핀 사이에 작용하는 자기장이 두 스핀을 **모두** 동시적으로 β로부터 α로 젖혀지게 할 수 있게 하여 결과적으로 $\alpha_A\alpha_X$와 $\beta_A\beta_X$ 상태가 열적 평형 개체수를 다시 갖게 하는 것이다. 그러나 $\alpha_A\beta_X$와 $\beta_A\alpha_X$ 준위의 개체수는 포화의 특성 값들을 변함 없이 그대로 유지한다. 그림 49.13으로부터 보는 바와 같이, A의 전이로 연결되는 상태들 사이의 개체수 차는 평형 상태에서의 값보다 커지며, 따라서 공명 흡수가 증강된다. 또 하나의 가능성은 두 스핀 사이의 쌍극자간 상호 작용이 α_A를 β_A로 젖혀지고, 또 동시에 β_X를 α_X로 젖혀지게(또는 반대로) 하는 것이다. 이 전이로 $\alpha_A\beta_X$와 $\beta_A\alpha_X$의 개체수는 평형을 이루지만, $\alpha_A\alpha_X$와 $\beta_A\beta_X$ 개체수는 변화되지 않는다. 따라서 그림에서 보는 바와 같이 A 전이가 관여하는 상태들에서의 개체수 차가 감소하며, 따라서 공명 흡수가 감소한다.

어떤 효과가 우세할까? NOE가 A 흡광을 증가시킬까, 아니면 감소시킬까? 49.2절에서 이완 시간에 관해서 설명한 바와 같이, 쌍극자 장이 전이 진동수에 가까운 진동수(이 경우에는 약 2ν)로 진동할 때는 세기를 증강시키는 $\beta_A\beta_X \leftrightarrow \alpha_A\alpha_X$ 이완 효율이 높다. 마찬가지로 쌍극자 장이 일정할 때는(처음 상태와 최종 상태 사이의 진동수 차가 없을 때와 같은) 세기를 감소시키는 $\alpha_A\beta_X \leftrightarrow \beta_A\alpha_X$ 이완 효율이 높다. 큰 분자는 대단히 느리게 회전하기 때문에 2ν에서는 거의 운동을 하지 않으며, 그리하여 세기가 감소할 것으로 예상된다(그림 49.14). 빠른 속도로 회전하는 작은 분자는 2ν에서 상당한 운동을 할 것으로 기대되며, 그 결과로 신호가 증강된다. 그러나 실제로는 이 두 극단의 중간 어딘가에서 신호 증강이 나타나며, 이 증강을 다음과 같은 파라미터 η으로 나타낸다.

$$\eta = \frac{I_A - I_A^{\circ}}{I_A^{\circ}} \qquad \text{NOE 증강을 나타내는 파라미터} \qquad (49.8)$$

여기서 I_A°와 I_A는 각각 X핵에 기인되는 전이를 포화시키는 긴($>T_1$) 고주파 펄스를 작용시키기 전후에 핵 A에 기인된 NMR 신호의 세기이다. A와 X가 양성자와 같이 동일 화학종의 핵들일 때는 η가 -1(감소)과 $+\frac{1}{2}$(증강) 사이의 값을 갖는다. 그러나 η도 A와 X의 자기 회전 비율에 의존하며, 증강이 극대를 나타낼 때는 이것이 다음과 같이 된다는 것을 보일 수 있다.

$$\eta = \frac{\gamma_X}{2\gamma_A} \qquad (49.9)$$

여기서 γ_A와 γ_X는 각각 핵 A와 X의 자기 회전 비율이다.

간단한 예 49.4 NOE 증강

식 49.9와 표 47.2에 있는 데이터로부터 포화된 양성자에 인접한 ^{13}C에 대한 NOE 증강 파라미터는 다음과 같다.

$$\eta = \frac{\overbrace{2.675\times10^{8}\ \mathrm{T^{-1}\,s^{-1}}}^{\gamma_{1H}}}{2\times\underbrace{(6.73\times10^{7}\ \mathrm{T^{-1}\,s^{-1}})}_{\gamma_{13C}}} = 1.99$$

이것은 약 2배 정도의 증강이 이루어질 수 있다는 것을 나타낸다.

자가 진단 49.4 단백질의 NMR 스펙트럼의 다음 모양을 해석하시오. (a) 메티오닌 잔기의 곁가지로 할당된 양성자 공명의 포화는 트립토판과 타이로신 잔기의 곁가지로 할당된 양성자 공명의 세기를 변화시킨다. (b) 트립토판으로 할당된 양성자 공명의 포화는 타이로신 잔기의 스펙트럼에 영향을 끼치지 않는다.

답: 트립토판과 타이로신 잔기는 메티오닌 잔기와는 가까우나 서로 멀리 떨어져 있다.

NOE는 양성자 간 거리를 결정하는 데에도 이용된다. 스핀 X를 포화시킴으로써 생기는 양성자 A의 Overhauser 증강은 X와의 쌍극자간 상호 작용에 기인되는 A의 스핀-격자 이완의 분율에 의존한다. 쌍극자성 장은 핵간 거리 r의 -3 제곱, 즉 r^{-3}에 비례하고, 이완 효과는 이 장의 제곱, 따라서 r^{-6}에 비례하므로, NOE를 이용하면 용액 속에 있는 분자의 기하 구조를 결정할 수 있다. 용액 속의 작은 단백질의 구조를 결정하려면 NOE를 수백 번 측정하여, 존재하는 양성자를 효과적으로 조사해야 한다. 이 방법은 생물학적 거대 분자의 구조를 습한 상태 그대로 조사할 수 있고, X선 회절 방법(토픽 37)을 이용할 때 필수적인 단결정을 만들지 않아도 되므로 그 중요성이 대단히 크다.

49.4 이차원 NMR

NMR 스펙트럼은 많은 양의 정보를 내포하고 있으며, 양성자의 수가 많아지면 상이한 기의 미세 구조 선들이 겹쳐지기 때문에 대단히 복잡해진다. 그러나 2개의 축을 써서 상이한 기에 속하는 공명이 두 번째 축 상의 상이한 위치에 오도록 데이터를 처리하면 이러한 복잡성이 줄어든다. 이러한 분리 방법이 본질적으로 **이차원 NMR(two-dimensional NMR)**에서 달성될 수 있는 것이다.

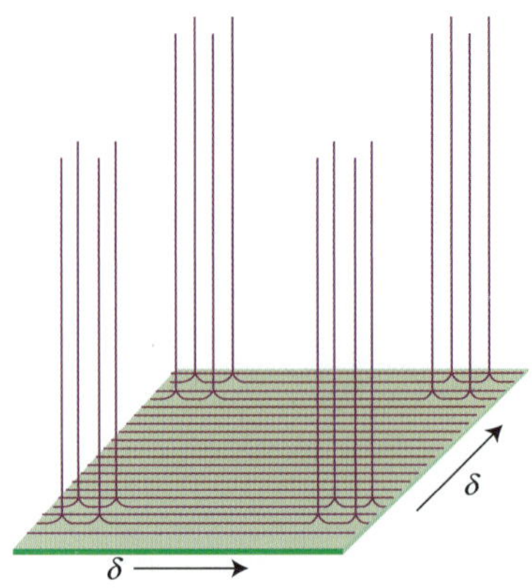

그림 49.15 AX 스핀계의 이상적인 COSY 스펙트럼 모양

많은 최신 NMR 연구에서는 **상관 분광법(correlation spectroscopy, COSY)**을 이용하고 있다. 이 방법에서는 펄스를 잘 선정하고 Fourier 변환 방법을 이용함으로써 분자 내부의 모든 스핀-스핀 짝지음을 결정할 수 있다. AX계에 대한 전형적인 결과를 그림 49.15에 나타내었다. 신호 세기를 진동수 좌표 ν_1과 ν_2에 대해서 도시한 이 그림에서는 동일한 신호 세기의 등고선을 나타내고 있다. **대각선 피크(diagonal peak)**는 (δ_A,δ_A)와 (δ_X,δ_X)에 중심을 둔 신호로서 $\nu_1=\nu_2$인 대각선을 따라 나타난다. 즉 대각선에 연한 스펙트럼은 재래식 NMR 방법으로 얻는 일차원 스펙트럼(그림 48.10)과 동일한 것이다. **비대각선 피크(cross-peak** 또는 **off-diagonal peak)**는 (δ_A,δ_X)와 (δ_X,δ_A)에 중심을 둔 신호로서, A와 X 핵 사이의 결합 때문에 나타나는 신호들이다.

AX계에서는 이차원 NMR 분광법으로 얻는 정보가 무의미하기는 하지만, 이차원 NMR 분광법은 복잡한 분자에서 스핀들 사이의 짝지음 지도를 만들어 결합 네트워크를 결정하게 하기에 복잡한 스펙트럼을 해석할 때는 대단히 큰 도움이 될 수 있다. 실제로 일차원 NMR에서는 복잡해서 해석할 수 없는 합성 고분자나 생체 고분자의 스펙트럼은 이차원 NMR을 이용하면 때때로 상당히 빠르게 해석할 수 있다.

예제 49.1 이차원 NMR 스펙트럼 해석

그림 49.16은 아미노산인 아이소루신(**1**)의 COSY 스펙트럼 일부를 나타낸 것으로, 탄소 원자에 결합된 양성자와 연관된 공명을 보여 주는 것이다.

c, O, d, b, a, OH, e, NH_2

1 아이소루신

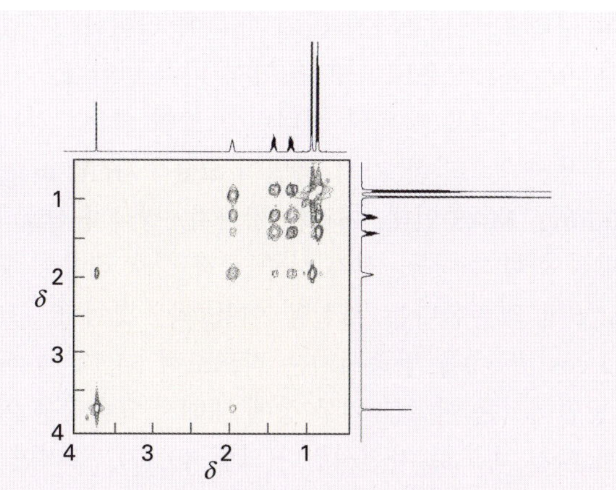

그림 48.16 아이소루신의 양성자 COSY 스펙트럼(예제 49.1과, 해당되는 스펙트럼은 K.E. van Holde, et al., *Principles of physical biochemistry*, Prentice Hall(1988)로부터 발췌함)

방법 이 분자 구조를 보면 다음과 같이 예상할 수 있다. (i) C_a—H 양성자는 C_b—H 양성자하고만 짝지음되어 있고, (ii) C_b—H 양성자는 C_a—H, C_c—H, C_d—H 양성자와 짝지음되어 있고, (iii) 동등하지 않은 C_d—H 양성자들은 C_b—H와 C_e—H 양성자와 짝지음되어 있다.

풀이 이제 다음 사실들을 주목하자.

- $\delta = 3.6$인 공명은 $\delta = 1.9$인 다른 한 공명하고만 비대각선 피크를 공유한다. 다시 이 $\delta = 1.9$인 공명은 $\delta = 1.4$, 1.2, 0.9인 공명과 비대각선 피크를 공유한다. $\delta = 3.6$, 1.9의 공명은 각각 C_a—H, C_b—H 양성자에 대응한다고 결론지을 수 있다.
- $\delta = 0.8$인 공명을 하는 양성자는 C_b—H 양성자와 짝지음하지 않으며, 따라서 $\delta = 0.8$인 공명을 C_e—H 양성자에 배정한다.
- $\delta = 1.4$, 1.2인 공명은 $\delta = 0.9$인 공명과 비대각선 피크를 공유하지 않는다.
- 예상되는 짝지음에 비추어 볼 때, $\delta = 0.9$인 공명은 C_c—H 양성자에 배정하고, $\delta = 1.4$, 1.2인 공명은 동등하지 않은 C_d—H 양성자에 배정해야 한다.

자가 진단 49.5 알라닌($H_2NCH(CH_3)COOH$)의 NH, $C_\alpha H$, $C_\beta H$ 기에 대한 양성자 화학적 이동은 각각 8.25, 4.35, 1.39이다. $\delta = 1.00$과 8.50 사이의 알라닌의 COSY 스펙트럼을 설명하시오.

답: NH와 $C_\alpha H$ 양성자, $C_\alpha H$와 $C_\beta H$ 양성자만이 짝지음을 나타내는 것이 예상되며, 따라서 스펙트럼은 단 두 개의 비대각선 피크만을 나타내며 하나는 (8.25, 4.35)이고, 다른 것은 (4.35, 1.39)에 나타난다.

앞에서 공부한 바와 같이 핵 Overhauser 효과를 이용하면 선택된 공명의 포화 전후에 얻은 NMR 스펙트럼의 증강된 모양을 분석하여 핵간 거리에 관한 정보를 얻을 수 있다. **핵 Overhauser 효과 분광법**(**nuclear Overhauser effect spectroscopy**, NOESY)을 이용하면 적절한 고주파 펄스를 선정하고 Fourier 변환법을 이용하여 모든 가능한 NOE 상호 작용 지도를 만들 수 있다. COSY 스펙트럼과 마찬가지로, NOESY 스펙트럼은 시료의 일차원 NMR 스펙트럼에 대응하는 일련의 비대각선 피크로 이루어진다. 비대각선 피크는 어떤 핵이 서로 충분하게 가까워서 핵 Overhauser 효과를 일으키는지를 나타낸다. NOESY 데이터는 약 0.5 nm까지의 핵간 거리를 나타낸다.

49.5 고체 상태 NMR

NMR을 고체에 적용시킬 때의 주된 어려움은 고체 시료들의 특성인 낮은 분리 상태의 스펙트럼을 나타낸다는 점이다. 그럼에도 불구하고 이러한 어려움을 극복하려는 것은 그럴만한 충분한 이유가 있기 때문이다. 이러한 이유 중에는 대상 화합물이 용액 속에서 불안정하거나 불용성이어서 재래식 용액 NMR을 이용할 수 없는 경우도 포함된다. 뿐만 아니라 고분자와 나노 물질과 같은 상당수의 화학종들은 그 고체 상태가 본질적인 연구 대상이 되며, X선 회절 방법으로는 시도할 수 없는 경우에 이들의 구조와 동역학을 결정하는 데 중요하게 된다.

고체의 선너비는 세 가지 주된 기여로 이루어지는데, 첫째는 핵스핀 사이의 직접적인 자기 쌍극자 상호 작용이다. 스핀–스핀 짝지음을 논의할 때 설명한 바와 같이, 핵자기 모멘트는 핵 주위에 국지적 자기장을 생기게 하는데, 이 자기장은 핵 주위의 위치에 따라 그 방향이 다르다. 오로지 외부 자기장의 방향에 평행한 성분만을 생각할 때는(실제로 이 성분만이 중요한 효과를 나타낸다) 정지된 틀로부터 회전틀로의 변환에 기인하는 어떤 감지하기 힘든 영향을 무시하는 경우에 **화학자 툴킷** 48.1의 고전적 식을 이용하여 이 국지적 자기장의 크기를 다음과 같이 나타낼 수 있다.

$$\mathcal{B}_{\text{loc}} = -\frac{\gamma_{\text{N}}\hbar\mu_0 m_I}{4\pi R^3}(1-3\cos^2\theta) \tag{49.10}$$

용액에서와는 달리, 고체에서 이 자기장은 운동에 의한 평균값이 0이 되지 않는다. 많은 핵들은 한 관심 대상 핵에 의해 겪는 전체 국지적 자기장에 기여할 수 있으며, 시료 속의 여러 상이한 핵들은 넓은 범위의 장을 겪을 수 있다. 전형적인 쌍극자 자기장은 1 mT의 크기이며, 이것은 10 kHz 정도의 갈라짐이나 선너비에 해당한다.

간단한 예 49.5 고체에서의 쌍극자 장

각 θ가 0과 θ_{max} 사이에서만 변할 수 있을 때, 식 49.10은 다음과 같게 된다.

$$\mathcal{B}_{loc} = \frac{\gamma_N \hbar \mu_0 m_I}{4\pi R^3}(\cos^2\theta_{max} + \cos\theta_{max})$$

$\theta_{max} = 30°$, $R = 160$ pm일 때, 한 양성자에 의해 발생되는 국지적 장은 다음과 같다.

$$\mathcal{B}_{loc} = \frac{\overbrace{2.675\times10^8\ \mathrm{T^{-1}\,s^{-1}}}^{\gamma_N}\times\overbrace{(1.055\times10^{-34}\ \mathrm{J\,s})}^{\hbar}\times\overbrace{(4\pi\times10^{-7}\ \mathrm{T^2\,J^{-1}\,m^3})}^{\mu_0}\times\overbrace{\left(\frac{1}{2}\right)}^{m_I}\times\overbrace{(1.616)}^{\cos^2\theta_{max}+\cos\theta_{max}}}{4\pi\times\underbrace{(1.60\times10^{-10}\ \mathrm{m})}_{R}}$$

$$= 5.57\times10^{-4}\ \mathrm{T} = 0.557\ \mathrm{mT}$$

자가 진단 49.6 $\theta_{max} = 40°$일 때 ^{13}C 핵으로부터 국지적 장이 0.50 mT가 되는 거리를 계산하시오.

답: $R = 99$ pm

선너비에 대한 두 번째 기여는 화학적 이동이 나타내는 비등방성이다. 화학적 이동은 분자 안에 전자 전류를 발생하는 외부 자기장의 능력 때문에 나타난다. 일반적으로 이 능력은 외부 장에 대한 분자의 상대적 배향에 의존한다. 용액에서는 분자가 빠른 속도로 재주를 넘을 때 화학적 이동의 평균값만이 관계된다. 그러나 고체 속에서 정지 상태에 있는 분자의 경우에는 비등방성의 평균이 0이 되지 않으며, 상이한 배향에 있는 분자들이 상이한 진동수에서 공명을 일으킨다. 화학적 이동의 비등방성은 또한 외부 장과 분자 주축 사이의 각도에 따라 $1-3\cos^2\theta$ 모양으로 변한다.

세 번째 기여는 전기 사중 극자 상호 작용이다. $I > \frac{1}{2}$인 핵은 핵에 걸친 비구형 전하 분포의 척도인 전기 사중 극자 모멘트를 생기게 하는 전하 분포를 갖는다(예를 들어 양전하가 적도 주위나 두 극에 집중되어 있다). 전기 사중 극자는 전기장 기울기와 상호 작용을 하는데, 이런 작용은 전하가 핵 주위에 구형으로 분포되지 않기 때문에 일어날 수 있는 것과 같다. 이 상호 작용도 $1-3\cos^2\theta$에 따라 변한다.

다행히도 고체 시료의 선너비를 줄여 줄 수 있는 방법들이 유용하다. 그 한 가지 방법이 **요술각 자전법(magic-angle spinning**, MAS)인데, 이것은 쌍극자–쌍극자 상호 작용, 비등방성 화학적 이동, 전기 사중 극자 상호 작용이 모두 $1-3\cos^2\theta$에 의존한다는 사실을 이용하는 것이다. '요술각'은 $1-3\cos^2\theta = 0$을 만족시키는 각도로서 54.74°에 해당한다. 이 방법에서는 시료를 외부 장에 대해서 요술각을 이루게 하면서 빠른 속도로 자전시킨다(그림 49.17). 그러면 모든 쌍극자간 상호 작용과 비등방성이 이 요술각에서의 값인 0으로 평균화된다. 이 MAS에서는 그 자전 진동수가 스펙트럼 선너비보다 작아서는 안 되며, 따라서 이것을 수 킬로헤르츠 정도로 해 주어야 한다는 것이 어려운 문제이다. 그러나 현재는 기체 구동 시료 회전 장치를 이용하여 시료를 25 kHz 이상의 진동수에서 쉽게 회전시킬 수 있으며, 이 방법으로 많은 연구가 이루어졌다.

앞 절에서 설명한 것과 비슷한 펄스 방법도 선너비를 감소시키는 데 이용할 수 있다. 또한 일련의 펄스를 정교한 순서에 따라 발생시켜 자기화 벡터를 일련의 각도로 뒤틀리게 하여 선너비를 줄여 주는 평균화 과정도 개발되었다.

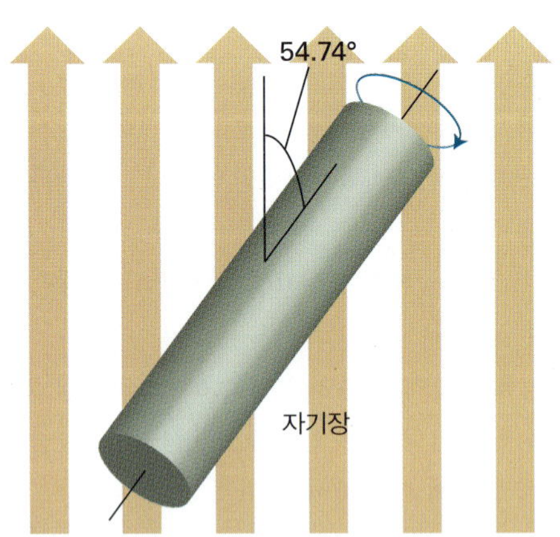

그림 49.17 요술각 회전법에서는 시료를 외부 자기장에 대해서 54.74°(즉 arccos $1/3^{1/2}$)를 이루게 하면서 자전시킨다. 이 각도로 빠르게 자전시키면 쌍극자–쌍극자 상호 작용과 화학적 이동의 비등방성이 0으로 평균화된다.

개념 확인

☐ 1. **유도 자유 감쇠**(FID)는 고주파 펄스 작용 후에 일어나는 자기화 감쇠이다.

☐ 2. FID 곡선을 Fourier 변환시키면 NMR 스펙트럼이 나온다.

☐ 3. **세로 방향**(또는 **스핀–격자) 이완** 동안에 β 스핀은 α 스핀으로 되돌아간다.

☐ 4. **가로 방향**(또는 **스핀–스핀) 이완**은 z축 주위의 스핀 방향이 무작위하게 되는 과정이다.

☐ 5. **핵 Overhauser 효과**는 한 공명 세기를 다른 것을 포화시킴으로써 변경하는 것이다.

☐ 6. **이차원 NMR**에서는 2개의 축을 써서 스펙트럼을 나타내는데, 다른 기에 속하는 공명이 두 번째 축 상의 다른 위치에 온다.

☐ 7. **요술각 자전법**(MAS)은 고체 시료를 외부 자기장에 대해서 54.74°의 각도로 자전시킴으로써 NMR 선너비를 감소시키는 방법이다.

식 확인

성질	식	비고	식 번호
유도 자유 감쇠	$M_y(t)=M_0\cos(2\pi\nu_L t)e^{-t/T_2}$	T_2는 가로 방향 이완 시간	49.1
세로 방향 이완	$M_z(t)-M_0\propto e^{-t/T_1}$	T_1은 스핀–격자 이완 시간	49.4
가로 방향 이완	$M_y(t)\propto e^{-t/T_2}$		49.5
NMR 선의 반높이 선너비	$\Delta\nu_{1/2}=1/\pi T_2$	불균일 선너비 증가는 T_2^*를 사용하여 취급됨	49.6
NOE 증강 파라미터	$\eta=(I_A-I_A^\circ)/I_A^\circ$	정의	49.8

토픽 50

전자 상자기성 공명

내용

➤ 학습 목표

일부 화학 반응은 홀전자를 갖고 있는 중간 생성물이나 생성물을 만들어 내며, 특별한 분광학적인 방법을 사용하여 어떻게 이러한 화학종들의 구조를 특정지을 수 있는지를 알 필요가 있다.

➤ 핵심 내용

라디칼의 전자 상자기성 공명 스펙트럼은 국지적 전자 전류를 유발하는 외부 자기장과, 홀전자와 스핀을 가진 핵 사이의 상호 작용의 능력에 기인한다.

➤ 미리 알기

전자 스핀의 개념(토픽 19), 자기 공명의 일반 이론(토픽 47), 분자의 자기적 성질(토픽 39)에 친숙해져야 한다. 원자의 스핀-궤도 짝지음(토픽 21)과 분자의 Fermi 접촉 상호 작용(토픽 48)에 대한 논의가 언급되어야 한다.

전자 상자기성 공명(EPR)은 전자 스핀 공명(ESR)으로도 알려 있으며, 화학 반응 동안이나 복사선 조사에 의해 형성되는 라디칼, 생체 구조에 대한 탐침 역할을 하는 라디칼, 많은 d 금속 착물, 삼중항 상태의 분자(인광과 관련하여 설명한 것과 같은, 토픽 46) 등을 연구하는 데 이용된다. 시료는 기체, 액체, 고체 등 어떤 상태라도 좋지만, 기체상 속에서 분자들이 자유 회전을 할 때는 조금 복잡해진다.

50.1 *g* 값

전자의 $m_s=-\frac{1}{2}$ 준위와 $m_s=+\frac{1}{2}$ 준위 사이에서 전이를 일으킬 때의 공명 진동수는 다음과 같다.

$$h\nu = g_e\mu_B\mathcal{B}_0 \quad \text{자유 전자 공명 조건} \quad (50.1)$$

여기서 $g_e \approx 2.0023$이다(토픽 47). 라디칼에 있는 홀전자의 자기 모멘트도 외부 자기장과 상호 작용을 하지만, 가해지는 자기장은 분자 골격에서 유도되는 전자 전류에서 발생하는 국지적 자기장의 존재에 기인하는 외부 자기장과는 다르게 된다. 이 차이는 g_e를 g로 치환하고 공명 조건을 다음과 같이 표시하여 고려한다.

$$h\nu = g\mu_B\mathcal{B}_0 \quad \text{EPR 공명 조건} \quad (50.2)$$

여기서 g는 라디칼의 **g 값(g-value)**이다.

간단한 예 50.1 라디칼의 *g* 값

9.2330 GHz(마이크로파 영역의 X띠에 속하는 복사선)에서 작동하는 분광계를 이용하여 메틸 라디칼을 측정하면 EPR 스펙트럼의 중심이 329.40 mT에서 나타난다. 따라서 이 라디칼의 g 값은 다음과 같이 된다.

$$g=\frac{\overbrace{(6.626\,08\times10^{-34}\,\text{J s})}^{h}\times\overbrace{(9.2330\times10^{9}\,\text{s}^{-1})}^{\nu}}{\underbrace{(9.2740\times10^{-24}\,\text{J T}^{-1})}_{\mu_B}\times\underbrace{(0.329\,40\,\text{T})}_{\mathcal{B}_0}}=2.0027$$

자가 진단 50.1 34,000 GHz(마이크로파 영역의 Q띠에 속하는 복사선)에서 작동하는 분광계를 사용하면 메틸 라디칼은 어떤 자기장에서 공명을 일으키겠는가?

답: 1.213 T

g 값은 외부 자기장이 분자 골격에 전자 흐름을 얼마나 쉽게 부추기는지와, 전류가 발생하는 자기장의 세기와 연관된다. 따라서 g 값은 전자 구조에 관한 어느 정도의 정보를 나타내며, NMR에서의 가림 상수와 같은 역할을 하는 것과 유사한 역할을 EPR에서 한다.

g 값이 g_e로부터 차이가 나는 것에는 두 가지 요인이 원인이 된다. 전자들은 들뜬 상태를 이용하여 분자 골격 전반을 통해서 순환하게 되며(그림 50.1), 전자들이 순환하는 이 경로가 국지적 자기장을 생기게 하여 외부 자기장에 추가되어 변화시키는 것이다. 라디칼이나 착물에서는 전류를 유발시키는 정도는 분자의 에너지 준위 간격 ΔE에 반비례한다. 두 번째로 이러한 전자 흐름의 결과로서 전자 스핀에 의해 겪는 자기장의 세기는 스핀–궤도 짝지음 상수 ξ에 비례한다(토픽 21). g 값은 g_e 값과 $\xi/\Delta E$에 비례하는 양만큼 차이가 난다고 결론지을 수 있으며, 이러한 비례 관계는 널리 관측되고 있다. 많은 유기 라디칼은 ΔE가 크고 ξ(탄소의 경우)가 작기 때문에 g_e 자체에서 많이 벗어나지 않은 2.0027에 가까운 g 값을 갖는다. 무기 라디칼은 보통 무거운 원자로 이루어져 있으며, 따라서 큰 스핀–궤도 짝지음 상수를 갖고 있으므로 전형적으로 1.9와 2.1 사이의 g 값을 갖는다. 상자기성 d 금속 착물의 g 값은 0~6까지 변하여 g_e와는 상당히 큰 차를 나타내는 경우가 흔히 있는데, 이것은 리간드와의 상호 작용으로 생기는 d 오비탈의 작은 갈라짐의 에너지 차로 설명되는 바(토픽 45)와 같이 이들의 ΔE가 작기 때문이다.

g 값은 비등방성이다. 즉 그 크기가 외부 자기장에 대한 라디칼의 배향에 의존한다. 비등방성은 가한 자기장이 분자에서 전류를 유발하는 정도, 따라서 국지적 장의 크기가 분자의 상대적 배향과 자기장에 의존한다는 사실에 기인한다. 용액에서는 분자가 빠른 속도로 공중제비를 하므로 단지 g 값의 평균값만이 관측된다. 따라서 g 값이 비등방성을 나타내는 것은 고체 속에 붙들려 있는 라디칼의 경우뿐이다.

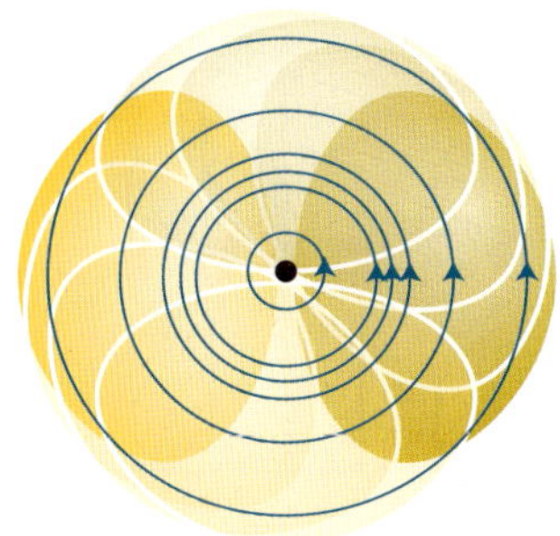

그림 50.1 외부에서 가해지는 자기장은 전자들이 들뜬 상태 오비탈(흰색 선으로 나타낸)을 이용하는 회전 흐름을 유발시킨다.

50.2 초미세 구조

EPR 스펙트럼의 가장 중요한 특징은 개개의 공명선이 그 성분으로 갈라져서 **초미세 구조**(**hyperfine structure**)를 나타내는 것이다. 일반적으로 분광학에서 '초미세 구조'라는 용어는 전자와 핵 사이의 상호 작용(핵의 점전하와의 상호 작용을 제외한)에서 유래되는 스펙트럼의 구조를 가리킨다. EPR의 초미세 구조의 근원은 국지적 자기장을 생기게 하는 라디칼에 들어 있는 핵의 자기 쌍극자 모멘트와 전자 스핀 사이에서의 자기적 상호 작용이다.

(a) 핵스핀의 효과

라디칼 속 어딘가에 위치하고 있는 단일 H핵이 EPR 스펙트럼에 미치는 효과를 생각해 보자. 양성자 스핀은 자기장을 만들며, 그 핵스핀의 배향에 따라 외부 자기장을 크게 할 수도 있고, 작게 할 수도 있다. 따라서 전체 국지적 자기장은 다음과 같이 된다.

$$\mathcal{B}_{\text{loc}} = \mathcal{B}_0 + am_I \quad m_I = \pm\tfrac{1}{2} \tag{50.3}$$

여기서 a는 **초미세 짝지음 상수**(**hyperfine coupling constant**)라고 하는 상수이다. 시료 속에 들어 있는 라디칼의 반은 $m_I = +\frac{1}{2}$을 가지며, 그리하여 이 반은 외부 자기장이 다음 조건을 만족시킬 때 공명을 하게 된다.

$$h\nu = g\mu_B\left(\mathcal{B}_0 + \tfrac{1}{2}a\right), \quad \text{또는} \quad \mathcal{B}_0 = \frac{h\nu}{g\mu_B} - \tfrac{1}{2}a \tag{50.4a}$$

나머지 반($m_I = -\frac{1}{2}$인)은 다음 조건을 만족시킬 때 공명을 하게 된다.

$$h\nu = g\mu_B\left(\mathcal{B}_0 - \tfrac{1}{2}a\right), \quad \text{또는} \quad \mathcal{B}_0 = \frac{h\nu}{g\mu_B} + \tfrac{1}{2}a \tag{50.4b}$$

따라서 스펙트럼에는 단일선 대신에, g에 의해서 결정되는 장에 중심을 두고 간격이 a인 두 선이 본래의 세기의 반에 해당하는 세기를 가지고 나타나게 된다(그림 50.2).

라디칼 속에 1개의 ^{14}N 핵($I = 1$)이 들어 있으면, 이 ^{14}N 핵은 세 가지 가능한 스핀 배향을 나타낼 수 있고, 시료 속의 전체 라디칼의 $\frac{1}{3}$씩이 이들 각 스핀 배향을 갖게 될 것이므로 EPR 스펙트럼은 3개의 동등한 세기의 선을 나타낸다. 일반적으로 스핀-I 핵은 스펙트럼을 세기가 동일한 $2I+1$개의 초미세선으로 갈라놓는다.

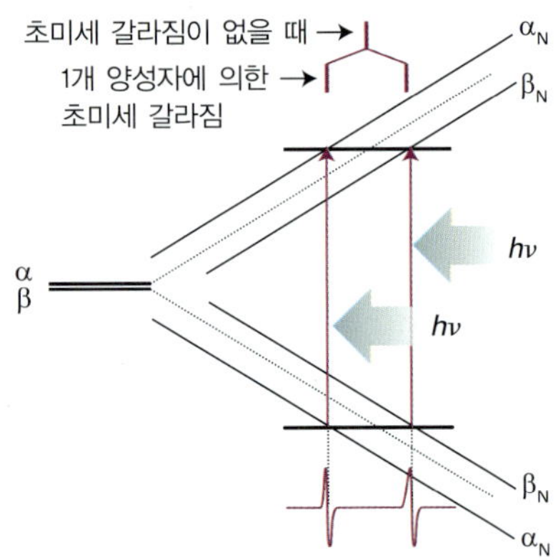

그림 50.2 전자와 스핀-$\frac{1}{2}$ 핵 사이의 초미세 상호 작용에 의해서 처음에는 2개이던 에너지 준위가 4개로 갈라진다. 이 때문에 스펙트럼에는 1개가 아닌 2개의 선(세기가 같은)이 나타난다. 이 세기 분포는 간단한 막대 그림으로 요약될 수 있다. 대각선은 외부 자기장을 증가시킬 때의 상태의 에너지를 나타내며, 이 상태들의 간격이 마이크로파 광자의 일정한 값으로 고정시킨 에너지와 같아질 때 공명이 일어난다.

라디칼에 여러 개의 자기성 핵이 들어 있을 때는 각자가 모두 스펙트럼을 초미세 구조로 갈라놓을 수 있다. 이들이 동등한 양성자일 때는(예를 들어 CH_3CH_2 라디칼의 두 CH_2 양성자) 초미세선들의 일부가 일치한다. 라디칼에 N개의 동등한 양성자가 들어 있을 때는 스펙트럼이 $N+1$개의 초미세선으로 갈라지며, 이들이 Pascal의 삼각형으로 주어지는 세기 분포를 갖는다(토픽 48, 여기에서 **1**과 같이 만들어지는). 그림 50.3에 나타낸 벤젠 라디칼 음이온의 스펙트럼은 1:6:15:20:15:6:1의 세기 비율을 갖는 7개의 선으로 되어 있으며, 그리하여 6개의 동등한 양성자가 들어 있는 라디칼의 초미세 구조와 일치한다. 더 일반적으로 라디칼 속에 스핀 양자수가 I인 N개의 동등한 핵이 들어 있을 때는 아래 예제 50.1에 나타낸 바와 같은, 변형된 Pascal의 삼각형에 입각한 세기 분포를 갖는 $2NI+1$개의 초미세선이 나타난다.

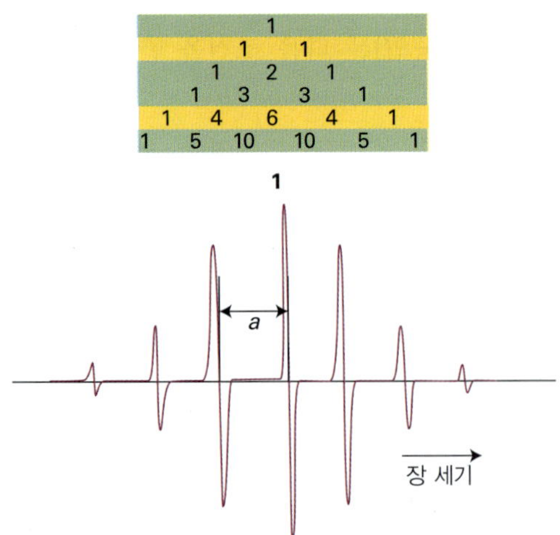

그림 50.3 스펙트럼의 초미세 갈라짐 a를 갖는 유체 용액 속 벤젠 라디칼 이온($C_6H_6^-$)의 EPR 스펙트럼. 스펙트럼의 중심은 라디칼의 g 값에 의해 결정된다.

예제 50.1 스펙트럼의 초미세 구조 예측

어떤 라디칼 속에 초미세 결합 상수가 1.61 mT인 ^{14}N 핵($I=1$) 한 개와, 초미세 결합 상수가 0.35 mT인 2개의 동등한 양성자($I=\frac{1}{2}$)가 들어 있다. EPR 스펙트럼이 어떤 형태로 나타나겠는가?

방법 각 종류의 핵이나 동등한 핵들의 무리가 연이어서 나타내는 초미세 구조를 생각한다. 즉 한 핵으로 선을 갈라지게 하고, 이어서 이 갈라진 선들을 두 번째 핵(또는 핵들의 무리)으로 갈라지게 하고, 이런 식으로 계속해 나간다. 처음에는 초미세 갈라짐을 제일 크게 나타내는 핵부터 시작하는 것이 가장 좋다. 그러나 핵을 선택하는 순서는 결과에 영향을 미치지 않으므로 다르게 순서를 택해도 상관없다.

풀이 ^{14}N은 간격이 1.61 mT이고, 세기가 똑같은 3개의 초미세선을 나타낸다. 이 선들은 각각 첫 번째 양성자에 의해서 간격이 0.35 mT인 이중선으로 갈라지고, 이 이중선들은 또 간격이 0.35 mT인 이중선으로 갈라진다(그림 50.4). 각 이중선이 갈라지면 중앙에 합쳐지는 선이 생기며, 따라서 양성자 갈라짐으로 내부 간격이 0.35 mT인 1:2:1 삼중선이 나온다. 따라서 이 스펙트럼에는 세기가 1:2:1인 삼중선 3개가 동등한 형태로 나타난다.

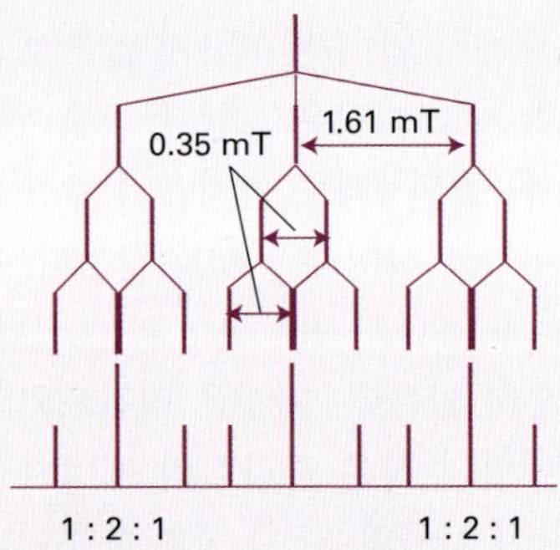

그림 50.4 ^{14}N 핵($I=1$) 한 개와 두 개의 동등한 양성자를 갖는 라디칼의 초미세 구조 해석

자가 진단 50.2 3개의 동등한 ^{14}N 핵이 들어 있는 라디칼의 EPR 스펙트럼은 어떤 형태가 되겠는가?

답: 그림 50.5 참조

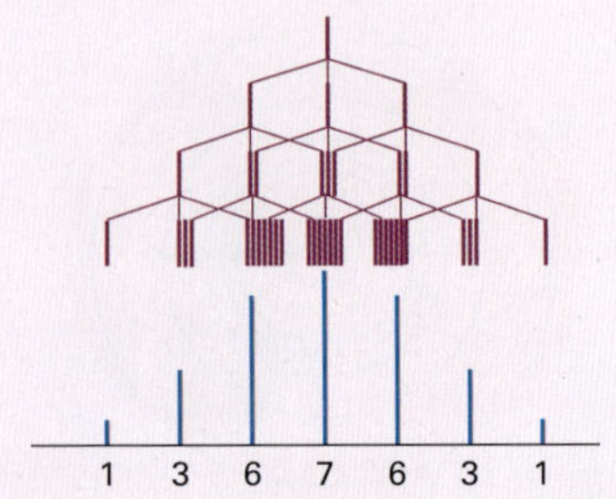

그림 50.5 3개의 동등한 ^{14}N 핵을 가지고 있는 라디칼의 초미세 구조 해석

(b) MaConnell 식

EPR 스펙트럼의 초미세 구조는 시료 속의 라디칼을 식별하는 데 도움이 되는 지문과 같은 역할을 한다. 뿐만 아니라 초미세 구조의 갈라짐 정도는 자기성 핵 부근의 홑전자 분포와 관계되므로, EPR 스펙트럼은 홑전자가 점유하는 분자 오비탈 지도를 그리는 데도 이용할 수 있다. 예를 들어 $C_6H_6^-$의 초미세 갈라짐은 0.375 mT이고, 또 홑전자 스핀 밀도의 6분의 1을 갖는 C 원자(전자들이 고리 주위에 균일하게 퍼져 있으므로) 가까이에는 1개의 양성자가 있다. 따라서 단일 인접 C 원자에 전적으로 구속되어 있는 전자 스핀에서의 양성자에 의한 초미세 갈라짐은 6×0.375 mT $=2.25$ mT가 되어야 한다. 다른 한 방향족 라디칼이 초미세 갈라짐 상수 a를 나타낸다면, 한 원자에 홑전자가 있을 확률인 **스핀 밀도**(**spin density**) ρ를 다음과 같은 **McConnell 식**(**McConnell equation**)으로 계산할 수 있다.

$$a=Q\rho \qquad \text{McConnell 식} \qquad (50.5)$$

여기서 $Q=2.25$ mT이고, ρ는 C 원자의 스핀 밀도, a는 이 C 원자에 결합된 H 원자에서 관측되는 초미세 갈라짐 상수이다.

간단한 예 50.2 McConnell 식

나프탈렌 라디칼 음이온($C_{10}H_8^-$)의 EPR 스펙트럼의 초미세 구조는 각각 4개의 동등한 양성자로 된 두 무리 때문에 나타난다고 해석할 수 있다. 고리에서 1, 4, 5, 8 위치의 양성자는 $a=0.490$ mT이고, 2, 3, 6, 7 위치의 양성자는 $a=0.183$ mT의 갈라짐을 나타낸다. 따라서 McConnell 식을 써서 스핀 밀도를 구하면 각각 다음과 같다(**2**).

$$\rho=\frac{\overbrace{0.490\,\text{mT}}^{a}}{\underbrace{2.25\,\text{mT}}_{Q}}=0.218 \text{ 과 } \rho=\frac{0.183\,\text{mT}}{2.25\,\text{mT}}=0.0813$$

0.22
0.08

2

자가 진단 50.3 안트라센 라디칼 음이온($C_{14}H_{10}^-$)의 스핀 밀도는 **3**에 나타나 있다. 이것의 EPR 스펙트럼은 어떤 형태가 되겠는가?

0.097 0.193
0.048

3

답: 0.43 mT만큼 갈라지는 1:2:1 삼중선이 0.22 mT만큼 갈라진 1:4:6:4:1 오중선으로 갈라지고, 다시 이들이 0.11 mT만큼 갈라진 1:4:6:4:1 오중선으로 갈라진다. 전체적으로 3×5×5 = 75개의 선이 나타난다.

(c) 초미세 상호 작용의 원인

초미세 상호 작용은 홑전자와 핵의 자기적 모멘트 사이의 상호 작용이다. 이 상호 작용에는 두 가지의 기여가 있다.

핵의 중심에 있는 p 오비탈의 전자는 핵에 아주 가까이까지 접근하지는 못하며, 따라서 이 전자가 작용을 하는 자기장은 점 자기 쌍극자로부터 나온 것과 같은 것이라고 볼 수 있다. 이러한 결과의 상호 작용을 **쌍극자–쌍극자 상호 작용**(**dipole-dipole interaction**)이라고 한다. 자기성 핵이 이러한 홑전자에 작용시키는 국지적 자기장에 대한 기여는 식 48.10에서와 같은 식으로 나타낼 수 있다(($1-3\cos^2\theta/r^3$)에 비례하여 의존한다). 이러한 종류의 상호 작용은 비등방성인 것이 특징이며, 뿐만 아니라 라디칼이 자유롭게 회전할 수 있을 때는 평균적으로 0이 된다. 따라서 쌍극자–쌍극자 상호 작용에 기인하는 초미세 구조는 고체에 포획되어 있는 라디칼에 대해서만 관측된다.

한편 s 전자는 핵 주위에 구형으로 분포되어 있으므로 고체 시료에서도 핵과의 쌍극자–쌍극자 상호 작용이 평균적으로 0이 된다. 그렇지만 s 전자는 핵에 있을 확률이 0이 아니므로(토픽 17), 이때의 상호 작용을 두 점 쌍극자 사이의 상호 작용으로 취급할 수 없다. 토픽 48에서 설명한 바와 같이, s 전자는 점 쌍극자 근사를 적용할 수 없을 때 일어나는 자기적 상호 작용인 핵과의 Fermi 접촉 상호 작용을 갖는다. 이 접촉 상호 작용은 등방성이며(즉 라디칼의 배향과 무관하며), 그리하여 유체 속에서 빠른 속도로 재주를 넘고 있는 분자들의 경우일지라도 나타난다(s 성격의 스핀 밀도를 갖기만 하면).

p 전자의 쌍극자–쌍극자 상호 작용과 s 전자의 Fermi 접촉 상호 작용은 상당히 클 수 있다. 예를 들어 질소 원자의 2p 전자는 ^{14}N 핵으로부터 나오는 약 3.4 mT의 평균 자기장과 상호 작용을 한다. 수소 원자의 1s 전자는 중심 양성자와의 Fermi 접촉 상호 작용에 의해서 약 50 mT의 자기장과 상호 작용을 하게 된다. 더 많은 값을 표 50.1에 수록해 놓았다. 라디칼에서 나타나는 접촉 상호 작용의 크기는 홑전자가 점유하는 분자 오비탈의 s 오비탈 특성을 가지고 해석할 수 있으며, 쌍극자–쌍극자 상호 작용은 p 특성을 가지고 해석할 수 있다. 따라서 초미세 구조를 분석하면 홑전자가 차지하고 있는 분자 오비탈의 구조와, 특히 원자 오비탈의 혼성에 관한 지식을 얻을 수 있다.

표 50.1* 원자의 초미세 결합 상수 a(mT)

핵자	등방성 결합	비등방성 결합
^{1}H	50.8(1s)	
^{2}H	7.8(1s)	
^{14}N	55.2(2s)	4.8(2p)
^{19}F	1720 (2s)	108.4(2p)

*더 많은 값들이 **부록**에 수록되어 있다.

간단한 예 50.3 초미세 구조 분석으로부터의 분자 오비탈 성분

표 50.1에서 질소 원자의 2s 전자와 핵 사이의 초미세 상호 작용은 55.2 mT이다. NO_2의 EPR 스펙트럼은 5.7 mT의 등방성 초미세 상호 작용을 나타낸다. 홀전자가 점유하고 있는 분자 오비탈의 s 특성 비율은 5.7/55.2 = 0.10이다. 이에 대한 내용의 연속은 응용 문제 50.6을 참조하시오.

자가 진단 50.4 NO_2에서 초미세 결합의 비등방성 부분은 1.3 mT이다. 홀전자가 점유하고 있는 분자 오비탈의 p 특성은 얼마인가?

답: 0.38

벤젠 음이온 $C_6H_6^-$과 다른 방향족 라디칼 음이온들의 초미세 구조 원인을 여전히 설명해야 한다. 이들 시료는 유체이고, 따라서 라디칼들이 재주를 넘을 수 있으므로 그 초미세 구조가 쌍극자–쌍극자 상호 작용 때문일 수 없다. 뿐만 아니라 양성자는 홀전자가 차지하는 π 오비탈의 마디 평면에 위치하며, 따라서 초미세 구조가 Fermi 접촉 상호 작용 때문일 수도 없다. 이러한 경우의 초미세 구조는 NMR에서 스핀–스핀 짝지음을 일어나게 했던 것과 비슷한 **편극 메커니즘**(**polarization mechanism**)으로 설명해야 한다. 즉 양성자와 α 전자($m_s = +\frac{1}{2}$) 사이에 자기적 상호 작용이 일어나며, 이 때문에 양성자 근처에서 전자 하나가 발견될 확률이 대단히 높아지게 된다(그림 50.6). 따라서 반대 스핀을 가진 전자는 결합의 다른 쪽 끝에 있는 C 원자 가까이로 가게 될 것이다. C 원자에 있는 홀전자가 이 전자와 평행이면 이것의 에너지가 보다 낮으며(Hund 규칙에 따르면 한 원자에서는 전자들이 평행해야 한다), 따라서 이 홀전자는 간접적으로 양성자의 스핀을 탐지하게 된다. 이 모형을 이용하여 계산한 초미세 상호 작용은 실험값인 2.25 mT와 잘 맞는다.

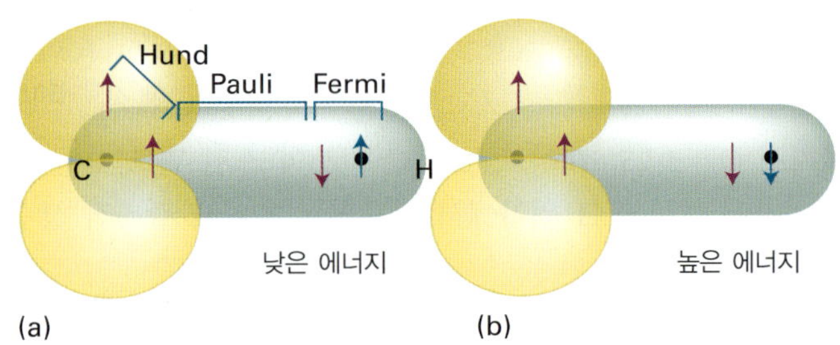

그림 50.6 π 전자 라디칼에서의 초미세 상호 작용에 대한 편극 메커니즘. (a)의 배열은 (b)의 배열보다 에너지가 낮으며, 그리하여 홀전자와 양성자 사이에 효과적인 짝지음이 일어난다.

개념 확인

- ☐ 1. EPR 공명 조건은 라디칼의 ***g* 값**으로 나타낸다.
- ☐ 2. *g* 값은 라디칼의 국지적 전자 전류를 유발하는 외부 자기장의 능력에 의존한다.
- ☐ 3. EPR 스펙트럼의 **초미세 구조**는 스핀을 가진 전자와 핵 사이의 자기 상호 작용에 의해서 개개의 공명선이 성분들로 갈라지는 현상이다.
- ☐ 4. 라디칼 속에 스핀 양자수가 *I*인 *N*개의 동등한 핵이 들어 있으면 2*NI*+1개의 초미세 선이 나타날 수 있으며, 이들의 세기는 변형된 방식의 Pascal의 삼각형에 따라 분포된다.
- ☐ 5. 초미세 구조는 **쌍극자–쌍극자 상호 작용**, **Fermi 접촉 상호 작용**, **편극 메커니즘**으로 설명될 수 있다.
- ☐ 6. **스핀 밀도**는 홀전자가 원자에 있을 확률이다.

식 확인

성질	식	비고	식 번호
EPR 공명 조건	$h\nu = g\mu_B \mathcal{B}_0$	초미세 상호 작용이 없음	50.2
	$h\nu = g\mu_B(\mathcal{B}_0 \pm \frac{1}{2}a)$	한 전자와 한 양성자 사이의 초미세 상호 작용	50.4
McConnell 식	$a = Q\rho$		50.5

10장 자기 공명

토픽 47 일반 원리

토론 문제

47.1 NMR 분광법으로 거대 분자의 구조를 결정하기 위해서, 화학자들은 이용 가능한 가장 높은 장과 주파수에서 분광기를 이용한다. 이러한 선택이 맞음을 설명하시오.

47.2 핵에너지와 전자 에너지의 자기장 효과를 비교하시오.

47.3 Larmor 주파수는 무엇인가?

연습 문제

47.1(a) g가 단위가 무단위 수라고 한다면, γ_N의 단위를 테슬라와 헤르츠로 나타내면 무엇인가?

47.1(b) g가 단위가 무단위 수라고 한다면, γ_N의 단위를 SI 기본 단위로 나타내면 무엇인가?

47.2(a) 양성자의 경우, 스핀 각운동량의 크기는 얼마이며, z축을 따라 허용되는 성분은 무엇인가? z축과 이루는 각의 항으로 나타낸 각운동량의 가능한 배향은 무엇인가?

47.2(b) ^{14}N 핵의 경우, 스핀 각운동량의 크기는 얼마이며, z축을 따라 허용되는 성분은 무엇인가? z축과 이루는 각의 항으로 나타낸 각운동량의 가능한 배향은 무엇인가?

47.3(a) 13.5 T의 자기장 속에서 양성자의 공명 진동수는 얼마이겠는가?

47.3(b) 17.1 T의 자기장 속에서 ^{19}F 핵의 공명 진동수는 얼마이겠는가?

47.4(a) ^{33}S는 핵스핀 $\frac{3}{2}$과 핵의 g 인자 0.4289를 가진다. 6.800 T 자기장에서 핵스핀 상태의 에너지를 계산하시오.

47.4(b) ^{14}N은 핵스핀 1과 핵의 g 인자 0.404를 가진다. 10.50 T 자기장에서 핵스핀 상태의 에너지를 계산하시오.

47.5(a) 15.4 T의 자기장 속에 있는 ^{13}C 핵의 핵스핀 준위들 사이의 진동수 간격을 계산하시오. 자기 회전 비율은 $6.73\times10^7\ \mathrm{T^{-1}\,s^{-1}}$이다.

47.5(b) 14.4 T의 자기장 속에 있는 ^{14}N 핵의 핵스핀 준위들 사이의 진동수 간격을 계산하시오. 자기 회전 비율은 $1.93\times10^7\ \mathrm{T^{-1}\,s^{-1}}$이다.

47.6(a) 600 MHz NMR 분광계를 썼을 때, 다음 중 어느 것이 더 큰 에너지 준위 간격을 나타내겠는가? (a) 양성자, (b) 중양성자(중수소의 원자핵)

47.6(b) 다음 중 어느 것이 더 큰 에너지 준위 간격을 갖는가? (a) 600 MHz NMR 분광계에서의 (양성자에 대한) ^{14}N핵, (b) 0.300 T에서 나타나는 라디칼 속의 전자

47.7(a) 50.0 MHz 고주파수 장에서 차단되지 않은 ^{14}N 핵에 대하여 공명 조건을 만족시키기 위해 필요한 자기장을 계산하시오.

47.7(b) 400.0 MHz 고주파수 장에서 차단되지 않은 양성자에 대하여 공명 조건을 만족시키기 위해 필요한 자기장을 계산하시오.

47.8(a) 표 47.2를 이용하여 (i) 500 MHz, (ii) 800 MHz에서 (a) ^{1}H, (b) ^{2}H, (c) ^{13}C가 공명을 이루는 자기장을 예측하시오.

47.8(b) 표 47.2를 이용하여 (i) 400 MHz, (ii) 750 MHz에서 (a) ^{14}N, (b) ^{19}F, (c) ^{31}P가 공명을 이루는 자기장을 예측하시오.

47.9(a) 25°C에서 (a) 0.30 T, (b) 1.5 T, (c) 10 T의 자기장 속에 들어 있는 양성자의 상대적 개체수 차($\delta N/N$, δN은 작은 차이 $N_\alpha - N_\beta$를 나타냄)를 계산하시오.

47.9(b) 25°C에서 (a) 0.50 T, (b) 2.5 T, (c) 15.5 T의 자기장 속에 들어 있는 ^{13}C핵의 상대적 개체수 차($\delta N/N$, δN은 작은 차이 $N_\alpha - N_\beta$를 나타냄)를 계산하시오.

47.10(a) 초기에 일반적으로 사용할 수 있었던 NMR 분광계는 60 MHz의 진동수에서 작동하는 것이었지만, 오늘날에는 800 MHz에서 작동하는 분광계도 자주 사용되고 있다. 25°C에서 이 두 분광계를 썼을 때 ^{13}C 스핀 상태의 상대적 개체수 차는 얼마가 되겠는가?

47.10(b) 25°C에서 60 MHz와 450 MHz에서 작동되는 분광계에서 ^{19}F 스핀 상태의 상대적인 개체수 차는 얼마인가?

47.11(a) EPR X띠 분광계(9 GHz)를 사용하여 ^{1}H-NMR 스펙트럼을 관찰할 때와, 또 300 MHz 분광계를 써서 EPR을 관찰하려면 각각 어떤 세기의 자기장이 필요하겠는가?

47.11(b) 일부 시판 EPR 분광계는 8 mm 마이크로파(Q띠)를 사용한다. 자기장의 세기가 얼마일 때 공명 조건이 만족되겠는가?

응용 문제

47.1‡ 주어진 주파수, 같은 온도에서 동일한 수의 다른 핵에 대한 NMR 선의 상대 감도는 $R_\nu \propto (I+1)\mu^3$으로 나타난다. 반면에 주어진 장에서는 $R_\mathcal{B} \propto \{(I+1)/I^2\}\mu^3$으로 나타난다. (a) 표 47.2의 데이터를 참조하고, 양성자와 비교하여 중양성자 ^{13}C, ^{14}N, ^{19}F, ^{31}P의 감도를 계산하시오. (b) R_ν 식으로부터 $R_\mathcal{B}$ 식을 유도하시오.

47.2 특별한 방법, 즉 자기 공명 영상(MRI)으로 알려진 복합 방법을 이용하여 전체 기관의 NMR 스펙트럼을 얻는 것이 가능하다. 시료를 가로지르며 선형으로 변화하는 자기장을 작용시키는 것이 NMR

* 기호 ‡가 표시된 문제들은 Charles Trapp, Carmen Giunta가 제공한 것이다.

의 핵심이다. $\mathcal{B}_0+\mathcal{G}_z z$에 따라 z축에서 변화하는 장에 놓여 있는 플라스크의 물을 고려해 보자. $\mathcal{G}_z$는 z축을 따르는 장의 기울기를 나타낸다. 물의 양성자는 다음 주파수에서 공명을 나타낼 것이다.

$$\nu_L(z)=\frac{\gamma_N}{2\pi}(\mathcal{B}_0+\mathcal{G}_z z)$$

(x, y 방향에 따른 기울기도 유사 식으로 표현될 수 있다.) $\nu=\nu_L(z)$를 가지는 90° 고주파 펄스를 가하면 z 위치에서 양성자수에 비례하는 세기의 신호가 나타낸다. 균일한 디스크 모양의 기관이 선형적인 장 기울기에 놓여 있고, NMR 신호는 디스크 중심으로부터 각 수평거리 z에서 얇은 조각의 폭 δz를 갖는 양성자수에 비례한다고 가정하자. 컴퓨터로 조정하기 전에 디스크의 NMR 이미지에 대한 흡수 세기의 모양을 그리시오.

토픽 48 NMR 스펙트럼의 특징

토론 문제

48.1 가림 상수에 기여하는 국부, 인접기, 용매의 근원을 상세히 설명하시오.

48.2 NMR에서 Fermi 접촉 상호 작용과 편극 메커니즘이 스핀-스핀 결합에 어떻게 기여하는지 설명하시오.

연습 문제

48.1(a) 연습 문제 47.10(a)에 언급된 분광계에서 관측된 핵에 대한 화학적 이동의 상대적인 (a) δ 값, (b) 주파수는 얼마인가?

48.1(b) 연습 문제 47.10(b)에 언급된 분광계에서 관측된 핵에 대한 화학적 이동의 상대적인 (a) δ 값, (b) 주파수는 얼마인가?

48.2(a) 아세트알데하이드(에탄알)의 CH_3 양성자의 화학적 이동은 $\delta=2.20$이고, CHO 양성자의 화학적 이동은 $\delta=9.80$이다. 외부로부터 작용하는 자기장이 (a) 1.5 T, (b) 15 T일 때, 이 두 영역에서의 국지적 자기장은 어느 정도의 차를 나타내겠는가?

48.2(b) 다이에틸 에터에서 CH_3 양성자의 화학적 이동은 $\delta=1.16$이고, CH_2 양성자의 화학적 이동은 $\delta=3.36$이다. 외부로부터 작용하는 자기장이 (a) 1.9 T, (b) 16.5 T일 때, 이 분자의 이 두 영역에서의 국지적 자기장은 어느 정도의 차를 나타내겠는가?

48.3(a) (a) 250 MHz, (b) 800 MHz에서 작동하는 분광계를 사용할 때 $J=2.90$ Hz와 연습 문제 48.2a의 데이터를 이용하여 아세트알데하이드(에탄알)의 ^{1}H-NMR 스펙트럼 모양을 그리시오.

48.3(b) (a) 400 MHz, (b) 650 MHz에서 작동하는 분광계를 사용할 때 $J=6.97$ Hz와 연습 문제 48.2b의 데이터를 이용하여 다이에틸 에터의 ^{1}H-NMR 스펙트럼 모양을 그리시오.

48.4(a) $^{10}BF_4^-$와 $^{11}BF_4^-$의 천연 시료가 나타내는 ^{19}F-NMR 스펙트럼의 형태를 그리시오.

48.4(b) $^{31}PF_6^-$의 ^{31}P-NMR 스펙트럼의 형태를 그리시오.

48.5(a) 800 MHz에서 양성자 공명을 관찰하고자 만든 NMR 분광계를 이용할 경우 ^{19}F-NMR에 필요한 진동수를 표 47.2의 데이터를 이용하여 예측하시오. FH_2^+의 NMR 스펙트럼에서의 양성자와 ^{19}F의 공명을 그리시오.

48.5(b) 500 MHz에서 양성자 공명을 관찰하고자 만든 NMR 분광계를 이용할 경우 ^{31}P-NMR에 필요한 진동수를 표 47.2의 데이터를 이용하여 예측하시오. PH_4^+의 NMR 스펙트럼에서의 양성자와 ^{31}P의 공명을 그리시오.

48.6(a) $A_3M_2X_4$의 스펙트럼 형태를 그리시오. 이때 A, M, X는 뚜렷이 상이한 화학적 이동을 나타내는 양성자들이고, $J_{AM}>J_{AX}>J_{MX}$이다.

48.6(b) $A_2M_2X_5$의 스펙트럼 형태를 그리시오. A, M, X는 뚜렷이 상이한 화학적 이동을 나타내는 양성자이고, $J_{AM}>J_{AX}>J_{MX}$이다.

48.7(a) 양성자가 $\delta=2.7$, $\delta=4.8$의 두 자리 사이에서 도약을 일으킨다. 550 MHz에서 작동되는 분광계에서 상호 변환 속도는 얼마가 되면 두 신호가 단일 선으로 병합되겠는가?

48.7(b) 양성자가 $\delta=4.2$, $\delta=5.5$의 두 자리 사이에서 도약을 일으킨다. 350 MHz에서 작동되는 분광계에서 상호 변환 속도는 얼마가 되면 두 신호가 단일 선으로 병합되겠는가?

응용 문제

48.1 당신이 지금 MRI 분광계를 만든다고 하자(응용 문제 47.2). 사람의 콩팥과 같이 지름이 긴(8 cm로 취하여) 거리만큼 떨어져서 $\delta=3.4$인 환경하에 있는 두 양성자 사이에 100 Hz의 간격을 생기게 하려면 얼마만한 자기장 기울기(μT m^{-1})가 필요하겠는가? 분광계의 고주파 장 진동수는 400 MHz이고, 가해 주는 자기장은 9.4 T이다.

48.2[LG] 그림 48.14를 참조하고, 수학적 소프트웨어, 스프레드 시트, 또는 이 책의 웹사이트에 나와 있는 **Living graphs**([LG]로 표시되어 있는)를 이용하여 ϕ에 따른 $^3J_{HH}$의 변화를 보여 주는 곡선의 무리를 그리시오. 여기서 $A=+7.0$ Hz, $B=-1.0$ Hz이고, C는 일반적인 값 $+5.0$ Hz로부터 조금씩 변화한다. 곡선의 모양에 대한 파라미터 C값이 변화하는 효과는 무엇인가? 비슷한 유형으로 곡선의 모양에 대한 A, B 값의 효과를 설명하시오.

48.3[‡] $R_1R_2CHCHR_3R_4$와 같은 종류의 계에서 인접 양성자 짝지음 상수들의 데이터를 연관시키는 데 사용되는 Karplus 식(식 48.14)은 여러 가지 모양으로 나타낼 수 있다. 본래의 식 모양은 $^3J_{HH}=A\cos^2\phi_{HH}+B$이다(M. Karplus, *J. Am. Chem.* Soc., **85**, 2870 (1963)).

$R_3 = R_4 = H$일 때는 $^3J_{HH} = 7.3$ Hz, $R_3 = CH_3$이고 $R_4 = H$일 때는 $^3J_{HH} = 8.0$ Hz, $R_3 = R_4 = CH_3$일 때는 $^3J_{HH} = 11.2$ Hz이다. 엇갈린 형태 분자만이 중요하다고 가정하고, 어떤 모양의 Karplus 식이 이 데이터에 가장 적합한지 결정하시오.

48.4‡ 본래 $^3J_{HH}$ 짝지음 상수를 얻기 위하여 유도했던 Karplus 식은 뜻밖에도 인접한 금속 원자핵들(주석과 같은) 사이의 짝지음에도 적용된다는 것을 알게 되었다. T.N. Mitchell과 B. Kowall(*Magn. Res. Chem.*, **33**, 325 (1995))은 $Me_3SnCH_2CHRSnMe_3$와 같은 종류의 화합물에서 $^3J_{HH}$와 $^3J_{SnSn}$ 사이의 관계를 연구하여 $^3J_{SnSn} = 78.86\ ^3J_{HH} + 27.84$ Hz의 관계를 얻었다. (a) 이 결과가 주석에 대해서 Karplus형 식이 성립할 수 있음을 보여 준다고 볼 수 있겠는가? 그 이유를 설명하시오. (b) $^3J_{SnSn}$에 대한 Karplus 식을 구하고, 이것을 이면각의 함수로 도시하시오. (c) 선호되는 형태를 그리시오.

48.5 Karplus 식에서 표현된 짝지음 상수는 $\phi = B/4C$일 때 최솟값을 지나감을 보이시오.

48.6 액체에서는 쌍극자 자기장이 평균적으로 0이 된다. 식 48.15으로 주어지는 자기장의 평균을 구함으로써 이 결과를 확인하시오. **힌트**: 극좌표에서의 표면적 요소는 $\sin\theta\, d\theta d\phi$이다.

토픽 49 NMR에서의 펄스 기법

토론 문제

49.1 정자기장에서 스핀-$\frac{1}{2}$ 핵을 갖는 계에 대한 90° 펄스와 180° 펄스의 효과를 자세히 논하시오.

49.2 ^{13}C 핵의 이완 시간이 ^1H 핵의 이완 시간보다 전형적으로 훨씬 더 긴 이유를 설명하시오.

49.3 유동적이고 중수소로 치환된 탄화수소 용매 속의 작은 분자(벤젠과 같은)의 스핀-격자 이완 시간은 증가하는 반면에, 큰 분자(고분자와 같은)에서의 것은 감소하는 이유를 설명하시오.

49.4 핵의 Overhauser 효과의 근원과, 그것이 생고분자 물질에서 양성자들 간의 거리를 측정하는 데 있어 어떻게 이용되는지 설명하시오.

49.5 AX계의 COSY 스펙트럼에서 대각선 피크와 비대각선 피크의 원인에 대해 설명하시오.

연습 문제

49.1(a) 90°나 180° 펄스의 지속 시간은 장의 세기 $\mathcal{B}_1$에 의존한다. 180° 펄스가 12.5 μs를 필요로 한다면 $\mathcal{B}_1$을 얼마나 세게 해 주어야 하겠는가? 또 같은 세기의 $\mathcal{B}_1$에서 90° 펄스는 지속 시간이 얼마가 되겠는가?

49.1(b) 90°나 180° 펄스의 지속 시간은 장의 세기 $\mathcal{B}_1$에 의존한다. 90° 펄스가 5 μs를 필요로 한다면 $\mathcal{B}_1$을 얼마나 세게 해 주어야 하겠는가? 또 같은 세기의 $\mathcal{B}_1$에서 180° 펄스는 지속 시간이 얼마가 되겠는가?

49.2(a) 그림 F10.1은 1-나이트로프로페인($NO_2CH_2CH_2CH_3$)의 양성자 COSY 스펙트럼이다. 이 스펙트럼에서 비대각선 피크가 나타나는 이유를 설명하시오.

49.2(b) 알라닌의 COSY 스펙트럼에서 Δ = 1.00, 8.50 사이에서 단지 2개의 비대각선 피크만 관찰됨을 설명하시오.

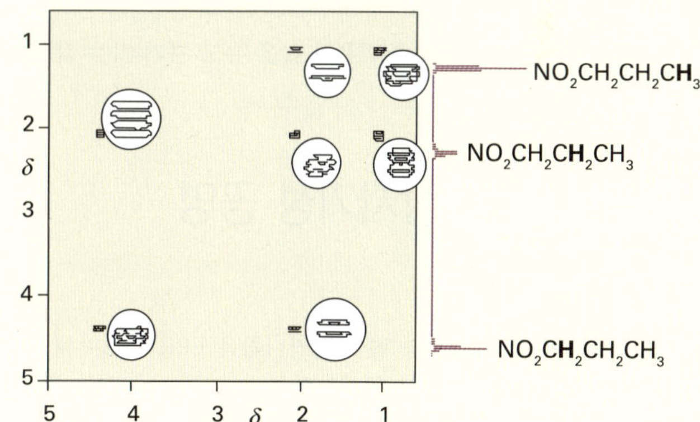

그림 F10.1 1-나이트로프로페인($NO_2CH_2CH_2CH_3$)의 양성자 COSY 스펙트럼. 원은 스펙트럼 특성을 크게 나타낸 것이다.(이 스펙트럼은 G. Morris 교수가 제공한 것이다.)

응용 문제

49.1‡ 그림 49.5의 FID가 400 MHz 분광계로 얻은 것이고, 이 FID에서 진동의 극댓값들 사이의 간격이 0.12 s라고 하자. 핵의 Larmor 진동수와 스핀-스핀 이완 시간을 구하시오.

49.2 NMR 분광계에 연결된 컴퓨터가 하는 수치적인 일을 평가하기 위해서, 다음과 같은 계산을 수행하였다. (a) 각각 다른 핵에 해당되고, 많은 진동수를 포함하는 신호의 전체 FID $F(t)$는 다음과 같이 주어진다.

$$F(t) = \sum_j S_{0j} \cos(2\pi\nu_{Lj}t)e^{-t/T_{2j}}$$

여기서 각각의 핵 j에 대해 S_{0j}는 신호의 최대 세기, ν_{Lj}는 Larmor 진동수, T_{2j}는 스핀–스핀 이완 시간을 나타낸다. 다음 경우에 대한 FID를 도시하시오.

$$S_{01} = 1.0 \quad \nu_{L1} = 50\ \text{MHz} \quad T_{21} = 0.50\ \mu\text{s}$$
$$S_{02} = 3.0 \quad \nu_{L2} = 10\ \text{MHz} \quad T_{22} = 1.0\ \mu\text{s}$$

(b) Larmor 진동수와 스핀–스핀 이완 시간이 변함에 따라 FID 곡선 모양이 어떻게 변하는지 설명하시오. (c) 수학적 소프트웨어를 이용하여 (a)와 (b)에서 계산한 FID 곡선의 Fourier 변환을 계산하고 도시하시오. T_2 값에 따라 스펙트럼 선폭이 어떻게 변화하는가? **힌트:** 이 연산은 대부분의 수학적 소프트웨어 패키지에서 이용 가능한 '빠른 Fourier 변환' 작업을 이용하여 수행할 수 있다. 상세한 것은 패키지 사용자 메뉴얼을 보시오.

49.3 (a) 많은 경우에서 다음과 같은 **Lorentz 함수** 형태를 이용함으로써 NMR 선 모양의 근사가 가능하다.

$$I_{\text{Lorenztian}}(\omega) = \frac{S_0 T_2}{1 + T_2^2(\omega - \omega_0)^2}$$

여기에서 $I(\omega)$는 각 진동수 $\omega = 2\pi\nu$의 함수로서의 세기를 나타내고, ω_0는 공명 진동수, S_0는 상수, T_2는 스핀–스핀 이완 시간이다. 이 선 모양에 대하여 반높이의 너비가 $1/\pi T_2$임을 확인하시오. (b) 어떤 환경에서, NMR 선이 다음과 같이 주어진 진동수에 대한 Gauss 함수로 표현된다.

$$I_{\text{Gaussian}}(\omega) = S_0 T_2 e^{-T_2^2(\omega - \omega_0)^2}$$

Gauss 선 모양에 대해 반높이의 너비가 $2(\ln 2)^{1/2}/T_2$와 동일함을 확인하시오. (c) 같은 S_0, T_2, ω_0 값을 가지고 두 선을 도시함으로써 Lorentz와 Gauss 선의 모양을 비교하고 대비하시오.

49.4 스펙트럼선 $I(\omega)$의 모양은 다음과 같은 유도 자기 자유 감쇠 신호 $G(t)$와 관계된다.

$$I(\omega) = a\,\text{Re}\int_0^\infty G(t)e^{i\omega t}\,dt$$

여기서 a는 상수이고, 'Re'는 이어지는 함수의 실수 부분을 취하라는 연산자이다. 진동하는 감쇠 함수 $G(t) = \cos\omega t\ e^{-t/\tau}$에 해당하는 선 모양을 계산하시오.

49.5 응용 문제 49.4에서 $G(t) = (a\cos\omega t + b\cos\omega t)e^{-t/\tau}$일 때는 스펙트럼을 이루는 두 선이 각각 $\omega = \omega_1$, $\omega = \omega_2$에 위치하며, 그 세기는 a와 b에 비례함을 보이시오.

49.6 z축에 평행한 자기 모멘트로부터 R만큼 떨어진 곳에서의 자기장의 z 성분은 식 49.10으로 주어진다. 고체에서는 다른 양성자로부터 거리 R인 곳에 있는 양성자가 이러한 자기장의 작용을 받을 수 있으며, 따라서 이것 때문에 생기는 스펙트럼의 갈라짐을 측정하면 R을 계산할 수 있다. 예를 들어 석고에서는 H_2O 공명에서의 갈라짐을 한 양성자가 다른 양성자에 의해서 생긴 0.715 mT의 자기장의 영향을 여분으로 더 받기 때문이라고 해석할 수 있다. H_2O 분자에서 양성자들 사이의 거리는 얼마나 되겠는가?

49.7 액정에서 분자는 모든 방향에서 자유롭게 회전하지 못하고, 쌍극자 상호 작용은 평균적으로 0이 아니다. 2개의 양성자를 분리하는 벡터가 z축 주위에서 자유롭게 회전할 수 있을지라도 분자가 잡혀 있고, 따라서 여위도가 0과 θ' 사이의 범위에서만 변화한다고 가정하자. 수학적 소프트웨어를 이용하여 제한된 범위를 가지는 배향에 걸친 쌍극자 장의 평균값을 계산하고, θ'가 π와 같을 때(구의 자유 회전에 해당) 평균값이 없어짐을 확인하시오. $\theta' = 30$까지 회전을 가능하게 하는 액정에 용해된다면, 응용 문제 49.6에서 물 분자에 대한 국소 쌍극자 장의 평균값은 얼마인가?

토픽 50 전자 상자기성 공명

토론 문제

50.1 Fermi 접촉 상호 작용과 편극 메커니즘은 EPR의 초미세 상호 작용에 어떻게 기여하는지를 설명하시오.

50.2 유기 라디칼의 EPR 스펙트럼이 홀전자가 차지하는 분자 오비탈을 확인하고 나타내기 위해 어떻게 사용되는지 설명하시오.

연습 문제

50.1(a) 9.2231 GHz에서 작동하는 분광계를 사용하면 원자 상태 수소의 EPR 스펙트럼 중심이 329.12 mT에 나타난다. 이 원자에서 전자의 g 값은 얼마인가?

50.1(b) 9.2482 GHz에서 작동하는 분광계를 사용하면 원자 상태 중수소의 EPR 스펙트럼 중심이 330.02 mT에 나타난다. 이 원자에서 전자의 g 값은 얼마인가?

50.2(a) 2개의 동등한 양성자를 포함하는 라디칼의 EPR 스펙트럼이 1:2:1의 세기 분포를 갖는 3개의 선을 330.2 mT, 332.5 mT, 334.8 mT에서 나타낸다. 각 양성자에 대한 초미세 결합 상수는 얼마인가? 이 분광계가 9.319 GHz에서 작동한다면, 이 라디칼의 g 값은 얼마인가?

50.2(b) 3개의 동등한 양성자를 포함하는 라디칼의 EPR 스펙트럼은 1:3:3:1의 세기 분포를 갖는 4개의 선이 331.4 mT, 333.6 mT, 335.8 mT, 338.0 mT에서 나타난다. 각 양성자에 대한 초미세 결합 상수는 얼마인가? 이 분광계가 9.332 GHz에서 작동한다면, 이 라디칼의 g 값은 얼마인가?

50.3(a) 초미세 상수가 각각 2.0 mT, 2.6 mT인 2개의 동등하지 않은 양성자를 포함하는 라디칼이 332.5 mT에 중심을 둔 스펙트럼을 나타내었다. 어떤 자기장에서 초미세 구조 선들이 나타나며, 또 이들의 상대적 세기는 얼마가 되겠는가?

50.3(b) 초미세 상수가 각각 2.11 mT, 2.87 mT, 2.89 mT인 3개의 동등하지 않은 양성자를 포함하는 라디칼이 332.8 mT에 중심을 둔 스펙트럼을 나타내었다. 어떤 자기장에서 초미세 구조선이 나타나며, 또 이들의 상대적 세기는 얼마인가?

50.4(a) (a) $\cdot CH_3$, (b) $\cdot CD_3$가 나타내는 EPR 스펙트럼의 초미세 선은 어떤 세기 분포를 나타내겠는가?

50.4(b) (a) $\cdot CH_2CH_3$, (b) $\cdot CD_2CD_3$가 나타내는 EPR 스펙트럼의 초미세 선은 어떤 세기 분포를 나타내겠는가?

50.5(a) 벤젠 라디칼 음이온의 g 값은 2.0025이다. (a) 9.313 GHz, (b) 33.80 GHz에서 작동하는 분광계에서는 어떤 자기장 세기에서 공명이 일어나겠는가?

50.5(b) 나프탈렌 라디칼 음이온의 g 값은 2.0024이다. (a) 9.501 GHz, (b) 34.77 GHz에서 작동하는 분광계에서는 어떤 자기장 세기에서 공명이 일어나겠는가?

50.6(a) 단일 자기성 핵을 가진 라디칼의 EPR 스펙트럼은 세기가 같은 4개의 선으로 갈라진다. 이 핵의 핵스핀은 얼마인가?

50.6(b) 2개의 동등한 특별한 종류의 핵을 가진 라디칼의 EPR 스펙트럼이 세기가 1:2:3:2 :1인 5개의 선으로 갈라진다. 이 핵의 핵스핀은 얼마인가?

50.7(a) XH_2, XD_2 라디칼의 초미세 구조의 형태를 그리시오. 핵 X의 스핀은 $I=\frac{5}{2}$이다.

50.7(b) XH_3, XD_3 라디칼의 초미세 구조의 형태를 그리시오. 핵 X의 스핀은 $I=\frac{3}{2}$이다.

응용 문제

50.1 특별한 방법을 이용하여 작은 부피에 걸친 매우 높은 자기장을 만드는 것이 가능하다. 1.0 kT 장에서 유기 라디칼의 전자 스핀의 공명 주파수는 얼마가 될 것인가? 이 진동수를 전형적인 분자의 회전, 진동, 전자의 에너지 준위 간격과 어떻게 비교할 수 있는가?

50.2 굽은 NO_2 분자는 홀전자 한 개를 가지고 있으며, 고체 조직 속에 포획될 수도 있고, 또 아질산염 결정 내부에서 NO_2^- 이온을 방사선으로 파손시켜서 만들 수도 있다. 외부 자기장이 OO 방향과 평행할 경우 9.302 GHz에서 작동하는 분광계를 이용하면 스펙트럼의 중심이 333.64 mT에서 나타나고, 또 ONO 각을 등분하는 축과 평행하게 작용할 때는 331.94 mT에서 공명이 나타난다. 이 두 배향에서의 g 값들은 얼마인가?

50.3 $\cdot CH_3$ 라디칼에서는 초미세 짝지음 상수가 2.3 mT이다. 표 50.1의 자료를 이용하여 $\cdot CD_3$ 라디칼의 스펙트럼에 나타나는 초미세선 사이의 갈라짐을 예측하시오. 각각의 경우에 초미세 스펙트럼의 전체 폭은 얼마인가?

50.4 p-다이나이트로벤젠을 환원시키면 p-다이나이트로벤젠 라디칼 음이온을 만들 수 있다. 이 라디칼 음이온은 동등한 질소 핵($I=1$) 2개와 동등한 양성자 4개를 가지고 있다. $a(N)=0.148$ mT, $a(H)=0.112$ mT를 사용하여 EPR 스펙트럼의 모양을 예측하시오.

50.5 라디칼 음이온 (**1**), (**2**), (**3**)에서 관찰된 초미세 짝지음 상수(mT로)를 아래에 표시하였다. 벤젠 라디칼 음이온에 대한 값을 사용하여 각 탄소 원자의 π 오비탈에서 홀전자가 발견될 확률을 그림으로 나타내시오.

1 (NO_2, NO_2; 0.011, 0.0172, 0.011, 0.0172) **2** (NO_2, NO_2; 0.450, 0.272, 0.108, 0.450) **3** (NO_2, NO_2; 0.112, 0.112, 0.112, 0.112)

50.6 질소 원자의 2s 오비탈을 점유하고 있는 전자는 핵과 55.2 mT의 초미세 상호 작용을 한다. NO_2의 스펙트럼에는 5.7 mT의 등방성 초미세 상호 작용이 나타난다. NO_2의 홀전자가 2s 오비탈을 점유하는 시간 분율은 얼마가 되겠는가? N 원자의 2p 오비탈에 있는 전자의 초미세 짝지음 상수는 3.4 mT이다. 또 NO_2에서 초미세 결합의 비등방성 부분은 1.3 mT이다. NO_2의 홀전자가 N의 2p 오비탈을 점유하는 시간 분율은 얼마가 되겠는가? 이 홀전자가 (a) N 원자에서, (b) O 원자에서 발견될 전체 확률을 구하시오. N 원자의 혼성 비율은 얼마가 되겠는가? 이 혼성은 NO_2가 굽은이라는 관점을 뒷받침할 수 있겠는가?

50.7 대단히 낮은 극한 농도(전자 교환을 무시할 수 있을 정도), 보통의 농도(전자 교환 효과가 나타나기 시작하는)에서, 그리고 높은 농도(전자 교환 효과가 지배적이 되는)에서 다이-*tert*-뷰틸 산화질소 라디칼(**4**)의 292 K에서의 EPR 스펙트럼들을 그리시오.

4 다이-*tert*-뷰틸 산화질소

통합 문제

F10.1 통합 문제 F6.15에서는 분자의 전자 구조 결정 방법을 이용하여 ^{13}C의 화학적 이동의 크기가 ^{13}C 원자 상의 알짜 전하와 상관된다는 가정을 메틸벤젠, 벤젠, 트라이플루오로메틸벤젠, 벤조나이트릴, 나이트로벤젠 등 일련의 화합물에서 치환기에 대해서 **파라** 위치에 있는 탄소 원자 상의 실효 전하를 계산함으로써 조사하였다. 조사하고자 하는 각 분자에서 **파라** 위치 탄소 원자의 ^{13}C 화학적 이동이 아래에 주어졌다.

치환기	CH_3	H	CF_3	CN	NO_2
δ	128.4	128.5	128.9	129.1	129.4

(a) 이 일련의 화합물에서 알짜 전하와 **파라** C 원자의 ^{13}C 화학적 이동 사이에 선형 상관관계가 성립하는가?

(b) 만일 (a)에서 상관관계가 성립한다면 토픽 48에서 설명한 개념을

이용하여 상관관계의 물리학적 근원에 관해서 설명하시오.

F10.2 EPR 스펙트럼은 일반적으로 공간 연산자(오비탈 각운동량과 같은)를 오로지 스핀에만 의존하는 연산자에 관여하게 만드는 다양한 효과를 포함하는 Hamiiton 연산자인 **스핀–Hamilton 연산자**에서 일어나는 파라미터로 설명된다. 실제 Hamilton 연산자로서 $\hat{H}=-g_e\gamma_e\mathcal{B}_0\hat{s}_z-\gamma_e\mathcal{B}_0\hat{l}_z$을 사용하면 2차 섭동 이론으로부터 스핀의 고윳값이 스핀 Hamilton 연산자인 $\hat{H}=-g\gamma_e\mathcal{B}_0\hat{s}_z$($g_e$ 대신에 g를 사용함을 주목할 것)의 것과 같음을 증명하고 g에 대한 식을 구하시오.

F10.3 토픽 28~30에서 설명한 계산 방법은 아미노산 타이로신은 여러 생화학적 전자 전이 반응에 관여하는데, 이러한 반응 예로서는 식물 광합성계 II에서 물이 O_2로 산화되는 과정과 싸이토크롬 c 산화효소에서 O_2가 물로 환원되는 과정을 보여 주었다. 이들 전자 전이 반응이 일어나는 과정에서 타이로신 라디칼이 형성되며, 이 아미노산의 곁사슬에 스핀 밀도가 국지화된다. (a) 분자 **5**에 보인 페녹시 라디칼이 타이로신 라디칼의 적절한 모형으로 이용되고 있다. 분자 모형 설계 소프트웨어와 학생이 선정한 계산 방법(반실험법이나 순이론법)을 이용하여 O 원자와 분자 **5** 속의 모든 C 원자에서의 스핀 밀도를 계산하시오. (b) 분자 **5**의 EPR 스펙트럼 모양을 예측하시오.

5 페녹시 라디칼

F10.4 NMR 분광법을 이용하면 효소 억제제 I와 같은 작은 분자와, 효소 E와 같은 단백질 사이의 복합체에 대한 다음과 같은 해리 평형 상수를 결정할 수 있다.

$$\mathrm{EI} \rightleftharpoons \mathrm{E+I} \quad K_\mathrm{I}=[\mathrm{E}][\mathrm{I}]/[\mathrm{EI}]$$

화학적 교환이 느리게 일어나는 극한에서는 I 속의 양성자 NMR 스펙트럼이 2개의 공명, 즉 하나는 유리 상태 I에 대한 ν_I이고, 다른 하나는 결합 상태 I에 대한 ν_EI로 이루어져야 할 것이다. 화학적 교환이 빠른 속도로 일어날 때는 동일한 I 속의 양성자 NMR 스펙트럼이 단일 피크로 이루어지며, 그 공명 진동수 ν는 $\nu=f_\mathrm{I}\nu_\mathrm{I}+f_\mathrm{EI}\nu_\mathrm{EI}$로 주어진다. 여기서 $f_\mathrm{I}=[\mathrm{I}]/([\mathrm{I}]+[\mathrm{EI}])$, $f_\mathrm{EI}=[\mathrm{EI}]/([\mathrm{I}]+[\mathrm{EI}])$는 각각 유리 상태 I와 결합 상태 I의 분율이다. 이 데이터를 해석하는 데는 진동수 차 $\delta\nu=\nu-\nu_\mathrm{I}$와 $\Delta\nu=\nu_\mathrm{EI}-\nu_\mathrm{I}$를 이용하는 것이 유용하다. I의 처음 농도 $[\mathrm{I}]_0$이 E의 처음 농도 $[\mathrm{E}]_0$보다 훨씬 클 때는 $[\mathrm{I}]_0$의 $\mathrm{d}\nu^{-1}$에 대한 도시가 직선을 나타내며, 그 기울기는 $[\mathrm{E}]_0\Delta\nu$이고, y축 상의 절편은 $-K_\mathrm{I}$이 됨을 보이시오.

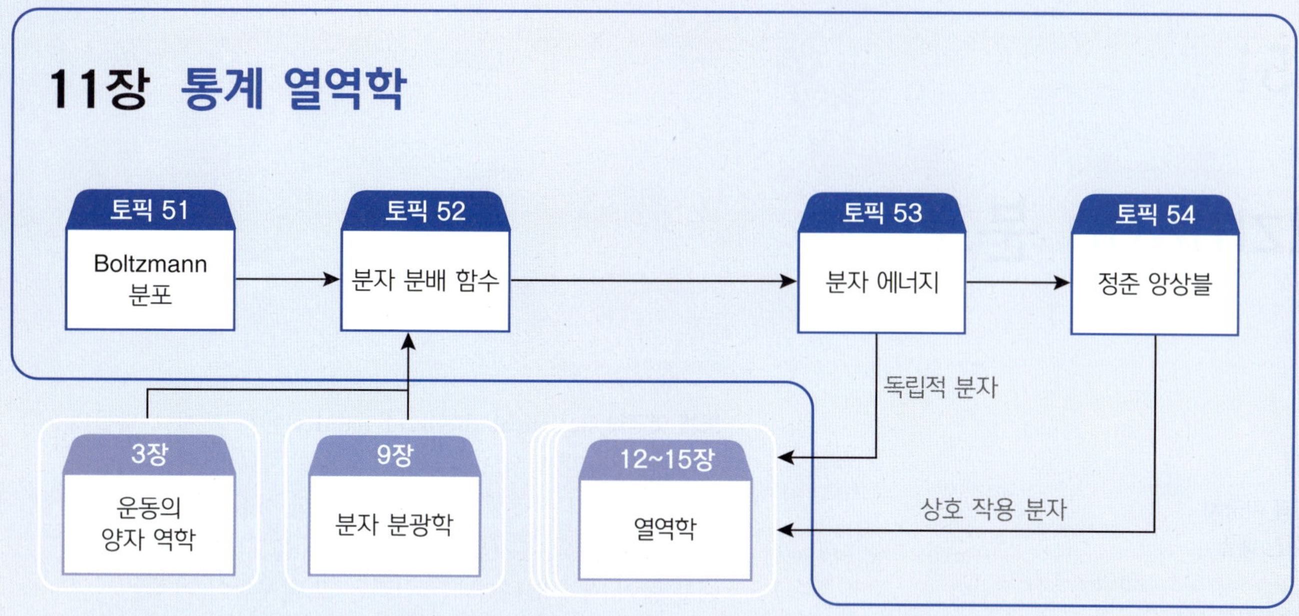

분자의 특성과, 분자로 이루어진 물질의 특성을 이어 주는 가장 중요한 식의 하나인 'Boltzmann 분포'를 본 장의 토픽에서 다루게 된다. 전체 에너지와 전체 입자수가 일정한 값을 갖는 조건에서 분자들이 가능한 에너지 준위에 확률이 가장 높은 방식으로 분포된다는 가정에 의해서 이 분포가 유도된다(토픽 51). 이 분포를 이용하여 일정한 온도에서 계의 준위가 갖는 개체수를 예측할 수 있다. Boltzmann 분포는 온도가 분자들의 집합에 대하여 에너지 준위의 개체수를 결정하는 유일한 변수라는 사실을 알려주고 있다. Boltzmann 분포가 열역학의 분자 수준의 해석에서 중심에 있다는 것은 다른 토픽들에서도 볼 수 있다.

Boltzmann 분포는 '분배 함수(partition function)'의 개념을 도입하고 있다(토픽 52). 분배 함수는 일종의 '열역학 파동함수'라고 할 수 있으며, **열역학 제1법칙, 열역학 제2법칙과 제3법칙, 물리적 평형, 그리고 화학 평형**을 다루는 토픽들에서 볼 수 있듯이, 분배 함수를 이용하면 모든 열역학적 특성을 계산할 수 있다. 분자들이 서로 상호 작용을 하지 않는 경우에는 질량(병진 운동), 관성 모멘트(회전 운동), 힘 상수(진동 운동)와 같은 분자 특성으로부터 '분자 분배 함수'를 계산할 수 있다. 이러한 변수들은 **분자 분광학**을 통하여 결정할 수 있기 때문에 분배 함수는 분광학과 열역학을 이어 주는 중요한 연결 고리를 제공한다. 분자간의 상호 작용을 무시할 수 없을 경우에는 '정준 앙상블' 및 '정준 분배 함수'와 관련된 개념과 방법을 이용해야 한다(토픽 54).

분자 분배 함수의 가장 직접적인 적용은 다양한 운동(**운동의 양자 역학**에서 소개된 병진, 회전, 진동 운동) 방식이 독립적인 분자 집합의 평균 에너지에 기여하는 정도를 계산하는 것이다(토픽 53). 그 결과는 **열역학 제1법칙**에서 이용되는 계의 내부 에너지 해석과 계산의 근거가 된다.

토픽 51

Boltzmann 분포

내용

➤ 학습 목표

Boltzmann 분포는 화학의 많은 부분을 이해하는 단서가 된다. 이를 통해 평형 상수와 반응 속도의 온도 의존과 같은 모든 열역학적 특성을 해석할 수 있다. 또한 '온도'의 의미를 명확하게 보여 준다. 아마도 화학에서 이보다 더 중요하고 일반적인 개념은 없다.

➤ 핵심 내용

주어진 제한 조건하에서 가능한 에너지 준위에 대한 분자의 최대 확률 분포는 유일한 파라미터인 온도에 의해서 결정된다.

➤ 미리 알기

분자들은 특정한 불연속 에너지 준위에 존재하며(토픽 9~14), 어떤 경우에는 여러 상태가 같은 에너지를 가질 수 있다는 사실을 알고 있어야 한다.

통계 열역학(statistical thermodynamics)에서 개개 분자들의 양자 역학적인 특성으로부터 거시적인 시료의 성질로 넘어가는 과정에서 생각해야 할 매우 중요한 사실은 거시적인 성질은 많은 수의 분자의 **평균적인** 거동을 다룬다는 것이다. 예를 들어 기체가 나타내는 압력은 그 분자들이 미치는 평균 힘에 따라 달라지며, 어떤 순간에 특정한 분자가 벽에 충돌하는 것까지 나타낼 필요는 없다. 이뿐만 아니라 서로 다른 순간에 벽과 충돌하는 분자의 수가 다르기 때문에 나타나는 압력의 요동 같은 것도 고려할 필요가 없다. 이것은 이 요동이 대단히 작고, 충돌이 갑자기 크게 줄어들거나 크게 늘어날 가능성은 거의 없기 때문이다. 요동은 다른 열역학적 성질에서도 나타나지만 입자의 수가 많아지면 평균값에 비해서 무시할 수 있을 정도로 작다.

매우 큰 값(화학에서 다루는 계에서는 10^{23} 정도의 크기)인 N개의 분자로 된 계를 생각해 보자. 이 계의 전체 에너지가 일정한 값 E를 갖기는 하지만, 이 에너지가 여러 분자에 어떻게 분포되는지를 알 수는 없다. 분자간의 충돌에 의해서 분자 사이뿐만 아니라 각 분자가 차지한 양자 상태들 사이에서도 에너지가 끊임없이 재분배된다. 우리가 에너지 분포를 표현할 수 있는 방법은 에너지 상태들의 **개체수**(population), 즉 그 준위를 점유하는 평균 분자수를 나타내는 것이다. 이것은 평균적으로 에너지가 ε_i인 상태에 N_i개의 분자가 있다고 말하는 것과 같다. 분자간의 충돌에 의해서 특정한 상태에 존재하는 분자 자체는 바뀌겠지만, 각 상태의 개체수는 거의 일정하게 유지될 것이다.

이 토픽에서 풀려고 하는 문제는 임의의 온도에서 임의의 운동 방식을 갖는 분자 상태에 대한 개체수를 구하는 것이다. 여기서 한 가지 제약은 개개 분자의 에너지를 합한 것이 계의 전체 에너지가 된다는 의미에서 분자들이 상호 독립적이라는 것이다. 현 단계에서는 실제 계에서 분자간 상호 작용이 전체 에너지에 기여할 가능성이 있다는 사실을 무시하기로 한다. 우리는 또한 가능한 모든 에너지 분포가 똑같은 가능성을 가지고 나타날 수 있다는 **선험 확률 동등 원리**

(**principle of equal *a priori* probability**)를 받아들이기로 한다. 여기에서 '선험적(a priori)'이라는 것은 '우리가 아는 한에 있어서는'이라는 뜻을 가지고 있다. 열적 평형을 이루고 있는 분자들의 경우, 특정한 에너지의 진동 상태에 있는 개체수와 동일한 에너지를 갖는 회전 상태의 개체수가 동일하지 않다고 가정할 이유가 없다는 것이다.

향후 분석을 통하여 얻게 될 대단히 중요한 결론은 상태의 개체수 분포가 '온도'라는 하나의 파라미터에 의존한다는 것이다. 즉 우리는 온도의 개념에 관한 분자 수준의 타당성과 이 중요한 성질에 대한 의미를 어느 정도 통찰할 수 있게 될 것이다.

51.1 배열과 가중치

개별 분자들은 ε_0, ε_1, …의 에너지 상태에 있을 수 있다. 일반적으로 가장 낮은 에너지 ε_0을 영점 에너지(즉 $\varepsilon_0=0$)로 놓고, 다른 에너지들은 이 에너지와의 상대적인 값으로 나타낸다. 따라서 계의 실제 내부 에너지를 얻으려면 계의 에너지를 계산한 다음에 일정한 값을 더해 주어야 한다. 예를 들어 에너지에 대한 진동 운동의 기여를 고려할 때는 진동자들의 전체 영점 에너지를 더해 주어야 한다.

(a) 순간 배열

어느 임의의 순간 ε_0인 에너지를 갖는 상태 0에 N_0개의 분자가, 에너지 ε_1인 상태 1에 N_1개의 분자가 들어 있으며, 계의 전체 분자수가 N일 때 $N_0+N_1+\cdots=N$을 만족한다. 초기에 모든 상태들이 정확하게 같은 에너지를 갖는다고 가정한다. 개체수의 분포를 나타내는 N_0, N_1, … 등을 $\{N_0, N_1, \cdots\}$와 같은 형태로 표시하고, 이것을 계의 순간 **배열**(**configuration**)이라고 한다. 계의 순간 배열은 개체수가 충돌에 의해 변하기 때문에 요동을 한다. 모든 배열의 에너지가 같은 경우이기 때문에 각 상태에 존재하는 분자수에는 제약이 없다.

우리는 많은 수의 서로 다른 순간 배열을 생각할 수 있다. 한 예로서 모든 분자가 최저 에너지 상태에 있게 되는 $\{N, 0, 0, \cdots\}$인 배열도 있을 수 있고, 또 2개의 분자가 상태 1에 있는 $\{N-2, 2, 0, 0, \cdots\}$인 배열도 있을 수 있다. 후자의 배열을 만들 수 있는 방법의 수는 전자의 배열의 경우보다 더 많기 때문에 후자의 배열이 본질적으로 더 잘 나타날 수 있다. 즉 $\{N, 0, 0, \cdots\}$ 배열을 만드는 방법은 한 가지밖에 없지만, $\{N-2, 2, 0, \cdots\}$ 배열을 만드는 방법은 $\frac{1}{2}N(N-1)$개가 된다(그림 51.1, 다음 **증명** 참조). 만일 충돌의 결과 계가 $\{N, 0, 0, \cdots\}$와 $\{N-2, 2, 0, \cdots\}$ 배열 사이에서 요동을 일으킬 수 있다면 거의 대부분의 경우에 두 번째 배열 상태를 보일 것이다(특히 N이 클 경우). 바꾸어 말해서 두 배열 사이를 자유롭게 상호 변환할 수 있는 계는 거의 전적으로 두 번째 배열의 고유한 성질을 나타낼 것이다. 일반적으로 배열 $\{N_0, N_1, \cdots\}$를 만드는 방법의 수 $\mathcal{W}$를 그 배열의 **가중치**(**weight**)라고 한다. 배열 $\{N_0, N_1, \cdots\}$의 가중치는 다음과 같이 주어진다.

그림 51.1 $\{5, 0, 0, \cdots\}$의 배열을 만드는 방법은 하나뿐이지만 $\{3, 2, 0, \cdots\}$의 배열을 만들 수 있는 방법은 여기 보인 바와 같이 10가지나 된다. 서로 다른 분자들은 색깔의 차로 나타내었다.

$$\mathcal{W}=\frac{N!}{N_0!N_1!N_2!\cdots} \qquad \text{배열의 가중치} \quad (51.1)$$

여기서 $x!=x(x-1)(x-2)\cdots1$이며, $0!$은 1로 정의한다. 식 (51.1)은 $\{N-2, 2, 0, \cdots\}$ 배열에 해당하는 식인 $\mathcal{W}=\frac{1}{2}N(N-1)$의 일반식이다.

간단한 예 51.1 배열의 가중치

20개의 동등한 대상물을 1, 0, 3, 5, 10, 1의 형태로 배치시키는 방법의 수를 계산하려면 배열은 $\{1, 0, 3, 5, 10, 1\}$이고, $N=20$이라는 것을 주목하면 된다. 따라서 가중치는 다음과 같이 된다.

$$\mathcal{W}=\frac{20!}{1!0!3!5!10!1!}=9.31\times10^8$$

자가 진단 51.1 20개의 대상물을 0, 1, 5, 0, 8, 0, 3, 2, 0, 1의 형태로 배치시키는 배열의 가중치를 계산하시오.

답: 4.19×10^{10}

증명 51.1 배열의 가중치

우선 $\{N, 0, 0, 0, \cdots\}$ 배열에서 두 개의 분자를 상태 0에서 상태 2로 옮겨서 만들 수 있는 $\{N-2, 2, 0, 0, \cdots\}$ 배열의 가중치를 생각해 보자. 상태 1로 올라갈 수 있는 분자를 선택하는 방법의 수는 N이다. 두 번째 후보는 남아 있는 $(N-1)$이 되므로 전체 선택 방법의 수는 $N(N-1)$이 된다. 그러나 (갑, 을)과 (을, 갑)은 같은 배열이므로 이들을 서로 분간할 수 없다. 따라서 전체 선택 방법 중에서 반만이 서로 구별될 수 있는 배열이며, 구별 가능한 전체 방법의 수는 $\frac{1}{2}N(N-1)$이 된다.

이제 이 논의를 일반화시켜 보자. N개의 공을 여러 칸에 집어넣는 방법의 수를 생각해 보자. 첫 번째 공은 N개의 서로 다른 방법으로 선택할 수 있고, 두 번째 공은 나머지 공 중에서 $(N-1)$개의 서로 다른 방법으로 택할 수 있으며, 이와 같이 계속 선택할 수 있다. 따라서 공을 여러 칸에 분포시키기 위해서 선택할 수 있는 방법의 수는 $N(N-1)\cdots 1=N!$이 될 것이다. 그러나 0으로 표시된 칸에 N_0개의 구슬이 들어가는 경우에는 같은 공들을 $N_0!$개의 서로 다른 방법으로 선택할 수 있었을 것이다(그림 51.2). 마찬가지로 1로 표시된 칸에 들어간 N_1개의 공을 선택하는 방법의 수는 $N_1!$이며, 이후에도 같은 방법으로 생각할 수 있다. 따라서 0번 칸에 N_0개의 구슬을, 1번 칸에 N_1개의 공을 넣는 식으로 공들을 순서에 관계없이 분포시키는 서로 다른 방법의 총수는 $N!/N_0!N_1!\cdots$이 된다. 이것이 바로 식 51.1의 내용이다.

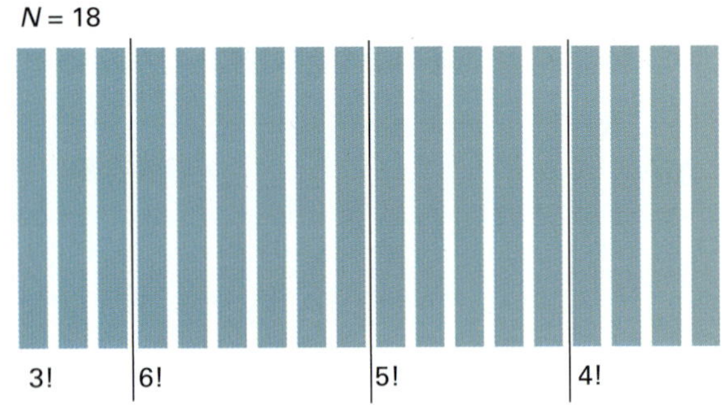

그림 51.2 18개의 분자를 4개의 용기(수직선으로 구별된)에 분포시키는 데는 18!의 서로 다른 방법이 가능하다. 그러나 첫 번째 용기에 3개의 분자를 넣는 3!의 방법은 모두가 동일한 것이며, 두 번째 용기에 6개의 분자를 넣는 6!의 방법들도 모두 동일하다. 따라서 구별할 수 있는 배열 방법의 수는 18!/3!6!5!4!이다.

배열의 가중치 자체보다는 이것의 자연 로그인 ln $\mathcal{W}$를 쓰는 것이 보다 더 편리할 때가 많다. 우리는 다음과 같은 식이 필요하다.

$$\begin{aligned}\ln\mathcal{W} &= \ln\frac{N!}{N_0!N_1!N_2!\cdots} = \ln N! - \ln N_0!N_1!N_2!\cdots \\ &= \ln N! - \ln N_0! - \ln N_1! - \ln N_2! - \cdots \\ &= \ln N! - \sum_i \ln N_i!\end{aligned}$$

위에서 첫 번째 줄에서는 $\ln(x/y)=\ln x-\ln y$를, 두 번째 줄에서는 $\ln xy=\ln x+\ln y$를 이용하였다. ln $\mathcal{W}$를 도입한 이유 중의 하나는 근사식을 도입하기 쉽기 때문이다. 특히 계승 항을 다음과 같은 **Stirling 근사식**(Stirling's approximation)으로 간소화시킬 수 있다.

$$\ln x! \approx \left(x+\tfrac{1}{2}\right)\ln x - x + \tfrac{1}{2}\ln 2\pi \quad x \gg 1 \qquad \text{Stirling 근사식} \qquad (51.2a)$$

x가 10 이상일 때 위 근사식은 오차가 1% 이하로 된다. 더욱 큰 값을 갖는 x를 다룰 때는 더 단순화시킨 다음 식을 쓸 수 있다.

$$\ln x! \approx x\ln x - x \quad x \gg 1 \qquad \text{Stirling 근사식}(x \text{ 값이 클 때}) \qquad (51.2b)$$

그러면 배열의 가중치를 다음과 같은 근사식으로 나타낼 수 있다.

$$\begin{aligned}\ln\mathcal{W} &= \{N\ln N - N\} - \sum_i\{N_i\ln N_i - N_i\} \\ &= N\ln N - N - \sum_i N_i\ln N_i + N \quad \left[\sum_i N_i = N\text{이므로}\right] \\ &= N\ln N - \sum_i N_i\ln N_i \qquad (51.3)\end{aligned}$$

(b) 최대 확률 분포

이미 설명한 바와 같이 $\{N-2, 2, 0, \cdots\}$ 배열이 $\{N, 0, 0, \cdots\}$의 배열보다 우세하다. 이 두 배열보다 훨씬 더 우세한 다른 배열도 있다는 것을 쉽게 예상할 수 있을 것이다. 실제로 우리는 어떤 한 배열의 가중치가 너무 커서 다른 모든 배열을 무시할 수 있을 정도가 되어 계가 이런 배열을 가지는 상태에만 존재하게 된다는 것을 보게 될 것이다. 따라서 계의 성질은 바로 이 지배적인 상태의 특성에 의해서 결정될 것이다. 이러한 가장 우세한 배열은 $\mathcal{W}$의 값을 최대로 만들어 주는 N_i의 값을 찾아내면 얻을 수 있을 것이다. $\mathcal{W}$는 모든 N_i의 함수이므로 N_i를 변화시키면서 $\mathrm{d}\mathcal{W}=0$이 되는 값을 찾으면 이 우세한 배열을 얻을 수 있을 것이다(이것은 함수의 최댓값을 찾는 방법과 같은 것이다). $\mathcal{W}$의 극댓값 대신에 ln $\mathcal{W}$의 극댓값을 찾아도 마찬가지이다. 그러나 이 과정에서는 두 가지 문제점이 있다.

이제 모든 상태들이 다른 에너지를 가질 수 있다고 가정하자. 그 결과 나타나는 첫 번째 문제점은 계의 전체 에너지가 특정한 상수 값을 가질 수 있는 조건에 맞는 배열만이 가능하다는 것이다. 이 조건 때문에 많은 배열이 제외된다. 예를 들어 $\{N, 0, 0, \cdots\}$과 $\{N-2, 2, 0, \cdots\}$의 두 배열은(상태 0과 상태 1이 같은 에너지를 갖지 않는다면) 에너지가 같지 않으며, 따라서 이 두 배열이 동일한 고립계에 나타날 수 없다. 따라서 최대 가중치를 갖는 배열을 찾을 때 다음과 같은 조건도 만족시켜야 한다.

$$\sum_i N_i\varepsilon_i = E \qquad \text{에너지 제한 조건} \qquad \text{일정한 전체 에너지} \qquad (51.4)$$

여기서 E는 계의 전체 에너지이다.

두 번째 제한 조건은 전체 분자수도 정해져 있으므로(N개), 모든 상태의 개체수를 동시에 멋대로 바꿀 수 없다는 것이다. 예를 들어 한 상태의 개체수를 하나 증가시키려면 다른 한 상태의 개체수가 하나 감소되어야 한다. 따라서 $\mathcal{W}$의 최댓값을 구하는 것은 다음과 같은 조건까지도 만족시켜야 한다.

$$\sum_i N_i = N \qquad \text{분자수 제한 조건} \quad \text{일정한 전체 분자수} \qquad (51.5)$$

다음 절에서 식 51.4와 51.5의 두 제한 조건하에서 최대 가중치를 갖는 배열의 개체수는 다음과 같은 **Boltzmann 분포**(**Boltzmann distribution**)에 따라 그 상태의 에너지에 의존하는 것을 보일 것이다.

$$\frac{N_i}{N} = \frac{e^{-\beta\varepsilon_i}}{\sum_i e^{-\beta\varepsilon_i}} \qquad \text{Boltzmann 분포} \qquad (51.6a)$$

식 51.6a의 분모는 q로 표시하고 **분배 함수**(**partition function**)라고 부른다.

$$q = \sum_i e^{-\beta\varepsilon_i} \qquad \text{정의} \quad \text{분배 함수} \qquad (51.6b)$$

이 토픽에서 분배 함수란 합산된 상수를 나타내는 편리한 약자에 지나지 않는다. 하지만 토픽 52에서는 그것이 열역학적 특성의 통계 역학적 해석에 있어서 가장 중요하다는 것을 알게 될 것이다.

식 51.6a는 계의 상태들의 최대 확률 개체수 분포가 단일 파라미터 β에 의해서 결정된다는 사실을 확인해 주고 있다. 토픽 54에서 보이겠지만 β는 다음과 같이 주어진다.

$$\beta = \frac{1}{kT} \qquad (51.7)$$

여기서 T는 열역학적 온도이고, k는 Boltzmann 상수이다.

다시 말해서 열역학적 온도는 열적 평형 상태에 있는 계의 상태들의 개체수 분포를 결정하는 유일한 파라미터이다.

간단한 예 51.2 Boltzmann 분포

유기 분자의 두 구조가 5.0 kJ mol^{-1}(한 분자에 대해서는 8.3×10^{-21} J)의 에너지 차이를 보인다고 가정하자. 구조 A는 에너지 0인 상태에 있고, 구조 B는 $\varepsilon = 8.3\times10^{-21}$ J에 있다는 것이다. 20°C(293 K)에서 식 51.6a의 분모는 다음과 같다.

$$\sum_i e^{-\beta\varepsilon_i} = 1 + e^{-\varepsilon/kT} = 1 + e^{-(8.3\times10^{-21}\,\mathrm{J})/(1.381\times10^{-23}\,\mathrm{J})\times(293\,\mathrm{K})} = 1.13$$

이 온도에서 구조 B를 갖는 분자의 개체수는 다음과 같이 주어진다.

$$\frac{N_B}{N} = \frac{e^{-(8.3\times10^{-21}\,\mathrm{J})/(1.381\times10^{-23}\,\mathrm{J})\times(293\,\mathrm{K})}}{1.13} = 0.11$$

다시 말해서 11퍼센트의 분자이다. 나머지 89퍼센트의 분자는 구조 A에 해당한다.

자가 진단 51.2 B보다 에너지가 0.50 kJ mol^{-1} 위에 존재하는 세 번째 구조가 있다고 가정하자. 구조 B에 해당하는 분자의 개체수는 얼마가 되겠는가?

답: 0.10, 10퍼센트

(c) 상태들의 상대적인 개체수

상태들의 상대적인 개체수에만 관심이 있다면 Boltzmann 분포에서 분모의 합은 계산하지 않아도 된다. 상대적인 개체수의 비를 구할 때 서로 상쇄되기 때문이다.

$$\frac{N_i}{N_j} = \frac{e^{-\beta\varepsilon_i}}{e^{-\beta\varepsilon_j}} = e^{-\beta(\varepsilon_i-\varepsilon_j)} \qquad \text{열평형} \quad \text{Boltzmann 개체수 비} \qquad (51.8a)$$

식 51.8a에서 일정한 에너지 간격에 대하여 개체수 비 N_1/N_0는 온도가 감소할 때와 마찬가지로 β가 증가하면 감소한다. 이로부터 $\beta \propto 1/T$라는 것을 알 수 있다. $T=0$ ($\beta=\infty$)일 때 모든 개체수는 바닥 상태에 있으며 개체수 비는 0이 된다. 식 51.8a는 넓은 범위의 화학 현상을 이해하는 데에 매우 중요하며, Boltzmann 분포를 적용할 때 일반적으로 이용되는 형태이다(예를 들어 토픽 16에서 스펙트럼 전이의 세기를 다룰 때). 이 식으로부터 두 상태의 상대적인 개체수는 에너지 간격의 지수함수에 따라 감소함을 보여 준다.

Boltzmann 분포는 에너지 **준위**가 아닌 **상태**의 상대적인 개체수를 나타낸다는 것이 중요하다. 여러 상태가 같은 에너지를 가질 때 각 상태는 식 51.6에 따른 개체수를 가진다. 상태가 아니라 에너지 준위의 상태적인 분포를 알려면 에너지 축퇴를 고려해야 한다. 에너지 준위 ε_i가 g_i 만큼 축퇴되어 있다면 (g_i개의 상태가 그 에너지를 갖는다면), 에너지 준위의 상대적인 개체수는 다음과 같이 주어진다.

$$\frac{N_i}{N_j} = \frac{g_i e^{-\beta\varepsilon_i}}{g_j e^{-\beta\varepsilon_j}} = \frac{g_i}{g_j} e^{-\beta(\varepsilon_i-\varepsilon_j)} \qquad \text{열평형, 축퇴 상태} \quad \text{Boltzmann 개체수 비} \qquad (51.8b)$$

예제 51.1 회전 상태의 상대적인 개체수 계산

25°C에서 HCl의 $J=1$과 $J=0$ 회전 상태에 대한 상대적인 개체수를 계산하시오.

방법 바닥 상태는 겹친 상태가 아니지만 $J=1$ 준위는 삼중 축퇴 상태($M_J=0, \pm1$)이다(토픽 41 참조). 이 토픽에서 양자수 J인 상태의 에너지는 $\varepsilon_J = hc\tilde{B}J(J+1)$으로 주어진다. $\tilde{B}=10.591$ cm^{-1}를 이용하고, 298.15 K에서 $kT/hc = 207.22$ cm^{-1}이다.

풀이 $J=1$과 $J=0$인 상태의 에너지 간격은 다음과 같다.

$$\varepsilon_1-\varepsilon_0=2hc\tilde{B}$$

$J=1$이고 서로 다른 M_J를 갖는 세 개의 상태 각각은 $J=0$인 단일 상태와 개체수 비가 다음과 같다.

$$\frac{N_{J,M_J}}{N_0}=e^{-2hc\tilde{B}\beta}$$

들뜬 상태의 삼중 축퇴를 고려한 **에너지 준위**들의 개체수 비는 다음과 같이 주어진다.

$$\frac{N_J}{N_0}=3e^{-2hc\tilde{B}\beta}$$

$hc\tilde{B}\beta=hc\tilde{B}/kT=(10.591\ \text{cm}^{-1})/(207.22\ \text{cm}^{-1})=0.05111$을 대입하면 다음과 같은 결과를 얻는다.

$$\frac{N_J}{N_0}=3e^{-2\times0.05111}=2.708$$

$J=1$인 에너지 준위는 삼중 축퇴 상태이기 때문에 $J=0$인 에너지 준위에 비해 개체수가 큰 것을 알 수 있다. 이 예에서 알 수 있듯이 개별 상태 또는 (축퇴가 가능한) 에너지 준위의 개체수를 구별하는 것이 매우 중요하다.

자가 진단 51.3 같은 온도에서 $J=2$와 $J=1$인 에너지 준위의 상대적인 개체수는 얼마인가?

답: 1.359

51.2 Boltzmann 분포의 유도

우리는 앞서 $\mathcal{W}$보다는 $\ln\mathcal{W}$를 다루는 것이 더 편하다고 밝힌 바 있다. 따라서 Boltzmann 분포의 형태를 찾기 위하여 $\mathcal{W}$를 직접 다루기보다는 $\ln\mathcal{W}$가 최댓값을 갖는 조건을 찾기로 하자. $\ln\mathcal{W}$는 모든 N_i에 따라 달라지므로 배열이 변화하여 N_i가 N_i+dN_i로 바뀌면, $\ln\mathcal{W}$는 $\ln\mathcal{W}+\mathrm{d}\ln\mathcal{W}$로 변하게 된다.

$$\mathrm{d}\ln\mathcal{W}=\sum_i\left(\frac{\partial\ln\mathcal{W}}{\partial N_i}\right)dN_i$$

(a) 제한 조건의 역할

앞의 식들이 말해주는 것은 $\ln\mathcal{W}$의 변화는 각각의 N_i 값의 변화에 의한 기여의 합이라는 것이다. 하지만 N_i 값의 변화는 다음 두 가지 제한 조건의 영향을 받는다.

$$\sum_i\varepsilon_i\mathrm{d}N_i=0\qquad\sum_i\mathrm{d}N_i=0\qquad\text{제한 조건}\qquad(51.9)$$

첫 번째 조건은 전체 에너지가 변하지 않는다는 것이고, 두 번째는 전체 분자수가 변하지 않는다는 조건이다. 이 두 가지 조건 때문에 $\mathrm{d}N_i$들은 서로 연관되고, 따라서 단순히 모든 미분항 $(\partial\ln\mathcal{W}/\partial N_i)=0$을 만족하게 함으로써 $\mathrm{d}\ln\mathcal{W}=0$의 해를 구할 수는 없다.

제한 조건을 포함시키는 방법은 프랑스 수학자인 Lagrange에 의해 제안되었으며, **미정 계수법(method of undetermined mutiplier)**이라고 부른다(**화학자 툴킷** 51.1). 여기서 필요한 것은 다음과 같은 법칙이다.

- 제한 조건은 계수를 곱하여 원래의 변분식에 더해야 한다.

이제 모든 변수를 모두 독립적으로 다룰 수 있으며, 제한 조건은 계산 마지막 부분에서 구하게 된다.

화학자 툴킷 51.1 미정 계수법

다수의 변수 $x_1, x_2, \cdots, x_n$에 따라 변하는 임의의 함수 f의 최댓값(또는 최솟값)을 구한다고 가정하자. 변수가 x_i에서 $x_i+\delta x_i$로 변할 때 함수는 f에서 $f+\delta f$로 바뀐다.

$$\delta f=\sum_{i=1}^{n}\left(\frac{\partial f}{\partial x_i}\right)\delta x_i$$

최댓값 또는 최솟값을 가질 때 $\delta f=0$이기 때문에 다음 식을 만족한다.

$$\sum_{i=1}^{n}\left(\frac{\partial f}{\partial x_i}\right)\delta x_i=0$$

x_i가 모두 독립적이라면 모든 δx_i가 임의의 값을 가지게 된다. 따라서 위 식은 각각의 x_i가 $(\partial f/\partial x_i)=0$을 만족하게 하여 풀 수 있다. x_i가 모두 독립적이 아닌 경우에는 δx_i도 독립적으로 변하지 않기 때문에 위와 같은 간단한 해를 구할 수 없고, 다음과 같이 풀어야 한다.

변수들 사이의 관련을 나타내는 제한 조건이 $g=0$ 형태의 식으로 표현된다고 가정하자. 제한 조건 $g=0$은 항상 성립하므로, x_i가 변해도 g는 변하지 않기 때문에 다음 식을 만족한다.

$$\delta g=\sum_{i=1}^{n}\left(\frac{\partial g}{\partial x_i}\right)\delta x_i=0$$

$\delta g=0$이기 때문에 이 식에 계수 λ를 곱하여 앞선 식에 더할 수 있다.

$$\sum_{i=1}^{n}\left\{\left(\frac{\partial f}{\partial x_i}\right)+\lambda\left(\frac{\partial g}{\partial x_i}\right)\right\}\delta x_i=0$$

위 식을 풀면 δx 중의 하나, 예를 들어 δx_n을 다른 δx_i로 나타낼 수 있다. 하나의 제한 조건만 있기 때문에 다른

$\delta x_i(i=1, 2, \cdots, n-1)$은 독립적이다. 하지만 λ는 임의의 값을 가질 수 있으며, 다음과 같은 식을 만족하도록 선택할 수 있다.

$$\left(\frac{\partial f}{\partial x_n}\right)+\lambda\left(\frac{\partial g}{\partial x_n}\right)=0 \tag{A}$$

따라서 다음과 같은 식이 성립한다.

$$\sum_{i=1}^{n-1}\left\{\left(\frac{\partial f}{\partial x_i}\right)+\lambda\left(\frac{\partial g}{\partial x_i}\right)\right\}\delta x_i=0$$

이제 $n-1$개의 변수 δx_i는 독립적이기 때문에 위 식의 해는 다음과 같이 주어진다.

$$\left(\frac{\partial f}{\partial x_i}\right)+\lambda\left(\frac{\partial g}{\partial x_i}\right)=0 \quad i=1,2,\ldots,n-1$$

하지만 식 A도 위 식과 똑같은 형태를 가지기 때문에 함수 f의 최댓값 또는 최솟값은 다음 식을 풀어서 얻을 수 있다.

$$\left(\frac{\partial f}{\partial x_i}\right)+\lambda\left(\frac{\partial g}{\partial x_i}\right)=0 \quad i=1,2,\ldots,n$$

하나 이상의 제한 조건이 $g_1=0$, $g_2=0$, …와 같이 주어지면, 일반적인 해는 다음과 같이 주어진다.

$$\left(\frac{\partial f}{\partial x_i}\right)+\lambda_1\left(\frac{\partial g_1}{\partial x_i}\right)+\lambda_2\left(\frac{\partial g_2}{\partial x_i}\right)+\cdots=0, \quad i=1,2,\ldots,n$$

여기서 λ_1, λ_2, …는 각각의 제한 조건에 해당하는 계수이다.

이 방법은 다음과 같이 적용한다. 식 51.9의 두 제한 조건에 상수인 $-\beta$와 α를 각각 곱하고($-\beta$의 음수 부호는 추후의 편의를 위해 도입되었음), d ln $\mathcal{W}$의 식에 더해 주어 다음과 같은 식을 얻는다.

$$\begin{aligned}\mathrm{d}\ln\mathcal{W}&=\sum_i\left(\frac{\partial\ln\mathcal{W}}{\partial N_i}\right)\mathrm{d}N_i+\alpha\sum_i\mathrm{d}N_i-\beta\sum_i\varepsilon_i\mathrm{d}N_i\\&=\sum_i\left\{\left(\frac{\partial\ln\mathcal{W}}{\partial N_i}\right)+\alpha-\beta\varepsilon_i\right\}\mathrm{d}N_i\end{aligned}$$

예제 51.2 Lagrange 승수 방법의 이용

면적이 A인 금속판을 이용하여 부피가 최대인 상자를 만든다고 가정하자. $A=1.0\ \mathrm{m}^2$일 때 최대 부피는 얼마인가?

방법 상자의 서로 수직인 변의 길이로 면적을 나타내고 제한 조건을 $g=0$의 형태로 표현한다. 제한 조건에 대하여 Lagrange 계수 λ를 도입하여 얻어지는 Lagrange 변분식의 해를 구한다.

풀이 상자의 변의 길이를 a, b, c라고 하면, 부피는 $V=abc$이다. 상자의 전체 표면적은 $2(ab+bc+ca)$이며, 따라서 제한 조건은 $ab+bc+ca=A/2$이다. **화학자 툴킷** 51.1의 표현을 따르면 $g=ab+bc+ca-A/2=0$으로 쓸 수 있다. Lagrange 계수 λ를 도입하면, 제한 조건하에서 최대 부피를 얻기 위하여 풀어야 할 3개의 식은 다음과 같이 주어진다.

$$\frac{\partial V}{\partial x}-\lambda\frac{\partial g}{\partial x}=0 \quad x=a,b,c$$

다시 풀어 쓰면,

$$\begin{aligned}\frac{\partial V}{\partial a}-\lambda\frac{\partial g}{\partial a}&=bc-\lambda(b+c)=0\\\frac{\partial V}{\partial b}-\lambda\frac{\partial g}{\partial b}&=ac-\lambda(a+c)=0\\\frac{\partial V}{\partial c}-\lambda\frac{\partial g}{\partial c}&=ab-\lambda(a+b)=0\end{aligned}$$

첫 번째 식에 a를, 두 번째 식에 b를 곱한 후, 첫 번째 식에서 두 번째 식을 빼면 다음 결과를 얻는다.

$$\lambda(ab+bc)-\lambda(ab+ac)=0, \text{ 또는 } bc-ac=0$$

다시 말해서 $a=b$이다. 마찬가지로, 또 다른 해는 $a=c$, $b=c$이다. 결론적으로 최대 부피의 상자는 변의 길이가 $a=b=c$를 만족하고 부피가 $V=abc$인 정육면체이다. 제한 조건에서 $g=3a^2-A/2=0$이고, 따라서 $a=(A/6)^{1/2}$이다. $A=1.0\ \mathrm{m}^2$일 때 $a=0.41\ \mathrm{m}$이며, 따라서 $V=0.069\ \mathrm{m}^3$이다.

자가 진단 51.4 상자의 높이인 a가 $h=0.40\,\mathrm{m}$로 고정되었다고 가정하자. 같은 금속판을 이용하여 얻을 수 있는 상자의 최대 부피는 얼마인가?

답: $V=0.067\ \mathrm{m}^3$

(b) 최대 확률 분포 찾기

모든 $\mathrm{d}N_i$는 이제 독립적으로 다룰 수 있다. 따라서 d ln $\mathcal{W}=0$을 만족하는 유일한 방법은 각각의 i에 대하여 다음 조건을 적용하는 것이다.

$$\left(\frac{\partial\ln\mathcal{W}}{\partial N_i}\right)+\alpha-\beta\varepsilon_i=0 \tag{51.10}$$

위 조건을 만족하는 N_i가 최대 확률을 갖는 값이다.

$\mathcal{W}$에 관한 식 51.3은 다음과 같다.

$$\ln\mathcal{W}=N\ln N-\sum_i N_i\ln N_i$$

N_i에 대하여 미분하기 전에, 위 식이 다음과 같다는 것을 이

용하기로 한다.

$$\ln \mathcal{W} = N\ln N - \sum_j N_j \ln N_j$$

위 식은 상태의 명칭을 i에서 j로 바꾼 것뿐이다. 이것은 N_i에 대하여 미분할 때 합계식에 포함된 지표인 i와 혼동되지 않기 위해서이다. 이제 이 식을 미분하면 다음 결과를 얻을 수 있다.

$$\frac{\partial \ln \mathcal{W}}{\partial N_i} = \frac{\partial N\ln N}{\partial N_i} - \sum_j \frac{\partial N_j \ln N_j}{\partial N_i} \tag{51.11}$$

오른쪽의 첫 번째 항의 미분은 다음과 같이 주어진다.

$$\begin{aligned}\frac{\partial N\ln N}{\partial N_i} &= \left(\frac{\partial N}{\partial N_i}\right)\ln N + N\left(\frac{\partial \ln N}{\partial N_i}\right)\\ &= \ln N + \frac{\partial N}{\partial N_i} = \ln N + 1\end{aligned} \tag{51.12}$$

오른쪽 두 번째 줄의 첫 번째 항인 ln N은 $N = N_1 + N_2 + \cdots$이고, N을 N_i로 미분하면 1이기 때문에($\partial N/\partial N_1 = 1$) 얻어진 결과이다. 오른쪽 두 번째 줄의 두 번째 항은 $\partial(\ln N)/\partial N_i = (1/N)\partial N/\partial N_i$이기 때문에 얻어진 결과이다. 마지막 항의 1은 마찬가지로 $\partial N/\partial N_i = 1$을 이용하면 얻을 수 있다.

두 번째 항의 미분을 위해서 우선 다음 결과를 이용한다.

$$\frac{\partial \ln N_j}{\partial N_i} = \frac{1}{N_j}\left(\frac{\partial N_j}{\partial N_i}\right) \tag{51.13}$$

$i \neq j$이면 N_j는 N_i와 독립적이므로 $\partial N_j/\partial N_i = 0$이다. 하지만 $i = j$일 때는 다음 식을 만족한다.

$$\frac{\partial N_j}{\partial N_i} = \frac{\partial N_i}{\partial N_i} = 1 \tag{51.14}$$

따라서 다음과 같이 쓸 수 있다.

$$\frac{\partial N_j}{\partial N_i} = \delta_{ij} \tag{51.15}$$

여기서 δ_{ij}는 Kronecker 델타이다($i = j$일 때는 $\delta_{ij} = 1$, 다른 경우에는 $\delta_{ij} = 0$). 따라서 다음과 같은 결과를 얻을 수 있다.

$$\begin{aligned}\sum_j \frac{\partial N_j \ln N_j}{\partial N_i} &= \sum_j \left\{\left(\frac{\partial N_j}{\partial N_i}\right)\ln N_j + N_j\left(\frac{\partial \ln N_j}{\partial N_i}\right)\right\}\\ &= \sum_j \left\{\left(\frac{\partial N_j}{\partial N_i}\right)\ln N_j + \left(\frac{\partial N_j}{\partial N_i}\right)\right\}\\ &= \sum_j \left(\frac{\partial N_j}{\partial N_i}\right)(\ln N_j + 1)\\ &= \sum_j \delta_{ij}(\ln N_j + 1) = \ln N_i + 1\end{aligned}$$

따라서 결과적으로 얻어진 식은 다음과 같다.

$$\frac{\partial \ln \mathcal{W}}{\partial N_i} = \ln N + 1 - (\ln N_i + 1) = -\ln\frac{N_i}{N} \tag{51.16}$$

식 51.10에 따르면 다음 관계가 성립한다.

$$-\ln\frac{N_i}{N} + \alpha - \beta\varepsilon_i = 0$$

따라서 다음과 같이 쓸 수 있다.

$$\frac{N_i}{N} = e^{\alpha - \beta\varepsilon_i} \tag{51.17}$$

(c) 마지막 단계

이 단계에서 다음과 같은 관계를 이용한다.

$$N = \sum_i N_i = \sum_i N e^{\alpha - \beta\varepsilon_i} = Ne^{\alpha}\sum_i e^{-\beta\varepsilon_i}$$

양쪽 편에서 N이 서로 상쇄되기 때문에 다음과 같은 식을 얻을 수 있다.

$$e^{\alpha} = \frac{1}{\sum_i e^{-\beta\varepsilon_i}} \tag{51.18}$$

따라서

$$\frac{N_i}{N} = e^{\alpha - \beta\varepsilon_i} = e^{\alpha}e^{-\beta\varepsilon_i} = \frac{e^{-\beta\varepsilon_i}}{\sum_i e^{-\beta\varepsilon_i}} \qquad \text{Boltzmann 분포} \tag{51.19}$$

이 결과가 바로 식 51.6a이다.

개념 확인

☐ 1. N개의 분자로 구성된 계의 **순간 배열**은 에너지 준위 ε_0, ε_1, ⋯에 속하는 개체수 N_0, N_1, ⋯로 주어진다.

☐ 2. **Boltzmann 분포**는 임의의 온도에서 각 상태에 속하는 분자수를 결정한다.

☐ 3. **선험 확률 동등 원리**에 따르면, 가능한 모든 에너지 분포가 똑같은 가능성을 가지고 나타날 수 있다.

☐ 4. 상태가 아니라 에너지 준위의 **상대적인 분포**를 알려면 에너지 축퇴를 고려해야 한다.

식 확인

특성	식	비고	식 번호
Boltzmann 분포	$N_i/N=e^{-\beta\varepsilon_i}/q$	$\beta=1/kT$	51.6a
분배 함수	$q=\sum_i e^{-\beta\varepsilon_i}$	토픽 52 참조	51.6b
Boltzmann 비	$N_i/N_j=(g_i/g_j)e^{-\beta(\varepsilon_i-\varepsilon_j)}$	g_i, g_j는 축퇴도	51.8

토픽 52

분자 분배 함수

내용

➤ 학습 목표

통계 역학은 계산되거나 분광학으로부터 얻어진 분자 특성과 평형 개념을 포함한 열역학적 특성 사이의 연결 고리를 제공한다. 그 연결 고리가 분배 함수이다. 따라서 본 내용은 구성 분자의 특성으로부터 물질의 물리적, 화학적 특성을 이해하기 위한 근본적인 토대라고 할 수 있다.

➤ 핵심 내용

분배 함수는 분자에 대하여 계산되거나 분광학으로부터 얻어진 구조 정보를 기반으로 계산된다.

➤ 미리 알기

가능한 에너지 준위들에 대하여 분자가 가질 수 있는 가장 높은 확률 분포를 Boltzmann 분포가 표현한다는 사실을 알고 있어야 한다(토픽 51). 그 토픽에서 소개된 분배 함수를 여기서 더 자세히 알아보도록 한다.

토픽 51에서는 분배 함수 $q=\Sigma_i e^{-\beta\varepsilon_i}$를 Boltzmann 분포(식 51.6a)에서 분모에 들어가는 기호로 단순하게 소개하였다. 그러나 분배 함수는 그보다 훨씬 더 중요한 의미를 갖는다. 예를 들어 분배 함수는 독립적인 입자들로 이루어진 계의 벌크 특성을 계산할 수 있는 모든 정보를 포함하고 있다. 양자역학에서 개별 분자에 대하여 파동함수가 하는 역할을 벌크 물질에 대하여 분배 함수 q가 하는 것으로 생각할 수 있다. q를 열역학 파동함수라고 할 수 있다. 열역학적 정보를 어떻게 얻을 수 있는지를 설명하기 위하여 본 토픽에서는 중요한 여러 가지 상황에서 분배 함수를 계산하는 방법을 보여 준다.

52.1 분배 함수의 중요성

분자 분배 함수(molecular partition function)는 다음과 같이 주어진다.

$$q=\sum_{\text{states } i} e^{-\beta\varepsilon_i}$$ 정의 분자 분배 함수 (52.1a)

여기서 $\beta=1/kT$이다. 토픽 51에서 강조하였듯이, 위의 합은 에너지 **준위**가 아니라 서로 다른 **상태**에 대한 것이다. 만약 g_i개의 상태가 같은 에너지 ε_i를 갖는다면(에너지 준위가 g_i 중첩 축퇴되었다면) 다음과 같이 쓸 수 있다.

$$q=\sum_{\text{levels } i} g_i e^{-\beta\varepsilon_i}$$ 다른 정의 분자 분배 함수 (52.1b)

여기서 합은 개별적인 상태가 아닌 서로 다른 에너지 준위에 대한 것이다. 토픽 51에서 강조한 것처럼, 가장 낮은 에너지 상태의 에너지를 영점으로 하여 $\varepsilon_0=0$으로 정의한다.

간단한 예 52.1 분배 함수

분자가 축퇴되지 않은 다음과 같은 에너지 준위에 속해 있다고 가정하자. 0, ε, 2ε, ⋯ (그림 52.1; 본 토픽 후반부에서 이러한 에너지 준위가 분자 진동에 해당한다는 것을 보게 될 것이다). 이 경우 분자 분배 함수는 다음과 같이 주어진다.

$$q = 1 + e^{-\beta\varepsilon} + e^{-2\beta\varepsilon} + \cdots = 1 + e^{-\beta\varepsilon} + (e^{-\beta\varepsilon})^2 + \cdots$$

위의 합은 기하급수 $1+x+x^2+\cdots$이며, $1/(1-x)$로 얻어진다. 따라서 이 경우 분배 함수는 다음과 같다.

$$q = \frac{1}{1-e^{-\beta\varepsilon}}$$

이 함수는 그림 52.2에 그려져 있다.

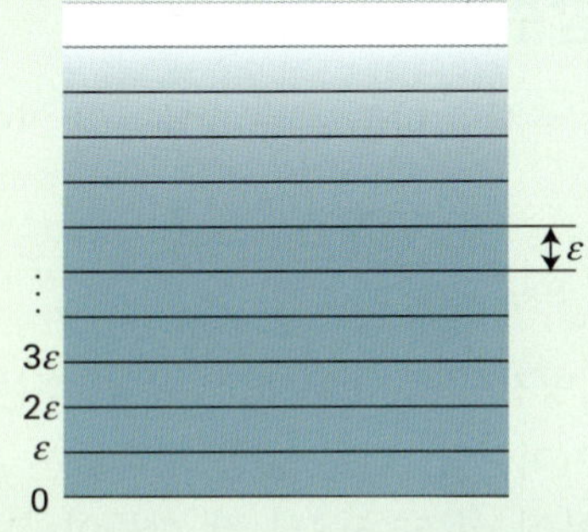

그림 52.1 분배 함수의 계산에 이용된 등간격의 에너지 준위. 조화 진동자는 같은 형태의 에너지 스펙트럼을 가진다.

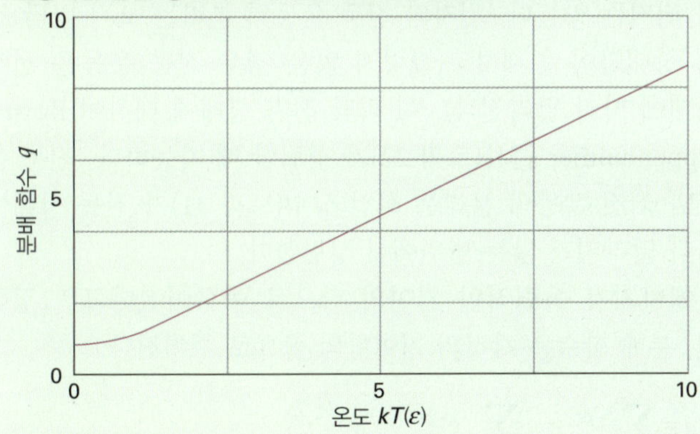

그림 52.2 그림 52.1에 표시된 계(조화 진동자)의 분배 함수를 온도의 함수로 나타낸 그림

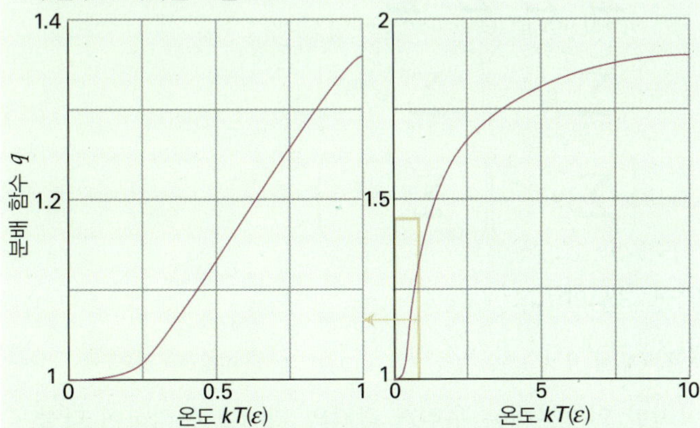

그림 52.3 이준위계의 온도에 따른 분배 함수. 분배 함수가 $T\to 0$일 때 1에 가까워지고, $T\to\infty$일 때 2에 수렴하는 것을 보여 주기 위하여 두 개의 그래프를 다른 척도의 온도로 표시하였다.

자가 진단 52.1 분자가 에너지가 0과 ε인 두 상태에만 존재한다고 가정하자. 분배 함수를 구하고 그에 대한 그래프를 그리시오.

답: $q=1+e^{-\beta\varepsilon}$, 그림 52.3 참조.

우리는 등간격 ε인 균일한 사다리 에너지 준위에 대한 중요한 분배 함수 식을 구하였다.

$$q = \frac{1}{1-e^{-\beta\varepsilon}} \qquad \text{균일한 사다리 분배 함수} \qquad (52.2a)$$

이 식을 이용하여 분배 함수의 물리적 중요성을 이해할 수 있다. 먼저 이러한 에너지 준위에 대한 Boltzmann 분포에 따르면 에너지 ε_i인 상태의 개체수 비 $p_i = N_i/N$이 다음과 같이 주어진다는 것을 기억하자.

$$p_i = \frac{e^{-\beta\varepsilon_i}}{q} = (1-e^{-\beta\varepsilon})e^{-\beta\varepsilon_i} \qquad \text{균일한 사다리 개체수} \qquad (52.2b)$$

이 p_i의 온도에 따른 변화를 그림 52.4에 나타내었다. 대단히 낮은 온도(매우 큰 β)에서는 q가 1에 가까우며 거의 대부분의 분자가 바닥 상태에 있다는 것을 알 수 있다. 온도가 올라감에 따라 개체수는 바닥 상태에서 벗어나 높은 상태의 분자 수가 점점 증가한다. 또 이와 함께 분배 함수의 값도 1보다 점점 더 커지는데, 따라서 분배 함수의 값은 주어진 온도에서 분자가 속해 있는 상태들의 범위를 나타낸다고 할 수 있다. q는 전체 분자수가 가능한 상태에 어떻게 분배되는가를 나타내기 때문에 '분배 함수'라고 부르는 것이다.

자가 진단 52.1에서 유도한 이준위계에 대해서는 이 식을 다음과 같이 나타낼 수 있다.

$$q = 1 + e^{-\beta\varepsilon} \qquad \text{이준위계 분배 함수} \qquad (52.3a)$$

$$p_i = \frac{e^{-\beta\varepsilon_i}}{q} = \frac{e^{-\beta\varepsilon_i}}{1+e^{-\beta\varepsilon}} \qquad \text{이준위계 개체수} \qquad (52.3b)$$

이 경우에 $\varepsilon_0=0$이고, $\varepsilon_1=\varepsilon$이기 때문에

$$p_0 = \frac{1}{1+e^{-\beta\varepsilon}} \qquad p_1 = \frac{e^{-\beta\varepsilon}}{1+e^{-\beta\varepsilon}} \qquad (52.4)$$

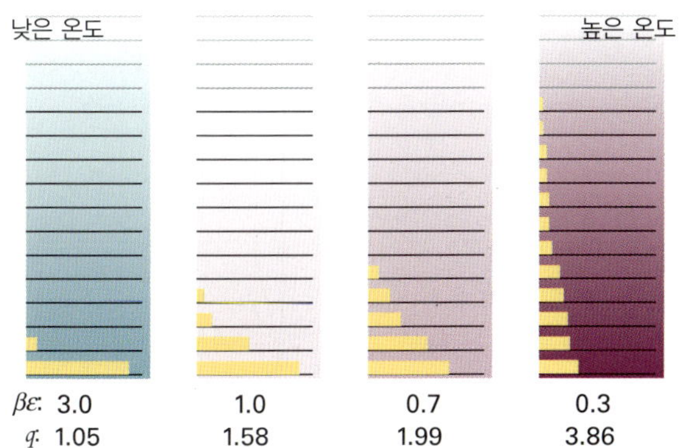

그림 52.4 그림 52.1의 에너지 준위의 온도에 따른 개체수와 식 52.2a에 의해 계산된 분배 함수의 값. 여기에서 $\beta=1/kT$이다.

이 함수들을 그림 52.5에 나타내었다. $T=0$에서 $p_0=1$, $p_1=0$, $q=1$(한 상태만 채워짐)임을 알 수 있다. 하지만 $T\to\infty$일 때는 개체수가 동일해지고 ($p_0=\frac{1}{2}$, $p_1=\frac{1}{2}$), $q=2$ (두 상태가 채워짐)가 된다. 실제로 $T\to\infty$일 때 모든 분자가 에너지가 높은 상태에 존재한다고 생각하기 쉽다. 하지만 식 52.4에 의하면 $T\to\infty$일 때 두 상태의 개체수는 같아지게 된다. 여러 개의 에너지 준위가 존재할 때도 마찬가지로 $T\to\infty$일 때 모든 상태의 개체수는 동일하게 된다.

분배 함수는 열적으로 존재 가능한 상태의 수를 나타낸다는 일반적인 결론을 내릴 수 있다. T가 0에 가까울 때는 $\beta=1/kT$가 무한대에 접근한다. q를 정의하는 식에서 하나의 항을 제외하고 모든 항이 0이 된다. 이것은 e^{-x}에서 $x\to\infty$이기 때문이다. 0을 포함하여 모든 온도에서 $\varepsilon_0/kT\equiv 0$이기 때문에 $\varepsilon_0\equiv 0$인 항(바닥 상태가 g_0 만큼 겹쳐 있다면 에너지가 0인 g_0개의 항)은 예외이다. $T=0$에서는 g_0의 값을 갖는 한 개의 항만이 남기 때문에 다음과 같은 결과를 얻는다.

$$\lim_{T=0} q = g_0$$

다시 말해서 $T=0$일 때 분배 함수는 바닥 상태의 겹친 수와 같다 (대부분의 경우 1).

이제 T가 매우 높아서 각 항의 $\varepsilon_j/kT\approx 0$인 경우를 생각해 보자. $x=0$일 때 $e^{-x}=1$이기 때문에 이제 각 항은 1을 기여하게 된다. 따라서 그 합은 분자 상태의 개수가 되고, 일반적으로 무한대의 값을 가진다.

$$\lim_{T\to\infty} q = \infty$$

이준위계에서 본 것처럼 분자가 제한적인 상태만을 갖는 이상적인 경우에는 q의 최댓값은 상태수와 같게 된다.

정리하면,

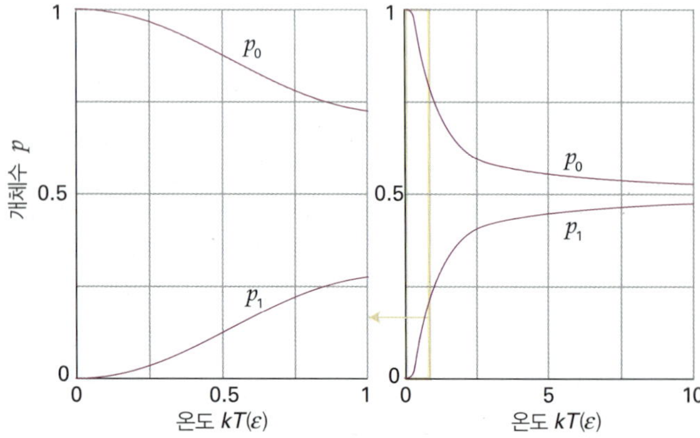

그림 52.5 이준위계의 두 상태의 온도에 따른 개체수(식 52.4). 온도가 무한대에 가까워질수록 두 상태의 개체수는 같아진다(개체수 비는 0.5에 수렴한다).

분자 분배 함수는 계가 특정한 온도에서 열적으로 존재 가능한 상태의 수를 나타낸다.

$T=0$에서는 바닥 상태만이 가능하기 때문에 $q=g_0$이다. 매우 높은 온도에서는 거의 모든 상태가 존재할 수 있으며, 따라서 q는 큰 값을 가진다.

52.2 분배 함수의 기여항들

분자의 에너지는 서로 다른 운동 형태들의 기여의 합으로 주어진다.

$$\varepsilon_i=\varepsilon_i^{\mathrm{T}}+\varepsilon_i^{\mathrm{R}}+\varepsilon_i^{\mathrm{V}}+\varepsilon_i^{\mathrm{E}} \tag{52.5}$$

여기에서 T는 병진 운동, R은 회전 운동, V는 진동 운동, E는 전자적인 기여이다. 다른 운동 형태들은 완전히 독립적이지 않기 때문에 식 52.5에서 각 항들이 분리된 것은 (병진 운동을 제외하면) 근사적이지만, 대부분의 경우 큰 문제가 되지는 않는다. 전자와 진동 운동의 분리는 오직 바닥 전자 상태만이 존재하고(그렇지 않은 경우 진동 운동은 전자 상태에 따라 달라진다), 이 바닥 전자 상태에 대하여 Born–Oppenheimer 근사(토픽 22)가 성립할 때 가능하다. 진동 운동과 회전 운동의 분리는 회전 상수(토픽 41)가 진동 상태에 따라 달라지지 않는 범위에서 성립한다.

에너지가 독립적인 기여의 합으로 이루어졌다고 가정하면, 분배 함수는 각각의 기여항의 곱으로 주어진다.

$$\begin{aligned} q &= \sum_i e^{-\beta\varepsilon_i} = \sum_{i(\text{모든 상태})} e^{-\beta\varepsilon_i^{\mathrm{T}}-\beta\varepsilon_i^{\mathrm{R}}-\beta\varepsilon_i^{\mathrm{V}}-\beta\varepsilon_i^{\mathrm{E}}} \\ &= \sum_{i(\text{병진})}\sum_{i(\text{회전})}\sum_{i(\text{진동})}\sum_{i(\text{전자 상태})} e^{-\beta\varepsilon_i^{\mathrm{T}}-\beta\varepsilon_i^{\mathrm{R}}-\beta\varepsilon_i^{\mathrm{V}}-\beta\varepsilon_i^{\mathrm{E}}} \\ &= \left(\sum_{i(\text{병진})} e^{-\beta\varepsilon_i^{\mathrm{T}}}\right)\left(\sum_{i(\text{회전})} e^{-\beta\varepsilon_i^{\mathrm{R}}}\right) \\ &\quad\times\left(\sum_{i(\text{진동})} e^{-\beta\varepsilon_i^{\mathrm{V}}}\right)\left(\sum_{i(\text{전자 상태})} e^{-\beta\varepsilon_i^{\mathrm{E}}}\right) \end{aligned}$$

다시 정리하면,

$$q=q^{\mathrm{T}}q^{\mathrm{R}}q^{\mathrm{V}}q^{\mathrm{E}} \qquad \text{분배 함수의 인수분해} \tag{52.6}$$

이러한 인수분해는 우리가 각각의 기여를 분리하여 다룰 수 있음을 의미한다. 일반적으로 분배 함수에 대한 엄밀한 해석식은 얻을 수 없다. 하지만 많은 경우에 근사식을 얻을 수 있으며, 화학 현상을 이해하는 데에 중요한 역할을 한다. 다음 절들에서 이들을 유도하고 토픽의 마지막 부분에 정리하기로 한다.

(a) 병진 운동의 기여

길이가 X인 일차원 용기 속에서 자유롭게 운동하는, 질량이 m인 분자에 대한 병진 운동 분배 함수는 준위 사이의 간격이 대단히 좁고 상온에서도 많은 상태들이 채워진다는 사실을 이용하여 구할 수 있다. 아래 **증명**에서 보인 것처럼 이 분배 함수는 다음과 같이 된다.

$$q_X^{\mathrm{T}} = \left(\frac{2\pi m}{h^2\beta}\right)^{1/2} X \qquad \text{일차원} \quad \text{병진 운동에 대한 분배 함수} \qquad (52.7\text{a})$$

$\beta = 1/kT$인 관계를 이용하여 이 식을 $q_X^{\mathrm{T}} = X/\Lambda$과 같이 쓰는 것이 편리하다. 여기에서,

$$\Lambda = \frac{h}{(2\pi mkT)^{1/2}} \qquad \text{정의} \quad \text{열파장} \qquad (52.7\text{b})$$

Λ는 길이에 해당하며 분자의 **열파장(thermal wavelength)** 또는 열 드브로이 파장(thermal de Broglie wavelength)이라 부른다. 열파장은 질량과 온도가 증가함에 따라 감소한다. 이 식은 병진 운동 분배 함수가 상자의 길이가 증가하고 입자의 질량이 증가함에 따라 커진다는 것을 보여 주는데, 이것은 이러한 요인들이 각각의 에너지 준위 사이의 간격을 좁혀주고 그에 따라 더 많은 준위가 열적으로 채워질 수 있기 때문이다. 질량과 상자의 크기가 주어졌을 경우에는 분배 함수가 온도 증가(β의 감소)에 따라 증가하는데, 이것은 온도가 증가하면 더 많은 상태들이 채워질 수 있기 때문이다.

증명 52.1 일차원 상자 속 입자의 분배 함수

길이가 X인 용기 속에 들어 있는 질량 m인 분자의 에너지 준위들은 식 9.8b ($L = X$)에 의해 다음과 같이 주어진다.

$$E_n = \frac{n^2h^2}{8mX^2}$$

최저 준위($n = 1$)의 에너지는 $h^2/8mX^2$이며, 따라서 이 준위를 기준으로 한 상대적 에너지 준위는 다음과 같이 된다.

$$\varepsilon_n = (n^2-1)\varepsilon \qquad \varepsilon = h^2/8mX^2$$

따라서 우리가 구하려는 합은 다음과 같이 된다.

$$q_X^{\mathrm{T}} = \sum_{n=1}^{\infty} \mathrm{e}^{-(n^2-1)\beta\varepsilon}$$

실험실에서 보통 쓰는 용기와 같은 크기의 상자 속의 병진 운동 에너지 준위들은 $h^2/8mkTX^2 \ll 1$(예를 들어 298 K에서 1 cm의 용기에 들어 있는 H_2 분자의 경우 $h^2/8mkTX^2 \approx 4\times10^{-17}$)이기 때문에 매우 좁은 간격을 가진다. 따라서 위의 합은 다음과 같이 적분으로 바꾸어 근사할 수 있다.

$$q_X^{\mathrm{T}} = \int_1^{\infty} \mathrm{e}^{-(n^2-1)\beta\varepsilon}\mathrm{d}n \approx \int_0^{\infty} \mathrm{e}^{-n^2\beta\varepsilon}\mathrm{d}n$$

이 적분의 하한을 $n = 0$으로 확대하고 $n^2 - 1$을 n^2으로 바꾸어 주면, 계산 결과에는 거의 영향을 주지 않지만 이 적분이 표준형으로 된다(**부록**의 적분 G.1). $x^2 = n^2\beta\varepsilon$의 변수 변환을 하고 $\mathrm{d}n = \mathrm{d}x/(\beta\varepsilon)^{1/2}$을 이용하면 이 적분이 다음과 같이 된다.

$$q_X^{\mathrm{T}} = \left(\frac{1}{\beta\varepsilon}\right)^{1/2} \overbrace{\int_0^{\infty} \mathrm{e}^{-x^2}\mathrm{d}x}^{\pi^{1/2}/2} = \left(\frac{1}{\beta\varepsilon}\right)^{1/2} \frac{\pi^{1/2}}{2} = \left(\frac{2\pi m}{h^2\beta}\right)^{1/2} X$$

삼차원에서 자유롭게 운동할 수 있는 분자의 전체 에너지는 다음과 같이 세 방향의 병진 운동 에너지를 합한 것과 같다.

$$\varepsilon_{n_1n_2n_3} = \varepsilon_{n_1}^{(X)} + \varepsilon_{n_2}^{(Y)} + \varepsilon_{n_3}^{(Z)} \qquad (52.8)$$

여기서 n_1, n_2, n_3는 각각 x, y, z 방향의 운동에 대한 양자수이다. 따라서 $\mathrm{e}^{a+b+c} = \mathrm{e}^a\mathrm{e}^b\mathrm{e}^c$이므로 분배 함수는 다음과 같이 인수분해된다.

$$\begin{aligned} q^{\mathrm{T}} &= \sum_{n_1,n_2,n_3} \mathrm{e}^{-\beta\varepsilon_{n_1}^{(X)}-\beta\varepsilon_{n_2}^{(Y)}-\beta\varepsilon_{n_3}^{(Z)}} = \sum_{n_1,n_2,n_3} \mathrm{e}^{-\beta\varepsilon_{n_1}^{(X)}}\mathrm{e}^{-\beta\varepsilon_{n_2}^{(Y)}}\mathrm{e}^{-\beta\varepsilon_{n_3}^{(Z)}} \\ &= \left(\sum_{n_1}\mathrm{e}^{-\beta\varepsilon_{n_1}^{(X)}}\right)\left(\sum_{n_2}\mathrm{e}^{-\beta\varepsilon_{n_2}^{(Y)}}\right)\left(\sum_{n_3}\mathrm{e}^{-\beta\varepsilon_{n_3}^{(Z)}}\right) \end{aligned}$$

다시 정리하면,

$$q^{\mathrm{T}} = q_X^{\mathrm{T}}q_Y^{\mathrm{T}}q_Z^{\mathrm{T}} \qquad (52.9)$$

식 52.7a는 x 방향의 병진 운동의 분배 함수를 나타낸다. 다른 두 방향에 대해서 유일한 차이점은 길이 X를 Y 또는 Z의 길이로 바꾸면 된다. 따라서 삼차원에서의 분배 함수는 다음과 같이 된다.

$$q^{\mathrm{T}} = \left(\frac{2\pi m}{h^2\beta}\right)^{3/2} XYZ \qquad (52.10\text{a})$$

XYZ는 사각형 용기의 부피 V와 같다. 따라서 다음과 같이 쓸 수 있다.

$$q^{\mathrm{T}} = \frac{V}{\Lambda^3} \qquad \text{삼차원} \quad \text{병진 운동에 대한 분배 함수} \qquad (52.10\text{b})$$

여기서 Λ는 식 52.7b에서 정의되었다. 일차원의 경우와 마찬가지로 분배 함수는 질량 증가에 따라($m^{3/2}$에 따라), 용기의 부피 증가에 따라(V에 따라) 증가한다. 일차원과 마찬가지로 $T\to\infty$일 때 온도가 증가함에 따라 무한개의 상태가 채워지기 때문에 $q^T\to\infty$이다. 상온에서도 부피가 100 cm^{3}인 용기에 들어 있는 O_2의 분배 함수는 $q^T \approx 2\times10^{28}$이다.

간단한 예 52.2 병진 운동 분배 함수

25°C에서 100 cm^3의 용기 속에 들어 있는 H_2 분자에 대한 병진 운동 분배 함수를 계산해 보자. $m=2.016m_u$를 이용한다. 우선 Λ를 구한다.

$$\Lambda=\frac{6.626\times10^{-34}\,\mathrm{J\,s}}{\left\{\begin{matrix}2\pi\times(2.016\times1.6605\times10^{-27}\,\mathrm{kg})\\ \times(1.381\times10^{-23}\,\mathrm{J\,K^{-1}})\times(298\,\mathrm{K})\end{matrix}\right\}^{1/2}}$$
$$=7.12\times10^{-11}\,\mathrm{m}$$

여기서 1 J = 1 kg m^2 s^{-2}이다. 따라서

$$q^{\mathrm{T}}=\frac{1.00\times10^{-4}\,\mathrm{m^3}}{(7.12\times10^{-11}\,\mathrm{m})^3}=2.77\times10^{26}$$

이 가벼운 분자는 상온에서도 약 10^{26}개의 양자 상태를 차지할 수 있다는 결과가 된다. 열파장(이 경우에는 71.2 pm)이 용기의 길이보다 작을 때는 많은 상태가 채워지게 된다.

자가 진단 52.2 같은 조건하에 있는 D_2 분자의 병진 분배 함수를 계산하시오.

답: $q^{\mathrm{T}}=7.8\times10^{26}$, $2^{3/2}$배 더 크다.

식 52.10을 유도하는 데 이용한 가정의 타당성은 용기 속에서의 입자 사이의 평균 간격 d를 가지고 나타낼 수 있다. 이용 가능한 전체 상태수가 q이므로 한 분자당 이용 가능한 평균 상태 수는 q^{T}/N이며, 이 값이 크기 위해서는, 즉 $q\gg1$이 되기 위해서는 $V/N\Lambda^3\gg1$이 되어야 한다. 그런데 V/N은 한 분자가 차지하는 부피이며, 따라서 입자 사이의 평균 간격은 $d=(V/N)^{1/3}$이다. 따라서 한 분자가 평균적으로 이용할 수 있는 상태의 수가 많아지기 위해서는 $d^3/\Lambda^3\gg1$, 즉 $d\gg\Lambda$이 되어야 한다. 즉 식 52.10이 성립하려면 **입자 사이의 평균 간격이 열파장보다 훨씬 더 커야 한다.** 1 bar, 298 K에서 H_2 분자 사이의 평균 간격은 3 nm인데, 이 값은 열파장(71.2 pm)보다 상당히 크다.

식 52.10의 타당성은 V/Λ^3이 큰 경우 많은 상태가 채워지게 되면 식을 유도하는 가정이 성립한다는 사실로부터 표현할 수도 있다. 이는 용기의 길이보다 Λ가 작을 때 성립한다. 25°C의 H_2는 $\Lambda=71$ pm이며, 이는 어떤 일반적인 용기보다 작다(하지만 제올라이트 또는 틈새 화합물의 구멍의 크기와는 비슷하다). 더 무거운 O_2의 경우에는 $\Lambda=18$ pm이다.

(b) 회전 운동의 기여

선형 회전자의 에너지는 $\varepsilon_J=hc\tilde{B}J(J+1)$, $J=0, 1, 2, \cdots$이다(토픽 41). 가장 낮은 에너지 상태의 에너지는 0이며, 따라서 에너지 식을 따로 변환시킬 필요는 없다. 각 준위는 $2J+1$ 축퇴 상태로 있다. 따라서 비대칭(AB)인 선형 회전자의 분배 함수는 다음과 같다.

$$q^{\mathrm{R}}=\sum_J \overbrace{(2J+1)}^{g_J}\mathrm{e}^{-\beta\overbrace{hc\tilde{B}J(J+1)}^{\varepsilon_J}} \qquad (52.11)$$

q^{R}을 계산하는 직접적인 방법은 회전 에너지 준위에 대한 실험값을 이 식에 대입하여 수치적으로 합산하는 것이다.

예제 52.1 회전 운동 분배 함수의 명확한 산출

25°C에서 $\tilde{B}=10.591$ cm^{-1}인 $^1H^{35}Cl$의 회전 운동 분배 함수를 산출하시오.

방법 식 52.11의 각 항을 산출해야 한다. 298.15 K에서 $kT/hc=207.224$ cm^{-1}을 이용한다. 수학 소프트웨어를 이용하면 합을 쉽게 산출할 수 있다.

풀이 각각의 항이 얼마나 기여하는지를 보여 주기 위하여 $hc\tilde{B}/kT=0.05111$을 이용하여 다음과 같은 표를 만들었다(그림 52.6).

J	0	1	2	3	4	⋯	10
$(2J+1)\mathrm{e}^{-0.05111J(J+1)}$	1	2.71	3.68	3.79	3.24	⋯	0.08

식 52.11에서 필요한 합(표의 두 번째 줄 숫자의 합)은 19.9이고, 따라서 이 온도에서 $q^{\mathrm{R}}=19.9$이다. J를 50까지 계산하면 $q^{\mathrm{R}}=19.902$를 얻는다. 어림잡아 10개의 J 준위가 채워진 것을 알 수 있다. 하지만 각각의 준위가 $(2J+1)$만큼 겹쳐져 있기 때문에 채워진 상태의 수는 더 크게 된다.

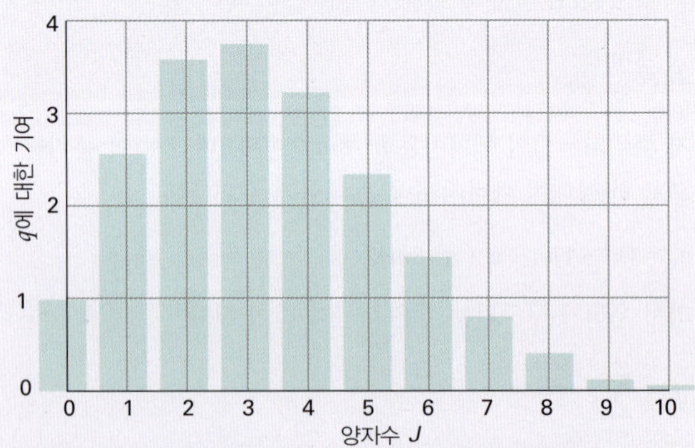

그림 52.6 25°C에서 HCl 분자의 회전 운동 분배 함수에 기여하는 정도. 수직축은 $(2J+1)\mathrm{e}^{-\beta hc\tilde{B}J(J+1)}$ 값을 나타낸다. 연속적인 항(에너지 준위의 개체수에 비례하는)들은 최고점을 지나는데, 이것은 각각의 상태의 개체수는 지수적으로 감소하지만 에너지 준위의 축퇴는 J에 따라 증가하기 때문이다.

자가 진단 52.3 0°C에서 $^1H^{35}Cl$의 회전 운동 분배 함수를 산출하시오.

답: 18.26

자가 진단 52.4 0°C에서 $^1H^{35}Cl$의 회전 운동의 기여를 계산하시오.

답: 17.93, 정확한 값 18.26(자가 진단 52.3)

상온에서 $kT/hc \approx 200\ \mathrm{cm^{-1}}$이다. 많은 분자들의 회전 상수는 1 $\mathrm{cm^{-1}}$에 가깝거나(표 43.1) 더 작은 값을 갖는다(하지만 매우 가벼운 H_2 분자의 $\tilde{B} = 60.9\ \mathrm{cm^{-1}}$은 예외이다). 따라서 보통의 온도에서 많은 회전 준위들이 채워져 있다. 다음의 두 **증명**에서 보인 것처럼 이 경우에는 분배 함수를 다음과 같이 근사할 수 있다.

$$q^R = \frac{kT}{hc\tilde{B}} \quad \text{선형 회전자} \quad (52.12a)$$

$$q^R = \left(\frac{kT}{hc}\right)^{3/2}\left(\frac{\pi}{\tilde{A}\tilde{B}\tilde{C}}\right)^{1/2} \quad \text{비선형 회전자} \quad (52.12b)$$

여기에서 $\tilde{A}$, $\tilde{B}$, $\tilde{C}$는 파수로 표현된 분자의 회전 상수이다. 이 식을 이용하기 전에 식 52.13과 식 52.14까지 계속 읽어 보기 바란다.

증명 52.2 선형 분자의 회전 운동 기여

많은 회전 상태가 채워져 있고 kT가 주변 상태들 간의 간격보다 매우 클 때에는 병진 운동의 경우처럼 분배 함수의 합을 적분으로 근사할 수 있다.

$$q^R = \int_0^\infty (2J+1)e^{-\beta hc\tilde{B}J(J+1)}dJ$$

$x = \beta hc\tilde{B}J(J+1)$로 변환하면 $dx/dJ = \beta hc\tilde{B}(2J+1)$이고, 따라서 $(2J+1)dJ = dx/\beta hc\tilde{B}$이기 때문에 이 적분을 쉽게 계산할 수 있다. 그러므로 다음과 같은 결과를 얻을 수 있다.

$$q^R = \frac{1}{\beta hc\tilde{B}}\overbrace{\int_0^\infty e^{-x}dx}^{1} = \frac{1}{\beta hc\tilde{B}}$$

이 식이 바로 식 52.12a이다($\beta = 1/kT$이므로).

간단한 예 52.3 회전 운동의 기여

298.15 K에서 $^1H^{35}Cl$에 대하여 $kT/hc = 207.224\ \mathrm{cm^{-1}}$와 $\tilde{B} = 10.591\ \mathrm{cm^{-1}}$를 이용한다.

$$q^R = \frac{kT}{hc\tilde{B}} = \frac{207.224\mathrm{cm^{-1}}}{10.591\mathrm{cm^{-1}}} = 19.59$$

이 값은 정확한 결과(19.02, 예제 52.1)와 잘 일치하며 훨씬 적은 노력으로 얻을 수 있다.

증명 52.3 비선형 분자의 회전 운동 기여

대칭 회전자의 에너지는 다음과 같이 주어진다(토픽 41).

$$E_{J,K,M_J} = hc\tilde{B}J(J+1) + hc(\tilde{A}-\tilde{B})K^2$$

여기서 $J = 0, 1, 2, \cdots$, $K = J, J-1, \cdots, -J$, $M_J = J, J-1, \cdots, -J$이다. 이 범위들을 고려한 대신에 J를 각각의 K에 대하여 $|K|$, $|K|+1$, $\cdots$, ∞ 영역에 제한하면서 K가 $-\infty$에서 ∞ 사이의 값을 갖도록 허용해도 같은 영역을 다루게 된다(그림 52.7). 에너지가 M_J와 상관없고 각각의 J에 대하여 $(2J+1)$개의 M_J가 가능하기 때문에 각 J는 $(2J+1)$만큼 겹쳐져 있다. 따라서 분배 함수는 다음과 같이 쓸 수 있다.

$$q = \sum_{J=0}^{\infty}\sum_{K=-J}^{J}\sum_{M_J=-J}^{J} e^{-\beta E_{J,K,M_J}}$$

이 식은 다음과 같이 다시 쓸 수 있다.

$$q = \sum_{J=0}^{\infty}\sum_{K=-J}^{J}(2J+1)e^{-\beta E_{J,K,M_J}} = \sum_{K=-\infty}^{\infty}\sum_{J=|K|}^{\infty}(2J+1)e^{-\beta E_{J,K,M_J}}$$
$$= \sum_{K=-\infty}^{\infty} e^{-hc\beta(\tilde{A}-\tilde{B})K^2}\sum_{J=|K|}^{\infty}(2J+1)e^{-hc\beta\tilde{B}J(J+1)}$$

증명 52.2에서처럼 온도가 매우 높아서 많은 상태가 채워져 있고 합을 적분으로 근사할 수 있다고 가정하자. 그러면 분배 함수는 다음과 같이 쓸 수 있다.

$$q = \int_{-\infty}^{\infty} e^{-hc\beta(\tilde{A}-\tilde{B})K^2}\int_{|K|}^{\infty}(2J+1)e^{-hc\beta\tilde{B}J(J+1)}dJdK$$

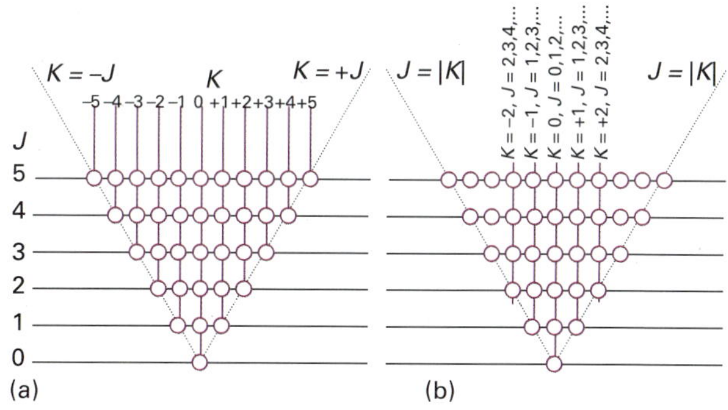

그림 52.7 (a) $J = 0, 1, 2, \cdots$와 $K = J, J-1, \cdots, -J$에 대한 합(원으로 표시된)은 (b) J를 각각의 K에 대하여 $|K|$, $|K|+1$, $\cdots$, ∞ 영역에 제한하면서 K가 $-\infty$에서 ∞ 사이의 값을 갖도록 허용해도 같은 영역을 다루게 된다.

이전처럼 J에 대한 적분은 함수의 미분에 대한 적분이며, 따라서 그 함수 자체라는 것을 확인할 수 있다. 따라서 다음과 같은 관계를 확인할 수 있어야 한다.

$$\int_{|K|}^{\infty}(2J+1)e^{-hc\beta\tilde{B}J(J+1)}dJ=\frac{1}{hc\beta\tilde{B}}e^{-hc\beta\tilde{B}K^2}$$

$|K|\gg 1$을 가정하면 $|K|(|K|+1)$을 K^2으로 근사할 수 있다. 따라서 다음과 같이 쓸 수 있다.

$$q=\frac{1}{hc\beta\tilde{B}}\int_{-\infty}^{\infty}e^{-hc\beta(\tilde{A}-\tilde{B})K^2}e^{-hc\beta\tilde{B}K^2}dK=\frac{1}{hc\beta\tilde{B}}\int_{-\infty}^{\infty}e^{-hc\beta\tilde{A}K^2}dK$$

$$=\frac{1}{hc\beta\tilde{B}}\left(\frac{\pi}{hc\beta\tilde{A}}\right)^{1/2}$$

마지막 적분을 위하여 **부록**의 적분 G.1을 활용하였다. 결과적으로 다음과 같은 식을 얻을 수 있다.

$$q=\frac{1}{(hc\beta)^{3/2}}\left(\frac{\pi}{\tilde{A}\tilde{B}^2}\right)^{1/2}=\left(\frac{kT}{hc}\right)^{3/2}\left(\frac{\pi}{\tilde{A}\tilde{B}^2}\right)^{1/2}$$

비대칭 회전자에 대해서는 하나의 $\tilde{B}$를 $\tilde{C}$로 바꾸어 식 52.12b를 얻을 수 있다.

회전 운동에 대한 근사가 성립하는 온도를 표현하기 위하여 **특성 회전 온도**(**characteristic rotational temperature**) $\theta^R=hc\tilde{B}/k$로 정의할 수 있다. 따라서 '높은 온도'란 $T\gg\theta^R$를 의미하며, 이 조건에서는 선형 분자의 회전 운동 분배 함수는 단순히 T/θ^R가 된다. 표 52.1은 일반적인 θ^R의 값을 보여 준다. H_2 분자의 경우에는 이 값이 비정상적으로 크기 때문에 근사적인 식을 쓸 때 주의해야 한다.

이 단계에서 내릴 수 있는 일반적인 결론은 큰 관성 모멘트(따라서 작은 회전 상수와 낮은 특성 회전 온도)를 가진 분자들은 큰 회전 운동 분배 함수를 가진다는 것이다. q^R이 큰 값을 갖는다는 것은 크고 무거운 분자에서는 에너지들이 서로 가깝고(kT에 비교해서) 보통의 온도에서 많은 회전 상태가 채워진다는 것을 의미한다.

하지만 너무 많은 상태를 포함시키지 않도록 주의할 필요도 있다. 동핵 이원자 분자나 대칭 선형 분자(CO_2나 HC≡CH)의 경우에는 180° 회전하여도 구별할 수 없는 동일한 상태가 된다. 따라서 열적으로 가능한 상태의 수는 180° 회전에 의하여 동일한 상태를 주지 않는 이종핵 이원자 분자의 경우에 비하여 오직 절반에 해당하게 된다. 따라서 대칭 선형 분자의 경우에는 다음과 같이 쓸 수 있다.

$$q^R=\frac{kT}{2hc\tilde{B}}=\frac{T}{2\theta^R}$$ 대칭 선형 회전자 | 회전 운동 분배 함수 (52.13a)

표 52.1* 회전과 진동 온도

분자	방식	θ^V(K)	θ^R(K)
H_2		6330	88
HCl		4300	15
I_2		39	0.053
CO_2	ν_1	1997	0.561
	ν_2	3380	
	ν_3	960	

* 더 많은 값들이 **부록**에 수록되어 있다. $hc/k=1.439$K cm를 이용하라.

대칭 분자와 비대칭 분자에 대한 식은 서로 구별할 수 없는 분자 방향의 수를 나타내는 **대칭수**(**symmetry number**) σ를 이용하여 하나의 식으로 나타낼 수 있다.

$$q^R=\frac{T}{\sigma\theta^R}$$ 선형 회전자 | 회전 운동 분배 함수 (52.13b)

이종핵 이원자 분자의 경우 $\sigma=1$이다. 동핵 이원자 분자나 대칭 선형 분자의 경우 $\sigma=2$이다.

다른 형태의 대칭성에 대해서도 똑같이 다룰 수 있다. 비선형 분자에 대해서도 다음과 같이 쓸 수 있다.

$$q^R=\frac{1}{\sigma}\left(\frac{kT}{hc}\right)^{3/2}\left(\frac{\pi}{\tilde{A}\tilde{B}\tilde{C}}\right)^{1/2}$$ 비선형 회전자 | 회전 운동 분배 함수 (52.14)

증명 52.4 대칭수의 근원

대칭수의 양자 역학적인 근원은 특정한 상태의 점유를 금지하는 Pauli 원리이다. 토픽 42에서 보았듯이, 예를 들어 H_2 분자는 짝지은 핵스핀(**파라**-수소)의 경우에는 짝수 J 값을 가진 회전 상태가 가능하고, 평행 핵스핀(**오쏘**-수소)의 경우에는 홀수 J 상태만 가능하다. 각각의 J값에 대하여 세 개의 **오쏘**-수소 상태가 존재한다(두 개의 핵에 대하여 세 개의 평행 스핀 상태가 가능하기 때문이다).

회전 운동 분배 함수를 만들기 위해서는 '일반적인' 수소 분자의 경우 한 부분 **파라**-수소(짝수 J 회전 상태가 채워진)와 세 부분 **오쏘**-수소(홀수 J 회전 상태가 채워진)가 섞여 있다는 점을 기억해야 한다. 따라서 분자당 평균 분배 함수는 다음과 같이 주어진다.

$$q^R=\frac{1}{4}\sum_{\text{even }J}(2J+1)e^{-\beta hc\tilde{B}J(J+1)}+\frac{3}{4}\sum_{\text{odd }J}(2J+1)e^{-\beta hc\tilde{B}J(J+1)}$$

홀수 J 상태가 짝수 J 상태보다 더 많이 존재한다(그림 52.8). 그림으로부터 만약 각각의 J 항이 원래 값의 반만큼 기여한다면 전체 분배 함수(모든 개체 수에 대한 합)와 같은 근사적인 값을 얻을 수 있음을 알 수 있다. 따라서 다음과 같이 쓸 수 있다.

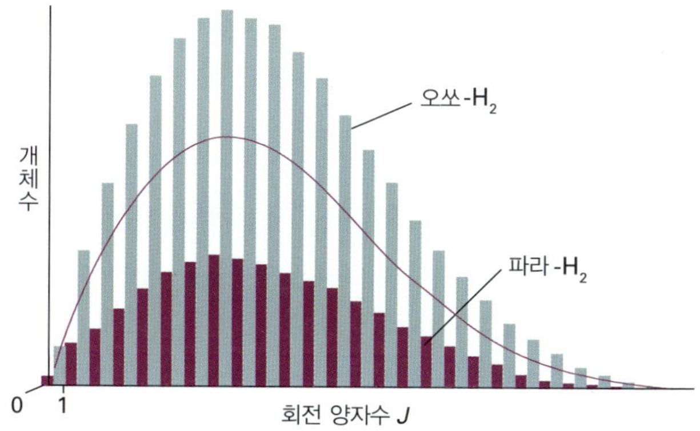

그림 52.8 오쏘-수소와 파라 수소가 3:1로 섞인 혼합물의 평균 분배 함수에 기여하는 각각의 항의 값, $(2J+1)e^{-\beta hc\tilde{B}J(J+1)}$. 분배 함수는 모든 항의 합이다. 높은 온도에서 전체 합은 모든 J에 해당하는 항들을 1/2을 곱하여 합한 것과 근사적으로 같게 된다. 이것은 곡선으로 나타낸 기여 값들의 합과 같다.

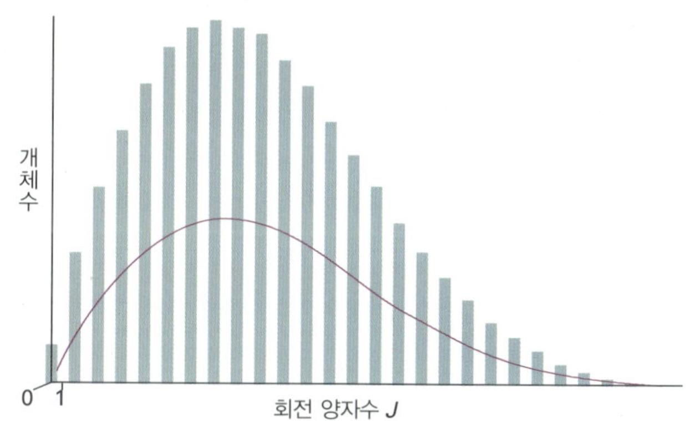

그림 52.9 CO_2의 회전 에너지 준위들의 상대적인 개체수. 오직 짝수 J 값을 가진 상태만이 가능하다. 에너지 준위들의 평균적인 개체수는 직선으로 나타내었다.

$$q^{R} = \frac{1}{2}\sum_{J}(2J+1)e^{-\beta hc\tilde{B}J(J+1)}$$

이 근사는 많은 항이 기여하는(높은 온도, $T \gg 88$ K) 경우에는 잘 맞게 된다.

회전에 의하여 동일한 보존(boson) 입자가 교환되는 선형 대칭 분자(예를 들어 CO_2)들은 같은 방식으로 다룰 수 있다. 토픽 42에서 지적된 것처럼, 보존 입자의 핵스핀이 0인 경우 짝수 J 상태만이 가능하게 된다. 오직 절반의 회전 상태만이 존재하기 때문에 회전 운동 분배 함수는 모든 J 값이 기여하여 얻어진 합의 반에 해당하는 값을 가진다(그림 52.9).

표 52.2에 대칭수의 예를 보여 주고 있다. 응용 문제 52.9를 보면 군론(group theory)이 대칭수 값을 얻기 위해 어떻게 쓰이는가를 알 수 있다.

표 52.2* 대칭수

분자	σ
H_2O	2
NH_3	3
CH_4	12
C_6H_6	12

*더 많은 값들이 **부록**에 수록되어 있다.

간단한 예 52.4 대칭수

$\sigma(H_2O)=2$ 값은 HOH 각도를 반으로 나누는 축을 중심으로 180° 회전을 할 때 서로 구별되지 않는 두 개의 원자가 교환되는 것을 나타낸다. 그림 **1**에 보인 것처럼 NH_3의 경우에는 축에 대하여 구별되지 않는 세 개의 방향이 존재한다. CH_4의 경우에는 네 개의 C—H 결합에 대하여 180° 회전의 결과 세 개의 구별되지 않는 상태가 된다(그림 **2**). 따라서 대칭수는 $3\times4=12$가 된다. 벤젠에 대해서는 분자의 평면에 수직인 축에 대하여 6개의 방향이 동일하고(그림 52.10), 분자의 평면에 존재하는 6개의 축(C—H 결합 방향의 세 개의 축과 C—C 결합을 지나가는 세 개의 축)에 대하여 180° 회전을 하여도 마찬가지가 된다.

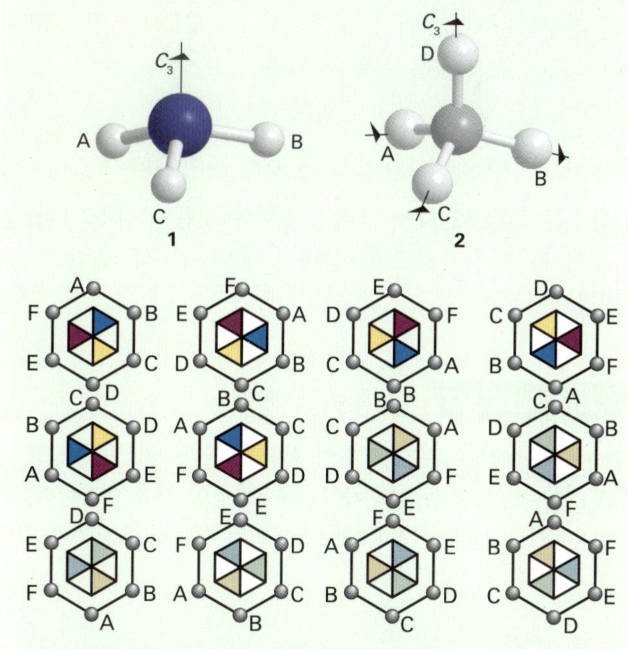

그림 52.10 회전에 의해서 얻어지는 벤젠 분자의 12개의 동일한 방향은 대칭수 12를 의미한다. 6개의 그림에서의 연한 색깔은 그 면이 회전되었을 때 보이게 되는 육각형의 아래쪽을 나타낸다.

자가 진단 52.5 나프탈렌 분자의 대칭수는 얼마인가?

답: 4

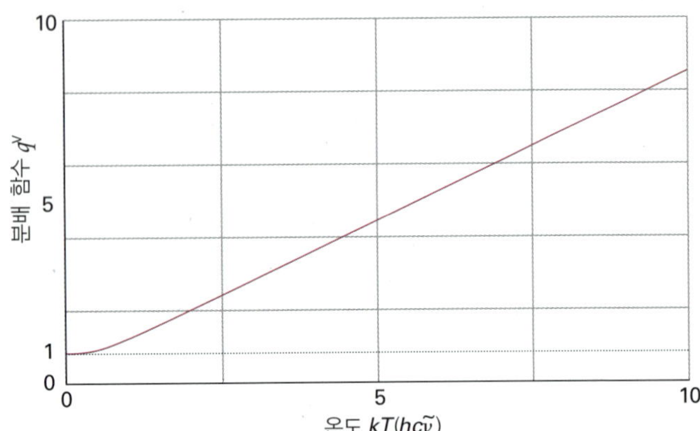

그림 52.11 조화 진동자 근사에 기반한 분자의 진동 운동 분배 함수. 높은 온도($T \gg \theta^V$, $\theta^V = hc\tilde{\nu}/k$)의 경우에는 분배 함수가 온도에 비례하는 것을 주목하라.

(c) 진동 운동의 기여

분자의 진동 운동 분배 함수는 측정된 진동 에너지 준위들을 q^V의 정의에 대한 식의 지수함수에 대입하여 수치적으로 합산하여 구할 수 있다. 하지만 진동 운동이 조화 진동자로 가정할 수 있으면 더 간단한 방법이 가능하다. 이 경우에는 진동 에너지 준위들은 간격이 $hc\tilde{\nu}$인 일정한 사다리를 이루며(토픽 43), 이것은 **간단한 예** 52.1에서 다루고 식 52.2a에 정리된 문제와 같다. 따라서 그 결과와 $\varepsilon = hc\tilde{\nu}$인 사실을 이용하여 다음과 같은 식을 얻을 수 있다.

$$q^V = \frac{1}{1-e^{-\beta hc\tilde{\nu}}} \qquad \text{조화 진동자 근사} \quad \text{진동 운동 분배 함수} \qquad (52.15)$$

이 함수는 그림 52.11에 그려져 있다(이것은 그림 52.1과 같은 것이다). 마찬가지로 각 상태의 개체수는 식 52.2b로 주어진다.

간단한 예 52.5 진동 운동 분배 함수

298.15 K에서 I_2 분자의 분배 함수를 계산하기 위하여 표 43.1에 따라서 진동 파수가 214.6 cm^{-1}인 것을 이용한다. 이 온도에서 $kT/hc = 207.224\ cm^{-1}$이기 때문에 다음과 같이 쓸 수 있다.

$$\beta\varepsilon = \frac{hc\tilde{\nu}}{kT} = \frac{214.6\,cm^{-1}}{207.244\,cm^{-1}} = 1.036$$

식 52.15에 따라 다음과 같은 결과를 얻을 수 있다.

$$q^V = \frac{1}{1-e^{-1.036}} = 1.55$$

바닥 상태와 첫 번째 들뜬 상태만 채워져 있다는 것을 알 수 있다.

자가 진단 52.6 처음 세 개의 진동 상태의 개체수를 계산하시오.

답: $p_0 = 0.645$, $p_1 = 0.229$, $p_2 = 0.081$

다원자 분자의 경우에는 각각의 기준 방식(토픽 44)에 대하여 분배 함수를 가진다(비조화성이 매우 작아서 각각의 기준 방식이 독립적이라고 가정할 때이다). 전체 진동 운동 분배 함수는 각각의 분배 함수의 곱으로 구할 수 있으며, $q^V = q^V(1)q^V(2)\cdots$로 쓸 수 있다. 여기에서 $q^V(K)$는 K번째 기준 방식의 분배 함수이며, 측정된 분광학적 에너지 준위들에 대한 직접적인 합으로 계산할 수 있다.

예제 52.2 진동 운동 분배 함수의 계산

H_2O에 대한 세 개의 기준 방식의 파수은 3656.7 cm^{-1}, 1594.8 cm^{-1}, 3755.8 cm^{-1}이다. 1500 K에서 진동 운동 분배 함수를 계산하시오.

방법 각각의 방식에 대하여 식 52.15를 이용하고, 세 개의 기여를 곱하면 된다. 1500 K에서 $kT/hc = 1042.6\ cm^{-1}$를 이용한다.

풀이 각각의 모드가 얼마나 기여하는지를 보여 주기 위하여 다음과 같은 표를 만들었다.

방식:	1	2	3
$\tilde{\nu}(cm^{-1})$	3656.7	1594.8	3755.8
$hc\tilde{\nu}/kT$	3.507	1.530	3.602
q^V	1.031	1.276	1.028

따라서 전체 진동 운동 분배 함수는 다음과 같다.

$$q^V = 1.031 \times 1.276 \times 1.028 = 1.352$$

H_2O의 세 개의 기준 방식은 매우 큰 파수를 보여서 1500 K에서도 대부분의 분자들이 진동 운동의 바닥 상태에 존재한다. 하지만 큰 분자에서는 기준 방식의 수가 많기 때문에 각 모드는 거의 들뜨지 않아도 전체적으로 상당한 들뜸이 존재할 수 있다. 예를 들어 10개의 원자를 가진 비선형 분자는 $3N-6=24$개의 기준 방식을 갖는다(토픽 44). 하나의 기준 방식에 대한 분배 함수가 1.1 정도라고 가정하면, 전체 진동 운동 분배 함수는 $q^V \approx (1.1)^{24} = 9.8$이다. 이것은 H_2O와 같은 작은 분자에 비해 상당한 진동 운동 들뜸이 있다는 것을 보여 준다.

자가 진단 52.7 CO_2에 대하여 같은 계산을 하시오. 진동 운동의 파수은 1388 cm^{-1}, 667.4 cm^{-1}, 2349 cm^{-1}이다. 두 번째 방식은 이중으로 축퇴된 굽힘 진동이다.

답: 6.79

많은 분자에서 진동 운동 파수는 매우 크다($\beta hc\tilde{\nu}>1$). 예를 들어 CH_4의 가장 낮은 파속은 1306 cm^{-1}이며, 상온에서 $\beta hc\tilde{\nu}=6.3$이다. 대부분의 C—H 신축 진동은 2850~2960 cm^{-1} 영역에 존재하며, $\beta hc\tilde{\nu}\approx 14$이다. 이 경우들에서 q^V의 분모에 있는 $e^{-\beta hc\tilde{\nu}}$ 항은 0에 가깝고(예를 들어 $e^{-6.3}=0.002$), 하나의 기준 방식에 대한 진동 운동 분배 함수는 1에 가깝게 되며($\beta hc\tilde{\nu}=6.3$일 때 $q^V=1.002$), 바닥 상태만 채워진다는 것을 의미한다.

이제 매우 낮은 진동 운동 주파수($\beta hc\tilde{\nu}\ll 1$)를 갖는 결합을 고려해 보자. 이 조건이 만족되면, 분배 함수는 지수함수를 근사하여($e^x=1+x+\cdots$) 구할 수 있다.

$$q^V=\frac{1}{1-e^{-\beta hc\tilde{\nu}}}=\frac{1}{1-(1-\beta hc\tilde{\nu}+\cdots)}$$

높은 온도에서 약한 결합에 대해서는 다음과 같은 결과를 얻는다.

$$q^V\approx\frac{kT}{hc\tilde{\nu}} \qquad \text{높은 온도 근사} \quad \text{진동 운동 분배 함수} \qquad (52.16)$$

식 52.16이 성립하는 온도는 **특성 진동 온도(characteristic vibrational temperature)** $\theta^V=hc\tilde{\nu}/k$를 정의하여 나타낼 수 있다(표 52.1). H_2 분자의 경우에는 원자가 매우 가볍고, 따라서 진동 주파수가 높기 때문에 이 값이 비정상적으로 크다. 진동온도의 측면에서 '높은 온도'란 $T\gg\theta^V$를 의미하며, 이 조건에서는 $q^V=T/\theta^R$가 된다(회전 운동의 경우와 같다).

(d) 전자 상태의 기여

전자 에너지 간격은 매우 크기 때문에 바닥 상태만 채워지고 대부분의 경우 $q^E=1$이다. 중요한 예외는 전자 상태가 축퇴 바닥 상태를 가진 원자나 분자의 경우이며 바닥 전자 상태의 축퇴도가 g^E일 때 $q^E=g^E$이 된다. 예를 들어 알칼리 금속 원자의 경우 이중으로 축퇴된 바닥 상태를 가지며(전자 스핀이 두 개의 방향을 가지는 것 때문) $q^E=2$가 된다.

간단한 예 52.6 전자 상태 분배 함수

일부 원자나 분자의 경우에는 낮은 에너지의 전자적으로 들뜬 상태가 존재한다. π^1 배열을 갖는(토픽25) NO가 한 예이다. 오비탈과 스핀 모멘트가 평행인($^2\Pi_{3/2}$ 항을 나타냄, 그림 52.12) 두 개의 축퇴된 상태 에너지는 역평행 모멘트를 갖는($^2\Pi_{1/2}$ 항을 나타냄) 두 개의 축퇴된 상태 에너지보다 약간 크다. 스핀-궤도 상호 작용에 의한 간격은 121 cm^{-1} 정도이다. 두 에너지 준위의 에너지를 $E_{1/2}=0$, $E_{3/2}=\varepsilon$이라고 하면, 분배 함수는 다음과 같이 쓸 수 있다.

$$q^E=\sum_{\text{levels } i}g_ie^{-\beta\varepsilon_i}=2+2e^{-\beta\varepsilon}$$

이 함수는 그림 52.13에 그려져 있다. $T=0$에서는 이중으로 축퇴된 바닥 상태만 채워지기 때문에 $q^E=2$이다. 높은 온도에서는 모든 4개의 상태가 채워지기 때문에 $q^E=4$이다. 25°C에서는 $q^E=3.1$이다.

자가 진단 52.8 어떤 원자의 경우 4중 축퇴된 바닥 상태와 400 cm^{-1} 높은 에너지에 있는 6중으로 축퇴된 들뜬 상태가 있다. 25°C에서 전자 상태 분배 함수를 구하시오.

답: 4.87

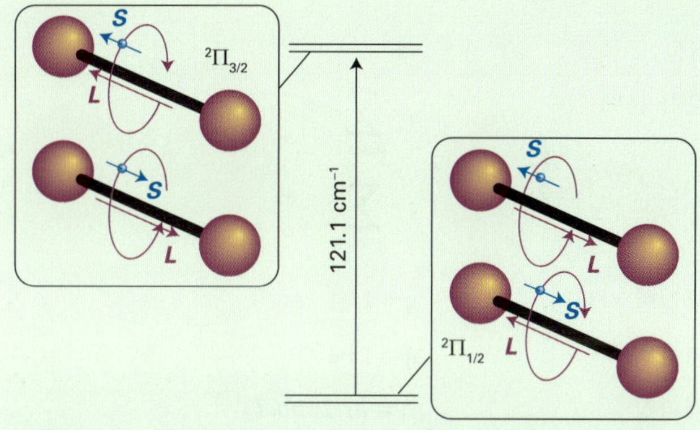

그림 52.12 이중으로 축퇴된 NO의 바닥 전자 상태(스핀과 오비탈 각운동량이 반대 방향임)와 이중으로 축퇴된 첫 번째 들뜬 전자 상태(스핀과 오비탈 각운동량이 평행임). 상온에서 들뜬 상태가 채워질 수 있다.

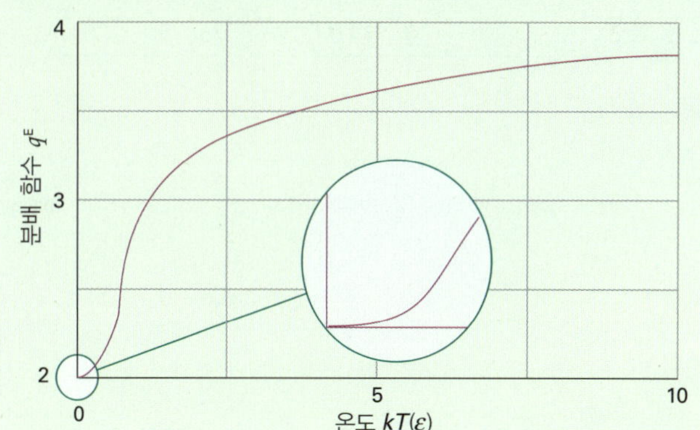

그림 52.13 NO 분자의 전자 상태 분배 함수의 온도에 따른 변화. 곡선 그래프는 이준위계(그림 52.3)와 비슷하지만 2(낮은 상태의 축퇴)부터 증가하여 높은 온도에서 4(전체 상태의 수)에 가까워진다.

개념 확인

☐ 1. **분자 분배 함수**는 주어진 온도에서 열적으로 존재 가능한 상태의 수를 나타낸다.

☐ 2. 분자의 에너지가 서로 다른 기여의 합으로 주어진다면 분자 분배 함수는 각각의 운동 방식 기여의 곱으로 주어진다.

☐ 3. **대칭수**는 대칭인 분자의 서로 구별할 수 없는 방향의 수를 나타낸다.

☐ 4. 분자의 **진동 분배 함수**는 조화 진동자의 분배 함수로 근사할 수 있다.

☐ 5. 바닥 상태로부터의 전자 상태 에너지 간격은 일반적으로 매우 크기 때문에 대부분의 경우 **전자 상태 분배 함수**는 바닥 전자 상태의 축퇴도와 같다.

식 확인

성질	식	비고	식 번호
분자 분배 함수	$q=\sum_{\text{states } i} e^{-\beta\varepsilon_i}$	정의, 독립된 분자	52.1a
	$q=\sum_{\text{levels } i} g_i e^{-\beta\varepsilon_i}$	정의, 독립된 분자	52.1b
균일한 사다리	$q=1/(1-e^{-\beta\varepsilon})$		52.2a
이준위계	$q=1+e^{-\beta\varepsilon}$		52.3a
열파장	$\Lambda=h/(2\pi mkT)^{1/2}$		52.7b
병진 운동	$q^{\mathrm{T}}=V/\Lambda^3$		52.10b
회전 운동	$q^{\mathrm{R}}=kT/\sigma hc\tilde{B}$	$T\gg\theta^{\mathrm{R}}$, 선형 회전자, $\theta^{\mathrm{R}}=hc\tilde{B}/k$	52.13
	$q^{\mathrm{R}}=(1/\sigma)(kT/hc)^{3/2}(\pi/\tilde{A}\tilde{B}\tilde{C})^{1/2}$	$T\gg\theta^{\mathrm{R}}$, 비선형 회전자	52.14
진동 운동	$q^{\mathrm{V}}=1/(1-e^{-\beta hc\tilde{\nu}})$	조화 진동자 근사	52.15

토픽 53

분자 에너지

내용

➤ 학습 목표

분배 함수는 열역학적 정보를 담고 있지만 그 정보는 추출되어야 한다. 여기에서는 열역학에서 중심 역할을 하는 분자의 평균 에너지와 같은 분자 특성을 어떻게 얻을 수 있는가를 보이고자 한다.

➤ 핵심 내용

독립적인 분자들의 집합에서 개별 분자의 평균 에너지는 분배 함수로부터 계산할 수 있다.

➤ 미리 알기

계산되거나 분광학적 데이터로부터 분자 분배 함수를 계산하는 방법(토픽 52)과 분배 함수는 가능한 상태의 수를 나타내는 중요한 척도라는 것을 알고 있어야 한다. 이 토픽에서는 또한 분자의 회전 에너지와 진동 에너지에 대한 내용을 이용한다(토픽 41, 43).

이 토픽은 독립된 분자들의 집합에 대하여 평균 에너지를 계산하기 위하여 어떻게 분자 분배 함수를 이용하는가를 보여 줄 기본 공식들을 다루게 된다. 토픽 58에서는 이러한 평균 에너지가 '내부 에너지'라는 열역학적 특성을 계산하기 위해 이용되는 것을 보여 주고, 토픽 60에서는 또 다른 열역학적 중심 특성인 '엔트로피'를 계산하는 것으로 논의를 확장하게 된다. 서로 상호 작용하는 분자들의 집합에 대한 공식들도 비슷하지만(토픽 54), 적용하기는 훨씬 어렵다.

53.1 기본 공식

서로 상호 작용을 하지 않는 N개의 분자 집합을 먼저 고려하기로 하자. 집합의 어느 분자라도 분자의 가장 낮은 에너지 상태로부터 ε_i의 에너지를 갖는 i번째 상태에 존재할 수 있다. 바닥 상태를 기준으로 분자의 평균 에너지 $\langle\varepsilon\rangle$는 집합의 전체 에너지 E를 전체 분자수로 나눈 값이다.

$$\langle\varepsilon\rangle=\frac{E}{N}=\frac{1}{N}\sum_i N_i\varepsilon_i \tag{53.1}$$

토픽 51을 따르면 온도 T에서 압도적으로 가장 확률이 높은 개채수는 Boltzmann 분포로 주어진다(식 51.6, $N_i/N=(1/q)\mathrm{e}^{-\beta\varepsilon_i}$). 따라서 다음과 같이 쓸 수 있다.

$$\langle\varepsilon\rangle=\frac{1}{q}\sum_i \varepsilon_i \mathrm{e}^{-\beta\varepsilon_i} \tag{53.2}$$

여기서 $\beta=1/kT$이다. q만을 포함하는 식으로 변환하기 위하여 다음의 관계를 이용한다.

$$\varepsilon_i \mathrm{e}^{-\beta\varepsilon_i}=-\frac{\mathrm{d}}{\mathrm{d}\beta}\mathrm{e}^{-\beta\varepsilon_i}$$

그 결과 다음의 식을 얻을 수 있다.[1]

[1] 통계 열역학과 양자 역학의 유사성을 강조하기 위하여 $\langle\varepsilon\rangle q=-\mathrm{d}q/\mathrm{d}\beta$로 쓰인 식 53.3과, $\hat{H}\Psi=-\mathrm{d}\Psi/\mathrm{d}(it/\hbar)$로 쓰인 시간 의존 Schrödinger 방정식이 비슷하다는 것을 확인할 수 있다.

$$\langle\varepsilon\rangle=-\frac{1}{q}\sum_i\frac{\mathrm{d}}{\mathrm{d}\beta}\mathrm{e}^{-\beta\varepsilon_i}=-\frac{1}{q}\frac{\mathrm{d}}{\mathrm{d}\beta}\sum_i\mathrm{e}^{-\beta\varepsilon_i}=-\frac{1}{q}\frac{\mathrm{d}q}{\mathrm{d}\beta} \quad (53.3)$$

식 53.3과 관련하여 몇 가지 점을 지적할 필요가 있다. $\varepsilon_0=0$(가능한 가장 낮은 에너지로부터 에너지를 측정한다는 것을 기억하라)이기 때문에, $\langle\varepsilon\rangle$는 바닥 상태(영점) 에너지에 대한 평균 에너지로 해석되어야 한다. 만약 분자의 최소 에너지가 0이 아니라 ε_{gs}라면, 실제 평균 에너지는 $\varepsilon_{gs}+\langle\varepsilon\rangle$가 된다. 예를 들어 조화 진동자의 경우 ε_{gs}를 영점 에너지인 $\frac{1}{2}hc\tilde{\nu}$로 할 수 있다. 두 번째로, 분배 함수는 온도 이외의 다른 변수(예를 들어 부피)에 따라 변할 수 있으므로, 식 53.2의 β에 대한 미분은 실제로는 다른 변수들이 고정된 조건에서의 편미분이다. 따라서 분자의 분배 함수를 평균 에너지와 연결하는 정확한 식은 다음과 같이 쓸 수 있다.

$$\langle\varepsilon\rangle=\varepsilon_{gs}-\frac{1}{q}\left(\frac{\partial q}{\partial\beta}\right)_V \quad \text{평균 분자 에너지} \quad (53.4a)$$

$\mathrm{d}x/x=\mathrm{d}\ln x$를 이용하면 다음과 같이 쓸 수 있다.

$$\langle\varepsilon\rangle=\varepsilon_{gs}-\left(\frac{\partial\ln q}{\partial\beta}\right)_V \quad \text{평균 분자 에너지} \quad (53.4b)$$

이 두 식은 평균 에너지를 계산하기 위해서는 분배 함수(온도의 함수로)만 알면 된다는 것을 확인해 준다.

간단한 예 53.1 이준위계의 평균 에너지

분자가 0과 ε에 두 개의 에너지 준위만을 갖는다면 분배 함수는 다음과 같이 주어진다.

$$q=1+\mathrm{e}^{-\beta\varepsilon}$$

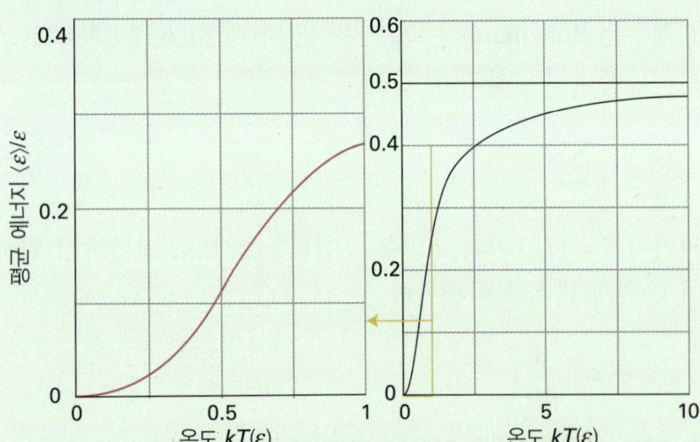

그림 53.1 두 개의 온도 척도에서 온도의 함수로 그려진 이준위계의 평균 에너지(ε의 배수로 표현된). 왼쪽 그래프는 낮은 온도에서 영점 에너지로부터 천천히 증가함을 보여 준다. $T=0$에서 기울기는 0이다. 오른쪽 그래프는 $T\to\infty$일 때 두 준위가 똑같이 채워지면서 천천히 증가하는 것을 보여 준다.

따라서 온도 T에서 이 분자들 집합의 평균 에너지는 다음과 같다.

$$\langle\varepsilon\rangle=-\frac{1}{1+\mathrm{e}^{-\beta\varepsilon}}\frac{\mathrm{d}(1+\mathrm{e}^{-\beta\varepsilon})}{\mathrm{d}\beta}=\frac{\varepsilon\mathrm{e}^{-\beta\varepsilon}}{1+\mathrm{e}^{-\beta\varepsilon}}=\frac{\varepsilon}{\mathrm{e}^{\beta\varepsilon}+1}$$

이 함수는 그림 53.1에 그려져 있다. $T=0$에서는 영점 에너지에 있는 낮은 상태만 채워지기 때문에 평균 에너지가 0이고, $T\to\infty$일 때는 두 준위가 똑같이 채워지기 때문에 평균 에너지가 $\frac{1}{2}\varepsilon$로 커지게 된다.

자가 진단 53.1 분자가 에너지가 0, ε, 2ε인 상태에 존재할 수 있을 때 평균 에너지에 대한 식을 구하시오.

답: $\langle\varepsilon\rangle=\varepsilon(1+2x)x/(1+x+x^2)$, $x=\mathrm{e}^{-\beta\varepsilon}$

53.2 병진 운동의 기여

길이가 X인 일차원 용기에 대하여 $q^{\mathrm{T}}=X/\Lambda$이고 $\Lambda=h(\beta/2\pi m)^{1/2}$으로 주어진다(토픽 52). 여기에서 Λ가 상수에 $\beta^{1/2}$가 곱해진 것을 이용하면 다음과 같은 결과를 얻는다.

$$\begin{aligned}\langle\varepsilon^{\mathrm{T}}\rangle&=-\frac{1}{q^{\mathrm{T}}}\left(\frac{\partial q^{\mathrm{T}}}{\partial\beta}\right)_V=-\frac{\Lambda}{X}\left(\frac{\partial}{\partial\beta}\frac{X}{\Lambda}\right)_V\\&=-\frac{\text{상수}\times\beta^{1/2}}{X}\times X\times\frac{\mathrm{d}}{\mathrm{d}\beta}\left(\frac{1}{\text{상수}\times\beta^{1/2}}\right)\\&=-\beta^{1/2}\overbrace{\frac{\mathrm{d}}{\mathrm{d}\beta}\frac{1}{\beta^{1/2}}}^{-\frac{1}{2}\beta^{-3/2}}=\frac{1}{2\beta}\end{aligned}$$

다시 말해서,

$$\langle\varepsilon^{\mathrm{T}}\rangle=\tfrac{1}{2}kT \quad \text{일차원} \quad \text{평균 병진 운동 에너지} \quad (53.5a)$$

삼차원에서 움직이는 분자에 대해서는 다음과 같은 결과를 얻을 수 있다.

$$\langle\varepsilon^{\mathrm{T}}\rangle=\tfrac{3}{2}kT \quad \text{삼차원} \quad \text{분자 병진 운동 에너지} \quad (53.5b)$$

고전 역학의 **균등 분배 이론**(**equipartition theorem**)은 이 결과와 잘 부합하고 유용한 방법이 될 수 있다. 우선, 에너지에 대한 '2차항 기여'란 위치나 속도와 같은 변수의 제곱으로 표현된 항을 의미한다는 것을 알아야 한다. 예를 들어 삼차원에서 질량이 m인 원자의 운동 에너지는 다음과 같다.

$$E_{\mathrm{K}}=\tfrac{1}{2}mv_x^2+\tfrac{1}{2}mv_y^2+\tfrac{1}{2}mv_z^2$$

여기서 에너지에는 세 개의 2차항 기여가 있다. 다음의 **증명**에서 보여 준 것처럼 단순한 형태의 균등 분배 이론은 아래와 같이 쓸 수 있다.

온도 T에서 열적 평형을 이루고 있는 입자의 집합에 대하여 에너지에 대한 각각의 2차항 기여는 똑같이 $\frac{1}{2}kT$에 해당한다.

여기서 k는 Boltzmann 상수이다(몰당 에너지에 대해서는 Avogadro 상수를 곱해서 $N_A k=R$을 쓴다). 균등 분배 이론은 고전 역학의 결과이며 양자화를 무시할 수 있을 때에만 적용된다. 실제로, 아주 가벼운 분자를 제외하고는 분자 병진 운동과 회전 운동에 적용될 수 있지만 진동 운동에는 적용할 수 없다.

실용 상식 일반적으로 균등 분배 이론은 2차항 기여가 아니라 '자유도'에 의해서 표현되는 것을 보게 된다. 이것은 혼선을 줄 수 있으므로 피하는 것이 좋다. 하나의 진동 운동 자유도는 두 개의 2차항 기여(운동 에너지와 위치 에너지)를 가진다.

간단한 예 53.2 균등 분배 이론

균등 분배 이론에 의하면, E_k에 대한 위 식의 각 항의 평균 에너지는 $\frac{1}{2}kT$이다. 따라서 원자의 평균 에너지는 $\frac{3}{2}kT$이고 몰 에너지는 $\frac{3}{2}RT$이다. 25°C에서 $\frac{3}{2}RT=3.7\ \text{kJ mol}^{-1}$이고, 따라서 병진 운동은 기체상 원자나 분자 시료의 몰 내부 에너지에 4 kJ mol^{-1} 정도 기여하게 된다(나머지 기여는 원자나 분자의 내부 구조에서 비롯된다).

자가 진단 53.2 선형 분자의 몰 평균 회전 에너지를 계산하시오.

답: RT; **간단한 예** 53.3을 참조.

증명 53.1 균등 분배 이론

일차원계를 고려하기로 하자. 같은 접근 방법으로 다차원계로 쉽게 일반화할 수 있다. 일반적으로 에너지는 $-\infty$에서 $+\infty$까지 변할 수 있는 입자의 위치 x와 선형 운동량 p에 따라 변한다. 두 양은 연속적으로 변하는 변수이고(고전적인 계이기 때문에), 따라서 합은 적분으로 바꿀 수 있다. x^2에 따라 변하는 어떤 항도 그 평균값은 다음과 같이 주어진다.

$$\langle x^2\rangle=\int_{-\infty}^{\infty}\int_{-\infty}^{\infty}x^2\frac{e^{-\beta\varepsilon(x,p)}}{q}\mathrm{d}x\mathrm{d}p$$

파란색으로 표현된 부분은 Boltzmann 인수이며, 분배 함수는 다음과 같이 쓸 수 있다.

$$q=\int_{-\infty}^{\infty}\int_{-\infty}^{\infty}e^{-\beta\varepsilon(x,p)}\mathrm{d}x\mathrm{d}p$$

만약에 에너지가 $\varepsilon(x,p)=ap^2+bx^2$으로 주어지면(예를 들어 자유입자는 $a=1/2m$이고 $b=0$이다), 다음과 같은 결과를 얻는다.

$$\langle x^2\rangle=\frac{\int_{-\infty}^{\infty}x^2e^{-b\beta x^2}\mathrm{d}x\int_{-\infty}^{\infty}e^{-a\beta p^2}\mathrm{d}p}{\int_{-\infty}^{\infty}e^{-b\beta x^2}\mathrm{d}x\int_{-\infty}^{\infty}e^{-a\beta p^2}\mathrm{d}p}=\frac{\overbrace{\int_{-\infty}^{\infty}x^2e^{-b\beta x^2}\mathrm{d}x}^{\frac{1}{2}(\pi/b^3\beta^3)^{1/2}}}{\underbrace{\int_{-\infty}^{\infty}e^{-b\beta x^2}\mathrm{d}x}_{(\pi/b\beta)^{1/2}}}=\frac{1}{2}\left(\frac{1}{b\beta}\right)$$

여기에서 **부록**의 적분 G.1과 G.3을 이용하였다. 이 결과로부터 bx^2 형태가 에너지의 평균값에 기여하는 정도는 $1/2\beta=\frac{1}{2}kT$라는 것을 알 수 있다. 같은 논의가 p^2이나 그에 상응하는 경우(예를 들어 각운동량)에 대해서도 적용될 수 있다.

53.3 회전 운동의 기여

선형 분자의 평균 회전 에너지는 회전 운동 분배 함수(식 52.11)로부터 얻을 수 있다.

$$q^{\mathrm{R}}=\sum_J(2J+1)e^{-\beta hc\tilde{B}J(J+1)}$$

낮은 온도에서는($T<\theta^{\mathrm{R}}$), 수열은 항별로 합해야 하며, 이종 이원자 분자 또는 비대칭 선형 분자의 경우 다음과 같이 주어진다.

$$q^{\mathrm{R}}=1+3e^{-2\beta hc\tilde{B}}+5e^{-6\beta hc\tilde{B}}+\cdots$$

따라서 다음 관계를 이용하면(q^{R}은 V와 상관없기 때문에, 편미분이 미분으로 바뀌었다),

$$\frac{\mathrm{d}q^{\mathrm{R}}}{\mathrm{d}\beta}=-hc\tilde{B}(6e^{-2\beta hc\tilde{B}}+30e^{-6\beta hc\tilde{B}}+\cdots)$$

다음과 같은 결과를 얻을 수 있다.

$$\langle\varepsilon^{\mathrm{R}}\rangle=-\frac{1}{q^{\mathrm{R}}}\frac{\mathrm{d}q^{\mathrm{R}}}{\mathrm{d}\beta}=\frac{hc\tilde{B}(6e^{-2\beta hc\tilde{B}}+30e^{-6\beta hc\tilde{B}}+\cdots)}{1+3e^{-2\beta hc\tilde{B}}+5e^{-6\beta hc\tilde{B}}+\cdots}$$

비대칭 선형 분자 평균 회전 에너지 (53.6a)

복잡하게 보이는 이 식은 그림 53.2에 그려져 있다. 높은 온도($T\gg\theta^{\mathrm{R}}$)에서는 q^{R}은 식 52.13에 의해 다음 형태로 주어진다.

$$q^{\mathrm{R}}=\frac{1}{\sigma\beta hc\tilde{B}}$$

여기서 이종핵 이원자 분자의 경우 $\sigma=1$이다. 이로부터 다음과 같이 쓸 수 있으며,

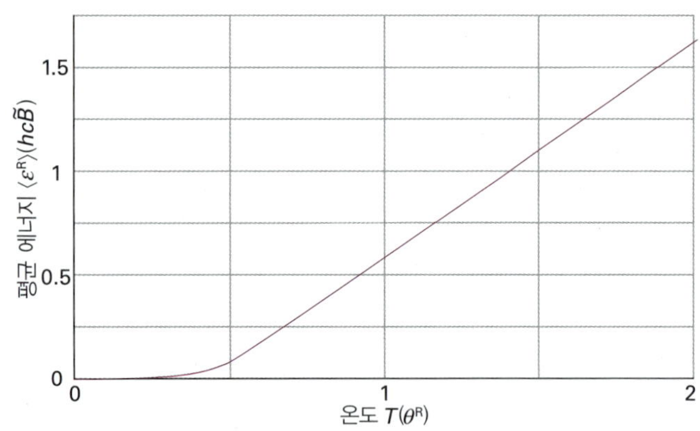

그림 53.2 비대칭 선형 회전자에 대한 온도에 따른 평균 회전 에너지. 높은 온도($T \gg \theta^R$)에서는 균등 분배 이론에 따라 에너지는 온도에 비례한다.

$$\langle\varepsilon^R\rangle = -\frac{1}{q^R}\frac{dq^R}{d\beta} = -\sigma\beta hc\tilde{B}\frac{d}{d\beta}\frac{1}{\sigma\beta hc\tilde{B}} = -\beta\overbrace{\frac{d}{d\beta}\frac{1}{\beta}}^{-1/\beta^2}$$

결과적으로 다음과 같이 쓸 수 있다.

$$\langle\varepsilon^R\rangle = \frac{1}{\beta} = kT \qquad \text{선형 분자, 높은 온도}(T \gg \theta^R) \quad \text{평균 회전 에너지} \qquad (53.6b)$$

많은 회전 상태가 채워졌을 때 성립하는 높은 온도에서의 결과는 균등 분배 이론과도 일치한다. 이것은 선형 회전자의 고전 역학 에너지는 $E_k = \frac{1}{2}I_\perp\omega_a^2 + \frac{1}{2}I_\perp\omega_b^2$이며, 따라서 두 개의 2차항 기여가 존재하기 때문이다(원자들을 연결하는 선에 대한 회전은 존재하지 않는다). 균등 분배 이론에 의해서 평균 회전 운동 에너지는 $2 \times \frac{1}{2}kT = kT$이다.

간단한 예 53.3 평균 회전 에너지

비선형 분자의 평균 에너지를 구하기 위해서는 회전의 운동 에너지(회전 에너지의 유일한 기여)는 $E_k = \frac{1}{2}I_a\omega_a^2 + \frac{1}{2}I_b\omega_b^2 + \frac{1}{2}I_c\omega_c^2$으로 주어진다는 것을 알아야 한다. 세 개의 2차항 기여가 있으므로, 평균 회전 에너지는 $\frac{3}{2}kT$이다. 몰당 기여는 $\frac{3}{2}RT$이다. 25°C에서 이것은 병진 운동과 마찬가지로 3.7 kJ mol^{-1}이고, 따라서 그 합은 7.4 kJ mol^{-1}이다. 일원자 기체는 회전 운동의 기여가 없다.

자가 진단 53.3 1.0 mol $H_2O(g)$의 온도를 100°C에서 200°C로 올리기 위해서는 얼마의 에너지가 필요한가? 평균 에너지에 대한 병진 운동과 회전 운동의 기여만을 고려하라.

답: 2.5 kJ

53.4 진동 운동의 기여

조화 진동자 근사에 의한 진동 운동 분배 함수는 식 52.15에 의해 주어진다.

$$q^V = \frac{1}{1-e^{-\beta hc\tilde{\nu}}}$$

q^V은 부피와 상관없기 때문에 다음과 같은 관계가 성립한다.

$$\frac{dq^V}{d\beta} = \frac{d}{d\beta}\frac{1}{1-e^{-\beta hc\tilde{\nu}}} = -\frac{hc\tilde{\nu}e^{-\beta hc\tilde{\nu}}}{(1-e^{-\beta hc\tilde{\nu}})^2} \qquad (53.7)$$

따라서 다음의 과정을 통해서

$$\langle\varepsilon^V\rangle = -\frac{1}{q^V}\frac{dq^V}{d\beta} = (1-e^{-\beta hc\tilde{\nu}})\frac{hc\tilde{\nu}e^{-\beta hc\tilde{\nu}}}{(1-e^{-\beta hc\tilde{\nu}})^2} = \frac{hc\tilde{\nu}e^{-\beta hc\tilde{\nu}}}{1-e^{-\beta hc\tilde{\nu}}}$$

결과적으로 다음과 같이 쓸 수 있다.

$$\langle\varepsilon^V\rangle = \frac{hc\tilde{\nu}}{e^{\beta hc\tilde{\nu}}-1} \qquad \text{조화 진동자 근사} \quad \text{평균 진동 에너지} \qquad (53.8)$$

평균 에너지가 가장 낮은 에너지(영점 준위)로부터가 아니라 0으로부터 측정된다면 영점 에너지 $\frac{1}{2}hc\tilde{\nu}$를 오른쪽에 더하면 된다. 온도에 따른 평균 에너지의 변화는 그림 53.3에 그려져 있다. $T \gg \theta^V$ 또는 $\beta hc\tilde{\nu} \ll 1$(토픽 52에서 $\theta^V = hc\tilde{\nu}/k$)를 만족하는 높은 온도에서는, 지수함수가 수열 형태($e^x = 1 + x + \cdots$)로 표시되고 첫 번째 항 이외의 모든 항은 버릴 수 있다. 이 근사는 다음과 같은 결과로 이어진다.

$$\langle\varepsilon^V\rangle = \frac{hc\tilde{\nu}}{(1+\beta hc\tilde{\nu}+\cdots)-1} \approx \frac{1}{\beta} = kT \qquad \text{높은 온도 근사}(T \gg \theta^V) \quad \text{평균 진동 에너지} \qquad (53.9)$$

이 결과는 고전 역학의 균등 분배 이론이 예측하는 값과도 일치한다. 이것은 일차원 조화 진동자의 에너지는 $E = \frac{1}{2}$

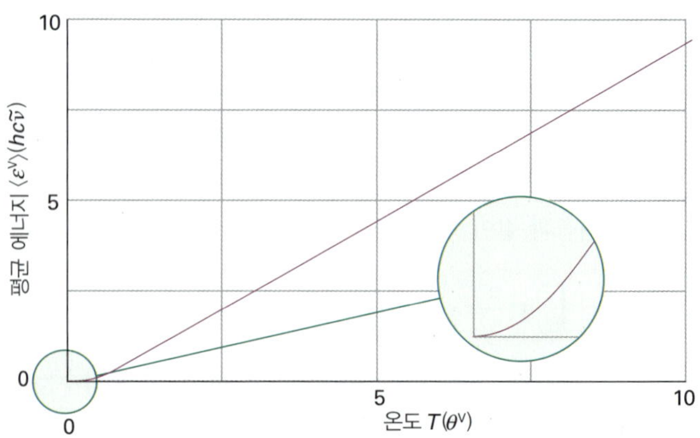

그림 53.3 조화 진동자 근사에 기반한 평균 진동 에너지의 온도에 따른 변화. 높은 온도($T \gg \theta^V$)에서는 균등 분배 원리에 따라 에너지는 온도에 비례한다.

$mv_x^2 + \frac{1}{2}k_f x^2$이며, 각 2차항의 평균 에너지 기여는 $\frac{1}{2}kT$이다. 하지만 $T \gg \theta^V$ 조건이 만족되는 것은 매우 드물다는 것을 기억해야 한다.

간단한 예 53.4 평균 진동 에너지

298.15 K에서 I_2 분자의 평균 진동 운동 에너지를 계산하기 위해서 표 43.1에서 진동 파수가 214.6 cm^{-1}이라는 것을 확인한다. 298.15 K에서 $kT/hc = 207.224$ cm^{-1}이기 때문에 식 53.8에서 다음의 관계를 이용하면,

$$\beta\varepsilon = \frac{hc\tilde{\nu}}{kT} = \frac{214.6\,\text{cm}^{-1}}{207.244\,\text{cm}^{-1}} = 1.036$$

다음의 결과를 얻는다.

$$\langle\varepsilon^V\rangle/hc = \frac{214.6\,\text{cm}^{-1}}{e^{1.036}-1} = 118.0\,\text{cm}^{-1}$$

영점 에너지($\frac{1}{2} \times 214.6$ cm^{-1})를 더하면 이 값은 225.3 cm^{-1}으로 커진다. 균등 분배 이론의 결과는 207.224 cm^{-1}이다. 그 차이는 이 경우 $T \gg \theta^V$가 성립하지 않으며(**간단한 예** 52.5에서 보인 것처럼), 오직 바닥 상태와 첫 번째 들뜬 상태만이 채워졌기 때문이다.

자가 진단 53.4 균등 분배 이론에서 예측하는 에너지가 식 53.8로 주어지는 에너지와 2퍼센트 이내로 일치하게 되는 온도는 얼마인가?

답: 625 K, 스프레드시트를 이용할 것.

조화 진동자로 다룰 수 있는 여러 기준 방식이 있을 때는, 전체 진동 운동 분배 함수는 개별 분배 함수의 곱으로 주어지며, 전체 평균 진동 운동 에너지는 각 방식의 평균 에너지의 합으로 주어진다.

53.5 전자 상태의 기여

우리는 두 가지 형태의 전자 상태 기여를 고려할 것이다. 하나는 전자적으로 들뜬 상태로부터의 기여와 또 하나는 스핀의 기여이다.

대부분의 경우 원자와 분자의 전자 상태들은 멀리 떨어져 있어서 전자 바닥 상태만 채워지게 된다. 모든 에너지가 바닥 상태로부터 측정된 것으로 정의하는 관례를 따른다면, 다음과 같이 쓸 수 있다.

$$\langle\varepsilon^E\rangle = 0 \qquad \text{평균 전자 에너지} \quad (53.10)$$

어떤 경우에는 주어진 온도에서 열적으로 접근 가능한 상태가 존재할 수 있다. 분배 함수와 평균 전자 에너지는 가능한 상태들에 대한 기여를 직접 합하여 계산할 수 있다. 예제 53.1에서 예시한 것처럼 축퇴가 존재할 때는 주의할 필요가 있다.

예제 53.1 에너지에 대한 전자 상태 기여 계산하기

어떤 원자가 이중으로 축퇴된 전자 바닥 상태와 600 cm^{-1} 떨어진 4중으로 축퇴된 들뜬 상태가 존재한다고 가정하자. 25°C에서 파수로 표현한 평균 전자 에너지는 얼마인가?

방법 일반적인 온도 T(β의 형태로)에서 분배 함수의 식을 적은 후 β에 대하여 미분하여 평균 에너지를 구한다. 마지막으로 데이터를 입력한다. $\varepsilon = hc\tilde{\nu}$, $\langle\varepsilon^E\rangle = hc\langle\tilde{\nu}^E\rangle$, 그리고 25°C에서 $kT/hc = 207.226$ cm^{-1}을 이용한다.

풀이 분배 함수는 다음과 같다.

$$q^E = 2 + 4e^{-\beta\varepsilon}$$

따라서 평균 에너지는 다음과 같이 구할 수 있다.

$$\langle\varepsilon^E\rangle = -\frac{1}{q^E}\frac{dq^E}{d\beta} = -\frac{1}{2+4e^{-\beta\varepsilon}}\overbrace{\frac{d}{d\beta}(2+4e^{-\beta\varepsilon})}^{-4\varepsilon e^{-\beta\varepsilon}}$$
$$= \frac{4\varepsilon e^{-\beta\varepsilon}}{2+4e^{-\beta\varepsilon}} = \frac{\varepsilon}{\frac{1}{2}e^{\beta\varepsilon}+1}$$

파수로 표현하면 다음과 같이 쓸 수 있다.

$$\langle\tilde{\nu}^E\rangle = \frac{\tilde{\nu}}{\frac{1}{2}e^{hc\tilde{\nu}/kT}+1}$$

데이터를 입력하여 얻은 결과는 다음과 같다.

$$\langle\tilde{\nu}^E\rangle = \frac{600\,\text{cm}^{-1}}{\frac{1}{2}e^{600/207.226}+1} = 59.7\,\text{cm}^{-1}$$

자가 진단 53.5 삼중으로 축퇴된 전자 바닥 상태와 400 cm^{-1} 떨어진 7중으로 축퇴된 들뜬 상태를 가진 원자에 대하여 계산을 반복하시오.

답: 101 cm^{-1}

자기장 $\mathcal{B}$의 영향을 받는 전자 스핀은 자기 양자수 m_s로 표현되는 방향에 따라 다음의 식으로 주어지는 두 개의 가능한 에너지 상태를 갖는다.

$$E_{m_s} = 2\mu_B \mathcal{B} m_s \qquad \text{전자 스핀 에너지} \quad (53.11)$$

여기서 μ_B는 Bohr 마그네톤이다(표지 내부를 참조할 것). 이 에너지들은 토픽 50에서 더 자세히 다루게 되는데, 정수 2는 2와 매우 가까운 숫자로 바꾸어야 한다. 낮은 에너지 상태는 $m_s = -\frac{1}{2}$이다. 따라서 전자가 가질 수 있는 두 에너지 준위는 (관례에 따르면) $\varepsilon_{-1/2} = 0$과 $\varepsilon_{+1/2} = 2\mu_B\mathcal{B}$이다. 따라서 스핀 분배 함수는 다음과 같다.

$$q^S = \sum_{m_s} e^{-\beta\varepsilon_{m_s}} = 1 + e^{-2\beta\mu_B\mathcal{B}}$$ 스핀 분배 함수 (53.12)

스핀의 평균 에너지는 다음과 같이 구할 수 있으며,

$$\langle\varepsilon^S\rangle = -\frac{1}{q^S}\frac{dq^S}{d\beta} = -\frac{1}{1+e^{-2\beta\mu_B\mathcal{B}}}\overbrace{\frac{d}{d\beta}(1+e^{-2\beta\mu_B\mathcal{B}})}^{-2\mu_B\mathcal{B}e^{-2\beta\mu_B\mathcal{B}}}$$
$$= \frac{2\mu_B\mathcal{B}e^{-2\beta\mu_B\mathcal{B}}}{1+e^{-2\beta\mu_B\mathcal{B}}}$$

결과적으로 다음과 같이 쓸 수 있다.

$$\langle\varepsilon^S\rangle = \frac{2\mu_B\mathcal{B}}{e^{2\beta\mu_B\mathcal{B}}+1}$$ 평균 스핀 에너지 (53.13)

이 함수는 본질적으로 그림 53.1에 도시된 것과 동일하다.

간단한 예 53.5 에너지에 대한 스핀의 기여

2.5 T(tesla)의 자기장에 노출된 라디칼을 고려하기로 하자. $\mu_B = 9.274\times10^{-24}$ J T^{-1}이고 25°C에서

$$2\mu_B\mathcal{B} = 2\times(9.274\times10^{-24}\,\text{J T}^{-1})\times2.5\,\text{T} = 4.6\ldots\times10^{-23}\,\text{J}$$
$$2\beta\mu_B\mathcal{B} = \frac{2\times(9.274\times10^{-24}\,\text{J T}^{-1})\ \ (2.5\,\text{T})}{(1.381\times10^{-23}\,\text{J K}^{-1})\times(298\,\text{K})} = 0.011\ldots$$

따라서 평균 에너지는 다음과 같이 얻어진다.

$$\langle\varepsilon^S\rangle = \frac{4.6\ldots\times10^{-23}\,\text{J}}{e^{0.011\ldots}+1} = 2.3\times10^{-23}\,\text{J}$$

이 에너지는 14 J mol^{-1}과 같다(kJ이 아니라 J임을 주목하라).

자가 진단 53.6 자기장에서 $S=1$인 화학종에 대하여 같은 계산을 반복하시오.

답: 0.0046 zJ, 28 J mol^{-1}

개념 확인

☐ 1. **평균 분자 에너지**는 분자 분배 함수로부터 계산할 수 있다 (다음의 열거한 식들을 참고하라).

☐ 2. (고전 역학) **균등 분배 이론**에 의하면 온도 T에서 열적 평형에 있는 입자들의 집합에 대하여 각각의 2차항이 에너지에 기여하는 평균적인 값은 일정하며 $\frac{1}{2}kT$와 같다.

식 확인

성질	식	비고	식 번호
평균 에너지	$\langle\varepsilon\rangle = \varepsilon_{gs} - (\partial/q)(\partial q/\partial\beta)_V$		53.4a
	$\langle\varepsilon\rangle = \varepsilon_{gs} - (\partial \ln q/\partial\beta)_V$	또 다른 정의	53.4b
병진 운동	$\langle\varepsilon^T\rangle = \frac{d}{2}kT$	d차원에서	53.5
회전 운동	$\langle\varepsilon^R\rangle = kT$	선형 분자, $T \gg \theta^V$	53.6b
	$\langle\varepsilon^R\rangle = \frac{3}{2}kT$	비선형 분자, $T \gg \theta^V$, **간단한 예** 53.3 참조	
진동 운동	$\langle\varepsilon^V\rangle = hc\tilde{\nu}/(e^{\beta hc\tilde{\nu}}-1)$	조화 진동자 근사	53.8
	$\langle\varepsilon^V\rangle = kT$	$T \gg \theta^V$	53.9

토픽 54

정준 앙상블

내용

➤ 학습 목표

분자 분배 함수의 유도(토픽 52)에서는 독립적인 분자를 다루었지만, 실제로는 분자들은 서로 상호 작용을 한다. 따라서 이 내용은 분자 간 상호 작용을 무시할 수 없을 때 실제 기체, 액체, 고체의 모형을 세우기 위해 필수적이다.

➤ 핵심 내용

상호 작용을 하는 분자들로 이루어진 계는 정준 분배 함수로 기술되며, 이로부터 열역학적 특성을 구할 수 있다.

➤ 미리 알기

이 토픽의 내용은 토픽 52의 계산에 근거하며, 동일한 형태의 계산들은 자세하게 반복하지 않기로 한다. 또한 분배 함수로부터 에너지를 구하는 계산은 토픽 53의 경우와 동일하다고 할 수 있다.

토픽 52는 독립적인 분자로 이루어진 계를 다루었다. 여기에서는 실제 기체와 액체처럼 분자들이 서로 상호 작용하는 계에 적합한 형식을 고려할 것이다. 상호 작용하는 입자들의 계를 다루기 위해 가장 중요한 개념은 '앙상블(ensemble)'이다. 다른 많은 과학 용어와 마찬가지로 이 용어는 기본적으로 '수집'이라는 일반적인 의미가 있지만, 그 의미를 더욱 엄밀하게 다듬어서 정확한 중요성을 갖도록 할 것이다.

이 토픽에서 다루는 식들은 토픽 52와 53에서 유도한 것들과 유사하며, 자세한 계산은 그곳에서 찾을 수 있다. 하지만 식들을 적용하는 것은 훨씬 어렵고 일부 경우를 제외하고는 전문 교재에서 다루도록 할 것이다. 이 토픽은 원칙적으로 논의를 완벽하게 마무리하기 위하여 통계 열역학의 기초를 다지는 여정의 종착점으로서 포함되었다고 할 수 있다.

54.1 앙상블의 개념

앙상블을 만들려면 우선 부피, 조성, 온도가 명시된 닫힌 계를 $\tilde{N}$개만큼 복제하는 것을 생각한다(그림 54.1). 모든 동일한 닫힌 계들은 서로 열적으로 접촉되어 있어 상호간에 에너

그림 54.1 $\tilde{N}=20$인 경우의 정준 앙상블. 실제계의 복제들은 모두가 각각 동일한 조성과 부피를 갖는다. 이들은 또 서로 열적 접촉을 하고 있으므로 온도가 모두 같다. 이들 사이에는 에너지가 열로서 상호 이전될 수 있으므로 에너지는 같지 않다. 그러나 이 20개 복제의 전체 에너지($\tilde{E}$)는 앙상블이 전체적으로 고립되어 있으므로 일정하다.

지를 교환할 수 있다고 생각한다. 모든 계들의 전체 에너지는 $\tilde{E}$이며, 이 계들은 서로 열적 평형을 이루고 있기 때문에 모두 똑같은 온도 T를 갖는다. 앙상블의 각 계는 부피가 같으며, 따라서 분자들의 에너지 준위는 모두 동일하고, 각 계는 같은 수의 분자를 가지기 때문에 동일한 수의 분자를 이 에너지 준위에 배분하게 된다. 동일한 온도를 갖는 복제 계들의 가상적 집단을 **정준 앙상블**(**canonical ensemble**)이라고 한다. '정준'이라는 말은 '기준에 따른다'는 것을 의미한다.

두 가지 중요한 앙상블이 더 존재한다. **소정준 앙상블**(**micro-canonical ensemble**)의 경우에는 앙상블을 이루는 계들이 모두 동일한 온도를 갖지 않고 그 대신에 엄밀하게 동일한 에너지를 갖는다. 이러한 계들은 각각이 고립되어 있다. **대정준 앙상블**(**grand caconical ensemble**)에서는 각 계들이 모두 동일한 부피와 온도를 갖고 있지만, 계들이 열려 있기 때문에 계들 사이로 물질이 출입할 수 있다. 따라서 각 계의 조성이 요동할 수 있지만 그 화학 퍼텐셜 μ(토픽 69에서 기술한)은 모두 동일하다.

소정준 앙상블: N, V, E 공통
정준 앙상블: N, V, T 공통
대정준 앙상블: μ, V, T 공통

소정준 앙상블은 토픽 51에서 논의한 내용(그곳에서는 그렇게 부르지는 않았지만)의 근거가 된다. 대정준 앙상블은 자세하게 다루지 않을 것이다.

앙상블은 계의 **가상적** 복제들의 집합이므로 그 구성원의 수를 원하는 대로 얼마든지 크게 할 수 있으며, 경우에 따라서는 $\tilde{N}$을 무한대로 만들 수도 있다. 에너지가 E_i인 상태에 있는 앙상블 구성원의 수를 $\tilde{N}_i$로 나타내고, 이것을 이용해서 (토픽 51에서 사용한 계의 배열과 마찬가지로) 앙상블의 배열과 배열의 가중치 $\tilde{W}$를 나타낼 수 있다. 여기서 $\tilde{N}$은 N과 아무 관계도 없다는 것을 주의하라. N은 실제 계에 들어 있는 분자의 수이고, $\tilde{N}$은 복제한 계의 수를 나타낸다.

(a) 우세한 배열

토픽 51에서와 마찬가지로 정준 앙상블의 배열 중의 어떤 것은 다른 것보다 훨씬 더 높은 확률을 가질 것이다. 예를 들어 전체 에너지 $\tilde{E}$가 한 계에만 축적되는 경우는 거의 일어나지 않을 것이다. 토픽 51에서와 비슷한 논의에 따라 우세한 배열을 생각할 수 있으며, 이러한 최대 확률 배열을 이용해서 앙상블에 관한 평균값을 취하여 열역학적 성질을 구할 수 있을 것이다. $\tilde{N}_i \to \infty$가 되는 **열역학적 극한**(**thermodynamic limit**)에서는 우세한 배열이 압도적으로 가장 높은 확률을 가지며, 이것이 계의 성질을 거의 완전히 정하게 된다.

정량적인 논의는 토픽 51의 경우와 똑같으며 N과 N_i 대신에 $\tilde{N}$과 $\tilde{N}_i$를 쓰기만 하면 된다. 우선 배열{$\tilde{N}_0$, $\tilde{N}_1, \cdots$}의 가중치 $\tilde{\mathcal{W}}$는 다음과 같이 주어진다.

$$\tilde{\mathcal{W}} = \frac{\tilde{N}!}{\tilde{N}_1!\tilde{N}_2!\cdots} \quad \text{가중치} \quad (54.1)$$

앙상블의 전체 에너지가 $\tilde{E}$로 일정하게 유지되고 전체 구성원의 수가 $\tilde{N}$으로 고정되는 구속 조건하에서 이 가중치가 최대로 되는 배열은 다음과 같은 **정준 분포**(**canonical distribution**)로 주어진다.

$$\frac{\tilde{N}_i}{\tilde{N}} = \frac{e^{-\beta E_i}}{Q} \quad \text{정준 분포} \quad (54.2a)$$

$$Q = \sum_i e^{-\beta E_i} \quad \text{정준 분배 함수} \quad (54.2b)$$

여기서 각각 에너지 E_i를 갖는 앙상블의 모든 계에 대하여 합을 구하게 된다. 온도의 함수인 Q는 **정준 분배 함수**(**canonical partition function**)라고 부른다. 분자 분배 함수와 마찬가지로 정준 분배 함수는 계의 모든 열역학적 정보를 포함한다. 하지만 정준 분배 함수는 구성 분자들 간 상호 작용의 가능성을 허용한다.

간단한 예 54.1 정준 분포

1.00 mol의 원자를 포함하는 단원자 실제 기체 시료를 고려하도록 하자. 298 K에서 전체 에너지는 $\frac{3}{2}nRT = \frac{3}{2}(1.00 \text{ mol}) \times 8.3145 \text{ J K}^{-1}\text{mol}^{-1} \times (298 \text{ K}) = 3.72 \text{ kJ}$에 가깝다. 특정한 순간에 분자들이 전체 에너지가 3.72 kJ인 상태에 존재하고, 다른 순간에는 전체 에너지가 3.72 kJ보다 0.000 000 01 퍼센트(3.72×10^{-7} J) 낮은 상태에 존재한다고 가정하자. 두 에너지를 가지는 앙상블 계의 수의 상대적인 비를 예측하기 위하여 식 54.2를 다음과 같이 쓸 수 있다.

$$\frac{\tilde{N}(\text{lower})}{\tilde{N}(\text{higher})} = e^{-(-3.72\times10^{-7}\text{ J})/(1.381\times10^{-23}\text{ J K}^{-1})\times(298\text{ K})} = e^{3.33\times10^{7}}$$

낮은 에너지를 가지는 계의 수가 높은 에너지를 가지는 계보다 월등히 많은 것을 나타내는 것으로 보인다. 아래에서 항상 이러한 결과를 주는 것은 아님을 설명할 것이다.

자가 진단 54.1 동일한 앙상블에서 에너지 차이가 1.0×10^{-20}퍼센트인 경우에 대하여 같은 계산을 반복하시오.

답: $\tilde{N}(\text{낮은})/\tilde{N}(\text{높은}) = e^{90} \approx 1 \times 10^{39}$

(b) 최대 확률 분포로부터의 요동

식 54.2의 정준 분포 함수는 겉보기에는 계의 에너지가 지수함수적으로 감소하는 함수일 뿐이다. 여기서 우리가 알아야 할 것은 이 식은 구성원이 전체 계의 에너지가 E_i인 단일 상태 i에 존재할 확률을 나타낸다는 것이다. 실제적으로 거의 동일한 에너지를 갖는 상태의 수가 대단히 많을 수 있다. 예를 들어 기체의 경우, 전체 에너지는 변하지 않으면서 느리게 운동하는 분자와 빠르게 운동하는 분자가 서로 바뀔 수 있다. 그리하여 **상태 밀도**(**density of state**), 즉 단위 에너지 영역당의 상태수(그림 54.2)는 에너지가 증가함에 따라 급격하게 증가한다는 것이다. 따라서 앙상블 중에서 특정한 에너지(특정한 상태가 아닌)를 갖는 계를 발견할 확률은 급격하게 감소하는 함수인 식 54.2에 급격하게 증가하는 함수를 곱한 것과 같게 된다(그림 54.3). 따라서 전체적인 분포는 매우 좁은 범위에서 최댓값을 나타내게 된다. 결론적으로 앙상블에서 대부분의 구성원은 평균 에너지에 매우 가까운 에너지를 갖는다고 할 수 있다.

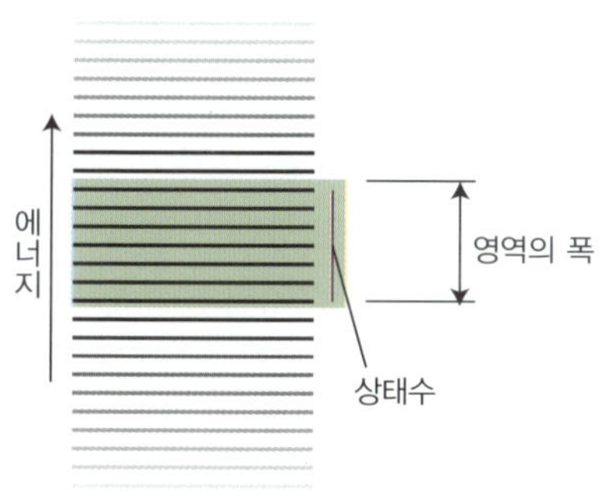

그림 54.2 상태의 에너지 밀도는 한 에너지 영역 속에 들어 있는 상태수를 그 영역의 폭으로 나눈 값이다.

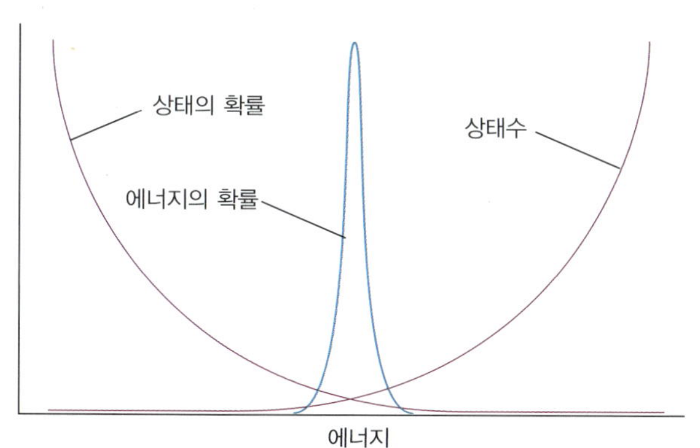

그림 54.3 정준 앙상블을 이루는 구성원의 분포를 에너지 함수로 나타내려면 임의의 한 구성원이 주어진 에너지 상태에 있을 확률(식 54.2)에 그 에너지에 대응하는 상태의 수(급격하게 상승하는 함수)를 곱해야 한다. 두 함수를 곱해서 나온 결과는 평균 에너지에서 뾰족한 피크를 나타내게 되는데, 이것은 거의 모든 구성원이 이 평균 에너지를 갖는다는 것을 보이는 것이다.

간단한 예 54.2 상태 밀도의 역할

큰 값 N을 가진 x^N은 급격히 증가하는 함수이다. 또한 큰 값 N을 가진 e^{-Nx}는 급격히 감소하는 함수이다. 이들 두 함수의 곱은 그들의 극댓값이 일치하도록 정규화시키면 다음의 함수 형이 되어 그림 54.4에서 세 개의 N 값에 대하여 도시된다.

$$f(x) = e^N x^N e^{-Nx}$$

여기서 N이 증가하면 이 함수 곱의 폭이 감소하는 것을 볼 수 있다.

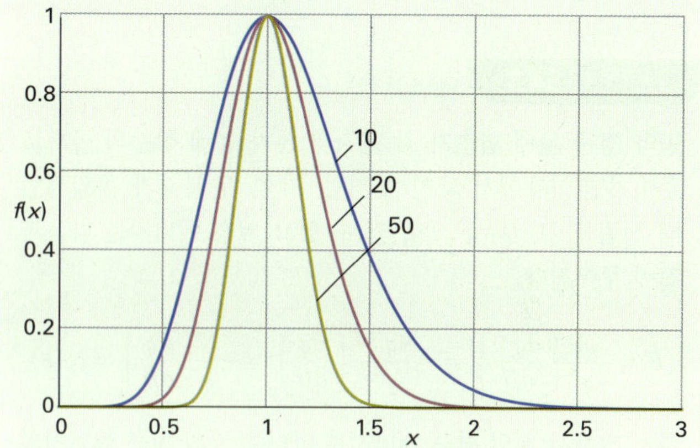

그림 54.4 **간단한 예** 54.2에서 논의된 세 개의 다른 N 값에 대한 두 함수의 곱

자가 진단 54.2 함수 x^{2N}과 e^{-Nx}의 곱이 적절히 정규화되면 유사한 성질을 가짐을 보이시오.

답: $0 \le x \le 4$ 구간에서 함수 $f(x) = (1/2)^{2N} e^{2N} x^{2N} e^{-Nx}$을 그린다.

54.2 계의 평균 에너지

분자 분배 함수가 분자 특성의 평균값을 계산하는 데에 이용된 것처럼, 정준 분배 함수는 (상호 작용의 유무에 상관없이) 분자로 이루어진 전체 계의 평균 에너지를 구하는 데 쓰일 수 있다. Q는 분자가 독립적이라는 가정을 하지 않았으므로 q보다 훨씬 더 일반화된 것이다. 따라서 분자 간 상호 작용이 중요한 역할을 하는 응축상이나 실제 기체를 논의하려면 Q를 이용해야 한다.

앙상블의 전체 에너지를 $\tilde{E}$, 구성원의 수를 $\tilde{N}$이라고 하면 구성원의 평균 에너지는 $\langle E\rangle = \tilde{E}/\tilde{N}$이 된다. 이 앙상블에서 에너지가 E_i인 상태 i를 갖는 구성원의 분율 $\tilde{p}_i$는 식 51.6($N_i/N = e^{-\beta\varepsilon_i}/\sum_i e^{-\beta\varepsilon_i}$ 형태로 쓰인 $p_i = e^{-\beta\varepsilon_i}/q$)과 비슷하게 다음과 같이 쓸 수 있다.

$$\tilde{p}_i = \frac{e^{-\beta E_i}}{Q} \tag{54.3}$$

따라서 평균 에너지는 다음과 같이 주어진다.

$$\langle E\rangle=\sum_i p_iE_i=\frac{1}{Q}\sum_i E_i\mathrm{e}^{-\beta E_i} \tag{54.4}$$

식 53.4를 얻은 것과 동일한 논의에 의해 다음과 같은 결과를 얻을 수 있다.

$$\langle E\rangle=-\frac{1}{Q}\left(\frac{\partial Q}{\partial\beta}\right)_V=-\left(\frac{\partial\ln Q}{\partial\beta}\right)_V \quad \text{계의 평균 에너지} \tag{54.5}$$

평균 분자 에너지와 마찬가지로, 전체 계의 바닥 상태 에너지가 0이 아니라면 이를 더해야 한다.

간단한 예 54.3 에너지 식

만약 정준 분배 함수가 각 분자의 분자 분배 함수의 곱으로 주어지면(아래에서 보인 것처럼, 계의 N 분자가 독립적일 때 성립한다), $Q=q^N$으로 쓸 수 있고 계의 에너지는 다음과 같이 주어진다.

$$\langle E\rangle=-\frac{1}{q^N}\left(\frac{\partial q^N}{\partial\beta}\right)_V=-\frac{Nq^{N-1}}{q^N}\left(\frac{\partial q}{\partial\beta}\right)_V=-\frac{N}{q}\left(\frac{\partial q}{\partial\beta}\right)_V=N\langle\varepsilon\rangle$$

다시 말해서 계의 평균 에너지는 단일 분자의 평균 에너지의 N배가 된다.

자가 진단 54.3 만약 $Q=q^N/N!$일 경우(아래에서 다룰 또 다른 경우)에도 같은 식을 얻을 수 있음을 보이시오.

54.3 독립적인 분자에 대한 재고

상호 독립적인 분자로 이루어진 계의 일반적인 정준 분배 함수로부터 분자 분배 함수를 얻는 방법에 관해서 생각하기로 한다. 분자가 독립적이고 (뒤에 설명할 의미에서) 구별될 수 있으면, Q와 q 사이에 다음과 같은 관계가 성립한다.

$$Q=q^N \tag{54.6}$$

증명 54.1 Q와 q 사이의 관계

N개의 상호 독립적인 분자로 이루어진 집단의 전체 에너지는 각 분자의 에너지를 합한 것과 같다. 따라서 상태 i에 있는 계의 전체 에너지는 다음과 같이 나타낼 수 있다.

$$E_i=\varepsilon_i(1)+\varepsilon_i(2)+\cdots+\varepsilon_i(N)$$

여기서 $\varepsilon_i(1)$은 계가 상태 i에 있을 때의 분자 1의 에너지, $\varepsilon_i(2)$는 계가 동일한 상태 i에 있을 때의 분자 2의 에너지이며, 이하 마찬가지이다. 정준 분배 함수는 다음과 같이 쓸 수 있다.

$$Q=\sum_i \mathrm{e}^{-\beta\varepsilon_i(1)-\beta\varepsilon_i(2)-\cdots-\beta\varepsilon_i(N)}$$

계의 상태에 대한 합은 각각의 분자의 모든 개별 상태에 대한 합으로 바꾸어 놓을 수 있다(여기에는 중요한 단서가 붙는다는 것을 보게 된다). 즉 계의 상태 i에 대해서 합산을 해 주는 대신에 분자 1에 대한 모든 상태 j, 분자 2에 대한 모든 상태 j, 등에 대해서 합산을 해 줄 수 있다. 이렇게 바꾸어 주면 위의 Q를 다음과 같이 고쳐 쓸 수 있다.

$$Q=\left(\sum_j \mathrm{e}^{-\beta\varepsilon_j}\right)\left(\sum_j \mathrm{e}^{-\beta\varepsilon_j}\right)\cdots\left(\sum_j \mathrm{e}^{-\beta\varepsilon_j}\right)=q^N$$

분자들이 모두 동일하고 자유롭게 이동할 수 있다면 어느 분자가 어느 분자인지 구별할 수 없고, $Q=q^N$이 맞지 않게 된다. 예를 들어 분자 1이 상태 a, 분자 2가 상태 b, 분자 3이 상태 c에 있다고 하면, 앙상블 중의 어느 한 구성원이 $E=\varepsilon_a+\varepsilon_b+\varepsilon_c$의 에너지를 가질 것이다. 그러나 이 구성원은 분자 1이 상태 b, 분자 2가 상태 c, 분자 3이 상태 a에 있는 구성원이나, 또는 이와 비슷하게 치환된 다른 어떤 구성원들과 구별이 되지 않는다. 이러한 치환은 모두 6개이며, 일반적으로 $N!$개이다. 따라서 이처럼 구별 불가능한 분자의 경우에는 계의 상태에 대한 합산을 분자 상태에 대한 합산으로 바꾸어 놓는 과정에서 똑같은 상태가 몇 번씩 중복 계산되는 결과가 나온다. 따라서 $Q=q^N$이라고 쓰면 Q가 과대하게 계산된다. 자세한 논의는 매우 복잡하지만, 매우 낮은 온도를 제외하면 $1/N!$의 인자를 곱해 주면 보정할 수 있다. 따라서 다음과 같은 결과를 얻을 수 있다.

$$\text{구별 가능한 상호 독립적인 분자: } Q=q^N \tag{54.7a}$$

$$\text{구별 불가능한 상호 독립적인 분자: } Q=q^N/N! \tag{54.7b}$$

몇 개의 상태만이 열적으로 가능한 낮은 온도에서는 상태들을 채울 때 Pauli 원리를 고려해야 한다. 이것은 보존(boson)의 경우는 **Bose-Einstein 통계**(**Bose-Einstein statistics**), 페르미온(fermion)의 경우에는 **Fermi-Dirac 통계**(**Fermi-Dirac statistics**)의 역할인데, 본 논의에서는 다루지 않기로 한다.

간단한 예 54.4 구별 불가능성

분자가 구별 불가능이 되려면 분자들이 같은 종류라야 한다. 예를 들어 Ar 원자는 Ne 원자와 구별 불가능일 수는 없다. 그러나 이런 정체성만 가지고 정할 수는 없다. 예를 들어 결정 격자 속에 배열되어 있는 동일 종류의 분자들은 그 좌표를 가지고 각각을 표시할 수 있다. 따라서 격자 속의 분자들은 종류가 같더라도 격자 자리가 구별 가능하기 때문에 구별할 수 있으며, 따라서 식 54.7a를 이용해야 한다. 이와 달리 동일한 종류의 분자로 된 기체의 경우에는 이 분자들을 추적하면서 식별할 수 없으므로 이들을 구별할 수가 없다. 이런 경우에는 식 57.4b를 사용해야 한다.

자가 진단 54.4 액체 속의 동일한 분자들은 구별 불가능인가?

답: 예

54.4 부피에 따른 에너지의 변화

분자 간의 상호 작용이 있을 때는 전체 집합의 에너지는 분자들 간의 평균 거리에 따라 달라지며, 고정된 분자수가 차지하는 부피에 따라서도 영향을 받는다. 부피의 이러한 영향은 실제 기체(토픽 36)를 다룰 때 특히 중요하지만, 여기서는 관련성을 다룰 충분한 정보를 가지고 있다.

일정한 온도에서 부피에 따른 계의 에너지의 변화(토픽 36에서 이 양은 기체의 '내부 압력' π_T로 정의됨)인 $(\partial\langle E\rangle/\partial V)_T$를 구해야 한다. 식 54.5를 치환하면 다음과 같은 식을 얻는다.

$$\left(\frac{\partial E}{\partial V}\right)_T=-\left(\frac{\partial}{\partial V}\left(\frac{\partial \ln Q}{\partial \beta}\right)_V\right)_T \tag{54.8}$$

병진의 에너지 준위가 부피에 따라 변하기 때문에 Q에 대한 병진 운동의 기여를 고려해야 한다. 하지만 식 54.8을 이용하려면 Q의 식에 분자 간 퍼텐셜 에너지를 포함시켜야 한다.

기체의 전체 운동 에너지는 개별 분자의 운동 에너지의 합이다. 따라서 실제 기체에서도 정준 분배 함수는 식 52.7b에 의해 Λ가 열적 파장일 때 이상 기체에서 $Q=V^N/\Lambda^{3N}N!$의 값을 갖는 운동 에너지에서 비롯된 항과 분자간 퍼텐셜 에너지에 관련된 **배열 적분(configurational integral)**이라고 하는 Z(토픽 36의 압축률과 혼동하지 말아야 함)의 곱으로 주어진다. 따라서 다음과 같이 쓸 수 있다.

$$Q=\frac{Z}{\Lambda^{3N}} \tag{54.9}$$

이상 기체에서는 Z가 $V^N/N!$과 같게 된다(**간단한 예** 54.5 참조). 따라서 다음과 같은 관계식을 구할 수 있다.

$$\begin{aligned}\left(\frac{\partial E}{\partial V}\right)_T&=-\left(\frac{\partial}{\partial V}\left(\frac{\partial \ln(Z/\Lambda^{3N})}{\partial \beta}\right)_V\right)_T\\&=-\left(\frac{\partial}{\partial V}\left(\frac{\partial \ln Z}{\partial \beta}\right)_V\right)_T-\left(\frac{\partial}{\partial \beta}\overbrace{\left(\frac{\partial \ln(1/\Lambda^{3N})}{\partial V}\right)_T}^{0}\right)_V\\&=-\left(\frac{\partial}{\partial V}\left(\frac{\partial \ln Z}{\partial \beta}\right)_V\right)_T=-\left(\frac{\partial}{\partial V}\frac{1}{Z}\left(\frac{\partial Z}{\partial \beta}\right)_V\right)_T\end{aligned} \tag{54.10}$$

두 번째 줄에서 $(\partial^2 f/\partial x\partial y)=(\partial^2 f/\partial y\partial x)$의 관계를 이용하고, Λ는 부피와 무관하기 때문에 부피로 미분하면 0이 된다.

원자로 이루어진 실제 기체에서는 (분자간 상호 작용이 등방성이므로) Z는 상대적인 위치에 따라 변하는 모든 입자들의 상호 작용을 나타내는 분자간 퍼텐셜 에너지 E_P와 다음과 같이 관련되어 있다.

$$Z=\frac{1}{N!}\int e^{-\beta E_P}d\tau_1 d\tau_2\cdots d\tau_N \qquad \text{배열 적분} \tag{54.11}$$

여기에서 $d\tau_i$는 원자 i의 부피 요소이다. 이 항의 물리적인 기원은 시료 내에서 가능한 분자의 배열이 존재할 확률이 그 배열에 해당하는 퍼텐셜 에너지를 지수에 포함하는 Boltzmann 분포로 주어지는 것이라고 할 수 있다.

간단한 예 54.5 배열 적분

$E_P=0$인 이상 기체를 제외하고는 매우 단순한 퍼텐셜 에너지에 대해서도 식 54.11을 실제로 다루기는 아주 어렵다. 완전 기체의 경우에는 지수함수가 0이 되어 다음과 같이 쓸 수 있다.

$$Z=\frac{1}{N!}\int d\tau_1 d\tau_2\cdots d\tau_N=\frac{1}{N!}\left(\int d\tau\right)^N=\frac{V^N}{N!}$$

이 결과는 이상 기체에 대하여 당연한 결과라고 할 수 있다.

자가 진단 54.5 완전 기체에 대해서는 $(\partial\langle E\rangle/\partial V)_T=0$이 성립함을 보이시오.

답: 이 경우에 Z는 온도와 무관하다.

만약 퍼텐셜이 낮은 인력 우물을 가진 강체구의 형태(그림 54.5)를 가진다면, 여기서 보이기에는 너무 복잡하기는 하지만, 자세한 계산을 통해 다음과 같은 결과를 얻을 수 있다.

$$\left(\frac{\partial\langle E\rangle}{\partial V}\right)_T=\frac{an^2}{V^2} \qquad \text{인력 퍼텐셜} \tag{54.12}$$

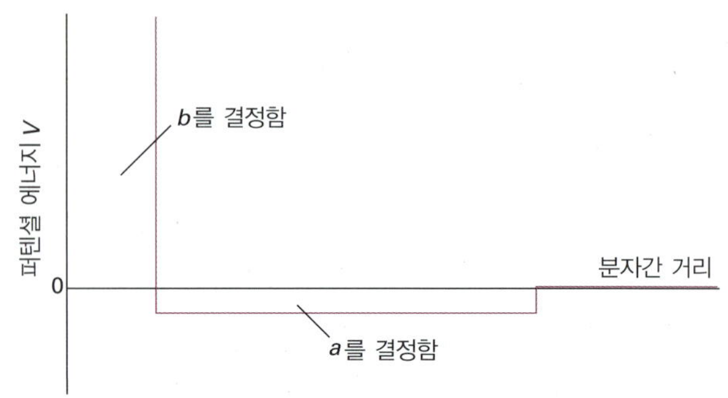

그림 54.5 면적 a를 가진 긴 범위의 낮은 인력 우물에 둘러싸인 강체구(범위 b)의 분자간 퍼텐셜 에너지에 의해 van der Waals 상태 방정식(토픽 36)을 구할 수 있다.

여기에서 n은 부피 V에 포함된 분자의 개수이고, a는 인력 퍼텐셜 부분의 면적에 비례하는 상수이다. 토픽 36에서 똑같은 식이 van der Waals 상태 방정식에 의해 유추되는 것을 보았다. 기체의 분자간에 인력이 존재하면 온도가 일정한 상태에서 기체가 팽창하면 에너지가 증가한다는 것을 알 수 있다 (이것은 $(\partial\langle E\rangle/\partial V)_T > 0$이고, V에 대한 $\langle E\rangle$의 기울기가 양수이기 때문이다). 평균적인 거리가 클 때는 분자가 유리한 상호 작용을 하는 영역에 존재하는 시간이 줄어들기 때문에 에너지가 증가한다.

개념 확인

- ☐ 1. **정준 앙상블**은 동일한 온도를 갖는 실제 계의 가상적인 집합이다.
- ☐ 2. **정준 분포**는 특정한 전체 에너지를 갖는 앙상블 구성원의 수를 나타낸다.
- ☐ 3. 앙상블 구성원의 **평균 에너지**는 정준 분배 함수로부터 계산할 수 있다.

식 확인

성질	식	비고	식 번호
정준 분포	$\tilde{N}_i/\tilde{N} = e^{-\beta E_i}/Q$		54.2a
정준 분배 함수	$Q = \sum_i e^{-\beta E_i}$	정의	54.2b
평균 에너지	$\langle E\rangle = -(1/Q)(\partial Q/\partial\beta)_V = -(\partial \ln Q/\partial\beta)_V$		54.5
배열 적분	$Q = Z/\Lambda^{3N}$		54.9
	$Z = (1/N!)\int e^{-\beta E_p}\mathrm{d}\tau_1\mathrm{d}\tau_2\cdots\mathrm{d}\tau_N$	등방성 상호 작용	54.11
부피에 따른 평균 에너지의 변화	$(\partial\langle E\rangle/\partial V)_T = an^2/V^2$	van der Waals 기체; 완전 기체에 대해서는 0	54.12

11장 통계 열역학

모든 기체는 이상 기체이고 다른 말이 없으면 298 K라고 가정한다.

토픽 51 Boltzmann 분포

토론 문제

51.1 '개체수', '배열', '가중치'의 관계를 논하시오. 최대 확률 배열이 가지는 중요성은 무엇인가?

51.2 선험 확률 동등 원리가 가지는 의미와 중요성은 무엇인가?

51.3 온도는 무엇을 의미하는가?

51.4 화학에서 Boltzmann 분포의 역할을 요약하시오.

연습 문제

51.1(a) 16개의 대상이 0, 1, 2, 3, 8, 0, 0, 0, 0, 2로 분포되었을 때 배치에 대한 배열의 가중치를 구하시오.

51.1(b) 21개의 대상이 6, 0, 5, 0, 4, 0, 3, 0, 2, 0, 0, 1로 분포되었을 때 배치에 대한 배열의 가중치를 구하시오.

51.2(a) 8!의 값을 (a) 정확한 공식, (b) Stirling 근사, 식 51.2b (c) 더욱 정확한 Stirling 근사, 식 51.2a를 통해 각각 구하시오.

51.2(b) 10!의 값을 (a) 정확한 공식, (b) Stirling 근사, 식 51.2b (c) 더욱 정확한 Stirling 근사를 통해 각각 구하시오.

51.3(a) 온도가 무한대일 때 이준위계의 상대적인 개체수는 어떻게 되는가?

51.3(b) 온도가 0 K로 접근할 때 이준위계의 상대적인 개체수는 어떻게 되는가?

51.4(a) 에너지 간격이 400 cm^{-1}인 이준위계에서 들뜬 상태와 바닥 상태의 상대적인 개체수가 1/3일 때의 온도를 구하시오.

51.4(b) 에너지 간격이 300 cm^{-1}인 이준위계에서 들뜬 상태의 개체수가 바닥 상태의 1/2일 때의 온도를 구하시오.

51.5(a) 선형 회전자의 $\tilde{B}=2.71\ \text{cm}^{-1}$일 때 298 K에서의 $J=0$과 $J=5$ 준위의 상대적인 개체수를 구하시오.

51.5(b) 구형 회전자의 $\tilde{B}=2.71\ \text{cm}^{-1}$일 때 298 K에서의 $J=0$과 $J=5$ 준위의 상대적인 개체수를 구하시오.

51.6(a) 어떤 분자의 축퇴되지 않은 들뜬 상태가 축퇴되지 않은 바닥 상태보다 540 cm^{-1} 높은 에너지에 존재한다. 10%의 분자가 들뜬 상태에 존재하는 온도는 얼마인가?

51.6(b) 어떤 분자의 축퇴되지 않은 들뜬 상태가 축퇴되지 않은 바닥 상태보다 360 cm^{-1} 높은 에너지에 존재한다. 15%의 분자가 들뜬 상태에 존재하는 온도는 얼마인가?

응용 문제

51.1 5개 분자의 전체 에너지가 5ε이고, 각 분자의 에너지는 $j\varepsilon(j=0, 1, 2, \cdots)$이다. (a) 분자들이 가능한 상태에 균등하게 분포할 때의 배열의 가중치를 구하시오. (b) 상태의 에너지를 세로 칸의 맨위에 적은 표를 만든 다음, 그 아래에 전체 에너지를 만족하는 모든 배열을 작성하시오. 각 배열의 가중치를 계산하고 최대 확률 배열을 구하시오.

51.2 9개의 분자로 이루어진 계는 수치적으로 다룰 수 있는 한계이면서 열역학적으로 의미 있다고 할 수 있다. $N=9$, 전체 에너지가 9ε, 에너지 준위는 $j\varepsilon$(응용 문제 51.1처럼)인 경우 가능한 배열에 대한 표를 그리시오. 배열의 가중치를 계산하기 전에 어떤 배열이 가장 확률이 높은 배열일지 예상해 보시오(가장 '지수적인' 개체수 분포를 찾으면 된다). 실제로 배열의 가중치를 계산하여 최대 확률 배열을 구하시오.

51.3 전체 에너지가 일정할 때 균등한 사다리 에너지 준위에 대하여 $N=20$인 일련의 분포의 $\mathcal{W}$를 수학 소프트웨어를 이용하여 구하시오. 가장 큰 가중치를 갖는 배열을 구하여 Boltzmann 분포가 예상하는 분포와 비교하시오. 전체 에너지가 변할 때 어떤 일이 일어나는지 알아보시오.

51.4 어떤 원자가 이중으로 축퇴된 바닥 상태와, 450 cm^{-1} 높은 에너지에 존재하는 4중으로 축퇴된 들뜬 상태를 가진다. 원자선 연구에서 30%의 원자가 들뜬 상태에 존재하는 것으로 관찰되고, 병진 운동의 온도는 300 K이다. 원자의 전자 상태는 병진 운동 상태와 열적 평형을 이루고 있는가?

51.5 가장 큰 가중치에 대한 식을 얻기 위하여 Stirling 근사의 완전한 형태(식 51.2a) $x!\approx(2\pi)^{1/2}x^{x+1/2}e^{-x}$을 이용하였을 때 어떤 결과를 얻을 수 있는지 알아보시오. 더 정확한 근사식이 Boltzmann 분포의 형태에 큰 영향을 미치는가?

51.6 최대 확률 배열은 우리가 '온도'라고 알고 있는 변수에 의해서 결정된다. 문제 51.1, 51.2에서 다룬 계의 온도는 각 분자의 에너지 평균값이 ε이고 계의 전체 에너지는 $N\varepsilon$를 주는 온도여야 한다. (a)

에너지가 $j\varepsilon$인 상태에 있는 분자의 (가장 확률이 높은) 비율이 p_j로 주어지면, p_j를 j에 대하여 도시함으로써 온도를 정할 수 있음을 보이시오. 문제 51.2에 이 방법을 적용하면 ε이 50 cm^{-1}일 때 계의 온도는 얼마가 되는가? (b) 최대 확률을 갖지 않는 배열을 이용했을 때는 같은 방법으로 직선에서 벗어난 결과를 얻게 되기 때문에 온도가 잘 정의되지 않음을 보이시오.

51.7‡ 대기압 p가 고도 h에 따라 변화하는 것은 **기압 공식** $p=p_0e^{-h/H}$로 주어지며, 여기에서 p_0는 해수면에서의 기압이고, 공기의 평균 몰질량 M과 평균 온도 T일 때 $H=RT/Mg$이다. Boltzmann 분포로부터 기압 공식을 구하시오. 지구 표면으로부터 높이 h에 있는 입자의 위치 에너지는 mgh이다. 기압 공식을 압력으로부터 수밀도 $\mathcal{N}$에 대한 식으로 변환하시오. O_2와 H_2O에 대해서 항공기의 일반적인 운항 고도인 $h=8.0$ km에서 상대적인 수밀도 $\mathcal{N}(h)/\mathcal{N}(0)$를 구하시오.

51.8‡ 행성은 다시 회복되지 않는다면 시간이 지나면서 대기가 줄어들게 된다. 전체 과정에 대한 완벽한 분석은 매우 복잡하고 행성의 반지름, 온도, 대기의 조성과 다른 요소들의 영향을 받는다. Boltzmann 분포에 따르면 $r\to\infty$일 때 균등한 수밀도에 이르러야 한다는 사실을 이용하여 행성의 대기는 평형 상태에 있지 않음을 증명하시오. **힌트**: 중력의 영향에 의하면 위치 에너지는 $V(r)=-GMm/r$이다. 여기에서 G는 중력 상수, M은 행성의 질량, m은 입자의 질량이다.

51.9 단백질 P가 각각 한 개의 리간드 L이 붙을 수 있는 4개의 활성 자리를 갖는다고 생각해 보자. 복합체 PL_i(PL_0는 P 자체이다)가 가질 수 있는 가능한 배열의 수는 이항계수로 주어짐을 보이시오(이항계수에 대해서는 **수학적 배경** 7을 참조할 것).

토픽 52 분배 함수

토론 문제

52.1 분배 함수의 물리적 의미를 설명하시오.

52.2 이준위계에서 온도의 변화에 따라 평균 에너지가 어떻게 변하는지 설명하시오.

52.3 '상태'와 '에너지 준위'의 차이는 무엇인가? 그 차이의 중요성은 무엇인가?

52.4 분배 함수의 계산에서 대칭수를 고려하는 것은 어떨 때이고, 그 이유는 무엇인가?

연습 문제

52.1(a) 일정한 부피 1.00 cm^3인 용기에 들어 있는 분자량이 150 g mol^{-1}인 분자의 (a) 열파장, (b) 병진 운동 분배 함수를 (i) 300 K, (ii) 3000 K에서 구하시오.

52.1(b) 한 변의 길이가 1.00 cm인 정육면체 상자에 들어 있는 Ne 원자의 (a) 열파장, (b) 병진 운동 분배 함수를 (i) 300 K, (ii) 3000 K에서 구하시오.

52.2(a) 같은 부피와 온도에서 H_2와 He의 병진 운동 분배 함수의 비를 구하시오.

52.2(b) 같은 부피와 온도에서 Ar과 Ne의 병진 운동 분배 함수의 비를 구하시오.

52.3(a) O_2의 결합 길이는 120.75 pm이다. 300 K에서 회전 운동 분배 함수를 고온 근사를 이용하여 구하시오.

52.3(b) N_2의 결합 길이는 109.75 pm이다. 300 K에서 회전 운동 분배 함수를 고온 근사를 이용하여 구하시오.

52.4(a) NOF 분자는 회전 상수가 3.1752 cm^{-1}, 0.3951 cm^{-1}, 0.3505 cm^{-1}인 비대칭 회전자이다. (a) 25°C, (b) 100°C에서 이 분자의 회전 운동 분배 함수를 구하시오.

52.4(b) H_2O 분자는 회전 상수가 27.877 cm^{-1}, 14.512 cm^{-1}, 9.285 cm^{-1}인 비대칭 회전자이다. (a) 25°C, (b) 100°C에서 이 분자의 회전 운동 분배 함수를 구하시오.

52.5(a) CO의 회전 상수는 1.931 cm^{-1}이다. 회전 운동 분배 함수를 근사 없이 명확하게 구하여 온도의 함수로 그리시오. 어떤 온도에서 그 값이 근사식으로 구한 값과 5% 이내가 되는가?

52.5(b) HI의 회전 상수는 6.511 cm^{-1}이다. 회전 운동 분배 함수를 근사 없이 명확하게 구하여 온도의 함수로 그리시오. 어떤 온도에서 그 값이 근사식으로 구한 값과 5% 이내가 되는가?

52.6(a) CH_4의 회전 상수는 5.241 cm^{-1}이다. 회전 운동 분배 함수를 근사 없이(단, 핵의 통계 효과는 무시함) 명확하게 구하여 온도의 함수로 그리시오. 어떤 온도에서 그 값이 근사식으로 구한 값과 5% 이내가 되는가?

52.6(b) CCl_4의 회전 상수는 0.0572 cm^{-1}이다. 회전 운동 분배 함수를 근사 없이(단, 핵의 통계 효과는 무시함) 명확하게 구하여 온도의 함수로 그리시오. 어떤 온도에서 그 값이 근사식으로 구한 값과 5% 이내가 되는가?

52.7(a) CH_3Cl의 회전 상수는 $\tilde{A}=5.097$ cm^{-1}, $\tilde{B}=0.443$ cm^{-1}이다. 회전 운동 분배 함수를 근사 없이(단, 핵의 통계 효과는 무시함) 명확하게 구하여 온도의 함수로 그리시오. 어떤 온도에서 그 값이 근사식으로 구한 값과 5% 이내가 되는가?

52.7(b) NH_3의 회전 상수는 $\tilde{A}=6.196$ cm^{-1}, $\tilde{B}=9.444$ cm^{-1}이다. 회전 운동 분배 함수를 근사 없이(단, 핵의 통계 효과는 무시함) 명확

하게 구하여 온도의 함수로 그리시오. 어떤 온도에서 그 값이 근사식으로 구한 값과 5% 이내가 되는가?

52.8(a) 다음 각각의 분자에 대하여 대칭수를 구하시오.
(a) CO, (b) O_2, (c) H_2S, (d) SiH_4, (e) $CHCl_3$

52.8(b) 다음 각각의 분자에 대하여 대칭수를 구하시오.
(a) CO_2, (b) O_3, (c) SO_3, (d) SF_6, (e) Al_2Cl_6

52.9(a) 대칭수를 고려하여 25°C에서 에텐(ethene)의 회전 운동 분배 함수를 구하시오($\tilde{A}=4.828\ cm^{-1}$, $\tilde{B}=1.0012\ cm^{-1}$, $\tilde{C}=0.8282\ cm^{-1}$).

52.9(b) 대칭수를 고려하여 25°C에서 피리딘(pyridine) C_5H_5N의 회전 운동 분배 함수를 구하시오($\tilde{A}=0.2014\ cm^{-1}$, $\tilde{B}=0.1936\ cm^{-1}$, $\tilde{C}=0.0987\ cm^{-1}$).

52.10(a) Br_2의 진동 파수는 323.2 cm^{-1}이다. 진동 운동 분배 함수를 근사 없이 명확하게 구하여 온도의 함수로 그리시오. 어떤 온도에서 그 값이 근사식으로 구한 값과 5% 이내가 되는가?

52.10(b) I_2의 진동 파수는 214.5 cm^{-1}이다. 진동 운동 분배 함수를 근사 없이 명확하게 구하여 온도의 함수로 그리시오. 어떤 온도에서 그 값이 근사식으로 구한 값과 5% 이내가 되는가?

52.11(a) CS_2의 파수가 658 cm^{-1}(대칭 신축), 397 cm^{-1}(굽힘; 두 방식), 1535 cm^{-1}(비대칭 신축)일 때, 500 K에서 진동 운동 분배 함수를 구하시오.

52.11(b) HCN의 파수가 3311 cm^{-1}(대칭 신축), 712 cm^{-1} (굽힘; 두 방식), 2097 cm^{-1} (비대칭 신축)일 때, 900 K에서 진동 운동 분배 함수를 구하시오.

52.12(a) CCl_4의 파수가 459 cm^{-1}(대칭 신축, A), 217 cm^{-1}(변형, E), 776 cm^{-1}(변형, T), 314 cm^{-1}(변형, T)일 때, 500 K에서 진동 운동 분배 함수를 구하시오.

52.12(b) CI_4의 파수가 178 cm^{-1}(대칭 신축, A), 90 cm^{-1}(변형, E), 555 cm^{-1}(변형, T), 125 cm^{-1}(변형, T)일 때, 500 K에서 진동 운동 분배 함수를 구하시오.

52.13(a) 어떤 원자가 사중으로 축퇴된 바닥 준위, 축퇴되지 않고 전자적으로 2500 cm^{-1} 들뜬 준위, 그리고 3500 cm^{-1} 들뜬 이중으로 축퇴된 준위를 가진다. 1900 K에서 전자 분배 함수를 구하시오. 1900 K에서 각 준위의 상대적인 개체수는 얼마인가?

52.13(b) 어떤 원자가 삼중으로 축퇴된 바닥 준위, 축퇴되지 않고 전자적으로 850 cm^{-1} 들뜬 준위, 1100 cm^{-1} 들뜬 오중으로 축퇴된 상태를 가진다. 2000 K에서 전자 분배 함수를 구하시오. 2000 K에서 각 준위의 상대적인 개체수는 얼마인가?

응용 문제

52.1 이 문제는 수학 소프트웨어를 이용하여 푸는 것이 좋다. 식 52.15는 조화 진동자의 분배 함수이다. 에너지 준위가 다음의 형태(식 43.15)로 주어지는 Morse 진동자(토픽43)를 생각해 보자.

$$E_v=\left(v+\frac{1}{2}\right)hc\tilde{v}-\left(v+\frac{1}{2}\right)^2 hcx_e\tilde{v}$$

이 진동자에 대하여 분배 함수를 계산하시오. 에너지는 가장 낮은 상태로부터 측정되며, 구속된 준위는 유한하다는 것을 기억하시오. x_e의 여러 값에 대하여 온도의 함수로 분배 함수를, 그리고 같은 그래프에서 조화 진동자와 비교하시오.

52.2 나노입자의 일반적인 크기에 해당하는 100 nm의 크기를 갖는 일차원 상자에 있는 H 원자의 병진 운동 분배 함수를 고려하여 병진 운동 분배 함수를 구할 때 '적분' 근사가 만족하지 않는 조건을 밝히시오. 적분 근사에 의해 $q=10$인 온도를 구하고, 이 온도에서 정확한 분배 함수를 계산하시오.

52.3 (a) Te 원자의 전자 분배 함수를 (i) 298 K, (ii) 5000 K에서 다음 데이터를 이용하여 계산하시오.

항	축퇴도	파수(cm^{-1})
바닥	5	0
1	1	4707
2	3	4751
3	5	10 559

(b) 두 온도에서 Te 원자가 바닥 항과 2번으로 표시된 항에 있을 비율을 구하시오.

52.4 Ti 원자는 가장 낮은 4개의 전자 준위 $^3F_2$, $^3F_3$, $^3F_4$, $^5F_1$는 각각 0, 170, 387, 6557 cm^{-1}이다. 더 높은 에너지에는 많은 전자 상태가 존재한다. Ti의 끓는점은 3287 °C이다. 끓는점에서 이 준위들의 상대적인 개체수는 얼마인가? **힌트**: 각 준위의 축퇴도는 $2J+1$이다.

52.5‡ J. Sugar와 A. Musgrove(*Phys. Chem. Ref. Data* **22**, 1213 (1993))는 Ge 원자와 Ge^+부터 Ge^{+31}까지 양이온에 대한 에너지 준위 표를 발표하였다. 중성 Ge 원자의 낮은 에너지 준위는 다음과 같다.

	$^3P_0$	$^3P_1$	$^3P_2$	$^1D_2$	$^1S_0$
$E/hc(cm^{-1})$	0	557.1	1410.0	7125.3	16 367.3

직접 합산하여 298 K와 100 K에서 전자 분배 함수를 구하시오. **힌트**: 각 준위의 겹침은 $2J+1$이다.

52.6 HCl의 회전 마이크로파 흡수 스펙트럼은 다음과 같은 파수(cm^{-1} 단위)를 가진다. 21.19, 42.37, 63.56, 84.75, 105.93, 127.12, 148.31, 169.49, 190.68, 211.87, 233.06, 254.24, 275.43, 296.62, 317.80, 338.99, 360.18, 381.36, 402.55, 423.74, 444.92, 466.11, 487.30, 508.48. 직접 합산하여 25°C에서 회전 운동 분배 함수를 구하시오.

52.7 명확한 합산에 의하여 (a) 100 K, (b) 298 K에서 I_2의 진동 운동 분배 함수와 진동 에너지 기여를 구하시오. 진동 에너지 준위는 다음의 파수를 가진다. 0, 213.30, 425.39, 636.27, 845.93 cm^{-1}. 두 온도에서 바닥 준위와 처음 두 들뜬 준위에 존재하는 I_2 분자의 비율은 얼마인가?

52.8‡ 5780 K에서 밀도가 1.99×10^{-4} kg m^{-3}인 원자 수소 완전 기체의 전자 분배 함수를 생각해 보자. 이것은 두께가 190 km인 태양 표면층인 광구에서의 평균 조건이다. (a) 고립된 수소 원자에 대한 Schrödinger 방정식의 해인 수많은 양자 상태에 대하여 합산하여 얻어지는 분배 함수는 무한대임을 보이시오. (b) 합산을 중단할 수 있는 이론적 근거를 생각하고, 합산에 기여하는 양자 상태의 최대수를 구하시오. (c) 수소 원자의 전자가 각각의 양자 상태에 존재할 평형 확률을 구하시오. 다른 원자나 분자에서 관찰되는 전자 상태와 관련하여 일반적으로 암시하는 점이 있는가? 이 계산을 태양 표면층에 적용하는 것이 타당한가?

52.9 대칭수를 구하는 방법은 σ가 동일성과 회전 이외의 것을 제외한 점군(point group)인 **회전 부분군**(rotational subgroup)의 차수(구성 요소의 수)라는 것을 이용한다. H_2O의 회전 부분군은 $\{E, C_2\}$이기 때문에 $\sigma=2$이다. NH_3의 회전 부분군은 $\{E, 2C_3\}$이기 때문에 $\sigma=3$이다. 이 방법은 보다 복잡한 분자들의 대칭수를 쉽게 찾도록 할 수 있다. CH_4의 회전 부분군은 T 지표표로부터 $\{E, 8C_3, 3C_2\}$이기 때문에 $\sigma=12$이다. 벤젠의 경우 D_{6h}의 회전 부분군은 $\{E, 2C_6, 2C_3, C_2, 3C_2', 3C_2''\}$이기 때문에 $\sigma=12$이다. (a) 25°C에서 에텐(ethene)의 회전 운동 분배 함수를 구하시오($\tilde{A}=4.828$ cm^{-1}, $\tilde{B}=1.0012$ cm^{-1}, $\tilde{C}=0.8282$ cm^{-1}). (b) 25°C에서 피리딘(pyridine) C_5H_5N의 회전 운동 분배 함수를 구하시오 ($\tilde{A}=0.2014$ cm^{-1}, $\tilde{B}=0.1936$ cm^{-1}, $\tilde{C}=0.0987$ cm^{-1}).

토픽 53 분자 에너지

토론 문제

53.1 균등 분배 이론에서 예측한 에너지가 분배 함수로 계산한 에너지와 같아지는 조건에 대하여 논하시오.

53.2 이준위계의 평균 에너지가 (a) 매우 낮은 온도, (b) 매우 높은 온도의 극한에서 어떻게 변하는지 설명하시오.

연습 문제

53.1(a) 298 K에서 에너지 간격이 500 cm^{-1}인 이준위계의 평균 에너지를 계산하시오.

53.1(b) 400 K에서 에너지 간격이 600 cm^{-1}인 이준위계의 평균 에너지를 계산하시오.

53.2(a) 명확한 합산을 통해 CO의 평균 회전 에너지를 구하고 온도의 함수로 그리시오. 어떤 온도에서 균등 분배의 값이 정확하게 구한 값의 5% 이내가 되는가? $\tilde{B}$(CO) = 1.931 cm^{-1}이다.

53.2(b) 명확한 합산을 통해 HI의 평균 회전 에너지를 구하고 온도의 함수로 그리시오. 어떤 온도에서 균등 분배의 값이 정확하게 구한 값의 5% 이내가 되는가? $\tilde{B}$(HI) = 6.511 cm^{-1}이다.

53.3(a) 명확한 합산을 통해 CH_4의 평균 회전 에너지를 구하고 온도의 함수로 그리시오. 어떤 온도에서 균등 분배의 값이 정확하게 구한 값이 5% 이내가 되는가? $\tilde{B}(CH_4)=5.241$ cm^{-1}이다.

53.3(b) 명확한 합산을 통해 CCl_4의 평균 회전 에너지를 구하고 온도의 함수로 그리시오. 어떤 온도에서 균등 분배의 값이 정확하게 구한 값의 5% 이내가 되는가? $\tilde{B}(CCl_4)=0.0572$ cm^{-1}이다.

53.4(a) 명확한 합산을 통해 CH_3Cl의 평균 회전 에너지를 구하고 온도의 함수로 그리시오. 어떤 온도에서 균등 분배의 값이 정확하게 구한 값의 5% 이내가 되는가? $\tilde{A}=5.097$ cm^{-1}, $\tilde{B}=0.443$ cm^{-1}이다.

53.4(b) 명확한 합산을 통해 NH_3의 평균 회전 에너지를 구하고 온도의 함수로 그리시오. 어떤 온도에서 균등 분배의 값이 정확하게 구한 값의 5% 이내가 되는가? $\tilde{A}=6.196$ cm^{-1}, $\tilde{B}=9.444$ cm^{-1}이다.

53.5(a) 명확한 합산을 통해 Br_2의 평균 진동 에너지를 구하고 온도의 함수로 그리시오. 어떤 온도에서 균등 분배의 값이 정확하게 구한 값의 5% 이내가 되는가? $\tilde{\nu}=323.2$ cm^{-1}이다.

53.5(b) 명확한 합산을 통해 I_2의 평균 진동 에너지를 구하고 온도의 함수로 그리시오. 어떤 온도에서 균등 분배의 값이 정확하게 구한 값의 5% 이내가 되는가? $\tilde{\nu}=214.5$ cm^{-1}이다.

53.6(a) 명확한 합산을 통해 CS_2의 평균 진동 에너지를 구하고 온도의 함수로 그리시오. 어떤 온도에서 균등 분배의 값이 정확하게 구한 값의 5% 이내가 되는가? 진동 파수는 658 cm^{-1}(대칭 신축), 397 cm^{-1}(굽힘, 두 가지 방식), 1535 cm^{-1}(비대칭 신축)이다.

53.6(b) 명확한 합산을 통해 HCN의 평균 진동 에너지를 구하고 온도의 함수로 그리시오. 어떤 온도에서 균등 분배의 값이 정확하게 구한 값의 5% 이내가 되는가? 진동 파수는 3311 cm^{-1}(대칭 신축), 712 cm^{-1}(굽힘, 두 가지 방식), 2097 cm^{-1}(비대칭 신축)이다.

53.7(a) 명확한 합산을 통해 CCl_4의 평균 진동 에너지를 구하고 온도의 함수로 그리시오. 어떤 온도에서 균등 분배의 값이 정확하게 구한 값의 5% 이내가 되는가? 파수는 459 cm^{-1}(대칭 신축, A), 217 cm^{-1}(변형, E), 776 cm^{-1}(변형,T), 314 cm^{-1}(변형, T)이다. A 방식은 비축퇴, E 방식은 이중 축퇴, T 방식은 삼중 축퇴 상태이다.

53.7(b) 명확한 합산을 통해 CI_4의 평균 진동 에너지를 구하고 온도의 함수로 그리시오. 어떤 온도에서 균등 분배의 값이 정확하게 구한 값의 5% 이내가 되는가? 진동 파수는 178 cm^{-1}(대칭 신축, A), 90

cm^{-1}(변형, E), 555 cm^{-1}(변형,T), 125 cm^{-1}(변형, T)이다. 어떤 온도에서 이 값이 근사식으로 계산한 값의 5% 이내가 되겠느냐? A 방식은 비축퇴, E 방식은 이중 축퇴, T 방식은 삼중 축퇴 상태이다.

53.8(a) 1900 K에서 연습 문제 52.13(a)의 원자로 이루어진 시료의 전자 에너지 평균 기여를 계산하시오.

53.8(b) 2000 K에서 연습 문제 52.13(b)의 원자로 이루어진 시료의 전자 에너지 평균 기여를 계산하시오.

응용 문제

53.1 나노입자의 연구에서 볼 수 있는 예로서 무한히 깊은 반지름 R인 구형 우물에 갇힌 전자는 $E_{nl}=\hbar^2X_{nl}^2/2m_eR^2$으로 주어지는 에너지를 가진다. 여기에서 X_{nl}은 구형 Bessel 함수의 근을 구할 때 얻어지는 값이다. 처음 6개의 값은 다음과 같이 주어진다(해당된 에너지 준위의 겹침은 $2l+1$이다).

n	1	1	1	2	1	2
l	0	1	2	0	3	1
X_{nl}	3.142	4.493	5.763	6.283	6.988	7.725

전자의 분배 함수와 평균 에너지를 온도의 함수로 구하시오. 주어진 6개의 에너지 준위만이 고려될 수 있는 온도와 반지름의 범위를 선택하시오. **힌트:** 가장 낮은 에너지 준위로부터 에너지를 측정하시오.

53.2 NO 분자는 이중으로 축퇴된 바닥 상태 항에서 121.1 cm^{-1} 떨어진 이중으로 축퇴된 들뜬 준위를 가지고 있다. $T=0$ K부터 1000 K까지 NO의 전자 분배 함수를 계산하여 온도의 함수로 그리시오. 300 K에서 (a) 항의 개체수, (b) 평균 전자 에너지를 계산하시오.

53.3 에너지 준위가 $\varepsilon_j=j\varepsilon$인 N개의 분자로 된 계를 생각해 보자. (a) 분자의 평균 에너지가 $a\varepsilon$이면 계의 온도가 다음과 같이 주어짐을 보이시오.

$$\beta=\frac{1}{\varepsilon}\ln\left(1+\frac{1}{a}\right)$$

평균 에너지가 ε(50 cm^{-1})인 계의 온도를 계산하시오. (b) 평균 에너지가 $a\varepsilon$인 계의 분자 분배 함수 q를 계산하시오.

53.4 평균 제곱 에너지의 제곱근 $\langle\varepsilon^2\rangle^{1/2}$의 식을 분배 함수를 이용하여 구하고, 그에 따라 평균 제곱 편차의 제곱근인 $\Delta\varepsilon=(\langle\varepsilon^2\rangle-\langle\varepsilon\rangle^2)^{1/2}$의 식을 구하시오. 조화 진동자에 대하여 결과식을 구하시오.

토픽 54 정준 앙상블

토론 문제

54.1 정준 앙상블의 개념이 왜 필요한지 설명하시오.

54.2 앙상블이 무엇을 의미하며, 이것이 통계 열역학에서 왜 유용한지 설명하시오.

54.3 어떤 상황에서 동등한 입자들을 분별할 수 있는가?

54.4 '열역학적 극한'이란 무엇을 의미하는가?

연습 문제

54.1(a) Q를 q로 바꿀 때 $1/N!$ 인자를 포함시켜야 하는 계를 다음 중에서 고르시오.(a) 헬륨 기체 시료, (b) 일산화 탄소 기체 시료, (c) 일산화 탄소 고체 시료, (d) 수증기

54.1(b) Q를 q로 바꿀 때 $1/N!$ 인자를 포함시켜야 하는 계를 다음 중에서 고르시오.(a) 이산화 탄소 기체 시료, (b) 흑연 시료, (c) 다이아몬드 시료, (d) 얼음

응용 문제

54.1‡ 완전 기체에 대해서 정준 분배 함수 Q와 분자 분배 함수 q 사이에 $Q=q^N/N!$의 관계가 성립한다. $p=kT(\partial \ln Q/\partial V)_T$인 관계를 토픽 66에서 얻었다. q에 관한 식을 이용하여 완전 기체 법칙 $pV=nRT$를 유도하시오.

통합 문제

F11.1 전자의 스핀은 자기장 내에서 두 개의 방향을 가질 수 있으며, 그 에너지는 $\pm\mu_B\mathcal{B}$이다. 여기에서 μ_B는 Bohr 마그네톤이다. 분배 함수와 전자의 평균 에너지에 대한 식을 구하고, $\mathcal{B}$에 따라 변화하는 것을 도식적으로 그리시오. 스핀 상태의 상대적인 개체수를 $\mathcal{B}=1.0$ T일 때 (a) 4.0 K, (b) 298 K에서 계산하시오.

F11.2 질소의 핵스핀은 자기장 내에서 세 개의 방향을 가질 수 있으며, 그 에너지는 0, $\pm\gamma_N\mathcal{B}$이다. 여기에서 γ_N은 핵의 자기 회전 비율이다. 분배 함수와 핵의 평균 에너지에 대한 식을 구하고, $\mathcal{B}$에 따라 변화하는 것을 도식적으로 그리시오. 스핀 상태의 상대적인 개체수가 $\mathcal{B}=20.0$ T일 때 (a) 1.0 K, (b) 298 K에서 계산하시오.

F11.3 수학 소프트웨어, 스프레드시트, 또는 이 책의 웹사이트에 있는 **Living graphs**(LG로 표시됨)를 이용하여 다음 내용을 수행하시오.

(a)LG 여러 값의 에너지 간격 ε에 대하여 조화 진동자의 분배 함수를 온도의 함수로 그리시오. T가 높을 때($kT\gg\varepsilon$ 또는 $\beta\varepsilon\ll1$) q는 온도에 따라 어떻게 변하는가?

(b)LG 0, ε, 2ε 준위를 갖는 삼준위계를 생각해 보자. 분배 함수를 kT/ε의 함수로 그리시오.

(c)LG 그림 52.4의 내용을 다른 방식으로 보여 주기 위하여 p_0, p_1, p_2, p_3 함수를 kT/ε의 함수로 그리시오.

(d)LG 0, ε, 2ε 준위를 갖는 삼준위계를 생각해 보자. p_0, p_1, p_2 함수를 kT/ε의 함수로 그리시오.

(e)LG 여러 값의 진동 파수에 대하여 분자 분배 함수의 진동 운동 기여를 온도의 함수로 그리시오. 그림으로부터 조화 진동자가 '높은 온도' 극한에 이르는 온도를 추정하시오.

(f)LG 이중으로 축퇴된 에너지 준위에 대한 여러 값의 에너지 간격 ε에 대하여 전자 분배 함수를 온도의 함수로 그리시오. 그림으로부터 들뜬 상태의 개체수가 급격히 증가하기 시작하는 온도를 추정하시오.

(g)LG 그림 53.1과 비슷한 그래프를 0, ε, 2ε 준위를 갖는 삼준위계에 대하여 그리시오.

(h)LG 여러 값의 회전 상수에 대하여 (회전 상수의 합리적인 값에 대해서는 **부록**을 참조) 평균 회전 에너지를 온도의 함수로 그리시오. 그림으로부터 평균 회전 에너지가 급격히 증가하기 시작하는 온도를 추정하시오.

(i)LG 여러 값의 진동파수에 대하여 (진동파수의 합리적인 값에 대하여는 **부록**을 참조) 평균 진동 에너지를 온도의 함수로 그리시오. 그림으로부터 평균 진동 에너지가 급격히 증가하기 시작하는 온도를 추정하시오.

수학적 배경 7 확률론

확률론(**probability theory**)은 무작위로 분포된 수량이나 사건을 다루며 여러 가지 형태의 평균값을 계산하는 방법을 보여 준다. 고정된 간격을 가진 일차원 무작정 걷기의 경우와 같이 불연속적인 변수를 다루거나 유체 속의 입자 확산과 같이 연속적인 변수를 다루게 된다.

MB7.1 불연속 분포

변수 x가 가질 수 있는 불연속적인 값은 x_i, $i=1, 2, \cdots, N$으로 표시한다. x_i가 일어나는 확률을 p_i라고 하면, x의 **평균값**(**mean value**, 또는 **기댓값**)은 다음과 같이 주어진다.

$$\langle x\rangle=\sum_{i=1}^{N}x_i p_i \qquad \text{평균값} \qquad \text{(MB7.1a)}$$

x의 높은 차수의 거듭제곱의 평균값에 대해서도 비슷한 결과를 얻을 수 있다.

$$\langle x^n\rangle=\sum_{i=1}^{N}x_i^n p_i \qquad n\text{차 거듭제곱의 평균} \qquad \text{(MB7.1b)}$$

평균이 중요한 척도이긴 하지만, 평균 주변에 흩어져 있는 결과들의 가변도 범위를 아는 것이 중요하다. 이와 관련된 두 가지 척도가 있다. 하나는 **가변도**(**variance**) $V(x)$이고, 또 하나는 가변도의 제곱근인 **표준 편차**(**standard deviation**) $\sigma(x)$이다.

$$V(x)=\langle x^2\rangle-\langle x\rangle^2 \qquad \text{가변도} \qquad \text{(MB7.2a)}$$

$$\sigma(x)=V(x)^{1/2}=\{\langle x^2\rangle-\langle x\rangle^2\}^{1/2} \qquad \text{표준 편차} \qquad \text{(MB7.2b)}$$

어떤 경우에는 고려 대상인 사건의 성격에 따라 확률은 간단하게 표현될 수 있다.

(a) 이항분포

Bernoulli 시도(**Bernoulli trial**)에서는 서로 배타적인 한 쌍(동전던지기에서 '앞면(head)'과 '뒷면(tail)'처럼)의 결과 중 하나만이 관찰되며, 연속적인 시도는 독립적이다(한 번의 시도에서 '앞면'이 나온 것이 다음 번 시도에 영향을 미치지 않는다). 1번 결과의 확률이 p이고 다른 결과 2번의 확률은 q이면, $p+q=1$을 만족한다고 가정하자. 공정한 동전던지기의 경우에는 $p=q=\frac{1}{2}$이다. $N=12$인 특정한 시도는 다음과 같은 결과를 줄 수 있다.

thhtththttht 일어날 확률 $=p^5q^7$
일반적으로는 p^nq^{N-n}

하지만 '앞면'이 나오는 순서가 중요하지 않다면 12번 던질 때 5번의 '앞면'이 나오는 경우의 수는 12!/5!7!이고, 일반적으로 N번의 시도에서 n번의 '앞면'이 나오는 경우의 수는 $N!/n!(N-n)!$이다. 따라서 정확하게 n번의 '앞면'이 나오는 확률은 p^nq^{N-n}과 N번의 시도에서 n번의 '앞면'이 나타나는 방법의 수를 곱한 것으로 주어진다.

$$P(n)=\binom{N}{n}p^nq^{N-n} \quad \text{여기서} \quad \binom{N}{n}=\frac{N!}{n!(N-n)!} \qquad \text{이항분포} \qquad \text{(MB7.3)}$$

기호 $\binom{N}{n}$는 다음과 같은 **이항전개**(**binomial expansion**)에 나오는 **이항계수**(**binomial coefficient**)이다.

$$(x+y)^N=\sum_{n=0}^{N}\binom{N}{n}x^ny^{N-n} \qquad \text{이항전개} \qquad \text{(MB7.4)}$$

따라서 식 $P(n)$을 **이항분포**(**binomial distribution**)라고 한다(그림 MB7.1).

이항분포는 다음과 같은 합산 법칙을 적용하면 쉽게 다룰 수 있다.

1. 가공의 변수 a를 도입한다.
2. $na^n=a\mathrm{d}a^n/\mathrm{d}a$를 이용하여 n항을 제거하고 합산을 a에 대한 미분으로 표현한다. n의 거듭제곱항이 있으면 $\mathrm{d}/\mathrm{d}a$를 여러 번 적용한다.
3. 얻어진 합산을 구한다. 이항전개(식 MB7.4)를 이용한다.
4. 미분을 계산한다.
5. 마지막으로 $a=1$을 대입한다.

간단한 예 MB7.1 이항분포

우리는 이항분포를 이용하여 N번의 시도에서 '앞면'이 나오는 횟수의 평균을 구할 수 있다(이것이 n의 평균값인 $\langle n\rangle$이다).

$$\langle n\rangle=\sum_{n=0}^{N}nP(n)=\sum_{n=0}^{N}n\binom{N}{n}p^nq^{N-n}=\sum_{n=0}^{N}n\binom{N}{n}p^n(1-p)^{N-n}$$

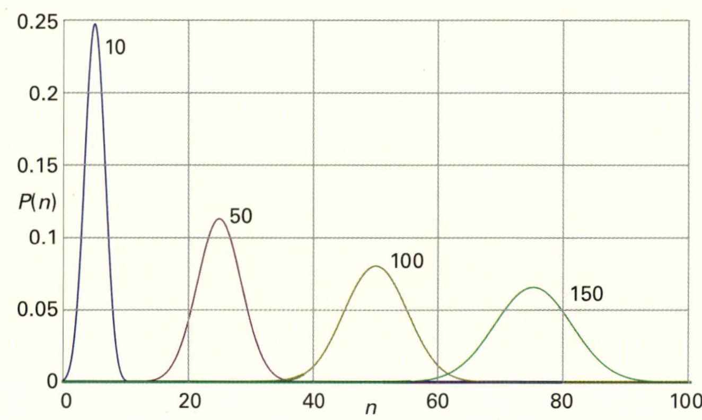

그림 MB7.1 $p=q=1/2$일 때 서로 다른 N 값에 대한 이항분포

이 식에 합산 법칙을 적용하면 다음과 같은 결과를 얻는다.

$$\langle n\rangle \overset{\text{1단계}}{=} \sum_{n=0}^{N} n\binom{N}{n}a^n p^n(1-p)^{N-n} \overset{\text{2단계}}{=} a\frac{\mathrm{d}}{\mathrm{d}a}\sum_{n=0}^{N}\binom{N}{n}a^n p^n(1-p)^{N-n}$$

$$\overset{\text{3단계}}{=} a\frac{\mathrm{d}}{\mathrm{d}a}(ap+[1-p])^N \overset{\text{4단계}}{=} Nap(ap+[1-p])^{N-1}$$

$$\overset{\text{5단계}}{=} Np$$

예를 들어 공정한 동전($p=\frac{1}{2}$)의 경우에 '앞면'이 나올 평균 횟수는 10번 시도할 때 5번이 된다.

분포의 폭은 ($N^{1/2}$에 따라) 증가하지만 평균값에 비교한 값은 ($N^{1/2}/N=1/N^{1/2}$에 따라) 감소한다. $p=\frac{1}{2}$, $\langle n\rangle=\frac{1}{2}N$인 공정한 동전의 경우 $\langle n\rangle=\frac{1}{2}N$(시도의 반이 '앞면'임)이고, $\sigma(n)=\frac{1}{2}N^{1/2}$이다.

(b) Poisson 분포

또 다른 중요한 시도로서, 어떤 사건이 일어나거나 그렇지 않거나 하는 상황을 생각할 수 있다. 예를 들어 들뜬 분자가 분리되거나(보다 현실적인 예로) 버스가 도착하는 것을 들 수 있다. 어떤 사건이 일어나지 않은 횟수(일정 기간 동안 버스가 몇 번이나 도착하지 않는가?)에 어떤 의미를 두기 어렵다고 생각될 수 있다. 하지만 일정 시간 Δt를 N개의 영역으로 나누어서 어떤 사건이 일어날 확률을 정의할 수 있다. 이것은 시간 $\Delta t/N$(또는 비슷하게 공간 영역 $\Delta x/N$)이 충분히 작아서 그 기간 동안 두 번 이상의 사건이 일어날 확률은 무시할 수 있으며, 그 짧은 순간 또는 좁은 영역에서 사건이 일어나면 '앞면'이고 그렇지 않으면 '뒷면'으로 생각할 수 있기 때문이다.

만약 사건이 무질서하게 일어난다면, 이 작은 간격에서 사건이 일어날 확률은 간격의 길이에 비례하고 $p=\Delta t/N\tau$라고 쓸 수 있다. 여기에서 $1/\tau$는 비례 상수로서, 나중에 물리적인 의미를 주게 될 것이다. 따라서 일련의 Bernouilli 시도에서 ('앞면'은 '일어남'에 해당하고 '뒷면'은 '일어나지 않음'에 해당함) 일정 시간 $\Delta t=N(\Delta t/N)$에 n번의 사건이 일어날 확률은 N개의 작은 간격들로 이루어진 전체 기간 중에 n번의 '앞면'을 얻을 확률과 같다.

$$P(n)=\binom{N}{n}p^n(1-p)^{N-n}=\binom{N}{n}\left(\frac{\Delta t}{N\tau}\right)^n\left(1-\frac{\Delta t}{N\tau}\right)^{N-n}$$

N이 매우 크다고 가정하고 다음 관계를 이용하면

$$\lim_{x\to 0}(1+x)^{1/x}=\mathrm{e} \qquad \text{(MB7.3)}$$

조금 복잡하지만 직접적인 계산(여기서 반복하지는 않겠지만)을 통해 일정 시간 Δt에 n번의 사건이 일어날 확률(그림 MB7.2)로서 다음과 같은 **Poisson 분포(Poisson distribution)**를 얻는다.

$$P(n)=\frac{(\Delta t/\tau)^n}{n!}\mathrm{e}^{-\Delta t/\tau} \qquad \text{Poisson 분포} \quad \text{(MB7.4)}$$

다음의 **간단한 예**에서 볼 수 있듯이, 일정 시간 Δt에 일어나는 사건의 평균 횟수는 $\Delta t/\tau$로 주어진다. 따라서 τ는 사건들 사이의 평균적인 시간이라고 할 수 있다.

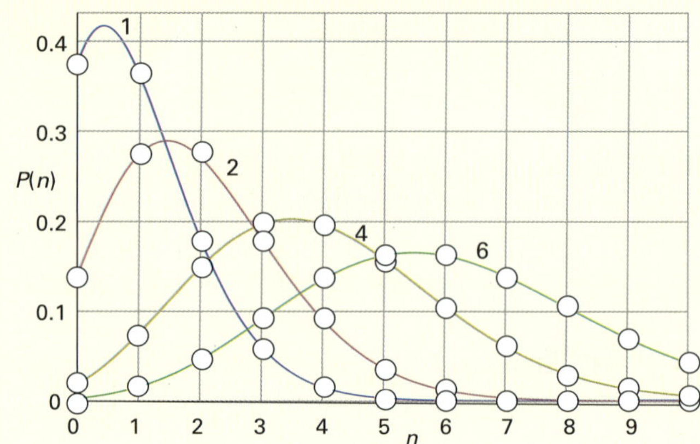

그림 MB7.2 다른 $\Delta t/\tau$ 값에 대한 Poisson 분포

간단한 예 MB7.2 Poisson 분포

일정 시간 Δt(또한 $N\to\infty$인 극한에서)에 일어나는 사건의 평균 횟수를 계산하기 위하여 다음과 같은 식을 구해야 한다.

$$\langle n\rangle=\sum_{n=1}^{N}nP(n)=\sum_{n=1}^{N}n\frac{(\Delta t/\tau)^n}{n!}\mathrm{e}^{-\Delta t/\tau}=\mathrm{e}^{-\Delta t/\tau}\sum_{n=1}^{N}\frac{(\Delta t/\tau)^n}{(n-1)!}$$

$$=(\Delta t/\tau)\mathrm{e}^{-\Delta t/\tau}\sum_{n=1}^{N}\frac{(\Delta t/\tau)^{n-1}}{(n-1)!}=(\Delta t/\tau)\mathrm{e}^{-\Delta t/\tau}\sum_{n=0}^{N}\frac{(\Delta t/\tau)^n}{n!}$$

$$=(\Delta t/\tau)\mathrm{e}^{-\Delta t/\tau}\mathrm{e}^{\Delta t/\tau}=\Delta t/\tau$$

여기에서 e^x의 Taylor 서열 전개(식 MB1.7b)를 이용하였다.

(c) Gaussian 분포

변수가 0을 중심으로 양수 또는 음수의 정수 값을 가질 수 있으며, 특정한 값 n을 갖기 위해서 왼쪽 또는 오른쪽으로 길이가 λ인 N개의 무질서한 걸음을 한다고 가정하자. N개의 무질서한 걸음에서 오른쪽으로 N_R, 왼쪽으로 $N_L(N=N_R+N_L)$ 걸음을 가는 방법의 수는 다음과 같이 주어진다.

$$\mathcal{W}=\frac{N!}{N_L!N_R!} \qquad \text{(MB7.7)}$$

N 걸음을 진행하는 중에 가능한 방향의 수는 2^N이기 때문에 N 걸음의 결과 원점에서 n 걸음($n=N_R-N_L$) 떨어져 있을 확률은 다음과 같이 주어진다.

$$P(n)=\frac{\mathcal{W}}{2^N}=\frac{N!}{2^N N_L!N_R!}=\frac{N!}{2^N\left(\frac{N+n}{2}\right)!\left(\frac{N-n}{2}\right)!} \qquad \text{(MB7.8)}$$

나중에 다루게 될 미묘한 측면은 N이 짝수이면 n도 짝수이어야 하며(짝수 걸음을 걸은 후 원점으로부터 홀수 걸음만큼 떨어질 수는 없다. $N=4$인 경우를 생각해 보라). 마찬가지로 N이 홀수이면 n도 홀수이어야 하며(홀수 걸음을 걸은 후 원점으로부터 짝수 걸음만큼 떨어질 수는 없다. $N=5$인 경우를 생각해 보라). 따라서 $N+n$과 $N-n$은 모두 짝수이므로 $P(n)$에서 계산해야 할 인수들은 정수에 대한 것이 된다.

걸음의 수가 매우 큰 경우에 대한 식을 얻기 위하여 로그를 취한 후 **Stirling 근사(Stirling's approximation)**를 이용한다.

$$\ln x! \approx \ln(2\pi)^{1/2} + \left(x+\frac{1}{2}\right)\ln x - x \qquad \text{Stirling 근사} \qquad \text{(MB7.9)}$$

이 근사를 이용하여 여러 단계의 계산을 거치면 다음과 같은 **Gaussian 분포(Gaussian distribution)**를 얻는다.

$$P(n) = \frac{2}{(2N\pi)^{1/2}} e^{-n^2/2N} \qquad \text{Gaussian 분포} \qquad \text{(MB7.10)}$$

여기에서 N이 짝수이면 n도 짝수이고, N이 홀수이면 n도 홀수임을 기억하라. N이 짝수와 홀수인 경우에 대하여 종 모양의 분포는 그림 MB7.3에 예시되어 있다. 다음 절에서 설명하듯이 Gaussian 분포는 연속적인 함수를 표현하기 위해 주로 이용된다.

MB7.2 연속 분포

연속 분포(continuous distribution)는 변수들이 연속적인 값을 가질 때의 분포이다. 가장 중요한 예의 하나로 앞 절에서 다룬 Gaussian 분포를 들 수 있다.

N이 매우 크고 x_i 값들이 매우 근접해 있어서 x가 연속적으로 변하는 것으로 생각할 수 있을 때에는 결과가 x와 $x+dx$ 사이에 존재할 확률을 $\rho(x)dx$라고 쓸 수 있다. 여기에서 $\rho(x)$는 **확률 밀도(probability density)**이다. $-\infty$에서 $+\infty$ 사이에서 변하는 x 값의 평균은 다음과 같이 주어진다. 분산과 표준 편차에 대해서도 비슷한 식을 얻을 수 있다.

$$\langle x\rangle = \int_{-\infty}^{\infty} x\rho(x)dx \qquad \text{(MB7.11)}$$

Gaussian 분포에 해당하는 확률 밀도를 얻기 위해서 MB7.1절에 다룬 무질서 걸음(random walk) 모형을 이용하여 λ가 매우 작고 n이 매우 커서 $x=n\lambda$라고 쓴 x 값이 연속적이라고 생각해 보자. 만약 dx가 충분이 넓은 점들을 포함한다고 가정하면 그림 MB7.3a나 그림 MB7.3b와 같은 분포 대신 두 분포의 평균에 해당하는 분포를 다룰 수 있다. 따라서 연속적인 분포에 대해서는 다음과 같은 식을 이용한다.

$$P(n) = \frac{1}{(2N\pi)^{1/2}} e^{-n^2/2N} \qquad \text{(MB7.12)}$$

$x=n\lambda$에서 $dx=\lambda dn$인 영역에 있을 확률은 다음과 같이 주어진다.

$$\rho(x)dx = \frac{1}{(2N\pi)^{1/2}} e^{-n^2/2N} dn = \frac{1}{(2N\pi)^{1/2}} e^{-x^2/2N\lambda^2} \frac{dx}{\lambda} \qquad \text{(MB7.13)}$$

따라서 다음과 같은 결과를 얻는다.

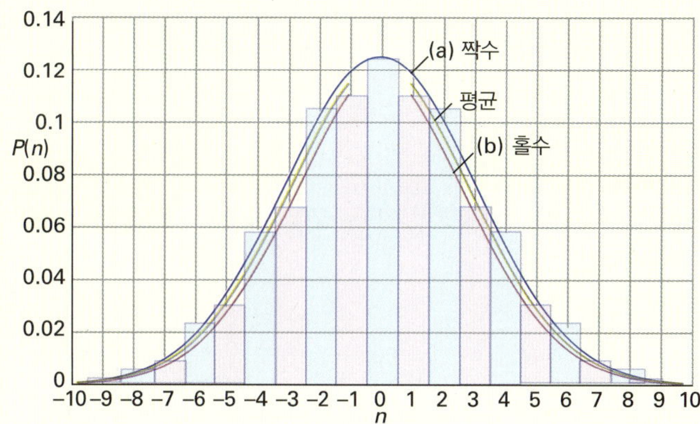

그림 MB7.3 N이 짝수(40)와 홀수(41)인 경우의 Gaussian 분포와 그 평균값. 종 모양의 평균 그래프는 두 분포의 평균을 얻은 것이며, 연속적인 변수의 Gaussian 분포에 해당된다.

$$\rho(x) = \frac{1}{(2N\pi\lambda^2)^{1/2}} e^{-x^2/2N\lambda^2} \qquad \text{(MB7.14)}$$

이 식은 흔히 **Gaussian 분포 함수(Gaussian distribution function)** 또는 정규 **분포 함수**로 표현된다.

$$\rho(x) = \left(\frac{1}{2\pi\sigma^2}\right)^{1/2} e^{-x^2/2\sigma^2} \qquad \text{Gaussian 분포 함수} \qquad \text{(MB7.15)}$$

여기에서 $\sigma = N^{1/2}\lambda$는 분포의 표준 편차이다(아래를 참고하라).

간단한 예 MB7.3 Gaussian 분포 함수

종 모양의 Gaussian 분포 함수가 $\langle x\rangle$를 중심으로 정의되면, 분포는 다음과 같이 쓸 수 있다.

$$\rho(x) = \left(\frac{1}{2\pi\sigma^2}\right)^{1/2} e^{-(x-\langle x\rangle)^2/2\sigma^2}$$

x의 평균값을 구하기 위하여 다음과 같이 쓸 수 있다.

$$\langle x^2\rangle = \int_{-\infty}^{\infty} x^2\rho(x)dx = \left(\frac{1}{2\pi\sigma^2}\right)^{1/2}\int_{-\infty}^{\infty} x^2 e^{-(x-\langle x\rangle)^2/2\sigma^2}dx$$

이제 $z=(x-\langle x\rangle)/(2\sigma^2)^{1/2}$을 치환하면 $dx=(2\sigma^2)^{1/2}dz$와 $x^2=2\sigma^2z^2+2(2\sigma^2)^{1/2}z\langle x\rangle+\langle x\rangle^2$을 얻을 수 있으며, 다음과 같은 결과를 얻는다.

$$\langle x^2\rangle = \left(\frac{1}{2\pi\sigma^2}\right)^{1/2}(2\sigma^2)^{1/2}\times \left\{\int_{-\infty}^{\infty}2\sigma^2z^2e^{-z^2}dz + 2(2\sigma^2)^{1/2}\langle x\rangle\overbrace{\int_{-\infty}^{\infty}ze^{-z^2}dz}^{0} + \langle x\rangle^2\int_{-\infty}^{\infty}e^{-z^2}dz\right\}$$

$$= \frac{1}{\pi^{1/2}}\{\pi^{1/2}\sigma^2 + \langle x\rangle^2\pi^{1/2}\} = \sigma^2 + \langle x\rangle^2$$

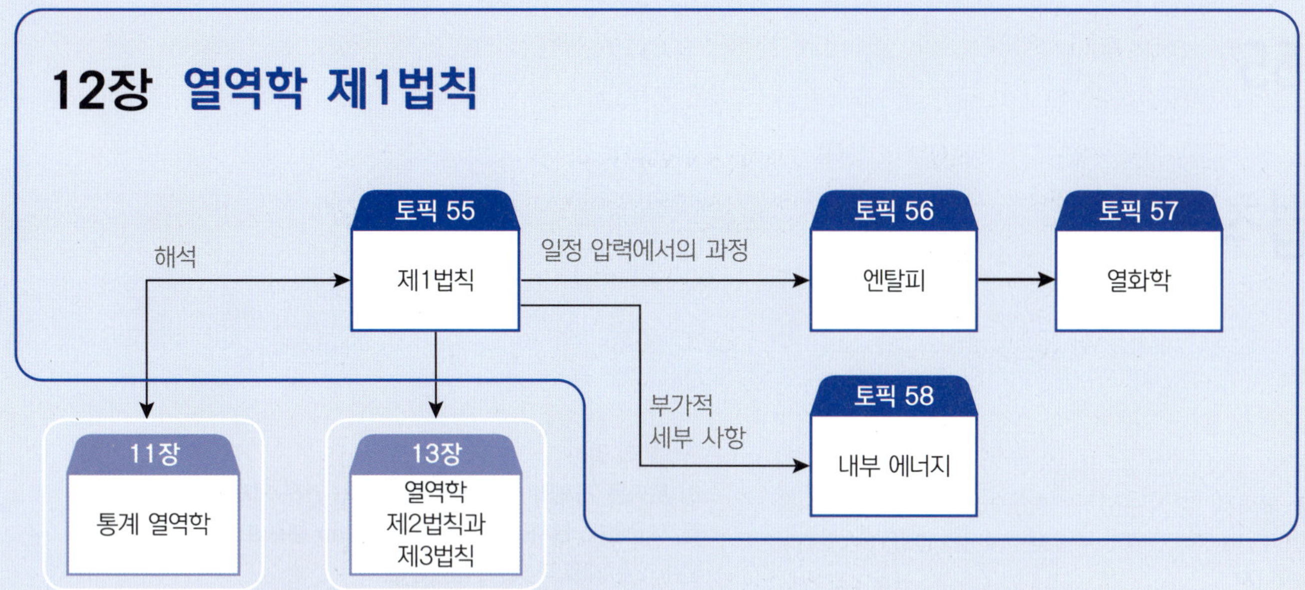

열역학 제1법칙은 수많은 실험을 근거로 도입되었는데, 그 실험은 고립계의 총 에너지는 보존된다는 결론을 이끌어냈다. 이는 동적 에너지 보존 법칙의 한계를 넘는다는 것인데, 여기서 물체의 에너지는 **일**이 수행되었거나 일을 수행하였을 때 에너지의 이동 형태로 열의 개념을 통해 변환될 수 있다는 것이다. 제1법칙(토픽 55)은 본질적으로 계의 총 에너지인 내부 에너지 개념에 촛점을 맞춘다. 내부 에너지의 논의와 내부 에너지가 '상태 함수'라는 인식은 일과 열로 이동되는 에너지의 계산에 근거한다. 물체가 힘에 반하여 움직일 때 행해지는 일에 관해, 물리학에서는 식을 사용하여 일을 계산한다. 열로서의 에너지의 이동은 계의 '열용량'이라 불리는 성질을 알고 있는 조건에서 일어나는 온도 변화로부터 통상 계산될 수 있다. 내부 에너지는 계산될 수 있고(어떤 경우에는) **통계 열역학**의 기술을 이용하여 분자의 성질과 관련지을 수 있다.

반응과 같은 변화가 일어날 때 계는 팽창(또는 압축)될 수 있다. 다시 말해, 계는 주위를 밀어내어 일을 할 수도 있다(또는 주위에 의해 압축을 받아 일이 행해질 수 있다). 이 효과를 계산하는 것을 피하기 위해 '엔탈피(토픽 56)'라고 알려진 성질이 도입된다. 이 성질은 팽창의 일을 자동적으로 고려하게 된다.

화학 반응에 수반되는 열의 방출이나 흡수에 관한 연구인 '열화학'(토픽 57)의 근거가 되는 것이 엔탈피이다. 열화학은 연료를 평가하는 데 중요할 뿐만 아니라 **열역학 제2법칙**과 **제3법칙**에서 설명되는 것으로서 반응의 자발성을 평가하는 데 역할을 한다. 열화학 계산에는 열로서 에너지 이동을 감지하는 '열계량'에 의한 측정이 사용되며, 또한 모든 종류의 반응에 수반되는 엔탈피 변화를 산정하기 위한 실험 및 데이터의 표가 사용된다.

일정 성분 계의 내부 에너지가 부피와 온도에 의존한다는 관점을 받아들이면, 이들 파라미터가 변화할 때 어떻게 변하는지를 요약한 강력한 관계식이 유도될 수 있다(토픽 58). 이를 통해 열용량의 분자적 해석과 단열 과정을 수반하는 압력과 온도 변화에 관해 논의할 수 있게 된다.

토픽 55

제1법칙

내용

➤ 학습 목표

열역학 제1법칙은 화학에서 에너지 역할의 논의에서 기본이 된다. 화학 반응이나 물리적 변환에서 에너지의 발생이나 이용에 흥미를 가지려면 어디서나 배경에 깔린 것은 제1법칙에 의해 도입되는 개념이다.

➤ 핵심 내용

에너지는 열이나 일로 이동될 수 있으며, 고립계에서 전체 양은 일정하게 유지된다.

➤ 미리 알기

이 토픽은 기체의 성질(토픽 36), 특히 완전 기체 법칙의 논의를 사용한다. 분자적 해석은 Bolzmann 분포(토픽 51)와 분배 함수의 논의(토픽 52)에 의존한다.

주위를 가열하거나 전기 회로를 통해 전류를 흐르게 하는 것과 같이, 다양한 과정을 일으키게 하는 데 에너지가 이용될 수 있다. 다른 말로 하면 분자의 집합에 의해 저장된 에너지는 다양한 형태로 변환될 수도 있다. **열역학**(**thermodynamics**)은 이러한 에너지의 변환을 연구하는 것이다. 열역학의 역사적 발전은 벌크 시료의 성질을 관찰하면서 이루어졌다. 아직도 그와 같은 방법으로 설명될 수 있지만, 이 개념의 이해는 분자의 개념과, 특히 Bolzmann 분포(토픽 51)를 이용하면 더욱 크게 충족됨을 알 수 있을 것이다.

열역학에서는 우주를 계와 그 주위의 두 부분으로 나눈다. **계**(**system**)는 우리가 특히 관심을 갖는 세상의 한 부분으로서, 이것은 반응 용기일 수도 있고 엔진, 화학 전지, 생물학적 세포 등일 수도 있다. 계의 둘레는 **주위**(**surrounding**)라고 하며, 여기에서 계를 관찰하게 된다. 계는 그 계를 주위와 분리시키고 있는 경계의 특성에 따라 여러 종류로 분류할 수 있다(그림 55.1). 계와 그 주위를 분리시키고 있는 경계를 통해서 물질이 이동할 수 있을 때는 이 계를 **열린**(**open**) 계라고 분류한다. 물질이 경계를 통과하지 못할 때는 그 계를 **닫힌**(**closed**) 계라고 한다. 열린 계와 닫힌 계는 그 주위와 에너지를 교환할 수 있다. 예로서 닫힌 계는 팽창하면서 그 주위에 있는 추를 들어 올릴 수 있으며, 주위의 온도가 낮을 때는 거기에 에너지를 내줄 수도 있다. 물질은 물론 에너지도 주위와 교환할 수 없는 계를 **고립계**(**isolated system**)라고 한다.

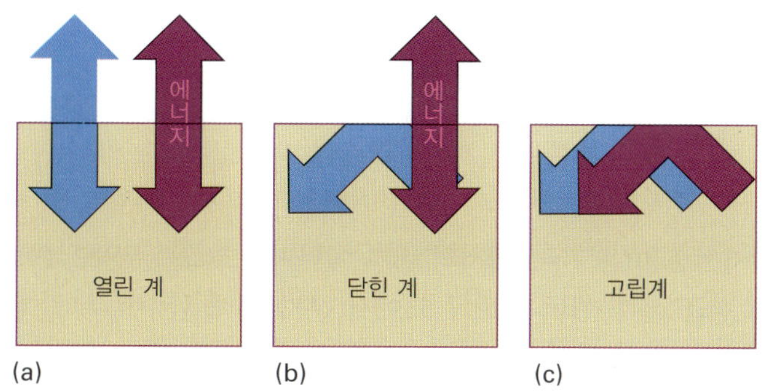

그림 55.1 (a) 열린 계는 그 주위와 에너지 및 물질을 교환할 수 있다. (b) 닫힌 계는 그 주위와 에너지는 교환할 수 있지만 물질을 교환할 수 없다. (c) 고립계는 물질은 물론 에너지도 그 주위와 교환할 수 없다.

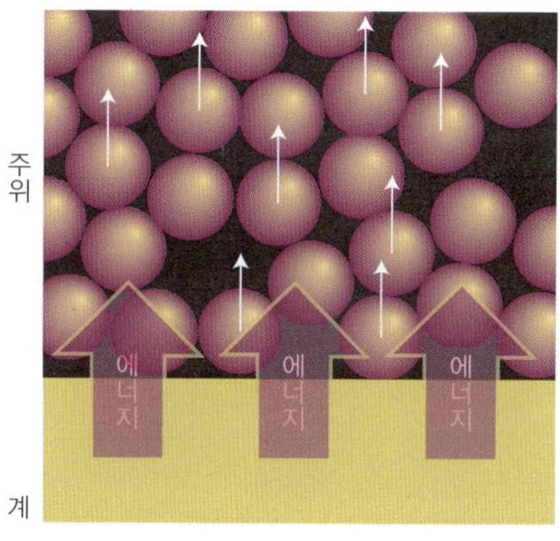

그림 55.2 계가 일을 할 때는 주위에서 질서적인 운동이 자극된다. 예를 들어 여기에 보인 원자는 밀려 올라가는 추의 일부일 수 있다. 한편 낙하하는 추의 원자의 질서 있는 운동은 계에 일을 해 준다.

55.1 일, 열, 에너지

열역학에서 기본적인 개념은 일이다. **일**(**work**)은 대립하는 힘에 맞서는 운동이다. 주위 어딘가에 있는 추(무게)를 들어 올린다면 이 과정은 일을 하는 것과 같다. 일의 한 예는 기체가 팽창하면서 피스톤을 밀어 내어 추를 올라가게 하는 것이다. 저항을 통해서 전류를 흐르게 하는 화학 반응도 일을 한다. 이것은 이와 동일한 전류를 모터를 통해 흐르게 하여 추를 들어 올릴 수 있기 때문이다.

분자 수준에서, **일은 주위의 조직적인 운동을 이용하는 에너지 이동이다**(그림 55.2). 추를 올려주거나 내려줄 때 추의 원자는 조직화된 방식(위 또는 아래로)으로 이동한다. 태엽이 감길 때는 태엽의 원자가 규칙적인 방식으로 이동하고, 또 전류가 흐를 때는 전류 속의 전자가 규칙적인 방향으로 이동한다. 계가 일을 할 때는 주위에 있는 원자나 전자를 조직화된 방식으로 이동하게 한다. 이와 마찬가지로 **계에** 일이 행해질 때는 추의 원자가 밑으로 내려가든가 또는 전자가 흘러가든가 하면서 조직화된 방식으로 에너지가 계로 이동되도록 주위의 분자들이 사용된다.

계의 **에너지**(**energy**)는 그 계가 할 수 있는 일의 능력과 같다. 한 고립계에 일을 해 주면(예컨대 기체를 압축시키든가, 태엽을 감는다든가 하여) 이 계의 일을 할 수 있는 능력이 증가한다. 즉 계의 에너지가 증가하는 것이다. 계가 일을 할 때는(피스톤이 밀려 나가거나 태엽이 풀릴 때) 계의 에너지가 감소하고, 따라서 일을 할 수 있는 계의 능력이 전보다 감소한다.

실험 결과에 의하면, 계의 에너지는 일 이외의 다른 방법에 의해서도 변화시킬 수 있다. 계와 주위 사이의 온도 차이 때문에 계의 에너지가 변할 때는 에너지가 **열**(**heat**)로 이동되었다고 말한다. 비커에 담긴 물(계)에 히터를 담그면 이 계의 일을 할 수 있는 능력이 증가하는데, 이것은 뜨거운 물이 찬 물보다 일을 더 많이 할 수 있기 때문이다.

에너지를 주위에 열로 방출하는 과정을 **발열 과정**(**exothermic process**)이라고 한다. 연소 반응은 모두 발열 과정이다. 한편 주위로부터 에너지를 열로서 흡수하는 과정은 **흡열 과정**(**endothermic process**)이라고 한다. 물이 증발하는 과정이 흡열 과정의 한 예이다. 많은 어색한 표현을 피하기 위해서 일반적으로 발열 과정에서는 에너지가 주위로 '열이 방출되고', 흡열 과정에서는 주위로부터 계로 에너지가 '열이 흡수된다'고 말한다. 그러나 열은 한 과정이지(온도차 때문에 생기는 에너지 이동), 실체가 아니라는 것을 절대 잊어서는 안 된다. **투열**(**diathermic**; 열적으로 전도되는) 용기 안에서 흡열 과정이 일어나면 에너지가 주위에서 계 안으로 열로 흘러 들어간다. 투열 용기 안에서 발열 과정이 일어나면 에너지가 주위로 열로서 방출된다. 한편 **단열**(**adiabatic**; 열적으로 차단된) 용기 안에서 흡열 과정이 일어나면 계의 온도가 내려가고, 발열 과정이 일어나면 온도가 올라간다. 이러한 특징들을 그림 55.3에 요약해 놓았다.

간단한 예 55.1 단열과 투열 용기에서의 연소

반응이 열적으로 차단된 용기로 제한받지 않는다면 모든 연소는 발열이다. 연소 과정에서 온도는 올라가지만, 충분한 시간이 지나면 계는 주위의 온도로 되돌아간다. 그래서 예를 들어 '25°C에서' 연소라고 말할 수 있다. 만일 연소가 단열 용기에서 일어나면 열로 방출되는 에너지는 용기 내에 남아 있게 되어 온도상으로 영원한 상승을 가져온다.

자가 진단 55.1 일정한 온도에서 어떻게 하면 기체의 팽창을 얻을 수 있는가?

답: 물중탕에 계를 담근다.

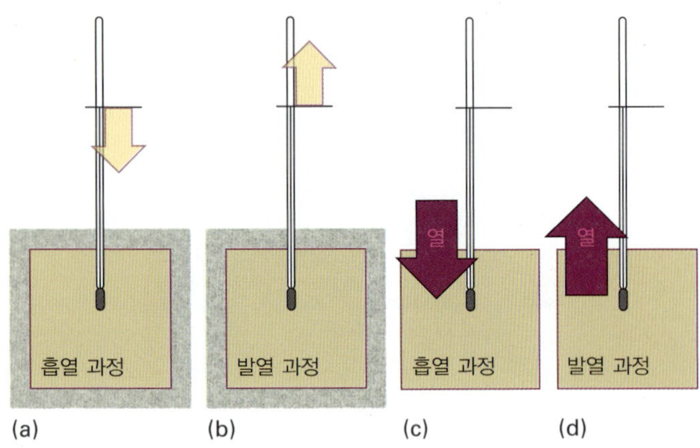

그림 55.3 (a) 단열계에서 흡열 과정이 일어날 때는 온도가 떨어지고, (b) 발열 과정이 일어날 때는 온도가 올라간다. (c) 투열 용기 속에서 흡열 과정이 일어날 때는 주위로부터 에너지가 열로 흘러 들어가서 계가 동일한 온도를 유지하며, (d) 발열 과정이 일어나면 에너지가 열로 빠져나가며, 따라서 이 변화가 등온적으로 일어난다.

분자 수준에서 보면 가열이란 주위의 **무질서한 분자 운동**을 이용하는 에너지 이동이다. 분자의 무질서한 운동을 **열운동**(**thermal motion**)이라고 한다. 뜨거운 주위에 있는 분자의 열운동은 보다 차가운 계의 분자를 자극하여 더 활발하게 움직이게 함으로써 계의 에너지를 증가시킨다. 계가 주위를 가열할 때는 계의 분자가 주위 분자의 열운동을 활발하게 한다(그림 55.4).

55.2 내부 에너지

열역학에서는 계의 전체 에너지를 **내부 에너지**(**internal energy**)라고 하고 U로 표시한다. 이 내부 에너지는 계 내부에 들어 있는 분자의 전체 운동 에너지와 퍼텐셜 에너지이다. 계 전체로서의 운동에 기인되는 운동 에너지에 포함되지 않는다는 점에서 '내부'이다. 예를 들면 지구가 태양 주위의 궤도를 따라 도는 운동 에너지와 같은 것이다.

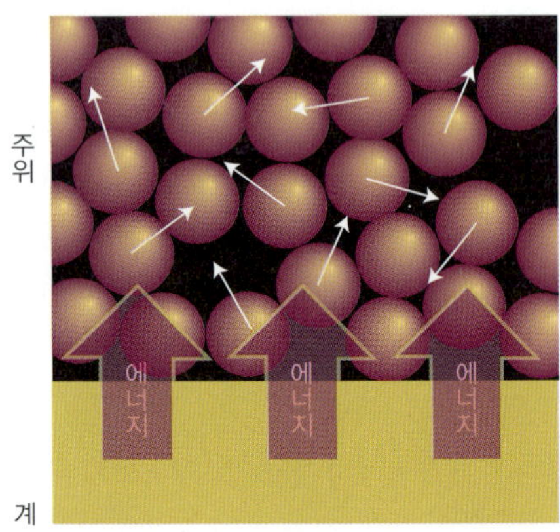

그림 55.4 에너지가 열로서 주위로 이동될 때는, 이 에너지 이동이 주위에 있는 원자의 무질서한 운동을 자극하게 된다. 주위로부터 계로 에너지가 이동할 때는 주위에서 무질서 운동(열운동)을 이용한다.

N개의 독립된 분자로 이루어진 계에 대하여, 온도 T에서의 내부 에너지는 다음과 같다.

$$U(T)=U(0)+N\langle\varepsilon\rangle \quad \text{독립된 분자 내부 에너지} \quad (55.1a)$$

여기서 $U(0)$은 $T=0$에서의 내부 에너지이고 $\langle\varepsilon\rangle$는 온도 T에서 평균 분자 에너지(토픽 53에서 분자 분배 함수로부터 계산된 것 같이)이다. 상호 작용하는 분자들로 구성된 계의 더욱 일반적인 경우는 다음과 같이 쓴다.

$$U(T)=U(0)+\langle E\rangle \quad \text{일반적인 경우 내부 에너지} \quad (55.1b)$$

여기서 $\langle E\rangle$는 온도 T에서 계의 평균 에너지(토픽 54에서 정준 분배 함수로부터 계산된 것 같이)이다. 보다 수식적으로는 토픽 54에서 설명된 것과 같이, $\langle E\rangle$는 $\tilde{N}\to\infty$의 열역학 극한에서 정준 앙상블 에너지의 평균값이다.

간단한 예 55.2 기체의 내부 에너지

N_A가 Avogadro 상수일 때, 몰 내부 에너지는 $N=nN_A$로 놓고, 총 내부 에너지를 시료 속 분자의 양 n으로 나누면 다음과 같이 얻어진다.

$$U_m(T)=U_m(0)+N_A\langle\varepsilon\rangle$$

토픽 53에서 분자의 병진 운동에 기인한 분자의 평균 에너지는 $\frac{3}{2}kT$ 임을 보여 주었으므로 내부 에너지에 병진 운동 기여만을 고려하면 다음과 같다.

$$U_m(T)=U_m(0)+\tfrac{3}{2}N_AkT=U_m(0)+\tfrac{3}{2}RT$$

25°C에서, $RT=2.48\ \text{kJ mol}^{-1}$이므로, 기체의 몰 내부 에너지에 대한 병진 운동 기여는 $3.72\ \text{kJ mol}^{-1}$이다.

자가 진단 55.2 25°C에서, 병진과 회전 자유도를 염두에 두고 이산화 탄소의 몰 내부 에너지를 계산하시오.

답: $U_m(T)=U_m(0)+\frac{5}{2}RT$

계가 내부 에너지 U_i를 갖는 처음 상태 i로부터 내부 에너지 U_f를 갖는 최종 상태 f로 변할 때의 내부 에너지 변화를 다음과 같이 ΔU로 나타낸다.

$$\Delta U=U_f-U_i \quad \text{정의 내부 에너지의 변화} \quad (55.2)$$

닫힌 계의 내부 에너지는 계에(혹은 계에 의해) 일을 해 주거나 계를 가열함(혹은 냉각시킴)으로써 변화시킬 수 있다. 우리는 에너지가 어떤 방식으로 이동되는지를 식별할 수 있지만(주위에서 추가 올라갔는지 내려갔는지를 보고 일에 의해서 에너지가 이동되었는지를 알 수 있고, 또는 주위의 얼음이 녹았는지를 보고 열에 의해서 에너지가 이동되었는지를 알 수 있다), 계는 이러한 이동 방식을 식별하지 못한다는 것이다. **열과 일은 계의 내부 에너지를 변화시키는 동등한 방법이다.** 계는 마치 은행과 같은 것이어서, 두 가지 통화를 예금으로 받아서 이것을 에너지로 보관한다고 생각할 수 있다. 계에 행해지는 일을 w로, 열로서 계로 이동되는 에너지를 q로 표기하면, 결과적으로 나타나는 내부 에너지 변화인 ΔU는 다음과 같다.

$$\Delta U = q + w \quad \text{열과 일의 기여} \quad (55.3)$$

(주의할 것은 열로서 이동되는 에너지의 기호인 q를 분배 함수에 대한 기호 q와 구별하는 것이다. 나중에 압력에 대한 p와 개체수에 대한 p도 구별할 필요가 있다. 통계상의 성질에 대하여 필기체 기호를 사용한다.) 이 식에서는 계에 일이나 열로서 에너지가 이동되면 $w>0$이나 $q>0$이고, 계로부터 일이나 열로서 에너지가 빠져나가면 $w<0$이나 $q<0$이 되도록 부호를 정하는 '부호 규약'을 사용한다. 즉 계의 입장에서 일이나 열로서의 에너지 흐름을 보려는 것이다.

일을 하고 잠시 고립 상태로 남은 다음, 원래의 값으로 재저장된 내부 에너지를 찾아 바로 동일한 양의 일을 다시 제공하기 위하여 되돌아오는 계를 사용할 수 없다는 것은 실험적인 사실이다. 연료 없이 일을 수행할 수 있는 예외적인 장치인 '영구 운동 기구'를 만들기 위해 상당히 노력하였지만 그 누구도 성공하지 못하였다. 다시 말해, 식 55.3은 내부 에너지의 변화는 닫힌 계에서 어떻게 얻어질 수 있다는 완벽한 기술이다. 닫힌 계의 내부 에너지를 증가시키는 유일한 방법은 에너지를 열이나 일로서 이동하는 것이다. 만일 계가 고립되었다면 그 능력조차도 제거되며 내부 에너지는 변할 수 없다. 이 결론이 다음과 같은 **열역학 제1법칙(The First Law of thermodynamics)**으로 알려진 것이다.

고립계의 내부 에너지는 일정하다.

식 55.3은 이 법칙의 수학적 기술이다. 왜냐하면 이는 에너지의 이동 방식으로서 열과 일의 대등함과, 고립계($q=0$와 $w=0$ 인)에서 내부 에너지가 일정하다는 사실을 함축하기 때문이다. 제1법칙은 에너지 보존(**기초 지식**, 토픽 2)과 깊게 관련되어 있을 뿐 아니라 그 이상을 함유하고 있다. 왜냐하면 열의 개념은 고전 역학에서 취급되는 단일 입자에는 적용되지 않기 때문이다.

간단한 예 55.3 ΔU로의 기여

어떤 전기 모터가 매초 15 kJ 에너지의 역학적 일을 하면서 2 kJ의 열을 주위에 방출한다면, 이 모터의 초당 내부 에너지 변화는 다음과 같이 된다.

$$\Delta U = -2\ \text{kJ} - 15\ \text{kJ} = -17\ \text{kJ}$$

태엽을 감을 때 100 J의 일을 태엽에 해 주어야 하지만, 15 J의 열이 주위로 도망간다고 하자. 그러면 이 태엽의 내부 에너지 변화를 다음과 같이 나타낼 수 있다.

$$\Delta U = +100\ \text{kJ} - 15\ \text{kJ} = +85\ \text{kJ}$$

자가 진단 55.3 엔진이 질량 100 kg을 지구의 표면에서 20.0 m를 올리고(mgh를 사용), 열로서 10.0 kJ의 에너지를 잃었을 때 내부 에너지의 변화는 얼마인가?

답: −29.6 kJ

제1법칙에 따르면, 만일 고립계가 한 순간에 어떤 내부 에너지를 가지고 나중에 조사한다면 정확하게 같은 내부 에너지를 가짐이 판명날 것이다. 따라서 만일 첫 번째 것과 정확히 같은 상태에서 정확히 같은 양을 함유한 두 번째 계(즉 첫 번째 계와 구별할 수 없는)를 조사한다면, 이것도 첫 번째 계와 같은 내부 에너지를 가질 것이다. 내부 에너지는 **상태 함수(state function)**라고 말함으로써 이 결론이 요약된다. 상태 함수란 계의 현 상태에만 의존하고 그 상태가 어떻게 만들어졌는지와는 무관한 성질을 말한다. 계의 압력, 부피, 온도, 밀도 등도 상태 함수이다.

이제 상태의 미소 변화(예컨대 미소한 온도 변화)와 내부 에너지의 미소 변화 $\mathrm{d}U$ 쪽으로 주목을 돌림으로써 강력한 계산 방법의 길이 열리게 되었다. 만일 계에 행해진 일이 $\mathrm{d}w$이고 열로서 공급된 에너지가 $\mathrm{d}q$이면 식 55.3을 다음과 같이 바꾸어 쓸 수 있다.

$$\mathrm{d}U = \mathrm{d}q + \mathrm{d}w \quad (55.4)$$

이 식을 이용하려면 $\mathrm{d}q$와 $\mathrm{d}w$를 주위에서 일어나는 변화와 연관시켜 줄 수 있어야 한다.

55.3 팽창 일

우선 부피 변화에 기인되는 일인 **팽창 일(expansion work)**의 중요한 경우로부터 논의하기로 하자. 이러한 종류의 일은 기체가 팽창하면서 대기를 밀어낼 때 기체가 하는 일과 같은 것이다. 많은 화학 반응에서는 기체가 발생되거나 소모되며(예로서 탄산 칼슘의 열분해나 옥테인의 연소), 반응의 열역학적 특징은 생성되는 기체가 할 수 있는 일에 의존한다. '팽창 일'이라는 용어에는 부피가 음으로 변하는, 즉 압축되는 과정에 수반되는 일도 포함된다.

(a) 일에 대한 일반적 표현

팽창 일은 물리학의 정의에 따라 계산해야 한다(**기초 지식**, 토픽 2). 한 대상물을 크기가 F인 대립 힘에 맞서서 dz의 거리를 이동시키는 데 필요한 일은 다음과 같이 정의된다.

$$dw = -Fdz \qquad \text{정의 일} \qquad (55.5)$$

여기서 음의 부호는 계가 대립 힘에 맞서서 대상물을 이동시킬 때 일을 하는 계의 내부 에너지가 감소된다는 것을 나타내는 것이다. 지금 그림 55.5에서와 같이 한쪽 벽이 질량이 없고, 마찰이 없고, 단단하고, 넓이가 A인 꼭 들어맞는 피스톤으로 되어 있는 장치를 생각해 보자. 외부 압력을 p_{ex}라고 하면, 이 피스톤의 바깥면에 $F=p_{ex}A$라는 크기의 힘이 작용할 것이다. 만일 계가 이 외부 압력 p_{ex}에 맞서서 거리 dz만큼 팽창할 때는 $dw=-p_{ex}Adz$ 만큼의 일이 행해질 것이다. 그런데 Adz는 팽창 과정에서 늘어난 부피 dV와 같다. 따라서 계가 압력 p_{ex}에 맞서서 dV만큼 팽창할 때 행해지는 일은 다음과 같이 된다.

$$dw = -p_{ex}dV \qquad \text{팽창 일} \qquad (55.6)$$

부피가 V_i로부터 V_f로 변할 때 행해지는 전체 일은 이 식을 처음 부피와 최종 부피 사이에서 적분하면 얻을 수 있다.

$$w = -\int_{V_i}^{V_f} p_{ex}dV \qquad (55.7)$$

피스톤에 작용하는 힘 $p_{ex}A$는 계가 팽창할 때 들어 올리는 추의 무게와 동일하다.

반대로 계가 압축될 때는 주위의 동일한 추가 내려가게 되며 여전히 식 55.7을 쓸 수 있는데, 다만 이때는 $V_f < V_i$가 된다. 이때도 일의 크기를 결정하는 것은 **외부** 압력이라는 사실을 주의하는 것이 중요하다. 이 다소 복잡한 결론은 용기 **내부**의 기체가 압축에 맞선다는 사실을 생각하면 조금 일관성을 잃는 것처럼 보인다. 그러나 기체가 압축될 때 **주위**가 일을 할 수 있는 능력은 내려가는 추에 의해서 결정되는 양만큼 줄어들며 이것이 바로 계로 이동되는 에너지인 것이다.

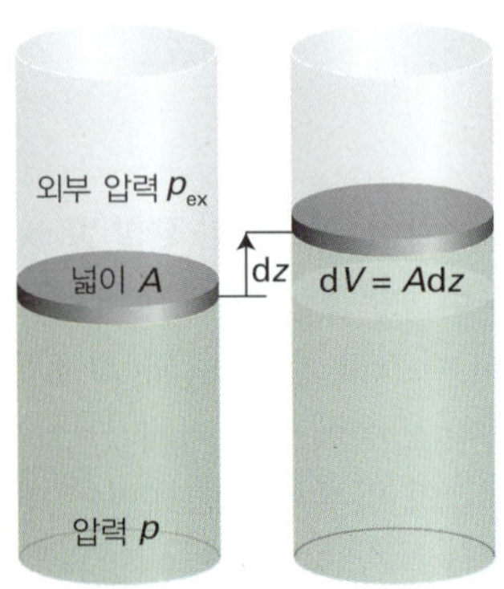

그림 55.5 넓이가 A인 피스톤이 거리 dz만큼 움직여 나가면 $dV=Adz$만큼의 부피를 쓸고 나간다. 외부 압력 p_{ex}는 피스톤을 누르는 추와 똑같으며, 팽창에 맞서는 힘은 $F=p_{ex}A$가 된다.

다른 종류의 일(예컨대 전기적 일)은 **비팽창 일**(**non-expansion woork**)이라고 하는데, 이들도 비슷하게 세기 인자(예컨대 압력)와 크기 인자(부피 변화)의 곱으로 나타낼 수 있다. 몇 가지 예를 표 55.1에 모아 놓았다. 여기서는 계속해서 계의 부피 변화에 수반되는 일인 팽창 일을 더 공부하고, 또한 식 55.6과 식 55.7로부터 어떤 결과를 끌어내게 되는지도 알아보기로 한다.

표 55.1 여러 가지 종류의 일*

일의 종류	dw	비고	단위†
팽창	$-p_{ex}dV$	p_{ex}는 외부 압력, dV는 부피 변화	Pa m^3
표면 팽창	$\gamma d\sigma$	γ는 표면 장력, dσ는 면적의 변화	N m^{-1} m^2
신장	fdl	f는 장력, dl은 길이의 변화	N m
전기적 일	ϕdQ	ϕ는 전위차, dQ는 전하의 변화	V C

*일반적으로 계에 행해지는 일은 d$w=-F$dz와 같은 형태로 표시되는데, F는 '일반화 힘'이고 dz는 '일반화 변위'이다.

†일의 단위는 J이다. 1 N m = 1 J, 1 Pa m^3 = 1 J, 1 V C = 1 J이다.

간단한 예 55.4 신장의 일

신장에 반하는 힘이 고무줄의 정지 상태로부터의 변위에 비례하는 조건에서 신장 길이 l인 고무줄 신장의 일에 대한 식을 얻으려면, k_f는 상수이고 x가 변위일 때 $F=k_fx$라고 쓴다. 그러면 x에서 $x+dx$의 미소 변위에 대하여 식 55.5로부터 $dw=-k_fxdx$가 된다. $x=0$에서 최종 신장 l까지의 변위에 대한 전체 일은 다음과 같다.

$$w = -\int_0^l k_f x\,dx = -\frac{1}{2}k_f l^2$$

자가 진단 55.4 고무줄이 늘어남에 따라 복원되는 힘이 약해지며, $k_f(x)=a-bx^{1/2}$이 된다고 하자. l로 신장되는 일을 산출하시오.

답: $w=-\frac{1}{2}al^2+\frac{2}{5}bl^{5/2}$

(b) 일정 압력에 대한 팽창

전체 팽창 과정을 통해서 외부 압력이 일정하다고 생각해 보자. 예를 들어 피스톤이 대기의 압력을 받고 있을 때는 전체 팽창 과정을 통해서 똑같은 압력이 작용하게 된다. 이러한 조건의 화학적인 예는 화학 반응이 일어날 때 생성되는 기체의 팽창이다. 식 55.7에서 일정한 압력 p_{ex}를 적분 기호 밖으로 내보내면 이 식을 계산할 수 있다.

$$w = -p_{ex}\int_{V_i}^{V_f} dV = -p_{ex}(V_f - V_i)$$

따라서 부피 변화를 $\Delta V = V_f - V_i$라고 쓰면 다음과 같은 관계를 얻을 수 있다.

$$w = -p_{ex}\Delta V \qquad \text{일정한 외부 입력} \quad \text{팽창 일} \quad (55.8)$$

이 결과를 그림 55.6에 그래프로 나타내었는데, 이 그림은 적분을 면적으로 해석할 수 있다는 사실을 이용한 결과이다. w의 크기 $|w|$는 처음 부피와 최종 부피 사이의 수평선 $p = p_{ex}$밑의 면적과 같다.

외부 압력이 0일 때(진공으로의 팽창과 같이), 계는 **자유 팽창**(**free expansion**)을 하게 된다. $p_{ex} = 0$일 때 식 55.8은 팽창 일이 0임을 시사한다. 즉 다음과 같다.

$$w = 0 \qquad \text{자유 팽창}(p_{ex} = 0) \quad \text{팽창 일} \quad (55.9)$$

간단한 예 55.5 팽창의 일

기체를 생성하는 어떤 화학 반응이 단면적이 50 cm²(5.0× 10^{-3} m²)인 용기에서 일어날 때 외부 압력이 1.0 atm (1.0×10^5 Pa)에 대하여 피스톤을 15 cm(1.5×10^{-1} m) 밀어냈다. 그러면 이 계에 의해 한 일을 식 55.8에 의해 다음과 같이 산출된다.

$$w = -(1.0\times10^5\,\text{Pa})\times(5.0\times10^{-3}\,\text{m}^2)\times(1.5\times10^{-1}\,\text{m}) = -75\ \text{J}$$

여기서 어떻게 데이터를 SI 단위(1 atm = 101.325 kPa을 이용)와 기본 단위로 전환하는가와 1 J = 1 Pa m³을 이용한 것을 주시하라.

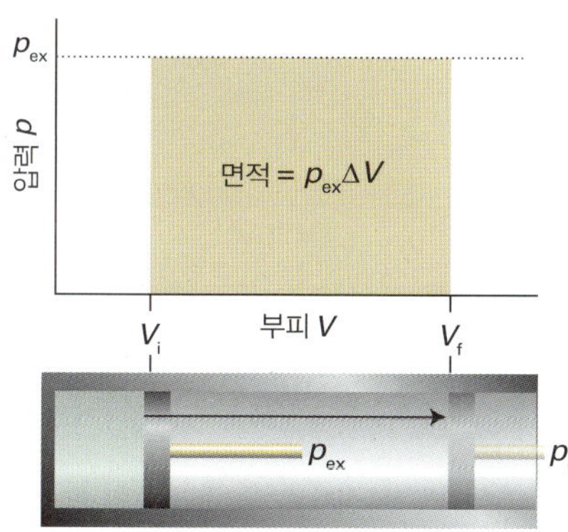

그림 55.6 기체가 일정한 외부 압력 p_{ex}에 맞서서 팽창할 때 하는 일은 이 지시 도표의 그늘진 부분의 면적과 같다.

자가 진단 55.5 기체를 소모하는 반응이 지름이 5.0 cm인 용기에서 일어났다. 이 과정에서 외부 기압이 750 torr인 상태에서 피스톤이 20 cm 안으로 움직였다. 계에 한 일을 산출하시오.

답: +39 J

(c) 가역 팽창

열역학에서 **가역 변화**(**reversible change**)는 변수를 미소하게 변형시켜서 가역적일 수 있는 변화이다. 여기서 관건이 되는 '미소하게'라는 말은 일상생활에서 쓰는 '가역적'이라는 용어에 방향을 변화시킬 수 있는 어떤 뜻을 가지게 하는 말이다. 만일 반대 방향에서 조건의 미소한 변화가 그 상태에서 반대 변화를 가져온다면, 그 계를 주위와 **평형**(**equilibrium**)에 있다고 말한다. 가역성의 한 예는 온도가 동일한 두 계 사이의 **열적 평형**(**thermal equilibrium**)이다. 이 두 계 중 어느 한 계의 온도를 미소하게 낮추면 낮은 온도의 계로 에너지가 이동하므로, 이들 두 계 사이에 열로서의 에너지 이동은 가역적이다. 또 열적 평형을 이루고 있는 어느 한 계의 온도를 미소하게 높여 주면 더 더운(높은 온도) 계로부터 에너지가 흘러나간다.

지금 피스톤으로 기체를 가두어 넣고, 외부 압력 p_{ex}를 갇혀 있는 기체의 압력 p와 같게 해 주었다고 하자. 외부 압력을 어느 방향으로든 미소하게 변화시키면 부피가 그 반대 방향으로 미소하게 변하므로 이러한 계는 그 주위와 **역학적 평형**(**mechanical equilibrium**)을 이루고 있다고 볼 수 있다. 외부 압력을 내부 압력보다 미소량만큼 작게 해 주면 기체가 약간 팽창한다. 만일 외부 압력을 미소량만큼 증가시키면 기체가 약간 압축될 것이다. 따라서 이 두 과정은 모두 열역학적 견지에서 가역적이다. 반면에 외부 압력이 내부 압력과 크게 다를 때는 p_{ex}를 미소량만큼 감소시키더라도 이것이 내부의 기체 압력 이하로 떨어지지 않으며, 따라서 과정의 방향이 변하지 않는다. 이러한 계는 주위와 역학적 평형을 이루지 않으며, 이 팽창은 열역학적으로 비가역적이다.

가역적 팽창을 일으키려면 각 팽창 단계마다 p_{ex}를 p와 같게 해 주어야 한다. 실제적으로 추를 점차적으로 피스톤으로부터 제거하여 이 추의 무게가 밑으로 내리누르는 힘과 기체의 압력에 의해 위로 밀어올리는 힘이 항상 같게 되도록 변화시켜 주면 이와 같이 압력을 동일하게 만들 수 있을 것이다. $p_{ex} = p$일 때는 식 55.6이 다음과 같이 된다.

$$dw = -p_{ex}dV = -pdV \qquad \text{가역 변화} \quad \text{팽창 일} \quad (55.10)$$

이 식에서는 계의 내부 압력을 가지고 팽창 일을 표시하였는

데, 이것은 가역적임을 확실하게 하기 위하여 외부 압력을 내부 압력과 같게 놓을 수 있을 때뿐이다. 따라서 가역 팽창의 전체 일은 다음과 같이 된다.

$$w=-\int_{V_i}^{V_f} p\mathrm{d}V \qquad (55.11)$$

이 적분을 구하려면 갇혀 있는 기체의 압력이 부피에 어떻게 의존하는가를 알아야 한다. 토픽 36에서 취급한 내용을 이용하여 갇혀 있는 기체의 상태식을 알면 식 55.11에서 p를 V의 함수로 나타낼 수 있고, 따라서 이 적분을 구할 수 있다.

완전 기체가 **등온**(**isothermal**; 일정 온도), 가역 팽창을 한다고 생각해 보자. 계를 주위(온도가 일정한 항온조와 같은)와 열적 평형을 유지하게 하면서 팽창을 시키면 등온적으로 팽창이 일어날 수 있다. 기체의 상태식은 $pV=nRT$이므로 각 미소 단계에서 $p=nRT/V$가 된다. 여기서 V는 팽창 단계에서의 부피이다. 등온 팽창에서는 온도 T가 일정하므로 이것을 적분 기호 밖으로 내보낼 수 있다(n과 R도 함께). 따라서 완전 기체가 온도 T에서 V_i로부터 V_f로 가역 등온 팽창할 때의 일은 다음과 같이 된다.

$$w=-\int_{V_i}^{V_f}\frac{nRT}{V}\mathrm{d}V=-nRT\int_{V_i}^{V_f}\frac{1}{V}\mathrm{d}V$$

그러면 $1/x$의 표준 적분(**부록**에 있는 적분 A.2)을 이용하면 다음과 같이 쓸 수 있다.

$$w=-nRT\ln\frac{V_f}{V_i} \qquad \text{가역, 등온, 완전 기체 \quad 팽창 일} \quad (55.12)$$

여기서와 같이, 완전 기체에만 유효한 식은 푸른색으로 나타내었다.

간단한 예 55.6 등온 가역 팽창의 일

여기서 완전 기체로 간주되는 1.00 mol Ar 시료가 20°C에서 10.0 dm³에서 30.0 dm³로 등온, 가역 팽창을 하였을 때 한 일은 다음과 같다.

$$w=-(1.00\,\mathrm{mol})\times(8.3145\,\mathrm{J\,K^{-1}\,mol^{-1}})\times(293.2\,\mathrm{K})\ln\frac{30.0\,\mathrm{dm^3}}{10.0\,\mathrm{dm^3}}$$
$$=-2.68\,\mathrm{kJ}$$

자가 진단 55.6 기체 분자 사이에서 인력이 중요하여 상태 방정식이 $p=nRT/V-n^2a/V^2$이라고 하자. 이 기체의 가역, 등온 팽창에 대한 일을 유도하시오. 이것이 (완전 기체와 비교하여) 팽창할 때 주위에 대하여 한 일이 클까, 아니면 작을까?

답: $w=-nRT\ln(V_f/V_i)-n^2a(1/V_f-1/V_i)$, 작다

팽창할 때와 같이 최종 부피가 처음 부피보다 클 때는 식 55.12에서 로그가 양의 값을 갖고, 따라서 $w<0$이 된다. 이 경우에는 계가 주위에 일을 하며, 그 결과로 계의 내부 에너지가 감소한다. 토픽 58에서 설명하겠지만, 이것을 보충하는 에너지가 열로서 유입되며, 따라서 완전 기체가 등온 팽창할 때는 전체적으로 내부 에너지가 일정하게 유지된다. 이 식은 또한 같은 부피 변화라도 이것이 높은 온도에서 일어날수록 더 많은 일이 행해진다는 것을 나타낸다. 갇혀 있는 기체의 압력이 더욱 높으면 가역적 변화를 일어나게 하기 위하여 더욱 높은 반대 압력을 필요로 한다. 만일 외부 압력을 미소하게라도 어느 단계에서건 더 크게 해 주면, 기체가 압축되기 때문에 가역 과정보다 더 많은 일을 얻을 수는 없다. 이 논의로부터 얻을 수 있는 결론은 $p>p_{ex}$일 때는 계가 미는 힘의 얼마간이 낭비되며, 따라서 명시된 처음 상태와 최종 상태 사이에서 명시된 경로를 따라 가동하는 계는 변화가 가역적으로 일어날 때 최대의 일이 가능하게 된다는 것이다. 일정한 외부 압력의 경우에서와 같이, 한 일은 등온선 아래의 면적과 같으며, 이 경우 균형된 내부 압력과 외부 압력으로 표시하였다(그림 55.7).

(d) 가역 팽창의 분자적 해석

식 55.12에 있는 로그 항은 다음과 같은 분자적 용어로 설명될 수 있다. 일반적으로 독립된 분자 집합의 총 에너지($N\langle\varepsilon\rangle=\Sigma_i\varepsilon_iN_i$)에서 미소한 변화는 그들이 차지하는 에너지 준위 ε_i에서의 변화와 그 준위의 개체수 N_i의 변화로부터 생기며 다음과 같이 쓸 수 있다.

$$N\mathrm{d}\varepsilon=\sum_i\varepsilon_i\mathrm{d}N_i+\sum_i N_i\mathrm{d}\varepsilon_i \qquad (55.13)$$

일반적으로 계에 의해 한 일이 오른쪽 항의 어떤 것인지를

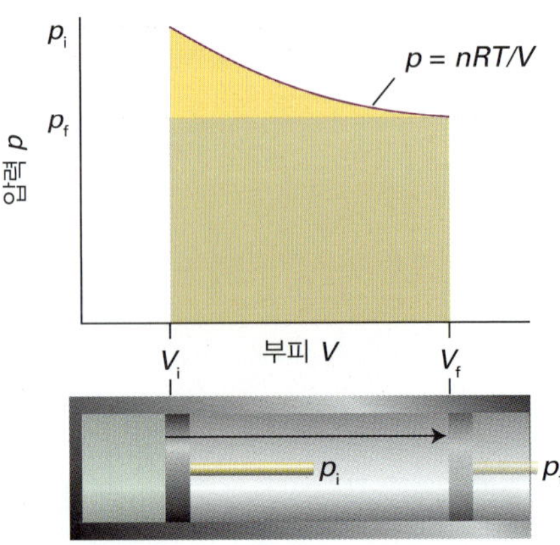

그림 55.7 완전 기체가 가역적으로 등온 팽창할 때 하는 일은 등온선 $p=nRT/V$ 밑의 면적과 같다. 동일한 최종 압력에 맞서서 비가역적으로 팽창할 때 하는 일은 조금 더 진하게 그린 직사각형 부분의 면적과 같다. 가역적 일은 비가역적 일보다 크다는 것을 주목하라.

확인할 수 없다. **가역** 변화에서는 예외적인데, 이때는 팽창하는 계에 반하여 작용하는 외부 힘은 계에 있는 분자들에 의해 작용되는 힘과 같다. 그 경우는 반대되는 외부 힘을 계산하기 위하여 계의 성질을 이용할 수 있다(p_{ex}를 p로 치환한 것과 똑같이). 이 팽창이 미소한 등온 변화라면, Bolzmann 분포는 온도에만 의존한다는 것 때문에 준위의 개체수 변화는 없을 것이다. 따라서 식 55.13의 오른쪽에 있는 첫 번째 항은 0이 된다. 그러므로 가역 등온 팽창의 과정에 있는 계가 한 일은 오른쪽의 두 번째 항으로 확인할 수 있다.

$$dw = \sum_i N_i d\varepsilon_i \qquad \text{가역 등온 팽창} \qquad (55.14)$$

예제 55.1에서 이 식을 상자 안에 있는 독립된 분자의 집합에 적용하면 식 55.12에 있는 로그 항을 얻게 됨을 알 수 있다.

예제 55.1 등온 가역 팽창의 일에 대한 분자적 식 유도

일이 비상호 작용 분자를 포함한 상자의 팽창에 적용될 때 식 55.14를 일에 대한 열역학 식으로 얻을 수 있음을 보이시오.

방법 토픽 9로부터 상자 속 입자의 바닥 상태에 대한 에너지 준위(첨자 i를 양자수 n으로 치환한)가 다음과 같음을 안다.

$$\varepsilon_n = (n^2-1)\frac{h^2}{8mL^2}$$

그러므로 상자의 길이를 무한소로 증가시켰을 때 이 에너지의 변화에 대한 식을 유도한 다음, 식 55.14를 사용한다. 결과 식을 적분하면 길이에서 측정할 수 있는 변화에 대한 일을 얻는다. 높은 온도에서는 입자들의 평균 에너지의 균등분배 값을 사용한다.

풀이 일차원 상자의 길이가 dL만큼 변하면 양자수가 n인 에너지 준위의 변화는 다음과 같다.

$$d\varepsilon_n = \left(\frac{d\varepsilon_n}{dL}\right)dL = -2(n^2-1)\frac{h^2}{8mL^3}dL = -2\varepsilon_n\frac{dL}{L}$$

따라서 식 55.14는 다음과 같다.

$$dw = \sum_n N_n d\varepsilon_n = -2\frac{dL}{L}\sum_n N_n\varepsilon_n = -2\langle\varepsilon\rangle N\frac{dL}{L}$$

이 일차원계에 대해서는 $\langle\varepsilon\rangle = \frac{1}{2}kT$이다. 온도가 일정하다고 주어지면(즉 $\langle\varepsilon\rangle$ 일정), 윗 식을 상자의 초기 길이와 최종 길이로 다음과 같이 적분할 수 있다.

$$w = -2\langle\varepsilon\rangle N\int_{L_i}^{L_f}\frac{dL}{L} = -NkT\ln\frac{L_f}{L_i} = -nRT\ln\frac{L_f}{L_i}$$

여기서는 $N = nN_A$, $N_A k = R$을 사용하였다. 삼차원에서는 길이의 비를 부피의 비로 치환하면 고전 계산에서 한 것과 같은 식 55.12를 다시 얻는다.

자가 진단 55.7 이차원 상자에서 입자에 대한 이 계산을 확장하시오.

답: $w = -nRT\ln(A_f/A_i)$

55.4 열의 처리

일반적으로 닫힌 계의 내부 에너지 변화는 다음과 같다.

$$dU = dq + dw = dq + dw_{exp} + dw_e \qquad (55.15)$$

여기서는 늘 그렇듯이, dq는 열로 이동되는 에너지이고, dw는 일로 이동되는 에너지이며, dw_e는 비팽창 일, 즉 팽창 일 dw_{exp} 이외의 다른 일(e는 가외(extra)의 의미)이다. 예컨대 dw_e는 전류를 회로로 통과시키는 전기적 일이 될 수도 있다. 부피를 일정하게 해 준 계는 팽창 일을 할 수 없으며, 따라서 $dw_{exp} = 0$이다. 뿐만 아니라 이 계가 다른 종류의 일도 할 수 없다면(예를 들어 이 계는 전기적 모터와 연결된 화학 전지가 아니라면) $dw_e = 0$이기도 하다. 이러한 조건에서는 다음 관계가 성립한다.

$$dU = dq \qquad \text{일정 부피, 다른 부가적인 일 없음} \quad \text{열 처리} \qquad (55.16a)$$

이 관계를 $dU = dq_V$라고 나타낸다. 여기서의 첨자는 일정 부피를 나타낸다. 측정할 수 있을 정도의 변화에 대해서는 이것을 다음과 같이 나타낸다.

$$\Delta U = q_V \qquad \text{일정 부피, 다른 부가적인 일 없음} \quad \text{열 처리} \qquad (55.16b)$$

따라서 일정 부피 계의 상태가 변할 때, 이 계에 열로 공급되거나($q > 0$) 이 계로부터 열로 나오는($q < 0$) 에너지를 측정하면 바로 이 계의 내부 에너지 변화를 측정할 수 있다.

간단한 예 55.7 내부 에너지의 변화

연소 반응이 견고하고 밀폐된 금속 용기에서 일어났다. 그리고 모두가 0°C인 얼음이 포함된 물 중탕으로 된 주위와 열적 평형에 도달하도록 했다. 실험 끝날 때 얼음 일부가 녹은 것이 발견되었고, 이는 물 중탕에 열로 25 kJ의 에너지가 이동한 것에 해당되는 양이었다. 이것은 $q_V = -25$ kJ이며 연소 과정에서 계의 내부 에너지 변화는 $\Delta U = -25$ kJ이라는 것을 의미하는 것이다.

자가 진단 55.8 물 중탕으로부터 열로 30 kJ의 에너지에 해당되는 양이 제거됨으로써, 중탕의 물 일부가 얼게 되는 화학 반응에 대한 위의 계산을 반복해 보시오.

답: $\Delta U = +30$ kJ

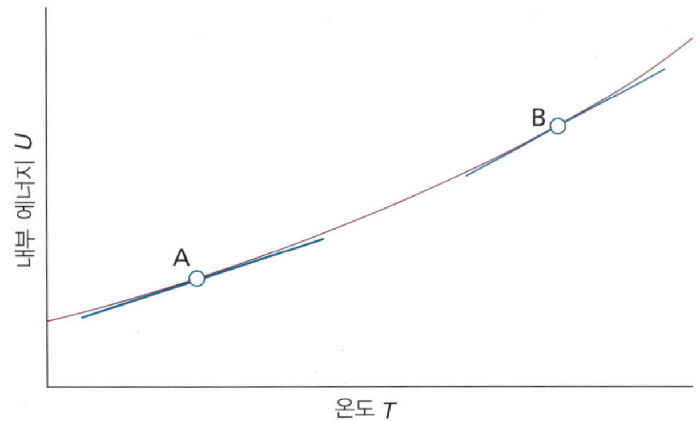

그림 55.8 계의 내부 에너지는 온도가 올라감에 따라 증가한다. 이 그래프는 계를 일정 부피하에서 가열할 때의 변화를 나타낸 것이다. 임의의 온도에서 이 곡선에 대한 접선의 기울기는 그 온도에서의 일정 부피 열용량이다. 도해된 계에 대하여 열용량이 A에서보다 B에서 더 크다는 것을 주목하라.

(a) 열용량

물질의 온도가 올라가면 물질의 내부 에너지가 증가하고 Boltzmann 분포는 더욱 높은 에너지 준위로 밀집된다. 증가되는 정도는 가열하는 조건에 따라 다르며, 여기서는 시료가 일정 부피의 용기 속에 들어 있다고 생각한다. 예로서 시료가 고정된 부피의 용기 속에 들어 있는 기체일 수 있다.

이러한 시료의 내부 에너지를 온도에 대해서 도시하면 그림 55.8과 같은 곡선을 얻을 수도 있다. 임의의 온도에서의 이 곡선의 기울기를 그 온도에서의 계의 **열용량(heat capacity)**이라고 한다. **일정 부피 열용량(heat capacity at constant volume** 또는 '등부피 열용량')을 C_V로 표시하는데, 다음과 같이 식으로 정의할 수 있다.

$$C_V = \left(\frac{\partial U}{\partial T}\right)_V \qquad \text{정의} \quad \text{일정 부피 열용량} \qquad (55.17)$$

간단한 예 55.8 기체의 열용량

일원자 완전 기체의 열용량은 내부 에너지, $U_m = U_m(0) + \frac{3}{2}RT$ (**간단한 예** 55.2 참조)에 관한 식을 넣어서 계산할 수 있다. 식 55.17로부터

$$C_{V,\mathrm{m}} = \left(\frac{\partial\left\{U_\mathrm{m}(0) + \frac{3}{2}RT\right\}}{\partial T}\right)_V = \frac{3}{2}R$$

이 수치적 값은 12.47 J K^{-1} mol^{-1}이다.

자가 진단 55.9 진동은 하지 않지만 자유롭게 회전하는 이원자 완전 기체의 몰열용량을 구하시오.

답: $C_{V,\mathrm{m}} = \frac{5}{2}R$, 20.7947 J K^{-1} mol^{-1}

열용량은 일정 부피 계의 내부 에너지 변화를 온도 변화와 연관시키는 데 이용한다. 즉 식 55.17에 의하면 다음과 같은 관계가 성립한다.

$$\mathrm{d}U = C_V\mathrm{d}T \qquad \text{일정 부피} \qquad (55.18a)$$

즉 일정한 부피에서 미소한 온도 변화는 미소한 내부 에너지 변화를 일으키며, 그 비례 상수가 C_V이다. 관심 대상 온도 영역에서 열용량이 온도와 무관하면 유한한 온도 변화 ΔT가 다음과 같이 유한한 내부 에너지 변화 ΔU를 일으킨다. 즉

$$\Delta U = C_V\Delta T \qquad \text{일정 부피} \qquad (55.18b)$$

내부 에너지 변화는 일정한 부피하에서 공급된 열과 같으므로(식 55.16), 위의 식은 다음과 같이 쓸 수 있다.

$$q_V = C_V\Delta T \qquad \text{일정 부피} \qquad (55.18c)$$

이 관계식을 이용하면 시료의 열용량을 간단하게 측정할 수 있다. 즉 일정량의 에너지를 열로 시료에 가하고(예컨대 전기적으로) 여기에 기인되는 온도 상승을 관찰한다. 열로서 가한 에너지와 이로 인한 온도 상승과의 비($q_V/\Delta T$)가 시료의 일정 부피 열용량이 된다.

간단한 예 55.9 열용량의 측정

일정 부피 단열 용기에 있는 기체 속에 55W 전열기를 120초 동안 담가서 기체의 온도가 5.0°C(5.0 K의 온도 증가와 동일) 올라간 것을 확인하였다. 공급된 열은 (55 W)×(120 s) = 6.6 kJ (1 J = 1 W s 이용)이므로 시료의 열용량은 다음과 같다.

$$C_V = \frac{6.6\,\mathrm{kJ}}{5.0\,\mathrm{K}} = 1.3\,\mathrm{kJ\,K^{-1}}$$

자가 진단 55.10 229 J의 에너지가 일정 부피에 있는 3.0 mol의 기체에 열로 공급되어, 기체 온도가 2.55°C 증가하였다. C_V와 일정 부피 몰열용량을 계산하시오.

답: 89.8 J K^{-1}, 29.9 J K^{-1} mol^{-1}

(b) 열 이동의 분자적 해석

분자적 관점에서, 열로의 에너지 유입은 계의 에너지 준위를 변화시키지 않고 그들의 개체수를 변형시킨다. 즉 식 55.13은 다음과 같게 된다.

$$N\mathrm{d}\langle\varepsilon\rangle = \sum_i \varepsilon_i \mathrm{d}N_i \qquad \text{일정 부피, 부가적인 일 없음} \quad \text{열 처리} \qquad (55.19a)$$

그리고 측정할 수 있는 변화에 대해서는 다음과 같다.

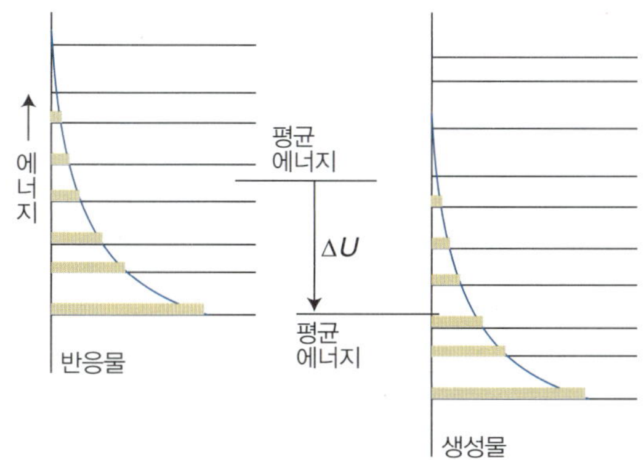

그림 55.9 화학 반응이 일어날 때 내부 에너지 변화는 개체수의 Boltzmann 분포를 고려한 생성물과 반응물 사이의 평균 에너지 변화와 같다. 푸른 선은 분포이고 동일한 온도에 대응한다.

$$\Delta U = \sum_i \varepsilon_i \Delta N_i \quad \text{일정 부피, 부가적인 일 없음} \quad \text{열 처리} \qquad (55.19b)$$

개체수와 그에 따른 내부 에너지의 변화는 온도의 변화에 기인되는데, 이는 고정된 에너지 준위에 걸친 분자들을 재분포시킨다. 이러한 논의의 열용량의 분자적 근거에 대한 관계는 토픽 58에서 더 다루게 될 것이다.

식 55.19b는 언뜻 보는 것보다는 더 일반적인데, 이것은 단일 종으로 된 계는 물론 화학 반응에 적용되기 때문이다. 반응 A → B의 항으로 해석하기 위하여, 준위들이 단일 사다리를 형성하는 것 같이(그림 55.9) 분자 A와 B의 에너지 준위를 생각한다. 토픽 51로부터 다음 사실을 환기해야 한다. 즉 Boltzmann 분포를 바탕으로 하는 선험 확률 동등 원리는 특정 에너지 준위를 무시하고 모든 종류를 똑같이 취급하는 것이며, 또한 다른 화학종의 에너지 준위도 무시한다. 반응이 시작할 때는 오직 A에 속한 준위들만 점유되고, 반응이 완전히 끝날 때에는 B에 속한 준위들만 점유된다(후에 평형은 두 가지 경우 모두의 준위에 걸친 Boltzmann 분포에 대응됨을 볼 것이다). 개체수의 재분포는 다음과 같이 식 55.19b에 있는 ΔN_i에 대응된다.

$$\Delta U = \sum_i \varepsilon_i \Delta N_i = \sum_{i,\,\text{반응물}} \varepsilon_i N_i - \sum_{i,\,\text{생성물}} \varepsilon_i N_i \qquad (55.20)$$

간단한 예 55.10 내부 에너지의 차이

반응 분자들이 에너지가 0인 곳에 있고(에너지 준위의 기준을 정하는 입장에서), 생성물 분자는 120 kJ mol^{-1}이 낮은 에너지에 있다고 하자. 1 mol의 반응물 분자가 1 mol의 생성물 분자로 변할 때 ΔU를 계산하려면 우선 다음과 같이 써야 한다.

$$U = \varepsilon_{\text{products}} N_{\text{products}} - \varepsilon_{\text{reactants}} N_{\text{reactants}} = \varepsilon_{\text{products}} N_{\text{products}}$$
$$= \varepsilon_{\text{products}} n_{\text{products}} N_{\text{A}}$$

여기서 n_{products}는 생성물 분자들의 화학량(mol 단위로)이고, N_{A}는 Avogadro 수이다. 그러면 $\varepsilon_{\text{products}} N_{\text{A}} = -120$ kJ mol^{-1}, $n_{\text{products}} = 1$ mol에서 다음과 같다.

$$\Delta U = (-120\,\text{kJ mol}^{-1}) \times (1\,\text{mol}) = -120\,\text{kJ}$$

자가 진단 55.11 지금 반응물 분자들의 80%가 바닥 상태(에너지 0)를 차지하고, 20%가 20 kJ mol^{-1} 위의 에너지 준위를 차지하며, 생성물 분자는 70%가 120 kJ mol^{-1} 낮은 에너지 준위를 차지하고 30%가 바닥 상태 준위 위 40 kJ mol^{-1} 준위를 차지하였다고 하자. 1 mol의 반응물 분자가 1 mol의 생성물 분자로 바뀔 때 ΔU를 계산하시오.

답: −112 kJ mol^{-1}

물리적 변화와 화학 반응을 수반하는 내부 에너지에서 변화는 열량계를 사용하여 측정된다(토픽 57 참조).

개념 확인

- ☐ 1. **열역학**은 에너지의 변환에 관한 학문이다.
- ☐ 2. **계**는 우리가 특별한 관심을 가지는 세계의 한 부분이고, **주위**는 우리는 관찰하려는 계의 바깥 구역이다.
- ☐ 3. **열린 계**는 경계를 통하여 물질이 이동될 수 있는 계이다. **닫힌 계**는 경계를 통하여 물질이 이동될 수 없는 계이다. **고립계**는 경계를 통해 물질과 에너지가 모두 이동될 수 없는 계이다.
- ☐ 4. **에너지**는 일을 하는 능력이다. **내부 에너지**는 계의 총 에너지이다.
- ☐ 5. **일**은 대립하는 힘에 맞서는 운동에 의한 에너지 이동이다. **열**은 계와 주위 사이의 온도 차이 때문에 기인한 결과로 이동되는 에너지이다. 분자적 입장에서 열을 가하는 것은 열적 운동, 즉 무질서한 분자 운동을 사용한다.
- ☐ 6. **발열 과정**은 열로 에너지를 방출하고, **흡열 과정**은 열로 에너지를 흡수한다.
- ☐ 7. **상태 함수**는 계의 현 상태만 의존하며 상태가 어떻게 지나온가에는 무관한 성질이다.
- ☐ 8. 열역학 **제1법칙**은 고립계의 내부 에너지는 일정하다고 기술한다.
- ☐ 9. **가역 변화**는 변수의 미소한 변형에 의해 가역적일 수 있는 변화이다.
- ☐ 10. 만일 반대 방향으로 조건들의 미소한 변화가 상태의 반대 변화를 가져온다면 계는 주위와 **평형**에 있다고 한다.
- ☐ 11. **최대 일**은 가역 변화에서 얻어진다.

식 확인

성질	식	비고	식 번호
제1법칙	$\Delta U = q + w$		55.3
	$\mathrm{d}U = \mathrm{d}q + \mathrm{d}w$	미소 변화	55.4
팽창 일	$\mathrm{d}w = -p_{\mathrm{ex}}\mathrm{d}V$	일반적	55.6
	$w = -p_{\mathrm{ex}}\Delta V$	일정 외부 압력	55.8
	$w = -nRT\ln(V_{\mathrm{f}}/V_{\mathrm{i}})$	완전 기체, 등온 가역	55.12
열용량	$C_V = (\partial U/\partial T)_V$	일정 부피	55.17
내부 에너지의 변화	$\Delta U = q_V$	일정 부피	55.18

토픽 56

엔탈피

내용

➤ 학습 목표

엔탈피 개념은 열역학을 화학에 적용하는데, 특히 열화학(토픽 57), 물리와 화학 평형(토픽 69와 73)에서 심장과 같은 자리에 있다. 또한 연료와 식품의 에너지원의 평가에서도 중추적이다.

➤ 핵심 내용

계의 엔탈피 변화는 일정 압력에서 열로 공급되는 에너지와 같다.

➤ 미리 알기

제1법칙, 특히 내부 에너지와 관련된 개념과 '상태 함수'(토픽 55) 용어의 중요성에 익숙해야 한다. 또한 몇 가지 편미분 도함수(**수학적 배경** 8)의 조작에 친숙할 필요가 있다.

계의 부피가 자유롭게 변할 수 있을 때는 계의 내부 에너지 변화가 열로서 가해 준 에너지와 같지 않다. 이러한 조건에서는 계에 가해 준 에너지(열로서)의 일부가 팽창 일로서 주위로 되돌아가며(그림 56.1), 따라서 $\mathrm{d}U$가 $\mathrm{d}q$보다 작아진다. 그러나 이 경우에는 일정 압력하에서 가해 준 열이 계의 엔탈피라고 하는 또 하나의 열역학적 성질의 변화와 같게 된다는 것을 여기에서 설명한다.

56.1 엔탈피의 정의

엔탈피(**enthaphy**, H)는 다음과 같이 정의되는 성질이다.

$$H = U + pV \quad \text{정의 엔탈피} \quad (56.1)$$

여기서 p는 계의 압력이며, V는 계의 부피이다. U, p, V는 모두 상태 함수이므로 엔탈피도 역시 상태 함수이다. 다른 모든 상태 함수의 경우와 마찬가지로, 어떤 처음 상태와 최종 상태 사이에서의 엔탈피 변화 ΔH는 이 두 상태 사이의 경로와 무관하다.

아래 **증명**에서 보이겠지만, 식 56.1은 **일정한 압력하에서 계에 열로서 가해 준 에너지는 계의 엔탈피 변화와 같다**는 것이다(팽창 일 이외의 다른 일이 행해지지 않는 한). 즉

$$\mathrm{d}H = \mathrm{d}q \quad \text{일정 압력, 부가적인 일 없음} \quad \text{엔탈피 변화} \quad (56.2a)$$

관측 가능한 변화 과정의 경우에는 다음과 같이 된다.

$$\Delta H = q_p \quad \text{일정 압력, 부가적인 일 없음} \quad \text{엔탈피 변화} \quad (56.2b)$$

여기서 아래 첨자 p는 일정 압력을 표시한 것이다.

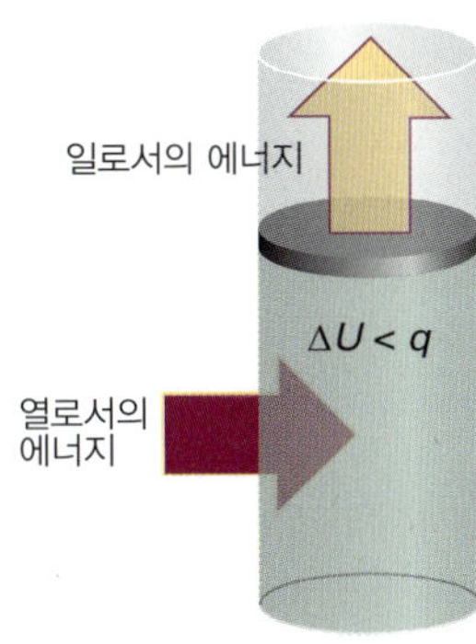

그림 56.1 계가 일정한 압력을 받고 부피가 자유롭게 변할 수 있을 때는 열로 공급되는 에너지의 일부가 주위에 일을 하면서 빠져나간다. 이러한 경우에는 내부 에너지 변화가 가해진 에너지(열로서)보다 작다.

증명 56.1 $\Delta H = q_p$의 관계

계의 상태가 일반적인 미소한 변화를 나타내면 U는 $U+dU$로, p는 $p+dp$로, V는 $V+dV$로 변하며, 그리하여 식 56.1의 정의에 따라 H는 $U+pV$로부터 다음과 같은 것으로 변한다.

$$\begin{aligned} H+dH &= (U+dU)+(p+dp)(V+dV) \\ &= U+dU+pV+pdV+Vdp+dpdV \end{aligned}$$

마지막 항은 두 미소량의 곱이므로 무시할 수 있다. 결과적으로 우변에서 $U+pV=H$의 관계를 이용하면 H가 다음과 같이 변함을 알 수 있다.

$$H+dH = H+dU+pdV+Vdp$$

따라서

$$dH = dU+pdV+Vdp$$

이제 $dU=dq+dw$의 관계를 이 식에 치환하면 다음을 얻게 된다.

$$dH = dq+dw+pdV+Vdp$$

만일 계가 압력이 p에서 주위와 역학적 평형을 이루고 또 팽창 일만을 할 때는 $dw=-pdV$라고 쓸 수 있으며, 따라서 다음과 같은 결과를 얻을 수 있다.

$$dH = dq+Vdp$$

이제 일정한 압력하에서 가열한다는 조건 $dp=0$을 부과하면 다음과 같은 결과가 된다.

$$dH = dq \text{ (압력이 일정하고, 부가적인 일이 없을 때)}$$

이것은 곧 식 56.2a이다.

식 56.2의 결과는 계가 일정한 압력을 받고 팽창 일만을 할 때는 엔탈피 변화량이 열로서 공급된 에너지와 같다는 것을 말해 준다.

간단한 예 56.1 엔탈피 변화

뚜껑이 열려 있는 비커의 물속에 담근 전열기에 36 kJ의 에너지를 공급해 주면 물의 엔탈피가 36 kJ만큼 증가하는데, 이 사실을 $\Delta H = +36$ kJ이라고 쓴다. 물의 비커를 주위의 온도로 냉각시키면, 과정에서 열로 36 kJ의 에너지를 잃어 물의 엔탈피는 36 kJ만큼 감소하고 $\Delta H = -36$ kJ이라고 쓴다.

자가 진단 56.1 발열 반응이 자유롭게 움직이는 피스톤과 연결되어 있는 단열 용기에서 일어난다면, 엔탈피 변화는 얼마나 될까?

답: $\Delta H = 0$

56.2 일정 압력 열용량

한 물질의 엔탈피는 그 온도가 높아질수록 커진다. 엔탈피 증가와 온도 증가 사이의 관계는 조건(예컨대 일정 압력이나 또는 일정 부피)에 따라 다르다. 가장 중요한 조건은 일정 압력이며, 이 조건하에서 엔탈피를 온도에 대해서 도시한 그래프의 접선의 기울기를 그 온도에서의 **일정 압력 열용량(heat capacity at constant pressure**, 또는 등압 열용량)이라고 하고, C_p로 표시한다(그림 56.2). 이것을 다음과 같이 식으로 나타낸다.

$$C_p = \left(\frac{\partial H}{\partial T}\right)_p \qquad \text{정의 일정 압력 열용량} \qquad (56.3)$$

일정 압력 열용량은 일정 부피 열용량과 비슷한 성질이며(토픽 55, 식 55.17), 크기 성질에 속한다. C_V의 경우와 같이, 계는 조성이 변할 수 있다면 평형과 고정-조성 값 사이를 구별할 필요가 있다. 이 토픽에서 모든 적용은 순수 물질에 한정하여 이 복잡성을 무시한다. **일정 압력 몰열용량(molar heat capacity at constant pressure)** $C_{p,m}$은 물질 1 mol의 열용량이며 세기 성질이다.

일정 압력 열용량은 엔탈피 변화와 온도 변화 사이의 관계를 나타내는 데 이용된다. 온도가 미소하게 변할 때는 이 관계를 다음과 같이 쓸 수 있다.

$$dH = C_p dT \qquad \text{일정 압력} \qquad (56.4a)$$

관심 대상 온도 영역에서 열용량이 일정하면 이 관계를 다음과 같이 적당한 온도 변화에 대한 식으로 나타낼 수 있다.

$$\Delta H = C_p \Delta T \qquad \text{일정 압력 } C_p \text{ 일정} \qquad (56.4b)$$

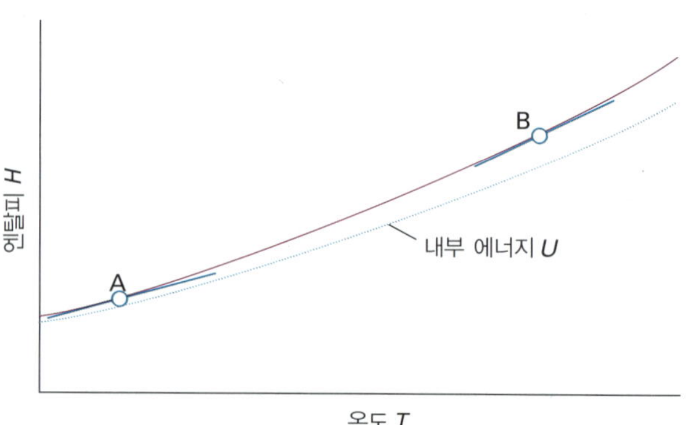

그림 56.2 계의 엔탈피를 온도에 대해서 도시한 그래프의 접선의 기울기는 일정 압력 열용량이다. 그 기울기는 온도에 따라 변할 수 있는데, 이 경우는 열용량이 온도에 따라 변한다. 따라서 A와 B에서의 열용량이 다르다. 기체의 경우에는 한 주어진 온도에서 엔탈피 대 온도 그래프의 기울기가 내부 에너지 대 온도 그래프의 기울기보다 가파르며, 따라서 $C_{p,m}$이 $C_{V,m}$보다 크다.

엔탈피 증가는 일정한 압력하에서 열로서 공급되는 에너지와 같으므로 이 식은 다음과 같이 실용적인 형태로 나타내기도 한다.

$$q_p = C_p \Delta T \quad \text{일정 압력 } C_p \text{ 일정} \quad (56.4c)$$

이 식을 이용하면 시료의 열용량을 측정할 수 있다. 즉 일정한 압력의 조건하에서(대기에 노출되어 자유롭게 팽창할 수 있는 시료에서와 같이) 측정된 일정량의 에너지가 열로 공급하면서 온도 상승을 관찰하면 되는 것이다.

온도 영역이 좁을 때는 온도에 따르는 열용량의 변화를 무시할 수 있다. 일원자 완전 기체(예를 들어 낮은 온도에서의 비활성 기체)의 경우에는 이 근사가 대단히 엄밀하게 잘 맞는다. 그러나 온도에 따르는 변화를 고려해 주어야 할 때는 다음과 같은 간편한 근사적 실험식을 이용한다.

$$C_{p,\mathrm{m}} = a + bT + \frac{c}{T^2} \quad \text{실험식} \quad \text{온도에 의존되는 열용량} \quad (56.5)$$

여기서 a, b, c는 온도와 무관한 실험 파라미터이다(표 56. 1).

표 56.1* 몰열용량의 온도 의존, $C_{p,\mathrm{m}}(\mathrm{J\,K^{-1}\,mol^{-1}}) = a + bT + c/T^2$

	a	$b(10^{-3}\ \mathrm{K})$	$c(10^5\ \mathrm{K}^2)$
C(s, 흑연)	16.86	4.77	−8.54
CO_2(g)	44.22	8.79	−8.62
H_2O(l)	75.29	0	0
N_2(g)	28.58	3.77	−0.50

* 더 많은 값들이 **부록**에 수록되어 있다.

예제 56.1 온도에 따른 엔탈피 증가 계산

N_2를 25°C에서 100°C로 가열하면 그 몰엔탈피가 얼마나 변하겠는가? 표 56.1의 열용량 데이터를 이용하시오.

방법 N_2의 열용량은 온도에 따라 변하므로 식 56.4c를 사용할 수 없다(이 식은 물질의 열용량이 일정하다고 가정한 것이다). 따라서 식 56.4a를 사용해야 하며, 열용량의 온도 의존을 나타내는 식 56.5를 넣은 다음에 그 결과를 25°C부터 100°C까지 적분해 주어야 한다.

풀이 편의상 두 온도를 T_1(298 K)과 T_2(373 K)로 나타내기로 한다. 그러면 필요한 적분이 다음과 같이 된다.

$$\int_{H_\mathrm{m}(T_1)}^{H_\mathrm{m}(T_2)} \mathrm{d}H_\mathrm{m} = \int_{T_1}^{T_2} \left(a + bT + \frac{c}{T^2} \right) \mathrm{d}T$$

여기서는 x^n의 적분을 이용하여(**부록**의 적분 A.1) 다음을 얻는다.

$$H_\mathrm{m}(T_2) - H_\mathrm{m}(T_1) = a(T_2 - T_1) + \tfrac{1}{2}b(T_2^2 - T_1^2) - c\left(\frac{1}{T_2} - \frac{1}{T_1} \right)$$

이어서 필요한 수치 데이터를 넣어 주면 다음과 같이 된다.

$$H_\mathrm{m}(373\,\mathrm{K}) = H_\mathrm{m}(298\,\mathrm{K}) + 2.20\,\mathrm{kJ\,mol^{-1}}$$

열용량을 일정하게 29.14 J K^{-1} mol^{-1}로 놓으면(25°C에서 식 56.5를 이용하여 구한 값) 두 엔탈피 값이 2.19 kJ mol^{-1}의 차를 나타낸다.

자가 진단 56.2 매우 낮은 온도에서는 고체의 열용량이 T^3에 비례하므로 $C_p = aT^3$이라고 쓸 수 있다. 이러한 물질의 온도를 0에서 T(0에 가까운 온도)로 가열하면 엔탈피가 얼마나 변하겠는가?

답: $\Delta H = \frac{1}{4}aT^4$

대부분의 계는 일정한 압력하에서 가열할 때 팽창한다. 이러한 계는 주위에 일을 하며, 따라서 열로서 가한 에너지의 일부가 주위로 되돌아간다. 결과적으로 계의 온도는 일정한 부피하에서 가열할 때보다 덜 올라간다. 온도가 조금 올라간다는 것은 열용량이 크다는 뜻이며, 따라서 대부분의 경우 계의 일정 압력 열용량은 일정 부피 열용량보다 크다고 결론짓는다. 토픽 58과 66에서 보이겠지만, 완전 기체의 경우에는 이 두 열용량 사이에 다음과 같은 간단한 관계가 성립한다.

$$C_p - C_V = nR \quad \text{완전 기체} \quad \text{열용량 사이의 관계식} \quad (56.6)$$

따라서 완전 기체의 열용량은 일정 부피일 때보다 일정 압력일 때의 값이 약 8 J K^{-1} mol^{-1}만큼 더 크다. 일원자 기체의 일정 부피 열용량이 약 12 J K^{-1} mol^{-1}이므로 이 차는 대단히 큰 것이며, 반드시 고려해 주어야 한다. 완전 기체가 아닌 물질에 대해서는 원자 사이의 인력이 팽창 일의 크기에 결정적 역할을 하여 C_p와 C_V의 차이에 대한 식이 보다 복잡해진다.[1]

56.3 압력과 온도에 대한 엔탈피 변화

압력을 마음대로 조절할 수 있을 때는 H가 편리한 열역학적 함수가 되는데, 이 사실은 이미 $\Delta H = q_p$(식 56.2b)를 통해서 짐작되었던 사실이다. 따라서 H를 p와 T의 함수로 놓고, 온도와 압력에 대한 H의 변형 식을 찾을 것이다. 아래 **증명**에서 설명하는 바와 같이 일정 조성의 닫힌 계에 대해서는 다

[1] 보다 자세한 것은 저자들의 다른 교재 *Physical chemistry*(2014)을 참조할 것

음과 같은 식이 성립한다.

$$dH = -\mu C_p dp + C_p dT \quad \text{엔탈피의 변형} \quad (56.7)$$

여기서 μ(mu)는 다음과 같이 정의되는 **Joule–Thomson 계수(Joule–Thomson coefficient)**이다.

$$\mu = \left(\frac{\partial T}{\partial p}\right)_H \quad \text{정의 Joule–Thomson 계수} \quad (56.8)$$

이 관계는 기체의 액화를 논하는 데 유용하게 쓰일 것이다.

간단한 예 56.2 Joule-Thomson 계수

냉장고에 이용되는 프레온 가스 시료를 0°C에서 32 atm에서 1.00 atm으로 일정 엔탈피에서 팽창하도록 했을 때 온도가 22 K 떨어졌다. 그러므로 Joule–Thomson 계수는 다음과 같다.

$$\mu = \left(\frac{\partial T}{\partial p}\right)_H = \frac{-22\ \text{K}}{-31\ \text{atm}} = +0.71\ \text{K atm}^{-1}$$

자가 진단 56.3 기체가 22 atm에서 1 atm으로 팽창할 때 온도가 10 K 떨어지는 또 다른 실험에 대한 계산을 반복해 보시오.

답: $\mu = +0.48\ \text{K atm}^{-1}$

증명 56.2 압력과 온도에 따른 엔탈피 변화

H는 p와 T의 함수로 간주할 수 있으므로, 이 두 변수가 미소량만큼 변할 때는 엔탈피 변화를 다음과 같이 나타낼 수 있다.

$$dH = \left(\frac{\partial H}{\partial p}\right)_T dp + \left(\frac{\partial H}{\partial T}\right)_p dT$$

둘째 편미분 도함수는 C_p이며, 여기서 해야 할 일은 $(\partial H/\partial p)_T$를 어떤 알아볼 수 있는 성질로 바꾸는 것이다. 다음과 같이 연쇄 관계식(**수학 배경** 8 참조)을 쓰도록 하자.

$$\left(\frac{\partial H}{\partial p}\right)_T \left(\frac{\partial p}{\partial T}\right)_H \left(\frac{\partial T}{\partial H}\right)_p = -1$$

따라서

$$\left(\frac{\partial H}{\partial p}\right)_T = -\frac{1}{\left(\frac{\partial p}{\partial T}\right)_H \left(\frac{\partial T}{\partial H}\right)_p}$$

두 편미분 도함수는 다음과 같이 역항등식($\partial y/\partial x = 1/(\partial x/\partial y)$)을 두 번 이용하여 분자에 가져올 수 있다.

$$\left(\frac{\partial H}{\partial p}\right)_T = -\left(\frac{\partial T}{\partial p}\right)_H \left(\frac{\partial H}{\partial T}\right)_p$$

Joule–Thomson 계수와 일정 압력 열용량을 확인할 수 있으므로 위 식은 다음과 같이 된다.

$$\left(\frac{\partial H}{\partial p}\right)_T = -\mu C_p$$

이 식으로부터 식 56.7을 직접 얻을 수 있다.

56.4 Joule–Thomson 효과

Joule–Thomson 계수의 분석은 기체의 액화와 관련된 공업적 문제에서 대단히 중요하다. 따라서 이 계수의 물리학적 뜻을 이해하고, 그 측정 방법을 알아야 한다.

아래 **증명**에서 보이는 바와 같이 Joule과 William Thomson(후에 Kelvin 경)은 상태가 변하는 동안에 엔탈피를 일정하게 유지시켜 **등엔탈피(isenthalpic)** 과정이 일어나게 하는 교묘한 방법을 생각해 내었다. 이들은 일정한 압력의 기체를 다공성 칸막이를 통해 다른 일정한 압력으로 팽창시키면서 팽창에 수반되는 온도 차이를 추적 관찰하였다(그림 56.3). 장치 전체를 절연시켜 이 과정이 단열적으로 일어나게 하였다. 이들은 이 등엔탈피 과정 실험을 통해서 압력이 낮아진 쪽의 온도가 더 낮고, 그 온도차는 팽창 전후의 압력차에 비례한다는 것을 발견하였다. 이 등엔탈피 팽창에 의한 냉각을 **Joule–Thomson 효과(Joule–Thomson effect)**라고 한다.

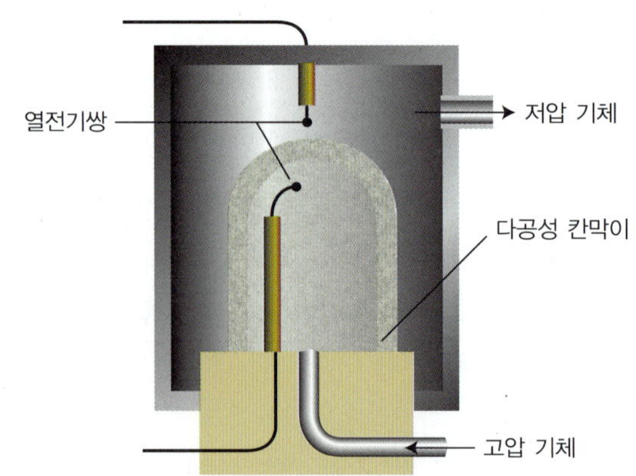

그림 56.3 Joule–Thomson 효과를 측정하는 장치. 기체는 분출구 역할을 하는 다공성 칸막이를 통해서 팽창되며, 전체 장치가 절연화되어 있다. 본문에서 설명한 바와 같이, 이 장치는 등엔탈피 팽창(일정 엔탈피 팽창)에 해당한다. 팽창에 의해서 기체가 가열되는지 또는 냉각되는지는 실험 조건에 의존한다.

증명 56.3 Joule-Thomson 효과

여기에서 엔탈피가 일정하게 유지되는 조건에서 팽창이 일어나는 실험 장치를 보여 준다. 이 기체가 일으키는 모든 변화는 단열적이므로

$q=0$이고, 이것은 $\Delta U = w$를 의미한다.

이 기체가 칸막이를 통과할 때 하는 일을 따져 보자. 압력이 p_{i}이고 온도가 T_{i}인 높은 압력 쪽으로부터 부피가 V_{i}인 일정량의 기체가 분출구를 통해 나간다고 생각해 보자(그림 56.4). 낮은 압력 쪽으로 나온 기체는 압력이 p_{f}, 온도가 T_{f}, 부피가 V_{f}로 되었다고 하자. 왼쪽의 기체는 주입되는 기체가 피스톤의 역할을 하여 등온 압축된다. 이때의 압력은 p_{i}이며, 부피는 V_{i}로부터 0으로 변한다. 따라서 기체에 행해지는 일은 다음과 같이 된다.

$$w_1 = -p_{\mathrm{i}}(0-V_{\mathrm{i}}) = p_{\mathrm{i}}V_{\mathrm{i}}$$

한편 칸막이의 오른쪽에서는 내뿜아지는 기체가 피스톤의 역할을 하며, 그리하여 압력 p_{f}에 맞서서 기체가 등온(다른 일정한 온도에서) 팽창을 한다. 기체의 부피는 0으로부터 V_{f}로 변하며, 따라서 이 단계에서 기체에 행해지는 일은 다음과 같다.

$$w_2 = -p_{\mathrm{f}}(V_{\mathrm{f}}-0) = -p_{\mathrm{f}}V_{\mathrm{f}}$$

이 기체에 행해지는 전체 일은 이 두 가지 일을 합한 값과 같다.

$$w = w_1 + w_2 = p_{\mathrm{i}}V_{\mathrm{i}} - p_{\mathrm{f}}V_{\mathrm{f}}$$

따라서 이 기체가 단열적으로 칸막이의 한쪽에서 다른 쪽으로 통과할 때 이 기체의 내부 에너지는 다음과 같이 변한다.

$$U_{\mathrm{f}} - U_{\mathrm{i}} = w = p_{\mathrm{i}}V_{\mathrm{i}} - p_{\mathrm{f}}V_{\mathrm{f}}$$

이 식은 다음과 같이 바꾸어 줄 수 있다.

$$U_{\mathrm{f}} + p_{\mathrm{f}}V_{\mathrm{f}} = U_{\mathrm{i}} + p_{\mathrm{i}}V_{\mathrm{i}}, \quad \text{즉} \quad H_{\mathrm{f}} = H_{\mathrm{i}}$$

따라서 이 팽창은 엔탈피를 변화시키지 않으면서 일어난 것이다.

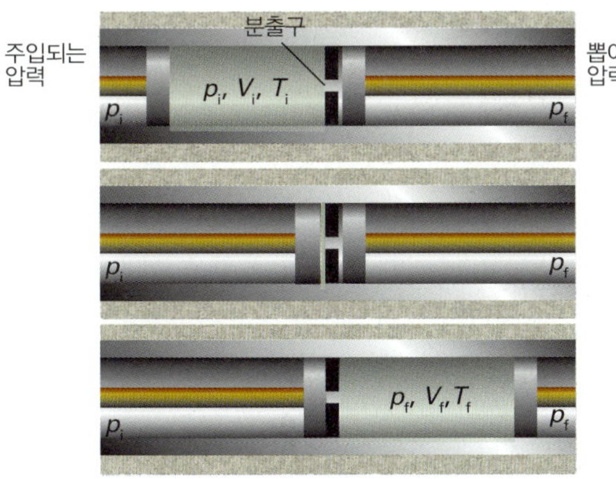

그림 56.4 Joule–Thomson 팽창의 열역학적 근거. 피스톤은 주입되는 기체와 내뿜아지는 기체를 나타내는데, 이들은 분출구 양쪽의 압력을 각각 일정하게 유지시킨다. 일정량의 기체가 엔탈피 변화를 수반하지 않는 채로 분출구를 통과하는 단계들을 이 그림의 위쪽으로부터 아래쪽으로 내려가면서 나타내었다.

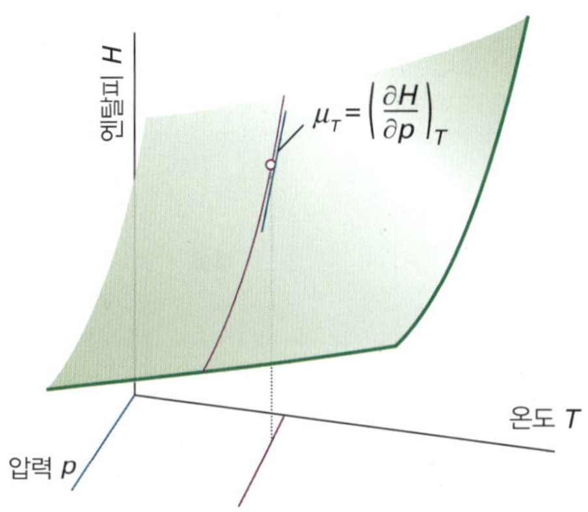

그림 56.5 등온 Joule–Thomson 계수는 온도를 일정하게 유지시키면서 압력을 변화시킬 때의 엔탈피의 기울기이다.

이 실험에서 측정한 성질은 압력 변화에 대한 온도 변화의 비인 $\Delta T/\Delta p$이다. 작은 Δp를 극한값으로 가져가고 엔탈피가 일정하다는 제약을 표시해 주면 $(\partial T/\partial p)_H$라는 열역학적 양, 즉 Joule–Thomson 계수 μ를 측정한 결과가 된다. 바꾸어 말하면, 물리학적으로 해석할 때 μ는 엔탈피 변화가 없는 조건하에서 기체가 팽창될 때의 압력 변화에 대한 온도 변화의 비이다.

현대적인 방법에서는 간접적으로 μ를 측정하는데, 이 방법에서는 다음과 같이 정의되는 **등온 Joule–Thomson 계수**(**isothermal Joule–Thomson coefficient**)를 측정한다.

$$\mu_T = \left(\frac{\partial H}{\partial p}\right)_T \qquad \text{정의 등온 Joule–Thomson 계수} \qquad (56.9)$$

이것은 일정한 온도에서 엔탈피의 압력에 대한 도시의 기울기이다(그림 56.5). 식 56.9와 **증명** 56.2에서 유도된 관계식 $(\partial T/\partial p)_H = -\mu C_p$를 비교해 보면 이 두 계수 사이에는 다음과 같은 관계가 성립한다.

$$\mu_T = -C_p\mu \qquad \text{계수 사이의 관계식} \qquad (56.10)$$

Joule–Thomson 계수는 세기 성질인 데 반해, **등온** Joule–Thomson 계수는 장치를 통해 지나가는 시료의 열용량에 의존해서 크기 성질임을 유의하라.

μ_T를 측정하려면, 열교환기를 통해서 (온도를 필요한 대로 맞춘) 기체를 일정한 압력으로 계속 주입시키면서 다공성 플러그를 통하여 열적으로 절연된 용기 속으로 내보낸다. 이때의 급격한 압력 강하를 측정하고, 냉각 효과는 플러그 바로 뒤에 붙어 있는 전열기로 상쇄시켜 주면서(그림 56.6) 이 전

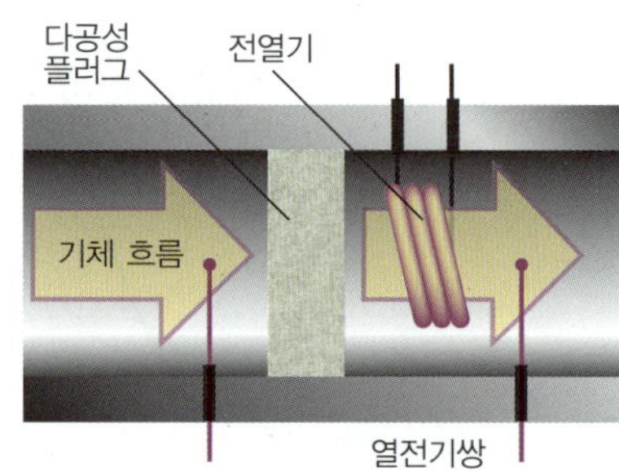

그림 56.6 등온 Joule–Thomson 계수를 측정하는 데 사용되는 장치의 개략도. 팽창에 수반되는 냉각을 상쇄시키기 위해서 전열기로 가해 주는 열량은 ΔH와 같으며, 이것으로부터 $(\partial H/\partial p)T$를 계산할 수 있고, 다시 이것으로부터 본문에서 설명한 바와 같이 μ로 바꾸어 구할 수 있다.

열기로 공급되는 에너지를 측정한다. 이 열로서 공급된 에너지는 이 기체에 대한 ΔH의 값과 같으며($\Delta H = q_p$이므로), 또 압력 변화인 Δp를 알고 있으므로 $\Delta H/\Delta p$의 값을 $\Delta p \to 0$에 따른 극한으로부터 μ_T를 구하고, 이어서 이것을 μ로 변환할 수 있다. 이러한 방법으로 구한 값들의 일부를 표 56.2에 수록해 놓았다.

표 56.2* 반전 온도(T_I), 정상 어는점(T_f), 끓는점(T_b), 1 atm, 298 K에서의 Joule–Thomson 계수(μ)

	T_I(K)	T_f(K)	T_b(K)	μ(K bar^{-1})
Ar	723	83.8	87.3	
CO_2	1500		194.7	+1.10
He	40		4.2	−0.062
N_2	621	63.3	77.4	+0.27

* 더 많은 값들이 **부록**에 수록되어 있다.

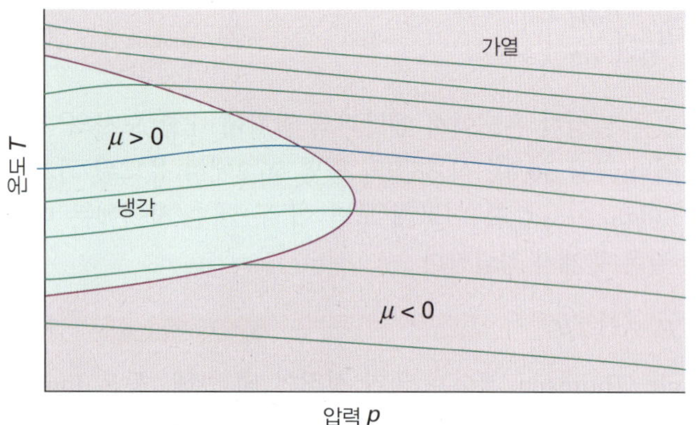

그림 56.7 Joule–Thomson 계수 μ의 부호는 조건에 따라 다르다. 경계선의 안쪽 그늘진 영역 안에서는 이 계수가 양이고, 그 밖에서는 음이다. 주어진 압력에서 경계선에 해당하는 온도를 그 압력에서 기체의 '반전 온도'라고 한다. 압력이 주어졌을 때는 온도를 어떤 값 이하로 낮추어야 냉각 효과를 얻지만, 너무 낮추면 경계선을 넘게 되어 다시 가열 효과를 얻게 된다. 단열 조건하에서 압력을 떨어뜨리면 어느 한 등엔탈피선 또는 일정 엔탈피 곡선에 따라 계의 상태가 변한다. 반전 온도 곡선은 등엔탈피 곡선의 기울기가 음으로부터 양으로 변하는 점들을 연결한 것이다.

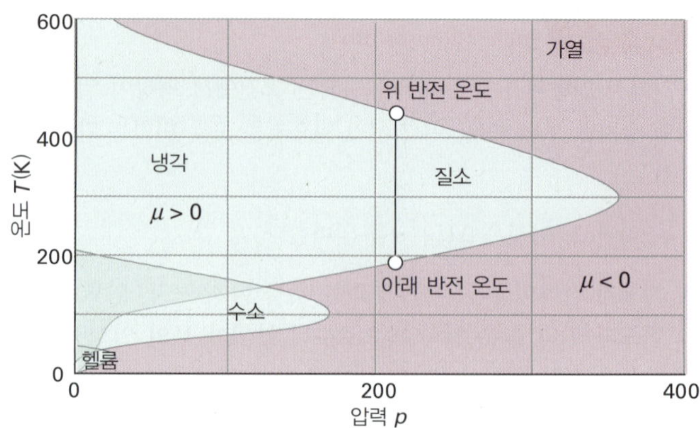

그림 56.8 질소, 수소, 헬륨의 세 가지 실제 기체의 반전 온도

실제 기체의 경우에는 이 Joule–Thomson 계수가 0이 아니며, 기체의 종류, 압력, 분자간 인력과 반발력의 상대적 크기, 그리고 온도 등에 따라 계수의 부호가 양이나 음이 된다(그림 56.7). 이것이 양이면 dp가 음일 때 dT도 음이 되며, 그리하여 기체가 팽창될 때 냉각된다. 어느 한 온도에서 팽창될 때 가열 효과($\mu<0$)를 나타내는 기체는 온도가 **반전 온도**(**inversion temperature**, T_I)를 통과하면 냉각 효과($\mu>0$)를 나타낸다(표 56.2, 그림 56.8). 그림 56.8에 나타낸 바와 같이 기체들은 일반적으로 높은 온도와 낮은 온도의 두 반전 온도를 가지고 있다.

간단한 예 56.3 등온 Joule-Thomson 계수

프레온 가스 분자 2.00 mol을 **간단한 예** 56.2에서 설명한 실험에 사용하였다고 하자. 프레온의 몰열용량이 60.1 J K^{-1} mol^{-1}이고, 시료의 열용량이 120.2 J K^{-1}로 주어지면, 시료에 대한 등온 Joule–Thomson 계수는 다음과 같다.

$$\mu_T = -C_p\mu = -(120.2\ \mathrm{J\ K^{-1}}) \times (0.71\ \mathrm{K\ atm^{-1}}) = -85\ \mathrm{J\ atm^{-1}}$$

자가 진단 56.4 1.50 mol의 일원자 기체가 사용된 **자가 진단** 56.3에서 설명한 실험에 대한 계산을 반복하시오.

답: $\mu_T = -15\ \mathrm{J\ atm^{-1}}$

'Linde 냉동기'는 Joule–Thomson 팽창을 이용하여 기체를 냉각시키는 장치이다(그림 56.9). 이 장치에서는 높은 압력의 기체를 좁은 분출구를 통해서 팽창시킨다. 그리고 여기서 냉각된 기체는 순환되면서 새로 들어오는 기체를 냉각시킨다. 이와 같이 새로 들어온 냉각된 기체가 팽창될 때는 온도가 훨씬 더 떨어지며, 마침내는 순환되는 기체가 충분히 냉각되어 이것이 액화되는 단계에 도달하게 된다.

다음의 **증명**에서 알 수 있는 바와 같이, 완전 기체에 대해서는 $\mu = 0$이다. 즉 완전 기체는 Joule–Thomson 팽창을 해

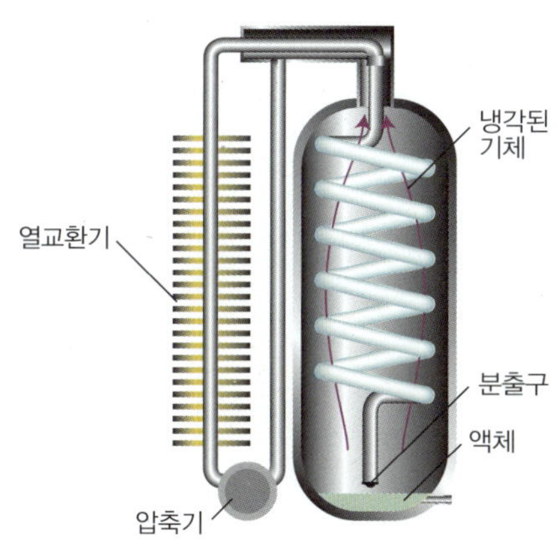

그림 56.9 이 그림은 Linde 냉동기의 원리를 나타낸 것이다. 기체는 재순환되며, 그 온도가 반전 온도 이하가 될 때까지 한 분출구를 통해서 팽창될 때 온도가 떨어진다. 냉각된 기체는 고압 기체를 냉각시키며, 냉각된 고압 기체가 팽창될 때 온도가 그 이하로 더 떨어진다. 그리고 마침내는 액화된 기체가 분출구를 통해서 나오게 된다.

도 온도가 변하지 않는다. 이 특성은 이 효과의 크기를 결정하는 데 분자간 인력의 영향을 받는다는 것을 명확하게 나타내는 것이다. 그러나 압력이 감소하여 기체의 상태식이 완전 기체의 상태식으로 접근하더라도, 실제 기체의 Joule–Thomson 계수는 0에 접근할 필요가 없다. 이 계수는 단순하게 p, V, T 자체에 의존하지 않고 도함수에 의존하며, 이러한 면에서 토픽 36에서 논의한 성질과 비슷하게 행동한다.

증명 56.4 완전 기체의 Joule–Thomson 계수

완전 기체는 $H = U + pV = U + nRT$이므로 등온 Joule–Thomson 계수는 다음과 같다.

$$\mu_T = \left(\frac{\partial H}{\partial p}\right)_T = \left(\frac{\partial U}{\partial p}\right)_T$$

그러나 완전 기체에 대하여 내부 에너지는 온도에만 의존하므로(토픽 58), 그 도함수, 즉 μ_T는 0이다. $\mu_T = 0$이기 때문에 식 56.10으로부터 역시 $\mu = 0$이다.

기체의 분자 운동 모형(토픽 78)과 균등 분배 이론(토픽 53)은 모두 기체 분자의 평균 운동 에너지가 온도에 비례한다는 것을 의미한다. 그리하여 분자의 평균 속력을 감소시키는 것은 곧 기체를 냉각시키는 것과 같은 것이다. 만일 분자의 속력이 낮아져서 상호 인력을 이겨내지 못하고 주위 분자들과 서로 붙들릴 수 있게 되면 냉각된 기체가 액체로 응축될 것이다. 기체 분자의 속도가 느려지는 것을 공을 공중으로 던졌을 때 나타나는 효과를 가지고 생각해 보자. 공은 위로 올라감에 따라 지구의 인력 때문에 그 속력이 느려지면서 그 운동 에너지가 퍼텐셜 에너지로 변환된다. 실제 기체의 분자들은 서로 인력을 미친다(이 인력이 중력은 아니지만 효과는 같다). 따라서 기체 분자들을 서로 떼어놓으면 지구로부터 솟아올라가는 공처럼 그 속력이 반드시 느려지게 된다.

분자들을 서로 떼어놓기는 매우 쉽다. 즉 기체를 팽창시키기만 하면 분자들 사이의 평균 거리가 증가하게 될 것이다. 따라서 기체를 냉각시키려면, 에너지가 열로서 들어가지 않게 하고 기체를 팽창시키면 된다. 기체가 팽창됨에 따라 그 분자들은 서로 멀리 떨어짐으로써 가용 공간을 채우려고 하며, 이 과정에서 이웃 분자들이 미치는 인력으로부터 벗어나지 않으면 안 되는 것이다. 분자들이 더욱 멀리 떨어지기 위해서는 일부 운동 에너지가 퍼텐셜 에너지로 변환되어야 하므로 멀리 떨어지게 될수록 분자가 더 느리게 움직인다. 이러한 일련의 과정이 실제 기체가 단열 팽창할 때 냉각되는 Joule–Thomson 효과를 설명해 준다. 인력 상호 작용이 지배적인 조건에서 분자들이 느리게 운동할 수 있게 되기 위해서는 분자들이 인력을 이겨내고 떨어져 나가야 하므로 $\mu > 0$에 대응되는 냉각 효과가 나타나는 것이다. 분자들의 반발 상호 작용이 지배적인 조건에서는 Joule–Thomson 효과에 의해서 기체가 더워지게 된다. 즉 $\mu < 0$이 된다.

개념 확인

☐ 1. 계의 **엔탈피 변화**는 일정 압력에서 열로서 이동되는 에너지와 같다.

☐ 2. **일정 압력 열용량**은 엔탈피 변화를 온도 변화와 연관시키는 데 이용된다.

☐ 3. **Joule–Thomson 효과**는 등엔탈피 팽창에 의한 실제 기체의 냉각이다.

☐ 4. 한 온도에서 Joule–Thomson 가열 효과($\mu < 0$)를 보이는 기체는 온도가 반전 온도를 지나면 냉각 효과($\mu > 0$)를 보인다.

식 확인

성질	식	비고	식 번호
엔탈피	$H=U+pV$	정의	56.1
엔탈피 변화	$\Delta H=q_p$	일정 압력, 부가적인 일 없음	56.2b
일정 압력 열용량	$C_p=(\partial H/\partial T)_p$	정의	56.3
열용량 사이의 관계	$C_p-C_V=nR$	완전 기체	56.6
엔탈피 변형	$\mathrm{d}H=-\mu C_p\mathrm{d}p+C_p\mathrm{d}T$	닫힌 계	56.7
Joule–Thomson 계수	$\mu=(\partial T/\partial p)_H$	정의	56.8
등온 Joule–Thomson 계수	$\mu_T=(\partial H/\partial p)_T$	정의	56.9
계수 사이의 관계	$\mu_T=-C_p\mu$		56.10

토픽 57

열화학

내용

➤ 학습 목표

열화학은 공식적인 열역학과 실질적인 응용 사이의 연결 고리 중의 하나이다. 연료와 식품의 열 배출을 평가하려면 열화학에 익숙할 필요가 있다. 열화학은 또한 화학 평형의 정량적인 논의에 대한 기초를 제공해 준다.

➤ 핵심 내용

엔탈피는 상태 함수이기 때문에 물리 및 화학적 과정과 연관된 엔탈피 변화는 실제나 가상의 혼합 과정에 대한 정보를 얻는 데 결합시킬 수 있다.

➤ 미리 알기

이 토픽은 엔탈피 개념(토픽 56)의 확장된 적용으로, 상태 함수(토픽 55)와 열용량(토픽 55)의 개념에 친숙할 필요가 있다. 이 토픽은 또한 내부 에너지(토픽 55)의 일부 특징을 이끌어 낼 것이다.

화학 반응 과정에서 열로서 전이되는 에너지를 연구하는 분야가 **열화학**(**thermochemistry**)이다. 열화학은 열역학의 한 분야인데, 그 이유는 반응 용기와 그 내용물이 하나의 계를 만들며, 화학 반응에 의해서 이 계와 그 주위 사이에 에너지 교환이 일어나기 때문이다. 그리하여 반응에서 열로 나오거나 흡수되는 에너지를 열계량법을 사용하여, 이 반응이 일정한 부피하에서 일어날 때는 이 q를 내부 에너지 변화와 같게 놓고, 또 일정한 압력하에서 일어날 때는 엔탈피 변화와 같게 놓을 수 있다. 이와 반대로 반응에 대한 ΔU나 ΔH를 알면 그 반응에서 생성되는 에너지(열로서 전달되는)의 양을 예측할 수 있다.

57.1 열계량법

물리적 변화나 화학적 변화가 일어날 때 열로서 이동되는 에너지를 조사하는 것이 **열계량법**(**calorimetry**)이다. 열로서 이동되는 에너지를 측정하는 장치를 **열량계**(**calorimeter**)라고 한다. ΔU(아래에 묘사되는 것과 같이 더 이상의 분석 없이 ΔH는 아님)를 측정하는 데 쓰이는 가장 보편적인 장치는 **단열 통열량계**(**adiabatic bomb calorimeter**)이다(그림 57.1). 연구하고자 하는 과정(화학 반응일 수도 있다)을 일정 부피 용기인 '통' 안에서 일어나게 하고, 이 통을 젓개가 달린 물중탕 속에 담근다. 이들 장치 전체가 열량계이다. 이 열량계 자체를 또한 물중탕 속에 담그고, 열량계 안의 물의 온도와 바깥 물중탕의 물의 온도를 다같이 모니터하면서 두 물중탕의 온

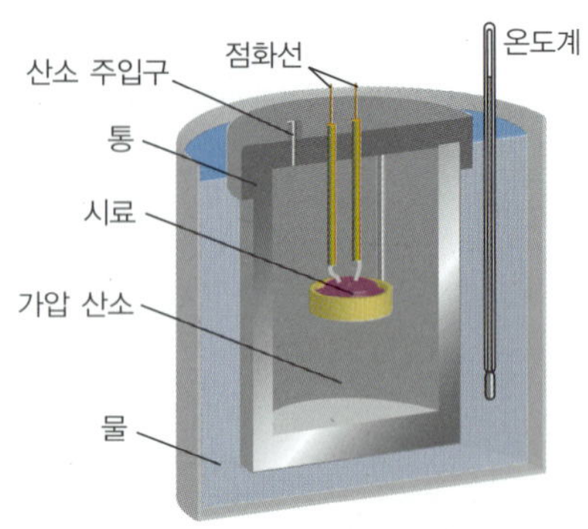

그림 57.1 일정 부피 단열 통열량계. 중심 용기인 '통'은 높은 압력을 견딜 수 있을 정도로 견고해야 한다. 이 그림에 나타난 전체 부분이 열량계를 이룬다(전체의 열용량이 반드시 알려져 있어야 한다). 단열성을 확보하기 위해서 열량계를 물중탕에 담그고, 각 연소 단계에서 이 물중탕의 온도가 열량계의 온도와 항상 같아지도록 조절한다.

도를 같게 조절해 준다. 이와 같이 하면 열량계로부터 주위(물중탕)로 열의 실제 손실이 없게 되며, 따라서 단열 열량계가 되는 것이다. 엔탈피와 내부 에너지 변화는 비열량계 방법으로 측정될 수도 있다(토픽 75).

(a) 전통적 열계량법

열량계의 온도 변화 ΔT는 반응에서 방출되거나 흡수되는 열에 비례한다. 따라서 ΔT를 측정하면 q_V를 구할 수 있고, 이어서 ΔU도 구할 수 있다. ΔT로부터 q_V를 구하려면 열 출력이 알려진 과정을 이용하고 나타나는 온도의 상승을 측정하며 다음과 같은 관계를 이용하여 **열량계 상수**(**calorimeter constant**) C를 결정한다.

$$q = C\Delta T \qquad \text{정의 열량계 상수} \qquad (57.1)$$

열량계 상수는 알고 있는 전위차가 $\mathcal{V}$인 전원으로부터 일정 전류 I를 알려진 시간 t 동안 열량계 속의 전열기에 통과시킴으로써 다음 관계를 이용하여 전기적으로 측정할 수 있다(**화학자 툴킷** 57.1 참조).

$$q = I\mathcal{V}t \qquad \text{전기 가열} \qquad (57.2)$$

화학자 툴킷 57.1 전기 양

전하의 흐름인 전류(I)는 SI 기본 단위인 암페어(A)로 측정된다. 초당 흐르는 1 A의 전류는 1쿨롱(1 C)의 전하를 전달한다. 즉 1 C = 1 As이다. 기본적인 전하는 1.602×10^{-19} C이므로, 1 A의 전류는 초당 6.24×10^{18}(10.4 μmol)의 전자를 보내는 것에 해당된다.

Ohm 법칙에 따르면, 전류는 전도체를 통해 가해지는 전위차 $\mathcal{V}$(볼트, $1\,\text{V} = 1\,\text{J A}^{-1}$)에 비례한다. 비례율의 상수는 전도체의 모양과 구성 성분에 의존하고 저항 R(ohm, $1\,\Omega = 1\,\text{V A}^{-1} = 1\,\text{J A}^{-2}$)인 항으로 쓰면 다음과 같다.

$$I = \mathcal{V}/R \text{ 또는 } \mathcal{V} = IR$$

전류 I가 저항 R을 통해 흐를 때 소비되는 전력은 다음과 같다.

$$P = I^2R = I\mathcal{V}$$

따라서 시간 t 동안 전류를 흘리면 열로 발생하는 에너지는 다음과 같다.

$$q = Pt = I\mathcal{V}t$$

간단한 예 57.1 열량계 상수

12 V의 전원으로부터 10.0 A의 전류를 300초 동안 통과시킬 때 열로서 공급되는 에너지는 1 A V s = 1 J이므로, 식 57.2에 의해서 다음과 같이 된다.

$$q = (10.0\,\text{A})\times(12\,\text{V})\times(300\,\text{s}) = 3.6\times10^4\,\text{A V s} = 36\,\text{kJ}$$

만일 이때 온도가 5.5 K 올라갔다면 열량계 상수는 식 57.1로부터 다음과 같다.

$$C = (36\,\text{kJ})/(5.5\,\text{K}) = 6.5\,\text{kJ K}^{-1}$$

자가 진단 57.1 12 V의 전원으로부터 11.5 A의 전류를 450초 동안 통과시킬 때 온도가 6.3 K 증가한 유사한 실험에 대한 열량계 상수를 계산하시오.

답: 9.9 kJ K^{-1}

C를 결정하는 또 한 가지 방법은 발열량이 알려진 물질(흔히 벤조산이 이용된다)을 일정량 태우는 것이다. 이와 같이 하여 C를 알게 되면 온도 상승을 측정해서 방출된 열을 쉽게 구할 수 있다.

일정한 압력에서 일어나는 과정을 연구하는 데 이용되는 열량계가 **등압 열량계**(**isobaric calorimeter**)이다. 간단한 예로는 대기 쪽으로 열려 있는 절연 용기인데, 이 용기 속의 온도 변화를 측정하면 반응에서 나오는 열을 모니터할 수 있다. 연소 반응의 경우에는 **단열 불꽃 열량계**(**adiabatic flame calorimeter**)를 이용하여 산소를 공급해 주면서 일정량의 시료 물질을 연소시켰을 때의 ΔT를 측정한다(그림 57.2). ΔH를 구하는 또 하나의 방법은 통열량계를 이용하여 내부 에너지 변화를 측정한 다음, ΔU의 값으로부터 ΔH를 구하는 것이다. 고체나 액체는 몰부피가 작기 때문에 이들의 pV_m값도 작아 몰 엔탈피와 몰 내부 에너지가 거의 같다($H_m = U_m + pV_m \approx U_m$). 결과적으로 액체나 고체만이 관여

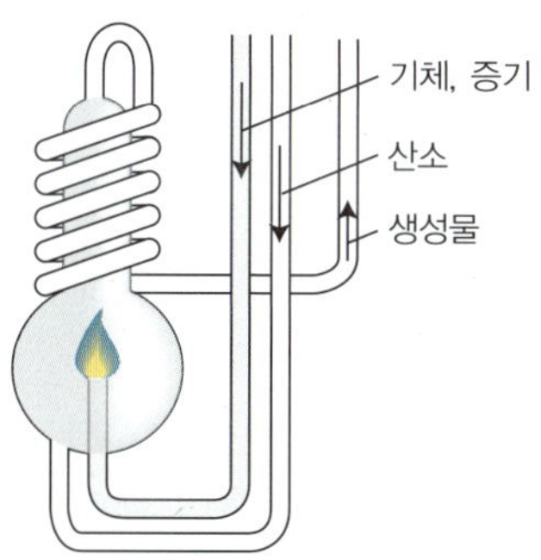

그림 57.2 이 그림과 같은 장치를 젓개가 달린 물중탕 속에 담근 것이 일정 압력 불꽃 열량계이다. 알려진 양의 반응물을 통과시키면서 불꽃을 일게 하고, 이때의 온도 상승을 측정한다.

하는 반응의 경우에는 ΔH와 ΔU의 값이 거의 같다. 물리적으로 이러한 변화에서는 부피가 대단히 조금밖에 변하지 않으므로 계가 이러한 반응을 통해서 주위에 하는 일은 무시할 수 있을 정도로 작으며, 따라서 열로서 공급되는 에너지가 전부 계 안에 머물게 되는 것이다. 만일 반응에 기체가 관여하면, 완전 기체로 간주하여 $H = U + nRT$를 이용하며, 이 경우 다음과 같이 된다.

$$\Delta H = \Delta U + \Delta n_g RT \quad \text{완전 기체} \quad \Delta U\text{와 } \Delta H\text{의 관계} \qquad (57.3)$$

여기서 Δn_g는 반응에서 기체 분자의 양에 대한 변화이다. 이 식은 같은 온도에서 반응물과 생성물에 적용된다는 점을 주의하라. 반응 중에 온도는 올라갈 수도 있고 내려갈 수도 있지만, 반응이 끝난 후 생성물은 반응 초기와 같은 온도로 되돌아가도록 해야 한다.

예제 57.1 엔탈피 변화 계산

1.0 atm의 압력하에서 물을 가열하여 끓게 하였다. 이 물과 열적으로 접하고 있는 저항을 통해서 12 V의 전원으로부터 0.50 A의 전류를 300초 동안 흘려보냈더니 0.798 g의 물이 증발하였다. 끓는점(373.15 K)에서의 몰 내부 에너지 변화와 몰 엔탈피 변화를 계산하시오.

방법 증발이 일정한 압력에서 일어나므로 엔탈피 변화는 전열기로부터 공급된 열과 같다. 따라서 이 계산을 하려면 우선 열로서 공급된 에너지($q = I\mathcal{V}t$)를 계산한 다음, 이것을 엔탈피 변화로 나타내고, 이어서 이 결과를 증발된 H_2O 분자의 질량으로 나누어서 몰 엔탈피 변화를 구해야 한다. 엔탈피 변화를 내부 에너지 변화로 변환시키는 데는 이 증기를 완전 기체로 가정하고 식 57.3을 이용한다.

풀이 엔탈피 변화는 다음과 같다.

$$\Delta H = q_p = (0.50\ \text{A}) \times (12\ \text{V}) \times (300\ \text{s}) = +(0.50 \times 12 \times 300)\ \text{J}$$

여기서는 1 AVs = 1J을 이용하였다. 물 0.798 g은 (0.798 g)/(18.02 g mol^{-1}) = (0.798/18.02) mol H_2O이므로 H_2O의 몰당 증발 엔탈피는 다음과 같이 된다.

$$\Delta H_m = + \frac{0.50 \times 12 \times 300\ \text{J}}{(0.798/18.02)\ \text{mol}} = +41\ \text{kJ mol}^{-1}$$

$H_2O(l) \rightarrow H_2O(g)$ 과정에서 기체 분자에 대한 양의 변화는 $\Delta n_g = +1$ mol이다. 따라서 다음을 얻게 된다.

$$\Delta U_m = \Delta H_m - RT = +38\ \text{kJ mol}^{-1}$$

내부 에너지 변화가 엔탈피 변화보다 작은데, 이것은 주위의 대기를 밀어내어 증기가 들어갈 공간을 만드는 데 에너지가 쓰이기 때문임을 주목하라.

자가 진단 57.2 벤젠의 몰 증발 엔탈피는 끓는점(353.25 K)에서 30.8 kJ mol^{-1}이다. 몰 내부 에너지 변화는 얼마가 되겠는가? 질량 10.0 g의 시료를 증발시키려면 12 V 전원으로부터 0.50 A의 전류를 얼마 동안 통과시켜야 하겠는가?

답: +27.9 kJ mol^{-1}, 660초

(b) 시차 주사 열계량법

시차 주사 열량계(**differential scanning calorimeter**, DSC)는 일정한 압력에서 물리적 또는 화학적 변화를 일으키는 시료에 또는 시료로부터 열로서 이동되는 에너지를 측정하는 장치이다. 여기서 '시차'라는 말은 분석 과정에서 물리적 또는 화학적 변화를 일으키지 않는 기준 물질의 행동과 비교한 시료의 행동을 나타낸다는 뜻으로 사용한 것이다. 그리고 '주사'라는 용어는 시료와 기준 물질의 온도를 분석 과정에서 증가시키거나 주사한다는 것을 뜻하는 것이다.

DSC는 전기적으로 일정한 속도로 가열해 주는 작은 두 개의 격실로 되어 있다. 주사를 시작하기 전의 온도를 T_0라고 하면, 선형 주사 과정의 임의의 한 시각 t에서의 온도는 $T = T_0 + \alpha t$가 된다. 여기서 α는 온도 주사율이다(초당 켈빈, K s^{-1}). 시료 격실과 기준 격실의 온도는 컴퓨터로 전기 출력을 조절하여 전체 분석 과정을 통해서 같게 해 준다(그림 57.3).

열로 에너지 이동을 수반하는 물리적이거나 화학적인 과정이 주사 동안 시료에서 일어난다면, 시료의 온도는 기준 물질에 비하여 상당히 변한다. 두 격실에서 같은 온도를 유지하기 위하여, 여분의 에너지가 열로서 과정 동안 시료로 또는 시료로부터 이동된다. 예를 들면 흡열 과정은 기준에 비하여 시료의 온도가 낮아져서, 그 결과로 시료는 같은 온도를 유지하기 위하여 기준보다 더 세게 가열되어야 한다.

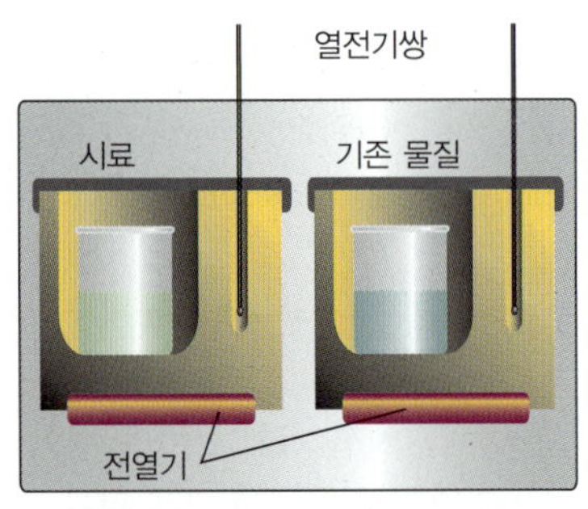

그림 57.3 시차 주사 열량계. 시료와 기준 물질은 동일한 금속 열 싱크 속에서 분리하여 가열된다. 온도가 올라갈 때 양쪽 열 싱크의 온도를 똑같게 유지하기 위해서 필요한 전력의 차이가 출력이 된다.

온도 T에서 시료가 물리적 또는 화학적 변화를 일으키지 않을 때는 열로서 시료로 이동된 에너지를 $q_p = C_p\Delta T$와 같이 식 57.1을 이용해서 계산할 수 있다. 여기서 $\Delta T = T - T_0$이며, C_p는 온도와 무관하다고 가정하였다. 화학적, 또는 물리적 변화가 일어날 때는 $q_p + q_{p,\text{ex}}$만큼의 열이 이동되어야 한다. $q_{p,\text{ex}}$는 시료의 온도를 기준 물질 격실과 동일하게 유지하기 위해서 열로서 가해 주는 여분의 에너지이다. $q_{p,\text{ex}}$는 온도 주사 과정에서 나타나는 시료의 일정 압력 열용량(C_p)의 겉보기 변화량을 가지고 해석할 수 있다. 그리하여 $C_p + C_{p,\text{ex}}$로 시료의 열용량을 다음과 같이 쓴다.

$$q_p + q_{p,\text{ex}} = (C_p + C_{p,\text{ex}})\Delta T \tag{57.4a}$$

따라서

$$C_{p,\text{ex}} = \frac{q_{p,\text{ex}}}{\Delta T} = \frac{q_{p,\text{ex}}}{\alpha t} = \frac{P_\text{ex}}{\alpha} \tag{57.4b}$$

여기서 $P_\text{ex} = q_{p,\text{ex}}/t$는 시료 격실과 기준 물질 격실의 온도를 같게 해 주기 위해서 필요한 여분의 전력이다.

DSC 분석 결과인 **열분석도**(**thermogram**)는 T에 대해서 P_ex나 $C_{p,\text{ex}}$를 도시한 것이다(그림 57.4). 열분석도에서 넓은 피크는 열로 에너지의 이동을 필요로 하는 과정을 나타낸다. $\mathrm{d}H = C_p\mathrm{d}T$의 관계로부터, 이 과정에 수반되는 엔탈피 변화를 다음과 같이 나타낼 수 있다.

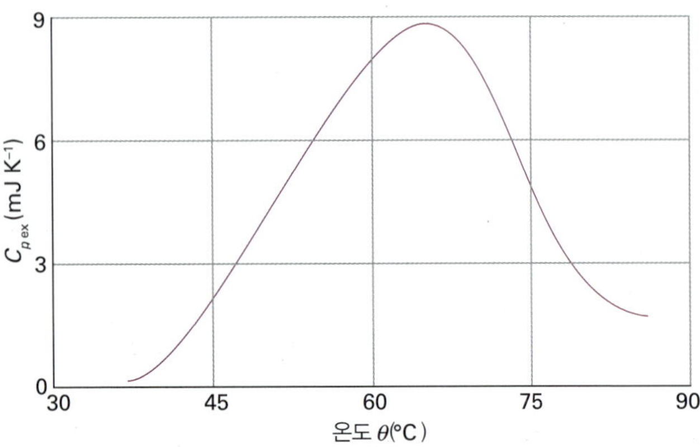

그림 57.4 단백질 유비퀴틴의 pH = 2.45에서의 열분석도. 이 단백질은 약 45°C까지 본래의 구조를 유지하다가 흡열 형태 변화를 일으킨다. (B. Chowdhry and S. LeHarne, *J. Chem. Educ.*, **74**, 236 (1997)로부터)

$$\Delta H = \int_{T_1}^{T_2} C_{p,\text{ex}}\mathrm{d}T \tag{57.5}$$

여기서 T_1과 T_2는 각각 이 과정이 시작되는 온도와 끝나는 온도를 나타낸다. 이 식에 의하면 엔탈피 변화는 $C_{p,\text{ex}}$대 T 곡선 밑의 면적과 같다. DSC를 이용하면 0.5 mg 정도의 적은 시료를 가지고도 엔탈피 변화를 측정할 수 있다. 이것은 수 그램 정도의 시료를 필요로 하는 통열량계나 불꽃 열량계에 비하면 대단한 발전이다.

57.2 표준 엔탈피 변화

엔탈피 변화는 보통 한 세트의 표준 조건하에서 일어나는 과정의 값을 가지고 보고한다. 대부분의 경우에는 **표준 엔탈피 변화**(**standard enthalpy change**) $\Delta H^\ominus$를 이런 목적으로 쓰는데, 이것은 처음 물질과 최종 물질이 표준 상태에 있는 과정에 대한 엔탈피 변화이다.

한 물질의 **표준 상태**는 1 bar의 압력에서의 순수한 상태이다.

(용액에서 물질의 표준 상태는 토픽 72에서 설명되어 있다.) 표준 엔탈피 변화는 임의의 온도에서 보고될 수 있다. 그러나 보고되는 열역학 데이터에서 관습적인 온도는 298.15 K (25.00°C에 해당)이다. 다른 언급이 없는 한, 이 교재에서 모든 열역학 데이터는 이 관습적인 온도이다.

(a) 물리적 변화의 엔탈피

물리적 상태 변화에 수반되는 표준 엔탈피 변화를 **표준 전이 엔탈피**(**standard enthalpy of transition**)라고 하고, $\Delta_\text{trs}H^\ominus$로 표시한다(표 57.1). **표준 증발 엔탈피**(**standard enthalpy of vaporization**, $\Delta_\text{vap}H^\ominus$)는 그 한 예이다. 또 하나의 예는 **표준 용융 엔탈피**(**standard enthalpy of fusion**, $\Delta_\text{fus}H^\ominus$)인데, 이것은 다음과 같이 고체가 액체로 변화될 때의 표준 엔탈피 변화이다.

$$H_2O(s) \rightarrow H_2O(l) \qquad \Delta_\text{fus}H^\ominus(273\text{ K}) = +6.01\text{ kJ mol}^{-1}$$

이 경우에서와 같이 표준 엔탈피 변화는 관습 온도에서뿐만 아니라 전이 온도에서의 값을 알면 편리할 때가 많다. 열화학에서 이용되는 여러 종류의 엔탈피를 표 57.1에 요약해 놓았으며, 몇 가지 과정에 대한 값이 표 57.2에 수록되었다. 앞으로 이 교재의 여러 곳에서 이들을 이용하게 될 것이다.

실용 상식 $\Delta_{trs}H$에서와 같이 기호 Δ 다음에 명칭을 첨자로 붙이는 것이 최신 규약이지만, 아직도 옛 규약인 ΔH_{trs}이 널리 이용되고 있다. 첨자를 변화와 관련된 물리적 성질에 붙이는 것보다는 변화의 종류를 나타내도록 붙이는 새로운 규약이 훨씬 더 합리적이다.

표 57.1 전이 엔탈피

전이	과정	기호*
전이	상 $\alpha\rightarrow$ 상 β	$\Delta_{trs}H$
용융	$s\rightarrow l$	$\Delta_{fus}H$
증발	$l\rightarrow g$	$\Delta_{vap}H$
승화	$s\rightarrow g$	$\Delta_{sub}H$
혼합	순수한 물질 → 혼합물	$\Delta_{mix}H$
용액	용질 → 용액	$\Delta_{sol}H$
수화	$X^{\pm}(g)\rightarrow X^{\pm}(aq)$	$\Delta_{hyd}H$
원자화	화학종(s, l, g) → 원자(g)	$\Delta_{at}H$
이온화	$X(g)\rightarrow X^{+}(g)+e^{-}(g)$	$\Delta_{ion}H$
전자 획득	$X(g)+e^{-}(g)\rightarrow X^{-}(g)$	$\Delta_{eg}H$
반응	반응물 → 생성물	$\Delta_{r}H$
연소	화합물(s, l, g) + $O_2(g)\rightarrow CO_2(g), H_2O(l,g)$	$\Delta_{c}H$
생성	원소 → 화합물	$\Delta_{f}H$
활성화	반응물 → 활성화물	$\Delta^{\ddagger}H$

*IUPAC 추천. 통상적인 사용에서는 흔히 전이 아래 첨자는 ΔH_{trs}에서와 같이 ΔH에 붙이기도 한다.

표 57.2* 전이 온도에서의 표준 용융 및 증발 엔탈피 $\langle\Delta_{trs}H^{\ominus}(kJ\,mol^{-1})\rangle$

	T_f(K)	용융	T_b(K)	증발
Ar	83.8	1.188	87.29	6.506
C_6H_6	278.61	10.59	353.2	30.8
H_2O	273.15	6.008	373.15	40.656 44.016(298 K에서)
He	3.5	0.021	4.22	0.084

*더 많은 값들이 **부록**에 수록되어 있다.

엔탈피는 상태 함수이므로, 엔탈피에서 변화는 계의 특정한 초기와 최종 상태 사이의 경로와 무관하다. 이 경로의 무관성은 두 즉각적인 결론을 내리게 한다. 하나는 전반적인 전이, 예를 들어 승화(고체로부터 증기로의 직접적인 전환)는 다음 식처럼, 용융 및 증발 엔탈피의 합으로 나타낼 수 있다(같은 온도에서, **1**).

$$\Delta_{sub}H^{\ominus}(T)=\Delta_{fus}H^{\ominus}(T)+\Delta_{vap}H^{\ominus}(T)$$

같은 온도에서 변화의 구성 (57.6)

여기서 바로 얻을 수 있는 결론은 거의 모든 용융 엔탈피가 항상 양의 값(헬륨은 예외)을 나타내므로, 헬륨을 제외한, 한 물질의 승화 엔탈피는 항상 증발 엔탈피보다 크다(주어진 온도에서)는 것이다. 두 번째 결론은 정방향 과정에 대한 표준 엔탈피 변화가 그 역과정에 대한 것과 크기가 같고 부호만 다르다는 것이다(**2**).

$$\Delta H^{\ominus}(A\rightarrow B,T)=-\Delta H^{\ominus}(B\rightarrow A,T)$$

같은 온도에서 역방향 변화 (57.7)

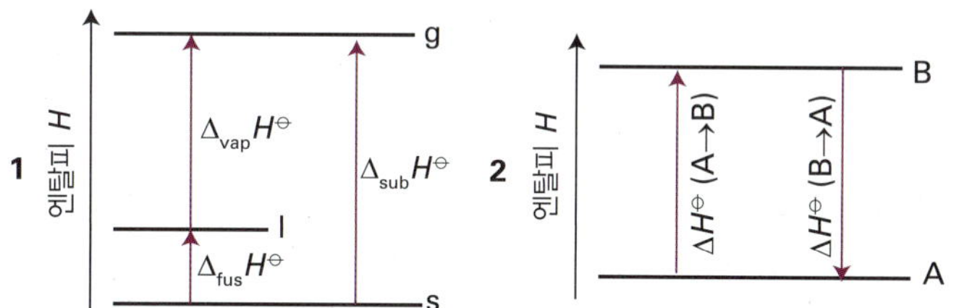

간단한 예 57.2 정과정과 역과정

298 K에서의 물의 표준 증발 엔탈피는 +44.01 kJ mol^{-1}이므로, 이 온도에서의 표준 응축 엔탈피는 −44.01 kJ mol^{-1}이 된다. 298 K에서의 물의 표준 용융 엔탈피는 +6 kJ mol^{-1}(추정)에 가깝다. 따라서 이 온도에서 표준 승화 엔탈피는 6+ 44.01 kJ mol^{-1} = 50 kJ mol^{-1}이다.

자가 진단 57.3 고체 암모니아의 표준 용융 엔탈피는 +5 kJ mol^{-1}에 가깝고, 같은 온도에서 표준 증발 엔탈피는 +23 kJ mol^{-1}이다. 이 온도에서 표준 증기 석출 엔탈피는 얼마인가?

답: −28 kJ mol^{-1}

(b) 화학적 변화의 엔탈피

표준 반응 엔탈피(**standard enthalpy of reaction**, $\Delta_r H^{\ominus}$)는 화학 반응식에서 화학량론 계수에 의해 가중된 생성물과 반응물의 표준 몰 엔탈피 차이이다. 따라서 다음 반응에 대해서는

$$2\,A+B\rightarrow 3\,C+D$$

표준 반응 엔탈피가 다음과 같이 되어야 할 것이다.

$$\Delta_r H^{\ominus}=\{3H_m^{\ominus}(C)+H_m^{\ominus}(D)\}-\{2H_m^{\ominus}(A)+H_m^{\ominus}(B)\}$$

일반적으로는,

$$\Delta_r H^{\ominus}=\sum_{\text{생성물}}\nu H_m^{\ominus}-\sum_{\text{반응물}}\nu H_m^{\ominus}$$

정의 표준 반응 엔탈피 (57.8a)

다음 과정에 해당된다.

표준 상태에서의 반응물 → 표준 상태에서의 생성물

용액에서 이온 반응의 경우를 제외하면, 순수한 반응물을 혼합하고 생성물의 순수한 형태('표준 상태'로 기술)로 분리하는 데 수반되는 엔탈피 변화는 반응 자체에서 기여에 비해 무시할 정도이다.

실용 상식 표준 반응 엔탈피 $\Delta_r H^\ominus$의 단위는 몰당 킬로줄이다. '몰당'의 의미는 쓰여진 반응의 '반응 결과 몰당'을 말하며, 예를 들면 소모된 것은 A의 2 mol당, 또는 B의 1 mol당이고, 생성된 것은 C의 3 mol당, 또는 D의 mol당이다.

식 57.8a를 생성물의 화학량적 계수는 양수로, 반응물의 계수는 음수로 하는 관례를 받아들이는 더 간결한 방법을 쓸 수 있다. 예를 들어 $2\,A+B \rightarrow 3\,C+D$에서, 계수는 $\nu_A=-2$, $\nu_B=-1$, $\nu_C=3$, $\nu_D=1$이다. 그러면 식 57.8a는 다음과 같이 된다.

$$\Delta_r H^\ominus = \sum_J \nu_J H_m^\ominus(J) \qquad \text{간결한 정의} \quad \text{표준 반응 엔탈피} \qquad (57.8b)$$

표준 전이 엔탈피를 결합시킬 수 있는 것과 똑같이, 표준 반응 엔탈피도 다른 반응의 엔탈피를 얻기 위해 결합시킬 수 있다는 것은 일반화학으로부터 익숙해질 것이다. 엔탈피가 상태 함수란 사실의 직접적인 결과라는 이 적용을 **Hess 법칙**(**Hess's law**)이라고 한다.

한 반응을 일련의 여러 반응 성분으로 나눌 수 있으면, 이들 각 성분 반응에 대한 표준 반응 엔탈피의 합은 그 전체 반응의 표준 반응 엔탈피가 된다.

이 일련의 반응들이 실제로 일어날 수 있는 것일 필요는 없다. 이들은 가상적 반응이라도 좋은데, 단 화학 반응식의 균형이 꼭 맞아야 하고 모든 수치적 값은 같은 온도에 대한 것이어야 한다.

예제 57.2 Hess 법칙 이용

다음 데이터를 이용하여 $2\,B(s)+3\,H_2(g)\rightarrow B_2H_6(g)$의 표준 반응 엔탈피를 결정하시오.

(1) $B_2H_6(g)+3\,O_2(g)\rightarrow B_2O_3(s)+3\,H_2O(g)$
$\Delta_r H^\ominus=-1941\ \text{kJ mol}^{-1}$

(2) $2\,B(s)+\frac{3}{2}O_2(g)\rightarrow B_2O_3(s)$ $\Delta_r H^\ominus=-2368\ \text{kJ mol}^{-1}$

(3) $H_2(g)+\frac{1}{2}O_2(g)\rightarrow H_2O(g)$ $\Delta_r H^\ominus=-242\ \text{kJ mol}^{-1}$

방법 찾고자 하는 반응과 같은 세 반응의 조합(합하거나 빼주는)을 찾고, 같은 방법으로 표준 반응 엔탈피를 결합한다. 식을 빼는 것은 역을 합하는 것과 같다.

풀이 (2) − (1)의 차이는,

(2): $2\,B(s)+\frac{3}{2}O_2(g)\rightarrow B_2O_3(s)$

−(1): $B_2O_3(s)+3\,H_2O(g)\rightarrow B_2H_6(g)+3\,O_2(g)$

(2) − (1) $2\,B(s)+\frac{3}{2}O_2(g)+B_2O_3(s)+3\,H_2O(g)\rightarrow B_2O_3(s)+B_2H_6(g)+3\,O_2(g)$

Or: $2\,B(s)+3\,H_2O(g)\rightarrow B_2H_6(g)+\frac{3}{2}O_2(g)$

이제 3×(3)을 합하여 왼쪽 항에서 H_2O를 소거한다.

(2) − (1): $2\,B(s)+3\,H_2O(g)\rightarrow B_2H_6(g)+\frac{3}{2}O_2(g)$

3(3): $3\,H_2(g)+\frac{3}{2}O_2(g)\rightarrow 3\,H_2O(g)$

(2) − (1)+3(3): $2\,B(s)+3\,H_2O(g)+3\,H_2(g)+\frac{3}{2}O_2(g)\rightarrow B_2H_6(g)+\frac{3}{2}O_2(g)+3\,H_2O(g)$

즉 $2\,B(s)+3\,H_2(g)\rightarrow B_2H_6(g)$

마지막으로 표준 반응 엔탈피를 같은 방법으로 구한다.

$$\begin{aligned}\Delta_r H^\ominus &= \Delta_r H^\ominus(2)-\Delta_r H^\ominus(1)+3\Delta_r H^\ominus(3)\\ &= -2368-(-1941)+3(-242)\ \text{kJ mol}^{-1}\\ &= -1153\ \text{kJ mol}^{-1}\end{aligned}$$

자가 진단 57.4 다음 데이터를 이용하여, 사이클로프로페인의 이성질화에 의해 프로펜이 되는 표준 반응 엔탈피를 계산하시오.

(1) *cyclo*-$C_3H_6(g)+\frac{9}{2}O_2(g)\rightarrow 3\,CO_2(g)+3\,H_2O(g)$
$\Delta_r H^\ominus=-2091\ \text{kJ mol}^{-1}$

(2) $C(s)+O_2(g)\rightarrow CO_2(g)$ $\Delta_r H^\ominus=-394\ \text{kJ mol}^{-1}$

(3) $H_2(g)+\frac{1}{2}O_2(g)\rightarrow H_2O(g)$ $\Delta_r H^\ominus=-242\ \text{kJ mol}^{-1}$

(4) $3\,C(s)+3\,H_2(g)\rightarrow CH_3CH{=}CH_2(g)$ $\Delta_r H^\ominus=+20\ \text{kJ mol}^{-1}$

답: $-163\ \text{kJ mol}^{-1}$

57.3 표준 생성 엔탈피

기준 상태에 있는 성분 원소들로부터 화합물이 생성될 때의 표준 반응 엔탈피를 그 화합물의 **표준 생성 엔탈피**(**standard enthaly of formation**)라고 하며, $\Delta_f H^\ominus$로 표시한다. 원소의 **기준 상태**(**reference state**)는 명시된 온도와 1 bar 압력에서의 가장 안정한 상태이다. 예로서 298 K에서 질소의 기준 상태는 N_2 분자의 기체, 수은은 액체 수은, 탄소는 흑연, 주석은 흰색 (금속) 형태이다. 이 일반적 규약에 대한 한 예외가 인정되고 있다. 즉 인의 기준 상태는 흰인을 택하고 있는데, 이 동소체는 가장 안정한 형태는 아니지만 가장 쉽게 재생될 수 있는 형태이다. 표준 생성 엔탈피는 분자 또는 (이온성 물질에 대해) 해당 화합물 화학식의 몰당 엔탈피로 나타낸다. 예로서 298 K에서 액체 벤젠의 표준 생성 엔탈피는 다음과 같은 반응에 대한 것으로서 그 값은 $+49.0\ \mathrm{kJ\ mol^{-1}}$이다.

$$6\,\mathrm{C(s, graphite)}+3\,\mathrm{H_2(g)}\rightarrow \mathrm{C_6H_6(l)}$$

기준 상태에 있는 원소의 표준 생성 엔탈피는 $N_2(g) \rightarrow N_2(g)$와 같은 '가치없는' 반응에 대한 것이기 때문에 모든 온도에서 0이 된다. 표준 생성 엔탈피의 일부를 표 57.3과 57.4에 나타내었다.

표 57.3* 유기 화합물의 표준 생성 및 표준 연소 엔탈피(298 K에서)

	$\Delta_f H^\ominus$(kJ mol^{-1})	$\Delta_c H^\ominus$(kJ mol^{-1})
벤젠 C_6H_6(l)	+49.0	−3268
에테인 C_2H_6(g)	−84.7	−1560
포도당 $C_6H_{12}O_6$(s)	−1274	−2808
메테인 CH_4(g)	−74.8	−890
메탄올 CH_3OH(l)	−238.7	−726

* 더 많은 값들이 **부록**에 수록되어 있다.

표 57.4* 무기 화합물의 표준 생성 엔탈피(298 K에서)

	$\Delta_f H^\ominus$(kJ mol^{-1})
H_2O(l)	−285.83
H_2O(g)	−241.82
NH_3(g)	−46.11
N_2H_4(l)	+50.63
NO_2(g)	33.18
N_2O_4(g)	+9.16
NaCl(s)	−411.15
KCl(s)	−436.75

* 더 많은 값들이 **부록**에 수록되어 있다.

용액 속에 있는 이온의 표준 생성 엔탈피를 정의하는 데는 양이온만 들어 있는 용액이나 음이온만 들어 있는 용액을 만들 수 없다는 특별한 문제에 봉착하게 된다. 이 난제를 극복하기 위해서, 한 특정한 이온(관습적으로 수소 이온을 택한다)의 표준 생성 엔탈피를 모든 온도에서 0으로 놓는다. 즉

$$\Delta_f H^\ominus(\mathrm{H^+, aq})=0 \qquad \text{정의} \quad (57.9)$$

그리하여 만일 HBr(aq)의 생성 엔탈피가 $-122\ \mathrm{kJ\ mol^{-1}}$이었다면 이 값 전체를 Br^-(aq)의 생성 엔탈피에 기인한다고 보고, $\Delta_f H^\ominus(\mathrm{Br^-, aq}) = -122\ \mathrm{kJ\ mol^{-1}}$이라고 쓰는 것이다. 그러면 이 결과를 예를 들면 AgBr(aq)의 생성 엔탈피와 결합하여 $\Delta_f H^\ominus(\mathrm{Ag^+, aq})$의 값을 구하면서, 이런 식으로 계속해 나갈 수 있다. 이 정의의 요점을 말하자면, 이온들의 실제 생성 엔탈피 값들을 H^+(aq)의 값을 기준해서(0으로 놓고) 정한다는 것이다. 표에 나타난 값들은 일련의 실험값을 기초로 한 것으로, 개별의 독립된 짝으로 측정된 것보다는 전반적인 것에 최선이 되도록 조정한 것이다.

(a) 생성 엔탈피를 이용한 반응 엔탈피

개념상으로, 반응이란 반응물을 성분 원소로 분해하고, 이어서 이 원소들로부터 생성물을 생성시키는 것이라고 볼 수도 있다. 전체적인 반응에 대한 $\Delta_r H^\ominus$의 값은 이러한 분해 반응과 생성 반응의 엔탈피 변화를 합한 것과 같다. 그런데 분해 반응은 생성 반응의 역반응이므로 분해 과정의 엔탈피 변화는 생성 엔탈피의 음의 값과 같아야 한다(**3**). 따라서 물질들의 생성 엔탈피를 충분히 알 수 있으면 다음과 같은 관계를 이용하여 임의의 반응의 엔탈피 변화를 구할 수 있다.

$$\Delta_r H^\ominus = \sum_J \nu_J \Delta_f H^\ominus(J) \qquad \text{실질적인 실행} \quad \text{표준 반응 엔탈피} \quad (57.10)$$

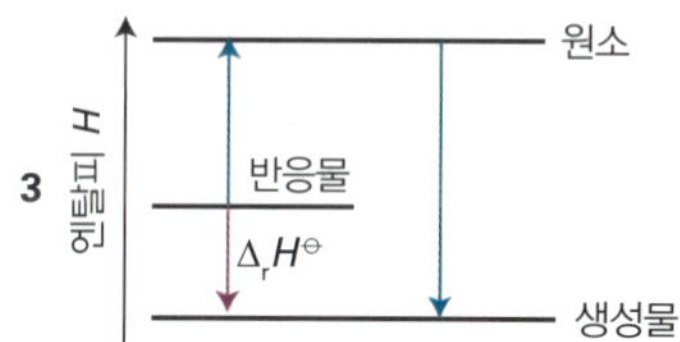

간단한 예 57.3 표준 반응 엔탈피

반응 $2\,\mathrm{HN_3(l)}+2\,\mathrm{NO(g)} \rightarrow \mathrm{H_2O_2(l)}+4\,\mathrm{N_2(g)}$의 표준 반응 엔탈피는 다음과 같이 계산할 수 있다.

$$\begin{aligned}\Delta_r H^\ominus &= \Delta_f H^\ominus(\mathrm{H_2O_2,l})+4\Delta_f H^\ominus(\mathrm{N_2,g})-2\Delta_f H^\ominus(\mathrm{HN_3,l}) \\ &\quad -2\Delta_f H^\ominus(\mathrm{NO,g}) \\ &=\{-187.78+4(0)-2(264.0)-2(90.25)\}\ \mathrm{kJ\ mol^{-1}} \\ &=-896.3\ \mathrm{kJ\ mol^{-1}}\end{aligned}$$

그러므로 반응 결과 일정 압력에서 몰당 896.3 kJ의 에너지가 열로 주위에 이동되었다. 반응 결과란 HN_3 2 mol과 NO 2 mol이 소모되거나 H_2O_2 1 mol과 N_2 4 mol이 생성되는 것이다.

자가 진단 57.5 표 57.3과 57.4에 있는 데이터로부터 298 K에서 반응 C(흑연)$+H_2O(g) \rightarrow CO(g)+H_2(g)$에 관한 $\Delta_r H^\ominus$를 계산하시오.

답: $+131.29\ \mathrm{kJ\ mol^{-1}}$

(b) 생성 엔탈피와 분자 모형화

지금까지는 표준 생성 엔탈피를 결합해서 표준 반응 엔탈피를 구하는 방법에 관해서 알아보았다. 이 시점에서 떠오르는

한 궁금증은 화학종의 성분들에 관한 지식을 이용해서 그 표준 생성 엔탈피를 구할 수 없겠는가 하는 것이다. 그러나 간단히 말해서 열역학적으로는 개개 원자와 결합들의 기여를 가지고 생성 엔탈피를 정확하게 나타낼 방법이 없다는 것이다. 과거에는 다음과 같은 특정한 결합 A–B에 대한 **평균 결합 엔탈피**(**mean bond enthalpy**) $\Delta H(\text{A–B})$, 즉 이 결합이 끊어질 때의 평균 몰 엔탈피 변화를 이용하는 근사적 방법이 이용되었었다.

$$\text{A–B(g)} \rightarrow \text{A(g)} + \text{B(g)}$$

그러나 이 방법은 크게 신빙성이 없는데, 그 일부 이유는 $\Delta H(\text{A–B})$가 일련의 관계된 화합물에 대한 평균값이기 때문이다. 똑같은 원자들과 결합으로 이루어졌으면서도 실험적으로 생성 엔탈피가 크게 다른 기하 이성질체들을 구별할 방법이 없는 것이다.

이 초보적인 방법 대신에 컴퓨터를 이용하는 분자 모형화가 상당히 대체되었다. 시판되는 소프트웨어는 토픽 27~30에서 설명한 원리를 이용하여 컴퓨터 스크린에 나타낸 분자의 표준 생성 엔탈피를 계산한다. 거기서 지적한 바와 같이, 여러 가지 반실험적 근사법을 이용한 파라미터가 생성 엔탈피 계산에 최적화된다. 이러한 방법은 형태가 다른 동일 분자에 적용시킬 수가 있다. 예로서 메틸사이클로헥세인의 경우, 계산된 형태 에너지 차는 5.9~7.9 kJ mol^{-1}이며, 수평 형태가 더 낮은 표준 생성 엔탈피 차를 갖는다. 이 추정값은 실험값인 7.5 kJ mol^{-1}과 상당히 잘 맞는다. 그러나 계산값과 실험값이 잘 맞는 경우는 비교적 드물다. 대부분의 경우 컴퓨터 이용 방법은 어떤 형태가 더 안정한지를 언제나 거의 정확히 나타내기는 하지만, 형태 에너지 차의 크기를 항상 정확하게 나타내지는 못한다.

간단한 예 57.4 분자 모형화 소프트웨어

각 소프트웨어 패키지는 각기 고유의 방법을 가지고 있지만 일반적인 접근은 대부분의 경우 같다. 분자의 구조가 구체적으로 특정화되어 있고 계산 방법이 선택되어 있다. 이 절차를 메틸사이클로헥세인의 수직 및 수평 이성질체에 적용하면, 기체상에서 수평 이성질체의 표준 생성 엔탈피의 전형적인 값은 −183 kJ mol^{-1}(AM1 반실험적 방법을 사용한 경우)이고, 수직 이성질체는 −177 kJ mol^{-1}로, 그 차이는 6 kJ mol^{-1}이 된다. 실험값 차이는 7.5 kJ mol^{-1}이다.

자가 진단 57.6 분자 모형화 소프트웨어를 사용할 수 있을 때, 사이클로헥산올의 두 이성질체에 대한 계산을 반복해 보시오.

답: AM1 사용: 수평; −345 kJ mol^{-1}, 수직; −349 kJ mol^{-1}

57.4 반응 엔탈피의 온도 의존성

많은 중요한 반응의 표준 엔탈피가 여러 상이한 온도에서 측정되었다. 그러나 이러한 데이터가 없을 때는 어느 한 온도에서의 열용량과 반응 엔탈피로부터 다른 온도에서의 표준 반응 엔탈피를 구할 수 있다(그림 57.5). 많은 경우에 반응 엔탈피보다 열용량 데이터가 더 정확하기 때문에 열용량 데이터가 주어진다면, 여기서 설명하려는 방법은 높은 온도에서 반응 엔탈피를 직접 측정하는 것보다 더 정확할 수 있다.

식 56.4a($\mathrm{d}H = C_p\mathrm{d}T$)에 의하면 한 물질을 T_1로부터 T_2로 가열할 때 그 엔탈피는 $H(T_1)$로부터 다음 값으로 변한다.

$$H(T_2) = H(T_1) + \int_{T_1}^{T_2} C_p \mathrm{d}T \tag{57.11}$$

(여기에서 이 온도 영역에서 상변화가 일어나지 않는다고 가정하였다.) 이 식은 반응에 관여하는 각 물질의 엔탈피에 적용되며, 따라서 표준 반응 엔탈피는 $\Delta_r H^\ominus(T_1)$로부터 다음과 같은 값으로 변한다.

$$\Delta_r H^\ominus(T_2) = \Delta_r H^\ominus(T_1) + \int_{T_1}^{T_2} \Delta_r C_p^\ominus \mathrm{d}T \quad \text{Kirchhoff 법칙} \tag{57.12}$$

여기에서 $\Delta_r C_p^\ominus$는 표준 조건하에서의 생성물과 반응물의 일정 압력 몰열용량을 각각 화학 반응식에 나오는 화학량적 계수만큼씩 가중시킨 차이이다. 즉

$$\Delta_r C_p^\ominus = \sum_J \nu_J C_{p,\mathrm{m}}^\ominus(\mathrm{J}) \tag{57.13}$$

식 57.12를 **Kirchhoff 법칙**(**Kirchhoff's law**)이라고 한다. 온도 영역이 비교적 좁을 경우에는 다음 보기에서와 같이 $\Delta_r C_p^\ominus$을 온도와 무관하다고 가정해도 좋다. 개개의 열용량은 온도에 따라 변하더라도 이들의 차는 온도에 따라 별로 변하

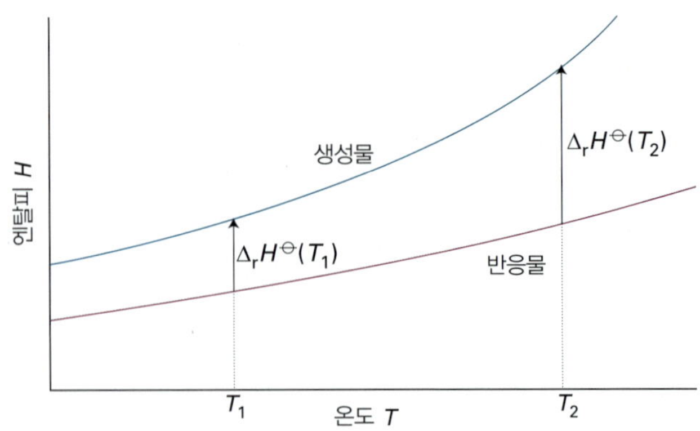

그림 57.5 Kirchhoff 법칙 내용을 설명하는 그림. 온도가 상승하면 생성물과 반응물의 엔탈피가 모두 증가하지만 그 정도는 같지 않을 수 있다. 어떻든 간에 각각의 엔탈피 변화는 물질의 열용량에 의존한다. 반응 엔탈피의 변화가 바로 이 엔탈피 변화의 차를 반영하는 것이다.

지 않는다. $\Delta_r C_p^\ominus$가 T_1과 T_2 사이에서 온도와 무관할 때, 식 57.12에서 적분은 $(T_2-T_1)\Delta_r C_p^\ominus$이 된다. 따라서

$$\Delta_r H^\ominus(T_2)=\Delta_r H^\ominus(T_1)+(T_2-T_1)\Delta_r C_p^\ominus \quad \text{(57.14)}$$

$\Delta_r C_p^\ominus$ 온도 무관 — Kirchhoff 법칙의 근사형

경우에 따라서는 열용량의 온도 의존성을 식 56.5(즉 $C_{p,\mathrm{m}} = a+bT+c/T^2$)를 사용하여 보정한다.

간단한 예 57.5 Kirchhoff 법칙

298 K에서 기체상 H_2O의 표준 생성 엔탈피는 $H_2(g)+\frac{1}{2}O_2(g)\rightarrow H_2O(g)$, $-241.82\ \mathrm{kJ\ mol^{-1}}$이다. 100°C에서 그 값을 산출하기 위해 일정 압력에서 다음 몰열용량이 주어졌다.

$H_2O(g)$: 33.58 J K^{-1} mol^{-1}, $H_2(g)$: 28.84 J K^{-1} mol^{-1}, $O_2(g)$: 29.37 J K^{-1} mol^{-1}

열용량은 온도와 무관하다고 가정하고, $\Delta_r C_p^\ominus$를 위 데이터로부터 계산한다.

$$\begin{aligned}\Delta_r C_p^\ominus &= C_{p,\mathrm{m}}^\ominus(H_2O,g)-C_{p,\mathrm{m}}^\ominus(H_2,g)-\tfrac{1}{2}C_{p,\mathrm{m}}^\ominus(O_2,g)\\ &=-9.94\ \mathrm{J\ K^{-1}mol^{-1}}\end{aligned}$$

(주의: 킬로줄이 아니라 줄임.) 그러면 다음과 같이 된다.

$$\begin{aligned}\Delta_f H^\ominus(373\ \mathrm{K}) &= -241.82\ \mathrm{kJ\ mol^{-1}}+(75\ \mathrm{K})\times(-9.94\ \mathrm{J\ K^{-1}mol^{-1}})\\ &=-242\ 6\ \mathrm{kJ\ mol^{-1}}\end{aligned}$$

자가 진단 57.7 표 57.3의 데이터를 이용하여 400 K에서의 사이클로헥센의 표준 생성 엔탈피를 구하시오.

답: $-163\ \mathrm{kJ\ mol^{-1}}$

개념 확인

- ☐ 1. **표준 엔탈피 변화**는 초기 물질과 최종 물질이 표준 상태에 있는 과정에 대한 엔탈피 변화이다.
- ☐ 2. **표준 상태**는 1 bar에서의 순수한 물질이다.
- ☐ 3. **Hess 법칙**은 한 반응을 일련의 여러 반응 성분으로 분해시켰을 때, 이들 성분 반응의 표준 엔탈피를 합하면 그 전체 반응의 표준 엔탈피가 된다는 것을 기술한 것이다.
- ☐ 4. **표준 생성 엔탈피**($\Delta_f H^\ominus$)는 기준 상태에 있는 성분 원소들로부터 화합물 1 mol이 생성될 때 표준 반응 엔탈피이다.
- ☐ 5. **기준 상태**는 명시된 온도와 1 bar의 압력에서 원소의 가장 안정한 상태이다.
- ☐ 6. 반응 엔탈피의 온도 의존성은 **Kirchhoff 법칙**에 의해 주어진다.

식 확인

성질	식	비고	식 번호
열량계 상수	$C=q/\Delta T$	정의	57.1
전기 가열	$q=I\mathcal{V}t$		57.2
ΔH와 ΔU의 관계	$\Delta H=\Delta U+\Delta n_g RT$	완전 기체	57.3
표준 반응 엔탈피	$\Delta_r H^\ominus=\sum_{\text{Products}}\nu H_\mathrm{m}^\ominus-\sum_{\text{Reactants}}\nu H_\mathrm{m}^\ominus=\sum_J \nu_J H_\mathrm{m}^\ominus(J)$	정의	57.8
	$\Delta_r H^\ominus=\sum_J \nu_J \Delta_f H^\ominus(J)$	실질적 수행	57.10
Kirchhoff 법칙	$\Delta_r H^\ominus(T_2)=\Delta_r H^\ominus(T_1)+\int_{T_1}^{T_2}\Delta_r C_p^\ominus \mathrm{d}T$		57.12
	$\Delta_r C_p^\ominus=\sum_J \nu_J C_{p,\mathrm{m}}^\ominus(J)$	정의	57.13
	$\Delta_r H^\ominus(T_2)=\Delta_r H^\ominus(T_1)+(T_2-T_1)\Delta_r C_p^\ominus$	근사형, $\Delta_r C_p^\ominus$ 일정	57.14

토픽 58

내부 에너지

내용

➤ 학습 목표

이 토픽은 내부 에너지 변화가 다양한 벌크와 분자의 성질과 어떻게 연관되는지를 보여 줌으로써 열역학이 힘이 되고 통찰력을 제공하는 방법을 소개한다. 다른 토픽들은 등온 변화에 중점을 두었고, 이 토픽은 또한 다른 중요한 과정들, 즉 단열 변화를 논의하는 데 내부 에너지와 열용량이 어떻게 사용되는지를 보일 것이다.

➤ 핵심 내용

내부 에너지 변화는 열용량 및 내부 압력과 관련이 있고, 열용량은 유용한 에너지 준위에 걸쳐진 개체수의 분포와 연관된다.

➤ 미리 알기

일과 열로서의 에너지 이동면에서의 내부 에너지의 정의에 친숙해져야 할 필요가 있고, 또한 일정 부피에서 열용량의 정의와 의미(토픽 55)를 잘 알아야 한다. 분자 해석 부분에서는, 분자 분배 함수와 균등 분배 이론(토픽 53)을 사용한 평균 에너지 사이의 관계에 친숙해져야 할 필요가 있다.

조성이 일정한 계의 내부 에너지 U는 V, T, p의 함수로 볼 수 있으나, 상태 방정식이 있기 때문에, 두 변수의 값이 나머지 하나를 고정시켜 두 변수를 가지고 나타낼 수 있다(예를 들어 완전 기체에 대하여 $p=nRT/V$). 따라서 U를 V와 T, p와 T, p와 V의 두 독립 변수를 가지고 나타낼 수 있다. U를 부피와 온도의 함수로 보는 것이 여기에서의 목적과 부합된다.

58.1 내부 에너지 변화

내부 에너지는 부피, 압력, 온도 같이 쉽게 접하는 파라미터에 의존한다. 가장 간단한 식은 U를 V와 T의 함수로 취급하는 것이다.

(a) 온도와 부피 변화의 영향

V가 $\mathrm{d}V$만큼 변하고 T가 $\mathrm{d}T$만큼 변할 때 내부 에너지는 다음과 같이 변한다.

$$\mathrm{d}U=\left(\frac{\partial U}{\partial V}\right)_T \mathrm{d}V+\left(\frac{\partial U}{\partial T}\right)_V \mathrm{d}T \qquad (58.1)$$

양 $(\partial U/\partial T)_V$를 일정 부피 열용량 C_V로 토픽 53에서 소개한 바 있다.

$$C_V=\left(\frac{\partial U}{\partial T}\right)_V \qquad \text{정의 일정 부피 열용량} \qquad (58.2)$$

따라서 일정 부피($dV=0$)에서 온도가 dT 만큼 변할 때 내부 에너지 변화는 식 58.1로부터 다음과 같이 된다.

$$dU = C_V dT \qquad \text{일정 부피} \qquad (58.3)$$

또 하나의 편미분 계수인 $(\partial U/\partial V)_T$는 한 물질의 내부 에너지가 일정한 온도에서 그 부피에 어떻게 변화하는지를 나타내는 것으로, 열역학에서 대단히 중요한 역할을 한다(그림 58.1). 이것을 π_T로 나타내는데, 이것은 압력과 동일한 차원을 갖기 때문에 **내부 압력**(**internal pressure**)이라고 한다.

$$\pi_T = \left(\frac{\partial U}{\partial V}\right)_T \qquad \text{정의 내부 압력} \qquad (58.4)$$

따라서 일정 온도($dT=0$)에서 부피가 dV만큼 변할 때 내부 에너지 변화는 식 58.1로부터 다음과 같이 된다.

$$dU = \pi_T dV \qquad \text{일정 온도} \qquad (58.5)$$

분자들 사이에 상호 작용이 없으면 내부 에너지는 분자 사이의 거리와 무관하며, 결국 시료가 차지하는 부피와 무관하게 된다. 따라서 완전 기체에 대해서는 $\pi_T=0$이다. 이 결론은 토픽 66에서 보다 공식적인 근거를 제공할 것이다. $\pi_T=0$이라는(즉 내부 에너지가 시료가 차지하는 부피와 무관하다는) 표현은 완전 기체의 정의라고도 볼 수 있는 것이며, 토픽 66에서 이것은 상태식 $PV=nRT$를 의미하는 것임을 알게 된다. C_V와 π_T를 이용해서 식 58.1을 다음과 같이 쓸 수 있다.

$$dU = \pi_T dV + C_V dT \qquad (58.6)$$

간단한 예 58.1 내부 에너지 변화

van der Waals 상태 방정식 $\pi_T = n^2a/V^2$(토픽 66 참조)을 따르는 기체에 대하여 $C_{V,m}=\frac{3}{2}R$을 취할 수 있는데, 이 값은 단원자 완전 기체에 정확히 적용되는(토픽 55 참조) 것으로 이 계산에 좋은 근사가 될 것이다. $a=0.1337\ \text{Pa m}^6\ \text{mol}^{-2}$인 1.0 mol Ar이 10 dm³를 차지하고 있다면, 내부 압력은 다음과 같다. 그 부피가 100 cm³ 만큼 증가하고 온도가 5.0°C 올라갔을 때 내부 에너지 변화는 근사적으로 다음과 같다.

$$\pi_T = \frac{(1.0\,\text{mol})^2 \times (0.1337\,\text{Pa m}^6\,\text{mol}^{-2})}{(10\times10^{-3}\,\text{m}^3)^2} = 1.33\ldots\text{kPa}$$

여기서 1 Pa m³ = 1 J을 사용한다. 온도 증가 효과가 부피 증가를 얼마나 지배하는지를 유의하라.

$$\begin{aligned}\Delta U &= (1.33\ldots\ \text{kPa})\times(1.00\times10^{-4}\ \text{m}^3) + \tfrac{3}{2}(1.0\,\text{mol})\\ &\quad \times(8.314\ \text{J K}^{-1}\,\text{mol}^{-1})\times(5.0\ \text{K})\\ &= 0.133\ldots\ \text{Pa m}^3 + 62\ldots\text{J} \approx +62\,\text{J}\end{aligned}$$

자가 진단 58.1 $Cl_2(g)$(a에 대하여 표 36.3을 인용)에 관해 계산을 반복하시오.

답: + 104 J

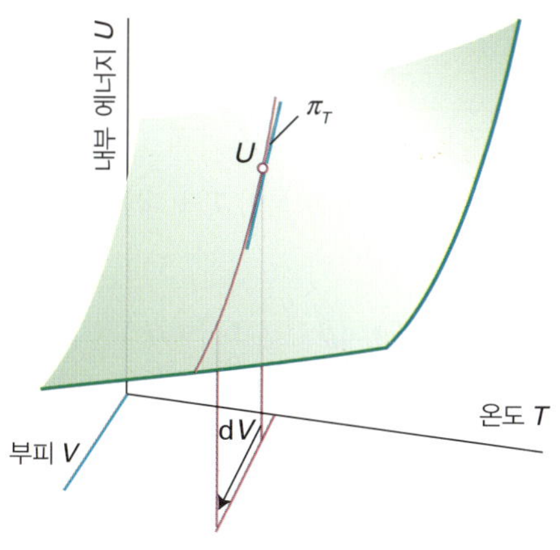

그림 58.1 내부 압력 π_T는 온도 T를 일정하게 유지했을 때의 부피 V에 대한 U의 기울기이다.

(b) 일정 압력에서의 변화

편미분 도함수는 대단히 유용한 성질이며, **수학적 배경** 8에 앞으로 자주 인용해서 쓰게 되는 것들을 요약해 놓았다. 이들을 능숙하게 이용할 수 있게 되면 익숙하지 않은 열역학적 성질들을 잘 알려졌거나, 해석하기 쉽거나, 측정하기 쉬운 성질들로 바꾸어 나타낼 수 있다.

예를 들어 계의 압력을 일정하게 유지시켰을 때 그 내부 에너지가 온도에 따라 어떻게 변하는지를 알고 싶다고 하자. 식 58.6의 양변을 dT로 나눈 다음에, 결과의 미분값을 일정 압력의 조건을 주어 좌변의 dU/dT를 $(\partial U/\partial T)_p$가 되게 하면 다음과 같은 식을 얻을 수 있다.

$$\left(\frac{\partial U}{\partial T}\right)_p = \pi_T\left(\frac{\partial V}{\partial T}\right)_p + C_V$$

열역학에서의 한 요령은 이와 같이 조작해서 얻은 결과 속에 잘 알려진 물리적 양이 들어 있는지를 살펴보는 것이다. 위의 식 우변의 편미분 도함수는 온도 증가에 따르는 부피 변화율(일정 압력에서)이다. 이 양은 보통 다음과 같이 정의되는 물질의 (입방) **팽창 계수**(**expansion coefficient**) α로서 표에 나타나 있다.

$$\alpha = \frac{1}{V}\left(\frac{\partial V}{\partial T}\right)_p \qquad \text{정의 팽창 계수} \qquad (58.7)$$

물리학적으로는 온도 상승에 수반되는 부피의 부분 변화율이 된다. 큰 α 값은 그 시료의 부피가 온도 변화에 크게 의존한다는 것을 의미한다. 표 58.1에 일부 α의 측정값을 수록해 놓았다. 그리고 다음과 같이 정의되는 **등온 압축도(isothermal compressibility**, κ_T)의 값도 함께 수록해 놓았다.

$$\kappa_T = -\frac{1}{V}\left(\frac{\partial V}{\partial p}\right)_T \quad \text{정의 등온 압축도} \quad (58.8)$$

등온 압축도는 압력을 조금 높였을 때의 부피의 부분 변화율을 나타낸다. 등온 압축도를 정의하는 식에 있는 음의 부호는 이 κ_T의 값을 양으로 만들어 주기 위해서이다. 즉 압력이 증가하여 $\mathrm{d}p$가 양이 될 때는 부피가 감소하여 $\mathrm{d}V$가 음이 되어야 하기 때문이다.

표 58.1* 298 K에서의 팽창 계수(α)와 등온 압축도(κ_T)

	$\alpha(10^{-4}\ \mathrm{K}^{-1})$	$\kappa_T(10^{-6}\ \mathrm{bar}^{-1})$
벤젠	12.4	90.9
다이아몬드	0.030	0.185
납	0.861	2.18
물	2.1	49.0

* 더 많은 값들이 **부록**에 수록되어 있다.

예제 58.1 기체의 팽창 계수 계산

완전 기체의 팽창 계수에 관한 식을 유도하시오.

방법 팽창 계수는 식 58.7에서 정의되었다. 따라서 기체의 상태식으로부터 V를 T의 함수로 구하여, 이것을 이 식에 대입하면 된다. 그리고 식 58.7의 첨자가 뜻하는 대로 압력 p는 일정하다고 본다.

풀이 $pV = nRT$이므로, 따라서

$$\alpha = \frac{1}{V}\left(\frac{\partial(nRT/p)}{\partial T}\right)_p = \frac{nR}{pV} = \frac{1}{T}$$

온도가 높아질수록 완전 기체의 부피는 온도 변화에 덜 반응한다.

자가 진단 58.2 완전 기체의 등온 압축도에 관한 식을 구하시오.

답: $\kappa_T = 1/p$

α에 관한 정의를 $(\partial U/\partial T)_p$에 관한 식에 넣어 주면 다음과 같은 결과를 얻게 된다.

$$\left(\frac{\partial U}{\partial T}\right)_p = \alpha\pi_T V + C_V \quad (58.9)$$

이 식은 완전히 일반적인 것이다(계의 조성이 일정하게 닫혀져 있는 한). 이 식은 일정한 압력에서 모든 물질의 내부 에너지가 온도에 어떻게 의존하는가를 C_V와 α(각각 별도의 실험을 통해서 측정할 수 있다), π_T를 가지고 나타낸 것이다.

완전 기체에 대해서는 $\pi_T = 0$이다. 따라서

$$\left(\frac{\partial U}{\partial T}\right)_p = C_V \quad \text{완전 기체} \quad (58.10)$$

즉 일정 부피 열용량은 정의대로 일정 부피하에서의 온도에 따른 내부 에너지에 대한 도시의 기울기이지만, 완전 기체의 경우에는 이 C_V가 **또한** 일정 압력에서의 기울기이기도 하다.

토픽 56에서 엔탈피 $H = U + pV$와 일정 압력 열용량 $C_p = (\partial H/\partial T)_p$을 접한 바 있다. 식 58.10을 이용하면 완전 기체에 대한 C_p와 C_V 사이의 관계를 쉽게 구할 수 있다. 우선 이 식을 이용하여 두 열용량을 다음과 같이 일정 압력에서의 도함수로 나타낸다.

$$C_p - C_V = \left(\frac{\partial H}{\partial T}\right)_p - \left(\frac{\partial U}{\partial T}\right)_p \quad \text{완전 기체} \quad (58.11)$$

이어서 $H = U + pV$에서 pV를 nRT로 바꾸고 $H = U + nRT$를 첫째 항에 넣어서 다음과 같은 관계를 얻는다.

$$C_p - C_V = \left(\frac{\partial U}{\partial T}\right)_p + nR - \left(\frac{\partial U}{\partial T}\right)_p = nR \quad \text{완전 기체} \quad (58.12)$$

이 관계는 토픽 57에서 이용되었고 논의되었다.

58.2 열용량의 분자적 근거

열용량의 분자적 해석은 이 중요 성질에 대한 상당한 식견을 제공한다. 두 단계로 진행하기로 한다. 첫째는 다음 **증명**에서 보이는 바와 같이, 열용량은 점유된 에너지 준위의 퍼짐에 비례하는 것으로 다음과 같이 주어진다.

$$C_V = \frac{N\Delta\varepsilon^2}{kT^2} \quad \Delta\varepsilon^2 = \langle\varepsilon^2\rangle - \langle\varepsilon\rangle^2 \quad (58.13)$$

그러면 분자 구조의 지식으로부터 열용량을 어떻게 구할 수 있는지 알 수 있다.

증명 58.1 열용량과 개체수 분포의 폭

많은 경우 $\beta = 1/kT$에 대한 미분이 T에 대한 미분보다 훨씬 간단하며 다음과 같이 주어진다.

$$C_V = \left(\frac{\partial U}{\partial T}\right)_V = \left(\frac{\partial U}{\partial \beta}\right)_V \frac{\mathrm{d}\beta}{\mathrm{d}T} = -\frac{1}{kT^2}\left(\frac{\partial U}{\partial \beta}\right)_V$$

그러면 에너지 준위에 대해 일어나는 변화는 식 53.1($\langle E\rangle = \sum_i \varepsilon_i N_i$에서 $\langle\varepsilon\rangle = (1/N)\sum_i N_i\varepsilon_i$인 것)로부터 오로지 이들의 개체수이므로 다음과 같이 쓴다.

$$\left(\frac{\partial U}{\partial \beta}\right)_V = \sum_i \varepsilon_i \frac{dN_i}{d\beta}$$

Boltzmann 분포(식 51.6, $N_i = Ne^{-\beta\varepsilon_i}/q$, 여기서 q는 분배 함수)로부터 다음과 같이 된다.

$$\frac{dN_i}{d\beta} = N\frac{d}{d\beta}\frac{e^{-\beta\varepsilon_i}}{q} = -N\varepsilon_i \frac{e^{-\beta\varepsilon_i}}{q} - N\left(\frac{dq}{d\beta}\right)\frac{e^{-\beta\varepsilon_i}}{q^2}$$

$N_i = Ne^{-\beta\varepsilon_i}/q$와 $-(1/q)(dq/d\beta) = \langle\varepsilon\rangle$이기 때문에 다음이 된다.

$$\frac{dN_i}{d\beta} = -N_i\varepsilon_i + N_i\langle\varepsilon\rangle$$

따라서

$$\left(\frac{\partial U}{\partial \beta}\right)_V = -\sum_i N_i\varepsilon_i^2 + \langle\varepsilon\rangle\sum_i N_i\varepsilon_i$$
$$= -N\langle\varepsilon^2\rangle + N\langle\varepsilon\rangle^2$$

즉 부피가 일정하고 계가 닫힌 것(조성이 불변)이라면, 온도에 따른 내부 에너지 변화는 위 식을 이 **증명**의 첫 번째 식에 대입하면 식 58.13의 결과가 된다.

식 58.13은 점유된 에너지 준위에서 퍼짐이 증가함에 따라 열용량이 높아지는 것을 보여 준다. 모든 분자가 바닥 상태에 점유될 때는 에너지 제곱의 평균과 평균 에너지의 제곱 사이에는 아무런 차이가 없고, 따라서 열용량은 0이 된다. 계가 가열되면 이 등식은 더 이상 성립이 안 되고 식 58.13에 있는 분자항이 분모항보다 더 빨리 증가한다면 열용량은 증가한다. 어떤 경우에는 분자항이 T^2로 증가하여 이 경우 C_V는 온도와 무관하다($T>0$이라면).

예제 58.2 완전 기체의 에너지의 평균 제곱 편차 계산

일차원 단원자 완전 기체에 대한 $\langle\varepsilon^2\rangle$ 값을 계산하고, 이것의 열용량은 온도와 무관함을 보이시오.

방법 일차원 단원자 완전 기체에 대하여 균등 분배 이론(토픽 53)으로부터 $\langle\varepsilon^2\rangle = \frac{1}{2}kT$임을 알고, 토픽 52에 있는 병진 분배 함수를 유도하는 데 사용한 동일한 근사를 이용하여 평균 제곱 에너지를 산출할 수 있다. 전과 같이 상태 지수 i를 양자수 n으로 해석한다.

풀이 평균 제곱 에너지를 산출하기 위하여 다음과 같이 쓴다.

$$\langle\varepsilon^2\rangle = \frac{1}{N}\sum_n N_n\varepsilon_n^2 = \frac{1}{q^T}\sum_n \varepsilon_n^2 e^{-\beta\varepsilon_n} \approx \frac{1}{q^T}\int_0^\infty \left(\frac{n^2h^2}{8mL^2}\right)^2 e^{-n^2\beta h^2/8mL^2}dn$$

증명 52.1에서와 같이, 바닥 상태에 대한 에너지 식에서 n^2-1을 n^2으로 대체하였는데, 이는 대부분의 점유된 준위는 $n \gg 1$이기 때문이다. 이제 다음과 같이 치환하면

$$n = \left(\frac{8mL^2}{\beta h^2}\right)^{1/2} x$$

다음을 얻게 된다.

$$\langle\varepsilon^2\rangle = \frac{1}{q^T}\frac{1}{\beta^2}\left(\frac{8mL^2}{\beta h^2}\right)^{1/2}\overbrace{\int_0^\infty x^4 e^{-x^2}dx}^{\frac{3}{8}\pi^{1/2}}$$

이제 **부록**에 있는 적분 G.5를 이용하여 다음 병진 분배 함수(식 52.7)

$$q^T = \left(\frac{2\pi m}{\beta h^2}\right)^{1/2} L$$

을 이용하면 다음을 얻는다.

$$\langle\varepsilon^2\rangle = \frac{1}{L\beta^2}\left(\frac{\beta h^2}{2\pi m}\right)^{1/2}\left(\frac{8mL^2}{\beta h^2}\right)^{1/2}\left(\frac{3}{8}\pi^{1/2}\right) = \frac{3}{4\beta^2} = \frac{3}{4}k^2T^2$$

평균 에너지는 $\frac{1}{2}kT$이므로

$$C_V = \frac{N\left(\frac{3}{4}k^2T^2 - \frac{1}{4}k^2T^2\right)}{kT^2} = \frac{1}{2}Nk = \frac{1}{2}nR$$

이다. 여기서 다시 $N = nN_A$, $N_Ak = R$을 사용하였다.

자가 진단 58.3 식 58.13을 사용하여 이준위계의 열용량이 무한대 온도에서 0임을 보이시오.

답: $T\to\infty$ 일 때 $C_V \propto 1/T^2 \to 0$

식 58.13이 열용량의 근본에 대해 어느 정도 식견을 줄 수 있지만, 그들의 계산에 가장 쉬운 길은 아니다. 일정 부피에서 열용량을 계산하려면, 필요한 것 모두는 온도의 함수로 내부 에너지를 산출하고, 그다음 도함수를 만드는 것이다. 대부분의 경우 더 쉬운 것은 β에 대한 도함수를 산출하고, 이어서 다음을 (앞서 **증명**에서 보여 준 것과 같이) 산출하는 것이다.

$$C_V = -\frac{1}{kT^2}\left(\frac{\partial U}{\partial \beta}\right)_V = -\frac{N}{kT^2}\left(\frac{\partial\langle\varepsilon\rangle}{\partial \beta}\right)_V = \frac{N}{kT^2}\left(\frac{\partial^2 \ln q}{\partial \beta^2}\right)_V \quad (58.14)$$

여기서 $d\beta/dT = -1/kT^2$, $dU = Nd\langle\varepsilon\rangle$, $\langle\varepsilon\rangle = -(\partial \ln q/\partial\beta)_V$을 사용하였다. 문제 58.9에서 이 식이 식 58.13으로 변형될 수 있음을 확인할 것이다. 일단 분배 함수를 알면, 해야 할 것은 β에 관한 이차 도함수를 산출하는 것뿐이다.

예제 58.3 열용량에 대한 진동 기여도 유도

조화 진동자의 열용량에 대한 식을 유도하시오. 동시에 에너지의 퍼짐($\Delta\varepsilon^2$)에 대한 식을 유도하고, 온도에 대해 두 함수를 도시하시오.

방법 분배 함수는 식 52.15에서 주어졌고, 평균 에너지에 대하여 유도된 식은 식 53.8에 주어졌다. β에 대해 후자 식을 미분하는 것이 가장 단순하고, 그 결과로 생긴 식을 T의 함수로 표시한다. $\Delta\varepsilon^2$임을 확인하기 위하여 이 식을 식 58.13과 비교한다.

풀이 조화 진동자의 평균 에너지(바닥 상태에 준하여, 식 53.8)는 다음과 같다.

$$\langle\varepsilon^{\mathrm{V}}\rangle=\frac{hc\tilde{\nu}}{\mathrm{e}^{\beta hc\tilde{\nu}}-1}$$

따라서

$$\frac{\mathrm{d}\langle\varepsilon^{\mathrm{V}}\rangle}{\mathrm{d}\beta}=-\frac{(hc\tilde{\nu})^2\mathrm{e}^{\beta hc\tilde{\nu}}}{(\mathrm{e}^{\beta hc\tilde{\nu}}-1)^2}$$

이어서, 식 $C_V=-Nk(1/kT)^2(\partial\langle\varepsilon\rangle/\partial\beta)_V$에서 식 58.14를 사용하면 다음이 된다.

$$C_V=Nk\left(\frac{hc\tilde{\nu}}{kT}\right)^2\frac{\mathrm{e}^{\beta hc\tilde{\nu}}}{(\mathrm{e}^{\beta hc\tilde{\nu}}-1)^2}=Nk\left(\frac{hc\tilde{\nu}}{kT}\right)^2\frac{\mathrm{e}^{hc\tilde{\nu}/kT}}{(\mathrm{e}^{hc\tilde{\nu}/kT}-1)^2}$$

이 함수는 그림 58.2에 도시되었다. 식 58.13과 비교하여 다음과 같이 추론할 수 있다.

$$\Delta\varepsilon^2=\frac{(hc\tilde{\nu})^2\mathrm{e}^{hc\tilde{\nu}/kT}}{(\mathrm{e}^{hc\tilde{\nu}/kT}-1)^2}$$

이 함수는 그림 58.3에 도시되었다. 높은 온도($T\gg hc\tilde{\nu}/k$)에서 퍼짐이 다음인 것을 유의하라.

$$\Delta\varepsilon^2=\frac{(hc\tilde{\nu})^2(1+hc\tilde{\nu}/kT+\cdots)}{(1+hc\tilde{\nu}/kT+\cdots-1)^2}=\frac{(hc\tilde{\nu})^2}{(hc\tilde{\nu}/kT)^2}=(kT)^2$$

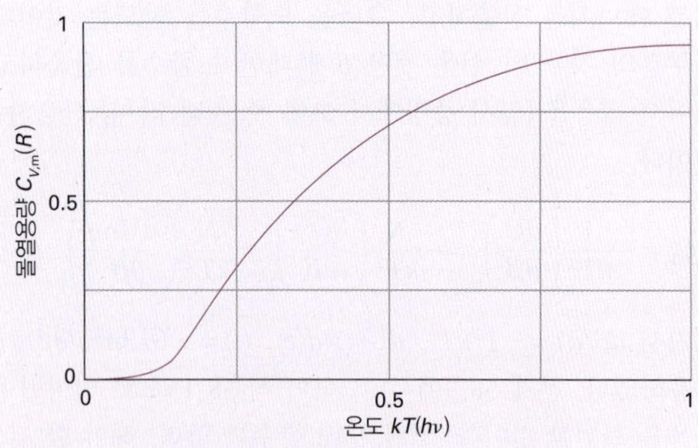

그림 58.2 온도의 함수로서의 조화 진동자 집단의 열용량

그리고 퍼짐은 온도 상승에 따라 2차식으로 증가한다. 그 의존성은 식 58.13의 분모항의 T^2에 의해 상쇄되어, 균등 분배 이론에서 예상했던 대로 고온에서 열용량은 일정 값(Nk)으로 접근한다.

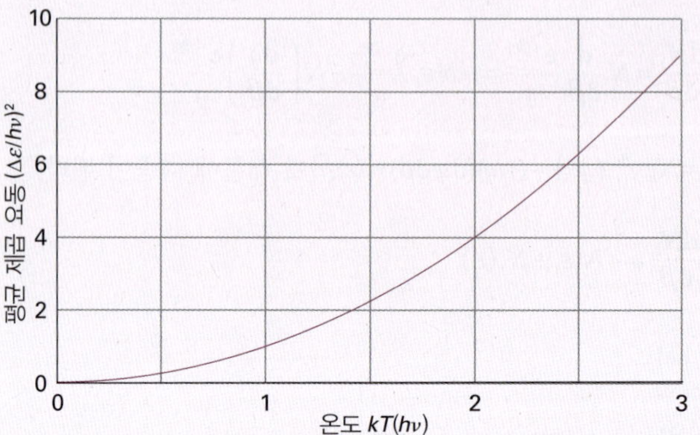

그림 58.3 온도의 함수로서의 조화 진동자 집단의 에너지에서 평균 제곱 요동

자가 진단 58.4 이준위계에 대해 분석을 반복하시오.

답: $C_V=Nkf\to 0$, $\Delta\varepsilon^2=(kT)^2f\to\frac{1}{4}\varepsilon^2$, 여기서 $f=(\varepsilon/kT)^2\mathrm{e}^{\varepsilon/kT}/(\mathrm{e}^{\varepsilon/kT}+1)^2$, 그림 58.4 참조

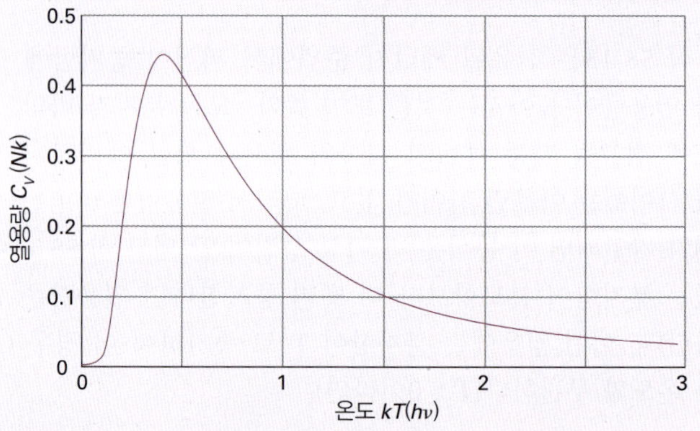

그림 58.4 온도의 함수로서의 이준위계 집단의 열용량

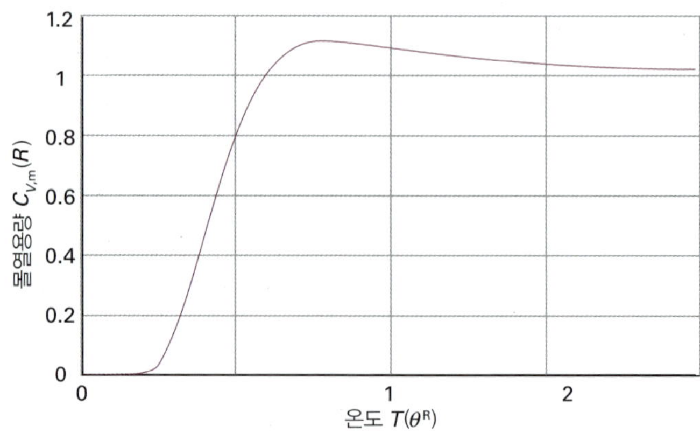

그림 58.5 선형 분자의 열용량에 대한 회전 운동 기여의 온도 의존성

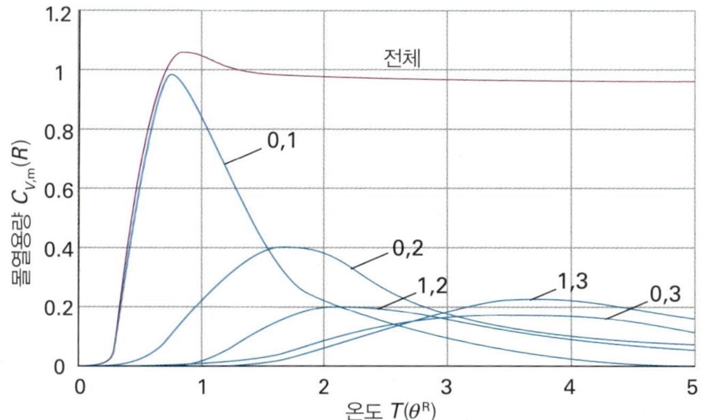

그림 58.6 선형 분자의 회전 열용량은 이준위계의 집합으로부터의 기여를 합한 것으로 간주될 수 있는데, 온도의 상승은 J 준위들 사이에서의 전이를 자극하며, 몇 가지를 그림에 나타내었다. 이 그림이 근거된 계산이 문제 58.18의 주제이다.

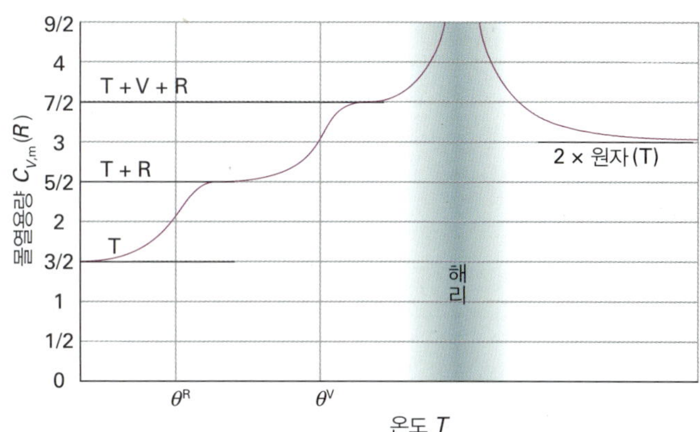

그림 58.8 이원자 분자의 열용량이 나타내는 온도 의존성의 일반적인 모양. 각 운동 방식들은 그 특성 온도 이상에서는 활성화된다. 분자가 분해될 때는 에너지가 온도를 높이는 데 이용되지 않고 해리를 일으키는 데 사용되므로 열용량이 대단히 커진다. 해리가 일어난 다음에는 열용량이 원자들의 병진 운동만의 값으로 떨어진다.

온도가 충분히 높아서 분자의 회전 운동이 크게 들뜰 때($T \gg \theta^{R}$, 여기서 회전 온도 θ^{R}는 토픽 52에서 $\theta^{R} = hc\tilde{B}/k$으로 정의되었음), 평균 회전 에너지를 균등 분배 값인 kT로 놓고(선형 회전자의 경우) $N_{A}k = R$을 사용하면, $C_{V,m} = R$을 얻을 수 있다. 비선형 분자의 경우에는 평균 회전 에너지가 $\frac{3}{2}kT$로 되며, 따라서 몰회전 열용량은 $T \gg \theta^{R}$일 때 $\frac{3}{2}R$까지 올라갈 수 있다. 온도가 대단히 낮아서 최저 회전 상태만이 점유될 때는 회전 운동으로부터 오는 열용량의 기여가 없게 된다. 중간 정도의 온도에서는 평균 회전 에너지(식 53.6a)를 미분해서 계산할 수 있다. 결과적으로(정돈되지 않은) 열용량에 대한 회전 운동의 기여는 그림 58.5에 나타낸 바와 같이 0($T = 0$일 때)으로부터 균등 분배 값($T \gg \theta^{R}$일 때)까지 증가한다. 병진 운동의 기여는 항상 존재하므로 이원자 분자 기체의 몰열용량($C_{V,m}^{T} + C_{V,m}^{R}$)은 온도가 θ^{R} 이상으로 높아짐에 따라 $\frac{3}{2}R$에서 $\frac{5}{2}R$로 증가한다. 문제 58.18에서 모든 가능한 회전 에너지 준위들 사이의 열적 들뜸 에너지의 합이 전체적인 열용량 곡선 모양과 어떻게 추적될 수 있는지를 탐구하게 될 것이다(그림 58.6).

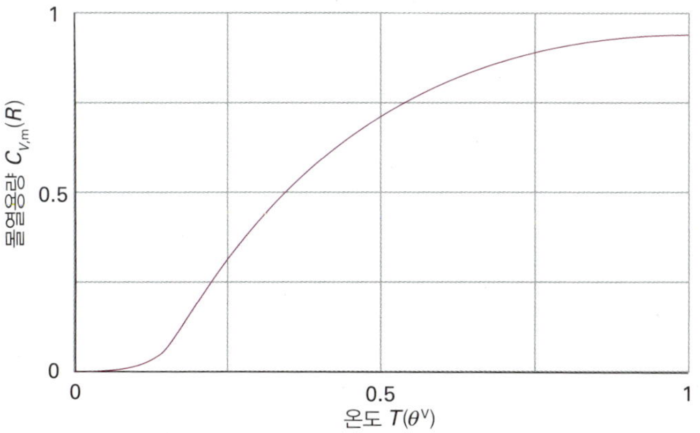

그림 58.7 예제 58.3에서 유도된 완전한 식을 이용하여 계산한 조화 진동 근사에서 분자의 열용량에 대한 진동 운동 기여의 온도 의존성. 온도는 진동 온도로 나타내었다. 온도가 θ^{V}보다 높아지면 열용량이 고전적인 값의 10% 이내로 접근함을 주목하라.

분자 진동도 열용량에 기여할 수는 있지만, 이것은 진동 운동이 들뜰 정도로 온도가 충분히 높아야만 가능하다. 균등 분배 평균 에너지는 각 진동 방식마다 kT이며, 따라서 몰열용량에 대한 최대의 기여는 R이다. 그러나 균등 분배 이론이 적용될 정도로 진동이 크게 들뜨는 경우는 매우 드물며, 진동 열용량에 대한 완전한 식을 사용하는 것이 더 적절한데, 이는 예제 58.3에 유도되어 있다. 그림 58.7은 진동 열용량의 온도 의존 관계를 나타낸 것이다. 온도가 기존 방식의 특성 진동 운동 온도 $\theta^{V} = hc\tilde{\nu}/k$를 약간 넘어서기만 할지라도 열용량이 분배값에 접근한다는 것을 주목하라.

분자 상태 물질의 총 열용량은 각 기여의 합과 같다(그림 58.8). 균등 분배 이론이 성립할 때는 (병진의 경우는 항상 거의 전부이고 온도가 각 운동 방식(M = R 또는 V)의 특성 온도보다 상당히 높아서, $T \gg \theta^{M}$일 때) 활성인 운동 방식의 수를 세어서 열용량을 추산할 수 있다. 기체에서는 세 가지 병진 운동 방식이 항상 활성이며, 따라서 몰열용량에 $\frac{3}{2}R$의 기여를 한다. 활성인 회전 운동 방식의 수를 ν_{R}^{*}라고 하면(따라서 보통의 온도에서 대부분의 분자에 대하여 선형 분자일 때 $\nu_{R}^{*} = 2$이고, 비선형 분자일 때는 $\nu_{R}^{*} = 3$이다), 회전 운동은 $\frac{1}{2}\nu_{R}^{*}R$의 기여를 한다. 온도가 충분히 높아서 ν_{V}^{*}개의 진동 방식이 활성일 때는 진동 운동이 몰열용량에 $\nu_{V}^{*}R$의 기여를 한다. 대부분의 경우에는 $\nu_{V}^{*} \approx 0$이다. 따라서 총 열용량은 다음과 같이 된다.

$$C_{V,m} = \tfrac{1}{2}(3 + \nu_{R}^{*} + 2\nu_{V}^{*})R \qquad \text{고온, } T \gg \theta^{M} \quad \text{몰열용량} \qquad (58.15)$$

예제 58.4 기체의 몰열용량 산출

100°C에서 수증기의 일정 부피 몰열용량을 산출하시오. H_2O의 진동 파수는 3656.7 cm^{-1}, 1594.8 cm^{-1}, 3755.8 cm^{-1} 이며, 회전 상수는 27.9, 33.5, 9.3 cm^{-1}이다.

방법 데이터로부터 특성 온도를 (이를 위하여 $hc/k = 1.439$ cm K를 사용) 계산하여 회전과 진동 운동 방식이 활성인지 평가할 필요가 있다.

풀이 H_2O 진동 운동의 특성 온도는 (반올림하여) 5300 K, 2300 K, 5400 K이며, 따라서 373 K에서는 이 진동들은 충분히 들뜨지 못한다. 세 가지 회전 방식의 특성 온도는 40 K, 21 K, 13 K이며, 따라서 이 운동들은 병진 운동과 마찬가지로 완전하게 들떠 있다. 병진 운동은 $\frac{3}{2}R = 12.5$ J K^{-1} mol^{-1}의 기여를 하고, 완전히 들뜬 회전 운동($\nu_R^* = 3$)도 $\frac{3}{2}R =$ 12.5 J K^{-1} mol^{-1} 만큼 더 기여를 한다. 따라서 25 J K^{-1} mol^{-1}에 가까운 값이 예상된다. 실험값은 26.1 J K^{-1} mol^{-1}이다. 이들의 차이는 완전 기체 행동으로부터의 이탈 때문일 것이다.

자가 진단 58.5 25°C에서 기체 상태 I_2의 일정 부피 몰열용량을 구하시오($\tilde{\nu} = 0.037$ cm^{-1}, $\tilde{\nu} = 214.5$ cm^{-1}).

답: 29 J K^{-1} mol^{-1}

58.3 단열 과정

완전 기체가 단열적으로 팽창하였을 때(열로 에너지의 이동이 없이) 일이 행해지지만 어떤 열도 계에 들어가지 않았으므로, 내부 에너지는 감소하고, 따라서 일하는 기체의 온도도 떨어진다. 분자의 수준에서 생각하면 일이 행해질 때 분자들의 운동 에너지가 감소하며, 그 결과로 이들의 평균 속력이 감소하고 따라서 온도가 떨어지는 것이다.

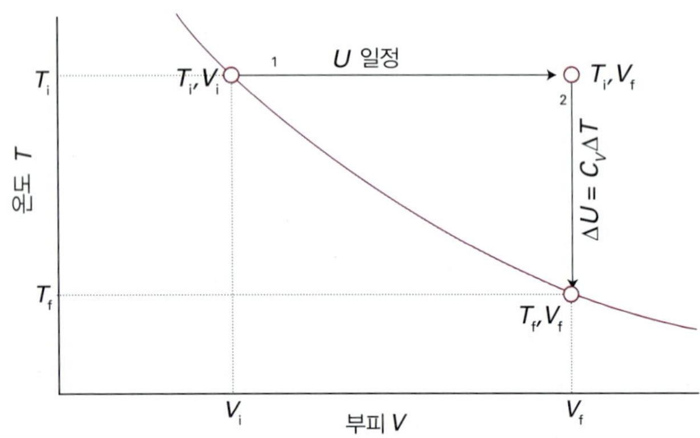

그림 58.9 한 온도와 부피로부터 다른 온도와 부피로 상태가 변하는 과정은 두 단계로 일어난다고 생각해도 된다. 즉 첫 단계에서는 계가 일정한 온도에서 팽창하는 것이다. 계가 완전 기체로 이루어졌을 때는 이 단계에서 내부 에너지가 변하지 않는다. 그리고 둘째 단계는 일정한 부피에서 계의 온도를 내려주는 것이다. 내부 에너지의 전체 변화량은 이 두 단계의 변화량을 합한 것과 같다.

(a) 단열 팽창의 일

완전 기체의 온도가 T_i에서 T_f로 변하고 그 부피가 V_i에서 V_f로 변할 때의 내부 에너지 변화는 두 단계의 합으로 나타낼 수 있다(그림 58.9). 첫 단계에서는 계의 온도를 처음 값으로 일정하게 유지하면서 부피만을 변화시키는 것이다. 그러나 완전 기체의 내부 에너지는 그 분자들이 차지하는 부피와 무관하므로 전체적인 내부 에너지 변화는 두 번째 단계, 즉 일정 부피에서의 온도 변화에 기인되는 것이다. 열용량이 온도와 무관하다면 이 내부 에너지 변화를 다음과 같이 나타낼 수 있다.

$$\Delta U = C_V(T_f - T_i) = C_V \Delta T$$

이 팽창은 단열적이므로 $q = 0$이 된다. 그리고 $\Delta U = q + w$이므로 $\Delta U = w_{ad}$가 된다. 여기서 첨자 'ad'는 단열 과정을 의미한다. 따라서 다음과 같은 관계를 얻을 수 있다.

$$w_{ad} = C_V \Delta T \quad \text{완전 기체 단열 변화} \quad (58.16)$$

즉 완전 기체가 단열 팽창을 할 때 하는 일은 처음 상태와 최종 상태의 온도 차에 비례한다. 분자 수준에서 볼 때 평균 운동 에너지는 T에 비례하므로 온도에 의해서만 내부 에너지가 변할 때는 그 변화량이 ΔT에 비례해야 할 것이며, 따라서 위의 결과는 정확히 예상된 것이다. 다음 **증명**에서 보이겠지만, 가역 단열 팽창을 하는 완전 기체의 처음 온도와 최종 온도는 다음 식으로 계산할 수 있다.

$$T_f = \left(\frac{V_i}{V_f}\right)^{1/c} T_i \quad \text{완전 기체, 가역 변화} \quad (58.17a)$$

여기서 $c = C_{V,m}/R$이다. 위 식은 다음 식과 동일한 것이다.

$$V_i T_i^c = V_f T_f^c \quad \text{완전 기체, 가역 변화} \quad (58.17b)$$

이 식을 흔히 $VT^c =$ 상수인 형태로 요약하기도 한다.

간단한 예 58.2 단열 팽창 1

0.020 mol의 Ar이 처음에 25°C에서 0.50 dm^3으로부터 1.00 dm^3으로 가역 단열 팽창을 한다고 하자. 아르곤의 일정 부피 몰열용량은 12.48 J K^{-1} mol^{-1}이며, 따라서 $c = 1.501$이다. 그러므로 식 58.17a로부터

$$T_f = \left(\frac{0.50\,dm^3}{1.00\,dm^3}\right)^{1/1.501} \times (298\,K) = 188\,K$$

가 되며, 따라서 $\Delta T = -110$ K이며, 식 58.16에 의해서 다음과 같은 결과를 얻을 수 있다.

$$w = \{(0.020 \text{ mol}) \times (12.48 \text{ J K}^{-1}\text{mol}^{-1})\} \times (-110 \text{ K}) = -27 \text{ J}$$

온도 변화는 기체의 양과 무관하지만 일은 그렇지 않다는 것을 주의하라.

자가 진단 58.6 똑같은 초기 조건하에서 암모니아를 0.50 dm^3로부터 2.00 dm^3로 가역 단열 팽창시켰을 때의 최종 온도, 행해진 일, 내부 에너지 변화를 계산하시오. 표 57.4를 이용하라.

답: 195 K, −56 J, −56 J

(b) 단열선

부피가 V_i에서 V_f로 가역 단열 팽창을 하는 완전 기체의 압력은 처음 압력과 다음과 같은 관계가 있음을 다음 **증명**에서 보일 것이다.

$$p_f V_f^{\gamma} = p_i V_i^{\gamma} \quad \gamma = C_{p,m}/C_{V,m}$$ 완전 기체, 가역 변화 | 단열 팽창 (58.18)

이 식은 보통 pV^{γ} = 상수인 형태로 요약하기도 한다. 단원자 완전 기체의 경우에는 $C_{V,m} = \frac{3}{2}R$이며, 식 58.12에 의해서 $C_{p,m} = \frac{5}{2}R$, 따라서 $\gamma = \frac{5}{3}$이다. 또 비선형 다원자 분자의 경우에는 $C_{V,m} = 3R$이며(병진과 함께 회전을 할 수 있다), 따라서 $\gamma = \frac{4}{3}$이다.

증명 58.2 단열 과정

안팎의 압력이 p일 때 가역적 단열 팽창에서의 한 단계를 생각해 보자. 기체가 dV만큼 팽창했을 때 행해진 일은 $dw = -pdV$이다. 따라서 식 58.6으로부터 (완전 기체에 대해 $\pi_T = 0$인 $dU = \pi_T dV + C_V dT$이고 단열 변화는 $dU = dw$) 다음이 된다.

$$C_V dT = -pdV$$

여기서는 완전 기체를 생각하므로 p를 nRT/V로 바꾸어 놓을 수 있고, 다음 결과를 얻게 된다.

$$\frac{C_V dT}{T} = -\frac{nRdV}{V}$$

이 식을 적분하기 위해서 V가 V_i일 때 T는 T_i이고, 팽창이 끝났을 때 V가 V_f이고 T는 T_f로 된다고 하자. 따라서 다음과 같이 된다.

$$C_V \int_{T_i}^{T_f} \frac{dT}{T} = -nR \int_{V_i}^{V_f} \frac{dV}{V}$$

(C_V는 온도와 무관하다고 한다.) $\int dx/x = \ln x +$ 상수이기 때문에 다음을 얻는다.

$$C_V \ln \frac{T_f}{T_i} = -nR \ln \frac{V_f}{V_i}$$

한편 $\ln(x/y) = -\ln(y/x)$이므로, 이 식을 재배열하면,

$$\frac{C_V}{nR} \ln \frac{T_f}{T_i} = \ln \frac{V_i}{V_f}$$

여기서 $c = C_V/nR$로 놓고, $\ln x^a = a \ln x$의 관계를 이용하여 다음을 얻는다.

$$\ln \left(\frac{T_f}{T_i}\right)^c = \ln \frac{V_i}{V_f}$$

이것은 $(T_f/T_i)^c = (V_i/V_f)$를 의미하며, 재정리하면 식 58.17이 된다.

완전 기체는 어떻게 상태 변화를 일으켰던 간에 처음 상태와 최종 상태에서 완전 기체 법칙을 만족시키므로 $pV = nRT$를 이용할 수 있으며, 따라서 다음과 같이 쓸 수 있다.

$$\frac{T_f}{T_i} = \frac{p_f V_f}{p_i V_i}, \quad \text{따라서} \quad \left(\frac{p_f V_f}{p_i V_i}\right)^c = \frac{V_i}{V_f}$$

위 식의 양변에 $1/c$ 제곱을 하고 항들을 조합하면, 다음을 얻는다.

$$\frac{p_f V_f}{p_i V_i} = \left(\frac{V_i}{V_f}\right)^{1/c} = \left(\frac{V_f}{V_i}\right)^{-1/c}, \quad \text{따라서} \quad \frac{p_f V_f^{1+1/c}}{p_i V_i^{1+1/c}} = 1$$

그러나 완전 기체에 대해서는 $C_{p,m} - C_{V,m} = R$이므로

$$1 + \frac{1}{c} = \frac{c+1}{c} = \frac{C_V/nR + 1}{C_V/nR} = \frac{C_{V,m} + R}{C_{V,m}} = \frac{C_{p,m}}{C_{V,m}}$$

이 되고 열용량의 비가 $\gamma = C_{p,m}/C_{V,m}$임을 인식하면 다음을 얻는다.

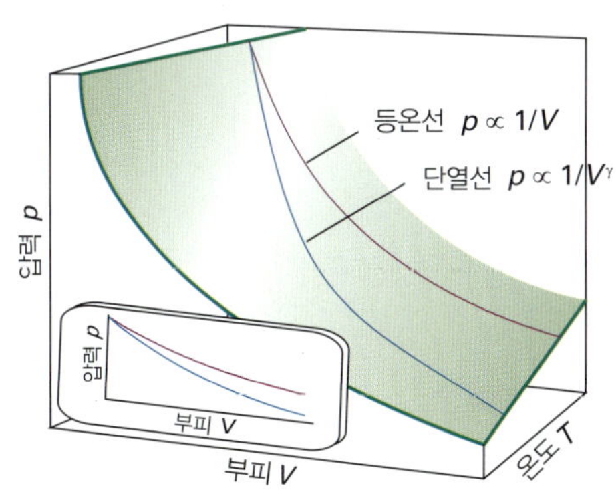

그림 58.10 단열선은 기체가 가역적으로 단열(이 경우 가역적으로) 팽창할 때의 부피에 따른 압력 변화를 나타낸다. 삽입된 그림으로부터 단열 과정에서는 온도 역시 떨어지므로 단열 과정에서는 등온 과정에서보다 압력이 더 급격하게 떨어짐을 유의하라.

$$\frac{p_f V_f^\gamma}{p_i V_i^\gamma}=1$$

이를 재정리하면, 식 58.18인 $p_i V_i^\gamma = p_f V_f^\gamma$이 된다.

단열 변화에 대한 압력 대 부피 곡선을 **단열선(adiabats)**이라고 하는데, 한 가역 경로에 대한 것을 그림 58.10에 나타내었다. $\gamma>1$이므로 단열선($p \propto 1/V^\gamma$)은 대응되는 등온 곡선($p \propto 1/V$)의 경우보다 더 가파르게 내려간다. 이러한 차이가 나타나는 물리학적 이유는 등온 팽창에서는 계 내부로 에너지가 열로서 계속 흘러 들어가서 그 온도를 일정하게 유지시키며, 그리하여 단열 팽창에서처럼 압력이 많이 떨어지지 않기 때문이다.

간단한 예 58.3 단열 팽창 2

100 kPa에서 아르곤($\gamma=\frac{5}{3}$) 시료를 부피가 초기의 2배로 될 때까지 가역적으로, 또 단열적으로 팽창시켰을 때의 최종 압력은 다음과 같이 된다.

$$p_f=\left(\frac{V_i}{V_f}\right)^\gamma p_i=\left(\frac{1}{2}\right)^{5/3}\times(100\,\text{kPa})=31.5\,\text{kPa}$$

등온 과정에서는 부피가 2배로 증가하면 최종 압력이 50 kPa이 된다.

자가 진단 58.7 이산화 탄소가 가역적이고 단열적으로 67.4 kPa, 0.50 dm^{3}에서 최종 부피 2.00 dm^{3}으로 팽창하였을 때 최종 압력을 계산하시오. $\gamma=1.4$로 함.

답: 9.7 kPa

(c) 단열 변화의 분자적 해석

우리는 식 58.17에 나타낸 온도 의존성의 근원에 대하여 어느 정도 식견을 가질 수 있으며, 일차원 상자의 가역 단열 팽창을 생각함으로써 분자 수준에서 단열 변화를 이해할 수 있다. 양자 역학에서, **단열 과정(adiabatic process)**은 아주 천천히 일어나서 계가 단일 진화 상태의 계를 따르고, 충동적인 변화와는 반대로 다른 상태와의 선형 결합으로 도약하지 않는 것을 말한다. 상자의 주어진 준위에 점유된 분자들은 상자가 가역 단열적으로 팽창함에 따라 모두 그 준위에 남아 있다고 생각함으로써(그림 58.11) 통계 역학에서 이 모형의 결과를 탐구할 수 있다. 즉 에너지 준위는 변하더라도 모든 N_i는 일정하게 남아 있다고 가정한다. 에너지 준위는 더욱 가까워지더라도 개체수는 같게 남아 있기 때문에 온도는 떨어져야 하고, 따라서 온도를 변하게 하는 것이 상자의 길이를 어떻게 변하게 해야 하는지를 아는 것이 목적이 된다. 다른 말로 해서, 다음 식의 해를 찾아야 한다.

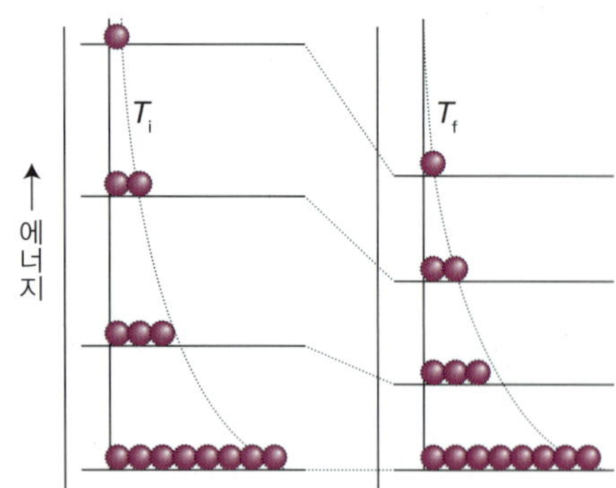

그림 58.11 가역 단열 팽창에서, 양자 상태의 개체수는 일정하게 남아 있으며, 만일 Boltzmann 분포가 변화된 에너지 준위에 걸쳐 같은 분포를 유지 한다면 온도의 낮아짐에 해당한다.

$$\frac{dN_n}{dL}=\frac{d}{dL}\left(\frac{Ne^{-\beta\varepsilon_n}}{q}\right)=0 \qquad (58.19)$$

여기에서 β와 ε_n, 따라서 q도 L의 함수이다. $\beta\varepsilon_n=n^2h^2/8mkL^2T$이기 때문에 $\beta\varepsilon_n$의 값과, 따라서 모든 팽창 단계에서 다음과 같다면 개체수 N_n은 길이와 무관하다.

$$LT^{1/2}=\text{상수} \qquad (58.20)$$

그러나 일차원계에 대해서는, 몰열용량은 $\frac{1}{2}R$이어서 이 해는 식 58.17의 일차원 형태이다.

식 58.20에서 결론을 잘 인식하는 또 다른 방법은 양자수가 n과 1(바닥 상태)이고 각각 에너지 $E_n=n^2h^2/8mL^2$, $E_1=h^2/8mL^2$을 가지고 있는 상태의 상대적인 개체수를 생각하는 것이다. 그 비율은

$$\frac{N_n}{N_1}=e^{-(E_n-E_1)/kT}=e^{-(n^2-1)h^2/8mkL^2T} \qquad (58.21)$$

이 되며, L이 변할 때 L^2T(즉 $LT^{1/2}$)가 일정하도록 T가 조절된다면 주어진 n값에 대하여 비율이 일정하다.

간단한 예 58.4 개체수 유지

기체는 보통 실험실 크기 정도의 그릇을 차지하는 것으로 간주되지만 길이 100 nm의 조그만 그릇과 $(n^2-1)h^{-2}/8mk=10^6$ nm^2 K가 되는 n을 가진 상태의 상대적 개체수를 고려함으로써 식 58.21의 내용과 식 58.20의 관계를 설명할 수 있다. 300 K에서 상대적 개체수는 다음이 된다.

$$\frac{N_n}{N_1}=e^{-(10^6\,\text{nm}^2\,\text{K})/(100\,\text{nm})^2\times(300\,\text{K})}=0.716\ldots$$

그릇의 길이를 110 nm로 증가시킬 때, 온도를 248 K로 조절하면 동일한 상대 개체수를 얻게 된다.

$$\frac{N_n}{N_1} = e^{-(10^6\ \mathrm{nm^2\ K})/(110\ \mathrm{nm})^2 \times (248\ \mathrm{K})} = 0.716\ldots$$

자가 진단 58.8 길이를 120 nm로 단열적으로 증가시킬 때, 이 비율을 유지하려면 온도를 얼마로 해야 될까?

답: 208 K

지금까지 얻은 결과는 완전 기체의 가역 단열 팽창을 통해 분자 수준에서 상상하는 일이 어떻게 일어나는지를 보여 주는 것이다. 그림 58.11에 나타낸 바와 같이, 에너지면에서 준위가 떨어지면서 각 준위의 개체수는 일정하게 남는다. 그러나 그렇게 되기 위해서는 온도가 떨어져야 한다는 것이다. 이런 불변성을 보장하는 정밀한 온도의 의존성은 정확하게 식 58.17에 나타낸 조건이다.

개념 확인

- □ 1. 계의 내부 에너지 변화는 일정 부피 열용량과 내부 압력(아래 참조)의 항으로 나타낼 수 있다.
- □ 2. 열용량은 점유된 에너지 준위의 퍼짐에 비례한다.
- □ 3. 균등 분배 이론은 기체의 열용량을 추정하는 데 이용될 수도 있다.
- □ 4. **단열 팽창**에서, 완전 기체가 일을 할 때 온도는 떨어지고, 압력/부피 관계는 단열선으로 알 수 있다.
- □ 5. 양자 역학에서, 단열 과정은 아주 천천히 일어나서 계는 서서히 진행되는 초기 상태에 머문다.
- □ 6. 완전 기체의 단열적이고 가역적인 팽창에서, 에너지면에서 준위가 떨어질 때 각 준위의 개체수는 일정하게 유지된다.

식 확인

성질	식	비고	식 번호
일정 부피 열용량	$C_V = (\partial U/\partial T)_V$	정의	58.2
내부 압력	$\pi_T = (\partial U/\partial V)_T$	정의; 완전 기체에 대해 $\pi_T = 0$	58.4
내부 에너지 변화	$\mathrm{d}U = \pi_T \mathrm{d}V + C_V \mathrm{d}T$	닫힌, 일정 조성 계	58.6
팽창 계수	$\alpha = (1/V)(\partial V/\partial T)_p$	정의; 완전 기체에 대해 $\alpha = 1/T$	58.7
등온 압축률	$\kappa_T = -(1/V)(\partial V/\partial p)_T$	정의; 완전 기체에 대해 $\kappa_T = 1/p$	58.8
	$(\partial U/\partial T)_p = C_V$	완전 기체	58.10
열용량 사이의 관계	$C_p - C_V = nR$	완전 기체	58.12
열용량의 분자적 근원	$C_V = N\Delta\varepsilon^2/kT^2$ $\Delta\varepsilon^2 = \langle\varepsilon^2\rangle - \langle\varepsilon\rangle^2$	독립된 분자	58.13
	$C_V = (N/kT^2)(\partial^2 \ln q/\partial\beta^2)_V$	독립된 분자	58.14
	$C_{V,\mathrm{m}} = \frac{1}{2}(3 + \nu_\mathrm{R}^* + 2\nu_\mathrm{V}^*)R$	완전 기체, $T \gg \theta^\mathrm{M}$	58.15
단열 팽창의 일	$w_\mathrm{ad} = C_V \Delta T$	완전 기체	58.16
부피와 온도	$V_\mathrm{i} T_\mathrm{i}^c = V_\mathrm{f} T_\mathrm{f}^c,\ c = C_{V,\mathrm{m}}/R$	가역 변화; 완전 기체	58.17
압력과 부피	$p_\mathrm{f} V_\mathrm{f}^\gamma = p_\mathrm{i} V_\mathrm{i}^\gamma,\ \gamma = C_{p,\mathrm{m}}/C_{V,\mathrm{m}}$	가역 변화; 완전 기체	58.18

12장 열역학 제1법칙

다른 것이 언급되지 않는 한, 모든 기체는 완전하고, 열화학 데이터는 298.15 K에 대한 것이다.

토픽 55 제1법칙

토론 문제

55.1 물리화학에서 '계'와 '상태'란 단어의 다양한 사용을 설명하고 구별하여 보시오.

55.2 열역학과 분자 수준에서 일과 열을 설명하고 구별하여 보시오. 그리고 일의 경우에는 개체수와 에너지 준위로 설명하시오.

55.3 상태 함수의 예를 들고, 왜 이들이 열역학에서 결정적인 역할을 하는지 논의하시오.

연습 문제

55.1(a) 균등 분배 이론을 사용하여 25°C에서 기체상에 있는 다음 분자들의 몰 내부 에너지를 구하시오. (a) I_2, (b) CH_4, (c) C_6H_6

55.1(b) 균등 분배 이론을 사용하여 25°C에서 기체상에 있는 다음 분자들의 몰 내부 에너지를 구하시오. (a) O_3, (b) C_2H_6, (c) SO_2

55.2(a) (a) 압력, (b) 온도, (c) 일, (d) 엔탈피 중 어느 것이 상태 함수인가?

55.2(b) (a) 부피, (b) 열, (c) 내부 에너지, (d) 밀도 중 어느 것이 상태 함수인가?

55.3(a) 체중이 60 kg인 사람이 (a) 지구 표면, (b) 달($g = 1.60$ m s^{-2})에서 6.0 m를 올라가는 데 필요한 일을 계산하시오.

55.3(b) 질량이 150 g인 새가 지표면으로부터 75 m 높이로 날아 올라가는 데 필요한 일을 계산하시오.

55.4(a) 단면적이 50 cm^{2}인 용기 안에서 화학 반응이 일어난다. 이 반응이 일어남으로써 피스톤은 1.0 atm의 외부 압력에 맞서서 15 cm를 밀려나갔다. 계가 한 일을 계산하시오.

55.4(b) 단면적이 75.0 cm^{2}인 용기 안에서 화학 반응이 일어난다. 이 반응이 일어남으로써 피스톤은 150 kPa의 외부 압력에 맞서서 25.0 cm를 밀려나갔다. 계가 한 일을 계산하시오.

55.5(a) 20°C에서 1.00 mol의 Ar 시료를 (a) 가역적으로, (b) 이 기체의 최종 압력과 동일한 일정 외부 압력에 맞서서, (c) 자유롭게(즉 외부 압력이 0일 때), 10.0 dm^{3}로부터 30.0 dm^{3}로 등온 팽창시켰다. 이 세 과정에 대한 q, w, ΔU를 계산하시오.

55.5(b) 0°C에서 2.00 mol의 He 시료를 (a) 가역적으로, (b) 이 기체의 최종 압력과 동일한 일정 외부 압력에 맞서서, (c) 자유롭게(즉 외부 압력이 0일 때), 5.0 dm^{3}로부터 20.0 dm^{3}로 등온 팽창시켰다. 이 세 과정에 대한 q, w, ΔU를 계산하시오.

55.6(a) $C_{V,\mathrm{m}} = \frac{3}{2}R$인 완전 기체 시료 1.00 mol을 $p_1 = 1.00$ atm, $T_1 = 300$ K의 처음 상태로부터 일정 부피에서 가역적으로 400 K로 가열하였다. 최종 압력, ΔU, q, w를 계산하시오.

55.6(b) $C_{V,\mathrm{m}} = \frac{5}{2}R$인 완전 기체 분자 2.00 mol을 $p_1 = 111$ kPa, $T_1 = 277$ K의 처음 상태로부터 일정 부피에서 가역적으로 356 K로 가열하였다. 최종 압력, ΔU, q, w를 계산하시오.

응용 문제

55.1 van der Waals 기체(토픽 36)가 등온 가역 팽창하는 동안에 하는 일을 계산하시오. (a) 완전 기체, (b) $a = 0$, $b = 5.11 \times 10^{-2}$ dm^3 mol^{-1}인 van der Waals 기체, (c) $a = 4.2$ dm^6 atm mol^{-2}, $b = 0$인 van der Waals 기체가 등온 가역 팽창할 경우의 지시 도표를 (부피에 대한 압력의 그래프) 같은 그래프에 도시하시오. 이 선정된 값들은 불완전성을 과장시키기는 하지만 지시 도표 상에는 큰 효과를 나타낸다($V_\mathrm{i} = 1.0$ dm^3, $n = 1.0$ mol, $T = 298$ K로 놓는다).

55.2 이중 가닥 DNA의 긴 가닥은 유연하고 사슬의 끝 사이의 길이가 넓은 폭의 값을 가진다는 것을 고배율 현미경을 통해 알 수 있다. 이 유연성은 중요하다. 왜냐하면 이것이 염색체에 차들어갈 때 DNA가 아주 조밀한 형태를 택하게 하기 때문이다. DNA의 긴 조각은 서로에 대하여 어떠한 각도도 자유롭게 만드는 N개의 작고 고정된 길이 단위로 된 사슬인, '자유롭게 연결된 사슬'로서 가시화하기에 편리하다. **지속 길이**(persistence length)인, 길이 l은 대략 45 nm로서 근사적으로 13개 염기쌍에 해당된다. 이제 DNA 분자를 늘이는 데 연관된 일을 알아보자. (a) DNA 분자가 평형, 즉 $F = -k_\mathrm{F}x$의 복원력을 갖는 더 조밀한 형태로부터 늘어나는 것에 대하여 저항한다고 하자. 여기에서 x는 평형 값에서 사슬 끝에서 끝 거리의 차이이고, k_F는 힘 상수이다. 이 모형을 사용하여 DNA 분자가 거리 x 만큼 늘어날 때 해야 할 일에 대한 식을 써 보시오. 그리고 결과를 그래프로 그려보시오. (b) DNA 분자의 보다 좋은 모형은 '일차원 자유 연결 사슬' 로서 길이 l의 고정된 단위는 인접한 단위와 0°나 180° 각도만 만들 수 있다. 이 경우 $x = nl$ 만큼 늘어난 사슬의 복원력은 다음과 같이 주어진다.

$$F = \frac{kT}{2l}\ln\left(\frac{1+\nu}{1-\nu}\right) \qquad \nu = \frac{n}{N}$$

여기서 k는 Boltzmann 상수이다. (i) $N = 200$인 DNA 분자를 90

nm 만큼 늘리는 데 적용되어야만 하는 힘의 크기는 얼마인가? (ii) ν에 대하여 복원력을 도시하시오. 여기서 ν는 양이 될 수도 있고 음이 될 수도 있음을 유의하시오. Hook 법칙에 의해 예측된 것과 다른 끝에서 끝 거리를 갖는 복원력은 어떻게 변하는가? (iii) 평형 값으로부터 끝에서 끝 거리의 차이가 $x = nl$이며, 따라서 $dx = l dn = Nl d\nu$를 염두에 두고, DNA 분자를 늘리는 데 필요한 일에 대한 수식을 쓰시오. (iv) $\nu = 0$에서 $\nu = 1.0$으로 DNA 분자를 늘리는 데 필요한 일을 계산하시오. **힌트**: 일 w를 위해서는 식을 적분을 해야 하며, 수학 소프트웨어를 사용하면 쉽게 수행할 수 있다. (c) 사슬의 조그만 늘림에 대하여, 즉 $\nu \ll 1$일 때 복원력은 다음과 같이 주어짐을 보이시오.

$$F \approx \frac{\nu kT}{l} = \frac{nkT}{Nl}$$

(d) 위 (c)에서 주어진 사슬의 늘림에서 복원력의 변화는 Hook 법칙에 의해 예측된 것과 다른가? 답의 근거를 설명하시오.

토픽 56 엔탈피

토론 문제

56.1 완전 기체는 왜 반전 온도를 가지지 않는지 설명하시오.

56.2 대부분의 경우에 왜 일정 압력 열용량이 일정 부피 열용량보다 큰지를 설명하시오.

56.3 기체를 액화하는 데 Joule–Thomson 효과가 어떻게 이용되는지를 설명하시오.

연습 문제

56.1(a) 3.0 mol의 Ar(g)에 229 J의 에너지를 열로서 가하였더니 이 시료의 온도가 2.55 K만큼 올라갔다. 이 기체의 일정 부피와 일정 압력에서의 몰열용량을 계산하시오.

56.1(b) 1.9 mol의 기체 분자에 178 J의 에너지를 열로서 가하였더니 이 시료의 온도가 1.78 K만큼 올라갔다. 이 기체의 일정 부피와 일정 압력에서의 몰열용량을 계산하시오.

56.2(a) 어떤 완전 기체 시료의 일정 압력 열용량이 $C_p/(\mathrm{J\ K^{-1}}) = 20.17 + 0.3665(T/\mathrm{K})$에 따라 온도에 의존한다. 이 기체의 온도가 25°C에서 100°C로 올라갈 때 (a) 일정한 압력에서, (b) 일정한 부피에서 q, w, ΔU를 계산하시오.

56.2(b) 어떤 완전 기체 시료의 일정 압력 열용량이 $C_p/(\mathrm{J\ K^{-1}}) = 20.17 + 0.4001(T/\mathrm{K})$에 따라 온도에 의존한다. 이 기체의 온도가 0°C에서 200°C로 올라갈 때 (a) 일정한 압력에서, (b) 일정한 부피에서 q, w, ΔU를 계산하시오.

56.3(a) 3.0 mol의 O_2를 3.25 atm의 일정한 압력에서 가열하였더니 그 온도가 260 K에서 285 K로 높아졌다. O_2(g)의 일정 압력 몰열용량을 29.4 $\mathrm{J\ K^{-1}\ mol^{-1}}$로 놓고 q, ΔH, ΔU를 계산하시오.

56.3(b) 2.0 mol의 CO_2를 1.25 atm의 일정한 압력에서 가열하였더니 그 온도가 250 K에서 277 K로 높아졌다. CO_2(g)의 일정 압력 몰열용량을 37.11 $\mathrm{J\ K^{-1}\ mol^{-1}}$로 놓고 q, ΔH, ΔU를 계산하시오.

56.4(a) 질소의 Joule–Thomson 계수는 $\mu = 0.25\ \mathrm{K\ atm^{-1}}$이다. 이 기체의 등온 Joule–Thomson 계수 값을 계산하시오. 등온 Joule–Thomson 실험 장치의 분출구를 통해서 10.0 mol의 N_2를 분출시키면서 온도를 일정하게 유지시키려면 얼마만한 에너지를 열로서 가해 주어야 되겠는가? 분출구에서의 압력 내림은 85 atm이다.

56.4(b) 이산화 탄소의 Joule–Thomson 계수는 $\mu = 1.11\ \mathrm{K\ atm^{-1}}$이다. 이 기체의 등온 Joule–Thomson 계수 값을 계산하시오. 등온 Joule–Thomson 실험 장치의 분출구를 통해서 10.0 mol의 CO_2를 분출시키면서 온도를 일정하게 유지시키려면 얼마만한 에너지를 열로서 가해 주어야 되겠는가? 분출구에서의 압력 내림은 75 atm이다.

응용 문제

56.1 다음 데이터는 이산화 황의 일정 압력 표준 몰 열용량이 온도에 따라 어떻게 변하는지를 보여 주고 있다. 온도가 298.15 K에서 1500 K까지 변할 때 SO_2(g) 표준 몰엔탈피가 얼마나 증가하는가?

T(K)	300	500	700	900	1100	1300	1500
$C^{\ominus}_{p,\mathrm{m}}(\mathrm{J\,K^{-1}\,mol^{-1}})$	39.909	46.490	50.829	53.407	54.993	56.033	56.759

56.2 다음 데이터는 암모니아의 일정 압력 표준 몰 열용량이 온도에 따라 어떻게 의존하는지를 보여 주고 있다. 식 56.5의 형태에 적합한 식을 얻기 위한 수학 소프트웨어를 사용하여 값 a, b, c를 결정하시오. $C_{p,\mathrm{m}} = \alpha + \beta T + \gamma T^2$으로 데이터를 표현하였을 때보다 좋은 것이 되는지 밝히고 이들 계수의 값을 정하시오.

T(K)	300	400	500	600	700	800	900	1000
$C^{\ominus}_{p,\mathrm{m}}(\mathrm{J\,K^{-1}\,mol^{-1}})$	35.678	38.674	41.994	45.229	48.269	51.112	53.769	56.244

56.3 2.0 mol의 CO_2를 포함하는 시료는 300 K에서 15.0 $\mathrm{dm^3}$의 고정된 부피를 차지한다. 온도가 341 K로 높아질 때 열로 2.35 kJ이 공급되었다. CO_2가 van der Waals 상태 방정식으로 설명된다고 가정했을 때(토픽 36), w, ΔU, ΔH를 계산하시오.

56.4 (a) (i) $(\partial C_V/\partial V)_T$를 U의 이차 도함수로 나타낸 다음, 이것과 $(\partial U/\partial V)_T$와의 관계를 구하고, (ii) $(\partial C_p/\partial p)_T$를 H의 이차 도함수로 나타낸 다음, 이것과 $(\partial H/\partial p)_T$와의 관계를 구하시오. (b) 이 관계들로부터 완전 기체에 대해서는 $(\partial C_V/\partial V)_T = 0$, $(\partial C_p/\partial p)_T = 0$이 됨을 보이시오.

56.5[‡] 상태 방정식 $p(V-nb) = nRT$를 만족시키는 기체가 Joule–Thomson 팽창을 한다. 온도가 높아지겠는가, 낮아지겠는가, 아니면 그대로이겠는가?

56.6 μ의 정의와 편도함수 사이의 적절한 관계를 이용하여 van der Waals 기체 (토픽 36)에 대한 $(\partial U/\partial V)_T = a/V_m^2$으로부터 $\mu C_{p,m} \approx (2a/RT) - b$가 성립함을 보이시오(**힌트**: 근거가 설득력이 있으면 $pV_m \approx RT$ 근사를 사용한다).

56.7[‡] 클로로플루오로탄소가 성층권 오존에 미치는 악영향에 대한 우려는 새로운 냉매 개발의 동기가 되었다. 이러한 대체 물질의 하나가 2,2-다이클로로-1,1,1-트라이플루오로에테인(냉매 123)이다. Younglove와 McLinden은 이 물질의 열물리학적 성질에 관한 요약서를 발표하였는데(*J. Phys. Chem. Ref. Data* **23**, 7 (1994)), 이 데이터를 이용하면 Joule–Thomson 계수 μ와 같은 성질들을 계산할 수 있다. (a) $(\partial H/\partial p)_T = -3.29\times10^3\,\text{J MPa}^{-1}\,\text{mol}^{-1}$, $C_{p,m} = 110.0\,\text{J K}^{-1}\,\text{mol}^{-1}$일 경우 1.00 bar, 50°C에서의 μ를 계산하시오. (b) 이 냉매 2.0 mol이 50°C, 1.5 bar에서 0.5 bar로 단열 팽창을 하면 온도가 얼마나 떨어지겠는가?

56.8[‡] 대체용 냉매(앞의 문제를 보라)의 또 하나는 1,1,1,2-테트라플루루오로에테인(냉매 HFC-134a)이다. R. Tillner-Roth와 H.D. Baehr은 이 물질의 열물리학적 성질에 관한 요약서를 발표하였는데(*J. Phys. Chem. Ref. Data* **23**, 657 (1994)), 이 데이터를 이용하면 Joule–Thomson 계수 μ와 같은 성질들을 계산할 수 있다. (a) 다음 데이터를 (모두 300 K에서) 이용하여 300 K, 0.100 MPa에서의 μ를 계산하시오.

p(MPa)	0.080	0.100	0.12
비엔탈피(kJ kg^{-1})	426.48	426.12	425.76

(일정 압력 비열용량은 0.7649 kJ K^{-1} kg^{-1}이다.)

(b) 다음 데이터를 (모두 350 K에서) 이용하여 350 K, 1.00 MPa에서의 μ를 계산하시오.

p(MPa)	0.80	1.00	1.2
비엔탈피(kJ kg^{-1})	461.93	459.12	456.15

(일정 압력 비열용량은 1.0392 kJ K^{-1} kg^{-1}이다.)

토픽 57 열화학

토론 문제

57.1 화학 과정이 수행되는 엔탈피 변화를 결정하는 두 가지 열계량법을 기술하시오.

57.2 '표준 상태'와 '기준 상태' 를 구별하고 그들의 적용을 지적하시오.

연습 문제

57.1(a) 테트라클로로메테인은 $\Delta_{vap}H^\ominus = 30.0$ kJ mol^{-1}이다. 0.75 mol CCl_4(l)이 250 K, 750 Torr에서 증발하였을 때 q, w, ΔH, ΔU를 계산하시오.

57.1(b) 에탄올은 $\Delta_{vap}H^\ominus = 43.5$ kJ mol^{-1}이다. 1.75 mol C_2H_5OH(l)이 260 K, 765 Torr에서 증발하였을 때 q, w, ΔH, ΔU를 계산하시오.

57.2(a) 에틸벤젠의 표준 생성 엔탈피는 −12.5 kJ mol^{-1}이다. 표준 연소 엔탈피를 계산하시오.

57.2(b) 페놀의 표준 생성 엔탈피는 −165.0 kJ mol^{-1}이다. 표준 연소 엔탈피를 계산하시오.

57.3(a) 25°C에서 사이클로프로페인의 표준 연소 엔탈피는 −2091 kJ mol^{-1}이다. 이 데이터와 CO_2(g) 및 H_2O(g)의 생성 엔탈피 데이터를 이용하여 사이클로프로페인의 생성 엔탈피를 계산하시오. 프로펜의 표준 생성 엔탈피는 +20.42 kJ mol^{-1}이다. 사이클로프로페인으로부터 프로펜으로 되는 이성질체화 엔탈피를 계산하시오.

57.3(b) 다음 데이터를 이용하여 다이보레인 B_2H_6(g)의 298 K에서의 $\Delta_f H^\ominus$를 구하시오.

(1) $B_2H_6(g) + 3\,O_2(g) \rightarrow B_2O_3(s) + 3\,H_2O(g)$ $\quad \Delta_r H^\ominus = -1941\,\text{kJ mol}^{-1}$

(2) $2\,B(s) + \frac{3}{2}O_2(g) \rightarrow B_2O_3(s)$ $\quad \Delta_r H^\ominus = 2368\,\text{kJ mol}^{-1}$

(3) $H_2(g) + \frac{1}{2}O_2(g) \rightarrow H_2O(g)$ $\quad \Delta_r H^\ominus = -241.8\,\text{kJ mol}^{-1}$

57.4(a) HCl(aq)의 표준 생성 엔탈피가 −167 kJ mol^{-1}일 때, $\Delta_f H^\ominus(Cl^-, aq)$ 값은 얼마인가?

57.4(b) HI(aq)의 표준 생성 엔탈피가 −55 kJ mol^{-1}일 때, $\Delta_f H^\ominus(I^-, aq)$ 값은 얼마인가?

57.5(a) 120 mg의 나프탈렌 $C_{10}H_8$(s)를 반응 통열량계에 넣고 연소시켰더니 온도가 3.05 K 올라갔다. 이 열량계의 열량계 상수를 계산하시오. 똑같은 조건하에서 이 열량계에 150 mg의 페놀 C_6H_5OH(s)을 넣고 연소시키면 온도가 얼마나 올라가겠는가?

57.5(b) 2.25 mg의 안트라센 $C_{14}H_{10}$(s)를 반응 통열량계에 넣고 연소

*기호 ‡가 표시된 문제는 Charles Trapp과 Carmen Giunta가 제공한 것이다.

시켰더니 온도가 1.75 K 올라갔다. 이 열량계의 열량계 상수를 계산하시오. 똑같은 조건하에서 이 열량계에 125 mg의 페놀 $C_6H_5OH(s)$를 넣고 연소시키면 온도가 얼마나 올라가겠는가? ($\Delta_c H^\ominus(C_{14}H_{10}, s) = -7061$ kJ mol^{-1})

57.6(a) 아래 반응 (1)과 (2)를 이용하여 모두 298 K에서 (i) 반응 (3)에 대한 $\Delta_r H^\ominus$와 $\Delta_r U^\ominus$를, (ii) HCl(g)와 $H_2O(g)$에 대한 $\Delta_f H^\ominus$를 구하시오.

(1) $H_2(g) + Cl_2(g) \rightarrow 2\,HCl(g)$ $\quad \Delta_r H^\ominus = -184.62$ kJ mol^{-1}

(2) $2\,H_2(g) + O_2(g) \rightarrow 2\,H_2O(g)$ $\quad \Delta_r H^\ominus = -483.64$ kJ mol^{-1}

(3) $4\,HCl(g) + O_2(g) \rightarrow 2\,Cl_2(g) + 2\,H_2O(g)$

57.6(b) 아래 반응 (1)과 (2)를 이용하여 모두 298 K에서 (i) 반응 (3)에 대한 $\Delta_r H^\ominus$와 $\Delta_r U^\ominus$, (ii) HI(g)와 $H_2O(g)$에 대한 $\Delta_f H^\ominus$를 구하시오.

(1) $H_2(g) + I_2(s) \rightarrow 2\,HI(g)$ $\quad \Delta_r H^\ominus = +52.96$ kJ mol^{-1}

(2) $2\,H_2(g) + O_2(g) \rightarrow 2\,H_2O(g)$ $\quad \Delta_r H^\ominus = -483.64$ kJ mol^{-1}

(3) $4\,HI(g) + O_2(g) \rightarrow 2\,I_2(s) + 2\,H_2O(g)$

57.7(a) $C_2H_5OH(l) + 3\,O_2(g) \rightarrow 2\,CO_2(g) + 3\,H_2O(g)$ 반응에 대해서는 298 K에서 $\Delta_r U^\ominus = -1373$ kJ mol^{-1}이다. $\Delta_r H^\ominus$를 계산하시오.

57.7(b) $2\,C_6H_5COOH(s) + 15\,O_2(g) \rightarrow 14\,CO_2(g) + 6\,H_2O(g)$ 반응에 대해서는 298 K에서 $\Delta_r U^\ominus = -772.7$ kJ mol^{-1}이다. $\Delta_r H^\ominus$를 계산하시오.

57.8(a) 표 57.3과 57.4의 데이터를 이용하여 C(흑연) + $H_2O(g) \rightarrow CO(g) + H_2(g)$ 반응에 대한 (a) 298 K, (b) 478 K에서의 $\Delta_r H^\ominus$와 $\Delta_r U^\ominus$를 계산하시오. 이 온도 영역에서 이들 물질의 열용량은 일정하다고 가정한다.

57.8(b) 표 57.3과 57.4의 연소 엔탈피와 열용량 데이터를 이용하여 에타인(아세틸렌)이 에텐(에틸렌)으로 수소화되는 반응에 대하여 298 K에서의 $\Delta_r H^\ominus$와 $\Delta_r U^\ominus$ 및 427 K에서의 $\Delta_r H^\ominus$를 계산하시오. 이 온도 영역에서 열용량은 일정하다고 가정한다.

57.9(a) 메테인의 연소 $CH_4(g) + 2\,O_2(g) \rightarrow CO_2(g) + 2\,H_2O(g)$에 대한 $\Delta_r H^\ominus$(500 K)를 구하시오. 표 56.1에 있는 열용량의 온도 의존성에 대한 데이터를 이용하시오(표 56.1에 없는 화학종은 표 57.3과 57.4를 이용).

57.9(b) 나프탈렌의 연소 $C_{10}H_8(l) + 12\,O_2(g) \rightarrow 10\,CO_2(g) + 4\,H_2O(g)$에 대한 $\Delta_r H^\ominus$(478 K)를 구하시오. 표 56.1에 있는 열용량의 온도 의존성에 대한 데이터를 이용하시오(표 56.1에 없는 화학종은 표 57.3과 57.4를 이용).

57.10(a) 다음 데이터를 이용하여 Mg^{2+} 이온의 수화 엔탈피를 구하는 열역학적 회로를 만드시오. Mg(s)의 승화 엔탈피: +167.2 kJ mol^{-1}, Mg(g)의 첫째와 둘째 이온화 엔탈피: 각각 7.646 eV 및 15.035 eV, $Cl_2(g)$의 해리 엔탈피: +241.6 kJ mol^{-1}, Cl(g)의 전자 획득 엔탈피: −3.78 eV, $MgCl_2(s)$의 용해 엔탈피: −150.5 kJ mol^{-1}, $Cl^-(g)$의 수화 엔탈피: −383.7 kJ mol^{-1}

57.10(b) 다음 데이터를 이용하여 Ca^{2+} 이온의 수화 엔탈피를 구하는 열역학적 회로를 만드시오. Ca(s)의 승화 엔탈피: +178.2 kJ mol^{-1}, Ca(g)의 첫째와 둘째 이온화 엔탈피: 각각 589.7 kJ mol^{-1} 및 1145 kJ mol^{-1}, 브로민의 증발 엔탈피: +30.91 kJ mol^{-1}, $Br_2(g)$의 해리 엔탈피: +192.9 kJ mol^{-1}, Br(g)의 전자 획득 엔탈피: −331.0 kJ mol^{-1}, $CaBr_2(s)$의 용해 엔탈피: −103.1 kJ mol^{-1}, $Br^-(g)$의 수화 엔탈피: −97.5 kJ mol^{-1}

응용 문제

57.1 질량 0.727 g의 D-리보스($C_5H_{10}O_5$) 당 시료를 열량계 속에 넣고, 과량의 산소 속에서 연소시켰더니 이 열량계의 온도가 0.910 K 올라갔다. 별도의 실험에서 0.825 g의 벤조산을 같은 열량계에 넣고 연소시켰더니 온도가 1.940 K 올라갔다. 벤조산의 연소 내부 에너지는 −3251 kJ mol^{-1}이다. D-리보스의 생성 엔탈피를 구하시오.

57.2 비스(벤젠)크로뮴의 표준 생성 엔탈피를 열량계 속에서 측정하였다. $Cr(C_6H_6)_2(s) \rightarrow Cr(s) + 2\,C_6H_6(g)$ 반응에 대해서 $\Delta_r U^\ominus$(583 K) = +8.0 kJ mol^{-1}이라는 결과를 얻었다. 이것에 대응하는 반응 엔탈피와, 이 화합물의 583 K에서의 표준 생성 엔탈피를 구하시오. 벤젠의 일정 압력 몰열용량은 액체 상태에서 136.1 J K^{-1} mol^{-1}이고, 증기 상태에서는 81.67 J K^{-1} mol^{-1}이다.

57.3‡ 표 57.3의 메테인부터 옥테인까지의 알케인에 대한 연소 엔탈피 데이터를 이용하여 $\Delta_c H^\ominus = k\{M/(g\ mol^{-1})\}^n$이 성립하는 한계를 찾아보고, k와 n의 값을 구하시오. 데케인에 대한 $\Delta_c H^\ominus$의 값을 예측하고, 이 값을 알려진 값과 비교하시오.

57.4‡ Kolesov 등은 열량계 측정법에 근거하여 C_{60} 결정의 표준 연소 엔탈피와 생성 엔탈피를 측정하였다(J. Chem. Thermodynamics **28**, 1121 (1996)). 이들은 한 실험에서 표준 연소 비내부 에너지(specific internal energy)가 298.15 K에서 −36.0334 kJ g^{-1}임을 알아내었다. C_{60}의 $\Delta_c H^\ominus$, $\Delta_f H^\ominus$를 계산하시오.

57.5‡ $DyCl_3$의 열역학적 연구 과정에서 Cordfunke 등은 그 표준 생성 엔탈피를 다음 데이터를 이용하여 결정하였다(*J. Chem. Thermodynamics* **28**, 1387 (1996)).

(1) $DyCl_3(s) \rightarrow DyCl_3$(aq, in 4.0 M HCl) $\quad \Delta_r H^\ominus = -180.06$ kJ mol^{-1}

(2) Dy(s) + 3 HCl(aq, 4.0 M) → $DyCl_3$(aq, in 4.0 M HCl(aq)) + $\frac{3}{2}H_2(g)$ $\quad \Delta_r H^\ominus = -699.43$ kJ mol^{-1}

(3) $\frac{1}{2}H_2(g) + \frac{1}{2}Cl_2(g) \rightarrow$ HCl(aq, 4.0 M) $\quad \Delta_r H^\ominus = -158.31$ kJ mol^{-1}

이들 데이터로부터 $\Delta_f H^\ominus(DyCl_3, s)$를 구하시오.

57.6‡ 실릴렌(SiH_2)은 실레인(SiH_4)이나 다이실레인(Si_2H_6)과 같은 수소화 규소의 열분해에서의 결정적 중간체이다. H.K. Moffat 등 (*J. Phys. Chem.*, **95**, 145 (1991))에 의하면 $\Delta_f H^\ominus(SiH_2) = +274$ kJ mol^{-1}이다. $\Delta_f H^\ominus(SiH_4) = +34.3$ kJ mol^{-1}, $\Delta_f H^\ominus(Si_2H_6) = +80.3$ kJ mol^{-1}을 이용하여 다음 반응들의 표준 반응 엔탈피를 계산하시

오.

(a) $SiH_4(g) \rightarrow SiH_2(g) + H_2(g)$

(b) $Si_2H_6(g) \rightarrow SiH_2(g) + SiH_4(g)$

57.7 응용 문제 56.2에서 언급한 바와 같이, 열용량의 온도 의존성을 실험식 $C_{p,m} = \alpha + \beta T + \gamma T^2$과 같이 표현하는 것이 때때로 적절할 때가 있다. 다음 데이터를 이용하여 350 K에서 메테인의 표준 연소 엔탈피를 이 식을 사용하여 구하시오.

	α(J K^{-1} mol^{-1})	β(mJ K^{-2} mol^{-1})	γ(μJ K^{-3} mol^{-1})
$CH_4(g)$	14.16	75.5	−17.99
$CO_2(g)$	26.86	6.97	−0.82
$O_2(g)$	25.72	12.98	−3.862
$H_2O(g)$	30.36	9.61	1.184

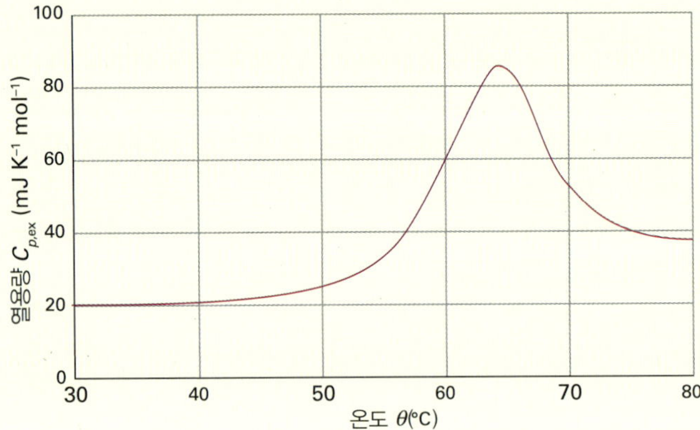

그림 F 12.1 달걀 흰자 라이소자임 실험의 DSC 주사

57.8 그림 F12.1은 줄로(칼로리로부터) 변환한 달걀 흰자 라이소자임 실험의 DSC 주사(G. Privalov, et al., *Anal. Biochem.* **79**, 232 (1995))를 나타내고 있다. 이 곡선을 적분하여 이 단백질의 펴짐 엔탈피와 전이에 수반하는 열용량 변화를 결정하시오.

57.9 사람은 대사 활동을 통해서 평균적으로 매일 약 10 MJ의 열을 만든다. 인체를 물의 열용량을 갖는 65 kg의 고립계라고 하면, 몸의 온도가 얼마나 올라가겠는가? 그러나 인체는 열린 계이며, 열 손실의 주 메커니즘은 물의 증발이다. 체온이 일정하게 유지되기 위해서 매일 증발되어야 하는 물의 질량은 얼마인가?

57.10 충분한 O_2가 공급되는 생체 세포 안에서 **포도당은 산소성 산화**라고 불리는 과정에 의해서 CO_2와 H_2O로 완전히 산화된다. 심한 운동을 하는 동안에는 근육 세포의 O_2가 고갈될 수 있으며, 이때는 **무산소성 해당 작용**이라고 하는 과정에 의해서 포도당 한 분자가 락트산($CH_3CH(OH)COOH$) 두 분자로 변환된다. (a) 0.3212 g의 포도당을 열량계 상수가 641 J K^{-1}인 반응 통열량계 안에서 태웠더니 온도가 7.793 K만큼 올라갔다. 포도당의 (i) 표준 몰 연소 엔탈피, (ii) 표준 연소 내부 에너지, (iii) 표준 생성 엔탈피를 계산하시오. (b) 완전 산소성 산화가 락트산으로 해당되는 무산소성 해당 작용에 비해서 어떤 생물학적 이점이 있는가? (몰당 나오는 열에너지를 kJ mol^{-1}로)

토픽 58 내부 에너지

토론 문제

58.1 van der Waals 기체의 내부 에너지는 일정 온도에서 부피에 따라 어떻게 변해야 하는지를 설명과 더불어 제안해 보시오.

58.2 통계 열역학의 개념을 사용하여 분자 물질의 일정 부피 몰열용량의 크기를 결정하는 데 분자적 특징을 설명하시오.

58.3 통계 열역학의 개념을 이용하여 완전 기체와 실제 기체의 상태 방정식을 이끌어내는 분자적 특징을 설명하시오.

연습 문제

58.1(a) Cl의 바닥 준위는 $^2P_{3/2}$이고, $^2P_{1/2}$ 준위는 그 881 cm^{-1} 위에 있다. (a) 500 K, (b) 900 K에서 Cl 원자의 일정 부피 몰열용량에 대한 전자 기여를 계산하시오.

58.1(b) O_2의 첫 번째 전자적으로 들뜬 준위는 $^1\Delta_g$이며, 바닥 상태인 $^3\Sigma_g^-$보다 7918.1 cm^{-1} 위에 있다. 400 K에서 O_2 일정 부피 몰열용량에 대한 전자 기여를 계산하시오.

58.2(a) 균등 분배 이론을 사용하여 기체 상태의 암모니아와 메테인에 대한 $\gamma = C_p/C_V$의 값을 추산하시오. 이 계산을 에너지에 대한 진동의 기여를 포함한 것과 포함하지 않을 때에 대하여 수행하시오. 어느 것이 25°C에서 예상된 실험값에 가까운가?

58.2(b) 균등 분배 이론을 사용하여 기체 상태의 이산화 탄소에 대한 $\gamma = C_p/C_V$의 값을 추산하시오. 이 계산을 에너지에 대한 진동의 기여를 포함한 것과 포함하지 않을 때에 대하여 수행하시오. 어느 것이 25°C에서 예상된 실험값에 가까운가?

58.3(a) 298 K에서 아르곤 원자의 분자 에너지의 근 평균 제곱 편차는 얼마인가?

58.3(b) 298 K에서 이산화 탄소 분자의 분자 에너지의 근 평균 제곱 편차는 얼마인가?

58.4(a) 질량 12.0 g의 아르곤 시료가 가역 단열적으로 273.15 K에서 1.0 dm^3에서 3.0 dm^3으로 팽창하였을 때 최종 온도를 계산하시오.

58.4(b) 질량 16.0 g의 이산화 탄소 시료가 가역 단열적으로 298.15 K에서 500 cm^3에서 2.00 dm^3으로 팽창하였을 때 최종 온도를 계산하시오.

58.5(a) $C_V = 20.8$ J K^{-1}인 1.0 mol의 완전 기체 분자로 된 시료가 처음에 4.25 atm, 300 K를 나타내었다. 이 기체를 2.50 atm이 될 때까지 가역 단열적으로 팽창시켰다. 최종 부피, 최종 온도, 행해진 일을 계산하시오.

58.5(b) $C_{p,m} = 20.8$ J K^{-1} mol^{-1}인 2.5 mol의 완전 기체 분자로 된 시료가 처음에 240 kPa, 325 K를 나타내었다. 이 기체를 150 kPa이 될 때까지 가역 단열적으로 팽창시켰다. 최종 부피, 최종 온도, 행해진 일을 계산하시오.

58.6(a) 27.0°C에서 질량 2.45 g의 이산화 탄소 시료를 500 cm^3의 부피에서 가역 단열적으로 팽창시켜 3.00 dm^3이 되게 하였다. 이 기체가 한 일을 계산하시오.

58.6(b) 23.0°C에서 질량 3.12 g의 질소 시료를 400 cm^3의 부피에서 가역 단열적으로 팽창시켜 2.00 dm^3이 되게 하였다. 이 기체가 한 일을 계산하시오.

58.7(a) 67.4 kPa에서 0.50 dm^3인 이산화 탄소 시료를 가역 단열적으로 팽창시켜 최종 부피가 2.00 dm^3이 되게 하였다. 이 시료의 최종 압력을 계산하시오($\gamma = 1.4$로 놓는다).

58.7(b) 97.3 Torr에서 400 cm^3인 수증기 시료를 가역 단열적으로 팽창시켜 최종 부피가 5.0 dm^3이 되게 하였다. 이 시료의 최종 압력을 계산하시오($\gamma = 1.3$으로 놓는다).

58.8(a) 1.00 bar, 400 K에서 수증기를 van der Waals 기체(토픽 36)로 취급하여 내부 압력 π_T를 추산하시오. **힌트:** 몰부피를 추산하는 데 기체를 완전 기체로 취급함으로써 근사를 단순화할 것.

58.8(b) 1.00 bar, 298 K에서 이산화 황을 van der Waals 기체(토픽 36)로 취급하여 내부 압력 π_T를 추산하시오. **힌트:** 몰부피를 추산하는 데 기체를 완전 기체로 취급함으로써 근사를 단순화할 것.

58.9(a) van der Waals 기체(토픽 36)에 대해서는 $\pi_T = a/V_m^2$이 성립한다. 298 K에서 질소 기체가 초기 부피 1.00 dm^3에서 20.00 dm^3로 등온 팽창을 할 때의 ΔU_m을 계산하시오. 또 q와 w의 값을 구하시오.

58.9(b) 298 K에서 아르곤 기체가 초기 부피 1.00 dm^3에서 30.00 dm^3로 등온 팽창을 한다. 아르곤에 대해서 연습 58.9(a)의 계산을 반복하시오.

58.10(a) 어떤 액체의 부피가 다음과 같이 온도에 따라 변한다.

$$V = V'\{0.75 + 3.9 \times 10^{-4}(T/K) + 1.48 \times 10^{-6}(T/K)^2\}$$

여기서 V'은 300 K에서의 부피이다. 320 K에서 이 액체의 팽창 계수 α를 계산하시오.

58.10(b) 어떤 액체의 부피가 다음과 같이 온도에 따라 변한다.

$$V = V'\{0.77 + 3.7 \times 10^{-4}(T/K) + 1.52 \times 10^{-6}(T/K)^2\}$$

여기서 V'은 298 K에서의 부피이다. 310 K에서 이 액체의 팽창 계수 α를 계산하시오.

58.11(a) 293 K에서의 물의 등온 압축도는 4.96×10^{-5} atm^{-1}이다. 밀도를 0.10% 증가시키려면 얼마만한 압력을 작용시켜야 하는지 계산하시오.

58.11(b) 293 K에서의 납의 등온 압축도는 2.21×10^{-6} atm^{-1}이다. 납의 밀도를 0.10% 증가시키려면 얼마만한 압력을 작용시켜야 하는지 계산하시오.

응용 문제

58.1‡ 2006년에 열렸던 기상 변화에 관한 정부간 토론회(IPCC)에서는 지구의 평균 온도가 2100년에 이르면 1.0~3.5°C, 최적의 예상치로는 2°C가 상승할 것이라고 간주하였다. 바닷물의 부피를 1.37×10^9 km^3, 바닷물의 표면적을 361×10^6 km^2로 보고 바닷물의 온도가 1.0°C, 2.0°C, 3.5°C만큼 올라갔을 때 그 수위가 열팽창에 의해서 평균적으로 얼마나 올라가겠는지 예측하고, 이 예측을 하는 데 사용한 근사를 말하시오.

58.2 기체가 가역적으로 단열 팽창될 때의 온도 내림을 측정하면 그 기체의 일정 부피 열용량을 구할 수 있다. 만일 압력 내림까지도 측정하면 두 열용량의 비 $\gamma = C_p/C_V$ 값을 구할 수 있고, 이 두 값으로부터 일정 압력 열용량을 구할 수 있다. 플루오로탄소 기체를 가역적으로 단열 팽창시켜서 그 부피가 2배로 되게 하였더니 온도가 298.15 K에서 248.44 K로, 압력이 202.94 kPa에서 81.840 kPa로 떨어졌다. C_p를 구하시오.

58.3 NO 분자는 이중으로 축퇴된 바닥 상태와, 그보다 121.1 cm^{-1} 위에 이중으로 축퇴된 들뜬 상태를 가지고 있다. 이 분자의 몰열용량에 대한 전자 상태의 기여를 (a) 100 K, (b) 298 K, (c) 600 K에서 계산하시오.

58.4 큰 토막에 붙어 있는 CH_3기의 에너지 준위는 CH_3기가 자유롭게 회전할 수 있을 때는 고리 위 입자의 식으로 나타낼 수 있다(토픽 13). 25°C에서 이와 같이 자유 회전을 하는 기의 열용량에 대한 고온도 기여를 계산하시오. CH_3의 C_3축(H 원자들이 만드는 등변 삼각형의 중심과 C 원자를 통과하는 축)에 대한 CH_3의 관성 모멘트는 5.341×10^{-47} kg m^2이다.

58.5 낮은 온도에서 p-H_2(J가 짝수인 회전 상태만이 점유된다)의 회전 에너지 준위는 $J = 0$과 $J = 2$로서, 위의 준위가 축퇴되었다는 점을 제외하면 이준위계를 구성한다는 근거에 따라 이 분자의 열용량에 대한 온도 의존성을 계산하시오. $\tilde{B} = 60.864$ cm^{-1}을 사용하고 열용량 곡선을 그리시오. p-H_2의 실험 열용량은 낮은 온도에서 실제로 피크를 나타낸다.

58.6‡ F. Negri 등(*J. Phys. Chem.*, **100**, 10849 (1996))은 벅민스터풀러린 C_{60}을 분광학적으로 연구하기 위하여 이 분자의 모든 진동 방식

파수를 재검하였다. 단일 A_u 방식의 파수는 976 cm^{-1}이고, 4개의 삼중 축퇴 T_{1u} 방식 파수는 525, 578, 1180, 1430 cm^{-1}, 5개의 삼중 축퇴 T_{2u} 방식 파수는 354, 715, 1037, 1190, 1540 cm^{-1}, 6개의 사중 축퇴 G_u 방식 파수는 345, 757, 776, 963, 1315, 1410 cm^{-1}, 7개의 오중 축퇴 Hu 방식 파수는 403, 525, 667, 738, 1215, 1342, 1566 cm^{-1}이다. 1000 K 이하의 진동 온도 θ^V를 갖는 방식은 몇 가지인가? 1000 K보다 낮은 θ^V를 갖는 방식들을 전부 활성인 것으로 보고 1000 K에서 C_{60}의 일정 부피 몰열용량을 계산하시오.

58.7[‡] 일산화 탄소를 완전 기체로 보고 평형 통계 열역학을 100~1000 K의 온도 영역과 1 bar에서 아래와 같은 이 물질을 연구하는 데 적용한다. $\tilde{\nu}=2169.8\ cm^{-1}$, $\tilde{B}=1.931\ cm^{-1}$, $hc\tilde{D}_0=11.09$ eV이며, 비조화성과 원심 일그러짐은 무시한다. (a) 이 분자의 이용 가능한 회전 및 진동 상태에 걸친 확률 분포를 조사하시오. (b) 불연속적 에너지 분포를 가지고 계산한 회전 분자 분배 함수와 고전적인 연속적 에너지 분포를 가지고 계산한 것 사이에서 어떤 차이가 있다면, 그 차이가 얼마나 되는지 수치로 분석하시오. (c) $U_m(T)-U_m(100\ K)$과 $C_{V,m}(T)$에 대한 병진, 회전, 진동 자유도 각각의 기여를 계산하시오.

58.8 나노기술의 범주에서는 병진 양자화까지도 중요한 영향력을 가진다. 한 전자가 10개 정도의 상태만이 열적으로 점유될 수 있는 아주 작은 일차원 우물에 포획되어 있다고 하자. (a) 열용량, (b) 이와 같이 낮은 온도에서 에너지의 근 평균 퍼짐($\Delta\varepsilon$) ('연속' 근사를 사용하지 않고)을 유도하고, 온도의 함수로 열용량을 도시하시오. 이 계에 대한 '특성 온도'를 찾아낼 수 있겠는가?

58.9 식 58.14를 식 58.13으로 변환할 수 있음을 보이시오.

58.10 구형 공동 속 입자의 처음 6개 준위의 에너지가 문제 53.1에 구체화되어 있다. 이들 준위가 열적으로 점유될 수 있는 유일한 것이라면, (a) 열용량, (b) 에너지의 근 평균 퍼짐($\Delta\varepsilon$)에 대한 식을 유도하시오. 그리고 온도의 함수로 열용량을 도시하시오

58.11 고온 근사를 사용하지 않고 선형 회전자의 열용량에 대한 회전 기여의 식을 유도하시오. 그리고 '회전 온도'를 $\theta^R=hc\tilde{B}/k$라 할 때 $C_{V,m}$을 T/θ^R에 대해 도시하시오. 핵 통계는 무시하시오.

58.12 빅토리아 시대 사람도 인지했을 만한 핵 통계의 열적 처리 결과가 있었을까? 오쏘-수소와 파라-수소의 몰열용량에 대하여 에너지 준위를 직접 합함으로써 핵 통계의 처리 결과를 밝혀보시오.

58.13 양자 이론의 초기 적용 중 하나로, Einstein은 이미 측정되어 왔었던 온도 감소에 대한 열용량의 감소에 대하여 설명하려고 하였다. 단원자 고체에서 원자 각각은 ν의 진동수로 삼차원으로 진동한다고 가정하였다. Einstein 식을 유도하고, 'Einstein 온도'를 $\theta^E=h\nu/k$로 할 때, $C_{V,m}$을 T/θ^E에 대해 도시하시오.

58.14 Debye는 고체에서 원자의 '집합적' 방식을 고려하여 Einstein 모형을 개선하였다. 왜 이것이 모든 온도에서 보다 높은 열용량을 가지게 할까? 그는 Einstein 식(응용 문제 58.13)에 ν와 $\nu+d\nu$ 사이에서 진동 방식의 수를 표시하는 인자를 곱하여 결과의 식을 $\nu=0$에서 최댓값인 ν_{max}까지 적분하였다. 그 결과는 다음과 같다.

$$C_{V,m}=9R\left(\frac{T}{\theta^D}\right)^3\int_0^{\theta^D/T}\frac{x^4e^x}{\left(e^x-1\right)^2}dx$$

여기서 'Debye 온도'는 $\theta^D=h\nu_{max}/k$이다. 수학 소프트웨어를 이용하여 $C_{V,m}$을 T/θ^D에 대해 도시하시오. $T\ll\theta^D$일 때 열용량은 'Debye T^3 법칙'을 (자가 진단 56.2 참조) 따름을 보이시오. **부록**에 있는 적분 E.2가 필요할 것임.

58.15[‡] 낮은 온도에서 H_2는 열용량에 병진 운동만이 기여를 한다. $\theta^R=hc\tilde{B}/k$ 이상의 온도에서는 열용량에 대한 회전 운동의 기여가 중요해진다. 온도가 더 높아져서 $\theta^V=h\nu/k$ 이상이 되면 진동 운동도 기여를 하게 된다. 그러나 진동 운동의 기여가 일어나는 온도에서는 분자가 원자로 해리되는 것을 반드시 고려해야 한다. (a) θ^R과 θ^V에 대한 식의 근원을 설명하고, 수소에 대한 이들 값을 계산하시오. (b) 수소의 해리를 고려하고, 모든 온도에서 성립하는 수소의 일정 압력 몰열용량 식을 구하시오. (c) 수소 분자가 분해되는 정도가 상당한 높은 온도 영역에서의 일정 압력 몰열용량을 온도의 함수로 도시하시오.

58.16 $\varepsilon=-d\ln q/d\beta$와 같은 식은 통계 열역학에서 수식 처리를 하거나 열역학적 함수를 정돈된 식으로 표현하는 데 편리하게 쓰이지만 실제 응용면에서는 불편할 때가 많다. 에너지 준위들이 표로 주어졌을 때는 다음과 같은 덧셈들을 직접 구하는 것이 더 편리할 때가 많다.

$$q=\sum_j e^{-\beta\varepsilon_j}\quad \dot{q}=\sum_j \beta\varepsilon_j e^{-\beta\varepsilon_j}\quad \ddot{q}=\sum_j(\beta\varepsilon_j)^2e^{-\beta\varepsilon_j}$$

여기서 $\dot{q}$, $\ddot{q}$는 β에 대한 q의 일차와 이차 도함수에 관련된다. (a) 내부 에너지, 열용량, 엔트로피에 대한 식을 이들 세 함수를 가지고 유도하시오. (b) 이 방법과 다음 데이터를 이용해서 5000 K에서의 마그네슘 증기의 일정 부피 몰열용량에 대한 전자 상태 기여를 계산하시오.

항	^1S	$^3P_0$	$^3P_1$	$^3P_2$	$^1P_1$	^3S
축퇴도	1	1	3	5	3	3
$\tilde{\nu}(cm^{-1})$	0	21850	21870	21911	35051	41197

58.17 다음 화합물의 회전 상태에 대한 q, $\dot{q}$, $\ddot{q}$(응용 문제 58.16) 값을 계산하시오. (a) HCl($\tilde{B}=10.593\ cm^{-1}$), (b) CCl_4($\tilde{B}=5.797\ cm^{-1}$) (단위를 주의할 것)

58.18 선형 회전자의 열용량은 다음과 같은 합셈을 이용하여 나타내는 것이 편리하다.

$$\zeta(\beta)=\frac{1}{q^2}\sum_{J,J'}\{\varepsilon(J)-\varepsilon(J')\}^2g(J)g(J')e^{-\beta\{\varepsilon(J)+\varepsilon(J')\}}$$

이 합셈을 이용하면 열용량이 다음과 같이 주어질 수 있음을 보이시오.

$$C=\frac{1}{2}k\beta^2\zeta(\beta)$$

여기서 $\varepsilon(J)$는 회전 에너지 준위이고, $g(J)$는 그들의 축퇴도이다. 이어서 선형 회전자의 열용량에 대한 전체 기여는 $0\rightarrow1$, $0\rightarrow2$, $1\rightarrow2$,

1 → 3 등의 전이에 기인되는 기여들을 더한 것이라고 볼 수 있음을 그래프 방식으로 보이시오. 이런 방식으로 선형 분자의 회전 열용량을 그림 58.6과 같은 형태로 나타내시오.

58.19 그림 58.6에서 나타난 온도에 대한 열용량의 저온에서 변화에서 '충돌(bump)'은 오직 J의 짝수만이 허용되는 파라-수소의 경우에 더 확실히 나타난다. 오쏘-수소와 파라-수소의 경우에 응용 문제 58.18에서 유도된 것을 택하여 그들의 열용량 그래프를 구성하시오.

58.20 응용 문제 58.18에서와 같이 준위들 사이의 들뜸을 이용하여 열용량에 대한 진동 운동 기여를 분석할 수 있는 계산을 하시오. 그리고 이 계산 결과를 그림 58.6과 같은 형태의 그림을 이용하여 나타내시오.

58.21 다음 형태의 식 58.19는

$$\frac{\mathrm{d}}{\mathrm{d}L}\frac{e^{-\beta\varepsilon_i}}{q(\beta)}=0$$

L의 함수로서의 β에 관한(따라서 T) 미분 방정식이지만 이를 면밀히 검증하여 푼다. 이 방정식을 정식으로 풀고, 식 58.20이 해임을 확인하시오.

58.22 기체의 열용량 비를 이용하면 $c_s=(\gamma RT/M)^{1/2}$으로부터 그 기체 속에서의 음속을 측정할 수 있다. 여기서 $\gamma=C_p/C_V$이며, M은 기체 분자의 몰질량이다. 높은 온도에서(병진과 회전 운동이 활성이다) (a) 이원자 분자, (b) 선형 삼원자 분자, (c) 비선형 삼원자 분자로 된 완전 기체 속에서의 음속에 관한 식을 유도하시오. 그리고 25°C의 공기 속에서의 음속을 구하시오.

58.23 $C_p-C_V=T(\partial p/\partial T)_V(\partial V/\partial T)_p$의 관계로부터 출발하여 편도함수들 사이의 적절한 관계를 써서 다음 식을 유도하시오.

$$C_p-C_V=\frac{T(\partial V/\partial T)_p^2}{(\partial V/\partial p)_T}$$

이어서 완전 기체에 대한 C_p-C_V를 구하시오.

58.24 (a) V를 p와 T의 함수로, p를 V와 T의 함수로 보고 $\mathrm{d}V$와 $\mathrm{d}p$에 관한 식을 쓰시오. (b) d ln V와 d ln p를 등압 팽창 계수와 등온 압축도로 나타내는 식을 구하시오.

58.25 van der Waals 상태 방정식(토픽 36) $p=nRT/(V-nb)-n^2a/V^2$을 변화시켜서 T를 p와 V의 함수로 나타내시오(n을 일정하게 놓고). $(\partial T/\partial p)_V$를 계산하고 $(\partial T/\partial p)_V=1/(\partial p/\partial T)_V$의 관계가 성립하는지를 확인하시오. 그리고 Euler 순환 관계식이 성립하는지를 확인하시오(**수학적 배경** 8).

58.26 van der Waals 기체(응용 문제 58.25 참조)의 등온 압축도와 팽창 계수를 계산하시오. Euler 순환 관계식(**수학적 배경** 8)을 이용하여 $\kappa_T R=\alpha(V_m-b)$의 관계가 성립함을 보이시오.

58.27 몰질량이 M인 기체 속에서의 음속 c_s와 열용량비 γ 사이에는 $c_s=(\gamma RT/M)^{1/2}$의 관계가 성립한다. 기체의 질량 밀도를 ρ라고 하면 $c_s=(\gamma p/\rho)^{1/2}$가 됨을 보이시오. 25°C의 아르곤에서는 음속이 얼마가 되겠는가?

58.28 이준위계의 통계적 성질은 음의 열역학 온도에 공식적인 중요성을 제시할 수 있다. 이러한 계에 대한 Boltzmann 분포로부터, 온도가 다음과 같이 정의될 수도 있음을 보이시오.

$$T=\frac{\varepsilon/k}{\ln(N_-/N_+)}$$

여기서 ε는 에너지 간격이고, N_+와 N_-는 각각 위와 아래 상태의 개체수이다. $\beta=1/kT$에 대하여 해당되는 식을 구하시오. 이는 계가 $N_-<N_+$가 되는 경우를 설계하면, $T<0$이 된다. 계속해서 $-\infty<kT/\varepsilon<\infty$인 구간에서 계의 분배 함수, 내부 에너지, 열용량을 그래프로 도시하고, 그래프에서 불연속이 있음을 관찰하시오. $-\infty<\varepsilon\beta<\infty$인 구간에서 β에 대한 성질을 도시하면 이 불연속은 제거된다. 이를 확인하시오.

통합 문제

F12.1 자기장 속에서의 NO_2 분자의 열용량에 대한 전자 상태 기여를 계산함으로써 자기장이 상자기성 분자의 열용량에 영향을 줄 수 있는지를 알아보시오. 균등 분배 이론을 이용하여 총 일정 부피 열용량을 구하고, (a) 100 K, (b) 298 K에서 10.0 T의 자기장에 의해 열용량이 몇 %나 변하는지를 계산하시오.

F12.2 일반적으로 분자 모형 설계 방법을 이용해서 탄화수소의 열화학적 성질을 조사할 수 있다. (a) 소프트웨어를 이용하여 메테인부터 펜테인까지의 알케인에 대한 $\Delta_c H^\ominus$ 값을 예측하시오. 이 값을 계산하려면 반실험적 방법(예를 들어 AM1이나 PM3 방법)을 이용하여 C_nH_{2n+2}(g)의 표준 생성 엔탈피를 구하고, 또 CO_2(g)와 H_2O(l)에 대한 표준 생성 엔탈피의 실험값을 이용해야 한다. (b) 계산한 값을 표 57.3의 $\Delta_c H^\ominus$의 실험값과 비교하고, 이어서 분자 모형 설계 방법의 신뢰도에 관해서 말하시오. (c) $\Delta_c H^\ominus=$상수$\times\{M/(\mathrm{g\ mol^{-1}})\}^n$이 성립하는 한계를 찾아보고, 상수의 수치 값과 n의 값을 구하시오. 응용 문제 57.3의 결과와 비교하시오.

F12.3 화학과 물리 과정을 수행하는 데 내부 에너지 변화와 엔탈피 변화의 차이를 설명하시오.

F12.4 포도당과 과당은 분자식이 $C_6H_{12}O_6$인 단순당이다. 설탕은 포도당 단위와 과당 단위가 공유 결합을 이루고 있는 복합당으로서 분자식이 $C_{12}H_{22}O_{11}$이다(포도당과 과당이 반응하여 설탕을 만들 때 물 한 분자가 떨어져 나간다). (a) 1.5 g의 각설탕 한 개가 공기 중에서 연소될 때 열로서 나오는 에너지를 계산하시오. (b) 이 각설탕이 내놓는 에너지의 25%가 일로 이용 가능하다면, 이 각설탕이 내놓는 에너지로 당신은 어느 정도의 높이까지 올라갈 수 있겠는가? (c) 보통의 포도당 정제는 2.5 g이다. 이 포도당 정제가 공기 중에서 연소될 때 열로서 나오는 에너지를 계산하시오. (d) 이 정제가 내놓는 에너

지의 25%가 일로 이용 가능하다면, 이것이 내놓는 에너지로 당신은 어느 정도의 높이까지 올라갈 수 있겠는가?

F12.5 (a) $U(T, V)$의 전미분식으로부터 $C_V = -(\partial U/\partial V)_T(\partial V/\partial T)_U$의 관계를 유도하고, (b) $H(T,p)$의 전미분식을 이용하여 $(\partial H/\partial p)_T$를 C_p와 Joule－Thomson 계수 μ의 함수로 나타내시오.

F12.6 (a) $H = U + pV$를 직접 미분하여 $(\partial H/\partial U)_p$와 $(\partial U/\partial V)_p$ 사이의 관계를 구하시오. (b) $(\partial H/\partial U)_p$를 부피에 관한 두 도함수의 비로 나타내고, 이어서 엔탈피의 정의를 이용하여 $(\partial H/\partial U)_p = 1 + p(\partial V/\partial U)_p$의 관계를 확인하시오.

F12.7‡ 기체가 상태 방정식 $V_m = RT/p + aT^2$을 따를 기체의 일정 압력 열용량이 $C_{p,m} = A + BT + Cp$로 주어진다. 여기서 a, A, B, C는 T, p와 무관한 상수이다. 이 기체의 (a) Joule–Thomson 계수, (b) 일정 부피 열용량을 나타내는 식을 구하시오.

F12.8 다음 연습을 위하여 이 책의 웹사이트에 있는 수학 소프트웨어, 스프레드시트 또는 **living graphs**(LG로 표기)를 사용하시오.

(a) van der Waals 상태 방정식을 만족한다고 가정하고 298 K에서 1.0 mol $CO_2(g)$가 1.0 dm^3에서 3.0 dm^3으로 등온 가역 팽창하였을 때 한 일을 계산하시오.

(b)LG T에 대한 $C^R_{V,m}$의 도시에서 회전 상수의 효과를 밝히시오.

(c)LG T에 대한 $C^V_{V,m}$의 도시에서 진동 파수의 효과를 밝히시오.

(d)LG 파라미터 $\gamma = C_{p,m}/C_{V,m}$은 상대 부피에 압력의 의존성이 얼마나 영향을 미치는지를 밝히시오. 압력 부피 의존성이 부피가 증가함에 따라 보다 커지는가, 아니면 약해지는가?

수학적 배경 8 다변수 미적분학

한 계의 열역학적 성질은 일반적으로 여러 변수에 의존한다. 예를 들어 내부 에너지는 질량수, 부피, 온도에 의존한다. 이러한 성질들이 조건에 따라 어떻게 변하는지를 이해하기 위해서는 이들의 도함수를 어떻게 다룰 수 있는지를 이해할 필요가 있다. 이것이 바로 **다변수 미적분학**(**multivariate calculus**), 즉 변수가 여러 개인 미적분학 분야이다.

MB8.1 편도함수

$f(x,y)$와 같이 여러 개의 변수를 갖는 함수의 **편도함수**(**partial derivative**)란, 한 변수는 제외한 나머지 변수들을 일정하게 놓았을 때 이 함수의 그 한 변수에 관한 기울기이다(그림 MB8.1). 한 변수 변화에 따라 그 함수가 어떻게 변하는지를 나타내는 것이 편도함수이기는 하지만, 이 편도함수를 이용하면 여러 변수들이 미소하게 변할 때 그 함수가 어떻게 변하는지를 나타낼 수 있다. 즉 f가 x와 y의 함수이면, x와 y가 각각 $\mathrm{d}x$와 $\mathrm{d}y$만큼 변할 때 f 자신도 다음과 같이 변한다.

$$\mathrm{d}f=\left(\frac{\partial f}{\partial x}\right)_y \mathrm{d}x+\left(\frac{\partial f}{\partial y}\right)_x \mathrm{d}y \qquad \text{(MB8.1)}$$

여기서 사용한 기호 ∂(d 대신에)는 편미분 도함수를 나타내며, 괄호에 붙은 첨자는 일정하게 유지되는 변수를 나타낸다. $\mathrm{d}f$는 f의 **미분**(**differential**)이라고 부른다. 연이어지는 편도함수는 순서를 어떻게 써도 된다. 즉

$$\left(\frac{\partial}{\partial y}\left(\frac{\partial f}{\partial x}\right)_y\right)_x=\left(\frac{\partial}{\partial x}\left(\frac{\partial f}{\partial y}\right)_x\right)_y \qquad \text{(MB8.2)}$$

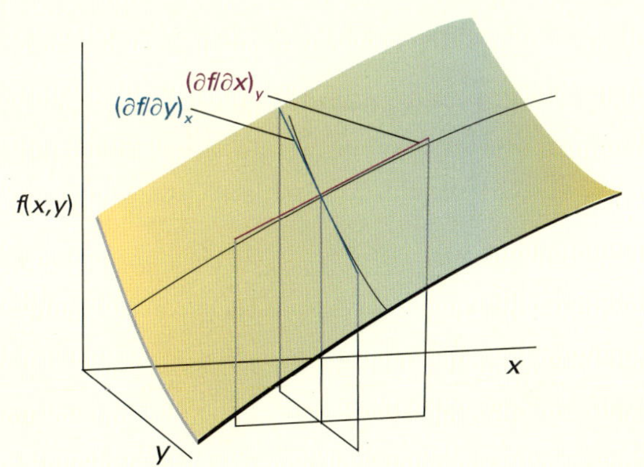

그림 MB8.1 2개 변수의 함수 $f(x, y)$는 색칠한 면으로 나타낼 수 있으며, 두 편도함수 $(\partial f/\partial x)_y$와 $(\partial f/\partial y)_x$는 각각 x축과 y축에 평행한 이 함수의 기울기이다. 여기에 도시한 함수는 $f(x, y)=ax^3y+by^2$이며, $a=1$이고, $b=-2$이다.

> **간단한 예 MB8.1** 편도함수
>
> $f(x, y)=ax^3y+by^2$(그림 MB8.1에 도시한 함수)의 편도함수들은 다음과 같다.
>
> $$\left(\frac{\partial f}{\partial x}\right)_y=3ax^2y \qquad \left(\frac{\partial f}{\partial y}\right)_x=ax^3+2by$$
>
> 그리고 x와 y가 미소 변화를 일으킬 때는 f가 다음과 같이 변한다.
>
> $$\mathrm{d}f=3ax^2y\,\mathrm{d}x+(ax^3+2by)\,\mathrm{d}y$$
>
> 2차 편도함수는 미분 순서와 무관하다는 것을 다음과 같이 확인할 수 있다.
>
> $$\left(\frac{\partial}{\partial y}\left(\frac{\partial f}{\partial x}\right)_y\right)_x=\left(\frac{\partial(3ax^2y)}{\partial y}\right)_x=3ax^2$$
>
> $$\left(\frac{\partial}{\partial x}\left(\frac{\partial f}{\partial y}\right)_x\right)_y=\left(\frac{\partial(ax^3+2by)}{\partial x}\right)_y=3ax^2$$

지금부터 z를 x와 y가 의존하는 변수라고 생각하자(예로서 x, y, z를 p, V, T라고 볼 수 있다). 그러면 다음과 같은 관계들이 성립한다.

관계 1 z가 일정한 조건하에서 x가 변할 때:

$$\left(\frac{\partial f}{\partial x}\right)_z=\left(\frac{\partial f}{\partial x}\right)_y+\left(\frac{\partial f}{\partial y}\right)_x\left(\frac{\partial y}{\partial x}\right)_z \qquad \text{(MB8.3a)}$$

관계 2

$$\left(\frac{\partial y}{\partial x}\right)_z=\frac{1}{(\partial x/\partial y)_z} \qquad \text{(MB8.3b)}$$

관계 3

$$\left(\frac{\partial x}{\partial y}\right)_z=-\left(\frac{\partial x}{\partial z}\right)_y\left(\frac{\partial z}{\partial y}\right)_x \qquad \text{(MB8.3c)}$$

관계 2와 3을 결합시키면 다음과 같은 **Euler 순환 관계식**(**Euler chain relation**)이 나온다.

$$\left(\frac{\partial y}{\partial x}\right)_z\left(\frac{\partial x}{\partial z}\right)_y\left(\frac{\partial z}{\partial y}\right)_x=-1 \qquad \text{(MB8.4)}$$

Euler 순환 관계식

MB8.2 완전 미분

앞의 식 MB8.2의 관계는 **완전 미분**(**exact differential**)인지를 시험하는 근거가 된다. 즉 식 MB8.2의 관계는 다음 식이 MB2.1과 같은 형태가 되는지를 시험하는 식이다.

$$\mathrm{d}f=g(x,y)\mathrm{d}x+h(x,y)\mathrm{d}y \qquad \text{(MB8.5)}$$

만일 그런 형태가 된다면 g가 $(\partial f/\partial x)_y$가 될 수 있고, h는 $(\partial f/\partial y)_x$가 될 수 있다. 그러면 식 MB8.2가 다음과 같이 된다.

$$\left(\frac{\partial g}{\partial y}\right)_x = \left(\frac{\partial h}{\partial x}\right)_y \quad \text{완전 미분에 관한 시험} \quad \text{(MB8.6)}$$

간단한 예 MB8.2 완전 미분

앞의 **간단한 예**에서의 $df = 3ax^3y dx + (ax^3 + 2by)dy$ 대신에 df가 다음과 같이 주어진다고 하자.

$$df = \overbrace{3ax^2y}^{g(x,y)}\,dx + \overbrace{(ax^2+2by)}^{h(x,y)}\,dy$$

이 함수에서는 두 번째 항 괄호 속의 ax^3이 ax^2으로 바뀌었다. 이 함수가 완전 미분인가를 보기 위해서 다음 식들을 써 보자.

$$\left(\frac{\partial g}{\partial y}\right)_x = \left(\frac{\partial(3ax^2y)}{\partial y}\right)_x = 3ax^2$$

$$\left(\frac{\partial h}{\partial x}\right)_y = \left(\frac{\partial(ax^2+2by)}{\partial x}\right)_y = 2ax$$

이 두 식은 동일하지 않으며, 따라서 이 형태의 df는 완전 미분이 아니고, 또한 $f(x, y)$와 같은 형태의 함수로 적분이 되지 않는다.

미분 df가 완전 미분이면 다음 두 가지가 가능하다.

- 함수 g와 h로부터 함수 f를 다시 구할 수 있다.
- 한계가 명시된 df의 적분이 이들 적분 한계들 사이의 경로와 무관하다는 것을 믿어도 된다.

아래와 같이 첫 번째 결론은 특정한 예를 가지고 가장 잘 설명할 수 있다.

간단한 예 MB8.3 수식의 재구성

앞에서 완전 미분으로 알고 있는 미분 $df = 3ax^3ydx + (ax^3 + 2by)dy$를 생각해 보자. $(\partial f/\partial x)_y = 3ax^3y$이므로 y를 일정하게 놓고 x에 관해서 적분하면 다음을 얻는다.

$$f = \int df = \int 3ax^2ydx = 3ay\int x^2\,dx = ax^3y + k$$

여기서 적분 '상수' k는 y에 의존할 수도 있지만(위 적분에서는 상수로 취급하였음) x에는 의존하지 않는다. $k(y)$를 구하려면 $(\partial f/\partial y)_x = ax^3 + 2by$라는 사실을 주목한다. 그러면

$$\left(\frac{\partial f}{\partial y}\right)_x = \left(\frac{\partial(ax^3y+k)}{\partial y}\right)_x = ax^3 + \frac{dk}{dy} = ax^3 + 2by$$

따라서

$$\frac{dk}{dy} = 2by$$

이 식으로부터 $k = by^2 +$ 상수를 얻을 수 있으며, 따라서 다음과 같은 결과를 얻을 수 있다.

$$f(x, y) = ax^3y + by^2 + \text{상수}$$

이 함수는 상수를 제외하면 첫째 번 **간단한 예** MB8.1에서 나왔던 원래 함수이다. 상수의 값은 경계 조건을 알아야 한다. 만일 $f(0,0) = 0$이면 상수가 0이 되어야 할 것이다.

이제 df의 적분이 경로와 무관하다는 것은 곧바로 증명할 수 있다. df가 미분이므로 한계 a와 b 사이에서의 적분은 다음과 같이 나타낼 수 있다.

$$\int_a^b df = f(b) - f(a)$$

이 적분의 값은 끝점들에서의 값에만 의존하며 그 사이의 경로와는 무관하다. 만일 df가 완전 미분이 아니면 함수 f가 존재하지 않으며, 이 논점은 더 이상 유지되지 못한다. 이러한 경우에는 df의 적분이 경로에 의존한다.

간단한 예 MB8.4 경로 의존 적분

불완전 미분(둘째 항 괄호 속의 ax^3이 ax^2으로 바뀐 것)을 생각해 보자.

$$df = 3ax^2ydx + (ax^2 + 2by)dy$$

이 df를 그림 MB8.2의 두 경로에 따라서 (0,0)부터 (2,2)까지 적분한다고 하자. 우선 경로 1에 따라서는 다음과 같이 된다.

$$\int_{\text{경로}1} df = \int_{0,0}^{2,0} 3ax^2y\,dx + \int_{2,0}^{2,2}(ax^2+2by)\,dy$$
$$= 0 + 4a\int_0^2 dy + 2b\int_0^2 y\,dy = 8a + 4b$$

한편 경로 2에 대해서는 다음과 같이 된다.

$$\int_{\text{경로}2} df = \int_{0,2}^{2,2} 3ax^2y\ dx + \int_{0,0}^{0,2}(ax^2+2by)\ dy$$
$$= 6a\int_0^2 x^2dx + 0 + 2b\int_0^2 y\,dy = 16a + 4b$$

두 적분 결과는 같지 않다.

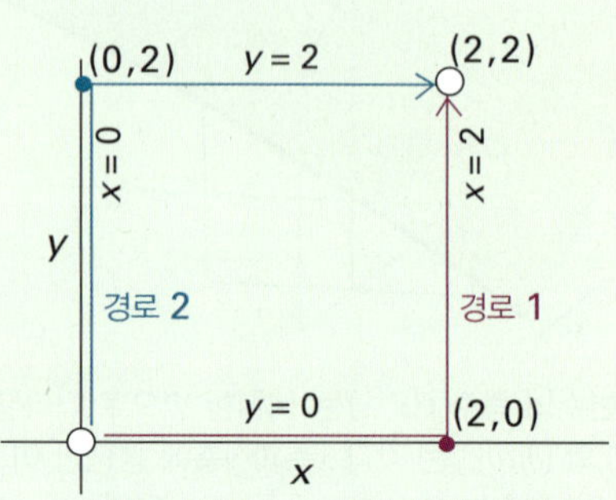

그림 MB8.2 **간단한 예** MB. 8.4에서 인용한 두 적분 경로

불완전 미분에 **적분 인자**(integrating factor)라고 하는 인수를 곱하면 경우에 따라 완전 미분으로 변할 수도 있다. 물리학적인 예로서 열역학에서 불완전 미분 $\mathrm{d}q_{\mathrm{rev}}$에 적분 인자 $1/T$를 곱하면 완전 미분 $\mathrm{d}S$가 된다(토픽 61).

간단한 예 MB8.4 적분 인자

위에서 보인 바와 같이 미분 $\mathrm{d}f = 3ax^3y\mathrm{d}x + (ax^2+2by)$는 불완전 미분이다. 이것 대신에 $b=0$으로 놓고 $\mathrm{d}f = 3ax^3y\mathrm{d}x + ax^2\mathrm{d}y$를 생각해도 역시 불완전 미분이다. 이 $\mathrm{d}f$에 x^my^n을 곱하고, $x^my^n\mathrm{d}f = \mathrm{d}f'$이라고 하자. 그러면 다음과 같은 미분을 얻을 수 있다.

$$\mathrm{d}f' = \overbrace{3ax^{m+2}y^{n+1}}^{g(x,y)}\mathrm{d}x + \overbrace{ax^{m+2}y^n}^{h(x,y)}\mathrm{d}y$$

이어서 다음 두 편도함수를 구해 보자.

$$\left(\frac{\partial g}{\partial y}\right)_x = \left(\frac{\partial(3ax^{m+2}y^{n+1})}{\partial y}\right)_x = 3a(n+1)x^{m+2}y^n$$

$$\left(\frac{\partial h}{\partial x}\right)_y = \left(\frac{\partial(ax^{m+2}y^n)}{\partial x}\right)_y = a(m+2)x^{m+1}y^n$$

이 새 미분이 완전 미분이 되려면 이 두 편도함수가 동일해야 한다. 즉

$$3a(n+1)x^{m+2}y^n = a(m+2)x^{m+1}y^n$$

이 식을 정리하면 다음과 같이 간단하게 된다.

$$3(n+1)x = m+2$$

x와 무관한 유일한 해는 $n=-1$, $m=-2$이다. 따라서 다음과 같이 되면 완전 미분이 된다.

$$\mathrm{d}f' = 3a\mathrm{d}x + (a/y)\mathrm{d}y$$

앞에서 이미 설명한 방법을 이용하여 이 미분을 적분하면 $f'(x,y) = 3ax + a\ln y +$상수가 나온다.

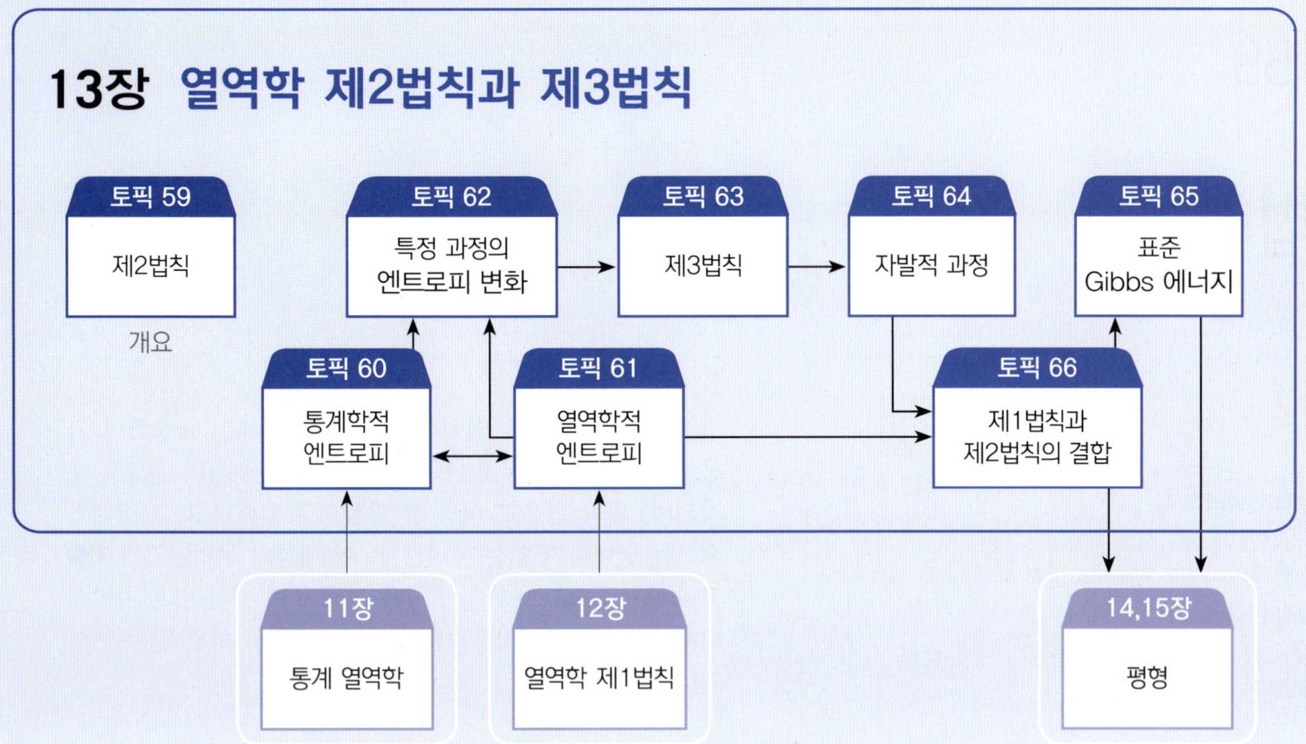

제2법칙(토픽 59)은 '자발적' 변화에 대한 기준이다. 즉 사건이 일어나는 데 일을 할 필요 없이 발생하는 경향을 말한다. 무질서로 분산되는 물질과 에너지의 경향을 인지하는 것이다. **열역학 제1법칙**은 내부 에너지가 허용되는 변화를 확인하는 데 이용되는 데 반해, 제2법칙은 그러한 허용되는 변화 가운데 자발적인 변화를 확인하는 데 엔트로피를 이용하고 고립계의 엔트로피는 자발적인 변화의 과정에서 증가한다는 것을 기술하고 있다. 여기에서의 목적으로는, 엔트로피를 무질서의 척도로 생각해도 충분하다. 즉 높은 엔트로피는 큰 무질서에 해당된다.

엔트로피의 정식 정의는 토픽 60에 있는 통계적 입장과 토픽 61에 있는 열역학 입장에서 출발한다. 통계학적 정의는 **통계 열역학**의 분배 함수를 사용함으로써 구조와 광학적 데이터로부터 개별 분자들의 집단의 엔트로피를 계산할 수 있게 한다. 열역학적 정의는 훨씬 실질적인 열역학의 근거가 되어 열계량법과 다른 관측법(토픽 62)으로부터 엔트로피 변화를 측정할 수 있게 한다. 이들 측정은 열역학 제3법칙(토픽 63)에 의한 통계적 계산과 보조를 맞추게 하는 것이다.

자발성을 판단하려면 관심의 대상 계뿐만 아니라 주위의 엔트로피 변화까지 고려하는 것이 필수적이다. 하지만 어떤 제한 조건(일정 압력과 온도 같은 것)하에서 일을 수행한다면, 자발성의 기준은 'Gibbs 에너지와 Helmholtz 에너지'(토픽 64)를 도입하고 Gibbs 에너지를 Gibbs 생성 에너지(토픽 65)의 항으로 표현함으로써 계와 관련된 성질로서만 표현할 수 있게 된다. 이들 상태 함수들은 특히 Gibbs 에너지의 경우, **물리 평형**과 **화학 평형**을 포함하는 많은 다른 토픽에서 광범위하게 다양한 적용에 이용되며 화학 열역학에서 발견되는 주된 함수가 된다.

내부 에너지, 엔트로피, 그리고 Gibbs 에너지와 Helmholtz 에너지들이 상태 함수라는 사실은, 특히 제1법칙과 제2법칙을 결합하여 각종 조건에서 자발성에 대한 기준을 마련해 줄 때 강력한 힘을 발휘하게 된다(토픽 66).

토픽 59

제2법칙

내용

➤ 학습 목표

열역학 제2법칙은 광범위하고 다양한 물리 및 화학 과정을 이해하는 데 중심이 된다. 여기에는 얼림, 증발, 용해, 그리고 화학 반응이 포함된다. 화학 평형, 바이오 에너지학, 기관의 효율을 이해하려면 이 법칙을 잘 알아야 한다.

➤ 핵심 내용

물질과 에너지는 무질서하게 퍼지려는 경향이 있다.

➤ 미리 알기

이 토픽에서는 새로운 종류의 아이디어가 도입될 것이며, 함축적으로 에너지 보존과 관련되는 것을 제외하고는 다른 토픽은 끌어들이지 않는다.

이 토픽은 짧다. 하지만 제2법칙은 화학에서 한없이 중요하며, 이 토픽은 이 장의 나머지 토픽에서 취급되는 내용에 대한 배경 지식을 제공한다.

59.1 자발적 변화의 인식

제2법칙은 어떤 현상은 자연적으로 일어나고, 또 어떤 것은 그렇지 않다는 것을 인식하는 것이다. 기체는 팽창하여 가용 공간을 가득 채우고, 뜨거운 물체는 그 주위의 온도로 냉각되며, 화학 반응도 어느 한 방향으로 일어나고 그 반대쪽으로는 일어나지 않는다. 이것은 이 세상의 무엇인가가 **자발적(spontaneous)** 변화의 방향을 정해 주기 때문이다. 자발적 변화는 그 변화를 일으키는 데 일을 필요로 하지 않는 변화이다.

간단한 예 59.1 자발적 변화

우리는 기체를 압축시켜 그 부피를 줄일 수도 있고, 냉장고로 무엇인가를 냉각시킬 수도 있으며, 어떤 반응을 역방향으로 일어나게 할 수도 있다(물을 전기 분해시킬 때와 같이). 그러나 이런 것들은 모두 자발적으로 일어나는 것이 아니며, 외부에서 일을 해 주어야만 일어나는 것들이다. 기체를 압축하려면 피스톤을 움직여 일을 해야 한다. 냉장고에서 대상물을 차게 하려면 냉동 장치를 움직이는 압축기에 일을 해야 한다. 물을 전기 분해하려면, 외부 전원을 통해 시료에 전류를 보내야 한다.

자가 진단 59.1 다른 자발적 물리 과정 및 화학 과정을 밝혀 보시오.

답: 두 예: 마찰에 의한 에너지의 소실, 연소

여기서 하나 강조해야 할 점은 이 책 전반에 걸쳐서 '자발성'이란 실질적으로 일어나건 일어나지 않건 관계없이 자연적 **경향**을 나타내는 것으로 해석해야만 된다는 것이다. 열역학은 자발적 변화가 일어나는 실제 속도에 관해서는 벙어리이며, 자발적 과정 중에는 변화 속도가 너무 느려서(다이아몬드로부터 흑연으로 변환되는 경우와 같이) 실질적으로 변화를 알아차리지 못하기도 하고, 또 순간적으로(기체가 진공 속으로 팽창하는 경우와 같이) 일어나는 것도 있다.

자발적 과정과 비자발적 과정은 모두 **열역학 제2법칙(Second Law of thermodynamics)**으로 요약할 수 있다. 이제2법칙은 여러 가지 동등한 방식으로 나타낼 수 있는데, 그 중의 한 진술이 다음과 같은 Kelvin에 의해 이루어졌다.

> 열원으로부터 열을 흡수하고 이것을 완전히 일로 변환시키기만 하는 과정은 일어날 수 없다.

간단한 예 59.2 Kelvin의 진술

그림 59.1에 보인 바와 같이, 뜨거운 열원으로부터 열을 뽑아내어 완전히 일로 변환시키는 기관은 만들 수 없다는 것이 밝혀졌다. 모든 실제 열기관은 뜨거운 열원과 찬 수채를 모두 가지고 있어, 열의 일부를 언제나 일로 변환시키지 못하고 찬 수채로 내버려야 한다. Kelvin 진술은 바닥에 멈추어져 있는 공이 자발적으로 뛰어오르는 일은 결코 없다는 일상생활의 경험을 일반화시켜서 나타낸 것이기도 하다. 공이 뛰어오른다는 사실은 바닥의 열이 일로 변하는 것과 마찬가지이다.

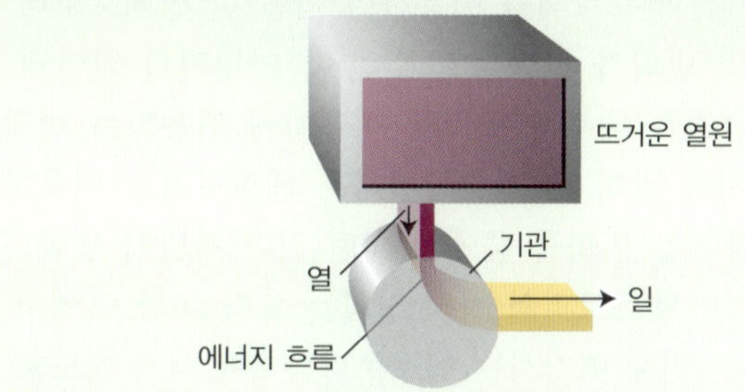

그림 59.1 여기서 보인 과정은 열이 완전히 일로 변환되기만 하고 다른 어떤 변화도 수반되지 않는 과정을 나타낸 것으로서, 이런 과정은 일어날 가능성이 전혀 없다는 것이 Kelvin의 제2법칙 진술이다. 에너지는 보존되므로 이 과정은 제1법칙에는 어긋나지 않는다.

자가 진단 59.2 용수철은 왜 스스로 감기지 않을까?

답: 원자들이 조직적인 방법으로 움직여야 한다. 이는 일로 전환해야 할 열이 관여되어야 한다는 것이다.

59.2 자발적 변화의 방향

자발적 변화의 방향을 정해 주는 것은 무엇일까? 고립계의 전체 에너지는 이것과 상관이 없을 것이다. 열역학 제1법칙은 어떤 과정에서나 에너지가 보존된다는 것을 말해 주며, 우리는 이 법칙을 무시하고 그저 모든 것이 낮은 에너지의 상태로 되려고 한다고 말할 수 없다. 다시 말해서 고립계의 전체 에너지는 일정해야 하는 것이다.

혹시 관심 대상이 되는 계, 즉 전반적인 고립계 내에서는 자체의 에너지가 최소로 되려는 경향이 바로 이 기준이 되는 것은 아닐까? 그러나 다음과 같은 두 가지 생각을 해 보면 이것도 기준이 될 수 없다는 것을 알 수 있다. 첫째로 완전 기체는 진공 속으로 자발적 팽창을 하지만, 내부 에너지는 변하지 않는다. 둘째로 설혹 자발적 과정에서 계의 에너지가 감소한다면 그 주위의 에너지가 그만큼 증가해야 할 것이다(제1법칙에 의해서). 주위의 에너지 증가도 계의 에너지 감소와 동일한 자발적 과정인 것이다.

변화가 일어나면 고립계의 전체 에너지는 변하지 않지만 이것이 다른 방식으로 분배된다. 그렇다면 자발적 변화의 방향이 이러한 에너지 **분배** 방식과 관계되는 것은 아닐까? 우리는 이 생각이 관건이 되며, 또한 자발적 변화는 언제나 에너지의 무작정한 형태로의 분산을 수반한다는 사실을 배우게 될 것이다.

마룻바닥(계의 주위)에서 튀는 공(관심 대상의 계)을 가지고 이 에너지 분산의 역할을 생각해 보자. 공이 튀어 오를 때마다 그 높이가 줄어드는데, 이것은 공과 마룻바닥의 재료가 다 같이 마찰 손실을 일으키기 때문이다. 즉 공의 전체 운동 에너지가 공과 마룻바닥 입자의 열운동 에너지로 분산되는 것이다. 자발적 변화의 방향은 공의 에너지 전부가 공기 속 분자들의 무질서한 열운동으로 분산되고 거의 무한대의 마룻바닥 원자들에 걸쳐 퍼지게 되어 공이 마룻바닥에 정지되는 상태에 이르는 것이다(그림 59.2).

따뜻한 마룻바닥 위에 가만히 정지하고 있던 공이 튀어 오르기 시작하는 일은 결코 없다. 공이 튀어 오르려면 조금 특별한 무엇인가가 일어나야 한다. 즉 우선 마룻바닥 원자들의 열운동 에너지 일부가 한 개의 작은 물체인 공에 축적되어야 한다. 이렇게 되려면 마룻바닥을 이루는 수없이 많은 원자들로부터 진동 에너지가 빠져나와 공을 이루는 훨씬 적은 수의 원자 속으로 흘러들어가는 자발적 국지화가 필요하게 된다(그림 59.3). 뿐만 아니라 열운동은 무작정한 운동인 데 반해서 공이 튀어 올라가려면 공의 원자들이 모두 한 방향을 향해서 운동해야 한다. 이러한 무작정하고 무질서한 운동이 합치된 질서적인 운동으로 국지화된다는 것은 전적으로 불가능한 것으로서 무시해도 된다. 예외적인 것은 물속에 분산된

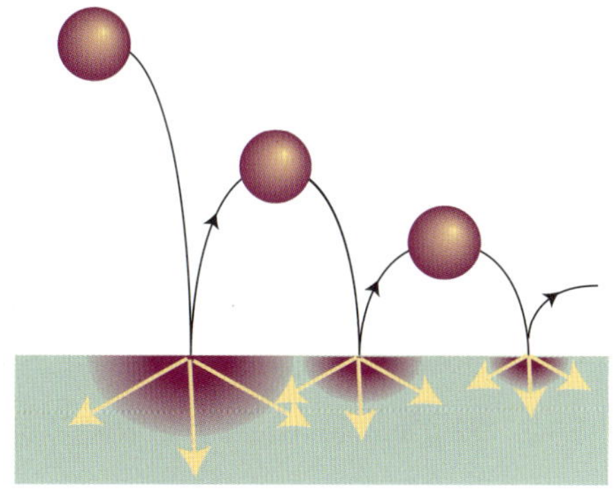

그림 59.2 마룻바닥에서 튀는 공에 대한 자발적 변화의 방향. 한 번 튈 때마다 공의 에너지의 일부가 마룻바닥의 열운동으로 격하되며, 이 에너지가 분산된다. 거시적인 차원에서 이 과정은 결코 역으로 일어나지 않는다.

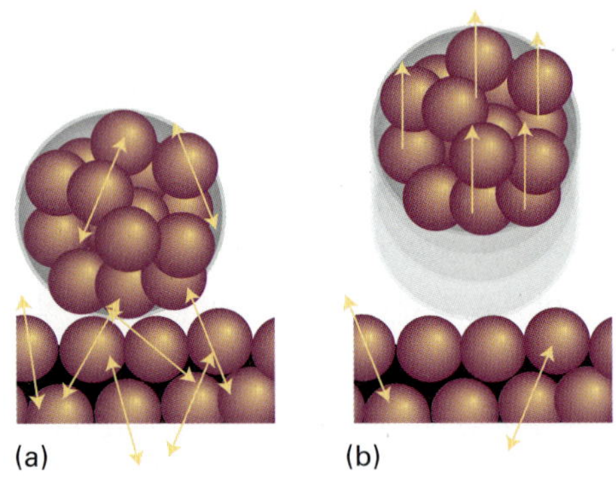

그림 59.3 제2법칙으로 나타낸 비가역성을 분자 수준에서 해석한 그림. (a) 따뜻한 바닥에 멈추어 있는 공; 원자들은 화살표로 표시한 바와 같은 열운동(여기서는 진동)을 한다. (b) 공이 튀어 오르려면 무작정한 진동 운동의 일부가 협동적인 지향성 운동으로 변해야 할 것이다. 이러한 변환은 좀처럼 일어날 수 없다.

작은 입자의 갈팡질팡하는 식의 운동인 'Brown 운동'에서는 훨씬 작은 규모로 이러한 질서적인 운동이 있다.

우리는 이러한 생각을 자발적 변화에 대한 길잡이로 삼을 수 있다. 즉 우리는 그저 **고립계의 전체 에너지를 더 혼란되게 확산시키는 변화 방향만 찾으면 되는** 것이다. 튀는 공의 변화 방향도 이것으로 설명되는 것이다. 즉 공의 에너지는 마룻바닥 원자들의 열운동으로 소산되기 때문인 것이다. 반대 방향의 변화가 비자발적인 이유는 혼란스럽게 분산된 에너지가 국지화될 뿐만 아니라 공을 구성하는 원자들의 국지화된 균일한 운동으로 바뀌는 것이 매우 불가능한 일이기 때문이다.

간단한 예 59.3 자발적 변화의 분자적 근거

기체의 부피가 자발적으로 줄어들지 않는 것도 그렇게 되려면 운동 에너지를 용기 전체에 걸쳐 분포시키는 기체 분자들의 혼돈스러운 운동으로 말미암아 모든 분자들이 용기의 한 쪽 부분으로 가고 결과적으로 에너지가 국지화되어야 하기 때문이다. 반대 방향의 변화, 즉 자발적인 팽창은, 분자들이 더 큰 부피를 차지함으로써 에너지가 더 분산되는 에너지의 자연적인 추세로 일어날 수 있는 것이다. 차가운 물체가 주위보다 더 더워지지 않는 것도 무작정하게 진동하는 주위의 원자들이 서로 떠밀어내는 결과로 인해서 물체의 열운동 에너지가 국지화되어 차가운 물체의 원자 속으로 몰려 들어갈 수 없기 때문이다. 그러나 대상물로부터 에너지가 주위의 열운동 에너지로 분산되는 반대 변화는 자연적이다.

자가 진단 59.3 제2법칙의 Kelvin 진술을 분자 수준에서 설명하시오.

답: 원자들의 일정한 운동은 일과 연관된 것이어서 원자의 무질서 운동인, 같은 양의 열로 자발적으로 일어날 수 없다(토픽 55 참조).

결정이나 단백질과 같은 질서적인 물질이 형성되는 것을 에너지와 물질의 퍼짐인 무질서로의 붕괴를 가지고 설명할 수 있다는 것은 큰 수수께끼처럼 보일런지 모르겠다. 그럼에도 불구하고 고도의 질서적 구조가 나타날 수 있는 것은 한 편으로는 에너지와 물질이 혼돈 상태로 분산되기 때문이라는 것을 적절한 때에 알게 될 것이다.

59.3 엔트로피

열역학 제1법칙에 의해서 우리는 내부 에너지 U를 도입할 수 있었다. 이 내부 에너지는 상태 함수이며, 이것으로 우리는 어떤 반응이 가능한지를 알아 낼 수 있었다. 즉 고립계의 전체 에너지를 일정하게 유지시켜 주는 변화만이 일어날 수 있는 것들이다. 자발적 변화를 식별하는 길잡이가 되는 열역학 제2법칙도 **엔트로피(entropy**, S)라고 하는 상태 함수로 나타낼 수 있다. 엔트로피를 이용하면 어떤 한 상태로부터 다른 상태로의 변화가 자발적인 것인지, 아닌지를 알아낼 수 있다. 제1법칙은 내부 에너지를 이용하여 **허용되는** 변화가 어떤 것인지를 밝혀 주며, 제2법칙은 엔트로피를 이용하여 이러한 허용되는 변화들 중에서 어떤 것이 **자발적 변화**인지를 밝혀 준다. 엔트로피의 정식 정의는 토픽 60과 61에서 기술될 것이다. 현재 여기서는 엔트로피를 무질서의 척도로 생각하는 것으로 충분하다. 즉 엔트로피가 높으면 무질서가 크다는 것에 해당된다는 것이다.

엔트로피를 무질서의 척도로 보는 직관적인 입장으로, 무질서로 퍼지려는 물질과 에너지의 경향으로 다시 표현할 수 있다. 따라서 열역학 제2법칙은 엔트로피를 가지고 다음과 같이 나타낼 수 있다.

> 고립계가 자발적 변화를 일으키면 그 과정에서 계의 엔트로피가 증가한다. $\Delta S_{\rm tot} > 0$

여기서 $S_{\rm tot}$은 고립계의 전체 엔트로피이다. 그 자체는 보다 작은 계(예를 들어 뜨거운 물의 비커)와 그 주위로 구성될 수 있다. 열역학적으로는 비가역 과정(주위의 온도로 냉각되는 것이나 기체의 자유 팽창과 같은)은 자발적 과정이며, 그리하여 전체 엔트로피의 증가가 수반되어야 한다. 이 진술과 연관되어 많은 중요한 세부 요소들이 있는데, 다음 토픽에서 이들을 소개하고 제2법칙의 중요성을 밝히겠다.

간단한 예 59.4 엔트로피의 증가

앞에서 언급한 자발적 과정들을 생각해 보자. 완전 기체가 팽창하면 원자들의 분산이 더 커지며, 이것은 계의 엔트로피가 더 커진다는 것에 해당된다. 물체가 차가워지면 물체의 에너지 분산이 더 커지게 되어 주위의 엔트로피가 더 커지게 되는 것에 대응된다. 연료가 탈 때, 밀집된 탄화수소 액체는 작은 물과 이산화 탄소 분자로 분산되어 연소에서 방출된 에너지는 주위로 퍼진다. 그래서 두 과정은 엔트로피 증가를 가져온다.

자가 진단 59.4 용질에서 결정을 형성할 때 어떤 의미로 엔트로피 증가가 있을까?

답: 과정은 발열이어서, 주위로 에너지가 퍼진다.

개념 확인

- ☐ 1. **자발적 변화**는 그 변화를 일으키는 데 일을 필요로 하지 않는 변화이다.
- ☐ 2. 자발적 변화는 실질적으로 일어나지는 않지만 자연적으로 일어나는 **경향**을 가진다는 것이다.
- ☐ 3. **제2법칙의 Kelvin 진술**은 열원으로부터 열을 흡수하고 이것을 완전히 일로 변환시키기만 하는 과정은 일어날 수 없다는 것이다.
- ☐ 4. 자발적 과정의 방향은 고립계의 전체 에너지를 더 혼란되게 확산시키는 것이다.
- ☐ 5. **엔트로피**는 에너지와 물질의 무질서 척도이다.
- ☐ 6. 고립계의 엔트로피는 자발적 변화의 과정에서 증가한다. 즉 $\Delta S_{tot} > 0$.

토픽 60

통계학적 엔트로피

내용

➤ 학습 목표

엔트로피는 열역학의 화학 응용에서 심장에 해당하지만, 어떤 경우에 엔트로피를 평가하는 유일한 방법은 통계 열역학을 사용하여 분광학과 구조의 데이터로부터 계산하는 것이다. 더구나 여기서 설명하려는 통계적 접근은 물질의 엔트로피의 원인이 되는 분자적 특징에 대한 식견을 갖게 한다.

➤ 핵심 내용

물질의 엔트로피는 분자의 분배 함수로 계산될 수 있으며, 많은 분자 상태가 점유되었을 때 최대가 된다.

➤ 미리 알기

분자 분배 함수와 구조를 통한 계산과, 하나는 배치의 중요성(토픽 51과, 정준 앙상블에 대해서는 토픽 54)이며, 다른 하나는 분자 에너지(토픽 53) 계산인 둘 사이의 관계를 잘 알아야 한다. 이 토픽과 엔트로피의 열역학적 정의(토픽 61) 사이의 상호 작용이 있으며, 이러한 접근에 대하여 최소한의 친숙함이 있으면 도움이 될 것이다.

토픽 52에서 주장한 한 바와 같이, 분배 함수가 계에 대한 모든 열역학적 정보를 함유하고 있다는 것이 사실이라면, 내부 에너지는 물론이고 엔트로피를 계산하는 데 분배 함수를 이용할 수 있어야 한다. 토픽 59에서 입증한 바와 같이, 엔트로피는 에너지의 분산과 관련이 있고, 토픽 52에서 설명된 것과 같이, 분배 함수는 열적으로 허용되는 상태의 수에 대한 척도이므로 이들 둘이 실제로 관련되어 있다고 확신할 수 있다.

60.1 엔트로피의 통계적 정의

구조와 분광학 데이터로부터 엔트로피의 모든 계산은 Ludwig Boltzmann이 최초로 제안한 단일 식으로부터 출발한다. 여기서 그 식을 제시하고 고립된 분자의 엔트로피에 대한 각종 기여를 평가한다.

(a) Boltzmann 공식

Boltzmann은 에너지 분산의 척도이면서 상태 함수이고 크기 성질이며 자발적 변화의 과정에서 증가하는 엔트로피의 정의를 찾았다. 그는 현재 우리가 엔트로피에 대해 **Boltzmann 공식**(**Boltzmann formula**)이라고 부르는 적절한 정의를 다음과 같이 제시하였다.

$$S = k \ln \mathcal{W} \qquad \text{정의} \quad \text{엔트로피에 대한 Boltzmann 공식} \qquad (60.1)$$

여기서 k는 Boltzmann 상수이고, $\mathcal{W}$는 계의 최빈도 배치의 무게(토픽 51)이다.

간단한 예 60.1 Boltzmann 공식

고체 시료에 이원자 분자가 두 배향 중 하나로 배열될 수 있고, 시료에는 $N=6.022\times10^{23}$개 분자(즉 1 mol의 분자)가 있다고 하자. 그러면 $\mathcal{W}=2^N$이고 시료의 엔트로피는 다음과 같다.

$$S = k\ln 2^N = Nk\ln 2 = (6.022\times10^{23})\times(1.381\times10^{-23}\ \mathrm{J\,K^{-1}})\ln 2 = 5.76\ \mathrm{J\,K^{-1}}$$

엔트로피의 단위는 켈빈당 줄($\mathrm{J\,K^{-1}}$)로 Boltzmann 상수와 같은 단위이다. 그러므로 몰엔트로피 $S_m = S/n$는 몰당 켈빈당 줄($\mathrm{J\,K^{-1}\,mol^{-1}}$)의 단위를 가지며, 기체 상수와 같다. 표준 몰엔트로피 $S_m^{\ominus}$은 표준 조건(순수한 물질 1 bar)에서의 몰엔트로피이다.

자가 진단 60.1 각 원자가 네 개의 다른 배향으로 배열될 수 있는 위와 유사한 계의 몰엔트로피는 얼마인가?

답: $11.5\ \mathrm{J\,K^{-1}\,mol^{-1}}$

(b) 열역학적 엔트로피와의 연관성

식 60.1에서 정의된 엔트로피는 토픽 61에서 정의될 열역학 엔트로피와 일치할 수 있으므로 확인되는 성질을 가지고 있다. 이는 확실히 상태 함수이다. 왜냐하면 최빈도 배치의 무게는 계가 어떻게 만들어졌는지와 무관하기 때문이다. S가 크기 성질이라는 것은 엔트로피가 각각 $S_1 = k\ln\mathcal{W}_1$, $S_2 = k\ln\mathcal{W}_2$인 두 부분으로 된 계를 생각하면 알 수 있게 된다. 전체 계의 총 무게(배열을 이루는 총 방법의 수)는 두 성분의 무게의 곱, 즉 $\mathcal{W}=\mathcal{W}_1\mathcal{W}_2$이어서 계의 총 엔트로피는 다음과 같다.

$$S = k\ln\mathcal{W}_1\mathcal{W}_2 = k\ln\mathcal{W}_1 + k\ln\mathcal{W}_2 = S_1 + S_2$$

총 엔트로피는 그 구성 성분의 엔트로피의 합이므로 크기 성질이다.

S가 자발적 변화의 길잡이라는 것은 합리적이다. 왜냐하면 임의의 초기 배치에서 고립계는 최대 무게를 가진 분포로 되려는 경향이 있어 식 60.1에서 정의한 엔트로피는 자발적 과정에서는 증가하기 때문이다. 약식으로, 다른 것보다 훨씬 자주 일어나는 특정한 분포를 갖는 가능한 모든 분포를 밝히는 계를 상상할 수 있다. 외부 관찰자에게는, 계가 압도적으로 우세한 분포에 해당하는 배열로 진행되는 것으로 관찰될 것이다.

이 결론을 보다 더 정식으로 표현하기 위해, 우선 전체 계의 두 부분이 서로 평형에 있지 않다고 가정하자. 계의 각 부분은 내적 평형에 있어, $\mathcal{W}_1$과 $\mathcal{W}_2$는 각각 그들의 상대적 최댓값을 가지므로 합쳐진 무게는 $\mathcal{W}=\mathcal{W}_1\mathcal{W}_2$가 되며 초기 엔트로피는 다음과 같다.

$$S_i = k\ln\mathcal{W}_i = k\ln\mathcal{W}_1\mathcal{W}_2 = k\ln\mathcal{W}_1 + k\ln\mathcal{W}_2 = S_1 + S_2$$

여기서 두 부분은 서로 상호 작용하도록 허용되었을 때, 가중치는 $\mathcal{W}_f$가 되는데, 여하한 일이 발생한다면, $\mathcal{W}_i$보다 크게 될 것이다. 왜냐하면 전체의 계는 모든 가능한 배치를 찾아서 가장 큰 무게의 배치로 될 것이기 때문이다. 즉 엔트로피는 다음과 같이 된다.

$$S_f = k\ln\mathcal{W}_f > k\ln\mathcal{W}_i = S_i$$

이는 $\ln\mathcal{W}_f$가 $\ln\mathcal{W}_i$보다 크기 때문에, 입증하려는 바와 같이 최종 상태의 엔트로피는 초기 상태 엔트로피보다 크다는 것이다.

보다 구체적으로, 식 60.1에 있는 정의가 토픽 61에 있는 열역학적 정의(즉 $\mathrm{d}S = \mathrm{d}q_{rev}/T$)를 의미하는 것을 보이자. 식 60.1로부터 엔트로피 변화는 가능한 상태의 개체수 변화에 기인하며 다음과 같이 주어진다.

$$\mathrm{d}S = k\,\mathrm{d}\ln\mathcal{W} = k\sum_i\left(\frac{\partial\ln\mathcal{W}}{\partial N_i}\right)\mathrm{d}N_i$$

식 51.10에서 최빈도 분포는 다음과 같이 규명되었다.

$$\left(\frac{\partial\ln\mathcal{W}}{\partial N_i}\right) = \beta\varepsilon_i - \alpha$$

따라서 다음 관계가 성립된다.

$$\mathrm{d}S = k\beta\sum_i\varepsilon_i\mathrm{d}N_i - k\alpha\sum_i\mathrm{d}N_i$$

개체수에서 변화에 걸친, 두 번째 항의 합은 고정된 입자의 수를 갖는 계에서 0이다. 그러므로 다음과 같이 된다.

$$\mathrm{d}S = k\beta\sum_i\varepsilon_i\mathrm{d}N_i = \frac{1}{T}\sum_i\varepsilon_i\mathrm{d}N_i$$

하지만 계가 가열되면 에너지 준위 자체에는 아무 변화가 없고, 계의 에너지 변화는 오직 변하지 않는 에너지 준위의 개체수의 변화에만 기인된다. 더욱이 가열이 가역적이라면, 개체수는 모든 단계에 걸쳐 최대의 가능성이 있는 값으로 유지될 것이다. 이 식에서 오른쪽의 합은 열로서 가역적으로 이동되는 에너지로 확인될 수 있다. 즉 다음과 같다.

$$\mathrm{d}S = \frac{1}{T}\overbrace{\sum_i\varepsilon_i\mathrm{d}N_i}^{\mathrm{d}q_{rev}} = \frac{\mathrm{d}q_{rev}}{T} \qquad (60.2)$$

이것은 토픽 61에서 제시하는 고전 정의에 따른 것이다.

간단한 예 60.2 엔트로피 변화

식 60.2는 토픽 61과 62에서 완전하게 전개되지만 여기서 밝힐 가치가 있는 것이 두 가지가 있다. 첫째는, 298 K에서 물 시료에 10 J이 열로서 가역적으로 이동하였다고 하면, 이 경우 미소한 양(dX)을 작은 유한한 양(δX)으로 치환할 수 있는 근사로 해서, 물의 엔트로피 변화는 다음과 같다.

$$\delta S=\frac{10\,\mathrm{J}}{298\,\mathrm{K}}=+0.034\,\mathrm{J\,K^{-1}}$$

여기에서 단위는 Boltzmann 정의에서와 같이 켈빈당 줄이 됨을 알 수 있다. 두 번째는 식 60.2를 사용한 엔트로피 변화의 계산은 세밀한 구조적 정보(아래 참조)에 의존하는 Boltzmann 공식을 사용하는 것보다 보통 훨씬 수월하다는 것이다.

자가 진단 60.2 10 J의 에너지가 −5°C에서 물로부터 열로 제거되었을 때 엔트로피 변화를 계산하시오.

답: $-0.037\,\mathrm{J\,K^{-1}}$

60.2 분배 함수로서의 엔트로피

여기서 엔트로피를 분배 함수와 관련시키는 기본 식을 확립하고, 그다음 각 운동 방식의 기여를 평가할 것이다.

(a) 기본 식

식 60.1이 엔트로피 계산에 유용한 길잡이가 되기 위해 엔트로피를 분배 함수의 항으로 표현할 필요가 있다. 그러기 위해서 토픽 51에 주어진 ln $\mathcal{W}$에 대한 식을 식 60.1에 대입하면, 다음 **증명**에서 보여진 바와 같이 독립적이고 분별 가능한 입자들에 대해서 다음과 같이 얻어진다.

$$S=\frac{U-U(0)}{T}+Nk\ln q$$ 독립적이고 분별 가능한 입자 엔트로피 (60.3a)

그리고 독립적이고 분별 불가능한 입자에 대해서는

$$S=\frac{U-U(0)}{T}+Nk\ln\frac{q\mathrm{e}}{N}$$ 독립적이고 분별 불가능한 입자 엔트로피 (60.3b)

(로그에서 지수 e의 존재는 **증명**에서 설명된다.) 세세한 변화를 뒤로 하고, 예상했던 대로, 엔트로피는 열적으로 유효한 상태의 수(q로 관측되는)가 증가할 때 증가한다는 것을 알게 된다. 다음 절에는 이들 식을 적용하는 많은 예를 보게 될 것이다.

간단한 예 60.3 구별 가능 입자와 구별 불가능 입자

완전 기체의 분자는 식별이 불가능하고 추적할 수 없어 식 60.3b를 사용하여 엔트로피를 계산한다. 일단 기체가 응축되어 고체로 얼면, 비록 아직 똑같고 서로 독립적이라고 가정하지만, 분자들은 고체에서 그들의 좌표로 표지할 수 있어 분명하게 추적할 수 있다. 결과적으로, 이제는 엔트로피를 계산하는 데 식 60.3a를 사용한다.

자가 진단 60.3 기체 시료의 엔트로피에 부가적인 진동 기여를 계산하려고 할 때, 구별 불가능성을 고려할 필요가 있을까?

답: 아니오, 병진 기여에 대해서만 단 한 번 사용한다.

증명 60.1 통계학적 엔트로피

N개의 구별 가능한 분자로 이루어진 계에 대해서, ln $\mathcal{W}$에 대한 식 51.3은 다음과 같다.

$$\begin{aligned}\ln\mathcal{W}&=N\ln N-\sum_i N_i\ln N_i=\sum_i N_i\ln N-\sum_i N_i\ln N_i\\&=\sum_i N_i(\ln N-\ln N_i)=-\sum_i N_i\ln\frac{N_i}{N}\end{aligned}$$

$N=\Sigma_i N_i$이므로, 식 60.1($S=k\ln\mathcal{W}$)은 다음이 된다.

$$S=-k\sum_i N_i\ln\frac{N_i}{N}$$

최빈도 분포에 대한 N_i/N의 값은 Boltzmann 분포에 의해 다음과 같이 주어진다.

$$\frac{N_i}{N}=\frac{\mathrm{e}^{-\beta\varepsilon_i}}{q}$$

그리하여 다음과 같게 된다.

$$\ln\frac{N_i}{N}=\ln\mathrm{e}^{-\beta\varepsilon_i}-\ln q=-\beta\varepsilon_i-\ln q$$

따라서

$$\begin{aligned}S&=k\beta\sum_i N_i\varepsilon_i+k\sum_i N_i\ln q\\&=Nk\beta\langle\varepsilon\rangle+Nk\ln q\end{aligned}$$

결국은 $N\langle\varepsilon\rangle=U-U(0)$, $\beta=1/kT$이기 때문에 식 60.3a를 얻는다.

N개의 구별 **불**가능한 분자로 이루어진 계를 취급하려면, 가중치 $\mathcal{W}$를 $1/N!$의 인수로 감소시킬 필요가 있는데, 이는 상태들 사이의 분자의 $N!$ 순열이 계의 동일한 상태를 가져오기 때문이다. 그러면 $\ln(\mathcal{W}/N!)=\ln\mathcal{W}-\ln N!$이기 때문에 이 **증명**의 첫째 줄에 있는 식은 다음과 같이 된다.

$$\ln \mathcal{W} = N\ln N - \sum_i N_i \ln N_i - \overbrace{\ln N!}^{N\ln N - N}$$
$$= \sum_i N_i \ln N - \sum_i N_i \ln N_i - \overbrace{N}^{\sum_i N_i} \ln N + N$$
$$= -\sum_i N_i \ln N_i + N$$

여기서 $N! = N\ln N - N$으로 쓰는 것은 Stirling 근사식을 사용한 것이다. 전과 같이 N_i를 Boltzmann 값 $N_i = Ne^{-\beta\varepsilon_i}/q$로 바꾸면,

$$\sum_i N_i \ln N_i = \sum_i N_i(\ln N - \beta\varepsilon_i - \ln q)$$
$$= N\ln N - N\beta\langle\varepsilon\rangle - N\ln q$$
$$= -N\beta\langle\varepsilon\rangle - N\ln\frac{q}{N}$$

그리하여 이 경우 엔트로피는 다음과 같다.

$$S = Nk\beta\langle\varepsilon\rangle + Nk\ln\frac{q}{N} + Nk$$

이제 Nk를 $Nk \ln \mathrm{e}$로 쓸 수 있고, 따라서 $Nk \ln q/N + Nk \ln \mathrm{e} = Nk \ln q\mathrm{e}/N$는 식 60.3b가 된다.

식 60.3은 독립된 분자들 집합의 엔트로피를 내부 에너지와 분자 분배 함수로 표현하였다. 토픽 52에서 좋은 근사로서 분자의 에너지는 독립된 기여의 합임을 보여 주었는데, 그 기여란 병진 운동(T), 회전 운동(R), 진동 운동(V), 전자 상태(E)로서, 분배 함수는 기여의 곱(식 52.6, $q = q^{\mathrm{T}}q^{\mathrm{R}}q^{\mathrm{V}}q^{\mathrm{E}}$ 참조)으로 되어 있다. 독립적이고 구별 가능한 입자들에 대해서는 각 기여는 식 60.3의 형태로 되고 방식 M에 대해서는 다음과 같이 쓴다.

$$S^{\mathrm{M}} = \frac{\{U - U(0)\}^{\mathrm{M}}}{T} + Nk\ln q^{\mathrm{M}} \qquad \text{독립적이고 구별 가능한 입자, M}\neq\text{T 방식} \quad \text{방식 M에 기인한 엔트로피} \quad (60.3c)$$

이 식은 M=R, V, E에 적용되고(**자가 진단** 60.3에서 같이), 식 60.3b의 유사한 형이 M=T의 경우에 사용되어야 하는데, 이는 분자가 구별 불가능하기 때문이다.

식 60.3은 **분자** 분배 함수로 되어 있어 너무 제한적이므로 분자 사이에 상호 작용을 수용할 수 없다. 토픽 54에서와 같이, 분자 상호 작용을 수용하려면 정준 분배 함수 Q를 사용해야 하고 정준 앙상블의 최빈도 배치의 무게 $\tilde{\mathcal{W}}$를 사용해야 한다. 그러나 $\tilde{\mathcal{W}} = \mathcal{W}^{\tilde{N}}$ (앙상블의 각 구성원은 독립적이어서 앙상블의 전체 무게를 얻기 위해 이들의 무게를 함께 곱할 수 있다)이기 때문에 Boltzmann 공식에서 $\tilde{\mathcal{W}} = \mathcal{W}^{1/\tilde{N}}$을 사용할 수 있고, 따라서 다음을 얻는다.

$$S = k\ln\tilde{\mathcal{W}}^{1/\tilde{N}} = \frac{k}{\tilde{N}}\ln\tilde{\mathcal{W}} \qquad (60.4)$$

앙상블의 구성원의 수 $\tilde{N}$는 무한대로 간다(열역학 극한을 얻기 위해). 엔트로피는 **증명** 60.1에서와 같이 동일한 논리에 의해 Q로 표현할 수 있어 다음을 얻는다.

$$S = \frac{U - U(0)}{T} + k\ln Q \qquad \text{일반적인 상호 작용 계} \quad \text{엔트로피} \quad (60.5)$$

이 식은 식 60.3으로 축소되는데, 구별 가능하고 상호 작용이 없는 입자 경우는 $Q = q^N$이고, 구별 불가능하고 상호 작용이 없는 입자의 경우는 $Q = q^N/N!$이다.

(b) 병진 운동 기여

지금까지 엔트로피에 대해 유도한 식은 엔트로피가 가능한 상태에 걸쳐 분자들의 개체수 퍼짐의 척도라면 엔트로피에 대해 당연히 기대하는 것과 일치하는 것이다. 예를 들면 다음 **증명**에서 삼차원에서 병진 운동만이 존재할 때, 단원자 완전 기체의 몰엔트로피에 대한 **Sackur–Tetrode 식**(**Sackur–Tetrode equation**)이 다음과 같음을 보일 것이다.

$$S_{\mathrm{m}} = R\ln\left(\frac{V_{\mathrm{m}}\mathrm{e}^{5/2}}{N_{\mathrm{A}}\Lambda^3}\right) \qquad \text{단원자 완전 기체} \quad \text{Sackur–Tetrode 식} \quad (60.6a)$$

여기서 Λ는 토픽 52에서 소개된 열파장(식 52.7b, $\Lambda = h/(2\pi mkT)^{1/2}$)이다. $V_{\mathrm{m}} = RT/p$, $p = p^{\ominus}$를 유의하면 표준 몰엔트로피는 다음이 된다.

$$S_{\mathrm{m}}^{\ominus} = R\ln\left(\frac{RT\mathrm{e}^{5/2}}{p^{\ominus}N_{\mathrm{A}}\Lambda^3}\right) = R\ln\left(\frac{kT\mathrm{e}^{5/2}}{p^{\ominus}\Lambda^3}\right) \qquad (60.6b)$$

여기서 $R/N_{\mathrm{A}} = k$를 이용했다. 이 식은 많은 준위가 점유되었다고 가정한 분배 함수의 고온도 근사에 근거한 것이다. 즉 이 식은 T가 0이거나 0과 매우 가까울 때는 적용되지 않는다.

간단한 예 60.4 기체의 몰엔트로피

25°C에서 기체 아르곤의 표준 몰엔트로피를 계산하려면 $\Lambda = h/(2\pi mkT)^{1/2}$을 가지고 식 60.6b를 사용한다. 아르곤의 원자 질량은 $m = 39.95m_{\mathrm{u}}$이다. 25°C에서 열파장은 16.0 pm(**간단한 예** 52.2에서와 같은 종류의 계산에 의함)이고, $kT = 4.12\times10^{-21}$ J이다. 따라서

$$S_{\mathrm{m}}^{\ominus} = R\ln\left\{\frac{(4.12\times10^{-21}\,\mathrm{J})\times\mathrm{e}^{5/2}}{(10^5\,\mathrm{N\,m^{-2}})\times(1.60\times10^{-11}\,\mathrm{m})^3}\right\}$$
$$= 18.6R = 155\,\mathrm{J\,K^{-1}\,mol^{-1}}$$

보다 가벼운 분자에 대한 가능한 상태의 수를 근거로 Ar보다 작을 것 같은 Ne의 표준 몰엔트로피를 예상할 수 있다. 실제 값은 298 K에서 $17.60R$이다.

자가 진단 60.4 25°C에서 H_2의 표준 몰엔트로피에 대한 병진 운동 기여를 계산하시오.

답: 14.2 R

식 60.6이 의미하는 것은 다음과 같다.

물리적 해석

- 분자량이 분자항에 있으므로(Λ의 분모항에 있으므로), 같은 조건에서 무거운 완전 기체 분자의 몰엔트로피는 가벼운 완전 기체 분자의 몰엔트로피보다 크다.
- 몰부피는 분자항에 있으므로 몰엔트로피는 기체의 몰부피에 따라 증가한다.
- 온도는 분자항에 있으므로 (m처럼 Λ의 분모항에 나타나기 때문), 몰엔트로피는 온도 증가에 따라 증가한다.

첫 번째 특징은 상자 속 입자의 에너지 준위는 무거운 입자가 가벼운 입자보다 서로 더 근접하게 되며, 따라서 열적으로 더 많은 상태가 허용된다는 것으로 이해할 수 있다. 두 번째의 요점에 대한 이유도 유사하다. 즉 큰 용기는 작은 용기보다 에너지 준위의 간격이 더 가까우며, 따라서 또한 보다 더 많은 상태가 열적으로 가능하다는 것이다. 세 번째 요점에 대한 이유는 온도가 올라감에 따라 더 많은 에너지 준위가 허용된다는 것이다.

증명 60.2 Sackur-Tetrode 식

독립적이고 구별 불가능한 입자들 집단에 대해 식 60.3b으로부터 시작하고, N_A가 Avogadro 상수일 때, $N=nN_A$로 쓴다. 기체 원자의 유일한 운동 방식은 병진 운동으로, **간단한 예** 55.2에서 보인 바와 같이 $U-U(0)=\frac{3}{2}nRT$이다. 분배 함수는 $q=V/\Lambda^3$(식 52.10b)이며, Λ는 열파장이다. 그러므로

$$S=\frac{\overbrace{U-U(0)}^{\frac{3}{2}nRT}}{T}+Nk\ln\frac{qe}{N}=\frac{3}{2}nR+\overbrace{Nk}^{nR}\ln\frac{Ve}{nN_A\Lambda^3}$$

$$=nR\left\{\overbrace{\frac{3}{2}}^{\ln e^{3/2}}+\ln\frac{V_m e}{N_A\Lambda^3}\right\}=nR\ln\frac{V_m e^{5/2}}{N_A\Lambda^3}$$

여기서 $V_m=V/n$은 기체의 몰부피이고 $\frac{3}{2}=\ln e^{3/2}$을 사용했다. 양변을 n으로 나누면 식 60.6a의 결과가 나온다.

다음 형태로 쓰여진 Sackur-Tetrode 식

$$S=nR\ln\frac{Ve^{5/2}}{nN_A\Lambda^3}=nR\ln aV,\quad a=\frac{e^{5/2}}{nN_A\Lambda^3}$$

은 단원자 완전 기체가 V_i에서 V_f로 등온 팽창할 때 엔트로피가 다음과 같이 변한다는 것을 의미한다.

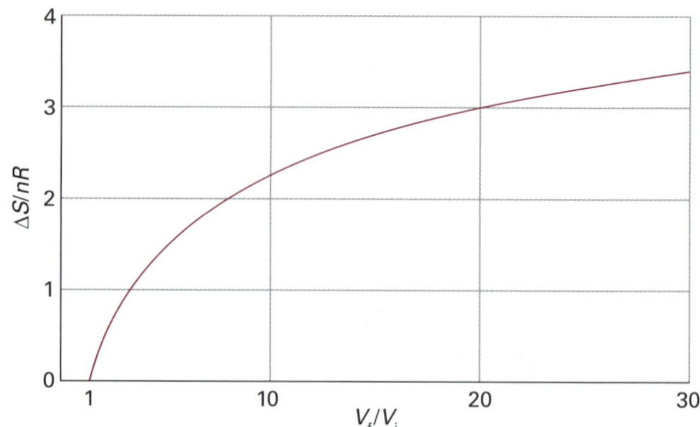

그림 60.1 완전 기체가 등온으로 팽창할 때 엔트로피의 로그함수적 증가

$$\Delta S=nR\ln aV_f-nR\ln aV_i$$
$$=nR\ln\frac{V_f}{V_i}\qquad\text{완전 기체, 등온}\quad\text{팽창에서 엔트로피 변화}\quad(60.7)$$

이 식은 그림 60.1에 도시된 것으로, 완전 기체의 엔트로피는 부피에 대해 로그함수적으로 증가하고(보다 좁은 간격이 됨에 따라 더 많은 에너지 준위가 허용되기 때문), 이와 같은 증가는 기체의 실체(인자 a가 상쇄됨)와는 무관하다는 점을 보여 주고 있다. 토픽 62에서 보인 바와 같이, 같은 식이 엔트로피 열역학적 정의로부터 얻어지며, 이것은 그곳에서 설명되었다.

(c) 회전 운동 기여

몰엔트로피 S_m^R의 회전 기여는 분자 분배 함수를 알면 계산할 수 있다. 선형 분자에 대해서 고온 극한에서 q는 $kT/\sigma hc\tilde{B}$(식 52.13)이고, 균등 분배 이론에 의하면 몰 내부 에너지에 대한 회전 운동 기여는 RT여서 식 60.3c로부터 다음과 같이 주어진다.

$$S_m^R=\frac{\overbrace{U_m-U_m(0)}^{RT}}{T}+R\ln\overbrace{q^R}^{kT/\sigma hc\tilde{B}}$$

그리고 고온에 대한 기여는 다음과 같다.

$$S_m^R=R\left\{1+\ln\frac{kT}{\sigma hc\tilde{B}}\right\}\qquad\text{선형 분자, 고온 }(T\gg\theta^R)\quad\text{회전 운동 기여}\quad(60.8a)$$

$\theta^R=hc\tilde{B}/k$를 상기(토픽 52)하라. 회전 온도 항으로 표기하면 다음이 된다.

$$S_m^R=R\left\{1+\ln\frac{T}{\sigma\theta^R}\right\}\qquad\text{선형 분자, 고온 }(T\gg\theta^R)\quad\text{회전 운동 기여}\quad(60.8b)$$

이 함수는 그림 60.2에 도시되었다. 그림에서 다음을 알 수 있다.

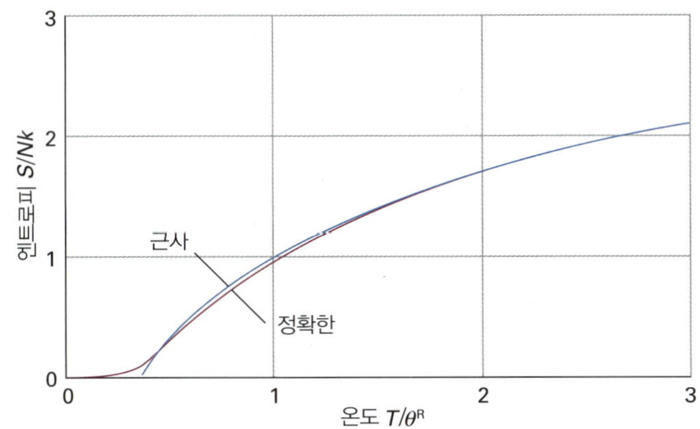

그림 60.2 선형 분자($\sigma=1$)의 엔트로피에 대한 회전 운동 기여의 변화. 고온 근사와 정확한 식($J=20$까지 산출)의 비교

- 엔트로피에 대한 회전 운동 기여는 온도가 올라감에 따라 증가하는데, 그 이유는 더 많은 회전 상태가 허용되기 때문이다.
- 회전 운동 기여는 $\tilde{B}$가 작으면 커지는데, 그 이유는 회전 에너지 준위가 밀집되기 때문이다.

물리적 해석

따라서 크고 무거운 분자는 엔트로피에 많은 회전 운동 기여를 하게 된다. 다음 **간단한 예**에서 알 수 있듯이, $^{35}Cl_2$의 몰엔트로피에 대한 회전 운동 기여는 58.6 $JK^{-1}mol^{-1}$인 데 반해, H_2는 12.7 $JK^{-1}mol^{-1}$이다. Cl_2는 H_2보다 회전의 입장에서는 더 무질서하다고 간주할 수 있는데, 이는 주어진 온도에서 Cl_2가 H_2보다 더 많은 수의 회전 상태를 점유한다는 의미이다.

간단한 예 60.5 엔트로피에 대한 회전 운동 기여

예를 들면 25°C에서 $^{35}Cl_2$에 대한 회전 운동 기여는 이 분자가 동핵 이원자 분자이므로 $\sigma=2$이고, $\tilde{B}=0.2441\ cm^{-1}$ ($24.42\ m^{-1}$에 해당)을 취하여 계산된다. 분자의 회전 온도는 다음과 같다.

$$\theta^R=\frac{(6.626\times10^{-34}\,Js)\times(2.998\times10^8\,ms^{-1})\times(24.42\,m^{-1})}{1.381\times10^{-23}\,JK^{-1}}$$
$$=0.351K$$

그러므로

$$S_m^R=R\left\{1+\ln\frac{298K}{2\times(0.351K)}\right\}=7.05R=58.6JK^{-1}mol^{-1}$$

자가 진단 60.5 25°C에서 H_2의 몰엔트로피에 대한 회전 운동 기여를 계산하시오.

답: 12.7 $JK^{-1}mol^{-1}$

식 60.8은 고온($T\gg\theta^R$)에서 유용하다. 저온에서 회전 운동 기여를 더 따져보려면 회전 분배 함수의 완전형(토픽 52, 응용 문제 60.1 참조)을 사용할 필요가 있으며, 결과의 곡선은 그림 60.2에서 주는 형태를 띠고 있다. 실제로 T/θ^R이 1보다 큰 경우는 근사 곡선이 정확한 곡선과 잘 맞음을 볼 수 있다.

(d) 진동 운동 기여

몰엔트로피 S_m^V에 대한 진동 운동 기여는 분자 분배 함수(식 52.15, $q^V=1/(1-e^{-\beta\varepsilon})$)를 평균 에너지(식 53.8, $\langle\varepsilon^V\rangle=\varepsilon/(e^{\beta\varepsilon}-1)$)에 대한 식과 결합시켜 다음과 같이 얻어진다.

$$S_m^V=\frac{\overbrace{U_m-U_m(0)}^{N_A\langle\varepsilon^V\rangle}}{\underbrace{T}_{1/k\beta}}+R\ln q^V$$
$$=\frac{\overbrace{N_Ak}^{R}\beta\varepsilon}{e^{\beta\varepsilon}-1}+R\ln\frac{1}{1-e^{-\beta\varepsilon}}$$
$$=R\left\{\frac{\beta\varepsilon}{e^{\beta\varepsilon}-1}-\ln(1-e^{-\beta\varepsilon})\right\}$$

$\varepsilon=hc\tilde{\nu}$ 임을 알면 다음을 얻는다.

$$S_m^V=R\left\{\frac{\beta hc\tilde{\nu}}{e^{\beta hc\tilde{\nu}}-1}-\ln(1-e^{-\beta hc\tilde{\nu}})\right\}$$ 엔트로피에 대한 진동 운동 기여 (60.9a)

여기서도 위 식을 특성 온도로 표현하면 편리한데, 이 경우에 진동 온도는 $\theta^V=hc\tilde{\nu}/k$로서 위 식은 다음과 같이 된다.

$$S_m^V=R\left\{\frac{\theta^V/T}{e^{\theta^V/T}-1}-\ln(1-e^{-\theta^V/T})\right\}$$ 엔트로피에 대한 진동 기여 (60.9b)

이 식은 그림 60.3에 도시되었다. 평상시와 같이 이 식을 그래프를 가지고 생각하면 해석하는 데 도움이 된다.

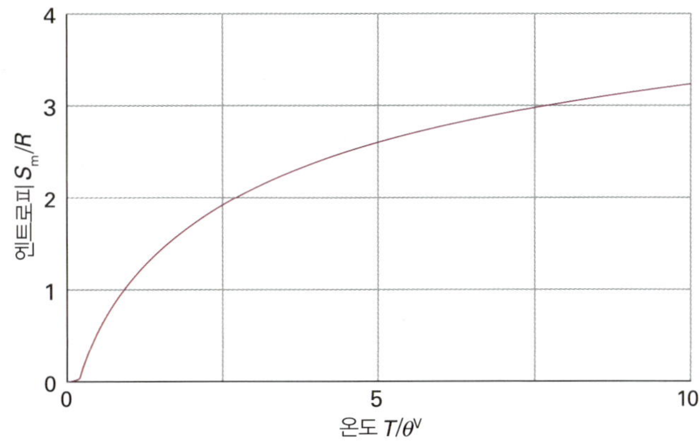

그림 60.3 조화 진동자(여기서는 R을 곱해서 표현)의 집합에서 몰엔트로피의 온도에 대한 변화. $T\to0$이 될 때 엔트로피는 0으로 접근하고, $T\to\infty$가 되면 한계가 없이 증가한다.

- R을 곱한 두 항은 $T\to0$이 될 때 0이 되어서 $T=0$에서 엔트로피는 0이다.
- 몰엔트로피는 온도가 올라가면 증가하는데, 이는 더 많은 진동 상태가 허용되기 때문이다.
- 무거운 원자이거나 작은 힘 상수를 가진 분자는 가볍거나 큰 힘 상수를 가진 분자보다 주어진 온도에서 몰엔트로피가 더 크다. 진동 에너지 준위들은 전자의 경우가 후자보다 밀집되어 있어 열적으로 더 허용된다.

물리적 해석

간단한 예 60.6 엔트로피에 대한 진동 기여

I_2의 진동 파수는 214.5 cm^{-1}이며, 이는 2.145×10^4 m^{-1}에 해당되어 진동 온도는 다음이 된다.

$$\theta^V=\frac{(6.626\times10^{-34}\,\mathrm{J\,s})\times(2.998\times10^8\,\mathrm{m\,s^{-1}})\times(2.145\times10^4\,\mathrm{m^{-1}})}{1.381\times10^{-23}\,\mathrm{J\,K^{-1}}}$$
$$=309\,\mathrm{K}$$

그러므로 25°C에서 $\beta\varepsilon=1.036$(예제 53.4), 이어서 다음에 의해 $S_m^V=8.38$ $J\,K^{-1}mol^{-1}$이다.

$$S_m^V=R\left\{\frac{309/298}{e^{309/298}-1}-\ln(1-e^{-309/298})\right\}=1.01R=8.38\,\mathrm{J\,K^{-1}\,mol^{-1}}$$

자가 진단 60.6 25°C에서 $^1H_2$의 몰엔트로피에 대한 진동 기여를 계산하시오($\theta^V=6332$ K).

답: 0.11 μJ K^{-1}

(e) 전자 상태 기여

내부 에너지에 대한 전자 상태 기여의 계산에서와 같이, 대부분의 경우 보통 온도에서는 분자는 바닥 전자 상태에 있고 들뜬 상태는 열적으로 허용이 안 된다. 하지만 어떤 경우에는 제한된 수의 들뜬 상태가 허용되어 내부 에너지에 대하여 취급한 바와 같이 그들의 기여를 고려할 필요가 있다.

만일 바닥 전자 상태가 g^E 중으로 축퇴되고 다른 열적으로 허용된 상태가 없다면, 즉시 $q^E=g^E$임을 알게 되므로 엔트로피에 대한 기여는 다음과 같다.

$$S_m^E=\frac{\overbrace{U_m-U_m(0)}^{0}}{T}+R\ln\overbrace{q^E}^{g^E}$$

이는

$$S_m^E=R\ln g^E \qquad \text{축퇴된 바닥 상태} \quad \text{엔트로피에 대한 전자 상태 기여} \qquad (60.10)$$

만일 어떤 들뜬 상태가 열적으로 허용되었다면, 분자 에너지를 계산했던 경우와 같이 진행하여 그 준위들의 축퇴도를 참조하고 그 종에 대한 분배 함수를 쓴다.

예제 60.1 엔트로피에 대한 전자 상태 기여의 계산

이 예제는 예제 53.1의 연속으로서, 이중으로 축퇴된 전자 바닥 상태와 바닥 상태 위 600 cm^{-1}에 사중 축퇴된 들뜬 상태를 가진 원자를 생각해 보자. 25°C에서 몰엔트로피에 대한 전자 상태 기여는 얼마나 되는가?

방법 분배 함수와 평균 에너지는 예제 53.1에서 계산되어, 여기서 할 모든 일은 그들을 식 60.3c의 몰엔트로피 항에 도입하는 것이다. 그 예제에 있는 바와 같이 25°C에서 $kT/hc=207.226$ cm^{-1}을 사용한다.

풀이 분배 함수는

$$q^E=2+4e^{-\beta\varepsilon}=2+4e^{-hc\tilde{\nu}/kT}$$
$$=2+4e^{-600/207.226}=2.221$$

이고, 평균 몰에너지는 다음과 같다.

$$N_A hc\langle\tilde{\nu}^E\rangle=\frac{N_A hc\tilde{\nu}}{\frac{1}{2}e^{hc\tilde{\nu}/kT}+1}=N_A hc\times(59.7\,\mathrm{cm^{-1}})$$

그러므로 엔트로피에 대한 기여는 다음과 같다.

$$S_m^E=\frac{\overbrace{U_m-U_m(0)}^{N_A hc\times(59.7\,\mathrm{cm^{-1}})}}{T}+R\ln q^E$$
$$=\frac{\overbrace{N_A k}^{R}hc(59.7\,\mathrm{cm^{-1}})}{kT}+R\ln q^E$$
$$=R\left\{\frac{59.7\,\mathrm{cm^{-1}}}{207.226\,\mathrm{cm^{-1}}}+\ln 2.221\right\}=1.09R=9.03\,\mathrm{J\,K^{-1}\,mol^{-1}}$$

자가 진단 60.7 삼중 축퇴된 바닥 상태와 400 cm^{-1} 위에 칠중 축퇴된 들뜬 상태를 가진 원자에 대한 계산을 반복하시오.

답: 1.88 R, 15.6 J K^{-1} mol^{-1}

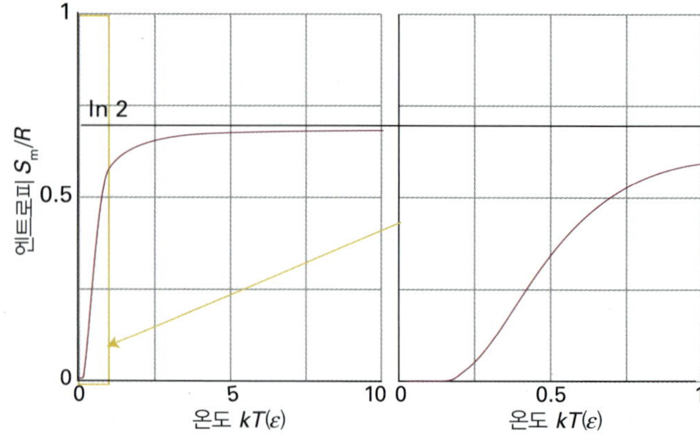

그림 60.4 이준위계의 몰엔트로피의 온도에 대한 변화 (R의 곱으로 표현). $T\to\infty$가 되면 두 상태는 똑같이 분포되어 몰엔트로피는 $R\ln 2$로 접근한다.

분자 에너지에 대한 전자 상태 기여의 계산에서와 같이, 예를 들면 이중항 종의 스핀 상태를 고려한 이준위계에 대한 구체적인 식이 바람직하다. 분배 함수와 평균 에너지(스핀을 위 첨자 S로 표기하는)의 경우는 다음과 같다.

$$q^S = 1 + e^{-\beta\varepsilon} \quad \langle \varepsilon^S \rangle = \frac{\varepsilon}{e^{\beta\varepsilon}+1}$$

따라서 몰엔트로피에 대한 기여는 $1/T = k\beta$로 쓰면, 단순히 다음과 같다.

$$S_m^S = R\left\{\frac{\beta\varepsilon}{e^{\beta\varepsilon}+1} + \ln(1+e^{-\beta\varepsilon})\right\} \quad \text{이준위계} \quad (60.11)$$

이 이상한 함수는 그림 60.4에 도시되었다. $T\to\infty$ ($\beta\to 0$에 해당)에서 몰엔트로피는 $R \ln 2$로 접근한다는 것을 주목해야 한다. 이 식의 응용에 대해서는 응용 문제 60.6을 참조하라.

개념 확인

- ☐ 1. **엔트로피의 통계학적 정의**는 Boltzmann 공식에 의해 주어진다.
- ☐ 2. 통계학적 엔트로피는 열역학 엔트로피의 정의와 일치하는 성질을 가졌다.
- ☐ 3. 통계학적 엔트로피는 주어진 온도에서 점유되는 상태의 수의 척도이다.
- ☐ 4. 엔트로피에 대한 **Boltzmann 공식**은 분자 분배 함수의 항으로서 엔트로피에 대한 식으로 전환할 수 있다.
- ☐ 5. **표준 몰엔트로피**는 계산되거나 분광학적으로 측정된 구조적 파라미터를 분배 함수로 치환하여 계산될 수 있다.
- ☐ 6. 통계학적 엔트로피는 운동에 대한 개별 방식(이들이 독립적이라는 조건에서)으로부터 기여된 것의 합이다.
- ☐ 7. **Sackur-Tetrode** 식은 완전 기체의 표준 몰엔트로피를 제공한다.

식 확인

성질	식	비고	식 번호
Boltzmann 공식	$S = k \ln W$	정의	60.1
엔트로피	$S = \{U(T)-U(0)\}/T + Nk \ln q$	독립적, 분별 가능 입자	60.3a
	$S = \{U(T)-U(0)\}/T + Nk \ln (qe/N)$	독립적, 분별 불가능한 입자	60.3b
	$S = \{U(T)-U(0)\}/T + k \ln Q$	일반적 경우	60.5
Sackur–Tetrode 식	$S = nR \ln aV,\ a = e^{5/2}/nN_A\Lambda^3$	단원자 완전 기체	60.6
회전 운동 기여	$S_m^R = R\{1+\ln(T/\sigma\theta^R)\}$	선형 분자, $T \gg \theta^R$	60.8
진동 운동 기여	$S_m^V = \left\{R(\theta^V/T)/(e^{\theta^V/T}-1) - \ln(1-e^{-\theta^V/T})\right\}$	조화 근사	60.9
전자 상태 기여	$S_m^E = R \ln g^E$	축퇴된 바닥 상태(열적으로만 허용된 상태)	60.10
이준위계	$S_m = R\{\beta\varepsilon/(e^{\beta\varepsilon}+1) + \ln(1+e^{-\beta\varepsilon})\}$		60.11

토픽 61

열역학적 엔트로피

내용

➤ 학습 목표

통계학적 정의로부터의 엔트로피 계산은 어렵기 때문에 화학 반응과 연관된 엔트로피 변화의 연구에 열계량법 데이터를 어떻게 적용하는지를 알 필요가 있다.

➤ 핵심 내용

열역학적 엔트로피는 상태 함수로서, 계에 가역적으로 공급된 열의 항으로 정의된다.

➤ 미리 알기

이 토픽에서는 열, 가역성, 상태 함수(토픽 55)를 이용한다. 이는 완전 기체의 가역 등온과 단열 팽창(토픽 55와 58) 동안 수행한 일을 말하는 것이다.

엔트로피의 열역학적 정의는 다양한 방법에 동기를 부여할 수 있다. 하나는 토픽 60에서 밝힌 것으로 엔트로피에 대한 Boltzmann 공식($S=k \ln W$)은 다음을 의미함을 보여 주었다.

$$dS=\frac{dq_{rev}}{T} \qquad \text{정의 엔트로피 변화} \qquad (61.1)$$

토픽 60에서 이 식은 통계학적 관점에서 유도된 반면, 이 토픽에서는 정의로 택할 것이다.

식 61.1에서의 정의는 간단한 물리적 해석을 가진다. 엔트로피 변화는 열로 이동되는 에너지에 비례하는 것으로, 이것이 계에 열적 무질서를 더욱 크게 불러 일으키기 때문이다. 하지만 주어진 에너지가 열로 이동되어 야기되는 엔트로피 변화는 높은 온도보다 낮은 온도에서 더 크다. 이동이 일어나는 온도는 이미 존재하는 열적 무질서도의 척도이어서 주어진 에너지의 이동은 높은 온도(초기에 존재하는 무질서가 큼)보다 낮은 온도(초기에 존재하는 무질서가 작음)에서 더 큰 영향을 가져온다.

두 상태 i와 f 사이의 유한한 변화에 대해서는 식 61.1을 다음과 같이 적분할 수 있다.

$$\Delta S=\int_i^f \frac{dq_{rev}}{T} \qquad \text{측정될 수 있는 엔트로피 변화} \qquad (61.2)$$

즉 열역학 데이터로부터 계의 두 상태 사이의 엔트로피 차를 계산하려면 이 두 상태 사이의 가역적 경로를 찾고, 이어서 이 경로상의 각 미소 단계에서 열로 공급되는 에너지를 그때의 온도로 나누어 적분하면 된다. 이 과정의 여러 가지 예가 다음 절과 토픽 62에서 주어진다.

61.1 상태 함수로서의 엔트로피

엔트로피는 상태 함수이다. 토픽 60에 있는 통계적 정의로부터 확실하지만, 열역학적 정의에서도 진실일까? 이것을 증명하려면 dS의 적분이 경로와 무관하다는 것을 보여야 한다. 그러기 위해서는 식 61.2를 임의의 순환 i → f → i에 걸쳐서 적분한 결과가 0이 된다는 것을 보이면 충분할 것이다. 왜냐하면 이것으로써 계의 처음 상태와 최종 상태에서의 엔트로피는 그들 사이의 변화 경로와 무관하게 같다는 것이 보장되

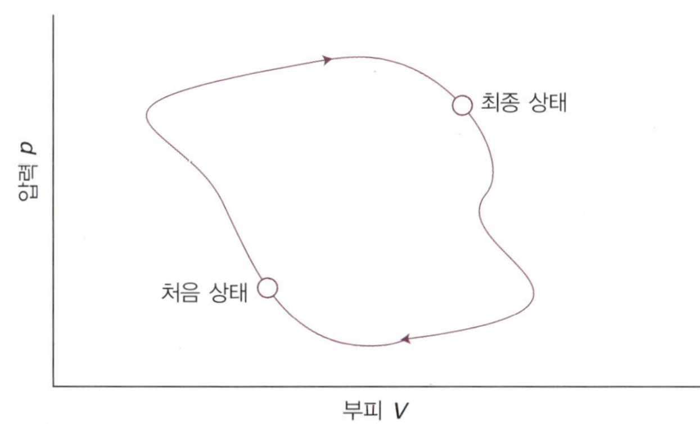

그림 61.1 열역학적 순환(처음 상태로부터 최종 상태로 갔다가 다시 처음 상태로 되돌아가는)에서는 상태 함수의 총 변화가 0이 된다.

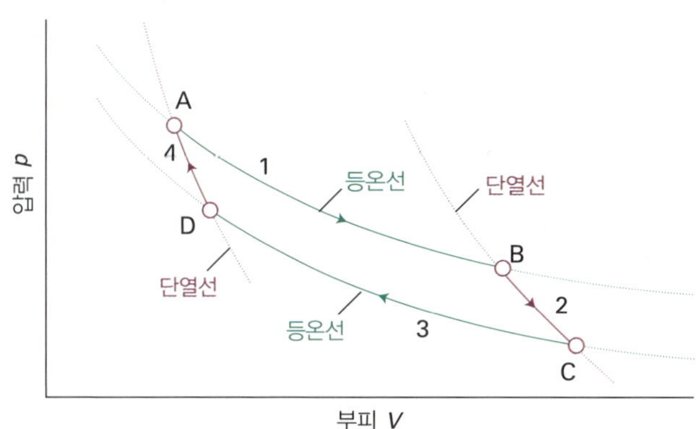

그림 61.2 Carnot 순환의 기본 구조. 1단계에서는 온도 T_h에서 등온 가역 팽창이 일어난다. 2단계는 온도가 T_h로부터 T_c로 떨어지는 가역 단열 팽창이다. 3단계에서는 T_c에서 등온 가역 압축이 일어나고, 끝으로 단열 가역 압축(4단계)이 일어나서 계가 처음 상태로 되돌아간다.

기 때문이다(그림 61.1). 즉 다음 결과를 보여 주면 되는 것이다.

$$\oint \frac{dq_{rev}}{T}=0 \tag{61.3}$$

여기서 기호 $\oint$는 닫힌 경로 주위의 적분을 표시한다. 식 61.3의 수학적 해석은, 적분이 적분 과정에 의존하다는 관점에서(토픽 55에서 설명한 바와 같이), dq_{rev}는 불완전 미분이지만, 미적분학에서 소위 '적분 인자'라고 불리는 $1/T$를 곱하면 완전(정확) 미분(**수학적 배경** 8 참조)으로 전환된다는 것이다. 이러한 수학적 관점이 식 61.1의 정의의 또 다른 동기 부여로 간주할 수 있는 것으로서, $1/T$의 존재로 dS가 경로 무관 적분을 가지는 완전 미분임이 확인된다는 것이다.

dS가 완전 미분이고 ($1/T$이 dq_{rev}의 적분 인자인 존재의 결과로), 따라서 S가 상태 함수임을 알게 하는 근거는 다음의 세 단계로 언급할 수 있다.

- 우선, 식 61.3이 완전 기체가 관여되는 특별한 순환(Carnot 순환)에 대해서 진실임을 보인다.
- 이어서 이 결과는 작동 물질이 완전 기체가 아니더라도, 어떤 것이 되든 관계없이 사실이라는 것을 보인다.
- 끝으로 어떤 가역 순환에 대해서나 이 결과가 맞는다는 것을 보인다.

(a) Carnot 순환

Carnot 순환(cycle)은 프랑스의 공학자 Sadi Carnot의 이름을 딴 것인데, 다음과 같은 네 가역 단계로 이루어진다(그림 61.2).

1. T_h에서 A로부터 B로의 가역 등온 팽창: 계가 고열원으로부터 q_h만큼의 에너지를 열로 받으며, 따라서 엔트로피가 q_h/T_h만큼 변한다.
2. B로부터 C로의 가역 단열 팽창. 계로부터 에너지가 열로 빠져나가지 않으며, 따라서 엔트로피 변화가 없다. 이 팽창 과정에서 계의 온도가 T_h로부터 T_c, 즉 찬 열 수채의 온도로 떨어진다.
3. T_c에서 C로부터 D로의 가역 등온 압축. 찬 열 수채로 에너지가 열로 방출된다. 따라서 계의 엔트로피 변화는 q_c/T_c이고, 여기서 q_c는 음의 값을 갖는다.
4. D로부터 A로의 가역 단열 압축. 계로 에너지가 열로서 들어가지 않으며, 따라서 엔트로피 변화는 0이다. 계의 온도가 T_c로부터 T_h로 올라간다.

이 순환에서의 엔트로피 전체 변화는 다음과 같다.

$$\oint dS=\overbrace{\frac{q_h}{T_h}}^{1}+\overbrace{0}^{2}+\overbrace{\frac{q_c}{T_c}}^{3}+\overbrace{0}^{4}=\frac{q_h}{T_h}+\frac{q_c}{T_c}$$

한편 완전 기체에 대해서는 아래 **증명**에서 보이는 바와 같이 다음 관계가 성립한다.

$$\frac{q_h}{q_c}=-\frac{T_h}{T_c}, \quad 또는 \quad \frac{q_h}{T_h}=-\frac{q_c}{T_c} \qquad \text{완전 기체, 가역 변화} \tag{61.4}$$

이 관계를 그 앞의 식에 넣어 주면 우변이 0이 되어 우리가 원하는 결과를 얻게 된다.

증명 61.1 가역 단열 팽창에 수반되는 가열

토픽 55에서 설명한 바와 같이 완전 기체에 대해서는 다음 식이 성립된다.

$$q_h=nRT_h\ln\frac{V_B}{V_A} \qquad q_c=nRT_c\ln\frac{V_D}{V_C}$$

여기서 온도 T_h와 T_c는 그림 61.2에 있는 단열선이다. 가역 단열 과정에서의 온도와 부피 사이의 관계로부터 (식 58.17에서 요약된, $c=C_{V,m}/R$일 때 $VT^c=$ 일정) 다음과 같은 관계가 성립한다.

$$V_A T_h^c = V_D T_c^c \qquad V_C T_c^c = V_B T_h^c$$

이 첫 번째 식에 두 번째 식을 곱해 준다. 그러면

$$V_A V_C T_h^c T_c^c = V_D V_B T_h^c T_c^c$$

이어 다음과 같이 정리할 수 있다.

$$\frac{V_A}{V_B} = \frac{V_D}{V_C}$$

결과적으로

$$q_c = nRT_c \ln\frac{V_D}{V_C} = nRT_c \ln\frac{V_A}{V_B} = -nRT_c \ln\frac{V_B}{V_A}$$

따라서

$$\frac{q_h}{q_c} = \frac{nRT_h \ln(V_B/V_A)}{-nRT_c \ln(V_B/V_A)} = -\frac{T_h}{T_c}$$

이 식은 바로 식 61.4와 같은 것이다.

간단한 예 61.1 Carnot 순환

Carnot 순환은 열을 일로 전환시키는, 실제 이상적 기관에서 일어나는 변화의 대표적인 것으로 간주할 수 있다(하지만 다른 순환들이 실제 기관에 더욱 가까운 근사이다). Carnot 순환에 따라 작동하는 기관에서, 에너지 100 J을 500 K의 고열원($q_h = +100$ J)에서 빼앗아 일부는 일하는 데 사용되고, 나머지는 300 K의 저온 수채에 저장하였다. 식 61.4에 따라 저장된 열의 양은,

$$q_c = -q_h \times \frac{T_c}{T_h} = -100\,\text{J} \times \frac{300\,\text{K}}{500\,\text{K}} = -60\,\text{J}$$

이는 40 J이 일을 하는 데 사용되었음을 의미한다.

자가 진단 61.1 고온 열원을 800 K로 증가시키면 얼마의 일을 하게 할 수 있을까?

답: 62 J

(b) 작업 물질의 독립성

이제 두 번째 단계로 식 61.4는 완전 기체뿐만 아니라 다른 어떠한 물질에도 적용된다는 것을 보여야 한다. 그리하여 이 단계에서의 논의를 우선 열을 일로 전환하는 장치(**간단한 예** 61.1에서 취급한 것 같이)인 '열기관'의 **효율**(**efficiency**) η를 다음과 같이 도입하여 생각해 보자.

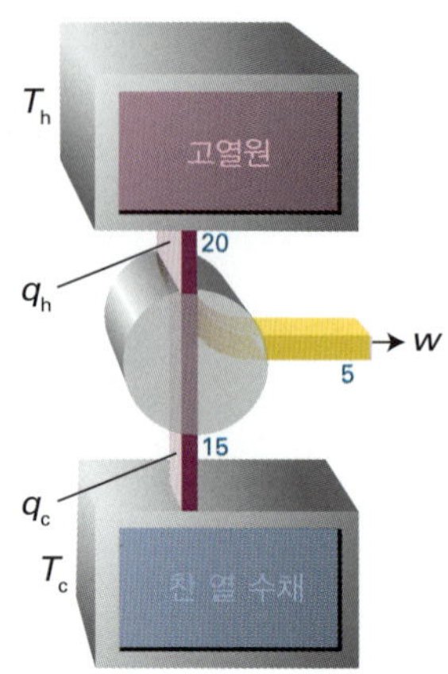

그림 61.3 열기관은 에너지 q_h(예로서 20 kJ)를 공급받고, 찬 열 수채에 q_c(예로서 −15 kJ)를 내버린다고 하자. 이 열기관에 의해서 행해진 일은 q_h+q_c(예로서 20 kJ+(−15 kJ) = 5 kJ)이다. 효율은 행해진 일을 뜨거운 열원으로부터 공급한 열로 나눈 값이다 (이 경우, 5 kJ/20 kJ = 0.25).

$$\eta = \frac{\text{행해진 일}}{\text{열원으로부터 흡수된 열}} = \frac{|w|}{|q_h|} \qquad \text{정의 효율} \qquad (61.5)$$

절댓값 부호(|...|)는 효율이 양의 숫자임을 확인하기 위해 포함시켰다. 이 정의에 의하면 고열원으로부터 일정한 열을 공급받아서 일을 많이 할수록 기관의 효율은 높아진다.

이 기관이 일로서 공급하는 에너지는 고열원에 의해 열로 공급된 에너지와 저열원으로 돌려준 에너지의 차와 같으므로(그림 61.3) 기관의 효율은 다음과 같이 출입한 열만을 가지고 나타낼 수 있다.

$$|w| = |q_h| - |q_c|$$

여기서 절댓값을 사용하였는데, 이는 부호를 신경 쓰는 것이 혼란을 가져올 수 있기 때문이다. 그러면 그 효율은 다음과 같다.

$$\eta = \frac{|q_h| - |q_c|}{|q_h|} = 1 - \frac{|q_c|}{|q_h|} \qquad (61.6)$$

따라서 식 61.4로부터 $|q_c|/|q_h| = |T_c|/|T_h|$ 형태가 되어 다음과 같은 결과가 나온다.

$$\eta = 1 - \frac{T_c}{T_h} \qquad \text{가역 변화 Carnot 효율} \qquad (61.7)$$

간단한 예 61.2 열효율

어떤 발전소는 300°C($T_h = 573$ K)에서 과열된 증기로 작동시켜서 폐기열을 20°C($T_c = 293$ K)의 주위로 방출한다. 그러므로 이론적 효율은 다음과 같다.

$$\eta = 1 - \frac{293\,\mathrm{K}}{573\,\mathrm{K}} = 0.489, \text{ 또는 } 48.9\%$$

실제로는, 다른 기계적인 마찰로 인한 손실과 터빈이 가역적으로 작동되지 않는 것에 기인하는 다른 손실이 있다.

자가 진단 61.2 이론적 효율이 80%가 되려면 고온 열원의 온도는 얼마가 되어야 하는가?

답: 1465 K

이제 이 결과를 임의의 작업 물질에 대하여 일반화시킬 차례이다. 열역학 제2법칙에 의하면 **고정된 온도를 가진 두 열원 사이에 작동하는 가역 기관은 어떤 것이나 그 구조에 관계없이 동일한 효율을 갖는다**고 생각한다. 이 표현이 옳다는 것을 보기 위해서 두 개의 가역 기관을 함께 결합하여 동일한 두 열원 사이에서 작동하게 만들었다고 하자(그림 61.4). 두 기관의 작동 물질이나 세부적 구조는 완전히 임의적이다. 우선 기관 A가 기관 B보다 높은 효율을 갖는다고 가정하고, 기관 B가 저열원으로부터 에너지를 열로서 뽑아내서 그 중 얼마간의 에너지를 열로서 고열원에 내주도록 이 결합된 기관을 돌아가게 해 보자. 기관 A는 기관 B보다 높은 효율을 갖는다고 가정하였으므로 기관 A로부터 나오는 일의 전부가 이 과정에 소모되지는 않을 것이기 때문에, 그 나머지는 다른 일을 하는 데 이용될 수 있을 것이다. 이렇게 되면 실제적인 결과로서 저열원에는 아무런 변화도 일어나지 않으면서 일이 행해지고 또 고열원은 얼마간의 에너지를 잃게 된다. 이 결과는 열의 일부가 직접 일로서 전환되기 때문에 제2법칙에 관한 Kelvin의 식(토픽 59)과 모순된다. 이처럼 이 결론이 실제 현상과 맞지 않는 것은 기관 A와 기관 B가 상이한 효율을 가졌다는 처음 가정이 틀렸기 때문이다. 따라서 이전되는 열과 온도 사이의 관계도 작동 물질의 종류와 무관해야 하며, 따라서 식 61.7은 어떤 물질을 Carnot 기관에 사용하든 관계없이 성립해야 한다.

(c) 임의의 순환 과정의 일반화

이 증명의 최종 단계로서 가역적 순환은 어떤 것이나 모두 근사적으로 한 집단의 Carnot 순환들로 나타낼 수 있고, 임의의 경로를 도는 순환 적분은 이러한 각 Carnot 순환들에 대한 적분의 합으로 나타낼 수 있다는 것을 보이고자 한다(그림 61.5). 이 근사는 개개 순환을 무한히 작게 취할수록 엄밀해진다. 개개 순환에 수반되는 엔트로피 변화는 0이어서, 모든 순환에 대한 엔트로피의 합도 0이다. 하지만 이 합에서 임의의 개별적인 경로에 따른 엔트로피 변화는 인접 순환과 공유되는 경로상의 엔트로피 변화들에 의하여 상쇄된다. 따라서 전체적인 순환 경로에 따른 엔트로피 변화만을 제외하고 모든 엔트로피 변화가 상쇄된다. 즉

$$\sum_{\text{all}} \frac{q_{\text{rev}}}{T} = \sum_{\text{perimeter}} \frac{q_{\text{rev}}}{T} = 0$$

순환들이 미소하게 되는 극한에서는 Carnot 순환들의 상쇄되지 않는 주변이 총체적 순환과 정확하게 같아지고, 위의 합 셈을 적분으로 나타낼 수 있다. 결과적으로 식 61.3이 바로 나오게 된다. 이 결과는 dS가 완전 미분이고, 따라서 S가 상태 함수임을 뜻하는 것이다.

61.2 열역학 온도

열기관의 효율을 논의하는 것은 어떠한 작업 물질에도 무관

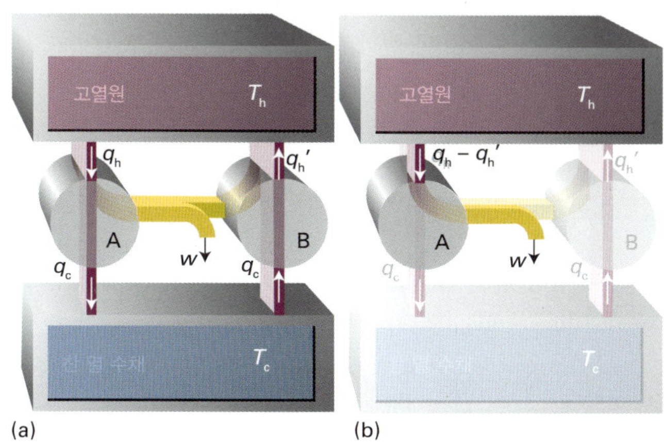

그림 61.4 (a) 동일한 열원들 사이에서 작동하는 모든 가역 기관의 효율이 동일하다는 것을 보이기 위한 에너지의 흐름을 나타내는 그림. (b) 이 과정의 실 효과는 찬 열 수채를 쓰지 않고 열이 일로 변환 되는 결과가 된다. 이것은 Kelvin 제2법칙 표현과 모순되는 결과이다.

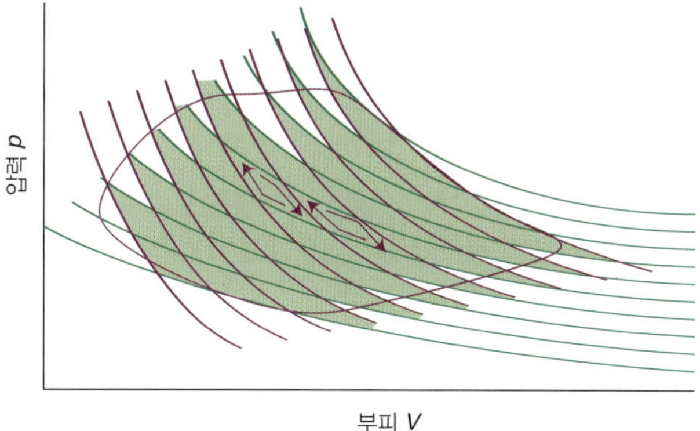

그림 61.5 한 일반적 순환은 작은 Carnot 순환들로 나눌 수 있다. 그리고 이 작은 Carnot 순환들을 미소하게 해 주면 극한에서는 본래의 순환과 엄밀하게 일치된다. 작은 Carnot 순환들의 집단 내부에서는 경로들이 상쇄되며, 주변들만이 살아남아서 순환의 수를 증가시킬수록 진짜 순환과 일치하게 된다. 개개의 Carnot 순환에서의 엔트로피 변화는 0이며, 따라서 주변들에 따르는 엔트로피의 적분은 0이 된다.

한 온도 척도를 확립하는 기회를 제공해 준다. 지금 온도가 T_h인 고열원과 온도가 T인 찬 열 수채 사이에서 가역적으로 작동하는 기관을 생각해 보자. 그러면 식 61.7에 의해서 다음과 같은 관계가 성립한다.

$$T=(1-\eta)T_h \quad \text{열역학 온도} \quad (61.8)$$

Kelvin은 이 식을 이용하여 열기관의 효율을 가지고 **열역학 온도 척도**(**thermodynamic temperature scale**)를 정의하였다. 이는 원리적으로는 중력장에서 추를 올리고 내리고를 관찰함으로써 측정할 수 있는 것과 같다. 즉 순전히 기계적 기반을 둔 것이다.

온도 눈금 0, 즉 $T=0$은 Carnot 효율이 1에서 나타나게 된다. 다른 온도로 나타내는 단위의 크기는 완전히 임의적이지만, 최근까지(2011) Kelvin 척도는 물의 삼중점 온도를 정확히 273.16 K(토픽 67)로 설정하여 정의되었다. 지금(2014)은 Boltzmann 상수를 정확히 정의된 값으로 설정하는 보다 추상적인 방법으로 켈빈을 정의하려고 하고 있다.

간단한 예 61.3 열역학 온도

물의 삼중점 온도에서 고온 열원을 사용하고 냉각된 액체를 저온 열원으로 사용하는 열기관을 만들었다. 기관의 효율이 0.400으로 측정되었다. 그러므로 액체의 온도는 다음과 같다.

$$T=(1-0.400)\times(273.16\ \text{K})=164\,\text{K}$$

자가 진단 61.3 저온 수채가 273.16 K에 있고 열역학 효율이 0.500으로 측정되었다면, 고온 열원의 온도가 얼마로 기록되겠는가?

답: 546 K

61.3 Clausius 부등식

이제 엔트로피의 열역학적 정의가 통계학적 정의와 같이(토픽 60), 제2법칙(토픽 59)과 부합된다는 것을 보이겠다. 우선 비가역적 조건에서보다는 가역적 조건에서 더 많은 일이 행해진다는 사실을 상기하여 시작한다. 즉 다음과 같다.

$$-dw_{rev}\ge -dw \quad \text{또는} \quad dw-dw_{rev}\ge 0$$

여기서 등식 기호는 그 과정이 가역적일 때이다. 한편 내부에너지는 상태 함수이므로, 동일한 두 상태 사이에서는 경로가 비가역적이건 가역적이건 관계없이 변화량이 같아야 하며, 따라서 다음과 같이 쓸 수 있다.

$$dU=dq+dw=dq_{rev}+dw_{rev}$$

그리하여

$$dq_{rev}-dq=dw-dw_{rev}\ge 0, \quad \text{즉} \quad dq_{rev}\ge dq$$

따라서 T로 나누면,

$$\frac{dq_{rev}}{T}\ge\frac{dq}{T}$$

이제 엔트로피의 열역학적 정의(식 61.1, $dS=dq_{rev}/T$)를 이용하면 다음과 같이 쓸 수 있다.

$$dS\ge\frac{dq}{T} \quad \text{Clausius 부등식} \quad (61.9)$$

이 식을 **Clausius 부등식**(**Clausius inequality**)이라고 한다. 등부호는 가역적 변화임을 의미하고, 보다 크다는 부호는 비가역 변화를 의미한다. 이 식은 화학 반응의 자발성을 논의하는 데 대단히 중요하게 이용된다는 것을 증명하게 될 것이다(토픽 73).

예제 61.1 Clausius 부등식의 사용

Clausius 부등식을 사용하여 더운 곳에서 찬 곳으로의 열 이동은 자발적임을 보이시오.

방법 온도가 T_h인 계(고열원)로부터 온도가 T_c인 다른 계(찬 열 수채)로 에너지가 열로서 이동되는 경우를 생각해 보자(그림 61.6). 그리고 Clausius 부등식이 $dS>0$임을 의미하는 것을 보인다.

풀이 고열원으로부터 열이 빠져나갈 때는 Clausius의 부등식에 의해서 고열원의 엔트로피 변화는 $dS_h\ge dq_h/T_h$가 되어야 한다. 이 경우 열은 열원을 떠나므로 $dq_h<0$이어서, $dq_h=-|dq_h|$이다. 한편 찬 열 수채로 열이 들어갈 때는 Clausius의 부등식에 의해서 찬 열 수채의 엔트로피 변화는 $dS_c\ge dq_c/T_c$가 되어야 한다. 이 경우 열이 수채로 들어가므로 $dq_c>0$이고, 따라서 $dq_c=|dq_c|$이다. 따라서 전체 엔트로피 변화 $dS=dS_h+dS_c$는 다음과 같이 된다.

$$dS\ge\frac{dq_h}{T_h}+\frac{dq_c}{T_c}=-\frac{|dq_h|}{T_h}+\frac{|dq_c|}{T_c}$$

그런데 같은 양의 열이 열원을 떠나면서 수채로 들어가기 때문에 $|dq_h|=|dq_c|$이다. 따라서

$$dS\ge-\frac{|dq_c|}{T_h}+\frac{|dq_c|}{T_c}=|dq_c|\left(\frac{1}{T_c}-\frac{1}{T_h}\right)$$

이 값은 양이다($T_h\ge T_c$이므로). 따라서 냉각(뜨거운 곳으로부터 찬 곳으로의 열의 이동)은 우리가 경험에 의해서 아는 바와 같이 자발적이다.

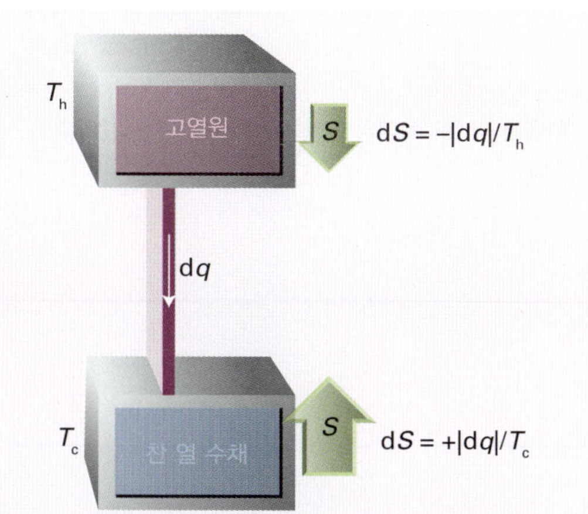

그림 61.6 뜨거운 열원으로부터 에너지가 열로서 빠져나가면 그 열원의 엔트로피가 감소한다. 똑같은 양의 에너지가 찬 열원으로 들어가면 더 큰 엔트로피 변화가 나타난다. 따라서 전체적으로 엔트로피가 증가하며, 이 과정이 자발적으로 일어날 수 있다. 엔트로피의 상대적 변화를 화살표의 크기로 나타내었다.

자가 진단 61.4 열로써 1.0 J의 에너지가 30°C에 있는 커다란 쇳덩어리에서 20°C의 또 다른 커다란 쇳덩어리로 이동되었을 때 엔트로피의 변화는 얼마나 될까?

답: $+0.1\ \mathrm{mJ\ K^{-1}}$

지금 계가 주위로부터 고립되어 있어서 $dq=0$이 된다고 하자. 이때는 Clausius 부등식에 의해서 엔트로피 변화가 다음과 같이 된다.

$$dS \geq 0 \qquad (61.10)$$

그리하여 **고립계 안에서 자발적 변화가 일어날 때는 엔트로피가 감소할 수 없다**고 말할 수 있다. 이것은 열역학 제2법칙(토픽 59)의 내용을 말하는 것이다.

61.4 주위에서의 엔트로피 변화

식 61.1의 정의를 이용하면 주위의 엔트로피 변화 ΔS_{sur}에 관한 식을 만들 수 있다. 하지만 이것을 통계적으로 산출하는 것은 매우 어렵다.

지금 미소한 열 dq_{rev}이 주위로 이동된다고 하자. 주위는 일정한 압력과 온도의 열원으로 되어 있으며, 그리하여 열로 공급된 에너지는 주위의 엔탈피 변화 dH_{sur}와 같다. 엔탈피는 상태 함수이므로 dH_{sur}는 완전 미분이다. 지금까지 봐 왔던 바와 같이 이러한 성질들은 dH_{sur}가 변화 경로와 무관하며, 특히 이 변화가 가역적으로 일어나건, 비가역적으로 일어나건 관계없다는 것을 의미한다. 이 사실은 dH_{sur}와 똑같은 dq_{sur}에도 그대로 적용된다. 따라서 식 61.1의 정의를 이용하여 다음과 같이 쓸 수 있다.

$$dS_{sur} = \frac{dq_{sur,rev}}{T_{sur}} = \frac{dq_{sur}}{T_{sur}} \qquad \text{주위의 엔트로피 변화} \qquad (61.11a)$$

뿐만 아니라, 많은 열이 주위에 들어가더라도 (주위는 무한의 열용량을 가지고 있다) 주위의 온도는 일정하므로, 따라서 유한한 변화에 대해서는 다음과 같이 쓸 수가 있다.

$$\Delta S_{sur} = \frac{q_{sur}}{T_{sur}} \qquad \text{주위의 엔트로피 변화} \qquad (61.11b)$$

즉 계에 가역적이건 비가역적이건 어떤 변화가 일어나건 관계없이, 이동된 열을 그 변화가 일어난 온도로 나누어주기만 하면 주위의 엔트로피 변화가 계산된다.

간단한 예 61.4 주위에서의 엔트로피 변화

298 K의 표준 조건하에서 1.00 mol의 $H_2O(l)$가 성분 원소로부터 생성될 때 나타나는 주위의 엔트로피 변화는 표 57.4의 $\Delta H^{\ominus} = -286$ kJ을 이용하여 계산할 수 있다. 열로 방출되는 에너지는 주위로 공급되며, 따라서 $q_{sur} = +286$ kJ이다. 따라서

$$\Delta S_{sur} = \frac{2.86\times10^5\,\mathrm{J}}{298\,\mathrm{K}} = +960\,\mathrm{J\,K^{-1}}$$

이 강한 발열 반응에서는 주위로 에너지가 열로 방출됨에 따라 주위의 엔트로피가 증가한다.

자가 진단 61.5 298 K의 표준 조건하에서 2.00 mol의 $NO_2(g)$로부터 1.00 mol의 $N_2O_4(g)$가 생성될 때 주위의 엔트로피 변화를 계산하시오.

답: $-192\ \mathrm{J\ K^{-1}}$

식 61.11을 이용하면 임의의 과정에 수반되는 주위의 엔트로피 변화를 쉽게 계산할 수 있다. 예로서 단열 변화의 경우에는 $q_{sur}=0$이며, 따라서 다음과 같이 된다.

$$\Delta S_{sur} = 0 \qquad \text{단열 변화} \qquad (61.12)$$

이 식은 변화가 가역적이건 비가역적이건 어떻게 일어나건 상관없이 성립한다.

개념 확인

- ☐ 1. **열역학적 엔트로피**의 정의는 엔트로피가 $1/T$의 적분 인자를 갖는 상태 함수임을 확인하게 한다.
- ☐ 2. **엔트로피 변화**는 계의 구체적으로 명시된 초기 상태와 최종 상태 사이에서 가역 과정을 찾아 계산될 수 있다.
- ☐ 3. **주위에서의 엔트로피의 변화**는 주위로 이동되는 열을 평가하여 계산된다.

식 확인

성질	식	비고	수식 번호
엔트로피 변화	$\mathrm{d}S=\mathrm{d}q_{\mathrm{rev}}/T$	정의	61.1
Carnot 효율	$\eta=1-T_{\mathrm{c}}/T_{\mathrm{h}}$	열기관의 가역적 작동	61.7
열역학 온도	$T=(1-\eta)T_{\mathrm{h}}$	정의	61.8
Clausius 부등식	$\mathrm{d}S\geq\mathrm{d}q/T$	임의의 변화, 가역 변화에서는 등호	61.9
주위의 엔트로피 변화	$\Delta S_{\mathrm{sur}}=q_{\mathrm{sur}}/T_{\mathrm{sur}}$	임의의 변화	61.11

토픽 62

특정 과정의 엔트로피 변화

내용

➤ 학습 목표

이 절은 토픽 61에서 발전시킨 식을 실제로 어떻게 쓰는지를 보여 준다. 다양한 일반적인 과정에서 수반되는 엔트로피 변화를 어떻게 계산하는지를 보게 될 것이다. 그 식들은 화학 반응의 열역학 논의에서 광범위하게 사용될 것이다.

➤ 핵심 내용

물리 및 화학 과정에 연관된 엔트로피 변화는 엔탈피 변화와 열용량에 대한 데이터로부터 계산될 수 있다.

➤ 미리 알기

이 토픽은 계와 주위의 엔트로피 변화에 대하여 토픽 61에서 전개한 식들을 사용하게 된다. 또한 완전 기체의 가역 등온 팽창(토픽 55) 동안 수행한 일에 대한 식을 이끌어 낼 것이다.

여기에서는 다양한 기본 과정에 수반되는 엔트로피 변화를 어떻게 계산하는지를 보게 된다. 각 경우에서 고전 열역학($\mathrm{d}S = \mathrm{d}q_{\mathrm{rev}}/T$를 바탕으로 한 토픽 61)을 사용하는 논의를 발전시키지만, 각 결과를 통계학적 정의($S = k \ln \mathcal{W}$를 기반으로 한 토픽 60)와 연관시킨다. 계의 엔트로피는 더 많은 상태들이 허용되게 되면 증가한다는 것을 항상 명심해야 한다. 이는 상태의 수가 증가하는 것이 온도 증가를 통해서든지 (Boltzmann 분포의 꼬리가 넓어짐), 도달할 수 있는 준위가 더 많이 생기는 에너지 준위에서의 변화가 있기 때문이기도 하다.

62.1 완전 기체의 등온 팽창

토픽 61의 식 61.2은 다음과 같으며

$$\Delta S = \int_{\mathrm{i}}^{\mathrm{f}} \frac{\mathrm{d}q_{\mathrm{rev}}}{T} \tag{62.1}$$

이는 우선 이 변화가 실제로 어떤 방식으로 일어났는지에 관계없이 엔트로피의 정의에 따라 주어진 처음 상태와 최종 상태 사이의 가역적 경로에 대하여 열로서 공급되는 에너지를 찾아 내야 한다는 것을 알려 주는 것이다. 등온 팽창의 경우는 온도가 일정하게 유지되므로 온도를 적분 기호 밖으로 내보낼 수 있다. 완전 기체의 가역 등온 팽창 과정에서 열로서 흡수되는 에너지는 $\mathrm{d}U = \mathrm{d}q + \mathrm{d}w$로부터 계산될 수 있는데, 내부 에너지는 등온 변화(토픽 58)에서는 부피와 무관하므로 $\mathrm{d}U = 0$이 됨을 안다. 그래서 일반적으로 $\mathrm{d}q = -\mathrm{d}w$이다. 따라서 가역 변화일 때는 $\mathrm{d}q_{\mathrm{rev}} = -\mathrm{d}w_{\mathrm{rev}}$이다. 그러므로 기체의 엔트로피 변화는 다음과 같다.

$$\Delta S = \int_{V_{\mathrm{i}}}^{V_{\mathrm{f}}} \frac{\mathrm{d}q_{\mathrm{rev}}}{T} = -\frac{1}{T}\int_{V_{\mathrm{i}}}^{V_{\mathrm{f}}} \mathrm{d}w_{\mathrm{rev}} = -\frac{w_{\mathrm{rev}}}{T}$$

토픽 55에서 계산된 가역 등온 팽창(또는 압축)의 일은 다음과 같다.

$$w_{\mathrm{rev}} = -nRT \ln \frac{V_{\mathrm{f}}}{V_{\mathrm{i}}}$$

따라서 다음이 된다.

$$\Delta S = nR \ln \frac{V_{\mathrm{f}}}{V_{\mathrm{i}}} \quad \text{완전 기체, 등온} \quad \text{팽창에서 엔트로피 변화} \tag{62.2}$$

이는 통계직 논의(토픽 60)에서 얻은 것과 정확히 같다. 그 경우에서 팽창에 관한 엔트로피의 증가는 분자에 허용되는 에너지 준위들이 용기가 팽창할 때 더 밀집되어 주어진 온도에서 밀도가 더 높아진다는 사실의 결과라고 간주한다.

간단한 예 62.1 팽창을 수반하는 엔트로피 변화

1.00 mol의 어떤 완전 기체 분자가 임의의 한 정해진 온도에서 부피가 2배로 팽창하였다. 그러면 $V_f/V_i=2$가 되며 다음을 얻는다.

$$\Delta S=(1.00\,\text{mol})\times(8.3145\,\text{J K}^{-1}\,\text{mol}^{-1})\times\ln 2=+5.76\,\text{J K}^{-1}$$

자가 진단 62.1 일정량의 완전 기체의 압력이 p_i로부터 p_f로 등온으로 변화할 때의 엔트로피 변화에 대한 식을 나타내시오.

답: $\Delta S = nR\ln(p_i/p_f)$

중요한 것은 S가 상태 함수이기 때문에 **이 계**의 ΔS 값은 처음 상태와 최종 상태 사이의 경로와 무관하며, 식 62.2는 상태 변화가 가역적으로 일어나거나, 비가역적으로 일어나거나 관계없이 성립한다. 엔트로피의 부피에 관한 로그 의존 관계를 그림 62.1에 나타내었다.

하지만 계와 주위의 변화의 합인, 엔트로피의 **전체** 변화는 이 팽창이 어떻게 일어나는가에 의존한다. 어떤 과정에서나 $dq_{sur}=-dq$이고, 가역 등온 변화에 대해서는 $q=nRT\ln(V_f/V_i)$(토픽 61의 **증명** 61.1 참조)을 사용한다. 그리하여 계와 같은 온도에 있는 주위에 대해서는 다음과 같은 식을 얻을 수 있다.

$$\Delta S_{sur}=\frac{q_{sur}}{T}=-\frac{q}{T}=-nR\ln\frac{V_f}{V_i}$$ 완전 기체, 가역, 등온 | 주위의 엔트로피 변화 (62.3)

이 변화는 계의 변화와 부호가 반대이며, 따라서 $\Delta S_{tot}=0$으로 결론지을 수 있으며, 이것은 가역 과정에 대해서 처음부터 예상했던 대로이다.

만일 등온 팽창이 자유롭게($w=0$) 비가역적으로 일어날 때는 $q=0$이 된다($\Delta U=0$이므로). 결과적으로 $\Delta S_{sur}=0$이 되고, 전체 엔트로피 변화는 다음과 같다.

$$\Delta S_{tot}=nR\ln\frac{V_f}{V_i}$$ 완전 기체, 자유 팽창, 등온 | 총 엔트로피 변화 (62.4)

이러한 비가역 과정의 경우에는 예상했던 대로 $\Delta S_{tot}>0$이 된다.

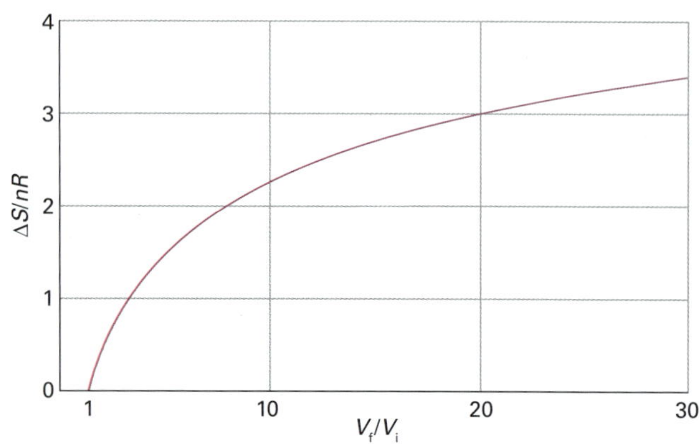

그림 62.1 완전 기체가 등온 팽창할 때는 엔트로피가 로그함수적으로 증가한다.

62.2 상전이

분자들이 쌓여 질서가 변하고, 또 에너지의 국지화나 분산 정도가 변함으로써 물질이 얼거나 끓을 때는 물질의 엔트로피가 변한다. 예컨대 한 물질이 증발되면 치밀한 응축상이 넓게 분산된 기체로 변하며, 따라서 이 물질의 엔트로피가 상당히 증가할 것이라고 예상할 수 있다. 고체 물질이 녹아서 액체로 될 때와 그 액체가 기체로 변할 때도 그 물질의 엔트로피가 증가한다. 이 엔트로피 변화를 통계적이고 분자적 입장에서 **이해할** 수 있지만, 수치적 값을 계산하는 데는 이 고전적 열역학을 이용하는 것이 훨씬 쉽다. 그래서 여기서는 이를 사용할 것이다.

지금 1 atm의 압력에서 두 상이 평형을 이루는 온도인 **정상 전이 온도(normal transition temperature**, T_{trs})에 있는 계와 그 주위를 생각해 보자. 이 온도는 얼음이 액체 물과 1 atm에서 평형을 이루고 있을 때는 0°C(273 K)이고, 액체 물이 1 atm의 증기와 평형을 이루고 있을 때는 100°C(373 K)이다. 전이 온도에서는 계의 두 상이 평형을 이루고 있으므로 계와 그 주위 사이에서 열로서의 에너지 전이가 일어난다면 이것은 가역적이다. 일정한 압력에서는 $q=\Delta_{trs}H$이므로 이 계의 몰엔트로피 변화는 다음과 같이 된다.

$$\Delta_{trs}S=\frac{\Delta_{trs}H}{T_{trs}}$$ 일정 압력, 전이 온도에서 | 전이의 엔트로피 (62.5)

토픽 57을 상기하면 $\Delta_{trs}H$는 물질의 몰당 엔탈피 변화이고, $\Delta_{trs}S$도 몰당 켈빈당 줄(J K^{-1} mol^{-1}) 단위인 몰양이다. 상전이가 발열 과정이면(얼 때나 응축될 때와 같이 $\Delta_{trs}H<0$), 계의 엔트로피 변화가 음이 된다. 이 엔트로피의 감소는 액체에서 고체로, 또는 기체에서 액체로 형성되면서 동반되는 물질과 에너지의 국지화와 일치한다. 전이가 흡열 과정일 때는(용융이나 증발할 때와 같이 $\Delta_{trs}H>0$), 계의 엔트로피 변화가 양이 되는데, 이것은 계에서 에너지와 물질이 분산되므로

당연한 결과이다.

표 62.1에 전이 엔트로피의 실험 결과를 일부 소개하였다. 그리고 표 62.2에 몇 가지 액체의 정상 끓는점에서의 표준 증발 엔탈피를 조금 자세히 열거하였다. 이 표에 나타난 재미있는 특징은 많은 종류의 액체의 표준 증발 엔트로피가 대체로 비슷하다는 사실이다(약 85 J K^{-1} mol^{-1}). 이 실험 사실을 **Trouton 규칙**(**Trouton's rule**)이라고 한다. Trouton 규칙이 성립하는 이유는 어떤 액체이든 증발하여 1 bar에서 기체로 될 때 대체로 비슷한 정도의 부피 변화(허용되는 수많은 미소 상태에서 수반되는 변화를 가지고)가 일어나기 때문이다. 이 때문에 모든 액체는 비슷한 표준 증발 엔트로피를 가질 것이라고 예상할 수 있다.

Trouton 규칙에서 크게 벗어나는 액체들은 분자 상호 작용이 강해서 분자들이 부분적인 질서를 이루고 있다. 결과적으로 이러한 액체가 증발할 때는 완전히 무질서한 액체가 증발할 때보다 무질서 정도가 훨씬 더 많이 증가해야 하는 것이다. 그 한 예가 물인데, 물이 높은 증발 엔트로피를 갖는 것은 분자들 사이의 수소 결합으로 액체가 상당한 구조를 가지고 있기 때문이다. 수소 결합은 액체 상태의 분자들을 조직화하며, 그리하여 이 분자들은 예컨대 액체 황화수소의 분자(수소 결합이 없다)와 같은 것에 비해서 훨씬 덜 무질서한 상태에 있게 된다.

메테인의 증발 엔트로피는 비정상적으로 작다. 이와 같이 증발 엔트로피가 작은 부분적인 이유는 이 기체 자체의 엔트로피가 약간 낮기 때문이다(298 K에서 186 J K^{-1} mol^{-1}). 같은 조건하에서 N_2의 엔트로피는 192 J K^{-1} mol^{-1}이다. 작고 가벼운 분자들은 회전 준위가 멀리 떨어져 있어서 엔트로피에 대한 회전 운동의 기여가 작다(토픽 41).

표 62.1* 표준 상전이 엔트로피(및 온도) $\Delta_{trs}S^{\ominus}$(J K^{-1} mol^{-1})

	용융(T_f에서)	증발(T_b에서)
아르곤(Ar)	14.17(83.8 K에서)	74.53(87.3 K에서)
벤젠(C_6H_6)	38.00(279 K에서)	87.19(353 K에서)
물(H_2O)	22.00(273.15 K에서)	109.1(373.15 K에서)
헬륨(He)	4.8(1.8 K, 30 bar에서)	19.9(4.22 K에서)

* 더 많은 값들이 **부록**에 수록되어 있다.

표 62.2* 액체의 표준 증발 엔트로피

	$\Delta_{vap}H^{\ominus}$ (kJ mol^{-1})	θ_b(°C)	T_b(K)	$\Delta_{vap}S^{\ominus}$(J K^{-1} mol^{-1})
벤젠	30.8	80.1	353.3	87.2
사염화 탄소	30	76.7	349.9	85.8
사이클로헥세인	30.1	80.7	353.9	85.1
황화 수소	18.7	−60.4	212.8	87.9
메테인	8.18	−161.5	111.7	73.2
물	40.7	100.0	373.2	109.1

* 더 많은 값들이 **부록**에 수록되어 있다.

간단한 예 62.2 Trouton 규칙

액체 브로민은 수소 결합을 가지고 있지 않으며, Br_2가 무거운 분자이기 때문에 기체 상태에서 비정상적 행동을 나타낼 가능성은 없다. 따라서 Trouton 규칙을 안심하고 적용시킬 수 있다. 브로민은 59.2°C에서 끓는다. 이 규칙을 다음과 같은 형태로 나타내면 브로민의 표준 몰 증발 엔탈피를 구할 수 있다.

$$\Delta_{vap}H^{\ominus} = T_b \times (85\,\mathrm{J\,K^{-1}\,mol^{-1}})$$

이 식에 데이터를 넣어 준다. 그러면

$$\Delta_{vap}H^{\ominus} = (332.4\,\mathrm{K}) \times (85\,\mathrm{J\,K^{-1}\,mol^{-1}}) = +2.8\times10^4\,\mathrm{J\,mol^{-1}}$$
$$= +28\,\mathrm{kJ\,mol^{-1}}$$

측정값은 +29.45 kJ mol^{-1}이다.

자가 진단 62.2 에테인의 정상 끓는점은 −88.6°C이다. 이것의 증발 엔탈피를 구하시오.

답: 16 kJ mol^{-1}

62.3 가열할 때의 엔트로피 변화

토픽 60에서 통계적 엔트로피에 병진, 회전, 진동 기여는 온도에 따라 더 많은 상태가 허용되어서 증가한다고 설명하였다. 열역학적 정의는 같은 결론을 얻는 데 이용될 수 있다. 따라서 식 62.1로부터 다음 식을 생각할 수 있다.

$$S(T_f) = S(T_i) + \int_{T_i}^{T_f} \frac{dq_{rev}}{T} \quad (62.6)$$

온도 T_i에서 계의 엔트로피를 알고, 또 이 계의 온도를 한 값에서 다른 것으로 변화시키기 위해서 가해 준 열을 알 경우에는 위 식을 이용하여 T_f에서의 계의 엔트로피를 구할 수 있다. 우리에게 특히 중요한 것은 계가 일정한 압력(대기압에서와 같이)에서 가열될 때의 엔트로피 변화이다. 그러면 일정 압력 열용량의 정의(토픽 56)에서, 계가 제공하는 $dq_{rev} = C_p dT$는 비팽창 일이 아닌 것을 하는 것이다. 그러므로 일정 압력에서 다음을 얻는다.

$$S(T_f) = S(T_i) + \int_{T_i}^{T_f} \frac{C_p}{T} dT \quad \text{일정 압력} \quad (62.7)$$

가열할 때의 엔트로피 변화

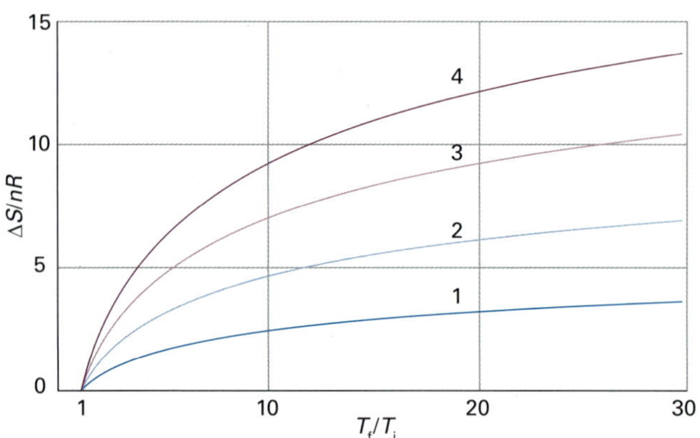

그림 62.2 한 물질의 엔트로피는 일정한 부피에서 가열될 때 로그함수 형태로 증가한다. 이 그림에서 다른 곡선들은 각각 상이한 일정 부피 열용량 값(이 온도 영역에서 일정하다고 가정한)들에 대한 것으로서, $C_{V,m}/R$의 값들로 표시되어 있다.

여기서 C_p를 C_V로 바꾸어 주면 일정 부피에서 같은 식이 얻어진다. C_p가 관심 대상 온도 영역에서 온도와 무관할 때는 이것을 적분 기호 밖으로 내보낼 수 있어 다음 식을 얻는다.

$$S(T_f)=S(T_i)+C_p\int_{T_i}^{T_f}\frac{1}{T}\mathrm{d}T$$

그러므로

$$S(T_f)=S(T_i)+C_p\ln\frac{T_f}{T_i} \qquad \text{일정 압력, } C_p \text{ 일정} \qquad \text{가열할 때의 엔트로피 변화} \qquad (62.8)$$

일정한 부피에서 가열하는 경우의 식도 이와 비슷하다. 엔트로피의 온도에 관한 로그 의존 관계를 그림 62.2에 나타내었다.

예제 62.1 엔트로피 변화의 계산

25°C, 1.00 bar에서 0.500 dm³의 용기 속에 들어 있는 아르곤을 1.000 dm³로 팽창시키면서 동시에 100°C로 가열할 때 엔트로피 변화를 구하시오.

방법 S는 상태 함수이므로 처음 상태로부터 마지막 상태로 가는 가장 편리한 경로를 택한다. 이러한 경로 중의 하나는 최종 부피로 가역 등온 팽창을 하고, 이어서 부피를 일정하게 유지시키면서 최종 온도로 가역적으로 가열하는 것이다(그림 62.3). 첫 번째 단계에서의 엔트로피 변화는 식 62.2로, 두 번째 단계에서의 것은 C_V가 온도와 무관하다는 조건에서 식 62.8(C_p 대신에 C_V를 이용한)로 주어진다. 이러한 계산을 하려면 기체 분자의 양 n을 알아야 하는데, 이것은 완전 기체의 상태식과 처음 상태에 관한 데이터를 가지고 $n=p_iV_i/RT_i$로부터 계산할 수 있다. 일정 부피 열용량은 균등 분배 이론에 의해서 $\frac{3}{2}R$로 놓는다(일원자 기체에 대해서는 균등 분배 이론이 잘 맞으며, 그 이외의 경우에는 일반적

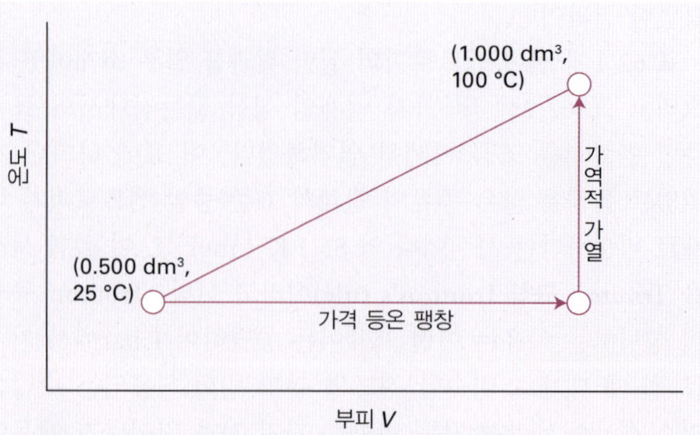

그림 62.3 예제 62.1에서 다룬 계에서 같은 목적지에 도달하는 데 이용된 전반적인 경로와 만들어 낸 경로

으로 **부록**의 표 57.3과 57.4의 것과 같은 실험값을 사용한다). 필요에 따라 $C_{p,m}-C_{V,m}=R$의 관계로부터 $C_{p,m}$을 $C_{V,m}$로 바꾼다.

풀이 $n=p_iV_i/RT_i$이므로, 식 62.2로부터 다음과 같다.

$$\Delta S(1\text{단계})=\overbrace{\frac{p_iV_i}{RT_i}}^{n}\times R\ln\frac{V_f}{V_i}=\frac{p_iV_i}{T_i}\ln\frac{V_f}{V_i}$$

일정 부피에서 298 K로부터 373 K가 되는 두 번째 단계에서의 엔트로피 변화는 식 62.8로부터 C_p를 C_V로 치환하면 다음과 같이 나타낼 수 있다.

$$\Delta S(2\text{단계})=\overbrace{\frac{p_iV_i}{RT_i}}^{n}\times\overbrace{\frac{3}{2}R}^{C_{V,m}}\times\ln\frac{T_f}{T_i}=\frac{p_iV_i}{T_i}\ln\left(\frac{T_f}{T_i}\right)^{3/2}$$

여기서는 $\frac{3}{2}\ln x=\ln x^{3/2}$을 사용했다. 이 두 변화의 값을 합하면 전체 엔트로피 변화가 된다.

$$\Delta S=\frac{p_iV_i}{T_i}\ln\frac{V_f}{V_i}+\frac{p_iV_i}{T_i}\ln\left(\frac{T_f}{T_i}\right)^{3/2}=\frac{p_iV_i}{T_i}\ln\left\{\frac{V_f}{V_i}\left(\frac{T_f}{T_i}\right)^{3/2}\right\}$$

여기서 데이터를 대입하여 다음을 얻었다(1 Pa m³ = 1 J 이용).

$$\Delta S=\frac{(1.00\times10^5\,\text{Pa})\times(0.500\times10^{-3}\,\text{m}^3)}{298\,\text{K}}\ln\left\{\frac{1.000}{0.500}\left(\frac{373}{298}\right)^{3/2}\right\}$$
$$=+0.173\,\text{J K}^{-1}$$

실용 상식 수치 데이터를 넣기 전에 가능한 한 일반적인 식으로 나타내어 이것을 다른 데이터에도 적용시킬 수 있게 하고, 또 반올림에 따른 오차도 피하는 것이 좋다.

자가 진단 62.3 동일한 처음 조건의 시료를 50.0 cm³로 압축한 다음, −25°C로 냉각시켰을 때의 엔트로피 변화를 계산하시오.

답: −0.433 J K⁻¹

온도에 대한 엔트로피의 변화는 토픽 63에서 기술할 엔트로피의 열계량법 측정의 기본이다.

개념 확인

- ☐ 1. **완전 기체의 엔트로피**는 등온 팽창할 때 증가한다. 그 효과는 병진 에너지 준위 간 간격이 더 좁아지는 것으로 해석할 수 있다.
- ☐ 2. 물질이 얼거나 끓으면 물질의 엔트로피가 변화하는데, 이것은 전이 온도에서의 전이 엔탈피에 비례한다.
- ☐ 3. **Trouton 규칙**은 넓은 범위의 액체가 근사적으로 같은 표준 증발 엔트로피(약 85 J $K^{-1}mol^{-1}$)를 가진다는 것이다.
- ☐ 4. **온도에 관한 엔트로피 의존성**은 온도와 무관한 열용량을 가지는 물질에 대해 로그적으로 변한다.

식 확인

성질	식	비고	식 번호
기체의 팽창에서 엔트로피 변화	$\Delta S = nR\ln(V_f/V_i)$	등온, 완전 기체	62.2
전이 엔트로피	$\Delta_{trs}S = \Delta_{trs}H/T_{trs}$	전이 온도에서	62.5
가열할 때의 엔트로피 변화	$S(T_f) = S(T_i) + \int_{T_i}^{T_f} (C_p/T)\,dT$	일정 압력	62.7
가열할 때의 엔트로피 변화	$S(T_2) = S(T_1) + \int_{T_1}^{T_2} \frac{C_p}{T}\,dT$	일정 압력, C_p 일정	62.8

토픽 63

제3법칙

내용

➤ 학습 목표

화학 열역학의 상당 부분은 물질의 엔트로피를 얼마나 아는가에 달려 있다. 이 토픽은 엔트로피를 어떻게 측정하는지를 설명한다. 또한 열역학의 기초를 완벽하게 하고, 결정되어 사용하게 될 열역학 성질을 가능하게 하는 최종 법칙을 도입한다.

➤ 핵심 내용

모든 완벽한 결정성 물질의 엔트로피는 $T=0$에서 0이다. 열용량 데이터는 $T>0$에서 엔트로피 값을 결정하는 데 이용된다.

➤ 미리 알기

이 토픽은 엔트로피의 열역학적 정의(토픽 61)와 열용량의 개념(토픽 55와 56)에 근거를 두고 있다.

토픽 60에서 분광학 데이터로 물질의 엔트로피를 어떻게 계산하는지가 설명되었다. 이 토픽에서는 열계량법으로 어떻게 측정될 수 있는지를 보게 될 것이다. 그 과정은 통계치와 열역학 값을 맞추는데 의문이 제기되는데, 이는 열역학 '제3법칙'에 의해 요약된 일련의 실험 결과에 의해 해결된다.

63.1 엔트로피의 열계량법 측정

여러 다른 온도에서 열용량 C_p를 측정하고 토픽 62에서 적분을 구하여, 온도 T에서의 계의 엔트로피를 $T=0$에서의 엔트로피와 연관시킬 수 있다. 이를 편리상 여기에 반복하여 쓴다.

$$S(T_2)=S(T_1)+\int_{T_1}^{T_2}\frac{C_p}{T}\,\mathrm{d}T \tag{63.1}$$

또한 관심 온도 T와 $T=0$ 사이의 각 구간에서의 상전이에 대한 상전이 엔트로피($\Delta_{\mathrm{trs}}H/\Delta T_{\mathrm{trs}}$)를 합해 줄 필요가 있다. 예로서 녹는점이 T_f이고 끓는점이 T_b인 물질은 끓는점보다 높은 온도에서 엔트로피가 다음과 같이 된다.

$$\begin{aligned}S(T)=S(0)&+\int_0^{T_f}\frac{C_p(\mathrm{s})}{T}\,\mathrm{d}T+\frac{\Delta_{\mathrm{fus}}H}{T_f}\\&+\int_{T_f}^{T_b}\frac{C_p(\mathrm{l})}{T}\,\mathrm{d}T+\frac{\Delta_{\mathrm{vap}}H}{T_b}+\int_{T_b}^{T}\frac{C_p(\mathrm{g})}{T}\,\mathrm{d}T\end{aligned} \tag{63.2}$$

여기서는 열용량에 대해 상을 표시하였다. 이 식 속의 $S(0)$을 제외한 모든 양은 열계량법으로 측정할 수 있으며, 또 적분들은 그래프 방식으로 구하거나, 근래에 와서 많이 하는 대로 다항식을 데이터에 맞도록 만들어서 이 다항식을 해석적이거나 수치적으로 적분할 수도 있다. 전자의 방법을 그림 63.1에 설명하였다. 즉 Cp/T를 T에 대해서 그린 다음, 그 곡선 밑의 넓이를 구하면 필요한 적분이 된다. $\mathrm{d}T/T=\mathrm{d}\ln T$가 되므로 C_p를 $\ln T$에 대해서 도시한 곡선 밑의 면적을 구해도 된다.

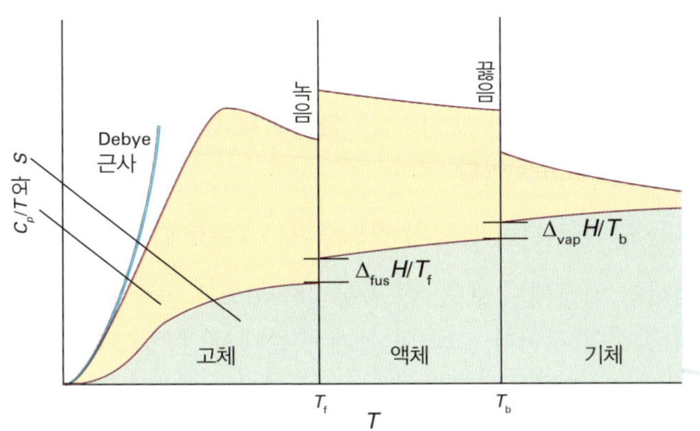

그림 63.1 열용량 데이터로부터의 제3법칙 엔트로피 계산. 시료의 온도에 대한 C_p/T 변화를 노란색 영역 위의 선으로 도시하였다. 위쪽 곡선 밑의 면적(해당하는 온도까지)과 같은 엔트로피를 구하고, 여기에 그때까지 일어난 상전이 엔트로피들을 더해 주면 해당 온도에서의 엔트로피가 초록색 영역 위의 선으로 나타난다. 저온에서는 Debye 근사가 사용되었음을 주목할 것.

예제 63.1 엔트로피 변화의 평가

적은 온도 범위에서는 이산화 탄소 기체의 일정 압력 몰열용량은 온도에 대해 $C_{p,\mathrm{m}}=a+bT+c/T^2$으로 변하는데, 여기서 $a=44.22\ \mathrm{J\ K^{-1}\ mol^{-1}}$, $b=8.79\ \mathrm{mJ\ K^{-2}\ mol^{-1}}$, $c=-862\ \mathrm{kJ\ K\ mol^{-1}}$이다. 이산화 탄소가 0°C에서 100°C로 가열될 때 몰엔트로피 변화는 얼마나 되는가?

방법 온도에 관한 엔트로피 변화에 대한 일반적인 식은 식 63.1이어서, 이 식에 $C_{p,\mathrm{m}}$에 대한 다항식을 대입해서 시작하고, 가능한 한 결과 식을 간략히 한다. 그러면 계산하기 위한 두 가지 방법이 있게 된다. 하나는 결과적인 적분을 해석적으로 산출한다. 다른 하나는 적분을 수학 소프트웨어에 넣어 작업을 시킨다. 여기서는 전자의 접근 방법을 택하여 보자. 수치적 계산에서는 $T_1=273$ K(0°C), $T_2=373$ K(100°C)를 택한다.

풀이 $C_{p,\mathrm{m}}=a+bT+c/T^2$을 식 63.1에 대입하여 다음을 얻는다.

$$\begin{aligned}S_\mathrm{m}(T_2)&=S_\mathrm{m}(T_1)+\int_{T_1}^{T_2}\frac{C_{p,\mathrm{m}}}{T}\mathrm{d}T\\&=S_\mathrm{m}(T_1)+\int_{T_1}^{T_2}\left(\frac{a}{T}+b+\frac{c}{T^3}\right)\mathrm{d}T\\&=S_\mathrm{m}(T_1)+a\ln\frac{T_2}{T_1}+b(T_2-T_1)-\frac{1}{2}c\left(\frac{1}{T_2^2}-\frac{1}{T_1^2}\right)\end{aligned}$$

계수의 값들과 초기 온도 및 최종 온도를 넣으면 $\Delta S_\mathrm{m}=S_\mathrm{m}(T_2)-S_\mathrm{m}(T_1)=+11.99\ \mathrm{J\ K^{-1}\ mol^{-1}}$이 된다.

자가 진단 63.1 $C_{p,\mathrm{m}}=a+b\ln T$인 물질의 몰엔트로피의 온도 의존성에 대한 식을 찾으시오.

답: $S_\mathrm{m}(T_2)=S_\mathrm{m}(T_1)+a\ln(T_2/T_1)+\frac{1}{2}b\ln(T_1T_2)\ln(T_2/T_1)$

엔트로피의 결정과 관련된 한 가지 문제점은 $T=0$ 근처에서 열용량을 측정하기가 어렵다는 것이다. T가 낮을 때는 비금속 고체의 열용량이 T^3에 비례한다고 가정할 만한 충분한 이론적 근거가 있으며, 이 의존성이 바로 **Debye T^3 법칙**(**Debye T^3 law**)에 근거한 추정의 기초가 되는 것이다. 이 법칙에 의하면 비금속 고체에 대한 열용량은 $T\to 0$이 됨에 따라 T^3에 비례한다고 말한다. 이 방법에서는 $C_{p,\mathrm{m}}$를 가능한 한 낮은 온도까지 측정한 다음, aT^3 형태의 곡선을 여기에 맞춘다. 이렇게 하면 a를 정할 수 있고, 이 $C_p(T)=aT^3$은 $T=0$이 될 때까지 잘 맞는다고 가정한다.

예제 63.2 저온에서의 엔트로피 계산

어떤 비금속 고체의 일정 압력 몰열용량은 4.2 K에서 $0.43\ \mathrm{J\ K^{-1}\ mol^{-1}}$이다. 이 온도에서 이 고체의 몰엔트로피를 구하시오.

방법 온도가 대단히 낮기 때문에 열용량이 aT^3처럼 온도에 의존한다고 가정할 수 있으며, 그리하여 식 63.1을 써서 $T=0$에서의 엔트로피와 상수 a로 온도 T에서의 엔트로피를 계산할 수 있다. 이 적분을 하면 온도 T에서의 열용량으로 나타낸 결과가 나오며, 따라서 데이터를 넣어 주면 곧 엔트로피를 계산할 수 있다.

풀이 필요한 적분은 다음과 같다.

$$\begin{aligned}S_\mathrm{m}(T)&=S_\mathrm{m}(0)+\int_0^T\frac{aT^3}{T}\mathrm{d}T=S_\mathrm{m}(0)+\int_0^T aT^2\mathrm{d}T\\&=S_\mathrm{m}(0)+\frac{1}{3}aT^3\end{aligned}$$

그런데 aT^3는 온도 T에서의 열용량이기 때문에,

$$S(T)=S(0)+\frac{1}{3}C_p(T)$$

이다. 따라서 다음과 같은 결과를 얻을 수 있다.

$$S_\mathrm{m}(4.2\ \mathrm{K})=S_\mathrm{m}(0)+0.14\ \mathrm{J\ K^{-1}\ mol^{-1}}$$

자가 진단 63.2 금속의 경우에는, 전자가 또한 열용량에 기여를 하는데, 저온에서는 이것이 T에 비례한다. 이것이 저온에서 엔트로피에 기여하는 정도는 어떻게 되는가?

답: $S(T)=S(0)+C_p(T)$

63.2 Nernst 열정리와 제3법칙

$T=0$에서의 엔트로피 $S(0)$의 값에 대한 의문이 남아 있다. $T=0$에서는 모든 열운동이 얼어붙으며, 완전 결정에서는 모든 원자나 이온들이 규칙적이고 일정한 배열을 하고 있다.

물질들이 국지화되고 열운동이 없어진다는 것은 이러한 물질들의 엔트로피가 0이 된다는 것을 의미한다. 이 결론은 엔트로피에 관한 통계적 정의에 부합되는 것이다. 즉 분자의 배열 방법이 하나뿐이어서 허용되는 상태가 하나뿐이고(바닥 상태) 그리고 $\mathcal{W}=1$이면, $S=\ln \mathcal{W}=0$이기 때문이다. 하지만 토픽 61에서 통계적 정의를 열역학적 정의와 관계시키는 데 사용한 논거는 엔트로피 **변화**로 되어 있기 때문에, 식 63.1에 있는 정의는 통계 엔트로피와 각 물질에 따라 다를 수도 있는 어떤 상수 정도만큼 다를 수 있다는 가능성이 남아 있게 된다.

$T=0$에서 분자들이 규칙적인 배열을 하여 그 엔트로피가 0이 된다는 생각과 부합되는 실험 결과를 요약한 것이 다음과 같은 **Nernst 열정리**(**Nernst heat theorem**)이다.

> 물리적 변환이나 화학적 변환에 수반되는 엔트로피 변화는 절대 영도로 접근함에 따라 0으로 접근한다. 즉 관련되는 물질들이 모두 완전한 질서적 배열을 이룬다면 $\Delta T \to 0$일 때 $\Delta S \to 0$이 된다.

간단한 예 63.1 Nernst 열정리

사방황 S(α)와 단사황 S(β) 사이의 상전이 엔트로피를 그 전이 온도(369 K)에서의 전이 엔탈피(−402 J mol^{-1})를 이용하여 계산할 수 있다.

$$\Delta_{trs}S=S_m(\alpha)-S_m(\beta)=\frac{(-402\,\mathrm{J\,mol^{-1}})}{369\,\mathrm{K}}=-1.09\,\mathrm{J\,K^{-1}\,mol^{-1}}$$

한편 각각의 두 엔트로피는 $T=0$부터 $T=369$ K까지의 열용량을 측정하여 구할 수도 있다. 이렇게 구한 값은 $S_m(\alpha)=S_m(\alpha,0)+37\,\mathrm{J\,K^{-1}\,mol^{-1}}$과 $S_m(\beta)=S_m(\beta,0)+38\,\mathrm{J\,K^{-1}\,mol^{-1}}$이다. 이 결과를 이용하면 전이 엔트로피가 다음과 같이 된다.

$$\Delta_{trs}S=S_m(\alpha,0)-S_m(\beta,0)-1\,\mathrm{J\,K^{-1}\,mol^{-1}}$$

이 값을 앞에서 얻은 결과와 비교하면 $S_m(\alpha,0)-S_m(\beta,0)\approx 0$이 되어 열정리와 일치되는 결과가 된다.

자가 진단 63.3 금속 고체(자가 진단 63.2 참조)의 두 형태는 $T=0$ 근처에 있는 T_{trs}에서 상전이를 한다. 두 동질 이상체(polymorph)의 열용량으로서 T_{trs}에서의 엔탈피는 무엇인가?

답: $\Delta_{trs}H(T_{trs})=T_{trs}\Delta C_p(T_{trs})$

Nernst 열정리에 의하면, 만일 $T=0$에서 완전한 결정 상태로 있는 원소의 엔트로피 값을 임의로 0으로 놓으면, 모든 완전 결정 화합물의 엔트로피도 $T=0$에서 0이 된다(화합물의 생성에 수반되는 엔트로피 변화는 그 온도에서 모든 변환의 엔트로피와 마찬가지로 0이 되기 때문이다). 이 결론을 다음과 같이 요약한 것이 바로 **열역학 제3법칙**(**Third Law of thermodynamics**)이다.

> 모든 완전한 결정 물질의 엔트로피는 $T=0$에서 0이다.

열역학적 입장에서 보면, 이 공통 값을 0으로 놓는 것은 편의상의 결정인 것이다. 그러나 통계 수준에서 엔트로피를 해석해 보면 $T=0$에서는 마땅히 $S=0$이 되어야 하는 것이다.

대부분의 경우 $T=0$에서 전체 에너지가 최저로 되는 방법은 모든 분자들이 동일한 최저 상태를 점유하는 것 하나뿐이므로 $\mathcal{W}=1$이 된다. 따라서 $T=0$에서 $S=0$이 되어 열역학 제3법칙과 부합된다. 그러나 경우에 따라서는 $T=0$에서 $\mathcal{W}$가 1과 다를 수도 있다. 이 경우는 절대 영도에서 특정한 배향을 갖더라도 에너지면에서 별로 차이가 나지 않을 수 있다. 예로서 이원자 분자 AB의 경우, … AB AB AB …의 배치와 … BA AB BA …의 배치 사이에 에너지 차가 거의 없을 수 있으며, 이때는 $T=0$에서도 $\mathcal{W}>1$이 된다. $T=0$에서 $S>0$이 되는 물질은 **잔류 엔트로피**(**residual entropy**)를 갖는다고 말한다.

예제 63.3 잔류 엔트로피의 추산

H_2O 한 분자의 산소 원자에 대하여 화학 결합과 수소 결합의 분포를 생각하여 얼음의 잔류 엔트로피를 산출하시오. 실험값은 3.4 J K^{-1} mol^{-1}이다.

방법 O 원자에 초점을 맞추어, 한 O 원자가 두 개의 짧은(화학) 결합과 네 이웃과 두 개의 긴 수소 결합을 가질 수 있는 방법을 생각해 보자. 그림 63.2를 참조하라.

풀이 그림 63.2에 묘사된 바와 같이 각 수소 원자는 '어미' 산소 원자에서 가까이 있을 수도 있고 멀리 있을 수 있다고 하자. N개의 H_2O 분자, 따라서 $2N$개의 H 원자가 포함된 시료에서 상상할 수 있는 배열의 총 수는 2^{2N}개이다. 이제 한 개의 중심 O 원자를 생각해 보자. H_2O 한 분자의 중심 O 원자 주위에 H 원자를 배치할 수 있는 가능한 방법의 수는 $2^4=16$이다. 16가지 가능성 중에서 6가지만이 두 개는 짧고 두 개는 긴 결합에 대응된다. 즉 모든 가능한 배치 중에 $\frac{6}{16}=\frac{3}{8}$개만이 가능하며, N개의 분자에 대해서는 모든 가능한 배열 중에서 $(\frac{3}{8})^N$개만이 가능하다. 그러므로, 결정에서 허용되는 총 수는 $2^{2N}(\frac{3}{8})^N=4^N(\frac{3}{8})^N=(\frac{3}{2})^N$이다. 이들 배열이 에너지 입장에서 모두 동일하다고 가정하면, 잔류 엔트로피는 다음과 같다.

$$S(0)=k\ln\left(\frac{3}{2}\right)^N=Nk\ln\frac{3}{2}=nN_Ak\ln\frac{3}{2}=nR\ln\frac{3}{2}$$

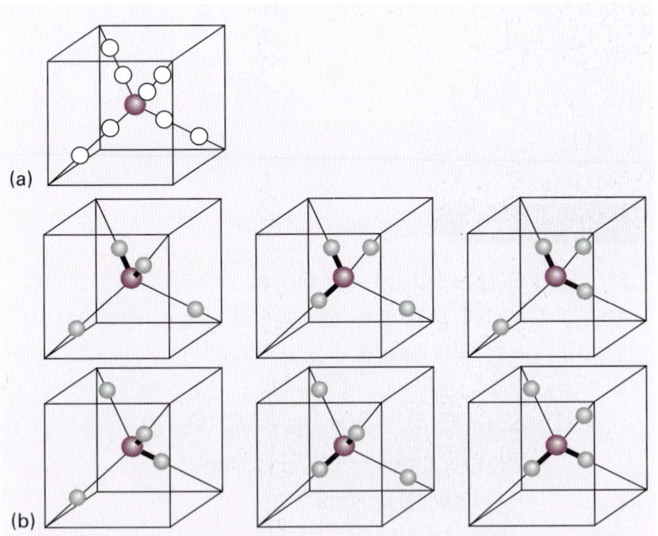

그림 63.2 (a) 얼음 결정에서 H 원자가 중심 O 원자 주위에 자리할 수 있는 위치. (b) 국지적으로 이웃에 있는 짧고(화학) 긴(수소) 결합의 허용된 배열

또한 잔류 엔트로피는 다음과 같으며 실험값인 3.4 J K^{-1} mol^{-1}과 대단히 잘 맞는다.

$$S_m(0)=R\ln\tfrac{3}{2}=3.4\,J\,K^{-1}\,mol^{-1}$$

자가 진단 63.4 각 분자가 결정의 사면체 배향 네 개 중 하나를 취할 수 있다고 가정할 때 HCF_3의 잔류 몰엔트로피는 얼마인가?

답: 11.5 J K^{-1} mol^{-1}

63.3 제3법칙 엔트로피

$S(0)=0$을 근거로 보고되는 엔트로피를 **제3법칙 엔트로피**(**Third-Law entropy**) 또는 간단히 '엔트로피'라고 한다. 그들은 $S(0)=0$으로 놓고 식 63.2를 사용하여 열계량법으로 측정된다. 물질이 온도 T에서 표준 상태에 있을 때, **표준** (**제3법칙**) **엔트로피**[**standard** (**Third-Law**) **entropy**]는 $S^\ominus(T)$로 표시한다. 298 K에서의 값들을 표 63.1에 수록하였다.

토픽 57에서 엔탈피와 관련하여 음이온이 들어 있지 않은 양이온만의 용액은 만들 수 없다는 것을 설명했는데, 이 경우와 동일한 논리에 의해서, 용액 속에 있는 이온의 표준 몰엔트로피도 물속의 H^+ 이온의 표준 엔트로피를 모든 온도에서 0으로 놓는 척도에 입각해서 나타낸다. 즉

$$S^\ominus(H^+,aq)=0 \qquad \text{정의 표준 반응 엔트로피} \qquad (63.3)$$

이 척도에 입각한 값들을 **부록**의 표 57.3과 57.4에 수록해 놓았다.

표 63.1* 표준 제3법칙 엔트로피(298 K에서)

	$S_m^\ominus$(J K^{-1} mol^{-1})
고체 :	
흑연 C(s)	5.7
다이아몬드 C(s)	2.4
설탕 $C_{12}H_{22}O_{11}$(s)	360.2
아이오딘 I_2(s)	116.1
액체 :	
벤젠 C_6H_6(l)	173.3
물 H_2O(l)	69.9
수은 Hg(l)	76.0
기체 :	
메테인 CH_4(g)	186.3
이산화 탄소 CO_2(g)	213.7
수소 H_2(g)	130.7
헬륨 He(g)	126.2
암모니아 NH_3(g)	192.4

* 더 많은 값들이 **부록**에 수록되어 있다.

물속에 있는 이온의 엔트로피는 물속에 있는 수소 이온을 기준으로 한 상대적인 값이기 때문에 이 값들은 양일 수도 있고 음일 수도 있다. 양의 엔트로피는 그 이온이 물속의 수소 이온보다 높은 몰엔트로피를 가지며, 음의 엔트로피는 그 이온이 물속의 수소 이온보다 낮은 몰엔트로피를 갖는다는 뜻이 된다. 토픽 69에서 소개될 '분몰량'의 언어로서, 용액에서 이온의 엔트로피는 실제로 **분몰 엔트로피**(**partial molar entropy**)이다. 왜냐하면 이온들의 엔트로피 값은 이온들 주위의 용매 분자의 구조에 이온들이 존재하는 결과가 포함되기 때문이다. 부분 엔트로피여서, 그들의 '절대' 값도 음일 수도 있다. 그리하여 이온 엔트로피 값들은 이온들이 그 주위의 물 분자를 정렬시키는 정도에 따라 다를 것으로 예상된다. 높은 전하량의 작은 이온은 주위의 물 분자로 하여금 국지적인 구조를 나타내게 하며, 그리하여 단위 전하량의 큰 이온의 경우보다 용액의 무질서를 더 많이 감소시킨다. 수용액 속에 들어 있는 양성자의 절대, 제3법칙 분몰 엔트로피 값은 이 양성자가 물속에서 유발시키는 구조의 모형을 가지고 계산할 수 있으며, 대체로 −21 J K^{-1} mol^{-1}이라는 데 결론이 모아지고 있다. 이 엔트로피의 값이 음이라는 것은 양성자가 용매 속에 질서를 유발시키기 때문이라고 생각할 수 있다.

간단한 예 63.2 절대적 엔트로피와 상대적 엔트로피

$Cl^-(aq)$의 표준 몰엔트로피는 +57 $JK^{-1}\ mol^{-1}$이며, $Mg^{2+}(aq)$에 대해서는 −128 J K^{-1} mol^{-1}이다. 이는 Cl^-의 분몰 엔트로피는 물에 있는 양성자보다 57 J K^{-1} mol^{-1}이 높다는 것(아마도 주위의 물에서 보다 적은 국부적 구조를 야기시키기 때문일 것임)인 반면, $Mg^{2+}(aq)$에 대해서는 물에서의 양성자보다 128 J K^{-1} mol^{-1}만큼 더 낮다는(아마도 보다 높은 전하가 주위 물에서 보다 많은 국부적 구조를 가지게 하기 때문일 것임) 것이다.

자가 진단 63.5 이들 이온의 절대 분몰 엔트로피의 값을 추산하시오.

답: +36 J K^{-1} mol^{-1}, −149 J K^{-1} mol^{-1}

63.4 표준 반응 엔트로피

표준 반응 엔탈피를 정의했던 것과 마찬가지로, 모든 물질이 명시된 온도에서 순수한, 분리된 상태로 있는 생성물과 반응물 사이의 엔트로피 차를 **표준 반응 엔트로피**(**standard reaction entropy**, $\Delta_r S^\ominus$)라고 정의한다. 즉

$$\Delta_r S^\ominus = \sum_J \nu_J S_m^\ominus(J) \qquad \text{정의 표준 반응 엔트로피} \qquad (63.4)$$

여기에서는 토픽 57에서 도입된 표기법을 사용하였다. 반응에서 최종적으로 기체가 생성될 때는 표준 반응 엔트로피가 양이 되고, 최종적으로 기체가 소모될 때는 이것이 음이 되기 쉽다.

간단한 예 63.3 표준 반응 엔트로피

25°C에서 $H_2(g)+\frac{1}{2}O_2(g)\rightarrow H_2O(l)$의 표준 반응 엔트로피를 계산하기 위하여 **부록**의 표 57.4로부터 필요한 데이터를 사용하면 다음과 같은 결과를 얻을 수 있다.

$$\begin{aligned}\Delta_r S^\ominus &= S_m^\ominus(H_2O, l) - S_m^\ominus(H_2, g) - \tfrac{1}{2}S_m^\ominus(O_2, g)\\ &= 69.9\,JK^{-1}\,mol^{-1} - 130.7\,JK^{-1}\,mol^{-1}\\ &\quad -\tfrac{1}{2}(205.0)\,JK^{-1}\,mol^{-1}\\ &= -163.3\,JK^{-1}\,mol^{-1}\end{aligned}$$

엔트로피가 이와 같이 감소하는 것은 두 기체가 빽빽한 액체로 변하기 때문이다.

실용 상식 원소들의 표준 몰엔트로피를 모두 0으로 놓으면 안 된다. 앞에서 이미 설명한 바와 같이 이들의 값은 0이 아니다($T>0$일 때).

자가 진단 63.6 25°C에서 메테인이 이산화 탄소와 액체 물로 연소될 때의 표준 반응 엔트로피를 계산하시오.

답: −243 J K^{-1} mol^{-1}

개념 확인

- ☐ 1. 엔트로피는 낮은 온도에서 원하는 온도까지 물질의 열용량을 측정해서 열계량법으로 결정한다.
- ☐ 2. **Debye T^3 법칙**은 $T=0$에 가까운 비금속 고체의 열용량을 추정하는 데 사용된다.
- ☐ 3. **Nernst 열정리**는 여하한 물리적, 화학적 변환을 동반하는 엔트로피 변화가 0으로 접근한다는 것을 설명한다. 관여된 모든 물질이 완벽하게 질서화되면 $T\rightarrow 0$일 때 $\Delta S\rightarrow 0$이다.
- ☐ 4. **열역학 제3법칙**은 모든 완벽한 결정 물질의 엔트로피는 $T=0$에서 0이라는 것이다.
- ☐ 5. 고체의 **잔류 엔트로피**는 $T=0$에서 없어지지 않고 지속되는 무질서로부터 생겨난 엔트로피이다.
- ☐ 6. **제3법칙 엔트로피**는 $S(0)=0$에 근거한 엔트로피이다.
- ☐ 7. **용액에서 이온의 표준 엔트로피**는 모든 온도에서 $S^\ominus(H^+, aq)=0$로 놓은 것에 기초를 둔다.
- ☐ 8. **표준 반응 엔트로피** $\Delta_r S^\ominus$은 순수하며 분리된 생성물과, 순수하며 분리된 반응물의 몰엔트로피 사이의 차이이다. 이때 모든 물질은 명기된 온도에서 표준 상태에 있어야 한다.

식 확인

성질	식	비고	식 번호
엔트로피	$S(T_2)=S(T_1)+\int_{T_1}^{T_2}(C_p/T)\mathrm{d}T$	일정 압력	63.1
Debye T^3 법칙	$C_p(T)=aT^3$	비금속 고체; 저온	교재
이온의 표준 엔트로피	$S^{\ominus}(\mathrm{H}^+,\mathrm{aq})=0$	규약, 모든 온도	63.3
표준 반응 엔트로피	$\Delta_\mathrm{r}S^{\ominus}=\sum_\mathrm{J}\nu_\mathrm{J}S_\mathrm{m}^{\ominus}(\mathrm{J})$	정의	63.4

토픽 64

자발적 과정

내용

➤ 학습 목표

계가 어느 정도의 일을 할 수 있는지 예측하는 것으로부터 평형의 기준을 확립하는 데까지에 이르는 화학 열역학의 거의 전부가 이 토픽에서 소개되는 Gibbs 에너지로 표현된다.

➤ 핵심 내용

일정 온도와 압력에서 계는 Gibbs 에너지가 더욱 낮아지려고 한다.

➤ 미리 알기

엔트로피의 개념(토픽 59)과 그의 결정(토픽 63)을 알 필요가 있다. 물리 및 화학 과정의 자발성에 대한 기준의 전개는 Clausius 부등식(토픽 61)에 근거를 두고 있다.

자연적 변화의 방향은 근본적으로 엔트로피의 개념을 가지고 말할 수 있지만, 이 개념을 이용하려면 계와 그 주위의 변화를 모두 조사해야 한다. 토픽 61에서 주위의 엔트로피 변화를 계산하는 것이 항상 대단히 쉽다는 것을 배우기는 하였지만, 여기서는 더 나아가서 주위의 기여가 자동적으로 고려되는 방법을 고안하는 것이 가능하다는 것을 알게 된다. 이렇게 하면 계만을 주목하면 되고, 따라서 열역학을 적용하기가 그만큼 간단해진다. 또한 이 방법은 앞으로 다른 토픽에서 설명되는 화학 열역학을 응용하는 모든 데 있어서 항상 기본이 된다.

64.1 자발성의 기준

온도 T에서 주위와 열적 평형을 이루고 있는 계를 생각해 보자. 토픽 61에서 유도된 Clausius 부등식은 다음과 같이 다시 쓸 수 있다.

$$\mathrm{d}S \geq \frac{\mathrm{d}q}{T}, \quad \text{또는} \quad T\mathrm{d}S \geq \mathrm{d}q \tag{64.1}$$

위의 식은 변화가 일어나는 조건에 따라 두 가지 방식(일정 부피나 일정 압력)으로 전개시킬 수 있다.

(a) 일정 부피에서의 변화

첫째 방식은 일정한 부피에서 열이 이동되는 경우이다. 이때는 비팽창 일이 없으므로 $\mathrm{d}q_V = \mathrm{d}U$이며, 따라서 식 64.1의 두 번째 형태는 다음과 같이 된다.

$$T\mathrm{d}S \geq \mathrm{d}U \qquad \text{일정 부피, 비팽창 일이 없음} \quad \text{자발적 과정} \tag{64.2}$$

(여기와 다음에서의 등호는 그 과정이 평형에 도달한 계에 적용된다.) 자발적 변화의 기준을 계의 상태 함수만으로 나타냈다는 면에서 이 부등식은 중요한 결과이다. 일정한 내부 에너지($\mathrm{d}U = 0$)나 일정한 엔트로피($\mathrm{d}S = 0$)에서는 이 식이

각각 다음과 같이 된다.

$$(a)\ dS_{U,V} \geq 0 \quad (b)\ dU_{S,V} \leq 0 \qquad \text{자발적 과정} \qquad (64.3)$$

여기서 첨자는 일정한 조건을 나타낸다.

식 64.3에서 첫째 부등식은 부피와 내부 에너지가 일정한 계(예컨대 고립계)에서 자발적 변화가 일어날 때는 엔트로피가 증가한다는 것을 말해 준다. 이것은 본질적으로 제2법칙의 내용과 같은 것이다. 통계적으로 이는 고립계는 덜 가능성 있는 곳으로는 절대 안가고 가장 가능성 있는 분포로 떨어지는 경향에 해당된다. 둘째 부등식은 약간 이해하기가 어렵기는 하지만, 하여튼 계의 부피와 엔트로피가 일정하게 유지되면서 자발적 변화가 일어나려면 내부 에너지가 감소해야 한다는 것을 나타낸다. 이 기준을 계의 에너지가 작아지는 쪽으로 되려는 경향으로 해석하지 않기를 바란다. 이것은 엔트로피를 지목한 표현으로서, 계의 엔트로피가 변하지 않는다면 주위의 엔트로피가 증가해야 하는데, 이렇게 되려면 계로부터 에너지가 열로서 흘러나가 계의 에너지가 감소되어야 하는 경우에만 가능하다는 것을 말하는 것이다.

간단한 예 64.1 일정 부피에서의 자발적 변화

기준 $dS_{U,V} \geq 0$의 확실한 예는 이상 용액(토픽 70의 관점에서, AA, BB, AB 상호 작용이 동일함)을 형성하기 위하여 용질 B가 용매 A로 확산하는 경우이다. B가 A로 퍼져나갈 때와 같이 계나 주위의 내부 에너지나 부피는 변화가 없지만, 그 과정은 자발적이다.

자가 진단 64.1 기준 $dU_{S,V} \leq 0$의 예를 지어내 보시오.

답: 완전하게 질서화된 한 상이 $T=0$에서 낮은 에너지와 똑같은 밀도의 다른 상으로 변화하는 상 변화

(b) 일정 압력에서의 변화

일정한 압력에서 에너지가 열로서 이동되고 팽창 일 이외의 다른 일이 행해지지 않을 때는 $dq_p = dH$가 되며, 식 64.2의 두 번째 형태에 이 양을 대입하면, 다음을 얻는다.

$$TdS \geq dH \qquad \text{일정 부피, 비팽창 일이 없음} \qquad \text{자발적 과정} \qquad (64.4)$$

따라서 일정한 엔탈피($dH=0$) 또는 일정한 엔트로피($dS=0$)에서는, 이 부등식이 다음과 같이 된다.

$$(a)\ dS_{H,p} \geq 0 \quad (b)\ dH_{S,p} \leq 0 \qquad \text{자발적 과정} \qquad (64.5)$$

이 두 부등식은 식 64.3에서와 비슷하게 해석할 수 있다. 즉 일정한 압력에서 계의 엔탈피가 일정하게 유지되려면 계의 엔트로피가 반드시 증가해야 한다(이때는 어떠한 열도 주위에 들어가지 않는다면 주위의 엔트로피 변화가 있을 수 없기 때문이다). 반대로 계의 엔트로피가 일정하게 유지되려면 엔탈피가 감소되어야 하는 것이다. 이때는 주위의 엔트로피가 절대적으로 증가해야 하기 때문이다. 이는 열이 그들에게 퍼져 들어가는 것이 필요하다는 것이다.

간단한 예 64.2 일정 압력에서의 자발적 변화

기준 $dS_{H,p} \geq 0$의 확고한 예는 두 완전 기체의 혼합이다. 예를 들어 기체 A가 어떤 압력의 용기 안에 있고 B의 같은 양이 같은 압력에서 같은 부피의 용기에 있다면, 두 용기 사이의 연결을 열었을 때, 기체는 자발적으로 혼합되어 같은 압력으로 남게 되고 분자간 상호 작용이 없다면, 엔탈피는 변하지 않는다. 오직 엔트로피만 증가한다.

자가 진단 64.2 기준 $dH_{S,p} \leq 0$인 예를 지어내 보시오.

답: $T=0$, 1 bar에서 완벽하게 질서화된 한 상이 다른 밀도인 또 다른 것으로 변하는 발열적인 상 변화

64.2 Helmholtz 에너지와 Gibbs 에너지

식 64.2와 64.4는 각각 $dU - TdS \leq 0$과 $dH - TdS \leq 0$의 형태로 쓸 수 있으므로, 이들은 다음과 같이 정의되는 두 열역학적 성질을 더 도입함으로써 더 간단히 나타낼 수 있다. 그 하나는 다음과 같이 정의되는 **Helmholtz 에너지**(**Helmholtz energy**, A)이다.

$$A = U - TS \qquad \text{정의} \quad \text{Helmholtz 에너지} \qquad (64.6)$$

다른 하나의 함수는 다음과 같이 정의되는 **Gibbs 에너지**(**Gibbs energy**, G)이다.

$$G = H - TS \qquad \text{정의} \quad \text{Gibbs 에너지} \qquad (64.7)$$

이유가 곧 명백해지겠지만, 두 함수는 모두 흔히 '자유 에너지' 라고 언급되는데, 'Helmholtz 자유 에너지'와 'Gibbs 자유 에너지'로 구별된다.

(a) 자발성과 평형의 기준

일정한 온도에서 계의 상태가 변하면 이들 두 함수가 다음과 같이 변한다.

$$(a)\ dA = dU - TdS \quad (b)\ dG = dH - TdS \qquad \text{일정 온도} \quad A\text{와 }G\text{에서의 변화} \qquad (64.8)$$

식 64.2($TdS \geq dU$)와 64.4($TdS \geq dH$)를 각각 도입하면, 다음과 같은 자발적 변화의 기준을 얻을 수 있다.

$$\text{(a) } dA_{T,V} \le 0 \quad \text{(b) } dG_{T,p} \le 0$$ 자발적 과정 (64.9)

이 두 부등식은 화학에서 가장 중요한 열역학적 결론이다.

간혹 $dA = dU - TdS$와 $dA<0$을 다음과 같이 잘못 해석하기 쉽다. 즉 dA가 음이 되기 위해서는 dU의 값이 음이 되고 TdS의 값이 양이 되어야 한다고 해석하기 쉽다. 즉 A가 감소되는 쪽으로 계가 이동하려는 것을 마치 계가 낮은 내부 에너지와 높은 엔트로피의 상태로 되려고 하기 때문이라고 해석하기 쉬운 것이다. 그러나 이 생각은 실제 상황을 잘못 해석한 것이며(비록 이것이 dA에 관한 식을 외우는 목적으로는 좋지만), A가 감소되려는 경향은 전체 엔트로피가 더욱 커지는 상태로 되려는 경향 때문에 나오는 것이기 때문이다. 즉 계가 자발적으로 변하는 것은 그것이 바로 계와 주위와의 전체 엔트로피를 증가시키기 때문이지, 결코 내부 에너지를 낮게 하려는 경향 때문이 아니다. dA에 관한 식은 마치 계가 낮은 에너지 상태를 좋아하는 것과 같은 인상을 주지만 이것은 잘못된 것이다. dS는 계의 엔트로피 변화이고, $-dU/T$는 주위의 엔트로피 변화(계의 부피가 일정할 때)이며, 이들의 합이 최대가 되려고 하는 것이다.

화학 실험실에서는 일반적으로 일정 부피보다는 일정 압력하에서 일어나는 변화를 더 많이 다루어야 하기 때문에 화학에서는 Helmholtz 에너지보다 Gibbs 에너지가 더 자주 쓰인다. $dG_{T,p}<0$의 기준을 화학에 옮기면, **일정한 온도와 압력에서는 Gibbs 에너지가 감소하는 방향으로의 화학 반응이 자발적이다**라고 말할 수 있다. 따라서 어떤 한 반응이 일정한 압력과 온도하에서 자발적인지를 알려면 그 반응에 수반되는 Gibbs 에너지 변화를 구해야 한다. 만일 반응이 진행되면서 G가 감소하면 이 반응은 반응물로부터 생성물 쪽으로 자발적 변화를 일으키려고 할 것이다. 그러나 G가 증가하면 그 역반응이 자발적이다.

간단한 예 64.3 흡열 반응의 자발성

자발적 흡열 반응의 존재는 G의 역할의 실례를 들게 한다. 그러한 반응에서는 H가 증가하고, 계가 더 높은 엔탈피 상태, 즉 $dH>0$으로 자발적으로 일어난다. 반응이 자발적이므로 $dH>0$임에도 불구하고, $dG<0$임을 알고 있다. 이는 계의 엔트로피가 상당히 증가하여 $dG=dH-TdS$에서 TdS가 dH를 압도해야 함을 의미한다. 그러므로 흡열 반응은 계의 엔트로피의 증가에 의해 추진된 것이며, 이 엔트로피의 증가는 계로 투입된 열의 유입에 의해 주위에 가져온 엔트로피의 감소(일정 압력에서 $dS_{sur}=-dH/T$)를 능가해야 한다.

자가 진단 64.3 왜 수많은 발열 반응이 자발적인가?

답: $dH<0$로, TdS가 음수로서 대단히 크지 않는 한, $dG<0$이 일반적이다.

현재까지 논의한 것에 따르면, 계의 변화가 일정한 온도와 일정한 부피에서 자발적으로 일어나려면 $dA_{T,V}\le 0$이라야 한다. 대신 온도와 압력이 일정할 때 $dG_{T,p}<0$이면 자발적이다. 즉 이러한 조건하에서의 반응이 자발적으로 일어나려면 각각 Helmholtz 에너지나 Gibbs 에너지가 감소해야 한다. 이러한 계는 경로가 허용된다면 A나 G가 낮아지는 쪽을 향해서 자발적으로 변하려고 하며, 따라서 정방향이나 역방향 과정이 모두 일어나지 않게 되는 평형 기준은 다음과 같이 나타낼 수 있다.

$$\text{(a) } dA_{T,V}=0 \quad \text{(b) } dG_{T,p}=0$$ 평형 (64.10)

이들의 기준을 세울 것이며, 특히 두 번째 것을 다음 토픽에서 다룬다.

(b) Helmholtz 에너지와 Gibbs 에너지의 통계적 근거

두 양 A와 G는 모두 토픽 52와 54에서 전개한 분배 함수로 표현할 수 있는데, 이는 그들의 계산과 분자적 해석의 길을 마련해 준다. Helmholtz 에너지는 정준 분배 함수와 매우 간단한 관계를 가진다. 우선, $A(0)=U(0)$임을 주목하고 식 60.5 ($S=\{U-U(0)\}/T+k\ln Q$)를 사용하면 다음이 된다.

$$A-A(0)=-kT\ln Q$$ Helmholtz 에너지 (64.11a)

독립적이고 구별 불가능한 분자들로 구성된 계(완전 기체와 같은)에 대해서는, Q를 $q^N/N!$로 치환하여 다음을 얻는다.

$$A-A(0)=-kT\ln\frac{q^N}{N!}=-NkT\ln q+kT\ln N!$$

그러면 Stirling 근사(식 51.2b에서 $N!\approx N\ln N-N$)를 사용하고 NkT를 $NkT\ln e$($\ln e=1$이므로)로 표현하면,

$$\begin{aligned}A-A(0)&=-NkT\ln q+kT(N\ln N-N)\\&=-NkT\ln q+NkT\ln N-NkT\ln e\\&=-NkT(\ln q-\ln N+\ln e)\end{aligned}$$

즉

$$A-A(0)=-NkT\ \ln\frac{qe}{N}$$ 독립적, 구별 불가능한 분자 Helmholtz 에너지 (64.11b)

여기서 $A-A(0)$는 본질적으로 분자 분배 함수의 로그에 비례함을 알 수 있어서, 많은 에너지 준위가 열적으로 허용될 때 커진다(음으로).

간단한 예 64.4 몰 Helmholtz 에너지

토픽 52의 **간단한 예** 52.2에서 25°C, 100 cm^3의 그릇에 있는 H_2의 병진 분배 함수에 대하여 $q=2.77\times10^{26}$으로 계산되었다. 6.022×10^{23}개 분자에 해당되는 1 mol H_2가 포함된 기체 시료의 경우, 병진 운동에 기인한 Helmholtz 에너지 기여는 다음과 같다.

$$A-A(0)=-(6.022\times10^{23})\times(1.381\times10^{-23}\,\text{J K}^{-1})\times(298\,\text{K})\times\ln\frac{(2.77\times10^{26})\times e}{6.022\times10^{23}}=-17.7\,\text{kJ}$$

그러므로 분자의 이 수는 1 mol H_2에 해당되기 때문에 몰 Helmholtz 에너지 기여는 −17.7 kJ mol^{-1}이다.

자가 진단 64.4 분자의 병진과 회전의 총 기여는 얼마인가? 25°C에서 H_2의 회전 분배 함수는 1.14이다.

답: −18.0 kJ mol^{-1}

이제 Gibbs 에너지를 분배 함수로 표현할 수 있다. $H=U+pV$이고 $A=U-TS$이기 때문에 $G=A+pV$로 쓸 수 있어, 식 64.11a로부터 Gibbs 에너지에 관한 통계 열역학 식은 다음과 같이 얻어진다.

$$G-G(0)=-kT\ln Q+pV \qquad \text{Gibbs 에너지} \qquad (64.12a)$$

독립적이고 구별 불가능한 입자에 대해서는 pV는 nRT로, Q를 $q^N/N!$로 치환할 수 있어서 다음과 같이 된다.

$$\begin{aligned}G-G(0)&=-kT\ln\frac{q^N}{N!}+\overbrace{nRT}^{nN_AkT=NkT}\\&=-NkT\ln q+kT\overbrace{\ln N!}^{\ln N!\approx N\ln N-N}+NkT\\&=-NkT\ln q+kT(N\ln N-N)+NkT\\&=-NkT\ln q+NkT\ln N\end{aligned}$$

두 번째 줄에서 한 번 더 Stirling 근사를 사용하였으며 다음과 같이 결론을 내릴 수 있다.

$$G-G(0)=-NkT\ln\frac{q}{N} \qquad \text{독립적, 구별 불가능한 분자} \quad \text{Gibbs 에너지} \qquad (64.12b)$$

간단한 예 64.5 몰 Gibbs 에너지

식 64.11b와 64.12b의 유일한 차이는 식 64.11b에 e가 존재하는 것이므로 **간단한 예** 64.4에서의 계산을 쉽게 적용하여 $H_2(g)$의 몰 Gibbs 에너지에 병진 기여를 알아 낼 수 있다. 우선 다음과 같이 계산된다.

$$G-G(0)=-(6.022\times10^{23})\times(1.381\times10^{-23}\,\text{J K}^{-1})\times(298\,\text{K})\times\ln\frac{2.77\times10^{26}}{6.022\times10^{23}}=-15.2\,\text{kJ}$$

따라서 이 분자의 수는 1 mol H_2에 해당되므로 몰 Gibbs 에너지에 대한 기여는 −15.2 kJ mol^{-1}이다.

자가 진단 64.5 분자의 병진과 회전의 총 기여는 얼마인가? 25°C에서 H_2의 회전 분배 함수는 1.14이다.

답: −15.5 kJ mol^{-1}

Helmholtz 에너지의 정밀한 분자적 해석을 하는 것이 Gibbs 에너지에 대한 것보다 쉽다는 것을 알 수 있는데, 이는 내부 에너지가 엔탈피보다 정밀한 분자적 해석을 하기에 쉽다는 것과 같다. 하지만 화학에서는 엔탈피가 내부 에너지보다 더 중요한 것과 같이, Gibbs 에너지가 Helmholtz 에너지보다 중요하다는 것이 사실로 드러날 것이다. 다행히, (H와 U 같이) G는 A로부터 pV항을 첨가된 것만큼 다르기 때문에, 경우에 따라 조심을 해야겠지만, A의 분자적 해석을 G의 대부분을 해석하는 데 사용할 수 있다.

64.3 최대 일

A와 G는 자발적 변화에 대한 단순한 기준으로서의 역할도 하지만, 그보다 훨씬 더 큰 의의를 가지고 있다. 그들 각기는 여러 종류로 어떤 조건하에서의 과정으로부터에서 뽑아낼 수 있는 최대 일을 말한다.

(a) 최대 총 일

다음 **증명**에서 보이는 바와 같이, **Helmholtz 에너지 변화는 일정 온도에서의 변화에 수반되는 최대 일과 같다.** 즉

$$dw_{max}=dA \qquad \text{일정 온도} \quad \text{최대 일} \qquad (64.13)$$

이 관계 때문에 A를 때로는 '최대 일함수' 또는 '일함수'라고 한다(*Arbeit*는 독일 단어로 '일'이라는 뜻이다. 그래서 기호 A가 되었다).

증명 64.1 최대 일

최대 일을 Helmholtz 에너지 변화로 나타낼 수 있다는 것을 증명하기 위해서 우선 Clausius 부등식 $dS\geq dq/T$(토픽 61)를 $TdS\geq dq$의 형태로 쓰고, 이것을 제1법칙 $dU=dq+dw$와 결합시켜 다음과 같은 식을 만든다.

$$dU\leq TdS+dw$$

(dq 대신에 그보다 일반적으로 더 큰 TdS를 넣어 주기 때문에 dU가 우변보다 작아질 수 있다.) 이 식은 다시 $\mathrm{d}U-T\mathrm{d}S\le\mathrm{d}w$로 재정리하여 다음과 같이 쓸 수 있다.

$$\mathrm{d}w\ge\mathrm{d}U-T\mathrm{d}S$$

이제 큰 음의 값 w는 많은 에너지가 계로부터 일로써 이동되었다는 것을 의미함을 상기하자. 즉 계가 많은 일을 하였다는 것이다. 따라서 최대로 음이 되는 dw 값, 즉 계로부터 일로 얻을 수 있는 최대 에너지는 위 식에서 등호 부호에 해당되어야 한다. 왜냐하면 dw의 더 큰(더 작은 음의 값) 값은 더 적은 일을 하였다는 의미이기 때문이다. 그러므로 다음과 같이 나타낼 수 있다.

$$\mathrm{d}w_{\max}=\mathrm{d}U-T\mathrm{d}S$$

이 일은 가역적 경로를 따라 변할 때에만(즉 $\mathrm{d}S\ge\mathrm{d}q/T$에서 등식이 성립할 때에만) 얻을 수 있다. 일정한 온도에서는 $\mathrm{d}A=\mathrm{d}U-T\mathrm{d}S$ 이므로 $\mathrm{d}w_{\max}=\mathrm{d}A$라는 결과를 얻게 된다.

분자 분배 함수와 식 64.11b($A=A(0)-NkT\ln(qe/N)$)를 살펴보면, A와 최대 일 사이의 관계는 분자 항으로 이해될 수 있는데, ΔA는 다음과 같다.

$$\Delta A=\overbrace{A(0)-NkT\ln\frac{q_{\mathrm{f}}\mathrm{e}}{N}}^{A_{\mathrm{f}}}-\overbrace{\left(A(0)-NkT\ln\frac{q_{\mathrm{i}}\mathrm{e}}{N}\right)}^{A_{\mathrm{i}}}=-NkT\ln\frac{q_{\mathrm{f}}}{q_{\mathrm{i}}} \quad (64.14)$$

여기서 q_{f}는 최종 상태의 분배 함수이고 q_{i}는 초기 상태의 분배 함수이다. 회전과 진동의 분배 함수는 팽창에 대해 변하지 않는다. 왜냐하면 회전과 진동은 분자의 내부 변수(토픽 52)에만 의존해서, $q_{\mathrm{f}}/q_{\mathrm{i}}$의 식에서 상쇄되어 오직 병진 기여의 비율만 남기 때문이다. 하지만 병진 운동에 관한 q는 V에 비례(토픽 52에서, $q^T=V/\Lambda^3$)해서 즉시 다음을 알게 된다.

$$w_{\max}=-NkT\ln\frac{V_{\mathrm{f}}}{V_{\mathrm{i}}} \quad (64.15)$$

이는 완전 기체의 가역 등온 팽창에서 알았던 것과 같은 식이다. 여기서 가역 팽창은 최대 일을 생산하는데, 이는 일련의 평형 상태(분배 함수에 의해 표현된, Boltzmann 분포에 해당되는)를 통한 분자의 분포에 점진적인 변화에 해당되기 때문이다.

계에서 측정 가능한 등온 변화가 일어날 때는, 식 64.13이 다음과 같이 된다.

$$w_{\max}=\Delta A,\ \Delta A=\Delta U-T\Delta S \quad \text{일정 온도 최대 일} \quad (64.16)$$

이 식에 의하면 경우에 따라서는 $T\Delta S$의 부호에 따라 내부 에너지의 변화량이 전부 일로 이용될 수 없다. 즉 (계의) 엔트로피가 감소되는 변화가 일어나서 $T\Delta S<0$가 되면, $\Delta A=\Delta U-T\Delta S$는 ΔU 자체와 같이 음은 아니다. 그런 결과로 최대 일은 ΔU보다 더 작아진다. 변화가 자발적으로 일어날 수 있으려면 에너지의 일부가 열로서 빠져나가, 계에서 감소되는 엔트로피를 충당하고 남을 정도로 주위의 엔트로피를 증가시켜야 한다는 것이다(그림 64.1). 이런 경우에는 내부 에너지를 일로 이용하려면 내부 에너지 중 일부를 자연에 세금으로 바쳐야 하는 것과 같다고 비유할 수 있다. ΔA는 일로서 자유롭게 쓸 수 있는 내부 에너지 변화의 일부이며, A를 'Helmholtz 자유 에너지'라고 부르는 근원도 여기에 있다.

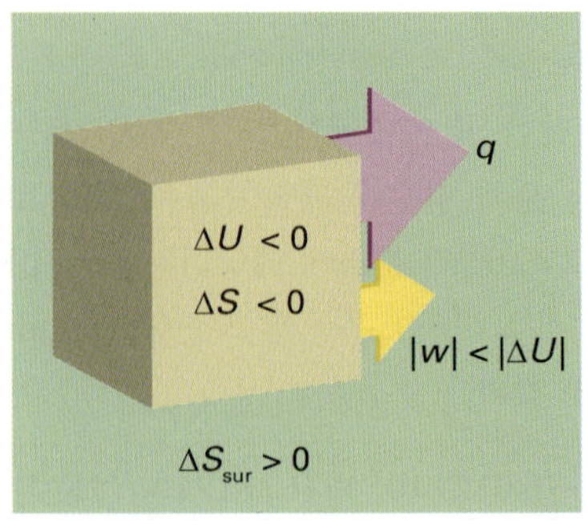

그림 64.1 계가 주위로부터 고립되어 있지 않을 때는 행해진 일과 내부 에너지 변화가 다를 수 있다. 더욱이, 계와 주위와의 전체 계의 엔트로피를 증가시키는 과정이라야만 그 과정은 자발적으로 일어날 수가 있다. 이 그림의 과정에서는 계의 엔트로피가 감소하며, 따라서 이 과정이 자발적이 되기 위해서는 주위의 엔트로피가 증가해야만 한다. 이것은 계로부터 에너지가 열로서 주위로 옮겨져야 함을 뜻한다. 따라서 ΔU보다 작은 값의 일이 얻어질 수 있다.

일은 주위 원자들이 균일한 운동을 일으키도록 주위로 이동되는 에너지라는 사실을 생각하면, 계가 할 수 있는 일과 Helmholtz 에너지 사이의 관계를 조금 더 깊이 이해할 수 있다. $A=U-TS$라는 식에 의하면 A는 계의 전체 내부 에너지 U로부터 열운동 에너지로 저장된 부분(양 TS)을 뺀 것과 같다고 해석할 수 있다. 무작위한 열운동으로서 저장된 에너지는 주위에 균일한 운동을 해 주는 데 이용될 수 없으며, 따라서 무질서하게 저장된 부분을 제외한 U의 일부분인 $U-TS$만이 일로 전환될 수 있는 것이다.

계의 엔트로피를 증가시키면서 일어나는 변화(즉 $T\Delta S>0$이 되는 경우)는, $\Delta A=\Delta U-\Delta TS$가 ΔU보다 더 큰 음의 값을 가지며, 이런 경우에는 계로부터 얻을 수 있는 최대 일이 ΔU보다 크다. 이 설명은 얼핏 생각하면 모순인 것처럼 보이지만, 이것은 계가 고립되어 있지 않아 일을 할 때 에너지가 열로서 계로 흘러 들어갈 수 있기 때문이다. 이때는 계의 엔트로피가 증가하므로 주위의 엔트로피가 감소하더라도 전체적으로는 자발적 과정이 될 수 있다. 따라서 얼마간의 열($T\Delta S$의 값보다 작은)이 주위로부터 흘러 들어와서 일의 일부로 바뀌는 것이다(그림 64.2). 이때는 자연스럽게 세금을

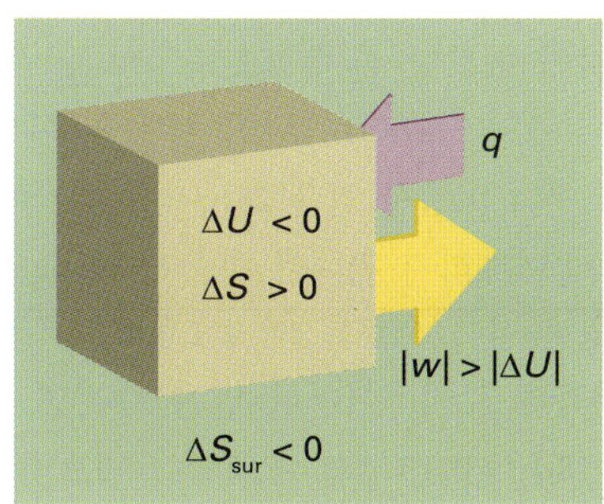

그림 64.2 이 과정에서는 계의 엔트로피가 증가하며, 따라서 주위의 엔트로피가 얼마간 감소되어도 괜찮다. 즉 주위로부터 얼마간의 에너지가 열로서 계로 옮겨갈 수 있다. 이 열의 에너지가 일로 되어 주위로 되돌아가는 것이다. 따라서 행해지는 일은 ΔU보다 클 수 있다.

환급받는 것과 같다고 생각할 수 있다.

예제 64.1 최대 가용 일의 계산

25°C에서 1.000 mol의 $C_6H_{12}O_6$(포도당)이 반응 $C_6H_{12}O_6(s)+6\ O_2(g) \rightarrow 6\ CO_2(g)+6\ H_2O(l)$에 따라서 이산화 탄소와 물로 산화된다. 열계량 결과에 의하면 25°C와 표준 조건에서 $\Delta_r U^\ominus = -2808$ kJ mol^{-1}, $\Delta_r S^\ominus = +182.4$ J K^{-1} mol^{-1}이다. 이 에너지 변화 중의 얼마를 (a) 일정 압력에서 열로, (b) 일로서 뽑아 낼 수 있겠는가?

방법 일정 압력에서 방출되는 열은 ΔH의 값과 같으므로, 주어진 $\Delta_r H^\ominus$와 $\Delta_r U^\ominus$를 연관시켜야 한다. 그리하여 모든 기체를 이상적이라고 가정하고 토픽 57의 식 57.3($\Delta H = \Delta U + \Delta n_g RT$)을 이용한다. 이 과정으로부터 얻을 수 있는 최대 일은 식 64.16을 써서 계산한다.

풀이 (a) $\Delta n_g = 0$이므로 $\Delta_r H^\ominus = \Delta_r U^\ominus = -2808$ kJ mol^{-1}임을 안다. 따라서 일정한 압력하에서 열로서 얻을 수 있는 에너지는 2808 kJ mol^{-1}이다. (b) $T = 298$ K이므로 $\Delta_r A^\ominus$의 값은 다음과 같다.

$$\Delta_r A^\ominus = \Delta_r U^\ominus - T\Delta_r S^\ominus = -2862\,\mathrm{kJ\,mol^{-1}}$$

따라서 1.000 mol의 $C_6H_{12}O_6$을 연소시키면 최대 2862 kJ의 일을 얻을 수 있다. 이 반응에서는 엔트로피가 증가하기 때문에(부분적으로는 1개의 큰 분자로부터 많은 작은 분자가 생기기 때문이다) 최대로 얻을 수 있는 일의 양이 내부 에너지 변화보다 크다. 따라서 이 계는 주위로부터 에너지를 끌어내어(따라서 주위의 엔트로피를 감소시키고) 일로 전환시킬 수 있는 것이다.

자가 진단 64.6 같은 조건하에서 1.000 mol의 $CH_4(g)$가 연소될 때의 계산을 되풀이하시오. **부록**의 표 57.3과 57.4의 데이터를 이용할 것.

답: $|q_p| = 890$ kJ, $|w_{max}| = 813$ kJ

(b) 최대 비팽창 일

ΔA로부터 계가 할 수 있는 최대 일을 알아냈던 것과 마찬가지로, ΔG에 대하여 이름 'Gibbs 자유 에너지'의 근원을 알아낼 수 있다. 아래 **증명**에서 보이게 되겠지만, 일정한 온도와 압력(두 구속 조건을 주목)에서는 최대의 추가적 일(비팽창 일) $w_{add,max}$가 다음과 같이 Gibbs 에너지 변화로 주어진다.

$$dw_{add,max} = dG \qquad \text{일정 온도, 압력} \quad \text{최대 비팽창 일} \quad (64.17a)$$

측정할 수 있을 정도의 유한한 변화에 대하여 해당되는 식을 다음과 같이 나타낼 수 있다.

$$w_{add,max} = \Delta G,\ \Delta G = \Delta H - T\Delta S \qquad \text{일정 온도, 압력} \quad \text{최대 비팽창 일} \quad (64.17b)$$

이 식은 연료 전지나 화학 전지에서 생기는 전기적 일을 구하는 데에 특히 유용하며, 그 외에도 이용되는 데가 많다는 것을 배우게 될 것이다.

증명 64.2 최대 비팽창 일

$H = U + pV$이므로 일반적 조건 변화에서는 엔탈피가 다음과 같이 변한다.

$$dH = dq + dw + d(pV)$$

그리고 이와 맞먹는 Gibbs 에너지($G = H - TS$)의 변화는 다음과 같다.

$$dG = dH - TdS - SdT = dq + dw + d(pV) - TdS - SdT$$

등온 변화일 때는 $dT = 0$이 된다. 따라서

$$dG = dq + dw + d(pV) - TdS$$

가역적으로 변화가 일어날 때는 $dw = dw_{rev}$, $dq = dq_{rev} = TdS$이므로 가역 등온 과정에 대해서는 다음과 같은 관계를 얻을 수 있다.

$$dG = TdS + dw_{rev} + d(pV) - TdS = dw_{rev} + d(pV)$$

일은 팽창 일과 다른 또 한 종류의 일(예컨대 회로로 전자를 통과시키는 전기적 일이나 액체 기둥을 올려주는 일)로 이루어진다. 가역 변화에서는 팽창 일이 $-pdV$이다. 따라서 추가적인 일을 dw_{add}로 나타내고, $d(pV) = pdV + Vdp$의 관계를 이용하면 위의 식이 다음과 같이 된다.

$$dG = (-pdV + dw_{add,rev}) + pdV + Vdp = dw_{add,rev} + Vdp$$

(온도가 일정할 뿐만 아니라) 압력이 또한 일정할 때는 $dp = 0$이 되어 $dG = dw_{add,rev}$이 된다. 따라서 일정한 온도와 압력에서는 $dw_{add,rev} = dG$이다. 그러나 이 과정은 가역적이므로 행해진 일은 최댓값을 나타내야 하며, 따라서 식 64.17이 성립하는 것이다.

예제 64.2 반응의 최대 비팽창 일의 계산

37°C(혈액의 온도)의 표준 조건에서 1.00 mol의 포도당 분자가 연소되면 신경 및 근육 활동을 유지시키는 에너지를 얼마나 내놓을 수 있겠는가? 표준 반응 엔트로피는 +182.4 J K^{-1} mol^{-1}이다.

방법 이 반응으로부터 얻을 수 있는 비팽창 일은 이 반응의 표준 Gibbs 에너지 변화와 같다 ($\Delta_r G^\ominus$, 토픽 65에서 더 자세히 정의하게 될 양). 이것을 계산하려면 반응 엔탈피의 온도 의존을 무시하고 표 57.3과 57.4로부터 $\Delta_r H^\ominus$을 구한 다음, 이것을 $\Delta_r G^\ominus = \Delta_r H^\ominus - T\Delta_r S^\ominus$에 대입하면 된다.

풀이 표준 반응 엔탈피는 −2808 kJ mol^{-1} (예제 64.1 참조)이므로, 표준 반응 Gibbs 에너지는 다음과 같이 된다.

$$\begin{aligned}\Delta_r G^\ominus &= -2808\ \text{kJ mol}^{-1} - (310\,\text{K}) \times (182.4\,\text{J K}^{-1}\text{mol}^{-1}) \\ &= -2865\ \text{kJ mol}^{-1}\end{aligned}$$

따라서 1 mol의 포도당 분자(포도당 180 g)가 연소될 때는 $w_{\text{add, max}} = -2865$ kJ이므로 이 반응을 이용하여 얻어낼 수 있는 최대의 비팽창 일은 2865 kJ이다. 이 결과를 조금 더 실감나게 이해하기 위해서 체중이 70 kg인 사람이 수직으로 3.0 m 높이를 오르는 데 2.1 kJ의 일을 해야 한다는 사실을 생각해 보자. 이만한 일을 하려면 최소한 (2.1 kJ/2865 kJ)×180 g=0.13 g의 포도당이 필요하다(실제로는 이보다 훨씬 더 많은 양이 필요하다).

자가 진단 64.7 298 K의 표준 조건하에서 1.00 mol의 $CH_4(g)$를 연소시키면 최대로 얼마만한 비팽창 일을 얻을 수 있겠는가? (단, $\Delta_r S^\ominus = -243$ J K^{-1} mol^{-1}이다.)

답: 818 kJ

개념 확인

☐ 1. **Gibbs 에너지와 Helmholtz 에너지**는 각각 일정 압력과 일정 부피에서 자발성에 대한 기준을 마련해 준다.

☐ 2. Helmholtz 에너지 변화는 일정 온도에서 수반되는 과정에서 **최대 일**과 같다.

☐ 3. Gibbs 에너지 변화는 일정 온도와 압력에서 수반되는 과정에서 **최대 비팽창 일**과 같다.

식 확인

성질	식	비고	식 번호
자발성의 기준	(a) $dS_{U,V} \geq 0$, (b) $dU_{S,V} \leq 0$	일정 부피(등)*	64.3
	(a) $dS_{H,p} \geq 0$, (b) $dH_{S,p} \leq 0$	일정 압력	64.5
Helmholtz 에너지	$A = U - TS$	정의	64.6
Gibbs 에너지	$G = H - TS$	정의	64.7
자발성의 기준	(a) $dA_{T,V} \leq 0$, (b) $dG_{T,p} \leq 0$	일정 온도(등)	64.9
평형	(a) $dA_{T,V} = 0$, (b) $dG_{T,p} = 0$	일정 온도(등)	64.10
통계 계산	$A - A(0) = -kT \ln Q$	일반 경우	64.11a
	$A - A(0) = -NkT \ln (qe/N)$	독립, 구별 불가능한 분자	64.11b
	$G - G(0) = -kT \ln Q + pV$	일반 경우	64.12a
	$G - G(0) = -NkT \ln(q/N)$	독립, 구별 불가능한 분자	64.12b
최대 일	$dw_{max} = dA$, $w_{max} = \Delta A$	일정 온도	64.13, 64.16
최대 비팽창 일	$dw_{add,max} = dG$, $w_{add,max} = \Delta G$	일정 온도와 압력	64.17

*다른 일정한 성질들은 아래 첨자로 명시되며, 평형에서는 등부호가 적용된다.

토픽 65

표준 Gibbs 에너지

내용

➤ 학습 목표

평형과 전기 화학의 논의를 포함하여 광범위한 문제에서 열역학의 실질적인 이행은 반응의 Gibbs 에너지를 계산하기 위하여 이 토픽에서 설명되는 데이터를 사용할 수 있는지에 달려 있다.

➤ 핵심 내용

반응의 표준 Gibbs 에너지는 반응물과 생성물의 표준 생성 Gibbs 에너지로부터 계산될 수 있다.

➤ 미리 알기

Gibbs 에너지의 정의(토픽 64)와 표준 상태와 기준 상태의 개념(토픽 57)을 알고 있어야 한다. 반응의 표준 엔탈피와 엔트로피는 토픽 57과 63에서 정의하였다. Born 식의 유도는 기초 지식, 토픽 2에서 설명된 정전기에 관한 정보를 사용한다.

Gibbs 에너지의 정의(토픽 64)는 $G = H - TS$이다. 이는 Gibbs 에너지의 표준 값, 즉 관여된 종들이 표준 상태(1 bar에서 순수한)에서 가지는 값은 $G^{\ominus} = H^{\ominus} - TS^{\ominus}$이다. **반응의 표준 Gibbs 에너지(standard Gibbs energy of reaction)** (또는 '표준 반응 Gibbs 에너지') $\Delta_r G^{\ominus}$는 쓰여진 반응에 대하여 명확히 기술된 온도에서 표준 상태에 있는 반응물과 생성물의 표준 몰 Gibbs 에너지 차이이다. 토픽 57에서 도입된 기호를 사용하면,

$$\Delta_r G^{\ominus} = \sum_J \nu_J G_m^{\ominus}(J) \quad \text{정의} \quad \text{표준 반응 Gibbs 에너지} \quad (65.1)$$

여기서 ν_J는 생성물에서는 양이고 반응물에서는 음이다. (이것은 식 65.1이 각각의 화학량적 계수에 의해 가중치가 적용된 '생성물 − 반응물'의 차이이다.) 반응의 표준 Gibbs 에너지를 계산하는 방법 중 하나는 단순히 해당되는 반응의 표준 엔탈피와 엔트로피를 다음과 같이 결합하는 것이다.

$$\Delta_r G^{\ominus} = \Delta_r H^{\ominus} - T\Delta_r S^{\ominus} \quad \text{표준 반응 Gibbs 에너지} \quad (65.2)$$

$\Delta_r H^{\ominus}$, $\Delta_r S^{\ominus}$의 값은 토픽 57과 63에서 설명된 것과 같이 열계량법 측정으로부터 얻을 수도 있다. $\Delta_r G^{\ominus}$를 결정하는 또 다른 방법은 토픽 76과 77에서 설명될 전기 화학이다.

65.1 생성 Gibbs 에너지

표준 반응 엔탈피(토픽 57)의 경우와 마찬가지로 다음과 같이 **표준 생성 Gibbs 에너지(standard Gibbs energy of formation)** $\Delta_f G^{\ominus}$을 정의하면 편리하다. 표준 생성 Gibbs 에너지란 기준 상태에 있는 성분 원소들로부터 화합물이 생성될 때의 표준 반응 Gibbs 에너지와 같다. 기준 상태란 지정된 온도와 1 bar에서 가장 안정한 상태를 말한다. 기준 상태에 있는 원소들의 표준 생성 Gibbs 에너지는 0이다. 이것은

원소의 생성 반응은 '가치 없는' 반응이기 때문이다. 몇 가지 화합물에 대한 값을 표 65.1에 나타내었다. 이들 값을 이용하면 다음과 같이 이들을 적절히 '생성물－반응물' 결합으로 표준 반응 Gibbs 에너지를 간단히 계산할 수 있다.

$$\Delta_r G^\ominus = \sum_J \nu_J \Delta_f G^\ominus(J) \quad \text{실질적 수행} \quad \text{표준 반응 Gibbs 에너지} \quad (65.3)$$

표 65.1* 표준 생성 Gibbs 에너지 (298 K에서)

	$\Delta_f G^\ominus$(kJ mol^{-1})
다이아몬드 C(s)	+2.9
벤젠 C_6H_6(l)	+124.3
메테인 CH_4(g)	−50.7
이산화 탄소 CO_2(g)	−394.4
물 H_2O(l)	−237.1
암모니아 NH_3(g)	−16.5
염화 소듐 NaCl(s)	−384.1

* 더 많은 값들이 **부록**에 수록되어 있다.

간단한 예 65.1 반응 Gibbs 에너지

298 K에서 반응 $CO(g)+\frac{1}{2}O_2(g)\rightarrow CO_2(g)$에 대한 표준 반응 Gibbs 에너지는 다음과 같이 계산할 수 있다.

$$\begin{aligned}\Delta_r G^\ominus &= \Delta_f G^\ominus(CO_2,g)-\Delta_f G^\ominus(CO,g)-\tfrac{1}{2}\Delta_f G^\ominus(O_2,g)\\ &= -394.4\,\text{kJ mol}^{-1}-(-137.2)\,\text{kJ mol}^{-1}-\tfrac{1}{2}(0)\\ &= -257.2\,\text{kJ mol}^{-1}\end{aligned}$$

자가 진단 65.1 298 K에서 CH_4(g)가 연소될 때의 표준 반응 Gibbs 에너지를 계산하시오.

답: −818 kJ mol^{-1}

열계량법은 (ΔH는 직접적으로, S는 열용량으로부터) $\Delta_r G^\ominus=\Delta_r H^\ominus - T\Delta_r S^\ominus$ 조합을 이용하여 표준 생성 Gibbs 에너지를 결정하는 유일한 방법이다. 이는 또한 분광학 데이터로 계산될 수 있다. 그리하여 기체 종의 Gibbs 에너지는 분광학적 데이터를 사용한 식 64.12($G-G(0)=-NkT\ln(q/N)$, 여기서 $Nk=nN_Ak=nR$)를 사용한 분자 분배 함수로부터 계산될 수 있음이 토픽 64에서 확인되었다. 그러한 계산에서는 $n=N/N_A$를 통한 **몰 분배 함수(molar partition function)** $q_m=q/n$를 도입하는 것이 편리하며, 그러면 G_m의 표준 값에 대한 식을 다음과 같이 쓸 수 있다.

$$G_m^\ominus = G_m^\ominus(0) - RT\ln\frac{q_m^\ominus}{N_A} \quad G\text{의 계산} \quad (65.4)$$

이 식을 사용하는 데 있어, $G_m^\ominus(0)=U_m^\ominus(0)$과, $U_m^\ominus(0)$은 단순히 관여 종의 몰 바닥 상태 에너지 E_m임을 인지해야 한다. 왜냐하면 다른 어떤 상태도 $T=0$에서 점유되지 않기 때문이다. 그러면 E_m은 관여 종의 해리 에너지로 인정될 수도 있다.

예제 65.1 분배 함수로부터 표준 생성 Gibbs 에너지의 계산

25°C에서 H_2O(g)의 표준 생성 Gibbs 에너지를 계산하시오.

방법 생성 반응에 대한 화학 반응식을 쓰고, 그다음 각 분자의 Gibbs 에너지 항으로 표준 생성 Gibbs 에너지에 대한 식을 쓴다. 그리고 식 64.12를 사용한 각 관여 종의 분자 분배 함수의 항으로 Gibbs 에너지를 표현한다. 25°C에서 분자 진동은 들뜨지 않은 것이므로 무시한다. H_2O의 회전 상수(27.877, 14.512, 9.285 cm^{-1})와 함께 **부록**에 있는 수치 값을 취한다.

풀이 화학 반응은 $H_2(g)+\frac{1}{2}O_2(g)\rightarrow H_2O(g)$이다. 따라서

$$\Delta_f G^\ominus = G_m^\ominus(H_2O,g)-G_m^\ominus(H_2,g)-\tfrac{1}{2}G_m^\ominus(O_2,g)$$

이제 각 관여 종 J의 표준 몰 분배 함수의 항으로 표준 몰 Gibbs 에너지를 다음과 같이 쓴다.

$$G_m^\ominus(J)=E_m(J)-RT\ln\frac{q_m^\ominus(J)}{N_A},$$

$$q_m^\ominus(J)=q_m^{T\ominus}(J)q^R(J)=\frac{V_m^\ominus}{\Lambda(J)^3}q^R(J)$$

그러므로

$$\begin{aligned}\Delta_f G^\ominus &= \left\{E_m(H_2O)-RT\ln\frac{q_m^\ominus(H_2O)}{N_A}\right\}\\ &\quad -\left\{E_m(H_2)-RT\ln\frac{q_m^\ominus(H_2)}{N_A}\right\}\\ &\quad -\frac{1}{2}\left\{E_m(O_2)-RT\ln\frac{q_m^\ominus(O_2)}{N_A}\right\}\\ &= \Delta E_m - RT\ln\frac{\overbrace{\{V_m^\ominus/N_A\Lambda(H_2O)^3\}q^R(H_2O)}^{q_m^\ominus(H_2O)/N_A}}{\left[\underbrace{\{V_m^\ominus/N_A\Lambda(H_2)^3\}q^R(H_2)}_{q_m^\ominus(H_2)/N_A}\right]\times\left[\underbrace{\{V_m^\ominus/N_A\Lambda(O_2)^3\}q^R(O_2)}_{q_m^\ominus(O_2)/N_A}\right]^{1/2}}\\ &= \Delta E_m - RT\ln\frac{N_A^{1/2}\{\Lambda(H_2)\Lambda(O_2)^{1/2}/\Lambda(H_2O)\}^3}{V_m^{\ominus 1/2}\{q^R(H_2)q^R(O_2)^{1/2}/q^R(H_2O)\}}\end{aligned}$$

여기에서

$$\Delta E_m = E_m(H_2O)-E_m(H_2)-\frac{1}{2}E_m(O_2)$$

이 시점에서 열파장과 회전 분배 함수(토픽 52의 식 57.7b, 52.13, 52.14)를 도입하면 다음과 같이 쓸 수 있다.

$$\Lambda(\mathrm{J})=\frac{h}{\{2\pi m(\mathrm{J})kT\}^{1/2}} \qquad \overbrace{q^{\mathrm{R}}=\frac{kT}{2hc\tilde{B}}}^{\text{선형 분자, } \sigma=2}$$

$$\text{그리고} \quad \overbrace{q^{\mathrm{R}}=\frac{1}{2}\left(\frac{kT}{hc}\right)^{3/2}\left(\frac{\pi}{\tilde{A}\tilde{B}\tilde{C}}\right)^{1/2}}^{\text{비선형 분자, } \sigma=2}$$

또한 $V_{\mathrm{m}}^{\ominus}=RT/p^{\ominus}$으로 놓고, 데이터를 대입하면 다음과 같다.

$\Lambda(\mathrm{H_2})=71.21\ \mathrm{pm}$	$\Lambda(\mathrm{O_2})=17.87\ \mathrm{pm}$	$\Lambda(\mathrm{H_2O})=23.82\ \mathrm{pm}$
$q^{\mathrm{R}}(\mathrm{H_2})=1.702$	$q^{\mathrm{R}}(\mathrm{O_2})=71.60$	$q^{\mathrm{R}}(\mathrm{H_2O})=42.13$

그러면 다음을 얻을 수 있다.

$$\Delta_{\mathrm{f}}G^{\ominus}=\Delta E_{\mathrm{m}}-RT\ln 0.0291=\Delta E_{\mathrm{m}}+8.77\ \mathrm{kJ\,mol^{-1}}$$

이제 다음과 같은 결과를 얻는다.

$$\begin{aligned}\Delta E_{\mathrm{m}}&=-D(\mathrm{H_2O})+D(\mathrm{H_2})+\tfrac{1}{2}D(\mathrm{O_2})\\&=-(498+428)+436+\tfrac{1}{2}\times 498\ \mathrm{kJ\,mol^{-1}}=-241\ \mathrm{kJ\,mol^{-1}}\end{aligned}$$

여기에서 D는 해리 에너지이다. 따라서

$$\Delta_{\mathrm{f}}G^{\ominus}=-241+8.77\ \mathrm{kJ\,mol^{-1}}=-232\ \mathrm{kJ\,mol^{-1}}$$

표 65.1에 인용된 값은 $-228.57\ \mathrm{kJ\ mol^{-1}}$이다. 결과 값의 불일치는 아마도 회전 분배 함수에 대하여 고온 근사를 사용한 것에 기인한 것일 수 있다.

자가 진단 65.2 25°C에서 $NH_3(g)$의 표준 생성 Gibbs 에너지를 추산하시오.

답: 실험값 $=-16.45\ \mathrm{kJ\ mol^{-1}}$

65.2 용액에서의 이온

용액에서 이온들은 표준 생성 Gibbs 에너지의 정의에 관한 특이한 문제가 존재한다. 즉 양이온이 항상 음이온과 동반되기 때문이다. 그러므로 각 이온을 논의하려면 규약을 취해야 한다.

(a) 규약

생성 엔탈피에 관한 토픽 57에서와 같이, 한 이온, 관례적으로 모든 온도에서 수소 이온의 표준 생성 엔탈피를 0으로 정의한다.

$$\Delta_{\mathrm{f}}G^{\ominus}(\mathrm{H^+,aq})=0 \qquad \text{규약} \quad \text{H}^+\text{(aq)의 표준 생성 Gibbs 에너지} \qquad (65.5)$$

근본적으로는, 이 정의는 이온의 생성 Gibbs 에너지의 실제 값을 고정된 값으로 적응되도록 한 것으로, 그들 중 하나인 $H^+(aq)$의 표준 값을 0으로 선택하도록 한 것이다. 그러면 다음의 반응에서,

$$\tfrac{1}{2}\mathrm{H_2(g)}+\tfrac{1}{2}\mathrm{Cl_2(g)}\rightarrow\mathrm{H^+(aq)}+\mathrm{Cl^-(aq)}\qquad \Delta_{\mathrm{r}}G^{\ominus}=-131.23\ \mathrm{kJ\ mol^{-1}}$$

다음과 같이 쓸 수 있다.

$$\Delta_{\mathrm{r}}G^{\ominus}=\Delta_{\mathrm{f}}G^{\ominus}(\mathrm{H^+,aq})+\Delta_{\mathrm{f}}G^{\ominus}(\mathrm{Cl^-,aq})=\Delta_{\mathrm{f}}G^{\ominus}(\mathrm{Cl^-,aq})$$

그리하여 $\Delta_{\mathrm{f}}G^{\ominus}(\mathrm{Cl^-,aq})$는 $-131.23\ \mathrm{kJ\ mol^{-1}}$로 확인된다. **부록**에서 표에 나열된 모든 이온의 생성 Gibbs 에너지는 같은 방법으로 계산된 것이다.

간단한 예 65.2 이온의 표준 Gibbs 에너지

$\Delta_{\mathrm{f}}G^{\ominus}(\mathrm{Cl^-,aq})$의 값이 정해지면 $\Delta_{\mathrm{f}}G^{\ominus}(\mathrm{Ag^+,aq})$의 값을 다음 식으로부터 구할 수 있다.

$$\mathrm{Ag(s)}+\tfrac{1}{2}\mathrm{Cl_2(g)}\rightarrow\mathrm{Ag^+(aq)}+\mathrm{Cl^-(aq)}\qquad \Delta_{\mathrm{r}}G^{\ominus}=-54.12\ \mathrm{kJ\,mol^{-1}}$$

즉 $\Delta_{\mathrm{f}}G^{\ominus}(\mathrm{Ag^+,aq})=-54.12\ \mathrm{kJ\ mol^{-1}}-(-131.23\ \mathrm{kJ\ mol^{-1}})=+77.11\ \mathrm{kJ\ mol^{-1}}$이 나온다.

자가 진단 65.3 이것을 발전시켜 다음 반응에서 주어진 것으로부터 $\Delta_{\mathrm{f}}G^{\ominus}(\mathrm{Ca^{2+},aq})$의 값을 계산하시오.

$$\mathrm{Ca(s)}+\mathrm{Cl_2(g)}\rightarrow\mathrm{Ca^{2+}(aq)}+2\,\mathrm{Cl^-(aq)}\qquad \Delta_{\mathrm{r}}G^{\ominus}=-816.0\ \mathrm{kJ\,mol^{-1}}$$

답: $\Delta_{\mathrm{f}}G^{\ominus}(\mathrm{Ca^{2+},aq})=-553.5\ \mathrm{kJ\ mol^{-1}}$

용액에서 이온의 생성 Gibbs 에너지의 크기에 대한 믿을 만한 요인은 열역학 순환의 항으로 된 것을 분석하면 확인할 수 있다. 주목할 만한 점은 한 이온 X의 $\Delta_{\mathrm{f}}G^{\ominus}$ 값은 X의 단독 성질로 된 것이 아니라 해리, 이온화, 수소의 수화로부터의 기여를 포함시켜야 한다.

예제 65.2 이온의 생성 Gibbs 에너지에 대한 식 세우기

298 K일 때 물에서의 Cl^-의 생성 Gibbs 에너지에 대한 식을 세우시오.

방법 이온 $X^-(aq)$의 생성 반응 $\tfrac{1}{2}\mathrm{H_2(g)}+\tfrac{1}{2}\mathrm{X_2(g)}\rightarrow\mathrm{H^+(aq)}+\mathrm{X^-(aq)}$을 그림 65.1a에 보여진 일련의 단계의 결과로 취급하고 **부록** 값을 취한다. 기체상 이온의 표준 생성 Gibbs 에

너지는 알지 못한다. 따라서 이온화 에너지와 전자 친화도를 사용하며, Gibbs 에너지를 얻기 위해서 엔탈피로 변환시키는 데서 오는 오차를 무시한다. 그러므로 이 순환으로부터 얻는 결과들은 근사적인 것에 불과하다.

풀이 그림 65.1a는 Cl^-(aq)의 생성을 이끄는 순환을 나타낸 것이다. 닫힌 순환을 도는 모든 단계에 대한 Gibbs 에너지의 합은 0이므로 다음과 같이 된다.

$$-\{\Delta_f G^\ominus(Cl^-,aq)+\Delta_f G^\ominus(H^+,aq)\} +(218+1312+106-349)\,kJ\,mol^{-1} +\Delta_{solv}G^\ominus(Cl^-)+\Delta_{solv}G^\ominus(H^+)=0$$

따라서 $\Delta_f G^\ominus(H^+,aq)=0$이므로 다음이 된다.

$$\Delta_f G^\ominus(Cl^-,aq)=1287\,kJ\,mol^{-1}+\Delta_{solv}G^\ominus(Cl^-)+\Delta_{solv}G^\ominus(H^+)$$

이온의 용매화에 대한 Gibbs 에너지는 알 수 없고(그러나 다음 절 참조), 용매화의 엔탈피와 같이 생각하면 위험하다. 왜냐하면 이온의 두 형태는 용매화의 엔트로피에 있어 크게 다른 효과를 갖기 쉽기 때문이다. 토픽 77에서 설명할 종류의 전기 화학적 측정에 의한 $\Delta_f G^\ominus(Cl^-,aq)$ 실험값은 −131 kJ mol⁻¹이어서 다음과 같이 결론지을 수 있다.

$$\Delta_{solv}G^\ominus(Cl^-)+\Delta_{solv}G^\ominus(H^+)=-1418\,kJ\,mol^{-1}$$

이 결론은 **간단한 예** 65.3과 자가 진단에서 더 밝힐 것이다.

자가 진단 65.4 298 K일 때 물에서의 $\Delta_{solv}G^\ominus(I^-)+\Delta_{solv}G^\ominus(H^+)$의 값을 추산하시오.

답: 그림 65.1b 참조; $-1357\,kJ\,mol^{-1}$

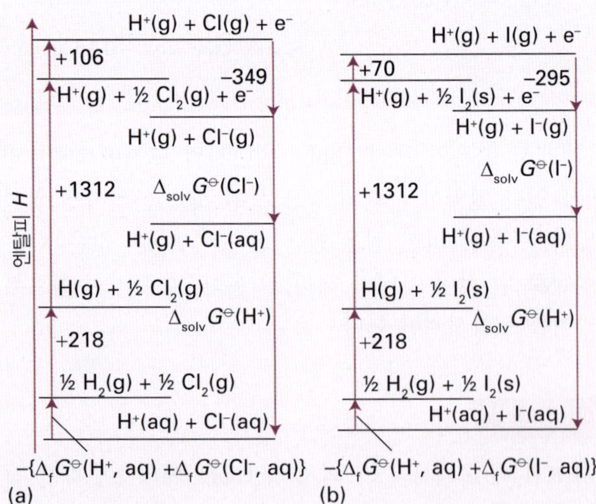

그림 65.1 수용액 속의 (a) 염화 이온, (b) 아이오딘화 이온의 용매화(수화) Gibbs 에너지를 논하기 위한 열역학적 순환. G는 상태 함수이므로 이 순환에 따라 Gibbs 에너지 변화를 합해 주면 0이 된다.

(b) Born 식

생성 Gibbs 에너지를 추산하는 데 이용된 열역학적 순환에서 나타난 개별 이온의 용매화 Gibbs 에너지는 Max Born에 의해 유도된 식으로부터 추산될 수 있다. 그는 $\Delta_{solv}G^\ominus$을 용매를 상대 유전율이 ε_r인 연속적 유전체로 취급하고, 한 이온을 진공으로부터 이러한 용매 속으로 이동시키는 데 필요한 전기적 일임을 확인하였다. 다음 **증명**에서 유도된 결과적인 Born 식은 다음과 같다.

$$\Delta_{solv}G^\ominus=-\frac{z_i^2e^2N_A}{8\pi\varepsilon_0 r_i}\left(1-\frac{1}{\varepsilon_r}\right) \quad \text{Born 식} \quad (65.6a)$$

여기서 z_i는 이온의 전하수, r_i는 이온 반지름이다(N_A는 Avogadro 상수). $\Delta_{solv}G^\ominus<0$이고, 이온이 작으면서 큰 전하를 갖는 동시에 용매의 상대 유전율이 크면 더 큰 음의 값을 갖는다는 사실임을 주목하라. 25°C의 물($\varepsilon_r=78.54$)에 대해서는 다음과 같이 된다.

$$\Delta_{solv}G^\ominus=-\frac{Az_i^2}{(r_i/\text{pm})},\quad A=6.86\times10^4\,kJ\,mol^{-1} \quad (65.6b)$$

간단한 예 65.3 Born 식

Born 식의 결과가 실험 데이터와 얼마나 잘 맞는지를 보기 위해서 25°C 물속에서의 Cl^-와 I^-의 $\Delta_{solve}G^\ominus$의 차를 계산해 보자. 두 이온의 반지름은 각각 181 pm, 220 pm(표 38.2)이며, 이때 $\Delta_{solve}G^\ominus$의 차이는 다음과 같다.

$$\Delta_{solv}G^\ominus(Cl^-)-\Delta_{solv}G^\ominus(I^-)=-A\left(\frac{1}{181}-\frac{1}{220}\right) =-1.0\times10^3A=-67\,kJ\,mol^{-1}$$

이와 같이 구한 차이는 실험 결과의 차이인 −61 kJ mol⁻¹과 잘 맞는다.

자가 진단 65.5 예제 65.1에서의 결론과 Born 식으로부터 $\Delta_{solv}G^\ominus(H^+)$의 값을 구하여 비교하시오.

답: $-1039\,kJ\,mol^{-1}$

증명 65.1 Born 식

이온을 유전율이 ε인 매질 속에 잠겨 있는 반지름 r_i의 구라고 생각한다. 이 구가 전하 Q를 가질 때 그 표면에서의 전위 ϕ는 이 전하가 구 중심에 점 전하 상태로 있을 때의 퍼텐셜과 동일하며, 따라서 (토픽 2) 다음과 같다.

$$\phi(r_i)=\frac{Q}{4\pi\varepsilon r_i}$$

이 구에 전하를 dQ만큼 증가시키는 데 필요한 일은 $\phi(r_i)$dQ이다. 따라서 이 구에 0부터 z_ie까지 충전시키는 데 필요한 전체 일은 다음과 같이 된다.

$$w=\int_0^{z_ie}\phi(r_i)\mathrm{d}Q=\frac{1}{4\pi\varepsilon r_i}\int_0^{z_ie}Q\mathrm{d}Q=\frac{z_i^2e^2}{8\pi\varepsilon r_i}$$

충전시키는 데 필요한 이 전기적 일에 Avogadro 상수를 곱하면 이온을 충전시키는 데 필요한 몰 Gibbs 에너지를 얻게 된다.

한편 진공 속의 이온을 충전시키는 일을 얻으려면 유전율 ε을 진공 유전율 ε_0으로 바꾸어 놓으면 된다($\varepsilon=\varepsilon_0$). 그리고 매질 속의 이온을 충전시키는 일을 구하려면 연속적이라고 간주하고 $\varepsilon=\varepsilon_r\varepsilon_0$으로 놓으면 된다. ε_r은 매질의 상대 유전율이다. 이 두 양의 차는 이온을 진공 속으로부터 용매 속으로 이동시키는 데 수반되는 몰 Gibbs 에너지 변화와 같다. 다음과 같이 식 65.6a가 된다.

$$\Delta_{\mathrm{solv}}G=\frac{N_Az_i^2e^2}{8\pi\varepsilon r_i}-\frac{N_Az_i^2e^2}{8\pi\varepsilon_0 r_i}$$
$$=-\frac{N_Az_i^2e^2}{8\pi\varepsilon_0 r_i}\left(1-\frac{1}{\varepsilon_r}\right)$$

개념 확인

☐ 1. **표준 생성 Gibbs 에너지**는 기준 상태의 구성 원소로부터 화합물이 생성되는 표준 반응 Gibbs 에너지이다.

☐ 2. 용액에서 이온의 생성 Gibbs 에너지는 H^+(aq)의 생성 Gibbs 에너지에 상대된 값이다.

☐ 3. **Born 식**은 용액에서 이온의 생성 Gibbs 에너지를 추산하는 데 이용된다.

식 확인

성질	식	비고	식 번호
표준 반응 Gibbs 에너지	$\Delta_rG^\ominus=\Delta_rH^\ominus-T\Delta_rS^\ominus$	정의	65.2
	$\Delta_rG^\ominus=\sum_J\nu_J\Delta_fG^\ominus(J)$	실질적 실행	65.3
용액에서의 이온	$\Delta_fG^\ominus(H^+,aq)=0$	규약, 모든 온도	65.5
Born 식	$\Delta_{\mathrm{solv}}G^\ominus=-(z_i^2e^2N_A/8\pi\varepsilon_0r_i)(1-1/\varepsilon_r)$	상대 유전율 ε_r의 연속 유전체 용매	65.6a

토픽 66

제1법칙과 제2법칙의 결합

내용

➤ 학습 목표

제1법칙과 제2법칙을 결합시키면 물질의 열역학 성질을 논의하는 데 매우 강력한 방법을 얻게 된다. 이 토픽에서는 Gibbs 에너지의 온도와 압력 의존성에 관한 식이 어떻게 유도되는지를 보게 되며, 그리하여 조건의 변화에 따른 평형의 반응을 논의하는 토대를 마련해 줄 것이다.

➤ 핵심 내용

열역학 함수들이 상태 함수라는 사실은 그들 사이의 중요한 관계식과 조건 변화에 따른 변화를 함축하고 있다.

➤ 미리 알기

'상태 함수'(토픽 55)의 개념과 완전 미분(수학적 배경 8)의 수학적 개념을 잘 알 필요가 있다. 이 토픽은 토픽 58에 있는 내부 에너지와 토픽 64에 있는 Gibbs 에너지와 Helmholtz 에너지 논의를 결합시킨 것이다.

열역학 제1법칙과 제2법칙은 모두 물질의 행동과 관계되며, 이 두 법칙을 결합하여 하나의 식을 만들면 열역학적 문제를 푸는 데 가장 효과적으로 이용할 수 있을 것이다.

66.1 기본 식

열역학 제1법칙(토픽 55)은 $dU = dq + dw$라고 표시할 수 있다. 조성이 일정한 닫힌 계에서 가역적 변화가 일어나고 여하한 부가적인 (비팽창) 일이 수반되지 않을 때는 $dw_{rev} = -pdV$(토픽 61에서 엔트로피의 열역학적 정의로부터), $dq_{rev} = TdS$의 관계가 성립한다. 여기서 p는 계의 압력이고, T는 계의 온도이다. 따라서 닫힌 계 안에서 가역적 변화가 일어날 때는 다음 관계가 성립한다.

$$dU = TdS - pdV \qquad \text{열역학의 기본 식} \qquad (66.1)$$

그런데 dU는 완전 미분이므로 그 값은 경로와 무관하다. 따라서 변화가 비가역적으로 일어나건 가역적으로 일어나건 관계없이 똑같은 값의 dU를 얻게 된다. 결과적으로 **식 66.1은 (비팽창) 일이 수반되지 않는 닫힌 계의 모든 변화(가역적이건 비가역적이건)에 적용된다.** 열역학 제1법칙과 제2법칙을 결합시켜 놓은 이 식을 **열역학 기본 식(fundamental equation of thermodynamics)**이라고 한다.

이 기본 식이 가역 변화와 비가역 변화에 다 같이 적용된다는 사실이 처음에는 어리둥절하게 느껴질 것이다. 그 이유는 가역 변화의 경우에만 TdS가 dq와 같고, $-pdV$가 dw와 같기 때문이다. 변화가 비가역적일 때는 $TdS>dq$(Clausius 부등식, 토픽 61), $-pdV>dw$(가역 과정일 때 일은 최대 음의 값을 갖는다)이다. 그러나 조성이 일정할 때는 dq와 dw의 합이 TdS와 $-pdV$의 합과 같아지는 것이다.

66.2 내부 에너지의 성질

식 66.1에 의하면 S나 V가 변할 때 닫힌 계의 내부 에너지는 간단한 방식으로 변한다($dU\propto dS$, $dU\propto dV$). 이렇게 간단한 비례 관계가 성립한다는 것은 U를 S와 V의 함수로 보아야 한다는 것이다. S와 p, T와 V 등 다른 두 변수를 가지고 U를 나타낼 수도 있는데, 이는 그들 모두 상호간 관계가 있기 때문이다. 그러나 위의 기본 식의 간단한 형태로 보아 $U(S,V)$를 택하는 것이 가장 좋은 선택이다. 이와 같은 단순한 관측으로부터 강력한 결과가 나오게 된다.

(a) Maxwell 관계식

수학적 배경 8에 있는 논의로부터 U를 S와 V의 함수로 본다는 것은 **수학적**으로 미소 변화 dU를 다음과 같이 dS와 dV 변화로 표현할 수 있다는 것을 의미한다.

$$dU=\left(\frac{\partial U}{\partial S}\right)_V dS+\left(\frac{\partial U}{\partial V}\right)_S dV \tag{66.2}$$

이 식의 두 편도함수는 다른 변수를 일정하게 고정하고 U를 각각 S와 V에 대하여 도시한 그래프의 기울기와 같다. 이 **수학적** 식을 식 66.1의 **열역학적** 관계식과 비교해 보면 조성이 일정한 계에 대해서 다음과 같은 결과를 얻게 된다.

$$\left(\frac{\partial U}{\partial S}\right)_V=T \qquad \left(\frac{\partial U}{\partial V}\right)_S=-p \tag{66.3}$$

이 중의 첫 번째 식은 온도를 순전히 열역학적으로 정의하는 식 (제0법칙 개념)[1]으로서, 온도는 조성이 일정하고 부피가 일정한 닫힌 계의 내부 에너지 변화(제1법칙의 개념)와 엔트로피 변회(제2법칙의 개념)와의 비와 같다. 이제부터 계의 성질들 사이의 관계식들을 유도해 나가려고 하는데, 열역학을 이용하면 예상 밖의 관계식들이 나온다는 것을 곧 알게 될 것이다.

기본 식인 식 66.1은 완전 미분에 대한 식이기 때문에 dS와 dV를 곱하는 함수는(즉 T와 $-p$) **수학적 배경** 8에서 시도된 완전 미분의 시험을 통과해야 한다(즉 $df=gdx+hdy$는 $(\partial g/\partial y)_x=(\partial h/\partial x)_y$이면 완전 미분이다). 그것은,

$\overset{g}{T}\,\overset{dx}{dS}\overset{+h}{-p}\,\overset{dy}{dV}$: $dU=TdS-pdV$가 완전하려면, 다음이 성립해야 한다.

$$\underbrace{\left(\frac{\partial T}{\partial V}\right)_S}_{(\partial g/\partial y)_x}=\underbrace{-\left(\frac{\partial p}{\partial S}\right)_V}_{(\partial h/\partial x)_y} \tag{66.4}$$

이로써 일견 서로 아무 관계도 없을 것 같으며 분자적 입장에서 합리화시키기에는 확실히 매우 어려운 두 양을 연관시키는 식 하나를 얻었다.

식 66.4는 **Maxwell 관계식(Maxwell relation)**의 하나이다. 하지만 이 식은 예상 밖이라는 점을 빼놓으면 특별히 흥미로운 것이 못될 것처럼 보인다. 그렇지만 이 결과는 이와 비슷한 훨씬 더 유용한 다른 관계식들이 또 있을 수 있다는 사실을 암시한다. 실제로 H, G, A가 상태 함수라는 사실을 이용하면 세 개의 Maxwell 관계식을 더 유도할 수 있을 것이다. 이 관계식을 얻는 논의는 각 경우에 동일한 방법으로 진행된다. 즉 H, G, A는 상태 함수이기 때문에 dH, dG, dA에 관한 식들은 식 66.4와 비슷한 관계를 만족시켜야 한다. 모든 네 개의 관계식을 표 66.1에 기록하였다.

표 66.1* Maxwell 관계식

상태 함수	완전 미분	Maxwell 관계식
U	$dU=TdS-pdV$	$\left(\frac{\partial T}{\partial V}\right)_S=-\left(\frac{\partial p}{\partial S}\right)_V$
H	$dH=TdS+Vdp$	$\left(\frac{\partial T}{\partial p}\right)_S=\left(\frac{\partial V}{\partial S}\right)_p$
A	$dA=-pdV-SdT$	$\left(\frac{\partial p}{\partial T}\right)_V=\left(\frac{\partial S}{\partial V}\right)_T$
G	$dG=Vdp-SdT$	$\left(\frac{\partial V}{\partial T}\right)_p=-\left(\frac{\partial S}{\partial p}\right)_T$

간단한 예 66.1 Maxwell 관계식

어느 기체에 대해 $(\partial p/\partial T)_V=+380$ Pa K^{-1}이라고 하자. 그러면 Maxwell 관계식 $(\partial S/\partial V)_T=(\partial p/\partial T)_V$로부터 일정 온도에서 부피에 대한 엔트로피 변화도 +380 Pa K^{-1}임을 안다. 이는 +380 J K^{-1} m^{-3}과 대등한 것으로, 1.0 dm^{3}의 부피 증가는 엔트로피의 증가가 대략 0.38 K^{-1}이 됨을 의미한다.

자가 진단 66.1 어떤 기체에 대해 $(\partial V_m/\partial T)_p=8.3\times10^{-5}$ m^3 mol^{-1} K^{-1}이라고 하자. 압력에 대한 몰엔트로피 변화는 얼마나 될 것으로 추정하는가?

답: $(\partial S_m/\partial p)_T=-8.3\times10^{-5}$ J K^{-1} mol^{-1} Pa^{-1}

[1] 이 점은 저자들의 다른 물리화학(2014) 교재에 잘 기술되어 있다.

(b) 열역학적 상태 방정식

Maxwell 관계식 사용의 한 예로, 토픽 36에서 소개된 내부 압력 $\pi_T=(\partial U/\partial V)_T$는 다음 **증명**에서와 같이 다음으로 표현할 수 있다.

$$\pi_T = T\left(\frac{\partial p}{\partial T}\right)_V - p \qquad \text{열역학적 상태 방정식} \qquad (66.5)$$

이 관계식은 압력을 계의 여러 열역학적 성질을 가지고 나타내는 것이기 때문에 **열역학적 상태 방정식(thermodynamic equation of state)**이라고 한다.

증명 66.1 열역학적 상태 방정식

식 66.2의 양변을 일정 온도의 조건을 주고 dV로 나누어주면 계수 π_T에 관한 식을 구할 수 있다. 즉

$$\overbrace{\left(\frac{\partial U}{\partial V}\right)_T}^{\pi_T} = \overbrace{\left(\frac{\partial U}{\partial S}\right)_V}^{T}\left(\frac{\partial S}{\partial V}\right)_T + \overbrace{\left(\frac{\partial U}{\partial V}\right)_S}^{-p}$$

여기서 T와 $-p$를 확인하는 식 66.3을 이용한다. 주석에서 보여준 바와 같이 이 식은 다음과 같다.

$$\pi_T = T\left(\frac{\partial S}{\partial V}\right)_T - p$$

표 66.1의 세 번째 Maxwell 관계식을 이용하면 $(\partial S/\partial V)_T$가 $(\partial p/\partial T)_V$로 되며, 이것으로써 식 66.5를 증명하게 된다.

예제 66.1 열역학 관계식의 유도

완전 기체에 대해서는 $\pi_T=0$이 된다는 것을 열역학적으로 증명하고, van der Waals 기체에 대하여 이 값을 구하시오.

방법 열역학적으로 증명하라는 것은 전적으로 일반적인 열역학적 결과와 상태 방정식만을 쓰고 분자의 성질(예컨대 분자간 힘의 존재) 같은 것은 쓰지 말라는 뜻이다. 완전 기체에 대해서는 $p=nRT/V$이며, 이것을 식 66.5에 이용하면 된다. 마찬가지로 두 번째 문제에서는 van der Waals 식(토픽 36)을 이용하면 된다.

풀이 완전 기체에 대해서는 다음 관계가 성립한다.

$$\left(\frac{\partial p}{\partial T}\right)_V = \left(\frac{\partial (nRT/V)}{\partial T}\right)_V = \frac{nR}{V}$$

따라서 식 66.5는 다음과 같이 된다.

$$\pi_T = \frac{nRT}{V} - p = 0$$

또 van der Waals 기체의 상태 방정식(토픽 36)은 다음과 같다.

$$p = \frac{nRT}{V-nb} - a\frac{n^2}{V^2}$$

여기서 a와 b는 온도와 무관하다. 따라서

$$\left(\frac{\partial p}{\partial T}\right)_V = \frac{nR}{V-nb}$$

그러므로 식 66.5로부터 다음과 같은 관계를 얻을 수 있다.

$$\pi_T = \overbrace{\frac{nRT}{V-nb}}^{T(\partial p/\partial T)_V} \overbrace{- \frac{nRT}{V-nb} + a\frac{n^2}{V^2}}^{-p} = a\frac{n^2}{V^2}$$

이는 토픽 36과 54에서 얻은 것과 정확히 같다. 그 근거는 분자간 논의와 a에 비례하는 인력 영역 내의 분자간 퍼텐셜 형성에 있다.

자가 진단 66.2 비리알 상태 방정식(토픽 36)을 만족시키는 기체의 π_T를 계산하시오.

답: $\pi_T = RT^2(\partial B/\partial T)_V/V_m^2 + \ldots$

66.3 Gibbs 에너지의 성질

U에 관해 적용시켰던 것과 똑같은 논리를 Gibbs 에너지(토픽 64, $G=H-TS$)에도 적용시킬 수 있다. 그러면 G가 압력과 온도에 따라 어떻게 변하는지를 나타내는 관계식들을 얻게 되는데, 이들은 상전이(토픽 67~69)와 화학 반응(토픽 73)을 논하는 데 이용되는 중요한 식들이다.

(a) 일반적인 고려 사항

계의 상태가 변할 때는 H, T, S가 모두 변하므로 G도 변한다.

$$\mathrm{d}G = \mathrm{d}H - \mathrm{d}(TS) = \mathrm{d}H - T\mathrm{d}S - S\mathrm{d}T$$

한편 $H=U+pV$이므로 다음과 같은 관계가 성립한다.

$$\mathrm{d}H = \mathrm{d}U + \mathrm{d}(pV) = \mathrm{d}U + p\mathrm{d}V + V\mathrm{d}p$$

따라서

$$\mathrm{d}G = \mathrm{d}U + p\mathrm{d}V + V\mathrm{d}p - T\mathrm{d}S - S\mathrm{d}T$$

비팽창 일을 하지 않는 닫힌 계에 대해서는 dU를 기본 식

$dU = TdS - pdV$로 바꾸어 넣어 다음과 같은 식을 얻을 수 있다.

$$dG = TdS - pdV + pdV + Vdp - TdS - SdT$$

우변의 네 항이 상쇄되고, 그리하여 비팽창 일을 하지 않는 일정 조성의 닫힌 계에 대해서 다음과 같은 결론을 얻게 된다.

$$dG = Vdp - SdT \quad \text{p와 T에 대한 G의 변화} \quad (66.6)$$

G의 변화가 p와 T의 변화에 비례한다는 이 식은 G를 p와 T의 함수로 보는 것이 최상임을 뜻한다. 일반적으로 조절할 수 있는 변수는 압력과 온도이기 때문에 G는 화학에서 대단히 중요한 양이라는 것을 확인하는 것이다. 바꾸어 말하면 G는 제1법칙과 제2법칙을 화학 문제에 특히 잘 적용되도록 결합해 놓은 것이라고 볼 수 있다.

식 66.3을 유도하는 데 사용한 같은 방법을 완전 미분 $dG = Vdp - SdT$에 적용시키면 다음과 같은 관계식을 얻을 수 있다.

$$\left(\frac{\partial G}{\partial T}\right)_p = -S \qquad \left(\frac{\partial G}{\partial p}\right)_T = V \quad \text{온도와 압력에 따른 G의 변화} \quad (66.7)$$

이 식들은 Gibbs 에너지가 온도와 압력에 따라 어떻게 변하는지를 보여 준다(그림 66.1). 이 중 첫 번째 식은 다음과 같은 내용을 담고 있다.

- 어떠한 물질에 대해서나 $S>0$이므로, 온도가 올라가면 (일정한 압력과 조성에서) G가 항상 **감소한다**.

G가 분자 분배 함수의 음의 로그(토픽 64, $G-G(0) = -NkT \ln(q/N)$)인 한, 더 많은 상태가 열적으로 허용됨에 따라 q가 온도에 따라 증가한다는 근거의 거동을 이해할 수 있다. 그리하여 $-\ln q$는 더 음이 된다.

- $(\partial G/\partial T)_p$는 S가 증가할수록 더 큰 음이 되며, 계의 엔트로피가 클 때는 G가 가장 급격하게 감소한다.

큰 엔트로피는 많은 상태가 점유된 것을 의미하며, 따라서 많은 것이 열적으로 허용되는 것이다. 그와 같은 계는 오직 적은 수의 상태가 허용되는 것보다 온도 변화에 더 민감하다. 거시계의 입장에서, 높은 몰엔트로피를 갖는 기체상 물질의 Gibbs 에너지는 같은 물질의 액체상이나 고체상의 Gibbs 에너지보다 온도에 훨씬 더 민감하게 의존한다(그림 66.2).

간단한 예 66.2 온도에 대한 Gibbs 에너지 변화

25°C에서 액체 물의 표준 몰엔트로피는 69.91 $\mathrm{J\,K^{-1}\,mol^{-1}}$이다. 그러므로 온도가 30°C까지 증가할 때 표준 몰 Gibbs 에너지 변화는 다음과 같음을 예상할 수 있다.

$$\Delta G_m^{\ominus} \approx \left(\frac{\partial G_m^{\ominus}}{\partial T}\right)_p \Delta T = -S_m^{\ominus}\Delta T = -(69.91\ \mathrm{J\,K^{-1}\,mol^{-1}}) \times (5\,\mathrm{K})$$
$$= -350\ \mathrm{J\,mol^{-1}}$$

기체 물(표준 몰엔트로피는 188.83 $\mathrm{J\,K^{-1}\,mol^{-1}}$)에 대한 동일한 계산에 의하면 944 $\mathrm{J\,mol^{-1}}$이 감소한다.

자가 진단 66.3 액체 수은의 온도가 25°C에서 0°C로 변할 때 $G_m^{\ominus}$ 값의 변화를 추산하시오.

답: $-1.9\ \mathrm{kJ\,mol^{-1}}$

마찬가지로, 두 번째 관계식은 다음을 의미한다.

- 어떤 물질에 대해서나 $V>0$이므로 계의 압력을 증가시키면(온도와 조성이 일정할 때) 언제나 G가 **증가한다**.

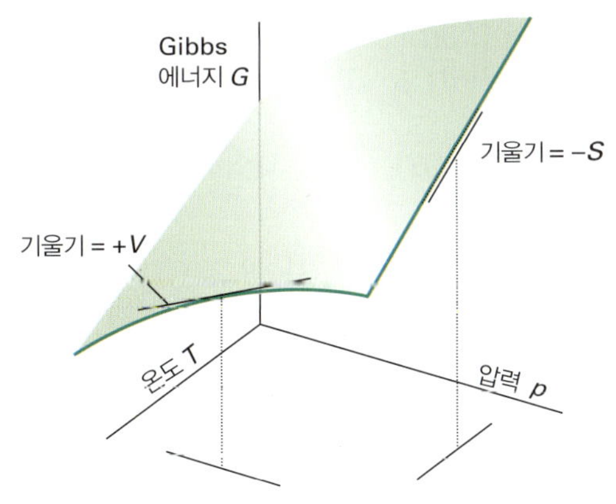

그림 66.1 온도와 압력에 따른 계의 Gibbs 에너지의 변화. 앞의 경우의 변화율은 음으로 나타낸 계의 엔트로피와 같고, 후자의 경우의 기울기는 부피와 같다.

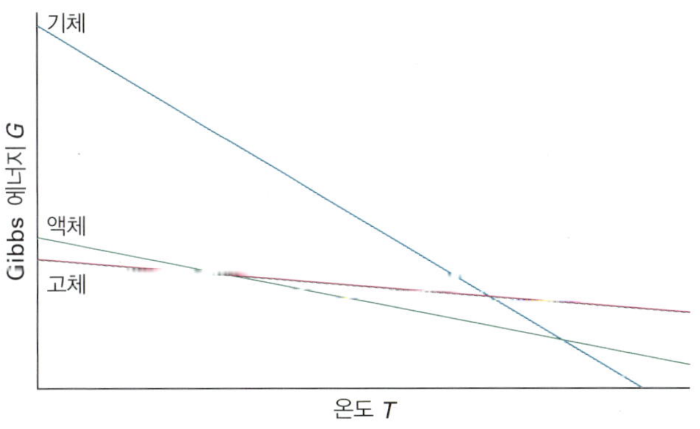

그림 66.2 Gibbs 에너지의 온도에 대한 변화율은 그 엔트로피에 의해서 결정된다. 한 물질이 기체상일 때의 엔트로피는 액체상일 때보다 크고, 고체상일 때 가장 작으므로 Gibbs 에너지는 기체상일 때 가장 급격하게 변하며, 그다음으로 액체상일 때이고, 이어서 고체일 때의 순으로 떨어진다.

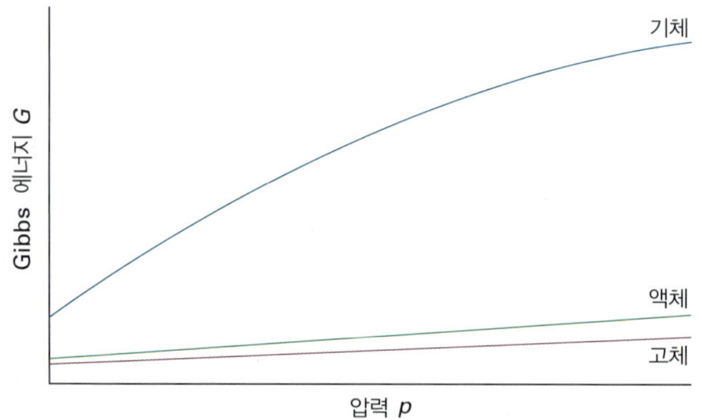

그림 66.3 Gibbs 에너지의 압력에 대한 변화율은 그 시료의 부피에 의해서 결정된다. 한 물질이 기체상일 때의 부피는 동일한 양의 액체상일 때보다 크고 고체상의 엔트로피는 가장 작으므로(대체적으로 모든 물질의 경우), Gibbs 에너지는 기체상일 때 가장 급격하게 변하며, 그다음으로 액체상, 고체상의 순이다. 한 물질의 액체상과 고체상에서의 부피는 비슷하므로 이 두 상의 Gibbs 에너지의 압력에 따른 변화율은 서로 비슷하다.

상태들이 떨어지고 열적으로 보다 적게 허용될 때 부피가 감소함에 따라 q가 감소한다는 근거(한 번 더 토픽 64의 $G-G(0)=-NkT\ln(q/N)$를 사용하여)로 이 성질을 이해할 수 있다. 따라서 $-\ln q$는 덜 음이 된다.

- $(\partial G/\partial p)_T$는 V에 따라 증가하므로 계의 부피가 클 때는 G가 압력에 훨씬 더 예민하게 된다.

한 번 더 말하면, 큰 부피는 병진 에너지 준위의 간격이 밀집되어 있으며, 따라서 변화에 민감성이 크다는 것을 의미한다. 한 물질의 기체상의 몰부피는 응축상일 때보다 크므로 기체상 물질의 몰 Gibbs 에너지는 액체상이나 고체상 물질에서의 것보다 압력에 훨씬 더 예민하다(그림 66.3).

간단한 예 66.3 압력에 대한 Gibbs 에너지 변화

25°C에서 물의 질량 밀도는 1.0 g cm^{-3}에 가까워서, 그 온도에서 몰부피는 (18.02 g mol^{-1})/(1.0 g cm^{-3})=18 cm^3 mol^{-1}(1.8×10^{-5} m^3 mol^{-1}에 해당)이다. 그러므로 압력이 1.0 bar에서 2.0 bar로 증가하면, $\Delta p=+1.0\text{ bar}=+1.0\times10^5$ Pa이어서, 표준 몰 Gibbs 에너지는 다음과 같이 변함을 예상할 수 있다.

$$\Delta G_m^{\ominus}\approx\left(\frac{\partial G_m^{\ominus}}{\partial p}\right)_T\Delta p=V_m^{\ominus}\Delta p$$
$$=(1.8\times10^{-5}\,\text{m}^3\,\text{mol}^{-1})\times(1.0\times10^5\,\text{Pa})=+1.8\,\text{J mol}^{-1}$$

(여기서 1 Pa m^3 = 1 J임을 사용). 이 단계에서 일어나는 압축을 무시한다면, 기체 물(표준 몰부피는 2.5×10^{-2} m^3 mol^{-1})에 대하여 같은 계산을 하면 2.5 kJ mol^{-1}이 증가한다. 이 압축의 효과는 **간단한 예** 66.5에서 고려할 것이다.

자가 진단 66.4 액체 수은의 압력을 1.0 bar에서 (a) 2.0 bar, (b) 1.0 kbar로 높일 때 $G_m^{\ominus}$ 값의 변화를 각각 추산하시오(수은의 질량 밀도는 13.5 g cm^{-3} 이다).

답: (a) +1.5 J mol^{-1}, (b) +1.5 kJ mol^{-1}

(b) 온도에 대한 Gibbs 에너지 변화

식 66.7이 엔트로피에 대한 G의 변화를 표현하지만, $G=H-TS$의 정의를 사용하여 $-S=(G-H)/T$를 쓰면 다음과 같이 엔탈피의 항으로 나타낼 수 있다. 그러면 **Gibbs–Helmholtz 식(Gibbs–Helmholtz equation)**을 얻는다.

$$\left(\frac{\partial G}{\partial T}\right)_p=\frac{G-H}{T}\qquad \text{Gibbs–Helmholtz 식}\qquad (66.8a)$$

아래 **증명**에서 보이는 바와 같이, 변형된 또 다른 형태(더 유용함)가 다음과 같이 주어진다.

$$\left(\frac{\partial}{\partial T}\frac{G}{T}\right)_p=-\frac{H}{T^2}\qquad \text{Gibbs–Helmholtz 식}\qquad (66.8b)$$

이 식은 계의 엔탈피만 알면 G/T의 온도 의존도도 알 수 있다는 것을 나타낸다.

증명 66.2 Gibbs-Helmholtz 식

우선 식 66.8a를 다음과 같이 재정리한다.

$$\left(\frac{\partial G}{\partial T}\right)_p-\frac{G}{T}=-\frac{H}{T}$$

그리고 나서 왼쪽의 두 항을 다음을 참조하여 합한다.

$$\left(\frac{\partial}{\partial T}\frac{G}{T}\right)_p=\frac{1}{T}\left(\frac{\partial G}{\partial T}\right)_p+G\overbrace{\left(\frac{\partial}{\partial T}\frac{1}{T}\right)_p}^{-1/T^2}$$
$$=\frac{1}{T}\left\{\left(\frac{\partial G}{\partial T}\right)_p-\frac{G}{T}\right\}$$

여기에 식 66.7, $(\partial G/\partial T)_p=-S$를 대입하면 다음을 얻는다.

$$\left(\frac{\partial}{\partial T}\frac{G}{T}\right)_p=\frac{1}{T}\left\{-S-\frac{\overbrace{G}^{H-TS}}{T}\right\}=-\frac{H}{T^2}$$

이것이 바로 식 66.8b이다.

Gibbs–Helmholtz 식을 일정한 압력에서 일어나는 물리적 상태의 변화나 화학 반응과 같은 변화에 적용시키면 가장 중요한 결과를 얻을 수 있다. 즉 최종 상태와 처음 상태 사이의

Gibbs 에너지 차를 $\Delta G = G_f - G_i$라고 할 경우, 이 식은 G_f와 G_i에 다 같이 적용되므로 다음과 같은 결과를 얻을 수 있다.

$$\left(\frac{\partial}{\partial T}\frac{\Delta G}{T}\right)_p = -\frac{\Delta H}{T^2} \quad \text{변화에 대한 Gibbs–Helmholtz 식} \quad (66.9)$$

이 식에 의하면 변화(증발이나 반응과 같은)를 일으키고 있는 계의 엔탈피 변화를 알면 해당되는 Gibbs 에너지 변화가 온도에 따라 어떻게 변하는지를 알 수 있다. 토픽 73과 75에서 알게 되겠지만, 이 지식은 화학에서 결정적인 정보를 제공하는 역할을 할 것이다.

간단한 예 66.4 Gibbs-Helmholtz 식

토픽 73에서 $\Delta_r G^{\ominus}/T = -R \ln K$를 보여 줄 것인데, 여기서 K는 $\Delta_r G^{\ominus}$가 표준 반응 Gibbs 에너지인 반응의 평형 상수이다. 298 K에서 반응의 표준 엔탈피가 -200 kJ mol^{-1}임을 알았다고 하자. 그러면 식 66.9에서 다음을 예상할 수 있다.

$$\left(\frac{\partial}{\partial T}\ln K\right)_p = \frac{\Delta_r H^{\ominus}}{RT^2} = \frac{-2.00\times10^5\,\mathrm{J\,mol^{-1}}}{(8.3145\,\mathrm{J\,K^{-1}\,mol^{-1}})\times(298\,\mathrm{K})^2}$$
$$= -0.27\,\mathrm{K^{-1}}$$

이것은 평형 상수의 로그 값이 온도가 1 K 만큼 오를 때마다 0.27 만큼 감소한다는 것이다.

자가 진단 66.5 298 K에서 $\Delta_r H^{\ominus} = +500$ kJ mol^{-1}에 대한 반응에서 $\ln K$의 변화량을 추산하시오.

답: $+0.68\ \mathrm{K^{-1}}$

(c) 압력에 대한 Gibbs 에너지 변화

온도가 일정하게 유지될 경우, 식 66.6에서 $dT = 0$으로 놓으면 $dG = Vdp$가 되고, 따라서 적분하면 한 압력에서의 Gibbs 에너지 값으로부터 다른 임의의 압력에서의 값을 구할 수 있다. 즉

$$G(p_f) = G(p_i) + \int_{p_i}^{p_f} V dp \quad G\text{의 압력 의존성} \quad (66.10a)$$

이 식을 다음과 같이 몰양으로 나타낼 수도 있다.

$$G_m(p_f) = G_m(p_i) + \int_{p_i}^{p_f} V_m dp \quad G_m\text{의 압력 의존성} \quad (66.10b)$$

이 식은 물질이 어떠한 상으로 있든 관계없이 적용되지만, 이 식을 이용하려면 몰부피 V_m이 압력에 어떻게 의존하는지를 알아야 한다.

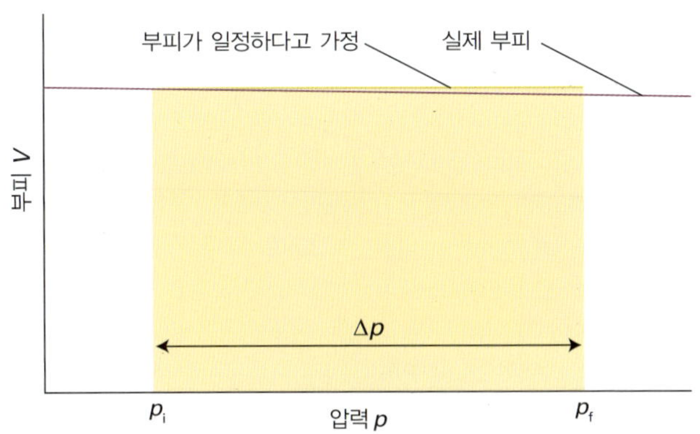

그림 66.4 두 압력에서의 고체나 액체의 Gibbs 에너지 차는 그림에 나타낸 직사각형의 넓이와 같다. 이것은 부피가 압력 변화와 거의 무관하다고 가정한 결과이다.

응축상의 몰부피는 압력이 변하더라도 거의 변하지 않으며(그림 66.4), 따라서 V_m을 상수로 취급하여 적분 기호 밖으로 내보낼 수 있다. 그러면

$$\int_{p_i}^{p_f} V_m dp = V_m \int_{p_i}^{p_f} dp = V_m \times \overbrace{(p_f - p_i)}^{\Delta p}$$

그러므로

$$G_m(p_f) = G_m(p_i) + V_m \Delta p \quad \text{비압축성 물질} \quad G_m\text{의 압력 의존성} \quad (66.11)$$

(몰질량 M인 물질의 몰부피는 질량 밀도 ρ와 관계되어 $V_m = M/\rho$가 된다.) 정상적인 실험실 조건하에서는 $V_m\Delta p$가 대단히 작아서 무시할 수 있다. 그리하여 일반적으로 고체나 액체의 Gibbs 에너지는 압력과 무관하다고 생각해도 된다. 이 식의 의미를 알려면, **간단한 예** 66.3을 참조하라.

기체의 몰부피는 크며, 따라서 기체의 Gibbs 에너지는 압력에 크게 의존한다. 이는 기체의 병진 에너지 준위들이 가까워지므로 분배 함수가 외부의 영향을 크게 받기 때문이다.

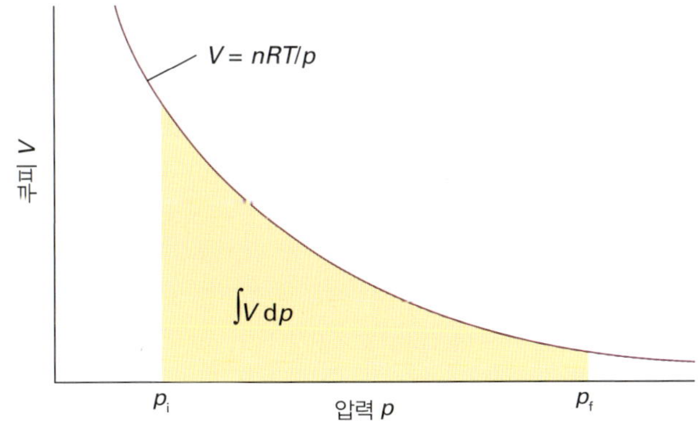

그림 66.5 완전 기체의 두 압력에서의 Gibbs 에너지 차는 그림에 나타낸 바와 같이 완전 기체 등온선 밑의 넓이와 같다.

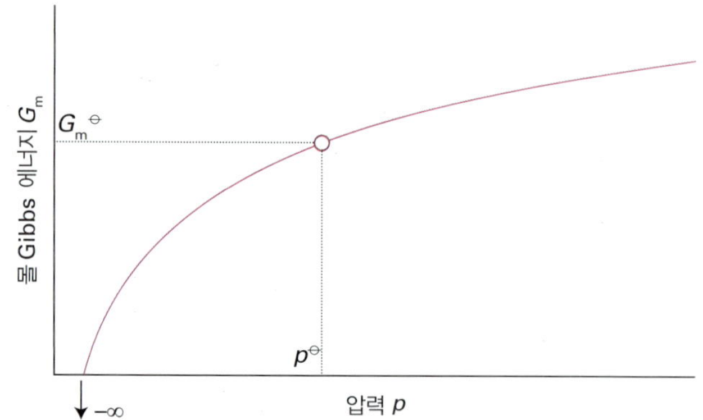

그림 66.6 완전 기체의 몰 Gibbs 에너지는 ln p에 비례하며, 그 표준 상태는 $p^\ominus$에서 도달된다. $p\to 0$으로 가면 몰 Gibbs 에너지가 음으로 무한대가 됨을 주목하라.

뿐만 아니라 부피가 압력에 크게 의존하므로 식 66.10b의 적분에서 이것을 상수로 취급할 수가 없다(그림 66.5). 완전 기체의 경우에는 다음과 같이 $V_m = RT/p$를 이 적분 속에 넣어 RT를 상수와 같이 취급한다.

$$\int_{p_i}^{p_f} V_m \mathrm{d}p = RT\int_{p_i}^{p_f} \frac{1}{p}\mathrm{d}p = RT\ln\frac{p_f}{p_i}$$

그리하여 다음과 같이 결론을 내린다.

$$G_m(p_f) = G_m(p_i) + RT\ln\frac{p_f}{p_i} \quad \text{완전 기체} \quad G_m\text{의 압력 의존성} \quad (66.12)$$

이 식에 의하면 실온에서 압력이 10배로 증가할 때는 Gibbs 에너지가 RT ln 10 ≈ 6 kJ mol^{-1} 만큼 증가한다. 또한 이 식에 의하면 $p_i = p^\ominus$(1 bar의 표준 압력)으로 놓으면 압력 p ($p_f = p$로 놓고)에서의 완전 기체의 Gibbs 에너지가 그 표준 상태에서의 값과 다음과 같이 관계된다.

$$G_m(p) = G_m^\ominus + RT\ln\frac{p}{p^\ominus} \quad \text{완전 기체} \quad G_m\text{의 압력 의존성} \quad (66.13)$$

식 66.13으로 예상되는 몰 Gibbs 에너지의 압력에 대한 로그 의존 관계를 그림 66.6에 나타내었다.

간단한 예 66.5 기체의 Gibbs 에너지의 압력 의존성

수증기(완전 기체로 가정)를 298 K에서 1.0 bar로부터 2.0 bar로 등온 가압시켰을 때 몰 Gibbs 에너지의 변화량을 계산하시오(**간단한 예** 66.3과 다르게, 이제는 압축을 허용함). 식 66.12를 사용하면 다음이 된다.

$$\Delta G_m = RT\ln\frac{p_f}{p_i} = (8.3145\,\mathrm{J\,K^{-1}\,mol^{-1}})\times(298\,\mathrm{K})\times\ln\frac{2.0\,\mathrm{bar}}{1.0\,\mathrm{bar}}$$
$$= +1.7\,\mathrm{kJ\,mol^{-1}}$$

주목할 점은 다음이다. 응축상에 대한 몰 Gibbs 에너지의 변화(**자가 진단** 66.4)는 몰당 수 줄인 데 반해, 이 경우에서는 몰당 수 킬로줄 자리수이다. 여기서 얻은 값은 압축이 무시된 **간단한 예** 66.3(+2.5 kJ mol^{-1})에 비해 작다. 왜냐하면 압력을 가한 결과의 압축은 부피를 점차적으로 감소시켜서, $\mathrm{d}G/\mathrm{d}p$가 압력이 증가함에 따라 초기 값보다 더 작아지기 때문이다.

자가 진단 66.6 3000°C에서 완전 기체로 취급한 철 증기에 대한 계산을 반복하시오.

답: +19 kJ mol^{-1}

66.4 Helmholtz 에너지의 성질

식 66.7을 이끌어 낸 정확히 같은 논리에 의해, 온도와 부피에 대한 Helmholtz 에너지 A의 변화에 대한 두 식을 비교할 수 있다. 다음과 같은 A의 정의와

$$\mathrm{d}A = p\mathrm{d}V - S\mathrm{d}T \quad (66.14)$$

다음의 일반적인 수학적 형태로부터

$$\mathrm{d}A = \left(\frac{\partial A}{\partial V}\right)_T \mathrm{d}V + \left(\frac{\partial A}{\partial T}\right)_V \mathrm{d}T$$

다음이 성립된다.

$$\left(\frac{\partial A}{\partial T}\right)_V = -S \quad \left(\frac{\partial A}{\partial V}\right)_T = -p \quad \text{온도와 부피에 대한 }A\text{의 변화} \quad (66.15)$$

이 관계식들 중 두 번째 것은 이미 A를 어떻게 계산하는지 알고 있는 상황에서 분배 함수로부터 압력의 계산에 유용한 방법을 제공한다.

$$p = kT\left(\frac{\partial \ln Q}{\partial V}\right)_T \quad \text{분배 함수로 표현된 압력} \quad (66.16)$$

예제 66.2 기체의 상태 방정식 유도

식 66.16은 독립된 입자의 기체의 경우에 완전 기체 상태 방정식을 이끌어낼 수 있음을 보이시오.

방법 $Q = q^N/N!$ (토픽 54)을 대입하고, 부피에는 오직 병진 기여만 의존한다는 사실을 주목한다.

풀이 식 66.16에 $Q = q^N/N!$을 대입하면 다음을 얻는다.

$$p = kT\left(\frac{\partial \ln(q^N/N!)}{\partial V}\right)_T = kT\overbrace{\left(\frac{\partial \ln q^N}{\partial V}\right)_T}^{N(\partial \ln q/\partial V)_T} - kT\overbrace{\left(\frac{\partial \ln N!}{\partial V}\right)_T}^{0}$$
$$= NkT\left(\frac{\partial \ln q}{\partial V}\right)_T$$

오직 q(N은 아님)만 V에 의존하기 때문이다. 더욱이 $q=\ln q^{\mathrm{T}}q^{\mathrm{R}}q^{\mathrm{V}}q^{\mathrm{E}}=\ln q^{\mathrm{T}}+\ln q^{\mathrm{R}}q^{\mathrm{V}}q^{\mathrm{E}}$과 q^{R}, q^{V}, q^{E}는 부피와 무관하기 때문에 병진 분배 함수만을 고려할 필요가 있다. 따라서 $q=V/\Lambda^3$ (토픽 52)을 사용하면 다음을 얻는다.

$$\left(\frac{\partial \ln q}{\partial V}\right)_T=\left(\frac{\partial \ln q^{\mathrm{T}}}{\partial V}\right)_T=\frac{1}{q^{\mathrm{T}}}\left(\frac{\partial q^{\mathrm{T}}}{\partial V}\right)_T=\frac{\Lambda^3}{V}\left(\frac{\partial (V/\Lambda^3)}{\partial V}\right)_T=\frac{1}{V}$$

다음 관계식을 앞의 식에 대입하고,

$$p=\frac{NkT}{V}$$

$N=nN_A$, $N_Ak=R$을 사용하면 완전 기체의 상태 방정식 $p=NkT/V=nRT/V$를 얻는다.

자가 진단 66.7 토픽 54에서 소개된 배치 공간 적분 Z의 항으로 실제 기체에 대한 대응되는 식을 구하시오.

답: $p=kT(\partial \ln Z/\partial V)_T$

이 시점에서는 토픽 51에서 편리상 주장한 것과 같이 $\beta=1/kT$을 확인할 수 있게 된다. 따라서 식 66.16의 유도에서 $\beta=1/kT$라는 사실을 확인하지 않았다면, 다음을 얻게 된다.

$$p=\frac{1}{\beta}\left(\frac{\partial \ln Q}{\partial V}\right)_T$$

앞의 예제에서 한 방법을 통해 다음을 얻을 수 있다.

$$p=\frac{N}{\beta V}$$

여기서 완전 기체 법칙을 재확인하려면 β가 $1/kT$임을 확인할 필요가 있는 것이다.

개념 확인

- ☐ 1. **열역학 기본 식** (아래 참조)은 열역학 제1법칙과 제2법칙을 결합한 것이다.
- ☐ 2. **Maxwell 관계식** (표 66.1)은 열역학 상태함수의 도함수들 간의 관계식이다.
- ☐ 3. **열역학적 상태 방정식**은 여러 가지 계의 열역학적 성질의 항으로 된 압력에 대한 식이다.
- ☐ 4. 순수한 물질의 Gibbs 에너지는 온도가 올라가면 감소하지만, 압력이 올라가면 증가한다.
- ☐ 5. **Gibbs-Helmholtz 식**(아래 참조)은 계의 엔탈피의 항으로 표시된 온도에 대한 G/T의 변화를 나타낸다.

식 확인

성질	식	비고	식 번호
기본 식	$dU=TdS-pdV$	일정 조성의 닫힌 계	66.1
U의 변화	$(\partial U/\partial S)_V=T$, $(\partial U/\partial V)_S=-p$		66.3
Mazwell 관계식	표 66.1 참조		66.4
열역학 상태 방정식	$\pi_T=T(\partial p/\partial T)_V-p$		66.5
Gibbs 에너지의 변화	$dG=Vdp-SdT$		66.6
G의 변화	$(\partial G/\partial T)_p=-S$, $(\partial G/\partial p)_T=V$		66.7
Gibbs–Helmholtz 식	$(\partial(\Delta G/T)/\partial T)_p=-\Delta H/T^2$		66.9
압력에 대한 Gibbs 에너지의 변화	$G_m(p_f)=G_m(p_i)+V_m\Delta p$	비압축 물질	66.11
	$G_m(p)=G_m^{\ominus}+RT\ln(p/p^{\ominus})$	완전 기체	66.13
Helmholtz 에너지의 변화	$dA=-pdV-SdT$		66.14
A의 변화	$(\partial A/\partial T)_V=-S$, $(\partial A/\partial V)_T=-p$		66.15
분배 함수로 표현한 압력	$p=kT(\partial \ln Q/\partial V)_T$		66.16

13장 열역학 제2법칙과 제3법칙

별도의 언급이 없는 한, 기체들은 모두 완전 기체이고 모든 데이터는 298.15 K에서 얻은 것이라고 가정한다.

토픽 59 제2법칙

토론 문제

59.1 생명이 탄생하기 위해서는 수많은 분자들이 생체 세포 속에 들어간 조직이 필요하다. 생명체의 생성이 열역학 제2법칙에 위배되는 것인가? 결론을 분명하게 말하고, 그것을 뒷받침할 수 있는 자세한 설명을 제시하시오.

59.2 제2법칙의 맥락에서 용어 '분산'과 '무질서'의 중요성을 논하시오.

연습 문제

59.1(a) 가상적인 과정에서 주위의 엔트로피가 125 J K^{-1}만큼 감소하는 동안 계의 엔트로피는 125 J K^{-1}만큼 증가하였다. 이 과정은 자발적인 과정인가?

59.1(b) 가상적인 과정에서 주위의 엔트로피가 95 J K^{-1}만큼 감소하는 동안 계의 엔트로피는 105 J K^{-1}만큼 증가하였다. 이 과정은 자발적인 과정인가?

토픽 60 통계학적 엔트로피

토론 문제

60.1 열역학적 엔트로피와 통계학적 엔트로피 사이의 관계를 논하시오.

60.2 구별할 수 있는 입자와 구별할 수 없는 입자의 엔트로피에 대한 분배 함수식의 차이에 대한 타당성을 보이시오.

60.3 완전 기체의 엔트로피에 대한 온도와 부피 의존성을 Boltzmann 분포식으로 설명하시오.

연습 문제

60.1(a) 298 K에서 (a) 기체 헬륨, (b) 기체 제논의 표준 몰엔트로피를 계산하시오.

60.1(b) 298 K에서 (a) $H_2O(g)$, (b) $CO_2(g)$의 표준 몰엔트로피에 대한 병진 운동 기여를 계산하시오.

60.2(a) 헬륨의 표준 몰엔트로피가 298 K에서 제논의 표준 몰엔트로피와 같게 되는 온도는 몇 도인가?

60.2(b) $CO_2(g)$의 표준 몰엔트로피에 대한 병진 운동 기여가 298 K에서 $H_2O(g)$의 표준 몰엔트로피에 대한 기여와 같게 되는 온도는 몇 도인가?

60.3(a) H_2O의 회전 상수 27.878 cm^{-1}, 14.509 cm^{-1}, 9.287 cm^{-1}로부터 298 K에서 H_2O의 회전 분배 함수를 계산하고, 이 결과를 사용하여 25°C에서 기체 물의 몰엔트로피에 대한 회전 운동 기여를 계산하시오.

60.3(b) SO_2의 회전 상수 2.027 36 cm^{-1}, 0.34417 cm^{-1}, 0.293 535 cm^{-1}로부터 298 K에서 SO_2의 회전 분배 함수를 계산하고, 이 결과를 사용하여 25°C에서 이산화 황의 몰엔트로피에 대한 회전 운동 기여를 계산하시오.

60.4(a) 298 K에서 CO_2의 몰엔트로피에 대한 회전 운동 기여를 $\tilde{B} = 0.3902\ cm^{-1}$를 이용하여 계산하시오.

60.4(b) 298 K에서 CS_2의 몰엔트로피에 대한 회전 운동 기여를 $\tilde{B} = 0.1091\ cm^{-1}$를 이용하여 계산하시오.

60.5(a) $CoSO_4 \cdot 7H_2O$에서 Co^{2+} 이온의 바닥 상태는 $^4T_{9/2}$로 볼 수 있다. 1 K 이하의 온도에서 고체의 엔트로피는 전자 스핀으로부터 거의 완전하게 유도된다. 이들 온도에서 고체의 몰엔트로피를 추정

하시오.

60.5(b) $S=\frac{5}{2}$를 갖는 d 금속 착물 고체 시료의 몰엔트로피에 대한 스핀의 기여를 추정하시오.

60.6(a) 메탄산(폼산, HCOOH)의 표준 몰엔트로피를 (a) 298 K, (b) 500 K에서 예측하시오. 기준 방식은 3570, 2943, 1770, 1387, 1229,1105, 625, 1033, 638 cm^{-1} 파수에서 나타난다.

60.6(b) 에타인의 표준 몰엔트로피를 (a) 298K, (b) 500K에서 예측하시오. 기준 방식들(또한 그들의 축퇴도는 괄호 안에 나타냄)은 612(2), 729(2), 1974, 3287, 3374 cm^{-1} 파수에서 나타난다.

응용 문제

60.1 HCl(g)에 대하여 응용 문제 52.6에서 계산된 회전 분배 함수에 대한 정확한 식을 사용하여 온도 범위에서 몰엔트로피에 대한 회전운동 기여를 계산하고 이 기여를 온도의 함수로 도시하시오.

60.2 $N_2(g)$의 회전 상수 $\tilde{B}=1.9987\ cm^{-1}$와 진동 파수 $\tilde{\nu}=2358\ cm^{-1}$로부터 $N_2(g)$의 표준 몰엔트로피를 계산하시오. 열역학적 값은 192.1 J K^{-1} mol^{-1}이다. 이것은 $T=0$의 고체에 대하여 무엇을 암시하는가?

60.3‡ J.G. Dojahn 등(*J. Phys. Chem.* **100**, 9649(1996))은 이원자 할로젠 이온의 바닥 상태와 전자 상태에 대한 퍼텐셜 에너지 곡선의 특징을 묘사하였다. F_2^-의 바닥 상태는 기본 진동 파수가 450.0 cm^{-1}이고, 평형 핵간 거리가 190.0 pm인 $^2\Sigma_u^+$이다. 처음 두 들뜬 상태는 바닥 상태에서 각각 1.609 eV, 1.702 eV 위에 있다. 298 K에서 F_2^-의 표준 몰엔트로피를 계산하시오.

60.4‡ 일산화 탄소를 완전 기체로 취급하고 1 bar와 100~1000 K의 온도 범위에서 평형 통계 열역학을 적용하여 아래 명시된 이들의 특성을 검토해 보시오. $\tilde{\nu}=2169.8\ cm^{-1}$, $\tilde{B}=1.931\ cm^{-1}$, $hc\tilde{D}_0=11.09$ eV이며 비조화성과 원심 일그러짐을 무시하시오. (a) 이용할 수 있는 회전 및 진동 상태에 대한 분자들의 확률 분포를 조사하시오. (b) 만일 불연속 에너지 분포로 계산된 것과 고전적이고 연속적 분포를 사용하여 계산된 회전 분자 분배 함수 사이에 수치적인 차이가 있다면 이를 분석하시오. (c) 병진, 회전, 진동 자유도가 $U_m(T)-U_m(100\ K)$, $C_{V,m}(T)$, $S_m(T)-S_m(100\ K)$에 미치는 각각의 기여를 계산하시오.

60.5 Morse 진동자(토픽 43)의 에너지 준위는 $E_v=(v+\frac{1}{2})hc\tilde{\nu}-(v+\frac{1}{2})^2 hcx_e\tilde{\nu}$이다. Morse 진동자 무리의 몰엔트로피에 대한 식을 세우고, 이것을 비조화성 계열에 대한 온도의 함수로 도시하시오. 단지 유한한 수의 결합 상태만을 고려하시오. 동일한 그래프 위에 조화 진동자의 엔트로피를 그리고, 어떻게 두 개가 벗어나는가를 조사하시오.

60.6 온도가 형식상 음수가 되도록 허용될 때 이준위계 무리들의 엔트로피가 어떻게 거동하는지를 분석하시오. 온도를 변수 $\beta=1/kT$로 치환하여 그래프도 만들어야 한다. 그래프의 모양을 물리적으로 설명하시오.

60.7 이차원적 표면에 제한되어 있는 단원자 기체에 대한 Sackur–Tetrode 식을 유도하고, 이어서 움직임이 자유로운 표면 막을 형성하기 위한 표준 응축 몰엔트로피에 대한 식을 유도하시오.

60.8 응용 문제 58.16에서 제1법칙의 맥락에서 다음 식을 고려하였다.

$$q=\sum_j e^{-\beta\varepsilon_j} \quad \dot{q}=\sum_j \beta\varepsilon_j e^{-\beta\varepsilon_j} \quad \ddot{q}=\sum_j (\beta\varepsilon_j)^2 e^{-\beta\varepsilon_j}$$

(a) 이들 식들이 또한 제2법칙과 연관된다는 것을 알기 위하여 엔트로피에 대한 식을 이들 세 가지 함수의 항으로 유도하시오. (b) 다음의 데이터를 사용하여 5000 K에서 마그네슘 증기의 표준 몰엔트로피에 대한 전자 상태 기여를 계산하는 데 이 방법을 적용하시오.

항	^1S	$^3P_0$	$^3P_1$	$^3P_2$	$^1P_1$	^3S
축퇴도	1	1	3	5	3	3
$\tilde{\nu}(cm^{-1})$	0	21 850	21 870	21 911	35 051	41 197

토픽 61 열역학적 엔트로피

토론 문제

60.1 열역학 제2법칙의 여러 가지 서술들 사이의 관계를 논하시오.

연습 문제

61.1(a) 어떤 이상적인 열기관이 삼중점에 있는 물을 뜨거운 열원으로, 유기 액체를 찬 싱크로 사용한다. 열기관이 뜨거운 열원으로부터 10.00 kJ을 빼앗아 내어 3.00 kJ의 일을 해냈다. 이때 유기 액체의 온도는 몇 도가 되었는가?

61.1(b) 어떤 이상적인 열기관이 삼중점에 있는 물을 뜨거운 열원으로, 유기 액체를 찬 싱크로 사용한다. 열기관이 뜨거운 열원으로부터

*기호 ‡가 표시된 문제들은 Charles Trapp, Carmen Giunta가 제공한 것이다.

2.71 kJ을 빼앗아 내어 0.71 kJ의 일을 해냈다. 이때 유기 액체의 온도는 몇 도가 되었겠는가?

61.2(a) (a) 0°C, (b) 50°C에서 큰 구리 덩어리에 100 kJ의 에너지가 열로서 가역 등온적으로 이동되었을 때의 엔트로피 변화를 계산하시오.

61.2(b) (a) 20°C, (b) 100°C에서 큰 납덩어리에 250 kJ의 에너지가 열로서 가역 등온적으로 이동되었을 때의 엔트로피 변화를 계산하시오.

응용 문제

61.1 Carnot 순환을 온도–엔트로피 도표로 나타내고, 이 순환으로 둘러싸인 넓이는 행해지는 일과 같음을 보이시오.

61.2 내연 기관의 작동에 관여하는 순환을 **Otto 순환**이라고 한다. 여기서는 공기를 작동 물질이라고 볼 수 있으며, 이것을 완전 기체라고 가정한다. 이 순환은 다음과 같은 네 단계로 이루어진다. (1) 상태 A로부터 B까지 가역 단열 압축, (2) 소량의 연료 연소에 의해서 B로부터 C로의 가역적인 일정 부피의 압력 증가, (3) C로부터 D까지 가역 단열 팽창, (4) 가역적이며 일정 부피의 압력 감소로 A로 되돌아가는 단계. 2단계에서 열이 공급된다고 가정하고 이 순환의 각 단계에 대한 엔트로피 변화(계의 것과 주위의 것)를 구하고, 또 이 순환의 효율에 관한 식을 구하시오. 10:1의 압축 비율에 대한 효율을 구하시오. 상태 A에서 $V=4.00\ \mathrm{dm}^3$, $p=1.00$ atm, $T=300$ K이고, $V_A=10V_B$, $p_C/p_B=5$, $C_{p,\mathrm{m}}=\frac{7}{2}R$로 가정한다.

61.3 2개의 가역 단열 경로는 서로 교차하지 않는다는 것을 보이시오. 고려 대상 계의 에너지는 온도만의 함수라고 가정한다(**힌트**: 이러한 2개의 경로가 교차할 수 있고, 이 두 경로와 하나의 등온 경로를 합쳐서 완전한 순환을 만든다고 생각한다. 그리고 이 순환의 각 단계에 수반되는 변화들을 생각하고 이들이 Kelvin의 제2법칙 식과 모순됨을 보이면 된다).

61.4 Carnot와 같은 기구에서 한 대상물을 냉각시킬 때의 일을 계산하기 위해서는 수행 계수가 어떻게 온도에 따라 변하는지를 고려해야 한다. 수행 계수는 필요한 열에 대한 찬 열원으로부터 열로서 일로 이동되는 에너지의 비율로서, $c(T)=|q_c|/|w|$로서 그 대상물의 온도에 따라 변한다. (a) 실내 온도에 있는 냉장고 속에서 한 대상물을 T_i로부터 T_f로 냉각시키는 데 필요한 일을 구하는 식을 구하시오. **힌트**: $\mathrm{d}w=\mathrm{d}q/c(T)$로 놓고, $\mathrm{d}q$를 열용량 C_p를 통해서 $\mathrm{d}T$로 바꾸고, 이어서 이 결과를 적분한다. 그리고 이 온도 영역에서 열용량이 온도와 무관하다고 가정한다. (b) 앞의 (a)에서 얻은 결과를 이용하여 293 K에 있는 냉장고 속에서 250 g의 물을 얼리는 데 필요한 일을 계산하시오. 이 냉장고가 100 W에서 작동한다면 시간이 얼마나 걸리겠는가?

61.5 냉장고를 취급하는 데 적용시켰던 식(문제 61.4)은 또한 Carnot 기관과 같이 열펌프의 거동을 설명할 수 있다. 열펌프에서 열은 냉장고의 뒤(방열판)로부터 얻고 앞부분은 바깥 공기를 냉각시키는 데 이용되는 장치인데, 이것은 그의 매우 높은 효능 때문에 인기가 높은 가전제품이다. 다음 두 방법에 따라 295 K에서 실내에 공급되는 열을 계산하시오. (a) 1.00 kJ의 전기 에너지를 전열기를 이용하여 직접 일로 바꾸는 경우, (b) 바깥 온도가 260 K일 때 1.00 kJ의 전기 에너지로 가역적 열펌프를 돌리는 경우. 이 두 방법으로 집안 내부에 공급되는 에너지의 차이에 대한 근원을 설명하시오.

토픽 62 특정 과정의 엔트로피 변화

토론 문제

62.1 물과 에탄올 같은 액체에 대하여 Trouton 규칙을 설명하시오. 증발 엔트로피는 $85\ \mathrm{J\ K^{-1}\ mol^{-1}}$보다 큰가, 아니면 작은가? 이유는 무엇인가?

연습 문제

62.1(a) F_2(g)와 I_2(g) 중 298 K에서 더 높은 표준 몰엔트로피를 가질 것 같은 것은 어느 것인가?

62.1(b) H_2O(g)와 CO_2(g) 중 298 K에서 더 높은 표준 몰엔트로피를 가질 것 같은 것은 어느 것인가?

62.2(a) 300 K에서 15 g의 이산화 탄소가 $1.0\ \mathrm{dm}^3$에서 $3.0\ \mathrm{dm}^3$으로 팽창할 때 엔트로피의 변화를 계산하시오.

62.2(b) 300 K에서 4.00 g의 질소가 $500\ \mathrm{cm}^3$에서 $750\ \mathrm{cm}^3$으로 팽창할 때 엔트로피의 변화를 계산하시오.

62.3(a) 벤젠의 정상 끓는점 80.1°C에서 벤젠의 증발 엔트로피를 예측하시오.

62.3(b) 사이클로헥세인의 정상 끓는점 80.7°C에서 사이클로헥세인의 증발 엔트로피를 예측하시오.

62.4(a) 일정한 부피의 네온 시료의 표준 몰엔트로피는 298 K에서 146.22 J K^{-1} mol^{-1}이다. 500 K에서의 몰엔트로피를 구하시오.

62.4(b) 일정한 부피의 아르곤 시료의 표준 몰엔트로피는 298 K에서 154.84 J K^{-1} mol^{-1}이다. 250 K에서의 몰엔트로피를 구하시오.

62.5(a) $C_{p,\mathrm{m}}=\frac{5}{2}R$인 3.00 mol의 완전 기체의 상태를 25°C, 1.00 atm으로부터 125°C, 5.00 atm으로 변화시켰을 때의 계에 대한 ΔS를 계산하시오. ΔS의 부호를 합리적으로 설명하시오.

62.5(b) $C_{p,\mathrm{m}}=\frac{7}{2}R$인 2.00 mol의 이원자 완전 기체의 상태를 25°C, 1.50 atm으로부터 135°C, 7.00 atm으로 변화시켰을 때의 계에 대한 ΔS를 계산하시오. ΔS의 부호를 합리적으로 설명하시오.

62.6(a) 200 K에서 3.00 mol의 이원자 완전 기체를 포함하고 있는 시료를 최종 온도가 250 K로 올라갈 때까지 가역 단열적으로 팽창시켰다. $C_{V,\mathrm{m}}=27.5$ J K^{-1} mol^{-1}으로 놓고 ΔS를 계산하시오.

62.6(b) 250 K에서 2.00 mol의 이원자 완전 기체를 포함하고 있는 시료를 최종 온도가 300 K로 올라갈 때까지 가역 단열적으로 팽창시켰다. $C_{V,\mathrm{m}}=27.5$ J K^{-1} mol^{-1}으로 놓고 ΔS를 계산하시오.

62.7(a) 각각 0°C, 50°C에 있는 1.00 kg의 구리 벽돌 두 장을 접촉시킨 다음, 고립된 용기에 집어넣었다. 구리의 비열 용량이 0.385 J K^{-1} g^{-1}이며, 관계되는 온도 구간에서 일정하다고 가정하고 ΔS_{tot}을 계산하시오.

62.7(b) 각각 100°C, 25°C에 있는 10.0 kg의 쇳덩어리 두 개를 접촉시킨 다음, 고립된 용기에 집어넣었다. 철의 비열용량은 0.449 J K^{-1} g^{-1}이며 관계되는 온도 구간에서 일정하다고 가정하고 ΔS_{tot}을 계산하시오.

62.8(a) 298 K, 1.00 bar에서 14 g의 질소 기체가 (a) 등온 가역 팽창, (b) $p_{\mathrm{ex}}=0$에 맞선 등온 비가역 팽창, (c) 단열 가역 팽창을 하여 그 부피가 2배로 늘어날 때 계와 주위의 엔트로피 변화와 전체 엔트로피 변화를 계산하시오.

62.8(b) 298 K, 1.50 bar에서 질량이 21 g인 아르곤 기체가 (a) 등온 가역 팽창, (b) $p_{\mathrm{ex}}=0$에 맞선 등온 비가역 팽창, (c) 단열 가역 팽창을 하여 그 부피가 1.20 dm^{3}으로부터 4.60 dm^{3}으로 늘어날 때 계와 주위의 엔트로피 변화와 전체 엔트로피 변화를 계산하시오.

62.9(a) 클로로폼($CHCl_3$)의 증발 엔탈피는 그의 정상 끓는점인 334.88 K에서 29.4 kJ mol^{-1}이다. (a) 이 온도에서 클로로폼의 증발 엔트로피를 계산하시오. (b) 주위의 엔트로피 변화는 얼마나 되겠는가?

62.9(b) 메탄올의 증발 엔탈피는 그의 정상 끓는점인 64.1°C에서 35.27 kJ mol^{-1}이다. (a) 이 온도에서 메탄올의 증발 엔트로피를 계산하시오. (b) 주위의 엔트로피 변화는 얼마나 되겠는가?

62.10(a) −10.0°C에서 10.0 g의 얼음이 115.0°C, 1 bar의 일정 압력에서 수증기로 변환되었을 때 계의 엔트로피 변화를 계산하시오. H_2O(s)와 H_2O(l)의 일정 압력에서 몰열용량은 75.291 J K^{-1} mol^{-1}이며, H_2O(g)에 대해서는 33.58 J K^{-1} mol^{-1}이다. 상전이의 엔탈피는 표 57.2에 주어졌다.

62.10(b) −12.0°C에서 15.0 g의 얼음이 105.0°C, 1 bar의 일정 압력에서 수증기로 변환되었을 때 계의 엔트로피 변화를 계산하시오. 데이터는 앞의 연습 문제를 참조할 것.

응용 문제

62.1 (a) −5°C에서 액체 물과 얼음, (b) 95°C, 1.00 atm의 압력에서 액체 물과 수증기의 몰엔트로피 차를 계산하시오. 녹을 때와 증발할 때의 열용량 차는 각각 37.3 J K^{-1} mol^{-1}, −41.9 J K^{-1} mol^{-1}이다. 시료, 주위, 전체 계의 엔트로피 변화를 따로따로 구하고, 이 두 온도에서의 전이의 자발성을 말하시오.

62.2 240 K와 330 K 사이의 온도 영역에서 클로로폼(트라이클로로메테인, $CHCl_3$)의 열용량은 $C_{p,\mathrm{m}}$(J K^{-1} mol^{-1}) $=91.47+7.5\times10^{-2}$ (T/K)로 주어진다. 어떤 실험에서 1.00 mol의 $CHCl_3$을 273 K로부터 300 K로 가열하였다. 이 시료의 몰엔트로피 변화를 구하시오.

62.3 온도가 0°C인 질량 2.00 kg의 구리 덩어리($C_{p,\mathrm{m}}=24.44$ J K^{-1} mol^{-1})를 100°C, 1.00 atm인 1.00 mol의 H_2O(g)가 담겨 있는 단열 용기 속에 넣었다. (a) 수증기가 전부 물로 응축되었다고 가정하고, 이 계의 최종 온도, 물로부터 구리로 이전된 열, 그리고 물, 구리, 및 전체 계의 엔트로피 변화를 계산하시오. (b) 실제로는 수증기의 일부가 평형을 이루고 있다. 앞의 (a)에서 계산한 온도에서의 물의 증기 압력으로부터, 수증기와 물의 열용량은 그 온도에서의 값으로 주어지며 일정하게 유지된다고 가정하고 새로운 최종 온도, 이전된 열량, 그리고 물, 구리 및 전체 계의 엔트로피를 구하시오(**힌트**: 수긍할 만한 근사들을 할 필요가 있다.)

62.4 27°C의 완전 기체 1.00 mol을 3.00 atm의 처음 압력으로부터 1.00 atm의 최종 압력에 이를 때까지 (a) 가역적으로, (b) 1.00 atm의 일정한 외부 압력에 맞서서, 등온적으로 팽창시켰다. 각 경로에 대한 q, w, ΔU, ΔH, ΔS, ΔS_{sur}, ΔS_{tot}의 값을 계산하시오.

62.5 293 K에서 질량이 500 g인 구리 덩어리를 저항 1.00 kΩ의 전열기(질량이 거의 없는)와 열적 접촉을 시켰다. 1.00 A의 전류를 15.0초 동안 통과시키면 구리의 엔트로피가 얼마나 변하겠는가? $C_{p,\mathrm{m}}=24.4$ J K^{-1} mol^{-1}으로 놓는다. 이어서 293 K의 흐르는 물속에 이 구리 덩어리를 넣고 실험을 되풀이하였다. 이 경우에서 구리와 물의 엔트로피 변화를 구하시오.

62.6 질량이 같고 동일한 재료로 된 두 금속 덩어리가 있는데, 하나는 온도가 T_{h}이고 다른 하나는 T_{c}이다. 이들을 접촉시켜서 열적 평형에 도달시켰을 때의 엔트로피 변화를 나타내는 식을 유도하시오. 질량이 각각 500 g인 두 개의 구리 덩어리이고 $T_{\mathrm{h}}=500$ K, $T_{\mathrm{c}}=250$ K이며 구리의 $C_{p,\mathrm{m}}=24.4$ J K^{-1} mol^{-1}일 때 두 구리 덩어리의 엔트로피 변화를 계산하시오.

62.7 냉각에 대한 Newton 법칙에 따르면 온도의 변화 속도는 계와 주위 사이의 온도 차에 비례한다. T_i가 초기 온도이고 C가 열용량이며, $S(T)-S(T_i)=C\ln(T/T_i)$로 주어질 때 계가 냉각됨에 따른 계의 엔트로피 변화 속도에 대한 식을 추론하시오.

62.8 단백질 라이소자임은 75.5°C의 전이 온도에서 구조가 펴지며, 그 표준 전이 엔탈피는 509 kJ mol^{-1}이다. 구조가 펴질 때의 일정 압력 열용량 차는 6.28 kJ K^{-1} mol^{-1}이며, 온도에 무관하게 놓을 수 있다고 가정하고 25.0°C에서의 라이소자임의 펴짐 엔트로피를 계산하시오(**힌트**: 25.0°C에서의 이 전이가 다음과 같은 세 단계로 일어난다고 생각한다). (i) 접힌 단백질을 25.0°C로부터 전이 온도까지 가열하고, (ii) 전이 온도에서 구조를 펴 주고, (iii) 펴진 단백질을 25.0°C로 냉각시킨다. 엔트로피는 상태 함수이므로 25.0°C에서의 엔트로피 변화는 이들 세 단계에서의 엔트로피 변화를 합한 것과 같다.

토픽 63 제3법칙

토론 문제

63.1 용액에서 이온의 표준 엔트로피가 왜 양수, 음수, 0이 될 수 있는지를 말하시오.

연습 문제

63.1(a) $T=0$에서 분자가 동일한 에너지의 배향을 (a) 3, (b) 5, (c) 6가지만큼 취할 수 있는 고체의 잔류 몰엔트로피를 계산하시오.

63.1(b) 육각형의 분자 $C_6H_nF_{6-n}$는 H와 F의 유사성 때문에 잔류 엔트로피를 갖는다고 생각할 때 n의 각 값에 대한 잔류 엔트로피를 계산하시오.

63.2(a) 다음 반응에 대한 298 K에서의 표준 반응 엔트로피를 계산하시오.

(a) $2\,CH_3CHO(g)+O_2(g) \rightarrow 2CH_3COOH(l)$

(b) $2\,AgCl(s)+Br_2(l) \rightarrow 2\,AgBr(s)+Cl_2(g)$

(c) $Hg(l)+Cl_2(g) \rightarrow HgCl_2(s)$

63.2(b) 다음 반응에 대한 298 K에서의 표준 반응 엔트로피를 계산하시오.

(a) $Zn(s)+Cu^{2+}(aq) \rightarrow Zn^{2+}(aq)+Cu(s)$

(b) $C_{12}H_{22}O_{11}(s)+12\,O_2(g) \rightarrow 12\,CO_2(g)+11\,H_2O(l)$

응용 문제

63.1 $NH_3(g)$의 표준 몰엔트로피는 298 K에서 192.45 J K^{-1} mol^{-1}이다. 또 그 열용량은 식 56.5로 주어지며, 계수의 값은 표 56.1에 수록되어 있다. (a) 100°C, (b) 500°C에서 암모니아의 표준 몰엔트로피를 구하시오.

63.2 납의 몰열용량은 다음과 같이 온도에 따라 변한다.

T(K)	10	15	20	25	30	50
$C_{p,m}$(J K^{-1} mol^{-1})	2.8	7.0	10.8	14.1	16.5	21.4

T(K)	70	100	150	200	250	298
$C_{p,m}$(J K^{-1} mol^{-1})	23.3	24.5	25.3	25.8	26.2	26.6

(a) 0°C, (b) 25°C에서의 납의 표준 제3법칙 엔트로피를 계산하시오.

63.3 **부록**의 표에 나타난 표준 생성 엔탈피, 표준 엔트로피, 표준 열용량을 이용하여 $CO_2(g)+H_2(g) \rightarrow CO(g)+H_2O(g)$에 대한 298 K, 398 K에서의 표준 엔탈피와 엔트로피를 계산하시오. 열용량은 관련 온도 영역에서 일정하다고 가정한다.

63.4 무수 포타슘 헥사사이아노페레이트(II)의 몰열용량은 다음과 같이 온도에 따라 변한다.

T(K)	10	20	30	40	50	60
$C_{p,m}$(J K^{-1} mol^{-1})	2.09	14.43	36.44	62.55	87.03	111.0

T(K)	70	80	90	100	110	150
$C_{p,m}$(J K^{-1} mol^{-1})	131.4	149.4	165.3	179.6	192.8	237.6

T(K)	160	170	180	190	200
$C_{p,m}$(J K^{-1} mol^{-1})	247.3	256.5	265.1	273.0	280.3

$T=0$에서의 값에 해당되는 몰엔탈피와 각각의 온도에서의 제3법칙 엔트로피를 계산하시오.

63.5 1,3,5-트라이클로로-2,4,6-트라이플루오로벤젠은 헥사클로로벤젠으로부터 헥사플루오로벤젠을 만드는 과정에서의 중간 생성물이다. 이 물질의 열역학적 성질을 연구하기 위하여 넓은 온도 범위에 걸쳐서 그 열용량을 측정하였는데(R.L. Andon and J.F. Martin, *J. Chem. Soc. Faraday Trans.* I, 871 (1973)), 다음은 이 측정 결과의 일부이다.

T(K)	14.14	16.33	20.03	31.15	44.08	64.81
$C_{p,m}$(J K^{-1} mol^{-1})	9.492	12.70	18.18	32.54	46.86	66.36

T(K)	100.90	140.86	183.59	225.10	262.99	298.06
$C_{p,m}$(J K^{-1} mol^{-1})	95.05	121.3	144.4	163.7	180.2	196.4

$T=0$에서의 값에 관한 몰엔탈피와 각각의 온도에서의 제3법칙 엔트로피를 계산하시오.

63.6‡ 비스무트에 대한 100 K에서의 $S_m^{\ominus}=29.79$ J K^{-1} mol^{-1}과 아래 열용량 데이터(D.G. Archer, *J. Chem. Eng. Data* **40**, 1015 (1995))를 이용하여 200 K에서 비스무트의 표준 몰엔트로피를 계산하시오.

T(K)	100	120	140	150	160	180	200
$C_{p,m}$(J K^{-1} mol^{-1})	23.00	23.74	24.25	24.44	24.61	24.89	25.11

이 결과를 이 온도 영역에서 열용량이 24.44 J K^{-1} mol^{-1}으로 일정하다고 놓고 얻게 되는 값과 비교하시오.

63.7 Einstein과 Debye 모형에 근거한 단원자 고체의 몰엔트로피에 대한 식을 유도하고 온도(θ가 Einstein 온도나 Debye 온도일 때 각 경우에 T/θ를 사용할 것)에 대한 몰엔트로피를 도시하시오. 열용량의 온도 의존성에 대하여 다음 식들을 사용하시오.

$$\text{Einstein}: C_{V,m}(T)=3Rf^{E}(T) \quad f^{E}(T)=\left(\frac{\theta^{E}}{T}\right)^2\left(\frac{e^{\theta^{E}/2T}}{e^{\theta^{E}/T}-1}\right)^2$$

$$\text{Debye}: C_{V,m}(T)=3Rf^{D}(T) \quad f^{D}(T)=3\left(\frac{T}{\theta^{D}}\right)^2\int_0^{\theta^{D}/T}\frac{x^4e^x}{(e^x-1)^2}dx$$

적합한 식의 수치를 구하기 위하여 수학적 소프트웨어를 사용하시오.

63.8 인간의 DNA 분자는 평균적으로 네 가지의 다른 종류의 5×10^8개의 다이뉴클레오타이드(DNA 사다리 위의 가로대)를 갖는다. 각 가로대가 이러한 네 종류 중의 하나로 임으로 택해진다면 이 전형적인 DNA 분자와 연관된 잔류 엔트로피는 무엇인가?

토픽 64 자발적 과정

토론 문제

64.1 자발적인 변화에 대한 기준으로서 다음 식들이 이용되고 있다. $dA_{T,V}<0$, $dG_{T,p}<0$. 각 기준들의 유래, 의의, 응용성에 관해서 논하시오.

64.2 어떠한 상황과 이유에서 반응의 자발성이 계에 대한 특성의 관점에서만 논의할 수 있는가?

연습 문제

64.1(a) 앞의 연습 문제 63.2(a)에서 계산한 반응 엔트로피를 반응 엔탈피와 결합시켜 298 K에서의 이들 반응에 대한 표준 반응 Gibbs 에너지를 구하시오.

64.1(b) 앞의 연습 문제 63.2(b)에서 계산한 반응 엔트로피를 반응 엔탈피와 결합시켜 298 K에서의 이들 반응에 대한 표준 반응 Gibbs 에너지를 구하시오.

64.2(a) **부록**에 수록된 표준 생성 엔트로피와 엔탈피를 이용하여 298 K에서의 반응 $4\ HI(g)+O_2(g) \rightarrow 2\ I_2(S)+2\ H_2O(l)$에 대한 표준 반응 Gibbs 에너지를 계산하시오.

64.2(b) **부록**에 수록된 표준 생성 엔트로피와 엔탈피를 이용하여 298 K에서의 반응 $CO(g)+CH_3CH_2OH(l) \rightarrow CH_3CH_2COOH(l)$에 대한 표준 반응 Gibbs 에너지를 계산하시오.

64.3(a) 298 K에서 메테인이 연소되는 연료 전지가 있다. 이 전지로부터 얻을 수 있는 1 mol당 최대 비팽창 일을 계산하시오.

64.3(b) 298 K에서 프로페인이 연소되는 연료 전지가 있다. 이 전지로부터 얻을 수 있는 1 mol당 최대 비팽창 일을 계산하시오.

64.4(a) CO_2 분자는 선형이며 진동 파수가 1388.2 cm^{-1}, 667.4 cm^{-1}, 2349.2 cm^{-1}으로 이들 중 마지막 것은 이중으로 축퇴되어 있고 나머지는 축퇴되어 있지 않다. 이 분자의 회전 상수는 0.3902 cm^{-1}이다. 298 K에서 회전과 진동의 몰 Gibbs 에너지에 대한 기여를 계산하시오.

64.4(b) O_3 분자는 각이 져 있으며 진동 파수가 1110 cm^{-1}, 705 cm^{-1}, 1042 cm^{-1}이다. 이 분자의 회전 상수는 3.553 cm^{-1}, 0.4452 cm^{-1}, 0.3948 cm^{-1}이다. 298 K에서 회전과 진동의 몰 Gibbs 에너지에 대한 기여를 계산하시오.

64.5(a) Cl의 바닥 준위는 $^2P_{3/2}$이며 $^2P_{1/2}$ 준위는 이보다 881 cm^{-1} 위에 있다. (a) 500 K, (b) 900 K에서 Cl 원자의 몰 Gibbs 에너지에 대한 전자 기여를 계산하시오.

64.5(b) O_2의 첫 번째 전자 들뜬 상태는 $^1\Delta_g$이며 바닥 상태인 $^3\Sigma_g^-$에서 7918.1 cm^{-1} 위에 있다. 500 K에서 O_2 분자의 몰 Gibbs 에너지에 대한 전자 기여를 계산하시오.

응용 문제

64.1 실린더에 갇혀 있는 완전 기체가 마찰이 없는 단열 피스톤에 의해서 A와 B의 두 부분으로 분리되어 있다. 그리고 B 속에서의 모든 변화는 등온적이다. 즉 B는 일정한 온도의 항온조에 담겨 있다. 이 두 부분에는 각각 2.00 mol의 기체가 들어 있으며, 처음에는 $T_A = T_B = 300$ K, $V_A = V_B = 2.00$ dm^{3}이다. A 부분에 열로서 에너지를 가하여 B 부분의 부피가 1.00 L가 될 때까지 피스톤이 오른쪽으로 가역적으로 이동케 하였다. (a) ΔS_A와 ΔS_B, (b) ΔA_A와 ΔA_B, (c) ΔG_A와 ΔG_B, (d) 전체 계와 그 주위의 ΔS를 계산하시오. 만일 수치적으로 값을 얻을 수 없을 때는 그 값이 양인지, 음인지, 0인지, 그렇지 않으면 주어진 정보로는 이것조차도 결정할 수 없는지를 나타내시오($C_{V,m} = 20$ J K^{-1} mol^{-1}으로 가정한다).

64.2 조화 진동자 무리의 몰 내부 에너지, 몰엔트로피, 몰 Helmholtz 에너지를 계산하고, $\theta^V = h\nu/k$일 때 이 식을 T/θ^V의 함수로 도시하시오.

64.3 생체 세포 안에서 식품이 산화될 때 나오는 에너지는 아데노신 삼인산(ATP나 ATP^{4-})에 저장된다. 요점을 말하자면 ATP의 작용은 가수 분해에 의해 말단 인산기를 잃고 아데노신 이인산(ADP 또는 ADP^{3-})을 형성하는 능력이다. 즉

$$ATP^{4-}(aq) + H_2O(l) \rightarrow ADP^{3-}(aq) + HPO_4^{2-}(aq) + H_3O^+(aq)$$

pH = 7.0, 37°C(310 K, 혈액 온도)에서 이 가수 분해 반응의 엔탈피 변화와 Gibbs 에너지 변화는 각각 $\Delta_r H = -20$ kJ mol^{-1}, $\Delta_r G = -31$ kJ mol^{-1}이다. 이들 조건하에서 1 mol의 $ATP^{4-}(aq)$가 가수 분해되면 최고로 31 kJ까지의 에너지가 추출될 수 있는데, 이 에너지는 아미노산으로부터의 단백질 합성, 근육의 수축, 두뇌의 뉴런 회로 활성 등과 같은 비팽창 일을 하는 데 이용될 수 있다. (a) pH = 7.0, 310 K에서 ATP의 가수 분해 엔트로피를 계산하고, 그 부호에 대한 타당성을 설명하시오. (b) 전형적인 생체 세포의 반지름은 10 μm이며, 이 세포 안에서 매초 약 10^6개의 ATP 분자가 가수 분해된다고 가정한다. 세포의 동력 밀도를 입방미터당 와트 수로 구하시오(1 W = 1 J s^{-1}). 컴퓨터 축전지는 약 15 W를 공급하는데, 그 부피는 100 cm^{3}이다. 전지와 축전지 중 어느 것의 동력 밀도가 더 크겠는가? (c) 글루탐산염과 암모늄 이온으로부터 글루타민이 합성되는 데는 14.2 kJ mol^{-1}의 에너지가 투입되어야 한다. 이 반응은 글루타민 합성 효소의 작용으로 ATP 분자가 ADP로 가수분해되는 반응에 의해서 추진된다. 1 mol의 글루타민이 형성되려면 몇 몰의 ATP가 가수 분해되어야 하겠는가?

64.4‡ 남극 대륙에 걸친 계절적인 오존의 소모에 참여한다고 믿고 있는 Cl_2O_2 분자는 여러 가지 방법에 의하여 연구되어 왔다. Birk 등(*J. Chem. Phys.* **91**, 6588(1989))은 이 분자의 회전 상수 B가 13109.4, 2409.8, 2139.7 MHz라고 보고하였다. 또한 회전 스펙트럼에서 분자의 대칭수가 2.19를 나타낸다고 보고하였다. 이것들의 진동 파수는 753, 542, 310, 127, 646, 419 cm^{-1}이다. Cl_2O_2의 $G_m^{\ominus}(200\text{ K}) - G_m^{\ominus}(0)$을 계산하시오.

토픽 65 표준 Gibbs 에너지

토론 문제

65.1 표준 생성 Gibbs 에너지를 결정할 수 있는 방법들을 설명하시오.

65.2 용액에서 이온의 생성 Gibbs 에너지의 크기에 원인이 되는 열역학적 요인을 알아보시오.

연습 문제

65.1(a) 표준 생성 Gibbs 에너지를 사용하여 298 K에서 다음 반응에 대한 표준 반응 Gibbs 에너지를 계산하시오.

(a) $2\ CH_3CHO(g) + O_2(g) \rightarrow 2\ CH_3COOH(l)$

(b) $2\ AgCl(s) + Br_2(l) \rightarrow 2\ AgBr(s) + Cl_2(g)$

(c) $Hg(l) + Cl_2(g) \rightarrow HgCl_2(s)$

65.1(b) 표준 생성 Gibbs 에너지를 사용하여 298 K에서 다음 반응에 대한 표준 반응 Gibbs 에너지를 계산하시오.

(a) $Zn(s) + Cu^{2+}(aq) \rightarrow Zn^{2+}(aq) + Cu(s)$

(b) $C_{12}H_{22}O_{11}(s) + 12\ O_2(g) \rightarrow 12\ CO_2(g) + 11\ H_2O(l)$

65.2(a) 298 K에서 아세트산 에틸($CH_3COOC_2H_5$)의 표준 연소 엔탈피는 −2231 kJ mol^{-1}이고, 또 이것의 표준 몰엔트로피는 259.4 J K^{-1} mol^{-1}이다. 298 K에서 이 화합물의 표준 생성 Gibbs 에너지를 계산하시오.

65.2(b) 298 K에서 아미노산 글라이신(NH_2CH_2COOH)의 표준 연소 엔탈피는 −969 kJ mol^{-1}이고, 이것의 표준 몰엔트로피는 103.5 J K^{-1} mol^{-1}이다. 298 K에서 글라이신의 표준 생성 Gibbs 에너지를 계산하시오.

응용 문제

65.1‡ R. Viswanathan 등(*J. Phys. Chem.* **100**, 10784(1996))은 여러 가지 붕소-규소 기체상 화학종들의 열역학적 특성을 실험적, 이론적으로 연구하였다. 이러한 화학종들은 규소가 기반이 된 한 반도체의 고온 화학 증착(CVD)에서 생길 수 있다. 계산에서는 여러 온도에서 평형 핵간 거리가 190.5 pm이고 기본 진동 파수가 772 cm^{-1}인 $^4\Sigma^-$인 바닥 상태와 바닥 준위의 8000 cm^{-1} 위에 있는 첫 번째 들뜬 준위인 $^2P_0$에 기준이 된 BSi(g)의 Gibbs 에너지의 계산을 보고하였다. 표준 몰 Gibbs 에너지 $G_m^{\ominus}(2000\ K) - G_m^{\ominus}(0)$을 계산하시오.

토픽 66 제1법칙과 제2법칙의 결합

토론 문제

66.1 Gibbs 에너지의 온도에 대한 의존도를 물리학적인 해석으로 설명하시오.

연습 문제

66.1(a) 300 K에서 2.5 mmol의 $N_2(g)$가 42 cm^3의 부피를 차지한다. 이 기체를 부피가 600 cm^3가 될 때까지 등온 팽창시켰다. 이 과정에 대한 ΔG를 계산하시오.

66.1(b) 298 K에서 6.0 mmol의 Ar(g)가 52 cm^3의 부피를 차지한다. 이 기체를 부피가 122 cm^3가 될 때까지 등온 팽창시켰다. 이 과정에 대한 ΔG를 계산하시오.

66.2(a) 어떤 일정 압력 과정에 대한 Gibbs 에너지 변화가 $\Delta G/J = -85.40 + 36.5(T/K)$ 식에 들어맞는다고 밝혀졌다. 이 과정에 대한 ΔS의 값을 계산하시오.

66.2(b) 어떤 일정 압력 과정에 대한 Gibbs 에너지 변화가 $\Delta G/J = -73.1 + 42.8(T/K)$로 식에 들어맞는다고 밝혀졌다. 이 과정에 대한 ΔS의 값을 계산하시오.

66.3(a) 1.0 dm^3의 옥테인에 작용하는 압력을 1.0 atm으로부터 100 atm으로 증가시켰을 때 Gibbs 에너지와 몰 Gibbs 에너지의 변화량을 구하시오. 옥테인의 질량 밀도는 0.703 g cm^{-3}이다.

66.3(b) 100 cm^3의 물에 작용하는 압력을 100 kPa로부터 500 kPa로 증가시켰을 때 Gibbs 에너지와 몰 Gibbs 에너지의 변화량을 구하시오. 물의 질량 밀도는 0.997 g cm^{-3}이다.

66.4(a) 수소 기체를 298 K에서 1.0 atm으로부터 100.0 atm으로 등온 압축시켰을 때 몰 Gibbs 에너지의 변화를 구하시오.

66.4(b) 산소 기체를 500 K에서 50.0 kPa로부터 100.0 kPa로 등온 압축시켰을 때 몰 Gibbs 에너지의 변화를 구하시오.

66.5(a) 35 g의 에탄올(질량 밀도가 0.789 g cm^{-3})에 작용하는 압력을 등온적으로 1 atm으로부터 3000 atm으로 증가시킬 때의 Gibbs 에너지 변화를 계산하시오.

66.5(b) 25 g의 메탄올(질량 밀도가 0.791 g cm^{-3})에 작용하는 압력을 등온적으로 100 kPa로부터 100 MPa로 증가시킬 때의 Gibbs 에너지 변화를 계산하시오.

응용 문제

66.1 $\Delta_r G^{\ominus}(298\ K)$와 $\Delta_r H^{\ominus}(298\ K)$의 값, Gibbs-Helmholtz 식을 이용하여 반응 $2CO(g) + O_2(g) \rightarrow 2CO_2(g)$에 대한 $\Delta_r G^{\ominus}(375\ K)$를 구하시오.

66.2 (a) 500 K, (b) 1000 K에서 $N_2(g) + 3H_2(g) \rightarrow 2NH_3(g)$의 표준 반응 Gibbs 에너지를 298 K에서의 값으로부터 구하시오.

66.3 298 K에서 설탕의 표준 연소 엔탈피는 −5797 kJ mol^{-1}이고, 반응의 표준 Gibbs 에너지는 −6333 kJ mol^{-1}이다. 온도를 37°C의 체온으로 올려 주었을 때 얻을 수 있는 추가적인 비팽창 일을 구하시오.

66.4 실제 기체의 실험적인 상태 방정식 두 개는 다음과 같다.

$$\text{van der Waals: } p = \frac{RT}{V_m - b} - \frac{a}{V_m^2}$$

$$\text{Dieterici: } p = \frac{RTe^{-a/RTV_m}}{V_m - b}$$

각 기체에 대한 $(\partial S/\partial V)_T$를 구하시오. 등온 팽창에 있어서 ΔS가 가장 큰 것은 어떤 종류의 기체(완전 기체도 고려하여)인지를 밝히고 그 이유를 설명하시오.

66.5 이 책에서는 네 개의 Maxwell 관계식 중 두 개만을 유도하였다. $(\partial S/\partial V)_T = (\partial p/\partial T)_V$와 $(\partial T/\partial p)_S = (\partial V/\partial S)_p$를 증명함으로써 나머지 두 식의 유도를 완성하시오.

66.6 (a) Maxwell 관계식을 이용하여 다음 도함수 $(\partial S/\partial V)_T$,

$(\partial V/\partial S)_p$, $(\partial p/\partial S)_V$, $(\partial V/\partial S)_p$를 열용량, 팽창 계수 $\alpha=(1/V)(\partial V/\partial T)_p$, 등온 압축률 $\kappa_T=-(1/V)(\partial V/\partial p)_T$의 함수로 나타내시오. (b) Joule 계수 μ_J는 $\mu_J=(\partial T/\partial V)_U$로 정의된다. $\mu_J C_V=p-\alpha T/\kappa_T$임을 보이시오.

66.7 S가 p와 T의 함수로 간주된다고 생각해 보자. $TdS=C_p dT-\alpha TVdp$가 성립함을 보이시오. 이어서 비압축성 액체나 고체의 압력을 Δp만큼 증가시키고 $\alpha=(1/V)(\partial V/\partial T)p$일 때, 열로서 전달되는 에너지가 $-\alpha TV\Delta p$임을 보이시오. 0°C에서 100 cm^3의 수은에 작용하는 압력을 1.0 kbar만큼 증가시킬 때의 q를 계산하시오. ($\alpha=1.82\times10^{-4}$ K^{-1})

66.8 식 66.5($\pi_T=T(\partial p/\partial T)_V-p$)는 압력과 온도에 따른 압력의 도함수에 관한 내부 압력 π_T를 표현한다. π_T를 분자 분배 함수의 항으로 나타내시오.

66.9 몰 Gibbs 에너지(식 66.10)의 압력 의존성에 대하여 완전 기체 상태 방정식을 van der Waals 상태 방정식으로 치환한 결과를 분석하시오. 세 단계로 진행하시오. 첫째로, $a=0$이고 반발만이 중요한 경우를 고려하시오. 다음으로 $b=0$이고 인력만이 중요한 경우를 고려하시오. 후자의 경우에 인력이 약하다는 근사를 고려해야만 한다. 마지막으로 수학적 소프트웨어를 사용하여 전체 식을 분석한다. 각 경우에 대하여 결과를 그래프로 도시하고 완전 기체 식으로부터 유도한 것에 대하여 물리학적으로 설명하시오.

66.10‡ 질산 수화물은 남극 오존 구멍을 초래하는 불균일 반응에 대한 촉매 가능성 때문에 큰 주목의 대상이 되고 있다. Worsnop 등은(*Science* **259**, 71 (1993)) 동계 극지방 성층권의 전형적인 조건에서 이 수화물들의 열역학적 안정도를 조사하였다. 이들은 모노, 다이, 트라이 수화물이 질산과 수증기로 승화되는 $HNO_3\cdot nH_2O(s)\rightarrow HNO_3(g)+nH_2O(g)$ 반응($n=1, 2, 3$)에 관한 열역학적 데이터를 보고하였다. 220 K에서 이들 반응의 $\Delta_r G^\ominus$와 $\Delta_r H^\ominus$가 다음과 같이 보고되었는데, Gibbs–Helmholtz 식을 이용하여 190 K에서의 $\Delta_r G^\ominus$를 계산하시오.

n	1	2	3
$\Delta_r G^\ominus$(kJ mol^{-1})	46.2	69.4	93.2
$\Delta_r H^\ominus$(kJ mol^{-1})	127	188	237

통합 문제

F13.1 $\beta=1/kT$의 관계를 확인해 주는 논거를 최대한 많이 찾아보시오. 온도를 표현하는 데 있어 T 자체보다 β가 적절한 파라미터임을 보이는 근거를 제시하시오. 기본 상수로서 k의 중요도는 무엇인가?

F13.2 1.00 mol의 분자로 된 기체 시료의 상태 방정식은 $pV_m=RT(1+Bp)$로 설명된다. 처음에 373 K인 기체가 Joule–Thomson 팽창을 하여 압력이 100 atm으로부터 1.00 atm으로 낮아졌다. $C_{p,m}=\frac{5}{2}R$, μ=0.21 K atm^{-1}, $B=-0.525(K/T)\,atm^{-1}$이며, 이 값들이 관계된 온도 영역에서 일정하다고 가정하고, 이 기체에 대한 ΔT와 ΔS를 계산하시오.

F13.3 Carnot 순환이 작동 물질로 1.00 mol의 일원자 완전 기체를 10.0 atm, 600 K의 초기 상태에서 사용한다. 이것을 등온적으로 압력이 1.00 atm이 될 때까지 팽창하고(1단계), 이어서 온도가 300 K가 될 때까지 단열 팽창한다(2단계). 이 팽창에 이어서 등온 압축(3단계)과 다음에 단열 압축(4단계)에 의해서 처음 출발 상태로 되돌아간다. 순환의 각 단계와 전체 순환에 대한 q, w, ΔU, ΔH, ΔS, ΔS_{tot}, ΔG의 값을 구하시오. 구한 답을 표로 나타내시오.

F13.4 연소 엔탈피가 −5512 kJ mol^{-1}인 옥테인으로 가동되는 내연기관을 생각하고, 연료 1갤런의 질량이 3 kg이라고 하자. 엔진 실린더의 온도가 2000°C, 배기 온도가 800°C이고, 모든 종류의 마찰을 무시할 때, 1.00갤런의 연료를 사용하면 질량 1000 kg의 자동차를 최고 얼마 높이까지 올릴 수 있겠는가?

F13.5 $(\partial U/\partial S)_V=T$ 결과를 도출하고, 그다음 응용 문제 60.6에 근거한 계산을 사용하여 온도를 확인하기 위한 U의 그래프를 S에 대하여 (또는 그 반대로) 도시하시오. **힌트**: 그래프를 그리는 데 수학적 소프트웨어를 사용하라.

F13.6 다음 연습을 위하여 이 책의 웹사이트에 있는 수학적 소프트웨어, 스프레드시트, **Living graphs**(LG로 표지된)를 사용하시오.

(a) 298 K에서 1.00 mol의 CO_2(g)가 0.0010 m^3에서 0.010 m^3로 팽창할 때 수반되는 엔트로피 변화를 van der Waals 기체로 취급하여 계산하시오.

(b) 조화 진동자 무리에 대한 엔트로피의 온도 계수인 함수 dS/dT를 kT/ε에 대하여 도시하시오. 이 계수가 최고점을 통과하는 온도가 존재하는가? 최고점을 찾을 수 있다면, 이것의 물리학적인 근원을 설명하시오.

(c) 시료가 (i) 일정 부피, (ii) 일정 압력의 조건하에서 일정 범위에 걸쳐 가열될 때 (a) 원자, (b) 선형 회전자, (c) 비선형 회전자 완전 기체의 엔트로피 변화를 도시하시오. 회전자의 고온 한계를 사용하시오.

(d)LG $C=a+bT+c/T^2$으로 기술한 열용량의 온도 의존성을 감안하고 세 가지 계수의 다른 값(c의 음수 값을 포함하여)에 대한 가열 엔트로피에서의 변화를 도시하시오.

(e) 완전 기체에 대하여 G의 1차 도함수 $(\partial G/\partial p)_T$가 압력에 따라 어떻게 변하는지를 나타내고, 결과의 식을 압력 범위에 걸쳐 도시하시오. $(\partial G/\partial p)_T$의 물리학적인 의미는 무엇인가?

14장 물리 평형

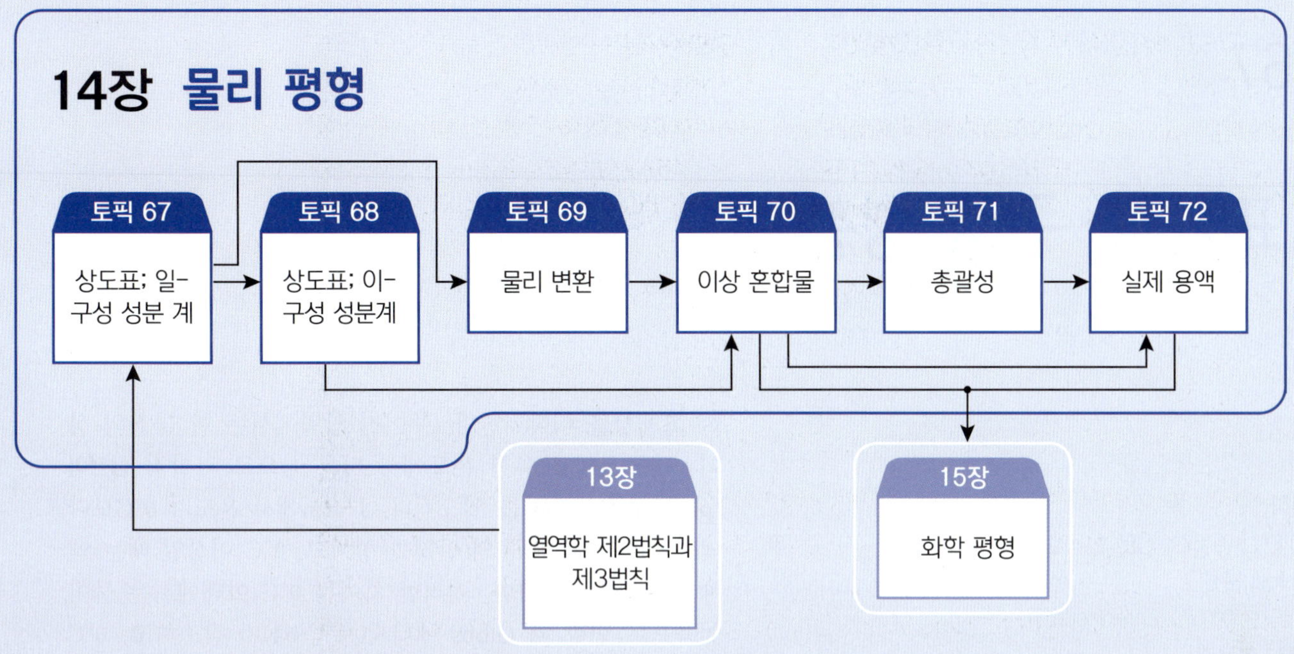

물리 평형은 물질 성질의 매우 중요한 양상이다. 여기에는 순수한 물질과 혼합물의 상전이가 포함되어 있기 때문이다. 또한 물리 평형은 혼합물에 존재하는 또 다른 물질의 성질에 한 성분이 얼마나 영향을 미치는지에 대한 열역학적 논의를 도입시키는 역할을 하고, 각 성분들이 반응에 의해 화학적 실체를 변화시킬 수 있는, **화학 평형**의 논의에 앞서서 필수적인 역할을 한다.

한 물질 또는 물질들의 혼합물의 여러 상 사이의 평형은 '상도표'를 구성함으로써 요약될 수 있는데, 상도표는 각 상이 가장 안정한 조건을 보여 주는 지도이다. 일-구성 성분계(토픽 67)에서는 그림에 대한 변수로 압력과 온도를 자연스럽게 선택한다. 이-구성 성분계(토픽 68)에서는 선택의 폭이 넓은데, 온도와 조성 또는 압력과 조성은 자연적이고 유용하게 선택된다. 이들 그림은 또한 액체 혼합물의 분별 증류를 논의할 수 있게 한다.

조건이 바뀔 때 한 상에서 다른 상으로의 전환은 열역학의 근거가 되며 **열역학 제2법칙과 제3법칙**을 이용하여 설명할 수 있다. 토픽 69에서 상 경계(두 상이 평형에 있는)의 위치를 어떻게 예측할 수 있으며, 이어서 예를 들면 열역학 기준을 사용하여 압력의 변화가 액체의 끓는점에 어떻게 영향을 미치는지를 보일 것이다.

각 물질이 혼합물의 Gibbs 에너지에 기여하는 바를 여러 '분몰량'의 하나인 '화학 전위'(토픽 70)의 항으로 나타낼 때 열역학은 상당한 예측 능력을 발휘한다. 평형은 상 사이의 화학 전위 균형으로 나타낼 수 있다. 혼합물에서 한 물질의 화학 전위를 혼합물 성분에 관해 나타내는 식을 세울 수 있다. 이 과정에서 '이상'과 '이상적으로 묽은' 용액의 개념이 소개된다.

용액에서 용질의 존재는 혼합물의 엔트로피에 영향을 미쳐, 그 영향을 통해 어는 온도 및 끓는 온도, 삼투압(토픽 71)과 같은, 용매의 각종 물리적 성질을 변화시킨다. 이들 성질 중 삼투압은 생물과 기디 분지 괴학의 응용에 있어서 중요하다.

그러나 이상 용액은 추상적이며, 마지막 절(토픽 72)에서, 이상 용액에 대해 개발된 식들을 어떻게 농도를 '활동도'로 대치시켜서 실제 용액에 대한 유사한 식으로 전환시키는지를 알아볼 것이다. 활동도는 전해질 용액의 논의에서는 필수적이다.

토픽 67

상도표: 일-구성 성분계

내용

➤ 학습 목표

상전이는 자연과 공업에서 널리 일어나며, 그들을 추적할 수 있는 것은 중요하다. 상도표는 한 물질이나 혼합물의 각 상이 가장 안정화되는 조건을 필요로 하는 재료과학과 관계된 분야에서 이용된다.

➤ 핵심 내용

두 상이 평형에 있을 때, 그들의 화학 전위는 같다. 이 결과가 상 규칙인데, 이는 평형을 보존하는 동안 조건을 변화시키는 자유도를 제한하는 것을 말한다.

➤ 미리 알기

이 토픽은 화학 전위(토픽 69)의 개념을 이끌어내지만, 그 개념을 접해 보지 않았다면 물질의 몰 Gibbs 에너지(토픽 64)로 해석해야 한다. 논의 중 몇 가지는 평형에 대한 개념(토픽64)과 결정 구조의 간단한 개념(토픽 37)의 지식에 의존하게 된다.

물질의 **상**(**phase**)은 화학 조성과 물리적 상태 전반에 걸쳐 균일한 물질의 형태이다. 따라서 물질의 고체상, 액체상, 기체상을 언급하며, 또한 흰인과 검은인의 동소체와 같이 다양한 고체상을 이야기한다. 주어진 압력에서는 한 물질의 상이 그 물질에 고유한 온도에서 다른 상으로 자발적 **상전이**(**phase transition**)를 일으킨다. 1 atm에서 온도가 0°C보다 낮을 때는 얼음이 물의 안정한 상이고, 0°C 이상일 때는 액체 물이 더 안정하다. 이러한 차이는 0°C 아래에서는 물이 얼음으로 변할 때 Gibbs 에너지(토픽 64)가 감소하고, 0°C 위에서는 얼음이 물로 변할 때 Gibbs 에너지가 감소한다는 것을 뜻하는 것이다. 실험적으로 구성한 물질의 **상도표**(**phase diagram**)는 물질의 여러 상들이 열역학적으로 안정하게 존재할 수 있는 압력과 온도의 영역을 나타낸다(그림 67.1). 이 영역을 분리하는 선들을 **상 경계**(**phase boundary**)라고 하는데, 이 선들은 두 상이 평형에서 공존하는 p와 T의 값을 나타낸다. 혼합물에서도 유사한 그림을 만들 수 있는데(토픽 68), 예를 들어 영역들은 다양한 상이 안정된 온도와 조성을 요약하고 있으며 경계는 이들 상이 서로 평형에 있는 조건을 나타내고 있다.

이 토픽에서 설명한 모든 성질은 분자들을 함께 묶는 분자간 상호 작용으로 설명할 수 있다. 엔트로피가 아무런 역할을 못하는, 주어진 압력과 $T=0$에서 어떤 특별한 상이 가장

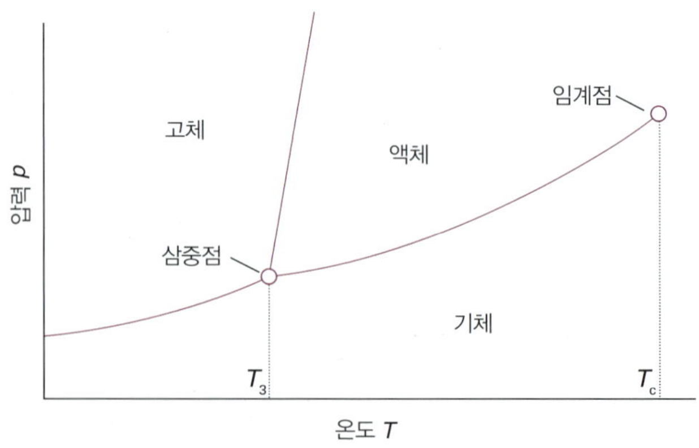

그림 67.1 고체, 액체, 기체가 안정된(즉 최소 Gibbs 에너지를 갖는) 압력과 온도의 일반적 영역을 이 상도표에 나타내었다. 예를 들어 낮은 온도와 높은 압력에서 고체상이 가장 안정된다. 다음 문단에서는 영역들 사이의 정확한 경계의 위치를 찾을 것이다.

안정한지는 분자들이 함께 채워질 때 얻을 수 있는 최소 에너지에 대응된다. 고온에서는 엔트로피가 역할을 하여 물질은 일반적인 압력에서 가장 낮은 Gibbs 에너지에 해당되는 분자 배열을 택하게 된다. 토픽 27~30의 컴퓨터 계산 기술을 고체와 액체까지 확장하기는 어렵겠지만, 할 수 있다면, 일부의 경우에 대해서 상전이를 예측할 수 있다. 하지만 이것은 이 책 범주 밖의 일이어서, 여기서 대부분은 단순히 분자간 힘에 대한 정성적인 특징을 다룰 것이다.

67.1 상 규칙

화학 열역학에서 가장 축하할 만한 결과 중 하나인 **상 규칙**(**phase rule**)은 상도표의 영향을 논하는 데 기본으로 이용될 수 있다. 임의의 조성을 갖는 계의 가변도 F, 구성 성분의 수 C, 평형을 이루고 있는 상의 수 P 사이의 일반적 관계를 나타내는 식이 상 규칙인데, 다음과 같이 주어진다.

$$F = C - P + 2 \quad \text{상 규칙} \quad (67.1)$$

구성 성분의 수를 산정하는 데, 우선 다음을 인정한다.

- **성분**(**constituent**)은 존재하는 화학종(이온이거나 분자)이다.

성분은 '구성 성분'과 조심스럽게 구별해야 한다. 구성 성분보다 기술적인 의미를 가지고 있다.

- **화학적으로 독립적인** 계의 성분이 **구성 성분**(**component**)이다. 계에 존재하는 모든 상들의 조성을 정의하는데 필요한 독립적인 화학종의 최소 수가 바로 그 계의 구성 성분의 수 C이다.
- 평형을 이루고 있는 상의 수를 변화시키지 않으면서 독립적으로 변화시킬 수 있는 세기 성질의 수가 그 계의 **가변도**(**variance**) F이다.

마지막으로, 위에서 언급한 바와 같이 그리고 여기서 결론을 지으면,

- 물질의 **상**(**phase**)은 화학 조성과 물리적 상태 전반에 걸쳐 균일한 물질의 형태이다. P는 상호 평형에 있는 상의 수이다.

간단한 예 67.1 성분과 구성 성분

에탄올과 물의 혼합물은 두 성분을 가진다. 염화 소듐의 용액은 세 성분, 즉 물, Na^+ 이온, Cl^- 이온을 가진다. 그 용액은 오직 두 구성 성분인 물과 염화 소듐을 가진다. 왜냐하면 Na^+와 Cl^- 이온의 양은 똑같게 제한되어 있기 때문이다.

자가 진단 67.1 자체 양성자 이전이 발생한 후에 물이 가지는 성분과 구성 성분은 몇 개인가? **힌트**: 평형의 제약과 전하 균형을 인정할 것.

답: 성분 3개(H_2O, H^+, OH^-), 구성 성분 1개

단일 구성 성분, 단일 상 계 ($C = 1$, $P = 1$)에서는 상의 수를 변화시키지 않으면서 압력과 온도를 독립적으로 변화시킬 수 있으며, 따라서 $F = 2$이다. 이러한 계를 **이변수**(**bivarient**) 또는 2개의 **자유도**(**degree of freedom**)를 갖는 계라고 한다. 한편 일-구성 성분계에서 2개의 상(예컨대 액체와 그 증기)이 평형을 이루고 있을 때($C = 1$, $P = 2$)는 상의 수를 변화시키지 않으면서 온도(또는 압력)를 마음대로 변화시킬 수는 있지만, 이때는 온도(또는 압력)에서의 변화는 평형에 있는 상의 수를 보존하기 위해 압력(또는 온도)에서의 변화를 수반하도록 조절해 주어야 한다. 즉 이 계의 가변도가 1로 줄어든 것이다.

식 67.1의 근원을 알아보기 위해, 우선 일-구성 성분의 특별한 경우를 생각해 보자. 각 상에서 물질의 몰 Gibbs 에너지 G_m에 집중한다. 하지만 이 논의를 다-구성 성분계로 확장하려면, 이 양을 '화학 전위(chemical potential)' μ로 대치한다. 이 단계에서 $\mu = G_m$를 고려하는 한, 이 관계는 토픽 69에서 공식적인 기초가 된다.

평형에 있는 두 상 α와 β에 관한 물질의 몰 Gibbs 에너지는 같아서 $\mu_J(\alpha) = \mu_J(\beta)$로 쓸 수 있다. 각 화학 전위는 다음과 같이 온도와 압력의 함수이다. 즉

$$\mu_J(\alpha; p, T) = \mu_J(\beta; p, T)$$

이 식은 p와 T 사이의 관계식으로서, 두 변수 중 하나만이 독립적이다(이것은 $x + y = 2$라는 식이 y를 x를 가지고 나타내는 관계식과 같은 것이다. 즉 $y = 2 - x$이다). 이 결과는 $F = 1$이라는 사실과 부합된다. 3개의 상이 서로 평형을 이루고 있을 때는 다음 관계가 성립한다.

$$\mu_J(\alpha; p, T) = \mu_J(\beta; p, T) = \mu_J(\gamma; p, T)$$

이 관계는 두 미지수 사이에 두 관계식, 즉 ($\mu_J(\alpha; p, T) = \mu_J(\beta; p, T)$)와 $\mu_J(\beta; p, T) = \mu_J(\gamma; p, T)$가 성립하는 것을 뜻하는 것으로서 p와 T가 단일 해를 갖게 된다(이것은 마치 $x + y = 2$와 $3x - y = 4$의 두 식이 성립할 때는 $x = \frac{3}{2}$와 $y = \frac{1}{2}$가 되는 것과 같은 것이다). 이 결과는 $F = 0$이라는 사실과 부합된다. 단일 구성 성분계에서는 4개의 상이 평형을 이룰 수 없다.

$$\mu_J(\alpha; p,T) = \mu_J(\beta; p,T)$$
$$\mu_J(\beta; p,T) = \mu_J(\gamma, p,T)$$
$$\mu_J(\gamma; p,T) = \mu_J(\delta; p,T)$$

그 이유는 위와 같은 3개의 등식이 성립해야 하는데, 이렇게 되면 두 미지수(p와 T) 사이에 3개의 관계식이 성립한다는 모순된 결과가 되기 때문이다 (마치 $x+y=2$, $3x-y=4$, $x+4y=6$일 때 해가 나오지 않는 것과 같다). 일반적인 경우는 다음 **증명**에서 취급한다.

증명 67.1 상 규칙

우선 세기 변수의 총수부터 세어 보자. 첫째로 압력 p와 온도 T의 두 가지가 있다. 한 상의 조성을 나타내는 데는 $(C-1)$개 구성 성분의 몰분율만을 명시하면 된다. 이것은 $x_1+x_2+\cdots+x_C=1$이므로 모든 C개가 아니라 단지 $(C-1)$개의 몰분률만 명시하는 것이 필요하며, 어느 한 몰분율을 제외한 나머지 몰분율들만 명시하면 충분하기 때문이다. 그런데 상의 수는 P이므로 필요한 조성 변수의 전체 수는 $P(C-1)$이 된다. 따라서 이 단계에서의 세기 변수의 총수는 $P(C-1)+2$가 된다.

평형 상태에서는 구성 성분 J의 화학 전위가 어떤 상에서나 같아야 한다. 즉

$\mu_J(\alpha) = \mu_J(\beta) = \cdots$ P개의 상에 대해서

각 구성 성분 J에 대해서 이러한 $(P-1)$개의 식이 만족되어야 한다. 전체 구성 성분의 수는 C이므로 이러한 식의 총수는 $C(P-1)$개가 된다. 이러한 식들은 그 하나하나가 $[P(C-1)+2]$개의 세기 변수 중의 하나를 독립적으로 변할 수 없게 만든다. 따라서 전체 자유도의 수는 다음과 같이 된다.

$$F = P(C-1) + 2 - C(P-1) = C - P + 2$$

이것이 바로 식 67.1이다.

순수한 물과 같은 일-구성 성분계에 대해서는 $F=3-P$가 된다. 상이 하나뿐일 때는 $F=2$이며 상의 수를 변화시키지 않는 채로 p와 T를 독립적으로 변화시킬 수 있다. 바꾸어 말하면 단일상은 상도표 상에서 **평면**으로 나타낼 수 있다. 2개의 상이 평형을 이룰 때는 $F=1$이 되는데, 이것은 온도를 변수로 택할 경우 압력이 마음대로 변할 수 없다는 것을 의미한다. 실제로 한 주어진 온도에서는 액체가 고유한 증기 압력을 나타낸다. 따라서 두 상의 평형은 상도표 상의 **선**으로 표시된다. 온도를 택하는 대신 압력을 변수로 택할 수도 있는데, 이때는 한 특정한 온도에서만 두 상이 평형을 이루게 된다. 따라서 한 주어진 압력에서는 어는점(또는 다른 어떤 상전이 온도)이 일정한 정해진 온도에서 나타난다.

3개의 상이 평형을 이룰 때는 $F=0$이 되어 불변계가 된다. 이러한 특별한 조건은 그 물질에 고유한 특정한 온도와 압력에서만 이루어질 수 있으며, 우리 마음대로 바꿀 수 없다. 따라서 3개의 상은 상도표 상의 한 **점**, 즉 삼중점에서만 평형을 이룰 수 있다. 4개의 상은 일-구성 성분에서는 평형일 수 없다. 왜냐하면 F는 음일 수가 없기 때문이다.

67.2 Ehrenfest 분류

용융이나 증발과 같은 많은 친숙한 상전이에서는 엔탈피와 부피의 변화가 수반된다. 이러한 변화들은 상전이 전후 두 상의 화학 전위의 (몰 Gibbs 에너지) 기울기와 관계가 있다. 우선 상 α로부터 다른 상 β로 전이가 일어날 때는 다음과 같은 관계가 성립한다.

$$\left(\frac{\partial\mu(\beta)}{\partial p}\right)_T - \left(\frac{\partial\mu(\alpha)}{\partial p}\right)_T = V_m(\beta) - V_m(\alpha) = \Delta_{trs}V \qquad (67.2)$$
$$\left(\frac{\partial\mu(\beta)}{\partial T}\right)_p - \left(\frac{\partial\mu(\alpha)}{\partial T}\right)_p = -S_m(\beta) - (-S_m(\alpha)) = -\Delta_{trs}S = -\frac{\Delta_{trs}H}{T_{trs}}$$

토픽 66의 식 66.7에서 $(\partial G/\partial p)_T = V$, $(\partial G/\partial T)_p = -S$를 이용하여 기울기를 몰부피와 엔트로피와 연관시켰다. 용융이나 증발 과정에서는 $\Delta_{trs}V$와 $\Delta_{trs}H$가 0이 아니므로 이러한 경우에는 화학 전위를 압력이나 온도에 대해서 도시할 경우, 전이를 전후해서 그 기울기가 달라진다(그림 67.2a). 바꾸어 말하면, 압력이나 온도에 관한 화학 전위의 일차 도함수가 상전이점에서 불연속이 된다.

Ehrenfest 분류(Ehrenfest classification)는 식 67.2에 있는 도함수가 연속인지, 불연속인지를 분류하는 것이다. 화학 전위의 온도에 관한 일차 도함수가 불연속이 되는 전이를 **일차 상전이(first-order transition)**라고 한다. 한 물질의 일정 압력 열용량 C_p는 온도에 관한 엔탈피의 기울기이다. 일차 상전이점에서는 온도를 미소하게 변화시키려고 해도 H가 유한한

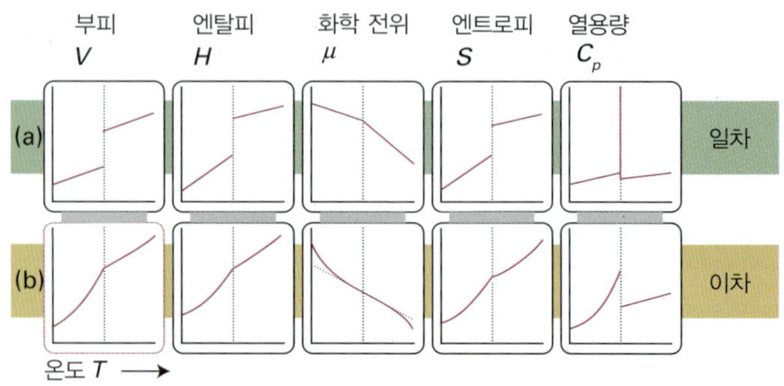

그림 67.2 일차 상전이(a), 이차 상전이(b)에 수반되는 열역학적 성질들의 변화

크기의 변화를 일으키며, 따라서 이 상전이점에서 열용량이 무한대로 된다. 그 물리학적 이유는 가열을 해주면 상전이가 일어나고 계의 온도는 올라가지 않기 때문이다. 예로서 물이 끓을 때는 열을 가해도 온도가 변하지 않는다.

Ehrenfest의 개념에 따르면 **이차 상전이(second-order transition)**는 μ의 온도에 관한 일차 도함수는 연속적이지만 그 이차 도함수가 불연속이 되는 상전이이다. μ의 연속적인 기울기(상전이 전후의 기울기가 같은 도표)는 상전이가 일어나더라도 계의 부피와 엔트로피(따라서 엔탈피)가 변하지 않는다는 것을 뜻한다(그림 67.2b). 이 경우에는 전이가 일어날 때 열용량이 불연속적으로 변하기는 하지만 그곳에서 무한대로 되지는 않는다. 이차 상전이의 예로서는 저온에서 일어나는 금속의 전도-초전도 전이를 들 수 있다.

간단한 예 67.2 Ehrenfest 분류

이차 상전이 중에는 고체 결정 구조의 대칭 변화와 관련되는 것이 있다. 지금 고체에서의 원자 배열이 그림 67.3a에서와 같이, 정방 결정계 단위 세포의 한 방향으로는 더 길고 다른 두 방향은 똑같이 짧다고 생각해 보자. 온도가 올라가면 두 짧은 쪽 방향의 팽창이 긴 쪽 방향에 비해서 더 크다고 생각해 보자. 그러면 어느 단계에 이르러서는 세 방향의 길이가 같아질 것이며, 입방 결정계의 대칭을 가지게 될 것이다(그림 67.3b). 그리고 이때부터는 온도가 더 높아지면 세 방향의 길이가 똑같은 정도로 팽창할 것이다(세 방향이 모두 동등해졌기 때문에). 이와 같이 '정방 결정계 → 입방 결정계' 상전이가 일어나더라도 원자들 사이의 상호 작용이나 원자들이 차지하는 부피는 불연속적으로 변하지 않으며, 따라서 이 전이는 일차 상전이가 아니다.

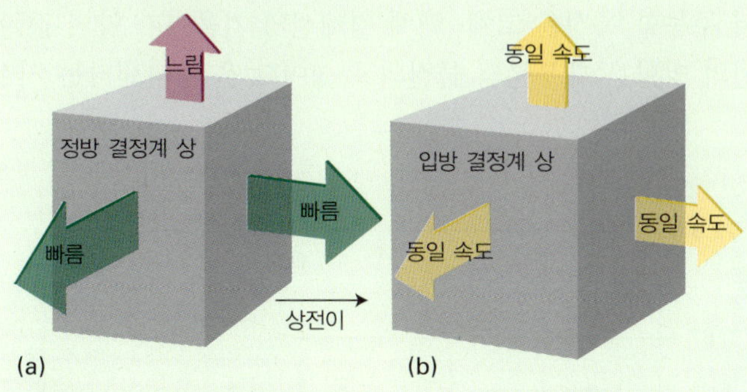

그림 67.3 (a) 정방 결정계 상의 두 방향이 다른 한 방향보다 더 빠르게 팽창하여 입방 결정계의 상으로 바뀌는 이차 상전이의 한 종류. (b) 입방 결정계의 상이 된 다음에는 온도가 더 올라갈 때 세 방향이 균일하게 팽창한다. 원자들은 전이 온도에서 배열을 바꾸지 않으며, 따라서 전이 엔탈피가 없다.

자가 진단 67.2 승화에 대한 Ehrenfest 차수를 밝히시오.

답: 일차: $\Delta_{sub}V$와 $\Delta_{sub}S$는 0이 아님

67.3 일-구성 성분 계

닫힌 용기 속에 들어 있는 액체 상태의 순수한 물질을 통해 상 규칙과 평형의 열역학 기준의 관련성을 밝혀 보자. 이 액체와 평형을 이루고 있는 증기의 압력을 그 물질의 **증기 압력(vapour pressure)**이라고 한다(그림 67.4). 따라서 상도표 상의 액체-증기 상 경계는 액체의 증기 압력이 온도에 따라 어떻게 변하는지를 나타낸다. 마찬가지로 고체-증기 상 경계는 고체상의 증기 압력인 **승화 증기 압력(sublimation vapour pressure)**의 온도 의존을 나타낸다. 온도가 높아지면 이웃 분자로부터 떨어져 나올 수 있는 충분한 에너지를 갖는 분자의 수가 많아지기 때문에 한 물질의 증기 압력은 온도에 따라 증가한다.

(a) 상 특성

열린 용기 속에서 액체를 가열하면 분자는 이웃으로부터 탈출할 수 있는 충분한 운동 에너지를 얻게 됨에 따라 액체가 표면으로부터 증발한다. 증기 압력이 외부 압력과 같아지는 온도에서는 액체 전체를 통해서 증발이 일어나며 증기가 주위로 자유롭게 퍼져 나갈 수 있다. 이와 같이 액체 전체를 통해서 자유 증발이 일어나는 현상을 **끓음(boiling)**이라고 말한다. 액체의 증기 압력이 외부 압력과 같아지는 온도를 그 압력에서의 **끓음 온도(boiling temperature)**라고 하는데, 따라서 액체-증기 상 경계는 또한 끓음 온도가 외부 압력에 따라 어떻게 변하는지를 보여 준다. 특별히 외부 압력이 1 atm일 때의 끓는 온도를 **정상 끓는점(normal boiling point, T_b)**이라고 한다. 표준 압력을 1 atm으로부터 1 bar로 바꿈에 따라 **표준 끓는점(standard boiling point)**을 정의하게 되며 일부 이점이 있게 된다. 이 온도는 증기 압력이 1 bar에 도달하는 온도이다. 1 bar는 1 atm보다 약간 작으므로(1.00 bar = 0.987 atm), 액체의 표준 끓는점은 정상 끓는점보다 약간 낮다. 예

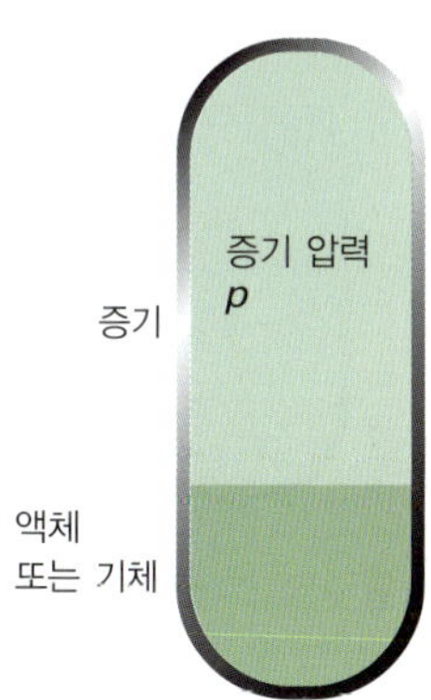

그림 67.4 액체나 고체의 증기 압력은 그 응축상과 평형을 이루고 있는 증기가 나타내는 압력이다.

로서 물의 정상 끓는점은 100°C이고, 표준 끓는점은 99.6°C이다.

부분적으로 차 있고, 딱딱하고, 밀폐된 용기 안에서 액체를 가열하면 액체가 끓지 않는다. 대신, 온도가 올라감에 따라 증기 압력, 그리고 따라서 증기 밀도가 올라간다(그림 67.5). 이와 동시에 액체가 팽창되기 때문에 그 밀도가 약간 감소한다. 그리고 마침내는 증기의 밀도가 남아 있는 액체의 밀도와 같게 되고, 두 상 사이의 표면이 없어진다. 이 표면이 없어지는 온도를 그 물질의 **임계 온도(critical temperature,** T_c)라고 한다(다시 한번 그림 67.1 참조). 이 임계 온도에서의 증기 압력을 **임계 압력(critical pressure,** p_c)이라고 한다. 임계 온도와 그 이상의 온도에서는 균일한 단일상이 용기를 가득 채우고 계면이 없어지는데, 이러한 상을 **초임계 유체(supercritical fluid)**라고 한다. 즉 임계 온도 이상에서는 물질의 액체상이 존재하지 않는다.

어느 명시된 압력에서 한 물질의 액체상과 고체상이 평형을 이루면서 공존하는 온도를 **녹는 온도(melting temperature)**라고 한다. 물질은 어는 온도와 똑같은 온도에서 녹기 때문에 한 물질의 녹는점과 **어는 온도(freezing temperature)**는 똑같다. 압력이 1 atm일 때의 어는 온도를 **정상 어는점(normal freezing point,** T_f)이고, 압력 1 bar에서의 어는점을 **표준 어는점(standard freezing point)**이라고 한다. 대부분의 경우 정상 어는점과 표준 어는점은 무시할 수 있을 정도의 차이밖에 없다. 정상 어는점은 **정상 녹는점(normal melting point)**이라고도 한다.

어떤 한 세트(일반적으로는 여러 세트)의 조건하에서는 단일 물질의 세 가지 상이한 상(일반적으로 고체, 액체, 증기)이 다함께 동시에 공존하면서 평형을 이룰 수 있다. 세 상 경계가 만나는 점이 바로 이 조건들을 나타내는데, 이 점을 **삼중점(triple point)**이라고 한다. 삼중점에서의 온도는 T_3로 나타낸다(그림 67.1 참조). 순수한 물질의 삼중점은 분자간 상호 작용의 세부 상황에 의존하고 우리가 마음대로 조절할 수 없으며, 물질에 따라 고유한 압력과 온도에서 나타난다. 왜냐하면 $P=3$, $C=1$이기 때문에, $F=0$이어서 삼중점은 불변점이기 때문이다.

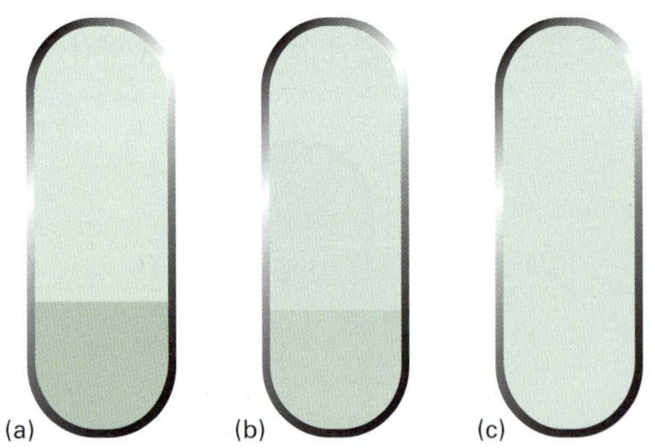

그림 67.5 (a) 증기와 평형을 이루고 있는 액체. (b) 밀폐된 용기 속에서 액체를 가열하면 증기상의 밀도는 증가하고 액체의 밀도는 약간 감소한다. 마침내는 (c) 두 밀도가 같아지고 두 유체 사이의 계면이 없어지게 되는데, 이 현상이 나타나는 온도를 임계 온도라고 한다. 물의 임계 온도는 374°C이고, 그 증기 압력은 218 atm이므로 단단한 용기가 필요하다.

간단한 예 67.3 삼중점

물의 삼중점은 273.16 K, 611 Pa(6.11 mbar, 4.58 Torr)에 위치한다. 이 이외의 다른 어떤 온도와 압력의 조건에서도 세 가지 상(얼음, 액체 물, 수증기)이 공존할 수는 없다. 이 삼중점의 불변성은 열역학적 온도 척도를 새로 교체된 Kelvin 척도의 정의에서 이용되는 데 기본이 된다(토픽 61).

자가 진단 67.3 이 토픽 뒤에 있는 그림 67.7에 나타낸 물에 대한 상세한 상도표에서 몇 개의 삼중점(현재까지 알려진)이 존재하는가?

답: 6

그림 67.1로부터 알 수 있는 바와 같이 삼중점은 한 물질의 액체상이 존재할 수 있는 최저 압력을 나타낸다. 고체-액체 상 경계의 기울기가 이 그림에서처럼 오른쪽으로 기울어져 있을 때(보편적인 경우)는 삼중점이 액체가 존재할 수 있는 최저 온도를 나타내기도 한다. 액체가 존재할 수 있는 온도 상한은 임계 온도이다.

(b) 세 개의 전형적인 상도표

그림 67.6에 이산화 탄소에 대한 상도표를 나타내었다. 여기서 주목할 특징은 고체-액체 경계선의 기울기가 양의 값(이 선의 방향은 대부분의 물질의 특성이다)을 나타낸다는 사실

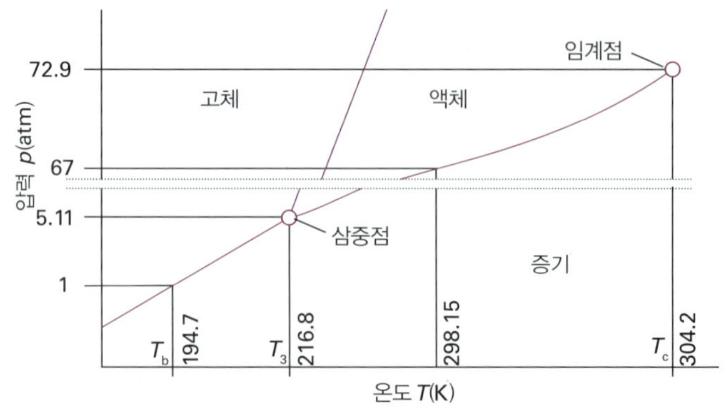

그림 67.6 이산화 탄소의 실험적 상도표. 삼중점은 대기 압력보다 훨씬 더 높은 압력에 있으므로 정상적인 조건하에서는 액체 이산화 탄소가 존재하지 않는다(최소한 5.11 atm의 압력을 가해 주어야 한다).

인데, 이 기울기는 고체 이산화 탄소의 녹는점이 압력이 높아질수록 높아진다는 것을 뜻한다. 또 한 가지 주목해야 할 것은 삼중점이 1 atm보다 위에 있기 때문에 정상적인 대기 압력에서는 어떠한 온도에서도 액체가 존재할 수 없으며, 고체 이산화 탄소를 대기 중에 놓아두면 승화한다는 것이다('드라이아이스'라는 이름은 이 때문에 붙었다). 액체 이산화 탄소를 만들려면 압력을 최소한 5.11 atm으로 가해 주어야 한다. 일반적으로 이산화 탄소의 실린더 속에는 액체나 압축된 기체가 들어 있으며, 25°C에서 액체와 기체가 함께 평형을 이루고 있으려면 증기 압력이 67 atm이 되어야 한다. 이 증기가 노즐을 통해서 분출될 때는 Joule–Thomson 효과(토픽 56)로 인해 냉각이 되며, 특히 1 atm의 대기 속으로 분출될 때는 고체와 같은 고운 눈가루로 응고된다.

그림 67.7은 물에 대한 상도표이다. 이 그림에서 액체–증기 경계는 액체 물의 증기 압력이 온도에 따라 어떻게 변하는지를 나타낸다. 이 경계는 또한 끓는 온도가 압력에 따라 어떻게 변하는지를 나타내는 것이기도 하다. 즉 단순히 증기 압력이 외부 압력과 같아지는 온도를 읽어내기만 하면 되는 것이다. 고체–액체 경계선은 어는점이 압력에 따라서 어떻게 변하는지를 나타내는 것으로서, 그 매우 급격한 기울기는 녹는점을 조금만 변화시키려고 해도 엄청나게 큰 압력이 필요하다는 것을 말해 준다. 이 선은 2 kbar에 이를 때까지 음의 기울기를 나타내는데, 이것은 압력이 증가할 때 녹는점이 떨어진다는 것을 뜻한다. 이러한 매우 독특한 행동을 하는 원인은 얼음이 녹을 때 부피가 줄어들고, 그리하여 압력이 올라가면 고체가 액체로 변환되는 것이 더 유리해지기 때문이다. 이러한 부피 감소는 얼음의 심하게 열린 분자 구조에 기인한다. H_2O 분자들은 수소 결합 때문에 서로 떨어져 있기도 하고 붙어 있기도 하지만, 녹을 때는 이러한 수소 결합 구조가 부분적으로 무너져서 액체가 고체보다 더 조밀해지기 때문이다.

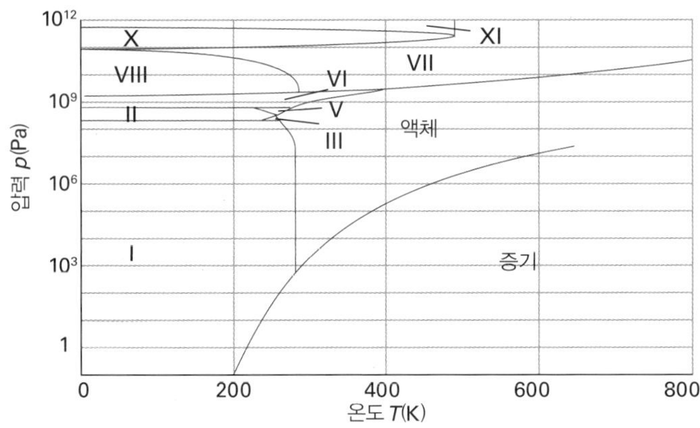

그림 67.7 여러 고체상들을 나타내는 물의 실험적 상도표

그림 67.7에 의하면 물은 하나의 액체상만 가지고 있지만 보통의 얼음('얼음 I') 이외에도 여러 상이한 **동질 이상체(polymorph)**, 즉 다른 고체상을 가지고 있다. 이런 동질 이상성의 풍부함은 수소–결합 상호 작용의 방향성 특성의 적응성에 크게 좌우된 이유이다. 즉 산소 원자가 압력과 온도의 변화에 대응하여 고체 전반에 걸쳐 약간씩의 다른 배열을 적응하도록 한 것이다. 이들 중에는 높은 온도에서 녹는 것도 있다. 예로서 얼음 VII은 100°C에서 녹지만 25 kbar 이상의 압력에서만 존재한다. 증기, 액체, 얼음 I이 공존하는 삼중점 이외에 5개의 삼중점이 더 있음이 상도표에 있다는 것을 주목하라. 이들 삼중점은 모두가 특정한 불변의 압력과 온도에서 나타난다. 얼음의 동질 이상체들은 각각 물 분자의 배열이 상이하다. 대단히 높은 압력에서는 수소 결합이 뒤틀려 H_2O 분자들이 상이한 배열을 나타내는 것이다. 얼음의 이러한 여러 상들은 빙하를 전진시키는 원인이 되기도 한다. 빙하의 밑바닥에 있는 고르지 못한 바위 위에 얹혀 있는 얼음은 대단히 높은 압력을 받고 있는 것이다.

그림 67.8은 헬륨의 상도표이다. 헬륨은 낮은 온도에서 비정상적인 성질을 나타낸다. 예로서 온도를 아무리 낮추어 주어도 고체상과 기체상이 결코 평형을 이루지 않는다. 이것은 헬륨 원자가 너무 가볍기 때문에 대단히 낮은 온도에서도 큰 진폭으로 진동하여 고체 상태로 머물러 있지 못하기 때문이다. 고체 헬륨을 만들려면 압력을 가해서 원자들을 서로 붙들어 놓아야 한다. 순수한 헬륨 4는 두 액체상을 갖는다. 그림에서 He-I로 표시한 상은 정상적인 액체처럼 행동하며, 다른 또 하나의 상인 He-II는 **초유체(superfluid)**인데, 이 상은 점성이 없이 흐르기 때문에 이렇게 불린다. 액체 결정 물질을 무시하더라도 헬륨은 그림 67.8의 **λ선**(lambda line)으로

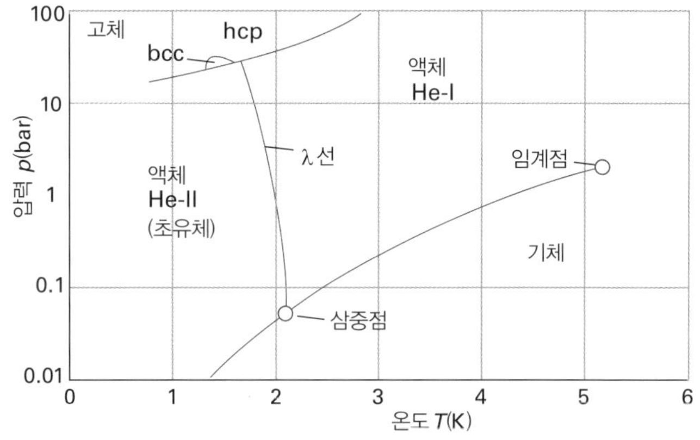

그림 67.8 헬륨(^{4}He)의 상도표. λ선은 두 액체상이 평형을 이룰 수 있는 조건을 나타낸다. 헬륨 II는 초유체상이다. 고체 헬륨을 얻으려면 20 bar 이상의 압력을 가해야 한다는 것을 주목하라. 표지 hcp와 bcc는 원자들의 쌓임 방식이 다른 두 고체상을 나타낸다. hcp는 육각 밀집 쌓음을, bcc는 체심 입방체를 나타낸다(이들 구조에 대한 설명은 토픽 37을 참조).

표시한 액체-액체 경계면을 나타내는 유일하게 알려진 물질이다. 헬륨 3의 상도표는 헬륨 4의 상도표와 다르지만, 이것도 초유체상을 가지고 있다. 헬륨 3은 액체의 엔트로피가 고체의 것보다 낮다는 것과 녹는 것이 발열이라는 점에서 비정상이다.

초유체 헬륨의 존재는 그 자체가 거시적 기준에서 명백히 나타나는 양자 현상이다. 헬륨에서 원자간 힘은 아주 약하기 때문에, 일차 근사로 액체를 상자 속의 비상호 작용 입자의 집합으로 취급할 수 있다. 토픽 52에 따르면, 상자 속 입자의 많은 병진 운동 상태는 입자 간의 간격 $d=(V/N)^{1/3}$이 그들의 열파장 $\Lambda=h/(2\pi mkT)^{1/2}$보다 훨씬 큰 상태에서 점유된다. 액체 헬륨의 질량 밀도 ρ가 0.15 g cm^{-3}임이 주어졌고 $N/V=\rho/m$으로 나타낼 때 이 조건은 $T \gg 6$ K(각자가 확인해 볼 것)이다. 그러나 헬륨의 정상 끓는점은 4.2 K이어서, He 원자는 많은 병진 운동 상태가 액체에서 점유되어 있다는 것은 사실이 아니므로 상을 양자계로 취급해야만 한다. 두 번째로 중요한 점은 헬륨 4 원자는 보존(boson)이어서, 그들의 제한되지 않은 수가 단일 양자 상태를 점유할 수 있다.

최근 보고에서 헬륨 II는 두 구성 성분으로 되어 있다는 것이다. 이 **두 유체 모형(two-fluid model)**에서는 2.17 K 아래에서 액체는 정상 액체 구성 성분과 초유체 구성 성분으로 되어 있으며, 온도가 낮아짐에 따라 비례가 바뀌고 $T=0$에서 완전히 초유체가 된다. 모든 원자가 가장 낮은 에너지 상태(상자 속 입자에서 $n=1$에 해당)와 0의 선형 운동량으로 이루어진 초유체상을 생각하는 시도를 할 수 있지만, 이것은 맞는 것은 아니다. 중성자 산란 실험에 의하면 상이 완전히 초유체로 있다고 해도, $T=0$에서 약 10%만 선형 운동량이 0이 된다고 밝혀졌기 때문이다. 총 선형 운동량이 0인 원자의 상관된 쌍에서는 바닥 상태가 사실 훨씬 더 복잡하다.

헬륨 3은 스핀-$\frac{1}{2}$인 페르미온임에도 불구하고 초유체상을 형성한다. 이 경우에는 원자쌍이 공동으로 작용하여(초전도체에서 전자의 쌍과 같이, 토픽 39), 각 쌍은 단일 스핀-0인 보존(boson) 같이 행동한다.

개념 확인

- ☐ 1. **상**은 화학 조성과 물리적 상태 전체에 걸쳐 균일한 물질의 형태이다.
- ☐ 2. **전이 온도**는 두 상이 평형에 있는 온도이다.
- ☐ 3. **상도표**는 여러 상이 열역학적으로 안정할 때의 온도와 압력 구간을 나타내는 그림이다.
- ☐ 4. 상도표에서 **상 경계**는 두 상이 평형에 있는 온도와 압력을 나타낸다.
- ☐ 5. **증기압**은 응축상과 평형을 이루는 증기의 압력이다.
- ☐ 6. **끓는 온도**는 액체의 증기압이 외부 압력과 같은 온도이다.
- ☐ 7. **임계 온도**는 액체 표면이 없어지고 그 위에서는 여하한 압력에서도 액체는 존재하지 않는 온도이다. **임계 압력**은 임계 온도에서의 증기 압력이다.
- ☐ 8. **녹는 온도**(또는 어는 온도)는 어느 특정한 압력에서 물질의 액체상과 고체상이 평형에서 공존하는 온도이다.
- ☐ 9. **삼중점**은 세 가지 상 경계가 만나서 모든 세 가지 상이 서로 평형에 있는 상도표 위의 점이다.
- ☐ 10. 상전이는 **Ehrenfest 분류**에 의해 구분된다.

식 확인

성질	식	비고	식 번호
상 규칙	$F=C-P+2$	F: 가변도, C: 구성 성분의 수, P: 상의 수	67.1

토픽 68

상도표: 이-구성 성분계

내용

➤ 학습 목표

기술적, 지질학적, 그리고 화학적 관심에서 상도표의 대부분은 일-구성 성분 보다 많은 성분으로 이루어진 계에 대한 상의 안정성을 나타낸다. 이 토픽은 이-구성 성분계의 상도표를 어떻게 해석하며, 증류의 중요한 과정을 논의하는 데 그들을 어떻게 사용하는지를 보여 준다.

➤ 핵심 내용

이-구성 성분 상도표는 압력과 온도가 명시된 조건에서 안정된 상을 묘사한다.

➤ 미리 알기

이 토픽은 토픽 67에 있는 상 규칙의 도입을 발전시켜 그것에서 도입된 용어를 사용한다.

혼합물에 이-구성 성분이 존재한다면, 고려해야 할 변수는 세 가지, 즉 압력, 온도, 조성이다. 그리하여 상도표의 한 형태는 고정된 온도에서 각 상이 안정한 곳에서의 압력과 조성의 지도이다. 그 대신에 압력을 일정하게 고정하고 온도와 조성으로 상도표를 그릴 수 있다.

68.1 액체-증기 계

압력이나 온도 중 택할 수 있는 변수의 선택은 이-구성 성분 상도표의 두 가지 형태를 유도하는데, 선택된 조건하에서 계의 평형 조성을 보여 준다.

(a) 압력-조성 그림

그림 68.1은 고정된 온도에서 전형적인 **압력–조성 그림**(**pressure-composition diagram**)이다. 그래프에 있는 대각선 위의 모든 점들은 그러한 높은 압력에서는 오직 액체상(적용된 압력은 증기압보다 높음)만 포함한 계에 해당된다. 아래 곡선 밑의 모든 점들은 그러한 낮은 압력에서는 오직 증기상(적용된 압력이 증기압보다 낮음)만을 포함한 계에 해당된다. 두 선 사이의 있는 점들은 하나는 액체이고, 다른 것은 증기로 된 두 상이 존재하는 계에 해당된다.

이 해석을 보다 세밀히 보기 위하여, 이제 총체적 조성이 그림 68.1의 점 a로 주어지는 액체 혼합물 계에 가해지는 압력을 감소시킬 때의 영향을 생각해 보자. 이러한 변화는 계의 총체적 조성에는 영향을 주지 않으므로 계의 상태는 a를 통과하는 수직선을 따라 내려간다. 이 수직선을 **등조성선**

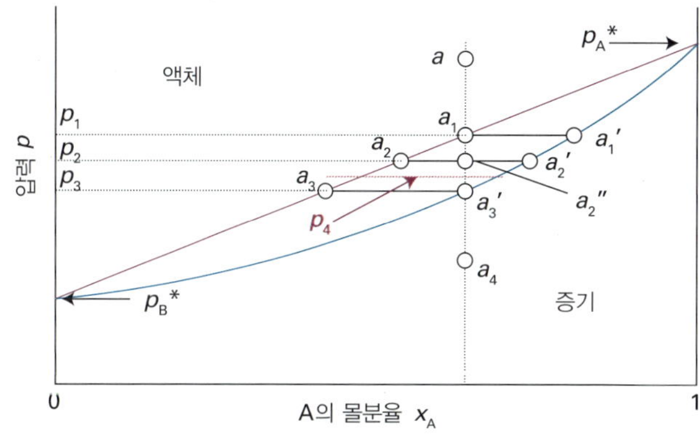

그림 68.1 두 휘발성 액체의 혼합물에 대한 전형적인 상도표. 두 선 사이의 한 점은 액체와 기체가 모두 존재하는 것에 해당되고, 이 영역 밖에서는 하나의 상만이 존재한다.

(isopleth; '같은 양'을 의미하는 그리스 단어로부터)이라고 한다. 점 a_1에 도달할 때(즉 압력이 p_1까지 내려갔을 때)까지는 이 계가 단일 액체상을 이룬다. a_1에서는 액체가 a_1'의 조성인 증기와 평형을 이루고 존재할 수 있다. 이 두 점을 연결하는 수평선은 평형인 상을 나타내며 **맺음선(tie line)**이라고 한다. 액체의 조성은 처음과 같으며(a_1은 a를 통과하는 등조성선 상에 있다), 따라서 이 압력에서는 증기가 거의 존재하지 않는다고 말할 수 있다. 그러나 극미량으로 존재하는 증기는 조성 a_1'을 갖는다.

상도표를 사용하여 계가 두 개의 상 구역에 있을 때 평형을 이루고 있는 두 상 α와 β의 상대적 양을 구하려면, 수평의 맺음선을 따라 거리 l_α와 l_β를 측정하고, 여기에 다음 **증명**에서 유도한, 다음과 같은 **지레 규칙(lever rule)**을 적용시킨다(그림 68.2).

$$n_\alpha l_\alpha = n_\beta l_\beta \qquad \text{지레 규칙} \qquad (68.1)$$

여기서 n_α는 상 α의 물질량, n_β는 상 β의 물질량을 나타낸다. 그림 68.2에 보인 예에서는 $l_\beta \approx l_\alpha$이며, 따라서 두 상의 양이 같다.

간단한 예 68.1 지레 규칙

그림 68.1의 p_1에서는 l_{vap}/l_{liq}의 비가 맞음선에 대하여 거의 무한대로 되며, 따라서 n_{liq}/n_{vap}의 비도 거의 무한대로 되어 증기가 극미량 만큼만 존재한다. 압력을 p_2로 낮추면 l_{vap}/l_{liq}의 값이 대략 0.5가 되며, 따라서 $n_{vap}/n_{liq}=0.5$가 되어 액체의 양이 증기 양의 약 0.5배가 된다. 압력을 p_3로 낮추면 시료가 거의 완전히 기체로 되며, $l_{liq}/l_{vap}\approx 0$이기 때문에 오로지 극미량의 액체만 남게 된다.

자가 진단 68.1 p_4에서 두 상의 물질량에 대한 비는 얼마인가?

답: $n_{vap}/n_{liq}\approx 3.8$

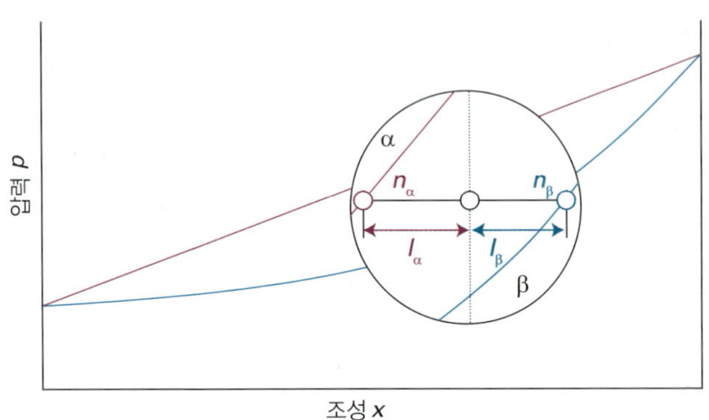

그림 68.2 지레 규칙. l_α와 l_β의 거리를 이용하면 평형을 이루고 있는 상 α(예컨대 증기)와 상 β(예컨대 액체)의 물질량 비를 구할 수 있다. 지레 규칙은 지레 양단의 질량과 중심축에서 지레 양단까지의 거리와 연관된 유사한 규칙(균형이 되기 위해 $m_\alpha l_\alpha = m_\beta l_\beta$) 때문에 불리어졌다.

증명 68.1 지레 규칙

지레 규칙을 증명하기 위하여 $n=n_\alpha+n_\beta$로, A의 전체 물질량을 nx_A로 나타내자. 여기서 x_A는 혼합물에서 A의 몰분율이다. A의 전체 물질량은 또한 다음과 같이 두 상 속에 들어 있는 양들의 합과 같다.

$$nx_A = n_\alpha x_{A,\alpha} + n_\beta x_{A,\beta}$$

여기서 $x_{A,\alpha}$는 상 α에 있는 A의 몰분율이고 $x_{A,\beta}$는 상 β에 있는 A의 몰분율이다. 또한 다음과 같은 관계도 성립해야 한다.

$$nx_A = (n_\alpha + n_\beta)x_A = n_\alpha x_A + n_\beta x_A$$

이 두 식을 같게 놓으면 다음과 같은 관계식을 얻을 수 있다.

$$n_\alpha(x_{A,\alpha} - x_A) = n_\beta(x_A - x_{A,\beta})$$

이것이 바로 우리가 증명하려던 식 68.1이다.

(b) 온도-조성 그림

온도-조성 상도표(temperature-composition diagram)는 상경계선이 여러 온도에서 평형을 이루고 있는 상들의 조성을 나타내는(고정된 압력에서, 전형적으로 1 atm) 상도표이다. 그림 68.3은 이러한 예이다. 주목할 것은 이 상도표에서는 액체 상 영역이 아래 부분에 나타난다는 것이다. 왜냐하면 아래 곡선 밑에 있는 모든 점들은 오직 한 액체상만이 포함된 것보다 낮은 온도 아래에 있는 계에 해당되기 때문이다. 그림 68.3에서 선들 사이에 있는 영역은 두 상 영역이고, 상의 선 밖에 있는 영역은 단일 상에 해당된다.

조성이 a_1인 액체를 가열하면 어떻게 되는지를 생각해 보자. 이 혼합물은 온도가 T_2에 도달하면 끓는다. 그러면 액체

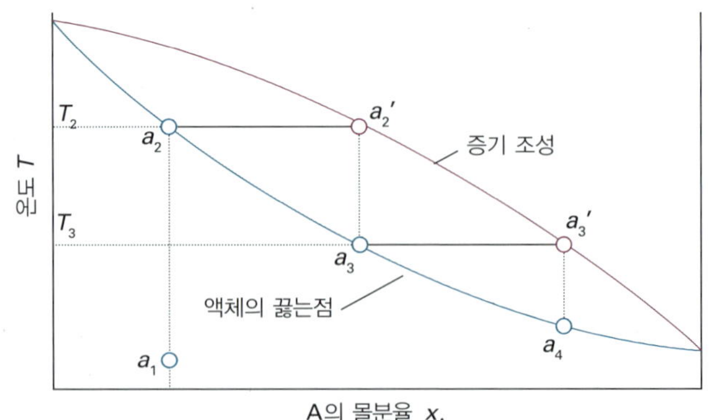

그림 68.3 구성 성분 A가 구성 성분 B보다 더 휘발성인 이상 혼합물(토픽 70)에 대응되는 온도-조성 상도표. 원래의 조성이 a_1인 액체를 연이어서 끓이고 응축시키면 마침내 순수한 A가 응축되어 나온다. 이러한 분리 기술을 분별 증류라고 한다.

는 조성이 a_2가 되고(a_1과 같다), 증기(극미량만 존재하는)는 조성이 a_2'으로 된다. 이 증기 속에는 보다 더 휘발성인(즉 끓는점이 낮은) 성분 A가 더 풍부하게 들어 있다. a_2의 위치로부터는 이 끓는점에서의 증기 조성을 알 수 있고, 또 a_2와 a_2'을 잇는 맺음선의 위치로부터 본래 액체 혼합물의 끓는점(T_2)을 읽어낼 수 있다고 말할 수 있다.

단순 증류(simple distillation)에서는 증기를 뽑아내어 응축시킨다. 이 기술은 비휘발성 용질이나 고체로부터 휘발성 액체를 분리하는 데 이용된다. **분별 증류(fractional distillation)**에서는 이러한 끓고 응축되는 과정을 연달아 일어나게 한다. 이 기술은 휘발성 액체들을 분리시키는 데 이용된다. 이것을 구체적으로 생각하기 위해서 조성이 a_3인 응축상을 재가열할 때 어떤 변화가 일어나는지를 보자. 이 상도표에 의하면 이 혼합물은 T_3에서 끓고, 휘발성이 더 큰 성분을 한층 더 풍부하게 포함하는 조성 a_3'의 증기를 내놓는다. 이 증기를 뽑아내어 응축시키면 처음에 나타나는 액체 방울의 조성이 a_4가 된다. 이 순환이 이어져 나가면 거의 순수한 A가 나오게 된다.

많은 액체들이 그림 68.3과 같은 이상적 모양의 온도-조성 상도표를 나타내지만, 이상성으로부터 현저하게 벗어나는 행동을 하는 중요한 액체가 많다. A와 B 분자들 사이의 호의적인 상호 작용 때문에 이들의 혼합물이 Raoult 법칙(토픽 70)을 따르는 이상적 값보다 낮은 증기 압력을 나타낼 때는 상도표에 극대가 나타날 수 있다(그림 68.4). 이때는 A-B 상호 작용이 액체를 안정화시킨다. 이러한 예로서는 트라이클로로메테인/프로판온과 질산/물 혼합물을 들 수 있다. 한편 극소점을 나타내는 상도표(그림 68.5)는 혼합물이 이상적인 경우보다 안정하지 못하며, 그리하여 A-B 상호 작용이 호의적이 아니라는 것을 의미한다. 이러한 예로서는 다이옥세인/물, 에탄올/물을 들 수 있다.

이상성으로부터의 이탈이 상도표 상에 극대나 극소를 나타낼 정도로 항상 강한 것은 아니지만, 이러한 경우에는 증류 결과에 큰 영향을 준다. 예로서 그림 68.4에서 조성 a가 극대점의 오른쪽에 있는 액체를 생각해 보자. 이 혼합물이 끓을 때(a_2에서) 나오는 증기(a_2'에서) 속에는 성분 A가 더 풍부하게 들어 있다. 이 증기를 뽑아내면(이어서 별도로 냉각시킨다) 남아 있는 액체 속에는 B가 더 풍부하게 들어 있게 되어 액체의 조성은 예컨대 a_3이 되고, 이 혼합물과 평형을 이루고 있는 증기의 조성은 a_3'이 된다. 이 증기를 뽑아냄에 따라 끓는 액체의 조성은 a_4와 같은 점으로 이동하고, 증기의 조성은 a_4'으로 이동하게 된다. 따라서 증류가 계속되면 A가 증류되어 감에 따라 남아 있는 액체의 조성이 B쪽으로 이동해간다. 그러면 용액의 끓는점은 올라가고, 증기 속에는 점점 B가 풍부해진다. 성분 A를 뽑을 만큼 증발되어 액체의 조성이 b에 도달하면 증기의 조성이 액체의 조성과 같아지며, 따라서 증발이 계속해서 일어나더라도 조성의 변화가 생기지 않는다. 이렇게 된 혼합물을 **불변 끓음 혼합물(azeotrope**; 그리스어의 '변함없이 끓음'이라는 말에서 유래)이라고 한다. 불변 끓음 혼합물 조성에 도달하면 응축액의 조성이 불변 끓음 액체의 조성과 같아지므로 증류를 하더라도 두 액체가 분리되지 않는다. 이러한 성질을 나타내는 한 예가 염산/물인데, 이 불변 끓음 혼합물은 질량으로 80%의 물을 포함하고 있으며, 108.6°C에서 변하지 않으며 끓게 된다.

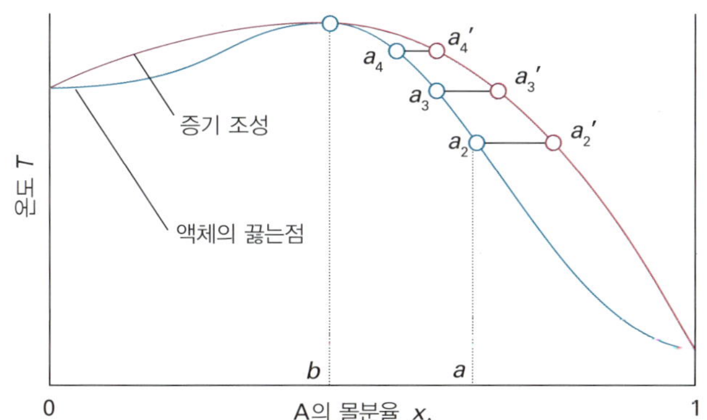

그림 68.4 높은 온도에서 끓는 불변 끓음 혼합물. 조성이 a인 용액을 증류하면 남아 있는 액체의 조성이 b를 향해서 변하고, 그 이상으로는 변하지 않는다.

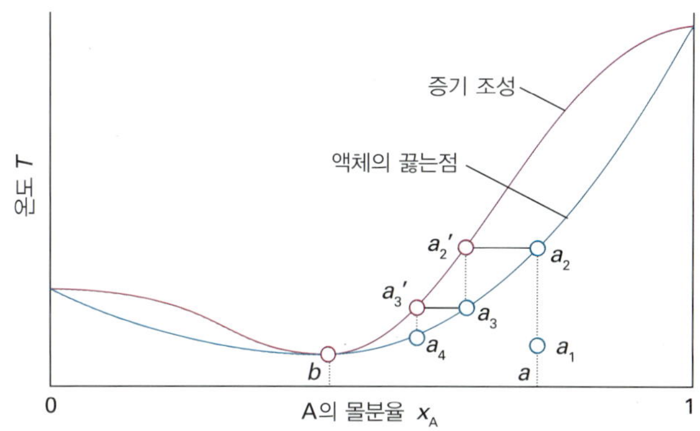

그림 68.5 낮은 온도에서 끓는 불변 끓음 혼합물. 조성이 a인 용액을 분별 증류하면 증류관 속에서 평형을 이루는 증기가 b 쪽으로 이동해서 일정하게 유지된다.

간단한 예 68.2 불변 끓음 혼합물

그림 68.5에 나타낸 계도 불변 끓음 혼합물이지만 그 성질이 다르다. 지금 조성이 a_1인 액체로부터 시작하자. 이 용액은 a_2에서 끓기 시작하여 조성이 a_2'인 증기를 내놓는다. 이 증기는 증류관 속에서 응축되어 동일 조성의 액체(a_3으로 표시된)로 된다. 이 액체는 조성이 a_3'인 증기와 평형을 이루게

되며, 이 증기는 증류관 속의 더 높은 곳까지 올라가서 동일 조성의 액체(a_4)로 응축된다. 따라서 이 분별 증류는 증기를 불변 끓음 조성 b까지만 이동시키고, 따라서 증류관 꼭대기로부터 불변 끓음 증기를 나오게 한다. 에탄올과 물의 혼합물이 이런 성질을 보이는데, 이것은 물이 질량으로 4% 들어 있을 때 78°C의 일정한 온도에서 끓는다.

자가 진단 68.2 그림 68.4에서 최대 점에서 왼쪽의 조성을 가진 액체를 생각해 보자. 반복되는 증류로 불변 끓음을 얻을 수 있는지를 보이시오.

답: 증발을 계속 진행하면, 남아 있는 액체의 조성은 B가 빠져나가면서 A 쪽으로 이동된다.

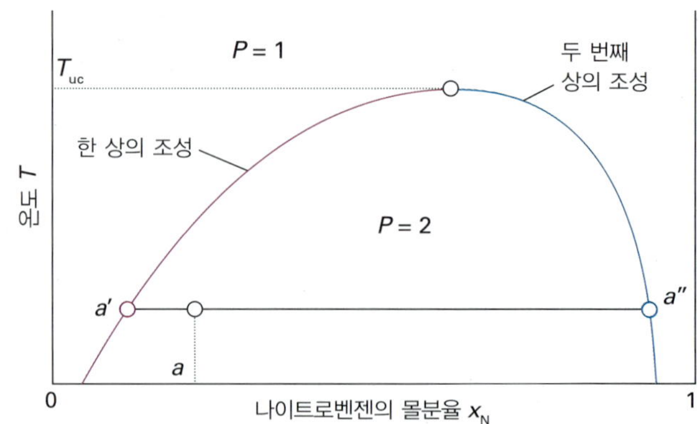

그림 68.6 부분적으로 섞이는 두 액체로 된 계에 대한 온도–조성 상도표. 곡선 밑의 영역은 액체가 부분적으로 섞이는 조성과 온도를 나타낸다. 상위 임계 온도 T_{uc}보다 높은 온도에서는 두 액체가 어떠한 비율로든 섞인다. 이곳과 다음의 상도표에서, P는 상의 수이다. 이 상도표는 T_{uc} = 294 K인 A = 헥세인과 B = 나이트로벤젠에 대한 것이다.

68.2 액체-액체 계

여기서는 모든 온도에서 어떠한 비율로나 섞이지 않는, 즉 **부분적으로 섞이는**(**partially miscible**) 액체 쌍으로 된 계에 대한 온도–조성 상도표에 관해서 설명하겠다. 이러한 예로서는 헥세인과 나이트로벤젠을 들 수 있다.

어떤 온도 T'에서 소량의 액체 B를 다른 액체 A에 가해 보자. 그러면 이것이 완전히 용해되어 이 이성분계가 단일 상을 이룰 것이다. B를 계속해서 가해 주면 더 이상 용해되지 않는 단계에 도달할 것이다. 이때 이 시료는 서로 평형을 이루는 두 상을 가지게 되는데($P = 2$), 가장 많은 부분은 B로 포화된 A이고, 다른 작은 부분은 A로 포화된 미량의 B이다. 그림 68.6의 온도–조성 상도표에서 전자의 조성은 점 a'으로 표시되고, 후자의 조성은 점 a''으로 표시된다. 그리고 두 상의 상대적 존재량은 지레 규칙으로 주어진다. B를 계속해서 더 가하면 A가 그 속으로 약간 녹아 들어간다. 그러나 한 상의 양은 다른 상이 줄어듦으로써 증가하게 된다. B를 충분히 가해 주면 마침내 A가 그 속으로 전부 녹아 들어가서 계가 다시 단일 상으로 되돌아간다. 여기서부터는 B를 더 가해도 용액이 묽어지기만 하고 계는 단일 상으로 머물게 된다.

평형을 이루고 있는 두 상의 조성은 온도에 따라 달라진다. 헥세인과 나이트로벤젠의 경우에는 온도가 올라가면 두 성분의 혼합성이 증가한다. 따라서 각 상은 평형 상태에서 적게 포함되어 있는 상대방 액체를 더 많이 포함하게 되므로, 즉 A가 주가 되는 상 속에는 B가 더 많이 들어가고, 또 B가 주가 되는 상 속에는 A가 더 많이 들어가므로 2상계 영역이 좁아진다. 여러 온도에서 이러한 실험을 반복하고 2상 영역의 경계를 그리면 전체적인 상도표를 얻을 수 있다.

상위 임계 용해 온도(**upper critical solution temperature**) T_{uc}는 상 분리가 일어나는 가장 높은 온도이다. 이보다 높은 온도에서는 이-구성 성분이 완전히 섞인다. 이 온도가 나타나는 원인은 같은 분자들끼리 뭉쳐 있을 때의 전위 에너지면에서의 이점이 더 큰 분자의 열운동에 의해서 제압되기 때문이다. 그 한 예가 그림 68.6에 나타낸 나이트로벤젠/헥세인계이다. 어떤 계는 **아래 임계 용해 온도**(**lower critical solution temperature**) T_{lc}를 가지고 있으며, 이보다 낮은 온도에서는 어떤 비율로든 섞이고 이보다 높은 온도에서는 두 상을 이룬다. 그 한 예가 물과 트라이에틸아민이다(그림 68.7). 이러한 경우에는 두 성분의 분자가 낮은 온도에서 약한 착물을 만들기 때문에 더 잘 섞이지만, 온도가 높아지면 이 착물이 파괴되고 이-구성 성분이 덜 섞인다.

이들 특징의 열역학적 취급과 '정규 용액'의 개념을 이용한 모형화에 대해서는 토픽 72를 참조하라.

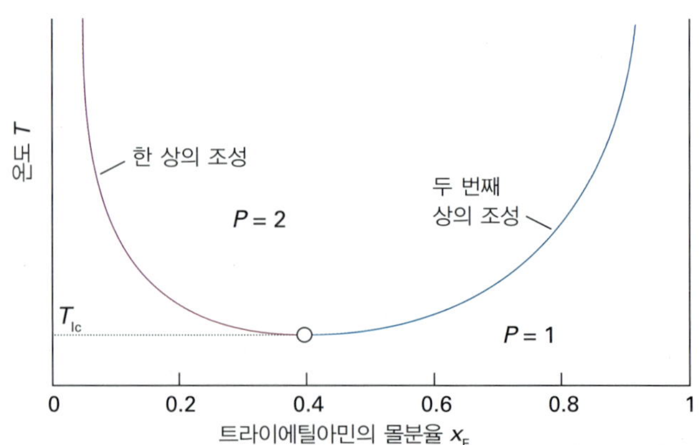

그림 68.7 물과 트라이에틸아민에 대한 온도–조성 상도표. 이 계는 292 K에서 아래 임계 온도를 나타낸다. 경계선을 어떻게 해석하는지 표지해 놓았다.

예제 68.1 액체–액체 상도표의 해석

290 K에서 50 g의 헥세인(0.58 mol C_6H_{14})과 50 g의 나이트로벤젠(0.41 mol $C_6H_5NO_2$)의 혼합물을 만들었다. 두 상의 조성은 어떻게 되며, 또 이들의 비율은 어떻게 되겠는가? 또 단일 상을 얻으려면 이 혼합물의 온도를 얼마로 올려야 하겠는가?

방법 평형을 이루고 있는 두 상의 조성을 구하려면 온도를 나타내는 맺음선이 상 경계와 교차하는 점들을 보면 된다. 그리고 이 두 상의 비율은 지레 규칙(식 68.1)으로 주어진다. 구성 성분들이 완전히 섞이는 온도를 구하려면 상도표에서 등조성선을 위로 따라가다 이것이 단일 상 영역으로 들어가는 온도를 찾으면 된다.

풀이 헥세인을 H로, 나이트로벤젠을 N으로 나타내고, 그림 68.6을 좀 더 정량적으로 나타낸 그림 68.8을 참고한다. $x_N = 0.41$, $T = 290$ K인 점은 이 상도표의 두 상 영역에 나타난다. 수평 맺음선은 $x_N = 0.35$와 $x_N = 0.83$에서 상 경계와 교차하며, 따라서 이들이 두 상의 조성이 된다. 지레 규칙에 따라 각 상의 양의 비는 거리 l_α와 l_β의 비와 같다.

$$\frac{n_\alpha}{n_\beta} = \frac{l_\beta}{l_\alpha} = \frac{0.83-0.41}{0.41-0.35} = \frac{0.42}{0.06} = 7$$

즉 헥세인이 주가 되는 용액이 나이트로벤젠이 주가 되는 용액의 약 7배가 된다. 292 K로 가열하면 이 시료가 단일 상 영역으로 들어간다. 상도표는 실험적으로 만든 것이기 때문에 이러한 결론은 이상적 행동 같은 것을 가정한 것은 아니다. 계에 가해지는 압력이 달라지면 이들 결과도 달라진다.

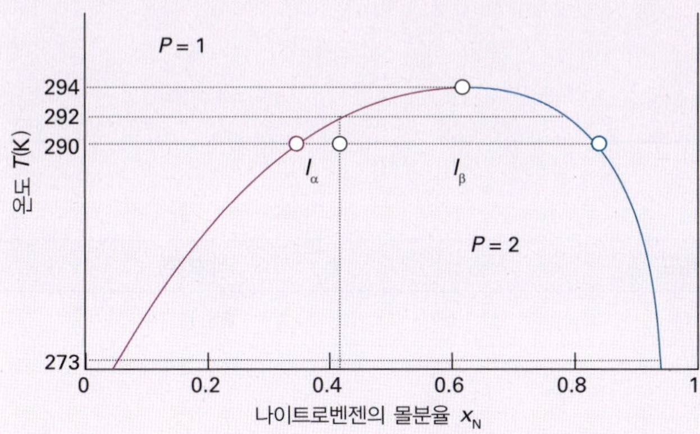

그림 68.8 1 atm에서 헥세인과 나이트로벤젠에 대한 온도–조성 상도표. 여기에 있는 점과 길이는 예제 68.1에서 논의된 것이다.

자가 진단 68.3 273 K에서 50 g의 헥세인과 100 g의 나이트로벤젠에 대해 이 문제를 되풀이하시오.

답: $x_N = 0.09$와 0.95이며, 그 비율은 1 : 1.3이다; 294 K

68.3 액체-고체 계

마지막으로 액체와 고체 두 상을 형성하는 이-구성 성분 혼합물을 생각해 보자. 상도표의 해석은 전과 같은 원리를 따른다. 따라서 지금 그림 68.9에서 조성이 a_1인 이-구성 성분 액체를 생각해 보자. 이 계가 일으키는 변화들은 다음과 같이 나타낼 수 있다.

- $a_1 \to a_2$. 계는 '액체+B'라고 표시한 두 상 구역으로 들어간다. 순수한 고체 B가 용액으로부터 빠져 나오기 시작하고 남는 용액은 A를 더 풍부하게 포함하게 된다.
- $a_2 \to a_3$. 더 많은 고체 B가 형성되고, 고체와 액체의 상대적 물질량은(평형 상태에서) 지레 규칙으로 정해진다. 이 단계에서는 두 상의 물질량이 대체적으로 같다. 그리고 B가 일부 석출되기 때문에 액체상 속에는 A가 먼저보다 더 풍부해진다(그 조성이 b_3으로 주어진다). 물리적 해석
- $a_3 \to a_4$. 이 단계의 끝에서는 액체의 양이 a_3에 있을 때보다 감소하며, 그 조성은 e로 주어진다. 이제 이 액체가 얼게 되어 순수한 A와 순수한 B의 두 상 계로 된다.

그림 68.9의 e에서 등조성선은 **함께 녹는**(**eutectic**) 조성, 즉 최저 녹는점(그리스어의 '쉽게 녹는다'라는 말에서 유래)의 혼합물을 나타낸다. 함께 녹는 조성을 갖는 액체는 단일 온도에서 얼며, 고체 A나 고체 B가 먼저 석출되지 않는다. 함께 녹는 조성의 고체는 다른 어떠한 조성의 혼합물보다도 더 낮은 온도에서 조성의 변화 없이 녹는다. 그러나 e의 오른쪽에 있는 액체 혼합물을 냉각시키면 B가 석출되고, 왼쪽에 있는 혼합물을 냉각시키면 A가 석출된다. 그러나 함께 녹는 혼합물만은 특정한 단일 온도에서 고체화되며(순수한 A나 B를 제외하고), 액체에서 어느 한 성분을 점차적으로 석출시키지

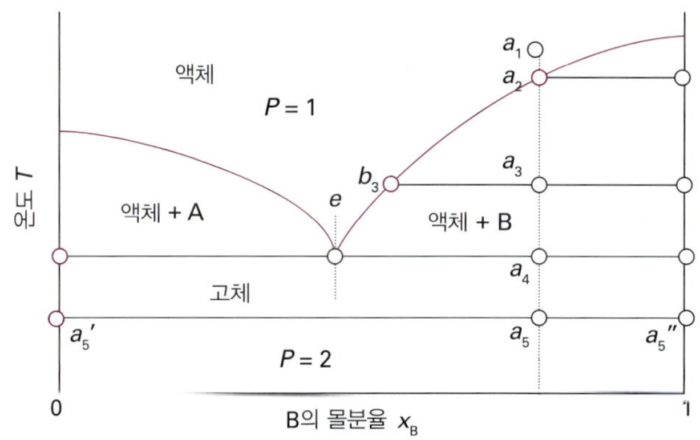

그림 68.9 고체 상태에서는 거의 섞이지 않지만 액체 상태에서는 완전히 섞이는 온도–조성 상도표. e를 통과하는 등조성선은 함께 녹는 조성, 즉 최저 녹는점의 혼합물에 해당한다.

않는다.

간단한 예 68.3 이성분 상도표

그림 68.10은 은과 주석의 상도표이다. 구역은 각각이 대표하는 것을 보여 주는 표지를 붙여 분류되었다. 조성 a의 액체가 냉각될 때, 주석이 녹아 있는 고체 은은 a_1에서 석출되기 시작하여 a_2에서 시료는 완전히 고체화된다.

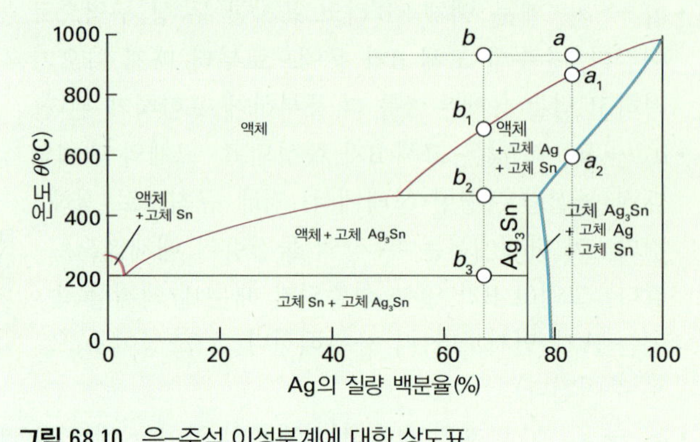

그림 68.10 은–주석 이성분계에 대한 상도표

자가 진단 68.4 조성 b의 시료가 냉각될 때 어떤 일이 생기는지 설명하시오.

답: Sn이 녹아 있는 상태에서 고체 Ag는 b_1에서 석출되기 시작하여 온도가 좀 더 떨어지면 액체는 Sn이 좀 더 많아진다. b_2에서 고체 Ag_3Sn이 석출되기 시작하여 액체는 Sn이 더 많아진다. b_3에서 계는 함께 녹는 조성(Sn과 Ag_3Sn의 고체 용액)을 가지며 조성에서 더 이상의 변함이 없이 얼게 된다.

개념 확인

- □ 1. 상도표에서 **맺음선**은 평형에 있는 상을 대표하는 두 점을 연결한다.
- □ 2. **지레 규칙**(아래 참조)으로 평형에 있는 두 상의 상대적인 양을 계산할 수 있다.
- □ 3. **함께 녹는 조성**에서 액체–고체 계는 가장 낮은 녹는점을 가진다.
- □ 4. **불변 끓음 혼합물**은 조성의 변화 없이 끓는 혼합물이다.
- □ 5. **상위 임계 용해 온도**는 이성분 액체 혼합물에서 상 분리가 일어나는 가장 높은 온도이다.
- □ 6. **아래 임계 용해 온도**는 이보다 아래의 온도에서는 이성분 혼합물의 구성 성분들이 모든 비율로든 섞이고, 그 위의 온도에서는 두 상이 형성되는 온도이다.

식 확인

성질	식	비고	식 번호
지레 규칙	$n_\alpha l_\alpha = n_\beta l_\beta$		68.1

토픽 69

물리 변환

내용

➤ 학습 목표

화학 전위는 모든 종류의 평형의 열역학적 기준을 논의하는 데 있어서 중심적인 통합 성질이다. 이 토픽에서는 이를 정의하고, 온도와 압력에 대한 변화를 소개하며, 순수한 물질의 상평형 논의에 어떻게 이용되는지를 보인다.

➤ 핵심 내용

물질의 화학 전위는 평형에 존재하는 모든 상에서 같다.

➤ 미리 알기

이 토픽은 Gibbs 에너지의 성질(토픽 65)을 사용하고 토픽 66에서의 교재 내용에 대한 열역학석 성당성을 세공해 준다. 토픽 67에서 소개된 화학 전위가 여기에서보다 훨씬 자세히 전개될 것이다.

이 토픽에서는 토픽 67과 68에서 설명된 상도표의 특징을 설명하기 위하여 어떻게 열역학적인 고려를 할 수 있는지를 보여 준다. 모든 고려 사항은 계의 Gibbs 에너지에 근거를 두고 있다. 일정 온도와 압력에서 계는 가장 낮은 Gibbs 에너지 쪽으로 향하려 하며, 이는 계와 주위는 가장 큰 전체 엔트로피를 얻으려는 경향이 있다는 것이다.

69.1 분몰량

혼합물의 논의에 있어 중심이 되는 것은 '분몰량'의 개념이다. 분몰 성질 중에서 가장 쉽게 생각할 수 있는 것은 '분몰 부피'인데, 이것은 혼합물 시료 중의 한 성분이 시료 전체 부피에 기여하는 부피이다.

(a) 분몰 부피

지금 25°C에서 대단히 큰 부피의 순수한 물이 있다고 하자. 여기에 1 mol의 물을 더 가해 주면 그 부피가 18 cm^3만큼 증가한다. 이 18 $cm^3\ mol^{-1}$이라는 양을 순수한 물의 몰부피라고 한다. 그러나 매우 큰 부피의 순수한 에탄올에 1 mol의 물을 가하면 부피가 14 cm^3 밖에 증가하지 않는다. 이와 같이 부피 증가가 다른 이유는 주어진 수의 물 분자가 차지하는 부피가 이 물 분자를 둘러싸는 분자의 종류에 따라 달라지기 때문이다. 이 예에서는 에탄올이 너무 많기 때문에 모든 물 분자가 순수한 에탄올로 둘러싸인다. 순수한 물에서와는 달리 일반적으로 H_2O 분자들을 서로 일정한 거리에 붙들어 놓는 수소 결합의 망상 구조가 형성되지 않는 것이다. 혼합물 속에서 싸일 때는 물 분자가 14 cm^3 밖에 차지하지 못하는 것이다. 14 $cm^3\ mol^{-1}$의 양은 순수한 에탄올 속에서의 물의 분몰 부피이다. 일반적으로 한 혼합물 속에서의 물질 A의 **분몰 부피**(**partial molar volume**)는 큰 부피의 그 혼합물에 1 mol의 A를 가했을 때의 부피 변화이다.

혼합물의 구성 성분이 순수한 A로부터 순수한 B로 변함에 따라서 각 성분 분자들의 환경이 변하므로 이들의 분몰 부피는 조성에 따라 달라진다. 바로 이 분자 환경의 변화와 그 때문에 초래되는 분자간 힘의 변화 때문에 혼합물의 열역학적 성질이 조성에 따라 변하는 것이다. 물과 에탄올과의 혼합물의 경우 25°C에서 전체 조성 영역에 걸친 성분들의 분몰 부피를 그림 69.1에 나타내었다.

어떤 한 일반적 조성에서 물질 J의 분몰 부피 V_J는 다음과 같이 정의된다.

$$V_J = \left(\frac{\partial V}{\partial n_J}\right)_{p,T,n'} \quad \text{정의 분몰 부피} \quad (69.1)$$

여기서 첨자 n'은 다른 모든 물질의 양을 일정하게 유지시킨다는 뜻을 나타낸다. 분몰 부피는 압력, 온도, J 이외의 다른 모든 구성 성분의 물질량을 일정하게 유지시키면서 혼합물의 전체 부피를 J의 물질량에 대해서 도시한 그래프의 기울기이다(그림 69.2). 분몰 부피 값은 물과 에탄올의 경우에서와 같이 조성에 의존한다.

실용 상식 IUPAC의 추천에 따르면 분몰량은 몰량 X와 혼동할 염려가 있을 때만 $\bar{X}$로 나타낸다. 예로서 수용액 속에서의 NaCl의 분몰 부피는 용액의 전체 부피 V와 구별하기 위해서 V(NaCl, aq)로 나타낼 수 있다.

식 69.1의 정의에 의하면 A를 dn_A만큼 가하고 B를 dn_B만큼 가하여 혼합물의 조성을 변화시키면 혼합물의 전체 부피가 다음과 같이 변해야 한다.

$$dV = \left(\frac{\partial V}{\partial n_A}\right)_{p,T,n_B} dn_A + \left(\frac{\partial V}{\partial n_B}\right)_{p,T,n_A} dn_B = V_A dn_A + V_B dn_B \quad (69.2)$$

A와 B의 물질량이 증가할 때 용액의 상대 조성이 일정하게 유지된다면 분몰 부피는 둘 다 일정하다. 이 경우 V_A와 V_B를

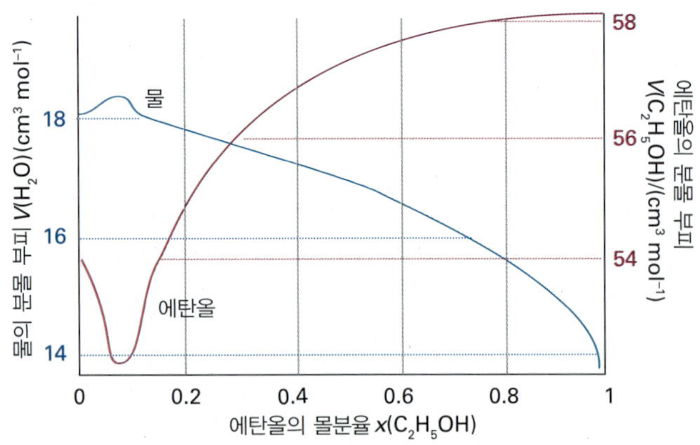

그림 69.1 25°C에서 물과 에탄올의 분몰 부피. 척도가 같지 않음을 주목하라(물은 왼쪽이고, 에탄올은 오른쪽이다).

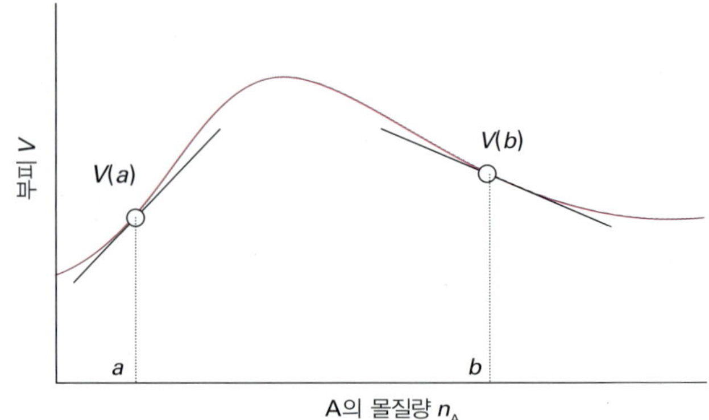

그림 69.2 한 물질의 분몰 부피는 시료의 총 부피를 조성에 대해서 도시한 곡선의 기울기이다. 일반적으로 분몰량은 조성 a와 b에서의 기울기가 다르게 나타나듯이, 조성에 따라 변한다. b에서의 분몰 부피는 음이 됨을 주목하라. 그리하여 이 조성에서는 A를 가하면 시료의 총 부피가 감소한다.

일정하게 하고 이 식을 적분하여 최종 상태 부피를 얻을 수 있다.

$$V = \int_0^{n_A} V_A dn_A + \int_0^{n_B} V_B dn_B = V_A \int_0^{n_A} dn_A + V_B \int_0^{n_B} dn_B = V_A n_A + V_B n_B \quad (69.3)$$

지금까지 두 적분이 연결된 것으로 생각해 왔지만(상대 조성을 일정하게 유지시키기 위해서), V가 상태 함수이므로 식 69.3의 최종 결과는 용액을 어떻게 만들건 관계없이 성립한다.

분몰 부피는 여러 가지 방법으로 측정할 수 있다. 그 한 방법은 조성에 따르는 부피 변화를 측정한 다음, 측정된 부피를 물질량의 함수로 구하는 것이다. 일단 이 함수를 구하면 이것을 미분하여 임의의 관심 대상 조성에서의 그 기울기를 구할 수 있다.

예제 69.1 분몰 부피의 결정

25°C에서 1.000 kg의 물을 포함하는 물-에탄올 혼합물의 전체 부피를 측정하여 다음과 같은 다항식으로 나타내었다.

$$v = 1002.93 + 54.6664x - 0.363\,94x^2 + 0.028\,256x^3$$

여기서 $v = V(\text{cm}^3)$, $x = n_E(\text{mol})$, n_E는 용액 속에 들어 있는 CH_3CH_2OH의 물질량이다. 에탄올의 분몰 부피를 결정하시오.

방법 식 69.1에 있는 정의를 적용하는데, 단위를 원래대로 유지하면서 n에 대한 도함수를 x에 대한 도함수로 조심스럽게 변형시킨다.

풀이 에탄올의 분몰 부피 V_E는 다음과 같다.

$$V_E = \left(\frac{\partial V}{\partial n_E}\right)_{p,T,n_W} = \left(\frac{\partial(V/\text{cm}^3)}{\partial(n_E/\text{mol})}\right)_{p,T,n_W} \frac{\text{cm}^3}{\text{mol}} = \left(\frac{\partial v}{\partial x}\right)_{p,T,n_W} \text{cm}^3\ \text{mol}^{-1}$$

이기 때문에, 따라서

$$\frac{dv}{dx} = 54.6664 - 2(0.363\ 94)x + 3(0.028\ 256)x^2$$

이 함수의 그래프를 그림 69.3에 나타내었다.

$$V_E(\text{cm}^3\text{mol}^{-1}) = 54.6664 - 0.72788x + 0.084768x^2$$

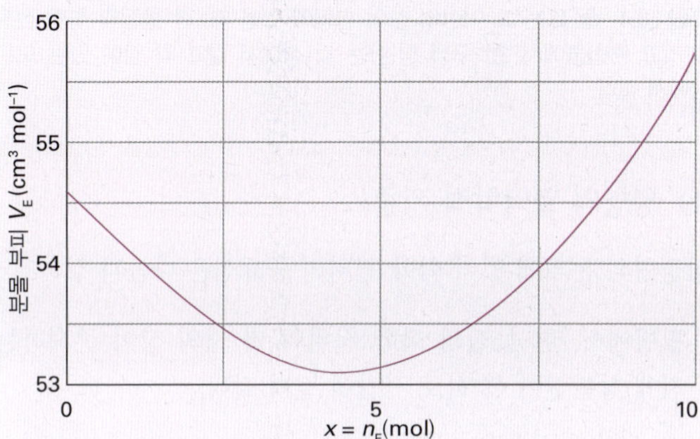

그림 69.3 예제 69.1에서와 같은 다항식으로 나타낸 에탄올의 분몰 부피

자가 진단 69.1 질량으로 50%인 에탄올-물 용액의 밀도는 25°C에서 0.914 g cm^{-3}이다. 이 용액에서 물의 분몰 부피가 17.4 cm^3 mol^{-1}이라면, 에탄올의 분몰 부피는 얼마가 되겠는가?

답: 위의 식에 의해 54.6 cm^3 mol^{-1}

몰부피는 항상 양의 값을 갖지만 분몰량은 그렇지 않을 수도 있다. 예로서 물에서 $MgSO_4$의 극한 분몰 부피(농도가 극한적으로 0이 될 때의 분몰 부피)는 −1.4 cm^3 mol^{-1}이며, 따라서 다량의 물에 1 mol $MgSO_4$를 가하면 1.4 cm^{3}만큼 부피가 감소한다. 이와 같이 부피가 수축되는 것은 Mg^{2+}와 SO_4^{2-}가 수화되면서 물의 성긴 구조를 깨서 물의 구조를 부분적으로 허물어 주기 때문이다.

(b) 분몰 Gibbs 에너지

분몰량의 개념은 어떠한 크기 성질 상태 함수에도 확장시킬 수 있다. 그래서 일반적으로 여러 구성 성분 J로 이루어져 있고 각 구성 성분이 총 Gibbs 에너지에 기여하는 계의 Gibbs 에너지를 논의하기 위하여, 각 구성 성분의 분몰 Gibbs 에너지를 도입한다. 이 양은 매우 중요하므로 그 자체에 이름이 부여되어, **화학 전위**(**chemical potential**)라고 하고 기호로 μ(mu)라고 쓴다.

$$\mu_J = \left(\frac{\partial G}{\partial n_J}\right)_{p,T,n'} \qquad \text{정의 화학 전위} \qquad (69.4)$$

여기서 n'은 혼합물의 모든 다른 종의 양은 일정하게 한다는 의미이며, 화학 전위의 단위는 몰당(n으로부터) 줄(G로부터)이다. 일-구성 성분 계에 대해서는, $G = nG_m$이고 화학 전위는 단순히 물질의 몰 Gibbs 에너지이다. 왜냐하면,

$$\mu = \left(\frac{\partial G}{\partial n}\right)_{p,T} = \left(\frac{\partial (nG_m)}{\partial n}\right)_{p,T} = G_m \qquad (69.5)$$

분몰 부피와 같이, 혼합물에서 한 물질의 화학 전위는 혼합물의 조성에 따라 변한다. 왜냐하면 분자의 각 형태의 환경이 조성이 변함에 따라 변하기 때문이다. A와 B 분자의 이성분(두 구성 성분) 혼합물의 조성이 거의 순수한 A일 때는 각각의 A 분자는 A 분자에 의해 거의 둘러싸여 있어 μ_A는 이 환경의 특성적 값을 가진다. 혼합물이 거의 순수한 B일 때는, 각각의 A 분자는 거의 완전히 B 분자에 둘러싸여 있어 μ_A는 다른 값을 가지는데, 이 환경에 특성적인 것이다. 중간 조성인 경우에는, A의 환경은 두 극한 사이에 있으며 μ_A는 대응되는 값을 가진다.

혼합물의 총 부피에 대해 사용한 같은 논리로, 혼합물의 총 Gibbs 에너지는 간단히 다음과 같다.

$$G = \sum_J n_J \mu_J \qquad \text{혼합물의 Gibbs 에너지} \qquad (69.6)$$

여기서 각 구성 성분의 화학 전위는 혼합물의 조성에서 산출된 것이다. 이 식에 따라 혼합물에서 한 물질의 화학 전위는 혼합물의 총 Gibbs 에너지에 대한 그 물질의 기여이다.

69.2 화학 전위

이름 '화학 전위'는 유익한 것이므로 기억해 두어야 한다. 이 개념을 전개함에 따라 μ는 물질이 계에서 변화를 만들어 내는 가능성, 즉 능력의 척도라는 것을 알게 될 것이다. 이 토픽에서, 이는 물리적 변화를 가져오는 물질의 잠재력을 반영하는 것이다. 토픽 73에서 μ는 화학 변화를 가져오는 잠재력이기도 하다는 것을 보일 것이다.

(a) Gibbs 에너지 변화

화학 전위는 조성(그리고 압력과 온도)에 의존하므로 혼합물의 Gibbs 에너지는 이들 변수의 변화에 따라 변할 수 있어서, 여러 구성 성분의 계에 대해서는 식 66.6($dG = Vdp-$

SdT)은 다음과 같이 된다.

$$dG = Vdp - SdT + \sum_J \mu_J dn_J$$ 화학 열역학의 기본 식 (69.7)

이 식은 **화학 열역학의 기본 식(fundamental equation of chemical thermodynamics)**이다. 이 식이 내포하는 뜻과 초래하는 결과들을 이 토픽과 다음 토픽에서 걸쳐서 탐구하고 발전시킬 것이다.

일정한 압력과 온도에서는 식 69.7이 다음과 같이 간단해진다.

$$dG_{p,T} = \sum_J \mu_J dn_J \quad (69.8)$$

그러나 조성이 식 69.6에서 미세하게 변할 때 G는 다음과 같이 변할 것으로 예상된다.

$$dG_{p,T} = \sum_J \mu_J dn_J + \sum_J n_J d\mu_J$$

G는 상태 함수이기 때문에, 마지막 두 식은 같아야 한다. 이는 일정 온도와 압력에서 평형에 있는 혼합물의 구성 성분의 화학 전위에서 변화하는 것은 다음의 **Gibbs−Duhem 식(Gibbs−Duhem equation)**을 만족해야 한다는 것이다.

$$\sum_J n_J d\mu_J = 0$$ 일정 온도와 압력 Gibbs−Duhem 식 (69.9)

이 식의 중요성은 혼합물의 한 성분의 화학 전위는 다른 성분들의 화학 전위와 무관하게 독립적으로 변화시킬 수 없음을 뜻한다. 이성분 혼합물의 경우에는 한 구성 성분의 화학 전위가 증가하면 다른 것은 다음 식에 따라 감소해야 한다. 즉 $n_A d\mu_A + n_B d\mu_B = 0$에 의해 두 가지 변화는 다음과 같다.

$$d\mu_B = -\frac{n_A}{n_B} d\mu_A \quad (69.10)$$

간단한 예 69.1 Gibbs-Duhem 식

혼합물의 조성이 $n_A = 2n_B$이고 조성에서 작은 변화는 μA에서 $\delta\mu_A = +1\ J\ mol^{-1}$인 결과를 가져왔다면, μ_B는 다음과 같이 변할 것이다.

$$\delta\mu_B = -2 \times (1\ J\ mol^{-1}) = -2\ J\ mol^{-1}$$

자가 진단 69.2 $n_A = 0.3n_B$이고 조성에서 작은 변화가 μ_A에서 $\delta\mu_A = -10\ J\ mol^{-1}$인 결과를 가져왔다면, μ_B는 얼마나 변할까?

답: $+3\ J\ mol^{-1}$

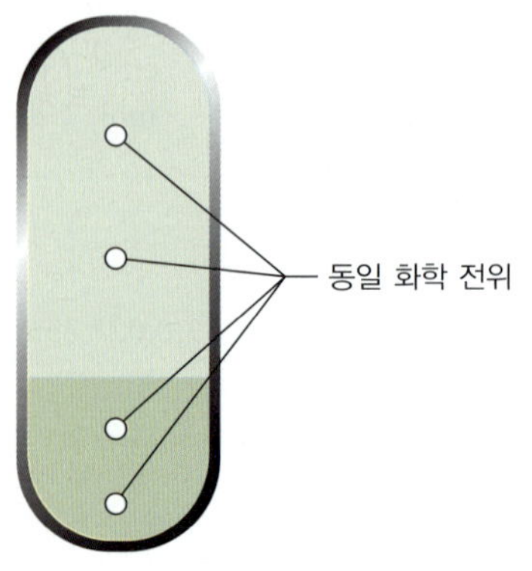

그림 69.4 둘 또는 그 이상의 상이 평형에 있을 때, 한 물질의 화학 전위(그리고 혼합물에서, 한 구성 성분)는 각 상에서 같고 각 상에 있는 모든 점에서 같다.

(b) 평형의 열역학적 기준

상평형의 논의에 있어 화학 전위의 중요성은 다음과 같다.

> 평형에서, 한 물질의 화학 전위의 몇 개의 상이 존재하는지에 상관없이 한 시료 전반에 걸쳐 같다.

단일 물질의 액체상과 고체상이 평형에 있을 때, 물질의 화학 전위는 두 상 모두와 각 상 전반에 걸쳐 같다(그림 69.4). 다-구성 성분 혼합물의 두 상이 평형에 있을 때 각 구성 성분의 화학 전위는 모든 상에서 같다.

이 견해의 타당성을 알아보기 위하여, 임의의 한 구성 성분의 화학 전위는 한 위치에서 μ_1이고, 또 다른 위치에서는 μ_2인 계를 생각하자. 그 위치는 상이 다를 수도 있고 같을 수도 있다. 그 물질의 양 dn이 한 위치에서 다른 위치로 이동했을 때, 계의 Gibbs 에너지는 물질이 위치 1에서 제거되었을 때는 $-\mu_1 dn$ 만큼 변하고, 그 물질이 위치 2에 첨가되었을 때는 $\mu_2 dn$ 만큼 변한다. 그러므로 전체적인 변화는 $dG = (\mu_2 - \mu_1)dn$이다. 위치 1에서의 화학 전위가 위치 2에서의 것보다 높으면 이동은 G의 감소를 수반해서, 자발적으로 일어나는 경향을 갖는다. 자발적 방향은 화학 전위가 높은 데서 낮은 곳이고, 가장 안정된 상은 일반적인 조건에서 가장 낮은 화학 전위를 갖는 것이다. 오직 $\mu_1 = \mu_2$이어서 G의 변화가 없다면 그 경우에만 계가 평형에 있다.

간단한 예 69.2 상평형

두 구성 성분, 두 상의 계를 생각해 보자. 즉 물과 에탄올 혼합물이 그들 증기와 평형에 있는 계를 생각해 보자. 증기상과 액체상에 있는 에탄올의 화학 전위는 같아, $\mu_{ethanol}(g) = \mu_{ethanol}(l)$이고, 물에 대해서도 같아 $\mu_{water}(g) = \mu_{water}(l)$이다. 고체상은 존재하지 않기 때문에 일반적인 조건 아래서 안정한 상이 아니어서, 따라서 $\mu_{ethanol}(s) > \mu_{ethanol}(g)$, $\mu_{ethanol}(s) > \mu_{ethanol}(l)$이고, 마찬가지로 $\mu_{water}(s) > \mu_{water}(g)$, $\mu_{water}(s) > \mu_{water}(l)$이다.

자가 진단 69.3 273.16 K, 611 Pa에서 물의 상들에서 화학 전위 사이의 관계는 무엇인가? 상도표(그림 67.7)를 참고할 필요가 있으므로, 편의상 그림 69.5로 다시 그려 넣었다.

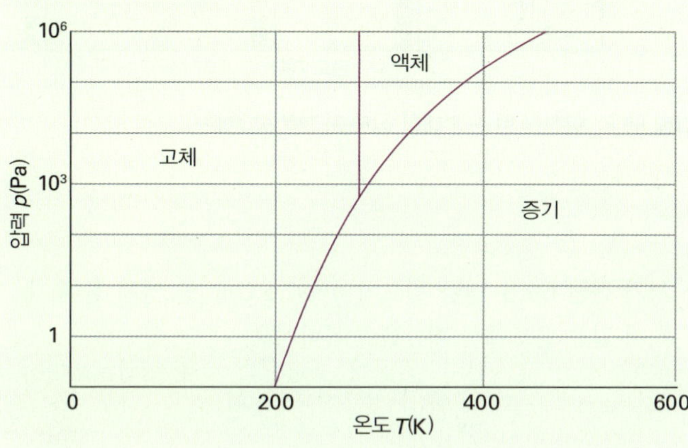

그림 69.5 (토픽 67의 그림 67.7로부터 발췌한) 물에 관한 상도표의 한 영역

답: 삼중점; $\mu_{water}(s) = \mu_{water}(g) = \mu_{water}(l)$

(c) 조건에 대한 화학 전위의 반응

Gibbs 에너지의 온도 의존도는 토픽 66에 있는 식 66.7과 같이 계의 엔트로피를 가지고 나타낼 수 있다(즉 $(\partial G/\partial T)_p = -S$). 이미 본 바와 같이 순수한 물질의 화학 전위는 바로 그 물질의 몰 Gibbs 에너지의 다른 이름으로, 따라서 다음과 같은 관계가 성립한다.

$$\left(\frac{\partial \mu}{\partial T}\right)_p = -S_m \qquad \text{화학 전위의 온도에 따른 변화} \qquad (69.11)$$

이 식에 의하면 온도가 올라감에 따라 순수한 물질의 화학 전위는 감소한다. 즉 모든 물질에 대해서 $S_m > 0$이어서 μ의 T에 대한 그래프의 기울기가 음이 된다. 언뜻 보면 화학 전위, 즉 변화를 가져오는 능력은 온도가 올라가면 감소한다는 것이 이상하게 보일 수 있다. 하지만 토픽 64에서의 Gibbs 에너지 해석에서 이 에너지는 총 에너지와 무질서하게 저장된 에너지 사이의 차이라고 언급되었는데, 여기서 후자의 에너지는 온도에 따라 증가하므로 일을 하는 '자유' 에너지는 감소하게 된다.

간단한 예 69.3 온도에 대한 화학 전위의 변화

25°C에서 수증기의 몰 엔트로피는 189 J K^{-1} mol^{-1} (표 57.4)이다. 그러므로 $(\partial\mu/\partial T)_p = -189$ J K^{-1} mol^{-1}이다. 따라서 1 K의 온도 증가는 $H_2O(g)$의 화학 전위를 189 J mol^{-1} **감소**시킨다.

자가 진단 69.4 같은 온도에서 액체 물에 대한 계산을 반복하시오.

답: 70 J mol^{-1} 감소

이 식 69.11에 의하면 $S_m(g) > S_m(l)$이기 때문에 μ를 온도에 대해서 도시한 기울기는 액체보다 기체의 경우가 더 가파르다. 그리고 거의 언제나 $S_m(l) > S_m(s)$이기 때문에, 이 기울기는 고체보다 액체의 경우가 더 가파르다. 이러한 특징들을 나타낸 것이 그림 69.6이다. $\mu(l)$은 큰 음의 기울기를 갖기 때문에 온도가 어느 정도 올라가면 $\mu(s)$ 아래로 떨어진다. 이렇게 되면 액체가 안정한 상이 되고, 고체가 녹는다. 기체상의 화학 전위는 온도가 올라감에 따라 급강하하므로(기체상의 몰 엔트로피가 대단히 크기 때문에) 기체의 화학 전위가 가장 낮게 되는 온도에 도달하게 된다. 이때는 기체가 가장 안정한 상이 되며, 액체는 자발적으로 증발한다.

토픽 67의 상도표에서 요약한 바와 같이, 고체 시료에 압력을 가해 주었을 때 대부분의 물질은 더 높은 온도에서 녹는다. 이것은 압력이 높아지면 밀도가 낮은 액체의 생성이 억제되기 때문이다. 이러한 특징의 예외인 물의 경우에는 액체가 고체보다 더 큰 밀도를 가지며, 따라서 압력을 가하면 액체가 생성되려는 경향이 나타난다. 즉 물은 압력을 받으면 더 낮은 온도에서 얼게 된다(그림 69.5 참조).

녹는 온도에 미치는 압력의 효과는 다음과 같이 설명할 수 있다. 압력에 대한 순수한 물질의 화학 전위 변화는 다음과

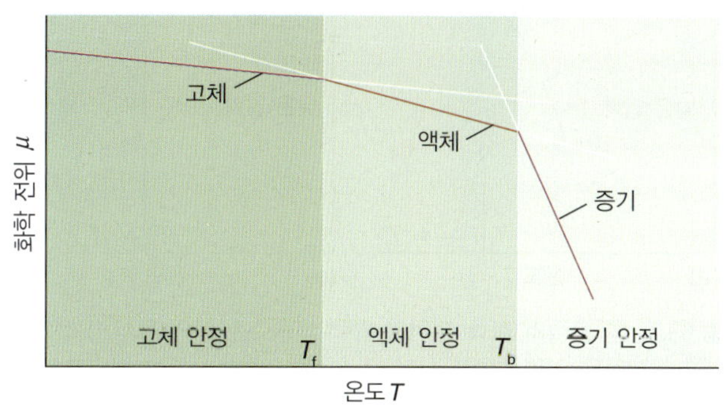

그림 69.6 한 물질의 고체상, 액체상, 기체상 화학 전위의 온도 의존을 나타내는 개략도(실제로 선들은 곡선이다). 주어진 온도에서는 μ가 최소인 상이 그 온도에서 가장 안정한 상이다. 녹는점(T_f)이나 끓는점(T_b)과 같은 전이 온도는 두 상의 화학 전위가 같아지는 온도이다.

같이 나타낸다(토픽 66의 식 66.7의 두 번째에서 $(\partial G/\partial T)_T = V$).

$$\left(\frac{\partial \mu}{\partial p}\right)_T = V_m \quad \text{화학 전위의 압력에 따른 변화} \quad (69.12)$$

이 식에 의하면 화학 전위를 압력에 대해서 도시한 그래프의 기울기는 그 물질의 몰부피와 같다. 압력을 증가시키면 순수한 물질은 어느 것이나 그 화학 전위가 증가한다($V_m>0$이므로). 대부분의 경우에는 $V_m(l)>V_m(s)$이므로 이 식에 의하면 압력을 높일 경우 액체의 화학 전위가 고체의 화학 전위보다 더 많이 증가하게 됨이 예상된다. 그림 69.7a에 보인 바와 같이 이러한 경우에는 압력에 의해서 녹는점이 약간 높아진다. 이는 그림 67.6에 있는 이산화 탄소에 대해 본 것으로, 여기에 그림 69.8로 편리상 다시 그려졌다. 그러나 물의 경우에는 $V_m(l)<V_m(s)$이므로 압력을 높여 주면 고체의 화학 전위가 액체의 화학 전위보다 더 많이 증가한다. 따라서 이때는 녹는점이 약간 내려가게 된다(그림 69.7b). 이는 그림 69.5에서 물에 대한 것이다.

간단한 예 69.4 압력에 대한 화학 전위의 변화

25°C에서 수증기의 몰부피는 완전 기체로 취급하면 25 dm³ mol⁻¹로, 2.5×10^{-2} m³ mol⁻¹에 대응된다. 그러므로 $(\partial\mu/\partial p)_T = +2.5\times10^{-2}$ m³ mol⁻¹, 이어서 1.0 bar의 압력 증가는 $H_2O(g)$의 화학 전위를 다음과 같이 **증가**시킨다.

$$\begin{aligned}\delta\mu &= (2.5\times10^{-2}\,\mathrm{m^3mol^{-1}})\times(1.0\times10^5\,\mathrm{Pa})\\ &= +2.5\times10^3\,\mathrm{Pa\,m^3mol^{-1}} = +2.5\,\mathrm{kJ\,mol^{-1}}\end{aligned}$$

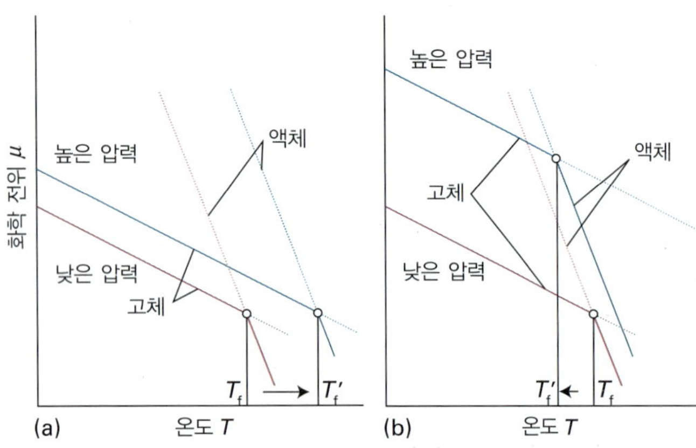

그림 69.7 한 물질의 화학 전위의 압력 의존도는 상의 몰부피에 의존한다. 이 곡선들은 압력을 증가시킬 때 고체와 액체의 화학 전위가 어떻게 변하는지를 나타내며(실제로는 선들이 곡선이다), 또한 녹는점에 미치는 영향도 나타낸다. (a) 이 경우에는 고체가 액체보다 몰부피가 작으며, 따라서 $\mu(s)$는 $\mu(l)$보다 작게 증가한다. 이 때문에 녹는점이 올라간다. (b) 이때는 고체가 액체보다 몰부피가 크며(물에서처럼), $\mu(s)$는 $\mu(l)$보다 크게 증가하고, 따라서 어는 온도가 내려간다.

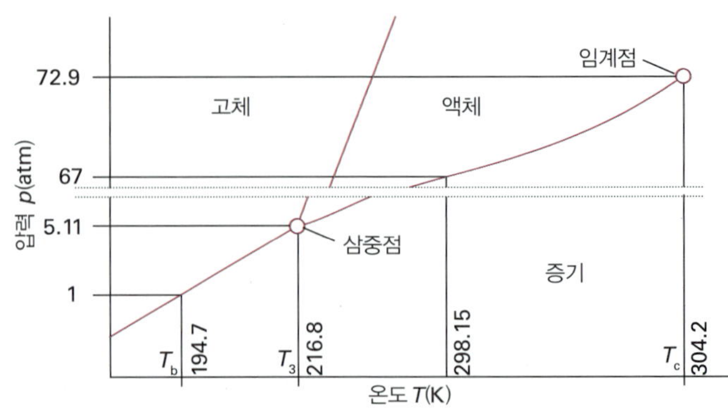

그림 69.8 이산화 탄소에 대한 상도표(그림 67.6에서)

자가 진단 69.5 질량 밀도가 0.997 g cm⁻³인 액체 물에 대하여 같은 온도에서 계산을 반복하시오.

답: 1.8 kJ mol⁻¹ 증가

69.3 일-구성 성분 상도표의 구조

두 상이 평형을 이루고 공존할 때는 그들의 화학 전위가 같아야 한다는 사실을 이용해서 어떠한 두 상이 공존하는 압력과 온도, 즉 단일 구성 성분 상도표에서 상 경계의 정확한 위치를 찾을 수 있다. 지금 상 α와 β가 평형을 이루고 있다고 하자. 그러면

$$\mu(\alpha; p,T) = \mu(\beta; p,T) \quad (69.13)$$

다음 **증명**에서 보인 바와 같이, 이 식을 풀어서 p를 T의 함수로 구하면 상 경계선을 나타내는 **Clapeyron 식**(**Clapeyron equation**)을 얻을 수 있다.

$$\frac{dp}{dT} = \frac{\Delta_{trs}S}{\Delta_{trs}V} \quad \text{Clapeyron 식} \quad (69.14)$$

이 식에서 $\Delta_{trs}S = S_m(\beta)-S_m(\alpha)$, $\Delta_{trs}V = V_m(\beta)-V_m(\alpha)$는 각각 전이 엔트로피와 전이 부피다. 이 Clapeyron 식은 상 경계선상의 임의의 점에서의 접선 기울기를 나타내는 정확한 식으로서, 어떠한 순수한 물질의 어떠한 상평형에 대해서나 적용된다. 이 식을 이용하면 열역학적 데이터를 이용하여 상도표가 어떻게 나타날 것인지를 예측할 수 있고, 또 그 모양을 이해할 수 있다.

증명 69.1 Clapeyron 식

상 경계선은 그 기울기 dp/dT를 가지고 논하는 것이 가장 간단하다. 지금 p와 T를 다같이 미소하게 변화시키면서 두 상 α와 β를

계속해서 평형에 머물게 한다고 생각해 보자. 이 두 상의 화학 전위는 처음에는 같다(두 상이 평형을 이루고 있다). 이 두 상의 온도와 압력은 상 경계선을 따라 변하는 것이며, 따라서 두 상이 계속해서 평형을 유지하므로 이들의 화학 전위가 계속해서 동일해야 할 것이다(그림 69.9). 따라서 두 상의 화학 전위도 똑같이 변해야 하며 $d\mu(\alpha) = d\mu(\beta)$가 성립해야 한다. $dG = Vdp - SdT$이기 때문에, 각 상에 대하여 $d\mu = -S_m dT + V_m dp$가 성립해야 한다. 따라서

$$-S_m(\alpha)dT + V_m(\alpha)dp = -S_m(\beta)dT + V_m(\beta)dp$$

여기서 $S_m(\alpha)$와 $S_m(\beta)$는 두 상의 몰 엔트로피이며, $V_m(\alpha)$와 $V_m(\beta)$는 그들의 몰부피이다. 따라서

$$\{V_m(\beta) - V_m(\alpha)\}dp = \{S_m(\beta) - S_m(\alpha)\}dT$$

이는 식 69.14로 재배열된다.

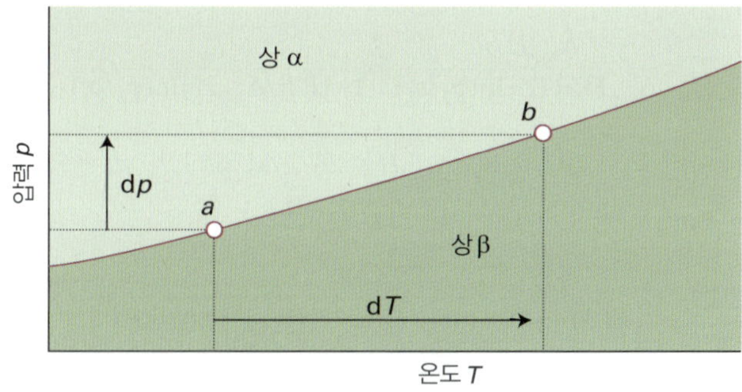

그림 69.9 두 상이 평형을 이루고 있는(a에서) 계에 압력을 가하면 평형이 교란된다. 이 계는 온도가 변함으로써 평형이 회복되며, 그리하여 상태 b로 이동한다. 따라서 압력이나 온도가 변할 때 계의 평형을 유지시켜 주는 dp와 dT 사이의 관계가 존재한다는 것을 알 수 있다.

예제 69.2 끓는 온도에 대한 압력 효과의 추정

액체의 끓는점에 대하여 압력이 증가함에 따른 효과의 전형적인 크기를 추산하시오.

방법 식 69.14를 사용하기 위해서는 오른쪽을 추산할 필요가 있다. 끓는점에서 항 $\Delta_{vap}S$는 Trouton 상수(토픽 62)이다. 기체의 몰부피는 액체의 몰부피보다 훨씬 크기 때문에 다음과 같이 쓸 수 있다.

$$\Delta_{vap}V = V_m(g) - V_m(l) \approx V_m(g)$$

$V_m(g)$에 대해서는 완전 기체의 몰부피를 택한다(최소한, 낮은 온도에서).

풀이 Trouton 상수는 85 J K^{-1} mol^{-1}이다. 완전 기체의 몰부피는 1 atm, 상온 근처나 보다 조금 높은 온도에서 25 dm^3 mol^{-1}이다. 그러므로

$$\frac{dp}{dT} \approx \frac{85\ \text{J K}^{-1}\ \text{mol}^{-1}}{2.5\times10^{-3}\ \text{m}^3\ \text{mol}^{-1}} = 3.4\times10^3\ \text{J m}^{-3}\ \text{K}^{-1}$$

1 J = 1 Pa m^{3}이므로, 이 값은 3.4 kPa K^{-1}에 해당되어 약 0.034 atm K^{-1}이어서 $dT/dp = 29$ K atm^{-1}이 된다. 그러므로 0.1 atm의 압력 변화는 끓는 온도가 약 +3 K 정도 변할 것으로 예상된다.

자가 진단 69.6 표 62.2와 $V_m(g) = RT/p$을 이용하여 정상 끓는점에서 물에 대한 dT/dp를 추산하시오.

답: 28 K atm^{-1}

물질은 어떤 온도 T에서 녹으며(용융), 이때 몰 엔탈피 변화 $\Delta_{fus}H$가 수반된다. 따라서 온도 T에서의 몰 녹음 엔트로피는 $\Delta_{fus}H/T$가 되며(토픽 62), Clapeyron 식이 다음과 같이 된다.

$$\frac{dp}{dT} = \frac{\Delta_{fus}H}{T\Delta_{fus}V} \quad \text{고체-액체 경계} \quad (69.15a)$$

여기서 $\Delta_{fus}V$는 녹는 과정에 수반되는 몰부피 변화이다. 녹음 엔탈피는 양이며(He-3이 유일한 예외이다), 부피 변화도 일반적으로 작기는 하지만 양이다(물은 예외이다). 결과적으로 상 경계선의 기울기 dp/dT는 가파르며, 이산화 탄소에 대한 그림 69.8에서와 같이, 일반적으로 양이다. 온도 T에서의 증발 엔트로피는 $\Delta_{vap}H/T$와 같으며, 따라서 액체-증기 경계에 대한 Clapeyron 식은 다음과 같이 된다.

$$\frac{dp}{dT} = \frac{\Delta_{vap}H}{T\Delta_{vap}V} \quad \text{액체-증기 경계} \quad (69.15b)$$

증발 엔탈피는 양이며, $\Delta_{vap}V$도 큰 양의 값이다. 따라서 dp/dT는 양이 되지만, 고체-액체 경계에 대한 것보다 훨씬 작다. 따라서 dp/dT의 역수인 dT/dp가 크며, 결과적으로 끓는점은 그림 69.5와 69.8에서 보는 바와 같이, 어는점보다 압력에 훨씬 더 크게 의존한다. 정확히 같은 이유가 고체-증기 경계에 적용된다. 이는 다음과 같이 쓸 수 있다.

$$\frac{dp}{dT} = \frac{\Delta_{sub}H}{T\Delta_{sub}V} \quad \text{고체-증기 경계} \quad (69.15c)$$

여기서 $\Delta_{sub}H$와 $\Delta_{sub}V$는 각각 승화(고체에서 증기로 직접적인 전환)의 엔탈피와 부피이다.

기체의 몰부피는 액체나 고체의 몰부피보다 훨씬 더 크므로 $\Delta_{vap}V \approx V_m(g)$라고 쓸 수 있다(예제 69.2 참조). 마찬가지로 $\Delta_{sub}V \approx V_m(g)$이다. 더욱이 기체가 완전하게 행동을 한다고 가정하면 $V_m(g) = RT/p$가 된다. 이들 두 근사를 이용하면

완전한 Clapeyron 식이 다음과 같이 된다.

$$\frac{dp}{dT} \approx \frac{\Delta_{vap}H}{T(RT/p)} = \frac{p\Delta_{vap}H}{RT^2}$$

이것은 고체–증기 경계에 대한 유사한 식이 된다. $dp/p = d\ln p$이기 때문에, 이 식을 정리하면 증기 압력의 온도에 따른 변화를 나타내는 **Clausius–Clapeyron 식(Clausius–Clapeyron equation)**을 얻을 수 있다.

$$\frac{d\ln p}{dT} = \frac{\Delta_{vap}H}{RT^2} \quad \text{증기는 완전 기체} \quad \text{Clausius–Clapeyron 식} \quad (69.16)$$

Clapeyron 식과 마찬가지로, Clausius–Clapeyron 식은 일구성 성분 상도표에서의 액체–증기 상 경계와 고체–증기 상 경계의 위치와 모양을 이해하는 데 사용된다(토픽 67). 고체–증기 상 경계와 액체–증기 상 경계 사이의 유일한 차이는 승화 엔탈피 $\Delta_{sub}H$ 자리에 증발 엔탈피를 대치하는 것이다. 승화 엔탈피는 증발 엔탈피보다 크기 때문에 (주어진 온도에서 $\Delta_{sub}H = \Delta_{fus}H + \Delta_{vap}H$) 비슷한 온도에서 증발 곡선에 대한 것보다 승화 곡선에 대한 것이 수식에서 더 가파른 경사가 예상되어 그들이 만나는 삼중점 근방이 된다. 이 성질은 그림 69.5와 69.8에서 볼 수 있다.

액체의 끓는 온도는 증기압이 외부 압력과 같아지는 온도이기 때문에, Clausius–Clapeyron 식은 적용되는 압력에 대한 끓는 온도의 변화에 대한 식으로 해석될 수 있다. 이 해석은 다음 예제에서 설명한다.

예제 69.3 끓는 온도의 추정

24.1°C에서 다이클로로메테인의 증기 압력은 53.3 kPa이고 증발 엔탈피는 28.7 kJ mol^{-1}이다. 외부 압력이 80.0 kPa일 때 끓는점을 추산하시오.

방법 증기 압력이 외부 압력과 같은 온도를 결정할 필요가 있다. Clausius–Clapeyron 식을 증발 엔탈피는 온도와 무관하다고 가정하고 적분함으로써 두 온도에서의 증기 압력에 대한 식으로 변형하고, 증기 압력이 기술된 외부 압력과 일치하는 온도에 대하여 풀면 된다.

풀이 식 69.16의 적분은 다음과 같이 진행된다.

$$\int_{\ln p_1}^{\ln p_2} d\ln p = \int_{T_1}^{T_2} \frac{\Delta_{vap}H}{RT^2} dT = \frac{\Delta_{vap}H}{R}\int_{T_1}^{T_2}\frac{dT}{T^2}$$

따라서

$$\ln\frac{p_2}{p_1} = \frac{\Delta_{vap}H}{R}\left(\frac{1}{T_1} - \frac{1}{T_2}\right)$$

증기 압력이 p_2에서 온도 T_2에 대한 식을 얻기 위해 재배열하면 다음이 된다.

$$T_2 = \frac{\Delta_{vap}H/R}{\Delta_{vap}H/RT_1 - \ln(p_2/p_1)} = \frac{T_1}{1-(RT_1/\Delta_{vap}H)\ln(p_2/p_1)}$$

데이터($T_1 = 297.3$ K, $\Delta_{vap}H = 28.7$ kJ mol^{-1}, $p_1 = 53.3$ kPa, $p_2 = 80.0$ kPa)로부터 다음을 얻는다.

$$T_2 = \frac{297.3\,\mathrm{K}}{1 - \dfrac{(8.3145\,\mathrm{JK^{-1}\,mol^{-1}})\times(297.3\,\mathrm{K})}{2.87\times10^4\,\mathrm{J\,mol^{-1}}}\ln\left(\dfrac{80.0\,\mathrm{kPa}}{53.3\,\mathrm{kPa}}\right)} = 308\,\mathrm{K}$$

따라서 예측된 끓는 온도는 35°C이다.

자가 진단 69.7 20.0°C에서 어떤 물질의 증기 압력이 48.4 kPa이고, 증기 엔탈피가 34.7 kJ mol^{-1}이다. 외부 압력이 58.0 kPa일 때 끓는점을 추산하시오.

답: 23.8°C

개념 확인

- ☐ 1. **분몰 부피**는 한 물질이 혼합물의 총 부피를 만드는 데 기여(몰당)하는 것이다.
- ☐ 2. **화학 전위**는 한 화학종의 분몰 Gibbs 에너지이다.
- ☐ 3. 화학 전위의 **온도 변화**는 몰 엔트로피에 의해 지배된다.
- ☐ 4. 화학 전위의 **압력 변화**는 몰부피에 의해 지배된다.
- ☐ 5. 화학 전위는 평형에 있는 계의 전반에 걸쳐 한 구성 성분의 모든 상에 대하여 동일하다.
- ☐ 6. 상 경계의 기울기는 **Clapeyron 식** (아래 참조)에 의해 주어진다.
- ☐ 7. 응축상의 증기 압력 의존도는 **Clausius–Clapeyron 식**(아래 참조)에 의해 주어진다.

식 확인

성질	식	비고	식 번호
분몰 부피	$V_J=(\partial V/\partial n_J)_{p,T,n'}$	정의	69.1
혼합물의 총 부피	$V=n_A V_A+n_B V_B$		69.3
화학 전위	$\mu_J=(\partial G/\partial n_J)_{p,T,n'}$	정의	69.4
혼합물의 총 Gibbs 에너지	$G=\sum_J n_J\mu_J$		69.6
화학 열역학의 기본 식	$dG=Vdp-SdT+\sum_J \mu_J dn_J$		69.7
Gibbs–Duhem 식	$\sum_J n_J d\mu_J=0$	일정 온도와 압력	69.9
μ의 온도 변화	$(\partial\mu/\partial T)_p=-S_m$		69.11
μ의 압력 변화	$(\partial\mu/\partial p)_T=V_m$		69.12
Clapeyron 식	$dp/dT=\Delta_{trs}S/\Delta_{trs}V$		69.14
	$dp/dT=\Delta_{trs}H/T\Delta_{trs}V$		69.15
Clausius–Clapeyron 식	$d\ln p/dT=\Delta_{vap}H/RT^2$	증기는 완전 기체	69.16

토픽 70

이상 혼합물

내용

➤ 학습 목표

혼합물은 화학에서 엄청나게 중요한 개념이다. 왜냐하면 화학 반응은 시약의 혼합에서 시작하며, 생성물도 전형적으로 혼합물이기 때문이다. 용질의 존재는 그들의 물리적 성질이 영향을 미칠 수 있기 때문에, 반응하지 않는 물질들의 혼합물이더라도 중요하다. 이 토픽은 이런 형태에 대한 논의의 바탕 역할을 할 것이다.

➤ 핵심 내용

물질들이 혼합될 때 열역학 성질에서의 변화는 각 구성 성분의 화학 전위가 조성에 대해 어떻게 변하는지를 고려해서 확립된다.

➤ 미리 알기

이 토픽은 화학 전위(토픽 69)의 성질을 사용한다. 온도와 압력에 대한 Gibbs 에너지의 변화(토픽 66)를 이끌어낸다.

혼합물의 열역학을 조사하려면, 혼합 자체의 행위를 생각하고, 가능한 가장 간단한 경우인 두 완전 기체의 혼합부터 시작한다.

70.1 완전 기체의 혼합

다음 **증명**에서는 온도 T에서 두 완전 기체의 혼합 Gibbs 에너지가 다음과 같음을 알게 된다.

$$\Delta_{\text{mix}}G = nRT(x_A \ln x_A + x_B \ln x_B) \quad \text{완전 기체} \quad \text{혼합의 Gibbs 에너지} \qquad (70.1)$$

여기서 x_J는 혼합물에서 기체의 몰분율이고, n은 기체의 분자의 전체 양이다. 몰분율은 절대 1보다 클 수 없으므로 이 식 속의 로그들은 음이 되며, 따라서 $\Delta_{\text{mix}}G < 0$이 된다(그림 70.1). 어떤 조성에서나 $\Delta_{\text{mix}}G$가 음이 된다는 이 결과는 완전 기체가 어떤 비율로든 자발적으로 혼합된다는 것을 확인해 주는 것이다. 뿐만 아니라 이 식은 상식을 확대시켜 정량적인 과정을 논의할 수 있도록 해 준다.

증명 70.1 혼합의 Gibbs 에너지

지금 온도 T와 압력 p에서 n_A mol의 완전 기체와 n_B mol의 완전 기체가 서로 다른 용기에 들어 있다고 하자(그림 70.2). 이 때는 두 기체의 화학 전위가 '순수한' 상태의 값을 가진다. 그러면 각 기체 J에 대한 $\mu_J = G_m(J)$를 가지고, 토픽 66의 식 66.13 ($G_m(p) = G_m^{\ominus} + RT\ln(p/p^{\ominus})$)으로부터 다음을 얻을 수 있다.

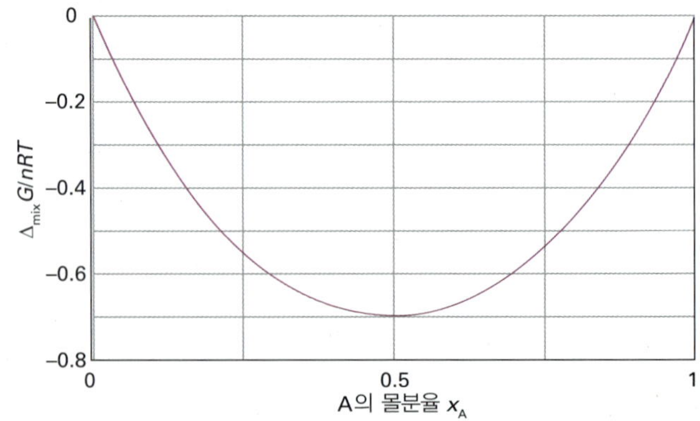

그림 70.1 두 완전 기체와 이상 용액을 만드는 두 액체(후에 설명할)가 혼합될 때의 Gibbs 에너지 변화. 혼합 Gibbs 에너지는 어떤 조성이나 온도에서도 음이며, 따라서 완전 기체는 어떤 비율로든 자발적으로 섞인다.

$$\mu_J = \mu_J^{\ominus} + RT\ln\frac{p}{p^{\ominus}}$$

여기서 $\mu_J^{\ominus}$는 표준 화학 전위, 즉 1 bar에서의 순수한 기체 J의 화학 전위이다(즉 표준 몰 Gibbs 에너지이다). 전체 계의 초기 Gibbs 에너지는 식 69.6($G = n_A\mu_A + n_B\mu_B$)에 의해 다음과 같이 주어진다.

$$G_i = n_A\left(\mu_A^{\ominus} + RT\ln\frac{p}{p^{\ominus}}\right) + n_B\left(\mu_B^{\ominus} + RT\ln\frac{p}{p^{\ominus}}\right)$$

혼합된 다음에는 각 기체의 부분 압력은 p_A, p_B이며, $p_A + p_B = p$이다. 전체 Gibbs 에너지는 다음과 같이 변한다.

$$G_f = n_A\left(\mu_A^{\ominus} + RT\ln\frac{p_A}{p^{\ominus}}\right) + n_B\left(\mu_B^{\ominus} + RT\ln\frac{p_B}{p^{\ominus}}\right)$$

차이 $G_f - G_i$를 혼합 Gibbs 에너지 ($\Delta_{mix}G$)라고 하며, 따라서 $\Delta_{mix}G$는 다음과 같이 된다.

$$\Delta_{mix}G = n_ART\ln\frac{p_A}{p} + n_BRT\ln\frac{p_B}{p}$$

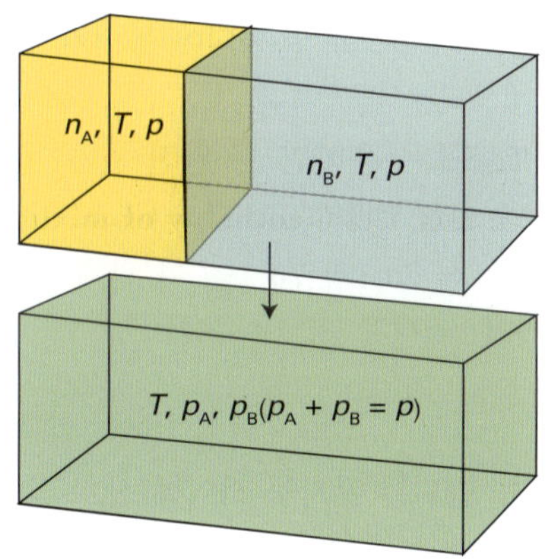

그림 70.2 두 완전 기체의 혼합에서 열역학적 함수를 계산하는 배열

여기서 n_J를 x_Jn으로 바꿀 수 있다. 이때 n은 A와 B의 전체 양이고, $x_J = n_J/n$은 J의 몰분율이다. 그다음 부분 압력의 정의를 몰분율 $p_J = x_Jp$로 사용하여(**화학자 툴킷** 70.1 참조). 각 구성 성분에 대해 $p_J/p = x_J$로 놓는다. 그러면 식 70.1을 얻는다.

화학자 툴킷 70.1 몰분율

혼합물에서 구성 성분 J의 몰분율은 다음과 같이 정의된다.

$$x_J = \frac{n_J}{n} \qquad n = \sum_J n_J$$

여기서 n_J는 물질 J의 원자나 분자의 양이다. 이성분 혼합물에 대해서는

$$x_A + x_B = 1$$

이다. 기체 J(완전 기체이거나 실제 기체)의 부분 압력 p_J은 기체의 혼합물에서 다음과 같이 정의된다.

$$p_J = x_Jp$$

여기서 p는 전체 압력이다. 혼합물에 있는 모든 기체가 완전할 때, $p = nRT/V$이므로

$$p_J = \frac{x_JnRT}{V} = \frac{n_JRT}{V}$$

몰랄 농도 b인 용액에서 용질 B의 몰분율을 관련시키려면, 1 kg이 용매의 질량일 때 $b = n_B/(1\text{ kg})$임을 주목해야 한다. 용매의 몰질량이 M이면, 존재하는 용매(A) 분자의 양은 $n_A = (1\text{ kg})/M$이어서 $b = n_B/n_AM$이고, 따라서 $n_A = n_B/bM$이다. 따라서 B의 몰분율은 다음과 같다.

$$x_B = \frac{n_B}{n_A + n_B} = \frac{n_B}{n_B/bM + n_B} = \frac{bM}{1 + bM}$$

$bM \ll 1$이면 $x_B \approx bM$이다.

예제 70.1 혼합의 Gibbs 에너지 계산하기

한 용기를 동일한 크기의 두 칸으로 분리시킨 다음(그림 70.3), 한쪽 칸에는 25°C의 $H_2(g)$ 3.0 mol을 넣고, 다른 한쪽에는 25°C의 $N_2(g)$ 1.0 mol을 넣었다. 칸막이를 제거했을 때의 혼합 Gibbs 에너지를 구하시오. 이 기체들은 완전하게 행동한다고 가정한다.

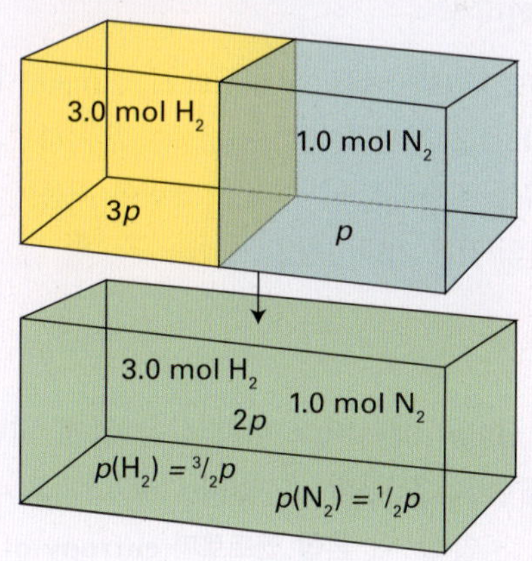

그림 70.3 예제 70.1에서 상이한 초기 압력의 기체들이 혼합될 때의 혼합 Gibbs 에너지를 계산하는 과정에서 고려해야 하는 처음 상태와 최종 상태

방법 이 두 기체는 처음에는 압력이 서로 다르므로 식 70.1을 직접 이용할 수 없다. 우선 화학 전위를 이용하여 초기 상태의 Gibbs 에너지를 계산한다. 이 계산을 하려면 각 기체의 압력을 알아야 한다. 질소의 압력을 p라고 쓴다. 그러면 수소의 압력은 기체 법칙에 따라 p의 배수로 나타낼 수 있다.

다음에는 칸막이를 제거했을 때 계의 Gibbs 에너지를 계산한다. 이때 각 기체의 부피는 두 배가 되며, 따라서 부분 압력은 반으로 감소한다.

풀이 질소의 압력을 p라고 하면 수소의 압력은 $3p$가 된다. 따라서 처음 상태의 Gibbs 에너지는 다음과 같이 된다.

$$G_i = (3.0\ \text{mol})\{\mu^\ominus(\text{H}_2)+RT\ln\tfrac{3p}{p^\ominus}\}+ (1.0\ \text{mol})\{\mu^\ominus(\text{N}_2)+RT\ln\tfrac{p}{p^\ominus}\}$$

칸막이를 제거하여 기체가 처음보다 두 배의 부피를 차지하게 되면 질소의 부분 압력은 $\frac{1}{2}p$로 떨어지고, 수소의 부분 압력은 $\frac{3}{2}p$로 떨어진다. 따라서 Gibbs 에너지는 다음과 같이 변한다.

$$G_f = (3.0\ \text{mol})\{\mu^\ominus(\text{H}_2)+RT\ln\tfrac{3p}{2p^\ominus}\} + (1.0\ \text{mol})\{\mu^\ominus(\text{N}_2)+RT\ln\tfrac{p}{2p^\ominus}\}$$

혼합 Gibbs 에너지는 다음과 같이 이들 두 양의 차와 같다.

$$\begin{aligned}\Delta_{\text{mix}}G &= (3.0\,\text{mol})RT\ln\left(\frac{\frac{3}{2}p}{3p}\right)+(1.0\,\text{mol})RT\ln\left(\frac{\frac{1}{2}p}{p}\right)\\ &= -(3.0\,\text{mol})RT\ln 2-(1.0\,\text{mol})RT\ln 2\\ &= -(4.0\,\text{mol})RT\ln 2 = -6.9\,\text{kJ}\end{aligned}$$

이 예제에서는 $\Delta_{\text{mix}}G$의 값이 두 기여의 합과 같다. 즉 혼합 자체와 두 기체의 압력이 최종 압력 $2p$로 되는 변화에 의한 두 기여이다. 3.0 mol의 H_2와 1.0 mol의 N_2를 같은 압력에서 섞을 때는 용기의 부피가 따라서 변하며 Gibbs 에너지 변화는 −5.6 kJ이 된다.

자가 진단 70.1 25°C에서 2.0 atm의 H_2 2.0 mol과 3.0 atm의 N_2 4.0 mol을 전체 부피를 일정하게 유지하면서 혼합할 때의 $\Delta_{\text{mix}}G$를 계산하시오. 기체의 압력이 처음에 동일하였다면 $\Delta_{\text{mix}}G$의 값은 얼마인가?

답: −9.7 kJ, −9.5 kJ

일단 혼합 Gibbs 에너지에 대한 식을 알게 되면, 다른 혼합 함수에 대한 식을 구할 수 있다. $(\partial G/\partial T)_{p,n} = -S$이므로 완전 기체가 혼합될 때 **혼합 엔트로피**(**entropy of mixing**)는 다음과 같다.

$$\Delta_{\text{mix}}S = -\left(\frac{\partial \Delta_{\text{mix}}G}{\partial T}\right)_p$$

식 70.1을 치환하면 다음과 같이 된다.

$$\Delta_{\text{mix}}S = -nR(x_A\ln x_A + x_B\ln x_B) \quad \text{완전 기체} \quad \text{혼합 엔트로피} \quad (70.2)$$

$\ln x<0$이므로 어떤 조성에서나 $\Delta_{\text{mix}}S>0$이다(그림 70.4). 예로서 기체들의 질량이 동일할 경우에는 $x_A = x_B = \frac{1}{2}$이며,

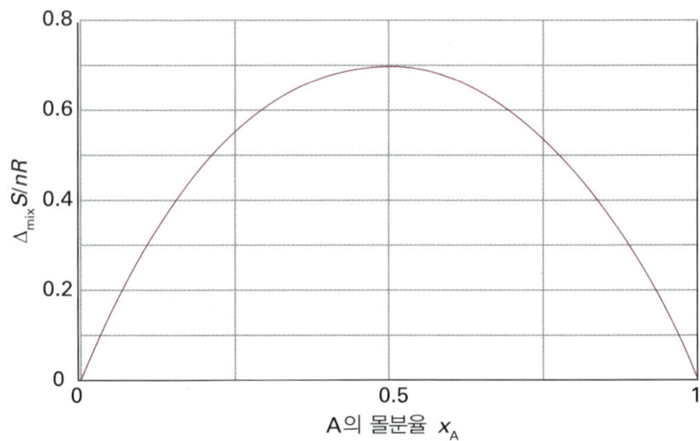

그림 70.4 두 완전 기체나, 이상 용액을 만드는 두 액체가 혼합될 때 (추후 논의)의 혼합 엔트로피. 엔트로피는 어떤 조성이나 온도에서도 증가하며, 따라서 완전 기체는 모든 온도에서 어떤 비율로든 자발적으로 섞인다. 완전 기체가 혼합될 때는 주위로 열이 이동되지 않기 때문에 주위의 엔트로피는 변하지 않는다. 따라서 이 그래프는 완전 기체가 혼합될 때의 계와 그 주위의 전체 엔트로피를 나타내는 것이 된다.

따라서 $\Delta_{\text{mix}}S = nR\ln 2$이다($n$은 기체의 전체 질량). 이 경우에는 $\Delta_{\text{mix}}S/n = +5.76\ \text{J K}^{-1}\ \text{mol}^{-1}$이다. 이 엔트로피 증가는 한 기체가 다른 기체 속으로 분산되어 들어가서 무질서 정도가 증가될 때 예상되는 결과이다.

$\Delta G = \Delta H - T\Delta S$를 이용하면 두 완전 기체가 혼합될 때의 엔탈피 변화, 즉 **혼합 엔탈피**(**enthalpy of mixing**, $\Delta_{\text{mix}}H$)를 구할 수 있다. 즉 식 70.1과 70.2를 이 관계에 넣어 주면 다음과 같은 결과가 나온다.

$$\Delta_{\text{mix}}H = 0 \quad \text{완전 기체} \quad \text{혼합 엔탈피} \quad (70.3)$$

기체상 혼합물을 만드는 분자들 사이에 상호 작용이 없는 계에 대해서는 예상대로 혼합 엔탈피가 0이다. 따라서 주위의 엔트로피는 변하지 않으므로 혼합을 일으키는 원동력은 전적으로 계의 엔트로피 증가에 기인된다.

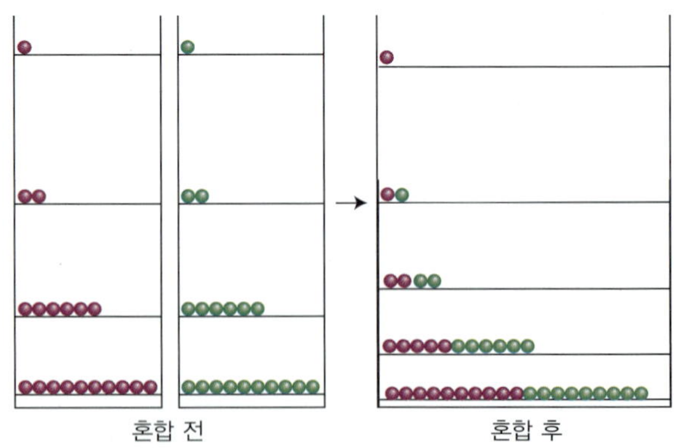

그림 70.5 혼합 엔트로피의 분자적 해석. 혼합 전에는, 기체의 각 집단은 Boltzmann 입자수 분포로 허용되는 에너지를 점유한다. 혼합 후에는 더욱 큰 부피를 차지함에 따라 분자에 더 많은 준위가 허용된다(같은 온도에서).

통계적 의미로 완전 기체의 혼합의 자발성을, 각각의 분자가 접근할 수 있는 부피가 커질 때 허용될 수 있는 새로운 에너지 준위들에 분포하려는(그림 70.5) 분자 경향으로 이해할 수 있다는 것이다. 다음 **증명**에서 이 통계적 해석은 열역학적 분석과 같은 결론을 가져온다는 것을 알게 된다.

증명 70.2 혼합의 통계 열역학적 설명

이 통계적 그림은 Gibbs 에너지와 분자 분배 함수의 관계를 사용하여 정량적으로 표현한다(토픽 64의 식 64.12에 있는 $G=G(0)-nRT\times\ln(q/N)$). 따라서 초기에는 기체 J의 분배 함수가 $q_J=V_J/\Lambda_J^3$인데, 여기서 Λ_J가 J의 열파장일 때(식 52.7b, $\Lambda_J=h/(2\pi m_J kT)^{1/2}$), 총 Gibbs 에너지는

$$G_i=\left\{G_A(0)-n_ART\ln\left(\overbrace{\frac{V_A}{N_A\Lambda_A^3}}^{\text{A에 대한 } q/N}\right)\right\}+\left\{G_B(0)-n_BRT\ln\left(\overbrace{\frac{V_B}{N_B\Lambda_B^3}}^{\text{B에 대한 } q/N}\right)\right\}$$
$$=G_A(0)+G_B(0)-n_ART\ln\left(\frac{kT}{p\Lambda_A^3}\right)-n_BRT\ln\left(\frac{kT}{p\Lambda_B^3}\right)$$

두 번째 줄에서는 $V_J/N_J=kT/p$가 사용되었다. 이 식을 단순하게 하면 다음과 같은 새로운 식이 된다.

$$G_i=G_A(0)+G_B(0)-n_ART\ln\left(\frac{A}{p}\right)-n_BRT\ln\left(\frac{B}{p}\right)$$

여기서 $A=kT/\Lambda_A^3$, $B=kT/\Lambda_B^3$이다. 계의 최종 상태에서는 분자의 각 형태가 총 부피 V_A+V_B에 사용되어, 분압은 p_J이므로 다음과 같이 된다.

$$G_f=\left\{G_A(0)-n_ART\ln\left(\frac{V_A+V_B}{N_A\Lambda_A^3}\right)\right\}+\left\{G_B(0)-n_BRT\ln\left(\frac{V_A+V_B}{N_B\Lambda_B^3}\right)\right\}$$
$$=G_A(0)+G_B(0)-n_ART\ln\left(\frac{kT}{p_A\Lambda_A^3}\right)-n_BRT\ln\left(\frac{kT}{p_B\Lambda_B^3}\right)$$

두 번째 줄에서는 $(V_A+V_B)/N_J=kT/p_J$가 사용되었다. 이 식은 다음 형태가 된다.

$$G_f=G_A(0)+G_B(0)-n_ART\ln\left(\frac{A}{p_A}\right)-n_BRT\ln\left(\frac{B}{p_B}\right)$$

차이 G_f-G_i는 다음과 같다.

$$\Delta_{\text{mix}}G=-n_ART\ln\left(\frac{p}{p_A}\right)-n_BRT\ln\left(\frac{p}{p_B}\right)$$

이는 $p_J=x_Jp$, $n_J=x_Jn$을 쓰면 식 70.1과 같은 것을 인식할 것이다. 이 결과로 자발적 혼합은 분자가 가장 큰 가중치를 갖는 배열을 찾는 것, 즉 계에서 가장 빈도가 높은 분포를 이루는 것을 확인하는 것이다.

70.2 액체의 혼합

액체 혼합물의 평형 성질을 논하려면 액체의 Gibbs 에너지가 조성에 어떻게 의존하는지를 알아야 한다. 이 값을 계산하려면 평형에서 증기 상태로 있는 물질의 화학 전위는 액체 상태로 있는 이 물질의 화학 전위와 같다는 사실을 이용해야 한다.

(a) Raoult 법칙

순수한 물질과 관련되는 양에는 위첨자 *를 붙이기로 하자. 그러면 순수한 액체 A의 화학 전위는 μ_A^*로, 그리고 A가 액체라는 것을 강조할 필요가 있을 때는 $\mu_A^*(\text{l})$로 표시할 수 있다. 그리고 이 순수한 액체의 증기 압력은 p_A^*이므로, 화학 전위와 압력의 관계(토픽 66의 식 66.13, $G_m(p)=G_m^\ominus+RT\ln(p/p^\ominus)$과 $\mu=G_m$을 이용)로부터, 증기 상태로 있는 A의 화학 전위(완전 기체로 취급)는 $\mu_A^\ominus+RT\ln(p_A^*/p^\ominus)$가 된다. 평형에서는 이 두 화학 전위가 같아야 하므로 다음과 같은 관계가 성립한다(그림 70.6).

$$\mu_A^*(\text{l})=\mu_A^\ominus+RT\ln(p_A^*/p^\ominus) \tag{70.4a}$$

액체 속에 다른 성분, 즉 용질이 또한 존재할 때에는 액체 속의 A의 화학 전위가 μ_A로, 그 증기 압력은 p_A로 변하고, 증기의 화학 전위는 $\mu_A^\ominus+RT\ln(p_A/p^\ominus)$이 된다. 이때도 증기와 용매는 평형을 이루고 있으므로 화학 전위를 다음과 같이 나타낼 수 있다.

$$\mu_A(\text{l})=\mu_A^\ominus+RT\ln(p_A/p^\ominus) \tag{70.4b}$$

위의 두 식을 결합시켜 기체의 표준 화학 전위를 제거한다. 즉 식 70.4a를 $\mu_A^\ominus=\mu_A^*(\text{l})-RT\ln(p_A^*/p_A^\ominus)$와 같이 고쳐서 식 70.4b에 넣어 다음과 같은 식을 얻는다.

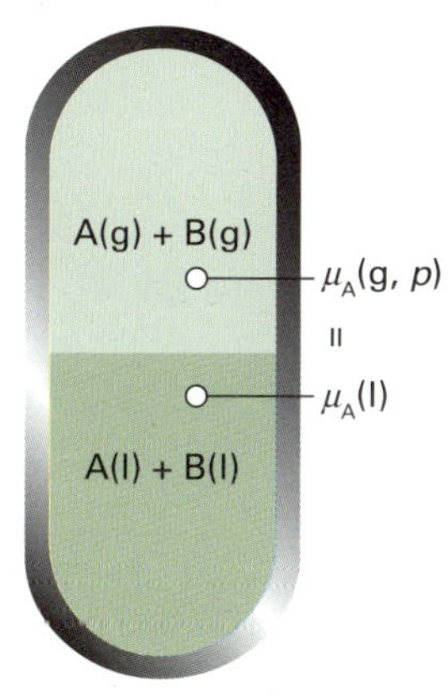

그림 70.6 평형에서, 한 물질 A의 기체상 화학 전위와 응축상의 화학 전위가 같다. 용질이 존재할 때도 이들은 마찬가지로 같다. 증기 상태로 있는 A의 화학 전위는 그 부분 압력에 의존하므로 액체 A의 화학 전위는 그 부분 증기 압력과 연관시킬 수 있다.

$$\mu_A(l) = \mu_A^*(l) - RT\ln(p_A^*/p^\ominus) + RT\ln(p_A/p^\ominus)$$
$$= \mu_A^*(l) + RT\ln\frac{p_A}{p_A^*} \quad (70.5)$$

이제 마지막 단계로 이 식의 증기 압력의 비를 액체의 조성과 연관시켜 주는 실험적 사실을 이용한다. 프랑스의 화학자 François Raoult은 서로 매우 비슷한 액체(예로서 벤젠과 메틸벤젠)의 혼합물을 가지고 일련의 실험을 하였으며, 그 결과 각 성분의 부분 증기 압력과 순수한 액체의 증기 압력과의 비 p_A/p_A^*가 액체 혼합물 속에 들어 있는 A의 몰분율과 근사적으로 같다는 사실을 발견하였다. 즉 그는 우리가 지금 **Raoult 법칙(Raoult's law)**이라고 하는 다음과 같은 관계를 확립한 것이다.

$$p_A = x_A p_A^* \quad \text{이상 용액} \quad \text{Raoult 법칙} \quad (70.6)$$

이 법칙을 그림 70.7에 설명해 놓았다. 일부 용액들, 특히 그 성분의 구조가 비슷한 용액들은 Raoult 법칙을 매우 잘 따른다. 두 성분에 대하여 순수한 A로부터 순수한 B까지에 이르는 전체 조성 영역에서 이 법칙을 만족시키는 혼합물을 **이상 용액(ideal solution)**이라고 한다. 일부 용액은 Raoult 법칙으로부터 크게 벗어난다. 그럼에도 불구하고, 이 법칙을 만족시키지 못하는 경우에도 과량으로 존재하는 성분(용매)은 거의 순수하게 될수록 이 법칙을 더 잘 따른다. 따라서 이것은 용액이 묽어진다면 이 법칙은 용매의 성질에 대한 좋은 근사가 된다는 것을 의미한다.

간단한 예 70.1 Raoult 법칙

20°C에서 벤젠의 증기압은 75 Torr이며, 같은 온도에서 메틸벤젠의 증기압은 21 Torr이다. $x_{benzene} = x_{methylbenzene} = \frac{1}{2}$인 등몰 혼합물에서, 각각의 증기압은

$$p_{benzene} = \tfrac{1}{2}\times 75\ \text{Torr} = 38\ \text{Torr}$$
$$p_{methylbenzene} = \tfrac{1}{2}\times 21\,\text{Torr} = 11\,\text{Torr}$$

혼합물의 총 증기압은 49 Torr이다. 주어진 두 부분 증기 압력으로, **화학자 툴킷** 70.1에서의 부분 압력의 정의를 따르면, 증기에서 몰분율은 $x_{vap,benzene} = (38\ \text{Torr})/(49\ \text{torr}) = 0.78$, $x_{vap,methylbenzene} = (11\ \text{Torr})/(49\ \text{Torr}) = 0.22$이다. 증기는 휘발성 구성 성분(벤젠)이 더 많게 된다.

자가 진단 70.2 90°C에서 1,2-다이메틸벤젠의 증기압은 20 kPa이고, 1,3-다이메틸벤젠의 증기압은 18 kPa이다. 액체 혼합물의 조성이 $x_{12} = 0.33$, $x_{13} = 0.67$일 때, 증기의 조성은 어떻게 될까?

답: $x_{vap,12} = 0.35$, $x_{vap,13} = 0.65$

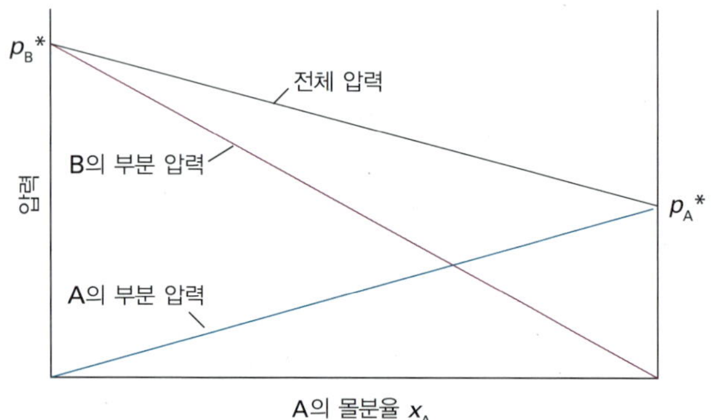

그림 70.7 이상적 이성분 혼합물의 전체 압력과 두 부분 증기 압력은 성분의 몰분율에 비례한다.

분자 근원에서 볼 때 Raoult 법칙이 성립하는 것은 용액의 엔트로피에 미치는 용질의 효과 때문이다. 순수한 용매에서는 분자들이 특정한 무질서를 가지며, 이에 해당하는 엔트로피를 갖는다. 그리고 증기 압력은 이 계와 주위가 높은 엔트로피에 도달하려는 경향을 나타내는 것이라고 볼 수 있다. 용질이 존재할 때는 무작정하게 분자를 택할 경우 그것이 용매 분자가 된다고 확신할 수 없으며, 따라서 용액은 순수한 용매보다 더 무질서하다. 이와 같이 용액의 엔트로피가 순수한 용매의 엔트로피보다 높기 때문에 용액은 증발을 통해서 더 높은 엔트로피를 가지려는 경향이 낮은 것이다. 바꾸어 말하면 용액 속의 용매는 순수한 용매보다 증기 압력이 낮은 것이다.

이상 용액의 경우에는 식 70.5와 70.6에 의해서 다음과 같은 식이 성립한다.

$$\mu_A(l) = \mu_A^*(l) + RT\ln x_A \quad \text{이상 용액} \quad \text{용매의 화학 전위} \quad (70.7)$$

이 식은 이상 용액을 **정의**하는 데 이용되는 대단히 중요한 식이다(따라서 이상 용액이 이 식으로 정의되는 결과가 되었다). 사실상 이 식은 증기 압력을 완전 기체로 가정하지 않으므로 식 70.6보다 더 좋은 정의이다.

(b) Henry 법칙

이상 용액에서는 용질도 용매와 마찬가지로 Raoult 법칙을 따른다. 그런데 영국의 화학자 William Henry는 농도가 낮은 실제 용액의 경우, 용질의 증기 압력이 그 몰분율에 비례하기는 하지만, 그 비례 상수가 순수한 상태에서의 증기 압력과 같지 않다는 것을 실험을 통해서 밝혔다(그림 70.8). 이 **Henry 법칙(Henry's law)**은 다음과 같이 나타낼 수 있다.

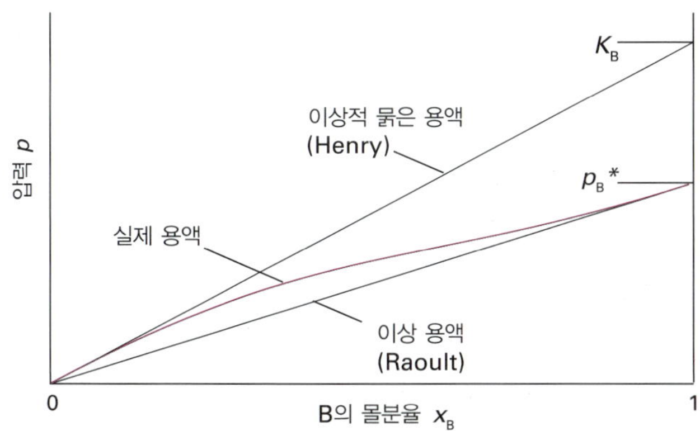

그림 70.8 한 성분(용매)이 거의 순수할 때는 그 성분의 증기 압력이 몰분율에 비례하고 비례 상수는 p_B^*와 같다(Raoult 법칙). 이 성분이 소량 성분(용질)일 때는 그 증기 압력이 여전히 몰분율에 비례하지만, 그러나, 이때는 비례 상수가 K_B와 같다(Henry 법칙).

$$p_B = x_B K_B \qquad \text{이상적 묽은 용액} \quad \text{Henry 법칙} \quad (70.8a)$$

여기서 x_B는 용질의 몰분율이고, K_B는 일종의 실험 상수(압력의 단위를 갖는)로서, B의 증기 압력을 그 몰분율에 대해서 도시한 결과가 $x_B = 0$에서의 실험 곡선에 접선이 되도록 취한 것이다. 실제에 있어, 다항식이 증기 압력 데이터에 맞도록 해서 $x_B = 0$에서 곡선의 기울기를 미분하거나, 동일하게 x_B에 비례하는 항의 계수를 확인해서 결정한다. Henry 법칙의 실제 적용에서는 보통 용질의 몰랄 농도 b로 나타내는 것이 더 편리하다. 그 경우는 다음과 같이 쓴다.

$$p_B = b_B K_B \qquad \text{이상적 묽은 용액} \quad \text{Henry 법칙} \quad (70.8b)$$

표 70.1에 이 규약에 의한 Henry 법칙 상수의 일부를 수록하였다.

용질은 Henry 법칙을 따르고 용매는 Raoult 법칙을 따르는 혼합물을 **이상적 묽은 용액(ideal-dilute solution)**이라고 한다. 앞으로 Henry 법칙으로부터 유도되는 식도 푸른색 숫자로 표시할 것이다. 낮은 농도에서 나타나는 용질과 용매의 이러한 성질의 차(즉 각각 Henry 법칙과 Raoult 법칙을 따르는)는 묽은 용액에서의 용매 분자가 순수한 액체 속에서와 대단히 비슷한 환경을 가지게 된다는(그림 70.9) 것에 기인한다. 이에 반해서 용질 분자는 용매 분자로 둘러싸여 순수한 상태에서의 환경과 완전히 달라지기 때문이다. 이 때문에 용매는 순수한 액체와 거의 비슷하게 행동하지만, 용질 분자는 용매 분자와 대단히 비슷하지 않은 한, 순수한 상태와 전혀 다른 행동을 하게 된다. 용질 분자가 우연히 용매 분자와 비슷할 때는 용질도 역시 Raoult 법칙을 따를 것이다. 이 점은 토픽 72에서 좀 더 취급하겠다. 이 토픽에서는 이상 용액에 집중한다.

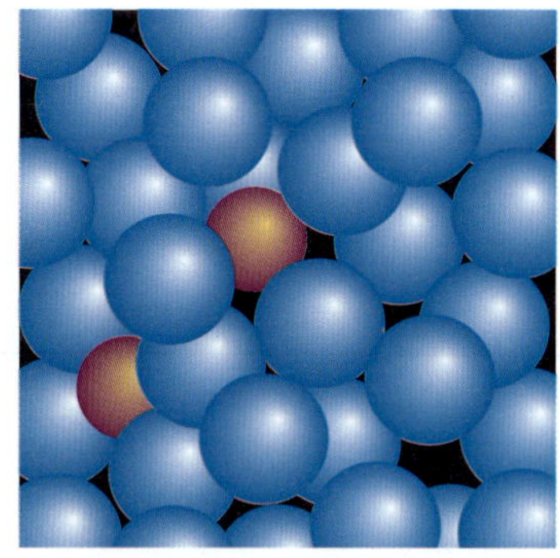

그림 70.9 묽은 용액에서는 용매 분자(파란색 구)가 순수한 용매에서와 거의 비슷한 환경 속에 있다. 그러나 용질 입자(자주색 구)는 순수한 용질일 때와는 전혀 다른 환경 속에 있게 된다.

표 70.1* 물에 대한 기체의 Henry 법칙 상수(298 K에서)

	K_B(kPa kg mol^{-1})
CO_2	3.01×10^3
H_2	1.28×10^5
N_2	1.56×10^5
O_2	7.92×10^4

* 더 많은 값들이 **부록**에 수록되어 있다.

예제 70.2 Raoult 법칙과 Henry 법칙의 타당성 조사

프로판온(아세톤, A)과 트라이클로로메테인(클로로폼, C)의 혼합물이 나타내는 각 성분의 부분 증기 압력을 35°C에서 측정하여 다음과 같은 결과를 얻었다.

x_C	0	0.20	0.40	0.60	0.80	1
p_C(kPa)	0	4.7	11	18.9	26.7	36.4
p_A(kPa)	46.3	33.3	23.3	12.3	4.9	0

과량으로 존재하는 구성 성분은 Raoult 법칙을 만족시키고, 소량의 구성 성분은 Henry 법칙을 만족시킴을 확인하시오. Henry 법칙 상수를 구하시오.

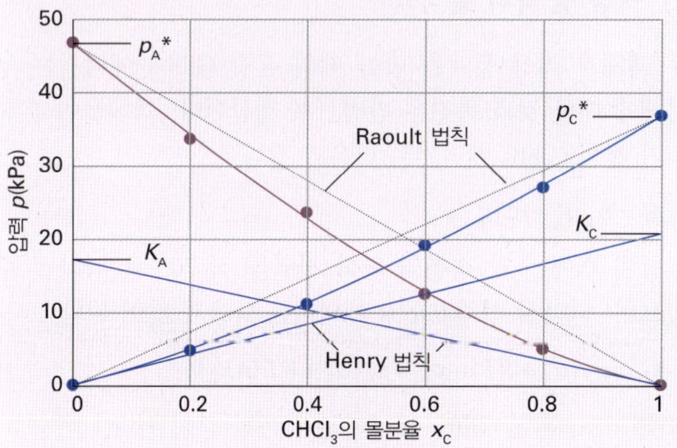

그림 70.10 예제 70.2의 데이터 도시와 맞춘 곡선

방법 Raoult 법칙과 Henry 법칙은 모두 부분 증기 압력을 몰분율에 대해서 도시한 그래프의 형태를 나타내는 것이라고 볼 수 있다. 따라서 부분 증기 압력을 몰분율에 대해서 도시해야 한다. Raoult 법칙을 조사하려면 각 성분에 대한 이 데이터를 가지고 그 성분이 과량으로 존재하는 영역(즉 용매로 작용하는 영역)에서 직선 $p_J = x_J p_J^*$에 따르는지를 보면 된다. 또 Henry 법칙을 조사하려면 x가 낮은 영역, 즉 그 성분을 용질로 다룰 수 있는 영역에서의 각 부분 증기 압력에 대한 접선이 되는 직선 $p_J = x_J K_J$를 구해 보면 된다. 최선의 결과를 얻기 위해서는, 데이터가 들어 맞는 수학 소프트웨어를 사용해서 미분에 의해 접선의 기울기를 구한다.

풀이 Raoult 법칙 선들로 하는 $a+bx+cx^2+dx^3$의 형태로 최선으로 맞춘 선으로 그림 70.10에 데이터들을 도시하였다. 접선은 각 성분에 대하여 $x=0$이거나 $x=1$에서 산출되는 기울기 $b+2cx+3dx^2$을 갖는다. 그러면 Henry 법칙 상수는 프로판온의 경우 $K_A = 16.9$ kPa이며, 트라이클로로메테인의 경우 $K_C = 20.4$ kPa이다(수직 축과 Henry 법칙 선의 교차점에서 택한 것). $x=1$이나 $x=0$으로부터 조금만 벗어나도 각각 Raoult 법칙과 Henry 법칙으로부터 크게 벗어난다는 것을 주목하라. 이러한 벗어남에 관해서는 토픽 72에서 설명된다.

자가 진단 70.3 25°C에서 혼합물 속에 들어 있는 클로로메테인의 부분 압력을 여러 몰분율에서 측정하여 다음과 같은 결과를 얻었다.

x	0.005	0.009	0.019	0.024
p(kPa)	27.3	48.4	101	126

Henry 법칙 상수를 구하시오.

답: 5 MPa

(c) 이상 용액의 열역학

두 액체가 이상 용액을 만들 때의 혼합 Gibbs 에너지는 두 기체에 대한 것과 똑같은 방법으로 계산한다. 액체들이 혼합되기 전의 Gibbs 에너지는 다음과 같다.

$$G_i = n_A\mu_A^* + n_B\mu_B^*$$

혼합된 후에는 각 성분의 화학 전위를 식 70.7로 나타낼 수 있으며, 따라서 전체 Gibbs 에너지는 다음과 같이 된다.

$$G_f = n_A\{\mu_A^* + RT\ln x_A\} + n_B\{\mu_B^* + RT\ln x_B\}$$

그 결과로, 혼합 Gibbs 에너지는 다음과 같이 된다.

$$\Delta_{mix}G = nRT\{x_A\ln x_A + x_B\ln x_B\} \quad \text{이상 용액} \quad \text{혼합 Gibbs 에너지} \quad (70.9a)$$

여기서 $n = n_A + n_B$이다. 기체의 경우와 마찬가지로, 두 액체의 이상적 혼합 엔트로피는 다음과 같이 된다.

$$\Delta_{mix}S = -nR\{x_A\ln x_A + x_B\ln x_B\} \quad \text{이상 용액} \quad \text{혼합 엔트로피} \quad (70.9b)$$

그리고 $\Delta_{mix}H = \Delta_{mix}G + T\Delta_{mix}S = 0$이므로 이상적 혼합 엔탈피는 0이 된다.

$$\Delta_{mix}H = 0 \quad \text{이상 용액} \quad \text{혼합 엔탈피} \quad (70.9c)$$

혼합의 이상적 부피, 즉 혼합에서 부피 변화는 역시 0이다. 식 66.7($(\partial G/\partial p)_T = V$)로부터 $\Delta_{mix}V = (\partial\Delta_{mix}G/\partial p)_T$이지만 식 70.9a에서 $\Delta_{mix}G$는 압력에 무관하므로 이것의 압력에 관한 도함수는 0이 된다.

간단한 예 70.2 액체 혼합의 열역학

거의 이상 용액을 형성하는 벤젠과 메틸벤젠(톨루엔)의 등몰 혼합물이 준비되었다고 하자. 혼합물의 구성 성분의 몰분율은 $x_A = x_B = \frac{1}{2}$이어서, 분자의 총량이 1.0 mol이라면, 25°C에서,

$$\Delta_{mix}G = (1.0\text{ mol})\times(8.3145\text{ J K}^{-1}\text{mol}^{-1})\times(298\text{ K})\times\left(\overbrace{\tfrac{1}{2}\ln\tfrac{1}{2}+\tfrac{1}{2}\ln\tfrac{1}{2}}^{-\ln 2}\right) = -1.7\text{ kJ}$$

$$\Delta_{mix}S = -(1.0\text{ mol})\times(8.3145\text{ J K}^{-1}\text{mol}^{-1})\times\left(\overbrace{\tfrac{1}{2}\ln\tfrac{1}{2}+\tfrac{1}{2}\ln\tfrac{1}{2}}^{-\ln 2}\right) = +5.8\text{ J K}^{-1}$$

이 된다.

자가 진단 70.4 구성 성분의 몰비가 2:1인 혼합물에 대한 계산을 반복하시오.

답: $\Delta_{mix}G = -1.6$ kJ, $\Delta_{mix}S = +5.3$ J K^{-1}

식 70.9는 두 완전 기체가 혼합될 때의 식과 똑같으며, 따라서 완전 기체의 경우에 얻었던 모든 결론들이 이 경우에도 그대로 적용된다. 즉 혼합의 추진력이 되는 것은 분자들이 뒤섞일 때 계의 엔트로피 증가이며, 혼합에 의한 엔탈피 변화는 0이다. 조성이 다른 혼합의 Gibbs 에너지와 엔트로피의 변화는 이미 그림 70.1과 그림 70.4에서 기체에 대하여 도시한 바와 같이 같다. 그러나 용액의 이상성과 기체의 이상성 사이에는 분명한 차이점이 있다는 것을 주의해야 한다. 즉 완전 기체의 경우에는 분자들 사이에 상호 작용이 없지만, 이상 용액에서는 상호 작용이 있으며, 다만 혼합물에서의 A–B 상호 작용의 평균 에너지가 두 순수한 액체에서의

A−A 및 B−B 상호 작용의 평균 에너지와 같다.

실용 상식 보다 보편적인 용어인 '이상 기체' 대신에 '완전 기체'라는 용어를 사용하는 것은 바로 이러한 차이 때문이다. 그러나 이 논쟁은 거의 진 것임을 인정해야 한다. 왜냐하면 거의 대부분의 사람이 하위 등급인 '이상 기체'를 사용하고 있어 미묘한 것을 애매하게 하지만, 여기에서의 중요한 관점은 확실한 것이다.

개념 확인

☐ 1. **이상 용액**은 모든 구성 성분이 조성 전반에 걸쳐 Raoult 법칙을 따르는 용액이다.

☐ 2. **이상적 묽은 용액**은 용질이 Henry 법칙을 따르고 용매는 Raoult 법칙을 따르는 용액이다.

☐ 3. 혼합의 엔탈피는 이상 용액과, 완전 기체의 혼합물에 대해서는 0이다.

식 확인

성질	식	비고	식 번호
혼합 Gibbs 에너지	$\Delta_{mix}G=nRT(x_A \ln x_A+x_B \ln x_B)$	완전 기체; 이상 용액	70.1
혼합 엔트로피	$\Delta_{mix}S=-nR(x_A \ln x_A+x_B \ln x_B)$	완전 기체; 이상 용액	70.2
혼합 엔탈피	$\Delta_{mix}H=0$	완전 기체; 이상 용액	70.3
Raoult 법칙	$p_J=x_J p_J^*$	두 구성 성분 모두, 이상 용액	70.6
화학 전위	$\mu_J(l)=\mu_J^*(l)+RT\ln x_J$	두 구성 성분 모두, 이상 용액	70.7
Henry 법칙	$p_B=x_B K_B$	용질; 이상적 묽은 용액	70.8a

토픽 71

총괄성

내용

➤ 학습 목표

삼투계량법 기술에 의한 몰질량 결정은 다른 기법이 실행 가능하지 않은 경우에 고분자 물질과 거대 분자의 분야에서 중요하다.

➤ 핵심 내용

총괄성, 즉 오로지 용질 입자의 수에만 의존하는 용액의 성질은 용매의 화학 전위에 대한 용질의 영향으로부터 생긴 결과이다.

➤ 미리 알기

화학 전위의 개념(토픽 69)과 상들 사이의 평형의 기준으로서의 역할을 잘 알 필요가 있다. 또한 이상 용액과 이상 묽은 용액의 성질(토픽 70)도 알아야 한다.

용질의 존재는 증기압, 끓는점, 어는점과 같은 용매의 물리적 성질을 변형시킨다. 이것은 또한 '삼투압'이라는 새로운 성질도 도입하게 한다. 묽은 용액에서는 이 성질들이 용질 입자의 수에만 의존하고, 그 종류와는 무관하다. 이러한 성질들을 통틀어 **총괄성**(**colligative property**; '집합에 의존'을 나타낸 것)이라고 한다.

71.1 총괄성의 근원

모든 총괄성은 용질이 존재함으로써 액체 용매의 화학 전위가 낮아지기 때문에 나타난다(토픽 69와 70). 이상적 묽은 용액의 경우, 용질이 존재할 때는 화학 전위가 순수한 용매에 대한 값 $\mu_A{}^*$로부터 $\mu_A{}^* + RT\ln x_A$로 감소하기 때문에 나타난다($x_A<1$이므로 $\ln x_A$는 음이 된다). 비휘발성과 고체 용매에 불용성을 가정한 용질은 증기나 고체 속에 들어가지 않으므로 용질은 용매 증기와 고체 용매의 화학 전위에 직접적으로 영향을 주지는 않는다. 그림 71.1로부터 알 수 있는 바와 같이 용매의 화학 전위가 감소한다는 것은 증기-액체 평형이 더 높은 온도에서 일어나고(끓는점이 올라간다), 고체-액체 평형은 더 낮은 온도에서 일어난다(어는점이 내려간다)는 것을 의미한다.

화학 전위가 낮아지는 분자적 근원은 용액의 엔트로피에 대한 용질의 영향이다. 순수한 액체 용매는 특유의 엔트로피를 가지고 있으며 그 증기압은 더욱 큰 엔트로피를 향한 계의 경향을 반영한다. 즉 액체가 기체를 형성하기 위해 증발해야 얻을 수 있다는 것을 나타낸다. 용질이 존재할 때는 이상 용액의 경우라도 액체의 엔트로피에 추가적인 기여가 있게 된다. 왜냐하면 분자를 무작위로 뽑을 때 용매와 용질을 확신을 가지고 선택할 수 없기 때문이다. 이처럼 이 액체의 엔트로피는 순수한 액체의 엔트로피보다 높기 때문에, 총 엔트로피를 최대화하기 위하여 증발하려는 것이 적어진다는 점에서 기체로 되려는 경향이 그만큼 낮아지는 것이다(그림 71.2). 그 결과로 용매의 증기 압력이 낮아지고, 따라서 끓는점이 높아진다. 마찬가지로 용액에서는 분자들의 무작정도가 증가하기 때문에 얼려는 경향이 억제된다. 결과적으로 고체와 용액 사이에 평형이 이루어지려면 온도가 더 내려가야

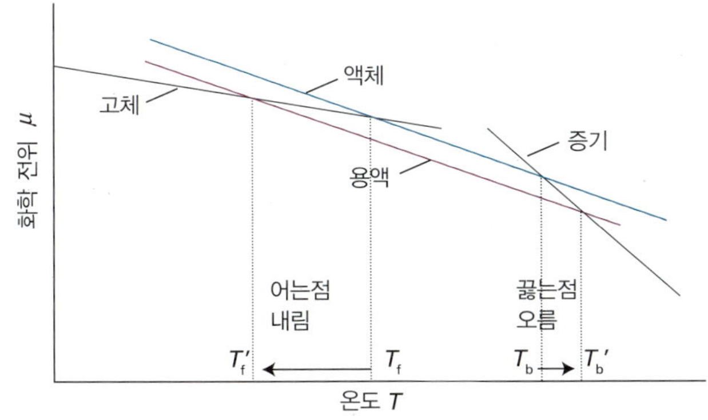

그림 71.1 용질이 존재할 때의 용매의 화학 전위. 액체의 낮아진 화학 전위는 끓는점보다 어는점에 더 큰 영향을 미치는데, 이것은 선들이 만나는 각도가 다르기 때문이다.

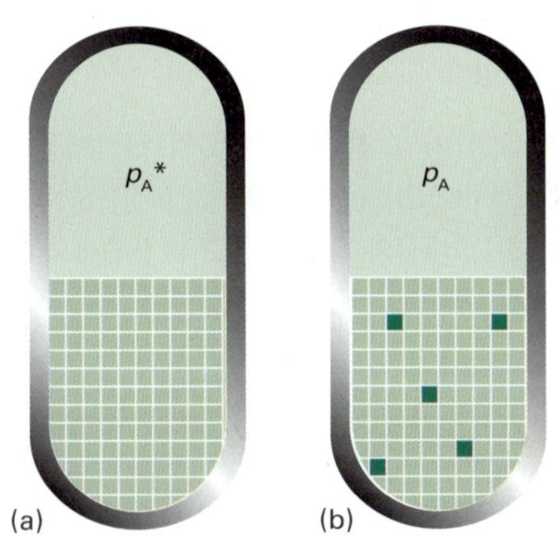

그림 71.2 순수한 액체의 증기 압력은 증발에 기인되는 무질서 증가와 주위의 무질서 감소 사이의 균형을 나타낸다. (a) 여기서는 액체의 구조를 네모꼴 격자를 가지고 고도로 도식적으로 나타내었다. (b) 용질(진한 네모)이 존재할 때는 응축상이 순수한 액체에 비해서 상당히 무질서하며, 따라서 무질서한 증기 상태로 되려는 경향이 그만큼 작아진다.

하며, 따라서 녹는점이 내려가는 것이다.

어는점 내림과 끓는점 오름[1]의 열역학적 분석은 용매 성질을 사용한 두 가지 효과에 대한 식을 제공한다. 더 유용한 것은 다음의 실험 식이다.

$$\Delta T_f = K_f b \quad \text{어는점 내림} \quad (71.1)$$

$$\Delta T_b = K_b b \quad \text{끓는점 오름} \quad (71.2)$$

여기서 b는 용질의 몰랄 농도이다. 두 실험식 상수는 **어는점 내림 상수**(**cryoscopic constant**, K_f)와 **끓는점 오름 상수**(**ebullioscopic constant**, K_b)이다. 하지만 그 효과는 아주 작아서 이들 식은 더 이상 실질적인 중요성이 없으며, 그들의 상대적인 값을 설명하는 것 외에는 더 이상 강조하지 않겠다.

[1] 보다 자세한 것은 저자들의 다른 'Physical chemistry'(2014) 교재 참조

총괄성을 평가하려면, 물질의 종류 자체가 아니라, 존재하는 용질 입자에 주안점을 두는 것이 필수적이다. 따라서 이온성 용질이 녹을 때는 양이온과 음이온이 원인이 되어 둘 다 '용질 입자'로 계산된다. 그러므로 통상적으로 기초적인 일에서 이온 용액은, 실제 그렇지 않더라도, 완전히 해리된다고 가정한다.

간단한 예 71.1 어는점 내림과 끓는점 오름 효과

용매로서 물에 대하여 $K_f = 1.86\ \text{K kg mol}^{-1}$, $K_b = 0.513\ \text{K kg mol}^{-1}$이다. 따라서 비전해질(포도당 같은 것)의 몰랄 농도가 $0.10\ \text{mol kg}^{-1}$의 용액에 대해서는 다음과 같게 된다.

$$\Delta T_f = (1.86\ \text{K kg mol}^{-1}) \times (0.10\ \text{mol kg}^{-1}) = 0.19\ \text{K}$$
$$\Delta T_b = (0.513\ \text{K kg mol}^{-1}) \times (0.10\ \text{mol kg}^{-1}) = 0.051\ \text{K}$$

자가 진단 71.1 $0.25\ \text{mol kg}^{-1}$ $CaCl_2(aq)$의 어는점 내림 측정값이 1.27 K이다. 이것은 무엇을 의미할까?

답: 각 화학식 단위에는 3개의 이온이 존재; 정전기적 상호 작용이 중요할 듯

통상 어는점 내림이 중요한 총괄성으로 기술되고 있는데, 예를 들면 엔진에서 부동액을 사용하는 것의 이유이다. 그러나 부동액은 총괄성의 효과, 즉 물 분자의 응고를 방지하는 효과를 볼 수 있는 것보다 훨씬 진한 농도가 사용된다. 고속도로에서 소금의 사용 역시 이 논의의 범위에서 벗어나는 필요 이상의 진한 농도이다. 유기 화합물의 녹는점에 대한 불순도의 효과는 불순물이 고체에 녹는 것과 같이 더 복잡하여 이 상황은 총괄성의 취급에서 제외된다. 끓는점 오름은 너무 작아 여하한 실제적 중요성을 가지지 못한다. 실험실 연습의 경우를 제외하면, 어는점 내림과 끓는점 오름을 몰질량 측정에 이용되는 경우는 없다.

71.2 삼투 현상

오직 총괄성이 실제로 중요한 것은 **삼투 현상**(**osmosis**; '밀다'라는 그리스어에서)이다. 용매는 통과시키지만 용질은 통과시키지 않는 **반투막**(**semipermeable membrane**)을 사이에 놓고 순수한 용매와 용액을 분리시켰을 때 순수한 용매가 용액 속으로 통과해가려는 자발적 경향이 삼투 현상이다(그림 71.3). 이 용매의 유입을 완전히 막기 위해서는 용액에 압력을 가해 주어야 하는데, 이 압력을 그 용액의 **삼투압**(**osmotic pressure**, Π)이라고 한다. 삼투의 중요한 예로는 세포막을 통한 세포액의 이동 현상, 투석, **삼투계량법**(**osmometry**), 즉 삼투압 측정에 의한 몰질량 결정법 등을 들 수 있다. 삼투계

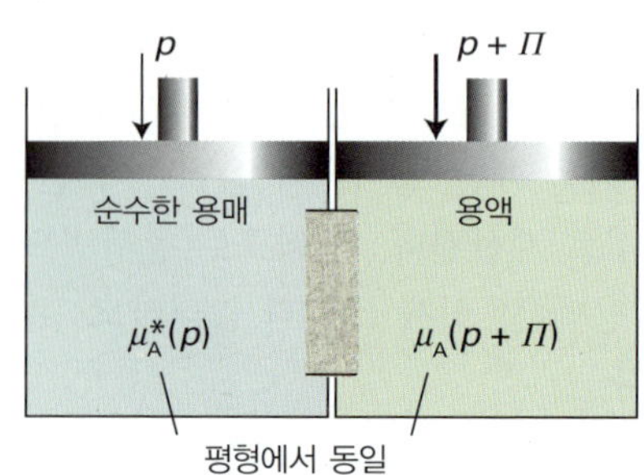

그림 71.3 삼투압 Π를 계산하려면 반투막의 한쪽에 있는 압력 p의 순수한 용매 A와 반투막의 다른 쪽에 있는 압력 $p+\Pi$의 용액 속에 들어 있는 성분 A 사이의 평형을 생각해야 한다.

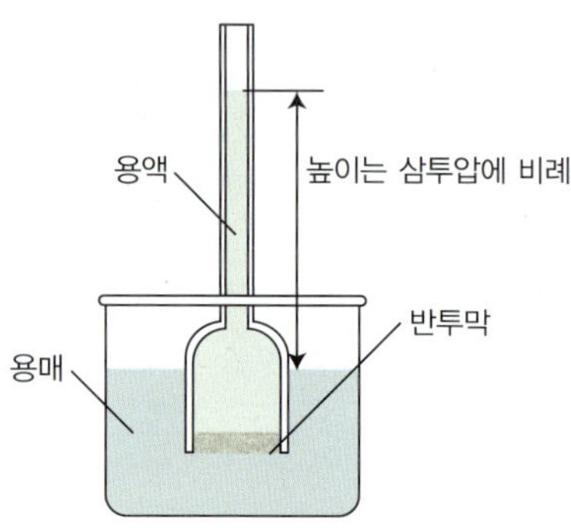

그림 71.4 이 간단한 삼투압 실험 장치에서는 충분한 양의 용매가 용액 속으로 흘러 들어가서 수압차를 나타내기 때문에 반투막 양쪽에 있는 A 사이에 평형이 이루어진다.

량법은 고분자 물질의 몰질량을 구하는 데 널리 쓰이고 있다.

그림 71.4에 나타낸 간단한 장치에서는 삼투에 의해서 생긴 용액 기둥이 삼투를 억제하는 압력을 나타낸다. 즉 이 용액 기둥의 수압이 삼투압과 맞먹을 때 평형이 이루어진다. 이 장치는 용매가 용액 속으로 삼투해 들어감으로써 용액이 묽어지는 것이 문제이다. 그리하여 이 장치보다는 용매가 흘러 들어가지 않게 하여 농도가 일정하게 유지되는 그림 71.3과 같은 장치를 쓰는 것이 덜 복잡하다.

(a) van't Hoff 식

평형에서는 용매의 화학 전위가 반투막의 양쪽에서 같아야 한다는 사실을 주목하면 삼투를 열역학적으로 쉽게 나타낼 수 있다. 용매의 화학 전위는 용질 때문에 낮아지는데, 압력을 가하면 '순수한' 상태일 때의 값으로 되돌아간다. 아래 **증명**에서와 같이, 이 사실을 이용하면 묽은 용액의 삼투압에 관한 다음과 같은 **van't Hoff 식(van't Hoff equation)**이 주어진다.

$$\Pi = [\mathrm{B}]RT \qquad \text{van't Hoff 식} \qquad (71.3)$$

여기서 $[\mathrm{B}]=n_\mathrm{B}/V$는 용질의 몰농도이다.

간단한 예 71.2 van't Hoff 식

간단한 예 71.1에서 0.10 mol kg^{-1} 비전해질 용액은 물의 어는점이나 끓는점에 아주 작은 효과만 보임을 알았다. 25°C 같은 용액에서 몰농도를 0.10 mol dm^{-3}으로 가정하면 1.0×10^2 mol m^{-3}에 해당되어(용액의 밀도가 순수한 물과 거의 다르지 않은 것), 이때 삼투 압력은 다음과 같다.

$$\begin{aligned}\Pi &= (1.0\times10^2\,\mathrm{mol\,m^{-3}})\times(8.3145\,\mathrm{J\,K^{-1}mol^{-1}})\times(298\,\mathrm{K})\\ &= 2.5\times10^5\,\mathrm{J\,m^{-3}}\end{aligned}$$

이는 2.5 bar(1 J m^{-3}=1 Pa, 1 bar=10^5 Pa이기 때문)이다. 이는 엄청나고 쉽게 측정되는 것으로 물을 25 m 높이까지 끌어 올릴 수 있다.

자가 진단 71.2 **자가 진단** 71.1의 정보를 이용하여 25°C 0.25 mol kg^{-1} $\mathrm{CaCl_2(aq)}$의 삼투압을 추산하시오. 용액의 밀도는 순수한 물에서의 것과 같다고 가정하시오.

답: 17 bar

증명 71.1 van't Hoff 식

압력이 p인 순수한 용매 쪽에서는 그 화학 전위가 $\mu_\mathrm{A}^*(p)$이다. 용액 쪽에서는 용질 때문에 용매의 몰분율이 1로부터 x_A로 되어 그 화학 전위가 낮아진다. 그러나 용액에 작용하는 높은 압력 $p+\Pi$에 의해서 A의 화학 전위가 증가한다. 평형에서는 A의 화학 전위가 양쪽에서 같아야 하며, 따라서 다음과 같이 쓸 수 있다.

$$\mu_\mathrm{A}^*(p)=\mu_\mathrm{A}(x_\mathrm{A},p+\Pi)$$

용질이 존재할 때의 화학 전위는 다음과 같이 보통 방법대로 나타낼 수 있다(토픽 70).

$$\mu_\mathrm{A}(x_\mathrm{A},p+\Pi)=\mu_\mathrm{A}^*(p+\Pi)+RT\ln x_\mathrm{A}$$

이미 토픽 69(명확하게 식 69.12)에서 이 압력의 효과를 어떻게 취급하는지를 보았다. 순수한 A에 대해서는 $(\partial\mu_\mathrm{A}/\partial p)_T=V_\mathrm{A,m}$이기 때문에 $\mathrm{d}\mu_\mathrm{A}=V_\mathrm{A,m}\mathrm{d}p$로 쓸 수 있어 적분을 하면 다음을 얻는다.

$$\mu_\mathrm{A}^*(p+\Pi)=\mu_\mathrm{A}^*(p)+\int_p^{p+\Pi}V_\mathrm{m}\mathrm{d}p$$

여기서 V_m은 순수한 용매 A의 몰부피이다(A가 시료의 총 부피를 만드는 기여 부분인 '분몰 부피' $V_\mathrm{A,m}$과 무시할 정도만이 다른 부피). 위의 세 식을 결합하고 같은 항을 상쇄하면 다음과 같은 식을 얻을 수 있다.

$$-RT\ln x_\mathrm{A}=\int_p^{p+\Pi}V_\mathrm{m}\mathrm{d}p$$

이 식을 이용하면 용매의 화학 전위를 '순수한' 상태일 때의 값으로 되돌려 보내기 위해 용액에 가해 주어서 반투막을 넘어 평형으로 되돌리는 여분의 압력 Π를 계산할 수 있다. 묽은 용액의 경우에는 $\ln x_A$를 $\ln(1-x_B)\approx -x_B$로 바꾸어 놓을 수 있어 위 식의 왼쪽은 단순히 RTx_B가 된다. 그리고 적분 압력 구간이 대단히 좁아서 거의 비압축성 용매의 몰부피는 일정하다고 가정할 수 있다. 이렇게 가정하면 V_m을 적분 기호 밖으로 내보낼 수 있으며, 따라서 다음과 같은 결과를 얻게 된다.

$$RTx_B = \Pi V_m$$

용액이 묽을 때는 $x_B \approx n_B/n_A$이다. 뿐만 아니라 n_AV_m은 $n_AV_m = V$로 용매의 전체 부피 V와 같으므로 위의 식은 식 71.3과 같이 간단하게 된다.

(b) 삼투계량법

삼투압의 효과는 쉽게 측정할 수 있으며, 또 크기 때문에 삼투계량법의 가장 보편적인 적용 중 하나는 단백질이나 합성 중합체와 같은 거대 분자의 분자량을 정하는 것이다. 이런 거대한 분자가 용해되면 용액이 이상적인 성질에서는 크게 벗어나며, 따라서 van't Hoff 식을 비리알 전개식의 첫 번째 항으로 보는 다음과 같은 식이라고 가정한다.

$$\Pi = [\mathrm{J}]RT\{1 + B[\mathrm{J}] + \dots\} \qquad \text{삼투 비리알 식} \qquad (71.4)$$

이 식에서는 B를 여러 용도로 쓰지 않기 위해서 용질을 J로 나타내었다. 이 식에서 추가적인 항은 비이상성을 고려해 주는 항들이다. B는 실험적인 상수로서 **삼투 비리알 계수(osmotic virial coefficient)**라고 한다.

예제 71.1 삼투계량법을 이용한 거대 분자의 몰질량 결정

폴리(염화 바이닐), PVC를 사이클로헥산온에 녹인 용액이 298 K에서 아래와 같은 삼투압을 나타내었다. 이 삼투압은 삼투압과 균형을 이루고 있는 용액(질량 밀도 ρ=0.980 g cm^{-3}) 기둥의 높이를 가지고 나타낸 것이다. 이 중합체의 몰질량을 구하시오.

c(g dm^{-3})	1.00	2.00	4.00	7.00	9.00
h(cm)	0.28	0.71	2.01	5.10	8.00

방법 일련의 질량 농도 c에서 삼투압을 측정한 다음에, Π/c를 c에 대해서 도시하여 고분자의 몰질량을 결정하는 것이다. 식 71.4를 이용하는데, 이 중합체의 몰질량을 M, 질량 농도를 c로 나타낼 경우 $[\mathrm{J}] = c/M$이 된다. 삼투압과 수압 사이에는 $\Pi=\rho gh$가 성립하며, 여기서 $g = 9.81\ \mathrm{m\,s^{-2}}$이다. 이들을 넣어 주면 식 71.4는 다음과 같이 된다.

$$\overbrace{\rho gh}^{\Pi} = \overbrace{\frac{c}{M}}^{[\mathrm{J}]} \times RT\left\{1 + \frac{c}{M}B + \cdots\right\}$$

그러면

$$\overbrace{\frac{h}{c}}^{y} = \overbrace{\frac{RT}{\rho gM}}^{b} + \overbrace{\frac{RTB}{\rho gM^2}}^{m}\overbrace{c}^{x} + \cdots$$

이 식에서 오른쪽의 두 번째 항 이하를 자르면 직선형 $y = b + mx$가 된다. 그러면 h/c를 c에 대해서 도시하면 $c=0$에서의 절편이 $RT/\rho gM$이 되는 직선이 나올 것이며, 따라서 M을 구할 수 있을 것이다.

풀이 우선 위의 데이터를 도시를 하기 위해 양을 재정리하면 다음과 같이 나타낸다.

c(g dm^{-3})	1.00	2.00	4.00	7.00	9.00
h/c(cm g^{-1} dm^{-3})	0.28	0.36	0.503	0.729	0.889

이 점들을 도시한 것이 그림 71.5이다. 최소 제곱법에 의한 절편은 0.21이다. 따라서

$$\begin{aligned} M &= \frac{RT}{\rho g} \times \frac{1}{0.21\,\mathrm{cm\,g^{-1}\,dm^3}} \\ &= \frac{(8.3145\,\mathrm{J\,K^{-1}\,mol^{-1}})\times(298\,\mathrm{K})}{(980\,\mathrm{kg\,m^{-3}})\times(9.81\,\mathrm{m\,s^{-2}})} \times \frac{1}{2.1\times10^{-3}\,\mathrm{m^4\,kg^{-1}}} \\ &= 1.2\times10^2\ \mathrm{kg\,mol^{-1}} \end{aligned}$$

이 계산에서는 $1\ \mathrm{kg\,m^2\,s^{-2}} = 1\ \mathrm{J}$의 관계를 이용하였다. 최신 삼투압계는 삼투 압력을 파스칼로 나타내고 있어서, 데이터의 분석이 보다 간단하여 식 71.4를 직접 이용할 수 있다.

자가 진단 71.3 293 K에서 메틸벤젠에 폴리스타이렌을 녹인 용액의 삼투 압력은 아래와 같다. 이 중합체의 몰질량을 결정하시오.

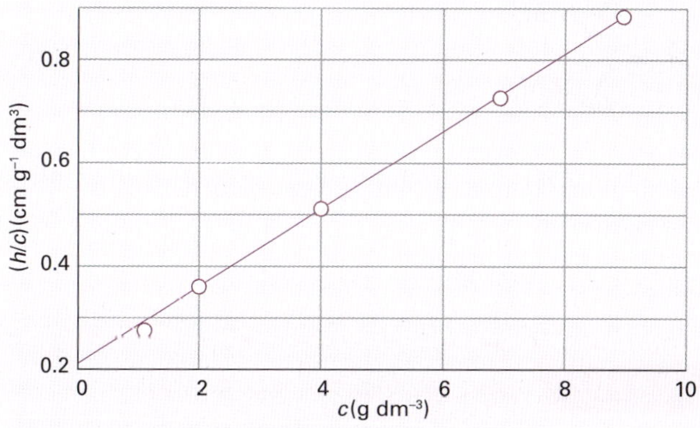

그림 71.5 예제 71.1에서 삼투계량법으로 몰질량을 결정하는 데 관여된 도시. 몰질량은 c=0에서의 절편으로부터 구한다.

c(g dm^{-3})	1.00	2.00	4.00	7.00	9.00
Π(Pa)	17.7	35.5	70.8	125.0	162.0

답: 140 kg mol^{-1}

(c) 몰질량 평균

삼투 현상에 의해 결정되는 몰질량 해석은 주의해야 한다. 따라서 순수한 단백질은 거의 **단일 분산**(**monodisperse**)으로서, 이는 단일의 확실한 몰질량을 (비록 작은 오차가 있을 수 있지만, 한 아미노산을 다른 것으로 치환하는 것은 시료의 근원에 달려 있음) 가짐을 의미한다. 반면에 합성 중합체는 시료가 여러 가지 사슬 길이와 몰질량을 가진 분자의 혼합물이라는 관점에서 **다분산**(**polydisperse**)이다. **수평균 몰질량**(**number-average molar mass**, $\bar{M}_n$)은 시료에 존재하는 질량을 갖는 분자의 수로 각 몰질량에 가중치하여 얻어지는 값으로 다음과 같이 주어진다.

$$\bar{M}_n = \frac{1}{N}\sum_i N_i M_i \qquad \text{정의 수평균 몰질량} \quad (71.5a)$$

여기서 N_i는 몰질량이 M_i인 분자의 수이고, 전체 분자의 수는 N이다. **무게 평균 몰질량**(**weight-average molar mass**, $\bar{M}_w$)은 시료에 존재하는 각각의 질량에 분자의 몰질량을 가중치하여 계산된 평균치로서 다음과 같다.

$$\bar{M}_w = \frac{1}{m}\sum_i m_i M_i \qquad \text{정의 무게 평균 몰질량} \quad (71.5b)$$

이 식에서 m_i는 몰질량이 M_i인 분자의 총 질량이고, m은 시료의 총 질량이다. $m_i = N_i M_i/N_A$, $m = \Sigma_i N_i M_i$이기 때문에 이 평균은 또한 다음과 같이 쓸 수 있다.

$$\bar{M}_w = \frac{\sum_i N_i M_i^2}{\sum_i N_i M_i} \quad (71.5c)$$

이 식에서 무게 평균 몰질량은 평균 제곱 몰질량에 비례한다. 실질적으로, 삼투압 측정으로 수평균 몰질량을 얻고, 빛 산란 실험으로 무게 평균 몰질량을 얻는다.

예제 71.2 수평균 몰질량과 무게 평균 몰질량 계산

폴리(염화 바이닐) 시료에 대한 수평균 몰질량과 무게 평균 몰질량을 다음 데이터로 측정하시오.

몰질량 간격(kg mol^{-1})	간격 내 평균 몰질량 (kg mol^{-1})	간격 내 시료 질량(g)
5~10	7.5	9.6
10~15	12.5	8.7
15~20	17.5	8.9
20~25	22.5	5.6
25~30	27.5	3.1
30~35	32.5	1.7

방법 관계된 식은 식 71.5a와 71.5b이다. 각 간격에서 분자의 수와 질량 각각으로 각 간격 내에 있는 몰질량을 가중치함으로써 두 평균을 계산한다. 각 간격에서 시료의 질량을 그 간격에 대한 평균 몰질량으로 나눔으로써 각 간격에서 수를 얻는다. 분자의 수는 물질의 양(몰수)에 비례하므로 수가중치 평균은 각 간격에 있는 양으로 직접 얻을 수 있다. 합을 산출하는 스프레드시트를 이용한다(여기서는 구체적인 계산을 보여 줌).

풀이 각 간격에서 양은 다음과 같다.

간격	5~10	10~15	15~20	20~25	25~30	30~35
몰질량(kg mol^{-1})	7.5	12.5	17.5	22.5	27.5	32.5
양(10^{-3} mol)	1.3	0.7	0.51	0.25	0.11	0.052

총: 2.92

그러므로 수평균 몰질량은 다음과 같다.

$$\bar{M}_n/(\text{kg mol}^{-1}) = \frac{1}{2.92}\left(\begin{array}{c}1.3\times7.5+0.70\times12.5+0.51\times17.5+0.25\times22.5\\ +0.11\times27.5+0.052\times32.5\end{array}\right) = 13$$

여기서 인자 10^{-3}은 상쇄시켰다. 무게 평균 몰질량은 시료의 총 질량이 37.6 g임을 상기하면 데이터로부터 다음과 같이 계산된다.

$$\bar{M}_w/(\text{kg mol}^{-1}) = \frac{1}{37.6}\left(\begin{array}{c}9.6\times7.5+8.7\times12.5+8.9\times17.5+5.6\times22.5+3.1\times27.5\\ +1.7\times32.5\end{array}\right) = 16$$

두 평균값의 상당한 차이를 볼 수 있다. 여기서는 $\bar{M}_w/\bar{M}_n = 1.2$이다.

자가 진단 71.4 Z **평균 몰질량**은 다음과 같이 정의된다.

$$\bar{M}_Z = \frac{\sum_i N_i M_i^3}{\sum_i N_i M_i^2} \qquad \text{정의 Z 평균 몰질량} \quad (71.5d)$$

이는 평균 세제곱 몰질량으로 해석할 수 있다. 예제에서 설명한 시료의 Z 평균 몰질량을 산출하시오.

답: 19 kg mol^{-1}

비율 $\bar{M}_w/\bar{M}_n$은 **불균일성 지수**[**heterogeneity index**, 또는 '다분산도 지수'(polydispersity index, PDI)]라고 한다. 단백질 몰질량을 결정하는 데 있어, 여러 평균값이 같은 것을 예상할 수 있다. 왜냐하면 시료가 단일 분산(변형이 되지 않는 한)이기 때문이다. 보통 합성 중합체는 몰질량의 폭이 넓어서 다른 평균은 다른 값을 제시한다. 전형적인 합성 재료들에서는 $\bar{M}_w/\bar{M}_n \approx 4$이다. '단일 분산'이라는 용어는 관습적으로 이 지수가 1.1보다 작은 합성 중합체에 적용되는데, 상업적인 폴리에틸렌 시료는 상당히 더 불균일하여 그 비율이 30에 가까울 정도이다. 합성 중합체에 대하여 좁은 몰질량 분포를 갖는 한 가지 결과는 종종 고체에서 삼차원 장거리 질서의 정도가 높아 밀도와 녹는점이 높다는 것이다. 값의 퍼짐은 촉매와 반응 조건의 선택에 의해 조절된다. 실제로, 장거리 질서는 몰질량에 의한 것보다 구조적 요인(예를 들어 가지치기)에 의해 결정되는 것으로 밝혀졌다.

개념 확인

- ☐ 1. **총괄성**은 용질 입자의 종류가 아닌 상대적인 수에 의존하는 성질이다.
- ☐ 2. 총괄성은 어는점 내림, 끓는점 오름, 삼투압을 포함한다.
- ☐ 3. 세 가지 총괄성은 모두 용액의 엔트로피에 대한 용질의 효과로부터 나오는 것이다.
- ☐ 4. **삼투 현상**은 유일하게 실질적인 중요성을 가진 총괄 성질로, 용액에서 거대 분자의 몰질량을 측정하는 데 이용된다.
- ☐ 5. **삼투계량법**으로 수평균 몰질량을 얻고, 빛 산란 실험으로 무게 평균 몰질량을 얻는다.
- ☐ 6. **불균일성 지수** $\bar{M}_w/\bar{M}_n$는 시료에 존재하는 몰질량의 범위를 나타낸다.

식 확인

성질	식	비고	식 번호
어는점 내림	$\Delta T_f = K_f b$	실험적; 묽은 용액	71.1
끓는점 오름	$\Delta T_b = K_b b$	실험적; 묽은 용액	71.2
van't Hoff 식	$\Pi = [B]RT$	이상 용액	71.3
삼투 비리알 식	$\Pi = [J]RT\{1 + B[J] + \ldots\}$	실험적 확장	71.4
수평균 몰질량	$\bar{M}_n = (1/N)\sum_i N_i M_i$	정의	71.5a
무게 평균 몰질량	$\bar{M}_w = (1/m)\sum_i m_i M_i$	정의	71.5b

토픽 72

실제 용액

내용

➤ 학습 목표

모든 사실상의 용액은 실제 용액이다. 그들의 열역학적 성질을 설명하기 위하여 이상 용액의 단순 모형의 한계를 넘을 수 있어 분자간 및 이온간 상호 작용을 고려하는 것은 중요하다.

➤ 핵심 내용

용액에서 구성 성분의 활동도는 분자간 및 이온간 상호 작용의 효과를 고려한 유효 농도이다.

➤ 미리 알기

이상 용액의 성질, 특히 Henry 법칙과 Raoult 법칙(토픽 70), 농도에 대한 화학 전위의 의존성(토픽 69)에 대하여 잘 알 필요가 있다. 이 토픽은 이상 용액의 혼합에 대한 엔탈피, 엔트로피, Gibbs 에너지(토픽 70)의 논의로 확장된다.

이상 용액은 토픽 70에서 취급하였다. 이상 용액은 A를 용매라 하고, B를 용질이라고 할 때 A−A, A−B, B−B 상호 작용이 모두 같은 용액이다. **실제 용액**(**real solution**)은 A−A, A−B, B−B 상호 작용이 모두 다른 입자들로 구성되어 있다. 액체가 혼합할 때 엔탈피와 부피가 변할 수 있을 뿐 아니라, 다른 것들이 서로 자유롭게 섞이는 대신에 한 형태의 분자가 서로 뭉칠 수도 있는 방식으로부터 일어나는 엔트로피의 부가적인 기여가 있을 수 있다. 엔탈피 변화가 크고 양이거나 엔트로피 변화가 불리하게 된다면(정돈된 혼합물에서 일어나는 분자들의 재배열 때문에), 혼합에서의 Gibbs 에너지는 양이 될 수도 있다. 그와 같은 경우는 분리가 자발적이어서 액체들은 섞이지 않게 된다. 그 대신 액체들이 **부분적으로 섞일** 수도 있는데, 이는 조성에 있어 오직 제한된 범위에 걸쳐서만 섞인다는 것을 의미한다.

72.1 활동도

실제 용액은 그들 구성 성분 사이의 분자간 상호 작용에서의 차이와 분자들이 어떻게 응집하느냐에 따른 결과로서 이상 용액과 다르다. 이들 차이는 화학 전위에 대한 식을 '활동도'라고 알려진 유효 농도로 대치함으로써 고려하게 된다.

(a) 용매 활동도

실제 용매이거나 이상 용매에 다 같이 적용되는 화학 전위의 일반식은 식 70.5를 간단히 고쳐서 얻을 수 있다. 식 70.5는 $\mu_A = \mu^*_A + RT \ln(p_A/p^*_A)$이며, 여기서 p^*_A는 순수한 A의 증기 압력이고, p_A는 용액 속에 들어 있는 구성 성분 A의 증기 압력이다. 토픽 70에서 밝힌 바와 같이, 이상 용액의 경우에는 전체 농도 범위에 걸쳐서 용매가 Raoult 법칙을 만족시키며, 따라서 식 70.7(즉 $\mu_A = \mu^*_A + RT \ln x_A$)의 관계를 이용할 수 있다. 용액이 Raoult 법칙을 따르지 않을 때는 위의 식을 다음과 같이 써서 이 관계식의 형태를 그대로 유지시킬 수 있다.

$$\mu_A = \mu_A^* + RT\ln a_A$$ 정의 용매의 활동도 (72.1)

여기서 a_A를 A의 **활동도(activity)**라고 하는데, 이것은 일종의 '유효' 몰분율이다.

$\mu_A = \mu_A^* + RT\ln(p_A/p_A^*)$ 식은 실제 용액과 이상 용액에 다 같이 적용되므로, 이 식을 식 72.1과 비교함으로써 활동도를 다음과 같은 것이라고 결론내릴 수 있다.

$$a_A = \frac{p_A}{p_A^*}$$ 용매의 활동도 (72.2)

주목할 것은 '순수한 물질의 활동도는 ($p_A = p_A^*$일 때) 1이다'라는 것이 매우 중요한 것이라는 점이다. 용매의 활동도는 이 식이 나타내는 바와 같이 조금도 신비스러운 것이 아니다. 즉 용매의 증기 압력을 측정한 다음에 식 72.2를 이용하여 쉽게 구할 수 있는 것이다.

간단한 예 72.1 활동도 측정

100°C에서 (순수한 물의 증기압이 1 atm, 즉 101.3 kPa일 때) 0.500 M $KNO_3(aq)$의 증기압은 99.95 kPa이다. 따라서 이 온도에서 이 용액 속에서 물의 활동도는 다음과 같이 된다.

$$a_A = \frac{99.95\,\text{kPa}}{101.3\,\text{kPa}} = 0.9867$$

자가 진단 72.1 20°C에서 물의 증기압은 2.339 kPa이다. 같은 온도의 물에서 KBr의 포화 용액의 증기압은 1.853 kPa이다. 이 용액에서 물의 활동도는 얼마인가?

답: 0.7922

용질의 농도가 0으로 접근할수록 모든 용매들은 Raoult 법칙(즉 토픽 70의 식 70.6, $p_A/p_A^* = x_A$)을 점점 더 잘 만족시키므로 용매의 활동도는 $x_A \to 1$일 때 그 몰분율로 접근하게 된다. 즉

$$a_A \to x_A \quad x_A \to 1\text{일 때}$$ (72.3)

이 수렴 관계를 나타내는 한 가지 편리한 방법은 다음과 같이 정의되는 **활동도 계수(activity coefficient)** γ를 도입하는 것이다.

$$a_A = \gamma_A x_A \quad \gamma_A \to 1 \quad x_A \to 1\text{일 때}$$ 정의 활동도 계수 (72.4)

이 관계는 모든 온도와 압력에서 성립한다. 그러면 용매의 화학 전위를 다음과 같이 나타낼 수 있다.

$$\mu_A = \mu_A^* + RT\ln x_A + RT\ln\gamma_A$$ (72.5)

여기서 이상 성질에서 벗어나는 모든 차이는 $RT\ln\gamma_A$으로 나타낸다. 용매의 표준 상태, 즉 1 bar의 압력에 있는 순수한 액체 용매는 $x_A = 1$일 때로 설정된다.

(b) 용질 활동도

용질의 활동도 계수와 표준 상태를 정의하는 데 문제가 되는 것은 용질이 $x_B \to 1$(순수한 용질에 해당)일 때가 아니라 $x_B \to 0$일 때 이것이 이상 묽은 성질(토픽 70에서, Henry 법칙)에 접근한다는 것이다. 우선 Henry 법칙을 엄밀하게 만족시키는 용질에 대한 정의들을 어떻게 세우고, 이어서 이상적 행동으로부터의 벗어남을 어떻게 고려해 주는지에 관해서 설명한다.

Henry 법칙을 만족시키는 용질 B의 증기 압력은 $p_B = K_B x_B$가 된다. 여기서 K_B는 실험 상수이다. 이 경우에는 $\mu_B = \mu_B^* + RT\ln(p_B/p_B^*)$로부터 B의 화학 전위를 다음과 같이 나타낼 수 있다.

$$\mu_B = \mu_B^* + RT\ln\frac{K_B x_B}{p_B^*} = \mu_B^* + RT\ln\frac{K_B}{p_B^*} + RT\ln x_B$$

K_B와 p_B^*는 모두 용질의 양과 무관한 용질의 고유한 상수이며, 따라서 오른쪽 변의 두 번째 항과 첫 번째 항을 함께 묶어서 하나의 새로운 표준 화학 전위로 나타낼 수 있다. 즉

$$\mu_B^\ominus = \mu_B^* + RT\ln\frac{K_B}{p_B^*}$$ 정의 용질의 표준 화학 전위 (72.6)

용액이 이상적이라면, $K_B = p_B^*$이어서, 당연히 예상한 대로 72.6은 $\mu_B^\ominus = \mu_B^*$이 된다. 따라서 이상적 묽은 용액 속의 용질의 화학 전위는 다음과 같이 몰분율과 관련이 있다.

$$\mu_B = \mu_B^\ominus + RT\ln x_B$$ 이상적 묽은 용액 용질의 화학 전위 (72.7)

이번에는 이상적 묽은 행동(Henry 법칙)으로부터 벗어나는 경우를 생각해 보자. 용질에 대하여, 식 72.7에 x_B 대신에 a_B를 넣어서 나타낸다. 즉

$$\mu_B = \mu_B^\ominus + RT\ln a_B$$ 정의 용질의 활동도 (72.8)

표준 상태는 이렇게 하더라도 변하지 않고 그대로이며, 이상성으로부터의 벗어남은 전부 활동도 a_B로 처리된다. 임의의 농도에서의 활동도 값은 용매에서와 똑같은 방법에 따라 구할 수 있으나 식 72.2 대신에 다음 식을 쓰는 점이 다르다.

$$a_B = \frac{p_B}{K_B}$$ 용질 활동도 (72.9)

용매에서와 같이 여기서도 다음과 같이 활동도 계수를 도입하는 것이 좋다.

표 72.1 활동도와 표준 상태

구성 성분	근거	표준 상태	활동도	극한
고체 또는 용액		순수한	$a=1$	
용매	Raoult	순수한 용매	$a=p/p^*$, $a=\gamma x$	$\gamma\rightarrow 1$ $x\rightarrow 1$ (순수한 용매)일 때
용질	Henry	(1) 순수한 용질의 가상적 상태	$a=p/K$, $a=\gamma x$	$\gamma\rightarrow 1$ $x\rightarrow 0$일 때
		(2) 몰랄 농도가 $b^{\ominus}=1\ \mathrm{mol\ kg^{-1}}$인 용질의 가상적 상태	$a=\gamma b/b^{\ominus}$	$\gamma\rightarrow 1$ $b\rightarrow 0$일 때

* 각 경우 모두, $\mu=\mu^{\ominus}+RT\ln a$

$$a_B=\gamma_B x_B \quad \text{정의 용질 활동도 계수} \quad (72.10)$$

이와 같이 하면 이상성으로부터의 이탈이 전부 활동도 계수 γ_B 속에 잡힌다. 용질의 농도가 0에 가까워지면 용질이 Henry 법칙에 따르게 되므로 모든 온도와 압력에서 다음 관계가 성립한다.

$$a_B\rightarrow x_B, \quad \gamma_B\rightarrow 1 \quad x_B\rightarrow 0\text{일 때} \quad (72.11)$$

용질의 농도가 0으로 접근함에 따라 용질은 이상적 행동으로부터 벗어나지 않게 된다.

활동도, 활동도 계수, 표준 상태에 대한 규약을 표 72.1에 요약해 놓았다.

예제 72.1 활동도 측정

25°C에서 아세톤(프로판온)에 녹인 클로로폼(트라이클로로메테인)의 활동도와 활동도 계수를 계산하시오. 이것을 우선 용매로도 보고 그다음에 용질로도 본다. 클로로폼의 분압을 p_C로, 아세톤을 p_A로 놓고 클로로폼의 몰분율 x_C의 함수로서 데이터가 아래에 주어졌다.

x_C	0	0.20	0.40	0.60	0.80	1
p_C(kPa)	0	4.7	11	18.9	26.7	36.4
p_A(kPa)	46.3	33.3	23.3	12.3	4.9	0

Henry 법칙 상수 K_C는 25°C에서 클로로폼에 대해 22.0 kPa이다.

방법 용매로서의 클로로폼의 활동도(Raoult 법칙 활동도)는 $a_C=p_C/p^*_C$, $\gamma_C=a_C/x_C$를 이용하여 구하고, 용질로서의 활동도(Henry 법칙 활동도)는 $a_C=p_C/K_C$, $\gamma_C=a_C/x_C$를 써서 구한다.

풀이 $p^*_C=36.4$ kPa, $K_C=22.0$ kPa이므로 다음과 같은 표를 만들 수 있다. 예로서 $x_C=0.20$에서는 Raoult 법칙의 경우 $a_C=(4.7\ \mathrm{kPa})/(36.4\ \mathrm{kPa})=0.13$, $\gamma_C=0.13/0.20=0.65$가 된다. 이와 비슷하게 Henry 법칙의 경우에는 $a_C=(4.7\ \mathrm{kPa})/(22.0\ \mathrm{kPa})=0.21$, $\gamma_C=0.21/0.20=1.05$이다.

Raoult 법칙으로부터(클로로폼이 용매)

a_C	0	0.13	0.30	0.52	0.73	1.00
γ_C		0.65	0.75	0.87	0.91	1.00

Henry 법칙으로부터(클로로폼이 용질)

a_C	0	0.21	0.50	0.86	1.21	1.65
γ_C	1	1.05	1.25	1.43	1.51	1.65

이 값들을 그림 72.1에 도시하였다. Raoult 법칙일 경우에는 $x_C\rightarrow 1$일 때 $\gamma_C\rightarrow 1$이 되지만, Henry 법칙의 경우에는 $x_C\rightarrow 0$일 때 $\gamma_C\rightarrow 1$이 됨을 주의하라.

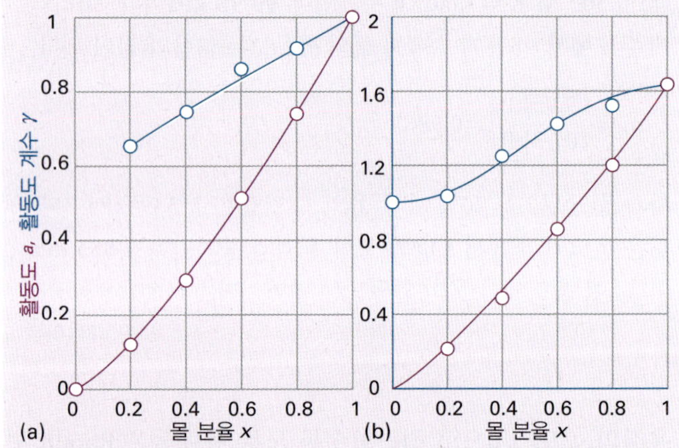

그림 72.1 클로로폼(트라이클로로메테인)과 아세톤(프로판온)의 활동도와 활동도 계수의 조성에 따른 변화를 (a) Raoult 법칙에 따라, (b) Henry 법칙에 따라 나타낸 그림

자가 진단 72.2 아세톤의 활동도와 활동도 계수를 두 규약에 따라 계산하시오(K_A는 23.3 kPa이다).

답: 예를 들어 $x_A=0.60$에서 $a_R=0.50$, $\gamma_R=0.83$; $a_H=1.00$, $\gamma_H=1.67$

72.2 모형 계: 정규 용액

실제 용액의 열역학적 성질은 **과잉 함수**(**excess function**, X^E)를 가지고 나타낼 수 있다. 과잉 함수란 실제의 혼합 열역학적 함수와 이상 용액에 대한 혼합 열역학적 함수 사이의 차이다. 예로서 **과잉 엔트로피**(**excess entropy**, S^E)는 다음과 같이 정의된다.

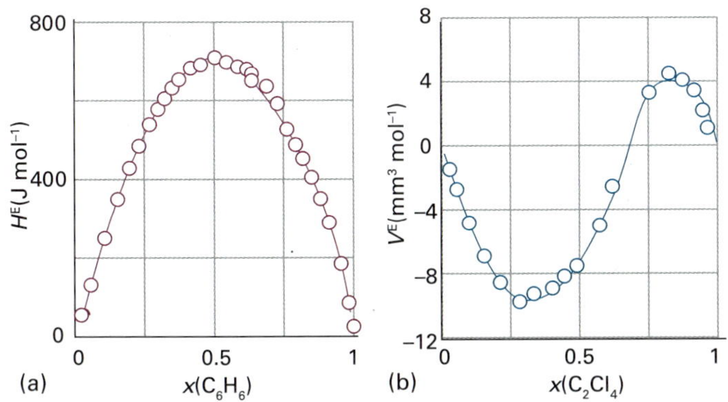

그림 72.2 25°C에서 측정한 과잉 함수. (a) 벤젠–사이클로헥세인 계에 대한 H^E; 이 그래프는 이 혼합이 흡열 과정임을 나타낸다(이상 용액에 대해서는 $\Delta_{mix}H=0$이므로). (b) 테트라클로로에텐–사이클로펜테인 계에 대한 과잉 부피 V^E. 이 그래프는 테트라클로로에테인의 몰분율이 낮을 때는 부피 감소가 일어나고, 높을 때는 부피 증가가 일어난다는 것을 보여 준다(이상 용액에서는 $\Delta_{mix}V=0$이므로).

$$S^E=\Delta_{mix}S-\Delta_{mix}S^{ideal} \quad \text{정의 과잉 엔트로피} \quad (72.12)$$

여기서 $\Delta_{mix}S^{ideal}$은 식 70.2($\Delta_{mix}S^{ideal}=-nR(x_A \ln x_A + x_B \ln x_B)$)로 주어진다. 과잉 엔탈피와 부피는 이상적일 경우에 0이 되며, 따라서 이 과잉 함수들의 값은 혼합하였을 때 측정값과 같다. 그림 72.2에 몰 과잉 함수가 조성에 의존하는 두 예를 나타내었다.

과잉 에너지가 0으로부터 이탈하는 정도는 곧 그 용액의 비이상성의 정도를 나타낸다. 이러한 면에서 유용한 모형이 되는 계가 바로 **정규 용액**(**regular solution**)인데, 이 용액은 $H^E \neq 0$이지만 $S^E=0$이 되는 용액이다. 즉 정규 용액에서는 상호 작용의 에너지가 서로 다르면서도 두 종류의 분자가 무질서하게(이상 용액에서와 같이) 분포된다.

이 모형을 조금 더 정량적으로 논의하기 위하여 과잉 엔탈피가 다음과 같이 조성에 의존한다고 가정해 보자.

$$H^E=n\xi RTx_Ax_B \quad (72.13)$$

여기서 ξ(xi)는 A–A와 B–B 상호 작용에 대한 AB의 상대적인 상호 작용 에너지를 나타내는 무단위의 파라미터로서 이상 용액에 대해서는 $\xi=0$이다. 식 72.13으로 주어진 함수를 그림 72.3에 도시했는데, 이것은 그림 72.2의 실험 곡선과 비슷하다. 만일 $\xi<0$이면 혼합은 발열이며, 용매–용질 상호 작용이 용매–용매나 용질–용질 상호 작용에 비해서 더 유리하다. 한편 $\xi>0$이면 혼합이 흡열이다. 혼합 엔트로피는 정규 용액에 대하여 이상적 값을 가지므로 과잉 Gibbs 에너지는 과잉 엔탈피와 같으며, 따라서 혼합 Gibbs 에너지가 다음과 같이 된다.

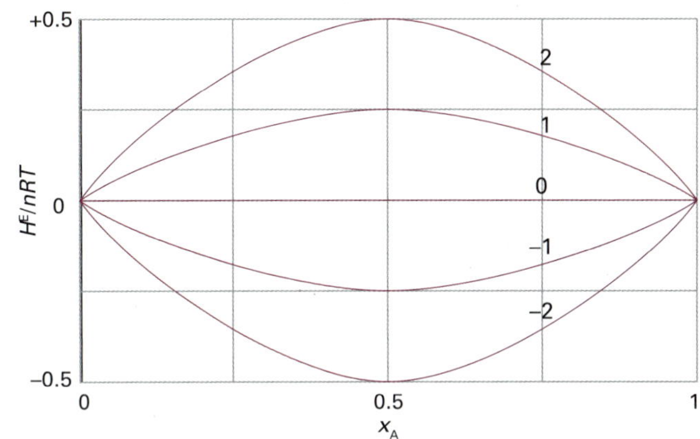

그림 72.3 과잉 엔탈피가 ξx_Ax_B에 비례하는 모형에 따를 때의 값을 여러 상이한 파라미터 ξ 값에 대해서 나타낸 그림

$$\Delta_{mix}G=nRT(x_A\ln x_A+x_B\ln x_B+\xi x_Ax_B) \quad (72.14)$$

여기서 $x_B=1-x_A$이다.

간단한 예 72.2 정규 용액

$x_A=x_B=\frac{1}{2}$일 때 과잉 엔탈피는 $H^{E/n}=\frac{1}{4}\xi RT$이다. 그림 72.2에 있는 그래프로부터 25°C에서 벤젠과 사이클로헥세인의 혼합물에 대하여 이 점은 +700 J에 해당된다. 이 혼합물은 다음이 성립된다.

$$\xi=\frac{4\times(700\,\mathrm{J\,mol^{-1}})}{(8.3145\,\mathrm{J\,K^{-1}\,mol^{-1}})\times(298\,\mathrm{K})}=+1.13$$

이 절이 진행될 때 이 값이 사용될 것이다.

자가 진단 72.3 20°C에서 두 액체의 또 다른 혼합에 대하여, 과잉 엔탈피가 −420 J mol⁻¹임이 밝혀졌는데, 이때 한 구성 성분의 몰분율이 0.333이었다. 이 혼합물의 ξ의 값은 얼마인가?

답: −0.776

그림 72.4는 여러 상이한 ξ 값에서 $\Delta_{mix}G$가 조성에 따라 변하는 모양을 나타낸 것이다. 이 그림에서 볼 수 있는 한 가지 중요한 특징은 $\xi>2$일 경우, 한 극댓값 옆에 2개의 극솟값이 나타난다는 것이다. 이것은 $\xi>2$일 경우에는 이 계가 이 두 극소점에 해당하는 조성의 두 상으로 자발적으로 분리됨을 의미하는 것이다. 즉 이 분리가 일어남으로써 계의 Gibbs 에너지가 감소되는 것이다. 이 성질은 그림 68.1에서 실험적으로 측정된 이-구성 성분 혼합물에서 요약되었던 것이다.

이 분석은 더 진행할 수 있으며 상위 임계 용액 온도임이 밝혀진다(토픽 68). 그림 72.4에 있는 두 극소점에 해당되는

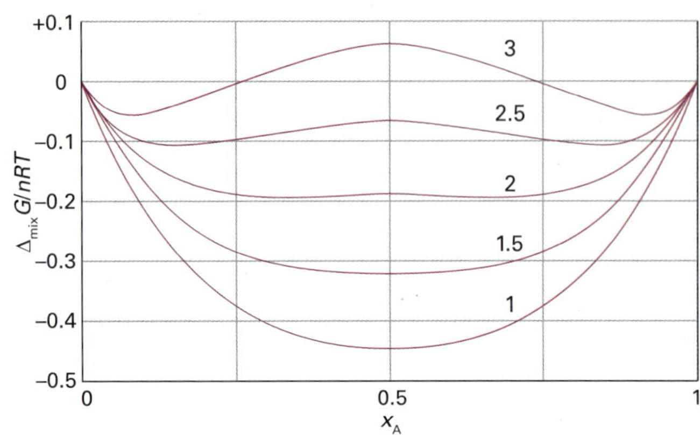

그림 72.4 여러 상이한 파라미터 ξ 값에서의 혼합 Gibbs 에너지

조성은 $\partial\Delta_{mix}G/\partial x_A = 0$이 되는 조건을 찾으면 구할 수 있으며, 식 72.14의 간단한 조작에 의해 다음 식을 풀어야 하는 것을 나타낸다.

$$\ln\frac{x_A}{1-x_A}+\xi(1-2x_A)=0$$

이 식은 '초월 방정식'의 예로서 닫힌 형으로 표현될 수 있는 해가 없는 식이다. 그 해는 수학 소프트웨어를 이용하거나 첫 번째 항을 두 번째 항에 대해 ξ를 변화시키며 도시하여 만나는 점을 확인해서 구할 수 있다.

이 식의 해를 도시한 것이 그림 72.5이다. 이 그림에 의하면, ξ가 감소함에 따라 두 극소점이 서로 접근하여 $\xi = 2$에서 하나로 합쳐진다. $H^E \propto \xi RT$이므로 일정 과잉 엔탈피(온도가 올라갈 때 분자간 힘이 일정함의 효과에 대응)에 대하여 ξ의 감소는 온도의 증가로 해석할 수 있어서, 그림 72.5에서 수직 축은 온도로 해석할 수 있으므로, 곡선의 최고점은 상위 임계 용해 온도에 해당된다.

정규 용액의 개념은 Raoult 법칙으로부터 이탈되는 원인, 그리고 이것과 활동도 계수와의 관계를 더 깊게 통찰할 수 있다. 다음 **증명**에서 알 수 있듯이, 파라미터 ξ에 의해 모형화한 정규 용액에 대하여 활동도 계수는 다음 **Margulus 식**(**Margulus equation**)에 의해 주어진다.

$$\ln\gamma_A=\xi x_B^2 \quad \ln\gamma_B=\xi x_A^2 \qquad \text{정규 용액} \quad \text{Margules 식} \qquad (72.15)$$

간단한 예 72.3 Margules 식

그림 72.2에서 설명하였고 **간단한 예** 72.2에서 다룬, 벤젠과 사이클로헥세인의 혼합물에 대하여 정규 용액인 것으로 간주하여 $\xi = 1.13$임을 알았다. 따라서 $x_{benzene} = 0.250$(그리고 $x_{cyclohexane} = 0.750$)일 때 벤젠의 활동도 계수는 다음과 같이 주어진다.

$$\ln\gamma_{benzene}=\xi x_{cyclohexane}^2=1.13\times0.750^2=0.636$$

이는 이 용액에서 $\gamma_{benzene} = e^{0.636} = 1.89$임을 의미한다.

자가 진단 72.4 $x_A = 0.333$일 때 자가 진단 72.3에서 다룬 용액에 대한 A의 활동도 계수는 얼마인가?

답: 0.708

증명 72.1 Margules 식

비이상 용액이 만들어질 때의 혼합 Gibbs 에너지는 다음과 같다.

$$\Delta_{mix}G=nRT(x_A\ln a_A+x_B\ln a_B)$$

이 식은 이상 용액에 대하여 식 70.1을 유도할 때 몰분율을 활동도로 바꾸어 주면 얻어진다. 각 활동도를 $\gamma_J x_J$로 바꾸어 주면 이 식은 다음과 같이 된다.

$$\Delta_{mix}G=nRT(x_A\ln x_A+x_B\ln x_B+x_A\ln\gamma_A+x_B\ln\gamma_B)$$

이 식에 식 72.15에 있는 두 식을 넣어 주고, $x_A + x_B = 1$의 관계를 이용하면 다음과 같은 결과를 얻을 수 있다.

$$\begin{aligned}\Delta_{mix}G&=nRT(x_A\ln x_A+x_B\ln x_B+\xi x_A x_B^2+\xi x_B x_A^2)\\&=nRT\{x_A\ln x_A+x_B\ln x_B+\xi x_A x_B(x_A+x_B)\}\\&=nRT(x_A\ln x_A+x_B\ln x_B+\xi x_A x_B)\end{aligned}$$

이 식은 식 72.14가 성립할 때 성립하는 식이다. 뿐만 아니라 용액이 묽을 때는 활동도 계수가 정확하게 나타난다는 것을 주목하라. 즉 $x_B \to 0$일 때는 $\gamma_A \to 1$이 되며, $x_A \to 0$일 때는 $\gamma_B \to 1$이 된다.

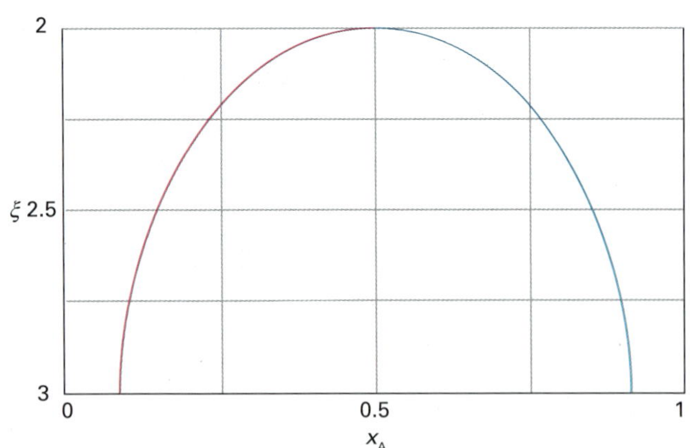

그림 72.5 ξ 파라미터 모형에 입각해서 계산한 상 경계의 위치

이제 Margules 식을 이용하면 A의 활동도를 다음과 같이 나타낼 수 있다.

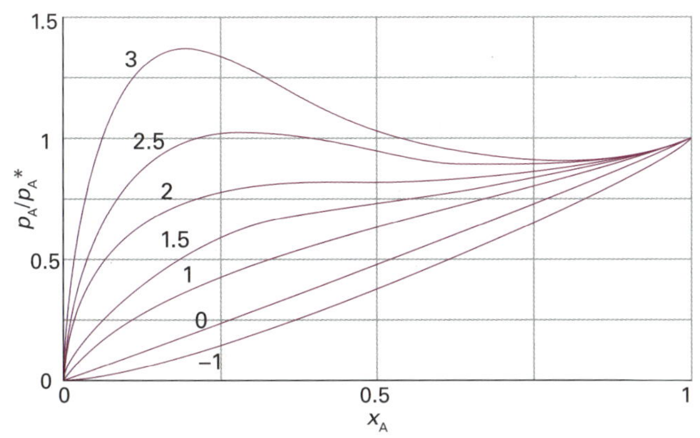

그림 72.6 과잉 엔탈피가 $\xi x_A x_B$에 비례하는 모형에 근거한 혼합물의 증기 압력. 이상 용액은 $\xi = 0$에 해당하며, 직선을 나타내어 Raoult 법칙과 일치한다. ξ 값이 양일 때는 이상 용액보다 높은 압력을, ξ 값이 음일 때는 이상 용액보다 낮은 압력을 나타낸다.

$$a_A = \gamma_A x_A = e^{\xi x_B^2} x_A = e^{\xi(1-x_A)^2} x_A \qquad (72.16)$$

a_B에 대해서도 비슷한 식을 쓸 수 있다. 한편 A의 활동도는 용액 속의 A의 증기 압력과 순수한 A의 증기 압력과의 비이며(식 72.2, $a_A = p_A/p_A^*$), 따라서 다음과 같이 나타낼 수 있다.

$$p_A = \left\{e^{\xi(1-x_A)^2} x_A\right\} p_A^* \qquad \text{정규 용액} \quad \text{증기압} \qquad (72.17)$$

이 함수를 도시한 것이 그림 72.6이다. 이 그림에 의하면 $\xi = 0$일 때, 즉 이상 용액일 때는 직선이 나오는데, 이 결과는 Raoult 법칙과 일치한다(정말로 $\xi = 0$일 때는 식 72.17이 Raoult 법칙인 $p_A = x_A p_A^*$로 된다). ξ의 값이 양일 때는(흡열 혼합이며, 용질-용매 상호 작용이 혼합을 일으키기 어렵다) 증기 압력이 이상 용액에서보다 높다. 반면에 ξ의 값이 음일 때는(발열 혼합이며, 용질-용매 상호 작용이 혼합에 적합하다) 증기 압력이 이상 용액에서보다 낮다. 이 그림의 곡선들은 모두가 $x_A \to 1$이 됨에 따라 Raoult 법칙에 선형적으로 접근하여 마침내 일치하게 된다. 이때는 식 72.17의 지수항이 1이 되는 것이다. 한편 $x_A \ll 1$일 때는 식 72.17이 다음과 같이 된다.

$$p_A = x_A e^{\xi} p_A^* \qquad (72.18)$$

이 식에서 $e^{\xi} p_A^*$는 용질-용매 계에 따라 값이 다르며, 이것을 상수 K로 놓으면 이 식이 Henry 법칙과 같은 형태가 된다.

간단한 예 72.4 정규 용액의 증기 압력

25°C에서 벤젠의 증기 압력은 13.8 kPa이다. 그 온도에서 벤젠과 사이클로헥세인에 대하여 **간단한 예** 72.2에서 $\xi = 1.13$인 것을 알고 있다. 이 혼합물에서 벤젠에 대한 Henry 법칙 상수는 다음과 같음이 예상된다.

$$K = e^{1.13} \times 13.8\ \text{kPa} = 42.7\ \text{kPa}$$

자가 진단 72.5 자가 진단 72.3에서 다룬 혼합물에서 순수한 A의 증기 압력이 22.0 kPa로 주어졌다면, Henry 법칙 상수의 값은 얼마인가?

답: 10.1 kPa

72.3 모형 계: 이온 용액

이온 화합물의 용액은 화학의 상당 부분에서 중심적이어서 그들을 열역학적으로 논의할 필요가 있다. 그런데 이온들 사이의 Coulomb 상호 작용은 대단히 크기 때문에 대단히 묽은 용액(전체 이온 농도가 10^{-3} mol kg^{-1} 이하) 속에서가 아니면 활동도를 몰분율이나 몰랄 농도로 바꾸어 주는 근사를 취할 수 없으며, 엄밀한 목적으로는 반드시 활동도 자체를 써야 한다. 따라서 전기 화학적 현상의 논의를 준비하려면 용액 속의 이온의 활동도에 특별한 주의를 기울여야 한다.

(a) 평균 활동도 계수

1가 양이온 M^+의 화학 전위를 μ_+로, 1가 음이온 X^-의 화학 전위를 μ_-로 나타내면, 전기적으로 중성인 용액 속에 들어 있는 이온들의 전체 몰 Gibbs 에너지는 이들 분몰량의 합과 같다. 이러한 이온들의 **이상** 용액의 Gibbs 에너지는 다음과 같다.

$$G_m^{\text{ideal}} = \mu_+^{\text{ideal}} + \mu_-^{\text{ideal}} \qquad (72.19a)$$

그러나 동일 몰랄 농도의 M^+와 X^-의 **실제** 용액에 대해서는 다음과 같이 된다.

$$\begin{aligned} G_m &= \mu_+ + \mu_- = \mu_+^{\text{ideal}} + \mu_-^{\text{ideal}} + RT\ln\gamma_+ + RT\ln\gamma_- \\ &= G_m^{\text{ideal}} + RT\ln\gamma_+\gamma_- \end{aligned} \qquad (72.19b)$$

이상성으로부터의 이탈은 모두 이 마지막 항 속에 들어 있다.

실험적으로 $\gamma_+\gamma_-$ 곱을 양이온에 의한 기여와 음이온에 의한 기여로 분리시킬 수 있는 방법은 없다. 실험적으로 최선의 방법은 비이상성에 대한 책임을 두 종류의 이온에 똑같이 분담시키는 것이다. 그리하여 MX형 전해질에 대해서는 다음과 같은 개개 활동도 계수의 기하학적 평균인 **평균 활동도 계수**(**mean activity coefficient**)를 도입한다(x^p와 y^q의 기하평균은 $(x^p y^q)^{1/(p+q)}$이다).

$$\gamma_\pm = (\gamma_+\gamma_-)^{1/2} \qquad \text{정의; 1:1 전해질} \quad \text{평균 활동도 계수} \qquad (72.20)$$

이온들의 개별적 화학 전위는 다음과 같이 나타낸다.

$$\mu_+ = \mu_+^{\text{ideal}} + RT\ln\gamma_\pm \quad \mu_- = \mu_-^{\text{ideal}} + RT\ln\gamma_\pm \tag{72.21}$$

이 두 화학 전위를 합하면 앞의 식 72.19b와 같게 되지만, 여기서는 비이상성을 똑같이 분담하고 있다.

이 방법은 일반화시켜서 용액 속에 녹아서 각 화학식 단위로부터 p개의 양이온과 q개의 음이온을 내놓는 염 M_pX_q에도 적용시킬 수 있다. 이 이온들의 몰 Gibbs 에너지는 다음과 같이 각 이온의 분몰 Gibbs 에너지의 합과 같다.

$$G_m = p\mu_+ + q\mu_- = G_m^{\text{ideal}} + pRT\ln\gamma_+ + qRT\ln\gamma_- \tag{72.22}$$

이제 다음과 같이 평균 활동도 계수를 도입한다.

$$\gamma_\pm = (\gamma_+^p\gamma_-^q)^{1/s} \; s = p + q \quad \text{정의; } M_pX_q \text{ 전해질} \quad \text{평균 활동도 계수} \tag{72.23}$$

그리고 각 이온의 화학 전위를 다음과 같이 나타낸다.

$$\mu_i = \mu_i^{\text{ideal}} + RT\ln\gamma_\pm \quad \text{평균 이온 화학 전위} \tag{72.24}$$

다음과 같이 쓸 때 G_m에 대하여 식 72.22와 같이 동일한 식을 얻는다.

$$G_m = p\mu_+ + q\mu_- \tag{72.25}$$

하지만 두 종류의 이온들이 비이상성의 책임을 똑같이 분담하게 된다.

간단한 예 72.5 평균 활동도 계수

$CaCl_2$의 어느 용액에서 Ca^{2+}과 Cl^-의 활동도 계수는 각각 0.874, 0.981로 계산되었다. 이 용질에 대하여 $p=1$, $q=2$, $s=3$이다. 그러므로 이 용질에 대한 평균 활동도 계수는 다음과 같다.

$$\gamma_\pm = \{(0.874)(0.981)^2\}^{1/3} = 0.944$$

자가 진단 72.6 이온 A^{2+}와 B^{3-}로 녹아 있는 염의 용액에서 활동도 계수는 각각 0.872, 0.798이다. 이 용질의 평균 활동도 계수는 얼마인가?

답: 0.838

(b) Debye-Hückel 이론

이온들 사이에 작용하는 장거리성의 강한 Coulomb 상호 작용은 이온 용액이 이상성으로부터 이탈되는 주요 원인이며, 비이상성에 대한 다른 모든 기여를 압도할 수 있다는 것을 의미한다. 이러한 생각에 입각해서 1923년에 Peter Debye와 Erich Hückel은 이온 용액에 관한 **Debye–Hückel 이론**을 유도하였다. 여기서는 이 이론과 그 주요 정량적 결과를 정성적으로만 소개하겠다[1].

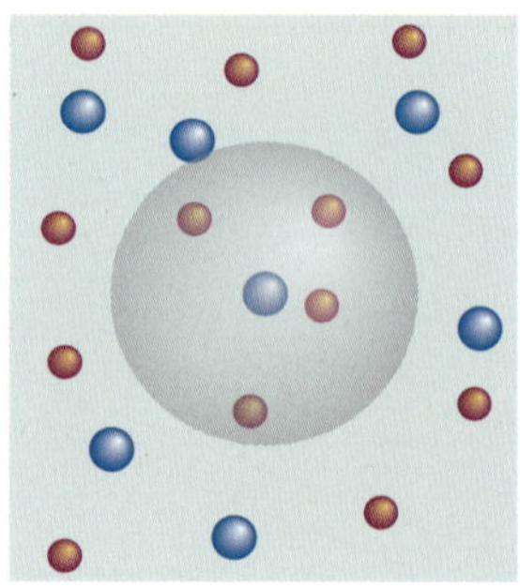

그림 72.7 Debye–Hiuckel 이론의 배경을 설명하는 이 그림은 양이온 주위에서는 음이온이, 음이온 주위에서는 양이온이 발견될 경향을 보여 준다(이러한 국지적 회합 영역을 회색 원으로 나타내었다). 이온은 끊임없이 운동하며, 이 그림은 이러한 운동의 한 순간을 나타낸 것이다. 이 이론이 적용되는 용액은 이 그림에서보다 훨씬 더 묽다.

반대 전하의 이온들은 서로 잡아당긴다. 그리하여 용액 속에서 음이온은 양이온 주위에서 발견되기 쉽고, 반대로 양이온은 음이온 주위에 몰리게 된다(그림 72.7). 전체적으로 용액은 전기적으로 중성이지만, 어느 한 특정 이온 주위에는 반대 이온(반대 전하의 이온)이 더 많이 존재하게 된다. 한 이온 주위의 전하를 시간에 걸쳐 평균하면 반대 이온은 임의의 주어진 이온 주위에서 발견되기가 더 쉬워진다. 이와 같이 시간 평균을 하면 중심 이온과 동일한 전하의 이온보다 수적으로 우세한 구형 안개 모양의 반대 전하가 중심 원자 주위에 생기는데, 이때 실효 전하의 크기는 중심 원자와 같지만 부호는 반대가 된다. 이러한 상황을 **이온 분위기**(**ionic atmosphere**)라고 한다. 중심 이온은 그 주위에 형성되는 이온 분위기와 정전기적 상호 작용을 하며, 이 때문에 그의 에너지, 따라서 그 화학 전위가 그만큼 낮아진다. 이 낮아지는 에너지가 용질의 몰 Gibbs 에너지 G_m과 그 이상적 값 G_m^{ideal}의 차로 나타나며, 따라서 $RT\ln\gamma_\pm$와 같게 되는 것이다(Gibbs 에너지가 내부 에너지보다 더 관여되었다는 것은 이론의 공식 유도에서 분명히 밝혔는데, 이는 토픽 64에서 보여 준 이온을 전하시키는 전기적인 일, 즉 비팽창 일이 Gibbs 에너지의 변화와 같다는 것이다). 이온 분위기와 그들의 상호 작용에 의한 이온의 안정화는 화학자들이 보통 농도를 묽게 사용하는 부분적인 이유인데, 전해질 용액으로부터 이온을 침전시키기 위해서는 안정화되는 것은 그리 중요하지 않다.

이러한 모형을 이용하면 농도가 대단히 낮을 경우의 활동도 계수를 다음과 같은 **Debye-Hückel 극한 법칙**(**Debye-Hückel limiting law**)으로 계산할 수 있다.

[1] 계산의 자세한 것은 저자들의 다른 Physical chemistry(2014) 교재 참조

표 72.2 이온 세기와 몰랄 농도($I = kb/b^{\ominus}$)

k	X^-	X^{2-}	X^{3-}	X^{4-}
M^+	1	3	6	10
M^{2+}	3	4	15	12
M^{3+}	6	15	9	42
M^{4+}	10	12	42	16

* 예로서 몰랄 농도가 b인 M_2X_3(용액 속에서 M^{3+}와 X^{2-} 이온을 만드는) 용액의 이온 세기는 $15b/b^{\ominus}$이다.

표 72.3 수용액에서의 평균 활동도 계수(298 K에서)

$b/b^{\ominus}$	KCl	$CaCl_2$
0.001	0.966	0.888
0.01	0.902	0.732
0.1	0.770	0.524
1.0	0.607	0.725

* 더 많은 값들이 **부록**에 수록되어 있다.

$$\log \gamma_{\pm} = -|z_+ z_-| A I^{1/2} \qquad \text{Debye–Hückel 극한 법칙} \qquad (72.26)$$

25°C의 수용액에 대해서는 $A = 0.509$이며, I는 용액의 **이온 세기(ionic strength)**로서 다음과 같은 무단위의 양이다.

$$I = \frac{1}{2}\sum_i z_i^2 b_i / b^{\ominus} \qquad \text{정의 이온 세기} \qquad (72.27)$$

여기서 z_i는 이온 i의 전하수(양이온에 대해서는 양, 음이온에 대해서는 음)이고, b_i는 그 몰랄 농도이며, $b^{\ominus} = 1$ mol kg^{-1}이다. 앞으로 보는 것과 같이 이온 용액을 취급할 때는 이온 세기가 폭넓게 등장하게 된다. 여기서의 합은 용액 속에 존재하는 모든 이온에 걸쳐서 합해 주어야 한다. 두 종류의 이온으로 구성된 용액에 대하여 그 몰랄 농도가 b_+, b_-일 때는 이온 세기가 다음과 같이 된다.

$$I = \tfrac{1}{2}(b_+ z_+^2 + b_- z_-^2)/b^{\ominus} \qquad (72.28)$$

이온 세기는 그 속에 각 이온의 전하량이 제곱으로 들어가므로 이온의 전하가 중요하다. 표 72.2에 이온 세기와 몰랄 농도 사이의 관계를 쓰기 편리하게 요약해 놓았다.

간단한 예 72.6 이온 세기

25°C에서 5.0 mmol kg^{-1} KCl(aq)의 평균 활동도 계수를 구하려면 다음과 같이 우선 이온 세기를 계산해야 한다.

$$I = \tfrac{1}{2}(b_+ + b_-)/b^{\ominus} = b/b^{\ominus}$$

여기서 b는 용액의 몰랄 농도이다($b_+ = b_- = b$). 따라서 식 72.26으로부터 다음과 같은 결과를 얻을 수 있다.

$$\log \gamma_{\pm} = -0.509 \times (5.0 \times 10^{-3})^{1/2} = -0.036$$

따라서 $\gamma_{\pm} = 0.92$이다. 실험값은 0.927이다.

자가 진단 72.7 25°C에서 1.00 mmol kg^{-1} $CaCl_2$(aq)의 이온 세기와 평균 활동도 계수를 계산하시오.

답: 3.00×10^{-3}, 0.880

몰랄 농도가 웬만큼만 되는 이온 용액에서는 식 72.26으로 계산한 활동도 계수가 실험값과 맞지 않으며, 반면에 $b \to 0$으로 되기만 하면 어떠한 용액이든 잘 맞기 때문에 이름을 '극한 법칙'이라고 하며 식 72.26에 적용한다. 여러 가지 원자가 형태의 염에 대한 활동도 계수의 일부 측정값을 표 72.3

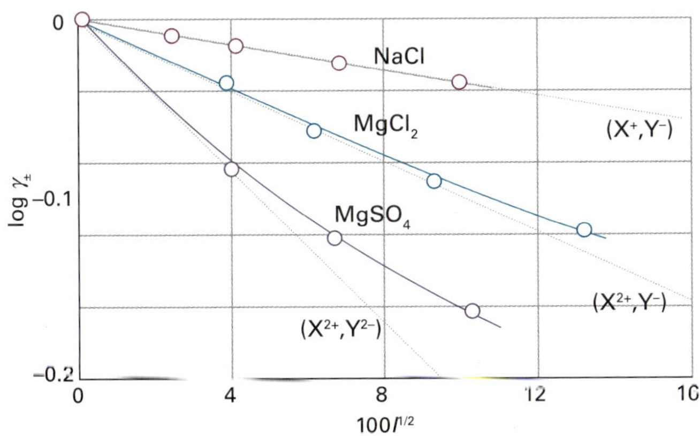

그림 72.8 Debye–Hückel 극한 법칙의 실험적 확인. 보통의 이온 세기에 대해서는 현저하게 이탈하지만 $I \to 0$이 되는 극한 기울기는 이론과 잘 맞는다. 따라서 이 법칙은 실험 데이터를 낮은 몰랄 농도로 외삽하는 데 이용할 수 있다.

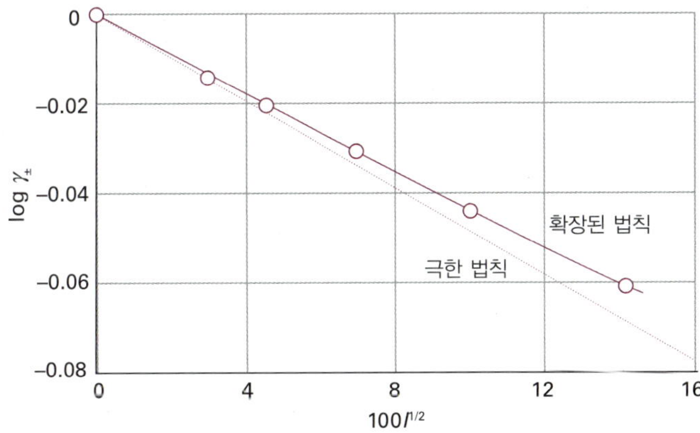

그림 72.9 확장된 Debye–Hückel 법칙은 보다 더 넓은 몰랄 농도 영역에서 (여기서 보인 것은 NaCl 같이, MX 전해질에 대한 것이다) 실험 결과와 잘 맞지만(원으로 표시한 것 같이), 더 높은 농도에서는 여전히 잘 맞지 않는다.

에 나타내었다. 그리고 그림 72.8에 이들 값의 일부를 $I^{1/2}$에 대해서 도시하고, 극한 법칙으로 계산한 이론적인 직선과 비교해 놓았다. 대단히 낮은 몰랄 농도(전하 종류에 의존하는, 약 1 mmol kg^{-1}보다 작은)에서는 대단히 잘 맞으며, 그리하여 여기서 사용한 모형이 적합하다는 것을 뒷받침해 주고 있다. 그럼에도 불구하고 몰랄 농도가 이보다 커지면 이론 곡선으로부터 크게 벌어지므로 이 근사는 대단히 낮은 농도에서만 타당하다는 것을 알 수 있다.

용액의 이온 세기가 높아서 극한 법칙이 유효하지 않을 때는 다음과 같은 **Davies 식**(**Davies equation**)을 써서 활동도 계수를 어림할 수도 있다.

$$\log\gamma_{\pm} = -\frac{A|z_+z_-|I^{1/2}}{1+BI^{1/2}} + CI \qquad \text{Davies 식} \qquad (72.29)$$

여기서 A, B, C는 무단위의 상수이다. 윗 식에서 CI 항이 없는 동일한 식을 **확장된 Debye–Hückel 법칙**(**extended Debye–Hückel law**)이라고 부른다. B는 이온의 최근접 거리를 나타내는 것이라고 해석할 수도 있지만 조절용 파라미터로 보는 것이(C와 같이) 가장 좋다. 이 방법으로 그려 놓은 곡선을 그림 72.9에 나타내었다. 식 72.29의 활동도 계수가 적당한 범위에 걸친 묽은 용액(약 0.1 mol kg^{-1}까지)에 대해서 잘 맞는 것은 명확하지만 1 mol kg^{-1} 근처에서는 여전히 잘 맞지 않는다.

근래에는 활동도 계수를 간접적 경로로 구하는 이론이 이용되고 있다. 이 방법에서는 용매의 활동도 계수가 용질의 농도에 어떻게 의존하는지를 나타내는 이론적 식을 구하고, 이어서 Gibbs–Duhem 식(토픽 69의 식 69.9, $\Sigma_J n_J \mathrm{d}\mu_J = 0$)을 이용하여 용질의 활동도 계수를 계산한다. 이 방법으로 얻은 결과는 약 0.1 mol kg^{-1} 이상의 몰랄 농도를 갖는 용액의 경우에도 상당히 믿을 만하며, 바닷물과 같은 혼합 염 용액을 논의하는 데 유용하다.

개념 확인

- ☐ 1. **활동도**는 한 화학종의 유효 몰분율이다.
- ☐ 2. **활동도 계수**는 용매에 대해서는 Raoult 법칙에 근거를 두고, 용질에 대해서는 Henry 법칙에 근거를 둔다.
- ☐ 3. 활동도 계수는 $x_{\text{solute}} \to 0$와 $x_{\text{solvent}} \to 1$이 됨에 따라 1에 접근한다.
- ☐ 4. **과잉 함수**(X^{E})는 혼합의 측정된 열역학적 함수와 이상 용액에 대한 함수의 차이이다.
- ☐ 5. **정규 용액**은 $H^{\mathrm{E}} \neq 0$이지만, $S^{\mathrm{E}} = 0$인 용액이다.
- ☐ 6. **평균 활동도 계수**는 개별 계수의 기하 평균이다.
- ☐ 7. 전해질 용액의 활동도 계수의 **Debye–Hückel 이론**은 이온 사이에 Coulomb 상호 작용이 지배적이라는 가정에 기반을 두고 있다.
- ☐ 8. Debye–Hückel 이론의 핵심 아이디어는 **이온 분위기**이다.

식 확인

성질	식	비고	식 번호
용매 활동도	$\mu_A = \mu_A^* + RT \ln a_A$		72.1
	$a_A = p_A / p_A^*$	실질적 결정	72.2
용질 활동도	$\mu_B = \mu_B^\ominus + RT \ln a_B$		72.8
	$a_B = p_B / K_B$	실질적 결정	72.9
활동도 계수	$\gamma_B = a_B / x_B$	정의; 표 72.1 참조	72.10
과잉 함수	$X^E = \Delta_{mix}X - \Delta_{mix}X^{ideal}$	정의	72.12
정규 용액의 모형	$H^E = n\xi RT x_A x_B$	모형	72.13
Margules 식	$\ln \gamma_A = \xi x_B^2,\ \ln \gamma_B = \xi x_A^2$	정규 용액	72.15
증기압	$p_A = \{e^{\xi(1-x_A)^2} x_A\} p_A^*$	정규 용액	72.17
평균 활동도 계수	$\gamma_\pm = (\gamma_+^p \gamma_-^q)^{1/(p+q)}$	M_pX_q 형태의 염	72.23
Debye–Hückel 이론	$\log \gamma_\pm = -\lvert z_+ z_- \rvert A I^{1/2}$	극한 법칙, 298 K에서 수용액에 대해 $A = 0.509$	72.26
이온 세기	$I = \frac{1}{2}\sum_i z_i^2 b_i / b^\ominus$	무단위	72.27

14장 물리 평형

토픽 67 상도표: 일-구성 성분계

토론 문제

67.1 물의 시료가 상도표에서 한 바퀴 도는 경로에 따르고, 임계점 가까이에 있음에 따라 무엇이 관찰되는지를 설명하시오.

67.2 일차 상전이, 이차 상전이, λ 전이의 구분을 분자 수준과 거시적 수준 모두에서 설명하시오.

67.3 상, 성분, 구성 성분, 자유도의 예를 들고 정의하시오.

67.4 일-구성 성분계에서는 4개 상이 왜 평형에 있을 수 없는지 설명하시오.

연습 문제

67.1(a) 그림 F14.1에 *a*, *b*로 표시한 각 점에서는 몇 개의 상이 존재하는가?

67.1(b) 그림 F14.1에 *c*, *d*로 표시한 각 점에서는 몇 개의 상이 존재하는가?

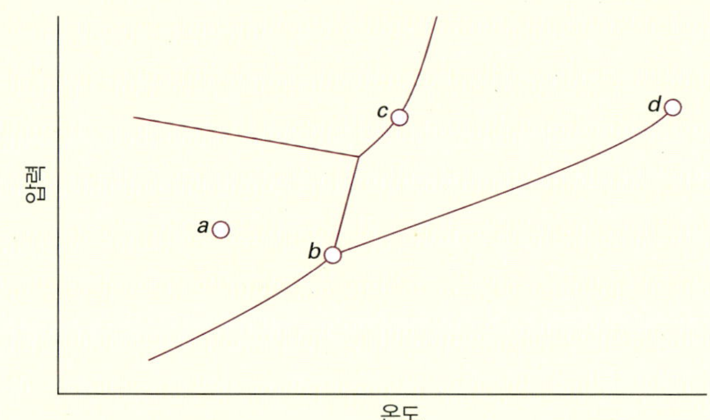

그림 F14.1 연습 문제 67.1(a), (b)에서 언급된 상도표

응용 문제

67.1 단백질의 이론적인 연구에서 그림 F14.2에 나타낸 온도-조성 도표를 얻었다. 여기에서 세 가지 구조적인 영역이 나타나며, 이것들은 자연 형태, 풀린 형태, 부분적으로 풀렸지만 아직 단백질의 조밀한 형태인 '용융 구상의' 형태를 나타낸다. (i) 변성제 농도가 0.1 아래일 때 용융 구상의 형태는 언제나 안정한가? (ii) 0.15 농도의 변성제 존재하에서 자연 형태를 가열함에 따라 중합체에 어떤 일이 일어나는지를 설명하시오.

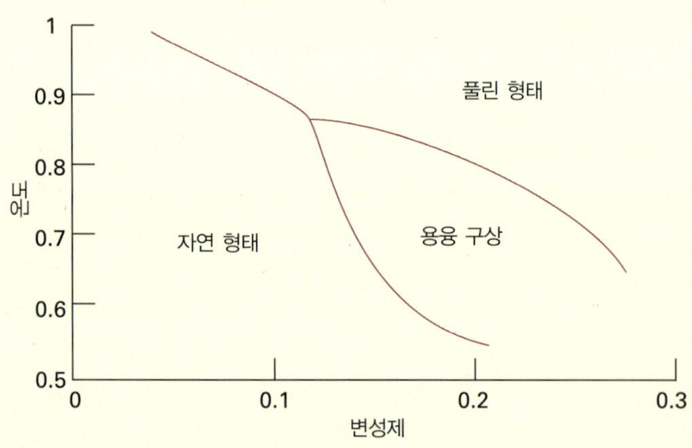

그림 F14.2 모형 단백질의 형태에 대한 상도표

일-구성 성분 상도표와 연관된 더 많은 문제들에 대해서는 이 문제집의 통합 문제를 참조할 것.

토픽 68 상도표: 이-구성 성분계

토론 문제

68.1 분별 증류에서 원하는 정도의 분리를 달성하기 위하여 필요한 이론 단수를 결정하는 요인은 무엇인가?

68.2 두 액체의 혼합물 중 어느 것이 높거나 낮은 불변 끓음 거동을 나타내는지를 결정하는 분자적 특성은 무엇인가?

연습 문제

68.1(a) 메틸 에틸 에터(A)와 다이보레인 B_2H_6(B)는 합치 녹는점이 133 K인 화합물을 형성한다. 이 계는 두 공융점을 나타내는데, 그 하나는 B가 25 mol% 포함될 때의 123 K이고, 또 하나는 B가 90 mol% 포함될 때의 104 K이다. 순수한 A와 B의 녹는점은 각각 131 K, 110 K이다. 이 계에 대한 상도표를 그리시오. 고체–고체 용해도는 무시할 정도라고 가정한다.

68.1(b) 다음과 같은 조건에서 NH_3/N_2H_4 계에 대한 상도표를 그리시오. 이 물질들은 서로 화합물을 만들지 않으며, 암모니아는 −78°C에서, N_2H_4는 +2°C에서 얼고, N_2H_4의 몰분율이 0.07일 때 공융 조성이 되고 이것은 −80°C에서 함께 녹는다.

68.2(a) 그림 F14.3은 물(A)과 2-메틸-1-프로판올(B) 계에 대한 상도표를 나타낸 것이다. $x_B = 0.8$인 조성의 혼합물을 가열할 때 각 단계에서 존재하는 상의 수, 조성, 상대적 양을 제시함으로써 관찰되는 것이 무엇인지를 설명하시오.

68.2(b) 그림 F14.3을 다시 언급한다. $x_B = 0.3$인 조성의 혼합물을 가열할 때 각 단계에서 존재하는 상의 수, 조성, 상대적 양을 제시함으로써 관찰되는 것이 무엇인지를 설명하시오.

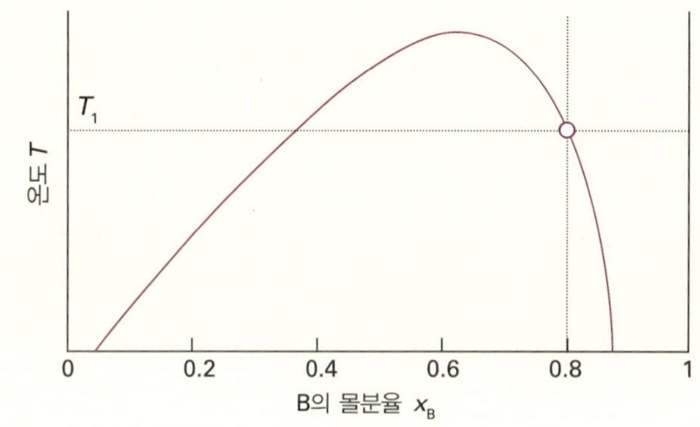

그림 F14.3 부분적으로 섞이는 두 액체에 대한 상도표

응용 문제

68.1 다음 온도–조성 데이터는 1.00 atm에서 옥테인(O) 및 메틸벤젠(M)의 혼합물을 가지고 측정한 것이다. 여기서 x는 액체 속에서의 몰분율이고, y는 평형을 이루고 있는 증기 속에서의 몰분율이다.

θ(°C)	110.9	112.0	114.0	115.8	117.3	119.0	121.1	123.0
x_M	0.908	0.795	0.615	0.527	0.408	0.300	0.203	0.097
y_M	0.923	0.836	0.698	0.624	0.527	0.410	0.297	0.164

M과 O의 끓는점은 각각 110.6°C, 125.6°C이다. 이 혼합물의 온도–조성 상도표를 그리시오. (a) $x_M = 0.250$, (b) $x_O = 0.250$인 조성의 액체와 평형을 이루고 있는 증기의 조성을 구하시오.

68.2 그림 F14.4는 실험적으로 구한 헥세인과 헵테인이 만드는 거의 이상적인 용액에 대한 상도표를 나타낸다. (a) 각 영역에 어떤 상들이 존재하는지 표시하시오. (b) C_6H_{14}과 C_7H_{16}이 같은 몰이 포함된 혼합물에 대하여 70°C의 감압하에서 증발되기 시작할 때의 증기 압력은 계산하시오. (c) 70°C에서 이 용액이 한 방울만 남았을 때의 증기 압력은 얼마가 되겠는가? (d) (b)의 조건에서 액체상과 증기상에 들어 있는 헥세인의 몰분율을 그림으로부터 계산하시오. (e) (c)의 조건에서는 이 몰분율들이 얼마인가?

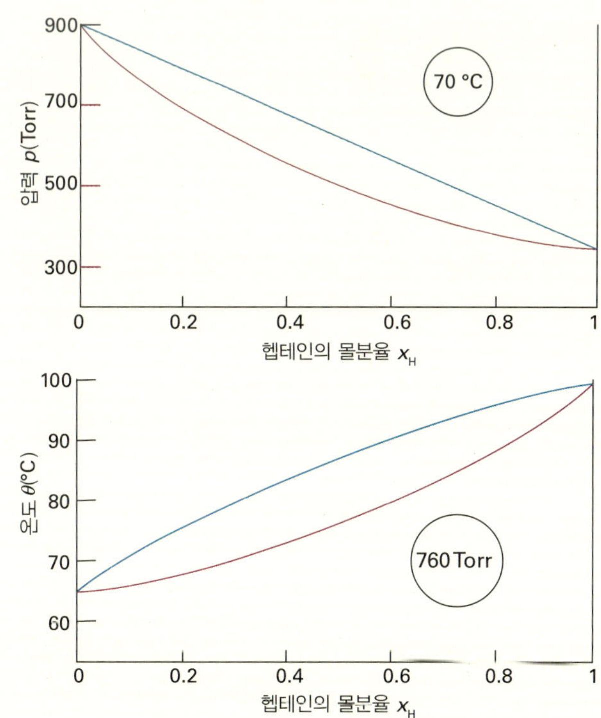

그림 F14.4 헥세인과 헵테인 혼합물에 대한 상도표

68.3 UF_4와 ZrF_4는 각각 1035°C, 912°C에서 녹는다. 이들은 연속적인 일련의 고체 용액을 만드는데, 최저 녹는점이 765°C이고, 이때의 조성은 $x(ZrF_4) = 0.77$이다. 900°C에서 $x(ZrF_4) = 0.28$인 조성의 액체 용액은 $x(ZrF_4) = 0.14$인 조성의 고체 용액과 평형을 이룬다. 그리고 850°C에서는 이 두 조성이 각각 0.87, 0.90이다. 이 계에 대한

상도표를 그리고, $x(ZrF_4) = 0.40$인 조성의 액체 혼합물을 900°C로부터 500°C로 서서히 냉각시키면 어떤 변화가 일어나겠는지 말하시오.

68.4 헥세인과 퍼플루오로헥세인은 22.7°C 이하에서 부분 용해성을 나타낸다. x가 C_6F_{14}의 몰분율일 때, 상위 임계 온도에서의 임계 조성은 $x = 0.355$이다. 22.0°C에서 평형을 이루는 두 용액의 조성은 각각 $x = 0.24$, $x = 0.48$이다. 그리고 21.5°C에서는 이 몰분율이 0.22와 0.51이다. 상도표를 그리시오. (a) 23°C, (b) 22°C에서 일정량의 헥세인에 퍼플루오로헥세인을 가할 때 일어나는 상변화를 설명하시오.

68.5 메테인(녹는점 91 K)과 테트라플루오로메테인(녹는점 89 K)은 서로 고체 용액을 만들지 않으며, 액체 상태에서는 단지 부분적으로만 섞인다. 액체 혼합물의 상위 임계 용해 온도는 $x(CF_4) = 0.43$에서 94 K이고, 공융점은 $x(CF_4) = 0.88$에서 84 K이다. 86 K에서 CF_4가 풍부한 용액과 평형을 이루고 있는 상은 고체 메테인으로부터 CH_4가 풍부한 액체 용액으로 변한다. 이 온도에서 서로 평형을 이루고 있는 두 액체 용액은 $x(CF_4) = 0.10$, $x(CF_4) = 0.80$이다. 상도표를 그리시오.

68.6 산화 마그네슘과 산화 니켈은 고온을 견딘다. 그러나 이들은 온도가 충분히 높으면 녹으며, 두 물질의 혼합물의 거동은 세라믹 산업에서 상당한 관심거리이다. 아래의 데이터를 사용한 계에 대하여 온도-조성 상도표를 그리시오. 여기에서 x는 고체에서 MgO의 몰분율이며, y는 액체 MgO의 몰분율이다.

θ(°C)	1960	2200	2400	2600	2800
x	0	0.35	0.60	0.83	1.00
y	0	0.18	0.38	0.65	1.00

(a) $x = 0.30$인 혼합물의 녹는점을 말하시오. (b) $x = 0.30$ 조성의 고체를 2200°C로 가열할 때 존재하는 상의 조성과 비율을 말하시오. (c) $y = 0.70$ 조성의 액체가 굳어지기 시작하는 온도는 얼마인가?

토픽 69 물리 변환

토론 문제

69.1 물과 이산화 탄소에 대하여 관측된 압력에 따른 녹는점의 변화를 생각해 보자. 이 두 물질의 거동에서의 차이에 대한 분자적 설명을 제공하시오.

69.2 화학 열역학 기본 식의 범위와 응용성을 설명하시오.

69.3 고체, 액체, 기체에 대한 화학 전위의 온도 의존성을 비교하시오. 이러한 의존성은 어떻게 상도표에 반영되는가?

69.4 Clapeyron 식과 Clausius–Clapeyron 식 속에 전이 엔탈피와 온도와 같은 파라미터가 나타남에 특별히 주목하여 이 식들의 형태를 해석하시오.

69.5 계가 비압축성(즉 압력을 가해도 부피가 변하지 않는다)이라도 물질의 화학 전위가 왜 압력에 의존하는가?

연습 문제

69.1(a) 물(W)과 에탄올(E) 혼합물의 고체상과 액체상이 평형을 이루고 있다. $\mu_W(s)$, $\mu_W(l)$, $\mu_E(s)$, $\mu_E(l)$의 크기 사이의 관계는 무엇인가?

69.1(b) 벤젠(B)과 메틸벤젠(M) 혼합물의 액체상과 기체상이 평형을 이루고 있다. $\mu_B(l)$, $\mu_B(g)$, $\mu_M(l)$, $\mu_M(g)$의 크기 사이의 관계는 무엇인가?

69.2(a) 물의 몰분율이 0.60인 물과 에탄올의 혼합물을 만들었다. 만일 혼합물 조성의 작은 변화가 물의 화학 전위를 0.25 J mol^{-1}만큼 증가하게 한다면, 에탄올의 화학 전위는 얼마만큼 변하겠는가?

69.2(b) 물의 몰분율이 0.40인 물과 에탄올의 혼합물을 만들었다. 만일 혼합물 조성의 작은 변화가 에탄올의 화학 전위를 0.35 J mol^{-1}만큼 증가하게 한다면, 물의 화학 전위는 얼마만큼 변하겠는가?

69.3(a) 순수한 물의 온도가 20°C에서 25°C로 증가할 때, 순수한 물의 화학 전위는 얼마만큼 변하겠는가?

69.3(b) 순수한 옥테인의 온도가 20°C에서 25°C로 증가할 때, 순수한 옥테인의 화학 전위는 얼마만큼 변하겠는가?

69.4(a) 순수한 물 시료에 작용하는 압력을 1.0 bar에서 100 kbar로 증가시키면, 순수한 물의 화학 전위가 얼마나 증가하겠는가? 물의 질량 밀도는 20°C에서 0.997 g cm^{-3}이다.

69.4(b) 순수한 옥테인 시료에 작용하는 압력을 1.0 bar에서 100 kbar로 증가시키면 이 시료의 화학 전위가 얼마나 변하겠는가? 옥테인의 질량 밀도는 20°C에서 0.703 g cm^{-3}이다.

69.5(a) 어떤 고체 물질의 몰부피가 1.00 atm, 350.75 K(녹는점)에서 161.0 cm^3 mol^{-1}이다. 이 온도와 압력에서 액체 상태의 몰부피는 163.3 cm^3 mol^{-1}이다. 100 atm의 압력하에서는 녹는점이 351.26 K로 변한다. 이 고체 물질의 용융 엔탈피와 용융 엔트로피를 구하시오.

69.5(b) 어떤 고체 물질의 몰부피가 1.00 atm, 427.15 K(녹는점)에서 142.0 cm^3 mol^{-1}이다. 이 온도와 압력에서 액체 상태의 몰부피는 152.6 cm^3 mol^{-1}이다. 1.2 MPa의 압력하에서는 녹는점이 429.26 K

로 변한다. 이 고체 물질의 용융 엔탈피와 용융 엔트로피를 구하시오.

69.6(a) 200 K와 260 K 사이의 온도 영역에서 어떤 액체의 증기 압력은 $\ln(p/\text{Torr}) = 19.176 - 1501.8/(T/\text{K})$로 주어진다. 이 액체의 증발 엔탈피를 구하시오.

69.6(b) 200 K와 260 K 사이의 온도 영역에서 어떤 액체의 증기 압력은 $\ln(p/\text{Torr}) = 17.461 - 2100.8/(T/\text{K})$로 주어진다. 이 액체의 증발 엔탈피를 구하시오.

69.7(a) 벤젠은 5.5°C(정상 어는점)에서 얼 때 그 밀도가 0.879 g cm^{-3}에서 0.891 g cm^{-3}으로 변한다. 또 그 용융 엔탈피는 10.59 kJ mol^{-1}이다. 10.0 kbar에서 벤젠의 어는점을 계산하시오.

69.7(b) 어떤 액체가 −3.65°C(정상 어는점)에서 얼 때 그 밀도가 0.790 g cm^{-3}에서 0.799 g cm^{-3}으로 변한다. 또 용융 엔탈피는 6.68 kJ mol^{-1}이다. 100 MPa에서 이 액체의 어는점을 계산하시오.

69.8(a) 사염화 탄소의 정상 끓는점은 76.8°C이다. (a) 사염화 탄소의 증발 엔탈피, (b) 25°C, 70°C에서 사염화탄소의 증기 압력을 구하시오.

69.8(b) 헥세인의 정상 끓는점은 69.0°C이다. (a) 헥세인의 증발 엔탈피, (b) 25°C, 60°C에서 헥세인의 증기 압력을 구하시오.

69.9(a) 50 bar의 압력에서 얼음의 녹는점을 계산하시오. 이 조건하에서 얼음의 밀도는 약 0.92 g cm^{-3}, 액체 물의 밀도는 1.00 g cm^{-3}이라고 놓는다.

69.9(b) 10 MPa의 압력에서 얼음의 녹는점을 계산하시오. 이 조건하에서 얼음의 밀도는 약 0.915 g cm^{-3}, 물의 밀도는 0.998 g cm^{-3}이라고 놓는다.

응용 문제

69.1 고체 이산화 황의 증기 압력은 대략 $\log(p/\text{Torr}) = 10.5916 - 1871.2/(T/\text{K})$ 관계에 따라, 액체 이산화 황의 증기 압력은 $\log(p/\text{Torr}) = 8.3186 - 1425.7/(T/\text{K})$ 관계에 따라 온도에 의존한다. 이산화 황의 삼중점의 온도와 압력을 구하시오.

69.2 어떤 액체의 증발 엔탈피는 그 정상 끓는점인 380 K에서 22.0 kJ mol^{-1}이었다. 끓는점에서의 이 액체와 증기의 몰부피는 각각 120 $\text{cm}^3\,\text{mol}^{-1}$, 14.5 $\text{dm}^3\,\text{mol}^{-1}$이다. (a) Clapeyron 식을 써서 dp/dT를 구하고, (b) 이 식 대신에 Clausius−Clapeyron 식을 써서 이 값을 구하면 몇 %의 오차가 생기겠는지 계산하시오.

69.3 수은의 정상 어는점은 234.3 K이며, 그 용융 엔탈피는 2.292 kJ mol^{-1}이고, 녹을 때 +0.517 $\text{cm}^3\,\text{mol}^{-1}$의 몰부피 변화를 나타낸다. 10.0 m 높이의 수은 기둥(밀도 13.6 g cm^{-3})의 바닥은 어느 온도에서 얼겠는가?

69.4 나프탈렌의 증기 압력 p는 다음과 같이 온도에 따라 변한다.

T(K)	250	270	280	290	300	310	330
p(kPa)	0.036	0.514	1.662	4.918	13.43	34.1	182.9

나프탈렌의 (a) 정상 끓는점, (b) 증발 엔탈피를 구하시오.

69.5 다음 데이터를 이용하여 벤젠의 삼중점(36 Torr, 5.50°C) 근처에서의 상도표를 그리시오. $\Delta_{\text{fus}}H = 10.6$ kJ mol^{-1}, $\Delta_{\text{vap}}H = 30.8$ kJ mol^{-1}, $\rho(\text{s}) = 0.891$ g cm^{-3}, $\rho(\text{l}) = 0.879$ g cm^{-3}.

69.6‡ Goodwin은 메틸벤젠의 열역학적 성질을 연구하고 두 공존 곡선에 관한 식을 발표하였다(R.D. Goodwin, *J. Phy. Chem. Ref. Data* **18**, 1565 (1989)). 그중 고체−액체 공존 곡선(상의 경계선)은 다음과 같이 주어진다.

$$p(\text{bar}) = p_3(\text{bar}) + 1000 \times (5.60 + 11.727x)x$$

여기서 $x = T/T_3 - 1$이며, 삼중점 압력과 온도는 각각 $p_3 = 0.4362$ μbar, $T_3 = 178.15$ K이다. 그리고 액체−증기 곡선은 다음과 같다.

$$\ln p(\text{bar}) = -10.418/y + 21.157 - 15.996y + 14.015y^2 - 5.0120y^3 + 4.7224(1-y)^{1.70}$$

여기서 $y = T/T_c = T/(593.95\text{ K})$이다. (a) 고체−액체 및 액체−증기 상 경계선들을 도시하시오. (b) 메틸벤젠의 표준 녹는점을 구하시오. (c) 메틸벤젠의 표준 끓는점을 구하시오. (d) 메틸벤젠의 표준 증발 엔탈피를 계산하시오. 정상 끓는점에서 액체와 증기의 몰부피는 각각 0.12 $\text{dm}^3\,\text{mol}^{-1}$, 30.3 $\text{dm}^3\,\text{mol}^{-1}$이다.

69.7 두 상의 온도가 동일한 경우에만 두 상이 열적 평형을 이룬다는 것을 증명하시오.

69.8 두 상의 압력이 동일한 경우에만 두 상이 역학적 평형을 이룬다는 것을 증명하시오.

69.9 엔탈피 변화는 $dH = C_p dT + V dp$로 주어진다. 한편 Clapeyron 식은 두 상이 평형을 유지할 때의 dp와 dT 사이의 관계를 나타내는 것이므로, 이 두 식을 결합하면 어떻게 온도가 변함에 따라서 경계선을 따라 엔탈피가 변하는지와 두 상이 어떻게 평형을 유지하는지를 알아 낼 수 있다. $d(\Delta H/T) = \Delta C_p d \ln T$임을 보이시오.

69.10 압력의 고도 의존 관계를 나타내는 기압 분포식(응용 문제 51.7)과 Clausius−Clapeyron 식을 결합시켜 액체의 끓는점이 고도와 주위 온도에 어떻게 의존하는지를 예측하시오. 주위의 평균 온도를 20°C로 보고 3000 m 높이에서의 물의 끓는점을 예측하시오.

69.11 그림 69.6은 한 물질의 고체, 액체, 및 기체상의 화학 전위가 온도에 따라 어떻게 변하는지를 나타낸 개략도이다. 모두 음의 기울기를 나타내지만, 이 그림에서 지적된 것처럼 정말로 직선이 되지는 않을 것이다. 이 선들의 곡률에 관한 식(구체적으로 말하면 온도에 관한 이차 도함수)을 유도하시오. 이 선들의 곡률이 어떤 제약을 받겠는가? 어떤 물질 상태에서 곡률이 최대가 되겠는가?

69.12‡ 메테인은 잘 알려진 물질이지만, 보통 화석 연료로 사용되는 천연가스의 주성분이어서 여전히 연구 대상이 되고 있다. Friend 등은 메테인의 열역학적 성질에 관한 보고서(*J. Phy. Chem. Ref. Data*

*‡가 표시된 문제들은 Charles Trapp, Carmen Giunta가 제공한 것이다.

18, 583 (1989))를 발표했는데, 그 속에는 액체−증기 상 경계를 나타내는 다음과 같은 데이터가 포함되어 있다.

T(K)	100	108	110	112	114	120	130	140	150	160	170	190
p(MPa)	0.034	0.074	0.088	0.104	0.122	0.192	0.368	0.642	1.041	1.593	2.329	4.521

(a) 액체−증기 상 경계선을 도시하시오. (b) 메테인의 표준 끓는점을 구하시오. (c) 메테인의 표준 증발 엔탈피를 계산하시오. 표준 끓는점에서 액체와 증기의 몰부피는 각각 3.80×10^{-2} dm^3 mol^{-1}, 8.89 dm^3 mol^{-1}으로 주어진다.

토픽 70 이상 혼합물

토론 문제

70.1 Raoult 법칙의 분자적 근거를 설명하시오.

70.2 이상 용액과 이상 묽은 용액의 차이는 무엇인가?

연습 문제

70.1(a) 온도 25°C에서 용기에 (a) 물(증기 압력이 3.2 kPa), (b) 벤젠(증기 압력이 13.1 kPa)을 담아 뚜껑을 닫지 않고 크기가 4.0 m×4.0 m×3.0 m인 실험실에 놓아두었다. 환기 장치가 없다면 공기 속으로 증발되는 이들 물질의 질량은 얼마인가?

70.1(b) 실내 온도 25°C에서 용기에 수은(증기 압력이 0.23 kPa)을 담아 뚜껑을 닫지 않고 크기가 6.0 m×5.0 m×3.5 m인 실험실에 놓아두었다. 환기 장치가 없다면 공기 속으로 증발되는 수은의 질량은 얼마인가?

70.2(a) 10.0 dm^3의 용기를 부피가 같게 두 칸으로 분리시켰다. 왼쪽 칸에는 질소를 25°C에서 1.5 bar가 되게 채우고, 오른쪽 칸에는 수소를 같은 온도와 압력이 되게 채웠다. 칸막이를 제거하여 혼합할 때 엔트로피와 Gibbs 에너지를 계산하시오. 기체들은 완전 기체라고 가정한다.

70.2(b) 350 cm^3의 용기를 부피가 같게 두 칸으로 분리시켰다. 왼쪽 칸에는 아르곤을 0°C에서 150 kPa이 되게 채우고, 오른쪽 칸에는 네온을 같은 온도와 압력이 되게 채웠다. 칸막이를 제거했을 때 혼합에 대한 엔트로피와 Gibbs 에너지를 계산하시오. 기체들은 완전 기체라고 가정한다.

70.3(a) 공기는 대략 N_2 76%, O_2 23%, Ar 1%의 질량 조성을 갖고 있다. 이 공기가 순수한(완전) 기체들로부터 혼합될 때의 엔트로피, 엔탈피, Gibbs 에너지를 계산하시오.

70.3(b) 298 K에서 25 g의 C_6H_{14}(헥세인)과 25 g의 C_7H_{16}(헵테인)을 혼합시켰을 때의 혼합 Gibbs 에너지, 혼합 엔트로피, 혼합 엔탈피를 계산하시오. 이상 용액으로 가정한다.

70.4(a) 헥세인과 헵테인의 혼합 엔트로피를 최대로 되게 하려면, 이들을 어떤 비율의 (a) 몰분율, (b) 질량 분율로 혼합해야 하겠는가?

70.4(b) 벤젠과 에틸벤젠의 혼합 엔트로피를 최대로 되게 하려면 이들을 어떤 비율의 (a) 몰분율, (b) 질량 분율로 혼합해야 하겠는가?

70.5(a) 300 K에서 $GeCl_4$ 액체 속의 HCl의 부분 증기 압력(즉 HCl 증기의 부분 압력)은 다음과 같다.

x_{HCl}	0.005	0.012	0.019
p_{HCl}(kPa)	32.0	76.9	121.8

이 용액이 이 몰분율 영역에서 Henry 법칙에 따른다는 것을 보이고, 300 K에서의 Henry 법칙 상수를 계산하시오.

70.5(b) 310 K에서 액체 A 속에 녹아 있는 물질 B의 부분 증기 압력은 다음과 같다.

x_B	0.010	0.015	0.020
p_B(kPa)	82.0	122.0	166.1

이 용액이 이 몰분율 영역에서 Henry 법칙에 따른다는 것을 보이고, 310 K에서의 Henry 법칙 상수를 계산하시오.

70.6(a) 300 K에서 순수한 액체 A의 증기 압력은 76.7 kPa이고, 순수한 액체 B의 증기 압력은 52.0 kPa이다. 이 두 화합물은 이상적 액체 및 기체 혼합물을 만든다. 평형 상태에서 증기 속의 A의 몰분율이 0.350인 혼합물의 평형 조성을 생각하고, 증기의 전체 압력과 액체 혼합물의 조성을 계산하시오

70.6(b) 293 K에서 순수한 액체 A의 증기 압력은 68.8 kPa이고, 순수한 액체 B의 증기 압력은 82.1 kPa이다. 이 두 화합물은 이상적 액체 및 기체 용액을 만든다. 평형 상태에서 증기 속의 A의 몰분율이 0.612인 혼합물의 평형 조성을 생각하고, 증기의 전체 압력과 액체 혼합물의 조성을 계산하시오

70.7(a) 액체 $GeCl_4$에 용해된 HCl의 몰랄 농도가 0.15 mol kg^{-1}이다. HCl의 부분 증기 압력을 예측하시오. 필요한 데이터는 연습 문제 70.5a를 참조하라.

70.7(b) 연습 문제 70.5(b)의 용액에서 A 속에 용해된 성분 B의 몰랄 농도가 0.15 mol kg^{-1}이다. B의 부분 증기 압력을 계산하시오.

70.8(a) 벤젠의 증기 압력은 60.6°C에서 53.3 kPa인데, 500 g의 벤젠에 19.0 g의 비휘발성 유기 화합물을 녹였더니 그 증기 압력이 51.5 kPa로 떨어졌다. 이 화합물의 몰질량을 계산하시오.

70.8(b) 2-프로판올의 증기 압력은 338.8°C에서 50.00 kPa인데, 250 g의 2-프로판올에 8.69 g의 비휘발성 유기 화합물을 녹였더니 그 증기 압력이 49.62 kPa로 떨어졌다. 이 화합물의 몰질량을 계산하시오.

70.9(a) Henry 법칙과 표 70.1의 데이터를 이용하여 25°C에서 물속에 녹아 있는 이산화 탄소의 부분 압력이 (a) 0.10 atm, (b) 1.00 atm일 때 CO_2 기체의 물에 대한 용해도(몰랄 농도로 나타낸)를 구하시오.

70.9(b) 해면 높이의 공기 속에 들어 있는 질소와 산소의 몰분율은 각각 약 0.78, 0.21이다. 25°C에서 열린 플라스크 안의 물속에 녹아 있는 이들 기체의 몰랄 농도를 구하시오.

응용 문제

70.1 303.15 K에서 메틸벤젠(A)이 평형을 이루고 있는 뷰탄온과의 액체와 기체 혼합물에서의 몰분율과 전체 압력 p는 다음 표와 같다.

x_A	0	0.0898	0.2476	0.3577	0.5194	0.6036
y_A	0	0.0410	0.1154	0.1762	0.2772	0.3393
p(kPa)	36.066	34.121	30.900	28.626	25.239	23.402

x_A	0.7188	0.8019	0.9105	1
y_A	0.4450	0.5435	0.7284	1
p(kPa)	20.6984	18.592	15.496	12.295

증기를 완전 기체라고 생각하고, 두 성분의 부분 압력을 계산하시오. 이들을 액체 혼합물 속의 상대 몰분율에 대해서 도시하고, 이 두 성분의 Henry 법칙 상수를 구하시오.

70.2 용매에 녹는 기체의 용해도 c를 계산하려면, Henry 상수 K를 이용한 식 $c = Kp$를 이용하는 것이 편리하다. 스쿠버 다이빙에서와 같이 높은 압력하에서 공기를 호흡하면 용해된 질소의 농도가 증가하게 된다. 질소의 용해도에 관한 Henry 법칙 상수는 0.18 μg/(g H_2O atm)이다. 4.0 atm, 20°C에서 공기로 포화된 물 100 g에는 질량으로 얼마나 되는 질소가 용해되겠는가? 이 결과를 1.0 atm에서 공기로 포화된 물 100 g에 용해되는 값과 비교하시오(공기 속에는 78.08 mole%의 N_2가 들어 있다). 지방 조직 속에는 질소가 물에서보다 4배나 더 녹는다면, 압력이 1 atm에서 4 atm으로 증가할 때 지방 조직 속의 질소 농도는 얼마나 증가하겠는가?

토픽 71 총괄성

토론 문제

71.1 총괄성의 근원을 열역학적인 용어와 분자적 용어로 설명하시오.

연습 문제

71.1(a) 25°C에서 톨루엔 속의 폴리스타이렌 용액이 나타내는 삼투압을 측정하였다. 이 삼투압은 밀도가 1.004 g cm^{-3}인 용매의 높이를 가지고 나타내었으며, 측정 결과는 다음과 같다.

c(g dm^{-3})	2.042	6.613	9.521	12.602
h(cm)	0.592	1.910	2.750	3.600

이 중합체의 몰질량을 계산하시오.

71.1(b) 한 효소의 몰질량을 구하기 위하여 20°C에서 이것을 물에 녹이고 여러 농도에서 삼투압을 측정하였으며, 이 데이터를 농도가 0이 될 때까지 외삽하여 다음과 같은 데이터를 얻었다. 이 효소의 몰질량을 구하시오.

c(mg dm^{-3})	3.221	4.618	5.112	6.772
h(cm)	5.746	8.238	9.119	11.990

71.2(a) 한 시료가 $M = 30$ kg mol^{-1}인 30%(질량으로)의 이합체와 이것의 단량체로 이루어져 있다. 수평균 몰질량과 무게 평균 몰질량 값은 얼마인가? 이질성 지수(heterogeneity index)의 값은 얼마인가?

71.2(b) 한 시료가 $M = 22$ kg mol^{-1}인 25%(질량으로)의 삼합체와 이것의 단량체로 이루어져 있다. 수평균 몰질량과 무게 평균 몰질량 값은 얼마인가? 불균일성 지수의 값은 얼마인가?

응용 문제

71.1‡ 아래 표의 데이터는 Sato 등(*J. Polymer Sci. Phys.*, **14**, 619 (1976))이 30°C에서 톨루엔($\rho = 0.858$ g cm^{-3})에 용해된 폴리클로로프렌($\rho = 1.25$ g cm^{-3})의 삼투압을 측정하여 보고한 결과이다. 폴리클로로프렌의 몰질량과 이차 삼투 비리알 계수를 결정하시오.

c(mg cm^{-3})	1.33	2.10	4.52	7.18	9.87
Π(N m^{-2})	30	51	132	246	390

71.2 이상 용액의 어는점 내림에 대한 식을 유도하시오. 또한 반드시 명시해야 하는 일련의 근사에 따라서, 어는점 내림이 용질의 몰분율에 비례한다는 것, 즉 $\Delta T = K_f x_B$임을 증명하시오. 여기에서 T_f^*가 순수한 용매의 어는 온도이며 $\Delta_{fus}H$는 순수한 용매의 용융 엔탈피일 때, $K_f = RT_f^{*}/\Delta_{fus}H$이다. **힌트**: 용매의 어는 온도에서 액체 용매의 화학 전위는 고체 용매의 화학 전위와 같다.

71.3 용액에서 용매의 끓는점 오름에 대하여 앞의 문제를 반복하시오.

71.4[‡] 고분자 과학에서는 데이터들을 조금 낯선 단위로 나타낸다. 예를 들어 용액 속 고분자의 몰질량을 삼투계량법으로 결정할 때는 삼투압을 g cm^{-2}으로, 농도는 g cm^{-3}으로 자주 나타낸다. (a) 이러한 단위를 사용하면 van't Hoff 식 속의 R이 어떤 단위를 가지게 되는가? (b) 아래 표의 데이터는 25°C에서 클로로벤젠에 폴리아이소뷰텐이 용해된 용액의 삼투압을 농도에 따라 조사한 것이다(J. Leonard and H. Daoust, *J. Polym. Sci.*, **57**, 53 (1962)). 이 데이터로부터 Π/c를 c에 대해서 도시하여 폴리아이소뷰텐의 몰질량을 구하시오. (c) 이차 삼투 계수가 0이 되는 용매를 세타(θ) 용매라고 한다. '불량한' 용매의 경우에는 이 도시가 선형으로 나타나고, '좋은' 용매의 경우에는 비선형이 된다. 위의 도시 결과로부터 용매로서 클로로벤젠은 폴리아이소뷰텐에 대하여 어떤 용매로 분류할 수 있겠는가? 이 결과를 고분자와 용매의 분자 구조의 면에서 합리화하시오. (d) 이 곡선을 삼투압 식의 비리알 식에 맞추어 넣어 이차 및 삼차 삼투 비리알 계수를 결정하시오. (e) 실험적으로 밝혀진 바에 의하면, 비리알 전개식은 다음과 같은 형태로 나타낼 수가 있다.

$$\Pi/c = RT/M(1+B'c+gB'^2c'^2+\cdots)$$

그리고 좋은 용매의 경우에는 g가 약 0.25가 된다. 제곱항까지만 취한 다음 $(\Pi/c)^{1/2}$에 대한 식을 구하고, 이것을 c에 대해서 도시하시오. 이 도시로부터 이차 및 삼차 비리알 계수를 구한 다음, 이것을 처음 도시로부터 얻은 결과와 비교하시오. 이 도시 결과가 가정한 g의 값과 부합되는가?

$10^{-2}(\Pi/c)$ (g cm^{-2}/g cm^{-3})	2.6	2.9	3.6	4.3	6.0	12.0
c(g cm^{-3})	0.0050	0.010	0.020	0.033	0.057	0.10

$10^{-2}(\Pi/c)$ (g cm^{-2}/g cm^{-3})	19.0	31.0	38.0	52	63
c(g cm^{-3})	0.145	0.195	0.245	0.27	0.29

토픽 72 실제 용액

토론 문제

72.1 정규 용액은 무엇을 의미하는 것인지 설명하시오. 파라미터 ξ의 크기와 부호가 어떻게 실제 용액의 다양한 특성을 담아내는지를 논의하시오.

72.2 전해질 용액에 관한 Debye–Hückel 이론의 일반적 특징을 설명하시오. 왜 이것은 오로지 극한 법칙인가?

연습 문제

72.1(a) 40°C에서 혼합물의 과잉 혼합 엔탈피의 최댓값이 1.8 kJ mol^{-1}이다. 정규 용액을 모형화하는 데 사용하는 식에서 파라미터 ξ의 값을 구하시오. 상 분리를 예상할 수 있는가?

72.1(b) 25°C에서 혼합물의 과잉 혼합 엔탈피의 최댓값이 1.4 kJ mol^{-1}이다. 일반 용액을 모형화하는 데 사용하는 식에서 파라미터 ξ의 값을 구하시오. 상분리를 예상할 수 있는가?

72.2(a) 물질 A와 B는 모두 휘발성 액체로서 $p_A^* = 300$ Torr, $p_B^* = 250$ Torr, $K_B = 200$ Torr(농도를 몰분율로 표시할 때)이다. $x_A = 0.90$, $b_B = 2.22$ mol kg^{-1}일 때, $p_A = 250$ Torr이고 $p_B = 25$ Torr이다. A와 B의 활동도와 활동도 계수를 계산하시오. 몰분율을 사용하고, A에 대해서는 Raoult 법칙에 입각해서, B에 대해서는 Henry 법칙에 입각해서 계산하시오(몰분율과 몰랄 농도를 모두 써서).

72.2(b) 293 K에서 0.920 kg의 물에 0.122 kg의 비휘발성 용질($M = 241$ g mol^{-1})을 녹인 용액의 부분 증기 압력은 $p^*(H_2O) = 0.02308$ atm, $p(H_2O) = 0.02239$ atm으로 주어진다. 이 용액 속의 물의 활동도와 활동도 계수를 계산하시오.

72.3(a) 57.2°C, 1.00 atm에서 아세톤(A)/메탄올(M) 용액의 액체상과 증기상 사이의 평형을 측정하였더니 $y_A = 0.516$(증기에서)일 때 $x_A = 0.400$(액체에서)이었다. Raoult 법칙에 입각해서 이 용액의 두 성분에 대한 활동도와 활동도 계수를 계산하시오. 이 온도에서 순수한 성분들의 증기 압력은 각각 $p_A^* = 105$ kPa, $p_M^* = 73.5$ kPa이다.

72.3(b) 30°C, 1.00 atm에서 어떤 한 용액의 액체상과 증기상 사이의 평형을 측정하였더니 $y_A = 0.314$(증기에서)일 때 $x_A = 0.220$(액체에서)이었다. Raoult 법칙에 입각해서 이 용액의 두 성분에 대한 활동도와 활동도 계수를 계산하시오. 이 온도에서 순수한 성분의 증기 압력은 각각 $p_A^* = 73.0$ kPa, $p_B^* = 92.1$ kPa이다.

72.4(a) 20°C에서 정규 용액을 형성하는 두 액체의 과잉 혼합 엔탈피의 최댓값이 800 J mol^{-1}이다. 이러한 조성에서 각 성분의 활동도는 얼마인가?

72.4(b) 30°C에서 정규 용액을 형성하는 두 액체의 과잉 혼합 엔탈피의 최댓값이 1.4 kJ mol^{-1}이다. 이러한 조성에서 각 성분의 활동도는 얼마인가?

72.5(a) KCl(aq)에 관해서 0.15 mol kg^{-1}이고, $CuSO_4$(aq)에 관해서 0.35 mol kg^{-1}인 용액의 이온 세기를 계산하시오.

72.5(b) $K_3[Fe(CN)_6]$(aq)에 관해서 0.080 mol kg^{-1}, KCl(aq)에 관해서 0.030 mol kg^{-1}, NaBr(aq)에 관해서 0.075 mol kg^{-1}인 용액의 이온 세기를 계산하시오.

72.6(a) 800 g의 용매가 들어 있는 0.250 mol kg^{-1} KNO_3(aq) 용액에

(a) $Ca(NO_3)_2$, 그리고 별도로 (b) NaCl의 질량을 얼마나 가해 주어야 용액의 이온 세기가 0.450으로 되겠는가?

72.6(b) 250 g의 용매가 들어 있는 0.150 mol kg^{-1} KNO_3(aq) 용액에 (a) KNO_3, 그리고 별도로 (b) $Ba(NO_3)_2$의 질량을 얼마나 가해 주어야 용액의 이온 세기가 1.00으로 되겠는가?

72.7(a) 25°C에서 $CaCl_2$(aq)에 관해서 5.0 mmol kg^{-1}이고, NaF(aq)에 관해서 4.0 mmol kg^{-1}인 용액의 평균 활동도 계수와 활동도를 구하시오.

72.7(b) 25°C에서 NaCl(aq)에 관해서 2.5 mmol kg^{-1}이고 $Ca(NO_3)_2$(aq)에 관해서 5.5 mmol kg^{-1}인 수용액의 평균 활동도 계수와 활동도를 구하시오.

72.8(a) 25°C에서 세 가지 묽은 HBr 수용액의 평균 활동도 계수는 5.0 mmol kg^{-1}에서 0.930, 10.0 mmol kg^{-1}에서 0.907, 20.0 mmol kg^{-1}에서 0.879이다. 이 데이터를 이용하여 확장된 Debye–Hückel 법칙에서의 B 값을 구하시오.

72.8(b) 25°C에서 세 가지 묽은 KCl 수용액의 평균 활동도 계수는 5.0 mmol kg^{-1}에서 0.927, 10.0 mmol kg^{-1}에서 0.902, 50.0 mmol kg^{-1}에서 0.816이다. 이 데이터를 이용하여 확장된 Debye–Hückel 법칙에서의 B 값을 구하시오.

응용 문제

72.1 다음 표는 50°C에서 아이오도에테인(I)과 아세트산 에틸(A)의 혼합물의 증기 압력을 나타내고 있다. 두 성분의 활동도 계수를 (a) Raoult 법칙에 기준하여, (b) 아이오도에테인을 용질로 보고 Henry 법칙에 기준하여 구하시오.

x_1	0	0.0579	0.1095	0.1918	0.2353	0.3718
p_1(kPa)	0	3.73	7.03	11.7	14.05	20.72
p_A(kPa)	37.38	35.48	33.64	30.85	29.44	25.05

x_1	0.5478	0.6349	0.8253	0.9093	1.0000
p_1(kPa)	28.44	31.88	39.58	43.00	47.12
p_A(kPa)	19.23	16.39	8.88	5.09	0

72.2[‡] Aminabhavi 등은 사이클로헥세인과 여러 긴 사슬 알케인과의 혼합물을 조사하였다(*J. Chem. Eng. Data* **41**, 526 (1996)). 이들이 보고한 데이터 중에는 사이클로헥세인과 펜타데케인의 혼합물의 밀도를 다음 표와 같이 298.15 K에서 사이클로헥세인의 몰분율(x_c)의 함수로 나타내었다.

x_c	0.6965	0.7988	0.9004
ρ(g cm^{-3})	0.7661	0.7674	0.7697

데이터에 맞는 다항식을 만들고(수학 소프트웨어를 사용하여), 여분 혼합 부피와 성분들의 분몰 부피 $V_J=(\partial V/\partial n_J)_{p,T}$를 구하시오. 또한 이 결과를 도시하시오.

72.3[‡] Comelli와 Francesconi는 313.15 K에서 프로피온산과 다른 여러 유기 액체와의 혼합물을 조사하고(*J. Chem. Eng. Data* **41**, 101 (1996)), 프로피온산과 옥세인이 혼합될 때의 과잉 혼합 부피가 $V^E=x_1x_2\{a_0+a_1(x_1-x_2)\}$로 주어진다고 보고하였다. 여기서 x_1은 프로피온산의 몰분율, x_2는 옥세인의 몰분율, $a_0=-2.4697$ cm^3 mol^{-1}, $a_1=0.0608$ cm^3 mol^{-1}이다. 이 온도에서 프로피온산의 밀도는 0.97174 g cm^{-3}이며, 옥세인의 밀도는 0.86398 g cm^{-3}이다. (a) 이 온도에서 두 성분의 분몰 부피에 관한 식을 유도하시오. (b) 등몰 혼합물 속에서의 각 성분의 분몰 부피 $V_J=(\partial V/\partial n_J)_{p,T}$를 계산하시오.

72.4[‡] Francesconi 등은 트라이클로로메테인과 1,2-에폭시뷰테인과의 액체–증기 평형을 여러 온도에서 조사하였다(*J. Chem. Eng. Data* **41**, 310 (1996)). 이들의 데이터 중에는 298.15 K에서 액체상 속에 들어 있는 트라이클로로메테인의 몰분율(x_T)과 증기상 속의 몰분율(y_T)을 압력의 함수로 나타낸 다음과 같은 데이터가 들어 있다.

p_1(kPa)	23.40	21.75	20.25	18.75	18.15	20.25	22.50	26.30
x	0	0.129	0.228	0.353	0.511	0.700	0.810	1
y	0	0.065	0.145	0.285	0.535	0.805	0.915	1

Raoult 법칙에 입각해서 두 성분의 활동도 계수를 계산하시오.

72.5 25°C에서 NaCl 수용액의 평균 활동도 계수는 아래와 같다.

b(mmol kg^{-1})	1.0	2.0	5.0	10.0	20.0
$\gamma_\pm$	0.9649	0.9519	0.9275	0.9024	0.8712

이들이 Debye–Hückel 극한 법칙을 만족시키는지를 확인하고, 확장된 법칙을 이용하면 더 잘 맞는다는 것을 보이시오.

72.6 어떤 이성분 혼합물에 대한 과잉 Gibbs 에너지는 $gRTx(1-x)$와 같다. 여기서 g는 상수이고, x는 용질 A의 몰분율이다. 혼합물을 이루고 있는 A의 화학 전위를 나타내는 식을 구하고, 이 식의 조성 의존도를 그리시오.

72.7 303.15 K에서 메틸사이클로헥세인(MCH)과 테트라하이드로퓨란(THF)을 혼합할 때의 과잉 Gibbs 에너지는 다음 식을 만족시킨다.

$$G^E=RTx(1-x)\{0.4857-0.1077(2x-1)+0.0191(2x-1)^2\}$$

여기서 x는 MCH의 몰분율이다. 이 실험 식은 용액이 정규 용액이라는 견해를 뒷받침하는가? 만일 전체 조성 영역에 대하여 정규 용액이 아니라면 좁은 조성 영역에서는 정규 용액인가? 이 데이터를 수용하도록 정규 모델을 조정할 수 있는가?

72.8 성분 A의 화학 전위를 관심 대상 조성까지에 이르는 전체 조성 영역에 걸쳐서 알면 이성분 혼합물에서 성분 B의 화학 전위를 구할 수 있음을 Gibbs–Duhem 식을 이용하여 보이시오. 다음 식을 증명함으로써 이 문제를 푸시오.

$$\mu_B=\mu_B^\star-\int_{\mu_A^\star}^{\mu_A}\frac{x_A}{1-x_A}\,d\mu_A$$

계속하여 활동도 계수가 Margules 식과 파라미터 ξ로 나타내는 정규 용액에 대한 이 식의 다른 형태를 만들어 내시오.

72.9 응용 문제 72.8에서 유도된 식과 유사한 식은 분몰 부피에 응용된다. 다음의 데이터(298 K에 대한)를 사용하여 $x=0.500$에서 프로판온/트라이클로로메테인 혼합물에서 프로판온의 분몰 부피를 그래프 적분 방법으로 구하시오.

$x(CHCl_3)$	0	0.194	0.385	0.559	0.788	0.889	1.000
$V_m(cm^3\ mol^{-1})$	73.99	75.29	76.50	77.55	79.08	79.82	80.67

72.10 '삼투 계수'는 $\phi=-(x_A/x_B)\ln a_A$로 정의된다. $r=x_A/x_B$로 쓰고 Gibbs–Duhem 식을 이용하면 한 조성 영역에서 다음 식을 이용하여 A의 활동도로부터 B의 활동도를 계산할 수 있음을 보이시오.

$$\ln\frac{a_B}{r}=\phi-\phi(0)+\int_0^r\left(\frac{\phi-1}{r}\right)dr$$

72.11 하전된 단백질이 들어 있는 수용액에 $(NH_4)_2SO_4$와 같은 염을 소량 가해 주면 물 속에서 단백질의 용해도가 증가한다. 이러한 현상을 **염용**(*salting-in*) **효과**라고 한다. 그러나 다량의 염을 가하면 용액으로부터 단백질이 석출되어 나올 정도로 단백질의 용해도가 감소할 수 있다. 이 현상은 **염석 효과**라고 하는데, 생화학자들은 흔히 이 현상을 이용하여 단백질을 분리하기도 하고 정제하기도 한다. $PX_\nu(s) \rightleftharpoons P^{\nu+}(aq)+\nu X^-(aq)$의 평형을 생각해 보자. $P^{\nu+}$는 전하가 $+\nu$인 다중 양이온 단백질이고, X^-는 그 상대 이온이다. Le Chatelier 원리와 Debye–Hückel 이론의 배경이 되는 물리학적 원리를 이용하여 이 염용 효과와 염석 효과를 분자 수준에서 설명하시오. **힌트**: Le Chatelier 원리는 일반화학으로부터 당연히 익숙할 것이다.

통합 문제

F14.1 벤젠(B)과 아세트산(A)과의 혼합물에 대한 아래 증기 압력 데이터를 도시하고, 50°C에서 이 혼합물에 대한 증기 압력–조성 곡선을 도시하시오. 이어서 Raoult 법칙과 Henry 법칙이 각각 적합한 영역에서 성립하는지를 확인하시오. Raoult 법칙에 입각한 성분들의 활동도와 활동도 계수와, B를 용매로 보았을 때의 그 활동도와 활동도 계수를 Henry 법칙에 입각해서 구하시오. 끝으로 이 데이터 조성 범위에서 과잉 혼합 Gibbs 에너지를 구하시오.

x_A	0.0160	0.0439	0.0835	0.1138	0.1714
p_A(kPa)	0.484	0.967	1.535	1.89	2.45
p_B(kPa)	35.05	34.29	33.28	32.64	30.90

x_A	0.2973	0.3696	0.5834	0.6604	0.8437	0.9931
p_A(kPa)	3.31	3.83	4.84	5.36	6.76	7.29
p_B(kPa)	28.16	26.08	20.42	18.01	10.0	0.47

F14.2‡ Chen과 Lee는 사이클로헥산올과 몇 가지 기체와의 액체–증기 평형을 압력을 높여가며 조사하였다(J.-T. Chen and M.-J. Lee, *J. Chem. Eng. Data* **41**, 339 (1996)). 이들의 보고 중에는 393.15 K에서 사이클로헥산올의 증기상 속의 몰분율(y)과 액체상 속의 몰분율(x)을 압력의 함수로 나타낸 다음과 같은 데이터가 들어 있다.

p(bar)	10.0	20.0	30.0	40.0	60.0	80.0
y_{cyc}	0.0267	0.0149	0.0112	0.00947	0.00835	0.00921
x_{cyc}	0.9741	0.9464	0.9204	0.892	0.836	0.773

사이클로헥산올 속에서의 CO_2의 Henry 법칙 상수를 구하고, CO_2의 활동도 계수를 계산하시오.

F14.3‡ 아래 데이터(x: 액체상, y: 기체상)는 100 kPa에서 질소와 산소로 된 혼합물의 액체–증기 평형 조성을 나타낸 것이다.

T(K)	77.3	78	80	82	84	86	88	90.2
$x(O_2)$	0	0.10	0.34	0.54	0.70	0.82	0.92	1
$y(O_2)$	0	0.02	0.11	0.22	0.35	0.52	0.73	1
$p^*(O_2)$(Torr)	154	171	225	294	377	479	601	760

이 데이터로부터 온도–조성 상도표를 그리고, 이어서 각 조성에서 O_2의 활동도 계수를 계산함으로써 이 용액이 이상 용액의 성질과 어느 정도까지 맞는지 알아보시오.

F14.4 실제 용액의 삼투압은 $\Pi V=-RT\ln a_A$로 주어짐을 보이시오. 이어서 용액의 농도가 낮을 때는 이 식이 $\Pi V=\phi RT[B]$와 같은 형태로 되고, 따라서 삼투계량법을 써서 삼투 계수 ϕ(응용 문제 72.10에서 정의하였다)를 구할 수 있음을 보이시오.

F14.5 몰질량이 M인 용매의 활동도가 a_A인 실제 용액이 있다. 이 용액의 어는점 내림은 다음 관계를 만족시킴을 보이시오.

$$\frac{d\ln a_A}{d(\Delta T)}=-\frac{M}{K_f}$$

용질의 활동도를 a_B, 몰랄 농도를 b_B라고 하면 Gibbs–Duhem 식으로부터 다음과 같은 식이 얻어짐을 보이시오.

$$\frac{d\ln a_B}{d(\Delta T)}=-\frac{1}{b_BK_f}$$

끝으로 Debye–Hückel의 극한 법칙을 써서 삼투 계수(ϕ, 응용 문제 72.10)가 $\phi=1-\frac{1}{3}A'I$가 됨을 보이시오. 여기서 $A'=2.303A$이고, $I=b/b^\circ$이다.

F14.6‡ 다이아몬드는 지금까지 특정지어진 어떠한 물질보다도 단단하고 가장 좋은 열전도체이다. 이러한 이유들 때문에 다이아몬드는 강한 연마제가 필요한 산업 분야에서 널리 이용되고 있다. 불행하게도 다이아몬드는 흑연과 같이 쉽게 얻을 수 있는 탄소 동소체로부터 합성하기가 어렵다. 이러한 점을 보이는 한 예로서, 25°C에서 열역학적으로 흑연보다 더 안정하도록 흑연을 다이아몬드로 변환시키려면 얼마만한 압력이 필요한지 계산하시오. 다음 데이터는 25°C, 100 kPa에서의 값들이다. 비부피(specific volume) V_s와 κ_T는 압력 변화와 무관하다고 가정한다.

	흑연	다이아몬드
$\Delta_f G^\ominus$ (kJ mol^{-1})	0	+2.8678
V_s(cm^3 g^{-1})	0.444	0.284
κ_T(kPa^{-1})	3.04×10^{-8}	0.187×10^{-8}

F14.7 완전 기체의 Gibbs 에너지와 엔트로피가 분자 분배 함수에 관련되는 식을 사용하여 (a) 식 64.12b와 60.3이 식 69.11과 일치한다는 것, (b) 식 64.12b가 69.12와 일치한다는 것을 증명하시오.

F14.8 수학적 소프트웨어, 스프레드시트, 또는 이 책의 웹사이트에 있는 *Living graphs*(LG로 표시된)를 사용하여 다음 문제에 답하시오.

(a) 298 K와 500 K 사이의 상이한 온도 범위에서 이상 용액에 관하여 x_A에 대한 $\Delta_{mix}G$의 그래프를 그리시오. $\Delta_{mix}G$의 온도 의존성이 가장 크게 나타나는 x_A의 값은 얼마인가?

(b) 연습 문제 71.1의 데이터로부터 삼투 비리알 계수 B 값을 결정하시오.

(c)[LG] 그림 72.3의 그래프를 참조하여 ξ를 맞추어 넣고, 온도를 변화시키시오. 어떤 x_A 값에서 과잉 엔탈피가 온도에 가장 크게 의존하는가?

(d)[LG] 그림 72.4의 그래프를 참조하여 1.5에서 ξ를 맞추어 넣고, 온도를 변화시키시오. 상 분리가 관찰되는 온도 범위가 존재하는가?

(e)[LG] 식 70.6와 72.17을 사용하여 $\xi=2.5$일 때 x_A에 대하여 p_A/p_A^*를 도시하시오. 어떤 x_A 값 이상에서 이 식들에서 주어진 p_A/p_A^* 값보다 10퍼센트 이상 달라지는가?

(f) 어떤 1,1 전해질에 대하여 실험 데이터를 표현하는 Davies 식에서 $B=1.50$, $C=0$일 때 $I^{1/2}$에 대한 $\log\gamma_\pm$의 도시를 생각해 보자. 어떤 범위의 이온 세기에 걸쳐 활동도 계수의 값에 극한 법칙의 응용이 확장 법칙에 의해 예측된 값의 10퍼센트보다 작은 오차가 생기는가?

15장 화학 평형

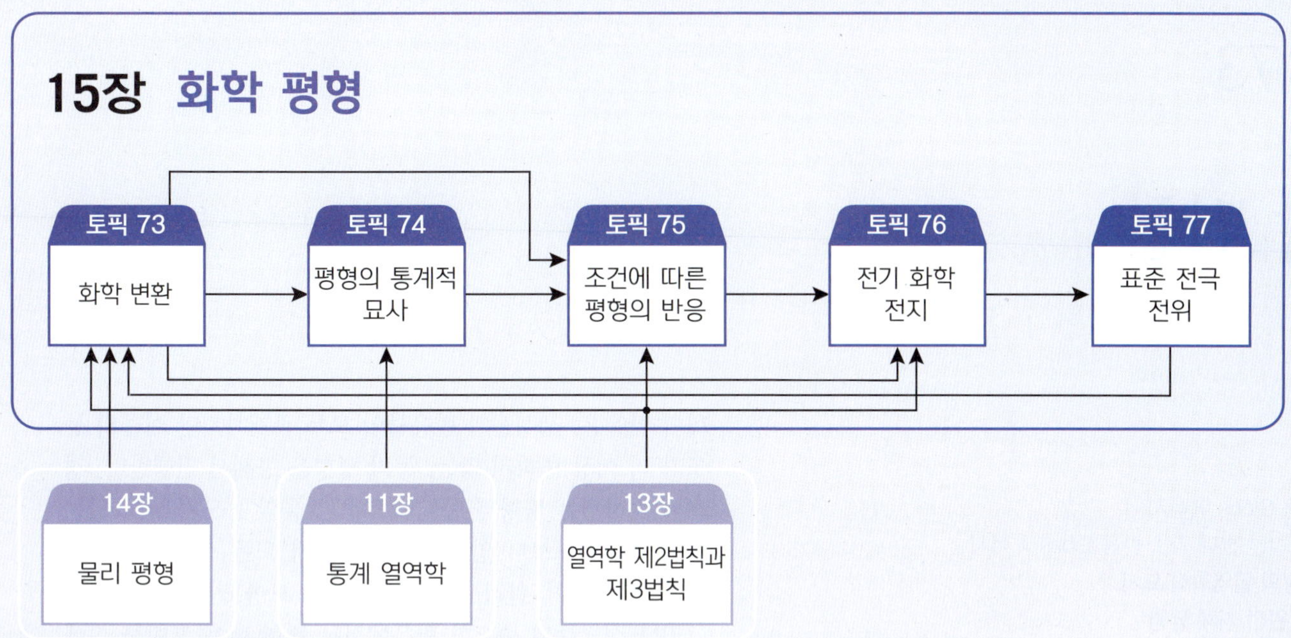

화학에 대한 모든 적용 중에서 아마도 열역학의 가장 중요한 것은 화학 평형의 설명에 대한 역할일 것이다. 이 중에는 전기 화학 같은, 평형 개념을 이용하는 화학의 측면이 포함된다.

물리 평형에서 도입된 화학 퍼텐셜의 개념은 화학 평형의 묘사와 Gibbs 에너지(**열역학 제2법칙과 제3법칙**에서 도입된)와 반응의 평형 상수(토픽 73) 사이의 연결을 확립하는 데 중심적인 역할을 한다. 이러한 맥락에서 반응물과 생성물의 화학 전위에 의해 표현되는 '미는 힘' 사이의 저울추로 화학 평형을 상상할 수 있다. 이와 같은 중요한 논의는 열계량법으로 측정할 수 있는 열역학적 성질과 평형 상수 사이의 연결을 확립하게 한다.

평형 상수의 중요성에 대한 보다 깊은 이해는 통계 열역학(토픽 74)의 논의에서 도입된 분자 분배 함수와 상수를 연결시킴으로써 나타난다. 더욱이 분배 함수는 분광학 데이터로부터 계산될 수 있기 때문에, 구조 데이터를 사용하여 평형 상수를 예측하는 방법에 도달하게 된다.

열역학과 Boltzmann 분포는 모두 평형 상수의 값이 조건에 얼마나 의존하는지(토픽 75)를 이해하고 예측하는 길을 마련해 주는데, 이는 반응의 수득율을 최대화하는 데 매우 귀중한 정보이다.

특히 산화-환원 반응뿐만 아닌, 많은 반응들은 전자의 이동에 의해 일어나는 것으로 예상할 수 있다. 이들 반응은 자주 '전기 화학 전지'에서 진행시킬 수 있어서, 전지 전극 사이의 전기 전위 차이가 평형을 향한 반응의 진전을 탐지하고 전기 활성종의 농도를 결정하는 데(토픽 76) 이용될 수 있다. 더욱이 각 전극에 다른 기여를 하게 함으로써(토픽 77), 상당히 다양한 반응들의 평형 상수를 용액에서 한 화학종이 다른 화학종을 환원할 수 있는지를 결정하는 데 이용하고 논의할 수 있도록 데이터를 정리할 수 있다.

토픽 73

화학 변환

내용

➤ 학습 목표

이 토픽에서는 열화학적 성질과 평형 상수의 중요한 화학적 개념 사이의 중요한 연결 고리를 소개한다. 열역학적 논의가 평형의 논의에 이용될 때마다 이는 언제나 여기서 설명된 자료에 기반을 둔 것이다.

➤ 핵심 내용

일정 온도와 압력에서, 반응은 Gibbs 에너지의 최소화에 대응되는 조성에 접근하려고 한다.

➤ 미리 알기

Gibbs 에너지는 어떻게 변화의 자발적 방향과 관계되는가를 알 필요가 있고(토픽 64), 화학 퍼텐셜의 개념과 혼합물에서 화학종의 활동도의 관계에 친숙해질 필요가 있다(토픽 69, 70, 72).

화학 반응은, 생성물과 반응물이 모두 존재하지만 이들의 농도가 더 이상 변하지 않는, 동적 평형을 향해서 진행한다. 경우에 따라서는 평형 혼합물 속의 생성물의 농도가 남아 있는 반응물의 농도보다 압도적으로 많아서 모든 실제적인 목적에서 이 반응이 '완전히' 진행하였다고 보아도 될 때가 있다. 그러나 상당수의 중요한 반응에서는 평형 반응 혼합물 속에 반응물과 생성물이 모두 상당한 양으로 들어 있다. 이 장에서는 임의의 반응 조건하에서 이러한 평형 조성을 열역학적으로 어떻게 예측하는지를 알게 될 것이다. 이온이 관여하는 많은 반응에서는 전자가 이동되므로 이러한 반응들은 전기화학 전지에서 일어나게 하여 연구(또는 이용)할 수 있다. 이 토픽에서 묘사된 것과 같은 측정은 용액에서 전해질 용액과 이온 평형의 특성을 논의하는 데 매우 유용한 데이터를 제공해 준다.

토픽 64에서는 일정 온도와 압력에서 자발적 변화의 방향은 Gibbs 에너지 G의 값이 더욱 낮은 쪽으로 향한다는 것을 보여 준다. 이 생각은 완전히 일반적인 것으로, 이 토픽에서 화학 반응의 논의에 적용될 것이다.

73.1 반응 Gibbs 에너지

반응 혼합물의 Gibbs 에너지를 계산하여 이것이 최소로 될 때의 조성을 알아내면 그 반응 혼합물의 평형 조성을 구할 수 있다.

우선 A → B와 같은 평형을 생각해 보자. 이 반응이 무의미한 것같이 보이기는 하지만, 이러한 종류의 반응 예는 많이 있다. 예로서 펜테인이 2-메틸뷰테인으로 변하는 이성질체화 반응, L-알라닌이 D-알라닌으로 전환되는 반응 등을 들 수 있다. 지금 A의 미소량 $d\xi$가 B로 변한다면, A의 변화량은 $dn_A = -d\xi$가 되고 B의 변화량은 $dn_B = +d\xi$가 될 것이다. ξ(xi)는 **반응 진척도(extent of reaction)**라고 하는데, 물질량의 단위를 가지며 몰수로 나타낸다. 반응 진척도가 유한한 양 $\Delta\xi$만큼 변할 때는 A의 존재량이 $n_{A,0}$으로부터 $n_{A,0} - \Delta\xi$로,

B의 존재량이 $n_{B,0}$으로부터 $n_{B,0}+\Delta\xi$로 변한다. 따라서 초기에 2.0 mol의 A가 존재하고 $\Delta\xi=+1.5$ mol이 될 때까지 기다린다면, 남아 있는 A의 양은 0.5 mol이 될 것이다.

일정 온도와 압력에서 Gibbs 에너지를 반응 진척도에 대해서 도시한 그래프의 기울기를 **반응 Gibbs 에너지(reaction Gibbs energy)**라고 정의하고 $\Delta_r G$로 표시한다. 즉

$$\Delta_r G=\left(\frac{\partial G}{\partial \xi}\right)_{T,p} \qquad \text{정의 반응 Gibbs 에너지} \qquad (73.1)$$

일반적으로 Δ는 값들의 **차**를 나타내지만, 여기서의 Δ_r은 G의 ξ에 대한 기울기인 **도함수**를 나타낸다. 하지만 이 Δ_r도 Δ의 일반적인 용법과 가까운 관계에 있어, 이것을 보기 위하여 반응이 $d\xi$만큼 진행하였다고 생각해 보자. 그러면 Gibbs 에너지가 (일정 온도와 압력에서) 다음과 같이 변할 것이다.

$$dG=\mu_A dn_A+\mu_B dn_B=-\mu_A d\xi+\mu_B d\xi=(\mu_B-\mu_A)d\xi$$

이 식은 다음과 같이 쓸 수 있다.

$$\left(\frac{\partial G}{\partial \xi}\right)_{T,p}=\mu_B-\mu_A$$

즉

$$\Delta_r G=\mu_B-\mu_A \qquad (73.2)$$

이와 같이 $\Delta_r G$는 **반응 혼합물의 조성 상태에서의** 반응물과 생성물의 화학 전위(분몰 Gibbs 에너지)의 차로 해석할 수 있음을 알게 된다.

간단한 예 73.1 반응 Gibbs 에너지

어떤 반응에서, 반응이 0.10 mol 진행했을 때 Gibbs 에너지가 10 J 감소했다고 하자. 그러면 반응 Gibbs 에너지는

$$\Delta_r G=\frac{-10\,\text{J}}{0.10\,\text{mol}}=-100\,\text{J mol}^{-1}$$

이다. 반응 후반부에는 같은 진행으로 Gibbs 에너지가 5.0 J 감소했다면, 이는 $\Delta_r G=50$ J mol^{-1}이 된다. Gibbs 에너지의 기울기 크기는 반응이 평형에 접근함에 따라 감소한다.

자가 진단 73.1 평형 조성을 지나, 평형 조성에 비해 과량의 생성물이 있을 때, 계의 두 상태가 0.10 mol 진행된 것에 대하여 10 J 만큼 차이가 났다. 이때 반응 Gibbs 에너지는 얼마인가?

답: +100 J mol^{-1}

화학 전위는 조성에 따라 변하므로 Gibbs 에너지의 반응

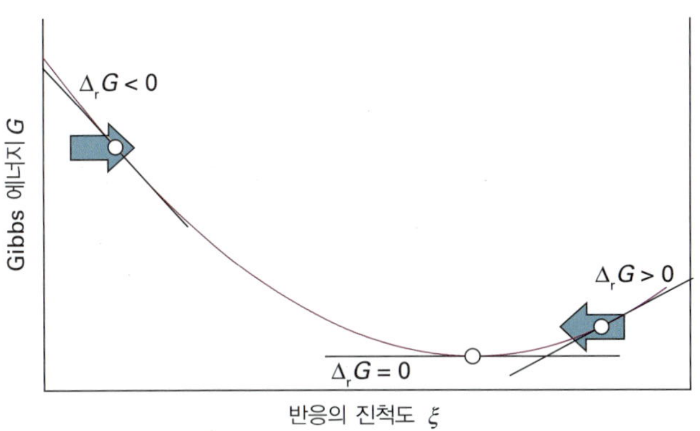

그림 73.1 반응이 진척됨에 따라(수평축에 따라 왼쪽으로부터 오른쪽으로의 이동) Gibbs 에너지의 기울기가 변한다. 평형은 골짜기의 밑바닥에 위치하며, Gibbs 에너지의 기울기가 0이 된다.

진척도에 따른 도시의 기울기는 반응이 진행함에 따라 변한다. 자발적 반응은 G가 감소하는 방향으로(즉 G를 ξ에 대해서 도시한 기울기의 아래쪽으로) 진행한다. 따라서 식 73.2에 의해서 A → B 반응은 $\mu_A>\mu_B$일 때 자발적으로 일어나고, $\mu_B>\mu_A$일 때는 그 역반응이 자발적으로 일어난다. 그리고 이 기울기가 0이 되어 반응이 어느 쪽으로도 자발적으로 일어나지 않을 때는 다음과 같은 조건이 성립해야 한다.

$$\Delta_r G=0 \qquad (73.3)$$

이 조건은 $\mu_B=\mu_A$일 때 이루어진다(그림 73.1). 따라서 $\mu_B=\mu_A$가 되는 반응 혼합물의 조성을 찾아내면, 그것이 바로 평형을 이루고 있는 반응 혼합물의 조성이 된다.

일정한 온도와 압력에서의 반응의 자발성은 다음과 같이 반응 Gibbs 에너지로 나타낼 수 있다.

- $\Delta_r G<0$이면 정반응이 자발적이다.
- $\Delta_r G>0$이면 역반응이 자발적이다.
- $\Delta_r G=0$이면 반응이 평형 상태에 있다.

73.2 평형의 열역학적 묘사

이제까지 배운 지식을 배경으로 하여, 이제는 화학 평형을 열역학적으로 다룰 수 있게 되었다.

(a) 완전 기체 평형

A와 B가 완전 기체일 때는 $\mu=\mu^\ominus+RT\ln(p/p^\ominus)$(토픽 70의 **증명 70.1 참조**)을 이용하여 다음과 같은 관계를 얻을 수 있다.

$$\begin{aligned}\Delta_r G&=\mu_B-\mu_A=\mu_B^\ominus+RT\ln(p_B/p^\ominus)-(\mu_A^\ominus+RT\ln(p_A/p^\ominus))\\&=\Delta_r G^\ominus+RT\ln\frac{p_B}{p_A}\end{aligned} \qquad (73.4)$$

여기서 $\Delta_r G^\ominus = \mu_B^\ominus - \mu_A^\ominus$. 부분 압력의 비를 Q로 나타내면 위의 식은 다음과 같이 된다.

$$\Delta_r G = \Delta_r G^\ominus + RT\ln Q \qquad Q = \frac{p_B}{p_A} \tag{73.5}$$

이 비 Q는 일종의 **반응 지수(reaction quotient)**이다. 이것은 $p_B=0$일 때의 0(순수한 A)으로부터 $p_A=0$일 때의 무한대(순수한 B) 사이의 값을 가질 수 있다. 반응물과 생성물의 표준 몰 Gibbs 에너지의 차를 **표준 반응 Gibbs 에너지(standard reaction Gibbs energy**, $\Delta_r G^\ominus$)라고 한다(표준 반응 엔탈피의 경우와 같다). 여기서는 다음과 같이 된다.

$$\Delta_r G^\ominus = G^\ominus_{B,m} - G^\ominus_{A,m} \tag{73.6a}$$

토픽 65에서 보인 바와 같이, 생성물과 반응물의 표준 몰 Gibbs 에너지 차는 그들의 표준 생성 Gibbs 에너지 차와 같고, 따라서 실제적으로 다음 식을 이용하여 $\Delta_r G^\ominus$을 계산한다.

$$\Delta_r G^\ominus = \Delta_f G^\ominus(B) - \Delta_f G^\ominus(A) \tag{73.6b}$$

평형에서는 $\Delta_r G = 0$이다. 그리고 평형에서의 부분 압력의 비를 K로 나타내면, 식 73.5는 다음과 같이 된다.

$$0 = \Delta_r G^\ominus + RT\ln K$$

이 식은 다음과 같이 고쳐 쓸 수 있다.

$$RT\ln K = -\Delta_r G^\ominus \tag{73.7}$$

이 관계식은 화학 열역학에서 가장 중요한 식의 한 가지 특별한 경우이다. 이 식은 이 책 뒷부분의 **부록**에 수록된 것과 같은 열역학적 데이터로부터 화학적으로 중요한 **평형 상수(equilibrium constant**, K)를 구하는 데 쓰이는 관계식이다.

간단한 예 73.2 평형 상수 1

기체상 화학종 A와 B의 표준 생성 Gibbs 에너지는 각각 $-8.20\ \text{kJ mol}^{-1}$, $-12.50\ \text{kJ mol}^{-1}$(298 K에서)이다. 그러므로 기체상 반응 A(g)→B(g)에 대한 표준 반응 Gibbs 에너지는 다음과 같다.

$$\Delta_r G^\ominus = (-12.50\ \text{kJ mol}^{-1}) - (-8.20\ \text{kJ mol}^{-1}) = -4.30\ \text{kJ mol}^{-1}$$

식 73.7로부터 다음이 된다.

$$\ln K = -\frac{-4.30\times10^3\ \text{J mol}^{-1}}{(8.3145\ \text{J K}^{-1}\text{mol}^{-1})\times(298\ \text{K})} = +1.73\ldots$$

이는 $K = e^{1.73} = 5.7$이 되어, 평형에서 B의 부분 압력은 A 부분 압력의 5.7배이다.

자가 진단 73.2 유사한 반응에서 A와 B의 표준 생성 Gibbs 에너지는 각각 $-16.0\ \text{kJ mol}^{-1}$, $-9.7\ \text{kJ mol}^{-1}$이다. K를 계산하시오.

답: 0.079

식 73.7(그리고 자가 진단 73.2)로부터 $\Delta_r G^\ominus > 0$일 때 평형 상수는 $K < 1$이다. 그리하여 평형에서는 A의 부분 압력이 B의 부분 압력보다 크다. 이것은 평형에서 반응물 A가 우세함을 뜻한다. 한편 $\Delta_r G^\ominus < 0$일 때는 $K > 1$이며(**간단한 예** 73.2에서와 같이), 따라서 평형이 이루어졌을 때 B의 부분 압력이 A의 부분 압력을 능가하게 된다. 즉 이때는 평형에서 생성물 B가 우세하다.

분자 수준에서 말하면 $\Delta_r G = 0$에 해당하는 Gibbs 에너지 극솟값은 두 기체의 혼합 Gibbs 에너지 때문에 나타나는 것이다. 따라서 화학 평형 위치에 중요하게 기여하는 것은 생성물이 형성될 때 반응물과 생성물이 혼합되는 것이다.

혼합의 역할을 실감하기 위하여, 함께 섞이기 전에 1 bar에 있는 A 분자가 1 bar의 B 분자로 변하는 가상적인 반응을 생각해 보자. 계의 Gibbs 에너지는 생성되는 B의 양에 따라 $G^\ominus(A)$에서 $G^\ominus(B)$로 변하고, 반응의 진척도에 대한 G의 도시는 일정하여 반응의 모든 단계에서 $\Delta_r G^\ominus$와 같다(그림 73.2). 그래프에는 중간 극솟값이 없다. 그러나 사실은 새롭게 생성된 B 분자는 남아 있는 A 분자와 혼합된다. Gibbs 에너지 변화에 대한 혼합 과정의 기여는 토픽 70의 식 70.1 [$\Delta_{mix}G = nRT(x_A \ln x_A + x_B \ln x_B)$]로 주어진다. 이 기여 때문에 전체 Gibbs 에너지 변화가 U자형 모양을 나타내는 것이다. 그림 73.2에서 보는 바와 같이, 이 기여가 포함됨으로

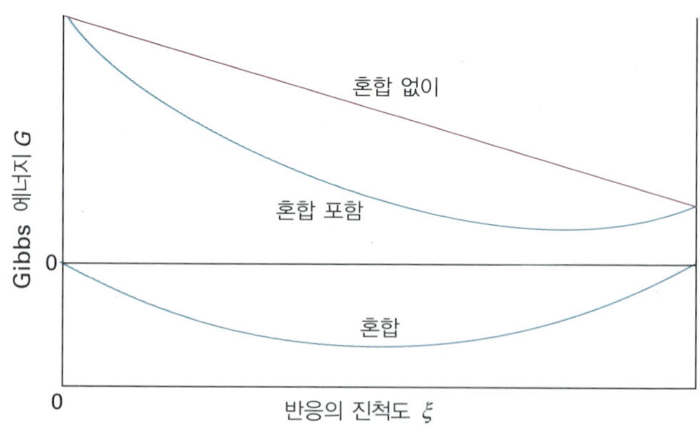

그림 73.2 반응물과 생성물의 혼합을 무시하면 Gibbs 에너지는 처음 값(순수한 반응물)으로부터 그 최종값(순수한 생성물)까지 선형적으로 변하며, 그 기울기는 $\Delta_r G^\ominus$와 같다. 그러나 생성물이 생김에 따라 이들이 혼합되는 데 기인하는 Gibbs 에너지의 기여(맨 아래 곡선)가 나타난다. 그리고 이 두 기여의 합(가운데 곡선)은 극솟값을 나타내는데, 이 극솟값이 계의 평형 조성에 해당한다.

써 전체 Gibbs 에너지가 중간 극솟값을 나타내며, 이 극소점이 이 반응 혼합물의 평형 조성에 해당되게 된다.

(b) 반응의 일반적인 경우

식 73.7을 유도했던 논리는 일반적인 반응에 쉽게 확대 적용시킬 수 있다. 우선 반응 진척도의 개념을 일반화할 필요가 있다.

토픽 57에서 $2A+B \rightarrow 3C+D$ 같은 화학 반응식을 다음의 형태로 표현할 수 있음을 알았다.

$$0=\sum_J \nu_J J \tag{73.8}$$

여기서 ν_J는 화학 반응식에 나타나는 화학종 J의 화학량론적 수이다. 위 예로서 이들 수는 $\nu_A=-2$, $\nu_B=-1$, $\nu_C=+3$, $\nu_D=+1$이다. 화학량론적 수는 생성물의 경우에는 양의 값을, 반응물의 경우에는 음의 값을 갖는다. 여기에서 반응 진척도 ξ는 이것이 $d\xi$만큼 변하면 임의의 화학종 J의 양이 $\nu_J d\xi$만큼 변한다고 정의한다.

간단한 예 73.3 반응의 전척도

식 73.8 표기에서, 반응식 $N_2(g)+3H_2(g) \rightarrow 2NH_3(g)$에서 화학량론적 수는 $\nu_{N_2}=-1$, $\nu_{H_2}=-3$, $\nu_{NH_3}=+2$이다. 따라서 초기에 N_2가 10 mol 있었다면, 반응 진척도가 $\xi=0$에서 $\xi=1$ mol로 변했을 때, 이는 $\Delta\xi=+1$ mol이 됨을 의미해서, N_2의 양은 10 mol에서 9 mol로 변한다. 모든 N_2는 $\xi=10$ mol일 때까지 소모된다. $\Delta\xi=+1$ mol일 때는, H_2의 양은 $-3\times(1\text{ mol})=-3$ mol 변하고, NH_3의 양은 $+2\times(1\text{ mol})=+2$ mol 변한다.

자가 진단 73.3 반응 $2H_2(g)+O_2(g) \rightarrow 2H_2O(g)$를 생각해 보자. $\Delta\xi=+1$ mol일 때 물질들의 양은 얼마나 변할까?

답: H_2: −2 mol, O_2: −1 mol, H_2O: +2 mol

아래 **증명**에서 보이겠지만, 이 반응 Gibbs 에너지는 항상 다음과 같이 나타낼 수 있다.

$$\Delta_r G=\Delta_r G^{\ominus}+RT\ln Q \quad \text{반응 Gibbs 에너지} \tag{73.9}$$

이 식에서 표준 반응 Gibbs 에너지는 다음으로 계산된다.

$$\Delta_r G^{\ominus}=\sum_{\text{Products}} \nu\Delta_f G^{\ominus}-\sum_{\text{Reactants}} \nu\Delta_f G^{\ominus} \quad \text{실질 수행 반응 Gibbs 에너지} \tag{73.10a}$$

이것을 다음과 같이 더 공식적으로 나타낼 수도 있다.

$$\Delta_r G^{\ominus}=\sum_J \nu_J \Delta_f G^{\ominus}(J) \tag{73.10b}$$

반응 지수(**reaction quotient**, Q)는 다음과 같은 형태로 표시된다.

$$Q=\frac{\text{생성물의 활동도}}{\text{반응물의 활동도}} \quad \text{정의 반응 지수} \tag{73.11a}$$

여기서 활동도는 각 화학종을 화학량론적 계수만큼씩 지수로 택한 것이다. 이 Q를 더 일반적으로 곱셈 기호 Π를 이용하여(기호 뒤에 나오는 것을 곱하라는 기호이며, 합을 나타내는 Σ처럼 쓴다) 다음과 같이 나타내기도 한다.

$$Q=\prod_J a_J^{\nu_J} \tag{73.11b}$$

반응물들의 화학량론적 수는 음의 값이므로 생성물을 양으로 나타낼 때는 반응물들의 활동도가 자동적으로 분모로 내려간다. 이미 표 72.1에서와 같이 보통의 실험실 조건에서 순수한 고체와 액체의 활동도는 1이며, 따라서 이러한 물질들은 반응식에 나타나더라도 Q에는 아무런 기여도 하지 않는다.

간단한 예 73.4 반응 지수

반응 2 A+3 B → C+2 D를 생각해 보자. 이 경우에는 $\nu_A=-2$, $\nu_B=-3$, $\nu_C=+1$, $\nu_D=+2$이다. 따라서 반응 지수는 다음과 같이 된다.

$$Q=a_A^{-2}a_B^{-3}a_C^{1}a_D^{2}=\frac{a_C a_D^2}{a_A^2 a_B^3}$$

자가 진단 73.4 반응 A+2 B → 2 C에 대한 Q를 쓰시오.

답: $Q=a_C^2/a_A a_B^2$

증명 73.1 반응 지수에 대한 반응 Gibbs 에너지 의존성

반응을 화학량론적 수 ν_J를 가지고 생각해 보자. 반응이 $d\xi$만큼 진행하면 반응물과 생성물의 물질량이 $dn_J=\nu_J d\xi$만큼 변한다. 따라서 일정한 온도와 압력에서의 결과적인 Gibbs 에너지의 미소 변화는 다음과 같이 된다.

$$dG=\sum_J \mu_J dn_J=\sum_J \mu_J \nu_J d\xi=\left(\sum_J \mu_J \nu_J\right)d\xi$$

따라서

$$\Delta_r G=\left(\frac{\partial G}{\partial \xi}\right)_{T,p}=\sum_J \nu_J \mu_J$$

보다 더 진행을 하면, 화학종 J의 화학 퍼텐셜은 식 72.8 ($\mu_J = \mu_J^\ominus + RT \times \ln a_J$, 또한 표 72.1 참조)을 이용한 활동도와 관련이 된다. 즉 이 관계를 위의 식에 넣어 주면 다음과 같은 결과를 얻을 수 있다.

$$\begin{aligned}\Delta_r G &= \sum_J \nu_J(\mu_J^\ominus + RT\ln a_J) = \overbrace{\sum_J \nu_J \mu_J^\ominus}^{\Delta_r G^\ominus} + RT\sum_J \nu_J \ln a_J \\ &= \Delta_r G^\ominus + RT\sum_J \ln a_J^{\nu_J} = \Delta_r G^\ominus + RT\ln \overbrace{\prod_J a_J^{\nu_J}}^{Q} \\ &= \Delta_r G^\ominus + RT\ln Q\end{aligned}$$

여기서 Q는 식 73.11b로 주어진다. 위에서 다음 관계를 사용하였다.

$$a\ln x = \ln x^a \qquad \overbrace{\sum_i \ln x_i}^{\ln a + \ln b + \ldots} = \overbrace{\ln\left(\prod_i x_i\right)}^{\ln ab\ldots}$$

이제 식 73.9에서 비롯된 논의를 결론짓기로 하자. 평형에서는 G의 기울기가 0이다. 즉 $\Delta_r G = 0$이다. 이때는 활동도가 평형에서의 값을 가지며, 따라서 다음과 같이 쓸 수 있다.

$$K = Q_{\text{equilibrium}} = \left(\prod_J a_J^{\nu_J}\right)_{\text{equilibrium}} \qquad \text{정의 평형 상수} \qquad (73.12)$$

이 식은 Q, 즉 식 73.11과 모양이 같지만 **평형** 활동도를 가지고 산출해야 한다. 이제부터는 'equilibrium'이라는 첨자를 붙이지 않겠다. 문맥상으로 보아서 K는 평형 값을, Q는 한 특정한 반응 단계에서의 값을 나타낸다는 것을 판단해 주기 바란다.

활동도를 가지고 나타낸 평형 상수 K를 **열역학 평형 상수(thermodynamic equilibrium constant)**라고 한다. 활동도는 무단위의 수이므로 열역학적 평형 상수도 무단위임을 주목하라. 초보 단계의 응용에서는 식 73.12의 활동도를 흔히 다음과 같은 값으로 대체해서 쓴다. 즉

- 몰랄 농도; a_J를 $b_J/b^\ominus$로 바꾼다.
  여기서 $b^\ominus = 1\ \text{mol kg}^{-1}$
- 몰농도; a_J를 $[J]/c^\ominus$로 바꾼다. 여기서 $c^\ominus = 1\ \text{mol dm}^{-3}$
- 부분 압력; a_J를 $p_J/p^\ominus$로 바꾼다. 여기서 $p^\ominus = 1$ bar

이와 같이 나타낸 식들은 모두 근사식에 불과하다. 이러한 근사들이 전해질 용액에 대해서는 특히 잘 적용되지 않는다. 그 이유는 대단히 묽은 용액에서조차도 활동도 계수가 1과 크게 다르기 때문이다(토픽 72).

간단한 예 73.5 평형 상수 2

불균일 반응 $CaCO_3(s) \rightleftharpoons CaO(s) + CO_2(g)$에 대한 평형 상수는 다음과 같다.

$$K = a_{CaCO_3(s)}^{-1} a_{CaO(s)} a_{CO_2(g)} = \frac{\overbrace{a_{CaO(s)}}^{1} a_{CO_2(g)}}{\underbrace{a_{CaCO_3(s)}}_{1}} = a_{CO_2(g)} \approx p_{CO_2}/p^\ominus$$

여기서 $CaO(s)$와 $CaCO_3(s)$의 활동도는 1로 놓는다. 왜냐하면 각 물질은 반응에 별도의 순수한 상으로 나타났기 때문이다. 근사는 이산화 탄소를 완전 기체로 취급할 수 있느냐에 달렸다. 결과적으로 이 경우에는 평형 상수가 탄산 칼슘의 분해 증기 압력의 수치 값이 된다는 것이다.

자가 진단 73.5 반응 $2H_2(g) + O_2(g) \rightleftharpoons 2H_2O(l)$의 평형 상수에 대한 식을 쓰시오.

답: $K = 1/a_{H_2}^2 a_{O_2} \approx p^{\ominus 3}/p_{H_2}^2 p_{O_2}$

(c) 열역학 데이터로부터 평형 상수 계산

식 73.9에서 $\Delta_r G = 0$으로 놓고 Q를 K로 바꾸어 주자. 그러면 다음과 같은 식을 바로 얻을 수 있다.

$$RT\ln K = -\Delta_r G^\ominus \qquad \text{열역학 데이터에서 K} \qquad (73.13)$$

완전 기체에 대한 식 73.7과 같다. 이 식은 정확하며 지극히 중요한 열역학 관계식이다. 이 식을 이용하면 열역학적 데이터 표로부터 임의의 반응에 대한 평형 상수를 계산할 수 있고, 따라서 반응 혼합물의 평형 조성을 예측할 수 있기 때문이다.

예제 73.1 평형 상수 계산

암모니아의 합성 반응 $N_2(g) + 3\ H_2(g) \rightleftharpoons 2\ NH_3(g)$에 대한 298 K에서의 평형 상수를 계산하시오. 그리고 전체 압력이 기체를 이상적으로 취급할 수 있을 정도로 낮을 때, K가 각 반응 종들의 평형 부분 압력과 어떻게 관계되는지를 보이시오.

방법 식 73.10을 이용하여 표준 반응 Gibbs 에너지를 계산한 다음에, 식 73.13을 써서 평형 상수 값으로 바꾼다. 평형 상수는 식 73.12를 이용하여 나타낼 수 있으며, 기체들이 완전하다고 하였으므로 각 활동도를 p가 부분 압력일 때 $p/p^\ominus$로 대체한다.

풀이 이 반응의 표준 반응 Gibbs 에너지는 다음과 같다.

$$\begin{aligned}\Delta_r G^\ominus &= 2\Delta_f G^\ominus(NH_3,g) - \{\Delta_f G^\ominus(N_2,g) + 3\Delta_f G^\ominus(N_2,g)\} \\ &= 2\Delta_f G^\ominus(NH_3,g) = 2\times(-16.5\,\text{kJ mol}^{-1})\end{aligned}$$

그러므로

$$\ln K = -\frac{2\times(-16.5\times10^{3}\,\mathrm{J\,mol^{-1}})}{(8.3145\,\mathrm{J\,K^{-1}\,mol^{-1}})\times(298\,\mathrm{K})} = \frac{2\times16.5\times10^{3}}{8.3145\times298} = 13.3\ldots$$

따라서 $K=6.1\times10^{5}$이다. 이 결과는 열역학적으로 정확하다. 한편 이 반응에 대한 열역학적 평형 상수는 다음과 같다.

$$K = \frac{a_{NH_3}^{2}}{a_{N_2}a_{H_2}^{3}}$$

이 비는 바로 위에서 계산한 값을 갖는다. 즉 전체 압력이 낮을 때는 활동도를 $p/p^{\ominus}$로 바꾸어 줄 수 있으며, 여기서 p는 부분 압력이다. 평형 상수를 다음과 같은 근사식으로 나타낼 수 있다

$$K \approx \frac{(p_{NH_3}/p^{\ominus})^{2}}{(p_{N_2}/p^{\ominus})(p_{H_2}/p^{\ominus})^{3}} = \frac{p_{NH_3}^{2}p^{\ominus 2}}{p_{N_2}p_{H_2}^{3}}$$

자가 진단 73.6 298 K에서 $N_2O_4(g) \rightleftharpoons 2NO_2(g)$에 대한 평형 상수를 구하시오.

답: $K=0.15$

또한 열역학적 평형 상수를 몰분율 x_J나 몰랄 농도 b_J로 표현할 수 있다. 그러러면 활동도 계수를 알아야 하므로 $a_J=\gamma_J x_J$ 또는 $a_J=\gamma_J b_J/b^{\ominus}$를 이용해야 한다(활동도 계수는 선택에 달려 있음을 상기할 것). 예로서 후자의 경우에 용액 속에서 네 가지 용질들 사이에 $A+B \rightleftharpoons C+D$와 같은 평형이 이루어졌다고 하자. 그러면 K를 다음과 같이 써야 한다.

$$K = \frac{a_C a_D}{a_A a_B} = \frac{\gamma_C\gamma_D}{\gamma_A\gamma_B}\times\frac{b_C b_D}{b_A b_B} = K_\gamma K_b \qquad (73.14)$$

이 활동도 계수는 혼합물의 평형 조성에서 산출되어야 하는데(예로서 토픽 72에서, Debye–Hückel 식을 이용하여 구한 값), 복잡한 문제가 제기된다. 왜냐하면 이 활동도 계수는 이미 평형 조성을 알고 있어야 구할 수 있기 때문이다. 초보 단계의 계산에서나 실제 문제에서 반복법으로 농도를 계산하는 첫 단계에서는 활동도 계수들이 모두 1에 가까워서 $K_\gamma=1$로 놓을 수 있다고 가정한다. 그러면 기초 화학에서 널리 쓰이는 $K \approx K_b$의 결과를 얻을 수 있고, 따라서 몰랄 농도(또는 몰농도)를 이용하여 평형 문제를 논할 수 있게 된다.

(d) 생체계에서의 평형

생체계에 대해서는 $a_{H^+}=10^{-7}$, 즉 $pH=-\log a_{H^+}=7$에서의 생물학적 표준 상태(위 첨자 $^{\oplus}$로 표기)를 쓰는 것이 적합하다. 식 73.9에 의해 다음과 같은 반응에 대한 반응 Gibbs 에너지의 열역학적 표준 값과 생물학적 표준 값 사이의 관계

$$A+\nu H^{+}(aq)\rightarrow P \qquad (73.15a)$$

는 다음과 같다.

$$\Delta_r G^{\oplus} = \Delta_r G^{\ominus} + 7\nu RT\ln 10 \qquad (73.15b)$$

수소 이온이 반응에 관여하지 않을 때는($\nu=0$), 두 표준 상태의 값이 차이가 없다는 것을 주의하라.

간단한 예 73.6 생물학적 평형 상수

37°C에서 다음 반응을 생각해 보자.

$$NADH(aq) + H^{+}(aq) \rightarrow NAD^{+}(aq) + H_2(g)$$

$\Delta_r G^{\ominus}=-21.8\ \mathrm{kJ\ mol^{-1}}$이고, NADH는 니코틴아마이드 아데닌 다이뉴클레오타이드의 환원형이고, NAD^+는 그의 산화형이며, 이 분자는 호흡 과정의 후반 단계에서 중요한 역할을 한다. $\nu=1$이고, $7\ln 10=16.1$이므로 다음과 같은 결과가 나온다.

$$\Delta_r G^{\oplus} = -21.8\,\mathrm{kJ\,mol^{-1}} + 16.1\times(8.3145\times10^{-3}\,\mathrm{kJ\,K^{-1}mol^{-1}})\times(310\,\mathrm{K}) = +19.7\,\mathrm{kJ\,mol^{-1}}$$

생물학적 표준 값은 열역학적 표준 값과 부호가 반대로 되었음을 주목하라(이 예제에서). pH=0의 자리에 pH=7로 하는 것은 수소 이온의 농도가 훨씬 더 작기 (7자리 만큼) 때문에 생물학적 표준 조건에서는 역반응이 자발적으로 되는 것이다(모든 다른 화학종은 단위 활동도에 있음).

자가 진단 73.7 28°C의 수용액 속에서 일어나는 $A \rightarrow B+2H^{+}$와 같은 형태의 반응에 대해서는 $\Delta_r G^{\ominus}=+20\ \mathrm{kJ\ mol^{-1}}$이다. $\Delta_r G^{\oplus}$의 값을 산출하시오.

답: $-61\ \mathrm{kJ\ mol^{-1}}$

73.3 자유 에너지 감소와 증가 반응

$\Delta_r G<0$인 반응을 **자유 에너지 감소**(**exergonic**; '일 생산'이라는 그리스어에서 유래)이라고 한다. 이러한 반응은 자발적이므로 이 명칭이 뜻하는 바와 같이 다른 화학 반응과 같은 다른 과정을 일어나게 하거나 비팽창 일을 하는 데 이용될 수 있다. 이 관계를 역학적으로 비유한 것이 끈으로 연결한 한 쌍의 추이다(그림 73.3). 무거운 추가 떨어지면서 가벼운 추가 끌려 올라갈 것이다. 가벼운 추도 아래로 내려가는 것이 자연적 경향이지만, 더 무거운 추와 연결됨으로써 위로 올라가는 것이다. 생체 세포 안에서는 탄수화물의 산화 반응이 무거운 추가 다른 반응을 정방향으로 추진하는 것과 같은 작

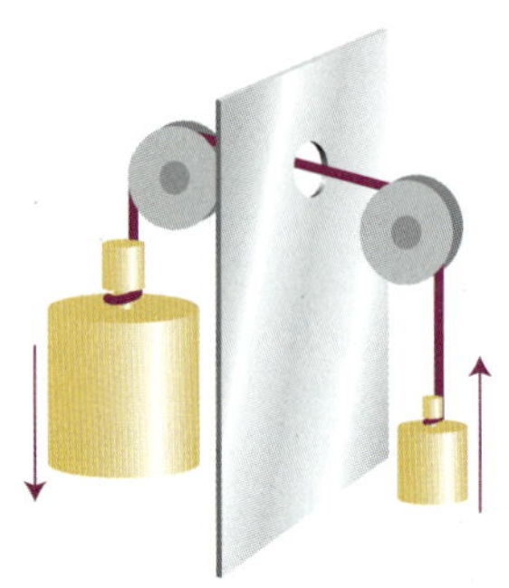

그림 73.3 두 추를 그림에서와 같이 연결하면 무거운 추가 가벼운 추를 비자발적 방향으로 가게 한다. 전체적으로 볼 때는 이 과정이 자발적이다. 이 두 추는 두 화학 반응에 비유할 수 있다. 즉 ΔG가 크게 음인 반응은 ΔG가 양이거나 덜 음인 반응을 비자발적 방향으로 움직이게 몰아갈 수 있다.

용을 하여 아미노산으로부터 단백질을 생성하거나, 근육을 신축시키거나, 뇌 활동 등과 같은 반응을 일어나게 할 수 있다. 한편 $\Delta_r G > 0$인 반응은 **자유 에너지 증가**(**endergonic**)라고 한다. 이러한 반응들은 예컨대 자발적 생성 반응의 역인 물을 전기 분해할 때와 같이 일을 해 줌으로써 일어나게 할 수 있는 것이다.

간단한 예 73.7 자유 에너지 감소 반응

생체 세포 안에서는 음식물이 산화될 때 나오는 에너지가 아데노신 삼인산(ATP, **1**)으로 저장된다. 본질적으로 볼 때 ATP의 작용은 이것이 가수 분해되면서 말단 인산기를 잃고 아데노신 이인산(ADP)으로 될 수 있다는 것이다. 즉

$$\text{ATP(aq)} + \text{H}_2\text{O(l)} \rightarrow \text{ADP(aq)} + \text{P}_i^-\text{(aq)} + \text{H}_3\text{O}^+\text{(aq)}$$

여기서 P_i^-는 $H_2PO_4^-$와 같은 무기 인산기를 나타낸다. 37°C (310 K, 혈액 온도)에서 ATP가 가수 분해될 때의 생물학적 함수의 표준 변화량은 $\Delta_r G^{\oplus} = -31\ \text{kJ mol}^{-1}$, $\Delta_r H^{\oplus} = -20\ \text{kJ mol}^{-1}$, $\Delta_r S^{\oplus} = +34\ \text{J K}^{-1}\ \text{mol}^{-1}$이다. 따라서 이러한 조건하에서는 이 가수 분해 반응이 자유 에너지 감소($\Delta_r G^{\oplus} < 0$)이며, 31 kJ mol^{-1}이 다른 반응을 추진시키는 데 이용될 수 있다. 예를 들어 아미노산에서 단백질이 되는 강력한 자유 에너지 증가 생체 합성이 있다. 더욱이 이 반응은 엔트로피 변화가 크기 때문에 반응 Gibbs 에너지의 값이 온도 변화에 민감하다.

1 ATP

자가 진단 73.8 혈액 온도에서 글루코스가 NAD^+에 의해서 피루브산 이온으로 산화되는 반응에 대해서는 $\Delta_r G^{\oplus} = -147\ \text{kJ mol}^{-1}$이다. 그리고 글루코스 한 분자가 산화될 때는 2개의 ADP 분자가 2개의 ATP로 되는 반응과 짝을 짓는다. 전체 반응의 $\Delta_r G^{\oplus}$의 값은 얼마인가? 전체 반응은 자발적인가?

답: $-85\ \text{kJ mol}^{-1}$, 예

위 **간단한 예**에서 묘사된 이 자유 에너지 감소 반응에서 본 바와 같이, ADP–인산기 결합을 '고에너지 인산기 결합'이라고 불러 왔다. 이 명칭은 이 반응이 일어나는 경향이 강하다는 것을 뜻하는 것이며, '강한 결합'과 혼동하면 안 된다. 사실, 생물학적 관점에서도 이것은 대단히 높은 에너지의 결합이 아니다. ATP는 활성의 관점에서 어떤 중간 역할을 하는가에 따라 그 기능이 다르게 된다. 예로서 이 물질은 여러 인산기 받개 물질(예로 글루코스)에 대해서는 인산기 주개로서 작용하지만, 많은 생화학적 과정에서 더욱 강력한 인산기 주개에 의해서 다시 ATP로 재충전된다.

개념 확인

☐ 1. **반응 진척도**는 반응이 $d\xi$ 만큼 변했을 때 반응 혼합물에 존재하는 J의 양이 $\nu_J d\xi$ 만큼 변했다고 정의한다.

☐ 2. **반응 Gibbs 에너지** $\Delta_r G$는 일정 온도와 압력에서 반응 진척도로 도시하였을 때 Gibbs 에너지 그래프의 기울기이다.

☐ 3. $\Delta_r G < 0$이면 정반응이 자발적이고, $\Delta_r G > 0$이면 역반응이 자발적이며, $\Delta_r G = 0$이면 반응은 평형에 있다.

☐ 4. 반응 측정에서 반응물 조성의 자연적인 측정은 **반응 지수** Q이다.

☐ 5. 반응의 (열역학) **평형 상수** K는 평형에서의 Q 값이다.

☐ 6. **표준 반응 Gibbs 에너지** $\Delta_r G^{\ominus}$는 반응물과 생성물의 표준 몰 Gibbs 에너지의 차이이다.

☐ 7. $\Delta_r G < 0$인 반응은 **자유 에너지가 감소**하고, $\Delta_r G > 0$인 반응은 **자유 에너지가 증가**한다.

식 확인

성질	식	비고	식 번호
반응 Gibbs 에너지	$\Delta_r G=(\partial G/\partial \xi)_{T,p}$	정의	73.1
화학 반응	$0=\sum_J \nu_J J$	일반 식	73.8
반응 Gibbs 에너지	$\Delta_r G=\Delta_r G^{\ominus}+RT\ln Q$	반응의 일반적 단계	73.9
표준 반응 Gibbs 에너지	$\Delta_r G^{\ominus}=\sum_J \nu_J \Delta_f G^{\ominus}(J)$	실질 수행	73.10a
반응 지수	$Q=\prod_J a_J^{\nu_J}$	정의	73.10b
평형 상수	$K=Q_{\text{equilibrium}}=\left(\prod_J a_J^{\nu_J}\right)_{\text{equilibrium}}$	정의	73.12
열역학적 관계	$RT\ln K=-\Delta_r G^{\ominus}$		73.13
생물학적 표준 값	$\Delta_r G^{\oplus}=\Delta_r G^{\ominus}+7\nu RT\ln 10$	$A+\nu H^+(aq)\rightarrow P$	73.15b

토픽 74

평형의 통계적 묘사

내용

➤ 학습 목표

평형 상수는 열역학적으로나 화학적으로 의미 있는 양들 사이에 중요한 연결을 제공해 준다. 이 토픽은 평형 상수가 구조적, 분광학적 데이터와 관련되는 연결을 어떻게 확장하는지 보여 준다.

➤ 핵심 내용

평형 상수는 분자 분배 함수로 표현할 수 있다.

➤ 미리 알기

분자 분배 함수의 중요성과 구조 데이터(토픽 52)로부터 이를 어떻게 계산하는지를 알 필요가 있다. 또한 분자 분배 함수가 물질의 Gibbs 에너지(토픽 64)와 어떻게 관련되며 열역학적 평형 상수가 표준 반응 Gibbs 에너지(토픽 73)와 어떻게 관련되는지 알 필요가 있다.

독립 분자 기체의 Gibbs 에너지는 토픽 64에서 식 64.12b ($G=G(0)-nRT\ln q/N$, 여기서 $N=nN_A$)로 주어졌다. 반응의 평형 상수 K는 토픽 73의 식 73.13 ($\Delta_r G^\ominus=-RT\ln K$)에 의해 반응이 표준 Gibbs 에너지와 관련된다. 이어서 이들 두 식을 결합시켜서 평형 상수를 계산할 수 있어야 한다. 평형 상수가 반응물과 생성물의 부분 압력으로 표시되는 기체상 반응을 생각할 것이다.

74.1 *K*와 분배 함수의 관계

분배 함수로 표준 반응 Gibbs 에너지에 대한 식을 얻기 위해서는 각 화학종 J의 표준 몰 Gibbs 에너지 $G^\ominus/n$을 다음과 같이 알 필요가 있다.

$$\overbrace{G_m^\ominus(\mathrm{J})}^{G^\ominus/n}=\overbrace{G_m^\ominus(\mathrm{J},0)}^{G^\ominus(0)/n}-RT\ln\frac{\overbrace{q^\ominus}^{q^\ominus/N}}{nN_A} \qquad (74.1)$$

이 토픽에서 편의상 **몰 분배 함수(molar partition function)**를 단위가 mol^{-1}인 $q_m=q/n$으로 정의할 필요가 있다. 특히 $p=p^\ominus$(여기서 $p^\ominus=1$ bar)에서 몰 분배 함수의 값이 필요하다. 그 결과적인 것을 **표준 몰 분배 함수(standard molar partition function**, $q_m^\ominus$)로 표기한다. 화학종 J에 대하여 다음과 같이 주어진다.

$$G_m^\ominus(\mathrm{J})=G_m^\ominus(\mathrm{J},0)-RT\ln\frac{q_m^\ominus(\mathrm{J})}{N_A} \qquad \text{표준 몰 Gibbs 에너지} \qquad (74.2)$$

몰 분배 함수는 토픽 52의 식 52.6에 의해 다음과 같이 주어진다.

$$\begin{aligned}q_m&=\frac{q^T q^R q^V q^E}{n}\\&=q^R q^V q^E\frac{V/n}{\Lambda^3}=q^R q^V q^E\frac{V_m}{\Lambda^3}\end{aligned} \qquad \text{몰 분배 함수} \qquad (74.3)$$

여기서 $\Lambda=h/(2\pi mkT)^{1/2}$(식 52.7b)이다. 오직 병진 성분만이 압력에 의존하므로, $q_m{}^\ominus$은 $V_m{}^\ominus=RT/p^\ominus$을 V_m으로 치환시킨 분배 함수를 산출해서 얻어진다.

식 74.2와 비슷한 식들을 결합하면(아래 **증명**에서 보이는 바와 같이) $a\mathrm{A}+b\mathrm{B}\rightarrow c\mathrm{C}+d\mathrm{D}$ 반응에 대한 평형 상수를 다음과 같이 나타낼 수 있다.

$$K=\frac{\{q_m^\ominus(\mathrm{C})/N_A\}^c\{q_m^\ominus(\mathrm{D})/N_A\}^d}{\{q_m^\ominus(\mathrm{A})/N_A\}^a\{q_m^\ominus(\mathrm{B})/N_A\}^b}e^{-\Delta_r E_0/RT} \qquad K\text{를 }q\text{에 관하여} \qquad (74.4a)$$

이 식 속의 $\Delta_r E_0$은 생성물과 반응물의 바닥 상태 몰 에너지 차를 나타내며(이 항은 다음 **증명**에서 조금 더 자세히 정의한다), 화학종의 결합 해리 에너지로부터 계산할 수 있다(그림 74.1). 보다 공식적이고 일반적으로, 화학량론적 계수의 항으로 평형 상수를 다음과 같이 나타낼 수 있다.

$$K=\left\{\prod_J\left(\frac{q_m^{\ominus}(J)}{N_A}\right)^{\nu_J}\right\}e^{-\Delta_r E_0/RT} \quad (74.4b)$$

이 식은 어마어마하게 보이겠지만, 그 형태는 a_J를 $q_m^{\ominus}(J)/N_A$로 치환하고, 추가적인 지수 인수를 갖는 토픽 73의 $K(K=\prod_J a_J^{\nu_J})$에 대하여 주어진 것과 유사하다.

증명 74.1 분배 함수로 표시한 평형 상수 1

반응에 대한 표준 몰 반응 Gibbs 에너지는 다음과 같다.

$$\begin{aligned}\Delta_r G^{\ominus}&=\sum_J \nu_J G_m^{\ominus}(J)\\&=\sum_J \nu_J\left\{G_m^{\ominus}(J,0)-RT\ln\frac{q_m^{\ominus}(J)}{N_A}\right\}\\&=\sum_J \nu_J G_m^{\ominus}(J,0)-RT\sum_J \nu_J\ln\frac{q_m^{\ominus}(J)}{N_A}\end{aligned}$$

$G_m^{\ominus}(J,0)=U_m(J,0)$이고 $T=0$에서 오직 종의 바닥 상태만이 허용되기 때문에, J의 몰 바닥 상태 에너지인 $G_m^{\ominus}(J,0)=E_m(J)$가 된다. 따라서 우변의 첫 번째 항은 다음과 같이 된다.

$$\sum_J \nu_J G_m^{\ominus}(J,0)=\sum_J \nu_J E_m(J)=\Delta_r E_0$$

우변의 두 번째 항은 다음과 같다.

$$RT\sum_J \nu_J\ln\frac{q_m^{\ominus}(J)}{N_A}=RT\overbrace{\sum_J \ln\left(\frac{q_m^{\ominus}(J)}{N_A}\right)^{\nu_J}}^{\ln a+\ln b+\ldots}=RT\overbrace{\ln\prod_J\left(\frac{q_m^{\ominus}(J)}{N_A}\right)^{\nu_J}}^{\ln ab\ldots}$$

이제 다음과 같이 쓸 수 있다.

$$\begin{aligned}\Delta_r G^{\ominus}&=\Delta_r E_0-RT\ln\prod_J\left(\frac{q_m^{\ominus}(J)}{N_A}\right)^{\nu_J}\\&=-RT\left\{-\frac{\Delta_r E_0}{RT}+\ln\prod_J\left(\frac{q_m^{\ominus}(J)}{N_A}\right)^{\nu_J}\right\}\end{aligned}$$

이 단계에서, 이 식을 $\Delta_r G^{\ominus}=-RT\ln K$와 비교하면 다음과 같은 K에 관한 식을 얻을 수 있다.

$$\ln K=-\frac{\Delta_r E_0}{RT}+\ln\prod_J\left(\frac{q_m^{\ominus}(J)}{N_A}\right)^{\nu_J}$$

이 식은 양쪽에 지수를 형성하고 재정리하면 쉽게 식 74.4를 얻을 수 있다.

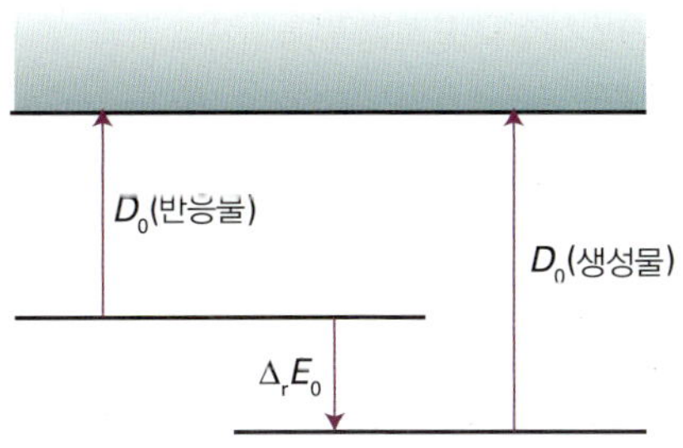

그림 74.1 평형 상수 계산에 필요한 $\Delta_r E_0$의 정의

식 74.4를 평형에 응용하는 예로서 기체상에서 모든 기체를 완전 기체로 취급하여 이원자 분자 X_2가 성분 원자로 해리되는 다음과 같은 평형을 생각해 보자.

$$X_2(g)\rightleftharpoons 2\,X(g)\quad K=\frac{(p_X/p^{\ominus})^2}{p_{X_2}/p^{\ominus}}=\frac{p_X^2}{p_{X_2}p^{\ominus}}$$

식 74.4에 따르면

$$K=\frac{\{q_m^{\ominus}(X)/N_A\}^2}{q_m^{\ominus}(X_2)/N_A}e^{-\Delta_r E_0/RT}=\frac{q_m^{\ominus}(X)^2}{q_m^{\ominus}(X_2)N_A}e^{-\Delta_r E_0/RT} \quad (74.5a)$$

여기서

$$\Delta_r E_0=2E_m(X)-E_m(X_2)=D_0(X-X) \quad (74.5b)$$

$D_0(X-X)$는 X−X 결합의 (몰) 해리 에너지이다. 한편 원자 X의 표준 몰 분배 함수는 다음과 같다.

$$q_m^{\ominus}(X)=g_e(X)\frac{V_m^{\ominus}}{\Lambda(X)^3}=\frac{g_e(X)RT}{p^{\ominus}\Lambda(X)^3}$$

여기서 $g_e(X)$는 X의 전자 바닥 상태에 대한 축퇴도이다. 이원자 분자 X_2는 회전 및 진동 자유도도 가지고 있으며, 따라서 그 표준 몰 분배 함수는 다음과 같이 된다.

$$\begin{aligned}q_m^{\ominus}(X_2)&=g_e(X_2)q^R(X_2)q^V(X_2)\frac{V_m^{\ominus}}{\Lambda(X_2)^3}\\&=\frac{g_e(X_2)q^R(X_2)q^V(X_2)RT}{p^{\ominus}\Lambda(X_2)^3}\end{aligned}$$

여기서 $g_e(X_2)$는 X_2의 바닥 전자 상태에 대한 축퇴도이다. 따라서 식 74.5를 이용하여 평형 상수를 다음과 같이 나타낼 수 있다.

$$K=\frac{kT}{p^{\ominus}}\left(\frac{g_e(X)^2}{g_e(X_2)}\right)\left(\frac{1}{q^V(X_2)q^R(X_2)}\right)\times\left(\frac{\Lambda(X_2)}{\Lambda(X)^2}\right)^3 e^{-D_0(X-X)/RT} \quad (74.6)$$

($R/N_A=k$를 이용하였다) 이 식 속의 양들은 모두 분광학적

데이터를 가지고 계산할 수 있다. 화학종의 열파장인 Λ는 토픽 52의 식 52.7b ($\Lambda = h/(2\pi mkT)^{1/2}$)로 주어지는데, 화학종의 질량과 온도에 의존한다. 또한 회전 및 진동 분배 함수의 식은 토픽 52에서 식 52.13~52.15(선형 분자에 대해 $q^{R} = kT/\sigma hc\tilde{B}$, $q^{V} = 1/(1-e^{-\beta hc\tilde{\nu}})$)와 같이 얻을 수 있는데, 분자의 회전 상수와 진동의 파수에 의존한다.

예제 74.1 평형 상수의 계산

계산이 경우에 따라 평형 상수의 값을 얻는 유일한 방법일 때가 있다. 왜냐하면 자주 실험값을 얻을 수 없기 때문이다. $\tilde{B}=0.1547\ \text{cm}^{-1}$, $\tilde{\nu}=159.2\ \text{cm}^{-1}$, $D_0=70.4\ \text{kJ mol}^{-1}$의 데이터를 이용하여 1000 K에서 $Na_2(g) \rightleftharpoons 2\,Na(g)$ 해리 반응의 평형 상수를 계산하시오. Na 원자는 이중항 바닥 상태이다.

방법 필요한 분배 함수는 식 74.6에 명시되었다. 그들은 위에 언급된 토픽 52에 있는 식을 사용하면 산출된다. 동핵 이원자 분자에 대해서는 $\sigma = 2$이다. $kT/p^{\ominus}$을 계산하는 데는 $p^{\ominus} = 10^5$ Pa, 1 Pa m^3 = 1 J을 이용한다.

풀이 분배 함수와 필요한 양은 다음과 같다.

$\Lambda(Na_2)=8.14\,\text{pm}$ $\quad \Lambda(Na)=11.5\,\text{pm}$

$q^{R}(Na_2)=2246$ $\quad q^{V}(Na_2)=4.885$

$g(Na)=2$ $\quad g(Na_2)=1$ $\quad D_0/RT=8.47\ldots$

그러면 식 74.6으로부터 다음과 같은 결과를 얻을 수 있다.

$$K=\frac{(1.381\times10^{-23}\ \text{J K}^{-1})\times(1000\ \text{K})}{10^5}\times2^2 \times\frac{1}{2246\times4.885}\times\left(\frac{8.14\times10^{-12}\ \text{m}}{(11.5\times10^{-12}\ \text{m})^2}\right)^3\times e^{-8.47\ldots} =2.47$$

이 계산에서는 1 J=1 kg m^2 s^{-2}, 1 Pa=1 kg m^{-1} s^{-1}을 이용하였다.

자가 진단 74.1 1500 K에서 K를 산출하시오.

답: 52

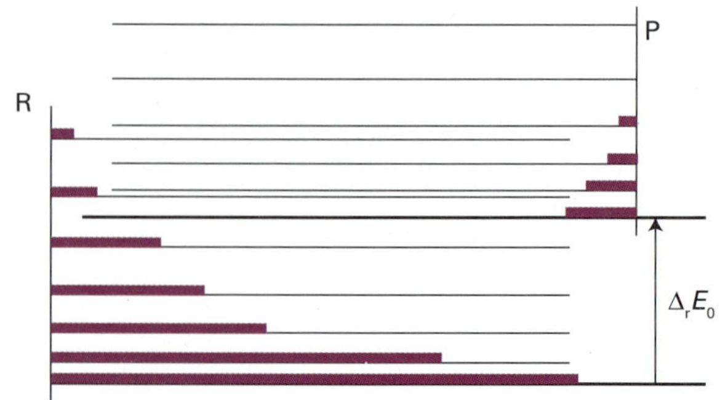

그림 74.2 R(반응물)과 P(생성물)의 에너지 준위 배열. 평형에서는 모든 준위가 허용되며(다른 정도로, 온도에 의존), 계의 평형 조성은 전체적인 Boltzmann 분포에 따른다. $\Delta_r E_0$이 커질수록 R이 지배적으로 존재하게 된다.

74.2 평형 상수에 대한 기여

이제 평형 상수의 물리학적 근거를 생각해 볼 수 있게 되었다. 무엇이 관련되어 있는지를 알기 위하여 간단히 R ⇌ P 기체상 평형을 가지고 생각해 보자(R은 반응물, P는 생성물).

그림 74.2에 두 세트의 에너지 준위를 나타내었는데, 상태의 한 세트는 R에 속하는 것이고 다른 한 세트는 P에 속하는 것이다. 각 상태의 개체수는 Boltzmann 분포로 주어지며, 주어진 상태가 R에 속하는지, P에 속하는지와는 무관하다. 따라서 두 세트의 에너지 준위를 구별할 필요가 없이 이들 전체 준위에 관한 단일 Boltzmann 분포 퍼짐을 생각하면 된다. 그리하여 만일 R과 P의 에너지 준위 간격이 비슷하고(그림 74.2에서와 같이) P가 R보다 위에 있을 때는 그림에서와 같이 평형 혼합물 속에 R이 지배적으로 존재하게 된다. 그러나 P가 높은 상태 밀도를 가질 때(그림 74.3에서와 같이 주어진 에너지 영역 속에 많은 수의 상태가 들어 있을 때)는 P가 R보다 높은 영점 에너지를 갖더라도 평형에서는 P가 아직 우세할 수 있게 된다.

평형에서 R 분자와 P 분자의 분자수 비는 다음과 같이 된다는 것을 쉽게 보일 수 있다(다음 **증명** 참조).

$$\frac{N_P}{N_R}=\frac{q_P}{q^R}e^{-\Delta_r E_0/RT} \qquad (74.7a)$$

따라서 이 반응의 평형 상수는 다음과 같다.

$$K=\frac{q_P}{q^R}e^{-\Delta_r E_0/RT} \qquad (74.7b)$$

이는 식 74.4에서 얻어진 것과 같다. R ⇌ P 평형에서는 분배 함수 속의 V가 상쇄되며, 그리하여 $q^{\ominus}$ 대신에 q를 써도 상관없다. 보다 일반적인 반응의 경우에는 K 속에 나오는 압력을 분자수로 바꾸는 과정에서 q가 $q^{\ominus}$로 바뀌게 된다.

증명 74.2 분배 함수로 표시한 평형 상수 2

복합계(R, P)의 상태 i의 개체수는 다음과 같이 나타낼 수 있다.

$$n_i=\frac{Ne^{-\beta\varepsilon_i}}{q}$$

여기서 N은 전체 분자수이고, q는 복합 계에 대한 분배 함수이다. R 분자의 총수는 R에 속하는 상태들의 개체수의 합이다. 이 상태들은 r로 표시하고 에너지는 ε_r로 표시한다. 또 P 분자의 총수는

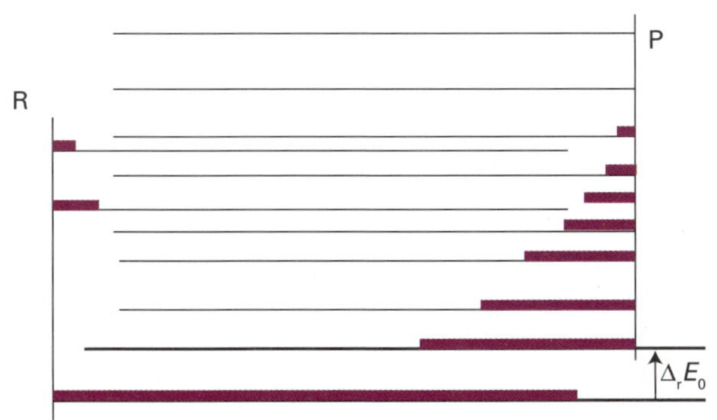

그림 74.3 분자들의 상태 밀도를 고려하는 것이 중요하다. P가 R보다 에너지면에서 높더라도(즉 $\Delta_r E_0$가 큰 양수) 접근 가능한 P의 상태가 많기 때문에 혼합물 속에 들어 있는 P의 전체 개체수는 많아지게 된다. 고전 열역학적으로 표현하면 평형을 생각할 때는 엔탈피와 함께 엔트로피를 생각해야 하는 것이다.

P에 속하는 상태들을 더한 것과 같다. 이 상태들은 p로 표시하고 에너지는 ε'_p로 나타낸다(프라임 기호를 붙인 이유는 곧 설명한다). 즉

$$N_R = \sum_r n_r = \frac{N}{q}\sum_r e^{-\beta\varepsilon_r} \qquad N_P = \sum_p n_p = \frac{N}{q}\sum_p e^{-\beta\varepsilon'_p}$$

R 상태의 합은 그 분배 함수 q_R과 같다. 따라서

$$N_R = \frac{Nq_R}{q}$$

P 상태의 합도 분배 함수이지만, 이때는 에너지를 합쳐진 계 전체의 바닥 상태, 따라서 R의 바닥 상태를 기준해서 측정한 것이다. 하지만 영점 에너지의 간격을 $\Delta\varepsilon_0$이라고 하면 $\varepsilon'_p = \varepsilon_p + \Delta\varepsilon_0$이 되므로 다음과 같은 결과를 얻게 된다.

$$N_P = \frac{N}{q}\sum_p e^{-\beta(\varepsilon_p + \Delta\varepsilon_0)} = \frac{N}{q}\left(\sum_p e^{-\beta\varepsilon_p}\right)e^{-\beta\Delta\varepsilon_0} = \frac{Nq_P}{q}e^{-\Delta E_0/RT}$$

위의 식에서 $\Delta\varepsilon_0/k$를 $\Delta_r E_0/R$로 바꾼 것은 분자 단위의 에너지를 몰 단위의 에너지로 변환시킨 결과이다. 즉 $E_0 = N_A\varepsilon$, $R = N_A k$이다.

한편 R ⇌ P 반응의 평형 상수는 이 두 형태 분자의 분자수 비에 비례한다.

$$K = \frac{N_P}{N_R} = \frac{q_P}{q_R}e^{-\Delta_r E_0/RT}$$

이는 식 74.7b에 있는 것과 같다.

식 74.7의 내용은 이것에 기여하는 분자의 특성을 조금 과장해서 생각해 봄으로써 대단히 명확하게 알 수 있다. 그리하여 R은 에너지 준위를 하나만 가지고 있어서 $q_R = 1$이라고 하자. 한편 P는 촘촘한 등간격의 많은 준위를 가지고 있다고 하자(그림 74.4). 그러면 P의 분배 함수는 $q_P = kT/\varepsilon$가 된다 (토픽 52 참조). 이 모형 계의 경우에 평형 상수는 다음과 같이 된다.

$$K = \frac{kT}{\varepsilon}e^{-\Delta_r E_0/RT} \tag{74.8}$$

$\Delta_r E_0$이 대단히 클 때는, 지수 항이 지배적이 되므로 $K \ll 1$이 되고, 따라서 P의 평형 농도가 매우 작다. $\Delta_r E_0$가 작기는 하지만, 양일 경우에는 kT/ε가 커서 작은 지수 항을 충분히 압도할 수 있기 때문에 K의 값이 1을 넘어설 수 있다. 이때는 P가 그의 높은 상태 밀도 때문에 평형 상태에서 압도적으로 많아지며, 이 사실을 반영하는 것이 K의 크기이다.

간단한 예 74.1 평형 상수의 해석

P가 R의 단일 상태 위의 1000 cm^{-1}을 시작으로 1.00 cm^{-1}의 간격으로 에너지 준위 배열을 가졌다고 하자. 25°C에서 계의 평형 상수는 파수를 에너지로 전환하여 다음과 같이 계산된다.

$$\frac{kT}{\varepsilon} = \frac{kT}{hc\tilde{\nu}} = \frac{(1.381\times10^{-23}\ \mathrm{J\,K^{-1}})\times(298\ \mathrm{K})}{(6.626\times10^{-34}\ \mathrm{J\,s})\times(2.998\times10^{10}\ \mathrm{cm\,s^{-1}})\times(1.00\ \mathrm{cm^{-1}})} = 207$$

$$\frac{\Delta_r E_0}{RT} = \frac{\Delta_r\varepsilon_0}{kT} = \frac{hc\Delta_r\tilde{\nu}_0}{kT} = \frac{(6.626\times10^{-34}\ \mathrm{J\,s})\times(2.998\times10^{10}\ \mathrm{cm\,s^{-1}})\times(1000\ \mathrm{cm^{-1}})}{(1.381\times10^{-23}\ \mathrm{J\,K^{-1}})\times(298\ \mathrm{K})} = 4.82\ldots$$

따라서

$$K = 207\times e^{-4.82\ldots} = 1.7$$

이것은 높은 에너지에 있지만 생성물이 반응물보다 더 양이 많다는 것이다.

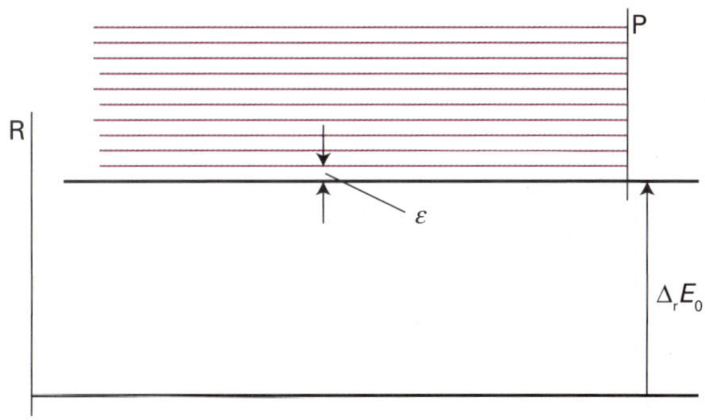

그림 74.4 에너지 간격과 상태 밀도가 평형에 미치는 영향을 조사하기 위해서 본문에서 사용한 모형. $\Delta_r E_0$가 과히 크지 않을 때는 생성물 P가 지배적으로 되며 P의 상태 밀도가 상당히 높을 수 있다.

자가 진단 74.2 바닥 상태의 동일한 간격에 대하여 어떤 P의 에너지 준위의 간격(파수로 표시)이 $K=1$에 해당될까?

답: 1.66 cm^{-1}

이 모형은 엔탈피가 아닌 Gibbs 에너지 G가 왜 평형의 위치를 결정하는지를 보여 주고 있다. 그들의 상대적 에너지뿐만 아니라 각 종의 상태 밀도(따라서 엔트로피)가 개체수의 분포와 그에 따른 평형 상수 값을 조절한다는 것을 나타낸다. 이러한 두 효과 사이의 경쟁 관계를 반영시키고 있는 것이 토픽 73의 식 73.13($\Delta_r G^\ominus = -RT \ln K$)인데, 우선 $\Delta_r G^\ominus = \Delta_r H^\ominus - T\Delta_r S^\ominus$를 이용하고, 이것을 다음 형태로 써 봄으로써 가장 명백하게 알 수 있는 것과 같다.

$$K = e^{-\Delta_r H^\ominus/RT} e^{\Delta_r S^\ominus/R} \qquad (74.9)$$

반응 엔탈피가 양이면 평형 상수가 작아진다는 것을 알 수 있다(즉 흡열 반응은 반응물이 우세한 평형 조성을 갖는다). 그러나 반응 엔트로피가 양일 경우에는 반응이 흡열일 경우에도 생성물이 우세한 평형 조성이 나타날 수 있다.

개념 확인

□ 1. 평형 상수는 반응물과 생성물의 표준 몰 분배 함수로 표시할 수 있다.

□ 2. 그 종들의 상대적 에너지뿐만 아니라 각 종의 상태 밀도(따라서 엔트로피)는 개체수의 분포와 그에 따른 평형 상수 값을 조절한다.

식 확인

성질	식	비고	식 번호
표준 몰 Gibbs 에너지	$G_m^\ominus(\mathrm{J}) = G_m^\ominus(\mathrm{J},0) - RT\ln(q_m^\ominus(\mathrm{J})/N_A)$	독립 분자, $q_m = q/n$	74.2
평형 상수	$K = \left\{\prod_{\mathrm{J}}(q_m^\ominus(\mathrm{J})/N_A)^{\nu_\mathrm{J}}\right\} e^{-\Delta_r E_0/RT}$	독립 분자	74.4b

토픽 75

조건에 따른 평형의 반응

내용

➤ **학습 목표**

화학자와 화학공학자는 온도나 압력 같은 조건을 변화시켜서 평형에 도달하는 반응의 수득률을 올릴 수 있는지 알아야 할 필요성을 자주 느낀다. 여기서 제시하려는 열역학적 논점은 이들 질문을 예측하게 한다.

➤ **핵심 내용**

평형에 있는 계는 교란시키면 그 교란의 효과를 최소화하려는 방식으로 대응한다.

➤ **미리 알기**

이 자료는 화학 평형의 열역학적 설명(토픽 73)의 논의로 전개시키며, 토픽 66에서 유도한 결과(Gibbs–Helmholtz 식)를 사용한다. 몇 가지 설명은 평형 상수의 통계적 근거(토픽 74)의 논의를 이끌어내지만 단지 정성적인 것이다.

평형은 압력, 온도, 반응물과 생성물의 농도 등의 변화에 영향을 받는다. 그러나 촉매나 효소(생체 효소)는 반응의 평형 상수에 영향을 주지 않는다. 촉매는 평형에 도달되는 속도만을 증가시킬 뿐이며, 평형 위치에는 영향을 주지 않는다. 그러나 산업 현장에서는 반응물이 혼합되는 속도 등의 부분적 요인들 때문에 반응을 대체적으로 평형에까지 도달시키지 않는다는 사실을 주목해야 하는 것이 중요하다.

75.1 압력에 대한 평형의 반응

열역학 평형 상수는 단 하나의 표준 압력에서 정의된 $\Delta_r G^\ominus$의 값에 의존한다(토픽 65). $\Delta_r G^\ominus$의 값, 따라서 K의 값은 평형이 실제로 이루어지는 압력과 무관하다. 공식적으로 이 독립성은 다음으로 표시할 수도 있다.

$$\left(\frac{\partial K}{\partial p}\right)_T = 0 \qquad p\text{와 무관한 } K \qquad (75.1)$$

K가 압력과 무관하다는 이 결론이, 평형 조성이 압력과 무관하다는 것을 뜻하지는 않으며, 그 효과는 압력을 어떻게 변화시키는지에 달려 있다. 반응 용기 속의 압력은 그 안에 비활성 기체를 주입시키면 증가한다. 그러나 기체들이 이상적일 때는 이처럼 기체를 가해 주어도 반응 기체의 부분 압력은 변하지 않는다. 완전 기체의 부분 압력은 그 기체가 단독으로 그 용기 속에 남아 있을 때 나타내게 되는 압력이며, 그러므로 다른 기체가 존재하더라도 아무런 영향을 받지 않는다. 따라서 비활성 기체를 가해서 가압하는 것으로는 계의 평형 조성에 아무런 영향도 주지 못한다(제공된 기체는 완전하다). 한편 기체의 부피를 줄여서(즉 압축시켜서) 계의 압력을 증가시킬 수도 있다. 이와 같이 하면 부분 압력이 변하지만, 이들의 비는 변하지 않는다(그러므로 평형 상수가 일정한 것이다). 예로서 완전 기체 평형 $\mathrm{A} \rightleftharpoons 2\mathrm{B}$를 생각해 보자. 이 평형 상수는 다음과 같이 된다.

$$K = \frac{(p_\mathrm{B}/p^\ominus)^2}{p_\mathrm{A}/p^\ominus} = \frac{p_\mathrm{B}^2}{p_\mathrm{A}p^\ominus}$$

이 식의 우변은 p_A의 증가와 p_B의 **제곱**의 증가가 상쇄될 때에만 일정한 값을 유지한다. 그리하여 p_A는 p_B에 비해서 더 급격하게 증가해야 하는데, 이렇게 되려면 평형 조성이 B가 없어지고 A가 늘어나는 쪽으로 이동해야 한다. 즉 용기의 부피가 감소됨에 따라 A 분자의 수는 증가하며, 그 부분 압력은 단순한 부피 변화에 기인되는 것보다 더 급격하게 증가해야 한다(그림 75.1).

평형 A ⇌ 2B에서 A 분자수 증가와 이에 맞먹는 B 분자수 감소는 프랑스의 화학자 Henri Le Chatelier가 제안한 다음과 같은 **Le Chatelier 원리**의 한 특별한 예이다.

> 평형에 있는 계가 교란을 받게 되면 계는 그 교란 효과를 최소화하려는 쪽으로 반응을 일으킨다.

이 원리에 의하면 평형에 있는 계에 압력을 가하면 이 증가된 압력을 최소화시키기 위하여 반응이 조절될 것이다. 이렇게 되려면 기체상 속의 입자수가 감소되어야 하는데, 이것은 A ← 2B와 같은 변화에 해당한다.

이 압축 효과를 정량적으로 다루기 위하여 A의 처음 물질량을 n이라고 하자(B는 없고). 평형 상태에서 A가 2B로 분해되는 정도를 α라고 하면, A의 물질량은 $(1-\alpha)n$이 되고, B의 물질량은 $2\alpha n$이 된다. 따라서 평형 상태에서 존재하는 몰분율은 다음과 같이 된다.

$$x_A = \frac{(1-\alpha)n}{(1-\alpha)n+2\alpha n} = \frac{1-\alpha}{1+\alpha} \qquad x_B = \frac{2\alpha}{1+\alpha}$$

그리고 평형 상수는 다음과 같이 된다.

$$K = \frac{p_B^2}{p_A p^\ominus} = \frac{x_B^2 p^2}{x_A p p^\ominus} = \frac{4\alpha^2}{1-\alpha^2}\frac{p}{p^\ominus}$$

이 식은 다음과 같이 나타낼 수 있다.

$$\alpha = \left(\frac{1}{1+4p/Kp^\ominus}\right)^{1/2} \qquad (75.2)$$

이 식에 의하면 비록 K는 압력과 무관하지만 A와 B의 양은 압력에 의존한다(그림 75.2). 이 식에 의하면 또 P가 증가함에 따라 α가 감소하는데, 이것은 Le Chatelier 원리와 부합되는 결과이다.

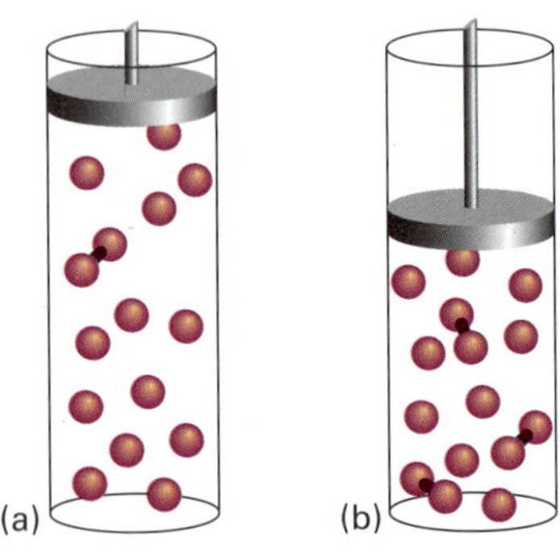

그림 75.1 평형에 있는 반응계를 압축시키면(a에서 b로) 기체상 분자의 수를 감소시키는 반응이 일어난다(이 경우에는 연결된 구로 표시한 이합체가 생긴다).

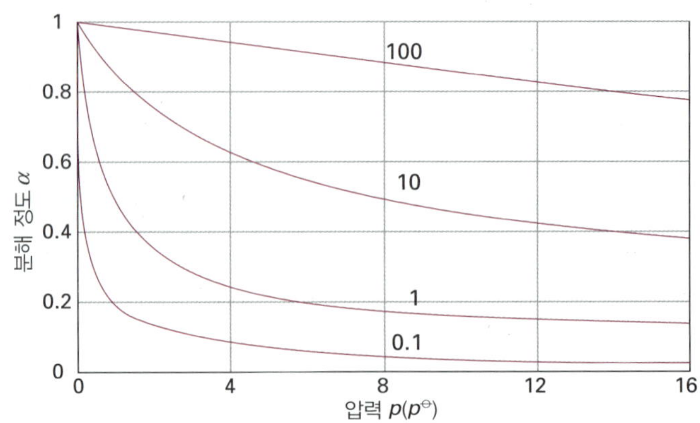

그림 75.2 A(g) ⇌ 2B(g) 반응에 대한 평형 해리도 α의 압력 의존 관계를 여러 상이한 평형 상수 값 K에 대하여 나타낸 그림. $\alpha = 0$은 순수한 A에 해당하며, $\alpha = 1$은 순수한 B에 해당한다.

간단한 예 75.1 압축 영향

암모니아 합성 반응 $N_2(g) + 3\ H_2(g) \rightarrow 2\ NH_3(g)$에서 평형 조성에 미치는 압축의 효과를 고찰하려면, 이 반응에 의해서 기체 분자의 수가 감소한다는(4에서 2로) 사실을 주목하면 된다. 따라서 Le Chatelier 원리에 의해서 압력을 증가시키면 생성물 쪽이 유리하게 된다. 모든 기체가 완전하다고 간주한 이 반응의 평형 상수는 다음과 같다.

$$K = \frac{(p_{NH_3}/p^\ominus)^2}{(p_{N_2}/p^\ominus)(p_{H_2}/p^\ominus)^3} = \frac{p_{NH_3}^2 p^{\ominus 2}}{p_{N_2} p_{H_2}^3} = \frac{x_{NH_3}^2 p^2 p^{\ominus 2}}{x_{N_2} x_{H_2}^3 p^4} = \frac{K_x p^{\ominus 2}}{p^2}$$

여기서 K_x는 반응물과 생성물의 평형 몰분율을 포함하는 평형 상수의 일부이다(K와 달리 K_x는 평형 상수가 아님을 주의할 것). 따라서 압력을 2배로 증가시키면 K_x가 4배로 증가해야 K의 값이 일정하게 유지된다.

자가 진단 75.1 반응 $3N_2(g) + H_2(g) \rightarrow 2N_3H(g)$의 평형 조성에서 압력을 10배로 증가시킬 때 압축의 효과를 예측하시오.

답: K_x가 100배로 증가한다.

75.2 온도에 대한 평형의 반응

Le Chatelier 원리에 의하면, 평형 상태에 있는 계는 온도를 올려 주면 흡열 방향 쪽으로 평형이 이동한다. 이렇게 되어야 열로서 가해진 에너지가 흡수되고 온도 상승이 억제될 것이다. 반면에 온도를 낮추어 주면 발열 방향 쪽으로 평형이 이동하게 될 것이다. 이렇게 되어야 에너지가 열로 방출되어 온도 강하를 억제할 것이다. 이 결론들은 다음과 같이 요약할 수 있다.

발열 반응($\Delta_r H^{\ominus} < 0$): 온도가 올라가면 반응물 쪽으로 평형이 이동한다.

흡열 반응($\Delta_r H^{\ominus} > 0$): 온도가 올라가면 생성물 쪽으로 평형이 이동한다.

이제 이러한 결론들이 타당하다는 것을 증명하고, 또 이러한 변화를 어떻게 정량적으로 나타내는지에 관해서 설명하겠다.

(a) van't Hoff 식

아래 **증명**에서 유도할 **van't Hoff 식(van't Hoff equation)**은 평형 상수(구체적으로 ln K)를 온도의 함수에 대해서 도시한 그래프의 기울기를 나타내는 식이다. 이 식은 다음 두 식 중 어느 것으로도 나타낼 수 있다.

$$\text{(a)}\ \frac{\mathrm{d}\ln K}{\mathrm{d}T}=\frac{\Delta_r H^{\ominus}}{RT^2} \qquad \text{(b)}\ \frac{\mathrm{d}\ln K}{\mathrm{d}(1/T)}=-\frac{\Delta_r H^{\ominus}}{R} \qquad \text{van't Hoff 식} \qquad (75.3)$$

증명 75.1 van't Hoff 식

토픽 73의 식 73.13($-RT$ ln $K=\Delta_r G^{\ominus}$)의 다음과 같은 형태에서 출발하자.

$$\ln K=-\frac{\Delta_r G^{\ominus}}{RT}$$

이 ln K를 온도에 관해서 미분한다. 그러면

$$\frac{\mathrm{d}\ln K}{\mathrm{d}T}=-\frac{1}{R}\frac{\mathrm{d}(\Delta_r G^{\ominus}/T)}{\mathrm{d}T}$$

K와 $\Delta_r G^{\ominus}$은 온도에만 의존하고 압력에는 의존하지 않으므로 이 미분들은 완전 미분이다. 이 식을 더 전개시키려면 다음과 같은 형태로 나타낸 Gibbs–Helmholtz 식(토픽 66의 식 66.9, $\mathrm{d}(\Delta G/T)/\mathrm{d}T=\Delta H/T^2$)을 이용한다.

$$\frac{\mathrm{d}(\Delta_r G^{\ominus}/T)}{\mathrm{d}T}=-\frac{\Delta_r H^{\ominus}}{T^2}$$

여기서 $\Delta_r H^{\ominus}$은 온도 T에서의 표준 반응 엔탈피이다. 위의 두 식을 결합하면 van't Hoff 식인 식 75.3a를 얻을 수 있다. 두 번째 식은 다음 관계를 이용하여 구한다.

$$\frac{\mathrm{d}(1/T)}{\mathrm{d}T}=-\frac{1}{T^2}, \quad \text{따라서} \quad \mathrm{d}T=-T^2\mathrm{d}(1/T)$$

이 관계를 이용하면 식 75.3a를 다음과 같이 나타낼 수 있다.

$$-\frac{\mathrm{d}\ln K}{T^2\mathrm{d}(1/T)}=\frac{\Delta_r H^{\ominus}}{RT^2}$$

이 식은 쉽게 식 75.3b로 간단하게 된다.

식 75.3a에 의하면 발열 반응($\Delta_r H^{\ominus}<0$)의 경우에는 $\mathrm{d}\ln K/\mathrm{d}T<0$ (따라서 $\mathrm{d}K/\mathrm{d}T<0$)이 된다. 이 기울기가 음이라는 것은 온도가 올라갈 때 ln K가 감소하고, 따라서 K 자신도 감소한다는 것을 뜻한다. 그러므로 위에서 요약한 바와 같이, 발열 반응의 경우에는 평형점이 생성물로부터 멀어지는 쪽으로 이동한다. 흡열 반응일 때는 반대 결과가 나타난다.

이러한 성질이 나타나는 열역학적 근거를 이해하려면 $\Delta_r G^{\ominus}=\Delta_r H^{\ominus}-T\Delta_r S^{\ominus}$식을 $-\Delta_r G^{\ominus}/T=-\Delta_r H^{\ominus}/T+\Delta_r S^{\ominus}$로 놓고 보는 것이 좋다. 발열 반응일 때는 $-\Delta_r H^{\ominus}/T$가 반응계 주위의 엔트로피 증가를 나타내며, 그리하여 생성물이 형성되게 해 준다. 온도가 올라가면 $-\Delta_r H^{\ominus}/T$가 감소하고, 따라서 주위의 엔트로피 증가가 큰 역할을 못하게 되며, 결과적으로 평형은 오른쪽으로 덜 가게 된다. 흡열 반응일 때는 반응계의 엔트로피 증가가 반응의 주요 추진력이 된다. 이때는 온도가 올라가면 반응에 불리한 영향을 주는 주위의 엔트로피 변화의 중요성이 감소하며(즉 $\Delta_r H^{\ominus}/T$가 더 작아지기 때문), 따라서 생성물이 생기는 쪽으로 반응이 일어난다.

분자적 입장에서 보면, 그림 75.3a에 나타낸 바와 같이, 흡열 반응에 대한 전형적인 에너지 준위 배열을 생각해 보자. 온도를 올리면 Boltzmann 분포가 조절되어 개체수 분포가 그림에서와 같이 변한다. 즉 낮은 에너지 상태의 개체수가 감소한 만큼 높은 에너지 상태의 개체수가 증가한다. 이렇게 되면 그림에서와 같이 B 분자에 연유되는 상태들의 수가 A 분자의 수를 축내면서 증가하게 된다. 따라서 B 상태의 총 개체수는 증가하고, 평형 혼합물 속에 B가 더 풍부해진다.

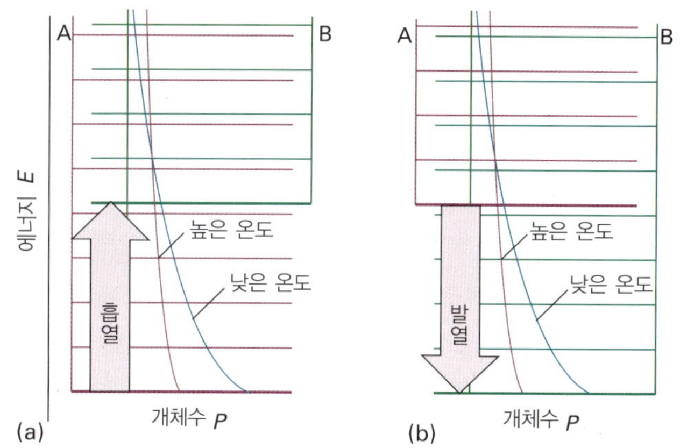

그림 75.3 화학 평형에 미치는 온도의 영향을 설명하려면 Boltzmann 분포의 온도에 따른 변화와 그에 따른 화학종들의 개체수 분포 변화의 영향을 보아야 한다. (a) 흡열 반응에서는 온도 상승에 따라 B의 개체수가 A를 축내면서 증가한다. (b) 발열 반응에서는 이와 반대가 된다.

이와 반대로 반응이 발열일 때는(그림 75.3b) 온도 상승에 의해서 A 상태(높은 에너지에서 시작하는)의 개체수는 B 상태의 개체수를 축내면서 증가하고 반응물이 더 풍부해진다.

예제 75.1 반응 엔탈피 측정

아래 데이터는 반응 $Ag_2CO_3(s) \rightleftharpoons Ag_2O(s)+CO_2(g)$의 평형 상수가 온도에 따라 변하는 것을 보여 준다. 이 분해 반응의 표준 반응 엔탈피를 계산하시오.

T(K)	350	400	450	500
K	3.98×10^{-4}	1.41×10^{-2}	1.86×10^{-1}	1.48

방법 식 75.3b에 의하면 반응 엔탈피가 온도에 의존하지 않을 때는 $-\ln K$를 $1/T$에 대해서 도시하면 기울기가 $\Delta_r H^\ominus/R$인 직선이 되어야 한다.

풀이 우선 다음과 같은 표를 만든다.

T(K)	350	400	450	500
$(10^3\ K)/T$	2.86	2.50	2.22	2.00
$-\ln K$	7.83	4.26	1.68	−0.39

이 점들을 도시한 것이 그림 75.4이다. 이 그래프의 기울기는 $+9.6\times10^3$이다. 따라서

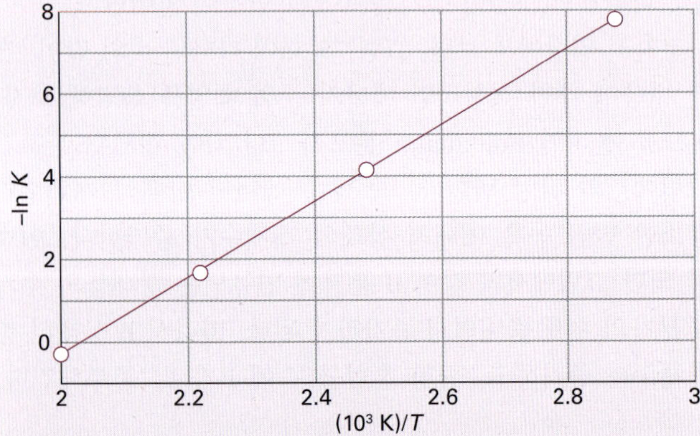

그림 75.4 표준 반응 엔탈피가 온도에 따라 별로 변하지 않을 때는 $-\ln K$를 $1/T$에 대해서 도시하면 기울기가 $\Delta_r H^\ominus/R$인 직선이 되어야 할 것이다. 이것은 반응 엔탈피를 측정하는 비열계량적 방법이다. 데이터의 점들은 예제 75.1의 것이다.

$$\Delta_r H^\ominus = (+9.6\times10^3\,K)\times R = +80\,kJ\,mol^{-1}$$

평형 상수의 온도 의존 관계를 이용하면 $\Delta_r H^\ominus$을 비열계량적 방법으로 구할 수 있다. 이 방법의 단점은 반응 엔탈피가 실제에 있어서는 온도에 의존하며, 따라서 도시 결과가 완전한 직선을 나타내지 못한다는 것이다. 하지만 대부분의 경우,이 온도 의존도는 대단히 작으며, 따라서 이 도시 결과가 비교적 좋은 직선을 나타낸다. 실제에 있어서 이 방법이 대단히 엄밀한 편은 아니지만, 이 방법밖에 이용할 수 없는 경우가 많이 있다.

자가 진단 75.2 반응 $2SO_2(g)+O_2(g) \rightleftharpoons 2SO_3(g)$의 평형 상수는 300 K에서 4.0×10^{24}, 500 K에서 2.5×10^{10}, 700 K에서 3.0×10^4이다. 500 K에서의 반응 엔탈피를 구하시오.

답: -200 kJ mol^{-1}

(b) 다른 온도에서의 K 값

어느 한 온도 T_1에서의 평형 상수 값 K_1을 이용하여 다른 온도 T_2에서의 평형 상수를 구하려면 식 75.3b를 이 두 온도 사이에서 적분하면 된다. 즉

$$\ln K_2 - \ln K_1 = -\frac{1}{R}\int_{1/T_1}^{1/T_2} \Delta_r H^\ominus\, d(1/T) \qquad (75.4)$$

$\Delta_r H^\ominus$의 온도 의존성을 생각해야 할 필요가 있으면, Kirchhoff 법칙(토픽 57)을 사용할 수 있다. 그러나 고려 대상의 온도 범위에서 $\Delta_r H^\ominus$이 온도에 조금밖에 의존하지 않는다면 이것을 적분 기호 밖으로 끌어낼 수 있다. 그러면 위의 식이 다음과 같이 된다.

$$\ln K_2 - \ln K_1 = -\frac{\Delta_r H^\ominus}{R}\left(\frac{1}{T_2}-\frac{1}{T_1}\right) \qquad (75.5)$$

간단한 예 75.2 K의 온도 의존성

암모니아 합성 반응에 대한 500 K에서의 평형 상수를 298 K에서의 평형 상수($N_2(g)+3H_2(g) \rightarrow 2NH_3(g)$ 반응에 대하여 6.1×10^5)로부터 산출하기 위하여 표준 반응 엔탈피를 사용하는데, $\Delta_r H^\ominus = 2\Delta_f H^\ominus(NH_3,\ g)$임을 이용하여 **부록**에 있는 표 57.4로부터 구하고, 이 값이 이 온도 영역에서 일정하다고 가정한다. 그러면 $\Delta_r H^\ominus = -92.2$ kJ mol^{-1}이 되며, 따라서 식 75.5로부터 다음과 같은 결과를 얻을 수 있다.

$$\ln K_2 = \ln(6.1\times10^5) - \frac{(-92.2\times10^3\,J\,mol^{-1})}{8.3145\,J\,K^{-1}\,mol^{-1}}\left(\frac{1}{500\,K}-\frac{1}{298\,K}\right)$$
$$= -1.71\ldots$$

따라서 K_2=0.18이 된다. 이 값은 298 K에서의 값보다 작으며, 이 발열 반응에 대해서 예상했던 대로이다.

자가 진단 75.3 $N_2O_4(g) \rightleftharpoons 2NO_2(g)$ 반응의 평형 상수를 자가 진단 73.6에서 계산한 바 있다. 100°C에서의 값을 구하시오.

답: 15

한 반응에 대한 평형 상수의 온도 의존성을 알면 실험실과 공업 공정 설계에 유용할 수 있다. 예를 들어 합성 화학자들

은 반응 혼합물의 온도를 변화시켜서 반응의 수득률을 증가시킬 수 있다. 또한 탄소나 일산화 탄소로 금속 산화물을 환원시키면 과정이 $K \gg 1$인 온도에서 수행될 때 금속이 추출된다.

개념 확인

- ☐ **1.** 열역학 평형 상수는 압력과 무관하다.
- ☐ **2.** **Le Chatelier 원리**는 평형에 있는 계가 교란을 받게 되면 계는 그 교란 효과를 최소화하려는 쪽으로 반응을 일으킨다는 것이다.
- ☐ **3.** K는 압력과 무관하지만, 평형 혼합물의 조성은 압력에 의존할 수도 있다.
- ☐ **4.** 발열 반응($\Delta_r H^{\ominus} < 0$)에서 온도가 올라가면 반응물 쪽으로 평형이 이동하고, 흡열 반응 ($\Delta_r H^{\ominus} > 0$)에서 온도가 올라가면 생성물 쪽으로 평형이 이동한다.
- ☐ **5.** **van't Hoff 식**(아래 참조)은 평형 상수의 온도 의존성에 대한 식이다.

식 확인

성질	식	비고	식 번호
압력에 대한 K의 변화	$(\partial K/\partial p)_T = 0$		75.1
온도에 대한 K의 변화	$\mathrm{d}(\ln K)/\mathrm{d}T = \Delta_r H^{\ominus}/RT^2$	van't Hoff 식	75.3
	$\mathrm{d}(\ln K)/\mathrm{d}(1/T) = -(\Delta_r H^{\ominus}/R)$		
	$\ln K_2 - \ln K_1 = -(\Delta_r H^{\ominus}/R)(1/T_2 - 1/T_1)$	$\Delta_r H^{\ominus}$ 온도와 무관	75.5

토픽 76

전기 화학 전지

➤ 학습 목표

전기 화학은 기술적으로 이미 괄목할 만한 중요한 위치에 있다. 즉 전지의 작동과 공업적 생산, 그리고 여러 금속의 정제 등에 기본이 되고 있다. 전기 화학에서 생겨난 개념은 이미 산화–환원 반응의 가능성을 확인하는 데 이용되어 왔고, 많은 무기 화학 반응에 있어 논쟁의 중심이다. 또한 전기 화학은 열역학적 성질의 측정에 감도가 좋은 기술을 제공하고 있다.

➤ 핵심 내용

전지 반응이 생산할 수 있는 전기적인 일은 반응 Gibbs 에너지와 같다.

➤ 미리 알기

Gibbs 에너지와 비팽창 일(토픽 64)의 관계를 알아야 하고, 반응 Gibbs 에너지가 반응의 진척도로서 어떻게 정의되며, 그 값이 반응 지수(토픽 73)에 어떻게 관계되는지를 알 필요가 있다.

평형에 관한 열역학적 논의는 세세한 기술적인 어떤 변화를 가지고 화학 전지에서 일어나는 반응의 성질을 설명할 수 있다. 전기 화학적 방법을 이용하면 전류와 전위 차(전압)를 대단히 정밀하게 측정하여 다른 방법으로 측정할 수 없는 열역학적 성질들을 결정할 수 있다.

전기 화학 전지(**electrochemical cell**)는 이온 전도체인 **전해질**(**electrolyte**; 용액, 액체, 고체)과 접촉하고 있는 두 **전극**(**electrode**), 또는 금속 전도체로 되어 있다. 한 전극과 그 전해질은 하나의 **전극 칸**(**electrode compartment**)을 만든다. 그러나 경우에 따라서는 두 전극이 하나의 칸을 공유하는 수도 있다. 여러 종류의 전극을 표 76.1에 요약해 놓았다. 여기에 함께 명시된 '비활성 금속'은 전자의 공급원이나 흡수원으로서만 작용하고 촉매 이상의 역할은 하지 않는 것들이다. 전해질이 서로 다를 때에는 두 칸을 **염다리**(**salt bridge**)로 연결시킬 수 있다. 염다리는 진한 전해질(거의 항상 KCl의 한천 젤리) 용액이 들어 있는 관이며, 전지의 회로를 완성시켜 전지가 기능을 하게 해 준다. **갈바니 전지**(**galvanic cell**; 'volta 전지'라고 부름)는 그 전지 안에서 일어나는 자발적 반응에 의해서 전류가 생기는 전기 화학 전지이다. 한편 **전해 전지**(**electrolytic cell**)는 외부 전원의 전류를 이용하여 비자발적 반응을 일어나게 하는 전기 화학 전지이다.

표 76.1 각종 전극

전극 종류	기호	산화–환원쌍	반쪽 반응
금속/금속 이온	$M(s)\|M^+(aq)$	M^+/M	$M^+(aq)+e^- \rightarrow M(s)$
기체	$Pt(s)\|X_2(g)\|X^+(aq)$	X^+/X_2	$X^+(aq)+e^- \rightarrow \frac{1}{2}X_2(g)$
	$Pt(s)\|X_2(g)\|X^-(aq)$	X_2/X^-	$\frac{1}{2}X_2(g)+e^- \rightarrow X^-(aq)$
금속/불용성 염	$M(s)\|MX(s)\|X^-(aq)$	$MX/M,X^-$	$MX(s)+e^- \rightarrow M(s)+X^-(aq)$
산화–환원	$Pt(s)\|M^+(aq),M^{2+}(aq)$	M^{2+}/M^+	$M^{2+}(aq)+e^- \rightarrow M^+(aq)$

76.1 반쪽 반응과 전극

일반 화학에서 배웠겠지만, **산화(oxidation)**는 한 화학종으로부터 전자를 제거하는 변화이고, **환원(reduction)**은 한 화학종에 전자가 가해지는 변화이다. 그리고 **산화-환원 반응(redox reaction)**은 한 화학종으로부터 다른 화학종으로 전자가 이동되는 반응이다. 원자나 이온이 이동되는 것과 같은 현상에 수반되어 전자가 이동될 수도 있지만 실질적 효과면에서는 이것도 전자의 이동이며, 따라서 원소의 산화수가 변한다. 전자 주개를 **환원제(reducing agent**; 또는 reductant)라고 하며, 전자 받개는 **산화제(oxidizing agent** 또는 oxidant)라고 한다.

또한 산화-환원 반응은 어느 것이나 두 환원 반쪽 반응의 차로 나타낼 수 있다는 것에 익숙해져야 한다. 환원 **반쪽 반응(half-reaction)**은 전자를 얻는 개념상의 반응이다. 산화-환원 반응이 아닌 반응도 두 환원 반쪽 반응의 차로 나타낼 수 있는 경우가 있다. 한 반쪽 반응에서 환원된 물질과 산화된 물질을 **산화-환원쌍(redox couple)**이라고 한다. 일반적으로 산화-환원쌍은 Ox/Red로 쓰고, 해당하는 환원 반쪽 반응을 다음과 같이 나타낸다.

$$\mathrm{Ox} + \nu e^- \rightarrow \mathrm{Red} \qquad \text{일반적인 환원 반쪽 반응} \qquad (76.1)$$

간단한 예 76.1 반쪽 반응

염화 은이 물에 용해되는 변화 $AgCl(s) \rightarrow Ag^+(aq) + Cl^-(aq)$는 산화-환원 반응은 아니지만 다음과 같은 두 환원 반쪽 반응의 차로 나타낼 수 있다.

$AgCl(s) + e^- \rightarrow Ag(s) + Cl^-(aq)$
$Ag^+(aq) + e^- \rightarrow Ag(s)$
차: $AgCl(s) - Ag^+(aq) \rightarrow Cl^-(aq)$
재정리: $AgCl(s) \rightarrow Ag^+(aq) + Cl^-(aq)$

여기서 산화-환원쌍은 각각 $AgCl/Ag, Cl^-$와 Ag^+/Ag이다.

자가 진단 76.1 산성 용액 속에서 H_2와 O_2로부터 H_2O가 생성되는 반응을 두 환원 반쪽 반응의 차로 나타내시오.

답: $4\,H^+(aq) + 4\,e^- \rightarrow 2\,H_2(g)$, $O_2(g) + 4\,H^+(aq) + 4\,e^- \rightarrow 2\,H_2O(l)$

전극 칸의 조성은 그 반쪽 반응의 반응 지수 Q로 나타내는 것이 편리하는 것을 종종 알게 될 것이다. 이 지수는 전체 반응(토픽 73)에 대한 것과 비슷하게 정의되지만 전자를 나타내지 않는다.

간단한 예 76.2 반쪽 반응의 반응 지수

산성 용액 속에서 O_2가 H_2O로 환원되는 반쪽 반응 $O_2(g) + 4\,H^+(aq) + 4\,e^- \rightarrow 2\,H_2O(l)$의 반응 지수는 다음과 같이 된다.

$$Q = \frac{a_{H_2O}^2}{a_{O_2}a_{H^+}^4} = \frac{1}{(p_{O_2}/p^{\ominus})a_{H^+}^4} = \frac{p^{\ominus}}{p_{O_2}a_{H^+}^4}$$

두 번째 단계에서는 물의 활동도를 근사적으로 1로 놓았으며(용액이 묽으므로), 산소는 완전 기체와 같이 행동한다고 보고 $a_{O_2} \approx p_{O_2}/p^{\ominus}$으로 놓았다.

자가 진단 76.2 염소 기체 전극에 대한 반쪽 반응과 반응 지수를 쓰시오.

답: $Cl_2(g) + 2\,e^- \rightarrow 2\,Cl^-(aq)$, $Q = a_{Cl^-}^2 p^{\ominus}/p_{Cl_2}$

전지에서는 전체적 반응을 이루는 환원 과정과 산화 과정이 분리된 공간 속에서 일어난다. 즉 한 전극 칸에서는 산화가, 다른 전극 칸에서는 환원이 일어난다. 반응이 진행되면 한 전극의 산화 반응 $\mathrm{Red_1} \rightarrow \mathrm{Ox_1} + \nu e^-$에서 나온 전자가 외부 회로를 통과하여 다른 전극을 통해서 전지 속으로 다시 들어간다. 이 전자가 들어가는 전극에서는 환원 반응 $\mathrm{Ox_2} + \nu e^- \rightarrow \mathrm{Red_2}$가 일어난다. 산화가 일어나는 전극을 **산화 전극(anode)**, 환원이 일어나는 전극을 **환원 전극(cathode)**이라고 한다. 갈바니 전지에서는 환원 전극이 산화 전극보다 높은 전위를 갖는다. 이것은 환원을 일으키는 화학종 $\mathrm{Ox_2}$가 그 전극(그림 76.1의 환원 전극)으로부터 전자를 빼아 이 전극에 상대적으로 양전하를 남겨 놓기 때문이다(따라서 높은 전위가 된다). 한편 산화 전극에서는 산화가 일어나서 그 전극으로 전자가 이동하며, 따라서 이 전극이 상대적으로 음전하를 갖게 된다(낮은 전위에 해당).

76.2 여러 가지 전지

가장 간단한 형식의 전지는 두 전극이 하나의 전해질을 공통으로 갖는 것이다(그림 76.1과 같은). 그러나 경우에 따라서는 전극들을 서로 다른 전해질 용액에 담가야 할 때가 있다. 예로서 'Daniell 전지'에서는 한 전극에서의 산화-환원쌍이 Cu^{2+}/Cu이고, 다른 전극에서의 쌍은 Zn^{2+}/Zn이다(그림 76.2). **전해질 농도차 전지(electrolyte concentration cell)**에서는 두 전극 칸이 전해질의 농도만 서로 다를 뿐 나머지는 똑같다. 또 **전극 농도차 전지(electrode concentration cell)**에서는 전극 자체가 서로 다른 농도를 갖는데, 이것은 이 전지가 압력이 서로 다른 두 기체 전극으로 이루어지거나, 농도가 서로 다른 두 아말감(수은 용액) 전극으로 이루어지기 때문이다.

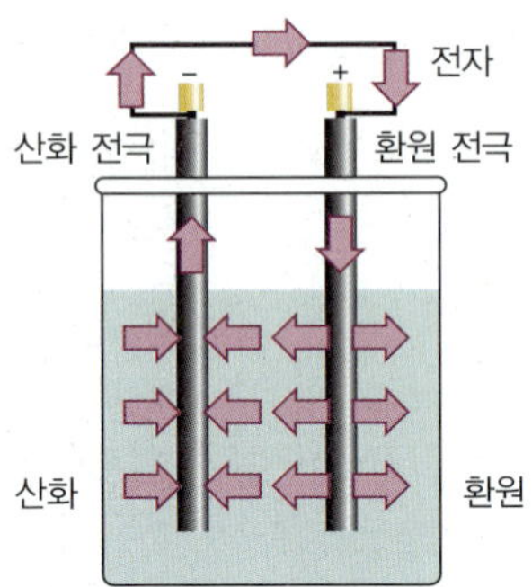

그림 76.1 갈바니 전지에서 자발적 반응이 일어날 때는 전자가 한 전극(산화가 일어나는 산화 전극)에서 석출되고, 이 전자가 다른 전극(환원이 일어나는 환원 전극)으로 이동해 간다. 따라서 실효 전류가 생기고, 이것을 일에 이용할 수 있다. 환원 전극의 + 부호는 전자가 전지 안으로 들어가는 전극을 표시하는 것이고, 산화 전극의 – 부호는 전자가 전지를 빠져나가는 전극을 표시한다.

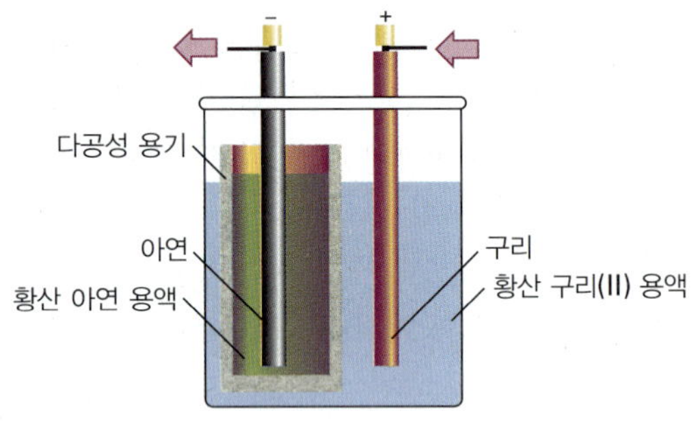

그림 76.2 Daniell 전지의 한 예. 구리 전극이 환원 전극이고, 아연 전극이 산화 전극이다. 전자는 아연 전극을 통해서 전지 밖으로 빠져나와 구리 전극을 통해서 전지 속으로 다시 들어간다.

Daniell 전지에서와 같이 서로 다른 두 전해질 용액이 접하고 있는 전지에서는 두 용액의 계면 사이에 전위차가 추가로 더 나타나는데, 이 전위차를 **액간 접촉 전위(liquid juction potential**, E_{1j})라고 한다. 이러한 종류의 또 다른 한 예로서는 농도가 서로 다른 두 염산 사이에 나타나는 접촉 전위를 들 수 있다. 이 접촉면에서는 이동성이 큰 H^+ 이온이 보다 묽은 용액 쪽으로 확산해 들어가며, 그 뒤를 따라 부피가 큰 Cl^- 이온이 느린 속도로 확산된다. 이 때문에 접촉면을 사이에 두고 전위차가 생기며, 짧은 시간 후에 이 이온들이 동일한 속도로 확산될 수 있는 일정한 값을 유지하게 된다. 전해질 농도차 전지는 항상 이러한 액간 접촉을 가지며, 전극 농도차 전지는 이것을 갖지 않는다.

두 전해질 용액을 염다리(그림 76.3)를 통해서 연결시키면 액간 접촉 퍼텐셜을 줄일 수 있다(약 1~2 mV 정도로). 염다리가 접촉 퍼텐셜을 없애 주는 이유는 염다리 양끝에서의 액간 접촉 퍼텐셜이 두 묽은 용액의 농도와 거의 무관하여 서로 거의 상쇄되기 때문이다.

전지를 나타내는 기호에서는 다음과 같이 규약을 사용한다.

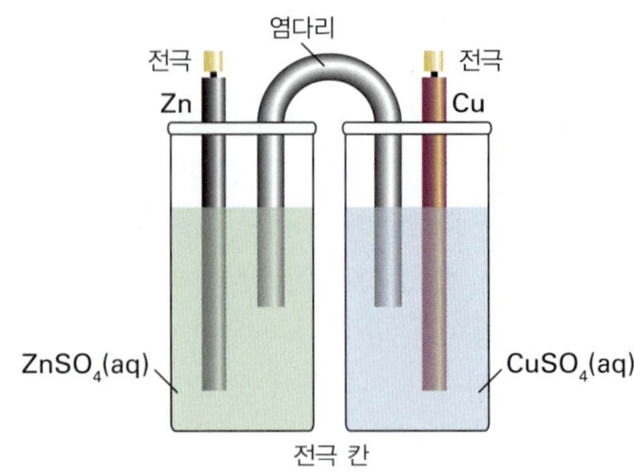

그림 76.3 젤리 상태의 진한 염 용액이 채워진 U자관을 거꾸로 세운 것과 같은 염다리는 서로 거의 상쇄되는 반대 방향의 두 액간 접촉 퍼텐셜을 갖는다.

- 상 경계를 수직선(|)으로 나타낸다.
- 액간 접촉은 수직 점선(⁝)으로 나타낸다.
- 접촉 퍼텐셜이 제거되었다고 추정되는 계면은 이중 수직선(‖)으로 나타낸다.

'왼쪽' 과 '오른쪽' 전극을 명시할 필요가 있을 때는 전지 그림의 왼쪽 전극(물리적 공간에 할 필요가 없음)은 L로 표기하고, 오른쪽은 R로 표기한다. 이러한 문자는 전지의 각 칸에 있는 전기 활성화된 화학종의 몰랄 농도는 b(b_L이나 b_R)로 하고 압력은 p(p_L이나 p_R)로 표시하는 데 사용할 수 있다.

간단한 예 76.3 전지 표기

그림 76.4의 전지는 다음과 같이 표기한다.

$$\mathrm{Pt(s)|H_2(g,}p_\mathrm{L})\mathrm{|HCl(aq)|AgCl(s)|Ag(s)}$$

그림 76.2의 전지는 다음과 같이 표기한다.

$$\mathrm{Zn(s)|ZnSO_4(aq,}b_\mathrm{L})\vdots\mathrm{CuSO_4(aq,}b_\mathrm{R})\mathrm{|Cu(s)}$$

액간 접촉 전위가 제거되었다고 추정되는 전해질 농도차 전지의 한 예는 그림 76.3과 같은 것으로서, 칸 사이로 전기 활

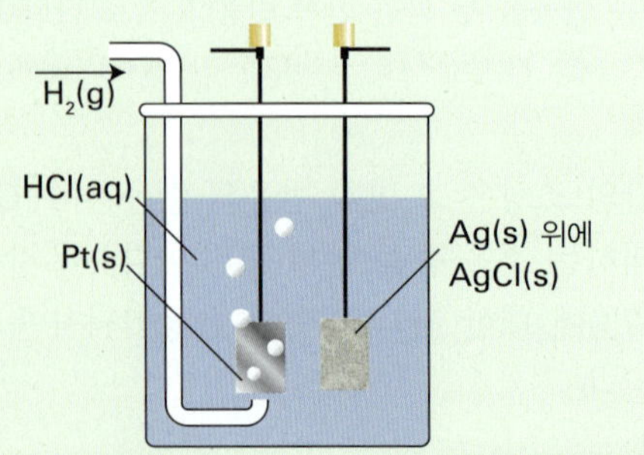

그림 76.4 공통 전해질을 가지는 전지. 왼쪽은 수소 전극이고, 오른쪽은 은/염화 은 전극이다.

성 화학종의 농도만이 다른 것으로 다음과 같이 표기한다.

$$Zn(s)|ZnSO_4(aq,b_L)||ZnSO_4(aq,b_R)|Zn(s)$$

자가 진단 76.3 두 전극이 모두 수소 전극이고 각 칸이 염산으로 되어 있으며, 염다리가 있는 전지의 사양을 기호로 표기하시오.

답: $Pt(s)|H_2(g, p_1)|HCl(aq, b_1)||HCl(aq, b_R)|H_2(g, p_R)|Pt(s)$

76.3 전지 전위

갈바니 전지에서 나오는 전류는 전지에서 일어나는 자발적 반응 때문에 생긴다. **전지 반응(cell reaction)**은 전지의 오른쪽 전극이 환원 전극이 되며, 이 오른쪽 전극 칸에서 환원 반응이 자발적으로 일어난다고 가정하고 나타낸 것이다. 토픽 77에서 오른쪽 전극이 실제로 환원 전극인지를 알아내는 방법은 후에 설명하겠다. 오른쪽 전극이 정말로 환원 전극일 때는 표시된 그대로의 전지 반응이 자발적 반응이 된다. 그러나 왼쪽 전극이 환원 전극이 될 때는 역방향의 전지 반응이 자발적이다.

전지 도식에 해당하는 전지 반응을 나타내려면 우선 오른쪽 반쪽 반응을 환원 반응으로 쓴다(이것이 전지 반응의 자발적 방향이라고 가정하였으므로). 이어서 이것으로부터 왼쪽 환원 반쪽 반응을 빼 준다(즉 왼쪽 전극에서 산화가 일어난다고 보는 것이다).

간단한 예 76.4 전지 반응

전지 $Zn(s)|ZnSO_4(aq)||CuSO_4(aq)|Cu(s)$에서는 두 전극과 그 환원 반쪽 반응이 다음과 같다.

오른쪽 전극: $Cu^{2+}(aq)+2e^- \rightarrow Cu(s)$
왼쪽 전극: $Zn^{2+}(aq)+2e^- \rightarrow Zn(s)$

따라서 이들의 차를 취하면 다음과 같은 전체적인 전지 반응이 나온다.

$$Cu^{2+}(aq)-Zn^{2+}(aq) \rightarrow Cu(s)-Zn(s)$$

재정리하면 다음이 된다.

$$Cu^{2+}(aq)+Zn(s) \rightarrow Cu(s)+Zn^{2+}(aq)$$

자가 진단 76.4 전지 $Pt(s), H_2(g)|HCl(aq)|AgCl(s)|Ag(s)$에 대한 전지 반응을 구성하시오.

답: $2\,AgCl(s)+H_2(g) \rightarrow 2\,Ag(s)+2\,HCl(aq)$, $2\,H^+(aq)+2\,Cl^-(aq)$와 같이

(a) 전지 전위와 반응 Gibbs 에너지

전체 전지 반응이 화학 평형에 도달하지 않았을 때는 전지 반응에 의해서 전자가 외부 회로를 통해서 흐르게 되고, 따라서 전지가 전기적 일을 할 수 있다. 주어진 양의 전자 이동에 의해서 행해지는 일의 양은 두 전극 사이의 전위차에 의존한다. 이 전위차가 클 때는 두 전극 사이를 이동하는 일정 수의 전자가 많은 양의 전기적 일을 할 수 있으며, 전위차가 작을 때는 같은 수의 전자가 소량의 일만을 할 수 있다. 전체 전지 반응이 평형을 이루고 있는 전지는 일을 할 수 없으며 이때는 전위차가 0이 된다.

토픽 64에서 토의한 것에 의하면, 계가 할 수 있는 최대의 비팽창 일은 식 64.17b($w_{e,max}=\Delta G$)로 주어지는 계(전지)가 할 수 있는 전기적인 일이다. ΔG는 전지 반응의 Gibbs 에너지 $\Delta_r G$와 동일하다(앞으로 알 수 있듯이). 따라서 전지가 할 수 있는 일을 측정함으로써 전지의 열역학적 성질을 측정하려면 그 전지를 가역적으로 작동시켜 최대 일이 나오도록 해야 한다. 뿐만 아니라 토픽 73에서 설명한 바와 같이 반응 Gibbs 에너지는 반응 혼합물의 구체화된 조성에 관계되는 성질이다(식 73.9, $\Delta_r G=\Delta_r G^\ominus+RT\ln Q$를 통해). 따라서 $\Delta_r G$를 측정하려면 명시된 일정 조성에서 전지를 가역적으로 작동시켜야 한다. 이러한 두 조건을 충족시키려면 전지 전위를 대립 전원의 전위와 균형을 이루게 하면서 전지 반응을 가역적으로 일어나게 하여, 조성을 일정하게 유지시키고 전류도 거의 흐르지 않게 하여 전지에 의해 발생하는 전위차를 측정해야 한다. 요컨대 전지 반응이 일어날 태세이지만 실제적으로는 일어나지 않게 하는 것이다. 이렇게 측정한 전위차를 **전지 전위(cell potential)**라고 하며, E_{cell}로 나타낸다. 전에는 전지 전위를 **기전력**(emf)이라고 불렀으며, 지금도 널리 그렇게 부르고 있다. 그런데 IUPAC에서는 전위차가 힘이 아니라는 사실 때문에 '**전지 전위**'라는 명칭을 쓰기로 하였다.

아래 **증명**에서 보이는 바와 같이, 전지의 반응 Gibbs 에너지와 전지 전위 사이에는 다음과 같은 관계가 성립한다.

$$-\nu FE_{cell}=\Delta_r G \qquad \text{가역 조건} \qquad \text{전지 전위와 Gibbs 에너지} \qquad (76.2)$$

여기서 F는 Faraday 상수 $F=eN_A$이고, ν는 전지 반응을 나눌 수 있는 두 짝지어진(전자 균형된) 반쪽 반응에서의 전자의 화학량론적 계수이다. 이 식은 한쪽으로는 전기적 측정 결과와 또 다른 한쪽인 열역학적 성질을 연결시켜 주는 중요한 관계식으로서 앞으로 나오는 여러 논의 과정의 기초가 될 것이다.

증명 76.1 전지 전위와 반응 Gibbs 에너지 사이의 관계

반응의 진척도가 ξ인 Gibbs 에너지 변화는 토픽 73에서 다루었는데, 여기서 반응 Gibbs 에너지는 $\Delta_r G = (\partial G/\partial \xi)_{T,p}$으로 정의되었다. 어떤 한 조성에서 전지 반응이 미소하게 $d\xi$만큼 진척될 때 생기는 G의 변화를 생각해 보자. 일정한 온도와 압력에서는 이것을 다음과 같이 쓸 수 있다.

$$dG = \left(\frac{\partial G}{\partial \xi}\right)_{T,p} d\xi = \Delta_r G d\xi$$

따라서 일정한 온도와 압력에서 반응이 $d\xi$만큼 진척될 때 이 반응이 할 수 있는 최대의 비팽창 일(즉 전기적 일)은 $dw_e = dG$이므로 다음과 같다.

$$dw_e = \Delta_r G d\xi$$

이 일은 미소하며, 따라서 이 변화가 일어나는 동안에 계의 조성은 실질적으로 일정하게 유지된다.

지금 이 반응이 $d\xi$만큼 진척될 때 $\nu d\xi$만큼의 전자가 산화 전극으로부터 환원 전극으로 이동해야 한다고 생각해 보자. 그러면 이 변화가 일어날 때 두 전극 사이에서 운반된 전체 전하량은 $-\nu e N_A d\xi$가 된다(전자의 양이 $\nu d\xi$이고 전자 1 mol의 전하는 $-eN_A$이므로). 따라서 $eN_A = F$이므로 운반된 전체 전하량은 $-\nu F d\xi$가 된다. 한편 미소 전하량 $-\nu F d\xi$가 산화 전극으로부터 환원 전극으로 이동할 때 행해지는 일은 이 전하량과 전위차 E_{cell}의 곱과 같다. 즉

$$dw_e = -\nu F E_{cell} d\xi$$

이 관계식을 그 위의 식($dw_e = \Delta_r G d\xi$)과 같게 놓으면 진척도 $d\xi$가 상쇄되고 식 76.2가 얻어진다.

식 76.2를 이용하면 명시된 조성에서의 반응 Gibbs 에너지로부터 그 조성에서의 전지 전위를 알 수 있다. 반응 Gibbs 에너지의 값이 음이어서 전지 반응이 자발적으로 일어날 수 있을 때는 전지 전위의 값이 양에 해당됨을 주목하라. 식 76.2의 내용을 다른 시각으로 보면, 전지의 추진력은 Gibbs 에너지의 반응 진척도에 대한 기울기에 비례한다고 볼 수 있다. 평형으로부터 멀리 떨어진(따라서 기울기가 가파른) 반응일수록 전자를 외부 회로를 통해 몰아내려는 경향이 세게 나타날 것이다(그림 76.5). 또 이 기울기가 0에 가까울 때(즉 전지 반응이 평형에 가까울 때)는 전지 전위가 작아진다.

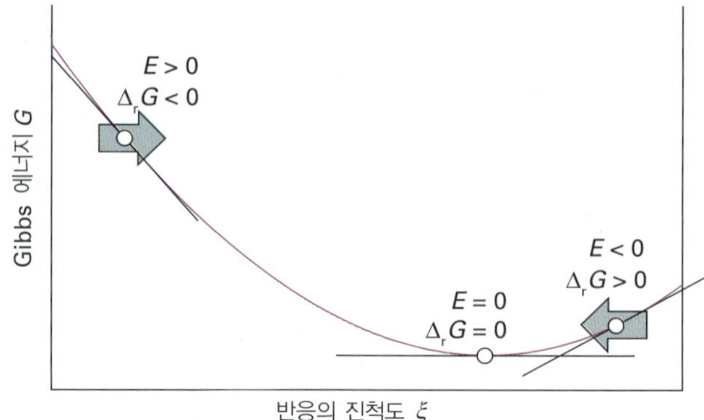

그림 76.5 자발적 반응은 Gibbs 에너지가 감소되는 방향으로 일어나며, 전지 전위 E_{cell}로 나타낼 수 있다. $E_{cell} > 0$이면 왼쪽으로부터 오른쪽으로의 전지 반응이 자발적으로 일어나고, $E_{cell} < 0$이면 그 역반응이 자발적으로 일어난다. 전지 반응이 평형을 이룰 때는 전지 전위가 0이 된다.

간단한 예 76.5 전지 전위

식 76.2를 이용하면 전기적 방법을 이용하여 임의의 반응 혼합물 조성에서의 반응 Gibbs 에너지를 측정할 수 있다. 간단히 전지 전위를 측정하여 $\Delta_r G$로 바꾸어 주기만 하면 된다. 반대로 특정한 조성에서의 $\Delta_r G$ 값을 알면 전지 전위를 예측할 수가 있다. 예로서 $\Delta_r G = -100\ \text{kJ mol}^{-1}$ (100을 1×10^2으로 놓음), $\nu = 1$일 때는 다음과 같이 된다.

$$E_{cell} = -\frac{\Delta_r G}{\nu F} = -\frac{(-1\times10^5\,\text{J mol}^{-1})}{1\times(9.6485\times10^4\,\text{C mol}^{-1})} = 1\,\text{V}$$

여기서는 1 J = 1 C V를 이용하였다

자가 진단 76.5 각 반응에서 두 개의 전자가 이동하고 전위가 1.5 V인 전형적인 전지의 반응 Gibbs 에너지는 얼마인가?

답: $-290\ \text{kJ mol}^{-1}$

전지 전위의 중요한 특징은 전지 반응에 대한 화학식이나 반쪽 반응에 수치적 인자가 곱해지더라도 전지 전위가 변하지 않는다는 것이다. 수치적 인자가 증가하면 반응에 대한 표준 Gibbs 에너지가 증가한다. 그러나 같은 인자에 의해 이동되는 전자 수도 증가하므로, 식 76.2에 의해 E_{cell}의 값은 변하지 않고 유지된다. 실질적인 결과로 전지 전위는 전지의 물리적 크기와 상관없다. 다른 말로 하면, 전지 전위는 세기 성질이다.

(b) Nernst 식

조금 더 나아가서 전지 전위를 전지 반응에 참여하는 물질의 활동도와 연관시킬 수 있다. 반응 Gibbs 에너지는 토픽 73의 식 73.9 ($\Delta_r G = \Delta_r G^\ominus + RT \ln Q$)에 의해서 반응 혼합물의 조성과 연관된다. 양변을 $-\nu F$로 나누면 이 식이 다음과 같이 된다.

$$\frac{\Delta_r G}{-\nu F} = \frac{\Delta_r G^\ominus}{-\nu F} + \frac{RT}{-\nu F}\ln Q = -\frac{\Delta_r G^\ominus}{\nu F} - \frac{RT}{\nu F}\ln Q$$

맨 왼쪽의 항(푸른색으로 된)이 E_{cell}이고, 우변의 첫째 항을 다음과 같이 쓰고, 이것을 **표준 전지 전위(standard cell potential)**라고 한다.

$$E^\ominus_{cell} = -\frac{\Delta_r G^\ominus}{\nu F} \quad \text{정의 표준 전지 전위} \quad (76.3)$$

즉 표준 전지 전위는 전위 차(볼트 단위)로 나타낸 표준 반응 Gibbs 에너지와 같다. 따라서

$$E_{cell} = E^\ominus_{cell} - \frac{RT}{\nu F}\ln Q \quad \text{Nernst 식} \quad (76.4)$$

전지 전위를 조성으로 나타낸 이 식을 **Nernst 식(Nernst equation)**이라고 한다. 이 식으로 예상되는 전지 전위의 조성 의존 관계를 그림 76.6에 요약해 놓았다.

모든 반응물과 생성물이 표준 상태에 있을 때는 모든 활동도가 1이고, 따라서 $Q=1$이 되어 $\ln Q = 0$이 되며, 따라서 식 76.4에 의해서 이러한 상태에서의 전지 전위가 바로 표준 전지 전위가 된다. 하지만 표준 전지 전위는 표준 반응 Gibbs 에너지의 다른 한 표현에 불과하다는 사실(식 76.3)을 항상 명심하고 모든 응용에서 기본이 되어야 한다.

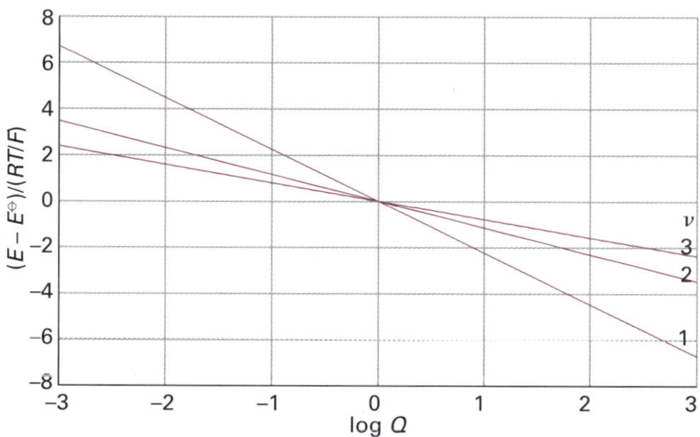

그림 76.6 ν의 값(이동되는 전자의 수)이 다른 전지 반응들의 경우, 반응 지수의 값에 따라 전지 전위가 변하는 모양. 298 K에서는 $RT/F = 25.69$ mV이며, 따라서 수직축의 척도는 이 값의 배수를 나타낸다.

간단한 예 76.6 Nernst 식

25°C에서는 $RT/F = 25.7$ mV이므로 이 온도에서 Nernst 식을 다음과 같이 실용적인 형태로 나타낼 수 있다.

$$E_{cell} = E^\ominus_{cell} - \frac{25.7\,\text{mV}}{\nu}\ln Q$$

따라서 $\nu = 1$인 반응의 경우에는 Q가 10배로 증가하면, 전지 전위는 (25.7 mV) ln 10 = 59.2 mV만큼 감소한다.

자가 진단 76.6 25°C에서 $\nu = 2$인 전지에서 $E_{전지}^\ominus = +1.20$ V, $Q = 0.10$일 때 전지 전위는 얼마인가?

답: +1.23 V

(c) 평형에서의 전지

Nernst 식의 특별한 경우는 전기 화학에서 대단히 중요하며, 화학의 다른 분야와 연관성을 마련해 주고 있다. 지금 전지 반응이 평형에 도달했다고 생각해 보자. 그러면 Q가 전지 반응의 평형 상수 K와 같게 되어 $Q = K$가 된다. 그런데 평형 상태에서는 화학 반응이 일을 할 수 없으며, 따라서 갈바니 전지의 전극 사이에는 전위차가 생기지 않는다. 따라서 Nernst 식에서 $E_{cell} = 0$, $Q = K$로 놓으면 다음과 같은 결과를 얻을 수 있다.

$$\ln K = \frac{\nu F E^\ominus_{cell}}{RT} \quad \text{평형 상수} \quad (76.5)$$

이 대단히 중요한 식을 이용하면 표준 전지 전위를 측정하여 평형 상수를 구할 수 있다.

간단한 예 76.7 평형 상수

전지 반응 $Cu(aq)^{2+} + Zn(s) \rightarrow Cu(s) + Zn^{2+}(aq)$가 일어나는 Daniell 전지의 표준 전위는 298 K에서 +1.10 V이며, 따라서 이 ν=2인 반응의 평형 상수는 다음과 같다.

$$\ln K = \frac{2\times(+1.10\,\text{V})}{25.7\times10^{-3}\,\text{V}} = 85.6\ldots$$

즉 $K = 1.5\times10^{37}$이다. 따라서 아연에 의한 구리의 치환 반응은 실질적으로 완결될 때까지 진행된다. 약 1 V의 전지 전위는 쉽게 측정이 되지만, 이에 해당하는 평형 상수를 직접 화학 분석을 하여 측정하기는 불가능할 것이다.

자가 진단 76.7 25°C에서 $\nu = 2$, $E_{전지}^\ominus = -0.22$V인 전지 반응에서 평형 상수를 계산하시오.

답: 3.7×10^{-8}

개념 확인

□ 1. **산화**는 어느 한 화학종에서 전자가 제거되는 것이고, **환원**은 한 화학종에 전자가 첨가되는 것이다.

□ 2. 산화–환원 반응(그리고 몇몇 다른 반응)은 두 환원 반쪽 반응의 차로 표현할 수 있다. 여기서 환원 **반쪽 반응**이란 전자의 얻음을 보여 주는 개념적인 반응이다.

□ 3. **전기 화학 전지**는 이온 전도체인 **전해질**로 연결되는 두 **전극**이나 금속 전도체로 이루어져 있다.

□ 4. **갈바니 전지**는 자체 내에서 자발적 반응이 일어나는 결과로 전기를 생산하는 전기 화학 전지이다.

□ 5. **전해 전지**는 비자발적 반응이 외부의 전류원에 의해 작동하는 전기 화학 전지이다.

□ 6. 산화가 일어나는 전극은 **산화 전극**이라고 하고, 환원이 일어나는 전극을 **환원 전극**이라고 한다.

□ 7. **전해질 농도차 전지**에서는 전극 칸에서 전해질 농도만 다르고 나머지는 똑같다.

□ 8. **염다리**는 액간 접촉 전위 발생을 감소시킨다.

□ 9. **전지 반응**은 전지에서 오른쪽 전극이 환원 전극이라고 가정하고 쓰여진 반응이다.

□ 10. **표준 전지 전위**는 전위로 표현된 표준 반응 Gibbs 에너지이다.

식 확인

성질	식	비고	식 번호
반쪽 반응	$\mathrm{Ox} + \nu \mathrm{e}^- \rightarrow \mathrm{Red}$	e^-는 기술하지 않음	76.1
전지 전위	$-\nu FE_{\text{cell}} = \Delta_r G$	가역적, 일정 온도와 압력	76.2
표준 전지 전위	$E^{\ominus}_{\text{cell}} = -\Delta_r G^{\ominus}/\nu F$	정의	76.3
Nernst 식	$E_{\text{cell}} = E^{\ominus}_{\text{cell}} - (RT/\nu F)\ln Q$		76.4
평형 상수	$\ln K = \nu FE^{\ominus}_{\text{cell}}/RT$		76.5

토픽 77

표준 전극 전위

내용

➤ 학습 목표

개별적인 전극 전위의 표 작성은 전지 전위, 활동도 계수, 평형 상수를 포함하는 화학적으로 여러 중요한 성질들을 계산할 수 있게 한다. 또한 용액에서 이온들의 열역학적 성질의 값을 결정하는 길잡이가 된다.

➤ 핵심 내용

전지 전위는 전지를 구성하는 두 전극 전위의 차로 표현할 수 있다.

➤ 미리 알기

갈바니 전지의 구성과 표기를 알아야 하고, 전지 전위가 반응 Gibbs 에너지(토픽 76)와 어떻게 관련되는지 알 필요가 있다. 이 토픽의 내용은 활동도 계수와 Debye–Hückel 극한 법칙(토픽 72)의 논의를 이끌어 낸다.

갈바니 전지의 구조와 열역학적 성질은 토픽 76에서 설명하였으며, 여기서 각각은 두 전극의 결합임을 보여 주고 있다. 가능한 모든 전지 전위를 표로 열거하는 대신, 개개의 전극이 어떤 역할을 한다고 생각하는 것은 다른 이점을 가질 뿐만 아니라 현명하고 경제적임이 판명이 날 것이다.

77.1 규약

각 전극은 전체 전지 전위에 특징적인 기여를 한다고 생각되는데, 두 기여의 차가 다음과 같이 전지 전위가 된다는 것이다.

$$\mathrm{Red_L,Ox_L}\,||\,\mathrm{Red_R,Ox_R} \qquad E_{\mathrm{cell}} = E_{\mathrm{R}} - E_{\mathrm{L}} \qquad \text{전극 전위} \qquad (77.1)$$

여기서 E_R은 오른쪽 전극의 전위(위 전지에서 쓰여진 바와 같이)이고, E_L은 왼쪽 전극의 전위이다. 규약상 산화–환원쌍을 E(Ox, Red)로 각 기여를 표시한다.

한 단일 전극의 이 기여를 측정하는 것은 불가능하지만 어느 한 전극의 전위를 0으로 정의하고, 이 기준에 따라 다른 모든 전극에 대한 값을 정해 줄 수는 있다. 이러한 목적으로 특별히 선정된 전극이 모든 온도에서 다음과 같은 **표준 수소 전극**(**standard hydrogen electrode**, SHE)이다.

$$\mathrm{Pt(s)}|\mathrm{H_2(g)}|\mathrm{H^+(aq)} \qquad E^{\ominus}(\mathrm{H^+,H_2})=0 \qquad \text{규약} \quad \text{표준 수소 전극} \qquad (77.2)$$

표준 조건을 만들려면 수소 이온의 활동도를 1(즉 pH=0)로 하고, 수소 기체의 압력을 1 bar로 해 주어야 한다. 다른 산화–환원쌍의 **표준 전위**(**standard potential**) $E^{\ominus}$(Ox, Red)는 이 쌍을 오른쪽 전극으로, 표준 수소 전극을 왼쪽 전극으로 한 전지를 만들어 결정할 수 있다. 표 77.1은 298 K에서 여러 가지 전극의 표준 전위를 나열한 것이다.

표 77.1* 298 K에서의 표준 전위

산화-환원쌍	$E^{\ominus}$(V)
$Ce^{4+}(aq)+e^- \rightarrow Ce^{3+}(aq)$	+1.61
$Cu^{2+}(aq)+2\,e^- \rightarrow Cu(s)$	+0.34
$H^+(aq)+e^- \rightarrow \frac{1}{2}H_2(g)$	0
$AgCl(s)+e^- \rightarrow Ag(s)+Cl^-(aq)$	+0.22
$Zn^{2+}(aq)+2\,e^- \rightarrow Zn(s)$	−0.76
$Na^+(aq)+e^- \rightarrow Na(s)$	−2.71

* 더 많은 값들이 **부록**에 수록되어 있다.

(a) 표준 전극 전위 결정

표준 전위를 측정하는 절차는 특별한 경우인 염화 은 전극을 예로 들어 설명할 수 있다. 이것은 다음과 같은 'Harned 전지'로 측정한다.

$$\mathrm{Pt(s)|H_2(g,}p\mathrm{)|HCl(aq,}b\mathrm{)|AgCl(s)|Ag(s)}$$
$$\tfrac{1}{2}H_2(g)+AgCl(s) \rightarrow HCl(aq)+Ag(s)$$

아래 **증명**에서 다음을 보여줄 것이다.

$$g(b)=E^{\ominus}(\mathrm{Ag,AgCl,Cl^-})+Cb^{1/2},$$
$$g(b)=E_{\text{cell}}+\frac{2RT}{F}\ln b \text{일 때} \qquad (77.3)$$

따라서 만일 $g(b)$를 몰랄 농도로 산출해서 $b^{1/2}$로 도시하여 $b=0$으로 외삽하면, $b^{1/2}=0$에서의 절편은 $E^{\ominus}$(Ag, AgCl, Cl^-)의 값이다.

증명 77.1 표준 전지 전위 결정

Harned 전지에 대한 Nernst 식은 다음과 같다.

$$E_{\text{cell}}=\overbrace{E^{\ominus}_{\text{cell}}}^{\overbrace{E^{\ominus}(\mathrm{Ag,AgCl,Cl^-})-E^{\ominus}(\mathrm{H^+,H_2})}^{0}}-\frac{RT}{F}\ln\frac{a_{\mathrm{H^+}}a_{\mathrm{Cl^-}}}{a_{\mathrm{H_2}}^{1/2}}$$
$$=E^{\ominus}(\mathrm{Ag,AgCl,Cl^-})-\frac{RT}{F}\ln\frac{a_{\mathrm{H^+}}a_{\mathrm{Cl^-}}}{a_{\mathrm{H_2}}^{1/2}}$$

여기서 수소(완전 기체로 간주)의 압력을 1 bar, 즉 $a_{\mathrm{H_2}}=1$로 놓으면 다음이 된다.

$$E_{\text{cell}}=E^{\ominus}(\mathrm{Ag,AgCl,Cl^-})-\frac{RT}{F}\ln a_{\mathrm{H^+}}a_{\mathrm{Cl^-}}$$

토픽 72에서 밝힌 바와 같이, 활동도는 HCl(aq)의 몰랄 농도 b로 표시할 수 있어, $a_{\mathrm{H^+}}=\gamma_\pm b/b^{\ominus}$, $a_{\mathrm{Cl^-}}=\gamma_\pm b/b^{\ominus}$가 되어 다음이 된다.

$$E_{\text{cell}}=E^{\ominus}(\mathrm{Ag,AgCl,Cl^-})-\frac{RT}{F}\ln\gamma_\pm^2 b^2$$
$$=E^{\ominus}(\mathrm{Ag,AgCl,Cl^-})-\frac{RT}{F}\ln\gamma_\pm^2-\frac{RT}{F}\ln b^2$$

여기서도 $b/b^{\ominus}$를 간단히 b로 나타내었다. 이 식은 다음과 같이 재정리할 수 있다.

$$\overbrace{E_{\text{cell}}+\frac{2RT}{F}\ln b}^{g(b)}=E^{\ominus}(\mathrm{Ag,AgCl,Cl^-})-\frac{2RT}{F}\ln\gamma_\pm$$

함수 $g(b)$는 각 몰랄 농도 b에 대한 전지 전위를 측정하고 각 경우에 $E_{\text{cell}}+2(RT/F)\ln b$를 얻어 결정할 수 있다.

Debye–Hückel 극한 법칙에 의하면 단일 전하의 M^+와 X^- 이온으로 된 전해질(토픽 72의 식 72.26 $I=b/b^{\ominus}$일 때 $\log\gamma_\pm=-AI^{1/2}$)에 대해서는 $\ln\gamma_\pm\propto -b^{1/2}$임을 추론할 수 있다. 따라서 이 관계에 대한 비례 상수를 하나의 기호 C로 흡수해 놓으면 마지막 식은 다음과 같이 된다.

$$g(b)=E^{\ominus}(\mathrm{Ag,\ AgCl,\ Cl^-})+Cb^{1/2}$$

이는 식 77.3과 같다. 더 엄밀한 목적으로는 $b^{1/2}$ 항을 좌변으로 옮기고, 확장된 Debye–Hückel 법칙(토픽 72)의 고차 보정 항을 우변에 놓고 사용한다.

예제 77.1 표준 전극 전위의 결정

$\mathrm{Pt(s)|H_2(g,}p^{\ominus}\mathrm{)|HCl(aq,}\ b\mathrm{)|AgCl(s)|Ag(s)}$ 전지가 25°C에서 다음과 같은 전지 전위를 나타내었다.

$b/(10^{-3}b^{\ominus})$	3.215	5.619	9.138	25.63
$E_{\text{전지}}$(V)	0.520 53	0.492 57	0.468 60	0.418 24

은/염화 은 전극의 표준 전위를 결정하시오.

방법 교재에서 약술한 바와 같이, $2RT/F=0.05139$ V를 이용하여 $g(b)=E_{\text{전지}}+(2RT/F)\ln b$의 값을 표로 만든다. $b=0$에서 수직축에 외삽된 절편은 $E^{\ominus}$(Ag, AgCl, Cl^-)의 값이다. 비록 그래프로 절편을 얻을 수 있지만, 데이터의 정밀성을 보존하기 위하여 선형 회귀법을 사용한다.

풀이 데이터는 다음 표에 주어진다.

$b(10^{-3}b^{\ominus})$	3.215	5.619	9.138	25.63
$\{b/(10^{-3}b^{\ominus})\}^{1/2}$	1.793	2.370	3.023	5.063
$E_{\text{전지}}$(V)	0.520 53	0.492 57	0.468 60	0.418 24
$g(b)$(V)	0.2256	0.2263	0.2273	0.2299

이 데이터를 그림 77.1에 도시하였다. 보이는 바와 같이(선형 회귀 분석에 의해 실제로 확인), 외삽을 하면 $E^{\ominus}$(Ag, AgCl, Cl^-)= +0.2232 V가 나온다.

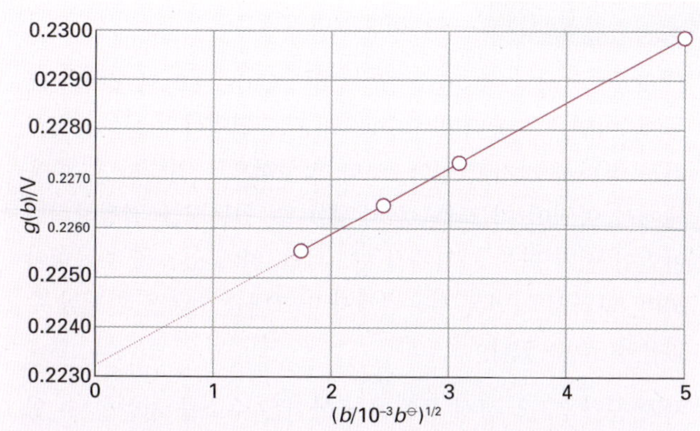

그림 77.1 표준 전지 전위의 실험값을 구할 때 예제 77.1에서 이용되는 도시와 외삽 방법. $b^{1/2}=0$에서의 절편이 $E^{\ominus}(\mathrm{Ag, AgCl, Cl^-})$이다.

자가 진단 77.1 아래 데이터는 25°C에서 전지 $\mathrm{Pt(s)|H_2(g,} p^{\ominus})\mathrm{|HBr(aq,} b)\mathrm{|AgBr(s)|Ag(s)}$를 가지고 얻은 것이다. 이 전지의 표준 전지 전위를 결정하시오.

$b/(10^{-4}b^{\ominus})$	4.042	8.444	37.19
$E_{전지}$(V)	0.473 81	0.436 36	0.361 73

답: +0.071 V

(b) 전극 전위의 결합

표 77.1의 표준 전위들을 결합하여 이 표에 수록되어 있지 않은 쌍에 대한 값을 구할 수 있다. 그러나 이렇게 하려면 상이한 쌍에서 이동되는 전자의 수가 같지 않을 수 있다는 사실을 고려해 주어야 한다. 아래 예제에서 이 방법을 설명한다.

예제 77.2 두 다른 전극으로부터 표준 전위의 산출

$\mathrm{Cu^{2+}/Cu}$, $\mathrm{Cu^+/Cu}$ 쌍의 표준 전위는 각각 +0.340 V, +0.522 V이다. $E^{\ominus}(\mathrm{Cu^{2+}, Cu^+})$를 구하시오.

방법 우선 반응 Gibbs 에너지는 합해 줄 수 있다는 사실을 주목한다(Hess 법칙을 이용하여 반응 엔탈피를 구하는 것과 같다, 토픽 57). 토픽 76에서 전개한 관계식 $\Delta_r G^{\ominus}=-\nu FE^{\ominus}$(이는 전극 전위뿐만 아니라 전체 전지 전위에도 적용됨)을 이용하여 $E^{\ominus}$ 값을 $\Delta_r G^{\ominus}$ 값으로 바꾼 다음 적절히 합해 주고, 다시 같은 관계식을 이용하여 이 전체 $\Delta_r G^{\ominus}$을 원하는 $E^{\ominus}$으로 바꾸어 준다. 이처럼 왔다갔다 하는 조작이 필요하다는 것은 곧 밝혀지는 바와 같이, 인자 F는 상쇄되지만 ν는 일반적으로 상쇄되지 않기 때문이다.

풀이 전극 반응은 다음과 같다.

(a) $\mathrm{Cu^{2+}(aq)+2e^- \rightarrow Cu(s)}$

$E^{\ominus}(\mathrm{Cu^{2+}, Cu})=+0.340\ \mathrm{V}$

따라서 $\Delta_r G^{\ominus}=-2(0.340\ \mathrm{V})F$

(b) $\mathrm{Cu^+(aq)+e^- \rightarrow Cu(s)}$

$E^{\ominus}(\mathrm{Cu^+, Cu})=+0.522\ \mathrm{V}$,

따라서 $\Delta_r G^{\ominus}=-(0.522\ \mathrm{V})F$

그리고 필요한 반응은 다음과 같다.

(c) $\mathrm{Cu^{2+}(aq)+e^- \rightarrow Cu^+(aq)}$

$E^{\ominus}(\mathrm{Cu^{2+}, Cu^+})=-\Delta_r G^{\ominus}/F$

결국 (c)=(a)−(b)이므로 반응 (c)의 표준 반응 Gibbs 에너지는 다음과 같이 된다.

$$\Delta_r G^{\ominus}=\Delta_r G^{\ominus}(\mathrm{a})-\Delta_r G^{\ominus}(\mathrm{b})=-(0.158\ \mathrm{V})\times F$$

따라서 $E^{\ominus}(\mathrm{Cu^{2+}, Cu^+})=+0.158$ V이다.

자가 진단 77.2 $\mathrm{Fe^{3+}/Fe^{2+}}$, $\mathrm{Fe^{2+}/Fe}$ 쌍의 값으로부터 $\mathrm{Fe^{3+}/Fe}$ 쌍의 표준 전위를 계산하시오.

답: −0.037 V

예제 77.2에서 (a)=(b)+(c)이므로, 계산을 일반화하면 다음과 같다.

$$\nu_a E^{\ominus}(\mathrm{a})=\nu_b E^{\ominus}(\mathrm{b})+\nu_c E^{\ominus}(\mathrm{c}) \qquad \text{표준 전위의 결합} \qquad (77.4)$$

실용 상식 제3쌍의 표준 전위를 얻기 위해서 표준 전위를 결합할 때는 항상 Gibbs 에너지를 통하여 계산을 해야 한다. 왜냐하면 그들은 더할 수 있지만, 일반적으로 표준 전위는 더할 수 없기 때문이다.

77.2 표준 전위의 응용

전지 전위는 반응에 수반되는 평형 상수와 Gibbs 에너지 변화, 엔탈피 변화, 엔트로피 변화 등의 데이터를 얻는 편리한 원천이 된다. 실제로 이러한 성질들의 표준 값은 일반적으로 이러한 방법으로 구해지고 있다.

(a) 전기 화학 서열

토픽 76에서 $E_{\mathrm{cell}}^{\ominus}>0$($\Delta_r G^{\ominus}<0$에 해당)이면, 표준 조건에서는 전지 반응이 자발적임을 밝혔다(따라서 토픽에서 설명한 바와 같이 $K>1$). 두 산화−환원쌍 $\mathrm{Ox_1/Red_1}$, $\mathrm{Ox_2/Red_2}$에 대한 전지 전위는 식 77.1에 의해 그들의 표준 값에 대하여 다음과 같이 주어진다.

$$\mathrm{Red_L, Ox_L||Red_R, Ox_R} \qquad E_{\mathrm{cell}}^{\ominus}=E_{\mathrm{R}}^{\ominus}-E_{\mathrm{L}}^{\ominus} \qquad (77.5\mathrm{a})$$

이 전지 반응$(Ox+\nu e^- \rightarrow Red)_R-(Ox+\nu e^- \rightarrow Red)_L$은 다음과 같이 쓸 수 있다.

$$Red_L+Ox_R \rightarrow Ox_L+Red_R \quad (77.5b)$$

$E_R^{\ominus}>E_L^{\ominus}$이면 ($K>1$인 관점에서) 쓰여진 대로 자발적이다. 이 전지 반응에서는 Red_L은 Ox_R를 환원시키므로 다음과 같이 결론내릴 수 있다.

> $E_L^{\ominus}<E_R^{\ominus}$이면 Red_L이 Ox_R를 환원시키려는 열역학적 경향을 갖는다.

더 간단히 요약하면 낮은 것이 높은 것을 환원시킨다.

표 77.2는 금속 원소(수소를 포함한)의 환원력을 수용액 속에서의 표준 전위를 측정하여 순서대로 나타낸 것의 한 부분으로, 이것을 **전기 화학 서열(electrochemical series)**이라고 한다. 서열에서 낮은 금속(낮은 표준 전위를 가진)은 표준 전위가 높은 금속의 이온을 환원시킬 수 있다. 이 결론은 정성적인 것이지만, 토픽 76에서 묘사된 계산을 하면 반응의 K 값을 정량적으로 구할 수 있다. 그러나 열역학적으로 가능한 반응이라도 반응 속도론적 요인 때문에 반응이 대단히 느리게 일어날 수 있음을 항상 상기해야 한다.

표 77.2 금속들의 전기 화학 서열*

가장 약한 환원력
금
백금
은
수은
구리
(수소)
납
주석
니켈
철
아연
크로뮴
알루미늄
마그네슘
소듐
칼슘
포타슘
가장 센 환원력

* 더 완전한 서열은 **부록**의 표 77.1로부터 얻을 수 있다.

간단한 예 77.1 전기 화학 서열

$E^{\ominus}(Zn^{2+}, Zn)=-0.76$ V$<E^{\ominus}(Cu^{2+}, Cu)=+0.34$ V이기 때문에, 아연은 수용액에서 Cu^{2+} 이온을 열역학적으로 환원시키는 경향을 가지고 있다. 보다 정성적으로 기술하면, 수용액에서 아연이 마그네슘을 대체할 수 있는지를 결정하려면 아연이 전기 화학 서열에서 마그네슘 위에 있음을 주목해야 하며, 따라서 아연은 수용액에서 마그네슘 이온을 환원할 수 없음을 알 수 있다.

자가 진단 77.3 산성 용액에서 아연은 수소를 치환할 수 있는가? 구리는?

답: 예, 아니오

(b) 활동도 계수의 결정

일단 전지 속의 한 전극의 표준 전위를 알면, 표준 전극 전위의 표로부터 계산하거나 직접 측정함으로써 평균 활동도 계수를 결정하는 데 이용할 수 있다. 이 과정은 알고 있는 전기 활성종의 몰랄 농도 b에 대하여 전지 전위를 측정하고, Nernst 식을 사용하여 측정된 전지 전위에 대응되는 활동도 a를 찾아내어, $\gamma=a/(b/b^{\ominus})$ 식에서 활동도 계수를 결정하는 것이다. 예를 들어 Harned 전지에 대한 Nernst 식은 다음과 같이 쓴다.

$$g(b)-E^{\ominus}(Ag,AgCl,Cl^-)=-\frac{2RT}{F}\ln\gamma_{\pm} \quad (77.6)$$

그러면 이제 필요한 모든 것은 b의 주어진 값에 대하여 $g(b)=E_{cell}+(2RT/F)\ln b$ (b를 $b/b^{\ominus}$로 해석)를 측정하는 것이다.

간단한 예 77.2 활동도 계수

예제 77.1에 있는 데이터에서, $E^{\ominus}(Ag, AgCl, Cl^-)=+0.2232$ V이고, $b=9.138$ mmol kg^{-1}일 때, $g(b)=0.2273$ V에 해당되는 $E_{전지}=0.468\ 60$ V임을 알 수 있다. 따라서 $RT/F=25.693$ mV를 가지고 다음을 구한다.

$$\ln\gamma_{\pm}=-\frac{0.2273V-0.2232V}{2\times(25.693\times10^{-3}V)}=-0.0798\ldots$$

이는 $\gamma_{\pm}=0.9233$이다.

자가 진단 77.4 예제 77.1에 있는 데이터로부터 $b=25.63$ mmol kg^{-1}일 때 $\gamma_{\pm}$를 구하시오.

답: 0.8778

(c) 평형 상수의 결정

표준 전위는 임의의 두 전극을 결합해서 만든 전지의 표준 전위를 계산하는 데 주로 이용된다. 즉 이 전지의 표준 전위는 오른쪽 전극의 표준 전위로부터 왼쪽 전극의 표준 전위를 빼 준, $E_{cell}^{\ominus}=E_R^{\ominus}-E_L^{\ominus}$이다. $\Delta G^{\ominus}=-\nu FE_{cell}^{\ominus}$이므로 이와 같이 구한 결과가 $E_{cell}^{\ominus}>0$이면 해당하는 전지 반응은 $K>1$이 된다. K의 수치적 값을 계산하려면 토픽 76의 식 76.5 ($\ln K=\nu FE_{cell}^{\ominus}/RT$)를 이용하면 된다.

간단한 예 77.3 평형 상수

한 화학종이 산화도 되고 환원도 되는 반응을 불균등화 반응이라고 한다. 불균등화 반응 $2Cu^+(aq) \rightarrow Cu(s)+Cu^{2+}(aq)$를 알아보기 위해서 다음과 같은 두 반쪽 반응을 결합해 본다.

오른쪽 전극: $Cu(s)|Cu^+(aq)$

$Cu^+(aq)+e^- \rightarrow Cu(aq) \quad E_R^{\ominus}=+0.52\ V$

왼쪽 전극: $Pt(s)|Cu^{2+}(aq), Cu^+(aq)$

$Cu^{2+}(aq)+e^- \rightarrow Cu^+(s) \quad E_L^{\ominus}=+0.16\ V$

이 표준 전위들은 298 K에서 측정한 것이다. 따라서 이 전지의 표준 전위는 다음과 같이 된다.

$$E_{cell}^{\ominus}=+0.52\ V-0.16\ V=+0.36\ V$$

이제 이것을 이용하면 전지 반응의 평형 상수를 계산할 수 있다. 즉 $\nu=1$, $RT/F=25.693$ V이므로 다음과 같은 결과를 얻을 수 있다.

$$\ln K=\frac{0.36\text{V}}{25.693\times10^{-3}\text{V}}=14.0\ldots$$

그리하여 $K=1.2\times10^6$이 된다.

자가 진단 77.5 298.15 K에서 반응 $Hg_2Cl_2(s) \rightleftharpoons Hg_2^{2+}(aq)+2Cl^-(aq)$에 대한 용해도곱 상수(평형 상수)를 계산하시오.

답: 2.6×10^{-18}

(d) 열역학적 함수의 결정

표준 전지 전위는 토픽 76의 식 76.3 ($\Delta_r G^{\ominus}=\nu FE_{cell}^{\ominus}$)에 따라 표준 반응 Gibbs 에너지와 관계된다. 따라서 $E^{\ominus}$을 측정하거나 표준 전극 전위로부터 값을 구성하면 이 중요한 열역학적 성질을 구할 수 있다. 그러면 토픽 65에서 설명한 규약을 이용하여 이 값으로부터 이온의 생성 Gibbs 에너지를 구할 수 있다.

표준 전지 전위의 온도 계수 $dE_{cell}^{\ominus}/dT$는 그 전지 반응의 표준 엔트로피 변화가 된다. 즉 열역학적 관계식 $(\partial G/\partial T)_p=-S$(토픽 66)와 토픽 76의 식 76.3($\Delta_r G^{\ominus}=-\nu FE_{cell}^{\ominus}$)을 결합하면 다음과 같은 관계식이 나온다.

$$\frac{dE_{cell}^{\ominus}}{dT}=\frac{\Delta_r S^{\ominus}}{\nu F} \qquad \text{전지 전위의 온도 계수} \qquad (77.7)$$

$\Delta_r G^{\ominus}$과 마찬가지로 $E^{\ominus}$은 압력과 무관하기 때문에 이 도함수는 완전 미분 계수이다. 따라서 전기 화학적 방법을 이용하여 표준 반응 엔트로피를 얻을 수 있고, 또 더 나아가 용액 속의 이온의 엔트로피를 구할 수 있다.

끝으로, 지금까지의 결과들을 결합해서 이용하고 $\Delta G=\Delta H-T\Delta S$를 $\Delta H=\Delta G+T\Delta S$로 쓰면 다음과 같이 표준 반응 엔탈피를 구할 수 있다.

$$\Delta_r H^{\ominus}=-\nu F\left(E_{cell}^{\ominus}-T\frac{dE_{cell}^{\ominus}}{dT}\right) \qquad \text{표준 반응 엔탈피} \qquad (77.8)$$

이 식은 $\Delta_r H^{\ominus}$을 측정하고, 또 $\Delta_f H^{\ominus}(H^+, aq)=0$의 규약을 통해서 용액 속의 이온의 표준 생성 엔탈피를 측정하는(토픽 57) 비열계량적 방법을 마련해 주는 것이다.

예제 77.3 전지 전위의 온도 계수 사용

전지 $Pt(s)|H_2(g)|HBr(aq)|AgBr(s)|Ag(s)$의 표준 전위를 어느 한계의 온도 영역에서 측정하여 그 결과로부터 다음과 같은 다항식을 얻었다.

$$E_{cell}^{\ominus}/\text{V}=0.07131-4.99\times10^{-4}(T/\text{K}-298)-3.45\times10^{-6}(T/\text{K}-298)^2$$

298 K에서 전지 반응 $AgBr(s)+\frac{1}{2}H_2(g) \rightarrow Ag(s)+HBr(aq)$의 표준 반응 Gibbs 에너지, 엔탈피, 엔트로피를 구하시오.

방법 이 반응의 표준 Gibbs 에너지는 298 K에서의 $E^{\ominus}$를 구한 다음에 $\Delta_r G^{\ominus}=-\nu FE^{\ominus}$, 1 V C=1 J의 관계를 이용하여 구할 수 있다. 표준 반응 엔트로피는 위의 다항식을 T에 관해서 미분한 다음, $T=298$ K로 놓고 식 77.7을 이용하여 구할 수 있다. 그리고 반응 엔탈피는 표준 Gibbs 에너지와 엔트로피 값들을 결합해서 구할 수 있다.

풀이 $T=298$ K에서는 $E_{전지}^{\ominus}=+0.07131$ V이다. 따라서

$$\Delta_r G^{\ominus}=-\nu FE_{cell}^{\ominus}=-(1)\times(9.6485\times10^4\,\text{C mol}^{-1})\times(+0.07131\,\text{V})$$
$$=-6.880\times10^3\,\text{V C mol}^{-1}=-6.880\,\text{kJ mol}^{-1}$$

또 이 표준 전지 전위의 온도 계수는 다음과 같다.

$$\frac{dE_{cell}^{\ominus}}{dT}=-4.99\times10^{-4}\,\text{V K}^{-1}-2(3.45\times10^{-6})(T/\text{K}-298)\,\text{V K}^{-1}$$

$T=298$ K일 때는 이 식으로부터 다음과 같은 값이 나온다.

$$\frac{dE^{\ominus}_{cell}}{dT} = -4.99\times10^{-4}\,V\,K^{-1}$$

따라서 식 77.7을 이용하여 표준 반응 엔트로피를 구할 수 있다.

$$\begin{aligned}\Delta_r S^{\ominus} &= 1\times(9.6485\times10^{4}\,C\,mol^{-1})\times(-4.99\times10^{-4}\,V\,K^{-1})\\ &= -48.1\,J\,K^{-1}\,mol^{-1}\end{aligned}$$

그리고 이어서 표준 반응 엔탈피는 다음과 같이 된다.

$$\begin{aligned}\Delta_r H^{\ominus} &= \Delta_r G^{\ominus} + T\Delta_r S^{\ominus}\\ &= -6.880\,kJ\,mol^{-1} + (298\,K)\times(-0.0481\,kJ\,K^{-1}\,mol^{-1})\\ &= -21.2\,kJ\,mol^{-1}\end{aligned}$$

이 방법의 한 가지 난점은 전지 전위의 온도 미분 계수 값이 작기 때문에 이것을 정확하게 측정하기가 어렵다는 것이다. 그럼에도 불구하고 이것은 전기적 측정 결과를 겉보기에 아무 관계가 없어 보이는 열역학적 성질들을 연관시켜 주는 열역학의 경이적인 능력을 보여 주는 한 예라고 볼 수 있다.

자가 진단 77.6 열역학적 데이터 표로부터 303 K에서의 Harned 전지의 표준 전위를 구하시오.

답: +0.2222 V

개념 확인

☐ 1. 각 전극은 전체 전지 전위에 특징적인 기여를 한다고 생각되는데, 두 기여의 차가 전지 전위가 된다는 것이다.

☐ 2. 표준 전극 전위의 표는 모든 온도에서 **표준 수소 전극**의 전위가 0이라는 기준에 의해 작성된 것이다.

☐ 3. **전기 화학 서열**에서는 금속 원소(수소를 포함한)의 환원력을 수용액 속에서의 표준 전위로 측정하여 순서대로 배열한다.

☐ 4. 전기 화학 서열에서 아래에 있는 금속(낮은 표준 전위를 가진)은 표준 전위가 높은 금속의 이온을 환원시킬 수 있다.

☐ 5. 표준 전지 전위의 온도 계수 $dE_{cell}^{\ominus}/dT$는 그 전지 반응의 표준 엔트로피 변화가 된다.

☐ 6. 표준 전위는 활동도 계수, 평형 상수, 열역학 함수들을 결정하는 데 사용될 수 있다.

식 확인

성질	식	비고	식 번호
전지 전위	$E_{cell} = E_R - E_L$	정의	77.1
표준 수소 전극	$E^{\ominus}(H^+,H_2) = 0$	규약, 모든 온도에서	77.2
표준 전극 전위의 결합	$\nu_a E^{\ominus}(a) = \nu_b E^{\ominus}(b) + \nu_c E^{\ominus}(c)$		77.4
전지 전위의 온도 계수	$dE^{\ominus}_{cell}/dT = \Delta_r S^{\ominus}/\nu F$		77.7
표준 반응 엔탈피	$\Delta_r H^{\ominus} = -\nu F(E^{\ominus}_{cell} - T dE^{\ominus}_{cell}/dT)$		77.8

15장 화학 평형

토픽 73 화학 변환

토론 문제

73.1 반응물과 생성물의 혼합이 화학 평형의 위치에 미치는 영향을 설명하시오.

73.2 비자발적인 반응이 자발적인 반응과 결합하여 어떻게 진행될 수 있는지를 설명하시오.

73.3 열역학적 평형 상수는 부분 압력으로 나타낸 평형 상수로부터 압력과 온도 변화에 어떻게 다르게 반응할 수 있는지 설명하시오.

연습 문제

73.1(a) 다음 반응들에서 (i) 활동도, (ii) 경우에 따라 적절하게 비율 $p/p^{\ominus}$와 생성물 γb의 항으로 평형 상수식을 쓰시오.

(a) $CO(g)+Cl_2(g) \rightleftharpoons COCl(g)+Cl(g)$

(b) $2\ SO_2(g)+O_2(g) \rightleftharpoons 2\ SO_3(g)$

(c) $Fe(s)+PbSO_4(aq) \rightleftharpoons FeSO_4(aq)+Pb(s)$

(d) $Hg_2Cl_2(s)+H_2(g) \rightleftharpoons 2\ HCl(aq)+2\ Hg(l)$

(e) $2\ CuCl(aq) \rightleftharpoons Cu(s)+CuCl_2(aq)$

73.1(b) 다음 반응들에서 (i) 활동도, (ii) 경우에 따라 적절하게 비율 $p/p^{\ominus}$와 생성물 γb의 항으로 평형 상수식을 쓰시오.

(a) $H_2(g)+Br_2(g) \rightleftharpoons 2\ HBr(g)$

(b) $2\ O_3(g) \rightleftharpoons 3\ O_2(g)$

(c) $2\ H_2(g)+O_2(g) \rightleftharpoons 2\ H_2O(l)$

(d) $H_2(g)+O_2(g) \rightleftharpoons 2\ H_2O_2(aq)$

(e) $H_2(g)+I_2(g) \rightleftharpoons 2\ HI(aq)$

73.2(a) 반응 $Hg_2Cl_2(s)+H_2(g) \rightarrow 2\ HCl(aq)+2\ Hg(l)$에서 화학량론적 숫자를 확인하시오.

73.2(b) 반응 $CH_4(g)+2\ O_2(g) \rightarrow CO_2(g)+2\ H_2O(l)$에서 화학량론적 숫자를 확인하시오.

73.3(a) 503 K에서 보르네올($C_{10}H_{17}OH$)이 아이소보르네올로 되는 기체상 이성질체화 반응의 표준 반응 Gibbs 에너지는 +9.4 kJ mol^{-1}이다. 0.15 mol의 보르네올 분자와 0.30 mol의 아이소보르네올 분자로 이루어진 혼합물이 600 Torr의 전체 압력을 나타낼 때의 반응 Gibbs 에너지를 계산하시오. 이러한 조건에서 보르네올의 이성질체화 반응은 자발적인가?

73.3(b) 298 K에서 시스-2-뷰텐이 트랜스-2-뷰텐으로 되는 기체상 이성질체화 반응의 표준 반응 Gibbs 에너지는 −2.9 kJ mol^{-1}이다. 0.25 mol의 시스-2-뷰텐 분자와 0.95 mol의 트랜스-2-뷰텐 분자로 이루어진 혼합물이 600 Torr의 전체 압력을 나타낼 때의 반응 Gibbs 에너지를 계산하시오. 이러한 조건에서 시스-2-뷰텐의 이성질체화 반응은 자발적인가?

73.4(a) 298 K에서 고체 은 및 산화은(Ag_2O)과 평형을 이루고 있는 O_2의 평형 압력은 11.85 Pa이다. 298 K에서 $Ag_2O(s)$의 표준 생성 Gibbs 에너지를 구하시오.

73.4(b) 500 K에서 고체 우라늄 및 $UH_3(s)$와 평형을 이루고 있는 H_2의 평형 압력이 139 Pa이다. 500 K에서 $UH_3(s)$의 표준 생성 Gibbs 에너지를 구하시오.

73.5(a) $CaF_2(s) \rightleftharpoons Ca^{2+}(aq)+2F^-(aq)$ 반응의 평형 상수는 25°C에서 $K=3.9\times10^{-11}$이고, $CaF_2(s)$의 표준 생성 Gibbs 에너지는 −1167 kJ mol^{-1}이다. $CaF_2(aq)$의 표준 생성 Gibbs 에너지를 계산하시오.

73.5(b) $PbI_2(s) \rightleftharpoons Pb^{2+}(aq)+2I^-(aq)$ 반응의 평형 상수는 25°C에서 $K=1.4\times10^{-8}$이고, $PbI_2(s)$의 표준 생성 Gibbs 에너지는 −173.64 kJ mol^{-1}이다. $PbI_2(aq)$의 표준 생성 Gibbs 에너지를 계산하시오.

73.6(a) 기체상 반응 $2A+B \rightleftharpoons 3C+2D$에서 A 1.00 mol, B 2.00 mol, D 1.00 mol을 혼합하여 25°C에서 평형을 이루게 하였더니, 전체 압력이 1.00 bar일 때 혼합물 속에 C 0.90 mol이 혼합되어 있음을 알았다. (a) 평형을 이루고 있는 각 화학종의 몰분율, (b) K_x, (c) K, (d) $\Delta_r G^{\ominus}$를 계산하시오.

73.6(b) 기체상 반응 $A+B \rightleftharpoons C+2D$에서 A 2.00 mol, B 1.00 mol, D 3.00 mol을 혼합하여 25°C에서 평형을 이루게 하였더니 전체 압력이 1.00 bar일 때 혼합물 속에 C 0.79 mol이 혼합되어 있음을 알았다. (a) 평형을 이루고 있는 각 화학종의 몰분율, (b) K_x, (c) K, (d) $\Delta_r G^{\ominus}$를 계산하시오.

73.7(a) ATP의 가수 분해는 $ATP^{4-}(aq) + H_2O(l) \rightarrow ADP^{3-}(aq) + HPO_4^{2-}(aq)+H_3O^+(aq)$로 쓴다. 이 반응에서 표준 반응 Gibbs 에너지는 298 K에서 +10 kJ mol^{-1}이다. 생화학적인 표준 상태 값은 얼마인가?

73.7(b) 해당 작용 반응에 대한 전체 반응은 $C_6H_{12}O_6(aq)+2\ NAD^+(aq)+2\ ADP^{3-}(aq)+2\ HPO_4^{2-}(aq)+2\ H_2O(l) \rightarrow 2\ CH_3COCO_2^-(aq)+2\ NADH(aq)+2\ ATP^{4-}(aq)+2\ H_3O^+(aq)$이다. 이 반응에서 표준 반응 Gibbs 에너지는 298 K에서 −80.6 kJ mol^{-1}이다. 생화학적인 표준 상태 값은 얼마인가?

응용 문제

73.1 $I_2(s)+Br_2(g) \rightleftharpoons 2\,IBr(g)$ 반응의 평형 상수는 25°C에서 0.164이다. (a) 이 반응의 $\Delta_r G^\ominus$를 계산하시오. (b) 과량의 고체 아이오딘이 들어 있는 용기에 브로민 기체를 주입시켰다. 평형에서의 IBr(g)의 부분 압력을 구하시오. 브로민은 전부 액체 상태이고, 아이오딘의 증기 압력은 무시할 수 있다고 가정한다. (c) 실제로는 고체 아이오딘이 25°C에서 어느 정도의 증기 압력을 가지고 있다. 이 사실을 고려해 주려면 이 계산을 어떻게 고쳐야 하겠는가?

73.2 $NH_3(g)$의 표준 생성 Gibbs 에너지는 298 K에서 −16.5 kJ mol^{-1}이다. N_2, H_2, NH_3의 부분 압력이 각각 3.0 bar, 1.0 bar, 4.0 bar일 때(모두 완전 기체로 본다)의 반응 Gibbs 에너지는 얼마가 되겠는가? 이 경우의 반응의 자발적 변화 방향은 어느 쪽인가?

73.3 해리도 α는 분해될 때 반응물의 분율로 정의되어, 반응물의 초기 양이 n이고 평형에서 양이 n_{eq}이면 $\alpha=(n-n_{eq})/n$이다. $H_2O(g) \rightarrow H_2(g)+\frac{1}{2}O_2(g)$ 분해에 대한 표준 반응 Gibbs 에너지가 2300 K에서 +118.08 kJ mol^{-1}이다. 2300 K, 1.00 bar에서 H_2O의 해리도는 얼마인가? **힌트:** 평형 상수는 식 73.13을 써서 표준 반응 Gibbs 에너지로부터 얻고, 해리도 α를 K와 연관시켜서 그 수치 값을 구한다. 평형 조성을 α로 표현하여 수행한다. 예를 들어 양 n H_2O가 초기에 있었고, 양 αn H_2O가 평형에 도달할 때 반응을 하였으면 양 $(1-\alpha)n$ H_2O가 평형에 존재한다. 그러면 K의 항으로 α에 대하여 푼다. 표준 반응 Gibbs 에너지는 크고 양이기 때문에, K는 작을 것이고, 따라서 $\alpha \ll 1$을 예측할 수 있어 근사법을 사용하여 수치 값을 얻을 수 있다.

73.4 298 K에서 $CO(g)+H_2(g) \rightleftharpoons H_2CO(g)$ 반응의 평형 상수를 계산하시오. 단, 액체 폼알데하이드의 생성에 대한 $\Delta_r G^\ominus$은 298 K에서 +28.95 kJ mol^{-1}이며, 폼알데하이드의 증기 압력은 이 온도에서 1500 Torr로 주어진다.

73.5 870 K에서 $H_2(g)$ 0.300 mol, $I_2(g)$ 0.400 mol, HI(g) 0.200 mol을 밀폐된 용기에 넣었더니 전체 압력이 1.00 bar였다. $H_2(g)+I_2(g) \rightleftharpoons 2\,HI(g)$ 반응에 대한 평형 상수를 $K=870$으로 놓고, 평형 혼합물 속에 들어 있는 성분들의 양을 계산하시오.

73.6[‡] 광전자 이온화법에 의한 $Cl_2O(g)$의 연구에서(R.P. Thorn et al., *J. Phys. Chem.*, **100**, 14178 (1996)), 이들은 $\Delta_f H^\ominus(Cl_2O)=+77.2$ kJ mol^{-1}이라고 보고하였다. 이들은 이 측정 결과를 반응 $Cl_2O(g)+H_2O(g) \rightarrow 2\,HOCl(g)$에 관한 문헌상의 데이터인 $K=8.2\times10^{-2}$, $\Delta_r S^\ominus=+16.38$ J K^{-1} mol^{-1}, 그리고 손쉽게 구할 수 있는 수증기에 관한 열역학적 데이터와 결합하여 $\Delta_f H^\ominus$(HOCl)의 값을 보고하였다. 이 값을 계산하시오. 여기서의 값은 모두 298 K에서의 값이다.

73.7[‡] 1980년대에는 $\Delta_f H^\ominus(SiH_2)$에 대해서 보고된 값이 243 kJ mol^{-1}부터 289 kJ mol^{-1}에 걸쳐 있었다. 예를 들어 낮은 값은 Walsh(*Acc. Chem. Res.* **14**, 246(1981)에 의한 리뷰 논문에서 인용되었다. Walsh는 후에 이 값의 범위에서 상한값도 알게 되었다(H.M. Frew, et al. *J. Chem. Soc., Chem. Commun.* 1189 (1986)). 이 범위의 값에서 높은 값은 S.K. Shin과 J.I. Beauchamp(*J. Phys. Chem.* **90**, 1507(1986))에 의해 보고되었다. 만일 표준 생성 엔탈피가 이 정도의 불확정도를 갖는다면 (a) 298 K, (b) 700 K에서 SiH_2가 그 성분 원소로부터 생성되는 반응의 평형 상수는 몇 배 정도의 불확정도를 갖게 되겠는가?

73.8 기체상 반응 $A+3\,B \rightleftharpoons 2\,C$의 평형 상수를 반응 진척도 ξ의 평형값을 가지고 나타내시오. 처음에 A와 B는 화학량론적 비율에 따라 존재한다고 하자. 또 ξ를 반응 혼합물의 전체 압력 p의 함수로 나타내는 식을 구하고, 구한 식을 그래프로 나타내시오.

73.9 열역학적 데이터로부터 계산된 평형 상수 K는 활동도를 나타낸다. 기체상 반응에 대하여 이것은 부분 압력(정확하게는 $p_J/p^\ominus$)을 의미한다. 그러나 실제 응용에서는 기체상 반응을 몰농도로 설명하기를 원할 수 있다. 이때 평형 상수를 K_C로 표시하며, $a\,A(g)+b\,B(g) \rightleftharpoons c\,C(g)+d\,D(g)$ 평형에 대하여 다음과 같이 쓰게 된다.

$$K_c=\frac{[C]^c[D]^d}{[A]^a[B]^b}$$

여기에서 통상적으로 $c^\ominus=1$ mol dm^{-3}일 때 몰농도 [J]는 $[J]/c^\ominus$로서 해석된다. $\Delta\nu_{gas}=c+d-(a+b)$라고 할 때 다음을 증명하시오.

$$K=K_c\times\left(\frac{T}{T^\ominus}\right)^{\Delta\nu_{gas}} \qquad T^\ominus=\frac{p^\ominus}{Rc^\ominus}$$

73.10 마이오글로빈(Mb) 단백질은 근육에 O_2를 저장하며 헤모글로빈(Hb) 단백질은 혈액 속에서 O_2를 운반한다. 헤모글로빈은 4개의 유사 마이오글로빈 분자로 이루어져 있다. 여기에서 이러한 단백질에서 O_2의 결합과 연관된 화학 평형을 탐구한다. (a) 우선 p가 O_2 기체의 부분 압력(Torr로)의 수치 값일 때 다음과 같은 Mb와 O_2 사이에서의 평형을 생각해 보자.

$$Mb(aq)+O_2(g) \rightleftharpoons MbO_2(aq) \qquad K=\frac{[MbO_2]}{[Mb]p}$$

산화되는 Mb 분자의 비율인 **포화율** s는 다음과 같음을 증명하고

$$s=\frac{Kp}{1+Kp}$$

$K=5$ Torr일 때 s의 p에 대한 의존도를 도시하시오. (b) 이제 다음과 같은 Hb와 O_2 사이의 평형을 생각해 보자.

$$Hb(aq)+O_2(g) \rightleftharpoons HbO_2(aq) \qquad K_1=\frac{[HbO_2]}{[Hb]p}$$

$$HbO_2(aq)+O_2(g) \rightleftharpoons Hb(O_2)_2(aq) \qquad K_2=\frac{[Hb(O_2)_2]}{[HbO_2]p}$$

$$Hb(O_2)_2(aq)+O_2(g) \rightleftharpoons Hb(O_2)_3(aq) \qquad K_3=\frac{[Hb(O_2)_3]}{[Hb(O_2)_2]p}$$

$$Hb(O_2)_3(aq)+O_2(g) \rightleftharpoons Hb(O_2)_4(aq) \qquad K_4=\frac{[Hb(O_2)_4]}{[Hb(O_2)_3]p}$$

다음을 증명하시오.

$$s=\frac{[O_2]_{bound}}{4[Hb]_{total}}=\frac{AK_1p}{4B}$$

* 기호 ‡가 표시된 문제들은 Charles Trapp, Carmen Giunta가 제공한 것이다.

이때 상수들은 다음과 같다.

$$A = 1+2K_2p+3K_2K_3p^2+4K_2K_3K_4p^3$$
$$B = 1+K_1p+K_1K_2p^2+K_1K_2K_3p^3+K_1K_2K_3K_4p^3$$

또한 $K_1=0.01$, $K_2=0.02$, $K_3=0.04$, $K_4=0.08$일 때 s의 p(torr로)에 대한 의존도를 도시하시오. **힌트**: s에 대한 식을 전개하기 위하여 다음과 같은 과정을 밟는다. (i) K_2를 사용하여 $[Hb(O_2)_2]$를 $[HbO_2]$에 대하여 표현하고, 이어서 K_1을 사용하여 $[HbO_2]$를 $[Hb]$에 대하여 표현하고, $Hb(O_2)_3$와 $Hb(O_2)_4$의 모든 다른 농도를 이와 유사하게 나타낸다. (ii) 다음 관계를 증명하시오.

$$[O_2]_{bound} = [HbO_2]+2[Hb(O_2)_2]+3[Hb(O_2)_3]+4[Hb(O_2)_4] = AK_1p[Hb]$$
$$[Hb]_{total} = B[Hb]$$

(iii) 각 Hb 분자는 O_2가 달라붙을 수 있는 자리를 4개 갖는다는 사실을 사용한다. (c) O_2가 헤모글로빈에 결합하는 것은 **협동 결합**의 한 예이며, 여기에서 리간드(이 경우에는 O_2)가 생체 고분자(이 경우 Hb)에 결합하는 것은 결합된 리간드의 수가 결합 자리의 최대 수까지 증가하는 것과 같이 열역학적으로 더욱 유리해진다(즉 평형 상수가 증가한다). 문항 (b)에서 도시한 어떤 특성이 O_2가 Hb에 협동 결합한 결과라고 할 수 있겠는가?

73.11 응용 문제 73.10에서 도시한 곡선은 수학적으로 다음과 같은 식으로도 모델화할 수 있다.

$$\log\left(\frac{s}{1-s}\right) = \nu_H \log p - \nu_H \log K$$

여기에서 s는 포화, p는 O_2의 부분 압력, K는 상수(한 리간드에 대한 결합 상수는 아님), ν_H는 **Hill 계수**이다. Hill 계수는 협동 결합이 없을 때인 1로부터 리간드가 모두 결합하거나 하나도 결합하지 않을 때인 N까지 변한다. 마이오글로빈의 Hill 계수는 1이고, 헤모글로빈에 대해서는 2.8이다. (a) 포화율($s=0.5$에서)의 그래프로부터 Mb와 Hb 모두에 대한 상수 K를 구하고, 이어서 p/kPa의 값이 1.0, 1.5, 2.5, 4.0, 8.0인 각 경우에 대하여 Mb와 Hb의 포화율을 계산하시오. (b) ν_H가 이론적인 최댓값인 4를 갖는다고 가정하고, 동일한 p 값에서 s의 값을 계산하시오.

73.12 여기에서는 pH = 7.0, 310 K에서 ATP 가수 분해 반응은 자유 에너지 감소 과정이라는 관측을 분자 수준에서 조사해 본다. (a) ATP 가수 분해 반응이 자유 에너지가 감소하는 부분적인 이유는 다중 인산기의 가수 분해 반응에 대한 표준 반응 엔트로피가 양이기 때문이다. 삼인산기가 이인산기와 인산기로 가수 분해될 때에 엔트로피가 증가하는 이유는 무엇인가? (b) 동일한 조건하에서는 H_4ATP와 $MgATP^{2-}$(Mg^{2+} 이온과 ATP^{4-} 이온 사이의 착물)의 가수 분해 Gibbs 에너지가 ATP^{4-}의 가수 분해 Gibbs 에너지보다 덜 음이다. 이 사실은 인접 인산기 사이의 정전기적 반발이 ATP 가수 분해 반응의 자유 에너지가 감소하는 것을 좌우하는 한 요인이라는 가정을 뒷받침하는 근거로 이용되고 있다. 이 가정에 대한 이론적 근거를 나타내고, 실험적 증거가 이것을 어떻게 뒷받침하는지 설명하시오. 이들 정전기적 효과가 이 반응의 자유 에너지 감소를 결정하는 Δ_rH나 Δ_rS 항에 기여를 하겠는가? **힌트**: $MgATP^{2-}$ 착물에서 Mg^{2+} 이온과 ATP^{4-} 음이온 사이에는 2개의 결합이 형성된다. 그 하나는 ATP^{4-}의 말단 인산기에 속하는 음으로 하전된 산소가 관여하는 것이고, 다른 하나는 ATP^{4-}의 말단 인산기에 인접한 인산기에 속하는 음으로 하전된 산소가 관여하는 것이다.

73.13 이 문제는 생화학적 과정을 일으키는 ATP의 능력이 세포의 조건에 의해서 어떤 영향을 받는지를 보기 위한 것이다. ATP가 ADP로 가수 분해될 때의 표준 반응 Gibbs 에너지를 37°C, pH = 7.0, ATP, ADP, P_i^- 농도가 모두 1.0 μmol^{-1} dm^{-3}인 환경에서의 반응 Gibbs 에너지와 비교하시오.

73.14 생물학적 표준 조건에서 산소성 호흡은 한 분자의 글루코스를 완전 산화시키면서 대체적으로 38개의 ATP 분자를 만든다. (a) 생물학적 표준 조건에서 산소성 호흡의 효율은 몇 %가 되는가? (b) 살아 있는 세포 안에서는 다음의 생물학적 조건이 관찰되기 쉽다. $P_{CO_2} = 5.3\times10^{-2}$ atm, $P_{O_2} = 0.132$ atm 활동도를 몰농도의 수치로 대체할 수 있다고 가정하고, 이 생체 조건에서 산소성 호흡의 효율을 계산하시오. (c) 전형적인 디젤 엔진은 $T_c = 873$ K와 $T_h = 1923$ K 사이에서 작동하며, 그 효율은 이론적 한계값$(1-T_c/T_h)$의 약 75%이다(토픽 61 참조). 전형적인 디젤 엔진의 효율을 정상적인 생체 조건에서의 산소성 호흡의 효율과 비교하시오(문제 b항 참조). 생체에서의 에너지 전환이 디젤 엔진에서의 에너지 전환보다 효율이 다소간 더 높은 이유는 무엇이겠는가?

73.15 무산소성 박테리아에서는 탄소 근원이 글루코스가 아닌 다른 분자일 수 있으며, 최종 전자 받개도 O_2가 아닌 다른 분자일 수 있다. 글루코스/O_2 쌍 대신에 에탄올/질산염 쌍을 대사 에너지원으로 이용하는 박테리아가 나올 수 있겠는가?

73.16‡ 질산 수화물은 남극 오존 구멍을 초래하는 불균일 반응에 대한 촉매 가능성 때문에 많은 주목을 받아왔다. Worsnop 등은 극지방 겨울의 성층권에서 전형적인 조건하에서 이들 수화물의 열역학적인 안정성을 연구하였다(D.R. Worsnop, et al. *Science* **259**, 71 (1993)). 이들 데이터로부터 190 K에서 다음 반응들에 대한 표준 반응 Gibbs 에너지를 계산할 수 있다.

(i) $H_2O(g) \rightarrow H_2O(s)$ $\Delta_rG^\circ = -23.6\,kJ\,mol^{-1}$

(ii) $H_2O(g)+HNO_3(g) \rightarrow HNO_3\cdot H_2O(s)$ $\Delta_rG^\circ = -57.2\,kJ\,mol^{-1}$

(iii) $2\,H_2O(g)+HNO_3(g) \rightarrow HNO_3\cdot 2H_2O(s)$ $\Delta_rG^\circ = -85.6\,kJ\,mol^{-1}$

(iv) $3\,H_2O(g)+HNO_3(g) \rightarrow HNO_3\cdot 3H_2O(s)$ $\Delta_rG^\circ = -112.8\,kJ\,mol^{-1}$

190 K에서 $p_{H_2O} = 1.3\times10^{-7}$, $p_{HNO_3} = 4.1\times10^{-10}$이면, 어떤 고체가 열역학적으로 가장 안정하겠는가? **힌트**: 주어진 조건에서 각 반응에 대한 Δ_rG를 계산한다. 두 가지 이상의 고체가 자발적으로 생길 수 있으면, 한 고체로부터 다른 고체로 전환되는 반응의 Δ_rG를 계산한다.

토픽 74 평형의 통계적 묘사

토론 문제

74.1 통계 열역학의 개념을 이용하여 평형 상수의 크기와 이들의 온도에 대한 변화를 결정하는 분자 특성을 설명하시오.

연습 문제

74.1(a) 1000 K에서 I_2에 대한 다음의 데이터로부터 $I_2(g) \rightleftharpoons 2\,I(g)$ 반응에 대한 K 값을 계산하시오. $\tilde{\nu} = 214.36\ cm^{-1}$, $\tilde{B} = 0.0373\ cm^{-1}$, $D_e = 1.5422\ eV$. I 원자의 바닥 상태는 사중 축퇴를 암시하는 $^2P_{3/2}$이다.

74.1(b) 298 K에서 기체상 동위 원소 교환 반응인 $2\ {}^{79}Br^{81}Br \rightleftharpoons {}^{79}Br^{79}Br + {}^{81}Br^{81}Br$ 반응에 대한 K 값을 계산하시오. Br_2 분자는 축퇴되지 않은 바닥 상태를 가지며 근처에 다른 전자 상태가 존재하지 않는다. ${}^{79}Br^{81}Br$의 진동 파수가 $323.33\ cm^{-1}$인 것에 근거하여 계산하시오.

응용 문제

74.1 300 ~1000 K의 온도 범위에서 다음 데이터(괄호 안은 축퇴도의 수임)를 이용하여 $CD_4(g) + HCl(g) \rightleftharpoons CHD_3(g) + DCl(g)$ 반응에 대한 평형 상수를 계산하고, 이를 온도에 대한 함수로 도시하시오.

$\tilde{\nu}(CHD_3)/cm^{-1} = 2993(1),\ 2142(1),\ 1003(3),\ 1291(2),\ 1036(2)$;
$\tilde{\nu}(CD_4)/cm^{-1} = 2109(1),\ 1092(2),\ 2259(3),\ 996(3)$; $\tilde{\nu}(HCl)/cm^{-1} = 2991$;
$\tilde{\nu}(DCl)/cm^{-1} = 2145$; $\tilde{B}(HCl)/cm^{-1} = 10.59$; $\tilde{B}(DCl)/cm^{-1} = 5.445$;
$\tilde{A}(CHD_3)/cm^{-1} = 3.28$; $\tilde{B}(CHD_3)/cm^{-1} = 2.63$; $\tilde{B}(CD_4)/cm^{-1} = 2.63$.

74.2 산과 물 사이의 중수소 교환은 평형의 중요한 형태이며 분자의 분광학적 데이터를 사용하여 조사할 수 있다. 다음 데이터를 사용하여 (a) 298 K, (b) 800 K에서 기체상 교환 반응인 $H_2O + DCl \rightleftharpoons HDO + HCl$ 반응의 평형 상수를 계산하시오.

$\tilde{\nu}(H_2O)/cm^{-1} = 3656.7,\ 1594.8,\ 3755.8$;
$\tilde{\nu}(HDO)/cm^{-1} = 2726.7,\ 1402.2,\ 3707.5$;
$\tilde{A}(H_2O)/cm^{-1} = 27.88$; $\tilde{B}(H_2O)/cm^{-1} = 14.51$; $\tilde{C}(H_2O)/cm^{-1} = 9.29$;
$\tilde{A}(HDO)/cm^{-1} = 23.38$; $\tilde{B}(HDO)/cm^{-1} = 9.102$; $\tilde{C}(HDO)/cm^{-1} = 6.417$;
$\tilde{B}(HCl)/cm^{-1} = 10.59$; $\tilde{B}(DCl)/cm^{-1} = 5.449$; $\tilde{\nu}(HCl)/cm^{-1} = 2991$;
$\tilde{\nu}(DCl)/cm^{-1} = 2145$.

토픽 75 조건에 따른 평형의 반응

토론 문제

75.1 Le Chatelier 원리를 열역학적 양으로 설명하시오. 이 원리가 틀릴 수 있는 이유를 생각할 수 있겠는가?

75.2 식 75.5로 나타낸 van't Hoff 식에 대한 일반성의 한계를 말하시오.

연습 문제

75.1(a) 일정한 온도에서 $H_2CO(g) \rightleftharpoons CO(g) + H_2(g)$ 반응계의 전체 압력을 1.0 bar로부터 3.0 bar로 증가시켰을 때 이 반응계의 K_x는 몇 %나 변하겠는가?

75.1(b) 일정한 온도에서 $CH_3OH(g) + NOCl(g) \rightleftharpoons HCl(g) + CH_3NO_2(g)$ 반응계의 전체 압력을 1.0 bar로부터 4.0 bar로 증가시켰을 때 이 반응계의 K_x는 몇 %나 변하겠는가?

75.2(a) 920 K부터 1280 K까지의 온도 영역에서 반응 $Zn(s) + H_2O(g) \rightarrow ZnO(s) + H_2(g)$에 대한 표준 반응 엔탈피는 $+224\ kJ\ mol^{-1}$으로 대체로 일정하다. 또 1280 K에서 표준 반응 Gibbs 에너지는 $+33\ kJ\ mol^{-1}$이다. 평형 상수가 1보다 커지는 온도를 구하시오.

75.2(b) 800 K부터 1500 K까지의 온도 영역에서 어떤 한 반응에 대한 표준 반응 엔탈피는 $+125\ kJ\ mol^{-1}$으로 대체로 일정하다. 또 1120 K에서 표준 반응 Gibbs 에너지는 $+22\ kJ\ mol^{-1}$이다. 평형 상수가 1보다 커지는 온도를 구하시오.

75.3(a) 반응 $2\,C_3H_6(g) \rightleftharpoons C_2H_4(g) + C_4H_8(g)$의 평형 상수는 300 K와 600 K 사이의 온도 영역에서 $\ln K = A + B/T + C/T^2$의 식으로 주어진다. 여기서 $A = -1.04$, $B = -1088\ K$, $C = 1.51 \times 10^5\ K^2$이다. 450 K에서의 표준 반응 엔탈피와 표준 반응 엔트로피를 계산하시오.

75.3(b) 400 K와 600 K 사이의 온도 영역에서 어떤 한 반응의 평형 상수는 $\ln K = A + B/T + C/T^3$으로 주어진다. 여기서 $A = -2.01$, $B = -1170\ K$, $C = 2.2 \times 10^7\ K^3$이다. 500 K에서의 표준 반응 엔탈피와 표준 반응 엔트로피를 계산하시오.

75.4(a) 온도를 298 K에서 10 K만큼 높였을 때 평형 상수가 (a) 2배로 되는 반응, (b) 1/2로 되는 반응의 표준 반응 엔탈피를 구하시오.

75.4(b) 온도를 310 K에서 15 K만큼 높였을 때 평형 상수가 (a) 2배로 되는 반응, (b) 1/2로 되는 반응의 표준 반응 엔탈피를 구하시오.

75.5(a) $CaCO_3$(방해석)가 분해되는 온도를 구하시오.

75.5(b) $CuSO_4 \cdot 5\,H_2O$가 탈수되는 온도를 구하시오.

75.6(a) **부록**의 자료를 이용하여 $PbO(s) + CO(g) \rightleftharpoons Pb(s) + CO_2(g)$ 반응에 대한 표준 반응 Gibbs 에너지와 평형 상수를 (a) 298 K, (b) 400 K에서 계산하시오. 반응 엔탈피는 온도와 무관하다고 가정한다.

75.6(b) **부록**의 자료를 이용하여 $CH_4(g) + 3\,Cl_2(g) \rightleftharpoons CHCl_3(l) + 3\,HCl(g)$ 반응에 대한 표준 반응 Gibbs 에너지와 평형 상수를 (a) 25°C, (b) 50°C에서 계산하시오. 반응 엔탈피는 온도와 무관하다고 가정한다.

응용 문제

75.1 NH_4Cl의 해리 증기 압력은 427°C에서 608 kPa이지만, 459°C가 되면 1115 kPa로 증가한다. 427°C에서 이 해리 반응의 (a) 평형 상수, (b) 표준 반응 Gibbs 에너지, (c) 표준 반응 엔탈피, (d) 표준 해리 엔트로피를 구하시오. 이 증기는 완전 기체로 행동하며, $\Delta H^\ominus$와 $\Delta S^\ominus$는 주어진 이 온도 영역에서 온도와 무관하다고 가정한다.

75.2 메테인 $CH_4(g)$가 성분 원소인 $H_2(g)$와 C(s, 흑연)로 해리되는 반응을 생각해 보자. (a) 298 K에서 $\Delta_f H^\ominus(CH_4, g) = -74.85\ kJ\ mol^{-1}$, $\Delta_f S^\ominus(CH_4, g) = -80.67\ J\,K^{-1}\,mol^{-1}$일 때 298 K에서의 평형 상수 값을 계산하시오. (b) $\Delta_f H^\ominus$이 온도와 무관하다고 가정하고 50°C에서의 K를 계산하시오.

75.3 450 K와 715 K 사이의 온도 영역에서 U(s) 및 $UH_3(s)$와 평형을 이루고 있는 $H_2(g)$의 평형 압력은 $\ln(p/Pa) = A + B/T + C\ln(T/K)$ 식으로 주어진다. 여기서 $A = 69.32$, $B = -1.464 \times 10^4$ K, $C = -5.65$이다. $UH_3(s)$의 표준 생성 엔탈피를 나타내는 식을 구하고, 이것으로부터 $\Delta_r C_p^\ominus$를 계산하시오.

75.4 높은 온도에서 $CO_2(g)$가 CO(g)와 $O_2(g)$로 해리되는 반응의 해리도 $\alpha_e = (n_{초기} - n_{평형})/n_{초기}$는 온도에 따라 다음과 같이 변한다.

T(K)	1395	1443	1498
$\alpha_e/10^{-4}$	1.44	2.50	4.71

이 온도 영역에서 $\Delta_r H^\ominus$가 일정하다고 가정하고 $\Delta_r H^\ominus$을 계산하고, 위의 세 온도 각각에서 K, $\Delta_r G^\ominus$, $\Delta_r S^\ominus$를 계산하시오. 필요하다면 적합한 근사를 취하시오.

75.5 350 K와 470 K 사이의 온도 영역에서 $CaCl_2 \cdot NH_3(s)$가 $NH_3(g)$와 $CaCl_2(s)$로 분해될 때의 표준 반응 엔탈피는 거의 일정하게 +78 kJ mol^{-1}이다. $CaCl_2 \cdot NH_3$ 존재하에서의 $NH_3(g)$의 평형 압력은 400 K에서 1.71 kPa이였다. 이 온도 영역에서 $\Delta_r G^\ominus$의 온도 의존도에 대한 식을 구하시오.

75.6 외부 압력이 200 kPa일 때 437 K에서 아세트산을 21.45 cm^3 부피의 용기 속에 증발시켜 넣고 이것을 봉하였다. 이 밀폐된 용기 속에 들어 있는 이 산의 질량은 0.0519 g이었다. 이 실험을 동일한 용기를 가지고 반복하였으며 단 온도를 471 K로 하였는데, 용기 속의 아세트산이 0.0380 g으로 확인되었다. 증기 상태에서 아세트산의 이합체화 반응에 대한 평형 상수와 증발 엔탈피를 구하시오.

75.7 I_2의 해리 반응은 전체 압력을 측정하여 모니터할 수 있으며, 이러한 목적으로 다음 세 세트의 실험 결과를 얻었다.

T(K)	973	1073	1173
$100p$(atm)	6.244	7.500	9.181
$10^4 n_I$	2.4709	2.4555	2.4366

여기서 n_I는 342.68 cm^3의 혼합물 속에 들어 있는 I_2 분자 1 mol당 I 원자의 양이다. 이 평균 온도에서 이 해리 반응의 평형 상수와 표준 해리 엔탈피를 구하시오.

75.8[‡] 450°C에서 철을 촉매로 사용하여 암모니아를 생산하는 특별한 시설을 가장 비용 효율적인 방법으로 가동시키려면 $\frac{1}{2}N_2(g) + \frac{3}{2}H_2(g) \rightarrow NH_3(g)$ 반응에 대한 $\Delta_r G$가 $-500\ J\ mol^{-1}$이 되는 압력일 때라고 가정하자. (a) 필요한 압력을 계산하시오. (b) 이제 압력은 $\Delta_r G$가 동일한 값을 나타내는 값을 이용하지만 온도는 400°C를 이용할 때가 가장 비용 효율적으로 되는 새로운 촉매를 개발한다고 가정하자. 이 새로운 촉매를 사용할 때 필요한 압력은 얼마인가? 새로운 촉매를 썼을 때의 이점은 무엇이겠는가? 기체들은 전부 (i) 완전기체로, (ii) van der Waals 기체로 가정한다. 이 답을 구하려면 100 atm $\le p \le$ 400 atm 압력 영역에서의 $\Delta_r G(T,p)$의 등온선이 필요하다. (c) 학생이 도시한 등온선이 온도와 압력 변화에 따른 평형에 관한 Le Chatelier 원리를 따르는지 확인하시오.

75.9 온도 T에서의 표준 반응 Gibbs 에너지 값과 표 56.1에 수록된 몰열용량 식의 계수 a, b, c를 가지고 임의의 온도 T'에서의 표준 반응 Gibbs 에너지를 나타내는 식을 유도하시오. 372 K에서의 $H_2O(l)$의 표준 생성 Gibbs 에너지를 298 K에서의 값을 이용하여 구하시오.

75.10[‡] 남극의 동계 성층권에서 일어나는 ClO의 이합체화 반응은 이 지역의 심한 계절적 오존 고갈을 일으키는 데 중요한 역할을 하는 것으로 생각된다. 아래 평형 상수는 $2\,ClO(g) \rightarrow (ClO)_2(g)$ 반응에 대하여 Cox와 Hayman(R.A. Cox and G.D. Hayman, *Nature* **332**, 796 (1988))의 측정에 근거한 결과이다.

T(K)	233	248	258	268	273
K	4.13×10^8	5.00×10^7	1.45×10^7	5.37×10^6	3.20×10^6
T(K)	280	288	295	303	
K	9.62×10^5	4.28×10^5	1.67×10^5	7.02×10^4	

(a) 이 반응에 대한 $\Delta_r H^\circ$, $\Delta_r S^\circ$의 값을 구하시오. (b) $\Delta_f H^\ominus(ClO) = +101.8\ kJ\ mol^{-1}$, $S_m^\ominus(ClO) = 226.6\ JK^{-1}\ mol^{-1}$을 이용하여 $(ClO)_2$의 표준 생성 엔탈피와 표준 몰엔트로피를 계산하시오.

토픽 76 전기 화학 전지

토론 문제

76.1 갈바니 전지와 전해 전지의 다양한 종류를 설명하시오.

76.2 왜 염다리가 전기 화학 전지의 측정에 사용되는지를 설명하시오.

연습 문제

76.1(a) 다음 각 전지의 전지 반응과 전극 반쪽 반응을 쓰시오.

(a) $Zn(s)|ZnSO_4(aq)||AgNO_3(aq)|Ag(s)$

(b) $Cd(s)|CdCl_2(aq)||HNO_3(aq)|H_2(g)|Pt(s)$

(c) $Pt(s)|K_3[Fe(CN)_6](aq),K_4[Fe(CN)_6](aq)||CrCl_3(aq)|Cr(s)$

(d) $Pt(s)|Fe^{3+}(aq),Fe^{2+}(aq)||Sn^{4+}(aq),Sn^{2+}(aq)|Pt(s)$

76.1(b) 다음 각 전지의 전지 반응과 전극 반쪽 반응을 쓰시오.

(a) $Pt(s)|K_3[Fe(CN)_6](aq),K_4[Fe(CN)_6](aq)||Mn^{2+}(aq),H^+(aq)|MnO_2(s)|Pt(s)$

(b) $Cu(s)|Cu^{2+}(aq)||Mn^{2+}(aq),H^+(aq)|MnO_2(s)|Pt(s)$

(c) $Pt(s)|Cl_2(g)|HCl(aq)||HBr(aq)|Br_2(l)|Pt(s)$

(d) $Fe(s)|Fe^{2+}(aq)||Mn^{2+}(aq),H^+(aq)|MnO_2(s)|Pt(s)$

응용 문제

76.1 연료 전지는 외부에서 공급된 시약 사이의 화학 반응으로부터 전기 전위를 생성한다. 다음 반응을 연료로 한 전지의 전위는 얼마인가? (a) 수소와 산소, (b) 1.0 bar, 298 K에서 벤젠의 완전 산화

76.2 한 연료 전지는 두 개의 전극 모두가 메테인의 산화를 사용하도록 구성된다. 왼쪽 전극은 메테인의 완전 산화를 사용하여 이산화 탄소와 물이 되며, 오른쪽 전극은 메테인의 부분 산화를 사용하여 일산화 탄소와 물이 된다. (a) 어느 전극이 산화 전극인가? (b) 모든 기체가 1 bar일 때, 25°C에서 전지의 전위는 얼마인가?

토픽 77 표준 전극 전위

토론 문제

77.1 산화-환원 반응이 표준 조건하에서 자발적인지를 결정하는 데 어떻게 전기 화학 서열이 사용될 수 있는지를 설명하시오.

77.2 산화-환원쌍의 표준 전위를 결정하는 방법을 설명하시오.

77.3 표준 반응 엔탈피를 결정하기 위한 최소한 한 가지의 비열계량적 실험 방법을 설명하시오.

연습 문제

77.1(a) Ce^{3+}/Ce, Ce^{4+}/Ce^{3+} 쌍에 대한 표준 전위 값으로부터 Ce^{4+}/Ce 쌍의 표준 전위를 계산하시오.

77.1(b) Au^{3+}/Au, Au^+/Au 쌍에 대한 표준 전위 값으로부터 Au^{3+}/Au^+ 쌍의 표준 전위를 계산하시오.

77.2(a) 표준 조건하에서 수은은 황산 아연 수용액으로부터 아연 금속을 생성할 수 있겠는가?

77.2(b) 염기성 용액의 표준 조건하에서 염소 기체는 물을 산소 기체로 산화시킬 수 있겠는가?

77.3(a) $Ag(s)|AgI(s)|AgI(aq)|Ag(s)$ 전지의 전위는 25°C에서 +0.9509 V이다. (a) AgI의 용해도, (b) AgI(s)의 용해에 대한 평형 상수를 계산하시오.

77.3(b) $Bi(s)|Bi_2S_3(s)|Bi_2S_3(aq)|Bi(s)$ 전지의 전위는 25°C에서 −0.96 V이다. (a) Bi_2S_3의 용해도, (b) $Bi_2S_3(s)$의 용해에 대한 평형 상수를 계산하시오.

77.4(a) $Pt(s)|H_2(g)|HCl(aq)|Hg_2Cl_2(s)|Hg(l)$ 전지의 표준 전위는 293 K에서 +0.2699 V, 303 K에서 +0.2669 V로 알려졌다. 298 K에서 $Hg_2Cl_2(s)+H_2(g)\rightarrow 2\,Hg(l)+2\,HCl(aq)$ 반응의 표준 반응 Gibbs 에너지, 엔탈피, 엔트로피를 구하시오.

77.4(b) $Pt(s)|H_2(g)|HBr(aq)|AgBr(s)|Ag(s)$ 전지의 표준 전위는 293 K에서 +0.07372 V, 303 K에서 +0.06873 V로 알려졌다. 298 K에서 $AgBr(s)+\frac{1}{2}H_2(g)\rightarrow Ag(s)+HBr(aq)$ 반응의 표준 반응 Gibbs 에너지, 엔탈피, 엔트로피를 구하시오.

77.5(a) 다음 전지들에서 반응에 대한 25°C에서의 표준 전지 전위와 $\Delta_r G^{\ominus}$ 값을 계산하시오.

(a) $Zn(s)|ZnSO_4(aq)||AgNO_3(aq)|Ag(s)$

(b) $Cd(s)|CdCl_2(aq)||HNO_3(aq)|H_2(g)|Pt(s)$

(c) $Pt(s)|K_3[Fe(CN)_6](aq),K_4[Fe(CN)_6](aq)||CrCl_3(aq)|Cr(s)$

(d) $Pt(s)|Fe^{3+}(aq),Fe^{2+}(aq)||Sn^{4+}(aq),Sn^{2+}(aq)|Pt(s)$

77.5(b) 다음 전지들에서 반응에 대한 25°C에서의 표준 전지 전위와 $\Delta_r G^\ominus$ 값을 계산하시오.

(a) $Pt(s)|K_3[Fe(CN)_6](aq), K_4[Fe(CN)_6](aq)||Mn^{2+}(aq), H^+(aq)|MnO_2(s)|Pt(s)$

(b) $Cu(s)|Cu^{2+}(aq)||Mn^{2+}(aq), H^+(aq)|MnO_2(s)|Pt(s)$

(c) $Pt(s)|Cl_2(g)|HCl(aq)||HBr(aq)|Br_2(l)|Pt(s)$

(d) $Fe(s)|Fe^{2+}(aq)||Mn^{2+}(aq), H^+(aq)|MnO_2(s)|Pt(s)$

77.6(a) 다음 반응이 일어나는 전지를 만들고, 각각의 표준 전지 전위를 계산하시오.

(a) $Fe(s)+PbSO_4(aq)\rightarrow FeSO_4(aq)+Pb(s)$

(b) $Hg_2Cl_2(s)+H_2(g)\rightarrow 2\ HCl(aq)+2\ Hg(l)$

(c) $2\ H_2(g)+O_2(g)\rightarrow 2\ H_2O(l)$

77.6(b) 다음 반응이 일어나는 전지를 만들고, 각각의 표준 전지 전위를 계산하시오.

(a) $H_2(g)+O_2(g)\rightarrow H_2O_2(aq)$

(b) $H_2(g)+I_2(g)\rightarrow 2\ HI(aq)$

(c) $2\ CuCl(aq)\rightarrow Cu(s)+CuCl_2(aq)$

77.7(a) 전지 $Ag|AgBr(s)|KBr(aq, 0.050\ mol\ kg^{-1})||Cd(NO_3)_2(aq, 0.010\ mol\ kg^{-1})|Cd$를 생각해 보자. (a) 이 전지 반응을 쓰시오. (b) 이 전지 반응에 대한 Nernst 식을 쓰시오. (c) Debye–Hückel 극한 법칙과 Nernst 식을 사용하여 25°C에서 전지 전위를 구하시오.

77.7(b) 전지 $Pt|H_2(g, p^\ominus)|HCl(aq, 0.010\ mol\ kg^{-1})|AgCl(s)|Ag$를 생각해 보자. (a) 이 전지 반응을 쓰시오. (b) 이 전지 반응에 대한 Nernst 식을 쓰시오. (c) Debye–Hückel 극한 법칙과 Nernst 식을 사용하여 25°C에서 전지 전위를 구하시오.

77.8(a) 표준 전위 데이터를 이용하여 다음 반응들의 25°C에서의 평형 상수를 계산하시오.

(a) $Sn(s)+Sn^{4+}(aq)\rightleftharpoons 2\ Sn^{2+}(aq)$

(b) $Fe(s)+Hg(NO_3)_2(aq)\rightleftharpoons Hg(l)+Fe(NO_3)_2(aq)$

77.8(b) 표준 전위 데이터를 이용하여 다음 반응들의 25°C에서의 평형 상수를 계산하시오.

(a) $Cd(s)+CuSO_4(aq)\rightleftharpoons Cu(s)+CdSO_4(aq)$

(b) $3\ Au^{2+}(aq)\rightleftharpoons Au(s)+2\ Au^{3+}(aq)$

응용 문제

77.1 25°C에서 Daniell 전지의 전지 반응에 대해서는 $\Delta_r G^\ominus = -212.7\ kJ\ mol^{-1}$이며, $b(CuSO_4) = 1.0\times10^{-3}\ mol\ kg^{-1}$, $b(ZnSO_4) = 3.0\times10^{-3}\ mol\ kg^{-1}$일 경우, (a) 용액들의 이온 세기, (b) 각 칸의 평균 이온 활동도 계수, (c) 반응 지수, (d) 표준 전지 전위, (e) 전지 전위를 계산하시오(각 칸에서 $\gamma_+ = \gamma_- = \gamma_\pm$라고 놓는다).

77.2 수소 전극은 개념상 가장 간단한 전극이지만 사용하기에는 불편하여, 몇 가지 전극들이 그 대용으로 고안되어 왔다. 이들 대안 중 하나가 퀸하이드론 전극이다(퀸하이드론 $Q\cdot QH_2$는 퀴논 $C_6H_4O_2 = Q$와 하이드로퀴논 $C_6H_4O_2H_2 = QH_2$의 착물이다). 전극 반쪽 반응은 $Q(aq) + 2H^+(aq) + 2e^- \rightarrow QH_2(aq)$이며, $E^\ominus = +0.6994\ V$이다. $Hg|Hg_2Cl_2(s)|HCl(aq)|Q\cdot QH_2|Au$ 전지를 만들어서 그 전지 전위를 측정한 결과가 +0.190 V였다면, HCl 용액의 pH가 얼마였겠는가? Debye–Hückel 극한 법칙이 적용될 수 있다고 가정한다.

77.3 전지 반응이 $Hg_2Cl_2(s) + Zn(s) \rightarrow 2\ Hg(l) + 2\ Cl^-(aq) + Zn^{2+}(aq)$인 전지 $Zn(s)|ZnCl_2(0.0050\ mol\ kg^{-1})|Hg_2Cl_2(s)|Hg(l)$가 있다. $E^\ominus(Zn^{2+}, Zn) = -0.7628\ V$, $E^\ominus(Hg_2Cl_2, Hg) = +0.2676\ V$, 전지 전위가 +1.2272 V라고 한다. (a) 이 전지에 대한 Nernst 식을 쓰시오. (b) 표준 전지 전위, (c) 이 전지 반응의 $\Delta_r G$, $\Delta_r G^\ominus$, K, (d) 전지 전위 측정값으로부터 $ZnCl_2$의 평균 이온 활동도와 활동도 계수, (e) Debye–Hückel 극한 법칙으로부터 $ZnCl_2$의 평균 이온 활동도 계수를 구하시오. (f) $(\partial E/\partial T)_p = -4.52\times10^{-4}\ V\ K^{-1}$일 경우의 $\Delta_r S$와 $\Delta_r H$를 구하시오.

77.4 $Pt(s)|H_2(g, p^\ominus)|HCl(aq, b)|Hg_2Cl_2(s)|Hg(l)$ 전지의 전위를 25°C에서 대단히 엄밀하게 측정(G. H. Hills and D. J. Ives, *J. Chem. Soc.*, 311 (1951))하여 다음과 같은 결과를 얻었다.

b(mmol kg^{-1})	1.6077	3.0769	5.0403	7.6938	10.9474
E(V)	0.60080	0.56825	0.54366	0.52267	0.50532

이 전지의 표준 전위와, 이들 몰랄 농도에서의 HCl의 평균 활동도 계수를 구하시오(최소 제곱법을 써서 이 데이터를 가장 잘 맞는 직선으로 나타내시오).

77.5 전지 $Pt(s)|H_2(g, p^\ominus)|NaOH(aq, 0.0100\ mol\ kg^{-1})1), NaCl(aq, 0.01125\ mol\ kg^{-1})|AgCl(s)|Ag(s)$의 전지 전위를 주의 깊게 측정한 결과가 보고되어 있다(C.P. Bezboruah, et al. *J. Chem. Soc. Faraday Thrans, I* **69**, 949(1973)). 이 데이터 중의 일부는 다음과 같다.

θ(°C)	20.0	25.0	30.0
E(V)	1.04774	1.04864	1.04942

이들 온도에서의 pK_w를 계산하고, 또 25.0°C에서의 물의 자체 양성자 이전 반응에 대한 표준 엔탈피와 엔트로피를 계산하시오.

77.6 전지 $Ag(s)|AgX(s)MX(b_1)|M_xHg|MX(b_2)|AgX(s)|Ag(s)$와 같은 종류의 전지의 전위를 측정하여 다음과 같은 데이터를 얻었다(U. Sen, *J. Chem. Soc. Faraday Thrans, I* **69**, 2006(1973)). 여기서 M_xHg는 아말감이며, 전해질은 에틸렌글라이콜에 용해된 할로젠화 알칼리 금속이고, LiCl에 대한 일부 값을 아래에 주어졌다. *를 붙인 농도에서의 활동도 계수를 구하고, Davies 식(식 72.29, $\log\gamma_\pm = -AI^{1/2}/(1+BI^{1/2}) + CI$)을 근거로 이 계산을 하시오. 여기서 $A = 1.461$, $B = 1.70$, $k = 0.20$, $I = b/b^\ominus$이다. $b_2 = 0.09141\ mol\ kg^{-1}$에 대하여 다음과 같다.

b_1(mol kg^{-1})	0.0555	0.09141*	0.1652	0.2171	1.040	1.350
E(V)	−0.0220	0.0000	0.0263	0.0379	0.1156	0.1336

77.7 AgCl/Ag,Cl^- 쌍의 표준 전위를 한 온도 영역에 걸쳐 대단히 조심스럽게 측정하였더니(R.G. Bates and V.E. Bpwers, *J. Res. Nat. Bur. Stand.* **53**, 283 (1954)) 그 결과가 다음 식을 만족시켰다.

$$E^{\ominus}(\text{V})=0.23659-4.8564\times10^{-4}(\theta/°\text{C})-3.4205\times10^{-6}(\theta/°\text{C})^2 +5.869\times10^{-9}(\theta/°\text{C})^3$$

298 K에서 Cl^-(aq)의 표준 생성 Gibbs 에너지, 엔탈피, 엔트로피를 계산하시오.

77.8‡ 아래 데이터는 Pd(s)|H_2(g,1 bar)|BH(aq,b), B(aq,b)|AgCl(s)|Ag(s) 전지의 전위 측정 결과를 요약한 것이다. 이 측정값들은 모두 염화 2-아미노피리디늄(BH)과 2-아미노피리딘(B)의 농도를 같게 취하고 얻은 것이다. 이 데이터들은 25°C에서 값이며, $E_{전지}^{\ominus}=0.22251$ V이다. 이 데이터를 이용하여 이 산의 25°C에서의 pK_a를 결정하고, BH의 평균 활동도 계수($\gamma_\pm$)를 몰랄 농도(b)와 이온 세기(I)의 함수로 구하시오. $A=0.5091$일 때 Davies 식(응용 문제 77.6 참조)을 써서 평균 활동도 계수를 구하시오. $b=0.04$ mol kg^{-1}과 $0\le I\le0.1$에서의 평균 활동도 계수를 그래프로 그리시오. **힌트**: 수학 소프트웨어나 스프레드시트를 이용한다.

b(mol kg^{-1})	0.01	0.02	0.03	0.04	0.05
$E^{\ominus}$(25°C)(V)	0.74452	0.72853	0.71928	0.71314	0.70809
b(mol kg^{-1})	0.06	0.07	0.08	0.09	0.10
$E^{\ominus}$(25°C)(V)	0.70380	0.70059	0.69790	0.69571	0.69338

77.9 만일 잘 녹지 않는 염 MX와 자유롭게 녹는 염 NX와의 용액의 이온 세기가 NX 염의 농도 C에 의해 특정지어지고 Debye–Hückel 극한 법칙을 사용하는 것이 유효하다면 혼합 용액의 용해도 S'이 K_s가 작을 때(적당히 명시되며) 다음과 같이 주어짐을 보이시오.

$$S'=\frac{K_s e^{4.606AC^{1/2}}}{C}$$

77.10 기질과 막사이 공간 사이에서 미토콘드리아 전기 전위가 다른 막들에 대하여 일반적인 것과 같이 70 mV라면, pH 차이가 동일하게 유지된다고 가정할 때 4 mol의 H^+가 이동하면 몇 개의 ATP가 합성되겠는가?

77.11 단백질은 전극 표면에서 반응할 때 그 자연 구조와 기능을 잃기 때문에 이 장에서 설명한 방법들을 이용하여 그 표준 전위를 결정할 수가 없다. 한 대체 방법에서는 산화된 단백질을 용액 속에서 적합한 전자 주개와 반응시키는 것이다. 그러면 Nernst 식, 용액 속에 들어 있는 모든 종들의 평형 농도, 그리고 전자 주개의 알고 있는 표준 전위를 이용하여 단백질의 표준 전위를 결정할 수 있다. 단백질 사이토크롬 c를 가지고 이 방법을 설명하겠다. 사이토크롬 c, cyt, 2,6-다이클로로인도페놀, D 사이에서의 일전자 반응은 용액 속에서 각 네 종들이 모두 색이 다르고, 흡수 스펙트럼이 상이하기 때문에 분광학적으로 쉽게 추적할 수 있다. 이 반응을 $\text{cyt}_{ox}+\text{D}_{red}\rightleftharpoons\text{cyt}_{red}+\text{D}_{ox}$라고 쓸 수 있으며, 여기서 첨자 'ox'와 'red'는 각각 산화 상태와 환원 상태를 나타낸다. (a) 사이토크롬 c와 D의 표준 전위를 각각 $E_{cyt}^{\ominus}$와 $E_D^{\ominus}$라고 하자. 평형 상태('eq')에서 ($[\text{D}_{ox}]_{eq}/[\text{D}_{red}]_{eq}$)를 ($[\text{cyt}_{ox}]_{eq}/[\text{cyt}_{red}]_{eq}$)에 대해서 도시하면 기울기가 1이고 y 절편이 $F(E_{cyt}^{\ominus}-E_D^{\ominus})/RT$인 직선이 나옴을 보이시오. 여기서 평형 활동도는 평형 몰농도의 수치로 바꾸어 준다. (b) 아래 데이터는 298 K에서 pH 6.5 완충 용액 속에서 산화된 사이토크롬 c와 환원된 D 사이의 반응을 가지고 얻은 것이다. ($[\text{D}_{ox}]_{eq}/[\text{D}_{red}]_{eq}$)와 ($[\text{cyt}_{ox}]_{eq}/[\text{cyt}_{red}]_{eq}$)는 산화된 사이토크롬 c와 환원된 D가 들어 있는 용액을 센 환원제인 아스코브산 소듐 용액을 가지고 적정하여 조절하였다. 이들 데이터와 D의 표준 전위 0.237 V로부터 298 K, pH 6.5에서의 사이토크롬 c의 표준 전위를 결정하시오.

$[\text{D}_{ox}]_{eq}/[\text{D}_{red}]_{eq}$	0.00279	0.00843	0.0257	0.0497
$[\text{cyt}_{ox}]_{eq}/[\text{cyt}_{red}]_{eq}$	0.0106	0.0230	0.0894	0.197
$[\text{D}_{ox}]_{eq}/[\text{D}_{red}]_{eq}$	0.0748	0.238	0.534	
$[\text{cyt}_{ox}]_{eq}/[\text{cyt}_{red}]_{eq}$	0.335	0.809	1.39	

통합 문제

F15.1 상자기성 화합물인 이산화 질소가, 이것의 이합체이며 반자기성 화합물인 사산화 이질소와 평형을 이루고 있다. 몰 자기화율이 시료의 압력에 따라 어떻게 변하는지(토픽 39)를 나타내기 위하여 이합체화 반응에 대하여 평형 상수 K에 대한 식을 유도하시오. 일정한 압력하에서 온도가 변함에 따라 자기화율이 어떻게 변할 것으로 예측하는지를 제안하시오.

F15.2 수학 소프트웨어, 스프레드시트, 또는 이 책 웹사이트의 **Living graphs**(LG로 표시된)를 사용하여 다음 연습 문제를 풀이하시오.

(a) A(g) ⇌ 2 B(g) 형태의 반응에 대하여 여러 가지 값의 평형 상수 K에서 x_A와 x_B를 압력 p에 대하여 도시하시오.

(b) 반응의 평형 상수는 온도 범위에 걸쳐 $K=a+b/(T/\text{K})+c/(T/\text{K})^3$ 식을 만족시키는 것으로 밝혀졌다. (a) $\Delta_rH^{\ominus}$와 $\Delta_rS^{\ominus}$에 대한 식을 쓰시오. (b) $a=-2.0$, $b=-1.0\times10^3$, $c=2.0\times10^7$일 때 400 K과 600 K 사이에서 ln K를 T에 대하여 도시하시오.

(c) 다른 값의 온도에 대하여 전지 반응의 반응 지수 값에 대한 전지 전위의 변화를 도시하시오. 전지 전위는 온도가 증가함에 따라 조성에 대하여 더욱 민감해지는가, 덜 민감해지는가?

(d) 예제 77.1에서 설명한 전지에 대하여 여러 가지 온도 T에서 E 곡선 족들을 $b/b^{\ominus}$에 대하여 도시하시오.

16장 분자 운동

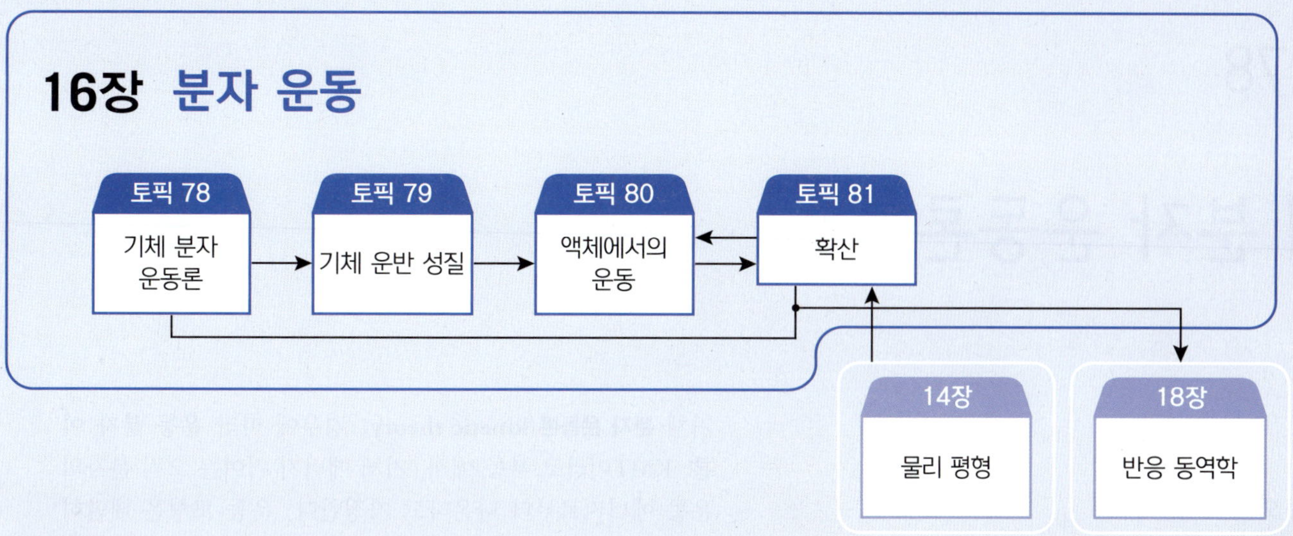

수많은 화학 반응이 기체와 액체상에서 일어난다는 것은 부분적으로 유체 매질에서 분자와 이온의 이동성에 기인한다. 이들 반응의 속도를 이해하려면, **반응 동역학**의 측면으로 취급하여 분자들이 얼마나 빨리 이동하여 서로가 만나는지를 알아야 할 필요가 있다.

완전 기체는 원리상 매우 단순하고, 그 분자들의 끝없이 예측할 수 없는 운동을 하는 기체의 모형은 많은 성질(토픽 78)을 예측하는 방법을 마련해주고 있다. 사실, 이 토픽에서 설명하는 기체의 운동론은 과학에서 모형 만들기의 괄목할 만한 예이며, 가정이 가장 빈약함에도 불구하고 압력과 분자의 속력에 대하여 정밀한 예측이 이루어질 수 있었다. 더욱이 분자는 전 공간을 날아다닐 때, 그들의 성질을 가지고 다닌다. 그들이 얼마나 멀리, 그리고 얼마나 빨리 움직이는지에 주목함으로써, 완전 기체의 열전도와 점성도를 포함하는 많은 '운반 성질'에 대한 정량적 식을 구축할 수 있다(토픽 79).

액체에서 이온과 분자의 운동은 상당히 다르다. 공간을 자유롭게 날아다니는 것 대신에 분자나 이온은 빽빽하지만 유동성 있는 매질을 헤치며 이동해야 한다. 이 움직임을 연구하는 한 방법은 전기장을 가해 주어 그 영향 아래 이온이 이동하는 속도를 관찰하는 것이다(토픽 80). 그러나 모든 용질 입자는 주위의 용매 분자들을 밀쳐내며 길을 이동하며, 그들의 움직임은 **물리 평형**에서 소개된 화학 퍼텐셜의 개념에 입각한 '열역학적 힘'의 항으로 이해할 수 있다. 더욱이 그들의 평균 움직임은 강력하고 일반적인 두 확산 법칙으로 표현될 수 있다(토픽 81). 사실, 움직임을 무작정 걷기로 취급하면, 액체와 기체에서 분자의 이동 사이에 유사성이 있는 것을 알게 된다.

토픽 78

기체 분자 운동론

내용

➤ 학습 목표

이 자료의 중요성에 대해서는 '과학적인' 이유와 실질적인 이유가 있다. '과학적인' 이유는 이 논의가 어떻게 정성적인 모형으로부터 정량적인 정보를 이끌어내는지를 보여 주는 것이다. 이 책의 실질적인 중요성은 기체 성질(토픽 36)의 논의, 촉매의 토론(토픽 97), 기체의 반응 속도에 대한 토론(토픽 87)에 이용된다는 것이다.

➤ 핵심 내용

운동론 모형에 따르면, 기체는 끊이지 않는 무작위 운동을 하며 그들의 충돌에서 고전 역학 법칙을 따르는 무시할 정도로 작은 크기의 분자로 구성되어 있다는 것이다.

➤ 미리 알기

물체의 가속은 가해지는 힘에 비례한다는 Newton 운동 제2 법칙을 알 필요가 있다(**기초 지식**, 토픽 2)

기체 **분자 운동론**(**kinetic theory**; 경우에 따라 **운동 분자 이론**, KMT이라고 부름)에서, 기체 에너지 기여는 오직 분자의 운동 에너지로부터 나온다고 가정한다. 운동 모형은 대단히 미미한 가정들의 세트로부터 강력한 정량적 결론에 도달할 수 있는 가장 훌륭하고 멋진 물리 화학에서의 한 모형이다.

78.1 운동 모형

순수 기체(동일한 분자)의 운동 모형은 다음과 같은 네 가지 가정에 기반을 둔 것이다.

1. 기체는 고전 역학 법칙을 따르는, 끊임없이 무작정 운동을 하는 질량이 m인 분자로 되어 있다.
2. 이 분자들은 상호 충돌 사이에 날아가는 평균 거리에 비해서 지름이 매우 작으며, 이런 면에서 그 크기를 무시할 수 있다.
3. 분자 사이의 힘은 짧은 범위를 가지기 때문에 분자들은 오직 순간적인 충돌을 통해서만 상호 작용을 한다.
4. 충돌은 탄성이다.

탄성 충돌(**elastic collision**)이란 충돌하는 분자의 총 병진 운동 에너지가 보존됨을 말한다. 이 이론은 분자의 평균적인 거동을 생각하며 평균으로부터 요동을 무시해도 무방한 아주 많은 분자로 구성된 시료에 적용될 수 있다.

(a) 압력과 분자 속력

분자 운동 모형을 매우 경제적인 가정으로부터, 아래 **증명**에서와 같이 기체의 압력 p와 부피 V 사이에 다음과 같은 관계가 성립한다는 것을 알 수 있다.

$$pV = \frac{1}{3}nMv_{\rm rms}^2 \qquad \text{완전 기체 \quad 압력} \qquad (78.1)$$

여기서 $M = mN_A$은 질량 m인 분자의 몰질량이고, n은 시료에 있는 분자의 양이며, $v_{\rm rms}$는 다음과 같이 분자의 속력 v의 제곱을 평균한 다음에 그 제곱근을 취한 제곱 평균근 속력이다.

$$v_{\rm rms} = \langle v^2 \rangle^{1/2}$$ 정의 제곱 평균근 속력 (78.2)

증명 78.1 운동 모형에 입각한 기체의 압력

그림 78.1과 같은 배열을 생각해 보자. x축과 평행하게 속도 성분 v_x를 가지고 이동하는 질량 m인 입자가 오른쪽 벽과 충돌한 다음에 되튈 때는 그의 운동량이 충돌 전의 mv_x로부터 충돌 후의 $-mv_x$(반대 방향의 운동)로 변한다. 따라서 운동량은 매 충돌마다 $2mv_x$만큼 변한다(y 성분과 z 성분은 변하지 않는다). 많은 분자들이 Δt 시간 동안에 기벽과 충돌하며, 운동량의 총 변화는 각 분자의 운동량 변화에 그 시간 동안에 기벽에 도달하는 분자의 수를 곱한 것과 같다.

속도 성분이 v_x인 분자는 Δt 시간 동안에 x축을 따라 $v_x\Delta t$만큼 이동하므로 벽으로부터 $v_x\Delta t$ 거리 안에 들어 있는 분자들은 벽을 향해서 운동할 경우 이 시간 동안에 모두 벽과 충돌할 것이다(그림 78.2). 벽의 넓이를 A라고 하면 $A\times v_x\Delta t$의 부피 속에 들어 있는 입자는 모두 벽과 충돌할 것이다(이들이 벽 쪽을 향하여 움직일 경우). 그리하여 $N_{\rm A}$를 Avogadro 상수, 부피 V의 용기 안에 들어 있는 분자의 전체 양을 n이라고 하면 분자의 수밀도는 $nN_{\rm A}/V$로 되며, 따라서 부피 $Av_x\Delta t$ 속에 들어 있는 분자의 수는 $(nN_{\rm A}/V)\times \Delta Av_x\Delta t$가 될 것이다.

어떤 순간에서나 입자의 반은 오른쪽을 향하고, 나머지 반은 왼쪽을 향할 것이므로 Δt 사이에 일어나는 평균 충돌수는 $\frac{1}{2}nN_A Av_x\Delta t/V$가 된다. 따라서 이 시간 동안에 일어나는 총 운동량 변화는 다음과 같이 충돌수와 운동량 변화 $2mv_x$의 곱과 같다.

$$\text{운동량 변화} = \frac{nN_{\rm A}Av_x\Delta t}{2V}\times 2mv_x = \frac{n\overbrace{mN_{\rm A}}^{M}Av_x^2\Delta t}{V} = \frac{nMAv_x^2\Delta t}{V}$$

그다음, 힘을 알기 위해 운동량의 변화율을 계산하는데, 이는 운동량 변화를 이 변화가 일어나는 시간 Δt로 나눈 것과 같다. 즉

$$\text{운동량의 변화율} = \frac{nMAv_x^2}{V}$$

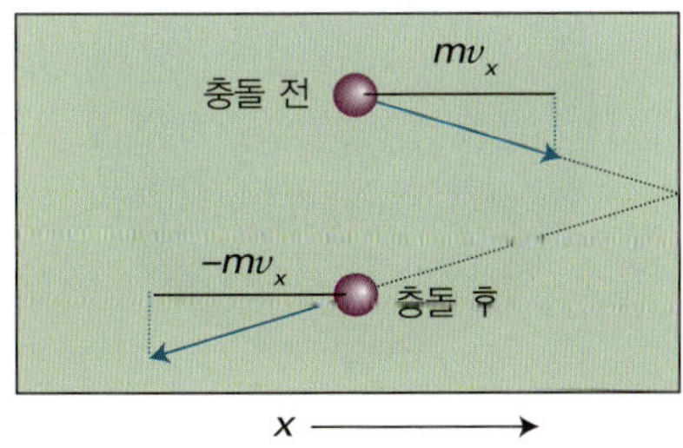

그림 78.1 분자들이 벽과 충돌하여 생긴 기체의 압력. 분자가 x축과 수직한 벽에 탄성 충돌을 하면 속도의 x축 성분은 반대로 되지만 y축과 z축 성분은 변하지 않는다.

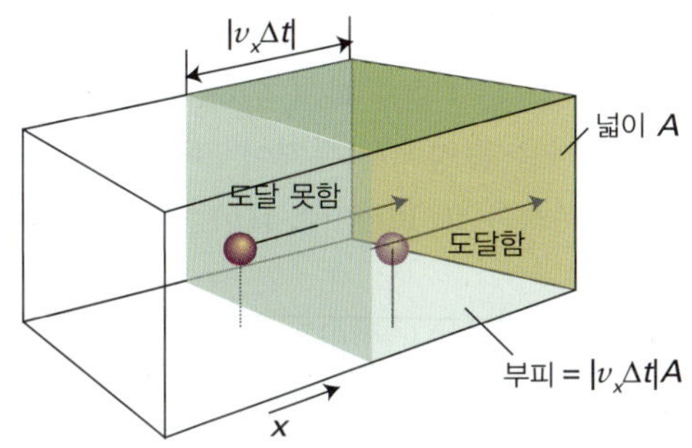

그림 78.2 벽으로부터 $v_x\Delta t$ 거리 안에 들어 있는 분자는 오른쪽을 향해서 운동할 경우 Δt 이내에 오른쪽 벽에 도달할 것이다.

이 운동량의 변화율은 힘이며(Newton 운동 제2법칙에 의해서), 그리하여 단위 면적에 작용하는 힘, 즉 압력은 다음과 같다.

$$\text{압력} = \frac{nMv_x^2}{V}$$

분자 모두가 동일한 속도를 가지고 움직이는 것이 아니므로 실제로 측정되는 압력 p는 바로 위에서 계산한 양의 평균값($\langle\cdots\rangle$로 표시)이다. 즉

$$p = \frac{nM\langle v_x^2\rangle}{V}$$

이 식은 이미 완전 기체의 상태식과 비슷하다.

이 압력에 관한 식을 제곱 평균근 속력 v의 함수로 나타내기 위해서, 우선 한 단일 분자의 속력 v를 $v^2 = v_x^2 + v_y^2 + v_z^2$으로 나타낸다. 그러면 제곱 평균근 속력은 $v_{\rm rms} = \langle v^2\rangle^{1/2}$(식 78.2)이므로 다음 관계가 성립한다.

$$v_{\rm rms}^2 = \langle v_x^2\rangle + \langle v_y^2\rangle + \langle v_z^2\rangle$$

그런데 분자들은 무작정하게 이동하므로 이들 세 평균값은 모두 동일하다. 따라서 $v_{\rm rms}^2 = 3\langle v^2\rangle$이다. 그리하여 $\langle v_x{}^2\rangle = \frac{1}{3}v_{\rm rms}^2$을 $p = nM\langle v_x^2\rangle/V$에 넣어 주면 바로 식 78.1을 얻을 수 있다.

식 78.1은 분자 운동 모형의 한 핵심 결과이다. 만일 분자의 제곱 평균근 속력이 온도에만 의존한다면 일정한 온도에서는 다음과 같이 되어 Boyle 법칙(1.2절)과 동일한 내용이 된다.

$$pV = \text{일정}$$

더욱이 식 78.1이 완전 기체의 상태식이 되려면 그 우변이 nRT와 같아야 한다. 이와 같이 되려면 온도가 T인 기체 속에 들어 있는 분자의 제곱 평균근 속력이 다음과 같이 되어야 한다.

$$v_{\rm rms} = \left(\frac{3RT}{M}\right)^{1/2}$$ 완전 기체 제곱 평균근 속력 (78.3)

또한 식 78.1의 오른쪽은 Boltzmann 분포로부터 nRT와 같음이 확인될 수 있다.그렇게 하기 위해서는 두 단계를 걸치면 된다. 우선, 다음 **증명**에서 속력이 v에서 $v+dv$의 범위를 가지는 분자의 분율은 $f(v)dv$인데, $f(v)$는 다음과 같다.

$$f(v)=4\pi\left(\frac{M}{2\pi RT}\right)^{3/2} v^2 e^{-Mv^2/2RT} \quad \text{완전 기체} \quad \text{Maxwell-Boltzmann 분포} \quad (78.4)$$

증명 78.2 속력의 Maxwell-Boltzmann 분포

Boltzmann 분포에 의하면 속도 성분이 v_x, v_y, v_z인 속도 성분을 갖는 분자의 분율은 다음과 같은 운동 에너지의 지수함수에 비례한다. $f(v)=Ke^{-\varepsilon/kT}$, 여기서 K는 비례 상수이다. 운동 에너지는 다음과 같다.

$$\varepsilon=\tfrac{1}{2}mv_x^2+\tfrac{1}{2}mv_y^2+\tfrac{1}{2}mv_z^2$$

따라서 $a^{x+y+z}=a^xa^ya^z$의 관계를 이용하여 이 분포 함수를 다음과 같이 나타낼 수 있다.

$$f(v)=Ke^{-(mv_x^2+mv_y^2+mv_z^2)/2kT}=Ke^{-mv_x^2/2kT}e^{-mv_y^2/2kT}e^{-mv_z^2/2kT}$$

이 분포식은 세 개 항으로 인수 분해가 되어 $f(v)=f(v_x)f(v_y)f(v_z)$, $K=K_xK_yK_z$로 쓸 수 있어, $f(v_x)$는 다음이 될 것이다.

$$f(v_x)=K_xe^{-mv_x^2/2kT}$$

$f(y)$와 $f(z)$도 같은 형태로 주어진다.

상수 K_x는 분자가 $-\infty<v_x<\infty$ 영역 내의 어떤 한 속도를 가져야 한다는 사실을 이용하여 구할 수 있다. 즉

$$\int_{-\infty}^{\infty} f(v_x)dv_x=1$$

여기에 $f(v_x)$에 관한 식을 넣어 주고 **부록**에 있는 적분 G.1을 이용하면 다음과 같은 식이 나온다.

$$1=K_x\int_{-\infty}^{\infty} e^{-mv_x^2/2kT}dv_x=K_x\left(\frac{2\pi kT}{m}\right)^{1/2}$$

결국 $K_x=(m/2\pi kT)^{1/2}$이므로 다음과 같이 쓸 수 있다.

$$f(v_x)=\left(\frac{m}{2\pi kT}\right)^{1/2} e^{-mv_x^2/2kT}$$

따라서 분자가 v_x와 v_x+dv_x 사이, v_y와 v_y+dv_y 사이, v_z와 v_z+dv_z 사이의 속도를 가질 확률은 다음과 같이 된다.

$$\begin{aligned} f(v_x)f(v_y)f(v_z)dv_xdv_ydv_z &= \left(\frac{m}{2\pi kT}\right)^{3/2} e^{-mv_x^2/2kT}e^{-mv_y^2/2kT}e^{-mv_z^2/2kT}dv_xdv_ydv_z \\ &= \left(\frac{m}{2\pi kT}\right)^{3/2} e^{-mv^2/2kT}dv_xdv_ydv_z \end{aligned}$$

여기서 $v^2=v_x{}^2+v_y{}^2+v_z{}^2$이다.

분자가 방향에 상관없이 v와 $v+dv$ 사이의 속력을 가질 확률을 산출하기 위하여, '속도 공간'에서 세 좌표를 정의하는 세 속도 성분을 생각한다. 이는 보통 공간과 같은 성질로 다만 (x,y,z) 대신에 (v_x,v_y,v_z)로 표기된 것이다. 마찬가지로 통상 공간에서 부피 요소가 $dxdydz$인 것과 마찬가지로, 속도 공간에서 부피 요소는 $dv_xdv_ydv_z$이다. 중심에서 거리 r에 있는 통상 공간에서 모든 부피 요소의 합은 반지름이 r과 두께가 dr인 구 껍질의 부피이다. 그 부피는 표면적 $4\pi r^2$에 두께 dr을 곱한 $4\pi r^2dr$이다. 마찬가지로 속도 공간에서 유사한 부피는 반지름 v의 껍질과 두께 dv의 부피, 즉 $4\pi v^2dv$이다(그림 78.3). 이제 위 마지막 식에서 푸른색으로 표시한 항 $f(v_x)f(v_y)f(v_z)$는 오직 v^2에만 의존하고 반지름 v의 껍질 모든 곳에서 같으므로, v와 $v+dv$의 범위에 있는 속력을 가지는 분자의 전체 확률은 푸른색 항과, 반지름 v와 두께 dv의 부피를 곱한 것이다. 이 확률을 $f(v)dv$로 쓰면 다음이 된다.

$$f(v)dv=4\pi v^2dv\left(\frac{m}{2\pi kT}\right)^{3/2} e^{-mv^2/2kT}$$

약간의 재배열을 한 후, $f(v)$ 자체는 다음이 된다.

$$f(v)=4\pi\left(\frac{m}{2\pi kT}\right)^{3/2} v^2e^{-mv^2/2kT}$$

$m/k=M/R$이므로 이 식은 바로 식 78.4이다.

함수 $f(v)$는 **Maxwell-Boltzmann 속력 분포**(**Maxwell-Boltzmann distribution of speed**)라고 한다. 그러면 이 분포를 이용하여 v^2의 평균값을 계산하는 데 이용된다.

Maxwell–Boltzmann 속력 분포에 대한 특성의 중요성은 다음과 같다 (또한 그림 78.4에서 그림으로 보여 주고 있다).

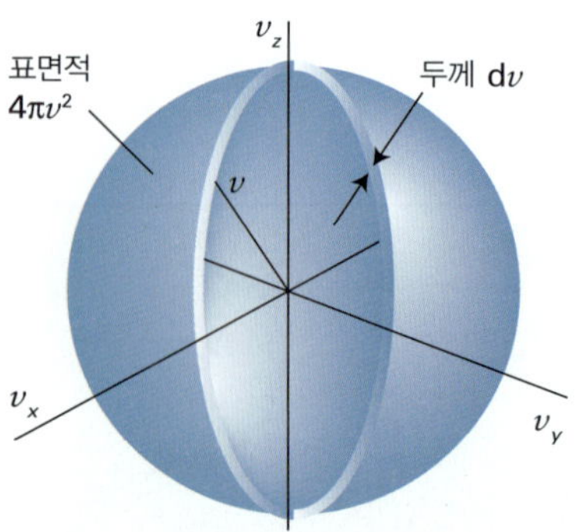

그림 78.3 한 분자가 v부터 $v+dv$까지의 영역에 들어가는 속력을 가질 확률은 원점에서 거리가 v인 부피 요소 $dv_xdv_ydv_z$ 영역에 있는 확률을 더해줌으로써 구한, 반지름이 $v=(v_x^2+v_y^2+v_z^2)^{1/2}$이고 두께가 dv인 구각을 형성하는 임의의 위치에서 속력을 갖는 전체 확률로 평가한다.

- 식 78.4에는 감쇠하는 지수함수(보다 구체적으로 Gauss 함수) 항이 들어 있다. 이 존재는 e^{-x^2}은 x가 커질 때 대단히 작아지는 성질을 가지고 있기 때문에, 대단히 빠른 속력을 갖는 분자의 분율이 대단히 작아짐을 나타낸다.
- 지수에서 $M/2RT$에 v^2을 곱한 인자는 몰질량 M이 클 때 커지므로, 지수 인자는 M이 클 때 급격하게 0으로 접근한다. 즉 무거운 분자는 큰 속력을 갖기가 어렵다.

물리적 해석

- 온도 T가 높을 때는 반대 효과가 나타난다. 즉 이때는 지수 속의 $M/2RT$가 작으며, 따라서 지수 인자는 v가 증가함에 따라 비교적 느리게 0으로 떨어진다. 바꾸어 말하면 높은 온도에서는 낮은 온도에서보다 더 많은 분율의 분자가 높은 속력을 가지게 될 것이다.
- 인자 v^2(지수 앞자리에 있는)은 v가 0으로 접근함에 따라 0으로 된다. 따라서 분자의 질량이 어떠하든 속력이 대단히 낮은 분자의 분율도 대단히 낮다.
- 나머지 인자들(식 78.4 속의 괄호 항과 그 앞의 4π)은 분율을 0에서 무한대까지의 전체 속도 영역에 걸쳐 합해 준 결과가 1이 되게 해 주는 것이다.

Maxwell–Boltzmann 분포는 v_1과 v_2 사이 영역의 분자 분율을 다음 적분을 수행하여 산출하는 데 사용될 수 있다.

$$F(v_1,v_2)=\int_{v_1}^{v_2} f(v)\mathrm{d}v \tag{78.5}$$

이 적분은 f를 v의 함수로 도시한 그래프 밑의 넓이이며, 일반적으로 수학 소프트웨어를 이용하여 수치 계산법으로 이것을 구해야 한다(그림 78.5).

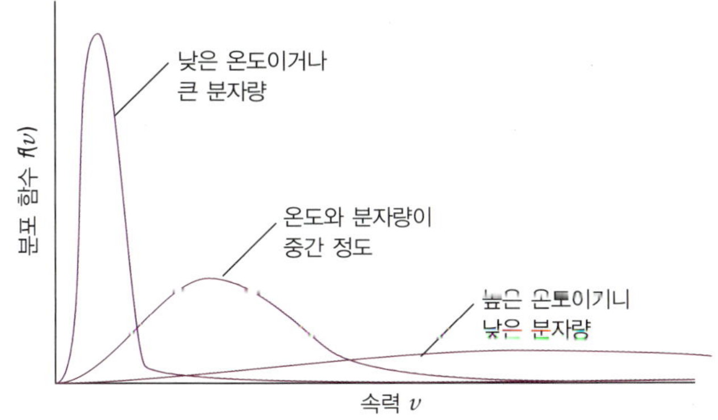

그림 78.4 온도와 몰질량에 따른 분자 속력의 분포. 가장 확률이 높은 속력(이 분포의 피크에 해당하는)은 온도 증가와 몰질량 감소에 따라 증가하며, 동시에 분포의 폭이 넓어진다.

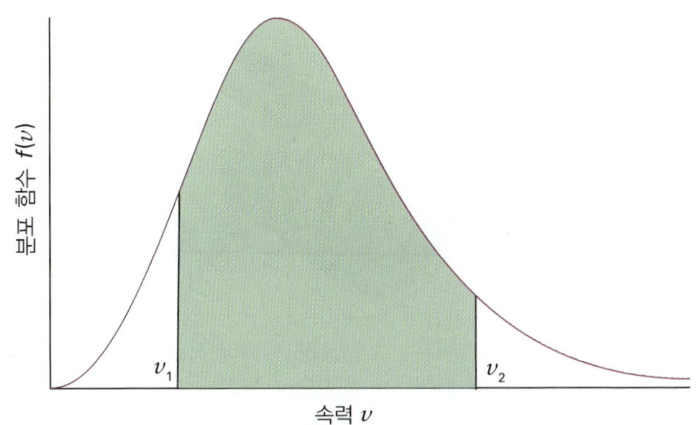

그림 78.5 한 분자가 v_1부터 v_2까지 영역의 속력을 가질 확률을 계산하려면 분포 함수를 두 한계 사이에서 적분해야 한다. 이 적분은 두 한 계 사이에서의 곡선 밑의 넓이와 같다(색칠한 부분).

간단한 예 78.1 속력 범위의 분자수

400 K에서 속력이 200~220 m s^{-1} 영역에 있는 N_2 분자의 수를 산출하려면, $M=28.02\ \mathrm{g\ mol^{-1}}$을 가지고 식 78.5에 있는 적분을 계산할 필요가 있다. 우선

$$\frac{M}{2RT}=\frac{2.802\times10^{-2}\ \mathrm{kg\,mol^{-1}}}{2\times(8.3145\ \mathrm{J\,K^{-1}\,mol^{-1}})\times(400\ \mathrm{K})}=4.21\ldots\times10^{-6}\ \mathrm{m^{-2}\,s^2}$$

을 a^2이라고 표기하고 다음(적분을 수행하기 위해 적분 소프트웨어를 사용한다.)과 같이 계산된다.

$$F(200\ \mathrm{m\,s^{-1}},220\ \mathrm{m\,s^{-1}})=\overbrace{4\pi\left(\frac{a^2}{\pi}\right)^{3/2}}^{1.95\times10^{-8}\ \mathrm{m^{-3}\,s^3}}\overbrace{\int_{200\ \mathrm{m\,s^{-1}}}^{220\ \mathrm{m\,s^{-1}}} v^2 e^{-a^2v^2}\mathrm{d}v}^{7.32\times10^{5}\ \mathrm{m^3\,s^{-3}}}$$
$$=0.0143$$

이는 위 특정한 범위에 있는 분자의 1.43%에 해당된다.

자가 진단 78.1 298 K에서 속력이 400~500 m s^{-1} 영역에 있는 CO_2 분자의 분율을 계산하시오.

답: 0.199

Maxwell–Boltzmann 분포는 실험적으로 검증해 왔다. 예로서 분자 속력은 속도 선택기(그림 78.6)로 직접 측정될 수 있다. 회전 원통은 적절한 속력을 가지는 것만을 통과하도록 하는 통로를 가지고 있어, 그 분자의 수는 검출기에서 모은 것으로 결정될 수 있다.

(b) 평균값

일단 Maxwell–Boltzmann 분포를 알면 속력의 어떤 차수의 평균값도 적절한 적분을 계산하여 산출할 수 있다(**화학자 툴킷** 78.1 참조). 따라서 v^n의 평균값을 다음과 같이 계산한다.

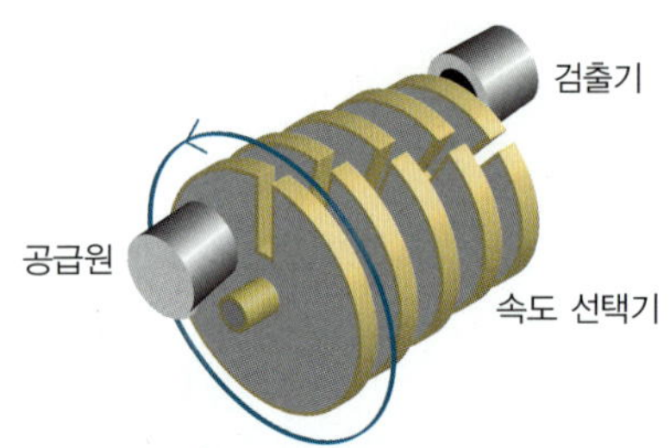

그림 78.6 속도 선택기. 분자는 그 공급원(한 벽에 작은 구멍이 난 오븐일 수도 있다)에서 발생하여 회전하는 원판으로 향하는 살로 진행한다. 오직 분자의 속력이 일련의 슬릿을 연속해서 통과하는 것만이 검출기에 도달한다. 따라서 느린 분자의 수는 천천히 도는 회전판에 의해 계산될 수 있고, 빠른 분자의 수는 빨리 도는 회전판에 의해 계산된다.

$$\langle v^n \rangle = \int_0^\infty v^n f(v)\mathrm{d}v \tag{78.6}$$

특히 $n=2$의 적분은 온도 T에서 분자의 평균 제곱 속력(v_{rms}^2)이 식 78.3에 있는 결과이다. 기체 분자의 제곱 평균근 속력은 온도의 제곱근에 비례하고 몰질량의 제곱근에 반비례한다. 즉 온도가 높을수록, 분자의 제곱 평균근 속력은 높아지며, 주어진 온도에서 무거운 분자는 가벼운 분자보다 서서히 움직인다. 음파는 압력파로서, 그들을 퍼져 나가기 위해서 기체 분자는 높고 낮은 압력의 영역을 형성해야 한다. 따라서 분자의 제곱 평균근 속력은 공기 속에서의 음속(340 $\mathrm{ms^{-1}}$)과 비교될 만하다고 예상해야 한다. 예를 들어 N_2 분자의 제곱 평균근 속력은 식 78.3으로부터 298 K에서 515 $\mathrm{ms^{-1}}$임을 알게 된다.

화학자 툴킷 78.1 평균값

성질(예를 들어 속력 v)의 평균값(**기댓값**이라고도 함) $\langle x \rangle$는 먼저 성질이 가질 수 있는 각 별개의 값(예를 들면 v_1, v_2, $\cdots$, v_N과 같이) x_i를 x_i가 일어나는 확률 p_i에 곱하고, 다음으로 이 곱을 모든 가능한 N 값에 걸쳐 다음과 같이 합쳐서 계산된다.

$$\langle x \rangle = \sum_{i=1}^{N} p_i x_i$$

N이 매우 커서 그 성질이 연속적으로 변할 정도로 (분자 속력의 경우와 같이) x_i가 밀접하게 위치하고 있다면, 확률이 x와 $x+\mathrm{d}x$ 사이의 값을 가질 수 있다고 표현하는 것이 유용하며 다음과 같이 나타낸다.

x와 $x+\mathrm{d}x$ 사이의 값을 발견할 확률 $= f(x)\mathrm{d}x$

여기서 함수 $f(x)$는 **확률 밀도**이다. 이어서 $x=a$와 $x=b$ 사이의 값을 가질 확률은 다음과 같다.

a와 b 사이의 값을 발견할 확률 $= \int_a^b f(x)\mathrm{d}x$

적분은 양끝 a와 b 사이의 함수 $f(x)$의 그래프 아래의 넓이와 동등하다. 만일 $g(x)$가 성질의 함수라면(예를 들어 속력 v^2 경우의 x^2과 같이 x의 거듭 제곱), 이 영역에서 평균값은 다음과 같다.

$$\langle g(x) \rangle = \int_a^b g(x) f(x)\mathrm{d}x$$

x가 양의 값으로 무한대까지 퍼져 있다면(분자 속력처럼) 평균값은 다음과 같다.

$$\langle g(x) \rangle = \int_0^\infty g(x) f(x)\mathrm{d}x$$

예제 78.1 기체에서 분자의 평균 속력 계산하기

25°C에서 N_2 분자의 평균 속력 v_{mean}을 구하시오.

방법 평균 속력 v_{mean}은 식 78.4에 있는 $f(v)$를 가지고 다음 적분을 산출하여 구한다.

$$v_{\mathrm{mean}} = \int_0^\infty v f(v)\mathrm{d}v$$

수학 스프트웨어를 사용하거나 **부록**에 있는 적분 G.4를 사용한다.

풀이 필요한 적분은 다음과 같다.

$$v_{\mathrm{mean}} = 4\pi\left(\frac{M}{2\pi RT}\right)^{3/2} \int_0^\infty v^3 \mathrm{e}^{-mv^2/2kT}\mathrm{d}v$$

$$= 4\pi\left(\frac{M}{2\pi RT}\right)^{3/2} \times \frac{1}{2}\left(\frac{2RT}{M}\right)^{1/2} = \left(\frac{8RT}{\pi M}\right)^{1/2}$$

데이터들을 넣어 주면 다음과 같은 결과를 얻을 수 있다.

$$v_{\mathrm{mean}} = \left(\frac{8\times(8.3145\,\mathrm{J\,K^{-1}\,mol^{-1}})\times(298\,\mathrm{K})}{\pi\times(28.02\times10^{-3}\,\mathrm{kg\,mol^{-1}})}\right)^{1/2} = 475\,\mathrm{m\,s^{-1}}$$

여기서는 $1\,\mathrm{J} = 1\,\mathrm{kg\,m^2\,s^{-2}}$을 이용하였다.

자가 진단 78.2 25°C에서 N_2 분자의 제곱 평균근 속력을 구하시오. 수학 소프트웨어를 사용하거나 **부록**에 있는 적분 G.5를 사용하시오.

답: $v_{\mathrm{rms}} = (3RT/M)^{1/2} = 515\,\mathrm{m\,s^{-1}}$

예제 78.1에서와 같이 기체 분자의 **평균 속력(mean speed)** v_{mean}는 Maxwell–Boltzmann 분포를 이용하여 구할 수 있다.

$$v_{\mathrm{mean}} = \left(\frac{8RT}{\pi M}\right)^{1/2} \quad \text{완전 기체 \quad 평균 속력} \tag{78.7}$$

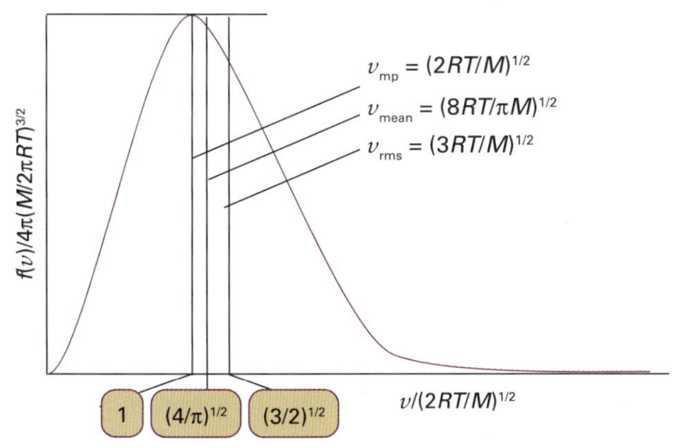

그림 78.7 온도 T에서 몰질량이 M인 분자에 대한 Maxwell–Boltzmann 분포로부터 유도되는 결과들. v_{mp}는 최빈 속력, v_{mean}는 평균 속력, v_{rms}는 제곱 평균근 속력이다.

분포의 피크 위치에서 **최빈 속력**(**most probable speed**, v_{mp})을 다음과 같음을 확인할 수 있다.

$$v_{mp} = \left(\frac{2RT}{M}\right)^{1/2} \quad \text{완전 기체} \quad \text{최빈 속력} \quad (78.8)$$

분포의 피크 위치는 v에 대한 $f(v)$의 미분에 의해 도함수가 0인($v=0$과 $v=\infty$인 것을 제외한 것; 응용 문제 78.5 참조) v의 값을 찾으면 발견될 것이다. 그림 78.7은 이들 결과를 요약했다.

Maxwell 분포 식을 이용하면 한 분자가 다른 분자에 접근하는 평균 속력, 즉 평균 상대 속력 v_{rel}도 다음과 같이 계산될 수 있다.

$$v_{rel} = 2^{1/2} v_{mean} \quad \text{완전 기체, 동일한 분자} \quad \text{평균 상대 속력} \quad (78.9a)$$

이 결과는 유도하기가 훨씬 더 어렵지만, 그림 78.8에서의 그림은 이것이 타당하다는 것을 나타내는 데 도움이 된다.

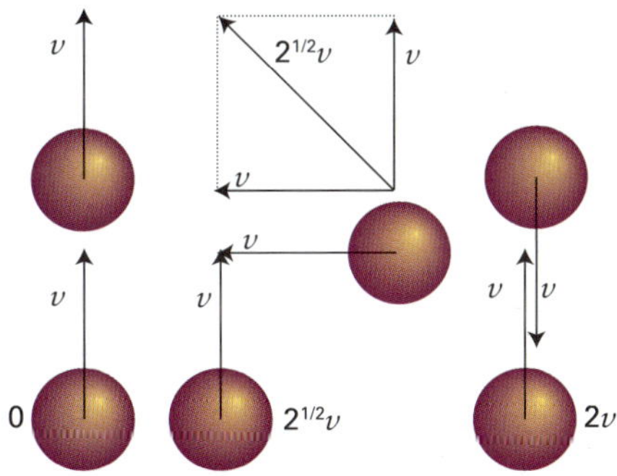

그림 78.8 기체 분자의 평균 상대 속력이 평균 속력과 관계됨을 보여 주는 간단한 그림. 분자들이 동일 방향으로 이동할 때는 상대 속력이 0이며, 분자들이 서로 접근할 때는 $2v$이다. 일반적인 평균 접근 방향은 측면으로부터이며, 이때는 평균 접근 속도가 $2^{1/2}v$이다. 이 마지막 접근 방향이 가장 적합한 것이며, 따라서 평균 접근 속력은 대체로 $2^{1/2}v$가 될 것으로 예상된다. 이 값은 더 자세한 계산 결과로도 확인되었다.

위의 식을 이용하면 질량이 m_A와 m_B인 두 상이한 분자 사이의 다음과 같은 상대 평균 속력을 구할 수 있다.

$$v_{rel} = \left(\frac{8RT}{\pi\mu}\right)^{1/2} \quad \mu = \frac{M_A M_B}{M_A + M_B} \quad \text{완전 기체} \quad \text{평균 상대 속력} \quad (78.9b)$$

두 분자가 동일할 때는($M_A = M_B = M$, 따라서 $\mu = M/2$) 식 78.9b가 식 78.9a로 된다.

(c) 충돌 빈도

분자 운동론은 분자를 점과 같다고 가정하였지만, 두 분자의 중심들이 **충돌 지름**(**collision diameter**)이라고 하는 거리 d 안에 들어오면 한 번의 충돌로 계산한다. 충돌 지름은 분자의 실제 지름과 같은 크기 정도를 가진다(강체 구의 경우에는 d가 분자 지름이 된다). 아래 **증명**에서 보이는 바와 같이, 분자 운동 모형을 이용하면 **충돌 빈도**(**collision frequency**, z) 즉 한 분자가 일으키는 충돌수를 이 충돌이 일어난 시간으로 나눈 값을 계산할 수 있다. N개의 분자가 부피 V 속에 들어 있을 때는 이 충돌 빈도가 다음과 같이 된다.

$$z = \sigma v_{rel} \mathcal{N} \quad \text{완전 기체} \quad \text{충돌 빈도} \quad (78.10a)$$

여기서 수밀도 $\mathcal{N} = N/V$이며, $\bar{v}_{rel}$는 식 78.9로 주어진 것이다. 넓이 $\sigma = \pi d^2$을 분자의 **충돌 단면적**(**collision cross-section**)이라고 한다. 일부 전형적인 충돌 단면적을 표 78.1에 나타내었다. 위의 식은 다음과 같이 압력을 가지고 나타낼 수도 있다(또한 다음 **증명**에서 보여진다).

$$z = \frac{\sigma v_{rel} p}{kT} \quad \text{완전 기체} \quad \text{충돌 빈도} \quad (78.10b)$$

표 78.1* 충돌 단면적

	$\sigma(\text{nm}^2)$
C_6H_6	0.88
CO_2	0.52
He	0.21
N_2	0.43

*더 많은 값들이 **부록**에 수록되어 있다.

증명 78.3 충돌 빈도

고정된 하나를 제외하고 모든 분자의 위치를 생각해 보자. 그리고 움직이는 하나의 분자가 평균 상대 속력 v_{rel}로 시간 Δt 동안 기체를 통과 이동할 때 무슨 일이 일어나는지 주목하자. 그러면 그 기체는 단면적 $\sigma = \pi d^2$, 길이 $v_{rel}\Delta t$의 '충돌 관', 즉 $\sigma v_{rel}\Delta t$(그림 78.9)의 부피를 쓸고 지나가게 된다. 충돌 관 안에 중심을 두고 있던 정류 분자의 수는 관의 부피에 수밀도 $\mathcal{N} = N/V$를 곱한 것으로 주어져서 $\mathcal{N}\sigma v_{rel}\Delta t$가 된다. 간격 Δt에 기록된 부딪친 수는 이 수와 같아서, 시간 간격으로 나눈 충돌 수는 식 78.10a에 있는 $\mathcal{N}\sigma v_{rel}$이다. 기체의 압력으로 나타낸 식은 완전 기체 식과 $R = kN_A$를 사용하면 얻을 수 있어 다음이 된다.

$$\mathcal{N} = \frac{N}{V} = \frac{nN_A}{V} = \frac{nN_A}{nRT/p} = \frac{p}{kT}$$

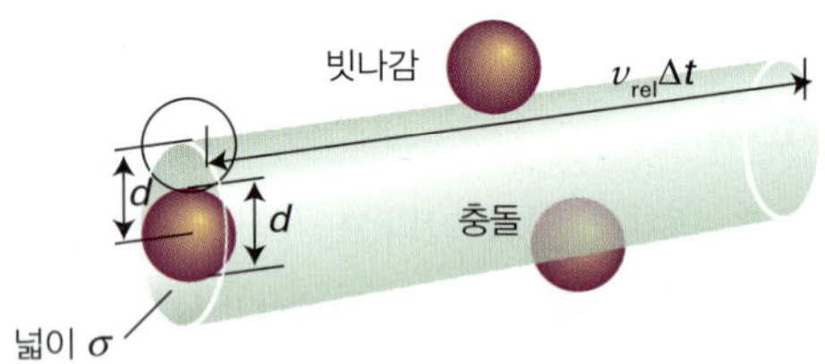

그림 78.9 간격 Δt에서, 지름의 d인 분자가 반지름 d, 길이 $v_{rel}\Delta t$인 관을 쓸고 지나간다. 그러면 관 내에 중심을 둔 다른 분자들과 만나게 되며, 이러한 각 만남은 한 번의 충돌로 계산된다. 실제로 이 관은 직선이 아니며, 각 충돌마다 방향이 바뀌게 된다. 그럼에도 불구하고, 쓸고 지나간 부피는 같아, 관의 직선형 방식은 계산의 기초로 사용될 수 있다.

식 78.10a에 의하면 일정한 부피에서는 충돌 빈도가 온도에 따라 증가한다. 식 78.10b에 의하면 일정한 온도에서는 충돌 빈도가 압력에 비례한다. 이러한 비례 관계를 타당한 것으로서 압력이 높아질수록 시료 속의 분자의 수가 많아지기 때문에 비록 분자의 평균 속력은 변하지 않더라도 상호간의 충돌 빈도는 커질 것이다.

간단한 예 78.2 분자 충돌

예제 78.1에서 1.00 atm(101 kPa), 25°C의 시료 속에 들어 있는 N_2 분자의 경우, $v_{mean} = 475\ \mathrm{ms^{-1}}$이므로 식 78.9a로부터 $v_{rel} = 2^{1/2} \times 475\ \mathrm{m\ s^{-1}}$이다. 따라서 표 78.1에서 $\sigma = 0.43\ \mathrm{nm^2}$($0.43 \times 10^{-18}\mathrm{m^2}$에 해당)을 택하여 식 78.10b로부터 다음을 얻는다.

$$z = \frac{(0.43\times10^{-18}\,\mathrm{m^2})\times(2^{1/2}\times475\,\mathrm{m\,s^{-1}})\times(1.01\times10^5\,\mathrm{Pa})}{(1.381\times10^{-23}\,\mathrm{J\,K^{-1}})\times(298\,\mathrm{K})}$$
$$=7.1\times10^9\,\mathrm{s^{-1}}$$

즉 1초 동안에 한 분자가 약 7×10^9번 충돌을 한다. 이만하면 기체 속에서 일어나는 사건들의 시간 척도를 헤아릴 수 있을 것이다.

자가 진단 78.3 같은 조건에 있는 H_2 기체 분자 사이의 충돌 빈도를 산출하시오.

답: $1.7\times10^{10}\,\mathrm{s^{-1}}$

(d) 평균 자유 경로

충돌 빈도를 일단 알게 되면 **평균 자유 행로(mean free path)**, 즉 한 분자가 충돌 사이에 이동하는 평균 거리 λ(lambda)를 계산할 수 있다. 만일 한 분자가 충돌 빈도 z를 가지고 충돌한다면, 충돌 사이의 자유로운 비행에 $1/z$의 시간이 소요되므로, $(1/z)v_{rel}$의 길이를 움직인 것이다. 즉 평균 자유 행로 λ는 다음과 같이 된다.

$$\lambda = \frac{v_{rel}}{z} \qquad \text{완전 기체 \quad 평균 자유 행로} \qquad (78.11)$$

식 78.10b로 구한 z를 이 식에 넣어 주면 다음과 같은 결과를 얻게 된다.

$$\lambda = \frac{kT}{\sigma p} \qquad \text{완전 기체 \quad 평균 자유 행로} \qquad (78.12)$$

압력을 두 배로 증가시키면 평균 자유 행로는 절반으로 준다.

간단한 예 78.3 평균 자유 행로

간단한 예 78.2에서, 25°C의 N_2 분자에 대하여 $v = 2^{1/2}\times 475\ \mathrm{m\ s^{-1}}$이고, 압력이 1.00 atm일 때 $z = 7.1\times10^9\ \mathrm{s^{-1}}$이다. 이 환경에서 N_2의 평균 자유 행로는 다음과 같다.

$$\lambda = \frac{2^{1/2}\times475\,\mathrm{m\,s^{-1}}}{7.1\times10^9\,\mathrm{s^{-1}}} = 9.5\times10^{-8}\,\mathrm{m}$$

이는 95 nm인데, 이것은 약 10^3개 분자 지름에 해당한다.

자가 진단 78.4 압력이 0.10 atm일 때 25°C에서 시료에 있는 벤젠 분자의 평균 자유 행로를 계산하시오.

답: 460 nm

식 78.12에 온도가 들어 있기는 하지만, 일정한 부피의 시료에서는 압력이 T에 비례하며, 따라서 온도가 올라가도 T/p는 일정한 값을 유지한다. 그러므로 일정한 부피에서는 기체 시료 속에서의 평균 자유 행로가 온도와 무관하다. 충돌 사이의 비행 거리는 주어진 부피 속에 들어 있는 분자의 수에 의해서 정해지고 그 비행 속도와는 무관하다.

결론적으로 1 atm, 25°C에서는 전형적인 기체(N_2 또는 O_2)를 약 $500\ \mathrm{m\ s^{-1}}$의 평균 속력으로 운동하는 분자들의 집단이라고 볼 수 있다. 각 분자는 약 1 ns 이내에 충돌을 하며 충돌 사이에 약 10^3개 분자 지름을 날아간다. 분자의 지름이 평균 자유 행로에 비해서 대단히 작을 때($d \ll \lambda$)는 분자들이 서로 멀리 떨어져 있는 시간이 길 것이며, 이러한 경우에는 기체 분자 운동 모형이 잘 맞으며 기체가 거의 이상적으로 행동한다.

78.2 벽과 표면과의 충돌

기체상 속에서의 운반 현상을 설명해 줄 중요한 결과는 분자가 어느 한 면과 충돌하는 속도이다(이 면은 기체상 속의 가상적 면일 수도 있고 벽의 일부일 수도 있다). 일정한 시간 동안에 주어진 넓이의 표면에 충돌하는 수를 그 시간 간격과 넓이로 나눈 값을 **충돌 유량(collision flux)**이라고 하며, Z_W로 나타낸다.

(a) 충돌 유량

이 충돌 유량에 관심 대상 넓이를 곱하면 충돌 빈도, 즉 1초 동안에 부딪치는 수를 얻는다. 아래 **증명**에서 보이는 바와 같이, Z_W는 다음과 같이 된다.

$$Z_W = \frac{p}{(2\pi mkT)^{1/2}}$$ 완전 기체 충돌 유량 (78.13)

간단한 예 78.4 충돌 유량

$p = 1.00$ bar, $T = 25°C$에서 $m = M/N_A$, $M = 32.00$ g mol^{-1}인 O_2 분자의 충돌 유량은 다음과 같다.

$$Z_W = \frac{1.00\times10^5 \overbrace{\text{Pa}}^{\text{kg m}^{-1}\text{s}^{-2}}}{\{2\pi\times(32.00\times10^{-3}\,\text{kg mol}^{-1}/6.022\times10^{23}\,\text{mol}^{-1})\times(1.381\times10^{-23}\,\text{J K}^{-1})\times(298\,\text{K})\}^{1/2}}$$
$$=2.70\times10^{27}\,\text{m}^{-2}\,\text{s}^{-1}$$

이 유량은 2.70×10^{23} cm^{-2} s^{-1}에 해당된다.

자가 진단 78.5 같은 조건에서 H_2 분자의 충돌 유량을 산출하시오.

답: 1.07×10^{28} m^{-2} s^{-1}

증명 78.4 충돌 유량

x축에 수직한 넓이 A의 벽(그림 78.2에서와 같은)을 생각해 보자. 분자가 $v_x>0$인 속도 성분을 가질 때는(즉 분자가 양의 x 방향으로 운동할 때) 벽으로부터 $v_x\Delta t$ 이내의 거리에 있는 분자들이 Δt 시간 안에 벽과 충돌하게 된다. 따라서 부피 $Av_x\Delta t$ 안에 들어 있으면서 양의 속도 성분을 갖는 분자들은 모두 Δt 시간 동안에 벽과 충돌할 것이다. 그러므로 이 부피 $Av_x\Delta t$에 분자 수밀도 $\mathcal{N}$을 곱하면 이 시간 동안에 일어나는 전체 충돌수를 얻을 수 있다. 그러나 시료 속의 속도 영역을 고려해야 하므로 이와 같이 구한 전체 충돌수에 **증명** 78.2에서 주어진 속도 확률 분포에 무게를 가중시켜서 v_x의 모든 양의 값에 걸쳐 더해 주어야 한다. 즉

$$\text{충돌수} = \mathcal{N}A\Delta t\int_0^\infty v_x f(v_x)\mathrm{d}v_x$$

충돌 유량은 충돌수를 A와 Δt로 나눈 것이다. 따라서

$$Z_W = \mathcal{N}\int_0^\infty v_x f(v_x)\mathrm{d}v_x$$

증명 78.2에 있는 속도 분포 $f(v_x)$와 **부록**에서 적분 G.2를 이용하면 다음과 같이 된다.

$$\int_0^\infty v_x f(v_x)\mathrm{d}v_x = \left(\frac{m}{2\pi kT}\right)^{1/2}\int_0^\infty v_x \mathrm{e}^{-mv_x^2/2kT}\mathrm{d}v_x = \left(\frac{kT}{2\pi m}\right)^{1/2}$$

그리하여 다음과 같이 된다.

$$Z_W = \mathcal{N}\left(\frac{kT}{2\pi m}\right)^{1/2}$$

이 식에 $\mathcal{N}=p/kT$를 넣어 주면 식 78.13이 된다.

(b) 분출

분출에 관한 핵심적인 실험적 관측 내용을 요약한 것이 **Graham 분출 법칙(Graham's law of effusion)**인데, 이 법칙에 의하면 분출 속도는 몰질량의 제곱근에 반비례한다. 이러한 결과가 나오는 근본적인 이유는 위에서 설명한 바와 같이 분자의 평균 속력이 $M^{1/2}$에 반비례하며, 따라서 구멍 넓이에 충돌하는 비율이 이와 비슷하게 $M^{1/2}$에 반비례하기 때문이다. 하지만 충돌 속도에 관한 자세한 식을 이용하면 분출 속도에 관한 더 자세한 식을 유도할 수 있고, 따라서 분출 데이터를 더 효과적으로 이용할 수 있다.

압력이 p이고, 온도가 T인 기체가 들어 있는 용기를 진공 속에 놓고 작은 구멍을 뚫었을 때 기체 분자가 이 구멍을 통해 나가는 속도는 이 분자가 이 구멍만한 넓이에 충돌하는 속도와 같으며, 이것은 구멍의 넓이와 충돌 유량의 곱이다. 따라서 넓이가 A_0인 구멍을 통한 분출 속도는 다음과 같다.

$$\text{분출 속도} = Z_W A_0 = \frac{pA_0}{(2\pi mkT)^{1/2}}$$ 완전 기체 분출 (78.14)

$M=mN_A$이기 때문에, 이 분출 속도는 $M^{1/2}$에 반비례하며, Graham 법칙과 일치한다.

식 78.14는 특히 증기 압력이 대단히 낮은 고체나 액체의 증기 압력을 측정하는 **Knudsen 방법(Knudsen method)**의 기초가 되기도 한다. 이 기술에서는 시료를 작은 구멍이 뚫린 공동 속에 넣어 그 질량을 시간의 함수로 모니터한다. 증기 압력의 값 p는 식 78.14를 적용해서 얻는다.

예제 78.2 질량 감소로부터 증기압 계산하기

세슘(m.p. 29°C, b.p. 686°C)을 용기에 넣고 500°C로 가열하였다. 이 용기에 지름이 0.50 mm인 구멍을 뚫었더니 100

초 동안에 385 mg의 질량 손실이 생겼다. 500°C에서의 액체 세슘의 증기 압력을 계산하시오.

방법 용기 안에서는 분자들이 분출되어 나가도 뜨거운 액체 금속이 증기를 보충시키므로 압력이 일정하게 유지된다. 따라서 분출 속도는 일정하며, 식 78.14로 나타낼 수 있다. 분출 속도를 질량으로 나타내려면 분출되어 나가는 원자의 수를 각 원자의 질량에 곱하면 된다.

풀이 Δt 사이에 나타난 질량 손실 Δm은 $\Delta m = Z_W A_0 m \Delta t$에 의해 충돌 유량과 관계된다. 여기서 A_0은 구멍의 넓이이고, m은 한 원자의 질량이다. 그리하여 식 78.14로부터 다음을 얻는다.

$$\Delta m = \frac{pA_0 m\Delta t}{(2\pi mkT)^{1/2}} = \frac{pA_0 m^{1/2}\Delta t}{(2\pi kT)^{1/2}}$$

따라서

$$p = \left(\frac{2\pi kT}{m}\right)^{1/2}\frac{\Delta m}{A_0\Delta t} = \left(\frac{2\pi RT}{M}\right)^{1/2}\frac{\Delta m}{A_0\Delta t}$$

$M = 132.9\ \mathrm{g\ mol^{-1}}$을 비롯한 데이터들을 넣어 주면

$$p = \left(\frac{2\pi\times(8.3145\,\mathrm{J\,K^{-1}})\times(500\,\mathrm{K})}{132.9\times10^{-3}\,\mathrm{kg\,mol^{-1}}}\right)^{1/2} \times\frac{385\times10^{-6}\,\mathrm{kg}}{\pi\times(0.25\times10^{-3}\,\mathrm{m})^2\times(100\,\mathrm{s})}$$

$$= 8.7\times10^3\,\overbrace{\mathrm{kg\,m^{-1}s^{-2}}}^{\mathrm{Pa}}$$

즉 $p = 8.7$ kPa이다.

자가 진단 78.6 1.0 g의 Cs이 똑같은 조건에서 오븐으로부터 분출되어 나가려면 얼마의 시간이 걸리겠는가?

답: 260초

개념 확인

- ☐ 1. 기체 분자 **운동론**에서, 기체 에너지 기여는 오직 분자의 운동 에너지에서 나온다고 가정한다.
- ☐ 2. **탄성 충돌**은 분자의 총 병진 운동 에너지가 보존되는 충돌이다.
- ☐ 3. **Maxwell-Boltzmann 속력 분포**는 분자가 주어진 속력에서 가지는 확률을 제공한다(아래 참조).
- ☐ 4. 기체 분자의 **제곱 평균근 속력**은 온도의 제곱근에 비례하고 몰질량의 제곱근에 반비례한다.
- ☐ 5. **충돌 빈도**는 한 분자에 의한 충돌수를 충돌이 일어나는 시간 간격으로 나눈 충돌의 수이다.
- ☐ 6. **평균 자유 행로**는 한 분자가 충돌 사이에 날아가는 평균 거리이다
- ☐ 7. **충돌 유량**은 주어진 시간 동안에 주어진 넓이에 충돌하는 충돌수를 그 시간 간격과 넓이로 나눈 값이다.
- ☐ 8. **Graham 분출 법칙**은 분출 속도가 몰질량의 제곱근에 반비례한다고 기술하고 있다.
- ☐ 9. **Knudsen 방법**은 분출에 의한 질량 손실을 모니터하여 고체나 액체의 증기압을 측정하는 기술이다.

식 확인

성질	식	비고	식 번호
압력	$pV = \frac{1}{3}nMv_{\mathrm{rms}}^2$	KMT*	78.1
제곱 평균근 속력	$v_{\mathrm{rms}} = \langle v^2\rangle^{1/2}$	정의	78.2
	$v_{\mathrm{rms}} = (3RT/M)^{1/2}$	KMT	78.3
Maxwell–Boltzmann 분포	$f(v) = 4\pi(M/2\pi RT)^{3/2}\,v^2 e^{-Mv^2/2RT}$	KMT	78.4
평균 속력	$v_{\mathrm{mean}} = (8RT/\pi M)^{1/2}$	KMT	78.7
최빈 속력	$v_{\mathrm{mp}} = (2RT/M)^{1/2}$	KMT	78.8
평균 상대 속력	$v_{\mathrm{rel}} = (8RT/\pi\mu)^{1/2}$	$\mu = M_A M_B/(M_A + M_B)$, KMT	78.9b
충돌 빈도	$z = \sigma v_{\mathrm{rel}}\mathcal{N}$	KMT	78.10a
평균 자유 행로	$\lambda = v_{\mathrm{rel}}/z$	KMT	78.11
충돌 유량	$Z_W = p/(2\pi mkT)^{1/2}$	KMT	78.13
분출 속도	Rate of effusion $= Z_W A_0$	KMT; 양이 아닌 수로 된 항	78.14

*KMT는 기체의 분자 운동론에 기초하여 유도된 결과이다.

토픽 79

기체의 운반 성질

내용

➤ 학습 목표

기체 분자에 의해 성질이 이동하는 것은 대기에 중요한 역할을 한다. 또한 운동론 접근까지 확장되어 단순 모형으로부터 정량적인 식을 어떻게 이끌어 내는지를 보일 것이다.

➤ 핵심 내용

한 분자는 평균 자유 행로 길이 정도의 공간을 통해 성질들을 운반한다.

➤ 미리 알기

이 토픽은 기체의 운동론(토픽 78)을 구축하고 확장하는 것으로, 평균 분자 속력에 대한 토픽으로부터 식과 평균 자유 행로의 중요성과 압력 의존성에 대하여 친숙해질 필요가 있다. 또한 충돌 유량에 대한 식을 사용할 것이다.

운반 성질들은 일반적으로 실험적 관찰 내용을 요약한 실험식인 여러 '현상론적' 식을 가지고 나타낸다. 이들 현상론적 식은 모든 종류의 성질과 매질에 적용된다. 다음 여러 절에서 일반적인 경우에 대한 식을 노입하고, 이어서 이들 현상론적 식에 나타나는 파라미터들을 계산하는 방법에 관해서 설명할 것이다.

79.1 현상론적 식

'현상론적 식'이란, 유체의 연구에서 공통으로 접하는 것으로서, 최소한 초기에는 성질에 원인이 되는 분자 과정의 이해에 기반을 두지 않고 현상의 실험적 관찰을 나타낸 식을 의미한다.

한 성질의 운반에 대한 실제 속도는 **유량(flux**, J)으로 나타낼 수 있는데, 이 유량은 주어진 시간 동안에 주어진 넓이의 면을 통과하는 관심 대상 성질의 양을 그 시간 간격과 넓이로 나눈 것이다. 물질이 흐를 때는(확산에서와 같이), 매 평방미터와 매 초당 분자의 수인 **물질 유량(matter flux)**을 가지고 나타낸다. 또 흐르는 성질이 열운동 에너지일 때는(열전도에서와 같이), **에너지 유량(energy flux)**을 말하는데, 매 평방미터와 매 초당 줄의 단위로 나타낸다.

운반 성질들에 관한 실험 결과에 의하면 일반적으로 한 성질의 유량은 그 성질과 관련된 다른 한 성질의 일차 도함수에 비례한다. 예로서 z축에 평행하게 확산되는 물질 유량은 다음과 같이 농도의 일차 도함수에 비례한다.

$$J(\text{물질}) \propto \frac{\mathrm{d}\mathcal{N}}{\mathrm{d}z} \tag{79.1}$$

여기서 $\mathcal{N}$은 매 입방미터당 개수(m^{-3})의 단위로 나타낸 입자의 수밀도이다. J의 SI 단위는 매 평방미터당 및 매 초당의 수이다($\mathrm{m}^{-2}\mathrm{s}^{-1}$). 물질 유량이 농도 기울기에 비례하는 이 관계를 때때로 **Fick의 확산 제1법칙(Fick's first law of diffusion)**이라고 한다. 이 법칙에 의하면 농도가 위치에 따라 급속하게 변할 때는 확산이 빠르게 일어난다.[1] 그리고 농도가 균일($\mathrm{d}\mathcal{N}/\mathrm{d}z=0$)할 때는 알짜 유량이 0이 된다. 이와 마찬가지로

[1] Fick '제2법칙'은 토픽 81에서 다룬다.

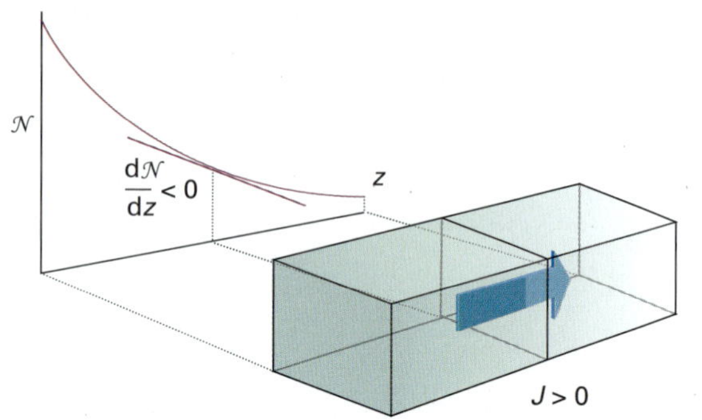

그림 79.1 농도 기울기를 따라 내려가는 입자의 유량. Fick 제1법칙에 의하면, 물질의 유량(주어진 시간 동안에 가상적 창을 통과한 입자의 수를 그 창의 넓이와 지속 시간으로 나눈 값)은 그 점에서의 밀도 기울기에 비례한다.

열전도 속도(열운동과 관련된 에너지의 유량)는 다음과 같이 온도 기울기에 비례한다.

$$J(\text{열운동의 에너지}) \propto \frac{dT}{dz} \tag{79.2}$$

이 유량의 SI 단위는 매 평방미터당 및 매 초당 줄(J m^{-2} s^{-1})이다.

유량 J가 양의 값을 가질 때는 이 유량이 $+z$ 쪽을 향하고, J가 음의 값을 가질 때는 이 유량이 $-z$ 쪽을 향하는 것을 나타낸다. 물질은 농도 기울기를 따라 농도가 높은 곳으로부터 낮은 곳으로 흘러 내려가므로 $d\mathcal{N}/dz$가 음일 때 J가 양이 된다(그림 79.1). 따라서 식 79.1의 비례 상수는 음이 되어야 하고, 그리하여 이것을 $-D$라고 쓰며, D는 양의 상수이다.

$$J(\text{물질}) = -D\frac{d\mathcal{N}}{dz} \qquad \text{정의 확산 계수} \tag{79.3}$$

이 상수 D를 **확산 계수(diffusion coefficient)**라고 한다. 이것의 SI 단위는 초당 제곱미터(m^2 s^{-1})이다. 열운동의 에너지('열')는 온도 기울기를 따라 흘러내리며, 따라서 위와 똑같은 논리에 의해서 다음과 같이 나타낼 수 있다.

$$J(\text{열운동 에너지}) = -\kappa\frac{dT}{dz} \qquad \text{정의 열전도도} \tag{79.4}$$

여기서 κ(kappa)는 **열전도도 계수(coefficient of thermal conductivity)**이다. 이 κ의 SI 단위는 켈빈당 미터당 초당 줄(J K^{-1} m^{-1} s^{-1}또는 W K^{-1} m^{-1})이다. 실험값의 일부를 표 79.1에 수록해 놓았다.

운동량의 유량과 점성도 사이의 관계를 구하기 위해서 **Newton 흐름(Newtonian flow)** 상태를 나타내는 유체를 생각해 보자. 이러한 유체는 일련의 층을 이루어 서로를 지나가며 흐르는 것이라고 생각할 수 있다(그림 79.2). 용기의 벽과 접한 층은 정지 상태이며, 잇따르는 층들의 속도는 벽으로부터의 거리 z에 따라 선형적으로 변한다. 분자들은 이 층들 사이에서 끊임없이 이동하며, 먼저 층의 속도에 따라 운동할 때 가졌던 x축의 선형 운동량 성분을 그대로 가지고 온다. 그리하여 느리게 이동하는 층의 분자들은 x 방향 운동량이 낮기 때문에 이 층으로부터 오는 분자들은 층 속도를 느리게 해 준다. 한편 빠르게 움직이는 층으로부터 오는 분자는 층 속도를 가속시킨다. 이와 같은 효과 때문에 생기는 알짜 지연 효과가 바로 유체의 점성도이다.

표 79.1* 1 atm에서의 기체의 운반 성질

	κ(mW$K^{-1}m^{-1}$)	$\eta(\mu P)^{\dagger}$	
	273 K	273 K	293 K
Ar	16.3	210	233
CO_2	14.5	136	147
He	144.2	187	196
N_2	24.0	166	176

* 더 많은 값들이 **부록**에 수록되어 있다.
† 1 μP = 10^{-7} kg m^{-1} s^{-1}

이 지연 효과는 관심 대상의 흐름 층으로 이전되는 선형 운동량의 x축 성분의 크기에 의존하며, 따라서 점성도는 x축 운동량 성분의 z축 방향으로의 유량에 의존한다. 이 x축 운동량 성분의 유량은 dv_x/dz에 비례하며, 모든 흐름 층이 동일한 속도로 운동하면 알짜 유량이 0이 된다. 따라서 이 관계를 다음과 같이 나타낼 수 있다.

$$J(\text{운동량의 } x\text{축 성분}) = -\eta\frac{dv_x}{dz} \qquad \text{정의 점성도} \tag{79.5}$$

여기서 비례 상수 η(eta)를 **점성도 계수(coefficient of viscosity**; 또는 간단히 '점성도')라고 한다. 이것의 단위는 미터당 초당 킬로그램(kg m^{-1} s^{-1}, Pa s와 동등)이다. 포아즈(P)라는 비SI

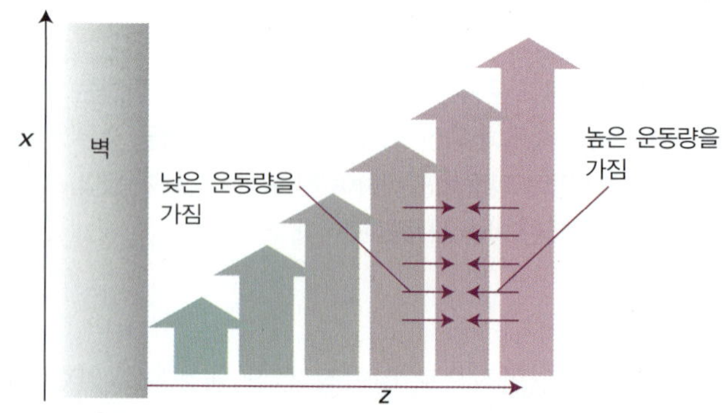

그림 79.2 유체의 점성도는 선형 운동량의 운반 때문에 생긴다. 이 그림에서는 유체가 층류(Newton 흐름)를 나타내며, 입자들은 처음의 운동량을 가지고 새 층으로 들어간다. 만일 높은 x 성분 운동량을 가지고 들어오면 층을 가속시키고, 낮은 x 성분 운동량을 가지고 들어오면 층을 감속시킨다.

단위가 자주 이용되며, $1\,\mathrm{P}=10^{-1}\,\mathrm{kg\,m^{-1}\,s^{-1}}$이다. 점성도를 측정하는 데 여러 가지 방법이 있는데, 그중에 가는 관을 통해 유체의 흐름 속도를 모니터하는 것이 있다. 실험값의 일부를 표 79.1에 수록해 놓았다.

간단한 예 79.1 에너지 유량

1.0 cm 분리된 두 금속판 사이에 10 K의 온도 차이가 있다고 하자. 온도 기울기는 다음과 같다.

$$\frac{dT}{dz}=-\frac{10\,\mathrm{K}}{1.0\times10^{-2}\,\mathrm{m}}=-1.0\times10^{3}\,\mathrm{K\,m^{-1}}$$

따라서 공기에서 에너지 유량(표 79.1)은 다음과 같다.

$$J(\text{열운동 에너지})=-(0.0241\,\mathrm{J\,K^{-1}\,m^{-1}\,s^{-1}})\times(-1.0\times10^{3}\,\mathrm{K\,m^{-1}})=+24\,\mathrm{J\,m^{-2}\,s^{-1}}$$

결과로서, 1.0시간(3600초) 동안 1.0 cm² 넓이의 반대 벽을 통해 이동하는 에너지는

$$\text{이동}=(24\,\mathrm{J\,m^{-2}\,s^{-1}})\times(1.0\times10^{-4}\,\mathrm{m^{2}})\times(3600\,\mathrm{s})=8.6\,\mathrm{J}$$

자가 진단 79.1 유리의 열전도도는 $0.92\,\mathrm{J\,K^{-1}\,m^{-1}\,s^{-1}}$이다. 방 온도는 22°C이고 밖은 0°C일 때, 넓이 1.0 m²와 두께 0.5 cm의 유리판을 통하여 이동되는 에너지 속도(와트로, $1\,\mathrm{W}=1\,\mathrm{J\,s^{-1}}$)는 얼마나 될까?

답: 4.0 kW

79.2 운반 파라미터

여기서, 분자 운동론에 입각해서 완전 기체의 확산 특성(특히, 확산 계수, 열전도도, 점성도와 같은)에 관한 식들을 유도해 보자.

(a) 확산 계수

다음 **증명**에서, 기체를 통한 분자 유량은 Fick 제1법칙을 따르며, 구체적으로 다음과 같이 주어질 것을 보일 것이다.

$$J_z=-\tfrac{1}{2}v_{\text{mean}}\lambda\left(\frac{d\mathcal{N}}{dz}\right)_0 \qquad (79.6)$$

증명 79.1 확산 계수

그림 79.3과 같은 장치를 생각해 보자. $z=0$에 있는 넓이 A를 통과하는 분자들은 마지막 충돌을 한 후에 평균적으로 하나의 평균 사유 행로를 날아간다. 따라서 출발점에서의 수밀도 $\mathcal{N}(z)$는 $z=-\lambda$에서 구해야 하는데, 이것은 근사적으로 다음과 같이 된다.

$$\mathcal{N}(-\lambda)=\mathcal{N}(0)-\lambda\left(\frac{d\mathcal{N}}{dz}\right)_0$$

여기서는 함수 $f(x)$를 $f(x)=f(0)+(df/dx)_0x+\cdots$와 같은 형태로 Taylor 전개한 다음에 두 번째 항에서 끊었다(**수학적 배경** 1 참조). 마찬가지로, 넓이의 다른 쪽에서 같은 거리에 있는 수밀도는 다음과 같다.

$$\mathcal{N}(\lambda)=\mathcal{N}(0)+\lambda\left(\frac{d\mathcal{N}}{dz}\right)_0$$

간격 Δt 사이에 넓이 A_0의 가상적 창문에 와서 부딪치는 평균 수는 $Z_WA_0\Delta t$이며, 여기서 Z_W는 **충돌 유량**이다(평균 속력에 대하여 **증명** 78.4와 식 78.7로부터, $Z_W=\mathcal{N}(kT/2\pi m)^{1/2}=\frac{1}{4}\mathcal{N}v_{\text{mean}}$). 따라서 왼쪽으로부터 오른쪽으로 공급되는 분자의 유량 $J(\mathrm{L}\rightarrow\mathrm{R})$은 다음과 같이 된다.

$$J(\mathrm{L}\rightarrow\mathrm{R})=\frac{\overbrace{\tfrac{1}{4}\mathcal{N}(-\lambda)v_{\text{mean}}}^{Z_W}A_0\Delta t}{A_0\Delta t}=\tfrac{1}{4}\mathcal{N}(-\lambda)v_{\text{mean}}$$

한편 오른쪽으로부터 왼쪽으로의 분자 유량도 있다. 평균적으로 이 분자들은 수밀도가 $\mathcal{N}(\lambda)$인 $z=+\lambda$로부터 오는 것이다. 따라서

$$J(\mathrm{L}\leftarrow\mathrm{R})=\tfrac{1}{4}\mathcal{N}(\lambda)v_{\text{mean}}$$

왼쪽에서 오른쪽으로 가는 알짜 유량은 다음과 같이 된다.

$$\begin{aligned}J_z&=J(\mathrm{L}\rightarrow\mathrm{R})-J(\mathrm{L}\leftarrow\mathrm{R})\\&=\tfrac{1}{4}v_{\text{mean}}\{\mathcal{N}(-\lambda)-\mathcal{N}(\lambda)\}\\&=\tfrac{1}{4}v_{\text{mean}}\left\{\left[\mathcal{N}(0)-\lambda\left(\frac{d\mathcal{N}}{dz}\right)_0\right]-\left[\mathcal{N}(0)+\lambda\left(\frac{d\mathcal{N}}{dz}\right)_0\right]\right\}\end{aligned}$$

즉 다음과 같다.

$$J_z=-\tfrac{1}{2}v_{\text{mean}}\lambda\left(\frac{d\mathcal{N}}{dz}\right)_0$$

이는 식 79.6이다.

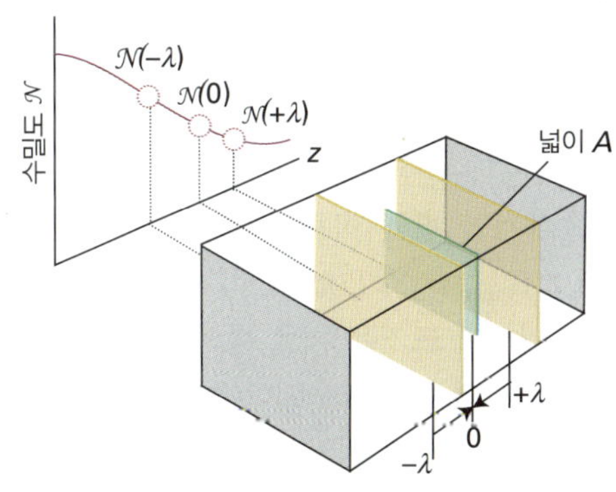

그림 79.3 기체의 확산 속도를 계산하려면 각 방향에서 평균적으로 λ의 거리로부터 와서 넓이 A의 면을 통과하는 분자의 알짜 유량을 생각해야 한다. 여기서 λ는 평균 자유 행로이다.

이 단계에서 식 79.6과 79.3을 비교함으로써 확산 계수를 $D=\frac{1}{2}\lambda v_{\text{mean}}$으로 쓸 수 있을 것 같이 보인다. 그러나 이 결과는 대단히 대략적인 계산으로 얻은 것에 불과할 뿐이며, 따라서 확산 계수 D의 대략적인 크기 정도를 보여 주는 데 지나지 않는다는 것을 상기해야 한다. 그림 79.4는 이 계산에서 미처 고려해 주지 않은 성질을 나타낸 것인데, 이 그림에서와 같이 분자에 따라서는 창문 바로 근처에서부터 날기 시작하더라도 창문에 도달하기 전에 긴 시간 동안을 비행해야 하는 경우가 있다. 이러한 분자는 창문을 도달하기 전에 다른 분자와 충돌할 확률이 높으며, 따라서 이러한 분자들은 계산에 넣지 말아야 한다. 이러한 효과를 고려해 주려면 계산이 상당히 복잡해지지만, 보다 낮은 유량을 나타내는 결과적으로 $\frac{2}{3}$라는 인자를 곱해 주는 것에 해당된다. 이러한 수정된 결과가 다음이다.

$$D=\frac{1}{3}\lambda v_{\text{mean}} \qquad \text{확산 계수} \quad (79.7)$$

간단한 예 79.2 확산 계수

토픽 78의 **간단한 예** 78.3에서 1.0 bar인 기체에서 N_2 분자의 평균 자유 행로는 95 nm라고 밝혔고, 같은 토픽 예제 78.1에서는 25°C에서 N_2 분자의 평균 속력은 475 m s^{-1}이라고 계산하였다. 따라서 이들 같은 조건에서 N_2 분자의 확산 계수는 다음과 같다.

$$D=\tfrac{1}{3}\times(9.5\times10^{-8}\ \text{m})\times475\ \text{m s}^{-1}=1.5\times10^{-5}\ \text{m}^2\ \text{s}^{-1}$$

실험 값(O_2 속에 있는 N_2에 대하여)은 2.0×10^{-5} m^2 s^{-1}이다.

자가 진단 79.2 같은 조건에서 H_2에 대한 D를 산출하시오.

답: 9.0×10^{-5} m^2 s^{-1}

식 79.7에 대하여 세 가지 점을 지적하고자 한다.

물리적 해석

- 압력이 증가하면 평균 자유 행로 λ가 감소하고(토픽 78의 식 78.12, $\lambda=kT/\sigma p$), D도 압력 증가에 따라 감소하며, 따라서 기체 분자가 더 느리게 확산된다.
- 온도가 올라가면 평균 속력 v_{mean}가 증가하고(토픽 78의 식 78.7 $v_{\text{mean}}=(8kT/\pi m)^{1/2}$), D도 온도에 따라 증가한다. 그리하여 뜨거운 시료 속의 분자는 차가운 시료 속의 분자보다 빠르게 확산된다(농도 기울기가 같을 경우).
- 분자의 평균 자유 행로는 그 충돌 단면적이 감소하면 증가하므로(토픽 78의 식 78.12, $\lambda=kT/\sigma p$), 작은 분자가 큰 분자보다 높은 확산 계수를 갖는다.

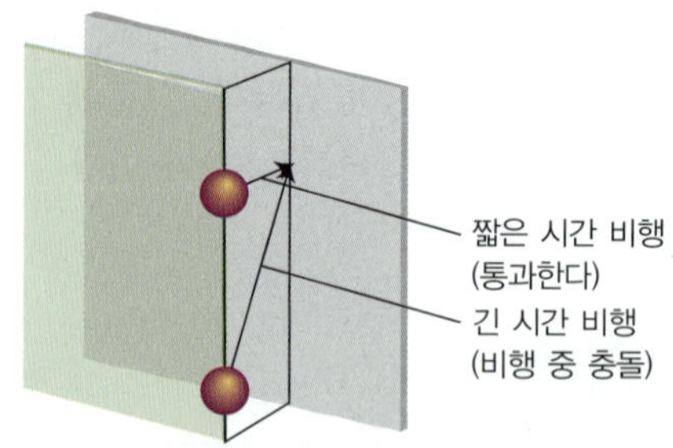

그림 79.4 어떤 분자는 면으로부터의 수직 거리가 짧더라도 긴 시간을 비행해야 하며, 이들은 창문에 도달하기 전에 다른 분자와 충돌할 확률이 높다. 간단한 방법의 근사에서는 이러한 효과가 고려되어 있지 않았다.

(b) 열전도도

균등 분배 이론(**기초 지식**, 토픽 2)에 의하면 개개의 분자들은 $\varepsilon=\nu kT$의 평균 에너지를 갖는다. 여기서 ν는 1의 자릿수를 갖는 수이다. 일원자 분자의 경우에는 $\nu=\frac{3}{2}$이다. 한 분자가 위에서 말한 가상적 창문을 통과할 때마다 평균적으로 이만한 양의 에너지를 운반하게 될 것이다. 한편 수밀도는 균일하지만 온도는 균일하지 않다고 가정한다. 왼쪽으로부터 오는 분자들은 평균 자유 행로만큼 떨어져 있는 더 뜨거운 영역에서 최종 충돌을 하여 높은 에너지를 가지고 있다. 또 오른쪽으로부터 오는 분자는 더 찬 영역으로부터 평균 자유 행로를 날아서 온 것이다. 다음 **증명**에서와 같이 이 모형을 정량적으로 개발하였을 때, 에너지 유량은 온도 기울기에 비례하며, 열전도도는 다음과 같이 나타낼 수 있음이 판명된다.

$$\kappa=\tfrac{1}{3}\nu v_{\text{mean}}\lambda\mathcal{N}k \qquad \text{열전도도} \quad (79.8a)$$

여기서 [J]는 운반체 입자 J의 몰농도이고, N_A는 Avogadro 상수일 때, $\mathcal{N}=nN_A/V=[\text{J}]N_A$임을 확인하고, νkN_A가 완전기체의 일정 부피 몰열용량($C_{V,\text{m}}=N_A(\partial\varepsilon/\partial T)_V$으로부터)임을 확인하면, 위 식은 다음과 같이 된다.

$$\kappa=\tfrac{1}{3}v_{\text{mean}}\lambda[\text{J}]C_{V,\text{m}} \qquad \text{열전도도} \quad (79.8b)$$

그리고 $\mathcal{N}=p/kT$임을 알고 식 79.7에서 D에 대한 식을 사용하면 다른 형태를 다음과 같이 얻는다.

$$\kappa=\frac{\nu pD}{T} \qquad \text{열전도도} \quad (79.8c)$$

증명 79.2 열전도도

두 반대되는 에너지 유량은 다음과 같다.

$$J(\text{L}\rightarrow\text{R})=\overbrace{\tfrac{1}{4}\mathcal{N}v_{\text{mean}}}^{Z_W}\,\varepsilon(-\lambda) \qquad J(\text{L}\leftarrow\text{R})=\overbrace{\tfrac{1}{4}\mathcal{N}v_{\text{mean}}}^{Z_W}\,\varepsilon(\lambda)$$

그리고 알짜 유량은

$$\begin{aligned}J_z &= J(\mathrm{L}\to\mathrm{R}) - J(\mathrm{L}\leftarrow\mathrm{R})\\ &= \tfrac{1}{4}v_{\text{mean}}\mathcal{N}\{\varepsilon(-\lambda)-\varepsilon(\lambda)\}\\ &= \tfrac{1}{4}v_{\text{mean}}\mathcal{N}\left\{\left[\varepsilon(0)-\lambda\left(\frac{d\varepsilon}{dz}\right)_0\right]-\left[\varepsilon(0)+\lambda\left(\frac{d\varepsilon}{dz}\right)_0\right]\right\}\end{aligned}$$

즉

$$J_z = -\frac{1}{2}v_{\text{mean}}\lambda\mathcal{N}\left(\frac{d\varepsilon}{dz}\right)_0 = -\frac{1}{2}\nu v_{\text{mean}}\lambda\mathcal{N}k\left(\frac{dT}{dz}\right)_0$$

에너지 유량은 보이고 싶었던 것과 같이 온도 기울기에 비례한다. 전과 같이, 긴 여정을 고려하여 $\frac{2}{3}$를 곱하고 이 식을 식 79.4와 비교하면 식 79.8에 도달한다.

식 79.8을 해석하기 위하여 다음을 유의하라.

물리적 해석

- λ는 압력에 반비례(토픽 78의 식 78.12, $\lambda = kT/\sigma p$)하기 때문에, 따라서 기체의 몰농도에 반비례하고, $\mathcal{N}$은 압력에 비례($\mathcal{N} = p/kT$)하므로, 곱 λp에 비례하는 열전도도는 압력과 무관하다.
- 높은 열용량의 기체는 큰 열전도도를 갖는다(식 79.8b). 이것은 주어진 온도 기울기가 높은 에너지 기울기에 해당하기 때문이다.

열전도도가 압력과 무관한 물리학적 이유는 에너지를 운반하는 분자수가 많을 때는 열전도도가 커지지만, 한편 분자가 많으면 평균 자유 행로가 작아져서 분자들이 에너지를 멀리까지 운반하지 못하기 때문이다. 즉 두 효과가 상반되기 때문이다. 실험 결과상으로도 열전도도는 압력이 대단히 낮아서 $\kappa \propto p$가 될 때를 제외하면 실제로 압력과 무관하다. 이렇게 낮은 압력에서는 λ가 용기의 크기보다 크며, 에너지가 운반되는 경로의 길이가 용기의 크기에 의해서 결정되고, 다른 분자에 의해서 방해를 받지 않는다. 그리하여 유량은 여전히 운반체의 수에 비례하지만 날아가는 거리는 더 이상 λ와 무관하기 때문에 $\kappa \propto [\mathrm{J}]$, 따라서 $\kappa \propto p$가 되는 것이다.

간단한 예 79.3 열전도도

간단한 예 79.2에서 25°C에서는 N_2 분자에 대한 $D = 1.5\times10^{-5}\ \mathrm{m^2\,s^{-1}}$을 계산하였다. 식 79.8c를 사용하기 위해서는 N_2 분자에 대해 $\nu = \frac{5}{2}$임을 유의한다(세 가지 병진 운동 방식이 있고 두 가지 회전 방식이 있다. 실온에서 회전은 활성이지만 진동 방식은 활성이 아님). 따라서 1.0 bar에서,

$$\begin{aligned}\kappa &= \frac{\frac{5}{2}\times(1.0\times10^5\ \overbrace{\mathrm{Pa}}^{\mathrm{J\,m^{-3}}})\times(1.5\times10^{-5}\ \mathrm{m^2\,s^{-1}})}{298\,\mathrm{K}}\\ &= 1.3\times10^{-2}\ \mathrm{J\,K^{-1}\,m^{-1}\,s^{-1}}\end{aligned}$$

즉 13 $\mathrm{mW\,K^{-1}\,m^{-1}}$이다.

자가 진단 79.3 25°C, 1.0 bar에서 아르곤 기체의 열전도도를 추산하시오.

답: 7.6 $\mathrm{mW\,K^{-1}\,m^{-1}}$

(c) 점성도

위에서 적용했던 것과 매우 유사한 것으로, 다만 선형 운동량(아래 **증명** 참조)에 적용하여 논의하면, 운동량 유량은 유체에서 속도 기울기에 비례함을 보여줄 것이며, 완전 기체의 점성도는 다음과 같이 주어진다.

$$\eta = \tfrac{1}{3}v_{\text{mean}}\lambda m\mathcal{N} \qquad \text{점성도} \quad (79.9a)$$

이 식의 변형된 두 형태($mN_A = M$을 사용한 후)는 다음과 같다.

$$\eta = MD[\mathrm{J}] \qquad \text{점성도} \quad (79.9b)$$

$$\eta = \frac{pMD}{RT} \qquad \text{점성도} \quad (79.9c)$$

여기서 [J]는 기체 분자의 몰농도이고, M은 몰질량이다.

증명 79.3 점성도

그림 79.5에서 오른쪽으로부터 (빠른 층으로부터 느린 층으로) 움직이는 분자는 $z=0$의 새로운 층에 $mv_x(\lambda)$의 운동량을 운반하고, 또 왼쪽으로부터 오는 분자는 이 층에 $mv_x(-\lambda)$의 운동량을 운반한다. 분자의 밀도가 균일하다고 가정하면 충돌 유량은 $\frac{1}{4}\mathcal{N}v_{\text{mean}}$가 된다. 오른쪽으로부터 오는 분자들은 평균적으로 다음과 같은 운동량을 운반한다.

$$mv_x(\lambda) = mv_x(0) + m\lambda\left(\frac{dv_x}{dz}\right)_0$$

또 왼쪽으로부터 오는 분자들이 가지고 오는 운동량은 다음과 같다.

$$mv_x(-\lambda) = mv_x(0) - m\lambda\left(\frac{dv_x}{dz}\right)_0$$

따라서 x축 운동량 성분의 z축 방향 알짜 유량은 다음과 같이 된다.

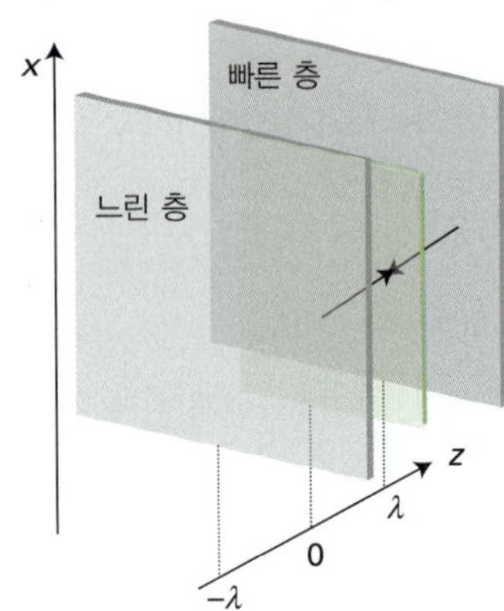

그림 79.5 기체의 점성도 계산은 빠르고 느린 층으로부터 평균적으로 각 방향으로부터 한 평균 자유 행로만큼 떨어진 평면에서의 운동량의 x 성분을 관찰하는 것이다.

$$J_z=\tfrac{1}{4}v_{\text{mean}}\mathcal{N}\left\{\left[mv_x(0)-m\lambda\left(\frac{\mathrm{d}v_x}{\mathrm{d}z}\right)_0\right]-\left[mv_x(0)+m\lambda\left(\frac{\mathrm{d}v_x}{\mathrm{d}z}\right)_0\right]\right\}=-\tfrac{1}{2}v_{\text{mean}}\lambda m\mathcal{N}\left(\frac{\mathrm{d}v_x}{\mathrm{d}z}\right)_0$$

이 유량은 예상한 대로 속도 기울기에 비례한다. 이 식을 식 79.5와 비교하고, 또 보통 방식대로 $\frac{2}{3}$를 곱해 주면, 식 79.9를 얻게 된다.

물리적 해석

다음과 같이 식 79.9a를 해석할 수 있다.

- $\lambda\propto 1/p$(토픽 78의 식 78.12, $\lambda=kT/\sigma p$), $[\mathrm{J}]\propto p$이므로 $\eta\propto\lambda\mathcal{N}$는 p와 무관하다. 즉 점성도는 압력과 무관하다.
- $v_{\text{mean}}\propto T^{1/2}$(토픽 78의 식 78.7, $v_{\text{mean}}=(8kT/\pi m)^{1/2}$)이므로 $\eta\propto T^{1/2}$이다. 즉 기체의 점성도는 온도에 따라 **증가한다**.

점성도가 압력과 무관한 물리학적 이유는 전도도의 경우와 마찬가지이다. 즉 운동량을 운반할 수 있는 분자의 수가 많아질수록 평균 자유 행로가 짧아져서 운반을 적게 한다. 점성도가 온도에 따라 증가하는 이유는 높은 온도에서는 분자들이 빨리 움직이며, 따라서 운동량의 유량이 커지기 때문이다. 토픽 80에서 설명하겠지만, 이와 대조적으로 액체에서는 온도가 높아질수록 점성도가 **감소한다**. 이것은 액체 분자가 분자간 인력을 이겨내야 이동할 수 있기 때문이다.

간단한 예 79.4 점성도

25°C에서 N_2 분자에 대한 $D=1.5\times10^{-5}\ \mathrm{m^2\ s^{-1}}$을 계산하였다. $M=28.02\ \mathrm{g\ mol^{-1}}$이므로 1.0 bar의 기체에 대하여 식 79.9c는 다음이 된다.

$$\eta=\frac{\left(1.0\times10^5\ \overbrace{\mathrm{Pa}}^{\mathrm{J\,m^{-3}}}\right)\times(28.02\times10^{-3}\ \mathrm{kg\,mol^{-1}})\times(1.5\times10^{-5}\ \mathrm{m^2\,s^{-1}})}{(8.3145\ \mathrm{J\,K^{-1}\,mol^{-1}})\times(298\ \mathrm{K})}$$
$$=1.7\times10^{-5}\ \mathrm{kg\,m^{-1}\,s^{-1}}$$

즉 17 μPa s이다. 실험 값은 18 μPa s이다.

자가 진단 79.4 25°C, 0.10 bar에서 벤젠 증기의 점성도를 계산하시오.

답: $1.4\times10^{-5}\ \mathrm{kg\ m^{-1}\ s^{-1}}$

개념 확인

- □ 1. **유량**은 주어진 시간 동안에 주어진 넓이의 면을 통과하는 관심 대상 성질의 양을 그 시간 간격과 넓이로 나눈 것이다.
- □ 2. **Fick의 확산 제1법칙**은 물질 유량이 농도 기울기에 비례한다고 진술하고 있다.
- □ 3. **Newton 흐름** 상태에서, 유체의 일련의 층은 서로를 지나는 것으로 간주하고 있다.
- □ 4. 완전 기체의 **확산 계수**는 압력이 증가함에 따라 감소하고 온도에 따라 증가한다. 이는 큰 분자보다 작은 분자에서 더 큰 값을 가진다.
- □ 5. 완전 기체의 **열전도도**는 압력과 무관하고 큰 열용량의 기체의 경우 크다.
- □ 6. 완전 기체의 **점성도**는 압력과 무관하고 온도에 따라 증가한다.

식 확인

성질	식	비고	식 번호
물질 유량	$J=-D\mathrm{d}\mathcal{N}/\mathrm{d}z$	Fick 제1법칙	79.3
열운동 유량의 에너지	$J=-\kappa\mathrm{d}T/\mathrm{d}z$	'열 유량'	79.4
운동량 유량의 x 성분	$J=-\eta\mathrm{d}v_x/\mathrm{d}z$	점성도	79.5
확산 계수	$D=\frac{1}{3}\lambda v_{\mathrm{mean}}$	KMT*	79.7
열전도도	$\kappa=\frac{1}{3}\nu v_{\mathrm{mean}}\mathcal{N}k$	KMT	79.8a
	$\kappa=\frac{1}{3}v_{\mathrm{mean}}\lambda[\mathrm{J}]C_{V,\mathrm{m}}$		79.8b
	$\kappa=\nu pD/T$		79.8c
점성도 계수	$\eta=\frac{1}{3}v_{\mathrm{mean}}\lambda m\mathcal{N}$	KMT	79.9a
	$\eta=MD[\mathrm{J}]$		79.9b
	$\eta=pMD/RT$		79.9c

*KMT는 기체, 즉 완전 기체 모형의 운동 분자론에 기초하여 유도된 식을 나타낸다.

토픽 80

액체에서의 운동

내용

➤ 학습 목표

액체는 화학 반응의 중심이며, 분자와 용질의 액체 속에서의 움직임이 조건에 따라 어떻게 변하는지를 아는 것은 중요하다. 이온 운동은 그들을 움직이게 하는 힘이 전기적으로 작용될 수 있을 때 이 움직임을 밝히는 것이다. 또한 전기적 측정으로부터, 확산되는 중성 분자의 성질도 추론될 수 있다.

➤ 핵심 내용

온도의 증가에 따라 감소하는 용매의 점성도 때문에 끌어당겨지는 것에 의해 전기적 힘이 균형을 이룰 때 이온은 최종 속도에 도달한다.

➤ 미리 알기

점성도의 토의는 토픽 79에서 소개된 점성도 계수의 정의에서부터 시작된다. 한 가지 유도 과정은 토픽 79에서 사용되어 왔던 유량과 동일한 논의를 사용한다. 최종 절에서는 토픽 81에서 유도되는 용질 입자에 작용하는 일반적인 힘과 표류 속력 사이의 관계를 언급한다.

이 토픽에서는 액체에서의 움직임에 대한 두 개념을 생각한다. 첫째는, 순수한 액체에서 점성에 의해 측정된 것과 같이 분자의 움직임이 온도에 대해 어떻게 변하는지 관찰하는 것이다. 다음은 용질의 움직임을 생각한다. 액체 속에서 일어나는 특히 단순한, 어느 정도 조절할 수 있는 유형의 운동, 그중에서도 이온의 운동에 관해서 집중적으로 고찰하고, 더 나아가서 여기서 얻은 지식이 하전되지 않은 종들의 성질을 추리하는 데 이용될 수 있다는 것을 보이겠다.

80.1 순수한 액체

액체 속에서의 분자 운동은 여러 가지 실험 방법을 이용하여 연구할 수 있다. NMR과 EPR(토픽 49, 50)로 측정한 완화 시간은 분자들의 이동도를 가지고 해석할 수 있으며, 그리하여 점성이 높은 유체 속의 큰 분자들은 일련의 작은 단계(약 5°)를 따라 회전하지만, 점성이 없는 유체 속의 작은 분자들은 단번에 약 1라디안(57°)이나 되는 회전 도약을 한다는 것을 알게 되었다. 또 하나의 중요한 방법은 **비탄성 중성자 산란법(inelastic neutron scattering)**이다. 이 중성자 산란 실험에서는 중성자가 액체 시료를 통과할 때 얻거나 잃는 에너지를 시료 입자의 운동을 가지고 해석한다. 이 방법은 거대 분자의 내부 운동을 조사하는 데에도 이용된다.

이들 실험보다 더 흔한 것은 점성도 측정법이다. 점성도 계수 η(eta)는 토픽 79에서 소개되었는데, 이는 일종의 현상론적 계수, 즉 선형 운동량의 유량과 유체의 속도 기울기 사이의 비례 상수로서 다음과 같이 주어진다.

$$J_z(\text{운동량의 } x\text{축 성분}) = -\eta \frac{\mathrm{d}v_x}{\mathrm{d}z} \quad \text{점성도} \quad (80.1)$$

(이 식은 토픽 79의 식 79.5이다.) 표 80.1에 몇 가지 액체의 점성도 값이 주어졌다. 점성도의 SI 단위는 초당 미터당 킬로그램(kg m^{-1}s^{-1})이지만, 동등한 단위로 파스칼 초(Pa s)로도 보고된다. 비SI 단위는 포아즈(P)와 센티포아즈(cP)가 아직

도 널리 이용된다. 1 P = 10^{-1} Pa s이고, 따라서 1 cP = 1 mPa s이다.

표 80.1* 액체의 점성도(298 K에서)

	$\eta(10^{-3}\ \text{kg m}^{-1}\ \text{s}^{-1})$
벤젠	0.601
수은	1.55
펜테인	0.224
물†	0.891

* 더 많은 값들이 **부록**에 수록되어 있다.
† 물의 점성도는 0.891 cP에 해당한다.

기체와 달리, 액체 속에서 분자가 이동하려면 이웃 분자들로부터 빠져나오기 위한 최소한의 에너지를 얻어야 한다(토픽 87의 언어에서, '활성화 에너지'). 한 분자가 최소한 E_a의 에너지를 가질 확률은 $e^{-E_a/RT}$에 비례하며, 따라서 액체 속에서의 분자의 이동도는 이 지수함수 형식의 온도 의존도를 따라야 한다. 점성도 계수 η는 입자의 이동도에 반비례하므로 다음과 같은 관계가 성립해야 할 것이다.

$$\eta = \eta_0 e^{E_a/RT} \quad \text{점성도의 온도 의존성(액체)} \quad (80.2)$$

여기서 η_0는 온도와 무관한 상수이다. 지수의 부호가 +임을 주목할 필요가 있다. 왜냐하면 점성도는 이동도에 **반비례**하기 때문이다. 이 식에 의하면 점성도는 온도가 증가함에 따라 급속하게 감소해야 한다. 비교적 좁은 온도 영역에서는 이러한 의존 관계가 실험적으로 확인된다(그림 80.1). 이러한 전형적인 점성도의 활성화 에너지는 분자간 상호 작용 퍼텐셜 에너지의 평균값과 비교될 만하다.

점성도 측정 결과를 해석하는 데 있어서의 한 가지 문제는 액체가 가열되면 그 밀도가 변하여 점성도의 온도 변화율에 두드러진 기여를 한다는 것이다. 그리하여 일정한 부피에서, 즉 밀도가 일정할 경우는 점성도의 온도 의존도가 일정 압력에서보다 훨씬 작다. E_a의 크기는 액체 분자 사이의 분자간 상호 작용에 의해서 좌우되지만, 이것을 계산한다는 것은 대단히 어려운 문제이며, 아직은 대체적으로 미해결 상태이다. 낮은 온도에서는 물의 점성도가 압력이 증가할수록 감소한다. 이것은 이동이 일어나면서 수소 결합이 끊어져야 한다는 것과 일치한다.

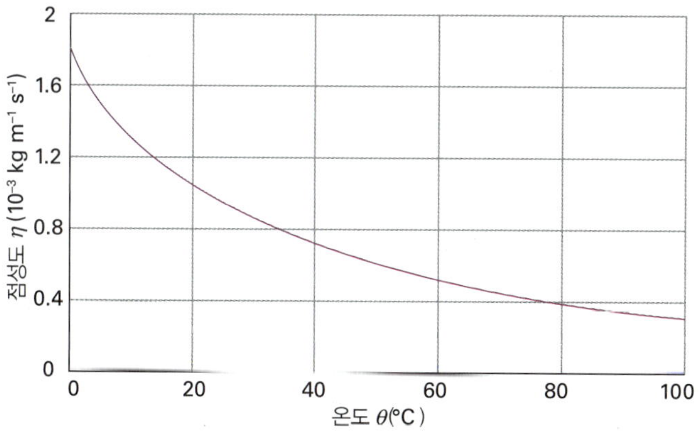

그림 80.1 물의 점성도가 온도에 의존하는 실험 결과. 온도가 높아질수록 더 많은 분자들이 그 이웃들이 만드는 퍼텐셜 우물로부터 빠져 나갈 수 있으므로 액체가 더 유동적으로 된다. ln η를 $1/T$에 대해서 도시하면 양의 기울기를 갖는 직선이 나온다(좁은 영역에서).

간단한 예 80.1 액체 점성도

25°C, 50°C에서 물의 점성도는 각각 0.890 mPa s, 0.547 mPa s이다. 식 80.2로부터 분자 이동에 대한 활성화 에너지는 다음 식의 해이다.

$$\frac{\eta(T_2)}{\eta(T_1)} = e^{(E_a/R)(1/T_2 - 1/T_1)}$$

이것은 다음과 같이 되며,

$$E_a = \frac{R\ln\{\eta(T_2)/\eta(T_1)\}}{1/T_2 - 1/T_1} = \frac{(8.3145\,\text{J K}^{-1}\,\text{mol}^{-1})\ln(0.547/0.890)}{1/(323\,\text{K}) - 1/(298\,\text{K})}$$
$$= 1.56\times10^4\ \text{J mol}^{-1}$$

즉 15.6 kJ mol^{-1}이다. 이는 수소 결합력(토픽 35)과 견줄 만하다.

자가 진단 80.1 벤젠의 대응되는 점성도 값은 각각 0.604 mPa s, 0.436 mPa s이다. 점성도에 대한 활성화 에너지를 산출하시오.

답: 10.4 kJ mol^{-1}

80.2 전해질 용액

시료 용액 속의 이온들은 그 용액 속에 담근 두 전극 사이의 전위차에 의해 용매에서 끌려나올 수 있어서, 이러한 용액 속에서의 하전된 이온의 실제 운동을 조사하면 분자 운동의 본질을 조금 더 깊이 통찰할 수 있다. 전해질 용액을 통한 전하 운반을 조사하면 이 용액 속에서 일어나는 사건을 상상할 수 있으며, 또 경우에 따라서는 전하를 갖지 않는 중성 분자에 대해 결론을 추정할 수 있다.

(a) 전도도

이온의 운동을 연구하는 데 이용되는 기본적인 실험은 그 용액의 전기 저항 R을 측정하는 것이다. 용액이 나타내는 저항 R의 역수를 그 용액의 **전도도(conductance)** G라고 한다. 즉 $G = 1/R$이다. 저항을 옴(ohm, Ω)으로 나타내므로 시료의 전도도는 Ω^{-1}로 나타낸다. 역옴(Ω^{-1})을 보통 mho라고 불러 왔으나 이제는 지멘스(siemens, S)라는 SI 공식 명칭으로 부르게 되었으며, $1\,S = 1\,\Omega^{-1} = 1\,C\,V^{-1}\,s^{-1}$이다. 한 시료의 전도도는 그 길이 l에 따라 감소하고 단면적 A에 따라 증가한다. 즉

$$G = \kappa\frac{A}{l} \qquad \kappa\text{의 정의 전도도} \qquad (80.3)$$

비례 상수 κ(kappa)를 전기 **전도도**라고 한다. 전도도를 지멘스로, 길이를 미터로 나타내면 κ의 SI 단위는 미터당 지멘스 ($S\,m^{-1}$)가 된다.

용액의 전도도는 그 속에 들어 있는 이온의 수에 의존하며, 따라서 다음과 같이 정의되는 **몰전도도(molar conductivity**, Λ_m)를 일반적으로 사용한다.

$$\Lambda_m = \frac{\kappa}{c} \qquad \text{정의 몰전도도} \qquad (80.4)$$

여기서 c는 가해 준 전해질의 몰농도이다. 몰전도도의 SI 단위는 몰당 지멘스 제곱미터($S\,m^2\,mol^{-1}$)이며, 그 전형적인 값은 $10\,mS\,m^2\,mol^{-1}$이다($1\,mS = 10^{-3}\,S$).

몰전도도의 값은 식 80.4에 의해 계산된 바와 같이 농도에 따라 변한다는 사실이 밝혀졌다. 그 한 가지 이유는 용액 속의 이온의 수가 전해질의 명시적인 농도에 비례하지 않을 수 있다는 것이다. 예로서 약전해질의 용액에서는 이온의 농도가 전해질의 농도에 대단히 복잡한 방식으로 의존하며, 용질의 농도를 배로 증가시켜도 이온의 수가 배로 늘지 않는다. 둘째 이유는 이온들이 상호간에 강한 상호 작용을 하기 때문에 용액의 전도도는 존재하는 이온의 수에 정확하게 비례하지 않는다는 것이다.

19세기에 Friedrich Kohlrausch는 몰전도도를 광범위하게 측정하여, 현재 **Kohlrausch 법칙(Kohlrausch's law)**이라고 알려진 결과를 확립하였다. 즉 강한 전해질의 묽은 용액의 몰전도도는 다음과 같이 그 농도의 제곱근에 선형으로 의존한다는 것이다.

$$\Lambda_m = \Lambda^\circ_m - \mathcal{K}c^{1/2} \qquad \text{Kohlrausch 법칙} \qquad (80.5)$$

Kohlrausch 상수(Kohlrausch constant, $\mathcal{K}$)는 용질과 용매의 주체성에 의존한다. Kohlrausch는 또한 Λ°_m, **극한 몰전도도(limiting molar conductivity)**를 확립하였는데, 이는 농도가 0에 가까워지는 극한에서의 몰전도도로서, 개별 이온의 기여의 합이다. 이 관계를 **이온의 독립적 이동 법칙(law of the independent migration of ion)**이라고 하는데, 양이온의 극한 몰전도도를 λ_+, 음이온에 대한 것을 λ_-라고 하면 이 법칙을 다음과 같은 식으로 나타낼 수 있다.

$$\Lambda^\circ_m = \nu_+\lambda_+ + \nu_-\lambda_- \qquad \text{극한 법칙 이온의 독립적 이동 법칙} \qquad (80.6)$$

여기서 ν_+와 ν_-는 전해질의 화학식 단위당 양이온과 음이온의 수이다. 예로서 HCl, NaCl, $CuSO_4$에 대해서는 $\nu_+ = \nu_- = 1$이고, $MgCl_2$의 경우에는 $\nu_+ = 1$, $\nu_- = 2$이다.

예제 80.1 극한 몰전도도 결정하기

25°C에서 KCl(aq)의 전도도는 $c = 0.001\,00\,mol\,dm^{-3}$일 때 $14.668\,mS\,m^{-1}$이고, $c = 0.005\,00\,mol\,dm^{-3}$일 때 $71.740\,mS\,m^{-1}$이다. 극한 몰전도도 Λ°_m와 Kohlrausch 상수 $\mathcal{K}$를 구하시오.

방법 두 농도에서 몰전도도를 구하기 위하여 식 80.4를 이용한다. 그리고 다음 형태에서 Kohlrausch 법칙인 식 80.5를 사용하여 $\mathcal{K}$를 결정한다.

$$\Lambda_m(c_2) - \Lambda_m(c_1) = \mathcal{K}\left(c_1^{1/2} - c_2^{1/2}\right)$$

이어서 다음 형태를 가진 법칙으로부터 Λ°_m를 찾는다.

$$\Lambda^\circ_m = \Lambda_m + \mathcal{K}c^{1/2}$$

보다 많은 데이터가 가능하면, 보다 좋은 과정이 선형 회귀법을 통해 이루어진다.

풀이 $c = 0.001\,00\,mol\,dm^{-3}$일 때 KCl(aq)의 몰전도도는 다음과 같다.

$$\Lambda_m = \frac{14.688\,mS\,m^{-1}}{0.00100\times10^3\,mol\,m^{-3}} = 14.688\,mS\,m^2\,mol^{-1}$$

마찬가지로 $c = 0.005\,00\,mol\,dm^{-3}$일 때 몰전도도는 $14.348\,mS\,m^2\,mol^{-1}$이다. 그러면 다음의 결과가 된다.

$$\mathcal{K} = \frac{\Lambda_m(c_2) - \Lambda_m(c_1)}{c_1^{1/2} - c_2^{1/2}} = \frac{(14.348 - 14.688)\,mS\,m^2\,mol^{-1}}{(0.00100^{1/2} - 0.00500^{1/2})\,(mol\,dm^{-3})^{1/2}}$$
$$= 8.698\,mS\,m^2\,mol^{-1}/(mol\,dm^{-3})^{1/2}$$

(이와 같은 이상하지만 편리한 단위 배열을 유지하는 것이 최선이다. 왜냐하면 이를 동등한 $10^{-3/2}\,S\,m^{7/2}\,mol^{-3/2}$으로 변환하는 것보다는 낫기 때문이다.) 이제 $c = 0.001\,00\,mol\,dm^{-3}$에 대한 데이터로부터 극한 값을 다음과 같이 찾는다.

$$\Lambda^\circ_m = 14.688\,mS\,m^2\,mol^{-1} + 8.698\frac{mS\,m^2\,mol^{-1}}{(mol\,dm^{-3})^{1/2}} \times (0.00100\,mol\,dm^{-3})^{1/2} = 14.963\,mS\,m^2\,mol^{-1}$$

자가 진단 80.2 25°C에서 $KClO_4$(aq)의 전도도는 $c = 0.001\,00\,mol\,dm^{-3}$일 때 $13.780\,mS\,m^{-1}$이고, $c = 0.005\,00\,mol\,dm^{-3}$일 때 $67.045\,mS\,m^{-1}$이다. 극한 몰전도도 Λ°_m와 Kohlrausch 상수 $\mathcal{K}$ 값을 구하시오.

답: $\mathcal{K} = 9.491\,mS\,m^2\,mol^{-1}/(mol\,dm^{-3})^{1/2}$, $\Lambda^\circ_m = 14.08\,mS\,m^2\,mol^{-1}$

Kohlrausch 법칙은 전해질 용액의 극한 몰전도도를 결정

하기 위한 추론 과정을 제공하는 데 사용되며, 따라서 개별 이온들의 극한 전도도의 값을 조립하게 한다. 다음 절에서는 이들 값이 용액에서 이온의 이동성을 밝히고 그들의 성질의 모형을 구축하는 데 이용될 것이다.

(b) 이온의 이동도

전도도 측정 결과를 해석하려면 이온들의 이동 속도가 왜 서로 다르며, 이온들이 왜 상이한 몰전도도를 가지며, 또 강한 전해질 용액의 전도도가 왜 몰농도의 제곱근에 따라 감소하는지를 알 필요가 있다. 이 절의 중심 개념은 용액 속에서 이온의 운동은 대체적으로 무작정이지만 전기장이 존재하게 되면 이온의 운동이 한쪽으로 치우쳐져서 이온들이 용액을 통해서 알짜 이동을 하게 된다는 것이다.

용액 속에서 두 전극이 거리 l 만큼 떨어져 있고 그 사이의 퍼텐셜 차가 $\Delta\phi$일 때는 이 두 전극 사이의 용액 속에서 이온들이 다음과 같은 크기의 균일한 전기장의 영향을 받게 된다(**기초 지식**, 토픽 2 참조).

$$\mathcal{E}=\frac{\Delta\phi}{l} \qquad (80.7)$$

이러한 전기장 속에서는 전하가 ze인 이온이 다음과 같은 크기의 힘을 받는다.

$$\mathcal{F}=ze\mathcal{E}=\frac{ze\Delta\phi}{l} \qquad \text{전기장} \qquad (80.8)$$

여기에서와 이 절 전반에 걸쳐 기호상의 복잡성을 피하기 위하여 전하수의 부호를 무시한다.

장의 적용에 대응하여, 양이온은 −극 쪽으로 가속되고 음이온은 +극 쪽으로 가속된다. 그러나 이 가속은 짧다. 이온이 용매를 헤치고 나감에 따라 마찰 저지력 $\mathcal{F}_{fric}$을 받게 되는데, 이 마찰 저지력이 이온의 속력에 비례하는 것이다. 반지름이 a이고 속력이 s인 구형 입자에 대하여 이 힘은 **Stokes 법칙**(**Stokes's law**)에 의해 주어진다. 이는 연속적인 유체를 통한 구의 이동의 유체 역학을 고려하여 유도되었다.

$$\mathcal{F}_{fric}=fs \quad f=6\pi\eta a \qquad \text{Stokes 법칙} \qquad (80.9)$$

여기서 η는 점성도이다. 식 80.9를 쓰는 데 있어, 이는 분자 크기 정도에 적용된 것으로 가정하며, 자기 공명으로부터 독립된 증거는 이 식이 최소한 타당한 크기 자릿수를 자주 제공한다는 것을 시사한다.

이 두 힘은 반대 방향으로 작용하며, 이온들은 빠르게 종말 속도인 **표류 속력**(**drift speed**)에 도달하게 된다. 이 속력은 가속 힘과 점성 저항이 맞먹게 될 때이다. $fs=ze\mathcal{E}$이거나 또는 다음과 같은 표류 속력을 가질 때 알짜 힘이 0이 된다.

$$s=\frac{ze\mathcal{E}}{f} \qquad \text{표류 속력} \qquad (80.10)$$

따라서 이온의 표류 속력은 가해지는 전기장의 세기에 비례한다. 즉

$$s=u\mathcal{E} \qquad u\text{의 정의} \quad \text{이동도} \qquad (80.11)$$

여기서 u를 이온의 **이동도**(**mobility**)라고 한다(표 80.2). 마지막 두 식을 비교하면 다음과 같은 식을 얻을 수 있다.

$$u=\frac{ze}{f}=\frac{ze}{6\pi\eta a} \qquad \text{이동도} \qquad (80.12)$$

표 80.2* 298 K의 물에서의 이온 이동도

	$u(10^{-8}\ m^2\ s^{-1}\ V^{-1})$		$u(10^{-8}\ m^2\ s^{-1}\ V^{-1})$
H^+	36.23	OH^-	20.64
Na^+	5.19	Cl^-	7.91
K^+	7.62	Br^-	8.09
Zn^{2+}	5.47	SO_4^{2-}	8.29

* 더 많은 값들이 **부록**에 수록되어 있다.

간단한 예 80.2 이온 이동도

이동도의 자릿수를 보기 위해서 $z=1$로 놓고, a는 Cs^+와 같은 이온의 반지름인 170 pm로 잡는다(이 값은 수화된 구를 합친 작은 이온의 전형적인 값이다). 점성도는 $\eta=1.0$ cP (1.0 mPa s, 표 80.1)를 사용한다. 그러면

$$u=\frac{1.6\times10^{-19}\ \overbrace{\mathrm{C}}^{\mathrm{J\,V^{-1}}}}{6\pi\times\left(1.0\times10^{-3}\ \underbrace{\mathrm{Pa}}_{\mathrm{J\,m^{-3}}}\ \mathrm{s}\right)\times(170\times10^{-12}\ \mathrm{m})}=5.0\times10^{-8}\ \mathrm{m^2\,V^{-1}\,s^{-1}}$$

이 값은 1 cm 길이의 용액 사이에 1 V의 퍼텐셜 차(따라서 $\mathcal{E}=100\ V\ m^{-1}$)를 주었을 때 이온의 표류 속력이 약 5 μm s^{-1}이 된다는 것을 의미한다. 이것은 느려 보일지도 모르지만 분자 수준에서 보면 한 이온이 1초 사이에 약 10^4개의 용매 분자를 통과해야 하는 속력이다.

자가 진단 80.3 25°C 물에서 SO_4^{2-} 이온의 이동도는 $8.29\times10^{-8}\ m^2\ V^{-1}\ s^{-1}$이다. 이것의 유효 반지름은 얼마인가? 위에 주어진 점성도를 사용하라.

답: 205 pm

이 표류 속력은 하전된 화학종이 운반되는 속도를 좌우하므로 전도도는 용액의 점성도와 이온의 크기가 커짐에 따라 감소할 것이다. 부피가 큰 이온(R_4N^+나 RCO_2^-와 같은)에 대해서는 이 예상이 실험 결과와 잘 맞지만, 작은 이온에 대해서는 잘 맞지 않는다. 예로서 물속에서 알칼리 금속 이온

의 경우에는 Li^+에서 Cs^+로 옮겨감에 따라 반지름이 증가하는데도 불구하고, 이동도가 증가한다(표 80.2). 이러한 모순의 원인은 Stokes 식 속의 반지름 a가 이온의 **유체 역학적 반지름**(**hydrodynamic radius**; 'Stokes 반지름'이라고도 한다), 즉 수화된 구 속에서 이동하는 H_2O 분자를 전부 고려해 준 용액 속 이온의 유효 반지름이라는 사실을 가지고 설명할 때 해결된다. 작은 이온은 큰 이온에 비해서 더 강한 전기장을 만들며(반지름 r인 구 표면에서의 전기장은 ze/r^2에 비례하며, 따라서 반지름이 작아질수록 전기장의 세기가 증가한다), 따라서 작은 이온이 큰 이온보다 더 크게 수화된다. 그리하여 작은 이온은 용액 속을 이동할 때 많은 용매 분자들을 끌고 다니므로 큰 유체 역학적 반지름을 갖는다. 그러나 수화된 H_2O 분자는 대단히 불안정하며, NMR과 동위 원소 연구 결과에 의하면 이온의 배위 영역과 용매의 본체 사이에서 낮은 전하를 갖는 이온의 경우에는 대단히 빠르지만, 높은 전하를 갖는 이온의 경우에는 느릴 수 있다(그림 80.2).

양성자는 대단히 작은데도 대단히 큰 이동도를 가지고 있다(표 80.2)! 양성자 NMR과 ^{17}O-NMR 연구 결과에 의하면 양성자가 한 분자로부터 다른 분자로 뛰어 오르는 데 걸리는 시간은 약 1.5 ps로, 이 시간은 비탄성 중성자 산란으로 밝혀진 바에 의하면 물 분자가 약 1 rad을 돌아가서 재배열되는 데 소요되는 시간(1~2 ps)과 비슷하다. **Grotthuss 메커니즘**(**Grotthuss mechanism**)에 의하면, 한 무리의 물 분자들 사이에서 결합들이 재배열됨으로써 양성자의 알짜 이동이 일어날 수 있다고 한다(그림 80.3). 그러나 실제 메커니즘은 아직도 상당히 논쟁 중이다. 액체 암모니아 속에서 NH_4^+ 이온의 이동도도 비정상적으로 빠른데, 이것도 비슷한 메커니즘에 의해서일 것이다.

(c) 이동도와 전도도

이온 이동도는 이론적 양과 측정할 수 있는 양을 연결시켜

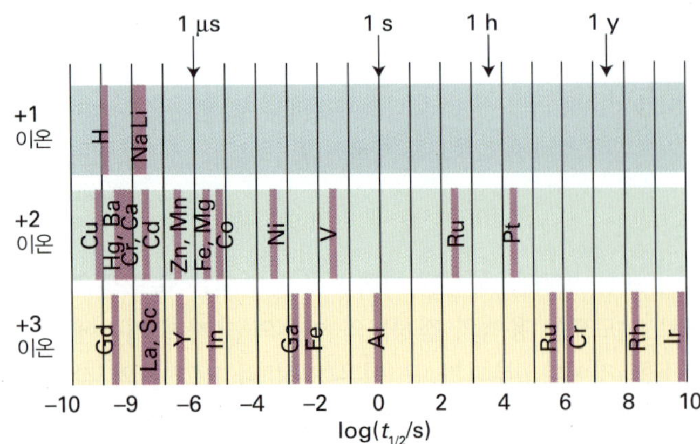

그림 80.2 이온의 수화된 구 영역에서 물 분자의 반감기

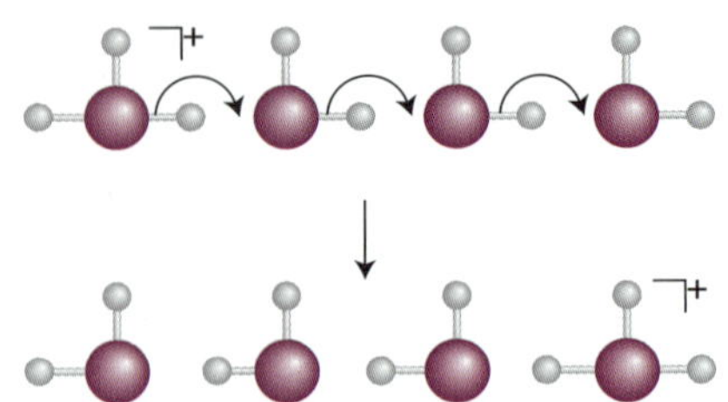

그림 80.3 물에서 양성자에 의한 전도의 Grotthuss 메커니즘. 결합과 수소 결합이 적응함에 따라 사슬의 한쪽 끝에서 다른 쪽으로 양성자의 실질 운반이 있게 된다.

주는 역할을 한다. 우선 이온의 이동도와 몰전도도 사이에는 아래 **증명**에서 보이는 바와 같이 다음과 같은 관계가 성립한다.

$$\lambda = zuF \qquad \text{이온 이동도} \qquad (80.13)$$

여기서 F는 Faraday 상수이다($F = N_A e$).

증명 80.1 이온 이동도와 몰전도도 사이의 관계

계산을 간단하게 하기 위해서 부호를 무시하고 물리적 양들의 크기만을 생각하기로 하자.

몰농도가 c인 완전하게 해리된 강한 전해질 용액을 생각해 보자. 이 전해질은 각 화학식 단위로부터 전하가 z_+e인 양이온 ν_+개와, 전하가 z_-e인 음이온 ν_-개가 생기는 것이라고 하자. 그러면 이들 이온의 각 형태의 몰농도는 νc가 되며($\nu = \nu_+$나 ν_-), 각 형태의 수밀도는 $\nu c N_A$가 된다. 넓이 A의 가상적 창문을 Δt 시간 동안에 통과하는 한 종류의 이온 수는 거리 $s\Delta t$ 안에 들어 있는 수와 같으며(그림 80.4), 따라서 부피 $s\Delta tA$ 속에 들어 있는 수와 같다(토픽 79에서 기체의 운반 성질을 논할 때에도 같은 논리를 이용하였다). 이 부피 속에 들어 있는 이러한 종류의 이온의 수는 $s\Delta tA\nu cN_A$와 같다. 따라서 창을 통과하는 유량(간격 동안과 창의 넓이로 나눈 창으로 통과하는 각 이온의 수)은 다음과 같이 된다.

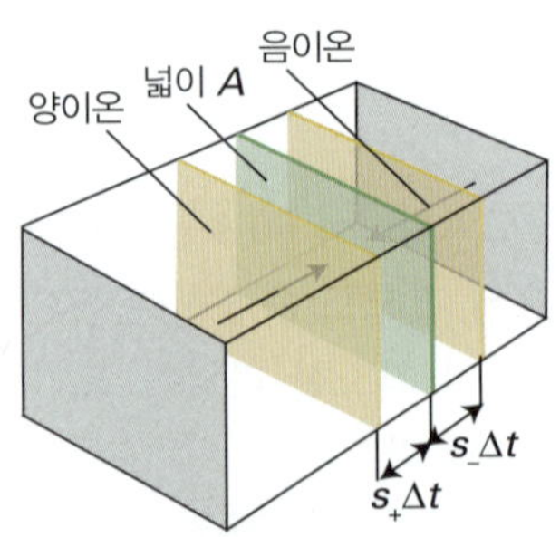

그림 80.4 전류의 계산. $s_+\Delta t$의 거리(즉 $s_+A\Delta t$ 부피 속의) 안에 있는 양이온들은 모두 넓이 A의 창을 통과한다. 마찬가지로 반대편에 있는 이와 동일한 부피 속의 음이온들도 모두 이 창을 반대 방향으로 통과하여 전류에 기여를 한다.

$$J(\text{이온}) = \frac{s\Delta t A\nu c N_A}{\Delta t A} = s\nu c N_A$$

각 이온은 ze의 전하를 운반하므로 전하 유량은 다음과 같이 된다.

$$J(\text{전하}) = zs\nu ceN_A = zs\nu cF$$

한편 $s = u\mathcal{E}$이므로 이 유량은 다음과 같이 된다.

$$J(\text{전하}) = zu\nu cF\mathcal{E}$$

따라서 고려 대상 이온에 의해서 이 창을 통과하는 전류 I는 이 전하 유량에 넓이를 곱한 것과 같다. 즉

$$I = JA = zu\nu cF\mathcal{E}A$$

전기장의 세기는 퍼텐셜 기울기(식 80.7, $\mathcal{E} = \Delta\phi/l$) 이기 때문에 다음과 같다.

$$I = \frac{zu\nu cFA\Delta\phi}{l}$$

한편 전류와 전위차 사이에는 Ohm 법칙 $\Delta\phi = IR$이 성립한다. 따라서

$$I = \frac{\Delta\phi}{R} = G\Delta\phi = \frac{\kappa A\Delta\phi}{l}$$

여기서 식 80.3을 사용하였다. 마지막 두 식을 비교하면 $\kappa = zu\nu cF$가 된다. 이것을 이온의 몰농도 νc로 나누면 결과적으로 식 80.13이 나온다.

식 80.13은 양이온과 음이온에 다 같이 적용된다. 따라서 용액 자체에 대하여 농도가 0이 되는 극한에서의 몰전도도는 다음과 같이 된다(이온간 상호 작용이 없을 때).

$$\Lambda_m^\circ = (z_+u_+\nu_+ + z_-u_-\nu_-)F \qquad (80.14a)$$

대칭적인 $z{:}z$ 전해질(예로서 $CuSO_4$, $z = 2$이고 $\nu_+ = \nu_- = 1$)의 경우에는 이 식이 다음과 같이 간단해진다.

$$\Lambda_m^\circ = z(u_+ + u_-)F \qquad (80.14b)$$

간단한 예 80.3 이온 전도도

간단한 예 80.2에서 추산한 바에 의하면, 전형적인 이온 이동도는 $5\times10^{-8}\,m^2\,V^{-1}\,s^{-1}$이며, 따라서 양이온과 음이온이 모두 $z = 1$인 경우에는 전형적인 극한 몰전도도가 대략 다음과 같이 계산되어야 한다.

$$\begin{aligned}\lambda &= (5.0\times10^{-8}\,m^2\,V^{-1}\,s^{-1})\times(9.648\times10^4\,C\,mol^{-1})\\ &= 4.8\times10^{-3}\,m^2\,V^{-1}\,s^{-1}\,C\,mol^{-1}\end{aligned}$$

그러나 $1\,V^{-1}\,s^{-1}\,C = 1\,S$(식 80.3 이전의 언급 참조)이어서, $\lambda \approx 5\,mS\,m^2\,mol^{-1}$이다. 그리고 식 80.14b로부터 Λ_m°에 대한 값의 두 배로 실험과 일치한다. 예로서 KCl에 대한 실험값은 $15\,mS\,m^2\,mol^{-1}$이다.

자가 진단 80.4 25°C 물에서 SO_4^{2-}의 이온 전도도를 이동도(표 80.2)로부터 추산하시오.

답: $16\,mS\,m^2\,mol^{-1}$

(d) Einstein 관계식

표류 속력 s와 입자에 작용하는 모든 종류의 힘 $\mathcal{F}$ 사이에 중요한 관계식이 토픽 81에서 다음과 같이 유도된다.

$$s = \frac{D\mathcal{F}}{RT} \qquad \text{표류 속력} \quad (80.15)$$

여기서 D는 화학종에 대한 확산 계수이고, $\mathcal{F}$는 열역학적 힘(몰양)이다. 용액에서 한 이온은 전기장 세기 $\mathcal{E}$의 존재에서는 표류 속력 $s = u\mathcal{E}$를 가지게 되고 열역학적 힘의 크기 $N_Aez\mathcal{E}$를 느끼게 된다. 따라서 이들 알려진 값을 식 80.15에 대입하고 $N_Ae = F$ 관계를 이용하면 $u\mathcal{E} = DFz\mathcal{E}/RT$를 얻는다. 여기에서 $\mathcal{E}$를 상쇄하면 다음 **Einstein 관계식**(**Einstein relation**)을 얻는다.

$$u = \frac{zDF}{RT} \qquad \text{Einstein 관계식} \quad (80.16)$$

이 Einstein 관계식은 전해질의 몰전도도와 그 이온의 확산 계수 사이의 관계를 제공해 준다. 우선 식 80.13과 80.16을 사용하면 이온의 각 형태에 대하여 다음을 얻는다.

$$\lambda = zuF = \frac{z^2DF^2}{RT} \qquad (80.17)$$

그러면 $\Lambda_m^\circ = \nu_+\lambda_+ = \nu_-\lambda_-$로부터 극한 몰전도도는 다음이 된다.

$$\Lambda_m^\circ = \left(\nu_+z_+^2D_+ + \nu_-z_-^2D_-\right)\frac{F^2}{RT} \qquad \text{Nernst–Einstein 식} \quad (80.18)$$

이것이 **Nernst–Einstein 식**(**Nernst–Einstein equation**)이다. 이 식의 응용은 전도도 측정으로부터 이온의 확산 계수를 결정하는 데 있으며, 또 다른 것은 이온 확산의 모형을 사용하여 전도도를 예측하는 것이다.

식 80.12($u = ez/f$)와 식 80.16($u = zDe/kT$ 식에서 $u = zDF/RT$)은 한 이온의 이동도를 각각 마찰력 및 확산 계수와 관련시켜 주는 식이다. 이 두 식을 결합하고 ze를 상쇄하면 다음과 같은 **Stokes–Einstein 식**(**Stokes–Einstein

equation)을 얻을 수 있다.

$$D=\frac{kT}{f} \qquad \text{Stokes–Einstein 식} \qquad (80.19a)$$

마찰력을 Stokes 법칙으로 설명하면, 다음과 같은 매질의 확산 계수와 점성도 사이의 관계를 얻을 수 있다.

$$D=\frac{kT}{6\pi\eta a} \qquad \text{Stokes–Einstein 식} \qquad (80.19b)$$

식 80.19의 중요한 특징은 이 식이 확산 종의 전하와 무관하다는 것이다. 따라서 전하가 무한히 작아지는 극한, 즉 중성 분자의 경우에도 적용될 수 있다는 것이다. 이 특징은 확산의 일반적 특징을 논의하는 토픽 81에서 더 밝힐 것이다. 그러나 여기서 명심할 것은 이 두 식이 모두 점성 항력이 속력에 비례한다는 가정을 전제로 하였다는 사실이다.

간단한 예 80.4 이동도와 확산

표 80.2에서 SO_4^{2-}의 이동도는 $8.29\times10^{-8}\,m^2\,V^{-1}\,s^{-1}$이다. 식 80.16에서 $D=uRT/zF$의 형태로부터 25°C 물에서 이온의 확산 계수는 다음과 같다.

$$D=\frac{(8.29\times10^{-8}\,m^2\,V^{-1}\,s^{-1})\times(8.3145\,J\,K^{-1}\,mol^{-1})\times(298\,K)}{2\times\left(9.649\times10^{4}\,\underbrace{C}_{J\,V^{-1}}\,mol^{-1}\right)}$$
$$=1.06\times10^{-9}\,m^2\,s^{-1}$$

자가 진단 80.5 NH_4^+ 이온에 대하여 계산을 반복하시오.

답: $1.96\times10^{-9}\,m^2\,s^{-1}$

개념 확인

- ☐ 1. **액체의 점성도**는 온도가 증가함에 따라 감소한다.
- ☐ 2. 용액의 **전도도**는 저항의 역수이다.
- ☐ 3. **Kohlrausch 법칙**은 낮은 농도에서 강한 전해질의 몰전도도는 농도의 제곱근에 선형으로 변한다는 것이다.
- ☐ 4. **이온의 독립적 이동 법칙**은 농도가 0에 가까워지는 극한에서의 몰전도도는 개별 이온의 기여의 합이라는 것을 기술한 것이다.
- ☐ 5. 전기장에 의한 가속이 점성 저항과 균형이 될 때 이온은 **표류 속력**에 도달하게 된다.
- ☐ 6. 이온의 **유체 역학 반지름**은 용매화에 기인한 기하학적 반지름보다 클 수 있다.
- ☐ 7. 물에서 양성자의 높은 이동도는 **Grotthuss 메커니즘**으로 설명된다.

식 확인

성질	식	비고	식 번호
점성도	$\eta=\eta_0 e^{E_a/RT}$	좁은 온도 영역	80.2
전도도	$\kappa=Gl/A$	정의, $G=1/R$	80.3
몰전도도	$\Lambda_m=\kappa/c$	정의	80.4
Kohlrausch 법칙	$\Lambda_m=\Lambda_m^\circ-\mathcal{K}c^{1/2}$	실험적 관찰	80.5
이온의 독립적 이동 법칙	$\Lambda_m^\circ=\nu_+\lambda_++\nu_-\lambda_-$	극한 법칙	80.6
Stokes 법칙	$\mathcal{F}_{fric}=fs,\quad f=6\pi\eta a$	유체 역학 반지름 a	80.9
표류 속력	$s=u\mathcal{E}$	u를 정의함	80.11
이온 이동도	$u=ze/6\pi\eta a$	Stokes 법칙을 가정	80.12
전도도와 이동도	$\lambda=zuF$		80.13
몰전도도와 이동도	$\Lambda_m^\circ=(z_+u_+\nu_++z_-u_-\nu_-)F$	극한 법칙	80.14
표류 속력	$s=D\mathcal{F}/RT$		80.15
Einstein 관계식	$u=zDF/RT$		80.16
Nernst–Einstein 관계식	$\Lambda_m^\circ=(\nu_+z_+^2D_++\nu_-z_-^2D_-)(F^2/RT)$		80.18
Stokes–Einstein 관계식	$D=kT/f$		80.19

토픽 81

확산

내용

➤ 학습 목표

확산은 대기와 용액 모두에서 엄청나게 중요한 과정이다. 또한 용액에서 반응을 논의할 때와 주위로 물질의 전파를 논의할 때 다른 물질 사이로 한 물질의 확산을 예측할 수 있는 것은 중요하다.

➤ 핵심 내용

입자는 퍼뜨리는 경향이 있어 균일한 분포를 가지려고 한다.

➤ 미리 알기

이 토픽은 토픽 79에서 취급한 유량과 관계있는 논점을 이끌어 내어, 특히 주어진 면적의 창을 통과하는 입자들의 유량을 계산하는 방법에 대해 논의한다. 이 토픽은 토픽 79에서 소개되었고, 토픽 80에서 사용된 확산 계수에 대하여 좀 더 자세하게 언급한다. 자발적 변화의 방향을 논하는 데 있어 화학 전위(토픽 69)의 개념을 사용한다. 수학적 조작 중 하나는 토픽 51에서 소개된 Stirling 근사이다.

기체, 액체, 고체에서 용질이 퍼지려는 경향을 가진다는 것은 세 가지 관점에서 논의될 수 있다. 한 관점은 열역학 제2법칙으로부터 엔트로피가 증가하는 경향으로서 온도와 압력이 일정할 때 Gibbs 에너지가 감소한다는 것이다. 이 법칙이 용질에 적용되면 용질을 분산시키는 데 작용하는 힘이 있는 것 같이 보인다. 그 힘은 가공적인 것이지만, 확산을 논의하는 데 흥미롭고 유용한 접근 방법을 제공한다. 두 번째 접근은 경계를 통하는 물질의 유량을 고려함으로써 한 구역에서 농도의 변화에 대한 미분 방정식을 세우는 것이다. 결과적인 '확산 식'은 반응 용기의 모양과 같은, 계의 각종 형태에 대하여 풀 수 있다(최소한 원리상). 세 번째 접근은 보다 역학적인 것이며, 일련의 무작위 작은 단계로 일어나는 것으로 확산을 상상하는 것으로서, 물질이 확산될 때 무슨 일이 일어나는지를 알아내는 모형을 제시하는 열역학적 관점을 강화시킨다. 이 토픽에서 모든 세 가지 관점을 탐구한다.

81.1 열역학적 관점

토픽 64에서 설명한 바와 같이, 일정한 온도와 압력에서 Gibbs 에너지가 G인 영역으로부터 Gibbs 에너지가 $G+\mathrm{d}G$인 영역으로 물질이 이동할 때 행해지는 최대 비팽창 일은 $\mathrm{d}w=\mathrm{d}G$이다. 화학 전위는 (분)몰 Gibbs 에너지(토픽 69) 이므로, 몰당 최대 비팽창 일은 $\mathrm{d}w=\mathrm{d}\mu$이다. 화학 전위가 위치 x에 의존하는 계에서는 이 최대 일을 다음과 같이 나타낼 수 있다.

$$\mathrm{d}w=\mathrm{d}\mu=\left(\frac{\partial \mu}{\partial x}\right)_{T,p}\mathrm{d}x$$

한편 1장 **기초 지식**, 토픽 2에서 밝힌 바와 같이, 일반적으로 일은 맞서는 힘(여기서는 이것을 $\mathcal{F}$로 나타낸다)을 가지고 항상 나타낼 수 있다. 즉

$$\mathrm{d}w=-\mathcal{F}\,\mathrm{d}x$$

이 두 식을 비교하면 화학 전위의 기울기는 1 mol의 분자에 작용하는 유효한 힘으로 해석할 수 있으며, 그리하여 이 **열역학적 힘(thermodynamic force)**을 다음과 같이 나타낸다.

$$\mathcal{F}=-\left(\frac{\partial\mu}{\partial x}\right)_{T,p}$$ 열역학적 힘 (81.1)

분자를 화학 전위의 기울기 아래로 밀어 주는 실제의 힘이 존재할 필요는 없다. 앞으로 알게 되는 바와 같이, 화학 전위의 기울기를 따라 내려가는 현상은 제2법칙에 의해서 엔트로피가 최대로 되려고 하기 때문에 나타나는 분자들이 분산하려는 자연적 현상을 나타낼 수 있다.

용질의 활동도가 a인 용액 속에서는 화학 전위가 $\mu=\mu^{\ominus}+RT\ln a$(토픽 72의 표 72.1 참조)이다. 용액이 균일하지 않을 때는 활동도가 위치에 의존하므로 이 열역학적 힘을 다음과 같이 나타낼 수 있다.

$$\mathcal{F}=-RT\left(\frac{\partial\ln a}{\partial x}\right)_{T,p}$$ (81.2a)

용액이 이상적일 때는 a를 $c/c^{\ominus}$로 바꿀 수 있으며, 따라서 이 힘을 다음과 같이 나타낼 수 있다.

$$\mathcal{F}=-RT\left(\frac{\partial\ln(c/c^{\ominus})}{\partial x}\right)_{T,p}=-\frac{RT}{c}\left(\frac{\partial c}{\partial x}\right)_{T,p}$$ (81.2b)

이것은 $\mathrm{d}\ln y/\mathrm{d}x=(1/y)(\mathrm{d}y/\mathrm{d}x)$의 관계를 이용하여 얻은 결과이다.

간단한 예 81.1 열역학적 힘

용기에 걸쳐 선형 농도 기울기가 존재한다고 설정해 보자. 25°C에서 1.0 mol dm^{-3}의 평균값을 가지는 근처에서 매 1.0 cm마다 농도가 0.10 mol dm^{-3}씩 다르다고 한다. 식 81.2b에 따라 용질에 작용하는 열역학적 힘의 크기는 다음과 같다.

$$\mathcal{F}=\frac{(8.3145\,\mathrm{J\,K^{-1}\,mol^{-1}})\times(298\,\mathrm{K})}{1.0\,\mathrm{mol\,dm^{-3}}}\times\frac{0.10\,\mathrm{mol\,dm^{-3}}}{1.0\times10^{-2}\,\mathrm{m}}$$
$$=2.5\times10^{4}\,\overbrace{\mathrm{J\,m^{-1}}}^{\mathrm{N}}\,\mathrm{mol^{-1}}$$

즉 25 kN mol^{-1}이다. 열역학적 힘은 몰양임을 주목하라.

자가 진단 81.1 용질의 농도가 $c(x)=c_0e^{-x/\lambda}$과 같이 지수적으로 감소한다고 하자. 열역학적 힘에 대한 식을 유도하시오.

답: $\mathcal{F}=RT/\lambda$

토픽 79에서 확산에 관한 Fick 제1법칙은 다음과 같은 형태로 쓰여지는 것을

$$J(\text{개수})=-D\frac{\mathrm{d}\mathcal{N}}{\mathrm{d}x}$$ Fick 제1법칙 (81.3)

기체 분자 운동론을 이용하여 유도할 수 있다. 여기서는 이 법칙을 더 일반적인 방법으로 유도하고, 이 식이 응축상에서 화학종의 확산에도 적용된다는 것을 보이겠다. 확산하는 입자의 유량은 입자가 농도 기울기에 기인되는 열역학적 힘을 받기 때문에 생기는 것이라고 생각할 수 있다. 이 열역학적 힘 F와 매질의 점성에 의한 항력이 균형을 이룰 때, 입자는 안정된 '표류 속력' s를 얻게 된다. 이 표류 속력은 열역학적 힘에 비례하므로 $s\propto F$로 나타낼 수 있다. 그러나 입자 유량 J는 표류 속력에 비례하고, 열역학적 힘은 농도 기울기 $\mathrm{d}c/\mathrm{d}x$에 비례한다. 따라서 이들 일련의 연이은 비례 관계(즉 $J\propto s$, $s\propto\mathcal{F}$, $\mathcal{F}\propto\mathrm{d}c/\mathrm{d}x$)로부터 $J\propto\mathrm{d}c/\mathrm{d}x$, 즉 Fick 법칙을 얻게 된다.

식 81.3의 양변을 Avogadro 상수로 나누어서 입자수를 물질의 양(몰수)으로 변환시키면, 몰농도는 $\mathcal{N}/N_A=(N/V)/N_A=(nN_A/V)/N_A=n/V=c$이므로, Fick 법칙은 다음이 된다.

$$J(\text{양})=-D\frac{\mathrm{d}c}{\mathrm{d}x}$$ (81.4)

여기에서 D는 확산 계수이고, $\mathrm{d}c/\mathrm{d}x$는 몰농도의 기울기이다. 유량은 표류 속력과 다음과 같이 관련된다.

$$J(\text{양})=sc$$ (81.5)

이 관계는 토픽 79에서 이용하였던 논리로부터 유도된다. 그리하여 $s\Delta t$ 거리 안에 있는 모든 입자들, 즉 부피 $s\Delta tA$ 속에 들어 있는 입자는 모두 Δt 시간 동안에 넓이 A의 창을 통과한다. 따라서 이 시간 동안에 창을 통과하는 물질의 양은 $s\Delta tAc$가 된다. 입자 유량은 이 양을 넓이 A와 시간 간격 Δt로 나눈 것이어서 단순히 sc이다.

마지막 두 식을 합하고 식 81.2를 이용하면 다음과 같이 된다.

$$sc=-D\frac{\mathrm{d}c}{\mathrm{d}x}=\frac{Dc\mathcal{F}}{RT}\quad\text{즉}\quad s=\frac{D\mathcal{F}}{RT}$$ (81.6)

따라서 유효 힘과 확산 계수 D를 일단 알게 되면, 그 힘의 근원이 어떤 것이든 관계없이 입자의 표류 속력을 계산할 수 있다(그 역도 성립한다). 이 식은 힘이 이온에 전기적으로 적용되었던 토픽 80에서 사용되었다.

간단한 예 81.2 열역학적 힘과 표류 속력

레이저 측정에 의하면, 25°C에서 확산 계수가 5.0×10^{-9} m^2 s^{-1}인 물에서 표류 속력은 1.0 μm s^{-1}이다. 식 81.6에서 $\mathcal{F}=sRT/D$의 형태로 대응되는 열역학적 힘은 다음이 된다.

$$\mathcal{F}=\frac{(1.0\times10^{-6}\,\mathrm{m\,s^{-1}})\times(8.3145\,\mathrm{J\,K^{-1}\,mol^{-1}})\times(298\,\mathrm{K})}{(5.0\times10^{-9}\,\mathrm{m^2\,s^{-1}})}$$

$$=5.0\times10^{5}\,\overbrace{\mathrm{J\,m^{-1}}}^{\mathrm{N}}\,\mathrm{mol^{-1}}$$

즉 500 kN mol^{-1} 정도이다.

자가 진단 81.2 열역학적 힘이 250 kN mol^{-1}일 때, 25°C 물에서 설탕 분자의 표류 속력은 얼마나 될까? $D=5.4\times10^{-10}$ m^2 s^{-1}을 사용하시오.

답: 5.3 μm s^{-1}

81.2 확산 식

여기서는 시간 의존 확산 과정을 설명하려고 하는데, 불균일성이 시간에 따라 확산되는 문제가 특히 관심 대상이다. 그 한 예가 한쪽 끝을 가열한 쇠막대의 온도이다. 만일 열원을 제거해 주면 이 쇠막대의 온도가 서서히 균일한 상태로 내려가 진정된다. 한편 열원을 그대로 유지해 놓아두고 막대가 복사하게 하면, 온도가 균일하지 않은 정류 상태가 유지된다. 또 하나의 (화학과 더 깊이 관련되는) 예는 용매에 용질을 넣었을 때의 농도 분포이다. 여기서는 입자의 확산에 초점을 맞출 것이지만, 이 방법은 온도와 같은 물리적 성질의 확산에도 비슷하게 적용시킬 수 있다. 여기서 얻고자 하는 것은 어떤 불균일 영역에서의 입자의 농도 변화율을 식으로 나타내려는 것이다.

(a) 단순한 확산

이 절의 핵심이 되는 관계식은 한 점에서의 농도의 변화율을 그 점에서의 농도의 공간적 변화와 연관시켜 주는 'Fick의 확산 제2법칙'이라고 불리는 다음과 같은 **확산 식(diffusion equation)**이다.

$$\frac{\partial c}{\partial t}=D\frac{\partial^2 c}{\partial x^2}\qquad \text{확산 식}\qquad(81.7)$$

다음 **증명**에서 보이는 바와 같이 이 확산 식은 Fick의 확산 제1법칙으로부터 나온다.

증명 81.1 확산 식

지금 x부터 $x+\lambda$ 사이에 걸친 단면적 A의 얇은 널빤지 층을 생각해 보자(그림 81.1). 어떤 시각 t에 x에서의 농도를 c라고 하자. 널빤지에 들어오는 입자의 양(몰)의 변화율은 JA여서, 왼쪽으로부터 유입되는 유량 때문에 생기는 이 널빤지(부피가 $A\lambda$) 안의 몰농도 증가율은 다음과 같이 된다.

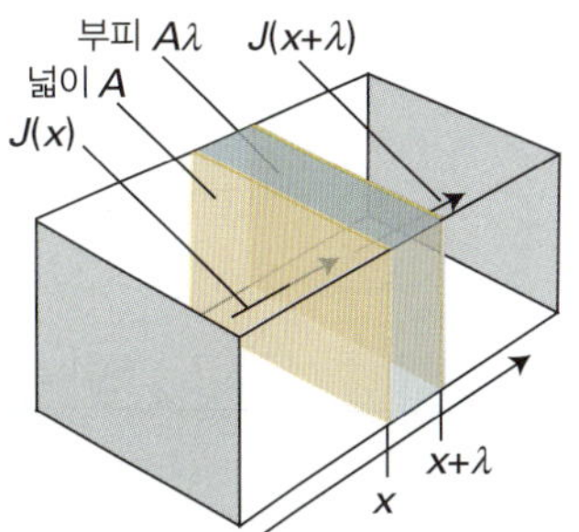

그림 81.1 한 영역에서의 알짜 유량은 높은 농도의 영역(왼쪽)으로부터 들어오는 유량과 낮은 농도의 영역(오른쪽)으로 나가는 유량의 차이이다.

$$\frac{\partial c}{\partial t}=\frac{JA}{A\lambda}=\frac{J}{\lambda}$$

또한 오른쪽 창문을 통해서는 이 입자가 흘러나간다. 이 창을 통해 나가는 유량을 J'이라고 하면, 이 유출에 의해서 생기는 농도 변화는 다음과 같이 나타낼 수 있다.

$$\frac{\partial c}{\partial t}=-\frac{J'}{\lambda}$$

따라서 알짜 농도 변화율은 다음과 같이 된다.

$$\frac{\partial c}{\partial t}=\frac{J-J'}{\lambda}$$

각 유량은 해당 창문에서의 농도 기울기에 비례한다. 따라서 Fick 제1법칙을 이용하여 다음과 같이 쓸 수 있다.

$$J-J'=-D\frac{\partial c}{\partial x}+D\frac{\partial c'}{\partial x}$$

오른쪽 창에서 농도는 다음과 같이 왼쪽의 것과 관계된다.

$$c'=c+\left(\frac{\partial c}{\partial x}\right)\lambda$$

이는 다음을 의미한다.

$$J-J'=-D\frac{\partial c}{\partial x}+D\frac{\partial}{\partial x}\left\{c+\left(\frac{\partial c}{\partial x}\right)\lambda\right\}=D\lambda\frac{\partial^2 c}{\partial x^2}$$

이 관계를 이 얇은 널빤지 안의 농도 변화율을 나타내는 식에 넣어 주면 식 81.7이 된다.

확산 식에 의하면 농도 변화율은 농도의 거리에 대한 곡률(더 정확히 말하면 이차 도함수)에 비례한다. 만일 농도가 한 점에서 다른 점으로 급격하게 변하면(분포가 심하게 주름지면), 농도가 시간에 따라 급격하게 변한다. 이 곡률이 양인 곳(그림 81.2에서 패인 곳)에서는 농도 변화가 양이 되며, 패인 곳이 채워지게 된다. 한편 곡률이 음인 곳(솟은 곳)에서는 농도 변화가 음이 되며, 솟은 곳이 퍼져 나간다. 곡률이 0이

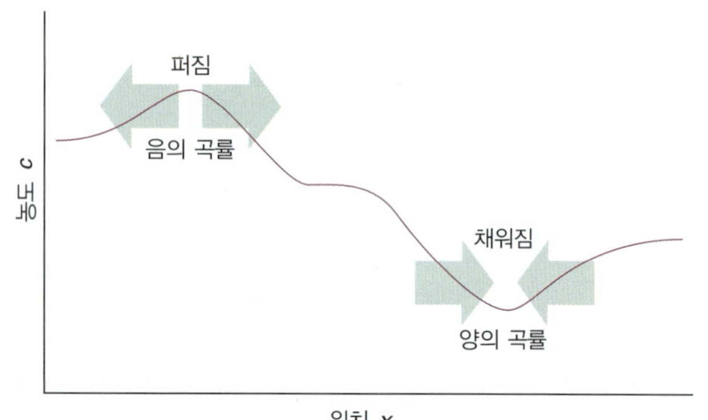

그림 81.2 자연은 주름살을 기피한다. 확산 식에 의하면 분포 곡선의 피크(곡률이 음인 영역)에서는 퍼지고, 패인 곳(곡률이 양인 곳)에서는 채워진다.

면 농도가 시간에 따라 변하지 않는다. 만일 농도가 거리에 따라 선형적으로 감소할 때는 유입량과 유출량이 균형을 이루기 때문에 농도가 어디서나 일정한 값을 유지한다.

자연은 농도 분포의 주름살을 없애려는 경향을 나타내며, 확산 식은 이러한 직관적 개념을 수식화한 것이라고 볼 수 있다. 간단히 말해서 자연은 주름살을 기피한다.

간단한 예 81.3 확산 식

농도가 작은 공간 구역을 지나면서 선형으로 떨어진다면, $c=c_0-ax$, 따라서 $\partial^2c/\partial x^2=0$이 되므로 $\partial c/\partial t=0$이다. 한 창문을 통해 들어오는 흐름이 다른 창문을 나가는 흐름과 같으면 그 구역에서 농도는 일정하다. 농도가 $c=c_0-\frac{1}{2}ax^2$ 같이 변한다면, $\partial^2c/\partial x^2=-a$이고, 따라서 $\partial c/\partial t=-Da$이다. 이제 농도는 감소한다. 왜냐하면 안으로 들어오는 것보다 나가는 흐름이 크기 때문이다.

자가 진단 81.3 농도가 구역에 걸쳐 지수적으로 떨어진다면 농도 변화는 무엇인가? $c=c_0\mathrm{e}^{-x/\lambda}$을 택하시오.

답: $\partial c/\partial t=(D/\lambda^2)c$

(b) 대류와 확산

흐르는 유체의 운동 때문에 생기는 입자의 운반을 **대류**(**convection**)라고 한다. 잠정적으로 확산을 무시하면 유체가 속도 v를 가지고 흐를 때, Δt 동안에 넓이 A를 통과하는 입자의 유량은 이미 앞에서 여러 번 사용한 방법(토픽 79에서 한 것과 같이, 거리 $v\Delta t$ 안에 있는 입자를 세는 방법)에 따라 계산할 수 있으며, 다음과 같은 결과를 얻을 수 있다.

$$J_{\text{conv}}=\frac{cAv\Delta t}{A\Delta t}=cv \quad \text{대류성 유량} \quad (81.8)$$

이 J를 **대류성 유량**(**convective flux**)이라고 한다. 앞에서와 비슷한 논법에 따라 흐름 속도가 위치와 무관하다고 가정할 경우 넓이가 A이고 두께가 l인 널빤지 속의 농도 변화율은 다음과 같이 된다.

$$\begin{aligned}\frac{\partial c}{\partial t}&=\frac{J_{\text{conv}}-J'_{\text{conv}}}{\lambda}=\frac{cv}{\lambda}-\left\{c+\left(\frac{\partial c}{\partial x}\right)\lambda\right\}\frac{v}{\lambda}\\&=-\left(\frac{\partial c}{\partial x}\right)v\end{aligned} \quad \text{대류} \quad (81.9)$$

확산과 대류가 함께 일어날 때는 한 영역에서의 전체 농도 변화를 이 두 효과의 합으로 나타낼 수 있으며, 이것을 나타낸 것이 다음과 같은 **일반화 확산 식**(**generalized diffusion equation**)이다.

$$\frac{\partial c}{\partial t}=D\frac{\partial^2 c}{\partial x^2}-v\frac{\partial c}{\partial x} \quad \text{일반화 확산 식} \quad (81.10)$$

화학적인 면에서 고려해야 할 또 한 가지 중요한 내용은 입자의 농도가 반응 때문에 변할 수 있을 가능성이다. 식 81.10(토픽 88)에 반응을 포함시키면 반응, 확산, 대류를 함께 일으키는 계에 적용시킬 수 있는 매우 효과적인 미분 방정식을 얻을 수 있다. 이러한 식은 화학 공장의 반응로를 설계하거나 생체 세포 속에 저장된 성분이 이용되는 것을 논하는 데 기본이 된다.

간단한 예 81.4 대류

여기서 **간단한 예** 81.3에서 취급했던 논의를 계속하는데 대류 흐름 v가 있다고 가정하자. 농도가 좁은 공간 구역을 통해 선형 감소가 있어 $c=c_0-ax$이면 $\partial c/\partial x=-a$이므로, 이 구역에서 농도의 변화는 $\partial c/\partial t=av$이다. 이제 안으로의 대류 흐름이 바깥 흐름을 능가하기 때문에 이 구역에서 증가가 있고, 확산은 없다. 만일 $a=0.010\ \text{mol dm}^{-3}\ \text{m}^{-1}$이고, $v=+1.0\ \text{mm s}^{-1}$이면 다음과 같이 된다.

$$\begin{aligned}\frac{\partial c}{\partial t}&=(0.010\,\text{mol dm}^{-3}\,\text{m}^{-1})\times(1.0\times10^{-3}\,\text{m s}^{-1})\\&=1.0\times10^{-5}\,\text{mol dm}^{-3}\,\text{s}^{-1}\end{aligned}$$

그리고 농도는 $10\ \mu\text{mol dm}^{-3}\ \text{s}^{-1}$의 속도로 증가한다.

자가 진단 81.4 $c=c_0\mathrm{e}^{-x/\lambda}$ 같이 농도가 구역에 걸쳐 지수적으로 떨어질 때, 농도를 보충하려면 얼마의 흐름 속도가 필요할까?

답: $v=D/\lambda$

(c) 확산 식의 해

확산 식은 공간에 관해서 이차이고 시간에 관해서 일차인 미분 방정식이다. 따라서 이 식의 해를 구하려면 공간 의존에 관한 경계 조건 2개와 시간 의존에 관한 초기 조건 1개가 필요하다(**수학적 배경** 2 참조).

예로서 한 표면이 용질로 덮인 용기 속의 용매(예를 들면 물이 담긴 깊이가 깊은 비커 바닥의 설탕층)를 생각해 보자. 초기 단일 조건은 $t=0$일 때 N_0개의 전체 용질 입자가 $x=0$인 위치의 yz 평면(넓이 A의)에 모여 있다는 것이다. 그리고 두 경계 조건은 모든 시간에 (1) 농도는 어느 곳에서나 유한해야 하며, (2) 존재하는 전체 입자 물질 양(몰수)은 항상 $n_0(n_0=N_0/N_A)$이 되어야 한다는 두 조건으로부터 끌어낼 수 있다. 이러한 조건은 계의 꼭대기 표면과 바닥 표면에서 입자의 유량이 0이 된다는 것을 의미한다. 이러한 조건하에서는 확산 식의 해가 다음과 같이 된다.

$$c(x,t)=\frac{n_0}{A(\pi Dt)^{1/2}}\mathrm{e}^{-x^2/4Dt} \quad \text{일차원 확산} \quad (81.11)$$

이것을 앞의 식에 직접 넣어 보면 이것이 해임을 확인할 수 있다(응용 문제 81.5). 그림 81.3은 여러 상이한 시각에서의 농도 분포 모양을 나타낸 것으로, 농도가 퍼져서 균일하게 되려는 경향을 분명하게 나타내고 있다.

또 하나의 유용한 결과는 용질이 삼차원 용매 속에서 국지화된 농도를 나타내는 경우(물을 채운 큰 플라스크 속에 매달아 놓은 설탕 덩어리)에 대한 것이다. 이때의 확산된 용질의 농도 분포는 구대칭이며, 반지름 r인 곳에서는 다음과 같이 된다.

$$c(r,t)=\frac{n_0}{8(\pi Dt)^{3/2}}\mathrm{e}^{-r^2/4Dt} \quad \text{삼차원 확산} \quad (81.12)$$

생체막을 통한 물질의 운반과 같은 화학적으로(또한 물리학적으로) 재미있는 현상도 다룰 수 있지만 대부분의 경우 그 해가 훨씬 더 복잡하다.

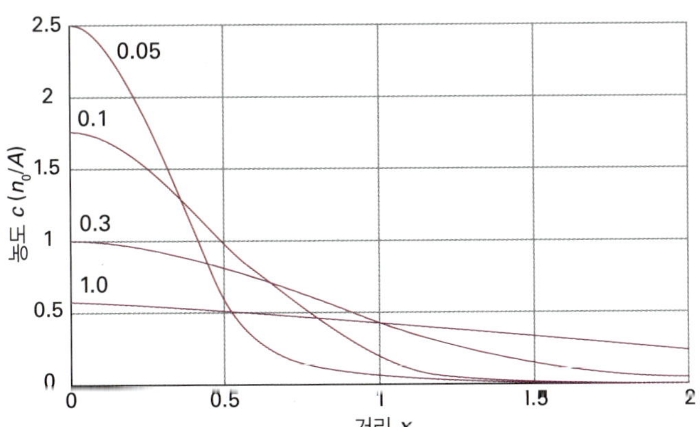

그림 81.3 용질이 확산되기 시작하는 표면 위쪽의 농도 프로필. 이것은 식 81.11을 도시한 것으로서 각 곡선에 Dt 값들이 표시되어 있다. Dt와 x의 단위는 임의로 택할 수 있지만 Dt/x^2이 단위가 없도록 해야 한다. 예로서 x를 미터로 나타내면 Dt는 미터 제곱이 되어야 하며, 그리하여 $D=10^{-9}$ $\mathrm{m^2\,s^{-1}}$이고, $Dt=0.1\ \mathrm{m^2}$일 때는 $t=10^8$ s가 된다.

표 81.1* 298 K에서의 확산 계수

	$D(10^{-9}\ \mathrm{m^2\,s^{-1}})$
물속의 H^+	9.31
헥세인 속의 I_2	4.05
물속의 Na^+	1.33
물속의 설탕	0.522

* 더 많은 값들이 **부록**에 수록되어 있다.

확산 식의 해를 이용하면 확산 계수를 실험적으로 결정하는 데 유용하다(표 81.1). **모세관 방법(capillary technique)**에서는 한 끝이 열린 모세관 속에 용액을 넣어서 많은 양의 용매 속에 넣은 다음, 잘 저어 주면서 모세관 속의 농도 변화를 모니터하는 것이다. 이때는 용질이 모세관의 열린 끝으로부터 확산되어 나가는데, 그 속도는 적절한 경계 조건을 가지고 확산 식을 풀어서 계산할 수 있으며, 그리하여 D를 결정할 수 있다. **격막 방법(diaphragm technique)**에서는 소결 유리 격막 양쪽에 잘 저어준 용액과 용매를 놓고 격막의 모세관을 통해서 확산이 일어나게 한다. 그리고 농도를 모니터하고, 이 경우의 확산 식의 해와 연결시키면 확산 계수를 구할 수 있다. 확산 계수는 NMR 분광학을 포함하는 많은 방법을 이용하여 측정할 수도 있다.

확산 식의 해를 이용하면 임의의 위치에서의 입자의 농도(또는 온도가 불균일한 계의 온도와 같은 물리적 성질)를 예측할 수 있다. 또 이 해들을 이용하여 일정한 시간 동안에 용질이 확산해 나간 평균 거리를 계산할 수도 있다.

예제 81.1 평균 변위 계산하기

일차원 계에서 입자들이 확산 계수 D를 가지고 매질 속에서 t 시간 동안 확산되면, 평균적으로 얼마만한 거리를 이동하겠는가?

방법 **수학적 배경** 7에 요약된 확률 이론의 결과를 이용할 필요가 있다. 이 경우, 원점으로부터 일정한 거리만큼 떨어진 곳에서 입자가 발견될 확률을 계산하고, 이어서 각 거리를 이 확률만큼씩 가중시켜서 평균을 계산해야 한다. **부록**에 수록된 적분 G.2뿐만 아니라 식 81.11을 사용할 필요가 있다.

풀이 위치 x에서 넓이가 A이고 두께가 dx인 널빤지 속에 들어 있는 입자의 수는 그 농도를 c라고 할 경우 cAN_Adx이다. 따라서 $N_0=n_0N_A$개의 입자 중의 어느 하나가 이 널빤지 속에 있을 확률은 $cAN_A\mathrm{d}x/N_0$이다. 또 입자가 이 널빤지 속에 들어 있으려면 이들이 원점으로부터 x만큼 이동했을 것이

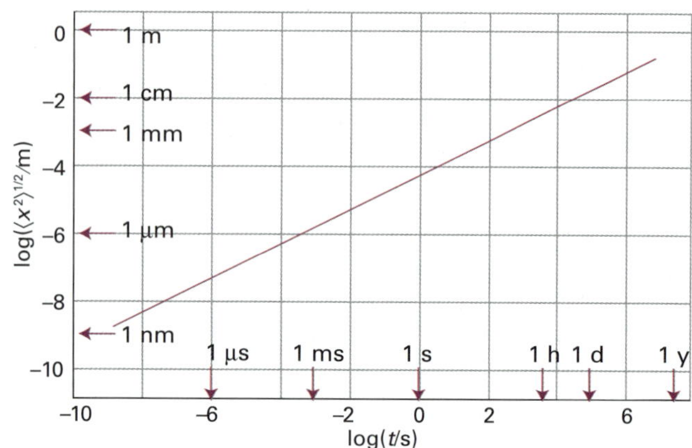

그림 81.4 $D=5\times10^{-10}$ $\mathrm{m^2\ s^{-1}}$인 입자의 제곱 평균근 거리. 확산 속도가 얼마나 느린지를 주목하라.

다. 따라서 모든 입자가 여행한 평균 거리는 각 x에 이것이 나타날 확률을 곱해서 모든 가능한 값에 관해서 합해 주면 나온다. 즉

$$\langle x\rangle=\int_0^\infty x\frac{c(x,t)AN_A}{\underbrace{N_0}_{n_0N_A}}\mathrm{d}x=\frac{1}{(\pi Dt)^{1/2}}\overbrace{\int_0^\infty xe^{-x^2/4Dt}\mathrm{d}x}^{\text{적분 G.2}}=2\left(\frac{Dt}{\pi}\right)^{1/2}$$

평균 변위는 들어간 시간의 제곱근에 따라 변한다.

자가 진단 81.5 입자가 일차원 계에서 t 시간 동안에 확산되어 이동하는 제곱 평균근 거리를 나타내는 식을 유도하시오. **부록**에 수록된 적분 G.3이 필요할 것이다.

답: $\langle x^2\rangle^{1/2}=(2Dt)^{1/2}$

예제 81.1에서 보인 바와 같이, 확산하는 입자가 일차원 계에서 t 시간 동안에 여행하는 평균 변위는 다음과 같다.

$$\langle x\rangle=2\left(\frac{Dt}{\pi}\right)^{1/2} \qquad \text{일차원 평균 변위} \qquad (81.13)$$

그리고 같은 시간에 제곱 평균근 변위는 다음과 같다.

$$\langle x^2\rangle^{1/2}=(2Dt)^{1/2} \qquad \text{일차원 제곱 평균근 변위} \qquad (81.14)$$

이 후자 식은 입자들이 원점으로부터 양쪽 방향으로 확산할 수 있을 때 이들의 확산 정도를 나타내는 중요한 식이다(이 때는 항상 $\langle x\rangle=0$이다). 전형적인 확산 계수($D=5\times10^{-10}$ $\mathrm{m^2\ s^{-1}}$)를 갖는 입자의 제곱 평균근 변위를 그림 81.4에 나타내었다. 이 그림은 젓지 않는 용액 속에서 확산에 의한 알짜 이동 거리가 1 cm 증가하는 데 얼마나 긴 시간이 걸리는지를 보여 준다. 이 그래프는 확산이 대단히 느린 과정이라는 것을 보여 준다(용액을 저어 주는 것은 대류에 의해서 혼합을 일으키기 위한 것이다). 조용한 공기에서 확산 현상 또한 매우 느리며, 대류에 의해 크게 가속된다.

81.3 통계적 관점

확산 메커니즘을 직관적으로 보자면 입자가 한 걸음씩 여러 번 움직이면서 처음 위치로부터 점차적으로 퍼져 나가는 것이다. 입자가 거리 λ를 뛰는 데 τ 시간이 걸린다는 모형을 사용하여 이 아이디어를 탐구해 보자. 그러면 t 시간 동안에 분자가 이동하는 전체 거리는 $t\lambda/\tau$가 될 것이다. 그러나 입자가 원점으로부터 이만큼 떨어진 장소까지 가는 것은 결코 아니다. 뛰는 방향은 그때마다 다르므로 이것을 고려하면서 알짜 확산 거리를 따져야 한다.

문제를 간단히 하기 위해서 입자들은 직선(x축)상에서만 이동하고, 오른쪽이나 왼쪽으로 한 번에 뛰는 거리는 똑같이 λ라고 생각해 보자. 이러한 모형을 **일차원 무작정 걷기(one-dimensional random walk)**라고 한다. 다음 **증명**에서 보여 주는 바와 같이 시간 t 후에 원점에서 거리 x에서 입자가 있을 확률은 다음과 같다.

$$P(x,t)=\left(\frac{2\tau}{\pi t}\right)^{1/2}e^{-x^2\tau/2t\lambda^2} \qquad \text{일차원 확률} \qquad (81.15)$$

증명 81.2 일차원 무작정 걷기

N 걸음의 일차원 무작정 걷기를 생각하는데, 각 걸음은 왼쪽 또는 오른쪽으로 거리 λ만큼이다. 오른쪽으로 N_R 걸음, 왼쪽으로 N_L 걸음으로 걷기를 행하는 방법의 수는 이항 계수(**수학적 배경** 7)에 의해 다음과 같이 주어진다.

$$W=\frac{N!}{N_L!N_R!}=\frac{N!}{(N-N_R)!N_R!}$$

N 걸음의 각각이 두 방향 중 하나일 때 걷기의 총 가능한 수는 2^N이다. 따라서 $n=N_R-N_L=2N_R-N$으로 $n\lambda$인 걷기의 알짜 거리의 확률은 다음과 같다.

$$P(n\lambda)=\frac{\text{오른쪽으로 }N_R\text{ 걸음인 경로의 수}}{\text{전체 경로의 수}}=\frac{W}{2^N}=\frac{N!}{(N-N_R)!N_R!2^N}$$

이 식은 다음의 Stirling 근사(토픽 51)를 사용하여 단순화할 수 있다.

$$\ln x!\approx\ln(2\pi)^{1/2}+(x+\tfrac{1}{2})\ln x-x$$

그리고 파라미터

$$\mu=\frac{N_R}{N}-\frac{1}{2}\ll 1$$

는 작은데, 이는 거의 정확하게 걸음의 반이 오른쪽이기 때문이다. μ가 작을 때 다음과 같이 전개할 수 있다.

$$\ln\left(\frac{1}{2}\pm\mu\right)=-\ln 2\pm 2\mu-2\mu^2+\cdots$$

$\ln P(n\lambda)$에 대한 전체 식에서 자리수 μ^2까지 항을 유지한다. 많은 수식적인 과정을 거쳐(응용 문제 81.10 참조) 최종 결과는 다음과 같다.

$$P(n\lambda)=\frac{2^{N+1}e^{-2N\mu^2}}{2^N(2\pi N)^{1/2}}=\frac{2e^{-2N\mu^2}}{(2\pi N)^{1/2}}$$

여기서 다음을 인식해야 한다.

$$N\mu^2=\frac{(2N_R-N)^2}{4N}=\frac{(N_R-N_L)^2}{4N}=\frac{n^2}{4N}$$

원점에서 알짜 거리는 $x=n\lambda$이고 시간 t에서 취한 걸음 수는 $N=t/\tau$이므로 $N\mu^2=\tau x^2/4t\lambda^2$이다. 이 양을 P에 대한 식에 대입하면 식 81.15가 된다.

식 81.11(일차원 확산)과 81.15가 세부적으로 상이한 것은 이 계산에서는 입자가 원점으로부터 어느 쪽으로나 이동할 수 있다는 사실이다. 더욱이, 직선상의 연속적인 모든 점이 아닌 λ만큼 떨어진 불연속적 위치에서만 발견될 수 있다고 보았기 때문이다. 이 두 식이 이와 같이 유사하다는 사실은 확산을 실제로 대단히 많은 수의 걸음이 무작정 방향으로 옮겨지는 결과라고 해석할 수 있음을 암시하는 것이다.

이제 확산 계수 D를 걸음 길이 λ와 도약이 일어나는 속도와 연관시켜 보자. 식 81.11과 81.15의 두 지수를 비교하면 쉽게 다음과 같은 **Einstein–Smoluchowski 식(Einstein–Smoluchowski equation)**을 얻을 수 있다.

$$D=\frac{\lambda^2}{2\tau}$$ Einstein–Smoluchowski 식 (81.16)

간단한 예 81.5 무작정 걷기

SO_4^{2-} 이온이 수용액 속에서 이동할 때 한 번에 그의 지름만큼씩을 도약한다고 하자. 그러면 $D=1.1\times10^{-9}$ m² s⁻¹(표 81.1), $a=250$ pm(토픽 80, 이동도 측정으로부터 얻은 것과 같이)이므로, $\lambda=2a$로부터 다음을 얻는다.

$$\tau=\frac{(2a)^2}{2D}=\frac{2a^2}{D}=\frac{2\times(250\times10^{-12}\text{ pm})^2}{1.1\times10^{-9}\text{ m}^2\text{ s}^{-1}}=1.1\times10^{-10}\text{ s}$$

즉 $\tau=110$ ps이다. τ는 한 번 도약하는 데 걸리는 시간이므로 1초 동안에는 이 이온이 약 1×10^{10}번 도약한다.

자가 진단 81.6 확산에 대한 활성화 에너지를 40 kJ mol⁻¹이라고 하자. 온도가 25°C(위와 같이)에서 30°C로 증가할 때 도약 시간은 얼마나 되겠는가?

답: 84 ps

일차원 무작정 걷기에 대하여, 식 81.16과 합쳐진 식 81.13은 길이 λ의 $N=t/\tau$ 걸음 후에 걸은 거리를 의미한다.

$$\langle x\rangle=\lambda\left(\frac{2N}{\pi}\right)^{1/2}$$ 일차원 원점에서의 평균 거리 (81.17a)

이차원(평평한 표면에서 이동하는 분자처럼)과 삼차원(용액에서, 식 81.13 참조)에서의 무작정 걷기에서 도달하는 평균 반지름에 대한 대응되는 식은 다음과 같다.

$$\langle r\rangle=\lambda N^{1/2}$$ 이차원 원점에서의 평균 거리 (81.17b)

$$\langle r\rangle=\lambda\left(\frac{8N}{\pi}\right)^{1/2}$$ 삼차원 원점에서의 평균 거리 (81.17c)

유의할 것은 평균 거리가 차원이 증가할수록 증가한다는 것이다. 이는 입자가 일차원에서보다 탈출하는 자유도가 증가했기 때문이다.

Einstein–Smoluchowski 식은 미시적인 분자 운동을 확산과 관계되는 거시적 파라미터(예로서 확산 계수와 Stokes–Einstein 관계식을 통한 점성도, 토픽 80의 식 80.19b, $D=kT/6\pi\eta a$)와 연결시켜 주는 중요한 식이다. 이 식은 또한 한 바퀴 되돌아가서 토픽 79에서 취급한 완전 기체의 성질을 나타내기도 한다. 즉 λ/τ를 확산되는 분자의 평균 속도 v_{mean}라고 보고, 또 도약의 길이 λ를 평균 자유 행로와 같다고 생각하면 Einstein–Smoluchowski 식이 기체 분자 운동론(토픽 79의 식 79.7, $D=\frac{1}{3}\lambda v_{mean}$)으로부터 얻은 것과 실질적으로 같은 표현이다. 즉 완전 기체의 확산은 평균 자유 행로와 같은 평균 걸음 길이를 가지는 무작정 걷기이다.

개념 확인

- ☐ 1. **열역학적 힘**은 열역학 제2법칙과 최대 엔트로피에 대한 추적의 결과로 분자가 분산하려는 자발적 경향을 나타내는 것이다.
- ☐ 2. **확산 식**(Fick 제2법칙, 아래 참조)은 농도가 균일해지려는 자연적 경향의 수학적인 공식으로 간주할 수 있다.
- ☐ 3. **대류**는 흐르는 유체의 운동에 기인하는 입자의 운반이다.
- ☐ 4. **확산**의 직관적인 그림은 일련의 작은 걸음으로 움직이며 점차 그들의 원래 위치로부터 이동하는 입자의 움직임이다.

식 확인

성질	식	비고	식 번호
열역학적 힘	$\mathcal{F}=-(\partial\mu/\partial x)_{T,p}$	정의	81.1
Fick 제1법칙	J(양)$=-D\mathrm{d}c/\mathrm{d}x$		81.4
확산 유량	$J=sc$		81.5
표류 속력	$s=D\mathcal{F}/RT$		81.6
확산 식	$\partial c/\partial t=D\partial^2 c/\partial x^2$	일차원	81.7
대류 유량	$J=cv$		81.8
일반 확산 식	$\partial c/\partial t=D\partial^2 c/\partial x^2-v\partial c/\partial x$	일차원	81.10
평균 변위	$\langle x\rangle=2(Dt/\pi)^{1/2}$	일차원 확산	81.13
제곱 평균근 변위	$\langle x^2\rangle^{1/2}=(2Dt)^{1/2}$	일차원 확산	81.14
변위 확률	$P(x,t)=(2\tau/\pi t)^{1/2}\mathrm{e}^{-x^2\tau/2t\lambda^2}$	일차원 무작정 걷기	81.15
Einstein–Smoluchowski 식	$D=\lambda^2/2\tau$	일차원 무작정 걷기	81.16

16장 분자 운동

토픽 78 기체 분자 운동론

토론 문제

78.1 기체의 운동 모형을 근거로 하는 가정을 비판적으로 명백히 밝히고 분석하시오.

78.2 기체 분자의 평균 자유 행로의 온도, 압력, 크기 의존성에 대하여 분자적 해석을 기술하시오.

연습 문제

78.1(a) 20°C에서 H_2 분자와 Hg 원자의 (a) 평균 속력의 비, (b) 평균 병진 운동 에너지의 비를 구하시오.

78.1(b) 25°C에서 He 원자와 Hg 원자의 (a) 평균 속력의 비, (b) 평균 운동 에너지의 비를 구하시오.

78.2(a) 20°C에서 H_2와 O_2 분자의 제곱 평균근 속력을 계산하시오.

78.2(b) 20°C에서 CO_2 분자와 He 원자의 제곱 평균근 속력을 계산하시오.

78.3(a) Maxwell 속력 분포식을 이용하여 400 K의 N_2 분자 중에서 200~210 m s^{-1} 영역의 속력을 갖는 분율을 구하시오.

78.3(b) Maxwell 속력 분포식을 이용하여 400 K의 CO_2 분자 중에서 400~405 m s^{-1} 영역의 속력을 갖는 분율을 구하시오.

78.4(a) 20°C에서 CO_2 분자의 최빈 속력, 평균 속력, 평균 상대 속력을 계산하시오.

78.4(b) 20°C에서 H_2 분자의 최빈 속력, 평균 속력, 평균 상대 속력을 계산하시오.

78.5(a) 공기가 충돌 지름이 395 pm인 N_2 분자로 되어 있다고 가정하자. 25°C, 1.0 atm에 있는 공기에서 다음을 계산하시오. (a) 분자의 평균 속력, (b) 분자의 평균 자유 행로, (c) 충돌 빈도

78.5(b) 실험실의 최고 성능 진공 펌프는 약 1 nTorr의 진공을 만들어 낼 수 있다. 25°C에서 이 공기가 충돌 지름이 395 pm인 N_2 분자로 되어 있다고 가정하고 다음을 계산하시오. (a) 분자의 평균 속력, (b) 평균 자유 행로, (c) 기체 속에서의 충돌 빈도

78.6(a) 20°C에서 100 cm^3의 용기에 들어 있는 아르곤의 평균 자유 행로가 그 용기의 지름과 맞먹을 정도가 되려면 압력이 얼마가 되어야 하겠는가? $\sigma = 0.36\ nm^2$로 놓는다.

78.6(b) 20°C에서 아르곤의 평균 자유 행로가 그 원자 자신의 지름에 10배 정도가 되는 압력을 계산하시오.

78.7(a) 고도가 20 km인 높이에서 온도가 217 K이고 압력이 0.050 atm이었다. N_2 분자의 평균 자유 행로를 구하시오($\sigma = 0.43\ nm^2$).

78.7(b) 고도가 15 km인 높이에서 온도가 217 K이고 압력이 12.1 kPa이었다. N_2 분자의 평균 자유 행로를 구하시오($\sigma = 0.43\ nm^2$).

78.8(a) 온도가 25°C이고 압력이 (a) 10 atm, (b) 1.0 atm, (c) 1.0 μatm일 때 Ar 단일 원자가 1.0초 동안에 충돌하는 횟수를 계산하시오.

78.8(b) 15 km의 고도에서 N_2 한 분자는 매초 몇 번이나 충돌을 하겠는가? (연습 문제 78.7b 데이터를 이용)

78.9(a) 5.0 mm×4.0 mm 크기의 고체 표면을 압력이 25 Pa, 온도가 300 K인 Ar 기체에 노출시켰다. 100초 동안에 Ar 원자가 이 표면과 충돌하는 수를 계산하시오.

78.9(b) 압력이 120 Pa, 온도가 1200 K인 헬륨 기체에 2.0 cm × 10.0 cm 크기의 고체 표면을 노출시켰다. 1.0초 동안에 He 원자가 이 표면과 충돌하는 수를 계산하시오.

78.10(a) 125 cm^3의 수소 기체가 135초 동안 작은 구멍을 통해 분출되었다. 같은 온도와 압력에서 산소 기체가 같은 부피를 분출하는 데 얼마나 걸릴까?

78.10(b) 175 cm^3의 이산화 탄소 기체가 255초 동안 작은 구멍을 통해 분출되었다. 같은 온도와 압력에서 이산화 황 기체가 같은 부피를 분출하는 데 얼마나 걸릴까?

78.11(a) 어떤 분출 용기에 지름이 1.50 mm인 둥근 구멍이 뚫려 있다. 이 용기 속에 몰질량이 300 g mol^{-1}이고, 500 K에서의 증기 압력이 0.735 Pa인 고체가 들어 있다. 1.00시간 후에 이 고체의 질량이 얼마나 감소하겠는가?

78.11(b) 어떤 분출 용기에 지름이 1.00 mm인 둥근 구멍이 뚫려 있다. 이 용기 속에 몰질량이 250 g mol^{-1}이고, 425 K에서의 증기 압력이 0.324 Pa인 고체가 들어 있다. 일주일(일주일 = 7 × 24h) 후에 이 고체의 질량이 얼마나 감소하겠는가?

78.12(a) 수은 압력계에 연결된 용기에 약간 낮은 압력의 기체 시료가 들어 있는데, 작은 바늘 구멍을 통해서 이 기체가 152초 동안 새어나갔더니 압력계의 높이가 74 cm에서 20 cm로 내려갔다. 질소($M = 28.02$ g mol^{-1})로 똑같은 실험을 되풀이하였더니 같은 압력 강하가 나타나는 데 45초가 걸렸다. 이 시료의 몰질량을 계산하시오.

78.12(b) 수은 압력계에 연결된 용기에 약간 낮은 압력의 질소가 들어 있는데, 작은 바늘 구멍을 통해서 이 기체가 22.5초 동안 새어나갔더니 압력계의 높이가 75.1 cm에서 32.5 cm로 내려갔다. 플루오로탄소 기체로 똑같은 실험을 되풀이하였더니 같은 압력 강하가 나타나는 데 135.0초가 걸렸다. 이 플루오로탄소의 몰질량을 계산하시오.

78.13(a) 내부 부피가 3.0 m^3인 우주선이 운석과 충돌하여 반지름이 0.10 mm인 구멍이 생겼다. 이 우주선 안의 초기 산소 압력이 80 kPa

이고 온도가 298 K였다면, 이 압력이 70 kPa로 떨어지는 데 시간이 얼마나 걸리겠는가?

78.13(b) 내부 부피가 22.0 m^3인 용기에 반지름이 0.050 mm인 구멍이 생겼다. 이 용기 안의 초기 질소 압력이 122 kPa이고 온도가 293 K였다면, 이 압력이 105 kPa로 떨어지는 데 시간이 얼마나 걸리겠는가?

응용 문제

78.1 분자의 속력을 측정하는 데는 1.0 cm 간격으로 떨어진 5개의 동심 회전 원판으로 된 장치를 이용할 수 있다. 이 원판은 지름이 5.0 cm이고 원판 가장자리에는 홈이 있으며, 이웃 원판의 홈과 각도 2.0°의 변위를 이루고 있다. 두 상이한 온도와 여러 회전 속도에서 Kr 원자살의 상대적 세기 I를 측정한 결과는 다음과 같다.

ν(Hz)	20	40	80	100	120
I(40 K)	0.846	0.513	0.069	0.015	0.002
I(100 K)	0.592	0.485	0.217	0.119	0.057

이 두 온도에서 분자 속도의 분포 함수 $f(v_x)$를 계산하고 일차원계에 대한 이론값과 맞는지를 확인하시오.

78.2 Knudsen 용기를 써서 1000°C에서 저마늄의 증기 압력을 측정하려고 한다. 반지름이 0.50 mm인 구멍을 통해서 7200초 동안에 43 μg의 질량 감소가 생겼다고 하면, 이 온도에서 저마늄의 증기 압력은 얼마겠는가? 이 기체는 일원자 분자라고 가정한다.

78.3 증기를 가두어둔(증기를 보충할 응축상이 없는) 부피 V인 Knuden 용기의 압력은 시간 상수 $\tau=(2\pi M/RT)^{1/2}(V/A)$(관계된 식의 유도에 대해서는 응용 문제 78.12 참조)를 갖고 지수적으로 감소한다. 1300°C에서 $V=100$ cm^3, $A=0.10$ mm^{2}인 용기에 바륨 증기 압력이 초기 값의 1/10로 떨어지는 데 걸리는 시간은 얼마인가?

78.4 250°C에서 419°C의 영역에서 아연의 증기 압력은 $a=9.200$, $b=6947$ K로 주어지는 식 $\log(p/\text{Torr})=a-b/T$로부터 추정할 수 있다. 고체 아연이 함유된 오븐의 온도를 250°C에서 400°C로 올려주었을 때 반지름 0.20 mm의 구멍에서 나오는 살 유량(초당 Zn 원자로서)을 계산하고 도시하시오.

78.5 Maxwell−Boltzmann 분포식을 이용하여 온도 T에서 기체 분자의 최빈 속력에 대한 식을 유도하시오. 계속해서 삼차원으로 자유롭게 운동하는 분자의 평균 병진 운동 에너지가 $\frac{3}{2}kT$가 됨을 보임으로써 균등 분배 이론의 타당성을 증명하시오.

78.6 토픽 58에서 어느 분자의 열용량은 그들 에너지의 가변도(평균값으로부터 에너지의 평균 제곱 편차)에 비례한다는 것을 확립하였다. Maxwell−Boltzmann 속력 분포식을 사용하여 이 근사에 의한 기체의 열용량에 대한 병진 운동 기여를 계산하시오.

78.7 분자들이 평면을 따라서만 운동을 한다고 생각해 보자(이차원 기체). 속력 분포식을 구하고, 온도 T에서의 분자의 평균 속력을 계산하시오.

78.8 온도가 T인 오븐으로부터 나오는 분자살 중에서 평균값보다 큰 속력을 갖는 분자를 제외한 분자들만을 통과시키는 속도 선택기를 만들었다. 통과되어 나오는 분자살의 평균 속력은 처음 값에 대해서 상대적으로 얼마가 되는지 일차원 문제로 보고 구하시오.

78.9 Maxwell−Boltzmann 분포식에 따라서 제곱 평균근 속력보다 (a) 큰 속력, (b) 작은 속력을 갖는 기체 분자의 비율을 구하시오. 또 (c) 평균 속력보다 큰 속력과 작은 속력을 갖는 분자의 비율을 구하시오.

78.10 v_{mp}(최빈 속력) 자체에서 Δv 영역에 드는 분자수를 기준으로 취하고, nv_{mp}에서 Δv 영역의 속력을 갖는 기체 분자의 분율을 계산하시오. 이러한 계산은 대단히 활동적인(화학 반응을 일으킬 수 있는 중요한) 분자의 분율을 추정하는 데 이용된다. $n=3$, $n=4$일 때의 비를 구하시오.

78.11 속력의 Maxwell−Boltzmann 분포식으로부터 $\langle v^n\rangle^{1/n}$에 대한 식을 유도하시오. **부록**에 있는 적분 G.7과 G.8이 필요할 것임.

78.12 확산 오븐(한쪽 벽에 작은 구멍이 있는 가열 상자) 속에 기체를 보충해 주지 않을 경우 오븐 내부의 기체의 압력이 시간에 따라 어떻게 변하는지를 나타내는 식을 유도하시오. 이어서 기체의 압력이 처음 값의 반으로 감소하는 데 걸리는 시간 $t_{1/2}$이 초기 압력과 무관함을 보이시오. **힌트**: 우선 dp/dt를 $p=NkT/V$와 연관시키는 미분 방정식을 만들고, 이어서 적분을 하시오.

78.13 반지름이 R인 위성 표면으로부터의 탈출 속도(궤도를 무한대로 가지고 가는 데 필요한 최소한의 초기 속도)는 얼마인가? (a) $R=6.37\times10^6$ m, $g=9.81$ m s^{-2}인 지구, (b) $R=3.38\times10^6$ m, $m_{화성}/m_{지구}=0.108$인 화성으로부터의 탈출 속도 값을 계산하시오. H_2, He, O_2 분자는 어떤 온도에서 그 평균 속력이 탈출 속력과 같아지겠는가? 온도가 (a) 240 K, (b) 1500 K일 때 얼마만한 분율의 분자가 탈출에 필요한 충분한 에너지를 가지겠는가? 이러한 계산은 행성의 대기 조성을 연구하는 데 대단히 중요하다.

78.14 기체의 운동 모형은 입자의 크기가 그들의 평균 자유 행로에 비해 무시할 정도일 때 유효하다. 따라서 별 내부의 고밀도 물질에 적용하기 위해 운동론, 결과적으로 완전 기체 법칙을 기대하는 것은 불합리하다. 예를 들어 태양에서 밀도는 중심에서는 액체 물의 1.50배이고 표면까지 약 반 정도에 있는 액체 물과 비교될 수 있다. 하지만 물질의 상태가 **플라스마**(plasma) 상태라는 것을 인식해야 한다. 즉 별의 벌크 물질을 만드는 수소와 헬륨 원자로부터 전자들이 떨어져 나갔다는 것이다. 결과적으로 플라스마를 만드는 입자는 지름이 핵의 크기와 비슷한 10 fm 정도이다. 따라서 오직 0.1 pm인 평균 자유 행로만이 운동 모형과 완전 기체 법칙의 정당성에 대한 기준을 만족한다. 그러므로 별 내부에 대하여 상태 방정식을 $pV=nRT$로 쓸 수 있다. (a) 이온화된 수소 원자로 이루어진 내부는 온도가 3.6 MK이고 질량 밀도는 1.20 g cm^{-3}(물의 밀도보다 조금 높은)으로 된 것으로 가정하여 태양의 중심에서 중간되는 곳의 압력을 계산하시오.

(b) 운동 모형으로부터 얻은 압력에 대한 식을 (a)에서 얻은 결과와 조합하여, 플라스마의 압력은 구역의 부피로 나누어준 구역에서 분자 운동 에너지인 **운동 에너지 밀도** $\rho_k = E_k/V$와 $p = \frac{2}{3}\rho_k$에 의해 관계되어 있음을 보이시오. (c) 태양의 중심에서 중간되는 곳에서 운동 에너지 밀도는 얼마나 되겠는가? 이 결과를 따뜻한 날(25°C)에 지구 대기의 (병진) 운동 에너지 밀도 1.5×10^5 J m^{-3} (0.15 J cm^{-3}에 해당)와 비교하시오. (d) 별은 언젠가는 핵심에 있는 수소 일부를 소모하여 보다 높은 온도가 되는 결과를 가져온다. 온도가 증가하는 것은 핵반응 속도를 증가시키는 결과가 되어, 일부가 탄소 같은 보다 무거운 핵을 형성하게 된다. 별의 바깥 부분은 팽창하고 적색 거성을 만들기 위해 냉각된다. 중심에서 중간되는 적색 거성은 온도가 3500 K로, 주로 완전히 이온화된 탄소와 전자로 이루어져 있으며 질량 밀도가 1200 kg m^{-3}이라고 가정하자. 이곳에서 압력은 얼마인가? (e) 위 (d)에서 적색 거성이 중성 탄소 원자로 이루어져 있다면, 같은 조건하의 같은 곳에서 압력은 얼마나 되겠는가?

78.15 지구 대기의 주성분은 이원자 분자이며, 이들은 병진 운동과 함께 회전 운동도 할 수 있다. 대기의 병진 운동 에너지 밀도가 0.15 J cm^{-3}이라면, 회전 운동을 포함한 전체 운동 에너지 밀도는 얼마가 되겠는가?

토픽 79 기체 운반 성질

토론 문제

79.1 Fick 제1법칙이 기체 분자의 농도 기울기에서 어떻게 나왔는지 설명하시오.

79.2 기체 분자의 온도, 압력, 크기에 대한 확산 계수와 점성도의 의존성에 관하여 분자적 해석을 해보시오.

79.3 기체의 운반 성질에 대한 분자 상호 작용 효과가 무엇인지 밝히시오.

연습 문제

79.1(a) 298 K에서 아르곤($C_{V,m} = 12.5$ J K^{-1} mol^{-1}, $\sigma = 0.36$ nm^2)의 열전도도를 계산하시오.

79.1(b) 298 K에서 질소($C_{V,m} = 20.8$ J K^{-1} mol^{-1}, $\sigma = 0.43$ nm^2)의 열전도도를 계산하시오.

79.2(a) 20°C와 (a) 1.00 Pa, (b) 100 kPa, (c) 10.0 MPa에서 아르곤의 확산 계수를 계산하시오. 또 파이프에서 1.0 bar m^{-1}의 압력 기울기가 있을 경우, 확산에 의한 이 기체의 흐름을 계산하시오.

79.2(b) 20°C와 (a) 100.0 Pa, (b) 100 kPa, (c) 20.0 MPa에서 질소의 확산 계수를 계산하시오. 또 파이프 속에서 1.20 bar m^{-1}의 압력 기울기가 있을 경우, 확산에 의한 이 기체의 흐름을 계산하시오.

79.3(a) 평균 온도가 280 K인 아르곤 시료 속에서 온도 기울기가 10.5 K m^{-1}일 때의 에너지 유량을 계산하시오.

79.3(b) 평균 온도가 290 K인 수소 시료 속에서 온도 기울기가 8.5 K m^{-1}일 때의 에너지 유량을 계산하시오.

79.4(a) 273 K에서 네온의 열전도도 측정값(표 79.1)을 이용하여 Ne 원자의 충돌 단면적을 구하시오.

79.4(b) 298 K에서 질소의 열전도도 측정값(표 79.1)을 이용하여 N_2 분자의 충돌 단면적을 구하시오.

79.5(a) 두 유리판 사이의 거리가 1.0 cm인 이중창이 있다. 1.0 m^2 면적의 이 창을 통해서 따뜻한 방(28°C)으로부터 찬 바깥(−15°C)으로 전도되어 나가는 열의 이동 속도를 구하시오. 이 열손실을 보충시키려면 얼마만한 출력의 전열기가 필요하겠는가?

79.5(b) 두 구리판 사이의 거리가 5.0 cm인 이중 구리판이 있다. 2.00 m^2 면적의 이 판을 통해서 따뜻한 판(70°C)으로부터 찬 판(0°C)으로 전도되어 나가는 열의 이동 속도를 구하시오. 열의 손실율을 계산하시오.

79.6(a) 273 K에서 네온의 점성도 계수 측정값(표 79.1)을 이용하여 Ne 원자의 충돌 단면적을 구하시오.

79.6(b) 273 K에서 질소의 점성도 계수 측정값(표 79.1)을 이용하여 이 분자의 충돌 단면적을 구하시오.

79.7(a) (a) 273 K, (b) 298 K, (c) 1000 K에서 공기의 점성도를 계산하시오. $\sigma \approx 0.40$ nm^2으로 놓는다(실험값은 273 K에서 173 μP, 20°C에서 182 μP, 600°C에서 394 μP이다).

79.7(b) (a) 273 K, (b) 298 K, (c) 1000 K에서 벤젠 증기의 점성도를 계산하시오. $\sigma \approx 0.88$ nm^2으로 놓는다.

응용 문제

79.1‡ A. Fenghour 등(*J. Phys. Chem. Ref. Data* **24**, 1649 (1995))은 액체상과 기체상으로 있는 암모니아의 점성도 계수를 완전히 수록한 표를 만들었다. 다음과 같은 각각의 증기상 점성도 계수를 이용하여 NH_3의 유효 분자 지름을 구하시오. (a) 270 K, 1.00 bar에서 $\eta = 9.08\times10^{-6}$ kg m^{-1} s^{-1}, (b) 490 K, 10.0 bar에서 $\eta = 1.749\times10^{-5}$ kg m^{-1} s^{-1}

‡이 문제는 Charles Trapp과 Carmen Giunta가 제공하였다.

79.2 10 K의 수소 기체에 대하여 300 K의 수소 기체가 나타내는 열전도도의 비를 구하시오. 두 온도에서 열적 활성인 운동 방식을 생각하면서 주의해서 계산하시오.

79.3 우주 공간은 지구 표면의 기체 분위기와 전혀 다르다. 예로서 이 공간의 전형적인 밀도는 약 1 atom cm^{-3}이며, 이 원자는 주로 H이다. 유효 온도는 성간 배경 복사 때문에 약 10 kK이다. 이러한 조건하에서 H의 확산 계수와 열전도도를 구하시오(**비고:** 에너지는 실제로 복사에 의해서 훨씬 더 효과적으로 이동된다).

토픽 80 액체에서의 운동

토론 문제

80.1 한 이온의 유체 역학 반지름과 이온 반지름의 차이를 논의하고, 왜 작은 이온이 더 큰 유체 역학 반지름을 가질 수 있는지 설명하시오.

80.2 물에서의 양성자 전도 메커니즘을 설명하시오. 이 메커니즘을 어떻게 증명할 수 있겠는가?

80.3 왜 양성자는 물보다 액체 암모니아에서 더 천천히 움직일까?

연습 문제

80.1(a) 물의 점성도는 20°C에서 1.002 cP, 30°C에서 0.7975 cP이다. 운반 과정에 대한 활성 에너지는 얼마나 될까?

80.1(b) 수은의 점성도는 20°C에서 1.554 cP, 40°C에서 1.450 cP이다. 운반 과정에 대한 활성 에너지는 얼마나 될까?

80.2(a) 25°C의 수용액 속에서 염화 이온의 이동도를 측정하였더니 7.91×10^{-8} $m^2\ s^{-1}\ V^{-1}$이었다. 몰 이온 전도도를 계산하시오.

80.2(b) 25°C의 수용액 속에서 아세트산 이온의 이동도는 4.24×10^{-8} $m^2\ s^{-1}\ V^{-1}$이었다. 몰 이온 전도도를 계산하시오.

80.3(a) 25°C의 수용액 속에서 Rb^+ 이온의 이동도는 7.92×10^{-8} $m^2\ s^{-1}\ V^{-1}$이었다. 이 용액 속에 있는 두 전극 사이의 전위차는 25.0 V였다. 이 두 전극 사이의 거리가 7.00 mm라면, Rb^+ 이온의 표류 속력은 얼마가 되겠는가?

80.3(b) 25°C의 수용액 속에서 Li^+ 이온의 이동도는 4.01×10^{-8} $m^2\ s^{-1}\ V^{-1}$이었다. 이 용액 속에 있는 두 전극 사이의 전위차는 24.0 V였다. 이 두 전극 사이의 거리가 5.0 mm라면, 이 이온의 표류 속력은 얼마가 되겠는가?

80.4(a) NaI, $NaNO_3$, $AgNO_3$의 극한 몰전도도는 각각 12.69 mS $m^2\ mol^{-1}$, 12.16 mS $m^2\ mol^{-1}$, 13.34 mS $m^2\ mol^{-1}$이다(모두 25°C에서). 이 온도에서 AgI의 극한 몰전도도는 얼마인가?

80.4(b) KF, KCH_3CO_2, $Mg(CH_3CO_2)_2$의 극한 몰전도도는 각각 12.89 mS $m^2\ mol^{-1}$, 11.44 mS $m^2\ mol^{-1}$, 18.78 mS $m^2\ mol^{-1}$이다(모두 25°C에서). 이 온도에서 MgF_2의 극한 몰전도도는 얼마인가?

80.5(a) 25°C에서 Li^+, Na^+, K^+의 몰 이온 전도도는 각각 3.87 mS $m^2\ mol^{-1}$, 5.01 mS $m^2\ mol^{-1}$, 7.35 mS $m^2\ mol^{-1}$이다. 이들의 이동도를 구하시오.

80.5(b) 25°C에서 F^-, Cl^-, Br^-의 몰 이온 전도도는 각각 5.54 mS $m^2\ mol^{-1}$, 7.635 mS $m^2\ mol^{-1}$, 7.81 mS $m^2\ mol^{-1}$이다. 이들의 이동도를 구하시오.

80.6(a) 25°C의 물속에서 설탕 분자의 확산 계수를 5.2×10^{-10} $m^2\ s^{-1}$, 물의 점성도를 1.00 cP로 놓고, 이 설탕 분자의 유효 반지름을 구하시오.

80.6(b) 25°C의 물속에서 글라이신 분자의 확산 계수를 1.055×10^{-9} $m^2\ s^{-1}$, 물의 점성도를 1.00 cP로 놓고, 이 글라이신 분자의 유효 반지름을 구하시오.

응용 문제

80.1 벤젠의 점성도는 아래 표에서 보는 바와 같이 온도에 따라 변한다. 데이터를 이용하여 점성도에 대한 활성화 에너지를 구하시오(식 80.2의 파라미터 E_a).

θ(°C)	10	20	30	40	50	60	70
η(cP)	0.758	0.652	0.564	0.503	0.442	0.392	0.358

80.2 구간 20~100°C에서 물의 점성도를 구할 수 있는 실험식이 다음과 같다.

$$\log\frac{\eta}{\eta_{20}}=\frac{1.3272(20-\theta/°C)-0.001053(20-\theta/°C)^2}{\theta/°C+105}$$

여기서 η_{20}은 20°C에서의 점성도이다. 이 식에 지수 곡선을 맞출 수 있는 가능성을 (수학 소프트웨어를 사용하여) 밝히고, 이어서 점성도에 대한 활성화 에너지를 구하시오. 이 방법은 응용 문제 80.10에서 좀 더 다룰 것이다.

80.3 일련의 농도에서 염화 암모늄 수용액의 전도도가 다음 표에 수록되었다. 몰전도도를 구하고 Kohlrausch 법칙에서 나타내는 파라미터를 결정하시오.

c(mol dm^{-3})	1.334	1.432	1.529	1.672	1.725
κ(mS cm^{-1})	131	139	147	156	164

80.4 시료를 채운 용기의 저항과 이 용기에 KCl 수용액과 같은 표준 용액을 채웠을 때의 저항을 비교하면 그 시료의 전도도를 구할 수 있다. 25°C에서 물의 전도도는 76 mS m^{-1}이고, 0.100 mol dm^{-3} KCl(aq)의 전도도는 1.1639 S m^{-1}이다. 전도도 측정 용기에 0.100 mol dm^{-3} KCl(aq)을 채웠더니 그 저항이 33.21 Ω이고, 0.100 mol dm^{-3} CH_3COOH(aq)를 채웠을 때는 300.0 Ω이었다. 이 농도와 온도에서 아세트산의 몰전도도는 얼마인가?

80.5 일련의 NaCl 수용액을 연속적으로 묽혀가면서 용기 상수($\kappa = C/R$ 관계식 속의 상수 C)가 0.2063 cm^{-1}인 용기에 넣고 그 저항을 측정하여 다음과 같은 결과를 얻었다.

c(mol dm^{-3})	0.00050	0.0010	0.0050	0.010	0.020	0.050
R(Ω)	3314	1669	342.1	174.1	89.08	37.14

몰전도도가 Kohlrausch 법칙을 따른다는 것을 확인하고, 이어서 극한 몰전도도를 구하시오. 계수 $\mathcal{K}$의 값을 구하시오. 이 $\mathcal{K}$(이온의 개별적 성질이 아니고 그 종류에 의존하는 성질임)의 값과 $\lambda(Na^+) = 5.01$ mS m^2 mol^{-1}, $\lambda(I^-) = 7.68$ mS m^2 mol^{-1}을 이용하여 전도도 측정 용기 속에서 0.010 mol dm^{-3} NaI(aq)이 25°C에서 나타내는 (a) 몰전도도, (b) 전도도, (c) 저항을 예측하시오.

80.6 5.00 cm 길이의 전도도 측정 용기에 100 V의 전위차를 가했을 때 물속에서 Li^+, Na^+, K^+ 이온의 표류 속도는 얼마나 되겠는가? 한 이온이 한쪽 전극으로부터 다른 전극까지 가는 데 시간이 얼마나 걸리겠는가? 전도도를 측정할 때는 교류 전류를 쓰는 것이 보통이다. 가해 준 전위차가 2.0 kHz의 반주기 동안에 이온의 변위를 (a) cm, (b) 용매 분자의 지름(약 300 pm) 단위로 구하시오.

80.7‡ Bakale 등(*J. Phys. Chem.*, **100**, 12477 (1996))은 여러 무극성 용매 속에서 단일 전하를 갖는 C_{60}^-의 이동도를 측정하였다. 22°C의 사이클로헥세인 속에서는 이동도가 1.1 cm^2 V^{-1} s^{-1}이다. C_{60}^- 이온의 유효 반지름을 구하시오. 용매의 점성도는 0.93×10^{-3} kg m^{-1} s^{-1}이다. 이 유효 반지름과 중성 C_{60}의 van der Waals 반지름이 큰 차이를 나타내는 이유를 제시하시오.

80.8 물속에서 알칼리 금속 양이온의 25°C에서의 이동도를 이용하여 그 확산 계수와 유효 유체 역학적 반지름을 추산하시오. 양이온에 의해서 끌려가는 물 분자의 대략적인 수를 추산하시오. 이들의 이온 반지름은 표 38.2에 실려 있다.

80.9 액체 속에서의 분자의 이동도는 핵자기 공명을 이용하여 측정할 수도 있다. 사염화 탄소 속의 메테인을 가지고 실험한 결과, 그 확산 계수가 0°C에서는 2.05×10^{-9} m^2 s^{-1}이고 25°C에서는 2.89×10^{-9} m^2 s^{-1}이었다. 사염화 탄소 속에서의 메테인의 이동도에 관해서 어떤 정보를 얻어낼 수 있겠는가?

80.10 토픽 85에서 화학 반응의 활성화 에너지의 일반 식은 $E_a = RT^2(d \ln k/dT)$임을 볼 것이다. 점성도에 관하여 식 80.2로부터 활성화 에너지를 추출하는 데 같은 식이 이용될 수 있음을 확인하고, 이어서 물의 점성도가 문제 80.2에서의 실험식으로 주어졌을 때 그 식을 활성 에너지의 온도 의존성을 유도하는 데 적용하시오. 이 활성화 에너지를 온도의 함수로 도시하시오. E_a의 온도 의존성을 설명하시오.

토픽 81 확산

토론 문제

81.1 열역학적 힘의 근원을 설명하시오. 어느 정도까지 실제 힘으로 간주할 수 있는가?

81.2 확산 식의 형태에 대하여 물리학적 견지에서 설명하시오.

연습 문제

81.1(a) 물에서 글루코스의 확산 계수는 25°C에서 6.73×10^{-10} m^2 s^{-1}이다. 이 분자가 5.0 mm의 제곱 평균근 변위를 가는 데 필요한 시간을 추산하시오.

81.1(b) 물에서 H_2O의 확산 계수는 25°C에서 2.26×10^{-9} m^2 s^{-1}이다. 이 분자가 1.0 cm의 제곱 평균근 변위를 가는 데 필요한 시간을 추산하시오.

81.2(a) 20.0 g 설탕의 한 층이 5.0 cm^2의 표면적으로 균일하게 퍼져 있으며 20 cm 깊이의 물로 덮여 있다. (a) 10초, (b) 24시간에서 원래 층에서 10 cm 위에 있는 설탕 분자의 몰농도를 구하시오. 확산이 유일한 운반 과정임을 가정하고 $D = 5.216\times10^{-9}$ m^2 s^{-1}을 택하시오.

81.2(b) 10.0 g 아이오딘의 한 층이 10.0 cm^2의 표면적으로 균일하게 퍼져 있으며 10 cm 깊이의 헥세인으로 덮여 있다. (a) 10초, (b) 24시간에서 원래 층에서 5.0 cm 위에 있는 설탕 분자의 몰농도를 구하시오. 확산이 유일한 운반 과정임을 가정하고 $D = 4.05\times10^{-9}$ m^2 s^{-1}으로 놓으시오.

응용 문제

81.1 25°C에서 과망가니즈산 포타슘의 묽은 수용액을 만들었다. 이 용액을 길이가 10 cm인 수평 관 속에 넣었더니, 초기에 왼쪽(농도가

0.100 mol dm^{-3})으로부터 오른쪽(농도가 0.050 mol dm^{-3})으로 갈수록 자주색 용액의 강도에 선형 기울기가 있었다. 관의 (a) 왼쪽 면에서, (b) 중간에서, (c) 오른쪽 면에서 용질에 작용하는 열역학적 힘의 크기와 부호를 구하시오. 각 경우마다 1 mol에 대한 값과 일분자에 대한 값을 구하시오.

81.2 25°C 물에서 과망가니즈산 포타슘의 묽은 용액을 만들었다. 용액이 길이 10 cm의 수평의 관에 있는데, 초기에 $x=0$인 관의 중심 주위로 농도의 Gauss 분포가 $c(x)=c_0\mathrm{e}^{-ax^2}$으로 존재하였고, 이때 $c_0=0.100\ \mathrm{mol\ cm^{-3}}$, $a=0.10\ \mathrm{cm^{-2}}$이다. 위치 x의 함수로 용질에 작용하는 열역학적 힘을 결정하고 그 결과를 도시하시오. 각 경우 몰당 힘과 분자당 힘으로 산출하시오. 열역학적 힘의 결과는 무엇이 될 것으로 예상되는가?

81.3 응용 문제 81.2에서 용질의 Gauss 함수에서 '솟은 곳' 대신에, $c(x)=c_0(1-\mathrm{e}^{-ax^2})$ 형태의 분포인 Gauss 함수의 패인 곳이 있음을 생각해 보자. 응용 문제 81.2에서의 계산을 반복하고 결과를 예상하시오.

81.4 질량 10.0 g의 설탕 덩어리가 25°C에서 반지름 10 cm의 구형 플라스크 속 물 중간에 매달려 있다. (a) 1.0시간, (b) 1.0주 후에 플라스크 벽에서 설탕의 농도를 구하시오. $D=5.22\times10^{-10}\ \mathrm{m^2\ s^{-1}}$으로 놓으시오.

81.5 식 81.11이 올바른 초깃값을 가진 확산 식의 해임을 증명하시오.

81.6 다음 식

$$c(x,t)=\frac{c_0}{(4\pi Dt)^{1/2}}\mathrm{e}^{-(x-x_0-vt)^2/4Dt}$$

이 모든 용질이 $t=0$과 $x=x_0$에서 농축되고 대류(식 81.10)하는 확산 식의 해임을 확인하고, 일련의 시간에 대하여 농도 윤곽을 도시하여 분포가 어떻게 퍼지고 그 중심이 표류되는지를 보이시오.

81.7 열역학적 힘은 크기뿐만 아니라 방향을 가지며, 삼차원 이상적인 계에서 식 81.2는 $\mathcal{F}=-RT\nabla(\ln c)$가 된다. 식 81.12(초기에 용질이 용매 플라스크 중앙에 떠 있는)에 요약된 확산을 일으키기 위하여 작용하는 열역학적 힘은 무엇인가? **힌트**: $\nabla=i\partial/\partial x+j\partial/\partial y+k\partial/\partial z$를 사용하시오.

81.8 확산 식은 고려 대상 시간 사이에 많은 기본 걸음이 취해져야 엄밀하게 성립한다. 그러나 무작정 걸음 계산법을 쓰면 장시간의 경우는 물론이고 단시간 사이의 분포를 논할 수도 있다. 식 81.15를 써서 (a) 4걸음, (b) 6걸음, (c) 12걸음을 취한 후에 원점으로부터 6걸음 떨어진 곳(즉 $x=6\lambda$)에 있을 확률을 계산하시오.

81.9 수학 소프트웨어를 사용하여 일차원 무작정 걷기에서 P를 계산하고, $n=6,\ 10,\ 14\ \ldots,\ 60$에 대하여 $x=n\lambda$에서의 확률을 산출하시오. 아주 많은 걸음의 극한에서의 해석 값을 수치적 값과 비교하시오. n의 어떤 값이 0.1 %보다 작은 차이를 가지는지 밝히시오.

81.10 **증명** 81.2에서 중간 수학적 단계들을 풀이하시오.

81.11 세포 내부 매질 속에서 어떤 특수한 종의 t-RNA 분자의 확산계수는 $D=1.0\times10^{-11}\ \mathrm{m^2\ s^{-1}}$이다. 세포핵에서 생성된 이 분자가 1.0 μm(세포의 반지름에 해당)만큼 떨어진 세포 기벽에 도달하려면 시간이 얼마나 걸리겠는가?

81.12[‡] 이 문제에서는 폐에서 공기 중의 산소가 혈액 속으로 운반되는 모형을 조사해 보고자 한다. 우선 농도에 관한 초기 및 경계 조건들이 각각 $c(x,t)=c(x,0)=c_0\ (0<x<\infty)$, $c(0,t)=c_s$, $(0\le t\le\infty)$로 주어질 때(여기서 c_0와 c_s는 상수), 화학종의 농도 $c(x,t)$는 다음과 같이 주어짐을 보이시오.

$$c(x,t)=c_0+(c_s-c_0)\{1-\mathrm{erf}(\xi)\}\qquad \xi(x,t)=\frac{x}{(4Dt)^{1/2}}$$

여기서 $\mathrm{erf}(\xi)$는 오차 함수이다(**부록**에서 적분 G.6 참조). 그리고 농도 $c(x,t)$는 기체상으로부터 응축상으로 화학종이 흡수될 때와 같이 일정한 농도의 yz 평면으로부터 확산되어 들어오기 때문에 나타난다. 산소가 폐로부터 폐포를 통해서 혈액 속으로 들어가는 것에 비교될만한 공간적 척도에 따라서 여러 상이한 시간을 선정하고 298 K에서 산소가 물속으로 확산되는 경우($D=2.10\times10^{-9}\ \mathrm{m^2\ s^{-1}}$)의 농도 개요를 그래프로 그리시오. $c_0=0$으로, c_s는 산소의 물에 대한 용해도와 같다고 놓는다. **힌트**: 수학 소프트웨어를 이용한다.

81.13 삼차원 무작정 걷기에서 도달하는 평균 반지름에 관한 식 81.17c를 유도하시오. 식 81.12과 예제 81.1에서 제시된 것과 유사한 논리를 사용하시오.

통합 문제

F16.1 일련의 선정된 시간 동안에 반지름이 0.212 μm인 고무 라텍스의 변위를 측정하여 다음과 같은 평균 제곱 변위를 얻었다.

t(s)	30	60	90	120
$10^{12}\langle x^2\rangle(\mathrm{m^2})$	88.2	113.5	128	144

이러한 결과들은 본래 Avogadro 상수 값을 결정하는 데 이용되었지만, 이제는 더 좋은 방법으로 N_A를 측정할 수 있게 되었으며, 따라서 이러한 데이터는 다른 양들을 결정하는 데 이용된다. 이 실험 온도(25°C)에서 물의 유효 점성도를 구하시오.

F16.2 수학 소프트웨어, 컴퓨터용 회계 처리 프로그램, 또는 이 책 웹사이트에 있는 **Living graphs**(LG로 표기)를 이용하여 다음 연습 문제를 수행하시오.

(a) LG 그림 78.4를 참조해서 몰질량을 일정량 100 g mol^{-1}으로 유지하고 시료의 온도를 200 K에서 2000 K로 변화시켜 가며 다른 분포를 도시하시오.

(b) 300 K, 1000 K에서 100~200 ms^{-1}의 구간에 있는 속력을 가지는 분자의 분율을 수치적으로 계산하시오. 이 관찰을 통해 온도의 분자적 해석을 제시하시오.

(c) 그림 81.3에서 보여 준 것과 유사한 곡선 군을 생성하되 삼차원에서 확산을 나타낸 식 81.12를 사용하시오.

17장 화학 반응 속도론

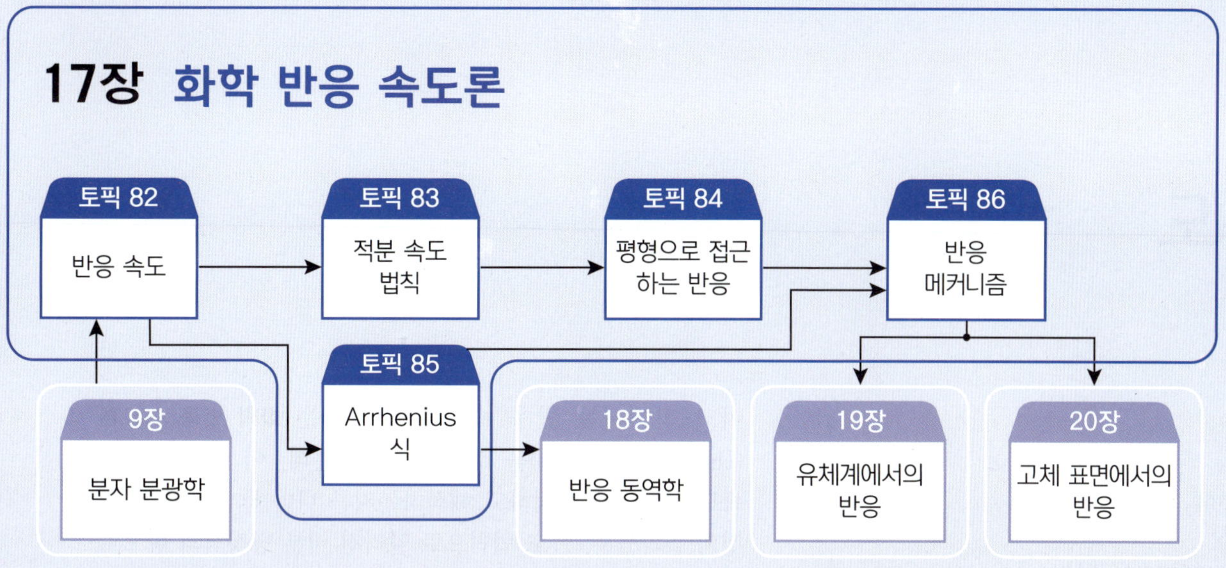

'화학 반응 속도론'은 반응 속도를 연구하는 것이다. 화학 반응의 속도는 온도, 압력, 촉매의 존재 등 우리가 조절할 수 있는 여러 가지 요인에 의존하므로, 조건을 적당히 선택하여 속도를 최적화할 수 있다. 이 장에서는 더 복잡하거나 특수한 경우에 대하여 탐구함으로써 어떻게 이러한 조작이 가능한지를 알게 된다.

토픽 82에서는 반응 속도의 정의에 관해서 논의하고, **분자 분광학**의 도구를 사용하여 측정하는 방법을 소개한다. 이러한 측정 결과에 의하면 반응 속도는 반응물(및 생성물)의 농도와 '속도 상수'에 의존한다. 이 의존성은 '속도 법칙'으로 알려진 미분 방정식으로 나타낼 수 있다.

'적분 속도 법칙'은 속도 법칙의 해이며 시간의 함수로서의 농도를 제공한다(토픽 83). 이 토픽들을 통하여 나타나는 간단하지만 매우 유용한 적분 속도 법칙을 탐구한다. 중요한 경우로는 정반응과 역반응 모두를 포함하는 것으로, 정방향과 역방향의 속도가 같을 때 평형에 접근하는 것을 설명하는 식을 얻게 된다(토픽 84). 이 분석의 결과는 제안된 메커니즘에서 전체 반응의 평형 상수와 정반응 및 역반응의 속도 상수의 유용한 관계가 된다.

대부분의 반응의 속도 상수는 온도가 올라감에 따라 증가한다. 'Arrhenius 식'은 두 개의 파라미터만을 사용하여 이러한 실험적으로 결정된 온도 의존성을 담게 된다는 것을 알 수 있다(토픽 85). 이 식은 **반응 동역학**의 논의에서 이론적으로 전개된다.

반응 속도의 연구는 반응의 '메커니즘'의 이해, 즉 일련의 '단일 단계 반응'으로 이들을 분석하는 것으로도 이어진다(토픽 86). 여기에서 제안된 메커니즘으로부터 어떻게 속도 법칙을 만들게 되는지를 알게 된다. 단일 단계 반응들 자체는 속도 법칙이 단순하며, 반응의 '속도 결정 단계'의 개념을 적용하고, '정류 상태 근사'를 만들거나 '사전 평형'을 가정함으로써 결합될 수 있다. 이리하여 이 단계는 **유체계에서의 반응**과 **고체 표면에서의 반응**에 대한 자세한 연구를 위한 준비를 갖추게 된다.

토픽 82

반응 속도

내용

➤ 학습 목표

반응물이 사라지는 속도와 생성물이 생기는 속도의 연구는 반응 혼합물이 얼마나 빨리 평형에 도달하는지를 예측할 수 있게 한다. 아울러 반응 속도를 연구하면 반응물이 생성물로 변하게 되는 분자들 사이에서 일어나는 일들을 자세히 설명할 수 있다.

➤ 핵심 내용

반응 속도는 반응물의 농도, 때로는 생성물의 농도의 항으로 수학적으로 표현될 수 있다.

➤ 미리 알기

화학 반응의 진행을 연구하는 데 사용되는 실험 방법을 이해하기 위해서는 분광학의 기본 개념을 복습해야 한다(토픽 40).

이 토픽에서는 반응 속도를 연구하는 **화학 반응 속도론**(**chemical kinetics**)을 소개하고자 하는데, 이 이론은 반응 속도를 어떻게 측정하고 해석하는지를 나타낸다. 이러한 측정의 결과들은, 속도 법칙으로 알려진 미분 방정식의 항으로 표현될 수 있는 특유의 방식으로, 반응 속도가 반응물(및 생성물)의 농도에 의존한다는 것을 나타낸다.

82.1 반응 진행의 분석

반응의 속도론적 분석에서의 첫 번째 단계는 반응의 화학량론적 관계를 설정하고 어떠한 부반응의 가능성을 확인하는 것이다. 다음으로, 화학 반응 속도론의 기본 데이터는 반응이 시작된 후 여러 다른 시점에서의 반응물과 생성물의 농도이다.

(a) 일반적 고찰

대부분의 경우 화학 반응의 속도는 온도에 매우 민감하므로, 전통적인 실험에서는 전체 반응 과정을 통해서 반응 혼합물의 온도를 일정하게 유지시켜 주어야 한다. 이러한 요구 조건 때문에 실험 설계가 그만큼 까다롭게 되는 것이다. 예로서 기체상 반응들은 흔히 상당히 큰 금속 덩어리와 접하고 있는 용기 속에서 수행해야 하며, 흐름 반응을 포함한 액체상 반응은 효율적인 항온조 속에서 수행해야 한다. 우주의 성간 구름 속에서 일어나는 반응과 같은 종류의 연구에서와 같이, 저온에서 일어나는 반응을 연구하는 데는 특별한 노력을 해야 한다. 그리하여 반응 기체의 초음속 팽창 방법으로 10 K의 낮은 온도를 얻을 수 있다. 액체상과 고체상에서의 연구를 위해서는 찬 액체나 찬 기체를 반응 용기 주위로 흐르게 하여 대단히 낮은 온도를 얻기도 한다. 경우에 따라서는 액체 헬륨(4 K 근처에서의 연구)이나 액체 질소(77 K 근처에서의 연구)와 같은 냉각용 액체가 채워진, 열적으로 단열된 용기 속에 전체 반응 용기를 담그기도 한다. 비등온적 방법이 종종 이용되기도 하는데, 예를 들어 값비싼 의약품의 저장 수명은 단일 시료의 온도를 서서히 올려주면서 실험할 수 있다.

반응 속도론을 연구하는 데에는 분광법이 널리 이용되는데, 이 방법은 반응 혼합물 중의 한 물질이 측정 가능한 전자기 복사선 영역에서 강한 고유 흡수를 일으키는 경우에 특히 유용하다. 예를 들어 $H_2(g)+Br_2(g) \rightarrow 2HBr(g)$ 반응은 브로민이 흡수하는 가시광선의 세기를 측정함으로써 그 진행 과정을 추적할 수 있다. 반응에 의해서 용액 속에 존재하는 이온의 수나 종류가 변할 때는 용액의 전기 전도도를 분석하여 반응을 추적할 수 있다. $(CH_3)_3CCl(aq)+H_2O(l) \rightarrow (CH_3)_3COH(aq)+H^+(aq)+Cl^-(aq)$ 반응에서와 같이, 중성 분자가 이온 생성물로 치환되면 전도도가 급격하게 변하는 결과가 나타날 수 있다. 수소 이온이 생성되거나 소모될 때는 용액의 pH를 분석하여 반응을 추적할 수도 있다.

반응 혼합물의 조성을 측정하는 또 다른 방법으로서는 방출 분광법(토픽 46), 질량 분석법, 기체 크로마토그래피법, 핵자기 공명법(토픽 47~49), 전자 스핀 공명법(라디칼이나 상자기성 d 금속 이온이 관여하는 반응; 토픽 50 참조) 등을 들 수 있다.

최소한 한 성분이 기체인 반응은 부피가 일정한 계에서 압력의 총 변화를 수반하므로 시간에 따른 압력의 변화를 기록함으로써 반응의 진행 과정을 이해할 수 있다.

예제 82.1 압력 변화의 분석

일정 부피 용기 속에서 기체상 분해 반응 $2\,N_2O_5(g) \rightarrow 4\,NO_2(g)+O_2(g)$ 과정에서 전체 압력이 어떻게 변하겠는지 예측하시오.

방법 전체 압력(부피와 온도가 일정하고 완전 기체 거동으로 가정할 때)은 기체상 분자의 수에 비례한다. N_2O_5 1 mol 당 $\frac{5}{2}$ mol의 기체 분자가 생기며, 따라서 압력이 처음 값의 $\frac{5}{2}$배로 증가할 것으로 예측할 수 있다. 이러한 결론을 확인하기 위하여 반응한 N_2O_5 분자의 분율 α를 가지고 반응의 진행 정도를 나타낸다.

풀이 초기 압력을 p_0, N_2O_5 분자의 초기 존재량을 n이라고 하자. N_2O_5 분자가 α 분율 만큼 분해되면 반응 혼합물에서 성분들의 양이 다음과 같이 된다.

	N_2O_5	NO_2	O_2	전체
양:	$n(1-\alpha)$	$2\alpha n$	$\frac{1}{2}\alpha n$	$n\left(1+\frac{3}{2}\alpha\right)$

$\alpha=0$일 때는 압력이 p_0이며, 따라서 임의 단계에서의 전체 압력은 다음과 같다.

$$p=\left(1+\frac{3}{2}\alpha\right)p_0$$

반응이 끝나면, 압력은 처음 값의 $\frac{5}{2}$배로 증가할 것이다.

자가 진단 82.1 $2\,NOBr(g) \rightarrow 2\,NO(g)+Br_2(g)$에 대해서 이 계산을 되풀이하시오.

답: $p=\left(1+\frac{1}{2}\alpha\right)p_0$

(b) 특수 기법

농도를 분석하는 방법은 반응에 관여하는 화학종과 이들의 농도가 변하는 속도에 따라 다르다. 상당수의 반응들은 수분~수 시간 내에 평형에 도달하며, 여러 가지 방법을 이용하여 그 농도 변화를 추적할 수 있다. **실시간 분석법(real-time analysis)**에서는 반응을 진행시키면서 반응계의 조성을 분석한다. 이 방법에서는 소량의 시료를 뽑아내거나 벌크 용액을 가지고 분석한다. **흘림법(flow method)**에서는 반응물이 혼합실로 함께 흘러 들어갈 때 혼합된다(그림 82.1). 완전히 혼합된 용액은 배출관을 통해서 흘러 나감에 따라 반응이 계속해서 진행되고, 배출관의 여러 다른 위치에서 용액의 조성을 측정하면 혼합 후의 여러 상이한 시각에서 반응 혼합물을 조사한 것과 같은 결과를 얻을 수 있다. 전통적인 흘림법의 단점은 많은 부피의 용액이 필요하다는 것이다. 빠른 반응의 경우에는 유속을 빠르게 해서 반응을 배출관의 전체 길이에 걸쳐서 일어나게 해야 하기 때문에 이 방법을 이용하기가 특히 더 어렵다. 이러한 단점을 피하는 방법이 **정지 흘림법(stopped-flow technique)**인데, 이 방법에서는 배출관 대신에 주사기가 달린 작은 반응실 속에서 반응물들을 매우 빠르게 혼합시킨다(그림 82.2). 주사기의 플런저가 정지 위치에 오면 흐름이 멈추어지고 혼합 용액 속에서 반응이 지속된다. 보통 자외선-가시광선 흡수와 형광 방출 등의 분광법(토픽 40, 45, 46에서 모두 소개하였음)을 이용하여 시료를 시간의 함수로 측정한다. 이 방법을 이용하면 밀리초나 초 단위에서 일어나는 반응을 연구할 수 있다. 이 정지 흘림법이 소량의

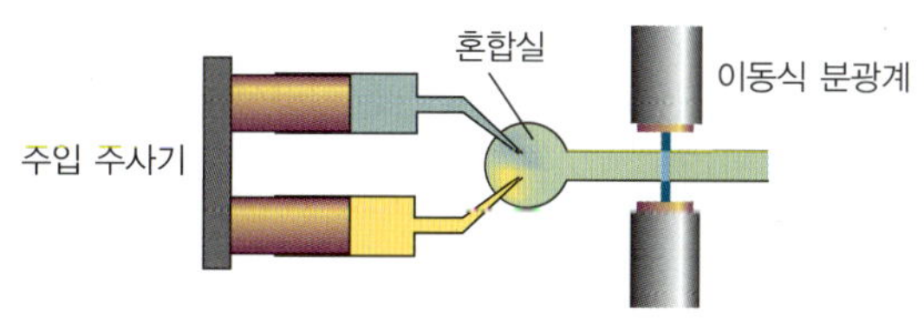

그림 82.1 반응 속도 연구를 위한 흘림법에서 사용되는 장치. 반응물은 일정한 속도로 혼합실 속에 주입된다. 분광계의 위치는 반응이 개시된 후 경과 시간에 해당된다.

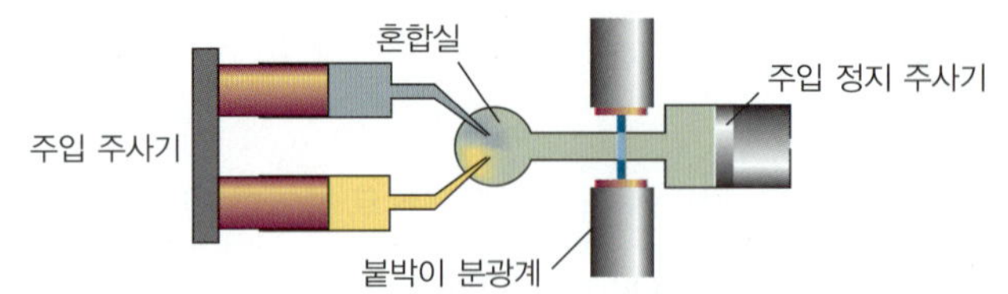

그림 82.2 정지 흘림법에서는 반응물을 가압식 주사기를 이용하여 혼합실에 빠른 속도로 주입시킨 다음, 농도의 시간 의존도를 분석한다.

시료를 연구하는 데 적합하다는 것은 많은 생화학적 반응을 연구하기에 적절하다는 것을 의미하며, 단백질의 접힘이나 효소 작용의 반응 속도론 연구에 널리 이용되어 왔다.

대단히 빠른 반응은 **섬광 분해법(flash photolysis)**을 이용하여 연구할 수 있는데, 이 방법에서는 시료를 매우 짧은 시간 동안 반응을 개시시킬 수 있는 섬광에 노출시킨 다음에 반응 용기 속의 물질들을 분석한다. 섬광 분해법 연구에서 이용되는 장치는 시간 분해 분광법용 실험 장치에 근거해서 만드는데, 피코초나 펨토초 정도에서 일어나는 반응은 전자 흡수 또는 방출, 적외선 흡수, Raman 산란(토픽 40)을 이용하여 분석할 수 있다.

실시간 분석에 반하여 **동결법(quenching method)**은 일정 시간 동안 반응이 진행되게 한 후 반응을 정지 또는 동결하는 것에 기초를 둔다. 이 방법에서는 천천히 조성을 분석하고 반응 중간물을 모아 둘 수도 있다. 이러한 방법들은 반응 혼합물을 동결시키는 시간 동안 반응이 거의 진행되지 않을 정도로 느린 반응에만 적절하다. **화학적 동결 흘림법(chemical quench flow method)**에서는 반응물을 흘림법에서와 같이 매우 동일한 방법으로 혼합하지만, 혼합물이 출구관의 정해진 길이를 따라 이동한 후에 산이나 염기 용액과 같이 다른 시약에 의하여 반응을 동결시킨다. 다른 반응 시간은 출구관을 따라 흐름 속도를 변화시킴으로써 선택될 수 있다. 정지 흘림법에 비해 화학적 동결 흘림법의 장점은 반응물이나 생성물의 농도를 측정하는 데 분광학적 지문이 필요하지 않다는 것이다. 반응이 동결되면 용액은 젤 전기 이동법, 질량 분석법, 크로마토그래피법과 같은 '느린' 방법들로 조사할 수 있다. **급랭 동결법(freeze-quench method)**에서는 밀리초 이내의 짧은 시간 동안에 온도를 떨어뜨려 혼합물을 얼려서 반응을 동결시키고 반응물, 반응 중간물, 생성물의 농도를 분광학적으로 측정한다.

82.2 반응의 속도

반응 속도는 반응 혼합물의 온도와 조성에 의존한다. 다음 여러 절에서 이러한 실험 결과들을 자세히 살펴볼 것이다.

(a) 반응 속도의 정의

A+2 B → 3 C+D와 같은 형태의 반응을 생각해 보자. 임의의 순간에서의 반응 성분 J의 농도를 [J]로 나타내고 반응계의 부피는 일정하다고 하자. 한 주어진 시각에서 어느 한 반응물의 순간 **소모 속도(rate of consumption)**는 $-\mathrm{d}[\mathrm{R}]/\mathrm{d}t$이며, 여기에서 R은 A나 B이다. 이와 같이 나타낸 반응 속도는 양의 값을 갖는다(그림 82.3). 한편 어느 한 생성물(C 또는 D로서 P로 표시한다)의 **생성 속도(rate of formation)**는 $\mathrm{d}[\mathrm{P}]/\mathrm{d}t$(부호의 차이를 주목할 것)이다. 이 속도도 양의 값이다.

반응 A+2 B → 3 C+D에 대한 화학량론적 관계를 생각하면 다음과 같은 관계가 성립하며, 따라서 이 반응과 관련된 속도를 여러 가지로 나타낼 수 있다.

$$\frac{\mathrm{d[D]}}{\mathrm{d}t}=\frac{1}{3}\frac{\mathrm{d[C]}}{\mathrm{d}t}=-\frac{\mathrm{d[A]}}{\mathrm{d}t}=-\frac{1}{2}\frac{\mathrm{d[B]}}{\mathrm{d}t}$$

동일한 반응을 설명하는 반응 속도를 여러 가지로 다르게 나타낼 소지를 없애는 방안으로서 다음과 같은 반응 진척도 ξ(xi, 토픽 73에서 소개한 양)를 이용하는 것이다.

$$\xi=\frac{n_\mathrm{J}-n_{\mathrm{J},0}}{\nu_\mathrm{J}} \qquad \text{정의 반응 진척도} \qquad (82.1)$$

여기서 ν_J는 화학종 J의 화학량론적 수이며(토픽 73), 이 반응 진척도의 변화 속도로서 유일무의한 **반응 속도(rate of reaction)** v를 다음과 같이 정의한다.

$$v=\frac{1}{V}\frac{\mathrm{d}\xi}{\mathrm{d}t} \qquad \text{정의 반응 속도} \qquad (82.2)$$

여기서 V는 반응계의 부피이다. 따라서

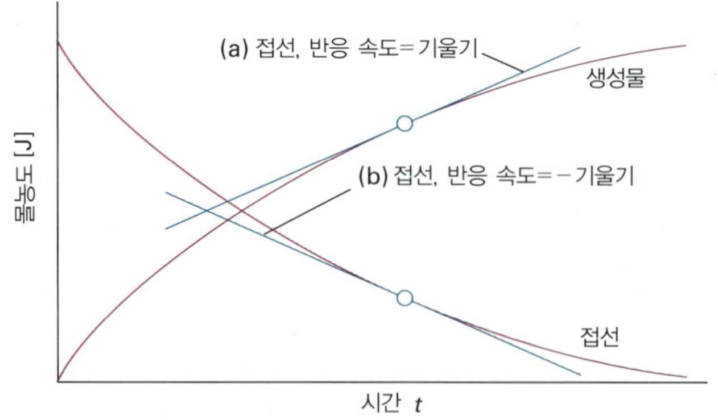

그림 82.3 시간에 따른 (a) 생성물, (b) 반응물의 농도 변화를 나타내는 곡선에 대한 접선의 기울기로 정의되는 (순간) 반응 속도. 기울기가 음일 때는 속도를 보고할 때 부호를 바꾸어서 반응 속도가 항상 양이 되게 한다.

$$v=\frac{1}{\nu_J}\times\frac{1}{V}\frac{dn_J}{dt} \quad (82.3a)$$

(ν_J는 반응물에 대해서는 음이고, 생성물에 대해서는 양이 된다는 것을 유념할 것.) 일정 부피 계에서 일어나는 균일 반응의 경우에는 부피 V를 미분 기호 안으로 가져갈 수 있으며, $[J]=n_J/V$의 관계를 이용하여 이 반응 속도를 다음과 같이 나타낸다.

$$v=\frac{1}{\nu_J}\frac{d[J]}{dt} \quad (82.3b)$$

불균일 반응의 경우에는 V 대신에 화학종들이 차지하는 (일정한) 표면적 A를 사용하고 $\sigma_J=n_J/A$를 이용하여 반응 속도를 다음과 같이 나타낸다.

$$v=\frac{1}{\nu_J}\frac{d\sigma_J}{dt} \quad (82.3c)$$

이렇게 함으로써 각 경우에서 전체 반응(화학 반응식에 표기한)에 대한 단일 반응 속도를 나타낼 수 있는 것이다. 몰농도를 dm^3당 몰수로, 시간을 초로 나타내면 균일 반응의 반응 속도가 mol dm^{-3} s^{-1}, 또는 이와 관련된 단위로 표시된다. 대기 속에서 일어나는 것과 같은 기체상 반응에 대해서는 농도를 흔히 cm^3당 분자수(molecule cm^{-3})로 나타낼 때가 있으며, 이때는 반응 속도가 molecule cm^{-3} s^{-1}으로 표시된다. 불균일 반응에 대해서는 반응 속도를 mol m^{-2} s^{-1}, 또는 이와 관련된 단위로 나타낸다.

간단한 예 82.1 균형 화학 반응식에서의 반응 속도

$2\,NOBr(g)\rightarrow 2\,NO(g)+Br_2(g)$ 반응에서 NO의 생성 속도가 0.16 mmol dm^{-3} s^{-1}으로 보고되었다. 그러면 $\nu_{NO}=+2$이므로 $v=0.080$ mmol dm^{-3} s^{-1}이 된다. 한편 $\nu_{NOBr}=-2$이므로 $d[NOBr]/dt=-0.16$ mmol dm^{-3} s^{-1}이다. 즉 NOBr의 소모 속도는 0.16 mmol dm^{-3} s^{-1} 또는 9.6×10^{16} molecules cm^{-3} s^{-1}이 된다.

자가 진단 82.2 $2\,CH_3(g)\rightarrow CH_3CH_3(g)$ 반응에서 CH_3 라디칼의 몰농도 변화율을 어떤 특정한 조건하에서 측정하였더니 $d[CH_3]/dt=-1.2$ mol dm^{-3} s^{-1}이었다. (a) 반응 속도, (b) CH_3CH_3의 생성 속도를 구하시오.

답: (a) 0.60 mol dm^{-3} s^{-1}, (b) 0.60 mol dm^{-3} s^{-1}

(b) 속도 법칙과 속도 상수

반응 속도는 흔히 반응물의 농도를 몇 제곱한 양에 비례한다. 예로서 반응 속도는 다음과 같이 두 반응물 A와 B의 몰농도에 비례할 수 있다.

$$v=k_r[A][B] \quad (82.4)$$

여기서는 각각의 농도가 1제곱으로 되어 있다. 비례 상수 k_r은 반응에 대한 **속도 상수(rate constant)**라고 하는데, 이것은 농도와는 무관하지만 온도에 의존한다. 실험적으로 결정되는 이러한 종류의 식을 반응의 **속도 법칙(rate law)**이라고 한다. 정식으로 표현하자면 속도 법칙은 임의의 시각에서의 반응 속도를 전체 화학 반응식에 존재하는 모든 화학종의 농도 함수로 나타낸 식이다. 즉

$$v=f([A],[B],\ldots) \quad \text{일반적 형태} \quad \text{농도로 나타낸 속도 법칙} \quad (82.5a)$$

균일 기체 반응의 경우에는 흔히 속도 법칙을 부분 압력을 이용하여 나타내는 것이 더 편리하며, 부분 압력은 $p_J=RT[J]$로 농도와 연관되어 있다. 이때는 반응 속도가 다음과 같이 표시된다.

$$v=f(p_A,p_B,\ldots) \quad \text{일반적 형태} \quad \text{부분 압력으로 나타낸 속도 법칙} \quad (82.5b)$$

속도 법칙은 실험적으로 결정되며, 일반적으로 반응의 화학 반응식으로부터 추론될 수 없다. 예를 들어 수소와 브로민의 반응 $H_2(g)+Br_2(g)\rightarrow 2\,HBr(g)$은 화학량론적으로 매우 간단하지만 이것의 속도 법칙은 다음과 같이 복잡하다.

$$v=\frac{k_a[H_2][Br_2]^{3/2}}{[Br_2]+k_b[HBr]} \quad (82.6)$$

어떤 경우에는 속도 법칙이 반응의 화학량론을 반영하는 경우도 있지만, 이것은 우연의 일치이거나 근본적인 반응 메커니즘의 한 특성을 반영하는 것이다(토픽 86 참조).

실용 상식 일반적인 속도 상수 k_r은 Boltzmann 상수 k와 구별하여 나타낸다. 일부의 책에서는 속도 상수를 k로, Boltzmann 상수를 k_B로 나타낸다. 식 82.6의 경우와 같이, 더 복잡한 속도 법칙에서 속도 상수를 표현할 때는 k_a, k_b 등등으로 사용한다.

속도 상수 k_r의 단위는 항상 속도 법칙이 농도 변화를 시간으로 나눈 결과가 되도록 농도들의 곱을 변화시킬 수 있게 택해야 한다. 예를 들어 속도 법칙이 식 82.4에 나타난 형태로 주어지고, 농도를 mol dm^{-3}으로 표시할 때는 다음과 같은 관계로 인하여 k_r의 단위가 dm^3 mol^{-1} s^{-1}이 된다.

$$dm^3\,mol^{-1}\,s^{-1}\times mol\,dm^{-3}\times mol\,dm^{-3}=mol\,dm^{-3}\,s^{-1}$$

대기 중에서 일어나는 과정을 포함한 기체상 반응을 조사할 때는 농도를 흔히 1 cm^3당 분자수로 표시하며, 따라서 위의 반응에 대한 속도 상수는 cm^3 $molecule^{-1}$ s^{-1}으로 나타내야 한다. 지금까지 위에서 설명한 방법을 이용하면, 임의의 형태의 속도 법칙으로부터 속도 상수의 단위를 결정할 수 있

다. 예를 들어 k_r[A] 형태의 속도 법칙을 갖는 반응에 대한 속도 상수는 통상적으로 s^{-1}으로 나타낸다.

간단한 예 82.2 다른 단위를 가진 속도 상수

반응 $O(g)+O_3(g) \rightarrow 2\ O_2(g)$에 대한 속도 상수는 298 K에서 $8.0\times10^{-15}\ cm^3\ molecule^{-1}\ s^{-1}$이다. 이 속도 상수를 $dm^3\ mol^{-1}\ s^{-1}$으로 나타내려면 두 가지 관계인 $1\ cm = 10^{-1}\ dm$, $1\ molecule = (1\ mol)/(6.022\times10^{23})$을 이용한다. 따라서 다음과 같은 결과를 얻는다.

$$\begin{aligned} k_r &= 8.0\times10^{-15}\ cm^3\ molecule^{-1}\ s^{-1} \\ &= 8.0\times10^{-15}(10^{-1}\ dm)^3\left(\frac{1\ mol}{6.022\times10^{23}}\right)^{-1} s^{-1} \\ &= 8.0\times10^{-15}\times10^{-3}\times6.022\times10^{23}\ dm^3\ mol^{-1}\ s^{-1} \\ &= 4.8\times10^{6}\ dm^3\ mol^{-1}\ s^{-1} \end{aligned}$$

자가 진단 82.3 어떤 반응이 $k_r[A]^2[B]$ 형태의 속도 법칙을 갖는다. 반응 속도를 $mol\ dm^{-3}\ s^{-1}$으로 측정하면 속도 상수의 단위는 무엇인가?

답: $dm^6\ mol^{-2}\ s^{-1}$

속도 법칙의 실제 응용은 일단 속도 법칙과 속도 상수의 값을 알게 되면 반응 혼합물의 조성으로부터 반응 속도를 예측할 수 있다는 것이다. 후에 설명하겠지만, 속도 법칙을 알게 되면 반응이 일정 시간 동안 일어난 후의 반응 혼합물의 조성을 예상할 수 있게 된다. 뿐만 아니라 속도 법칙이 반응 메커니즘을 알아내는 길잡이로 쓰이는데(토픽 86), 이것은 어떠한 제안된 메커니즘이라도 관측된 속도 법칙과 반드시 일치하여야 하기 때문이다.

(c) 반응 차수

많은 반응들이 다음과 같은 형태의 속도 법칙을 따른다.

$$v = k_r[A]^a[B]^b \cdots \tag{82.7}$$

이러한 종류의 속도 법칙에서 반응 성분들(생성물 또는 반응물)의 농도에 제곱된 멱수를 그 반응물의 **반응 차수**(**order**)라고 한다. 예컨대 식 82.4와 같은 속도 법칙을 갖는 반응은 A에 관해서 1차이고 B에 관해서도 1차이다. $a+b+\cdots$와 같이 모든 성분들의 개별 반응 차수를 합한 것을 82.7에서와 같은 속도 법칙을 갖는 반응의 **전체 반응 차수**(**overall order**)라고 한다. 따라서 식 82.4의 속도 법칙은 전체적으로 2차이다.

반응의 차수는 꼭 정수가 될 필요는 없으며, 많은 기체상 반응이 이런 경우에 해당된다. 예를 들어 다음과 같은 속도 법칙을 따르는 반응은 A에 관해서 1/2차, B에 관해서 1차, 따라서 전체적으로 3/2차가 된다.

$$v = k_r[A]^{1/2}[B] \tag{82.8}$$

만일 반응 속도가 한 반응물의 농도와 무관하다면 이 반응은 그 반응물에 대하여 **0차**(**zeroth-order**)라고 말한다($x^0 = 1$과 똑같이, $[J]^0 = 1$이므로 [J]의 값과 무관하다).

간단한 예 82.3 속도 법칙

일산화 탄소에 의한 이산화 질소의 환원 반응은 다음과 같다.

$$NO_2(g)+CO(g) \rightarrow NO(g)+CO_2(g)$$

이 반응은 $v = k_r[NO_2]^2$인 속도 법칙을 가지며, NO_2에 대하여 2차이고, 다른 화학종은 속도 법칙에 나타나지 않기 때문에 전체 반응의 차수는 2차이다. 이 반응의 속도는 약간의 CO가 존재하는 조건에서 CO의 농도와 무관하며, 따라서 CO에 대해서는 0차가 된다. 기체상 반응 $H_2(g) + Br_2(g) \rightarrow 2\ HBr(g)$에 대하여 실험적으로 밝혀진 속도 법칙은 식 82.6으로 주어진다. 이 반응은 H_2에 대하여 1차일지라도 Br_2와 HBr에 대해서는 분명히 규정되지 않으며, 따라서 전체 반응 차수도 불명확하다.

자가 진단 82.4 기질 S 위에서 효소 E의 반응에 관한 전형적인 속도 법칙, 즉 K_M이 상수일 때 $v = k_r[E][S]/([S]+K_M)$에 대하여 위의 분석을 반복하시오(이 속도 법칙을 유도하기 위하여 토픽 92를 볼 것).

답: E에 대하여 1차, S에 대해서는 차수를 특정할 수 없음

0차 반응의 한 예는 고압에서 포스핀(PH_3)이 뜨거운 텅스텐 촉매 표면에서 분해되는 것으로서, 다음과 같은 속도 법칙을 따른다.

$$v = k_r \tag{82.9}$$

PH_3은 거의 다 없어질 때까지 일정한 속도로 분해된다. 0차 반응은 표면이 포화되어 뒤이은 반응이 서서히 진행될 때의 불균일 반응에서와 같이 어떤 병목과 같은 메커니즘을 가질 때와, 또한 효소에 비해서 기질의 양이 상대적으로 대단히 많은 경우의 대다수 효소 촉매 반응에서 전형적으로 일어난다.

간단한 예 82.3에서 보았듯이, 속도 법칙이 식 82.7과 같은 형태로 주어지지 않는 반응은 전체 반응 차수를 갖지 않으며, 각 반응 성분에 관한 차수도 갖지 않을 수 있다.

이러한 예들은 다음의 세 가지 중요한 문제를 지적하게 한다.

- 실험 데이터를 이용하여 속도 법칙을 구하고, 또 속도 상수의 값을 구하는 문제. 이 토픽에서는 이 점에 집중

할 것이다.

- 속도 법칙과 부합되는 반응 메커니즘을 찾는 문제. 토픽 86에서 이를 위한 방법을 소개한다.
- 속도 상수의 값과 그 온도 의존성을 설명해야 하는 문제. 이러한 의존성은 토픽 85에서 다룰 것이다.

(d) 속도 법칙의 결정

속도 법칙은 **분리법**(**isolation method**)을 이용하면 간단하게 구할 수 있는데, 이 방법에서는 반응물들의 농도를 한 가지만을 제외하고 모두 대단히 크게 취한다. 예를 들어 A와 B 사이의 반응에서 B가 과량으로 존재할 때는, 이것의 농도가 전체 반응 과정에서 일정하게 유지된다고 보는 것이 좋은 근사가 될 것이다. 그러면 진짜 속도 법칙은 $v=k_r[A][B]$이지만, [B]를 이것의 초기 값인 $[B]_0$으로 놓을 수 있으므로 속도 법칙을 다음과 같이 나타낼 수 있다.

$$v=k_r'[A] \qquad k_r'=k_r[B]_0 \tag{82.10}$$

이것은 일차 속도 법칙의 형태이다. 이 진짜 속도 법칙은 B의 농도를 일정하다고 가정하고 억지로 일차가 되게 만든 것이기 때문에 **유사 일차 속도 법칙**(**pseudo-first order rate law**)이라고 한다. 성분들을 차례로 바꾸어 가면서 분리시키면(즉 다른 모든 물질의 농도를 크게 과량으로 택하여) 각 반응물의 농도에 대한 반응 속도의 의존 관계를 구할 수 있으며, 그리하여 전체적인 속도 법칙의 개념을 얻을 수 있다.

초기 속도법(**method of initial rate**)은 흔히 분리법과 함께 사용하는데, 이 방법에서는 반응물의 초기 농도를 여러 다른 값으로 취하면서 반응 초기의 반응 속도를 측정한다. 지금 A를 분리시킨 반응의 속도 법칙이 $v=k_r'[A]^a$와 같다고 하자. 그러면 초기 반응 속도 v_0는 A의 초기 농도로 나타낼 수 있으며, $v_0=k_r'[A]_0^a$라고 쓸 수 있다. 이것의 로그를 취하면 다음과 같이 된다.

$$\log v_0=\log k_r'+a\log[A]_0 \tag{82.11}$$

따라서 일련의 초기 농도에 대하여 반응 속도를 측정하고 그 로그를 A의 초기 농도의 로그에 대해서 도시하면 기울기가 a인 직선이 나와야 한다.

예제 82.2 초기 속도법의 이용

아르곤 기체 속에서 기체상 아이오딘 원자가 재결합되는 반응을 조사하여 초기 속도법으로 그 반응 차수를 구하였다. $2\,I(g)+Ar(g)\rightarrow I_2(g)+Ar(g)$ 반응의 초기 속도는 다음과 같았다.

$[I]_0(10^{-5}\ mol\ dm^{-3})$	1.0	2.0	4.0	6.0
$v_0(mol\ dm^{-3}\ s^{-1})$	(a) 8.70×10^{-4}	3.48×10^{-3}	1.39×10^{-2}	3.13×10^{-2}
	(b) 4.35×10^{-3}	1.74×10^{-2}	6.96×10^{-2}	1.57×10^{-1}
	(c) 8.69×10^{-3}	3.47×10^{-2}	1.38×10^{-1}	3.13×10^{-1}

Ar의 농도는 (a) 1.0 mmol dm^{-3}, (b) 5.0 mmol dm^{-3}, (c) 10.0 mmol dm^{-3}이다. I와 Ar 원자의 농도에 대한 반응 차수를 구하시오.

방법 주어진 Ar의 농도에서 초기 반응 속도의 로그 $\log v_0$을 $\log [I]_0$에 대해서 도시하고, 이어서 별도로 주어진 I의 농도에서 $\log [Ar]_0$에 대해서 도시한다. 이 두 선의 기울기는 각각 I와 Ar에 대한 반응의 차수이며, 수직축과의 절편으로부터 $\log k_r$이 나온다.

풀이 도시 결과를 그림 82.4에 나타내었다. 기울기는 각각 2, 1이며, 따라서 (초기) 속도 법칙은 $v_0=k_r[I]_0^2[Ar]_0$이다. 이 속도 법칙은 이 반응이 [I]에 관해서 2차, [Ar]에 관해서 1차, 전체적으로 3차라는 것을 나타내는 것이다. 절편은 $k_r=9\times10^9\ mol^{-2}\ dm^6\ s^{-1}$에 해당된다.

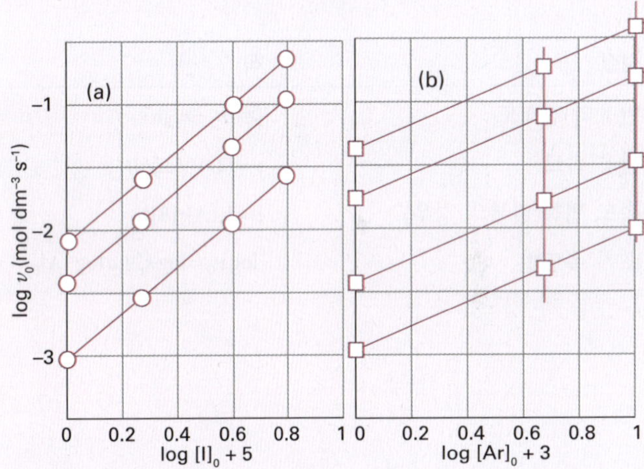

그림 82.4 $\log v_0$를 (a) 주어진 $[Ar]_0$에서 $\log [I]_0$에 대해서, (b) 주어진 $[I]_0$에서 $\log [Ar]_0$에 대해서 도시한 그림

실용 상식 k_r의 단위는 자동적으로 계산에서 나오며, 항상 시간에 대한 농도의 곱인 농도/시간(예를 들면 mol dm^{-3} s^{-1})으로 변환시키는 것과 같다.

자가 진단 82.5 한 반응의 초기 속도가 다음과 같이 물질 J의 농도에 의존한다.

$[J]_0(mmol\ dm^{-3})$	5.0	8.2	17	30
$v_0(10^{-7}\ mol\ dm^{-3}\ s^{-1})$	3.6	9.6	41	130

J에 대한 반응 차수를 결정하고 속도 상수를 구하시오.

답: 2차, $1.4\times10^{-2}\ dm^3\ mol^{-1}\ s^{-1}$

초기 속도 방법으로는 완전한 속도 법칙을 밝힐 수 없을 수 있는데, 이것은 생성물이 한번 생기게 되면 그 자체가 반응에 참여하여 반응에 영향을 주는 경우가 있을 수 있기 때문이다. 예를 들어 HBr의 합성 반응의 경우, 식 82.6에 의하면 완전한 속도 법칙은 HBr의 농도에 의존하므로 생성물이 반응에 참여하게 된다. 이러한 어려움을 피하려면 반응의 전 과정에 걸쳐서 얻은 데이터에 속도 법칙을 맞추어야 한다. 최소한 간단한 경우에는 예상한 속도 법칙을 이용하여 임의의 시간에서의 각 성분의 농도를 예측한 다음, 그것을 실험 데이터와 비교하는 방법을 이용할 수 있다. 또한 생성물을 첨가하거나, 기체상 반응의 경우에는 반응 용기의 표면 대 부피 비를 변화시키면서 반응 속도가 변하는지를 관찰하여 속도 법칙을 시험해 보아야 한다.

개념 확인

□ 1. 화학 반응의 속도는 반응 혼합물에 존재하는 화학종의 농도를 측정하는 방법을 사용하여 측정한다. 실례에는 **실시간 분석법**과 **동결법, 흘림법**과 **정지 흘림법, 섬광 분해법**이 포함된다.

□ 2. 반응의 **순간 속도**는 농도를 시간에 대해서 도시한 그래프의 접선 기울기(양수로 표현된)이다.

□ 3. **속도 법칙**은 반응 속도를 전체 화학 반응에서 일어나는 화학종들의 농도로 나타낸 식이다.

식 확인

성질	식	비고	식 번호
반응의 진척도	$\xi = (n_J - n_{J,0})/\nu_J$	정의	82.1
반응 속도	$v = (1/V)(\mathrm{d}\xi/\mathrm{d}t)$	정의	82.2
속도 법칙(일부의 경우)	$v = k_r[\mathrm{A}]^a[\mathrm{B}]^b\cdots$	a, b, …: 차수, $a+b+$…: 전체 차수	82.7
초기 속도법	$\log v_0 = \log k_r' + a\log[\mathrm{A}]_0$		82.11

토픽 83

적분 속도 법칙

내용

➤ 학습 목표

반응물이 소모되고 생성물이 나타나는 시간 경로의 완전한 분석은 반응 메커니즘을 수립하고 증명하는 데 필요한 단계이다. 이 내용을 실제로 응용하면 임의의 모든 단계에서 반응계 조성을 예측할 수 있다.

➤ 핵심 내용

실험 데이터와 속도 법칙의 적분 형태를 비교함으로써 제안된 속도 법칙의 증명과 반응의 차수 및 속도 상수의 결정을 이끌어 낸다.

➤ 미리 알기

속도 법칙, 반응 차수, 속도 상수에 익숙해져야 한다(토픽 82). 간단한 속도 법칙을 취급하는 데는 단지 적분의 기본적인 기술만이 필요하다(표준 적분에 대한 **부록** 참조).

속도 법칙(토픽 82)은 미분 방정식이므로, 농도를 시간의 함수로 구하려면 속도 법칙을 적분해야 한다. 가장 복잡한 속도 법칙이라도 수치적으로 적분할 수 있다. 그러나 대부분의 간단한 경우에는 **적분 속도 법칙(integrated rate law)**으로 알려진 해석 해를 쉽게 구할 수 있으며, 이는 매우 유용하다는 것이 증명된다. 여기서 이러한 간단한 경우 몇 가지를 조사하고자 한다.

83.1 일차 반응

아래 **증명**에서 설명하는 바와 같이 다음의 일차 속도 법칙

$$\frac{d[A]}{dt}=-k_r[A] \qquad (83.1a)$$

의 적분 형태는 다음과 같이 표시된다.

$$\ln\frac{[A]}{[A]_0}=-k_rt \qquad [A]=[A]_0e^{-k_rt} \qquad \text{적분 일차 속도 법칙} \qquad (83.1b)$$

여기서 $[A]_0$은 A의 초기 농도($t=0$에서의)이다.

증명 83.1 일차 적분 속도 법칙

우선 식 83.1a를 다음과 같이 고쳐 쓴다.

$$\frac{d[A]}{[A]}=-k_rdt$$

이 식은 k_r이 시간과 무관한 상수이므로 직접 적분할 수 있다. 처음에는($t=0$일 때) A의 농도가 $[A]_0$이고, 시간이 t만큼 지났을 때의 농도는 [A]이며, 따라서 이 값들을 적분 한계로 취하면 다음과 같이 쓸 수 있다.

$$\int_{[A]_0}^{[A]}\frac{d[A]}{[A]}=-k_r\int_0^t dt$$

$1/x$을 적분하면 $\ln x+$상수가 되므로(**부록**의 적분 A.2) 쉽게 식 83.1b가 얻어진다.

식 83.1b에 의하면 $\ln([A]/[A]_0)$를 t에 대해서 도시할 경우 일차 반응은 기울기가 $-k_r$인 직선을 나타내야 한다. 이 방법으로 구한 몇 가지 일차 반응의 속도 상수 값을 표 83.1에 나타내었다. 또 식 83.1b의 두 번째 식에 의하면, 일차 반응의 경우에는 반응물의 농도가 지수함수적으로 감소하는데, 그 속도는 k_r에 의해서 결정된다(그림 83.1).

일차 화학 반응의 속도를 확인하는 데 유용한 한 가지 방법은 반응물의 농도가 처음 값의 반이 되는 데 걸리는 시간,

즉 **반감기(half-life)** $t_{1/2}$를 보는 것이다. 이 양은 적분 속도 법칙으로부터 쉽게 얻어진다. 따라서 일차 반응의 경우에는 A의 농도가 $[A]_0$으로부터 $\frac{1}{2}[A]_0$으로 줄어드는 데 걸리는 시간은 식 83.1b로부터 다음과 같이 주어진다.

$$k_r t_{1/2} = -\ln\frac{\frac{1}{2}[A]_0}{[A]_0} = -\ln\tfrac{1}{2} = \ln 2$$

따라서

$$t_{1/2} = \frac{\ln 2}{k_r} \qquad \text{일차 반응 \quad 반감기} \qquad (83.2)$$

($\ln 2 = 0.693$이다.) 이 결과에서 주목해야 할 중요한 점은 일차 반응의 경우 반응물의 반감기가 반응물의 처음 농도와 무관하다는 것이다. 따라서 만일 어떤 **임의의** 반응 단계에서의 A의 농도가 [A]라면 시간이 $(\ln 2)/k_r$만큼 더 지났을 때 그 농도가 $\frac{1}{2}$[A]로 떨어지게 된다. 일부 반감기를 표 83.1에 나타내었다.

일차 반응의 속도를 나타내는 또 하나의 성질은 **시간 상수(time constant, τ)**, 즉 반응물의 농도가 처음 값의 1/e로 감소하는 데 걸리는 시간이다. 식 83.1b에 의하면 다음과 같은 관계가 성립한다.

$$k_r\tau = -\ln\frac{\frac{1}{e}[A]_0}{[A]_0} = -\ln\tfrac{1}{e} = 1$$

즉 일차 반응의 시간 상수는 다음과 같이 속도 상수의 역수가 된다.

$$\tau = \frac{1}{k_r} \qquad \text{일차 반응 \quad 시간 상수} \qquad (83.3)$$

표 83.1* 일차 반응에 관한 반응 속도론적 데이터

반응	상	θ(°C)	$k_r(s^{-1})$	$t_{1/2}$
$2\ N_2O_5 \rightarrow 4\ NO_2 + O_2$	g	25	3.38×10^{-5}	5.70 h
	Br_2(l)	25	4.27×10^{-5}	4.51 h
$C_2H_6 \rightarrow 2\ CH_3$	g	700	5.36×10^{-4}	21.6 min

*더 많은 값들이 **부록**에 수록되어 있다.

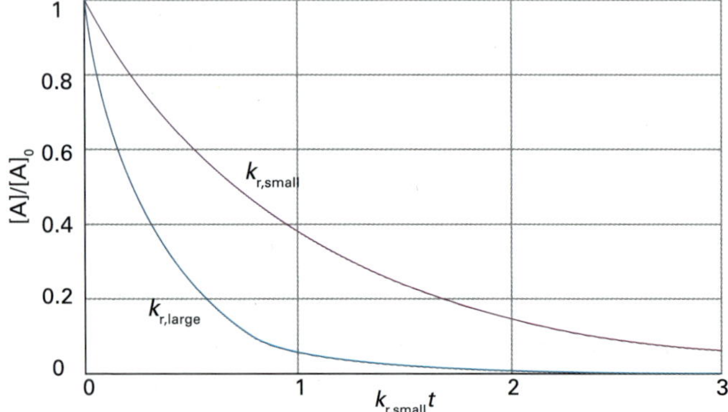

그림 83.1 일차 반응에서 반응물의 지수함수적 감쇠. 속도 상수가 클수록 더 빠른 속도로 감쇠된다. 여기서는 $k_{r,large} = 3k_{r,small}$이다.

예제 83.1 일차 반응의 분석

아조메테인의 부분 압력 변화를 600 K에서 시간 함수로 추적하여 다음과 같은 결과를 얻었다. 다음과 같은 분해 반응이 아조메테인에 관해서 일차임을 확인하고, 속도 상수, 반감기, 그리고 600 K에서의 속도 상수 값을 구하시오.

$CH_3N_2CH_3(g) \rightarrow CH_3CH_3(g) + N_2(g)$

t(s)	0	1000	2000	3000	4000
p(Pa)	10.9	7.63	5.32	3.71	2.59

방법 본문에서 설명한 바와 같이, 반응이 일차임을 확인하기 위해 $\ln([A]/[A]_0)$를 시간에 대해서 도시하면, 이때 직선이 예상된다. 기체의 부분 압력은 그 농도에 비례하기 때문에 동일한 방법으로 $\ln(p/p_0)$를 t에 대해서 도시한다. 직선이 나오면 그 기울기는 $-k_r$로 확인된다. 그러면 반감기와 시간 상수는 각각 식 83.2와 83.3을 이용하여 k_r로부터 계산된다.

풀이 다음과 같은 표를 만들어서 도시한다.

t(s)	0	1000	2000	3000	4000
$\ln(p/p_0)$	0	−0.357	−0.717	−1.078	−1.437

$\ln(p/p_0)$를 t에 대해서 도시한 것을 나타낸 것이 그림 83.2이다. 이 도시 결과는 직선이며, 따라서 일차 반응임을 확인할 수 있고, 그 기울기는 -3.6×10^{-4}이다. 따라서 $k_r = 3.6\times10^{-4}\ s^{-1}$이다.

실용 상식 그래프의 수평축과 수직축은 순수한 수로만 표시되기 때문에 그래프의 기울기는 항상 단위가 없게 된다. $y = b + mx$와 같은 형태의 도시에 대하여 '단위'가 x의 단위일 때 '이것을 $y = b + (m$ 단위$)(x/$단위$)$와 같이 쓸 수 있

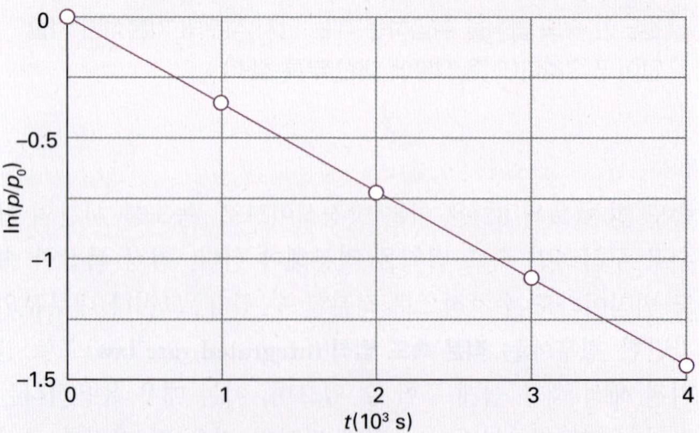

그림 83.2 일차 반응의 속도 상수 결정. $\ln [A]/[A]_0$(또는 여기서와 같이 $\ln p/p_0$)를 t에 대해서 도시하면 직선이 나오며, 그 기울기는 k_r이 된다.

으며, 'm 단위'를 갖는 (무단위)의 기울기를 확인할 수 있다. 따라서 $m=$(기울기/단위)가 된다. 이 예제의 경우에는 도시한 그래프가 $\ln(p/p_0)$를 t/s(즉 '단위' = s)에 대해서 도시한 것이며, k_r은 $\ln(p/p_0)$의 t 자체에 대한 도시의 음의 값인 기울기로서 $k=-$기울기/s가 된다.

또한 식 83.2와 83.3으로부터 반감기와 시간 상수는 각각 다음과 같게 된다.

$$t_{1/2}=\frac{\ln 2}{3.6\times10^4\ \mathrm{s^{-1}}}=1.9\times10^{-5}\ \mathrm{s} \qquad \tau=\frac{1}{3.6\times10^4\ \mathrm{s^{-1}}}=2.8\times10^{-5}\ \mathrm{s}$$

자가 진단 83.1 어떤 특별한 실험에서 액체 브로민 속의 N_2O_5의 농도가 다음과 같이 시간에 따라 변하였다.

t(s)	0	200	400	600	1000
$[N_2O_5]$ (mol dm^{-3})	0.110	0.073	0.048	0.032	0.014

이 반응이 N_2O_5에 관해서 일차임을 확인하고, 그 속도 상수를 구하시오.

답: $k_r=2.1\times10^{-3}\ \mathrm{s^{-1}}$

83.2 이차 반응

아래 **증명**에서 보이는 바와 같이 다음의 이차 속도 법칙

$$\frac{d[A]}{dt}=-k_r[A]^2 \tag{83.4a}$$

에 대한 적분 형태는 다음의 두 가지 형태 중의 하나가 된다.

$$\frac{1}{[A]}-\frac{1}{[A]_0}=k_rt \qquad \text{이차 반응 \quad 적분 속도 법칙} \tag{83.4b}$$

$$[A]=\frac{[A]_0}{1+k_rt[A]_0} \qquad \text{이차 반응 \quad 적분 속도 법칙의 다른 형태} \tag{83.4c}$$

여기서 $[A]_0$은 A의 초기 농도($t=0$에서의)이다.

증명 83.2 이차 반응 적분 속도 법칙

식 83.4a를 적분하기 위하여 다음과 같이 고쳐 쓴다.

$$\frac{d[A]}{[A]^2}=-k_r dt$$

A의 농도는 $t=0$에서 $[A]_0$이고 t시간 후에는 $[A]$이다. 따라서

$$-\int_{[A]_0}^{[A]}\frac{d[A]}{[A]^2}=k_r\int_0^t dt$$

$1/x^2$의 적분은 $-1/x+$상수(**부록**의 적분 A.1)가 되므로 적분 한계 값들을 넣어 주면 식 83.4b가 나온다.

$$\frac{1}{[A]}+\text{상수}\Bigg|_{[A]_0}^{[A]}=\frac{1}{[A]}-\frac{1}{[A]_0}=k_rt$$

이 식을 정리하면 식 83.4c가 된다.

식 83.4b는 이차 반응을 식별하려면 $1/[A]$을 t에 대해서 도시한 것이 직선을 나타내야 된다는 것을 보여 준다. 이 직선의 기울기는 k_r이 된다. 이 방법으로 결정한 속도 상수의 일부를 표 83.2에 수록하였다. 다시 정리한 형태인 식 83.4c를 이용하면 반응이 시작된 후 임의 시각 t에서의 A의 농도를 구할 수 있다. 초기 반응 속도가 같을 경우에는 A의 농도가 일차 반응에서보다 더 느리게 0으로 접근한다는 것을 나타낸다(그림 83.3).

식 83.4b에 $t=t_{1/2}$과 $[A]=\frac{1}{2}[A]_0$를 대입하면 A가 이차 반응에 따라 소모될 때의 반감기가 다음과 같이 된다.

$$t_{1/2}=\frac{1}{k_r[A]_0} \qquad \text{이차 반응 \quad 반감기} \tag{83.5}$$

따라서 일차 반응에서와는 달리, 이차 반응의 반감기는 초기 농도에 따라 변한다. 이차 반응에 따라 붕괴되는 화학종들(일부 환경 유해 물질이 여기에 포함됨)의 반감기는 농도가 낮을 때 길어지기 때문에, 이러한 종들은 낮은 농도에서 오랫동안 존속된다. 일반적으로 'A → 생성물'과 같은 형태의 n차 반응(n이 0과 1이 아닐 때)의 경우에는 반감기가 그 속도 상수와 A의 초기 농도와 다음과 같이 연관된다.(문제 83.16 참조)

$$t_{1/2}=\frac{2^{n-1}-1}{(n-1)k_r[A]_0^{n-1}} \qquad n\text{차 반응 \quad 반감기} \tag{83.6}$$

또 다른 유형의 이차 반응은 두 반응물 A와 B의 각각에 관해서 일차인 것이다. 즉

$$\frac{d[A]}{dt}=-k_r[A][B] \tag{83.7}$$

이 속도 법칙은 B의 농도가 A의 농도와 어떻게 관련되어 있는지를 알기 전에는 적분할 수 없다. 예를 들어 A+B → P에 따라 생성물 P가 생기는 반응에서 A와 B의 초기 농도를

표 83.2* 이차 반응에 관한 반응 속도론적 데이터

반응	상	θ(°C)	k_r(dm^3 mol^{-1} s^{-1})
$2\ NOBr \rightarrow 2\ NO + Br_2$	g	10	0.80
$2\ I \rightarrow I_2$	g	23	7×10^9
$CH_3Cl + CH_3O^-$	CH_3OH(l)	20	2.29×10^{-6}

* 더 많은 값들이 **부록**에 수록되어 있다.

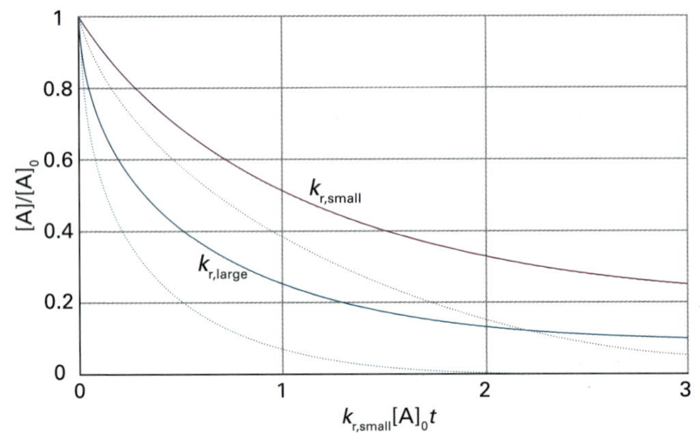

그림 83.3 이차 반응에서 반응물 농도의 시간에 따른 변화. 점선은 동일한 초기 반응 속도를 갖는 일차 반응에서의 농도 감소를 나타낸다. 여기서는 $k_{r,large} = 3k_{r,small}$이다.

$[A]_0$와 $[B]_0$라고 하자. 그러면 아래 **증명**에서 보이는 바와 같이 반응이 시작되고 나서 t시간 후에는 농도들 사이에 다음과 같은 관계가 성립한다.

$$\ln\frac{[B]/[B]_0}{[A]/[A]_0}=([B]_0-[A]_0)k_rt \qquad \text{A+B→P 형태의 이차 반응} \quad \text{적분 속도 법칙} \qquad (83.8)$$

따라서 좌변의 식을 t에 대해서 도시하면 직선이 나와야 하며, 그 기울기로부터 k_r을 구할 수 있다. 다음의 **간단한 예**에 나타난 바와 같이, 속도 상수는 단지 두 번의 측정으로 얻은 데이터를 사용하여 빠르게 계산할 수 있다.

간단한 예 83.1 이차 반응

용액에서 수행되는 A+B→P 형태의 이차 반응을 생각해 보자. 초기에 반응물의 농도는 $[A]_0 = 0.075\ \text{mol dm}^{-3}$, $[B]_0 = 0.050\ \text{mol dm}^{-3}$이었으며, 1.0시간 후에 B의 농도가 $[B] = 0.020\ \text{mol dm}^{-3}$으로 떨어졌다. $\Delta[B] = \Delta[A]$이므로 이 시간 간격 동안 다음과 같게 된다.

$$\Delta[B] = (0.020-0.050)\ \text{mol dm}^{-3} = -0.030\ \text{mol dm}^{-3}$$
$$\Delta[A] = -0.030\ \text{mol dm}^{-3}$$

따라서 1.0시간 후의 A와 B의 농도는 다음과 같다.

$$[A] = \Delta[A] + [A]_0 = (-0.030 + 0.075)\ \text{mol dm}^{-3} = 0.045\ \text{mol dm}^{-3}$$
$$[B] = 0.020\ \text{mol dm}^{-3}$$

식 83.8을 다시 정리하고 1hr = 3600 s를 사용하면 다음과 같다.

$$k_r(3600\,\text{s})=\frac{1}{(0.050-0.075)\,\text{mol dm}^{-3}}\ln\frac{0.020/0.050}{0.045/0.075}$$

속도 상수를 구하기 위하여 이 식을 풀면 다음과 같이 된다.

$$k_r = 4.5 \times 10^{-3}\,\text{dm}^3\ \text{mol}^{-1}\ \text{s}^{-1}$$

자가 진단 83.2 위 반응에 대하여 반응물의 반감기를 구하시오.

답: $t_{1/2}(A)=5.1\times10^3\ \text{s}$, $t_{1/2}(B)=2.1\times10^3\ \text{s}$

증명 83.3 전체적으로 이차인 속도 법칙

화학량론에 따라 A의 농도가 $[A]_0-x$로 떨어지면 B의 농도는 $[B]_0-x$로 떨어진다(A가 하나 없어지면 B도 하나 없어지므로). 따라서

$$\frac{d[A]}{dt}=-k_r([A]_0-x)([B]_0-x)$$

$[A]=[A]_0-x$이므로 $d[A]/dt=-dx/dt$이기 때문에 이 속도 법칙은 다음과 같이 된다.

$$\frac{dx}{dt}=k_r([A]_0-x)([B]_0-x)$$

초기 조건은 $t=0$일 때 $x=0$이며, 따라서 다음과 같은 적분을 해야 한다.

$$\int_0^x\frac{dx}{([A]_0-x)([B]_0-x)}=k_r\int_0^t dt$$

우변의 적분은 간단히 k_rt가 된다. 좌변의 적분은 다음과 같은 부분 분수 방법(**화학자 툴킷** 83.1 참조)을 사용하여 계산한다.

$$\int_0^x\frac{dx}{([A]_0-x)([B]_0-x)}=\frac{1}{[B]_0-[A]_0}\left\{\ln\frac{[A]_0}{[A]_0-x}-\ln\frac{[B]_0}{[B]_0-x}\right\}$$

두 개의 로그함수는 다음과 같이 합칠 수 있게 된다.

$$\ln\frac{[A]_0}{[A]_0-x}-\ln\frac{[B]_0}{[B]_0-x}=\ln\frac{[A]_0}{[A]}-\ln\frac{[B]_0}{[B]}=\ln\frac{1}{[A]/[A]_0}-\ln\frac{1}{[B]/[B]_0}=\ln\frac{[B]/[B]_0}{[A]/[A]_0}$$

여기에서 $A=[A]_0-x$, $B=[B]_0-x$의 관계를 사용하였다. 지금까지의 모든 결과를 결합하면 식 83.8이 된다. 다른 차수의 반응들에 대해서도 이와 비슷한 계산을 하면 적분 속도 법칙을 구할 수 있으며, 그 일부를 표 83.3에 수록해 놓았다.

화학자 툴킷 83.1 부분 분수 방법에 의한 적분

다음과 같은 적분을 풀기 위하여 부분 분수 방법을 사용한다.

$$I=\int\frac{1}{(a-x)(b-x)}\mathrm{d}x$$

여기에서 a와 b는 상수이며 항들(이 피적분 함수의 분모)의 곱인 분수는 분수의 합으로 나타낸다. 이 방법을 실행하기 위하여 피적분 함수를 다음과 같이 쓴다.

$$\frac{1}{(a-x)(b-x)}=\frac{1}{b-a}\left(\frac{1}{a-x}-\frac{1}{b-x}\right)$$

그리하여 우변의 각각의 항을 적분하면 다음 결과를 얻는다.

$$I=\frac{1}{b-a}\left(\int\frac{\mathrm{d}x}{a-x}-\int\frac{\mathrm{d}x}{b-x}\right)$$

$$\overset{\text{적분 A.2}}{=}\frac{1}{b-a}\left(\ln\frac{1}{a-x}-\ln\frac{1}{b-x}\right)+\text{상수}$$

표 83.3 적분 속도 법칙

차수	반응	속도 법칙*	$t_{1/2}$
0	$A\rightarrow P$	$v=k_r$ $k_rt=x$ $0\le x\le[A]_0$에 대해	$[A]_0/2k_r$
1	$A\rightarrow P$	$v=k_r[A]$ $k_rt=\ln\frac{[A]_0}{[A]_0-x}$	$(\ln 2)/k_r$
2	$A\rightarrow P$	$v=k_r[A]^2$ $k_rt=\frac{x}{[A]_0([A]_0-x)}$	$1/k_r[A]_0$
	$A+B\rightarrow P$	$v=k_r[A][B]$ $k_rt=\frac{1}{[B]_0-[A]_0}\ln\frac{[A]_0([B]_0-x)}{([A]_0-x)[B]_0}$	
	$A+2\,B\rightarrow P$	$v=k_r[A][B]$ $k_rt=\frac{1}{[B]_0-2[A]_0}\ln\frac{[A]_0([B]_0-2x)}{([A]_0-x)[B]_0}$	
	$A\rightarrow P$ 자체 촉매 작용이 있을 때	$v=k_r[A][P]$ $k_rt=\frac{1}{[A]_0+[P]_0}\ln\frac{[A]_0([P]_0+x)}{([A]_0-x)[P]_0}$	
3	$A+2\,B\rightarrow P$	$v=k_r[A][B]^2$ $k_rt=\frac{2x}{(2[A]_0-[B]_0)([B]_0-2x)[B]_0}+\frac{1}{(2[A]_0-[B]_0)^2}\ln\frac{[A]_0([B]_0-2x)}{([A]_0-x)[B]_0}$	
$n\ge2$	$A\rightarrow P$	$v=k_r[A]^n$ $k_rt=\frac{1}{n-1}\left\{\frac{1}{([A]_0-x)^{n-1}}-\frac{1}{[A]_0^{n-1}}\right\}$	$\frac{2^{n-1}-1}{(n-1)k_r[A]_0^{n-1}}$

*$x=[P]$, $v=\mathrm{d}x/\mathrm{d}t$

개념 확인

☐ 1. **적분 속도 법칙**은 반응물이나 생성물의 농도에 대한 식을 시간의 함수로 나타낸 식이다(표 83.3).

☐ 2. 적분 속도 법칙을 사용하여 실험 데이터를 분석하면 임의의 모든 단계에서 반응의 조성을 예측할 수 있다.

식 확인

성질	식	비고	식 번호
적분 속도 법칙	$\ln([A]/[A]_0) = -k_r t$ or $[A] = [A]_0 e^{-k_r t}$	1차, $A \rightarrow P$	83.1
반감기	$t_{1/2} = (\ln 2)/k_r$	1차, $A \rightarrow P$	83.2
시간 상수	$\tau = 1/k_r$	1차	83.3
적분 속도 법칙	$1/[A] - 1/[A]_0 = k_r t$, or $[A] = [A]_0/(1 + k_r t[A]_0)$	2차, $A \rightarrow P$	83.4
반감기	$t_{1/2} = 1/k_r[A]_0$	2차, $A \rightarrow P$	83.5
반감기	$t_{1/2} = (2^{n-1} - 1)/(n-1)k_r[A]_0^{n-1}$	n차	83.6
적분 속도 법칙	$\ln\{([B]/[B]_0)/([A]/[A]_0)\} = ([B]_0 - [A]_0)k_r t$	2차 $A + B \rightarrow P$	83.8

토픽 84

평형으로 접근하는 반응

➤ 학습 목표

모든 반응은 평형에 도달하며, 따라서 이들이 평형 조성에 접근함에 따라 조성이 변하는 것을 설명할 수 있는 것은 중요하다.

➤ 핵심 내용

정반응과 역반응은 모두 평형으로의 접근을 설명하는 반응 모델에 포함시켜야 하며, 메커니즘을 분석하면 해당하는 속도 상수와 평형 상수가 관련이 있음을 보여 준다.

➤ 미리 알기

속도 법칙, 반응 차수, 속도 상수(토픽 82), 적분 속도 법칙(토픽 83), 평형 상수(토픽 73)를 잘 알아야 한다. 토픽 83에서와 같이 단순한 속도 법칙을 다루는 데는 단지 적분의 기초 기술만이 필요하다.

실제로 대부분의 반응 속도론 연구는 평형에서 많이 떨어진 반응을 다루며 역반응은 중요하지 않다. 이러한 이유 때문에 반응이 평형에 가까울 때는 지금까지 고려한 어떤 법칙도 전체 반응 속도를 설명하지 못한다. 평형 근처에서는 생성물이 많으므로 역반응을 반드시 고려해 주어야 한다.

84.1 평형 근처에서의 일차 반응

A로부터 B가 생성되고 정반응과 그 역반응이 모두 일차인 반응(일부 이성질체화 반응과 같이)을 생각하여 화학 평형 근처에서 시간에 따른 조성의 변화를 탐구할 수 있다. 고려하는 모델은 다음과 같다.

$$\begin{aligned} &\mathrm{A}\rightarrow\mathrm{B} \qquad v=k_\mathrm{r}[\mathrm{A}] \\ &\mathrm{B}\rightarrow\mathrm{A} \qquad v=k_\mathrm{r}'[\mathrm{B}] \end{aligned} \tag{84.1}$$

A의 농도는 정반응에 의해서 $k_\mathrm{r}[\mathrm{A}]$의 속도로 줄어들지만, 역반응에 의해서 $k_\mathrm{r}'[\mathrm{B}]$의 속도로 보충된다. 따라서 그 실제 변화율은 다음과 같다.

$$\frac{\mathrm{d}[\mathrm{A}]}{\mathrm{d}t}=-k_\mathrm{r}[\mathrm{A}]+k_\mathrm{r}'[\mathrm{B}] \tag{84.2}$$

A의 처음 농도가 $[\mathrm{A}]_0$, B의 처음 농도가 0이었다고 하면 항상 $[\mathrm{A}]+[\mathrm{B}]=[\mathrm{A}]_0$의 관계가 성립할 것이다. 따라서

$$\begin{aligned} \frac{\mathrm{d}[\mathrm{A}]}{\mathrm{d}t}&=-k_\mathrm{r}[\mathrm{A}]+k_\mathrm{r}'\{[\mathrm{A}]_0-[\mathrm{A}]\} \\ &=-(k_\mathrm{r}+k_\mathrm{r}')[\mathrm{A}]+k_\mathrm{r}'[\mathrm{A}]_0 \end{aligned} \tag{84.3}$$

이 일차 미분 방정식의 해는 다음과 같다(미분하여 확인할 수 있음, 문제 84.1).

$$[\mathrm{A}]=\frac{k_\mathrm{r}'+k_\mathrm{r}\mathrm{e}^{-(k_\mathrm{r}+k_\mathrm{r}')t}}{k_\mathrm{r}+k_\mathrm{r}'}[\mathrm{A}]_0 \tag{84.4}$$

이 식이 나타내는 시간 의존 관계를 그림 84.1에 나타내었고, 이때 $[\mathrm{B}]=[\mathrm{A}]_0-[\mathrm{A}]$이다.

$t\rightarrow\infty$이면 농도들이 식 84.4에 의해서 다음과 같은 평형 값에 도달한다.

$$[\mathrm{A}]_\mathrm{eq}=\frac{k_\mathrm{r}'[\mathrm{A}]_0}{k_\mathrm{r}+k_\mathrm{r}'} \qquad [\mathrm{B}]_\mathrm{eq}=[\mathrm{A}]_0-[\mathrm{A}]_\mathrm{eq}=\frac{k_\mathrm{r}[\mathrm{A}]_0}{k_\mathrm{r}+k_\mathrm{r}'} \tag{84.5}$$

따라서 이 반응의 평형 상수는 다음과 같이 된다.

$$K=\frac{[\mathrm{B}]_\mathrm{eq}}{[\mathrm{A}]_\mathrm{eq}}=\frac{k_\mathrm{r}}{k_\mathrm{r}'} \tag{84.6}$$

(토픽 72에서 설명한 바와 같이 농도가 낮으면 활동도를 몰

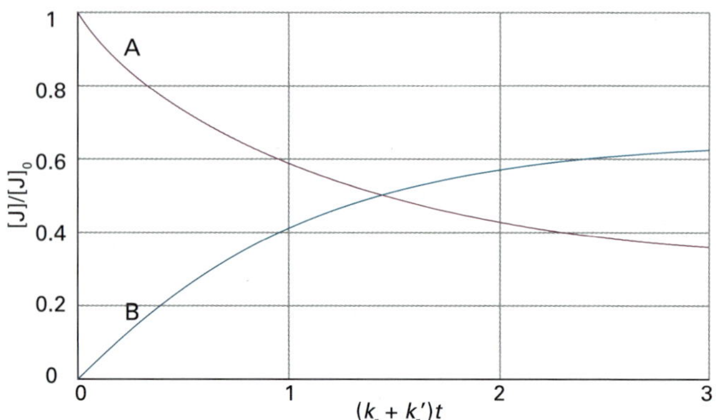

그림 84.1 반응 차수가 양쪽 방향으로 일차이고 $k_r = 2k_r'$인 반응 $A \rightleftarrows B$에서 농도가 식 84.4로 예측되는 평형 값으로 접근하는 모양

농도의 수치 값으로 대체하는 것이 타당함을 보여 주었다.) 평형에서는 정반응 속도와 역반응 속도가 반드시 같아야 한다는 사실을 이용하면 더 간단히 이와 똑같은 결과를 얻을 수 있다. 즉

$$k_r[A]_{eq} = k_r'[B]_{eq} \tag{84.7}$$

이 식을 정리하면 식 84.6이 나온다. 식 84.6은 열역학적 양인 평형 상수를 반응 속도와 연결시켜 주는 이론적으로 대단히 중요한 식이다. 이것의 실제적인 중요성은 속도 상수를 하나만 측정하고 평형 상수를 안다면, 다른 속도 상수를 얻을 수 있다는 것이다.

정반응과 역반응이 다른 차수를 갖는 경우라도 식 84.6은 유효하지만, 이 경우 단위에 주의해야 한다. 예를 들어 A+B → C 반응이 정반응은 2차이고 역반응은 1차라면, 평형에 대한 조건은 $k_r[A]_{eq}[B]_{eq} = k_r'[C]_{eq}$이며 정식적으로 단위가 없는 평형 상수는 다음과 같다.

$$K = \frac{[C]_{eq}/c^\ominus}{([A]_{eq}/c^\ominus)([B]_{eq}/c^\ominus)} = \left(\frac{[C]}{[A][B]}\right)_{eq} c^\ominus = \frac{k_r}{k_r'} \times c^\ominus$$

마지막 항에 $c^\ominus = 1\ \text{mol dm}^{-3}$이 존재하는 것은 다른 단위를 갖는 1차 속도 상수에 대한 2차 속도 상수가 무단위의 양으로 바뀐다는 것을 보장하는 것이다.

간단한 예 84.1 속도 상수로부터의 평형 상수

이합체화 반응에 대한 정반응과 역반응의 속도는 각각 $8.0\times10^8\ \text{dm}^{-3}\,\text{mol}^{-1}\,\text{s}^{-1}$(2차), $2.0\times10^6\ \text{s}^{-1}$(1차)로 밝혀졌다. 따라서 이 이합체화 반응의 속도 상수는 다음과 같다.

$$K = \frac{8.0\times10^8\ \text{dm}^3\,\text{mol}^{-1}\,\text{s}^{-1}}{2.0\times10^6\ \text{s}^{-1}} \times 1\,\text{mol dm}^{-3} = 4.0\times10^2$$

자가 진단 84.1 약물 분자가 단백질에 달라붙는 반응의 평형 상수가 2.0×10^2으로 측정되었다. 다른 독립된 실험에서 2차 부착 반응에 대한 속도 상수는 $1.5\times10^8\ \text{dm}^3\,\text{mol}^{-1}\,\text{s}^{-1}$으로 밝혀졌다. 약물 분자가 단백질로부터 탈착되는 반응에서의 속도 상수는 얼마인가?

답: $7.5\times10^5\ \text{s}^{-1}$

더 일반적인 반응에 대해서는 반응 메커니즘의 모든 중간 단계의 속도 상수를 가지고 전체 평형 상수를 나타낼 수 있다(응용 문제 84.4 참조). 즉

$$K = \frac{k_a}{k_a'} \times \frac{k_b}{k_b'} \times \cdots \tag{84.8}$$

속도 상수로 나타낸 평형 상수

여기서 k는 각 단계에 대한 속도 상수이며, k'는 해당 역단계에 대한 속도 상수이다.

84.2 이완법

이완(**relaxation**)라는 용어는 계가 평형 상태로 되돌아간다는 뜻으로 사용한다. 이것은 반응 속도론에서는 외부에서 작용한 영향이 반응의 평형 위치를 급속히 이동시켰을 때 새로운 조건의 평형 조성 특성을 나타내도록 반응이 조절되는 것을 뜻한다(그림 84.2). 여기서는 온도를 급변시켰을 때 반응 속도가 **온도 뜀**(**temperature jump**)에 어떻게 감응하는지를 생각해 보기로 한다. 토픽 75에서 설명한 바와 같이, 반응의 평형 조성은 온도에 의존하며($\Delta_r H^\ominus$이 0이 아닐 경우), 따라서 온도를 변화시키면 계의 섭동으로 작용된다. 온도를 급격히 변화시키는 한 방법으로 시료에 이온을 첨가하여 전기를 전도할 수 있게 하여 그 속에서 전류를 방전시키거나, 레이저나 마이크로파 방전을 이용할 수도 있다. 전기 방전을 이용하면 약 1 μs 동안에 5~10 K의 온도 뜀을 일어나게 할 수 있

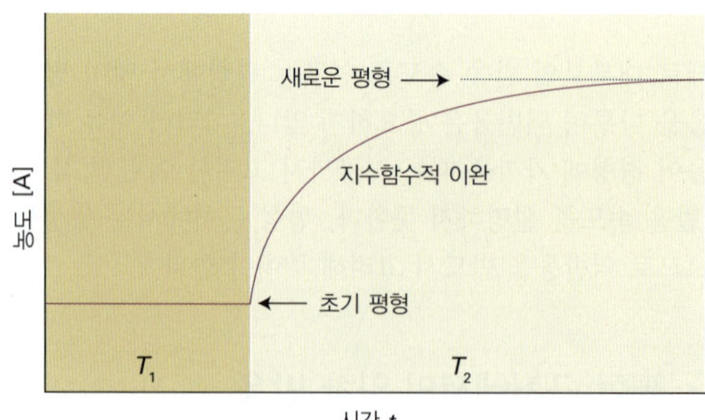

그림 84.2 초기에 온도 T_1에서 평형을 이루고 있던 계에 온도를 급변시켜 T_2로 변화시킬 때 일어나는 새로운 평형 조성으로의 이완

다. 펄스 레이저의 고에너지 출력을 이용하면(토픽 46) 수용액 시료의 온도를 나노초 이내에 10~30 K까지 뛰게 할 수 있다. 일부 평형에 따라서는 압력에 민감한 것도 있으며, 이러한 경우에는 **압력 뜀 방법**(**pressure-jump technique**)을 이용할 수도 있다.

각 방향으로 일차인 단순한 A ⇌ B 평형에 온도를 급상승시키면 아래 **증명**에서 보이는 바와 같이 그 조성이 다음과 같이 새로운 평형 조성을 향해서 지수함수적으로 이완된다.

$$x = x_0 e^{-t/\tau} \qquad \tau = \frac{1}{k_r + k_r'} \qquad \text{1차 반응} \quad \text{온도 뜀 후의 이완} \qquad (84.9)$$

여기서 x_0는 온도 뜀 직후 평형으로부터의 이탈이며, x는 새로운 온도에서 t 시간이 지난 후의 평형으로부터의 이탈이고, k_r과 k_r'은 각각 새로운 온도에서의 정반응과 역반응의 속도 상수이다.

증명 84.1 평형으로의 이완

평형 상태에 있는 계의 온도를 급격하게 상승시키면 속도 상수가 전의 값으로부터 새로운 온도에서의 특성 값인 k_r과 k_r'으로 변하지만, A와 B의 농도는 바로 그 순간에서는 전의 평형값을 그대로 갖는다. 따라서 이 계는 더 이상 평형 상태가 아니며, 이 농도들은 다음과 같은 관계를 만족시키는 새로운 평형 농도로 조절될 것이다.

$$k_r[A]_{eq} = k_r'[B]_{eq}$$

그리고 이 새로운 평형에 도달하는 속도는 새로운 속도 상수에 의존한다. 지금 [A]가 새로운 평형 위치로부터 x만큼 이탈되어 있으므로 $[A] = x + [A]_{eq}$, $[B] = [B]_{eq} - x$가 된다. 그러면 A의 농도가 다음과 같이 변할 것이다.

$$\begin{aligned}\frac{d[A]}{dt} &= -k_r[A] + k_r'[B] \\ &= -k_r([A]_{eq} + x) + k_r'([B]_{eq} - x) \\ &= -(k_r + k_r')x\end{aligned}$$

여기서 이 결과는 평형 농도를 포함하는 두 항이 상쇄되어 나온 결과이다. $d[A]/dt = dx/dt$이므로 이 식은 일차 미분 방정식이며, 그 해는 식 83.1b와 같은 형태가 되어 식 84.9가 나오게 된다.

식 84.9에 의하면 A와 B의 농도는 새로운 두 속도 상수의 합으로 결정되는 반응 속도에서의 새로운 평형으로 이완됨을 나타낸다. 이 새로운 조건하에서의 평형 상수는 $K \approx k_r/k_r'$이므로, 이것과 함께 이완 시간을 측정하면 k_r와 k_r'를 구할 수 있다.

예제 84.1 온도 뜀 실험의 해석

물의 자체 양성자 이전 반응 $H_2O(l) \rightleftharpoons H^+(aq) + OH^-(aq)$의 평형 상수는 298 K에서 $K_w = a(H^+)a(OH^-) = 1.008 \times 10^{-14}$이며, 여기에서는 활동도로서 정확한 식을 사용하였다. 온도가 뛴 다음에는 이 반응이 298 K, pH ≈ 7에서 이완 시간 37 μs를 가지고 평형 상태로 돌아간다. 정반응을 일차, 역반응을 전체적으로 이차로 놓고, 정반응과 역반응의 속도 상수를 구하시오.

방법 이완 시간(평형으로 돌아가는 시간 상수) τ를 k_r(정방향의 일차 반응)과 k_r'(역방향의 이차 반응)의 함수로 나타낸 식을 유도해야 한다. 위에서와 같은 방법으로 할 수 있지만, 이 경우에는 평형으로부터 얼마 벗어나 있지 않기 때문에 x^2을 무시할 수 있다는 가정을 할 필요가 있다. 또 k_r과 k_r'은 평형 상수의 연관성이 있지만, K_w가 무단위이므로 단위에 특히 주의해야 한다.

풀이 최종 온도에서 정방향 속도는 $k_r[H_2O]$이고, 역방향 속도는 $k_r'[H^+][OH^-]$이다. 따라서 H_2O의 실제 이온화(탈양성자화) 반응 속도는 다음과 같이 된다.

$$\frac{d[H_2O]}{dt} = -k_r[H_2O] + k_r'[H^+][OH^-]$$

$[H_2O] = [H_2O]_{eq} + x$, $[H^+] = [H^+]_{eq} - x$, $[OH^-] = [OH^-]_{eq} - x$로 놓으면 위 식은 다음과 같이 된다.

$$\begin{aligned}\frac{dx}{dt} &= -\{k_r + k_r'([H^+]_{eq} + [OH^-]_{eq})\}x - k_r[H_2O]_{eq} \\ &\quad + k_r'[H^+]_{eq}[OH^-]_{eq} + k_r'x^2 \\ &\approx -\{k_r + k_r'([H^+]_{eq} + [OH^-]_{eq})\}x\end{aligned}$$

여기서는 대단히 작은 x^2의 항을 무시하고, 또 $k_r[H_2O]_{eq} = k_r'[H^+]_{eq}[OH^-]_{eq}$의 평형 조건을 이용하여 x와 무관한 항을 제거하였다. 그러면 다음과 같은 결과를 얻을 수 있다.

$$\frac{1}{\tau} = k_r + k_r'([H^+]_{eq} + [OH^-]_{eq})$$

이 시점에서 다음의 관계를 주목하자.

$$\begin{aligned}K_w &= a(H^+)a(OH^-) \approx ([H^+]_{eq}/c^{\ominus})([OH^-]_{eq}/c^{\ominus}) \\ &= [H^+]_{eq}[OH^-]_{eq}/c^{\ominus 2}\end{aligned}$$

여기서 $c^{\ominus} = 1\ mol\ dm^{-3}$이다. 이 전기적으로 중성인 계에서는 $[H^+] = [OH^-]$가 성립하며, 따라서 각 이온 종의 농도가 $K_w^{1/2}c^{\ominus}$가 된다. 따라서 다음과 같은 결과를 얻을 수 있다.

$$\frac{1}{\tau} = k_r + k_r'\left(K_w^{1/2}c^{\ominus} + K_w^{1/2}c^{\ominus}\right) = k_r'\left\{\frac{k_r}{k_r'} + 2K_w^{1/2}c^{\ominus}\right\}$$

이제 이 식에 다음과 같은 관계를 이용한다.

$$\frac{k_r}{k_r'}=\frac{[H^+]_{eq}[OH^-]_{eq}}{[H_2O]_{eq}}=\frac{K_w c^{\ominus 2}}{[H_2O]_{eq}}$$

한편 순수한 물의 몰농도는 55.6 mol dm^{-3}이며, 따라서 $[H_2O]_{eq}/c^{\ominus}=55.6$이다. 평형 상수를 $K=K_w/55.6=1.81\times 10^{-16}$으로 나타내면 다음과 같은 결과를 얻을 수 있다.

$$\frac{1}{\tau}=k_r'\left(K+2K_w^{1/2}\right)c^{\ominus}$$

따라서

$$k_r'=\frac{1}{\tau\left(K+2K_w^{1/2}\right)c^{\ominus}}$$
$$=\frac{1}{(3.7\times10^{-5}\,s)\times(2.0\times10^{-7})\times(1\,mol\,dm^{-3})}$$
$$=1.4\times10^{11}\,dm^3\,mol^{-1}\,s^{-1}$$

결국 다음과 같은 결과를 얻게 된다.

$$k_r=k_r'Kc^{\ominus}=2.4\times10^{-5}\,s^{-1}$$

얼음 속에서는 $k_r'=8.6\times10^{12}$ dm^3 mol^{-1} s^{-1}이며, 이 반응이 빠르게 일어난다.

실용 상식 $c^{\ominus}$을 통하여 단위 사용을 어떻게 유지하는지를 유의할 필요가 있다. 즉 K와 K_w는 무단위이고, k_r'은 dm^3 mol^{-1} s^{-1}이며, k_r는 s^{-1}으로 표현된다.

자가 진단 84.2 $A+B \rightleftharpoons C+D$ 반응이 양쪽 방향으로 모두 이차일 때, 농도의 이완 시간을 나타내는 식을 유도하시오.

답: $1/\tau=k_r([A]+[B])_{eq}+k_r'([C]+[D])_{eq}$

개념 확인

☐ 1. 열역학적 양인 평형 상수와, 정반응과 역반응의 속도 상수는 서로 관련성이 있다(아래 표 참조).

☐ 2. 반응을 속도론적으로 해석하는 **이완법**에서는 반응의 평형 위치를 먼저 급격하게 이동시키고, 이어서 새로운 조건의 고유한 새 평형 조성으로 재조절되게 해 준다.

식 확인

성질	식	비고	식 번호
속도 상수로 나타낸 평형 상수	$K=k_a/k_a'\times k_b/k_b'\times\cdots$	$c^{\ominus}$를 적절히 포함한다.	84.8
온도 뜀 후 $A\rightleftharpoons B$ 평형의 이완	$x=x_0e^{-t/\tau}$ $\tau=1/(k_r+k_r')$	각 방향에서 1차	84.9

토픽 85

Arrhenius 식

➤ 학습 목표

반응의 속도는 온도에 의존한다. 이러한 의존성을 탐구하면 특별한 조건하에서 반응물의 무리가 다른 물질이 아닌 특정한 생성물로 되는 이유를 이해하는 데 도움이 되는 이론을 만들 수 있다.

➤ 핵심 내용

속도 상수의 온도 의존성을 분석하면 반응에 대한 에너지 필요조건을 이해하게 된다.

➤ 미리 알기

화학 반응의 속도 법칙은 속도 상수(토픽 82)로 나타낸다는 것을 알아야 한다.

이 토픽에서는 화학 반응이 보통 온도가 증가함에 따라 빠르게 진행된다는 통상의 실험적 관찰에 대하여 해석하게 된다. 또한 반응 속도의 온도 의존성을 탐구하면 반응물로부터 생성물이 만들어지는 분자들의 충돌에 대한 에너지 필요조건을 어떻게 자세하게 밝힐 수 있는지를 알 수 있게 된다.

85.1 반응 속도의 온도 의존

대부분의 반응은 온도가 올라가면 속도가 증가한다. 많은 반응들에 대한 실험 결과에 의하면, $\ln k_r$을 $1/T$에 대해서 도시하면 직선이 나오며 음의 기울기를 갖는다. 이것은 $\ln k_r$의 증가(따라서 k_r의 증가)는 $1/T$의 감소(즉 T의 증가)에 기인한다는 것을 나타낸다. 이러한 관계는 보통 다음과 같이 직선의 절편과 기울기를 나타내는 두 파라미터를 도입하여 수학적으로 나타낼 수 있으며, 이것을 **Arrhenius 식(Arrhenius equation)**이라고 한다.

$$\ln k_r = \ln A - \frac{E_a}{RT} \qquad \text{Arrhenius 식} \qquad (85.1)$$

파라미터 A는 이 직선의 $1/T=0$에서의 절편으로서(무한대 온도에서의, 그림 85.1) **지수 앞자리 인자(preexponential factor)** 또는 '빈도 인자(frequency factor)'라고 한다. 그리고 파라미터 E_a는 이 직선의 기울기($-E_a/R$)로부터 얻어지는 것으로서 **활성화 에너지(activation energy)**라고 한다. 통틀어서 이들을 **Arrhenius 파라미터(Arrhenius parameter)**라고 한다(표 85.1). 활성화 에너지는 거의 항상 양의 값이지만, 특정한 환경에서는 음의 값이 될 수도 있다(토픽 86).

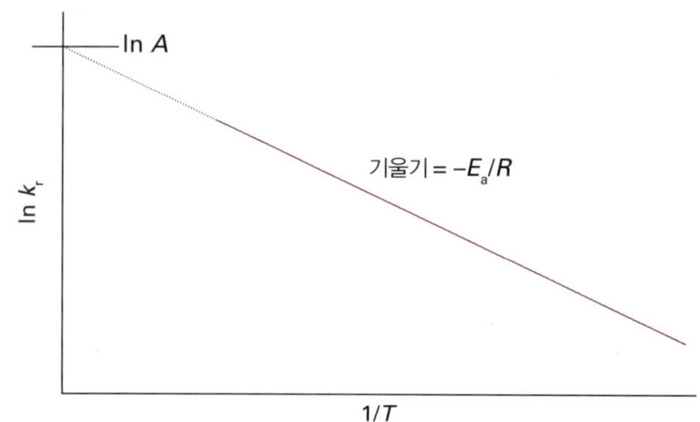

그림 85.1 반응이 Arrhenius 식(식 85.1)을 만족시킬 때는 $1/T$에 대한 $\ln k_r$의 도시가 직선을 나타낸다. 직선의 기울기는 $-E_a/R$이고, $1/T=0$에서의 절편은 $\ln A$가 된다.

표 85.1* Arrhenius 파라미터

(1) 일차 반응	$A(s^{-1})$	$E_a(kJ\ mol^{-1})$
$CH_3NC \rightarrow CH_3CN$	3.98×10^{13}	160
$2\ N_2O_5 \rightarrow 4\ NO_2+O_2$	4.94×10^{13}	103.4
(2) 이차 반응	$A(dm^3\ mol^{-1}\ s^{-1})$	$E_a(kJ\ mol^{-1})$
$OH+H_2 \rightarrow H_2O+H$	8.0×10^{10}	42
$NaC_2H_5O+CH_3I$(에탄올에서)	2.42×10^{11}	81.6

*더 많은 값들이 **부록**에 수록되어 있다.

예제 85.1 Arrhenius 파라미터의 결정

아세트알데하이드(에탄알, CH_3CHO)의 이차 분해 반응 속도를 700~1000 K에서 측정한 결과, 다음과 같은 속도 상수 값을 얻었다. E_a와 A를 구하시오.

T(K)	700	730	760	790	810	840	910	1000
$k_r(dm^3\ mol^{-1}\ s^{-1})$	0.011	0.035	0.105	0.343	0.789	2.17	20.0	145

방법 식 85.1에 따라 $\ln k_r(dm^3\ mol^{-1}\ s^{-1})$를 $1/T$(K)나, 보다 편리하게 $(10^3\ K)/T$에 대해서 도시하여 직선을 얻어서 데이터를 해석하면 된다. 활성화 에너지는 $-E_a/R$ = 기울기/단위로 써서 무단위의 직선의 기울기로부터 구한다. 여기서는 '단위' $= 1/(10^3\ K)$이며, 따라서 $E_a = -(\text{기울기})\times R\times10^3$ K가 된다. $1/T=0$에서의 절편은 $\ln A(dm^3\ mol^{-1}\ s^{-1})$이다. 최소제곱법을 사용하여 도시한 것의 파라미터를 결정한다.

풀이 우선 다음과 같은 표를 만든다.

$(10^3\ K)/T$	1.43	1.37	1.32	1.27	1.23	1.19	1.10	1.00
$\ln k_r(dm^3\ mol^{-1}\ s^{-1})$	−4.51	−3.35	−2.25	−1.07	−0.24	0.77	3.00	4.98

이 표를 가지고 $\ln k_r$을 $1/T$에 대해서 도시한다(그림 85.2). 최소 제곱법으로 구한 기울기는 −22.7이며, 절편은 27.7이다. 따라서

$$E_a = 22.7\times(8.3145\,J\,K^{-1}\,mol^{-1})\times(10^3\,K) = 189\,kJ\,mol^{-1}$$
$$A = e^{27.7}\,dm^3\,mol^{-1}\,s^{-1} = 1.1\times10^{12}\,dm^3\,mol^{-1}\,s^{-1}$$

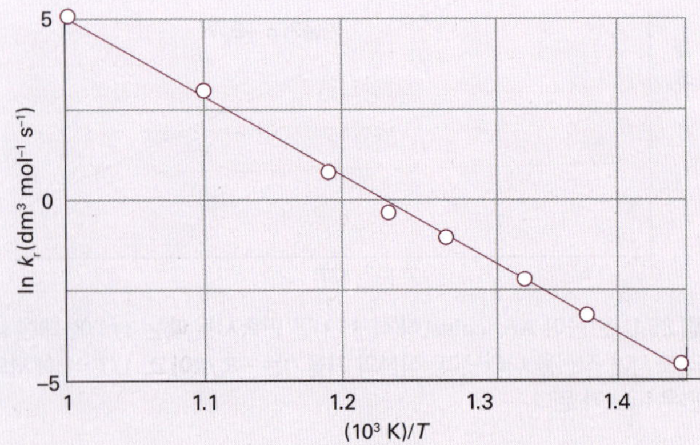

그림 85.2 예제 85.1의 데이터를 이용한 Arrhenius 도시

A는 k_r과 동일한 단위를 갖게 됨을 주목하시오.

자가 진단 85.1 다음 데이터로부터 A와 E_a를 구하시오.

T(K)	300	350	400	450	500
$k_r(dm^3\ mol^{-1}\ s^{-1})$	7.9×10^6	3.0×10^7	7.9×10^7	1.7×10^8	3.2×10^8

답: $8\times10^{10}\ dm^3\ mol^{-1}\ s^{-1}$, $23\ kJ\ mol^{-1}$

반응의 활성화 에너지를 알게 되면 온도 T_2에서의 속도 상수 $k_{r,2}$의 값을 다른 온도 T_1에서의 $k_{r,1}$ 값으로부터 예측하는 것은 간단한 일이다. 이렇게 하기 위하여 다음과 같이 나타낸다.

$$\ln k_{r,2} = \ln A - \frac{E_a}{RT_2}$$

그리고 식 85.1을 빼면(T는 T_1으로, k_r은 $k_{r,1}$으로) 다음 식을 얻게 된다.

$$\ln k_{r,2} - \ln k_{r,1} = -\frac{E_a}{RT_2} + \frac{E_a}{RT_1}$$

이 식을 다음과 같이 재정리할 수 있다.

$$\ln\frac{k_{r,2}}{k_{r,1}} = \frac{E_a}{R}\left(\frac{1}{T_1}-\frac{1}{T_2}\right) \quad \text{속도 상수의 온도 의존} \quad (85.2)$$

간단한 예 85.1 Arrhenius 식

활성화 에너지가 $50\ kJ\ mol^{-1}$인 반응에 있어서 온도를 25°C에서 37°C(체온)로 올리는 것은 다음 식과 같은 결과에 해당한다.

$$\ln\frac{k_{r,2}}{k_{r,1}} = \frac{50\times10^3\,J\,mol^{-1}}{8.3145\,J\,K^{-1}\,mol^{-1}}\left(\frac{1}{298\,K}-\frac{1}{310\,K}\right) = \frac{50\times10^3}{8.3145}\left(\frac{1}{298}-\frac{1}{310}\right) = 0.781\ldots$$

자연 진수를 취하면(즉 e^x 형태로 만들면) $k_{r,2} = 2.18k_{r,1}$이 된다. 이 결과는 온도가 298 K에서 310 K로 증가함에 따라 속도 상수는 처음의 약 2배 이상으로 증가됨에 해당한다.

자가 진단 85.2 생화학 과정에서 어떤 반응의 활성화 에너지가 $87\ kJ\ mol^{-1}$이라고 한다. 온도가 37°C에서 15°C로 떨어졌을 때 속도 상수는 얼마로 변화하겠는가?

답: $k_r(15°C) = 0.076k_r(37°C)$

$\ln k_r$을 $1/T$에 대해서 도시한 직선의 기울기가 E_a로 주어진다는 사실은 활성화 에너지가 높을수록 속도 상수의 온도 의존도가 높다(즉 기울기가 가파르다)는 것을 뜻한다. 즉 **활**

성화 에너지가 높다는 것은 속도 상수가 온도에 크게 의존한다는 것을 뜻한다. 만일 활성화 에너지가 0이면, 반응 속도는 온도와 무관하게 된다. 일부 경우에서 활성화 에너지가 음일 때도 있는데, 이것은 온도가 올라갈수록 반응 속도가 감소한다는 것을 나타낸다.

일부 반응에서는 온도 의존 관계가 Arrhenius 식을 따르지 않으며, 이 경우 ln k를 $1/T$에 대해서 도시해도 직선이 나오지 않을 때가 있다. 그러나 이때에도 활성화 에너지를 다음과 같이 정의할 수 있다.

$$E_a = RT^2\left(\frac{\mathrm{d}\ln k_r}{\mathrm{d}T}\right) \quad \text{정의 활성화 에너지} \quad (85.3)$$

활성화 에너지가 온도와 무관할 때는 이 정의가 앞의 것(직선의 기울기)과 같아진다(응용 문제 85.1 참조). 그러나 식 85.3의 정의를 이용하면 Arrhenius 도시가 직선을 나타내지 않는 경우에도 ln k_r을 $1/T$에 대해서 도시한 기울기(원하는 온도에서의)로부터 E_a를 구할 수 있으므로 이 정의가 식 85.1보다 더 일반적인 것이다. Arrhenius 식을 따르지 않는다는 것은 때때로 양자 역학적 터널링(토픽 10)이 반응의 중요한 역할을 한다는 신호가 된다. 생물학적 반응에서는 효소가 구조적인 변화를 가져와서 덜 효율적이라는 것을 암시할 수도 있다.

85.2 Arrhenius 파라미터의 해석

이 토픽에서는 Arrhenius 파라미터가 순수한 실험적 양으로서 온도에 따른 속도 상수의 변화를 요약할 수 있게 하는 것이라고 간주할 것이다. 그러나 이 해석을 염두에 넣고 생각해 보는 것이 유용하다.

(a) 반응의 에너지 필요조건 살펴보기

이 E_a를 해석하기 위해서 A 분자와 B 분자 사이의 충돌로 시작되는 화학 반응 과정에서 퍼텐셜 에너지가 어떻게 변하는지를 생각해 보자(그림 85.3). 기체상 반응에서 이것은 실제 충돌이며, 용액에서는 가능한 초과 에너지를 갖고 충돌하는 것으로 간주되는 것이 가장 바람직하며 용매도 역시 포함될 수 있다. 반응이 진행함에 따라 A와 B는 서로 접하고, 일그러지고, 이어서 원자를 바꾸거나 버리게 된다. 이와 같이 반응물로부터 생성물이 형성되는 데 직접적으로 관련되는 원자간 거리나 결합각의 변화와 같은 운동들을 하나로 묶어서 **반응 좌표**(**reaction coordinate**)라고 한다(반응 좌표는 본질적으로 기하학적 개념이며, 반응 진척도와 매우 다르다). 퍼텐셜 에너지는 극댓값 부근까지 도달하며, 이 극대 영역 근처에 해당하는 원자들의 뭉치를 **활성화물**(**activated complex**)이라고 한다.

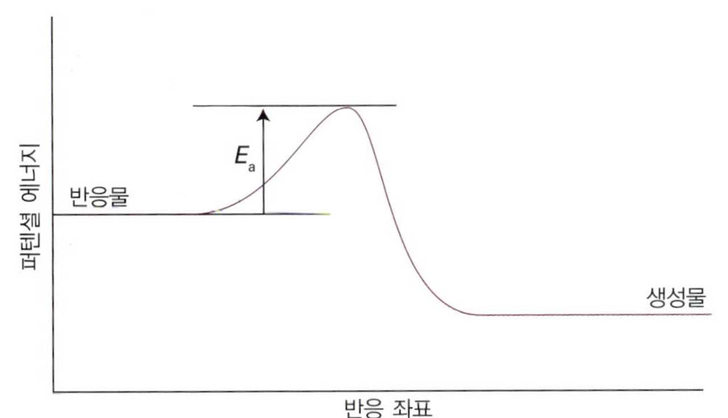

그림 85.3 발열 반응에 대한 퍼텐셜 에너지 개요. 반응물과 생성물 사이의 퍼텐셜 장벽 높이가 그 반응의 활성화 에너지이다.

이 극댓값을 지나면 뭉치 속의 원자들이 재배열되면서 퍼텐셜 에너지가 감소하게 되고 생성물에 해당하는 고유한 값에 도달한다. 반응의 절정을 이루는 이 퍼텐셜 피크가 이 반응의 활성화 에너지 E_a인 것이다. 이 상태에서는 두 반응 분자가 대단히 가깝게 접근하여 일그러지며, 조금만 더 일그러지면 생성물 쪽으로 넘어간다. 이 결정적 배열 상태를 반응의 **전이 상태**(**transition state**)라고 한다. 전이 상태에 도달한 분자의 일부가 반응물로 되돌아가기도 하지만, 이 배열 상태를 통과하면 필연적으로 생성물로 되는 것이다('활성화물'과 '전이 상태'의 용어는 주로 같은 뜻으로 쓰이지만, 여기서는 이들을 구분해 놓았다).

위에서 논의한 바와 같이, **활성화 에너지는 반응물이 생성물을 만들기 위해서 반드시 가져야 하는 최소의 에너지이다.** 예를 들어 반응 혼합물에서는 매초 수많은 분자 충돌이 일어나지만, 그중의 극히 일부만이 반응을 일으킬 정도의 활력을 가지고 있다. E_a보다 큰 에너지를 갖는 분자들 사이의 근접 충돌 분율은 Boltzmann 분포에 의해서 $e^{-E_a/RT}$로 주어진다(**기초 지식**, 토픽 2와 51). 이와 같은 해석은 이 식을, 식 85.1 양변을 진수를 취하여 얻어지는 다음 형태로 쓰여진 Arrhenius 식과 비교함으로써 확인된다.

$$k_r = Ae^{-E_a/RT} \quad \text{다른 형태 Arrhenius 식} \quad (85.4)$$

식 85.4의 지수 인자는 반응을 일으키기에 충분한 에너지를 갖는 충돌의 분율이라고 해석할 수 있다는 것을 아래 **증명**에서 볼 수 있다. 이 점은 토픽 87에서는 기체상 반응에 대하여, 토픽 88에서는 용액에서의 반응에 대하여 더 밝힐 것이다.

증명 85.1 활성화 에너지 해석

계에 허용되는 에너지 준위들이 간격 ε의 균일한 배열을 이룬다고 하자. 이 배열의 Boltzmann 분포는 다음과 같다.

$$\frac{N_i}{N} = \frac{e^{-i\varepsilon\beta}}{q} = (1-e^{-\varepsilon\beta})e^{-i\varepsilon\beta}$$

여기서 $\beta = 1/kT$이고, 분배 함수 q는 식 51.2b의 결과를 이용한다. 에너지가 최소한 $\varepsilon_{\min} = i_{\min}\varepsilon$인 상태에 있는 분자들의 총 수는 다음과 같이 된다.

$$\sum_{i=i_{\min}}^{\infty} N_i = \sum_{i=0}^{\infty} N_i - \sum_{i=0}^{i_{\min}-1} N_i = N - \frac{N}{q}\sum_{i=0}^{i_{\min}-1} e^{-i\varepsilon\beta}$$

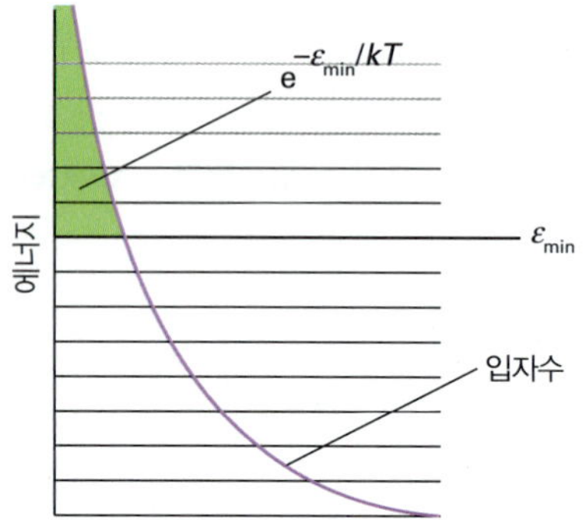

그림 85.4 이상적인 계의 동일한 간격을 갖는 에너지 준위. **증명** 85.1에 보인 바와 같이, 최소한 $\varepsilon_{\min} = i_{\min}\varepsilon$의 에너지를 갖는 분자의 분율은 $e^{-\varepsilon_{\min}/kT}$이다.

이 식 속의 유한한 기하 급수의 합은 다음과 같다.

$$\sum_{i=0}^{i_{\min}-1} e^{-i\varepsilon\beta} = \frac{1-e^{-i_{\min}\varepsilon\beta}}{1-e^{-\varepsilon\beta}} = q(1-e^{-i_{\min}\varepsilon\beta})$$

따라서 최소한 $\varepsilon_{\min} = i_{\min}\varepsilon$의 에너지를 갖는 상태에 있는 분자의 분율은 다음과 같다.

$$\frac{1}{N}\sum_{i=i_{\min}}^{\infty} N_i = 1-(1-e^{-i_{\min}\varepsilon\beta}) = e^{-i_{\min}\varepsilon\beta} = e^{-\varepsilon_{\min}/kT}$$

간단한 예 85.2 반응성 충돌 분율

최소한 $\varepsilon_{\min} = i_{\min}\varepsilon$의 에너지를 갖는 상태에 있는 분자의 분율(**증명** 85.1에서와 같이 $\frac{1}{N}\sum_{i=i_{\min}}^{\infty} N_i = e^{-\varepsilon_{\min}/kT}$)에 대한 식을 다음과 같은 관점에서 쓸 수 있다고 가정하자.

- $\varepsilon_{\min}$과 k에 Avogadro 상수 N_A를 곱하고,
- $N_A\varepsilon_{\min}$을 E_a로 알아낸다.

그리하면 운동 에너지 E_a를 가지고 일어나는 분자 충돌의 분율 f는 $f = e^{-E_a/RT}$가 된다. $E_a = 50$ kJ mol^{-1} = 5.0×10^4 J mol^{-1}, $T = 298$ K이면 분율은 다음과 같이 계산된다.

$$f = e^{-(5.0\times10^4\ \mathrm{J\,mol^{-1}})/(8.3145\ \mathrm{J\,K^{-1}\,mol^{-1}}\times298\ \mathrm{K})} = 1.7\times10^{-9}$$

자가 진단 85.3 $E_a = 50$ kJ mol^{-1}이라면 얼마의 온도에서 $f = 0.10$이 되겠는가?

답: 2612 K

지수 앞자리 인자는 에너지를 고려하지 않은 충돌의 빈도를 나타내는 것이라고 해석할 수 있다. 따라서 A와 지수 인자 $e^{-E_a/RT}$의 곱은 **성공적인** 충돌의 속도를 나타낸다. 토픽 87과 88에서 이러한 이론을 발전시키고, 또 이와 비슷한 생각이 액체에서 일어나는 반응에도 적용된다는 것을 설명하겠다.

(b) 활성화 에너지에 대한 촉매 효과

Arrhenius 식은 온도가 증가하거나 활성화 에너지가 감소함에 따라 반응의 속도 상수가 증가할 수 있다는 것을 말해 준다. 반응 혼합물의 온도를 변화시키는 것은 쉬운 방법이다. 활성화 에너지를 낮추는 것은 더 많은 노력이 필요하지만, 만일 실제의 화학 변화를 일으키지 않으며 반응을 촉진시키는 물질인 **촉매(catalyst)**를 적절하게 선택하여 촉매의 존재 하에서 반응이 일어나게 한다면 가능하게 된다. 촉매는 반응에서의 느린 반응 속도 결정 단계를 피하는 대체 반응 경로를 제공함으로써 반응의 활성화 에너지를 낮추게 한다(그림 85.5). 촉매는 토픽 92와 97에서 더 설명하기로 한다.

간단한 예 85.3 속도 상수에 대한 촉매 효과

효소는 생물학적 촉매이다. 예를 들어 효소 카탈레이스는 과산화 수소의 분해 반응에서 활성화 에너지를 76 kJ mol^{-1}에서 8 kJ mol^{-1}로 낮춘다. 지수 인자가 두 경우에 같다고 가정하면, 식 85.4로부터 속도 상수의 비는 다음과 같게 된다.

$$\frac{k_{r,\,\mathrm{catalysed}}}{k_{r,\,\mathrm{uncatalysed}}} = \frac{Ae^{-E_{a,\mathrm{catalysed}}/RT}}{Ae^{-E_{a,\,\mathrm{uncatalysed}}/RT}} = e^{-(E_{a,\,\mathrm{catalysed}}-E_{a,\,\mathrm{uncatalysed}})/RT}$$
$$= e^{(68\times10^3\ \mathrm{J\,mol^{-1}})/(8.3145\ \mathrm{J\,K^{-1}\,mol^{-1}})\times(298\ \mathrm{K})} = 8.3\times10^{11}$$

자가 진단 85.4 아이오딘화 이온에 의해 용액 속에서 촉매화되는 과산화 수소의 분해 반응을 생각해 보자. 298 K에서 촉매를 첨가함에 따라 반응의 속도 상수가 2000배 만큼 증가한다면, 반응의 활성화 에너지는 얼마나 줄어들겠는가?

답: 25퍼센트

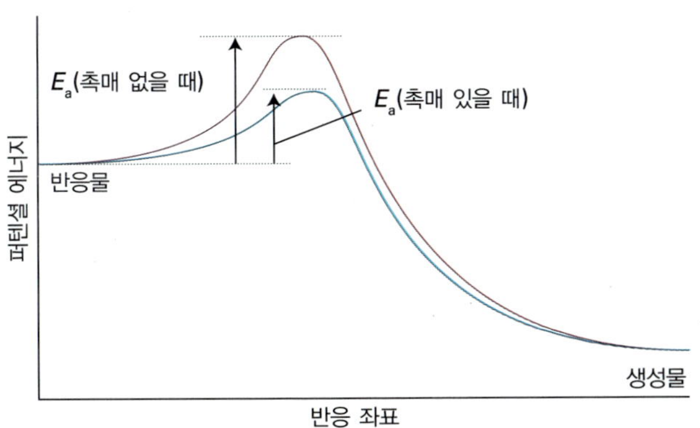

그림 85.5 촉매는 활성화 에너지가 작은 다른 반응 경로를 제공한다. 이리하여 생성물의 생성 속도를 증가시키는 결과를 가져온다.

개념 확인

- ☐ 1. **Arrhenius 식** 속의 **활성화 에너지**, 즉 파라미터 E_a는 인접한 분자들이 충돌해서 반응을 일으키는 데 필요한 최소 에너지이다.
- ☐ 2. 활성화 에너지가 커지면 속도 상수는 온도에 더 민감해진다.
- ☐ 3. **지수 앞자리 인자**는 에너지와 무관한 충돌 속도를 나타내는 척도이다.
- ☐ 4. **촉매**는 반응의 활성화 에너지를 낮춰 준다.

식 확인

성질	식	비고	식 번호
Arrhenius 식	$\ln k_r = \ln A - E_a/RT$	실험적 관측	85.1
활성화 에너지	$E_a = RT^2(\mathrm{d}\ln k_r/\mathrm{d}T)$	정의	85.3
Arrhenius 식	$k_r = Ae^{-E_a/RT}$	대체 식	85.4

토픽 86

반응 메커니즘

내용

➤ 학습 목표

반응의 메커니즘은 왜 특정한 생성물이 형성되는지를 설명할 뿐만 아니라 어떻게 원하는 생성물의 수득률을 최적화할 수 있는지를 충분히 고려할 수 있게 한다. 또한 반응이 일어날 때 원자적 과정의 진행에 대한 통찰력을 제공하기도 한다.

➤ 핵심 내용

대부분의 화학 반응은 단순한 단계의 순차적 과정으로 일어나며, 이때 해당되는 속도 법칙은 하나 이상의 접근법을 적용함으로써 합쳐질 수 있다.

➤ 미리 알기

속도 법칙의 개념(토픽 82)과 이들을 어떻게 적분하는지(토픽 83과 84)를 잘 알아야 하며, Arrhenius 식(토픽 85)에 익숙해져야 한다. 단지 미적분학의 표준 기법만이 속도 법칙의 수학적 분석을 진행하는 데 필요하다.

반응의 **메커니즘**(**mechanism**)은 반응을 단일 단계 반응의 순차적 과정으로 해석하는 것이다. 여기에서는 어떻게 간단한 속도 법칙을 갖는 단순한 단일 단계가 하나 이상의 접근법을 적용하여 합쳐질 수 있는지를 알게 된다.

86.1 단일 단계 반응

대부분의 반응은 소수의 분자나 이온이 관여하는 이른바 **단일 단계 반응**(**elementary reaction**)들의 순차적 과정이다. 전형적인 단일 단계 반응의 예는 다음과 같은 것이다.

$$\mathrm{H + Br_2 \rightarrow HBr + Br}$$

단일 단계 반응에 대한 화학 반응식을 쓸 때는 화학종의 상을 표시하지 않으며, 또 반응식은 개개 분자에서 일어나는 특정한 과정을 나타낸다는 것을 주목하라. 예로서 이 식은 한 개의 H 원자가 한 개의 Br_2 분자를 공격하여 한 개의 HBr 분자와 한 개의 Br 원자를 만들어 내는 것을 나타낸다. 단일 단계 반응을 함께 일으키는 분자의 수를 그 단일 단계 반응의 **분자도**(**molecularity**)라고 한다. **일분자 반응**(**unimolecular reaction**)에서는 사이클로프로페인이 프로펜으로 되는 이성질체화 반응과 같이, 단일 분자가 단독으로 쪼개지거나 원자를 떼어버리고 새로운 배열을 이룬다. **이분자 반응**(**bimolecular reaction**, 위의 단일 단계 반응에서와 같이)에서는 한 쌍의 분자가 충돌하여 에너지, 원자, 또는 원자단을 교환하기도 하고, 어떤 다른 종류의 변화를 일으키기도 한다. 반응 분자도를 반응 차수와 구별하는 것이 가장 중요하다.

- **반응 차수**는 실험적인 양으로서 실험적인 속도 법칙으로부터 얻는 것이다.
- **반응 분자도**는 메커니즘 속의 개개의 단계로 제안되는 단일 단계 반응과 관련된다.

일분자 단일 단계 반응의 속도 법칙은 그 반응물에 관해서 일차이다. 즉

$$A \rightarrow P \qquad \frac{d[A]}{dt} = -k_r[A]$$ 일분자 단일 단계 반응 (86.1)

여기서 P는 생성물이다(여러 상이한 종들이 생성될 수 있다). 일분자 반응이 일차가 되는 이유는 짧은 시간 동안에 붕괴되는 A 분자의 수가 붕괴될 수 있는 분자수에 비례하기 때문이다. 예를 들어 처음에 1000개의 분자가 존재할 때는 100개가 존재할 때보다 같은 시간 동안에 10배의 붕괴가 일어날 수 있다. 따라서 A의 분해 속도는 반응 과정의 어떤 순간에서의 그 몰농도에 비례한다.

이분자 단일 단계 반응은 이차 속도 법칙을 따른다. 즉

$$A + B \rightarrow P \qquad \frac{d[A]}{dt} = -k_r[A][B]$$ 이분자 단일 단계 반응 (86.2)

이분자 반응이 이차가 되는 이유는, 반응 속도가 반응 화학종의 충돌 빈도에 비례하고, 또 이 빈도는 그들의 농도에 비례하기 때문이다. 따라서 반응이 단일 단계의 이분자 과정이라고 믿어질 때는 속도 법칙을 쓸 수 있다(그리고 실험적으로 확인한다).

간단한 예 86.1 단일 단계 반응의 속도 법칙

알켄과 다이엔의 이합체화 반응과 같이, 다음 반응들과 같은 많은 균일 반응들은 모두 이러한 이분자 단일 단계 반응으로 설명된다고 믿는다.

$$CH_3I(alc) + CH_3CH_2O^-(alc) \rightarrow CH_3OCH_2CH_3(alc) + I^-(alc)$$

(여기서 'alc'은 알코올 용액을 뜻한다.) 이 반응의 메커니즘은 다음과 같은 단일 단계를 갖는다는 증거가 있다.

$$CH_3I + CH_3CH_2O^- \rightarrow CH_3OCH_2CH_3 + I^-$$

이 이분자 메커니즘은 다음과 같은 실험적으로 얻은 속도 법칙과 부합된다.

$$v = k_r[CH_3I][CH_3CH_2O^-]$$

자가 진단 86.1 다음은 단일 단계 과정들이다. (a) NO(g)가 이합체 반응에 의하여 N_2O_2(g)를 생성하는 과정, (b) N_2O_2(g) 이합체가 NO(g) 분자로 분해되는 과정에 대한 속도 법칙을 쓰시오.

답: (a) 이분자 과정: $k_r[NO]^2$, (b) 일분자 과정: $k_r[N_2O_2]$

다음 절에서는 일련의 단순한 단계들을 어떻게 엮어서 전체 메커니즘으로 만들고, 또 해당하는 전체 속도 법칙에 어떻게 도달하는지에 관해서 알게 된다. 우선 여기서 강조하고 싶은 것은 **이분자 단일 단계 반응 과정으로 일어나는 반응은 이차 반응이 되지만, 속도론적으로 이차인 반응은 일반적으로 복잡한 메커니즘의 형성을 통하여 일어날 수 있는 반응이라는 것이다.** 가상 메커니즘은 반응계를 세밀하게 조사하고 반응 과정 중에 부산물이나 중간체가 나타나는지를 조사함으로써 탐구될 수 있다. 예를 들어 $H_2(g) + I_2(g) \rightarrow 2\,HI(g)$와 같은 반응은 이러한 세밀한 분석에 의해서 대단히 복잡한 반응이라는 사실을 알게 되었다. 이 반응은 $H_2 + I_2 \rightarrow HI + HI$와 같이 충돌에 의해서 결합 상대가 교환되는 단순한 이분자 반응에 대한 훌륭한 예로서의 증거로 오랫동안 받아들여 왔지만 충분히 꼼꼼한 증거가 있었던 것은 아니었다.

86.2 연속적 단일 단계 반응

일부 반응은 다음 연속적 일분자 반응에서와 같이 중간체(I)가 형성되는 과정을 거쳐서 일어난다.

$$A \xrightarrow{k_a} I \xrightarrow{k_b} P$$

중간체는 반응 단계에서 일어나는 것이지, A → P의 경우에서와 같이 전체 반응에는 나타나지 않음을 주목하라. 이러한 메커니즘의 예로서는 다음과 같은 방사성족의 붕괴를 들 수 있다.

$$^{239}U \xrightarrow{23.5분} {}^{239}Np \xrightarrow{2.35일} {}^{239}Pu$$

(시간은 반감기를 나타낸다.) 각 화학종의 실제 농도 변화율을 나타내는 속도 법칙을 만들면 이러한 종류의 반응 특성을 발견할 수 있을 것이다.

A의 일분자 분해 반응의 속도는 다음과 같으며, A는 보충되지는 않는다.

$$\frac{d[A]}{dt} = -k_a[A] \tag{86.3a}$$

중간체 I는 A로부터 생성되지만(k_a[A]의 속도로) P로 붕괴된다(k_b[I]의 속도로). 따라서 I의 알짜 생성 속도는 다음과 같다.

$$\frac{d[I]}{dt} = k_a[A] - k_b[I] \tag{86.3b}$$

생성물 P는 I의 일분자 붕괴 반응에 의해서 생긴다. 즉

$$\frac{d[P]}{dt} = k_b[I] \tag{86.3c}$$

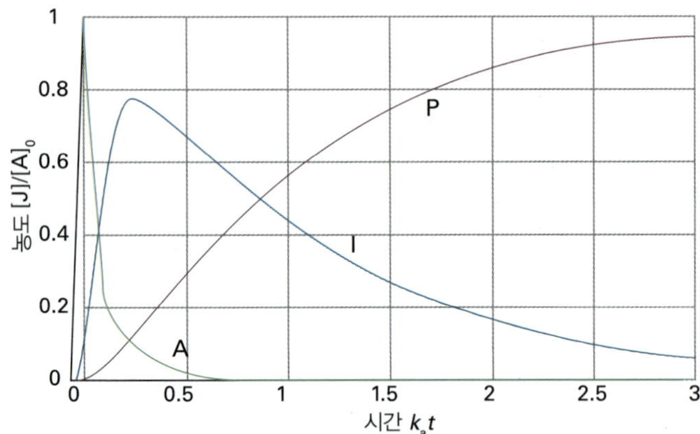

그림 86.1 연속 반응 A → I → P에서의 A, I, P의 농도. 이 곡선들은 $k_a = 10k_b$로 놓고 식 86.4a~c를 도시한 것이다. 중간체 I가 원하는 생성물이라면 그 농도가 언제 최고로 되는지를 예측할 수 있는 것은 중요하다. 예제 86.1을 참조할 것.

반응 초기에는 A만이 존재하고, 그때의 농도는 $[A]_0$이라고 생각한다.

이들 속도 법칙 중에서 첫 번째의 식 86.3a는 보통의 일차 붕괴 반응이며, 따라서 다음과 같이 쓸 수 있다.

$$[A]=[A]_0 e^{-k_a t} \tag{86.4a}$$

이 식을 식 86.3b에 대입하고 정리하면 다음과 같은 식을 얻게 된다.

$$\frac{d[I]}{dt}+k_b[I]=k_a[A]_0 e^{-k_a t}$$

이 미분 방정식은 표준 형태이며(**수학적 배경** 2 참조), $[I]_0 = 0$으로 놓으면 해가 다음과 같이 된다.

$$[I]=\frac{k_a}{k_b-k_a}\left(e^{-k_a t}-e^{-k_b t}\right)[A]_0 \tag{86.4b}$$

한편, 언제나 $[A]+[I]+[P]=[A]_0$이다. 따라서 다음과 같은 결과를 얻을 수 있다.

$$[P]=\left\{1+\frac{k_a e^{-k_b t}-k_b e^{-k_a t}}{k_b-k_a}\right\}[A]_0 \tag{86.4c}$$

중간체 I의 농도는 최고에 도달했다가 0으로 감소한다(그림 86.1). 최종 생성물 P의 농도는 0으로부터 증가하기 시작하여 $[A]_0$까지 도달한다.

예제 86.1 연속 반응의 분석

화학 공장에서 회분식(batch) 공정으로 물질 A를 반응시켜서 화합물 I를 만들려고 하는데, 이 I는 불필요한 산물인 C로 다시 분해된다. 각 단계의 반응을 일차로 보고, 생성물 I가 최대의 농도를 나타내는 시각을 구하시오.

방법 I의 농도는 식 86.4b에 의해서 시간에 의존한다. $d[I]/dt$를 계산한 다음, 결과의 속도를 0으로 놓음으로써 [I]가 최대로 되는 시간 t_{max}를 구하면 된다.

풀이 식 86.4b를 미분하면 다음과 같이 된다.

$$\frac{d[I]}{dt}=-\frac{k_a\left(k_a e^{-k_a t}-k_b e^{-k_b t}\right)[A]_0}{k_b-k_a}$$

이 속도는 $k_a e^{-k_a t}=k_b e^{-k_b t}$일 때 0이 된다. 따라서

$$t_{max}=\frac{1}{k_a-k_b}\ln\frac{k_a}{k_b}$$

k_a가 주어졌을 때 k_b가 커질수록 [I]가 최대인 시간과 I의 수득률이 모두 감소한다.

자가 진단 86.2 I의 최대 농도를 계산하고, 끝에서 말한 내용이 사실인지 확인하시오.

답: $[I]_{max}/[A]_0=(k_a/k_b)^c$, $c=k_b/(k_b-k_a)$

86.3 정류 상태 근사

지금까지의 계산에서 주목하지 못했던 사실은 반응 메커니즘이 3단계 이상으로 더 복잡해지면 수식 처리가 급속도로 복잡해진다는 것이다. 여러 단계로 된 반응의 경우에는 해석적인 해를 얻기가 거의 불가능하므로 다른 대체 해법을 찾지 않으면 안 된다. 그 한 가지 방법은 속도 법칙의 해를 수치적으로 적분하는 것이다. 또 한 가지 방법은 근사법으로, 이것은 식이 간편하고 결과를 보다 쉽게 이해할 수 있으므로 계속적으로 널리 쓰이고 있다.

정류 상태 근사(**steady-state approximation**, 진짜 정류 상태와 구분하기 위해서 **유사 정류 상태 근사**(**quasi-steady-state approximation**, QSSA)라고 널리 불림)에서는 반응이 초기 **유도 기간**(**induction period**)을 지나면 중간체 I의 농도가 0으로부터 증가하여, 주요 반응이 일어나는 동안에는 모든 반응 중간체 농도가 거의 변하지 않는다고 가정한다(그림 86.2). 즉

$$\frac{d[I]}{dt}\approx 0 \tag{86.5}$$

정류 상태 근사

이 근사를 이용하면 반응 메커니즘을 논의하기가 훨씬 쉬워진다. 예를 들어 앞의 연속 일차 메커니즘에 이 근사를 적용시키면 식 86.3b의 $d[I]/dt = 0$이 되며, 그리하여 이 식이 $k_a[A]-k_b[I]=0$이 된다. 그러면

$$[I]=(k_a/k_b)[A] \tag{86.6}$$

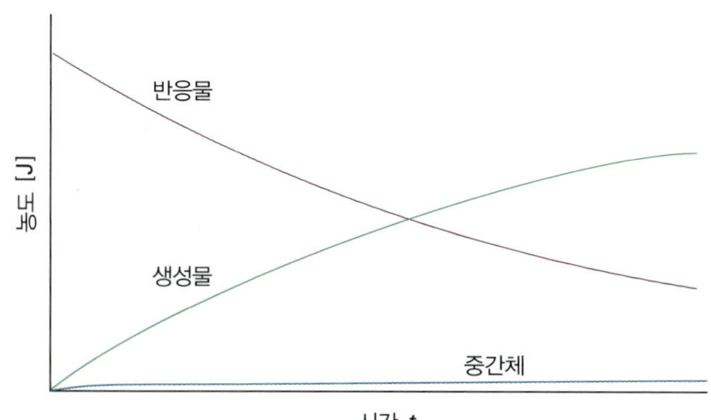

그림 86.2 정류 상태 근사의 근거. 중간체의 농도는 작은 값을 유지하며 대부분의 반응 과정 동안 거의 변하지 않는다고 가정한다.

이 식이 식 86.4b와 일치하려면 $k_a/k_b \ll 1$이 되어야 한다(그리하여 [A]가 시간에 의존하기는 하지만 [I]의 시간 의존도는 무시할 수 있을 정도가 되어야 한다). 이 [I]의 값을 식 86.3c에 넣어 주면 다음과 같이 된다.

$$\frac{d[P]}{dt} = k_b[I] \approx k_a[A] \tag{86.7}$$

그러면 P가 A의 일차 감쇠 반응에 의해서 생성되며, 그 속도 상수는 느린 속도 단계의 속도 상수 k_a와 같다. [A]에 대한 해인 식 86.4a를 대입하고 적분하면 이 식의 해를 다음과 같이 쉽게 구할 수 있다.

$$[P] = k_a[A]_0 \int_0^t e^{-k_a t} dt = (1 - e^{-k_a t})[A]_0 \tag{86.8}$$

이것은 앞에서 구한 식 86.4c($k_b \gg k_a$일 때)와 같지만(근사) 훨씬 빠르게 구한 셈이다. 그림 86.3은 이와 같이 구한 근사해를 앞에서 구한 엄밀한 해와 비교한 것이다. k_b가 k_a보다 대단히 크지는 않아도, 이 방법으로 상당히 정확한 결과를 얻을 수 있음을 알 수 있다.

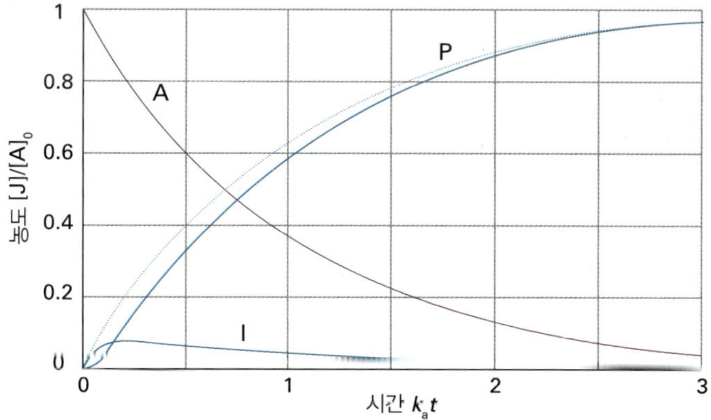

그림 86.3 속도 상수를 $k_b = 20k_a$로 놓고 연속 반응의 농도들을 엄밀하게 구한 결과와, 정류 상태 근사를 이용하여 구한 결과(점선)를 비교한 그림([A]에 대한 곡선은 변하지 않는다).

예제 86.2 정류 상태 근사의 이용

N_2O_5는 다음과 같이 분해된다.

$$2\,N_2O_5(g) \rightarrow 4\,NO_2(g) + O_2(g)$$

다음과 같은 메커니즘을 이용하여 N_2O_5 분해 반응의 속도 법칙을 유도하시오.

$N_2O_5 \rightarrow NO_2 + NO_3$	k_a
$NO_2 + NO_3 \rightarrow N_2O_5$	k_a'
$NO_2 + NO_3 \rightarrow NO_2 + O_2 + NO$	k_b
$NO + N_2O_5 \rightarrow NO_2 + NO_2 + NO_2$	k_c

실용 상식 단일 단계 반응에 대한 반응식을 쓸 때는 모든 종을 개별적으로 나타내야 한다. 예컨대 $A \rightarrow 2B$가 아니라 $A \rightarrow B + B$로 나타낸다. 또한 정방향의 단일 단계 반응의 식을 추가하여 전체 균형 화학 반응식이 되도록 해야 한다.

방법 우선, 중간체(반응 단계에는 나타나지만 전체 반응에는 나타나지 않는 종)를 가려내고 이들의 알짜 생성 속도를 나타내는 식을 쓴다. 이어서 모든 중간체의 실제 농도 변화율을 0으로 놓고 얻은 식을 대수적으로 푼다.

풀이 중간체는 NO와 NO_3이며, 이들의 실제 농도 변화율은 다음과 같다.

$$\frac{d[NO]}{dt} = k_b[NO_2][NO_3] - k_c[NO][N_2O_5] \approx 0$$

$$\frac{d[NO_3]}{dt} = k_a[N_2O_5] - k_a'[NO_2][NO_3] - k_b[NO_2][NO_3] \approx 0$$

또 N_2O_5의 알짜 농도 변화율은 다음과 같다.

$$\frac{d[N_2O_5]}{dt} = -k_a[N_2O_5] + k_a'[NO_2][NO_3] - k_c[NO][N_2O_5]$$

첫 번째 속도 법칙으로부터 다음 관계를

$$k_b[NO_2][NO_3] - k_c[NO][N_2O_5] \approx 0$$

두 번째 속도 법칙으로부터 다음 관계를 사용한다.

$$k_a[N_2O_5] - k_a'[NO_2][NO_3] - k_b[NO_2][NO_3] \approx 0$$

따라서 다음과 같이 쓸 수 있다.

$$[NO] = \frac{k_b[NO_2][NO_3]}{k_c[N_2O_5]} \qquad [NO_3] = \frac{k_a[N_2O_5]}{(k_a' + k_b)[NO_2]}$$

이 식들을 $d[N_2O_5]/dt$ 식에 넣어 주면 다음과 같은 식을 얻을 수 있다.

$$\frac{d[N_2O_5]}{dt} = -\frac{2k_ak_b[N_2O_5]}{k_a' + k_b}$$

자가 진단 86.3 오존의 분해 반응 $2\ O_3(g) \rightarrow 3\ O_2(g)$에 대한 속도 법칙을 다음 메커니즘(불완전한)에 근거하여 유도하시오.

$$O_3 \rightarrow O_2 + O \qquad k_a$$
$$O_2 + O \rightarrow O_3 \qquad k_a'$$
$$O + O_3 \rightarrow O_2 + O_2 \qquad k_b$$

답: $d[O_3]/dt = -2k_ak_b[O_3]^2/(k_a'[O_2]+k_b[O_3])$

86.4 속도 결정 단계

식 86.8에 의하면 $k_b \gg k_a$일 때, 최종 생성물 P의 생성 속도는 오로지 작은 속도 상수 값에만 의존한다. 즉 P가 생성되는 속도는 I가 생성되는 속도에만 의존하고, I가 P로 변하는 속도에는 의존하지 않는다. 이러한 이유 때문에 A → I 단계를 이 반응의 '속도 결정 단계'라고 한다. 이 반응 단계는 마치 6차선 고속도로를 일차선 교량 앞까지만 닦은 것과 같다고 비유할 수 있다. 이러한 도로의 교통량은 고속도로가 아니라 교량을 건너는 속도에 의해서 지배된다. 이러한 현상은 복잡한 반응 메커니즘에서도 성립한다. 일반적으로 **속도 결정 단계**(**rate-determining step**)는 반응 메커니즘에서 속도가 가장 느린 단계로, 전체 반응 속도를 지배하게 되는 단계이다. 그러나 속도 결정 단계는 가장 느린 단계만을 말하는 것은 아니고, 느린 반응이라야 함은 물론이고 생성물이 형성되어 나오는 결정적 출구가 되어야 하기도 한다. 만일 생성물이 빠른 단계에 의해서도 생길 수 있으면 느린 반응은 뒤로 밀려날 수밖에 없으므로 가장 느린 반응은 속도에 영향을 주지 못한다(그림 86.4).

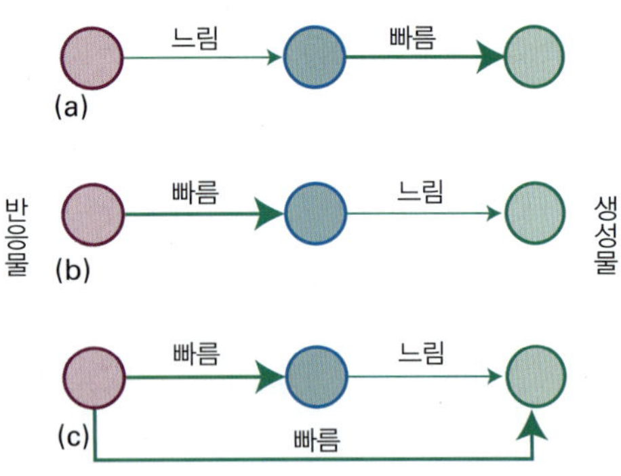

그림 86.4 이들 반응 개요 그림에서 굵은 화살표는 빠른 단계를, 가는 화살표는 느린 단계를 나타낸다. (a) 첫 번째 단계가 속도 결정 단계이다. (b) 두 번째 단계가 속도 결정 단계이다. (c) 느린 단계가 있기는 하지만 이것을 우회하는 빠른 경로가 있기 때문에, 이 느린 단계는 속도 결정 단계가 아니다.

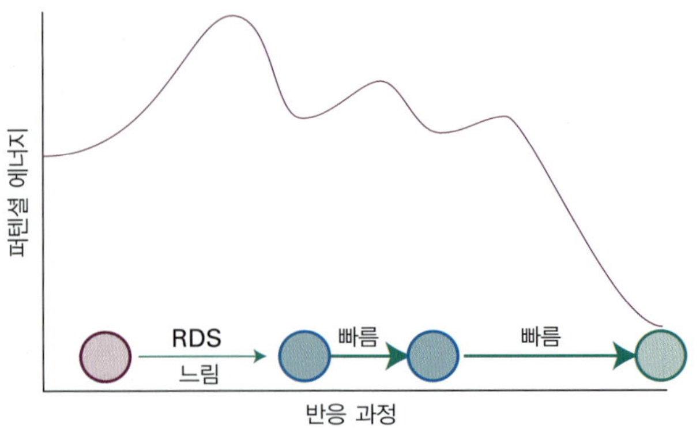

그림 86.5 첫 번째 단계가 속도 결정 단계(RDS)인 메커니즘에 대한 반응 개요

속도 결정 단계를 갖는 반응은 당연히 항상 그렇지는 않지만, 자주 한눈에 그 속도 법칙을 쉽게 내려쓸 수 있다. 만일 반응 메커니즘의 첫 단계가 속도 결정 단계이면, 뒤따르는 단계들이 대단히 빠르게 일어나므로 첫 중간체가 생기자마자 곧 생성물로 변하기 때문에 전체 반응의 속도는 첫 단계의 반응 속도와 같게 된다. 그림 86.5는 가장 느린 단계가 최고의 활성화 에너지를 갖는 단계가 되는 이런 종류의 반응 메커니즘 양상을 나타내고 있다. 일단 첫 번째 장벽을 넘으면 중간체들이 생성물로 곤두박질하게 된다. 그러나 결정적 반응물의 낮은 농도 때문에 속도 결정 단계가 나타날 수도 있으며, 이때는 속도 결정 단계가 최고의 활성화 장벽을 갖는 것과 일치할 필요는 없다.

간단한 예 86.2 속도 결정 단계 메커니즘의 속도 법칙

$NO(g)$가 NO_2로 산화되는 반응은 다음 메커니즘에 의해 진행된다.

$$NO + NO \rightarrow N_2O_2 \qquad k_a$$
$$N_2O_2 \rightarrow NO + NO \qquad k_a'$$
$$N_2O_2 + O_2 \rightarrow NO_2 + NO_2 \qquad k_b$$

이때 속도 법칙(자가 진단 86.4 참조)은 다음과 같다.

$$\frac{d[NO_2]}{dt} = \frac{2k_ak_b[NO]^2[O_2]}{k_a' + k_b[O_2]}$$

반응 혼합물에서 O_2의 농도가 너무 커서 세 번째 단계가 매우 빨라 $[O_2]k_b \gg k_a'$가 되면, 속도 법칙은 다음과 같이 간단해지고, 첫 번째 단계에서의 N_2O_2 생성이 속도 결정 단계가 된다.

$$\frac{d[NO_2]}{dt} = 2k_a[NO]^2$$

전체 반응에 대한 속도 법칙은 단순히 속도 결정 단계의 속도 법칙이 되기 때문에 메커니즘을 조사하여 속도 법칙을 쓸 수 있을 것이다.

자가 진단 86.4 정류 상태 근사를 중간체 N_2O_2에 적용하면 속도 법칙이 되는 것을 증명하시오.

86.5 사전 평형

단순하게 순차적으로만 일어나는 연속 반응에서 이제는 중간체 I가 다음과 같이 반응물 A, B와 평형에 도달하는 메커니즘이 약간 더 복잡한 반응으로 관심을 돌려 보자.

$$A+B \rightleftharpoons I \rightarrow P \quad \text{사전 평형} \quad (86.9)$$

이 평형의 정반응과 역반응에 대한 속도 상수는 k_a와 k_a'이며, 최종 단계에 대한 것은 k_b이다. 이 반응에서는 이와 같이 중간체가 반응물과 평형을 이루는 **사전 평형(pre-equilibrium)**이 관여한다. 이러한 사전 평형은 생성된 중간체가 다시 반응물로 되돌아가는 감쇠 속도가, 중간체가 생성물로 변하는 속도보다 훨씬 더 빠를 때 이루어진다. 즉 사전 평형이 일어나려면 $k_a' \gg k_b$라야 하며, $k_b \gg k_a'$이면 안 된다. 이와 같이 A, B, I가 평형을 이룬다고 가정하면 다음과 같은 관계가 성립한다.

$$K=\frac{[I]}{[A][B]} \qquad K=\frac{k_a}{k_a'}\text{일 때} \quad (86.10)$$

이 식을 쓸 때에는, I가 P를 생성하는 반응 속도가 너무 느려서 사전 평형을 깨뜨리지 않는다고 가정한다(아래 예제 참조). 여기서는 또한 평상적으로 하는 바와 같이 K가 무단위이기 위해서 K에 관한 식에 표준 농도 $c^{\ominus}$을 포함시켜야 한다는 사실을 무시한다. 따라서 P의 생성 속도를 다음과 같이 쓸 수 있다.

$$\frac{d[P]}{dt}=k_b[I]=k_bK[A][B] \quad (86.11)$$

이 속도 법칙은 다음과 같이 단일 단계의 속도 상수를 조합한 속도 상수를 갖는 이차 속도 법칙의 형태를 갖는다.

$$\frac{d[P]}{dt}=k_r[A][B] \qquad k_r=k_bK=\frac{k_ak_b}{k_a'}\text{일 때} \quad (86.12)$$

예제 86.3 사전 평형의 분석

이번에는 I가 P를 만드는 과정에서 서서히 새어나간다는 사실을 무시하지 말고 사전 평형 계산을 되풀이하시오.

방법 우선 물질들의 실제 농도 변화율을 쓰고, 이어서 중간체 I에 대해서 정류 상태 근사를 적용시킨다. 이렇게 해서 얻은 식을 이용하여 P의 농도 변화율을 구한다.

풀이 P와 I의 실제 변화율은 다음과 같다.

$$\frac{d[P]}{dt}=k_b[I]$$

$$\frac{d[I]}{dt}=k_a[A][B]-k_a'[I]-k_b[I]\approx 0$$

두 번째 식을 풀면 다음과 같은 결과가 나온다.

$$[I]\approx\frac{k_a[A][B]}{k_a'+k_b}$$

이것을 P의 생성 속도에 관한 식에 넣으면 다음 결과를 얻을 수 있다.

$$\frac{d[P]}{dt}\approx k_r[A][B] \qquad k_r=\frac{k_ak_b}{k_a'+k_b}\text{일 때}$$

I가 생성물로 변하는 속도 상수가 반응물로 되돌아가는 속도 상수보다 훨씬 작아서 $k_b \ll k_a'$일 때는 이 식이 식 86.12와 같게 된다.

자가 진단 86.5 $2\,A \rightleftharpoons I(K)$에 이어서 $I+B \rightarrow P(k_b)$가 일어나는 사전 평형 메커니즘은 전체적으로 삼차 반응이 됨을 보이시오.

답: $d[P]/dt=k_bK[A]^2[B]$

한 가지 주목해야 하는 특징은, 식 86.12에서 속도 상수는 온도에 따라 증가하지만 k_r 자체는 그렇지 못하다는 것이다. 따라서 k_ak_b 곱이 증가하는 것보다 속도 상수 k_a'이 더 급격히 증가한다면 온도가 증가하는 것에 대하여 k_r은 감소하게 되고, 온도가 올라감에 따라 반응은 더 서서히 진행되게 될 것이다. 수학적으로 복합 반응은 '음의 활성화 에너지'를 갖는다고 말할 수 있다. 예를 들어 식 86.12에서 각 속도 상수는 Arrhenius 온도 의존성을 나타낸다고 가정한다(토픽 85). Arrhenius 식(식 85.4, $k_r=Ae^{-E_a/RT}$)으로부터 다음과 같이 된다.

$$k_r=\frac{\left(A_ae^{-E_{a,a}/RT}\right)\left(A_be^{-E_{a,b}/RT}\right)}{A_{a'}e^{-E_{a,a'}/RT}}=\frac{A_aA_b}{A_{a'}}e^{-(E_{a,a}+E_{a,b}-E_{a,a'})/RT}$$

여기에서 $e^{x+y}=e^xe^y$, $e^{x-y}=e^x/e^y$을 사용한다. 따라서 반응의 유효 활성화 에너지는 다음과 같이 나타낸다.

$$E_a=E_{a,a}+E_{a,b}-E_{a,a'} \quad (86.13)$$

이 활성화 에너지는 $E_{a,a}+E_{a,b}>E_{a,a'}$이면 양의 값이 되지만(그림 86.6a), $E_{a,a'}>E_{a,a}+E_{a,b}$이면 음의 값이 된다(그림

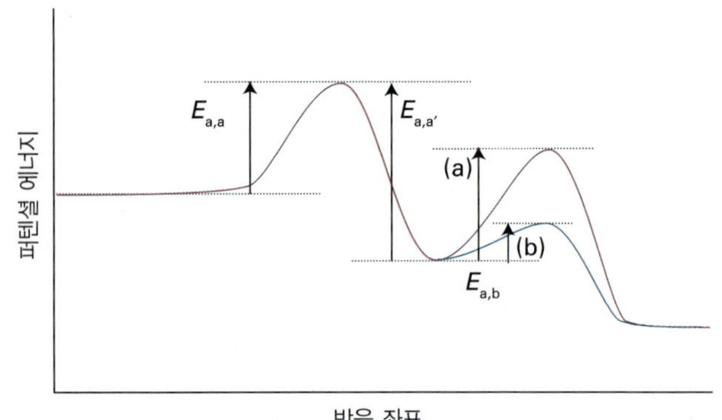

그림 86.6 사전 평형을 가진 반응에 관하여, 고려해야 할 활성화 에너지가 세 개 있는데, 둘은 사전 평형의 가역 단계이고, 하나는 최종 단계이다. 활성화 에너지의 상대적 크기는 전체 활성화 에너지가 (a) 양의 값인지, (b) 음의 값인지를 결정한다.

86.6b). 이 논의의 중요한 결론은, 여러 단계의 결과로 나타나는 반응의 온도 영향에 관하여 예측을 하는 것은 매우 조심해야 한다는 것이다.

86.6 반응의 속도론적 및 열역학적 지배

경우에 따라서는 반응물들이 다양한 생성물을 만들 수 있다. 예를 들어 단일 치환기를 갖는 벤젠을 질산화시킬 때와 같이, 이 치환기의 지향성에 따라 **오쏘-**, **메타-**, **파라-**치환 생성물이 다양한 비율로 생겨날 수 있다. 다음과 같은 경쟁 반응에 의해서 두 생성물 P_1과 P_2가 생긴다고 하자.

$$A+B \rightarrow P_1 \qquad v(P_1)=k_{r,1}[A][B]$$
$$A+B \rightarrow P_2 \qquad v(P_2)=k_{r,2}[A][B]$$

어느 주어진 반응 단계에서(평형에 도달하기 전의) 두 생성물이 생기는 상대적 비율은 두 반응 속도의 비, 따라서 두 속도 상수의 비로 결정된다. 즉

$$\frac{[P_2]}{[P_1]}=\frac{k_{r,2}}{k_{r,1}} \qquad \text{속도론적 지배} \qquad (86.14)$$

이것은 생성물의 비가 **속도론적 지배(kinetic control)**를 받을 때의 결과를 나타내며, 유기화학 실험에서 부딪치는 반응의 일반적인 특징인, 원하는 생성물을 잘 만드는 경로에 유리하도록 반응물을 선정하는 것으로서, 이러한 속도론적 지배 성질을 감안한 것이다. 한편 반응을 평형까지 가게 하면 생성물의 비는 속도론적 고려보다는 열역학적 성질에 의해서 결정되며, 이 농도의 비율은 모든 반응물과 생성물의 표준 반응 Gibbs 에너지에 의해 조절된다.

간단한 예 86.3 속도론적 지배의 결과

(a) 생성물 P_1이 생성물 P_2보다 열역학적으로 더 안정하며, (b) P_2가 되는 반응의 활성화 에너지 E_a가 P_1이 되는 반응의 활성화 에너지보다 더 큰 반응에서, 반응물 R로부터 생성되는 두 개의 생성물을 생각해 보자. 식 86.14와 Arrhenius 식 ($k_r=Ae^{-E_a/RT}$, 식 85.4)으로부터 생성물의 비는 다음과 같다.

$$\frac{[P_2]}{[P_1]}=\frac{k_2}{k_1}=\frac{A_2e^{-E_{a,2}/RT}}{A_1e^{-E_{a,1}/RT}}=\frac{A_2}{A_1}e^{-(E_{a,2}-E_{a,1})/RT}=\frac{A_2}{A_1}e^{-\Delta E_a/RT}$$

$\Delta E_a=E_{a,2}-E_{a,1}>0$이므로 T가 증가함에 따라

- $\Delta E_a/RT$ 항은 감소하고
- $e^{-\Delta E_a/RT}$ 항은 증가한다.

결과적으로 $[P_2]/[P_1]$ 비는 평형에 도달하기 전에는 온도가 증가함에 따라 증가하게 된다.

자가 진단 86.6 **간단한 예** 86.3으로부터의 반응을 생각해 보자. 반응이 열역학적 지배를 받을 때 $[P_2]/[P_1]$ 비에 대한 식을 유도하시오. 식을 유도하기 위해 세운 가정을 말하시오.

답: $[P_2]/[P_1]=e^{-(\Delta_f G_2^{\ominus}-\Delta_f G_1^{\ominus})/RT}$, 가정: 활동도는 농도로 대체할 수 있다.

개념 확인

- ☐ 1. 반응의 **메커니즘**은 반응에 관계되는 순차적 단일 단계들이다.
- ☐ 2. 단일 단계 반응의 **분자도**는 반응을 하기 위해서 모이는 분자의 수이다.
- ☐ 3. 단일 단계 일분자 반응은 일차 반응 속도를 나타내고, 단일 단계 이분자 반응은 이차 반응 속도를 나타낸다.
- ☐ 4. **속도 결정 단계**는 전체 반응의 속도를 지배하게 되는, 반응 메커니즘에서 가장 느린 단계이다.
- ☐ 5. **정류 상태 근사**에서는 모든 반응 중간체의 농도가 전체 반응 과정에 걸쳐 작은 값으로 일정하게 유지된다.
- ☐ 6. **사전 평형**은 중간체가 반응물과 평형을 이루는 상태이며, 이 상태는 중간체를 생성하고, 이것이 반응물로 다시 분해되는 속도가 생성물의 생성 속도보다 훨씬 빠를 때 일어난다.
- ☐ 7. 반응이 평형에 도달하기 전에는 경쟁 반응의 생성물이 속도론적으로 지배된다.

식 확인

성질	식	비고	식 번호
일분자 반응	$d[A]/dt=-k_r[A]$	$A \rightarrow P$	86.1
이분자 반응	$d[A]/dt=-k_r[A][B]$	$A+B \rightarrow P$	86.2
연속 반응	$[A]=[A]_0 e^{-k_a t}$ $[I]=(k_a/(k_b-k_a))(e^{-k_a t}-e^{-k_b t})[A]_0$ $[P]=\{(1+(k_a e^{-k_b t}-k_b e^{-k_a t})/(k_b-k_a))\}[A]_0$	$A \xrightarrow{k_a} I \xrightarrow{k_b} P$	86.4
정류 상태 근사	$d[I]/dt \approx 0$	I는 중간체	86.5

17장 화학 반응 속도론

토픽 82 반응 속도

토론 문제

82.1 0차 반응, 일차 반응, 이차 반응, 유사 일차 반응을 구별하고, 다른 환경에서 반응 차수는 어떻게 변할 수 있는지를 실례나 도해를 이용하여 보이시오.

연습 문제

82.1(a) 일정 부피의 용기 속에서 기체상 반응 $2\ ICl(g)+H_2(g) \rightarrow I_2(g)+2\ HCl(g)$가 일어나는 동안에 전체 압력이 어떻게 변하는지를 예측하시오.

82.1(b) 일정 부피의 용기 속에서 기체상 반응 $N_2(g)+3\ H_2(g) \rightarrow 2\ NH_3(g)$가 일어나는 동안에 전체 압력이 어떻게 변하는지를 예측하시오.

82.2(a) $A+2\ B \rightarrow 3\ C+D$ 반응의 속도가 2.7 mol dm^{-3} s^{-1}이다. 각 반응 성분의 생성 속도와 소모 속도를 나타내시오.

82.2(b) $A+3\ B \rightarrow C+2\ D$ 반응의 속도가 2.7 mol dm^{-3} s^{-1}이다. 각 반응 성분의 생성 속도와 소모 속도를 나타내시오.

82.3(a) $2\ A+B \rightarrow 2\ C+3\ D$ 반응에서 C의 생성 속도가 2.7 mol dm^{-3} s^{-1}이다. 반응 속도와 A, B, D의 생성 또는 소모 속도를 나타내시오.

82.3(b) $A+3\ B \rightarrow C+2\ D$ 반응에서 B의 소모 속도가 2.7 mol dm^{-3} s^{-1}이다. 반응 속도와 A, C, D의 생성 또는 소모 속도를 나타내시오.

82.4(a) 연습 문제 82.2(a)의 반응에 대한 속도 법칙은 $v = k_r[A][B]$로 알려져 있다. k_r의 단위는 무엇인가? 속도 법칙을 (a) A, (b) C의 생성 및 소모 속도로 나타내시오.

82.4(b) 연습 문제 82.2(b)의 반응에 대한 속도 법칙은 $v = k_r[A][B]^2$으로 알려져 있다. k_r의 단위는 무엇인가? 속도 법칙을 (a) A, (b) C의 생성 및 소모 속도로 나타내시오.

82.5(a) 연습 문제 82.3(a)의 반응에 대한 속도 법칙은 $d[C]/dt = k_r[A][B][C]$로 알려져 있다. 이 속도 법칙을 반응 속도 v로 나타내시오. 각 경우에 k_r의 단위는 어떻게 되겠는가?

82.5(b) 연습 문제 82.3(b)의 반응에 대한 속도 법칙은 $d[C]/dt = k_r[A][B][C]^{-1}$로 알려져 있다. 이 속도 법칙을 반응 속도 v로 나타내시오. 각 경우에 k_r의 단위는 어떻게 되겠는가?

82.6(a) 속도 법칙을 (a) mol dm^{-3} 단위의 농도, (b) kPa 단위의 압력으로 나타내면, 이차 및 삼차 속도 상수의 단위는 어떻게 되겠는가?

82.6(b) 속도 법칙을 (a) molecule m^{-3} 단위의 농도, (b) Pa 단위의 압력으로 나타내면, 이차 및 삼차 속도 상수의 단위는 어떻게 되겠는가?

응용 문제

82.1 400 K에서 초기 압력이 12.6 kPa인 한 기체상 화합물의 분해 속도를 측정하였는데, 10.0%가 반응했을 때의 분해 속도는 9.71 Pa s^{-1}, 20.0%가 반응했을 때는 7.67 Pa s^{-1}이었다. 이 반응의 차수를 구하시오.

토픽 83 적분 속도 법칙

토론 문제

83.1 반응의 속도 법칙을 결정하는 데 이용되는 다음 실험 방법들의 장단점을 포함한 주 특징을 설명하시오. 분리법, 초기 속도법, 데이터를 적분 속도식에 맞추는 법

연습 문제

83.1(a) 518°C에서 초기 압력이 363 Torr인 기체상 아세트알데하이드(에탄알) 시료의 분해 반감기는 410초였다. 압력이 169 Torr일 때의 반감기는 880초였다. 이 반응의 차수를 구하시오.

83.1(b) 400 K에서 처음 압력이 55.5 kPa인 한 기체상 화합물의 분해 반감기는 340초였다. 압력이 28.9 kPa일 때의 반감기는 178초였다. 이 반응의 차수를 구하시오.

83.2(a) N_2O_5의 일차 분해 반응 $2\ N_2O_5(g) \rightarrow 4\ NO_2(g) + O_2(g)$에 대한 속도 상수는 25°C에서 $k_r = 3.38 \times 10^{-5}\ s^{-1}$이다. N_2O_5의 반감기는 얼마인가? 반응 초기의 부분 압력을 500 Torr라고 하면, 반응이 시작된 지 (a) 50초 후, (b) 20분 후에는 부분 압력이 얼마가 되겠는가?

83.2(b) $2\ A \rightarrow P$ 반응에서 화합물 A의 일차 분해 반응 속도 상수는 25°C에서 $k_r = 3.56 \times 10^{-7}\ s^{-1}$이다. A의 반감기는 얼마인가? 반응 초기의 부분 압력을 33.0 kPa이라고 하면, 반응이 시작된 지 (a) 50초 후, (b) 20분 후에는 부분 압력이 얼마가 되겠는가?

83.3(a) 다음 반응 $CH_3COOC_2H_5(aq) + OH^-(aq) \rightarrow CH_3CO_2^-(aq) + CH_3CH_2OH(aq)$에 대한 이차 속도 상수는 $0.11\ dm^3\ mol^{-1}\ s^{-1}$이다. 아세트산 에틸과 수산화 소듐을 초기 농도가 각각 $[NaOH] = 0.060\ mol\ dm^{-3}$, $[CH_3COOC_2H_5] = 0.110\ mol\ dm^{-3}$이 되게 섞으면, (a) 20초 후, (b) 15분 후에 에스터($CH_3COOC_2H_5$)의 농도는 얼마로 되겠는가?

83.3(b) $A + 2\ B \rightarrow C + D$ 반응에 대한 이차 속도 상수는 $0.34\ dm^3\ mol^{-1}\ s^{-1}$이다. 반응물의 초기 농도가 각각 $[A] = 0.027\ mol\ dm^{-3}$, $[B] = 0.130\ mol\ dm^{-3}$이 되게 섞으면 (a) 20초 후, (b) 15분 후에 C의 농도가 얼마로 되겠는가?

83.4(a) $2\ A \rightarrow P$ 반응은 이차 속도 법칙을 따르며, 그 속도 상수는 $k_r = 4.30 \times 10^{-4}\ dm^3\ mol^{-1}\ s^{-1}$이다. A의 농도가 $0.210\ mol\ dm^{-3}$에서 $0.010\ mol\ dm^{-3}$으로 변하는 데 걸리는 시간을 구하시오.

83.4(b) $2\ A \rightarrow P$ 반응은 삼차 속도 법칙을 따르며, 그 속도 상수는 $k_r = 6.50 \times 10^{-4}\ dm^6\ mol^{-2}\ s^{-1}$이다. A의 농도가 $0.067\ mol\ dm^{-3}$에서 $0.015\ mol\ dm^{-3}$으로 변하는 데 걸리는 시간을 구하시오.

응용 문제

83.1 $A \rightarrow nB$(n은 분수도 가능함) 형태의 일차 반응에서 생성물의 농도는 시간에 따라 $[B] = n[B]_0(1 - e^{-k_r t})$로 변한다. $n = \frac{1}{2}$, 1, 2인 경우에 대하여 [A]와 [B]의 시간 의존도를 그리시오.

83.2 $A \rightarrow nB$(n은 분수도 가능함) 형태의 이차 반응에서 생성물의 농도는 시간에 따라 $[B] = nk_r t[A]_0^2/(1 + k_r t[A]_0)$로 변한다. $n = \frac{1}{2}$, 1, 2인 경우에 대하여 [A]와 [B]의 시간 의존도를 그리시오.

83.3 아래 데이터는 사이안산 암모늄으로부터 요소가 생성되는 반응 $NH_4CNO \rightarrow NH_2CONH_2$에 관한 것이다. 처음에 22.9 g의 사이안산 암모늄을 충분한 양의 물에 녹여서 $1.00\ dm^3$의 용액을 만들었다. 반응의 차수, 속도 상수, 300분 후에 남는 사이안산 암모늄의 질량을 구하시오.

t(분)	0	20.0	50.0	65.0	150
m(요소)(g)	0	7.0	12.1	13.8	17.7

83.4 아래 데이터는 $(CH_3)_3CBr + H_2O \rightarrow (CH_3)_3COH + HBr$ 반응에 대한 것이다. 반응 차수, 속도 상수, 43.8시간 후 $(CH_3)_3CBr$의 몰농도를 구하시오.

t(h)	0	3.15	6.20	10.00	18.30	30.80
$[(CH_3)_3CBr]$ ($10^{-2}\ mol\ dm^{-3}$)	10.39	8.96	7.76	6.39	3.53	2.07

83.5 유기 나이트릴 화합물의 열분해 반응을 조사하여 다음과 같은 데이터를 얻었다. 반응 차수와 속도 상수를 구하시오.

t(10^3초)	0	2.00	4.00	6.00	8.00	10.00	12.00	∞
[나이트릴] ($mol\ dm^{-3}$)	1.50	1.26	1.07	0.92	0.81	0.72	0.65	0.40

83.6 A와 B의 초기 농도를 각각 $0.050\ mol\ dm^{-3}$, $0.030\ mol\ dm^{-3}$으로 하여 $A + 2\ B \rightarrow P$ 형의 이차 반응을 용액 속에서 일어나게 하였다. 1.0시간 후에 A의 농도가 $0.010\ mol\ dm^{-3}$으로 떨어졌다. (a) 속도 상수를 구하시오. (b) 반응물의 반감기는 얼마인가?

‡기호가 표시된 문제들은 Charles Trapp, Carmen Giunta가 제공한 것이다.

83.7‡ 수용액 속에서 HSO_3^-가 O_2에 의해 산화되는 반응은 산성비 형성 과정 및 굴뚝 연기의 탈황 과정과 관련되는 중요한 반응이다. R.E. Connick 등(*Inorg. Chem.*, **34**, 4543 (1995))의 보고에 의하면 $2\ HSO_3^- + O_2 \rightarrow 2\ SO_4^{2-} + 2\ H^+$ 반응은 속도 법칙 $v = k_r[HSO_3^-]^2[H^+]^2$을 따른다. 5.6의 pH와 $2.4 \times 10^{-4}\ mol\ dm^{-3}$의 산소의 몰농도에서(이 두 값 모두 일정하다고 가정) HSO_3^-의 초기 몰농도가 $5 \times 10^{-5}\ mol\ dm^{-3}$이고, 속도 상수가 $3.6 \times 10^6\ dm^9\ mol^{-3}\ s^{-1}$일 때의 초기 반응 속도를 구하시오. HSO_3^-가 처음 농도의 반으로 되려면 시간이 얼마나 걸리겠는가?

83.8 **약물 동태학**은 생체에 의한 약물의 흡수 및 배출 속도를 연구하는 분야이다. 대부분의 경우 배출이 흡수보다 느리며, 약이 표적에 결합하는 효과를 결정하는 결정적 요인이 된다. 약은 간이나, 장이나, 신장에서 대사되고, 이어서 분해 생성물이 대소변을 통해서 배출되는 것과 같이 여러 가지 메커니즘에 의해 배출된다. 약물 동태학의 한 분석 예로서, 고혈압 치료에 쓰이는 약인 베타 아드레날린 효능 차단제(베타 차단제)의 제거 과정을 생각해 보자. 베타 차단제를 정맥에 주사한 후, 환자의 혈장에 남아 있는 약을 분석하여 다음과 같은 데이터를 얻었다.

t(분)	30	60	120	150	240	360	480
c($ng\ cm^{-3}$)	699	622	413	292	152	60	24

여기서 c는 주사 후 t 시간이 지났을 때 남아 있는 약의 농도이다. (a) 약이 제거되는 과정은 일차 과정인가, 이차 과정인가? (b) 이 과정의 속도 상수와 반감기를 계산하시오. **비고**: 약을 발전시키는 데 고려해야 할 본질적인 특성은 제거의 반감기를 최적화하는 일이다. 반감기가 충분히 길어야 표적 기관을 찾아 들어가서 작용을 할 수 있지만, 너무 길면 유해한 부작용이 중요하게 된다.

83.9 67°C에서 $N_2O_5(g)$의 분해 반응인 $2\ N_2O_5(g) \rightarrow 4\ NO_2(g) + O_2(g)$ 반응을 조사하여 아래와 같은 데이터를 얻었다. 반응 차수, 속도 상수, 반감기를 결정하시오. 이 결과를 그래프로 그리지 않아도 되며, 농도 변화율을 구하여 이 계산을 할 수 있을 것이다.

t(분)	0	1	2	3	4	5
$[N_2O_5]$ (mol dm^{-3})	1.000	0.705	0.497	0.349	0.246	0.173

83.10 1189 K에서 아세트산의 기체상 분해는 다음과 같은 두 평행한 반응에 따라 분해된다.

(1) $CH_3COOH \rightarrow CH_4 + CO_2$ $\quad k_1 = 3.74\ s^{-1}$
(2) $CH_3COOH \rightarrow CH_2CO + H_2O$ $\quad k_2 = 4.65\ s^{-1}$

이 온도에서 얻을 수 있는 케텐(CH_2CO)의 최대 수득률은 몇 %인가?

83.11 설탕(슈크로스)은 산성 용액 속에서 쉽게 가수 분해되어 포도당과 과당이 된다. 이 가수 분해 반응은 흔히 용액 속으로 평면 편광을 통과시켜 그 회전각을 측정함으로써 관찰할 수 있다. 이 회전각으로부터 설탕의 농도를 구할 수 있다. 0.50 M HCl(aq) 속에서 설탕의 가수 분해 반응을 조사하여 다음과 같은 데이터를 얻었다.

t(분)	0	14	39	60	80	110	140	170	210
[설탕] (mol dm^{-3})	0.316	0.300	0.274	0.256	0.238	0.211	0.190	0.170	0.146

설탕 분자의 반응 속도 상수와 반감기를 구하시오.

83.12 액체상 반응 2 A → B의 조성을 분광학적으로 조사하여 다음 결과를 얻었다.

t(분)	0	10	20	30	40	∞
[B] (mol dm^{-3})	0	0.089	0.153	0.200	0.230	0.312

반응 차수와 이 반응의 속도 상수를 구하시오.

83.13 ClO 라디칼은 $2\ ClO \rightarrow Cl_2 + O_2$ 반응에 따라 급속하게 감쇠되는데, 여기에 관해서 다음과 같은 데이터를 얻었다.

t(ms)	0.12	0.62	0.96	1.60	3.20	4.00	5.75
[ClO] (10^{-6} mol dm^{-3})	8.49	8.09	7.10	5.79	5.20	4.77	3.95

반응의 속도 상수와 ClO 라디칼의 반감기를 구하시오.

83.14 사이클로프로페인을 기체상에서 500°C로 가열하면 프로펜으로 이성질체화한다. 시료의 초기 압력을 여러 값으로 바꾸면서 일정한 시간 동안 반응을 일어나게 하고, 기체 크로마토그래피를 이용하여 여러 가지 초기 압력에 대한 변화된 정도를 측정하였더니 다음과 같은 결과를 얻었다.

p_0(Torr)	200	200	400	400	600	600
t(초)	100	200	100	200	100	200
p(Torr)	186	173	373	347	559	520

여기서 p_0는 사이클로프로페인의 처음 압력이고, p는 최종 압력이다. 이러한 조건에서 이 반응의 반응 차수와 속도 상수는 얼마인가?

83.15 알켄에 할로젠화 수소를 첨가시키는 반응은 유기 반응 메커니즘을 조사하는 데 중요한 역할을 하였다. 근래의 한 연구에서(M.J. Haugh and D.R. Dalton, *J. Amer. Chem. Soc.*, **97**, 5674 (1975)) 고압의 염화 수소(최고 25 atm까지)와 프로펜(최고 5 atm까지)을 상당한 온도 범위에서 조사하여 생성된 2-클로로프로페인의 양을 NMR로 측정하였다. 만일 A+B → P의 반응이 짧은 시간 δt 동안 진행되고 반응이 A에 관해 m차로, B에 관해 n차라고 하면, 생성물의 농도가 $[P]/[A] = k_r[A]^{m-1}[B]^n\delta t$로 주어짐을 보이시오. 일련의 실험에서 [클로로프로페인]/[프로펜]의 비는 [프로펜]과는 무관하지만, [클로로프로페인]/[HCl]의 비는 프로펜의 양을 일정하게 고정시킬 경우 [HCl]에 따라 달라진다는 결과를 얻었다. $\delta t \approx 100$ h(반응의 시간 척도로서는 짧다)일 때 $p(HCl) = 10$ atm, 7.5 atm, 5.0 atm에서 [클로로프로페인]/[HCl]의 비는 0에서 0.05, 0.03, 0.01로 증가한다. 각 반응물에 대한 반응 차수를 구하시오.

83.16 A에 관해 n차인 반응에 대해서 $t_{1/2}$이 식 83.6으로 주어짐을 보이시오. 이어서 n차 반응에서 물질의 농도가 처음 값의 3분의 1로 떨어지는 데 걸리는 시간을 나타내는 식을 유도하시오.

83.17 화학량론적 반응 2 A+3 B → P 반응에서 이차 속도 법칙 $v = k_r[A][B]$에 대한 적분 속도식을 유도하시오.

83.18 화학량론적 반응 2 A+B → P 반응은 속도 법칙이 $v = k_r[A]^2[B]$인 삼차 반응이다. (a) 반응물들이 처음에 화학량적 계수의 비로 들어 있었다고 가정하고, (b) B의 양이 처음에 두 배로 들어 있었다고 가정하고 적분 속도 법칙을 유도하시오.

83.19 A의 반감기를 $t_{1/2}$, 또 A의 농도가 처음 농도의 $\frac{3}{4}$로 되는 데 걸리는 시간을 $t_{3/4}$라고 하면($t_{3/4} < t_{1/2}$를 암시함) $t_{1/2}/t_{3/4}$의 비를 n만의 함수로 나타낼 수 있으며, 따라서 이 관계를 이용하여 쉽게 반응의 차수를 결정할 수 있음을 보이시오.

토픽 84 평형으로 접근하는 반응

토론 문제

84.1 온도 뜀 충격 실험의 전략을 설명하시오. 이 방법을 이용하여 얻을 수 있는 반응 파라미터는 무엇인가?

연습 문제

84.1(a) 25°C에서 $NH_3(aq) + H_2O(l) \rightleftharpoons NH_4^+(aq) + OH^-(aq)$ 평형에 온도 뜀 충격을 가하였더니 $NH_4^+(aq)$와 $OH^-(aq)$의 농도가 약간 증가하였다. 측정된 이완 시간은 7.61 ns이다. 이 계의 평형 상수는 25°C에서 1.78×10^{-5}이며, $NH_3(aq)$의 평형 농도는 0.15 mol dm^{-3}이다. 정방향과 역방향 단계들의 속도 상수를 계산하시오.

84.1(b) 25°C에서 A ⇌ B + C 평형계에 온도 뜀 충격을 가하였더니

B와 C의 농도가 약간 증가하였다. 측정된 이완 시간은 3.0 μs이었다. 25°C에서 이 계의 평형 상수는 2.0×10^{-16}이고, 25°C에서 B와 C의 평형 농도는 모두 2.0×10^{-4} mol dm^{-3}이다. 정방향과 역방향 단계들의 속도 상수를 계산하시오.

응용 문제

84.1 미분을 함으로써 식 84.4는 식 84.3의 해가 됨을 증명하시오.

84.2 A $\rightleftharpoons$ 2 B 형태로 평형에 접근하는 반응에 대하여 속도식을 세우고 이에 해당하는 그래프를 그리시오.

84.3 A $\rightleftharpoons$ B의 평형은 양방향으로 모두 일차이다. A와 B의 초기 몰 농도를 각각 $[A]_0$와 $[B]_0$로 놓고, A의 농도에 대한 식을 시간 함수로 나타내시오. 또 이 계의 최종 조성은 어떻게 되겠는가?

84.4 식 84.8이 반응 메커니즘의 중간 단계에 관한 속도 상수로 나타낸 전체 평형 상수에 대한 식임을 증명하시오. 이 작업을 용이하게 하기 위하여 세 단계를 포함하는 메커니즘으로 시작하고, 이어서 이 식이 어떠한 수의 단계에 대하여 일반화할 수 있음을 입증한다.

84.5 이합체화 반응 2 A $\rightleftharpoons$ A_2의 정반응과 역반응 속도 상수는 각각 k_a, k_a'이다. (a) 이완 시간에 관한 다음 식을 단백질의 전체 농도 $[A]_{tot}=[A]+2[A_2]$를 가지고 유도하시오.

$$\frac{1}{\tau^2}=k_a'^2+8k_a k_a'[A]_{tot}$$

(b) 여러 상이한 $[A]_{tot}$값에서 τ를 측정한 결과로부터 속도 상수 k_a, k_a'를 결정할 수 있는 계산 과정을 말하시오. (c) 아래 데이터와 학생이 (b)에서 말한 방법을 이용하여 수소 결합으로 이어진 2-피리돈 이합체 생성에 대한 속도 상수 k_a와 k_a', 평형 상수 K를 계산하시오.

$[P]$(mol dm^{-3})	0.500	0.352	0.251	0.151	0.101
τ(ns)	2.3	2.7	3.3	4.0	5.3

84.6 이합체화 반응 2 A $\rightleftharpoons$ A_2에서 정반응과 역반응의 속도 상수는 각각 k_r, k_r'이다. 이완 시간이 다음과 같이 됨을 보이시오.

$$\tau=\frac{1}{k_r'+4k_r[A]_{eq}}$$

토픽 85 Arrhenius 식

토론 문제

85.1 $\ln k_r=\ln A-E_a/RT$ 식에서 각 항을 정의하고, 이 식의 일반성을 설명하시오.

연습 문제

85.1(a) 어떤 물질의 분해 반응 속도 상수는 35°C에서 3.80×10^{-3} dm^3 mol^{-1} s^{-1}, 50°C에서 2.67×10^{-2} dm^3 mol^{-1} s^{-1}이다. 이 반응의 Arrhenius 파라미터를 구하시오.

85.1(b) 어떤 물질의 분해 반응 속도 상수는 29°C에서 2.25×10^{-2} dm^3 mol^{-1} s^{-1}, 37°C에서 4.01×10^{-2} dm^3 mol^{-1} s^{-1}이다. 이 반응의 Arrhenius 파라미터를 구하시오.

85.2(a) 온도를 24°C에서 49°C로 높였더니 어떤 화학 반응의 속도가 3배로 되었다. 활성화 에너지를 구하시오.

85.2(b) 온도를 25°C로부터 35°C로 높였더니 어떤 화학 반응의 속도가 2배로 되었다. 활성화 에너지를 구하시오.

응용 문제

85.1 식 85.3에 주어진 E_a의 정의는 온도에 의존하지 않는 활성화 에너지에 대하여 식 85.1로 됨을 증명하시오.

85.2 어떤 한 일차 분해 반응을 조사하여 다음과 같은 속도 상수를 여러 온도에서 구하였다. 활성화 에너지를 구하시오.

$k_r(10^{-3}\ s^{-1})$	2.46	45.1	576
θ(°C)	0	20.0	40.0

85.3 산소 원자와 방향족 탄화수소 사이의 반응에 대한 이차 반응 속도 상수를 측정하였다(R. Atkinson and J.N. Pitts, *J. Phys. Chem.*, **79**, 295 (1975)). 벤젠과의 반응에서는 속도 상수가 300.3 K에서 1.44×10^7 dm^3 mol^{-1} s^{-1}, 341.2 K에서 3.03×10^7 dm^3 mol^{-1} s^{-1}, 392.2 K에서 6.9×10^7 dm^3 mol^{-1} s^{-1}이다. 이 반응의 지수 앞자리 인자와 활성화 에너지를 구하시오.

85.4‡ P. W. Seakins 등(*J. Phys. Chem.* **96**, 9847(1992))은 기체상 반응 $C_2H_5(g)+HBr(g)\rightarrow C_2H_6(g)+Br(g)$에 대하여 정방향과 역방향 속도 상수를 측정하였고, 이 측정 데이터를 사용하여 C_2H_5에 대한 열역학적 파라미터를 계산하였다. 이 반응은 양방향에서 이분자 반응이며 정방향에 대하여 Arrhenius 파라미터는 $A=1.0\times10^9$ dm^3

$mol^{-1}\ s^{-1}$, $E_a = -4.2$ kJ mol^{-1}이고, 역방향에 대하여 Arrhenius 파라미터는 $A = 1.4\times10^{11}$ $dm^3\ mol^{-1}\ s^{-1}$, $E_a = 53.3$ kJ mol^{-1}이다. 298 K에서 C_2H_5의 $\Delta_f H^\ominus$, $S_m^\ominus$, $\Delta_f G^\ominus$를 계산하시오.

85.5[‡] 메테인은 많은 자연 과정(반추동물에서 셀룰로스의 소화, 유기 폐기 물질의 미생물 분해와 같은)과 산업 과정(식품 생산과 화석 연료 사용과 같은)의 부산물이다. 수산화기 라디칼 OH와의 반응은 CH_4가 낮은 대기권으로부터 제거되는 주요 경로이다. T. Gierczak 등(*J. Phys. Chem. A* **101**, 3125(1997))은 대기 화학에서 중요한 온도 범위에 걸쳐 수산화기 라디칼과 메테인의 단일 단계 이분자 기체상 반응에 대한 속도 상수를 측정하였다. 다음 측정으로부터 Arrhenius 파라미터 A와 E_a 값을 추정하시오.

T(K)	295	223	218	213	206	200	195
$k_r(10^6\ dm^3\ mol^{-1}\ s^{-1})$	3.55	0.494	0.452	0.379	0.295	0.241	0.217

85.6[‡] 응용 문제 85.5에서 본 것과 같이, 수산화기 라디칼과의 반응은 자연 과정과 산업 과정의 부산물인 CH_4가 낮은 대기권으로부터 제거되는 주요 경로이다. T. Gierczak 등(*J. Phys. Chem. A* **101**, 3125(1997))은 이분자 기체상 반응 $CH_4(g)+OH(g) \rightarrow CH_3(g)+H_2O(g)$에 대한 속도 상수를 측정하였고 Arrhenius 파라미터에 대하여 $A = 1.13\times10^9$ $dm^3\ mol^{-1}$, $E_a = 14.1$ kJ mol^{-1}으로 알아내었다. (a) CH_4 소모 속도를 추정하시오. OH의 평균 농도를 1.5×10^{-21} mol dm^{-3}, CH_4의 평균 농도를 4.0×10^{-8} mol dm^{-3}, 온도를 −10°C로 택하시오. (b) 지구의 낮은 대기권에 대한 유효 부피가 4×10^{21} dm^3으로 주어졌을 때, 이 반응에 의해 전세계적으로 연간 소모되는 CH_4의 질량(이것은 대기에 도입되는 양보다는 약간 작은 양임)을 추정하시오.

토픽 86 반응 메커니즘

토론 문제

86.1 반응 차수와 분자도를 구별하시오.

86.2 다음 진술의 합당성을 평가하시오.
속도 결정 단계는 반응 메커니즘에서 가장 느린 단계이다.

86.3 사전 평형 근사와 정류 상태 근사의 차이를 설명하시오.

86.4 반응의 속도론적 지배와 열역학적 지배를 구분하시오. 이들 중 하나를 고르는 기준을 말하시오.

86.5 반응의 활성화 에너지가 음의 값을 가질 수 있겠는가? 학생이 얻은 결과를 설명하고 분자 수준에서 해석하여 보시오.

연습 문제

86.1(a) 다음 A_2의 분해 반응 메커니즘에서는 A가 중간체 역할을 한다.

$A_2 \rightleftharpoons A+A$ (빠름)
$A+B \rightarrow P$ (느림)

(i) 사전 평형을 가정하고, (ii) 정류 상태 근사를 이용하여 이 두 가지 방법에서 반응의 속도 법칙을 추론하시오.

86.1(b) A와 B의 가닥으로부터 이중 나선이 재생성되는 반응 메커니즘에서는 중간체가 관여한다.

A+B ⇌ 불안정한 나선 (빠름)
불안정한 나선 → 안정한 이중 나선 (느림)

(i) 사전 평형을 가정하고, (ii) 정류 상태 근사를 이용하여 이 두 가지 방법에서 반응의 속도 법칙을 구하시오.

86.2(a) 한 복합 반응의 메커니즘은 정방향과 역방향의 활성화 에너지가 각각 25 kJ mol^{-1}, 38 kJ mol^{-1}인 빠른 사전 평형 단계로 이루어지고, 이어서 활성화 에너지가 10 kJ mol^{-1}인 단일 단계 반응 과정이 뒤따른다. 이 복합 반응의 활성화 에너지는 얼마가 되겠는가?

86.2(b) 한 복합 반응의 메커니즘은 정방향과 역방향의 활성화 에너지가 각각 27 kJ mol^{-1}, 35 kJ mol^{-1}인 빠른 사전 평형 단계로 이루어지고, 이어서 활성화 에너지가 15 kJ mol^{-1}인 단일 단계 반응 과정이 뒤따른다. 이 복합 반응의 활성화 에너지는 얼마인가?

응용 문제

86.1 수학 소프트웨어나 스프레드시트를 이용하여 반응 메커니즘 $A \rightarrow I \rightarrow P$ (k_a, k_b)에서 [I]의 시간 의존도를 조사하시오. 다음 모든 계산에서 $[A]_0 = 1$ mol dm^{-3}, 시간 영역을 0~5초까지로 취한다. (a) $k_a = 10\ s^{-1}$, $k_b = 1\ s^{-1}$일 경우 [I]를 t에 대해서 도시하시오. (b) k_a의 값을 감소시킴으로써 k_b/k_a의 비를 점진적으로 증가시키고, 그때마다 [I]의 t에 대한 도시를 조사하시오. d[I]/dt에 관한 근사 중에서 어느 것이 점점 더 타당해지는가?

86.2 수학 소프트웨어나 스프레드시트를 이용하여 k_a/k_b 비가 10에서 0.01로(그림 86.1에서와 같이) 감소하는 것이 [A], [I], [P], t_{max}에 미치는 영향을 조사하시오. 이 결과를 그림 86.3에 나타난 것과 비교하시오.

86.3 다음 반응 메커니즘에 대한 속도식을 세우시오.

$$A \underset{k_a'}{\overset{k_a}{\rightleftharpoons}} B \underset{k_b'}{\overset{k_b}{\rightleftharpoons}} C$$

특별한 경우에서는 이 메커니즘이 다음과 동일함을 보이시오.

$$A \underset{k_r'}{\overset{k_r}{\rightleftarrows}} C$$

86.4 순차적 반응 A ⇄ B ⇄ C ⇄ D에서 [A]를 일정한 값으로 유지하고 생성물 D를 생기자마자 제거시킬 때의 정류 상태 속도식을 유도하시오.

86.5 응용 문제 83.15에서 나온 반응의 속도 법칙은 다음과 같은 메커니즘으로 설명할 수 있음을 보이시오.

$HCl + HCl \rightleftharpoons (HCl)_2$ K_1

$HCl + CH_3CH{=}CH_2 \rightleftharpoons$ 복합체 K_2

$(HCl)_2 +$ 복합체 $\rightarrow CH_3CHClCH_3 + HCl + HCl$ k_r (느림)

이 메커니즘을 확인하려면 어떤 실험을 더 보충해야 하겠는가?

86.6 폴리펩타이드는 아미노산의 중합체이다. 긴 폴리펩타이드 사슬은 나선 구조로부터 임의의 코일로 전이가 일어날 수 있다고 가정하자. 다음과 같이 사슬 중간에서 시작되는 나선 코일 전이에 대한 메커니즘을 생각해 보시오.

hhhh... ⇄ *hchh*...

hchh... ⇄ *hcch*...

여기에서 *h*와 *c*로 표지된 것은 각각 사슬 속의 나선 또는 코일 부분이다. *h*로부터 *c*로 되는 첫 번째 변환은 핵형성 단계라고도 하는데, 비교적 느리며, 따라서 이 중 어느 것도 속도 결정 단계가 될 수 없다. (a) 이 메커니즘에 대한 속도식들을 세우시오. (b) 정류 상태 근사를 이용하여, 이러한 조건에서는 이 메커니즘이 *hhhh*... ⇄ *cccc*...와 동등하다는 것을 보이시오.

통합 문제

F17.1‡ J. Czarnowski와 H.J. Schuhmacher(*Chem. Phys. Lett.* **17**, 235(1972)는 $2\,F_2O(g) \rightarrow 2\,F_2(g) + O_2(g)$ 반응에서 F_2O의 열분해에 대하여 다음 메커니즘을 제안하였다.

(1) $F_2O + F_2O \rightarrow F + OF + F_2O$ k_a

(2) $F + F_2O \rightarrow F_2 + OF$ k_b

(3) $OF + OF \rightarrow O_2 + F + F$ k_c

(4) $F + F + F_2O \rightarrow F_2 + F_2O$ k_d

(a) 정류 상태 근사를 사용하여 이 메커니즘은 실험적인 속도 법칙 $-d[F_2O]/dt = k_r[F_2O]^2 + k_r'[F_2O]^{3/2}$과 일치함을 보이시오. (b) 501~583 K의 온도 범위에서 실험적으로 결정된 Arrhenius 파라미터들은 k_r에 대하여 $A = 7.8\times10^{13}$ dm^3 mol^{-1} s^{-1}, $E_a/R = 1.935\times10^4$ K이며, k_r'에 대하여 $A = 2.3\times10^{10}$ dm^3 mol^{-1} s^{-1}, $E_a/R = 1.691\times10^4$ K이다. 540 K에서 $\Delta_f H^\ominus(F_2O) = +24.41$ kJ mol^{-1}, $D(F{-}F) = 160.6$ kJ mol^{-1}, $D(O{-}O) = 498.2$ kJ mol^{-1}이다. F_2O의 첫 번째와 두 번째 F−O 결합의 결합 해리 에너지와, 반응 2의 Arrhenius 활성화 에너지를 예측하시오.

F17.2 두 그룹의 양성자는 $\delta = 4.0$, $\delta = 5.2$를 가지며 유연성 분자의 구조 변화에 의해서 상호 전환된다. 60 MHz NMR 분광기에서 스펙트럼이 280 K에서는 한 개의 선으로 모아지지만, 300 MHz에서는 온도가 300 K로 올라갈 때까지 이러한 합침이 일어나지 않는다. 상호 전환의 활성화 에너지는 얼마인가?

F17.3 반응이 흡광에 의해 진행될 때는 전형적인 평형 개념이 적용되지 않는다. 그리하여 생성물과 반응물의 정류 상태 농도는 평형 값과 크게 다를 수 있다. 예로서 A → B 반응은 흡광에 의해서 진행되며, 그 속도는 I_a이고, 그 역반응 B → A는 이분자 반응으로서 반응 속도가 $k_r[B]^2$인 이차 반응이다. B의 정류 상태 농도는 얼마인가? 이 '광정류 상태'가 평형 상태와 다른 이유는 무엇인가?

F17.4 기체상에서 클로로폼의 광화학적 염소화 반응은 $d[CCl_4]/dt = k_r[Cl_2]^{1/2}I_a^{1/2}$의 속도 법칙을 따른다고 알려져 있다. 염소의 압력이 대단히 높을 때 이러한 속도 법칙이 나타나려면, 어떤 메커니즘에 의해서 이 반응이 일어나겠는가?

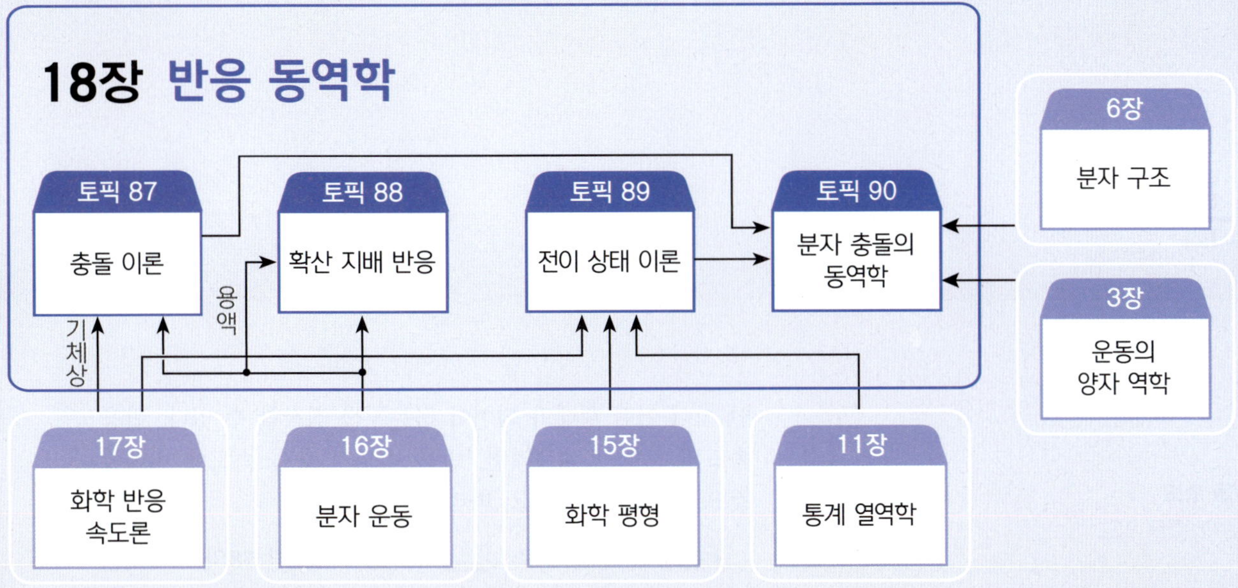

화학은 구조에 대한 흥미뿐만 아니라 변화에도 깊은 관심을 갖는다. 여기 있는 토픽들에서는 어떻게 화학 반응이 일어나는지에 대한 다양한 모형을 고려한다. 주안점은 **반응 속도론**에서 소개한 것과 같이 반응의 속도 상수의 크기의 계산 또는 최소한 해석과, 특히 거기에서 묘사된 Arrhenius 식으로 표현된 속도 상수의 온도 의존성에 있다.

기체상에서 이분자 단일 단계 반응의 가장 간단한 모형은 충돌 이론(토픽 87)인데, 여기에서 반응은 두 반응물 분자들이 충분한 에너지를 가지고 적절한 상대적 배향을 가지고 충돌할 때 일어난다고 가정하는 것이다. 이 단순한 모형은 충돌 에너지가 분자 전반에 걸쳐 분산되어 한 특별한 결합에 모이는 방법을 모색하여 자세히 설명될 수 있다.

용액에서는 다른 형태의 문제에 부딪치게 되는데, 반응 속도에 대하여 두 가지 주요 성분(토픽 88)이 존재하기 때문이다. 하나는 두 반응물이 용매를 지나며 확산되어 결국은 마주치는 비율이고, 다른 하나는 그들이 함께 만날 때 반응하기에 충분한 에너지를 얻는 비율이다. 전자의 과정이 주를 이룰 경우는 **분자 운동**에서 소개한 확산 식의 정밀 분석이 용액의 확산 특성에 대한 속도를 연관시키게 할 수 있을 것이다.

유체 매질에서 두 형태의 반응은 모두 반응 물질들이 서로 마주칠 때 평형에 있는 것으로 취급될 수 있는 반응물들이 원자 뭉치를 형성한다고 생각하는 이론으로 종합하게 된다. 이 '전이 상태 이론'(토픽 89)은 **통계 열역학**과 **화학 평형**의 개념을 끌어들여 속도 상수를 원자 뭉치에 적용된 추정 구조와 연관시킨다.

이러한 모든 논의의 근거가 되는 것은 공간을 통하여 움직이고 **운동의 양자 역학**에서 묘사된 상태에서 상대방과 교환하는 반응물들의 양자 역학적 과정이다. 이와 같이 지극히 복잡한 문제에 대한 몇 가지 진전은 **분자 구조**에서 약술된 계산 화학의 발전과 퍼텐셜 에너지 표면(토픽 90)에 걸치는 운동의 분석으로 만들어졌다.

토픽 87

충돌 이론

내용

➤ 학습 목표

화학의 주요 과제는 화학 반응의 메커니즘에 대한 연구이다. 초창기의 접근 중 하나로 메커니즘의 상세한 직관력을 제공하여 온 것이 충돌 이론이다.

➤ 핵심 내용

충돌 이론에 따르면, 이분자 기체상 반응에서 반응은 반응물의 충돌로 일어나는데, 그들의 상대적 운동 에너지가 문턱값을 넘고 어떤 입체적 요건을 만족해야 한다.

➤ 미리 알기

이 토픽은 기체의 운동 이론(토픽 78)에서 도출된 것이다. 또한 속도 상수의 운동 의존성에 대한 Arrhenius 식(토픽 85)과 친숙해져야 한다.

다음과 같은, 속도 상수 k_r인 기체상 이분자 단일 단계 반응을 생각해 보자.

$$A+B \rightarrow P \quad v=k_r[A][B] \tag{87.1}$$

여기서 A와 B는 반응물이고, P는 생성물이다. 반응이 일어나는 데 필요한 물리적 요건을 생각해 보면 k_r에 관한 일반적인 식이 어떤 형태가 되어야 하는지를 짐작할 수 있다. 반응 속도의 모형을 세우려면, 반응 속도가 충돌 속도에 비례할 것으로 예상할 수 있고, 따라서

- 분자의 평균 속력 $v_{mean} \propto (T/M)^{1/2}$ (토픽 78의 식 78.7)에 비례하는데, 여기서 M은 분자의 몰질량이고 T는 온도이다.
- 충돌 단면적 σ(토픽 78)에 비례하는데, 이는 충돌에서 존재하는 분자의 '과녁 면적'이다.
- A와 B의 수밀도 $\mathcal{N}_A = N_A[A]$, $\mathcal{N}_B = N_A[B]$에 비례하는데, 여기서 N_A는 Avogadro 상수이다.

이는 다음을 예상할 수 있다.

$$v \propto \sigma(T/M)^{1/2} \mathcal{N}_A \mathcal{N}_B \propto \sigma(T/M)^{1/2}[A][B]$$

하지만 충돌이 반응으로 이어지려면 충돌할 때의 운동 에너지가 E'으로 표시하는 최솟값을 능가한 경우에만 가능할 것이다. 이 요건은 다음의 부가적인 것을 제시한다.

- 속도 상수가 Boltzmann 인자 $e^{-E'/RT}$에 비례해야 한다는 것인데, 이 인자는 적어도 최소한 요구되는 에너지 E'을 가지는 충돌 분율을 나타낸다.

따라서

$$v \propto \sigma(T/M)^{1/2} e^{-E'/RT}[A][B]$$

이제 반응 속도를 식 87.1과 같은 형태로 나타낼 경우, 속도 상수가 다음과 같이 될 것으로 예상할 수 있다.

$$k_r \propto \sigma(T/M)^{1/2} e^{-E'/RT}$$

여기서 Arrhenius 식($k_r = Ae^{-E_a/RT}$, 식 85.4)의 형태를 인식할 때가 되었다. 즉 최소 운동 에너지 E'은 반응의 활성화 에너지 E_a임을 확인하는 것이다. 그러나 충돌 이론은 다만 화학 반응성의 초보적인 모형이기 때문에 이와 같은 확인을 정밀하다고 간주하지 말아야 한다.

최종적으로 다음을 유의해야 한다.

- 에너지 조건만 충족된다고 해서 반응이 일어날 수는 없으며, 이는 충돌할 때의 상대적 배향도 적합해야 하기 때문이다.

이 '입체적 요건'을 충족시키기 위해서는 이 속도 상수에 추가적인 인자 P를 넣어 주어야 한다는 것을 의미한다. 즉

$$k_r \propto P\sigma(T/M)^{1/2}e^{-E'/RT} \qquad (87.2)$$

아래에서 자세히 설명하겠지만, 이 식은 충돌 이론으로 예상되는 형태를 가진다. 성공적인 충돌에 필요한 세 가지 요건을 나타내고 있다. 즉

$$k_r \propto \overbrace{P}^{\text{입체 인자}}\ \overbrace{\sigma(T/M)^{1/2}}^{\text{충돌 속도}}\ \overbrace{e^{-E'/RT}}^{\text{최소 에너지 요건}}$$

87.1 기체에서의 충돌 속도

앞에서 예상한 바와 같이 반응 속도, 따라서 k_r은 분자의 충돌 빈도에 의존한다. 일정 영역의 시료 공간 속에서 일정한 시간 동안에 일어나는 (A, B) 충돌수를 그 영역의 부피와 시간으로 나눈 것이 **충돌 밀도**(**collision density**) Z_{AB}이다. 기체에서 한 분자의 충돌 빈도는 토픽 78(식 78.10, $z=\sigma v_{rel}\mathcal{N}_A$)에서 이미 계산한 바 있다. 아래 **증명**에서 보이는 바와 같이, 이 결과를 이용하면 다음과 같은 충돌 밀도에 관한 식을 얻을 수 있다.

$$Z_{AB}=\sigma\left(\frac{8kT}{\pi\mu}\right)^{1/2}N_A^2[A][B] \qquad \text{분자 운동 이론} \quad \text{충돌 밀도} \quad (87.3a)$$

여기서 σ는 충돌 단면적이다(그림 87.1). 즉

$$\sigma=\pi d^2 \qquad d=\tfrac{1}{2}(d_A+d_B) \qquad \text{충돌 단면적} \quad (87.3b)$$

d_A와 d_B는 각각 A, B의 지름이고, μ는 다음과 같은 환산 질량이다.

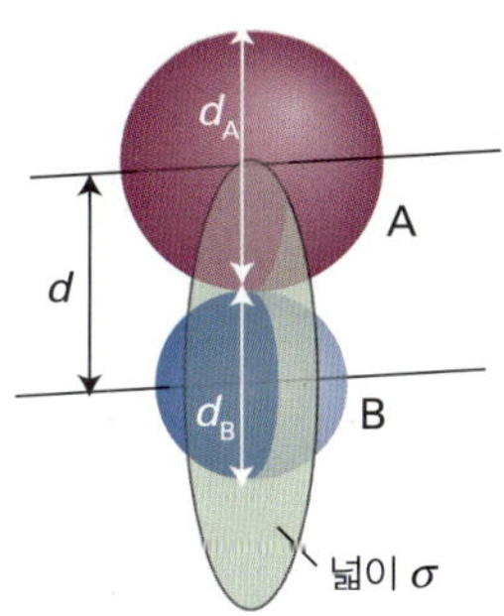

그림 87.1 날아가는 분자 (A)가 표적 분자 (B)와 충돌을 일으키기 위하여 들어가야 할 단면적으로 간주되는 두 분자에 대한 충돌 단면적. 이 두 분자의 지름을 각각 d_A, d_B라고 하면 표적 넓이의 반지름은 $d=\frac{1}{2}(d_A+d_B)$가 되며, 그 단면적은 πd^2이다.

$$\mu=\frac{m_Am_B}{m_A+m_B} \qquad \text{환산 질량} \quad (87.3c)$$

동일 분자들에 대해서는 $\mu=\frac{1}{2}m_A$이므로, 몰농도가 [A]인 경우는 충돌 밀도는 다음과 같이 주어진다.

$$Z_{AA}=\frac{1}{2}\sigma\left(\frac{16kT}{\pi m_A}\right)^{1/2}N_A^2[A]^2=\sigma\left(\frac{4kT}{\pi m_A}\right)^{1/2}N_A^2[A]^2 \qquad (87.3d)$$

인자 $\frac{1}{2}$은 이 경우 충돌을 이중으로 계산하는 것을 피하기 위한 것이다. 완전 기체의 몰농도는 $[A]=n/V=p/RT$이다.

간단한 예 87.1 충돌 밀도

충돌 밀도는 대단히 클 수 있다. 예로서 25°C, 1.0 bar에 있는 질소의 경우에는, $\sigma=0.43\ \text{nm}^2$(표 78.1)이고 $m_{N_2}=28.02\ m_u$에서 $[N_2]\approx 40\ \text{mol m}^{-3}$일 때 충돌 밀도는 다음과 같다.

$$\begin{aligned}Z_{N_2N_2}&=(4.3\times10^{-19}\,\text{m}^2)\\&\quad\times\left(\frac{4\times(1.381\times10^{-23}\,\text{J K}^{-1})\times(298\,\text{K})}{\pi\times28.02\times(1.661\times10^{-27}\,\text{kg})}\right)^{1/2}\\&\quad\times(6.022\times10^{23}\,\text{mol}^{-1})^2\times(40\,\text{mol m}^{-3})^2\\&=8.4\times10^{34}\,\text{m}^{-3}\,\text{s}^{-1}\end{aligned}$$

자가 진단 87.1 같은 조건에서 수소 분자의 충돌 밀도를 계산하시오(σ에 대해서는 표 78.1 참조).

답: $Z_{H_2H_2}=2.0\times10^{35}\ \text{m}^{-3}\,\text{s}^{-1}$

증명 87.1 충돌 밀도

토픽 78에 의하면, 기체 내에서 질량이 m_A인 A 분자가 다른 A 분자들과 충돌하는 빈도 z는 $z=\sigma v_{rel}\mathcal{N}_A$이며, 여기서 $\mathcal{N}_A$는 A 분자의 수밀도, v_{rel}는 그들의 평균 상대 속력이다. 토픽 78에서 지적한 바와 같이, $v_{mean}=(8kT/\pi m)^{1/2}$일 때 $v_{rel}=2^{1/2}\,v_{mean}$이다. 앞으로의 편의를 위해 $\mu=\frac{1}{2}m$(질량이 m인 같은 분자)을 도입하면, $v_{rel}=(8kT/\pi\mu)^{1/2}$으로 쓸 수 있다. 이 식은 같지 않은 분자의 평균 상대 속력에 적용할 수 있는데, 다만 μ를 환산 질량으로 생각해야 한다.

전체 충돌 밀도는 충돌 빈도에 A 분자의 수밀도를 곱한 것과 같다. 즉

$$Z_{AA}=\frac{1}{2}z\mathcal{N}_A=\frac{1}{2}\sigma v_{rel}\mathcal{N}_A^2$$

여기서 인자 $\frac{1}{2}$이 들어간 까닭은, 충돌수를 이중으로 셈하지 않기 위해서이다(즉 A 분자 한 개가 다른 A 분자와 충돌하는 것을 이들의 실체를 구분하지 않고 한 충돌로 셈한다). A 분자와 B 분자 사이의 충돌 밀도는 이들의 수밀도를 $\mathcal{N}_A$, $\mathcal{N}_B$라고 할 때 다음과

같이 된다.

$$Z_{AB} = \sigma v_{rel} \mathcal{N}_A \mathcal{N}_B$$

이 식에는 $\frac{1}{2}$이라는 인자가 빠져 있는데, 그 이유는 A 분자 한 개가 어떤 B 분자와 충돌하더라도 그것을 한 충돌로 셈해야 하기 때문이다. 화학종 J의 몰농도를 [J], Avogadro 상수를 N_A라고 하면, J의 수밀도는 $\mathcal{N}_J = N_A[J]$가 된다. 이 관계를 이용하면 식 87.3이 나온다.

87.2 에너지 요건

충돌 이론에 의하면, A 분자의 수밀도 $\mathcal{N}_A$에서 변화 속도는 충돌 밀도에 충분한 에너지를 가지고 충돌이 일어날 확률을 곱한 것과 같다. 후자의 조건을 충돌 단면적 속에 집어넣기 위하여 충돌 단면적 σ를 두 충돌 종의 상호 접근 운동 에너지 ε의 함수로 나타내고, 이 접근 운동 에너지가 어떤 문턱값 ε_a 이하로 내려가면 이 충돌 단면적 $\sigma(\varepsilon)$를 0으로 되게 놓는다. 후에 증명하겠지만 $N_A\varepsilon_a$는 반응의 (몰) 활성화 에너지 E_a가 된다. 그러면 특정한 상대 접근 속력(이 단계에서는 평균 속력 v_{rel}이 아닌)이 s_{rel}인 충돌에 대해서는 다음 관계가 성립한다.

$$\frac{d\mathcal{N}_A}{dt} = -\sigma(\varepsilon) s_{rel} \mathcal{N}_A \mathcal{N}_B \quad (87.4a)$$

이 식은 다음과 같이 몰농도를 가지고 나타낼 수도 있다.

$$\frac{d[A]}{dt} = -\sigma(\varepsilon) s_{rel} N_A [A][B] \quad (87.4b)$$

두 입자의 상대적 운동과 관련되는 운동 에너지는 $\varepsilon = \frac{1}{2}\mu s_{rel}^2$이며, 이때 질량 중심 좌표는 각 입자의 내부 좌표로부터 분리된다. 따라서 상대 속력은 $s_{rel} = (2\varepsilon/\mu)^{1/2}$이다. 여기서 고려해야 할 것은 시료에서의 접근 에너지 ε이 상당히 넓은 범위로 분포되어 있으며, 따라서 방금 유도한 식을 Boltzmann 에너지 분포 함수 $f(\varepsilon)$에 걸쳐서 평균해 주어야 한다(평균에 대해서는 **수학적 배경** 7 참조). 즉

$$\frac{d[A]}{dt} = -\left\{\int_0^\infty \sigma(\varepsilon) s_{rel} f(\varepsilon) d\varepsilon\right\} N_A [A][B] \quad (87.5)$$

따라서 속도 상수가 다음과 같이 된다.

$$k_r = N_A \int_0^\infty \sigma(\varepsilon) s_{rel} f(\varepsilon) d\varepsilon \quad \text{속도 상수} \quad (87.6)$$

이제 반응성 충돌 단면적이 ε_a 이하에서는 0이 된다고 하자. 그러면 아래 **증명**에서 보이는 바와 같이 ε_a 이상에서는

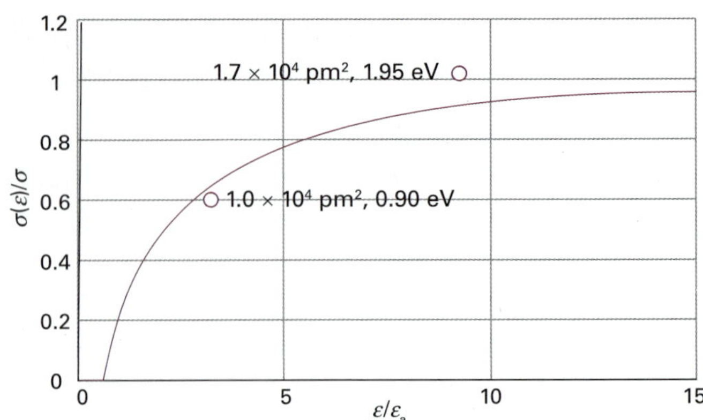

그림 87.2 식 87.7에 의해 표현된 에너지에 따른 반응성 단면적의 변화. 데이터는 $H+D_2 \rightarrow HD+D$ 반응에 대한 실험으로부터이다(K. Tsukiyama, et al., *J. Chem. Phys.* **84**, 1934 (1986))

$\sigma(\varepsilon)$가 식 87.3b에 의해 주어진 에너지와 무관한 σ을 가지고 다음과 같이 변한다.

$$\sigma(\varepsilon) = \left(1 - \frac{\varepsilon_a}{\varepsilon}\right)\sigma \quad \sigma\text{의 에너지 의존성} \quad (87.7)$$

이 $\sigma(\varepsilon)$에 대한 에너지 의존 형태는 H와 D_2 사이의 반응의 실험적 측정과 폭넓게 일치한다. 이는 토픽 90(그림 87.2)에서 설명되는 한 종류의 분자살 측정에 의한 결정과 같다.

증명 87.2 충돌 단면적

두 충돌 분자 A와 B가 상대 속력 s_{rel}와 상대 운동 에너지 $\varepsilon = \frac{1}{2}\mu s_{rel}^2$을 갖는다고 하자(그림 87.3). 직관적으로 생각할 때 A와 B가 정면 충돌을 하면 화학 반응이 가장 효과적으로 일어날 수 있을 것이다. 따라서 A와 B의 중심을 연결하는 벡터에 평행한 상대 속력 성분 $s_{rel,A-B}$가 반드시 커야만 된다. 그림 87.3에서 삼각법과 거리 a와 d의 정의, 그리고 각도 θ로부터 다음과 같은 관계를 얻을 수 있다.

$$s_{rel,A-B} = s_{rel}\cos\theta = s_{rel}\left(\frac{d^2-a^2}{d^2}\right)^{1/2}$$

지금 정면 충돌 성분과 관련된 운동 에너지 ε_{A-B}만이 화학 반응을 일으키는 데 관여한다고 가정하자. 위 식의 양변을 제곱한 다음, $\frac{1}{2}\mu$를 곱해 주면 다음과 같은 관계를 얻을 수 있다.

$$\varepsilon_{A-B} = \varepsilon \times \frac{d^2-a^2}{d^2}$$

생성물이 만들어지는 데 문턱 에너지 ε_a가 필요하다는 것은 a가 극댓값 a_{max}를 가지며, 이보다 더 높은 a에서는 반응이 일어날 수 없다는 것을 의미한다. 따라서 위 식에 $a = a_{max}$, $\varepsilon_{A-B} = \varepsilon_a$를 넣어 주면 다음과 같은 식이 나온다.

$$a_{max}^2 = \left(1 - \frac{\varepsilon_a}{\varepsilon}\right)d^2$$

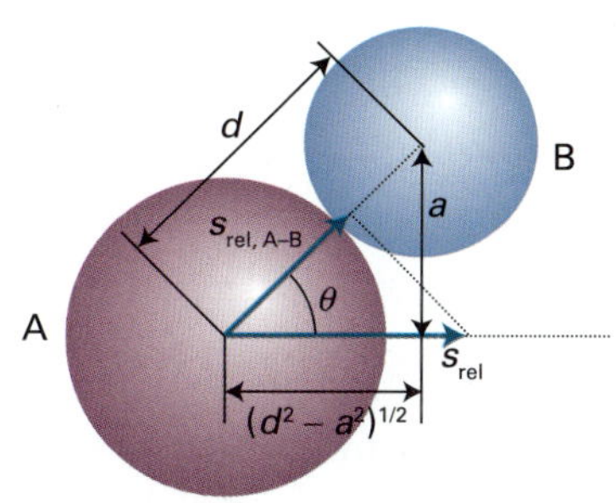

그림 87.3 두 분자 A와 B의 상대 운동 에너지에 대한 충돌 단면적의 의존도를 계산하는 데 이용되는 파라미터

이 식에 πa_{max}^2을 $\sigma(\varepsilon)$로, πd^2을 σ로 놓으면 식 87.7이 나온다. 이 식은 $\varepsilon > \varepsilon_a$일 때만 이용할 수 있다는 것을 유의해야 한다.

충돌 단면적의 에너지 의존도가 이처럼 확정되면 식 87.6의 적분을 구할 수 있다. 아래 **증명**에서 다음 관계를 보이겠다.

$$k_r = \sigma N_A v_{rel} e^{-E_a/RT} \quad \text{충돌 이론 [속도 상수]} \quad (87.8)$$

증명 87.3 속도 상수

토픽 78에서 식 78.4의 분자 속력에 관한 Maxwell–Boltzmann 분포식은 다음과 같다.

$$f(v)dv = 4\pi\left(\frac{\mu}{2\pi kT}\right)^{3/2} v^2 e^{-\mu v^2/2kT}dv$$

(M/R이 μ/k로 바뀌었음.) ε를 $\varepsilon = \frac{1}{2}\mu v^2$으로 써서, $dv = d\varepsilon/(2\mu\varepsilon)^{1/2}$이 되어 위 식은 운동 에너지의 항으로 다음과 같이 나타낼 수 있다.

$$f(v)dv = 4\pi\left(\frac{\mu}{2\pi kT}\right)^{3/2}\left(\frac{2\varepsilon}{\mu}\right)e^{-\varepsilon/kT}\frac{d\varepsilon}{(2\mu\varepsilon)^{1/2}}$$
$$= 2\pi\left(\frac{1}{\pi kT}\right)^{3/2}\varepsilon^{1/2}e^{-\varepsilon/kT}d\varepsilon = f(\varepsilon)d\varepsilon$$

따라서 구해야 할 적분은 다음과 같이 된다.

$$\int_0^\infty \sigma(\varepsilon)\overbrace{s_{rel}}^{(2\varepsilon/\mu)^{1/2}} f(\varepsilon)d\varepsilon = 2\pi\left(\frac{1}{\pi kT}\right)^{3/2}\int_0^\infty \sigma(\varepsilon)\left(\frac{2\varepsilon}{\mu}\right)^{1/2}\varepsilon^{1/2}e^{-\varepsilon/kT}d\varepsilon$$
$$= \left(\frac{8}{\pi\mu kT}\right)^{1/2}\left(\frac{1}{kT}\right)\int_0^\infty \varepsilon\sigma(\varepsilon)e^{-\varepsilon/kT}d\varepsilon$$

식 87.7의 $\sigma(\varepsilon)$에 대한 근사를 도입하면 다음과 같이 구할 수 있다.

$$\int_0^\infty \varepsilon\sigma(\varepsilon)e^{-\varepsilon/kT}d\varepsilon = \sigma\int_{\varepsilon_a}^\infty \varepsilon\left(1-\frac{\varepsilon_a}{\varepsilon}\right)e^{-\varepsilon/kT}d\varepsilon = \sigma(kT)^2e^{-\varepsilon_a/kT}$$

이 결과는 $\varepsilon < \varepsilon_a$일 때 $\sigma = 0$이 된다는 사실을 이용한 것이다. 따라서 다음을 얻는다.

$$\int_0^\infty \sigma(\varepsilon)s_{rel}f(\varepsilon)d\varepsilon = \sigma\left(\frac{8kT}{\pi\mu}\right)^{1/2}e^{-\varepsilon_a/kT}$$

이것은 식 87.8과 같은 것이다 ($\varepsilon_a/kT = E_a/RT$로 쓰면).

이 식 87.8에서 지수함수의 온도 의존도가 지수 앞자리 인자 A의 약한 온도 의존(제곱근) 효과를 압도한다면 이 식은 Arrhenius 식 $k_r = Ae^{-E_a/RT}$의 형태가 된다. 따라서 분자들이 접근하는 선 상에 따른 활성화 에너지 E_a는 반응에 필요한 최소 운동 에너지 (충돌 이론의 제약 범주 내에서)와 같으며, 지수 앞자리 인자는 기체 속에서의 충돌이 일어나는 비율의 척도가 된다는 것을 알 수 있다.

k_r을 계산하는 가장 간단한 방법은 비반응성 충돌을 가지고 얻거나(전형적인 예로서 점성도 측정으로 얻은 값) 분자 반지름 표로부터 얻은 σ값을 이용하는 것이다. 만일 A와 B의 충돌 단면적이 각각 $\sigma_A = \pi d_A^2$, $\sigma_B = \pi d_B^2$이라면 AB 단면적의 근사적인 값은 $d = \frac{1}{2}(d_A + d_B)$에서 $\sigma = \pi d^2$로 추산될 수 있어서, 다음이 된다.

$$\sigma \approx \frac{1}{4}(\sigma_A^{1/2} + \sigma_B^{1/2})^2$$

간단한 예 87.2 속도 상수

628 K에서 반응 $H_2 + C_2H_4 \rightarrow C_2H_6$에 대한 속도 상수를 추산하기 위하여, 우선 $m(H_2) = 2.016\ m_u$, $m(C_2H_4) = 28.05\ m_u$를 사용하여 환산 질량을 계산한다. 간단한 계산으로 $\mu = 3.123 \times 10^{-27}$ kg이 된다. 그러면 이어서 다음을 얻는다.

$$\left(\frac{8kT}{\pi\mu}\right)^{1/2} = \left(\frac{8\times(1.381\times10^{-23}\,JK^{-1})\times(628\,K)}{\pi\times(3.123\times10^{-27}\,kg)}\right)^{1/2}$$
$$= 2.65\ldots km\,s^{-1}$$

표 78.1로부터 $\sigma(H_2) = 0.27\ nm^2$, $\sigma(C_2H_4) = 0.64\ nm^2$이므로 $\sigma(H_2, C_2H_4) \approx 0.44\ nm^2$이다. 활성화 에너지는 180 kJ mol^{-1}으로 크다. 따라서

$$k_r = (4.4\times10^{-19}\,m^2)\times(2.65\ldots\times10^3\,m\,s^{-1})\times(6.022\times10^{23}\,mol^{-1})$$
$$\times e^{-(1.80\times10^5\,J\,mol^{-1})/(8.3145\,JK^{-1}\,mol^{-1})\times(628\,K)}$$
$$= \overbrace{7.04\ldots\times10^8\,m^3\,mol^{-1}\,s^{-1}}^{A}\times e^{-34.4\ldots} = 7.5\times10^{-7}\,m^3\,mol^{-1}\,s^{-1}$$

즉 $7.5\times10^{-4}\ dm^3\ mol^{-1}\ s^{-1}$이다.

자가 진단 87.2 298 K에서 $NO + Cl_2 \rightarrow NOCl + Cl$ 반응에 대한 속도 상수를 계산하시오. $\sigma(NO) = 0.42\ nm^2$, $\sigma(Cl_2) = 0.93\ nm^2$, 활성화 에너지는 85 kJ mol^{-1}임을 이용하시오.

답: $2.7\times10^{-4}\ dm^3\ mol^{-1}\ s^{-1}$

87.3 입체 요건

표 87.1은 표 78.1의 충돌 데이터에서 계산한 지수 앞자리 인자를 Arrhenius 도시로부터 얻은 값과 비교한 것이다. 한 반응에 대해서는 이론값과 실험값이 상당히 잘 맞지만, 나머지 반응들에 대해서는 큰 차이를 나타내고 있다. 일부 경우에는 실험값이 계산값보다 여러 자릿수 아래이다. 이것은 충분한 에너지의 충돌만이 반응에 대한 전체 기준이 될 수 없으며, 충돌하는 화학종들의 상대적 배향과 같은 다른 인자도 중요함을 암시하는 것이다. 뿐만 아니라 이 표 중의 한 반응은 충돌 이론으로 예측되는 것보다도 더 큰 지수 앞자리 인자를 갖는데, 이것은 분자들이 충돌하는 것보다도 더 빠르게 반응하는 것처럼 보이게 하는 것이다!

실험과 이론 사이의 이러한 차를 수용하기 위해서 **입체 인자(steric factor)** P를 도입하고, 이것과 충돌 단면적과의 곱을 **반응성 단면적(reactive cross-section)** σ^*로 놓는다. 즉 $\sigma^* = P\sigma$로 놓는다(그림 87.4). 그러면 속도 상수가 다음과 같이 된다.

$$k_r = P\sigma N_A \left(\frac{8kT}{\pi\mu}\right)^{1/2} e^{-E_a/RT} \tag{87.9}$$

이 식은 식 87.2로 예측한 것과 같은 형태이다. 보통은 입체 인자는 1보다 여러 자릿수 낮은 크기를 갖는 것으로 발견된다.

표 87.1* 기체상 반응에 대한 Arrhenius 파라미터

	A(dm^3 mol^{-1} s^{-1}) 실험값	이론값	E_a(kJ mol^{-1})	P
$2\,NOCl \rightarrow 2\,NO + Cl_2$	9.4×10^9	5.9×10^{10}	102	0.16
$2\,ClO \rightarrow Cl_2 + O_2$	6.3×10^7	2.5×10^{10}	0	2.5×10^{-3}
$H_2 + C_2H_4 \rightarrow C_2H_6$	1.24×10^6	7.4×10^{11}	180	1.7×10^{-6}
$K + Br_2 \rightarrow KBr + Br$	1.0×10^{12}	2.1×10^{11}	0	4.8

* 더 많은 값들이 **부록**에 수록되어 있다.

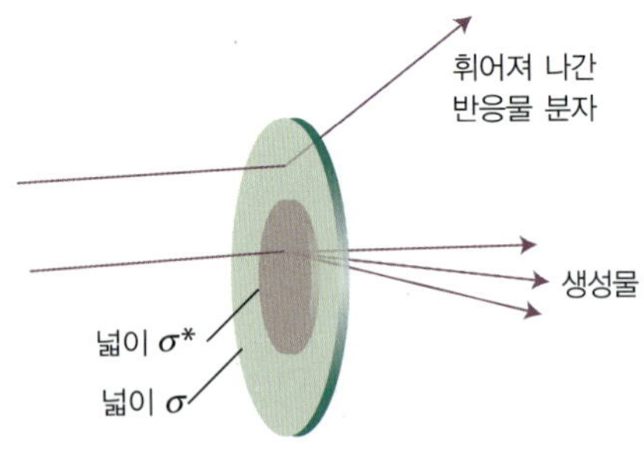

그림 87.4 충돌 단면적은 날아가는 분자를 단순히 휘게만 하는 표적 넓이이며, 반응성 단면적은 충돌 시에 반응을 일어나게 하는 표적 넓이이다.

간단한 예 87.3 입체 인자

628 K에서 반응 $H_2 + C_2H_4 \rightarrow C_2H_6$에 대해 실험적으로 얻은 지수 앞자리 인자는 1.24×10^6 dm^3 mol^{-3} s^{-1}이다. **간단한 예** 87.2에서 그 계산 결과가 $A = 7.04\ldots\times10^{11}$ dm^3 mol^{-1} s^{-1}이다. 따라서 이 반응에 대한 입체 인자는 다음과 같다.

$$P = \frac{A_{\text{experimental}}}{A_{\text{calculated}}} = \frac{1.24\times10^6\ \text{dm}^3\ \text{mol}^{-1}\ \text{s}^{-1}}{7.04\ldots\times10^{11}\ \text{dm}^3\ \text{mol}^{-1}\ \text{s}^{-1}} \approx 1.8\times10^{-6}$$

P의 값이 이처럼 매우 작기 때문에, 이 반응을 적절한 속도로 진행시키려면 촉매를 써야 한다. 일반적으로 분자들이 복잡할수록 P의 값이 더 작아진다.

자가 진단 87.3 $NO + Cl_2 \rightarrow NOCl + Cl$ 반응에 대한 A의 값은 298 K에서 $A = 4.0\times10^9$ dm^3 mol^{-1} s^{-1}이다. 이 반응에 대한 P 인자를 계산하시오(앞의 자가 진단 참조).

답: 0.019

입체 인자를 결정할 수 있는 반응의 한 예는 $K + Br_2 \rightarrow KBr + Br$이며, 이 반응에 대한 P의 실험값은 4.8이다. 이 반응에서는 입자들이 접근했다가 휘어져 나가는 비반응성 충돌의 접근 거리에 비해서 반응을 일으키는 접근 거리가 상당히 더 크다. 이것은 이 반응이 **작살 메커니즘(harpoon mechanism)**에 의해서 일어나기 때문이라고 생각된다. 이러한 훌륭한 명칭은 K 원자가 Br_2 분자에 접근하여 둘 사이의 거리가 충분히 가까워지면 전자(작살)가 K로부터 Br_2로 튀긴다는 반응 모형에서 나온 것이다. 이렇게 되면 두 중성 분자가 모두 이온으로 되고, 이들 사이에 Coulomb 인력이 작용하게 된다. 이 인력을 작살에 달린 줄에 비유할 수 있다. 이 인력의 영향으로 두 이온이 함께 접근하게 되어(줄이 감긴다) 반응이 일어나서 KBr+Br이 생긴다. 결국 작살 때문에 반응성 단면적이 크게 늘어나는 셈이며, 충돌 단면적을 K와 Br_2 사이의 단순한 기계적 접촉에 대한 값으로 취하면 반응 속도가 상당히 과소평가되는 결과가 된다.

예제 87.1은 입체 인자에 대해 두 가지 점을 제시하고 있다. 첫째, 입체 인자 개념은 완전히 의미 없는 것은 아니라는 것이다. 왜냐하면 단분자 기체상 반응 같은(토픽 91), 어떤 경우에는, 그 수치적 값을 추산할 수 있기 때문이다. 둘째, 보다 비관적인 것으로, 대부분의 반응은 $K + Br_2$보다 훨씬 더 복잡하여 P를 그렇게 쉽게 얻기를 기대할 수 없다는 것이다.

예제 87.1 입체 인자의 계산

K 원자로부터 Br_2 분자로 전자가 뛰어넘어 가는 것이 에너지면에서 유리할 때의 거리를 계산함으로써 작살 메커니즘에서의 P 값을 구하시오. 반응물(구 모양으로 보고)의 반지

름의 합을 400 pm로 놓는다.

방법 충돌 종들 사이의 상호 작용 에너지가 어떤 기여들로 이루어지는지를 우선 알아내야 한다. $K+Br_2 \rightarrow K^+ + Br_2^-$ 과정에 대한 이 에너지는 세 가지 기여로 이루어진다. 그 하나는 K 원자의 이온화 에너지 I이다. 두 번째는 Br_2의 전자 친화도 E_{ea}이다. 세 번째 기여는 이와 같이 형성된 두 이온 사이의 Coulomb 상호 작용 에너지이다. 이 두 이온 사이의 거리가 R일 때의 이 상호 작용 에너지는 $-e^2/4\pi\varepsilon_0 R$이다. 이 세 가지 기여의 합이 양으로부터 음의 값으로 변할 때(즉 이 합이 0일 때), 전자가 뛰어넘게 되고 에너지상 유리한 입장이 된다.

풀이 거리 R에서 전자가 이동하면 알짜 에너지 변화는 다음과 같이 된다.

$$E = I - E_{ea} - \frac{e^2}{4\pi\varepsilon_0 R}$$

이온화 에너지 I는 E_{ea}보다 크며, 따라서 E는 R이 다음 관계를 만족시키는 어떤 필수적인 값 R^*보다 작은 값을 가질 때에만 음이 된다.

$$R^* = \frac{e^2}{4\pi\varepsilon_0 (I - E_{ea})}$$

두 종 사이의 거리가 이 값이 될 때, 작살이 K로부터 Br_2로 날아가며, 따라서 반응성 단면적은 $\sigma^* = \pi R^{*2}$이 된다. 이 σ^* 값은 입체 인자 P가 다음과 같다는 것을 뜻한다.

$$P = \frac{\sigma^*}{\sigma} = \frac{R^{*2}}{d^2} = \left(\frac{e^2}{4\pi\varepsilon_0 d(I - E_{ea})}\right)^2$$

여기서 $d = R(K) + R(Br_2)$은 구형 반응물들의 반지름의 합이다. $I = 420$ kJ mol^{-1}(7.0×10^{-19} J에 해당), $E_{ea} \approx 250$ kJ mol^{-1} (4.2×10^{-19} J에 해당), $d = 400$ pm이면 $P = 4.2$가 되는데, 이것은 실험값(4.8)과 대체로 잘 맞는 것이다.

자가 진단 87.4 Na와 Cl_2 사이의 작살 메커니즘 반응에 대한 P 값을 구하시오. $d \approx 350$ pm일 때, $E_{ea} \approx 230$ kJ mol^{-1}을 택하시오.

답: 2.2

개념 확인

- ☐ 1. **충돌 이론**에서 반응 속도는 충돌 빈도, 입체 인자, 그리고 그들 중심선 상에 따른 최소한의 운동 에너지 E_a를 가지고 일어나는 충돌 분율에 비례한다고 가정한다.
- ☐ 2. **충돌 밀도**는 시간 구간에 있는 시료의 영역에서의 충돌수를 영역의 부피와 구간의 시간으로 나누어 준 값이다.
- ☐ 3. **활성화 에너지**는 반응에 필요한 반응 분자들의 접근선 상의 최소 운동 에너지이다.
- ☐ 4. **입체 인자**는 성공적인 충돌을 위한 배향 요건을 고려한 적응 인자이다.

식 확인

성질	식	비고	식 번호
충돌 밀도	$Z_{AB} = \sigma(8kT/\pi\mu)^{1/2} N_A^2 [A][B]$	같지 않은 분자, KMT(kinetic-molecular theory 분자 운동론)	87.3a
	$Z_{AA} = \sigma(4kT/\pi m_A)^{1/2} N_A^2 [A]^2$	같은 분자, KMT	87.3d
σ의 에너지 의존성	$\sigma(\varepsilon) = (1 - \varepsilon_a/\varepsilon)\sigma$	$\varepsilon < \varepsilon_a$에 대하여 $\sigma = 0$	87.7
속도 상수	$k_r = P\sigma N_A (8kT/\pi\mu)^{1/2} e^{-E_a/RT}$	KMT, 충돌 이론	87.8

토픽 88

확산 지배 반응

내용

➤ 학습 목표

대부분의 화학 반응은 용액에서 일어난다. 따라서 어떤 것이 반응 속도를 지배하고 어떻게 이들 속도를 변형시킬 수 있는지를 이해하는 것이 중요하다.

➤ 핵심 내용

용액에서 화학 반응은 두 가지 제한된 형태가 있는데, 하나는 확산 지배이고, 다른 하나는 활성화 지배이다.

➤ 미리 알기

이 토픽은 정류 상태 근사(토픽 86)를 이용하여 확산 식을 표현하고 해를 얻는 것이다(토픽 81). 그중 하나가 Stokes–Einstein 관계식을 이용하는 것이다(토픽 80).

용액에서 반응을 고려하려면 기체의 것과는 완전히 다른 과정을 상상해야 한다. 분자들이 함께 돌진하여 충돌하는 것은 더 이상 없고, 유체 분위기를 형성하면서 밀집되어 있지만 움직이기 쉬운 분자들의 집합체 속을 헤치면서 한 분자가 비비대며 부산하게 움직이는 것이 있게 된다.

88.1 용액에서의 반응

용액 속에서의 반응 분자들의 만남은 기체 속에서 일어나는 방식과 전혀 성질이 다르다. 용매 속에 녹아 있는 반응물 분자들의 만남은 기체 속에서보다 엄청나게 작다. 그러나 이 경우에는 분자가 한 위치로부터 빠져나가는 속도가 매우 느리기 때문에, 일단 서로 마주친 다음에는 두 반응물 분자는 기체에서보다 훨씬 더 오래 들러붙어 있게 된다. 이와 같이 한 분자가 용매 분자의 거치적거림 때문에 다른 분자 주변에 머물게 되는 현상을 **가둠 효과**(**cage effect**)라고 한다. 이렇게 **마주침 쌍**(**encounter pair**)은 처음 마주칠 때는 반응을 일으키기에 충분한 에너지를 갖지 못했더라도 그 사이에 반응에 필요한 충분한 에너지를 축적할 수 있다. 용액 속에서 반응이 일어날 때는 마주침 쌍이 용매로 둘러싸이기 때문에 반응 분자와 용매 분자들의 국지적 집단 전체의 에너지를 고려해 주지 않으면 안 되며, 따라서 반응의 활성화 에너지가 기체에서보다 훨씬 더 복잡하다.

(a) 반응의 종류

복잡한 총체적 과정은 단순한 반응 속도론적 메커니즘을 생각하여 간단한 부분들로 나누어 생각할 수 있다. 그리하여 마주침 쌍 AB가 형성되는 속도는 다음과 같이 A와 B 각각에 관해서 일차라고 가정한다.

$$\mathrm{A+B \rightarrow AB} \quad v = k_\mathrm{d}[\mathrm{A}][\mathrm{B}]$$

후에 설명하겠지만, k_d(첨자 d는 확산을 뜻함)는 A와 B의 확산 성질에 의해서 결정된다. 마주침 쌍은 반응을 일으키지 않은 채로 갈라지거나 반응을 일으켜서 생성물 P로 될 수 있다. 이 두 경우를 모두 유사 일차 반응이라고 가정하면(용매가 참여를 하겠지만), 이것을 다음과 같이 나타낼 수 있다.

$$\mathrm{AB \rightarrow A+B} \quad v = k_\mathrm{d}'[\mathrm{AB}]$$

그리고

$$AB \rightarrow P \quad v = k_a[AB]$$

이 AB의 농도는 다음과 같은 AB의 알짜 농도 변화율을 나타내는 식으로부터 구할 수 있다.

$$\frac{d[AB]}{dt} = k_d[A][B] - k'_d[AB] - k_a[AB] = 0$$

여기서 정류 상태 근사(토픽 86)를 적용하면 다음과 같은 해를 얻을 수 있다.

$$[AB] = \frac{k_d[A][B]}{k_a + k'_d}$$

그리하여 생성물의 생성 속도는 다음과 같이 된다.

$$\frac{d[P]}{dt} = k_a[AB] = k_r[A][B] \qquad k_r = \frac{k_a k_d}{k_a + k'_d} \tag{88.1}$$

이 시점에서는 두 극단적인 경우를 구별할 수 있다. 만일 반응하지 않은 마주침 쌍이 그대로 갈라지는 속도가 생성물로 되는 속도보다 대단히 느릴 때는 $k'_d \ll k_a$이며, 그리하여 유효 속도 상수는 다음과 같이 된다.

$$k_r = \frac{k_a k_d}{k_a} = k_d \qquad \text{확산 지배 극한} \tag{88.2a}$$

이러한 **확산 지배 극한**(**diffsion-controlled limit**)에서는 반응 분자들이 용매 속으로 확산되는 속도에 의해서 반응 속도가 결정된다. 라디칼들이 결합할 때는 활성화 에너지가 대단히 작으므로 라디칼이나 원자들의 재결합 반응은 대부분이 확산 지배 반응이다. AB → P 반응이 일어나는 데 상당한 활성화 에너지가 필요할 때는 **활성화 지배 반응**(**activation controlled reaction**)이 일어난다. 이때는 $k_a \ll k'_d$이며, 유효 속도 상수가 다음과 같이 된다.

$$k_r = \frac{k_a k_d}{k'_d} = k_a K \qquad \text{활성화 지배 극한} \tag{88.2b}$$

여기서 K는 $A + B \rightleftharpoons AB$에 대한 평형 상수이다. 이 극한에서는 마주침 쌍이 주위 용매로부터 에너지를 받아 축적하는 속도에 따라 반응이 진행된다. 일부 실험 데이터를 표 88.1에 수록해 놓았다.

표 88.1* 용액에서의 반응들에 대한 Arrhenius 파라미터

	A(dm^3 mol^{-1} s^{-1})	E_a(kJ mol^{-1})
$(CH_3)_3CCl$(가용매 분해)		
물에서	7.1×10^{16}	100
에탄올에서	3.0×10^{13}	112
클로로폼에서	1.4×10^{4}	45
에탄올에서 $CH_3CH_2Br + OH^-$	4.3×10^{11}	90

* 더 많은 값들이 **부록**에 수록되어 있다.

(b) 확산과 반응

반응 분자들이 함께 확산되는 속도를 계산하면 확산 지배 반응의 속도를 계산할 수 있다. 아래 **증명**에서 보이는 바와 같이, 두 분자가 접근하여 상호간 거리가 R^* 안에 들어올 때 두 분자가 반응하는 그 반응 속도 상수는 다음과 같이 된다.

$$k_d = 4\pi R^* D N_A \tag{88.3}$$

여기서 D는 두 반응종이 용액에서 나타내는 확산 계수의 합이다.

간단한 예 88.1 확산 지배 1

R^*의 크기 자리수는 10^{-7} m(100 nm)이고, 물에서 화학종에 대한 D의 것은 10^{-9} m^2 s^{-1}이다. 식 88.3에 의하면 k_d는 다음 정도이다.

$$k_d \approx 4\pi \times (10^{-7}\,\text{m}) \times (10^{-9}\,\text{m}^2\,\text{s}^{-1}) \times (6.022\times10^{23}) \approx 10^9\,\text{m}^3\,\text{mol}^{-1}\,\text{s}^{-1}$$

이는 10^{12} dm^3 mol^{-1} s^{-1}에 해당된다. 반응이 확산 지배임을 암시하는 것은 이것의 속도 상수가 10^{12} dm^3 mol^{-1} s^{-1} 정도라는 것이다.

자가 진단 88.1 벤젠($D \approx 2\times10^{-9}$ m^2 s^{-1})에서, $R^* \approx 100$ nm로 놓았을 때 확산 지배 속도 상수를 계산하시오.

답: 1.5×10^{12} dm^3 mol^{-1} s^{-1}

증명 88.1 방사형 확산 식의 해

삼차원 운동에 대응하는 확산 식(토픽 81)의 일반적인 형태는 $D_B\nabla^2[B](r,t) = \partial[B](r,t)/\partial t$이다. 따라서 계가 정류 상태($\partial[B](r,t)/\partial t = 0$)에 도달했을 때 B의 농도는 $\nabla^2[B](r) = 0$을 만족시켜야 한다. 즉 이제 B의 농도는 시간이 아닌 위치에만 의존한다. 구형 대칭계의 경우에는 ∇^2을 방사형 도함수만으로 대체할 수 있으며(표 6.1 참조), 따라서 $[B](r)$이 만족시켜야 할 식이 다음과 같이 된다.

$$\frac{d^2[B](r)}{dr^2} + \frac{2}{r}\frac{d[B](r)}{dr} = 0$$

이 식은 다음과 같은 일반해를 갖는다.

$$[B](r) = a + \frac{b}{r}$$

이 해를 확인해 보려면 대입해 보면 된다. 두 적분 상수 값(a와 b)

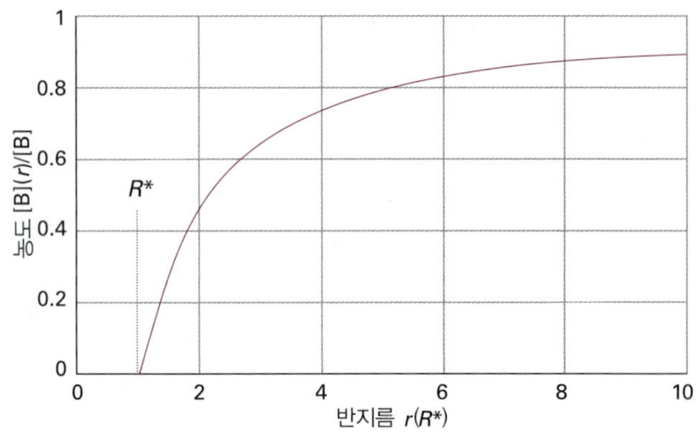

그림 88.1 분자 B가 용액에서 다른 반응 분자 쪽으로 확산되어 거리 R^*에 도달했을 때 반응을 일으키는 경우에 대한 농도 개요

을 구하려면 두 경계 조건이 필요하다. 한 조건은 $r \to \infty$로 될 때 $[\mathrm{B}](r)$이 벌크 값을 가진다는 것이다. 둘째 조건은 $r = R^*$에서, 즉 반응이 일어나는 거리에서 B의 농도가 0이 된다는 것이다. 따라서 $a = [\mathrm{B}]$, $b = -R^*[\mathrm{B}]$가 되며, $r \geq R^*$에서 다음과 같이 된다.

$$[\mathrm{B}](r) = \left(1 - \frac{R^*}{r}\right)[\mathrm{B}] \qquad (88.4)$$

이 식에 따라 농도 변화를 도시한 것이 그림 88.1이다.

반응 속도는 반응물 B의 A를 향한 (몰)유량 J에 반지름 R^*의 구표면 넓이를 곱한 것과 같다. 즉

$$\text{반응 속도} = 4\pi R^{*2} J$$

한편 Fick 제1법칙(토픽 79의 식 79.3, $J = -D(\partial[\mathrm{J}]/\partial x)$의 형태로 쓰여진)에 의하면, A를 향하는 B의 유량은 반지름 R^*에서의 농도 기울기에 비례한다. 즉

$$J = D_{\mathrm{B}}\left(\frac{\mathrm{d}[\mathrm{B}](r)}{\mathrm{d}r}\right)_{r=R^*} = \frac{D_{\mathrm{B}}[\mathrm{B}]}{R^*}$$

(여기서 부호를 바꾼 것은 r의 값이 감소하는 방향으로의 유량을 고려하기 때문이다.) 따라서 다음 식을 얻게 된다.

$$\text{반응 속도} = 4\pi R^* D_{\mathrm{B}}[\mathrm{B}]$$

확산 지배 반응의 속도는 B 분자가 시료 속의 모든 A 분자를 향해서 평균적으로 흐르는 속도와 같다. A의 벌크 농도를 [A]라고 하면 부피가 V인 시료 속의 A의 분자수는 $N_{\mathrm{A}}[\mathrm{A}]V$이며, 따라서 모든 A를 향해서 흐르는 B의 전체적인 수는 $4\pi R^* D_{\mathrm{B}} N_{\mathrm{A}}[\mathrm{A}][\mathrm{B}]V$가 될 것이다. 그런데 A 분자가 고정되어 있다고 생각하는 것은 비현실적이기 때문에, D_{B}를 두 화학종의 확산 계수를 합한 값인 $D = D_{\mathrm{A}} + D_{\mathrm{B}}$로 바꾸면 이런 문제가 없어진다. 그러면 AB의 농도 변화율이 다음과 같이 된다.

$$\frac{\mathrm{d}[\mathrm{AB}]}{\mathrm{d}t} = 4\pi R^* D N_{\mathrm{A}}[\mathrm{A}][\mathrm{B}]$$

따라서 확산 지배 반응의 속도 상수는 식 88.3과 같이 된다.

한편 식 88.3에 Stokes–Einstein 식(토픽 80의 식 80.19, $D_{\mathrm{J}} = kT/6\pi\eta R_{\mathrm{J}}$)을 집어넣음으로써 다음과 같이 점성도가 η인 매질 속에서의 확산 계수와 각 분자의 유체 역학적 반지름 R_{A}, R_{B}를 관련지어 준다. 이 관계는 근사적인 것이므로 $R_{\mathrm{A}} = R_{\mathrm{B}} = \frac{1}{2}R^*$으로 놓더라도 더 이상의 오차가 거의 들어가지 않으며, 그리하여 다음과 같이 나타낼 수 있다.

$$k_{\mathrm{d}} = \frac{8RT}{3\eta} \qquad \text{확산 지배 속도 상수} \qquad (88.5)$$

(이 식에서 R은 기체 상수이다.) 반지름이 클 때는 확산 상수가 작아지기는 하지만 반응성 충돌 반지름이 더 크며, 입자가 조금만 이동해도 서로 만나게 되므로 이처럼 반지름들이 상쇄되는 것이다. 이러한 근사 조건에서는 속도 상수가 반응에 관여하는 화학종의 정체와는 무관하고, 용매의 온도와 점성도에만 의존하게 되는 것이다.

간단한 예 88.2 확산 지배 2

298 K에서는 헥세인의 점성도가 0.326 cP(1 P = 10^{-1} kg $\mathrm{m^{-1}\,s^{-1}}$)일 때, 이 용매 속에서 I 원자가 재결합하는 반응의 속도 상수는 다음과 같이 된다.

$$k_{\mathrm{d}} = \frac{8 \times (8.3145\,\mathrm{J\,K^{-1}\,mol^{-1}}) \times (298\,\mathrm{K})}{3 \times (3.26 \times 10^{-4}\,\mathrm{kg\,m^{-1}\,s^{-1}})} = 2.0 \times 10^{7}\,\mathrm{m^3\,mol^{-1}\,s^{-1}}$$

이 계산에서는 1 J = 1 kg $\mathrm{m^2\,s^{-2}}$의 관계가 이용되었다. 1 $\mathrm{m^3} = 10^3\,\mathrm{dm^3}$이므로, 결과는 $2.0 \times 10^{10}\,\mathrm{dm^3\,mol^{-1}\,s^{-1}}$에 해당한다. 실험값은 $1.3 \times 10^{10}\,\mathrm{dm^3\,mol^{-1}\,s^{-1}}$이므로 이 계산에서 사용한 근사를 생각하면 대단히 잘 맞는 결과이다.

자가 진단 88.2 20°C에서 점성도가 1.06 cP인 에탄올에서 일어나는 전형적인 속도 상수를 추산하시오.

답: $6.1 \times 10^{9}\,\mathrm{dm^3\,mol^{-1}\,s^{-1}}$

88.2 물질 균형식

적혈구 속으로 $\mathrm{O_2}$ 분자가 확산되어 들어가는 과정이나 기체가 촉매 쪽으로 확산되는 과정 등과 같은 많은 화학적 변화 과정에서는 반응물들의 확산이 대단히 중요한 역할을 한다. 여기에 수반되는 종류의 계산을 얼핏 보기 위하여 일반화된 확산 식(토픽 81)을 이용하여 확산과 대류를 하는 분자들이 또한 반응을 하는 경우를 생각해 보기로 한다.

(a) 식의 표현

반응 용기(또는 생체 세포) 속의 작은 부피 요소를 생각해 보

자. J 분자가 확산과 대류에 의해서 이 영역으로 들어오는 알짜 유입 속도는 다음과 같이 토픽 81의 식 81.10으로 주어진다.

$$\frac{\partial[\mathrm{J}]}{\partial t}=D\frac{\partial^2[\mathrm{J}]}{\partial x^2}-v\frac{\partial[\mathrm{J}]}{\partial x} \quad \text{확산 식} \quad (88.6)$$

여기서 v는 J의 흐름 속도이다. 화학 반응에 기인되는 몰농도의 알짜 변화율은 J가 유사 일차 반응에 의해서 없어진다고 생각할 경우 다음과 같이 나타낼 수 있다.

$$\frac{\partial[\mathrm{J}]}{\partial t}=-k_{\mathrm{r}}[\mathrm{J}]$$

따라서 J의 전체적인 농도 변화율을 다음과 같이 나타낼 수 있다.

$$\frac{\partial[\mathrm{J}]}{\partial t}=\overbrace{D\frac{\partial^2[\mathrm{J}]}{\partial x^2}}^{\text{불균일 분포에 의한 퍼짐}}-\overbrace{v\frac{\partial[\mathrm{J}]}{\partial x}}^{\text{대류에 의한 변화}}-\overbrace{k_{\mathrm{r}}[\mathrm{J}]}^{\text{반응에 의한 손실}} \quad \text{물질 균형식} \quad (88.7)$$

식 88.7을 **물질 균형식(material-balance equation)**이라고 한다. 속도 상수가 클 때는 [J]가 빠른 속도로 감소할 것이다. 그러나 확산 상수가 클 때는 J가 이 영역 안으로 빠르게 흘러 들어와서 이 농도 감소를 보충해 줄 것이다. 교반 효과를 나타내는 대류 항은 v의 부호와 농도 기울기 $\partial[\mathrm{J}]/\partial x$에 따라 물질을 이 영역 안으로 쓸어들이거나 밖으로 쓸어낼 수 있다.

(b) 식의 해

이 물질 균형식은 이차 편미분 방정식으로서, 일반적으로 그 해를 구하기가 결코 쉽지 않다. 대류 운동이 없는 특별한 경우(교반을 하지 않는 반응 용기에서와 같은)를 생각해 보면 이 해를 어떻게 풀어야 할지 어느 정도 짐작이 갈 것이다.

$$\frac{\partial[\mathrm{J}]}{\partial t}=D\frac{\partial^2[\mathrm{J}]}{\partial x^2}-k_{\mathrm{r}}[\mathrm{J}] \quad (88.8)$$

식에 넣어 보면 해임이 증명될 것이지만(응용 문제 88.1), 반응이 없을 때(즉 $k_{\mathrm{r}}=0$일 때) 이 식의 해를 [J]라고 하면 반응이 있을 때($k_{\mathrm{r}}>0$)의 해 $[\mathrm{J}]^*$는 다음과 같이 된다.

$$[\mathrm{J}]^*=[\mathrm{J}]\mathrm{e}^{-k_{\mathrm{r}}t} \quad \text{반응과 확산} \quad (88.9)$$

이미 반응이 없을 때의 확산 방정식의 해에 대한 예가 토픽 81(식 81.11)에 주어졌는데, 초기에 n_0N_{A}개 분자의 층이 넓이 A인 면 위에 퍼져 있는 계에 대한 것으로서 해는 다음과 같다.

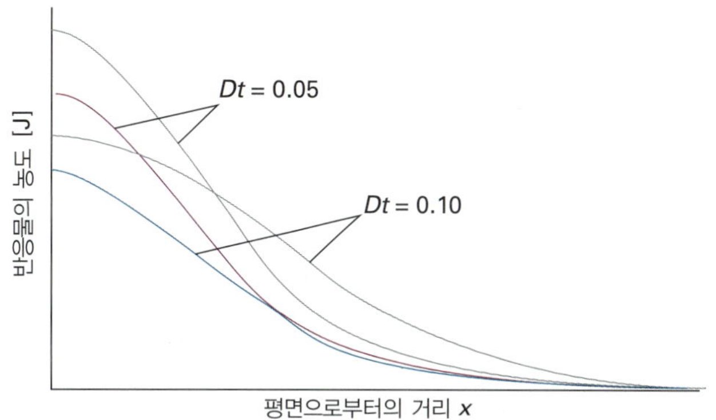

그림 88.2 확산 반응계(예를 들면 용액 관)에서 한 반응물이 초기에는 $x=0$인 층에 있을 때의 농도 개요. 반응이 일어나지 않을 때(회색 선)는 농도 개요가 그림 81.3과 같아진다.

$$[\mathrm{J}]=\frac{n_0\mathrm{e}^{-x^2/4Dt}}{A(\pi Dt)^{1/2}} \quad (88.10)$$

이 식을 위의 식 88.9에 넣어 주면 J가 초기 표면층으로부터 그 위의 용액 속으로 확산되어 올라가서 반응을 일으킬 때의 J의 농도를 구할 수 있다(그림 88.2).

간단한 예 88.3 확산과 반응

아이오딘 1.0 g(I_2 3.9 mmol)이 헥세인($D=4.1\times10^{-9}$ m^2 s^{-1})관 밑에 넓이 5.0 cm^{2}의 표면에 걸쳐 퍼져 있다고 하자. 위쪽으로 확산되면서 유사 일차 속도 상수 $k_{\mathrm{r}}=4.0\times10^{-5}$ s^{-1}으로 반응한다. 이 값을 다음에 대입하면,

$$[\mathrm{J}]^*=\frac{n_0\mathrm{e}^{-x^2/4Dt-k_{\mathrm{r}}t}}{A(\pi Dt)^{1/2}}$$

다음 표를 만들 수 있다.

$[\mathrm{J}]^*$(mol dm^{-3})	x		
t	1 mm	5 mm	1 cm
100 s	3.72	0	0
1000 s	1.96	0.45	0.005
10 000 s	0.46	0.40	0.25

자가 진단 88.3 위와 같은 세 위치에서 15 000초에서의 [J] 값은 얼마나 될까?

답: 1.02, 0.92, 0.68 mol dm^{-3}

이렇게 비교적 간단한 예에서도 풀기 쉽지 않은 식이 제시되며, 완전한 물질 균형식의 해석 해를 구할 수 있는 경우는 몇몇 특별한 경우뿐이다. 반응 용기의 설계나 세포 내의 반응 속도론에 관한 대부분의 최신 연구에서는 수치 계산법으

로 해를 구하고 있으며, 예컨대 반응 용기의 모양(용액에 대한 경계 조건에 영향을 줌)이 변하거나 반응물이 불균일하게 분포되었을 때와 같은 실제적인 반응계에 대한 자세한 해를 상당히 쉽게 얻고 있다.

개념 확인

- □ 1. 용액에서의 반응에서 그 속도가 반응 분자들이 용액에서 서로 마주치는 속도에 의해 지배될 때는 **확산 지배**이다.
- □ 2. **활성화 지배 반응**은 마주침 쌍에 충분한 에너지가 축적되는 속도에 의해 지배를 받는다.
- □ 3. **물질 균형식**은 화학종의 농도 변화율을 확산, 대류, 반응의 속도와 연관지어 준다.
- □ 4. **가둠 효과**는 한 반응물 분자가 용매 분자들의 거치적거림 때문에 다른 분자 주변에 머물게 되는 현상으로서 인해 다른 것과 가까이 오래 머무르게 되어 반응 분자들의 **마주침 쌍**을 형성하는 결과를 가져온다.

식 확인

성질	식	비고	식 번호
확산 지배 극한	$k_r = k_d$	마주침 속도에 대하여 $v = k_d[A][B]$	88.2a
활성화 지배 극한	$k_r = k_a K$	$A + B \rightleftharpoons AB$에 대한 K(AB가 P로 분해될 때)	88.2b
확산 지배 속도 상수	$k_d = 4\pi R^* D N_A$	$D = D_A + D_B$	88.3
	$k_d = 8RT/3\eta$	Stokes–Einsterin 식 가정	88.5
물질 균형식	$\partial[J]/\partial t = D\partial^2[J]/\partial x^2 - v\partial[J]/\partial x - k_r[J]$	유사 일차 반응	88.7

토픽 89

전이 상태 이론

내용

➤ 학습 목표

전이 상태 이론은 반응의 속도 상수를 반응물이 모였을 때 제안되는 원자 뭉치 형성의 모형과 연관시켜 준다. 또 반응물의 구조에 대한 정보와 반응의 속도 상수 사이의 연관성을 마련해 준다.

➤ 핵심 내용

반응물들이 하나로 합쳐서 활성화물을 형성하여 생성물로 된다.

➤ 미리 알기

이 토픽은 두 요소를 사용하는데, 하나는 평형 상수와 분배 함수 사이의 관계(토픽 74)이고, 다른 하나는 평형 상수와, 반응의 Gibbs 에너지, 엔탈피, 엔트로피(토픽 73)와 같은 열역학적 함수 사이의 관계이다. 속도 상수의 온도 의존성에 관한 Arrhenius 식(토픽 85)을 알 필요가 있다.

전이 상태 이론(**transition-state theory**; **활성화물 이론**이라고도 널리 불려짐)에서, 전이 상태의 개념은 충돌 이론(토픽 87)에서 제시하는 것보다 더 상세히 속도 상수를 계산하기 위해 통계 열역학과 함께 사용된다. 전이 상태 이론은 입체 인자에 해당하는 양이 자동적으로 나오며, 속도 식 속에 P를 사후 고려 결과로 넣어 주지 않아도 된다. 전이 상태 이론은 반응 상수의 크기를 좌우하는 주 특징이 무엇인지를 반응 중에 일어나는 사건의 모형을 가지고 밝혀보려는 하나의 시도이다. 여러 가지 방법으로 전이 상태 이론에 의한 계산을 할 수 있는데, 여기서는 가장 간단한 방법을 소개하겠다.

89.1 Eyring 식

화학 반응 과정은 분자 A와 분자 B의 충돌로 시작하는데, 계의 퍼텐셜 에너지는 전형적으로 그림 89.1에 나타낸 방식으로 변한다. 비록 제시된 것은 발열 반응이지만, 퍼텐셜 장벽은 흡열 반응에서도 마찬가지이다. 반응이 진행되면서, A와 B는 서로 접촉하고, 비틀어져서, 원자를 교환하거나 버리기 시작한다.

(a) 식의 표현

반응 좌표(**reaction coordinate**)는 원자간 거리와 결합각의 변

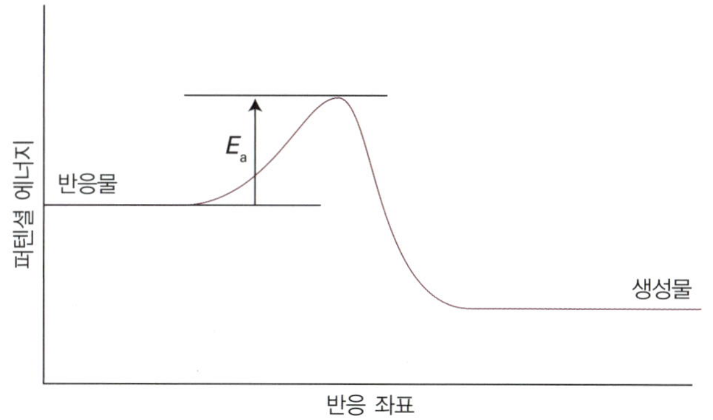

그림 89.1 발열 반응에 대한 퍼텐셜 에너지 개요. 반응물과 생성물 사이의 장벽 높이가 반응의 활성화 에너지이다.

화 같은 원자 변위를 표현하는 것으로서, 반응물로부터 생성물의 형성이 직접적으로 관여된다. 퍼텐셜 에너지는 최고점으로 올라가고 최고점에 가까운 구역에 해당되는 원자들의 뭉치를 **활성화물**(**activated complex**)이라고 한다. 최고점이 지난 뒤 퍼텐셜 에너지는, 뭉치에서 원자들의 재배열이 일어나고 생성물의 특성적인 값에 도달할 때까지 떨어진다. 반응의 정점은 퍼텐셜 에너지의 피크에 있고 활성화 에너지 E_a로 확인할 수 있지만 충돌 이론에서와 같이 E_a를 근사로 간주해야 한다. 여기서 두 반응물은 가깝게 접근하여 뒤틀림이 일어날 정도에 이르게 되며, 조금 더 뒤틀림이 일어나면 반응물이 생성물 방향으로 진행된다. 이 결정적인 배열을 반응의 **전이 상태**(**transition state**)라고 한다. 전이 상태로 들어간 일부 분자는 반응물로 되돌아갈 수도 있지만, 이 배열을 통과하면 분자들의 접촉으로부터 생성물이 일어나는 것을 피할 수 없게 된다(이 점은 토픽 90에서 퍼텐셜 에너지 논의에서 더 자세히 언급하겠다).

실용 상식 **활성화물**과 **전이 상태**를 동의어로 생각하는 경우가 많다. 그러나 이들을 구별하는 것이 당연하다. 활성화물은 반응물이 만드는 원자들의 뭉치이고, 전이 상태는 그들의 결정적 배열이다.

전이 상태 이론에 의하면 두 반응물 A와 B 사이의 반응은 활성화물 $C^‡$의 생성을 통하여 다음과 같이 빠르게 사전 평형을 이룸으로써 진행된다(그림 89.2).

$$A+B \rightleftharpoons C^‡ \qquad K^‡=\frac{p_{C^‡}p^{\ominus}}{p_A p_B} \tag{89.1}$$

여기서는 각 화학종의 활동도를 $p/p^{\ominus}$로 대치한다. 부분 압력 p_J를 $p_J=RT[J]$를 이용하여 몰농도 [J]로 나타내면 활성화물의 농도를 다음과 같이 평형 상수(무단위)와 관련시킬 수 있다.

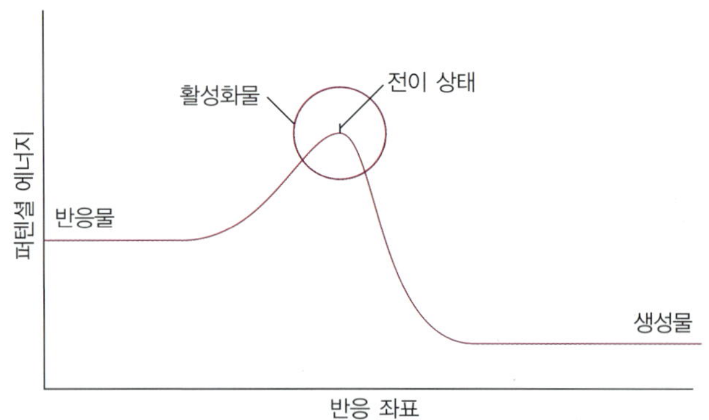

그림 89.2 반응 개요(발열 반응에 대한). 수평축은 반응 좌표를, 수직축은 퍼텐셜 에너지를 나타낸다. 활성화물은 퍼텐셜 피크 근처 영역에 해당하며, 전이 상태는 바로 최고점에 해당한다.

$$[C^‡]=\frac{RT}{p^{\ominus}}K^‡[A][B] \tag{89.2}$$

활성화물은 일분자 이완(감쇠) 반응에 의해서 속도 상수 $k^‡$를 가지고 생성물 P로 분해된다. 즉

$$C^‡ \rightarrow P \quad v=k^‡[C^‡] \tag{89.3}$$

따라서

$$v=k_r[A][B] \quad k_r=\frac{RT}{p^{\ominus}}k^‡K^‡ \tag{89.4}$$

앞으로 해야 할 일은 이 일분자 속도 상수 $k^‡$와 평형 상수 $K^‡$를 계산하는 것이다.

(b) 활성화물 감쇠 속도

활성화물이 전이 상태를 통과하면 생성물이 형성된다. 반응물 분자가 활성화물 영역으로 접근함에 따라 어떤 결합은 형성되고 짧아지며, 다른 것은 길어지고 깨지게 된다. 그리하여 반응 좌표축을 따라 활성화물에서 원자의 유사 진동 운동이 있게 된다. 진동수를 $\nu^‡$를 가지고 일어나면 활성화물을 만드는 원자 뭉치가 전이 상태로 접근하는 진동수도 $\nu^‡$가 된다. 그러나 반응 좌표축에 따라 일어나는 진동들이 모두 활성화물을 전이 상태로 몰고 가는 것은 아니다. 예로서 회전 운동의 원심력 효과도 활성화물을 깨뜨리는 데 중요한 역할을 할 수도 있으며, 경우에 따라서는 이 활성화물이 너무 느리게 회전하거나, 또는 빠르게 회전하더라도 엉뚱한 축 주위로 회전할 수 있는 것이다. 따라서 활성화물이 전이 상태를 통과하는 속도는 반응 좌표에 따라 일어나는 진동의 진동수에 비례한다고 보아야 하며, 다음과 같이 나타낼 수 있다.

$$k^‡=\kappa\nu^‡ \tag{89.5}$$

여기서 κ(카파)는 **투과 계수**(**transmission coefficient**)라고 하는데, 별다른 정보가 없을 때는 대략 1로 가정한다.

간단한 예 89.1 감쇠율

작은 분자의 전형적인 분자 진동 파수(토픽 44)는 10^3 cm^{-1} 크기 정도의 파수에서 일어난다(예를 들어 C−H 결합은 1340~1465 cm^{-1}의 구간에서 일어남). 즉 10^{13} Hz 정도 크기의 진동이 된다. 느슨하게 결합된 뭉치는 한두 자리수 크기의 낮은 진동수에서 진동한다고 가정하면, $\nu^‡\approx10^{11}$~10^{12} Hz이다. 이 값은 κ가 좀 더 작은 값으로 되어 $k^‡\approx10^{11}$~10^{12} s^{-1}이 될 것임을 의미한다.

자가 진단 89.1 반응 자리에서 C—H기에 있는 ^{1}H를 ^{2}H로 치환하였을 때 일어날 것으로 생각되는 $\nu^\ddagger$의 변화를 계산하시오. C 원자는 움직이지 않는다고 가정한다.

답: $\nu^\ddagger \to \nu^\ddagger/2^{1/2}$

(c) 활성화물 농도

토픽 74에서 설명한 바와 같이, 평형 상수는 구조 데이터를 이용하여 계산할 수 있다. 그리하여 이 토픽의 식 74.4(표준 몰 분배 함수 $q_J^\ominus$로 된 K)를 이 경우에 직접 적용시키면 다음과 같은 식을 얻을 수 있다.

$$K^\ddagger = \frac{N_A q_{C^\ddagger}^\ominus}{q_A^\ominus q_B^\ominus} e^{-\Delta E_0/RT} \tag{89.6}$$

여기서 ΔE_0는 다음과 같다.

$$\Delta E_0 = E_0(C^\ddagger) - E_0(A) - E_0(B) \tag{89.7}$$

여기서 N_A와 $q_J^\ominus$의 단위는 모두 mol^{-1}이며, 따라서 $K^\ddagger$는 무단위(평형 상수이므로 당연함)가 됨을 주목하시오.

최종 계산 단계로서 활성화물의 분배 함수에 초점을 맞추어 보자. 이미 가정한 바와 같이 활성화물 $C^\ddagger$는 그 진동을 살짝 밀어주기만 해도 전이 상태를 거쳐 생성물로 넘어간다. 이 진동 방식에 대한 분배 함수(토픽 52의 식 52.15 참조, 실제적으로 다음임)는 다음과 같이 된다.

$$q = \frac{1}{1 - e^{-h\nu^\ddagger/kT}}$$

여기서 $\nu^\ddagger$는 그 진동수이다($k^\ddagger$를 정해 주는 진동수와 동일한 것임). 이 진동수는 정상적인 분자 진동수에 비해서 훨씬 값이 작다. 그 이유는 이 진동이 활성화물을 끊어지게 하는 진동이어서 힘 상수가 대단히 작기 때문이다(그림 89.3). 따라서 $h\nu^\ddagger/kT \ll 1$이 되므로 지수 항을 전개하여 분배 함수를 다음과 같이 쓸 수 있다.

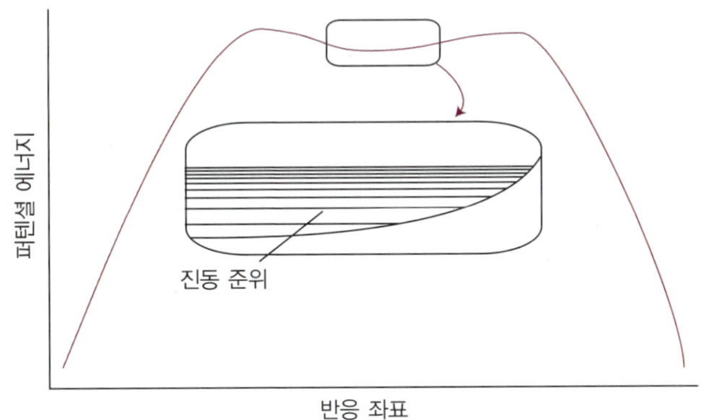

그림 89.3 전이 상태 근처에서 활성화물의 기본적인 묘사에서는 퍼텐셜 에너지 표면이 반응 좌표에 따라 넓고 얕게 내려앉는다. 이 우물 속에서 착물은 거의 고전적인 조화 진동을 한다. 그러나 이 모양은 조금 과장된 것이며, 대체적으로 이 에너지 장벽 꼭대기 퍼텐셜 에너지의 곡률에는 오목한 곳이 없고, 따라서 힘 상수가 음이다. 정식으로 말하면 진동수는 가상적인 것이다. 여기서는 이 문제를 무시한다.

$$q = \frac{1}{1-(1-h\nu^\ddagger/kT+\cdots)} \approx \frac{kT}{h\nu^\ddagger}$$

그리하여 다음과 같이 쓸 수 있으며,

$$q_{C^\ddagger}^\ominus = \frac{kT}{h\nu^\ddagger}\bar{q}_{C^\ddagger} \tag{89.8}$$

여기서 이 착물의 다른 모든 운동 방식에 대한 분배 함수를 $\bar{q}_{C^\ddagger}$로 나타내었다. 그러면 평형 상수 $K^\ddagger$는 다음과 같이 된다.

$$K^\ddagger = \frac{kT}{h\nu^\ddagger}\bar{K}^\ddagger \qquad \bar{K}^\ddagger = \frac{N_A \bar{q}_{C^\ddagger}^\ominus}{q_A^\ominus q_B^\ominus} e^{-\Delta E_0/RT} \tag{89.9}$$

여기서 $\bar{K}^\ddagger$는 한 종류의 평형 상수이지만, 폐기된 $C^\ddagger$의 진동 방식 하나를 가진 것이다.

간단한 예 89.2 폐기된 방식

구조가 없는 두 입자 A와 B가 충돌하여 이원자 분자와 닮은 활성화물이 생기는 경우를 생각하자. 활성화물은 이원자 뭉치이다. 이는 한 진동 방식을 가지고 있으나, 이 방식은 반응 좌표를 따른 운동에 해당되어서 $\bar{q}_{C^\ddagger}^\ominus$에는 나타나지 않는다. 따라서 활성화물의 표준 몰 분배 함수는 회전과 병진 기여만을 갖는다.

자가 진단 89.2 선형 삼원자 뭉치로 모형화된 활성화물에서, 어느 방식이 반응에 대하여 폐기될 것인가?

답: 반대칭 신축

(d) 속도 상수

지금까지 계산한 결과들을 종합하면 다음과 같은 관계가 된다.

$$k_r = \frac{RT}{p^\ominus}k^\ddagger K^\ddagger = \kappa\nu^\ddagger \frac{kT}{h\nu^\ddagger}\frac{RT}{p^\ominus}\bar{K}^\ddagger$$

이 단계에서 미지의 진동수 $\nu^\ddagger$(푸른색인 것)가 상쇄되며, $\bar{K}_c^\ddagger = (RT/p^\ominus)\bar{K}^\ddagger$로 놓으면 다음과 같은 **Eyring 식(Eyring equation)**을 얻을 수 있다.

$$k_r = \kappa\frac{kT}{h}\bar{K}_c^\ddagger \quad \text{Eyring 식} \tag{89.10}$$

인자 $\bar{K}_c^\ddagger$는 식 89.9와 A, B, $C^\ddagger$의 분배 함수로 나타낸 정의 $\bar{K}_c^\ddagger = (RT/p^\ominus)\bar{K}^\ddagger$에 의해 주어진다. 따라서 원리상으로는 이

분자 반응의 이차 속도 상수를 반응물과 활성화물의 분자 파라미터와 투과 계수 κ를 가지고 분명하게 나타낼 수 있게 된 셈이다.

반응물의 분배 함수는 보통 분광학적으로 얻은 에너지 준위나 토픽 52에서 시도된 근사식을 써서 대단히 쉽게 계산할 수 있다. 그러나 Eyring 식을 이용할 때는 활성화물의 분배 함수를 계산하는 데 어려움이 있다. $C^{\ddagger}$는 일반적으로 분광학적으로 조사하는 데 어려움이 있으며(그러나 다음 절 참조), 그 크기와 모양, 구조를 가정하지 않으면 안 된다. 간단하면서 중요한 한 가지 경우를 가지고 이러한 내용을 설명할 것이다.

예제 89.1 구조가 없는 입자의 충돌 분석

구조가 없는(그리고 다른) 두 입자 A와 B가 충돌하여 이원자 분자를 닮은 활성화물을 만드는 경우를 생각해 보자. 반응 A+B → 생성물의 속도 상수를 얻는 식을 추론하시오.

방법 반응물 J = A, B는 구조가 없는 '원자'이므로, 이들의 분배 함수에 대한 기여는 다음과 같이 병진 항뿐이다. 활성화물은 질량이 $m_{C^{\ddagger}} = m_A + m_B$이고, 관성 모멘트가 I인 이원자 뭉치이다. 이 집합체는 한 가지 진동 방식을 가지고 있지만 **간단한 예** 89.2에서 설명한 바와 같이, 이 방식은 반응 좌표축에 따라 일어나는 운동에 해당된다. 활성화물의 표준 몰 분배 함수는 회전과 병진 기여만 가진다. 적절한 분배 함수에 대한 식은 토픽 52의 식 52.10과 52.13에서 주어진다(그리고 아래에서 반복될 것임).

풀이 병진 분배 함수는 다음과 같다.

$$q_J^{\ominus} = \frac{V_m^{\ominus}}{\Lambda_J^3} \qquad \Lambda_J = \frac{h}{(2\pi m_J kT)^{1/2}} \qquad V_m^{\ominus} = \frac{RT}{p^{\ominus}}$$

여기서 J = A, B, $C^{\ddagger}$이고, $m_{C^{\ddagger}} = m_A + m_B$이다. 활성화물의 분배 함수는 다음과 같이 된다.

$$\bar{q}_{C^{\ddagger}}^{\ominus} = \overbrace{\frac{2IkT}{\hbar^2}}^{q^R}\overbrace{\frac{V_m^{\ominus}}{\Lambda_{C^{\ddagger}}^3}}^{q^T}$$

여기서는 회전 분배 함수(토픽 52)의 높은 온도 형태를 사용하였다. 이들 식을 Eyring 식에 치환하면, 속도 상수가 다음과 같이 된다.

$$k_r = \kappa \frac{kT}{h}\frac{RT}{p^{\ominus}}\left(\frac{N_A \Lambda_A^3 \Lambda_B^3}{\Lambda_{C^{\ddagger}}^3 V_m^{\ominus}}\right)\frac{2IkT}{\hbar^2} e^{-\Delta E_0/RT}$$
$$= \kappa \frac{kT}{h} N_A \left(\frac{\Lambda_A \Lambda_B}{\Lambda_{C^{\ddagger}}}\right)^3 \frac{2IkT}{\hbar^2} e^{-\Delta E_0/RT}$$

결합 길이가 r인 이원자 분자의 관성 모멘트는 μr^2이며, μ는 유효 질량으로서 $\mu = m_A m_B/(m_A + m_B)$이다. 이어서 열파장에 대한 식을 도입하고 공통항을 상쇄하고 나면 다음이 된다(응용 문제 89.3).

$$k_r = \kappa N_A \left(\frac{8kT}{\pi\mu}\right)^{1/2} \pi r^2 e^{-\Delta E_0/RT}$$

끝으로 $\kappa\pi r^2$을 반응성 단면적 σ^*와 같다고 놓으면, 단순한 충돌 이론으로부터 구한 식(식 87.9)과 동일한 결과가 나온다.

$$k_r = N_A \left(\frac{8kT}{\pi\mu}\right)^{1/2} \sigma^* e^{-\Delta E_0/RT}$$

자가 진단 89.3 반응이 선형 활성화물이 되는 AB+C → 생성물이라면 어떤 추가적인 인자들이 존재할 것인지 제시하시오.

답: A, B의 회전과 진동, 활성화물의 굽힘과 대칭 신축

(e) 활성화물의 관찰과 조작

펨토초 펄스 레이저의 발달(토픽 46)로 인해, 수명이 대단히 짧아서 겨우 몇 피코초 정도만 생존하는, 여러모로 활성화물을 닮은 종들을 관찰할 수 있게 되었다. 활성화물을 탐지하기 위한 전형적인 실험에서는 펨토초 레이저 펄스를 이용하여 분자를 해리성 상태로 들뜨게 하고, 이어서 조금 후에 제2의 펨토초 펄스를 발사시킨다. 이 두 번째 펄스의 진동수는 자유 토막 생성물 중의 하나가 흡수할 수 있게 맞추어서 그 흡수 세기로부터 해리 생성물의 양을 측정할 수 있게 한다. 예로서 첫 번째 펄스로 ICN을 해리시킬 때는 광 들뜸 상태로부터 나오는 CN을 자유 CN의 흡광 세기 증가(또는 보다 통상적으로 레이저 유발 형광)를 측정함으로써 모니터할 수 있다. 이러한 방법을 통해서 CN 토막이 약 600 pm를 떨어져 나갈 때까지는, 시간으로는 약 205 fs가 걸리는 CN 신호가 나타나지 않는다는 사실을 알게 되었다.

이온쌍 Na^+I^-의 붕괴를 고찰함으로써 화학 반응의 상세한 메커니즘을 연구하는데, 어느 정도의 진전이 이루어졌다. 그림 89.4에 보인 바와 같이, 펨토초 레이저 펄스로 이 이온종을 들뜨게 하면 공유 결합된 NaI 분자에 해당하는 들뜬 상태가 형성된다. 이 계는 주로 '이온성'인 것과 주로 '공유성'인 것의 두 퍼텐셜 에너지 표면을 가지고 나타낼 수 있는데, 693 pm의 핵간 거리에서 이 두 상태가 교차한다고 설명할 수 있다. 짧은 레이저 펄스는 넓은 영역의 파장으로 이루어

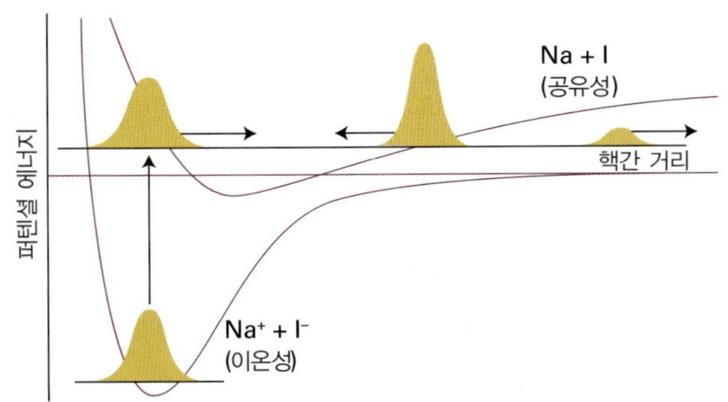

그림 89.4 이온쌍 Na^+I^-가 들뜨면 공유성을 갖는 들뜬 상태가 형성된다. 레이저 들뜸으로 형성되는 파속의 '공유성' 표면(위 곡선)과 '이온성' 표면(아래 곡선) 사이의 이동도 이 그림에 나타내었다.

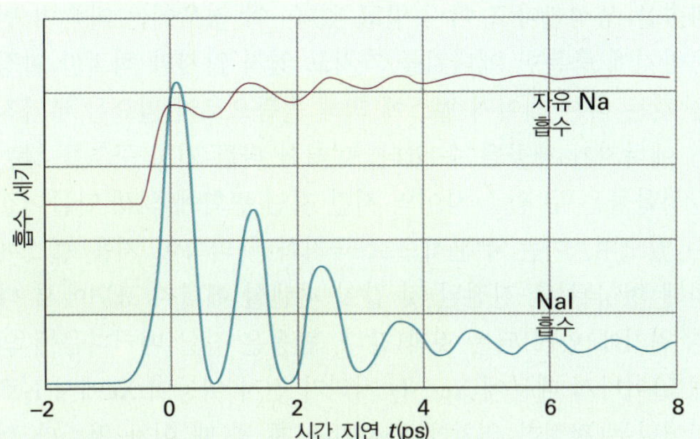

그림 89.5 아이오딘화 소듐이 Na와 I로 해리되는 반응에 대한 펨토초 분광학적 결과. 아래 곡선은 들뜬 전자 상태 착물의 흡수 세기를 나타내고, 위의 곡선은 유리된 Na 원자의 흡수 세기이다(A.H. Zewail, *Science* **242**, 1645 (1988)).

져 있어서 NaI의 여러 진동 상태를 동시적으로 들뜨게 한다. 이로 인해서 그림 89.4에 보인 바와 같이, 들뜬 전자 상태 착물은 공유 결합성과 이온성의 두 퍼텐셜 에너지 표면 사이를 왔다갔다 진동하는 중첩된 상태, 또는 국지화된 파속과 같은 상태로 있게 되는 것이다. 이 착물은 또한 해리될 수 있으며, 해리성 표면을 따라 핵간 거리가 대단히 길어지는 방향으로 파속이 움직이는 것으로 나타낼 수도 있다. 그러나 이런 외향 파속을 따라 진동을 한다고 해서 반드시 해리로 이어지는 것은 아니며, 이것은 I 원자가 다시 작살에 걸려 탈출하지 못할 수도 있기 때문이다. 계의 이러한 동역학을 탐지하기 위해서 자유 Na 생성물이 흡수하거나, 또는 착물의 한 부분으로 있을 때 흡수할 수 있는 진동수를 갖는 두 번째 레이저 펄스를 이용하여 관찰한다. 착물 상태에서 흡수하는 진동수는 Na와 I 사이의 거리에 의존하며, 따라서 파속이 이 핵간 거리로 되돌아올 때마다 흡광(실제로는 레이저 유발 형광)이 일어난다.

간단한 예 89.3 펨토초 분석

전형적인 실험 결과를 나타낸 것이 그림 89.5이다. 구속 상태 Na의 흡수 세기는 약 1 ps 간격으로 반복되는 일련의 펄스를 나타내어, 이 시간 간격으로 파속이 진동함을 보여 준다. 세기 감소는 이 착물의 두 원자가 서로 외향으로 진동해 나가는 착물의 해리 속도를 나타낸다. 자유 Na 흡수 역시 진동 방식으로 증가하는데, 이때 나타나는 파속의 주기성은 진동해 나갈 때마다 주어지는 해리 기회를 나타낸다. NaI의 정밀한 진동 주기는 1.25 ps이다. 이 착물은 약 10번 진동할 동안 존속한다. 이와 대조적으로 NaBr도 진동 주기는 비슷하지만 한 번 진동하는 동안을 겨우 살아 남는다.

자가 진단 89.4 활성화물의 해리 방식의 진동 주파수가 매우 낮다는 전이 상태 이론에서 가정을 확인하시오. 이를 위하여 NaI에서 진동의 주기인 1.25 ps에 해당되는 진동 파수를 계산하시오.

답: 27 cm^{-1}

펨토초 분광법은 이분자도 반응에 관여하는 활성화물과 비슷한 종을 연구하는 데에도 이용된다. 즉 분자살을 이용하여 IH⋯OCO와 같은 van der Waals 분자(토픽 90)를 만든 다음, 펨토초 펄스를 이용하여 HI 결합을 끊고, 이때 나오는 H 원자를 인접 CO_2 분자의 O 원자로 날아가게 하여 HOCO를 만든다. 따라서 이 van der Waals 분자는 다음과 같은 반응의 활성화물과 닮은 종을 만든다고 볼 수 있다.

$$H + CO_2 \rightarrow [HOCO]^{\ddagger} \rightarrow HO + CO$$

탐지용 펄스를 OH 라디칼에 동조시키면, $[HOCO]^{\ddagger}$의 발생을 실시간에서 연구할 수 있다.

전이 상태의 분광학적 검출에 이용되는 기법은 또한 전이 상태의 직접적인 조작에 의해 화학 반응의 결과를 조절하는 데 이용될 수도 있다. 반응 $I_2 + Xe \rightarrow XeI^* + I$를 생각해 보자. 이 반응은 $[Xe^+ \cdots I^- \cdots I]$로 표기되는 전이 상태로, 작살 메커니즘에 의해 일어난다. 이 반응은 I_2가 바닥 상태에서 최소한 52 460 cm^{-1} 위에 있는 전자 상태로 들뜨게 하여 시작될 수 있고 이어서 XeI^*의 화학 발광의 시간 의존성을 측정할 수 있게 된다. 생성물의 수득률을 조절하기 위해 한 쌍의 펨토초 펄스를 사용하여 반응을 유발시킬 수 있다. 첫째 펄스는 I_2 분사를 낮은 에너지이며 반응하지 않은 전자 상태로 들뜨게 한다. 펨토초 펄스에 의한 들뜸은 입자가 퍼텐셜 에너지 표면을 가로질러 지나도록 이동하는 것으로 취급될 수 있는 파속을 생성한다고 이미 알고 있다. 이 경우에는 파속이 반응하기에 충분한 에너지를 가지고 있지 않지만 적절한 파장을 갖는 다른 레이저 펄스에 의해 들뜸으로써 필요한 부가적인 에너지가 제공될 수 있다. 이어서 다른 기하 구조를 갖는 활성화물은 두 펄스 사이의 시간 지연 변화에 의해 만들어질 수 있으며, 이는 부분적으로 국지화된 파속이 처음 펄스에 의해 형성된 후 진전된 것 같이 퍼텐셜 에너지 표면에서 다른 위치에 있게 되는 것과 같다. 반응은 작살 메커니즘에 의해 일어나기 때문에 $Xe\cdots I_2$ 거리가 전자 이동이 Xe에서 I_2로 일어나는 적절한 위치에 파속이 있게 될 때 이차 펄스가 적용되면 생성물이 형성되기에 가장 적절하다고 기대할 수 있다. I_2+Xe 반응에 대한 이와 같은 형태의 조절이 증명되었다.

89.2 열역학적 관점

통계 역학적 방식의 전이 상태 이론은 활성화물의 구조에 관해서 무엇인가를 알 수 있는 경우가 얼마 되지 않기 때문에 금방 난관에 봉착하게 된다. 그러나 이 방법으로부터 나온 개념, 특히 반응물과 활성화물 사이의 평형 개념은 활성화 과정을 열역학적 함수로 나타내고자 하는, 보다 더 일반적인 실험 방법을 모색하는 계기가 되었다.

(a) 활성화 파라미터

만일 $\bar{K}^{\ddagger}$를 하나의 평형 상수라고 생각하면($C^{\ddagger}$의 한 가지 운동 방식을 제거하기는 하였지만), 이것을 다음과 같은 정의를 통하여 **활성화 Gibbs 에너지(Gibbs energy of activation)** $\Delta^{\ddagger}G$로 나타낼 수 있다.

$$\Delta^{\ddagger}G=-RT\ln\bar{K}^{\ddagger} \qquad \text{정의 활성화 Gibbs 에너지} \qquad (89.11)$$

이 절의 모든 $\Delta^{\ddagger}X$는 **표준** 열역학적 양 $\Delta^{\ddagger}X^{\ominus}$이지만, 부호가 너무 복잡해지지 않도록 하기 위해서 표준 상태 부호를 생략하였다. 그러면 속도 상수가 다음과 같이 된다.

$$k_r=\kappa\frac{kT}{h}\frac{RT}{p^{\ominus}}e^{-\Delta^{\ddagger}G/RT} \qquad (89.12)$$

한편 $G=H-TS$이므로, 활성화 Gibbs 에너지는 다음과 같이 **활성화 엔트로피(entropy of activation)** $\Delta^{\ddagger}S$와 **활성화 엔탈피(enthalpy of activation)** $\Delta^{\ddagger}H$로 나누어서 나타낼 수 있다.

$$\Delta^{\ddagger}G=\Delta^{\ddagger}H-T\Delta^{\ddagger}S \qquad \text{정의 활성화 엔트로피와 엔탈피} \qquad (89.13)$$

[1] 기체상에서 일어나는 $A+B\rightarrow P$와 같은 종류의 반응에 대해서는 $E_a=\Delta^{\ddagger}H+2RT$이다. 이러한 반응들이 용액 속에서 일어날 때는 $E_a=\Delta^{\ddagger}H+RT$이다.

식 89.13을 식 89.12에 사용하면 κ는 엔트로피 항에 포함되어 다음과 같은 식을 얻을 수 있다.

$$k_r=Be^{\Delta^{\ddagger}S/R}e^{-\Delta^{\ddagger}H/RT} \qquad B=\frac{kT}{h}\frac{RT}{p^{\ominus}} \qquad (89.14)$$

그러면 활성화 에너지의 식 정의(토픽 85의 식 85.3, $E_a=RT^2(d\ln k_r/dT)$)는 $E_a=\Delta^{\ddagger}H+2RT$를 얻을 수 있어서 다음과 같은 식을 얻을 수 있다[1].

$$k_r=e^2Be^{\Delta^{\ddagger}S/R}e^{-E_a/RT} \qquad (89.15a)$$

이 식으로부터 Arrhenius 인자 A가 다음과 같이 됨을 확인할 수 있다.

$$A=e^2Be^{\Delta^{\ddagger}S/R} \qquad \text{전이 상태 이론 } A \text{ 인자} \qquad (89.15b)$$

계 전체적으로 반응물 좋은 반응 쌍이 형성되도록 합쳐지므로 활성화 엔트로피는 음이다. 그러나 엔트로피가 A와 B가 이처럼 단순하게 만났을 때 예상되는 값 이하로 내려갈 때는 Arrhenius 인자 A의 값이 단순한 충돌 이론으로 예상되는 것보다 작게 된다. 실제로 엔트로피가 이렇게 예상 외로 낮아지는 것은 충돌 이론의 입체 인자에 기인되는 것으로, 이 **여분의** 엔트로피 감소 $\Delta^{\ddagger}S_{steric}$를 다음과 같이 연관시킬 수 있다.

$$P=e^{\Delta^{\ddagger}S_{steric}/R} \qquad \text{전이 상태 이론 } P \text{ 인자} \qquad (89.15c)$$

따라서 만남의 입체 요건이 복잡해질수록 $\Delta^{\ddagger}S_{steric}$의 값이 더 크게 음으로 되고, 따라서 P의 값도 더 작아진다.

간단한 예 89.4 활성화 파라미터

아세트산 완충 용액에서 propylxanthate 이온의 반응은 식 $A^-+H^+\rightarrow P$로 나타낼 수 있다. 30°C 근처에서 $A=2.05\times10^{13}\ dm^3\ mol^{-1}\ s^{-1}$이다. 30°C에서 활성 엔트로피를 산출하려면 반응이 용액에서 일어나기 때문에 우선 식 89.15의 e^2을 e로 대치해야 한다(앞의 각주 1 참조). 그리고나서 식 89.15b를 사용하면 다음을 얻는다.

$$\Delta^{\ddagger}S=R\ln\frac{A}{eB} \qquad B=\frac{kT}{h}\frac{RT}{p^{\ominus}}=1.592\times10^{14}\ dm^3\ mol^{-1}\ s^{-1}\text{일 때}$$

그러므로

$$\Delta^{\ddagger}S=R\ln\frac{2.05\times10^{13}\ dm^3\ mol^{-1}\ s^{-1}}{e\times(1.592\times10^{14}\ dm^3\ mol^{-1}s^{-1})}=R\ln 0.047\ldots$$
$$=-25.4\ J\ K^{-1}\ mol^{-1}$$

자가 진단 89.5 용액에서 반응 $A^-+H^+\rightarrow P$는 $A=6.92\times10^{12}\ dm^3\ mol^{-1}\ s^{-1}$이다. 25°C에서 활성화 엔트로피를 계산하시오.

답: $-34.1\ J\ K^{-1}\ mol^{-1}$

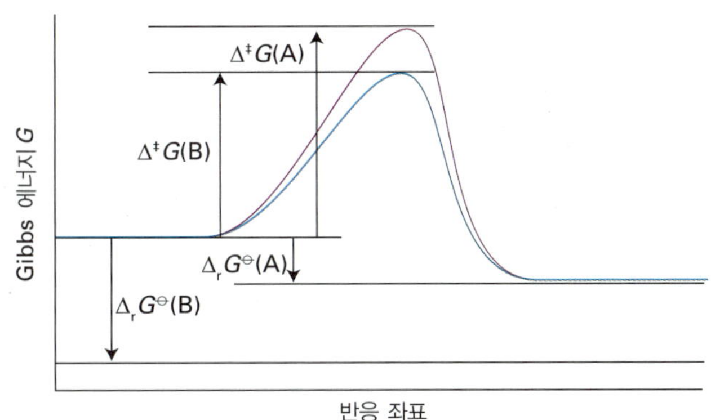

그림 89.6 관련되는 반응 쌍(A와 B로 표기)에 대해서 표준 반응 Gibbs 에너지(B)의 크기가 증가할수록(더 큰 음의 값) 활성화 장벽이 낮아져서 더 큰 속도 상수를 가진다. 선형 자유 에너지 관계는 $\Delta^{\ddagger}G$와 $\Delta_r G^{\ominus}$ 사이의 대체적인 선형 상관성으로부터 유래된 것이다.

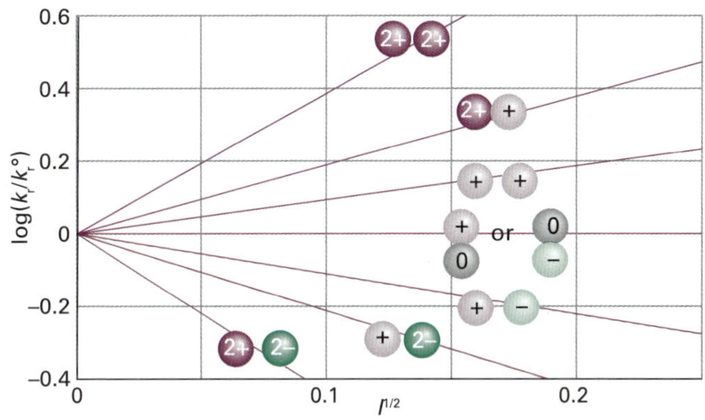

그림 89.7 298 K의 수용액에서 일어나는 반응에 대한 속도론 염 효과를 조사하는 실험. 이온 형태는 구로 나타내었으며, 기울기를 나타내는 선들은 Debye–Hückel 극한 법칙과 식 89.18로부터 나온 것이다.

활성화에 대한 Gibbs 에너지, 엔탈피, 엔트로피, 부피, 열용량은 실험 반응 속도, 특히 용액 속에서 일어나는 유기 반응 속도를 보고하는 데 널리 이용되고 있다. 이들은 특히 ln K(즉 $-\Delta_r G^{\ominus}/RT$)를 ln k_r(이것은 $-\Delta^{\ddagger}G/RT$에 비례함)에 대해서 도시하는 **상관 분석법(correlation analysis)**을 이용하여 평형 상수와 반응 속도의 관계를 연구하는 데에도 인용된다. 많은 경우에는 이 상관성이 선형인데, 이것은 반응이 열역학적으로 더 용이해질수록 그 속도 상수가 증가한다는 것을 뜻한다(그림 89.6). 이 선형 상관성 때문에 이 분석법을 **선형 자유 에너지 관계(linear free energy relation**, LFER)라고도 한다.

(b) 이온 간의 반응

열역학적 방식의 전이 상태 이론을 이용하면 용액 속에서 일어나는 반응을 비교적 간단히 논할 수 있다. 용매가 활성화물에서 역할을 하기 때문에 통계 열역학적 이론을 적용시키는 일은 대단히 복잡해진다. 열역학적 방법에서는 속도 법칙

$$\frac{d[P]}{dt} = k^{\ddagger}[C^{\ddagger}]$$

와, 다음 열역학적 평형 상수를 나타내는 식

$$K = \frac{a_{C^{\ddagger}}}{a_A a_B} = K_{\gamma}\frac{[C^{\ddagger}]c^{\ominus}}{[A][B]} \quad K_{\gamma} = \frac{\gamma_{C^{\ddagger}}}{\gamma_A \gamma_B}$$

를 결합시키면 다음과 같은 식을 얻을 수 있다.

$$\frac{d[P]}{dt} = k_r[A][B] \qquad k_r = \frac{k^{\ddagger}K}{K_{\gamma}c^{\ominus}} \tag{89.16a}$$

활동도 계수가 1일 때의 속도 상수를 $k_r°$(즉 $k_r° = k^{\ddagger}K/c^{\ominus}$)라고 하면, 속도 상수를 다음과 같이 쓸 수 있다.

$$k_r = \frac{k_r^{\circ}}{K_{\gamma}} \qquad \log k_r = \log k_r^{\circ} - \log K_{\gamma} \tag{89.16b}$$

농도가 낮을 때는 다음과 같은 형태의 Debye–Hückel 극한 법칙(토픽 72, 특히 식 72.26, $\log \gamma_{\pm} = -A|z_+z_-|I^{1/2}$)을 써서 활동도 계수를 용액의 이온 세기 I를 가지고 나타낼 수 있다. 그러나 필요한 것은 평균값보다는 개별 이온들에 대한 표현이므로, $\log \gamma_J = -Az_J^2 I^{1/2}$을 써서 다음과 같이 나타낸다.

$$\log \gamma_A = -Az_A^2 I^{1/2} \qquad \log \gamma_B = -Az_B^2 I^{1/2} \tag{89.17a}$$

298 K의 수용액 속에서는 $A = 0.509$이고, z_A와 z_B는 각각 A, B의 전하수이다. 활성화물은 1개의 A 이온과 1개의 B 이온이 반응하여 생성된 것이므로 활성화물의 전하수는 $z_A + z_B$가 되는데, 여기서 z_J는 양이온이면 양이고, 음이온이면 음이다. 따라서

$$\log \gamma_{C^{\ddagger}} = -A(z_A + z_B)^2 I^{1/2} \tag{89.17b}$$

이 관계를 식 89.16b에 넣어 주면 다음과 같은 결과를 얻을 수 있다.

$$\begin{aligned}\log k_r &= \log k_r^{\circ} - A\{z_A^2 + z_B^2 - (z_A + z_B)^2\}I^{1/2} \\ &= \log k_r^{\circ} + 2Az_A z_B I^{1/2}\end{aligned} \tag{89.18}$$

식 89.18에 의하면 용액 속에서 이온 간의 반응에서는 속도 상수가 이온 세기에 따라 변하는데, 이 사실을 **속도론 염 효과(kinetic salt effect)**라고 한다(그림 89.7). 만일 반응 이온들이 같은 부호의 전하를 가질 때는(예컨대 양이온들끼리, 또는 음이온들끼리 반응할 때) 비활성 이온을 가해서 이온 세기를 증가시키면 속도 상수가 증가한다. 보다 낮은 전하를 가진 두 이온으로부터 높은 단일 전하의 활성화물이 잘 형성될 수 있으려면 형성되는 새로운 이온, 즉 용액의 이온 분위

기를 높여 주고 더 강하게 상호 작용할 수 있는 분위기를 만들어 높은 이온 세기를 갖도록 하는 것이다. 이와 반대로, 반대 전하의 이온들은 이온 세기가 높은 용액 속에서 더 느리게 반응한다. 이때는 활성화물이 형성되면서 전하가 상쇄될 경우 이온 분위기와의 안정화 상호 작용이 이온들이 독립되어 있을 때보다 그만큼 감소된다.

예제 89.2 속도론 염 효과 분석하기

착물 $[CoBr(NH_3)_5]^{2+}$의 염기(OH^-) 가수 분해에 대한 속도 상수는 아래 데이터와 같이 용액의 이온 세기에 따라 변한다. 속도 결정 단계에서 형성되는 활성화물의 전하에 관해서 어떤 결론을 얻을 수 있는가? 이 반응은 전하가 +1인 활성화물을 가진 이분자 과정이라는 것 이상의 증거를 가정할 수 없다.

I	0.0050	0.0100	0.0150	0.0200	0.0250	0.0300
k_r/k_r°	0.718	0.631	0.562	0.515	0.475	0.447

방법 식 89.18에 따라 $\log(k_r/k_r^\circ)$를 $I^{1/2}$에 대해서 도시하면, 도시한 선의 기울기는 $1.02z_Az_B$가 될 것이며, 이 값으로부터 활성화물을 만드는 이온들의 전하를 추측할 수 있다.

풀이 우선 다음과 같은 표를 만든다.

I	0.0050	0.0100	0.0150	0.0200	0.0250	0.0300
$I^{1/2}$	0.071	0.100	0.122	0.141	0.158	0.173
$\log(k_r/k_r^\circ)$	−0.14	−0.20	−0.25	−0.29	−0.32	−0.35

이 데이터를 도시한 것이 그림 89.8이다. 최소 제곱법에 맞춘 직선의 기울기는 −2.04이며, 따라서 $z_Az_B = -2$이다. OH^- 이온은 $z_A = -1$이므로, 이 이온이 활성화물을 형성하는 데 관여한다면 두 번째 이온의 전하는 +2가 되어야 한다. 이것은 펜타암민브로모코발트(III) 양이온 $[Co(NH_3)_5Br]^{2+}$이 활성화물을 형성하는 데 관여하고, 그 활성화물의 전하는 $-1+2 = +1$임을 제시한다. 여기서는 지적하지 않겠지만, 속도 상수는 매질의 상대 유전율의 영향도 받는다는 것을 꼭 알아야 한다.

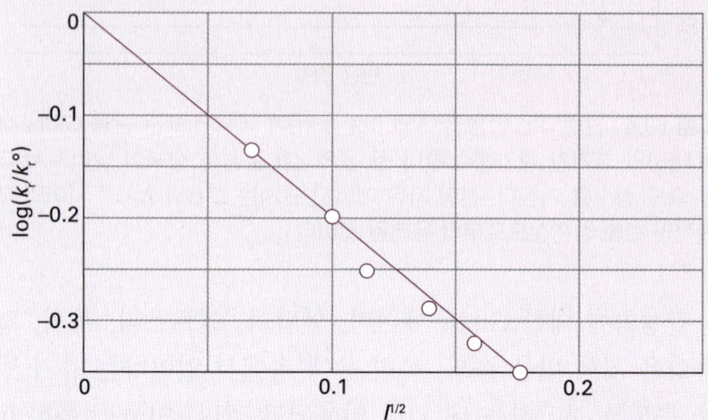

그림 89.8 가수 분해 반응의 속도 상수에 미치는 실험적 이온 세기 의존성. 이 기울기를 이용하여 속도 결정 단계에서 형성되는 활성화물의 전하 형태에 관한 정보를 얻을 수 있다. 예제 89.2 참조

자가 진단 89.6 +1의 전하를 갖는 이온이 반응의 활성화물에 관여된다고 알려져 있다. 다음 데이터를 이용하여 다른 이온의 전하수를 구하시오.

I	0.0050	0.0100	0.0150	0.0200	0.0250	0.0300
k_r/k_r°	0.930	0.902	0.884	0.867	0.853	0.841

답: −1

개념 확인

- ☐ 1. 전이 상태 이론에서는 **활성화물**이 반응물과 평형에 있다고 가정한다.
- ☐ 2. 활성화물이 생성물을 형성하는 속도는 **전이 상태**를 통과하는 속도에 의존한다.
- ☐ 3. 속도 상수는 **활성화 Gibbs 에너지**, **활성화 엔트로피**, **활성화 엔탈피**의 항으로 파라미터화할 수도 있다.
- ☐ 4. **속도론 염 효과**는 이온들 사이의 반응에서 첨가되는 비활성 염이 반응 속도에 미치는 효과이다.

식 확인

성질	식	비고	식 번호
활성화물 형성에 대한 '평형 상수'	$\bar{K}^{\ddagger}=(N_A\bar{q}_{C^{\ddagger}}^{\ominus}/q_A^{\ominus}q_B^{\ominus})e^{-\Delta E_0/RT}$	평형 가정: 제거된 $C^{\ddagger}$의 한 가지 진동 방식	89.9
Eyring 식	$k_r=\kappa(kT/h)\bar{K}_c^{\ddagger}$	전이 상태 이론	89.10
활성화 Gibbs 에너지	$\Delta^{\ddagger}G=-RT\ln\bar{K}^{\ddagger}$	정의	89.11
활성화 엔탈피와 활성화 엔트로피	$\Delta^{\ddagger}G=\Delta^{\ddagger}H-T\Delta^{\ddagger}S$	정의	89.13
파라미터화	$k_r=e^nBe^{\Delta^{\ddagger}S/R}e^{-E_a/RT}$	기체상; $n=2$ 용액; $n=1$	89.15a
A 인자	$A=e^nBe^{\Delta^{\ddagger}S/R}$		89.15b
P 인자	$P=e^{\Delta^{\ddagger}S_{\text{steric}}/R}$		89.15c
속도론 염 효과	$\log k_r=\log k_r^{\circ}+2Az_Az_BI^{1/2}$	Debye–Hückel 극한 법칙의 유효를 가정	89.18

토픽 90

분자 충돌의 동역학

내용

➤ 학습 목표

화학자들은 화학 반응을 자세히 알고 싶어하는데, 한 분자가 다른 것과 충돌하여 원자들이 짝을 교환할 때, 반응성 만남의 동역학의 연구와 연관된 시도보다 더 세밀한 접근 방법은 없다.

➤ 핵심 내용

기체상에서 반응의 속도는 퍼텐셜 에너지 표면에 있는 분자의 궤적을 밝힘으로써 연구될 수 있다.

➤ 미리 알기

이 토픽은 속도 상수의 개념(토픽 82)에 기반을 둔 것으로 토의의 한 부분은 분배 함수(토픽 52)의 개념을 사용한다. 퍼텐셜 에너지 표면의 논의는 정성적인 것이지만, 관련된 계산은 자체 일관성 장(토픽 27)의 것들이다. 또한 회전 상태(토픽 14), 진동 상태(토픽 12)의 개념과도 친숙해져야 한다.

반응물 분자들 사이의 충돌 동역학의 연구는 반응 속도를 지배하는 요소를 검토하는 데 가장 구체적인 단계이다.

90.1 분자살

분자살(**molecular beam**)은 진공 용기를 통과하여 진행하는 평행화된 좁은 분자의 흐름이며, 이를 이용하면 미리 선택된 에너지 상태(예를 들어 특정한 회전 및 진동 상태들) 분자들의 충돌을 연구할 수 있으며, 반응성 충돌에 의해서 생긴 생성물의 상태를 조사할 수 있다. 속도 상수는 여러 상이한 초기 상태에 있는 반응물이 최종 상태의 생성물을 내놓는 모든 경우에 걸친 평균값이므로, 반응에서 일어나는 과정을 완전히 파악하려면 이런 종류의 정보가 필수적이다.

(a) 기법

그림 90.1은 분자살 실험의 기본적인 배열을 나타낸 것이다. 분자 방출원 속에 있는 증기의 압력이 증가하면 분출되는 기체 분자살 속에서 분자들의 평균 자유 행로가 바늘구멍의 지름보다 훨씬 작게 되어 분자 방출원 밖에서조차도 많은 충돌이 일어난다. 이 충돌의 알짜 효과가 **유체 역학 흐름**(**hydrodynamic flow**)을 만들고 분자살의 진행 방향으로 운동량이 이동된다. 그러면 분자살의 분자들이 매우 비슷한 속력으로 이동하며, 멀리 통과해 날아갈수록 분자들이 서로 덜 충돌하게 된다. 이러한 조건에 도달한 흐름을 **분자 흐**

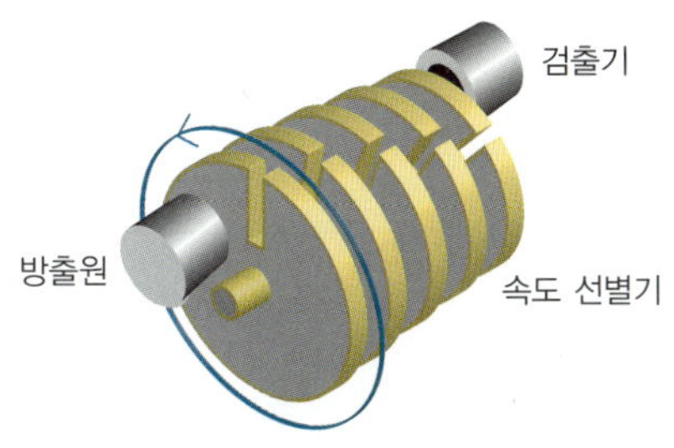

그림 90.1 분자살 장치의 기본 배열. 원자나 분자는 가열된 방출원에서 방출되는데, 일련의 회전하는 가늘고 긴 홈으로 된 원판 속도 분별 장치를 통과한다. 방출원에서 분출된 분자들은 회전하는 슬릿을 향해 살로 이동한다. 오직 분자의 속력이 지나는 길에 회전하는 연속적인 슬릿을 따라 진행되는 것만이 표적 기체와 충돌할 것이다. 표적 기체 분자로부터 산란이 일어나서(또 다른 살을 형성할 수도 있음), 각기 각도에 따라 장치된 검출기에 들어가는 입자의 유량이 기록된다.

름(**molecular flow**)이라고 한다. 이때에는 분자들의 속력 퍼짐이 대단히 좁아지기 때문에 분자들은 효율적으로 매우 낮은 병진 운동 온도인 상태에 놓이게 된다(그림 90.2). 이 병진 운동 온도는 1 K 정도까지 내려갈 수 있다. 그와 같은 분출을 **초음속**(**supersonic**)이라고 하는데, 이는 분출 흐름 속의 분자들의 평균 속력이 이러한 분자로 된 일반 상태 기체 속에서의 음속보다 훨씬 빠르기 때문이다.

초음속 분출 흐름으로부터 유체 역학 흐름의 영역에서 걷어내고 나머지 기체를 뽑아내면 보다 평행한 **초음속 살**(**supersonic beam**)로 만들 수 있다. '걷어내는 것(skimmer)'은 다른 초음속 충격파가 기체 상태로 되돌아가서 퍼지는 것과 병진 운동 온도를 증가시키는 것을 막기 위하여 원뿔형 노즐로 되어 있다(그림 90.3). 분출 흐름이나 분자살은 주로 헬륨이나 네온 기체로 되어 있고, 관심 대상 분자들을 유체 역학적 흐름 영역에 주입한다.

분자의 낮은 병진 운동 온도는 분자의 낮은 회전과 진동 운동 온도에 반영된다. 여기서 말하는 회전이나 진동 운동 온도는 실제로 측정되는 상태 개체수 분포를 나타내게 하는 Boltzmann 분포에서 이용되어야 할 온도를 의미한다. 하지

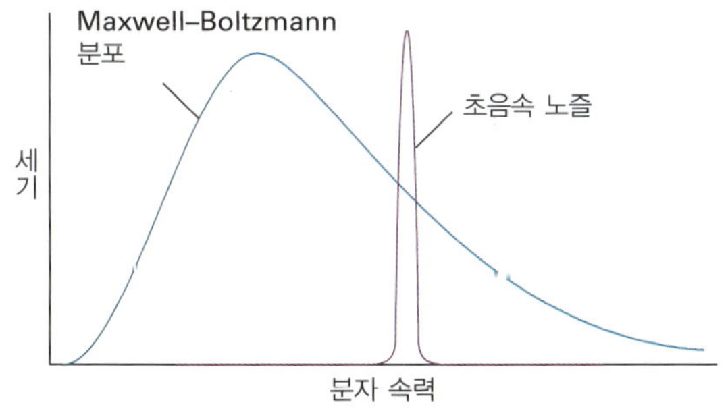

그림 90.2 초음속 노즐을 사용했을 때 나타나는 평균 속력의 이동과 분포의 폭

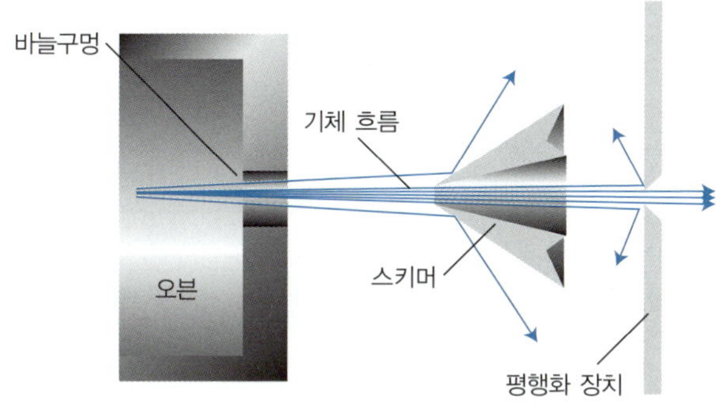

그림 90.3 초음속 분출 노즐은 분자살 분자의 일부를 걷어내고 일정한 속도를 갖는 분자살을 만든다.

만 회전 운동 방식은 보다 천천히 평형에 도달하며, 진동 성분은 더욱 더 천천히 평형화되어 회전과 진동 상태의 종의 개체수는 약간 높은 운동 온도에 해당되어 회전 방식은 10 K의 자릿수이고 진동 방식은 100 K의 자릿수에 해당하는 개체수 분포를 갖는다.

표적 기체는 벌크이거나 다른 분자살일 수 있다. 검출기는 예민한 압력계, 볼로미터(저항의 온도 의존성을 활용하여 입사 에너지에 반응하는 검출기)이거나, 또는 들어오는 분자를 우선 이온시킨 다음 전자적으로 검출하게 하는 이온 검출기 등이 부착된 상자로 되어 있다. 또한 산란된 분자의 상태는 분광학적으로 측정될 수도 있는데, 이 방법은 충돌에 의해서 그들의 진동이나 회전 상태가 변할 때 유용하게 이용된다.

(b) 실험 결과

분자살 실험으로부터 얻은 주된 실험 정보는 특정 방향으로 산란된 입사 분자살에서 분자의 분율이다. 그 분율은 보통 dI로 표시되는데, 분자들이 검출기의 '탐지 눈'에 의해 감당되는 면적으로 표현되는, 원뿔(입체각 $d\Omega$로 묘사) 속으로 분자가 산란되어 들어가는 비율을 말한다(그림 90.4). 이 비율은 **미분 산란 단면적**(**differential scattering cross section**), σ_d로 보고되는데, 이는 dI의 값과 입사살의 세기 I, 표적 분자의 수밀도 $\mathcal{N}$, 시료를 통하는 미세 경로 길이 dx 사이의 비례 상수로서 다음과 같이 주어진다.

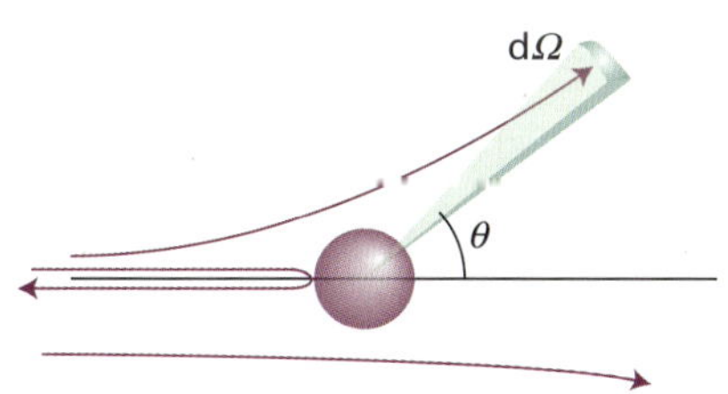

그림 90.4 산란을 일으키는 입체각 $d\Omega$의 정의

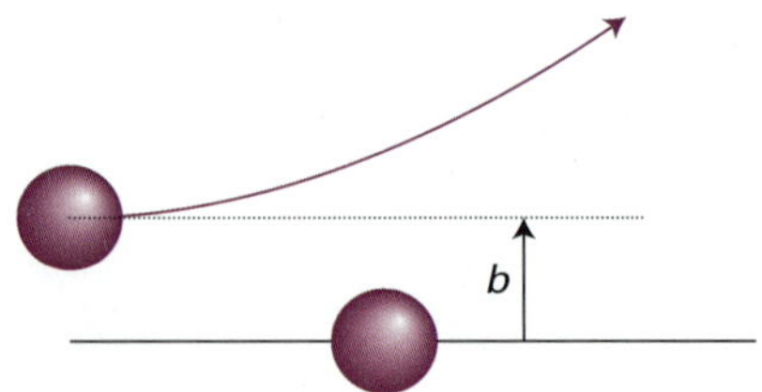

그림 90.5 충돌 파라미터 b는 입자들의 초기 경로들 사이의 수직 간격이다.

$$\mathrm{d}I = \sigma_\mathrm{d} I \mathcal{N} \mathrm{d}x \qquad \text{미분 산란 단면적으로 주어지는 분자 산란 비율} \qquad (90.1)$$

σ_d의 값(면적의 단위를 가짐)은 충돌하는 두 분자의 초기 경로의 수직 간격인 **충돌 파라미터(impact parameter)**, b(그림 90.5)와 세밀한 분자간 퍼텐셜에 의존한다.

간단한 예 90.1 충돌 파라미터의 역할

충돌 파라미터의 역할은 두 강체구의 충돌(그림 90.6)을 보면 쉽게 알 수 있다. 만일 $b=0$이면, 가벼운 구가 정면 충돌선의 궤도 상에 있게 되어 검출기가 $\theta=\pi$인 경우에만 산란 세기가 검출된다. 충돌 파라미터가 너무 커서 구들이 접촉하지 않을 때는($b>R_\mathrm{A}+R_\mathrm{B}$), 산란이 없어서 $\theta=0$인 곳을 제외한 모든 각도에서의 산란 단면적이 0이다. 주목할 곳은 $0<b<R_\mathrm{A}+R_\mathrm{B}$인 경우로, 앞쪽 방향 주위의 원뿔에서 산란 세기가 나타난다.

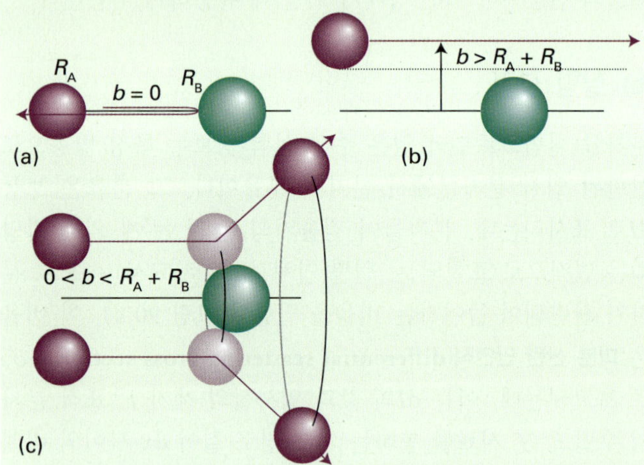

그림 90.6 두 강체구 충돌에 대한 세 가지 유형. (a) 후방 산란이 되는 $b=0$, (b) 전방 산란이 되는 $b>R_\mathrm{A}+R_\mathrm{B}$, (c) $0<b<R_\mathrm{A}+R_\mathrm{B}$에서는 한 방향으로 산란되어 산란 확률이 고리 모양을 이룬다. (표적 분자는 아주 무거워 거의 정지된 것으로 간주한다.)

자가 진단 90.1 반지름이 R인 똑같은 강체구에 대하여 $b=R$일 때 산란각은 얼마인가?

답: 45°

실제 분자는 강체구가 아니며 그 산란 패턴은 세밀한 분자간 퍼텐셜에 의존하는데, 분자가 구형이 아닐 때 존재하는 비등방성(상대적인 배향에 의존함)도 포함된다. 또한 산란은 두 입자가 접근하는 상대적인 속력에도 의존한다. 즉 매우 빠른 입자는 별로 휘어짐이 없이 상호 작용 구간을 통과하는 반면, 같은 경로상의 느린 입자는 잠시 포획되었다가 크게 휘어져 나갈 수 있다(그림 90.7). 그러므로 상대 접근 속력에 따른 산란 단면적의 변화는 분자간 퍼텐셜의 세기와 범위에 대한 정보를 제공한다.

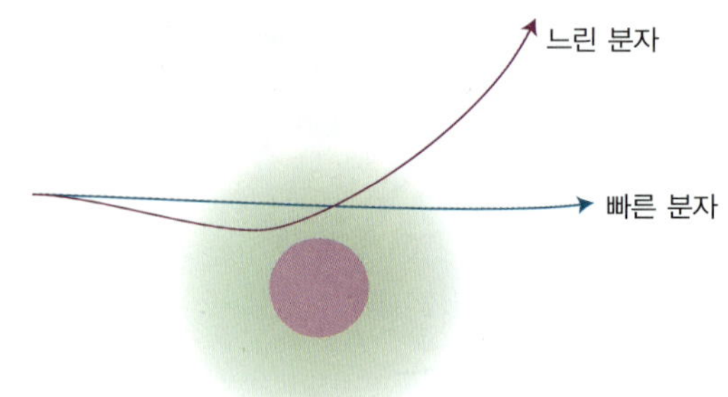

그림 90.7 산란의 정도는 충돌 파라미터뿐만 아니라 상대 접근 속력에 의존한다. 중심의 어두운 영역은 반발 중심을 표시하고, 밖의 흐릿한 영역은 장거리 인력 퍼텐셜을 나타낸다.

더 깊이 고려해야 할 점은 충돌의 결과가 고전 역학이 아니라 양자 역학에 의해 결정된다는 것이다. 그리하여 분자살의 출발점으로부터 검출기까지의 사이에서 분자가 취하는 모든 고전적 궤도를 그린 다음 입자들의 파동성을 어느 정도 고려하고, 이들 사이에서 일어나는 간섭 효과를 생각해야 하는 것이다.

두 가지 양자 역학적 효과가 매우 중요하다. 첫째로, 어떤 충돌 파라미터를 갖는 입자가 퍼텐셜의 인력 영역으로 접근하다가 입자가 반발 중심 쪽으로 휘었다가, 다시 이 반발 중심에 의해서 인력 영역 쪽으로 반발되어 나가서 처음 진행 방향으로 계속해서 날아가는 것이다(그림 90.8). 하지만 일부 분자는 충돌 파라미터가 아주 커서 휘어지지 않기 때문에 처음 진행 방향으로 계속 날아갈 수도 있다. 이 두 형태의 경로를 취하는 입자들의 파동함수가 간섭하여 처음 진행 방향의 세기가 변하게 된다. 이 효과를 **양자 진동(quantum**

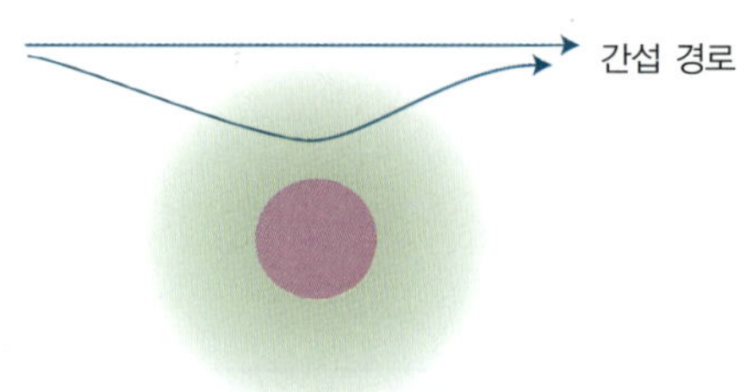

그림 90.8 같은 목적지에 이르는 두 경로가 양자 역학적으로 간섭을 일으킨다. 이 경우에 진행 방향으로 양자 진동이 생긴다.

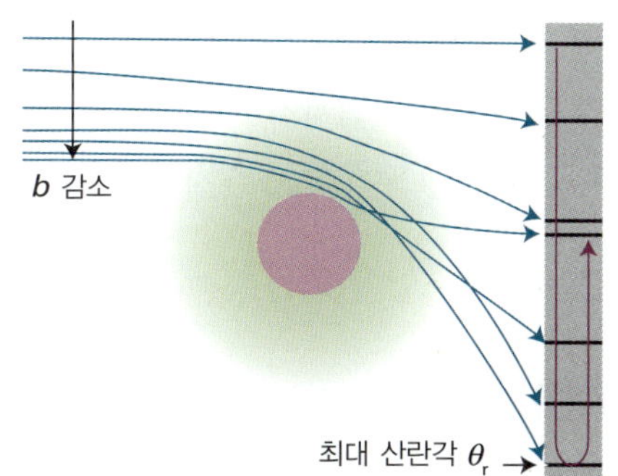

그림 90.9 무지개 산란을 일으키는 경로들의 간섭. 무지개 각 θ_r은 b가 감소함에 따라 도달하는 최대 산란각이다. 그 각도에서 많은 경로 사이의 간섭이 산란 세기를 두드러지게 변경시킨다.

oscillation)이라고 한다. 같은 현상이 광학적 '후광 효과'로 설명되는데, 이것은 때때로 피조명 물체 주위에 밝은 후광이 나타나는 것이다(햇빛에 의해서 비행기의 그림자가 구름 위에 생길 때 그 주위에 색채를 띤 고리가 나타나는 것은 이러한 후광의 한 예이다).

고려해야 하는 두 번째 양자 효과는 세게 보강된 산란이 앞쪽 방향이 아닌 데서 나타나는 것이다. 이 효과를 **무지개 산란(rainbow scattering)**이라고 하는데, 이것은 무지개와 똑같은 광학적 메커니즘에 의해서 생기는 것이기 때문이다. 이 현상의 근원은 그림 90.9에 설명되어 있다. 충돌 파라미터가 감소함에 따라, 산란각이 극대가 되는 점이 나타나는데, 이때는 경로들 사이의 간섭에 의해서 센 산란 빛이 나타나게 된다. **무지개 각(rainbow angle)** θ_r은 $d\theta/db=0$인 각으로서 산란이 크게 나타나는 각도를 말한다.

어떤 분자살에서 나타날 수 있는 또 다른 현상은 한 종이 다른 종에 의해 포획되는 것이다. 초음속 살에서는 진동 운동 온도가 매우 낮기 때문에 **van der Waals 분자**가 형성될 수 있어서 A와 B가 van der Waals 힘이나 수소 결합에 의해 합쳐져서 AB형의 착물을 만들 수 있는 것이다. ArHCl, $(HCl)_2$, $ArCO_2$, $(H_2O)_2$를 포함하는 그와 같은 많은 분자들이 분광학적으로 연구되어 왔다. 더 최근에는, 물 분자의 van der Waals 뭉치가 $(H_2O)_6$까지 연구되고 있다. 그들의 분광학적 성질에 대한 연구는 관련된 분자간 퍼텐셜에 대한 상세한 정보를 주고 있다.

90.2 반응성 충돌

분자살, 특히 **교차 분자살(crossed molecular beam)**(그림 90.10)을 이용하면 반응성 마주침에서 일어나는 본질적인 과정들에 대한 많은 자세한 정보를 얻을 수 있다. 두 분자살의 충돌 생성물을 검출하는 검출기는 여러 다른 각도로 이동시킬 수 있도록 되어 있어서 생성물의 각도 분포를 구할 수 있다. 입사되는 분자살 속의 분자들의 에너지를 원하는 대로 조절할 수 있기 때문에(예를 들면 회전식 선별 장치와 초음속 노즐을 써서 병진 운동 에너지를 조절하고, 레이저를 이용하여 선택적인 들뜸을 사용한 진동 상태를 선택적으로 조절할 수도 있고, 전기장을 이용하여 다른 배향을 가지게 하게 하는 것), 이러한 변수들이 충돌에 어떤 영향을 미치고, 생성되어 나오는 분자의 성질에 어떤 영향을 미치는지를 연구할 수 있다.

(a) 반응성 충돌의 탐침

생성물의 에너지 분포를 조사하는 한 가지 방법은 **적외선 화학 발광법(infrared chemiluminescence)**이다. 이 방법에서는 들뜬 진동 상태의 분자가 바닥 상태로 되돌아갈 때 내놓는 적외선 스펙트럼을 조사한다. 즉 이 스펙트럼선의 세기를 조사하면 생성물의 여러 진동 상태의 입자수를 알 수 있다(그림 90.11). 또 다른 방법은 **레이저 유도 형광(laser induced fluorescence)**을 이용하는 것이다. 이 방법에서는 레이저를 이용하여 생성물의 특정한 진동-회전 준위를 들뜨게 한 다

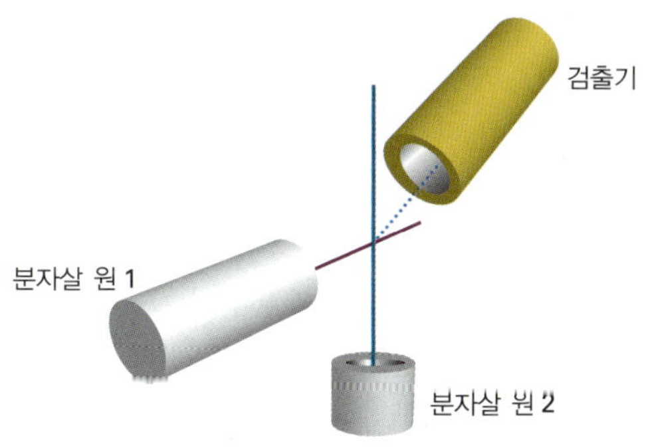

그림 90.10 교차 분자살 실험에서는 선정된 상태의 분자들을 두 분자살 원으로부터 발생시켜 서로 수직 교차하도록 해 준다. 검출기는 선정된 방향으로 산란되는 분자(화학 반응이 일어날 경우에는 생성물)를 탐지해 낸다.

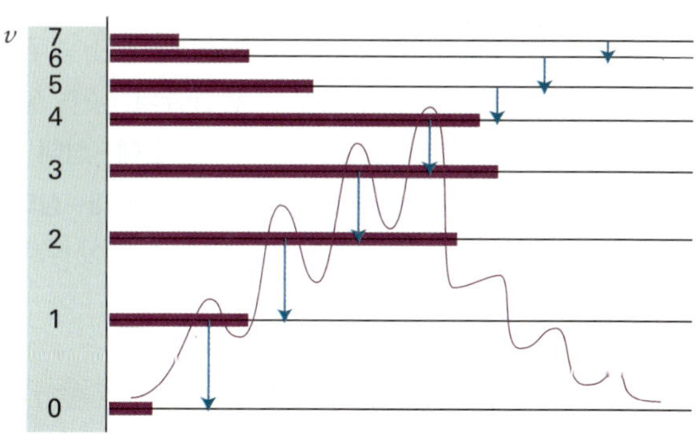

그림 90.11 O+CS → CO+S 반응의 생성물인 CO가 내놓는 적외선 화학 발광은 진동 상태의 CO가 비평형 분포를 이루고 있다가 평형 상태로 완화되면서 복사선을 내놓기 때문에 나타난다.

음, 이 높은 상태로부터 나오는 형광을 분석하여 초기 진동-회전 상태의 개체수로 해석해 낸다.

연구하려는 분자들이 효율적으로 형광을 내지 않을 때는, 반응 과정을 분석하는 데 Raman 분광학(토픽 40)을 이용할 수 있다. 약한 형광 분자를 연구하는 데는 **다광자 이온화**(**multiphoton ionization**, MPI) 기법을 이용하기도 한다. 이 방법에서는 한 분자가 하나 또는 그 이상의 펄스 레이저로부터 여러 광자를 흡수하며, 흡수한 광자의 전체 에너지가 분자의 이온화 에너지보다 클 때는 이 분자가 이온화된다.

생성물의 각분포는 **반응 생성물 영상**(**reaction product imaging**)에 의해 결정될 수 있다. 이 기법에서는, 생성 이온을 전기장에 의해 인광 스크린 쪽으로 가속되도록 하여, 특정한 점에서부터 빛을 방사하게 하여 스크린에 부딪친 이온을 전하 결합 장치(CCD)에 영상화한 것이다. MPI의 한 중요한 변형은 **공명 다광자 이온화법**(**resonant multiphoton ionization**, REMPI)인데, 이 방법에서는 하나 이상의 광자로 분자의 전자 상태를 들뜨게 한 다음, 다른 광자를 추가로 이용하여 이 들뜬 상태로부터 이온을 생기게 한다. 이 REMPI의 강점은 레이저 진동수를 특정한 분자의 전자 상태 흡수 띠에 조율시킬 수 있기 때문에, 실험하는 사람이 원하는 반응물이나 생성물을 마음대로 골라서 연구할 수 있다는 것이다.

(b) 상태-상태 반응 동역학

토픽 87에서는 충돌론과 연관시켜 충돌 단면적의 개념을 도입하였다. 그리고 이차 반응 속도 상수 k_r을 반응성 충돌 단면적과 충돌하는 반응 분자들의 상대 접근 속력을 Boltzmann 가중치 평균으로 나타내었다. 그 토픽의 식 87.6 ($k_r = N_A\int_0^\infty \sigma(\varepsilon)s_{rel}f(\varepsilon)d\varepsilon$)은 다음과 같이 나타낼 수 있다.

$$k_r = \langle \sigma s_{rel}\rangle N_A \tag{90.2}$$

여기서 괄호는 Boltzmann 평균을 나타낸다. 분자살 연구 방법에서는 반응물의 초기 상태 n에서 생성물의 최종 상태 n'으로의 반응 전이에 대하여, 다음과 같은 **상태-상태 단면적**(**state-to-state cross-section**) $\sigma_{nn'}$과 따라서 **상태-상태 속도 상수**(**state-to-state rate constant**) $k_{nn'}$의 개념을 이용하여 이 속도 상수를 조금 더 정밀하게 나타낼 수 있다.

$$k_{nn'} = \langle \sigma_{nn'}s_{rel}\rangle N_A \quad \text{상태-상태 속도 상수} \tag{90.3}$$

그러면 속도 상수 k_r은 모든 최종 상태에 걸친, 그리고 초기 상태들의 Boltzmann 가중치 합에 걸친 상태-상태 속도 상수의 합이 된다(이러한 합은 생성물이 어떤 최종 상태를 나타내든 반응이 일어난 결과가 되고, 또 초기에는 반응물들이 온도 T에 고유한 개체수 분포를 이루고 있기 때문이다). 즉

$$k_r = \sum_{n,n'} k_{nn'}(T)f_n(T) \tag{90.4}$$

여기서 $f_n(T)$는 온도 T에서의 Boltzmann 인자이다. 결국 광범위한 접근 속력과 초기 및 최종 상태에 대한 상태-상태 단면적을 결정할 수 있거나 계산할 수 있으면, 반응에 대한 속도 상수를 계산하는 방법을 알게 되는 것이다.

간단한 예 90.2 상태-상태 속도 상수

한 조화 진동자가 같은 유효 질량과 힘 상수를 가진 또 다른 진동자와 충돌하였다고 하자. 후자의 진동의 들뜸에 대한 상태-상태 속도 상수가 모든 상태 v와 v'에 대하여 $k_{vv'} = k_r^\circ \delta_{vv'}$이라고 가정한다. 여기서 $\delta_{vv'}$은 Kronecker 델타이다($v = v'$일 때는 $\delta_{vv'} = 1$이고 다른 경우는 0이다). 따라서 들뜸은 오직 임의의 준위에서 같은 준위의 진동자에만 일어날 수 있다. 온도 T에서, q가 분자 진동 분배 함수(토픽 52, $q = 1/(1-e^{-h\nu/kT})$)라면, $f_v(T) = e^{-vh\nu/kT}/q$일 때 전체 속도 상수는 다음과 같다.

$$k_r = \frac{k_r^\circ}{q}\sum_{v,v'}\delta_{vv'}e^{-vh\nu/kT} = \frac{k_r^\circ}{q}\overbrace{\sum_{v'}e^{-v'h\nu/kT}}^{q} = k_r^\circ$$

자가 진단 90.2 $k_{vv'} = k_r^\circ \delta_{vv'}e^{-\lambda v}$라고 가정하고, 이는 진동 양자수가 증가할 때 이동이 덜 효율적임을 암시한다. k_r를 산출하시오.

답: $k_r = k_r^\circ(1-e^{-h\nu/kT})/(1-e^{-(\lambda+h\nu/kT)})$

90.3 퍼텐셜 에너지 표면

분자살의 실험 결과를 논의하고 상태-상태 충돌 단면적을 계산하는 데 필요한 가장 중요한 개념의 하나는, 반응에 참여하는 모든 원자의 상대적 위치의 함수로 나타낸 퍼텐셜 에너지, 즉 반응의 **퍼텐셜 에너지 표면**(**potential energy surface**)이다. 퍼텐셜 에너지 표면은 실험 데이터로부터 구하기도 하고, 양자 역학적 계산 결과로부터 구하기도 한다(토픽 27~30). 이론적인 방법은 상당히 많은 기하학적인 배열에서 계의 체계적인 에너지 계산을 필요로 한다. 토픽 29~30에서 설명된 것과 같은 특별한 전산 계산 기법이 전자 상관관계를 고려하는 데 이용된다. 이 상관관계는 분자나 분자 뭉치에서 각기 서로로부터 가깝게, 그리고 멀리 움직일 때 전자들 사

이의 즉각적인 상호 작용에서 일어난다. 전자 상관관계를 정확하게 구체화시키는 기법은 매우 긴 시간을 소모하는 것이며, 결과적으로 오직 반응식 $H+H_2 \rightarrow H_2+H$와 $H+H_2O \rightarrow OH+H_2$ 같은 비교적 간단한 입자들 사이의 반응만이 최근에 이런 형태의 이론적인 취급에 다루어지고 있다. 대안으로 반경험적 방법이 이용되는데, 여기서는 계산의 결과와 실험 파라미터가 퍼텐셜 에너지 표면을 구축하는 데 이용된다.

H 원자와 H_2 분자 사이의 충돌을 예로 들어 퍼텐셜 에너지 표면의 특징을 설명해 보겠다. 자세한 계산 결과에 의하면, 원자 H_A가 H_B-H_C 축을 따라 접근하는 것이 다른 접근보다 반응을 일으키는 데 필요한 에너지가 작다. 그러므로 우선 이러한 동일선 상의 충돌에 대해서만 생각하기로 한다. 그러면 H_A-H_B 사이의 거리 R_{AB}와 H_B-H_C 사이의 거리 R_{BC}의 두 파라미터만을 가지고 핵간 거리를 나타낸다.

충돌이 시작될 때는 R_{AB}가 무한대이고 R_{BC}는 H_2의 평형 결합 길이를 갖는다. 그리고 성공적인 반응성 충돌이 일어난 후에는 R_{BC}가 무한대이고 R_{AB}는 H_2의 평형 결합 길이를 가지게 된다. 이들 삼원자계의 전체 에너지는 그들의 상대적 거리에 의존하며, 전자 구조 계산으로 이것을 찾아낼 수 있다. 이렇게 구한 계의 전체 에너지를 R_{AB}와 R_{BC}에 대해서 도시하면, 이 동일선 상의 반응에 대한 퍼텐셜 에너지 표면을 얻게 된다(그림 90.12). 이 표면은 일반적으로 등고도로 나타낸다(그림 90.13).

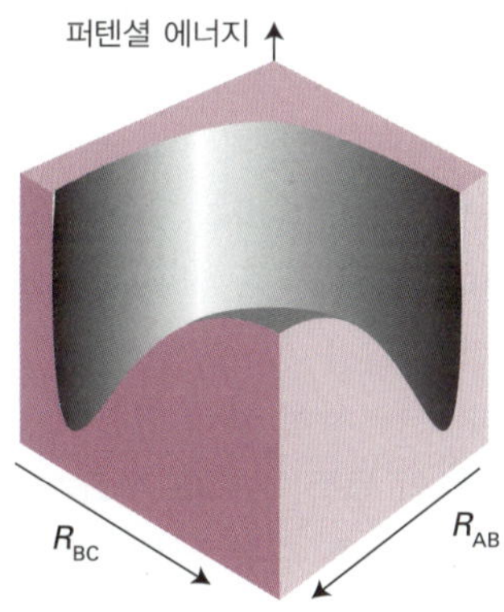

그림 90.12 세 개의 수소 원자가 동일 직선 상에 구속된 채로 일어나는 $H+H_2 \rightarrow H_2+H$ 반응에 대한 퍼텐셜 에너지 표면

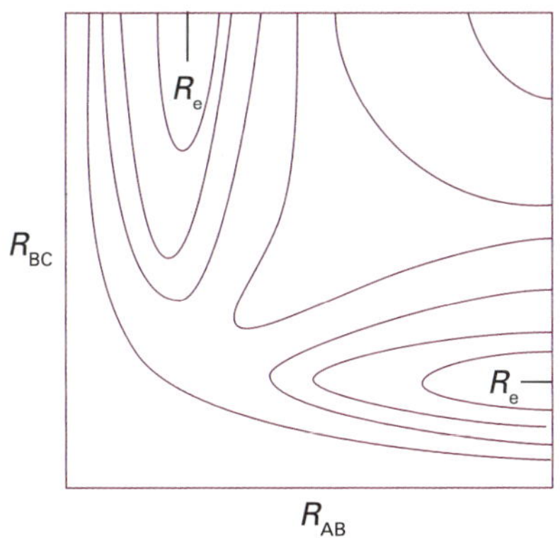

그림 90.13 그림 90.12의 에너지 표면에 대응하는 등고도(같은 퍼텐셜 에너지의 등고선으로). R_e는 H_2 분자의 평형 결합 길이(엄밀하게 말하면, 제3의 원자가 무한히 멀리 있을 때의 값)를 나타낸다.

R_{AB}를 큰 값으로 유지하면서 R_{BC}를 변화시킬 때 이 표면에 나타나는 퍼텐셜 에너지 변화는, 유리된 H_2 분자의 결합 길이가 변할 때 생기는 퍼텐셜 에너지 변화와 같다. 예로서 $R_{AB}=\infty$에서 이 표면 상의 수직선은 H_2의 결합 퍼텐셜 에너지 곡선이 된다. 또 R_{BC}가 거의 무한대가 되는 수평선은 유리된 H_AH_B 분자의 퍼텐셜 에너지 곡선이 된다.

간단한 예 90.3 퍼텐셜 에너지 표면

이분자 반응 $H+O_2 \rightarrow OH+O$는 연소 과정에서 중요한 역할을 한다. 이 반응은 HO_2 퍼텐셜 에너지 표면과 동일선 상 접근에 대한 두 거리 R_{HO_A}와 $R_{O_AO_B}$로 특성지을 수 있다. R_{HO_A}가 매우 클 때, $R_{O_AO_B}$에 대한 HO_2 퍼텐셜 에너지의 변화는 유리된 이산소 분자의 결합 길이가 변할 때 생기는 퍼텐셜 에너지 변화에 해당된다. 마찬가지로 $R_{O_AO_B}$가 매우 클 때, 퍼텐셜 에너지 표면의 한 단면은 유리된 OH 라디칼의 분자 퍼텐셜 에너지 곡선이다.

자가 진단 90.3 $H+OD \rightarrow OH+D$에 대한 분석을 반복하시오.

답: R_{HO}가 무한대: OD 퍼텐셜 에너지 곡선, R_{OD}가 무한대: OH 퍼텐셜 에너지 곡선

충돌 과정에서 원자들의 실제 경로는 이들의 전체 에너지, 즉 운동 에너지와 퍼텐셜 에너지의 합에 의존한다. 그런데 최소 퍼텐셜 에너지에 해당하는 경로를 생각함으로써 계가 이용할 수 있는 경로를 초기에 짐작할 수 있다. 예로서 H_A가 H_BH_C에 접근할 때 일어나는 퍼텐셜 에너지 변화를 생각해

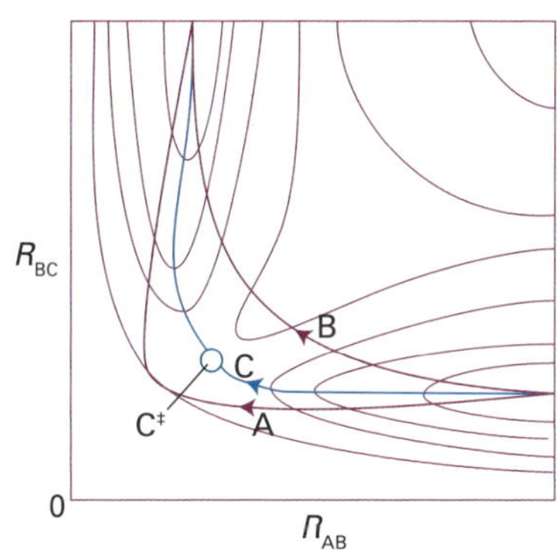

그림 90.14 그림 90.13의 퍼텐셜 에너지 표면을 통과하는 여러 반응 경로. 경로 A는 R_{BC}가 일정하게 유지되면서 H_A가 접근하는 경로를 나타내고, 경로 B는 H_A가 접근하는 초기부터 R_{BC}가 늘어나는 경로를 나타낸다. 경로 C는 퍼텐셜 계곡의 바닥을 따라가는 경로이다.

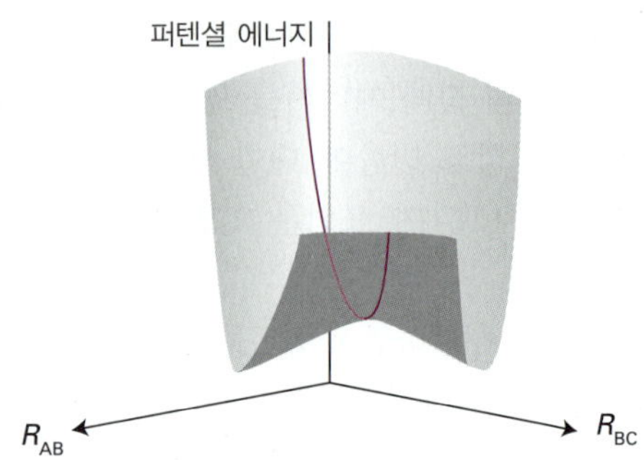

그림 90.15 한 세트의 배열들이 성공적인 반응성 궤적을 따라가려면 반드시 전이 상태를 통과해야 한다(여기서는 안장점을 지나는 선으로 표시됨).

보자. 만일 H_A가 접근하는 초기에 H_B-H_C 결합 길이가 일정하게 유지되면, H_3 뭉치의 퍼텐셜 에너지가 그림 90.14의 선 A로 표시한 경로를 따라 증가할 것이다. 그리하여 H_A를 분자 안으로 밀어붙이면 계의 퍼텐셜 에너지가 매우 높아졌다가 H_C가 멀리 떨어져 나가면서 급격하게 감소한다. 한편, H_A가 아직 멀리 떨어져 있는데도 H_B-H_C 결합 길이가 증가하게 되는 다른 반응 경로(B)를 생각할 수도 있다. 이들 두 반응 경로는 분자들이 초기에 충분히 큰 운동 에너지를 가지기만 하면 불가능한 것은 아니지만, 세 원자들을 높은 퍼텐셜 에너지 영역으로 끌고 가는 것들이다.

가장 낮은 퍼텐셜 에너지의 경로는 C로 표시된 경로로, 여기서는 H_A가 접근함에 따라 R_{BC}가 늘어나고 H_B와의 결합이 형성되기 시작한다. 이때는 H_B-H_C 결합이 접근해 오는 원자 때문에 이완되며, 에너지가 $C^‡$로 표시된 안장 모양 영역인 **안장점(saddle point)**까지만 증가한다. 결국 최소 퍼텐셜 에너지의 반응 경로는 경로 C를 따라 골짜기를 올라가서 안장점을 거쳐 다른 골짜기를 따라 내려가는 것인데, 이 내리막 경로에서 H_C가 떨어져 나가고 새 H_A-H_B 결합이 평형 길이로 줄어든다. 이 경로가 반응 좌표이다.

이제는 반응 속도에 관한 전이 상태 이론을 연결시킬 수 있게 되었다(토픽 89). 안장점 에너지에 가까운 총 에너지로 퍼텐셜 에너지 표면상의 궤적 개념을 이용하여 나타내자면, 전이 상태는 반응이 각 궤적을 따라 일어나기 위해서 통과해야 하는 임계 상태 구조와 같은 것이다(그림 90.15). 퍼텐셜 에너지 표면상에 있는 대부분의 궤적은 직접 안장점을 넘어가지 않고, 반응에서 결과적으로 안장점 에너지보다 훨씬 높은 총에너지를 필요로 한다. 결과적으로, 실험적으로 결정된 활성화 에너지는 보통 계산된 안장점 에너지보다 훨씬 높다.

90.4 실험과 계산으로부터의 일부 결과

반응물로부터 생성물로 성공적으로 넘어가려면, 고전적 입장에서는, 반응에 참여하는 분자들이 충분한 운동 에너지를 가지고 있어서 안장점까지 올라갈 수 있어야 한다. 비록 양자 역학적 터널링이, 특히 수소 원자나 전자 이동 반응에서 반응성에서 중요한 역할을 할 수 있지만, 여기서는 고전적 입장에서 진행한다. 그리하여 상대 접근 속도(분자살의 속도를 선택하여)와 진동의 들뜸 정도를 변화시키면서 반응이 일어나는지를 보고, 또 들뜬 진동 상태의 생성물이 나오는지를 관찰함으로써 에너지 표면의 모양을 실험적으로 조사할 수 있다(그림 90.16). 예로서 분자살을 가지고 할 수 있는 한 가지 연구는 반응 종들이 대량의 병진 운동 에너지를 가지고 충돌하는 것과, 큰 진동 에너지를 가지고 충돌하는 것 중 어느 쪽이 반응을 일으키기에 더 효과적인지를 조사할 수 있다. 즉 처음부터 들뜬 진동 상태의 H_BH_C 분자를 가지고 시작하는 C_2*가, 전체 에너지는 같지만 병진 운동 에너지가 큰 C_1* 경로보다 더 효과적으로 반응을 일으킬 것인가를 결정하는 것이다.

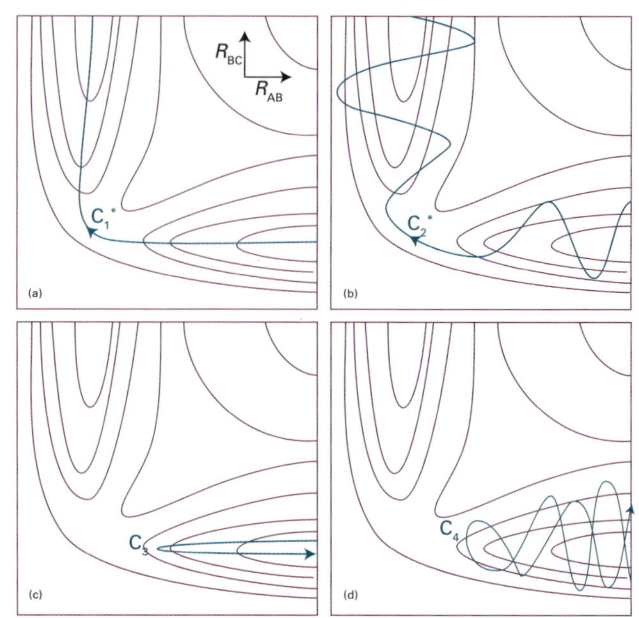

그림 90.16 성공적인 마주침(*)과 비성공적인 마주침. (a) C_1*은 골짜기의 바닥을 따라가는 경로, (b) C_2*는 A가 진동 상태의 BC 분자에 접근해서 진동 상태의 AB 분자가 형성되고 C가 떨어져 나가는 경로, (c) C_3는 A가 비진동 상태 BC 분자에 접근하는 경로인데, 병진 운동 에너지가 불충분한 경우, (d) C_4는 A가 진동 상태의 BC 분자에 접근하는 경로인데, 에너지나 진동 위상이 반응을 일으키기에 부족한 경우를 나타낸다.

(a) 공격 방향과 거리

그림 90.17은 H 원자가 H_2 분자를 상이한 각도로 공격하고, 그때마다 H_2 결합이 최적 길이로 완화될 때의 퍼텐셜 에너지 계산 결과를 보여 주는 것이다. 퍼텐셜 장벽은 앞에서 가정했던 바와 같이 동일선 상을 따라 공격할 때 가장 작다(그러

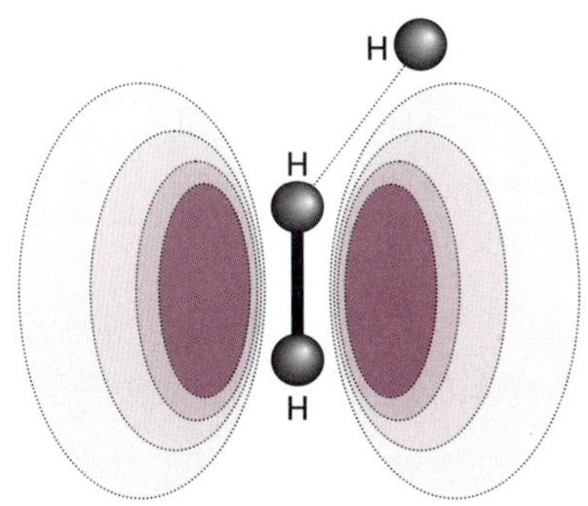

그림 90.17 H가 상이한 공격 각도로 H_2에 접근할 때 나타나는 비등방성 퍼텐셜 에너지 변화. 동일 직선 상의 공격이 반응에 대한 가장 낮은 퍼텐셜 장벽을 나타낸다. 등고선은 각 원자 배향에 대해서 반응 좌표에 따른 퍼텐셜 에너지를 나타낸다.

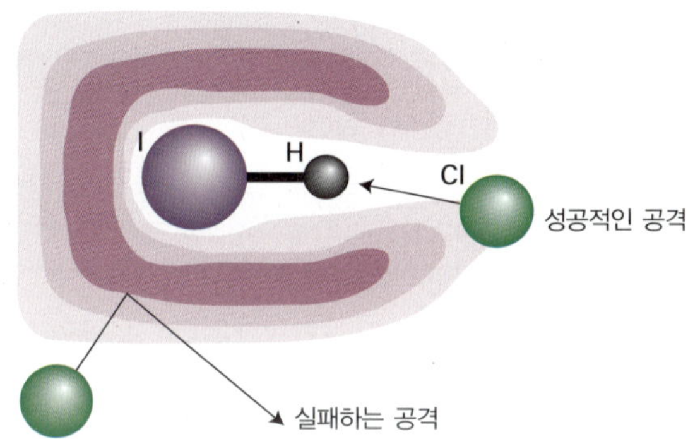

그림 90.18 Cl이 HI에 접근할 때의 퍼텐셜 에너지 장벽. 이 경우에는 H 원자를 둘러싸는 원뿔 안으로 Cl 원자가 접근해야만 성공적인 마주침이 일어날 수 있다.

나 다른 각도로부터의 공격도 반응을 일으킬 수 있으며, 전체 반응 속도에 기여한다는 것을 명심해야 한다). 한편 그림 90.18은 Cl 원자가 HI 분자에 접근할 때 일어나는 퍼텐셜 에너지 변화를 나타낸 것이다. 수소 원자를 둘러싸는 반각 30°의 원뿔 안으로 공격할 때 퍼텐셜 장벽이 최저가 된다. 이 결과는 충돌 이론의 입체 인자 계산과 유사하다는 것을 주목해야 한다. 즉 모든 충돌이 이 반응성 원뿔 안에 들어가는 것이 아니므로 충돌마다 반응을 일으키는 것은 아니다.

충돌이 점착성이어서 반응 종들이 충돌할 때 서로 들러붙어서 회전하게 되면, 접근 방향이 완전히 무의미하게 되어 생성물은 무작위 방향으로 나타난다. 1회전하는 데는 약 1 ps가 걸리며, 따라서 이보다 짧은 시간 내에 충돌이 끝나면 활성화물이 미처 1회전을 하지 못하므로 특정한 방향으로 생성물이 튀어나간다.

간단한 예 90.4 각도 곱 분포

K와 CH_3I의 충돌은 이들 화학종이 서로 대단히 가까이 접근해야 KI와 CH_3의 생성으로 이어진다. 이 메커니즘에 의하면 K가 벽돌담에 충돌하는 것과 같고, 이때 생성된 KI가 후방으로 튀어나간다. 이 생성물의 불균일한 각도 분포를 측정하면 반응을 일으키는 데 필요한 접근 거리와 배향을 알 수 있으며, 또한 반응이 1 ps 이내에 끝난다는 사실도 알 수 있다.

자가 진단 90.4 K와 I_2의 충돌에서는, 생성물(KI와 I)의 대부분이 전방으로 튀어나간다(전방과 후방의 방향은 분자들이 원점에 있을 때 충돌이 일어나고, 충돌하는 반응물의 질량 중심을 원점으로 하는 질량 중심 좌표계에서 방향을 의미한다). 이 생성물 분포를 어떻게 설명할 수 있을까?

답: 작살 메커니즘(토픽 87); 장거리에서 전이 상태가 나타남.

(b) 인력성 표면 반발성 표면

반응에 따라서는 에너지가 진동 방식으로 전처리가 이루어졌는지 또는 그대로 충돌 분자의 병진 운동 방식으로 남아 있는가에 관해서 매우 민감하다. 예로서 두 개의 HI 분자는 반응의 활성화 에너지의 두 배가 넘는 에너지를 가지고 충돌시켜도 이 에너지가 전부 병진 운동 에너지로 있을 때는 반

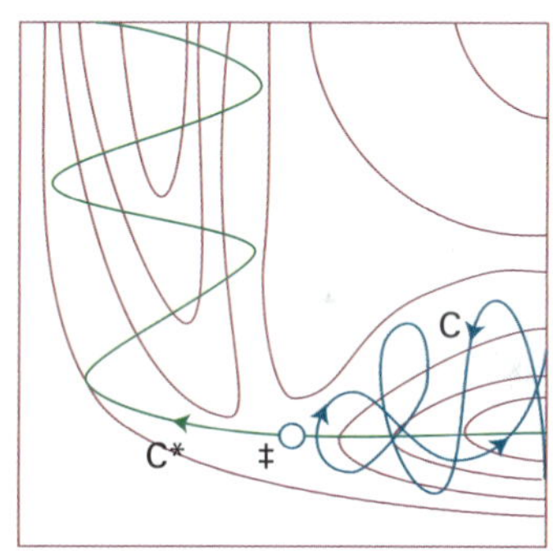

그림 90.19 인력성 퍼텐셜 에너지 표면. 성공적인 마주침(C*)이 일어나려면 높은 병진 운동 에너지가 필요하며, 그 결과 들뜬 진동 상태의 생성물이 생긴다.

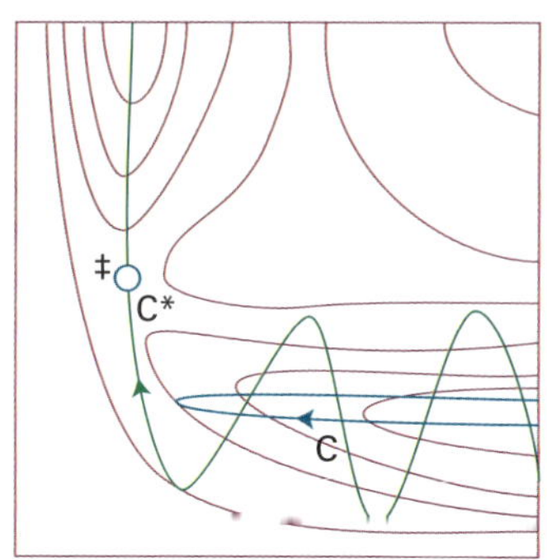

그림 90.20 반발성 퍼텐셜 에너지 표면. 성공적인 마주침(C*)이 일어나려면 처음부터 들뜬 진동 상태가 필요하며, 생성물이 높은 병진 운동 에너지를 가지게 된다. 반응이 어느 한 방향이 인력성이면, 그 반대쪽은 반발성이 된다.

응을 일으키지 않는다. F+HCl → Cl+HF 반응의 경우에는 전체 에너지가 같더라도 HCl이 첫 번째 들뜬 진동 상태에 있을 때가 바닥 진동 상태에 있을 때보다 5배나 빠르게 반응을 일으킨다.

퍼텐셜 에너지 표면을 조사해 보면 이러한 조건들의 근원을 알 수 있다. 그림 90.19는 반응 좌표 상에 일찌감치 안장점이 나타나는 **인력성 표면**(**attractive surface**)을 나타낸 것이다. 그리고 그림 90.20은 안장점이 늦게 나타나는 **반발성 표면**(**repulsive surface**)을 나타낸 것이다. 한 방향으로 인력성인 표면은 그 반대 방향으로는 반발성이다.

우선 인력성 표면을 생각해 보자. 원래부터 들뜬 진동 상태에 있는 분자와 입사 분자가 충돌할 때는 반응계가 경로 C를 밟게 된다. 이때는 반응물 영역에서 길이 막히고 말기 때문에 안장점까지 쉽게 올라가지 못한다. 그러나 같은 양의 에너지가 전부 병진 운동 에너지로 있을 때는, 반응계가 C*를 따라 쉽게 안장점을 넘어 생성물 영역으로 들어간다. 따라서 인력성 퍼텐셜 에너지 표면에 따라 일어나는 반응은 상대적 병진 운동 방식의 에너지를 가져야 효과적으로 반응이 일어난다. 뿐만 아니라 이 퍼텐셜 에너지 표면을 보면, 이 궤적이 일단 안장점을 넘어서면 생성물 골짜기의 가파른 벽을 따라 올라간 다음, 생성물이 분리되는 것과 같이 이쪽저쪽 벽으로 오가면서 골짜기 밑으로 굴러 내려간다. 바꾸어 말하면 생성물이 들뜬 진동 상태를 가지고 생겨난다.

다음에는 반발성 표면을 생각해 보자. 궤적 C에서는 충돌 에너지가 주로 병진 운동 방식이다. 반응들이 접근함에 따라 퍼텐셜 에너지가 올라간다. 이들은 골짜기의 맞은편 면을 따라 올라가다가 반응물 영역으로 반사되어 돌아간다. 그리하여 에너지는 반응을 일으키기에 충분하지만 이 경로는 성공하지 못한 마주침에 해당된다. 한편 궤적 C*에서는 반응물의 에너지 일부가 진동 형태로 있으며, 이러한 진동 때문에 반응계가 골짜기의 이쪽저쪽을 오가면서 안장점 구석까지 올라가게 된다. 이러한 진동 운동은 반응계를 안장점까지 쉽게 밀어올려서 생성물 골짜기로 넘겨 준다. 이 경우에는 생성물 분자가 들뜨지 않은 진동 상태에 있게 된다. 따라서 반발성 퍼텐셜 표면을 갖는 반응은 진동 에너지를 과잉으로 가져야 효과적으로 일어날 수 있다. 이러한 예로 $H+Cl_2 \rightarrow HCl + Cl$ 반응을 들 수 있다.

간단한 예 90.5 인력성 표면과 반발성 표면

반응 $H+Cl_2 \rightarrow HCl+Cl$은 반발성 퍼텐셜 표면을 가진다. 모두 같은 총 에너지를 가지는, 다음 네 반응 과정 중에서,

(1) $H+Cl_2(v=0) \rightarrow HCl(v'=0)+Cl$
(2) $H+Cl_2(v=2) \rightarrow HCl(v'=0)+Cl$
(3) $H+Cl_2(v=0) \rightarrow HCl(v'=2)+Cl$
(4) $H+Cl_2(v=2) \rightarrow HCl(v'=2)+Cl$

반응물은 진동으로 들떠 있고, 생성물은 진동으로 들뜨지 않은 반응 (2)가 가장 가능성이 높다.

자가 진단 90.5 모두 같은 총 에너지를 가지는 다음 네 반응 과정 중에서 어느 것이 가장 가능성이 높을까?

(1) $HCl(v=0)+Cl \rightarrow H+Cl_2(v'=0)$
(2) $HCl(v=2)+Cl \rightarrow H+Cl_2(v'=0)$
(3) $HCl(v=0)+Cl \rightarrow H+Cl_2(v'=2)$
(4) $HCl(v=2)+Cl \rightarrow H+Cl_2(v'=2)$

답: (3); 인력성 표면

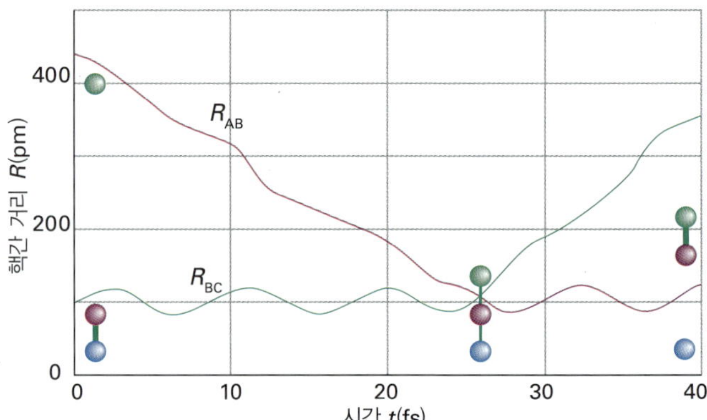

그림 90.21 A와 진동하는 BC 분자가 반응성 마주침을 하여 진동하는 AB 분자가 형성될 때의 계산된 궤적. 이 직접 방식 반응은 H와 H_2 사이에서 일어나는 것이다(M. Karplus, et. al., *J. Chem. Phys.* **43**, 3258 (1965)).

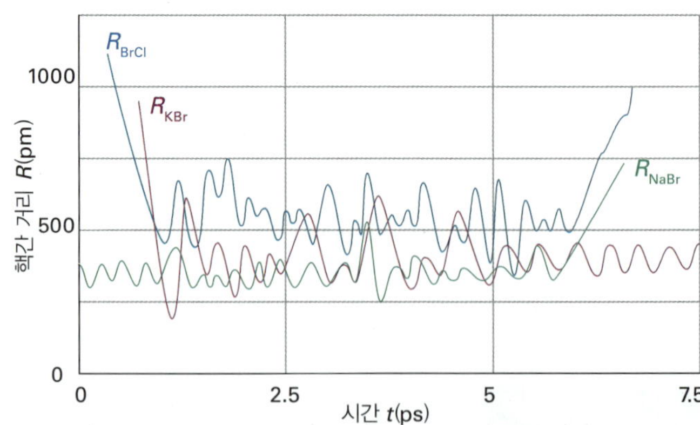

그림 90.22 착물 방식 반응 KCl+NaBr → KBr+NaCl에서 충돌 뭉치가 긴 수명을 갖는 경우에 대해서 계산한 궤적의 예(P. Brumer and M. Karplus, *Faraday Disc. Chem. Soc.*, **55**, 80 (1973)).

(c) 고전적 궤적

반응하는 입자들의 속도, 상대적 배향, 내부 에너지 등의 초기 조건을 이용하여 반응에 관여하는 원자들의 궤적을 고전 역학으로 계산하면, 반응에서 일어나는 현상들을 명확하게 머릿속에서 그려볼 수 있다. 내부 에너지의 초깃값은 분자의 전자, 진동, 회전 에너지 양자 상태를 반영하는 것이지만, 이 궤적 계산에서는 이 양자 역학의 특징을 구체적으로 사용하지 못하고 있다.

그림 90.21은 $H+H_2 \rightarrow H_2+H$ 반응에서 세 원자의 위치를 고전 역학적으로 계산한 결과인데, 수평축은 시간을, 수직축은 원자간 거리를 나타낸다. 이 그림은 진동하는 분자를 향해서 공격하는 원자가 접근하는 것을 보여 주고 있다. 결합 상대를 바꾸는 이 반응은 대단히 빠르게 일어나며, **직접 방식 과정**(**direct-mode process**)의 한 예이다. 새로 생긴 분자는 처음에는 불안하게 떨지만, 쫓겨난 원자가 멀어짐에 따라서 차츰 안정한 조화 진동을 나타내게 된다. 이와 대조적으로 그림 90.22는 **활성화물 방식 과정**(**complex-mode process**)을 나타내는 것으로서, 이때는 활성화물이 상당 시간 동안 존속하게 된다.

간단한 예 90.6 활성화물 방식 과정

그림 90.22에서 반응은 $KCl+NaBr \rightarrow KBr+NaCl$ 교환 반응에 대한 것이다. 이 사원자 활성화물은 약 5 ps 동안 존속되며, 이 동안에 원자들이 약 15회 정도 진동하다가 생성물로 해리된다.

자가 진단 90.6 활성화물의 해리와 생성물의 형성을 가져오게 하는 활성화물 방식의 근사적인 진동수는 얼마인가?

답: 3 THz

(d) 양자 역학적 산란 이론

고전적 궤적 계산에서는 원자, 전자, 핵 등의 운동이 양자 역학의 지배를 받는다는 사실을 인식하지 못한다. 이 때문에 궤적의 개념이 사라지고, 그 대신에 초기 상태의 반응물과 마지막 상태의 생성물을 나타내는 파동함수가 등장하게 된 것이다.

한 주어진 온도에서 속도 상수를 양자 역학적으로 완전하게 계산하려면 전자, 진동, 회전 상태를 점유하는 계의 구성 원자와 분자의 개체수를 전부 고려해 주어야 하기 때문에 그 계산이 대단히 복잡하고 부담스럽다. 열적으로 허용될 수 있는 상태들이 많이 있는데, 이들 중에는 반응물 상태와 생성물 상태 사이의 몇몇 전이는 허용되는 반면, 다른 것은 허용되지 않는 것이 있다. 고정된 총 에너지 E에서 **누적 반응 확률**(**cumulative reaction probability**) $\bar{P}(E)$를 다음과 같이 정의한다.

$$\bar{P}(E)=\sum_{i,j} P_{ij}(E) \qquad \text{누적 반응 확률} \qquad (90.5)$$

여기서 $P_{ij}(E)$는 상태-상태 반응 확률로서, i는 반응물을, j는 생성물을 표기한다. 각각의 P_{ij}는 1을 넘을 수는 없지만, 그들의 합 P는 1을 넘을 수 있다. 더 많은 반응물과 생성물 상태가 허용되게 되면 에너지에 따라 누적 반응 확률이 증가하게 되고, 측정된 속도 상수는 일반적인 온도에서 $\bar{P}(E)$의 Boltzmann 평균에 비례한다. 구체적으로 쓰면,

$$k_r(T)=\frac{\int_0^\infty \bar{P}(E)e^{-E/kT}dE}{hQ_R(T)} \qquad \text{속도 상수} \qquad (90.6)$$

여기서 $Q_R(T)$는 온도 T에서의 반응물의 분배 함수 밀도(분배 함수를 부피로 나눈)이다.

식 90.6의 중요성은 실험적인 양인 속도 상수와 이론적인 양인 $\bar{P}(E)$를 직접 연결시켜 준다는 것이다. 예를 들어 전이 상태 이론을 더욱 발전시킨다면 반응 과정의 모형에 대하여 다음을 가정해야 할 것이다.

- 생성물은 활성화물이 형성될 때에만 형성된다.
- 임의의 상태에서 일단 활성화물이 형성되면, 생성물이 형성될 것이다.
- 활성화물이 형성되기 위해서는 최소한의 에너지가 필요하다.
- 활성화물은 온도 T에 해당되는 개체수의 열적 평형 분포를 가진다.

두 번째 조건은 P_{ij}가, 반응물 상태 i가 활성화물 상태 j를 형성하는 상태-상태 반응 확률이라는 것을 의미한다. 세 번째 조건은 활성화물의 가장 낮은 에너지 상태인, 문턱값 E_a보다 작은 E에 대해서는 $P_{ij}=0$이라는 것을 의미한다. 이는 $E<E_a$에 대해서는 $\bar{P}(E)=0$임을 말한다. 에너지가 E_a 이상으로 증가하면, 활성화물의 성공적인 상태가 허용되어서, 두 번째 조건으로부터 누적 반응 확률이 1의 단계로 증가한다. 이 모형을 실행하려면, 얻을 수 있는 에너지에 대하여 활성화물의 열적으로 허용될 수 있는 상태 수 $N(E)$를 산출할 필요가 있어서, $E \geq E_a$에 대해서는 $\bar{P}(E)=N(E)$로 놓는다. 네 번째 가정은 이 수를 일반적인 온도에서 활성화물의 분자 분배 함수 q_c와 같게 놓은 것으로 추산할 수 있음을 의미한다.

예제 90.1 충돌 이론 속도 상수의 유도

구조가 없는 두 입자가 충돌하여 이원자 분자를 닮은 활성화물이 생성되는 경우를 생각하여 반응 A+A → 생성물의 속도 상수를 유도해 보자.

방법 반응물 A는 구조가 없는 질량이 m인 '원자'이기 때문에 분배 함수에 유일한 기여는 병진 운동이다. 활성화물은 '결합 길이' r, 질량 $2m$, 그리고 관성 모멘트 $I=\mu r^2=\frac{1}{2}mr^2$인 이원자 뭉치이다. 진동 방식은 반응 좌표를 따른 운동에 해당되므로(전이 상태 이론에서와 같이) q_c에 기여하지 못한다. 적절한 분배 함수들에 대한 식은 토픽 52의 식 52.10과 52.13으로 주어진다.

풀이 $E<E_a$에서는 $\bar{P}(E)=0$이고, $E\geq E_a$에서는 $\bar{P}(E)=q_c$이기 때문에 식 90.6은 다음이 된다.

$$k_r=\frac{q_c}{hQ_R(T)}\int_{E_a}^{\infty}e^{-E/kT}dE=\frac{kTq_c}{hQ_R(T)}e^{-E_a/kT}$$

오직 병진 운동만이 반응물 A+A의 분배 함수에 기여한다. 즉

$$q_r^T=\frac{V}{\Lambda_r^3}=\frac{V(2\pi mkT)^{3/2}}{h^3}$$

따라서 반응물 분배 함수 밀도는 다음과 같다.

$$Q_R(T)=\frac{(q_r^T)^2}{V}=\left(\frac{(2\pi mkT)^{3/2}V}{h^3}\right)^2\frac{1}{V}=\frac{(2\pi mkT)^3V}{h^6}$$

활성화물 A_2의 병진 및 회전 분배 함수(대칭수 $\sigma=2$로 식 52.10과 52.13으로부터)는 다음과 같다.

$$q_c^T=\frac{V(2\pi m_{C^\ddagger}kT)^{3/2}}{h^3}=\frac{V(4\pi mkT)^{3/2}}{h^3}$$

$$q_c^R=\frac{4\pi^2kTI}{h^2}\overset{I=\frac{1}{2}mr^2}{=}\frac{2\pi^2mkTr^2}{h^2}$$

이는 다음이 된다.

$$q_c=q_c^Tq_c^R=\frac{V(4\pi mkT)^{3/2}}{h^3}\times\frac{2\pi^2mkTr^2}{h^2}=\frac{2\pi^2mkTr^2(4\pi mkT)^{3/2}V}{h^5}$$

따라서

$$k_r=\frac{kT}{h}\times\frac{2\pi^2mkTr^2(4\pi mkT)^{3/2}Vh^6}{h^5(2\pi mkT)^3V}\times e^{-E_a/kT}=2\left(\frac{kT}{\pi m}\right)^{1/2}\pi r^2e^{-E_a/kT}$$

이는 반응 단면적을 πr^2이라고 하면 충돌 이론의 결과와 같다(식 87.9 참조). 식 87.9는 다른 두 입자 A와 B 사이의 충돌에서 유도되어 똑같은 입자 사이에서 충돌의 이중 계산을 피하기 위하여 인자 $\frac{1}{2}$을 도입해야 한다.

자가 진단 90.7 예제 90.1에 있는 k_r에 대한 결과가, 원자 A와 B가 같지 않을 때 전이 상태 이론(예제 89.1)의 결과와 대등함을 밝히시오.

답: $k_r=(8kT/\pi\mu)^{1/2}\pi r^2e^{-\Delta E_0/RT}$

개념 확인

☐ 1. **분자살**은 진공 용기를 통과하여 진행하는 평형화된 좁은 분자의 흐름이다.

☐ 2. 분자살에서 실제 분자의 산란 패턴은 **양자 역학적 효과**와 세밀한 분자간 퍼텐셜에 의존한다.

☐ 3. 산란 과정에서 두 가지 양자 역학적 효과는 **양자 진동**과 **무지개 산란**이다.

☐ 4. **van der Waals 분자**는 A와 B가 van der Waals 힘이나 수소 결합에 의해 결합한 AB 형태의 활성화물이다.

☐ 5. 반응 충돌 연구에 대한 기법에는 **적외선 화학 발광**, **레이저-유도 형광**, **다광자 이온화**(MPI), **반응 생성물 영상**, **공명 다광자 이온화**(REMPI)가 있다.

☐ 6. **퍼텐셜 에너지 표면**은 반응에 참여하는 모든 원자의 상대적 위치의 함수로서 퍼텐셜 에너지를 그려 놓은 것이다.

☐ 7. **인력성 표면**에서는 안장점(가장 높은 점)이 반응 좌표 이전에 일어난다.

☐ 8. **반발성 표면**에서는 안장점이 반응 좌표 이후에 일어난다.

식 확인

성질	식	비고	식 번호
분자 산란 속도	$\mathrm{d}I=\sigma_\mathrm{d}I\mathcal{N}\mathrm{d}x$	σ_d는 미분 산란 단면적	90.1
속도 상수	$k_\mathrm{r}=\langle\sigma s_\mathrm{rel}\rangle N_\mathrm{A}$		90.2
상태–상태 속도 상수	$k_{nn'}=\langle\sigma_{nn'}s_\mathrm{rel}\rangle N_\mathrm{A}$		90.3
전체 속도 상수	$k_\mathrm{r}=\sum_{n,n'}k_{nn'}(T)f_n(T)$		90.4
누적 반응 확률	$\bar{P}(E)=\sum_{i,j}P_{ij}(E)$		90.5
속도 상수	$k_\mathrm{r}(T)=\int_0^\infty \bar{P}(E)\mathrm{e}^{-E/kT}\mathrm{d}E/hQ_\mathrm{R}(T)$	$Q_\mathrm{R}(T)$는 반응물의 분배 함수 밀도	90.6

18장 반응 동역학

토픽 87 충돌 이론

토론 문제

87.1 기체의 충돌 이론이 어떻게 운동 분자 이론을 만들어 냈는지 논의하시오.

87.2 작살 메커니즘의 기본 특징을 설명하시오.

연습 문제

87.1(a) 30°C, 120 kPa에서 $R = 190$ pm인 암모니아에서의 충돌 빈도 z와 충돌 밀도 Z를 계산하시오. 일정 부피에서 온도가 10 K 높아지면, 이 값들은 몇 % 증가하겠는가?

87.1(b) 30°C, 120 kPa에서 $R = 180$ pm인 일산화 탄소에서의 충돌 빈도 z와 충돌 밀도 Z를 계산하시오. 일정 부피에서 온도가 10 K 높아지면, 이 값들은 몇 % 증가하겠는가?

87.2(a) 충돌 이론을 이용하려면 최소한 비행선 상의 운동 에너지가 E_a인 분자 충돌의 분율을 알아야 한다. (1) 350 K, (2) 900 K에서 (i) $E_a = 20$ kJ mol^{-1}, (ii) $E_a = 100$ kJ mol^{-1}일 때의 충돌 분율은 얼마인가?

87.2(b) 충돌 이론을 이용하려면 최소한 비행선 상의 운동 에너지가 E_a인 분자 충돌의 분율을 알아야 한다. (1) 300 K, (2) 800 K에서 (i) $E_a = 15$ kJ mol^{-1}, (ii) $E_a = 150$ kJ mol^{-1}일 때의 충돌 분율은 얼마인가?

87.3(a) 연습 문제 87.2(a)에서 온도가 10 K 높아질 때 그 분율의 증가를 %로 구하시오.

87.3(b) 연습 문제 87.2(b)에서 온도가 10 K 높아질 때 그 분율의 증가를 %로 구하시오.

87.4(a) 650 K에서 $H_2(g) + I_2(g) \rightarrow 2HI(g)$ 반응을 단일 단계 이분자로 가정하고, 그 이차 속도 상수의 이론값을 기체상 반응 충돌 이론을 이용하여 계산하시오. 충돌 단면은 0.36 nm^2, 환산 질량은 3.32×10^{-27} kg, 활성화 에너지는 171 kJ mol^{-1}이다(입체 인자는 1로 가정).

87.4(b) 450 K에서 $D_2(g)+Br_2(g) \rightarrow 2DBr(g)$ 반응을 단일 단계 이분자로 가정하고, 그 이차 속도 상수의 이론값을 기체상 반응 충돌 이론을 이용하여 계산하시오. 충돌 단면은 0.30 nm^2, 환산 질량은 3.930 m_u, 활성화 에너지는 200 kJ mol^{-1}이다(입체 인자는 1로 가정).

87.5(a) A+B→P 기체상 반응에 대한 반응성 충돌 단면적을 지수 앞자리 인자의 측정값으로부터 구했더니 9.2×10^{-22} m^{2}이 나왔다. 그리고 운반 성질로부터 구한 A와 B의 충돌 단면적은 각각 0.95 nm^2, 0.65 nm^{2}이다. 이 반응에 대한 P 인자를 구하시오.

87.5(b) A+B→P 기체상 반응에 대한 반응성 충돌 단면적을 지수 앞자리 인자의 측정값으로부터 구했더니 8.7×10^{-22} m^{2}이 나왔다. 그리고 운반 성질로부터 구한 A와 B의 충돌 단면적은 각각 0.88 nm^2, 0.40 nm^{2}이다. 이 반응에 대한 P 인자를 구하시오.

응용 문제

87.1 메틸 라디칼의 이합체화 반응에 대한 지수 앞자리 인자의 실험값은 25°C에서 2.4×10^{10} dm^3 mol^{-1} s^{-1}이다. C−H 결합 길이를 154 pm로 놓고 (a) 반응성 단면적, (b) 이 반응의 P 인자를 구하시오.

87.2 이산화 질소는 기체상에서 이분자로 다음과 같이 반응을 한다. $NO_2 + NO_2 \rightarrow NO + NO + O_2$. 속도 법칙이 $d[P]/dt = k_r[NO_2]^2$인 이 반응의 이차 반응의 속도 상수는 다음 데이터에서와 같이 온도에 의존한다. 이 반응의 P 인자와 반응성 단면적을 구하시오. $\sigma = 0.60$ nm^{2}로 놓는다.

T(K)	600	700	800	1000
k_r(cm^3 cm^{-1} s^{-1})	4.6×10^2	9.7×10^3	1.3×10^5	3.1×10^6

87.3 메틸 라디칼의 지름은 약 308 pm이다. 실온에서 이 라디칼이 재결합하는 이차 반응식 $d[C_2H_6]/dt = k_r[CH_3]^2$에서 최대 속도 상수는 얼마가 되겠는가? 298 K, 100 kPa에서 에테인 시료 1.0 dm^{3}의 10%가 메틸 라디칼로 해리되었다. 이것의 90%가 재결합하려면 시간이 최소한 얼마나 걸리겠는가?

87.4 알칼리 금속 원자와 할로젠 분자의 반응에 대한 총 단면적은 아래 표에서 주어진다(R.D. Levine and R.B. Bernstein, *Molecular reaction dynamics*, Clarendon Press(1974), page 72). 작살 메커니즘으로 데이터를 평가하시오.

σ^*(nm^2)	Cl_2	Br_2	I_2
Na	1.24	1.16	0.97
K	1.54	1.51	1.27
Rb	1.90	1.97	1.67
Cs	1.96	2.04	1.95

전자 친화도는 근사적으로 1.3eV(Cl_2), 1.2eV(Br_2), 1.7eV(I_2)이고,

* 기호 ‡가 표시된 문제들은 Charles Trapp, Carmen Giunta가 제공한 것이다.

이온화 에너지는 5.1eV(Na), 4.3eV(K), 4.2eV(Rb), 3.9eV(Cs)이다.

87.5‡ 역사적으로 가장 의미 있었던 화학 반응 속도에 관한 연구의 하나는 기체상 반응 2 HI(g)→H_2(g)+I_2(g)와 그 역반응(속도 상수가 각각 k_r, k_r')에 관한 M. Bodenstein의 연구이다(*Z. physik. Chem.*, **29**, 295 (1899)). 온도의 함수로 측정한 속도 상수는 다음과 같다.

T(K)	647	666	683	700	716	781
k_r(22.4 dm^3 mol^{-1} min^{-1})	0.230	0.588	1.37	3.10	6.70	105.9
k_r'(22.4 dm^3 mol^{-1} min^{-1})	0.0140	0.0379	0.0659	0.172	0.375	3.58

이 데이터가 충돌 이론에 입각한 이분자 기체상 반응과 부합됨을 보이시오.

87.6‡ R. Atkinson(*J. Phys. Chem. Ref. Data* **26**, 215 (1997))는 대기화학과 관련된 많은 휘발성 유기 화합물의 반응 속도 상수를 재검토하였다. 298 K에서 O_2와 알킬 라디칼 R의 이분자 결합 반응 속도 상수를 R = C_2H_5일 경우 4.7×10^9 dm^3 mol^{-1} s^{-1}, R = 사이클로헥실일 경우 8.4×10^9 dm^3 mol^{-1} s^{-1}이 적합하다고 추천하였다. 에너지 장벽이 없다고 가정하고, 이들 반응의 입체 인자를 계산하시오. **힌트: 부록**에서 유사한 분자들의 충돌 단면적을 찾아서 충돌 지름을 구하시오.

토픽 88 확산 지배 반응

토론 문제

88.1 확산 지배 반응과 활성화 지배 반응의 차이를 말하시오.

88.2 가둠 효과에서 마주침 쌍의 역할을 설명하시오.

연습 문제

88.1(a) 25°C의 수용액 속에서는 작은 분자들의 전형적인 확산 계수가 6×10^{-9} m^2 s^{-1}이다. 임계 반응 거리를 0.5 nm라고 하면, 확산 지배 반응에 대한 이차 속도 상수가 얼마나 되겠는가?

88.1(b) 25°C의 수용액 속에서는 반응 분자들의 전형적인 확산 계수가 5.2×10^{-9} m^2 s^{-1}이다. 임계 반응 거리를 0.4 nm라고 하면, 확산 지배 반응에 대한 이차 속도 상수가 얼마나 되겠는가?

88.2(a) 298 K에서 (a) 물, (b) 펜테인 속에 들어 있는 화학종의 확산 지배 반응 속도 상수의 크기를 계산하시오. 이들의 점성도는 각각 1.00×10^{-3} kg m^{-1} s^{-1}, 2.2×10^{-4} kg m^{-1} s^{-1}이다.

88.2(b) 298 K에서 (a) 데실벤젠, (b) 진한 황산 속에 들어 있는 화학종의 확산 지배 반응 속도 상수의 크기를 계산하시오. 이들의 점성도는 각각 3.36 cP, 27 cP이다.

88.3(a) η = 0.89 cP인 물속에서 두 원자가 재결합할 때의 확산 지배 반응 속도 상수의 크기를 320 K에서 계산하시오. 반응 종들의 초기 농도를 1.5 mmol dm^{-3}으로 가정하면, 이 농도가 반으로 주는 데 얼마의 시간이 걸리겠는가? 이 반응은 단일 단계 반응이라고 가정한다.

88.3(b) η = 0.601 cP인 벤젠 속에서 두 원자가 재결합할 때의 확산 지배 반응 속도 상수의 크기를 320 K에서 계산하시오. 반응 종들의 초기 농도를 2.0 mmol dm^{-3}으로 가정하면, 이 농도가 반으로 주는 데 얼마의 시간이 걸리겠는가? 이 반응은 단일 단계 반응이라고 가정한다.

88.4(a) 지름이 각각 655 pm, 1820 pm인 중성 화학종 A와 B가 40°C에서 점성도 2.93×10^{-3} kg m^{-1} s^{-1}인 용매 속에서 확산 지배 반응 A+B→P를 일으킨다. A와 B의 초기 농도를 각각 0.170 mol dm^{-3}, 0.350 mol dm^{-3}으로 취했을 때의 초기 반응 속도 d[P]/dt를 계산하시오.

88.4(b) 지름이 각각 421 pm, 945 pm인 중성 화학종 A와 B가 20°C에서 점성도 1.35 cP인 용매 속에서 확산 지배 반응 A+B→P를 일으킨다. A와 B의 초기 농도를 각각 0.155 mol dm^{-3}, 0.195 mol dm^{-3}으로 취했을 때의 초기 반응 속도 d[P]/dt를 계산하시오.

응용 문제

88.1 식 88.9가 식 88.8의 해임을 확인하시오. 여기서 [J]는 같은 초기 조건이지만 k_r = 0인 경우의 해이다.

88.2[LG] 이 책에 있는 수학 소프트웨어, 스프레드시트, 또는 **Living graphs**([LG]로 표기)를 사용하여 확산 상수 D의 일정한 값에 대하여 [J]*(식 88.10에 주어진 [J]와 함께 식 88.9 참조)의 공간 변화에서 속도 상수 k_r 값의 변화 효과를 밝히시오.

88.3‡ 바이타민 E의 한 형태인 α-토코페롤은 생체막의 보존을 돕는 강력한 항산화제이다. R.H. Bisby 및 A.W. Parker(*J. Amer. Chem. Soc.*, **117**, 5664 (1995))는 에탄올 속에서 광화학적으로 들뜬 듀로퀴논과 이 항산화제 사이의 반응을 연구하였다. 듀로퀴논이 일단 광화학적으로 들뜨면 확산 지배 반응에 따라 이분자 반응이 일어난다. (a) 에탄올 속에서 일어나는 확산 지배 반응의 속도 상수를 구하시오. (b) 보고된 속도 상수는 2.77×10^9 dm^3 mol^{-1} s^{-1}이다. 확산 상수의 합이 1×10^{-9} m^2 s^{-1}이면, 임계 반응 거리는 얼마가 되겠는가?

토픽 89 전이 상태 이론

토론 문제

89.1 Eyring 식을 만드는 과정을 설명하시오.

89.2 속도론 염 효과의 물리적 근원을 설명하시오. 매질의 상대 유전율의 효과는 무엇일까?

연습 문제

89.1(a) 아세트산 완충 용액 속에서 잔트산프로필(propyxanthate) 이온은 $A^- + H^+ \rightarrow P$와 같은 메커니즘의 반응을 일으킨다. 30°C 근처에서 이 속도 상수는 $k_r = (2.05 \times 10^{13})e^{-(8681\ K)/T}\ dm^3\ mol^{-1}\ s^{-1}$과 같은 식으로 주어진다. 30°C에서의 활성화 에너지와 활성화 엔트로피를 계산하시오.

89.1(b) 반응 $A^- + H^+ \rightarrow P$의 속도 상수는 $k_r = (6.92 \times 10^{12})e^{-(5925\ K)/T}\ dm^3\ mol^{-1}\ s^{-1}$과 같은 식으로 주어진다. 25°C에서의 활성화 에너지와 활성화 엔트로피를 계산하시오.

89.2(a) 연습 문제 89.1(a)의 반응이 다이옥세인을 질량으로 30% 포함하는 다이옥세인–물 혼합물 속에서 일어날 때는 30°C 근처에서의 속도 상수가 $k_r = (7.78 \times 10^{14})e^{-(9134\ K)/T}\ dm^3\ mol^{-1}\ s^{-1}$으로 주어진다. 30°C에서 이 반응에 대한 $\Delta^{\ddagger}G$를 계산하시오.

89.2(b) 25°C 근처에서 속도 상수가 $k_r = (4.98 \times 10^{13})e^{-(4972\ K)/T}\ dm^3\ mol^{-1}\ s^{-1}$으로 주어진다. 25°C에서 이 반응에 대한 $\Delta^{\ddagger}G$를 계산하시오.

89.3(a) F_2와 IF_5 사이의 기체상 회합 반응은 각 반응물에 관해서 일차이다. 이 반응의 활성화 에너지는 58.6 kJ mol^{-1}이고, 속도 상수는 65°C에서 $7.84 \times 10^{-3}\ kPa^{-1}\ s^{-1}$이다. 65°C에서의 활성화 엔트로피를 계산하시오.

89.3(b) 한 기체상 재결합 반응이 각 반응물에 관해서 일차이다. 이 반응의 활성화 에너지는 39.7 kJ mol^{-1}이고, 속도 상수는 65°C에서 $0.35\ m^3\ s^{-1}$이다. 65°C에서의 활성화 엔트로피를 계산하시오.

89.4(a) 300 K에서 구조가 없는 두 개의 입자가 충돌할 때의 활성화 엔트로피를 구하시오. $M = 65\ g\ mol^{-1}$, $\sigma = 0.35\ nm^2$으로 놓는다.

89.4(b) 450 K에서 구조가 없는 두 개의 입자가 충돌할 때의 활성화 엔트로피를 구하시오. $M = 92\ g\ mol^{-1}$, $\sigma = 0.45\ nm^2$으로 놓는다.

89.5(a) 낮은 압력에서 오존의 기체상 분해에 대한 지수 앞자리 인자는 $4.6 \times 10^{12}\ dm^3\ mol^{-1}\ s^{-1}$이고, 그 활성화 에너지는 10.0 kJ mol^{-1}이다. 298 K에서의 (a) 활성화 엔트로피, (b) 활성화 엔탈피, (c) 활성화 Gibbs 에너지를 계산하시오.

89.5(b) 낮은 압력에서 어느 기체의 기체상 분해에 대한 지수 앞자리 인자는 $2.3 \times 10^{13}\ dm^3\ mol^{-1}\ s^{-1}$이고, 그 활성화 에너지는 30.0 kJ mol^{-1}이다. 298 K에서의 (a) 활성화 엔트로피, (b) 활성화 엔탈피, (c) 활성화 Gibbs 에너지를 계산하시오.

89.6(a) 반응 $H_2O_2(aq) + I^-(aq) + H^+(aq) \rightarrow H_2O(l) + HIO(aq)$의 속도 상수는 이 반응이 일어나는 수용액의 이온 세기에 예민하게 의존한다. 온도가 25°C이고, 이온 세기가 0.0525일 때의 속도 상수는 $k_r = 12.2\ dm^6\ mol^{-2}\ min^{-1}$이다. Debye–Hückel 극한 법칙을 이용하여, 이온 세기가 0일 때의 속도 상수를 구하시오.

89.6(b) 온도가 25°C이고, 이온 세기가 0.0241일 때의 어떤 반응의 속도 상수가 $k_r = 1.55\ dm^6\ mol^{-2}\ min^{-1}$이다. 이 반응은 두 단일 전하 양이온의 마주침이 속도 결정 단계이다. Debye–Hückel 극한 법칙을 이용하여, 이온 세기가 0일 때의 속도 상수를 구하시오.

응용 문제

89.1 여러 형의 시스- 및 트랜스-아조알케인의 열분해 반응의 메커니즘에 대한 논쟁을 해결하기 위하여 그 반응 속도를 넓은 온도 범위에서 측정하였다. 에탄올 속에서 불안정한 시스-아조알케인이 분해되는 속도는 이때 나오는 질소를 가지고 측정할 수 있는데, 이 방법으로 얻은 속도 상수는 다음과 같다(P.S. Engel and D.J. Bishop, *J. Amer. Chem. Soc.*, **97**, 6754 (1975)). −20°C에서의 활성화 엔탈피, 엔트로피, 에너지, Gibbs 에너지를 계산하시오.

θ(°C)	−24.82	−20.73	−17.02	−13.00	−8.95
$10^4 \times k_r(s^{-1})$	1.22	2.31	4.39	8.50	14.3

89.2 수용액에서 일어나는 이분자 반응을 실험적으로 조사하기 위하여 25°C와 여러 이온 세기에서 그 이차 반응 속도 상수를 측정하였더니 다음 표와 같은 결과가 나왔다. 이 반응의 속도 결정 단계에는 단일 전하의 이온이 관여함을 알게 되었다. 이 반응에 관여하는 다른 이온의 전하는 어떻게 되겠는가?

I(mol kg^{-1})	0.0025	0.0037	0.0045	0.0065	0.0085
$k_r(dm^3\ mol^{-1}\ s^{-1})$	1.05	1.12	1.16	1.18	1.26

89.3 예제 89.1에 주어진 k_r을 열파장에 대한 식을 도입하여 유도하시오.

89.4 반응 $I^-(aq) + H_2O_2(aq) \rightarrow H_2O(l) + IO^-(aq)$의 속도 상수는 Debye–Hückel 극한 법칙에 따르면, 이온 세기의 영향을 받지 않아야 하는데, 실제로는 영향을 조금 받는다. 다음과 같은 25°C에서의 데이터를 이용하여 log k_r의 이온 세기에 대한 의존도를 구하시오.

I(mol kg^{-1})	0.0207	0.0525	0.0925	0.1575
$k_r(dm^3\ mol^{-1}\ min^{-1})$	0.663	0.670	0.679	0.694

이온 세기가 0일 때 k_r의 극한값을 구하시오. 이 결과로 보아 전해질

용액 속의 중성 분자의 경우에는 log γ가 이온 세기의 의존성에 대해 어떤 것을 제시하는가?

89.5‡ M. Cyfert, et al. (*Int. J. Chem. Kinet.* **28**, 103 (1996))은 수용액에서 과아이오딘산에 의한 트리스(1,10-페난트롤린)철(II)의 산화를 조사하였는데, 그 반응이 자체 촉매 반응임을 밝혔다. 속도론 염 효과를 확인하기 위하여, 매우 과량의 반응물 농도에서 Na_2SO_4의 여러 농도에서 속도 상수를 측정하여 다음 데이터를 보고하였다.

$[Na_2SO_4]$(mol kg^{-1})	0.2	0.15	0.1	0.05	0.025	0.0125	0.005
k_r(dm$^{3/2}$ mol$^{-1/2}$ s^{-1})	0.462	0.430	0.390	0.321	0.283	0.252	0.224

속도 결정 단계의 활성화물의 전하에 대하여 추론할 수 있는 것은 무엇인가?

89.6‡ 기체상 반응 $A+A \rightarrow A_2$에 대하여 실험상 속도 상수 k_r은 300 K에서 지수 앞자리 인자 $A = 4.07\times10^5$ dm^3 mol^{-1} s^{-1}인 Arrhenius 식에 잘 맞아 활성화 에너지가 65.43 kJ mol^{-1}임이 밝혀졌다. 반응에 대한 $\Delta^{\ddagger}S$, $\Delta^{\ddagger}H$, $\Delta^{\ddagger}U$, $\Delta^{\ddagger}G$를 계산하시오.

89.7 어떤 반응이 약산의 탈양성자로부터 H^+의 촉매 작용을 받는다. 이온 세기의 변화가 이 반응 속도에 영향을 미칠 수 있다는 것을 Debye–Hückel 극한 법칙을 써서 보이시오. 이 반응의 메커니즘을 $H^+(aq)+B(aq) \rightarrow P$로 가정하고, H^+는 약산 HA의 탈양성자에서 생기는 것이라고 본다. 이 약산의 농도는 일정하게 유지된다. 우선 HA의 이온화에 의한 log[H^+]는 이온의 활동도 계수, 따라서 이온 세기에 의존한다는 것을 보이시오. 그리고 log(반응 속도)와 log[H^+]의 관계를 구해서, 반응 속도가 이온 세기에도 의존한다는 것을 보이시오.

89.8‡ 비선형 분자들 사이의 이분자 반응은 원자들 사이의 반응에 비해서 그 활성화 에너지가 같을지라도 훨씬 더 느리다는 것을 보이시오. 전이 상태 이론을 사용하고 다음과 같은 가정을 한다. (1) 모든 진동 분배 함수는 1에 가깝다. (2) 모든 회전 분배 함수는 근사적으로 $1\times10^{1.5}$인데, 이는 합리적인 크기 자릿수이다. (3) 각 화학종의 병진 분배 함수는 1×10^{26}이다.

89.9 이 문제를 통하여 활성화물의 구조를 짐작하는 것이 대단히 힘들다는 것을 알게 되리라고 예상한다. 이 문제는 또한 펨토초 분광법이 활성화물을 직접 실험적으로 관찰할 수 있게 하고, 또 활성화물 이론의 결과들에 관한 많은 애매한 점들을 제거해 줌으로써 이 분광법이 화학 동역학을 이해하는 데 대단히 중요하다는 것을 보여 주기도 한다. H_2+D_2 반응의 한 단계인 D_2에 대한 H의 공격을 생각해 보자. (a) H 원자가 D_2의 옆쪽으로 접근하여 이등변 삼각형 모양의 착물을 만든다고 생각해 보자. H–D 거리는 H_2(74 pm)에서보다 30%가 길고, D–D 거리는 H_2에서보다 20%가 길다. 임계 좌표는 한 H–D 결합은 늘어나고, 다른 하나는 오므라드는 반대칭 신축 진동이다. 그리고 모든 진동은 1000 cm^{-1}에서 일어난다고 하자. 35 kJ mol^{-1}의 활성화 에너지 측정값을 이용하여, 이 반응에 대한 400 K에서의 k_r를 구하시오. (b) 이번에는 (a)에서의 활성화물 모형을 선형으로 바꾼다. 분자 결합 길이와 진동 주파수를 똑같게 취하고, 이 모형에 대한 k_r을 구하시오. (c) 활성화물의 모형을 나타내는 파라미터는 넓은 범위에 걸쳐 변할 수 있다. 수학 소프트웨어를 이용하거나 시행착오법으로 활성화물의 구조와 파라미터를 적절히 변화시켜 가면서 k_r의 값이 실험값인 4×10^5 dm^3 mol^{-1} s^{-1}에 가깝게 되는 모형을 찾으시오(여러 개의 모형이 나올 수도 있다).

89.10 용액 속에서 단백질이 회합하는 데 적합한 조건을 연구하는 것은 X선 회절 실험을 할 수 있을 정도의 큰 결정을 만드는 공정을 디자인하는 데 참고가 된다. 특히 단백질의 이합체화 과정은 많은 단백질들의 결정 성장 과정의 속도 결정 단계로 생각되기 때문에 대단히 중요하다. 양이온 단백질 P가 수용액에서 이합체화 반응을 일으키는 속도 상수는 다음과 같이 이온 세기에 따라 변한다.

I(mol kg^{-1})	0.0100	0.0150	0.0200	0.0250	0.0300	0.0350
k_r/k_r'	8.10	13.30	20.50	27.80	38.10	52.00

P의 전하에 관해서 어떤 내용을 이끌어낼 수 있는가?

89.11 Eyring 식은 물리적 과정에도 적용시킬 수 있다. 예로서 고체 표면에 들러붙은 원자의 확산 속도를 생각해 보자. 이 원자가 한 자리에서 다른 자리로 이동하려면 에너지 장벽의 꼭대기에 올라서서 수직 방향과 한 수평 방향으로 고전적인 개념의 진동을 해야 한다. 다른 수평 방향의 진동은 이 원자를 인접 자리로 이동시킨다. 확산 속도에 관한 식을 구하고, 텅스텐 표면에서 텅스텐 원자가 확산하는 경우에 적용시키시오($E_a = 60$ kJ mol^{-1}). 전이 상태에서의 진동의 진동수는 흡착된 원자의 진동수와 (a) 같거나, (b) 이것의 반이라고 보고 500 K에서의 확산 계수 D를 계산하시오(흡착 자리 사이의 거리는 316 pm, $\nu^{\ddagger} = 0.1$ THz로 놓으시오).

89.12 응용 문제 89.11에서 다룬, 흡착되어 이동하는 종은 구형 분자로서 장벽의 꼭대기에서 진동할 뿐만 아니라 고전적으로 회전할 수 있지만, 흡착 자리에서는 진동만 할 수 있다고 가정하자. 이는 확산 상수에 어떤 효과를 가지는가? 분자는 $\tilde{B} = 5.24$ cm^{-1}인 메테인으로 한다.

토픽 90 분자 충돌의 동역학

토론 문제

90.1 다음 실험 기법이 화학 동역학 연구에 어떻게 사용되는지를 논의하시오. 적외선 화학 발광, 레이저 유발 형광, 다광자 이온화, 공명 다광자 이온화, 반응 생성물 영상.

90.2 반응의 안장점 에너지와 활성화 에너지의 관계를 설명하시오.

90.3 화학 반응의 결과를 알려 주는 한 방법은 충돌하는 동안에 반응물의 상대적 배향을 조절하는 분자살을 사용하는 것이다. 반응

$Rb + CH_3I \rightarrow RbI + CH_3$를 생각해 보자. CH_3I 분자와 Rb 원자가 어떻게 배향을 해야 RbI 생성이 최대로 될까?

90.4 인력성 퍼텐셜 에너지 표면을 가지는 반응을 생각해 보자. 초기 반응물 에너지 분포가 어떻게 반응을 얼마나 효과적으로 진행시키는지 논의하시오. 반발성 퍼텐셜 에너지 표면에 대해서도 반복해 보시오.

90.5 분자살이 분자간 퍼텐셜 연구에 어떻게 이용되는지 설명하시오.

연습 문제

90.1(a) 두 개의 이원자 분자 사이의 상호 작용은 인력성 퍼텐셜 에너지 표면으로 설명된다. 반응물과 생성물 중에서 어떤 진동과 병진 운동 에너지 분포가 성공적인 반응을 이끌 가능성이 가장 큰 것일까?

90.1(b) 두 개의 이원자 분자 사이의 상호 작용은 반발성 퍼텐셜 에너지 표면으로 묘사되고 있다. 반응물과 생성물 중에서 어떤 진동과 병진 운동 에너지 분포가 성공적인 반응을 이끌 가능성이 가장 큰 것일까?

90.2(a) 만일 누적 반응 확률이 에너지와 무관하다면, 식 90.6의 분자항에 의해 예측된 속도 상수의 온도 의존성은 어떻게 될까?

90.2(b) 만일 누적 반응 확률이 장벽 높이보다 작은 에너지의 경우에는 1이고, 그 이상 높은 에너지에서는 사라진다면, 식 90.6의 분자항에 의해 예측된 속도 상수의 온도 의존성은 어떻게 될까?

응용 문제

90.1 비활성 산란 원자가 포함된 길이 L의 상자를 통하여 지나가기 전과 후의 분자살의 세기는 $I = I_0 e^{-\mathcal{N}\sigma L}$과 관계됨을 보이시오. 여기서 σ는 충돌 단면적이고, $\mathcal{N}$은 산란 원자의 수밀도이다.

90.2 충돌 단면적을 측정하기 위한 분자살 실험에서 CsCl 분자살의 세기는, 10 μTorr에서 CH_2F_2를 통해 지나갈 때 세기의 60%로 감소한 데 반해, 표적이 같은 압력에서 Ar일 경우는 오직 10%만 감소하였음이 밝혀졌다. 두 충돌 형태의 상대 단면적은 얼마인가? 왜 한쪽이 다른 쪽에 비해 훨씬 클까?

90.3 질량이 m이고 반지름이 R_1인 강체구 분자와, 반지름이 R_2인 무한 질량이고 관통할 수 없는 구 사이의 충돌을 생각해 보자. 충돌 파라미터 b의 함수로 산란각 θ를 도시하시오. 단순한 기하학적 고려를 사용하여 계산을 수행하시오.

90.4 충돌 에너지에 대한 원자의 산란 특성의 의존성은 다음과 같이 모형화할 수 있다. 충돌하는 두 원자는 응용 문제 90.3에서와 같이 관통할 수 없는 구와 같지만, 무거운 원자의 실효 반지름은 가벼운 원자의 속력 v에 의존한다고 가정하자. v에 의존하는 실효 반지름은 $R_2 e^{-v/v^*}$과 같다고 하고, 여기서 v^*는 상수이다. 단순화하기 위하여 $R_1 = \frac{1}{2}R_2$로 하고 충돌 파라미터는 $b = \frac{1}{2}R_2$로 취하자. (a) 속력, (b) 접근 운동 에너지의 함수로 산란각을 도시하시오.

통합 문제

F18.1 반응 속도식에 나오는 분배 함수들의 크기 순서를 구하시오. 전형적인 분자들의 q_m^T/N_A, q^R, q^V, q^E의 크기 정도를 말하시오. 구조가 없는 두 분자가 충돌할 때의 지수 앞자리 인자는 충돌 이론으로 예상되는 값과 크기 정도가 같음을 확인하시오. 계속해서 비선형 삼원자 분자인 A와 B가 $A + B \rightarrow P$의 반응을 일으킬 때의 P 인자를 계산하시오.

19장 유체계에서의 반응

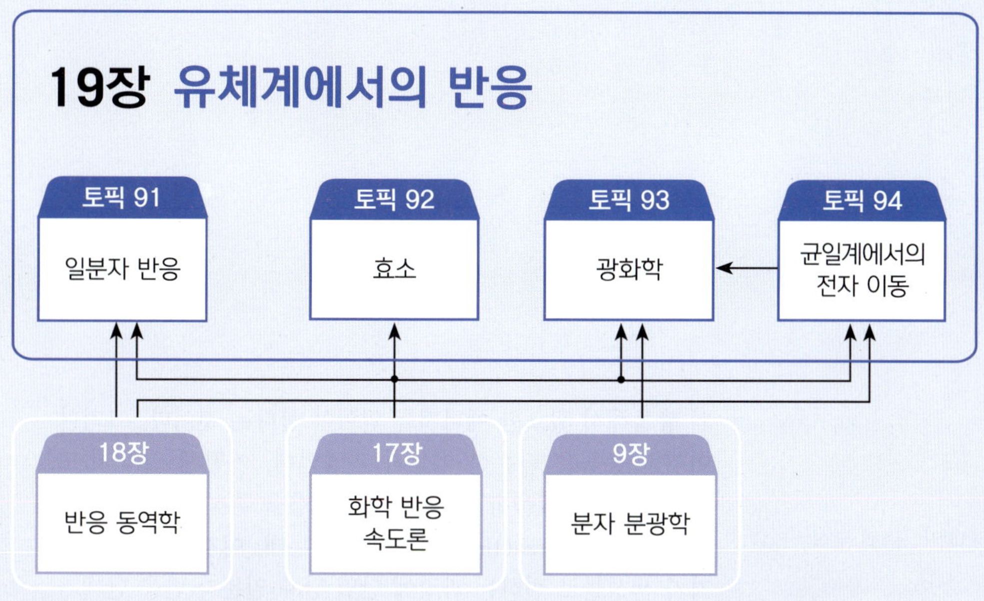

이 장의 토픽에서는 기체상 및 액체 용액인 유체계에서 중요한 반응 메커니즘의 네 가지 예를 자세히 기술한다. 또한 반응물 사이에서의 충돌(**반응 동역학**에서 설명되는 형태의)에 의존하는 기체상에서 '일분자 반응'의 특별한 종류를 묘사한다. 이러한 과정들은 'Lindemann–Hinshelwood 메커니즘'과 'RRK 모형'(토픽 91)에 의해 설명된다.

반응 혼합물에 촉매를 가하면 반응 속도(**화학 반응 속도론**에서 설명된 것과 같이)가 증가된다. 토픽 92에서는 생물학적 촉매인 '효소' 작용의 일반적인 메커니즘을 논의한다. 그리고 효소의 반응 속도에 대한 영향과 그들의 기능을 방해하는 물질의 효과들을 어떻게 모아서 표현하는지를 볼 것이다.

'광화학'은 **분자 분광학**의 기법을 사용하여 빛에 의해 개시된 반응을 연구하는 것이다. 토픽 93에서는 전자와 에너지 이동 과정을 특별히 강조하여 광화학 반응의 메커니즘을 설명한다.

균일계에서 분자들 사이의 전자 이동은 토픽 94에서 더욱 자세히 설명된다. 여기에서는 전자 이동 속도의 계산에 관한 이론적인 접근법을 제공하며 아울러 이 결과를 실험 데이터와 비교한다.

토픽 91

일분자 반응

➤ 학습 목표

1차 기체상 반응을 분석하면 속도론 데이터가 화학 반응의 상세한 메커니즘에 대한 이해 증진에 어떻게 사용되는지를 설명할 수 있다.

➤ 핵심 내용

'일분자 반응'의 Lindemann–Hinshelwood 메커니즘과 RRK 모형은 기체상 반응의 1차 반응 속도론을 설명한다.

➤ 미리 알기

속도 법칙(토픽 82), 정류 상태 근사법(토픽 86), 충돌론(토픽 87)에 익숙해져야 한다.

많은 반응들은 여러 단일 단계를 포함하는 메커니즘에 의해 일어난다. 여기에서는 특수한 기체상 반응의 속도론 분석에 중점을 두고자 한다.

91.1 Lindemann-Hinshelwood 메커니즘

많은 기체상 반응들은 사이클로프로페인의 이성질체화 반응, *cyclo*-$C_3H_6 \rightarrow CH_3CH=CH_2$에서와 같이 1차 반응의 속도 법칙인 $v=k_r[\textit{cyclo}\text{-}C_3H_6]$에 따른다. 1차 속도 법칙에서의 문제점은 아마도 분자가 반응을 일으키려면 다른 분자와 충돌해서 필요한 에너지를 얻어야 한다는 것이다. 그러나 이러한 충돌은 단순한 이분자 과정인데, 어떻게 일차 속도 법칙이 될 수 있을까? 1차 기체상 반응을 흔히 '일분자 반응(unimolecular reaction)'이라고도 하는데, 이것은 반응물 분자가 생성물로 변하는 과정에 단일 단계 일분자 반응 단계가 관여하기 때문이다. 따라서 이 용어를 사용할 때는 전체 메커니즘에 일분자 과정은 물론 이분자 과정도 들어 있으므로 주의를 해야 한다.

일분자 반응은 1921년에 처음으로 Frederick Lindemann에 의해서 성공적으로 설명되었으며, 이어서 Cyril Hinshelwood에 의해서 다듬어졌다. **Lindemann–Hinshelwood 메커니즘(Lindemann–Hinshelwood mechasism)**에 의하면 반응 분자 A가 다른 A 분자와 충돌하는 이분자 단계로 에너지면에서 들뜨게 된다(그림 91.1). 즉

$$A+A \rightarrow A^*+A \qquad \frac{d[A^*]}{dt}=k_a[A]^2 \tag{91.1a}$$

이 활성화된 분자(A^*)는 다음과 같이 다른 분자와 충돌하여 그 여분의 에너지를 잃을 수 있다.

$$A+A^* \rightarrow A+A \qquad \frac{d[A^*]}{dt}=-k_a'[A][A^*] \tag{91.1b}$$

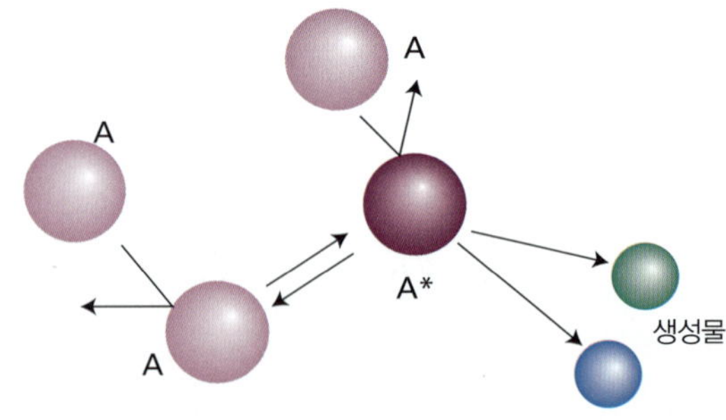

그림 91.1 일분자 반응에 관한 Lindemann–Hinshelwood 메커니즘의 묘사. 화학종 A가 다른 A와 충돌하여 들뜨고, 이 들뜬 A 분자(A^*)는 다른 A와 충돌하여 비활성화되거나 일분자 과정에 따라 붕괴되어 생성물을 만든다.

그 대신에 들뜬 분자는 자체적으로 흔들려 쪼개져서 생성물 P를 만들 수도 있다. 즉 이것이 일분자 분해 반응을 일으킬 수 있는 것이다.

$$A^* \rightarrow P \qquad \frac{d[A^*]}{dt} = -k_b[A^*] \tag{91.1c}$$

만일 이 일분자 반응 단계가 속도 결정 단계가 될 정도로 충분히 느리게 일어나면, 전체 반응은 관측된 바와 같은 일차 반응이 된다. 이 결과는 정류 상태 근사를 A^*의 알짜 생성 속도에 적용시켜 봄으로써 구체적으로 증명될 수 있다. 즉

$$\frac{d[A^*]}{dt} = k_a[A]^2 - k_a'[A][A^*] - k_b[A^*] \approx 0 \tag{91.2}$$

이 식을 풀면 다음과 같다.

$$[A^*] = \frac{k_a[A]^2}{k_b + k_a'[A]} \tag{91.3}$$

그리하여 P가 생성되는 속도 법칙은 다음과 같이 된다.

$$\frac{d[P]}{dt} = k_b[A^*] = \frac{k_a k_b[A]^2}{k_b + k_a'[A]} \tag{91.4}$$

이와 같은 단계에서는 속도 법칙이 일차가 아니다. 그러나 (A^*, A) 충돌에 의한 비활성화 속도가 일분자 붕괴보다 대단히 빠른, 즉 $k_a'[A][A^*] \gg k_b[A^*]$인 경우이거나 ($[A^*]$를 제거한 후) $k_a'[A] \gg k_b$인 경우, 분모에서 k_b를 무시할 수 있고, 그리하여 다음과 같은 식을 얻을 수 있다.

$$\frac{d[P]}{dt} = k_r[A] \qquad k_r = \frac{k_a k_b}{k_a'} \text{일 때} \tag{91.5}$$

식 91.5는 증명하고자 했던 바와 같이 일차 속도 법칙이다.

이 Lindemann–Hinshelwood 메커니즘이 맞는 것인지를 확인하려면, 이 메커니즘에서 가정한 대로 A의 농도(따라서 A의 부분 압력)가 감소될 때, 이 반응이 전체적으로 이차 반응으로 되돌아가는지를 보면 된다. 즉 $k_a'[A] \ll k_b$일 때는 식 91.4의 속도 법칙이 다음과 같이 된다.

$$\frac{d[P]}{dt} = k_a[A]^2 \tag{91.6}$$

반응 차수가 이와 같이 변하는 물리학적 이유는, 낮은 압력에서 속도 결정 단계는 A^*가 생기는 이분자 과정이 되기 때문이다. 식 91.4에서의 전체 속도 법칙을 다음과 같이 써 보면

$$\frac{d[P]}{dt} = k_r[A] \qquad k_r = \frac{k_a k_b[A]}{k_b + k_a'[A]} \text{일 때} \tag{91.7}$$

Lindemann–Hinshelwood 메커니즘 속도 법칙

이 식에서 유효 속도 상수 k_r의 식은 다음과 같이 고쳐 쓸 수 있다.

$$\frac{1}{k_r} = \frac{k_a'}{k_a k_b} + \frac{1}{k_a[A]} \tag{91.8}$$

Lindemann–Hinshelwood 메커니즘

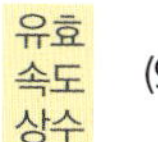
유효 속도 상수

따라서 이 이론을 검증하려면 $1/k_r$을 $1/[A]$에 대해서 도시할 때 직선이 나와야 한다. 낮은 농도에서 이러한 사실이 자주 관측되지만, 농도가 높아지면 편차가 생기는 것이 보통이다. 다음 절에서는 넓은 범위의 농도와 압력에 걸친 실험 결과들을 고려한 메커니즘의 설명을 전개시킬 것이다.

예제 91.1 Lindemann-Hinshelwood 메커니즘의 분석

Lindemann–Hinshelwood 메커니즘을 갖는 기체상 반응 $A \rightarrow P$에 대한 300 K에서의 유효 속도 상수는 $[A]_1 = 5.21 \times 10^{-4}$ mol dm^{-3}에서 $k_{r,1} = 2.50 \times 10^{-4}$ s^{-1}이고, $[A]_2 = 4.81 \times 10^{-6}$ mol dm^{-3}에서 $k_{r,2} = 2.10 \times 10^{-5}$ s^{-1}이다. 이 메커니즘에서 활성화 단계에 대한 속도 상수를 계산하시오.

방법 식 91.8을 사용하여 차 $1/k_{r,2} - 1/k_{r,1}$의 식을 쓴 다음, 데이터를 사용하여 활성화 단계의 속도 상수 k_a에 대하여 푼다.

풀이 식 91.8로부터 다음과 같이 되며

$$\frac{1}{k_{r,2}} - \frac{1}{k_{r,1}} = \frac{1}{k_a}\left(\frac{1}{[A]_2} - \frac{1}{[A]_1}\right)$$

또한

$$k_a = \frac{1/[A]_2 - 1/[A]_1}{1/k_{r,2} - 1/k_{r,1}}$$
$$= \frac{1/(4.81\times10^{-6}\ \text{mol dm}^{-3}) - 1/(5.21\times10^{-4}\ \text{mol dm}^{-3})}{1/(2.10\times10^{-5}\ \text{s}^{-1}) - 1/(2.50\times10^{-4}\ \text{s}^{-1})}$$
$$= 4.72\ \text{dm}^3\ \text{mol}^{-1}\ \text{s}^{-1}$$

자가 진단 91.1 Lindemann–Hinshelwood 메커니즘을 갖는 기체상 반응 $A \rightarrow P$에 대한 유효 속도 상수는 $[A] = 4.37 \times 10^{-4}$ mol dm^{-3}과 1.00×10^{-5} mol dm^{-3}에서 각각 1.70×10^{-3} s^{-1}과 2.20×10^{-4} s^{-1}이다. 이 메커니즘에서 활성화 단계에 대한 속도 상수를 계산하시오.

답: 24.6 dm^3 mol^{-1} s^{-1}

91.2 RRK 모형

입체 인자 P(토픽 87)는 일분자 기체상 반응에 대해서도 예측할 수 있으며, 이것의 도입은 Lindemann–Hinshelwood 메커니즘을 실험 결과와 더 잘 맞게 한다. 예를 들어 그림 91.2는 $1/k_r$의 실험값을 $1/[A]$에 대해서 나타낸 전형적인 도

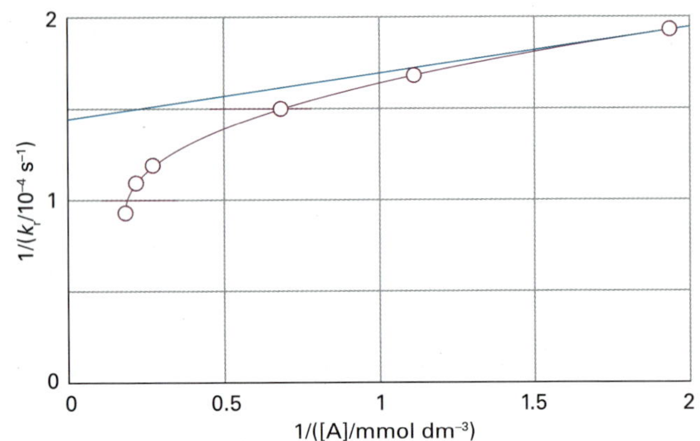

그림 91.2 *trans*-CHD = CHD의 일분자 이성질체화 반응의 압력 의존도는 Lindemann–Hinshelwood 메커니즘으로 예상되는 직선으로부터 크게 벗어남을 보여 준다.

시이다. 이 그림에서 비교적 선형인 낮은 압력(높은 1/[A])의 데이터를 Lindemann–Hinshelwood 외삽하였을 때 예상되는 값보다 높은 압력(낮은 1/[A])에서는 더 큰 값의 k_r(작은 값의 $1/k_r$)에 대응하는 큰 곡률을 나타내고 있다.

1926년에 개량된 모형을 O.K. Rice와 H.C. Ramsperger, 그리고 거의 동시에 L.S. Kassel이 내놓았는데, 이것을 **Rice–Ramsperger–Kassel 모형**(RRK model)이라고 한다. 그 후 이 모형은 R.A. Marcus에 의해서 많이 다듬어져 왔으며, 그리하여 이것을 'RRKM 모형'이라고 한다. 여기서는 RRK 모형에 Kassel의 원래 접근법의 개요를 서술하며, 자세한 것은 다음의 **증명**에서 직접 다룬다. 이 모형의 기본 특징은 분자가 반응에 충분한 에너지를 갖더라도 이 에너지는 그 분자의 모든 운동 방식에 걸쳐 분포하며, 이 에너지가 분자의 한 특정 위치(예컨대 한 결합)에 흘러들어갈 때만 반응이 일어난다는 것이다. 이러한 분포 효과는 P 인자가 다음과 같은 형태를 갖게 한다.

$$P=\left(1-\frac{E^*}{E}\right)^{s-1} \qquad \text{RRK 이론} \qquad (91.9a)$$

여기서 s는 에너지 E가 소멸되는 운동 방식의 수이며, E^*는 관심 대상 결합이 끊어지는 데 필요한 에너지이다. A^*가 생성물로 붕괴되는 일분자 반응 속도 상수에 대한 결과의 **Kassel 형**(**Kassel form**)은 다음과 같다.

$$k_b(E)=\left(1-\frac{E^*}{E}\right)^{s-1}k_b \quad E\geq E\text{일 때} \qquad \text{Kassel 형} \qquad (91.9b)$$

여기서 k_b는 활성화된 중간체의 분해(식 91.1c)에 대하여 본래의 Lindemann 이론에서 이용된 속도 상수이다.

증명 91.1 일분자 반응의 RRK 모형

RRK 모형을 세우기 위하여 각각이 진동수 ν를 갖는 s개의 동일한 조화 진동자로 이루어진 분자를 가정하자. 실제로 분자의 진동 방식들은 다른 진동수를 물론 갖지만, 모두가 동일하다는 가정은 1차 근사로는 타당하다. 다음으로 진동들이 총에너지 $E=nh\nu$로 들뜬다고 가정한 다음, 에너지가 진동자 전체에 분포될 수 있는 N개의 방법을 계산하기 위하여 정리하자.

n개의 양자를 다음과 같이 나타낼 수 있다.

이들 양자를 s개의 상자(s개의 진동자) 속에 반드시 넣어야 하며 $s-1$개의 벽(|으로 표시된)을 끼워 넣어 나타낼 수 있다. 이와 같은 분포의 하나는 다음과 같다.

□□|□□□□|□□||□□□|□□□□□□□□|(계속)
□□□□|||□□□□□|□□□□...□|□□

각 양자와 벽(모두 합하여 $n+s-1$개)에 대한 배열의 전체 수는 $(n+s-1)!$이며, 여기서 관례대로 $x!=x(x-1)\cdots1$이다. 그러나 n개 양자의 $n!$ 배열은 구별할 수 없는 것들이며, $s-1$개의 벽에 대한 $(s-1)!$ 배열에서와도 같다. 그러므로 N을 구하기 위해서는 $(n+s-1)!$을 이 두 개의 계승(factorial)으로 나누어야 하므로 다음과 같이 된다.

$$N=\frac{(n+s-1)!}{n!(s-1)!}$$

분자 전체에 걸친 에너지의 분포는 어떤 특정 결합의 모든 방식에 걸쳐 너무나 드문드문 퍼져 있어 해리되기에는 충분히 높게 들뜨지 못한다는 것을 의미한다. 가령 최소한의 에너지 $E^*=n^*h\nu$로 들뜨게 되는 경우에만 결합이 깨진다고 하자. 그러면 양자가 **최소한** n^*을 가질 때만 해리되는 한 경우와 같은 하나의 임계 진동자로 국한시킬 수 있어, $(n-n^*)$개까지의 양자가 나머지 $(s-1)$개의 진동자에 수용되도록 (따라서 위에서 사용된 $(s-1)$개의 벽 대신에 분리하는 $(s-2)$개의 벽을 가지며) 남게 된다. 예를 들어 6개의 진동자에 걸쳐 분포되어 있는 28개의 양자를 생각해 보되, 이때 연관된 결합의 해리에 필요한 임계 진동자 속에 있는 최소한 6개의 양자에 의해 들뜬다고 하자. 그러면 다음의 모든 분배는 해리될 것이다.

(가장 왼쪽의 분배는 임계 진동자이다.) 그러나 이러한 분배들은

다음과 동일하며

그리고 28−6 = 22개(일반적으로 $n-n^*$)의 양자와 5개(일반적으로 $s-1$)의 벽, 따라서 총 27개(일반적으로 $n-n^*+s-1$)의 대상을 순열로 배치하는 문제가 됨을 알게 된다. 그리하여 계산은 s개의 상자(즉 $s-1$개의 벽) 속 $n-n^*$개의 구별할 수 있는 양자들의 수를 구해야만 하는 것을 제외하고는 N에 대하여 위에서 구한 것과 완전히 같게 된다. N^*의 수는 결국 n을 $n-n^*$로 치환함으로써 N에 대한 식으로부터 얻어지며 다음과 같게 된다.

$$N^*=\frac{(n-n^*+s-1)!}{(n-n^*)!(s-1)!}$$

이전의 논의로부터 하나의 특정 진동자가 충분히 들떠서 해리되는 확률은 N^*/N의 비율이 되며 다음과 같다.

$$P=\frac{N^*}{N}=\frac{n!(n-n^*+s-1)!}{(n-n^*)!(n+s-1)!}$$

이 식은 아래와 같이 이들의 인자들의 항으로 표기하더라도 사용하기에는 아직 불편하다.

$$P=\frac{n(n-1)(n-2)\ldots1}{(n-n^*)(n-n^*-1)\ldots1}\times\frac{(n-n^*+s-1)(n-n^*+s-2)\ldots1}{(n+s-1)(n+s-2)\ldots1}$$
$$=\frac{(n-n^*+s-1)(n-n^*+s-2)\ldots(n-n^*+1)}{(n+s-1)(n+s-2)\ldots(n+2)(n+1)}$$

그러나 $s-1$이 작기 때문에($s-1 \ll n-n^*$이라는 관점에서) 이 식을 다음과 같이 근사시킬 수 있다.

$$P=\frac{\overbrace{(n-n^*)(n-n^*)\ldots(n-n^*)}^{s-1\text{개 인자}}}{\underbrace{(n)(n)\ldots(n)}_{s-1\text{개 인자}}}=\left(\frac{n-n^*}{n}\right)^{s-1}$$

P에 대한 위 식의 대안적인 유도는 응용 문제 91.2에서 전개된다. 들뜬 분자의 에너지는 $E=nh\nu$이고 임계 에너지는 $E^*=n^*h\nu$이므로 이 식은 다음과 같이 쓸 수 있으며, 이는 식 91.9a에서와 같다.

$$P=\left(1-\frac{E^*}{E}\right)^{s-1}$$

식 91.9b에 주어진 속도 상수의 에너지 의존도를 여러 가지 s값에 따라 그림 91.3에 나타내었다. 만일 s가 크면 주어진 들뜸 에너지에서 속도 상수는 더 작아지는 것을 볼 수 있는데, 이것은 들뜸 에너지가 큰 분자의 모든 진동자에 걸쳐서 이동하고 임계 방식에 수용되는 데 오랜 시간이 걸린다는 것과 같다. 그러나 E가 매우 커짐에 따라 괄호 속의 항이 1에 접근하고, $k_b(E)$는 에너지 및 분자 속의 진동자 수와 무관하게 되며, 이것은 분자의 크기에 관계없이 임계 방식에 즉시 수용되기에 충분한 에너지가 존재하게 되는 것과 같다.

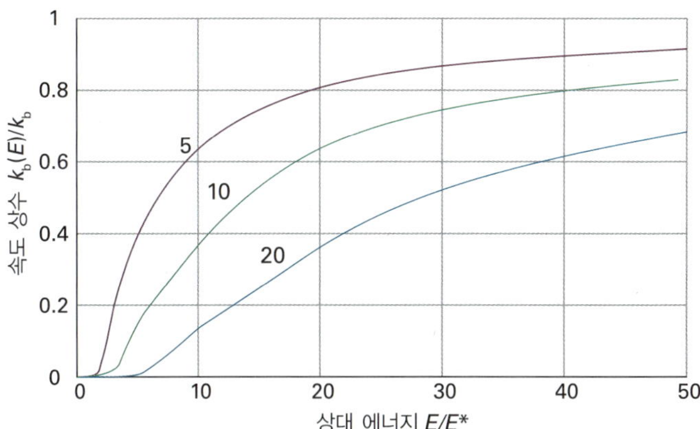

그림 91.3 세 가지 s 값에 대한 식 91.9b에 주어진 속도 상수의 에너지 의존도

간단한 예 91.1 RRK 모형

간단한 예 87.3에서는 $H_2+C_2H_4 \rightarrow C_2H_6$ 반응에 대하여 $P=1.8\times10^{-6}$의 값을 계산하였다. 이것은 일분자 과정이 아니지만, 결합이 깨지고 형성되는 영역에 충돌 에너지가 축적되어야 한다는 관점 때문에 RRK 이론에 기초하여 분석하는 것은 흥미로운 것이다. 따라서 C_2H_4는 원자가 6개이고, 따라서 $s=12$개의 진동 방식을 갖는다. 다음을 풀어 E^*/E의 비를 예측할 수 있다.

$$\left(1-\frac{E^*}{E}\right)^{11}=1.8\times10^{-6} \quad \text{또는} \quad \frac{E^*}{E}=1-(1.8\times10^{-6})^{1/11}=0.70$$

이 결과는 반응이 진행되기 위해 필요한 에너지(여기에서는 C_2H_4에서 탄소-탄소 결합을 깨기 위한 에너지로 확인되는)가 전형적인 충돌 에너지의 70%가 된다는 한 가지 해석을 제안하는 것이다. 만일 8개의 모든 원자가 충돌 에너지를 공유하는 데 관련된다면, 이 비율은 0.54가 된다.

자가 진단 91.2 $NO+Cl_2 \rightarrow NOCl+Cl$ 반응에서 $P=0.019$로 나타난 경우에 동일한 분석을 자가 진단 87.3에 적용하시오. 복합체의 원자수를 4로, 따라서 $s=6$으로 놓으시오.

답: 0.55

개념 확인

☐ 1. '일분자' 기체상 반응의 **Lindemann–Hinshelwood 메커니즘**에서는 이분자 활성화 단계가 속도 결정 일분자 붕괴 단계의 뒤를 따른다고 여긴다.

☐ 2. **RRK 모형**에서는 활성화된 분자의 운동 방식에 걸쳐 분포된 에너지가 단일 결합에 축적된다고 추정한다.

식 확인

성질	식	비고	식 번호
Lindemann–Hinshelwood 속도식	$\mathrm{d}[\mathrm{P}]/\mathrm{d}t=k_\mathrm{r}[\mathrm{A}]$, $k_\mathrm{r}=k_\mathrm{a}k_\mathrm{b}[\mathrm{A}]/(k_\mathrm{b}+k_\mathrm{a}'[\mathrm{A}])$일 때	$k_\mathrm{r}=k_\mathrm{a}k_\mathrm{b}/k_\mathrm{a}'$ $k_\mathrm{a}'[\mathrm{A}]\gg k_\mathrm{b}$인 경우	91.7
유효 속도 상수	$1/k_\mathrm{r}=k_\mathrm{a}'/k_\mathrm{a}k_\mathrm{b}+1/k_\mathrm{a}[\mathrm{A}]$	Lindemann–Hinshelwood 메커니즘	91.8
입체 인자	$P=(1-E^*/E)^{s-1}$	RRK 이론	91.9a

토픽 92

효소

내용

➤ 학습 목표

화학 반응을 조절하는 데 있어서 촉매의 역할은 생물학과 생명 유지의 중심이 된다.

➤ 핵심 내용

효소는 균일 촉매로서, 촉매 작용을 하는 반응 혼합물과 같은 상이며, 촉매가 조절하는 반응 속도에 놀라운 효과를 가져올 수 있다.

➤ 미리 알기

정류 상태 근사면에서의 반응 메커니즘 분석(토픽 86)과 반응의 활성화 에너지에 대한 촉매 효과(토픽 85)에 익숙해져야 한다.

그림 92.1(그림 85.5와 동일한)은 촉매가 비촉매 반응의 느린 속도 결정 단계를 피하는 대체 반응 경로를 만들어서 반응의 활성화 에너지를 낮게 해준다는 것을 보여 준다. 반응 혼합물과 동일한 상을 이루고 있는 촉매를 **균일 촉매**(**homogeneous catalyst**)라고 한다. 예로서 수용액 속에서 과산화 수소의 분해 반응에서는 아이오딘화 이온이 촉매 작용을 한다. **효소**(**enzyme**)는 생물학적 촉매로서 대단한 선택성

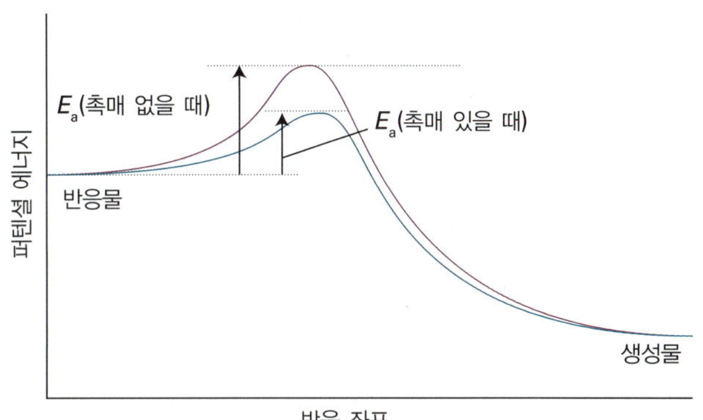

그림 92.1 촉매는 낮은 활성화 에너지를 갖는 다른 경로를 제공한다. 그 결과로 생성물의 생성 속도가 증가한다.

을 가지며, 이것의 작용을 받는 반응에 현저한 영향을 미칠 수 있다. **불균일 촉매**(**heterogeneous catalyst**)는 토픽 97에서 설명할 것이며, 이것은 반응 혼합물과 상이한 상을 이루는 촉매이다.

균일 촉매는 대단히 효과적일 수 있다. 예를 들어 용액 속에서 과산화 수소가 분해될 때의 활성화 에너지는 76 kJ mol^{-1}이며, 실온에서 이 반응은 느리게 일어난다. 소량의 아이오딘화 이온을 넣어 주면 그 활성화 에너지가 57 kJ mol^{-1}로 감소하고, 속도 상수가 약 2000배로 증가한다. 효소 촉매는 이 활성화 에너지를 8 kJ mol^{-1}으로까지 낮추며, 이는 298 K에서 이 반응 속도를 10^{15}배로 가속시키는 것에 해당한다.

92.1 효소의 특성

효소는 세포의 수용액 환경에 작용하는 균일 생물학적 촉매이다. 이 보편적인 화합물은 **활성 자리**(**active site**)를 가지고 있는 특별한 단백질이나 핵산으로, 활성 자리는 반응물인 **기질**(**substrate**)과 결합을 하고, 이것을 생성물로 변하게 하는 역할을 한다. 어떤 촉매에서나 마찬가지이지만, 활성 자리는 생성물을 만든 다음에는 본래의 상태로 되돌아간다. 많은 효소들은 주로 단백질로 이루어져 있으며, 그중 어떤 것은 활

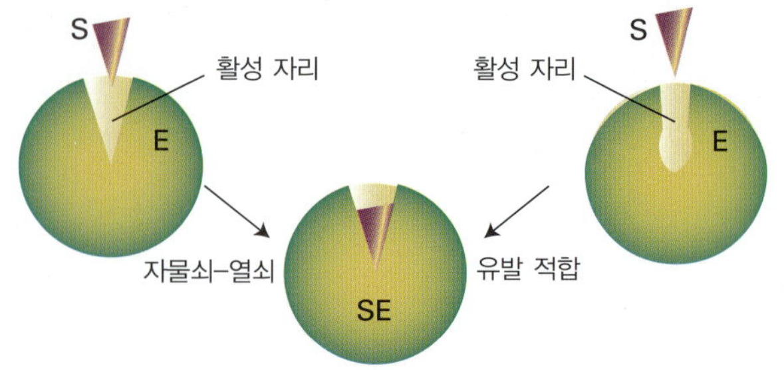

그림 92.2 기질이 효소의 활성 자리에 결합하는 것을 설명하는 두 모형. 자물쇠-열쇠 모형에서는 활성 자리와 기질이 상보적인 삼차원 구조를 가지고 있어서 주요 원자 재배치가 일어나지 않아도 꼭 들어맞게 된다. 유발 적합 모형에서는 기질의 결합이 활성 자리의 형태 변화를 유발시킨다. 이러한 구조 변화가 일어난 후 기질이 활성 자리에 꼭 들어맞게 된다.

성 자리에 유기 또는 무기 보조 인자의 특징을 이루고 있다. 그러나 어떤 RNA 분자도 **리보자임**(ribozyme)을 만듦으로써 생물학적 촉매가 될 수 있다. 리보자임의 한 중요한 예는 **리보솜**(ribosome)인데, 이것은 단백질과 촉매 활성 RNA 분자로 된 큰 회합체로서 세포 내에서 단백질을 합성하는 역할을 한다.

활성 자리의 원자단은 수소 결합, 정전기력, van der Waals 상호 작용과 같은 분자간 상호 작용에 의해서 기질의 원자단과 상호 작용을 함으로써, 활성 자리는 특정한 촉매 반응에만 적용되는 구조를 갖는다. 기질이 효소의 활성 자리에 결합하는 것을 설명한 두 가지 모형을 그림 92.2에 나타내었다. **자물쇠-열쇠 모형**(lock-and-key model)에서는 활성 자리와 기질이 삼차원의 상보적 구조를 가지고 있어서 주요 원자 재배치가 일어나지 않아도 딱 들어맞게 된다고 생각한다. 실험 결과는 **유발 적합 모형**(induced fit model)을 지지하는데, 이 모형에서는 기질의 결합이 활성 자리에서 구조 변화를 유도한다. 이러한 변화가 일어나야만 기질이 활성 자리에 꼭 들어맞는다는 것이다.

효소 촉매 반응은 생성물이 생기는 것을 억제하는 분자에 의해서 방해되기 쉽다. 병을 치료하는 많은 약들은 효소를 방해함으로써 그 기능을 발휘한다. 예를 들어 후천성 면역 결핍증(AIDS)을 치료하는 중요한 전략 하나는 특별히 만들어진 단백질 분해 효소 방해제를 꾸준히 투약하는 것이다. 이 약은 인간 면역 결핍 바이러스(HIV)의 유전 물질을 둘러싸는 단백질 외피를 만드는 효소에 대한 방해 작용을 한다. 외피가 적절하게 형성되지 않으면 HIV는 숙주 기관 안에서 복제되지 못한다.

92.2 Michaelis-Menten 메커니즘

효소의 반응 속도론을 실험적으로 연구하는 전형적 방법은 효소가 대단히 낮은 농도로 들어 있는 용액 속에서 생성물이 생기는 초기 반응 속도를 관찰하는 것이다. 실제로 효소는 대단히 효과적인 촉매이며, 기질의 수천분의 1 정도밖에 안 되는 농도에서도 반응이 크게 가속되는 것을 관찰할 수 있다.

많은 효소 촉매 반응들은 다음과 같은 주요 특징을 가지고 있다.

- 주어진 기질의 초기 농도 $[S]_0$에 대하여 생성물의 초기 생성 속도는 효소의 전체 농도 $[E]_0$에 비례한다.
- $[E]_0$가 주어지고 $[S]_0$의 값이 낮을 때는 생성물의 생성 속도가 $[S]_0$에 비례한다.
- $[E]_0$가 주어지고 $[S]_0$의 값이 높을 때는 생성물의 생성 속도가 $[S]_0$와 무관하며 **최대 속도**(**maximum velocity**) v_{max}로 알려진 최댓값에 도달한다.

Michaelis-Menten 메커니즘(**Michaelis-Menten mechanism**)은 이러한 특징들을 잘 설명해 준다. 이 메커니즘에서는 효소-기질 복합체(ES)가 첫 단계에서 형성되며, 기질은 변형되지 않은 처음 상태대로 떨어져 나오거나 변형이 일어난 다음에 생성물이 만들어진다. 즉

$$\mathrm{E+S} \underset{k_a'}{\overset{k_a}{\rightleftharpoons}} \mathrm{ES}$$
$$\mathrm{ES} \xrightarrow{k_b} \mathrm{P+E}$$

Michaelis-Menten 메커니즘

다음 **증명**에서 보이는 바와 같이, 이 메커니즘으로부터 다음과 같은 생성물의 생성 속도에 관한 **Michaelis-Menten 식**(**Michaelis-Menten equation**)이 유도된다.

$$v=\frac{k_b[\mathrm{E}]_0}{1+K_M/[\mathrm{S}]_0} \qquad (92.1)$$

Michaelis-Menten 식

여기서 $K_M=(k_a'+k_b)/k_a$는 주어진 기질에 작용하는 주어진 효소의 특성으로서 **Michaelis 상수**(**Michaelis constant**)라고 하는데, 몰농도의 차원을 갖는다.

증명 92.1 Michaelis-Menten 식

Michaelis-Menten 메커니즘에 따른 생성물의 생성 속도는 다음과 같이 나타낼 수 있다.

$$v=k_b[\mathrm{ES}]$$

효소-기질 복합체의 농도는 다음과 같이 정류 상태 근사를 이용하여 구할 수 있다.

$$\frac{d[\mathrm{ES}]}{dt}=k_a[\mathrm{E}][\mathrm{S}]-k_a'[\mathrm{ES}]-k_b[\mathrm{ES}]\cong 0$$

따라서

$$[\mathrm{ES}]=\left(\frac{k_a}{k_a'+k_b}\right)[\mathrm{E}][\mathrm{S}]$$

여기서 [E]와 [S]는 각각 **유리**(*free*) 상태로 있는 효소와 기질의 농도이다. 이제 다음과 같이 Michaelis 상수를 정의한다.

$$K_M=\frac{k_a'+k_b}{k_a}=\frac{[\mathrm{E}][\mathrm{S}]}{[\mathrm{ES}]}$$

속도 법칙을 가해 준 효소와 기질의 농도로 나타내려면 $[\mathrm{E}]_0=[\mathrm{E}]+[\mathrm{ES}]$와 다음 식을 주목해야 한다.

$$[\mathrm{E}]_0=\frac{K_M[\mathrm{ES}]}{[\mathrm{S}]}+[\mathrm{ES}]=[\mathrm{ES}]\left\{1+\frac{K_M}{[\mathrm{S}]}\right\}$$

뿐만 아니라 기질은 일반적으로 효소에 비해서 다량으로 취하기 때문에 유리 상태 기질 농도는 근사적으로 처음 기질 농도와 같다고 보고 $[\mathrm{S}]\approx[\mathrm{S}]_0$로 놓을 수 있다. 그러면 다음과 같은 관계를 얻을 수 있다.

$$[\mathrm{ES}]=\frac{[\mathrm{E}]_0}{1+K_M/[\mathrm{S}]_0}$$

[ES]에 관한 이 식을 생성물의 생성 속도에 관한 식($v=k_b[\mathrm{ES}]$)에 넣어 주면 식 92.1을 얻을 수 있다.

식 92.1은 실험 관측과 잘 맞으며(그림 92.3), 다음과 같은 사실을 나타낸다.

- $[\mathrm{S}]_0 \ll K_M$일 때, 반응 속도는 $[\mathrm{S}]_0$에 비례한다.

$$v=\frac{k_b}{K_M}[\mathrm{S}]_0[\mathrm{E}]_0 \qquad (92.2a)$$

- $[\mathrm{S}]_0 \gg K_M$일 때, 반응 속도가 최댓값에 도달하며 $[\mathrm{S}]_0$와 무관하게 된다.

$$v=v_{max}=k_b[\mathrm{E}]_0 \qquad (92.2b)$$

이 v_{max}의 정의를 식 92.1에 넣어 주면 다음과 같은 식을 얻게 된다.

$$v=\frac{v_{max}}{1+K_M/[\mathrm{S}]_0} \qquad (92.3a)$$

이 식의 양변을 역으로 취함으로써 데이터를 선형 회귀 분석법(linear regression analysis)에 의해서 해석하기 편리하도록 다음과 같이 고쳐 쓸 수 있다.

$$\frac{1}{v}=\frac{1}{v_{max}}+\left(\frac{K_M}{v_{max}}\right)\frac{1}{[\mathrm{S}]_0} \qquad \text{Lineweaver–Burk 도시} \qquad (92.3b)$$

$1/[\mathrm{S}]_0$에 대한 $1/v$의 도시를 **Lineweaver–Burk 도시**(**Lineweaver–Burk plot**)라고 하는데, 식 92.3b에 의하면 이 도시는 기울기가 K_M/v_{max}, y 절편이 $1/v_{max}$, x 절편이 $-1/K_M$인 직선을 나타내야 한다(그림 92.4). 그러면 y 절편과 식 92.2b로부터 k_b의 값이 계산된다. 그러나 이 도시 결과로부터 K_M에 관한 식에 포함된 개개의 속도 상수 k_a와 k_a'의 값은 구할 수 없다. 효소와 기질을 섞은 다음, 이들의 농도를 측정함으로써 효소–기질 복합체의 생성 속도를 구할 수 있기 때문에 토픽 82에서 설명한 흐름 정지법을 이용하여 필요한 더 많은 데이터를 얻을 수 있다. 즉 이 방법을 이용하여 k_a를 알 수 있고, 이어서 이 결과를 k_b와 K_M의 값과 결합하여 k_a'의 값을 알아낸다.

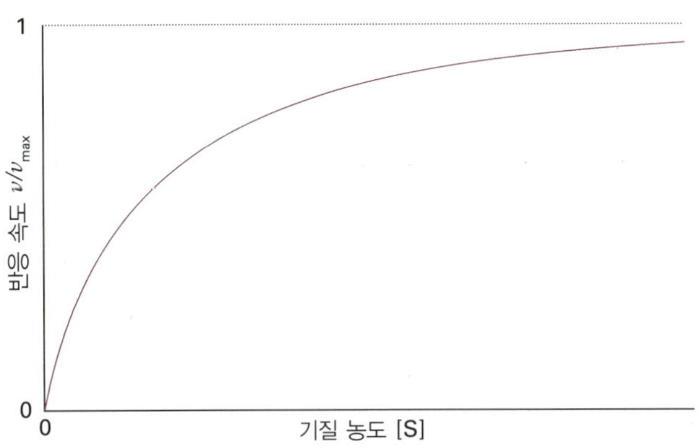

그림 92.3 기질 농도 변화에 따른 효소 촉매 반응 속도의 변화. Michaelis–Menten 메커니즘을 이용하면 [S]가 클 때 최대 속도 v_{max}에 도달하는 것을 설명할 수 있다.

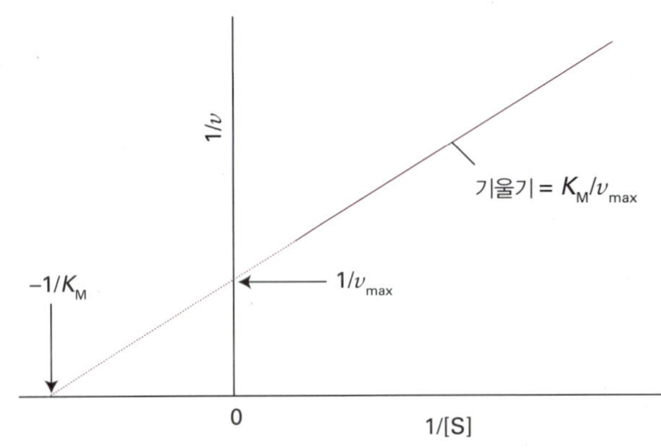

그림 92.4 Michaelis–Menten 메커니즘에 따라 일어나는 효소 촉매 반응을 분석하는 Lineweaver–Burk 도시와 이 도시에서의 절편과 기울기의 뜻

예제 92.1 Lineweaver-Burk 도시의 분석

탄산 무수화 효소는 적혈구 세포 속에서 CO_2를 수화시켜 탄산수소 이온을 생기게 하는 촉매 작용을 한다.

$$CO_2(g)+H_2O(l)\rightarrow HCO_3^-(aq)+H^+(aq)$$

pH = 7.1과 273.5 K, 효소 농도 2.3 nmol dm^{-3}에서 이 반응에 대하여 다음과 같은 데이터를 얻었다.

$[CO_2]$ (mmol dm^{-3})	1.25	2.5	5	20
v(mmol dm^{-3}s^{-1})	2.78×10^{-2}	5.00×10^{-2}	8.33×10^{-2}	1.67×10^{-1}

273.5 K에서 이 반응의 최대 속도와 Michaelis 상수를 구하시오.

방법 Lineweaver–Burk 도시를 만들고 선형 회귀 분석법으로 K_M과 v_{max}의 값을 결정한다.

풀이 위 데이터를 가지고 다음과 같은 표를 만든다.

$1/([CO_2]$(mmol dm^{-3}))	0.800	0.400	0.200	0.0500
$1/v$(mmol dm^{-3}s^{-1})	36.0	20.0	12.0	6.0

이 데이터를 가지고 Lineweaver–Burk 도시를 한 결과를 그림 92.5에 나타내었다. 기울기는 40.0이고 y 절편은 4.00이다. 따라서

$$v_{max}(\text{mmol dm}^{-3}\,\text{s}^{-1}) = \frac{1}{\text{절편}} = \frac{1}{4.00} = 0.250$$

그리고

$$K_M(\text{mmol dm}^{-3}) = \frac{\text{기울기}}{\text{절편}} = \frac{40.00}{4.00} = 10.0$$

실용 상식 기울기와 절편은 단위가 없다. 이미 설명한 바와 같이 모든 그래프는 숫자로만 도시해야 한다.

자가 진단 92.1 효소 α-카이모트립신은 포유류의 췌장에서 분비되며, 특정한 아미노산들 사이에 형성된 펩타이드 결합을 끊는다. 작은 펩타이드 N-글루타릴-1-페닐알라닌-p-나이트로아닐라이드가 여러 가지 다른 농도로 들어 있는 용액을 만들고, 동일한 소량의 α-카이모트립신을 각 용액에 가하였다. 그리고 생성물이 생기는 초기 속도를 측정하여 다음과 같은 데이터를 얻었다.

[S](mmol dm^{-3})	0.334	0.450	0.667	1.00	1.33	1.67
v(mmol dm^{-3}s^{-1})	0.152	0.201	0.269	0.417	0.505	0.667

이 반응의 최대 속도와 Michaelis 상수를 결정하시오.

답: $v_{max} = 2.80$ mmol dm^{-3} s^{-1}, $K_M = 5.89$ mmol dm^{-3}

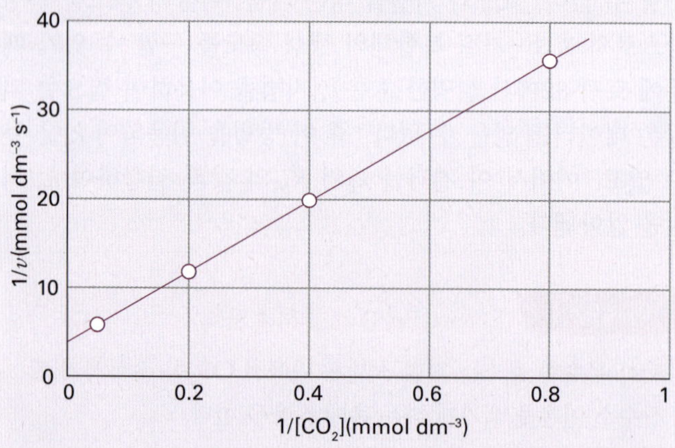

그림 92.5 예제 92.1의 데이터에 대한 Lineweaver–Burk 도시

92.3 효소의 촉매 효율

활성 자리가 주어진 시간 동안에 이루어 내는 촉매 작용의 순환(전환) 횟수를 시간 간격으로 나눈 값 k_{cat}를 효소의 **전환 빈도**(**turnover frequency**) 또는 **촉매 상수**(**catalytic constant**)라고 한다. 이 양은 일차 속도 상수의 단위를 가지며, Michaelis–Menten 메커니즘으로 나타내면 효소–기질 복합체로부터 생성물이 떨어져 나오는 속도 상수 k_b와 동일한 수치를 갖는다. 따라서 k_{cat}를 k_b와 같다고 놓으면, 식 92.2b로부터 다음과 같은 식을 얻을 수 있다.

$$k_{cat} = k_b = \frac{v_{max}}{[E]_0} \qquad \text{전환 빈도} \quad (92.4)$$

한편 k_{cat}/K_M의 비를 효소의 **촉매 효율**[**catalytic efficiency**, η(에타)]이라고 한다. η 값이 클수록 효소의 효율이 더 높다. 효소의 촉매 효율은 효소 반응의 유효 속도 상수라고 생각할 수 있다. $K_M = (k_a' + k_b)/k_a$와 식 92.4를 이용하면 이 촉매 효율은 다음과 같이 주어진다.

$$\eta = \frac{k_{cat}}{K_M} = \frac{k_a k_b}{k_a' + k_b} \qquad \text{촉매 효율} \quad (92.5)$$

$k_b \gg k_a'$일 때는 효율이 그 최댓값인 k_a에 도달한다. k_a는 용액 속에서 자유롭게 확산되는 두 종으로부터 복합물이 형성되는 속도 상수이므로, 최대 효율은 용액 속에서의 E와 S의 최대 확산 속도와 연관되어 있다. 이 한계(토픽 88에서 더 설명되었음) 때문에 효소와 같이 큰 분자에서는 실온에서 속도 상수가 대략 10^8~10^9 dm^3 mol^{-1} s^{-1} 정도이다. 효소 카탈레이스의 경우에는 $\eta = 4.0\times10^8$ dm^3 mol^{-1} s^{-1} 값을 가지며, 이때 '촉매의 완전 상태(catalytic perfection)'에 도달했다고 말한다. 이는 촉매 작용에 의한 반응 속도가 확산에 의해서만 지배되고, 기질과 접촉하는 즉시 촉매 작용이 일어난다는 의미이다.

간단한 예 92.1 효소의 촉매 효율

예제 92.1의 결과로부터 273.5 K에서 탄산 무수화 효소의 촉매 효율을 구하기 위해서는 식 92.4를 사용하여 k_{cat}를 구한다.

$$k_{cat} = \frac{v_{max}}{[E]_0} = \frac{2.5\times10^{-4}\,\text{mol dm}^{-3}\,\text{s}^{-1}}{2.3\times10^{-9}\,\text{mol dm}^{-3}} = 1.1\times10^5\,\text{s}^{-1}$$

식 92.5로부터 촉매 효율은 다음과 같다.

$$\eta=\frac{k_{cat}}{K_M}=\frac{1.1\times10^5\,s^{-1}}{10.0\times10^{-3}\,mol\,dm^{-3}}=1.1\times10^7\,dm^3\,mol^{-1}\,s^{-1}$$

자가 진단 92.2 298 K에서 기질의 효소 촉매 전환은 효소의 농도가 3.60×10^{-9} mol dm^{-3}일 때 $K_M=0.015$ mol dm^{-3}, $v_{max}=4.25\times10^{-4}$ mol dm^{-3} s^{-1}의 값을 갖는다. k_{cat}와 η를 계산하시오. 이 효소는 '촉매의 완전 상태'인가?

답: $k_{cat}=1.18\times10^5\,s^{-1}$, $\eta=7.9\times10^6\,dm^3\,mol^{-1}\,s^{-1}$; 이 효소는 '촉매의 완전 상태'가 아니다.

92.4 효소 방해 작용의 메커니즘

방해제 I는 효소와 결합하거나, ES 복합체와 결합하거나, 또는 효소 및 ES 복합체와 동시에 결합함으로써 기질로부터 생성물이 생기는 속도를 감소시킨다. 따라서 효소 방해 작용에 대한 가장 일반적인 반응 속도론적 형식은 다음과 같다.

$$E+S \underset{k_a'}{\overset{k_a}{\rightleftharpoons}} ES$$

$$ES \xrightarrow{k_b} P+E$$

$$EI \rightleftharpoons E+I \qquad K_I=\frac{[E][I]}{[EI]} \tag{92.6a}$$

$$ESI \rightleftharpoons ES+I \qquad K_I'=\frac{[ES][I]}{[ESI]} \tag{92.6b}$$

K_I와 K_I'의 값이 작을수록 방해제의 효과가 더 크다. 생성물은 ES로부터만 나오므로 생성물의 생성 속도는 항상 $v=k_b$[ES]로 주어진다. 아래 **증명**에서 보이는 바와 같이 방해제가 있을 때의 반응 속도는 다음과 같이 된다.

$$v=\frac{v_{max}}{\alpha'+\alpha K_M/[S]_0} \tag{92.7}$$

반응 속도에 미치는 방해제의 효과

여기서 $\alpha=1+[I]/K_I$, $\alpha'=1+[I]/K_I'$이다. 이 식은 억제되지 않은 효소에 대한 Michaelis–Menten 식(식 92.1)과 대단히 비슷하며, 또한 다음과 같이 Lineweaver–Burk 도시에 의해 분석이 가능하다.

$$\frac{1}{v}=\frac{\alpha'}{v_{max}}+\left(\frac{\alpha K_M}{v_{max}}\right)\frac{1}{[S]_0} \tag{92.8}$$

증명 92.2 효소 방해 작용

질량 균형을 고려하면 효소의 전체 농도는 다음과 같이 된다.

$$[E]_0=[E]+[EI]+[ES]+[ESI]$$

이제 식 92.6a, 식 92.6b, 그리고 다음과 같은 정의를 이용함으로써,

$$\alpha=1+\frac{[I]}{K_I} \qquad \alpha'=1+\frac{[I]}{K_I'}$$

다음과 같은 식을 얻을 수 있다.

$$[E]_0=[E]\alpha+[ES]\alpha'$$

이어서 K_M = [E][S]/[ES]를 이용하고 [S]를 $[S]_0$로 치환하면 다음과 같이 쓸 수 있다.

$$[E]_0=\frac{K_M[ES]}{[S]_0}\alpha+[ES]\alpha'=[ES]\left(\frac{\alpha K_M}{[S]_0}+\alpha'\right)$$

그리하여 생성물의 생성 속도를 나타내는 식은 다음과 같이 된다.

$$v=k_b[ES]=\frac{k_b[E]_0}{\alpha K_M/[S]_0+\alpha'}$$

여기에서 $k_b[E]_0$를 v_{max}로 치환하면 식 92.7이 된다.

방해 작용에는 반응 속도론적 거동에 뚜렷한 차이를 나타내는 세 가지 방식이 있다(그림 92.6). **경쟁 방해**(**competitive inhibition**)에서는 방해제가 효소의 활성 자리에만 결합되고 그리하여 기질이 달라붙는 것을 억제한다. 이 조건은 $\alpha>1$, $\alpha'=1$(ESI가 형성되지 않으므로)에 해당한다. 이 조건에서 식 92.8은 다음과 같이 된다.

$$\frac{1}{v}=\frac{1}{v_{max}}+\left(\frac{\alpha K_M}{v_{max}}\right)\frac{1}{[S]_0}$$

경쟁 방해

여기에서 y 절편은 변하지 않지만 Lineweaver–Burk 도시의 기울기는 방해되지 않은 효소에 대한 데이터의 기울기에 비

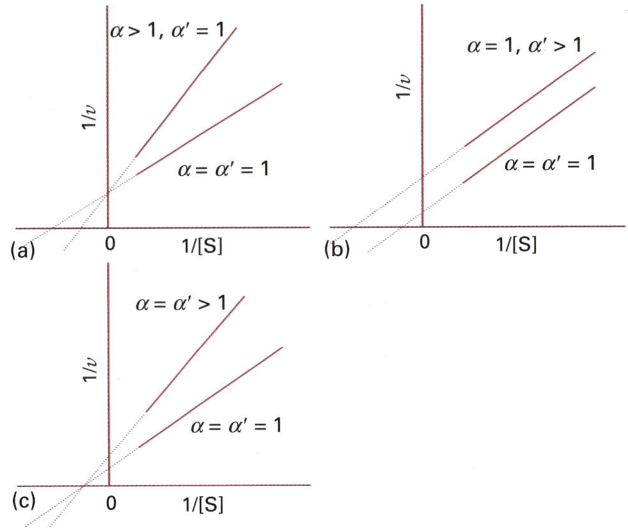

그림 92.6 효소 방해 작용의 세 가지 주요 방식에 대한 Lineweaver–Burk 도시의 특성. (a) 경쟁 방해, (b) 무경쟁 방해, (c) $\alpha=\alpha'>1$인 특별한 경우의 비경쟁 방해

해서 α배로 증가한다(그림 92.6a). **무경쟁 방해(uncompetitive inhibition)**에서는 활성 자리로부터 제거되는 효소의 자리에 방해제가 결합하지만, 이미 기질이 존재할 때에 한해서 이 결합이 일어난다. 이 방해 작용은 ESI가 복합체의 활성 형태인 ES의 농도를 감소시키기 때문에 일어난다. 이 경우에 $\alpha=1$(EI가 형성되지 않으므로), $\alpha'>1$이며, 식 92.8은 다음과 같이 된다.

$$\frac{1}{v}=\frac{\alpha'}{v_{\max}}+\left(\frac{K_M}{v_{\max}}\right)\frac{1}{[S]_0}$$ 무경쟁 방해

따라서 Lineweaver−Burk 도시의 y 절편은 방해되지 않은 효소에 대한 데이터의 y 절편에 비해서 α'배 만큼 증가하지만 기울기는 변하지 않는다(그림 92.6b). **비경쟁 방해[noncompetitive inhibition, 혼합 방해 작용(mixed inhibition)**이라고도 함]에서는 방해제가 활성 자리가 아닌 다른 자리에 결합함으로써 활성 자리에 결합하는 기질의 능력을 떨어뜨린다. 방해 작용은 E와 ES 자리에서 모두 일어난다. 이 조건은 $\alpha>1$과 $\alpha'>1$에 해당한다. 이 방해제가 존재할 때는 Lineweaver−Burk 도시의 기울기와 절편이 모두 증가한다. 그림 92.6c는 $K_I=K_I'$ 그리고 $\alpha=\alpha'$를 나타내어 두 선이 x축 상에서 교차되는 특별한 경우에 대한 것이다.

이러한 모든 경우에 방해되지 않은 효소를 이용한 조절 실험으로부터 K_M과 $v_{\max}$를 결정하고, 이어서 농도를 알고 있는 방해제를 가지고 같은 실험을 되풀이하면 방해제의 효율을 구할 수 있다. 그리고 방해된 효소에 대한 Lineweaver−Burk 도시의 기울기와 y 절편으로부터 방해 작용의 방식, α 또는 α'의 값, K_I나 K_I'의 값을 얻을 수 있다.

예제 92.2 방해 작용 유형의 구별

기질 S의 5개 용액을 아래 표에서 첫째 칸과 같은 농도로 만들고, 이들 각각을 4개의 동일 부피로 나누었다. 이들 각 용액에 효소를 동일 농도로 넣었다. 그리고 방해제 I를 네 개의 다른 농도로 용액에 가하고, 생성물의 초기 생성 속도를 측정하여 아래와 같은 결과를 얻었다. 이 방해제가 경쟁 방해 작용을 하는지, 비경쟁 방해 작용을 하는지 밝히시오. K_I와 K_M 값을 결정하시오.

	[I](mmol dm^{-3})				
$[S]_0$(mmol dm^{-3})	0	0.20	0.40	0.60	0.80
0.050	0.033	0.026	0.021	0.018	0.016
0.10	0.055	0.045	0.038	0.033	0.029
0.20	0.083	0.071	0.062	0.055	0.050
0.40	0.111	0.100	0.091	0.084	0.077
0.60	0.116	0.116	0.108	0.101	0.094

v (μmol dm^{-3} s^{-1})

방법 상이한 방해제 농도에 대한 일련의 Lineweaver−Burk 도시를 그린다. 이 도시가 그림 92.6a와 유사하면, 방해제는 경쟁적이다. 반면에 도시 결과가 그림 92.6c의 것과 비슷하면, 방해제는 비경쟁적이다. K_I를 구하려면 각각의 [I] 값에서 기울기를 결정해야 하는데, 이것은 $\alpha K_M/v_{\max}$ 또는 $K_M/v_{\max}+K_M[I]/K_I v_{\max}$와 같다. 이어서 이 기울기를 [I]에 대해서 도시하면, [I] = 0에서의 절편이 $K_M/v_{\max}$ 값이 되고, 또 그 기울기는 $K_M/K_I v_{\max}$가 된다.

풀이 우선 다음과 같이 각 [I] 값에서 $1/[S]_0$과 $1/v$의 표를 만든다.

	[I](mmol dm^{-3})				
$1/([S]_0$ (mmol dm^{-3}))	0	0.20	0.40	0.60	0.80
20	30	38	48	56	62
10	18	22	26	30	34
5.0	12	14	16	18	20
2.5	9.01	10.0	11.0	11.9	13.0
1.7	7.94	8.62	9.26	9.90	10.6

$1/v$ (μmol dm^{-3} s^{-1})

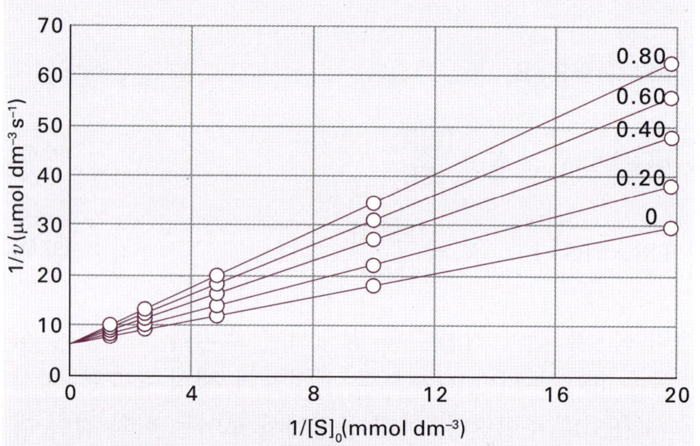

그림 92.7 예제 92.2의 데이터를 이용한 Lineweaver–Burk 도시. 각각의 선은 방해제의 농도가 다른 경우에 해당한다.

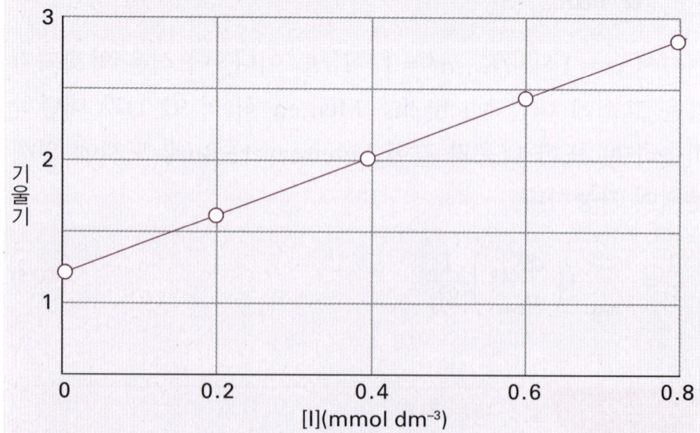

그림 92.8 그림 92.7의 도시에서 얻은 기울기를 예제 92.2의 데이터를 이용하여 [I]에 대해서 도시한 그림

5개(각 [I]에 대해서 하나씩)의 도시는 그림 92.7에 주어진다. 이 도시 결과들은 모두 수직축 상의 동일한 절편을 통과하며, 따라서 이것은 경쟁 방해이다. 절편의 평균값(최소 제곱법)은 5.83이고, 따라서 $v_{max} = 0.172$ μmol dm^{-3} s^{-1}이 된다(어떻게 v의 단위를 이렇게 선택했는지는 위 데이터 표를 주목하라). 이 선들의 기울기(최소 제곱법)는 다음과 같이 된다.

[I](mmol dm^{-3})	0	0.20	0.40	0.60	0.80
기울기	1.219	1.627	2.090	2.489	2.832

이 값들은 그림 92.8에 도시하였다. [I] = 0에서의 절편은 1.234이고, 따라서 $K_M = 0.212$ mmol dm^{-3}이다. 그리고 이 선의 기울기(최소 제곱법)는 2.045이다. 따라서

$$K_I(\text{mmol dm}^{-3}) = \frac{K_M}{\text{기울기} \times v_{max}} = \frac{0.212}{2.045 \times 0.172} = 0.603$$

자가 진단 92.3 다음 데이터를 이용하여 위 예제에서와 같은 연습을 되풀이하시오.

[S]$_0$(mmol dm^{-3})	[I](mmol dm^{-3}) 0	0.20	0.40	0.60	0.80
0.050	0.020	0.015	0.012	0.0098	0.0084
0.10	0.035	0.026	0.021	0.017	0.015
0.20	0.056	0.042	0.033	0.028	0.024
0.40	0.080	0.059	0.047	0.039	0.034
0.60	0.093	0.069	0.055	0.046	0.039

v(μmol dm^{-3} s^{-1})

답: 비경쟁 방해, $K_M = 0.30$ mmol dm^{-3}, $K_I = 0.57$ mmol dm^{-3}

개념 확인

- ☐ 1. **균일 촉매**는 반응 혼합물과 동일한 상을 갖는 촉매이다.
- ☐ 2. **효소**는 균일한 생물학적 촉매이다.
- ☐ 3. 효소 반응 속도론의 **Michaelis–Menten 메커니즘**은 기질과 효소의 농도에 대한 반응 속도 의존성을 설명한다.
- ☐ 4. **Lineweaver–Burk 도시**는 Michaelis–Menten 메커니즘에서 나타나는 파라미터들을 결정하는 데 사용된다.
- ☐ 5. 효소의 **경쟁 방해**에서 방해제는 효소의 활성 자리에만 결합한다.
- ☐ 6. **무경쟁 방해**에서는 방해제가 활성 자리로부터 제거되는 효소의 자리에 결합하지만, 이미 기질이 존재할 때에 한해서 이 결합이 일어난다.
- ☐ 7. **비경쟁 방해**에서는 방해제가 활성 자리가 아닌 다른 곳에 결합한다.

식 확인

성질	식	비고	식 번호
Michaelis–Menten 식	$v = v_{max}/(1 + K_M/[S]_0)$		92.3a
Lineweaver–Burk 도시	$1/v = 1/v_{max} + (K_M/v_{max})(1/[S]_0)$		92.3b
전환 빈도	$k_{cat} = v_{max}/[E]_0$	정의	92.4
촉매 효율	$\eta = k_{cat}/K_M$	정의	92.5
방해 효과	$v = v_{max}/(\alpha' + \alpha K_M/[S]_0)$	Michaelis–Menten 메커니즘을 가정함	92.7

토픽 93

광화학

내용

➤ 학습 목표

광합성과 시각을 포함한 많은 화학적, 생물학적 과정은 전자기 복사의 흡수에 의해 개시될 수 있다. 따라서 속도 법칙에서 빛의 영향이 어떻게 포함되는지를 알아야 한다. 또한 이들 메커니즘의 정량적인 분석에 의해 어떻게 이러한 반응들에 대한 이해를 얻을 수 있는지를 알아야 한다.

➤ 핵심 내용

많은 광화학 반응들의 메커니즘은 속도 상수 및 복사 에너지가 반응을 유발하는 효율의 정량적인 척도를 산출하는, 상대적으로 간단한 속도 법칙으로 이어진다.

➤ 미리 알기

단일항과 삼중항 상태(토픽 21) 및 복사 이완의 방식(형광과 인광, 토픽 46)의 개념, 전자 분광학(토픽 45)의 개념, 그리고 제안된 메커니즘으로부터 속도 법칙의 공식화(토픽 86)에 익숙해져야 한다.

광화학 과정(**photochemical process**)들은 전자기 복사를 흡수함으로써 개시된다. 이러한 과정들 중에서 가장 중요한 것은 태양의 복사 에너지를 받아들이는 과정이다. 이러한 반응들 중에는 낮에 자외선 영역의 복사선을 흡수하여 대기를 가열하는 것이 있다. 또 다른 것들로는 광합성 과정에서 가시광선을 흡수하는 경우도 있다. 광화학 과정이 없으면 이 세상은 미지근하고 메마른 바위뿐일 것이다.

93.1 광화학 과정

표 93.1은 보편적으로 일어나는 광화학 과정들을 요약해 놓은 것이다. 광화학 과정은 반응 혼합물 중의 적어도 한 성분이 복사선을 흡수해야 시발된다. **일차 과정**(**primary process**)에서는 들뜬 상태의 반응물로부터 직접 생성물이 생성된다. 이러한 예에는 형광(토픽 46)과 망막의 *cis*−*trans* 광이성질체화가 포함된다. **이차 과정**(**secondary process**)의 생성물은 오존의 광해리에서 생성된 산소 원자에 의해서 개시되는 산화 과정과 같이, 들뜬 상태의 반응물로부터 직접 생성된 중간체로부터 생성물이 생긴다.

광화학적 생성물을 만들어 내는 과정과 경쟁하는 것은 들뜬 상태를 비활성화시킬 수 있는 여러 가지 주요 광물리학적 과정이다(표 93.2). 따라서 광화학적 반응의 메커니즘을 설명하기 전에 들뜬 상태가 생성되고 이완되는 시간 척도를 고찰해 보는 것이 중요하다.

자외선과 가시광선의 흡수에 의한 전자 전이는 10^{-16}~10^{-15} s 이내에 일어난다. 따라서 일차 광화학 반응의 속도 상수에 대한 상한은 약 10^{16} s^{-1}이 될 것이다. 형광은 흡광보다 느리며, 전형적인 수명이 10^{-12}~10^{-6} s이다. 따라서 들뜬 단일항 상태는 펨토초(10^{-15} s)부터 피코초(10^{-12} s)까지의 시간 범위에서 대단히 빠른 광화학 반응을 개시할 수 있다. 이러한 초고속 반응의 예로는 시각과 광합성에서 첫 단계로 일어나는 사건을 들 수 있다. 큰 유기 분자의 경우, 전형적인

표 93.1 광화학 과정의 예

과정	일반적 형태	예
이온화	$A^* \rightarrow A^+ + e^-$	$NO^* \xrightarrow{134\ nm} NO^+ + e^-$
전자 이동	$A^* + B \rightarrow A^+ + B^-$ 또는 $A^- + B^+$	$[Ru(bpy)_3]^{2+*} + Fe^{3+} \xrightarrow{452\ nm} [Ru(bpy)_3]^{3+} + Fe^{2+}$
해리	$A^* \rightarrow B + C$	$O_3^* \xrightarrow{1180\ nm} O_2 + O$
	$A^* + B—C \rightarrow A + B + C$	$Hg^* + CH_4 \xrightarrow{254\ nm} Hg + CH_3 + H$
첨가	$2\ A^* \rightarrow B$	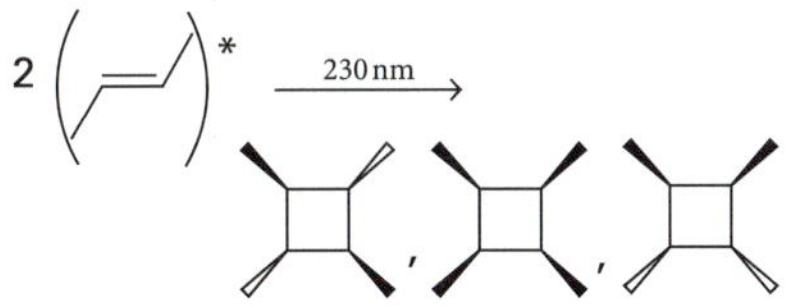 2 (alkene)* $\xrightarrow{230\ nm}$ (cyclobutane isomers)
	$A^* + B \rightarrow AB$	
떼어내기	$A^* + B—C \rightarrow A—B + C$	$Hg^* + H_2 \xrightarrow{254\ nm} HgH + H$
이성질체화 또는 자리 옮김	$A^* \rightarrow A'$	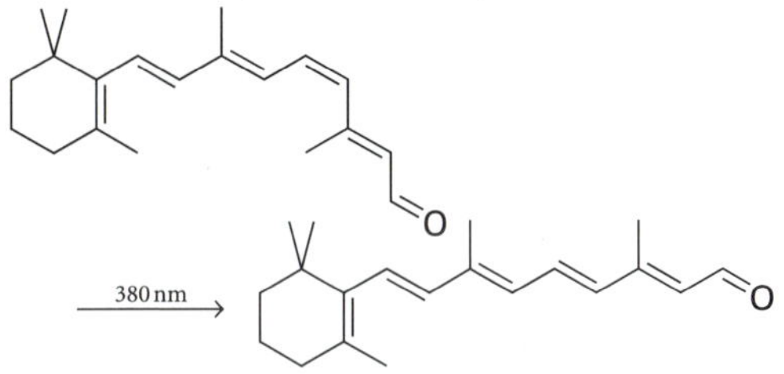 (retinal isomer) $\xrightarrow{380\ nm}$ (retinal isomer)

* 들뜬 상태

표 93.2 보편적인 광물리학적 과정[†]

일차 흡광	$S + h\nu \rightarrow S^*$
들뜬 상태 흡광	$S^* + h\nu \rightarrow S^{**}$
	$T^* + h\nu \rightarrow T^{**}$
형광	$S^* \rightarrow S + h\nu$
자극 방출	$S^* + h\nu \rightarrow S + 2h\nu$
계간 교차(ISC)	$S^* \rightarrow T^*$
인광	$T^* \rightarrow S + h\nu$
내부 전환(IC)	$S^* \rightarrow S$
충돌 유도 방출	$S^* + M \rightarrow S + M + h\nu$
충돌 비활성화	$S^* + M \rightarrow S + M$
	$T^* + M \rightarrow S + M$
전자 에너지 이동	
단일항–단일항	$S^* + S \rightarrow S + S^*$
삼중항–삼중항	$T^* + T \rightarrow T + T^*$
엑시머(들뜬 이합체) 형성	$S^* + S \rightarrow (SS)^*$
에너지 예탁	
단일항–단일항	$S^* + S^* \rightarrow S^{**} + S$
삼중항–삼중항	$T^* + T^* \rightarrow S^* + S$

† *는 들뜬 상태, **는 더 들뜬 상태, S는 단일항 상태, T는 삼중항 상태, M은 제3의 알맹이를 나타낸다.

계간 교차[intersystem crossing(ISC), 토픽 46] 시간과 인광 시간은 각각 $10^{-12} \sim 10^{-4}$ s, $10^{-6} \sim 10^{-1}$ s이다. 따라서 긴 수명의 결과로 들뜬 삼중항 상태는 광화학적으로 중요하다. 실제로 인광 감쇠는 가장 전형적인 반응보다 여러 자릿수만큼 느리기 때문에 들뜬 삼중항 상태에 있는 화학종은 비활성화가 될 때까지 다른 반응 분자와 대단히 많은 횟수의 충돌을 할 수 있게 된다.

간단한 예 93.1 들뜬 상태의 본성

반응물의 들뜬 단일항과 삼중항 상태 중 어느 것이 적절한 생성물의 선구 물질인지를 판단하기 위해서는 반응물의 화학 반응에 대한 시간 상수와 함께 방출 수명 τ(토픽 83)를 비교한다. 관측된 형광 수명이 1.0 ns이고 관측된 인광 수명이 1.0 ms인 반응물이 포함된 일분자 광화학 반응의 속도 상수가 $k_r = 1.7 \times 10^4\ s^{-1}$이고, 따라서 시간 상수 $\tau = 1/(1.7 \times 10^4\ s^{-1}) = 59\ \mu s$인 경우를 생각해 보자. 들뜬 단일항 상태의 수명은 너무나 짧아 이 반응에서 생성물의 주요 원천이 되지 못한다. 반면에 상대적으로 긴 수명을 갖는 들뜬 삼중항 상태는 선구 물질의 좋은 후보이다.

자가 진단 93.1 형광 수명이 10.0 ns이며 일분자 광이성질체화 반응으로 진행되는 분자를 고려해 보자. 들뜬 단일항 상태가 생성물의 선구 물질이 되는 것과 일치하는 반감기 값은 대략 얼마인가?

답: $t_{1/2}$ 값은 약 7 ns보다 작아야 한다.

93.2 일차 양자 수득률

광화학 반응에서는 들뜬 상태가 복사 과정, 비복사 과정, 또는 화학적 과정에 의해서 비활성화되며, 그 비활성화 속도에 따라 생성물의 수득률이 결정된다. 일정한 시간 동안에 일차 생성물을 만드는 광물리학 또는 광화학 사건의 수를, 같은 시간 동안에 분자들이 흡수한 광자의 수로 나눈 값 ϕ를 **일차 양자 수득률**(**primary quantum yield**)이라고 정의한다. 즉

$$\phi = \frac{\text{사건의 수}}{\text{흡수된 광자수}}$$ 정의 일차 양자 수득률 (93.1a)

이 식의 분자와 분모를 모두 사건이 일어난 시간 간격으로 나누면, 일차 양자 수득률은 또한 복사 유발 일차 사건의 발생 속도를 광자 흡수 속도 I_{abs}로 나눈 것과 같다.

$$\phi = \frac{\text{과정의 속도}}{\text{광자 흡수 속도}} = \frac{v}{I_{abs}}$$ 과정의 속도로 나타낸 일차 양자 수득률 (93.1b)

예제 93.1 일차 양자 수득률 계산

광화학 반응의 양자 수득률을 결정하는 실험에서, 흡수 물질에 100 W의 광원으로부터 490 nm의 빛이 2700초 동안 조사되었으며 조사한 빛의 60%가 흡수되었다. 이 빛을 조사한 결과로 0.344 mol의 흡수 물질이 분해되었다. 이 경우에 대하여 일차 양자 수득률을 결정하시오.

방법 식 93.1a에서 사용된 항을 계산해야 한다. 식 93.1a 오른쪽 변의 분모에 있는 흡수된 광자의 수 N_{abs}를 계산하기 위하여 다음 사항을 주목하라.

- 물질에 의해 흡수된 에너지는 $E_{abs} = fPt$이며, 여기에서 P는 입사 세기, t는 조사 시간, 인자 f(이 경우 $f = 0.60$)는 흡수된 입사광의 분율이다.
- E_{abs}는 또한 흡수된 광자의 수 N_{abs}와 $E_{abs} = N_{abs}hc/\lambda$의 관계로 연관되어 있으며, 여기에서 hc/λ는 파장 λ를 갖는 단일 광자의 에너지이다(1장 **기초 지식**의 식 3.3, 토픽 3).
- 흡수된 에너지에 대한 두 가지 식을 합하면 N_{abs} 값이 쉽게 구해진다.

광화학 사건의 수, 즉 식 93.1a 우변의 분자로 표현된 것은 단순히 분해된 분자의 수 $N_{decomposed}$이다. 일차 양자 수득률은 $\phi = N_{decomposed}/N_{abs}$라고 말할 수 있다.

풀이 흡수된 에너지에 대한 식으로부터 다음과 같이 된다.

$$E_{abs} = 0.60\,Pt = N_{abs}\left(\frac{hc}{\lambda}\right)$$

그리고

$$N_{abs} = \frac{0.60Pt\lambda}{hc}$$

이제 식 93.1a를 사용하여 다음과 같이 쓸 수 있다.

$$\phi = \frac{N_{decomposed}}{N_{abs}} = \frac{N_{decomposed}hc}{0.60Pt\lambda}$$

$N_{decomposed} = (0.344\text{ mol}) \times (6.022 \times 10^{23}\text{ mol}^{-1})$, $P = 100$ W $= 100$ J s^{-1}, $t = 2700$ s, $\lambda = 490$ nm $= 4.90 \times 10^{-7}$ m를 대입하면 결과는 다음과 같다.

$$\phi = \frac{(0.344\,\text{mol})\times(6.022\times10^{23}\,\text{mol}^{-1}) \times(6.626\times10^{-34}\,\text{J s})\times(2.998\times10^{8}\,\text{m s}^{-1})}{0.60\times(100\,\text{J s}^{-1})\times(2700\,\text{s})\times(4.90\times10^{-7}\,\text{m})} = 0.52$$

자가 진단 93.2 광화학 반응의 양자 수득률을 측정하는 실험에서 흡수 물질이 87.5 W 광원으로부터 320 nm의 복사선이 38분 동안 조사되었다. 통과된 빛의 세기는 조사된 빛 세기의 0.35였다. 빛을 조사한 결과 흡수 물질의 0.324 mol이 분해되었다. 일차 양자 수득률을 결정하시오.

답: $\phi = 0.93$

들뜬 상태의 분자는 바닥 상태로 내려가거나 광화학 생성물을 만들어야 한다. 따라서 복사 과정, 비복사 과정, 광화학 반응에 의해서 비활성화되는 전체 분자수는 빛을 흡수하여 생긴 들뜬 화학종의 수와 같아야 한다. 그리하여 **모든** 광물리학 및 광화학 사건 i에 대한 일차 수득률 ϕ_i의 합은 들뜬 상태가 관여하는 반응의 수와 무관하게 1이 되어야 한다. 즉

$$\sum_i \phi_i = \sum_i \frac{v_i}{I_{abs}} = 1 \qquad (93.2)$$

따라서 93.1절에서 설명한 광물리학 과정을 통해서만(반응하지 않고) 바닥 상태로 이완되는 들뜬 단일항 상태의 경우에는 다음과 같이 된다.

$$\phi_F + \phi_{IC} + \phi_{ISC} = 1$$

여기서 ϕ_F, ϕ_{IC}, ϕ_{ISC}는 각각 형광, 내부 전환, 계간 교차에

대한 양자 수득률이다. 만일 계간 교차가 삼중항 상태를 형성한다면, 형광과 인광에 의한 광자 방출의 양자 수득률은 $\phi_{\text{emission}} = \phi_F + \phi_P$로, 1보다 작다. 만일 들뜬 단일항 상태도 일차 광화학 반응에 참여하고, 그 양자 수득률을 ϕ_r이라고 하면 다음과 같이 된다.

$$\phi_F + \phi_{IC} + \phi_{ISC} + \phi_r = 1$$

식 93.1과 식 93.2에 의해, 이미 나타낸 반응 속도와 일차 양자 수득률 사이의 관계를 조금 더 강화시킬 수 있다. 식 93.2의 덧셈으로부터 상수 I_{abs}를 빼낸 다음, 정리를 하면 $I_{abs} = \Sigma_i v_i$가 된다. 그리고 이 결과를 식 93.2에 넣어 주면 다음과 같은 일반적인 결과를 얻을 수 있다.

$$\phi_i = \frac{v_i}{\sum_i v_i} \tag{93.3}$$

따라서 일차 양자 수득률은 들뜬 상태를 완화시키는 **모든** 광물리학적 및 광화학적 과정에 대한 속도 측정 결과로부터 직접 결정할 수 있다.

93.3 들뜬 단일항 상태의 이완 메커니즘

화학 반응이 일어나지 않는 상태에서 다음과 같은 들뜬 단일항 상태의 생성과 이완을 생각해 보자.

흡광:	$S + h\nu_i \rightarrow S^*$	$v_{abs} = I_{abs}$
형광:	$S^* \rightarrow S + h\nu_f$	$v_F = k_F[S^*]$
내부 변환:	$S^* \rightarrow S$	$v_{IC} = k_{IC}[S^*]$
계간 교차:	$S^* \rightarrow T^*$	$v_{ISC} = k_{ISC}[S^*]$

여기서 S는 흡수하는 단일항 상태의 화학종, S*는 들뜬 단일항 상태, T*는 들뜬 삼중항 상태, $h\nu_i$와 $h\nu_f$는 각각 입사 광자와 형광 광자의 에너지이다. 토픽 86에서 도입한 방법과 들뜬 단일항 상태 S*가 생성되고 이완되는 단계들의 반응 속도로부터 S*의 생성 속도와 이완 속도를 다음과 같이 나타낼 수 있다.

$$\text{S*의 생성 속도} = I_{abs}$$
$$\text{S*의 이완 속도} = k_F[S^*] + k_{ISC}[S^*] + k_{IC}[S^*] = (k_F + k_{ISC} + k_{IC})[S^*]$$

따라서 빛을 끄면 들뜬 상태가 일차 속도 과정에 따라 이완되며, S*의 농도가 시간 t에 따라 다음과 같이 변한다.

$$[S^*](t) = [S^*]_0 e^{-t/\tau_0} \tag{93.4}$$

여기서 τ_0은 첫 번째로 들뜬 단일항 상태의 **관측 수명**(**observed lifetime**, τ_0)이며, 다음과 같이 정의된다.

$$\tau_0 = \frac{1}{k_F + k_{ISC} + k_{IC}} \quad \text{정의} \quad \text{들뜬 단일항 상태의 관측 수명} \tag{93.5}$$

아래 **증명**에서 형광의 양자 수득률이 다음과 같이 됨을 알 수 있다.

$$\phi_{F,0} = \frac{k_F}{k_F + k_{ISC} + k_{IC}} \quad \text{형광의 양자 수득률} \tag{93.6}$$

증명 93.1 형광의 양자 수득률

대부분의 형광 측정은 비교적 묽은 시료에 연속적이고 강한 빛살을 쬐어줌으로써 수행된다. 따라서 [S*]는 작고 일정하므로 정류 상태 근사(토픽 86)를 적용할 수 있으며, 다음과 같이 쓸 수 있다.

$$\frac{d[S^*]}{dt} = I_{abs} - k_F[S^*] - k_{ISC}[S^*] - k_{IC}[S^*] = I_{abs} - (k_F + k_{ISC} + k_{IC})[S^*] \approx 0$$

결과적으로

$$I_{abs} = (k_F + k_{ISC} + k_{IC})[S^*]$$

이 식과 식 93.1b를 이용하면 형광의 양자 수득률을 다음과 같이 쓸 수 있다.

$$\phi_{F,0} = \frac{v_F}{I_{abs}} = \frac{k_F[S^*]}{(k_F + k_{ISC} + k_{IC})[S^*]}$$

여기서 [S*]를 소거하면 식 93.6으로 간단히 된다.

관측된 형광 수명은 펄스 레이저 기법(토픽 40)을 이용하여 측정할 수 있다. 즉 먼저 시료 S가 강하게 흡수하는 파장을 사용한 짧은 레이저 펄스를 가지고 시료를 들뜨게 한다. 그런 다음 펄스가 가해진 후의 형광 세기의 지수함수적인 이완을 고속 형광 검출 장치를 이용하여 관찰한다. 그러면 식 93.5와 93.6으로부터 다음 관계를 얻을 수 있다.

$$\tau_0 = \frac{1}{k_F + k_{ISC} + k_{IC}} = \frac{k_F}{k_F + k_{ISC} + k_{IC}} \times \frac{1}{k_F} = \frac{\phi_{F,0}}{k_F} \tag{93.7}$$

간단한 예 93.2 형광 속도 상수

물속에서 트립토판의 형광 양자 수득률과 관측된 형광 수명은 각각 $\phi_{F,0} = 0.20$, $\tau_0 = 2.6$ ns이다. 따라서 식 93.7에 의해 형광 속도 상수 k_F는 다음과 같게 된다.

$$k_F = \frac{\phi_{F,0}}{\tau_0} = \frac{0.20}{2.6 \times 10^{-9}\,\text{s}} = 7.7 \times 10^7\,\text{s}^{-1}$$

자가 진단 93.3 어떤 물질의 형광 양자 수득률은 $\phi_{F,0}=0.35$이다. 이 물질의 형광 수명을 측정하는 실험에서, 이완되는 형광 방출의 반감기는 5.6 ns로 관측되었다. 이 물질의 형광 속도 상수를 결정하시오.

답: $k_F=4.3\times10^7\ s^{-1}$

93.4 소광

들뜬 상태의 수명이 다른 화학종의 존재 때문에 단축되는 것을 **소광**(**quenching**)이라고 한다. 소광은 에너지나 전자의 이동과 같은 바람직스런 과정일 수도 있고, 또 원하는 광화학 과정의 양자 수득률을 떨어뜨릴 수 있는 원치 않는 부반응일 수도 있다. 소광 효과는 광화학적 반응에 관여되는 들뜬 상태로부터 나오는 방출을 측정하여 연구할 수 있다.

소광제 Q를 첨가하면 S*가 비활성화되는 다음과 같은 하나의 추가 경로가 열리게 된다.

소광: $S^*+Q\rightarrow S+Q \qquad v_Q=k_Q[Q][S^*]$

아래 **증명**에서 유도되는 **Stern–Volmer 식**(**Stern–Volmer equation**)은 소광제가 없을 때 측정한 형광 양자 수득률 $\phi_{F,0}$와, 소광제가 몰농도 [Q]로 존재할 때 측정된 형광 양자 수득률 ϕ_F 사이의 관계를 나타낸다.

$$\frac{\phi_{F,0}}{\phi_F}=1+\tau_0 k_Q[Q] \qquad \text{Stern–Volmer 식} \qquad (93.8)$$

따라서 $\phi_{F,0}/\phi_F$를 [Q]에 대해서 도시하면 기울기가 $\tau_0 k_Q$인 직선이 나와야 한다. 이러한 도시를 **Stern–Volmer 도시**(**Stern–Volmer plot**, 그림 93.1)라고 하는데, 이 방법은 인광 소멸에도 적용될 수 있다.

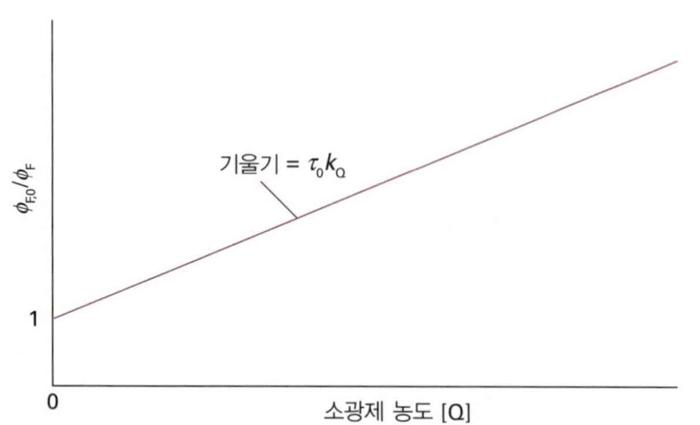

그림 93.1 Stern–Volmer 도시의 형식. 기울기는 소멸 속도 상수와 소광제가 없을 때의 관측 형광 수명으로 해석한다.

증명 93.2 Stern-Volmer 식

소광제를 가한 상태에서 [S*]에 정류 상태 근사를 적용시키면 다음과 같이 된다.

$$\frac{d[S^*]}{dt}=I_{abs}-(k_F+k_{ISC}+k_{IC}+k_Q[Q])[S^*]\approx 0$$

그리고 소광제가 존재할 때의 형광 양자 수득률은 다음과 같다.

$$\phi_F=\frac{k_F}{k_F+k_{ISC}+k_{IC}+k_Q[Q]}$$

이 식은 다음과 같이 된다.

$$\begin{aligned}\frac{\phi_{F,0}}{\phi_F}&=\frac{k_F}{k_F+k_{ISC}+k_{IC}}\times\frac{k_F+k_{ISC}+k_{IC}+k_Q[Q]}{k_F}\\&=\frac{k_F+k_{ISC}+k_{IC}+k_Q[Q]}{k_F+k_{ISC}+k_{IC}}\\&=1+\frac{k_Q}{k_F+k_{ISC}+k_{IC}}[Q]\end{aligned}$$

식 93.7을 이용하면, 이 식은 식 93.8로 간단하게 된다.

형광 세기와 수명은 모두 형광 양자 수득률에 비례하므로(구체적으로 식 93.7로부터 $\tau=\phi_F/k_F$), $I_{F,0}/I_F$와 τ_0/τ(첨자 0은 소광제가 없는 조건에서 측정한 값을 나타냄)를 [Q]에 대해서 도시하면 식 93.8에서 나타난 것과 똑같은 기울기와 절편의 직선이 나와야 한다.

예제 93.2 소광 속도 상수의 결정

2,2′-바이피리딘(**1**, bpy) 분자는 Ru^{2+} 이온과 착물을 만든다. 이 착물 루테늄(II) 트리스-(2,2′-바이피리딜) $[Ru(bpy)_3]^{2+}$(**2**)은 450 nm에서 강한 금속 리간드 전하 이동(metal-to-ligand charge transfer, MLCT) 전이를 일으킨다(토픽 45).

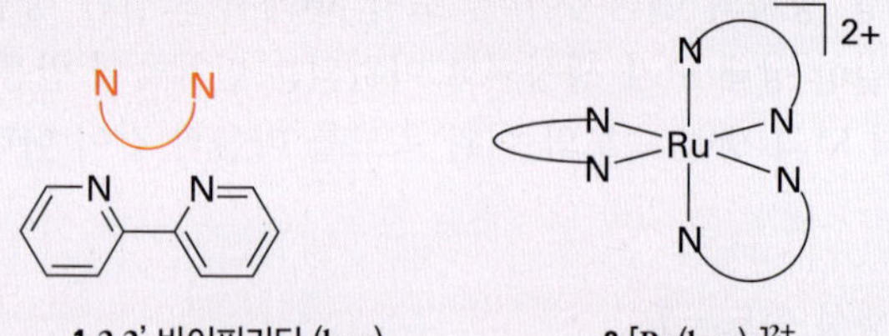

산성 용액 속에서 $Fe(OH_2)_6^{3+}$에 의한 들뜬 상태 $^*Ru(bpy)_3^{2+}$의 소광은 600 nm에서의 발광 수명을 측정함으로써 관측되었다. 다음 데이터를 이용하여 이 반응에 대한 소광 속도 상수를 결정하시오.

$[Fe(OH_2)_6^{3+}](10^{-4}\ mol\ dm^{-3})$	0	1.6	4.7	7	9.4
$\tau(10^{-7}\ s)$	6	4.05	3.37	2.96	2.17

방법 수명 데이터를 이용하기 위하여 Stern–Volmer 식(식 93.8)을 고쳐 쓴다. 이어서 이 데이터를 직선에 맞춘다.

풀이 식 93.8에서 $\phi_{F,0}/\phi_F$에 대하여 τ_0/τ를 치환하고 다시 정리하면 다음과 같은 식을 얻는다.

$$\frac{1}{\tau}=\frac{1}{\tau_0}+k_Q[Q]$$

그림 93.2는 $1/\tau$를 $[Fe^{3+}]$에 대해서 도시하여 이 식에 맞춘 결과를 보여 준다. 직선의 기울기는 2.8×10^9이고, 따라서 $k_Q = 2.8\times10^9\ dm^3\ mol^{-1}\ s^{-1}$이다. 이 예제는 발광 수명을 측정하면 k_Q의 값이 직접 얻어지기 때문에 이것을 측정하는 것이 바람직스럽다는 것을 보여 주는 것이다. 세기나 양자 수득률 측정으로부터 k_Q의 값을 결정하려면 개별적으로 τ_0를 측정해야 한다.

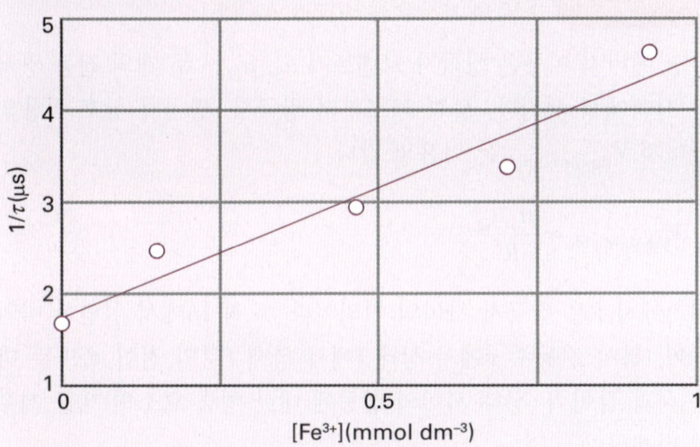

그림 93.2 예제 93.2에 대한 데이터의 Stern–Volmer 도시

자가 진단 93.4 수용액 속에서 트립토판 형광이 용해된 O_2 기체에 의해서 소멸되는 것을 348 nm에서의 발광 수명을 측정함으로써 관측하였다. 다음 데이터를 이용하여 이 과정에 대한 소광 속도 상수를 구하시오.

$[O_2](10^{-2}\ mol\ dm^{-3})$	0	2.3	5.5	8	10.8
$\tau(10^{-9}\ s)$	2.6	1.5	0.92	0.71	0.57

답: $1.3\times10^{10}\ dm^3\ mol^{-1}\ s^{-1}$

들뜬 단일항(또는 삼중항) 상태의 통상적인 이분자도 소광 과정에 대한 메커니즘은 다음과 같은 세 가지이다.

충돌성 소광:	$S^*+Q \rightarrow S+Q$
공명 에너지 이동:	$S^*+Q \rightarrow S+Q^*$
전자 이동:	$S^*+Q \rightarrow S^{+/-}+Q^{-/+}$

소광 속도 상수 자체는 소광 메커니즘을 밝히는 데 별 도움이 안 된다. 예제 93.2의 계에 대하여, 들뜬 상태 $Ru(bpy)_3^{2+}$의 소광은 Fe^{3+}로 전자가 이동한 결과로 일어나지만, 소광 실험 데이터를 가지고 이 메커니즘을 증명할 수 없는 것으로 알려져 있다.

그러나 충돌성 소광, 공명 에너지 이동, 전자 이동의 상대적 효율을 좌우하는 일부 기준이 있다. 충돌성 소광은 *Q*가 아이오딘화 이온과 같은 무거운 종일 때 특히 효과적인데, 이러한 종은 S^*로부터 에너지를 받은 다음, 열로서 에너지를 내놓으며 바닥 상태로 일차적으로 이완된다. 토픽 94에서 자세히 설명하겠지만, R.A. Marcus가 1965년에 제안한 전자 이동에 관한 **Marcus 이론**(**Marcus theory**)에 의하면, 전자 이동(바닥 상태나 들뜬 상태로부터) 속도는 다음 조건들에 의존한다.

- 주개와 받개 사이의 거리: 전자 이동은 주개와 받개 사이의 거리가 감소함에 따라 더 효율적으로 일어난다.
- 반응 Gibbs 에너지 Δ_rG: 전자 이동은 반응의 자유 에너지가 감소할수록 더 효율적으로 일어난다(토픽 94에서 본 것과 같은 점까지). 예를 들어 S가 효과적으로 광산화되기 위해서는 전기 화학 계열(토픽 77)에 이르는 열역학 원리로부터 S^*의 환원 전위가 Q의 환원 전위보다 낮아야 한다.
- 재배열 에너지: 전자 이동 과정에서의 주개, 받개, 용매 매질의 분자 재배열에 의해서 에너지 비용을 발생시킨다. 이 재배열 에너지가 반응 Gibbs 에너지와 거의 일치할수록 전자 이동 속도는 증가할 것으로 예상된다.

전자 이동은 또한 시간 분해 분광법(토픽 40)으로 연구될 수도 있다. 산화 생성물과 환원 생성물은 흔히 이들의 중성인 모체 화합물과 뚜렷하게 구별되는 전자 흡수 스펙트럼을 갖는다. 따라서 펄스 레이저에 의해서 들뜨게 한 후의 흡수 스펙트럼에서, 이와 같이 알려진 특징이 빠르게 나타나면 전자 이동에 의한 소광이라고 볼 수 있다. 다음 절에서 공명 에너지 이동을 더 자세히 설명한다.

93.5 공명 에너지 이동

에너지 이동 과정 $S^*+Q \rightarrow S+Q^*$를 다음과 같이 그려 보자. 입사되는 전자기 복사의 진동하는 전기장은 S에 진동하는 전기 쌍극자 모멘트를 유발시킨다. 만일 입사 복사선의 진동수가 $\nu=\Delta E_S/h$라면, 에너지가 S에 의해서 흡수될 것이다. 여기에서 ΔE_S는 S의 바닥 상태와 들뜬 전자 상태 사이의 에너지 차이고, h는 Planck 상수이다. 이것은 복사선이 흡수될 수 있는 '공명 조건'(본질적으로 토픽 4의 식 4.4인 Bohr의 진동수 조건)이다. 그러면 S의 진동 쌍극자는 근처의 Q 분자에 결합되어 있는 전자에 영향을 주어 진동 쌍극자 모멘트를 유발시킨다. 만일 S의 진동 쌍극자 모멘트의 진동수가

$\nu = \Delta E_Q/h$일 경우에는 Q가 S로부터 에너지를 흡수하게 될 것이다.

공명 에너지 이동의 효율 η_T는 다음과 같이 정의된다.

$$\eta_T = 1 - \frac{\phi_F}{\phi_{F,0}} \quad \text{정의 공명 에너지 이동의 효율} \quad (93.9)$$

공명 에너지 이동에 관한 **Förster 이론(Förster theory)**에 의하면, 공명 에너지 이동은 다음과 같은 경우에 효과적이다.

- 에너지 주개와 받개 사이의 거리가 나노미터 정도로 짧게 떨어져 있을 때
- 들뜬 상태의 주개로부터 방출된 광자가 받개로 직접 흡수될 때

공유 결합이나 단백질 골격으로 단단하게 묶여 있는 주개–받개 계의 경우에는 에너지 이동 효율 η_T가 다음 식에서와 같이 거리 R이 감소함에 따라 증가한다.

$$\eta_T = \frac{R_0^6}{R_0^6 + R^6} \quad \text{주개–받개 거리로 나타낸 에너지 이동의 효율} \quad (93.10)$$

여기서 R_0는 각 주개–받개 쌍의 특성인 파라미터(거리의 단위를 갖는)이다. 이것은 주어진 주개–받개 쌍에 대하여 에너지 이동의 효율이 50%인 곳에서의 거리로 간주될 수 있다. (식 93.10에서 $R = R_0$를 사용함으로써 이 주장을 증명할 수 있다.) 식 93.10은 실험적으로 확인되었으며, 많은 주개–받개 쌍에 대한 R_0 값이 알려져 있다(표 93.3).

분자의 방출 및 흡수 스펙트럼은 일정한 파장 영역에 걸쳐 있으며, 따라서 Förster 이론의 두 번째 조건은 주개 분자의 방출 스펙트럼이 받개의 흡수 스펙트럼과 상당한 정도로 겹쳐져야 충족된다. 이 겹쳐지는 영역에서 주개가 방출하는 광자는 받개가 흡수해야 하는 적합한 에너지를 갖는다(그림 93.3).

표 93.3 일부 주개–받개 쌍에 대한 R_0 값*

주개‡	받개	R_0(nm)
나프탈렌	Dansyl	2.2
Dansyl	ODR	4.3
피렌	쿠마린	3.9
1,5-I AEDANS	FITC	4.9
트립토판	1,5-I AEDANS	2.2
트립토판	헴	2.9

*더 많은 값들이 다음 문헌에 수록되어 있다. J.R. Lacowicz, *Principles of fluorescence spectroscopy*, Kluwer Academic/Plenum (1999).

‡약자: Dansyl: 5-dimethylamino-1-naphthalenesulfonic acid

FITC: fluorescein 5-isothiocyanate

1,5-I AIEDANS: 5-((((2-iodoacetyl)amino)ethyl)amino)naphthalene-1-sulfonic acid

ODR: octadecyl-rhodamine

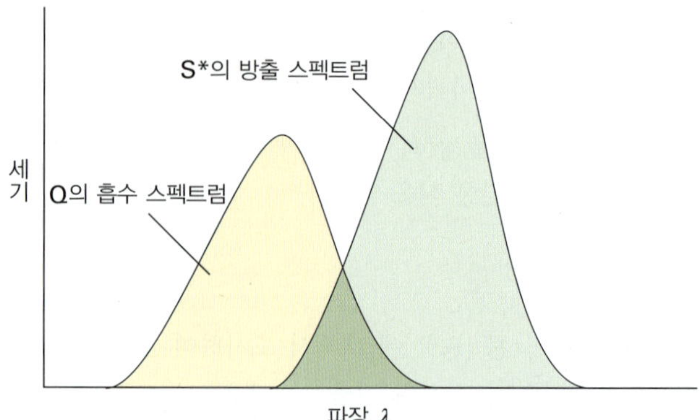

그림 93.3 Förster 이론에 의하면, 들뜬 상태에 있는 분자 S*로부터 소광제 분자 Q로의 에너지 이동 속도는 S*의 방출 스펙트럼이 Q의 흡수 스펙트럼과 겹쳐지는(진한 초록색으로 표시된 부분) 복사 진동수에서 최적의 값을 갖는다.

증명 93.3 공명 에너지 이동의 Förster 이론

공명 에너지 이동은 쌍극자 모멘트가 μ_S, μ_Q인 두 개의 진동 쌍극자 사이에서 생긴다. 토픽 35로부터 쌍극자–쌍극자 상호 작용의 에너지 $V_{\text{dipole–dipole}}$은 다음과 같다.

$$V_{\text{dipole–dipole}} \propto \frac{\mu_S \mu_Q}{R^3}$$

여기에서 R은 쌍극자 사이의 거리이다. 토픽 16에서 설명한 바와 같이, 복사 진동수 ν에서 상태 i에서 상태 f로의 전이 속도는 다음 식과 같이 두 상태 사이의 섭동에 대한 행렬 요소의 제곱 계수에 비례한다.

$$w_{f\leftarrow i} \propto \left|H_{fi}^{(1)}\right|^2$$

에너지 이동에 있어서 초기와 최종 상태의 파동함수는 각각 $\psi_{S^*}\psi_Q$, $\psi_S\psi_{Q^*}$로 나타낼 수 있으며, $H^{(1)}$은 $V_{\text{dipole–dipole}}$로부터 쓸 수 있다. 따라서 고정된 거리 R에서의 에너지 이동 속도 w_T는 다음과 같이 주어진다.

$$\begin{aligned} w_T &\propto \frac{1}{R^6}\left(\int \psi_S\psi_{Q^*}\mu_S\mu_Q\psi_{S^*}\psi_Q \mathrm{d}\tau\right)^2 \\ &= \frac{1}{R^6}\left(\int \psi_S\mu_S\psi_{S^*}\mathrm{d}\tau\right)^2\left(\int \psi_{Q^*}\mu_Q\psi_Q\mathrm{d}\tau\right)^2 \end{aligned}$$

S와 관련된 항들은 좌표의 함수로서 Q와 관련된 함수에 대한 것들과는 무관하다는 사실을 사용하였다. 늘 그렇듯이 이론적인 표현에 대하여 해석할 필요가 있으며, 이 경우 다음과 같음을 알게 된다.

- 에너지 이동의 속도는 R^{-6}에 비례하는 것을 이 이론은 정확하게 예측한다.
- 위의 마지막 식에서의 적분은 진동수 ν에서의 전이 쌍극자 모멘트의 제곱으로서, 첫 번째 항은 S*가 S로 방출되는 것에 해당되며, 두 번째 항은 Q에서 Q*로의 흡수에 해당한다. 따

라서 이 이론은 S*에 의한 복사선 방출과 Q에 의한 복사선 흡수가 모두 진동수 ν에서 효율적일 때 에너지 이동 속도가 최적화된다는 것을 예측한다.

실제로, 에너지 이동 속도 자체가 아니라 에너지 이동 효율을 측정하는 것이 더 편리하다. 양자 수득률이 속도의 비로 정의되는 것과 거의 마찬가지로, 에너지 이동 효율 η_T도 다음과 같은 비로 정의할 수 있다.

$$\eta_T = \frac{w_T}{w_T + w_0} \qquad w_0 = (k_F + k_{IC} + k_{ISC})[S^*] \tag{93.11}$$

여기에서 w_0는 소광제가 없을 때 S*의 비활성화 속도이다. 효율은 받개가 존재하지 않을 때와 존재할 때 주개의 실험적인 형광 양자 수득률이 각각 $\phi_{F,0}$, ϕ_F인 항으로 표현될 수 있다. 이어서 식 93.3을 사용하면 다음과 같이 쓸 수 있다.

$$\phi_{F,0} = \frac{v_F}{w_0} \qquad \phi_F = \frac{v_F}{w_0 + w_T}$$

여기에서 v_F는 형광 속도이다. 이 결과를 식 93.11에 치환한 다음 약간의 대수적 연산을 하면 식 93.9가 된다.

대안으로 w_0는 S와 Q의 특정한 쌍에 대하여 $w_T = w_0$인 고유 거리 파라미터 R_0의 항(표 93.3)으로 표시할 수 있다. $w_T \propto R^{-6}$, $w_0 \propto R_0^{-6}$을 사용함으로써 η_T는 식 93.10으로 재배열될 수 있다.

식 93.10은 **형광 공명 에너지 이동(fluorescence resonance energy transfer**, FRET)의 근거를 형성하는데, 에너지 이동 효율 η_T의 에너지 주개와 받개 사이의 거리 R에 대한 의존성은 생물학적 계에서의 간격을 측정하는 데 이용된다. 전형적인 FRET 실험에서는 생중합체나 세포막의 자리에 에너지 주개로 공유 결합적 표지를 붙이고, 다른 또 하나의 자리에는 에너지 받개로 공유 결합적 표지를 붙인다. 경우에 따라서는 주개 또는 받개가 아미노산기, 보조 인자, 혹은 효소 기질과 같은 계의 천연적 성분이 되기도 한다. 그러면 두 표지 사이의 거리는 알고 있는 R_0 값과 식 93.10으로부터 구해진다. 이 FRET 방법은 1~9 nm 범위의 간격을 측정하는 데 유용하다는 것이 여러 실험 결과로 밝혀졌다.

간단한 예 93.3 FRET 방법

FRET 방법의 실례로서 단백질 로돕신에 관한 연구를 생각해 보자. 로돕신 표면의 아미노산에 에너지 주개 1,5-I AEDANS(**3**)를 공유 결합적 표지로 붙여 주면, 이 표지의 형광 양자 수득률이 시각 색소 11-*cis*-레틴알(**4**)에 의한 소광 작용에 의해서 0.75로부터 0.68 분율로 감소한다. 따라서 식 93.9를 이용하여 계산하면 $\eta_T = 1-(0.68/0.75) = 0.093$이 되며, 식 93.10과 1,5-I AEDANS/11-*cis*-레틴알 쌍 사이의 알려진 값인 $R_0 = 5.4$ nm로부터 $R = 7.9$ nm가 계산된다. 따라서 이 단백질 표면과 11-*cis*-레틴알 사이의 거리를 7.9 nm라고 볼 수 있다.

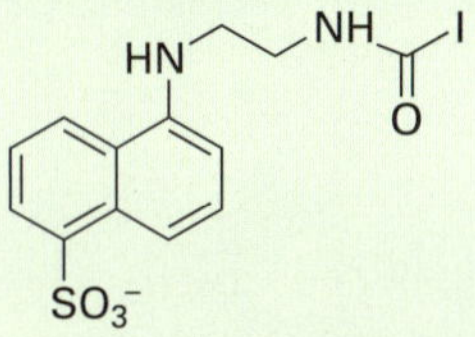

HN NH I O SO$_3^-$ CHO

3 1,5-I AEDANS 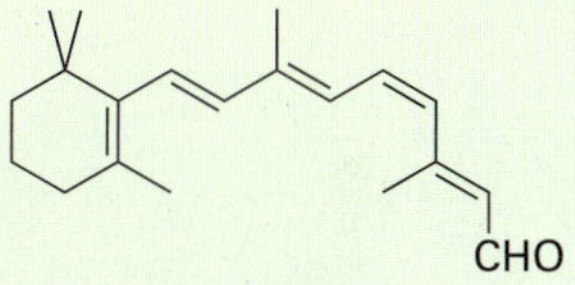 **4** 11-*cis*-레틴알

자가 진단 93.5 단백질 표면의 한 아미노산은 1,5-I AEDANS와 공유 결합적 표지로 붙여져 있고, 다른 하나는 FITC(fluorescein 5-isothiocyanate)와 공유 결합적 표지로 붙여져 있다. 1,5-I AEDANS의 형광 양자 수득률은 FITC에 의한 소광 작용으로 인해 10%가 감소하였다. 이 아미노산 사이의 거리는 얼마인가?

답: 7.1 nm

주개와 받개 분자가 용액 속이나 기체상 속에서 확산될 수 있을 때는, 주개와 받개들이 충돌하는 사이에 이동하는 평균 거리가 감소함에 따라 에너지 이동에 의한 소광 효율이 증가한다고 Förster 이론은 예측한다. 즉 Stern–Volmer 식으로 예상되는 바와 같이, 소광 효율은 소광제의 농도에 따라 증가한다.

개념 확인

- ☐ 1. 광화학 반응의 **일차 양자 수득률**은 흡수되는 각 광자에 대하여 특정된 일차 생성물을 만들어 내는 반응물 분자의 수이다.
- ☐ 2. 들뜬 상태의 **관측 수명**은 양자 수득률 및 방출 속도 상수와 관련되어 있다.
- ☐ 3. **Stern–Volmer 도시**는 용액의 형광 소멸의 반응 속도론을 연구하는 데 사용된다.
- ☐ 4. 충돌성 소광, 전자 이동, 공명 에너지 이동은 통상적인 형광 소광 과정이다.
- ☐ 5. 주개와 받개 분자들 사이의 거리가 증가함에 따라 공명 에너지 이동의 효율은 감소한다.

식 확인

성질	식	비고	식 번호
일차 양자 수득률	$\phi = v/I_{abs}$		93.1b
들뜬 상태의 수명	$\tau_0 = 1/(k_F + k_{ISC} + k_{IC})$	소광제가 없을 때	93.5
형광 양자 수득률	$\phi_{F,0} = k_F/(k_F + k_{ISC} + k_{IC})$	소광제가 없을 때	93.6
들뜬 상태의 관측 수명	$\tau_0 = \phi_{F,0}/k_F$		93.7
Stern–Volmer 식	$\phi_{F,0}/\phi_F = 1 + \tau_0 k_Q[Q]$		93.8
공명 에너지 이동의 효율	$\eta_T = 1 - \phi_F/\phi_{F,0}$	정의	93.9
	$\eta_T = R_0^6/(R_0^6 + R^6)$	Förster 이론	93.10

토픽 94

균일계에서의 전자 이동

내용

➤ 학습 목표

단백질이 결합된 보조 인자 사이 또는 단백질 사이에서의 전자 이동 반응은 광합성을 포함한 다양한 생물학적 과정에서 중요한 역할을 담당한다. 전자 이동은 또한 균일한 비생물학적 촉매에서도 중요하다.

➤ 핵심 내용

주개–받개 복합체에서의 전자 이동 속도 상수는 전자 주개와 받개 사이의 거리, 표준 반응 Gibbs 에너지, 그리고 원자들이 특정 배열에 도달하는 데 필요한 에너지에 의존한다.

➤ 미리 알기

이 토픽에서는 전이 상태 이론(토픽 89)을 적용한다. 또한 터널링의 개념(토픽 10), 정류 상태 근사(토픽 86), Franck–Condon 원리(토픽 45), 섭동에 의해 영향을 받는 계의 변화 속도에 대한 논의(토픽 16)를 적용한다.

여기에서는 균일한 계에서 분자들 사이에 전자가 이동되는, 언뜻 보기에는 간단한 과정에 전이 상태 이론과 양자론의 개념을 적용시켜 보고자 한다. 속도 상수를 계산하기 위한 이론적인 방법을 설명하고, 단백질 복합체를 포함한 다양한 계에서 실험적인 결과를 강조하는 이론을 논의하기로 한다. 상당히 괜찮은 정확성을 갖는 전자 이동의 속도를 예측하는 데 상대적으로 간단한 식이 사용될 수 있다는 것을 알게 될 것이다.

94.1 속도 법칙

용액 속에서 주개 화학종 D로부터 받개 화학종 A로 전자가 이동한다고 생각해 보자. 전체 반응은 다음과 같이 나타낼 수 있다.

$$\mathrm{D+A \rightarrow D^+ + A^-} \quad v = k_r[\mathrm{D}][\mathrm{A}] \tag{94.1}$$

메커니즘의 첫 단계는 반드시 D와 A가 용액 속에서 확산되어 서로 충돌하여 복합체 DA를 만드는 것이다. 이 복합체에서는 각각의 주개와 받개의 바깥 표면 양 끝 사이의 거리가 d 만큼 떨어져 있다고 생각한다.

$$\mathrm{D+A} \underset{k_a'}{\overset{k_a}{\rightleftharpoons}} \mathrm{DA} \tag{94.2a}$$

다음에는 DA 복합체 내부에서 전자 이동이 일어나서 $\mathrm{D^+A^-}$가 생긴다고 생각한다. 즉

$$\mathrm{DA} \underset{k_{et}'}{\overset{k_{et}}{\rightleftharpoons}} \mathrm{D^+A^-} \tag{94.2b}$$

$\mathrm{D^+A^-}$ 복합체는 또한 나누어질 수 있으며, 이온들은 용액 속으로 확산되어 나간다.

$$\mathrm{D^+A^-} \xrightarrow{k_d} \mathrm{D^+ + A^-} \tag{94.2c}$$

다음 **증명**에서는 이 모형의 근거를 보일 것이다.

$$\frac{1}{k_r} = \frac{1}{k_a} + \frac{k_a'}{k_a k_{et}}\left(1 + \frac{k_{et}'}{k_d}\right) \qquad \text{전자 이동 속도 상수} \tag{94.3}$$

증명 94.1 용액 속에서 전자 이동의 속도 상수

우선 전체 반응 속도(식 94.1)가 다음과 같이 해리 상태 이온의 생성 속도와 같다는 것을 확인하는 것에서 시작한다.

$$v = k_r[\mathrm{D}][\mathrm{A}] = k_d[\mathrm{D^+A^-}]$$

이 반응에는 2개의 반응 중간체 DA와 D^+A^-가 있게 되며, 이들에 정류 상태 근사(토픽 86)를 적용시킨다. 즉 다음 식으로부터

$$\frac{\mathrm{d}[\mathrm{D^+A^-}]}{\mathrm{d}t} = k_{et}[\mathrm{DA}] - k'_{et}[\mathrm{D^+A^-}] - k_d[\mathrm{D^+A^-}] = 0$$

이것은 다음과 같이 되며

$$[\mathrm{DA}] = \frac{k'_{et} + k_d}{k_{et}}[\mathrm{D^+A^-}]$$

DA에도 정류 상태 근사를 적용시키면

$$\begin{aligned}\frac{\mathrm{d}[\mathrm{DA}]}{\mathrm{d}t} &= k_a[\mathrm{D}][\mathrm{A}] - k'_a[\mathrm{DA}] - k_{et}[\mathrm{DA}] + k'_{et}[\mathrm{D^+A^-}] \\ &= k_a[\mathrm{D}][\mathrm{A}] - \left\{\frac{(k'_a + k_{et})(k'_{et} + k_d)}{k_{et}} - k'_{et}\right\}[\mathrm{D^+A^-}] = 0\end{aligned}$$

그러면 위의 두 관계로부터 다음 결과를 얻을 수 있다

$$[\mathrm{D^+A^-}] = \frac{k_a k_{et}}{k'_a k'_{et} + k'_a k_d + k_d k_{et}}[\mathrm{D}][\mathrm{A}]$$

이 식에 k_d를 곱해 주면, 결과 식인 전자 이동 속도에 관한 식 $v = k_r[\mathrm{D}][\mathrm{A}]$를 얻을 수 있으며, k_r이 다음과 같이 주어진다.

$$k_r = \frac{k_a k_{et} k_d}{k'_a k'_{et} + k'_a k_d + k_d k_{et}}$$

식 94.3을 얻기 위해서는 위 식 우변의 분자와 분모를 $k_d k_{et}$로 나누고 k_r의 역수에 대하여 풀면 된다.

식 94.3과 용액 속에서의 전자 이동 속도를 결정하는 요인을 통찰하기 위해서 D^+A^-의 주된 이완 경로를 복합체가 이온으로 해리되거나, 또는 $k_d \gg k'_{et}$ 및 $1 + k'_{et}/k_d \approx 1$이라고 가정해 보자. 그러면 다음과 같은 결과를 얻을 수 있다.

$$\frac{1}{k_r} \approx \frac{1}{k_a} + \frac{k'_a}{k_a k_{et}} = \frac{1}{k_a}\left(1 + \frac{k'_a}{k_{et}}\right)$$

- $k_{et} \gg k'_a$일 때는 $k_r \approx k_a$가 되고, 생성물의 생성 속도는 용액 속에서 A와 D의 확산 속도에 의해서 조절되며, 이는 DA 복합체의 생성을 촉진시키게 된다.
- $k_{et} \ll k'_a$일 때는 $k_r \approx (k_a/k'_a)k_{et} = Kk_{et}$가 되며, 여기에서 K는 확산 접촉에 대한 평형 상수이다. 이 과정은 k_{et}, 즉 DA 복합체 속에서 전자 이동의 활성화 에너지에 의해서 조절된다.

물리적 해석

94.2 속도 상수

다음과 같은 전이 상태 이론(토픽 89)으로부터의 영향을 도입하여 더 분석할 수 있다.

$$k_{et} \propto \mathrm{e}^{-\Delta^{\ddagger}G/RT} \tag{94.4}$$

여기서 $\Delta^{\ddagger}G$는 활성화 Gibbs 에너지이다. 따라서 남은 과제는 비례 상수와 $\Delta^{\ddagger}G$에 대한 식을 구하는 것이다.

이 전자 이동 과정의 이론에 대한 다음과 같은 두 가지 중요한 면에 관해서 집중적으로 설명하고자 하는데, 이 이론은 R.A. Marcus, N.S. Hush, V.G. Levich, R.R. Dogonadze에 의해서 독립적으로 발전된 것이다.

- 전자는 퍼텐셜 에너지 장벽을 투과하는 터널 현상에 의해서 이동되는데, 이 장벽의 높이는 부분적으로 DA와 D^+A^- 복합체의 이온화 에너지에 의해서 결정된다. 전자의 터널 투과는 비례 상수의 크기에 영향을 준다.
- 복합체 DA와 이것을 둘러싸고 있는 용매 분자는 전자가 이동하기 전에 구조 재배열을 이룬다. 이들 재배열과 관련된 에너지와 표준 반응 Gibbs 에너지에 의해서 $\Delta^{\ddagger}G$가 결정된다.

Franck–Condon 원리(토픽 45)에 따르면 전자 전이는 너무 빨라 핵이 정지되어 있는 틀 안에서 일어나는 것으로 간주될 수 있다. 또한 이 원리는 전자가 구조상 DA 에너지에 의존함을 나타내는 하나의 에너지 곡면으로부터 D^+A^-의 에너지를 나타내는 또 하나의 에너지 곡면으로 이동하는 전자 이동 과정에 적용된다. 두 개의 복합체(반응 복합체 DA와 생성 복합체 D^+A^-)의 퍼텐셜 에너지(Gibbs 에너지) 곡면은 조화 진동자의 포물선 특성에 의하여 구조가 변하는 것에 대응되는 변위 좌표로서 나타낼 수 있다(그림 94.1). 이 좌표는 주개, 받개, 용매의 종합적인 운동 방식을 나타낸다. 그리하여 Franck–Condon 원리는 그림 94.1에서 DA의 배열이 열적 요동 후에 $q^{\ddagger}$가 되게 하는, 즉 두 포물선이 교차하는 핵 좌표 값에 있어 반응물과 생성물이 동일한 기하학적 배열을 가질 때에만 비로소 전자가 이동될 수 있음을 의미한다.

(a) 전자 터널링의 역할

식 94.4의 비례 상수는 계가 반응물(DA)로부터 좌표 $q^{\ddagger}$에서 열적으로 들뜬 DA 복합체 안에서 전자 이동에 의하여 생성물(D^+A^-)로 변환되는 확률의 척도이다. 이 과정을 이해하기 위해서는 주어진 D와 A 사이의 거리 d에서 핵 좌표의 재배열이 DA와 D^+A^-의 전자 에너지 준위에 미치는 효과를 생각해 보아야 한다(그림 94.2). 처음에는 이동되어야 할 전자

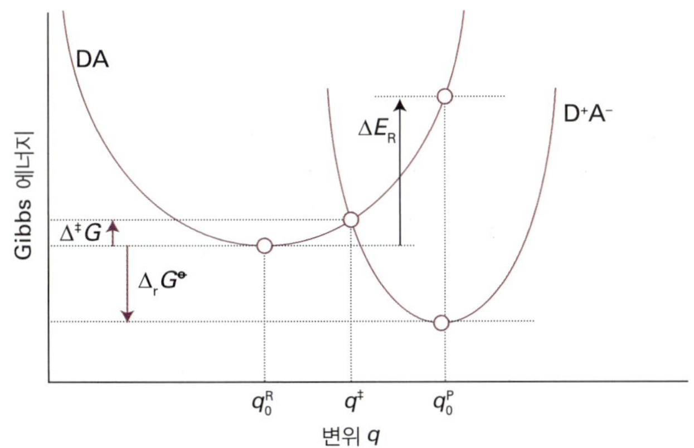

그림 94.1 전자 이동 과정에 관여하는 DA와 D^+A^- 복합체의 Gibbs 에너지 곡면은 조화 진동자의 포물선 특성으로 나타낼 수 있으며, 변위 좌표 q는 계의 기하학적 구조 변화에 대응한다.

가 DA의 HOMO를 점유하며, DA의 총 에너지는 D^+A^-보다 낮다(그림 94.2a). 핵들이 그림 94.2b의 $q^‡$로 표시되는 배열로 재배열되면, DA의 최고 점유 전자 준위와 D^+A^-의 최저 비점유 전자 준위가 축퇴되어 에너지면에서 전자 이동이 가능하게 된다. 비교적 짧은 거리 d에서 전자 이동의 주 메커니즘은 그림 94.2b에 나타난 바와 같이 퍼텐셜 에너지 장벽을 투과해 나가는 터널링이다. 전자가 DA의 HOMO로부터 D^+A^-의 LUMO로 이동한 다음에는, 계가 그림 94.2c의

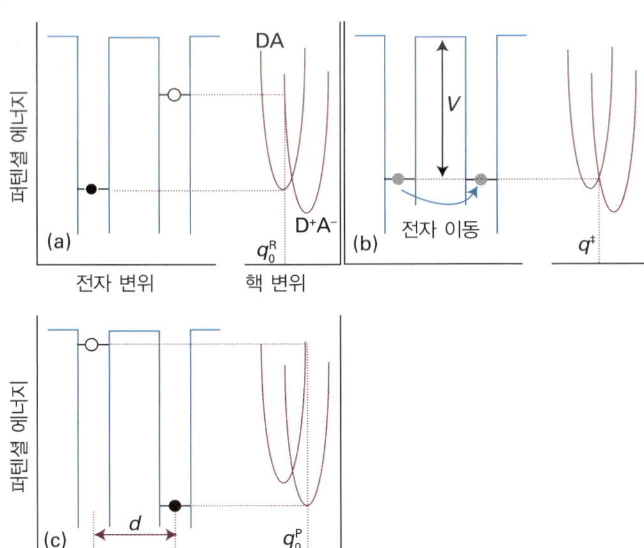

그림 94.2 (a) q_0^R로 표시되는 핵 배열에서는 DA에서 이전되어야 할 전자가 점유된 전자 에너지 준위에 있으며, D^+A^-의 최저 비점유 에너지 준위는 좋은 전자 빈개가 되기에는 에너지가 너무 높다. (b) 핵들이 $q^‡$로 표시되는 배열로 재배열됨에 따라 DA와 D^+A^-가 축퇴되고, 장벽을 투과하는 전자의 터널링에 의하여 전자 이동이 일어난다. (c) 계는 q_0^P로 표시되는 D^+A^-의 평형 핵 배열 상태로 완화된다. 이 상태에서는 DA의 최저 비점유 전자 상태 준위의 에너지가 D^+A^-의 최고 점유 전자 상태 준위보다 높게 된다. R.A. Marcus and N. Sutin(*Biochem. Biophys. Acta* **811**, 265 (1985))

q_0^P로 표시되는 배열로 이완된다. 이렇게 되면 그림에서와 같이 D^+A^-의 에너지가 DA보다 낮게 되며, 이것은 A가 환원된 채로, 그리고 D가 산화된 채로 남는 열역학적인 경향을 반영하는 것이다.

전자 이동을 일으키는 터널 현상은 파동함수 ψ_{DA}를 갖는 DA의 전자 준위로부터 파동함수 $\psi_{D^+A^-}$를 갖는 D^+A^-의 전자 준위로 전자 터널링을 하는 이 경우에 대한 것을 제외하고는 토픽 10에서 설명한 것과 비슷하다. 파동 함수 ψ_{DA}로 설명되는 준위로부터 파동함수 $\psi_{D^+A^-}$로 설명되는 준위로의 전자 전이 속도는 시간 의존 섭동 이론(토픽 16)으로부터 다음과 같은 적분의 제곱에 비례한다.

$$H_{et} = \int \psi_{DA} \hat{h} \psi_{D^+A^-} \mathrm{d}\tau$$

여기에서 $\hat{h}$는 전자 파동함수의 짝지음을 설명하는 Hamilton 연산자이다. 퍼텐셜 에너지 장벽을 투과하는 터널링의 확률은 전형적으로 거리에 대하여 지수함수적으로 의존하며, 따라서 H_{et}^2의 거리 의존성은 다음과 같을 것이라고 생각된다.

$$H_{et}(d)^2 = H_{et}^{\circ 2} e^{-\beta d} \tag{94.5}$$

여기에서 d는 D와 A의 끝과 끝 사이의 거리이며, β는 전자 상호 작용 행렬 요소의 감도를 거리로 측정하는 파라미터이고, H_{et}°는 D와 A가 접촉하였을 때($d=0$)의 전자 짝지음 행렬 요소의 값이다.

간단한 예 94.1 짝지음의 거리 의존성

β 값은 전자가 주개로부터 받개로 이동하기 위하여 통과하는 매질에 의존한다. 중개 매질이 주개와 받개 사이의 분자 연결상일 경우 $\beta \approx 9\ \mathrm{nm^{-1}}$인 반면, 진공에서는 $28\ \mathrm{nm^{-1}} < \beta < 35\ \mathrm{nm^{-1}}$이다. 단백질이 결합된 보조 인자 사이의 전자 이동은 약 2.0 nm까지의 거리에서 일어날 수 있으며, 이 거리는 대략 20개의 탄소 원자에 해당하며, 주개와 받개 사이에서 중개 매질을 제공하는 단백질과 같이 분자 수준에서는 먼 거리이다.

자가 진단 94.1 $\beta \approx 9\ \mathrm{nm^{-1}}$일 때 d가 1.0 nm에서 2.0 nm로 증가한다면 H_{DA}는 얼마만큼 변하는가?

답: 8100배 만큼 감소한다.

(b) 재배열 에너지

k_{et}에서 지수 앞자리 인자는 터널링 확률에 비례하며, 이제 식 94.5와 같이 $H_{et}(d)^2$에 비례한다. 따라서 k_{et}에 대한 전체 식은 다음과 같은 형태를 갖는다.

$$k_{\text{et}} = CH_{\text{et}}(d)^2 e^{-\Delta^{\ddagger}G/RT} \tag{94.6}$$

여기에서 C는 비례 상수이며, $H_{\text{et}}(d)^2$은 식 94.5에 주어졌다. 아래의 **증명**에서 활성화 Gibbs 에너지 $\Delta^{\ddagger}G$가 다음과 같음을 보일 것이다.

$$\Delta^{\ddagger}G = \frac{(\Delta_r G^{\ominus} + \Delta E_R)^2}{4\Delta E_R} \quad \text{활성화 Gibbs 에너지} \tag{94.7}$$

여기서 $\Delta_r G^{\ominus}$는 전자 이동 과정 $DA \rightarrow D^+A^-$의 표준 반응 Gibbs 에너지이며, ΔE_R은 **재배열 에너지**(**reorganization energy**)로서 DA가 D^+A^-의 평형 구조를 가질 수 있도록 일어나야 하는 분자 재배열과 관련된 에너지 변화이다. 이러한 분자 재배열에는 DA에서 D와 A 분자의 상대적인 재배향과 DA 주위 용매 분자들의 상대적인 재배향이 포함된다. 식 94.7에 의하면 재배열 에너지 항이 표준 반응 Gibbs 에너지에 의해서 상쇄되는 것에 해당하는 경우, 즉 $\Delta_r G^{\ominus} = -\Delta E_R$일 때는 $\Delta^{\ddagger}G = 0$이 되는데, 이것은 반응이 활성화 장벽에 의해 느려지지 않는다는 것을 의미한다.

증명 94.2 전자 이동의 활성화 Gibbs 에너지

전자 이동 과정의 활성화 Gibbs 에너지에 관한 식을 유도하는 가장 간단한 방법은 다음과 같은 모형을 이용하는 것이다. 즉 DA(R로 표시되는 '반응 복합체')와 D^+A^-(P로 표시되는 '생성 복합체')에 대한 에너지 곡면을, 동일한 환산 질량 μ와 회전 진동수 $\omega = (k_f/\mu)^{1/2}$를 가지지만 그림 94.3에 나타난 것과 같이 극소점이 이동된, 고전적 조화 진동자(따라서 포물선적 퍼텐셜 에너지 $\frac{1}{2}k_f x^2$, 토픽 12)로 설명하는 것이다. 각 포물선은 R에 대하여 $x = q - q_0^R$이고, P에 대하여 $x = q - q_0^P$일 때, $\frac{1}{2}k_f x^2 = \frac{1}{2}\mu\omega^2 x^2$의 형태를 가지므로 반응 복합체와 생성 복합체 각각의 몰 Gibbs 에너지 $G_{m,R}(q)$와 $G_{m,P}(q)$는 다음과 같이 나타낼 수 있다.

$$G_{m,R}(q) = G_{m,R}(q_0^R) + \tfrac{1}{2}N_A\mu\omega^2(q - q_0^R)^2$$
$$G_{m,P}(q) = G_{m,P}(q_0^P) + \tfrac{1}{2}N_A\mu\omega^2(q - q_0^P)^2$$

여기서 q_0^R과 q_0^P는 각각 반응물과 생성물 포물선이 나타내는 극소점에서의 q 값이다. 전자 이동 과정 R→P의 표준 반응 Gibbs 에너지는 이 두 포물선의 극소점 사이의 표준 몰 Gibbs 에너지 차 $\Delta_r G^{\ominus} = G_{m,P}(q_0^P) - G_{m,R}(q_0^R)$로 주어진다. 그림 94.3에서는 $\Delta_r G^{\ominus} < 0$이다. 따라서

$$G_{m,R}(q^{\ddagger}) = G_{m,R}(q_0^R) + \tfrac{1}{2}N_A\mu\omega^2(q^{\ddagger} - q_0^R)^2$$
$$G_{m,P}(q^{\ddagger}) = G_{m,P}(q_0^P) + \tfrac{1}{2}N_A\mu\omega^2(q^{\ddagger} - q_0^P)^2$$

또한 $G_{m,R}(q^{\ddagger}) = G_{m,P}(q^{\ddagger})$에 따라 다음과 같이 된다.

$$\Delta_r G^{\ominus} = G_{m,P}(q_0^P) - G_{m,R}(q_0^R) = \tfrac{1}{2}N_A\mu\omega^2\{(q^{\ddagger} - q_0^R)^2 - (q^{\ddagger} - q_0^P)^2\}$$

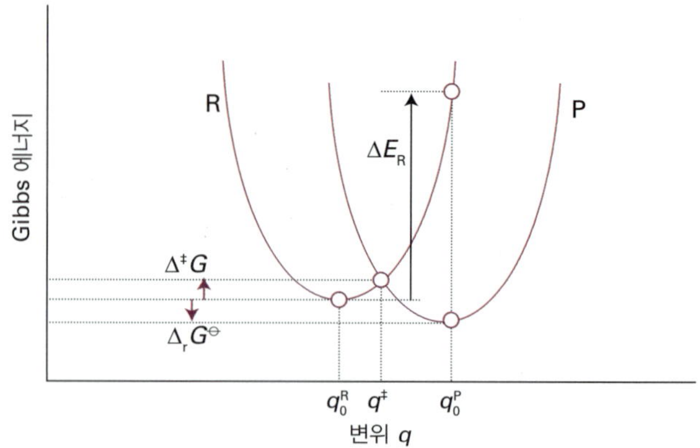

그림 94.3 증명 94.2에 사용된 모형 계

한편 이 복합체의 전이 상태에 대응하는 q 값인 $q^{\ddagger}$는 다음과 같이 q의 부분 변화를 나타내는 파라미터 α를 가지고 나타낼 수 있다.

$$q^{\ddagger} = q_0^R + \alpha(q_0^P - q_0^R)$$

만일 $\alpha = 0$이면 $q^{\ddagger} = q_0^R$이며, $\alpha = 1$이면 $q^{\ddagger} = q_0^P$이다. 그리하면 다음과 같이 된다.

$$\Delta_r G^{\ominus} = \tfrac{1}{2}N_A\mu\omega^2\{[q_0^R + \alpha(q_0^P - q_0^R) - q_0^R]^2 - [q_0^R + \alpha(q_0^P - q_0^R) - q_0^P]^2\}$$
$$= \tfrac{1}{2}N_A\mu\omega^2\{[\alpha(q_0^P - q_0^R)]^2 - [(\alpha - 1)(q_0^P - q_0^R)]^2\}$$
$$= \tfrac{1}{2}N_A\mu\omega^2(2\alpha - 1)(q_0^P - q_0^R)^2$$

다음으로 그림 94.3에 의하면 $\Delta^{\ddagger}G = G_{m,R}(q^{\ddagger}) - G_{m,R}(q_0^R)$이다. 따라서 다음과 같은 식을 얻을 수 있다.

$$\Delta^{\ddagger}G = \tfrac{1}{2}N_A\mu\omega^2(q^{\ddagger} - q_0^R)^2 = \tfrac{1}{2}N_A\mu\omega^2\{\alpha(q_0^P - q_0^R)\}^2$$
$$= \tfrac{1}{2}N_A\mu\omega^2\alpha^2(q_0^P - q_0^R)^2$$

이제 재배열 에너지 ΔE_R은 다음과 같이 정한다.

$$\Delta E_R = \tfrac{1}{2}N_A\mu\omega^2(q_0^P - q_0^R)^2$$

이것은 $G_{m,R}(q_0^P) - G_{m,P}(q_0^R)$로 해석할 수 있으며, 따라서 R의 평형 배열을 P의 평형 배열로 변형시키는 데 필요한 (Gibbs) 에너지라고 해석할 수 있다(그림 94.3에 나타난 바와 같이). 따라서 다음과 같은 식을 얻을 수 있다.

$$\Delta^{\ddagger}G = \alpha^2\Delta E_R \qquad \Delta_r G^{\ominus} = (2\alpha - 1)\Delta E_R$$

두 가지 관계의 두 번째 식으로부터 다음과 같은 관계가 성립한다.

$$\alpha = \frac{1}{2}\left(\frac{\Delta_r G^{\ominus}}{\Delta E_R} + 1\right)$$

이 식을 $\Delta^{\ddagger}G = \alpha^2\Delta E_R$에 대입하면 식 94.7을 얻을 수 있다. 조화 진동자들이 상이한 회전 진동수를 갖고, 따라서 상이한 곡률을 갖는 경우에도 동일한 관계식을 얻을 수 있다.

k_{et}에 대한 식에서 단 한 가지 누락된 것은 식 94.6에서 비례 상수인 C이다. 여기에서 반복하지는 않겠지만 상세한 계산은 다음 식을 제공한다.

$$C=\frac{1}{h}\left(\frac{\pi^3}{RT\Delta E_R}\right)^{1/2} \tag{94.8}$$

섭동 이론에 대한 논점은 이미 언급되었기 때문에 예상할 수 있는 바와 같이 식 94.6은 약간의 한계를 갖고 있다. 예를 들어 이 식은 주개와 받개 사이에서 약한 전자 짝지음을 갖는 과정을 설명한다. 약한 짝지음은 파동함수 $\psi_{D^+A^-}$와 ψ_{DA}가 광범위하게 겹치지 않도록 전기 활성 종들이 서로 충분히 멀리 떨어져 있고 터널링이 거리에 대한 지수함수인 경우에 관찰된다. 이러한 약한 짝지음 계의 한 예가 사이토크롬 c/사이토크롬 b_5 복합체인데, 이 복합체에서는 전기 활성 헴-결합 Fe 이온들이 전자 이동 과정에서 Fe(II)와 Fe(III)의 산화 상태 사이를 왕복하며, 이들이 약 1.7 nm 떨어져 있다. 파동함수 $\psi_{D^+A^-}$와 ψ_{DA}가 매우 넓게 겹치는 경우는 물론, 다른 복잡한 문제로서 터널링 확률이 더 이상 거리의 단순한 지수함수가 아닌 경우에는 강한 상호 작용이 관찰된다. 강한 상호 작용 계의 예로서는 $L_mM^{n+}-B-M^{p+}L_m$의 일반식을 갖는 혼합 원자가 이핵 d 금속 착물을 들 수 있는데, 이 복합체에서는 전기 활성 금속 이온들이 교량 역할 리간드 B에 의해 떨어져 있다. 이러한 계에서는 $d<1.0$ nm가 된다. 약한 짝지음의 극한은 대사 과정에서 일어나는 단백질들 사이의 전자 이동 반응을 포함한 많은 전자 이동 반응에 적용된다.

k_{et}의 d에 대한 의존도를 측정할 수 있는 가장 의미 있는 실험 방법은 동일한 주개와 받개를 여러 상이한 거리에서 연결자 분자에 공유 결합으로 부착시키는 것이다(예로서 그림 **1** 참조). 이 조건에서는 $e^{-\Delta^{\ddagger}G/RT}$가 일정하게 되며, 식 94.6의 자연 로그를 취하고 식 94.5를 이용하여 다음과 같은 식을 얻을 수 있다.

$$\ln k_{et} = -\beta d + \text{상수} \tag{94.9}$$

이 식은 ln k_{et}를 d에 대하여 도시하면 기울기가 $-\beta$인 직선이 나와야 한다는 것을 의미한다.

A = (a) (b) (c)

(d) (e) (f) R_1 = H, R_2 = H (g) R_1 = H, R_2 = Cl (h) R_1 = Cl, R_2 = Cl

1 전자 주개–받개 계

일련의 반응 과정 동안 계의 주개-받개 양 끝 사이의 거리와 재배열 에너지가 일정하게 유지되는 계에서 k_{et}의 표준 반응 Gibbs 에너지에 대한 의존도를 조사하였다. 그리고 $\Delta^{\ddagger}G$에 대하여 식 94.7을 사용하면 식 94.6은 다음과 같이 주어진다.

$$\ln k_{et} = -\frac{RT}{4\Delta E_R}\left(\frac{\Delta_r G^{\ominus}}{RT}\right)^2 - \frac{1}{2}\left(\frac{\Delta_r G^{\ominus}}{RT}\right) + \text{상수} \tag{94.10}$$

(94.10)

이 식에 의하면 ln k_{et}(또는 log k_{et} = ln k_{et}/ln 10)를 $\Delta_r G^{\ominus}$(또는 $-\Delta_r G^{\ominus}$)에 대해서 도시했을 때 하향 포물선과 같은 모양(그림 94.4)이 예측된다. 또한 식 94.10은 속도 상수가 $-\Delta_r G^{\ominus} = \Delta E_R$이 될 때까지는 $\Delta_r G^{\ominus}$가 감소함에 따라 증가한다는 것을 뜻한다. 이 한계를 넘으면 반응은 자유 에너지 감소가 더 커짐에 따라(즉 $\Delta_r G^{\ominus}$가 더 음이 됨에 따라) 속도 상수가 감소하는 **반전 영역(inverted region)**으로 들어간다. 이 반전 영역은 일련의 특별한 화합물에서 관측되는데, 이러한

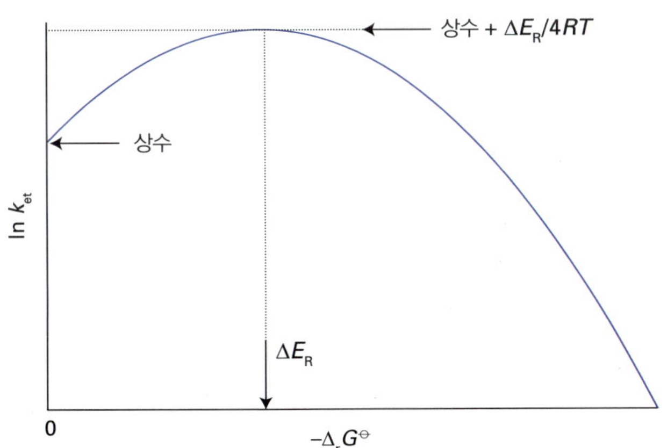

그림 94.4 식 94.10으로 예측된 ln k_{et}의 $-\Delta_r G^{\ominus}$에 대한 포물선 의존성

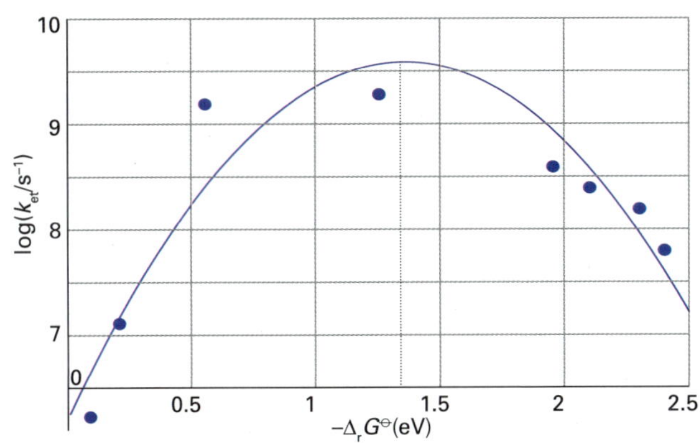

그림 94.5 구조가 그림 **1**로 주어지며 **간단한 예** 94.2에서 설명된 일련의 화합물에 대한 log k_{et}의 $-\Delta_r G^{\ominus}$에 따른 변화. J.R.Miller, et al. (*J. Am. Chem. Soc.*, **106**, 3047 (1984)에서 발췌)

화합물에서는 전자 주개와 받개가 알려진 고정된 크기를 갖는 분자 간격 띄우개와 공유 결합으로 연결된다(그림 94.5).

식 94.10에 의해 예측되고 실험적으로 관측된 거동은 $\Delta^{\ddagger}G$의 $\Delta_r G^{\ominus}$에 대한 의존성을 고려함으로써 설명될 수 있다. q_0^{P}를 일정하게 하는 동안 $\Delta_r G^{\ominus}$의 크기를 변화시키는 것과 일치하는 것인 P의 최소 에너지가 변한다고 하자. 그림 94.6은 과정의 자유 에너지 감소성이 증가하는 영향을 나타낸다. (a)에서는 $\Delta^{\ddagger}G>0$이다. 포물선이 (b)를 향하여 이동하는 것을 나타내는 것처럼 과정에서 자유 에너지가 더욱 감소하게 되면, 활성화 Gibbs 에너지는 감소하고 속도 상수는 증가한다. (b)에서는 $\Delta^{\ddagger}G=0$이며 넘어야 할 활성화 장벽이 없고, 속도 상수는 최댓값에 도달한다. 식 94.10에 따라 이 조건은 $-\Delta_r G^{\ominus}=\Delta E_R$일 때 일어난다. 마지막으로 포물선이 (c)를 향하여 계속해서 이동함에 따라 $\Delta^{\ddagger}G$는 다시 양의 값이 되고 속도 상수는 감소하게 된다.

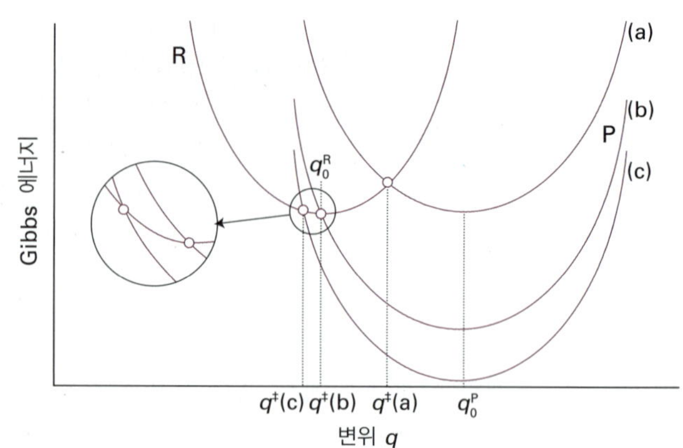

그림 94.6 (a) $\Delta^{\ddagger}G>0$이며 전이 상태는 $q^{\ddagger}(a)>q_R{}^0$인 조건에 존재한다. 과정에서 자유 에너지 감소 반응이 더 일어날수록 활성화 Gibbs 에너지가 감소하며 속도 상수는 증가한다. (b) $\Delta^{\ddagger}G=0$이며 $q^{\ddagger}(b)=q_R{}^0$일 때는 극복하여야 할 활성화 장벽이 없으므로 과정의 속도 상수는 최댓값에 도달한다. (c) 과정에서 자유 에너지가 더욱 더 감소할수록 $\Delta^{\ddagger}G$는 다시 양의 값이 되지만, 이제 전이 상태는 $q^{\ddagger}(c)<q_0{}^R$인 조건에 존재한다. $\Delta_r G^{\ominus}$가 감소함에 따라 이 과정에 대한 활성화 장벽이 증가하므로 이 과정에 대한 속도 상수는 점차적으로 감소한다.

간단한 예 94.2 재배열 에너지의 결정

296 K에서 그림 **1**에 주어진 구조를 갖는 일련의 화합물에 대하여 2-메틸-테트라하이드로퓨란 속에서 반응 속도를 측정을 한 결과이다. 주개(환원된 바이페닐기)와 받개 사이의 거리는 이들 일련의 화합물에서 연결자 분자가 동일하므로 일정하다. 받개들은 각각 고유한 표준 환원 전위를 가지며, 따라서 전자 이동 과정에 대한 표준 Gibbs 에너지는 이 일련의 각 화합물마다 다르다. 그림 94.5의 선은 식 94.10을 이용하여 그린 결과이며, 이 포물선의 극댓값이 $-\Delta_r G^{\ominus}=\Delta E_R=1.4\ \text{eV}=1.4\times10^2\ \text{kJ mol}^{-1}$에서 나타난다.

자가 진단 94.2 일련의 복합체에 대한 일부 (꾸며낸) 데이터는 다음과 같다.

$-\Delta_r G^{\ominus}$(eV)	0.20	0.60	1.0	1.3	1.6	2.0	2.4
$\log k_{et}$	8.2	9.7	10.2	10.1	9.4	7.7	5.1

재배열 에너지를 구하시오.

답: 1.05 eV

개념 확인

☐ 1. 전자 이동은 핵 좌표를 주개와 받개가 동일한 배열을 갖는 지점으로 가져오는 열적 요동 후에 일어날 수 있다.

☐ 2. 터널링 확률은 주개와 받개의 거리에 대하여 지수함수적으로 의존하게 되어 있다.

☐ 3. **재배열 에너지**는 DA가 D^+A^-의 평형 구조를 가질 수 있도록 일어나야 하는 분자 재배열과 관련된 에너지 변화이다.

☐ 4. **반전 영역**에서 반응의 자유 에너지 감소가 더 커짐($\Delta_r G^{\ominus}$가 더 음이 됨)에 따라 속도 상수 k_{et}는 감소한다.

식 확인

성질	식	비고	식 번호
전자 이동 속도 상수	$1/k_r=1/k_a+(k_a'/k_a k_{et})(1+k_{et}'/k_d)$	정류 상태 근사	94.3
터널링 확률	$H_{et}(d)^2=H_{et}^{\circ 2}e^{-\beta d}$	가정	94.5
속도 상수	$k_{et}=CH_{et}(d)^2e^{-\Delta^{\ddagger}G/RT}$	전이 상태 이론	94.6
활성화 Gibbs 에너지	$\Delta^{\ddagger}G=(\Delta_r G^{\ominus}+\Delta E_R)^2/4\Delta E_R$	포물선 퍼텐셜 에너지 가정	94.7
거리 의존성	$\ln k_{et}=-\beta d+$상수		94.9
$\Delta_r G^{\ominus}$ 의존성	$\ln k_{et}=a\Delta_r G^{\ominus 2}+b\Delta_r G^{\ominus}+c$	$a=-1/4\Delta E_R RT$, $b=-1/2RT$, $c=$상수	94.10

19장 유체계에서의 반응

토픽 91 일분자 반응

토론 문제

91.1 Lindemann–Hinshelwood 메커니즘에 따르는 일분자 반응의 유효 속도 상수에 대하여 식 $k_r = k_a k_b[A]/(k_b + k_a'[A])$에 대한 일반성의 제약을 설명하시오.

91.2 RRK 모형에서 입체 인자 P의 중요성을 논하시오.

연습 문제

91.1(a) Lindemann–Hinshelwood 메커니즘을 갖는 한 기체 반응의 유효 속도 상수는 1.30 kPa일 때 2.50×10^{-4} s^{-1}이고, 12 Pa일 때 2.10×10^{-5} s^{-1}이다. 이 메커니즘의 활성화 단계에 대한 속도 상수를 구하시오.

91.1(b) Lindemann–Hinshelwood 메커니즘을 갖는 한 기체 반응의 유효 속도 상수는 1.09 kPa일 때 1.7×10^{-3} s^{-1}이고, 25 Pa일 때 2.2×10^{-4} s^{-1}이다. 이 메커니즘의 활성화 단계에 대한 속도 상수를 구하시오.

91.2(a) 5개의 원자를 포함하고 있는 비선형 분자의 일분자 분해 반응을 생각해 보자. 만일 $P = 3.0\times10^{-5}$이라면, E^*/E의 값은 얼마인가?

91.2(b) 4개의 원자를 포함하고 있는 선형 분자의 일분자 분해 반응을 생각해 보자. $P = 0.025$라면, E^*/E의 값은 얼마인가?

91.3(a) 충돌하는 데 250 kJ mol^{-1}의 에너지가 사용되지만 $s = 10$일 때 분자에서 특정 결합을 깨는 데는 200 kJ mol^{-1}이 필요하다고 생각하자. RRK 모형을 사용하여 입체 인자 P를 계산하시오.

91.3(b) 충돌하는 데 500 kJ mol^{-1}의 에너지가 사용되지만 $s = 12$일 때 분자에서 특정 결합을 깨는 데는 300 kJ mol^{-1}이 필요하다고 생각하자. RRK 모형을 사용하여 입체 인자 P를 계산하시오.

응용 문제

91.1 응용 문제 83.14에서 사이클로프로페인의 이성질체화 반응을 제한된 압력 범위에서 조사하였다. 일차 반응에 관한 Lindemann–Hinshelwood 메커니즘이 맞는지를 알아보려면 낮은 압력하에서의 데이터가 필요하며, 그리하여 다음과 같은 보충 자료를 얻었다(H.O. Pritchard, et al. *Proc. Roy. Soc.*, **A217**, 563 (1953)).

p(Torr)	84.1	11.0	2.89	0.569	0.120	0.067
$10^4\,k_r(s^{-1})$	2.98	2.23	1.54	0.857	0.392	0.303

이 데이터들을 가지고 Lindemann–Hinshelwood 이론을 시험하시오.

91.2 RRK 모형(**증명** 91.1 참조)에 따르면 다음과 같다.

$$P = \frac{n!(n-n^*+s-1)!}{(n-n^*)!(n+s-1)!}$$

$\ln x! \approx x\ln x - x$(토픽 51의 식 51.2b)의 형태를 갖는 Stirling 근사를 사용하여 $s-1 \ll n-n^*$일 때 $P\approx((n-n^*)/n)^{s-1}$이 됨을 밝히시오. **힌트**: 로그함수 안에서 $n-n^*+s-1$ 형태의 항을 $n-n^*$로 치환한다. 그러나 $n-n^*+s-1$이 로그함수의 인수이면 그대로 둔다.

토픽 92 효소

토론 문제

92.1 효소 작용에 관한 Michaelis–Menten 메커니즘의 특징, 이점, 한계에 관해서 논하시오.

92.2 효소 촉매 작용 반응의 속도를 온도에 대하여 도시하면 극대가 나타나는데, 이것은 Arrhenius 식(토픽 85)으로 예상되는 결과에서 분명히 벗어난다. 이 효과를 분자 수준에서 설명하시오.

92.3 효소의 경쟁, 무경쟁, 비경쟁 방해 작용의 차이점을 설명하시오. 이 방해 방식들을 실험적으로 어떻게 알아낼 수 있겠는가?

92.4 일부 효소들은 이들 생성물 자체의 높은 농도에 의해 방해된다. 생성물 방해 작용의 경향이 있는 효소의 경우, 기질 농도에 대한 반응 속도를 도시하시오.

연습 문제

92.1(a) 다음은 염기 촉매 작용 반응이다.

(1) $AH+B \underset{k_a'}{\overset{k_a}{\rightleftharpoons}} BH^+ + A^-$ (둘 다 빠름)

(2) $A^- + AH \xrightarrow{k_b}$ 생성물 (느림)

속도 법칙을 유도하시오.

92.1(b) 다음은 산 촉매 작용 반응이다.

(1) $HA+H^+ \underset{k_a'}{\overset{k_a}{\rightleftharpoons}} HAH^+$ (둘 다 빠름)

(2) $HAH^+ + B \xrightarrow{k_b} BH^+ + AH$ (느림)

속도 법칙을 유도하시오.

92.2(a) 25°C에서 어떤 한 기질의 효소 촉매 작용 전환에서 Michaelis 상수는 0.046 mol dm^{-3}이다. 그리고 기질 농도가 0.105 mol dm^{-3}일 때 반응 속도는 1.04×10^{-3} mol dm^{-3} s^{-1}이다. 이 반응의 최대 속도는 얼마가 되겠는가?

92.2(b) 25°C에서 어떤 한 기질의 효소 촉매 작용 전환에서 Michaelis 상수는 0.032 mol dm^{-3}이다. 그리고 기질 농도가 0.875 mol dm^{-3}일 때 반응 속도는 2.05×10^{-4} mol dm^{-3} s^{-1}이다. 이 반응의 최대 속도는 얼마가 되겠는가?

92.3(a) 어떤 한 효소 촉매 작용 반응이 Michaelis–Menten 메커니즘에 따라 일어나며, $K_M = 3.0\times10^{-3}$ mol dm^{-3}이다. $K_I = 2.0\times10^{-5}$ mol dm^{-3}인 경쟁 방해제의 농도를 얼마로 취하면, 기질 농도를 1.0×10^{-4} mol dm^{-3}으로 유지할 때 생성물의 생성 속도가 50%로 감소되겠는가?

92.3(b) 어떤 한 효소 촉매 작용 반응이 Michaelis–Menten 메커니즘에 따라 일어나며, $K_M = 7.5\times10^{-4}$ mol dm^{-3}이다. $K_I = 5.6\times10^{-4}$ mol dm^{-3}인 경쟁 방해제의 농도를 얼마로 취하면, 기질 농도를 1.0×10^{-4} mol dm^{-3}으로 유지할 때 생성물의 생성 속도가 75%로 감소되겠는가?

응용 문제

92.1 Michaelis와 Menten은 E, S, ES가 빠르게 사전 평형을 이룬다고 가정하고 속도 법칙을 유도하였다. 이 방법에 따라 속도 법칙을 유도하고, 이것이 정류 상태를 가정해서 유도한 식(식 92.1)과 어떤 조건에서 같아지는지 알아내시오.

92.2 수학 소프트웨어, spreadsheet, 또는 이 책의 웹사이트에 있는 **Living graphs**(LG로 표지된)를 사용하여 다음 문제들을 풀이하시오.
(a)LG Michaelis–Menten 식(식 92.1)을 이용하여 [S]에 대한 v의 의존성을 나타내는 두 개의 곡선을, 즉 하나는 K_M은 변하되 v_{max}는 일정하게 하며, 다른 하나는 v_{max}는 변하되 K_M은 일정하게 하여 그리시오.
(b)LG 식 92.7을 이용하여 K_M과 v_{max}가 일정할 때 [S]에 대하여 도시한 v의 모양에 대한 경쟁, 무경쟁, 비경쟁 방해 작용의 영향을 조사하시오.

92.3 상당수의 효소가 작용할 때는 다음과 같이 두 가지 중간체가 생성되는 메커니즘이 관여한다.

$E+S\rightarrow ES \quad v=k_a[E][S]$

$ES\rightarrow E+S \quad v=k_a'[ES]$

$ES\rightarrow ES' \quad v=k_b[ES]$

$ES'\rightarrow E+P \quad v=k_c[ES']$

생성물의 생성 속도가 다음과 같이 식 92.1에 나타난 것과 동일한 형태가 된다는 것을 보이시오. 그러나 이 식 속의 v_{max}와 K_M은 다음과 같이 주어진다.

$$v_{max} = \frac{k_b k_c [E]_0}{k_b + k_c} \qquad K_M = \frac{k_c(k_a' + k_b)}{k_a(k_b + k_c)}$$

92.4 25°C에서 어떤 한 기질의 효소 촉매 작용 전환에서 Michaelis 상수가 9.0×10^5 mol dm^{-3}이고, 효소 농도가 1.60×10^{-9} mol dm^{-3}일 때 2.24×10^{-5} mol dm^{-3} s^{-1}의 최대 속력을 나타낸다. (a) k_{cat}와 η를 계산하시오. (b) 이 효소는 완전하게 촉매 작용을 하는가?

92.5 ATPase의 농도가 20 nmol dm^{-3}일 때 20°C에서 ATP에 작용하는 ATPase의 반응에 대하여 다음과 같은 결과를 얻었다.

[ATP](μmol dm^{-3})	0.60	0.80	1.4	2.0	3.0
v(μmol dm^{-3} s^{-1})	0.81	0.97	1.30	1.47	1.69

Michaelis 상수, 최대 반응 속도, 전환수, 효소의 촉매 효율을 결정하시오.

92.6 효소 촉매 반응의 실험 데이터를 표시하고 해석하는 방법은 여러 가지 방식이 있다. 예로서 **Eadie–Hofstee 도시**에서는 $v/[S]_0$을 v에 대해서 도시하며, 또 **Hanes 도시**에서는 $v/[S]_0$을 $[S]_0$에 대해서 도시한다. (a) 단순한 Michaelis–Menten 메커니즘을 이용하여 $v/[S]_0$과 v 사이, $v/[S]_0$와 $[S]_0$ 사이의 관계를 유도하시오. (b) Eadie-Hofstee 도시와 Hanes 도시를 해석하여 K_M과 v_{max}를 어떻게 구할 수 있겠는지 논의하시오. (c) Eadie-Hofstee와 Hanes 도시를 이용하여 응용 문제 92.5 반응의 Michaelis 상수와 최대 반응 속도를 구하시오.

92.7 일반적으로 효소의 촉매 효율은 효소가 작용하는 매질의 pH에 의존한다. 이 성질을 설명할 수 있는 한 방법은 효소와 효소–기질 복합체가 특정한 양성자화 상태에서만 활성을 갖는다고 생각하는 것이다. 이 견해는 다음과 같은 메커니즘을 가지고 요약할 수 있다.

$$EH+S \underset{k_a'}{\overset{k_a}{\rightleftharpoons}} ESH$$

$$ESH \xrightarrow{k_b} E+P$$

$$EH \rightleftharpoons E^- + H^+ \qquad K_{E,a} = \frac{[E^-][H^+]}{[EH]}$$

$$EH_2^+ \rightleftharpoons EH + H^+ \qquad K_{E,b} = \frac{[EH][H^+]}{[EH_2^+]}$$

$$ESH \rightleftharpoons ES^- + H^+ \qquad K_{ES,a} = \frac{[ES^-][H^+]}{[ESH]}$$

$$ESH_2 \rightleftharpoons ESH^- + H^+ \qquad K_{ES,b} = \frac{[ESH^-][H^+]}{[ESH_2]}$$

EH와 ESH 형태만이 활성이라고 생각한다. (a) 위 메커니즘에 대해서 다음과 같은 관계가 성립함을 보이시오.

$$v=\frac{v'_{\max}}{1+K'_{\mathrm{M}}/[\mathrm{S}]_0}$$

여기서

$$v'_{\max}=\frac{v_{\max}}{1+\dfrac{[\mathrm{H}^+]}{K_{\mathrm{ES,b}}}+\dfrac{K_{\mathrm{ES,a}}}{[\mathrm{H}^+]}}$$

$$K'_{\mathrm{M}}=K_{\mathrm{M}}\frac{1+\dfrac{[\mathrm{H}^+]}{K_{\mathrm{E,b}}}+\dfrac{K_{\mathrm{E,a}}}{[\mathrm{H}^+]}}{1+\dfrac{[\mathrm{H}^+]}{K_{\mathrm{ES,b}}}+\dfrac{K_{\mathrm{ES,a}}}{[\mathrm{H}^+]}}$$

이 식에서 $v_{\max}$와 K_{M}은 효소의 EH 형태에 대응하는 것들이다. (b) 0에서 14까지의 pH 영역에서 $v_{\max}=1.0\times10^{-6}$ mol dm^{-3} s^{-1}, $K_{\mathrm{ES,b}}=1.0\times10^{-6}$ mol dm^{-3}, $K_{\mathrm{ES,a}}=1.0\times10^{-8}$ mol dm^{-3}이 되는 가상적 반응에서 $v'_{\max}$를 pH에 대해서 도시하시오. $v'_{\max}$가 최댓값을 나타내는 pH가 존재하는가? 그렇다면 그 pH는 얼마인가? (c) $v_{\max}$의 값은 같지만 $K_{\mathrm{ES,b}}=1.0\times10^{-4}$ mol dm^{-3}이고 $K_{\mathrm{ES,a}}=1.0\times10^{-10}$ mol dm^{-3}이 되는 경우 (b)에서의 도시를 다시 그려보시오. 두 도시 결과가 차이를 나타낸다면 그 이유를 설명하시오.

92.8 카복시 펩티데이스(carboxypeptidase) 효소는 폴리펩타이드의 가수 분해 촉매 작용을 하는데, 여기서는 그 방해 작용에 관해서 생각해 보고자 한다. 방해제가 없을 때의 카보벤족시-글리실-D-페닐알라닌(CBGP)의 효소성 분해(enzymolysis) 속도를 방해물 없이 관찰하여 다음과 같은 결과를 얻었다.

$[\mathrm{CBGP}]_0(10^{-2}$ mol dm$^{-3})$	1.25	3.84	5.81	7.13
상대 반응 속도	0.398	0.669	0.859	1.000

이 문제에서의 모든 반응 속도는 방해물 없이 $[\mathrm{CBGP}]_0=0.0713$ mol dm^{-3}에서 동일한 효소 농도를 가지고 측정한 반응 속도에 대한 상대적 값들이다. 효소와 기질이 들어 있는 용액에 2.0×10^{-3} mol dm^{-3} 농도의 페닐뷰티르산 이온을 가했을 때는 다음과 같은 결과를 얻었다.

$[\mathrm{CBGP}]_0(10^{-2}$ mol dm$^{-3})$	1.25	2.50	4.00	5.50
상대 반응 속도	0.172	0.301	0.344	0.548

별도의 실험에서 5.0×10^{-2} mol dm^{-3} 벤조산 이온의 효과를 관찰하여 다음과 같은 결과를 얻었다.

$[\mathrm{CBGP}]_0(10^{-2}$ mol dm$^{-3})$	1.75	2.50	5.00	10.00
상대 반응 속도	0.183	0.201	0.231	0.246

페닐뷰티르산 이온과 벤조산 이온이 카복시 말단 펩티데이스 효소에 대해서 어떤 방식으로 방해 작용을 하는지 밝히시오.

92.9 효소에 따라서는 그들 자신의 높은 기질 농도에 의한 방해 작용을 받는 경우가 있다. (a) 기질 방해 작용이 중요할 때는 반응 속도 v가 다음과 같이 됨을 보이시오.

$$v=\frac{v_{\max}}{1+K_{\mathrm{M}}/[\mathrm{S}]_0+[\mathrm{S}]_0/K_{\mathrm{I}}}$$

여기서 K_{I}는 방해된 효소–기질 복합체의 해리 평형 상수이다. (b) 기질의 억제가 $1/v$의 $1/[\mathrm{S}]_0$에 대한 도시 결과에 어떤 영향을 미치겠는가?

토픽 93 광화학

토론 문제

93.1 양자 수득률을 결정하는 실험적인 방법을 설명하시오.

93.2 에너지 이동, 충돌, 전자 이동에 의한 소광을 구별할 수 있는 실험적인 방법을 논하시오.

연습 문제

93.1(a) 광화학 반응 A → 2B+C에서 500 nm 빛을 쓸 때의 양자 수득률은 2.1×10^{2} mol einstein^{-1}이다(1 einstein = 1 mol 양자). 이 빛을 300 mmol의 A에 쪼였더니 2.28 mmol의 B가 생성되었다. A에 흡수된 광자의 수는 얼마나 되겠는가?

93.1(b) 광화학 반응 A → B+C에서 500 nm 빛을 쓸 때의 양자 수득률은 1.2×10^{2} mol einstein^{-1}이다(1 einstein = 1 mol 양자). 이 빛을 200 mmol의 A에 쪼였더니 1.77 mmol의 B가 생성되었다. A에 흡수된 광자의 수는 얼마나 되겠는가?

93.2(a) $\tau_0=6.0$ ns인 유기 형광 물질을 $k_{\mathrm{Q}}=3.0\times10^{8}$ dm^3 mol^{-1} s^{-1}인 d 금속 이온을 가지고 소광시키려고 한다. 이 유기 물질의 형광 세기를 소광제가 들어가지 않았을 때의 값의 50%로 감소시키려면 소광제의 농도를 얼마로 해 주어야 하겠는가?

93.2(b) $\tau_0=3.5$ ns인 유기 형광 물질을 $k_{\mathrm{Q}}=2.5\times10^{9}$ dm^3 mol^{-1} s^{-1}인 d 금속 이온을 가지고 소광시키려고 한다. 이 유기 물질의 형광 세기를 소광제가 들어가지 않았을 때의 값의 75%로 감소시키려면 소광제의 농도를 얼마로 해 주어야 하겠는가?

응용 문제

93.1 어떤 한 광화학 반응의 양자 수득률을 측정하기 위한 실험에서 87.5 W 광원으로부터 나오는 320 nm의 빛에 흡광 물질을 28.0분 동안 노출시켰다. 입사되는 빛의 세기의 25.7%가 투과되어 나오고, 이 조사의 결과로 0.324 mol의 흡광 물질이 분해되었다. 양자 수득률을 구하시오.

93.2‡ O_3는 자외선에 의해서 O_2와 O로 광분해된다. 두께가 1 km인 성층권에서 오존이 305 nm 복사선에 의해서 분해되는 속도를 결정하시오. 온도가 220 K, 농도가 약 8×10^{-9} mol dm^{-3}, 몰흡광 계수가 260 dm^3 mol^{-1} cm^{-1}, 그리고 복사선 유속이 305 nm에서 1×10^{14} photons cm^{-2} s^{-1}일 때의 양자 수득률은 0.94이다. (이 데이터의 출처; W.B. DeMore et al., *Chemical kinetics and photochemical data for use in stratospheric modeling: Evaluation Number 11*, JPL Publication 94–26 (1994).)

93.3 염화 단실(dansyl chloride)은 330 nm에서 최대 흡광을 나타내고 510 nm에서 최대 형광을 나타내는데, 이 화합물은 형광 현미경과 FRET 연구에서 아미노산 표지물로 이용될 수 있다. 아래 데이터는 염화 단실 수용액을 짧은 레이저 펄스로 들뜨게 한 후의 형광 세기의 변화를 시간에 따라 나타낸 것이다(I_0는 초기 형광 세기이다). 세기의 비는 광자 방출의 속도 비와 같다.

t(ns)	5.0	10.0	15.0	20.0
I_F/I_0	0.45	0.21	0.11	0.05

(a) 물속에서 염화 단실의 관측 형광 수명을 계산하시오.

(b) 물속에서 염화 단실의 형광 양자 수득률은 0.70이다. 형광 속도 상수를 구하시오.

93.4 벤조페논에 자외선을 쪼여 주면 단일항 상태로 들뜬다. 이 단일항 상태는 곧 삼중항 상태로 된 다음에 인광을 내놓는데, 트라이에틸아민이 삼중항 상태에 대한 소광제로 작용한다. 메탄올을 용매로 사용한 실험에서 인광의 세기를 측정하였더니, 다음과 같이 아민의 농도에 따라 변하였다. 또 시간 분해 레이저 분광법으로 실험한 결과에 의하면, 이 형광의 반감기는 소광제가 없을 경우 29 μs이다. k_Q의 값을 구하시오.

[Q](mol dm^{-3})	0.0010	0.0050	0.0100
I_F(임의의 단위)	0.41	0.25	0.16

93.5 들뜬 전자 상태의 Hg는 다음과 같이 N_2에 의해서 소광되며, 이 과정에서 Hg*로부터 에너지가 이동하여 N_2의 진동을 들뜨게 한다.

$$Hg^*(g)+N_2(g,v=0)\rightarrow Hg(g)+N_2(g,v=1)$$

다음 데이터는 N_2가 존재할 때와 존재하지 않을 때 Hg 시료의 형광 수명을 측정하여 요약한 것이다($T=300$ K).

$p_{N_2}=0.0$ atm

상대 형광 세기	1.000	0.606	0.360	0.22	0.135
t(μs)	0.0	5.0	10.0	15.0	20.0

$p_{N_2}=9.74\times10^{-4}$ atm

상대 형광 세기	1.000	0.585	0.342	0.200	0.117
t(μs)	0.0	3.0	6.0	9.0	12.0

기체들은 모두 이상적 행동을 한다고 가정하고, 이 에너지 이동 과정에 대한 속도 상수를 결정하시오.

93.6 한 효소 표면의 아미노산을 1.5-I AEDANS로 공유 결합시켜 표지를 달았는데, 그 활성 자리에 트립토판 잔기가 들어 있다고 알려져 있다. 1.5-I AEDANS의 의한 소광에 의해 트립토판의 형광 양자 수득률이 15% 감소하였다. 효소의 활성 자리와 표면 사이의 거리는 얼마가 되겠는가?

93.7 공명 에너지 이동에 관한 Förster 이론과 FRET 방법에 대한 근거는 알려져 있으며 변하는 길이의 단단한 연결자 분자에 의해 에너지 주개와 받개가 공유 결합적으로 연결된 일련의 화합물을 가지고 형광을 측정하여 시험해 볼 수 있다. L. Stryer와 R.P. Haugland(*Proc. Natl. Acad. Sci.*, USA **58**, 719 (1967))는 일반 조성이 dansyl-(L-prolyl)$_n$-naphthyl인 화합물 족을 가지고 실험을 하여 다음의 데이터를 얻었다. 이들 화합물에서는 연결자에 프롤릴 단위가 증가함에 따라 나프틸 주개와 단실 받개 사이의 거리 R이 1.2 nm와 4.6 nm 사이로 변한다.

R(nm)	1.2	1.5	1.8	2.8	3.1	3.4	3.7	4.0	4.3	4.6
η_T	0.99	0.94	0.97	0.82	0.74	0.65	0.40	0.28	0.24	0.16

이 데이터들은 식 93.10으로 잘 설명되는가? 그렇다면 나프틸–단실 쌍에 대한 R_0의 값은 얼마인가?

93.8 식물의 광합성에서 첫 단계는 '집광 복합체'로 알려진 단백질에 결합된 클로로필 분자에 의한 빛의 흡수이며, 클로로필 분자의 형광은 주변의 클로로필 분자에 의해서 소광된다. 클로로필 *a* 분자 한 쌍에 대하여 $R_0=5.6$ nm로 주어진다면, 형광 수명이 1 ns에서(유기 용매에서 단량체 클로로필 *a*의 전형적인 값) 10 ps로 줄어들기 위해서 얼마만큼의 거리가 떨어져야 하는가?

*기호 ‡가 표시된 문제들은 Charles Trapp과 Carmen Giunta가 제공한 것이다.

토픽 94 균일계에서의 전자 이동

토론 문제

94.1 다음의 인자들은 어떻게 균일계에서 전자 이동의 속도를 결정하는지를 논하시오. 전자 주개와 받개 사이의 거리, 반응의 표준 Gibbs 에너지, 산화-환원 활성 화학종과 주위 매질의 재배열 에너지.

94.2 전자 이동에서 터널링은 어떤 역할을 하는가?

94.3 반전 영역에서 반응의 자유 에너지가 더 감소함에 따라 속도 상수는 왜 감소하는가를 설명하시오.

연습 문제

94.1(a) 298 K에서 한 쌍의 전자 주개와 받개에 대해서 $H_{et}(d) = 0.04\ cm^{-1}$, $\Delta_r G^{\ominus} = -0.185$ eV, $k_{et} = 37.5\ s^{-1}$이다. 재배열 에너지의 값을 구하시오.

94.1(b) 298 K에서 한 쌍의 전자 주개와 받개에 대해서 $\Delta_r G^{\ominus} = -0.665$ eV일 때 $k_{et} = 2.02 \times 10^5\ s^{-1}$이다. 전자 받개에 치환기를 가했더니 표준 반응 Gibbs 에너지가 $\Delta_r G^{\ominus} = -0.975$ eV로 변하고 전자 이동 속도 상수가 $k_{et} = 3.33 \times 10^6\ s^{-1}$으로 변하였다. 주개와 받개 사이의 거리는 두 실험에서 같다고 가정하고 $H_{et}(d)$와 ΔE_R의 값을 구하시오.

94.2(a) 한 쌍의 전자 주개와 받개에 대해서 $d = 1.11$ nm일 때 $k_{et} = 2.02 \times 10^5\ s^{-1}$이고, $d = 1.23$ nm일 때 $k_{et} = 4.51 \times 10^4\ s^{-1}$이다. 두 실험에서 $\Delta_r G^{\ominus}$, ΔE_R의 값이 같다고 가정하고, β의 값을 구하시오.

94.2(b) 앞의 연습 문제 94.2(a)를 참고하여 $d = 1.59$ nm일 때 k_{et}의 값을 구하시오.

응용 문제

94.1 $D + A \rightarrow D^+ + A^-$ 반응을 생각해 보자. 속도 상수 k_r은 실험적으로 결정되거나 **Marcus 교차 관계**(cross-relation), $k_r = (k_{DD}k_{AA}K)^{1/2}f$에 의해서 예측될 수 있다. 여기에서 k_{DD}와 k_{AA}는 각각 전자 자체 교환 반응 $^*D + D^+ \rightarrow {}^*D^+ + D$, $^*A + A^+ \rightarrow {}^*A^+ + A$에 대한 실험적인 속도 상수이며, f는 $K = [D^+][A^-]/[D][A]$, k_{DD}, k_{AA}, 그리고 충돌 횟수의 함수이다. 다음 단계들에 의해 Marcus 교차 관계, $f = 1$ $k_r = (k_{DD}k_{AA}K)^{1/2}$의 근사식을 유도하시오. (a) 전자 자체 교환 반응에 대하여 $\Delta_r G^{\ominus} = 0$임을 명심하고 식 94.7을 사용하여 $\Delta^{\ddagger}G$, $\Delta^{\ddagger}G_{DD}$, $\Delta^{\ddagger}G_{AA}$에 대한 식을 쓰시오. (b) 반응 $D + A \rightarrow D^+ + A^-$에 대한 재배열 에너지 $\Delta E_{R,DA}$가 전자 자체 교환 반응의 재배열 에너지 $\Delta E_{R,DD}$와 $\Delta E_{R,AA}$의 평균이라고 가정하자. 이 경우 $\Delta_r G^{\ominus}$가 반응 $D + A \rightarrow D^+ + A^-$에 대한 표준 Gibbs 에너지일 때, $\Delta_r G^{\ominus}$가 작은 크기의 한계, 즉 $|\Delta_r G^{\ominus}| \ll \Delta E_{R,DA}$, $\Delta^{\ddagger}G = \frac{1}{2}(\Delta^{\ddagger}G_{DD} + \Delta^{\ddagger}G_{AA} + \Delta_r G^{\ominus})$이 됨을 보이시오. (c) 식 94.4 형태의 식을 사용하여 k_{DD}와 k_{AA}에 대한 식을 쓰시오. (d) 식 94.4와 앞의 결과를 사용하여 k_r에 대한 식을 쓰시오. (e) 위 (c)의 결과를 사용하고 충돌 횟수로서 해석되는 모든 $\kappa\nu^{\ddagger}$ 항이 동일하다고 가정하여 $K = e^{-\Delta_r G^{\ominus}/RT}$ 관계를 유도하시오.

94.2 $D + A \rightarrow D^+ + A^-$ 반응을 생각해 보자. 속도 상수 k_r은 실험적으로 결정되거나 Marcus 교차 관계에 의해서 예측될 수 있다(응용 문제 94.1 참조). $f \approx 1$로 가정하는 것이 일반적이다. Marcus 교차 관계의 근사식을 사용하여 반응 $Ru(bpy)_3^{3+} + Fe(H_2O)_6^{2+} \rightarrow Ru(bpy)_3^{2+} + Fe(H_2O)_6^{3+}$의 속도 상수를 계산하시오. 여기에서 bpy는 4,4′-bipyridine을 의미하며, 다음 데이터는 유용할 것이다(*는 들뜬 상태를 나타냄).

$Ru(bpy)_3^{3+} + e^- \rightarrow Ru(bpy)_3^{2+}$	$E^{\ominus} = 1.26$ V
$Fe(H_2O)_6^{3+} + e^- \rightarrow Fe(H_2O)_6^{2+}$	$E^{\ominus} = 0.77$ V
$^*Ru(bpy)_3^{3+} + Ru(bpy)_3^{2+} \rightarrow {}^*Ru(bpy)_3^{2+} + Ru(bpy)_3^{3+}$	$k_{Ru} = 4.0 \times 10^8\ dm^3\ mol^{-1}\ s^{-1}$
$^*Fe(H_2O)_6^{3+} + Fe(H_2O)_6^{2+} \rightarrow {}^*Fe(H_2O)_6^{2+} + Fe(H_2O)_6^{3+}$	$k_{Fe} = 4.2\ dm^3\ mol^{-1}\ s^{-1}$

94.3 단백질에서의 전자 이동을 연구하는 한 유용한 방법은 전기 활성 화학종을 단백질 표면에 부착시키고, 이어서 이 부착된 종과 전기 활성 단백질 보조 인자 사이의 k_{et}를 측정하는 것이다. J.W. Winkler와 H.B. Gray(*Chem. Rev.*, **92**, 369 (1992))는 사이토크롬 c의 헴 철을 아연 이온으로 치환시켜 단백질 내부에 아연-포피린(ZnP) 부분을 만들고, 또 루테늄 이온 착물을 표면 히스티딘 아미노산에 붙인 변종에 대한 데이터를 요약하였다. 이렇게 하여 전자 활성 화학종의 양 끝 사이 간격을 1.23 nm로 고정시켰다. 루테늄 이온 착물은 표준 환원 전위가 서로 다른 여러 종이 사용되었다. 이들 각 루테늄 부가 단백질에 대해서 $Ru^{2+} \rightarrow ZnP^+$ 또는 $ZnP^* \rightarrow Ru^{3+}$ 중 하나를 모니터하였는데, 전자 주개는 레이저로 들뜨게 한 아연-포피린의 들뜬 전자 상태이다. ZnP^+/ZnP와 ZnP^+/ZnP^* 산화-환원 쌍들은 표준 전위가 다르므로(들뜬 전자 상태의 포피린이 더 강한 환원제임), 이들은 서로 다른 표준 반응 Gibbs 에너지를 나타낸다. 다음 데이터를 이용하여 이 계에 대한 재배열 에너지를 구하시오.

$-\Delta_r G^{\ominus}$(eV)	0.665	0.705	0.745	0.975	1.015	1.055
$k_{et}(10^6\ s^{-1})$	0.657	1.52	1.12	8.99	5.76	10.1

94.4 자주색 광합성 박테리아 *Rhodopseudomonas viridis*의 광합성 반응 중심은 전자 이동 반응에 참여하는 수많은 결합 보조 인자를 포함한다. 다음 표는 상이한 보조 인자와 그들의 끝에서 끝까지의 거리 사이에서 전자 이동의 속도 상수에 대하여 Moser, et al.(*Nature* **355**, 796(1992))이 모은 데이터를 보여 주고 있다.

반응	$BChl^- \rightarrow BPh$	$BPh^- \rightarrow BChl_2^+$	$BPh^- \rightarrow Q_A$	$cyt\,c_{559} \rightarrow BChl_2^+$
d(nm)	0.48	0.95	0.96	1.23
$k_{et}(s^{-1})$	1.58×10^{12}	3.98×10^{9}	1.00×10^{9}	1.58×10^{8}

반응	$Q_A^- \rightarrow Q_B$	$Q_A^- \rightarrow BChl_2^+$
d(nm)	1.35	2.24
$k_{et}(s^{-1})$	3.98×10^{7}	63.1

(BChl은 박테리오클로로필, $BChl_2$는 BChl로부터 작용기가 구별되는 박테리오클로로필 이합체, BPh는 bacteriophaeophytin, Q_A와 Q_B는 구별되는 두 자리에 결합한 퀴논 분자, cyt c_{559}는 반응 중심 착물에 결합된 사이토크롬). 이들 데이터는 식 94.9에 의해 예측된 거동과 일치하는가? 만일 그러하다면 β 값을 결정하시오.

94.5 자주색 박테리아 *Rhodobacter sphaeroides*의 반응 중심에 있는 박테리오클로로필 이합체와 사이토크롬 c 사이의 전자 이동 속도 상수(응용 문제 94.4)는 300 K와 130 K 사이의 영역에서 온도가 내려감에 따라 감소한다. 그리고 130 K 이하에서는 이 속도 상수가 온도와 무관하다. 이러한 결과를 설명하시오.

통합 문제

F19.1 생성물이 촉매 작용을 하는 반응을 자체 촉매 작용이라고 한다. 예로서 A → P 반응의 경우 속도 법칙이 $v = k_r[A][P]$가 되며, 반응 속도가 P의 농도에 비례함을 알 수 있다. 이 반응은 초기에 약간의 P가 생성되는 데 다른 반응 경로가 있을 수 있기 때문에 일어나기 시작하여, 이것이 이어서 자체 촉매 반응을 일으키게 된다. (a) 속도 법칙이 $v = k_r[A][P]$가 되는 A → P와 같은 형태의 자체 촉매 반응에 대한 속도식을 적분하여 다음 관계를 보이시오.

$$\frac{[P]}{[P]_0}=(b+1)\frac{e^{at}}{1+be^{at}}$$

여기서 $a = ([A]_0+[P]_0)k_r$, $b = [P]_0/[A]_0$이다. **힌트**: 속도 법칙 $v = -d[A]/dt = k_r[A][P]$의 식으로 시작하여 $[A]=[A]_0-x$, $[P]=[P]_0+x$로 놓고 각각의 속도 변화를 x의 함수로 나타낸다. 이 결과의 식을 적분하려면 다음과 같은 변수 분리의 방법(**화학자 툴킷** 83.1)을 사용한다.

$$\frac{1}{([A]_0-x)([P]_0+x)}=\frac{1}{[A]_0+[P]_0}\left(\frac{1}{[A]_0-x}+\frac{1}{[P]_0+x}\right)$$

(b) b의 값을 다양하게 취하면서 $[P]/[P]_0$를 at에 대해서 도시하시오. 얻은 결과를 $[P]/[P]_0 = 1-e^{-k_r t}$가 되는 일차 반응에 대한 것과 비교함으로써, t에 대한 $[P]/[P]_0$의 도시 모양에 미치는 자체 촉매 작용의 효과를 논하시오. (c) 앞의 (a)와 (b)에서 논의한 자체 촉매 과정에서는 반응 속도가 $t_{max} = -(1/a)\ln b$에서 최대가 됨을 보이시오. (d) 한 자체 촉매 반응 A → P의 속도 법칙이 $d[P]/dt = k_r[A]^2[P]$로 나타났다. 초기 농도를 $[A]_0$, $[P]_0$로 놓고, 이 속도 법칙을 구하시오. 반응 속도가 최대로 되는 시간을 구하시오. (e) 다른 또 하나의 화학량론적 A → P 반응에서는 속도 법칙이 $d[P]/dt = k_r[A][P]^2$으로 나타났을 때 초기 농도를 $[A]_0$, $[P]_0$로 놓고, 이 속도 법칙을 적분하시오. 반응 속도가 최대로 되는 시간을 구하시오.

F19.2 많은 생물학 및 생화학 과정에는 자체 촉매 작용 단계가 포함되어 있다(통합 문제 F19.1). 전염병이 퍼지고 수그러지는 현상을 나타내는 SIR 모형에서는 인구를 세 부류로 나눈다. 즉 병에 걸릴 수 있는 감염 가능 인구 S, 병에 걸려서 전염시킬 수 있는 감염자 I, 병에 걸렸다 치료되었거나, 죽었거나 또는 면역되었거나 격리된 제외자 R의 세 집단이다. 이러한 과정의 모형 메커니즘에 의하면 다음과 같은 속도 법칙이 성립해야 한다.

$$\frac{dS}{dt}=-rSI \qquad \frac{dI}{dt}=rSI-aI \qquad \frac{dR}{dt}=aI$$

이 메커니즘의 자체 촉매 작용 단계는 어떤 것인가? 이 병이 퍼지거나 수그러질지를 결정하는 a/r 비에 대한 조건을 찾으시오. 이 시스템에서 전체 인구수가 일정하다는 것을 보이시오. 즉 $S+I+R=N$이라는 전제를 하고 있는데, 이것은 출산, 기타 질환에 의한 사망, 인구 이동 등의 시간 척도가 이 전염병의 전파 시간 척도에 비해서 크다는 것을 가정했다는 뜻이 된다.

F19.3 문헌들을 찾아보고 다음 과정들이 일어나는 동안에 관측되는 시간 척도를 일람표로 나타내시오. 들뜬 전자 상태의 복사 이완, 분자 회전 운동, 분자 진동 운동, 양성자 이동 반응, FRET 분석에서 이용되는 형광 분자들 사이의 에너지 이동, 용액 속에서 일어나는 착이온 사이의 전자 이동 과정, 그리고 액체 속에서의 충돌.

F19.4 Marcus 이론에 따라 광유발 전자 이동의 속도를 지배하는 인자와 Förster 이론에 따라 공명 에너지 이동의 속도를 지배하는 인자를 논의하시오. 이 두 이론 사이의 유사점을 찾을 수 있겠는가?

20장 고체 표면에서의 반응

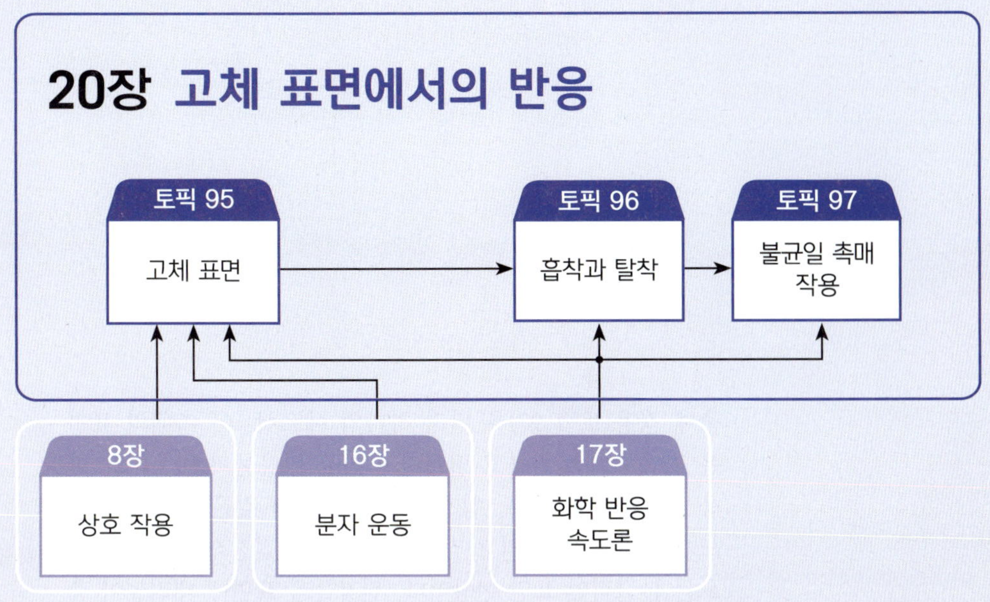

고체 표면에서의 과정들은 촉매 작용에서와 같이 건설적인 산업의 생존 가능성을, 그리고 부식과 같이 파괴적인 제품의 내구성을 지배한다. 고체 표면에서의 화학 반응은 표면에 의해서 상당히 낮은 활성화 에너지의 반응 경로가 주어지고 따라서 촉매 작용이 나타나게 되므로, 벌크에서의 반응과 크게 다를 수 있다. 여기에서는 고체 표면에서의 반응을 어떻게 취급하는지를 보여 줌으로써 **화학 반응 속도론**에서 소개된 주제로 확장한다.

토픽 95는 결정 구조(**상호 작용**)의 지식으로부터 끌어낸 고체 표면의 구조와 기체상에서의 충돌(**분자 운동**)을 탐구한다. 또한 표면 과학에서 일반적으로 사용되는 여러 가지 실험 기법을 설명한다. 화학자들에게 있어 표면이 중요하다는 점은 물질이 표면에 붙게 되어 반응이 그 표면에서 일어나기 때문으로, 깨끗한 표면은 여기에서 논의의 관점에서 벗어난다는 것은 중요하다. 토픽 96에서는 고체 표면이 덮이는 정도와, 압력과 온도에 따라 변하는 덮임률의 정도를 논의한다. 이 주제는 고체 표면에서의 화학 반응에 대한 설명에 대비를 하게 한다. 토픽 97에서는 표면이 어떻게 촉매 작용 자리에 작용함으로써 속도와 화학 변화의 과정에 영향을 미치는지에 초점을 맞출 것이다.

토픽 95

고체 표면

내용

➤ 학습 목표

대부분의 촉매 작용과 그에 따른 화학 산업의 기저를 이루고 있는 고체 표면에서 일어나는 화학 반응의 열역학과 반응 속도론을 이해하기 위하여 이들의 구조, 조성, 성장 등을 이해해야 한다.

➤ 핵심 내용

결함을 포함한 구조적 특징은 고체 표면에서 일어나는 물리적, 화학적 과정에서 중요한 역할을 한다.

➤ 미리 알기

자세하게는 아니더라도 고체의 구조(토픽 37)를 알아야 한다. 이 토픽은 기체 분자 운동론(토픽 78)으로부터의 결과에 의존한다.

상당히 많은 화학 작용이 고체 표면에서 일어난다. 불균일 촉매 작용(토픽 97)은 단지 하나의 예로서, 이 촉매의 표면은 반응물이 달라붙고 떨어지고 다른 반응물과 반응하는 반응 자리를 제공한다. 심지어 용해 과정과 같은 간단한 작용도 고체가 표면 위의 자리로부터 용매로 점진적으로 빠져 나오는 본질적인 표면 현상이다. 원자들을 표면에 내려놓아 층을 형성하게 하는 표면 탈착은 집적 회로가 생성되는 방식이기 때문에 반도체 산업에서 아주 중요하다.

95.1 표면 성장

흡착(**adsorption**)은 입자가 고체 표면에 부착되는 현상이며, 흡착의 역과정은 **탈착**(**desorption**)이라고 한다. 흡착되는 물질은 **피흡착질**(**adsorbate**)이라고 하고, 흡착 자리를 제공하는 물질은 **흡착제**(**adsorbent**) 또는 **기질**(**substrate**)이라고 한다.

완전한 결정 표면의 간단한 모양은 식료품점의 오렌지 판매대와 같다고 생각할 수 있다(그림 95.1). 그리고 표면과 충돌하는 기체 분자는 오렌지 위에서 불규칙하게 튀는 탁구공과 같다고 상상할 수 있다. 분자들은 튈 때 에너지를 잃지만, 잡힐 정도로 충분한 운동 에너지를 잃기 전에 표면으로부터 도망갈 수 있다. 이온 결정이 용액과 접하고 있는 경우에도 어느 정도 이와 동일한 현상이 일어난다. 에너지면에서 볼 때 용액 속의 이온이 용매화 분자를 일부 떼어 버리고 표면

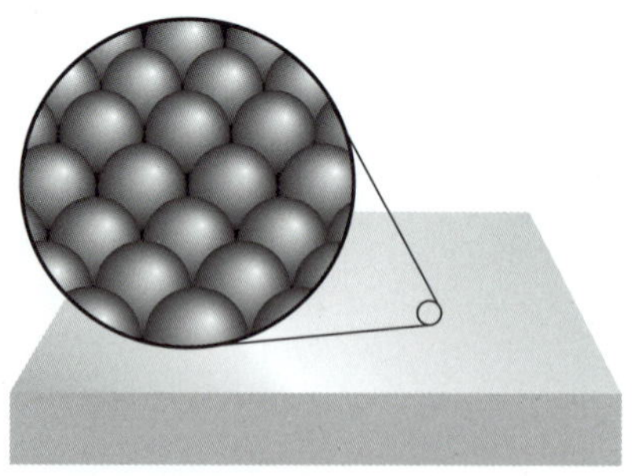

그림 95.1 고체의 평평한 표면의 모형도. 이 원시적 구조 모형은 주사 터널 현미경 사진 결과와 매우 잘 맞는다.

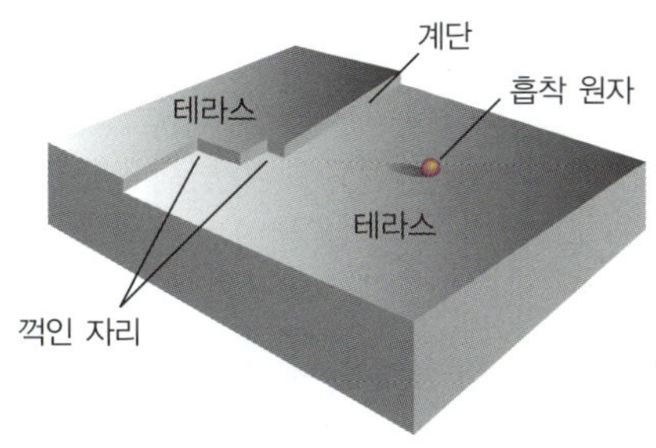

그림 95.2 완전한 표면이 아닌 테라스 위에 형성될 수 있는 몇 가지 종류의 결함. 표면 결함은 표면 성장과 촉매 작용에서 중요한 역할을 한다.

의 노출된 자리에 달라붙기는 매우 힘든 일이다.

표면에 결함이 있을 때는 원자나 이온의 불완전한 층들이 마루턱을 만들기 때문에 이 모형은 달라진다. 이러한 표면 결함의 한 일반적인 예로서는 두 층 사이에 이루어진 **계단**(**step**)이며, 다른 경우는 **테라스**(**terrace**)라고 불리는 원자를 들 수 있다(그림 95.2). 이 계단 결함은 그림에서처럼 꺽인 자리(kink)를 가질 수 있으므로 그 자신의 결함을 갖는다. 원자가 테라스 위에 흡착될 때는 분자간 퍼텐셜의 영향을 받아 그 위를 튀어 다니다가 계단이나 꺽인 자리 구석으로 올 수 있다. 테라스 위에서는 한 원자와 상호 작용을 하던 것이 이런 곳에서는 여러 개의 원자와 상호 작용을 하게 되고, 이 큰 상호 작용 때문에 원자가 붙들리게 된다. 용액으로부터 이온이 석출되는 경우에도 이와 비슷한 현상이 일어나며, 이때는 결함 자리에 도착한 이온들이 표면 결함에 있는 여러 이온들과 강한 쿨롱 상호 작용을 하게 되어, 그 강한 상호 인력 에너지가 용매화 에너지의 손실을 보상해 주고도 남게 된다.

성장 속도는 관계되는 결정면에 의존하며, 가장 느리게 성장하는 결정면이 결정의 모양을 지배하게 된다. 이러한 특성을 그림 95.3에서 설명하고 있는데, 그림을 보면 수평 결정면이 가장 급속하게 성장해 나가지만 곧 없어지고 느리게 성장하는 면만이 남는다.

정상적인 조건에서 기체에 노출된 표면은 한결같이 분자들과 충돌하게 되어 깨끗하게 만든 표면은 매우 빠르게 분자들로 덮이게 된다. 얼마나 빠르게 덮이는지는 기체 분자 운동론 모형과 다음의 충돌 유량에 대한 식(식 78.13)을 사용하여 계산할 수 있다.

$$Z_W = \frac{p}{(2\pi mkT)^{1/2}} \qquad \text{충돌 유량} \quad (95.1)$$

여기에서 p는 압력, m은 분자의 질량, k는 Boltzmann 상수, T는 온도이다.

간단한 예 95.1 충돌 유량

M이 기체의 몰질량이고 $m = M/N_A$라고 쓰면, 식 95.1은 다음과 같이 된다.

$$Z_W = \frac{(N_A/2\pi k)^{1/2} p}{(TM)^{1/2}}$$

상수의 수치를 대입하고 파라미터의 단위를 선택하면 이 식의 실질적인 형태는 다음과 같다.

$$Z_W = \frac{Z_0(p/\text{Pa})}{\{(T/\text{K})(M/(\text{g mol}^{-1}))\}^{1/2}} \quad \text{여기서} \quad Z_0 = 2.63\times10^{24}\ \text{m}^{-2}\,\text{s}^{-1}$$

공기($M \approx 29$ g mol^{-1})에서, $p = 1$ atm $= 1.01325\times10^5$ Pa, $T = 298$ K의 경우에는 $Z_W = 2.9\times10^{27}$ m^{-2} s^{-1}이 된다. 1 m^{2}의 금속 표면은 약 10^{19}개의 원자로 되어 있으며, 따라서 각 원자는 매초 약 10^8번씩 기체 분자와 충돌하게 된다. 이 충돌의 극히 일부만이 기체 분자가 표면에 달라붙는 경우일지라도 깨끗한 표면이 깨끗하게 유지되는 시간은 매우 짧다.

자가 진단 95.1 압력이 100 Pa일 때 25°C에서 프로페인을 담고 있는 용기 표면의 충돌 유량을 계산하시오.

답: $Z_W = 2.30\times10^{20}$ cm^{-2}s^{-1}

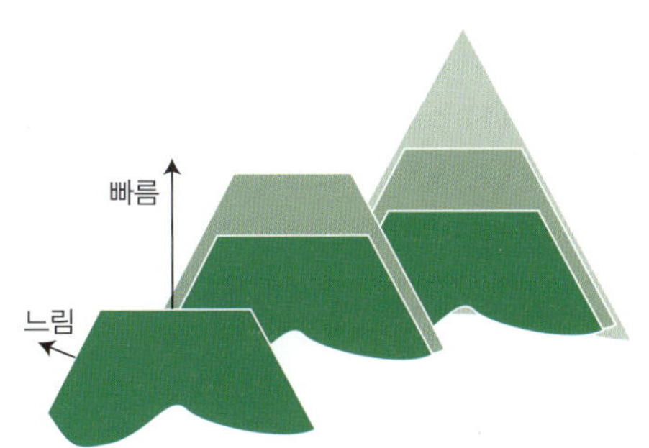

그림 95.3 느리게 성장하는 결정의 면이 최종적인 결정의 모양을 지배한다. 성장의 세 가지 잇따른 단계를 나타내었다.

95.2 물리 흡착과 화학 흡착

분자와 원자는 두 가지 방식으로 표면에 달라붙을 수 있다. **물리 흡착**(**physisorption**, 'physical adsorption'의 약자)에서는 피흡착질과 기질 사이에서 van der Waals 상호 작용(예를 들어 분산 또는 극성 상호 작용, 토픽 35)이 있다. van der Waals 상호 작용은 장거리성(long range)이지만 약하며, 분자가 물리 흡착될 때 내놓는 에너지는 응축 엔탈피와 같은 크기 정도이다. 이와 같이 적은 에너지는 격자의 진동 에너지로 흡수되어 열운동으로 소멸될 수 있으며, 표면 위로 튀던 분자는 점차적으로 에너지를 잃고 최종적으로 표면에 달라붙게 된다. 이 과정을 **수용**(**accommodation**)이라고 한다.

표 95.1* 298 K에서 물리 흡착의 표준 엔탈피의 최대 측정값

피흡착질	$\Delta_{ad}H^{\ominus}$(kJ mol^{-1})
CH_4	−21
H_2	−84
H_2O	−59
N_2	−21

*더 많은 값들이 **부록**에 수록되어 있다.

물리 흡착 엔탈피는 열용량이 알려진 시료의 온도 상승을 측정해서 구할 수 있는데, 전형적인 값은 약 −20 kJ mol^{-1} 정도이다(표 95.1). 이 정도의 작은 엔탈피 변화에 의해서는 결합이 끊어지지 않으며, 따라서 물리 흡착된 분자는 표면의 존재에 의해서 변형될 수는 있지만 그 정체성이 그대로 유지된다.

화학 흡착(chemisorption, 'chemical adsorption'의 약자)에서는 분자(또는 원자)들이 화학 결합(보통 공유 결합)을 형성하여 표면에 붙으며, 표면과 최대로 배위시킬 수 있는 자리를 차지하려고 한다. 화학 흡착 엔탈피는 물리 흡착에 비해서 대단히 크며, 그 전형적인 값은 약 −200 kJ mol^{-1}의 범위에 있다(표 95.2). 표면과 가장 가까운 피흡착질 원자 사이의 거리도 화학 흡착의 경우가 물리 흡착의 경우에 비해서 일반적으로 훨씬 더 짧다. 화학 흡착된 분자는 표면 원자들의 충족되지 않은 원자가 때문에 토막날 수 있으며, 이러한 화학 흡착 결과로서의 표면 위 분자 토막의 존재는 고체 표면이 촉매 작용을 하는 원인이 되기도 한다(토픽 97).

특별한 경우를 제외하면 화학 흡착은 발열 반응이어야 한다. 일정 온도와 압력에서 자발적 과정이 일어나려면 $\Delta G<0$이어야 한다. 피흡착질이 흡착될 때 그 병진 운동의 자유도가 감소하므로 ΔS는 음이 된다. 따라서 $\Delta G=\Delta H-T\Delta S$가 음이 되기 위해서는 ΔH가 음이 되어야 한다(즉 발열 과정에 해당한다). 피흡착질이 표면에서 해리되고 높은 병진 이동도를 가질 때는 예외가 될 수 있다. 예를 들면 H_2가 유리에 흡착되는 과정은 흡열 과정인데, 이것은 수소 분자가 표면에서 대단히 자유롭게 움직이는 원자로 해리됨으로써 수반되는 병진 엔트로피가 크게 증가하기 때문이다. 이 경우 $H_2(g) \rightarrow 2H$(유리) 과정에서의 엔트로피 변화는 양의 값으로 대단히 커서 작은 값을 갖는 양의 엔탈피 변화를 상쇄하고도 남는다.

표 95.2* 298 K에서의 화학 흡착 표준 엔탈피 $\Delta_{ad}H^{\ominus}$(kJ mol^{-1})

피흡착질	흡착제(기질)		
	Cr	Fe	Ni
C_2H_4	−427	−285	−243
CO		−192	
H_2	−188	−134	
NH_3		−188	−155

*더 많은 값들이 **부록**에 수록되어 있다.

흡착 엔탈피는 표면 덮임률에 따라 변하는데, 그 주요 원인은 피흡착질 입자들 사이의 상호 작용 때문이다. 만일 입자들이 상호 반발을 일으키면(팔라듐 표면에서의 CO와 같이) 덮임률이 증가함에 따라 흡착 엔탈피가 덜 발열적이 된다(흡착 엔탈피가 덜 음이 된다). 게다가 이러한 화학종들은 쌓임의 필요 조건으로 질서가 요구될 때까지는 무질서한 방식으로 표면 위에 정착한다는 것이 연구로 밝혀졌다. 한편 피흡착질 입자들이 상호 인력을 나타낼 때는(텅스텐 위의 O_2와 같이) 이들이 회합하여 섬을 형성하며, 이 섬 주위에서 성장이 일어난다. 이러한 피흡착질도 탈착될 정도까지는 아니고 입자−입자 상호 작용을 이겨낼 수 있을 정도의 열운동을 하도록 충분히 가열하면 질서−무질서 상전이를 나타낸다.

물리 흡착이건 화학 흡착 결과이건 일반적으로 표면 덮임의 정도는 다음과 같은 **덮임률(fractional coverage)** θ로 나타낸다.

$$\theta=\frac{\text{흡착된 자리의 수}}{\text{흡착이 가능한 전체 자리의 수}} \quad \text{정의 덮임률} \quad (95.2)$$

덮임률은 주로 흡착된 피흡착질의 부피를 이용하여 $\theta=V/V_\infty$로 나타내기도 하는데, 여기서 V_∞는 완전한 단일층 덮임에 해당되는 흡착된 피흡착질의 부피이다. 각 경우에서 θ의 정의에서의 부피는 동일한 온도와 압력 조건에서 측정된 자유 기체의 부피이며, 기체가 표면에 달라붙을 때 흡착된 기체가 차지하는 부피가 아니다.

간단한 예 95.2 덮임률

273K에서 숯 위의 CO 흡착에 대하여 1기압으로 수정된 값은 V_∞= 111 cm^{3}이다. CO의 부분 압력이 80.0 kPa일 때 V 값(역시 1기압으로 수정된)은 41.6 cm^{3}이며, 따라서 $\theta=(41.6\ \text{cm}^3)/(111\ \text{cm}^3)=0.375$가 된다.

자가 진단 95.2 θ는 통상적으로 낮은 압력에서는 피흡착질의 부분 압력에 따라 급격하게 증가하는 것이 관찰되지만, 높은 압력에서는 부분 압력에 점점 덜 의존하게 된다. 이 거동을 설명하시오.

답: 토픽 96 참조

95.3 실험 기법

원자 수준에서 고체 표면의 조성과 구조를 연구하기 위하여 방대한 무리의 실험 방법이 사용되고 있다. 많은 방식들이 흡착과 화학 반응이 일어나는 표면의 변화를 직접적으로 시각화할 수 있다.

실험 과정은 깨끗한 표면을 가지고 시작해야 한다. 표면을 깨끗하게 유지하는 확실한 방법은 압력을 낮춤으로써 표면 위의 충돌을 감소시키는 것이다. 압력이 0.1 mPa(간단한 진공계에서와 같은)로 감소되면 충돌 유량은 대략 10^{18} $m^{-2}s^{-1}$으로 떨어지며, 이것은 표면의 원자 하나당 각 0.1초마다 한 번씩 충돌하는 것에 해당한다. 이것은 대부분의 실험에서 매우 자주 있는 것일지라도, **초고진공[ultrahigh vacuum(UHV)]** 기술에서 압력은 일상적인 기준에서 0.1 μPa($Z_W = 10^{15}$ $m^{-2}s^{-1}$일 때)과 같이 낮게 도달되며, 특별한 경우에는 1nPa($Z_W = 10^{13}$ $m^{-2}s^{-1}$일 때)과 같이 낮게 도달된다. 이러한 충돌 유량은 표면 원자 한 개가 10^5~10^6초마다 한 번씩, 즉 대략 하루에 한 번씩 충돌하는 것에 해당된다.

(a) 현미경법

시료의 작은 영역을 비추고 현미경으로 빛을 집속시키는 방법은 작은 표본의 영상을 얻는 데 오랫동안 이용되어 온 기본 방법이다. 그러나 현미경의 분해능은 두 인접 대상물 사이의 거리를 최소 얼마로 근접시킬 때까지 그 영상이 명확하게 유지되는지를 나타내는 것인데, 이 분해능은 이용하는 빛의 파장과 같은 자릿수의 값을 갖는다. 따라서 가시광선을 이용하는 전통적인 현미경은 마이크로미터 영역의 분해능을 가지므로, 나노미터 척도의 모양에 대해서는 장님과 같다.

나노미터 크기의 대상물을 영상화하는 데 자주 이용되는 방법의 하나가 **전자 현미경법(electron microscopy)**인데, 이 방법에서는 전통적인 광학 현미경에 사용되는 램프 대신에 파장이 예리하게 정의된 de Broglie 파장(토픽 4)의 전자살을 이용한다. 그리고 유리나 석영으로 만든 렌즈 대신에 자기장을 이용하여 전자살을 집속시킨다. **투과 전자 현미경법(transmission electron microscopy**, TEM)에서는 전자살이 시료를 통과하며 스크린에 영상이 집속된다. **주사 전자 현미경법(scanning electron microscopy**, SEM)에서는 시료의 작은 영역에 전자살을 쪼여준 다음, 여기서 산란되어 나오는 전자를 검출하고 그 전기적 신호를 영상 스크린에 나타나게 한다. 이렇게 하여 시료 면을 따라 전자살을 주사시키면 표면의 영상을 얻을 수 있다.

전통적인 광학 현미경에서와 마찬가지로, 분해능은 입사 빔(이 경우 전자살)의 파장과 집속되는 정도에 따라 결정된다. 전형적인 전자 현미경에 사용되는 전자의 파장은 10 pm 정도까지 짧게 해 줄 수 있지만 전자를 자기적 렌즈로 잘 집속시키기가 불가능하며, 따라서 실제 실험에서 TEM과 SEM 장치의 전형적인 분해능은 각각 약 2 nm와 50 nm이다. 따라서 전자 현미경법으로는 지름이 약 0.2 nm인 개개의 원자를 분별할 수 없다. 뿐만 아니라 단지 특정한 시료만을 특정한 조건하에서 측정할 수 있다. 즉 측정을 전부 고진공하에서 수행해야 한다. 그리고 TEM 측정을 하려면 반드시 시료의 단면을 아주 얇게 만들어야 하며, SEM 측정을 하려면 시료가 꼭 건조된 상태여야 한다.

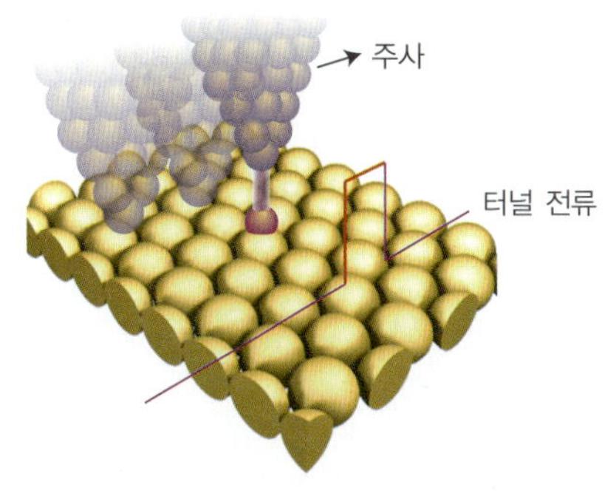

그림 95.4 주사 터널 현미경법은 탐침 끝과 바로 그 밑에 있는 표면 사이에서 터널 현상으로 나타나는 전자 흐름을 이용한다. 이 전류는 탐침 끝과 표면 사이의 거리에 대단히 민감하다.

주사 탐침 현미경법(scanning probe microscopy, SPM)은 표면에 있는 원자 크기 정도와 같은 작은 대상물을 가시화하고 조작하는 데 이용될 수 있는 종합 기술이다. SPM의 한 방식은 **주사 터널 현미경법(scanning tunnelling microscopy**, STM)인데, 이 장치에서는 백금-로듐 또는 텅스텐 바늘을 전도성 고체 표면 위로 주사시킨다. 바늘 끝을 이 표면에 아주 가까이 가져가면 전자가 그 사이의 공간을 터널 작용으로 통과한다(그림 95.4). '일정 전류 방식(constant-current mode)'의 작동에서는, 이 바늘이 표면 형태에 따라 상하로 움직이면서 표면 형태(피흡착질이 있다면 이를 포함해서)를 원자 척도에서 보여 줄 수 있다. 이 바늘은 원통형 압전 세라믹에 부착되어 있어서 여기에서 생기는 전위차에 따라 이것이 수축 또는 팽창되고, 그리하여 바늘이 상하로 움직일 수 있게 되어 있다. 한편 '일정 높이 방식(constant-*z* mode)'에서는 바늘의 수직 위치를 고정시키고 전류를 모니터한다. 전자의 터널 투과 확률은 공간 틈의 크기에 대단히 민감하기 때문에, 이 현미경은 매우 작은 원자 척도의 표면 높이 변화까지도 검출할 수 있다.

그림 95.5는 비소화 갈륨 표면을 세슘 원자를 첨가시켜 바꾸어 놓은 영상의 예를 나타낸 것이다. 이 영상에 나타나는

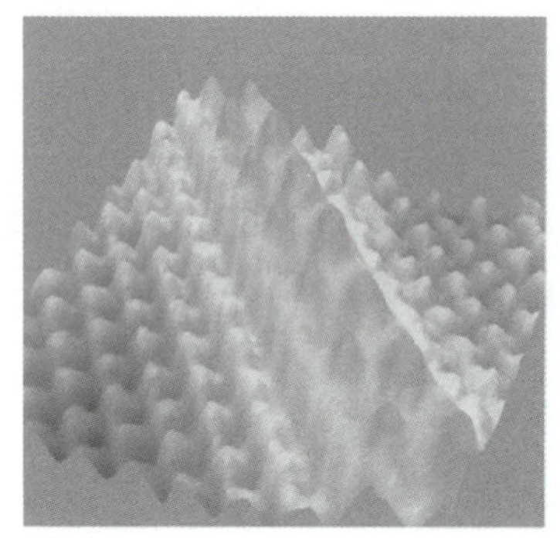

그림 95.5 비소화 갈륨 표면 위 세슘 원자의 STM 영상

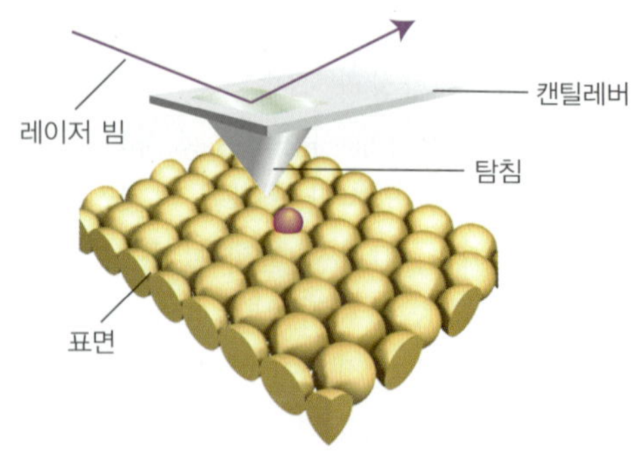

그림 95.6 원자힘 현미경법에서는 레이저 빔을 사용하여 탐침 위치의 아주 작은 변화를 표면 위 원자에 의해 끌리거나 반발되는 것으로 관측한다.

표면의 각 '턱(bump)'은 한 원자 정도에 해당한다. STM 법을 보다 더 개량하여 탐침으로 표면에 원자 하나를 붙여 주는데, 이 방법을 이용하면 복잡하면서도 매우 작은 나노미터 크기의 물질과 장치의 조립이 가능해진다.

원자힘 현미경법(**atomic force microscopy**, AFM)에서는 캔틸레버에 부착된 뾰족하게 깎은 탐침을 표면에 가로질러 주사한다. 표면과 표면에 부착된 모든 분자들에 의해 가해진 힘은 탐침을 당기거나 밀며, 캔틸레버를 편향하게 하는데(그림 95.6), 이 편향은 레이저 빔을 이용하여 관측된다. 시료와 탐침 사이에 전류가 통할 필요가 없기 때문에 이 기술은 비전도성 표면과 액체 시료에 적용시킬 수 있다.

AFM 작동에는 두 가지 방식이 일반적으로 사용된다. '접촉 방식' 또는 '일정 힘 방식'에서는 탐침과 표면 사이의 힘은 일정하게 고정되고 탐침은 표면과 접촉하게 한다. 이 방식의 작동은 부서지기 쉬운 시료가 표면에 손상될 수 있다. '비접촉' 또는 '두드리기 방식'에서 탐침은 특정한 진동수에 의해 위아래로 튕겨지며 전혀 표면에 닿지 않는다. 탐침 진동의 진폭은 표면에 흡착된 화학종 위를 통과할 때 변하게 된다.

그림 95.7은 규소 표면 위의 저마늄 나노선을 나타내며, AFM의 능력을 보여 주고 있다. 선들은 대략 높이가 2 nm, 폭이 10~32 nm, 길이가 10~600 nm이다.

그림 95.7 분자선 에피탁시(epitaxy)에 의해 규소 표면 위에 조립된 저마늄 나노선(T. Ogino, et al., *Acc. Chem. Res.* **32**, 447(1999)의 게재 허락을 받음.)

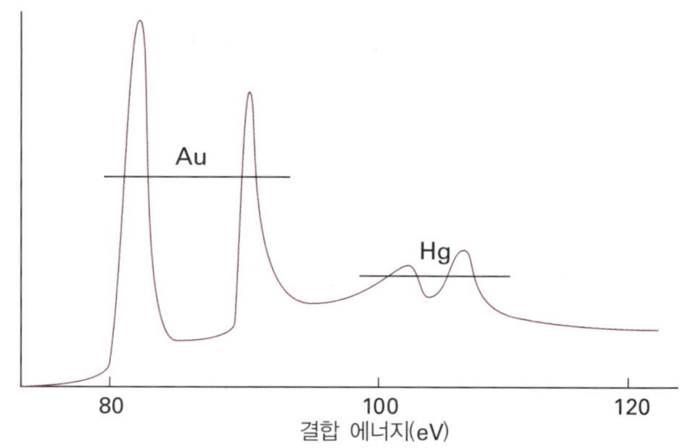

그림 95.8 금 시료의 표면을 오염시키고 있는 수은 흡착층의 X선 광전자 방출 스펙트럼(M.W. Roberts and C.S. McKee, *Chemistry of the metal-gas interface*, Oxford University Press(1978))

(b) 이온화 방법

표면의 화학적 조성은 다양한 이온화 방법을 이용하여 결정할 수 있다. 깨끗하게 처리하고 난 후에 남아 있는 불순물을 검출하거나 실험 결과로 생긴 흡착층을 검출하는 데도 동일한 방법이 쓰인다.

이러한 방법들 중의 하나가 **광방출 분광법**(**photoemission spectroscopy**)인데, 이것은 광전 효과(토픽 4)의 파생물을 이용하는 것으로서 X선(XPS에서)이나 짧은 파장의 자외선(UPS에서)을 이온화시키는 복사선으로 이용하여 흡착종들로부터 전자를 튀어나오게 한다. 오비탈로부터 튀어나온 광전자들의 운동 에너지를 측정하면 에너지 모양이 존재하는 물질의 지문과 같은 역할을 한다(그림 95.8). UPS에서는 원자가 껍질로부터 튀어나온 전자를 조사하는데, 표면 상에 있는 물질의 결합 특성과 원자가 전자의 자세한 구조를 알아내는 데 이 방법도 사용된다. 이 방법의 유용성은 피흡착질이 어떤 오비탈을 이용하여 기질에 결합되는지를 밝히는 능력에 있다.

간단한 예 95.3 UPS 스펙트럼

유리 상태의 벤젠과 팔라듐 표면에 흡착된 벤젠의 광방출 결과 주된 차이점은 π 전자 에너지이다. 이러한 차이는 C_6H_6 분자가 표면에 평행하게 놓여 있고, 이들의 π 오비탈들을 통하여 결합되어 있다는 의미로 해석할 수 있다.

자가 진단 95.3 팔라듐에 흡착될 때 피리딘(C_6H_5N)은 표면에 거의 수직하게 서 있다. 표면 위 팔라듐 원자에 부착되는 분자의 방식을 제안하시오.

답: 데이터는 질소의 고립 전자쌍에 의해 σ 결합이 형성되는 것과 일치한다.

현재 정밀(초소형) 전자 산업에서 널리 쓰이고 있는 대단히 중요한 분광법은 **Auger 전자 분광법(Auger electron spectroscopy**, AES)이다. 고에너지 복사선으로 전자가 방출된 후에 잇따라 이차 전자가 방출되는 현상을 **Auger 효과(Auger effect**, 오-제이로 읽음)라고 한다. 일차적으로 전자가 방출되면 낮은 에너지의 오비탈에 빈 구멍이 생기고, 높은 에너지의 전자가 이 빈 구멍으로 떨어져 들어간다. 그리고 이 과정에서 나오는 에너지는 직접 복사선으로 방출되어 **X선 형광(X-ray fluorescence)**을 나타내거나(그림 95.9a) 다른 전자를 방출시킨다(그림 95.9b). 이 이차적으로 방출되는 전자가 Auger 효과의 '이차 전자'이다. 이 이차 전자의 에너지는 존재하는 물질의 특성이며, 따라서 Auger 효과는 효과적으로 시료의 지문을 나타내는 역할을 한다. 실제적으로 Auger 스펙트럼은 전자기 복사선 대신에 1~5 keV 에너지 영역의 전자살을 시료에 조사함으로써 얻어지는 것이 일반적이다. **주사 Auger 전자 현미경법(scanning Auger electron microscopy**, SAM)에서는 세밀하게 집속시킨 전자살을 표면 위로 주사시키면서 표면 조성 지도를 만드는데, 그 분해능은 약 50 nm 이하까지 내려갈 수 있다.

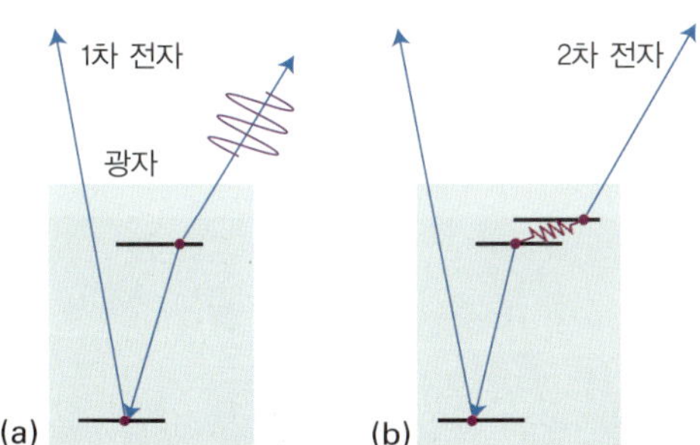

그림 95.9 고체로부터 전자가 튀어나가면 (a) 높은 에너지의 다른 전자가 빈 오비탈로 떨어지면서 X선 광자를 내놓으며, 이것이 X선 형광을 발생시킨다. (b) 이와는 달리 오비탈로 떨어지는 전자가 그의 에너지를 다른 전자에 넘겨줄 수도 있으며, 그리하여 Auger 효과에 의해 전자가 튀어나가게 된다.

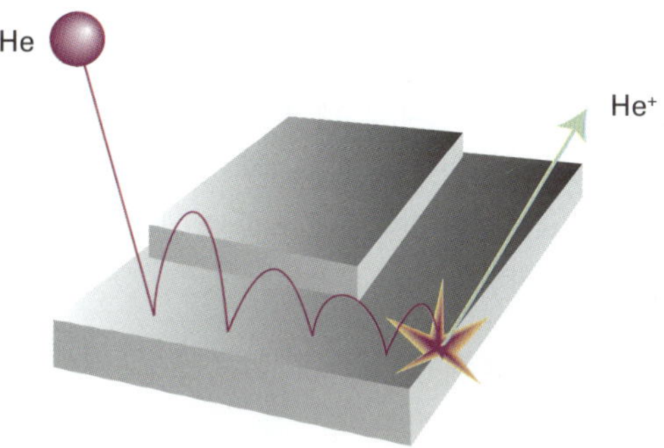

그림 95.10 표면 FIM 영상을 나타나게 하는 현상. He 원자는 표면 위를 튀어 다니다 노출된 원자와 부딪히게 되면 외부에서 가해 준 전기 퍼텐셜 때문에 이온화되고 떨어져 나간다.(표면을 튀어 다니는 운동은 중력 때문이 아니라 분자 간 퍼텐셜 때문이다!)

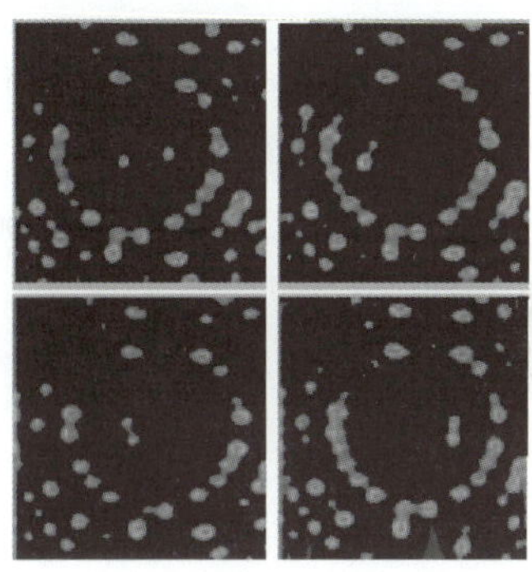

그림 95.11 레늄 표면의 Re 원자가 375 K에서 3초 동안에 이동한 모습을 나타내는 FIM 현미경 사진(G. Ehrlich 교수 제공)

피흡착질의 확산 특성을 알아내는 데는 표면 특성의 변화를 조사하는 STM을 이용하거나 **장이온화 현미경법(field-ionization microscopy**, FIM)을 이용한다. FIM은 비활성 기체 원자의 이온화를 이용하여 표면의 전기적 특성을 묘사하는 표면 탐사 방법이다(그림 95.10). 개개 원자들의 영상을 나타내고, 온도를 올렸다가 일정한 시간 간격에 따라 다시 내리면서 새 영상을 찍어 원자의 새 위치를 결정한다(그림 95.11). 이와 같이 찍은 일련의 영상 사진을 보면 원자들은 표면상에서 무작정 걷기 운동(random walk)을 한다는 것을 알 수 있으며, 이차원 무작정 걷기 운동식 $d=(D\tau)^{1/2}$를 이용하여 시간 τ 사이에 이동한 평균 거리 d로부터 확산 계수 D를 추론할 수 있다. 이러한 방법을 이용하면 여러 온도에서 여러 상이한 결정면에서의 D 값들을 직접 측정할 수 있고, 그리하여 다음과 같은 모양의 Arrhenius 식과 유사한 식으로부터 각 결정면에서의 이동에 대한 활성화 에너지를 구할 수 있다.

$$D=D_0 e^{-E_{a,diff}/RT} \qquad \text{확산 계수의 온도 의존성} \qquad (95.3)$$

여기서 $E_{a,diff}$는 확산 활성화 에너지이고, D_0는 무한한 온도 한계에서의 확산 계수이다.

간단한 예 95.4 확산 계수

텅스텐 표면의 W 원자에 대한 전형적인 값은 $E_{a,diff}$가 57~87 kJ mol^{-1} 범위이고, $D_0 \approx 3.8 \times 10^{-11}$ m^2 s^{-1}이다. 따라서 식 95.3으로부터 800 K에서 확산 계수는 대략 다음과 같은 범위에서 변한다. 즉

$$D = (3.8\times10^{-11}\,\mathrm{m^2\,s^{-1}})\times e^{-5.7\times10^4\,\mathrm{J\,mol^{-1}}/(8.3145\,\mathrm{J\,K^{-1}\,mol^{-1}}\times800\,\mathrm{K})} = 7.2\times10^{-15}\,\mathrm{m^2\,s^{-1}}$$

에서

$$D = (3.8\times10^{-11}\,\mathrm{m^2\,s^{-1}})\times e^{-8.7\times10^4\,\mathrm{J\,mol^{-1}}/(8.3145\,\mathrm{J\,K^{-1}\,mol^{-1}}\times800\,\mathrm{K})} = 7.9\times10^{-17}\,\mathrm{m^2\,s^{-1}}$$

까지 변한다.

자가 진단 95.4 텅스텐 표면의 CO의 경우에는 활성화 에너지가 낮은 표면 덮임률에서는 144 kJ mol^{-1}이지만, 덮임률이 커질 때는 88 kJ mol^{-1}으로 떨어진다. 800 K에서 확산 계수의 비인 D_{high}/D_{low}를 계산하시오.

답: 4.5×10^3

(c) 회절 방법

표면 근처의 원자 배열을 결정하는 효과적인 방법의 하나는 **저에너지 전자 회절법(low-energy electron diffraction**, LEED)이다. 이 방법은 근본적으로는 X선 회절법(토픽 37)과 같지만, 전자의 파동성을 이용하고 시료가 고체 표면이라는 점이 다르다. 저에너지 전자(10~200 eV 영역으로, 100~400 pm 파장의 범위에 해당하는 에너지를 갖는)는 표면 위나 표면 근처의 원자에 의한 회절이 반드시 일어나게 한다. 이 실험 장치를 그림 95.12에 나타내었으며, 관측창을 통해서 형광 스크린으로 찍어 얻은 전형적인 LEED 무늬를 그림 95.13에 나타내었다.

예제 95.1 LEED 무늬의 해석

팔라듐의 깨끗한 (110)면이 나타내는 LEED 무늬는 아래 (a)와 같다. 그리고 개조된 표면의 LEED 무늬는 (b)와 같이 나타난다. 표면의 구조에 대하여 어떻게 추론을 할 수 있는가?

(a) (b)

방법 Bragg 법칙(토픽 37, $\lambda = 2d\sin\theta$)에 의하면, 주어진 파장에서 층 사이의 간격 d가 커질수록 산란각이 작아진다 ($2d\sin\theta$가 일정해야 하므로). 따라서 LEED 무늬에 있어서 무늬를 나타내는 원자들이 서로 멀리 떨어져 있을수록 LEED 무늬에 점들이 더 가깝게 나타난다. 만일 원자들이 2배로 멀리 떨어져 있으면 무늬의 점들 사이의 거리는 반에 해당되며, 그 역도 마찬가지이다. 따라서 두 무늬를 비교하고 새 무늬와 먼저 무늬 사이의 관계를 따져 본다.

풀이 점들 사이의 수평 거리는 변하지 않았으며, 이것은 표면 재구조가 일어날 때 원자들은 이 크기에서는 동일 위치를 유지한다는 것을 나타낸다. (재구조는 표면 위의 원자들이 평형 구조에 도달하는 과정을 나타내며, 표면과 벌크 원자들은 서로 다른 힘을 받기 때문에 표면 위의 원자들은 벌크 상태의 원자들과 다를 수 있다.) 그러나 수직 간격은 반으로 되었으며, 이것은 원자들이 이 방향으로는 재구조가 일어나지 않는 표면에서 있는 것의 2배로 더 멀어진다는 것을 암시한다.

자가 진단 95.5 위의 (a)에서 나타낸 것으로부터 수직 거리를 3배로 다르게 한 표면의 LEED 무늬를 그리시오.

답:

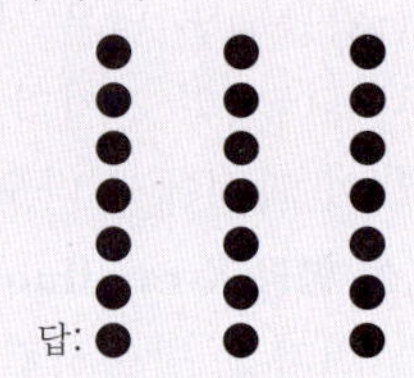

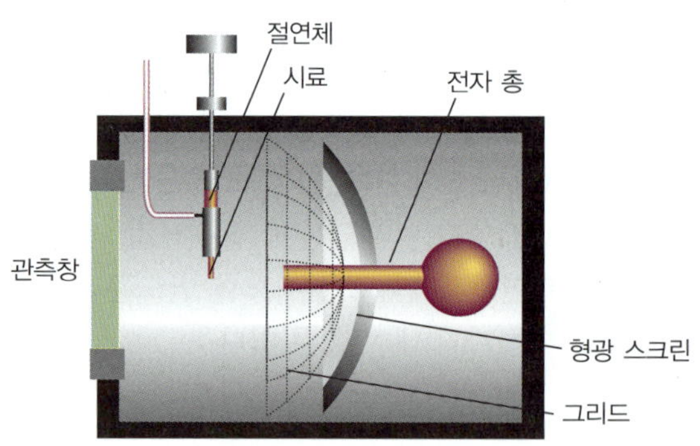

그림 95.12 LEED 실험에서 사용되는 장치의 개략도. 표면층에 의해서 회절된 전자들은 형광 스크린에 나타나는 형광에 의해 검출된다.

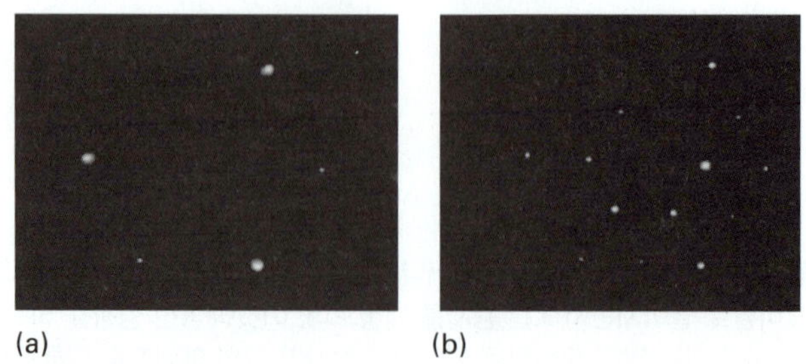

그림 95.13 (a) 깨끗한 Pt 표면, (b) 프로파인($CH_3C{\equiv}CH$)에 노출시킨 Pt 표면의 LEED 사진(G.A. Samorjai 교수 제공)

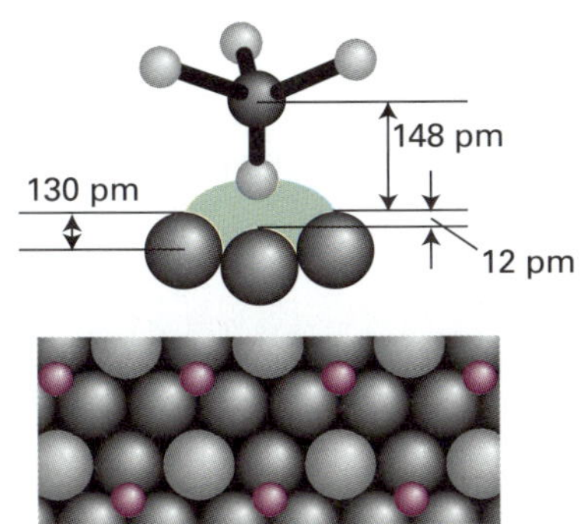

그림 95.14 300 K에서 로듐 (110) 표면에 CH_3C−가 흡착된 점 근처의 표면 구조와 화학 흡착에 수반되어 나타나는 금속 원자의 위치 변화

LEED를 이용하여 보면 결정의 표면은 벌크의 내부를 얇게 도려낸 것과 완전히 일치하는 구조를 갖는 경우가 매우 드물다. 일반적으로 금속 표면은 벌크 격자를 단순히 잘라놓은 것과 같지만, 꼭대기 원자층과 그 바로 밑의 층 사이의 거리가 약 5% 수축되어 있음을 알 수 있다. 반도체는 일반적으로 여러 원자층 깊이까지 개조된 표면을 갖는다. 이온성 고체에서는 표면 재구조가 일어난다. 예를 들어 LiF에서 표면에 가까운 Li^+ 이온들과 F^- 이온들은 약간 상이한 면에 놓여 있다. 현재 개량된 LEED 방법을 이용하여 얻을 수 있는 정밀한 실제 예는 로듐 (111)면에 흡착된 CH_3C−기에 대한 것으로, 그림 95.14에 나타내었다.

표면에 있는 테라스, 계단, 꺽인 자리의 존재는 LEED 무늬에 나타나며, 그리하여 그들의 표면 밀도(그 영역에서 결함의 수를 영역 넓이로 나눈 값)를 구할 수 있다. 계단과 꺽인 자리가 어떻게 LEED 무늬에 영향을 미치는지의 세 가지 예를 그림 95.15에 나타내었다. 사용된 이 시료들은 결정을 원자면에 대해서 상이한 각도로 쪼개서 얻은 것이다. 원자면에 평행하게 쪼갤 때는 테라스만이 생성되며, 쪼개는 각도가 커질수록 계단의 밀도가 증가한다. LEED 무늬에서 상당히 흐려진 추가적인 구조가 관찰되는 것은 계단들이 규칙적으로 배열되는 것을 나타낸다.

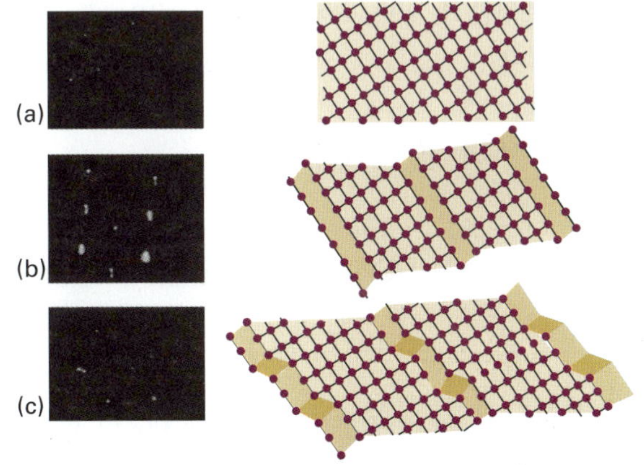

그림 95.15 LEED 무늬는 표면의 결함 밀도를 평가하는 데 이용할 수 있다. 이 사진은 (a) 결함 밀도가 낮고, (b) 육원자 간격의 규칙적인 계단을 갖고, (c) 꺽인 자리가 존재하는 규칙적인 계단을 갖는 Pt 표면에 해당한다. (G.A. Samorjai 교수 제공)

(d) 흡착 속도와 탈착 속도의 결정

표면 위 반응의 속도를 측정하는 데 주요한 기술 중에는 흘림법(flow method)이 있다. 가장 보편적인 방법은 계로 흘러들어 가는 기체의 유속과 계로부터 흘러나오는 기체의 유속을 관찰하는 것이다. 이 두 유속의 차는 기체가 시료에 흡착되는 속도이며, 이 속도를 적분하면 임의의 흡착 단계에서의 덮임률이 주어진다. **순간 탈착법(flash desorption)**에서는 시료를 순간적으로 가열하고(전기적으로), 이어서 그 결과로 나타나는 계의 압력 증가를 측정하여 원래 시료에 흡착되어 있던 피흡착질의 양으로 해석한다. 그러나 경우에 따라서는 화합물이 탈착되어 나와서 혼동될 수도 있다(예로서 산소로 덮인 텅스텐으로부터 WO_3가 탈착된다).

또한 실험 진행 과정에서 시료의 무게를 미량 천칭으로 측정하는 **무게 계량법(gravimetry)**이 사용될 수 있다. 무게 계량법에서 보편적으로 이용되는 장치는 **석영 결정 미량 천칭(quartz crystal microbalance**, QCM)이며, 이 방법에서는 석영 결정의 표면 위에 올려놓은 시료의 질량은 이 석영 결정의 역학적 성질의 변화와 연관되어 있다. QCM 작동의 기본 원리는 석영 결정에 진동 전기장을 작용시킬 때 특징적인 진동수에서 석영 결정이 진동하는 능력이다. 시료가 석영 표면에 널리 퍼지게 되면 그 진동의 주파수는 감소하며, 진동수 변화는 시료의 질량에 비례하게 된다. 이 방법을 이용하면 수 나노그램 정도의 작은 질량을 신뢰할 수 있을 정도로 측정할 수 있다.

박막이나 액체−기체 계면을 포함한 모든 종류의 표면을 연구하는 데 대단히 중요한 또 하나의 방법은 **이차 조화파 발생법(second harmonic generation**, SHG)이다. 이차 조화파 발생은 강한 펄스 레이저 빔이 시료 물질을 통과할 때 초기 진동수의 2배를 갖는 복사선으로 변환되는 것이다. 많은 결정들뿐만 아니라 표면도 SHG의 적합한 물질이다. 예를 들어 표면에 기체 분자가 흡착되면 물리적 및 화학적 과정의 특성이 감안되어 SHG 신호의 세기가 변한다. 펄스 방식 레이저가 들뜸 원이 되기 때문에 표면 과정의 속도론과 동역학의 시간 분해 측정이 펨토초 정도의 짧은 시간 척도에서 가능하다.

표면 플라스몬 공명법(surface plasmon resonance, SPR)은 표면 반응의 속도론과 열역학을 측정하기 위하여 현재 일상적으로 사용되는 매우 감도가 좋은 방법이다. SPR 장치는 흡착과 탈착의 결과로서 변하는 표면의 광학적 특성의 변화를

검출한다. 여기에서는 생체 고분자들 사이에서의 상호 작용을 연구하는 데 이 방법을 사용하는 것에 초점을 맞춘다.

비편재화된 원자가 전자의 이동성은 금속의 전기 전도도를 설명하며, 이들 유동성 있는 전자는 기체 상태의 밀도가 높은 하전된 입자들인 **플라스마(plasma)**를 형성한다. 빛이나 전자살을 플라스마에 충돌시키면 전자들의 분포에서 어떤 영역은 다른 곳보다 약간 더 밀집되는 순간적인 변화가 생길 수 있다. 높은 밀도 영역에서의 Coulomb 반발은 전자들이 서로 멀리 떨어지게 하여 그들의 밀도가 낮아지게 된다. 이 결과로 생기는 전자 밀도의 진동을 **플라스몬(plasmon)**이라고 하며, 금속의 벌크 속과 표면 위 모두에서 들뜰 수 있다. 벌크 속에서의 플라스몬은 고체를 통하여 전파되는 파동으로 그려볼 수 있다. 표면 플라스몬도 표면으로부터 멀리 전파되지만, **소멸파(evanescent wave)**라고 불리는 파동의 진폭은 표면으로부터의 거리에 따라 급격히 감소한다.

표면 플라스몬 공명은 표면 플라스몬에 의한 전자기 복사선의 입사 빛살로부터 에너지를 흡수하는 것이다. 흡수 또는 '공명'은 들뜸 빛살의 파장과 입사각을 적절하게 선택하여 관찰할 수 있다. 실제로는 단색 빛살을 사용하며 입사각 ϕ를 변화시키는 것이 일반적이다(그림 95.16). 빛살은 금 또는 은 박막의 한 면을 부딪치는 프리즘을 통과하게 된다. 빛 흡수에 해당하는 각도는 금속 박막의 반대 면과 직접 접촉하고 있는 매질의 굴절률에 의존한다. 표면 상태에 따른 공명 각도의 변화는 표면으로부터 짧은 거리에 떨어져 있는 물질과 상호 작용하는 소멸파의 능력에 기인한다. 예를 들어 표면 위 물질의 종류와 양을 변화시키면 공명 각이 변하게 된다. 따라서 SPR은 분자들이 표면에 결합하는 것이나 표면에 붙어 있는 생체 고분자가 리간드에 결합하는 것을 연구하는 데 사용될 수 있다. 이와 같은 상호 작용은 세포에서 일어나는 생물학적 인지 과정처럼 보인다. 분석할 수 있는 복합체의 예로는 항체-항원 상호 작용과 단백질-DNA 상호 작용이 포함된다. SPR 분석의 가장 중요한 장점은 이것의 감도로, 표면에 나노그램의 물질이 증착되어 있는 것을 측정할 수 있다는 것이다. 이 방법의 주된 단점은 연구하는 계의 적어도 한 가지 성분을 고정시켜야 하는 요건이다.

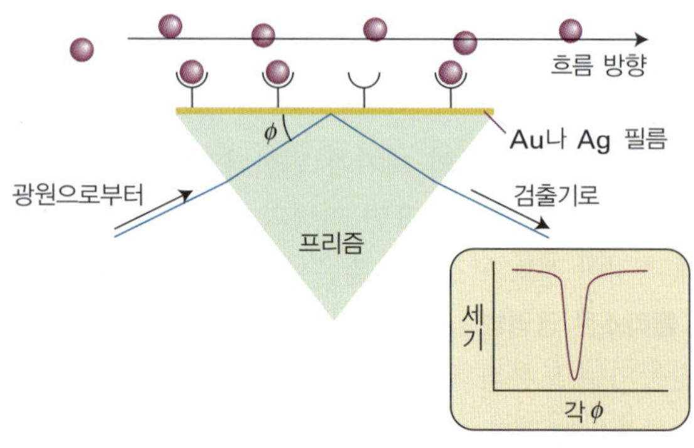

그림 95.16 본문에서 설명한 바와 같이, 표면 플라스몬 공명의 관측을 위한 실험적인 장치

예제 95.2 SPR 분석 데이터의 해석

두 개의 중합체 A와 B가 회합하여 복합체 AB를 형성하는 것을 생각해 보자. 전형적인 SPR 분석 실험에서 알고 있는 농도의 A를 함유하고 있는 용액의 흐름이 B가 화학 흡착되어 있는 표면 위로 흐른다. 그러면 세기 $R \propto [AB]$를 갖는 표면 플라스몬 공명 신호의 시간 의존성은 계가 평형에 도달되고 신호 세기가 R_{eq}로 될 때까지 관측된다. $A+B \rightleftharpoons AB$ 과정에 대한 R_{eq}의 값이 평형 상수 K와 연관되는 식을 쓰시오.

방법 속도론적 데이터를 평형 파라미터에 연관시키기 위하여 토픽 84에 보인 방법을 따른다. k_{on}와 k_{off}를 각각 복합체 AB의 형성과 해리에 대한 속도 상수라고 놓고 시작하며, 이들은 다른 단위를 갖는다는 것을 주목한다. 그러면 평형 상수 K는 다음과 같다.

$$K = \frac{k_{on}}{k_{off}} \times c^{\ominus}$$

여기에서 $c^{\ominus} = 1 \text{ mol dm}^{-3}$이다. 항상 그렇듯이 합리적인 근사를 쓰는 것이 유용하며, 이 경우 A의 흐름 속도는 충분히 커서 모든 시간에서 $[A] = a_0$는 본질적으로 일정하다고 가정한다.

풀이 복합체 AB의 농도는 시간에 따라 다음과 같이 변한다.

$$\frac{d[AB]}{dt} = k_{on}[A][B] - k_{off}[AB]$$

여기에서 $[A] = a_0$이며, b_0가 B의 전체 농도일 때 질량 균형에 따라 $[B] = b_0 - [AB]$이다. R이 가질 수 있는 최댓값은 $R_{max} \propto b_0$이며, 이것은 모든 B 분자가 A와 복합체를 만든다고 한다면 측정할 수 있다. $R \propto [AB]$일 때는 $[B] \propto R_{max} - R$이고 다음과 같다.

$$\frac{dR}{dt} = k_{on}a_0(R_{max} - R) - k_{off}R \qquad (95.4)$$

평형에서 $R = R_{eq}$이고 $dR/dt = 0$이며 약간의 대수학을 사용하면(자가 진단 95.6 참조) 다음과 같게 된다.

$$R_{eq} = R_{max}\frac{C}{C+1} \qquad C = a_0(k_{on}/k_{off}) \qquad (95.5)$$

따라서 $K = k_{on}/k_{off} \times c^{\ominus}$ 값은 일련의 a_0에 대하여 R_{eq}를 측정하여 구할 수 있다.

자가 진단 95.6 식 95.4로부터 식 95.5를 유도할 때 빠진 단계를 제시하시오.

개념 확인

□ 1. **흡착**은 분자가 표면에 부착되는 것이다. 흡착하는 물질은 피흡착질이라고 하며, 아래 놓여 있는 물질은 흡착제 또는 기질이라고 한다. 흡착의 역과정은 탈착이다.

□ 2. 표면 결합은 표면 성장과 촉매에서 중요한 역할을 한다.

□ 3. 표면을 연구하기 위한 방법에는 **주사 전자 현미경법**(SEM), **주사 탐침 현미경법**(SPM), **장이온화 현미경법**(FIM), **광방출 분광법**, **Auger 전자 분광법**(AES), **저에너지 전자 회절법**(LEED), **순간 탈착법**, **무게 계량법**, **이차 조화파 발생법**(SHG), **표면 플라스몬 공명법**(SPR) 등이 있다.

식 확인

성질	식	비고	식 번호
충돌 유량	$Z_W = p/(2\pi mkT)^{1/2}$	KMT	95.1
덮임률	$\theta =$ (흡착된 자리의 수)/(흡착이 가능한 전체 자리의 수)	정의	95.2

토픽 96

흡착과 탈착

내용

➤ 학습 목표

표면이 화학 반응 속도에 어떻게 영향을 미칠 수 있는지를 이해하기 위해서는 표면의 덮임 정도와 분자들이 표면에 붙고 또 표면에서 떨어지는 속도를 결정하는 인자를 어떻게 평가하는지를 알 필요가 있다.

➤ 핵심 내용

고체 표면의 분자들에 의한 덮임 정도는 간단한 수학적 식에 의해 측정되고 표현된다.

➤ 미리 알기

화학 반응 속도론(토픽 82~84)의 기본 개념, Arrhenius 식(토픽 85), 반응 메커니즘을 속도 법칙으로 처리하기(토픽 86), 표면의 구조와 덮임(토픽 95)에 익숙해져야 한다.

여기에서는 고체 표면이 덮여져 있는 정도와 압력과 온도에 대한 덮임 정도의 변화를 생각해 보며, 간단하게 취급하기 위하여 기체/고체 계만을 고려한다. 이 자료를 토픽 97에서는 표면이 촉매의 자리로 작용함으로써 화학적 변화의 속도와 과정에 어떻게 영향을 미치는지를 논의하는 데 사용할 것이다.

96.1 흡착 등온식

흡착(토픽 95)이 일어나면 자유 기체와 흡착된 기체 사이에 동적 평형이 이루어지며, 표면의 덮임률 θ(식 95.2)는 표면 위에 놓인 기체의 압력에 의존한다. 주어진 한 온도에서의 압력에 따른 θ의 변화를 나타낸 것을 **흡착 등온식**(**adsorption isotherm**, 또는 흡착 등온선)이라고 한다.

(a) Langmuir 등온식

물리학적으로 생각할 수 있는 가장 단순한 흡착 등온식은 다음과 같은 세 가지 가정에 입각한다.

- 흡착은 단분자층 덮임 이상으로 일어날 수 없다.
- 모든 흡착 자리는 동등하고 표면은 균일하다(즉 표면은 미시적 척도상으로 볼 때 완전히 평평하다).
- 주어진 한 자리에 분자가 흡착될 수 있는 능력은 그 인접 흡착 자리의 흡착 상태와 전혀 무관하다(즉 흡착된 분자들 사이에 상호 작용이 없다).

이러한 경우의 동적 평형은 다음과 같이 나타낼 수 있다.

$$\mathrm{A(g)+M(표면)} \rightleftharpoons \mathrm{AM(표면)}$$

여기서 흡착과 탈착의 속도 상수는 각각 k_a, k_d로 나타낸다. 흡착에 의한 표면 덮임률의 변화 속도 $d\theta/dt$는 A의 부분 압력 p와 빈 흡착 자릿수에 비례할 것이며, 이 빈 자릿수는 표면 위의 전체 흡착 자릿수를 N이라고 할 경우 $N(1-\theta)$가 된다. 따라서

$$\frac{d\theta}{dt}=k_a pN(1-\theta) \quad \text{흡착 속도} \quad (96.1a)$$

한편 탈착에 의한 θ의 변화 속도는 흡착된 종의 수 $N\theta$에 비례한다. 즉

$$\frac{d\theta}{dt}=-k_d N\theta \quad \text{탈착 속도} \quad (96.1b)$$

평형에서는 알짜 변화가 없으며(즉 이 두 변화 속도의 합이 0이 된다), 이 사실을 이용하여 θ를 풀면 다음과 같은 **Langmuir 등온식(Langmuir isotherm)**을 얻는다.

$$\theta=\frac{\alpha p}{1+\alpha p} \qquad \alpha=\frac{k_a}{k_d} \quad \text{Langmuir 등온식} \quad (96.2)$$

여기에서 α의 단위는 1/압력이다.

예제 96.1 Langmuir 등온식의 이용

아래 데이터는 273 K에서 숯 표면의 CO 흡착에 관한 것이다. 이 데이터가 Langmuir 등온식에 잘 맞는다는 것을 확인하고, 완전한 덮임에 해당하는 상수 α와 부피를 구하시오. 각 경우에 부피 V는 1 atm(101.325 kPa)에서의 값으로 보정한 것이다.

p(kPa)	13.3	26.7	40.0	53.3	66.7	80.0	93.3
$V(\text{cm}^3)$	10.2	18.6	25.5	31.5	36.9	41.6	46.1

방법 식 96.2로부터 다음과 같이 쓴다.

$$\alpha p\theta+\theta=\alpha p$$

완전 덮임에 해당하는 부피를 V_∞라고 하면 $\theta = V/V_\infty$(식 95.2)가 되며, 위의 식은 다음과 같이 다시 정리될 수 있다.

$$\frac{p}{V}=\frac{p}{V_\infty}+\frac{1}{\alpha V_\infty}$$

따라서 p/V를 p에 대해서 도시하면 기울기가 $1/V_\infty$이고 절편이 $1/\alpha V_\infty$인 직선이 나와야 한다.

풀이 도시를 하는 데 필요한 데이터는 다음과 같다.

p(kPa)	13.3	26.7	40.0	53.3	66.7	80.0	93.3
$p(\text{kPa})/V(\text{cm}^3)$	1.30	1.44	1.57	1.69	1.81	1.92	2.02

이 점들을 그림 96.1에 도시하였다. 기울기(최소 제곱법)는 0.00900이며, 따라서 $V_\infty = 111\ \text{cm}^3$이다. 또 $p = 0$에서의 절편은 1.20이며, 따라서 다음과 같은 결과를 얻을 수 있다.

$$\alpha=\frac{1}{(111\,\text{cm}^3)\times(1.20\,\text{kPa}\,\text{cm}^3)}=7.51\times10^{-3}\,\text{kPa}^{-1}$$

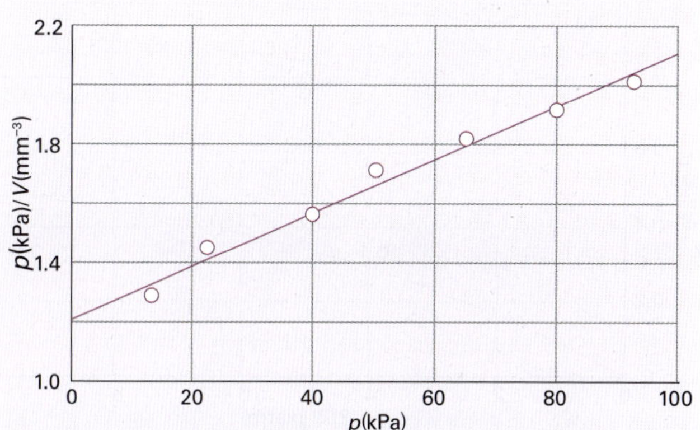

그림 96.1 예제 96.1의 데이터를 도시한 결과. 이 그림에서와 같이 Langmuir 등온식은 p/V를 p에 대해서 도시할 경우 직선이 나와야 한다는 것을 예측한다.

자가 진단 96.1 다음 데이터를 가지고 위의 계산을 되풀이 하시오.

p(kPa)	13.3	26.7	40.0	53.3	66.7	80.0	93.3
$V(\text{cm}^3)$	10.3	19.3	27.3	34.1	40.0	45.5	48.0

답: $128\ \text{cm}^3$, $6.69\times10^{-3}\ \text{kPa}^{-1}$

해리가 수반되는 흡착의 경우에는 흡착 속도가 기체의 압력에 비례하고, 또한 해리된 두 원자가 흡착 자리를 찾을 확률에 비례한다. 이 흡착 자리를 찾을 확률은 빈 자릿수의 제곱에 비례하며, 따라서 다음과 같은 관계가 성립한다.

$$\frac{d\theta}{dt}=k_a p\{N(1-\theta)\}^2 \quad (96.3a)$$

탈착 속도는 표면 상에서 원자들이 만나는 빈도에 비례하며, 따라서 표면에 있는 원자수에 관해서 이차가 되어야 한다. 즉

$$\frac{d\theta}{dt}=-k_d(N\theta)^2 \quad (96.3b)$$

알짜 흡착 속도가 0이 되는 조건을 이용하면 다음과 같은 등온식을 얻을 수 있다.

$$\theta=\frac{(\alpha p)^{1/2}}{1+(\alpha p)^{1/2}} \quad \text{해리가 수반되는 흡착에 대한 Langmuir 등온식} \quad (96.4)$$

이때는 표면 덮임이 비해리성 흡착의 경우보다 압력에 더 약하게 의존한다.

해리가 수반되는 경우와 수반되지 않는 경우의 Langmuir 등온식을 그림 96.2와 그림 96.3에 나타내었다. 표면 덮임률은 압력 증가에 따라 증가하며, 압력이 매우 높아져서 기체 분자가 표면 상의 모든 자리에 달라붙게 될 정도가 되면 덮임률이 1에 접근한다.

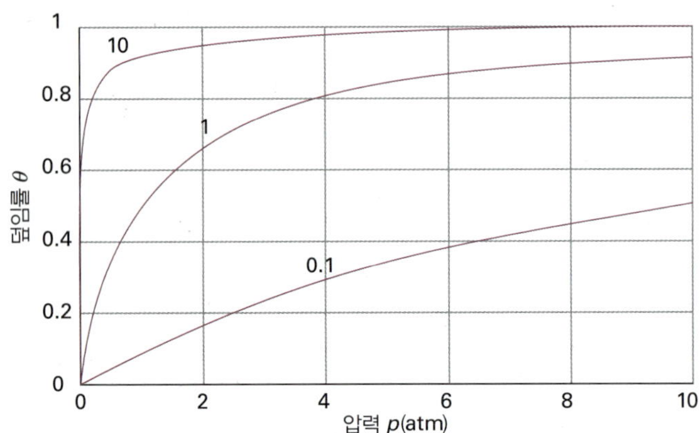

그림 96.2 여러 α 값에 대한 해리성 흡착 $X_2(g) \rightarrow 2X$(표면)에 대한 Langmuir 흡착 등온선

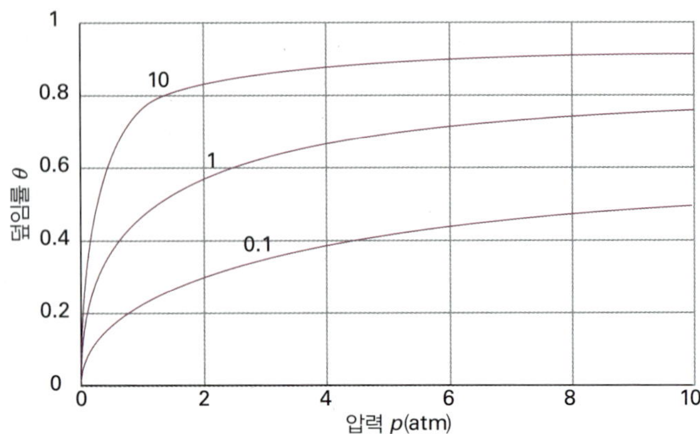

그림 96.3 여러 α 값에 대한 비해리성 흡착의 Langmuir 흡착 등온선

(b) 등량 흡착 엔탈피

온도가 다르면 상이한 Langmuir 흡착 등온선이 나온다. 이것의 형태는 α의 값에 의존하기 때문에 그 파라미터는 온도에 의존한다. 다음의 **증명**에서 나타나는 바와 같이, α의 온도 의존도를 이용하면 한 고정된 표면 덮임률에서 흡착의 표준 엔탈피인 **등량 흡착 엔탈피(isosteric enthalpy of adsorption)** $\Delta_{ad}H^\ominus$를 결정할 수 있다.

$$\left(\frac{\partial \ln(\alpha p^\ominus)}{\partial T}\right)_\theta = \frac{\Delta_{ad}H^\ominus}{RT^2} \quad \text{등량 흡착 엔탈피} \quad (96.5)$$

증명 96.1 등량 흡착 엔탈피

Arrhenius 식(토픽 85)에 따라 속도 상수 k_a와 k_d는 다음과 같이 쓸 수 있다.

$$k_a = A_{ad}e^{-E_{a,ad}/RT} \quad k_d = A_{des}e^{-E_{a,des}/RT}$$

여기에서 $E_{a,ad}$와 $E_{a,des}$는 각각 흡착과 탈착의 활성화 에너지이다. 따라서 식 96.2로부터 다음과 같이 된다.

$$\alpha = \frac{k_a}{k_d} = \frac{A_{ad}e^{-E_{a,ad}/RT}}{A_{des}e^{-E_{a,des}/RT}} = \frac{A_{ad}}{A_{des}}e^{-(E_{a,ad}-E_{a,des})/RT}$$

그림 96.4로부터 $\Delta_{ad}H^\ominus = E_{ad} - E_{des}$가 됨을 알 수 있으며, 다음과 같이 쓸 수 있다.

$$\alpha = \frac{A_{ad}}{A_{des}}e^{-\Delta_{ad}H^\ominus/RT}$$

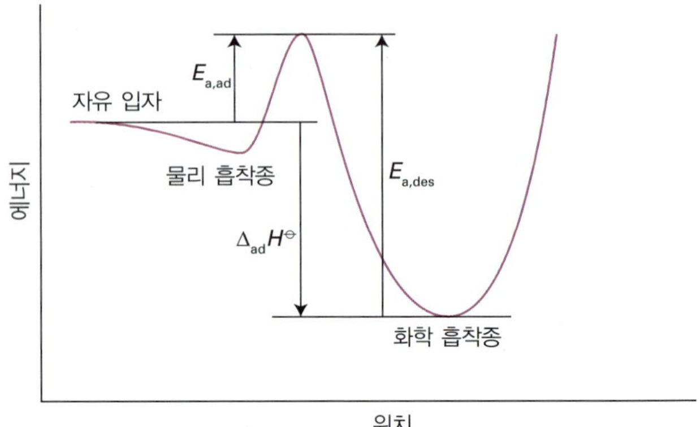

그림 96.4 흡착(반응 좌표를 따라 왼쪽에서 오른쪽으로의 과정)과 탈착(오른쪽에서 왼쪽으로의 과정)에 대한 반응 개요. $\Delta_{ad}H^\ominus = E_{ad} - E_{des}$가 됨을 주목하라.

이 식을 더 조작하기 전에 단위에 주목할 필요가 있으며, α는 1/압력의 단위를 가짐에 주의해야 한다. 식의 양변을 단위가 없게 만들기 위하여 표준 압력 $p^\ominus$를 모두에 곱하여 다음 식을 얻는다.

$$\alpha p^\ominus = \frac{A_{ad}}{A_{des}}p^\ominus e^{-\Delta_{ad}H^\ominus/RT}$$

이제 다음과 같이 쓸 수 있다.

$$\ln(\alpha p^\ominus) = \ln\left(\frac{A_{ad}}{A_{des}}p^\ominus\right) - \frac{\Delta_{ad}H^\ominus}{RT}$$

$(A_{ad}/A_{des})p^\ominus$ 항은 온도에 의존하지 않기 때문에 $d(1/T)/dT = -1/T^2$을 사용하여 이 식을 T에 대하여 미분하고, 표면 덮임을 일정하게 유지하며 $\Delta_{ad}H^\ominus$를 온도와 무관하다고 취급하면 식 96.5가 구해진다.

예제 96.2 등량 흡착 엔탈피의 측정

아래 데이터는 예제 96.1에서와 동일한 시료를 사용하여 CO의 흡착 부피(1 atm, 0°C에서의 값으로 보정한)가 10.0 cm³가 되는 데 필요한 압력을 나타낸 것이다. 이 경우에 해리는 없다. 이 표면 덮임에서의 흡착 엔탈피를 구하시오.

T(K)	200	210	220	230	240	250
p(kPa)	4.00	4.95	6.03	7.20	8.47	9.85

방법 해리가 없는 흡착에 대한 Langmuir 등온식(식 96.2)은 다음과 같이 다시 정리할 수 있으며,

$$\alpha p = \frac{\theta}{1-\theta}$$

이것은 θ가 일정할 때는 상수가 된다. 또한 식을 다룰 때와 같이 단위의 문제에 대하여 주의할 필요가 있으며, 이 경우 위 식의 왼쪽 변을 $p^\ominus$로 곱하고 나누면 유용하다는 것이 증명될 것이다. 따라서 이 식을 재정리하면

$$(\alpha p^\ominus)(p/p^\ominus) = \text{일정}$$

가 되며, $\ln xy = \ln x + \ln y$를 이용하면 다음과 같은 식을 얻을 수 있다.

$$\ln\{(ap^\ominus)(p/p^\ominus)\} = \ln(ap^\ominus) + \ln(p/p^\ominus) = \text{일정}$$

이것은 식 96.5로부터 다음이 된다.

$$\left(\frac{\partial \ln(p/p^\ominus)}{\partial T}\right)_\theta = -\left(\frac{\partial \ln(\alpha p^\ominus)}{\partial T}\right)_\theta = -\frac{\Delta_{\text{ad}}H^\ominus}{RT^2}$$

$\mathrm{d}(1/T)/\mathrm{d}T = -1/T^2$의 관계를 이용하면 이 식이 다음과 같이 된다.

$$\left(\frac{\partial \ln(p/p^\ominus)}{\partial(1/T)}\right)_\theta = \frac{\Delta_{\text{ad}}H^\ominus}{R}$$

따라서 $\ln(p/p^\ominus)$를 $1/T$에 대해 도시하면 기울기가 $\Delta_{\text{ad}}H^\ominus/R$인 직선이 나와야 한다.

풀이 $p^\ominus = 1\text{ bar} = 10^2\text{ kPa}$일 때 아래와 같은 표를 만든다.

T(K)	200	210	220	230	240	250
$10^3/T$(K)	5.00	4.76	4.55	4.35	4.17	4.00
$(p/p^\ominus)\times10^2$	4.00	4.95	6.03	7.20	8.47	9.85
$\ln(p/p^\ominus)$	−3.22	−3.01	−2.81	−2.63	−2.47	−2.32

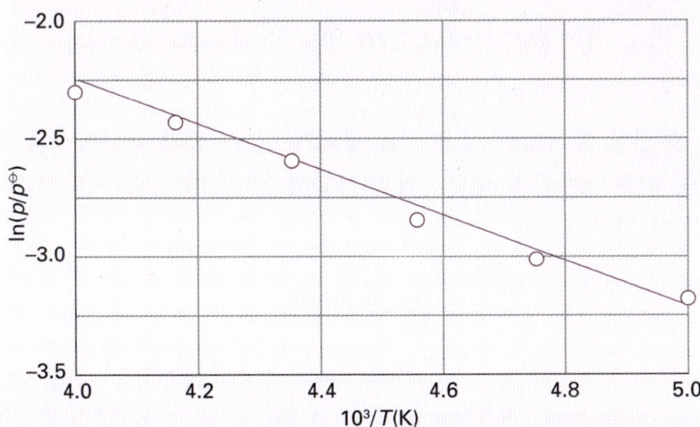

그림 96.5 특정한 표면 덮임률을 얻는 데 필요한 압력을 p라고 할 때, $\ln(p/p^\ominus)$를 $1/T$에 대해서 도시하면 이 기울기로부터 등량 흡착 엔탈피를 구할 수 있다. 이 그래프는 예제 96.2의 데이터를 이용한 것이다.

이 점들을 그림 96.5에 도시하였다. 최소 제곱법으로 구한 직선의 기울기는 −0.904이며, 따라서 다음과 같은 결과를 얻는다.

$$\Delta_{\text{ad}}H^\ominus = -(0.904\times10^3\text{K})\times R = -7.52\text{ kJ mol}^{-1}$$

자가 진단 96.2 다음 데이터를 사용하여 이 계산을 되풀이하시오.

T(K)	200	210	220	230	240	250
p(kPa)	4.32	5.59	7.07	8.80	10.67	12.80

답: -9.0 kJ mol^{-1}

Langmuir 등온식의 두 가지 가정은 흡착 자리의 독립성과 동일성이다. 등온식에서의 편차는 종종 이러한 가정들의 실패로 밝혀질 수 있다. 예를 들어 흡착 엔탈피는 주로 θ가 증가함에 따라 더 작은 음의 값이 되며, 이것은 에너지면에서 가장 유리한 자리가 가장 먼저 채워진다는 것을 암시한다. 또한 표면 위에서 기질-기질 상호 작용은 중요할 수 있다. Langmuir 등온식으로부터의 편차가 중요한 경우를 다루기 위하여 많은 등온식들이 개발되었다.

(c) BET 등온식

처음에 흡착된 층이 새로운(예를 들면 물리적) 흡착의 기질로 작용할 수 있다면, 등온선이 높은 압력에서 어떤 포화된 값에 도달하는 대신에 무한대로 증가하게 됨을 예측할 수 있다. 이러한 다분자층 흡착을 나타내는 데 가장 널리 이용되는 등온식은 Stephen Brunauer, Paul Emmett, Edward Teller가 유도하였으며 **BET 등온식(BET isotherm)**이라고 부르는 다음과 같은 식이다.

$$\frac{V}{V_{\text{mon}}} = \frac{cz}{(1-z)\{1-(1-c)z\}} \quad \text{여기서} \quad z = \frac{p}{p^*} \qquad \text{BET 등온식} \quad (96.6)$$

다음의 **증명**에서 얻은 이 식에서 p^*는 분자 한 개 두께보다 크고 순수한 벌크 액체와 비슷하다고 생각할 수 있는 피흡착질 한 층 위의 증기 압력이며, V_{mon}은 단분자층 덮임에 해당하는 부피이다. 그리고 c는 상수인데, 단분자층으로부터의 탈착 엔탈피가 액체 피흡착질의 증발 엔탈피보다 클 때는 그 값이 커지며, 다음과 같이 주어진다.

$$c = e^{(\Delta_{\text{des}}H^\ominus - \Delta_{\text{vap}}H^\ominus)/RT} \qquad (96.7)$$

BET 등온식의 모양을 그림 96.6에 나타내었다. 다분자층 덮임이 일어날 수 있을 때는 무한량의 물질이 응축될 수 있으므로 등온 곡선은 압력이 증가함에 따라 불명확하게 올라

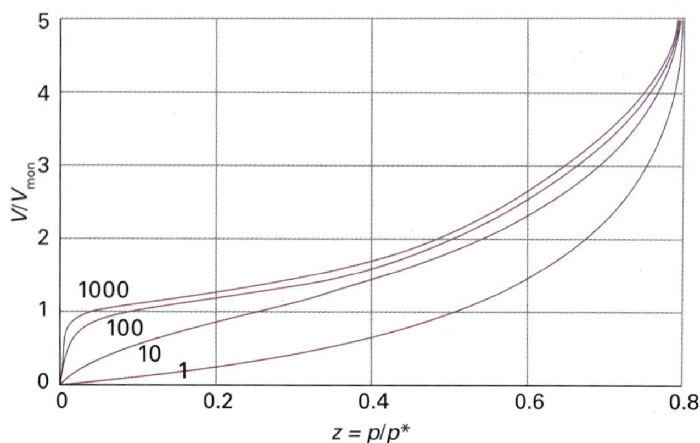

그림 96.6 c 값을 달리 취했을 때의 BET 등온 곡선들. 피흡착질이 덮인 기질 표면 위에 응축될 수 있으므로 V/V_{mon}의 값은 불명확하게 올라갈 수 있다.

간다. BET 등온식은 전체 압력 영역에 걸쳐 정확하지 않지만, 산업 분야에서 고체의 표면적을 결정하는 데 널리 이용되고 있다.

증명 96.2 BET 등온식

평형에서 표면 자리가 비점유된 분율이 θ_0, 점유된 단분자층 분율이 θ_1, 점유된 이분자층 분율이 θ_2 등과 같다고 생각하자. 그러면 흡착된 분자수를 다음과 같이 나타낼 수 있다.

$$N = N_{sites}(\theta_1 + 2\theta_2 + 3\theta_3 + \cdots)$$

여기서 N_{sites}는 전체 자릿수이다. 이어서 Langmuir 등온식(식 96.2)을 유도할 때와 비슷한 방법을 이용하는데, 다만 기질로부터의 탈착 속도와 여러 층들로부터의 탈착 속도가 상이한 것이 허용된다. 즉

첫 번째 층: 흡착 속도 $= Nk_{a,0}p\theta_0$ 탈착 속도 $= Nk_{d,0}\theta_1$
평형에서 $k_{a,0}p\theta_0 = k_{d,0}\theta_1$
두 번째 층: 흡착 속도 $= Nk_{a,1}p\theta_1$ 탈착 속도 $= Nk_{d,1}\theta_2$
평형에서 $k_{a,1}p\theta_1 = k_{d,1}\theta_2$
세 번째 층: 흡착 속도 $= Nk_{a,2}p\theta_2$ 탈착 속도 $= Nk_{d,2}\theta_3$
평형에서 $k_{a,2}p\theta_2 = k_{d,2}\theta_3$

그리고 계속하여 같은 방식으로 쓴다. 이제 단분자층이 일단 형성되면, 이 물리 흡착층에서 일어나는 흡착과 탈착을 포함한 모든 속도 상수가 같다고 가정하고, 이 식들을 다음과 같이 쓸 수 있다.

$$k_{a,0}p\theta_0 = k_{d,0}\theta_1, \text{ so}$$
$$\theta_1 = (k_{a,0}/k_{d,0})p\theta_0 = \alpha_0 p\theta_0$$
$$k_{a,1}p\theta_1 = k_{d,1}\theta_2, \text{ so}$$
$$\theta_2 = (k_{a,1}/k_{d,1})p\theta_1 = (k_{a,0}/k_{d,0})(k_{a,1}/k_{d,1})p^2\theta_0 = \alpha_0\alpha_1 p^2\theta_0$$
$$k_{a,1}p\theta_2 = k_{d,1}\theta_3, \text{ so}$$
$$\theta_3 = (k_{a,1}/k_{d,1})p\theta_2 = (k_{a,0}/k_{d,0})(k_{a,1}/k_{d,1})^2 p^3\theta_0 = \alpha_0\alpha_1^2 p^3\theta_0$$

그리고 계속해서 같은 방식으로 나타내며, 여기서 $\alpha_0 = k_{a,0}/k_{d,0}$, $\alpha_1 = k_{a,1}/k_{d,1}$은 각각 기질과 다중층에 흡착되는 속도 상수의 비율이다. 그러면 $\theta_0+\theta_1+\theta_2+\cdots = 1$이므로 다음과 같은 식을 얻을 수 있다.

$$\begin{aligned}&\theta_0 + \alpha_0 p\theta_0 + \alpha_0\alpha_1 p^2\theta_0 + \alpha_0\alpha_1^2 p^3\theta_0 + \cdots \\ &= \theta_0 + \alpha_0 p\theta_0\{1+\alpha_1 p + \alpha_1^2 p^2 + \cdots\} = \left\{1 + \frac{\alpha_0 p}{1-\alpha_1 p}\right\}\theta_0 \\ &= \left\{\frac{1-\alpha_1 p + \alpha_0 p}{1-\alpha_1 p}\right\}\theta_0\end{aligned}$$

$1+x+x^2+\cdots = 1/(1-x)$ 관계를 이용한다. 그러면 이 식은 1과 같아야 하므로 다음과 같다.

$$\theta_0 = \frac{1-\alpha_1 p}{1-(\alpha_1-\alpha_0)p}$$

마찬가지 방식으로 흡착종의 수를 다음과 같이 나타낼 수 있다.

$$\begin{aligned}N &= N_{sites}\alpha_0 p\theta_0 + 2N_{sites}\alpha_0\alpha_1 p^2\theta_0 + \cdots \\ &= N_{sites}\alpha_0 p\theta_0(1 + 2\alpha_1 p + 3\alpha_1^2 p^2 + \cdots) = \frac{N_{sites}\alpha_0 p\theta_0}{(1-\alpha_1 p)^2}\end{aligned}$$

이 경우에는 $1+2x+3x^2+\cdots = 1/(1-x)^2$을 이용한다. 바로 위의 두 식을 결합함으로써 다음을 얻게 된다.

$$N = \frac{N_{sites}\alpha_0 p}{(1-\alpha_1 p)^2} \times \frac{1-\alpha_1 p}{1-(\alpha_1-\alpha_0)p} = \frac{N_{sites}\alpha_0 p}{(1-\alpha_1 p)\{1-(\alpha_1-\alpha_0)p\}}$$

흡착된 전체 부피를 V, 완전한 단분자 흡착층을 만드는 데 필요한 부피를 V_{mon}이라고 하면, 비율 N/N_{sites}이 비율 V/V_{mon}와 같다. $\alpha_1 = k_{a,1}/k_{d,1}$ 항은 흡착된 층으로부터의 응축과 증발에 대한 평형 상수(역수)로서 해석될 수 있고, 흡착하는 물질의 액체상의 증기압 p^*의 역수와 같게 할 수 있다. 따라서 $\alpha_1 = 1/p^*$이 된다. $z = p/p^*$, $c = \alpha_0/\alpha_1$이라고 놓으면, 위의 마지막 식은 다음과 같이 된다.

$$\frac{V}{V_{mon}} = \frac{\alpha_0 p}{(1-p/p^*)\{1-(1-\alpha_0/\alpha_1)p/p^*\}} = \frac{cz}{(1-z)\{1-(1-c)z\}}$$

이 식은 바로 식 96.6이다.

동일한 방식으로 식 96.7을 구하게 된다. **증명** 96.1에서와 같이, 비율 α는 흡착 엔탈피와 연관되어 있다. 따라서 다음과 같이 쓸 수 있다.

$$\alpha_0 = \frac{A_{ad}}{A_{des}} e^{-\Delta_{ad}H^{\ominus}/RT} = \frac{A_{ad}}{A_{des}} e^{\Delta_{des}H^{\ominus}/RT}$$

여기에서 $\Delta_{des}H^{\ominus} = -\Delta_{ad}H^{\ominus}$을 사용하였다. 피흡착질–피흡착질 상호 작용(표면–피흡착질의 상호 작용이 아님)이 방해를 받기 때문에 이중층으로부터의 탈착은 다르게 취급한다. 액체의 증발에 의한 이중층의 탈착을 다룰 때에도 $\Delta_{vap}H^{\ominus} = -\Delta_{ad}H^{\ominus}$을 이용하고 다음과 같이 쓴다.

$$\alpha_1 = \frac{A_{ad}}{A_{des}} e^{-\Delta_{ad}H^{\ominus}/RT} = \frac{A_{ad}}{A_{des}} e^{\Delta_{vap}H^{\ominus}/RT}$$

그러면 비율 c는 다음과 같이 되며, 이것은 식 96.7에서와 같은 것이다.

$$c = \frac{\alpha_0}{\alpha_1} = \frac{e^{\Delta_{des}H^{\ominus}/RT}}{e^{\Delta_{vap}H^{\ominus}/RT}} = e^{(\Delta_{des}H^{\ominus} - \Delta_{vap}H^{\ominus})/RT}$$

예제 96.3 BET 등온식의 이용

아래 데이터는 75 K에서 루타일(TiO_2) 표면의 N_2 흡착에 관한 것이다. 이 데이터가 다음과 같이 보고된 압력의 범위에서 BET 등온식을 만족시킨다는 것을 확인하고, 상수 V_{mon}과 c를 구하시오.

p(kPa)	0.160	1.87	6.11	11.67	17.02	21.92	27.29
V(mm^3)	601	720	822	935	1046	1146	1254

75 K에서 $p^* = 76.0$ kPa이다. 이 부피는 273 K, 1.00 atm에서의 값으로 환산한 것이며, 1.00 g의 기질에 흡착된 기체의 부피이다.

방법 식 96.6을 다음과 같이 바꾼다.

$$\frac{z}{(1-z)V} = \frac{1}{cV_{mon}} + \frac{(c-1)z}{cV_{mon}}$$

이 식의 좌변을 z에 대해서 도시하면 그 기울기로부터 $(c-1)/cV_{mon}$을 얻을 수 있고, 또 $z=0$에서의 절편으로부터 cV_{mon}을 얻을 수 있다. 이 두 결과로부터 c와 V_{mon}을 구할 수 있다.

풀이 다음과 같은 표를 만든다.

p(kPa)	0.160	1.87	6.11	11.67	17.02	21.92	27.29
$10^3 z$	2.11	24.6	80.4	154	224	288	359
$10^4 z/(1-z)V$(mm^{-3})	0.035	0.350	1.06	1.95	2.76	3.53	4.47

이 점들을 그림 96.7에 도시하였다. 최소 제곱법으로 구한 직선의 절편은 0.0398이다. 따라서

$$\frac{1}{cV_{mon}} = 3.98 \times 10^{-6}\,\text{mm}^{-3}$$

또 이 직선의 기울기는 1.23×10^{-2}이다. 따라서

$$\frac{c-1}{cV_{mon}} = (1.23\times10^{-2})\times10^3\times10^{-4}\,\text{mm}^{-3} = 1.23\times10^{-3}\,\text{mm}^{-3}$$

이 두 식을 풀면 $c=310$, $V_{mon}=811$ mm^{3}가 된다. 273 K, 1 atm에서 811 mm^{3}는 3.6×10^{-5} mol, 즉 2.2×10^{19}개의 원자에 해당한다. 각 원자는 약 0.16 nm^{2}의 면적을 차지하므로, 이 시료의 표면적은 약 3.5 m^{2}이다.

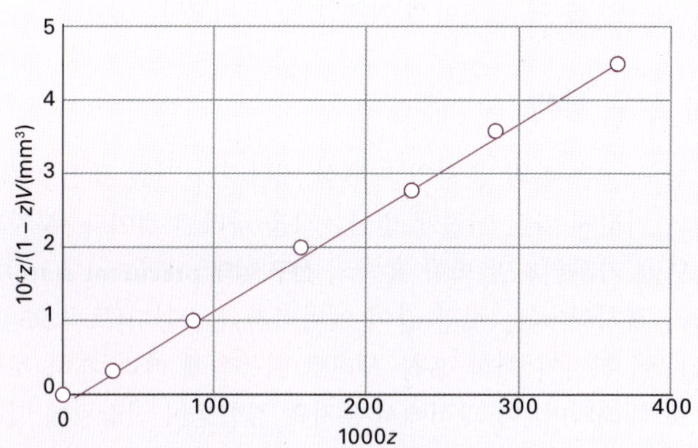

그림 96.7 $z/(1-z)V$를 $z=p/p^*$에 대해서 도시하면 BET 등온식이 만족되는지를 시험할 수 있고, 또 파라미터들도 결정할 수 있다. 데이터는 예제 96.3의 것이다.

자가 진단 96.3 다음 데이터를 가지고 위의 계산을 되풀이하시오.

p(kPa)	0.160	1.87	6.11	11.67	17.02	21.92	27.29
V(cm^3)	235	559	649	719	790	860	950

답: 370, 615 cm^3

상수 $c \gg 1$일 때는 BET 등온식이 다음과 같이 단순해진다.

$$\frac{V}{V_{mon}} = \frac{1}{1-z} \qquad c\gg1\text{일 때의 BET 등온식} \qquad (96.8)$$

이 식은 극성 표면 상의 비반응성 기체 흡착에 잘 적용되는데, 이러한 계에서는 $\Delta_{des}H^{\ominus}$가 $\Delta_{vap}H^{\ominus}$보다 대단히 크기 때문에 $c \approx 10^2$ 정도가 된다(식 96.7). BET 등온식은 한정된 압력 범위에서는 실험 결과와 적당히 잘 맞지만, 낮은 압력에서는 흡착 정도를 과소 계산하고, 또 높은 압력에서는 과대 계산하여 잘 맞지 않는 결과를 나타낸다.

한정된 압력 범위에서의 실험 결과를 어느 정도 잘 나타내는 여러 다른 등온식이 있기는 하지만 이들은 대부분이 경험적이다. 그러나 만일 상당히 신뢰할 수 있는 등온식에 대한 파라미터들을 알게 된다면 다양한 조건 아래에서 표면 덮임의 정도에 대하여 합리적으로 믿을만한 결과를 얻을 수 있기 때문에 경험적이라고 해서 쓸모가 없는 것은 아니다. 이러한 종류의 정보들은 불균일 촉매(토픽 97)의 어떠한 논의에서도 필수적인 것이다.

96.2 흡착과 탈착 속도

흡착과 탈착은 활성화 에너지를 가지며 Arrhenius 거동을 따른다는 점에서 활성화 과정임을 언급하였다. 이제 이러한 과정들에서 활성화 에너지의 근원을 화학 흡착에 특별히 초점

을 맞추어 좀 더 면밀하게 살펴볼 때가 되었다.

(a) 선구 상태

그림 96.8은 흡착 분자의 퍼텐셜 에너지가 기질 표면으로부터의 거리에 따라 어떻게 변하는지를 나타낸 것이다. 분자가 표면에 가까워지면 화학 흡착의 **선구 상태**(**precursor state**)로 물리 흡착이 되는 것과 같이 에너지가 감소한다(토픽 95 참조). 이 분자가 화학 흡착 상태로 이동함에 따라 흔히 토막으로 해리되며, 이 과정에서 분자의 결합들이 신장됨에 따라 초기에 에너지가 증가된 후에 피흡착질–기질 결합이 충분한 세기에 도달하게 되면서 급속하게 떨어진다. 분자가 분해되지 않더라도 이 분자가 표면에 접근하고 결합이 조절되기 때문에 처음에는 퍼텐셜 에너지가 증가하는 경향이 있다.

따라서 대부분의 경우에 선구 상태와 화학 흡착 상태를 갈라놓는 에너지 장벽이 있다고 예측할 수 있다. 그러나 이 장벽은 낮을 것이며, 멀리 떨어진 정류 상태 입자들의 에너지보다 높아지지는 않을 것이다(그림 96.8a). 이러한 경우에는 화학 흡착이 활성화 과정이 아니며 대단히 빠르게 일어날 것으로 예상된다. 깨끗한 금속 표면 상의 기체 흡착은 비활성화 과정인 경우가 많다. 그러나 어떤 경우에는 이 장벽이 0의 축 위로 올라간다(그림 96.8b). 이러한 화학 흡착은 활성화되며 비활성화된 경우보다 느리게 일어난다. 구리 표면의 H_2 흡착이 이러한 예인데, 20~40 kJ mol^{-1} 범위의 활성화 에너지를 갖는다.

이러한 설명으로부터 알려진 한 가지는 흡착 속도가 물리 흡착과 화학 흡착을 구별하는 좋은 기준이 되지 않는다는 것이다. 화학 흡착은 활성화 에너지가 작거나 0이면 빠르게 일어날 수 있지만, 활성화 에너지가 클 때는 느리게 일어날 수 있다. 물리 흡착은 일반적으로 빠르게 일어나지만, 흡착이 다공성 물질의 표면에서 일어난다면 느린 속도로 일어날 수 있다.

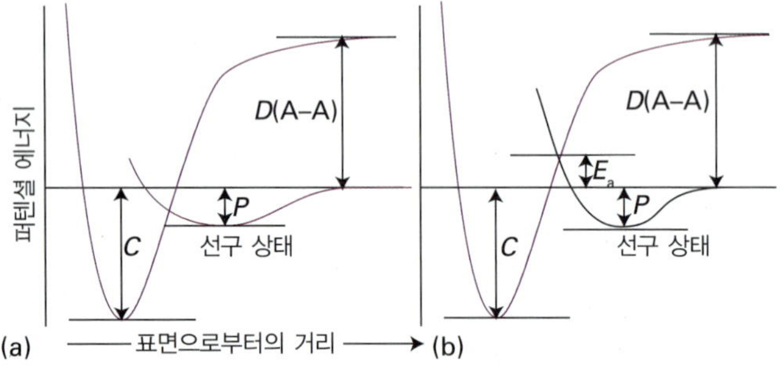

그림 96.8 A_2 분자의 해리성 화학 흡착에 대한 퍼텐셜 에너지 개요. 각 경우에서 P는 (비해리성) 물리 흡착의 엔탈피이고, C는 화학 흡착에 대한 엔탈피이다($T=0$에서). 이 곡선들의 상대적 위치에 따라 (a) 비활성화 화학 흡착과 (b) 활성화 화학 흡착이 결정된다.

간단한 예 96.1 활성화 흡착의 속도

수소가 구리 결정의 다른 면 위에 흡착하는 두 가지 실험을 생각해 보자. 하나는 면 1에서의 경우로 활성화 에너지가 28 kJ mol^{-1}이고, 다른 하나는 면 2에서의 경우로 활성화 에너지가 33 kJ mol^{-1}이다. 250 K에서 동일한 면적의 두 면 위의 화학 흡착 속도의 비는 다음과 같다.

$$\frac{\text{속도}(1)}{\text{속도}(2)}=\frac{Ae^{-E_{a,ads}(1)/RT}}{Ae^{-E_{a,ads}(2)/RT}}=e^{-\{E_{a,ads}(1)-E_{a,ads}(2)\}/RT}$$
$$=e^{5\times10^3\ \text{J mol}^{-1}/(8.314\ \text{J K}^{-1}\ \text{mol}^{-1})\times(250\ \text{K})}=11$$

여기에서 인자 A는 각 면에서 같다고 가정하였다.

자가 진단 96.4 온도가 300 K로 증가하였을 때 상대 속도의 비는 얼마인가?

답: 7

(b) 분자 수준에서의 흡착과 탈착

표면이 피흡착질로 덮여지는 속도는 충돌해 들어오는 입자의 에너지가 표면에 충돌함으로써 열운동으로 기질을 얼마나 빠르게 소멸시킬 수 있는지에 달려 있다. 이 에너지가 빨리 소멸되지 않으면 진동이 입자들을 위에 놓여 있는 기체 속으로 방출하거나, 모서리 같은 곳에 도달할 때까지 분자들이 표면 위를 되튀어 다닌다. 표면과의 충돌 중에서 충분히 흡착에 이르는 충돌의 비율을 **점착 확률**(**sticking probability**) s라고 한다. 즉

$$s=\frac{\text{입자가 표면에 흡착되는 속도}}{\text{입자가 표면에 충돌하는 속도}} \qquad \text{정의 점착 확률} \qquad (96.9)$$

이 식의 분모는 분자 운동 모형으로부터 계산할 수 있고, 분자는 압력 변화 속도를 측정해서 구할 수 있다.

s의 값은 광범위하게 변한다. 예를 들어 실온에서 CO가 몇 가지 d 금속 표면에 흡착될 때 s는 0.1~1.0 사이의 값을 갖지만, N_2가 레늄 표면에 흡착될 때는 $s<10^{-2}$인데, 이것은 질소 분자 한 개가 충분히 흡착되려면 100번 이상의 충돌이 필요하다는 것을 가리킨다. 특정한 결정면에 대한 분자살을 이용한 연구 결과에 의하면, 이 점착 확률은 확연한 특이성을 나타낸다. 예로서 실온에서 N_2가 텅스텐 표면에 흡착될 때의 점착 확률은 (320)면에서는 0.74이지만 (110)면에서는 0.01보다 작아진다. 점착 확률은 표면 덮임률이 증가함에 따라 감소한다(그림 96.9). 일반적으로 s는 덮이지 않은 분율 $(1-\theta)$에 비례한다고 가정하고 다음과 같이 나타낸다.

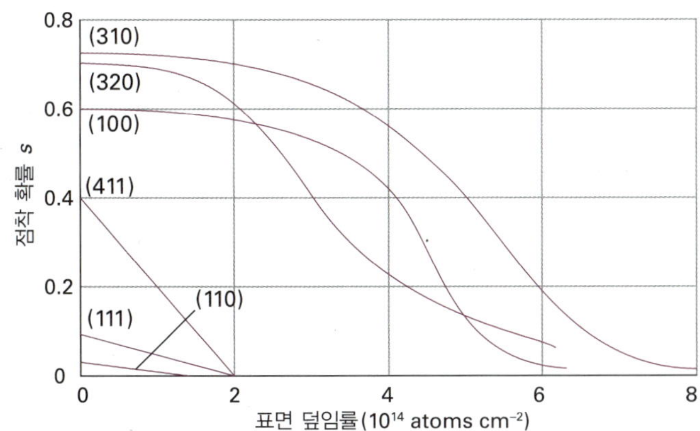

그림 96.9 텅스텐 결정의 여러 면에 대한 N_2의 점착 확률과 이것의 표면 덮임률에 대한 의존도. (110)면과 (111)면에 대한 점착 확률은 대단히 낮다는 것을 주목하라(데이터는 D. A. King 교수로부터 제공됨).

$$s=(1-\theta)s_0$$ 일반적으로 사용되는 점착 확률의 식 (96.10)

여기서 s_0는 완전히 깨끗한 표면에서의 점착 확률이다. 그러나 이 간단한 식은 이 그림의 결과와 맞지 않는다. 이 그림에 의하면 s는 덮임률이 약 6×10^{13} molecules cm^{-2}이 될 때까지는 s_0에 가까운 값을 유지하다가 갑자기 낮은 값으로 뚝 떨어진다. 이러한 행동은 충돌하는 분자가 단번에 화학 흡착 상태에 도달하는 것이 아니라 빈 자리에 도달할 때까지 표면을 튀어 다니기 때문이라고 설명할 수 있다.

탈착은 항상 활성화 과정인데, 이것은 퍼텐셜 우물의 바닥으로부터 끌어올려 주어야 하기 때문이다. 물리 흡착된 입자들은 얕은 퍼텐셜 우물 속에서 진동을 하다가 곧 표면으로부터 떨어져 나갈 수 있다. **증명** 96.1에서 알게 된 바와 같이, 이러한 일차 탈착 속도의 온도 의존성은 $E_{a,des}$가 탈착의 활성화 에너지일 때 $k_d=Ae^{-E_{a,des}/RT}$로 주어진다. 따라서 표면에 남게 되는 반감기는 다음과 같이 온도에 의존하게 된다.

$$t_{1/2}=\frac{\ln 2}{k_d}=\tau_0 e^{E_{a,des}/RT} \qquad \tau_0=\frac{\ln 2}{A}$$ 체류 반감기 (96.11)

지수의 부호가 양임을 주목하라. 즉 탈착의 활성화 에너지가 클수록 체류 반감기는 커진다.

간단한 예 96.2 체류 반감기

$1/\tau_0$을 근사적으로 약한 입자–표면 결합의 진동수(약 10^{12} Hz)와 같다고 보고, 또 $E_d\approx25$ kJ mol^{-1}으로 가정하면 실온에서의 체류 반감기는 약 10 ns 정도로 예상할 것이다. 온도를 약 100 K 이하로 낮추면 1초에 가까운 수명을 얻게 된다. 화학 흡착에서 $E_d=100$ kJ mol^{-1}로 취하고 $\tau_0=10^{-14}$ s(피흡착질–기질 결합이 매우 단단하므로)라고 가정하면 체류 반감기는 실온에서 약 3×10^3초(약 한 시간)가 되며, 온도를 350 K로 높이면 1초로 감소한다.

자가 진단 96.5 탈착 활성화 에너지가 200 kJ mol^{-1}이라면, 800 K에서 원자가 표면에 평균 얼마 동안 머무르겠는가? $\tau_0=0.10$ ps를 사용하시오.

답: $t_{1/2}=1.3$초

탈착 활성화 에너지는 여러 가지 방법으로 측정할 수 있다. 그러나 탈착의 활성화 에너지는 표면 덮임률에 주로 의존하며 탈착이 진행됨에 따라 그 값이 변할 수 있기 때문에 해석하는 데 반드시 신중을 기해야 한다. 뿐만 아니라 벌크 시료를 대상으로 해서 얻는 '반응 차수'나 '속도 상수'의 개념을 표면 현상에 그대로 적용시키는 것도 대단히 위험하다. 엄밀하게 일차나 이차 탈착 속도론의 예는 거의 존재하지 않는다(기체 상태에서도 완전한 정수 차수 반응의 예가 얼마 되지 않는 것과 같이).

이러한 복잡한 문제들을 무시한다면 시료를 일련의 온도로 유지시키면서 압력 증가 속도를 관측한 다음에 Arrhenius 도시를 시도해 보는 것이 탈착 활성화 에너지를 측정하는 한 방법이다. 그러나 이것을 구하는 데는 **온도 프로그램 탈착법**(**temperature-programmed desorption**, TPD)이나 **열탈착 분광법**(**thermal desorption spectroscopy**, TDS)과 같은 보다 정밀한 방법들이 이용되고 있다. 이들 방법에서 기본적으로 관측하는 것은 탈착이 급속하게 일어날 때까지 온도를 선형적으로 높이면서 탈착 속도가 급증하는 것을 보는 것이다(질량 분석계로 모니터하면서). 그러나 일단 탈착이 일어나고 표면으로부터 피흡착질이 더 이상 떨어져 나올 것이 없게 되면 온도가 계속해서 올라감에 따라 탈착 유량이 다시 내려가게 된다. 따라서 탈착 유량을 온도에 대해서 도시한 TPD 스펙트럼상에 피크들이 나타나게 되는데, 그 위치는 탈착 활성화 에너지에 의존한다. 그림 96.10을 보면 3개의 피크가 나타나는데, 이것은 활성화 에너지가 상이한 3개의 흡착 자리가 존재한다는 사실을 나타내는 것이다.

상당수의 경우에는 1개의 활성화 에너지만이 관찰된다(TPD 스펙트럼에 단일 피크가 나타남). 여러 개의 피크가 나타날 때는 이들이 상이한 여러 결정면상의 흡착에 해당할 수도 있고, 또 다분자층 흡착에 해당할 수도 있다. 예를 들어 텅스텐 표면상의 Cd 원자들은 하나는 18 kJ mol^{-1}, 다른 하나는 90 kJ mol^{-1}의 두 활성화 에너지를 나타낸다. 이처럼 두 활성화 에너지의 차가 큰 이유는 보다 세게 결합된 카드뮴 원자가 텅스텐 기질과 직접 결합하고, 덜 세게 결합된 원자는 첫 번째 흡착층 위의 층(들)에 흡착되기 때문

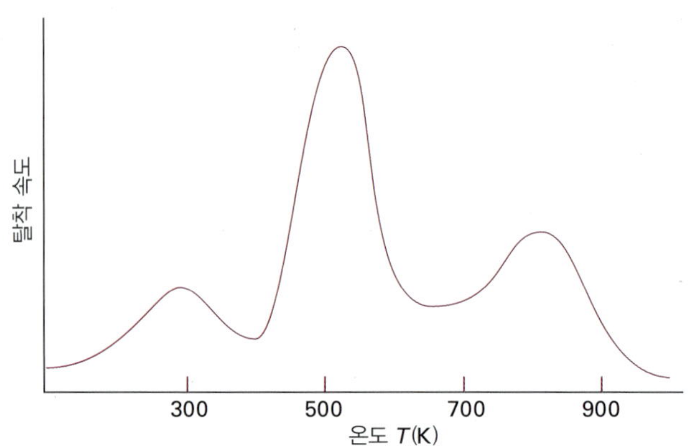

그림 96.10 텅스텐의 (100)면에 흡착된 H_2의 순간 탈착 스펙트럼. 3개의 피크는 흡착 엔탈피가 상이한, 즉 탈착 활성화 에너지가 상이한 세 흡착 자리가 있다는 것을 나타낸다(P.W. Tamm and L.D. Schmidt, *J. chem. Phys.*, **51**, 5352 (1969)).

이다. 두 탈착 활성화 에너지를 보여 주는 흡착계의 또 하나의 예는 텅스텐상의 CO로, 그 값은 120 kJ mol^{-1}과 300 kJ mol^{-1}이다. 이것은 두 가지 방식의 금속-피흡착질 결합 자리가 존재하기 때문이라고 생각된다. 즉 하나는 간단한 M−CO 결합을 수반하지만, 다른 흡착 방식은 해리가 수반되어 C와 O 원자들이 개별적으로 흡착되는 것이다.

(c) 표면에서의 이동도

피흡착질 분자와 기질 사이의 상호 작용의 세기가 나타내는 또 하나의 특징은 피흡착질 분자의 이동도이다. 흡착종들의 이동도는 자주 촉매 활성에 결정적인 역할을 하는데, 반응물 분자들이 이동할 수 없을 정도로 촉매 표면에 세게 흡착되어 있으면 촉매 작용이 나타날 수 없기 때문이다. 표면 위에서의 확산에 대한 활성화 에너지는 탈착에 대한 활성화 에너지와 같을 필요는 없다. 왜냐하면 흡착된 입자들이 표면으로부터 완전히 떨어져 나가는 것이 아니고 퍼텐셜 에너지 피크 사이의 골짜기를 따라 표면에서 이동할 수 있기 때문이다. 일반적으로 이 확산 활성화 에너지는 표면-피흡착질 결합 에너지의 약 10~20%이지만, 실제 값은 표면 덮임률에도 의존한다. 흡착된 분자들이 테라스 위를 가로질러 뛰어다니는 것이 계단의 골을 따라 굴러다니는 것보다 용이하고, 그러다가 평평한 테라스 위의 빈 격자 자리에 붙들릴 수도 있으므로 시료의 결합 구조(온도에 의존하는)는 지배적인 역할을 할 수 있다. 또 확산은 결정면에 따라서도 상이할 수 있으므로 표면에서의 분자 이동도는 어떤 격자면이 표면에 노출되는지에 의존한다.

개념 확인

☐ 1. **흡착 등온식**은 주어진 온도에서 압력에 따른 표면 덮임률 θ의 변화이다.

☐ 2. 흡착 등온식의 예에는 **Langmuir 등온식**과 **BET 등온식**이 포함된다.

☐ 3. **점착 확률**은 탈착이 성공적으로 이루어지게 되는 표면과 충돌하는 분율이다.

☐ 4. 탈착은 활성화 과정이다. 탈착 활성화 에너지는 **온도 프로그램 탈착법**이나 **열탈착 분광법**으로 측정된다.

☐ 5. 표면 위에서 피흡착질의 이동도는 확산에 의해 지배된다.

식 확인

성질	식	비고	식 번호
Langmuir 등온식		독립적이고 동일한 자리	
(a) 해리가 없을 때	$\theta = \alpha p/(1+\alpha p)$	단일층 덮임	96.2
(b) 해리가 있을 때	$\theta = (\alpha p)^{1/2}/\{1+(\alpha p)^{1/2}\}$		96.4
등량 흡착 엔탈피	$(\partial \ln(\alpha p^{\ominus})/\partial T)_\theta = \Delta_{ad}H^{\ominus}/RT^2$		96.5
BET 등온식	$V/V_{mon} = cz/(1-z)\{1-(1-c)z\}$, $z = p/p^*, c = e^{(\Delta_{des}H^{\ominus} - \Delta_{vap}H^{\ominus})/RT}$	다중층 흡착	96.6~96.7
점착 확률	$s = (1-\theta)s_0$	근사식	96.10

토픽 97

불균일 촉매 작용

내용

➤ 학습 목표

촉매는 화학 산업에서 심장과 같으며, 따라서 개념의 이해가 새로운 촉매 개발에 필수적이다.

➤ 핵심 내용

불균일 촉매에서 반응의 활성화 에너지를 낮추는 경로는 일반적으로 하나 또는 여러 반응물의 화학 흡착을 수반한다.

➤ 미리 알기

촉매 작용은 토픽 85와 토픽 92에서 도입되었다. 이 토픽은 반응 메커니즘의 논의(토픽 86), Arrhenius 식(토픽 85), 흡착 등온식(토픽 96)을 기반으로 한다.

불균일 촉매(heterogeneous catalyst)는 반응 혼합물과 다른 상을 갖는 촉매이다. 예를 들어 에텐의 수소화 반응으로 에테인이 되는 기체상 반응은 팔라듐, 백금, 니켈과 같은 고체 촉매의 존재하에서 가속된다. 금속은 반응물이 결합하는 표면을 제공하며, 이 결합은 반응물 사이의 접촉을 가능하게 하여 반응 속도를 증가시킨다. 이 토픽은 표면에서의 촉매 활성을 설명하며, 토픽 96에서 전개한 개념을 기반으로 한다.

97.1 불균일 촉매 작용의 메커니즘

많은 촉매들은 두 가지 이상의 종들의 흡착인 **공흡착(co-adsorption)**에 의존한다. 제2의 흡착종이 흡착되는 하나의 결과는 금속 표면의 전자 구조가 바뀔 수 있다는 것이다. 예를 들어 d 금속 표면에 알칼리 금속이 부분적으로 덮이면 이 금속 표면의 전자 분포에 큰 영향을 미치게 되고, 따라서 금속의 일함수(전자를 제거하는 데 필요한 에너지, 토픽 4 참조)가 감소한다. 이러한 표면 개조 물질은 촉진제가 되기도 하고(즉 촉매 작용의 활성도를 높여 준다), 촉매독이 되기도 한다(촉매 작용을 억제한다).

그림 97.1은 불균일 촉매의 작용에 영향을 받는 반응에 대한 퍼텐셜 에너지 곡선을 나타낸 것이다. 그림 97.1이 그림 92.1과 차이가 나는 것은 불균일 촉매 작용이 일어나려면 최소한 한 반응물이 흡착되고(일반적으로 화학 흡착) 쉽게 반응을 일으킬 수 있는 **활성 상(active phase)**으로 변형되어야 하며, 이어서 생성물이 탈착되어 나오기 때문이다. 반응물의 변형된 형태는 때때로 반응 분자들의 토막난 형태일 수도 있다. 실제로 이러한 활성 상들은 선형 길이가 2 nm 이하인 대단히 작은 입자들로서, 다공성 산화물 지지체 위에 분산되기

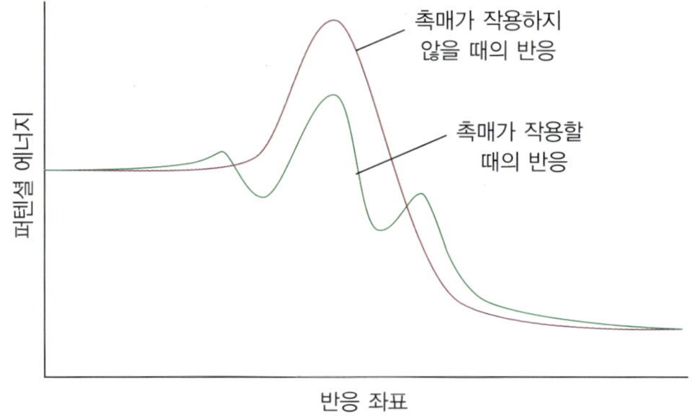

그림 97.1 촉매가 작용할 때와 작용하지 않을 때의 반응 개요. 촉매가 작용하는 반응 경로에는 흡착과 탈착의 활성화 에너지뿐만 아니라 반응 과정 전체에서 낮은 활성화 에너지가 관여한다.

도 한다. 제올라이트와 같은 **형태 선택성 촉매(shape-selective catalyst)**는 분자 수준에서 그 동공의 모양과 크기를 구분할 수 있으며, 100~500 $m^2\ g^{-1}$ 정도의 높은 내부 비표면적(internal specific surface area)을 가지고 있다.

표면에 의한 촉매 반응의 메커니즘은 토픽 86의 방법과 토픽 96에서 전개된 흡착 등온식을 사용하여 정량적으로 취급할 수 있다. 여기에서는 표면 촉매 반응에 중요한 통찰력을 줄 수 있는 몇 가지 간단한 메커니즘을 탐구한다.

(a) 단분자 반응

표면상에서의 물질의 분해와 같은 표면이 촉매로 작용하는 단분자 반응의 속도 법칙은 속도가 표면 덮임률에 비례한다고 가정하면 흡착 등온식의 항으로 기술할 수 있다. 예를 들어 θ가 Langmuir 등온식(식 96.2)에 의하여 주어진다면 다음과 같이 쓸 수 있다.

$$v = k_r\theta = \frac{k_r\alpha p}{1+\alpha p} \qquad (97.1)$$

여기에서 p는 흡착되는 물질의 압력이다.

간단한 예 97.1 표면 촉매 단분자 분해 반응

텅스텐 표면에서 포스핀(PH_3)이 분해되는 반응은 압력이 낮을 때는 일차이다. 식 97.1을 사용하여 이러한 실험 결과를 설명할 수 있다. 압력이 대단히 낮아서 $\alpha p \ll 1$일 때는 식 97.1에서 분모의 αp를 무시할 수 있고 $v = k_r\alpha p$를 얻는다. 그리하여 분해 반응은 실험에서 관측한 것과 같이, 일차로 예측된다.

자가 진단 97.1 높은 압력에서 텅스텐 표면에서 PH_3의 분해 반응에 대한 속도 법칙을 쓰시오.

답: $v = k_r$; 높은 압력에서 반응은 0차이다.

(b) Langmuir–Hinshelwood 메커니즘

표면이 촉매로 작용하는 **Langmuir–Hinshelwood 메커니즘**(LH 메커니즘)의 반응에서는 분자 토막들과 표면에 이미 흡착된 원자들이 충돌함으로써 반응이 일어난다. 따라서 이러한 반응의 속도 법칙은 표면 덮임률에 대하여 이차라고 예상된다.

$$\mathrm{A + B \rightarrow P} \quad v = k_r\theta_A\theta_B \quad \text{Langmuir–Hinshelwood 속도 법칙} \qquad (97.2)$$

이 식에 A와 B에 대한 적합한 흡착 등온식을 넣어 주면 반응물들의 부분 압력으로 표시한 반응 속도식을 얻을 수 있다.

예제 97.1 Langmuir-Hinshelwood 메커니즘에 근거한 속도 법칙 표현

A와 B가 Langmuir 등온식을 따르고, 해리되지 않고 흡착하는 A+B → P 반응을 생각해 보자. Langmuir–Hinshelwood 메커니즘과 일치하는 속도 법칙을 고안하시오.

방법 Langmuir 등온식을 유도하기 위하여 토픽 96에 개요를 서술한 방법을 따라서 A와 B의 덮임률 θ_A와 θ_B에 대한 식을 쓴다. 그러나 토픽 96에서의 간단한 조건과 달리, 표면 위에서 두 개의 화학종이 동일한 자리에 대하여 경쟁한다는 것을 주목하라. 그런 다음 식 97.2를 이용하여 속도 법칙을 표현한다.

풀이 표면 위의 자리에 대하여 두 개의 화학종이 경쟁하기 때문에 N이 총 자릿수일 때 빈 자릿수는 $N(1-\theta_A-\theta_B)$가 된다. 식 96.1a와 식 96.1b로부터 흡착과 탈착의 속도는 다음으로 주어진다.

$$\begin{aligned}
&\text{A의 흡착 속도} = k_{a,A}p_AN(1-\theta_A-\theta_B)\\
&\text{A의 탈착 속도} = k_{d,A}N\theta_A\\
&\text{B의 흡착 속도} = k_{a,B}p_BN(1-\theta_A-\theta_B)\\
&\text{B의 탈착 속도} = k_{d,B}N\theta_B
\end{aligned}$$

평형에서는 각 화학종에 대한 흡착 속도와 탈착 속도가 동일하므로 $\alpha_A = k_{a,A}/k_{d,A}$, $\alpha_B = k_{a,B}/k_{d,B}$일 경우 다음의 관계가 성립된다.

$$\begin{aligned}
\alpha_Ap_A(1-\theta_A-\theta_B) &= \theta_A\\
\alpha_Bp_B(1-\theta_A-\theta_B) &= \theta_B
\end{aligned}$$

이 식을 풀면(자가 진단 97.2 참조) 다음과 같이 된다.

$$\theta_A = \frac{\alpha_Ap_A}{1+\alpha_Ap_A+\alpha_Bp_B} \qquad \theta_B = \frac{\alpha_Bp_B}{1+\alpha_Ap_A+\alpha_Bp_B} \qquad (97.3)$$

그러면 식 97.2로부터 속도 법칙이 다음과 같이 된다.

$$v = \frac{k_r\alpha_A\alpha_Bp_Ap_B}{(1+\alpha_Ap_A+\alpha_Bp_B)^2} \qquad (97.4)$$

이 흡착 등온식 속의 파라미터 α와 속도 상수 k_r은 모두 온도에 의존하며, 이 반응 속도의 전체 온도 의존성은 Arrhenius 식으로부터 크게 벗어난다(반응 속도가 $e^{-E_a/RT}$에 비례할 개연성이 낮다는 점에서). LH 메커니즘은 CO가 CO_2로 산화되는 촉매 작용에서 지배적이다.

자가 진단 97.2 식 97.3을 얻는 데 누락된 과정을 제시하시오.

(c) Eley-Rideal 메커니즘

표면이 촉매로 작용하는 **Eley-Rideal 메커니즘**(**Eley-Rideal mechanism**, ER 메커니즘)의 반응에서는 기체상 분자가 이미 표면에 흡착되어 있는 분자와 충돌하게 된다. 이때는 생성물의 생성 속도가 흡착되지 않은 기체 B의 부분 압력 p_B와 흡착종 기체 A의 표면 덮임률 θ_A에 비례할 것이다. 따라서 속도 법칙이 다음과 같이 되어야 할 것이다.

$$A + B \rightarrow P \quad v = k_r p_B \theta_A \qquad \text{Eley–Rideal 속도 법칙} \qquad (97.5)$$

표면에서의 반응은 낮은 활성화 에너지를 가지며 또한 흡착 과정 자체도 흔히 비활성화 과정이기 때문에 속도 상수 k_r은 비촉매 기체상 반응의 경우보다 훨씬 큰 값을 가질 것이다.

만일 A에 대한 흡착 등온식을 알면 속도 법칙을 부분 압력 p_A를 가지고 나타낼 수 있을 것이다. 예를 들어 A+B → P 반응을 생각해 보자. A의 흡착이 고려 대상의 압력 범위에서 Langmuir 등온식을 따를 때는 속도 법칙이 다음과 같이 될 것이다.

$$v = \frac{k_r \alpha p_A p_B}{1+\alpha p_A} \qquad (97.6)$$

간단한 예 97.2 Eley-Rideal 메커니즘

식 97.6에 의하면 A의 부분 압력이 높을 때는(즉 $\alpha p_A \gg 1$일 때) 표면이 거의 완전히 덮인 상태가 되며, 반응 속도가 $k_r p_B$와 같아진다. 이때는 B와 흡착된 토막의 충돌이 속도 결정 단계가 된다. 반응이 진행한 결과 등으로 인해서 A의 압력이 낮아지면($\alpha p_A \ll 1$) 반응 속도가 $k_r \alpha p_A p_B$와 같게 된다. 이때는 표면 덮임률이 속도 결정에서 중요하다.

자가 진단 97.3 A가 이원자 분자이고 이것이 원자 상태로 흡착되는 경우에 대하여 식 97.6을 다시 쓰시오.

답: $v = k_r p_B (\alpha p_A)^{1/2}/(1+(\alpha p_A)^{1/2})$

대부분의 열적 표면 촉매 반응은 LH 메커니즘에 따라 일어나는 것으로 생각되지만, ER 메커니즘에 따라 일어나는 반응도 많다는 것이 분자살 연구 결과에 의해 확인되었다. 예를 들어 H(g)와 D(ad)가 반응하여 HD(g)를 만드는 반응은 입사되는 H 원자가 직접 충돌에 의해서 D(ad) 원자를 뽑아가는 ER 메커니즘에 따라 일어나는 것으로 생각된다. 그러나 이 두 메커니즘은 이상적인 극단의 경우에 해당하고, 모든 반응은 이 둘의 중간 어딘가에 위치하며, 이 둘 각각의 특징을 모두 나타낸다.

97.2 표면에서의 촉매 활성도

표면의 촉매 활성이 그 표면 구조와 화학적 조성에 어떻게 의존하는지를 조사할 수 있게 되었다. 예를 들어 C—H와 H—H 결합의 끊어짐은 계단이나 계단의 꺾임 자리(킹크)의 존재에 의존하며, 종종 테라스는 오로지 가장 낮은 촉매 활성도를 갖는 것으로 나타난다. $H_2+D_2 \rightarrow 2HD$ 반응을 자세히 연구한 바에 의하면, 테라스 자리는 촉매 활성이 없지만 계단진 표면을 두들기는 분자는 10개 중 1개가 반응을 일으킨다. 일반적으로는 이와 같이 계단 자체가 결정적 역할을 한다고 보지만, 계단은 보다 더 활성을 가진 결정면(계단의 면 자체)을 나타내는 것에 불과하다고 볼 수도 있다. 이와 비슷하게 헥세인이 헥센으로 탈수소화되는 반응은 꺾임 자리 밀도에 크게 의존하며, 또 C—C 결합이 끊어지는 반응에 대해서도 꺾임 자리가 촉매 작용을 하는 것으로 보인다. 이러한 관측 사실들은 소량의 불순물로도 촉매에 나쁜 영향을 끼치는지 그 이유를 시사해 준다. 즉 이러한 불순물 종은 계단이나 꺾임 자리에 잘 흡착되며, 따라서 전체적으로 촉매의 활성도를 악화시킨다. 이러한 촉매독도 유익하게 이용되는 수가 있다. 즉 꺾임 자리에 흡착되고 특정한 중독 작용을 하는 불순물을 적절히 이용하면 탈수소화 반응 속도를 다른 종류의 반응 속도에 맞추어서 조절할 수 있다.

촉매의 활성도는 화학 흡착의 세기에 의존하며, 그 관계는 그림 97.2와 같은 '화산' 곡선(일반적인 곡선의 모양 때문에 부르는 명칭)으로 나타낼 수 있다. 촉매가 활성을 가지려면 촉매가 피흡착질로 광범위하게 덮여야 하며, 이 경우는 화학 흡착이 강한 경우이다. 그러나 기질–피흡착질 결합이 너무 강하면 다른 반응 분자가 피흡착질과 반응할 수 없거나 피흡수질 분자가 표면 위를 돌아다니지 못하게 되기 때문에 촉매

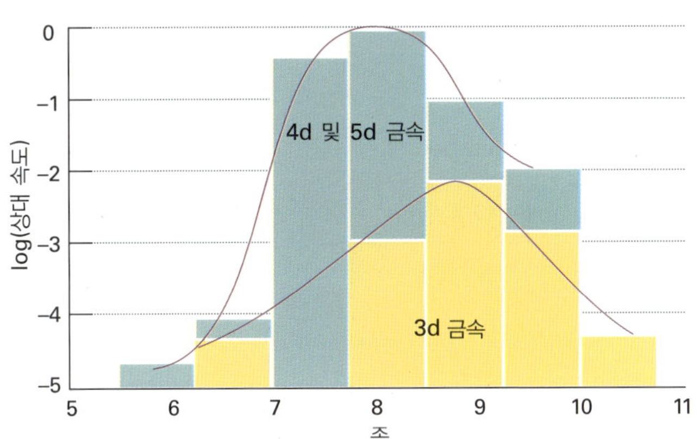

그림 97.2 촉매 활성도가 화산 곡선을 나타내는 이유는 반응물이 꽤 세게 흡착되어야 하기는 하지만 이동도를 잃을 정도로 세게 흡착되면 안 되기 때문이다. 밑의 곡선은 첫 번째 계열의 d 구역 금속을, 위의 곡선은 둘째와 셋째 계열의 d 구역 금속에 관한 것이다. 족의 숫자는 주기율표의 족을 나타내는 것이다.

표 97.1 화학 흡착 능력*

	O_2	C_2H_2	C_2H_4	CO	H_2	CO_2	N_2
Ti, Cr, Mo, Fe	+	+	+	+	+	+	+
Ni, Co	+	+	+	+	+	+	−
Pd, Pt	+	+	+	+	+	−	−
Mn, Cu	+	+	+	+	±	−	−
Al, Au	+	+	+	−	−	−	−
Li, Na, K	+	+	−	−	−	−	−
Mg, Ag, Zn, Pb	+	−	−	−	−	−	−

*+: 강한 화학 흡착, ±: 화학 흡착, −: 화학 흡착 안 됨.

활성도가 떨어진다. 이러한 경향은 촉매 활성이 처음에는 흡착의 세기(예를 들어 등량 흡착 엔탈피에 의하여 측정되는 것과 같이, 토픽 96)에 따라 커지다가 그다음에 감소하며, 또한 화산 봉우리 근처에 있는 촉매가 최대의 활성을 갖는다는 것을 시사한다. 활성이 가장 높은 금속은 d 구역의 중간 가까이에 있는 것들이다. 많은 금속들이 기체를 흡수하기에 적절하며, 몇 가지 경향을 표 97.1에 요약하였다.

간단한 예 97.3 화학 흡착 능력의 경향

표 97.1에서 보듯이 많은 금속에 대하여 흡착력의 일반적 순서는 O_2, C_2H_2, C_2H_4, CO, H_2, CO_2, N_2 순이다. 이들 분자의 일부는(예를 들면 H_2) 흡착되면서 해리된다. 철, 타이타늄, 크로뮴 등과 같은 d 구역 금속은 이들 모든 기체를 세게 흡착시키지만, 망가니즈와 구리 등의 금속은 N_2와 CO_2를 흡착시키지 못한다. 주기율표의 왼쪽에 있는 금속들(예로서 마그네슘)은 가장 활성이 큰 기체(O_2)만을 흡착(그리고 실제로는 반응)시킬 수 있다.

자가 진단 97.4 N_2(g)와 H_2(g)로부터 암모니아를 생성하는데 철이 좋은 촉매로 작용하는 이유는 무엇인가?

답: 그림 97.2와 표 97.1 참조

개념 확인

□ 1. **불균일 촉매**는 반응 혼합물과 다른 상을 갖는 촉매이다.

□ 2. 표면이 촉매로 작용하는 **Langmuir–Hinshelwood 메커니즘**의 반응에서는 분자 토막들과 표면에 이미 흡착된 원자들이 충돌함으로써 반응이 일어난다.

□ 3. 표면이 촉매로 작용하는 **Eley–Rideal 메커니즘**의 반응에서는 기체상 분자가 이미 표면에 흡착되어 있는 분자와 충돌하게 된다.

□ 4. 촉매의 활성도는 화학 흡착의 세기에 의존한다.

식 확인

성질	식	비고	식 번호
Langmuir–Hinshelwood 메커니즘	$v=k_r\alpha_A\alpha_B p_A p_B/(1+\alpha_A p_A+\alpha_B p_B)^2$	A와 B의 흡착에 대한 Langmuir 등온식; 경쟁 흡착	97.4
Eley–Rideal 메커니즘	$v=k_r\alpha p_A p_B/(1+\alpha p_A)$	A의 흡착에 대한 Langmuir 등온식	97.6

20장 고체 표면에서의 반응

토픽 95 고체 표면

토론 문제

95.1 (a) 계단과 테라스를 구별하시오. (b) 계단과 테라스는 어긋남에 의해서 어떻게 형성될 수 있는가를 설명하시오.

95.2 본문을 통해 얻은 지식을 이용하여 AFM, FIM, LEED, SAM, SEM, STM 등의 약자로 표시되는 현미경법, 회절법, 산란법들의 장점과 한계를 설명하시오.

연습 문제

95.1(a) 압력이 0.10 μTorr일 때, 25°C에서 (i) 수소, (ii) 프로페인이 채워져 있는 용기 속에서 cm^2 당의 표면에 대한 분자 충돌의 빈도를 계산하시오.

95.1(b) 압력이 10.0 Pa일 때, 25°C에서 (i) 질소, (ii) 메테인이 채워져 있는 용기 속에서 cm^2 당의 표면에 대한 분자 충돌의 빈도를 계산하시오. 압력이 0.150 μTorr일 때 이 계산을 반복하시오.

95.2(a) 425 K에서 아르곤 기체가 지름 1.5 mm인 원형 표면에서 $4.5\times10^{20}\ s^{-1}$의 충돌 속도를 나타내게 하려면 압력을 얼마로 해 주어야 하겠는가?

95.2(b) 525 K에서 질소 기체가 지름 2.0 mm인 원형 표면에서 $5.00\times10^{19}\ s^{-1}$의 충돌 속도를 나타내게 하려면 압력을 얼마로 해 주어야 하겠는가?

응용 문제

95.1 원자나 이온들의 표면 위에서의 이동은 한 위치를 떠나 다른 자리에 달라붙는 능력에 의존하며, 따라서 이에 따라 일어나는 에너지 변화에 의존한다. 예로서 1가의 양이온과 음이온이 200 pm 간격의 이차원 사각형 격자를 이루고 있으며, 이 배열이 만드는 위층 테라스에 한 양이온이 있다고 생각해 보자. 이 양이온이 음이온 바로 위의 빈 격자점에 있을 때의 Coulomb 상호 작용을 직접 덧셈으로 계산하시오. 이번에는 동일한 격자점에 높은 계단이 있고, 이 계단과 테라스에 의해서 형성되는 구석으로 양이온이 이동한다고 하자. 이 위치에 대한 Coulomb 에너지를 계산하고, 이 양이온이 정착하기 쉬운 위치를 결정하시오.

95.2 타이타늄 표면의 촉매 성질을 연구하기 위해서는 표면을 오염되지 않게 해 주어야 한다. 300 K에서 (a) 100 kPa, (b) 1.00 Pa의 O_2 분자가 cm^2 당의 표면과 충돌하는 빈도를 계산하시오. 매초 단일 표면 원자에 충돌하는 횟수를 계산하시오. 이 결론은 오염되지 않은 표면 성질을 연구하기 위해서는 대단히 낮은 압력(실제로 1 Pa보다 훨씬 더 낮은)에서 실험을 하는 것이 중요하다는 것을 강조하는 것이다. 최단 인접 거리를 291 pm로 취한다.

95.3 니켈은 면심 입방체이며, 단위 세포의 변은 352 pm이다. (a) (100), (b) (110), (c) (111) 면에 의해 생성되는 표면에 노출된 원자의 수는 cm^2 당 몇 개인가? 25°C에서 압력이 (i) 100 Pa, (ii) 0.10 μTorr일 때, (a) 수소, (b) 프로페인이 채워져 있는 용기 속에서 이 분자들이 한 표면 원자와 충돌하는 빈도를 계산하시오.

95.4 재구조가 일어나지 않은 깨끗한 (110) 금속 면이 다음과 같은 LEED 무늬를 나타낸다. 원자들 사이의 수평 거리가 3배가 되도록 표면 재구조가 일어나면 LEED 무늬가 어떻게 나타날지 그리시오.

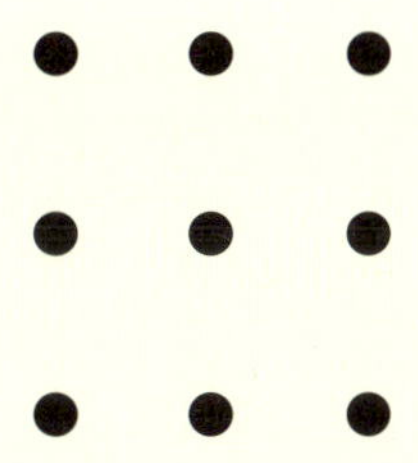

95.5 그림 F20.1은 표면 플라스몬 공명 신호 R의 시간 의존성을 나타낸다. 흡착이 이루어지면 R은 평형값 R_{eq}에 도달할 때까지 증가한다. 탈착은 R의 감소를 가져온다. 그림 F 20.1에서 흡착과 탈착 부분을 나타내는 곡선에 적용되는 $R(t)$에 대한 식을 전개하시오.

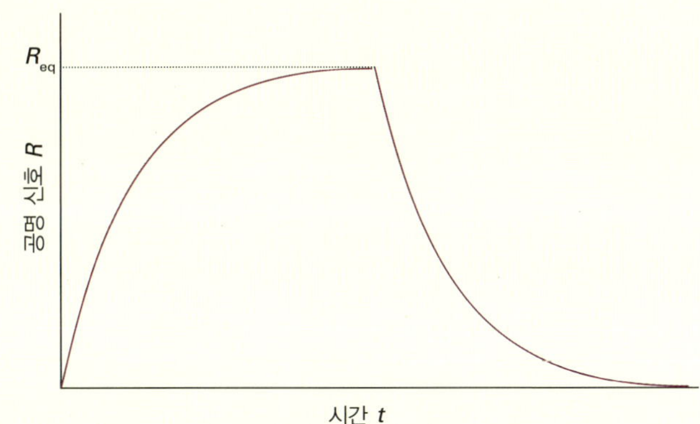

그림 F20.1 표면 플라스몬 공명 신호 R의 시간 의존성

토픽 96 흡착과 탈착

토론 문제

96.1 Langmuir 등온식과 BET 흡착 등온식이 서로 어떻게 다른지 설명하고, 이들이 언제, 그리고 왜 적합해지는지 설명하시오.

연습 문제

96.1(a) 0°C, 104 kPa에 있는 산소 기체가 0°C에서 1.00 g 실리카 시료 표면에 흡착된 부피는 145.4 Torr에서 0.286 cm^3이고, 760 Torr에서 1.443 cm^3이다. V_{mon}의 값을 구하시오.

96.1(b) 20°C, 1.00 bar에 있는 기체가 0°C에서 1.50 g의 실리카 시료 표면에 흡착된 기체의 부피는 56.4 kPa에서 1.42 cm^3이고, 108 kPa에서 2.77 cm^3이다. V_{mon}의 값을 구하시오.

96.2(a) 어떤 표면에 CO가 흡착될 때의 흡착 엔탈피는 −120 kJ mol^{-1}이다. 400 K에서 이 표면에서의 CO의 평균 수명을 구하시오.

96.2(b) 니켈 표면에 암모니아가 흡착될 때의 흡착 엔탈피는 −155 kJ mol^{-1}이다. 500 K에서 이 표면에서의 NH_3의 평균 수명을 구하시오.

96.3(a) 어떤 고체 시료는 압력이 26.0 kPa이고 온도가 300 K일 때 0.44 mg의 CO가 흡착한다. 또 압력이 3.0 kPa이고 온도가 300 K일 때는 흡착 질량이 0.19 mg이다. 이 흡착이 Langmuir 등온식에 따른다면, 위의 두 압력에서의 표면 덮임률은 얼마인가?

96.3(b) 어떤 고체 시료는 압력이 36.0 kPa이고 온도가 300 K일 때 0.63 mg의 CO가 흡착한다. 또 압력이 4.0 kPa이고 온도가 300 K일 때는 흡착 질량이 0.21 mg이다. 이 흡착이 Langmuir 등온식에 따른다면, 위의 두 압력에서의 표면 덮임률은 얼마인가?

96.4(a) 어떤 기체가 Langmuir 등온식에 따라 흡착되는데, 25°C에서 $\alpha = 0.75\ kPa^{-1}$이다. 표면 덮임률이 (a) 0.15, (b) 0.95가 되는 압력을 계산하시오.

96.4(b) 어떤 기체가 Langmuir 등온식에 따라 흡착되는데, 25°C에서 $\alpha = 0.548\ kPa^{-1}$이다. 표면 덮임률이 (a) 0.20, (b) 0.75가 되는 압력을 계산하시오.

96.5(a) 어떤 고체를 12 kPa, 25°C에서 기체에 노출하면 2.5 mg의 기체가 Langmuir 등온식에 따라 흡착한다. 흡착된 1.00 mmol의 기체가 탈착될 때의 엔탈피 변화는 +10.2 J이다. 40°C에서 2.5 mg의 기체가 흡착되는 평형 압력은 얼마인가?

96.5(b) 어떤 고체를 8.86 kPa, 25°C에서 기체에 노출하면 4.67 mg의 기체가 Langmuir 등온식에 따라 흡착한다. 흡착된 1.00 mmol의 기체가 탈착될 때의 엔탈피 변화는 +12.2 J이다. 45°C에서 같은 양의 기체가 흡착되는 평형 압력은 얼마인가?

96.6(a) 490 kPa, 190 K에서 질소 기체는 숯에 0.921 $cm^3\ g^{-1}$이 흡착되는데, 250 K에서 동일한 양의 흡착을 일으키려면 압력을 3.2 MPa로 증가시켜야 한다. 숯 위에 질소가 흡착하는 흡착 엔탈피는 얼마인가?

96.6(b) 350 kPa, 180 K에서 질소 기체는 어떤 표면에 1.242 $cm^3\ g^{-1}$이 흡착되는데, 240 K에서 동일한 양의 흡착을 일으키려면 압력을 1.02 MPa로 증가시켜야 한다. 이 표면에서 질소의 흡착 엔탈피는 얼마인가?

96.7(a) 텅스텐 표면에서의 산소 흡착 실험에서, 같은 부피의 산소를 탈착시키는 데 1856 K에서는 27분, 1978 K에서는 2.0분이 걸렸다. 탈착의 활성화 에너지는 얼마인가? 같은 부피의 산소를 (a) 298 K, (b) 3000 K에서 탈착시키려면 시간이 얼마나 걸리겠는가?

96.7(b) 철 표면에서의 에텐 흡착 실험에서, 같은 부피의 에텐을 탈착시키는 데 873 K에서는 1856초, 1012 K에서는 8.44초가 걸렸다. 탈착의 활성화 에너지는 얼마인가? 같은 부피의 에텐을 (a) 298 K, (b) 1500 K에서 탈착시키려면 시간이 얼마나 걸리겠는가?

96.8(a) 산소 원자가 텅스텐 표면에 흡착되어 머무는 평균 시간은 2548 K에서 0.36초, 2362 K에서 3.49초이다. 화학 흡착의 활성화 에너지를 구하시오.

96.8(b) 수소 원자가 망가니즈 표면에 흡착되어 머무는 평균 시간은 1000 K에서의 값이 600 K에서의 값보다 약 35% 짧다. 이 화학 흡착의 활성화 에너지를 구하시오.

96.9(a) 400 K에서 수소 원자의 탈착 활성화 에너지가 (a) 15 kJ mol^{-1}, (b) 150 kJ mol^{-1}이라면 수소 원자가 표면에 체류하는 시간은 평균적으로 얼마가 되겠는가? $\tau_0 = 0.10$ ps이다. 온도가 1000 K일 때는 평균 체류 시간이 어떻게 되겠는가?

96.9(b) 298 K에서 어떤 원자의 탈착 활성화 에너지가 (a) 20 kJ mol^{-1}, (b) 200 kJ mol^{-1}이라면 이 원자가 표면에 체류하는 시간은 평균적으로 얼마가 되겠는가? $\tau_0 = 0.12$ ps이다. 온도가 800 K일 때는 평균 체류 시간이 어떻게 되겠는가?

96.10(a) 아이오딘화 수소 기체는 금 표면에는 대단히 세게 흡착되지만 백금 표면에는 대단히 약하게 흡착된다. 이 흡착이 Langmuir 등온식에 따른다고 가정하고, 이 두 금속 표면에서 일어나는 HI 분해 반응의 차수를 예상하시오.

96.10(b) 오존이 어떤 표면에 Langmuir 등온식에 따라 흡착된다는 것이 밝혀졌다고 가정해 보자. 오존의 흡착에서 (a) 해리되지 않을 때, (b) $O + O_2$로 해리될 때, (c) $O + O + O$로 해리될 때를 구별하기 위하여 표면 덮임률의 압력 의존 관계를 어떻게 이용할 수 있는가?

응용 문제

96.1 수학적 소프트웨어, 스프레드시트, 이 책의 웹사이트에 있는 **Living graphs**(LG로 표시된)를 사용하여 다음 문제들을 풀이하시오.

(a)LG 식 96.2를 이용하여 여러 가지 α 값에 대하여 $1/p$에 대한 $1/\theta$의 의존성을 나타내는 곡선의 무리를 만들어 내시오.

(b)LG 식 96.4를 이용하여 여러 가지 α 값에 대하여 $1/p$에 대한 $1/\theta$의 의존성을 나타내는 곡선의 무리를 만들어 내시오. (a)와 (b)로부터의 결과에 근거하여 $1/p$에 대한 $1/\theta$의 도시가 해리되거나 해리되지 않는 흡착을 구별하는 데 어떻게 사용될 수 있는가를 설명하시오.

(c)LG 식 96.6을 이용하여 다른 값의 c에 대하여 $zV_{mon}/(1-z)V$의 z에 대한 의존성을 나타내는 곡선의 무리를 만들어 내시오.

96.2 아래 데이터는 25°C에서 구리 분말 표면에서의 수소의 화학 흡착에 관한 것이다. 낮은 덮임률에서는 이 흡착이 Langmuir 등온식에 따른다는 것을 확인하시오. 이어서 흡착 평형에 대한 α 값과 완전 덮임에 해당하는 흡착 부피를 구하시오.

p(Pa)	25	129	253	540	1000	1593
V(cm^3)	0.042	0.163	0.221	0.321	0.411	0.471

96.3 플루오린화 바륨 표면에서의 암모니아의 흡착에 관한 데이터는 아래와 같이 보고되었다. 이들이 BET 등온식을 만족시킨다는 것을 확인하고, c와 V_{mon}의 값을 구하시오.

(a) $\theta = 0°C$, $p^* = 429.6$ kPa

p(kPa)	14.0	37.6	65.6	79.2	82.7	100.7	106.4
V(cm^3)	11.1	13.5	14.9	16.0	15.5	17.3	16.5

(b) $\theta = 18.6°C$, $p^* = 819.7$ kPa

p(kPa)	5.3	8.4	14.4	29.2	62.1	74.0	80.1	102.0
V(cm^3)	9.2	9.8	10.3	11.3	12.9	13.1	13.4	14.1

96.4 0°C에서 H_2를 1.00 g의 구리 표면에 흡착시켰을 때의 실험 결과는 아래 데이터와 같다. 여기서 H_2의 부피는 STP(0°C, 1 atm)에서 기체가 차지하는 부피의 값으로 환산한 것이다.

p(atm)	0.050	0.100	0.150	0.200	0.250
V(cm^3)	23.8	13.3	8.70	6.80	5.71

단분자층을 만드는 데 필요한 H_2의 부피를 결정하고, 이 구리 시료의 표면적을 구하시오. 액체 수소의 밀도는 0.708 g cm^{-3}이다.

96.5‡ M-G. Olivier와 R. Jadot(*J. Chem. Eng. Data* **42**, 230 (1997))은 실리카겔 표면에서의 뷰테인 흡착을 조사하였다. 이들이 보고한 303 K에서의 흡착량(실리카겔의 kg 당 몰수)은 다음과 같다.

p(kPa)	31.00	38.22	53.03	76.38	101.97
n(mol kg^{-1})	1.00	1.17	1.54	2.04	2.49

p(kPa)	130.47	165.06	182.41	205.75	219.91
n(mol kg^{-1})	2.90	3.22	3.30	3.35	3.36

이들 데이터를 Langmuir 등온식에 맞추고, 완전 덮임에 해당하는 n과 상수 α를 결정하시오.

*기호 ‡가 표시된 문제들은 Charles Trapp과 Carmen Giunta가 제공한 것이다.

96.6 뷰타다이엔의 플루오린화 반응 단계가 포함된 어떤 새로운 산업 시설을 설계하는 데, CR-1이라는 암호의 촉매를 사용하려고 한다. 첫 조사 단계에서 이 촉매의 흡착 등온식의 형태를 알아냈다. 15°C에서 1 g의 CR-1에 흡착되는 뷰타다이엔의 부피가 다음과 같이 압력에 따라 변하였다. 이 압력 영역에서 Langmuir 등온식이 성립하겠는가?

p(kPa)	13.3	26.7	40.0	53.3	66.7	80.0
V(cm^3)	17.9	33.0	47.0	60.8	75.3	91.3

CR-1 표면상의 뷰타다이엔 흡착이 BET 등온식에 더 잘 따르는지 조사하시오. 15°C에서 p^*(뷰타다이엔) = 200 kPa이다. V_{mon}과 c를 구하시오.

96.7‡ C. Huang과 W.P. Cheng(*J. Colloid Interface Sci.*, **188**, 270 (1997))은 헥사사이아노철(III)산 이온 $[Fe(CN)_6]^{3-}$가 수용액으로부터 γ-Al_2O_3에 흡착되는 것을 조사하였다. 이들은 이 흡착을 수정된 Langmuir 등온식으로 나타내었으며, pH = 6.5에서 다음과 같은 K 값을 얻었다.

T(K)	283	298	308	318
$10^{-11}\alpha$	2.642	2.078	1.286	1.085

이 pH에서 등량 흡착 엔탈피 $\Delta_{ads}H^\ominus$를 결정하시오. 이들은 이러한 조건하에서는 $\Delta_{ads}S^\ominus = +146$ J mol^{-1} K^{-1}이 된다고 보고하였다. $\Delta_{ads}G^\ominus$를 결정하시오.

96.8‡ 자동차의 촉매 변환 장치와 관련된 연구에서 C.E. Wartnaby 등(*J. Phys. Chem.*, **100**, 12483 (1996))은 초기에 깨끗한 백금 (110) 표면에서의 CO, NO, O_2의 흡착 엔탈피를 측정하였다. 이들의 보고에 의하면 NO에 대한 $\Delta_{ads}H^\ominus$는 −160 kJ mol^{-1}이다. 500°C에서는 NO가 400°C에서보다 얼마나 더 세게 흡착되겠는가?

96.9‡ 배기가스 흐름 속에 들어 있는 휘발성 유기 화합물(VOC)을 제거하거나 회수하는 일은 환경 공학적으로 대단히 중요한 과정이다. 활성탄은 이 과정의 흡착제로서 오랫동안 이용되어 왔지만, 기체 흐름 속에 수분이 들어 있으면 그 흡착 효과가 크게 떨어진다. M.-S. Chou와 J.-H. Chiou(*J. Envir. Engrg., ASCE* **123**, 437 (1997))는 공기 흐름 속에서 수분 함량이 노말 헥세인과 사이클로헥세인에 대한 입상 활성탄(GAC)의 흡착 용량에 어떤 효과를 미치는지를 조사하였다. 이들은 사이클로헥세인을 포함하고 있는 건조한 기체 흐름을 가지고 얻은 아래 데이터의 경우에는 GAC가 $\theta_{VOC,\,RH=0} = abc_{VOC}/(1+bc_{VOC})$와 같은 형태의 Langmuir형 모델을 만족시킨다고 결론지었다. 여기서 $\theta = m_{VOC}/m_{GAC}$, RH는 상대 습도, a는 최대 흡착 용량, b는 친화도 파라미터, c는 백만분율(ppm) 농도이다. 다음 표는 사이클로헥세인에 대한 $\theta_{VOC,RH=0}$의 값이다.

c(ppm)	33.6°C	41.5°C	57.4°C	76.4°C	99°C
200	0.080	0.069	0.052	0.042	0.027
500	0.093	0.083	0.072	0.056	0.042
1000	0.101	0.088	0.076	0.063	0.045
2000	0.105	0.092	0.083	0.068	0.052
3000	0.112	0.102	0.087	0.072	0.058

(a) 선형 회귀법에 따라 $1/\theta_{VOC,RH=0}$을 $1/c_{VOC}$에 대해서 도시하여 그 적합도가 좋은지를 보고, 이어서 a와 b의 값을 결정하시오. (b) $a = k_a\exp(-\Delta_{ads}H/RT)$, $b = k_b\exp(-\Delta_b H/RT)$와 같은 형태의 Arrhenius형의 식을 이용하면 파라미터 a와 b를 $\Delta_{ads}H$ 및 $\Delta_b H$와 연관시킬 수 있다. $\Delta_{ads}H$는 흡착 엔탈피이고, $\Delta_b H$는 VOC 분자들의 흡착과 탈착에 대한 활성화 에너지 차이다. 이들 식에 대한 이 데이터의 적합도를 조사하고, 이어서 k_a, k_b, $\Delta_{ads}H$, $\Delta_b H$에 대한 값을 구하시오. (c) k_a와 k_b를 어떻게 해석할 수 있겠는가?

토픽 97 불균일 촉매 작용

토론 문제

97.1 표면 촉매 반응에 관한 Langmur–Hinshelwood 메커니즘과 Eley–Rideal 메커니즘의 본질적인 특징을 설명하시오.

97.2 표면에서의 촉매 활성도가 그림 96.8에서와 같이 화학 흡착의 세기에 의존하는 이유를 설명하시오.

연습 문제

97.1(a) 액체 질소의 끓는점인 77 K에서 N_2 분자의 단분자층이 1.00 g의 Fe/Al_2O_3 촉매 표면에 흡착되어 있다. 따뜻하게 해 주면 이 질소가 탈착되어 0°C, 760 Torr에서 3.86 cm^3의 부피를 차지한다. 이 촉매의 표면적을 계산하시오.

97.1(b) 액체 질소의 끓는점인 77 K에서 CO 분자의 단분자층이 1.00 g의 Fe/Al_2O_3 촉매 표면에 흡착되어 있다. 따뜻하게 해 주면 이 CO가 탈착되어 0°C, 1.00 bar에서 3.75 cm^3의 부피를 차지한다. 이 촉매의 표면적을 계산하시오.

응용 문제

97.1 어떤 촉매 반응에서는 생성물이 반응 기체보다 더 세게 흡착된다. 이러한 예로서는 1000°C에서 일어나는 백금 표면에서의 암모니아 촉매 분해 반응을 들 수 있다. 이러한 형태를 갖는 과정의 반응 속도론을 조사하는 첫 번째 단계로서 암모니아 분해 반응의 속도는 수소가 대단히 세게 흡착되는 극한에서 다음 식에 따라야 함을 보이시오.

$$\frac{dp_{NH_3}}{dt} = -k_c\frac{p_{NH_3}}{p_{H_2}}$$

기체 J가 대단히 세게 흡착되어 그 압력이 p_J일 때는 덮이지 않은 자리의 분율이 대략 $1/Kp_J$와 같다는 것을 우선 보이시오. 백금 표면에서의 암모니아 촉매 분해 반응에 대한 속도식을 풀이하시오. 그리고 $F(t) = (1/t)\ln(p/p_0)$를 $G(t) = (p-p_0)/t$에 대해서 도시하면 직선이 나오고, 이것으로부터 k_c를 구할 수 있음을 보이시오. 여기서 p는 암모니아의 압력이다. 아래 데이터를 가지고 속도 법칙을 확인하고, 이 반응의 k_c를 구하시오.

t(s)	0	30	60	100	160	200	250
p(kPa)	13.3	11.7	11.2	10.7	10.3	9.9	9.6

통합 문제

F20.1 각 분자 사이의 끌어당기는 van der Waals 상호 작용은 R^{-6}에 따라 변하지만, 한 분자와 인접한 고체(균일한 분자 모임) 사이의 상호 작용은 R^{-3}에 따라 변한다. 여기서 R은 표면으로부터 분자까지의 수직 거리이다. 이 결과를 확인하시오. Lennard–Jones (6,12)-퍼텐셜을 이용하여 아르곤 원자와 아르곤 고체 표면 사이의 상호 작용 에너지를 계산하시오. 아르곤 원자와 아르곤 고체 표면 사이의 평형 거리를 계산하시오.

F20.2 전자 현미경은 전자살의 짧은 파장을 이용하기 때문에 광학 현미경보다 수백 배의 높은 분해능을 가지고 있다. 광속도 c에 가까운 속도로 운동하는 전자에 대해서는 de Broglie 파장(식 4.6, $\lambda = h/p$)의 식에 다음과 같은 상대성 효과의 보정을 해 주어야 한다.

$$\lambda = \frac{h}{\left\{2m_e eV\left(1+\dfrac{eV}{2m_e c^2}\right)\right\}^{1/2}}$$

여기서 c는 진공 속에서의 광속이고, V는 전자를 가속시키는 전위차이다. (a) 위의 식을 이용하여 50 kV를 통해서 가속되는 전자의 de Broglie 파장을 계산하시오. (b) 상대성 효과의 보정이 중요한가?

F20.3 원자힘 현미경법(AFM)으로 측정되는 힘은 주로 바늘과 표면의 전자들 사이의 상호 작용 때문에 생긴다. 이 힘의 크기가 어느 정도나 되는지를 보기 위해서 2.0 nm 떨어진 두 전자 사이에 작용하는 힘을 계산하시오. 두 전자 사이의 힘을 계산하기 위하여 V가 이들의 상호 Coulomb 퍼텐셜 에너지이고, r이 거리일 때 식 $F = -dV/dr$을 이용하시오.

F20.4 주사 터널 현미경법에서 터널링 전류의 거리 의존성을 이해하기 위하여 시료와 바늘 사이의 간격에 있는 전자는 장벽 높이보다 2.0 eV 적은 에너지를 갖는다고 가정하자. 바늘이 표면으로부터 $L_1 = 0.50$ nm에서 $L_2 = 0.60$ nm까지 이동한다면, 몇 배의 전류가 하락하겠는가?

부록

1 적분표

Algebraic functions

A.1 $\int x^n \mathrm{d}x = \frac{x^{n+1}}{n+1} + \text{constant},\ n \neq -1$

A.2 $\int \frac{1}{x} \mathrm{d}x = \ln x + \text{constant}$

Exponential functions

E.1 $\int_0^\infty x^n \mathrm{e}^{-ax} \mathrm{d}x = \frac{n!}{a^{n+1}},\quad n! = n(n-1)\ldots 1;\ 0! \equiv 1$

E.2 $\int_0^\infty \frac{x^4 \mathrm{e}^x}{(\mathrm{e}^x - 1)^2} \mathrm{d}x = \frac{\pi^4}{15}$

Gaussian functions

G.1 $\int_0^\infty \mathrm{e}^{-ax^2} \mathrm{d}x = \frac{1}{2}\left(\frac{\pi}{a}\right)^{1/2}$

G.2 $\int_0^\infty x\mathrm{e}^{-ax^2} \mathrm{d}x = \frac{1}{2a}$

G.3 $\int_0^\infty x^2\mathrm{e}^{-ax^2} \mathrm{d}x = \frac{1}{4}\left(\frac{\pi}{a^3}\right)^{1/2}$

G.4 $\int_0^\infty x^3\mathrm{e}^{-ax^2} \mathrm{d}x = \frac{1}{2a^2}$

G.5 $\int_0^\infty x^4\mathrm{e}^{-ax^2} \mathrm{d}x = \frac{3}{8a^2}\left(\frac{\pi}{a}\right)^{1/2}$

G.6 $\mathrm{erf}\, z = \frac{2}{\pi^{1/2}} \int_0^z \mathrm{e}^{-x^2} \mathrm{d}x \qquad \mathrm{erfc}\, z = 1 - \mathrm{erf} z$

G.7 $\int_0^\infty x^{2m+1}\mathrm{e}^{-ax^2} \mathrm{d}x = \frac{m!}{2a^{m+1}}$

G.8 $\int_0^\infty x^{2m}\mathrm{e}^{-ax^2} \mathrm{d}x = \frac{(2m-1)!!}{2^{m+1} a^m}\left(\frac{\pi}{a}\right)^{1/2}$

$(2m-1)!! = 1 \times 3 \times 5 \ldots \times (2m-1)$

Trigonometric functions

T.1 $\int \sin ax\, \mathrm{d}x = -\frac{1}{a} \cos ax + \text{constant}$

T.2 $\int \sin^2 ax\, \mathrm{d}x = \frac{1}{2}x - \frac{\sin 2ax}{4a} + \text{constant}$

T.3 $\int \sin^3 ax\, \mathrm{d}x = -\frac{(\sin^2 ax + 2)\cos ax}{3a} + \text{constant}$

T.4 $\int \sin^4 ax\, \mathrm{d}x = \frac{3x}{8} - \frac{3}{8a} \sin ax \cos ax -$

$\frac{1}{4a} \sin^3 ax \cos ax + \text{constant}$

T.5 $\int \sin ax \sin bx\, \mathrm{d}x = \frac{\sin(a-b)x}{2(a-b)} - \frac{\sin(a+b)x}{2(a+b)} +$

constant, $a^2 \neq b^2$

T.6 $\int_0^L \sin nax \sin^2 ax\, \mathrm{d}x = -\frac{1}{2a}\left\{\frac{1}{n} - \frac{1}{2(n+2)} - \frac{1}{2(n-2)}\right\} \times$

$\{(-1)^n - 1\}$

T.7 $\int \sin ax \cos ax\, \mathrm{d}x = \frac{1}{2a} \sin^2 ax + \text{constant}$

T.8 $\int \sin bx \cos ax\, \mathrm{d}x = \frac{\cos(a-b)x}{2(a-b)} - \frac{\cos(a+b)x}{2(a+b)} +$

constant, $a^2 \neq b^2$

T.9 $\int x \sin ax \sin bx\, \mathrm{d}x = -\frac{\mathrm{d}}{\mathrm{d}a} \int \sin bx \cos ax\, \mathrm{d}x$

T.10 $\int \cos^2 ax \sin ax\, \mathrm{d}x = -\frac{1}{3a} \cos^3 ax + \text{constant}$

T.11 $\int x \sin^2 ax\, \mathrm{d}x = \frac{x^2}{4} - \frac{x \sin 2ax}{4a} - \frac{\cos 2ax}{8a^2} + \text{constant}$

T.12 $\int x^2 \sin^2 ax\, \mathrm{d}x = \frac{x^3}{6} - \left(\frac{x^2}{4a} - \frac{1}{8a^3}\right) \sin 2ax - \frac{x \cos 2ax}{4a^2} +$

constant

T.13 $\int x \cos ax\, \mathrm{d}x = \frac{1}{a^2} \cos ax + \frac{x}{a} \sin ax$

2 양자수와 연산자

A. Common quantum numbers

Symbol	Name or significance	Values
n (n_1, n_2, … in higher dimensions)	State of particle in a box. Principal quantum number of a hydrogenic atom	1, 2, … ∞
v	Vibrational quantum number of a harmonic oscillator, a diatomic molecule, or a normal mode of a polyatomic molecule	0, 1, 2, … ∞
l	Orbital angular momentum quantum number	0, 1, 2, …; in an atom, terminates at $n-1$
m_l	Magnetic quantum number	$0, \pm1, \pm2, \ldots \pm l$
s	Spin quantum number of electron	$\frac{1}{2}$
m_s	Spin magnetic quantum number of electron	$\pm\frac{1}{2}$
j, m_j	Angular momenta in general	Integers or half-integers; $m_j=j, j-1, \ldots, -j$
L, M_L	Total orbital angular momentum quantum numbers	$L=l_1+l_2, l_1+l_2-1, \ldots, \lvert l_1-l_2\rvert$; $M_L=L, L-1, \ldots, -L$
S, M_S	Total spin angular momentum quantum numbers	$S=s_1+s_2, s_1+s_2-1, \ldots, \lvert s_1-s_2\rvert$; $M_S=S, S-1, \ldots, -S$
J, M_J	Total angular momentum quantum numbers Angular momentum quantum numbers of a rigid rotor	$J=L+S, L+S-1, \ldots, \lvert L-S\rvert$; $M_J=J, J-1, \ldots, -J$ $J=0, 1, 2, \ldots$; $M_J=0, \pm1, \ldots, \pm J$
K	Quantum number for the component of angular momentum on the principal axis of a rigid rotor	$0, \pm1, \ldots, \pm J$; for a linear rotor, $K\equiv0$
λ	Quantum number for the component of the orbital angular momentum of an electron on the axis of a linear molecule	$0, \pm1, \pm2, \ldots$
Λ	Quantum number for the component of the total orbital angular momentum of electrons on the axis of a linear molecule	$0, \pm1, \pm2, \ldots$
Σ	Quantum number for the component of the total electron spin S of electrons on the axis of a linear molecule	$S, S-1, S-2, \ldots, -S$
Ω	Quantum number for the component of the total angular momentum of electrons on the axis of a linear molecule	$\Lambda+\Sigma$
I, m_I	Nuclear spin quantum numbers	Integers or half-integers; $m_I=I, I-1, \ldots, -I$

B. Common operators in quantum mechanics

Observable	Operator	Representation*
Energy	$\hat{H}$ (hamiltonian)	$\hat{H}=-\frac{\hbar^2}{2m}\nabla^2+\hat{V}$
Kinetic energy	$\hat{E}_k$	$\hat{E}_k=-\frac{\hbar^2}{2m}\nabla^2$
Potential energy	$\hat{V}$	$\hat{V}=V(\boldsymbol{r})\times$
Position (x-, y-, z-components)	$\hat{x}, \hat{y}, \hat{z}$; in general $\hat{q}$	$\hat{q}=q\times$
Radial distance	$\hat{r}$	$\hat{r}=r\times$

(continued)

Observable	Operator	Representation*
Linear momentum (*x*-, *y*-, *z*-components)	$\hat{p}_x, \hat{p}_y, \hat{p}_z$; in general $\hat{p}_q$	$\hat{p}_q = \frac{\hbar}{\mathrm{i}}\frac{\partial}{\partial q}$
Square of linear momentum	$\hat{p}^2 = \hat{p}_x^2 + \hat{p}_y^2 + \hat{p}_z^2$	$\hat{p}^2 = -\hbar^2\nabla^2$
Electric dipole moment (*x*-, *y*-, *z*-components)	$\hat{\mu}_x, \hat{\mu}_y, \hat{\mu}_z$; in general $\hat{\mu}_q$	$\hat{\mu}_q = -eq\times$
Orbital angular momentum	$\hat{\boldsymbol{l}}$	$\hat{\boldsymbol{l}} = \hat{\boldsymbol{r}} \times \hat{\boldsymbol{p}} = \frac{\hbar}{\mathrm{i}}\boldsymbol{r}\times\nabla$; $\hat{l}_z = \frac{\hbar}{\mathrm{i}}\frac{\partial}{\partial \phi}$
Square of magnitude of the orbital angular momentum	$\hat{l}^2 = \hat{l}_x^2 + \hat{l}_y^2 + \hat{l}_z^2$	$\hat{l}^2 = -\hbar^2\Lambda^2$
Square of magnitude of the spin angular momentum and its *z*-component	$\hat{s}^2, s_z$	
Energy of a magnetic moment $\boldsymbol{\mu}$ in a magnetic field $\mathcal{B}$	$\hat{H} = -\hat{\boldsymbol{\mu}}\cdot\mathcal{B}$	
Nuclear magnetic moment	$\hat{\boldsymbol{\mu}} = \gamma_{\mathrm{N}}\hat{\boldsymbol{I}}$	
Spin magnetic moment	$\hat{\boldsymbol{\mu}} = \gamma_{\mathrm{e}}\hat{\boldsymbol{s}}$	

* In the 'position representation', in which the position operators have a simple multiplicative form.

3 단위

Table 1.1 Some common units

Physical quantity	Name of unit	Symbol for unit	Value*
Time	minute	min	60 s
	hour	h	3600 s
	day	d	86 400 s
	year	a	31 556 952 s
Length	ångström	Å	10^{-10} m
Volume	litre	L, l	1 dm^3
Mass	tonne	t	10^3 kg
Pressure	bar	bar	10^5 Pa
	atmosphere	atm	101.325 kPa
Energy	electronvolt	eV	$1.602\ 177\ 33 \times 10^{-19}$ J 96.485 31 kJ mol^{-1}

* All values are exact, except for the definition of 1 eV, which depends on the measured value of *e*, and the year, which is not a constant and depends on a variety of astronomical assumptions.

Table 1.2 Common SI prefixes

Prefix	y	z	a	f	p	n	μ	m	c	d
Name	yocto	zepto	atto	femto	pico	nano	micro	milli	centi	deci
Factor	10^{-24}	10^{-21}	10^{-18}	10^{-15}	10^{-12}	10^{-9}	10^{-6}	10^{-3}	10^{-2}	10^{-1}
Prefix	da	h	k	M	G	T	P	E	Z	Y
Name	deca	hecto	kilo	mega	giga	tera	peta	exa	zeta	yotta
Factor	10	10^2	10^3	10^6	10^9	10^{12}	10^{15}	10^{18}	10^{21}	10^{24}

Table 1.3 The SI base units

Physical quantity	Symbol for quantity	Base unit
Length	l	metre, m
Mass	m	kilogram, kg
Time	t	second, s
Electric current	I	ampere, A
Thermodynamic temperature	T	kelvin, K
Amount of substance	n	mole, mol
Luminous intensity	I_v	candela, cd

Table 1.4 A selection of derived units

Physical quantity	Derived unit*	Name of derived unit
Force	1 kg m s^{-2}	newton, N
Pressure	1 kg m^{-1} s^{-2} 1 N m^{-2}	pascal, Pa
Energy	1 kg m^2 s^{-2} 1 N m 1 Pa m^3	joule, J
Power	1 kg m^2 s^{-3} 1 J s^{-1}	watt, W

* Equivalent definitions in terms of derived units are given following the definition in terms of base units.

4 데이터

The following is a directory of all tables in the text; those included in this *Resource section* are marked with an asterisk. The remainder will be found on the pages indicated. These tables reproduce and expand the data given in the short tables in the text, and follow their numbering. Standard states refer to a pressure of $p^{\ominus}$= 1 bar. The general references are as follows:

AIP: D.E. Gray (ed.), *American Institute of Physics handbook*. McGraw-Hill, New York (1972).

E: J. Emsley, *The elements*. Oxford University Press, Oxford (1991).

HCP: D.R. Lide (ed.), *Handbook of chemistry and physics*. CRC Press, Boca Raton (2000).

JL: A.M. James and M.P. Lord, *Macmillan's chemical and physical data*. Macmillan, London (1992).

KL: G.W.C. Kaye and T.H. Laby (ed.), *Tables of physical and chemical constants*. Longman, London (1973).

LR: G.N. Lewis and M. Randall, revised by K.S. Pitzer and L. Brewer, *Thermodynamics*. McGraw-Hill, New York (1961).

NBS: *NBS tables of chemical thermodynamic properties*, published as *J. Phys. Chem. Reference Data*, **11**, Supplement 2 (1982).

RS: R.A. Robinson and R.H. Stokes, *Electrolyte solutions*, Butterworth, London (1959).

TDOC: J.B. Pedley, J.D. Naylor, and S.P. Kirby, *Thermochemical data of organic compounds*. Chapman & Hall, London (1986).

Table 0.1 Physical properties of selected materials

	ρ/(g cm^{-3}) at 293 K†	T_f/K	T_b/K		ρ/(g cm^{-3}) at 293 K†	T_f/K	T_b/K
Elements				**Inorganic compounds**			
Aluminium(s)	2.698	933.5	2740	$CaCO_3$(s, calcite)	2.71	1612	1171[d]
Argon(g)	1.381	83.8	87.3	$CuSO_4\cdot5H_2O$(s)	2.284	383($-H_2O$)	423($-5H_2O$)
Boron(s)	2.340	2573	3931	HBr(g)	2.77	184.3	206.4
Bromine(l)	3.123	265.9	331.9	HCl(g)	1.187	159.0	191.1
Carbon(s, gr)	2.260	3700[s]		HI(g)	2.85	222.4	237.8
Carbon(s, d)	3.513			H_2O(l)	0.997	273.2	373.2

(continued)

Table 0.1 (Continued)

	ρ/(g cm^{-3}) at 293 K†	T_f/K	T_b/K
Elements (continued)			
Chlorine(g)	1.507	172.2	239.2
Copper(s)	8.960	1357	2840
Fluorine(g)	1.108	53.5	85.0
Gold(s)	19.320	1338	3080
Helium(g)	0.125		4.22
Hydrogen(g)	0.071	14.0	20.3
Iodine(s)	4.930	386.7	457.5
Iron(s)	7.874	1808	3023
Krypton(g)	2.413	116.6	120.8
Lead(s)	11.350	600.6	2013
Lithium(s)	0.534	453.7	1620
Magnesium(s)	1.738	922.0	1363
Mercury(l)	13.546	234.3	629.7
Neon(g)	1.207	24.5	27.1
Nitrogen(g)	0.880	63.3	77.4
Oxygen(g)	1.140	54.8	90.2
Phosphorus(s, α)	1.820	317.3	553
Potassium(s)	0.862	336.8	1047
Silver(s)	10.500	1235	2485
Sodium(s)	0.971	371.0	1156
Sulfur(s, α)	2.070	386.0	717.8
Uranium(s)	18.950	1406	4018
Xenon(g)	2.939	161.3	166.1
Zinc(s)	7.133	692.7	1180

	ρ/(g cm^{-3}) at 293 K†	T_f/K	T_b/K
Inorganic compounds (continued)			
D_2O(l)	1.104	277.0	374.6
NH_3(g)	0.817	195.4	238.8
KBr(s)	2.750	1003	1708
KCl(s)	1.984	1049	1773s
NaCl(s)	2.165	1074	1686
H_2SO_4(l)	1.841	283.5	611.2
Organic compounds			
Acetaldehyde, CH_3CHO(l)	0.788	152	293
Acetic acid, CH_3COOH(l)	1.049	289.8	391
Acetone, $(CH_3)_2CO$(l)	0.787	178	329
Aniline, $C_6H_5NH_2$(l)	1.026	267	457
Anthracene, $C_{14}H_{10}$(s)	1.243	490	615
Benzene, C_6H_6(l)	0.879	278.6	353.2
Carbon tetrachloride, CCl_4(l)	1.63	250	349.9
Chloroform, $CHCl_3$(l)	1.499	209.6	334
Ethanol, C_2H_5OH(l)	0.789	156	351.4
Formaldehyde, HCHO(g)		181	254.0
Glucose, $C_6H_{12}O_6$(s)	1.544	415	
Methane, CH_4(g)		90.6	111.6
Methanol, CH_3OH(l)	0.791	179.2	337.6
Naphthalene, $C_{10}H_8$(s)	1.145	353.4	491
Octane, C_8H_{18}(l)	0.703	216.4	398.8
Phenol, C_6H_5OH(s)	1.073	314.1	455.0
Sucrose, $C_{12}H_{22}O_{11}$(s)	1.588	457d	

d: decomposes; s: sublimes; Data: AIP, E, HCP, KL. † For gases, at their boiling points.

Table 0.2 Masses and natural abundances of selected nuclides

Nuclide		m/m_u	Abundance/%
H	^{1}H	1.0078	99.985
	^{2}H	2.0140	0.015
He	^{3}He	3.0160	0.000 13
	^{4}He	4.0026	100
Li	^{6}Li	6.0151	7.42
	^{7}Li	7.0160	92.58
B	^{10}B	10.0129	19.78
	^{11}B	11.0093	80.22
C	^{12}C	12*	98.89
	^{13}C	13.0034	1.11
N	^{14}N	14.0031	99.63
	^{15}N	15.0001	0.37
O	^{16}O	15.9949	99.76
	^{17}O	16.9991	0.037
	^{18}O	17.9992	0.204
F	^{19}F	18.9984	100
P	^{31}P	30.9738	100
S	^{32}S	31.9721	95.0
	^{33}S	32.9715	0.76

Table 0.2 (Continued)

	Nuclide	m/m_u	Abundance/%
	^{34}S	33.9679	4.22
Cl	^{35}Cl	34.9688	75.53
	^{37}Cl	36.9651	24.4
Br	^{79}Br	78.9183	50.54
	^{81}Br	80.9163	49.46
I	^{127}I	126.9045	100

* Exact value.

Table 19.1 Effective nuclear charge, $Z_{eff}=Z-\sigma$

	H							He
1s	1							1.6875
	Li	Be	B	C	N	O	F	Ne
1s	2.6906	3.6848	4.6795	5.6727	6.6651	7.6579	8.6501	9.6421
2s	1.2792	1.9120	2.5762	3.2166	3.8474	4.4916	5.1276	5.7584
2p			2.4214	3.1358	3.8340	4.4532	5.1000	5.7584
	Na	Mg	Al	Si	P	S	Cl	Ar
1s	10.6259	11.6089	12.5910	13.5745	14.5578	15.5409	16.5239	17.5075
2s	6.5714	7.3920	8.3736	9.0200	9.8250	10.6288	11.4304	12.2304
2p	6.8018	7.8258	8.9634	9.9450	10.9612	11.9770	12.9932	14.0082
3s	2.5074	3.3075	4.1172	4.9032	5.6418	6.3669	7.0683	7.7568
3p			4.0656	4.2852	4.8864	5.4819	6.1161	6.7641

Data: E. Clementi and D.L. Raimondi, *Atomic screening constants from SCF functions.* IBM Res. Note NJ-27 (1963). *J. Chem. Phys.* **38**, 2686 (1963).

Table 20.2 First and second ionization energies, $I/(\text{kJ mol}^{-1})$

H							He
1312.0							2372.3
							5250.4
Li	Be	B	C	N	O	F	Ne
513.3	899.4	800.6	1086.2	1402.3	1313.9	1681	2080.6
7298.0	1757.1	2427	2352	2856.1	3388.2	3374	3952.2
Na	Mg	Al	Si	P	S	Cl	Ar
495.8	737.7	577.4	786.5	1011.7	999.6	1251.1	1520.4
4562.4	1450.7	1816.6	1577.1	1903.2	2251	2297	2665.2
		2744.6		2912			
K	Ca	Ga	Ge	As	Se	Br	Kr
418.8	589.7	578.8	762.1	947.0	940.9	1139.9	1350.7
3051.4	1145	1979	1537	1798	2044	2104	2350
		2963	2735				
Rb	Sr	In	Sn	Sb	Te	I	Xe
403.0	549.5	558.3	708.6	833.7	869.2	1008.4	1170.4
2632	1064.2	1820.6	1411.8	1794	1795	1845.9	2046
		2704	2943.0	2443			
Cs	Ba	Tl	Pb	Bi	Po	At	Rn
375.5	502.8	589.3	715.5	703.2	812	930	1037
2420	965.1	1971.0	1450.4	1610			
		2878	3081.5	2466			

Data: E.

Table 20.3 Electron affinities, E_{ea}/(kJ mol^{-1})

H							He
72.8							−21
Li	Be	B	C	N	O	F	Ne
59.8	≤0	23	122.5	−7	141	322	−29
					−844		
Na	Mg	Al	Si	P	S	Cl	Ar
52.9	≤0	44	133.6	71.7	200.4	348.7	−35
					−532		
K	Ca	Ga	Ge	As	Se	Br	Kr
48.3	2.37	36	116	77	195.0	324.5	−39
Rb	Sr	In	Sn	Sb	Te	I	Xe
46.9	5.03	34	121	101	190.2	295.3	−41
Cs	Ba	Tl	Pb	Bi	Po	At	Rn
45.5	13.95	30	35.2	101	186	270	−41

Data: E.

Table 24.1 Bond lengths, R_e/pm

(a) Bond lengths in specific molecules

Br_2	228.3
Cl_2	198.75
CO	112.81
F_2	141.78
H_2^+	106
H_2	74.138
HBr	141.44
HCl	127.45
HF	91.680
HI	160.92
N_2	109.76
O_2	120.75

(b) Mean bond lengths from covalent radii*

H	37						
C	77(1)	N	74(1)	O	66(1)	F	64
	67(2)		65(2)		57(2)		
	60(3)						
Si	118	P	110	S	104(1)	Cl	99
					95(2)		
Ge	122	As	121	Se	104	Br	114
		Sb	141	Te	137	I	133

* Values are for single bonds except where indicated otherwise (values in parentheses). The length of an A–B covalent bond (of given order) is the sum of the corresponding covalent radii.

Table 24.2a Bond dissociation enthalpies, $\Delta H^{\ominus}$(A–B)/(kJ mol^{-1}) at 298 K*

Diatomic molecules									
H–H	436	F–F	155	Cl–Cl	242	Br–Br	193	I–I	151
O=O	497	C=O	1076	N≡N	945				
H–O	428	H–F	565	H–Cl	431	H–Br	366	H–I	299

Polyatomic molecules							
$H–CH_3$	435	$H–NH_2$	460	H–OH	492	$H–C_6H_5$	469
$H_3C–CH_3$	368	$H_2C=CH_2$	720	HC≡CH	962		
$HO–CH_3$	377	$Cl–CH_3$	352	$Br–CH_3$	293	$I–CH_3$	237
O=CO	531	HO–OH	213	$O_2N–NO_2$	54		

* To a good approximation bond dissociation enthalpies and dissociation energies are related by $\Delta H^{\ominus} = D_e + \frac{3}{2}RT$ with $D_e = D_0 + \frac{1}{2}\hbar\omega$.
For precise values of D_0 for diatomic molecules, see Table 43.1.
Data: HCP, KL.

Table 24.2b Mean bond enthalpies, $\Delta H^{\ominus}$(A–B)/(kJ mol^{-1})*

	H	C	N	O	F	Cl	Br	I	S	P	Si
H	436										
C	412	348(i)									
		612(ii)									
		838(iii)									
		518(a)									
N	388	305(i)	163(i)								
		613(ii)	409(ii)								
		890(iii)	946(iii)								
O	463	360(i)	157	146(i)							
		743(ii)		497(ii)							
F	565	484	270	185	155						
Cl	431	338	200	203	254	242					
Br	366	276				219	193				
I	299	238				210	178	151			
S	338	259			496	250	212		264		
P	322									201	
Si	318		374	466							226

* Mean bond enthalpies are such a crude measure of bond strength that they need not be distinguished from dissociation energies.
(i) Single bond, (ii) double bond, (iii) triple bond, (a) aromatic.
Data: HCP and L. Pauling, *The nature of the chemical bond.* Cornell University Press (1960).

Table 25.1 Pauling (*italics*) and Mulliken electronegativities

H							He
2.20							
3.06							
Li	Be	B	C	N	O	F	Ne
0.98	*1.57*	*2.04*	*2.55*	*3.04*	*3.44*	*3.98*	
1.28	1.99	1.83	2.67	3.08	3.22	4.43	4.60
Na	Mg	Al	Si	P	S	Cl	Ar
0.93	*1.31*	*1.61*	*1.90*	*2.19*	*2.58*	*3.16*	
1.21	1.63	1.37	2.03	2.39	2.65	3.54	3.36
K	Ca	Ga	Ge	As	Se	Br	Kr
0.82	*1.00*	*1.81*	*2.01*	*2.18*	*2.55*	*2.96*	*3.0*
1.03	1.30	1.34	1.95	2.26	2.51	3.24	2.98
Rb	Sr	In	Sn	Sb	Te	I	Xe
0.82	*0.95*	*1.78*	*1.96*	*2.05*	*2.10*	*2.66*	*2.6*
0.99	1.21	1.30	1.83	2.06	2.34	2.88	2.59
Cs	Ba	Tl	Pb	Bi			
0.79	*0.89*	*2.04*	*2.33*	*2.02*			

Data: Pauling values: A.L. Allred, *J. Inorg. Nucl. Chem.* **17**, 215 (1961); L.C. Allen and J.E. Huheey, ibid., **42**, 1523 (1980). Mulliken values: L.C. Allen, *J. Am. Chem. Soc.* **111**, 9003 (1989). The Mulliken values have been scaled to the range of the Pauling values.

Table 34.1 Magnitudes of dipole moments (μ), polarizabilities (α), and polarizability volumes (α')

	$\mu/(10^{-30}$ C m)	μ/D	$\alpha'/(10^{-30}$ m^3)	$\alpha/(10^{-40}$ J^{-1} C^2 m^2)
Ar	0	0	1.66	1.85
C_2H_5OH	5.64	1.69		
$C_6H_5CH_3$	1.20	0.36		
C_6H_6	0	0	10.4	11.6
CCl_4	0	0	10.3	11.7
CH_2Cl_2	5.24	1.57	6.80	7.57
CH_3Cl	6.24	1.87	4.53	5.04
CH_3OH	5.70	1.71	3.23	3.59
CH_4	0	0	2.60	2.89
$CHCl_3$	3.37	1.01	8.50	9.46
CO	0.390	0.117	1.98	2.20
CO_2	0	0	2.63	2.93
H_2	0	0	0.819	0.911
H_2O	6.17	1.85	1.48	1.65
HBr	2.67	0.80	3.61	4.01
HCl	3.60	1.08	2.63	2.93
He	0	0	0.20	0.22
HF	6.37	1.91	0.51	0.57
HI	1.40	0.42	5.45	6.06
N_2	0	0	1.77	1.97
NH_3	4.90	1.47	2.22	2.47
1,2-$C_6H_4(CH_3)_2$	2.07	0.62		

Data: HCP and C.J.F. Böttcher and P. Bordewijk, *Theory of electric polarization*. Elsevier, Amsterdam (1978).

Table 35.2 Lennard-Jones (12,6) potential parameters

	(ε/k)/K	r_0/pm
Ar	111.84	362.3
C_2H_2	209.11	463.5
C_2H_4	200.78	458.9
C_2H_6	216.12	478.2
C_6H_6	377.46	617.4
CCl_4	378.86	624.1
Cl_2	296.27	448.5
CO_2	201.71	444.4
F_2	104.29	357.1
Kr	154.87	389.5
N_2	91.85	391.9
O_2	113.27	365.4
Xe	213.96	426.0

Source: F. Cuadros, I. Cachadiña, and W. Ahamuda, *Molec. Engineering* **6**, 319 (1996).

Table 36.1 Second virial coefficients, B/(cm³ mol⁻¹)

	100 K	273 K	373 K	600 K
Air	−167.3	−13.5	3.4	19.0
Ar	−187.0	−21.7	−4.2	11.9
CH_4		−53.6	−21.2	8.1
CO_2		−142	−72.2	−12.4
H_2	−2.0	13.7	15.6	
He	11.4	12.0	11.3	10.4
Kr		−62.9	−28.7	1.7
N_2	−160.0	−10.5	6.2	21.7
Ne	−6.0	10.4	12.3	13.8
O_2	−197.5	−22.0	−3.7	12.9
Xe		−153.7	−81.7	−19.6

Data: AIP, JL. The values relate to the expansion in eqn 36.4b of Topic 36; convert to eqn 36.4a using $B' = B/RT$.
For Ar at 273 K, $C = 1200\,\text{cm}^6\,\text{mol}^{-1}$.

Table 36.2 Boyle temperatures of gases

	T_B/K
Ar	411.5
CH_4	510.0
CO_2	714.8
H_2	110.0
He	22.64
Kr	575.0
N_2	327.2
Ne	122.1
O_2	405.9
Xe	768.0

Data: AIP, KL.

Table 36.3 van der Waals parameters

	a/(atm dm⁶ mol⁻²)	b/(10⁻² dm³ mol⁻¹)		a/(atm dm⁶ mol⁻²)	b/(10⁻² dm³ mol⁻¹)
Ar	1.337	3.20	H_2S	4.484	4.34
C_2H_4	4.552	5.82	He	0.0341	2.38
C_2H_6	5.507	6.51	Kr	5.125	1.06
C_6H_6	18.57	11.93	N_2	1.352	3.87
CH_4	2.273	4.31	Ne	0.205	1.67
Cl_2	6.260	5.42	NH_3	4.169	3.71
CO	1.453	3.95	O_2	1.364	3.19
CO_2	3.610	4.29	SO_2	6.775	5.68
H_2	0.2420	2.65	Xe	4.137	5.16
H_2O	5.464	3.05			

Data: HCP.

Table 36.5 Critical constants of gases

	p_c/atm	V_c/(cm^3 mol^{-1})	T_c/K
Ar	48.0	75.3	150.7
Br_2	102	135	584
C_2H_4	50.50	124	283.1
C_2H_6	48.20	148	305.4
C_6H_6	48.6	260	562.7
CH_4	45.6	98.7	190.6
Cl_2	76.1	124	417.2
CO_2	72.9	94.0	304.2
F_2	55	144	
H_2	12.8	34.99	33.23
H_2O	218.3	55.3	647.4
HBr	84.0	363.0	
HCl	81.5	81.0	324.7
He	2.26	57.8	5.2
HI	80.8	423.2	
Kr	54.27	92.24	209.39
N_2	33.54	90.10	126.3
Ne	26.86	41.74	44.44
O_2	50.14	78.0	154.8
Xe	58.0	118.8	289.75

Table 38.2 Ionic radii, *r*/pm*

Li^+(4)	Be^{2+}(4)	B^{3+}(4)	N^{3-}	O^{2-}(6)	F^-(6)		
59	27	12	171	140	133		
Na^+(6)	Mg^{2+}(6)	Al^{3+}(6)	P^{3-}	S^{2-}(6)	Cl^-(6)		
102	72	53	212	184	181		
K^+(6)	Ca^{2+}(6)	Ga^{3+}(6)	As^{3-}(6)	Se^{2-}(6)	Br^-(6)		
138	100	62	222	198	196		
Rb^+(6)	Sr^{2+}(6)	In^{3+}(6)		Te^{2-}(6)	I^-(6)		
149	116	79		221	220		
Cs^+(6)	Ba^{2+}(6)	Tl^{3+}(6)					
167	136	88					
d-block elements (high-spin ions)							
Sc^{3+}(6)	Ti^{4+}(6)	Cr^{3+}(6)	Mn^{3+}(6)	Fe^{2+}(6)	Co^{3+}(6)	Cu^{2+}(6)	Zn^{2+}(6)
73	60	61	65	63	61	73	75

* Numbers in parentheses are the coordination numbers of the ions. Values for ions without a coordination number stated are estimates.

Data: R.D. Shannon and C.T. Prewitt, *Acta Cryst.* **B25**, 925 (1969).

Table 38.4 Lattice enthalpies, $\Delta H_L^\ominus/(\mathrm{kJ\,mol^{-1}})$ at 298 K

	F	Cl	Br	I
Halides				
Li	1037	852	815	761
Na	926	787	752	705
K	821	717	689	649
Rb	789	695	668	632
Cs	750	676	654	620
Ag	969	912	900	886
Be		3017		
Mg		2524		
Ca		2255		
Sr		2153		

Oxides							
MgO	3850	CaO	3461	SrO	3283	BaO	3114
Sulfides							
MgS	3406	CaS	3119	SrS	2974	BaS	2832

Entries refer to $MX(s) \rightarrow M^+(g) + X^-(g)$.
Data: Principally D. Cubicciotti, et al., *J. Chem. Phys.* **31**, 1646 (1959).

Table 39.1 Magnetic susceptibilities at 298 K

	$\chi/10^{-6}$	$\chi_m/(10^{-10}\,\mathrm{m^3\,mol^{-1}})$
$H_2O(l)$	−9.02	−1.63
$C_6H_6(l)$	−8.8	−7.8
$C_6H_{12}(l)$	−10.2	−11.1
$CCl_4(l)$	−5.4	−5.2
NaCl(s)	−16	−3.8
Cu(s)	−9.7	−0.69
S(rhombic)	−12.6	−1.95
Hg(l)	−28.4	−4.21
Al(s)	+20.7	+2.07
Pt(s)	+267.3	+24.25
Na(s)	+8.48	+2.01
K(s)	+5.94	+2.61
$CuSO_4 \cdot 5H_2O(s)$	+167	+183
$MnSO_4 \cdot 4H_2O(s)$	+1859	+1835
$NiSO_4 \cdot 7H_2O(s)$	+355	+503
$FeSO_4(s)$	+3743	+1558

Source: Principally HCP, with $\chi_m = \chi V_m = \chi\rho/M$.

Table 43.1 Properties of diatomic molecules

	$\tilde{\nu}/cm^{-1}$	θ^V/K	$\tilde{B}/cm^{-1}$	θ^R/K	R_e/pm	$k_f/(N\,m^{-1})$	$D_0/(kJ\,mol^{-1})$	σ
$^1H_2^+$	2321.8	3341	29.8	42.9	106	160	255.8	2
$^1H_2$	4400.39	6332	60.864	87.6	74.138	574.9	432.1	2
$^2H_2$	3118.46	4487	30.442	43.8	74.154	577.0	439.6	2
$^1H^{19}F$	4138.32	5955	20.956	30.2	91.680	965.7	564.4	1
$^1H^{35}Cl$	2990.95	4304	10.593	15.2	127.45	516.3	427.7	1
$^1H^{81}Br$	2648.98	3812	8.465	12.2	141.44	411.5	362.7	1
$^1H^{127}I$	2308.09	3321	6.511	9.37	160.92	313.8	294.9	1
$^{14}N_2$	2358.07	3393	1.9987	2.88	109.76	2293.8	941.7	2
$^{16}O_2$	1580.36	2274	1.4457	2.08	120.75	1176.8	493.5	2
$^{19}F_2$	891.8	1283	0.8828	1.27	141.78	445.1	154.4	2
$^{35}Cl_2$	559.71	805	0.2441	0.351	198.75	322.7	239.3	2
$^{12}C^{16}O$	2170.21	3122	1.9313	2.78	112.81	1903.17	1071.8	1
$^{79}Br^{81}Br$	323.2	465	0.0809	0.116	283.3	245.9	190.2	1

Data: AIP.

Table 44.1 Typical vibrational wavenumbers, $\tilde{\nu}/cm^{-1}$

C–H stretch	2850–2960
C–H bend	1340–1465
C–C stretch, bend	700–1250
C=C stretch	1620–1680
C≡C stretch	2100–2260
O–H stretch	3590–3650
H-bonds	3200–3570
C=O stretch	1640–1780
C≡N stretch	2215–2275
N–H stretch	3200–3500
C–F stretch	1000–1400
C–Cl stretch	600–800
C–Br stretch	500–600
C–I stretch	500
CO_3^{2-}	1410–1450
NO_3^-	1350–1420
NO_2^-	1230–1250
SO_4^{2-}	1080–1130
Silicates	900–1100

Data: L.J. Bellamy, *The infrared spectra of complex molecules*. Chapman and Hall (1975). *Advances in infrared group frequencies*. Chapman and Hall (1968).

Table 45.1 Colour, wavelength, frequency, and energy of light

Colour	λ/nm	$\nu/(10^{14}\,Hz)$	$\tilde{\nu}/(10^4\,cm^{-1})$	E/eV	$E/(kJ\,mol^{-1})$
Infrared	>1000	<3.00	<1.00	<1.24	<120
Red	700	4.28	1.43	1.77	171
Orange	620	4.84	1.61	2.00	193
Yellow	580	5.17	1.72	2.14	206
Green	530	5.66	1.89	2.34	226
Blue	470	6.38	2.13	2.64	254
Violet	420	7.14	2.38	2.95	285
Ultraviolet	<400	>7.5	>2.5	>3.10	>300

Data: J.G. Calvert and J.N. Pitts, *Photochemistry*. Wiley, New York (1966).

Table 45.2 Absorption characteristics of some groups and molecules

Group	$\tilde{\nu}_{max}/(10^4\ cm^{-1})$	λ_{max}/nm	$\varepsilon/(dm^3\ mol^{-1}\ cm^{-1})$
C=C ($\pi^* \leftarrow \pi$)	6.10	163	1.5×10^4
	5.73	174	5.5×10^3
C=O ($\pi^* \leftarrow n$)	3.7–3.5	270–290	10–20
–N=N–	2.9	350	15
	>3.9	<260	Strong
$-NO_2$	3.6	280	10
	4.8	210	1.0×10^4
C_6H_5-	3.9	255	200
	5.0	200	6.3×10^3
	5.5	180	1.0×10^5
$[Cu(OH_2)_6]^{2+}(aq)$	1.2	810	10
$[Cu(NH_3)_4]^{2+}(aq)$	1.7	600	50
H_2O ($\pi^* \leftarrow n$)	6.0	167	7.0×10^3

Table 47.2 Nuclear spin properties

Nuclide	Natural abundance, %	Spin, I	Magnetic Moment, μ/μ_N	g-value	$\gamma/(10^7\ T^{-1}s^{-1})$	NMR frequency at 1 T, ν/MHz
^1n*		$\frac{1}{2}$	−1.9130	−3.8260	−18.324	29.164
^1H	99.9844	$\frac{1}{2}$	2.79285	5.5857	26.752	42.576
^2H	0.0156	1	0.85744	0.85744	4.1067	6.536
^3H*		$\frac{1}{2}$	2.97896	−4.2553	−20.380	45.414
^{10}B	19.6	3	1.8006	0.6002	2.875	4.575
^{11}B	80.4	$\frac{3}{2}$	2.6886	1.7923	8.5841	13.663
^{13}C	1.108	$\frac{1}{2}$	0.7024	1.4046	6.7272	10.708
^{14}N	99.635	1	0.40356	0.40356	1.9328	3.078
^{17}O	0.037	$\frac{5}{2}$	−1.89379	−0.7572	−3.627	5.774
^{19}F	100	$\frac{1}{2}$	2.62887	5.2567	25.177	40.077
^{31}P	100	$\frac{1}{2}$	1.1316	2.2634	10.840	17.251
^{33}S	0.74	$\frac{3}{2}$	0.6438	0.4289	2.054	3.272
^{35}Cl	75.4	$\frac{3}{2}$	0.8219	0.5479	2.624	4.176
^{37}Cl	24.6	$\frac{3}{2}$	0.6841	0.4561	2.184	3.476

* Radioactive.

μ is the magnetic moment of the spin state with the largest value of m_I: $\mu=g_I\mu_N I$ and μ_N is the nuclear magneton (see inside front cover).

Data: KL and HCP.

Table 50.1 Hyperfine coupling constants for atoms, a/mT

Nuclide	Spin	Isotropic coupling	Anisotropic coupling
^{1}H	$\frac{1}{2}$	50.8(1s)	
^{2}H	1	7.8(1s)	
^{13}C	$\frac{1}{2}$	113.0(2s)	6.6(2p)
^{14}N	1	55.2(2s)	4.8(2p)
^{19}F	$\frac{1}{2}$	1720(2s)	108.4(2p)
^{31}P	$\frac{1}{2}$	364(3s)	20.6(3p)
^{35}Cl	$\frac{3}{2}$	168(3s)	10.0(3p)
^{37}Cl	$\frac{3}{2}$	140(3s)	8.4(3p)

Data: P.W. Atkins and M.C.R. Symons, *The structure of inorganic radicals*. Elsevier, Amsterdam (1967).

Table 52.1 Rotational and vibrational temperatures: see Table 43.1

Table 52.2 Symmetry numbers: see Table 43.1

Table 56.1 Temperature variation of molar heat capacities†

	a	$b/(10^{-3}\ K^{-1})$	$c/(10^{5}\ K^{2})$
Monatomic gases			
	20.78	0	0
Other gases			
Br_2	37.32	0.50	−1.26
Cl_2	37.03	0.67	−2.85
CO_2	44.22	8.79	−8.62
F_2	34.56	2.51	−3.51
H_2	27.28	3.26	0.50
I_2	37.40	0.59	−0.71
N_2	28.58	3.77	−0.50
NH_3	29.75	25.1	−1.55
O_2	29.96	4.18	−1.67
Liquids (from melting to boiling)			
$C_{10}H_8$, naphthalene	79.5	0.4075	0
I_2	80.33	0	0
H_2O	75.29	0	0
Solids			
Al	20.67	12.38	0
C (graphite)	16.86	4.77	−8.54
$C_{10}H_8$, naphthalene	−110	936	0
Cu	22.64	6.28	0
I_2	40.12	49.79	0
NaCl	45.94	16.32	0
Pb	22.13	11.72	0.96

†For $C_{p,m}/(J\ K^{-1}\ mol^{-1}) = a + bT + c/T^2$.
Source: Mostly LR.

Table 56.2 Inversion temperatures, normal freezing and boiling points, and Joule–Thomson coefficients at 1 atm and 298 K

	T_I/K	T_f/K	T_b/K	μ/(K atm^{-1})
Air	603			0.189 at 50 °C
Argon	723	83.8	87.3	
Carbon dioxide	1500	194.7^s		1.11 at 300 K
Helium	40		4.22	−0.062
Hydrogen	202	14.0	20.3	−0.03
Krypton	1090	116.6	120.8	
Methane	968	90.6	111.6	
Neon	231	24.5	27.1	
Nitrogen	621	63.3	77.4	0.27
Oxygen	764	54.8	90.2	0.31

s: sublimes.
Data: AIP, JL, and M.W. Zemansky, *Heat and thermodynamics*. McGraw-Hill, New York (1957).

Table 57.2 Standard enthalpies of fusion and vaporization at the transition temperature, $\Delta_{trs}H^{\ominus}$/(kJ mol^{-1})

	T_f/K	Fusion	T_b/K	Vaporization		T_f/K	Fusion	T_b/K	Vaporization
Elements					**Inorganic compounds**				
Ag	1234	11.30	2436	250.6	CO_2	217.0	8.33	194.6	25.23^s
Ar	83.81	1.188	87.29	6.506	CS_2	161.2	4.39	319.4	26.74
Br_2	265.9	10.57	332.4	29.45	H_2O	273.15	6.008	373.15	40.656
Cl_2	172.1	6.41	239.1	20.41					44.016 at 298 K
F_2	53.6	0.26	85.0	3.16	H_2S	187.6	2.377	212.8	18.67
H_2	13.96	0.117	20.38	0.916	H_2SO_4	283.5	2.56		
He	3.5	0.021	4.22	0.084	NH_3	195.4	5.652	239.7	23.35
Hg	234.3	2.292	629.7	59.30					
I_2	386.8	15.52	458.4	41.80					
					Organic compounds				
N_2	63.15	0.719	77.35	5.586	CH_4	90.68	0.941	111.7	8.18
Na	371.0	2.601	1156	98.01	CCl_4	250.3	2.47	349.9	30.00
O_2	54.36	0.444	90.18	6.820	C_2H_6	89.85	2.86	184.6	14.7
Xe	161	2.30	165	12.6	C_6H_6	278.61	10.59	353.2	30.8
K	336.4	2.35	1031	80.23	C_6H_{14}	178	13.08	342.1	28.85
					$C_{10}H_8$	354	18.80	490.9	51.51
					CH_3OH	175.2	3.16	337.2	35.27
									37.99 at 298 K
					C_2H_5OH	158.7	4.60	352	43.5

Data: AIP; s denotes sublimation.

Table 57.3 Thermodynamic data for organic compounds at 298 K

	M/(g mol^{-1})	$\Delta_f H^{\ominus}$/(kJ mol^{-1})	$\Delta_f G^{\ominus}$/(kJ mol^{-1})	$S_m^{\ominus}$/(J K^{-1} mol^{-1})	$C_{p,m}^{\ominus}$/(J K^{-1} mol^{-1})	$\Delta_c H^{\ominus}$/(kJ mol^{-1})
C(s) (graphite)	12.011	0	0	5.740	8.527	−393.51
C(s) (diamond)	12.011	+1.895	+2.900	2.377	6.113	−395.40
CO_2(g)	44.040	−393.51	−394.36	213.74	37.11	
Hydrocarbons						
CH_4(g), methane	16.04	−74.81	−50.72	186.26	35.31	−890
CH_3(g), methyl	15.04	+145.69	+147.92	194.2	38.70	
C_2H_2(g), ethyne	26.04	+226.73	+209.20	200.94	43.93	−1300
C_2H_4(g), ethene	28.05	+52.26	+68.15	219.56	43.56	−1411
C_2H_6(g), ethane	30.07	−84.68	−32.82	229.60	52.63	−1560
C_3H_6(g), propene	42.08	+20.42	+62.78	267.05	63.89	−2058
C_3H_6(g), cyclopropane	42.08	+53.30	+104.45	237.55	55.94	−2091
C_3H_8(g), propane	44.10	−103.85	−23.49	269.91	73.5	−2220
C_4H_8(g), 1-butene	56.11	−0.13	+71.39	305.71	85.65	−2717
C_4H_8(g), *cis*-2-butene	56.11	−6.99	+65.95	300.94	78.91	−2710
C_4H_8(g), *trans*-2-butene	56.11	−11.17	+63.06	296.59	87.82	−2707
C_4H_{10}(g), butane	58.13	−126.15	−17.03	310.23	97.45	−2878
C_5H_{12}(g), pentane	72.15	−146.44	−8.20	348.40	120.2	−3537
C_5H_{12}(l)	72.15	−173.1				
C_6H_6(l), benzene	78.12	+49.0	+124.3	173.3	136.1	−3268
C_6H_6(g)	78.12	+82.93	+129.72	269.31	81.67	−3302
C_6H_{12}(l), cyclohexane	84.16	−156	+26.8	204.4	156.5	−3920
C_6H_{14}(l), hexane	86.18	−198.7		204.3		−4163
$C_6H_5CH_3$(g), methylbenzene (toluene)	92.14	+50.0	+122.0	320.7	103.6	−3953
C_7H_{16}(l), heptane	100.21	−224.4	+1.0	328.6	224.3	
C_8H_{18}(l), octane	114.23	−249.9	+6.4	361.1		−5471
C_8H_{18}(l), iso-octane	114.23	−255.1				−5461
$C_{10}H_8$(s), naphthalene	128.18	+78.53				−5157
Alcohols and phenols						
CH_3OH(l), methanol	32.04	−238.66	−166.27	126.8	81.6	−726
CH_3OH(g)	32.04	−200.66	−161.96	239.81	43.89	−764
C_2H_5OH(l), ethanol	46.07	−277.69	−174.78	160.7	111.46	−1368
C_2H_5OH(g)	46.07	−235.10	−168.49	282.70	65.44	−1409
C_6H_5OH(s), phenol	94.12	−165.0	−50.9	146.0		−3054
Carboxylic acids, hydroxy acids, and esters						
HCOOH(l), formic	46.03	−424.72	−361.35	128.95	99.04	−255
CH_3COOH(l), acetic	60.05	−484.5	−389.9	159.8	124.3	−875
CH_3COOH(aq)	60.05	−485.76	−396.46	178.7		
$CH_3CO_2^-$(aq)	59.05	−486.01	−369.31	+86.6[†]	−6.3	
$(COOH)_2$(s), oxalic	90.04	−827.2			117	−254
C_6H_5COOH(s), benzoic	122.13	−385.1	−245.3	167.6	146.8	−3227
$CH_3CH(OH)COOH$(s), lactic	90.08	−694.0				−1344
$CH_3COOC_2H_5$(l), ethyl acetate	88.11	−479.0	−332.7	259.4	170.1	−2231

Table 57.3 (Continued)

	$M/(g\ mol^{-1})$	$\Delta_f H^{\ominus}/(kJ\ mol^{-1})$	$\Delta_f G^{\ominus}/(kJ\ mol^{-1})$	$S_m^{\ominus}/(J K^{-1} mol^{-1})$	$C_{p,m}^{\ominus}/(J K^{-1} mol^{-1})$	$\Delta_c H^{\ominus}/(kJ\ mol^{-1})$
Alkanals and alkanones						
HCHO(g), methanal	30.03	−108.57	−102.53	218.77	35.40	−571
CH_3CHO(l), ethanal	44.05	−192.30	−128.12	160.2		−1166
CH_3CHO(g)	44.05	−166.19	−128.86	250.3	57.3	−1192
CH_3COCH_3(l), propanone	58.08	−248.1	−155.4	200.4	124.7	−1790
Sugars						
$C_6H_{12}O_6$(s), α-D-glucose	180.16	−1274				−2808
$C_6H_{12}O_6$(s), β-D-glucose	180.16	−1268	−910	212		
$C_6H_{12}O_6$(s), β-D-fructose	180.16	−1266				−2810
$C_{12}H_{22}O_{11}$(s), sucrose	342.30	−2222	−1543	360.2		−5645
Nitrogen compounds						
$CO(NH_2)_2$(s), urea	60.06	−333.51	−197.33	104.60	93.14	−632
CH_3NH_2(g), methylamine	31.06	−22.97	+32.16	243.41	53.1	−1085
$C_6H_5NH_2$(l), aniline	93.13	+31.1				−3393
$CH_2(NH_2)COOH$(s), glycine	75.07	−532.9	−373.4	103.5	99.2	−969

Data: NBS, TDOC. † Standard entropies of ions may be either positive or negative because the values are relative to the entropy of the hydrogen ion.

Table 57.4 Thermodynamic data for elements and inorganic compounds at 298 K

	$M/(g\ mol^{-1})$	$\Delta_f H^{\ominus}/(kJ\ mol^{-1})$	$\Delta_f G^{\ominus}/(kJ\ mol^{-1})$	$S_m^{\ominus}/(J K^{-1} mol^{-1})$†	$C_{p,m}^{\ominus}/(J K^{-1} mol^{-1})$
Aluminium (aluminum)					
Al(s)	26.98	0	0	28.33	24.35
Al(l)	26.98	+10.56	+7.20	39.55	24.21
Al(g)	26.98	+326.4	+285.7	164.54	21.38
Al^{3+}(g)	26.98	+5483.17			
Al^{3+}(aq)	26.98	−531	−485	−321.7	
Al_2O_3(s, α)	101.96	−1675.7	−1582.3	50.92	79.04
$AlCl_3$(s)	133.24	−704.2	−628.8	110.67	91.84
Argon					
Ar(g)	39.95	0	0	154.84	20.786
Antimony					
Sb(s)	121.75	0	0	45.69	25.23
SbH_3(g)	124.77	+145.11	+147.75	232.78	41.05
Arsenic					
As(s, α)	74.92	0	0	35.1	24.64
As(g)	74.92	+302.5	+261.0	174.21	20.79
As_4(g)	299.69	+143.9	+92.4	314	
AsH_3(g)	77.95	+66.44	+68.93	222.78	38.07
Barium					
Ba(s)	137.34	0	0	62.8	28.07
Ba(g)	137.34	+180	+146	170.24	20.79
Ba^{2+}(aq)	137.34	−537.64	−560.77	+9.6	
BaO(s)	153.34	−553.5	−525.1	70.43	47.78
$BaCl_2$(s)	208.25	−858.6	−810.4	123.68	75.14

(continued)

Table 57.4 (Continued)

	$M/(\text{g mol}^{-1})$	$\Delta_f H^\ominus/(\text{kJ mol}^{-1})$	$\Delta_f G^\ominus/(\text{kJ mol}^{-1})$	$S_m^\ominus/(\text{J K}^{-1}\text{ mol}^{-1})^\dagger$	$C_{p,m}^\ominus/(\text{J K}^{-1}\text{ mol}^{-1})$
Beryllium					
Be(s)	9.01	0	0	9.50	16.44
Be(g)	9.01	+324.3	+286.6	136.27	20.79
Bismuth					
Bi(s)	208.98	0	0	56.74	25.52
Bi(g)	208.98	+207.1	+168.2	187.00	20.79
Bromine					
Br_2(l)	159.82	0	0	152.23	75.689
Br_2(g)	159.82	+30.907	+3.110	245.46	36.02
Br(g)	79.91	+111.88	+82.396	175.02	20.786
Br^-(g)	79.91	−219.07			
Br^-(aq)	79.91	−121.55	−103.96	+82.4	−141.8
HBr(g)	90.92	−36.40	−53.45	198.70	29.142
Cadmium					
Cd(s, γ)	112.40	0	0	51.76	25.98
Cd(g)	112.40	+112.01	+77.41	167.75	20.79
Cd^{2+}(aq)	112.40	−75.90	−77.612	−73.2	
CdO(s)	128.40	−258.2	−228.4	54.8	43.43
$CdCO_3$(s)	172.41	−750.6	−669.4	92.5	
Caesium (cesium)					
Cs(s)	132.91	0	0	85.23	32.17
Cs(g)	132.91	+76.06	+49.12	175.60	20.79
Cs^+(aq)	132.91	−258.28	−292.02	+133.05	−10.5
Calcium					
Ca(s)	40.08	0	0	41.42	25.31
Ca(g)	40.08	+178.2	+144.3	154.88	20.786
Ca^{2+}(aq)	40.08	−542.83	−553.58	−53.1	
CaO(s)	56.08	−635.09	−604.03	39.75	42.80
$CaCO_3$(s) (calcite)	100.09	−1206.9	−1128.8	92.9	81.88
$CaCO_3$(s) (aragonite)	100.09	−1207.1	−1127.8	88.7	81.25
CaF_2(s)	78.08	−1219.6	−1167.3	68.87	67.03
$CaCl_2$(s)	110.99	−795.8	−748.1	104.6	72.59
$CaBr_2$(s)	199.90	−682.8	−663.6	130	
Carbon (for 'organic' compounds of carbon, see Table 57.3)					
C(s) (graphite)	12.011	0	0	5.740	8.527
C(s) (diamond)	12.011	+1.895	+2.900	2.377	6.113
C(g)	12.011	+716.68	+671.26	158.10	20.838
C_2(g)	24.022	+831.90	+775.89	199.42	43.21
CO(g)	28.011	−110.53	−137.17	197.67	29.14
CO_2(g)	44.010	−393.51	−394.36	213.74	37.11
CO_2(aq)	44.010	−413.80	−385.98	117.6	
H_2CO_3(aq)	62.03	−699.65	−623.08	187.4	
HCO_3^-(aq)	61.02	−691.99	−586.77	+91.2	
CO_3^{2-}(aq)	60.01	−677.14	−527.81	−56.9	

Table 57.4 (Continued)

	M/(g mol^{-1})	$\Delta_f H^\ominus$/(kJ mol^{-1})	$\Delta_f G^\ominus$/(kJ mol^{-1})	$S_m^\ominus$ /(J K^{-1} mol^{-1})†	$C_{p,m}^\ominus$ /(J K^{-1} mol^{-1})
Carbon (for 'organic' compounds of carbon, see Table 57.3) (continued)					
CCl_4(l)	153.82	−135.44	−65.21	216.40	131.75
CS_2(l)	76.14	+89.70	+65.27	151.34	75.7
HCN(g)	27.03	+135.1	+124.7	201.78	35.86
HCN(l)	27.03	+108.87	+124.97	112.84	70.63
CN^-(aq)	26.02	+150.6	+172.4	+94.1	
Chlorine					
Cl_2(g)	70.91	0	0	223.07	33.91
Cl(g)	35.45	+121.68	+105.68	165.20	21.840
Cl^-(g)	34.45	−233.13			
Cl^-(aq)	35.45	−167.16	−131.23	+56.5	−136.4
HCl(g)	36.46	−92.31	−95.30	186.91	29.12
HCl(aq)	36.46	−167.16	−131.23	56.5	−136.4
Chromium					
Cr(s)	52.00	0	0	23.77	23.35
Cr(g)	52.00	+396.6	+351.8	174.50	20.79
CrO_4^{2-}(aq)	115.99	−881.15	−727.75	+50.21	
$Cr_2O_7^{2-}$(aq)	215.99	−1490.3	−1301.1	+261.9	
Copper					
Cu(s)	63.54	0	0	33.150	24.44
Cu(g)	63.54	+338.32	+298.58	166.38	20.79
Cu^+(aq)	63.54	+71.67	+49.98	+40.6	
Cu^{2+}(aq)	63.54	+64.77	+65.49	−99.6	
Cu_2O(s)	143.08	−168.6	−146.0	93.14	63.64
CuO(s)	79.54	−157.3	−129.7	42.63	42.30
$CuSO_4$(s)	159.60	−771.36	−661.8	109	100.0
$CuSO_4{\cdot}H_2O$(s)	177.62	−1085.8	−918.11	146.0	134
$CuSO_4{\cdot}5H_2O$(s)	249.68	−2279.7	−1879.7	300.4	280
Deuterium					
D_2(g)	4.028	0	0	144.96	29.20
HD(g)	3.022	+0.318	−1.464	143.80	29.196
D_2O(g)	20.028	−249.20	−234.54	198.34	34.27
D_2O(l)	20.028	−294.60	−243.44	75.94	84.35
HDO(g)	19.022	−245.30	−233.11	199.51	33.81
HDO(l)	19.022	−289.89	−241.86	79.29	
Fluorine					
F_2(g)	38.00	0	0	202.78	31.30
F(g)	19.00	+78.99	+61.91	158.75	22.74
F^-(aq)	19.00	−332.63	−278.79	−13.8	−106.7
HF(g)	20.01	−271.1	−273.2	173.78	29.13
Gold					
Au(s)	196.97	0	0	47.40	25.42
Au(g)	196.97	+366.1	+326.3	180.50	20.79
Helium					
He(g)	4.003	0	0	126.15	20.786

(continued)

Table 57.4 (Continued)

	$M/(g\ mol^{-1})$	$\Delta_f H^\ominus/(kJ\ mol^{-1})$	$\Delta_f G^\ominus/(kJ\ mol^{-1})$	$S_m^\ominus/(J\ K^{-1}\ mol^{-1})^\dagger$	$C_{p,m}^\ominus/(J\ K^{-1}\ mol^{-1})$
Hydrogen (see also deuterium)					
$H_2(g)$	2.016	0	0	130.684	28.824
$H(g)$	1.008	+217.97	+203.25	114.71	20.784
$H^+(aq)$	1.008	0	0	0	0
$H^+(g)$	1.008	+1536.20			
$H_2O(s)$	18.015			37.99	
$H_2O(l)$	18.015	−285.83	−237.13	69.91	75.291
$H_2O(g)$	18.015	−241.82	−228.57	188.83	33.58
$H_2O_2(l)$	34.015	−187.78	−120.35	109.6	89.1
Iodine					
$I_2(s)$	253.81	0	0	116.135	54.44
$I_2(g)$	253.81	+62.44	+19.33	260.69	36.90
$I(g)$	126.90	+106.84	+70.25	180.79	20.786
$I^-(aq)$	126.90	−55.19	−51.57	+111.3	−142.3
$HI(g)$	127.91	+26.48	+1.70	206.59	29.158
Iron					
$Fe(s)$	55.85	0	0	27.28	25.10
$Fe(g)$	55.85	+416.3	+370.7	180.49	25.68
$Fe^{2+}(aq)$	55.85	−89.1	−78.90	−137.7	
$Fe^{3+}(aq)$	55.85	−48.5	−4.7	−315.9	
$Fe_3O_4(s)$ (magnetite)	231.54	−1118.4	−1015.4	146.4	143.43
$Fe_2O_3(s)$ (haematite)	159.69	−824.2	−742.2	87.40	103.85
$FeS(s, \alpha)$	87.91	−100.0	−100.4	60.29	50.54
$FeS_2(s)$	119.98	−178.2	−166.9	52.93	62.17
Krypton					
$Kr(g)$	83.80	0	0	164.08	20.786
Lead					
$Pb(s)$	207.19	0	0	64.81	26.44
$Pb(g)$	207.19	+195.0	+161.9	175.37	20.79
$Pb^{2+}(aq)$	207.19	−1.7	−24.43	+10.5	
PbO(s, yellow)	223.19	−217.32	−187.89	68.70	45.77
PbO(s, red)	223.19	−218.99	−188.93	66.5	45.81
$PbO_2(s)$	239.19	−277.4	−217.33	68.6	64.64
Lithium					
$Li(s)$	6.94	0	0	29.12	24.77
$Li(g)$	6.94	+159.37	+126.66	138.77	20.79
$Li^+(aq)$	6.94	−278.49	−293.31	+13.4	68.6
Magnesium					
$Mg(s)$	24.31	0	0	32.68	24.89
$Mg(g)$	24.31	+147.70	+113.10	148.65	20.786
$Mg^{2+}(aq)$	24.31	−466.85	−454.8	−138.1	
$MgO(s)$	40.31	−601.70	−569.43	26.94	37.15
$MgCO_3(s)$	84.32	−1095.8	−1012.1	65.7	75.52
$MgCl_2(s)$	95.22	−641.32	−591.79	89.62	71.38

Table 57.4 (Continued)

	$M/(g\ mol^{-1})$	$\Delta_f H^{\ominus}/(kJ\ mol^{-1})$	$\Delta_f G^{\ominus}/(kJ\ mol^{-1})$	$S_m^{\ominus}/(J K^{-1}\ mol^{-1})^{\dagger}$	$C_{p,m}^{\ominus}/(J K^{-1}\ mol^{-1})$
Mercury					
Hg(l)	200.59	0	0	76.02	27.983
Hg(g)	200.59	+61.32	+31.82	174.96	20.786
Hg^{2+}(aq)	200.59	+171.1	+164.40	−32.2	
Hg_2^{2+}(aq)	401.18	+172.4	+153.52	+84.5	
HgO(s)	216.59	−90.83	−58.54	70.29	44.06
Hg_2Cl_2(s)	472.09	−265.22	−210.75	192.5	102
$HgCl_2$(s)	271.50	−224.3	−178.6	146.0	
HgS(s, black)	232.65	−53.6	−47.7	88.3	
Neon					
Ne(g)	20.18	0	0	146.33	20.786
Nitrogen					
N_2(g)	28.013	0	0	191.61	29.125
N(g)	14.007	+472.70	+455.56	153.30	20.786
NO(g)	30.01	+90.25	+86.55	210.76	29.844
N_2O(g)	44.01	+82.05	+104.20	219.85	38.45
NO_2(g)	46.01	+33.18	+51.31	240.06	37.20
N_2O_4(g)	92.1	+9.16	+97.89	304.29	77.28
N_2O_5(s)	108.01	−43.1	+113.9	178.2	143.1
N_2O_5(g)	108.01	+11.3	+115.1	355.7	84.5
HNO_3(l)	63.01	−174.10	−80.71	155.60	109.87
HNO_3(aq)	63.01	−207.36	−111.25	146.4	−86.6
NO_3^-(aq)	62.01	−205.0	−108.74	+146.4	−86.6
NH_3(g)	17.03	−46.11	−16.45	192.45	35.06
NH_3(aq)	17.03	−80.29	−26.50	111.3	
NH_4^+(aq)	18.04	−132.51	−79.31	+113.4	79.9
NH_2OH(s)	33.03	−114.2			
HN_3(l)	43.03	+264.0	+327.3	140.6	43.68
HN_3(g)	43.03	+294.1	+328.1	238.97	98.87
N_2H_4(l)	32.05	+50.63	+149.43	121.21	139.3
NH_4NO_3(s)	80.04	−365.56	−183.87	151.08	84.1
NH_4Cl(s)	53.49	−314.43	−202.87	94.6	
Oxygen					
O_2(g)	31.999	0	0	205.138	29.355
O(g)	15.999	+249.17	+231.73	161.06	21.912
O_3(g)	47.998	+142.7	+163.2	238.93	39.20
OH^-(aq)	17.007	−229.99	−157.24	−10.75	−148.5
Phosphorus					
P(s, wh)	30.97	0	0	41.09	23.840
P(g)	30.97	+314.64	+278.25	163.19	20.786
P_2(g)	61.95	+144.3	+103.7	218.13	32.05
P_4(g)	123.90	+58.91	+24.44	279.98	67.15
PH_3(g)	34.00	+5.4	+13.4	210.23	37.11
PCl_3(g)	137.33	−287.0	−267.8	311.78	71.84

(continued)

Table 57.4 (Continued)

	$M/(\text{g mol}^{-1})$	$\Delta_f H^\ominus/(\text{kJ mol}^{-1})$	$\Delta_f G^\ominus/(\text{kJ mol}^{-1})$	$S_m^\ominus/(\text{J K}^{-1}\text{ mol}^{-1})^\dagger$	$C_{p,m}^\ominus/(\text{J K}^{-1}\text{ mol}^{-1})$
Phosphorus (continued)					
PCl_3(l)	137.33	−319.7	−272.3	217.1	
PCl_5(g)	208.24	−374.9	−305.0	364.6	112.8
PCl_5(s)	208.24	−443.5			
H_3PO_3(s)	82.00	−964.4			
H_3PO_3(aq)	82.00	−964.8			
H_3PO_4(s)	94.97	−1279.0	−1119.1	110.50	106.06
H_3PO_4(l)	94.97	−1266.9			
H_3PO_4(aq)	94.97	−1277.4	−1018.7	−222	
PO_4^{3-}(aq)	94.97	−1277.4	−1018.7	−221.8	
P_4O_{10}(s)	283.89	−2984.0	−2697.0	228.86	211.71
P_4O_6(s)	219.89	−1640.1			
Potassium					
K(s)	39.10	0	0	64.18	29.58
K(g)	39.10	+89.24	+60.59	160.336	20.786
K^+(g)	39.10	+514.26			
K^+(aq)	39.10	−252.38	−283.27	+102.5	21.8
KOH(s)	56.11	−424.76	−379.08	78.9	64.9
KF(s)	58.10	−576.27	−537.75	66.57	49.04
KCl(s)	74.56	−436.75	−409.14	82.59	51.30
KBr(s)	119.01	−393.80	−380.66	95.90	52.30
KI(s)	166.01	−327.90	−324.89	106.32	52.93
Silicon					
Si(s)	28.09	0	0	18.83	20.00
Si(g)	28.09	+455.6	+411.3	167.97	22.25
SiO_2(s, α)	60.09	−910.94	−856.64	41.84	44.43
Silver					
Ag(s)	107.87	0	0	42.55	25.351
Ag(g)	107.87	+284.55	+245.65	173.00	20.79
Ag^+(aq)	107.87	+105.58	+77.11	+72.68	21.8
AgBr(s)	187.78	−100.37	−96.90	107.1	52.38
AgCl(s)	143.32	−127.07	−109.79	96.2	50.79
Ag_2O(s)	231.74	−31.05	−11.20	121.3	65.86
$AgNO_3$(s)	169.88	−129.39	−33.41	140.92	93.05
Sodium					
Na(s)	22.99	0	0	51.21	28.24
Na(g)	22.99	+107.32	+76.76	153.71	20.79
Na^+(aq)	22.99	−240.12	−261.91	+59.0	46.4
NaOH(s)	40.00	−425.61	−379.49	64.46	59.54
NaCl(s)	58.44	−411.15	−384.14	72.13	50.50
NaBr(s)	102.90	−361.06	−348.98	86.82	51.38
NaI(s)	149.89	−287.78	−286.06	98.53	52.09

Table 57.4 (Continued)

	M/(g mol^{-1})	$\Delta_f H^\ominus$/(kJ mol^{-1})	$\Delta_f G^\ominus$/(kJ mol^{-1})	$S^\ominus_m$ /(J K^{-1} mol^{-1})†	$C^\ominus_{p,m}$ /(J K^{-1} mol^{-1})
Sulfur					
S(s, α) (rhombic)	32.06	0	0	31.80	22.64
S(s, β) (monoclinic)	32.06	+0.33	+0.1	32.6	23.6
S(g)	32.06	+278.81	+238.25	167.82	23.673
S_2(g)	64.13	+128.37	+79.30	228.18	32.47
S^{2-}(aq)	32.06	+33.1	+85.8	−14.6	
SO_2(g)	64.06	−296.83	−300.19	248.22	39.87
SO_3(g)	80.06	−395.72	−371.06	256.76	50.67
H_2SO_4(l)	98.08	−813.99	−690.00	156.90	138.9
H_2SO_4(aq)	98.08	−909.27	−744.53	20.1	−293
SO_4^{2-}(aq)	96.06	−909.27	−744.53	+20.1	−293
HSO_4^-(aq)	97.07	−887.34	−755.91	+131.8	−84
H_2S(g)	34.08	−20.63	−33.56	205.79	34.23
H_2S(aq)	34.08	−39.7	−27.83	121	
HS^-(aq)	33.072	−17.6	+12.08	+62.08	
SF_6(g)	146.05	−1209	−1105.3	291.82	97.28
Tin					
Sn(s, β)	118.69	0	0	51.55	26.99
Sn(g)	118.69	+302.1	+267.3	168.49	20.26
Sn^{2+}(aq)	118.69	−8.8	−27.2	−17	
SnO(s)	134.69	−285.8	−256.9	56.5	44.31
SnO_2(s)	150.69	−580.7	−519.6	52.3	52.59
Xenon					
Xe(g)	131.30	0	0	169.68	20.786
Zinc					
Zn(s)	65.37	0	0	41.63	25.40
Zn(g)	65.37	+130.73	+95.14	160.98	20.79
Zn^{2+}(aq)	65.37	−153.89	−147.06	−112.1	46
ZnO(s)	81.37	−348.28	−318.30	43.64	40.25

Source: NBS. † Standard entropies of ions may be either positive or negative because the values are relative to the entropy of the hydrogen ion.

Table 58.1 Expansion coefficients, α, and isothermal compressibilities, κ_T

	$\alpha/(10^{-4}\ K^{-1})$	$\kappa_T/(10^{-6}\ atm^{-1})$
Liquids		
Benzene	12.4	92.1
Carbon tetrachloride	12.4	90.5
Ethanol	11.2	76.8
Mercury	1.82	38.7
Water	2.1	49.6
Solids		
Copper	0.501	0.735
Diamond	0.030	0.187
Iron	0.354	0.589
Lead	0.861	2.21

The values refer to 20 °C.
Data: AIP(α), KL(κ_T).

Table 62.1 Standard entropies (and temperatures) of phase transitions, $\Delta_{trs}S^{\ominus}/(J\ K^{-1}\ mol^{-1})$

	Fusion (at T_f)	Vaporization (at T_b)
Ar	14.17 (at 83.8 K)	74.53 (at 87.3 K)
Br_2	39.76 (at 265.9 K)	88.61 (at 332.4 K)
C_6H_6	38.00 (at 278.6 K)	87.19 (at 353.2 K)
CH_3COOH	40.4 (at 289.8 K)	61.9 (at 391.4 K)
CH_3OH	18.03 (at 175.2 K)	104.6 (at 337.2 K)
Cl_2	37.22 (at 172.1 K)	85.38 (at 239.0 K)
H_2	8.38 (at 14.0 K)	44.96 (at 20.38 K)
H_2O	22.00 (at 273.2 K)	109.1 (at 373.2 K)
H_2S	12.67 (at 187.6 K)	87.75 (at 212.0 K)
He	4.8 (at 1.8 K and 30 bar)	19.9 (at 4.22 K)
N_2	11.39 (at 63.2 K)	75.22 (at 77.4 K)
NH_3	28.93 (at 195.4 K)	97.41 (at 239.73 K)
O_2	8.17 (at 54.4 K)	75.63 (at 90.2 K)

Data: AIP.

Table 62.2 The standard enthalpies and entropies of vaporization of liquids at their normal boiling point

	$\Delta_{vap}H^{\ominus}/(kJ\ mol^{-1})$	$\theta_b/°C$	$\Delta_{vap}S^{\ominus}/(J\ K^{-1}\ mol^{-1})$
Benzene	30.8	80.1	+87.2
Carbon disulfide	26.74	46.25	+83.7
Carbon tetrachloride	30.00	76.7	+85.8
Cyclohexane	30.1	80.7	+85.1
Decane	38.75	174	+86.7
Dimethyl ether	21.51	−23	+86
Ethanol	38.6	78.3	+110.0
Hydrogen sulfide	18.7	−60.4	+87.9
Mercury	59.3	356.6	+94.2
Methane	8.18	−161.5	+73.2
Methanol	35.21	65.0	+104.1
Water	40.7	100.0	+109.1

Data: JL.

Table 63.1 Standard Third-Law entropies at 298 K: see Tables 57.3 and 57.4

Table 65.1 Standard Gibbs energies of formation at 298 K: see Tables 57.3 and 57.4

Table 70.1 Henry's law constants for gases at 298 K, $K/(kPa\ kg\ mol^{-1})$

	Water	Benzene
CH_4	7.55×10^4	44.4×10^3
CO_2	3.01×10^3	8.90×10^2
H_2	1.28×10^5	2.79×10^4
N_2	1.56×10^5	1.87×10^4
O_2	7.92×10^4	

Data: converted from R.J. Silbey and R.A. Alberty, *Physical chemistry*. Wiley, New York (2001).

Table 72.3 Mean activity coefficients in water at 298 K

$b/b^{\ominus}$	HCl	KCl	$CaCl_2$	H_2SO_4	$LaCl_3$	$In_2(SO_4)_3$
0.001	0.966	0.966	0.888	0.830	0.790	
0.005	0.929	0.927	0.789	0.639	0.636	0.16
0.01	0.905	0.902	0.732	0.544	0.560	0.11
0.05	0.830	0.816	0.584	0.340	0.388	0.035
0.10	0.798	0.770	0.524	0.266	0.356	0.025
0.50	0.769	0.652	0.510	0.155	0.303	0.014
1.00	0.811	0.607	0.725	0.131	0.387	
2.00	1.011	0.577	1.554	0.125	0.954	

Data: RS, HCP, and S. Glasstone, *Introduction to electrochemistry*. Van Nostrand (1942).

Table 77.1A Standard potentials at 298 K. (a) In electrochemical order

Reduction half-reaction	$E^{\ominus}/V$
Strongly oxidizing	
$H_4XeO_6 + 2 H^+ + 2 e^- \rightarrow XeO_3 + 3 H_2O$	+3.0
$F_2 + 2 e^- \rightarrow 2F^-$	+2.87
$O_3 + 2 H^+ + 2 e^- \rightarrow O_2 + H_2O$	+2.07
$S_2O_8^{2-} + 2 e^- \rightarrow 2 SO_4^{2-}$	+2.05
$Ag^{2+} + e^- \rightarrow Ag^+$	+1.98
$Co^{3+} + e^- \rightarrow Co^{2+}$	+1.81
$H_2O_2 + 2 H^+ + 2 e^- \rightarrow 2 H_2O$	+1.78
$Au^+ + e^- \rightarrow Au$	+1.69
$Pb^{4+} + 2 e^- \rightarrow Pb^{2+}$	+1.67
$2 HClO + 2 H^+ + 2 e^- \rightarrow Cl_2 + 2 H_2O$	+1.63
$Ce^{4+} + e^- \rightarrow Ce^{3+}$	+1.61
$2 HBrO + 2 H^+ + 2 e^- \rightarrow Br_2 + 2 H_2O$	+1.60
$MnO_4^- + 8 H^+ + 5e^- \rightarrow Mn^{2+} + 4 H_2O$	+1.51
$Mn^{3+} + e^- \rightarrow Mn^{2+}$	+1.51
$Au^{3+} + 3 e^- \rightarrow Au$	+1.40
$Cl_2 + 2 e^- \rightarrow 2 Cl^-$	+1.36
$Cr_2O_7^{2-} + 14 H^+ + 6 e^- \rightarrow 2 Cr^{3+} + 7 H_2O$	+1.33
$O_3 + H_2O + 2 e^- \rightarrow O_2 + 2 OH^-$	+1.24
$O_2 + 4 H^+ + 4 e^- \rightarrow 2 H_2O$	+1.23
$ClO_4^- + 2 H^+ + 2 e^- \rightarrow ClO_3^- + H_2O$	+1.23
$MnO_2 + 4 H^+ + 2 e^- \rightarrow Mn^{2+} + 2 H_2O$	+1.23
$Pt^{2+} + 2 e^- \rightarrow Pt$	+1.20
$Br_2 + 2 e^- \rightarrow 2Br^-$	+1.09
$Pu^{4+} + e^- \rightarrow Pu^{3+}$	+0.97
$NO_3^- + 4 H^+ + 3 e^- \rightarrow NO + 2 H_2O$	+0.96
$2 Hg^{2+} + 2 e^- \rightarrow Hg_2^{2+}$	+0.92
$ClO^- + H_2O + 2 e^- \rightarrow Cl^- + 2 OH^-$	+0.89
$Hg^{2+} + 2 e^- \rightarrow Hg$	+0.86
$NO_3^- + 2H^+ + e^- \rightarrow NO_2 + H_2O$	+0.80
$Ag^+ + e^- \rightarrow Ag$	+0.80
$Hg_2^{2+} + 2 e^- \rightarrow 2 Hg$	+0.79
$AgF + e^- \rightarrow Ag + F^-$	+0.78
$Fe^{3+} + e^- \rightarrow Fe^{2+}$	+0.77
$BrO^- + H_2O + 2 e^- \rightarrow Br^- + 2 OH^-$	+0.76
$Hg_2SO_4 + 2 e^- \rightarrow 2 Hg + SO_4^{2-}$	+0.62
$MnO_4^{2-} + 2 H_2O + 2 e^- \rightarrow MnO_2 + 4 OH^-$	+0.60
$MnO_4^- + e^- \rightarrow MnO_4^{2-}$	+0.56
$I_2 + 2 e^- \rightarrow 2 I^-$	+0.54
$I_3^- + 2 e^- \rightarrow 3 I^-$	+0.53
$Cu^+ + e^- \rightarrow Cu$	+0.52
$NiOOH + H_2O + e^- \rightarrow Ni(OH)_2 + OH^-$	+0.49
$Ag_2CrO_4 + 2 e^- \rightarrow 2 Ag + CrO_4^{2-}$	+0.45
$O_2 + 2 H_2O + 4 e^- \rightarrow 4 OH^-$	+0.40
$ClO_4^- + H_2O + 2 e^- \rightarrow ClO_3^- + 2OH^-$	+0.36
$[Fe(CN)_6]^{3-} + e^- \rightarrow [Fe(CN)_6]^{4-}$	+0.36
$Cu^{2+} + 2 e^- \rightarrow Cu$	+0.34
$Hg_2Cl_2 + 2 e^- \rightarrow 2 Hg + 2 Cl^-$	+0.27
$AgCl + e^- \rightarrow Ag + Cl^-$	+0.22
$Bi^{3+} + 3 e^- \rightarrow Bi$	+0.20
$Cu^{2+} + e^- \rightarrow Cu^+$	+0.16
$Sn^{4+} + 2 e^- \rightarrow Sn^{2+}$	+0.15
$NO_3^- + H_2O + 2 e^- \rightarrow NO_2^- + 2 OH^-$	+0.10
$AgBr + e^- \rightarrow Ag + Br^-$	+0.0713
$Ti^{4+} + e^- \rightarrow Ti^{3+}$	0.00
$2 H^+ + 2 e^- \rightarrow H_2$	0, by definition

(continued)

Table 77.1 (Continued)

Reduction half-reaction	$E^{\ominus}/V$	Reduction half-reaction	$E^{\ominus}/V$
$Fe^{3+}+3\ e^-\rightarrow Fe$	−0.04	$Zn^{2+}+2\ e^-\rightarrow Zn$	−0.76
$O_2+H_2O+2\ e^-\rightarrow HO_2^-+OH^-$	−0.08	$Cd(OH)_2+2e^-\rightarrow Cd+2OH^-$	−0.81
$Pb^{2+}+2\ e^-\rightarrow Pb$	−0.13	$2\ H_2O+2\ e^-\rightarrow H_2+2\ OH^-$	−0.83
$In^{+}+e^-\rightarrow In$	−0.14	$Cr^{2+}+2e^-\rightarrow Cr$	−0.91
$Sn^{2+}+2\ e^-\rightarrow Sn$	−0.14	$Mn^{2+}+2\ e^-\rightarrow Mn$	−1.18
$AgI+e^-\rightarrow Ag+I^-$	−0.15	$V^{2+}+2\ e^-\rightarrow V$	−1.19
$Ni^{2+}+2\ e^-\rightarrow Ni$	−0.23	$Ti^{2+}+2\ e^-\rightarrow Ti$	−1.63
$V^{3+}+e^-\rightarrow V^{2+}$	−0.26	$Al^{3+}+3\ e^-\rightarrow Al$	−1.66
$Co^{2+}+2\ e^-\rightarrow Co$	−0.28	$U^{3+}+3\ e^-\rightarrow U$	−1.79
$In^{3+}+3\ e^-\rightarrow In$	−0.34	$Be^{2+}+2\ e^-\rightarrow Be$	−1.85
$Tl^{+}+e^-\rightarrow Tl$	−0.34	$Sc^{3+}+3\ e^-\rightarrow Sc$	−2.09
$PbSO_4+2\ e^-\rightarrow Pb+SO_4^{2-}$	−0.36	$Mg^{2+}+2\ e^-\rightarrow Mg$	−2.36
$Ti^{3+}+e^-\rightarrow Ti^{2+}$	−0.37	$Ce^{3+}+3\ e^-\rightarrow Ce$	−2.48
$Cd^{2+}+2\ e^-\rightarrow Cd$	−0.40	$La^{3+}+3\ e^-\rightarrow La$	−2.52
$In^{2+}+e^-\rightarrow In^{+}$	−0.40	$Na^{+}+e^-\rightarrow Na$	−2.71
$Cr^{3+}+e^-\rightarrow Cr^{2+}$	−0.41	$Ca^{2+}+2\ e^-\rightarrow Ca$	−2.87
$Fe^{2+}+2\ e^-\rightarrow Fe$	−0.44	$Sr^{2+}+2\ e^-\rightarrow Sr$	−2.89
$In^{3+}+2\ e^-\rightarrow In^{+}$	−0.44	$Ba^{2+}+2\ e^-\rightarrow Ba$	−2.91
$S+2\ e^-\rightarrow S^{2-}$	−0.48	$Ra^{2+}+2\ e^-\rightarrow Ra$	−2.92
$In^{3+}+e^-\rightarrow In^{2+}$	−0.49	$Cs^{+}+e^-\rightarrow Cs$	−2.92
$O_2+e^-\rightarrow O_2^-$	−0.56	$Rb^{+}+e^-\rightarrow Rb$	−2.93
$U^{4+}+e^-\rightarrow U^{3+}$	−0.61	$K^{+}+e^-\rightarrow K$	−2.93
$Cr^{3+}+3\ e^-\rightarrow Cr$	−0.74	$Li^{+}+e^-\rightarrow Li$	−3.05
		Strongly reducing	

Table 77.1 Standard potentials at 298 K. (b) In alphabetical order

Reduction half-reaction	$E^{\ominus}/V$	Reduction half-reaction	$E^{\ominus}/V$
$Ag^{+}+e^-\rightarrow Ag$	+0.80	$Ca^{2+}+2\ e^-\rightarrow Ca$	−2.87
$Ag^{2+}+e^-\rightarrow Ag^{+}$	+1.98	$Cd(OH)_2+2\ e^-\rightarrow Cd+2\ OH^-$	−0.81
$AgBr+e^-\rightarrow Ag+Br^-$	+0.0713	$Cd^{2+}+2\ e^-\rightarrow Cd$	−0.40
$AgCl+e^-\rightarrow Ag+Cl^-$	+0.22	$Ce^{3+}+3\ e^-\rightarrow Ce$	−2.48
$Ag_2CrO_4+2\ e^-\rightarrow 2Ag+CrO_4^{2-}$	+0.45	$Ce^{4+}+e^-\rightarrow Ce^{3+}$	+1.61
$AgF+e^-\rightarrow Ag+F^-$	+0.78	$Cl_2+2\ e^-\rightarrow 2\ Cl^-$	+1.36
$AgI+e^-\rightarrow Ag+I^-$	−0.15	$ClO^-+H_2O+2\ e^-\rightarrow Cl^-+2\ OH^-$	+0.89
$Al^{3+}+3\ e^-\rightarrow Al$	−1.66	$ClO_4^-+2\ H^++2\ e^-\rightarrow ClO_3^-+H_2O$	+1.23
$Au^{+}+e^-\rightarrow Au$	+1.69	$ClO_4^-+H_2O+2\ e^-\rightarrow ClO_3^-+2\ OH^-$	+0.36
$Au^{3+}+3\ e^-\rightarrow Au$	+1.40	$Co^{2+}+2\ e^-\rightarrow Co$	−0.28
$Ba^{2+}+2\ e^-\rightarrow Ba$	−2.91	$Co^{3+}+e^-\rightarrow Co^{2+}$	+1.81
$Be^{2+}+2\ e^-\rightarrow Be$	−1.85	$Cr^{2+}+2\ e^-\rightarrow Cr$	−0.91
$Bi^{3+}+3\ e^-\rightarrow Bi$	+0.20	$Cr_2O_7^{2-}+14\ H^++6\ e^-\rightarrow 2\ Cr^{3+}+7H_2O$	+1.33
$Br_2+2\ e^-\rightarrow 2Br^-$	+1.09	$Cr^{3+}+3\ e^-\rightarrow Cr$	−0.74
$BrO^-+H_2O+2\ e^-\rightarrow Br^-+2\ OH^-$	+0.76	$Cr^{3+}+e^-\rightarrow Cr^{2+}$	−0.41

Table 77.1 (Continued)

Reduction half-reaction	$E^{\ominus}/V$	Reduction half-reaction	$E^{\ominus}/V$
$Cs^+ + e^- \rightarrow Cs$	−2.92	$MnO_4^{2-} + 2\ H_2O + 2\ e^- \rightarrow MnO_2 + 4\ OH^-$	+0.60
$Cu^+ + e^- \rightarrow Cu$	+0.52	$Na^+ + e^- \rightarrow Na$	−2.71
$Cu^{2+} + 2\ e^- \rightarrow Cu$	+0.34	$Ni^{2+} + 2\ e^- \rightarrow Ni$	−0.23
$Cu^{2+} + e^- \rightarrow Cu^+$	+0.16	$NiOOH + H_2O + e^- \rightarrow Ni(OH)_2 + OH^-$	+0.49
$F_2 + 2\ e^- \rightarrow 2F^-$	+2.87	$NO_3^- + 2\ H^+ + e^- \rightarrow NO_2 + H_2O$	+0.80
$Fe^{2+} + 2\ e^- \rightarrow Fe$	−0.44	$NO_3^- + 4\ H^+ + 3\ e^- \rightarrow NO + 2\ H_2O$	+0.96
$Fe^{3+} + 3\ e^- \rightarrow Fe$	−0.04	$NO_3^- + H_2O + 2\ e^- \rightarrow NO_2^- + 2\ OH^-$	+0.10
$Fe^{3+} + e^- \rightarrow Fe^{2+}$	+0.77	$O_2 + 2\ H_2O + 4\ e^- \rightarrow 4\ OH^-$	+0.40
$[Fe(CN)_6]^{3-} + e^- \rightarrow [Fe(CN)_6]^{4-}$	+0.36	$O_2 + 4\ H^+ + 4\ e^- \rightarrow 2\ H_2O$	+1.23
$2\ H^+ + 2\ e^- \rightarrow H_2$	0, by definition	$O_2 + e^- \rightarrow O_2^-$	−0.56
$2\ H_2O + 2\ e^- \rightarrow H_2 + 2\ OH^-$	−0.83	$O_2 + H_2O + 2\ e^- \rightarrow HO_2^- + OH^-$	−0.08
$2\ HBrO + 2\ H^+ + 2\ e^- \rightarrow Br_2 + 2\ H_2O$	+1.60	$O_3 + 2\ H^+ + 2\ e^- \rightarrow O_2 + H_2O$	+2.07
$2\ HClO + 2\ H^+ + 2\ e^- \rightarrow Cl_2 + 2\ H_2O$	+1.63	$O_3 + H_2O + 2\ e^- \rightarrow O_2 + 2\ OH^-$	+1.24
$H_2O_2 + 2\ H^+ + 2\ e^- \rightarrow 2\ H_2O$	+1.78	$Pb^{2+} + 2\ e^- \rightarrow Pb$	−0.13
$H_4XeO_6 + 2\ H^+ + 2\ e^- \rightarrow XeO_3 + 3\ H_2O$	+3.0	$Pb^{4+} + 2\ e^- \rightarrow Pb^{2+}$	+1.67
$Hg_2^{2+} + 2\ e^- \rightarrow 2\ Hg$	+0.79	$PbSO_4 + 2\ e^- \rightarrow Pb + SO_4^{2-}$	−0.36
$Hg_2Cl_2 + 2\ e^- \rightarrow 2\ Hg + 2\ Cl^-$	+0.27	$Pt^{2+} + 2\ e^- \rightarrow Pt$	+1.20
$Hg^{2+} + 2\ e^- \rightarrow Hg$	+0.86	$Pu^{4+} + e^- \rightarrow Pu^{3+}$	+0.97
$2\ Hg^{2+} + 2\ e^- \rightarrow Hg_2^{2+}$	+0.92	$Ra^{2+} + 2\ e^- \rightarrow Ra$	−2.92
$Hg_2SO_4 + 2\ e^- \rightarrow 2\ Hg + SO_4^{2-}$	+0.62	$Rb^+ + e^- \rightarrow Rb$	−2.93
$I_2 + 2\ e^- \rightarrow 2\ I^-$	+0.54	$S + 2\ e^- \rightarrow S^{2-}$	−0.48
$I_3^- + 2\ e^- \rightarrow 3\ I^-$	+0.53	$S_2O_8^{2-} + 2e^- \rightarrow 2\ SO_4^{2-}$	+2.05
$In^+ + e^- \rightarrow In$	−0.14	$Sc^{3+} + 3\ e^- \rightarrow Sc$	−2.09
$In^{2+} + e^- \rightarrow In^+$	−0.40	$Sn^{2+} + 2\ e^- \rightarrow Sn$	−0.14
$In^{3+} + 2\ e^- \rightarrow In^+$	−0.44	$Sn^{4+} + 2\ e^- \rightarrow Sn^{2+}$	+0.15
$In^{3+} + 3\ e^- \rightarrow In$	−0.34	$Sr^{2+} + 2\ e^- \rightarrow Sr$	−2.89
$In^{3+} + e^- \rightarrow In^{2+}$	−0.49	$Ti^{2+} + 2\ e^- \rightarrow Ti$	−1.63
$K^+ + e^- \rightarrow K$	−2.93	$Ti^{3+} + e^- \rightarrow Ti^{2+}$	−0.37
$La^{3+} + 3\ e^- \rightarrow La$	−2.52	$Ti^{4+} + e^- \rightarrow Ti^{3+}$	0.00
$Li^+ + e^- \rightarrow Li$	−3.05	$Tl^+ + e^- \rightarrow Tl$	−0.34
$Mg^{2+} + 2\ e^- \rightarrow Mg$	−2.36	$U^{3+} + 3\ e^- \rightarrow U$	−1.79
$Mn^{2+} + 2\ e^- \rightarrow Mn$	−1.18	$U^{4+} + e^- \rightarrow U^{3+}$	−0.61
$Mn^{3+} + e^- \rightarrow Mn^{2+}$	+1.51	$V^{2+} + 2\ e^- \rightarrow V$	−1.19
$MnO_2 + 4\ H^+ + 2\ e^- \rightarrow Mn^{2+} + 2\ H_2O$	+1.23	$V^{3+} + e^- \rightarrow V^{2+}$	−0.26
$MnO_4^- + 8\ H^+ + 5\ e^- \rightarrow Mn^{2+} + 4H_2O$	+1.51	$Zn^{2+} + 2\ e^- \rightarrow Zn$	−0.76
$MnO_4^- + e^- \rightarrow MnO_4^{2-}$	+0.56		

Table 78.1 Collision cross-sections, σ/nm^2

Ar	0.36
C_2H_4	0.64
C_6H_6	0.88
CH_4	0.46
Cl_2	0.93
CO_2	0.52
H_2	0.27
He	0.21
N_2	0.43
Ne	0.24
O_2	0.40
SO_2	0.58

Data: KL.

Table 79.1 Transport properties of gases at 1 atm

	$\kappa/(\text{mW K}^{-1}\text{ m}^{-1})$	$\eta/\mu\text{P}$	
	273 K	273 K	293 K
Air	24.1	173	182
Ar	16.3	210	223
C_2H_4	16.4	97	103
CH_4	30.2	103	110
Cl_2	7.9	123	132
CO_2	14.5	136	147
H_2	168.2	84	88
He	144.2	187	196
Kr	8.7	234	250
N_2	24.0	166	176
Ne	46.5	298	313
O_2	24.5	195	204
Xe	5.2	212	228

Data: KL.

Table 80.1 Viscosities of liquids at 298 K, $\eta/(10^{-3}\text{ kg m}^{-1}\text{ s}^{-1})$

Benzene	0.601
Carbon tetrachloride	0.880
Ethanol	1.06
Mercury	1.55
Methanol	0.553
Pentane	0.224
Sulfuric acid	27
Water†	0.891

† The viscosity of water over its entire liquid range is represented with less than 1 per cent error by the expression $\log(\eta_{20}/\eta)=A/B$,
$A=1.370\ 23(t-20)+8.36\times10^{-4}(t-20)^2$ $B=109+t$ $t=\theta/°\text{C}$
Convert $\text{kg m}^{-1}\text{ s}^{-1}$ to centipoise (cP) by multiplying by 10^3 (so $\eta\approx1$ cP for water).
Data: AIP, KL.

Table 80.2 Ionic mobilities in water at 298 K, $u/(10^{-8}\text{ m}^2\text{ s}^{-1}\text{ V}^{-1})$

Cations		Anions	
Ag^+	6.24	Br^-	8.09
Ca^{2+}	6.17	$CH_3CO_2^-$	4.24
Cu^{2+}	5.56	Cl^-	7.91
H^+	36.23	CO_3^{2-}	7.46
K^+	7.62	F^-	5.70
Li^+	4.01	$[Fe(CN)_6]^{3-}$	10.5
Na^+	5.19	$[Fe(CN)_6]^{4-}$	11.4
NH_4^+	7.63	I^-	7.96
$[N(CH_3)_4]^+$	4.65	NO_3^-	7.40
Rb^+	7.92	OH^-	20.64
Zn^{2+}	5.47	SO_4^{2-}	8.29

Data: Principally Table 80.1 and $u=\lambda/zF$.

Table 81.1 Diffusion coefficients at 298 K, $D/(10^{-9}\ m^2\ s^{-1})$

Molecules in liquids				Ions in water			
I_2 in hexane	4.05	H_2 in CCl_4(l)	9.75	K^+	1.96	Br^-	2.08
in benzene	2.13	N_2 in CCl_4(l)	3.42	H^+	9.31	Cl^-	2.03
CCl_4 in heptane	3.17	O_2 in CCl_4(l)	3.82	Li^+	1.03	F^-	1.46
Glycine in water	1.055	Ar in CCl_4(l)	3.63	Na^+	1.33	I^-	2.05
Dextrose in water	0.673	CH_4 in CCl_4(l)	2.89			OH^-	5.03
Sucrose in water	0.5216	H_2O in water	2.26				
		CH_3OH in water	1.58				
		C_2H_5OH in water	1.24				

Data: AIP.

Table 83.1 Kinetic data for first-order reactions

	Phase	θ/°C	k_r/s^{-1}	$t_{1/2}$
$2\ N_2O_5 \rightarrow 4\ NO_2 + O_2$	g	25	3.38×10^{-5}	5.70 h
	HNO_3(l)	25	1.47×10^{-6}	131 h
	Br_2(l)	25	4.27×10^{-5}	4.51 h
$C_2H_6 \rightarrow 2\ CH_3$	g	700	5.36×10^{-4}	21.6 min
Cyclopropane → propene	g	500	6.71×10^{-4}	17.2 min
$CH_3N_2CH_3 \rightarrow C_2H_6 + N_2$	g	327	3.4×10^{-4}	34 min
Sucrose → glucose + fructose	aq(H^+)	25	6.0×10^{-5}	3.2 h

g: High pressure gas-phase limit.
Data: Principally K.J. Laidler, *Chemical kinetics*. Harper & Row, New York (1987); M.J. Pilling and P.W. Seakins, *Reaction kinetics*. Oxford University Press, Oxford (1995); J. Nicholas, *Chemical kinetics*. Harper & Row, New York (1976). See also JL.

Table 83.2 Kinetic data for second-order reactions

	Phase	θ/°C	$k_r/(dm^3\ mol^{-1}\ s^{-1})$
$2\ NOBr \rightarrow 2\ NO + Br_2$	g	10	0.80
$2\ NO_2 \rightarrow 2\ NO + O_2$	g	300	0.54
$H_2 + I_2 \rightarrow 2\ HI$	g	400	2.42×10^{-2}
$D_2 + HCl \rightarrow DH + DCl$	g	600	0.141
$2\ I \rightarrow I_2$	g	23	7×10^9
	hexane	50	1.8×10^{10}
$CH_3Cl + CH_3O^-$	methanol	20	2.29×10^{-6}
$CH_3Br + CH_3O^-$	methanol	20	9.23×10^{-6}
$H^+ + OH^- \rightarrow H_2O$	water	25	1.35×10^{11}
	ice	−10	8.6×10^{12}

Data: Principally K.J. Laidler, *Chemical kinetics*. Harper & Row, New York (1987); M.J. Pilling and P.W. Seakins, *Reaction kinetics*. Oxford University Press, Oxford (1995); J. Nicholas, *Chemical kinetics*. Harper & Row, New York (1976).

Table 85.1 Arrhenius parameters

First-order reactions	A/s^{-1}	$E_a/(kJ\ mol^{-1})$
Cyclopropane → propene	1.58×10^{15}	272
$CH_3NC \rightarrow CH_3CN$	3.98×10^{13}	160
cis-CHD=CHD → *trans*-CHD=CHD	3.16×10^{12}	256
Cyclobutane → $2\ C_2H_4$	3.98×10^{13}	261
$C_2H_5I \rightarrow C_2H_4 + HI$	2.51×10^{17}	209
$C_2H_6 \rightarrow 2\ CH_3$	2.51×10^{7}	384
$2\ N_2O_5 \rightarrow 4\ NO_2 + O_2$	4.94×10^{13}	103.4
$N_2O \rightarrow N_2 + O$	7.94×10^{11}	250
$C_2H_5 \rightarrow C_2H_4 + H$	1.0×10^{13}	167
Second-order, gas-phase	$A/(dm^3\ mol^{-1}\ s^{-1})$	$E_a/(kJ\ mol^{-1})$
$O + N_2 \rightarrow NO + N$	1×10^{11}	315
$OH + H_2 \rightarrow H_2O + H$	8×10^{10}	42
$Cl + H_2 \rightarrow HCl + H$	8×10^{10}	23
$2\ CH_3 \rightarrow C_2H_6$	2×10^{10}	*ca.*0
$NO + Cl_2 \rightarrow NOCl + Cl$	4.0×10^{9}	85
$SO + O_2 \rightarrow SO_2 + O$	3×10^{8}	27
$CH_3 + C_2H_6 \rightarrow CH_4 + C_2H_5$	2×10^{8}	44
$C_6H_5 + H_2 \rightarrow C_6H_6 + H$	1×10^{8}	*ca.*25
Second-order, solution	$A/(dm^3\ mol^{-1}\ s^{-1})$	$E_a/(kJ\ mol^{-1})$
$C_2H_5ONa + CH_3I$ in ethanol	2.42×10^{11}	81.6
$C_2H_5Br + OH^-$ in water	4.30×10^{11}	89.5
$C_2H_5I + C_2H_5O^-$ in ethanol	1.49×10^{11}	86.6
$C_2H_5Br + OH^-$ in ethanol	4.30×10^{11}	89.5
$CO_2 + OH^-$ in water	1.5×10^{10}	38
$CH_3I + S_2O_3^{2-}$ in water	2.19×10^{12}	78.7
Sucrose + H_2O in acidic water	1.50×10^{15}	107.9
$(CH_3)_3CCl$ solvolysis		
in water	7.1×10^{16}	100
in methanol	2.3×10^{13}	107
in ethanol	3.0×10^{13}	112
in acetic acid	4.3×10^{13}	111
in chloroform	1.4×10^{4}	45
$C_6H_5NH_2 + C_6H_5COCH_2Br$ in benzene	91	34

Data: Principally J. Nicholas, *Chemical kinetics*. Harper & Row, New York (1976) and A.A. Frost and R.G. Pearson, *Kinetics and mechanism*. Wiley, New York (1961).

Table 87.1 Arrhenius parameters for gas-phase reactions

	$A/(\mathrm{dm^3\ mol^{-1}\ s^{-1}})$			
	Experiment	Theory	$E_a/(\mathrm{kJ\ mol^{-1}})$	P
$2\ \mathrm{NOCl} \rightarrow 2\ \mathrm{NO} + \mathrm{Cl_2}$	9.4×10^{9}	5.9×10^{10}	102.0	0.16
$2\ \mathrm{NO_2} \rightarrow 2\ \mathrm{NO} + \mathrm{O_2}$	2.0×10^{9}	4.0×10^{10}	111.0	5.0×10^{-2}
$2\ \mathrm{ClO} \rightarrow \mathrm{Cl_2} + \mathrm{O_2}$	6.3×10^{7}	2.5×10^{10}	0.0	2.5×10^{-3}
$\mathrm{H_2} + \mathrm{C_2H_4} \rightarrow \mathrm{C_2H_6}$	1.24×10^{6}	7.4×10^{11}	180	1.7×10^{-6}
$\mathrm{K} + \mathrm{Br_2} \rightarrow \mathrm{KBr} + \mathrm{Br}$	1.0×10^{12}	2.1×10^{11}	0.0	4.8

Data: Principally M.J. Pilling and P.W. Seakins, *Reaction kinetics*. Oxford University Press, Oxford (1995).

Table 88.1 Arrhenius parameters for reactions in solution. See Table 85.1.

Table 95.1 Maximum observed standard enthalpies of physisorption, $\Delta_{ad}H^{\ominus}/(\mathrm{kJ\ mol^{-1}})$ at 298 K

C_2H_2	−38	H_2	−84
C_2H_4	−34	H_2O	−59
CH_4	−21	N_2	−21
Cl_2	−36	NH_3	−38
CO	−25	O_2	−21
CO_2	−25		

Data: D.O. Haywood and B.M.W. Trapnell, *Chemisorption*. Butterworth (1964).

Table 95.2 Standard enthalpies of chemisorption, $\Delta_{ad}H^{\ominus}/(\mathrm{kJ\ mol^{-1}})$ at 298 K

Adsorbate	Adsorbent (substrate)											
	Ti	Ta	Nb	W	Cr	Mo	Mn	Fe	Co	Ni	Rh	Pt
H_2		−188			−188	−167	−71	−134			−117	
N_2		−586						−293				
O_2						−720					−494	−293
CO	−640							−192	−176			
CO_2	−682	−703	−552	−456	−339	−372	−222	−225	−146	−184		
NH_3				−301				−188		−155		
C_2H_4		−577		−427	−427			−285		−243	−209	

Data: D.O. Haywood and B.M.W. Trapnell, *Chemisorption*. Butterworth (1964).

5 지표표

The groups C_1, C_s, C_i

C_1, 1	E	$h=1$
A	1	

$C_s=C_h$, m	E	σ_h	$h=2$	
A′	1	1	x, y, R_z	x^2, y^2, z^2, xy
A″	1	−1	z, R_x, R_y	yz, zx

$C_i=S_2, \bar{1}$	E	i	$h=2$	
A_g	1	1	R_x, R_y, R_z	$x^2, y^2, z^2, xy, yz, zx,$
A_u	1	−1	x, y, z	

The groups C_{nv}

C_{2v}, 2mm	E	C_2	σ_v	σ_v'	$h=4$	
A_1	1	1	1	1	z, z^2, x^2, y^2	
A_2	1	1	−1	−1	xy	R_z
B_1	1	−1	1	−1	x, zx	R_y
B_2	1	−1	−1	1	y, yz	R_x

C_{3v}, 3m	E	$2C_3$	$3\sigma_v$	$h=6$	
A_1	1	1	1	z, z^2, x^2+y^2	
A_2	1	1	−1		R_z
E	2	−1	0	$(x, y), (xy, x^2-y^2)$ (yz, zx)	(R_x, R_y)

C_{4v}, 4mm	E	C_2	$2C_4$	$2\sigma_v$	$2\sigma_d$	$h=8$	
A_1	1	1	1	1	1	z, z^2, x^2+y^2	
A_2	1	1	1	−1	−1		R_z
B_1	1	1	−1	1	−1	x^2-y^2	
B_2	1	1	−1	−1	1	xy	
E	2	−2	0	0	0	$(x, y), (yz, zx)$	(R_x, R_y)

C_{5v}	E	$2C_5$	$2C_5^2$	$5\sigma_v$	$h=10$, $\alpha=72°$	
A_1	1	1	1	1	z, z^2, x^2+y^2	
A_2	1	1	1	−1		R_z
E_1	2	$2\cos\alpha$	$2\cos 2\alpha$	0	$(x, y), (yz, zx)$	(R_x, R_y)
E_2	2	$2\cos 2\alpha$	$2\cos\alpha$	0	(xy, x^2-y^2)	

C_{6v}, 6mm	E	C_2	$2C_3$	$2C_6$	$3\sigma_d$	$3\sigma_v$	$h=12$	
A_1	1	1	1	1	1	1	z, z^2, x^2+y^2	
A_2	1	1	1	1	−1	−1		R_z
B_1	1	−1	1	−1	−1	1		
B_2	1	−1	1	−1	1	−1		
E_1	2	−2	−1	1	0	0	$(x, y), (yz, zx)$	(R_x, R_y)
E_2	2	2	−1	−1	0	0	(xy, x^2-y^2)	

$C_{\infty v}$	E	$2C_\phi$†	$\infty\sigma_v$	$h=\infty$	
$A_1(\Sigma^+)$	1	1	1	z, z^2, x^2+y^2	
$A_2(\Sigma^-)$	1	1	−1		R_z
$E_1(\Pi)$	2	$2\cos\phi$	0	$(x, y), (yz, zx)$	(R_x, R_y)
$E_2(\Delta)$	2	$2\cos 2\phi$	0	(xy, x^2-y^2)	
⋮	⋮	⋮	⋮		

† There is only one member of this class if $\phi=\pi$.

The groups D_n

D_2, 222	E	C_2^z	C_2^y	C_2^x	$h=4$	
A_1	1	1	1	1	x^2, y^2, z^2	
B_1	1	1	−1	−1	z, xy	R_z
B_2	1	−1	1	−1	y, zx	R_y
B_3	1	−1	−1	1	x, yz	R_x

D_3, 32	E	$2C_3$	$3C_2'$	$h=6$	
A_1	1	1	1	z^2, x^2+y^2	
A_2	1	1	−1	z	R_z
E	2	−1	0	$(x, y), (yz, zx), (xy, x^2-y^2)$	(R_x, R_y)

D_4, 422	E	C_2	$2C_4$	$2C_2'$	$2C_2''$	$h=8$	
A_1	1	1	1	1	1	z^2, x^2+y^2	
A_2	1	1	1	−1	−1	z	R_z
B_1	1	1	−1	1	−1	x^2-y^2	
B_2	1	1	−1	−1	1	xy	
E	2	−2	0	0	0	$(x, y), (yz, zx)$	(R_x, R_y)

The groups D_{nh}

D_{3h}, $\bar{6}2m$	E	σ_h	$2C_3$	$2S_3$	$3C_2'$	$3\sigma_v$	$h=12$	
A_1'	1	1	1	1	1	1	z^2, x^2+y^2	
A_2'	1	1	1	1	−1	−1		R_z
A_1''	1	−1	1	−1	1	−1		
A_2''	1	−1	1	−1	−1	1	z	
E'	2	2	−1	−1	0	0	$(x, y), (xy, x^2-y^2)$	
E''	2	−2	−1	1	0	0	(yz, zx)	(R_x, R_y)

D_{4h}, $4/mmm$	E	$2C_4$	C_2	$2C_2'$	$2C_2''$	i	$2S_4$	σ_h	$2\sigma_v$	$2\sigma_d$	$h=16$	
A_{1g}	1	1	1	1	1	1	1	1	1	1	x^2+y^2, z^2	
A_{2g}	1	1	1	−1	−1	1	1	1	−1	−1		R_z
B_{1g}	1	−1	1	1	−1	1	−1	1	1	−1	x^2-y^2	
B_{2g}	1	−1	1	−1	1	1	−1	1	−1	1	xy	
E_g	2	0	−2	0	0	2	0	−2	0	0	(yz, zx)	(R_x, R_y)
A_{1u}	1	1	1	1	1	−1	−1	−1	−1	−1		
A_{2u}	1	1	1	−1	−1	−1	−1	−1	1	1	z	
B_{1u}	1	−1	1	1	−1	−1	1	−1	−1	1		
B_{2u}	1	−1	1	−1	1	−1	1	−1	1	−1		
E_u	2	0	−2	0	0	−2	0	2	0	0	(x, y)	

D_{5h}	E	$2C_5$	$2C_5^2$	$5C_2$	σ_h	$2S_5$	$2S_5^3$	$5\sigma_v$	$h=20$	$\alpha=72°$
A_1'	1	1	1	1	1	1	1	1	x^2+y^2, z^2	
A_2'	1	1	1	−1	1	1	1	−1		R_z
E_1'	2	$2\cos\alpha$	$2\cos 2\alpha$	0	2	$2\cos\alpha$	$2\cos 2\alpha$	0	(x, y)	
E_2'	2	$2\cos 2\alpha$	$2\cos\alpha$	0	2	$2\cos 2\alpha$	$2\cos\alpha$	0	(x^2-y^2, xy)	
A_1''	1	1	1	1	−1	−1	−1	−1		
A_2''	1	1	1	−1	−1	−1	−1	1	z	
E_1''	2	$2\cos\alpha$	$2\cos 2\alpha$	0	−2	$-2\cos\alpha$	$-2\cos 2\alpha$	0	(yz, zx)	(R_x, R_y)
E_2''	2	$2\cos 2\alpha$	$2\cos\alpha$	0	−2	$-2\cos 2\alpha$	$-2\cos\alpha$	0		

$D_{\infty h}$	E	$2C_\phi$	…	$\infty\sigma_v$	i	$2S_\infty$	…	$\infty C_2'$	$h=\infty$	
$A_{1g}(\Sigma_g^+)$	1	1	…	1	1	1	…	1	z^2, x^2+y^2	
$A_{1u}(\Sigma_u^+)$	1	1	…	1	−1	−1	…	−1	z	
$A_{2g}(\Sigma_g^-)$	1	1	…	−1	1	1	…	−1		R_z
$A_{2u}(\Sigma_u^-)$	1	1	…	−1	−1	−1	…	1		
$E_{1g}(\Pi_g)$	2	$2\cos\phi$	…	0	2	$-2\cos\phi$	…	0	(yz, zx)	(R_x, R_y)
$E_{1u}(\Pi_u)$	2	$2\cos\phi$	…	0	−2	$2\cos\phi$	…	0	(x, y)	
$E_{2g}(\Delta_g)$	2	$2\cos 2\phi$	…	0	2	$2\cos 2\phi$	…	0	(xy, x^2-y^2)	
$E_{2u}(\Delta_u)$	2	$2\cos 2\phi$	…	0	−2	$-2\cos 2\phi$	…	0		
⋮	⋮	⋮	…	⋮	⋮	⋮	…	⋮		

The cubic groups

T_d, $\bar{4}3m$	E	$8C_3$	$3C_2$	$6\sigma_d$	$6S_4$	$h=24$	
A_1	1	1	1	1	1	$x^2+y^2+z^2$	
A_2	1	1	1	−1	−1		
E	2	−1	2	0	0	$(3z^2-r^2, x^2-y^2)$	
T_1	3	0	−1	−1	1		(R_x, R_y, R_z)
T_2	3	0	−1	1	−1	(x, y, z), (xy, yz, zx)	

O_h, $m3m$	E	$8C_3$	$6C_2$	$6C_4$	$3C_2(=C_4^2)$	i	$6S_4$	$8S_6$	$3\sigma_h$	$6\sigma_d$	$h=48$	
A_{1g}	1	1	1	1	1	1	1	1	1	1	$x^2+y^2+z^2$	
A_{2g}	1	1	−1	−1	1	1	−1	1	1	−1		
E_g	2	−1	0	0	2	2	0	−1	2	0	$(2z^2-x^2-y^2, x^2-y^2)$	
T_{1g}	3	0	−1	1	−1	3	1	0	−1	−1		(R_x, R_y, R_z)
T_{2g}	3	0	1	−1	−1	3	−1	0	−1	1	(xy, yz, zx)	
A_{1u}	1	1	1	1	1	−1	−1	−1	−1	−1		
A_{2u}	1	1	−1	−1	1	−1	1	−1	−1	1		
E_u	2	−1	0	0	2	−2	0	1	−2	0		
T_{1u}	3	0	−1	1	−1	−3	−1	0	1	1	(x, y, z)	
T_{2u}	3	0	1	−1	−1	−3	1	0	1	−1		

The icosahedral group

I	E	$12C_5$	$12C_5^2$	$20C_3$	$15C_2$	$h=60$	
A	1	1	1	1	1	$x^2+y^2+z^2$	
T_1	3	$\frac{1}{2}(1+\sqrt{5})$	$\frac{1}{2}(1-\sqrt{5})$	0	−1	(x, y, z)	(R_x, R_y, R_z)
T_2	3	$\frac{1}{2}(1-\sqrt{5})$	$\frac{1}{2}(1+\sqrt{5})$	0	−1		
G	4	−1	−1	1	0		
H	5	0	0	−1	1	$(2z^2-x^2-y^2, x^2-y^2, xy, yz, zx)$	

Further information: P.W. Atkins, M.S. Child, and C.S.G. Phillips, *Tables for group theory*. Oxford University Press, Oxford (1970). In this source, which is available on the web (see p. *x* for more details), other character tables such as D_2, D_4, D_{2d}, D_{3d}, and D_{5d} can be found.

찾아보기

ㅇ

| 역자 소개 |

최중길 연세대학교 화학과 교수
jgchoi@yonsei.ac.kr

조웅인 연세대학교 화학과 명예교수
uicho@yonsei.ac.kr

신석민 서울대학교 화학부 교수
sshin@snu.ac.kr

물리화학 양자, 물질, 변화 제2판

|저　　자 Peter Atkins · Julio de Paula · Ronald Friedman
|역　　자 최중길 · 조웅인 · 신석민
|발 행 인 주정희
|발 행 처 자유아카데미
|주　　소 경기도 파주시 회동길 37-42
파주출판도시
|전　　화 031-955-1321
|팩　　스 031-955-1322
|전자우편 main@freeaca.com(대표)
editor@freeaca.com(편집)
crm@freeaca.com(영업)
|홈페이지 www.freeaca.com
|등　　록 제406-2003-017호, 1980. 7. 12
|제2판1쇄 2018년 2월 10일 발행
|정　　가 48,000원

역자와의 협의하에 인지생략

Printed in Korea
ISBN 979-11-5808-155-3 93430

Periodic table of the elements

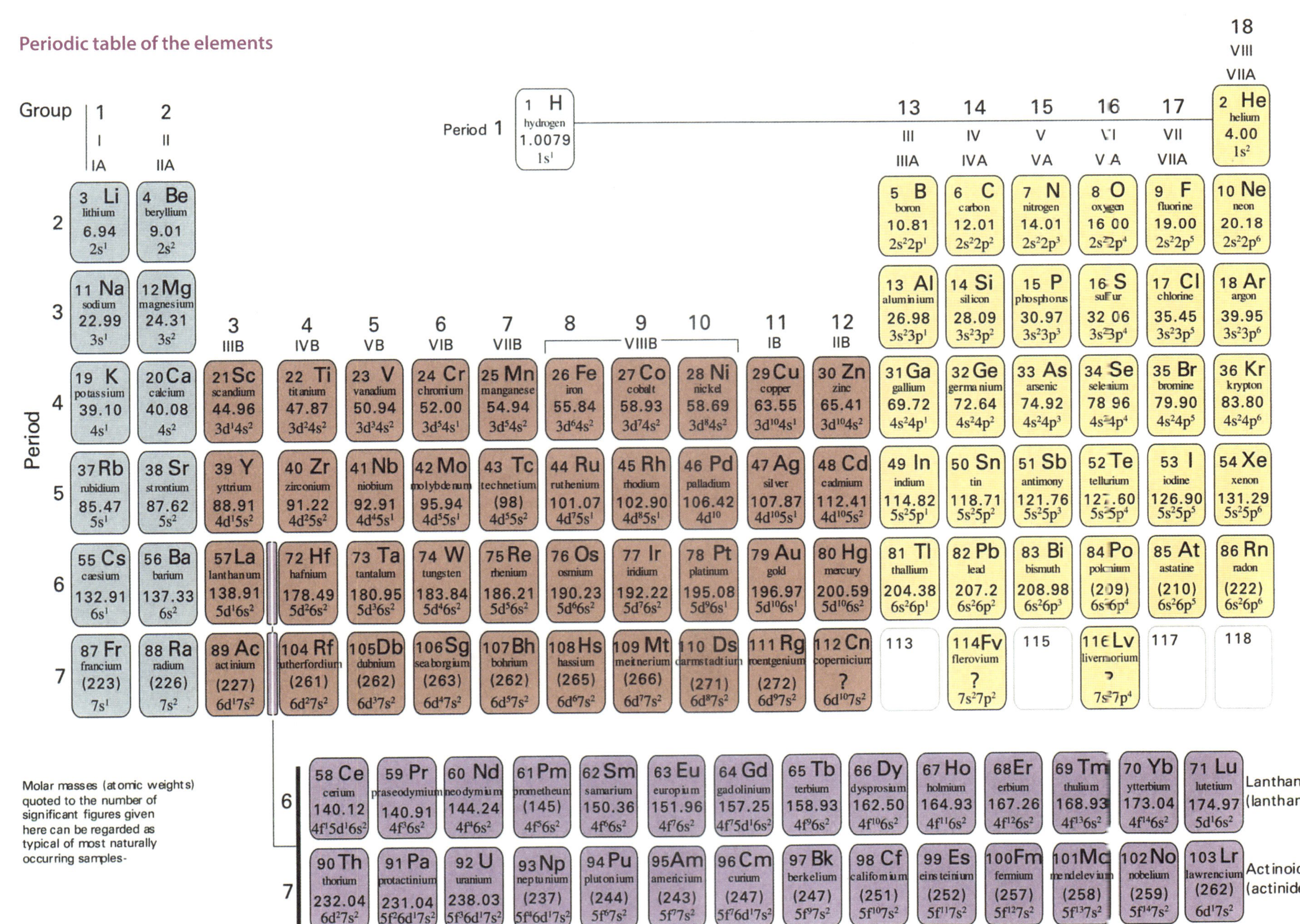

Period	Group 1 (I, IA)	2 (II, IIA)	3 (IIIB)	4 (IVB)	5 (VB)	6 (VIB)	7 (VIIB)	8 (VIIIB)	9 (VIIIB)	10 (VIIIB)	11 (IB)	12 (IIB)	13 (III, IIIA)	14 (IV, IVA)	15 (V, VA)	16 (VI, VIA)	17 (VII, VIIA)	18 (VIII, VIIA)
1	1 H hydrogen 1.0079 $1s^1$																	2 He helium 4.00 $1s^2$
2	3 Li lithium 6.94 $2s^1$	4 Be beryllium 9.01 $2s^2$											5 B boron 10.81 $2s^22p^1$	6 C carbon 12.01 $2s^22p^2$	7 N nitrogen 14.01 $2s^22p^3$	8 O oxygen 16 00 $2s^22p^4$	9 F fluorine 19.00 $2s^22p^5$	10 Ne neon 20.18 $2s^22p^6$
3	11 Na sodium 22.99 $3s^1$	12 Mg magnesium 24.31 $3s^2$											13 Al aluminium 26.98 $3s^23p^1$	14 Si silicon 28.09 $3s^23p^2$	15 P phosphorus 30.97 $3s^23p^3$	16 S sulfur 32 06 $3s^23p^4$	17 Cl chlorine 35.45 $3s^23p^5$	18 Ar argon 39.95 $3s^23p^6$
4	19 K potassium 39.10 $4s^1$	20 Ca calcium 40.08 $4s^2$	21 Sc scandium 44.96 $3d^14s^2$	22 Ti titanium 47.87 $3d^24s^2$	23 V vanadium 50.94 $3d^34s^2$	24 Cr chromium 52.00 $3d^54s^1$	25 Mn manganese 54.94 $3d^54s^2$	26 Fe iron 55.84 $3d^64s^2$	27 Co cobalt 58.93 $3d^74s^2$	28 Ni nickel 58.69 $3d^84s^2$	29 Cu copper 63.55 $3d^{10}4s^1$	30 Zn zinc 65.41 $3d^{10}4s^2$	31 Ga gallium 69.72 $4s^24p^1$	32 Ge germanium 72.64 $4s^24p^2$	33 As arsenic 74.92 $4s^24p^3$	34 Se selenium 78 96 $4s^24p^4$	35 Br bromine 79.90 $4s^24p^5$	36 Kr krypton 83.80 $4s^24p^6$
5	37 Rb rubidium 85.47 $5s^1$	38 Sr strontium 87.62 $5s^2$	39 Y yttrium 88.91 $4d^15s^2$	40 Zr zirconium 91.22 $4d^25s^2$	41 Nb niobium 92.91 $4d^45s^1$	42 Mo molybdenum 95.94 $4d^55s^1$	43 Tc technetium (98) $4d^55s^2$	44 Ru ruthenium 101.07 $4d^75s^1$	45 Rh rhodium 102.90 $4d^85s^1$	46 Pd palladium 106.42 $4d^{10}$	47 Ag silver 107.87 $4d^{10}5s^1$	48 Cd cadmium 112.41 $4d^{10}5s^2$	49 In indium 114.82 $5s^25p^1$	50 Sn tin 118.71 $5s^25p^2$	51 Sb antimony 121.76 $5s^25p^3$	52 Te tellurium 127.60 $5s^25p^4$	53 I iodine 126.90 $5s^25p^5$	54 Xe xenon 131.29 $5s^25p^6$
6	55 Cs caesium 132.91 $6s^1$	56 Ba barium 137.33 $6s^2$	57 La lanthanum 138.91 $5d^16s^2$	72 Hf hafnium 178.49 $5d^26s^2$	73 Ta tantalum 180.95 $5d^36s^2$	74 W tungsten 183.84 $5d^46s^2$	75 Re rhenium 186.21 $5d^56s^2$	76 Os osmium 190.23 $5d^66s^2$	77 Ir iridium 192.22 $5d^76s^2$	78 Pt platinum 195.08 $5d^96s^1$	79 Au gold 196.97 $5d^{10}6s^1$	80 Hg mercury 200.59 $5d^{10}6s^2$	81 Tl thallium 204.38 $6s^26p^1$	82 Pb lead 207.2 $6s^26p^2$	83 Bi bismuth 208.98 $6s^26p^3$	84 Po polonium (209) $6s^26p^4$	85 At astatine (210) $6s^26p^5$	86 Rn radon (222) $6s^26p^6$
7	87 Fr francium (223) $7s^1$	88 Ra radium (226) $7s^2$	89 Ac actinium (227) $6d^17s^2$	104 Rf rutherfordium (261) $6d^27s^2$	105 Db dubnium (262) $6d^37s^2$	106 Sg seaborgium (263) $6d^47s^2$	107 Bh bohrium (262) $6d^57s^2$	108 Hs hassium (265) $6d^67s^2$	109 Mt meitnerium (266) $6d^77s^2$	110 Ds darmstadtium (271) $6d^87s^2$	111 Rg roentgenium (272) $6d^97s^2$	112 Cn copernicium ? $6d^{10}7s^2$	113	114 Fv flerovium ? $7s^27p^2$	115	116 Lv livermorium ? $7s^27p^4$	117	118

Period															
6	58 Ce cerium 140.12 $4f^15d^16s^2$	59 Pr praseodymium 140.91 $4f^36s^2$	60 Nd neodymium 144.24 $4f^46s^2$	61 Pm promethium (145) $4f^56s^2$	62 Sm samarium 150.36 $4f^66s^2$	63 Eu europium 151.96 $4f^76s^2$	64 Gd gadolinium 157.25 $4f^75d^16s^2$	65 Tb terbium 158.93 $4f^96s^2$	66 Dy dysprosium 162.50 $4f^{10}6s^2$	67 Ho holmium 164.93 $4f^{11}6s^2$	68 Er erbium 167.26 $4f^{12}6s^2$	69 Tm thulium 168.93 $4f^{13}6s^2$	70 Yb ytterbium 173.04 $4f^{14}6s^2$	71 Lu lutetium 174.97 $5d^16s^2$	Lanthanoids (lanthanides)
7	90 Th thorium 232.04 $6d^27s^2$	91 Pa protactinium 231.04 $5f^26d^17s^2$	92 U uranium 238.03 $5f^36d^17s^2$	93 Np neptunium (237) $5f^46d^17s^2$	94 Pu plutonium (244) $5f^67s^2$	95 Am americium (243) $5f^77s^2$	96 Cm curium (247) $5f^76d^17s^2$	97 Bk berkelium (247) $5f^97s^2$	98 Cf californium (251) $5f^{10}7s^2$	99 Es einsteinium (252) $5f^{11}7s^2$	100 Fm fermium (257) $5f^{12}7s^2$	101 Md mendelevium (258) $5f^{13}7s^2$	102 No nobelium (259) $5f^{14}7s^2$	103 Lr lawrencium (262) $6d^17s^2$	Actinoids (actinides)

Molar masses (atomic weights) quoted to the number of significant figures given here can be regarded as typical of most naturally occurring samples-